NR. 16
REFERAT 0001—3009
SEITE 1—296

1964
22. APRIL

CHEMISCHES ZENTRALBLATT

1830 gegründet
1897—1945 von der Deutschen Chemischen Gesellschaft fortgeführt

Herausgegeben im Auftrage
der Deutschen Akademie der Wissenschaften zu Berlin,
der Chemischen Gesellschaft in der DDR,
der Akademie der Wissenschaften zu Göttingen
und der Gesellschaft Deutscher Chemiker
von Prof. Dr. HEINRICH BERTSCH und Prof. Dr. Dr. h. c. WILHELM KLEMM

Chefredakteure
Dr. EUGEN KLEVER und Prof. Dr.-Ing. EBERHARD LEIBNITZ

135. JAHRGANG
1964

AKADEMIE-VERLAG GMBH · BERLIN · VERLAG CHEMIE GMBH · WEINHEIM · BERGSTRASSE

Inhalt

CHEMISCHES ZENTRALBLATT

1830 gegründet
1897—1945 von der Deutschen Chemischen Gesellschaft fortgeführt

Herausgegeben im Auftrage
der Deutschen Akademie der Wissenschaften zu Berlin,
der Chemischen Gesellschaft in der DDR,
der Akademie der Wissenschaften zu Göttingen
und der Gesellschaft Deutscher Chemiker
von Prof. Dr. HEINRICH BERTSCH und Prof. Dr. Dr. h. c. WILHELM KLEMM

Chefredakteure
Dr. EUGEN KLEVER und Prof. Dr.-Ing. EBERHARD LEIBNITZ

135. JAHRGANG

1964

Nr.	Referat	Seitenzahl	Ausgabe-Datum
13	0001—2776	1—288	1. April 1964
14	0001—2866	1—304	8. April 1964
15	0001—2760	1—280	15. April 1964
16	0001—3009	1—296	22. April 1964

AKADEMIE-VERLAG GMBH · BERLIN · VERLAG CHEMIE GMBH · WEINHEIM · BERGSTRASSE

Abkürzungsverzeichnis

A	Ampère
Ä.	Äthylalkohol
Å	Ångström
a	Jahr (nur für Dimensionen)
Abb.	Abbildung(en)
abs.	absolut(e)
Ae.	Diäthyläther
akt.	aktiv(e)
allg.	allgemein(e)
App.	Apparat(e), Apparatur(en)
asymm.	asymmetrisch(e)
at	Atmosphäre, technisch
atm	Atmosphäre, physikalisch
Atomgew.	Atomgewicht
ausg.	ausgegeben
AZ.	Acetylzahl
bar	Bar
bes.	besonders, besondere, insbesondere
Best.	Bestimmung(en)
Bibl.	Bibliographie(n)
bin.	binär
Bldg.	Bildung(en)
bzgl.	bezüglich
Bzl.	Benzol
Bzn.	Benzin
bzw.	beziehungsweise
C.	Chem. Zentralblatt (nur bei Zitaten)
c	Curie
ca.	zirka
cal	Calorie (Grammcalorie)
Chlf.	Chloroform
const	constans
cP	Centipoise
cSt	Centistokes
D_4^{20}	Dichte (bei 20° gemessen u. bezogen auf Wasser von 4°)
D	Debye
d	Tag (nur für Dimensionen)
DAB.	Deutsches Arzneibuch
dad. gek.	dadurch gekennzeichnet
Darst.	Darstellung(en)
Deriv.	Derivat
Derivv.	Derivate
Dest.	Destillation(en)
dest.	destillieren, destilliert(e)
d.h.	das heißt
DK	Dielektrizitätskonstante
DL	Dosis letalis
DTA	Differentielle Thermoanalyse
$E^{1\%}_{1\,cm}$	Extinktion (1%ige Lsg.; 1 cm Schichtdicke)
Eig.	Eigenschaft
Eigg.	Eigenschaften
Einfl.	Einfluß, Einflüsse
Einw.	Einwirkung(en)
EMK	Elektromotorische Kraft
Entw.	Entwicklung(en)
Ep.	Erstarrungspunkt
Epp.	Erstarrungspunkte
eV	Elektronenvolt
evtl.	eventuell
EZ.	Esterzahl
°F	Grad Fahrenheit
F.	Schmelzpunkt
FF.	Schmelzpunkte
Fl.	Flüssigkeit
Fll.	Flüssigkeiten
fl.	flüssig(e)
g	Gramm
Geh.	Gehalt(e)
gek.	gekennzeichnet(e)
gesätt.	gesättigt(e)
Geschw.	Geschwindigkeit(en)
Gew.	Gewicht(e)
ggf.	gegebenenfalls
Ggw.	Gegenwart
h	Stunde (nur für Dimensionen)
Herst.	Herstellung(en)
Hz	Hertz
I.E.	Internationale Einheit
i.m.	intramuskulär(e)
inakt.	inaktiv(e)
I.P.	Isoelektrischer Punkt
IR	Infrarot (Ultrarot)
i.v.	intravenös(e)
J	Joule
JZ.	Jodzahl
°K	Grad Kelvin
kcal	Kilogrammcalorie
Koeff.	Koeffizient(en)
Koll.	Kolloid(e)
koll.	kolloid(e), kolloidal(e)
Kondens.	Kondensation(en)
Konst.	Konstante(n)
konst.	konstant(e)
Konstit.	Konstitution(en)
Konz.	Konzentration
Konzz.	Konzentrationen
konz.	konzentriert(e)
korr.	korrigiert(e)
Kp.	Siedepunkt
Kpp.	Siedepunkte
krist.	kristallisiert(e)
KW-Stoff	Kohlenwasserstoff
KW-Stoffe	Kohlenwasserstoffe
Labor.	Laboratorium, Laboratorien
l.c.	loco citato
Leg.	Legierung
Legg.	Legierungen
lösl.	löslich(e)
log	Logarithmus (allgemein)
Lsg.	Lösung
Lsgg.	Lösungen
Lsgm.	Lösungsmittel (Ein- u. Mehrzahl)
m	Meter
m	molar (Konzentrationsangabe)
Meth.	Methode(n)
Min.	Minute(n) (allgemein)
min	Minute (nur für Dimensionen)
Mitt.	Mitteilung(en)
mkr.	mikroskopisch(e)
ml	Milliliter
mμ	Millimikron
Mol	Grammolekül(e)
Mol.	Molekül
Moll.	Moleküle
mol.	molekular(e)
Molgew.	Molekulargewicht(e)
Mol.-Refr.	Molekularrefraktion(en)
n	normal (Konzentrationsangabe)
n-	normal (Isomerieangabe)
n_D^{20}	Brechungsindex (bei 20° u. D-Linie)
nachst.	nachstehend(e)
Nachw.	Nachweis(e)
Nd.	Niederschlag
Ndd.	Niederschläge
Oe	Oerstedt
opt.-akt.	optisch-aktiv(e)
p	Pond
PAe.	Petroläther
pH	Wasserstoffionenkonzentration (negativer dekad. Logarithmus)
pK	Dissoziationskonstante (negativer Logarithmus)
ppm	parts per million
Präp.	Präparat
Präpp.	Präparate
prim.	primär(e)
Prior.	Priorität(en), Unionspriorität(en)
Prod.	Produkt
Prodd.	Produkte
qual.	qualitativ(e)
quant.	quantitativ(e)
quart.	quartär(e) (Bindigkeit)
quatern.	quaternär(e)
°R	Grad Reaumur
r	Internationale Röntgeneinheit
rac.	racemisch(e)
rad	Einheit der absorbierten Strahlendosis
°Rank.	Grad Rankine
Red.	Reduktion
Redd.	Reduktionen
red.	reduziert(e)
Ref.	Referat
Reff.	Referate
rem	roentgen-equivalent-men
rep	roentgen-equivalent-physical
R_F	Retentionsfaktor (anteilmäßige Steighöhe)
RhZ.	Rhodanzahl
Rk.	Reaktion
Rkk.	Reaktionen
S	Sedimentationskonstante
s	Sekunde (nur für Dimensionen)
s.	siehe
schm.	schmelzend(e)
sd.	siedend(e)
Sek.	Sekunde(n), allgemein
sek.	sekundär(e)
sog.	sogenannt(e)
spezif.Gew.	Spezifisches Gewicht
Std.	Stunde(n) (allgemein)
std.	stündig(e)
symm.	symmetrisch(e)
Synth.	Synthese(n)
Syst.	System(e)
SZ.	Säurezahl
t	Tonne, metrisch
Temp.	Temperatur(en)
tern.	ternär(e)
tert.	tertiär(e)
u.	und
u.a.	und andere, unter anderem
u.dgl.	und dergleichen
U/min	Umdrehungen pro Minute
ungesätt.	ungesättigt(e)
unlösl.	unlöslich(e)
unsymm.	unsymmetrisch(e)
Unters.	Untersuchung
Unterss.	Untersuchungen
USP.	United States Pharmacopeia
usw.	und so weiter
UV	Ultraviolett
V	Volt
Val	Grammäquivalent
Verb.	Verbindung
Verbb.	Verbindungen
verd.	verdünnt(e)
Verf.	Verfahren (Einzahl)
Verff.	Verfahren (Mehrzahl)
Verh.	Verhalten
Vers.	Versuch
Verss.	Versuche
Verw.	Verwendung(en)
Vf.	Verfasser(in) (Einzahl)
Vff.	Verfasser(innen) (Mehrzahl)
Vgl.	Vergleich(e)
vgl.	vergleiche
Vol.	Volumen, Volumina
Vork.	Vorkommen (Ein- u. Mehrzahl)
vorl.Mitt.	vorläufige Mitteilung(en)
Vorr.	Vorrichtung(en)
vorst.	vorstehend(e)
VZ.	Verseifungszahl
W	Watt
W.	Wasser
Wrkg.	Wirkung(en)
wss.	wässerig(e)
X	X-Einheit
z.B.	zum Beispiel
Zers.	Zersetzung(en)
z.T.	zum Teil
Zus.	Zusammensetzung(en)
♂	männlich (im biolog. Sinne)
♀	weiblich (im biolog. Sinne)
°	Grad Celsius
%ig.	prozentig
‰ig.	promillig
~	angenähert, etwa gleich mit, rund
$\geqq$	gleich oder größer als
$\leqq$	gleich oder kleiner als
$>$	größer als
$<$	kleiner als
≙	entspricht
∞	unendlich
⌀	Durchmesser

Griech. Abkürzungen

$[\alpha]_D^{20}$	Opt. Drehung, spezifische (gemessen mit D-Linie bei 20°)
λ	Wellenlänge
λ_{max}	maximale Wellenlänge
λ_{min}	minimale Wellenlänge
μ	Mikrometer (auch Mikron genannt)
μg	Mikrogramm (auch Gamma genannt)
Ω	Ohm

Kurzzeichen der Vorsätze für Einheiten

T	Tera-	10^{12} Einheiten
G	Giga-	10^{9} Einheiten
M	Mega-	10^{6} Einheiten
k	Kilo-	10^{3} Einheiten
h	Hekto-	10^{2} Einheiten
da	Deka-	10^{1} Einheiten
d	Dezi-	10^{-1} Einheiten
c	Zenti-	10^{-2} Einheiten
m	Milli-	10^{-3} Einheiten
μ	Mikro-	10^{-6} Einheiten
n	Nano-	10^{-9} Einheiten
p	Pico-	10^{-12} Einheiten

Patent-Abkürzungen

D.A.S.	Deutsche Auslegeschrift
D.B.P:	Deutsches Bundes-Patent
D.P.[DDR]	Deutsches[DDR]Pat.
A.P.	Amerikanisches Patent
Aust.P.	Australisches Patent
Belg.P.	Belgisches Patent
Can.P.	Canadisches Patent
Dän.P.	Dänisches Patent
E.P.	Englisches Patent
Finn.P.	Finnisches Patent
F.P.	Französisches Patent
Ind.P.	Indisches Patent
Israel.A.S.	Israelische Auslegeschrift
It.P.	Italienisches Patent
Jap.A.S.	Japanische Auslegeschr.
Niederl.P.	Niederländisches Patent
Norw.P.	Norwegisches Patent
Oe.P.	Österreichisches Patent
Port.P.	Portugiesisches Patent
Schwed.P.	Schwedisches Patent
Schwz.P.	Schweizer Patent
Tschech.P.	Tschechoslowakisches Patent
UdSSR.P.	Sowjetisches Patent
Ung.P.	Ungarisches Patent

Für die fachliche Rechtschreibung in den Referaten und Registern des Chemischen Zentralblattes ist die 2. Auflage (Verlag Chemie GmbH Weinheim/Bergstr. u. VDI-Verlag GmbH Düsseldorf; 1959) der „Rechtschreibung der technischen und chemischen Fremdwörter" von Jansen-Mackensen bestimmend.

Dr. Eugen Klever und Prof. Dr.-Ing. Eberhard Leibnitz, Chefredakteure

Namenregister

Patentregister

Amerikanische Patente (A.P.)

Nr.	Ref.-Nr.
2880151	2163
2893936*	1847
2893993	1552
2916489*	1586
2925619	2959
2927853	2191
2932665	2050
2933459*	2607
2937179	1547
2942969*	2188
2943008	1934
2947760*	2614
2953590*	2290
2955138*	2322
2961459	2963
2965509	1933
2966461	2979
2971035	2218
2971993	2224
2972646	2215
2972647*	2279
2974161	2217
2976289	1553
2977361	1558
2979493	2530
2979495	2546
2979520	2230
2980682	2268
2981686	2974
2982682*	2894
2982763	2543
2984646	2641
2984694	2645
2985698*	2276
2986557	2541
2988545*	2653
2988546	2274
2990265	2029
2990371	2994
2991175*	2189
2991270	2554
2992200	2639
2992232	1546
2992284	2228
2993006	2957
2993057	2556
2993821	2652
2993826	2567
2993874	2650
2995433	2020
2995503	2533
2995591	2238
2995594	2241
2995590	2993
2996459	2540
2997171	2145
2998426	2355
2998505	2971
2999066	2977
2999083	2531
2999831	2642
3000746	1948
3000841	2649
3000868	2537
3001235*	2606
3001993*	2654
3002882	2033
3004032*	2658
3004041	2027
3004936	2651
3004987	2182
3005008	2244
3005734	2527
3005747	2049
3005748	2035
3005773	2973
3006846	2972
3006872	2534
3006888	2640
3006906	2536
3007866	2978
3007928	1548
3008921	2644
3009907	2532
3009939	2232
3009964	2231
3010858	2883
3010926	3009
3010927	3009
3010928	3009
3011900	2842
3012079	2563
3012982*	2622
3013008	1562
3013893	2848
3014002	2498
3014898	2638
3014944	2242
3014951	2245
3014952	2964
3016357	2486
3017286*	1848
3017330	2709
3020140	2485
3023181	2492
3026193	2014
3026304	2040
3029197*	1846
3030233	2500
3033744	2045
3033859*	1609
3034929	2501
3036088	2042
3036953	1540
3036959	2731
3037845	1881
3037855	2016
3037881	2480
3039863	2028
3039892	1945
3040023*	2370
3042640	2497
3042643	1949
3042673*	1588
3043704	2483
3044854	1890
3045005*	2373
3046685	1940
3047413	2479
3047520	2488
3047523	2478
3047562	1539
3047563	1639
3047573	1555
3047596*	1610
3048552	2495
3049435	2178
3049542*	1595
3050551	2037
3051084	2490
3051695	2036
3051756	2011
3053684	1929
3054139	1946
3054689	2732
3054763	2493
3055900*	1591
3055924*	2671
3061413	1875
3062807	1569
3063983*	2832
3067208*	1597
3075006*	2831
3081337*	1600

Australische Patente (Austr.P.)

Nr.	Ref.-Nr.
231622	2982
231623	2982
232930	2995
233627	3008
234274	1931
234528*	2586
234549*	1872
234878	2953
235211	2032
235807*	2601
235808*	2200
235809*	2587
235811	1593
235812*	2617
235815*	2199
235816*	2600
235818*	2625
235819*	1580
235821*	1576
235822*	1619
235825*	1621
235831*	2595
235832*	1617
235833*	1618
235836*	2053
235842	2892
235845*	1577
235847*	2592
235848*	2581
235849*	1614
235860	1956
235862*	2583
235865*	2055
235879*	2291
235947*	2056
235952*	1604
235953*	1603
235976*	2675
235981*	2186
235982*	2362
235992*	2184
235994*	2618
235996*	1581
235998*	1622
236000*	2615
236163*	1849
236379	1947
236553	2952
236675	2482
236898	2502
236970	2708
236988	2024
237103	2729
237152	2034
237275	1931
237280	2180
237317	2026
238084	1928
238149	1573
238224	2147
238265	1570
238437	2667
238480	2021
238721	1906
239532*	1871
239560	1899
239588	1900
239597	1904

Belgische Patente (Belg.P.)

Nr.	Ref.-Nr.
556157*	2192
559233*	2188
559761*	2189
562288	2226
563368	2226
563604	2226
566712	1539
572164*	2386
572266*	2375
572571*	2369

Canadische Patente (Can.P.)

Nr.	Ref.-Nr.
568795	2992
569152	2998
569514	2989
569540	2996
569552	2983
571318	2990
571331	2991
634444*	2283

Dänische Patente (Dän.P.)

Nr.	Ref.-Nr.
88024	2174
89995	1537

Deutsche Patente [München] (D.B.P.)

Nr.	Ref.-Nr.
976031*	2897

Auslegeschriften der Patentanmeldungen des Deutschen Patentamtes München (D.A.S.)

Nr.	Ref.-Nr.
1075256*	2195
1098515	2260
1111638	2259
1112518	2270
1116228	2261
1125433	2356
1131681	2239
1132123	2560
1135874	3005
1138791	2263
1139123	2269
1139587	1832
1140653	1833
1140943	2247
1141035	1834
1141287	2267
1141410*	1613
1141615	2353
1142350	2233
1142432	1837
1142710	1836
1143479	2352
1143936	1835
1144171	1953
1144677	2350
1444750*	2306
1145081	1954
1145611	1560
1146031	2349
1146062	1543
1146839	2354
1146879*	1607
1147383	2557
1147581*	1608
1147946	1556
1148664	1838
1148665	1839
1148852*	2801
1149496	2668
1149731	2018
1150178*	1616
1150780	1569
1150918	1939
1150983	1545
1151794	1544
1151799*	2294
1152000*	2196
1152102*	1611
1152222	1574
1152255*	2609
1152259*	2898
1152266*	2185
1152396	1571
1152544*	2613
1152988*	2893
1152989*	2364
1153309	1955
1153310	1932
1153357	1542
1153369	1893
1153370	1897
1153487	1572
1153670	1939
1153737*	2194
1153751	1896
1154062	2735
1154106	1894
1154109*	2293
1154122*	2292
1154213*	2395
1154472	1898
1154473	1895
1154632*	2593
1154633*	2599
1154634*	2590
1154635*	2591
1154638*	2604
1154898*	2896
1155107*	2581
1155116*	2303
1155247*	2588
1155413*	2052
1155429*	2284
1155599*	2596
1155602*	2626

Englische Patente (E.P.)

Nr.	Ref.-Nr.
777152	2547
803766	1874
816655	1539
822431	2190
826491*	2286
828642	1565
828703*	2302
829059*	2287
834331*	2060
839494*	2309
839897*	2058
844439*	1601
850911	2215
852574	3001
852974	1549
855484	2891
856409*	1588
857932	2229
857960	1888
861527	1566
863511*	2295
864536*	1584
864831*	1615
865397*	2280
865939	1880
868353	1550
869553*	1583
870192	2643
870696*	2611
871449*	1585
871521*	2603
872092	1837
872130*	1582
874096	1551
875104	1548
875109*	2621
875548	2967
876494*	2281
876516	1567
876662	1568
877609*	2317
877725*	2316
878132*	2610
879524	2849
880068	2489
880594*	2313
880652*	1596
881492	2955
881768*	2620
882018	2234
882655	2877
884004	1944
884038*	2318
884368*	2278
884848*	1589
884850*	1590
885967*	2657
886186	2568
886636	2571
886692	2266
886750	2562
887241	2477
887288	2637
887856*	2655
887750	2549
887817*	1599
889001	2240
889099*	2187
889103	2551
889297*	2277
890180*	2674
890194	2041
890404*	2900
890814*	2315
891243	2257
893019	2487
893259	2481
893269*	1587
893273	2569
893283	2845
893284*	1594
893400	2496
893417*	2804
893747*	2282
893978	1833
894056	1938
894163*	2314
894744	2879
895197	2256
895417	2529
895418	2529
895592	2237
895961*	2803
896218	2561
896866*	2198
897683	2966
897801	2249
898048	2254
898309	2548
898529*	2376
898543	2160
898630	2039
898755	2258
898796	2216
899034	2246
899657*	2623
899829	2579
899886*	2370
899936	2019
900120	2494
900354*	2379
900801	2271
901037	2559
901043*	2384
901326	2539
901645	2251
901692*	2372
901748*	2383
901823	2164
901877*	2377
901934	2491
902204	1937
902370	1896
902387	2252
902392	2265
902590	2220
902776*	2380
902877*	2374
903028	2565
903201	2647
903379	2970
903408*	2389
903415*	1612
903434*	2624
903662*	2388
903709	1941
903820	2881
903865	2635
904123*	1605
904262	2880
904302	2272
904375*	2899
904413	2273
904786	2566
904800*	2392
904831	2223
904876*	2367
904968	2243
905000	1536
905040*	2390
905122	2347
905617	2221
906139	2646
906183*	2301
906437	2962
906526	2669
906802	2262
906803	2262
906806*	2387
906899	2348
906959*	2605
906994	2227
907126	2253
907161	2236
907332	2250
907382*	2391
907383*	2393
907435	2222
907439	2219
907770	2956
907777	2961
907781	2229
907815*	2371
907926	2255
907971	2572
908106	2576
908222*	2598
908337	2570
908640*	1842
908649	2574
908851*	2612
908949	2575
909051*	2597
909052	2577
909078	2225
909304	2046
909358	2573
909498*	2368
909503	1942
909670	2636
909766*	2365
909896*	2507
910111*	2385
910197*	2319
910308	2578
910323	2889
910512*	2619
910552	2538
910702	2552
910732*	2298
910737	2013
910799	2555
911691*	2300
911763*	2582
912192	2882
912336	2025
912373*	2275
913411	2968
913577	1943
914338	2796
915186*	1850
915450	2017
916422	2015
916564*	2059
917395	1901
917433	2158
918720	1895
918734*	2508
919108	1903
919333	2150
919785	2048
920038*	1579
920179*	2289
920270*	1606
920852	1902
920978	2165
922678*	2506
923735*	2201
924575*	2294

Nr.	Ref.-Nr.
Französische Patente (F.P.)	
76514*	2378
78244	2351
1150063	2984
1153328	2969
1157650	2999
1170497	3002
1171198	2987
1173265	3004
1183344	2988
1189661	3003
1189662	3001
1189811	2980
1199529	3007
1199903	2985
1199998	3000
1205399	2555
1216960	2394
1224960	1833
1226813*	2193
1227030	1873
1229356	1891
1231730	2177
1233890*	1844
1234552	1837
1234731	1877
1237959	2890
1239350	1889
1240756*	1843
1242697	1836
1242817*	2189
1243036*	1845
1246247	1834
1252849*	1840
1260918*	2288
1261271*	2320
1261859*	2310
1263450*	2198
1271328*	2359
1279468	1950
1284356	1832
1286682	2841
1292814	2847
1295399	2846
1299759	2144
Indische Patente (Ind.P.)	
66609	2542
66614	2248
67046	2958
67304	2235
67430*	1575
67583	2034
67789*	1602
67936*	2802
68050	2545
68158	2357
68201	2484
68249	2264
68250	2264
68268	2730
68403	2544
68437	2951
68570	2878
68670	1563
68671	1563
68778	2564
68879	1561
68905	2012
68943	2086
69123	2798
69163	1936
69455	2528
69523	2157
70082	2160
70264*	2608
70276	2022
71409*	2363
71652*	2361
71701*	2360
71993*	2585
72167*	2712
72266*	2673
72795*	2358
73413*	2311
73647*	2197
75097*	2054
Italienische Patente (It.P.)	
531219*	2584
531935*	2296
532390*	2297
532619*	2895
535303*	2057
553442	1951
556423	1952
557538	1930
557611	2499
559598	1876
560844	2179
561174	2155
561383	2154
561388	2797
561433	2154
561534	2169
561635	2166
561695	2170
Japanische Auslegeschriften (Jap.A.S.)	
7385/1961	2550
8192/1961*	2594
8193/1961*	2589
11643/1961	2555
11644/1961	2555
11645/1961	2555
13091/1961	2558
13546/1961	2888
13845/1961	2844
13846/1961	2844
13941/1961	2884
13946/1961	2843
13947/1961	2884
14040/1961	2885
14141/1961*	1841
14143/1961	2886
14144/1961	2887
14647/1961*	2616
15043/1961*	2656
Niederländische Patente (Niederl.P.)	
101375	2043
102223	2038
102484*	2602
102860*	1620
103047*	2307
103057*	2308
103882*	1592
104137*	2051
Norwegische Patente (NorwP.)	
97457	1538
97586	1879
97587	1879
97616	2149
97617	2148
97771	1559
98146	2146
98324	2162
98506	2799
98590	2153
Österreichische Patente (Oe.P.)	
118540	2954
215050	2976
215581	2975
216501*	2299
216519	1557
216521	1541
217477	2044
217607	2965
217718*	2189
220594	1889
222890	2156
223824*	2800
224236*	2381
224901	2535
225130*	2711
Schwedische Patente (Schwed.P.)	
170280	2181
Schweizer Patente (Schwz.P.)	
350304*	2312
353000*	2304
355448*	2285
355449*	2305
360245	2031
360692*	2321
362083*	1598
362698	1539
363156*	2189
364075	2670
364512	2346
364570*	2373
364571*	2381
364789	1554
364857*	2382
365157*	2374
365159*	2366
365160*	2366
366613*	2504
367943	2502
368146*	2503
368787*	2672
368788	1905
369127*	1578
369229*	2505
369751*	2183
370731	2734
370732	2733
Sowjetische Patente (UdSSR.P.)	
118361	3006
128461	2648
129335	1892
129644	1884
129647	1887
132202	1878
133465	1882
133466	1885
133467	1896
133468	1883
133725	2174
133727	2172
133728	2168
133901	2151
134018	2176
134024	2161
134091	2175
134093	2171
134094	2167
134210	2710
150102	2960
150400	1935
Ungarische Patente (Ung.P.)	
150845	2152
150902	2795

CHEMISCHES ZENTRALBLATT

Nr. 16 · 22. April 1964
Referat 0001—3009
Seite 1—296

A. Allgemeine, physikalische und anorganische Chemie

0001 **Summenregeln und Atomstruktur.** A. Dalgarno. (Rev. mod. Physics **35,** 522—24, 1963; Bedford, Mass., Geophys. Corp. of America; engl.) — Die in der Quantenmechanik häufig auftretenden unendlichen Summierungen von Matrixelementen in der Form $S_k = \sum'_{s \neq i} (E_i - E_s)^k (\psi_i, p\psi_s)(\psi_s, q\psi_f)$ können direkt für alle ganzzahligen positiven u. negativen Werte von k berechnet werden, sofern entweder ψ_i oder ψ_f bekannt ist (ψ_s = s-te Eigenfunktion der Hamilton-Funktion; E_s = entsprechender Eigenwert; p u. q = Operatoren).
A. Blaschette 10◇

0002 **Asymptotische Infrarot-Näherungen der Greenschen Funktion in einigen Modellen der Quantenfeldtheorie.** G. A. Milechin. (J. exp. theoret. Physik [UdSSR] **43,** 1012—20, 1962; Akad. der Wiss. der UdSSR, Physikal. Lebedew-Inst.; russ., Auszug: engl.) H. Liepack 10◇

0003 **Wigner-Koeffizienten für die SU_3-Gruppe und einige Anwendungen.** Marcos Moshinsky. (Rev. mod. Physics **34,** 813—28, 1962; México, D. F., Univ. de México, Inst. de Fís.; engl.) — Quantentheoret. Untersuchung. Auf physikal. Probleme, in denen die SU_3-Gruppe eine fundamentale Rolle spielt (z. B. Kollektivbewegung in Kernen u. Elementarteilchen), wird näher eingegangen. H. Schroeder 10◇

0004 **Quasiteilchen und die Born-Reihe.** Steven Weinberg. (Physic. Rev. [2] **131,** 440—60, 1963; Berkeley, Calif., Univ. of California, Dep. of Phys.; engl.) — Vgl. C. **1964,** 10-0027. — Angabe expliziter Formeln für Bindungsenergien u. Phasenverschiebungen in der Potentialtheorie unter Benutzung der Störungstheorie erster Ordnung nach Einbeziehung eines einzelnen Quasiteilchens. Diese Formeln eignen sich z. B. zur Best. der S-Wellen-Streulänge des Yukawa-Potentials u. liefern genau 13,6 eV für die Bindungsenergie des *H*-Atoms.
Herbert Weber 10◇

A_1. Kernphysik und Chemie

0005 **Magnetisches Moment des positiven Myons.** David P. Hutchinson, Jack Menes, G. Shapiro und A. M. Patlach. (Physic. Rev. [2] **131,** 1351—62, 1963; New York, N. Y., Columbia Univ.; I.B.M. Watson Labor.; engl.) — Die Myonen werden in Targets in einem homogenen Magnetfeld abgebremst. Die anisotrope Verteilung der Zerfallselektronen relativ zur Myonenspinrichtung erlaubt die Messung der Spinpräzessionsfrequenz. Die Protonenspinresonanz wird im gleichen Magnetfeld gemessen, wobei sich $f_\mu/f_p = 3{,}18338 \pm 0{,}00004$ ergibt. Als Verhältnis der Myonenmasse zur Elektronenmasse wird $m_\mu/m_e = 206{,}765 \pm 0{,}005$ abgeleitet. Als Targets dienten CH_2J_2, H_2O, $HCl + H_2O$, CH_3Br, Cu, Graphit, $H_2O + MnCl_2$, Pb, Ca, CS_2, Li, Na, K, Mg u. Lucite.
Herbert Weber 90◇

0006 **Magnetisches Moment von negativen Myonen.** D. P. Hutchinson, J. Menes, G. Shapiro und A. M. Patlach. (Physic. Rev. [2] **131,** 1362—67, 1963; engl.) — Vgl. vorst. Referat. — Das magnet. Moment von μ^--Mesonen, die in Atomen von *C*, *O* (in H_2O), *Mg* (Metall u. MgH_2), *Si* u. *S* gebunden waren, wurde gemessen. Das magnet. Moment des μ^- ist dem des μ^+ bis auf $3 \cdot 10^{-4}$ gleich. Relativist., diamagnet., Kern- u. Festkörper-Verschiebungen sind groß genug, um eine Unters. dieser Effekte zu ermöglichen. Herbert Weber 90◇

0007 **Strahlungseinfang von μ-Mesonen in Kernen.** F. Janouch und M. Vinduška. (Czechoslov. J. Physics **13,** 710—15, 1963; Řež, ČSAV, Ústav jaderného výzkumu; russ., Auszug: engl.) — Für den Strahlungs-Myoneneinfang von der K-Bahn komplexer Kerne im Falle eines erlaubten Übergangs wird die Wahrscheinlichkeit u. die Zirkularpolarisation der Strahlung in Abhängigkeit von der Energie der γ-Quanten berechnet.
M. Wiedemann 90◇

0008 **Über die Frage der Anomalie beim Zerfall von μ^--Mesonen in mesonischen Atomen der Übergangsmetalle der Eisengruppe.** L. B. Jegorow, A. Je. Ignatenko, A. W. Kupzow und M. G. Petraschku. (J. exp. theoret. Physik [UdSSR] **43,** 1149—53, 1962; Vereinigtes Inst. für Kernforsch.; russ., Auszug: engl.) — Mit der Meth. der Scintillationszähler wurden Relativmessungen der Zerfallswahrscheinlichkeit von μ^--Mesonen in meson. Atomen von *Fe*, *Zn*, *Ni*, *Cu* ausgeführt. Die Ergebnisse zeigten das Fehlen einer von verschiedenen Autoren beobachteten Anomalie. P. Sliwinski 90◇

0009 **Photoerzeugung geladener Pionen aus Kernen.** 2. Mitt. V. Devanathan und G. Ramachandran. (Nuclear Physics [Amsterdam] **42,** 254—63, 1963; Madras, Univ., A. C. Coll. of Technol. und Inst. of Math. Sci.; engl.) — 1. vgl. gl. J. **38,** [1962], 654. — Ein allg. Ausdruck für den Wrkg.-Querschnitt der Photoerzeugung geladener Pionen wird unter expliziter Anwendung der Summe über alle magnet. Quantenzahlen abgeleitet.
H. Schroeder 90◇

0010 **Dispersionsbeziehungen für die Photoerzeugung von π^0-Mesonen an Deuteronen.** Vladimir Šachl. (Nuclear Physics [Amsterdam] **26,** 681—92, 1961; Dubna, Joint Inst. for Nucl. Res., Labor. of Theoret. Phys.; engl.) — Die Berechnungen, die den Rückstoß im Breit-Syst. einschließen, wurden mit einer Zweinucleonennäherung durchgeführt. H. Schroeder 90□

0011 **Elektroerzeugung von neutralen Pionen aus Deuterium.** Stephen L. Brown. (Physic. Rev. [2] **131,** 1330—33, 1963; Lafayette, Ind., Purdue Univ.; engl.) — Theoret. Unters. des differentiellen Querschnitts für $e + d \rightarrow e + d + \pi^0$. Vorschlag eines Experimentes zur Unters. der Nucleonenformfaktoren.
Herbert Weber 90◇

0012 **Erzeugung von π^0-Mesonen im Coulomb-Feld von Kernen.** W. W. Barmin, Ju. Ss. Kresstnikow, Je. W. Kusnetzow, A. G. Meschkowski, Ju. P. Nikitin und W. A. Schebanow. (J. exp. theoret. Physik [UdSSR] **43,** 1223—30, 1962; Akad. der Wiss. der UdSSR; Inst. für theoret. u. exp. Phys.; russ., Auszug: engl.) — Eine Xe-Blasenkammer diente zur Unters. der π^0-Erzeugung durch 2,8-GeV/c-π^--Mesonen im Coulomb-Feld von *Xe*-Kernen ($\pi^- + Xe \rightarrow \pi^- + \pi^0 + Xe$). Der Wirkungsquerschnitt dieser Rk. im Bereich des Emissionswinkels Θ von 3—30° ist $4{,}4 \pm 1{,}6$ mb. Die Winkelverteilung besitzt ein scharfes Maximum für $\Theta < 10°$. Es wurde eine Beziehung abgeleitet, die den Wirkungsquerschnitt mit dem Wirkungsquerschnitt des Photoprozesses $\gamma + \pi^- \rightarrow \pi^- + \pi^0$ ($0{,}6 \pm 0{,}2$ mb) verknüpft.
P. Sliwinski 90◇

0013 **Über den Vektorformfaktor beim Pionen-Betazerfall.** Ian Duck. (Nuclear Physics [Amsterdam] **45, 243** bis 252, 1963; Los Angeles, Calif., Univ. of Southern California; engl.) — Berechnung des Pionen-Vektorformfaktors beim Zerfall $\pi^+ \rightarrow \pi^0 + e\pm + \nu$.
H. Schroeder 90◇

0014 **Erzeugung von Ξ^--Hyperonen durch π^--Mesonen mit Impulsen von 7 und 8 GeV/c.** Gan-Tschan Wan, Zu-Zsen Wan, N. M. Wirjassow, Da-Zao Din, Kim Chi In, Je. N. Kladnitzkaja, A. A. Kusnetzow, A. Michul, Ngujen Din Ty, A. W. Nikitin und M. I. Ssolowjew. (Acta physica sinica **17,** 205—13, 1961; chin., Auszug: russ.) — Für die Erzeugung der Ξ^- durch π^- mit 7 u. 8 GeV/c wurden Wrkg.-Querschnitte bestimmt. Die Masse des Hyperons ergab sich zu 1317,0 $\pm$ 2,2 MeV u. seine Lebensdauer zu $3{,}5\,(^{+3,1}_{-1,2}) \cdot 10^{-10}$ s.
M. Wiedemann 90◇

0015 **Beobachtung der Erzeugung eines $\Xi^- + \bar{\Xi}^+$-Paares.** H. N. Brown, B. B. Culwick, W. B. Fowler, M. Gailloud, T. E. Kalogeropoulos, J. K. Kopp, R. M. Lea, R. I. Louttit, T. W. Morris, R. P. Shutt, A. M. Thorndike, M. S. Webster, C. Baltay, E. C. Fowler, J. Sandweiss, J. R. Sanford und H. D. Taft. (Physic. Rev. Letters **8**, 255—57, 1962; Upton, N. Y., Brookhaven Nat. Labor.; New Haven, Conn., Yale Univ.; engl.) — In einer H_2-Blasenkammer, die dem in einem W-Target erzeugten Antiprotonen-Strahl von 3,3 GeV/c ausgesetzt war, wurde die Rk. $p + \bar{p} + \rightarrow \Xi^- + \bar{\Xi}^+$ beobachtet. Die einzelnen Daten bzgl. Massen, Winkel, Lebensdauern sind zusammengestellt. M. Wiedemann 90□

0016 **Beispiel der Erzeugung eines Antikaskadenteilchens ($\bar{\Xi}^+$) in $\bar{p}$–p-Stößen bei 3,0 GeV/c.** Anonym. (Physic. Rev. Letters **8**, 257—60, 1962; Geneva, CERN; Saclay, CEN; engl.) — Beobachtungen in einer H_2-Blasenkammer. Die Masse des $\bar{\Xi}^+$ wurde zu 1356,2 MeV bestimmt. M. Wiedemann 90□

0017 **Eine Wechselwirkung eines Hyperons mit Strangeness —2.** B. Bhowmik. (Nuovo Cimento [10] **29**, 1—7, 1963; Delhi, Univ. of Delhi, Dep. of Phys. and Astrophys.; engl.) — Es wird über die Wechselwrkg. eines Ξ^--Hyperons in Ruhe in einer Kernemulsion berichtet; sie führte zu 2 Hyperkernen, von denen einer als ^{4}H-Hyperkern ($_\Lambda{}^4H \rightarrow {}^4He + \pi^-$) identifiziert wurde. Auf Grund der Beobachtung der Emission eines geladenen K-Mesons wird auf einen Strangeness-Wert —2 für das Hyperon geschlossen. H. Schroeder 90◇

0018 **Experimentelle Prüfung der Auswahlregel $\Delta S = \Delta Q$.** R. P. Ely, W. M. Powell, H. White, M. Baldo-Ceolin, E. Calimani, S. Ciampolillo, O. Fabbri, F. Farini, C. Filippi, H. Huzita, G. Miari, U. Camerini, W. F. Fry und S. Natali. (Physic. Rev. Letters **8**, 132—36, 1962; Berkeley, Calif., Univ. of California; Padova, Univ., Ist. di Fis., Ist. Naz. di Fis. Nucl.; engl.) — Nach der $\Delta Q = \Delta S$-Regel müßten die Prozesse $K° \rightarrow e^- + \pi^+ + \bar{\nu}$ u. $\bar{K}° \rightarrow e^+ + \pi^- + \nu$ verboten sein. Die entsprechenden Zerfallsraten wurden mit den K°- u. $\bar{K}$°-Zuständen als Funktion der Zeit verglichen. Dazu wurde die 30-in.-Propan-Blasenkammer dem K^+-Bündel von 790 MeV/c ausgesetzt, das durch Ladungsaustausch neutrale K ergibt. Die Analyse ergab, daß die $\Delta Q = \Delta S$-Regel nicht gilt. M. Wiedemann 90□

0019 **Einige Betrachtungen über die Strahlungskorrekturen zum Myon- und Neutronenzerfall.** S. M. Berman und A. Sirlin. (Ann. Physics **20**, 20—43, 1962; Geneva, Switzerland, CERN; engl.) — Unters. der Möglichkeit von Mehrdeutigkeiten im Regulator-Verf., das zur Berechnung der Strahlungskorrekturen benutzt wird. Herbert Weber 90◇

0020 **Reichweite von energiereichen Wechselwirkungen.** Freda Salzman. (Physic. Rev. [2] **131**, 1345—50, 1963; Boulder, Colo., Univ. of Colorado; engl.) — Die Reichweite der energiereichen Nucleon–Nucleon-Wechselwrkg. wird in einem einfachen Modell mit einem unelast. Kanal untersucht. Herbert Weber 90◇

0021 **Wirkungsquerschnitte bei hoher Energie, Pomerantschuk-Theoreme und Regge-Pole.** Bhalchandra M. Udgaonkar. (Physic. Rev. Letters **8**, 142—45, 1962; Berkeley, Calif., Univ. of California, Lawrence Radiat. Labor.; engl.) — Das asymptot. Verh. der Amplitude der elast. Streuung bei hohen Energien wird durch die Regge-Pole in gekreuzten Kanälen bestimmt. Für die verschiedenen Rkk., z. B. $\sigma(\pi^-p) \pm \sigma(\pi^+p)$, $\sigma(K^+p) \pm \sigma(K^+n)$, wird das Verh. bei hohen Energien skizziert. M. Wiedemann 90□

0022 **Über das asymptotische Verhalten von Querschnitten bei hohen Energien.** W. B. Beresstetzki und I. Ja. Pomerantschuk. (J. exp. theoret. Physik [UdSSR] **39**, 1078—86, 1960; russ., Auszug: engl.) — Vgl. C. **1960**, 4088. — In Pol-Näherung werden die Prozesse der Umwandlung von 2 in 3 oder 4 Teilchen im Bereich hoher Energien behandelt. Wenn die Energien so hoch sind, daß der Querschnitt der elast. Streuung nicht von der Energie abhängt, nimmt der Querschnitt des Prozesses der Umwandlung von 2 in 3 Teilchen mit der Energie nicht ab, derjenige der Umwandlung von 2 in 4 Teilchen nimmt logarithm. mit der Energie zu. Man kann daraus schließen, daß der Querschnitt der elast. Streuung bei sehr hohen Energien Null zustrebt. — Vgl. nachst. Referat. R. K. Müller 90□

0023 **Über das asymptotische Verhalten von Querschnitten bei hohen Energien.** V. B. Berestetsky und I. Ya. Pomeranchuk. (Nuclear Physics [Amsterdam] **22**, 629—39, 1961; Moscow, USSR, Acad. of Sci. of the USSR, Theoret. and Experim. Phys. Inst.; engl.) — Vgl. vorst. Referat. Herbert Weber 90◇

0024 **Messungen der Vielfachstreuung in Gegenwart von Energieverlusten.** A. Marques. (Nuclear Instruments Methods [Amsterdam] **23**, 264—68, 1963; Rio de Janeiro, Centro Brasil de Pesqu. Fis. and Fac. Nac. de Filos.; engl.) — Aufstellung einer Korrektur erster Ordnung zur Schätzung der wahren Streuung, die kleine Energieverluste erklärt. Aus Streumessungen an Pionen erhaltene Ergebnisse stimmen mit der entwickelten Theorie überein. Gerhard Schmidt 90◇

0025 **Über die Degradation stellarer und kosmischer Neutrinos.** W. M. Charitonow. (Ber. Akad. Wiss. UdSSR **150**, 75—76, 1963; russ.) — Es wird ermittelt, welche Energiedichten die stellaren u. kosm. Neutrinos infolge der Fluktuationen der Dichte des Neutrino-Antineutrino-Untergrunds im Weltall erreichen können. M. Wiedemann 90◇

0026 **Untersuchung der elastischen Streuung von Neutrino oder Antineutrino an Elektronen unter Berücksichtigung höherer Näherungen.** Wan-Cheu Ngujen. (J. exp. theoret. Physik [UdSSR] **43**, 984—90, 1962; Vereinigtes Inst. für Kernforsch.; russ., Auszug: engl.) — Unters. mittels der Dispersionsbeziehung. Bei der vorgenommenen Näherung folgt eine Resonanz, deren Lage u. Halbwertsbreite von einer unbekannten Konst. abhängen. Der Wirkungsquerschnitt der betrachteten Prozesse geht gegen Null, wenn die Energie gegen Unendlich geht. H. Liepack 90◇

0027 **Regge-Pol bei Reaktionen hochenergetischer Neutrinos.** D. Tadić. (Nuovo Cimento [10] **29**, 183—91, 1963; Birmingham, Univ. of Birmingham, Dep. of Mathemat. Phys.; engl.) — Die Neutrino-Nucleon-Streuung wurde unter der Annahme analysiert, daß die Streuung durch einen Regge-Pol, der mit einem intermediären Vektorboson verknüpft ist, beherrscht wird. H. Schroeder 90◇

0028 **Photon-Proton-Stoß bei 250—800 MeV.** S. Minami. (Nuovo Cimento [10] **21**, 401—09, 1961; Osaka, Osaka City Univ., Dep. of Phys.; engl.) — Die experimentellen Ergebnisse der Photoerzeugung von Pionen werden analysiert, die Photon-Proton-Streuung durch Schattenstreuung infolge dieser Photoerzeugung wird beschrieben. M. Wiedemann 90□

0029 **Über die Streuung eines μ-Mesons und eines Elektrons durch ein Proton.** Zso-Ssnju Che und Wan Pei. (Acta physica sinica **17**, 246—50, 1961; chin.) — Theoret. Untersuchung. Herbert Weber 90◇

0030 **Streuung energiearmer Positronen durch Wasserstoffatome.** B. H. Bransden. (Proc. physic. Soc. **79**, 190—95, 1962; Genf, CERN; engl.) — Vgl. C. **1963**, 3848. — Der Einfl. der reellen oder virtuellen Bldg. des Positroniums auf die elast. Streuung der Positronen durch H-Atome bei niedriger Energie wird nach einer Störungs-Meth. untersucht. Demnach wird das Positron bei niedrigen Energien vom Atom angezogen u. die virtuelle Positronium-Bldg. spielt eine wichtige Rolle. M. Wiedemann 90□

0031 **Vernichtung von Positronen in einem ionisierten Gas.** I. N. Toptygin. (J. exp. theoret. Physik [UdSSR] **43**, 1031—36, 1962; Leningrad, Polytechn. Inst.; russ., Auszug: engl.) — Die Lebensdauer der Positronen in ionisiertem H_2 u. die Form der Vernichtungskurve werden bestimmt. In einem breiten Temp.-Bereich sind Coulomb-Korrelationen von wesentlicher Bedeutung. H. Liepack 90◇

0032 **Fermi-Oberfläche und Positronenvernichtung in Natrium.** A. T. Stewart. (Physic. Rev. [2] **123**, 1587 bis 1588, 1961; Chalk River, Ontario, Atom. Energy of

Canada Ltd.; engl.) — Messungen der Winkelverteilung der Photonen aus der Positronenvernichtung in polykristallinem Na zeigen: a) Die Fermi-Oberfläche in Na ist wahrscheinlich anisotrop um einen Betrag der Größenordnung von 5% des Fermi-Moments; b) die Vernichtungswahrscheinlichkeit ist im Geschw.-Bereich der Leitungselektronen in Na nicht wesentlich von der Geschw. abhängig. Dieses Ergebnis steht im Einklang mit früheren theoret. Arbeiten. P. Detje 90◇

0033 **Energieverteilung von in flüssigem Methan gestreuten kalten Neutronen.** H. Stilier und S. Hautecler. (Z. Physik **166**, 393—405, 1962; Jülich, Inst. für Reaktorwerkstoffe der Kernforschungsanlage; Mol, Belgien, Centre d'Etude de l'Energie Nucl., Inst. für Neutronenphysik; dt.) — Die Wechselwrkg. zwischen CH_4-Moll. sollte durch Neutronenspektroskopie-Messungen der verschiedenen Phasen untersucht werden. In einer Erst-Unters. der mol. Rotationen wurde festgestellt, daß sie im fl. Zustand völlig frei sind. Ein symm. Aufspaltung des Niveaus $L = 1$ wurde beobachtet. Ein Vgl. der experimentellen Ergebnisse mit berechneten Übergangswahrscheinlichkeiten ergibt gute Übereinstimmung für die Übergänge $\Delta L \geq 2$ u. für diejenigen Übergänge $\Delta L = 1$, welche $L \geq 2$ als Anfangszustand haben. Diese Übergänge erscheinen folglich eher von L unabhängig zu sein. O. Jansen 90◇

0034 **Neutronenflußverteilung in Zylindern nach einer Variationsmethode.** C. D. McKay. (Canad. J. Physics **40**, 1714—29, 1962; Kingston, Ontario, Royal Military Coll. of Canada, Dep. of Math.; engl.) H. Schroeder 90◇

0035 **Absorption epithermischer Neutronen in Plattengittern.** M. Goldsmith. (Nuclear Sci. Engng. **15**, 382—87, 1963; Pittsburgh, Pa., Westinghouse Electr. Corp., Bettis Atom. Power Labor.; engl.) — Entw. einer Mehrgruppen-Meth. zur Berechnung des epitherm. Flusses in der Umgebung eines Platten-Absorbers. Gerhard Schmidt 90◇

0036 **Resonanzabsorption in ^{239}Pu und deren Wirkung auf den Temperaturkoeffizienten bestrahlter Uranstäbe.** M. H. McKay. (Reactor Sci. Technol. **14**, 200—08, 1961; Erith, Kent, General Electric Co., Atom. Energy Div.; engl.) — Das effektive Resonanzintegral sowohl für Spaltung als auch für Strahlungseinfang wurde für verschieden dimensionierte Stäbe aus reinem ^{239}Pu bei verschiedenen Temp. in einem Graphitgitter berechnet. Anschließend wurde der Beitrag von ^{239}Pu zum effektiven Resonanzintegral bestrahlter Uranstäbe in einem Graphitmoderator für die gleichen Stabgrößen u. Temp. bestimmt. Die Temp.-Koeff. wurde für Konzz. von 0,15 u. 0,2% ^{239}Pu geschätzt u. mit dem Temp.-Koeff. der gleichen Stäbe bei Null-Bestrahlung verglichen. O. Jansen 90◇

0037 **Langzeit-Reaktivitätsänderungen bei bestrahltem Thorium.** D. C. C. Gibbs, M. Gibson und W. A. Cooper. (J. nuclear Energy **15**, 130—39, 1961; Dorset, Winfrith, Atom. Energy Establ.; engl.) — Eine Analyse der Oscillatormessungen an *Th*-Brennelementen im NRX-Reaktor wurde durchgeführt. Für das Verh. der Neutronen wurde ein einfaches Modell angenommen. Bei Erniedrigung der Neutronenausbeute von ^{233}U um angenähert 1% wird Übereinstimmung zwischen dem Experiment u. der Berechnung erhalten. O. Jansen 90◇

0038 **Relativer Wert von Regelsubstanzen.** John L. Russell jun. (Nucleonics [New York] **18**, Nr. 12, 88—92, 1960; Pleasanton, Calif., Gen. Electrics Comp., Vallecitos Atomic Labor.; engl.) — Durch Definition einer „Boräquivalenz" (d. h. diejenige B-Oberflächendichte, die auf einen Reaktor den gleichen Reaktivitätseffekt ausübt wie eine Probe eines anderen Stoffs bestimmter Oberflächendichte) wird versucht, einen Vgl.-Standard für Reaktorregelsubstanzen zu finden. Einige Ergebnisse werden für In, Cd u. Hf angegeben. H. Roschkowski 90◇

0039 **Eine Methode zum Vergleich von Reaktorregelsubstanzen.** T. J. Pashos, G. D. Ritland und J. L. Russell jun. (Nucleonics [New York] **18**, Nr. 12, 94 bis 100, 1960; San Jose, Calif., Gen. Electric Co., Atomic Power Equipment Dep.; engl.) — Vgl. vorst. Referat. — Zum Vgl. des relativen Werts u. zur Kostenberechnung von Regelsubstanzen für den Reaktorbetrieb wird ein mathemat. Verf. angegeben. Der Reaktivitätswert mit Bezug auf einen 0,020 in. dicken Cd-Film gegen die Oberflächendichte (vgl. l. c.) wird für Eu_2O_3, Sm_2O_3, Gd_2O_3, In, HF, Ag, Au, Co, Tb_4O, Co, Dy_2O_3, Ho_2O_3, Ta, Yb_2O_3, Er_2O_3, Lu_2O_3 u. Tm_2O_3 graph. angegeben, ebenso die effektive fraktionelle Oberflächendichte gegen den Anteil des ausgebrannten Absorbers (B, Er, Gd, Hf, Dy, Ag, Eu). H. Roschkowski 90◇

0040 **Zur Bestimmung der Reaktivität schräger Regelstäbe.** E. R. Schwarz. (Nukleonik [Berlin] **5**, 16—18, 1963; Erlangen, Siemens-Schuckertwerke, Abt. Reaktorentw.; dt.) — Die zwischen der Eingruppen-Diffusionstheorie u. der Abkühlung eines festen Körpers bestehende Analogie wird zur Best. der Reaktivität schräger Regelstäbe im homogenen unreflektierten Reaktor an einem Modell verwendet. Über die Eignung verschiedener Stoffe zur Herstellung des Modells wird berichtet; die Reaktivitäten von 23 verschiedenen Anordnungen schräger Regelstäbe (bezogen auf die Reaktivität des axialen Regelstabs) u. die Abschirmfaktoren für diese Anordnungen werden angegeben. H. Schroeder 90◇

0041 **Stromäquivalente Zweigruppen-Parameter für Regelstabzellen. Autokodeprogramm CRCC.** O. Norinder und K. Nyman. (Nukleonik [Berlin] **5**, 19—22, 1963; Stockholm, Aktiebolaget Atomenergi; engl.) — Theoret. Betrachtungen. Für einige charakterist. Fälle wurden die berechneten Parameter für Regelstäbe in einem Gitter mit Schwerem W. angegeben. H. Schroeder 90◇

0042 **Eine variierte Methode der gepulsten Quelle zur Messung der Abfallkonstante der thermischen Neutronen in Graphit.** Fritz von Mühlen. (Nukleonik [Berlin] **5**, 1—3, 1963; Frankfurt/M., Johann-Wolfgang-Goethe-Univ., Inst. für Kernphysik; dt.) — Vf. zeigt, daß die Konst. der zeitlichen Abnahme durch Variierung der Dauer der Einschußimpulse u. Messung der Neutronenintensität im Moderator in Abhängigkeit von der Dauer des Einschußimpulses in festem zeitlichen Abstand vom Impulsende bestimmt werden kann. Der apparative Aufbau wird beschrieben. An einen Graphitblock ($2 \times 1{,}6 \times 1{,}6$ m) wurde ein Wert von $290 \pm 3\,s^{-1}$ für die Abfall-Konst. λ erhalten. H. Schroeder 90◇

0043 **Untersuchung von Quellen thermischer Neutronen.** R. D. Wassiljew, G. A. Dorofejew, G. Ss. Mordowskaja, W. I. Petrow und M. I. Pimenow. (Atomenergie [UdSSR] **15**, 200—04, 1963; russ.) — Der Anteil der therm. Neutronen, die aus einer Paraffinkugel von 15 u. 20 cm ⌀ herauskommen, wurde mittels Cd-Folien u. BF_3-Zählern für verschiedene α-Be-Quellen mit Pu, Po, Ac, Ra von 10^5—10^7 Neutronen/s je nach der Form der Quelle zu 0,11—0,13 bestimmt. Das von einer Kugel von 20 cm, die auf 80° erhitzt wurde, emittierte Neutronenspektrum entsprach der Maxwell-Verteilung mit 600° K. M. Wiedemann 90◇

0044 **Berechnung des Durchgangs von Neutronen durch eine flache Polyäthylen-Schicht.** Ss. M. Jermakow, W. G. Solotuchin und E. Je. Petrow. (Atomenergie [UdSSR] **15**, 253—55, 1963; russ.) — Berechnung nach der Monte-Carlo-Meth. für Höhen der Schicht von 5, 10 u. 15 cm, Neutronenenergien von 0,3; 1 u. 2 MeV u. Einfallswinkel der monoenerget. Neutronen von 0, 15, 30, 45 u. 75°. Erhalten wurden die Zahl der austretenden Neutronen für bestimmte Energien u. Winkel, die Gesamtzahl der reflektierten Neutronen u. die Verteilung der therm. Neutronen über die Schichtdicke. M. Wiedemann 90◇

0045 **Eine qualitative Diskussion der kollektiven potentiellen Energie im Quasispinmodell.** Walter Greiner. (Z. Physik **172**, 386—401, 1963; Freiburg i. Br., Univ., Phys. Inst.; dt.) — Die potentielle Energieoberfläche wird mit dem von Kerman (C. **1962**, 2981) eingeführten Quasispinmodell für ein einfaches Modell, das aus einem geschlossenen Core u. einer j-Schale besteht, berechnet. H. Schroeder 95◇

0046 **Eine mikroskopische Beschreibung der kollektiven Niveaus nichtsphärischer Kerne.** D. F. Saretzki und M. G. Urin. (J. exp. theoret. Physik [UdSSR] **43**, 1021—30, 1962; Moskau, Inst. für Ingenieur-Physik; russ., Auszug: engl.) — Berechnungen unter Berücksichtigung der Wechselwrkg. zwischen Neutronen u. Protonen. — Vgl. C. **1963**, 3466 u. 9175. H. Liepack 95◇

0047 **Bandmischung in deformierten Kernen.** J. S. Greenberg, G. G. Seaman, E. V. Bishop und D. A. Bromley. (Physic. Rev. Letters **11**, 211—14, 1963; New Haven, Conn., Yale Univ.; engl.) — Die beim Beschuß eines dicken ^{152}*Sm*-Target mit ^{16}*O*-Ionen verschiedener Energie (36—64 MeV) erhaltenen γ-Spektren (multiple Coulomb-Anregung) werden diskutiert. Die Abweichungen vom einfachen Rotationsmodell lassen sich nicht allein durch Beimischung der Gammazustands-Wellenfunktionen deuten, notwendig ist die Zufügung des Betabands. M. Wiedemann 95◇

0048 **Der 5,18-MeV-Zustand in ^{10}B.** B. H. Armitage und R. E. Meads. (Physics Letters [Amsterdam] **1**, 284—85, 1962; Harwell, Berks., A. E. R. E.; Devon, Univ. of Exeter, Washington Singer Labor.; engl.) — Vgl. C. **1963**, 2320. — Ein in ^{10}B angereichertes B-Target wird mit 10,44-MeV-Deuteronen beschossen, die unelast. gestreuten Deuteronen werden unter einem Labor.-Winkel von 60° nachgewiesen. Nach Subtraktion, der 5,11-MeV-Spitze wird die Breite (Schwerpunkts-Syst.) des 5,18-MeV-Zustandes zu 110 $\pm$ 10 keV gemessen. Gerhard Schmidt 95◇

0049 **Anregungen kollektiver Oktupolzustände im Pd–Sm-Bereich.** O. Hansen und O. Nathan. (Nuclear Physics [Amsterdam] **42**, 197—220, 1963; Copenhagen, Univ., Inst. for Theor. Phys.; engl.) — Die γ-Strahlung aus Übergängen nach unelast. Streuung von α-Teilchen (14—20 MeV) an 30 gerade-Kernen der Elemente *Pd*, *Cd*, *Sn*, *Te*, *Ba*, *Ce*, *Nd* u. *Sm* ($106 \leq A \leq 154$) wurde gemessen. Ebenso wurde die Winkelkorrelation zwischen rückgestreuten α-Teilchen u. Abkling-γ-Strahlen bestimmt. Aus Ausbeutemessungen wurden für die stärksten Oktupolanregungen die red. elektromagnet. Übergangswahrscheinlichkeiten B(E3) bei niedrigen Beschußenergien abgeleitet. Diese Werte sind um den Faktor 15—100 höher als nach der Einzelteilchenschätzung zu erwarten wäre. H. Schroeder 95◇

0050 **Anomale Statistik der partiellen Strahlungsbreiten.** N. Rosenzweig. (Physics Letters [Amsterdam] **6**, 123—25, 1963; Argonne, Ill., Argonne Nat. Labor.; engl.) — Vf. zeigt, wie das bestehende statist. Modell (vgl. Porter u. Thomas, C. **1957**, 4585) ausgedehnt werden kann, um Anomalien, wie z. B. unerwartet kleine Schwankungen in den partiellen Strahlungsbreiten (^{239}U), zu erklären. Gerhard Schmidt 95◇

0051 **Direkte Messung der Hyperfeinstruktur des 6^3P_1-Niveaus des Kernisomers ^{197}Hg*.** C. Brot. (J. Physique Radium **22**, 412—16, 1961; Paris, Fac. des Sci., Labor. de Chim. Phys.; franz.) — ^{197}Hg* mit dem Spin 13/2 wurde durch Beschuß einer Au-Folie mit Deuteronen im Cyclotron gewonnen. Mittels eines Verf. der Doppelresonanz wurde das Hyperfein-Intervall F = 13/2 bis F = 11/2 im 6 $^3P_1$-Zustand gemessen. Für das Intervall ergab sich 14 234,86 $\pm$ 0,09 MHz. M. Wiedemann 95□

0052 **Bedeutung der Rumpfpolarisation bei der Berechnung von Kernmomenten aus Hyperfeinstruktur-Daten. Kernmomente von ^{11}C.** N. Bessis, H. Lefebvre-Brion und C. M. Moser. (Rev. mod. Physics **35**, 548—50, 1963; Paris, Centre de Mécan. Ondulat.; engl.) — Die magnet. Momente von ^{11}B, ^{17}O u. ^{19}F werden aus den experimentellen Hyperfeinkonst. unter Verw. des von Vff. aus (a) Hartree-Fock-Funktionen, (b) spinpolarisierten Hartree-Fock-Funktionen, (c) der Projektion der spinpolarisierten Funktionen ermittelten magnet. Feldes des Elektrons berechnet. Aus den bekannten Hyperfeinkonst. des $^3P_2$-Zustands von ^{11}C lassen sich auf gleiche Weise das magnet. Dipolmoment u. das elektr. Quadrupolmoment dieses Kerns berechnen. A. Blaschette 95◇

0053 **Betazerfall-Übergangswahrscheinlichkeiten und magnetische Momente in der $f_{7/2}$-Schale.** B. F. Bayman, J. D. McCullen und Larry Zamick. (Physic. Rev. Letters **11**, 215—16, 1963; Princeton, N. J., Princeton Univ., Palmer Phys. Labor.; engl.) — An verschiedenen Beispielen (z. B. ^{43}Sc–^{43}Ca, ^{45}Ca–^{45}Sc, ^{45}Ti–^{45}Sc, ^{47}Sc–^{47}Ti) wird gezeigt, daß geeignete Vielteilchen-Wellenfunktionen einen großen Teil der experimentellen Daten über magnet. Momente u. β-Zerfallswahrscheinlichkeiten zu deuten vermögen, ohne daß es nötig ist, Konfigurationsmischung anzunehmen. M. Wiedemann 95◇

0054 **Diskussion der Quadrupolpräzession.** J. C. Raich und R. H. Good jun. (Amer. J. Physics **31**, 356—62, 1963; Ames, Iowa, Iowa State Univ., Inst. for Atomic Res. and Dep. of Phys.; engl.) — Theoret. Diskussion der Bewegung eines Kerns mit einem intrins. Quadrupolmoment in einem äußeren elektrostat. Feldgradienten vom klass. Standpunkt. Herbert Weber 95◇

0055 **Theorie der Kernreaktionen.** 3. Mitt. **Physikalische Größen und Kanalradien.** J. Humblet. (Nuclear Physics [Amsterdam] **31**, 544—49, 1962; Liège, Univ.; engl.) — 1. vgl. Nuclear Physics [Amsterdam] **26**, [1961], 529. — Berechnung der Resonanzzustände, der Stoßmatrix u. deren Residuen an den Polen sowie der partiellen Breiten u. der Größen ν_n u. μ_n. Gerhard Schmidt 103□

0056 **Behandlung der stark gekoppelten Kanaltheorie der Kernreaktionen nach der Vorstellung der echten starken Kopplung.** Taro Tamura. (Physics Letters [Amsterdam] **6**, 111—13, 1963; Oak Ridge, Tenn., Oak Ridge Nat. Labor.; engl.) — Modifizierung u. Weiterentw. der Theorie von Chase u. Mitarbeitern (C. **1959**, 4). Gerhard Schmidt 103◇

0057 **Compoundkernreaktionen und statische Theorie.** M. Bormann und H. Neuert. (Fortschr. Physik **11**, 277 bis 323, 1963; Hamburg, I. Inst. für Experimentalphys.; dt.) — Überblick. — 100 Literaturstellen. Herbert Weber 103◇

0058 **Eine Schwankungstheorie für nucleare Wirkungsquerschnitte.** Torleif Ericson. (Ann. Physics **23**, 390 bis 414, 1963; Geneva, CERN; engl.) — Anwendung der statist. Theorie der Kern-Rkk. auf die Beschreibung gemittelter Compoundkernquerschnitte. Gerhard Schmidt 103◇

0059 **Mechanismus der Wechselwirkung schneller Teilchen mit Kernen.** W. Ss. Baraschenkow und W. M. Malzew. (Nachr. Akad. Wiss. UdSSR, physik. Ser. **26**, 1069—74, 1962; Verein. Inst. für Kernforsch., Labor. für theoret. Phys.; russ.) — Die Kernkaskade wird für einfallende Protonen von 9 GeV u. Kerne ^{14}N u. ^{94}Nb mittels elektron. Rechenmaschine ermittelt u. die Daten mit Photoemulsionsdaten verglichen. Dabei wird zwischen Schauerteilchen, Kaskadenteilchen u. solchen mit schwarzen Bahnen unterschieden. Energie- u. Winkelverteilung werden berechnet. Die Übereinstimmung mit den Experimenten ist gut. M. Wiedemann 103◇

0060 **Grundzustand des ^{6}Be-Kerns.** M. Guljamow, B. W. Rybakow und W. A. Ssidorow. (J. exp. theoret. Physik [UdSSR] **44**, 1829—31, 1963; russ., Auszug: engl.) — Mit Hilfe der Flugzeit-Meth. wurde das Spektrum der in der Rk. ^6Li(p, n)^{6}Be entstehenden Neutronen bei einer Protonenenergie von 9,96 MeV bestimmt. Gemessen wurde mit einem Tolan-Scintillationspektrometer unter 7,5° in einem Abstand bis zu 10 m vom Target. Die Rk.-Energie wurde zu Q = $-5{,}08 \pm 0{,}04$ MeV, die Linienbreite des Grundzustandes des ^{6}Be-Kernes zu Γ = 0,14 $\pm$ 0,04 MeV bestimmt. G. Ewald 103◇

0061 **γ-Strahlen aus der 1,14-MeV-Resonanz bei ^{10}B (p, γ)^{11}C.** A. N. James. (Nuclear Physics [Amsterdam] **24**, 675—81, 1961; Cambridge, Cavendish Labor.; engl.) — Die bei der Rk. ^{10}B(p, γ)^{11}C mit 1,16-MeV-Protonen entstehende γ-Strahlung wurde unter Verw. eines NaJ(Tl)-Kristalls u. eines Multikanalspektrometers untersucht. Außer der Grundzustands-γ-Strahlung wurden Kaskaden durch die Niveaus bei 4,32 u. 6,48 MeV beobachtet. Für das 9,74-MeV-Niveau in ^{11}C wurde ein Spin von 5/2$^-$ vorgeschlagen. H. Schroeder 103□

0062 **Wirkungsquerschnitte für Photoneutronenresonanzen in ^{16}O.** D. W. Anderson, A. J. Bureau, B. C. Cook, J. E. Griffin, J. R. McConnell und K. H. Nybo. (Physic. Rev. Letters **10**, 250—53, 1963; Ames, Iowa, Iowa State Univ., Inst. for Atom. Res. and Dep. of Phys.; engl.) — Der Wrkg.-Querschnitt für die Rk. $^{16}O(\gamma, n) \cdot {}^{15}O$ wurde von der Schwellenenergie bis 60 MeV durch Registrierung der Positronenvernichtungsstrahlung von ^{15}O gemessen. Oberhalb der Riesenresonanz wurden mehrere Resonanzen festgestellt (Energie der Resonanzen in MeV; in Klammer % des auf 30 MeV integrierten Wrkg.-Querschnittes): 33,0 ± 0,5 (18,1), 39,7 ± 0,5 (7,9), 45,9 ± 0,8 (4,9), 51,6 ± 0,8 (2,4), 58,4 ± 1,4 (4,7). Der integrierte Wrkg.-Querschnitt von 30—60 MeV beträgt ca. 38% des integrierten Querschnittes von der Schwelle bis 30 MeV. H. Schroeder 103◇

0063 **Photoneutronenquerschnitt von Sauerstoff und Aluminium.** L. N. Bolen und W. D. Whitehead. (Physic. Rev. Letters **9**, 458—60, 1962; Charlottesville, Va., Univ. of Virginia, Dep. of Phys.; engl.) — Die absoluten (γ, n)-Querschnitte von Al u. O wurden unter Benutzung der Bremsstrahlung des 70-MeV-Synchrotrons gemessen. Der Querschnitt für O zeigt Maxima bei 17,3; 19,3; 22,3 u. 24,1 MeV; der für Al zeigt Maxima bei 14,6; 16,4; 18,1; 19,8 u. 21,4 MeV. Herbert Weber 103◇

0064 **Untersuchung der $^{28}Si(n,\alpha)$-Reaktion und experimenteller Nachweis der Ericson-Fluktuation.** L. Colli, U. Facchini, I. Iori, M. G. Marcazzan, M. Milazzo, E. Saetta Menichella und F. Tonolini. (Energia nucleare **9**, 439—50, 1962; Segrate, Milano, Labor. CISE; Milano, Univ., Ist. di Fis.; engl.) — Die Wrkg.-Querschnitte der Rk. $^{28}Si\,(n, \alpha)^{25}Mg$ für Übergänge in den Grund- u. ersten angeregten Zustand des ^{25}Mg wurden als Funktion der Neutronenenergie gemessen. Die Messung erfolgte mit einem Si-Halbleiterdetektor im Bereich 12,5—18,5 MeV. Die Meßergebnisse wurden nach der von Ericson entwickelten Theorie des Compoundkerns analysiert. Die Rkk. $^{27}Al\,(p, \alpha)$ u. $^{28}Si\,(d, \alpha)$ wurden bei Anregungsenergien im Bereich überlappter Niveaus ebenfalls analysiert. R. Wolter 103◇

0065 **Die Energieverteilung der bei dem Beschuß von ^{54}Fe, ^{63}Cu, ^{64}Zn und ^{107}Ag mit 15-MeV-Neutronen emittierten α-Teilchen.** M. Irfan und W. Jack. (Proc. physic. Soc. **81**, 808—15, 1963; Glasgow, Univ., Dep. of Natur. Philos.; engl.) — 1,8 mg/cm² dicke Targets wurden beschossen, die Energieverteilung der α-Teilchen in der Vorwärtsrichtung (Durchschnittswinkel 55°) wurde mit einem Proportionalzähler-Scintillationszähler-Teleskop gemessen. Die in Diagrammen dargestellten Energiespektren wurden mit der statist. Theorie der Kern-Rkk. analysiert; man erhielt Werte für Kern-Temp. T, Niveaudichteparameter a u. differentielle Wrkg.-Querschnitte für die (n, α)- u. $(n, n\alpha)$-Reaktion. Die Werte von T ca. 1 MeV u. von a ca. 5 MeV^{-1} für die gebildeten Kerne ^{51}Cr, ^{60}Co bzw. ^{61}Ni sind mit bekannten Daten vergleichbar. Für ^{104}Rh wurde ein Wert von $T = 1{,}2$ MeV erhalten. Folgende differentielle Wrkg.-Querschnitte wurden bei 55° erhalten (Nuclid, für (n, α)-, $(n, n\alpha)$-Rk. in mbarn/sterad.): ^{54}Fe, 6,47 ± 0,65, 0,43 ± 0,1; ^{63}Cu, 5,65 ± 0,15; ^{64}Zn, 4,62 ± 0,45, 6,28 ± 1,0; ^{107}Ag, 0,96 ± 0,1, —. H. Schroeder 103◇

0066 **Emission von ^{8}Li-Fragmenten bei der Aufspaltung von Ag- und Br-Kernen durch 19-GeV-Protonen.** N. P. Bogatschew, A. G. Wolodko, Je. L. Grigorjew und Ju. P. Merekow. (J. exp. theoret. Physik [UdSSR] **44**, 1869—72, 1963; Dubna, Vereinigtes Inst. für Kernforschung; russ., Auszug: engl.) — Vff. untersuchten die Bldg. von ^{8}Li-Fragmenten aus Ag- u. Br-Kernen in Photoemulsionen. Es werden Charakteristiken des Prozesses der Emission von ^{8}Li in Zertrümmerungen mit $N_b \geq 8$ schwarzen Zacken angeführt: Ausbeute pro Zertrümmerung, Energie- u. Winkelverteilungen u. Angaben über die Emission von 2 Fragmenten bei einer Zertrümmerung. In 19283 Sternen mit $N_b \geq 8$ wurden 487 ^{8}Li-Fragmente gefunden. Die Grundcharakteristiken des Prozesses bleiben in einem großen Energieeintervall der Primärprotonen konstant. G. Ewald 103◇

0067 **Die Koeffizienten der Inneren Paarbildung bei den γ-Übergängen nach $^{60}Co \to {}^{60}Ni$ und $^{142}Pr \to {}^{142}Nd$.** H. Langhoff, P. Kilian und A. Flammersfeld. (Z. Physik **165**, 387—92, 1961; Göttingen, Univ., II. Phys. Inst.; dt.) — Die Koeff. ε der inneren Paarbldg. der 1,17- u. 1,33-MeV-Übergänge des ^{60}Ni u. des 1,57-MeV-Übergangs des ^{142}Nd wurden durch Nachw. der Vernichtungsstrahlung des Positrons gemessen. Vff. erhielten die Werte $\varepsilon = (3{,}7 \pm 0{,}6) \cdot 10^{-5}$ für ^{60}Ni u. $\varepsilon = (10{,}8 \pm 1{,}8) \cdot 10^{-5}$ für ^{142}Nd. Für den 1,57-MeV-Übergang des ^{142}Nd wurde E2 u. für den ersten Anregungszustand des ^{142}Nd 2^+ ermittelt. Bei weiteren Messungen wurde der Teilübergang von ^{142}Pr zum ersten Anregungszustand des ^{142}Nd zu (3,7 ± 0,4) % pro Zerfall gefunden. O. Jansen 103◇

0068 **Messung der Winkelkorrelation von Kaskaden-γ-Übergängen beim Zerfall von ^{145}Eu und ^{147}Eu.** Ju. A. Alexandrow und B. Bemer. (Nachr. Akad. Wiss. UdSSR, physik. Ser. **26**, 1159—61, 1962; Leningrad, Univ., Phys. Forschungsinst.; russ.) — Die beiden Isotope wurden durch Beschuß von Ta mit 660-MeV-Protonen erhalten. Gemessen wurden die Winkelkorrelationen der 110- u. 895-keV-γ-Strahlung von ^{145}Eu u. der Kaskaden 77—121 u. 121—676 keV von ^{147}Eu. Hieraus wurden Schlüsse auf die Niveaus (mit Spins u. Paritäten) von ^{145}Sm u. ^{147}Sm gezogen. M. Wiedemann 103◇

0069 **Untersuchung des Zerfallschemas von ^{148}Eu.** Ju. A. Alexandrow und R. Schelike. (Nachr. Akad. Wiss. UdSSR, physik. Ser. **26**, 1162—63, 1962; russ.) — Vgl. vorst. Referat. — ^{148}Eu wurde durch Beschuß von Ta mit 660-MeV-Protonen gewonnen u. das γ-Spektrum sowie die γ-γ-Koinzidenzen gemessen. Hiernach wurde das Termschema von ^{148}Sm aufgestellt. Neu gefunden wurden die Niveaus mit 2200, 2410, 2510 u. 2790 keV. M. Wiedemann 103◇

0070 **γ-Strahlen- und Elektronenspektrum innerer Konversionen, die bei der (n, γ)-Reaktion an Gadoliniumisotopen eintreten.** L. W. Groschew, A. M. Demidow, W. A. Iwanow, W. N. Lutzenko und W. I. Pelechow. (Nachr. Akad. Wiss. UdSSR, physik. Ser. **26**, 1119—33, 1962; russ.) — Die Spektren der γ-Strahlung u. der Elektronen der inneren Konversion wurden im Bereich 0,4—9 MeV bzw. 20 keV bis 3 MeV mit einem magnet. Compton-Spektrometer mit 0,3—0,6% Auflösungsvermögen u. einem magnet. Spektrometer mit Auflösungsvermögen von 0,6—1% beim Einfang therm. Neutronen durch die angereicherten Isotope ^{155}Gd u. ^{157}Gd aufgenommen. Für ^{156}Gd u. ^{158}Gd sind Energie, Intensität, Identifizierung der Linien, Umwandlungs-Koeff. u. Multipolarität zusammengestellt. Die einzelnen Niveaus werden diskutiert, Spins u. Paritäten sind zugeordnet. M. Wiedemann 103◇

0071 **Energiespektrum der Paare der inneren Konversionen, die bei Strahlungseinfang von thermischen Neutronen in Gd entstehen.** G. W. Daniljan und I. Ja. Korolkow. (Nachr. Akad. Wiss. UdSSR, physik. Ser. **26**, 1164 bis 1168, 1962; Inst. für theoret. und experimentelle Phys. der Akad. der Wiss. der UdSSR; russ.) — Mit einem magnet. Paarbildungsspektrometer wurde das Spektrum der inneren Konversionspaare, die beim Strahlungseinfang therm. Neutronen in Gd entstehen, aufgenommen. Der intensive Übergang mit 6,74 MeV ist gut sichtbar. M. Wiedemann 103◇

0072 **Zerfallskette $^{158}Er \xrightarrow[E]{2{,}5h} {}^{158}Ho \xrightarrow[E,\beta^+]{27\,Min.} {}^{158}Dy$.** N. A. Bonch-Osmolovskaya, B. S. Dzelepov, O. E. Kraft und Wang Young-Yu. (Nuclear Physics [Amsterdam] **27**, 581—85, 1961; Leningrad, Univ., Phys. Fac. u. Dubna, Joint Inst. for Nucl. Res.; engl.) — Die Existenz der Zerfallskette $^{158}Er \xrightarrow{2{,}5h} {}^{158}Ho \xrightarrow{27\,Min.} {}^{158}Dy_{stab.}$ wurde sichergestellt. Gemessen wurde die Intensitätsänderung der 330-keV- u. 715-keV-Positronen. Eine Analyse der Ergebnisse zeigt, daß das β^+-Spektrum mit $E_{max}(\beta^+) = 1320$ keV dem ^{158}Ho u. das mit $E_{max}(\beta^+) = 780$ keV dem ^{158}Er zugeschrieben werden muß. H. Schroeder 103□

0073 **Messung der relativen Intensitäten der γ-Strahlung beim Zerfall des ^{192}Ir.** J. H. Hamilton, S. Hultberg

und W. F. Frey. (Ark. Fysik **22,** 485—90, 1962; Nashville, Tenn., Vanderbilt Univ., Phys. Dep.; engl.) — Nach der Meth. der äußeren Konversion wurden die Intensitäten I_γ (in relativen Einheiten) der beim Zerfall ^{192}Ir → ^{192}*Pt* emittierten γ-Linien zwischen $E_\gamma = 296$ keV u. $E_\gamma = 613$ keV bestimmt. Es ergab sich für $E_\gamma = 296$ keV, $I_\gamma = 375 \pm 20$; $E_\gamma = 308$ keV, $I_\gamma = 395 \pm 30$; $E_\gamma = 317$ keV, $I_\gamma = 1000 \pm 35$; $E_\gamma = 468$ keV, $I_\gamma = 660 \pm 70$; $E_\gamma = 588$ keV, $I_\gamma = 49 \pm 5$; $E_\gamma = 605$ keV, $I_\gamma = 96 \pm 10$; $E_\gamma = 613$ keV, $I_\gamma = 60 \pm 10$.
R. Wolter 103◇

0074 **Eine Bestimmung der absoluten Energie der 412-keV-γ-Strahlung von ^{198}Hg.** G. Murray, R. L. Graham und J. S. Geiger. (Nuclear Physics [Amsterdam] **45,** 177—96, 1963; Chalk River, Ontario, Atom. Energy of Canada Ltd., Phys. Div.; engl.) — Durch Vgl. mit dem Energiewert der keiner Doppler-Verbreiterung unterliegenden Komponente der Vernichtungsstrahlung, die von vollständig thermalisiertem Positronium in Eis emittiert wird, wurde der exakte Energiewert der 412-keV-γ-Strahlung beim Zerfall ^{198}Au → ^{198}Hg bestimmt. Unter Heranziehung der Werte für die fundamentalen Konst., die in den Jahren 1955 bzw. 1961 als die besten angesehen wurden, ergaben sich die Werte (411,770 ± 0,010) keV bzw. (411,799 ± 0,007) keV. Das Verhältnis der Impulse der äußeren 412-keV-L_{III}-Konversionslinie von ^{198}Hg aus einem 0,07-mg/cm^2-U-Radiator zur äußeren K-Konversionselektronen-Linie der Vernichtungsstrahlung aus dem gleichen Radiator beträgt bei einer Impulsauflösung von ca. 0,09% 0,998761 ± 0,000010. H. Schroeder 103◇

0075 **Über zwei Arten der Kernspaltung.** Ju. A. Sselitzki und W. P. Eissmont. (J. exp. theoret. Physik [UdSSR] **43,** 1005—08, 1962; russ., Auszug: engl.) — Die kinet. Energien der Fragmente werden unter der Annahme der Hypothese zweier unabhängiger Spaltungsarten — symm. u. asymm. — betrachtet.
H. Liepack 103◇

0076 **Untersuchung der Korrelation der Massenverteilung der Spaltfragmente mit der Quantencharakteristik des Kerns im Sattelpunkt.** P. P. Djatschenko, B. D. Kusminow, L. Ss. Kutzajewa, A. I. Ssergatschew und A. N. Utjushnikow. (Atomenergie [UdSSR] **15,** 246 bis 247, 1963; russ.) — Es wurde die Massenverteilung der Spaltfragmente von ^{238}*U* bei Verwendung von Neutronen mit 1,5; 2; 5; 6,5 u. 15 MeV verglichen. Benutzt wurde eine Doppelionisationskammer mit Gittern. Die Quantencharakteristik des Kerns im Sattelpunkt, die sich in großer Winkelanisotropie bei der Spaltung mit 1,5-MeV-Neutronen bemerkbar macht, spiegelte sich in der Massenverteilung nicht wider. M. Wiedemann 103◇

0077 **Analyse spinabhängiger Spaltanisotropie.** R. B. Leachman und E. E. Sanmann. (Ann. Physics **18,** 274—93, 1962; Los Alamos, N. Mex., Univ. of California, Los Alamos Scient. Labor.; engl.) — Vff. untersuchten verschiedene Deutungen für das anomale Ansteigen beobachteter Spaltanisotropie bei steigendem Targetspin. Unter Verw. der Theorie von Bohr u. einer geeigneten Drehimpuls-abhängigen Übergangswahrscheinlichkeit konnte Übereinstimmung zwischen der berechneten u. beobachteten Anisotropieänderung in Abhängigkeit vom Targetspin erzielt werden.
H. Schroeder 103◇

0078 **Trägheitsmomente aufgeheizter Kerne und Winkelanisotropie der Spaltfragmente.** Ju. T. Grin. (J. exp. theoret. Physik [UdSSR] **43,** 1880—84, 1962; russ., Auszug: engl.) — Für $T \neq 0$ wurden die Trägheitsmomente als Funktion der Anregungsenergie berechnet. In Theorie u. Experiment stimmte die Winkelanisotropie der Spaltfragmente überein. P. Sliwinski 103◇

0079 **Kinetische Energie und Winkelverteilung der Fragmente der Spaltung von ^{238}U durch Neutronen und Photonen.** B. A. Botschagow, A. P. Komar und W. I. Fadejew. (Atomenergie [UdSSR] **15,** 191—94, 1963; russ.) — Mittels einer doppelten Impulsionisationskammer mit Gittern wurden Winkel- u. Energieverteilung der Spaltprodd. von ^{238}U bei Beschuß mit 14-MeV-Neutronen u. Photonen mit maximal 35 MeV bestimmt. Für 5 Winkelintervalle unterschieden sich die Kurven für die Abhängigkeit der Summe der kinet. Energien vom Verhältnis der schweren zur leichten Masse der Spaltfragmente, die zwischen 1,1 u. 1,9 variierte, praktisch nicht.
M. Wiedemann 103◇

0080 **Kanaleffekte in der Energieabhängigkeit der mittleren kinetischen Energie der ^{233}U-Spaltprodukte.** W. N. Okolowitsch und G. N. Smirenkin. (Atomenergie [UdSSR] **15,** 250—53, 1963; russ.) — Die Abhängigkeit der mittleren kinet. Energie der Spaltfragmente, der Zahl der prompten Neutronen, des Spaltquerschnitts u. der Winkelanistropie bei ^{233}U von der Energie der spaltenden Neutronen (0,3—4,7 MeV) gibt Hinweise auf das Vorliegen von Kanaleffekten, z. B. bei $E_n \approx 0,5$ u. $E_n \approx 1$ MeV. M. Wiedemann 103◇

0081 **Dreifachspaltung von Plutonium.** N. A. Perfilow, S. I. Ssolowjewa, R. A. Filow und G. I. Chlebnikow. (J. exp. theoret. Physik [UdSSR] **44,** 1832—36, 1963; russ., Auszug: engl.) — Vff. untersuchten mit Hilfe von Kernemulsionen die energet. Spektren von α-Teilchen großer Reichweite, die bei der spontanen Teilung von ^{238}Pu u. ^{240}Pu sowie bei der Spaltung von ^{239}Pu durch therm. Neutronen gebildet werden. Zur Abschirmung der natürlichen α-Aktivität wurde zwischen Emulsion u. aktive Schicht eine Pt-, Sn- oder Pb-Folie gelegt. In den Emulsionen wurden 246 Fälle der Neutronenspaltung von ^{239}Pu, 404 Fälle der zum Vergleich herangezogenen Spaltung von ^{235}*U*, 162 Fälle der spontanen Spaltung von ^{238}Pu u. 238 Fälle der spontanen Spaltung von ^{240}Pu gefunden. Die entsprechenden Energieverteilungen haben bei folgenden Energien ihre maximale Teilchenzahl: 17,1 (^{239}Pu + n), 15,5 (^{235}U + n), 17,3 (^{238}Pu) u. 17,0 MeV (^{240}Pu). Die Wahrscheinlichkeiten der spontanen Dreifachspaltung von ^{238}Pu beträgt 1:(395 ± 90); für ^{240}Pu 1:(410 ± 65). G. Ewald 103◇

0082 **Ionenquelle mit Oberflächenionisation zur Trennung der Isotope der Alkalimetalle.** W. I. Raiko, M. Ss. Ioffe und W. Ss. Solotarew. (Versuchsgeräte u. Versuchstechn. [UdSSR] **6,** Nr. 1, 29—32, 1961; russ.) — In einer elektromagnet. Trennanordnung für die *K*- u. *Rb*-Isotope mit 180°-Fokussierung wurde eine Ionenquelle mit Oberflächenionisation benutzt. Gegenüber den Quellen vom Gasentladungstyp hat diese Quelle den Vorteil, daß keine Schwingungen auftreten u. keine mehrfach geladenen Ionen gebildet werden. Die Isotope ^{39}K u. ^{85}Rb wurden angereichert, die mittleren Ionenströme lagen bei 50 mA. Der Anstieg des Ionenstroms mit der Temp. des Ionisators im Bereich 1000—1200° wurde untersucht. M. Wiedemann 104◇

0083 **Die Verwendung graphitüberzogener Wolframdrähte für die Isotopenanalyse von Uran mit einem Massenspektrometer.** I. Opauszky und K. F. Zmbov. (Bull. Boris Kidrich Inst. nuclear Sci. **14,** 17—20, 1963; engl.) — Der Graphitüberzug bewirkt u. a. eine Erhöhung der Austrittsarbeit sowie eine Verschiebung des Emissionsgleichgewichts in Richtung des elementaren U. Bei Drahttemp. > 1700° wurde nur U$^+$ gebildet, der Strom betrug bis zu 10^{-9} A. Mit einer Ionenquelle mit nur einem Faden wurde für natürliches U das Verhältnis ^{238}U/^{235}U = 138 ± 0,18 bestimmt. H. Liepack 104◇

0084 **Eine Bewertung des thermischen Brütens.** Paul R. Kasten. (Nukleonik [Berlin] **5,** 299—310, 1963; Jülich, Kernforschungsanlage, Inst. für Reaktorentw.; engl.) — Allg. Gesichtspunkte des Reaktorbetriebs als eine Funktion des Reaktortyps, des Brennstoffs u. der wirtschaftlichen Bedingungen. Die Charakteristiken von 5 therm. *Th*-Brütern werden wiedergegeben.
Gerhard Schmidt 110◇

0085 **Auslegung eines kleinen wäßrig homogenen Brüters.** R. H. Chapman, I. Spiewak, M. L. Tobias und D. R. Vondy. (Nuclear Sci. Engng. **15,** 347—53, 1963; Oak Ridge, Tenn., Oak Ridge Nat. Labor.; engl.) — An einem kleinen experimentellen wss. homogenen Reaktor werden die nuclearen, chem. u. hydrodynam. Charakteristiken, die bei großen Brütern erwartet werden, approximiert. Gerhard Schmidt 110◇

0086 **Phasenstabilität in Beschleunigern mit beliebiger Konfiguration des Hochfrequenzfelds.** A. N. Lebedew. (Versuchsgeräte u. Versuchstechn. [UdSSR] **6,** Nr. 6, 21—23, 1961; Phys. Inst. der Akad. der Wiss. der UdSSR; russ.) — Vf. zeigt, daß eine Modifikation des Beschleunigungs-Syst. das Gesetz der Dämpfung der Synchrotronschwingungen nicht ändern kann.
M. Wiedemann 112◇

0087 **Der Oscillator für das Cyclotron variabler Energie.** Izuo Hayashi. (Nuclear Instruments Methods [Amsterdam] **17,** 261—72, 1962; Tokyo, Univ. of Tokyo, Inst. for Nucl. Stud.; engl.) — Entw. eines neuen Oscillatortyps, durch den die Frequenz über einen weiten Bereich geändert werden kann. Gerhard Schmidt 112◇

0088 **Injektor negativer Wasserstoffionen.** Ju. M. Shirny und L. N. Kotschemassowa. (Versuchsgeräte u. Versuchstechn. [UdSSR] **6,** Nr. 2, 14—19, 1961; russ.) — Die Fokussierung für das Syst. zweier Varianten des Injektors negativer H_2-Ionen für einen elektrostat. Umladungsgenerator von 2 · 1,5 MeV wird berechnet u. experimentell erprobt. Der Durchmesser des Bündels wird auf 2—3 mm zusammengehalten. Beim Arbeiten der Quelle mit einem magnet. Analysator ändert sich die Fokussierung nicht. Die Anbringung eines Diaphragmas an der unteren Elektrode der Immersionslinse setzt das Bündel der neutralen Atome stark herab.
M. Wiedemann 112◇

0089 **Elektronen-Einschleusung in ein Mikrotron mittels eines Resonanzemitters im Resonator.** R. W. Müller. (Nuclear Instruments Methods [Amsterdam] **23,** 235—26, 1963; Mainz, Univ., Phys. Inst.; dt.) — Die Elektronen werden pulkweise injiziert. Die zeitliche Phase der Elektronenpulks ist beeinflußbar. Die Resonatorgeometrie wird durch Wahl des Startortes zur Fokussierung der Elektronen ausgenutzt. Die fokussierende Wrkg. des aus dem Resonator herausgreifenden elektr. Feldes auf ein an der Wand der zylindr. Eintrittsöffnung startendes Elektron wird rechner. nachgewiesen.
Gerhard Schmidt 112◇

0090 **Elektronengenerator von 500 keV.** A. P. Ssentschenkow und Ss. W. Kersnowski. (Versuchsgeräte u. Versuchstechn. [UdSSR] **6,** Nr. 3, 26—32, 1961; russ.) — Es wird ein elektrostat. Generator für Elektronenbündel beschrieben, der bei 250 μA arbeitet.
M. Wiedemann 112◇

0091 **Eine Streukammer mit Übergangszählern.** E. J. Feldl, J. R. Meriwether, G. R. Choppin und J. D. Fox. (Nuclear Instruments Methods [Amsterdam] **22,** 333—38, 1963; Tallahassee, Fla., Florida State Univ.; engl.) — Vff. konstruierten eine Streukammer, die folgende Forderungen erfüllt: a) genaue Anordnung des Targets; b) genaue Anordnung der Zähler im Hinblick auf die Entfernung vom Target u. den Winkel zum Strahl; c) leichte Drehung der Zähler in verschiedene Winkel; d) Möglichkeit zur Verw. beweglicher u. fester Zähler; e) genaue Anordnung der Kammer zur Strahlröhre; f) genau definierende Blenden für den Strahl u. die zu zählenden Teilchen; g) keine nachschleifenden Zuleitungsdrähte bei Drehung der Zähler; h) ein Faraday-Käfig zur genauen Messung des Strahlstroms.
P. Detje 112◇

0092 **Zirkoniumtargets auf Unterlagen aus Kupfer und Silber.** W. I. Petrow. (Versuchsgeräte u. Versuchstechn. [UdSSR] **6,** Nr. 2, 174—76, 1961; russ.) — Beschreibung eines Verf., um Zr-Schichten, gesätt. mit T oder D, auf Cu- oder Ag-Unterlagen aufzubringen. Das Verhältnis der T- zu den Zr-Atomen betrug bei Cu-Unterlage 1,4 u. bei Ag-Unterlage 1,8.
M. Wiedemann 112◇

0093 **Gewinnung von Targets aus leichtoxydierbaren Metallen.** W. Ja. Golownja und W. P. Moldowanow. (Versuchsgeräte u. Versuchstechn. [UdSSR] **6,** Nr. 3, 185—86, 1961; Phys.-techn. Inst. der Akad. der Wiss. der UdSSR; russ.) — Durch Verdampfung im Vakuum wurden auf organ. Unterlagen dünne Schichten leichtoxydierbarer Metalle erhalten, so z. B. 0,1—3 μ Ca u. ebensolche Na-Schichten. M. Wiedemann 112◇

0094 **Herstellung isotoper Magnesiumfolien aus Magnesiumoxid.** A. D. Bondar, W. N. Karew und A. P. Kljutscharew. (Versuchsgeräte u. Versuchstechn. [UdSSR] **6,** Nr. 2, 177—78, 1961; russ.) — Zur Darst. von Mg-Folien von 2—60 μ wurde Red. von MgO durch metall. La u. Verdampfung in einer Vakuumkammer angewandt. M. Wiedemann 112◇

0095 **Herstellung metallischer Targets von Ytterbium, Europium und Samarium aus den Oxiden.** A. D. Bondar, W. N. Karew und A. P. Kljutscharew. (Versuchsgeräte u. Versuchstechn. [UdSSR] **6,** Nr. 3, 186—87, 1961; russ.) — Zur Herst. dünner Schichten von Yb, Eu u. Sm wurde die Red. mit La-Metall bei 1100—1200°, im Falle von Sm bei 1400° angewandt.
M. Wiedemann 112◇

0096 **Herstellung freitragender Cadmiumfolien von etwa 50 μg/cm² Stärke.** W. Meckbach. (Rev. sci. Instruments **34,** 188—90, 1963; San Carlos de Bariloche, Argentinien, Centro Atom.; Chicago, Ill., Univ., Enrico Fermi Inst. for Nucl. Stud.; engl.) — Dünne freitragende Cd-Folien werden im Vakuum so hergestellt, daß zunächst eine Kunststoffschicht schwach (μg/cm²) mit Au bedampft u. darauf Cd ebenfalls durch Bedampfung aufgebracht wird. In einer bes. Anlage wird dann die Kunststoffunterlage (Newskin) mit einem Ae.-Aceton-Gemisch abgelöst.
W. Reusse 112◇

0097 **Eine Vier-Liter-Blasenkammer mit flüssigem Helium.** E. Di Capua, U. Doro, G. C. Gialaella, P. Guidoni, I. Laakso und G. C. Moneti. (Nuclear Instruments Methods [Amsterdam] **15,** 273—81, 1962; Roma, Univ., Ist. di Fis., Ist. Nat. di Fis. Nucl.; Frascati, Roma Labor. Naz. del C. N. E. N.; engl.) — Die Kammer kann in einem Magnetfeld von 17 kG betrieben werden. Die Änderung der Empfindlichkeit des Ionisierungsminimums mit der Temp. wird aufgezeigt.
O. Jansen 112◇

0098 **Bestimmung der Energie von γ-Quanten in einer Xenon-Blasenkammer.** L. P. Konowalowa, L. Ss. Ochrimenko und S. Ss. Strugalski. (Versuchsgeräte u. Versuchstechn. [UdSSR] **6,** Nr. 6, 26—31, 1961; Verein. Inst. für Kernforsch.; russ.) — Im Bereich von 10—1000 MeV wurde die Energie kolorimetr. auf 20% genau gemessen. Bei Energien > 1000 MeV werden die theoret. Annahmen über die Entw. von Elektron–Photon-Schauern benutzt. Die Abhängigkeit des Energieverlusts der Elektronen in Xe von der Energie, die Beziehung zwischen Reichweite u. Energie, die Abhängigkeit der Zahl der Schauerteilchen u. der Tiefe des Maximums von der Energie des Primärteilchens werden angegeben.
M. Wiedemann 112◇

0099 **„Konstanten" der Mehrfachstreuung in der Methode von Molière, berechnet für die Xenon-Blasenkammer.** D. Pinter. (Versuchsgeräte u. Versuchstechn. [UdSSR] **6,** Nr. 6, 31—34, 1961; Verein. Inst. für Kernforsch.; russ.) — Die Konst. werden für die Messung der Impulse geladener Teilchen mit konst. Zellen berechnet u. tabelliert. M. Wiedemann 112◇

0100 **Blasenkammer mit flüssigem Wasserstoff von 25 cm Durchmesser.** M. Ss. Ainutdinow, Ss. M. Sombkowski, Ss. Ja. Nikitin und Ja. M. Sselektor. (Versuchsgeräte u. Versuchstechn. [UdSSR] **6,** Nr. 1, 35—39, 1961; russ.) — Die Blasenkammer befand sich in einem Magnetfeld von 14 kOe u. wurde mittels einer Anordnung aus rostfreiem Stahl von 10 cm ⌀ expandiert. Der Druck schwankte zwischen 5,5 u. 1,8 at. Als Beispiel wurden negative Pionen von 7 GeV untersucht.
M. Wiedemann 112◇

0101 **Freon-Blasenkammer von 570 Liter Volumen.** A. Ss. Alexanjan, A. I. Alichanjan, M. M. Weremejew, A. M. Galper, W. G. Kirillow-Ugrjumow, L. P. Kotenko, L. A. Kusin, Je. P. Kusnetzow und G. I. Merson. (Versuchsgeräte u. Versuchstechn. [UdSSR] **6,** Nr. 6, 34—38, 1961; Phys. Inst. der Akad. der Wiss. der UdSSR; russ.) — Es wurde eine Blasenkammer konstruiert, die mit einer Mischung von Freon-12 u. Freon-13 bei 28° u. 24 at arbeitet u. Arbeitscyclen von der Größenordnung einiger Sek. erreicht.
M. Wiedemann 112◇

0102 **Großer Čerenkov-Detektor für kosmische Strahlung.** W. L. Dadykin. (Versuchsgeräte u. Versuchstechn. [UdSSR] **7,** Nr. 1, 60—62, 1962; Phys. Inst. der

Akad. der Wiss. der UdSSR; russ.) — Es wird ein Čerenkov-Detektor mit einer Registrierfläche von 15 m² u. einem mittleren Weg der Teilchen im Strahler (Wasser) von 3 m beschrieben. Die Zeit-Konst. liegt bei $1{,}5 \cdot 10^{-7}$ s. Mit dem Gerät wurden Messungen der Impulsverteilung von Myonen ausgeführt. M. Wiedemann 112◇

0103 **Gas-Schwellen-Čerenkov-Zähler zur Arbeit an Beschleunigern.** A. N. Beljakow, A. Ss. Wowenko, A. K. Kirillow, B. A. Kulakow, A. L. Ljubimow, Ju. A. Maturenko und I. A. Ssawin. (Versuchsgeräte u. Versuchstechn. [UdSSR] **6,** Nr. 1, 32—35, 1961; Verein. Inst. für Kernforsch.; russ.) — Es wurden 2 Čerenkov-Zähler mit Gasfüllung (Luft) konstruiert, bei denen die Abhängigkeit der Schwelle von der Teilchen-Geschw. zum Nachw. seltsamer Teilchen bei einem starken Untergrund langsamer Teilchen benutzt wurde. Sie wurden zusammen mit dem Synchrophasotron verwendet, z. B. bei der Unterscheidung von π u. K. Die Abhängigkeit der Zähl-Geschw. vom Gasdruck ist wiedergegeben. M. Wiedemann 112◇

0104 **Lichtsammlung im Čerenkov-Zähler.** A. P. Onutschin und A. G. Chabachpaschew. (Versuchsgeräte u. Versuchstechn. [UdSSR] **7,** Nr. 1, 63—64, 1962; russ.) — Der Sammlungs-Koeff. wurde für verschiedene Winkel ermittelt. Bei einem Detektor mit 90 mm ⌀ u. vollständiger innerer Reflexion betrug der Koeff. im Zentrum 30% u. am Rand 8%. Bei diffuser Reflexion stieg er auf 43 bzw. 25%. M. Wiedemann 112◇

0105 **Elektronische Ausrüstung für einen Čerenkov-Strahlungsdetektor.** R. Thorn. (Nuclear Instruments Methods [Amsterdam] **23,** 237—44, 1963; Aldermaston, Berks., Aldermaston Court, A. E. I. Res. Labor.; engl.) — Beschreibung der elektron. Stromkreise für den Detektor unter Verw. einer Koinzidenz-Meth. der Herabsetzung des Photomultiplierrauschens. Gerhard Schmidt 112◇

0106 **Bestimmung der Masse geladener Teilchen mit Hilfe von Scintillationszählern.** A. W. Chrimjan, K. Sch. Jegijan, N. A. Nalbandjan, W. W. Awakjan und W. A. Karapetjan. (Versuchsgeräte u. Versuchstechn. [UdSSR] **6,** Nr. 6, 52—56, 1961; Phys. Inst. der Akad. der ArmenSSR; russ.) — Vgl. C. **1963,** 12667. — Die mittlere Genauigkeit liegt bei 20%. Der Wirkungsgrad, mit dem Ionisationen erfaßt werden, liegt bei 0,8. M. Wiedemann 112◇

0107 **Ein Photoprotonenteleskop.** O. M. Mracek Mitchell und K. G. McNeill. (Nuclear Instruments Methods [Amsterdam] **23,** 255—60, 1963; Toronto, Univ. of Toronto, Dep. of Phys.; engl.) — Beschreibung eines Scintillationszählerteleskops, das zum Nachw. von Protonen ($E_p > 3{,}7$ MeV) aus photonuclearen Rkk. verwendet werden kann. Mögliche Background-Rkk. werden diskutiert. Gerhard Schmidt 112◇

0108 **Scintillations-Gasdetektor zur Registrierung von Spaltfragmenten.** W. F. Gerassimow. (Versuchsgeräte u. Versuchstechn. [UdSSR] **6,** Nr. 1, 61—64, 1961; russ.) — Der Scintillationszähler mit *Xe* u. *He* als Füllung unter Verw. von Terphenyl eignet sich zur Registrierung von Spaltfragmenten, der α-Untergrund liegt bei $3 \cdot 10^8$ α-Teilchen/s. Gemessen wurde an einer 0,5-mg/cm²-Schicht von ^{241}Am auf Ni der Spaltquerschnitt unter dem Einfl. monoenerget. Neutronen von 0,004—0,4 eV. M. Wiedemann 112◇

0109 **Scintillationserregung von flüssigem Argon durch Protonen von 10—50 MeV.** R. A. Giles und E. J. Burge. (Rev. sci. Instruments **34,** 709—10, 1963; London, King's Coll., Wheatstone Labor.; engl.) — Es wird eine Scintillations-Meßapparatur für schnelle Protonen beschrieben, bei der fl. Ar als Scintillator in einem Invargefäß mit Quarzfenster u. Siliconkitt RTV 731 als Dichtungsmittel verwendet wird. Die kurzwelligen Scintillationen im fl. Ar werden durch p-Quaterphenyl in langwelligere umgesetzt, die mit einem 13stufigen Photomultiplier registriert werden. Die Impulshöhe als Funktion der Protonenenergie ist bis ca. 26 MeV linear, dann strebt sie einem Sättigungswert zu. W. Reusse 112◇

0110 **Scintillations-α-Detektor mit dünnen Fenstern.** A. W. Jelpidinski und I. I. Fetissow. (Versuchsgeräte u. Versuchstechn. [UdSSR] **6,** Nr. 1, 57—60, 1961; russ.) — Es werden α-Scintillationsdetektoren mit ZnS auf Plexiglas u. Al-Fenstern beschrieben. Der Detektor hat einen Durchmesser von 80 mm. Die Empfindlichkeit liegt für 5,3 MeV bei 87%, für 4,5 MeV bei 73%. M. Wiedemann 112◇

0111 **Über den absoluten Nachweiswirkungsgrad eines zylindrischen Scintillationsphosphors im Falle einer ausgedehnten ebenen γ-Quelle.** C. C. Grosjean. (Nuclear Instruments Methods [Amsterdam] **17,** 289—309, 1962; Ghent, Univ.; engl.) — Aufstellung einiger prakt. Formeln, um eine genaue Best. des Wirkungsgrades zu erhalten. Der Wirkungsgrad wird als Potenzreihe des Quellenradius mittels einer elementaren Transformations-Meth. entwickelt. Gerhard Schmidt 112◇

0112 **Photopeakwirkungsgrad und Ansprechfunktion verschiedener NaJ(Tl)- und CsJ(Tl)-Kristalle im Energiegebiet bis zu 11 MeV.** L. Jarczyk, H. Knoepfel, J. Lang, R. Müller und W. Wölfli. (Nuclear Instruments Methods [Amsterdam] **17,** 310—20, 1962; Zürich, ETH, Labor. für Kernphys.; engl.) — Best. des Wirkungsgrades für γ-Energien von 661 keV bis 10,83 MeV für Scintillationszähler verschiedener Dimensionen. Als Quellen dienen ein eng kollimiertes u. ein breites paralleles γ-Bündel. Die Ansprechfunktion wird für einige Kristalle u. Energien wiedergegeben. Gerhard Schmidt 112◇

0113 **Darstellung dünner kristalliner scintillierender Plättchen nach der Methode der Hochtemperaturformung.** Ja. Je. Gegusin und A. A. Schpunt. (Versuchsgeräte u. Versuchstechn. [UdSSR] **7,** Nr. 1, 59—60, 1962; Forschungsinst. für Einkristalle; russ.) — CsJ(Tl)-Einkristalle wurden in Preßformen bei 500—600° deformiert. Schichten von 2 cm² u. 0,05—0,06 mm sind opt. durchsichtig, ihre Scintillations-Eigg. wurden durch die Deformation nicht verschlechtert. M. Wiedemann 112◇

0114 **Scintillations- und Teilchendiskriminierungseigenschaften der Kristalle CsBr(Tl) und RbJ(Tl).** D. Klinger, R. Langkau und H. Walter. (Nuclear Instruments Methods [Amsterdam] **23,** 302—04, 1963; Hamburg, I. Inst. für Experimentalphys.; dt.) — Für die beiden Kristalle wurde das Abklingen der Scintillation bei Anregung durch α-Teilchen u. γ-Quanten für Kristall-Temp. zwischen — 60° u. + 250° gemessen. Im Falle von CsBr klingt die bei + 250° durch α-Teilchen angeregte Scintillation schneller ab als die für γ-Quanten. Dieses Merkmal wurde bei allen bisher untersuchten anorgan. Scintillatoren beobachtet. RbJ zeigt im gesamten untersuchten Temp.-Bereich das normale Verh., d. h. die α-Teilchen-Scintillation klingt stets schneller als die γ-Quanten-Scintillation ab. Der Scintillationsverlauf beim RbJ läßt sich in guter Näherung durch eine kurze exponentielle u. eine lange hyperbol. Komponente beschreiben. Gerhard Schmidt 112◇

0115 **Cyanoplatinat(II)-Salze als Luminescenzmaterialien für Scintillationszähler.** P. Bergsøe, P. G. Hansen und C. F. Jacobsen. (Nuclear Instruments Methods [Amsterdam] **17,** 325—31, 1962; Res. Establ. Risø, Denmark, Chem. Dep.; engl.) — Vgl. C. **1963.** 11955. — Die Salze wurden über Ba-Verbb. hergestellt u. die Kristalle aus wss. Lsgg. gezüchtet. Bei Anregung durch schnelle Elektronen wurden folgende Lichtausbeuten in % relativ zu NaJ(Tl) u. Abklingzeiten in μs gemessen: $Rb_2Pt(CN)_4 \cdot 1{,}5\,H_2O$ 48(%), 0,60 (μs), $CsPt(CN)_4 \cdot H_2O$ 70, 0,47, $Rb_2Sr \cdot [Pt(CN)_4]_2 \cdot 6\,H_2O$ 53, 0,48, $SrPt(CN)_4 \cdot 5\,H_2O$ 56; 0,42 u. $BaPt(CN)_4 \cdot 4\,H_2O$ 69, 1,76. Die Scintillationsausbeuten für α-Anregung sind kleiner. Anwendungsmöglichkeiten der Salze werden diskutiert u. einige γ-spektroskop. Beispiele mitgeteilt. H. Liepack 112◇

0116 **Berechnung der Amplitudenverteilung der Impulse und der Zählausbeuten bei der Registrierung mit einem Scintillationsdetektor für schnelle Neutronen.** W. G. Solotuchin, G. G. Doroschenko und B. A. Jefimenko. (Atomenergie [UdSSR] **15,** 194—200, 1963; russ.) — Die Amplitudenverteilung der Impulse eines Scintillationsdetektors wurde berechnet, indem der Anteil der Einfachstreuung der Neutronen an den Kernen des Materials analyt. u. der der Mehrfachstreuung nach der Monte-Carlo-Meth. ermittelt wurde. M. Wiedemann 112◇

0117 **Einkristall-Scintillationsspektrometer für schnelle Neutronen mit Diskriminierung der γ-Strahlen nach der Zeit der Lichtauslöschung.** W. A. Dulin, Ju. A. Kasanski, W. F. Kusnetzow und G. N. Stirenkin. (Versuchsgeräte u. Versuchstechn. [UdSSR] **6**, Nr. 2, 35—41, 1961; russ.) — Es wird ein Einkristall-Scintillationsspektrometer für schnelle Neutronen beschrieben, das gegenüber γ-Strahlung sehr unempfindlich ist. Zur Diskriminierung der γ-Strahlung gegenüber dem Protonenrückstoß dient der andersartige zeitliche Verlauf des Erlöschens des Leuchtens. Das Spektrometer mit hoher Empfindlichkeit u. guter Energieauflösung diente u. a. zur Aufnahme des Spektrums der ^{235}U-Spaltneutronen u. der Spektren der Po–B- u. Po–Be-Quellen. M. Wiedemann 112◇

0118 **Scintillationszähler für schnelle Neutronen mit geringer Empfindlichkeit für γ-Strahlung.** G. G. Doroschenko und Je. L. Stoljarowa. (Versuchsgeräte u. Versuchstechn. [UdSSR] **6**, Nr. 3, 69—71, 1961; russ.) — Vgl. C. **1962**, 11808. — Es wurde ein Scintillationszähler mit einem Stilbenkristall von 30 mm ⌀ u. 30 mm Höhe konstruiert, der für Neutronen der Po–Be-Quelle die hohe Empfindlichkeit von 7% besitzt, gegenüber γ-Strahlung aber nur eine von 0,01%. Die Impulse der schnellen Neutronen werden von denen der γ-Quanten mittels der Raumladung im Photomultiplier unterschieden. M. Wiedemann 112◇

0119 **Scintillationsspektrometer schneller Neutronen mit bororganischen Scintillatoren.** Je. L. Stoljarowa, Je. A. Kramer-Agejew und G. A. Fedorow. (Versuchsgeräte u. Versuchstechn. [UdSSR] **6**, Nr. 3, 49—51, 1961; Moskau, Ingenieur-phys. Inst.; russ.) — Für den Scintillator wurden Mischungen aus *p-Terphenyl* + *o-Xylol* + *Trimethylborat* oder aus *p-Terphenyl* + *Toluol* + *Trimethylborat* benutzt. Die Empfindlichkeit nahm bis zu 14 MeV mit der Neutronenenergie ab, bei Po–Be-Quellen lag sie bei 0,05%. M. Wiedemann 112◇

0120 **Richtungsanisotropie in den Charakteristiken von Scintillatoren mit organischen Kristallen.** Kineo Tsukada und Shiroh Kikuchi. (Nuclear Instruments Methods [Amsterdam] **17**, 286—88, 1962; Tokai-mura, Ibaraki-ken, Japan Atom. Energy Res. Inst., Nucl. Phys. Labor.; engl.) — Messung der Richtungsanisotropien in dem Scintillationsansprechen von Anthracen- u. Trans-Stilbenscintillatoren auf schnelle Neutronen durch Richtungsänderung der auf diese Scintillatoren auftreffenden Neutronen. Die Richtungsanisotropie der schnellen Zerfallskomponente ist viel signifikanter als diejenige der langsamen Zerfallskomponente. Gerhard Schmidt 112◇

0121 **Untersuchungen über das kurzzeitige Abklingen einiger organischer Scintillatoren bei Anregung mit γ-Strahlung, Protonen oder α-Teilchen.** K. Peuckert. (Nuclear Instruments Methods [Amsterdam] **17**, 257—60, 1962; Hamburg, Inst. für Experimentalphys.; dt.) — Die Verss. erstreckten sich in der Hauptsache auf die Scintillatoren Stilben, NE 102, NE 150, NE 211, NE 213 u. NE 314. Die Scintillatoren wurden direkt auf einen Multiplier vom Typ 56 AVP aufgesetzt u. mit der γ-Strahlung von ThC″, α-Teilchen von ^{210}Po sowie den Rückstoßprotonen aus der Bestrahlung mit 14-MeV-Neutronen angeregt. Die Scintillationen, die durch γ-Strahlung bzw. Elektronen hervorgerufen werden, zeigen ein schnelleres Abklingen als diejenigen, die durch Neutronen bzw. Rückstoßprotonen verursacht werden. In dem zeitlichen Bereich bis 200 ns ergab sich ein rein exponentielles Abklingen mit Zeit-Konst. von 36,5 ns für γ-Strahlung u. 46 ns für Protonen. Alle untersuchten Scintillatoren zeigen ein mehr oder weniger unterschiedliches zeitliches Verh. bei Anregung mit γ-Strahlung u. Protonen, so daß sie unter Umständen für ein Impuls-Diskriminierungsverf. verwendet werden können. Gerhard Schmidt 112◇

0122 **Über Messungen der Lichtausbeute plastischer Scintillatoren.** A. D. Saitzewa und Ju. N. Panow. (Versuchsgeräte u. Versuchstechn. [UdSSR] **6**, Nr. 1, 64—67, 1961; russ.) — Die relativen Lichtausbeuten plast. Scintillatoren auf der Grundlage von Polystyrol mit Zusätzen von Terphenyl wurden für β- u. γ-Strahlung bestimmt. Die Unterschiede sind durch die Verschiedenheit des Reabsorptions-Koeff. bedingt. M. Wiedemann 112◇

0123 **Zur Dauerhaftigkeit des Leuchtens von Scintillatoren aus plastischen Massen.** Je. Je. Baroni, Ss. F. Kilin, K. A. Kowyrsina, I. M. Rosman und W. M. Schonija. (Versuchsgeräte u. Versuchstechn. [UdSSR] **6**, Nr. 3, 72—74, 1961; russ.) — Eine Reihe von Scintillatoren auf der Basis von Polystyrol u. Polyvinyltoluol wurden bzgl. Dauer des Leuchtens u. relativer Lumineszenzausbeute untersucht u. mit Stilbenkristallen verglichen. M. Wiedemann 112◇

0124 **Verfahren zum Sammeln des Luminescenzlichts von Scintillatoren aus plastischen Massen.** Je. Je. Baroni, I. M. Rosman und W. M. Schonija. (Versuchsgeräte u. Versuchstechn. [UdSSR] **6**, Nr. 3, 159, 1961; russ.) — Zur besseren Lichtausnutzung wurde auf die plast. Scintillatoren eine reflektierende Schicht mit guten opt. Eigg., ausreichender mechan. Festigkeit u. mit Unempfindlichkeit gegen Luft aufgebracht. Es wurde fein gepulvertes MgO in Mengen von 4 g in 100 ml einer 1:1-Mischung aus A. u. Aceton suspendiert u. mehrfach dekantiert. M. Wiedemann 112◇

0125 **Farbkonzept für räumliche Auflösung mit flüssigen Scintillatoren.** J. H. Munsee und F. Reines. (Rev. sci. Instruments **34**, 652—57, 1963; Cleveland, Ohio, Case Inst. of Technol., Dep. of Phys.; engl.) — Um schwache β-Strahlung in Ggw. hoher γ-Intensität diskriminieren zu können, wird ein Scintillator vorgeschlagen, der aus zwei Komponenten besteht, deren Scintillationslicht in verschiedenen Wellenlängengebieten ausgestrahlt wird u. wobei die beiden Komponenten räumlich so angeordnet sind, daß das Absorptions-Vol. der β-Strahlung von einem der beiden Bestandteile gebildet wird. Die beiden Scintillatoren sind mit entsprechend sensibilisierten u. mit Filtern versehenen Photomultipliern kombiniert. W. Reusse 112◇

0126 **Entwicklung von Photomultipliern für Scintillationszähler.** N. Ss. Chlebnikow. (Versuchsgeräte u. Versuchstechn. [UdSSR] **6**, Nr. 3, 5—17, 1961; russ.) — Histor. u. techn. Übersicht. M. Wiedemann 112◇

0127 **Photoelektronenverstärker mit Empfindlichkeit bis 1300 Å.** N. Ss. Chlebnikow, A. Je. Melamid und Ju. A. Timoschenkow. (Versuchsgeräte u. Versuchstechn. [UdSSR] **6**, Nr. 3, 129—31; 1961; russ.) — Es wurde ein einfacher Photoelektronenverstärker konstruiert, bei dem mittels eines organ. Glases von 0,1 mm Dicke die kurzwellige in langwellige Strahlung umgewandelt wird. M. Wiedemann 112◇

0128 **Ein Nanosekunden-Impulshöhendiskriminator.** C. B. Ward und C. M. York. (Nuclear Instruments Methods [Amsterdam] **23**, 213—17, 1963; Los Angeles, Calif., Univ. of California, Dep. of Phys.; engl.) — Konstruktion eines Impulshöhendiskriminators unter Verw. von Tunneldioden. Der Diskriminator nimmt negative Impulse von 0,5—10,0 V mit Anstiegszeiten von 0,5—20 ns u. Dauern von 5—100 ns an. Gerhard Schmidt 112◇

0129 **Vielkanalanalysator im Nanosekundenbereich.** A. A. Kuraschow und W. A. Ssidorow. (Versuchsgeräte u. Versuchstechn. [UdSSR] **6**, Nr. 6, 69—73, 1961; Inst. für Atomenergie der Akad. der Wiss. der UdSSR; russ.) — Die Auflösungszeit des Spektrometers ist besser als 3 ns, die Breite des Analysatorkanals 1 ns, die Nichtgleichgewichtsbreite der Kanäle < 0,1%. M. Wiedemann 112◇

0130 **Vielkanalamplitudenanalysator zur gleichzeitigen Bestimmung mehrerer Spektren.** R. G. Ofengenden und L. D. Konenko. (Versuchsgeräte u. Versuchstechn. [UdSSR] **6**, Nr. 6, 65—69, 1961; Inst. für Phys. der Akad. der Wiss. der UdSSR; russ.) — Zur Speicherung (memory) dient eine Magnettrommel. Wegen der gleichen Verzögerungszeiten jeweils zwischen Paaren kann ein gemeinsames Syst. zur Steuerung u. Beobachtung sowie zur Analyse der von verschiedenen Detektoren gelieferten Impulse dienen. M. Wiedemann 112◇

0131 **256-Kanal-Zeitanalysator mit Speichereinrichtung.** A. P. Zitowitsch. (Versuchsgeräte u. Versuchstechn. [UdSSR] **7,** Nr. 1, 65—77, 1962; Inst. für Atomenergie der Akad. der Wiss. der UdSSR; russ.) — Es wird ein Zeitanalysator mit einer Mindestbreite von 0,5 μs für ein Flugzeit-Neutronenspektrometer beschrieben. Als „Gedächtnis“ dient eine dynam. arbeitende Magnettrommel. Die gespeicherte Information wird auf den Monitorschirm oder das Dekatron gegeben.
M. Wiedemann 112◇

0132 **Anwendung der p–n-Übergänge zur Registrierung der Kernstrahlung.** A. N. Pissarewski, L. D. Ssoschin und Je. I. Firssow. (Versuchsgeräte u. Versuchstechn. [UdSSR] **6,** Nr. 6, 14—20, 1961; Inst. für Phys. der Akad. der BelorussSSR; russ.) — Übersicht. Von den verwendeten Materialien werden *Ge* u. *Si* näher erörtert.
M. Wiedemann 112◇

0133 **Siliciumdetektoren für schwere geladene Teilchen.** W. W. Bredel, W. L. Michejew und Ss. M. Polikanow. (Versuchsgeräte u. Versuchstechn. [UdSSR] **6,** Nr. 6, 44—48, 1961; Verein. Inst. für Kernforsch.; russ.) — Mit Detektoren aus n-Si wurden die Spektren von Spaltfragmenten, z. B. von ^{233}U, u. von α-Teilchen, z. B. aus ^{242}Cm, aufgenommen. Ein Magnetfeld bis zu 12 kOe beeinflußte die Amplitude nicht, eine Erhöhung der Temp. (im Bereich 40—120°) verkleinerte sie.
M. Wiedemann 112◇

0134 **Protonenpolarimeter mit herabgesetzter Empfindlichkeit für Neutronen- und γ-Background.** A. K. Walter, A. P. Kljutscharew und N. A. Skakun. (Versuchsgeräte u. Versuchstechn. [UdSSR] **6,** Nr. 1, 20—22, 1961; Physik.-Techn. Inst. der Akad. der Wiss. der UkrainSSR; russ.) — Die Polarisation der Protonen mit dem Spin $^1/_2$ wird aus der azimutalen Asymmetrie der elast. Streuung an Kernen mit dem Spin Null, u. zwar an *He* u. *C*, bestimmt. Beide Polarimeter benutzten Proportionalzähler u. CsJ-Kristalle mit Photomultiplier zum Nachw. der Protonen. Der γ- u. Neutronen-Background wird durch eine Koinzidenzschaltung herabgedrückt. Die Polarimeter zeichnen sich durch hohe Zähl-Geschw. sowie durch einen hohen Polarisations-Koeff. aus. M. Wiedemann 112◇

0135 **Zur Messung des Polarisationsgrades der Neutronen.** A. D. Gulko. (Versuchsgeräte u. Versuchstechn. [UdSSR] **6,** Nr. 3, 40—44, 1961; Inst. für theoret. u. exper. Phys. der Akad. der Wiss. der UdSSR; russ.) — Die Messung des Polarisationsgrades mittels depolarisierender Folien u. doppelter Reflexion wird diskutiert. Die Verw. von Co-Spiegeln für Polarisator u. Analysator wird behandelt.
M. Wiedemann 112◇

0136 **Mechanischer Neutronenmonochromator für den Energiebereich 0,001—2 eV.** B. W. Jefimow, L. Ss. Daneljan, A. Ss. Kusnetzow und M. I. Pewsner. (Versuchsgeräte u. Versuchstechn. [UdSSR] **6,** Nr. 3, 32—39, 1961; Inst. für Atomenergie der Akad. der Wiss. der UdSSR; russ.) — Die Auflösung des Gerätes beträgt 20—30%. Untersucht wurde die Zähl-Geschw. von BF_3-Detektoren. M. Wiedemann 112◇

0137 **Hochgeschwindigkeitsantrieb für Mössbauer-Experimente.** R. L. Cohen, P. G. McMullin und G. K. Wertheim. (Rev. sci. Instruments **34,** 671—73, 1963; Murray Hill, N. J., Bell Telephone Labor., Inc.; engl.) — Als Antrieb für Mössbauer-Effekt-Unterss. an Seltenerdmetallen, wo Geschw. größer als 100 cm/s erforderlich sind, wird ein Lautsprecher als „Motor“ verwendet u. mit einem Geschw.-Wandler gekoppelt. W. Reusse 112◇

A$_2$. Optisches Verhalten der Materie

0138 **Chemiluminescenzreaktionen von großer Wichtigkeit für die obere Atmosphäre.** Paul Harteck und Robert R. Reeves jun. (Bull. Soc. chim. belges **71,** 682—87, 1962; Troy, N. Y., Rensselaer Polytechn. Inst.; engl.) — Vgl. C. **1962,** 10730. — Diskussion einer Reihe von Rkk. zwischen Schwefel-(CS_2, SO) u. Stickstoffverbb. (NO) mit atomarem Sauerstoff, die für die Ursache des Nachthimmelleuchtens in der Chemosphäre angesehen werden können. Ch. Weiske 113◇

0139 **Variationsprinzipien für elektromagnetische Potentialstreuung.** R. J. Wagner. (Physic. Rev. [2] **131,** 423—34, 1963; Redondo Beach, Calif., Space Technol. Labor., Inc.; engl.) — Auswahl von Variationsprinzipien für die Lsgg. der Vektorwellengleichung, die die Streuung einer elektromagnet. Welle an einem isotropen nichthomogenen Potential beschreibt.
Herbert Weber 114◇

0140 **Eine verallgemeinerte Einteilchen-Gleichung.** G. W. Pratt jun. (Rev. mod. Physics **35,** 502—05, 1963; Cambridge, Mass., MIT, Materials Theory Group; engl.) — Erweiterung der SCF-Meth. nach Hartree-Fock (Einbeziehung von Korrelationskorrekturen höherer Ordnung u. von spinabhängigen Wechselwrkg.).
A. Blaschette 114◇

0141 **Über die Berechnung der natürlichen Form realer Wellenfunktionen für Zweielektronen-Systeme.** Charles E. Reid und Yngve Öhrn. (Rev. mod. Physics **35,** 445 bis 447, 1963; Gainesville, Fla., Univ. of Florida, Dep. of Chem., Quantum Theory Group; engl.)
A. Blaschette 114◇

0142 **Deutung der schnellen Konvergenz korrelierter Wellenfunktionen.** T. L. Gilbert. (Rev. mod. Physics **35,** 491—94, 1963; Argonne, Ill., Argonne Nat. Labor.; engl.) A. Blaschette 114◇

0143 **Über die räumliche Korrelation der Elektronen im Helium-Grundzustand.** Gilbert Munschy und Philippe Pluvinage. (Rev. mod. Physics **35,** 494—96, 1963; Strasbourg, France, Inst. de Phys.; engl.) — Anwendung der Anschauungen von Hylleraas auf das genannte Problem. A. Blaschette 114◇

0144 **Über das Orthogonalitätsproblem für angeregte Zustände.** M. Cohen und A. Dalgarno. (Rev. mod. Physics **35,** 506—08, 1963; Gainesville, Fla., Univ. of Florida, Dep. of Chem., Quantum Theory Project; Bedford, Mass., Geophys. Corp. of America; engl.) — Während in erster Ordnung bzgl. Z^{-1} (Z = Kernladung) die Hartree-Fock-Wellenfunktionen eines Paares von Zuständen gleicher Symmetrie orthogonal sind, tritt bereits in zweiter Ordnung eine Abweichung von der Orthogonalität auf. Als Beispiel werden die 1 sns^{3}S-Zustände der He-Reihe betrachtet. A. Blaschette 114◇

0145 **Statistische Theorie der Atome.** L. H. Thomas. (Rev. mod. Physics **35,** 508—10, 1963; New York, N. Y., Columbia Univ., IBM Watson Labor.; engl.) — Kurzer Überblick über die Entw. u. den gegenwärtigen Stand der Thomas-Fermi-Theorie. A. Blaschette 114◇

0146 **Gegenwärtiger Stand der statistischen Theorie der Atome.** P. Gombás. (Rev. mod. Physics **35,** 512—16, 1963; Budapest, Univ. of Techn. Sci., Dep. of Phys.; engl.) — Vgl. C. **1963,** 1160. A. Blaschette 114◇

0147 **Eine Analysenmethode für Vielelektronen-Wellenfunktionen.** Oktay Sinanoğlu. (Rev. mod. Physics **35,** 517—20, 1963; New Haven, Conn., Yale Univ., Sterling Chem. Labor.; engl.) A. Blaschette 114◇

0148 **Potentialkurve für den $^2\Sigma_u^+$-Zustand von H_2^-.** Howard S. Taylor. (J. chem. Physics **39,** 1012—16, 1963; Los Angeles, Calif., Univ. of Southern California, Dep. of Chem.; Pasadena, Calif., Jet Propuls. Labor., Theoret. Chem. Group; Palo Alto, Calif., Stanford Univ., Dep. of Chem.; engl.) — Es wird gezeigt, daß der Zustand $H_2^-(^2\Sigma_u^+)$ im Gegensatz zur bisherigen Ansicht im Kontinuum des Syst. $H_2(X^1\Sigma_g)$ + e liegt.
A. Blaschette 114◇

0149 **Schwingungsenergieniveaus für eine SCF-Wellenfunktion des Wasserstoff-Moleküls.** Gerard M. Leies. (J. chem. Physics **39,** 1137—38, 1963; Washington, D. C., Georgetown Univ., Dep. of Phys.; engl.)
A. Blaschette 114◇

0150 **Die Schwingungsfrequenzen planar-symmetrischer $X(YZ)_3$-Moleküle.** Carl W. F. T. Pistorius. (Bull. Soc. chim. belges **67,** 566—74, 1958; Hatfield, Pretoria, South Africa; engl.) — Die Matrix der potentiellen Energie u. die Kehrmatrix der kinet. Energie werden für die verschiedenen irreduziblen Darstellungen eines ebenen Mol. $X(YZ)_3$ (Symmetrie D_{3h}; Beispiel: Tricyanide von Elementen der III. Gruppe) mit Hilfe der FG-Matrixmeth.

nach Wilson unter Verw. des allgemeinsten harmon. Kraftfeldes (MGHFF) abgeleitet.
A. Blaschette 114◇

0151 **Über die Hamilton-Funktion vierter Ordnung eines asymmetrischen Rotatormoleküls orthorhombischer Symmetrie.** Wm. B. Olson und H. C. Allen jun. (J. Res. nat. Bur. Standards, A **67**, 359—62, 1963; engl.) — Die angegebene vereinfachte Hamilton-Funktion erlaubt die Berechnung von Rotationsenergieniveaus aus einer Lösung der vollständigen Säkulargleichung, die störungstheoret. Lösung des Problems der Zentrifugalverzerrung sowie die Ableitung von Summenregeln für Energieniveaus. A. Blaschette 114◇

0152 **Theorie nichtlinearer homonuclearer dreiatomiger Moleküle und das $^{16}O_3$-Molekül.** B. T. Darling und G. Nadeau. (J. molecular Spectroscopy **11**, 200—28, 1963; Québec, Univ. Laval, Fac. des Sci., Dép. de Phys.; engl.) — Ausführliche theoret. Behandlung des Schwingungs-Rotations-Verh. gewinkelter homonuclearer dreiatomiger Moll. unter bes. Berücksichtigung von $^{16}O_3$. Die für ein Syst. aus drei Bosonen entwickelte Hamilton-Funktion ist auch auf ein Syst. aus drei ident. Fermionen anwendbar. A. Blaschette 114◇

0153 **Empfindlichkeit der $L_1L_{2,3}M_{4,5}$-Übergangsgeschwindigkeiten nach Coster-Kronig gegenüber Änderungen der Energieniveaus und der Abschirmparameter.** Edwin J. Callan. (Rev. mod. Physics **35**, 524—28, 1963; Wright-Patterson Air Force Base, Ohio, Aeronaut. Res. Labor.; engl.) — Theoret. Untersuchung.
A. Blaschette 116◇

0154 **Winkelverteilung von Photoelektronen aus der K-Schale.** W. G. Gorschkow und A. I. Michailow. (J. exp. theoret. Physik [UdSSR] **43**, 991—1004, 1962; Akad. der Wiss. der UdSSR, Phys.-Techn. Joffe-Inst.; russ., Auszug: engl.) — Berechnung für γ-Energien $> 0{,}5$ MeV unter Berücksichtigung der Abschirmung.
H. Liepack 116◇

0155 **Untersuchung der charakteristischen K-Absorption von Röntgenstrahlen bei der Temperatur des flüssigen Sauerstoffs.** Ss. M. Karalnik und W. P. Kriwitzki. (Ukrain. physik. J. **8**, 690—93, 1963; Kiew, Schewtschenko Univ.; ukrain., Auszug: engl.) — Untersucht wurde die K-Absorptionskante der Röntgenstrahlen bei $-180°$ u. Zimmer-Temp. für Fe, Mn u. Cu. Im Gegensatz zu den Angaben anderer Vff. wurde keine Abhängigkeit der energet. Lage der K-Absorptionskante von der Absorbens-Temp. gefunden. K. Jaeger 116◇

0156 **Der Kα-Übergang in Schwefelverbindungen.** C. A. Coulson und C. Zauli. (Molecular Physics **6**, 525—33, 1963; Oxford, Math. Inst.; Bologna, Ist. di Chim. Ind.; engl.) — Es wird theoret. gezeigt, daß die Lage des Kα-Dubletts des S-Atoms von der Zahl der Elektronen in der äußeren M-Schale abhängt. Die Berechnungen erfolgen unter Verw. orthogonalisierter Slater-Orbitale u. optimaler Orbitalexponenten für die Zustände der M-Schale. Hiernach sind nachst. Verschiebungen des Kα-Dubletts (in eV, bezogen auf das neutrale S-Atom) zu erwarten: S^{2-} u. S^- $-0{,}26$; S^+ $+0{,}46$; S^{2+} $+1{,}12$; S^{3+} $+2{,}14$; S^{4+} $+357$; S^{5+} $+5{,}15$; S^{6+} $+6{,}94$. Dieser Effekt erlaubt die Bestimmung der Elektronenzahl in der äußeren Schale von Sulfid-, Sulfit- u. Sulfatschwefel. Experimentelle Werte sind für nachst. Verb.-Klassen angegeben: anorgan. Sulfide, organ. Sulfide, Schwefel, Dipiperidinosulfid, Sulfite, Sulfate. A. Blaschette 116◇

0157 **Rotations-Analyse des E-X-Systems von Siliciummonosulfid.** R. F. Barrow, J. L. Deutsch, A. Lagerqvist und B. Westerlund. (Proc. physic. Soc. **78**, 1307 bis 1309, 1961; Oxford Univ., Phys. Chem. Labor.; Univ. of Stockholm, Inst. of Phys.; engl.) — 20 Rotationsbanden im 2. UV-Syst. E—X von SiS zwischen 2200 u. 2500 Å werden einer Rotationsanalyse unterworfen. Das Syst. entspricht einem Übergang $^1\Sigma^+ - {}^1\Sigma^+$ u. besteht aus einzelnen R- u. P-Zweigen. Im $E^1\Sigma^+$-Zustand können wider Erwarten keine Störungen beobachtet werden. Die Konstant. für den $E^1\Sigma^+$-Zustand für v zwischen 0 u. 7 werden zu $T_0 = 41\,743{,}8_6$, $G_0 = 406{,}8_3$ $(v + 1/2) - 1{,}95_2\,(v + 1/2)^2$, $B_v = 0{,}2213_7 - 0{,}0013_9$ $(v + 1/2) - 1{,}75 \cdot 10^{-5} \cdot (v + 1/2)^2$ cm^{-1} bestimmt. Es ist wahrscheinlich, daß der E-Zustand dem $^1\Sigma^+$-Zustand der Konfiguration $\ldots\pi^3/\sigma^2\pi^*$ entspricht, analog dem Zustand $B^1\Sigma_u^+$ des isoelktron. P_2-Moleküls.
H. Pförtner 118□

0158 **Die Elektronenzustände von oktaedrischem und tetraedrischem Mn^{2+} in α-, β- und γ-Mangan(II)-sulfid.** R. A. Ford, E. Kauer, A. Rabenau und D. A. Brown. (Ber. Bunsenges. physik. Chem. **67**, 460—65, 1963; Salfords, Surrey, Mullard Res. Labor.; Aachen, Philips Zentrallabor. GmbH; Dublin, Univ. Coll., Dep. of Chem.; engl.) — Von pulverförmigem α-, β- u. γ-MnS sowie von festen Lsgg. von 10 u. 20 Mol.-% MnS in hexagonalem ZnS werden bei 77 u. 295°K die Remissionsspektren zwischen 12000 u. 40000 cm^{-1} aufgenommen; die Werte sind tabellar. angegeben. Die Zuordnung der beobachteten Banden wird diskutiert, u. innerhalb der 3 d^5-Konfiguration von Mn^{2+} werden die entsprechenden Elektronenübergänge angegeben. Für die verschiedenen Kristallformen werden die Parameter der Kristallfeldaufspaltung 10 Dq berechnet u. miteinander verglichen. Die Werte von 10 Dq sind in Übereinstimmung mit Werten, die aus der Ligandenfeldtheorie der betrachteten Kristallformen herrühren. Herbert Müller 118◇

0159 **Fluorescenz der 8-Hydroxychinolin-Komplexe von Magnesium, Calcium und Zink.** Shizuo Watanabe, William Frantz und Donna Trottier. (Analyt. Biochem. [New York] **5**, 345—59, 1963; San Francisco, Calif., Univ. of California, Med. Center, Cordiovascular Res. Inst.; engl.) — Die Fluorescenz von Mg^{2+}-, Ca^{2+}- u. Zn^{2+}-Chelaten des 8-Hydroxychinolins (**I**) wurde in wss. Lsg. (gepuffert mit 0,1 m Triäthanolamin bzw. 0,1 m Tris-[hydroxymethyl]-aminomethan) u. in p-Dioxan, das die Empfindlichkeit der Meth. erhöht, untersucht, unter Variation der Mg^{2+}-Menge bei konst. Konz. an **I** u. verschiedenem pH-Wert bzw. variierender **I**-Konzentration. Die molare Fluorescenz des Mg^{2+}-Chelats bei 530 nm wurde zu $8 \cdot 10^5$ (prakt. apparative Einheiten in p-Dioxan, u. $7 \cdot 10^4$ in wss. Lsg. gefunden. Die Ca^{2+}- sowie Zn^{2+}-Chelate zeigen Fluorescenz bei 530 nm, jedoch ist die molare Fluorescenz beider geringer als ein Drittel der des Mg^{2+}-Chelats. Die nach der Fluorescenz-Meth. erhaltenen pK-Werte der Metall-I-Bindung liegen bei 4,4 für Mg^{2+}, 3,1 für Ca^{2+} u. 8,1 für Zn^{2+}. G. Herzog 118◇

0160 **Struktur des Energiespektrums von Störstellenbanden in fehlgeordneten festen Lösungen.** I. M. Lifschitz. (J. exp. theoret. Physik [UdSSR] **44**, 1723—41, 1963; Charkow, Univ.; russ., Auszug: engl.) — Für kleine Verunreinigungs-Konzz. wird die Struktur des Störstellenbandes in fehlgeordneten festen Lsgg. theoret. untersucht. Die Anregungszustände, die dem Störstellenband entsprechen, werden klassifiziert. Es wird ferner das Verh. der spektralen Dichte in der Nähe der Singuletts untersucht sowie die exakte Form für die Niveauverbreiterung in Abhängigkeit von der Konz. für Grenzfälle angegeben. D. Noack 119◇

0161 **Zur Natur der Rauchfarbe in synthetischen Quarzkristallen.** L. I. Zinober und L. G. Tschenzowa. (Kristallographie [UdSSR] **8**, 280—83, 1963; Akad. der Wiss. der UdSSR, Inst. für Kristallographie; russ.) — Zur Frage, ob die im Sichtbaren liegende Absorption von Rauchquarz auf Alkaliionen zurückgeht oder nicht, wurden die Absorptionsspektren von nur Na^+- u. nur Li^+-haltigen Proben natürlichen Quarzes u. nur Na^+- u. K^+-haltigen synthet. Quarzproben (auch *Ge*-dotierten) aufgenommen. Die Ergebnisse bestätigen die Theorie von O'Brien, daß die Absorption von Rauchquarz im Sichtbaren auf Übergänge innerhalb der als Verunreinigung vorliegenden AlO_4-Gruppen zurückgeht. K. Jaeger 119◇

0162 **Wasserstoff in α-Quarz.** Y. Haven und A. Kats. (Silicates ind. **27**, 137—40, 1962; Eindhoven, N. V. Philips' Gloeilampenfabrieken, Res. Labor.; engl.) — Vgl. C. **1963**, 18715. — Viele der natürlichen Quarzkristalle zeigten noch zusätzliche Absorptionsbanden bei höheren Frequenzen, u. zwar speziell die Teile der Kristalle, die bei Röntgenbestrahlung gelb gefärbt werden. Ein bes. Merkmal dieser zusätzlichen Banden ist die Abhängigkeit ihrer Wellenzahl von der Natur der Kationen, die außer H^+-Ionen als Verunreinigungen in dem

Kristall vorhanden sind. Zur näheren Unters. dieser „alkaliempfindlichen" IR-Banden wurden Verss. mit einem nicht verzwillingten u. senkrecht zur opt. Achse geschnittenen Quarzkristall durchgeführt, wobei die Teile untersucht wurden, die sich bei Röntgenbestrahlung gelb färbten. Die Kristallplatten wurden im elektr. Feld von einigen hundert V/cm bei etwa 500° zwischen Graphitelektroden an der (0001)-Fläche elektrolysiert. Die Fläche des Kristalls, die in Kontakt mit der positiven Elektrode stand, wurde mit einer dünnen Schicht *NaCl*, *LiF*, *KCl* oder *AgCl* bedeckt. Für den Austausch von H^+-Ionen durch O^+-Ionen wurden deuterierte Graphitelektroden verwendet. Untersucht wurden die IR-Absorptionsspektren im 3 μ- u. 4 μ-Bereich. Tabellar. sind die Frequenzen der OH- u. OD-Valenzschwingungen in α-Quarz angegeben, die alkaliempfindlich sind, sowie die, die unabhängig von Metallionen sind. Die l. c. beobachteten Absorptionsbanden im 3 μ-Gebiet sind Schwingungen von H^+-Ionen zuzuschreiben, wobei jedoch angenommen wird, daß diese Schwingungen OH-Schwingungen sind. C. Gottfried 119△

0163 **Untersuchung der Absorptionsspektren von NaJ-Kristallen in Abhängigkeit von der Thallium-Konzentration bei verschiedenen Temperaturen.** A. B. Lyskowitsch, W. I. Waidanitsch und N. K. Gussewa. (Ukrain. physik. J. **7**, 1129—31, 1962; ukrain.) — Die Unters. der Absorptionsspektren von NaJ(Tl)-Kristallen bei Zimmer-Temp. u. in fl. N_2 ergab, daß neben den bekannten Absorptionsbanden von NaJ eine solche bei 243—244 nm auftritt. Nach Röntgenbestrahlung der NaJ(Tl)-Kristalle nimmt die Absorption in den Maxima ab, bes. bei 250 nm im fl. N_2. Außerdem tritt bei hohem Tl-Geh. eine schwache Bande bei 313,5 nm auf. Bei Röntgenbestrahlung entstehen danach in den NaJ (Tl)-Kristallen Zentren, wo die Leerstellen u. die nahegelegenen Tl-Ionen als Elektronenhaftstellen auftreten. O. Lebtag 119△

0164 **A-Zentren in Kaliumchloridkristallen.** Kazuko Kojima und Noriko Nishimaki. (J. physic. Soc. Japan **16**, 121—22, 1961; Osaka, Japan, Osaka Women's Univ.; engl.) — Untersucht wurde zwischen —70 u. +25° die A-Zentren- u. A'-Zentren-Bldg. in KCl-Kristallen, die mit Licht der Wellenlänge 520 mμ bestrahlt wurden. Die anfängliche Wachstumsgeschw. der A-Zentren ist zwischen —30 u. +25° nahezu temp.-unabhängig. Die A-Zentren werden offensichtlich durch Einbeziehung von Störstellen gebildet. K. Jaeger 119◇

0165 **Absorptionsbanden im Zusammenhang mit anionischen Verunreinigungen in Kaliumbromid, das einen stöchiometrischen Überschuß des Metalls enthält.** W. Dunstan. (Proc. physic. Soc. **82**, 561—63, 1963; London, Northern Polytechn., Dep. of Phys.; engl.) — KBr-Kristalle, die geringe Mengen Oxid (als Na_2O_2), Nitrat, Nitrit, Bromat, Sulfat oder Carbonat enthielten, wurden in K-Dampf erhitzt oder in Luft einer Elektrolyse unterworfen. In manchen Fällen wurden neue Absorptionsbanden beobachtet, deren Maxima im Bereich von 4000 bis 4500 Å liegen. Messungen der Photoleitfähigkeit wurden an Kristallen, die Oxid oder Nitrat enthielten, durchgeführt. Im ersten Fall scheint Photoleitung vorzuliegen. P. Detje 119◇

0166 **Wirkungen freier Ladungsträger bei Cadmiumfluorid.** J. D. Kingsley und J. S. Prener. (Physic. Rev. Letters **8**, 315—16, 1962; Schenectady, N. Y., Gen. Electr. Res. Labor.; engl.) — Auf freie Elektronen zurückzuführende opt. Absorption u. Leitfähigkeit wurde bei CaF_2-Kristallen mit Dotierungen durch Eu^{3+}, Ce^{3+} oder Sm^{3+} festgestellt. Werden CdF_2:Sm^{3+}-Kristalle in Cd-Dampf bei 500° bis 15 Min. lang erhitzt, tritt eine Blaufärbung der Kristalle u. steigende Lichtabsorption ein. Die Widerstände der Kristalle betragen ca. 1 Ω cm, Messungen der Thermo-EMK, u. der Hall-Konst. ergeben n-Leitfähigkeit mit einer Beweglichkeit von 7—10 cm^2/Vs u. Ladungsträger-Konzz. von 5 · 10^{17}—10^{18} cm^{-3}. Beim Erwärmen in Cd-Dampf diffundieren F^--Ionen von Zwischengitterplätzen an die Oberfläche, wo CdF_2 gebildet wird. Bei $CdF_2(Sm^{3+}$, $Na^1)$ wird in Cd-Dampf infolge der kompensierenden Wrkg. von Na^+ auf Sm^{3+} keine Blaufärbung beobachtet, ebenso kann reines CdF_2 derart nicht gefärbt werden. Erhitzen der blauen Kristalle im Vakuum bei 300° führt zu Cd-Verlust u. Ausbleichen. Die Fluorescenz von Sm^{3+} zeigt nach der Färbung der Kristalle Änderungen, die mit einem Wechsel der lokalen Symmetrie um Sm^{3+} infolge der Abwesenheit des nächsten F^--Zwischengitterions übereinstimmen. Absorption durch freie Träger wurde auch bei Dotierungen mit Tb u. Dy beobachtet. Bei Eu^{3+}-Dotierung werden Elektronen in den 4f-Zuständen von Eu eingefangen, u. es tritt eine Absorptionsbande von Eu^{2+} im nahen UV auf. H. Roschkowski 119◇

0167 **Zur Quadrupolabsorption von Licht im Kupfer(I)-oxidkristall. Mehrelektronenwellenfunktionen des Frenkel-Excitons.** N. W. Starosstin. (Nachr. Leningrader Univ. **17**, Nr. 16, Ser. Physik Chem. Nr. **3**, 40—46, 1962; russ., Auszug: engl.) — Abgeleitet werden symm. Wellenfunktionen für den Grundzustand u. die Anregungszustände in einem Kristall in der Näherung für starke Bindung. Diese Funktionen werden zur Berechnung eines opt. Überganges benutzt. Symmetrieabhängige Absorptionscharakteristika werden erklärt. Die Meth. gestattet die Berechnung der Oscillatorkraft einer kristalleigenen Absorption. K. Jaeger 119◇

0168 **Excitonenwellenfunktionen und -energie in einem endlichen Kristall.** W. I. Ssugakow. (Festkörperphysik [UdSSR] **5**, 2207—12, 1963; Kiew, Univ.; russ.) — Mit Hilfe der Heitler-London-Heisenberg-Meth. werden die Energie u. die Wellenfunktion eines Excitons in einem Kristallplättchen berechnet, wobei die Fernwirkungen der Dipol-Dipol-Kräfte berücksichtigt werden. Diskutiert werden die Excitonenzustände an der Kristalloberfläche. K. Jaeger 119◇

0169 **Absorptionsbanden von Zentren eines latenten Bildes in lichtempfindlichen Gläsern.** W. A. Borgman und W. G. Tschisstosserdow. (Optik u. Spektroskopie [UdSSR] **12**, 140—41, 1962; russ.) — Vgl. C. **1963**, 11893. — Die Absorptionsspektren u. die Intensität der Banden werden für UV-bestrahlte Gläser folgender Zus. untersucht: 76(%) SiO_2, 8 Al_2O_3, 12 Li_2O, 4 K_2O, 0,02 Ag, (± 0,03 CeO_2) ; statt Ag 0,01 Au; 60 SiO_2, 24 Al_2O_3, 12 Li_2O, 4 K_2O, 0,03 CeO_2, 0,02 Ag. Die Unters. erfolgt bei 20, 180, 260, 470 u. 530°. Die Entw.-Temp. wird durch die A-Bande (Maximum 270 nm) bestimmt, die offenbar den Zentren des latenten Bildes (A-Zentren) zugehört. R. K. Müller 119◇

0170 **Über die Lichtabsorption des Alkohol-Wasser-solvats des Cu^{2+}-Ions.** I. Ss. Pominow. (J. physik. Chem. [UdSSR] **25**, 2392—93, 1961; Kasan, Lenin-Univ.; russ.) — Vf. zeigt an spektrophotometr. Unterss., daß für gelöstes $CuCl_2$ in A. ($[CuCl_2]$ = 0,0505 m) bei Zusatz von geringen Mengen W. eine Änderung der Extinktion eintritt, die mit Vergrößerung des Wassergeh. erst ansteigt, ein Maximum durchläuft u. dann wiederum abnimmt. Charakterist. Adsorptionskanten liegen für die Syst. $CuCl_2$–C_2H_5OH–H_2O bei 410 mμ u. $CuCl_2$–CH_3OH–H_2O bei 420 mμ. Aus den Adsorptionskurven errechnet sich die Bindung von 19—24 Moll. H_2O für 1 Mol. $CuCl_2$. Diese Adsorptionsmaxima liegen damit bei Werten für die Koordinationszahl, die innerhalb der Fehlergrenzen mit der Summe der Koordinationszahlen für Cu^{2+} u. 2 Cl^- gut übereinstimmen. W.-D. Heußner 119□

0171 **Die Farbänderung einer Silber-Goldlegierung bei plastischer Verformung.** E. L. Yates. (Austral. J. Physics **16**, 40—46, 1963; Melbourne, Univ., C. S. I. R. O., Div. of Tribophys.; engl.) — Proben einer Ag-Leg. mit 51,36 Atom-% Au werden durch Kaltwalzen einer plast. Verformung von ca. 90% unterworfen u. teilweise 1 Std. lang bei 500° angelassen. Das Reflexionsspektrum der Proben wird vor u. nach dem Anlassen mit Hilfe einer Ulbricht-Kugel zwischen 300 u. 700 nm aufgenommen. Die spektrale Absorptionskante stark verformter Proben wird durch Anlassen 5 ± 4 nm zu kürzeren Wellenlängen verschoben; in reinem Ag bzw. Au wird ein gleicher Effekt nicht beobachtet. Der Einfl. des Anlassens auf Änderungen der Nahordnung in der

Oberfläche u. auf die Oberflächenwanderung von Ag-Atomen wird diskutiert. Herbert Müller 119◇

0172 **Bedingungen der Selbstanregung in planparallelen kristallinen Schichten.** B. A. Ssotski und A. M. Gontscharenko. (Kristallographie [UdSSR] **8**, 278—80, 1963; Akad. der Wiss. der BelorussSSR, Phys. Inst.; russ.) — Abgeleitet wird ein Ausdruck für das dynam. Gleichgew. ebener monochromat. Wellen innerhalb u. außerhalb einer planparallelen, kristallinen, metallbedeckten Schicht bei Abwesenheit äußerer Bestrahlung. K. Jaeger 119◇

0173 **Optische Rotation.** Dennis J. Caldwell und Henry Eyring. (Rev. mod. Physics **35**, 577—86, 1963; Salt Lake City, Utah, Univ. of Utah, Dep. of Chem.; engl.) — Entw. einer neuen quantenmechan. Theorie der opt. Rotation. A. Blaschette 119◇

0174 **Elektrisches Dipolmoment und molare Kerr-Konstante von Tetrabutoxytitan in Benzol.** M. J. Aroney, R. J. W. Le Févre und J. Saxby. (Austral. J. Chem. **16**, 504—07 1963; Sydney, Univ., School of Chem.; engl.) — Dipolmoment, Molrefraktion u. molare Kerr-Konst. von Tetrabutoxytitan (**I**) in Bzl. wurden bei 25° u. Konzz. von 1—20 Gew.-% bestimmt. **I** liegt konzentrationsabhängig monomer oder trimer vor. Folgende Ergebnisse wurden erhalten: $\mu_{monomer}$ = 1 87 D, K = 11 · 10^{-12}; μ_{trimer} = 2,62 D, K_{trimer} = 43 · 10^{-12}. Für das Monomere wird freie Drehbarkeit der Liganden angenommen, das Trimere kann in allen von Martin u. Winter (C. **1961**, 10850) formulierten Strukturen vorliegen. Die niedrigen K-Werte machen eine sphär. Anordnung der Moll. wahrscheinlich. H. Bürger 119◇

0175 **Verteilung der Energiedichte in einem polierten Zylinder aus Lasermaterial.** W. R. Sooy und M. L. Stitch. (J. appl. Physics **34**, 1719—23, 1963; Culver City, Calif., Hughes Aircraft Comp.; engl.) — Berechnungen für *Rubin*. G. Klotz 119◇

0176 **Messung des Rotationsspektrums von Sulfurylchlorid.** Cherif Abbar. (C. R. hebd. Séances Acad. Sci. **257**, 2022—25, 1963; Lille, Fac. des Sci., Dép. de Phys.; franz.) — Angabe einer Reihe von Rotationslinien von SO_2Cl_2; die vorgeschlagene Zuordnung liefert die Rotationskonst. (A–C) = 2185 MHz u. den Asymmetrieparameter $\varkappa$ = — 0 673. A. Blaschette 120◇

0177 **Schwingungsspektren von Ionenschmelzen.** S. C. Wait und G. J. Janz. (Quart. Rev. [chem. Soc. London] **17**, 225—42, 1963; Troy, N. Y., Rensselaer Polytechn. Inst.; engl.) — Übersicht. — 54 Literaturangaben. A. Blaschette 120◇

0178 **Infrarotspektroskopische Untersuchung einiger Platin-Komplexverbindungen.** L. A. Gribow, A. D. Gelman, F. A. Sacharowa und M. M. Orlowa. (J. anorg. Chem. [UdSSR] **5**, 987—89, 1960; Inst. für physik. Chem. der Akad. der Wiss. der UdSSR; russ.) — Die IR-Spektren folgender nach bekannten Meth. dargestellten Pt-Komplexe wurden untersucht: *cis*- u. *trans*-$[PtCO(NH_3)Cl_2]$ (I_{cis} u. I_{trans}), $[Pt(CH_3)(NH_3)_3]J$ (**II**) u. $[Pt(CH_3)_3J]$ (**III**). Modellrechnungen für **I** unter Annahme ebener Struktur mit linearer Pt–C–O-Anordnung führten zu folgenden Zuordnungen der an krist. **I** (in Paraffin-Mull) beobachteten Frequenzen (cm^{-1}): 2144, 2136 u. 2116 in I_{trans} sowie 2144, 2114 in I_{cis}: C–O-Valenzschwingungen von durch teilweise Zers. gebildetem freiem CO; 2062 (trans) u. 2060 (cis): C–O-Valenzschwingung von gebundenem CO; 532, 477 (trans) u. 534, 483 (cis): Deformationsschwingungen Pt–C–O, mit k = 0 5 · 10^5 dyn/cm. Die Ergebnisse sprechen eindeutig für lineare Pt–C–O-Gruppierung in **I**. In den Methyl-Verbb. **II** u. **III** wurden die beobachteten Frequenzen bei 584, 632 u. 654 (**II**) bzw. 562 (**III**) der C–Pt-Valenzschwingungen u. Frequenzen bei 881 (**II**) u. 852 (**III**) der Pt–C–H-Deformationsschwingung zugeordnet; für die C–Pt-Kraftkonst. wurde der Wert 2,9 · 10^5 dyn/cm abgeleitet. G. Winkhaus 120□

0179 **Raman-Spektren, Normalkoordinaten-Behandlung und Berechnung thermodynamischer Daten für Hydrazin und Tetradeuterohydrazin.** Joseph S. Ziomek und M. D. Zeidler. (J. molecular Spectroscopy **11**, 163—84, 1963; Chicago, Ill., DePaul Univ.; engl.) — Es werden Raman-Frequenzen, relative Intensitäten u. Depolarisationsfaktoren für fl. N_2H_4 bei Raumtemp. mitgeteilt. Alle bisher bekannten Daten der Struktur der Raman- u. IR-Spektren, der Schwingungszuordnung u. der Dipolmoment-Messungen werden krit. gesichtet; mit Hilfe der wahrscheinlichsten Werte wird eine Normalkoordinaten-Behandlung auf der Grundlage eines C_2-Modells durchgeführt. Unter der Annahme, daß das Mol. einen starren Rotator u. harmon. Oscillator darstellt, werden für den Bereich 250—1000°K nachst. thermodynam. Daten berechnet (in Klammern Werte für 298, 16°K in cal/Mol · Grad): C_p^0 (11,85), $(H^0 - H_0^0)/T$ (9,20), $-(G^0 - H_0^0)/T$ (47,77) S^0 (56,97). A. Blaschette 120◇

0180 **Verunreinigungsverschiebung der reinen Quadrupolresonanzfrequenz.** Yoshiro Imaeda. (J. physic. Soc. Japan **15**, 1699, 1960; Tokushima, Japan, Univ., Fac. of Engng.; engl.) — Vgl. C. **1963**, 15685. — Gemessen wurden bei 0° die Frequenzverschiebungen u. Halbwertsbreiten der reinen Quadrupolresonanzfrequenzen von $KClO_3$ mit Verunreinigungen von $NaClO_3$, KNO_3, $KBrO_3$, $AgClO_3$, $LiClO_3$, $Ba(ClO_3)_2$ u. $Ni(ClO_3)_2$, von $NaClO_3$ mit Verunreinigungen von $KClO_3$, $NaNO_3$, $Na \cdot BrO_3$ u. $AgClO_3$, von $KBrO_3$ mit $NaBrO_3$ u. $KClO_3$, von $NaBrO_3$ mit $KBrO_3$, $NaClO_3$, $NaJO_3$ u. $LiBrO_3$. K. Jaeger 121◇

0181 **Molekulargenerator für einen ND_3-Molekülstrahl.** N. G. Bassow und W. Ss. Sujew. (Versuchsgeräte u. Versuchstechn. [UdSSR] **6**, Nr. 1, 120—21, 1961; Strahlungsinst. der Akad. der Wiss. der UdSSR; russ.) — Es wurde ein Generator konstruiert, der bei ND_3 den Inversionsübergang J = 6, K = 6 mit der Intensität 1,86 · 10^{-6}/cm u. die Frequenz 16,56, 18 MHz benutzt. Er besteht aus Quelle, Ringkondensator u. Resonator. M. Wiedemann 121◇

0182 **Einige Demonstrationen der Eigenschaften optischer Maser.** C. Hilsum und P. G. R. King. (Contemporary Physics **4**, 435—44, 1963; Baldock, Herts., Services Electron. Res. Labor.; engl.) — Aufbau u. Eigg. des opt. Gasentladungsmasers vom He–Ne-Typ mit äußeren Spiegeln (Bell Telephone Labor.) sowie des GaAs-Masers nach Hall werden beschrieben. H. Liepack 121◇

0183 **Zylindrische GaAs-Laser-Diode.** Karl M. Arnold und Sumner Mayburg. (J. appl. Physics **34**, 3136, 1963; Bayside, N. Y., Gen. Telephone and Electron. Labor., Inc.; engl.) — Beim Einsetzen der Laserstrahlung wird bei 77°K die Linie der spontanen Emission von 8435 Å auf der kurzwelligen Seite verstärkt (Halbwertsbreite 0,4 Å). Die Linienverengung entspricht der an durch planparallele Flächen begrenzten Laserdioden beobachteten. Die Grenzstromdichte einer Diode von 10 mil ⌀ beträgt 8 · 10^{13} A/cm^2 (bei 77°K), bei 30 mil ⌀ 2 · 10^{14} A/cm^2. Diese Differenz weist darauf hin, daß eine nichtgleichförmige Stromdichteverteilung vorliegt oder die Absorption der Laserstrahlung im Übergangsbereich beträchtlich ist. Die gesamte äußere Quantenausbeute ist im Durchschnitt besser als bei planparallelen Dioden. P. Detje 121◇

0184 **Untersuchung der Photoluminescenzspektren von NaJ(Tl)-Kristallen.** W. N. Wischnewski, A. B. Lyskowitsch, N. Ss. Pidsyrailo und A. M. Datzischin. (Ukrain. physik. J. **7**, 1127—28, 1962; Lwow, Franko-Univ.; ukrain.) — Die Unters. der Photoluminescenzspektren von NaJ(Tl)-Kristallen (0,5—4,0 Gew.-% TlJ in der Schmelze) bei Zimmertemp. ergab, daß das Spektrum im Gebiet 210—330 nm in der Hauptsache aus der sehr intensiven Bande bei ca. 300 nm u. einer weniger intensiven Bande bei ca. 250 nm besteht. Es lassen sich die Wellenlängen 225, 234, 252, 260, 292 u. 302 nm nachweisen. Wahrscheinlich sind noch 267 u. 310—313 nm zugegen. Die Ergebnisse beweisen, daß die Spektren der durch Tl aktivierten NaJ-Kristalle im untersuchten Gebiet eine sehr komplizierte Struktur aufweisen u. sehr empfindlich gegenüber den Veränderungen des Aktivator-Geh. sind. O. Lebtag 125△

0185 **Stabilisator des Lichtstroms der Photoluminescenz.** N. I. Kusnetzow. (Versuchsgeräte u. Versuchstechn. [UdSSR] **6**, Nr. 6, 138—39, 1961; Weißruss. Staatsuniv.;

russ.) — Beschreibung einer Anordnung zur Stabilisation des Photoluminescenzstroms auf dem Wege der automat. Änderung der Spannung der Anregungsquelle.
M. Wiedemann 125◇

0186 **Luminescenz der Molybdate.** K.-Th. Wilke. (Mber. dtsch. Akad. Wiss. Berlin **5**, 20—23, 1963; Dt. Akad. der Wiss., Phys.-techn. Inst., Bereich Strahlungsquellen, Forsch.-Gemeinsch.; dt.) — Durch Glühen wurden aus den entsprechenden Metalloxiden, -carbonaten bzw. -sulfaten u. MoO_3 bzw. $(NH_4)_2MoO_4$ die *Alkalimetallmolybdate*, $MgMoO_4$, $CaMo_2O_7$, $CaMoO_4$, $Ca_2 \cdot MoO_5$, $CaMoO_4:Pb$, $SrMoO_4$, $BaMoO_4$, $ZnMoO_4$, $ZnCa \cdot MoO_5$, $ZnCaMo_2O_8$, $CdMoO_4$, $PbMoO_4$ u. $PbMoO_4:Cr$ dargestellt u. auf ihre Luminescenz bei UV-Anregung untersucht. Die Alkalimetallmolybdate u. die Verbb. $AMoO_4$ (A = Mg, Ba, Cd, Pb) zeigen keine Luminescenz, die höchste Helligkeit weist $CaMoO_4$ auf. Pb-Zusätze zeigen hier starke Aktivator-Wrkg., Zusätze von Ce + Mn sowie Li + Mn haben keinen Einfluß.
H. Roschkowski 125◇

0187 **Untersuchung der Temperaturabhängigkeit der Sekundär-Absorptionsspektren einiger Polyaktivatorphosphore.** A. Ch. Chalilow und A. P. Mamedow. (Nachr. Akad. Wiss. AserbaidshanSSR, Ser. physik.-techn. chem. Wiss. **1959**, Nr. 2, 37—39; aserbaidshan., Auszug: russ.) — Unterss. der Temp.-Abhängigkeit der Sekundärabsorptionsspektren von NaCl + AgCl + TlCl- u. NaCl + AgCl + $CuCl_2$-Phosphoren (in Einkristallform) nach Bestrahlung mit γ- u. Röntgenstrahlen zwischen 20 u. 350°. — In beiden Fällen geht die Absorptionsintensität mit der Temp. herab, u. zwar im Langwellengebiet schneller als im Kurzwellengebiet. Mit ansteigender Temp. erscheint weiter ein neues Absorptionsband mit $\lambda_{max.}$ bei 255 nm, welches bes. bei dem zweiten Phosphor ausgeprägt hervortritt. J. Tůmová 125□

0188 **Fluorescenzausbeute im Phosphor NE-102 für Röntgenstrahlen von 4—17 keV.** L. Evan Bailey. (J. appl. Physics **34**, 3008—09, 1963; Menlo Park, Calif., Stanford Res. Inst.; engl.) — An Phosphoren verschiedener Dicke des Typs NE-102 wurde die Lichtausbeute $Y(\varepsilon)$ pro absorbiertes Röntgenphoton der Energie ε gemessen. Die Ergebnisse lassen sich gut durch $Y(\varepsilon) = 2{,}44\ (\varepsilon-2{,}05) + (7{,}38/\varepsilon)$ darstellen. Die Gleichung ergibt eine lineare Abhängigkeit bei großem ε u. eine nach oben konkave Kurve bei kleinem ε. Diese Darst. ist zufriedenstellend > 3 keV. Vgl. mit anderen Arbeiten zeigen, daß Röntgenstrahlen niedriger Energie eine relativ größere Ausbeute ergeben als Elektronen niedriger Energie.
P. Detje 125◇

A_3. Elektrizität, Magnetismus, Elektrochemie

0189 **Berechnung des Querschnitts für den Verlust von Elektronen durch schnelle Ionen in leichten Medien.** I. Ss. Dmitrijew und W. Ss. Nikolajew. (J. exp. theoret. Physik [UdSSR] **44**, 660—65, 1963; Moskau, Univ., Inst. für Kernphys.; russ., Auszug: engl.) — Vgl. C. **1963**, 9963. — Die Querschnitte werden in Wasserstoff u. *He* in der Approximation des freien Stoßes berechnet. Für hohe Geschw. werden, falls die Bindungsenergie des verlorenen Elektrons gering u. die Abschirmung des Coulomb-Feldes der Atomkerne entscheidend ist, dieselben Resultate wie nach der Bornschen Näherung erhalten. M. Wiedemann 131◇

0190 **Untersuchung der Flammenionisation nach der Elektrodenmethode.** A. A. Arschinow und I. M. Wosstrikow. (J. physik. Chem. [UdSSR] **35**, 269—75, 1961; Akad. der Wiss. der UdSSR, Inst. für fossile Brennst.; russ., Auszug: engl.) — Aus den für die Ionisation von Flammen abgeleiteten Gleichungen ergibt sich, daß die Theorie von Thomson [1928] sich auf die Beschreibung der Flammenionisation nicht anwenden läßt, weil der Strom sich mit der Zeit ändert. Die unter Berücksichtigung dieser Tatsache entwickelten Gleichungen werden bestätigt für Flammen mit $C_3H_8:O_2 = 3:7$, $T = 3000\,°K$ u. $V = 200$ cm/s. Bei Zusatz von K_2CO_3 u. Na_2CO_3 zur Flamme werden bis zu $2{,}4 \cdot 10^{-14}$ K-Atome bzw. $1{,}7 \cdot 10^{13}$ Na-Atome je cm^3 erzeugt. Unter pneumat. Einführung von Messingelektroden in die Flamme wird der Strom an der Kathode oscillograph. gemessen, wobei sich der Strom als vom Elektrodenabstand (0,7—7 cm) unabhängig erweist. Die Elektroden-Meth. kann bei der Messung der Konz. geladener Teilchen in Flammen angewandt werden. R. K. Müller 131□

0191 **Eine mit Wechselstrom modulierte Flammenionisationstriode.** J. Middlehurst und B. Kennett. (Nature [London] **190**, 142—43, 1961; Sydney, C. S. I. R. O., Div. of Phys. and Food Preservation; engl.) — Vff. nehmen Bezug auf eine Arbeit von Goldup (vgl. Nature [London] **189**, [1961], 26), in der über einen Vorschlag von Ongkiehong berichtet worden war, nachdem in den sonst als Diode arbeitenden Flammenionisationsdetektor eine dritte Elektrode eingefügt werden sollte. Vff. untersuchten die Eigg. eines solchen Trioden-Syst. u. bringen einige vorläufige experimentelle Ergebnisse unter Verw. von fließendem N_2, H_2, Luft u. Äthylen. Die charakterist. Kurven der Triode sind wiedergegeben.
C. Gottfried 131

0192 **Die Ladungskorrelationsfunktion eines Plasmas in einem Magnetfeld.** S. F. Edwards. (Philos. Mag. [8] **6**, 61—69, 1961; Harwell, A. E. R. E., Theoret. Phys. Div.; Manchester, Univ., Theoret. Phys. Div.; engl.) —
H. Liepack 131◇

0193 **Eine Untersuchung der Volumenrekombination in einem Heliumplasma im Magnetfeld.** Ju. M. Alesskowski und W. L. Granowski. (J. exp. theoret. Physik [UdSSR] **43**, 1253—61, 1962; Moskau, Univ.; russ., Auszug: engl.) — Mit Hilfe von Sonden- u. spektroskop. Meth. wurde die Entionisierung eines He-Plasmas in einem homogenen, longitudinalen Magnetfeld untersucht. Durch Berechnung der Anzahl der eingefangenen Elektronen in verschiedenen He-Atomniveaus wurde gezeigt, daß für > 1 kOe, $n_e \geq 2 \cdot 10^{11}\ cm^{-3}$ u. $p < 0{,}1$ mm Hg geladene Teilchen hauptsächlich infolge Dreierstoßrekombination verschwinden: $He^+ + 2e \rightarrow He' + e$. Der Rekombinationskoeff. sowie seine Abhängigkeit von der Elektronentemp. wurden bestimmt.
P. Sliwinski 131◇

0194 **Dielektrische Eigenschaften eines inhomogenen Plasmas.** A. B. Mikhailovsky. (Nuclear Fusion [Wien] **2**, 162—76, 1962; Moskau, Akad. der Wiss. der UdSSR, I. W. Kurtschatow-Inst. für Atomenergie; russ., Auszug: engl.) — Theoret. Ableitung eines Ausdrucks für den Tensor der dielektr. Permeabilität eines inhomogenen Plasmas in einem konst. Magnetfeld unter bes. Berücksichtigung der Driftbewegungen der Plasmateilchen. Es werden sowohl die makroskop. (Larmor-)Driftgeschw. vom Typ $c\,\nabla p/en\,H$ als auch die mkr. (diamagnet., Gravitations-, elektr.) Drift einzelner Teilchen berücksichtigt. Bes. erlaubt die Berücksichtigung der diamagnet. Drift, die mit dem Gradienten des Magnetfeldes verknüpft ist, eine theoret. Behandlung der Plasmaschwingungen nicht nur für niedrigen Druck, sondern auch für hohen. Der Fall niedrigen Drucks bei Fehlen eines elektr. u. eines Gravitationsfeldes im Gleichgewicht wird bes. ausführlich behandelt, in dem nur die Larmor-Drift eine wesentliche Rolle spielt. Besondere Aufmerksamkeit wird den niederfrequenten Wellen gewidmet (mit Frequenzen unterhalb der Ionen-Cyclotronfrequenz), die sich fast senkrecht zum Magnetfeld ausbreiten. Dispersionsgleichungen für die durch die Driftbewegung modifizierten Alfvén-Wellen u. Ionen-Schallwellen im inhomogenen Plasma werden abgeleitet. Diese Wellen sind instabil, u. ihre Aufschaukelung kann möglicherweise eine Gefahr für Vers. zur Zusammenhaltung von Plasmen bedeuten. F. Lenz 131◇

0195 **Stochastische Theorie der Transportvorgänge in einem reagierenden Plasma bei extremen Temperaturen.** H. J. Kaeppeler. (Mitt. Forsch.-Inst. Physik Strahlantriebe E. V. **1958**, Nr. 15, 1—115; engl.)
A. Blaschette 131◇

0196 **Zur Theorie von Transportprozessen im Plasma quer zum Magnetfeld.** V. P. Silin. (Nuclear Fusion [Wien] **2**, 125—29, 1962; Moskau, Akad. der Wiss. der UdSSR, Physikal. P. N. Lebedew-Inst.; russ., Auszug: engl.) — Der wesentliche neue Gesichtspunkt in der Theorie ist die Berücksichtigung der Wechselwrkg., der Plasmateilchen mit den Längsschwingungen. Es wird gezeigt,

daß bei einem hinreichend hohen Wert des Verhältnisses zwischen Elektronen- u. Ionentemp. die Wechselwrkg. der Teilchen mit den Plasmaschwingungen zu einer wesentlichen Veränderung der Transportkoeff. führt. Bedingungen für die Anwendbarkeit der Theorie werden aufgestellt. Diese beziehen sich erstens auf die Anwendbarkeit einer Störungstheorie nach einem Parameter, der die Wechselwrkg. der Plasmateilchen beschreibt, zweitens auf eine Beschränkung auf nicht zu starke Magnetfelder, die prakt. nicht auf den Wechselwrkg.-Akt einwirken u. drittens auf die übliche Bedingung für die Möglichkeit einer Entw. nach Potenzen der reziproken magnet. Feldstärke, die darauf hinausläuft, daß die Stoßfrequenz klein gegen die Larmor-Frequenz sein muß.
F. Lenz 131◇

0197 **Anregung elektromagnetischer Wellen quer zu einem Bündel geladener Teilchen im Plasma.** V. G. Makhankov, A. A. Rukhadze. (Nuclear Fusion [Wien] **2**, 177—82, 1962; Moskau, Physikal. P. N. Lebedew-Inst.; russ., Auszug: engl.) — Theoret. Unters. unter Berücksichtigung der Wärmebewegung. Es wird gezeigt, daß solche Wellen sowohl dann angeregt werden, wenn die gerichtete Bündelgeschw. die therm. Geschw. der Teilchen übersteigt, als auch in dem Fall, daß die gerichtete Bündelgeschw. kleiner als die therm. Geschw. der Plasmateilchen ist. Ist das Bündel jedoch so langsam, daß seine gerichtete Geschw. kleiner ist als die therm. Geschw. aller Teilchen im Syst., so findet keine Anregung elektromagnet. Wellen statt. Ist ein äußeres Magnetfeld vorhanden, so kommt es zu einer Anregung von Wellen quer zum Magnetfeld (u. damit zum Bündel), wenn $u^2 > v_{A1}^2 + v_{A2}^2$, wobei u die gerichtete Teilchengeschw., v_{A1} u. v_{A2} die Alfvén-Geschw. im Bündel bzw. im ruhenden Plasma sind.
F. Lenz 131◇

0198 **Das Ohmsche Aufheizen positiver Ionen in einem unreinen Plasma.** A. A. Ware und J. A. Wesson. (Proc. physic. Soc. **77**, 801—06, 1961; Aldermaston Court, Berks., Assoc. Electr. Ind., Res. Labor.; engl.) — Am Beispiel eines Deuteriumplasmas mit geringen Konzz. an Verunreinigungsionen wird gezeigt, daß in einem elektr. beheizten Plasma die direkte Erhitzung der positiven Ionen durch die Ggw. der Verunreinigungen stark erhöht werden kann. Mit geeigneten Verunreinigungs-Konzz. kann dieser Effekt die in Zeta u. Scepter beobachteten Ionen-Temp. erklären.
H. Roschkowski 131◇

0199 **Elektrische Impedanz von Elektroden, die in ein sich bewegendes Plasma eintauchen.** P. R. Smy. (Canad. J. Physics **41**, 1346—58, 1963; Vancouver, B. C., Univ. of British Columbia, Dep. of Phys.; engl.) — Messungen der elektr. Impedanz von 2 kalten, in ein durch eine Stoßwelle bewegtes Ar-Plasma (Anfangsdruck 0,01—1 Torr) eintauchenden Messing-Elektroden ergeben eine ausgeprägte Diskontinuität der Impedanz bei Elektrodenpotentialen (E) um 50 V sowie eine beträchtliche, von Elektrodenfläche u. Plasmadichte abhängige Kapazitanz bei $E < 50$ V. Abschirmeffekte an der Elektrodenoberfläche werden erörtert. Die Diskontinuität der Impedanz wird auf einsetzende Elektronenemission der Kathode zurückgeführt.
P. Frenzel 131◇

0200 **Magnetische Begrenzung von Plasmen und verschiedene Apparaturen.** J. E. Allen. (Rend. Scuola int. Fisica „Enrico Fermi", Corso XIII **1959**, 61—68, 1960; Rom, Ist. di Fis. dell'Univ., Labor. Gas Ionizzati del C. N. R. N.; engl.) — Es werden zwei Näherungen für die Begrenzung (confinement) von Plasmen durch Magnetfelder diskutiert: 1. durch die Behandlung der Wechselwrkg. zwischen azimutalem Strom u. longitudinalem Magnetfeld u. 2. an Hand der Wechselwrkg. zwischen azimutalem Magnetfeld u. longitudinalem Strom. Die betrachteten Ströme können entweder A) durch Anlegen eines elektr. Feldes oder B) durch die Diffusion geladener Teilchen quer zu den magnet. Kraftlinien erzeugt werden. Die verschiedenen Kombinationen der Näherungen 1. u. 2. mit A u. B werden behandelt u. für unendliche u. endliche Plasmenzylinder diskutiert. Die toroidalen App.-Typen werden nach der 1. u. 2. Näherung u. nach Fall A u. B klassifiziert. Der 1. Näherung entspricht jedoch mehr die Spiegelapp., in der nur ein teilweiser Einfang der Teilchen erhalten wird.
H. Schibilla 131◇

0201 **Plasma-Generatoren (Plasmatrons, Plasma-Bogenlampen, Bogenheizer).** W. S. Brzozowski und Z. Celinski. (Bull. Acad. polon. Sci., Ser. Sci. techn. **10**, 293—99, 1962; Swierk/Warsaw, Pol. Acad. of Sci., Inst. of Nucl. Res.; engl.) — Es wird ein als Plasmatron Typ BR-3 bezeichneter Plasmagenerator mit stabförmiger W-Kathode u. wassergekühlter Cu-Anode beschrieben, u. es werden Diagramme mitgeteilt, aus denen die gegenseitigen Abhängigkeiten der Betriebsparameter abgelesen werden können: Strom-Spannungsverhältnisse, Gasfluß, Gas-Temp., Wirkungsgrad.
W. Rousse 131◇

0202 **Emissionsfelder, Austrittsarbeiten, Ionisationspotentiale und normale Kathodenfälle — empirische Beziehungen.** Herman Ritow. (J. Electronics and Control [1] **12**, 273—95, 1962; Highland Park, Ill.; engl.)
H. Liepack 131◇

0203 **Ionisierung im Plasma eines Kupferbogens.** Charles H. Corliss. (J. Res. nat. Standards, A **66**, 169—75, 1962; engl.) — Aus den relativen Intensitäten der an einem in Luft zwischen Cu-Elektroden brennenden Gleichstrombogen beobachteten Bogen- u. Funkenlinien wird auf den Ionisationsgrad der dem Cu hinzugefügten Elemente *Be, Mg, Ca, Sc, Ti, V, Zn, Sr, Cd, Ba, Pb* geschlossen. Mit Hilfe der Sahaschen Ionisationsgleichung wird die Elektronendichte im Bogen zu $2{,}4 \cdot 10^{14}$ cm^{-3} berechnet. Die Zustandssummen für Atome u. Ionen von 29 Elementen werden neu berechnet oder abgeschätzt. Für nachst. Elemente sind die ersten Ionisierungspotentiale, die Zustandssummen u. die Ionisationsgrade bei einzelner Zugabe in den Bogen angegeben, Li, Be, B, C, Na, Mg, Al, Si, P, K, Ca, Sc, Ti, V, Cr, Mn, Fe, Co, Ni, Cu, Zn, Ga, Ge, As, Se, Rb, Sr, Y, Zr, Nb, Mo, Ru, Rh, Pd, Ag, Cd, In, Sn, Sb, Te, Cs, Ba, La, Ce, Pr, Nd, Sm, Eu, Gd, Tb, Dy, Ho, Er, Tm, Yb, Lu, Hf, Ta, W, Re, Os, Ir, Pt, Au, Hg, Tl, Pb, Bi, Th, U. Die Elektronendichte im Bogen ist durch 3 voneinander unabhängige spektroskop. u. elektr. Messungen gesichert. Die angegebenen Werte ermöglichen eine Berechnung der relativen Übergangswahrscheinlichkeiten aus den in den NBS-Tafeln aufgeführten Spektrallinien-Intensitäten.
R. Nink 131◇

0204 **Stabilität der Glimmentladung bei geringen Strömen.** V. Krejči. (Czechoslov. J. Physics **11**, 272—82, 1961; Praha, Fys. ústav Československ. akad. věd; russ., Auszug: engl.) — Vgl. C. **1963**, 13435. — Vf. leitet zwei Näherungen der dynam. Charakteristik einer Glimmentladung bei geringen Strömen ab. In der ersten wird von den verzögernden Prozessen nur der Einfl. der endlichen Entstehungs- u. Zerfalls-Geschw. der Ladungsträger erwogen, während in der zweiten außerdem noch der Stabilisierungseinfl. des radialen elektr. Feldes auf die Entladung berücksichtigt wird. Aus den aufgestellten Gleichungen werden Bedingungen der einfachsten Stabilität berechnet; ein Vgl. mit dem Experiment (*Ne*; 2 Torr) zeigt qual. Übereinstimmung in beiden Fällen.
J. Tůmová 131□

0205 **Glühkathoden-Analogon des Joshi-Effektes.** R. J. Galagali. (Brit. J. appl. Physics **14**, 158—59, 1963; Banares, Hindu Univ., Dep. of Chem.; engl.) — Vgl. C. **1963**, 6465. — Vf. berichtet, daß der Joshi-Effekt auch bei einer elektrodenlosen Entladung in Luft auftritt, wenn ein zentraler Pt-Draht Elektronen emittiert. Diese Beobachtungen wurden mit denen verglichen, die l. c. festgestellt worden waren, wenn die Strahlung durch UV- oder sichtbares Licht erzeugt wird.
C. Gottfried 131△

0206 **Zur Streuung von Alkalimetallionen auf Metalloberflächen.** U. A. Arifow und Ch. Ch. Chadshimuchamedow. (Nachr. Akad. Wiss. UsbekSSR, Ser. physik.-math. Wiss. **1961**, Nr. 5, 65—67; russ., Auszug: usbek.) — Vgl. C. **1963**, **6466**. — Für den Streukoeff. der Ionen K_p wird eine Formel in Abhängigkeit von Masse u. Energie des prim. Ions, sowie von Masse u. Dichte des Streuers abgeleitet. Weiterhin werden Formeln für den Koeff. der Sekundärionenemission u. für den entsprechenden Strom sowie für den integralen Neutralisationskoeff. der positiven Ionen an der Metalloberfläche abgeleitet.
M. Wiedemann 131◇

0207 **Untersuchung des selektiven Angriffs von Argonionen geringer Energie auf einen Metallkristall.** P. Haymann. (Métaux **37,** 181—203, 234—67, 294—308, 1962; franz.) — Zur Unters. der sich bei der Kathodenzerstäubung von Metallen abspielenden Vorgänge wurde eine App. entwickelt, die erlaubt, dem Ionenbombardement eine bestimmte Richtung auf das zu zerstäubende Metall zu geben, die Proben während der Zerstäubung mkr. zu beobachten u. gleichzeitig Beugungsunters. vorzunehmen u. die Atmosphäre während der Beobachtung zu verändern. Die Verss. zeigten, daß die Angriffe von der Richtung, mit der die Ionen auf den Kristall treffen, abhängig sind. Auf Grund der gewonnenen Erkenntnisse wird versucht, den Vorgang der Kathodenzerstäubung mathemat. zu erfassen. F. Vier 131◇

0208 **Die Gesamtflächen(full-plane)-Schwellenenergie der Kathodenzerstäubung von Metallen mit Ar^+-Ionen.** Erich B. Henschke und Samuel E. Derby. (J. appl. Physics **34,** 2458—67, 1963; Wright-Patterson Air Force Base, Ohio, Aeronaut. Syst. Div., Electron. Techn. Labor.; engl.) — Die „full-plane"-Schwellenenergie (niedrigste erforderliche Ionenenergie, um fortlaufende Zerstäubung durch Auslösen der obersten Atome eines ungestörten Gitters zu ermöglichen) wurde für 16 Metalle bei normalem Ar^+-Ioneneinfall bestimmt u. mit Ergebnissen früherer Arbeiten der Kathodenzerstäubung durch Hg^+-Ionen verglichen. Der Energieverlust durch Debye-Wellen während der Zerstäubung ist je nach Art der auftreffenden Ionen verschieden. Die Schwellenenergien liegen für Ar^+-Ionen allgemein niedriger als die für Hg^+-Ionen, sie gehorchen jedoch dem gleichen Gesetz der Periodizität bzgl. der Atomzahlen zerstäubter Metalle, wie sie früher von anderen Autoren durch Hg^+-Ionenbeschuß gefunden wurden. P. Sliwinski 131◇

0209 **Die Massenspektren weiterer Verbindungen aus der Pyrolyse von Methylchlorsilanen.** F. Aulinger und W. Reerink. (Z. analyt. Chem. **197,** 24—33, 1963; Dortmund, Inst. für Spektrochem. u. angew. Spektroskopie; dt.) — Die Massenspektren der Verbb. $[Si(CH_3)_3]_2 \cdot CH_2$ u. $Si_3(CH_2)_3(CH_3)_6$ sowie ihrer hydrierten Verbb., bei denen die CH_3-Gruppen am Si nacheinander durch H-Atome bis zu den vollhydrierten Verbb. ersetzt werden, werden untersucht. Die Identifizierung dieser Komponenten u. die Zuordnung von Molgew. u. Struktur erfolgt durch Analogieschlüsse aus bereits gesicherten Massenspektren innerhalb homologer Reihen, durch Vgl. der Massenspektren von synthet. ähnlichen Verbb., durch Isotopenmessungen an Bruchstückionen u. auf Grund von Abbaumechanismen bei Elektronenstoß. K. Scheffler 131◇

0210 **Stoffe mit geringer Elektronenbeweglichkeit und auf Elektronen zurückzuführende Debyesche dielektrische Verluste.** H. Fröhlich, S. Machlup und T. K. Mitra. (Physik kondens. Materie **1,** 359—66, 1963; Liverpool, Univ., Dep. of Theoret. Phys.; engl.) — Nach den theoret. Unterss. der Vff. sollen Verbb., die auf Elektronen (des Vol.) zurückzuführende dielektr. Debyesche Verluste zeigen, gleichzeitig eine niedrige Elektronenbeweglichkeit besitzen. Der Elektronenzustand derartiger Verbb. wird besprochen. H. Roschkowski 132◇

0211 **Bestimmung von Dielektrizitätskonstanten mit Hilfe des Q-Meters bei großen Verlusten.** L. M. Imanow. (Nachr. Akad. Wiss. AserbaidshanSSR, Ser. physik.-techn. chem. Wiss. **1959,** Nr. 2, 29—35; russ.) — Die Konstruktion der gewöhnlichen Q-Meter gestattet infolge der Kondensatorwerte keine Messungen von größeren Verlustwinkeln (tg ϑ). Die Messungen sind jedoch leicht durchführbar, falls die gemessene Probe mit einem Hilfskondensator in einen Resonanzkreis mit dem Q-Meter geschaltet wird. Der Meßfehler liegt gewöhnlich bei 1% u. überschreitet in den ungünstigsten Fällen bei tg ϑ nicht 40% u. bei der Kapazitätsbest. nicht 60%. J. Tůmová 132□

0212 **Untersuchung der Dielektrizitätskonstanten von Gesteinsproben bei einseitigen und allseitigen Drücken (bis 5000 kg/cm²).** M. P. Wolarowitsch, O. A. Tarassow und A. T. Bondarenko. (Nachr. Akad. Wiss. UdSSR, geophysik. Ser. **1961,** 1004—08; Akad. der Wiss. der UdSSR, Inst. für Erdphys.; russ.) — Nach Unterss. an verschiedenen Gesteinen (Granit, Quarzit, Syenit, Peridotit, Diabas, Basalt, Kalkstein, Marmor, Sandstein) nimmt im Vgl. mit atmosphär. Druck die DK bei Druckerhöhung zu, u. zwar bei einseitigem Druck von 800—1000 kg/cm² bei Sandstein um 100%, bei Syenit um 50%, bei Granit um 17—34%, bei allseitigem Druck (bis 5000 kg/cm²) in allen Fällen um 10—30%. Die Druckabhängigkeit der DK wird in der Hauptsache auf die Abnahme des Poren-Vol. bei der Kompression zurückgeführt. R. K. Müller 132□

0213 **Dielektrische Eigenschaften von Boraciteinkristallen.** A. Ss. Ssonin und I. Ss. Sheludew. (Kristallographie [UdSSR] **8,** 283—85, 1963; Akad. der Wiss. der UdSSR, Inst. für Kristallographie; russ.) — Gemessen wurden an Einkristallen von natürlichem Boracit, $Mg_3 \cdot B_7O_{13}Cl$, die DK u. ihre Anisotropie, die piezoelektr. Eigg., Hysteresisschleifen u. die elektr. Leitfähigkeit als Funktionen der Temperatur. Es wurden keinerlei Anhaltspunkte für ein ferroelektr. Verh. von Boracit gefunden. K. Jaeger 132◇

0214 **Dielektrische Eigenschaften von Cäsiumnitrat-Einkristallen.** A. Ss. Ssonin und I. Ss. Sheludew. (Kristallographie [UdSSR] **8,** 285—87, 1963; russ.) — Vgl. vorst. Referat. — Gemessen wurde das Temp.-Verh. der DK u. ihrer Anisotropie, der elektr. Leitfähigkeit u. des piezoelektr. Koeff. d_{33} von $CsNO_3$-Einkristallen. Es wurden keine Anhaltspunkte für ein ferroelektr. Verh. festgestellt. K. Jaeger 132◇

0215 **Dielektrische Eigenschaften von Ammoniumdihydrogenphosphat bei sehr hohen Frequenzen.** E. Rushton. (Brit. J. appl. Physics **12,** 417—18, 1961; Teddington, Middlesex, Nat. Phys. Labor.; engl.) — $NH_4H_2PO_4$ besitzt zwischen 10 kHz u. 36 GHz keine meßbare Dispersion der DK. Bei 36 GHz u. 21° ist $\varepsilon_{\parallel} = 14{,}0$ u. $\varepsilon_{\perp}$ bei 21,5° = 57,1, wobei $\varepsilon_{\parallel}$ bzw. $\varepsilon_{\perp}$ die DK bei parallel bzw. senkrecht zur opt. Achse angelegtem elektr. Feld bedeuten. Die Werte unterscheiden sich nicht von Literaturangaben für 1 MHz u. 10 kHz. H. Roschkowski 132◇

0216 **Dielektrische und piezoelektrische Eigenschaften von Ammoniumpentaborat.** Teodor Krajewski. (Poznańskie Towarzystwo Przyjaciół Nauk, Wydział mat.-przyrodniczy, Prace Komisji mat.-przyrodniczej **11,** 175—96, 1962; Poznan, Mickiewicz-Uniw., Nat. Fiz. Doswiadczalny; pol.) — Ammoniumpentaborat (**I**) krist. nach goniometr. u. opt. Unterss. rhombisch. Die Abhängigkeit der dielektr. Konst. in drei senkrecht zu den kristallograph. Achsen stehenden Ebenen von der Temp. wird zwischen —200 u. +150° bestimmt. Die Elastizitätsmoduln, die elektromechan. Kopplungs-Koeff. u. die piezoelektr. Moduln werden abgeleitet. Die piezoelektr. Eigg. von **I** hängen mit dem Geh. an Kristallwasser zusammen. Abgabe von 2 Moll. W. bei 150° führt zum irreversiblen Verlust dieser Eigenschaften. H. Roschkowski 132◇

0217 **Dielektrizitätskonstante von Rochellesalz während der Umpolarisation.** A. Fousková und V. Janoušek. (Czechoslov. J. Physics **12,** 413—15, 1962; Prague, Czechosl. Acad. of Sci., Inst. of Phys.; engl.) — X-geschnittene Rochellesalzkristalle wurden einer Umkehr der spontanen Polarisation mit Hilfe eines elektr. Sinusfelds (Amplitude 15 kV/cm, 40 Hz) unterworfen u. die komplexe DK sowie die DK gemessen. Die komplexe DK ist während des Schaltens im verwendeten Frequenzbereich (10—200 kHz) weitaus höher als die anfängliche DK. Daneben wird die Frequenzabhängigkeit der Leitfähigkeit angegeben. H. Roschkowski 132

0218 **Über den Einfluß von Defekten auf die Temperaturhysterese von $BaTiO_3$.** Jadwiga Szymańska. (Poznańskie Towarzystwo Przyjaciół Nauk, Wydział mat.-przyrodniczy, Prace Komisji mat.-przyrodniczej **11,** 197—201, 1962; pol.) — Die Temp.-Hysterese der DK von $BaTiO_3$ u. festen Lsgg. des Syst. $MgSnO_3$(**I**)–$BaTiO_3$ mit **I**-Konzz. von 1, 3, 4 u. 8% wird bei verschiedenen Alterungszeiten der Proben untersucht. Defekte des $BaTiO_3$-Gitters, die bes. durch den Einfl. der Mg^{2+}-Ionen entstehen, verlängern die Relaxationszeit der Domänenreorientierung u. Stabilisieren damit den ferroelektr. Alterungszustand. H. Roschkowski 133◇

0219 **Röntgenographische Untersuchung der Gitterkonstantenänderung von (Ba, Pb)TiO_3 im paraelektrischen Bereich als Funktion der Zusammensetzung.** A. G. Kapyschew und Ju. N. Wenewzew. (Kristallographie [UdSSR] **8,** 269—70, 1963; Karpow-Inst. für Phys.-Chem.; russ.) — Untersucht wurde (oberhalb des höchsten Curie-Punktes) im paraelektr. Bereich (bei 250°) die Gitter-Konst.-Änderung als Funktion der Zus. im Syst. $BaTiO_3$–$PbTiO_3$ bis zu 18 Gew.-% $PbTiO_3$. Im Gegensatz zum ferroelektr. Bereich tritt im paraelektr. Bereich eine kontinuierliche (schwach fallende) Gitter-Konst.-Änderung ein. K. Jaeger 133◇

0220 **Einfluß von γ-Strahlung auf die seignetteelektrischen Eigenschaften von Guanidiniumaluminiumsulfat-Kristallen.** W. A. Jurin, A. Ss. Baberkin und I. Ss. Sheludew. (Kristallographie [UdSSR] **7,** 147—50, 1962; Kristallograph. Inst. der Akad. der Wiss. der UdSSR; russ.) — Vgl. C. **1956,** 9086. — Bei der γ-Bestrahlung einer nicht-polarisierten Probe von Guanidinium-Al-Sulfat verdoppelt sich die Hystereseschleife u. die krit. Feldstärke E_{kr} nimmt proportional der Strahlungsmenge zu; der Proportionalitätskoeff. beträgt bei gewöhnlicher Temp. ca. 300 V · cm^{-1} · Mr^{-1}. Wenn an die Probe eine konst. Feldstärke $E_\infty > W_{sätt.}$ angelegt wird, wird eine verschobene Hystereseschleife erhalten. Bei Zunahme von E_{kr} wird keine Änderung der Sättigungspolarisation beobachtet. R. K. Müller 133◇

0221 **Änderung der Symmetrie piezoelektrischer Kristalle bei direktem und umgekehrtem Piezoeffekt.** W. A. Kopzik. (Kristallographie [UdSSR] **7,** 144—47, 1962; Moskau, Lomonossow-Univ.; russ.) — Auf Grund der Unters. der Änderung der Symmetrie von piezoelektr. Kristallen bei elektromechan. Einw. werden in quadrat. Näherung die piezoelektr. Koeff. von *Quarz* u. $NH_4H_2PO_4$ untersucht, wobei neue, bisher noch nicht gemessene Koeff. gefunden werden. R. K. Müller 133◇

0222 **Sekundärelektronenemission von aufgedampften Titanfilmen.** L. Holland und L. Laurenson. (Nature [London] **200,** 160, 1963; Crawley, Sussex, Edwards High Vacuum Ltd., Surface Phys. Div.; engl.) — Berichtigung zu C. **1964,** 9-0215.
Herbert Müller 134◇

0223 **Thermoemissionseigenschaften einiger schwer schmelzbarer Verbindungen.** G. W. Ssamssonow, W. Ss. Fomenko und Ju. B. Paderno. (Ukrain. physik. J. **8,** 700—02, 1963; Kiew, Akad. der Wiss. der Ukrain-SSR, Inst. für Metallkeramik u. Speziallegierungen; ukrain., Auszug: engl.) — Untersucht wurden die Thermoemissions-Eigg. von TuB_6 (+ TuB_4), ScB_2, *HfC*, *NbC*, *TiN*, *ZrN* u. *NbN*. Für TuB_6(+ TuB_4) wurde eine Temp.-Abhängigkeit der Austrittsarbeit gefunden. Bei den Nitriden traten bei Arbeits-Temp. bis zu 1800°K keine Phasenumwandlungen auf. K. Jaeger 134◇

0224 **Elektrische Eigenschaften bei Halbleitern.** Olof Beckman. (Kosmos [Stockholm] **40,** 149—66, 1962; Uppsala; schwed.) — Übersicht: Valenzbänder u. Leitungsbänder; Bandstruktur; elektr. Leitfähigkeit; Seebeck-Koeff.; Hall-Effekt. R. K. Müller 135◇

0225 **Energiebänder in Halbleitern.** D. Long. (Fortschr. physik. Wiss. [UdSSR] **80,** 639—64, 1963; russ. — C. **1963,** 9576.) A. Blaschette 135◇

0226 **Die Lage des Ferminiveaus an Halbleiteroberflächen.** D. A. Mead und W. G. Spitzer. (Physic. Rev. Letters **10,** 471—72, 1963; Pasadena, Calif., California Inst. of Technol., Bell & Howell Res. Center; engl.) — Aus der Literatur werden Bandabstand u. Lage der Fermi-Kante von *Si*, *Ge*, *GaAs*, *InSb*, *GaP*, *AlSb*, *InP*, *GaSb*, *InAs* zusammengestellt. Der annähernd konst. Abstand der Fermi-Kante vom Valenzband wird diskutiert. R. Nink 135◇

0227 **Optische Absorption in einem elektrischen Feld.** Joseph Callaway. (Physic. Rev. [2] **130,** 549—53, 1963; Newport Beach, Calif., Aeronutron. Div. of Ford Motor Co.; engl.) — Es wird der Einfl. eines elektr. Felds auf die mit Band-Band-Übergängen verknüpfte opt. Absorption theoret. untersucht. Für Photonenenergien über u. unter dem Bandabstand werden Ausdrücke für die Absorptionskonst. angegeben. Die Bldg. diskreter Niveaus in Anwesenheit des elektr. Felds verursacht eine oszillierende Absorption. R. Nink 135◇

0228 **Theorie der strahlungslosen Übergänge ohne Anwendung der Condon-Näherung. Tiefe Temperaturen.** W. A. Kowarski. (Festkörperphysik [UdSSR] **4,** 1636 bis 1648, 1962; Kischinew, Akad. der Wiss. der Moldau-SSR, Inst. für Phys. u. Math.; russ.)
P. Frenzel 135◇

0229 **Gleichgewichtseigenschaften eines Halbleiters mit einem Bandabstand gleich Null.** Bai-Lin Chao. (Acta physica sinica **17,** 505—11, 1961; chin., Auszug: russ.) — Die Eigg. eines Halbleiters mit einem Bandabstand von Null im Gleichgewicht werden phänomenolog. behandelt. Die Singularität in der Zustandsdichte führt zu einer anomalen elektron. Wärmekapazität u. zu einer anomalen paramagnet. Susceptibilität. M. Wiedemann 135◇

0230 **Einige Bemerkungen zur Problemstellung in der Reaktionskinetik.** K. W. Böer. (Abh. dtsch. Akad. Wiss. Berlin, Kl. Math., Physik Techn. **1960,** Nr. 7, 2—15; Berlin, Humboldt-Univ., IV. Phys. Inst. u. Dt. Akad. der Wiss., Phys.-Techn. Inst., Bereich elektr. Durchschlag; dt.) — Beitrag zur Problematik der Rk.-Kinetik reiner Elektronenprozesse in festen Körpern. — 10 Literaturhinweise. K. Jaeger 135◇

0231 **Beweglichkeit und Thermokraft in polaren Many-valley-Halbleitern.** Doris J. Olechna und H. Ehrenreich. (Physics Chem. Solids **23,** 1513—20, 1962; Schenectady, N. Y., Gen. Electr. Res. Labor.; engl.) — Die Beweglichkeit μ u. Thermokraft Q werden für polare Halbleiter mit ellipt. Energieflächen berechnet, in denen die Streuung der Leitungselektronen durch opt. Gitterschwingungen erfolgt. Numer. Werte für μ u. Q sind bei der Verw. der Boltzmann-Statistik als Funktion der Temp. u. des Elliptizitätsgrades angegeben. Dabei zeigt sich, daß Q nur schwach vom Elliptizitätsgrad abhängt. K. H. Härdtl 135◇

0232 **Streuungen an elektrischen Dipolen in nichtpolaren Halbleitern.** J. Appel und W. B. Teutsch. (Physics Chem. Solids **23,** 1521—24, 1962; San Diego, Calif., John Jay Hopkins Labor. for Pure and Appl. Sci. and Gen. Atomic Div. of Gen. Dynamics Corp.; engl.) — Es wird die Beweglichkeit der Ladungsträger bei Streuung an elektr. Dipolen berechnet. Dabei werden zwei Spezialfälle untersucht: Statist. Orientierung u. exakte Gleichrichtung der Dipole. Für ein nichtentartetes Elektronengas ist die Relaxationszeit proportional zu $E^{1/2}$ u. die Beweglichkeit proportional zu $T^{1/2}$ (E = Energie, T = Temp.). K. H. Härdtl 135◇

0233 **Ultraschallverstärkung in Störstellenhalbleitern.** Harold N. Spector. (Physic. Rev. [2] **130,** 910—12, 1963; Jerusalem, Israel, Hebrew Univ., Dep. of Phys.; engl.) — Wenn ein Halbleiter mit nur einer Ladungsträgerart in gekreuzte elektr. u. magnet. Felder gebracht wird, kann wie bei Halbmetallen eine Verstärkung von Schallwellen stattfinden. Der Schall wird verstärkt statt absorbiert, wenn die Driftgeschw. in den gekreuzten Feldern in Richtung der Schallausbreitung liegt. Bei solchen Trägerkonz. u. Schallfrequenzen, bei denen die Abschirmung der Ionenströme durch die Elektronenströme zusammenbricht, kann der Verstärkungsfaktor sehr groß werden. R. Nink 135◇

0234 **Diffusion von Verunreinigungen in einer dünnen Halbleiterplatte.** E. D. Fabricius. (J. appl. Physics **33,** 753—54, 1962; Dallas, Tex., Texas Instruments, Inc., Germanium Dev. Dep.; engl.) — Vf. untersucht die Änderungen der Grenzbedingungen für die Diffusion durch eine dünne Halbleiterplatte, wenn die Diffusion von Verunreinigungen über die Rückfläche der Platte beachtet werden muß. Herbert Müller 135◇

0235 **Diffusion von Verunreinigungen in Halbleiterschmelzen.** Shoji Tauchi. (J. physic. Soc. Japan **17,** 102—13, 1962; Kokubunji, Tokyo, Hitachi, Ltd., Central Res. Labor.; engl.) — Vf. entwickelte ein neues Verf. zur Herst. von npn- oder pnp-Übergängen. Ein n-Si-Einkristall wird mit einer Si-Schmelze in Berührung gebracht, die mit geeigneten Mengen Donatoren u. Acceptoren dotiert ist. Die Dotierungsverunreinigungen diffundieren gleichzeitig von der Schmelze direkt in den Kristall. Für Si ist die Acceptoren-Diffusionsgeschw. größer als diejenige der Donatoren, so daß npn-Übergänge entstehen. Kinet. Analysen werden durchgeführt.

K. Jaeger 135◇

0236 **Graphische Näherung für kleine Injektionen in Halbleitern.** C. A. A. J. Greebe und F. van der Maesen. (Philips Res. Rep. **18,** 65—70, 1963; Eindhoven, Netherlands, N. V. Philips Gloeilampenfabrieken, Res. Labor.; engl.) — Einfache graph. Analysenmeth. zum Verh. kleiner Injektionen in Halbleitern unter Berücksichtigung von Haftstellen u. Raumladungen. Die Meth. erlaubt die Ermittlung des Einfl. eines äußeren Feldes auf die räumliche Verteilung der injizierten Ladungsträger.

R. Nink 135◇

0237 **Eine Methode zur Bestimmung des spezifischen Widerstands von Halbleitern mit verhältnismäßig hohem Widerstand.** T. Kytöniemi. (Valtion tekn. Tutkimuslaitos, Sarja II [State Inst. techn. Res., Ser. II] **1961,** 1—34; finn., Auszug: engl.) — Die Meth. beruht auf Impedanzmessungen in einem breiten Frequenzbereich (10 Hz bis 50 MHz), Zerlegung der Impedanz in eine Widerstands- u. eine Reaktanzkomponente u. Best. des Widerstands durch Extrapolation zu hohen Frequenzen.

A. Blaschette 135◇

0238 **Quantenoscillationen des Tunnel-Kontaktstroms von zwei Metallen in einem Magnetfeld.** I. O. Kulik und G. A. Gogadse. (J. exp. theoret. Physik [UdSSR] **44,** 530—35, 1963; Ukrain. Akad. der Wiss., Phys.-Techn. Inst.; russ., Auszug: engl.) — Die Oscillationen des Tunnelstroms zwischen 2 normalen Metallen, die durch eine dünne dielektr. Schicht getrennt sind, werden für ein Magnetfeld senkrecht zu der Grenzfläche theoret. untersucht. Eine weitere Oscillationsart ist auf Schwankungen der chem. Potentiale der Metalle in einem gepulsten Magnetfeld bei einer Impulslänge kleiner als die Relaxationszeit der „Tunneldiode" zurückzuführen.

H. Liepack 135◇

0239 **Strom-Spannungs-Charakteristik für das Durchtunneln von isolierenden Schichten.** R. Stratton. (Physics Chem. Solids **23,** 1177—90, 1962; Dallas, Tex., Texas Instruments, Inc.; engl.) — Es wird die Strom-Spannungs-Charakteristik des Tunneleffekts berechnet für dünne isolierende Schichten in Abhängigkeit von der Temp. u. der Energie der Elektronen, welche den Hauptbeitrag zur Leitung geben. Ferner werden die Effekte für eine nichtparabol. Energie-Impulsabhängigkeit im Isolator sowie für im Leiter u. Isolator verschiedene effektive Massen abgeleitet. Die Berechnungen ergeben gute Übereinstimmungen mit Messungen an Al–Al_2O_3–Al-Schichten, wenn man annimmt, daß die effektiven Massen im Isolator 0,25 m_0 u. die Austrittsarbeit für die 48 Å dicke Al_2O_3-Schicht 1,1 eV beträgt.

K. H. Härdtl 135◇

0240 **Untersuchungen über Sperrschichthöhen an Metall-Halbleiter-Systemen.** W. G. Spitzer und C. A. Mead. (J. appl. Physics **34,** 3061—69, 1963; Pasadena, Calif., Bell and Howell Res. Center; California Inst. of Technol.; engl.) — An Einkristallen aus *n-CdS* sowie *n-* u. *p-GaAs*, die im Vakuum gespalten u. mit verschiedenen Metallen bedampft worden waren, wurde die Höhe der Grenzflächensperrschicht (GS) durch Messung der spektralen photoelektr. Empfindlichkeit u. der differentiellen Kapazität im Raumladungsgebiet bestimmt. Bei Me-CdS-Proben (Me = *Au, Cu, Ni, Mo, Al, Ag, Pt*) nimmt die Höhe der GS mit der Austrittsarbeit des Metalls zu, es treten jedoch beträchtliche Abweichungen von der Theorie auf. Me-GaAs-Proben (Me wie vorst., sowie *Ba, Be*) zeigen nur sehr geringe Abhängigkeit der Höhe der GS von der Art des aufgedampften Metalls. Die Ergebnisse bestätigen das Modell, nach dem der Sperrschichtphotoeffekt bei geringerer Energie der Photonen als der Breite der verbotenen Zone im Halbleiter hauptsächlich durch Photoemission von Ladungsträgern aus dem Metall in den Halbleiter bewirkt wird. Die Ergebnisse sind stark abhängig von der Oberflächenvorbehandlung.

P. Detje 135◇

0241 **Elektronische Eigenschaften von Graphit und seinen Kristallverbindungen in Richtung der c-Achse.** A. R. Ubbelohde. (Proc. Vth Conf. Carbon, University Park, Pa. **1,** 1—7, 1962; London, Imp. Coll. of Sci. and Technol., Dep. of Chem. Engng. and Chem. Technol.; engl.) — An nahezu idealem Graphit u. seinen Kristall-Verbb. mit K, Br, HSO_4^- werden die thermoelektr. Kraft u. der elektr. Widerstand in Richtung der c-Achse gemessen. Das Einbringen sowohl von Donatoren als auch von Acceptoren unterdrückt die Anisotropie der gemessenen Eigenschaften. Haftstellen u. Streueffekte können anisotrop wirksam sein.

K. Jaeger 135◇

0242 **Physikalische Eigenschaften von Selen.** 3. Mitt. **Über die thermoelektrische Kraft.** Toshiyuki Sekiguchi. (Rep. sci. Res. Inst. [Kagaku-Kenkyujo-Hokoku] **32,** 191—96, 1956; jap.) — 2. vgl. C. **1955, 6457.** — Über die gemessene Temp.-Abhängigkeit der thermoelektr. Kraft wurde die Dichte der Ladungsträger (positive Löcher) berechnet. Sie nimmt mit steigender Temp. zwischen Raum-Temp. u. —70° ab, damit ebenfalls die Leitfähigkeit. Die Lochbeweglichkeit steigt im gleichen Bereich mit der Temperatur. Die Ergebnisse zeigen, daß die Verunreinigungsniveaus von hexagonalem Se bereits bei Raum-Temp. vollständig ionisiert sind u. hauptsächlich auf Gitterdefekte zurückzuführen sind.

H. Guischard 135□

0243 **Einige physikalische Eigenschaften von Selenphotoelementen auf Cadmiumunterlage (Hinterwandphotoeffekt).** I. L. Dmitrijenko. (Nachr. Akad. Wiss. UsbekSSR, Ser. physik.-math. Wiss. **6,** Nr. 2, 67—75, 1962; Phys.-techn. Inst. der Akad. der Wiss. der UsbekSSR; Taschkent, Elektrotechn. Fernmeldeinst.; russ.) — Mit Cd überzogene Al- u. Fe-Platten werden durch Kondens. im Vakuum mit einer Se-Schicht mit einer Dicke (d) von einigen μ bis zu 0,5 mm bedeckt, dann 1—1,5 Std. lang auf 210° erhitzt. Die obere Au-Elektrode wird durch kathod. Zerstäubung oder Vakuumkondens. aufgebracht. Bei Zunahme von d verschiebt sich das Maximum der Spektralkurve von **670** nach **770** nm. Eine ähnliche Verschiebung tritt ein, wenn die Erhitzungsdauer oder -Temp. vermindert wird. Die Zellen sind auch ohne die halbdurchsichtige obere Au-Elektrode verwendbar. Die Eigg. der Zellen werden auf einen Vakuumphotoeffekt zurückgeführt. Der Elektron-Loch-Übergang von CdSe-Se erfolgt in der unteren Elektrode. Die Photo-EMK wird durch Lichtabsorption in der Nähe des Übergangspunktes u. in der Übergangsregion beeinflußt.

R. K. Müller 135◇

0244 **Untersuchung der Gitterleerstellen in Silicium mittels ESR.** G. D. Watkins. (J. physic. Soc. Japan, Suppl. Nr. II, Proc. int. Conf. Crystal Lattice Defects, Kyoto **1962,** 22—27, 1963; Schenectady, N. Y., Gen. Electr. Res. Labor.; engl.) — Wird p-leitendes Si im Meßresonator bei 40 °K mit 1,5 MeV-Elektronen bestrahlt, so beobachtet man ein ESR-Spektrum der entstandenen Gitterleerstellen. Die Aktivierungsenergie beträgt 0,33 ± 0,03 eV. Die Leerstellen wandern beim Aufheizen über größere Strecken u. verschwinden durch Rekombination mit anderen Gitterfehlern. Das Spektrum kann durch die MO-Näherung beschrieben werden. Die nach dem Jahn-Teller-Effekt vorausgesagte Anisotropie entspricht der beobachteten.

F. Schneider 135◇

0245 **Temperatur- und Belichtungsabhängigkeit der Strahlenschädigung von Silicium.** Herman J. Stein. (Appl. Physics Letters **2,** 235—36, 1963; Albuquerque, N. Mex., Sandia Corp.; engl.) — Proben von Si (6 Ω-cm, mit P aktiviert) wurden bei Zimmertemp. u. 76 °K einer ^{60}Co-γ-Bestrahlung ($6 \cdot 10^5$ r/h) u. dem Licht einer Wolframlampe ausgesetzt. Die Strahlenschädigung wurde in Abhängigkeit von der empfangenen Dosis verfolgt. Bei 76 °K war die Schädigungsrate 20mal kleiner als bei Zimmertemp.; bei Belichtung wurde der 6fache Wert gemessen. Die den Ergebnissen zugrunde liegenden Defektbldg.-Mechanismen werden diskutiert.

T. Tamberg 135◇

0246 **Einfluß der Kompensation auf die Spin-Gitter-Relaxationszeit von Donatorelektronen in Silicium.** Takeo Igo. (J. physic. Soc. Japan, Suppl. Nr. II, Proc. int.

Conf. Crystal Lattice Defects, Kyoto **1962**, 28–32, 1963; Tokyo, Electr. Communic. Labor.; engl.) — Die Spin-Gitter-Relaxationszeit T_s (für den Übergang $\Delta m_s = \pm 1$, $\Delta m_I = 0$) hängt bei 4°K und 9,2 GHz linear von der Donatorkonz. N_D und von dem Kompensationsgrad N_A/N_D ab, wo N_A die Akzeptorkonz. ist. T_s ist für Kompensationsgrade zwischen 0,3 u. 0,7 um eine bis zwei Größenordnungen kleiner als in nicht kompensiertem p-Si. Für $T = 2°K$, $N_A/N_D = 0,3$ u. $N_D = 10^{16}$ ist $T_s = 20$ s. Eine theoret. Deutung der Experimente kann nicht gegeben werden. F. Schneider 135◇

0247 **Modulation der Oberflächenlebensdauer von Ladungsträgern und die Zeitkonstanten der Oberflächenzustände von Si.** G. C. Alexandrakis und G. C. Dousmanis. (J. appl. Physics **34**, 3077–82, 1963; Athen, Nucl. Res. Center, „Democritos"; Center for the Advanc. Study of Phys. and the Philos. of Sci.; engl.) — Durch Anlegen eines elektr. Wechselfeldes an eine Si-Diode werden Oberflächenpotential φ_s u. Oberflächenrekombinationsgeschw. s moduliert. Man erhält eine Abhängigkeit $s = f(\varphi_s)$. Diese ändert sich bei Belichtung, in Übereinstimmung mit der Theorie, nach der sich s bei einer Injektion von Ladungsträgern ändert. Aus der Abhängigkeit $s = f(\varphi_s)$ kann man auf den Leitfähigkeitscharakter einer Oberfläche (p-, n- oder Eigenleitung) bei gegebener Oberflächenbehandlung u. Atmosphäre schließen. Die Messungen ergeben ein Energieniveau für die Oberflächenrekombination bei $\pm 15,7$ kT von der Mitte der verbotenen Zone. Die Gleichgewichtswerte von φ_s liegen im Bereich ± 20 kT. Die Werte stimmen mit Messungen nach anderen Meth. überein. Die Unters. der Frequenzabhängigkeit der Wechselfeldwrkg. führt zu Zeitkonst. im Bereich von 10^{-3} bis 10^{-5}, die ein bis zwei Größenordnungen kleiner als bei Ge sind. P. Detje 135◇

0248 **Stark diffundierte Si-pn-Übergänge.** Masakatsu Tokunaga und Katsufusa Shono. (J. physic. Soc. Japan **16**, 2067–68, 1961; Osaka, Japan, Yuasa Battery Co., Res. Inst.; engl.) H. Laue 135□

0249 **Photoleitfähigkeit und Quantenausbeute in Germanium bei Einwirkung von Röntgenstrahlen.** M. G. Kamoldinow und E. M. Reichrudel. (Festkörperphysik [UdSSR] **3**, 2362–67, 1961; Moskau, Lomonossow-Univ.; russ.) — Aufgenommen wurde die Abhängigkeit der Leitfähigkeit (Konz., Beweglichkeit u. Lebensdauer der Träger) u. der Größe des Hall-Effektes von der absorbierten Röntgenstrahlendosis für eine homogene Ge-Probe. Die Leitfähigkeitsabhängigkeit von der Dosisleistung ist „überlinear". Schon bei einer bestimmten, kleineren Dosis tritt eine Sättigung der Photoleitfähigkeit (Sättigung der Träger-Konz.) ein. Die Quantenausbeute ist proportional der absorbierten Energie. Die Bldg.-Energie eines Elektron-Lochpaares im Wellenlängenbereich 0,248–0,062 Å beträgt 2,61 eV. G. Ewald 135◇

0250 **Veränderung der Beweglichkeit injizierter Ladungsträger mit dem Druck in nahezu eigenleitendem Germanium.** T. Figielski und Z. Wieckowska. (Physica Status solidi [Berlin] **2**, K 99–K 103, 1962; Warsaw, Pol. Acad. of Sci., Inst. of Phys.; Univ., Dep. of Phys.; engl.) — Die Druckabhängigkeit der Ladungsträgerbeweglichkeit wird an n-Ge (45 Ω cm, anfängliche Driftbeweglichkeit ca. 950 $cm^2 V^{-1} s^{-1}$) bis zu Drücken von 6000 atm gemessen. Sie steigt zunächst mit dem Druck (um ca. 75% des Anfangswerts bei 5500 atm) u. zeigt danach asymptot. Verh.), weicht jedoch z. T. etwas von den theoret. Werten ab. H. Roschkowski 135◇

0251 **Beobachtungen an Germanium–Metall-Kontakten, die als Sonden für injizierte Träger verwendet werden.** A. Lörinczy, T. Németh und P. Szebeni. (Physica Status solidi [Berlin] **2**, K 157–K 159, 1962; Budapest, Ungar. Akad. der Wiss., Forsch.-Inst. für techn. Phys.; Forsch.-Inst. für die nachrichtentechn. Ind.; dt.) — Bei Best. der Diffusionslänge nach Morton-Haynes bewirken die zum Kollektor gelangenden Minoritätsladungsträger die Bldg. eines Potentials zwischen Spitze u. Ge, das bei n-Ge an der Spitze positiv sein sollte. Bei mit einer Oxidschicht bedeckten Ge-Einkristallen u. W- bzw. Zn-Spitzen mit 25 bzw. 6 Ω cm wurde für Zn ein abweichendes Verh. beobachtet, wobei die Spitze ein negatives Potential u. der Kristall p-Leitung zeigt. Die Gleichrichtercharakteristik der Anordnung wurde bestimmt. H. Roschkowski 135◇

0252 **Mikroplasmadurchschlag in Germanium.** M. Poleshuk und P. H. Dowling. (J. appl. Physics **34**, 3069 bis 3077, 1963; Irvington-on-Hudson, N. Y., Philips Labor.; engl.) — Im Temp.-Bereich von −253° bis +27° wurde der elektr. Durchschlag (D) von n-Ge-Dioden untersucht. D ist stets mit dem Auftreten von charakterist. Stromimpulsen verbunden, die nach nur geringer Erhöhung der angelegten Spannung über die Durchschlagsspannung (DS) hinaus wieder verschwinden. Die mittlere Frequenz der Impulse nimmt mit sinkender Temp. ab, sie ist bei gleicher Temp. in Ge höher als in Si. Das Auftreten dieser Impulse wird auf pulsierende Mikroplasmazentren (MZ) zurückgeführt, die man sich als Inhomogenitäten im p-n-Übergang mit extrem hohen Feldstärken vorzustellen hat. Jedes MZ hat eine eigene charakterist. DS (V_D). In einer Diode können mehrere MZ mit verschiedenem V_D vorhanden sein. Der kleinste Wert von V_D bestimmt die DS der ganzen Diode. Letztere kann durch Herausätzen von MZ mit niedrigem V_D erhöht werden. Zur Erklärung der Vorgänge beim Einsetzen u. Abbrechen von D wird angenommen, daß das Auftreffen von Ladungsträgern auf die MZ auslösende Ursache ist. Gelegentlich kommen Dioden vor, die bei der Temp. des fl. N_2 im Dunkeln oberhalb der DS betrieben werden können, ohne daß es zum D kommt. Sehr geringe Lichtintensitäten bewirken dann plötzlich den D. Das macht eine Anwendung als schnellen lichtempfindlichen Schalter mit sehr hohem Verhältnis Durchlaß-Sperrwiderstand möglich. V_D hat einen ziemlich hohen positiven Temp.-Koeff., woraus sich die Verw. als Thermometer für tiefe Temp. (Genauigkeit $> \pm 0,01°$ bei −253°) ergibt. P. Detje 135◇

0253 **Galvanomagnetische Effekte bei Halbleitern aus III–V-Verbindungen.** A. C. Beer. (J. appl. Physics, Suppl. zu **32**, Nr. 10, 2107–12, 1961; Columbus, Ohio, Battelle Mem. Inst.; engl.) — Übersicht. — 54 Literaturangaben. H. Roschkowski 135◇

0254 **Komplexstruktur des Absorptionsspektrums von Galliumphosphid-Einkristallen.** Je. F. Gross, G. K. Kaljushnaja und D. Ss. Nedswetzki. (Festkörperphysik [UdSSR] **3**, 3543–45, 1961; Leningrad, Shdanow-Univ.; russ.) — Das Absorptionsspektrum von GaP-Einkristallen wurde bei der Temp. des fl. N_2 aufgenommen. Es besteht aus 6 Bereichen mit Wellenlängen der Maxima bei 5261, 5298, 5326, 5345,2; 5363,2 u. 5382,2 Å. Die Daten werden mit einem Schema der Energieniveaus von GaP verglichen. W.-D. Heußner 135◇

0255 **Elektrische Eigenschaften von n-GaAs.** D. J. Oliver. (Physic. Rev. [2] **127**, 1045–52, 1962; Baldock, England, Services Electron. Res. Labor.; engl.) — An 3 reinen Proben werden zwischen 300 und 2°K Hall-Koeff. u. spezif. Widerstand gemessen. Die größte Beweglichkeit wird bei 300°K mit 7200 cm^2/Vs bestimmt. Sie steigt auf 22000 cm^2/Vs bei 72°K, wobei die Beweglichkeit-Temp.-Kurve streng nach der Ehrenreich-Theorie verläuft. Bei Helium-Temp. wird Leitfähigkeit beobachtet, die durch Verunreinigungen verursacht ist, mit einem spezif. Widerstand $\varrho \sim \exp(-\varepsilon_1/kT)$, wobei ε_1 zwischen $9,8 \cdot 10^{-5}$ u. $5,8 \cdot 10^{-4}$ eV variiert. In einer Probe ist unterhalb 30°K der Strom keine lineare Funktion der angelegten Spannung. Dies ist aus der Abhängigkeit der Beweglichkeit vom angelegten Feld erklärlich. Eine Analyse der Energieverlustprozesse für Elektronen zeigt, daß unterhalb 30°K die piezoelektr. Streuung der wichtigste Mechanismus ist, während oberhalb dieser Temp. die opt. Streuung dominiert. Stoßionisation tritt zwischen 4 und 12°K auf. R. Nink 135◇

0256 **Das Verhalten von Germanium in Galliumarsenid.** L. J. Vieland und T. Seidel. (J. appl. Physics **33**, 2414 bis 2415, 1962; Somerville, N. J., RCA Semiconductors and Mater. Div.; engl.) — Für GaAs:Ge-Kristalle mit berechneten Ge-Konzz. von $1,1 \cdot 10^{17} - 1,9 \cdot 10^{19}$ cm^{-3} werden die spektroskop. ermittelten Ge-Geh., die Gesamt-

Verunreinigungsgeh. u. die Trägerbeweglichkeiten tabellar. zusammengestellt. H. Roschkowski 135◇

0257 **Ermüdung von Sb–Cs-Photokathoden.** M. Jedlička. (Czechoslov. J. Physics **12,** 392–412, 1962; Prague, Res. Inst. for Vacuum Electron.; engl.) — Mit O_2 sensibilisierte Cs_3Sb-Photokathoden wurden mit weißem Licht bestrahlt u. die Wrkg. der eintretenden Ermüdung auf ihr Spektral-Verh., die opt. Eigg., die Aktivierungsenergien der Photoleitung, den Leitfähigkeitstyp, die Strom-Spannungs-Charakteristik u. die integrale Empfindlichkeit bestimmt. Einige Probleme des Mechanismus der Photoemission werden erörtert.
H. Roschkowski 135◇

0258 **Über das Äquivalenzschema und die Photokapazität longitudinaler Cadmiumsulfid-Photowiderstände.** Ss. W. Swetschnikow und W. G. Tschalaja. (Ukrain. physik. J. **8,** 664–68, 1963; Kiew, Akad. der Wiss. der UkrainSSR, Halbleiter-Inst.; ukrain., Auszug: engl.) — Entdeckt wurde in CdS-Photowiderständen mit nichtlinearen Kontakten eine beträchtliche Kapazität, die von der Belichtung u. der Spannung, der die Probe unterliegt, abhängig ist. Diese Kapazität beruht auf der Ggw. von Zonen in den Kontakten, die hohen spezif. Widerstand u. eine Dicke von etwa 10^{-6} cm aufweisen. $C = f(L)$ wurde zwischen 0 u. einigen hundert Lux gemessen. In diesem Bereich ist die Funktion in erster Näherung linear. Der Anstieg der Charakteristik $C = f(L)$ ist für Spannungen > 1 V 10^2 pF/lx u. für Spannungen der Größenordnung 10^{-3} V 10^4–10^6 pF/lx. Vorgeschlagen wird ein Gleichgew.-Schema des longitudinalen Photowiderstandes, das die Kapazität u. die Grenzschichtverluste in Rechnung stellt. Eine Meth. zur Messung aller Parameter wird beschrieben. K. Jaeger 135◇

0259 **Beweis für die Existenz sich überlappender Valenz- und Leitfähigkeitsbänder in SnTe.** D. H. Damon, C. R. Martin und R. C. Miller. (J. appl. Physics **34,** 3083 bis 3085, 1963; Pittsburgh, Pa., Westinghouse Res. Labor.; engl.) — Elektr. Leitfähigkeit, Hall- u. Seebeck-Koeff. von $Sn_{1-x}Te$ ($x > 0$) bei minimaler Löcherkonz. werden in Abhängigkeit von transversalen Magnetfeldern bis 25 kG gemessen. Die Ergebnisse werden als Beweis für das Modell sich überlappender Valenz- u. Leitfähigkeitsbänder bei niedrigen Löcherkonz., aber nicht notwendigerweise als Beweis gegen zwei Leitfähigkeitsbänder angesehen. P. Detje 135◇

0260 **Berichtigung zum Tagungsbericht: „Über den Bindungs- und Leitungscharakter von Verbindungen mit CdJ_2-Struktur“.** F. Hulliger. (Helv. physica Acta **34,** 303–04, 1961; dt.) — Berichtigung zu der C. **1963,** 21820 referierten Arbeit. D. Jörchel 135◇

0261 **Elektrische Leitfähigkeit von bestrahltem LiF.** P. Perio, M. Dubois, P. Berge und G. Blanc. (J. physic. Soc. Japan, Suppl. Nr. III, Proc. int. Conf. Crystal Lattice Defects, Kyoto **1962,** 363–67, 1963; Paris, Univ.; Saclay, Centre d'Et. Nucl.; engl.) — Zusammenfassende Darst. einer Reihe früherer Arbeiten der Verfasser. — 5 Literaturangaben.
H. Roschkowski 135◇

0262 **Neuere Messungen zur Leitfähigkeit verformter Steinsalzkristalle.** B. Jeszensky und J. Kiss. (Z. Physik **169,** 323–25, 1962; Budapest, TH für Bau- u. Verkehrswesen, Inst. für Exper. Phys.; dt. — C. **1963,** 6472.)
H. Jehne 135◇

0263 **Elektronenleitung und Durchschlag in γ-bestrahlten KCl-Kristallen.** Yoshio Inuishi und Yung-Kwon Sung (J. physic. Soc. Japan, Suppl. Nr. II, Proc. int. Conf. Crystal Lattice Defects, Kyoto **1962,** 288–94, 1963; Osaka, Japan, Univ., Fac. of Engng.; engl.) — C. **1964,** 11-0227. K. Jaeger 135◇

0264 **Einfluß von Verunreinigungen auf die photoelektrischen Eigenschaften von Silberchloridkristallen.** Noriaki Itoh und Tokuo Suita. (Technol. Rep. Osaka Univ. **12,** 31–38, 1962; Osaka, Japan, Univ., Dep. of Nucl. Engng.; engl.) — Durch Messung der Temp.-Abhängigkeit des Photostromes u. der Stromschwelle wurden die Haftstellen in AgCl-Kristallen untersucht. Das in reinen AgCl-Kristallen beobachtete flache Haftstellenniveau verschwindet auf Zusatz von Pb^{2+} u. bei der photograph. Reaktion. Pb^{2+}-Zusatz erhöht die Dunkelleitfähigkeit. Ein Zusatz von Pb verursachte ein starkes Anwachsen des Photostromes. K. Jaeger 135◇

0265 **Änderung der Ladungsträgerbeweglichkeit während des Schmelzens von Metallen und Halbleitern.** A. R. Regel. (Ukrain. physik. J. **7,** 833–35, 1962; Leningrad, Akad. der Wiss. der UdSSR, Halbleiter-Inst.; russ., Auszug: engl.) — Eine Analyse der experimentellen Daten über die elektr. Leitfähigkeit u. den Hall-Effekt in fl. Halbleitern u. Metallen (*K–Na, Rb, Hg, Sb, Te,* Bi_2Te_3, *InSn*) zeigt, daß sich während des Schmelzens die Ladungsträgerbeweglichkeit selbst dann nicht um mehr als $\pm 30\%$ ändert, wenn eine Änderung der Koordinationszahl eintritt. Die einzige Ausnahme bildet die Elektronenbeweglichkeit in InSn, die im fl. Zustand 100 mal kleiner als im festen Zustand ist. K. Jaeger 135◇

0266 **Elektronenkorrelationen in engen Energiebändern.** J. Hubbard. (Proc. Roy. Soc. [London], Ser. A **276,** 238 bis 257, 1963; Harwell, Berks., A.E.R.E., Theor. Phys. Div.; engl.) — Zur Unters. der Korrelationserscheinungen in *d*- u. *f*-Bändern wird ein einfaches Näherungsmodell für die Wechselwrkg. von Elektronen in engen Energiebändern eingeführt. Die Ergebnisse der Anwendung der Hartree-Fock-Näherung auf dieses Modell werden untersucht. Gerhard Schmidt 136◇

0267 **Über die Möglichkeit der Bestimmung der Korrelationsfunktion für eine Fermi-Flüssigkeit in Metallen.** M. Ja. Asbel. (J. exp. theoret. Physik [UdSSR] **39,** 1138–47, 1960; Akad. der Wiss. der UkrainSSR, Physik.-techn. Inst.; russ., Auszug: engl.) — Vgl. C. **1959,** 7701. — Für den allg. Fall einer elektron. Fermi-Fl. in einem elektromagnet. Feld wird ein vollständiges Syst. von Gleichungen in zweckmäßigerer Form als bisher üblich entwickelt, wobei die Einfachheit auch für das Elektronengas erhalten bleibt. Die Effekte der Fermi-Fl. treten nur dann deutlich hervor, wenn Cyclotronresonanz bei sehr hohen Frequenzen (wesentlich höheren als bisher behandelten) vorliegt; dann führt die Fermi-Fl. zu einer zusätzlichen Verbreiterung der Resonanzkurve. Die Möglichkeiten der Best. der Korrelationsfunktion in Metallen in diesem Falle werden erörtert.
R. K. Müller 136□

0268 **Über ein Integral der Zusammenstöße von Elektronen mit Elektronen.** W. P. Ssilin. (Metallphysik u. Metallkunde [UdSSR] **11,** 805–07, 1961; Physik. Inst. der Akad. der Wiss. der UdSSR; russ.) — Da zwischen Elektronen langsam abfallende Coulombsche Kräfte wirken, ist der Querschnitt ihrer Wechselwrkg. divergierend, wodurch Schwierigkeiten formaler Ordnung in der kinet. Theorie der Metalle entstehen. Fakt. wird infolge der Polarisation des Mediums die Wechselwrkg. der Elektronen eines Metalles abgeschirmt. Es wird ein Integral der Zusammenstöße abgeleitet, das diese Abschirmung berücksichtigt. Dadurch wird eine Präzisierung der Gleichung von Klimontowitsch u. Temko (C. **1959,** 1344) erreicht. R. K. Müller 136◇

0269 **Besonderheiten des Hall-Effektes in Zinn in einem großen Magnetfeld.** W. N. Katschinski. (J. exp. theoret. Physik [UdSSR] **43,** 1158–63, 1962; russ., Auszug: engl.) — Die aus einer großen Anzahl von Sn-Proben erhaltenen Ergebnisse konnten auf Grund der von Lifschitz u. Mitarbeitern (C. **1963,** 4603) entwickelten Vorstellungen erklärt werden. Eine Unters. über die Temp.-Abhängigkeit des Hall-Effektes zeigt, daß für einen beträchtlichen Richtungsbereich des Magnetfeldes die Hall-Effektgröße durch Prozesse kinet. Natur bestimmt wird, trotz der großen Werte des Magnetfeldes.
P. Sliwinski 136◇

0270 **Anisotropie der Elektronenrelaxationszeit in Kupfer.** B. C. Deaton und J. D. Gavenda. (Physic. Rev. [2] **129,** 1990–94, 1963; Austin, Tex., The Univ. of Texas, Dep. of Phys.; engl.) — Aus Messungen der Schwächung von Ultraschallwellen durch die Leitungselektronen im Grenzfall hoher magnet. Felder wurden die Relaxationszeiten für Elektronen in verschiedenen Bahnen bestimmt. Die Zeiten liegen in der Größenordnung 10^{-10} s u. differieren für die verschiedenen Bahnen bis zum Faktor 3. Die mittleren freien Weglängen, ebenfalls bahnabhängig, betragen 0,1—0,2 mm u. sind etwa zwanzigmal kleiner als die aus der Zahl magnetoakust. Schwingungen bestimmten. Die Messungen wurden an einem Cu-Einkristall (Verunreinigungen 10 ppm) bei 4,2°K durchgeführt. H. Seifert 136◇

0271 **Dimensions- und Reinheitseffekte auf elektrische Widerstände von Metallen in einem longitudinalenMagnetfeld bei Heliumtemperaturen.** B. N. Alexandrow. (J. exp. theoret. Physik [UdSSR] **43,** 1231—41, 1962; Akad. der Wiss. der UkrainSSR, Phys.-Techn. Inst.; russ., Auszug: engl.) — Deutliche Dimensionseffekte wurden in sehr reinen Proben von *Sn, Zn* u. *Al* gefunden. Eine beträchtliche Anisotropie im Anwachsen des Widerstandes zeigten Zn, Sn u. *Cd.* Diese Zunahme ist für massive Proben einige Male größer mit senkrechter Orientierung im Vgl. zur parallelen Orientierung. Für 6 Metalle verschiedener Reinheit wurden Kohler-Diagramme zusammengestellt: bei kleiner Änderung des Widerstandes $\Delta R/R \leq 0{,}2$ sind die Kurven linear (etwa gleiche Steigung von ca. 1,43) u. streben in hohen effektiven Feldern einem Grenzwert zu. P. Sliwinski 136◇

0272 **Supraleitungs-Tunnelvorgänge.** M. H. Cohen, L. M. Falicov und J. C. Phillips. (Physic. Rev. Letters **8,** 316—18, 1962; Chicago, Ill., Univ. of Chicago, Dep. of Phys.; Inst. for Study of Metals; engl.) — Vff. entwickeln eine Hamilton-Behandlung für den Tunnelprozeß von einem normalen Metall zu einem Supraleiter. H. Roschkowski 136◇

0273 **Lösungen der Dichtematrix-Paarungstensor-Gleichungen der Supraleitfähigkeitstheorie.** W. H. Young. (Physic. Rev. [2] **131,** 476—79, 1963; Ithaca, N. Y., Cornell Univ., Labor. of Atomic and Solid State Phys.; engl.) Herbert Weber 136◇

0274 **Über die Wärmeanomalie der Supraleiter.** I. O. Kulik. (J. exp. theoret. Physik [UdSSR] **43,** 1489—92, 1962; russ., Auszug: engl.) — Es wurde die Dispersionsgesetz-Änderung der Phononen beim Supraleitungsübergang berechnet. Sie kann nicht die experimentell beobachtete Anomalie der spezif. Gitterwärme der Supraleiter erklären. P. Sliwinski 136◇

0275 **Stromführende Kapazität von supraleitenden Solenoiden mit starkem Feld.** B. S. Chandrasekhar und J. K. Hulm. (Appl. Physics Letters **2,** 43—44, 1963; Pittsburgh, Pa., Westinghouse Res. Labor.; engl.) — Das Modell von Montgomery (vgl. gl. J. **1,** [1962], 41) mit der Berücksichtigung induzierter Ströme in einem Solenoiddraht (Nb–Zr) zur Best. der krit. Ströme wird in bezug auf die angenommene Größe des diamagnet. induzierten Stromes korrigiert. Eine neue Beziehung zwischen I_d (in A) u. dem magnet. Feld H (hervorgerufen durch ein Solenoid mit starkem Feld) wird vorgeschlagen. H. Schibilla 136◇

0276 **Supraleitende Eigenschaften von dünnen Aluminiumfilmen.** I. Ss. Chucharewa. (J. exp. theoret. Physik [UdSSR] **43,** 1173—78, 1962; Moskau, Univ.; russ., Auszug: engl.) — Die Al-Filme wurden durch Kondensation im Hochvakuum bei Raumtemp. erhalten u. anschließend auf die Temp. des fl. He abgekühlt. Aus experimentellen Daten über charakterist. Magnetfelder des Films wurde der konst. Faktor δ_{00} in der Temperaturabhängigkeit der Eindringtiefe nahe T_k bestimmt. Der so erhaltene Wert von δ_{00} wurde mit dem verglichen, der nach einer neuen Theorie von supraleitenden Legg. aus der normalen Leitfähigkeit des Films berechnet wurde. P. Sliwinski 136◇

0277 **Supraleitfähigkeit bei Molybdän.** T. H. Geballe, B. T. Matthias, E. Corenzwit und G. W. Hull jun. (Physic. Rev. Letters **8,** 313, 1962; Murray Hill, N. J., Bell Telephone Labor.; engl.) — Reines Mo wird bei ca. 1°K supraleitend. Geringe Verunreinigungs-Konzz. führen wahrscheinlich zu einem starken Abfall der Sprung-Temperatur. H. Roschkowski 136◇

0278 **Das Eötvös-Experiment.** H. Dicke. (Fizikai Szemle [Physik. Rdsch.] **12,** 111—18, 1962; ung.) J. Plank 137

0279 **Diamagnetische Abschirmung von Kernen durch Leitungselektronen in Metallen.** M. J. Stephen. (Proc. physic. Soc. **79,** 987—93, 1962; Oxford, Math. Inst.; engl.) — Die Abschirmung läßt sich in eine Lorentz-Korrektur, die sich aus einer gleichmäßigen Magnetisierung ergibt, u. einen von den induzierten Vol.-Strömen veranlaßten Teil zerlegen. Es wird ein nach dem Bloch-Modell exakter Ausdruck für die Vol.-Stromdichte, die in einem Metall durch ein gleichförmiges magnet. Feld induziert wird, abgeleitet. Daraus ergibt sich im Prinzip die Abschirmung. Spezielle Fälle werden diskutiert. Hans Laue 137□

0280 **Über den magnetoelektrischen Effekt in Antiferromagnetika.** D. N. Asstrow. (J. exp. theoret. Physik [UdSSR] **38,** 984—85, 1960; Inst. für physik.-techn. u. radiotechn. Messungen; russ.) — Wenn ein Cr_2O_3-Einkristall in ein elektr. Wechselfeld von 430 bzw. 230 V/cm eingeführt wird, entsteht ein magnet. Moment. Die von diesem magnet. Effekt erzeugten Signale werden in Abhängigkeit von der Temp. zwischen 250 u. 330°K aufgetragen. Bei 312°K tritt ein antiferromagnet. Übergang auf. Der Proportionalitäts-Koeff. der magnet. u. elektr. Effekte ist $1{,}2 \cdot 10^{-5}$ bei 0°. R. K. Müller 137□

0281 **Die Rolle leerer Bahnen bei der Superaustauschwechselwirkung.** K. P. Sinha. (Indian J. Physics Proc. Indian Assoc. Cultivat. Sci. **35(44),** 484—91, 1961; Poona, Nat. Chem. Labor.; engl.) — In Fortsetzung früherer theoret. Unterss. von Koide u. Mitarbeitern (vgl. C. **1961,** 18219), bei denen ein indirekter Austauschwechselwirkungsmechanismus, der leere lokalisierte Kristallbahnen einschloß, beschrieben wird, behandelt Vf. gewisse zusätzliche Superaustauscheffekte, bei denen leere Bahnen eine Rolle spielen. C. Gottfried 137

0282 **Spinwellentheorie der magnetischen Resonanzabsorption in antiferromagnetischem Metall.** Ju. A. Isjumow. (Metallphysik u. Metallkunde [UdSSR] **11,** 650—63, 1961; Inst. für Metallphys. der Akad. der Wiss. der UdSSR; russ.) — Vgl. C. **1963,** 9201. — Die Theorie der zeitlichen Dispersion der magnet. Susceptibilität eines antiferromagnet. Metalls im Radiofrequenzbereich wird erörtert. Hierbei sind 2 magnet. Subsyst. zu unterscheiden, u. zwar die Leitfähigkeitselektronen u. die lokalisierten Elektronen der spin-ungesätt. Ionenhüllen. Durch Austauschwechselwrkg. zwischen diesen tritt eine Verzerrung der Resonanzlinien ein, die ohne Wechselwrkg. vom Lorentz-Typ sind. Die Rolle der magnet. Anisotropie bei Prozessen der Austauschrelaxation wird untersucht. R. K. Müller 137◇

0283 **Kollektive Bewegung der Spins in Ferro- und Antiferromagnetika.** Junjiro Kanamori und Masashi Tachiki. (J. physic. Soc. Japan **17,** 1384—94, 1962; Nakanoshima, Osaka, Japan, Univ., Dep. of Phys.; engl. — C. **1964,** 3-0318.) K. Jaeger 137◇

0284 **Spinwellenresonanz in Filmen einer Pd–Ni-Legierung.** Hiroshi Nosé. (J. physic. Soc. Japan **16,** 838, 1961; Tokyo, Metropolitan Univ., Fac. of Sci., Dep. of Phys.; engl.) — Filme von Ni–Pd-Legg. mit bis zu 60 Gew.-% Pd wurden durch Aufdampfen hergestellt. Zus. u. Gitterkonst. der entstehenden Filme weichen von denen der zur Verdampfung gelangenden Proben kaum ab. Die Spinwellenresonanz wurde bei 9300 MHz in einem senkrecht zur Filmebene stehenden Magnetfeld gemessen u. daraus die Austauschkopplungs-Konst. A berechnet. Die A-Werte nehmen monoton mit steigender Pd-Konz. ab. Aus den Hauptresonanzen im senkrecht u. parallel zur Filmebene stehenden Feld wurden die g-Faktoren berechnet. Ähnlich wie früher (J. physic. Soc. Japan **16,** [1961], 342) an Cu–Ni-Leg.-Filmen beobachtet, scheint A die gleiche Konz.-Abhängigkeit wie die Curie-Temp. zu besitzen. H. Roschkowski 137◇

0285 **Ferromagnetische Resonanz in dünnen Permalloyfilmen.** M. Ondris und Z. Frait. (Czechoslov. J. Physics **11,** 883—85, 1961; Prague, Czechoslov. Acad. Sci., Inst. of Phys.; engl.) — Bei Frequenzen von ca. 9200 MHz wurde die ferromagnet. Resonanz von im Vakuum von ca. 10^{-4} Torr aufgedampften Permalloy-Filmen mit 100, 78, 64, 48 u. 37% Ni, Rest Fe u. maximal 1% Verun-

reinigungen, gemessen. Die Werte der g-Faktoren, effektiven isotropen Spannungen, der einachsigen durch Magnetisierung erzeugten Anisotropie u. der Austausch-Konst. sind tabellar. zusammengestellt. Bei der Spinwellenresonanz wird eine Verschiebung des Spektrums zu niedrigeren Feldern für Legg. mit negativer Magnetostriktion (Ni) u. zu höheren Feldern bei Legg. mit positiver Magnetstriktion (78 u. 64% Ni) beobachtet. Bei der Resonanz im Parallelfeld werden doppelte u. dreifache (64% Ni) Resonanz beobachtet.
H. Roschkowski 137◇

0286 **Bemerkungen zur Spin-Gitter-Relaxation.** D. E. McCumber. (Physic. Rev. [2] **130,** 2271—76, 1963; Murray Hill, N. J., Bell Telephone Labor.; engl.) — Die experimentell gefundene Abhängigkeit der Spin-Gitter-Relaxation von der Temp. bei Salzen der Seltenerdmetalle wurde theoret. abgeleitet. Es wird gezeigt, daß sich die Abhängigkeit vollständig durch Zwei-Phononen-Prozesse erklären läßt. H. Seifert 137◇

0287 **Kernspin-Gitter-Relaxation in nichtkubischen oder unvollkommenen kubischen Kristallen für $I = {}^7/_2$ oder ${}^9/_2$.** D. P. Tewari und G. S. Verma. (Physic. Rev. [2] **129,** 1975—79, 1963; Allahabad, India, Univ. of Allahabad, Dep. of Phys.; engl.) — Das Relaxationsverh. der zentralen Resonanzlinie für Übergänge zwischen Niveaus mit $m = \pm {}^1/_2$ wurde für die Kernspins $I = {}^7/_2$ u. ${}^9/_2$ berechnet. Bes. untersucht wurden der Fall des Einwirkens eines sättigenden Hoch-Frequenzfeldes auf das sich im Gleichgewicht mit dem Gitter befindende Spinsyst. mit u. ohne äußeres Magnetfeld.
H. Seifert 137◇

0288 **Messungen der Relaxationszeit in Rubin mit einer Gleichstrommagnetisierungs-Technik.** Shih-Yu Feng und N. Bloembergen. (Physic. Rev. [2] **130,** 531—35, 1963; Cambridge, Mass., Harvard Univ., Gordon McKay Labor. of Appl. Sci.; engl.) — Aus Messungen der Abklingzeit der Gleichstrommagnetisierung in Rubin wurden die Relaxationszeiten in Abhängigkeit von der relativen Konz. f der Cr^{3+}-Ionen u. der Temp. T bestimmt. Die Spin–Gitter-Relaxationszeit ist proportional f^{-1} ($f = 0{,}04-0{,}55\%$) u. T^{-1} ($T = 2-20\,°K$) bzw. für größere f proportional T^{-2}. Die Kreuzrelaxationszeit wurde nur für 5-Spin-Prozesse bestimmt, sie ist proportional $f^{-2,6}$ u. unabhängig von T. Außerdem wurden 2- u. 4-Spin-Relaxationsprozesse beobachtet. H. Seifert 137◇

0289 **Spin-Gitter-Relaxation von Ti^{3+} in Korund.** N. Je. Kassk, L. Ss. Kornijenko, T. Ss. Mandelstam und A. M. Prochorow. (Festkörperphysik [UdSSR] **5,** 2306 bis 2309, 1963; Moskau, Lomonossow-Univ.; russ.) — Gemessen wurde zwischen 1,7 u. 3,5 °K die Temp.-Abhängigkeit der Spin-Gitter-Relaxation. Der Abstand vom höheren Energieniveau wird auf $d = 30 \pm 3\,cm^{-1}$ geschätzt. Für Einphononenprozesse wird die Abhängigkeit der Relaxationszeit von der Orientierung des Kristalles in einem äußeren magnet. Feld erhalten. Diese Abhängigkeiten werden mit Hilfe der experimentell bestimmten Aufspaltungen d berechnet u. stehen in guter Übereinstimmung mit den experimentellen Befunden.
K. Jaeger 137◇

0290 **Verschmälerung der Resonanzlinie im System $K_3[(Cr, Fe, Co)(CN)_6]$ durch Spin–Gitter-Relaxation.** Takeshi Mitsuma. (J. physic. Soc. Japan **17,** 128—35, 1962; Tokyo, Nagatacho, Electrotechn. Labor.; engl.) — Der Einfl. der Fe^{3+}-Ionen auf die Linienbreite der Cr^{3+}-Spinresonanzlinien in Einkristallen von $K_3[(Cr_{0,01}Fe_x Co_{0,99-x})(CN)_6]$ ($x = 0{,}99-0{,}2$) wurde im Temp.-Bereich 80—300 °K (1 Punkt bei 4,2 °K) untersucht. Ein bei 9,4 GHz arbeitendes Reflexionsspektrometer wurde verwendet. Bei Zimmer-Temp. ist die Linienbreite infolge von schnellen Spin-Gitter-Relaxationsprozessen der Fe^{3+}-Ionen klein. Bei fallender Temp. verbreitern sich die Linien u. werden zu niedrigeren Feldstärken verschoben. Die Ergebnisse werden an Hand der verallgemeinerten Theorie von Kubo u. Mitarbeiter (C. **1955,** 9733) gedeutet u. ergeben evtl. die erste experimentelle Bestätigung für die Vorhersage dieser Autoren über nichtadiabat. Verschiebungen. G. Winkhaus 137◇

0291 **Messungen der Temperaturabhängigkeit der Protonenspin-Gitter-Relaxationszeit in flüssigem Schwefelwasserstoff.** J. W. Hennel und T. Waluga. (Arch. Sci. [Genève] **14(166),** 365—67, 1961; Cracow, Pol. Acad. of Sci., Inst. of Nucl. Phys.; engl.) — Die Spin-Gitter-Relaxationszeit τ_1 bzw. die Funktion $(\tau_1 \cdot \eta)/T$ (η = Viscosität in Poise) nimmt in fl. H_2S mit wachsender Temp. im Bereich von -18 bis $+55°$ linear ab, über den gesamten Temp.-Bereich um etwa 30%. Zur Deutung der Abnahme von τ_1 wird die Spin-Rotations-Wechselwrkg. diskutiert. K. Scheffler 137◇

0292 **Protonenmagnetische Resonanzuntersuchungen an thermisch entwässerten Produkten von Aluminiumoxidtrihydraten.** Tatsuo Saito. (Bull. chem. Soc. Japan **33,** 1626—27, 1961; Hiroshima, Japan, Univ., Fac. of Sci., Dep. of Chem.; engl.) — Vgl. C. **1964,** 8-0315. — Untersucht wurden die Phasenumwandlungen, die während der therm. Entwässerung von Bayerit auftreten. Es wurden dazu die zweiten Momente der PMR-Linien herangezogen. Die Ergebnisse wurden röntgeograph. kontrolliert. Zwischen 250 u. 300° liegen Böhmit u. η-Al_2O_3 nebeneinander vor, zwischen 400 u. 500° tritt η-Al_2O_3 alleine auf. Unterhalb 220° liegt die unveränderte Ausgangsphase (Bayerit) vor. K. Jaeger 137◇

0293 **Kernmagnetische Resonanz in konzentrierten wässerigen Lösungen von VO^{2+}.** N. Ss. Kutscherjawenko. (J. exp. theoret. Physik [UdSSR] **43,** 1164—72, 1962; russ., Auszug: engl.) — Hoch konz. wss. Lsgg. von $VOCl_2$ u. $VOSO_4$ wurden nach der Spin-Echo-Meth. untersucht. Die Abhängigkeit der Relaxationszeiten $T_{\parallel}$ u. $T_{\perp}$ von der Konzentration stimmt mit der existierenden Theorie überein, wenn die Austauschwechselwrkg. berücksichtigt wird. P. Sliwinski 137◇

0294 **Kernmagnetische Resonanz in festem Helium-3.** Haskell A. Reich. (Physic. Rev. [2] **129,** 630—43, 1963; New York, N. Y., IBM Watson-Labor.; engl.) — Unterss. bei konst. Molvol. in den α- u. β-Phasen bei verschiedenen Magnetfeldstärken u. Temp. mit der Spinecho-Methode. Der Selbstdiffusionskoeff. gehorcht dem Arrheniusschen Gesetz, wird aber bei tiefen Temp. (um 1 °K) temp.-unabhängig u. nur Funktion der Dichte. Die Aktivierungsenergie für Diffusion entspricht der aus Messungen der spezif. Wärme bestimmten. Bei hohen Magnetfeldern zeigen longitudinale u. transversale Relaxationszeit das typ. Verh. diffusionsbedingter Relaxation. Bei niedrigen Feldstärken u. Temp. wird die longitudinale Relaxationszeit temp.-unabhängig, dagegen abhängig von der Feldstärke. Verschiedene Bestimmungen des Austauschintegrals ergeben gleiche Ergebnisse, aus Suszeptibilitätsmessungen folgt dagegen ein viel zu kleiner Wert.
H. Seifert 137◇

0295 **Berechnung des zweiten Momentes einer magnetischen Kernresonanzlinie für den Fall isotroper Rotation des Moleküls.** L. W. Dmitrijewa und W. W. Moskalew. (Festkörperphysik [UdSSR] **5,** 2230—31, 1963; Leningrad, Univ.; russ.) — Abgeleitet werden exakte Formeln zur Berechnung des zweiten Momentes einer KMR-Linie (isotrope Mol-Rotation). Beobachtet wurde durch KMR die Rotation von *Urotropin*-Moll. in der festen Phase. Die experimentellen u. theoret. Ergebnisse werden verglichen. K. Jaeger 137◇

0296 **Paramagnetische Resonanz freier, in nichtpolaren Medien eingeschlossener Silberatome bei 77 °K.** R. A. Shitnikow, N. W. Kolessnikow und W. J. Kossjakow. (J. exp. theoret. Physik [UdSSR] **43,** 1186—96, 1962; Leningrad, Physikal.-Techn. Inst.; russ., Auszug: engl.) — Die Spektren der paramagnet. Resonanz von Ag-Atomen, eingeschlossen in verschiedene Paraffine (techn. Paraffin, $C_{20}H_{42}$, $C_{17}H_{36}$), wurden nachgeprüft. Die eingefangenen Ag-Atome zeigten zwei verschiedene Typen von Spektren in allen untersuchten Paraffinen, d. h. es existieren zwei Arten von Einfangplätzen freier Ag-Atome im Paraffin. P. Sliwinski 137◇

0297 **Bildung von Spinzentren in Kohlen durch Oxydation und ihr thermisches Ausheilen.** K. Antonowicz. (Proc. Vth Conf. Carbon, University Park, Pa. **1,** 46 bis

55, 1962; Buffalo, N. Y., Univ. of Buffalo, Carbon Res. Labor. and Dep. of Phys.; engl.) — Vgl. C. **1963, 3493.**
K. Jaeger 137◇

0298 **Bildung von Spinzentren in Kohle durch chemischen Angriff und ihre Natur.** K. Antonowicz. (Proc. Vth Conf. Carbon, University Park, Pa. **1**, 56—62, 1962; engl.) — Vgl. vorst. Referat. — In Fortsetzung der Unters. in O_2 wurde festgestellt, daß Spinzentren in vorgetemperter (> 1000°) Kohle auch in S-, Cl_2-, J_2- u. H_2-Atmosphäre gebildet werden. Der Beginn der Spinzentren-Bldg. in S liegt schon bei 300° (O_2: ~650°). Je nach den Vers.-Bedingungen betrug die Halbwertsbreite der PSR-Linie 25 bis 0,4 G. Für eine bestimmte Rk.-Temp. änderte sich die Halbwertsbreite umgekehrt mit der Spinkonzentration. Mit wachsender Temper-Temp. nahmen die Spins immer mehr „metall." Charakter an.
K. Jaeger 137◇

0299 **Theoretischer und experimenteller Paramagnetismus der vorgraphitischen Kohlenstoffe.** André Marchand und Pierre Delhaës. (C. R. hebd. Séances Acad. Sci. **256**, 3296—99, 1963; Bordeaux-Talence, Fac. des Sci., Labor. de Chim. phys.; franz.) — Mit einer von Marchand (C. **1964**, 14-0254) beschriebenen Modifikation der Slouczewski-Weissschen Theorie wird der Paramagnetismus verschiedener Vorstadien der Kohlenstoff-Graphitisierung berechnet. Mit der paramagnet. Elektronenresonanz wird ferner bei Temp. zwischen 80 u. 700 °K der Paramagnetismus einer Reihe von Pechkoksen gemessen, die 1,5 Std. lang bei Temp. zwischen 1600 u. 2850° gebrannt worden waren. Die Übereinstimmung zwischen Theorie u. Experiment ist ausgezeichnet. Aus den Experimenten sind die theoret. Parameter ε_0, ΔE u. γ_1 quant. herleitbar. H. Fahlenbrach 137◇

0300 **Paramagnetische Resonanz von dreiwertigem Chrom im Kristallgitter des Magnesiumwolframats.** W. A. Atzarkin, E. A. Gerassimowa, I. G. Matwejewa und A. W. Franzesson. (J. exp. theoret. Physik [UdSSR] **43**, 1272—74, 1962; Akad. der Wiss. der UdSSR, Inst. für Radiotechnik u. Elektronik; russ., Auszug: engl.) — Aus dem Spektrum der paramagnet. Resonanz wurden die magnet. Achsen u. die Konst. des Spin-Hamilton-Operators, die die Hyperfeinstruktur-Konst. der beiden Cr-Isotope einschließen, bestimmt. Außerdem wurde für verschiedene Wellenlängen die Spin-Gitter-Relaxationszeit bei einer Temp. von 4,2 °K gemessen.
P. Sliwinski 137◇

0301 **Paramagnetische Fehlstellen in bestrahltem CaO.** Alexander J. Shuskus. (J. chem. Physics **39**, 849—50, 1963; East Hartford, Conn., United Aircraft Res. Labor.; engl.) — Bei 77 °K wurden mit 9,5 kMHz die paramagnet. Resonanzspektren von bestrahlten (Hg-Bogen, 1-MeV-Röntgenstrahlen) CaO-Einkristallen untersucht. Es werden drei wichtige Störstellenzentren beschrieben, die auf fixierte Defektelektronen zurückzugehen scheinen.
K. Jaeger 137◇

0302 **Paramagnetische Elektronenresonanz und Spin-Gitter-Relaxation von Nd^{3+}-Verunreinigungsionen in $CaWO_4$-Einkristallen.** N. Je. Kassk, L. Ss. Kornijenko, A. M. Prochorow und M. Fakir. (Festkörperphysik [UdSSR] **5**, 2303—05, 1963; Moskau, Lomonossow-Univ.; russ.) — Untersucht wurde die ESR von Nd^{3+} in $CaWO_4$ bei der Temp. des fl. He. Für ^{143}Nd u. ^{145}Nd werden die g-Faktoren ($g_{||}$ = 2,032 ± 0,001 u. $g_{\perp}$ = 2,531 ± 0,001) u. die Hyperfeinaufspaltungs-Konst. bestimmt. Gemessen wurden die Spin-Gitter-Relaxationszeit u. deren Temp.-Abhängigkeit. K. Jaeger 137◇

0303 **Störstellenionenkomplexe in $SrCl_2$-Kristallen.** M. I. Kornfeld und L. Ss. Ssotschawa. (Festkörperphysik [UdSSR] **5**, 2232—35, 1963; Leningrad, Akad. der Wiss. der UdSSR, Halbleiter-Inst.; russ.) — Untersucht wurden die ESR-Spektren (9,35 GHz) von Mn^{2+} (~ 0,1 A.-%) in $SrCl_2$-Kristallen. Eine axiale Symmetrie der Spektren deutet auf die Bldg. von Komplexen aus Mn^{2+} u. einer Fehlstelle auf einem der nächsten Anionenplätze hin. Es wurde eine starke Winkelabhängigkeit der Intensität der Spektrallinien festgestellt. K. Jaeger 137◇

0304 **Elektronenspinresonanz von verdünntem $(NH_4)Fe \cdot (SO_4)_2 \cdot 12H_2O$.** Shigeru Maekawa. (J. physic. Soc. Japan **16**, 2337, 1961; Tokyo, Electrotechn. Labor.; engl.) — Vf. berichtet über Elektronenspinresonanzverss. an mit nicht magnet. $(NH_4)Al(SO_4)_2 \cdot 12H_2O$ verdünntem $(NH_4)Fe(SO_4)_2 \cdot 12H_2O$ (**I**). In den Verss. wurden Einkristalle mit dem Atomverhältnis Fe:Al = 1:100 durch langsames Abkühlen einer gesätt. wss. Lsg. hergestellt. Die gut aufgelösten Feinstrukturlinien u. ihre Abhängigkeit von dem Winkel in der (001)-Ebene bei Zimmertemp. sind graph. wiedergegeben. Die Verschiebungen der Haupt- u. Nebenmaxima von 0° u. 45° lassen erkennen, daß die kub. Achsen der kristallinen Felder gegen die des Kristalls geneigt sind. Der Rotationswinkel der kub. Achsen der Kristallfelder um die [111]-Achse des Kristalls wurde zu 10° geschätzt. Vf. schließt aus den Beobachtungen, daß **I** die von Bower u. Owen (vgl. Rep. Progr. Physics **18**, [1955], 304) beschriebene α-Struktur besitzt. Der kub. Feldparameter beträgt etwa 0,012 cm^{-1}, der trigonale Feldparameter 0,005 cm^{-1}. C. Gottfried 137△

0305 **Zur Aufspaltung der Mn^{2+}- und Fe^{3+}-Grundzustände in Kristallfeldern mit niedriger Symmetrie.** A. M. Leuschin. (Festkörperphysik [UdSSR] **5**, 2352 bis 2358, 1963; Kasan, Univ.; russ.) — Berechnet werden mit Hilfe des Kristallfeldmodells die Konst. des Hamiltonschen Spinterms für Ionen im S-Zustand. Diese Konst. charakterisieren die Aufspaltung des $3d^5$ ^6S-Spinmultipletts durch schwache Felder niedriger Symmetrie. Die berechneten Konst. werden mit experimentellen Ergebnissen der ESR von Mn^{2+} in $MnSnCl_6 \cdot 6H_2O$-Kristallen verglichen. Der Vgl. zeigt, daß die Mischung der Zustände mit Quartett-Termen infolge des starken kub. Feldes des $MnSnCl_6 \cdot 6H_2O$ wenig Einfl. auf die Aufspaltung des ^6S-Multipletts ausübt. Die Aufspaltung der $3d^5$ ^6S-Zustände des Mn^{2+} läßt sich durch eine entsprechende Korrektur der Aufspaltungsparameter berechnen. Die so berechneten Werte stimmen gut mit den experimentellen Werten überein.
K. Jaeger 137◇

0306 **Zur Verbreiterung der Resonanzlinien auf Grund indirekter Austauschwechselwirkungen.** Ss. A. Altschuler und R. M. Minejewa. (Festkörperphysik [UdSSR] **5**, 1697—99, 1963; Kasan, Uljanowa-Lenin-Univ.; russ.) — Es wird gezeigt, daß die isotrope Austauschwechselwrkg. die Breite der ESR-Linien magnet. verdünnter Kristalle bestimmen kann, wenn die Spin-Niveaus durch das Kristallfeld aufgespalten werden. Abgeleitet wird ein Ausdruck für die Linienbreite. Die Ergebnisse stimmen mit den experimentellen Ergebnissen an Rubin gut überein. K. Jaeger 137◇

0307 **Intensitäten erlaubter und verbotener Übergänge in der paramagnetischen Elektronenresonanz.** G. L. Bir. (Festkörperphysik [UdSSR] **5**, 2236—47, 1963; Leningrad, Akad. der Wiss. der UdSSR, Halbleiter-Inst.; russ.) — Mitgeteilt werden Ausdrücke für die Wahrscheinlichkeiten der verschiedenen Hyperfeinübergänge. Die Wahrscheinlichkeiten aller Übergänge lassen sich mit diesen Ausdrücken berechnen, wenn die elektron. Wellenfunktionen bekannt sind. Für kleine innere Kristallfelder werden die Charakteristiken der elektron. Spektren berechnet. Die Ergebnisse zeigen, daß Hyperfeinwechselwirkungen u. innere Kristallfelder eine starke Winkelabhängigkeit der EPR-Linienintensitäten bewirken. K. Jaeger 137◇

0308 **Polarisations-Effekte in der magnetoelastischen Streuung langsamer Neutronen.** M. Blume. (Physic. Rev. [2] **130**, 1670—76, 1963; Upton, N. Y., Brookhaven Nat. Labor., Phys. Dep.; engl.) — Es wird die Theorie der elast. Streuung polarisierter Neutronen durch magnet. Kristalle mit geordneten Spins entwickelt. Dabei werden bes. einige Terme diskutiert, die bei einer früheren Behandlung des Problems durch Halpern u. Johnson (1939) ausgelassen worden waren. Bei der Streuung in einfachen ferromagnet. u. antiferromagnet. Strukturen verschwinden diese Terme. Bei komplexen Strukturen geben sie aber interessante Beiträge. Dazu gehört der von Overhauser, Nagamiya u. Izyumov diskutierte Polarisationseffekt bei antiferromagnet. Spiralstrukturen u. der Effekt, der die Best. des Imaginärteiles des Form-

faktors nicht zentrosymm. Syst. erlaubt. Für beliebige Spinordnungen werden allg. Formeln für den Querschnitt u. die Polarisation des Streustrahls angegeben.
H. Fahlenbrach 137◇

0309 **Besonderheiten der Temperaturabhängigkeit der magnetischen Anisotropieenergie von Kristallen nahe dem magnetisch-isotropen Zustand.** I. M. Pusei. (Metallphysik u. Metallkunde [UdSSR] **9**, 302—03, 1960; Zentrales Forsch.-Inst. für Eisenhüttenkunde, Inst. für Präzisionslegg.; russ.) — Vgl. C. **1960**, 3777, 3778, 10138. — Neben der eigentlichen Anisotropieenergie U_0 muß eine magnetoelast. Zusatzenergie U_1 berücksichtigt werden, die sich bei kub. Kristallen aus den Elastizitätsmoduln C u. den Magnetostriktions-Konst. λ berechnen läßt. Wenn λ_{100} u. λ_{111} klein sind, ist U_0 bestimmend (bei Mo-Permalloy); sind die λ-Werte größer, dann kann U_1 die Größenordnung 10^3 Erg/cm^3 erreichen, sich im Vorzeichen von O_0 unterscheiden u. bei einer bestimmten Konz. $U_0 + U_1 = 0$ werden. Auf einem starken Einfl. von U_1 beruht die bei bin. Fe–Ni-, Ni–Co-, Fe–Co-Legg. u. a. beobachtete Temp.-Abhängigkeit der Konst. der magnet. Anisotropie in der Nähe des magnet.-isotropen Zustands.
R. K. Müller 137◇

0310 **Die Kristallanisotropieenergie in CrO_2.** Eiichi Hirota und Akira Yanase. (J. physic. Soc. Japan **18**, 482—87, 1963; Kadoma, Osaka, Matsushita Electr. Ind. Co. Ltd., Wireless Div., Res. Labor.; engl.) — Vff. untersuchen theoret. die Eigg. der Anisotropieenergie von CrO_2. Unter Berücksichtigung der Einfl. von Kristallfeld u. Dipol-Wechselwrkg. werden die Ausdrücke 2. u. 4. Ordnung der Anisotropieenergie berechnet. Der Vgl. mit Literaturdaten wird diskutiert.
Herbert Müller 137◇

0311 **Mögliche Änderungen der magnetischen Punktgruppensymmetrie in ferromagnetischen Umwandlungen zweiter Ordnung.** Ju. I. Ssirotin. (Kristallographie [UdSSR] **8**, 259—60, 1963; Moskau, Lomonossow-Univ.; russ.) — Aus 83 nichtferromagnet. u. 31 ferromagnet. Punktgruppen werden alle möglichen 151 ferromagnet. Umwandlungen zweiter Art zusammengestellt (Tabelle). Die Umwandlungen der restlichen 8 ferromagnet. Punktgruppen können nur 1. Ordnung sein.
K. Jaeger 137◇

0312 **Ferromagnetische und paramagnetische Curie-Punkte.** W. M. Saitzew. (Metallphysik u. Metallkunde [UdSSR] **11**, 803—05, 1961; Perm, Univ.; russ.) — Vgl. C. **1960**, 12595. — Unter Berücksichtigung der Nahordnung gelingt es, in der thermodynam. Theorie Gleichungen für den Unterschied zwischen dem ferromagnet. Curie-Punkt $\theta^{(f)}$ u. dem paramagnet. $\theta^{(0)}$ zu entwickeln. Es ergibt sich $\theta^{(f)} = \theta^{(0)} - \vartheta = \theta^{(0)} -$ (const./a). Qual. Überlegungen führen zu dem Schluß, daß ϑ positiv ist, was die Beobachtung bestätigt. Die Nahordnung bleibt im realen Fall oberhalb θ erhalten; die zur Vernichtung der Fernordnung erforderliche Energie der therm. Bewegung muß etwas geringer sein als bzgl. der Nahordnung, daher ist Θ bei Berücksichtigung der Nahordnung kleiner.
R. K. Müller 137◇

0313 **Temperaturhystereseerscheinungen bei Magnetit.** A. Ja. Wlassow und A. G. Sweginzew. (Nachr. sibir. Abt. Akad. Wiss. UdSSR **1962**, Nr. 1, 89—92; Krassnojarsk, Physik. Inst. der sibir. Abt. der Akad. der Wiss. der UdSSR; russ.) — An Magnetit mit 99,6(%) Fe_3O_4, 0,3 TiO_2 u. 0,1 S wird in einer thermoballist. App. die Temp.-Abhängigkeit der Magnetisierung I_H bei 0,25 bis 1500 Oe in 2 Cyclen (A: $-195° \to >$ Curie-Punkt $\Theta \to -195°$; B: $> \Theta \to -195° \to > \Theta$) untersucht. Beim Cyclus A nimmt I_H von -195 bis $-160°$ rasch zu, dann langsam, bei Θ rasch ab. Beim Cyclus B nimmt I_H von $> \Theta$ bis $-160°$ unter dem Einfl. des Magnetfeldes infolge der Domänenstruktur zu, bei weiterer Abkühlung ab, ohne daß jedoch der Anfangswert erreicht wird. Der Charakter der Änderung der Temp.-Hysterese in Abhängigkeit vom wirksamen äußeren Feld ist bei B derselbe wie bei A.
R. K. Müller 137◇

0314 **Die magnetokristalline Anisotropie von mit Gallium und Aluminium substituiertem Magnetit.** R. F. Pearson. (J. Physique Radium **20**, 409—13, 1959; Salfords, Surrey, England, Mullard Res. Labor.; engl.) — Die Anisotropiekonst. erster Ordnung K_1 wurde bei 120 bis 400°K nach der Torsionsmeth. an $Ga_xFe_{3-x}O_4$ (x = 0,08; 0,14; 0,27; 0,36) u. $Al_yFe_{3-y}O_4$ (y = 0,10; 0,21) gemessen. Es ergeben sich Hinweise auf die Ursachen der anomalen Änderung der Anisotropieenergie von Magnetit.
A. Blaschette 137◇

0315 **Temperaturabhängigkeit der Energie der magnetischen Anisotropie von Eisen–Nickel-Einkristallen.** I. M. Pusei. (Metallphysik u. Metallkunde [UdSSR] **11**, 686—92, 1961; Zentrales Forsch.-Inst. für Eisenhüttenkunde, Inst. für Präzisionslegg.; russ.) — Vgl. C. **1963**, 9205 und C. **1960**, 3778. — An Fe–Ni-Einkristallen (43,8—82,5 Atom-% Ni) wird die Änderung der Konst. (K) der Energie der magnet. Anisotropie zwischen $-252{,}8°$ u. $+350°$ nach Härten u. Glühen untersucht. In den Randteilen der γ-Phase (Ni u. Invar-Legg.) hängt K bei tiefen Temp. stark von der Temp. ab u. ändert bei hohen Temp. das Vorzeichen. In der Umgebung des Nullwertes von K werden bei Kristallen der Zus. Ni_3Fe Anomalien im Sinne einer nichtmonotonen Temp.-Abhängigkeit beobachtet; sie verschwinden nach ordnendem Glühen, das eine bzgl. Ni_3Fe asymm. Zunahme von K bei allen Temp. bewirkt.
R. K. Müller 137◇

0316 **Neues Zusammensetzungsgebiet hochpermeabler Legierungen im System Fe–Ni–Mo.** I. M. Pusei. (Metallphysik u. Metallkunde [UdSSR] **14**, 374—77, 1962; Inst. für Präzisionslegg. des Zentralen Forsch.-Inst. für das Eisenhüttenwes.; russ.) — Auf Grund einer Unters. der Kristallanisotropie von Fe–Ni–Mo-Legg. u. deren Abhängigkeit vom Ordnungszustand sowie auch auf Grund einer Unters. mit einer thermomagnet. Behandlung von Eisenkristallen wird nachgewiesen, daß man in einem ausgedehnten Gebiet der Leg.-Zus. (70—60% Ni, 40—30% Fe u. 0—6% Mo) die Art der Symmetrie der Anisotropie-Energie durch Vernichtung der Kristall-Anisotropie der kub. Symmetrie u. der Induktion der einachsigen Anisotropie verändern kann. Hierdurch werden die Bedingungen für die Erzielung einer rechteckigen Hysteresisschleife in solchen Legg. sowie einer außergewöhnlich hohen Maximalpermeabilität geschaffen.
H. Hochstein 137◇

0317 **Rotationshysterese der Magnetostriktion bei Nickel.** W. Ss. Afoschin. (Nachr. sibir. Abt. Akad. Wiss. UdSSR **1962**, Nr. 1, 37—42; Krassnojarsk, Pädagog. Inst.; russ.) — Proben von polykristallinem Ni werden zur Ausbldg. der Anisotropie gewalzt u. mit u. ohne Vakuumglühen bei 1100° mit langsamer Abkühlung einer Unters. der Rotationshysterese der Magnetostriktion (RHM) unterworfen. Die RHM erreicht bei geglühtem Ni ein Maximum ($9{,}4 \cdot 10^{-7}$) bei H = 160 Oe. u. $\varphi = 45°$; das Maximum liegt bei $\varphi = 0—90°$ u. $180—270°$ auf der negativen, bei $\varphi = 90—180°$ u. $270—360°$ auf der positiven Seite, so daß die RHM in Abhängigkeit von φ einer Sinuskurve entspricht. Bei ungeglühtem Ni ist der Maximalwert der RHM bei 400 Oe $5 \cdot 10^{-7}$ mit derselben Peroidizität, der 0-Wert liegt bei 1200 Oe.
R. K. Müller 137◇

0318 **Einfluß des longitudinalen und transversalen Formeffekts auf die Magnetostriktion von Eisenellipsoiden.** F. N. Dunajew und W. M. Kalinin. (Metallphysik u. Metallkunde [UdSSR] **14**, 462—64, 1962; Uraler Gorki-Univ.; russ.) — Es wird die Abhängigkeit der Längs- u. Quer-Magnetostriktion von Ellipsoiden aus Fe vom Magnetfeld bei einem unterschiedlichen Verhältnis m (m = 3,5, 8 u. 15) der großen Halbachse zur kleinen ermittelt. Ferner wird die Abhängigkeit der Längs- u. Quer-Sättigungsmagnetostriktion der Fe-Ellipsoide u. der durch den Formeinfl. bedingten Verformung von m bestimmt. Die experimentellen Werte für den longitudinalen Formeffekt fallen mit den theoret. ermittelten Werten gut zusammen, während die für den Quer-Effekt sich von den theoret. Werten wesentlich unterscheiden.
H. Hochstein 137◇

0319 **Eine neue Kalibrierungsmethode für elektrostatische Geräte zur Messung der linearen Magnetostriktion.** Karel Wotruba. (Českoslov. Časopis Fysiku **9**, 167—72, 1959; Praha, Ústav tech. fys. Českoslov. akad. věd; tschech.)
J. Tůmová 137◇

0320 **Wechselwirkung von Phononen und Spinwellen in Yttriumeisengranat.** E. H. Turner. (Physic. Rev. Letters **5**, 100–01, 1960; Holmdel, N. J., Bell Telephone Labor.; engl.) H. Roschkowski 137◇

0321 **Ferrimagnetischer Granat ohne Seltenerdmetalle und ohne Yttrium mit einer Curie-Temperatur bei 493 °K.** S. Geller, G. P. Espinosa, H. J. Williams, R. C. Sherwood und E. A. Nesbitt. (Appl. Physics Letters **3**, 60–61, 1963; Murray Hill, N. J., Bell Telephone Labor.; engl.) — Der neue Granat, dessen Curie-Punkt nur 50° niedriger liegt als von Y–Fe-Granat, ist $Ca_3Fe_2 \cdot (Fe_{1,5}V_{1,5})O_{12}$. Kein anderer Granat kann sich im Syst. $CaO–Fe_2O_3–V_2O_5$ bilden. Beim neuen Granat ist das magnet. Moment auf den Oktaederplätzen vorherrschend, beim Y–Fe-Granat auf den Tetraederplätzen. Der neue Granat wird bei einer Sintertemp. von 1140° hergestellt. Abweichungen von $\pm 10°$ führen eine Zersetzung herbei. Aus der Sättigungs-Temp.-Kurve ergibt sich für T = 0 °K ein magnet. Moment von 2.3 μ_B. Eine Zuordnung zu den 3 Untergittern der Granate ist noch nicht möglich. Der neue Granat ist rot, besitzt eine Gitterkonst. von 12,465 Å u. D_{R} = 4,005 g/cm³. H. Fahlenbrach 137◇

0322 **Zur Temperaturabhängigkeit der Magnetisierung während des Aufheizens und Abkühlens von Lithiumferritchromit in schwachen Magnetfeldern.** A. I. Drokin, R. P. Smolin und L. I. Rjabinkina. (Festkörperphysik [UdSSR] **5**, 2059–64, 1963; Krasnojarsk, Akad. der Wiss. der UdSSR, Sibir. Abt., Phys. Inst.; russ.) — Gemessen wurde die Temp.-Abhängigkeit der magnet. Hysteresis u. der elektr. Leitfähigkeit von Lithiumferritchromit im Temp.-Bereich 20° bis zum Curie-Punkt. Die Magnetisierungskurve läßt deutlich auf zwei Untergitter schließen. Unter geeigneten Bedingungen können zwei Kompensationspunkte beobachtet werden. Der Kompensationspunkt macht sich in der Leitfähigkeitskurve nicht bemerkbar. K. Jaeger 137◇

0323 **Über den Einfluß geringer Kobaltzusätze auf die Hystereseschleife von Nickel–Zinkferriten.** A. D. Ssokolow und Ja. Ss. Schur. (Metallphysik u. Metallkunde [UdSSR] **11**, 681–85, 1961; Inst. für Metallphys. der Akad. der Wiss. der UdSSR; russ.) — Ni–Zn-Ferriten von 4 Zus. mit wenig verschiedenem Verhältnis Ni:Zn werden geringe Mengen (0,5–3%) CoO zugesetzt u. deren Einfl. auf das Verhältnis B_r/B (B_r = Restinduktion, B = maximale Induktion) in einem Teilstück der Hysteresisschleife untersucht. Der höchste Wert von B_r/B bei Zusatz von 1–2% CoO beträgt 90–92%. Diese Zusatzmengen führen schon zum Auftreten einer „spontanen" rechtwinkligen Hysteresisschleife. R. K. Müller 137◇

0324 **Magnetische Susceptibilität grobkörniger hexagonaler Ferrite.** Je. Ss. Borowik und Ju. A. Mamalui. (Metallphysik u. Metallkunde [UdSSR] **14**, 146–47, 1962; Charkow, Gorki-Univ.; russ.) — Proben von Ba- u. Sr-Ferriten wurden wiederholt ½ Std. lang bei 1400° geglüht. Während der Glühung vergrößerte sich der Korndurchmesser bis auf 1 mm. Die Koerzitivkraft nahm dabei stark ab, z. B. bei Ba-Ferrit von 3050 auf 300 Oe. Die Abhängigkeit der Magnetisierbarkeit von der Temp. bei Feldern von 264–5 Oe wurde bestimmt, bei Ba-Ferrit fiel sie bei ca. 450–480° u. bei Sr-Ferrit bei 450–500° schroff ab. In einem Feld von 50 Oe betrug sie bei Raumtemp. für Ba-Ferrit 0,2% der Sättigungsmagnetisierung u. für Sr-Ferrit 0,3%. Infolge der Hochtemp.-Glühung wurde die Anfangssusceptibilität K bei Ba-Ferrit von 0,04 auf 0,13 u. bei Sr-Ferrit von 0,11 auf 0,19 Gauß/Oe erhöht. Das Fehlen des Hopkinson-Effektes bei unelast. hexagonalen Ferriten kennzeichnet die Eigg. des Stoffes, wird aber nicht durch die Besonderheiten der Domänenstruktur im hochkoerzitiven Zustand bedingt. H. Hochstein 137◇

0325 **Magnetismus einiger Kupferkomplexe bei tiefen Temperaturen.** T. Haseda, A. R. Miedema, H. Kobayashi und E. Kanda. (J. physic. Soc. Japan, Suppl. B-I **17**, 518–21, 1962; Leiden, Kamerlingh Onnes Labor.; Sendai, Tohoku Univ., Res. Inst. for Iron, Steel and Other Metals; engl.) — Im Temp.-Bereich zwischen 0° u. 50 °K wurden Susceptibilitätsmessungen an *Cu-Formiat* $\cdot 4\,H_2O$, dem *Cu(II)*-Salz von *Dihydroxy-p-chinon* u. $[Cu(NH_3)_4]SO_4 \cdot H_2O$ durchgeführt; von $[Cu(NH_3)_4]SO_4 \cdot H_2O$ wurde außerdem die spezif. Wärme zwischen 0° u. 1 °K bestimmt. D. Noack 137◇

0326 **Einfluß der Temperatur und einiger technologischer Faktoren auf die Nachwirkungserscheinung bei Silicium–Eisen-Legierungen.** M. Markuszewicz, B. Wysłocki und K. Stoiński. (Prace Inst. hutniczych **13**, 211–15, 1961; Inst. Metal. Żelaza; pol.) — C. **1964**, 3-0340. F. Urban 137◇

0327 **Ein für die Verwendung mit einem Spingenerator geeigneter Kerninduktionskopf.** D. E. Abrahamson und C. Heinen. (J. sci. Instuments **39**, 513–14, 1962; Minneapolis, Minn., Minneapolis-Honeywell Regulator Co., M. P. G. Res. Dep.; engl.) — Weiterentw. eines von Richards u. Mitarbeitern (C. **1959**, 7029) beschriebenen Kerninduktionskopfes. H. Roschkowski 137◇

0328 **Kleine Signalimpedanz einer festen Kerninduktanz.** F. Kollar und R. D. Russell. (Brit. J. appl. Physics **12**, 307–10, 1961; Vancouver, B. C., Univ. of Brit. Columbia, Dep. of Phys., Geophys. Labor.; engl.) — Vff. beschreiben eine einfache Meth. zur Berechnung der Impedanz eines Magneten mit festem Fe-Kern als Funktion der Frequenz. C. Gottfried 137△

0329 **Bericht der CITCE-Kommission „Elektrochemische Nomenklatur und Definitionen" und der IUPAC-Unterkommission „Elektrochemische Symbole und Terminologie".** Pierre van Rysselberghe. (J. electroanalyt. Chem. [Amsterdam] **6**, 173–82, 1963; Stanford, Calif., Stanford Univ., Dep. of Chem. and Chem. Engng.; franz.) — Bericht über die von den beiden Kommissionen (Brüssel 1961, Montreal 1961 u. Rom 1962) empfohlenen Definitionen im Bereich der elektrochem. Kinetik u. Polarisation. A. Blaschette 138◇

0330 **Zur Beweglichkeit hydratisierter Ionen in Lösungen.** A. M. Saitzewa und I. S. Fischer. (J. Strukturchemie [UdSSR] **4**, 3–9, 1963; Bjeloruss. Univ.; russ.) — Vff. entwickeln eine hydrodynam. Theorie der Ionenbeweglichkeit in Lsgg. unter Berücksichtigung des Effektes der Hydratisierung der Ionen. Die Ausdehnung der Hydrathülle, die Hydrations-Zahl u. die Hydratisierungspotentiale werden für Li^+, Na^+, K^+, Cs^+, Ca^{2+}, Mg^{2+}, Cl^-, Br^- u. J^- tabellar. angegeben. Lothar Müller 138◇

0331 **Die Überführungszahlen im System Schwefelsäure–Essigsäure.** O. K. Kudra, Ju. Ja. Fialkow und A. N. Shitomirski. (J. anorg. Chem. [UdSSR] **8**, 1742–48, 1963; Kiew, Polytechn. Inst.; Akad. der Wiss. der TadshikSSR, Inst. für Chem.; russ.) — Es wurden die Überführungszahlen mit Hilfe von Radioisotopen im gesamten Konz.-Intervall des bin. Syst. $H_2SO_4–CH_3 \cdot COOH$ bestimmt. Die Verss.-Ergebnisse zeigen, daß der Stromtransport über das Kation $CH_3COOH_2^+$ u. in Abhängigkeit vom Molenbruch des H_2SO_4 entweder über das Anion $[HSO_4 \cdot CH_3COOH]^-$ (Molenbruch des H_2SO_4 = 0,0–0,1) oder über das Anion HSO_4^- (Molenbruch des H_2SO_4 = 0,1–0,9) verläuft. Mit Erhöhung der H_2SO_4-Konz. wächst der Anteil des Staffettenmechanismus (SM) der Überführung. Im Gebiet der maximalen elektr. Leitfähigkeit wird der Stromtransport fast ausschließlich durch den SM bestimmt. Lothar Müller 138◇

0332 **Einfluß der Natur des Alkalimetallkations auf die Protonendiffusion in Nickeloxid.** G. Ja. Slaidin und P. D. Lukowzew. (Ber. Akad. Wiss. UdSSR **142**, 1130–33, 1962; Inst. für Elektrochem. der Akad. der Wiss. der UdSSR; russ.) — Die elektrochem. Red. von Ni-Oxiden in alkal. Lsg. hängt in starkem Maße von der Protonendiffusionsgeschw. (PDG) in den Oxiden ab. Die quant. Gesetzmäßigkeiten dieser Erscheinung werden untersucht, bes. ihre Abhängigkeit vom Potential u. der Zus. des Elektrolyten. An einer Ni-Diffusionselektrode in Form einer Folie, auf deren einen Seite eine ca. 60 Monoschichten starke Oxidschicht anod. aufgetragen wurde, bewirkt der Anodenstrom, der im Elektrolyt KOH bei der kathod. Polarisation zur Aufrechterhaltung des Potentials der Oxidschicht aufgewendet werden muß, O_2-Abscheidung u. weitere Oxydation. Die Geschw. dieses Prozesses hängt von der Protonenkonz. in der Oberfläche der Oxidschicht ab, die durch die Geschw. der Nachdiffusion von Protonen aus dem Vol. der Schicht bestimmt wird. Das Anwachsen des Anodenstromes bei konst. Potential nach kathod. Polarisation kann nur durch Vergrößerung der Geschw. des Oxydationsprozesses auf Grund des Anwachsens der Protonenkonz. erklärt werden, wobei die Protonen durch das metall. Ni hindurch in innere Schichten der Oxidhaut eindringen. Die Differenz der Anodenströme ohne u. mit kathod. Polarisation ist dann gleich der PDG. Die O_2-Überspannung steigt in der Reihenfolge der Elektrolyte KOH–NaOH–LiOH (alle 2 n) an, die PDG fällt. Die beobachtete Abhängigkeit stimmt mit der Halbleitertheorie überein, welche besagt, daß sich bei Einführung von Kationen mit geringerer Valenz in ein Gitter eines oxid. Halbleiters mit p-Leitfähigkeit die elektr. Leitfähigkeit vergrößert, während die Diffusionsgeschw. des Stoffes in der festen Phase abnimmt. K. Winkler 138□

0333 **Elektrische Leitfähigkeit von Siliciumdioxidfilmen auf Glas.** 1. Mitt. A. Ja. Kusnetzow. (J. physik. Chem. [UdSSR] **33,** 1374–77, 1959; russ.) — Die Leitfähigkeit (L) von Siliciumdioxidfilmen an Glas ist bedingt durch die Adsorption von W. in den Poren der Silicatschicht. Infolge des Inlösunggehens von an der Schicht adsorbierten Ionen bilden sich in den Poren sehr verd. Lsgg., deren hohe L durch eine zusätzlich auftretende capillare „Supraleitfähigkeit" bedingt ist. Die Abhängigkeit der L von der Luftfeuchtigkeit bei konst. Temp. hat die Form einer Adsorptionsisotherme. Bei einer Luftfeuchtigkeit von 70–80% tritt eine sprunghafte Erhöhung der L auf, was wahrscheinlich auf den Beginn der Capillarkondens. in den Paaren zurückzuführen ist. Da die Isotherme der L keine Hysteresis zeigt, kann angenommen werden, daß die SiO_2-Schicht nicht in chem. Wechselwrkg. mit W. tritt. Im Gebiet der Capillarkondens. konnte die L der unmittelbar anhaftenden Wasserschicht bestimmt werden. Diese liegt 1–2 Größenordnungen höher als die des reinen Wassers. Lothar Müller 138□

0334 **Molekulartheorie der elektrostatischen Wechselwirkungen zwischen Ionen in einem Lösungsmittel.** 4. Mitt. **Nichtpolare Lösungsmittel.** J. Stecki. (Bull. Acad. polon. Sci., Sér. Sci. chim. **9,** 429–33, 1961; Pol. Acad. of Sci., Inst. of Phys. Chem.; engl.) — 3. vgl. C. **1963,** 20299. P. Frenzel 139◇

0335 **Molekulartheorie der elektrostatischen Wechselwirkungen zwischen Ionen in einem Lösungsmittel.** 5. Mitt. **Raumverdrängungseffekte und eine Anwendung auf die Freie Energie der Aufladung eines Einzelions. Ionen mit harter Kugelschale in nichtpolaren Lösungsmitteln.** J. Stecki. (Bull. Acad. polon. Sci., Sér. Sci. chim. **9,** 435–40, 1961; engl.) — 4. vgl. vorst. Referat.; 6. vgl. C. **1963,** 20300. P. Frenzel 139◇

0336 **Potentiometrische Titrationskurven für einfache Ionenkombinations-Reaktionen.** James A. Goldmann. (J. chem. Educat. **40,** 519–22, 1963; Brooklyn, N. Y., Polytechn. Inst. of Brooklyn; engl.) — Ableitung der exakten Gleichung der Titrationskurve sowie Diskussion von Näherungsformen u. der bei ihrer Anwendung zu erwartenden Fehler. A. Blaschette 139◇

0337 **Elektrochemische Potentiale von komplexen Goldbromiden.** B. I. Peschtschewitzki, W. P. Kasakow und A. M. Jerenburg. (J. anorg. Chem. [UdSSR] **8,** 853–59, 1963; Akad. der Wiss. der UdSSR, Sibir. Abt., Inst. für anorgan. Chem.; russ.) — Auf der Grundlage der Ergebnisse der potentiometr. Titration von Goldbromidkomplexen mit Natriumsulfit wurden die Standardpotentiale der Redox-Syst. $[AuBr_4]^-$–$[AuBr_2]^-$, $[AuBr_2]^-$–Au u. $[AuBr_4]^-$–Au bestimmt u. ihre Abhängigkeit von der Ionenstärke μ u. der Temp. untersucht. Vff. berechneten für $\mu = 0{,}34$ ΔH_0 (kcal/Mol), ΔZ_0 (kcal/Mol) u. ΔS_0 (Entropieeinheiten) für die Rkk. $[AuBr_2]^- + e \rightleftharpoons Au + 2\,Br^-$ zu $-27{,}2$; $-22{,}2$, $-16{,}6$; $[AuBr_4]^- + 2\,e \rightleftharpoons [AuBr_2]^- + 2\,Br^-$ zu $-40{,}9$; $-37{,}5$; $-11{,}5$; $[AuBr_4]^- + 3\,e \rightleftharpoons Au + 4\,Br^-$ zu $-68{,}1$; $-59{,}7$; $-28{,}3$ u. für $[AuCl_2]^- + e \rightleftharpoons Au + 2\,Cl^-$ zu $-32{,}2$; $-25{,}7$; $-21{,}7$. Tabellar. werden die Aktivitäts-Koeff. von $K[AuBr_2]$ u. $K[AuBr_4]$ in KBr-Lsgg. verschiedener Konz. bei 25° u. die Disproportionierungskonst. für die Rk. $3\,[AuBr_2]^- \rightleftharpoons 2\,Au + [AuBr_4]^- + 2\,Br^-$ für verschiedene μ-Werte angegeben. Bei $\mu = 0{,}34$ u. 25° gilt für die gleiche Rk. $\Delta Z = -6{,}9$; $\Delta H = -13{,}4$; $\Delta S = -21{,}7$. Lothar Müller 140◇

0338 **Theorie der Elektrolyse an einer rotierenden Scheibenelektrode unter den Bedingungen der Addition von Konzentrations- und chemischer Polarisation.** L. P. Cholpanow. (J. physik. Chem. [UdSSR] **35,** 1567–70, 1961; Moskau, Mendelejew-Inst. für chem. Technol.; russ., Auszug: engl.) — Vf. beschreibt eine Meth. zur theoret. Berechnung der Rk.-Geschw. an einer rotierenden Scheibenelektrode für den Fall, daß sich chem. Polarisation u. Konz.-Polarisation überlagern. Beziehungen für die Abhängigkeit der Stromstärke von der Winkel-Geschw. der Scheibenelektrode werden angegeben u. als Grundlage für eine Gleichung verwendet, die die Berechnung der effektiven Aktivierungsenergie des Elektrodenprozesses an der Scheibenelektrode gestattet. E. Winkler 141□

0339 **Zur Theorie der Elektrolyse in einem binären Elektrolyten an einer rotierenden Scheibenelektrode.** L. P. Cholpanow. (J. physik. Chem. [UdSSR] **37,** 1576–81, 1963; russ.) — Vgl. vorst. Referat. — Vf. schlägt eine Meth. zur Berechnung der Konz.-Polarisation unter Berücksichtigung des Ohmschen Widerstands der Lsg. vor. Auf der Grundlage dieser Meth. wurde eine Formel abgeleitet, die die Geschw. des Prozesses mit dem Potential u. dem Ohmschen Spannungsabfall in der Diffusionsschicht verbindet. Lothar Müller 141◇

0340 **Elektrolytische Abscheidung von Zink in Gegenwart von geringen Antimon- und Kobaltmengen.** D. P. Sossimowitsch und N. F. Bogatowa. (J. physik. Chem. [UdSSR] **33,** 1324–27, 1959; Inst. für allg. u. anorgan. Chem. der Akad. der Wiss. der UkrainSSR; russ.) — Es wird der gleichzeitige Einfl. von kleinen Mengen Co u. Sb auf die elektrolyt. Abscheidung von Zn durch Aufnahme von Polarisationskurven an Zn-Elektroden in einer Standard-Lsg. (60 g/Liter Zn u. 100 g/Liter H_2SO_4) mit Zusätzen von 0,05; 0,1; 0,2; 1,0 u. 5,0 mg/Liter Sb u. 20 mg/Liter Co untersucht. Die Stromausbeute für Zn hängt stark von der zugesetzten Sb-Menge ab u. zeigt bei 0,05 mg/Liter Sb ein Maximum. Erhöhung der Sb-Konz. führt zu einer verstärkten H_2-Entw. u. das Potential P der Zn-Abscheidung verschiebt sich zu positiveren Werten. Zusatz von 20 mg/Liter Co verschiebt P der Zn-Abscheidung zu negativeren Werten. Bei gleichzeitigem Zusatz von Co u. einer Sb-Menge $> 0{,}2$ mg/Liter entspricht die Verschiebung des Abscheidungspotentials der zugesetzten Menge von Sb. Vff. erklären den Einfl. von Sb u. Co mit der oberflächenakt. Wrkg. dieser Ionen. Lothar Müller 141□

0341 **Elektrolytische Abscheidung von Seltenerdmetallen aus wäßrigen und nichtwäßrigen Lösungen.** Therald Moeller, Paul A. Zimmerman, Victor D. Aftandilian, Glenn W. Cullen, Valentine D. Galasyn, Dorian S. Smith und Gynith C. Giffin. (Selecta Chim. [São Paulo] **1961,** Nr. 20, 3–17, Urbana, Ill., Univ. of Illinois, Noyes Chem. Labor.; engl.) — Übersicht. — 46 Literaturangaben. A. Blaschette 141◇

0342 **Einfluß der Temperatur auf die Geschwindigkeit der kathodischen Reduktion von Kupfer(II)-chlorid in verschiedenen Lösungsmitteln.** N. A. Sotow und Ss. W. Gorbatschew. (J. physik. Chem. [UdSSR] **37,** 1606–09, 1963; Moskau, Chem.-technol. Mendelejew-Inst.; russ.) — Vff. untersuchen den Einfl. der Temp. auf die Geschw. der elektrochem. Red. von Cu(II) im Temp.-Intervall von 20–80° unter Verw. von $CuCl_2$-Lösungen in W., C_3H_7OH; CH_3COOH u. C_5H_5N u. bestimmen die effektiven Aktivierungsenergien. Auf Grund der Analyse der Abhängigkeit von log i von 1/T wird der Schluß gezogen, daß bei der Red. von $CuCl_2$ in Pyridin chem. Polarisation vorliegt. Lothar Müller 141◇

0343 **Absonderung radioaktiver Atomarten in trägerfreiem Zustand mit Hilfe eines elektrochromatographi-**

schen Verfahrens. I. Mádi. (J. inorg. nuclear Chem. **22,** 169–81, 1961; Debrecen, K. Kossuth-Univ., Inst. für Physik. Chem.; dt.) — Vgl. C. **1962,** 1879. — Eine Pt-Pulverkolonne u. eine Pt-Nadel werden als Elektroden gegeneinander geschaltet u. bei geeigneten Spannungen die Nuclide auf dem Pt-Pulver abgeschieden. Dann wird mit speziellen Elutionslsgg. jedes Nuclid einzeln herausgelöst. Mit dieser Meth. wurden ^{90}Y von ^{90}Sr u. ^{140}La von ^{140}Ba getrennt. Auch anod. Abscheidungen wurden durchgeführt. ^{147}Pm wurde so von ^{144}Ce u. ^{212}Bi von ^{212}Pb abgesondert. T. Tamberg 141□

0344 **Herstellung trägerfreier Präparate radioaktiver Atomarten unter Anwendung eines elektrochromatographischen Verfahrens, mit Hilfe von anodisch polarisierten Platinpulverkolonnen.** István Mádi. (Magyar Kémiai Folyóirat [Ung. Z. Chem.] **68,** 129–37, 1962; ung.) — Vgl. vorst. Referat. — Vf. hat unter Anwendung asymm. Elektrodensyst. den zeitlichen Verlauf der elektrolyt. Abscheidung verschiedener radioakt. Atomarten (^{144}Ce, ^{134}Pr, ^{90}Y, ^{175}Yb) untersucht. Die Rolle der auf der Pt-Oberfläche entstandenen Oxidschichten u. des pH wurden experimentell untersucht. Die Messungen ergaben, daß aus den Oxiden der einzelnen radioakt. Ionenarten höchstens je eine monomol. Schicht an der Anode entstehen kann. Die Aktivstellen der Pt-Anodenoberfläche wurden mit der Isothermen-Meth. bestimmt. Die Logarithmen der Verteilungskoeff. u. der Aktivstellen ändern sich linear mit den pH-Werten. Auf Grund dieser Unterss. hat Vf. zur Trennung trägerfreier radioakt. Atomarten ein mit Elektrolyse verbundenes, kolonnenchromatograph. Verf. ausgearbeitet. Es werden asymmetr. angeordnete Pt-Elektroden angewandt u. die abgeschiedenen Prodd. mit Geiger-Müller-Zählern untersucht. Als Anode diente unter anderen auch eine Pt-Pulverkolonne von 15 cm Länge u. 0,5 cm ⌀ in einem Glasrohr. Die experimentellen Ergebnisse werden theoret. mit der Herzfeldschen u. Langmuirschen Gleichung erörtert. I. Náray-Szabó 141

0345 **Zur Theorie des Stromabfalls beim Nulladungspotential.** A. G. Stromberg und Ch. S. Brainina. (J. physik. Chem. [UdSSR] **35,** 2016–24, 1961; Tomsk, Polytechn. Inst.; Stalino, Ural-Univ.; russ., Auszug: engl.) — Vff. untersuchen polarograph. Kurven bei Stromabfall u. diskutieren eine mathemat. Beziehung, welche die äußeren Bedingungen für die Darst. von Polarogrammen bei Stromabfall in guter Näherung angibt. Eine Prüfung dieser Beziehung wird am Beispiel des *In* in verschiedenen indifferenten Elektrolytlsgg. von NaBr, NaCl, Na_2SO_4, KCl u. anderer bei unterschiedlichem pH durchgeführt u. gezeigt, daß mit diesem mathemat. Ausdruck die Polarogramme des In bei Stromabfall in allen Fällen quant. beschrieben werden können. Zwischen dem Potential φ^* u. dem Potential der Null-Ladung des In in entsprechenden Lsgg. besteht nach Unterss. der Vff. eine direkte Abhängigkeit gemäß $\varphi^* = -0{,}7 + 4{,}5\,\psi_1$, wobei $\psi_1 = \varphi_N - \varphi_N^0$ (φ_N = Potential der Null-Ladung; φ_N^0 = Potential der Null-Ladung des Hg in 1,0 n Na_2SO_4-Lsg.) ist. W.-D. Heußner 142□

0346 **Die Anwendung der dynamischen Kondensatormethode auf die Messung elektrischer Potentiale an Grenzflächen fester Isolator/wässerige Lösung.** A. Waksmundzki und Z. Ratajewicz. (Bull. Acad. polon. Sci., Sér. Sci. chim. **9,** 451–53, 1961; Lublin, Pol. Acad. of Sci., Inst. of Phys. Chem., Labor. of Phys. Chem. of Surface Phenomena; engl.) — Messung von Potentialdifferenzen an Grenzflächen W./fester Isolator (Glimmer) sowie Änderung des Potentials bei Zusatz anorgan. Elektrolyte u. organ. oberflächenakt. Verbb.: *KCl*, *K_2SO_4*, *$K_4[Fe(CN)_6]$*, *HCl*, *Butter-*, *Essig-*, *Trichloressig-*, *Benzoesäure*, *A.*, *Propylalkohol*, *Aceton*, *Pyridin* u. *Laurylammoniumchlorid*. P. Frenzel 142◇

0347 **Gleichung für die Polarisationskurven der Elektrofällung von Metallen an festen Elektroden.** Ju. K. Delimarski und A. W. Gorodysski. (J. physik. Chem. [UdSSR] **32,** 1348–53, 1958; Kiew, Inst. für allg. u. anorgan. Chemie; russ., Auszug: engl.) — Unter Benutzung der polarograph. Kurven u. der Theorie der langsamen Ionen-Entladung wird für das Abscheiden von Metallen an festen Elektroden die Formel $\varphi = \varphi_{1/2} - [(RT/\alpha nF) \ln (i/i_\alpha - i)]$ aufgestellt, wo φ das Potential der Kathode, $\varphi_{1/2}$ das Halbwellenpotential, α eine Konstante, n die Änderung der Ionenladung beim Abscheiden, i den Strom u. i_α den Grenzstrom bedeuten. Die Formel ist mit der von Frumkin für die H_2-Abscheidung ermittelten identisch. — Die prakt. Überprüfungen mit *Cu-*, *Cd-*, *Zn-* u. *Ni*-Abscheidungen an einer Pt-Kathode in 1 n Na_2SO_4 + 0,001 n H_2SO_4-Lsg. sowie Vgl. mit Zahlenangaben anderer Autoren geben eine gute Übereinstimmung. J. Tůmová 142◇

0348 **Kinetik der Oxydation von Chloridionen an Platin.** G. A. Tedoradse. (J. physik. Chem. [UdSSR] **33,** 129–35, 1959; russ., Auszug: engl.) — Polarograph. wurde die Kinetik der Oxydation von Cl^--Ionen an einer rotierenden Pt-Elektrode untersucht. An platiniertem Pt bei 1500 U/min u. hohem Säuregeh. wird der Grenzstrom durch die Diffusion der Cl^--Ionen bestimmt. Der Diffusions-Koeff. der Cl-Ionen in einer Lsg. von 0,0095 n HCl u. 3,76 n H_2SO_4 beträgt $1{,}77 \cdot 10^{-5}$ cm²/s. Am glatten Pt hängt das Potential des Polarogramm-Maximums nicht von der Größe des Gleichgewichtspotentials ab; es wird beim 10fachen Anwachsen der H^+-Konz. um 59 mV auf die Anodenseite verschoben. Die Größe des Oxydationsstromes (i) hängt beim gegebenen Potential nicht von der Größe des Gleichgewichtspotentials E_0 ab, i wächst aber mit wachsendem E_0 bei konst. Überspannung. Bei nahe dem des Gleichgew. liegenden Potentialen ist die Oxydation der Cl-Ionen reversibel, bei höherem Potential ist sie irreversibel. Es wird ein Mechanismus der Oxydation der Cl-Ionen vorgeschlagen, der den hemmenden Einfl. des am Pt absorbierten Sauerstoffs berücksichtigt. H. Matern 142□

0349 **Wasserstoffüberspannung an der Zinkelektrode in alkalischen Lösungen. Konzentrationseinfluß der Kaliumhydroxidlösung.** S. A. Iofa, L. W. Komlew und W. Ss. Bagotzki. (J. physik. Chem. [UdSSR] **35,** 1571–77, 1961; Moskau, Lomonossow-Univ., Inst. für Stromquellen; russ., Auszug: engl.) — Vff. untersuchten die H_2-Überspannung an reinem Zn in KOH-Lsgg. im Konz.-Bereich von 0,1–14 n unter teilweisem Zusatz von KCl in Abhängigkeit von der Stromdichte u. der Elektrolyt-Konzentration. Die Messungen wurden mit der üblichen Kompensations-Meth. bei 20° gegen eine H_2-Bezugselektrode, bei KOH-Konzz. > 7 n gegen eine HgO-Elektrode, durchgeführt. Für den Koeff. der Tafel-Gleichung wurde ein Wert von b = 0,12 V ermittelt. Für die kinet. Konst. α wurde 0,5 gefunden. Diese Werte stimmen mit den Größen überein, die sich in saurer Lsg. ergeben. Hieraus wird geschlossen, daß der Einfl. des elektr. Feldes auf die H_2-Entw. aus H_3O^+ u. H_2O gleich ist. Die ermittelten Werte für a, b, log $a_\pm$ u. log a_{H_2O} für die verschiedenen KOH-Konzz. werden in einer Tabelle zusammengefaßt. Die Abhängigkeit der H_2-Überspannung von der Stromdichte bei den verschiedenen Elektrolyt-Konzz. u. von der Elektrolyt-Konz. bzw. mittleren Ionen-Aktivität bei konst. Stromdichte werden graph. dargestellt. Die Überspannung bei konst. Stromdichte nimmt mit steigender Elektrolyt-Konz. ab, für verd. Lsgg. um 0,09–0,1 V, für mittlere Basen-Konzz. um 0,06 V pro pH-Einheit. Im Konz.-Bereich 10–14 n wurde eine erhebliche Vergrößerung der Überspannung mit steigendem pH-Wert festgestellt, wahrscheinlich fand in der elektr. Doppelschicht eine Abschirmung der Wasser-Moll. durch die Alkalimetall-Kationen statt. E. Winkler 142□

0350 **Untersuchung der Wasserstoffüberspannung an festem und flüssigem Gallium in schwefelsaurer Lösung.** K. Ssabo und I. A. Bagotzkaja. (Ber. Akad. Wiss. UdSSR **149,** 139–41, 1963; Akad. der Wiss. der UdSSR, Inst. für Elektrochem.; russ.) — Für völlig sauerstoffreie Lsgg. ist die Überspannung (η) an festem Ga kleiner als an fl. Ga. Die Neigungen der Polarisationskurven für fl. und festes Ga sind gleich (0,095 V). Geringe Mengen gelöstes O_2 erhöhen η an festem Ga um 0,096 bis 0,166 V, während sie η an fl. Ga nicht verändern. Der Einfl. von O_2 auf η an festem Ga wird mit der Bldg. von Oxiden erklärt, die sich schwerer kathod. reduzieren lassen, als Oxide an fl. Ga. Lothar Müller 142◇

0351 **Spezifische Adsorption von Jodidionen an Silber.** Ja. M. Kolotyrkin und L. A. Medwedewa. (Ber. Akad. Wiss. UdSSR **140,** 168–71, 1961; Physik.-chem. Karpow-Inst.; russ.) — Die spezif. Adsorption von J^- an Ag-Elektroden u. ihr Einfl. auf die Überspannung von H_2 an diesem Metall in 1n H_2SO_4 wurde untersucht. Die Adsorption von J^- wächst linear mit der Änderung des Potentials nach positiven Werten bei allen J^--Konzz. von $1 \cdot 10^{-9} - 1 \cdot 10^{-5}$ Val/Liter. Die Adsorption ist umkehrbar. Die Desorptionsgeschw. ist bei einem u. demselben Adsorptionspotential umso größer, je negativer das Potential ist, bei dem die Desorption beginnt. Die Überspannung von H_2 wächst durch die Adsorption von J^- an Ag mit steigender Konz. von KJ im Bereich $10^{-9}-10^{-3}$ Val/Liter. J. v. Schroeder 142□

0352 **Überspannung der kathodischen Reduktion von Sauerstoff und Aktivierungsenergie der entsprechenden elektrochemischen Prozesse.** A. U. Akopjan. (J. physik. Chem. [UdSSR] **33,** 1625–31, 1959; Erewan, Polytechn. Karl-Marx-Inst.; russ., Auszug: engl.) — Es wurde die Überspannung der kathod. Red. von O_2 an Hg-, Pt-, Au- und Ag-Elektroden in 1,0158 n H_2SO_4 und 1n NaOH bei 0, 20, 40 und 60° untersucht. Die η-log i-Kurven zeigen sowohl in saurer als auch in alkal. Lsg. 2 lineare Bereiche. In saurer Lsg. beginnt der erste Bereich bei $i \sim 5 \cdot 10^{-6}$ (A/cm²) und der zweite Bereich bei i = ca. $5 \cdot 10^{-5}$, in alkal. Lsg. entsprechend bei ca. $2 \cdot 10^{-6}$ und ca. $2 \cdot 10^{-5}$. Vf. nimmt an, daß der erste Bereich der Red. zu H_2O_2, der zweite der der Red. zu H_2O entspricht. Die Best. des Koeff. b der Tafel-Gleichung zeigt, daß die Rk., die dem ersten Abschnitt in alkal. Lsg. entspricht, der Abdiffusion von H_2O_2 zuzuordnen ist. Für die anderen linearen Bereiche ist offenbar die elektrochem. Rk. der langsamste Vorgang. Aus den Vers.-Werten wurde die wahre Aktivierungsenergie (AE) der kathod. Red. von O_2 bestimmt. Es zeigte sich, daß die AE wenig von der Natur des Kathodenmetalls abhängt. Lothar Müller 142□

0353 **Die Sauerstoffüberspannung an Eisen in alkalischer Lösung.** A. I. Zinman. (J. physik. Chem. [UdSSR] **37,** 1598–1600, 1963; Lissitschansker Abt. des Inst. für Stickstoffind. u. Prodd. der organ. Synth.; russ.) — Vf. untersucht die Sauerstoff-Überspannung an Fe in NaOH-Lsgg. u. findet für den Faktor b der Tafel-Gleichung einen Wert von 2 RT/3 F, während für $\partial\eta/\partial \log a(OH^-) = RT/3F$ gilt. Kinet. Gleichungen für den Rk.-Ablauf werden angegeben. Lothar Müller 142◇

0354 **Polarographische Untersuchung von Hydroxosalzlösungen.** N. W. Aksselrud. (J. anorg. Chem. [UdSSR] **3,** 1738–47, 1958; Akad. der Wiss. der UdSSR, Inst. für allg. u. anorg. Chem.; russ.) — Indate, Zinkate u. Plumbate zerfallen in bas. Medium über polymere Ionen, z. B. nach $[(MeX_p)^{n-pb}]_m \rightleftharpoons m(MeX_p)^{n-pb}$; $MeX_p^{(n-pb)} \rightleftharpoons Me^{n+} + pX^{b-}$. Je niedriger die Laugenkonz. u. je höher die Hydroxosalzkonz., desto höher der Polymerisationsgrad. In Diagrammen wird die Zerfallsgeschw. in Abhängigkeit von der Laugenkonz. gezeigt. Die möglichen Mechanismen werden diskutiert. W. Pötsch 142□

0355 **Polarographisches Verhalten von Rhodiumchlorid in schwach sauren Lösungen.** Elio Scarano. (Ricerca sci. **30,** 2507–12, 1960; Roma, Univ., Ist. di chim. anal.; ital.) — Vf. untersuchte das polarograph. Verh. von $RhCl_3$ in 0,1 m Lsgg. von KCl oder $KClO_4$, in salzsauren $RhCl_3$-Lsgg. ($4 \cdot 10^{-4}$ m HCl), sowie in mit KCl gesätt. $RhCl_3$-Lsgg., die zuvor mit dem Anionenaustauscher Dowex-2 behandelt worden waren. Das polarograph. Verh. des $RhCl_3$ läßt sich an Hand der bekannten mono- u. polynuclearen Chloro-, Hydroxo- u. Mischkomplexe des Rk. sowie auf Grund der Vorentladung des Wasserstoffs auf der Rh-haltigen Hg-Elektrode erklären. Durch die Behandlung mit dem Anionenharz werden aus den $RhCl_3$-Lsgg. die Komponenten mit komplexerem Aufbau abgetrennt. Damit wird das polarograph. Verh. solcher Lsgg. einfacher u. läßt sich leichter erklären. C. Gottfried 142△

0356 **Die Abschätzung des Sealings anodischer Oxidfilme auf Aluminium mit Hilfe der colorimetrischen Analyse.** G. C. Wood und J. N. Stokoe. (J. appl. Chem. **13,** 409–16, 1963; Manchester, Univ., Fac. of Technol., Dep. of Chem. Engng.; engl.) — Das Sealing in $Cr_2O_7^{2-}$- oder CrO_4^{2-}-Lsg. kann durch Auflsg. des Films in NaOH, Ansäuern mit H_2SO_4 u. Best. des Cr-Geh. der resultierenden Lsg. mit Diphenylcarbazid verfolgt werden. Bei anderen Sealingbädern erfolgt vor der Auflsg. u. Best. Nachsealing in $K_2Cr_2O_7$-Lsg. nach teilweisem Sealing. Sealing- u. Nachsealingmechanismen werden erörtert. Das Verf. ist ebenfalls auf Ni-Acetat-Bäder anwendbar. Die Alterung der Oxidfilme scheint von Einfl. zu sein. P. Frenzel 143◇

0357 **Untersuchung der Struktur passiver Oxidfilme auf der Titanoberfläche.** N. D. Tomaschow, R. M. Altowski und M. Ja. Kuschnerew. (Ber. Akad. Wiss. UdSSR **141,** 913–16, 1 Tafel, 1961; Inst. für physik. Chem. der Akad. der Wiss. der UdSSR; russ.) — Die aus der Literatur bekannten Mitt. über Zus. u. Struktur der an Ti-Oberflächen sich bildenden Oxidfilme bei Hochtemp.-Oxydation an Luft sowie bei Oxydation in sd. Oxydationsmitteln u. bei anod. Oxydation mit großen positiven Potentialen enthalten keinen Hinweis über die Struktur von passiven Oxidfilmen auf Ti-Oberflächen. Diese passiven Oxidfilme entstehen bei Eigenpassivierung in Lsgg. bei Raumtemp., aber auch durch anod. Passivierung in Lsgg. bei geringem positiven Potential. Vff. untersuchen Oxidfilme auf Ti, die nach Eigenpassivierung in Lsgg. von 5%ig. HCl, 5%ig. H_2SO_4, 6%ig. HNO_3, n NaCl, n NaOH sowie bei anod. Oxydation in 40%ig. H_2SO_4 (mit Potentialen von − 0,05; + 1,0; + 8,0 V) u. in heißer 65%ig. HNO_3 entstehen. Die erhaltenen Oxidfilme werden mit einer Lsg. von 5%ig. Bromwasser in CH_3OH abgelöst u. röntgenograph. analysiert. Bei allen anod. Oxydationen in 40%ig. H_2SO_4 mit Potentialen $\leq +1{,}0$ V entstehen nach der Röntgenstrukturanalyse nicht stöchiometr. zusammengesetzte Mischoxide $Ti_2O_3 \cdot 3-4TiO_2$, wie aus Verzerrungen des Kristallgitters u. Abweichung von der vorhandenen Textur erkannt wird. Erst bei Oxydation in 40%ig. H_2SO_4 bei Potentialen um + 8,0 V u. in heißer 65%ig. HNO_3 bildet sich ein Oxidfilm aus TiO_2 mit Anatas- u. kleinen Anteilen von Rutil-Struktur. Vff. beobachten die Bldg. von TiO_2-Filmen an Ti-Oberflächen nur bei genau begrenzten Bedingungen, wie Oxydation an Luft bei hohen Temp. oder bei anod. Oxydation mit hohen positiven Potentialen. Unter anderen Oxydationsbedingungen entsteht nur ein Oxid wechselnder Zus. $Ti_2O_3 \cdot 3-4TiO_2$. Verbb. des Typs Ti_3O_5 wurden bei Eigenpassivierung von Ti in verd. H_2SO_4 u. TiO durch längere Oxydation an Luft bei 20° nachgewiesen. — 15 Literaturangaben. W.-D. Heußner 143□

0358 **Der Mechanismus der Korrosionszerstörung von Eisen an einer Flüssigkeitsoberfläche.** I. K. Marschakow und A. N. Sanina. (J. physik. Chem. [UdSSR] **35,** 206–11, 1961; Woronesh, Univ.; russ., Auszug: engl.) — Das Korrosionsverh. von Fe an der Fl.-Grenze in verschiedenen Medien wird untersucht. Hierbei wird gefunden, daß eine intensive Zerstörung des Fe an dieser Stelle in sauren Medien u. neutralen Lsgg., die Inhibitoren, wie Bichromat, Nitride u. bes. Phosphate, enthalten, beobachtet wird. In neutralen Chlorid- u. Sulfat-Lsgg. unterliegt Fe an der Fl.-Grenze keiner starken Korrosion, dagegen wird in Mitteln mit geringer elektr. Leitfähigkeit eine intensive örtliche Zerstörung hervorgerufen. In neutralen Lsgg. tritt beim Fehlen von Korrosionsinhibitoren infolge des unterschiedlichen O_2-Zutrittes zum Fe an der Fl.-Grenze gegenüber dem Vol. des Elektrolyten lokalisierte Korrosion auf. In Medien von geringer elektr. Leitfähigkeit wird der Anodenstrom dieser Zellen auf einer kleinen Fläche lokalisiert u. ruft eine konzentrierte Korrosion etwas unterhalb der Oberfläche hervor. Ein intensives Ätzen des Fe an der Oberfläche in sauren Mitteln ist nicht das Ergebnis eines bevorzugten Nd. der Korrosionsprodd. an der Grenzfläche Fl.–Luft, sondern eine Folge der Wirksamkeit der Korrosionszellen, deren Anode Fe an der Oberfläche darstellt. Grund für die Entstehung solcher Makrozellen ist die starke Erhöhung des pH-Wertes des Elektrolyten. In neutralen Elektrolyten, die Inhibitoren enthalten, ist der Mechanismus der Korrosion an der Fl.-Grenze derselbe wie im Falle der Korrosionszerstörung des Fe in engen Schlitzen u. Spalten. Die verstärkte Korrosion des Fe an der Oberfläche einer Fl. in Ggw. von Inhibitoren ist durch die Entstehung aktiver-passiver Zellen infolge des behinderten Zutritts des Inhibitors zum Elektrolyten bedingt. H. Hochstein 143□

0359 **Wirkung der Bestrahlung auf das elektrochemische Verhalten von austenitischem rostfreiem Stahl.** V. V. Gerasimov und V. N. Aleksandrova. (Reactor Sci. Technol. **16,** 561—62, 1962; engl.) — Das elektrochem. Verh. eines Ti-stabilisierten rostfreien Stahls mit 18% Cr u. 9% Ni während der Bestrahlung mit therm. Neutronen (10^{12} n/cm² · s) wurde untersucht. Die Bestrahlung ändert nicht die Kinetik des Anodenprozesses des untersuchten Stahles in 0,01 n Na_2SO_4. Die Geschw. des Anodenprozesses in dem passiven Gebiet u. das gemessene Potential im Gebiet der Transpassivität werden ebenfalls nicht verändert. Auch in 0,01n NaCl bleibt die anod. Polarisationskurve unverändert. Die Geschw. des Anodenprozesses im passiven Gebiet ist kaum verändert. Dagegen ist das Gebiet der Transpassivität um 100—150mV in die positive Richtung verschoben. F. Vier 143◇

A_4. Thermodynamik, Thermochemie

0360 **Über die Gültigkeit der Onsagerschen Reziprozitätsbeziehungen für stark gekoppelte Systeme.** I. Prigogine und G. Severne. (Physics Letters [Amsterdam] **6,** 173 bis 174, 1963; Bruxelles, Univ. Libre, Fac. des Sci.; engl.) A. Blaschette 146◇

0361 **Die allgemeine Theorie der Transportprozesse und die Methode der Korrelationsfunktion.** I. Prigogine und G. Severne. (Physics Letters [Amsterdam] **6,** 177—79, 1963; engl.) — Vgl. vorst. Referat. A. Blaschette 146◇

0362 **Über die Spezifizierung von Übergangs-Nichtgleichgewichtssystemen.** Kurt E. Shuler. (VIth Sympos. [int.] Combust., New Haven, Conn. **1956,** 371—74, 1957; engl.) — Vf. versucht, auf Grund allg. thermodynam. Überlegungen (Relaxation eines Syst. harmon. Oscillatoren bzw. Relaxation der inneren Energie) eine Klassifizierung der Austausch- u. Verteilungsvorgänge der bei stark exothermen Verbrennungsvorgängen freigesetzten Energie zu erreichen. H. Roschkowski 146◇

0363 **Lehrbuchirrtümer.** 46. Mitt. **Abweichungen vom Raoultschen Gesetz.** M. L. McGlashan. (J. chem. Educat. **40,** 516—18, 1963; Reading, Univ.; engl.) A. Blaschette 150◇

0364 **Zum Einfluß von Oxidzusätzen auf die strukturempfindlichen Eigenschaften von Bleisilicatschmelzen.** Yukio Suginohara, Tsutomu Yanagase und Hisashi Ito. (Trans. Japan. Inst. Metals **3,** 227—33, 1962; Fukuoka, Japan, Kyushu Univ., Dep. of Metallurgy; engl.) — An PbO–SiO_2-Schmelzen, denen die *Oxide* von *Li, Na, K, Rb, Cs, Be, Mg, Ca, Sr, Ba, Zn, Cd, B, Al* u. *NiO, PbO,* Fe_2O_3, Bi_2O_3, SiO_2, GeO_2, TiO_2, SnO_2, ZrO_2 zugesetzt waren, wurden die Oberflächenspannung, Dichte, Viscosität, spezif. elektr. Leitfähigkeit u. Liquidus-Temp. gemessen. Diese Eigg. hängen linear von $Z/(r + r_0)^2$ ab (Z = Oxydationsstufe des zugesetzten Metallkations, r sein Radius u. r_0 = Radius von O^{2-}). Kryoskop. wurde für PbO–SiO_2 die Schmelzenthalpie zu 5000 cal/Mol bestimmt. K. Jaeger 150◇

0365 **Zur Theorie der Lösungen von Nichtmetallen in flüssigem Eisen.** B. P. Burylew. (J. physik. Chem. [UdSSR] **37,** 2068—76, 1963; Sibir. metallurg. Inst.; russ., Auszug: engl.) — Für Elemente die in fl. Fe innere Lsgg. bilden, werden Gleichungen für die chem. Potentiale u. Aktivitäts-Koeff. angegeben. Die Gleichungen werden durch Verss. an Lsgg. von C, S. P u. Si in fl. Fe bestätigt. Die Wechselwrkg.-Energien zwischen C-, S- u. P-Atomen untereinander betragen 14500; —11000 u. 13000 (cal/g-Atom), zwischen S einerseits u. C, Si u. P andererseits 8000, 13000 u. 6500. Zwischen dem Wechselwrkg.-Parameter ε u. den Wechselwrkg.-Energien wird eine Beziehung abgeleitet. Für bin. Legg. von Fe mit Elementen der 3. Periode gilt $\varepsilon_i^j = -12{,}9\,n + 202{,}5$ (n = Atomnummer). H. Roschkowski 150◇

0366 **Einfluß der atomaren Koordination auf den Temperaturverlauf der spezifischen Wärme bei tiefen Temperaturen.** W. A. Romanowski. (J. physik. Chem. [UdSSR] **30,** 2252—54, 1962; Chem.-technol. Mendelejew-Inst.; russ.) — Vf. zeigt daß der Grad der Abweichung der Temp.-Kurve der spezif. Wärme von Kristallen von der Debye-Funktion in bedeutendem Maße durch das Ausmaß der atomaren Koordination mit den nächsten Nachbarn bestimmt wird. An einer Reihe einfacher u. zweiatomiger Stoffe, die im Kristallzustand eine kontinuierliche Reihe chem. Bindungen besitzen, wird gezeigt, daß die Verkleinerung der tatsächlichen Koordinationszahl zur erhöhten Abweichung der Temp.-Kurve der spezif. Wärme dieser Stoffe von der Debye-Funktion führt. Als Kriterium der Abweichung von der Theorie Debyes wird das Verhältnis des größten Wertes der charakterist. Temp. ($\theta_{D\,max}$) nach Debye zum kleinsten ($\theta_{D\,min}$) benutzt. Für streng dem Debyeschen Gesetz gehorchende Stoffe gilt $\theta_{D\,max}/\theta_{D\,min} = 1$. Für *Au, Pb, Na, K, Mo, Pt, Cu, Al, Ag, Fe, KCl,* FeS_2, *LiF, KBr,* CaF_2 mit der Koordinationszahl (KZ) bzw. mittleren KZ 12—5,3 gilt $\theta_{D\,max}/\theta_{D\,min}$ (V) nicht $> 1{,}13$, für *Ge, Si, Sn* (grau), *ZnS* mit KZ = 4 ist V = 1,43 — 1,6, für SiO_2, GeO_2, B_2O_3 mit der mittleren KZ = 2,66—2,4 ist $V \sim 2{,}17$. Die Erhöhung der Kovalenz der Bindung übt etwa den gleichen Einfl. aus wie das Wachsen von KZ. H.-J. Lunk 151◇

0367 **Bestimmung der Enthalpien gasförmiger Ionen aus elektrochemischen und thermochemischen Konstanten.** M. W. Ionin. (J. physik. Chem. [UdSSR] **36,** 2215—16, 1962; Gorki, Polytechn. Inst.; russ.) — Vf. bestimmte mittels der Gleichung $\Delta H_i = 103{,}35\,n + \Delta H_0 - \Delta H_H$ die Enthalpien der gasförmigen Ionen F^-, Cl^-, Br^-, J^-, NH_4^+, NO_3^-, SCN^-, ClO_4^-, SO_4^{2-} u. OH^-, wo ΔH_0 die in der Wasserstoff-Skala gemessenen Enthalpien der Ionen in Lsg. u. ΔH_H die Hydratationswärme bedeuten. Mittels der Gleichung $\Delta H_0' = \Delta H_i + \Delta H_H$, wo $\Delta H_0'$ die aus der thermodyn. Konst. ΔH_i u. ΔH_H berechneten Enthalpien der Ionen in Lsg. bedeutet, wurde für 29 Kationen mit einer Abweichung von meistens 1%, in einigen Fällen von 3% $\Delta H_0' - \Delta H_0 = 103{,}35\,n$ kcal gefunden. H.-J. Lunk 156◇

0368 **Thermodynamische Eigenschaften gasförmiger Metallhalogenide.** Leo Brewer, G. R. Somayajulu und Elizabeth Brackett. (Chem. Reviews **63,** 111—21, 1963; Berkeley, Calif., Lawrence Radiat. Labor.; engl.) — Übersicht. — 90 Literaturangaben. A. Blaschette 156◇

0369 **Thermodynamische Untersuchung einiger Tantalchloride.** Ss. A. Schtschukarew und A. R. Kurbanow. (Nachr. Leningrader Univ. **17,** Nr. 10, Ser. Physik Chem. Nr. 2, 144—61, 1962; russ., Auszug: engl.) — Die therm. Stabilität von $TaCl_3$ u. $TaCl_5$ wurde untersucht. Folgende Rk.-Enthalpien (kcal/Mol) u. -Entropien (Entropieeinheiten) werden angegeben: $TaCl_5$ (fest) → $TaCl_5$ (Gas), (ΔH =) 22,7; (ΔS =) 45,2; $TaCl_5$ (fl.) → $TaCl_5$ (Gas); 14,9; 29,3; $TaCl_5$ (Gas) → $TaCl_4$ (Gas) + $^1/_2$ Cl_2; 33,6; 31,3; 2 $TaCl_4$ (fest) → $TaCl_3$ (fest) + $TaCl_5$ (Gas); 27,0; 48,3; $TaCl_3$ (fest) + $TaCl_5$ (Gas) → 2 $TaCl_4$ (Gas) 33,4; 32,3; $TaCl_4$ (fest) → $TaCl_4$ (Gas) 30,2; 40,4. H. Roschkowski 156◇

0370 **Thermodynamische Grundlagen der Hochtemperaturchlorierung polymetallischer Zinnrohstoffe.** Je. Ss. Petrow und W. N. Fadejew. (Nachr. sibir. Abt. Akad. Wiss. UdSSR **1961,** Nr. 9, 59—68; Nowosibirsk, Chem.-metallurg. Inst. der Sibir. Abt. der Akad. der Wiss. der UdSSR; russ.) — Für die Chlorierung von 23 verschiedenen Metalloxiden (im Prozeß der Sn-Gewinnung) mit Cl_2 berechnen Vff. die isobar-isotherm. Potentiale ΔZ^0 (kcal/Val) u. die Gleichgew.-Konst. K_p der Rkk. $Me_2O_n + nCl \rightleftharpoons 2\,MeCl_n + n/2\,O_2$ bzw. $MeO_{n/2} + n/2\,Cl_2 \rightleftharpoons MeCl_n + n/4\,O_2$ für Me = Na, Ag, Ca, Pb, Cu(I), Mn, Co, Fe(II), Ni, Zn, Sn(II), Cu(II), Bi, In, Mg, Ga, Fe(III), As(III), Sn(IV), Zr, Ti, Al, Si u. Be u. stellen diese graph. dar. ΔS_{298}^0 u. ΔH_{298}^0 der Chloride, Oxide u. Oxidchloride werden tabellar. gegeben. Ebenfalls graph. angegeben wird die Temp.-Abhängigkeit von ΔZ_0 in Ggw. eines Red.-Mittels (C, Me_2C bzw. CCl_4) u. die gleiche Abhängigkeit für K_p. R. Teichmann 156◇

0371 **Der gegenwärtige Stand der Theorie der Fortpflanzung laminarer Flammen.** Theodore von Kármán. (VIth Sympos. [int.] Combust., New Haven, Conn. **1956,** 1—11, 1957; engl.) — Übersicht. — 30 Literaturangaben. H. Roschkowski 157◇

0372 **Grenzen und Mittel der Flammentheorie.** D. B. Spalding. (VIth Sympos. [int.] Combust., New Haven, Conn. **1956,** 12—20, 1957; engl.) — Überblick. — 35 Literaturangaben. H. Roschkowski 157◇

0373 **Entflammbarkeitsgrenzen.** J. W. Linnett und C. J. S. M. Simpson. (VIth Sympos. [int.] Combust., New Haven, Conn. **1956,** 20—27, 1957; engl.) — Aus einer Durchsicht von Literaturangaben wird geschlossen, daß der experimentelle Nachw. von fundamentalen Nichtentflammbarkeitsgrenzen, wie sie von der Theorie gefordert werden, noch nicht gelungen ist, was teilweise mit der großen Anzahl der in derartige Best. eingehenden Parameter aus den jeweiligen Vers.-Bedingungen zu erklären ist. — 30 Literaturangaben.
H. Roschkowski 157◇

0374 **Brenngeschwindigkeiten von Mischungen aus Distickstoffoxid, Kohlenmonoxid, Stickstoff und Wasser.** C. J. S. M. Simpson und J. W. Linnett. (VIth. Sympos. [int.] Combust., New Haven, Conn. **1956,** 149—53, 1957; engl.) — Vgl. vorst. Referat. — Die experimentellen Ergebnisse für die Brenn-Geschw. von N_2O–CO–N_2–H_2O-Gemischen verschiedener Zus. stimmen in beträchtlichem Ausmaß mit Werten aus der Tieftemp.-Flammenkinetik überein. H. Roschkowski 157◇

0375 **Ein Prinzip der Mischungsgleichheit und seine Anwendung auf die inhomogene Verbrennung.** William G. Browne und Hugh N. Powell. (VIth Sympos. [int.] Combust., New Haven, Conn. **1956,** 37—60, 1957; engl.) — Theoret. u. experimentell wird gezeigt, daß bei der inhomogenen Verbrennung von KW-Stoff–Luftsyst. ein hohes Ausmaß von Gleichheit der Verteilungen der verbrennenden u. oxydierend wirkenden (O u. N) Elemente vorherrscht, soweit das brennbare Gemisch nicht von der Flamme entweicht. Die mittleren Diffusions-Koeff. der Elemente in Äthan–Luft- u. Butan–Luft-Flammen werden berechnet. Auf der Basis der Mischungsgleichheit wird eine Theorie entwickelt, die die Struktur u. Feinstruktur laminarer Flammen gut beschreibt u. eine physikal. Basis für aus der Literatur bekannte frühere Arbeiten darstellt. H. Roschkowski 157◇

0376 **Kettenverzweigung und Flammenfortpflanzung.** A. Van Tiggelen und J. Deckers. (VIth. Sympos. [int.] Combust., New Haven, Conn. **1956,** 61—66, 1957; engl.) — Es wird versucht, einige die Rk.-Kinetik in stationären vorgemischten Flammen beherrschende Grundzüge zu beschreiben, wobei bes. auf die Notwendigkeit von Kettenverzweigungs-Rkk. eingegangen wird.
H. Roschkowski 157◇

0377 **Einfluß physikalischer und chemischer Faktoren auf die Brenngeschwindigkeit.** E. S. Golovina und G. G. Fyodorov. (VIth Sympos. [int.] Combust., New Haven, Conn. **1956,** 88—96, 1957; engl.) — Vff. untersuchen den Einfl. der Zus. von *Bzl.*–O_2-, *Hexan*–O_2- u. *Hexan–Hexen*–O_2-Gemischen, z. T. mit Ersatz von O_2 durch N_2 auf die Grundbrenn-Geschw. sowie die Einw. verschiedener Zufuhr-Geschw. des Brenngemisches in den Brenner. Die erhaltenen Daten werden zumeist graph. dargestellt u. eingehend diskutiert. H. Roschkowski 157◇

0378 **Die Abhängigkeit der Flammentemperatur von der Massenbrenngeschwindigkeit.** W. E. Kaskan. (VIth Sympos. [int.] Combust., New Haven, Conn. **1956,** 134—43, 1957; engl.) — Die Temp.-Abhängigkeit der Brenn-Geschw. wurde unter Verw. gekühlter poröser Metallbrenner an Gemischen von CH_4, C_2H_2, C_2H_4, C_2H_6, C_3H_8, H_2, $CO + 1\%\ H_2$ mit Luft sowie von H_2 mit Ar- bzw. He- bzw. CO_2–Luft-Gemischen untersucht. Für nahezu alle Mischungen ist der Logarithmus der Massenbrenngeschw. eine lineare Funktion der reziproken gemessenen Flammen-Temp. im Bereich von 1300—1900°K. Ein Vgl. mit adiabat. Brenn-Geschw. läßt vermuten, daß diese Beziehung auch bei höheren Temp. gilt. H. Roschkowski 157◇

0379 **Theoretische Untersuchung der Wasserstoff–Brom-Flamme.** Edwin S. Campbell. (VIth Sympos. [int.] Combust., New Haven, Conn. **1956,** 213—22, 1957; engl.)
H. Roschkowski 157◇

0380 **Das chemische Gleichgewicht in HBr-Flammen.** Mitchell Gilbert und David Altman. (VIth Sympos. [int.] Combust., New Haven, Conn. **1956,** 222—36, 1957; engl.) — Theoret. u. experimentelle Unterss. an H_2–Br_2-Flammen zeigen, daß die Hypothese eines chem. Gleichgewichts für die Fortpflanzung der Flammen unter gewissen Voraussetzungen Gültigkeit besitzt.
H. Roschkowski 157◇

0381 **Bildung von Kohlenstoff in abgeschreckten Flachflammen bei 1600°K.** C. P. Fenimore, G. W. Jones und G. E. Moore. (VIth Sympos. [int.] Combust., New Haven, Conn. **1956,** 242—47, 1957; engl.) — Unter Verw. gekühlter Flachbrenner (poröse Metallplatten) wird untersucht, ob die Abscheidung von C aus vorgemischten KW-Stoff-Flammen eine Beziehung zur Zus. des verbrannten Gases besitzt u. ob als hauptsächlicher Produzent von C Acetylen anzusehen ist. Verwendet wurden Gemische von CH_4, C_2H_4, C_2H_2, C_3H_8, n- u. iso-C_4H_{10}, *neo*-C_5H_{12}, C_6H_6 u. $C_{10}H_8$. Im verbrannten Gas findet sich kaum O_2, jedoch große u. nicht im Gleichgew. befindliche Mengen von KW-Stoffen, bes. Acetylen u. Methan, weniger Äthylen. Der Bzl.-Geh. ist gering, solange es nicht Brennstoff ist. Daneben treten $(CH_3)_2CO$ u. CH_2CHCH_2OH auf. Die Menge an gebildetem Ruß u. seine Kristallinität werden ebenfalls bestimmt. Die Ergebnisse zeigen, daß die Rußbldg. von niederen KW-Stoffen herrührt, außer Acetylen können jedoch auch weitere Verbb. teilnehmen. H. Roschkowski 157◇

0382 **Die Fortpflanzung und Stabilität der Zersetzungsflamme von Hydrazin.** Peter Gray, J. C. Lee, H. A. Leach und D. C. Taylor. (VIth Sympos. [int.] Combust., New Haven, Conn. **1956,** 255—63, 1957; engl.) — Die Flammengeschw. von gasförmigem N_2H_4 **(I)** im geschlossenen Gefäß bei Drücken bis zu 100 Torr u. unter Verw. von fl. **I** in engen Röhren bis zu Atmosphärendruck wurde bestimmt. Aus den Meßergebnissen wird die Abhängigkeit der Flammen-Geschw. vom Druck u. damit auf die Rk.-Ordnung der Gesamt-Rk. geschlossen u. über die Abhängigkeit der Flammen-Geschw. von der Temp. die Aktivierungsenergie der Gesamt-Rk. ermittelt. Die Rk. im geschlossenen Gefäß scheint nach $N_2H_4 \rightarrow NH_3 + {}^1/_2 N_2 + {}^1/_2 H_2$ mit $\Delta H° = -$ **33, 74** kcal/Mol zu verlaufen. Die Gesamt-Rk. ist 2. Ordnung. Verdünnung von **I** mit Ar, He, N_2, H_2 u. NH_3 setzt die Flammen-Geschw. herab. Die Aktivierungsenergie beträgt ca. 36 kcal/Mol. H. Roschkowski 157◇

0383 **Eine Untersuchung von Wasserstoffdiffusionsflammen.** Edgar R. Stephens, William E. Scott, Joseph A. Golden und Barbara Faunce. (VIth Sympos. [int.] Combust., New Haven, Conn. **1956,** 273—80, 1957; engl.) — Beim Auftreffen einer H-Diffusionsflamme auf Na- oder K-Verbb., die auch in das Flammengas eingemischt sein können, wird unter Teilnahme von H atomares Na bzw. K erzeugt. Damit wird die Konz. von H in der Flamme reduziert, die auftretenden Na- bzw. K-Linien können durch Zusatz von Gasen (SO_2, CH_4, C_2H_4, CO_2) gelöscht werden. Ebenso werden durch Na- u. K-Zugabe zu Flammen, die auf luminescierende Verbb. auffallen (*CaO*:*Bi*, *ZnBeSiO*$_4$), durch Verringerung der Konz. an H die Luminescenzintensitäten verringert. Ähnliche Verss. wurden auch mit $CaSO_4 \cdot MnSO_4$ u. $CaO \cdot MnSO_4 \cdot H_2O$ durchgeführt. Die Luminescenz der Verbb. kann demnach zur Best. der Ggw. von H-Atomen in Diffusionsflammen verwendet werden. H. Roschkowski 157◇

0384 **Über die Brenngeschwindigkeit feuchter Kohlenmonoxid-Sauerstoff-Stickstoff-Mischungen.** Karl Scheller. (VIth Sympos. [int.] Combust., New Haven, Conn. **1956,** 280—88, 1957; engl.) — Vf. vergleicht zwei frühere Theorien für die Brennvorgänge derartiger Flammen an Hand von Verss. u. stellt ein Modell für die Verbrennungswelle auf, das Diffusion ausschließt u. die Brenn-Geschw. auf die kinet. Mechanismen an der Flammenfront zurückführt. Der Einfl. von D_2O auf die Verbrennungs-Geschw. feuchter CO-Mischungen wird auf den Unterschied der Reaktivitäten der Radikale OH u. OD zurückgeführt. Die experimentellen Ergebnisse stimmen mit der Theorie gut überein u. zeigen, daß die Diffusion von H-Atomen aus den verbrannten Gasen nicht der die Verbrennung derartiger Mischungen bestimmende Mechanismus sein muß. H. Roschkowski 157◇

0385 **Der Einfluß einer Vorerhitzung auf die Flammenstrahlung und Flammenform.** H. Guénebaut und A. G. Gaydon. (VIth Sympos. [int.] Combust., New Haven, Conn. **1956,** 292—95, 1957; engl.) — Vff. untersuchen Flammen von CH_4-Luft-Gemischen bei Ausgangstemp. zwischen Raumtemp. u. 750° Vorerhitzung. Bis zu 500° wird keine, darüber eine geringe Steigerung der Gesamt-Strahlungsintensität festgestellt. Bei Vorerhitzung des Gemischs ist die Flamme im allg. länger u. besitzt einen kürzeren inneren Kegel. H. Roschkowski 157◇

0386 **Geschwindigkeiten der turbulenten Verbrennung von Naturgas-Luft-Flammen mit Röhrenfluß-Turbulenz.** J. Kenneth Richmond, Joseph M. Singer, E. B. Cook, James R. Oxendine, Joseph Grumer und David S. Burgess. (VIth Sympos. [int] Combust., New Haven, Conn. **1956,** 303—11, 1957; engl.) — Bei Strömungen des Ausgangsgemischs aus Pittsburgh-Erdgas u. Luft mit Reynolds-Zahlen Re = 10000, 25000, 50000 u. 100000 werden die Brenngeschw. gemessen u. mit einer Reihe theoret. Werte ausführlich verglichen u. diskutiert. H. Roschkowski 157◇

0387 **Turbulente Diffusionsflammen.** Masanaga Kunugi und Hiroshi Jinno. (VIth Sympos. [int.] Combust., New Haven, Conn. **1956,** 311—16, 1957; engl.) — Die Ergebnisse von Unterss. an flachen Flammen mit turbulenter Diffusion, die bei Zündung von getrennt aus rechteckförmigen Düsen einströmendem Stadtgas [CO_2 2,9(%), C_nH_m 2,1; O_2 1,0; CO 14,2; H_2 27,6; CH_4 15,4; N_2 36,8] u. Luft in einen begrenzten Raum auftreten, werden zusammengestellt u. die Charakteristik derartiger Flammen unter Verw. kalter Modelle besprochen. H. Roschkowski 157◇

0388 **Verbrennung eines turbulenten Strahls in Brennern mit Vormischung.** V. N. Ievlev. (VIth Sympos. [int.] Combust., New Haven, Conn. **1956,** 317—25, 1957; engl.) — Die Verbrennungsvorgänge in einem Brenner vom Tunneltyp werden unter Verw. eines Gemischs von Luft u. Stadtgas experimentell untersucht. Im allg. können die die Verbrennung in einem freien Strahl bestimmenden Gesetze auf die Verbrennung in derartigen Brennern angewandt werden. Der Brenner wirkt als Flammenstabilisator. H. Roschkowski 157◇

0389 **Wachstumsgeschwindigkeiten turbulenter freier Flammen.** William R. Mickelsen und Norman E. Ernstein. (VIth Sympos. [int.] Combust., New Haven, Conn. **1956,** 325—33, 1957; engl.) — Aus einer eingehenden Unters. der Ergebnisse von Verbrennungs-Verss. an turbulenten Propan-Luft-Gemischen verschiedener Zus. wird entnommen, daß die Fortpflanzungs-Geschw. einer freien Flamme mit Turbulenz eine statist. Variable darstellt, die einen Auftrittswahrscheinlichkeitsbereich besitzt, der durch eine Fortpflanzungs-Geschw. von Null u. möglicherweise durch eine obere Grenze oberhalb der Geschw. laminarer Flammen begrenzt ist. Sie ist weiterhin wesentlich kleiner als die Fortpflanzungs-Geschw. stabilisierter Flammen. Aus der Theorie von Tucker berechnete Werte für die Fortpflanzung turbulenter freier Flammen bilden eine obere Grenze für den statistischen Bereich der Fortpflanzungs-Geschw., wenn die Geschw.-Schwankungen gering sind. H. Roschkowski 157◇

0390 **Über die Struktur turbulenter Flammen.** K. Wohl. (VIth Sympos. [int.] Combust., New Haven, Conn. **1956,** 333—40, 1957; engl.) — Die Ergebnisse vergleichender Unterss. zum Verlauf des chem. Verbrennungsvorgangs in einer Reihe von turbulenten Flammen u. die zur örtlichen Leuchtkraft dieser Flammen werden zusammengestellt. Als Brenngemische dienten Propan-Luft- u. Butan-Luft verschiedener Zus. bei unterschiedlichen Brennbedingungen. H. Roschkowski 157◇

0391 **Wärmeprofile-Exothermizitäten von Verbrennungsbereichen.** J. F. Bussert. (Combust. and Flame **6,** 245—52, 1962; Whiting, Ind., American Oil Co., Res. and Dev. Dep.; engl.) — Die Verbrennungsvorgänge in einer kontinuierlich arbeitenden App. werden durch Messung der Exothermizität der komplexen, in einem verbrennenden Gemisch aus einem KW-Stoff [n-Paraffine von Pentan bis Octan, Isoparaffine (2- bzw. 3-Methylpentan, 2.2- bzw. 2,3-Dimethylbutan), Cycloparaffine (Methylcyclohexan, Cyclohexan, Methylcyclopentan, Cyclopentan), n-Heptan + Isooktan] O_2 u. N_2 verlaufenden Rkk. untersucht. Durch Auftragen der Exothermizität gegen die Rk.-Temp. werden die entsprechenden Wärmeprofile erhalten. Zwischen den Wärmeprofilen u. der Octanzahl der Mischungen wird ein Zusammenhang festgestellt. Der Einfl. von Antiklopfmitteln (N-Methylanilin, Bleitetraäthyl) auf die exothermen Rkk. von n-Hexan u. O_2 im stöchiometr. Verhältnis wird ebenfalls untersucht. Die Wärmeprofile geben Aufschluß über die einzelnen Verbrennungsbereiche. H. Roschkowski 157◇

0392 **Einfluß der Zündungsgeometrie auf die anfängliche Flammenbeschleunigung in einem funkengezündeten explosiven Gas.** A. J. Laderman, P. A. Urtiew und A. K. Oppenheim. (Combust. and Flame **6,** 325—35, 1962; Berkeley, Calif., Univ. of California; engl.) — Die Flammenbeschleunigung in funkengezündeten stöchiometr. H_2–O_2-Gemischen nimmt nach Schlierenphotographien u. Druckmessungen in Nähe des Zünders mit größer werdendem Abstand zwischen Zündpunkt u. geschlossenem Ende des Detonationsrohres zu, wenn die Flamme kontinuierlich im Kontakt mit dem geschlossenen Rohrende bleibt. Berührt die Flamme zuerst die Seitenwände des Rk.-Gefäßes, tritt keine derartige Abhängigkeit mehr ein. Die Ergebnisse lassen sich gut durch eine dynam. Analyse eindimensionaler Gaswellen erklären u. zeigen eine größere Abhängigkeit der Flammenbeschleunigung von der Brenn-Geschw. als von der pro Einheitsmasse freigesetzten Wärme. H. Roschkowski 157◇

0393 **Die Einflüsse einiger fester Zusätze auf zweistufige in einem Flachflammenbrenner stabilisierte kühle Flammen.** W. G. Agnew. (Combust. and Flame **6,** 361—64, 1962; Warren, Mich., Gen. Motors Corp., Res. Labor.; engl.) — Die Einfl. fester Stoffe (Zylinderrückstände von Verbrennungsmaschinen, Kohle, Kohle + PbO, Pb-Späne, PbO, PbO_2, $PbCl_2$, $PbBr_2$, $Pb_3(PO_4)_2$, $Pb(C_2H_3O_2)_2 \cdot 3H_2O$, CuO, $FeCl_2$) auf eine Ae.-Luft-Flamme bei Einbringen in den Zwischenbereich der Zweistufenflamme wurden untersucht. Aus den Ergebnissen kann auf die Wrkg. einiger dieser Stoffe als Antiklopfmittel geschlossen werden. H. Roschkowski 157◇

0394 **Die Wirkung einiger Zusätze auf die Brenngeschwindigkeit von flüssigem Hydrazin.** A. C. Antoine. (Combust. and Flame **6,** 364—65, 1962; Cleveland, Ohio, NASA, Lewis Res. Center; engl.) — Die Brenn-Geschw. von reinem fl. Hydrazin u. von Hydrazin mit 1 Vol.-% Methylhydrazin, A., Äthylendiamin, n-Amylamin, tert.-Butylalkohol, Pyridin u. n-Butylalkohol werden verglichen. Außer durch Zusatz von Methylhydrazin werden die Brenn-Geschw. verringert. H. Roschkowski 157◇

A_5. Kolloidchemie, Grenzschichtforschung

0395 **Abscheidung von kolloidalem Kaliumuranylhexacyanoferrat aus seinen Hydrosolen durch Emulgierung.** W. I. Borissichina, L. D. Skrylew und Ss. G. Mokruschin. (Kolloid-J. [UdSSR] **23,** 521—23, 1961; Swerdlowsk, Uraler polytechn. Inst.; russ., Auszug: engl.) — Das koll. gelöste $K_2(UO_2)_3[Fe(CN)_6]_2$ kann aus seinen geringe Mengen Gelatine enthaltenden Hydrosolen durch Emulgierung mit CCl_4 an der Grenzfläche abgeschieden werden. Geringe Elektrolytmengen [$Al \cdot (NO_3)_3$, $Ba(NO_3)_2$ u. KNO_3] begünstigen den Prozeß. Die Emulsionen lassen sich durch Zugaben von Alkoholen oder Aceton zerstören. J. v. Schroeder 162□

0396 **Einfluß des Gefrierens auf die Beständigkeit gelatinierter, durch kolloidales Kupfer- und Eisen(III)-hexacyanoferrat stabilisierter Emulsionen.** W. I. Borissichina, L. D. Skrylew und Ss. G. Mokruschin. (Kolloid-J. [UdSSR] **23**, 669—71, 1961; russ., Auszug: engl.) — Vgl. vorst. Referat. — Durch Gefrieren gelatinierter Emulsionen von CCl_4, die durch koll. $Cu_2[Fe \cdot (CN)_6]$ bzw. $Fe_4[Fe(CN)_6]_3$ stabilisiert sind, kann vollständige Zerstörung der Emulsionen erreicht werden.
J. v. Schroeder 162□

0397 **Bestimmung des Verbrauches und der Geschwindigkeit der Bewegung von Wasser in porösen Medien mit radioaktiven Indicatoren.** M. P. Wolarowitsch, N. I. Iljin und N. W. Tschurajew. (Kolloid-J. [UdSSR] **23**, 524—27, 1961; Kalinin, Torfinst.; russ., Auszug: engl.) — An einem Modell, das aus einem mit Sand gefüllten u. zwei Zwischenräume enthaltenden Filterrohr besteht, wurde mit markiertem Na_2SO_4 Verbrauch u. Geschw. des W. gemessen. J. v. Schroeder 165□

0398 **Untersuchung der Dispersitätsänderung von Tonen bei Zerstörung ihrer natürlichen Struktur in plastischem Zustand.** M. P. Wolarowitsch und L. L. Koschljak. (Kolloid-J. [UdSSR] **24**, 128—32, 1962; Forsch.-Inst. für Baukeramik; russ., Auszug: engl.) — Vgl. vorst. Referat. — Bei der mechan. Bearbeitung von Tonen geht eine Veränderung der Dispersität vor sich, wobei die granulometr. Zus. dann von den Besonderheiten der Mechanismen u. der Zeitfolge ihrer Anwendung abhängt. Die Zerstörung der Struktur ist bei Erhöhung des Wassergeh. u. der Schubspannung wirksamer.
J. v. Schroeder 165◇

0399 **Vergleichende Untersuchungen zur Ermittlung der Oberflächenspannung von Flüssigkeiten.** Werner Schatt und Eckart Pietsch. (Chem. Techn. **15**, 284—90, 1963; Magdeburg, Deutsches Amt für Material- und Warenprüfung; dt.) — Ergebnisse werden gegenübergestellt, die mit den klass. Capillarmeth., Messung der Schallgeschw. u. Dichte, erhalten wurden. Der Einfl. der Konz., Zeit u. Temp. auf die Oberflächenspannung von Netzmittel-Lsgg. u. a. techn. Fll., vergällter A., Trichloräthylen, Aceton, Chlorbzl., Paraffin, fl. prim. Alkylsulfat, CCl_4, dest. H_2O, verschiedene Siliconöle, wurde untersucht u. ausgewertet. Die Theorie u. die verwendeten App. werden beschrieben.
H. Hoffmann 166◇

0400 **Zur Bestimmung der Oberflächenspannung an der Phasengrenze.** I. W. Ssalli. (Metallphysik u. Metallkunde [UdSSR] **8**, 721—24, 1959; Dnepropetrowsk, Univ.; russ.) — Gleichungen zur Berechnung der Oberflächenspannung an den Phasengrenzen Kristallkeim–Fl. bzw. Kristallkeim-übersätt. Lsg. werden halbempir. abgeleitet. Die damit berechneten Werte für die Oberflächenspannung an der Grenze Kristallkeim-Fl. für Al, Sn, Fe, Ni, Bi, Co, Pb, Sb, Ge, Ag, Au, Pt, Ga, Hg, Na u. H_2O. u. für die an den Phasengrenzen Austenit–Ferrit, Zementit–Austenit, Graphit–Austenit stimmen mit aus der Literatur bekannten Werten befriedigend überein. — 9 Literaturangaben. J. v. Schroeder 166□

0401 **Über die „Umhaftung" von Flüssigkeiten.** E. Wolfram. (Kolloid-Z. **173**, 73, 1960; Dresden, TH, Inst. für Kolloidchem.; dt.) — Eine „Umhaftung" von Fll. kann stattfinden, wenn eine an der Oberfläche eines Festkörpers S_1 befindliche Fl. wegen ihrer größeren Haftfähigkeit an einem Festkörper S_2 bei Berührung auf diesen übergeht. Dabei kann je nach einer krit. Tropfengröße totale oder partielle Umhaftung auftreten. Einige „Umhaftungskurven" (erhalten beim Auftragen des umhaftenden Tropfenanteils gegen die Gesamtmenge des Tropfens) für W. u. wss. Butanol-Lsgg. (0,05; 0,10; 0,20 n) zwischen Glas u. Paraffin bzw. für W. zwischen Paraffin bzw. Plexiglas u. Glas sowie zwischen Paraffin u. Plexiglas werden angegeben u. ihr Verlauf besprochen.
H. Roschkowski 166◇

0402 **Bildung und Zusammensetzung von Grenzflächenmembranen, die sich aus Natriumsilicat- und Calciumchloridlösungen bilden.** Shunkichi Asano. (J. chem. Soc. Japan, ind. Chem. Sect. [Kōgyō Kagaku Zassi] **59**, 493—95, 1956; Kobe, Univ.; jap.) — Durchsichtige u. undurchsichtige Filme in der Grenzfläche zwischen Lsgg. von Na-Silicat u. $CaCl_2$ werden bei verschiedenen Konzz. bei 15—45° beobachtet. In der Grenzfläche sind Na-Silicat u. $CaCl_2$ konzentriert. Wahrscheinlich können nur geringe Menge OH^-- u. Cl^--Ionen den Film durchdringen. Vf. nimmt an, daß Na^+-Ionen der Tendenz beider Mol.-Arten, sich in der Grenzschicht zu konzentrieren, entgegenwirken. Gottfried Schreiber 171△

0403 **Über die Thermodynamik der Viscosität und der Plastizität.** G. A. Kluitenberg. (Physica [Utrecht] **29**, 633—52, 1963; Eindhoven, TH, Onderafdeling der Wiskunde; engl.) — Ableitung einer allg. rheolog. Gleichung, als deren Entartungen die Gleichungen für Poynting-, Thomson-, Jeffreys-, Maxwell-, Kelvin-, Hooke-, Newton-, Prandtl-Reuss- sowie Bingham-Medien erhalten werden. Die physikal. Bedeutung dieser Entartungen wird diskutiert. Für die genannten Medien werden explizite Ausdrücke der Freien u. Inneren Energie sowie der Entropie angegeben, wobei Temp.-Effekte berücksichtigt werden. Poynting-Effekt, Strukturviscosität u. Thixotropie als Beispiele für Effekte höherer Ordnung werden diskutiert. Das von Mises-Kriterium wird verallgemeinert u. zur Deutung des Bauschinger-Effekts als Folge von Gedächtnis-Vorgängen herangezogen. Für Gedächtniseffekte aufweisende plast. Medien gilt eine rheolog. Gleichung, die als Verallgemeinerung der Poynting-Thomson-Gleichung angesehen werden kann. A. Blaschette 173◇

0404 **Einige Messungen der elastischen und viscosen Eigenschaften thixotroper Flüssigkeiten.** E. W. Billington. (Proc. physic. Soc. **76**, 127—36, 1960; Brentford, Middlesex, Admirality Oil Labor.; engl.) — Vgl. C. **1964**, 2-0403. — Ein Viscosimeter mit koaxialen Zylindern wird beschrieben, mit dem die elast. u. viscosen Eigg. von einigen thixotropen „wachshaltigen" Ölen bestimmt werden. H. Roschkowski 173◇

0405 **Mitfällung des Aluminiums mit Magnesiumhydroxid.** Ja. I. Korenman. (J. analyt. Chem. [UdSSR] **18**, 721—25, 1963; Gorki, Lobatschewski-Univ., Wiss. Forsch.-Inst. für Chem.; russ., Auszug: engl.) — Bei der Mitfällung spielt neben der Adsorption auch die Bldg. von Mg-Aluminat eine Rolle. Bei 2—3fachem Al-Überschuß findet polymol. Adsorption statt. Es wird die Teilchengröße u. spezif. Oberfläche des $Mg(OH)_2$ angenähert berechnet sowie eine Adsorptionsisotherme des Al an $Mg(OH)_2$ angegeben. H. Kuchenbecker 176◇

0406 **Metalladsorptionsreihen an Sulfiden.** E. Görlich und Z. Görlich. (Bull. Acad. polon. Sci., Sér. Sci. chim. **8**, 379—82, 1960; Cracow, Polish Acad. of Sci., Inst. of Phys. Chem. of Surface Phenomena; engl.) — Elutionschromatograph. wird die Adsorptionsfähigkeit von Schwermetallsulfiden für einige Metallionen, deren Sulfide eine Reihe mit abgestufter Löslichkeit bilden, untersucht. Als Adsorbentien werden PbS, CdS u. ZnS benutzt, die in dieser Reihenfolge von oben nach unten in der Chromatographiersäule angeordnet werden. Die Ergebnisse führen zu folgender Adsorptionsreihe, bei der das vorangehende Glied jeweils von dem Sulfid des nachfolgenden adsorbiert wird: Cu^{2+}–Pb^{2+}–Cd^{2+}–Tl^+–Zn^{2+} Mn^{2+}–Co^{2+}–Ni^{2+}. Diese Reihenfolge entspricht in den ersten 3 Gliedern der der Sulfidlöslichkeiten, während sie bei den letzten 4 Gliedern den umgekehrten Sinn hat. Unterschiede ergeben sich daraus, daß die Stellung eines Metallions in der Adsorptionsreihe durch drei Faktoren, die Stärke der physikal. Adsorption, die Ionenaustauschtendenz gegenüber dem Sulfid u. die relative Löslichkeit des neu gebildeten Sulfids, bestimmt ist. Auf Grund der Wirksamkeit dieser verschiedenen Einfl. stimmt die Adsorptionsreihe auch nicht mit der „Sherman"-Reihe für die Ionenaustauschtendenz der Sulfide überein. — Die Rolle der temperaturabhängigen physikal. Adsorption bei dem Austauschprozeß wird an Hand des unterschiedlichen Austauschgrades des Zn in ZnS durch Tl^+ bei 20° u. bei 60° gezeigt. W. Betcke 176◇

0407 **Experimentelle Untersuchung laminarer Systeme.** 26. Mitt. **Kinetik und Mechanismus der Bildung von Kupferhydroxidfilmen auf einer Glasoberfläche.** Je. M. Kasakow, G. A. Kitajew und Ss. G. Mokruschin.

(Hochschulnachr. [Iwanowo], Chem. u. chem. Technol. **4,** 411—15, 1961; Uraler Polytechn. Kirow-Inst.; russ.) — 25. vgl. Kolloid-J. [UdSSR] **12,** [1960], 23. — In Hydrolyse-Verss. mit Lsgg. von $[Cu(NH_3)_4]SO_4$ wird nachgewiesen, daß die Bldg. des Hydroxidfilms auf einer Glasoberfläche ein Adsorptions-Prozeß ist u. daher der Gleichung von Smoluchowski gemäß verläuft. Das Hydroxid muß in koll.-gelöster Form vorliegen. Je rascher die Hydrolyse erfolgt, um so rascher bildet sich der Film. Die Geschw. der Koagulation hingegen muß möglichst vermindert werden, da nur Partikel von $\geq$150—200 Å den Film bilden. Je rascher die Entfernung des überschüssigen NH_3 erfolgt (offenes Gefäß, größere Fl.-Oberfläche), um so rascher hydrolysiert das Hydroxid. Höhere Temp. ($>$25°) begünstigen die Koagulation u. behindern die Filmbildung. Niedrige Temp. (10°) senken die Geschw. der Hydrolyse. Stärkere Opalescenz begünstigt die Wachstums-Geschw. der Filme. Die größten Wachstums-Geschw. der Filme liegen bei 0,005—0,025 Mol/Liter. Bei einem gewissen Minimalbetrag der Opalescenz hört die Film-Bldg. auf. A. v. Wilpert 176◇

0408 **Die Produktion von trägerfreiem Tellur-132, Jod-132, Molybdän-99 und Technetium-99 m aus neutronenbestrahltem Uran durch fraktionierte Sorption an Aluminiumoxid.** W. D. Tucker, M. W. Greene und A. P. Murrenhoff. (Atompraxis **8,** 163—67, 1962; Upton, N. Y., Brookhaven Nat. Labor., Hot Labor. Div.; Bonn, Univ., Inst. für Physikal. Chem.; dt.) — Ein schnelles u. einfaches Verff. zur trägerfreien Abtrennung von Curiemengen von ^{132}Te u. ^{99}Mo aus dem Gemisch der übrigen Spaltprodukte u. Uran wird unter Verw. von Al_2O_3 entwickelt. ^{132}J u. ^{99m}Tc werden im „Melk"-Vorrichtungen mit Al_2O_3 trägerfrei von ^{132}Te u. ^{99}Mo abgetrennt. — 60 Literaturangaben. U. Drehmann 177◇

0409 **Chromatographische Trennungen von Radionucliden mit Eisen(III)-hydroxid auf Papierträger.** Hans-Heiko Stamm und Heinrich J. Schroeder. (J. Chromatogr. [Amsterdam] **10,** 392—95, 1963; Karlsruhe, Kernforsch.-Zentrum, Inst. für Radiochem.; dt.) — Nach der aufsteigenden Meth. sind $^{32}PO_4^{3-}$, $^{35}SO_4^{2-}$, $^{36}Cl^-$ u. $^{131}J^-$ durch 1—2 Std. lange Entw. mit 0,05—0,1 n NaOH-Lsg. oder 0,05—0,1 m $NaHCO_3$-Lsg. auf Eisen(III)-hydroxid-Papier (EHP) trennbar. Die Wanderungsgeschw. nimmt in der genannten Reihenfolge zu. Darüber hinaus können auf EHP durch Entw. mit 0,01—0,1 n NH_4NO_3-Lsg., deren pH-Wert mit HNO_3 auf 3,5 eingestellt ist, ^{90}Y, ^{144}Ce, ^{90}Sr u. ^{137}Cs getrennt werden; Y bleibt hierbei am Startpunkt zurück. Untersucht wurden Lsgg. trägerfreier Präpp. in z. T. unwägbaren Mengen. — Zur Herst. von EHP [2—2,5 mg $Fe(OH)_3/cm^2$] werden die Papierstreifen (Whatman 3MM) mit 20%ig. $Fe(NO_3)_3$-Lsg. getränkt, lufttrocken mit konz. NH_3-Lsg. behandelt u. anschließend mit W. NH_4^+-frei gewaschen.
F. M. Friedrich-Anderseck 177◇

0410 **Trennung dreifach positiv geladener Actiniden und Lanthaniden an Anionenaustauschern.** M. H. Lloyd und R. E. Leuze. (Nuclear Sci. Engng. **11,** 274—77, 1961; Oak Ridge, Tenn., Oak Ridge Nat. Labor.; engl.) — Zur Gewinnung reiner Proben ^{242}Pu (**I**), ^{243}Am (**II**) u. ^{244}Cm (**III**) wird eine Pu–Al-Leg. solange bestrahlt, bis alles Pu entweder gespalten oder in **I, II** u. **III** umgewandelt ist. Die Probe wird dann in HNO_3 gelöst, **I** mit Tributylphosphat (**IV**) extrahiert u. durch Anionenaustausch weiter gereinigt. **II** u. **III** werden von Al u. den meisten Spaltprodd. durch Extraktion mit **IV** aus der neutralen Lsg. zusammen mit den Seltenerdmetallen der Oxydationsstufe 3 abgetrennt u. auf Dowex 1-X 10 (100—200 mesh) gegeben. Hierbei wird in 8 m $LiNO_3$-Lsg. bei 80° gearbeitet, weil dann die Verteilungskoeff. für Ce, Am u. Eu günstiger liegen u. kleinere Fe-Mengen nicht stören. Fe, Cr u. Ni werden mit 8 m $LiNO_3$-Lsg., anschließend die Seltenerdmetalle mit 10 n LiCl-Lsg. u. dann **II** u. **III** mit 1 m LiCl-Lsg. vollständig eluiert. Die Reinheit von **II** u. **III** war $>$95,5%.
K. Dorfner 177◇

0411 **Massenwirkungsbeziehungen einiger Zeolithe im Bereich hoher konkurrierender Kationenkonzentrationen.** L. L. Ames jun. (Amer. Mineralogist **48,** 868—82, 1963; Richland, Wash., General Electric Co.; engl.) — Die Massenwrkg.-Quotienten für den Kationenaustausch der synthet. Zeolithe Linde 4AXW, 13X, AW-300 (**I**), AW-400, AW-500, Norton Zeolon (**II**) u. der natürlichen Zeolithe Klinoptilolith (**III**) u. Erionit wurden für niedere *Cs*- oder *Sr*-Konzz. in den bin. Syst. Cs–Na, Cs–K, Cs–Rb, Sr–Ca u. Sr–Na bestimmt. Die Gleichgew.-Syst. *Cs-H* u. *Sr-H* wurden für die Zeolithe **I, II** u. **III** bestimmt. Ein Teil des tern. Syst. H–Na–Sr wurde für **III** ermittelt. Die Massenwrkg.-Quotienten nehmen generell vom Syst. Cs–Na zum Syst. Cs–Rb ab. Die bin. Kurven können zur Best. der Kolonnenbeladung mit den obengenannten Zeolithen verwendet werden. Ernst Schulte 177◇

0412 **Alterung von Anioniten.** A. T. Dawydow und G. M. Lissowina. (Kolloid-J. [UdSSR] **23,** 145—49, 1961; Charkow, Univ., Lehrst. für allg. Chem.; russ., Auszug: engl.) — Vff. untersuchen den Einfl. der Oxydation der Anionenaustauscher MFD, MN, MMG (1), N, MD, AN-9F u. EDE-10 auf ihre Sorptionseigenschaften. Durch Oxydation mit 1 n $KMnO_4$-Lsg. u. H_2O_2 im sauren (0,2 n H_2SO_4) u. im alkal. Medium (0,2 n NaOH) bei 70° über 3 Std. tritt eine Alterung der Anionite ein. Bei allen Austauschern wurde eine starke Abnahme der Sorptionskapazität bei der Oxydation im Alkal. beobachtet. Das Sorptionsgleichgewicht stellt sich bei den gealterten Austauschern 3—4 mal schneller ein. Nach der Oxydation kann bei allen Harzen eine Kationenaustauscherkapazität festgestellt werden, die der Basizität der Harze umgekehrt proportional ist.
H.-P. Pietsch 177□

0413 **Untersuchung des Austausches von einwertigen Ionen auf dem Anionit H–O unter dynamischen Bedingungen in Abhängigkeit von der Korngröße des Anionits.** Ju. A. Tolmatschewa und A. T. Dawydow. (J. physik. Chem. [UdSSR] **36,** 148—52, 1962; russ., Auszug: engl.) — Vgl. vorst. Referat. — Der Anionenaustausch in den Syst. H–OCl + NO_3^-, H–ONO_3 + J^-, H–OBr + NO_3^- u. H–ONO_3 + CNS^- auf dem Anionit H–O in Abhängigkeit von der Korngröße des Anionits u. der Strömungs-Geschw. der Lsg. wird untersucht. Die Stärke der austauschend wirkenden Schicht u. die Diffusions-Geschw.-Konst. sind der Korngröße direkt proportional. Wolfram Köhler 177□

0414 **Sorption von Wasserdampf an sulfosauren und Carboxylkationenaustauschern.** B. P. Nikolski und N. F. Bogatowa. (Ber. Akad. Wiss. UdSSR **141,** 1409—12, 1961; Leningrad, Shdanow-Univ.; russ.) — Vff. untersuchen die Sorption von Wasserdampf an den H^+-, Na^+-, Li^+-, Cs^+-, Mg^{2+}- u. Ba^{2+}-Formen der Kationite KU-2 u. KFU. Die Sorption von Wasserdampf am sulfosauren Kationit KU-2 läßt sich durch einfache Hydratation der freien Kationen in der Harzphase erklären. Das carboxylhaltige Kationit KFU absorbiert umso mehr W., je mehr H^+-Ionen durch Na^+-Ionen ersetzt sind. Die Unterschiede des Verh. beider Austauscher werden durch die verschiedene Polarisierbarkeit der Anionen der Matrize im Feld der umgebenden Kationen erklärt.
J. v. Schroeder 177□

0415 **Die Isothermen für den Wassergehalt für ein Sulfonsäure - Styrol - Divinylbenzol - Kationenaustauscherharz bei 110° und 130°.** Robert E. Anderson. (J. chem. Engng. Data **8,** 32—33, 1963; Midland, Mich., Dow Chem. Co., Phys. Res. Labor.; engl.) — Die Isothermen für den Wassergeh. wurden mit der Trägergas-Meth. für Dowex-50-X8 in der K-Form bei 110° u. 130° über einen Wasserdampfdruckbereich von 0—22 Torr bestimmt.
R. Krämer 177◇

0416 **Charakteristika der Alginsäure als Kationenaustauscher und ihre Anwendung auf die Trennung von Thorium(IV)- und Cer(III)-Ionen.** Takeo Takahashi und Shingo Miyake. (Bull. chem. Soc. Japan **32,** 1324 bis 1327, 1959; Yayoi-cho, Chiba, Univ. of Tokyo, Inst. of Ind. Sci.; engl.) — Vff. bestimmten den scheinbaren p_k-Wert der Alginsäure durch Neutralisation mit 0,1 n KOH in 1 n KCl zu 3,1 u. zum Vgl. die Werte für Amberlite IR-120 zu 1,6 u. Amberlite IRC-50 zu 6,0. Die Verteilungs-Konst. für Th(IV) u. Ce(III) für alle drei Austauscher in Abhängigkeit von der HNO_3-Konz. wurden bestimmt. Die Werte für die Alginsäure liegen zwischen denen für IR-120 u. IRC-50. Die Trennung von Th(IV) u. Ce(III) ist möglich. R. Krämer 177◇

0417 **Untersuchung von Boratlösungen mit der Ionenaustauschmethode.** Je. A. Materowa, M. G. Waljaschko, J. W. Parschikowa und Ss. B. Jewina. (Nachr. Leningrader Univ. **16**, Nr. 10, Ser. Physik Chem. Nr. 2, 125—32, 1961; russ., Auszug: engl.) — Die Sorption von Borsäureanionen an zwei polyfunktionellen u. zwei monofunktionellen Austauschern (AW-16; EDE-10 bzw. AW-17 u. OAL) wurde im pH-Bereich von 4—12 aus 0,02; 0,1; 0,2 u. 0,4 m Borsäure-Lsgg. untersucht. Die Sorption zeigt in Abhängigkeit vom pH-Wert ein Maximum, dessen Lage konzentrationsabhängig ist. Hieraus wird auf Änderungen in der Form des Anions geschlossen. Vermutlich erfolgt die Sorption in Form von $B_4O_7^{2-}$-Ionen. M. Wiedemann 177□

0418 **Diffusion in selektiven Ionenaustauschermembranen.** R. Caramazza, W. Dorst, A. J. C. Hoeve und A. J. Staverman. (Trans. Faraday Soc. **59**, 2415—17, 1963; Leyden, Univ.; engl.) — Vff. bestimmen die Diffusion von Cl durch eine Ionenaustauschermembran (sulfoniertes Polystyrolharz) unter Verw. von $^{36}Cl^-$. Die Ergebnisse zeigen, daß sich diese Membranen nur schlecht an Hand von Porenmodellen deuten lassen. Eine von Spiegler vorgeschlagene Näherungslösung wird durch die Verss. nicht bestätigt. G. Kynast 177◇

0419 **Experimentelle Untersuchungen der Niederschlagung von Aerosolen aus einem Strom an feinen, einzelnen Fasern.** 1. Mitt. **Niederschlagung polydisperser Wolframtrioxid-Aerosole.** L. W. Raduschkewitsch und W. A. Kolganow. (Nachr. Akad. Wiss. UdSSR, Abt. chem. Wiss. **1962**, 23—31, Physik.-chem. Inst. der Akad. Wiss. der UdSSR; russ.) — Untersucht wurde die Niederschlagung polydisperser WO_3-Aerosole mit Teilchendurchmessern von 0,04—0,34 μ an einzelnen Asbestfasern von 0,04—0,08 μ ⌀ aus einem Strom von 0,5; 2; 5 u. 25 cm/s. Die Nd.-Menge der kleinen Teilchen nimmt gleichmäßig mit dem Wachsen der Teilchengröße ab. Die Menge der niedergeschlagenen größeren Teilchen ist gering u. wächst nur etwas mit Erhöhung der Teilchengröße. Erhöhung der Geschw. verringert die Wirkung. J. v. Schroeder 180□

A$_6$. Strukturforschung

0420 **Ein Neutronendiffraktometer.** I. I. Jamsin, Ju. Ss. Kusminow, W. Je. Staritzyn und Je. I. Malzew. (Kristallographie [UdSSR] **8**, 302—04, 1963; Akad. der Wiss. der UdSSR, Inst. für Kristallogr. u. Inst. für Techn. Phys.; russ.) — Beschrieben wird ein für ein- u. polykristalline Proben anwendbares, kleines Neutronenbeugungsgoniometer. K. Jaeger 181◇

0421 **Untersuchung von kerntechnischen Materialien durch Neutronenbeugung.** J. Laniesse, M. Englander, M. Leconte und P. Meriel. (Metallurgia ital. **54**, 283—84, 1962; Saclay, Centro Studi Nucl.; ital.) — Überblick über die in Saclay durchgeführten Neutronenbeugungs-Unterss. über Vorzugsrichtungen in U u. Graphit sowie über die Kinektik der $U_\beta \rightarrow U_\alpha$-Umwandlung. — 5 Literaturangaben. Herbert Weber 181◇

0422 **Zeitlicher Formalismus in der Bornschen Näherung der Theorie der Neutronenstreuung durch eine Substanz.** Ju. A. Isjumow. (Metallphysik u. Metallkunde [UdSSR] **11**, 801—03, 1961; Inst. für Metallphys. der Akad. der Wiss. der UdSSR; russ.) — Unter Einführung eines zeitlichen Formalismus wird eine Gleichung für den effektiven Querschnitt der Neutronenstreuung entwickelt. Dieser ist proportional der Fourier-Komponente aus dem Korrelator der Wechselwirkungen. R. K. Müller 181◇

0423 **Elastische Resonanzstreuung langsamer Neutronen in Kristallen.** M. W. Kasarnowski und A. W. Stepanow. (J. exp. theoret. Physik [UdSSR] **39**, 1039—41, 1960; Akad. der Wiss. der UdSSR, Physik. Lebedew-Inst.; russ., Auszug: engl.) — Der Differentialquerschnitt für die elast. Resonanzstreuung langsamer Neutronen in Kristallen wird in Gleichungen behandelt, die in Debyescher Näherung ausgewertet werden. R. K. Müller 181□

0424 **Nichtelastische Elektronenstreuung in dünnen Filmen.** N. G. Nachodkin, A. A. Osstrouchow und W. A. Romanowski. (Festkörperphysik [UdSSR] **4**, 1514—24, 1962; Kiew, Schewtschenko-Univ.; russ.) — Das Modell der „kontinuierlichen Verluste" (vgl. Everhart, C. **1964**, 6/7-0409 wird verallgemeinert u. zur Unters. der nichtelast. Weitwinkelstreuung schneller Elektronen in einer dünnen Schicht herangezogen. Die Änderung des Streu-Koeff. η mit Schichtdicke u. Streuwinkel sowie die Energieverteilung der nichtelast. gestreuten Elektronen werden berechnet. Werte für η werden in Abhängigkeit von Filmdicke u. Einfallwinkel für Al auf Au bzw. Au auf Al bestimmt u. mit berechneten (Be, Ag, Au, Cu) sowie Werten anderer Autoren verglichen. Das Modell erklärt befriedigend den Streumechanismus. P. Frenzel 181◇

0425 **Schnellverfahren zur genauen Analyse von Elektronenbeugungsdaten.** R. A. Bonham und L. S. Bartell. (J. chem. Physics **31**, 702—08, 1959; Ames, Iowa, Iowa State Coll., Dep. of Chem.; engl.) — Vff. beschreiben ein verfeinertes Verf. zur Analyse der Elektronenbeugungsdiagramme von Gasmolekeln. Das Auswertungsverf. wurde für die IBM 650 programmiert, wodurch neben einer schnelleren u. genaueren Datenverarbeitung die genauesten bisher bekannten Auswertungsmeth. zur Mol.-Struktur-Best. Routinearbeit werden. G. Lehmpfuhl 181◇

0426 **Analytische Darstellung der Atomformfaktoren für Elektronen.** F. A. Brussenzew und W. F. Dworjankin. (Kristallographie [UdSSR] **8**, 260—63, 1963; Akad. der Wiss. der UdSSR, Sibir. Abt., Anorg. Chem. Inst.; russ.) — Abgeleitet wird ein analyt. Ausdruck für die Atomformfaktoren bei der Elektronenbeugung. Eine Näherung für den prakt. Gebrauch wird angegeben. K. Jaeger 181◇

0427 **Kamera für gezielte Röntgenaufnahmen von flachen Polykristallproben.** W. I. Archarow, A. A. Ssokolowa und F. L. Schangarejew. (Betriebs-Lab. [UdSSR] **27**, 751—53, 1961; Inst. für Physik der Metalle der Akad. der Wiss. der UdSSR; russ.) — Es wird von Vff. eine Röntgenspezialkamera beschrieben, die bei vertikaler u. horizontaler Arbeitsweise für gezielte Aufnahmen mit gleichzeitiger Ausschnittwahl auf Flachschliffen von Polykristallproben verwendet werden kann. Die Kamerakonstruktion gestattet es, bei einer umgekehrten Aufnahmereihe nahe Bereiche massiver Mikroschliffe zu erfassen. Schliffaufnahmen mit Drehung der Flächen unter einem bestimmten Winkel zum Primärstrahl u. Aufnahmen im durchfallenden Licht genügend dünner Proben sind ebenso möglich. W.-D. Heußner 181□

0428 **Kamera zur Beugungsradiographie von Versetzungen in großen Kristallen.** W. F. Miusskow. (Kristallographie [UdSSR] **8**, 255—58, 1963; Akad. der Wiss. der UdSSR, Inst. für Kristallographie; russ.) — Beschrieben wird eine Kamera zur Beugungsradiographie mit hoher Auflösung (1 μ in horizontalen u. vertikalen Ebenen). Abgebildet ist die Versetzungstopographie eines *Si*-Kristalles. K. Jaeger 181◇

0429 **Änderung des Schemas des Röntgenapparates URS-70-K$_1$ für Arbeiten mit zwei Elektronenröhren.** O. D. Schaschkow. (Betriebs-Lab. [UdSSR] **27**, 758 bis 759, 1961; Inst. für Physik der Metalle der Akad. der Wiss. der UdSSR; russ.) W.-D. Heußner 181□

0430 **Vergleich der Röntgenröhren BSV-1, BSV-2, BSV-6, BSV-8 und BSV-9 bezüglich ihrer Eignung zu Strukturuntersuchungen.** M. M. Umanski, S. K. Solina, W. W. Subenko und W. F. Koslowski. (Kristallographie [UdSSR] **8**, 300—01, 1963; Moskau, Lomonossow-Univ.; russ.) — Vgl. der zu Strukturuntersuchungen nutzbaren Intensitätsausbeute verschiedener serienmäßig hergestellter Röntgenapparaturen. Testsubstanz: *Rochelle-Salz.* K. Jaeger 181◇

0431 **Kleine Öfen für Temperaturen bis zu 1000° für die Kamera KROS-1.** W. D. Witol. (Betriebs-Lab. [UdSSR]

27, 753—54, 1961; Allunions-Forschungsinst. für Schleif- u. Poliermittel; russ.) — Für Unterss. bei erhöhten Temp. an Carbiden u. anderen Materialien werden zu der Röntgenkamera KROS-1 kleine Öfen entwickelt, die in vertikaler oder horizontaler Arbeitsweise Pulveraufnahmen von Hochtemp.-Rkk. bei Teilchenabmessungen bis zu 50 μ gestatten. Durch eine Leistungsaufnahme von 4—500 W an 220 V werden kurze Aufheizzeiten von 8—10 Min. erreicht. Die Abmessungen des Ofens einschließlich Wasserkühlmantel betragen nur 70 × 38 mm.
W.-D. Heußner 181□

0432 **Fokussierung der Debye-Linien auf gebogene Filme bei Rückstrahlaufnahme.** N. I. Ssandler. (Betriebs-Lab. [UdSSR] **27,** 755—58, 1961; Ukrain. Metallforschungs-Inst.; russ.) — Vf. beschreibt eine neue Art der Fokussierung von Röntgenstrahlung, welche an flachen Proben bei Rückstrahlaufnahmen reflektiert wurde. Auf diese Weise verringert sich die instrumentelle Linienbreite merklich. Der abs. Fehler wurde aus Aufnahmen der Gitterparameter von α-Fe mit Cr-Strahlung zu $4 \cdot 10^{-4}$ kX bestimmt.
W.-D. Heußner 181□

0433 **Bestimmung der Kristallgitterparameter bei der Aufnahme von grobkörnigen Proben.** A. A. Pressnjakow. (Betriebs-Lab. [UdSSR] **27,** 689—91, 1961; Inst. für Kernphysik der Akad. der Wiss. der KasachSSR; russ.) — Es lassen sich mit der Meth. der Röntgenrückstrahlaufnahme auch dann grobkörnige Proben auf Planfilmen unter Drehung untersuchen, wenn zwischen Röntgenstrahl u. Drehachse die Probe unter einem Winkel $\alpha = 180 - 2\,\Theta$ angebracht wird. Auf diese Weise erhält man auf dem Röntgenfilm klar umrissene u. scharfe Dubletts von Linien, aus denen die Kristallgitterparameter leicht bestimmt werden können.
W.-D. Heußner 181□

0434 **Zur Methodik der Bestimmung der Größe der Verzerrungen der Kristallgitter und Kristallblöcke aus den Fourierkoeffizienten.** G. M. Worobjew. (Betriebs-Lab. [UdSSR] **27,** 686—89, 1961; Dnepropetrowsk, Univ.; russ.) — Vf. weist nach, daß bei der Größenbest. „elast." Mikroverzerrungen nach der Meth. von Stokes eine Berechnung der Fourier-Koeff. „reiner" Beugungskonturen ohne eine graph. Trennung der Dubletten resultieren kann, wenn man die Maximumverschiebung weicher Linien berücksichtigt. Es wird eine Meth. angegeben, die eine Berechnung der Größe der Maximumverschiebung erlaubt. W.-D. Heußner 181□

0435 **Anwendung der Methode der Kleinwinkelstreuung zur Untersuchung von submikroskopischen Inhomogenitäten in Materialien (Übersicht).** W. L. Kalichman und Ja. Ss. Umanski. (Betriebs-Lab. [UdSSR] **27,** 691—98, 1961; russ.) — Zusammenfassung, 67 Literaturangaben.
W.-D. Heußner 181□

0436 **Einfluß der inneren Adsorption auf die Ergebnisse der Präzisionsmessungen der Gitterkonstanten polykristalliner Stoffe.** W. I. Archarow und Ss. D. Wangenheim. (Betriebs-Lab. [UdSSR] **27,** 683—86, 1961; Inst. für Physik der Metalle der Akad. der Wiss. der UdSSR; Uraler Gorki-Univ.; russ.) — Der Materialzustand u. die Größe der Kristallite bestimmen interkristalline innere Adsorption gelöster Zusätze u. beeinflussen so die Meßergebnisse bei Best. der Gitterparameter polykristalliner Körper. An festen Lsgg. von Ag-1% Tl u. Ag-0,1% Be bestimmen Vff. Abhängigkeiten zwischen mittlerer Korngröße u. Gitterkonst. u. beobachten eine größere Gitter-Konst. bei Änderung der Korngröße zu höheren Werten. Ähnliche Effekte treten bei Härtung der Syst. Ag-0,1% Be, Ag-1% Tl u. Ag-5% Zn im Temp.-Bereich 600—900° auf.
W.-D. Heußner 181□

0437 **Einige Anwendungen der graphisch-analytischen Methode zur Bestimmung von Gitterparametern.** B. M. Rowinski und Je. P. Kosstjukowa. (Kristallographie [UdSSR] **8,** 264—68, 1963; Inst. für Maschinenbau; russ.) — Die graph.-analyt. Meth. von Tschernogorski zur Best. von Gitterparametern wird für kub., hexagonale u. tetragonale Substanzen angewendet. Die Gitternetzebenenabstände für *Zn* können mit ± 0,00002 Å angegeben werden. K. Jaeger 181◇

0438 **Zum Einfluß der Rotation von Kettenmolekülen auf ihre Beugungsdiagramme.** B. K. Wainstein. (Kristallographie [UdSSR] **8,** 174—80, 1963; Akad. der Wiss. der UdSSR; Inst. für Kristallographie; russ.) — Es wird eine Formel abgeleitet, die den Einfl. einer Verdrehung von Ketten-Mol. um ihre Hauptachse beschreibt. Die Torsion wird als $f(\psi)$ beschrieben. Die intra- u. intermol. Streuung werden für verschiedene Mol-Typen abgeschätzt. Ferner wird die Auswirkung einer statist. Rotation u. Unordnung in einer gemeinsamen Packung analysiert.
K. Jaeger 181◇

0439 **Fourier-Analyse der Röntgenbeugungsdaten von Flüssigkeiten.** H. H. Paalman und C. J. Pings. (Rev. mod. Physics **35,** 389—99, 1963; Stanford, Calif., Stanford Univ.; Pasadena, Calif., California Inst. of Technol.; engl.) — Übersicht, bes. über die theoret. Grundlagen. — 30 Literaturangaben. A. Blaschette 181◇

0440 **Anharmonische Beiträge zum Debye-Waller-Faktor.** A. A. Maradudin und P. A. Flinn. (Physic. Rev. [2] **129,** 2529—47, 1963; Pittsburgh, Pa., Westinghouse Res. Labor.; engl.) — Theorie u. numer. Auswertung für ein Bravais-Gitter. Die anharmon. Beiträge werden für einen kub.-flächenzentrierten Kristall mit erstnächsten Nachbarn u. Zentralkraft-Wechselwrkg. berechnet. Die anharmon. Beiträge zur Intensität von durch Einphononenprozesse gestreuten Röntgenstrahlen werden kurz diskutiert. G. Klotz 181◇

0441 **Computer-Programme für Berechnungen von Elektronenwellenfunktionen.** R. K. Nesbet. (Rev. mod. Physics **35,** 552—57, 1963; San Jose, Calif., IBM Corp., San Jose Res. Labor.; engl.) — Beschreibung mehrerer Programme für Digitalrechenmaschinen, die sich bei der Lösung der Schrödinger-Gleichung für Vielelektronensyst. (Atome u. Moll.) bewährt haben.
A. Blaschette 182◇

0442 **Mechanisierte Molekül-Berechnungen — das Polyatom-System.** Michael P. Barnett. (Rev. mod. Physics **35,** 571—72, 1963; MIT, Dep. of Phys., Solid State and Mol. Theory Group; engl.) — Kurze Skizzierung des Programmsyst., das bei nichtempir. Berechnungen für kleine Moll. eingesetzt werden soll.
A. Blaschette 182◇

0443 **Struktur von Dichtematrizen für Fermionen.** A. J. Coleman. (Rev. mod. Physics **35,** 668—87, 1963; Kingston, Ont., Canada, Queen's Univ.; engl.) — Es wird wahrscheinlich gemacht, daß die Wellenfunktion aus quantenmechan. N-Fermionen-Problemen eliminiert u. durch red. Dichtematrizen ersetzt werden kann.
A. Blaschette 182◇

0444 **Eigenschaften von Dichtematrizen für Fermionen.** Tsuyoshi Ando. (Rev. mod. Physics **35,** 690—702, 1963; Bloomington, Ind., Indiana Univ., Chem. Dep.; engl.) — Ausführliche Übersicht. A. Blaschette 182◇

0445 **Wellen- und Reaktionsoperatoren in der Quantentheorie von Mehrteilchensystemen.** Per-Olov Löwdin. (Rev. mod. Physics **35,** 702—08, 1963; Gainesville, Fla., Univ. of Florida, Quantum Theory Project; Uppsala, Sweden, Univ., Quantum Chem. Group; engl.) — Unters. der allg. Eigg. eines Mehrteilchensyst. (z. B. H_2), dessen Hamilton-Operator die Form $H_{op} = \sum_i H_i + \sum_{i<j} H_{ij} + \sum_{i<j<k} H_{ijk} + \cdots$ besitzt. A. Blaschette 182◇

0446 **Das Hellmann-Feynman-Theorem in der Variationsmethode.** R. Gáspár. (Acta physica Acad. Sci. hung. **16,** 165—67, 1963; Debrecen, Kossuth Lajos Univ., Inst. for Theoret. Phys.; Budapest, Hungarian Acad. of Sci., Res. Group for Theoret. Phys.; engl.)
A. Blaschette 182◇

0447 **Das Hellmann-Feynman-Theorem und die Korrelationsenergie.** R. Gáspár. (Acta physica Acad. Sci. hung. **16,** 169—72, 1963; engl.) — Vgl. vorst. Referat.
A. Blaschette 182◇

0448 **Paarkorrelationsenergien.** Leland C. Allen, Enrico Clementi und H. M. Gladney. (Rev. mod. Physics **35,** 465—73, 1963; Princeton, N. J., Princeton Univ., Dep. of Chem.; San José, Calif., IBM Corp., Res. Labor.; engl.) — Aus bekannten numer. Daten werden empir. Regeln zur Beschreibung von Elektronen-Korrelationseffekten abgeleitet. Sie sollen die theoret. Formulierung der Elektronenkorrelation erleichtern.

A. Blaschette 182◇

0449 **Verallgemeinerte Störungstheorie in Operatorform.** H. Primas. (Rev. mod. Physics **35**, 710—12, 1963; Zurich, Swiss Fed. Inst. of Technol., Labor. of Phys. Chem.; engl.) — Für eine beliebige quantenmechan. Störungstheorie wird eine vollständig im Rahmen der Lie-Algebra durchführbare Operatorformulierung entwickelt; dabei wird auch der Begriff des T-Operators verallgemeinert (Zerlegung eines komplizierten Problems in einfachere Subprobleme). A. Blaschette 182◇

0450 **Polynom-Orthogonalität und Integrationsquadraturen.** Tien Chi Chen. (Rev. mod. Physics **35**, 569—70, 1963; Poughkeepsie, N. Y., IBM Corp., Data Syst. Div., Dev. Labor.; engl.) A. Blaschette 182◇

0451 **Zweielektronen-Ein- und -Zweizentren-Integrale.** Murray Geller. (J. chem. Physics **39**, 853—54, 1963; Pasadena, Calif., Jet Propuls. Labor.; engl.) — Anwendung des Theorems der Fourier-Konvolution zur Berechnung der genannten Integrale.

A. Blaschette 182◇

0452 **Lokalisierte atomare und molekulare Orbitale.** Clyde Edmiston und Klaus Ruedenberg. (Rev. mod. Physics **35**, 457—65, 1963; Baltimore, Md., Johns Hopkins Univ., Dep. of Chem.; engl.) — Entw. einer Meth. zur Ermittlung solcher Mol.-Orbitale, welche die Summe der Orbital-Selbstabstoßungsenergien ein Maximum werden lassen. A. Blaschette 182◇

0453 **Eliminierung atomarer Fehler aus Molekül-Berechnungen.** A. C. Hurley. (Rev. mod. Physics **35**, 448—56, 1963; Ames, Iowa, Iowa State Univ., Inst. for Atomic Res. and Dep. of Chem.; engl.) —Skizzierung der ICC-Meth. (intra-atomic correlation correction) u. Anwendung dieser Modifizierung des Verf. von Atomen in Moll. auf Hydride der ersten Periode (LiH, BH, CH, NH, OH, FH) sowie H_2 u. HHe^+.

A. Blaschette 182◇

0454 **Die in homonuclearen zweiatomigen Molekülen wirksamen Kräfte.** Richard F. W. Bader. (Canad. J. Chem. **41**, 2303—08, 1963; Ottawa, Univ. of Ottawa, Dep. of Chem.; engl.) — Die aus SCF-Wellenfunktionen (Ransil) erhaltenen Elektronendichten werden durch Berechnung der auf die Kerne wirkenden Kräfte geprüft. Keine der Dichtefunktionen für Li_2, Be_2, C_2, N_2 u. F_2 erfüllt die Bedingung des elektrostat. Gleichgew.; die Abweichung von der resultierenden Kraft Null nimmt mit steigender Kernladung zu. Entgegengesetzte Atompolarisationen werden als prim. Ursache hierfür erkannt, bes. auch für das unerwartete Ergebnis, daß die Dichte im 3 σ_g-Zustand von N_2 u. F_2 eine Kraft erzeugt, welche die Trennung des Mol. in Atome anstrebt.

A. Blaschette 182◇

0455 **Gaußsche Wellenfunktionen für mehratomige Moleküle.** Frank E. Harris. (Rev. mod. Physics **35**, 558—69, 1963; Stanford, Calif., Stanford Univ., Chem. Dep.; engl.) — Ableitung einer Reihe algebraischer (operatorfreier) Formeln für die Verw. Gaußscher Wellenfunktionen, bes. im Hinblick auf die Programmierung für elektron. Rechenmaschinen. Die vorexponentielle radiale Abhängigkeit der Gauß-Funktionen wird durch einfache Potenzen des radialen Abstands ausgedrückt, da die Verw. von Laguerre-Polynomen keinen wesentlichen Vorteil besitzt. A. Blaschette 182◇

0456 **Die Symmetriegruppen nichtstarrer Moleküle.** H. C. Longuet-Higgins. (Molecular Physics **6**, 445—60, 1963; Cambridge, Univ., Chem. Labor., Dep. of Theoret. Chem.; engl.) — Der Begriff der Mol.-Symmetrie wird auf Moll. wie C_2H_6 oder N_2H_4 ausgedehnt, die von einer Konfiguration in eine andere übergehen können. Die Symmetriegruppe eines solchen Mol. ergibt sich aus 1. allen möglichen Permutationen der Lagen u. Spins ident. Kerne u. 2. allen möglichen Permutation-Inversionen, welche gleichzeitig die Koordinaten sämtlicher Teilchen am Massenzentrum invertieren. Mit Hilfe dieser Gruppe kann man die Spin- u. Bewegungszustände sowie auch die Elektronenzustände des Mol. klassifizieren.

A. Blaschette 182◇

0457 **Zentrifugalverzerrungen erster Ordnung in ebenen, asymmetrischen Molekülen.** R. A. Hill und T. H. Edwards. (J. molecular Spectroscopy **9**, 494—97, 1962; East Lansing, Mich., Michigan State Univ., Dep. of Phys. and Astron.; engl.) — Über die Konst. τ_{aaaa}, τ_{bbbb}, τ_{aabb} u. τ_{abab} berechnen Vff. die Ausdrücke für die Zentrifugalverzerrungsenergie erster Ordnung in ebenen asymm. Kreisel-Molekülen.

W. Sobieski 182◇

0458 **Mittlere Schwingungsamplituden bei Untersuchungen der Molekularstruktur.** Sven J. Cyvin. (Acta polytechn. [Stockholm], Physics includ. Nucleonics Ser. **279**, Nr. 6, 1—226, 1960; Trondheim, Techn. Univ. of Norway, Inst. of Theoret. Chem.; norw.) — Übersicht. — 137 Literaturzitate. H. Liepack 182◇

0459 **Orbital-Elektronegativitäten und die Ermittlung von s- und d-Hybridisierung in verschiedenen Halogeniden aus Kernquadrupolresonanzfrequenzen.** M. A. Whitehead und H. H. Jaffé. (Theoret. chim. Acta [Berlin] **1**, 209—21, 1963; Montreal, Canada, McGill Univ.; Cincinnati, Ohio, Univ. of Cincinnati; engl.) — Die Anwendung von auf Einelektronenzustände bezogenen Elektronegativitäten zur Deutung der Kernquadrupolresonanzfrequenzen von Halogeniden (MeX_4 mit $Me = C, Si, Ge, Sn$ u. $X = Cl, Br, J$; asymm. C-Halogenide wie CH_3Cl, CH_2Cl_2, $CHCl_3$, $CFCl_3$, CF_2Cl_2, CF_3Cl; BCl_3, PCl_3, $AsCl_3$) wird diskutiert. Es wird versucht, den Anteil von d-Hybridisierung in σ- u. π-Bindungen zu bestimmen. Der Ionencharakter der Bindungen wird abgeschätzt. A. Blaschette 182◇

0460 **Nichtgleichförmige Koordinatenstreckung für eine angenäherte H_2^+-Wellenfunktion.** William J. Meath und Joseph O. Hirschfelder. (J. chem. Physics **39**, 1135—36, 1963; Madison, Wis., Univ. of Wisconsin, Theoret. Chem. Inst.; engl.) A. Blaschette 182◇

0461 **Nichtadiabatische Theorie zweiatomiger Moleküle und ihre Anwendung auf das Wasserstoff-Molekül.** W. Kołos und L. Wolniewicz. (Rev. mod. Physics **35**, 473—83, 1963; Chicago, Ill., Univ. of Chicago, Dep. of Phys., Labor. of Mol. Structure and Spectra; Toruń, Poland, Nicholas Copernicus Univ., Dep. of Theoret. Phys.; engl.) — Kurze Diskussion der üblichen adiabat. Meth. u. ihrer Nachteile; Schrödinger-Gleichung für die Relativbewegung von Kern u. Elektronen (nichtadiabat. Meth.); Anwendung auf zweiatomige Zweielektronen-Moll.; numer. Ergebnisse für H_2.

A. Blaschette 182◇

0462 **Verbesserte Einzentrum-Wellenfunktionen für das Wasserstoff- und das Methan-Molekül.** D. M. Bishop. (Molecular Physics **6**, 305—15, 1963; Pittsburgh, Pa., Carnegie Inst. of Technol., Dep. of Chem.; engl.) — Die Joy-Parr-Funktion für H_2 bzw. die Saturno-Parr-Funktion für CH_4 wird verbessert u. in geeigneter Weise reminimisiert. Die Elektronenwellenfunktionen u. Mol.-Gesamtenergien werden für verschiedene Kernabstände angegeben, die Gleichgew.-Kernabstände r_0 u. die „breathing"-Kraftkonst. k (letztere nach 3 Meth.) werden bestimmt. Für H_2 ergibt sich $r_0 = 1{,}38$ atomare Einheiten, $k = 6{,}33$ mdyn/Å, für CH_4 entsprechend 2,014 u. 25,8. Die berechneten Gesamtenergien im Gleichgew.-Zustand sind $-1{,}1605$ bzw. $-39{,}8444$ atomare Einheiten. A. Blaschette 182◇

0463 **Einfache Einzentrum-Berechnung der „breathing"-Kraftkonstanten und der Gleichgewichts-Kernabstände von NH_3, H_2O und HF.** D. M. Bishop, J. R. Hoyland und R. G. Parr. (Molecular Physics **6**, 467—76, 1963; engl.) — Vgl. vorst. Referat. — Mol.-Gesamtenergien sowie die Werte von r_0 u. k werden für NH_3, H_2O u. HF unter Verw. einer Funktion der vereinfachten Einzentrum-Form $s^2s'^2p_x^2p_y^2p_z^2$ nach fünf verschiedenen Meth. berechnet. Jedes der fünf Slater-Orbitale s, s', p_x, p_y u. p_z ist durch einen effektiven Orbitalexponenten u. eine effektive Hauptquantenzahl gekennzeichnet. Die Ergebnisse sind tabelliert, ebenso wie die Elektronendichten für die verschiedenen sphär. Näherungen.

A. Blaschette 182◇

0464 **Spinpolarisations-Effekte in paramagnetischen Molekülen. Berechnungen für das NH_2-Radikal.** R. Mc-

Weeny und B. T. Sutcliffe. (Molecular Physics **6,** 493—502, 1963; Keele, Staffords., Univ., Quantum Theory Group; engl.) — Die durch die Ggw. von ungepaarten Spins in einem Teil eines Mol. in einem anderen Teil induzierte Spinpolarisation wird mit Hilfe der Meth. der Dichtematrix in allg. Form betrachtet u. die allg. Theorie sodann zur nichtempir. Berechnung der Spindichten u. der Hyperfeinkopplungskonst. von NH_2 angewendet. A. Blaschette 182◇

0465 **Bestimmung von Elektronenaffinitäten. 4. Mitt. Elektronenaffinitäten des Sulfhydrylradikals und des Schwefelatoms.** D. A. Ansdell und F. M. Page. (Trans. Faraday Soc. **58,** 1084—89, 1962; Birmingham, Coll. of Adv. Technol.; engl.) — 3. vgl. C. **1964,** 14-0420. — Durch Rk. von CaS mit $MgCl_2$-Lsg. bzw. durch Zers. von Ca-Polysulfiden mit HCl werden H_2S bzw. H_2S_2 (Kp.$_{15}$ 42°) hergestellt u. in der von Page (C. **1961,** 8198) beschriebenen App. therm. zersetzt; die gebildeten Ionen werden mit Hilfe eines Magnetrons untersucht. Nach $H_2S_2 + 2e \rightarrow 2SH^-$ entsteht das Sulfhydrylion SH^-; aus der Temp.-Abhängigkeit der Zers.-Rk. folgt die auf 0°K extrapolierte Elektronenaffinität (EA) von SH^- zu 53,0 ± 1,0 kcal/Mol. Die Temp.-Abhängigkeit der Rk. $H_2S + e \rightarrow S^- + 2H_{ads}$ liefert die EA von S bei 0°K von 48,2 ± 1,5 kcal/Mol. Die Übereinstimmung mit nach anderen Verff. erhaltenen EA-Werten wird diskutiert. Herbert Müller 182◇

0466 **Die Stereochemie der Fünferkoordination. 1. Mitt. Hauptgruppenelemente.** R. J. Gillespie. (J. chem. Soc. [London] **1963,** 4672—78; Hamilton, Ont., Canada, McMaster Univ., Dep. of Chem.; engl.) — Die Stereochemie der Fünferkoordinaten in Moll. der Hauptgruppenelemente wird im Rahmen der VSEPR-Theorie (valency-shell electron-pair repulsions) diskutiert. Dieses Verf. liefert eine bessere Deutung der beobachteten Bindungslängen u. -winkel in trigonal-bipyramidalen u. quadrat.-pyramidalen Moll. als die übliche Theorie der gerichteten Valenz (Verw. von Hybridorbitalen). Die Diskussion umfaßt auch Moll., bei denen einer der Liganden ein doppelt gebundenes O-Atom ist (z. B. SOF_4), ferner trigonal-bipyramidale Übergangszustände (z. B. bei der S_N2-Substitution am gesätt. C-Atom) sowie Pseudorotationen in trigonal-bipyramidalen Molekülen. A. Blaschette 182◇

0467 **Die Stereochemie der Fünferkoordination. 2. Mitt. Übergangselemente.** R. J. Gillespie. (J. chem. Soc. [London] **1963,** 4679—85; engl.) — 1. vgl. vorst. Referat. — Die Stereochemie der Fünferkoordination in Moll. der Übergangselemente wird im Rahmen der VSEPR-Theorie diskutiert. Übergangselemente mit den Konfigurationen d^0 u. d^{10} bevorzugen ebenso wie die Hauptgruppenelemente eine trigonal-bipyramidale Anordnung, die durch die Wechselwrkg. zwischen den fünf Elektronenpaaren in der Valenzschale zustande kommt. Bei weniger symm. d-Konfigurationen (d^1 bis d^9) muß zusätzlich zu der Wechselwrkg. der Elektronenpaare in der Valenzschale untereinander eine Wechselwrkg. dieser Elektronenpaare mit der d-Schale berücksichtigt werden; in diesen Fällen erweist sich im allg. die quadrat.-pyramidale Anordnung als stabiler. A. Blaschette 182◇

0468 **Angenäherte Wellenfunktionen für das Galliumion im Kristall.** Je. W. Smirnowa. (Nachr. Leningrader Univ. **17,** Nr. 16, Ser. Physik Chem. Nr. 3, 66—71, 1962; russ., Auszug: engl.) — Berechnet werden näherungsweise Einelektronenwellenfunktionen für Ga^+. Die halbempir. Meth. wurde zur Berechnung der Wellenfunktionen des „freien" Ga^+ angewandt. Diese Funktionen wurden zur Konstruktion der entsprechenden Wellenfunktionen des Ga^+ im KCl-Kristall benutzt. Ferner wurden mit ihrer Hilfe die magnet. Susceptibilität u. die Oscillatorkraft von $^1S_0-^1P_1$ berechnet. K. Jaeger 182◇

0469 **Einige Fragen der Untersuchung der Elektronenverteilung in Atomen.** W. P. Zwetkow und N. F. Krawzowa. (Ukrain. physik. J. **8,** 469—78, 1963; Komunarsk, Metallurg. Inst.; ukrain., Auszug: russ. u. engl.) — Mit Hilfe der Ionisationsmeth. wurde die Röntgenbeugung an Cu-Filmen untersucht. Die experimentellen Daten wurden benutzt, um die Kurve der radialen Verteilung der Elektronen in Cu- u. Ni-Atomen zu bestimmen. Diskutiert wird die Möglichkeit der Anwendung einer Näherungsmeth. zur Konstruktion der radialen Verteilungskurven u. ihre Anwendung zur Best. der Anzahl derjenigen Elektronen, die in Festkörpern nur schwach an den Atomkern gebunden sind. K. Jaeger 182◇

0470 **Intermolekulare Kräfte.** A. Dalgarno. (Rev. mod. Physics **35,** 611—16, 1963; Bedford, Mass., Geophys. Corp. of America; engl.) — Übersicht über neuere Ergebnisse der Theorie intermol. Kräfte. — 55 Literaturangaben. A. Blaschette 182◇

0471 **45 Jahre röntgenographische Untersuchung von Flüssigkeiten.** I. W. Radtschenko. (Ukrain. physik. J. **7,** 820—26, 1962; Dnjepropetrowsk, Akad. der Wiss. der UkrainSSR, Metallurg. Inst.; russ., Auszug: engl.) — Histor. Rückblick u. Übersicht. — 63 Literaturangaben. K. Jaeger 186◇

0472 **Über die Deutung der Struktur einatomiger Flüssigkeiten.** A. F. Skryschewski. (Ukrain. physik. J. **7,** 826—32, 1962; Kiew, Univ.; russ., Auszug: engl.) — Analysiert wird die Gleichung für die Streustahlungsintensität an einatomigen Flüssigkeiten. Für Fll. mit dichter Atompackung ist die Folge der Maxima der Intensitätskurve durch die Folge der Maxima der Interferenzfunktion sin SR/SR bestimmt. Für solche Fll. kann der Radius R der ersten Koordinationskugel durch jedes beliebige Maximum der experimentellen Intensitätskurve bestimmt werden. Für fl. *Bi*, *Sn*, *Ga* u. *Ge* ist die experimentelle Intensitätskurve eine Überlagerung einer Serie von anderen Kurven, was darauf hindeutet, daß diese Stoffe eine kompliziertere Struktur besitzen. Die Atomradien können durch Messung der Winkellagen der Interferenzmaxima bestimmt werden. Der Vgl. der wahrscheinlichsten Abstände in der fl. Phase, berechnet aus der Intensitätskurve, mit der Lage der Koordinationssphären in Kristallen zeigt, daß die Packung der Atome in der Fl. nicht ganz ident. mit der Kristallstruktur ist. K. Jaeger 186◇

0473 **Untersuchung der Struktur flüssiger Bi–Sn-Legierungen.** N. W. Alexejew und Ja. I. Gerassimow. (Ber. Akad. Wiss. UdSSR, **121,** 488—91, 1958; Moskau, Lomonossow-Univ.; russ.) — Mit Hilfe von elektronograph. Unterss. ermitteln die Vff. die Koordinationszahl bzw. die Atomabstände in Bi–Sn-Legg. unterschiedlicher Zus. sowie der der reinen Metalle. Es wird eine neuartige Probenhalterung sowie ein Verf. zur Herst. dünner Metallschichten ($3-4 \cdot 10^{-6}$ cm) beschrieben. G. Rudakoff 186□

0474 **Über Nahordnungen in flüssigen Legierungen von Indium-Blei und Indium-Zinn.** A. W. Romanowa und A. Ss. Laschko. (Ukrain. physik. J. **7,** 836—45, 1962; Kiew, Akad. der Wiss. der UkrainSSR, Inst. für Metallphys.; russ., Auszug: engl.) — Röntgenograph. untersucht wurden die Strukturen fl. In–Pb- u. In–Sn-Legg. bei verschiedenen Temp. (135—260°). Legg. mit dichter Packung behalten während des Schmelzens ihre Struktur bei. Die Strukturzerstörung der verschiedenen Atomarten in den fl. Legg. geschieht statistisch. Legg. mit nichtdichter Packung in der festen Phase zeigen in der fl. Phase mit zunehmender Temp. wachsende Tendenz zur dichten Packung. Ähnlichkeiten der Nahordnung der fl. u. festen Phase wurden in der Nähe der Liquiduskurve festgestellt. K. Jaeger 186◇

0475 **Halbdirekte Produkte und Punktgruppen.** S. L. Altmann. (Rev. mod. Physics **35,** 641—45, 1963; Oxford, Univ., Dep. of Metallurg.; engl.) — Gruppentheoret. Unters. über kristallograph. Punktgruppen. A. Blaschette 190◇

0476 **Irreduzible Darstellungen der Ebenengruppen.** I. V. V. Raghavacharyulu und C. B. Shrestha. (J. molecular Spectroscopy **7,** 341—61, 1961; Annamalainagar, South India, Annamalai Univ., Dep. of Phys.; engl.) — Es wird eine Darst. aller zweidimensionalen Raumgruppen mit zwei- u. dreidimensionalen Motiven gegeben. R. Uttech 190◇

0477 **Irreduzible Darstellungen der Spindoppellinien-gruppen.** I. V. V. Raghavacharyulu und C. B. Shrestha. (J. sci. ind. Res. [New Delhi], Sect B **21,** 393—95,

1962; engl.) — Vgl. vorst. Referat. — Vff. leiten die für die Unters. elektron. Konfigurationen in Polymerketten mit Spinwechselwrkg. wichtigen zulässigen Darstellungen aller Spindoppelgruppen $^{d)}G^k$ (des Wellenvektors k) der eindimensionalen Spindoppelraumgruppen ab u. machen dabei von der Tatsache Gebrauch, daß die zugrundeliegenden Punktoperationen Untergruppen der dreidimensionalen Rotationsgruppe bilden. Die Ergebnisse werden derart angegeben, daß sie direkt anwendbar sind. D. Jörchel 190□

0478 **Schwarz-weiße Gruppen unendlicher Bänder.** A. W. Schubnikow. (Kristallographie [UdSSR] **7**, 186 bis 191, 1962; Akad. der Wiss. der UdSSR, Inst. für Kristallographie; russ.) — Schemat. dargestellt werden die 110 unendlichen schwarz-weißen Bändergruppen. Insgesamt werden 24 (cycl. vertauschbare) modifizierte Symbole der klass. Symmetriegruppen für die zweiseitigen Bänder abgeleitet. K. Jaeger 190◇

0479 **Die Symmetrie- und Antisymmetriegruppen von Gitternetzebenen.** A. F. Palisstrant und A. M. Samorsajew. (Kristallographie [UdSSR] **8**, 166—73, 1963; Kischinew, Univ.; russ.) — Mitgeteilt werden zwei neue Meth. zur Ableitung der bekannten Symmetrie- u. Antisymmetriegruppen von Gitternetzebenen. Die somit bekannten drei Wege der Ableitung werden verglichen u. ihre weiteren Entwicklungsmöglichkeiten diskutiert. K. Jaeger 190◇

0480 **Zur Darstellung des physikalischen Raumes im Fourier-Raum.** I. W. Jaworski. (Kristallographie [UdSSR] **8**, 158—65, 1963; Leningrad, Röntgen- u. Kristall-Orelkin-Labor. u. Technol. Lensowjet-Inst.; russ.) — Diskutiert wird die Darst. von Symmetrieoperationen in gegenseitig reziproken Gittern (Vgl. allg. xyz u. hkl in diesen Gittern). Es besteht eine einheitliche gegenseitige Beziehung zwischen den 230 Raumgruppen u. den 232 röntgenograph. F-Gruppen. K. Jaeger 190◇

0481 **Darstellung der Kristallgittersymmetrie im reziproken Raum.** B. K. Wainstein und B. B. Swjagin. (Kristallographie [UdSSR] **8**, 147—57, 1963; Akad. der Wiss. der UdSSR, Inst. für Kristallographie u. Allunions-geol. Forsch.-Inst.; russ.) — Die verallgemeinerte Symmetrie (Antisymmetrie u. Schwarz-Weiß-Symmetrie) kann zur Beschreibung der Punktsymmetrie des reziproken Gitters benutzt werden, wobei die Phasenbeziehungen zwischen Strukturfaktoren berücksichtigt werden können. Jedem Symmetrieelement im Raumgitter entspricht ein Element der verallgemeinerten Punktsymmetrie u. jeder Raumgruppe entspricht eine Punktgruppe der verallgemeinerten Symmetrie im reziproken Gitter. K. Jaeger 190◇

0482 **Einflüsse eines anharmonischen Potentials auf periodische Schwingungen einer einatomigen Kette.** K.-T. Tang. (Proc. physic. Soc. **82**, 529—31, 1963; Seattle, Wash., Boeing Sci. Res. Labor.; engl.) — Die Bewegungsgleichung einer linearen einatomigen Kette mit Wechselwrkg. zwischen nächsten Nachbarn wird für ein anharmon. Potential mit Hilfe einer Störungsmeth. gelöst. Der Einfl. der Anharmonizität auf die Frequenz ist vergleichbar mit dem einer Wechselwrkg. zwischen zweitnächsten Nachbarn. P. Detje 190◇

0483 **Bestimmung der möglichen Verteilung der Atome auf Oktaederplätze in der n-ten Schicht einer dichtesten Packung mit n > 3.** N. L. Smirnowa. (Kristallographie [UdSSR] **8**, 181—85, 1963; Moskau, Lomonossow-Univ.; russ.) — Abgeleitet wird die Verteilung von A- u. B-Atomen auf die Oktaederplätze der n-ten ($n > 3$) Schicht einer dichtesten Packung von X-Atomen für den Fall, daß die „Zus." der Oktaeder u. Prismen A_pB_{6-p} konst. bleibt. Für $p = 2$ oder 3 existieren für A u. B auf den Oktaederplätzen zwei Verteilungstypen, woraus sich zwei Überstrukturtypen ableiten lassen. K. Jaeger 190◇

0484 **Eine Theorie des Dendritenwachstums in Elektrolyten.** D. R. Hamilton. (Electrochim. Acta [London] **8**, 731—40, 1963; Churchill Borough, Pittsburgh, Pa., Westinghouse Res. Labor.; engl.) — Behandlung der Wachstumsgeschw., des Radius der Spitze u. der Überspannung für einen elektrolyt. Dendriten; Anwendung auf Ergebnisse an *Ag*-Dendriten im $NaNO_3$–KNO_3-Eutektikum sowie Vgl. mit aus der Schmelze gezüchteten *Ge*-Dendriten. P. Frenzel 190◇

0485 **Whiskerzüchtung durch Reduktion von Halogeniden.** H. Wiedersich. (J. electrochem. Soc. **106**, 810 bis 815, 1959; Pittsburgh, Pa., Westinghouse Electr. Co., Res. Labor.; engl.) — Durch Red. von $SiCl_4$ mit Zn u. von $FeCl_2$ mit H_2 wurden Si- u. Fe-Haarkristalle gezüchtet. Die auftretenden Wachstumsformen wurden durch die Partialdrücke von $SiCl_4$, $FeCl_2$ bzw. HCl bestimmt. Die Ausbldg. des Haarkristallwachstums wird durch Hemmung der anderen Wachstumsfronten durch Adsorption (von $SiCl_4$, $FeCl_2$ bzw. HCl) gedeutet. K. Jaeger 190◇

0486 **Kristallisation in Gegenwart von Impfkristallen.** L. N. Matussewitsch. (J. angew. Chem. [UdSSR] **34**, 986—93, 1961; russ.) — Vf. untersucht den Einfl. der Zugabe von Impfkristallen auf die granulometr. Zus. u. den Aggregierungsgrad der Ndd. bei der Abkühlung mechan. bewegter, gesätt. $NaNO_3$-Lösungen. Es treten nur geringfügige Beeinflussungen des Kristallisationsprozesses auf. H. Jäger 190◇

0487 **Über die Kristallisation von $Ca(NO_3)_2 \cdot 4H_2O$ aus metastabilen Lösungen des Systems $Ca(NO_3)_2$–H_3PO_4–HNO_3–H_2O.** M. Je. Posin, B. A. Kopylew, Li-Schen Wan und Ss. I. Kaganowitsch. (J. angew. Chem. [UdSSR] **34**, 994—1001, 1961; Leningrad, Technolog. Lensowjet-Inst.; russ.) — Die Ausfällung von $Ca(NO_3)_2 \cdot 4H_2O$ aus übersätt. HNO_3-sauren Apatitauszügen erfolgt erst nach Zugabe von Impfkristallen u. wird durch Ggw. eines Bodenschlamms erleichtert. Die Kristallisation nach dem Animpfen ist nach 30—40 Min. beendet. Der Übersättigungsgrad ist von der $Ca(NO_3)_2$-Konz. in der Lsg. abhängig; bis zu Konzz. von 41—42% $Ca(NO_3)_2$ besteht ein proportionaler Zusammenhang zwischen Viscosität u. Übersättigungprod. der Lösungen. H. Jäger 190◇

0488 **Einige interessante Wachstumseigentümlichkeiten von Antimonkristallen.** N. S. Pandya und A. P. Balasubramanian. (Indian J. pure appl. Physics **1**, 266—68, 1963; Baroda, India, M. S. Univ., Dep. of Phys.; engl.) — Im Vakuum aus der Dampfphase gezüchtete Sb-Kristalle entwickelten dreieckige Oberflächen, die durch Spaltung u. Ätzen als (111) identifiziert wurden. Diese Flächen zeigten Wachstumsdreiecke, die alle umgekehrt orientiert waren wie die Kanten der Hauptfläche, deren Spitzen also auf die Grundseiten der Hauptflächen wiesen. Bei diesen Wachstumsdreiecken handelt es sich um Versetzungen, deren linear angeordnete Grundseiten Kantenversetzungen bilden. K. Jaeger 190◇

0489 **Whisker-Wachstum von Aluminiumoxid auf einem Aluminiumoxid-Einkristall.** P. L. Edwards und R. J. Happel jun. (J. appl. Physics **33**, 826—27, 1962; White Oak, Silver Spring, Md., U. S. Nav. Ordnance Labor.; engl.) — Vff. ließen Al_2O_3-Haarkristalle auf einen Al_2O_3-Einkristall aufwachsen, indem sie Al-Feile in der Nähe der Einkristalloberfläche im feuchten H_2-Strom auf 1400° erhitzten. Die Whisker wuchsen kristallograph. kohärent auf die Einkristallunterlage auf; ihre Achsen waren entweder parallel der c-Achse oder entsprachen einer der 12 Richtungen der Zellbasis. Diese 12 Richtungen lassen sich in zwei Gruppen mit Sechser-Symmetrie unterteilen: $\langle 11\bar{2}0\rangle$ u. $\langle 1\bar{1}00\rangle$. Da dieses aber im Al_2O_3 die Richtungen der Schraubenversetzungen sind, erscheint es als wahrscheinlich, daß die Ansatzpunkte für das kohärente Whisker-Wachstum auf dem Einkristall Punkte starker Schraubenversetzungen sind. K. Jaeger 190◇

0490 **Zur Züchtung von Korund-Kristallen aus Lösungen in geschmolzenem Blei(II)-fluorid.** W. A. Timofejewa und R. A. Wosskanjan. (Kristallographie [UdSSR] **8**, 293—96, 1963; Akad. der Wiss. der UdSSR, Inst. für Kristallograph.; russ.) — Untersucht wurden die Bedingungen zur Züchtung von α-Al_2O_3-Einkristallen aus PbF_2-Schmelzen sowie die Morphologie der Produkte. Die Löslichkeit von Al_2O_3 in PbF_2 beträgt bei 888° (F.) nur Bruchteile eines %, bei 1280° (Kp.) ~40%. Der optimale Temp.-Bereich der Züchtung liegt bei 1200 bis 1300°. K. Jaeger 190◇

0491 **Untere Grenze der Mischbarkeit in den Prozessen der Cokristallisation.** A. N. Kirginzew und A. W. Lukjanow. (Nachr. sibir. Abt. Akad. Wiss. UdSSR **1961**, Nr. 9, 69—77; Nowosibirsk, Inst. für anorgan. Chem. der Sibir. Abt. der Akad. der Wiss. der UdSSR; russ.) — Vff. untersuchten die Cokristallisation von *Kristallponceau* mit K_2SO_4 u. $Ba(NO_3)_2$ bei 0°. Die untere Grenze der Mischbarkeit in Cokristallisationsprozessen ist folgendermaßen charakterisiert: 1. die Größe des Gleichgew.-Koeff. der Kristallisation sinkt mit der Abnahme der Gesamtmenge der Komponenten im System. 2. Bei gleichbleibendem Vol. u. konst. Menge der sich verteilenden Komponenten hängt die Größe der Gleichgew.-Konst. nicht von der Menge der festen Phase ab. 3. Bei konst. Menge der Komponenten fällt der Wert der Konst., wenn das Vol. der fl. Phase vergrößert wird. R. Teichmann 190◇

0492 **Verteilungskoeffizient der Lanthaniden in Ammoniumnitrat beim Zonenumkristallisieren.** Je. G. Awwakumow. (Nachr. sibir. Abt. Akad. Wiss. UdSSR **1961**, Nr. 9, 117—19; Nowosibirsk, Inst. für anorgan. Chem. der Sibir. Abt. der Akad. der Wiss. der UdSSR; russ.) — Der Verteilungskoeff. der Seltenerdmetalle (SE) beim Zonenumkristallisieren von SE-haltigem NH_4NO_3 wird bestimmt. Vf. gibt die allg. Formel $\lambda = -0{,}0076\,m + 1{,}97$ an, wobei m = Atomgew. des Seltenerdmetalls. Die λ-Werte für *La, Pr, Nd, Sm* u. *Er* betragen: 0,92; 0,90; 0,86; 0,83; 0,75. R. Teichmann 190◇

0493 **Hydrothermales Wachstum von Scheeliteinkristallen.** P. B. Hart und F. W. Webster. (Mineralog. Mag. J. mineralog. Soc. **33**, 520, 1963; Wembley, England, Gen. Electr. Co. Ltd., Central Res. Labor., Hirst Res. Centre; engl.) — Die Darst. von $CaWO_4$-Einkristallen zur Verw. als Masermaterial wird beschrieben. Die optimalen Bedingungen bei der Temp.-Gradient-Meth. sind gepreßtes oder gesintertes $CaWO_4$-Pulver in 1 n *NaOH* bei 500 Atm. Druck u. Temp. zwischen 250 u. 350°. Unter diesen Bedingungen nehmen die Keimkristalle in der Woche um 15—20 Gew.-% zu. Ernst Schulte 190◇

0494 **Untersuchung der Löslichkeit von Bor in Silicium.** G. W. Ssamssonow und W. M. Slepzow. (J. anorg. Chem. [UdSSR] **8**, 2009—11, 1963; russ.) — Im Temp.-Intervall von 25—1300° bestimmen Vff. die Löslichkeit von B in Si für B-Geh. von 0—10 Atom-% bei Anlaßzeiten von 0,5—24 Stunden. Dabei wird die Änderung der Gitterparameter von Si als Maß zur Best. der maximalen Löslichkeit von B verwendet. Bei der eutekt. Temp. von 1375° beträgt sie 3,6 Atom-% B. W.-D. Heußner 190◇

0495 **Zur Berechnung einiger physikalischer Eigenschaften von Materialien mit Fasertextur.** H.-J. Bunge. (Mber. dtsch. Akad. Wiss. Berlin **2**, 479—89, 1960; Dt. Akad. der Wiss., Inst. für Strukturforsch.; dt.) — Vgl. C. **1963**, 22620. — Vf. entwickelt ein Verf. zur Berechnung physikal. Eigg. von Stoffen mit Fasertextur unter Verw. der jeweiligen Größen für den freien Einkristall u. der röntgenograph. ermittelten Koeff. der Texturverteilung, das anwendbar ist, wenn Kornwechselwrkg. vernachlässigbar klein sind u. keine zusätzlichen Korngrenzeneffekte auftreten. Als Beispiele werden derart die Magnetisierungsenergie ferromagnet. Kristalle, die elektr. Leitfähigkeit von Metallen u. der Torsionsmodul von Drähten kub. Metalle berechnet. H. Roschkowski 190◇

0496 **Zum Problem des Zufallweges bei der Ausscheidung von Leerstellen.** O. Krisement. (Physik kondens. Materie **1**, 326—38, 1963; Düsseldorf, MPI für Eisenforsch.; dt.) — Theoret. Unters. an Hand verschiedener Modelle. H. Roschkowski 190◇

0497 **Über die Wechselwirkung der Leerstellen mit den Korngrenzen.** Ja. Je. Gegusin, N. N. Owtscharenko und L. N. Paritzkaja. (Ber. Akad. Wiss. UdSSR **141**, 603—06, 1961; Charkow, Gorki-Univ., Inst. für Chem.; russ.) — Zur Kenntnis der physikal. Eigg. von Polykristallen bei hohen Temp. diskutieren Vff. die Wechsel-Wrkg. von Gitterleerstellen mit vorhandenen Korngrenzen, die bes. an Grenzen mit hohen Leerstellen-Konzz. makroskop. Poren-Bldg. hervorrufen. Wesentlich für die Sinterung polykristalliner Materialien ist der Einfl. dilatometr. Effekte, die allein als Folge einer Leerstellenwanderung an der Porenoberfläche entstehen u. welche mit Hilfe interferometr. Meßmeth. beobachtet werden können. W.-D. Heußner 190□

0498 **Über den Zusammenhang zwischen der Verteilung von Versetzungen um den Abdruck eines Eindruckkörpers und der Festigkeit eines Kristalls.** M. P. Schasskolskaja und G. F. Dobrshanski. (Kristallographie [UdSSR] **7**, 103—06, 1 Tafel, 1962; Moskau, Stahlinst., Inst. für Kristallograph. der Akad. der Wiss. der UdSSR; russ.) — Die Verteilung des Auftretens von Versetzungen an der Würfelfläche eines *LiF*-Einkristalls unter der Einw. einer konz. Beanspruchung wird nach einer selektiven Ätzmeth. untersucht. Die Verkürzung der Diagonalradien des Sterns der Ätzfiguren ist um so deutlicher, je größer die Änderung der Fließgrenze des Kristalls durch Beimengungen ist. R. K. Müller 190◇

0499 **Versetzungsvervielfachung in Alkalihalogenidkristallen unter dem Einfluß hochfrequenter Schwingungen.** E. P. Beloserowa, N. A. Tjapunina und Je. G. Schwidkowski. (Kristallographie [UdSSR] **8**, 232—37, 1963; Moskau, Lomonossow-Univ.; russ.) — Untersucht wurde der Einfl. hochfrequenter Schwingungen (110 kHz) auf das Verh. der Versetzungen in *LiF*- u. *NaCl*-Kristallen. Eine Amplitudenvergrößerung erzeugt neue Versetzungen, die einzelne Versetzungsbänder u. darauf disperse Versetzungsbänder bilden. K. Jaeger 190◇

0500 **Zum Nachweis von Versetzungen in Cadmiumsulfid- und Zinksulfideinkristallen.** R. W. Bakradse und I. A. Rom-Kritschewskaja. (Kristallographie [UdSSR] **8**, 238—42, 1963; Allunions-Inst. für Einkristalle, Scintillationsstoffe u. bes. reine chem. Substanzen; russ.) — Vorgeschlagen werden neue Ätzagentien zum Nachweis von Versetzungen in verschiedenen kristallograph. Flächen von CdS- u. ZnS-Einkristallen. K. Jaeger 190◇

0501 **Anlassen von pyrolytischem Graphit unter Druck.** A. R. Ubbelohde, D. A. Young und A. W. Moore. (Nature [London] **198**, 1192—93, 1963; London, Dep. of Chem. Engng. and Chem. Technol.; engl.) — Pyrolyt. Graphit, wurde bei einem Druck von 400 kg/cm² bei 2800° angelassen u. die Eigg. mit denen von pyrolyt. Graphit, der lediglich Temp. $\geqq$ 3500° ausgesetzt war, verglichen. Graphit $\geqq$ 3500° : D = 2,22—2,255 (g/cm³); elektr. Widerstand bei Raumtemp. in c-Richtung 0,16 bis 0,22 ($\Omega \cdot$ cm), in a-Richtung 35—45 ($10^{-6}\,\Omega \cdot$ cm); therm. Leitfähigkeit in c-Richtung 0,070—0,085 (W/cm · Grad); thermoelektr. Kraft + 1,5—6,5 (μV/Grad); Desorientierungswinkel bei Halbwertsbreite des (002)-Reflexes 1°. Graphit bei 2800° u. 400 kg/cm² : 2,265; 0,25; —; 0,070; + 4 bis 6; $^1/_2$°. Ernst Schulte 190◇

0502 **Polymorpher Übergang durch Druck in NaCl.** W. W. Jewdokimowa und L. F. Wereschtschagin. (J. exp. theoret. Physik [UdSSR] **43**, 1208—12, 1962; Akad. der Wiss. der UdSSR, Inst. für Hochdruckphys.; russ., Auszug: engl.) — Bei einem Druck von 18000 kg/cm² wurde mittels Röntgenstrahlunterss. ein Übergang vom kub. flächenzentrierten Gitter in ein kub. Gitter vom Typ des CsCl nachgewiesen. Gitterabstand bei Atmosphärendruck: a_0 = 3,26 ± 0,04 Å, D. = 2,535 g/cm³. P. Sliwinski 190◇

0503 **Über Metallamide und -nitride.** 44. Mitt. **Zur Kenntnis der Erdalkalimetallamide.** Robert Juza und Harm Schumacher. (Z. anorg. allg. Chem. **324**, 278—86, 1963; Kiel, Christian-Albrechts-Univ., Inst. für anorg. Chem.; dt.) — 42. vgl. C. **1962**, 9627. — $Ca(NH_2)_2$ (**I**), $Sr(NH_2)_2$ (**II**) u. $Ba(NH_2)_2$ (**III**) wurden frei von Hydrid durch Umsetzung des Metalls mit fl. NH_3 bei Raumtemp. erhalten. **I** u. **II** krist. tetragonal; **I**: a = 5,14₇, c = 10,29₄ Å; **II**: a = 5,45₁, c = 10,91₀ Å; D_{4h}^{19}, C 5-Typ (Anatas) mit den NH_2^- auf idealen Punktlagen. Das Gitter ist dem der Imide nach Bau u. Größe verwandt. **III** ist mit **I** u. **II** nicht isotyp. **I** u. **III** sind in fl. NH_3 schwer lösl. u. bilden keine Ammoniakate; $D_{Pyk.}$: **I** 1,74, **II** 2,45, **III**

3,38 gcm^{-3}. Der Abbau von I zum *CaNH* führt über einen Mischkristall von NaCl-Struktur mit NH_2- u. NH-Ionen auf den Anion- u. Ca^{2+} u. Lücken auf den Kationenplätzen. R. Uttech 195◇

0504 **Elementarzelle von Ettringit.** L. G. Berry. (Amer. Mineralogist **48,** 939—40, 1963; Kingston, Canada, Queen's Univ.; engl.) — Diskussion der für Ettringit, $Ca_6Al_2(SO_4)_3(OH)_{12} \cdot 24H_2O$, (synthet. u. natürliche Minerale von Scawt Hill, Ettringen u. Crestmore) veröffentlichten Gitterkonst., von denen a von verschiedenen Autoren verdoppelt angegeben wird. Ernst Schulte 195◇

0505 **Röntgendaten von Hydrotungstit.** Richard S. Mitchell. (Amer. Mineralogist **48,** 935—39, 1963; Charlottesville, Va., Univ. of Virginia; engl.) —Die röntgenograph. Ergebnisse von Hydrotungstit, $H_2WO_4 \cdot H_2O$ (I) werden mit denen von $H_2MoO_4 \cdot H_2O$ (II) verglichen. I (II): a = 7,45 (Å) (7,34); b = 6,92 (6,91); c = 3,72 (3,77); $\beta \cong 90°$ (90°40'). Z = 2 (2). Wahrscheinlich P 2/m (P 2/m). Die indizierten d-Werte von Hydrotungstit von Oruro, Bolivien, sind angegeben. Mit Ausnahme von einigen Linien kann das Diagramm auch tetragonal mit a = 3,72 u. c = 6,92 Å indiziert werden. Ernst Schulte 195◇

0506 **Die Elementarzelle von Umohoit, $UO_2MoO_4 \cdot 4H_2O$.** L. I. Anikina und Je. Ss. Makarow. (Ber. Akad. Wiss. UdSSR **137,** 942—43, 1961; Moskau, Vernadsky-Inst. für Geochem. u. analyt. Chem. der Akad. der Wiss. der UdSSR; russ.) — Umohoit ist monoklin mit der Raumgruppe $P2_1/c$ u. a = 6,32, b = 7,50, c = 57,8 Å, β = 94°. Durch Vgl. der röntgenograph. Ergebnisse mit der experimentellen Dichte von 4,55—4,66 g/cm^3 ergibt sich als Formel $UO_2MO_4 \cdot 4H_2O$. H.-J. Bautsch 195□

0507 **Elektronenmikroskopische Untersuchungen von Bis-[dimethylglyoximato]-nickel(II).** Kazuyoshi Takiyama und Louis Gordon. (Talanta [London] **10,** 1165—67, 1963; Cleveland, Ohio, Case Inst. of Techn., Div. of Engng. and Dep. of Chem.; engl.) — Fällt man Ni mit Dimethylglyoxim aus homogener Lsg., d. h. aus einer Lsg., die Ni, NH_4Cl u. $NH_2OH \cdot HCl$ bei pH 7 enthält u. mit einer Lsg. von Diacetyl versetzt wird, erhält man die Verb. als lange Nadeln, die sich gut für die mkr. Unters. eignen. Aus Nitrobenzol krist. das Chelat orthoromb. mit a_0 = 16,68, b_0 = 10,44 u. c_0 = 6,49 Å, Z = 4 in der Raumgruppe D_{2h}^{26}. Die c-Achse liegt in der Längsrichtung der Nadeln, die kürzeste Achse ist die a- oder b-Achse. Beim langsamen Erwärmen des Einkristalls unter dem Mikroskop beginnt er bei 120° unter Veränderung der Struktur seiner Oberfläche zu sublimieren. Oberhalb 400° treten im Debye-Scherrer-Diagramm Beugungsringe von NiO auf. A. M. Fretzdorff 195◇

0508 **Röntgenographische Untersuchung des Monoäthanolaminkupfersulfatkomplexes.** G. K. Abdullajew und B. G. Gassanow. (Ber. Akad. Wiss. Aserbaidshan-SSR **19,** 39—43, 1963; russ.) — $[Cu(H_2NCH_2CH_2OH)_2 \cdot (H_2O)_2]SO_4$ krist. rhomb. mit Z = 4, a = 9,109 ± 0,016 (Å); b = 8,835 ± 0,032 u. c = 15,376 ± 0,071; in D_{2h}^{10}—Pccn; $D_{\cdot R}$ = 1,705 (g/cm^3); $D_{\cdot exp.}$ = 1,735; Härte = 2. W.-D. Heußner 195◇

0509 **Die Kristallstruktur von Diacetatodiamminkupfer(II).** Ju. A. Ssimonow, A. W. Ablow und T. I. Malinowski. (Kristallographie [UdSSR] **8,** 270—72, 1963; Akad. der Wiss. der MoldauSSR, Inst. für Phys. u. Math.; russ.) — $Cu(CH_3COO)_2 \cdot 2NH_3$ krist. monoklin mit a = 5,51 ± 0,02; b = 10,42 ± 0,04; c = 7,44 ± 0,03 Å; β = 106,5° u. Z = 2. Aus den Auslöschungen wird auf die Raumgruppe C_{2h}^5 geschlossen. Die Fourier-Synth. zeigt, daß Cu 6fach koordiniert ist. Im Gegensatz zu $Cu_2(CH_3COO)_4 \cdot 2H_2O$ wurden in $Cu(CH_3COO)_2 \cdot 2NH_3$ keine Cu-Paare festgestellt. Bindungswinkel u. -längen werden angegeben. K. Jaeger 195◇

0510 **Die Kristallstruktur von Bis-[benzolazo-β-naphthol]-kupfer(II).** J. A. J. Jarvis. (Acta crystallogr. [Copenhagen] **14,** 961—64, 1961; Manchester, Imp. Chem. Ind. Ltd., Dyestuffs Div.; engl.) — Die Verb. krist. monoklin mit a = 17,34, b = 3,90, c = 17,46 Å, β = 96,9°, Z = 2 in $P2_1/n$. Die Cu-Atome liegen in den Symmetriezentren. Die Struktur wurde aus den Intensitäten von 1807 (hkl)-Reflexen mit Hilfe einer dreidimensionalen Kleinste-Quadrate-Meth. bestimmt. (R = 16%). Die Cu-Atome sind quadrat.-planar mit 2 O-Atomen u. 2 N-Atomen koordiniert. O-Atome von zwei angrenzenden Moll. vervollständigen eine verzerrte oktaedr. Koordination. Nur ein N-Atom jeder Azo-Gruppe ist an das Metallatom gebunden. G. Talsky 195□

0511 **Die Rolle der Wasserstoffbindungen in der Struktur komplexer Metallthiocyanate.** S. W. Swonkowa, A. N. Rodionow und S. P. Powetjewa. (Kristallographie [UdSSR] **8,** 275—77, 1963; Phys.-Chem. Karpow-Inst.; russ.) — Bestimmt wurde die Lage der O-Atome in $K_2 \cdot [Co(NCS)_4] \cdot 3H_2O$. Die IR-Spektren von $K_2[Co(NCS)_4] \cdot 3H_2O$, $K_2[Zn(NCS)_4] \cdot 3H_2O$ u. $K_2[Cd(NCS)_4] \cdot 2H_2O$ wurden aufgenommen. Das Mol. H_2O_I bildet eine Brückenbindung zwischen den am weitesten voneinander entfernten K u. N (—H...N_2 u. > O_I...K). Die Wasserstoffbrücke –O–H...N ist am schwächsten im Cd-Komplex u. am stärksten im Co-Komplex. K. Jaeger 195◇

0512 **Elektronenbeugungsdaten zu den Strukturen von Sepiolith und Palygorskit.** B. B. Swjagin, K. Ss. Mischtschenko und W. A. Schitow. (Kristallographie [UdSSR] **8,** 201—06, 1963; Allunions-geolog. Forsch.-Inst.; russ.) — Elektronenbeugungsdiagramme von polykristallinem Sepiolith u. Palygorskit, die ausgeprägte Textur zeigten, wurden indiziert u. die Ergebnisse mit den röntgenograph. Ergebnissen verglichen. Die Gitter-Konst. der monoklinen Elementarzelle stimmen im wesentlichen mit den röntgenograph. bestimmten Konst. überein, scheinen jedoch noch genauer zu sein; Sepiolith: a = 5,24; b = 27,2; c = 13,4 Å; β = 90° u. für Palygorskit: a = 5,22; b = 18,06; c = 12,75 Å u. β = 95°50'. Von den auf Grund röntgenograph. Unterss. vorgeschlagenen Raumgruppen D_{2h}^6 u. C_{2h}^3 für Sepiolith wird D_{2h}^6 als die zutreffende angesehen; für Palygorskit wird C_{2h}^4 (statt röntgenograph. C_{2h}^3) als Raumgruppe vorgeschlagen. K. Jaeger 195◇

0513 **Elektronenmikroskopische Untersuchung von Calciumsulfatfilmen, die sich auf der Oberfläche von Calcitkristallen bei ihrer Zersetzung durch Schwefelsäure bilden.** W. Ss. Janyschewa, Je. W. Jushnaja und M. L. Tschepelewetzki. (Ber. Akad. Wiss. UdSSR **141,** 1161—62, 1 Tafel, 1961; Ssamoilow-Inst. für Düngemittel u. Insektofungizide; russ.) — Die Herst. von Superphosphatdüngemitteln erfolgt über die Umsetzung der natürlichen Rohstoffe Apatit u. Phosphorit mit H_2SO_4, u. man beobachtet, daß diese in 2 Stadien ablaufenden Rkk. gehemmt sind. Das bei der Umsetzung entstehende $CaSO_4$ bildet nach Unterss. der Vff. auf der Mineraloberfläche glatte u. feste Filme, die als Ursache für die Rk.-Hemmung angesehen werden. Durch Best. der Rk.-Kinetik der Zers. von Apatit u. Calcit in H_2SO_4, H_3PO_4 u. in einem Gemisch von H_2SO_4–H_3PO_4 wurde ein H_2SO_4-Konz.-Bereich festgestellt, in dem eine vollständige Rk.-Hemmung bei der Zers. eintritt, da die $CaSO_4$-Filme für H_2SO_4 undurchlässig werden. Unterss. der Zus. dieser Filme zeigen, daß bei allen Zers.-Temp. im Konz.-Bereich von 0—38% H_2SO_4 die Filme auf Apatit u. Calcit aus $CaSO_4 \cdot 2H_2O$ bestehen. Während diese bei Konzz. von 38% H_2SO_4 u. 2 Sek. Kontaktzeit bei 20° undurchlässige Schichtstrukturen bilden, sind an der Oberfläche von Calcitkristallen bei Rk. mit 24% H_2SO_4 (Kontaktzeit 0,5 Sek.) bei 20° lockere, schwammige Strukturen festgestellt worden. Sie bleiben für H_2SO_4 durchlässig, u. damit sind große Teile der Mineraloberfläche weiter zersetzbar. W.-D. Heußner 196□

0514 **Zur Herstellung dünner Indiumantimonidschichten durch Aufdampfen im Vakuum.** P. Ss. Agalarsade und Ss. A. Ssemiletow. (Kristallographie [UdSSR] **8,** 298—300, 1963; Akad. der Wiss. der UdSSR, Inst. für Kristallograph.; russ.) — Beschrieben u. diskutiert werden zwei Aufdampf-Meth. zur Darst. dünner, stöchiometr. InSb-Schichten. K. Jaeger 196◇

0515 **Substruktur und Mikrohärte von Kupfer-Vakuumkondensaten.** L. Ss. Palatnik, G. W. Fedorow und A. I. Iljinski. (Metallphysik u. Metallkunde [UdSSR]

11, 815—16, 1961; Charkow, Gorki-Univ.; Polytechn. Lenin-Inst.; russ.) — Unters.-Ergebnisse zur Substruktur u. Mikrohärte eines Cu-Kondensats von 99,995% Ausgangsreinheit werden gebracht. Die Verzerrungen II. Ordnung u. die Größe der Mosaikblöcke werden nach der Breite der Röntgenbeugungslinien bewertet. Die Versetzungsdichte der kondensierten Cu-Schichten wird bestimmt, dabei wird die obere Grenzdichte nach der Verbreiterung der Beugungslinien, die untere nach der Größe der Mosaikblöcke bestimmt u. tabellar. angegeben. Die Abhängigkeit der Mikrohärte, der Größe der Verzerrungen u. der Mosaikblöcke von der Temp. der Cu-Unterlage wird graph. mitgeteilt. Unter bestimmten Kondens.-Bedingungen ist es möglich, in den Cu-Kondensaten hohe Versetzungsdichten u. damit hohe Festigkeiten zu erhalten. N. Kubeth 196◇

0516 **Über das Eindringen schneller Deuteriumionen in Metalle.** W. M. Gussew, M. I. Gussewa, N. P. Jelisstratow und D. Ss. Ikonnikow. (J. techn. Physik [UdSSR] **31,** 749—50, 1961; Suchumi, Akad. der Wiss. der GrusinSSR, Phys.-techn. Inst.; russ.) — Vgl. Nachr. Akad. Wiss. UdSSR, physik. Ser. **26,** [1960], 689. — Die D-Sättigungskurven verschiedener Metalltargets bei 25 keV u. 1—2 mA/cm² werden aufgenommen. Die Aufnahme von D-Atomen beim Neutronenbeschuß nimmt ab in der Reihenfolge Ti > Au > Al > Cu > Ag > Ta > Pt > nichtrostender Stahl (I); das Aufnahmeverhältnis von Ti:I ist 14:1. Nur bei Au u. Ag haben die Sättigungskurven ein Maximum. R. K. Müller 197◇

0517 **Zum Einfluß gelöster Fremdatome auf die Korngrenzenwanderung in reinen Metallen.** E. L. Holmes und W. C. Winegard. (Canad. J. Physics **39,** 1223—26, 1961; Toronto, Ontario, Canada, Univ., Dep. of Metallurgical Engng.; engl.) — Untersucht wurde der Einfl. von *Pb* (0,002—0,10 Atom-%) auf das Kornwachstum von Sn, das nach dem Zonenschmelz-Verf. gereinigt worden war. Die Aktivierungsenergie des Kornwachstums nimmt mit zunehmender Pb-Konz. von 6 (reines Sn) auf 18 ± 2 kcal/g-Atom (0,03 Atom-% Pb) zu u. bleibt für Pb-Konz. > 0,03 Atom-% konstant. Höhere Pb-Konzz. vermindern die Kornwachstumsgeschwindigkeiten. K. Jaeger 197◇

0518 **Beobachtung von Atomen auf Zwischengitterplätzen in kubisch-flächenzentrierten Metallen.** A. Seeger, P. Schiller und H. Kronmüller. (Philos. Mag. [8] **5,** 853—57, 1960; Stuttgart, M. P. I. für Metallforsch. u. TH, Inst. für theoret. u. angew. Phys.; engl.) —Gemessen wurden die innere Reibung u. die Abweichung von der anfänglichen ferromagnet. Susceptibilität von kaltgezogenen polykristallinen Ni-Drähten. Die Relaxationszeit der Ordnung der Zwischengitteratome („Relaxationsverfestigung") beträgt $\tau = \tau_0 \cdot \exp(Q/kT)$ mit $\tau_0 = 4 \cdot 10^{-12}$ s u. Q = 0,79 ± 0,03 eV. K. Jaeger 197◇

0519 **Rolle der Korngrenzengleitung während der Sinterung von Metallen.** A. Mohanty und E. Bauman. (Acta metallurg. [New York] **11,** 84—85, 1963; Sisak, Yugoslavia, Inst. of Metallurg.; engl.) — Vff. nehmen Bezug auf eine Arbeit von Jones (vgl. Acta metallurg. [New York] **7,** [1959], 222), in der die Vermutung ausgesprochen worden war, daß Korngrenzengleiten eine wichtige Rolle bei der hohen Verdichtungsgeschw. spielt, die man während der Anfangsstadien bei der Sinterung von gepreßten kub. Metallpulvern beobachtet, u. berichten über Verss., durch die die Vermutung von Jones (vgl. l. c.) bestätigt wird. Fe-Pulver handelsüblicher Reinheit wurde unter einem Druck von 3 t/cm² zu Würfeln gepreßt. Die Proben wurden longitudinal zerschnitten u. poliert. Nach dem Polieren wurden auf den Oberflächen tiefe Kratzer angebracht. Die Proben wurden hierauf 30 Min. lang in trockenem H_2 bei 900° gesintert, erneut poliert u. kurz mit 3%ig. Nital angeätzt. Bei der mkr. Unters. der Form des Kratzers zeigte sich, daß sich die ursprünglich gerade Linie in seitlichen Richtungen bewegt hatte. Daneben waren aus den Stellungen der Körner, die den Kratzer begrenzten, intergranulare Bewegungen festzustellen. Diese Beobachtungen führten zu der Annahme, daß während des Sinterns ein gewisses Maß von intergranularer Bewegung u. Bewegung in dem Hauptteil der Probe stattgefunden hatte. Die Änderung in der Form der Kratzlinie kann in einem gewissen Ausmaß dem Materialtransport durch Diffusion u. den späteren Stadien der Sinterung zugeschrieben werden, doch kann die Möglichkeit einer beträchtlichen intergranularen Bewegung nicht ausgeschlossen werden. C. Gottfried 197△

0520 **Elektronenstruktur und Eigenschaften der Metalle. 1. Mitt. Formulierung.** Walter A. Harrison. (Physic. Rev. [2] **129,** 2503—11, 1963; Schenectady, N. Y., Gen. Electr. Res. Labor.; engl.) G. Klotz 197◇

0521 **Elektronenstruktur und Eigenschaften der Metalle. 2. Mitt. Anwendung auf Zink.** Walter A. Harrison. (Physic. Rev. [2] **129,** 2512—24, 1963; engl.) — 1. vgl. vorst. Referat. — Bzgl. der Elektronenstruktur liefert die Berechnung gute Ergebnisse, während die atomaren Eigg. nicht zufriedenstellend beschrieben werden. G. Klotz 197◇

0522 **Aktivierungsenergie für basales Gleiten in Magnesiumeinkristallen.** T. A. Trozera, J. Mote und J. E. Dorn. (Trans. Amer. Soc. Metals **53,** 123—35, 1961; Berkeley, Calif., Univ. of California; engl.) — Kriech-Verss. unter einfacher Scherspannung bei 77—668°K wurden an Mg-Einkristallen mit einer bevorzugten Orientierung für basales Gleiten vorgenommen. Die scheinbaren Aktivierungsenergien für das Kriechen wurden durch Vgl. der Kriechgeschw. vor u. nach plötzlichem Temp.-Wechsel bestimmt. Bei 77—200°K wuchs die Aktivierungsenergie linear mit der abs. Temp. nach der Gleichung Q = 36RT an. Bei 250—700°K stieg die Aktivierungsenergie gemäß der Gleichung Q = 50 RT an. Bei 700°K betrug die Aktivierungsenergie 70000 cal/Mol, ein Wert, der doppelt so hoch ist wie der für die Aktivierungsenergie für die Selbstdiffusion. — 18 Literaturangaben. F. Vier 197◇

0523 **Ätzgrubenfreie Zone an Korn- und Subkorn-Grenzen in Aluminium.** Ulrich Benedict. (Ann. Univ. Saraviensis, Sci. **10,** 69—76, 1962; Saarbrücken, Univ. des Saarlandes, Inst. für Metallphys. u. Metallkunde; dt.) — Beim Ätzen von Al im Gußzustand wird das Auftreten von ungeätzten Zonen in unmittelbarer Nähe von Korn- u. Subkorngrenzen beobachtet. Mikro-Unters. lassen erkennen, daß die ätzfreien Gebiete im Gegensatz zu früheren Anschauungen eher Gebiete der Fremdstoffanreicherung als der der Verarmung sind. Die Neubldg. von ätzfigurfreien Streifen an abgewanderten Korngrenzen spricht jedoch dagegen. — 11 Literaturangaben. F. Vier 197◇

0524 **Wachstums- und Verdampfungskinetik und Oberflächendiffusion von K- und Hg-Whiskers.** R. L. Parker, R. L. Anderson und S. C. Hardy. (Appl. Physics Letters **3,** 93—95, 1963; Washington, D. C., N. B. S.; engl.) — Verdampfung u. lineares sowie exponentielles Längenwachstum wurden opt. für K-(53°) u. Hg-(— 51 bis — 68°) Whiskers untersucht. Unter Einbeziehung der Gleichgew.-Oberflächendiffusion stimmen die experimentellen Ergeb. quant. mit den theoret. Berechnungen nach dem Wachstumsmodell der Schraubenversetzung überein. K. Jaeger 197◇

0525 **Das Zustandsdiagramm von Cer im Temperaturbereich von 20 bis 350° unter einem Druck bis zu 80 · 10³ kg/cm².** L. D. Liwschitz, Ju. Ss. Genschaft und W. K. Markow. (J. exp. theoret. Physik [UdSSR] **43,** 1262—67, 1962; Akad. der Wiss. der UdSSR, Inst. für Chem. Physik; russ., Auszug: engl.) — Das Diagramm des Phasenübergangs $\gamma \rightleftharpoons \alpha$ für Cer wurde bis 350° fortgesetzt. Bei einer Temp. um 200° weicht der Grenzverlauf (in Abhängigkeit von der Temp.) von der Linearität ab. Die relative Änderung des Widerstandes $\Delta R/R_\gamma$ beim Übergang besitzt eine endliche Größe bis zu 350° u. fällt über 170—180° nichtlinear mit ansteigender Temp., was eine Extrapolation bis zu Null unmöglich macht. Infolge dieser Daten wird die Existenz eines krit. Punktes sehr zweifelhaft. Sie wurde jedoch bestätigt durch ein Minimum u. Maximum der R(p)-Kurve bei Drücken etwas höher als 50 · 10³, bzw. 70 · 10³ kg/cm². Diese Extrempunkte verschieben sich bei anwachsenden Drücken nach höheren Temperaturen. P. Sliwinski 197◇

0526 **Zur Frage der Existenz eines kritischen Punktes auf der Kurve der isomorphen Umwandlung von Cer.** Je. G. Ponjatowski. (Kristallographie [UdSSR] **8,** 287—90, 1963; Zentrales Forsch.-Inst. für Eisenmetallograph., Bardin-Inst. für Metallograph. u. Metallphys.; russ.) — Zur Frage, ob für die isomorphe Umwandlung (Umwandlung 1. Ordnung) α–Ce $\rightarrow$ α'–Ce ein krit. Punkt, wie er für die Verflüssigung von Gasen besteht, existiert, wurde die Druck- u. Temp.-Abhängigkeit des spezif. elektr. Widerstandes von Ce gemessen. Die Ergebnisse sprechen zwar nicht gegen die Existenz eines solchen krit. Punktes, lieferten aber auch keinen eindeutigen Beweis für seine Existenz. K. Jaeger 197◇

0527 **Schraubenförmige Strukturen der schweren Seltenerdmetalle.** P. G. De Gennes und D. Saint-James. (Solid State Commun. **1,** 62—66, 1963; Orsay, France, Fac. des Sci.; Saclay, Gif-sur-Yvette, France, C. E. N., Serv. de Phys. du Sol. et de Résonance Magnét.; engl.) — Berechnet wurden die Zwischenschichtdrehwinkel ω_l in den schweren Seltenerdmetallen in der Nähe der Néel-Temp., wobei der Einfl. einer endlichen mittleren freien Weglänge auf die Ruderman-Kittel-Wechselwrkg. in Rechnung gestellt wurde. Der theoret. Wert von ω_l wächst mit der mittleren freien Weglänge (von 0° für *Gd* bis 53° für *Tm*), was ungefähr mit Neutronenbeugungsunterss. im Einklang steht. K. Jaeger 197◇

0528 **Zum Austempern von γ-Strahlenstörstellen in Germanium.** Tsunesaburo Asada, Haruo Saito, Kazumi Omura, Taiji Oku und Masahiro Oka. (J. physic. Soc. Japan **15,** 93—94, 1960; Osaka, Univ., Fac. of Sci., Dep. of Phys.; Shimane, Univ., Liberal Arts Coll., Dep. of Phys.; engl.) — Mit γ-Strahlen bestrahlte (^{60}Co-Quelle) Ge-Einkristalle wurden isotherm bei Temp. zwischen 10 u. 55° ausgeheilt. Gemessen wurde die Änderung des spezif. elektr. Widerstandes als Funktion der Temperdauer. Aus den Kurven wurden berechnet die Aktivierungsenergien für die direkte Rekombination von Zwischengitteratom-Leerstellenpaaren (0,765 eV), für die Diffusion von Zwischengitteratomen (0,741 eV) u. für die Diffusion von Gitterleerstellen (1,250 eV). K. Jaeger 197◇

0529 **Oberflächenverfestigung und Erholung von Wolfram und Molybdän hoher Reinheit unter den Bedingungen eines allseitigen inhomogenen Spannungszustandes.** I. N. Franzewitsch, I. Je. Schijanowskaja und W. A. Lawrenko. (Metallphysik u. Metallkunde [UdSSR] **9,** 593—97, 1960; Inst. für Metallkeramik u. Speziallegg. der Akad. der Wiss. der UkrainSSR; russ.) — Vff. untersuchen diese Effekte an metallkeram. festen W- u. Mo-Proben hoher Reinheit, deren Verunreinigungen spektralanalyt. bekannt sind, in Temp.-Bereichen von 800—1650° u. 800 bis 1200° bei vorher eingebrachten Gefügedeformationen durch Drücke bis 300 kg/mm². Zur Charakterisierung läßt sich mit einer harmon. Analysenmeth. zeigen, daß die untersuchten verformten Materialien im Zustand des völlig inhomogenen Spannungszustandes verbreiterte Röntgenlinien ergeben, die auf eine Entstehung von Mikroverzerrungen zurückgeführt werden. W.-D. Heußner 197□

0530 **Selbstdiffusion in Nickeleinkristallen.** A. Messner, R. Benson und J. E. Dorn. (Trans. Amer. Soc. Metals **53,** 227—32, 1961; Berkeley, Calif., Univ. of California; engl.) — Unter Verw. von ^{63}Ni wurde die Selbstdiffusion von Ni in Ni-Einkristallen bestimmt. Für 680—830° entspricht der Wert der Gleichung $D = 5{,}8 \exp - (69{,}700/RT)$. F. Vier 197◇

0531 **Diffusionsausbreitung und die Erscheinung der reaktiven Kondensation.** B. Ja. Piness und I. G. Iwanow. (Metallphysik u. Metallkunde [UdSSR] **9,** 205—11, 1960; Charkow, Univ.; russ.) — Um einen Tropfen aus der Schmelze eines leichtschmelzenden Metalles auf der Oberfläche eines schwerer schmelzenden Metalles bildet sich im Vakuum oder in H_2-Atmosphäre nur dann eine Serie verschiedenfarbiger beweglicher Ringe aus, wenn beide Metalle intermetall. Phasen bilden. Als leichtschmelzende Metalle können z. B. Cd u. Zn, als schwerer schmelzende Cu u. Ni verwendet werden. Beim Schmelzen von Cd auf Cu wird im Gebiet der Ringe die Bldg. der intermetall. Phasen $CuCd_3$ u. Cu_5Cd_8 festgestellt. Der Effekt wird als Kondens.-Erscheinung erklärt. R. K. Müller 197◇

0532 **Zur Theorie der Röntgenbeugung durch geordnete Legierungen.** W. M. Danilenko. (Ukrain. physik. J. [UdSSR] **5,** 203—11, 1960; Akad. der Wiss. der Ukrain-SSR, Inst. für Metallphys.; ukrain., Auszug: engl.) — Der Einfl. der Domänenordnungsstruktur auf Intensität u. Form der Reflexe von AB-Kristallen (AuCu, β-Messing, NaCl) wurde theoret. untersucht. Bei Annahme eindimensionaler Elementarbereichsgrenzen erfolgt Verbreiterung der Überstrukturlinien senkrecht zu den Grenzebenen, bei dreidimensionaler Ausbildung der Grenzen erfolgt Verbreiterung der Überstrukturlinien nach sämtlichen Richtungen des reziproken Gitters. Die Größe der Verbreiterung ist dem mittleren Abstand zwischen den Elementarbereichsgrenzen umgekehrt proportional. H. Jäger 197□

0533 **Über die Phasentrennung von Legierungen der Systeme Cadmium–Antimon und Indium–Antimon durch Zentrifugieren der Schmelze.** W. I. Pssarew, N. L. Kosstur und A. W. Obstra. (Ukrain. physik. J. **8,** 694—99, 1963; Tschernowitz, Univ.; ukrain., Auszug: engl.) — Vorgeschlagen wird eine Meth. zur Abtrennung von *CdSb*- u. *InSb*-Kristallen aus der fl. Überschußphase (Cd bzw. In) durch Zentrifugieren der Schmelze. Beim Zentrifugieren treten ein Zusammenwachsen der Kristalle u. eine Phasentrennung gleichzeitig auf. Ferner wird gezeigt, daß eine Ag-Dotierung (bis 1—1,5 Atom-%) der CdSb-Kristalle eine Verbesserung der elektr. Leitfähigkeit u. eine Verschlechterung der thermo-elektr. Kraft zur Folge hat. Eine Hg-Dotierung dagegen verändert diese Werte bezüglich des reinen CdSb kaum. K. Jaeger 197◇

0534 **Darstellung von festen Lösungen des Systems Ge–Si aus der Gasphase.** A. W. Ssandulowa, P. Ss. Bogojawlenski und M. I. Dronjuk. (Ber. Akad. Wiss. UdSSR **143,** 610—12, 1962; Lwow, Polytechn. Inst.; russ.) — Die Kristalle fester Lsgg. im Syst. Ge–Si, die bei Dampfdrücken bis 15 atm u. Temp. von 1000—1250° über die Kristallisation aus der Gasphase mit Hilfe von Se als „Lsgm." darstellbar sind, werden von Vff. auf Einkristalleigg., Homogenität u. Zus. röntgenograph. untersucht. Bei einer Zus. von je 50 Atom-% Si u. Ge werden Einkristalle hoher Symmetrie erhalten. Für die Gitterabstände, die zwischen 5,40 u. 5,65 Å schwanken, läßt sich eine lineare Abhängigkeit vom Si-Geh. feststellen. Gleichzeitig wird eine Erhöhung des spezif. Widerstandes beobachtet, der für einzelne Prodd. Werte von 200—300 Ω/cm annehmen kann. Das Kristallzüchtungs-Verf. wird eingehend beschrieben. W.-D. Heußner 197□

0535 **Kontinuierliche Umwandlung zwischen rhomboedrischen und kubischen Phasen in GeTe–SnTe-Legierungen.** J. N. Bierly, L. Muldawer und C. Beckman. (Acta metallurg. [New York] **11,** 447—54, 1963; Philadelphia, Pa., Franklin Inst. Labor.; engl.) — Bei Abkühlung findet bei GeTe bei $T_c = 400°$ eine Umwandlung von der kub. in die rhomboedr. Phase statt. Der Winkel α ändert sich dabei von T_c bis zur Raumtemp. von 90° auf 88,25°. Das Syst. GeTe–SnTe bildet eine lückenlose Reihe von Mischkristallen, bei der die Umwandlungstemp. mit zunehmender Sn-Konz. abnimmt. Für eine Leg. mit 30% GeTe u. SnTe liegt sie bei Raumtemperatur. α u. a sind daher von der Zus. u. der Temp. abhängig. Ein Untergitter aus Sn u. Ge konnte nicht beobachtet werden. Auf bei Raumtemp. rhomboedr. Legg. wurden ähnliche Oberflächenfiguren beobachtet, wie sie bei Zwillings-Bldg. auftreten. — 25 Literaturangaben. F. Vier 197◇

0536 **Rückdiffusion von Silberverunreinigungen aus festen Lösungen von Bi_2Te_3–Bi_2Se_3.** B. I. Boltaks und N. A. Federowitsch. (Festkörperphysik [UdSSR] **5,** 1620—24, 1963; Leningrad, Akad. der Wiss. der UdSSR, Halbleiter-Inst.; russ.) — Es wird gezeigt, daß die Rückdiffusion von Ag aus polykristallinem Bi_2Te_3–Bi_2Se_3 durch eine oxydierende Atmosphäre beschleunigt wird. Der Diffusions-Koeff. nimmt bei 300° bis um $1 \cdot 10^{-8}$ cm²s⁻¹ zu. Jod-Verunreinigungen verringern den Diffusionskoeffizienten. K. Jaeger 197◇

0537 **Diffusion und Löslichkeit von Silber in Galliumarsenid.** B. I. Boltaks und F. Ss. Schischijanu. (Festkörperphysik [UdSSR] **5,** 2310—16, 1963; russ.) — Vgl. vorst. Referat. — Diffusion u. Löslichkeit von Ag in GaAs wurden zwischen 500 u. 1160° gemessen. Unterschiedliche Diffusionsmechanismen wurden für die Oberfläche u. im Inneren der Kristalle gefunden. Der Oberflächendiffusions-Koeff. beträgt $D_1 = 2{,}5 \cdot 10^{-3} \cdot \exp(-1{,}5 \pm 0{,}1/kT)$ cm^2/s, der Vol.-Diffusions-Koeff. $D_2 = 4 \cdot 10^{-4} \cdot \exp(-0{,}8 \pm 0{,}05/kT)$ cm^2/s. Die maximale Löslichkeit in den oberflächennahen Bereichen beträgt $7 \cdot 10^{19}$ bis $4 \cdot 10^{20}$ cm^{-3}, im Inneren der Kristalle $2 \cdot 10^{17}$ bis $8 \cdot 10^{17}$ cm^{-3} im untersuchten Temp.-Bereich. K. Jaeger 197◇

0538 **Anwesenheit von Kohlenstoff in Galliumphosphidkristallen.** C. J. Frosch, M. Gershenzon und L. Derick. (J. appl. Physics **32,** 2060—61, 1961; Murray Hill, N. J., Bell Telephone Labor.; engl.) — Vgl. C. **1963, 2349.** — Mit Hilfe von ^{14}C konnte gezeigt werden, daß bei 1500° u. 25 atm P-Dampfdruck in C-Schiffchen dargestelltes (polykristallines) GaP 10^{18}–10^{19} C-Atome/cm^3 enthielt. C wirkt als Acceptor. Geringfügige Ausscheidungen einer zweiten, C-haltigen Phase verhindern das Wachstum größerer GaP-Einkristalle. Durch Zonenschmelzen läßt sich der C-Geh. auf $< 10^{17}$ C-Atome erniedrigen. K. Jaeger 197◇

0539 **Beschaffenheit von Kernbrennstoffen aus flüssigen Metallen. 1. Mitt. Die Löslichkeit von Uran in Wismut.** Donald G. Schweitzer und John R. Weeks. (Trans. Amer. Soc. Metals **53,** 251—58, 1961; Upton, N. Y., Assoc. Univ. Inc., Brookhaven Nat. Labor.; engl.) — Eine Vorr. zur Best. der Löslichkeit von U in Bi, die im hohen Vakuum u. bei hoher Temp. arbeitet, wurde beschrieben. Die Löslichkeit von U in Bi wurde bei 300 bis 725° bestimmt. Es zeigte sich, daß in Graphittiegeln bei U-Geh. dicht über der Sättigung die Löslichkeitskurven bedeutend niedriger lagen, als sie sonst gefunden wurden. F. Vier 197◇

0540 **Das System Titan–Wasserstoff.** Ss. P. Gwosdow und A. A. Shurenkowa. (Hochschulnachr. [Moskau], Eisenmetallurgie **1960,** Nr. 9, 8—13; Leningrad, Polytechn. Inst.; russ.) — Läßt man H_2 auf Ti im Vakuum bei Temp. ab 375° einwirken, so erfolgt Bldg. einer festen Lsg. mit Einbau von H_2 in das Kristallgitter. Vff. bestimmen die H_2-Aufnahme in Ti [Reinheit: 98,58(%), 98,73 u. 99,03] in Abhängigkeit von Temp. u. Rk.-Dauer. Chem. reines Ti kann mit großer Geschw. bis zu 465,5 ml H_2/g Ti aufnehmen. Das Rk.-Prod. entspricht damit der stöchiometr. Zus. *TiH_2*, wie durch röntgenograph. Unterss. der homogenen Phase belegt wird. TiH_2 bildet sich bei Temp. von 400° u. einem H_2-Druck von 10 Torr. Verunreinigungen im Ti hemmen die Hydrid-Bldg.; geringe Konzz. N_2 u. O_2 machen TiH_2 bei Temp. über 500° instabil. Durch Unterss. der Sättigungsisotherme wurde ein Hystereseeffekt beobachtet, der sich mit Erhöhung der Verunreinigungen bedeutend vergrößert. W.-D. Heußner 197□

0541 **Erkennbarmachen von Versetzungen in Legierungen des Alnico-Typs.** Je. G. Powolotzki und N. I. Michejew. (Betriebs-Lab. [UdSSR] **29,** 1111—12, 1963; Saratow, polytechn. Inst.; russ.) — Versetzungen werden in der Alniko-Leg. Anko-4 durch 2—25 Min. langes Ätzen bei 20—30° in einem Gemisch aus 3 ml HCl (spezif. Gew. 1,1), 4 g $FeCl_3$ u. 50 ml Methylalkohol sichtbar gemacht. H. Hochstein 197◇

0542 **Abhängigkeit der Temperaturniveaus der Rekristallisation von einphasigen Nickellegierungen von der Zulegierung.** Ss. Ss. Gorelik und E. N. Spektor. (Hochschulnachr. [Moskau], Eisenmetallurgie **1960,** Nr. **9,** 120 bis 131; Moskau, Stahl-Inst.; russ.) — Vff. untersuchen die Gesetzmäßigkeiten des Einfl. gelöster Zusätze von *Mo, W, Ti, V* u. *Cr* in Konzz.-Bereichen von 0,1—10 Atom% auf die Rekristallisations-Temp. u. die Rekristallisations-Geschw. einphasiger Ni–Fe-Legierungen. Geringe Zusätze erzeugen stets eine Erhöhung der Rekristallisations-Temp., die dem Verhältnis zwischen Atomradius des Zusatzes u. der Vorlage direkt proportional ist. Größere Geh. von Zusätzen rufen eine charakterist. Veränderung der Festigkeit zwischenatomarer Bindungen in metall Lsgg. hervor. Damit erklären Vff. eine niedere Rekristallisations-Temp. bei geschwächten Bindungen. Im Gebiet größerer Konzz. ist die Rekristallisations-Temp. eine Funktion des Geh. gelöster Zusätze, die mehr von der Schmelzen-Zus. u. weniger vom Deformationsgrad abhängt als in Bereichen kleiner Konzentrationen. W.-D. Heußner 197□

0543 **Ermittlung und Identifizierung der Strukturelemente in warmfesten Legierungen auf Nickelgrundlage.** Je. Je. Lewin, Je. M. Piwnik und N. Ja. Karassik. (Betriebs-Lab. [UdSSR] **29,** 1085—88, 1963; Zentrales Polsynow-Forsch.-Inst. für Dampfturbinen; russ.) — Vorgeschlagen wird eine Meth. zum Sichtbarmachen von Carbiden u. intermetall. Phasen in hitzebeständigen Ni-Legg. durch die Aufeinanderfolge chem. u. elektrolyt. Ätzung, Anfärbung u. Röntgen-Strukturanalyse. Durch diese Meth. ist es möglich, die Spuren einer Verformung sowie die bei der Verformung entstehenden anfänglichen Risse von den anderen Strukturbestandteilen zu unterscheiden. H. Hochstein 197◇

0544 **Strukturumwandlung bei einer Nickel-Chrom-Legierung (80 Ni/20 Cr) unter Bestrahlung.** S. M. Astrahantzev und Yu. I. Konnov. (J. nuclear Mater. [Amsterdam] **10,** 15—22, 1963; Moscow, Kurchatov Atomic Energy Inst.; engl.) — Der Einfl. einer Reaktor-Bestrahlung mit Neutronen [$1 \cdot 10^{17}$—$1{,}35 \cdot 10^{20}$ n/cm^2 bei einem Verhältnis von schnellen (> 1 MeV) zu therm. Neutronen von ca. 1 : 3] auf den K-Zustand der Leg. wurde mit Hilfe von Leitfähigkeits-Unterss. bestimmt. Durch die Bestrahlung wird der K-Zustand je nach dem Anfangszustand weiter auf- oder abgebaut. Der erreichbare Grad der Umwandlung der Leg. in den K-Zustand steigt jedoch nach Neutronenbeschuß. H. Roschkowski 197◇

0545 **Anomalien des Temperaturfaktors der Röntgenbeugung von Ni–Cr-, Cu–Zn- und Ni–V-Legierungen.** A. Ss. Kagan und Ja. Ss. Umanski. (Ber. Akad. Wiss. UdSSR **132,** 326—28, 1960; Moskau, Stalin-Stahlinst.; russ.) — Für die Legg. *Nichrom* (**I**) mit 21 (%) Cr, *α-Messing* (**II**) mit 31,6 Zn u. die Leg. *Ni-V* (**III**) mit 8 V werden die charakterist. Temp. θ (°K) röntgenograph. mit Hilfe von CuKα-Strahlung u. den Linien (420) u. (331) bei **II** u. (331) bei **I** u. **III** bestimmt. Bei verschiedenen Temp.-Bereichen der Messung ergeben sich für **I** ohne K-Zustand θ-Werte von 348—370, im K-Zustand 352—417, während die Best. nach dem Elastizitätsmodul E 470 bzw. 474 ergibt. Bei ungeordnetem **II** ergibt die Röntgenunters. $\theta = 251$—276, in Nahordnung 260—276 (nach E 309 bzw. 311), bei **III** röntgenograph. 337—405 (nach E 450). Die Unterschiede gegenüber den nach E bestimmten Werten u. die Temp.-Abhängigkeiten lassen sich aus der Abweichung des Spektrums der therm. Schwingungen von dem in der Theorie der spezif. Wärme von Debye angenommenen erklären. R. K. Müller 197□

0546 **Diffusions-Geschwindigkeiten in kubisch-flächenzentrierten Kupfer–Zink-Legierungen während der Torsionsverformung.** D. H. Killpatrick und R. W. Balluffi. (Acta metallurg. [New York] **11,** 439—46, 1963; Urbana, Ill., Univ. of Illinois; engl.) — An Einkristallen einer Leg. von 87 (Atom-%) Cu u. 13 Zn wurde die Geschw. der chem. Diffusion in Abhängigkeit von der Verformungs-Geschw. in Torsion bestimmt, indem der Verlust an Zn beim Glühen im Vakuum gemessen wurde. Die Einkristalle wurden bei $< 10^{-5}$ Torr u. 540—800° mit konst. Geschw. von $1{,}4 \cdot 10^{-5}$—$598 \cdot 10^{-5}$ s^{-1} verformt. Die Tiefe der Diffusionsschicht betrug bei den höheren Temp. 10—100 μ bei tieferen 1—10 μ. Änderungen der Struktur wurden röntgenograph. u. metallograph. beobachtet. Das Verf. ergab ausreichend zuverlässige Ergebnisse. In keinem Fall führte die Verformung zu einer feststellbaren Erhöhung der echten Vol.-Diffusion. Bei großen Verformungen trat Rekristallisation u. weitgehende interkristalline Riß-Bldg. auf. Bei Riß-Bldg. war infolge Vergrößerung der Oberfläche die Diffusion scheinbar erhöht. F. Vier 197◇

0547 **Oxideinschlüsse in Eisenlegierungen mit Vanadin.** W. A. Mtschedlischwili und A. M. Ssamarin. (Ber. Akad. Wiss. UdSSR **143,** 159—61, 1962; russ.) — Durch mkr. u. röntgenograph. Unterss. der auf elektrolyt. Wege aus Stählen mit 0,064, 0,13, 0,18, 0,25 u. 0,85% V isolierten V-Oxide wird festgestellt, daß im untersuchten Bereich der V-Konzz. im fl. Fe die Bldg. zweier Verbb. möglich ist u. zwar V-Spinell von wechselnder Zus. u. V-Oxid. Offenbar wird die Verschiedenartigkeit der Formen u. Abmessungen der Oxideinschlüsse im Fe, das unter 0,25% V enthält, durch die wechselnde Zus. von V-Spinellen erklärt. H. Hochstein 197□

0548 **Legierungen des Systems B–Ti–Fe.** W. F. Funke, Ss. I. Judkowski und G. W. Ssamssonow. (J. angew. Chem. [UdSSR] **34,** 1013—20, 1961; russ.) — Durch Pressen u. Sintern wurden prakt. porenfreie Legg. der Syst. TiB_2–Fe u. TiB_2–WC–Fe hergestellt u. auf ihre Eignung als Schneidmaterialien überprüft, wobei eine TiB_2-Fe-Leg. mit 15% Fe bessere Eigg. als die Standardlegierung T 15 K 6 zeigte. H. Jäger 197◇

0549 **Der Zerfall von Eisencarbid. Seine Beziehungen zu den Veränderungen des Curie-Punktes und den experimentellen Ergebnissen von Andrew und Lee.** Alois Mašin und Olga Bakalíková. (Studii Cercetări Metalurgie [București] **5,** 313—19, 1 Tafel, 1960; rum.) — Es werden die Veränderungen untersucht, die Fe_3C-Teilchen erleiden, wenn die Verformung der sie enthaltenden Fe-Probe 50% überschreitet. Es tritt Zerfall u. Verkleinerung der Teilchen ein. Auf Grund dieser Unterss. werden die physikal. Ergebnisse von Andrew u. Lee [1950/1951] neu interpretiert. R. Grundmann 197◇

0550 **Ermittlung der Carbid- und intermetallischen Phasen nach der Methode der Ultraviolett-Farbmikroskopie.** L. P. Saitzewa und T. G. Porochowa. (Betriebs-Lab. [UdSSR] **29,** 1088—93, 1963; Leningrad, polytechn. Inst.; russ.) — Die Färbungen der Phasen von hochlegierten Fe–C-Legg. mit verschiedenen Legierungselementen W, Mo, Nb u. Ti bei der Unters. unter UV-Licht nach unterschiedlicher Ätzung (zumeist elektrolyt. bzw. mit NaOH oder $KMnO_4$ nach Dreifarben- u. Zweifarben-Meth.) werden in Tabellenform angegeben. H. Hochstein 197◇

0551 **Die Einflüsse einer Neutronenbestrahlung bei erhöhten Temperaturen auf die Spannungseigenschaften einiger austenitischer rostfreier Stähle.** A. N. Hughes und J. R. Caley. (J. nuclear Mater. [Amsterdam] **10,** 60—62, 1963; Culcheth, Warrington, Lancs., U.K.A.E.A., Reactor Mater. Branch; engl.) — Drei Stähle mit 20 (Gew.-%) Cr, 25 Ni; 0,7 Nb; 0,01 C bzw. 20 Cr, 25 Ni; 0,3 Ti; 0,01 C bzw. 20 Cr, 25 Ni; 0,005 C werden bei 590 u. 750° 1300 Std. lang mit Neutronen (integrierte Dosis $1 \cdot 10^{20}$ nvt; > 1 MeV) im Reaktor beschossen. Der Einfl. der Bestrahlung ist nur bei der Duktilität ausgeprägt. Oberhalb 650—900° wird diese zu sehr niedrigen Werten reduziert. H. Roschkowski 197◇

0552 **Über die Dauerfestigkeit von Stahl in Gegenwart aktiver metallischer Schmelzen.** M. I. Tschajewski, L. Ss. Brjuchanowa und W. I. Lichtman. (Ber. Akad. Wiss. UdSSR **143,** 92—94, 1962; Inst. für physikal. Chem. der Akad. der Wiss. der UdSSR; russ.) — Schmelzfl. Zn kann energ. in Stahl an den Korngrenzen unter Bldg. intermetall. Verbb. eindiffundieren. Es ist möglich, daß die Bldg. dieser Verbb. in den Oberflächenschichten des Stahles an den Korngrenzen ein weiteres Eindringen der Schmelze in das Innere erschwert. Bei der Unters. des Zerstörungscharakters von Stahlproben in akt. metall. Schmelzen ergibt sich, daß bei einem Sprödbruch stets eine interkristalline Zerstörung stattfindet, wenn dagegen ein Zerreißen unter Bldg. einer Einschnürung auftritt, so verläuft der Bruch intrakristallin. Zu einem sehr bedeutenden Abfall der Dauerfestigkeit führt auch die Einw. einer Sn-Cu (5% Cu)-Schmelze. H. Hochstein 197□

0553 **Einfluß einer Wechselbeanspruchung auf die Kaltbrüchigkeits-Schwelle von Kohlenstoffstahl.** I. A. Oding, A. G. Nikonow und T. Ss. Marjanowskaja. (Ber. Akad. Wiss. UdSSR **143,** 1332—35, 1962; Baikow-Inst. für Metallurg.; russ.) — Untersucht wird der Einfl. der Einw.-Dauer einer Wechselbeanspruchung auf die krit. Versprödungstemp. eines Stahles mit 0,68% C u. 0,68% Mn. Die krit. Versprödungstemp. wird dabei durch die Veränderung der Kerbschlagzähigkeitswerte in Bereich von —60 bis 60° ermittelt. Hierbei zeigt sich, daß mit einer Zunahme der Einw.-Dauer der Wechselbeanspruchung die krit. Versprödungstemp. allmählich erhöht wird. Eine Unters. der Brüche der Schlagproben ergab, daß erst nach $150 \cdot 10^3$ Lastspielen an einigen Proben Risse von verschiedener Größe festgestellt wurden. Die Ggw. der Risse ergab in einzelnen Proben prakt. keinen Einfl. auf die Lage der Kaltbrüchigkeitsschwelle. Die Größe der Kerbschlagzähigkeit hängt nicht von der Rißtiefe ab. Die durch die Wechselbeanspruchung bewirkte Erhöhung der krit. Temp. beginnt bei einer Lastspielzahl, die wesentlich geringer ist als die Grenzzahl, bei der die Bldg. submkr. Risse beginnt. Die Erhöhung der Stahlsprödigkeit infolge der Wechselbeanspruchung wird vom Standpunkt der Versetzungstheorie erklärt. H. Hochstein 200◇

0554 **Zum Einfluß der Ordnungsprozesse auf die innere Reibung von Legierungen vom Fe_3Al-Typ.** L. A. Swergunenko. (Festkörperphysik [UdSSR] **5,** 2052—58, 1963; Dnjepropetrowsk, Med. Inst.; russ.) — Behandelt wird die auf Relaxationsprozessen höherer Ordnung beruhende innere Reibung von Legg. des Fe_3Al-Typs. Der erhaltene Ausdruck beschreibt die innere Reibung Q^{-1} durch physik. Parameter (Elastizitätsmoduln, Wärmeausdehnungs-Koeff., Ordnungsparameter) u. erlaubt eine numer. Berechnung von Q^{-1} für verschiedene Temperaturen. Für stöchiometr. Fe_3Al beträgt die innere Reibung bei den Umwandlungs-Temp. T_1 u. $T_2 \sim 10^{-1}$ bzw. $\sim 10^{-2}$. K. Jaeger 200◇

0555 **Einfluß der Zusammensetzung auf die elastischen Eigenschaften binärer Nickellegierungen.** T. Ja. Benijewa. (Ukrain. physik. J. **5,** 223—30, 1960; Akad. der Wiss. der UkrainSSR, Inst. für Metallphys.; ukrain., Auszug: engl.) — Vgl. C. **1963,** 19140. — Der Einfl. der Zus. auf die elast. Eigg. von Ni-Legg. (Ni–Cr, Ni–Mo, Ni–Ti, Ni–Al) wurde untersucht, u. die Wärmeausdehnungs-Koeff. dieser Legg. wurden bestimmt. Die Konz.-Abhängigkeit des Elastizitätsmoduls (E) wurde oberhalb der Curie-Temp. bei 600° bestimmt; Cr u. Mo erhöhen E, während Ti bis 10,06 Atom-% ohne u. Al von geringen Einfl. ist. Aus den elast. Daten wurden die Debye-Temp. von Ni u. seinen Legg. berechnet. H. Jäger 200□

0556 **Die Temperaturabhängigkeit des Young-Moduls und des Dämpfungsdekrements von Nichromlegierungen mit verschiedenen Zusätzen von Wolfram und Molybdän.** S. L. Chodow und W. I. Iltschenko. (Ukrain. physik. J. [UdSSR] **5,** 235—41, 1960; Akad. der Wiss. der UkrainSSR, Inst. für Metallphys.; ukrain., Auszug: engl.) — Der Einfl. von Mo u. W auf den Elastizitätsmodul E u. die innere Reibung von Nichrom bei verschiedenen Temp. wurde untersucht. In den Legg. Ni–Cr–W nimmt E bei 0,6—2,86 Atom-% W von 20—800° stetig zu. Das Dämpfungsdekrement ändert sich zwischen Zimmer-Temp. u. 550° wenig, bei höheren Temp. nimmt es stark zu. Bei den Ni–Cr–Mo-Legg. (0,97 bis 6,44 Atom-% Mo) liegt bei 6,44 A-% Mo der geringste E-Wert; die Temp.-Abhängigkeit des Dämpfungsdekrements ist ähnlich wie im Fall Ni–Cr–W. Bis zu 3 Atom-% üben W u. Mo einen offensichtlich gleichartigen Einfl. auf Ni–Cr aus. H. Jäger 200□

0557 **Innere Reibung im System Vanadin–Wasserstoff.** Richard A. Butera und Per Kofstad. (J. appl. Physics **34,** 2172—74, 1963; Pittsburgh, Pa., Univ. of Pittsburgh, Dep. of Chem.; engl.) — Die Messungen wurden bei Temp. zwischen —190 u. +210° an V-Drähten (0,025 u. 0,055 in. ∅) mit 1,2—14,5 Atom-% H bei 75 u. 270 Hz durchgeführt. Für jede Frequenz wurde ein einziges Maximum beobachtet, dessen Amplitude im wesentlichen linear mit der H-Konz. zunimmt. Dieses Verh. deutet eine spannungsinduzierte Ordnung der H-Atome in Vanadinhydrid-Gitter an. Ein Vgl. von Aktivierungsenergie u. Temp. dieses Maximums mit Ergebnissen für das Ta–H-Syst. deutet an, daß sich die H-Atome auf tetraedr. Zwischengitterplätzen befinden. H. Liepack 200◇

0558 **Die Grüneisen-Konstante des metallischen Cu.** I. Biró. (Acta physica Acad. Sci. hung. **16,** 181—82, 1963; Budapest, Univ. für Techn. Wiss., Phys. Inst.; dt.) —

Berechnung der Grüneisen-Konst. von Cu u. ihrer Druckabhängigkeit am abs. Nullpunkt ($\gamma = 2 - 2\varkappa_0 P$) auf Grund des Metallmodells von Gombás.
A. Blaschette 200◇

0559 **Erhöhung des Kriechwiderstandes von Nickel durch vorangehende Tieftemperaturverformung bei 4,2° K.** I. A. Gindin, Ja. D. Starodubow und W. M. Ashasha. (Ber. Akad. Wiss. UdSSR **143**, 1325—27, 1962; Physikal.-techn. Inst. der Akad. der Wiss. der UkrainSSR; russ.) — Die Werte der Erhöhung der Dauerstandsfestigkeit durch eine vorherige Tieftemp.-Verformung bei 4,2°K werden mitgeteilt u. Ausführungen über die durch diese Behandlung erzielte Gefügebeeinflussung (Syst. dünner Gleitlinien u. feinere Subkörner) gemacht. Es wird als Ergebnis der Verss. angenommen, daß der positive Einfl. der vorhergehenden Tieftemp.-Verformung sich nur auf den Temp.-Bereich erstreckt, in dem das Kriechen in der Hauptsache durch Verschiebungen der Versetzungen bedingt ist.
H. Hochstein 200◇

0560 **Schleifverschleißfestigkeit und Elastizitätsmodul von Metallen und Legierungen.** M. M. Chruschtschow und M. A. Babitschew. (Ber. Akad. Wiss. UdSSR **131**, 1319—22, 1960; Inst. für Maschinenkunde der Akad. der Wiss. der UdSSR; russ.) — Vgl. C. **1957**, 4910. — Zwischen der Verschleißfestigkeit ε u. der (mit Diamantpyramide ermittelten) Härte H (kg/mm²) besteht bei den meisten reinen Metallen die Beziehung $\varepsilon = 0{,}137$ H, bei *Si* u. *Ge* ist $\varepsilon = 0{,}012$ H wie bei einigen Mineralien (vgl. l. c.). Bei der Unters. der Beziehung zwischen ε u. dem Elastizitätsmodul E (kg/mm²) ergibt ein Diagramm für 19 Metalle (*Pb, Sn, Cd, Al, Zn, Au, Ag, Cu, Zr, Pd, Pt, Ni, Co, Fe, Cr, Rh, Mo, Be, W*) $\varepsilon = 0{,}49 \cdot 10^{-4}\,E^{1,3}$; *Ti* weicht ab, *Si* u. *Ge* folgen angenähert der Regel, ebenso einige Mineralien, für die E bekannt ist, wie *Steinsalz, Quarz, Topas* u. *Korund*, sowie *Babbite, Messinge* u. supraharte Legierungen. Bei *Cu–Ni*-Legg. nimmt ε u. E linear mit dem Ni-Geh. zu, H zeigt ein Maximum bei 55% Ni. Bei Zusatz geringer Mengen *Pb* zu *Sn* u. Sn zu Pb nimmt H stark zu, im Zwischengebiet steigt H wenig mit dem Sn-Geh. mit Knickpunkt bei ca. 53% Sn; ε u. E nehmen mit dem Sn-Geh. zuerst wenig, dann mehr zu.
R. K. Müller 200□

0561 **Über die Ursachen der Sprödigkeit von im Vakuum geglühtem Wolfram.** I. F. Michailow, W. Ss. Kogan und N. A. Kossik. (Metallphysik u. Metallkunde [UdSSR] **9**, 283—87, 1960; Physik.-techn. Inst. der Akad. der Wiss. der UkrainSSR; russ.) — Wenn W unter den Bedingungen eines „reinen Vakuums“ (Kühlung der Gefäßwände mit fl. N_2) geglüht wird, bleibt die Plastizität des W bis zu Glühtemp. von 2100° erhalten. Die beim Glühen in gewöhnlichem Vakuum eintretende Versprödung des W läßt sich mit der Bldg. von W_2C auf der Oberfläche erklären. Durch Wegätzen der W_2C-Schicht von der Oberfläche werden die plast. Eigg. wiederhergestellt. Bei Temp. > 2100° ändern sich die plast. Eigg. des W infolge Rekristallisation.
R. K. Müller 200◇

0562 **Tempereinfluß auf die Versetzungsdämpfung in Aluminium bei Zimmertemperatur.** C. Panseri, T. Federighi und D. Gelli. (Suppl. Nuovo Cimento [10] **26**, 23—39, 1962; Novara, Ist. Sper. Metalli Legg.; engl.) — An Einkristallen u. polykristallinen Proben von 99,995 %ig. Al wird der Einfl. verschiedener Temp.-Behandlung auf die innere Reibung (Versetzungsdämpfung) u. die Versetzungs-Eigg. untersucht. Die Proben wurden in Öfen getempert oder von Tempp. bis zu 600° in Luft oder W. auf Zimmertemp. abgeschreckt u. dabei folgende Kurven aufgenommen: innere Reibung gegen Zeit, Gesamtdekrement Δ gegen Spannungsamplitude ε u. Resonanzfrequenz gegen Abschrecktemperatur. Aus den Vers.-Ergebnissen ergibt sich, daß die im getemperten oder von niedriger Temp. abgeschreckten Zustand beobachte Amplitudenabhängigkeit nach $\Delta_H = \beta\,\varepsilon_0{}^{\alpha}$ verläuft (α, β = konst.), was nach einem Modell der Versetzungsdämpfung auf eine Bewegung von Versetzungen innerhalb ihrer Cottrell-Atmosphäre zurückzuführen ist. Das dabei gemessene Inkrement Δ_J nimmt bei leichter Verminderung der Frequenz mit steigender Abschrecktemp. zu, was mit therm. Spannungen oder einer progressiven Auflösung der Cottrell-Atmosphären in Zusammenhang gebracht wird. Nach Abschrecken von ca. 350° besitzt Δ_J ein Maximum u. nimmt (wie die Resonanzfrequenz) mit steigender Abschrecktemp. wieder ab. Dieses Verh. wird mit einem Absorptionseinfl. nahegelegener Leerstellen auf die Versetzungen bzw. der Frequenzabfall mit einem ΔE-Effekt (Versetzungsschleifen aus der Kondensation einer großen Zahl durch das Abschrecken induzierter Leerstellen) erklärt u. stimmt mit den bekannten Eigg. der Gitterfehler in Al gut überein. In allen Fällen hatte das gemessene Anfangsinkrement Δ_J im abgeschreckten Zustand einen höheren Wert als bei Temperung.
W. Sobieski 200◇

0563 **Über die Rolle von Verzerrungen 2. Art bei der Verfestigung von Metallen.** A. I. Iljinski, W. M. Kardonski und M. D. Perkass. (Metallphysik u. Metallkunde [UdSSR] **9**, 294—99, 1960; Zentrales Forsch.-Inst. für Eisenhüttenkunde, Inst. für Metallphys.; russ.) — Im Vakuum (10^{-2}—10^{-3} Torr) umgeschmolzenes Elektrolyt-Ni u. Ferrosilicium mit 2,44% Si werden durch plast. Kaltverformung (Kaltwalzen) verfestigt u. die Veränderungen ihres Feingefüges beim Erhitzen durch Röntgenstrukturanalyse verfolgt. Es zeigen sich Unterschiede in der Änderung der Breite der Interferenzlinien beim Erhitzen von Feilpulver u. von verformten Monolithblöcken; beim Feilpulver nimmt die Linienbreite schon bei 300° um 50% (Ni) bzw. 32% (Fe–Si) ab, beim Monolith bleibt sie bis 300—350° unverändert. Ähnlich sind die Änderungen der Mikrohärte u. der Vickers-Härte verschieden. Die Unterschiede werden auf die Verzerrungen II. Art als die Verfestigung begleitender Faktor zurückgeführt.
R. K. Müller 200◇

0564 **Untersuchung des Elastizitätsmoduls von Metallen bei allseitigen Drücken bis 4000 kg/cm² nach der statischen Methode.** S. I. Stachowskaja und I. Ss. Tomaschewskaja. (Metallphysik u. Metallkunde [UdSSR] **9**, 589—92, 1960; Inst. für Geophysik der Akad. der Wiss. der UdSSR; russ.) — Die Ergebnisse von Best. des Elastizitäts- u. Kompressibilitätsmoduls an *Stahl, Cu, Messing* u. *Duraluminium* bei Drücken bis 4000 kg/cm² werden zusammengestellt.
W.-D. Heußner 200□

0565 **Die zeitliche Abhängigkeit der Festigkeit bei aktiver Dehnung.** B. M. Rowinski und L. M. Rybakowa. (Metallphysik u. Metallkunde [UdSSR] **9**, 598—605, 1960; Inst. für Maschinenkunde der Akad. der Wiss. der UdSSR; russ.) — Vff. bestimmen die Festigkeitseigg. bei Dehnung mit einer bes. Unters.-Meth. an speziell geformten zylindr. Proben bei verschiedenen Temp. aus *Al* (460°); *Cu* (650°); *Ni* (670°); *Stahl* (790°) u. *Duraluminium* (350°). Es konnte gezeigt werden, daß die zeitliche Abhängigkeit der Festigkeit bei akt. Dehnung durch die Beziehung $\tau = \tau_0{}^* \exp(-\alpha S)$ wiedergegeben wird, wobei S die mittlere effektive Spannung in der Zeit τ vom Moment der Belastung bis zur vollen makroskop. Zerstörung der Probe angibt, α u. $\tau_0{}^*$ sind Konstanten.
W.-D. Heußner 200□

0566 **Der Einfluß einer vorherigen cyclischen Wärmebehandlung und plastischen Deformation auf die Festigkeit und Haltbarkeit eines Metalls.** B. M. Rowinski und L. M. Rybakowa. (Metallphysik u. Metallkunde **9**, 606—12, 1960; russ.) — Vgl. vorst. Referat. — In einer Übersicht stellen Vff. Einfl. von wechselnder Wärmebehandlung oder verschiedener Deformationsgrade auf Gefügebldg. u. Gefügeverletzung an Metallen in Abhängigkeit zu Festigkeit u. allg. Beanspruchbarkeit am Beispiel von *Cu* dar.
W.-D. Heußner 200□

0567 **Fehlorientierungen bei der Bestimmung der Elastizitätskonstanten kubischer Kristalle.** E. S. Rajagopal. (J. sci. ind. Res. [New Delhi], Sect. B **20**, 50—52, 1961; Bangalore, India, Indian Inst. of Sci., Phys. Dep.; engl.) — Beschrieben wird eine Meth. zur Best. der Elastizitäts-Konst. kub. Kristalle aus Messungen der Schallgeschw. entlang beliebiger kristallograph. Richtungen. Abgeleitet werden Ausdrücke für die Schallgeschw. in nahezu kub., oktaedr. u. dodekaedr. Richtung. Diskutiert wird der Einfl. der Fehlorientierung. Transversale Wellen in nahezu oktaedr. Richtung werden auch durch größere Fehlorientierungen kaum beeinflußt.
K. Jaeger 200◇

0568 **Zur Änderung des Härtemoduls durch Kaltverformung und anschließendes Tempern.** Jun Kuroyanagi. (Sci. Rep. Res. Inst. Tôhoku Univ., Ser. A **11**, 30—47, 1959; Tohoku Univ., Japan, Res. Inst. for Iron Steel and other Metals; engl.) — Vgl. C. **1962**, 7808. — Untersucht wurde die Änderung des Härtemoduls von Elektrolyt-*Cu*, *Ag*, *Ni*, 70/30-*Messing* u. *Ge–Ag*-Drähten durch Kaltverformung u. anschließende Temperung. Die Änderungen des Moduls waren von Metall zu Metall verschieden für kaltgewalzte Proben, für kalttordierte Proben jedoch nahezu materialunabhängig. Die Regenerierungsprozesse erwiesen sich als sehr verwickelt u. ließen sich nicht durch einfache Versetzungsbeweglichkeiten erklären. K. Jaeger 200◇

0569 **Über die in polykristallinen Proben bei der plastischen Verformung entstehenden Mikrospannungen.** D. M. Wassiljew. (J. techn. Physik [UdSSR] **28**, 2527—42, 1958; russ.) — Darst. der Hypothesen über orientierte Mikrospannungen u. Erklärung der Natur der Unschärfe der Röntgenlinien infolge makrohomogener plast. Verformung mit Hilfe des Modells des reziproken Gitters. Im Vgl. mit experimentellen Ergebnissen (C-Stahl u. Armco-Fe) wird gezeigt, daß nach der plast. Verformung keine Desorientierung von Mikrospannungen vorkommt; die Verwaschung der Röntgenlinien ist Folge von Schwingungen orientierter Mikrospannungen um einen von Null verschiedenen Mittelwert. J. Tůmová 200□

0570 **Der Einfluß von Zusätzen auf die Größe und Temperaturabhängigkeit der Fließgrenze.** W. A. Pawlow und I. A. Pereturina. (Metallphysik u. Metallkunde [UdSSR] **9**, 248—57, 1960; Akad. der Wiss. der UdSSR, Inst. für Metallphys.; russ.) — Der Einfl. der Beimengungen auf die Temp.-Abhängigkeit der Fließgrenze des Grundmetalls bei Al–Mg-, Ni–Cu-, Ni–Al- u. Ni–Co-Legg. ist mit der Änderung der interatomaren Bindungskräfte allein nicht zu erklären. Es muß auch eine Wechselwrkg. zwischen Versetzungen u. Atomen bzw. Atomgruppen angenommen werden. Die Verfestigung scheint am stärksten durch die Beimengungen beeinflußt zu werden, die stat. Verzerrungen des Kristallgitters bewirken, wobei schon sehr kleine Mengen die Deformationsspannungen stark erhöhen können. Bei Ni–Co-Legg. ist auch ein größerer Einfl. der Ordnungsvorgänge anzunehmen. R. K. Müller 200◇

0571 **Der Einfluß hydrostatischen Druckes auf die Schubfestigkeit in festen Körpern.** L. F. Wereschtschagin und W. A. Schapotschkin. (Metallphysik u. Metallkunde [UdSSR] **9**, 258—64, 1960; Akad. der Wiss. der UdSSR, Inst. für Hochdruckphys.; russ.) — An *Li*, *Na*, *K*, *Cu*, *Ag*, *Mg*, *Zn*, *Ge*, *In*, *Sn*, *Cd*, *Zr*, *Sb*, *Bi*, *V*, *Nb*, *Ta*, *Te*, *Cr*, *Mo*, *W*, techn. *Fe*, den Stählen 45, ChN 80 T, 2 Ch 18 N 9, ECh 18 N 9 u. Ch 10 Ss 2 M u. Messing wird die Zunahme der Schubfestigkeit τ mit dem Druck P (bis 500000 kg/cm²) gemessen. Der im Prinzip lineare Verlauf der Kurven wird durch polymorphe Umwandlungen gestört, die z. B. bei Sb, Bi u. Te zu Knickpunkten der Kurven führen. Bei *Armco-Fe* (Stahl 45) werden bei P = 300000 (500000) kg/cm² τ-Werte von 750 (1300) kg/mm² gefunden. R. K. Müller 200◇

0572 **Eine Bemerkung zur Mitteilung von I. Je. Kurow und W. A. Stepanow.** Ss. N. Shurkow. (Festkörperphysik [UdSSR] **4**, 3352—54, 1962; Leningrad, Akad. der Wiss. der UdSSR, Phys.-techn. Joffe-Inst.; russ.) — Vgl. Kurow u. Mitarbeiter, C. **1964**, 3-0547, — Krit. Stellungnahme an einer l. c. angegebenen Gleichung zur Best. der Torsionsfestigkeit von Metallen an Hand früherer Unterss. des Verfassers. H. Roschkowski 200◇

0573 **Elastische Konstanten der Verbindungshalbleiter ZnS, PbTe und GaSb.** Norman G. Einspruch und Robert J. Manning. (J. acoust. Soc. America **35**, 215—16, 1963; Dallas, Tex., Texas Instrum. Inc.; engl.) — Mit Hilfe der Ultraschallimpuls-Echometh. maßen Vff. bei 29° die elast. Konst. von ZnS, PbTe u. GaSb. Die folgenden Werte (in 10^{11} Dyn cm^{-2}) wurden gemessen ZnS: (C_{11} =) 9,76; (C_{12} =) 5,90; (C_{44} =) 4,51; PbTe: 10,72; 0,768; 1,300 u. GaSb: 8,97; 4,12; 4,48. C. Gottfried 200△

0574 **Korrigierte Werte für die Elastizitätsmoduln des Sapphirs.** Walter G. Mayer und E. A. Hiedemann. (J. acoust. Soc. America **32**, 1699—1700, 1960; East Lansing, Mich., Michigan State Univ., Phys. Dep.; engl.) — Vgl. C. **1962**, 8900. — Unter Verw. der Ergebnisse von Messungen der Ultraschall-Geschw. in bestimmten kristallograph. Richtungen wurden für die Elastizitäts-Konst. u. -moduln des synthet. Sapphirs genaue Werte erhalten u. tabellar. zusammengestellt. W. Betcke 200◇

0575 **Maxima der inneren Reibung bei tiefen Temperaturen in NaCl- und LiF-Einkristallen.** Anthony Taylor. (J. appl. Physics **32**, 1799—1800, 1961; Ithaca, N. Y., Cornell Univ., Dep. of Engng. Phys.; engl.) — Messungen der inneren Reibung an NaCl- u. LiF-Einkristallen im kHz-Bereich (40 u. 6 kHz) bei Temp. von 20—220°K zeigten, daß schon geringe plast. Verformungen ausgeprägte Maxima der inneren Reibung verursachen können. K. Jaeger 200◇

0576 **Berechnung von Deformationspotentialen in Si.** L. J. Sham. (Proc. physic. Soc. **81**, 934—37, 1963; Cambridge, Univ., Cavendish Labor.; engl.) — Zur Berechnung wurden ein starres Ionenmodell mit Pseudo-Potential u. die Ergebnisse der Bandstruktur-Berechnung von Kleinman u. Phillips (1960) verwendet. Für die beiden unabhängigen Komponenten des Tensors des Deformationspotentials ergab sich Θ_u = (8,4 ± 0,3) eV u. Θ_d = (16,8 bis 20,1) eV. Θ_u stimmt gut mit dem Experiment überein. J. Blume 200◇

0577 **Wellenfortpflanzung in einer unendlichen piezoelektrischen Platte.** H. F. Tiersten. (J. acoust. Soc. America **35**, 234—39, 1963; Whippany, N. J., Bell Telephone Labor., Inc.; engl.) — Vf. behandelte theoret. das Problem der Wellenfortpflanzung in einer unendlichen piezoelektr. Platte, die zur kristallograph. Klasse C_{6v} gehört u. zwischen kurzgeschlossenen Elektroden liegt u. zwar mit der sechszähligen Achse in der Plattenebene u. der sechszähligen Achse senkrecht zur Plattenebene. C. Gottfried 200△

0578 **Eine Methode zur Bestimmung der dynamischen Eigenschaften viscoelastischer Festkörper durch erzwungene Schwingungen.** Tung-Ming Lee. (J. appl. Physics **34**, 1524—29, 1963; Hanover, N. H., U. S. Army Cold Regions Res. and Engng. Labor.; engl.) — Zur Best. der dynam. Eigg. viscoelast. Testkörper wird eine Meth. beschrieben u. entwickelt, die auf der Messung der maximalen Amplitude R_{max} u. der Schwingungsfrequenz fr_0 einer erzwungenen Schwingung beruht. G. M. Neumann 200◇

0579 **Bruch.** A. H. Cottrell. (Proc. Roy. Soc. [London], Ser. A **276**, 1—18, 4 Tafeln, 1963; Cambridge, Univ., Dep. of Metallurg.; engl.) — Die Zerstörung von Festkörpern durch Bruch wird auf Grundlage der Plastizitätsgrenze allg. behandelt. Ca. 80 Literaturangaben. H. Roschkowski 200◇

A_7. Gleichgewichte, Kinetik

0580 **Der Einfluß der Natur des Lösungsmittels auf die Bildung von Thiocyanatokomplexen von Quecksilber(II).** A. M. Golub und L. I. Romanenko. (J. anorg. Chem. [UdSSR] **5**, 1085—89, 1960; Kiew, Schewtschenko-Univ.; russ.) — Mit Hilfe potentiometr. Titrationen wird die Bldg. von Thiocyanatokomplexen von Hg(II) in W., Aceton, Methanol u. W.–Methanol-, W.–A.- u. W.–Aceton-Gemischen untersucht. Mit Erhöhung der Konz. des nichtwss. Lsgm. wird die Bldg. von Komplexen bis $[Hg(SCN)_6]^{4-}$ erschwert, in den reinen nichtwss. Lsgm. bilden sich einfachere Komplexe wie $[Hg(SCN)_4]^{2-}$ u. $[Hg(SCN)_3]^-$. In wss. Lsg. bildet sich bei KSCN-Geh. von 2,4—3,4 Mol/Liter $[Hg(SCN)_6]^{4-}$. Die Dissoziations-Konst. von $[Hg(SCN)_4]^{2-}$, $[Hg(SCN)_5]^{3-}$ u. $[Hg(SCN)_6]^{4-}$ in den entsprechenden Lsgm. werden angegeben. J. Tůmová 223◇

0581 **Untersuchung der Umsetzung eines Galliumsalzes mit Diphenylcarbazon.** M. K. Achmedli und E. L. Gluschtschenko. (Ber. Akad. Wiss. AserbaidshanSSR **19**, 79—85, 1963; russ.) — Beim Vgl. der UV-Absorptionen des Ga–Diphenylcarbazon-Komplexes **(I)** [aus alkohol. $GaCl_3$-Lsg. u. Diphenylcarbazon (II)] mit denen von II wird maximale Absorption für I bei 540 nm u. für II bei 275 nm festgestellt, wobei eine maximale Färbung von I in salzsaurer, acetatgepufferter Lsg. bei pH 4—5,6 beobachtet wird. Vff. weisen Komplex-Verbb. der Zus. Ga:Diphenylcarbazon = 1:2, 1:1 u. 2:3 nach. Berechnungen über den Dissoziationsgrad α in alkohol. Lsgg. bei Ggw. von überschüssigem Diphenylcarbazon, die Komplexbeständigkeits-Konst. R sowie den molaren Extinktions-Koeff. ε ergeben die Werte: $\alpha = 0{,}83\%$; $R = 7 \cdot 10^{-8}$; $\varepsilon = 58000$. Die Extrahierbarkeit von I durch organ. Phasen wird für Bzl., Äthylenbromid, Butylbromid, Brombenzol, Bromoform, Benzaldehyd, Dichloräthan, Isobutylalkohol, Isoamylalkohol, Cumol, Ligroin, Toluol, Äthylchlorid, Butylchlorid, Ae., n-Butylalkohol u. Chlf. untersucht. — 16 Literaturangaben. W.-D. Heußner 223◇

0582 **Stabilität in Lösungen gemischter Thallium- und Indiumhalogenverbindungen.** Ja. D. Fridman, R. I. Ssorotschan und N. W. Dolgaschowa. (J. anorg. Chem. [UdSSR] **7**, 2127—33, 1962; russ.) — Durch Best. der Löslichkeit von TlJ u. TlBr in KJ–KBr- u. KBr–KCl-Lsgg. bei 25° u. Auswertung der experimentellen Daten lassen sich komplexe Ionen der Zus. $[TlJBr]^-$; $[TlJ_2Br]^{2-}$; $[TlBrCl]^-$ u. $[TlBr_2Cl]^{2-}$ feststellen, deren Bldg.-Konst. in Abhängigkeit von der Halogenid-Konz. im Lsgm. ermittelt werden. Dabei wird beobachtet, daß die Beständigkeit bei $TlBrJ^- > TlBrCl^-$ ist. Mit polarograph. u. potentiometr. Unterss. an den Syst. $InCl_3$–$InBr_3$ u. $InBr_3$–InJ_3 bei 25° in Ggw. von Alkalihalogeniden lassen sich $[InCl]^{2+}$; $[InCl_2]^+$; $InCl_3$; $[InBr]^{2+}$ u. $[InBr_2]^+$ sowie $[InClBr]^+$; $InCl_2Br$ u. $[InCl_3Br]^-$ nachweisen. Die Bldg.-Konst. dieser Substanzen sind angegeben. Misch-Verbb. InJ_xBr_y sind infolge ihrer großen Zersetzlichkeit in Lsg. nicht beobachtet worden. Ein Vgl. der Misch-Halogen-Verb. von Tl u. In zeigt, daß die In-Verbb. in Lsgg. weniger stabil als die analogen Tl-Verbb. sind. — 11 Literaturangaben. W.-D. Heußner 223◇

0583 **Zusammensetzung und Stabilitätskonstanten von Tartratokomplexen von Thallium(III).** A. I. Bussew, W. G. Tipzowa und L. M. Ssorokina. (J. anorg. Chem. [UdSSR] **7**, 2122—26, 1962; Moskau, Lomonossow-Univ.; russ.) — Bei pH 3—7 wird in Ggw. von Tartrat prakt. keine Red. von $Tl^{3+} \rightarrow Tl^+$ beobachtet, während sich in Lsgg. mit pH 0,8—0,9 schon nach 2 Std. im Mittel 8—10% Tl^+ nachweisen lassen. Die Zus. sowie die Eigg. von Ndd. aus Lsgg. von Tl^{3+} u. $(C_4H_4O_6)^{2-}$, die bei pH 2 abgeschieden werden u. der Formel $Tl_2(C_4H_4O_6)_3$ entsprechen, werden charakterisiert. Danach beträgt die Löslichkeit in W. bei 20° $(1{,}0 \pm 0{,}1) \cdot 10^{-4}$ Mol/Liter, die bei Anwesenheit von Tartrat bei pH > 2 schnell anwächst. Durch Ionenaustausch wird geklärt, daß sich dabei für pH 4 ein komplexes Anion des Tl^{3+} bildet, dessen Nachweis mit der intensiv rot-violetten Färbung des Komplexes mit 1-[2-Pyridylazo]-2-naphthol gelingt, während unter gleichen Bedingungen das Tl^{3+} als Kation keine Rk. zeigt (Gelbfärbung). An Hand der Komplexbeständigkeits-Konst. $\beta_1 = 3{,}7 \cdot 10^{11}$; $\beta_2 = 6{,}5 \cdot 10^{12}$ u. $\beta_3 = 2{,}2 \cdot 10^{13}$ können die entsprechenden Rk. der Komplex-Bldg. mit $Tl^{3+} + (C_4H_4O_6)^{2-}$ (A) $\rightarrow [Tl(A)]^+ + A \rightarrow [Tl(A)_2]^- + A \rightarrow [Tl(A)_3]^{3-}$ wiedergegeben werden. W.-D. Heußner 223◇

0584 **Über die Stabilität von Komplexen des Lanthans, Praseodyms und Neodyms mit Glykokoll.** I. M. Batjajew und Ss. W. Larionow. (Nachr. sibir. Abt. Akad. Wiss. UdSSR **1962**, Nr. 12, 69—74; Nowosibirsk, Anorg. Inst. der Sibir. Abt. der Akad. der Wiss. der UdSSR; russ.) — Die Stabilitätskonst. der Glykokollkomplexe von La, Pr u. Nd wurden durch potentiometr. Titration der vorgelegten Lsgg. im Verhältnis c(HA): c(Me^{3+}) = 1:1 bzw. 3:1 mit 0,1 n KOH bei 25 ± 0,05° festgestellt. Für den Logarithmus der Gleichgew.-Konst. der Rkk. $Me^{3+} + A^- \rightleftharpoons (MeA)^{2+}$ u. $(MeA)^{2+} + A^- \rightleftharpoons (MeA_2)^+$ (A^- = Anion der Aminosäure) wurden rechner. ermittelt für La $\log x_1$ = 4,18; Pr:4,66; Nd:4,74; graph. für Nd: $\log x_1$ 4,7 und $\log x_2$ = 4,3. Ermittelt wurde weiter für den α-Alaninkomplexe von Nd $\log x_1$ = 5,04 u. für den Serinkomplex von Nd $\log x_1$ = 4,52. Die Werte zeigen eine gesetzmäßige Steigerung vom La zu Nd. Die Stabilitäts-Konst. für die Asparaginsäurekomplexe der Seltenerdmetalle sind höher als die entsprechenden Werte für Glutaminsäure- u. Glykokollkomplexe. J. Pohl 223◇

0585 **Über die komplexe Natur der Uranylacetate.** W. A. Golownja und L. K. Schubotschkin. (J. anorg. Chem. [UdSSR] **8**, 1116—21, 1963; Akad. der Wiss. der UdSSR, Kurnakow-Inst. für allg. und anorgan. Chem.; russ.) — Auf Grund von Leitfähigkeitsmessungen an Lsgg. von Uranylacetat in W. u. Methanol schließen Vff. auf die Koordinationsformel $[UO_2(CH_3COO)_2(H_2O)_2]$ für das einfache Salz. Für die ‚höheren' Uranylacetate gilt die Formel $M^{n+}[UO_2(CH_3COO)_3]_n \cdot x\,H_2O$. Obwohl nur 3 Acetatogruppen in die innere Sphäre des Komplexes eingehen, beträgt die Koordinationszahl 6. So wird auch eine Acetatogruppe durch eine Oxalatogruppe ersetzt, die 2 Koordinationsplätze einnimmt. Die Dioxoacetatouran-(VI)-Verbb. bilden, wie auch die Dioxocarbonatoaquouran(VI)-Verbb., eine genet. Reihe mit veränderlichem Verhältnis U/CH_3COO^- = 1:3; 1:2,5; 1:2; 1:1,5 u. 1:1, nämlich $M^{n+}[UO_2(CH_3COO)_3]_n$; $M[(UO_2)_2(CH_3COO)_5 \cdot (H_2O)_2]$; $[UO_2(CH_3COO)_2(H_2O)_2]$; $[(UO_2)_2(CH_3COO)_3 \cdot (H_2O)_6]^+$ u. $[UO_2(CH_3COO)(H_2O)_4]^+$. G. Ewald 223◇

0586 **Zum Verhalten der Äthylendiamintetraessigsäure in sauren Lösungen und ihre Umsetzungen mit Uran(IV).** N. N. Krot, N. P. Jermolajew und A. D. Gelman. (J. anorg. Chem. [UdSSR] **7**, 2054—60, 1962; Inst. für physikal. Chem. der Akad. der Wiss. der UdSSR; russ.) — In sauren Lsgg. wird eine stufenweise Aufnahme von H^+ durch EDTA-Moll. unter Bldg. von $[H_5Y]^+$ u. $[H_6Y]^{2+}$-Ionen beobachtet, deren Dissoziations.-Konst. von Vff. bestimmt werden. Spektrophotometr. lassen sich Wechsel-Wrkg. zwischen U(IV) u. EDTA in sauren Lsgg. nachweisen u. für die UY-Komplex-Verbb. werden aus den erhaltenen Werten die Komplex-Beständigkeits-Konst. berechnet. Auf diese Weise gelingt die Bestimmung des Wertes der Komplexbeständigkeits-Konst. des Pu–EDTA-Komplexes. — 17 Literaturangaben. W.-D. Heußner 223◇

0587 **Mangankomplexe mit Hydrogencarbonat und Sulfat in natürlichem Wasser.** John D. Hem. (J. chem. Engng. Data **8**, 99—101, 1963; Denver, Colo., U. S. Dep. of Interior, Geolog. Survey; engl.) — Aus der Löslichkeit von $MnCO_3$ in W., durch das CO_2 geleitet wurde, bestimmte Vf. die Assoziations-Konst. für $MnHCO_3^+$ in Lsg. zu 63. Daraus u. aus dem Wert für $MnSO_4 \cdot aq$ wurde ein Diagramm konstruiert, das den Prozent-Geh. komplexiertes Mn in der Lsg. in Ggw. von 10—10000 ppm HCO_3^- u. von 1—10000 ppm SO_4^{2-} zeigt. Die Oxydations-Geschw. des Mn^{2+} in durchlüftetem W. steigt mit steigendem pH-Wert u. wird durch Ggw. von HCO_3^- u. SO_4^{2-} verringert. R. Krämer 223◇

0588 **Untersuchung der Komplexbildung in der Lösung mit Beteiligung von Wasser als Ligand. System Kobalthalogenid–Wasser.** A. K. Babko und M. M. Tananaiko. (Ukrain. chem. J. **24**, 298—304, 1958; Kiew, Schewtschenko-Univ.; russ.) — Aus den Absorptionsspektren der isomolaren Lsgg. $Co(NO_3)_2$–HCl in Isoamylalkohol (I) geht hervor, daß der am intensivsten gefärbte Komplex $[CoCl_4]^{2-}$ (λ_{max} = 660 mμ) entspricht. In Verss. mit 0,0441 m Lsgg. von $H_2[CoCl_4]$ (II) u. H_2O in I zeigt sich ein Maximum der Abweichung der Extinktion von der Additivität bei II : H_2O = 1 : 1. Demnach reagiert H_2O mit II chem., indem es Cl^- aus der Koordinationssphäre verdrängt. Der chem. Charakter der Rk. zwischen II u. H_2O wird auch durch Verss. mit konst. II-Konz. u. wechselnder H_2O-Konz. bestätigt. O. Lebtag 223△

0589 **Zur Stabilität von Diacidodiaminplatin(II)-Komplexen.** A. A. Grinberg und M. I. Gelfman. (Ber. Akad. Wiss. UdSSR **149**, 1328—31, 1963; russ.) — Zur Best. der Zerfallskonst. von Pt(II)-Komplexen bei 18° wird die Konz. der Pt(II)-Ionen durch Messung der EMK der Kette $Pt/[PtA_2X_2]$, A, X^-//KCl, Hg_2Cl_2/Hg ermittelt. Die Zerfallskonst. $K_c = [Pb^{2+}]\,[A]^2\,[X^-]^2/[PtA_2X_2]$ von cis- u. trans-Verbb. unterscheiden sich, wie die folgenden Mittelwerte für ihren negativen Logarithmus (pK_c) zeigen: *cis*-$[Pt(CH_3NH_2)_2Cl_2]$ 30,5; *trans*-$[Pt \cdot (CH_3NH_2)_2Cl_2]$ 30,7; *cis*-$[Pt(NH_3)_2J_2]$ 33,2; *trans*-$[Pt(NH_3)_2J_2]$ 32,7; *cis*-$[Pt(CH_3NH_2)_2J_2]$ 34,7; *trans*-

$[Pt(CH_3NH_2)_2J_2]$ 34,2. Für die Isomerisierung von cis-$[Pt(NH_3)_2Cl_2]$ werden tabellar. Werte angegeben.
R. Teichmann 223◇

0590 **Löslichkeit von Natriummetasilicat in alkalischen Lösungen bei 15, 20, 30 und 40°.** B. Ch. Schwarzman und N. Ss. Wolkowa. (J. angew. Chem. [UdSSR] **34,** 1155—57, 1961; russ.) — Die Löslichkeit von Na-Metasilicat in NaOH- bzw. (NaOH + KOH)-Lsgg. nimmt unabhängig von der Konz. des Lsgm. mit der Temp. zu, ist jedoch im Lsgm.-Gemisch höher als in NaOH. Ausführliche tabellar. Angabe der numer. Werte.
H. Jäger 224◇

0591 **Löslichkeitsisotherme des reziproken Systems aus Kalium- und Natriumbromid und -jodid bei Gefriertemperatur der Lösungen bis 30°.** A. I. Agajew und A. I. Dshabarow. (Ber. Akad. Wiss. AserbaidshanSSR **19,** 65—72, 1963; russ.) — Die Löslichkeitsisothermen werden im Temp.-Bereich von $-30°$ bis $+30°$ (alle 5° aufsteigend) für die sich aus NaJ, NaBr, KJ u. KBr ergebenden reziproken tern. Syst. durch Charakterisierung der festen Phase untersucht. Die vom Vff. beobachteten Festphasen-Zus. sind tabelliert. In fester Phase treten neben Eis α- u. β-KBr, α- u. β-KJ, $NaBr \cdot 5\,H_2O$, $NaBr \cdot 2\,H_2O$, $NaJ \cdot 5\,H_2O$ u. $NaJ \cdot 2\,H_2O$ auf.
W.-D. Heußner 224◇

0592 **Untersuchung der Löslichkeit im System Li_2SO_4–Na_2SO_4–$MgSO_4$–H_2O bei 75°.** I. N. Lepeschkow und N. N. Romaschowa. (J. anorg. Chem. [UdSSR] **5,** 2512—17, 1960; russ.) — Vff. untersuchten im Syst. Li_2SO_4–$MgSO_4$–H_2O die 75°-Isotherme. Sie besteht aus zwei Teilen, die der Kristallisation von *Kieserit* ($MgSO_4 \cdot H_2O$) u. $Li_2SO_4 \cdot H_2O$ entsprechen. Im Syst. Li_2SO_4–Na_2SO_4–H_2O besteht die gleiche Isotherme aus drei Gebieten, *Thenardit* (Na_2SO_4), $Li_2SO_4 \cdot Na_2SO_4$ u. $Li_2SO_4 \cdot H_2O$. Im quatern. Syst. Li_2SO_4–Na_2SO_4–$MgSO_4$–H_2O existieren schließlich bei 75° folgende Bereiche: $Li_2SO_4 \cdot H_2O$, $MgSO_4 \cdot H_2O$, Na_2SO_4, $Li_2SO_4 \cdot Na_2SO_4$, $3\,Na_2SO_4 \cdot MgSO_4$, $Na_2SO_4 \cdot MgSO_4 \cdot 2{,}5\,H_2O$.
R. Teichmann 224◇

0593 **Löslichkeitsisotherme des Systems NaCl–$CaCl_2$–$CaSO_4$–H_2O bei 25°.** P. F. Rsasade und P. G. Russtamow. (Ber. Akad. Wiss. AserbaidshanSSR **19,** 57—63, 1963; russ.) — Durch Unterss. von Löslichkeit u. Löslichkeitsisotherme (25°) im Syst. NaCl–$CaCl_2$–$CaSO_4$–H_2O läßt sich zeigen, daß das Löslichkeitsdiagramm hauptsächlich aus Kristallisationsbereichen für $CaSO_4 \cdot 2\,H_2O$ besteht. Das sehr schmale Kristallisationsfeld von NaCl erstreckt sich längs dem Bereich $NaCl \cdot CaCl_2$, während für $CaCl_2 \cdot 6\,H_2O$ ein ganz unbedeutendes Feld beobachtet wird. Die Löslichkeit von $CaSO_4 \cdot 2\,H_2O$ in W. vergrößert sich nach Unterss. der Vff. bei gleichzeitiger Anwesenheit von $CaCl_2$ u. NaCl; es verringert sich bei alleiniger Anwesenheit von $CaCl_2$. Eine grundlegende Änderung der Dichte u. Viscosität der Lsgg. wird mit Änderung der Konzz. an $CaCl_2$ festgestellt.
W.-D. Heußner 224◇

0594 **Über die Zusammensetzung der Hydrolyseprodukte in Aluminiumchloridlösungen.** E. A. Lewitzki und W. N. Maximow. (Ber. Akad. Wiss. UdSSR **141,** 865—68, 1961; russ.) — Allg. wird die Hydrolyse von $AlCl_3$ in der Literatur als typ. Fall stufenweiser Hydrolyse eines Salzes eines mehrwertigen Kations angesehen, der gemäß den Stufen $AlCl_3 \rightleftharpoons Al(OH)Cl_2 \rightleftharpoons Al(OH)_2Cl \rightleftharpoons Al_2(OH)_5 \cdot Cl \rightleftharpoons Al_n(OH)_{3n-1}Cl \rightleftharpoons Al(OH)_3$ verläuft. Aus einer Analyse des Literaturmaterials ergibt sich, daß sich bei der oben angeführten Rk. im pH-Bereich 2—6 nicht alle theoret. möglichen bas. Salze, sondern nur $Al_2(OH)_5Cl$ bilden muß. Mit röntgenograph. Unterss. konnten zwar Verbb. des Typs $Al(OH)_{1,06}Cl_{1,34}$; $Al(OH)_{1,52}Cl_{1,47}$ u. $Al(OH)_{2,30}Cl_{0,97}$ nachgewiesen werden, doch läßt sich auf Grund großer Löslichkeitsunterschiede in abs. A. prakt. nur $Al_2(OH)_5Cl$ isolieren, welches röntgenamorph ist. Die Existenz des Kations $[Al_2(OH)_5]^+$ konnte durch potentiometr. Titration nachgewiesen werden, die vom verwendeten Anion unabhängig ist. Auf Zusatz von SO_4^{2-} zu $Al_2(OH)_5Cl$ bildet sich leicht $[Al_2(OH)_5]_2SO_4$. Nach den Unterss. der Vff. kann das Gleichgew. der Hydrolyse-Rk. durch das Schema $2\,AlCl_3 \rightleftharpoons Al_2(OH)_5Cl \rightleftharpoons 2\,Al(OH)_3$ ausgedrückt werden, welches damit beobachteten Gesetzmäßigkeiten einer Reihe mehrwertiger Kationen, bes. von Ce^{3+} u. der Seltenerdmetalle, entspricht. — 10 Literaturangaben.
W.-D. Heußner 224□

0595 **Untersuchung der Löslichkeit im System $Y(NO_3)_3$–NH_4NO_3–H_2O bei 25° und 50°.** F. M. Perelman, A. Ja. Sworykin und G. A. Demina. (J. anorg. Chem. [UdSSR] **5,** 960—63, 1960; Kurnakow-Inst. für allg. u. anorg. Chem. der Akad. der Wiss. der UdSSR; russ.) — Die Löslichkeitsisothermen im obigen Syst. bei 25 u. 50° wurden nach der Löslichkeitsmeth. bestimmt. Tabellen u. Diagramme sind wiedergegeben. Bei 50° treten die festen Phasen $Y(NO_3)_3 \cdot 4\,H_2O$, $Y(NO_3)_3 \cdot 2\,NH_4NO_3$ (bei 18—44 Gew-% NH_4NO_3 in der Lsg.) u. NH_4NO_3 auf. Bei 25° tritt ebenfalls $Y(NO_3)_3 \cdot 4\,H_2O$, aber nicht das Doppelsalz als feste Phase auf, obwohl das Diagramm seine Existenz anzeigt; dies wird durch erschwerte Kristallisation des Doppelsalzes infolge erhöhter Viscosität der Lsgg. erklärt. Die Löslichkeit des Doppelnitrates in W. beträgt bei 50° 88 Gew.-%, bei 25° [Zus. $Y(NO_3)_3 \cdot 2\,NH_4NO_3 \cdot n\,H_2O$ oder $Y(NO_3)_3 \cdot NH_4NO_3 \cdot n\,H_2O$] ca. 65% (bzgl. wasserfreies Salz). Das einfache Nitrat krist. in beiden Fällen mit 4 Moll. W., während das als Ausgangsmaterial verwendete $Y(NO_3)_3 \cdot 6\,H_2O$ beim Trocknen bei 100° sich der konst. Zus. $Y(NO_3)_3 \cdot 3\,H_2O$ nähert.
G. Winkhaus 224□

0596 **Physikalisch-chemische Untersuchung der Seltenerdmetalloxalate unter Anwendung radioaktiver Isotope.** 2. Mitt. **Holmium- und Lutetiumoxalat.** I. W. Kolossow und S. F. Andrejewa. (Nachr. landwirtsch.-Timirjasew-Akad. [UdSSR] **1962,** Nr. 6, 211—16; russ., Auszug: engl.) — In $K_2C_2O_4$-Lsgg. wird bei 18,0 ± 0,5°, $\mu = 0{,}10$ u. pH = 5,5—6,0 die Löslichkeit von $Ho_2(C_2O_4)_3 \cdot 10\,H_2O$ (**I**) u. $Lu_2(C_2O_4)_3 \cdot 10\,H_2O$ (**II**) unter Verw. von ^{166}Ho u. ^{177}Lu bestimmt. Die Löslichkeits-Prodd. betragen $L_p = (7{,}02 \pm 0{,}23) \cdot 10^{-21}$ für **II** u. $L_p = (1{,}66 \pm 1{,}33) \cdot 10^{-20}$ für **I**. Die Ionen $[HoC_2O_4]^+$, $[Ho(C_2O_4)_3]^{3-}$, $[LuC_2O_4]^+$, $[Lu(C_2O_4)_2]^-$ u. $[Lu(C_2O_4)_3]^{3-}$ werden nachgewiesen u. die Beständigkeitskonst. für $[Ho(C_2O_4)_n]^{3-2n}$ zu $\beta_1 = (1{,}0 \pm 0{,}2) \cdot 10^2$, $\beta_3 = (6{,}2 \pm 1{,}0) \cdot 10^7$ u. für $[Lu(C_2O_4)_n]^{3-2n}$ zu $\beta_1 = (8{,}5 \pm 0{,}8) \cdot 10^2$, $\beta_2 = (2{,}1 \pm 0{,}9) \cdot 10^4$, $\beta_3 = (1{,}06 \pm 0{,}30) \cdot 10^7$ bei $\mu = 0{,}10$ berechnet. Nach Auflösung von Lu-Oxalat in K_2CO_3-Lsg. wird nur sehr schwache Komplexbldg. gefunden.
R. Teichmann 224◇

0597 **Hydrolyse und Polymerisation der Hafniumionen in Perchlorsäure.** W. M. Peschkowa und Pen An. (J. anorg. Chem. [UdSSR] **7,** 2110—14, 1962; russ.) — Für die bei der Hydrolyse von Hf^{4+} entstehenden $Hf(OH)_n^{4-n}$-Ionen werden die Hydrolyse-Konst. zu $K_1 = 1{,}33 \pm 0{,}02$; $K_2 = 0{,}59 \pm 0{,}01$; $K_3 = 0{,}38 \pm 0{,}02$ u. $K_4 = 0{,}30 \pm 0{,}03$ bestimmt. Bei höheren Hf^{4+}-Konzz. in Lsg. als $1{,}0 \cdot 10^{-3}$ Mol (für 1 Mol $HClO_4$) u. $2{,}0 \cdot 10^{-3}$ Mol (für 2 Mol $HClO_4$) beginnt die Bldg. von polymeren Verbb. der allg. Zus. $[Hf_3(OH)_m]^{12-m}$ u. $[Hf_4(OH)_m]^{16-m}$. Die berechneten Gleichgew.-Konst. für $[Hf_3(OH)_4]^{8+}$ u. $[Hf_4 \cdot (OH)_8]^{8+}$ in 1,0 (2,0) Mol $HClO_4$ haben die Werte: $K_{3/4} = 2{,}34 \cdot 10^4$ $(4{,}20 \cdot 10^4)$ u. $K_{4/8} = 1{,}01 \cdot 10^8$ $(4{,}32 \cdot 10^8)$. — 15 Literaturangaben.
W.-D. Heußner 224◇

0598 **Spektrophotometrische Untersuchung von Lösungen des Kaliumchrom(III)-sulfats.** 2. Mitt. **Änderungen bei der Alterung.** Miroslav Zikmund. (Chem. Zvesti **11,** 569—74, 1957; Bratislava, Slowak. Akad. der Wiss., Chem. Inst., Abt. für anorg. Chem.; tschech.) — 1. vgl. C. **1960,** 1063. — Die bei der Alterung einer wss. Kaliumchrom(III)-sulfat-Lsg. in Abhängigkeit von Temp., Konz. u. dem Überschuß an H_2SO_4, $HClO_4$, HNO_3 u. Sulfaten auftretenden Veränderungen werden spektrochem. verfolgt. Die Ergebnisse werden zu Schlüssen über den Rk.-Mechanismus benutzt.
W. Betcke 224◇

0599 **Anwendung mathematischer Methoden zur Planung von Experimenten bei der Untersuchung des Extraktionsmechanismus von Zirkonium.** L. N. Komissarowa, Ju. W. Granowski, N. M. Prutkowa, Ju. P. Adler und W. W. Nalimow. (Betriebs-Lab. [UdSSR] **29,** 327—30, 1963; Moskau, Lomonossow-Univ. u. Forsch.- u. Projekt.-Inst. der Spurenmetallindustrie; russ.) — Die Anwendung der mathemat. Statistik zur Überprüfung a priori vorgegebener Rk.-Gleichungen wird beschrieben.
R. Gerbatsch 224◇

0600 **Gegenseitiger Einfluß der Seltenerdmetalle auf die Extraktion mit Tributylphosphat.** A. W. Nikolajew und A. A. Ssorokina. (Ber. Akad. Wiss. UdSSR **129**, 341 bis 344, 1959; Inst. für anorg. Chem. der sibir. Abt. der Akad. der Wiss. der UdSSR; russ.) — Im Gegensatz zur Extraktion von Uranylnitrat durch Ae., wo ein Selbst-Aussalzeffekt beobachtet wurde, d. h. ein schwellenhaftes Ansteigen des extrahierten Bruchteils mit der Konz., wurde bei der Extraktion von Seltenerdmetallen (SE) mit Tributylphosphat ein umgekehrter Effekt beobachtet. Mit steigender Konz. des SE-Metalls in der Ausgangs-Lsg. sinkt der extrahierte Bruchteil, wobei der Effekt um so stärker hervortritt, je besser extrahierbar die betreffenden SE-Ionen sind. Einen bes. starken Einfl. untereinander u. vor allem auf die leichteren SE üben die SE der Y-Reihe aus. Die Unterss. wurden mit Hilfe von ^{147}Nd, ^{153}Sm, ^{175}Yb, ^{91}Y u. ^{166}Ho durchgeführt. Es wird die prakt. Bedeutung des beobachteten Effektes diskutiert u. vor allem darauf hingewiesen, daß die Berechnung der Extraktion der Summe der SE auf der Grundlage der Verteilungs-Koeff. einzelner SE wegen der gegenseitigen Beeinflussung nicht den Fakten entsprechen kann. Armin Hermann 224□

0601 **Verteilung der Triphenylsulfoniumverbindungen anorganischer Anionen zwischen wäßrigen Lösungen und Chloroform.** Rudolf Bock und Christa Hummel. (Z. analyt. Chem. **198**, 176—83, 1963; Mainz, Univ., Inst. für Anorg. Chem. u. Kernchem.; dt.) — Triphenylsulfoniumhydroxid, hergestellt aus dem entsprechenden Chlorid mit einem Anionenaustauscher in der OH-Form, bildet mit ClO_4^-, MnO_4^-, ReO_4^-, J^- u. $Cr_2O_7^{2-}$ Salze, die sich gut mit Chlf. ausschütteln lassen. Das Reagens ist nicht unbegrenzt haltbar. A.-M. Fretzdorff 224◇

0602 **Verteilung der Tetraphenylphosphoniumverbindungen anorganischer Anionen zwischen wäßrigen Lösungen und Chloroform.** Rudolf Bock und Joachim Jainz. (Z. analyt. Chem. **198**, 315—21, 1963; dt.) — Vgl. vorst. Referat. — J^-, SCN^-, ClO_4^-, MnO_4^-, ReO_4^-, ClO_3^- u. $Cr_2O_7^{2-}$ lassen sich in Form ihrer Tetraphenylphosphoniumsalze, die gut mit Chlf. auszuschütteln sind, von vielen anderen Anionen abtrennen. A.-M. Fretzdorff 224◇

0603 **Lösungsmittel-Extraktion anorganischer Species.** Y. Marcus. (Chem. Reviews **63**, 139—70, 1963; Rehovoth, Israel Atom. Energy Comm., Soreq Res. Establ.; engl.) — Ausführliche Übersicht. — 465 Literaturangaben. A. Blaschette 224◇

0604 **Spezielle thermodynamische Punkte reversibler chemischer Reaktionen.** 3. Mitt. **Maximaler Gleichgewichts-Verschiebungsdruck und Grenzdrücke in äquivalenten Gemischen reagierender Stoffe.** A. W. Woronow. (J. physik. Chem. [UdSSR] **37**, 1472—80, 1963; Charkow, Polytechn. Lenin-Inst.; russ., Auszug: engl.) — 2. vgl. J. physik. Chem. [UdSSR] **36**, [1962], 2593. — Über einen neuen Ausdruck für die Gleichgew.-Konst. wird der red. Druck eines Syst. bestimmt. Die Abhängigkeit des Umsetzungsgrades vom red. Druck u. die red. Koordinaten bes. Rk.-Punkte werden aus der Stöchiometrie der Rk. vollständig bestimmt. Die red. Koordinaten werden für eine Reihe von Rkk. verschiedener Stöchiometrie bestimmt u. ihre Abhängigkeit von der Art der Rk. festgestellt. In idealen Syst. sind die gewöhnlichen Koordinaten der Singulärpunkte direkt ihren red. Koordinaten proportional, der Proportionalitäts-Koeff. kann einfach aus dem neuen Ausdruck für die Gleichgew.-Konst. erhalten werden. Die Anwendungsmöglichkeit der Gleichungen u. Diagramme der red. Größen auf nichtideale Syst. wird aufgezeigt. H. Roschkowski 225◇

0605 **Über die Zerfallsgeschwindigkeit der Sauerstoffmoleküle bei hohen Temperaturen.** Ss. A. Lossew. (Ber. Akad. Wiss. UdSSR **141**, 894—96. 1961; Moskau, Lomonossow-Univ.; russ.) — Im Temp.-Bereich von 3000 bis 7000°K untersucht Vf. die Wechselwrkg.-Prozesse u. den Gaszustand von O_2-Moll. in Ar-Inertgasatmosphäre. Hinter einer kräftigen Explosionswellenfront, die sich mit Geschw. von 4,1 km/s ausbreitet, werden Verteilung der Adsorptionsfähigkeit, Temp. u. Konzz. von mol. O_2 bestimmt. Für die Geschw.-Konst. des Zerfalls bei O_2–O_2-Zusammenstoß gilt (2400—7000°K) $K_D(O_2, O_2) = 2 \cdot 10^{-2} (D/kT)^3 Z \exp(-D/kT)$, wobei D = Dissoziationsenergie, Z = Stoßzahl im Einheitsvol. pro Sek. für 1 Mol., k = Boltzmann-Konst., T = Temperatur. Das Verhältnis der Präexponentialfaktoren P der Arrhenius-Gleichung $K_D = PZ \exp(-D/kT)$ für O_2–O_2- bzw. O_2–Ar-Stoß $a = P(O_2, O_2)/P(O_2, Ar)$ wurde bestimmt. Werte für a von ca. ∼ 30—40 bei 3500°K u. a ca. 5—10 bei 7000°K wurden gemessen. W.-D. Heußner 225□

0606 **Kinetische Gleichung der Verbrennungsreaktion von Kohlenoxid.** N. W. Lawrow und W. B. Karbiwnitschi-Kusnetzow. (Nachr. Akad. Wiss. UsbekSSR, Ser. techn. Wiss. **6**, Nr. 6, 69—75, 1962; Inst. für Brennstoffnutzung der UsbekSSR; russ., Auszug: usbek.) — Die CO-Oxydation verläuft in Ggw. von Spuren Wasserdampf oder H_2 als Kettenreaktion. Die kinet. Gleichung hat die Form $d[CO_2]/d_\tau = k[CO]\,[O_2]^{0,5}\,[H_2O]^{0,25}$. Der Mittelwert für k beträgt $1,2 \cdot 10^5$. G. Engelhardt 225◇

0607 **Über die Geschwindigkeit und den Mechanismus der Zersetzung von Phosphaten durch Schwefelsäure und Phosphorsäure.** M. Je. Posin und B. A. Kopylew. (Bul. Inst. politehn. Iasi [N. S.] **8(12)**, Nr. 1/2, 107—22, 1962; Leningrad, Technol. Lensowjet-Inst.; russ., Auszug: engl.) — Vgl. C. **1961**, 627 u. **1962**, 18974. — Bei sonst gleichen Bedingungen ist die Zers.-Geschw. (ZG) von Phosphaten in H_2SO_4 u. H_3PO_4 eine komplizierte Funktion der Konz. u. der Menge der Säure. Untersucht wurden ein Apatitkonzentrat u. zwei Phosphorite. In H_2SO_4 zeigt die ZG in Abhängigkeit von der H_2SO_4-Konz. 2 Maxima bei 30 u. 50—60%. Das Maximum bei 50—60% wird mit der Bldg. großer (> 10 μ) plättchen- u. prismenförmiger Kristalle von $CaSO_4$ bei dieser Konz. erklärt. Bei der Zers. in H_3PO_4 unter Bedingungen, die eine Kristallisation des Rk.-Prod. ausschließen, wird eine sehr hohe ZG erreicht. Wenn die Rk.-Prodd. kristallisieren, wird die ZG durch die Diffusions-Geschw. der Lsg. durch die feste Kruste von $Ca(H_2PO_4)_2$ begrenzt. R. K. Müller 225◇

0608 **Kohlenstoff-Filme durch Zersetzung von Kohlenstoffsuboxid. Bildungskinetik.** Thomas J. Hirt und Howard B. Palmer. (Proc. Vth Conf. Carbon, University Park, Pa., 1961 **1**, 406—15, 1962; University Park, Pa., Pennsylvania State Univ., Coll. of Miner. Ind., Dep. of Fuel Technol.; engl.) — Sehr reines C_3O_2 in geringer Konz. in reinem He als Trägergas zersetzt sich zwischen 600 u. 800° an glasierten Porzellanoberflächen unter Bldg. eines zusammenhängenden u. festen Kohlenstoffilms. Aus den physikal. Eigg. des Films geht hervor, daß es sich um eine Art polykristallinen Graphits handelt. Die Film-Bldg.-Geschw. wird durch Messung des elektr. Widerstands in Abhängigkeit von der Zeit verfolgt. Die Zerfallskinetik des C_3O_2 wird in Abhängigkeit von der Konz., der Temp., der Gasströmungs-Geschw. u. des Oberflächen-Vol.-Verhältnisses untersucht. Aus den experimentellen Ergebnissen kann geschlossen werden, daß die Rk. $C_3O_2 \rightarrow C_2O + CO$ ($\Delta H = 46 \pm 10$ kcal/Mol) den ersten Schritt bei der C-Bldg. darstellt. D. Noack 225◇

0609 **Die Oxydation von Kohlenstoff zwischen 1000 und 2000°.** J. Nagle und R. F. Strickland-Constable. (Proc. Vth Conf. Carbon, University Park, Pa., 1961, **1**, 154 bis 164, 1962; London, Imp. Coll. of Sci. and Technol.; engl.) — Es wurden drei verschiedene Graphitsorten untersucht: Graphitstäbchen aus a) Lampenruß, b) Reaktorgraphit der Dichte $\varrho = 1,76$ u. c) Pyrographit der Dichte $\varrho = 2,190$. Die Oxydation erfolgte, indem die Proben einem Gasstrom hoher Geschw. bei O_2-Partialdrücken zwischen 0,1 u. 0,6 atm ausgesetzt wurden. Im Falle des Pyrographits steigt die Rk.-Geschw. zwischen 1050 u. 1700° steil mit der Temp. an; oberhalb 1700° ist die Rk.-Geschw. dann nahezu konstant. Bei Reaktorgraphit weist die Temp.-Abhängigkeit der Rk.-Geschw. ein Maximum bei 1600° auf. Bei gleichen Temp. ist die Rk.-Geschw. bei Reaktorgraphit jedoch wesentlich größer als bei Pyrographit. Aus den Ergebnissen für die einzelnen Graphitsorten geht hervor, daß bes. die Rk.-Geschw. beim Pyrographit echte chem. Rk.-Geschw. sind u. nicht durch Massenübertragungsvorgänge in der Gasphase bestimmt werden. D. Noack 225◇

0610 **Die Kinetik der Diamant–Sauerstoff-Reaktion.** T. Evans und C. Phaal. (Proc. Vth Conf. Carbon, University Park, Pa., 1961, 1, 147—53, 1962; Reading, Univ., Phys. Dep.; engl.) — Es wird eine Meth. beschrieben, mit der sich die Oxydations-Geschw. von Diamant-Einkristallen bestimmen lassen. Die (111)-, (110)- u. (100)-Flächen des Diamants wurden in einem starken O_2-Strom unter ident. Bedingungen geätzt. In den untersuchten Temp.-Intervallen zwischen 650 u. 1350° ist die Rk. zwischen Diamant u. O_2 linear vom O_2-Druck innerhalb des Druckbereiches zwischen 0,05 u. 0,5 Torr abhängig. Unterhalb 1000° ist die Ätz-Geschw. für die (100)-Fläche am kleinsten. Während der Oxydation bildet sich auf der Diamant-Oberfläche eine Graphitschicht. Unter Berücksichtigung dieser Tatsache wird für die Rk. zwischen Diamant u. O_2 ein Mechanismus vorgeschlagen, bei dem folgende Rk.-Schritte erkennbar sind: 1. Chemisorption des O_2 auf der Diamant-Oberfläche, 2. Umordnung der C-Schichten u. 3. „Vergasung" des Graphits. Abschließend wird der Einfl. von Verunreinigungen diskutiert.
D. Noack 225◇

0611 **Kinetik und Mechanismus der thermischen Zersetzung von Natriumdithionat.** M. M. Pawljutschenko, M. P. Gilewitsch und W. I. Kulikow. (Ber. Akad. Wiss. BelorussSSR 5, 554—57, 1961; Beloruss. Lenin-Univ.; russ.) — Vff. bestimmen Na_2SO_4 u. SO_2 als Endprodd. der therm. Zers. von $Na_2S_2O_6 \cdot 2H_2O$ im Hochvakuum bei Temp. von 200—230° u. untersuchen die Abhängigkeit der Zers. von der Rk.-Dauer. Die Zers. verläuft mit anwachsender Geschw., deren Maximalgeschw. bei $\alpha = 0{,}5$ (α = Molenbruch des zersetzten $Na_2S_2O_6$) liegt, wobei die Zers. bis zum Ende der vollständigen Gleichgew.-Einstellung in Gang bleibt. Es läßt sich weiter aus der logarithm. Abhängigkeit der Rk.-Geschw.-Konst. von der reziproken Temp. eine Aktivierungsenergie zu 29,9 kcal/Mol berechnen. Vff. diskutieren einen verzweigten Rk.-Mechanismus mit Radikalkettencharakter unter bes. Berücksichtigung von SO_3-Ionenradikalen u. formulieren den Reaktionsablauf. W.-D. Heußner 225◇

0612 **Die thermische Zersetzung der Sulfide und Sulfate zweiwertiger Kationen in Luft: Cu-, Zn-, Cd-, Hg-, Sn- und Pb-Verbindungen.** Gert Hoschek. (Mh. Chem. 93, 826—40, 1962; Graz, TH, Inst. für Miner. u. Geol.; dt.) — Im Temp.-Bereich zwischen 100° u. 1100° werden die Sulfide u. Sulfate der genannten Elemente getempert u. die Rkk. bzw. Phasenumwandlnugen röntgenograph. u. polarisationsmikroskop. bestimmt. Die Sulfide sind unter den Vers.-Bedingungen instabil (Ausnahme HgS) u. werden zu den entsprechenden Sulfaten oxydiert. Die Sulfate reagieren bei höheren Temp. weiter unter Bldg. von bas. Sulfaten (Ausnahme $SnSO_4$, das kein bas. Sulfat zu bilden scheint) u. z. T. unter Bldg. der Oxide als Endprodukte. Die Bldg. von Hochtemp.-Modifikationen wird in einigen Fällen beobachtet.
W. Dietzel 225◇

0613 **Die Entwässerung von Chrysotil an Luft und unter hydrothermalen Bedingungen.** M. C. Ball und H. F. W. Taylor. (Mineralog. Mag. J. mineralog. Soc. 33, 467 bis 482, 1963; Univ. of Aberdeen, Dep. of Chem.; engl.) — Chrysotilnadeln u. Lizarditeinkristalle wurden hydrothermal entwässert u. die entstehenden Verbb. röntgenograph. untersucht. Die Anfangsprodd. sind gewöhnlich *Forsterit* u. ungeordnetes Material; *Talk* bildet sich sehr langsam. Bei H_2O-Drücken bis zu 600 kg/cm² zeigen Forsterit u. Talk eine bevorzugte Orientierung. Bei höheren Drücken liegt Talk orientiert vor, während der Forsterit nicht mehr orientiert ist. Die Orientierung von Forsterit (550° u. 500 kg/cm²) ist verschieden von der, die bei der Dehydratation von Chrysotil in Luft beobachtet wird. Die Forsterit-Orientierung wird bei der trockenen Rk. durch die oktaedr. Schichten des Chrysotils, die hydrothermale Rk. durch die tetraedr. Schichten kontrolliert. Neue Mechanismen werden vorgeschlagen u. die Bldg. von Talk bei hydrothermaler Rk. u. die Bldg. von Enstatit bei Erhitzen auf $> 1000°$ an der Luft werden diskutiert. E. Schulte 225◇

0614 **Untersuchung des Mechanismus der Reaktionsdiffusion im System Nickel–Schwefel.** A. Brjukman, Ss. Mrowec und T. Werber. (Metallphysik u. Metallkunde [UdSSR] 11, 704—08, 1961; Kraków, Gorn.-metallurg. Akad. Rzeczp. Lud. Polsk.; russ.) — Vgl. C. 1961, 13832. — Ni-Plättchen hängen von einem Waagearm in ein beheiztes Rohr, von dessen Boden S verdampft wird. Im S-Dampf wird Ni bei 600° sulfidiert, bis sich eine Schale von 0,02 cm gebildet hat, die alle γ-Strahlen von in Tablettenform zugesetztem ^{35}S aufnehmen kann, dann wird verschieden lange Zeit weiter geschwefelt. Nach Abkühlung wird die NiS-Schale entfernt. Aus der geringen Radioaktivität der Innenfläche wird geschlossen, daß NiS durch Diffusion durch die Kristallfehler nach der Oberfläche entstanden ist. Die Kurve $(\Delta m/q)^2$ (Δm = Gew.-Zunahme, q = Ausgangsoberfläche) steigt mit der Dauer der Sulfidierung linear an; demnach erscheint die Annahme von Piness u. Tschaikowski (gl. J. 9, [1960], 369), daß die Schwefelung nur auf der Diffusion von S beruht, falsch. R. K. Müller 225◇

0615 **Elektrochemische Untersuchungen über den Durchtritt von Silber durch die Phasengrenze festes Silber/festes Silbersulfid bei höheren Temperaturen.** Hans Rickert und Cormac D. O'Briain. (Z. physik. Chem. [Frankfurt/M.] [N. F.] 31, 71—86, 1962; Göttingen, MPI für phys. Chem.; dt.) — Die Anwendung von AgJ als Hilfselektrolyt mit prakt. reiner Ag-Ionenleitung ermöglicht es, bei 200—300°, den Fluß von Ag oder wahlweise den Fluß von Ag-Ionen oder Elektronen durch die Phasengrenze festes Ag/festes Ag_2S als Funktion der chem. Potentialdifferenz des Ag, der elektrochem. Potentialdifferenz der Ag-Ionen u. der elektrochem. Potentialdifferenz der Elektronen zu messen. Ag tritt in Form von Ag^+ u. Elektronen durch die Phasengrenze hindurch. Der Durchtritt von Ag^+ allein verursacht die Polarisationserscheinungen, während an der Phasengrenze ein Elektronengleichgew. eingestellt ist. Die chem. Potentialdifferenz des Ag entspricht einer elektrochem. von Ag^+, die ihrerseits äquivalent ist einer Änderung der inneren elektr. Potentialdifferenz gegenüber dem Gleichgew.-Zustand. Oberhalb eines bestimmten Schwellenwertes, der von den jeweiligen Vers.-Bedingungen (Temp., Aufpreßdruck, Auflagefläche) abhängt, steigt die Durchtritts-Teilstromdichte von Ag^+ exponentiell mit der elektrochem. Potentialdifferenz von Ag^+ über die Phasengrenze Ag/Ag_2S an. Die Durchtritts-Teilstromdichte wurde aus Abschaltkurven (Potentialabklingkurven zur Spannung „Null") berechnet. Die Auswertung von Einstellvorgängen bei den elektrochem. Messungen, bes. der Abschaltkurven, zeigt, daß man stationäre u. dynam. Stromspannungskurven unterscheiden muß. K. Jaeger 225◇

0616 **Über den Mechanismus des Einflusses vorangehender Bestrahlung auf die Geschwindigkeit der thermischen Zersetzung fester Substanzen.** W. W. Boldyrew. (J. physik. Chem. [UdSSR] 35, 950—52, 1961; Tomsk, Polytechn. Inst.; russ.) — Übersicht. — 31 Literaturangaben. R. Teichmann 226◇

0617 **Die katalytischen Eigenschaften von Wismut(III)-hydroxiden und deren anomales Verhalten in Redoxsystemen.** Alfons Krause und M. Urbanowicz. (Naturwissenschaften 50, 473, 1963; Poznań, Univ., Inst. für anorg. Chem.; dt.) — Aus einer Lsg. von 8 g $Bi(NO_3)_3 \cdot 5H_2O$ in 20 ml 10 n HNO_3, die auf 800 ml mit dest. H_2O bei 5° verd. war, wurden unter verschiedenen Fällungsbedingungen (CO_2-freie NH_3- oder NaOH-Lsg. u. schnelle bzw. langsame Zugabe) verschiedene Bi-Hydroxide erhalten, die bei der Analyse in großer Annäherung die Zus. $Bi_2O_3 \cdot 3H_2O$ aufweisen, jedoch deutlich verschiedene katalyt. Eigg. besitzen. Von den fünf untersuchten Hydroxiden sind diejenigen am wirksamsten, deren Röntgendiagramme auf schlecht ausgebildete Gitterebenen hinweisen. Die peroxydat. Eigg. der Bi-Hydroxide sind weniger übersichtlich u. zudem recht kompliziert. Z. B. kann ein katalyt. wenig akt. Präp. stark peroxydat. wirken. Präpp. mit gut ausgebildeter Kristallstruktur zeigen ein anomales Verh., das an andere peroxydat. Katalysatoren, wie z. B. Al-Oxidhydrat, Tl_2O_3 u. $Ni(OH)_3$ erinnert. Bei den Bi-Hydroxiden treten aber noch weitere Anomalien auf, z. B. bei der peroxydat. Indigocarminentfärbung. Ernst Schulte 227◇

0618 **Zersetzung von Distickstoffoxid an Magnesiumoxid und Kobaltoxid.** Ikuya Matsuura, Yutaka Kubokawa und Osamu Toyama. (J. chem. Soc. Japan, pure Chem. Sect. [Nippon Kagaku Zasshi] **81**, 1205–09, 1960; Sakai, Ôsakahuritu-Daigaku, Kôgakubu, Ôxôkagakuka; jap., Auszug: engl. S. A 84.) — Die Zers. von N_2O an MgO u. CoO zu N_2 u. O_2 wird bei 200–500° kinet. untersucht. Die Zers.-Geschw. ist proportional dem Partialdruck von N_2O, jedoch unabhängig vom Partialdruck von O_2; die Geschw.-Konst. beträgt $1{,}35 \cdot 10^8$ exp (−35000/RT) für MgO, 400–550°, bzw. 8,3 exp (−7000/RT) für CoO, 200–450°, am Anfang der Reaktion. Die Aktivitätsabnahme des CoO-Katalysators während der Zers.-Rk. beruht auf der Bldg. von Co_3O_4, die durch Elektronenbeugung nachgewiesen wird. Die an MgO im Gleichgewichtszustand adsorbierte Menge an O_2 ist sehr klein, während der an CoO gebildete Sauerstoff schnell im Gitter eingebaut wird. Die Aktivierungsenergie der Zers. (35 bzw. 19 kcal/Mol für MgO bzw. CoO) nimmt mit steigender Adsorptionswärme von O_2 ab.
E. Maekawa 227□

0619 **Die Rolle des Sauerstoffs bei den Änderungen der auf die Chemisorption von Wasserstoff und organischen Reaktionsteilnehmern zurückzuführenden elektrischen Leitfähigkeit.** J. Derén, J. Haber und J. Słoczyński. (Bull. Acad. polon. Sci., Sér. Sci. chim. **8**, 391–97, 1960; Cracow, Pol. Acad. of Sci., Inst. of Phys. Chem., Labor. of Surface Phenomena; School of Min. and Metallurgy, Dep. of Inorg. Chem.; engl.) — Vgl. C. **1963**, 22618. — Die Temp.-Abhängigkeit der elektr. Leitfähigkeit eines NiO-Dehydrierungskatalysators (Pulverpreßling) wird an mit O_2 behandelten u. von Sauerstoff befreiten Proben im Vakuum, an der Luft, unter 2 Torr H_2 u. in 2 Torr u. 0,1 mm Acetondampf bei Temp. bis 400° gemessen. Auf Grund der Art der Abhängigkeit der Leitfähigkeit vom Grad der Oberflächenbedeckung des Katalysators mit O_2 kann aus den Vers.-Ergebnissen auf die Chemisorption von H_2 bzw. Aceton geschlossen werden, da eine Evakuierung bis 10^{-5} Torr bei Temp. bis zu 400° keinen nennenswerten Einfl. auf die Leitfähigkeit hat. Die Ergebnisse zeigen, daß in H_2-Atmosphäre bis zu einer bestimmten Temp., die umso höher ist, je niedriger der H_2-Druck liegt, sowohl an sauerstoffbeladenen als auch an Proben ohne adsorbierten Sauerstoff in geringem Ausmaß H_2-Chemisorption stattfindet. Ebenso, aber wesentlich stärker, wird Aceton chemisorbiert u. verdrängt adsorbiertes O von der Katalysatoroberfläche. Auf die Dehydrierung von Isopropanol hat die Ggw. von H_2 (10 Torr) im Rk.-Gemisch keinen Einfl., 1% Aceton bei 200° vermindert dagegen die Ausbeute erheblich. Die Vers.-Ergebnisse sind graph. dargestellt u. werden im Zusammenhang mit dem Mechanismus der Alkoholdehydrierung an NiO besprochen.
W. Betcke 227◇

0620 **Der Einfluß von Sauerstoff auf die elektrische Leitfähigkeit und die katalytische Aktivität von Nickeloxid.** J. Derén, J. Haber und T. Wilkowa. (Bull. Acad. polon. Sci., Sér. Sci. chim. **8**, 399–404, 1960; engl.) — Vgl. vorst. Referat. — Die Anfangs- u. die Endleitfähigkeit (σ) eines NiO-Dehydrierungskatalysators (die ein Maß für die Bedeckung der Katalysatoroberfläche mit Sauerstoff darstellt) bei Dehydrierungen von A. u. Isopropanol in Dampfphase im Gemisch mit W. u. die Ausbeute an Acetaldehyd bzw. Aceton werden bei einem Gesamtdruck der Rk.-Teilnehmer von 10 Torr unter Beimischung unterschiedlicher Mengen O_2 (bis zu 6,3 Torr Partialdruck) in Abhängigkeit von der Temp. im Bereich 175–275° gemessen. Die Leitfähigkeitsänderung während der Rk. ist bei Abwesenheit von O_2 am größten. Die log σ–1/T-Kurven nähern sich mit wachsendem O_2-Partialdruck der Kurve für den reinen, O_2 beladenen Katalysator u. verlaufen bei O_2-Drücken $\geq$ 2,4 Torr geradlinig. Die Ausbeute nimmt mit wachsendem O_2-Druck bis zu einem Maximum bei ca. 3 Torr zu u. dann wieder ab. Die Abhängigkeit der Aktivierungsenergie der Dehydrierung vom O_2-Druck ist dagegen gering. Für die Abhängigkeit der Leitfähigkeit des Katalysators vom O_2-Druck wird ein Ausdruck angegeben, der mit den experimentellen Ergebnissen in Übereinstimmung ist. Die in früheren Veröffentlichungen vertretene Ansicht, daß die Desorption des Aldehyds bzw. Ketons der geschwindigkeitsbestimmende Schritt bei der Dehydrierung von Alkoholen an NiO ist, wird bestätigt.
W. Betcke 227◇

0621 **Struktur und Aktivität von Nickelkatalysatoren auf Trägern.** 2. Mitt. A. Je. Agronomow und Ju. Ss. Mardaschew. (J. physik. Chem. [UdSSR] **35**, 2047–51, 1961; Moskau, Lomonossow-Univ., Inst. für organ. Chem.; russ., Auszug: engl.) — 1. vgl. C. **1964**, 9-0572. — Vff. untersuchen den Einfl. der Oberflächenstruktur von Ni-Katalysatoren auf ihre spezif. Aktivität an Hand der Dehydrierung des Cyclohexans.
Wolfram Köhler 227□

A_8. Präparative anorganische Chemie, Komplexverbindungen, Metallorganische Verbindungen

0622 **Addukte des Dischwefelmonoxids.** P. W. Schenk und R. Steudel. (Angew. Chem. **75**, 793, 1963; Berlin, TU, Anorg.-Chem. Inst.; FU, Inst. für Anorg. Chem.; dt.) — Das leicht zersetzliche S_2O wird durch nucleophile Addition von Aminen unter Beteiligung der 3d-Orbitale des S stabilisiert. Neben *Addukten mit* $N(C_2H_5)_3$ u. NH_3 wurde vor allem das sich bei −30°/2 Torr Gesamtdruck kristallin abscheidende $S_2O \cdot N(CH_3)_3$ (**I**) charakterisiert. Es ist bei −10° im Vakuum sublimierbar; der Dampf enthält freies S_2O (UV-Absorption), womit erstmals die reversible Verdampfung von kondensiertem S_2O gelang. Bei +20° zerfällt **I** in Amin, SO_2 u. S. Seine intensiv gelbe Farbe weist auf eine S–S-Bindung mit Doppelbindungsanteil hin. Farbloses $SOCl_2 \cdot N(CH_3)_3$ wurde aus den Komponenten bei −30° erhalten. Es sublimiert > −20° im Vakuum u. hydrolysiert quant. zu HCl, SO_2 u. Amin. Sehr instabile Addukte bildet S_2O durch elektrophile Addition von BF_3, so < −160° bordeauxrotes $S_2O \cdot nBF_3$ (n = 2 oder 3).
A. Blaschette 253◇

0623 **Zur Kenntnis des $(C_6H_5B)_n$.** Wilhelm Kuchen und Rolf-Dieter Brinkmann. (Z. anorg. allg. Chem. **325**, 225–36, 1963; Aachen, TH, Inst. für Anorg. Chem.; dt.) — Durch Rk. von $C_6H_5BCl_2$ in sd. Toluol oder Xylol mit Na, K bzw. Na–K-Leg. im molaren Verhältnis 1:2 entsteht neben einem bräunlichen Bodenkörper (**I**) eine braunrote Lsg., aus der durch Einengen u. Zusatz von Ligroin röntgenamorphes, gelbes bis gelbbraunes, an feuchter Luft zersetzliches $(C_6H_5B)_n$ (**II**) in 15%ig. Ausbeute isoliert wurde. **II** enthielt in allen Fällen etwas Cl; n wurde kryoskop. in Bzl. zu 9–12 ermittelt. Oberhalb 200° wird **II** unter Bldg. von $B(C_6H_5)_3$ u. a. Prodd. (nicht identifiziert) thermolysiert. Die Hydrolyse in Dioxan verläuft nicht einheitlich nach **II** + 2 n H_2O → n $C_6H_5B(OH)_2$ (**III**) + n H_2 (nur ca. 12% der theoret. H_2-Menge), sondern liefert nach papierchromatograph. Unterss. etwas Borsäure neben **III** u. einer auf $AgNO_3$ u. $KMnO_4$, nicht aber auf J_2 u. Ni^{2+} reduzierend wirkenden Komponente. Bei der Oxydation von **II** in Bzl. mit O_2 entsteht ein Prod. der Zus. $(C_6H_5BO)_n$ (Mol.-Gew. 1528), bei Einleiten von NH_3 in die benzol. **II**-Lsg. ein Addukt $[(C_6H_5B)_2 \cdot NH_3]_n$. Das KMR-Spektrum von **II** u. das Massenspektrum des mit D_2O entwickelten Wasserstoffs (bzw. des KW-Stoff-Gemisches, das durch Umalkylierung von **II** mit Al-Triäthyl u. anschließende Deuterolyse der gebildeten Al-organ. Verb. erhalten wurde) deuten darauf hin, daß **II** neben C_6H_5B-Einheiten auch Strukturelemente vom Typ $-C_6H_4B-$ u. >B–H enthält. **I** besteht aus NaCl bzw. KCl u. bororgan. Verbb., die nicht näher charakterisiert werden konnten.
A. Blaschette 258◇

0624 **Pseudohalogenide.** 1. Mitt. **Darstellung, Charakterisierung und Reaktionen von Isocyanato- und Isothiocyanatoborazolen.** M. F. Lappert und H. Pyszora. (J. chem. Soc. [London] **1963**, 1744–50; Manchester, Univ., Fac. of Technol., Dep. of Chem.; engl.) — Isocyanato- (**I**) u. Isothiocyanatoborazole (**II**) lassen sich durch Rk. von Chlorborazolen (**III**) mit Cyanaten bzw. Thiocyanaten des Ag, Na, K oder Pb in Bzl., Methylenchlorid (**IV**), Pentan oder Acetonitril darstellen. Bei geeigneten Mengenverhältnissen von **III** zu Metallsalz erhält man unsymm. Mono- u. Dipseudohalogenoborazole, $Cl(OCN)_2 \cdot B_3N_3R_3$ u. $Cl_2 \cdot (OCN)B_3N_3R_3$, deren Struktur spektroskop. bewiesen wurde. Rkk. von **I** mit prim. oder sek. aliphat. Aminen führen zur schnellen u. quant. Bldg. von Additions-Verbb., den Ureidoborazolen (**V**); prim. aromat. Amine reagieren wesentlich langsamer. Zwischen N-Methylanilin u. *B-Triisocyanatoborazol* (**VI**) findet keine Rk. mehr statt. Für die Reaktivität mit Borazol-Verbb. gilt folgende Reihenfolge: $RNH_2 > R_2NH \gg ArNH_2 \gg ArRNH$. Alkoholyse der Endprodd. liefert Borate, NH_3 u. disubstituierte Harnstoffe. Rkk. zwischen $[NH_2(CH_2)_6 \cdot NH_2]$ oder $[p\text{-}C_6H_4(NH_2)_2]$ u. **I** ergeben polymere, hochvernetzte Polyureidoborazole, die in organ. Lsgm. u. in sd. W. unlösl. sind. Ihre IR-Spektren sowie die von **V** zeigen Banden bei 3485—3436 (ν-NH, Borazol), 3356—3215 (ν-NH, Harnstoff), 1658—1639 (C=O), 1462—1449 (B–N-Ring) u. 744—721 cm^{-1} (Borazolringdeformation). Mit Alkoholen bilden **I** Substitutions-Prodd., daneben findet Ringspaltung statt. Verw. eines Alkoholüberschusses ergibt quant. Borate u. Harnstoff. Bei Einw. von Alkohol auf **II** findet ebenfalls Substitution unter Bldg. von Boraten u. substituierten Ammoniumthiocyanaten statt. Die Rkk. von Aminen mit **II** sind wesentlich langsamer u. ergeben Aminoborazole, Ammoniumthiocyanate u. durch Ringspaltung Triaminoborane. Das Verh. der Verbb. wird mit dem der Pseudohalogenide anderer Elemente verglichen.

Versuche: *B-Trichlor-N-tri-n-propylborazol* (**VII**), $C_9H_{21}B_3Cl_3N_3$, $Kp._{0,01}$ 110°, F. 79—80°, nach der Meth. von Turner (Chem. Soc. Anniversary Meeting, April 1961); 69,5% (Ausbeute). — *Trichlor-tri-sek.-butylborazol*, $C_{12}H_{27}B_3Cl_3N_3$, $Kp._{0,005}$ 102°; n_D^{20} 1,4841; $D._4^{20}$ 1,090; analog **VII**. — *B-Triisocyanato-N-tri-n-propylborazol* (**VIII**), $C_{12}H_{21}B_3N_6O_3$, $Kp._{0,003}$ 118°, durch Zugabe von festem, trockenem AgOCN zu **VII** in Bzl. u. 1std. Kochen; n_D^{20} 1,4499; $D._4^{20}$ 1,094; 85,5%. — Die Darst. der folgenden Iso- (**I**) u. Isothiocyanatoborazole (**II**) erfolgt analog **VIII**: *B-Triisocyanatoborazol* (**VI**), $C_3H_3 \cdot B_3N_6O_3$, F. 166°; 92,5% — *(OCNBNR)₃*: (R=)*CH₃*, $C_6H_9B_3N_6O_3$, $Kp._{0,03}$ 112°, F. 85—86°; 90%. — *C₂H₅*, $C_9H_{15}B_3N_6O_3$, $Kp._{0,01}$ 102°, F. 36°; 87%. — *n-Butyl*, $C_{15}H_{27}B_3N_6O_3$, $Kp._{0,02}$ 140°, F. 30°; 75%. — *sek.-Butyl*, $C_{15}H_{27}B_3N_6O_3$, $Kp._{0,01}$ 134°, n_D^{20} 1,4901; $D._4^{20}$ 1,060; 88,5%. — *Phenyl*, $C_{21}H_{15}B_3N_6O_3$, F. 151—152°; 95,5%. — *(SCN–BNR)₃*: (R=)*H*, $C_3H_3B_3N_6S_3$, F. 154°; 99%. — *Methyl*, $C_6H_9B_3N_6S_3$, F. 202—204°; 92%. — *Äthyl* (**IX**), $C_9H_{15}B_3N_6S_3$, $Kp._{0,01}$ 130°, F. 87—88°; 82,5%. — *n-Propyl* (**X**), $C_{12}H_{21}B_3N_6S_3$, F. 121°; 86,5%. — *sek.-Butyl*, $C_{15}H_{27}B_3N_6S_3$, F. 54°; 91,5%. — *Phenyl*, $C_{21}H_{15} \cdot B_3N_6S_3$, F. 212—213°; 85,6%. — *(OCN)₂ClB₃N₃(CH₃)₃*, $C_5H_9B_3ClN_5O_2$, F. 95°. — *(OCN)Cl₂B₃N₃(CH₃)₃*, $C_4H_9B_3 \cdot Cl_2N_4O$, F. 56—57°. — *(OCN)₂ClB₃N₃(C₂H₅)₃*, $C_8H_{15}B_3 \cdot ClN_5O_2$, $Kp._{0,025}$ 98°. — *Tris-[N′.N′-dibutylureido]-borazol* (**XI**), $C_{27}H_{60}B_3N_9O_3$, F. 88—90° (Isopentan-**IV**), durch Zutropfen von Di-n-butylamin in trockenem Bzl. zu **VI** in Bzl. bei Raumtemp. u. $^1/_2$std. Kochen; 95%. Die Darst. der folgenden symm. Ureidoborazole ist analog: *(RNH–CO–NH–B–NH)₃*, (R=)*C₂H₅*, $C_9H_{24}B_3N_9O_3$, F. 128—130°; 94%. — *n-Butyl*, $C_{15}H_{36}B_3N_9O_3$, F. 120—121°; 85%. — *sek-Butyl*, $C_{15}H_{36}B_3N_9O_3$, F. 133—136°; 92%. — *[n-Butyl–NH–CO–NH–B–N–(CH₃)]₃*. $C_{18}H_{42}B_3N_9O_3$, F. 78—81°; 90%. — *[R₂N–CO–NH–B–NH]₃*, (R=)*C₂H₅*, $C_{15}H_{36}B_3N_9O_3$, F. 74—76°; 98%. — *Isopropyl*, $C_{21}H_{48}B_3 \cdot N_9O_3$, F. 124—129°; 100%. — *Tri-n-butylborat*, $C_{12}H_{27} \cdot BO_3$, $Kp._9$ 106°, $Kp._{15}$ 114°, a) durch Zutropfen von n-Butanol (**XII**) in **IV** zu **XI** in **IV** u. 1std. Kochen; n_D^{20} 1,4086; 91%; daneben *N.N-Di-n-butylharnstoff*, $C_9H_{20} \cdot N_2O$, $Kp._2$ 130—135°; 92,5%; b) durch Zutropfen von **XII** in Leichtbenzin zu **IX** in Leichtbenzin; 96,3%; daneben *Äthylammoniumthiocyanat*, $C_3H_8N_2S$, F. 53—54°; Nadeln. — *Tris-[n-propylamino]-boran*, $C_9H_{24}BN_3$, $Kp._1$ 40—42°, durch Zutropfen von 2,59 g n-Propylamin zu 2,75 g **X** in Leichtbenzin bei 20° u. $^1/_4$std. Kochen; $n_D^{20,5}$ 1,4391; 0,3 g. Daneben *B-Isothiocyanato-B′.B″-bis-[n-propylamino]-N.N′.N″-tri-n-propylborazol*, $C_{16}H_{37} \cdot B_3N_6S$, $Kp._{0,005}$ 136—141°, n_D^{21} 1,4866; 1,4 g; u. *n-Propylammoniumthiocyanat*, $C_4H_{10}N_2S$, F. 66—68° (Ae.–A.); 1,90 g. — *N-n-Propylharnstoff*, $C_4H_{10}N_2O$, F. 106° (A.–Ae.), durch Zutropfen von **XI** zu **VIII** in Leichtbenzin bei 20° u. $^1/_2$std. Kochen; 96,4%.

P. Scharner 258◇

0625 **Borhydridderivate.** 8. Mitt. **Einige Reaktionen von Natriumdekaboranat im Vergleich mit denen von Dekaboranylmagnesiumjodid.** N. J. Blay, R. J. Pace und R. L. Williams. (J. chem. Soc. [London] **1962, 3416** bis 3424, Sept.; Waltham Abbey, Essex, Min. of Aviat., E. R. D. E.; engl.) — 7. vgl. C. **1963,** 11215. — Na-Dekaboranat (**I**), welches aus NaH u. Dekaboran (**II**) dargestellt wurde (Form A), reagiert mit Dimethyl- (**III**), Diäthylsulfat (**IV**) u. Benzylchlorid (**V**) zu den gleichen substituierten **II**, wie sie aus Dekaboranylmagnesiumjodid erhalten werden. Die charakterist. Daten der UV-, IR- u. ^{11}B-kernmagnet. Resonanzspektren sind angegeben u. werden mit denen von Grignard-Verbb. u. Tetramethylammoniumdekaboranat, sowie mit denen der in äther. Lsg. aus **II** u. wss. Alkali darstellbaren Form B von I verglichen u. ausführlich diskutiert.

Versuche: *Na-Dekaboranat* (**I**), durch Zufügen von 0,24 g frisch umkrist. **II** in 20 ml abs. Ae. zu mit Ae. bedecktem NaH u. $^1/_2$std. Kochen. Die abgekühlte, gelbe äther. Lsg. wird so bald als möglich weiterverwendet (Zers. bes. durch höhere Temp. oder Ggw. von Säuren): Durch $^1/_2$std. Kochen mit **III** werden 28,1% methyliert; gaschromatograph. lassen sich neben 40,6% **II** *5-Methyl-* (**VI**) u. *6-Methyldekaboran* abtrennen. Beim Arbeiten mit **I** in Dibutyläther beträgt der Methylierungsgrad nur 14%. — Mit **IV** werden unter denselben Bedingungen 15,2—33% (je nach dem Verhältnis **II**:NaH in der Ausgangslösung) alkyliert, das Rk.-Prod. besteht aus 60—70% *6-* u. 30—40% *5-Äthyldekaboran*; daneben wenig *Diäthyldekaboran*. **II** wird unter diesen Bedingungen nicht umgesetzt. — Nach mehrstd. Erhitzen einer zur Trockne eingedampften **I**-Lsg. mit **V** auf dem Wasserbad konnte im Rk.-Prod. *Benzyldekaboran* gaschromatograph. nachgewiesen werden. — Bei 3std. Kochen einer **I**-Lsg. mit CH_3J wurden neben **II** 2% **VI** gebildet. Mit C_2H_5Br trat keine Rk. ein.

Gerhard Müller/Bitterfeld 258◇

0626 **Fluorphosphorverbindungen.** 4. Mitt. **Die alkylierenden Eigenschaften von Fluorophosphorsäureestern. Darstellung der Salze von Fluoro-mono- und -diphosphorsäuren aus den entsprechenden Alkylestern.** Claus Stölzer und Arthur Simon. (Chem. Ber. **96,** 288 bis 304, 1963; Leipzig, Sächs. Akad. der Wiss., Forsch.-Stelle Dresden; Dresden, TH, Inst. für Anorg. u. Anorg.-Techn. Chem.; dt.) — 3. vgl. C. **1962,** 53; 5. vgl. C. **1964,** 4-0582. — Die Äthylester von Fluoromono- u. -diphosphorsäuren erweisen sich als starke Alkylierungsmittel. So werden Carbonsäuren in ihre Äthylester, HCl u. HJ in die Äthylhalogenide übergeführt. Nach Entfernen der Alkylierungs-Prodd. können die den eingesetzten Estern zugrunde liegenden Fluorophosphorsäuren (**I**) papierchromatograph. u. durch Derivv. in den Rk.-Rückständen nachgewiesen werden, bes. die noch nicht beschriebene symm. *Difluorodiphosphorsäure* (**II**). Weiterhin werden geeignete organ. u. anorg. Salze (NaJ in Aceton, Pyridiniumchlorid) durch Fluorophosphorsäureester (**III**) alkyliert, wobei neben den Alkylierungs-Prodd. die entsprechenden Salze von eingesetztem **I**, u. a. die ebenfalls noch nicht beschriebenen symm. Difluorodiphosphate in z. T. guten Ausbeuten u. großer Reinheit entstehen. Das Difluorodiphosphation, $P_2O_5F_2^{2-}$, ist in neutraler wss. Lsg. relativ stabil.

Versuche: Die folgenden Säure-Derivv. wurden durch 6std. Erhitzen von **III** mit wasserfreier organ. Säure auf dem Wasserbad dargestellt: *Phenetol*, Kp. 170—172°, aus Difluorodiphosphorsäurediäthylester (**IV**) u. Phenol; n_D^{20} 1,5076; 30,8% (Ausbeute). *2.4-Dibromphenetol*, $C_8H_8Br_2O$, F. 52° (A.), derbe Prismen. — *Essigsäureäthylester*, Kp. 77—82°, a) aus **IV** u. Essigsäure (**V**); 36%; b) aus $P(O)(OC_2H_5)_2F$ (**VI**) u. **V**; 91,5%; c) durch 24std. Erhitzen von $P(S)(OC_2H_5)_2F$ u. **V** im Bombenrohr auf 150°; 40,7%; d) durch 6std. Erhitzen von $P(O)(OC_2H_5)F_2$ (**VII**) mit Na-Acetat; 32%; n_D^{20} 1,3724. — *Benzoesäureäthylester*, Kp. 211—215°, aus **IV** u. Benzoesäure; n_D^{20} 1,5053; 22,3%, — *Diphenylphosphorsäureäthylester*, $C_{14}H_{15}O_4P$, $Kp._{17}$ 210—214°, aus **IV** u. Diphenylphosphorsäure; n_D^{20} 1,5289; 24,4%. — *Essig-*

säure-n-butylester, Kp. 125—128°, aus $[P(O)(O\text{-}n\text{-}C_4H_9)\cdot(F)]_2O$ u. V; n_D^{20} 1,3950; 31,1%. — *Äthylchlorid*, Kp. 11—15°, nach 4std. Durchleiten von trockenem HCl durch IV u. Erwärmen auf 100—110°; 68,3%. Daneben *Chlorofluorophosphorsäureäthylester* (unrein). *Anilid* der *Monoäthylmonofluoromonophosphorsäure*, $C_8H_{11}FNO_2P$, F. 48°. — *Äthyljodid*, Kp. 72—73°, a) durch Einleiten von HJ in VII bei 70—80°; 30,6%; daneben Difluoromonophosphorsäure, HPO_2F_2; b) nach Durchleiten von trockenem HJ durch IV; 66,9%; n_D^{20} 1,5135. Daneben aus dem Rk.-Rückstand Gemisch von Fluorophosphorsäuren (VIII) (papierchromatograph.: $P_2O_5F_2^{2-}$, PO_4^{3-}, wenig PO_3F^{2-} u. $PO_2F_2^-$); n_D^{20} 1,370; $D.^{20}$ 1,692; 98,6% (bezogen auf II). — Salze der symm. *Difluorodiphosphorsäure* (II): *Bis-[cyclohexylammonium]-*, $[C_6H_{11}NH_3]_2F_2\cdot O_5P_2$, F. 188° (A./Ae.), aus vorst. Säuregemisch u. Cyclohexylamin in abs. Ae.; Kristallpulver; 31,9%. — *Bis-[anilinium]-*, $[C_6H_5NH_3]_2F_2O_5P_2$, F. 179°, analog aus Anilin; blaßgelbe wattige Nädelchen; 32,9%. — *Dinatrium-*, $Na_2F_2O_5P_2$, a) aus vorst. Verb. in abs. A. nach Zugabe von Na in abs. A.; 81,1%; b) aus VIII in abs. A. u. Na-Äthylat; 24,2%; c) durch Zugabe von IV zu wasserfreiem NaJ in Aceton u. 1/4std. Kochen; 63,3%; d) aus nachst. Verb. u. Na in A.; 75,2%; Kristallpulver. — *Bis-[pyridinium]-* (IX), $[C_5H_5NH]_2F_2O_5P_2$, F. 100°, durch Zutropfen von Pyridin u. W. zu $P(O)(OCH_3)(F)Cl$ in abs. Ae. bei 0° u. 3—4std. Rühren; hygroskop., viereckige Blättchen; 74,3%. — *Dilithium-*, $Li_2F_2O_5P_2$, a) durch 3std. Kochen von IV u. LiCl in Aceton; 79,8%; b) aus vorst. Verb. u. Li in Methanol (pyridinhaltig); 87,7%; Kristallpulver. — *Dikalium-*, $K_2F_2O_5P_2$, aus IX u. K in A.; feine Nädelchen; 72,4%. — Gemisch aus $P(O)(OCH_3)_2F$ u. $P(O)(OCH_3)(OC_2H_5)F$, $C_2H_6FO_3P$ u. $C_3H_8FO_3P$, $Kp._9$ 39—41°, durch Versetzen von VIII in abs. Ae. mit äther. Diazomethan u. Fraktionierung im Vakuum; n_D^{20} 1,3580. Daneben in der 2. Fraktion Gemisch aus $[P(O)(OCH_3)(F)]_2O$ u. $(C_2H_5O)(F)P(O)\text{–}O\text{–}P(O)(OCH_3)(F)$, $C_2H_6F_2O_5P_2$ u. $C_3H_8F_2O_5P_2$, $Kp._{10^{-3}}$ 48—50°; n_D^{20} 1,3647. — Gemisch aus $P(O)(OCH_3)\cdot(O\text{-}n\text{-}C_4H_9)F$ u. $P(O)(OC_2H_5)(O\text{-}n\text{-}C_4H_9)F$, $C_5H_{12}FO_3P$ u. $C_6H_{14}FO_3P$, $Kp._{10}$ 77—78°, durch Zutropfen von n-Butanol zu vorst. 2. Fraktion u. Fraktionierung im Hochvakuum; n_D^{20} 1,3854. Daneben Gemisch aus $P(O)(OCH_3)\cdot(F)OH$ u. $P(O)(OC_2H_5)(F)OH$, CH_4FO_3P u. $C_2H_6FO_3P$, $Kp._{10^{-3}}$ 62—65°; n_D^{20} 1,3605. — *Natriumdifluoromonophosphat*, NaF_2O_2P, durch 1std. Kochen von VII u. NaJ in Aceton; Kristallpulver; 88,1%. — *Natriumfluoromonoäthylphosphat*, $C_2H_5FNaO_3P$, durch 8std. Erhitzen von VI u. NaJ im geschlossenen Rohr auf dem Wasserbad; hygroskop.; 69,4%. P. Scharner 264◇

0627 **Die Bildung von Sylvin im Hochofen.** L. I. Karjakin. (Ber. Akad. Wiss. UdSSR **148**, 391—93, 1963; Ukrain. Forschungsinst. für feuerfeste Stoffe; russ.) — Im Hochofen bilden sich nach längerem Betrieb an der Schamotteschicht dünne Beläge von Sylvin. Die Kristalle haben Abmessungen bis 6μ. Gleichzeitig bildet sich Halit im Verhältnis NaCl : KCl = 1 : 4. Röntgenograph. ergibt sich der Gitterabstand zu a = 6,304 ± 0,006 Å. R. Teichmann 275◇

0628 **Verbindungen des Berylliumoxidbenzoats mit aromatischen Kohlenwasserstoffen.** G. M. Kurdjumow und K. N. Ssemenenko. (J. anorg. Chem. [UdSSR] **7**, 2115—21, 1962; russ.) — Vgl. C. **1964**, 15-0606. — Verbb. der Zus. $Be_4O(C_6H_5COO)_6\cdot 3A$ u. $Be_4O(C_6H_5COO)_6\cdot 0{,}5A$ (A = Bzl., Toluol, Styrol) werden bei Unterss. über die Löslichkeit von $Be_4O(C_6H_5COO)_6$ in Bzl., Toluol oder Styrol nachgewiesen. Die Lösungswärmen, Dissoziationsdrücke für Temp. von 20—50° sowie Werte für ΔH^0_{298} u. ΔS^0_{298} u. die Wärmetönung für Einschluß von 1 Mol KW-Stoff pro Mol $Be_4O(C_6H_5COO)_6\cdot 3A$ sind in 8 Tabellen angegeben. W.-D. Heußner 281◇

0629 **Konstitution und Löslichkeit von Tricalciumphosphathydrat.** Teruo Nakamura, Junpei Ando und Mitsuaki Watanabe. (J. Sci. Soil Manure, Japan [Nippon Dozyô-Hiryô-Gaku Zasshi] **29**, 457—60, 1959; jap., Auszug: engl.) — $Ca_3(PO_4)_2\cdot xH_2O$ wurde aus wss. Lsgg. von $Ca(NO_3)_2$ bzw. $Ca(CH_3COO)_2$ mit Ammoniumphosphat unter verschiedenen Bedingungen gefällt. Das Mol-Verhältnis CaO/P_2O_5 im Prod. ist ca. 3 bei pH 9,0—9,5 u. 20° bzw. bei pH 6,0—7,0 u. 60°. Das Prod. der ersten Lsg. ist koll., der zweiten Lsg. kristallin. Röntgenbeugungs-Unterss. ergeben die Ggw. von Hydroxylapatit (I). Ein Nebenprod. mit CaO/P_2O_5 = 2,7 bestand aus I u. Dicalciumphosphathydrat. Alle Prodd. sind lösl. in Citronensäure, weniger jedoch in neutralem NH_4-Citrat. R. Grundmann 283◇

0630 **Über die Umsetzung von Zinksulfat mit Ammoniak in wäßrigem Medium.** A. K. Kirakossjan. (J. anorg. Chem. [UdSSR] **5**, 953—59, 1960; Kurnakow-Inst. für allg. u. anorg. Chem. der Akad. der Wiss. der UdSSR; russ.) — Das Syst. $ZnSO_4\text{–}NH_3\text{–}H_2O$ wurde bei wechselnder $ZnSO_4$-Konz. (0,05—1,2 Mol/Liter) u. wechselnden molaren Verhältnissen m = $NH_3/ZnSO_4$ (0,1—8) bei 25° untersucht. Die Ergebnisse der Analysen der festen u. fl. Phasen sind wiedergegeben. Die Gleichgew. waren in 10—30 Tagen erreicht. Maximale Fällung des Zn^{2+} tritt bei m = 1,5—2,0 ein; die Fällung ist quant. bei $[ZnSO_4]$ < 0,15 Mol/Liter; bei höherer Konz. beträgt sie 90—96%. Völlige Lsg. der bas. Salze tritt für $ZnSO_4$ > 1 bei m = 4, für $ZnSO_4$ < 1 bei m > 4 ein; das zur völligen Lsg. erforderliche m ist proportional $[ZnSO_4]$. 2 Typen von bas. Salzen werden gefällt: $ZnSO_4\cdot nZn(OH)_2\cdot xH_2O$ u. $ZnSO_4\cdot nZn(OH)_2\cdot sNH_3\cdot xH_2O$. n, s u. x sind abhängig von $[ZnSO_4]$ u. von m. n wächst mit zunehmendem m bis m = 2 u. fällt bei höherem m. Alle bas. Salze enthalten W., dessen Geh. mit steigendem NH_3-Geh. der ausgeschiedenen Salze abnimmt.
G. Winkhaus 288□

0631 **Fällung basischer Cadmiumchloride mit Ammoniak.** A. K. Kirakossjan. (J. anorg. Chem. [UdSSR] **7**, 2557—62, 1962; russ.) — Vgl. vorst. Referat. — Mittels fraktionierter Fällung wurden im Syst. $CdCl_2\text{–}NH_3\text{–}H_2O$ bei 25° zwei bas. Salze veränderlicher Zus. erhalten: $CdCl_2\cdot nCd(OH)_2\cdot xH_2O$ (I) und $CdCl_2\cdot nCd(OH)_2\cdot sNH_3\cdot xH_2O$ (II). Aus konz. Lsgg. (> 0,25 m) von $CdCl_2$ wird durch NH_3 nur I gefällt, aus verd. Lsgg. (≤ 0,1 m) ist nur II erhältlich. H. Jäger 289◇

0632 **Die quaternäre Gleichgewichtskurve des Systems Sanidin–Quarz–Flüssigkeit–Gas zwischen 500 und 4000 Bar.** Herbert R. Shaw. (Amer. Mineralogist **48**, 883—96, 1963; Washington, D. C., U. S. Geol. Survey; engl.) — Vf. bestimmte die 4-Phasen-Kurve Sanidin–Quarz–Fl.–Gas des Syst. $KAlSi_3O_8$(I)–SiO_2(II)–H_2O(III) zwischen 500 u. 4000 Bar bei 730—880°; die Werte sind tabelliert u. graph. wiedergegeben. Die Ergebnisse zeigen Ähnlichkeit mit den Unterss. von Tuttle u. Bowen (Mem. geol. Soc. America **1958**, Nr. 74) an den Syst. I–II–III u. $NaAlSi_3O_8$–II–III u. von Stewart (C. **1961**, 417) am Syst. $CaAl_2Si_2O_8$–II–III. G. Gattow 294◇

0633 **Untersuchung des Bildungsprozesses von Galliumsulfat in wäßrigen Lösungen.** I. W. Tananajew und N. K. Bolschakowa. (J. anorg. Chem. [UdSSR] **7**, 2241—44, 1962; russ.) — Die Änderung der $[H^+]$ (0,2 bis $10{,}0\cdot 10^{-2}$) im Syst. $GaCl_3\text{–}Li_xH_{2-x}SO_4\text{–}H_2O$ bei 25° (x = 0...2) läßt sich mit Unterss. an verschiedenen isomolaren Reihen (0,1 u. 0,2 Mol/Liter) bestimmen u. eine Bldg. von $[GaSO_4]^+$ in Lsgg. geringer H^+-Konzz. feststellen. Für das Syst. $GaCl_3\text{–}Li_2SO_4\text{–}H_2O$ spielt die hydrolyt. Gleichgew.-Einstellung, welche zur Abscheidung bas. Ga-Salze führt, eine wesentliche Rolle. In Anwesenheit von Alkaliionen werden Ndd. bas. Ga-Sulfate auch im sauren Medium gebildet. W.-D. Heußner 295◇

0634 **Chemische und thermische Stabilität von Nitriden der Elemente der dritten Gruppe.** M. D. Ljutaja und W. F. Buchanewitsch. (J. anorg. Chem. [UdSSR] **7**, 2487—94, 1962; Akad. der Wiss. der UkrainSSR, Inst. für Metallkeramik u. Speziallegg.; russ.) — Die chem. Beständigkeit von *AlN*, *GaN*, *InN* u. $ScN_{0,97}$ gegenüber W., verd. u. konz. Säuren u. Laugen (H_2SO_4, HNO_3, HCl, NaOH) wurde untersucht. Die Beständigkeit gegenüber Säuren nimmt in der Reihe GaN–AlN–InN ab, gegenüber Laugen nimmt sie in der gleichen Reihe zu. Im kalten u. heißen W. sind die Nitride beständig. Die Oxydation von AlN u. GaN beginnt oberhalb 700—800°, von ScN ab 800°; InN wird bei 350° vollständig zersetzt. Aus diesen Resultaten wurde eine Meth. zur Analyse der

Nitride der 3. Gruppe ermittelt. Nach röntgenograph. Unterss. krist. GaN mit (a =) 3,180, (c =) 5,166; InN mit 3,540; 5,706 Å, $ScN_{0,97}$ hat a = 4,449 Å.
H. Jäger 299◇

0635 **Abtrennung von reinem ^{90}Y aus einem Gemisch ^{90}Sr–^{90}Y durch Mitfällung mit Eisen(III)-hydroxid.** Yoshio Koda. (J. inorg. nuclear Chem. **25**, 733–34, 1963; Nagoya, Kita-ku, Hirate-machi, Gov. Ind. Res. Inst.; engl.) — Aus einem Gemisch ^{90}Sr–^{90}Y kann ^{90}Y sehr gut abgetrennt werden, wenn eine $FeCl_3$-Lsg. sowie ca. 5% K_2SO_4 zugegeben werden u. mit Pyridin gefällt wird. Durch das Pyridin u. SO_4^{2-} wird die OH^--Konz. der Lsg. sowie der Hydratationsgrad des ausfallenden Fe(III)-Hydroxids herabgesetzt, wodurch weniger ^{90}Sr absorbiert wird, während ^{90}Y quant. mitfällt. G. Heller 300◇

0636 **Thermische Zersetzung von Yttrium-, Scandium- und Lanthanoxalat.** Ja. Ss. Ssawitzkaja, N. N. Tworogow, Ss. W. Kalabuchowa und L. Ss. Brykina. (J. anorg. Chem. [UdSSR] **7**, 2029–33, 1962; russ.) — Nach thermograph. u. thermogravimetr. Unterss. der therm. Zers. von Sc-, Y- u. La-Oxalat an Luft werden während der Rkk. CO, CO_2 u. die Oxide gebildet. Neben genauen Temp.-Angaben werden die untersuchten Zers.-Rkk. in ihren einzelnen Stufen charakterisiert: $Me_2(C_2O_4)_3 \cdot xH_2O \xrightarrow{T_1} Me_2(C_2O_4)_3 + xH_2O \xrightarrow{T_2} Me_2O_3 + 3CO + 3CO_2$ (Me = Sc, La, Y; T_1 ca. 250–300°; T_2 ca. 280 bis 725°; x = 1; 6; 9 in der Reihenfolge der Metalle). Durch gasanalyt. Unterss. sowie Best. der therm. Zers. von $Y_2(C_2O_4)_3$ in Inertgasatmosphäre (He) werden die exothermen Effekte des Thermogramms bei Zers. an Luft mit der Abgabe von CO u. CO_2 erklärt.
W.-D. Heußner 301◇

0637 **Thermochemische Untersuchung der Reaktion von Lanthanoxid mit Maleinsäure.** W. K. Walzew und W. P. Kowyrsina. (Nachr. sibir. Abt. Akad. Wiss. UdSSR **1961**, Nr. 9, 47–52; Nowosibirsk, Inst. für anorgan. Chem. der Sibir. Abt. der Akad. der Wiss. der UdSSR; russ.) — Vff. untersuchen mit Hilfe der thermochem. Meth. unter gleichzeitiger Anwendung der volumetr., kristallograph. u. chem. Analyse die Umsetzung von Lanthanoxid mit Maleinsäure. Neben der Temp.-Kurve wird die Kurve der Gas-Bldg. aufgenommen. Beim Erhitzen eines Gemisches von 20% La_2O_3 u. 80% Maleinsäure bildet sich unter Wasserabspaltung bei 110° ein Doppelsalz, das chem. nicht untersucht wurde. Dieses Salz A [empir. ca. $La_2(C_4H_2O_4)_3 \cdot C_4H_4O_4$] dissoziiert bei weiterer Erwärmung in einen Stoff B u. Maleinsäure unter deren gleichzeitiger Dissoziation in das Anhydrid u. Wasser. Der Stoff B dehydratisiert bei 196° unter Bldg. eines dritten Stoffes, der oberhalb 260° CO_2 abgibt. Brechungsindex Stoff A = 1,527, B = 1,446. Beide sind in W. lösl., nicht lösl. in A., Aceton u. Benzol.
R. Teichmann 301◇

0638 **Thermische Zersetzung von $(NH_4)_2SO_4 \cdot TiOSO_4 \cdot 2H_2O$ und elektronenmikroskopische Untersuchung von Titandioxid.** Sadao Taki. (J. chem. Soc. Japan, ind. Chem. Sect. [Kôgyô Kagaku Zassi] **59**, 498–500, 1956; Kofu, Yamanashi Univ.; jap.) — Der Mechanismus der therm. Zers. von $(NH_4)_2SO_4 \cdot TiOSO_4 \cdot 2H_2O$ wird thermogravimetr. sowie durch Röntgenbeugung u. Elektronenmikrographie untersucht. Zwei Moll. W. werden unterhalb 200° abgegeben. Bei weiterer Temp.-Erhöhung bilden sich $(NH_4)_2SO_4$, SO_3 u. *Anatas*. Dünne *Rutil*-Blättchen entstehen bei 800° u. wachsen zu Nadeln bei höheren Temperaturen. Gottfried Schreiber 321△

0639 **Phasenverhältnisse im System Y_2O_3–ZrO_2.** 1. Mitt. **Über die Existenz von Yttriumzirkonat und seine physikochemischen Eigenschaften.** Fu-kan Fan, A. K. Kusnetzow und E. K. Keler. (Nachr. Akad. Wiss. UdSSR, Abt. chem. Wiss. **1962**, 1141–46; Akad. der Wiss. der UdSSR, Inst. für Silicatchem.; russ.) — Zur Syst.-Unters. wurden Pulvergemische aus Y_2O_3 u. ZrO_2 mit W. verrieben, gepreßt u. auf 1100–2150° erhitzt. Die Rk.-Prodd. wurden chem., mkr. u. röntgenograph. untersucht, sowie die Abhängigkeit der Dichte u. der spezif. Leitfähigkeit von der Zus. bestimmt. Die Bldg. von $Y_2Zr_2O_7$ (I) beginnt bei 1100° u. nimmt mit steigender Temp. zu; bei 2150° getemperte Proben der Zus. $Y_2O_3 \cdot 2ZrO_2$ bestehen fast völlig aus **I**. **I** besitzt Pyrochlor-Struktur u. krist. mit a = 10,405 ± 0,001 kX u. Z = 8 in O_h^7 — Fd3m. **I** schmilzt kongruent bei 2530 ± 30° u. ist gegen konz. Säuren u. Laugen sehr beständig.
H. Jäger 322◇

0640 **Kaliumtrizirkonat.** A. A. Grisik und W. Je. Pljuschtschew. (J. anorg. Chem. [UdSSR] **7**, 2095 bis 2102, 1962; Moskau, Lomonossow-Inst. für chem. Technol.; russ.) — Die Rk. von ZrO_2 mit K_2CO_3, KOH u. KNO_3 wird in einem breiten Temp.-Bereich (400 bis 1200°) in Abhängigkeit von der Zus. des Ausgangsgemischs u. der Rk.-Dauer untersucht. Es lassen sich 2 Rk.-Prodd. im Syst. K_2O–ZrO_2 isolieren, von denen eines als Kaliumtrizirkonat $K_2O \cdot 3ZrO_2$ (**I**) (krist. pseudo-kub.; $D._{pykno.}^{20}$ = 4,10 ± 0,01 g/cm³) durch chem.- u. Röntgenstrukturanalysen identifiziert wurde. Vff. geben Daten von **I** über Hydrolyse, therm. Beständigkeit u. Umsetzungen mit Ausgangsprodd. an.
W.-D. Heußner 322◇

0641 **Über eine metastabile Modifikation von Li_2ZrO_3 und Li_2HfO_3.** W. Je. Pljuschtschew und A. A. Grisik. (J. anorg. Chem. [UdSSR] **7**, 2086–94, 1962; russ.) — Vgl. vorst. Referat. — Im Syst. Li_2O–ZrO_2 (1 : 1 bis 6 : 1 bei 800–1400°) ist ein metastabiles Li-Metazirkonat Li_2ZrO_3 (**I**) ($D._{pykno.}$ = 3,29 ± 0,05 g/cm³) unter gewissen Bedingungen existent, das man früher im Gemisch mit Li_2O irrtümlich für Li-Orthozirkonat Li_4ZrO_4 gehalten hat. Nach Röntgen-Unterss. stabilisiert überschüssiges Li_2O die metastabile Form von **I**. Außerdem kann es sich nach therm. Zers. von Li_4ZrO_4 oberhalb 1100° bilden. Mit der in analoger Weise synthetisierten metastabilen Modifikation des Li_2HfO_3 ($D._{pykno.}$ = 4,79 ± 0,05 g/cm³) werden neben Röntgenstrukturanalysen Unterss. über das Hydrolyse-Verh. durchgeführt. In beiden Syst. läßt sich die Existenz von Verbb. der Zus. $Li_2Me_2O_5$ (Me = Zr, Hf) nicht mit Sicherheit bestätigen. — 15 Literaturangaben. W.-D. Heußner 323◇

0642 **Calciumgermanate und ihre Eigenschaften.** Ss. M. Rojak und I. A. Prochwatilowa. (Ber. Akad. Wiss. UdSSR **141**, 880–83, 1961; russ.) — Werden Gemische von CaO u. GeO_2 in Verhältnissen von 2 : 1 u. 3 : 1 bei Temp. von 1250–1500° gesintert, so stellen die Rk.-Prodd. Calciumgermanate der Zus. $2CaO \cdot GeO_2$ u. $3CaO \cdot GeO_2$ dar. Nach mkr., thermoanalyt. u. röntgenograph. Unterss. sind diese Verbb. mit den entsprechenden Silicaten isostrukturell. Aus Röntgenaufnahmen beider Substanzen lassen sich einander gleiche Abstände der Gitterebenen berechnen. Nach Hochtemp.-Thermoanalysen läßt sich das $3CaO \cdot GeO_2$, welches ebenfalls wie $3CaO \cdot SiO_2$ oder $2CaO \cdot GeO_2$ in 5%ig. H_3BO_3-Lsg. leicht lösl. ist, zu $2CaO \cdot GeO_2$ abbauen. Das dabei entstehende $2CaO \cdot GeO_2$-Gefüge hat hexagonale u. ovale Form. Die gemessenen Brechungsindices beider Verb.-Klassen sind tabellar. angegeben. W.-D. Heußner 326□

0643 **Bildung einer Organozinn–Stickstoff-Bindung.** Keiiti Sisido und Sinpei Kozima. (J. org. Chemistry **27**, 4051–52, 1962; Kyôto, Kyôto Univ., Dep. of Ind. Chem.; engl.) — Trialkyldiäthylaminozinn-Verbb. mit Sn–N-Bindung werden nach R_3SnCl (**I**) + $(C_2H_5)_2NMgBr \rightarrow R_3SnN(C_2H_5)_2$ + MgBrCl erhalten. Diese werden durch HCl zu **I** u. Diäthylamin·HCl, durch Luftfeuchtigkeit u. CO_2 dagegen zu Diäthylamin (**II**) u. Trialkylzinncarbonat zersetzt. Für die Sn–$N(C_2H_5)_2$-Gruppierung charakterist. Banden finden sich im IR-Spektrum bei 1290, 1173, 1010, 880 u. 780 cm⁻¹.

Versuche: *Triäthyldiäthylaminozinn*, $C_{10}H_{25}NSn$, $Kp._{23}$ 114–117°, aus Diäthylaminomagnesiumbromid [aus 2,9 g Mg, 10,9 g C_2H_5Br u. 7,3 g **II** in 50 ml Tetrahydrofuran (THF)] durch Zutropfen von 14,5 g Triäthylzinnchlorid ($Kp._9$ 86–88°) in 50 ml THF, 4 Std. Sieden unter Rückfluß unter N_2 u. wiederholte Dest. des Rk.-Prod.; 9,5 g (Ausbeute). — *Tri-n-propyldiäthylaminozinn*, $C_{13}H_{31}NSn$, $Kp._{13}$ 118–120°, analog vorst. Verb. aus Tri-n-propylzinnchlorid ($Kp._{10}$ 122–123°); ca. 70%. — *Tri-n-butyldiäthylaminozinn*, $C_{16}H_{37}NSn$, $Kp._8$ 124–134°, analog vorst. Verb. aus Tri-n-butylzinnchlorid ($Kp._4$ 130–132°); ca. 70%. Ch. Zechel 327◇

0644 **Das System Bleioxid–Bleiselenid.** B. A. Popowskin, I. N. Odin und A. W. Nowosselowa. (J. anorg. Chem. [UdSSR] **8**, 1224—27, 1963; Moskau, Lomonossow-Univ.; russ.) — Die Berechnung des Rk.-Potentials für die Rk. $2PbO + PbSe \rightleftharpoons 3Pb + SeO_2$ im Bereich 330—650° ergab eine starke Verschiebung des Gleichgewichts nach links. Das Experiment bestätigt, daß beide Komponenten bis 1110° auch nicht als Schmelze miteinander reagieren. Die thermograph. u. röntgenograph. Analyse des Syst. PbO–PbSe ergab ein Schmelzdiagramm vom einfachen eutekt. Typ mit einem Eutektikum bei 760° ± 10° u. 20 Mol-% PbSe.
G. Ewald 328◇

0645 **Schmelzdiagramm des ternären Systems Na, Cs, Pb// Cl.** I. I. Iljassow. (J. anorg. Chem. [UdSSR] **8**, 1230 bis 1232, 1963; russ.) — Die Kristallisationsoberfläche zeigt die 3 Felder der 3 Komponenten sowie 2 Felder der Verbb. $PbCl_2 \cdot CsCl$ (F. 615°) u. $PbCl_2 \cdot 4CsCl$ (F. 493°, Zers.), deren Übergangspunkte bei 444° u. eutekt. Punkte bei 422 u. 370° liegen. NaCl reagiert mit keiner der Komponenten.
G. Ewald 328◇

0646 **Untersuchungen über Zusammensetzung und Eigenschaften von Vanadylvanadaten mit Hilfe spektrophotometrischer Methoden.** W. A. Mirkin und M. T. Koslowski. (Ber. Akad. Wiss. UdSSR **150**, 317—20, 1963; Inst. für chem. Wiss. der Akad. der Wiss. der KasachSSR; russ.) — Vff. bestimmen das Verhältnis für V^{IV}/V^{V} in Vanadylvanadaten sowie die Beständigkeits-Konst. in Abhängigkeit vom pH (4,5—10,3) unter Verw. spektrophotometr. u. elektrochem. Unters.-Meth., wobei von NH_4VO_3 u. $VOSO_4 \cdot 2H_2O$ ausgegangen wird. Aus den so erhaltenen Werten folgt, daß sich die Zus. der Vanadylvanadat-Ionen gesetzmäßig mit dem pH-Wert der Lsg. ändert. V^{IV} bildet dabei einfache u. kondensierte Verbb. mit Orthovanadat (pH 10,3—9,2), Divanadat (8,3—7,1) u. Metavanadat (5,5—4,5). Mit Isopolyvanadaten werden analoge Verbb. nicht gebildet.
W.-D. Heußner 330◇

0647 **Schmelzdiagramme der Systeme $RbCl–CrCl_3$, $CsCl–CrCl_3$.** A. I. Jefimow und B. S. Pitirimow. (J. anorg. Chem. [UdSSR] **8**, 2001—04, 1963; russ.) — In den Syst. $RbCl–CrCl_3$ u. $CsCl–CrCl_3$ werden bei Temp. von 400° (bzw. 650°) — 1150° für 0—100 Mol-% $CrCl_3$ die Schmelzdiagramme sowie die erhaltenen festen Phasen untersucht. Vff. beobachten dabei die Bldg. von kongruent schmelzenden Verbb. der Zus. Me_3CrCl_6 u. $Me_3Cr_2Cl_9$ (Me = Rb, Cs).
W.-D. Heußner 335◇

0648 **Über Komplexverbindungen des Typs $Me_2^I[MoCl_6]$.** A. I. Jefimow, L. P. Belorukowa und A. M. Ryndina. (J. anorg. Chem. [UdSSR] **8**, 1168—71, 1963; russ.) — Die Syst. $MoCl_5$–MeCl (Me = Na, K, Rb oder Cs) wurden thermograph. untersucht. Aus dem Schmelzdiagramm ergibt sich, daß $MoCl_5$ nur bis zu ca. 75% $MoCl_5$ als selbständige Phase existiert. Unterhalb 200° beginnend, wird bei Erwärmung Chlor frei. Es bilden sich Mo(IV)-Verbb. vom Typ $2MeCl \cdot MoCl_4$. Die Löslichkeit dieser Verbb. verringert sich in der Reihe Na → Cs; $2CsCl \cdot MoCl_4$ ist nicht löslich.
G. Ewald 336◇

0649 **Die Darstellung und einige Eigenschaften von Molybdän(V)-oxidtrichlorid.** D. A. Edwards. (J. inorg. nuclear Chem. **25**, 1198—99, 1963; Bristol, Ashley Docon, Coll. of Sci. and Technol., Dep. of Chem. and Biol.; engl.) — 50 ml äußerst trockenes SO_2 wurden bei — 78° in eine Ampulle dest., die 1—2 g $MoCl_5$ enthielt. Das nach 1wöchigem Stehenlassen bei Raum-Temp. gebildete dunkelbraune Prod. wurde nach Abdest. des SO_2 als $MoOCl_3$ (I) identifiziert. Es ist lösl. in Methanol u. Aceton u. unlösl. in nicht polaren Lsgm. wie Benzol. In 10 m HCl ist I unter Bldg. von $[MoOCl_5]^{2-}$ lösl., was durch Isolierung von Cs_2MoOCl_5 (Zugabe von CsCl) bewiesen wurde. Das magnet. Moment von I beträgt bei 295° 1,62 B.M.
H. Schroth 336◇

0650 **Herstellung und Eigenschaften von Äthylendiamintetraessigsäure-Komplexen.** 1. Mitt. **Verbindungen mit Mangan.** S. Škramovský und J. Podlahová. (Collect. czechoslov. chem. Commun. **27**, 1374—80, 1962; Prag, Karls-Univ., Inst. für anorg. Chem.; dt.) — Es wurde *Mangan(II)-dihydrogenäthylendiamintetraacetat* (I), $MnH_2C_{10}H_{12}N_2O_8 \cdot 4H_2O$, durch Lösen von metall. Mn oder von Mn(II)-Carbonat in einer Lsg. von Äthylendiamintetraessigsäure hergestellt. Die ausgeschiedenen Kristalle wurden aus heißem W. umkristallisiert. **I** ist eine zweibasige, in W. wenig lösl. Säure ($K_1 = 2{,}1 \cdot 10^{-3}$; $K_2 = 3{,}8 \cdot 10^{-9}$). Es wurden folgende, in W. gut lösl. Salze von **I** hergestellt: $(NH_4)_2MnC_{10}H_{12}N_2O_8 \cdot 4H_2O$, $Li_2MnC_{10}H_{12}N_2O_8 \cdot 4H_2O$, $Na_2MnC_{10}H_{12}N_2O_8 \cdot 8H_2O$, $K_2MnC_{10}H_{12}N_2O_8 \cdot 2H_2O$, $Rb_2MnC_{10}H_{12}N_2O_8 \cdot 3H_2O$ u. $Mn_2^{II}C_{10}H_{12}N_2O_8 \cdot 9H_2O$. Ferner wurde eine Verb. der Zus. $Mn^{II}[Mn^{III}C_{10}H_{12}N_2O_8]_2 \cdot 10H_2O$ gewonnen. Von den erhaltenen Verbb. wurden einige Eigg. im festen Zustand u. in wss. Lsg. untersucht. Aus magnet. Messungen ist ersichtlich, daß das Mn in diesen Komplexen eine Bindung vom Außenbahn-Typ aufweist.
V. Růžička/Prag 350

0651 **Bildung von Zinkferrit durch Explosionsdruck.** Yasuyuki Kimura. (Jap. J. appl. Physics **2**, 312, 1963; Yokosuka, Japan, Def. Acad.; engl.) — Es wird die Bldg. von $ZnO \cdot Fe_2O_3$ durch Explosionsdruck aus einem Gemisch von ZnO u. Fe_2O_3 nachgewiesen.
H. Hochstein 354◇

0652 **Zur thermischen Zersetzung der Zink- und Cadmiumhexacyanoferrate.** G. B. Sseifer. (J. anorg. Chem. [UdSSR] **8**, 1172—75, 1963; Akad. der Wiss. der UdSSR; Kurnakow-Inst. für allg. und anorg. Chem.; russ.) — Vf. untersuchte thermograph., gravimetr. u. analyt. die Zers. von $Zn_2[Fe(CN)_6] \cdot H_2O$ (**I**) u. $Cd_2[Fe(CN)_6] \cdot H_2O$ (**II**). Bei 240° verliert **I** das Hydratwasser, bei 330° verläuft die Rk. **I** → $2Zn(CN)_2 + Fe(CN)_2$ bei teilweiser Zers. nach $Fe(CN)_2 \rightarrow Fe + (CN)_2$; bei 450° beginnt die Rk. $Fe(CN)_2 \rightarrow FeCN_2 + C$, bei 550° die Rk. $3FeCN_2 \rightarrow Fe_3C + 2C + 3N_2$ u. bei 800° die Rk. $Zn(CN)_2 \rightarrow Zn + 2C + N_2$. **II** wird wie folgt zerlegt: 180°-Dehydratation; bei 700°: **II** → $2Cd(CN)_2 + Fe(CN)_2$; bei 770°: $3Fe(CN)_2 \rightarrow Fe_3C + 5C + 3N_2$ u. $Cd(CN)_2 \rightarrow Cd + 2C + N_2$.
G. Ewald 354◇

0653 **Dialkylaminophosphane.** 5. Mitt. **Dimethylaminophosphane als Komplexliganden.** Heinrich Nöth und Hans-Joachim Vetter. (Chem. Ber. **96**, 1479—84, 1963; München, Univ., Inst. für anorg. Chem.; dt.) — 4. vgl. gl. J. **96**, [1963], 1308; 2. vgl. C. **1963**, 20334. — Tris-[dimethylamino]-phosphan (**I**) u. Phenyl-bis-[dimethylamino]-phosphan (**II**) reagieren mit CdJ_2 bzw. HgJ_2 in Bzl. bei Raumtemp. zu den Koordinations-Verbb. $\{[(CH_3)_2N]_3P\}_2 \cdot CdJ_2$, $\{[(CH_3)_2N]_3P \cdot CdJ_2\}_2$, $\{[(CH_3)_2N]_3P\}_2 \cdot HgJ_2$, $\{[(CH_3)_2N]_3P \cdot HgJ_2\}_2$, $\{C_6H_5P[N(CH_3)_2]_2\}_2 \cdot HgJ_2$ u. $\{C_6H_5P[N(CH_3)_2]_2 \cdot HgJ_2\}_2 \cdot$ **I**, $[(CH_3)_2N]_2PCl$ (**III**) u. $[(CH_3)_2N]_2PCN$ (**IV**) substituieren maximal 2 CO-Liganden des $Ni(CO)_4$. Das IR-Spektrum der Mono- u. Diphosphannickelcarbonyle zeigt 2 Banden (symm. u. asymm. CO-Valenzschwingung), die sich in Abhängigkeit von der Natur des Phosphanliganden ändern.

Versuche: Alle Rkk. wurden unter N_2 u. Feuchtigkeitsausschluß durchgeführt: $\{[(CH_3)_2N]_3P\}_2 \cdot CdJ_2$, $C_{12}H_{36}CdJ_2N_6P_2$, F. 164—167° (Bzl./PAe.), aus 1,95 g **I** u. 2,19 g CdJ_2 in 40 ml Bzl. (Rühren); 95,2% (Ausbeute). — $[(CH_3)_2N]_3P \cdot CdJ_2$, $C_6H_{18}CdJ_2N_3P$, F. 255—257°, aus 0,90 g **I** u. 2,02 g CdJ_2 in 40 ml Bzl. nach 12std. Rühren bei Raumtemp. u. Erwärmen; 97,7%. — $\{[(CH_3)_2N]_3P\}_2 \cdot HgJ_2$, $C_{12}H_{36}HgJ_2N_6P_2$, F. 213—219°, aus 1,67 g **I** u. 2,33 g HgJ_2; aus Bzl./PAe. lange Nadeln; 92,5%. — $[(CH_3)_2N]_3P \cdot HgJ_2$, $C_6H_{18}HgJ_2N_3P$, F. 235—238°, durch 6std. Rühren von 1,07 g **I** u. 2,98 g HgJ_2 bei Raumtemp. u. schwaches Erwärmen; grünlich; 94,6%. — $\{C_6H_5P[N(CH_3)_2]_2\}_2 \cdot HgJ_2$, $C_{20}H_{34}HgJ_2N_4P_2$, F. 186—190°, aus 1,05 g **II** u. 1,22 g HgJ_2; voluminöses Pulver; 96,9%. — $C_6H_5P[N(CH_3)_2]_2 \cdot HgJ_2$, $C_{10}H_{17}HgJ_2N_2P$, F. 204—209°, aus 0,82 g **II** u. 1,91 g HgJ_2 (6std. Rühren u. schwaches Erwärmen); gelbliches Pulver; 92,3%. — $[(CH_3)_2N]_3 \cdot PNi(CO)_3$, $C_9H_{18}N_3NiO_3P$, F. 103—113°, aus 3.2 g **I** u. 3,8 g $Ni(CO)_4$ in Ae. (4 Std.); rosafarben; 98,2%. — $\{[(CH_3)_2N]_3P\}_2Ni(CO)_2$, $C_{14}H_{36}N_6NiO_2P_2$, F. 69—74°, a) aus 3,4 g $Ni(CO)_4$ u. 6,5 g **I** in sd. Bzl.; 92,2%; b) aus 13,0 g **I** u. 3,4 g $Ni(CO)_4$ in sd. Bzl. (3 Std.); 101%; gelbliche Kristalle. — $\{[(CH_3)_2N]_2PCl\}_2Ni(CO)_2$, $C_{10}H_{24}Cl_2 \cdot N_4NiO_2P_2$, aus **III** u. $Ni(CO)_4$ in Ae. (4std. Rühren); gelbliches Öl; 99,5%. — $\{[(CH_3)_2N]_2PCN\}_2Ni(CO)_2$,

$C_{12}H_{24}N_6NiO_2P_2$, F. 45—53°, aus **IV** u. $Ni(CO)_4$ in Bzl. oder Ae. (5 Std.); schwach bräunliche Kristalle; 99,2%. P. Scharner 356◇

A_9. Mineralogische und geologische Chemie

0654 **Durch Isotopenmessungen vermittelte Kenntnisse über den Raum und den Kosmos.** O. A. Schaeffer. (J. Chim. physique Physico-Chim. biol. **60,** 332—38, 1963; Upton, N. Y., Brookhaven Nat. Labor., Chem. Dep.; engl.) — Die Unters. der isotop. Häufigkeit von *He, Ne* u. *Ar* in Eisenmeteoriten haben zu dem Schluß geführt, daß diese Gase hauptsächlich durch die Einw. von kosm. Strahlen auf den Meteorit gebildet worden sind. Die hochenerget. Teilchen der kosm. Strahlen bewirken Kernzersplitterungsrkk. mit den Elementen, die in dem Meteorit enthalten sind. Durch Vgl. der durch kosm. Strahlen erzeugten radioakt. Isotopen verschiedener Halbwertszeiten ^{3}H, ^{37}Ar, ^{39}Ar, ^{36}Cl, ^{26}Al, ^{10}Be u. ^{40}K ist die Möglichkeit gegeben, die Konstanz der kosm. Strahlen in Zeit u. Raum zu untersuchen. An Hand aus der Literatur entnommener u. z. T. selbst gemessener Daten kommt Vf. zu dem Ergebnis, daß sich die Intensität der kosm. Strahlung während der letzten 500000 Jahre mit nur etwa 10% geändert haben kann u. daß ferner die kosm. Strahlen nahe der Erde etwa die gleiche Intensität haben wie die kosm. Strahlen im Asteroidengürtel in einer Entfernung von ca. 450 Millionen km von der Sonne. C. Gottfried 378△

0655 **Möglichkeit der Bildung organischer Verbindungen auf der Erde vor der Entstehung des Lebens.** Márton Kajtár. (Magyar tudományos Akad., kém. Tudományok Osztályának Közleményei [Ung. Akad. Wiss. Ber. Abt. chem. Wiss.] **20,** 1—32, 1963; Budapest, Univ., Lehrst. org. Chem.; ung.) — Vf. gibt eine Zusammenfassung der in der abiogenen organ. chem. Evolution wahrscheinlich abgelaufenen Vorgänge auf Grund experimenteller Modellverss. aus der Literatur: Rkk. in der festen Erdkruste; Rkk. in der Atmosphäre, im Meer bzw. auf der Oberfläche der Erde: Bldg. einfacher C-Verbb., Aminosäuren, Purinbasen, Zucker, Proteine u. Nucleinsäuren. Die vom Gesichtspunkt des Entstehens des Lebens wichtigsten Synth. makromol. Verbb. auf nicht enzymat. Wege von Schramm werden eingehend erörtert. J. Plank 378△

0656 **Geochemie des Galliums in den Granitoiden des Batholiths von Ssussamyr (Zentral-Tjan-Schan).** L. A. Borissenok und L. W. Tausson. (Geochemie [UdSSR] **1959,** 145—51; Moskau, Univ., Lehrst. für Geochem., Vernadsky-Inst. für Geochem. u. analyt. Chem. der Akad. der Wiss. der UdSSR; russ., Auszug: engl.) — Ga, als typ. accessor. Element, ist geochem. u. kristallchem. mit Al verwandt. In den Mineralen der Granitoide findet sich Ga ausschließlich als isomorphe Beimengung in Al-haltigen Mineralen mit der Koordination 6. Zu 60—70% ist Ga an Feldspate gebunden, außerdem an Glimmer u. Amphibole. Der durchschnittliche Ga-Geh. in den Hauptintrusionen der Ssussamyr-Batholithe beträgt 0,0017%, eine unbedeutende Erhöhung wurde lediglich in Aplitadern beobachtet. Das Verhältnis Ga/Al ist innerhalb des Komplexes prakt. konstant. H. Noack 378△

0657 **Über die Indiumverteilung in Zinn- und Golderzen.** Ss. Ss. Meschtscherjakow. (Schr. mineralog. Allunions-Ges. [UdSSR] [2] **92,** 466—70, 1963; russ.) — Für Zinn- u. Golderze wird folgendes Mineralisationsschema angegeben: 1. Seltene Metalle–Quarz; 2. Quarz–Turmalin; 3. Quarz-Mineralisation; 4. Chlorit–Sulfid-Typ. Der größte In-Geh. wurde im Turmalin- u. im Chlorit–Sulfid-Typ festgestellt (0,001 u. 0,0006%), andere Typen besitzen 0,0003% In. Für folgende Minerale wurde der In-Geh. (in % des Gesamtvork.) bestimmt: Sphalerit 76; Cassiterit 30; Chlorit 12; Galenit 9; Scheelit 8; Turmalin 7; Wolframit 2. In Zinnerzen vom Sulfid–Cassiterit-Typ u. in Golderzen ist In ausschließlich an Sphalerit gebunden, in Turmalin–Cassiterit-Erzen verteilt sich In auf mehrere Minerale. Es zeigt sich, daß In in Mineralassoziationen, wo Sphalerit eine große Rolle spielt, ausschließlich in ihm konzentriert ist. Fehlt Sphalerit, so verteilt sich In auf verschiedene andere Minerale. H. Kelch 378◇

0658 **Verteilung der Seltenerdmetalle in den Mineralen der Pegmatite von Nordwest- und Südwestkarelien.** A. P. Kalita. (Geochemie [UdSSR] **1959,** Nr. 2, 140—44; Moskau, Inst. für Miner., Geochem. u. Kristallchem. der seltenen Elemente der Akad. der Wiss. der UdSSR; russ., Auszug: engl.) — Die Elemente der Ce-Gruppe wurden im frühen Stadium der Pegmatitbldg. abgetrennt, während die Elemente der Y-Gruppe in späteren Ausscheidungsfolgen konz. sind. Unter dem Einfl. von Restlsgg. auf die selektiven Y-Minerale bildeten sich durch Metasomatose sek. Minerale, für die ein relativ niedriger Y-Geh. charakterist. ist. H. Noack 378△

0659 **Zur Geochemie des Bleis in Devoneffusiva von Zentral-Kasachstan.** K. K. Shirow und I. W. Tschernyschew. (Geochemie [UdSSR] **1959,** 116—23; Moskau, Lomonossow-Univ., Dep. of Geochem.; russ., Auszug: engl.) — Aus 79 quant. Spektralanalysen ergibt sich, daß sich die Effusivgesteine verschiedener Gebiete Zentral-Kasachstans nach dem Pb-Geh. in 3 Gruppen teilen: Liparit-, Dacit- u. Andesiteffusiva. In den Quarzporphyren u. Albitophyren beträgt der Pb-Geh. 1,0—1,3 (10^{-3}%), in den Dacitporphyriten 1,1—1,2, in den Andesitporphyriten 0,5—1,8, während die Tuffe der Quarzporphyre 1,4—2,0, die Tuffe der Dacitporphyrite 2,5 enthalten. Die Pb-Anreicherung in den Tuffen ist sek. Charakters. H. Noack 378△

0660 **Zur Geochemie von Nb und Ta in den Massiven der Nephelinsyenite von Wischnewyje Gory.** Je. M. Jesskowa. (Geochemie [UdSSR] **1959,** Nr. 2, 130—39; Moskau, Inst. für Miner., Geochem. u. Kristallchem. der seltenen Elemente der Akad. der Wiss. der UdSSR; russ., Auszug: engl.) — Für die Nephelinsyenite von Wischnewyje Gory ist ein relativ hoher Geh. an Nb (0,025%) u. Ta (0,0021%) kennzeichnend; das Verhältnis Nb/Ta schwankt zwischen 10,6 u. 11,8. Von den Miaskiten mit einem Maximalgeh. an Nb (Nb_2O_5 = 1,95—2,21%) u. Ta (Ta_2O_5 = 0,05 bis 0,06%) wird eine graduelle Abnahme des Geh. dieser Elemente über Biotite zu den Aegirin–Augit-Syeniten beobachtet. Ein erhöhter Geh. ist an albitisierte bzw. Kontaktzonen von Miaskiten mit Aegirin–Augit-Syeniten gebunden. 40—50% Nb u. Ta der Nephelin- u. Alkalisyenite sind in Ti- u. Zr-Mineralen (*Biotit, Ilmenit, Sphen, Zirkon*) konz., wobei Nb u. Ta isomorph Ti u. Zr ersetzen. Die Bldg. des Nb-Minerals *Pyrochlor* im späten Stadium der Entstehung von Miaskiten u. Biotitsyeniten wurde durch den relativ niedrigen Ti-Geh. im alkal. Magma u. den begrenzten Ersatz von Ti durch Nb u. Ta während der frühen Ausscheidungsfolge der Alkaligesteine begünstigt. H. Noack 378△

0661 **Vergleich zwischen Ringdaten und ^{14}C-Daten in einem neuseeländischen Kauribaum.** H. S. Jansen. (New Zealand J. Sci. **5,** 74—84, 1962; Lover Hutt, New Zealand, Dep. of Sci. and Ind. Res., Inst. of Nucl. Sci.; engl.) — An einem 1912 gefällten u. etwa 1000 Jahre altem Baumstumpf eines *Kauri*-Baumes wurde das Alter aus den Wachstumsringen u. gleichzeitig mit Hilfe der ^{14}C-Meth. bestimmt. Hierbei ergab sich eine zeitliche Abhängigkeit von $\Delta\,^{14}C$ in den einzelnen Wachstumsringen zwischen etwa —40‰ für die älteren Ringe u. +9,6‰ für die jüngsten Ringe. Die Gründe hierfür werden besprochen. C. Gottfried 378△

0662 **Bestimmung von Paläotemperaturen durch Isotopenanalyse der Fossilien der Unteren Kreide der Hochalpen (Frankreich).** R. Bowen und J. C. Fontes. (Experientia [Basel] **19,** 268—70, 1963; Pisa, Nucleare Contratto Euratom, Labor. di Geol.; Paris, Sorbonne, Labor. de Géol. dynamique et de Géographie phys.; franz.) — Aus der Isotopenbest. an Sauerstoff in 20 Belemniten, (Aptychus u. Nautilus) der Unteren Kreide geht hervor, daß die Temp. vom Berriasian zum Barremian ständig abnahmen u. im Albian wieder ein Maximum erreichten. F. Ensslin 378◇

0663 **Bestimmungen des Kalium–Argon-Alters einiger Gesteine aus dem Broken-Hill-Gebiet, New South Wales.** R. A. Binns und J. A. Miller. (Nature [London] **199,**

274—75, 1963; Armidale, N. S. W., Univ. of New England, Dep. of Geol.; Cambridge, Dep. of Geodesy and Geophys.; engl.) — An Hand der Altersdatierungen von 10 Mineralproben (*Hornblende, Muskovit, Biotit*) ließ sich folgende geochronolog. Abfolge im Broken-Hill-Gebiet aufstellen: Metamorphose M 1: $1600 \cdot 10^6$ Jahre oder älter, Metamorphosen M 2 u. M 3: $1345 \cdot 10^6$ Jahre, dicht folgende Intrusion des Mundi-Mundi-Granits: $1307 \cdot 10^6$ Jahre, Metamorphose u. Faltung des Torrowangee M 4: $916 \cdot 10^6$ Jahre. J. Heinze 378◇

0664 **Alter einiger tertiärer Intrusivgesteine in Arran.** J. A. Miller und W. B. Harland. (Mineralog. Mag. J. mineralog. Soc. **33**, 521—23, 1963; engl.) — Vgl. vorst. Referat. — Das K/Ar-Alter, gemessen an *Feldspaten, Quarz* u. *Biotit*, des magmat. Gesteins von Arran, Schottland, liegt zwischen 55 u. $65 \cdot 10^6$ Jahren.
Ernst Schulte 378◇

0665 **Fossile Spuren geladener Teilchen in Glimmern und das Alter von Mineralen.** P. B. Price und R. M. Walker. (J. geophys. Res. **68**, 4847—62, 1963; Schenectady, N. Y., General Electric Res. Labor.; engl.) — Spuren geladener Teilchen wurden an natürlichen Glimmern durch Behandlung mit sauren Ätzmitteln sichtbar gemacht u. mkr. untersucht. Die Spurendichten erreichen Konzz. bis $> 5 \cdot 10^4/cm^2$. In *Biotiten* u. *Phlogopiten* sind die Spuren häufig in *Muskoviten* u. *Lepidolithen* weniger häufig. Die verschiedenen Möglichkeiten der Bldg. werden diskutiert; der häufigste Ursprung liegt im spontanen Zerfall von *U*-Verunreinigungen. Durch Zählung der Spuren vor u. nach der Reaktorbestrahlung können die Alter der Glimmerproben u. die *U*-Konzz. errechnet werden. Ernst Schulte 378◇

0666 **Altersunterteilung der Granitoide nach der Thermolumineszenz-Methode.** W. B. Wassilenko und N. Ss. Wartanowa. (Geol. u. Geophysik [UdSSR] **1963**, Nr. 7, 17—31; Nowosibirsk, Sibir. Abt. der Akad. der Wiss. der UdSSR, Inst. für Geol. u. Geophys.; russ., Auszug: engl.) — Vff. untersuchen die Abhängigkeit zwischen Thermolumineszenz u. natürlicher Radioaktivität der Granitoide. Die Behandlung der erhaltenen Daten mit Meth. der mathemat. Statistik zeigte, daß die Thermolumineszenz vorwiegend von der β-Aktivität abhängt. Als Korrelationsgröße wurde ein Koeff. der geradlinigen Regression angenommen. Dieser erlaubt, eine scharfe Grenze zwischen dem Oberen Paläozoikum u. Mesozoikum der Granitoide v. Ost-Transbaikalien zu ziehen.
H. Kelch 378◇

0667 **Geochemische Besonderheiten der sekundären Veränderungen der Ludwigit-Erze.** Ss. M. Alexandrow. (Geochemie [UdSSR] **1959**, 171—77; Moskau, Vernadsky-Inst. für Geochem. u. analyt. Chem. der Akad. der Wiss. der UdSSR; russ., Auszug: engl.) — Unter endogenen Bedingungen erfolgt eine Ascharitisierung von Ludwigit, die Zus. der sek. Minerale ist von der Zus. des Ludwigits abhängig. In den Mg–Ludwigit-Lagerstätten des Ost-Transbaikal treten als sek. Minerale *Ascharit, Magnetit* u. *Haematit* auf. In späteren Phasen des hydrothermalen Prozesses wird Ascharit durch eine Anzahl nichtmetall. Minerale (*Antigorit, Leuchtenbergit, Brucit, Calcit*) verdrängt, wodurch ein Abtransport verschiedener Komponenten, vor allem von B, erfolgte. Unter hypergenet. Bedingungen wird Ludwigit durch Fe-Hydroxide, Ascharit durch Calcit ersetzt, das bei der Zers. von Ludwigit abgetrennte B wird teilweise durch die Fe-Hydroxide adsorbiert. H. Noack 378△

0668 **Gesetzmäßigkeiten der Mineralisationsstadien in verschiedenen Erzformationen auf dem Gebiet der ArmenischenSSR.** A. G. Kasarjan. (Schr. mineralog. Allunions-Ges. [UdSSR] [2] **92**, 470—74, 1963; russ.) — Folgende Stadien werden miteinander verglichen: 1. Cu–Mo-Formation mit der höchsten Mineralisationstemp.; 2. Kies-Formation; 3. Pb–Sb–Au-Form.; 4. Pb–Zn-Form.; 5. Hg-Realgar-Auripigment-Form. Die Metall-Konz. in verschiedenen Stadien nimmt in folgender Reihenfolge ab: Mo, Fe, As, Cu, Zn, Pb, Sb u. a. Außerdem wurde eine Oxydation von S^{2-} zu $[SO_4]^{2-}$ (Baryt- u. Anhydrit-Bldg.) ein späterer Ersatz von $[SO_4]^{2-}$ durch CO_2 u. abschließend eine Chalcedon-Bldg. festgestellt.
H. Kelch 378◇

0669 **Verhalten von Titan beim Bildungsprozeß der Skarne von Tyrny-Aus.** G. W. Nessterenko. (Geochemie [UdSSR] **1959**, 159—64; Moskau, Vernadsky-Inst. für Geochem. u. analyt. Chem. der Akad. der Wiss. der UdSSR; russ., Auszug: engl.) — Entgegen früheren Annahmen ist Ti in den Biotithornblenden von Tyrny-Aus nicht nur an Biotit, sondern auch an Erze mit einem Geh. von 95—96% Ilmenit gebunden. In den metasomat. Gesteinen tritt Ti als Sphen auf, sek. gebildet durch Zers. von Ilmenit bei der Verskarnung. Durch isomorphen Ersatz von Al u. auch Si ist Ti in geringen Mengen (0,003—0,5%) in Skarnmineralen (*Pyroxen, Granat, Vesuvian, Wollastonit*) enthalten.
H. Noack 378△

0670 **Über die Beziehung zwischen Molybdänit und Scheelit in den Feldspat-Quarz-Stadien der Mineralbildung in einigen Skarn-Lagerstätten seltener Metalle.** W. I. Recharski. (Ber. Akad. Wiss. UdSSR **139**, 963—65, 1961; Moskau, Inst. für Geol. der Erzlagerstätten, Petrographie, Miner. u. Geochem. der Akad. der Wiss. der UdSSR; russ.) — Beobachtungen über die Paragenesen von Molybdänit u. Scheelit aus einigen Skarnlagerstätten Mittelasiens u. des Kaukasus. Bei den Skarnen handelt es sich um Feldspat-Amphibol-Quarz-Metasomatite mit Pyroxen u. Granat u. eingeschalteten Quarz-Feldspat-Hängen. Der Scheelit ist überwiegend paragenet. an die feldspatisierten Skarnmineral[illegible] mit Neubldg. von Pyroxen u. Granat geknüpft. Die [illegible]b-dänitbldg. erfolgt nur teilweise gleichzeitig [illegible]m Scheelit, sonst später. Molybdänit ist an die [illegible]ara-genesen mit Feldspat, Amphibol u. Epidot [illegible]nge mit Feldspat, Biotit u. Quarz geknüpft. Eine [illegible]eitere Sulfidparagenese mit *Pyrit, Pyrrhotin* u. *Chalkopyrit* schließt sich an. Im Verlaufe der Erzkristallisation ist Mo in 4- u. 6-wertigen Ionen vorhanden u. Säurekomplexe bilden die Frühparagenesen im Verlaufe der Alkalikonz. der Lsgg. (*Molybdoscheelit*, Scheelit). Der übrige Anteil geht mit Fe- u. Cu-Ionen in die Sulfidparagenesen (Molybdänit, Fe–Cu-Sulfide). H.-J. Bautsch 378□

0671 **Die Temperatur der Lösungen gasförmiger und flüssiger Einschlüsse in Mineralien der Ssavinskoje-Lagerstätte Nr. 5.** L. I. Koltun, Ju. W. Ljachow und A. W. Pisnjur. (Schr. mineralog. Allunions-Ges. [UdSSR] [2] **92**, 327—34, 1963; russ.) — Die Mineralisation der Lagerstätte begann aus einer hydrothermalen Lsg. bei 395° u. verlief weiter bei allmählicher Abkühlung der Lsg. bis 370°. Darauf erfolgte die Mineral-Bldg. nach einigen Unterbrechungen aus pneumatolyt. Lsgg., welche sich infolge Abkühlung in Hydrothermen verwandelten. Die hydrothermale Etappe wird durch verschiedene Mineralbildungsprozesse charakterisiert.
H. Kelch 378◇

0672 **Über Mineralphasen, die sich beim Erhitzen einiger Carbonate bilden.** G. W. Karpowa. (Schr. mineralog. Allunions-Ges. [UdSSR] [2] **92**, 343—48, 1963; russ.) — Beim Erhitzen einiger Carbonate vom Typ (Fe, Ca, Mg, Mn)CO_3 tritt nach Dissoziation bei 500—600° Oxydation von Fe^{2+} u. Mn^{2+} u. nachfolgende Bldg. von Mineralen mit Spinell-Struktur ein. Der exotherm. Effekt bei 800—900° wird durch Sammelkristallisation der Spinell-Kristalle erklärt. Mit der Spinellphase bilden sich gleichzeitig unbedeutende Mengen Haematit und Ca-Ferrite.
H. Kelch 378◇

0673 **Alkali–Akermanit-Vierlinge aus der Odichintscha-Lagerstätte (nördlich des Krasnojarsker Gebietes).** N. S. Jewsikowa. (Schr. mineralog. Allunions-Ges. [UdSSR] [2] **92**, 322—27, 1963; Geol. Forsch.-Inst. der Arktis; russ.) — Melilith-Kristalle aus Pegmatiten der Nephelin-Melilith-Gesteine gehören zur Alkaliabart v. Akermanit u. zeigen infolge des hohen Alkalitätsgrad relativ geringen Pleochroismus, hohe Doppelbrechung (0,011) u. hohes spezif. Gew. (3,03). Die Zus. entspricht $(Ca_{1,51} \cdot Na_{0,44}\ H_3O_{0,02})_{1,97}\ (Mg_{0,43}\ Al_{0,42}\ Fe^{2+}_{0,10}\ Fe^{3+}_{0,06})_{1,01}\ [Si_{1,98} \cdot O_{6,98}]$. Die Kristalle bestehen aus einer Vielzahl gesetzmäßig (zumeist als Vierling) verwachsener kleinerer Kristalle mit gleicher opt. Orientierung. Die Bldg. der Vierlinge erfolgt infolge Einw. hoher Drücke.
H. Kelch 380◇

0674 **Die wahrscheinliche chemische Formel von Aksait, eines neuen hydratisierten Magnesiumborats.** Joan R. Clark und Richard C. Erd. (Amer. Mineralogist **48**, 930—35, 1963; Washington, D. C., U. S. Geol. Surv.; Menlo Park, Calif.; engl.) — Synthet. $MgO \cdot 3B_2O_3 \cdot 5H_2O$ ist rhomb. mit a = 12,54 ± 0,04 (Å); b = 24,35 ± 0,08; c = 7,484 ± 0,025; Z = 8; Raumgruppe Pbca. $D_{ber.}$ 1,972 (g/cm³); $D_{gem.}$ 1,99 ± 0,01. Opt. zweiachsig negativ. $\alpha = 1,472 \pm 0,002$; $\beta = 1,503 \pm 0,002$; $\gamma = 1,526 \pm 0,002$. 2 $V_{ber.}$ 80°. Die kristallograph. u. opt. Daten von $MgO \cdot 3B_2O_3 \cdot 5H_2O$ werden mit denen von Aksait verglichen u. gute Übereinstimmung festgestellt. Die wahrscheinliche Strukturformel für Aksait ist $Mg[B_2O_3(OH)_4]_2 \cdot H_2O$. Ernst Schulte 380◇

0675 **Neue Daten über den sogenannten Aluschtit.** N. W. Logwinenko und W. A. Frank-Kamenetzki. (Ber. Akad. Wiss. UdSSR **137**, 1441—44, 1961; Charkow, Gorki-Univ.; Leningrad, Shdanow-Univ.; russ.) — Neue Unters. (opt., röntgenograph., DTA, elektronenmkr., spektrophotometr., chem.) bestätigen die schon früher dargelegten Ergebnisse der Verfasser. Die chem. Analyse entspricht einer Formel $K_{0,01}Na_{0,04}Ca_{0,02}(Mg_{0,16}, Fe_{0,20}, Al_{3,14})$ $[Si_{3,82}Al_{0,18}O_{10}](OH)_8 \cdot 0,36H_2O$. Die an der Zus. beteiligten Komponenten sind *Dickit, Hydroglimmer* u. *Montmorillonit*. Der Aluschtit ist nicht als ein Al-Chlorit anzusehen. H.-J. Bautsch 380□

0676 **Einige natürliche feste Lösungen von Analcim.** J. F. G. Wilkinson. (Mineralog. Mag. J. mineralog. Soc. **33**, 498—505, 1963; Armidale, The Univ. of New England, Dep. of Geol.; engl.) — Von drei Analcimen einer Differentiationsfolge Olivin–Theralith zu Analcim–Tinguait werden chem., opt. u. Röntgendaten angegeben. Sie zeigen im Vgl. mit der Idealzus. für Analcim einen Ersatz von NaAl durch Si. Opt. u. Röntgendaten stehen in Übereinstimmung mit denen von Analcim ähnlicher Zus. u. solchen, die im sub-solidus Bereich des Syst. $NaAlSiO_4$–$NaAlSi_3O_8$–H_2O synthet. erhalten wurden. Ernst Schulte 380◇

0677 **Die kieselsäurehaltigen Bauxite von Dréveneuse.** Héli Badoux und Godefroy de Weisse. (Bull. Soc. vaud. Sci. natur. **67**, 169—77, 1959; franz.) — Nach den Ergebnissen mineralog. u. chem. Unterss. sind die Bauxite von Dréveneuse (Rhônetal) aus fossilen Böden zwischen Trias u. Malm entstanden. R. F. Haar 380◇

0678 **Britholith aus den kristallinen Gesteinen des östlichen Asow-Gebiets (UkrainSSR).** Ju. Ju. Jurk, Je. Ja. Martschenko und Je. I. Gontscharowa. (Ber. Akad. Wiss. UdSSR **137**, 947—50, 1961; Inst. für mineral. Reserven der Akad. der Wiss. der UkrainSSR; russ.) — Britholith findet sich in Syenitapliten alaskit. Gesteine in Paragenesen mit Fluorit, die durch metasomat. Veränderungen entstanden sind. Petrographische Beschreibung der metasomat. Körper. Die Werte für die Lichtbrechung sind: $N_0 < 1,780$, $N_e > 1,767$ bei kleinem Achsenwinkel. Chem. Zus.: $\Sigma(Ce, V)_2O_3$ 58,04% (davon Ce_2O_3 21,78, $(La\ldots)_2O_3$ 16,20, $(V\ldots)_2O_3$ 17,08), Fe_2O_3 2,70, CaO 12,82, MgO 0,18, Na_2O 0,13, P_2O_5 1,85, SiO_2 17,94, H_2O^+ 5,78, H_2O^- 0,18. Diskussion der genet. Ableitung der britholithführenden Paragenesen aus Alkali-Massiven als ein neuer genet. Typ der Seltenerdmetall-Fluorit-Mineralisation dieses Gebiets. H.-J. Bautsch 380□

0679 **Über den Cassiterit aus Karatscha-Kuduk.** M. D. Trojanow. (Usbek. geol. J. **1958**, Nr. 3, 59—64; Hauptverwalt. für Geol. u. Schutz der Bodenschätze des Ministerrates der UsbekSSR; russ.) — Der Cassiterit (I) bildet relativ große Kristalle mit kurzstengeligem prismat. Habitus, die Farbe variiert von dunkelbraun über grau nach hellgelb, der Glanz ist fettig, harzig. Die Ergebnisse der mkr. u. spektralanalyt. Unters. sind angegeben. Daraus folgt, daß I nach den typomorphen Merkmalen u. der Zus. der Beimengungen zum hydrothermalen Quarz-I-Typ zählt. Die Ggw. von Ni, Ta u. Zr schließt eine Beziehung zu den Pegmatit- u. Skarnformationen aus, das Fehlen von Cu, Ni, As, Bi, Pb, Zn zu den Sulfidadern (Tabelle). Einschlußgesteine sind Schiefer oder dolomitisierte Kalksteine. H. Noack 380△

0680 **Bemerkungen über gesteinsbildende Mineralien. 26. Mitt. Enstatit aus einem Granat–Peridotit-Einschluß in Kimberlit.** Shohei Banno, Ikuo Kushiro und Yoshito Matsui. (J. geol. Soc. Japan **69**, 157—59, 1963; engl.) — 25. vgl. C. **1963**, 20730. — Angabe einer Analyse des aus dem Gestein isolierten Enstatits. Dieser steht in dem Einschluß im Gleichgew. mit Granat (MgO-reicher Pyralspit) u. Olivin. F. Ensslin 380◇

0681 **Bemerkungen über gesteinsbildende Mineralien. 27. Mitt. Hornblende aus Amphiboliten des Horokanai-Gebiets in dem metamorphen Belt von Kamuikotan, Hokkaido.** Hiroshi Haramura. (J. geol. Soc. Japan **69**, 207—08, 1963; Tokyo, Univ., Fac. of Sci., Geol. Inst.; engl.) — 26. vgl. vorst. Referat. — Angaben von Analysen von 2 Hornblenden aus einem Amphibolit, der zusammen mit ultrabas. Intrusiva vorkommt. Nach der chem. Zus. können die Gesteine keinen hochmetamorphen Ursprung haben. F. Ensslin 380◇

0682 **Zwillingskristalle des Fayalits.** H. Curien, R. Ruaux und A. Rimsky. (Bull. Soc. franç. Minéralog. Cristallogr. **86**, 3—7, 1963; Fac. des Sci. de Paris, Labor. de Minér.-Cristallographie; franz.) — Die röntgenograph. Unters. von Fe_2SiO_4-Zwillingskristallen führte zur Unterscheidung zwischen „vollkommenen" u. „unvollkommenen" Zwillingen. Erstere zeigten durch die sich kreuzenden Kristallamellen orthorhomb. Symmetrie (Winkel zwischen den Symmetrieebenen (011) u. (031) 90°20′), von letzteren konnten aus dem Laue-Diagramm keine Symmetrieebenen ausgemacht werden. An den so unterschiedenen Zwillingstypen wurde die Gültigkeit des Mallard-Friedelschen Gesetzes geprüft u. die Oberflächenverbindungen u. die gegenseitige Orientierung der den Zwilling bildenden Lamellen untersucht. J. Blume 380◇

0683 **Entwicklung der Fluorit-Kristallformen in den Erzgängen der Bukukin-Lagerstätte.** W. F. Barabanow, G. N. Gontscharow, L. Ja. Krylowa und M. B. Rafalsson. (Schr. mineralog. Allunions-Ges. [UdSSR] [2]**92**, 316—22, 1963; Leningrad, Univ., Lehrst. für Miner.; russ.) — In den Störungszonen der Erzgänge entwickelten sich während des Wachstums aus oktaedr. ausgebildeten Fluorit-Kristallen kub. Kristalle. Diese Tendenz ist nicht mit einer Absorption von Beimengungen verbunden u. zeigt eine geringe Temp.-Abhängigkeit. Als Hauptursache dieser Formentw. wird eine starke Übersättigung der Lsgg. angesehen, aus denen die Kristallisation erfolgte. Außerdem fand während des Kristallwachstums eine Veränderung des quant. F–Ca-Verhältnisses in der Lsg. statt. H. Kelch 380◇

0684 **Glaukonit in den Kreidesedimenten des Flusses Belaja im Nord-Kaukasus.** I. A. Schamrai und W. I. Raduschew. (Ber. Akad. Wiss. UdSSR **124**, 900—02, 1959; Rostow/Don, Univ.; russ.) — In den Durchschnitten der Unterkreidegesteine der Flüsse Belaja, Laba u. a. wird eine bis 15 m mächtige Schicht mit hohem (60—75%) Geh. an Glaukonit (I) nachgewiesen, die auch genet. später gebildete Sideritkonkretionen enthält. Die Schicht ist oft intensiv grün gefärbt. Die I-Körner sind schwach doppelbrechend mit mittlerem Brechungsindex von 1,590—1,600. Chem. ist der hohe (23%) Geh. an Fe_2O_3 beachtenswert, sowie ein niedriger Geh. an K (2,7%), dessen Defizit durch H_3O^+ kompensiert wird. Die Erhitzungskurve weist bis 100° einen Verlust von 4% W. auf, der bei 190° einen starken endothermen Effekt (hygroskop. W.) erzeugt, dem bei 575° ein zweiter Verlust an Konstitutionswasser nachfolgt. Bei 700° ist alles W. (9%) entfernt. Die Absorptionskapazität beträgt nach Warfolomejew 0,84% CaO. A. v. Wilpert 380□

0685 **Eine Bemerkung zum Vorkommen von Graphit in der Shillong-Erzader nahe Shillong, K & J Hills, Assam.** J. M. Choudhury und P. K. Chowdhury. (Sci. and Cult. **26**, 233—34, 1960; Gauhati, Gauhati Univ., Dep. of Geol.; engl.) — Bericht über das Vork. von feinnadligem bis schmierig feinkörnigem Graphit innerhalb starker Quarzbänder der Erzgänge bei Shillong. Seine Entstehung wird mit Gleichgewichtsrkk. zwischen Carbonat-C u. H_2O in Verbindung gebracht. R.-G. Kaiser 380◇

0686 **Laumontit in den Konglomeraten der Beresow-See der Tugnuis-Ablagerung (West-Transbaikal).** G. A. Kasenkina. (Ber. Akad. Wiss. UdSSR **124,** 896—97, 1959; Geol. Inst. der Ostsibir. Zweigstelle der Akad. der Wiss. der UdSSR; russ.) — Der Zeolith Laumontit (I) findet sich in einem 150 m mächtigen Konglomerat, dessen Zement ein polymikter Sandstein darstellt, der durch Trümmer von Chlorit, Glimmer u. Hydroglimmer, Fe-Oxide, Pyrit u. Tuffmaterial angereichert ist. Der Geh. an I ist gering (3—7%). Täfelchen von I liegen in den Zwischenräumen der Trümmer der Mineralien u. Gesteine. Das Mineral ist opt. positiv u. 2achsig, $N_g = 1{,}520$, $N_m = 1{,}519$, $N_p = 1{,}508$. Genesis: Zunächst bildeten sich um die Körner Chlorithüllen, sodann Hüllen der Ti-Mineralien, danach I. Dadurch wird erneut nachgewiesen, daß Zeolithe durch normale Sedimentation entstehen können. A. v. Wilpert 380□

0687 **Herkunft der sphärolithischen Magnesite von Someshwar, Almora Distrikt, U. P.** Sachinath Mitra. (Sci. and Cult. **26,** 228—30, 1960; Calcutta, Jadavpur Univ., Dep. of Geol.; engl.) — Sphärolith. Magnesite tritt in breiter Ausdehnung im anstehenden Dolomitgestein auf. Die krist., mehrere Zoll großen Stücke sitzen in der Regel auf Magnesitbrocken auf. Ähnliche Erscheinungen aus anderen Ländern (österreich. Alpen, Nordamerika, Norwegen, Syrien) werden mit dem Aufsteigen von Tiefenwässern erklärt, deren Übersättigung an Mg-Salzen zu den strahlenförmigen carbonat. Ausscheidungen führen. R.-G. Kaiser 380◇

0688 **Melanophlogit, ein kubisches Polymorphes von Siliciumdioxid.** Brian J. Skinner und Daniel E. Appleman. (Amer. Mineralogist **48,** 854—67, 1963; Washington, D. C., U. S. Geol. Surv.; engl.) — *Melanophlogit*, das in Einkristallen u. Zwischenwachstumsformen auf S-Kristallen von Agrigent u. Palermo, Sizilien, vorkommt, ist eine kub. Tieftemp.-Modifikation des SiO_2, Raumgruppe P 4_232, a = 13,402 ± 0,004 Å, Z = 48. $D_{ber.}$ 1,99 g/cm³. Brechungsindex 1,425 ± 0,002. Chem. Analysen ergaben einen $(C + H + S)$-Geh. von wenigstens 6% in allen untersuchten Proben. Diese Elemente sind in Filmen aus organ. Material auf den Flächen des Melanophlogits enthalten. Das braune physikal. eingeschlossene Pigment in Melanophlogit (Schwarzfärbung beim Erhitzen) ist ebenfalls organ. Natur u. opt. anisotrop. Es bewirkt beim Melanophlogit eine schwache Doppelbrechung, die beim Erhitzen des Minerals durch die Zerstörung der organ. Pigmente verschwindet. Ernst Schulte 380◇

0689 **Chemie und Mineralogie der Olivinknollen von Calton Hill, Derbyshire.** S. el D. Hamad. (Mineralog. Mag. J. mineralog. Soc. **33,** 483—97, 1963; Univ. of Manchester, Geol. Dep.; engl.) — Für *Olivin, Orthopyroxen* ($Ca_{1,7}Mg_{89,0}Fe_{9,5}$ u. $Ca_{0,8}Mg_{88,6}Fe_{10,6}$), *Klinopyroxen* ($Ca_{39,6}Mg_{55,8}Fe_{4,6}$) u. für einen Cr-haltigen *Spinell* aus den Olivinknollen des Calton-Hill-Basalts werden chem. Analysen, opt. Daten u. Gitterkonst. angegeben. Zum Vgl. sind chem. Analysen des Muttergesteins aufgeführt. Die Verteilung von *Mg* u. *Fe* in den gleichzeitig vorliegenden Pyroxenen ist ähnlich der, die Ross u. Mitarbeiter (Amer. Mineralogist **39,** [1954], 693) beobachtet haben. Der Klinopyroxen ist ein normaler Augit u. nicht wie früher angenommen, ein H_2O-haltiger Augit. Der hohe *Cr*-Geh. im Spinell u. im Klinopyroxen läßt im Vgl. zu dem niederen *Cr*-Geh. des Muttergesteins den Schluß zu, daß es sich bei diesen Mineralien nicht um Differentiationen des basalt. Magmas handelt. Ernst Schulte 380◇

0690 **Metasomatische Phosphorite inmitten der unteren Permablagerungen des Urals.** I. W. Chworowa. (Nachr. Akad. Wiss. UdSSR, geol. Ser. **26,** Nr. 6, 5—17, 1961; Moskau, Geol. Inst. der Akad. der Wiss. der UdSSR; russ.) — Die Phosphoritfundstätte befindet sich im Faltungsgebiet des Oberen Paläozoikums am Westhang des Südurals u. ist an die Asselsker Ablagerungen geknüpft. Mkr. zeigten sich 2 Bldg.-Arten: feindisperse (oder amorphe) u. deutlich kristalline. Der P_2O_5-Geh. schwankt zwischen 32 u. 35%. Die geringe CO_2-Führung illustriert den Grad der Phosphatmetasomatose. Die Phosphoritkonkretionen bilden meist asymm. Linsen (90 × 40 m) innerhalb von Kalken u. teilweise Dolomiten. Sie sind genet. an hydrothermale Lsgg., die von unten eindrangen, gebunden. M. Hähnert 380□

0691 **Über die Parallelität der Pyrit- und Calcitkristallformen der Darasun-Lagerstätte.** I. I. Schafranowski, W. A. Mokijewski und Fen-Zsjun Jan. (Schr. mineralog. Allunions-Ges. [UdSSR] [2] **92,** 315—16, 1963; russ.) — Für Calcit konnte in der Entw. seiner Kristallformen ein Übergang von {201} → {201} + {111} beobachtet werden. Für Pyrit wurde ähnliches festgestellt. Als Folge dieser Erscheinungen wurden die Strukturen beider Minerale als gleicher NaCl-Gittertyp betrachtet. Die Formenentw. kann als Folge eines bestimmten dynam. Verh. der Strukturen in verschiedenen Medien angesehen werden. H. Kelch 380◇

0692 **Spessartin und Magnesiumbiotit in dünngebänderten Gesteinen von Mill Hollow, Alstead Township, New Hampshire, USA — Ein Beitrag zur Petrologie metamorphosierter Mn-haltiger Sedimente.** Tom N. Clifford. (Neues Jb. Mineralog., Abh. **94,** 1369—1400, 1960; Leeds, Univ., Dep. of Geol.; engl.) — Die äußerst dünn gebänderten Gesteine enthalten wechselnde Lagen von Spessartin, Glimmer u. glimmerigen Quarzschiefern u. stellten ursprünglich eine innige Wechsellagerung von Mn-haltigen u. Mn-armen sandigen Tonschiefern dar, die nachträglich in die Sillimanitstufe der Regionalmetamorphose umgewandelt worden sind. Die Koexistenz von Spessartin mit Ba- u. Rb-haltigem Mg-Biotit stellt eine interessante Mineralassoziation dar. Die chem. Zus. u. die physikal. Eigg. beider Minerale werden zusammen mit den Geh. an Spurenelementen ermittelt. Muskovitreiche Spessartin u. Turmalin führende kristalline Schiefer unterlagern die dünngebänderten Gesteine. Sie werden ebenfalls beschrieben. Ein Vork. von dravit. Turmalin scheint metamorphen Ursprungs zu sein. J. Heinze 380◇

0693 **Wlassowit — ein neues Zirkoniumsilicat aus dem Lowosero-Massiv.** R. P. Tichonenkowa und M. Je. Kasakowa. (Ber. Akad. Wiss. UdSSR **137,** 944—46, 1961; Moskau, Inst. für Miner., Geochem. u. Kristallchem. der seltenen Elemente der Akad. der Wiss. der UdSSR; russ.) — Vgl. Michel-Levy, C. **1963,** 21876. — Wlassowit findet sich in farblosen ca. 1 cm großen Körnern in Alkaligesteinen. Seine Eigg. sind: D. = 2,97, nicht lösl. in HCl u. HNO_3, gut lösl. in HF u. H_2SO_4. Opt. negativ mit einem Achsenwinkel von 50—56°, Ng = 1,628, Nm = 1,623, Np = 1,607, Dispersion r > v. Chem. Zus.: SiO_2 55,76(%) ZrO_2 28,11 (einschließlich HfO_2 1,7), Nb_2O_5 0,33, Al_2O_3 0,20, Fe_2O_3 0,10, MgO 0,06, CaO 0,49, Na_2O 14,03, K_2O 0,68, H_2O^- 0,09, H_2O^+ 0,32, F 0,20. Spektralanalyt. wurden Spuren von Be, Pb, Sn u. Cu ermittelt. Die chem. Zus. kommt der Formel $Na_2ZrSi_4O_{11}$ nahe, wobei für Na K u. Ca u. für Zr Nb, Fe u. Mg eingebaut sein können. Die röntgenograph. ermittelten Werte bei monokliner Symmetrie sind: a = 10,89 ± 0,04, b = 10,00 ± 0,04, c = 8,52 ± 0,03 Å. β = 100°24′ ± 10′. Z = 4. H.-J. Bautsch 380□

0694 **Röntgenuntersuchung von Woodruffit von Sandur-Erzablagerungen, Mysore State, Indien.** C. Naganna und Vl. Bouška. (Mineralog. Mag. J. mineralog. Soc. **33,** 506—07, 1963; Prague, Charles-Univ., Dep. of Petrography, Dep. of Miner.; engl.) — Woodruffit, $(Zn, Mn)_2 \cdot Mn_5O_{12} \cdot 4H_2O$, vom Sandur Bezirk ist höchstwahrscheinlich tetragonal mit a = 8,42 (Å) u. c = 9,28. Z = 2. $D_{ber.}$ 3,98 g/cm³. Tabelle der indizierten Röntgenreflexe. Chem. Analyse: MnO_2 68,29(%); MnO 8,46; ZnO 9,42; BaO 0,62; MgO 0,48; K_2O 0,08; Na_2O 0,04; Fe_2O_3 0,89; Al_2O_3 0,96; SiO_2 1,28; H_2O^- 0,83; H_2O^+ 8,48. Ernst Schulte 380◇

0695 **Beitrag zur Frage der diadochen Zinnvertretung im Zinnwaldit aus der Lagerstätte Cinovec (Zinnwald).** Vladimír Hoffman und Zdeněk Trdlička. (Časopis Mineralog. Geol. **8,** 244—46, 1963; Kutná Hora, Ústav nerostných surovin; tschech., Auszug: dt.) — An Greisenmineralien u. Li-Konzentraten wurde das in Cassiteritform u. in diadocher Form vorhandene Sn durch Glühen

der Probe bei 800° u. Auflösen in HF getrennt. Der diadoche Sn-Geh. beträgt maximal 0,03%.
J. Tůmová 380◇

0696 **Zur Thermographie der Kaustobiolithe und Tonminerale.** N. W. Logwinenko und Ss. I. Schumenko. (Nachr. Akad. Wiss. UdSSR, geol. Ser. **26,** Nr. 6, 101—09, 1961; Charkow, Univ.; russ.) — Die Anwesenheit von organ. Beimengungen verändert die Aufheizkurve von Tonfraktionen z. T. beträchtlich. Tonminerale mit humusartigen Beimengungen zeigen zusätzliche exotherme Effekte in Abhängigkeit von ihrem Metamorphosierungsgrade bei folgenden Temperaturen: torfartige Stoffe 300 bis 320, braunkohlenartige bei 400—430, steinkohlenartige bei 440—450°. Mischungen von Kaolinit u. torfartigen, braunkohlenartigen u. z. T. auch steinkohlenartigen Stoffen erzeugen einen endothermen Effekt bei 100—235°. Organ. Stoffe erdölartiger Natur zeigen exotherme Effekte zwischen 310 u. 430°. Das Maximum wird im allg. bei höheren Konzz. der organ. Stoffe zu höheren Temperaturwerten verschoben. Führen die Proben 0,5—2% Pyrit, tritt bei 410° ein scharfer exothermer Effekt auf. M. Hähnert 380□

0697 **Hypogene Borate in den kambrischen Dolomiten des Aldan-Schildes.** A. A. Marakuschew. (Ber. Akad. Wiss. UdSSR **124,** 915—18, 1959; Komarow-Fernost-Zweigstelle der Akad. der Wiss. der UdSSR; russ.) — In den Dolomiten des Unteren Kambriums wurde 1958 ein Komplex von B-haltigen Gesteinen in 900 m Tiefe bloßgelegt. Eine Probe von *Ludwigit*–Calcitmarmor enthielt 13,74% B_2O_3. Zers. des Ludwigits führte zur Ausscheidung von B (0,14—0,23%) u. Fe. Die anliegenden Gesteine (darunter Calcit-Skarne) werden beschrieben; eine Lagerskizze ist beigefügt. A. v. Wilpert 380□

0698 **Zur Mineralogie und Geochemie terrigener Schichten des Unterkarbon im südlichen Teil der Kama-Kinel-Ablagerung.** N. W. Chalatin. (Sowjet. Geol. **4,** Nr. 8, 127—37, 1961; Moskau, Lomonossow-Univ.; russ.) — Die Argillite aller Schichten stellen Tonmineralgemische dar. Die untermalinowsker Ablagerungen führen bes. *Montmorillonit* u. *Hydroglimmer,* die obermalinowsker Hydroglimmer u. *Beidellit.* Die Stalinogorsker Horizonte führen *Kaolinit,* Hydroglimmer u. Beidellit. Unters. der CO_2-, $C_{organ.}$ u. Fe^{2+}-Verteilungen innerhalb der stratigraph. Horizonte. M. Hähnert 380□

0699 **Zur mineralogisch-petrographischen Charakteristik der taurischen Formation der Krim.** N. W. Logwinenko, G. W. Karpowa, K. G. Schandyba und D. P. Schaposchnikow. (Ber. Akad. Wiss. UdSSR **124,** 911 bis 914, 1959; Charkow, Gorki-Univ.; russ.) — Beschreibung der taur. Krimformation; sie besteht aus: 1. Sandsteinen (5—15% Feldspat, 3—7% Glimmer — vorwiegend Muskovit); 2. Aleurolithen (2—12% Feldspate, 7—15% Glimmer) — den am stärksten verbreiteten Gesteinen; 3. Argilliten (vorwiegend Hydroglimmer, Sericite). Außerdem finden sich Konkretionen (Sideroplesit), Pyrit (in den Aleuriten) u. feindisperse Silicate. Die taur. Formation ist durch Pyrit u. organ. Stoffe vorwiegend dunkel gefärbt. Dadurch wurden H_2S-Herde gebildet, die die Entw. tier. u. pflanzlichen Lebens hemmten. A. v. Wilpert 380□

0700 **Die Geologie der Manganerzlagerstätten von Talwara, Distrikt Banswara, Rajasthan.** S. H. Rasul und M. A. Khan. (Proc. Indian Acad. Sci., Sect. A **57,** 190 bis 199, 1963; Aligarh, Muslim Univ., Dep. of Geol.; engl.) — Die Erze bestehen aus zwei Generationen von *Kryptomelan* u. wenig *Pyrolusit.* Es sind sek. Erze, die sich am Ausstreichen in Höhlungen, Rissen u. ä. im schwach metamorphen Aravalli-Kalkstein bildeten.
J. Heinze 380◇

0701 **Die räumlichen und Altersbeziehungen der Diabasadern und Erzlager in Saksaghan und der südlichen Erzfelder von Kriwoi Rog.** Ss. M. Sselektor. (Sowjet. Geol. **4,** Nr. 8, 115—18, 1961; Kriwoi Rog, Zentrales Aufbereitungskombinat; russ.) — Diabasadern einer Mächtigkeit von 5—10 bis 45 m durchqueren die Eisenerzformationen. Die Diabase in der Nähe der Kontaktzonen mit dem eigentlichen Saksaghaner Erzfeld führen bis 25—30% Fe. Die Vererzungsprozesse gingen nach dem Eindringen der Diabasandern vor sich. M. Hähnert 380□

0702 **Paragenetischer und geochemischer Aufbau der Eisenerzlagerstätte Braunesumpf bei Hüttenrode im Harz.** Anand Shanker Dave. (Freiberger Forsch.-H., Reihe C **146,** 3—110, 1963; Freiberg, Bergakad., Inst. für Miner.; dt.) — Der Erzmineralgeh. des Hüttenroder Erzlagers im Elbingeröder Komplex besteht aus *Haematit, Chamosit, Thuringit, Magnetit,* untergeordnet *Stilpnomelan, Siderit, Pyrit.* An Hand mkr. u. makroskop. Unterss. werden folgende Gefügegruppen unterschieden: Primärausscheidungen, diagenet. Gefüge, tekton. Gefüge, Umlagerungs- u. Hydrothermalgefüge. Die Bldg. der submarin-exhalativen Erzparagenese stellt eine Sonderfazies des Mitteldevon dar. In tieferen Beckenteilen bilden sich bei niedrigem pH u. Oxydationspotential chlorit. Erze, im oberflächennahen Bereich bei höheren Werten von pH u. Oxydationspotential haematit. Erze. Diagenet. Umlagerungen führen zur Bldg. von *Magnetit* u. *Siderit.* Sek. hydrothermale Erzmobilisationen schließen die Vorgänge ab. — Das Schwergewicht der Arbeit liegt bei der Spurenelementverteilung in den Erzmineralen.
Walter Franke 380◇

0703 **Einige Besonderheiten der magnetithaltigen Skarne von At-Kulak.** A. K. Kachcharow. (Usbek. geol. J. **1958,** Nr. 3, 31—43; Inst. für Geol. der Akad. der Wiss. der UsbekSSR; russ.) — Die Magnetit-Skarne bilden sich auf Kosten von Kalkstein („Alloskarne") u. Granodioriten („Autoskarne"). Ihre Bldg. erfolgt durch Metasomatose auf Grund der Zufuhr beträchtlicher Mengen von Fe, SiO_2, Al_2O_3 u. kleinerer Mengen Mn u. Ti; frei werden CO_2 aus Kalkstein bzw. SiO_2 u. Alkalien aus den Granodioriten. Die Anwesenheit der Elemente Ni, Ti, V, Zr, Sr, Ba, Be, Ga, Fe, Mn, Cu u. Pb sowohl in den unveränderten Granodioriten als auch in den Skarnen bestätigt diese Theorie. H. Noack 380△

0704 **Strukturelle Bedingungen der Erzablagerungen der Pyritlagerstätte Karabasch.** N. Je. Galdin. (Sowjet. Geol. **4,** Nr. 8, 58—70, 1961; Inst. für Phys. der Erde der Akad. der Wiss. der UdSSR; russ., Auszug: engl.) — Die Pyrite der massiven Erzzonen bilden sich auf metasomat. Wege in schieferigem Sericit–Quarz-Gestein. Diese Entstehung ist von einer Umkristallisation der Quarze begleitet.
M. Hähnert 380□

0705 **Geologische und mineralogische Besonderheiten der Quecksilberlagerstätten auf Tschukotke.** P. W. Babkin und W. I. Kopytin. (Sowjet. Geol. **4,** Nr. 8, 109—13, 1961; Nordostgeol. Inst.; russ.) — Die Lagerstätte befindet sich innerhalb des Ochotsko-Tschukotke vulkan. Feldes an den Grenzzonen der mesozoischen u. känozoischen Faltungen. Unter den Einfl. von Gasen u. Hydrothermen treten Verkieselungen u. danach Pyritisierungen, Chloritisierungen, Sericitisierungen u. Kaolinisierungen der Liparite auf. Später treten hydrothermale Lsgg. in die Gangsyst. der Gesteine ein u. führen zur Abscheidung von *Antimonit* u. *Zinnober.* Die Hauptmenge des Zinnobers entstand in dieser Etappe. M. Hähnert 380□

0706 **Die Bildungsbedingungen produktiver Schichten und die Gesetzmäßigkeiten der Verteilung der gediegenen Schwefellagerstätten in karpatennahen Bassins.** I. I. Alexjenko. (Sowjet-Geol. **4,** Nr. 8, 71—82, 1961; Kiew, Geol. Erkundungs-Trust; russ., Auszug: engl.) — Die S-reichsten Partien sind Lager mit den Hauptbestandteilen *Gips* u. *Anhydrit.* In geringem Maße treten im Hangenden u. Liegenden der S-Gesteine Kalksteine auf. Die Lagerstätte bildete sich unter limanartigen Bedingungen.
M. Hähnert 380□

0707 **Mineralogische und geochemische Untersuchung der drei Faziesbezirke des Staßfurt-Kalilagers auf der Grube Neusollstedt des Kaliwerkes „Karl Marx".** Karl-Heinz Elert. (Freiberger Forsch.-H., Reihe C **145,** 3—92, 1963; Freiberg, Bergakad., Inst. für Miner.; dt.) — Carnallitit, Hartsalz und die kaliarme Vertaubung des Staßfurt-Kalilagers der Grube Neusollstedt wurden mkr., radiometr. u. chem. untersucht. Vf. vertritt die Ansicht, daß die drei Gesteinstypen verschiedene Stufen einer durchgängigen Salzmetamorphose sind. Dafür spricht auch das Auftreten von Fe^{2+} in der Vertaubung. Die

Metamorphose-Lsg. dürfte aus dem bitumenreichen Hauptdolomit stammen. Walter Franke 380◇

0708 **Chemische Zusammensetzung und Entwicklung der tonhaltigen Gesteine des barrandiensischen Ordoviziums.** Zdeněk Kukal. (Časopis Mineralog. Geol. **8**, 246—49, 1963; tschech., Auszug: engl.) — Aus dem Vgl. von 124 Best. der chem. Zus. der tonhaltigen Gesteine des barrandiens. Ordoviziums geht hervor, daß der Geh. dieser Gesteine an Al_2O_3 (18,66), FeO (4,13), K_2O (4,03), TiO_2 (0,85), u. Fe_2O_3 (3,80) reicher u. an MgO (1,33), Na_2O (0,90), SiO_2 (57,58), CaO (1,21) u. CO_2 (1,74) ärmer ist als der mittleren chem. Zus. der tonhaltigen Minerale der Litosphäre entspricht. In Richtung von den ältesten zu den jüngsten Sedimenten steigt der Na_2O- u. sinkt der K_2O-Geh., was dem Eintragen von immer weniger verwittertem klast. Material entspricht. Das Na_2O/K_2O-Verhältnis von tonhaltigen Sedimenten kann demnach als Indicator der Sedimentationsbedingungen (Intensität der Verwitterungsprozesse, chem. Reife des klast. Materials, Dedritintensität) betracht werden. J. Tůmová 385◇

0709 **Granitisierung von Metabasiten und Gesteinen der unteren Suite im Inguletz-Gebiet von Kriworoshje.** A. I. Strygin und M. N. Dowgan. (Nachr. Akad. Wiss. UdSSR, geol. Ser. **26**, Nr. 6, 68—78, 1961; Kiew, Inst. der geol. Wiss. der Akad. der Wiss. der UdSSR; russ.) — Entlang der östlichen Grenze der Gesteine der Kriwoi Roger Serie finden sich Plagiogranite, die gewöhnlich mit Metabasiten in Kontakt stehen. Die Gesteine der unteren Suite des Inguletzer Erzfeldes zeichnen sich im Gegensatz zu entsprechenden Gesteinen der Nachbargebiete, durch größere Kristalle der Glimmerminerale, unterschiedliche Grade der Feldspatisierung, Muskovitisierung der Biotite, die Anwesenheit von Staurolith, Andalusit u. Klinopyroxen aus. Die Granite am Kontakt mit Gesteinen der unteren Suite erinnern örtlich an Gneise, häufig findet man aber auch dichte Migmatite. Im Inneren der Migmatite sind Härtlinge der Quarz-Muskovit- u. Muskovit-Biotit-Schiefer, manchmal auch der Quarzite, anzutreffen. Der Übergang von Schiefern zu Gneisen u. von Gneisen zu Graniten ist meist äußerst undeutlich u. allmählich u. wird durch granisitierte Gesteine einer Mächtigkeit von einigen Dutzend Metern dargestellt. M. Hähnert 385□

0710 **Subalkalische Abarten von Sibirischen Trappen in der Niederung des Bolschaja Botuobia-Flusses (rechter Nebenarm des Wiljui-Flusses).** W. W. Judina. (Nachr. Akad. Wiss. UdSSR, geol. Ser. **26**, Nr. 6, 79—97, 1961; Moskau, Inst. für Geol. der Erzlagerstätten, für Petrographie, Miner. u. Geochem. der Akad. der Wiss. der UdSSR; russ.) — Vf. unterscheidet undifferenzierte Intrusionen früher Etappen u. differenzierte Intrusionen späterer Etappen, die die Verbindung zur Botuobia-Zone herstellen, die durch postmagmat. Tätigkeit entstand: schichtenförmige Bldg., kleine Querkörper brecciöser, mandelartiger subalkal. Dolerite, u. amphiobolisierte subalkal. Dolerite; Bldg. metasomat. Gesteine u. hydrothermaler Gänge. Es werden 22 chem. Analysen angegeben. M. Hähnert 385□

0711 **Granat–Disthen-Gesteine der Netschero-Shuinsk-Region (Patom-Hochland).** F. W. Kusnetzowa. (Sowjet. Geol. **4**, Nr. 8, 123—27, 1961; Ostsibir. geol. Inst. der Akad. der Wiss. der UdSSR; russ.) — Die Granat–Disthen-Gesteine lagern inmitten metamorpher Paragesteine 10 verschiedener stratigraph. Horizonte, die sich in 2 Suiten vereinigen: 1. eine niedere-gneisartige einer Mächtigkeit von ~ 1700 m, 2. eine obere-kalkschieferartige (~ 2300 m) Suite. Den Kontakt stellen grobkörnige Granat-Disthen-Gesteine dar: Granate: *Almandin* (80%), *Spessartin* (1,5%), *Pyrop* (11,5%), *Grossular* (2%); Disthen: 2 V = − 82°; chem. Analyse: SiO_2 — 36,2, Al_2O_3 — 63,6, Fe_2O_3 — 0,5, CaO — 0,06%; *Quarz*; *Muskovit*. M. Hähnert 385□

0712 **Organische Geochemie der Cherokee-Gruppe im südöstlichen Kansas und nordöstlichen Oklahoma.** Donald R. Baker. (Bull. Amer. Assoc. Petroleum Geologists **46**, 1621—42; Littleton, Colo., The Ohio Oil Co.; engl.) — Zur Best. der Herkunft des Erdöls in der Cherokeegruppe wurden Querschnitte der Sedimente geolog. u. organ.-chem. untersucht. Es wurden die Geh. an organ. gebundenem C, an KW-Stoffen u. die Anteile der aromat. u. aliphat. KW-Stoffe bestimmt. Die einzelnen Gesteinstypen enthalten charakterist. organ. Zusammenstellungen. Die Erdöle sind nicht in ihrem heutigen Reservoir entstanden. Die gesättigten KW-Stoffe wandern leichter aus dem Entstehungsgestein als die aromatischen. Die Menge der in den Schiefertonen enthaltenen aliphat. KW-Stoffe ist eine Funktion des organ. C-Geh. im Gestein. Die prim. Wanderung war nur sehr gering. F. Ensslin 390◇

0713 **Normale Paraffinkohlenwasserstoffe in den Sedimenten der San Francisco Bay, Kalifornien.** Keith A. Kvenvolden. (Bull. Amer. Assoc. Petroleum Geologists **46**, 1643—52, 1962; Stanford, Calif., Univ.; engl.) — Die Sedimente bestehen aus Tonen, Silt u. mittel- bis feinkörnigen Sanden, die nach Radio-C-Unterss. rezent u. bis 30000 Jahre alt sind. Sie enthalten Paraffine mit mehr als 18 C-Atomen in einer Häufigkeit von 3—6 ppm. Von den KW-Stoffen mit 23—35 C sind solche mit ungerader Anzahl C sehr viel häufiger als solche mit gerader (Verhältnis 3:1). KW-Stoffe mit C_8—C_{13} sind nicht vorhanden. In dem Verhältnis ungeradzahliger zu geradzahligen Paraffinen unterscheiden sie sich deutlich von den Rohölen, bei denen das Verhältnis etwa 1:1 ist. F. Ensslin 390◇

0714 **Bemerkungen über die Gamma-Radioaktivitätsverteilung in den Ölfeldern von Helets und Negba.** E. Mazor. (Bull. Res. Council Israel, Sect. G **11 G**, 132—36, 1963; Israel Atomic Energy Commiss.; engl.) — Messungen der γ-Aktivität der Gesteine in 4 Querschnitten durch das Ölfeld von Helets ergaben in dessen Mitte ein Minimum der Aktivität, die nach den Rändern des Feldes zunimmt. Ähnliche, aber weniger deutliche Ergebnisse wurden in dem Feld von Negba erhalten. F. Ensslin 390◇

0715 **Die organische Chemie eines Fossils.** 2. Mitt. **Einige seltene polycyclische Kohlenwasserstoffe.** Max Blumer. (Geochim. cosmochim. Acta [London] **26**, 228 bis 230, 1962; Woods Hole, Mass., Woods Hole Oceanograph. Inst.; engl.) — 1. vgl. C. **1964**, 17-0696. — In einer fossilen Seelilie wurden folgende höhere Aromaten (Mengen in ppm) aufgefunden: Pyrene (0,03), Hexahydromesonaphthodianthren (6), Mesonaphthodianthren (unter 0,003), Coronen (unter 2), Mesoanthrodianthren (0,9). R. Ristow 390◇

0716 **Die Konzentrationen von gewöhnlichem Blei in einigen atlantischen und mediterranen Wässern und im Schnee.** M. Tatsumoto und C. C. Patterson. (Nature [London] **199**, 350—52, 1963; Denver, Colo., U. S. Geol. Surv.; Pasadena, Calif., California, Inst. of Technol.; engl.) — Der Pb-Geh. im Meerwasser des Atlantik beträgt 0,02—0,11 μg/Liter u. ändert sich nach der Tiefe zu kaum. Im Wasser des mittelländ. Meeres fällt der Pb-Geh. von 0,2 μg/Liter in 50 m Tiefe auf 0,03 bzw. 0,02 in 1000 m u. größeren Tiefen. Die hohe Verunreinigung der Oberflächenwässer ist auf Einw. von Abgasen zurückzuführen. Der Schnee enthält etwa 10^4 mal so viel Pb wie das Seewasser, obwohl der SiO_2-Geh. in derselben Größenordnung liegt. Es wird angenommen, daß dieser Pb-Geh. aus $Pb(C_2H_5)_4$ der Auspuffgase von Kraftmaschinen stammt. F. Ensslin 393◇

0717 **Magnetometrische Werte zur Kenntnis der Entstehung der Thermalwässer von Băile-Herculane.** V. Corvin Papiu, D. Romanescu und Fl. Ionescu. (Comun. Acad. Republ. Populare romîne [Bucureşti] **11**, 1515—20, 1 Tafel, 1961; rum.) — Durch magnetometr. Unterss. wurde nachgewiesen, daß bei den Thermalwässern von Băile-Herculane quer zur Hauptspalte noch Nebenspalten (mindestens 3 Zonen) vorliegen müssen. Die Zusammenhänge zwischen den magnet. Minima u. den tekton. Linien u. ihre Folgen werden erörtert. R. K. Müller 393◇

B. Allgemeine und theoretische organische Chemie

0718 **Theoretische Untersuchungen über Elektronenspektren substituierter aromatischer Moleküle.** 1. Mitt. **Das Modell intramolekularer Elektronenübertragung.** J. E. Bloor. (Canad. J. Chem. **39**, 2256—61, 1961; Vancouver, B. C., British Columbia Res. Council, Chem. Div.; engl.) — Ein einfaches empir. Modell auf der Grundlage der MO-Theorie ohne Konfigurationswechselwrkg. wird benutzt, um die Übergänge der K-Bande substituierter aromat. Moll. unter Annahme einer intramol. Elektronenübertragung zwischen Substituent u. KW-Stoff zu erklären. Vff. geht davon aus, daß bei elektronenliefernden Substituenten (NH_2, OCH_3, Cl, Br, J) die Ladungsübertragung vom Substituenten zum KW-Stoff, bei elektronenanziehenden Substituenten (NO_2, CHO, $COCH_3$, CN) jedoch zu diesem vom KW-Stoff aus geschieht. Dieses Verf. liefert gute Ergebnisse bei „long field"-Moll. (Bzl., Diphenyl, Terphenyl, Styrol u. Stilben), bei „round field"-Moll. (Naphthalin, Anthracen) stimmen berechnete Werte nur bei elektronenliefernden Substituenten mit experimentellen überein. Vf. führt das auf eine Überschätzung des Einfl. von Substituenten in 2-Stellung gegenüber Substituenten in 1-Stellung zurück. Für die vorst. KW-Stoffe u. die erwähnten Substituenten werden die Übergangsenergien (in eV) der K-Bande berechnet u. mit experimentellen Werten verglichen. Entsprechende Übergangsenergien werden auch für NO_2-substituiertes Äthylen u. Butadien angegeben. Ch. Zechel B 114◇

0719 **Molekulare Wechselwirkung zwischen Methylbenzolen und polycyclischen aromatischen Kohlenwasserstoffen.** W. E. Wentworth und Edward Chen. (J. physic. Chem. **67**, 2201—07, 1963; Houston, Tex., Univ. of Houston, Dep. of Chem.; engl.) — Die Änderung im UV-Spektrum der nachst. polycycl., aromat. KW-Stoffe nach Zugabe methylsubstituierter Benzole in einem inerten Lsgm. wird als Folge einer Komplex-Bldg. gedeutet. Die beobachtete Zunahme der Komplexstabilität mit abnehmendem Ionisationspotential der Methylbenzole deutet darauf hin, daß wenigstens z. T. Stabilisierung durch Ladungsübertragung stattfindet. Entsprechend wird die Komplexstabilität bei zunehmender Elektronenaffinität der polycycl. Aromaten größer. In den Unterss. wurden als Acceptoren *Triphenylen*, *Phenanthren*, *Chrysen*, *Benzo-[a]-anthracen*, *Pyren*, *Anthracen* u. *Benzo-[c]-phenanthren*, als Donatoren *p-Xylol*, *Toluol*, *Durol* u. *Hexamethylbenzol* verwendet. Die Ergebnisse geben weitere Hinweise auf die Brauchbarkeit der von Wentworth u. Becker (J. Amer. chem. Soc. **84**, [1962], 4263) vorgeschlagenen Meth. zur Best. der Elektronenaffinität von Molekülen. Ch. Zechel B 118◇

0720 **Wirkung zugesetzten Methanols auf Kontaktionenpaare in Tetrachlorkohlenstoff.** M. J. Blandamer, T. E. Gough, T. R. Griffiths und M. C. R. Symons. (J. chem. Physics **38**, 1034—35, 1963; Leicester, Univ., Dep. of Chem.; engl.) — $2 \cdot 10^{-5}$—$13{,}5 \cdot 10^{-5}$ m Lsgg. von *Tetra-n-butyl-* bzw. *Tetra-n-hexylammoniumjodid* in CCl_4 weisen bei Zusatz von $> 1{,}6 \cdot 10^{-3}$ Mol CH_3OH/Liter ein Absinken des Extinktions-Koeff. sowie eine Bandenverschiebung zu höheren Energiewerten auf (Kurven). Aus der Unters. wird geschlossen, daß alle in Lsg. vorhandenen Kontaktionenpaare bei CH_3OH-Konzz. $> 2 \cdot 10^{-1}$ Mol/Liter zerstört werden. G. Kirsten B 118◇

0721 **Die Elektronenabsorptionsspektren von Dixanthogenen.** M. L. Shankaranarayana und C. C. Patel. (Canad. J. Chem. **39**, 2590—92, 1961; Bangalore, India, Indian Inst. of Sci., Dep. of Inorg. and Phys. Chem.; engl.) — Die UV-Spektren von *Diäthyl-*, *Diisopropyl-*, *Di-n-butyl-* u. *Diisoamyldixanthogen* wurden in Heptan, Cyclohexan, A. u. Acetonitril aufgenommen. Die Verbb. zeigen eine Bande niederer Intensität bei etwa 365 mμ u. zwei Banden hoher Intensität bei etwa 285 u. 242 mμ. Die Bande bei 365 mμ wird einem $n \rightarrow \pi^*$- u. die Bande bei 285 mμ einem $\pi \rightarrow \pi^*$-Übergang zugeordnet. Die Bande bei 242 mμ könnte auf einen $n \rightarrow \sigma^*$-Übergang zurückzuführen sein, da sie in polaren Lsgm. hauptsächlich eine Blauverschiebung zeigt. Ch. Zechel B 118◇

0722 **Enollactone von Dibromacetylacrylsäure.** P. R. Wells. (Austral. J. Chem. **16**, 165—69, 1963; Brisbane, Univ. of Queensland, Chem. Dep.; engl.) — Vf. bestimmen die Strukturen von *2 Dibromderivv.* von *Pentadien-(2.4)-olid-(1.4)*, die als Derivv. des Enollactons von Acetylacrylsäure anzusehen sind, u. vergleichen sie mit denen von Cyclopentendionen-(3.5) anhand der IR-, UV- u. Protonenresonanzdaten.

Versuche (FF. korr.): *5.5-*, F. 137°, aus Dibromlävulinsäure u. rauchender H_2SO_4 nach der Meth. von Wolff u. Rüdel [1896]; aus Hexan Nadeln; 47% (Ausbeute). — *3.5-Dibrompentadien-(2.4)-olid-(1.4)*, F. 97—98°, wie vorst. mit H_2SO_4 (D. 1,84); aus Hexan Nadeln, 23%; zersetzt sich langsam bei Aufbewahrung. G. Kirsten B 118◇

0723 **Untersuchungen in der Thiophenreihe.** 1. Mitt. **UV-Absorptionsspektren von 2- und 3-Phenylthiophenen.** L. Bruzzi, J. Degani und A. Tundo. (Boll. sci. Fac. Chim. ind. Bologna **19**, 40—49, 1961; Bologna, Univ., Ist. di Chim. Ind.; ital.) — Es werden die UV-Spektren einiger *2-* u. *3-Phenylthiophene* u. zum Vgl. — zwecks Zuordnung der Chromophore zu den verschiedenen Übergängen — einiger *2-Phenylfurane* in n-Hexan aufgenommen. Die Ergebnisse lassen vermuten, daß am photoangeregten Zustand von *2-* u. *3-Phenylthiophen*, *2-Phenylfuran* u. ihren *Hydroxy-*, *Methoxy-*, *Amino-* u. *Dimethylamino-Derivv.* der Phenyl- u. der heterocycl. Chromophor im mehr oder weniger gestörten Zustand getrennt beteiligt sind, wobei sich letzterer wie ein mäßiger + M-Substituent verhält. Im Falle der *p-Nitro-Derivv.* kann dagegen auf Grund der längerwelligen Absorption eine über das gesamte Mol. sich erstreckende Konjugation angenommen werden.

Versuche (FF. aus Ligroin): 2-[X-phenyl]-thiophene: *2-[p-Nitro-* (**I**), F. 137—138°, nach Gomberg u. Bachmann [1924]. — *2-[p-Methoxy-*, $C_{11}H_{10}OS$, F. 107—108°, nach Chzasczewka [1925]. — *2-[p-Amino-* (**II**), $C_{10}H_9NS$, F. 75—76°, durch Red. von **I** mit Sn/HCl. — *2-[m-Amino-*, $C_{10}H_9NS$, F. 35—36°, analog vorst. Verbindung. — *2-[p-Dimethylamino-*, $C_{12}H_{13}NS$, F. 121—122°, aus **II** in W. durch Zugabe von HCO_3^- u. portionsweise $(CH_3)_2SO_4$ bei 30—40°, nach Aufhören der CO_2-Entw. bei 50—60°. — *2-[m-Dimethylamino-*, $C_{12}H_{13}NS$, Kp.$_3$ 134—135°, analog vorst. Verbindung. — *2-[m-Nitro-*, $C_{10}H_{17}NO_2S$, F. 73—74° (PAe.), nach Gomberg (l. c.). — *2-[p-Hydroxy-*, $C_{10}H_8OS$, F. 158—159°, durch Diazotieren von **II** u. successive Zerss. des Diazoniumsalzes bei 70—80° in Ggw. von H_2SO_4. — *2-[m-Hydroxy-*, F. 87°, analog vorst. Verbindung. — *2-Phenylfuren*, Kp.$_{18}$ 107°, nach Johnson (vgl. J. chem. Soc. [London] **1946**, 895) aus Furan u. N-Nitroacetanilid. — 2-[X-phenyl]-furane: *2-[p-Nitro-*, F. 134—135°, analog vorst. Verbindung. — *2-[p-Amino-*, $C_{10}H_9NO$, F. 53° (PAe.), durch Red. vorst. Verb. mit Sn/HCl. — *2-[p-Dimethylamino-*, $C_{12}H_{13}NO$, F. 80°, aus vorst. Verb. mit $(CH_3)_2SO_4$ in Ggw. von $NaHCO_3$. — *3-Phenylthiophen*, F. 90—91°, nach Mellis u. Mitarbeiter (Recueil Trav. chim. Pays-Bas **72**, [1953], 495). — 3-[X-phenyl]-thiophene: *3-[m-Methoxy-*, $C_{11}H_{10}OS$, Kp.$_3$ 121°, durch Erhitzen von Di-Na-m-Methoxyphenylsuccinat mit P_2S_3 auf 180°, dann 200 bis 220°. — *3-[p-Methoxy-*, F. 128—129°, wie vorstehend. — *3-[p-Hydroxy-*, $C_{10}H_8OS$, F. 192—193° (Bzl.-Ligroin), durch 18std. Erhitzen vorst. Verb. auf 215—230° im Autoklaven in Ggw. von KOH in Äthylen glykol. — *3-[m-Hydroxy-*, $C_{10}H_8OS$, F. 92—93°, analog vorst. Verbindung. — Ferner sind angegeben die UV-Spektren von *2-Phenylthiophen* u. den Anionen der Hydroxy-Verbindungen. J. Richter B 118◇

0724 **Untersuchungen in der Thiophenreihe.** 2. Mitt. **UV-Absorptionsspektren einiger 3.4- und 2.5-Diphenylthiophene.** J. Degani, A. Tundo und C. Zauli. (Boll. sci. Fac. Chim. ind. Bologna **19**, 50—58, 1961; ital.) — 1. vgl. vorst. Referat. — Außer den Spektren der im Vers.-Teil genannten *Thiophene* werden zu Vgl.-Zwecken diejenigen von *2.5-Bis-[p-aminophenyl]-furan* (F. 216 bis 218°) u. *1.4-Diphenylcyclopentadien-(1.3)* (F. 158°) untersucht. Die Ergebnisse zeigen, daß die Hauptbande der 2.5-Diphenylthiophene bei längeren Wellen dem Übergang vom Typ $A_1 \rightarrow B_1$ zuzuschreiben ist, an dem das gesamte Mol. beteiligt ist. Im Falle der 3.4-Diphenylthiophene, bei denen ein starker ster. Effekt zwischen den o-ständigen H-Atomen der beiden Phenylkerne wirksam ist, können die Spektren hingegen auf der Basis einer schwachen Kopplung mit induktiver Wechselwrkg. gedeutet werden.

Versuche: 2.5-Bis-[p-X-phenyl]-thiophene: *unsubstituiert*, F. 150—151°, nach Campaigne u. Foyl (vgl. C. **1953,** 2915). — *-hydroxy-*, F. 267—268°, wie vorstehend. — *-methoxy-*, F. 215—216°, wie vorstehend. — *-amino-*, $C_{16}H_{14}N_2S$, F. 184—185° (Bzl.), a) aus der Dibromverb. u. konz. NH_3 in Ggw. von CuBr bei 215—230° im Autoklaven (12 h); b) durch Red. nachst. Verb. mit Sn/HCl. — *-nitro-*, $C_{16}H_{10}N_2O_4S$, F. 253 bis 254° (rotorangefarbene Nadeln aus Bzl.), durch Diazotieren von p-Nitroanilin in wss. HCl bei 0—5°, Zugabe von Thiophen, $MgSO_4 \cdot 7\,H_2O$ u. 20%ig. NaOH bis pH ~ 8 (4—5 Std.); daneben *2-[p-Nitrophenyl]-thiophen* (F. 137—138°) u. ein nicht idendifiziertes *Bis-[nitrophenyl]-thiophen vom F. 180°*. — *-brom-*, F. 198—199°. — 3.4-Bis-[X-phenyl]-thiophene: *unsubstituiert*, F. 110 bis 111°. — *-[m-methoxy-*, $C_{18}H_{16}O_2S$, F. 67—68° (Ligroin), durch 2 × 6std. Kochen von m.m'-Dimethoxybenzil u. β.β'-Thiodiessigsäureäthylester in CH_3OH(MeOH) in Ggw. von Na (→ *2.5-Dicarboxy-3.4-bis-[methoxyphenyl]-thiophen* $C_{20}H_{16}O_6S$, F. 262—263°. MeOH) u. Decarboxylierung mit Cu-Chromit in Chinolin bei 200°. — *-[m-hydroxy-]*, $C_{16}H_{12}O_2S$, F. 128—129° (Bzl.), durch 18std. Erhitzen vorst. Verb. mit KOH in Glykol bei 215—230°, im Autoklaven. — *-[p-methoxy-*, $C_{18}H_{16}O_2S$, F. 108—109° (Ligroin), analog der m-Verb. aus p.p'-Dimethoxybenzil über *2.5-Dicarboxy-3.4-bis-[p-methoxyphenyl]-thiophen* ($C_{20}H_{16}O_6S$, F. 269—270°, wss. A). — *-[p-hydroxy-*, $C_{16}H_{12}O_2S$, F. 228 bis 230° (Xylol), analog der m-Verbindung. — Außerdem sind die UV-Spektren der Anionen der Hydroxyverbb. angegeben. J. Richter B 118◇

0725 **Untersuchungen in der Thiophenreihe.** 3. Mitt. **UV-Absorptionsspektren einiger Halogen-, Methoxy- und Nitrothiophene.** J. Degani, A. Tundo und C. Zauli. (Boll. sci. Fac. Chim. ind. Bologna **19,** 76—82, 1961; ital.) — 2. vgl. vorst. Referat. — Vff. untersuchten die UV-Spektren folgender Thiophene: *2-Chlor-* [Kp. 128°, durch Chlorierung von Thiophen (**I**)], *2.5-* (Kp. 163°, durch Chlorierung von **I**), *3.4-Dichlor-* (Kp. 189°, durch Decarboxylierung von 3.4-Dichlor-2.5-dicarboxythiophen), *Tetrachlor-* (F. 29°, durch **I**-Chlorierung u. Kristallisation), *2-Brom-* (Kp. 150—151°, durch **I**-Bromierung u. Dest.), *3-Brom-* (Kp. 156—157°, durch partielle Enthalogenierung mit Mg + C_2H_5Br), *2.5-Dibrom-* ($Kp._{12}$ 88°, durch Bromierung u. Dest.), *3.4-Dibrom-* ($Kp._{14}$ 99°, durch partielle Enthalogenierung von 2.3.4-Tribromthiophen mit C_2H_5MgBr), *Tetrabrom-* [F. 115—116° (A.), nach Troyanowski (vgl. C. **1955,** 5303), *2-Jod-* (**II**, $Kp._{15}$ 73°, durch **I**-Jodierung), *3-Jod-* ($Kp._{11}$ 77°, durch Behandeln von Tetrajod-**I** mit Al-Amalgam), *2.5-Dijod-* [F. 41° (CH_3OH), durch **I**-Jodierung], *3.4-Dijod-* ($Kp._{12}$ 142—143°, aus der Tetrajodverb. mit Al-Amalgam), *Tetrajod-* [F. 200—201° (Dioxan), durch **I**-Jodierung], *2-Nitro-* F. 46—47°, gelbe Nadeln, durch Nitrierung von **I** mit CH_3COOH/HNO_3), *3-Nitro-* (F. 76—77°, aus Ligroin gelbe Prismen, durch Decarboxylierung von 2-Carboxy-4-nitrothiophen), *2-Methoxy-* ($Kp._{14}$ 47—48°, durch Erwärmen von **II** mit CH_3ONa). Es zeigt sich, daß α-Substitution eine größere Störung des **I**-Spektrums bes. hinsichtlich der Intensität bewirkt. Im Falle der Nitroverb. werden starke Veränderungen beobachtet, die auf einen das gesamte Mol. einschließenden Konjugationseffekt zurückgeführt werden, da **I** hauptsächlich einen + M-Effekt zeigt. J. Richter B 118◇

0726 **Lösungsmitteleinflüsse auf die Absorptions- und Fluorescenzspektren von Naphthylaminen und isomeren Aminobenzoesäuren.** Noboru Mataga. (Bull. chem. Soc. Japan **36,** 654—62, 1963; Osaka, Osaka City Univ., Fac. of Sci.; engl.) — Die UV-Absorptions- u. die Fluorescenzspektren von α- (α-**I**) u. *β-Naphthylamin* (β-**I**) sowie von *o-, m-* u. *p-Aminobenzoesäure* (o-, m- bzw. p-**II**) wurden in verschiedenen Lsgm. aufgenommen. Für α- u. β-**I** wurde aus den Ergebnissen die Differenz der Dipolmomente im fluorescierenden u. im Grundzustand [$\Delta\vec{\mu} = \vec{\mu}_e - \vec{\mu}_g$ = 4,4 bzw. 3,5 D] berechnet. Der Einfl. einer H-Brücken-Bldg. zwischen Lsgm. u. gelöstem Stoff auf Verschiebungen im Spektrum wird diskutiert. In o-**II** setzt die intramol. H-Brücke den $\Delta\vec{\mu}$-Wert beträchtlich herab, der Einfl. intermol. H-Brücken auf das Spektrum ist entsprechend geringer. Vf. führt das auf eine Ladungsübertragung über die intramol. H-Brücke zurück. Theoret. nach der ASMO-CI-Meth. errechnet werden die $\Delta\vec{\mu}$-Werte für α- u. β-**I** sowie für *α- u. β-Naphthol* (experimentelle Werte vgl. Mataga u. Mitarbeiter, C. **1959, 4417**) mit Hilfe einer von Baba (private Mitt.) angegebenen Meth. zur Berechnung der Wellenfunktionen. Der Vgl. mit den experimentellen Werten zusammen mit der theoret. Deutung der charakterist. Eigg. der Spektren der α- bzw. β-Isomeren zeigt, daß im α-**I**-Mol. bei der Lichtabsorption der niedrigste angeregte Singulett-Zustand der ^1L_b-Zustand ist u. bei Fluorescenz der ^1L_a-Zustand vorliegt. Im β-**I**-Mol. erfolgt hingegen Lichtabsorption u. Fluorescenz im ^1L_b-Zustand als angeregtem Zustand. Ch. Zechel B 118◇

0727 **Absorptionsspektren tetrahalogenchinonazaaromatischer Systeme.** Dulal Chandra Mukherjee und Asish Kumar Chandra. (Spectrochim. Acta [London] **19,** 731—39, 1963; Calcutta, Univ. Coll. of Sci. and Technol., Dep. of Chem.; engl.) — Die charakterist. Ladungsübertragungsabsorptionsbanden u. Gesamtspektren von Azaaromatenkomplexen (**A**) aus den Donatoren *Pyridin, α-, β-* u. *γ-Picolin, 2.6-Lutidin, 2.4.6-Kollidin, Chinolin* bzw. *Isochinolin* mit den Acceptoren *Chlor-* (**I**), *Brom-* (**II**) bzw. *Jodanil* (**III**) werden im sichtbaren u. nahen UV-Gebiet in CCl_4 gemessen (Tabellen, Abb.). Die Banden im sichtbaren bzw. UV-Gebiet werden Ladungsübergängen von π- bzw. n-Elektronen des azaaromat. Donators auf ein unbesetztes Orbital des Acceptors zugeschrieben. Die im Falle von **II** u. **III** bei einigen **A** auftretenden Gruppen von mehr oder weniger scharfen Banden werden Singulett-Triplett-Übergängen in den Donator-Moll. zugeordnet. Vff. vergleichen die Ladungsübergangs- u. Ionisationsenergien der **A** (Kurven) u. schließen aus den Meßergebnissen auf eine Acceptorelektronenaffinität in der Ordnung **II** > **I** > **III**. G. Kirsten B 118◇

0728 **Einfluß von Lösungsmitteln auf die Farbe von Farbstoffen (Solvatochromie).** A. I. Kiprianow. (Fortschr. Chem. [UdSSR] **29,** 1336—52, 1960; Inst. für org. Chem. der Akad. der Wiss. der UdSSR; russ.) — Überblick unter bes. Berücksichtigung von Cyaninfarbstoffen. — 52 Literaturangaben. G. Froelich B 119◇

0729 **Optische Eigenschaften eines Phenanthren-Einkristalls im Bereich der Grundabsorptionsbanden von Excitonen.** M. Ss. Brodin und A. Ss. Krotschuk. (Ukrain. physik. J. **7,** 1205—13, 1962; Kiew, Phys. Inst.; ukrain., Auszug: engl.) — Vff. untersuchen die opt. Absorptions- u. Dispersions-Eigg. eines *Phenanthren*-Einkristalls im Temp.-Bereich 4—290 °K u. Bereich des niedrigsten Elektronen-Schwingungsübergangs. Bei 20 °K differieren die berechneten u. gemessenen Werte der Kurven $n^2(\nu)$ im Bereich der Grundbanden, bes. der rein elektron. Ursprungs, nach $\Delta n_{exp.}^2 > \Delta n_{ber.}^2$; die Unterschiede werden mit steigender Temp. geringer u. sind bei 77 °K null. Die Störung dieser Kramers-Kronig-Dispersionsverhältnisse sind durch eine räumliche Dispersion bedingt, die bei den Berechnungen nicht berücksichtigt wurde. Diese Einfl. sind nur bei niedriger Temp. wirksam, wo die freie Weglänge der Excitonen genügend groß ist, u. werden mit der bei niedriger Temp. beobachteten Veränderlichkeit der Absorptions-Koeff. u. Refraktionsindices der Excitonenbanden mit der Kristalldicke erklärt. Die Halbwertsbreite H der 0–0-Übergangsbande hat von 4—40 °K keine Temp.-Abhängigkeit u. nimmt im Bereich 77—290° linear mit der Temp. ab. Eine solche Abhängigkeit ist typ. für schwach an das Kristallgitter gebundene Excitonen. Bei genügend niedriger Temp. kann somit H von Excitonenbanden durch die sog. „Nullpunktschwingungen" bestimmt werden, die 0–0-Übergangsbande ist dabei asymm. u. hat eine komplexe Form. W. Sobieski B 119◇

0730 **Homoenolat-Anionen.** Alex Nickon und James L. Lambert. (J. Amer. chem. Soc. **84,** 4604—05, 1962; Baltimore, Md., Johns Hopkins Univ., Dep. of Chem.; engl.) — Vff. beobachteten beim Erhitzen von opt. akt. *Camphenilon* {*3.3-Dimethylbicyclo-[2.2.1]-heptanon-(2)*, **I**, F. 38—38,5°, $\alpha = +69°$. *Semicarbazon*, F. 224,5—225,5, $\alpha = +255°$} auf 185° in tert.-Butylalkohol mit K-tert.-Butylat eine Racemisierung, die nicht auf Temp.-Einfl. zurückzuführen ist. Sie nehmen einen Rk.-Mechanismus an, bei dem durch Abzug von einem Proton an $C_{(6)}$ ein sog. Homoenolation, dessen Ladung durch Verschiebung zur Carbonylgruppe stabilisiert wird. Dadurch wird die Bldg. einer C–C-Bindung zwischen $C_{(2)}$–$C_{(6)}$ gefördert, die dann der $C_{(1)}$–$C_{(2)}$-Bindung äquivalent wird u. die opt. Aktivität des Mol. aufhebt. Die Anlagerung des Protons an $C_{(6)}$ führt zu **I** zurück, Anlagerung an $C_{(1)}$ dagegen zum Enantiomeren. Verss. mit D-Austausch führen zum gleichen Ergebnis, jedoch wird dabei außer an $C_{(6)}$ u. dem Brückenkopf $C_{(1)}$ bei längerer Behandlung mitK-Butylat in $D_{(OH)}$-tert.-Butanol weiteres H ausgetauscht. Für das Homoenolation werden 3 kanon. Strukturen diskutiert. Ch. Zechel B 119◇

0731 **Das Infrarotspektrum von Cyclohexylbenzol.** R. N. Bapat. (Indian J. Physics Proc. Indian Assoc. Cultivat. Sci. **36(45),** 543—44, 1962; Nagpur, Coll. of Sci., Phys. Dep.; engl.) — Die in dem IR-Spektrum des *Cyclohexylbenzols* ausgemessenen Banden sind mit ihren Intensitäten tabellar. angegeben. C. Gottfried B 120△

0732 **Zuordnung der Molekülschwingungen von Hexachlorbenzol.** Shinnosuke Saeki. (Bull. chem. Soc. Japan **35,** 322—26, 1962; Tokyo, Government Chem. Industrial Res. Inst.; engl.) — Vf. untersucht das Raman-Spektrum (in Bzl., CCl_4 u. CS_2) u. das IR-Spektrum (im gasförmigen Zustand im Bereich von 4000—300, im festen Zustand von 300—100 cm^{-1}) von *Hexachlorbenzol*. Das Depolarisationsverhältnis der Raman-Linien wird qual. bestimmt. Für beide Spektren werden Zuordnungen getroffen. Hubertus Zimmer B 120◇

0733 **Das Infrarotabsorptionsspektrum von p-Dichlorbenzol und D_4-p-Dichlorbenzol.** Shinnosuke Saeki. (Bull. chem. Soc. Japan **35,** 326—32, 1962; engl.) — Vgl. vorst. Referat; vgl. C. **1963,** 20353. — Von *p-Dichlorbenzol* (**I**) u. D_4-**I** wird das IR-Spektrum im Gaszustand von 300—700 [cm^{-1}] u. im festen Zustand von 300—100 untersucht. Es werden Zuordnungen für die im IR akt. Normalschwingungen u. in Verbindung mit den Raman-Grundschwingungen (l. c.) für die beobachteten Kombinationsbanden gegeben. Hubertus Zimmer B 120◇

0734 **Frequenz, Form und Intensität der Schwingungsbande der Sulfoxidgruppe: Struktur- und Umgebungseinfluß.** Sergio Ghersetti. (Boll. sci. Fac. Chim. ind. Bologna **19,** 83—87, 1961; Bologna, Univ., Ist. Chim. Ind.; ital.) — Es werden Frequenz, Form u. integrierte Intensität (J) der SO-Schwingungsbande für nachst. Sulfoxide u. die Abhängigkeit dieser Parameter vom Lsgm. untersucht: *Dimethyl-*(**I**), *Dibenzyl-*(**II**), *Benzylphenyl-*, *Phenylmethyl-*, *Diphenyl-*. Die verwendeten Lsgm. sind: Cyclohexan, Tetrachloräthylen, CS_2, CCl_4, Bzl., cis-, trans-Dichloräthylen, Aceton, symm.-Dichlor- u. symm.-Dichlor- u. symm.-Dibromäthan, Acetonitril, Nitromethan, CH_2Cl_2, Chlf. u. CH_2J_2. Die ν(SO)-Bande der untersuchten Verbb., ausgenommen **I**, liegt in einem begrenzten Intervall von $\Delta\nu = 4$ cm^{-1} u. ist unabhängig vom Sättigungsgrad zumindest der an S gebundenen Gruppe. Dies kann mit dem fast tetraedr. Bau der SO-Gruppe erklärt werden. Dem kann auch der Unterschied zwischen diesen u. den entsprechenden CO-Verbb. zugeschrieben werden. Der Unterschied zwischen den Grundzuständen der CO- u. SO-Gruppe äußert sich auch darin, daß beim Übergang aliphat. → aromat. in der J der SO-Bande ein Dekrement auftritt. Das J-Inkrement der einzelnen Verbb. in verschiedenen Lsgm. verläuft, bezogen auf das von **I**, nur angenähert parallel. Die J-Werte schwanken jedoch nur in engen Grenzen; das größte Inkrement wird im allg. für solche Lsgm. beobachtet, die nur begrenzt zur H-Bindung befähigt sind. Außer für **II** besteht in den einzelnen Fällen zwischen Frequenzab- u. J-Zunahme in Abhängigkeit vom Lsgm. eine fast lineare Beziehung. Wahrscheinlich liegt z. T. eine Wechselwrkg. Gelöstes-Lsgm., z. T. ein dielektr. Effekt des Lsgm. vor. Es wurde ferner eine für alle Verbb. kohärente Änderung der Halbwertsbreite der SO-Bande in Abhängigkeit vom Lsgm. beobachtet. Zwischen 1000 u. 1100 cm^{-1} werden 3 Bzl.-Banden, $\delta_2(B_1)$, $\delta_5(A_1)$ u. $\omega_4(A_1)$ beobachtet. J. Richter B 120◇

0735 **IR-Spektren von Arylsulfonyläthylenen.** Paolo Biscarini, Sergio Ghersetti und Giorgio Modena. (Boll. sci. Fac. Chim. ind. Bologna **19,** 59—68, 1961; Bologna, Univ., Ist. di Chim. Ind.; ital.) — Vgl. vorst. Referat. — Vff. untersuchten die *cis-* u. *trans*-Formen folgender substituierter 1-[p-Tolylsulfonyl]-äthylene: *2-Chlor-*(**I**), *2-Brom-*(**II**), *2-Methoxy-*, *2-Phenylmercapto-*(**III**), *1-Methyl-2-chlor-*, *-2-brom-*, *-2-methoxy-*, *-2-phenylmercapto-*, *2-Methyl-2-chlor-*, *-2-brom-*, *2-methoxy-*, *-2-phenylmercapto-* sowie die $D_{(1)}$-, $D_{(2)}$- u. $D_{2(1.2)}$*-Derivv.* von **I**—**III**. Die symm. u. antisymm. Banden der SO_2-Gruppe werden im Bereich von 1150 bzw. 1330 cm^{-1} lokalisiert. Die im Gebiet von 1600 cm^{-1} liegende ν(C=C)-Bande ist gegenüber Deuterierung u. Substitution empfindlich. Durch Vgl. mit den der Literatur entnommenen Spektren einiger Chloräthylenderivv. u. an Hand der beobachteten Isotopenverschiebung konnten einige Banden der Deformationsschwingung der –CH=CH–-Gruppe zugeordnet werden. — Die cis-$D_{(2)}$-Verbb. wurden durch Lösen von p-Tolylsulfonylacetylen in CH_3OD (90%ig.) u. Ausfällen mit D_2O nach 12std. Stehen erhalten, die cis-$D_{(1.2)}$-Verbb. analog mit DCl bzw. DBr. J. Richter B 120◇

0736 **Infrarotspektren und Normalschwingungen von Acetamid und seinen deuterierten Analoga.** Isao Suzuki. (Bull. chem. Soc. Japan **35,** 1279—86, 1962; Tokyo, Univ. of Tokyo, Fac. of Sci., Dep. of Chem.; engl.) — Vf. untersucht die IR-Spektren von *Acetamid* (F. 80°), CH_3COND_2, CD_3CONH_2 u. CD_3COND_2 im Bereich von 4000—650 cm^{-1}. Es werden Zuordnungen getroffen u. Kraft-Konst. berechnet. Hubertus Zimmer B 120◇

0737 **Infrarotspektren und Normalschwingungen von Thioamiden.** 1. Mitt. **Thioformamid.** Isao Suzuki. (Bull. chem. Soc. Japan **35,** 1286—93, 1962; engl.) — Vgl. vorst. Referat. — Vf. nimmt die IR-Spektren von *Thioformamid* u. $HCSND_2$ im fl. u. festen Zustand auf. Es werden Zuordnungen getroffen u. Kraft-Konst. berechnet. Hubertus Zimmer B 120◇

0738 **Infrarotspektren und Normalschwingungen von Thioamiden.** 2. Mitt. **Thioacetamid.** Isao Suzuki. (Bull. chem. Soc. Japan **35,** 1449—56, 1962; engl.) — 1. vgl. vorst. Referat. — Die IR-Spektren von *Thioacetamid* [F. 110,5° (Chlf.)] u. CH_3CSND_2 (durch Erhitzen in D_2O) im festen u. fl. Zustand werden aufgenommen, Zuordnungen getroffen u. Kraft-Konst. berechnet. Hubertus Zimmer B 120◇

0739 **Infrarotspektren und Normalschwingungen von Thioamiden.** 3. Mitt. **N-Methylthioformamid und N-Methylthioacetamid.** Isao Suzuki. (Bull. chem. Soc. Japan **35,** 1456—64, 1962; engl.) — 2. vgl. vorst. Referat. — Die IR-Spektren von *N-Methylthioacetamid* [F. 59° (Ae./PAe.), aus N-Methylacetamid durch 3std. Erhitzen mit P_2S_5 auf 50°, suspendiert in Bzl.], *N-Methylthioformamid* (Darst. analog, nur haltbar im Kühlschrank als äther. Lsg.) u. den $D_{(NH)}$-Verbb. im festen u. fl. Zustand werden aufgenommen, Zuordnungen getroffen u. Kraft-Konst. berechnet. Hubertus Zimmer B 120◇

0740 **Infrarotspektren von Hydraziden.** 1. Mitt. **Hydrazide aromatischer Säuren.** Mitsuo Mashima. (Bull. chem. Soc. Japan **35,** 332—37, 1962; Saga, Univ., Dep. of Literature and Sci.; engl.) — Vf. untersucht das IR-Spektrum von *α-Acetyl-β-benzoyl-* (**I**) *α-Trichloracetyl-β-benzoyl-*, *Benzoyl-*, *α.β-Dibenzoylhydrazin*, *Benzamid* u. $D_{2(N.N')}$-**I** (in KBr bzw. Acetonitril). Zuordnungen für die Amidfrequenzen u. für die Kopplungen zwischen Schwingungen der beiden CONH-Gruppen werden vorgenommen. Hubertus Zimmer B 120◇

0741 **Infrarotspektren von Hydraziden.** 2. Mitt. **Natriumhydrazide.** Mitsuo Mashima. (Bull. chem. Soc. Japan **35,** 338—44, 1962; engl.) — 1. vgl. vorst. Referat. — Es werden die IR-Spektren der *Na-Salze* (in KBr) von *α.β-Diformyl-* [F. 155° (A.), nach Peillizzari (1909)], *α.β-Diacetyl-* [F. 137° (A.), nach Stolle (1904)] *α.β-Dibenzoyl-*, *α-Acetyl-β-benzoylhydrazin* u. deren N-deuterierten Derivv. aufgenommen, Zuordnungen getroffen u. der Einfl. der elektr. Ladung auf die Amidfrequenzen diskutiert. Hubertus Zimmer B 120◇

0742 **Infrarotspektren von Hydraziden.** 4. Mitt. **Einige Monosäurehydrazide.** Mitsuo Mashima. (Bull. chem. Soc. Japan **35,** 1882—89, 1962; engl.) — 3. vgl. ibid. **35,** [1962], 423; 2. vgl. vorst. Referat. — Vf. untersucht die IR-Spektren von *Formyl-* (F. 54°), *Acetyl-* (F. 67°), *Cyanacetyl-* (**I,** F. 110°), $D_{3(N.N'.N')}$-**I**, *Propionyl-* (F. 40°), *Butyryl-* (F. 45°) u. *Isovalerylhydrazin* (F. 68°), in KBr bzw. Acetonitril, im NaCl-Bereich. Die einzelnen Spektren werden ausführlich diskutiert. Hubertus Zimmer B 120◇

0743 **Infrarotspektren von Hydraziden.** 5. Mitt. **Oxal-, Malon- und Succinhydrazid.** Mitsuo Mashima. (Bull. chem. Soc. Japan **35,** 2020—26, 1962; engl.) — 4. vgl. vorst. Ref.; 6. vgl. C. **1964,** 8-0698. — Vf. bestimmt die IR-Spektren (NaCl-Bereich) von *Oxal-* [**I,** F. 236° (A.)], *Malon-* [**III,** F. 150° (A.)], *Bernsteinsäuredihydrazid* [**II,** F. 167° (A.), Darst. durch Rk. der Äthylester der entsprechenden Säuren mit Hydrazinhydrat (HH.)], *Oxamidsäurehydrazid* [F. 220° (W.), aus Oxalsäureäthylesteramid mit HH.), *Polyhydrazooxalyl* $(COCONHNH)_x$, *Polyhydrazosuccinyl* (aus **I** bzw. **II** mit $NaNO_2$ in Essigsäure), *Polyhydrazocarbonyl* (aus **III** durch Erhitzen in Essigsäure) u. deren N-Deuteroderivaten. Es werden zahlreiche Zuordnungen getroffen. Hubertus Zimmer B 120◇

0744 **Cycloserin und verwandte Verbindungen.** 11. Mitt. **Infrarot-Spektren von Isoxazolidonen-(3).** W. G. Winokurow, W. Ss. Troitzkaja und N. K. Kotschetkow. (J. allg. Chem. [UdSSR] **31(93),** 205—10, 1961; Akad. der med. Wiss. der UdSSR, Inst. für Pharmakol. u. Chemotherapie; russ.)— Weitere 11. Mitt. vgl. Chomutow u. Mitarbeiter, C. **1964,** 4-0862. — Die IR-Spektren von *Isoxazolidon-(3)* (**I**), **I**-*K-Salz*, **I**-*Ag-Salz*, *N-Benzoyl*-**I**, *N-[p-Nitrobenzoyl]*-**I** u. *N-Carbomethoxy*-**I** sowie *Cycloserin* [**II**; 4-Aminoisoxazolidon-(3)], *N-Methyl*-**II** u. *N-Benzoyl*-**II** wurden bei 800—2000 cm^{-1} untersucht. **I** u. N-Benzoyl-**II** liegen im krist. Zustand in der Keton-(Lactam)-Struktur vor, **II** u. N-Methyl-**II** als bipolare Ionen. In den Salzen von **I** ist Me an O gebunden. Helmut Schäfer B 120△

0745 **Über die Absorption von 3,18 cm-Mikrowellen in Anilin und substituierten Anilinen.** T. J. Bhattacharyya. (Indian J. Physics Proc. Indian Assoc. Cultivat. Sci. **36(45),** 533—37, 1962; Calcutta, Indian Assoc. for the Cultivat. of Sci., Opt. Dep.; engl.) — Vf. untersuchte die Absorption von 3,18 cm-Wellen in *Anilin* (**I**), *o-* (**II**) u. *m-Chloranilin* (**III**) sowie in *o-* (**IV**), *m-* (**V**) u. *p-Toluidin* (**VI**) in fl. Zustand sowie in 30%ig. Lsgg. dieser Verbb. in Diphenyläther bei Tempp. zwischen etwa — 30° u. + 90°. Die gefundenen Dämpfungs-Koeff. bei den verschiedenen Temp. sind graph. wiedergegeben. Keine maximale Absorption wurde bei Lsgg. der Verbb. in Bzl. u. CCl_4 gefunden; in diesen Fällen nahm die Absorption kontinuierlich mit Erniedrigung der Temp. zu, u. es konnte wegen Erstarrens des Gemisches kein Maximum gefunden werden. Reines **I** zeigte maximale Absorption bei 23°, **II** u. **III** bei 30, **VI** u. **V** bei 20° bzw. 25°. **VI** zeigte, wie seine Lsgg. in Bzl. u. CCl_4 zunehmende Absorption mit sinkender Temperatur. Berechnung des Rotors ergab einen Wert von angenähert 1,1 Å; er konnte als NH_2-Gruppe identifiziert werden. Aus den Beobachtungen wurde geschlossen, daß die CNH_2-Gruppe, wie im NH_3-Mol., ihre pyramidale Struktur beibehält, auch wenn eines der 3 H-Atome des NH_3 durch den Benzolring substituiert wird. C. Gottfried B 121△

0746 **Der Konzentrationsumschlag der Fluorescenz des Naphthalins.** E. Döller und Th. Förster. (Z. physik. Chem. [Frankfurt/M.] [N. F.] **31,** 274—77, 1962; Stuttgart, TH, Labor. für phys. Chem.; dt.) — Vff. untersuchten, ob ähnlich wie bei Pyren (vgl. Kasper, C. **1962,** 16971) auch bei *Naphthalin* (**I**) ein Konz.-Umschlag der Fluorescenz zu beobachten ist. Es zeigte sich, daß selbst bei sehr hohen Konzz. nur Andeutungen eines Konz.-Umschlages zu finden sind. Immerhin ist auch bei Zimmertemp. im Fluorescenz-Spektrum von **I** im Bereich des langwelligen Abfalles eine selbständige Fluorescenzkomponente zu erkennen, bei tiefer Temp. sogar schon bei geringerer Konz. (5 · 10^{-2} m) an **I.** Vff. nehmen an, daß auch bei **I** in diesem Zusammenhang wie l. c. angenommen ein mehr oder weniger vollständig eingestelltes Dissoziationsgleichgewicht zwischen angeregten Assoziaten u. Einzel-Moll. vorliegt, das aber weitgehend auf der Seite der Einzel-Moll. liegt. Ch. Zechel B 125◇

0747 **Einfluß schwerer Substituenten auf die Polarisation der Triplett-Singulett-Emission. Monohalogenderivate des Naphthalins.** Friedrich Dörr, Hans Gropper und Norbert Mika. (Z. Naturforsch. **18a,** 1025—26, 1963; München, TH, Phys. Chem. Inst.; dt.) — Vff. teilen für den 0–0-Übergang (der Phosphorescenz) gegen 0–0 von ^1L_b, für den 0-0-Übergang gegen 0–0 von ^1L_a, für 0–0–ν_1 gegen 0–0 von ^1L_b u. für 0–0–ν_2 gegen 0–0 von ^1L_a ($\nu_1 \approx$ 500 cm^{-1}; $\nu_2 \approx$ 800 cm^{-1}) nachst. Ergebnisse von Polarisationsgradmessungen mit: (Werte in der vorst. Reihenfolge) *Naphthalin* (**I**): —0,30; —0,32; —0,26; —0,18; substituierte Naphthaline: *1-Fluor-*: —0,22; —0,28; —0,16; +0,03; *2-Fluor-*: —0,26; —0,29; —0,24; —0,13; *1-Chlor-*: —0,20; —0,17; +0,13; +0,27; *2-Chlor-*: —0,25; —0,24; —0,22;; —0,20; *1-Brom-* 0,04; +0,02; +0,26; +0,33; *2-Brom-*: —0,22; —0,25; —0,21; —0,19; *1-Jod-*: +0,13; +0,15; +0,37; +0,41; *2-Jod-*: —0,18; —0,24; —0,21; —0,18. Es ist daraus zu sehen, daß für **I** $\varrho \leqq -0,3$ ist sowohl in Bezug auf ^1L_a als auch auf ^1L_b, d. h., daß im Rahmen der Meßgenauigkeit die Phosphorescenzemission aus nur einer Komponente senkrecht zur Mol.-Ebene besteht. Ch. Zechel B 125◇

0748 **Excimerenbildung in polycyclischen Kohlenwasserstoffen und deren Derivaten.** J. B. Birks und L. G. Christophorou. (Nature [London] **197,** 1064—65, **1963;** Manchester, Univ., Phys. Labor.; engl.) — Übersicht über den gegenwärtigen Stand der Unterss. von Excimeren-Bldg. durch Assoziation angeregter u. nichtangeregter cycl. KW-Stoff-Moll., die in Lsg. bei höheren Konzz. eine strukturlose Emissionsbande im langwelligen Gebiet ohne Änderung des Absorptionsspektrums aufweisen. Bisher untersuchte polycycl. KW-Stoffe mit u. ohne Excimerenfluorescenz werden diskutiert u. allg. Regeln für das Zustandekommen u. die Unterdrückung der beobachteten Fluorescenz aufgestellt. Neu untersuchte Verbb. mit Excimer-Fluorescenz: *Bzl.*; *Toluol*; Naphthaline: *1-*, *2-Methyl-*, *1.6-*, *2.3-*, *2.6-Dimethyl-*; *9-Methyl-*, *9-Äthylanthracen*; *1-*, *3-*, *4-Methylpyren*; 1.2-Benzanthracene: *unsubstituiert*, *2'-*, *3'-*, *4'-*, *3-*, *4-*, *5-*, *6-*, *7-*, *8-*, *9-*, *10-Methyl-*, *2'.4-*, *2'.6-Dimethyl-*, *5-Äthyl-*, *5-Propyl-*, *5-Amyl-*, *5-Phenyl-*, *6-Isopropyl-*; *Cholanthren*; *20-Methylcholanthren*; *Coronen*; *Ovalen*; *Perylen*; *1.2-*, *3.4-Benzpyren*; *1.2;3.4-Dibenzanthracen*; *Anthanthren*; *1.12-Benzperylen*; *1.2;4.5-Dibenzpyren*; Verbb. ohne Excimerfluorescenz: *Anthracen*, *2-Methyl-*, *9.10-Diphenylanthracen*; *Triphenylen*; *2-Methyl-*, *2-Isopropyl-3.4-benzphenanthren*; *9.10-Dimethyl-1.2-benzanthracen*; *Picen*; *1.2;5.6-*, *1.2;7.8-Dibenzanthracen* u. *3.4;5.6-Dibenzphenanthren.* G. Kirsten B 125

0749 **Thermochemiluminescenz von Chlorophyll-Carotin-Gemischen.** W. D. Bellamy und A. G. Tweet. (Nature [London] **197,** 482—84, 1963; Schenectady, N. Y., Gen. Electr. Res. Labor.; engl.) — Die Thermochemiluminescenz (TC) von *Chlorophyll a* (**I**)-*all-trans-β-Carotin* (**II**)-*Gemischen*, die aus Bzl. auf Scheiben von rostfreiem Stahl aufgetragen werden, wird in Molverhältnissen von 31—10^4 bei 50—200° mit einer Aufwärmungsgeschw. von 13°/Min. untersucht (Abb.). Mit vorab belichtetem oder allomerisiertem **I** werden keine unterschiedlichen Ergebnisse erhalten. Unters.der spektralen Emissionsverteilung (Tabelle) zeigt, daß bei 6950 u. 7450 Å Absorptionsmaxima bestehen. Analog werden

Phäophytin a (III)-II-Gemische untersucht (Abb.), die im Vgl. zu I/II stark verminderte Emission aufweisen. Die Fluorescenzausbeute von I u. III in Bzl. nach Anregung bei 400 u. 430 mμ differiert um einen Faktor von < 2. TC-Messungen an 1:50-Gemischen aus II u. *Zn-, Cu-* (IV) u. *freiem Tetraphenylporphin* (Abb.) zeigen, daß das nichtfluorescente IV auch keinerlei TC aufweist.
G. Kirsten B 125◇

0750 **Die Rolle des Triplettzustandes in Chlorophyll-sensibilisierten Reaktionen.** Robert Livingston und A. C. Pugh. (Discuss. Faraday Soc. **1959,** Nr. 27, 144—48; Minneapolis, Minn., Univ. of Minnesota, Div. of Phys. Chem.; engl.) — Vgl. C. **1962,** 15916. — Aus vorläufigen Messungen geht hervor, daß *all-trans-Retinen* (I), ebenso wie *Carotin*, den Triplettzustand von in Lsg. befindlichem *Chlorophyll* (II) mit einer bimol. Geschw.-Konst. von $3 \cdot 10^8\ m^{-1} \cdot sec^{-1}$ aufhebt. Genauere Unterss. ergaben, daß die Geschw. des Verschwindens des Triplettzustandes nicht eine lineare Funktion der I-Konz. ist, sondern sich bei hohen I-Konzz. einem Grenzwert nähert. — Als mögliche Erklärung der Vers.-Ergebnisse, wird angenommen, daß I u. II in Lsg. mit einer mäßig stabilen Additionsverb. I · II im Gleichgew. stehen, u. daß der Triplettzustand dieser Additionsverb. eine Lebensdauer von ca. $^1/_6$ derjenigen von II hat. H. Kockert B 125◇

0751 **Resonanzübertragung der Anregungsenergie zwischen Nucleosiden und Acridinorange.** Sadhan Basu und John Greist. (J. physic. Chem. **67,** 1394—95, 1963; Bloomington, Ind., Indiana Univ., Chem. Labor.; engl.) — Im Bereich von 300 bis 400 mμ, in dem 0,02 m Lsgg. von Nucleosiden Absorptionsschultern zeigen, absorbiert *Acridinorange* (I) nur wenig. In Ggw. von 0,02 m *Adenosin* (II) kann man bei I-Lsgg. eine stark gegenüber dem bei Abwesenheit von II erhaltenen Wert erhöhte Fluorescenz-Intensität bei 540 mμ beobachten, wenn die Lsg. mit Licht der Wellenlänge 350 mμ bestrahlt wird. Eine ähnliche Energieübertragung wurde auch bei *Inosin, Uridin* u. *Thymidin* gefunden. Es handelt sich demnach um eine Übertragung der vom Nucleosid bei 350 mμ absorbierten Lichtenergie auf I, von wo sie als Fluorescenz ausgestrahlt wird. Zugrunde liegt diesem Vorgang vermutlich eine Assoziation von I mit Nucleosid-Molekülen. Der Mechanismus der Energieübertragung wird diskutiert. K. H. Birr B 125◇

0752 **Ionisationspotential von Dehydrobenzol.** I. P. Fisher und F. P. Lossing. (J. Amer. chem. Soc. **85,** 1018—19, 1963; Ottawa, Canada, Nat. Res. Council, Div. of Pure Chem.; engl.) — Zur Auffindung von *Dehydrobenzol* (I, C_6H_4) in den therm. Zerfalls-Prodd. von *1.2-, 1.3-* bzw. *1.4-Dijodbenzol* wurde festgestellt, daß zur eindeutigen Identifizierung von I neben der Massenzahl 76 auch sein Ionisationspotential von 9,75 V hinzugezogen werden muß. Es zeigte sich, daß nur beim Zerfall der o-Verb. das auftretende Zerfallsprod. der Masse 76 mit I ident. ist, das zu Dibenzocyclobutadien dimerisiert. Aus dem m- u. p-Isomeren entsteht Hexadiin-(1.5)-en-(3). J. Blume B 131◇

0753 **Hertzsche Absorption eines Gemisches von zwei polaren Flüssigkeiten.** K. Kamiyoshi und T. Fujimura. (J. Physique Radium **23,** 337—40, 1962; Univ. of Tohoku; franz.) — Vff. berichten über Messungen der komplexen DK (ε' u. ε'') zwischen Zimmertemp. u. der Temp. des fl. N_2 mit Frequenzen bis zu 300 KHz an den folgenden Fl.-Gemischen verschiedener Konz.: *Propylalkohol*(I)–*Cyclohexanol*(II) (**a**), *A.*–II (**b**), *Isoamylbromid*(III)–*Geraniol* (**c**), III–II (**d**) u. I–*Glycerin* (**c**). Vff. stellen folgende Regel auf: Im Gemisch zweier assoziierter Fll. (**a, b**) vereinigen sich die dielektr. Absorptionen der Komponenten bei jeder Konz. zu einer einzigen, im Gemisch einer assoziierten mit einer nicht-assoziierten Fl. (**c, d**) treten 2 mehr oder weniger getrennte Absorptionen auf. Eine Ausnahme von dieser Regel macht **c**. Es wird angenommen, daß die Größe der Verschiebung der dielektr. Absorption ein Maß für die Mischbarkeit sein kann. C. Gottfried B 132△

0754 **Der Dipol-Charakter von Äthylenglykol.** A. R. Tourky, H. A. Rizk und I. M. Elanwar. (Z. physik. Chem. [Frankfurt/M.] [N. F.] **31,** 161—68, 1962; Cairo, Nat. Res. Centre; engl.) — In Dioxan besitzt *Äthylenglykol* (Kp. 197,3° D. 1,1060, n_D 1,4278) im Temp.-Bereich von 30 bis 50° u. bei Konzz. entsprechend einem Molenbruch von 0,025 bis 0,089 ein Dipolmoment von 2,33 ± 0,01 D, was auf einen nicht assoziierten Zustand hinweist. In der Fl. u. bis —30° auch im festen Zustand besitzt das Mol. völlige Orientierungsfreiheit. Die aus Messungen des dielektr. Verlustes berechnete Relaxationszeit [$\tau \cdot 10^{11}$ = 24,43 s (bei 0°) bzw. 4,22 s (bei 50°)] liefert ein Mol.-Vol. (54,95 bis 56,51 cm^3 bei 20 bis 50°), das mit dem aus Dichtemessungen erhaltenen übereinstimmt. Zwischen der Temp.-Abhängigkeit der Relaxationszeit u. der Viscosität wird eine enge Parallelität beobachtet.
Ch. Zechel B 132◇

0755 **Einige Gesichtspunkte der kernmagnetischen Resonanzspektren von Verbindungen, die eine C-Methylgruppe enthalten.** F. A. L. Anet. (Canad. J. Chem. **39,** 2262—73, 1961; Ottawa, Ontario, Univ. of Ottawa, Dep. of Chem.; engl.) — Die NMR-Spektren von Verbb., die verschiedene Typen von an ein C-Atom gebundenen CH_3-Gruppen enthalten, werden erörtert, wobei bes. der Spin-Kopplungs-Effekt berücksichtigt wird. Spezielle Beachtung finden Verbb., die in gesätt. Syst. die Gruppe $CHCH_3$ enthalten. Es wird darauf hingewiesen, daß die beobachtete Aufspaltung der CH_3-Bande nicht immer gleich der Kopplungs-Konst. zwischen CH_3-Protonen u. benachbarten Protonen ist, selbst dann nicht, wenn die chem. Verschiebung zwischen den beiden Gruppen von Protonen groß ist. — Zur Erläuterung bezieht sich Vf. bes. auf eigene Unterss. an dem *3.5-Dinitrobenzoat* (F. 85°) von *erythro-3-Brombutanol-(2)*, an *meso-2.3-Dibrombutan, Methylbernsteinsäure, β-Methylglutarsäure, Methylcyclohexan, 2-, 3-Methylcyclohexanon* (I) $D_{4(2.2.6.6)}$-I, an dem Lycopodium-Alkaloid *Lycodin* (vgl. Anet u. Rao, C. **1963,** 6993) u. an *α-* u. *β-Obscurin* (vgl. Ayer u. Iverach, C. **1962,** 16327).

Versuche: $D_{4(2.2.6.6)}$-*Cyclohexanon* (II), Kp.$_{142}$ 93—96°, aus 10 g Cyclohexanon, 15 ml 99,7%ig. D_2O u. 0,5 g wasserfreies K_2CO_3 durch 2std. Kochen; 4 g (Ausbeute). — $D_{4(2.2.6.6)}$-*1-Methylencyclohexan*, Kp. 80—100°, aus vorst. Verb. durch Behandlung mit Triphenylmethylenphosphan (vgl. Org. Synth. **40,** [1960], 66); 2 g. — $D_{4(2.2.6.6)}$-*1-Methylcyclohexan* (65%ig. tetradeuteriert), aus vorst. Verb. durch katalyt. Hydrierung mit 10 mg PtO_2. — $D_{4(2.2.6.6)}$-*3-Methylcyclohexanon* ($D_{4(2.2.6.6)}$-I), analog II aus 3-Methylhexanon. Ch. Zechel B 137◇

0756 **Das NMR-Spektrum von Cyclopentanon.** F. A. L. Anet. (Canad. J. Chem. **39,** 2316—18, 1961; Ottawa, Ont., Univ. of Ottawa, Dep. of Chem.; engl.) — Vgl. Wiberg u. Nist, C. **1962,** 15900. — Vf. untersucht das hochaufgelöste NMR-Spektrum von *Cyclopentanon* (I) in 20 Vol.-%ig. Lsg. in Benzol. Es werden angegeben: $\Delta\nu$ = 19,5 ± 0,5 Hz u. $(J_{cis}^2 + J_{trans}^2)^{1/2}$ = 10,8 ± 1,0 Hz. Das Spektrum von I wird zum A_4B_4-System gerechnet, da die Kopplungs-Konst. zwischen den vicinalen β-Protonen nicht Null sind, wie aus dem für ein A_2B_2-Syst. zu komplizierten Spektrum (Abb.) hervorgeht. Spektren in Pyridin, Anilin oder Bzl./CCl_4 sind dem in Bzl. sehr ähnlich. Ch. Zechel B 137◇

0757 **Protonenresonanzspektren von 8-Hydroxy- und 8-Methylchinolin.** L. W. Reeves und K. O. Strømme. (Canad. J. Chem. **39,** 2318—21, 1961; Vancouver, B. C., Univ. of British Columbia, Dep. of Chem.; engl.) — Vff. untersuchen das NMR-Spektrum von *8-Hydroxy-* (I) u. *8-Methylchinolin* (II) in verschieden polaren Lsgm. (CCl_4, Aceton, Bzl.). Die Form der Kurve der verdünnungsabhängigen chem. Verschiebung deutet auf ausschließliche intermol. H-Brücken-Bldg. bei I hin. Das Verh. der Protonenresonanz des Heteroringes in I u. II ist im gleichen Lsgm. sehr ähnlich: Bei Zimmertemp. beobachtet man in CCl_4-Lsg. eine geringe Verschiebung nach niedrigem Feld bei den β- u. γ-Protonen u. nach höherem Feld bei den α-Protonen. Bei Temp.-Erhöhung um 50° tritt bei I in CCl_4-Lsg. eine Verschiebung nach niedrigem Feld für die β- u. γ-Protonen ein, die mit der Konz.-Abhängigkeit dieser Verschiebung übereinstimmt; der Temp.-Koeff. beträgt nur etwa 2 Hz/50°. In Aceton ist die Richtung der entsprechenden chem. Verschiebungen die gleiche, jedoch ist der Betrag für die β- u. γ-Protonen

weit größer. Letzteres gilt auch für die verdünnungsabhängige chem. Verschiebung in Bzl. als Lsgm., wobei hier allerdings die Verschiebung für alle 3 Protonensorten nach Richtung höheren Feldes erfolgt. Die Ergebnisse lassen vermuten, daß H-Brücken-Bldg. mit Lsgm.-Mol. bevorzugt an den β- u. γ-Positionen erfolgt.
Ch. Zechel B 137◇

0758 **Effekte von deuteriertem Wasser auf Säuredissoziationskonstanten.** R. Bruce Martin. (Science [Washington] **139,** 1198, 1203, 1963; Charlottesville, Va., Univ. of Virginia, Cobb Chem. Labor.; engl.) — Vgl. Li, Tang u. Mathur, C. **1962,** 5237. — Vf. untersucht die Gültigkeit der Beziehung $\Delta pK = pK_{(D)} - pK_{(H)} = a + bpK_{(H)}$ (1) für Säuredissoziationskonst. in H_2O ($K_{(H)}$) bzw. D_2O ($K_{(D)}$) (vgl. l. c.) u. dehnt die Betrachtung auf polyvalente Säuren aus. Bei letzteren hat (1) nur Gültigkeit, wenn die Steigungsmaße b für jeden beliebigen Säurerest ident. sind, da (1) sonst mit sich selbst im Widerspruch steht. Für das Gebiet $-5 < pK < 16$ entsprechend $0{,}15 < \Delta pK < 0{,}8$ gelten für (1) bisher $a = 0{,}45$ u. $b = 0{,}015$ als beste Werte (vgl. l. c.). Vf. schlägt vor, für Carbonsäuren (**A**) zu (1) das Glied $-0{,}12\,Z$ hinzuzufügen, wobei Z = Nettoladung der sauren Form des konjugierten Säure-Basen-Paars ist. Während (1) z. B. für Citronensäure die ΔpK-Werte 0,49, 0,52 u. 0,54 für die 3 möglichen Dissoziationsstufen liefert, werden mit der modifizierten Form von (1) 0,49, 0,64 u. 0,78 erhalten, die mit den gemessenen Werten (vgl. l. c.) von 0,49, 0,64 u. 0,75 besser übereinstimmen. Der Faktor 0,12 vor Z kann von der Ionenstärke der Säure-Lsg. abhängen u. dürfte für Dissoziationen vom NH_4^+-Typ kleiner sein. Z-Faktoren in (1) sind nur von Bedeutung, wenn eine echte Ladungstrennung erfolgt, wie z. B. bei Dissoziation von **A** oder Phenolen.
G. Kirsten B 139◇

0759 **Geschwindigkeits-Konstanten, Aktivierungs-Parameter und Salzeffekte bei der Säuredissoziation von $(CH_3)_3NH^+$ in wäßriger Lösung und für seine Reaktion mit $(CH_3)_3N$.** Ernest Grunwald. (J. physic. Chem. **67,** 2208—11, 1963; Murray Hill, N. J., Bell Telephone Labor., Inc.; engl.) — Die Geschw.-Konst. k bzw. k′ der reversiblen Säuredissoziation des *Trimethylammoniumions* ($\mathbf{I} \cdot H^+$) in wss. Lsg. entsprechend der Gleichung $\mathbf{I} \cdot H^+ + H_2O \rightleftharpoons \mathbf{I} + H_3O^+$ wurden durch NMR-Messungen bei 35—80° bestimmt. Extrapoliert auf unendliche Verdünnung ergibt sich für die Dissoziation von $\mathbf{I} \cdot H^+$: $\log (k°/T) = (3428{,}0/T) + 42 \log T - 117{,}226$. Die entsprechenden Aktivierungsparameter bei 50° sind: $\Delta H^* = 11{,}29$ kcal/Mol, $\Delta S^* = -17{,}9$ cal · Grad^{-1} · Mol^{-1} u. $\Delta C_p^* = 80 \pm 60$ cal · Grad^{-1} · Mol^{-1}. Der Salzeffekt (Konst. angegeben) von KCl u. $\mathbf{I} \cdot HCl$ auf k ist nahezu gleich dem entsprechenden Salzeffekt auf die Säuredissoziations-Konst. K_A (bei 49,52°: $K_A° \cdot 10^{10} = 5{,}26$), was ebenso wie die Werte von k′ (Geschw.-Konst. der Rück-Rk.) auf eine diffusionskontrolierte Rück-Rk. schließen läßt. Die Geschw.-Konst. des symm. Austausch-Prozesses $\mathbf{I} \cdot H^+ + OH_2 + \mathbf{I} \xrightarrow{k_e} \mathbf{I} + HOH + HB^+$ genügen $\log (k_e°/T) = 8{,}487 - (723{,}5/T)$; die Aktivierungsgrößen sind $\Delta H^* = 3{,}3$ kcal, $\Delta S^* = -8{,}4$ cal Grad^{-1} Mol^{-1}. Die Salzeffekte von KCl u. I-HCl sind relativ sehr klein.
Ch. Zechel B 139◇

0760 **Geschwindigkeits-Konstanten und Aktivierungs-Parameter für das Aufbrechen der Wasserstoff-Bindung bei $(CH_3)_3N \cdots HOH$ in wäßriger Lösung.** Ernest Grunwald. (J. physic. Chem. **67,** 2211—13, 1963; engl.) — Vgl. vorst. Referat. — Die Geschw.-Konst. k 1. Ordnung (vgl. l. c.) des NH-Protonaustausches beim *Trimethylammoniumion* ($\mathbf{I} \cdot H^+$) wird merklich kleiner, wenn HCl zugegeben wird u. der pH-Wert unter 2 sinkt. Der größere Teil dieses Effektes unterscheidet sich von einem „Neutralsalz"-Effekt, da KCl oder $\mathbf{I} \cdot HCl$ bei gleicher Ionenstärke wesentlich geringeren Einfl. besitzen. Als Mechanismus ist anzunehmen: $\mathbf{I} \cdot H^+ \cdots (OH_2)_n \underset{k_-}{\overset{k_+}{\rightleftharpoons}} \mathbf{I} \cdots (HOH)_m + H(OH_2)^+_{n-m}$; $\mathbf{I} \cdots (HOH)_m \xrightarrow{k_H} \mathbf{I} + m\,HOH$. m ist immer > 0, d. h., daß die Säuredissoziation in einer Weise erfolgte, bei der die topolog. Verknüpfung mit dem vorher covalent gebundenen Proton intakt bleibt. k_H läßt sich aus $k = k_+/(1 + k_-/k_H)$ u. $k_- = k_+/K_A$ berechnen. Die „besten Werte" genügen der Gleichung $\log (k_H/T) = 9{,}232 - (498{,}2/T)$. Die entsprechenden Aktivierungsgrößen sind: $\Delta H^* = 2{,}3 \pm 1{,}0$ kcal u. $\Delta S^* = -5{,}0$ cal Grad^{-1} Mol^{-1}.
Ch. Zechel B 139◇

0761 **Thermische Beständigkeit vielkerniger aromatischer Kohlenwasserstoffe und das polarographische Halbstufenreduktionspotential.** H. F. Martin und B. J. Gudzinowicz. (Nature [London] **200,** 69—70, 1963; Everett, Mass., Boston Labor., Monsanto Res. Corp.; engl.) — Vff. stellen aus der Literatur entnommene Werte für das Halbstufenpotential, die Lage der p-Bande u. für die therm. Beständigkeit von mehrkernigen aromat. KW-Stoffen zusammen. Sie folgern, daß die therm. Stabilität dieser Verbb. durch diejenige Energie bestimmt wird, die erforderlich ist, um Elektronen auf die niedrigste, unbesetzte Mol.-Bahn zu bringen.
Hubertus Zimmer B 142◇

0762 **Einfluß der Dimerisation der intermediär entstehenden freien Radikale auf die polarographischen Stufen aromatischer Aldehyde und Ketone im sauren Medium.** S. G. Mairanowski. (Nachr. Akad. Wiss. UdSSR, Abt. chem. Wiss. **1961,** 2140—45; Akad. der Wiss. der UdSSR, Zelinski-Inst. für org. Chem.; russ.) — Die polarograph. Stufen der Red. von *Benzaldehyd* (**I**) u. *Acetophenon* (**II**) wurden in Acetat-Puffer u. in wss. A. bei pH 4,65 untersucht. Die Form der ersten Stufe auf den Polarogrammen von **I** u. **II** kann durch die Gleichung für eine umkehrbare Stufe mit einer schnellen nachfolgenden bimol. Rk. der Red.-Prodd. beschrieben werden. Der umkehrbare Charakter der elektrochem. Rk. u. die schnelle Dimerisation von Elektroden-Prodd. wurde auch dadurch bestätigt, daß das Halbstufenpotential mit wachsender Konz. des Depolarisators positiver wird. Es wurden ferner Gleichungen für die Form der zweiten Stufe der Polarogramme aromat. Aldehyde u. Ketone, wie auch für die Abhängigkeit ihres Halbstufenpotentials von der Konz. des Depolarisators abgeleitet. Die Berechnungsergebnisse sind mit den experimentellen Angaben in Übereinstimmung.
C. Kozák B 142□

0763 **Polarographische Eigenschaften einiger Dipeptide und ihrer Derivate.** A. Kalaidshijew und E. Markowa. (Bull. Inst. Physiol., Acad. Sci. Bulg. **4,** 225—33, 1960; bulg., Auszug: engl.) — Die von den Vff. synthetisierten u. unter verschiedenen Bedingungen (Konz. pH, Temp.) untersuchten *Dipeptide* u. *Phthalylderivate*: *Glycylglycin, Glycylvalin, Glycylalanin, Glycylasparagin, Glycylglutaminsäure, Phthalylglycylglycin, Phthalylglycylvalin, Phthalylglycylalanin, Phthalylglycylasparagin, Phthalylglycylglutaminsäure,* zeigten spezif. Einschnitte der polaroskop. $d\pi/dt$ = V-Kurve, die bei stark alkal. pH bei − 0,3 bis 0,4 V lagen u. wahrscheinlich, analog den Einschnitten der Eiweiße, den Dipeptid-Bindungen zugeordnet werden können.
I. v. Kloch-Kornitz B 142◇

0764 **Einfluß von Nichtelektrolyten auf die Temperatur der maximalen Dichte von Wasser.** 1. Mitt. **Alkohole.** Goro Wada und Saburo Umeda. (Bull. chem. Soc. Japan **35,** 646—52, 1962; Kobe, Mikage, Univ., Fac. of Sci., Dep. of Chem.; engl.) — Vff. untersuchen den Einfl. nachst. Verbb. auf die Änderung der Temp. (ΔT) der größten Dichte von *W.*: *A., Methyl-, n-* u. *Isopropyl-, n-, sek.-, tert.-*(**I**) u. *Isobutylalkohol, Äthylenchlorhydrin, Phenol, p-Nitrophenol, Äthylen-* u. *Propylenglykol, Glycerin, Saccharose* u. *Polyvinylalkohol.* Es wird gefunden: ΔT ist nicht proportional der Konz. der gelösten Alkohole (**A**); für einwertige Alkohole **A** ist ΔT bei niedrigen Konzz. allg. positiv., für **I** ist der Wert am größten. Der Wert wächst mit der C-Anzahl u. dem Grad der Verzweigung. Die Erhöhung der Temp. maximaler Dichte hängt von der Schwäche der Kohäsion der **A** u. der Stärke der Hydratation des hydrophilen Mol. ab. Bei Erhöhung der **A**-Konz. tritt infolge Wechselwrkg. der **A** untereinander eine Verringerung in ΔT ein.
Hubertus Zimmer B 148◇

0765 **Phasengleichgewichte im System Phenol/o-Kresol/Wasser/Natriumhydroxid.** J. Y. Ting und J. S. Forsyth. (J. appl. Chem. **13,** 171—75, 1963; Vancouver, B. C., Canada, Univ. of British Columbia, Dep. of Chem. Engng.; engl.) — Die Löslichkeiten [bis zu mehr als 3% NaOH (vollständige Mischbarkeit)] u. Gleichgewichte (bis zu weniger als 3% NaOH) wurden im Syst. *Phenol/o-Kresol/Wasser/NaOH* bestimmt. Die Ergebnisse zeigen, daß der Verteilungs-Koeff. der Phenole für die Verteilung zwischen wss. u. phenol. Phase nicht empfindlich gegenüber dem Alkaligeh. der Lsg. ist. Ch. Zechel B 150◇

0766 **Über freie Radikale mit Betain-Grenzstrukturen.** Otto Neunhoeffer und Peter Heitmann. (Chem. Ber. **96**, 1027—32, 1963; Berlin, Humboldt-Univ., II. Chem. Inst. u. Saarbrücken, Univ. des Saarlandes, Org.-Chem. Inst.; dt.) — Vgl. C. **1962, 2334.** — Es werden substituierte p-Hydroxytriphenylamine (**A**) untersucht, die bei Dehydrieren O_2-unempfindliche Radikale liefern. Lsgg. von 4-Hydroxy-4'.4''-bis-[dimethylamino]-triphenylamin (**I**; vgl. l. c.) in polaren Lsgm. ergeben bei Behandeln mit PbO_2 oder AgO intensive Färbung infolge Radikal-Bldg., ohne daß das Radikal isoliert werden konnte. Analyse der Folgeprodd. zeigt, daß die Molgew. in der Nähe des Dimerisationsprod. liegen. Stärker autoxidabel als **I** ist 4-Hydroxy-4'.4''-bis-[dimethylamino]-3.5-di-tert.-butyltriphenylamin (**II**), dessen feste Präpp. oder Lsgg. bereits freies Radikal enthalten u. das bei Dehydrieren mit p-Benzochinon in Aceton *4-[Bis-(p-dimethylaminophenyl)-amino]-2.6-di-tert.-butylphenoxyl-(1)* [**III**; F. 194—196° (Zers.); $\mu = 8{,}7$ D; aus Ae. kaffeebraune Nadeln] liefert. Als reversibles Redox-Syst. läßt sich **III** durch einen Überschuß an Hydrochinon, an Raney-Ni in A. oder durch Hydrazobenzol zu **II** red., wobei letztere Meth. sich zur quant. Best. des freien Radikal-Geh. eignet, in der **III** selbst als Indikator dient u. ein Farbumschlag von Blaugrün nach Orangegelb erhalten wird. Bei 2monatigem Aufbewahren an der Luft sinkt der F. von **III** um 10—20°, ändert sich unter N_2 jedoch nicht, u. Bzl.-Lsgg. weisen nach 3std. Durchleiten von O_2 unveränderten **III**-Geh. auf. Durch Säurehydrolyse wird aus **III** *2.6-Di-tert.-butylbenzochinon-(1.4)* abgespalten. Als weitere **A** werden 4-Hydroxy-3.5-di-tert.-butyl- bzw. 4-Hydroxy-4'.4''-dimethoxy-3.5-di-tert.-butyltriphenylamin untersucht, die in Lsg. 80 bzw. 96% des theoret. Radikal-Geh. ergeben. Grenzstrukturen, dielektr. Verh. u. Solvatochromie von **III** werden diskutiert. **II** oder besser **III** wird durch $AgClO_4$ in Ae. zu N.N-Bis-[p-dimethylaminophenyl]-2.6-di-tert.-butylbenzochinon-(1.4)-immonium-(4)-perchlorat ($C_{30}H_{40}N_3O \cdot ClO_4$, F. 208—209) umgesetzt.

Versuche: *4-Hydroxy-4'.4''-bis-[dimethylamino]-3.5-di-tert.-butyltriphenylamin* (**II**), $C_{30}H_{41}N_3O$, F. 168 bis 169° (im evakuierten Rohr), durch Zufügen von CuJ u. einer Lsg. von Bis-[p-dimethylaminophenyl]-amin in Dibutyläther zu einer Lsg. von C_6H_5Li in Ae. unter N_2, Zufügen von 4-Jod-2.6-di-tert.-butylphenol in Ae., Abdest. von Ae. u. Bzl., 1std. Sieden unter N_2, Extrahieren der erkalteten Lsg. mit 9 n HCl u. Fällen mit NH_4OH unter Zusatz von Na-Dithionit (**IV**); $\mu = 2{,}9$ D; aus wss. A. unter **IV**-Zusatz blaßgelbe Nadeln; 50% (Ausbeute). — Analog werden folgende 3.5-Di-tert.-butyltriphenylamine erhalten: *4-Hydroxy-*, $C_{26}H_{31}NO$, F. 159° (wss. A. mit **IV**), aus Diphenylamin; 67%. — *4-Hydroxy-4'.4''-dimethoxy-*, $C_{28}H_{35}NO_3$, F. 135—136°, aus Bis-[p-methoxyphenyl]-amin u. Zusatz von Dimethylanilin; 46%. G. Kirsten B 182◇

0767 **Verbrennungswärmen und Molekularstruktur.** 9. Mitt. **Bicyclo-[2.2.1]-heptan, 7-Oxabicyclo-[2.2.1]-heptan, exo- und endo-2-Methyl-7-oxabicyclo-[2.2.1]-heptan.** A. F. Bedford, A. E. Beezer, C. T. Mortimer und H. D. Springall. (J. chem. Soc. [London] **1963**, 3823—28; Keele, Staffordshire, Univ. of Keele, Dep. of Chem.; engl.) — 8. vgl. C. **1963**, 10032. — Aus den gemessenen Verbrennungswärmen $-\Delta U_c^0$ werden die Verbrennungsenthalpien $-\Delta H_c^0$ (kcal/Mol) berechnet u. Bldg.-Wärmen $-\Delta H_f^0$ (kcal/Mol) abgeleitet (Ergebnisse, Verbb. in obiger Reihenfolge): F. 84,0—84,4°; $-\Delta H_c^0$ 1046,24 ± 0,52; $-\Delta H_f^0$ 22,01 ± 0,65 (krist.). — Kp. 119,0—119,5°, n_D^{25} 1,4469; 852,37 ± 0,37; 53,51 ± 0,48 (fl). — Kp. 133,0—134,0°, n_D^{25} 1,4449; 1007,58 ± 0,40; 60,67 ± 0,53 (fl.). — Kp. 138,5—140,0°, n_D^{25} 1,4497; 1008,43 ± 0,38; 59,82 ± 0,51. Aus der bekannten Verbrennungswärme von *Bicyclo-[2.2.1]-heptadien-(2.5)* ergibt sich dessen Bldg.-Wärme $-\Delta H_f^0$ zu − 48,0 ± 0,5 (fl.). — Rückschlüsse auf die Spannungsenergien in den Verbindungen werden gezogen. W. Schramm B 156◇

0768 **Japanische Untersuchungen über innere Rotation.** S. Mizushima. (Pure appl. Chem. **7**, 1—12, 1963; Tokyo, Univ. of Tokyo, Fac. of Sci.; engl.) — Vf. gibt einen Überblick über japan. Arbeiten auf dem Gebiet der inneren Rotation (Einfl. auf: Raman- u. IR-Spektren, Dipolmoment, Elektronenbeugung, Entropie, Mikrowellenspektrum; als Verb.-Klassen: n-Paraffine u. Polypeptide) ohne Anspruch auf Vollständigkeit zu erheben. — 112 Literaturangaben. Hubertus Zimmer B 182◇

0769 **Molekülschwingungen und physikochemische Probleme.** H. W. Thompson. (Pure appl. Chem. **7**, 13—21, 1963; Oxford, Univ., St. John's Coll.; engl.) — An Hand von aus der Literatur entnommenen Themen über Unterss. auf dem Gebiet der Mol.-Schwingungen versucht Vf. die gegenwärtigen Hauptrichtungen solcher Unterss. aufzuzeigen. — 29 Literaturangaben. Hubertus Zimmer B 182◇

0770 **Bor enthaltende Analoge des Isochinolins.** Michael J. S. Dewar und Ralph C. Dougherty. (J. Amer. chem. Soc. **84**, 2648—49, 1962; Chicago, Ill., Univ. of Chicago, George Herbert Jones Labor.; engl.) — Durch Rk. von o-Formylphenylboronsäure (**I**) mit wasserfreiem H_2NNH_2 in abs. A. bei Zimmer-Temp. wird *Bis-[4.3-borazaroisochinolinyl-(4)]-äther* [**II**, $C_{14}H_{12}B_2N_4O$, F. 234 bis 234,5°; 80% (Ausbeute)] erhalten, der gegen sd. konz. HCl oder sd. 15% wss. KOH beständig ist u. aus dem durch Br_2 in sd. Eisessig das B nicht abgespalten wird. Analog wird aus **I** u. Phenylhydrazin-HCl in wss. Lsg. sofort *Bis-[3-phenyl-4.3-borazaroisochinolinyl-(4)]-äther* ($C_{26}H_{20}B_2N_4O$, F. 196—196,5°; fast 100%) in farblosen Nadeln als Nd. erhalten. Durch Rk. von **II** mit überschüssigem CH_3MgBr in Ae. bei 0° wird *4-Methyl-4.3-borazaroisochinolin*(**III**) ($C_8H_9BN_2$, F. 97—97,5°; 60%) erhalten. Es ist gegen sd. 10%ig. HCl u. sd. 10%ig. wss. KOH beständig. Mit rauchender HNO_3 in Acetanhydrid bei − 30° liefert es eine Reihe von B-haltigen Verbb., bei denen es sich vermutlich um Nitro-Derivv. von **III** handelt, die weiterhin die B-Methylgruppe enthalten. Die angegebenen UV-, IR- u. NMR-Daten u. das chem. Verh. weisen darauf hin, daß vorst. B-haltige Isochinolinanaloge aromat. Eigg. besitzen. Im UV-Spektrum des ebenfalls untersuchten *4-Hydroxy-4.3-boroxaroisochinolins* wurde in alkal. Lsg. eine geringere bathochrome Verschiebung beobachtet, die durch Zusatz von Mannit nicht beeinflußt wird. Die Verb. reagiert also anscheinend als Protonen-Säure. Verss., die OH- gegen eine CH_3-Gruppe auszutauschen, schlugen bisher jedoch fehl, was vermuten läßt, daß die Verb. weniger aromat. als die N-haltige ist. Vff. vertreten die Ansicht, daß bisher als Halbanhydride beschriebene *Amide der o-Aminophenylboronsäure* in Wirklichkeit 4.3-Boroxarochinoline sein könnten. Ch. Zechel B 182◇

0771 **Elektronenstruktur und Spektren von Chloranil und p-Phenylendiamin.** G. Giacometti, P. L. Nordio und G. Rigatti. (Nuovo Cimento **23**, 433—39, 1962; Padova, Univ., Ist. di Chim. Fis.; ital.) — Vff. berechneten nach der halbempir. LCAO-MO-SCF-Meth. nach Pariser u. Parr die 1. angeregten π-Niveaus für *Chloranil, p-Phenylendiamin* sowie des negativen bzw. positiven Radikalions. Die Ergebnisse sind in guter Übereinstimmung mit den Absorptionsspektren. C. Gottfried B 182△

0772 **Elektronenbeugungs-Untersuchungen von Molekülen, die einen sechsgliedrigen Ring vom Typ des Cyclohexans enthalten.** M. Davis und O. Hassel. (Acta chem. scand. **17**, 1181, 1963; Blindern, Oslo, Univ., Kjem. Inst.; engl.) — Auf Grund von Elektronenbeugungsaufnahmen werden nachst. Bindungslängen (Å) u. -winkel angegeben: *Cyclohexan* (**I**): C—C 1,528 ± 0,005, C—H 1,104 ± 0,005; C—C—C 111,55 ± 0,15°. *1.4-Dioxan*: C—C 1,523 ± 0,005, C—O 1,423 ± 0,003, C—H 1,112 ± 0,010, C—C—O 109,2 ± 0,5°, C—O—C 112,45 ± 0,5°. *Piperazin*: C—C 1,527 ± 0,005, C—N 1,471 ± 0,005, C—H 1,112 ± 0,010, N—H 1,030 ± 0,015, C—C—N 109,8 ± 0,5, C—N—C 112,6 ± 0,5. *N.N'-Dimethylpiperazin*: C—C 1,521 ± 0,010, $C_{(Ring)}$-N 1,457 ± 0,010, $C_{(CH_3)}$-N 1,461 ± 0,010, C—H (Mittelwert) 1,097 ± 0,010, C–C–N 110,3 ± 1°, C–N–C (Ring) 114,4 ± 1, C–N–C(CH₃) 110,0 ± 1°. Der Ring von **I** ist also nach vorst. Ergebnissen etwas flacher gebogen, als man entsprechend dem regulären Tetraederwinkel vermuten müßte. Ch. Zechel B 182◇

0773 **Die Polymorphie der Glyceride.** D. Chapman. (Chem. Reviews **62,** 433–56, 1962; Cambridge, Univ., Chem. Labor.; engl.) — Zusammenfassender Überblick an Hand der Literatur. — 118 Literaturzitate. C. Gottfried B 190△

0774 **Dimorphie von N.N-Diäthyl-p-toluolsulfonamid.** Bodil Jerslev und E. Jølk Ravn-Jonsen. (Acta chem. scand. **17,** 1173, 1963; Copenhagen, Denmark, Roy. Dan. School of Pharm., Chem. Labor.; engl.) — Vff. beobachteten bei *N.N-Diäthyl-p-toluolsulfonamid* zwei polymorphe Formen, von denen die eine F. 45°, die andere F. 60° besaß. Die instabile niedrigschmelzende Form wird durch die Ggw. von Kristallisationskernen der hochschmelzenden Form schnell in diese umgewandelt. Ch. Zechel B 190◇

0775 **Elektronendichte in langen Kohlenstoff–Kohlenstoff-Bindungen.** B. Beagley und R. W. H. Small. (Nature [London] **198,** 1297, 1963; Birmingham, Univ., Dep. of Chem.; engl.) — Bei genauen Struktur-Best. von *NH_4-Oxamat* u. *Li-Oxalat* stellten Vff. fest, daß lange Bindungen zwischen Atomen von verhältnismäßig niedrigem Streuvermögen eine Beobachtung interatomarer Elektronen in den Elektronendichteprojektionen begünstigen. C. Gottfried B 195△

0776 **Zweideutigkeit in der Bestimmung von Kristallstrukturen: 2-Phenylazulen.** J. Donohue und B. D. Sharma. (Nature [London] **198,** 878–79, 1963; Los Angeles, Calif., Univ. of Southern California, Dep. of Chem.; engl.) — Vff. nehmen Bezug auf Unterss. von Sharma u. Donohue (vgl. C. **1963,** 5034) an *2-Phenylazulen* (**I**), wobei in Analogie zu der regellosen Struktur von Azulen (vgl. hierzu u. a. Sim, C. **1962,** 2312) angenommen worden war, daß auch **I** eine regellose Struktur besitzt. Neuere Berechnungen ergaben, daß diese Schlußfolgerung nicht richtig war. C. Gottfried B 195△

0777 **Kristallstruktur eines Stickstoffisosteren von Pentacyclooctakosadodekaen.** G. W. Smith. (Nature [London] **198,** 879, 1963; Sunbury-on-Thames, British Petroleum Co. Ltd., Petroleum Div., BP Res. Centre; engl.) — Vf. untersucht opt. u. röntgenograph. *2.8.14.20-Tetraaza-pentacyclo-[19.3.1.1^{3,7}.1^{9,13}.1^{15,19}]-octakosadodekaen-(1.25.3.5.7,28.9.11.13,27.15.17.19,26.21.23)*. Die Verb. kristall. aus der Mutterlauge in Bündeln von bis zu 1 cm langen dünnen Nadeln mit gut entwickelten Prismenflächen u. den Formen {100} u. {110}. Auf allen Prismenflächen wurde in polarisiertem Licht gerade Auslöschung beobachtet; die Kristalle sind einachsig negativ. Die Doppelbrechung ist hoch, die Brechungsindices sind $\omega >$ 1,844 u. ε = 1,594, Weißenberg-Aufnahmen ergaben die Symmetrie 4/mmm. Die Zellendimensionen sind a = 20,69 ± 0,02 Å u. c = 8,69 ± 0,02 Å; wahrscheinlichste Raumgruppe ist P 4 cc; D. 1,297 ± 0,006; Z = 8. Auf Grund vorläufiger Patterson-Projektionen u. aus Raumerfüllungsgründen wird angenommen, daß 4 Mol. projiziert parallel der c-Achse etwa in den Lagen ($^1/_4$, $^1/_4$), $^3/_4$ $^1/_4$, $^1/_4$ $^3/_4$ u. $^3/_4$, $^3/_4$ liegen. Die Lagen der restlichen 4 Moll. erhält man aus den obigen Lagen durch c-Gleitoperation, so daß die Benzolringe der oberen Moll. zwischen den Benzolringen der unteren Moll. liegen. C. Gottfried B 195△

0778 **Die Kristallstruktur von 1.3-Dichlornaphthalin.** J. Trotter. (Canad. J. Chem. **39,** 1964–67, 1961; Vancouver, B. C., Univ. of British Columbia, Dep. of Chem.; engl.) — *1.3-Dichlornaphthalin* ($C_{10}H_6Cl_2$, F. 61°) kristallisiert monoklin. Röntgenograph. wurden die nachst. Daten ermittelt: Zelldimensionen a = 15,11 ± 0,04; b = 3,92 ± 0,01; c = 14,86 ± 0,04 Å; β = 96°00′ ± 10′; Z = 4; Raumgruppe P 2_1/n. Die x- u. z-Parameter der Cl- u. C-Atome wurden durch Patterson- u. Fourier-Projektionen entlang der b-Achse bestimmt. Die Bindungsabstände im Mol. wurden aus den auf (010) projizierten Längen zusammen mit den geschätzten Orientierungswinkeln bestimmt u. sind den entsprechenden Abständen in Naphthalin sehr ähnlich. Ch. Zechel B 195◇

0779 **Struktur der drei Kristallformen des Naphthazarins.** 1. Mitt. **Struktur der Form B.** Claudine Pascard-Billy. (Bull. Soc. chim. France **1962,** 2282–93; Paris, I. R. CH. A.; franz.) — Die Form A von *Naphthazarin* [*5.8-Dihydroxynaphthochinon-(1.4)*] erhält man durch Sublimation eines Rohprod. in Form feiner grüner Blättchen. Die Formen B u. C erhält man durch Verdampfen einer Chlf.-Lsg. von A in roten Prismen. Alle 3 Verbb. kristallisieren monoklin; die Zelldimensionen sind für A: a = **3,75** ± 0,02 (Å); b = 7,66 ± 0,02; c = 14,47 ± 0,05; β = 97° ± 30′; für B: a = 5,41 ± 0,01; b = 6,40 ± 0,02; c = 11,85 ± 0,02; β = 91°23′ ± 5′; für C: a = 7,91 ± 0,01; b = 7,32 ± 0,02; c = 14,05 ± 0,02; β = 96°40′ ± 2′. Für A u. B ist Raumgruppe P2_1/c u. Z = 2, für C Raumgruppe P 2_1/n u. Z = 4. Die Struktur von B wurde mit einer dreidimensionalen Patterson-Projektion u. mehreren Fourier-Projektionen bestimmt u. hierauf die Parameter weiter verfeinert. In dem Gitter sind die Moll. prakt. eben. Sie liegen angenähert in der ($\bar{1}$12)-Ebene u. sind entlang der a-Achse übereinander angeordnet. Die Mol.-Ebenen bilden mit der bOc-Ebene einen Winkel von 50°48′. C. Gottfried B 195△

0780 **Struktur der drei Kristallformen des Naphthazarins.** 2. Mitt. **Struktur der Form A des Naphthazarins.** Claudine Pascard-Billy. (Bull. Soc. chim. France **1962,** 2293–98; franz.) — 1. vgl. vorst. Referat. — Wegen der Zelldimensionen vgl. l. c. Die Struktur wurde wie l. c. beschrieben bestimmt. Die wieder prakt. ebenen Moll. sind parallel zur a-Achse des Kristalls in parallelen Ebenen mit den Indices h = 1,2; k = 1; l = 1,44 angeordnet. Diese Ebenen bilden mit der bOc-Ebene einen Winkel von 27°15′. C. Gottfried B 195△

0781 **Struktur der drei Kristallformen des Naphthazarins.** 3. Mitt. **Struktur der Form C des Naphthazarins. Schlußfolgerungen.** Claudine Pascard-Billy. (Bull. Soc. chim. France **1962,** 2299–2312; franz.) — 2. vgl. vorst. Ref.; vgl. C. **1964,** 5-0708. — Wegen der Zelldimensionen vgl. l. c. Da die Zelle 4 Moll. enthält wird die asymm. Einheit durch 2 unabhängige u. zentrosymm. Moll. gebildet. Die Struktur wurde wie l. c. bestimmt. In dem Gitter sind die Moll. in der Reihenfolge I-II-I-II, parallel der a-Achse des Kristalls angeordnet. Die Moll. I u. II liegen in angenähert parallelen Ebenen. Die Ebene des Mol. I hat die Indices h = 2,16; k = 1; l = 1,57 u. bildet mit der Ebene bOc einen Winkel von 35°. Das Mol. II liegt in der Ebene mit den Indices h = –2,10; k = 1, l = 1,68. Diese Ebene bildet mit der bOc-Ebene einen Winkel von 35°56′. Die Normalen zu den Ebenen der Moll. I u. II bilden mit der b-Achse den gleichen Winkel von 64°. Die strukturellen Beziehungen zwischen den 3 Formen werden ausführlich besprochen. C. Gottfried B 195△

0782 **Untersuchung der Struktur des Chlorhydrates von Perkinamin.** Claude Rérat. (C. R. hebd. Séances Acad. Sci. **254,** 3110–12, 1962; franz.) — *Perkinamin-hydrochlorid*, $C_8H_{13}NO \cdot HCl$ krist. aus wss. A. in rhomb., rechteckigen Parallelepipeden u. hat die Zelldimensionen a = 8,70 ± 0,05 (Å); b = 12,95 ± 0,01; c = 8,25 ± 0,01; Raumgruppe ist P $2_12_12_1$; D. 1,28; Z = 4. Mit Hilfe einer dreidimensionalen Patterson-Projektion u. 2 Elektronendichteprojektionen wurden die Parameter der Atome bestimmt u. mit der Meth. der kleinsten Quadrate verfeinert. C. Gottfried B 195△

0783 **Die Kristall- und Molekularstruktur von 2-Methylmercaptobenzthiazol.** P. J. Wheatley. (J. chem. Soc. [London] **1962,** 3636–38; Zürich, Monsanto Res. S. A.; engl.) — Weißenberg-Aufnahmen an *2-Methylmercaptobenzthiazol* ($C_8H_7NS_2$) ergaben monokline Symmetrie u. die Zellendimensionen a = $13{,}57_2$(Å); b = $5{,}49_1$; c = $11{,}52_0$; β = 102°52′; Raumgruppe ist C^5_{2h}–P 2_1/c; D. 1,44; Z = 4. Die Struktur wurde mit Hilfe zweidimensionaler Patterson- u. Fourier-Synth. bestimmt. Die Parameter sind angegeben. Innerhalb der Fehlergrenzen ist das Mol. eben mit Ausnahme der S-Methylgruppe, die 0,19 Å außerhalb der Mol.-Ebene liegt. Die Längen der 4 C–S-Bindungen lassen erkennen, daß

es sich in allen Fällen um Einzelbindungen handelt. Die intermol. Abstände sind normal.
C. Gottfried B 195△

0784 **9.10-Dihydro-9-hydroxy-9-phosphaphenanthren-9-oxid. Röntgenographische Bestimmung der Kristall- und Molekülstruktur.** P. J. Wheatley. (J. chem. Soc. [London] **1962,** 3733—36; Zürich, Monsanto Res. S. A.; engl.) — Weißenberg-Aufnahmen ergaben für *9.10-Dihydro-9-hydroxy-9-phosphaphenanthren-9-oxid* monokline Symmetrie u. die Zellendimensionen a = $7{,}52_3$(Å); b = $18{,}88_6$; c = $15{,}29_0$; Raumgruppe ist C_{2h}^5–B 2_1/c; D. 1,41; Z = 8. Die Struktur wurde mit Hilfe von Patterson-, Fourier- u. Differenz-Synth. bestimmt. Die Atomparameter sind tabelliert. Der mittlere Abstand C–C beträgt 1,394 Å. Der Abstand $C_{(4a)}$–$C_{(4b)}$ mit 1,57 zeigt, daß zwischen den beiden Bzl.-Ringen keine Konjugation besteht. Die Gleichheit der beiden Abstände P–$C_{(10)}$ mit 1,79 Å u. P–$C_{(8a)}$ mit 1,80 Å läßt vermuten, daß etwas Konjugation zwischen dem P-Atom u. dem benachbarten Benzolring besteht. Mit Ausnahme der 2 O-Atome liegen die übrigen Atome in 2 Ebenen, wobei $C_{(4a)}$ u. $C_{(4b)}$ beiden Ebenen gemeinsam ist. Eine Ebene enthält die Atome $C_{(1)}$ bis $C_{(4)}$, $C_{(4a)}$, $C_{(4b)}$, $C_{(10)}$ u. $C_{(10a)}$, die andere Ebene die Atome $C_{(5)}$ bis $C_{(8)}$, $C_{(4a)}$, $C_{(4b)}$, $C_{(8a)}$ u. P u. das P-Atom. Mit Hilfe von H-Bindungen $O_{(2)}$–H...$O_{(1)}$ sind die Moll. durch eine Gleitebene verknüpft u. bilden so unendliche Zickzack-Ketten parallel [a]; die Länge der H-Bindung beträgt 2,533 Å.
C. Gottfried B 195△

0785 **Die Kristallstruktur von Bromdiphenylarsin.** J. Trotter. (J. chem. Soc. [London] **1962,** 2567—72; Vancouver, B. C., Univ. of British Columbia, Dep. of Chem.; engl.) — Zur Unters. geeignete, nahezu farblose Kristalle von *Bromdiphenylarsin* ($C_{12}H_{10}AsBr$) wurden aus 95%ig. A. erhalten. Dreh-, Schwenk- u. Weißenberg-Aufnahmen ergaben monokline Symmetrie u. die Zellendimensionen a = 11,00 ± 0,04 (Å); b = 8,56 ± 0,03; c = 12,03 ± 0,04; β = 93,0° ± 0,5°; Raumgruppe ist C_{2h}^5–P 2_1/a; Z = 4. Die Struktur wurde mit Hilfe von Patterson-Projektionen, Fourier- u. Differenzsynthesen bestimmt. Die Atomparameter sind tabelliert. Die beiden aromat. Ringe sind eben; die Gleichungen dieser Ebenen sind für $C_{(1)}$–$C_{(6)}$ 0,1729 X' – 0,5965 Y + 0,7838 Z' – 1,6290 = 0 u. für $C_{(1')}$–$C_{(6')}$ 0,7330 X' + 0,5986 Y – 0,3232 Z' + 0,1693 = 0. Der Winkel zwischen diesen beiden Ebenen beträgt etwa 60° u. bei dieser Konfiguration sind die kürzesten Abstände zwischen den Ringen C ··· C u. H ··· H etwa 3,4 u. 2,8 Å. Mittlere Abstände sind As–Br = 2,40 ± 0,01 Å; As–C = 1,99 ± 0,04 Å; C–C = 1,39 ± 0,03 Å; Valenzwinkel Br–As–C = 95° ± 1°; C–As–C = 105° ± 2°; As–C–C = 120° ± 2° u. C–C–C = 120 ± 2°. Die kürzeste intramol. Annäherung von C ··· C-Atomen der beiden Phenylgruppen ist $C_{(1)}$–$C_{(6')}$ = 3,31 Å; $C_{(6)}$–$C_{(6')}$ = 3,38 Å u. $C_{(6)}$–$C_{(1')}$ = 3,54 Å. Die kürzesten Abstände zwischen dem Br-Atom u. den aromat. Ringen sind Br ··· $C_{(6)}$ = 3,32 Å u. Br ··· $H_{(6)}$ = 2,84 Å.
C. Gottfried B 195△

0786 **Kristallstruktur von Sinigrin.** William H. Watson. (Nature [London] **198,** 1297—98, 1963; Forth Worth, Tex., Texas Christian Univ., Chem. Dep.; engl.) — Vf. untersuchte die Kristallstruktur des Thioglucosids *Sinigrin* (*K-Myronat*, $C_{10}H_{16}KNO_9S$), die Kristalle enthalten 1 Mol H_2O pro K-Ion. Untersucht wurde die Kristallstruktur mit Hilfe der isomorphen *K-*, *NH_4-* u. *Tl-Myronate*. Die Zellendimensionen für das K-Myronat (Sinigrin) sind a = 8,26 (Å); b = 11,44; c = 17,82; Raumgruppe ist P $2_12_12_1$; D. 1,61; die Zelle enthält 4 Myronatanionen, 4 Kationen u. 4 H_2O-Moleküle. Die Struktur wurde mit Hilfe dreidimensionaler Fourier-Projektionen bestimmt u. mit Hilfe der Meth. der kleinsten Quadrate weiter verbessert. Die von Ettlinger u. Lundeen (vgl. C. **1957,** 11022) vorgeschlagene Struktur konnte bestätigt werden. Die folgenden Parameter sind tabelliert. Die glykosid. S-Atom sowie die anschließendende Atomgruppierung –C–$C_{(5)}$=N–$O_{(SO_4)}$ sind innerhalb der Fehlergrenzen koplanar, wie es auch wegen der Doppelbindung zwischen C u. N gefordert wird. Der Glucopyranosidring hat die Sesselform.
C. Gottfried B 195△

0787 **Röntgenanalyse der Struktur von Gelseminhydrohalogeniden.** F. M. Lovell, R. Pepinsky und A. J. C. Wilson. (Tetrahedron Letters [London] **1959,** Nr. 4, 1—5; Philadelphia, Pa., Pennsylvania State Univ., Dep. of Phys.; engl.) — Von dem Alkaloid *Gelsemin*, $C_{20}H_{22}N_2O_2$, untersuchten Vff. das gut kristallisierende *Hydrochlorid* (**I**) u. das ebenfalls gut kristallisierende *Hydrojodid* (**II**). Beide Salze kristallisieren rhomb. in der Raumgruppe P $2_12_12_1$ u. mit Z = 4. Die Zelldimensionen von **I** sind a = 7,30 (Å); b = 9,00; c = 26,40 u. von **II** a = 7,80; b = 9,17 u. c = 26,90. An Hand von Patterson-Funktionen u. dreidimensionalen Elektronendichtesynth. wurde die Struktur aufgeklärt. Angegeben sind nur die Parameter des J-Atoms mit x = 0,181; y = 0,150; z = 0,250. Die Bindungsabstände sind zeichner. wiedergegeben.
C. Gottfried B 195△

0788 **Addukte zwischen Antimonpentachlorid und Carbonylverbindungen. Eine calorimetrische Untersuchung.** Gerd Olofsson, Ingvar Lindqvist und Stig Sunner. (Acta chem. scand. **17,** 259—65, 1963; Lund, Sweden, Univ. of Lund, Thermochem. Labor.; Uppsala, Univ. of Uppsala, Inst. of Chem.; engl.) — Die Bldg.-Wärme einiger Donator-Acceptor-Komplexe (beide Komponenten u. die Komplexe in CH_2Cl_2-Lsg.) mit *$SbCl_5$* als Acceptor-Molekül. Nachst. Werte sind angegeben: $-\Delta H$ für *Aceton* 17,03 (kcal Mol^{-1}), *Methyl-* 16,38, *Äthylacetat* 17,08, für *Dimethyl-* 15,17, *Diäthylcarbonat* 15,98. Die relative Donatorenstärke wird erörtert.
Ch. Zechel B 223◇

0789 **Spektroskopische Untersuchungen von Ladungsübertragungskomplexen. 7. Mitt. Acrylnitril und Jod, Jodmonochlorid und Jodmonobromid.** Peter Klaeboe. (Acta chem. scand. **17,** 1179—80, 1963; Blindern-Oslo, Univ., Kjem. Inst.; engl.) — 4. vgl. C. **1963,** 22673. — Vf. ermittelte aus Spektraldaten im Bereich 350—460 mμ die Bldg.-Konst. nachst. 1:1-Komplexe: *Acrylnitril* (**I**, Kp. 77,3°)/*JCl*, K_c (Liter Mol^{-1}) = 5,3 ± 0,2. **I**/*JBr*, 1,2 ± 0,1. **I**/*J_2* 0,48 ± 0,06. Die Blauverschiebungen $\Delta\lambda$ sind (in vorst. Reihenfolge) angegeben mit 95, 65 u. 25 cm^{-1}. Während im sichtbaren Bereich eine spezielle Ladungsübertragungsbande nicht beobachtet wird (nur Blauverschiebung der Halogenbande), führt Vf. die verstärkte Absorption bei etwa 230 bis 235 mμ auf eine Ladungsübertragungsbande zurück.
Ch. Zechel B 223◇

0790 **Die Löslichkeit von Wasserstoff, Stickstoff, Sauerstoff und Äthan in normalen Kohlenwasserstoffen.** E. Sonnich Thomsen und J. Chr. Gjaldbæk. (Acta chem. scand. **17,** 127—33, 1963; Copenhagen, Denmark, Roy. Dan. School of Pharm., Chem. Labor. A; engl.) — Die Löslichkeit nachst. Gase in einigen n-Paraffinen wurde gemessen. Nachst. Bunsenschen Absorptions-Koeff. (bei 25°) werden angegeben: *H_2* 0,0864 [in *Nonan* (**I**)]; *N_2* 0,206 [in *Heptan* (**II**)], 0,179 [in *Octan* (**III**)], 0,160 (in **I**); *O_2* 0,330 (in **II**), 0,286 (in **III**), 0,264 (in **I**); C_2H_6 5,12 (in **II**), 4,71 (in **III**), 4,28 (in **I**), 2,16 (in *Perfluorheptan*). Es wird gezeigt, daß die Unterschiede zwischen den experimentellen Ergebnissen u. der Berechnung nach vorhandenen Theorien systemat. Natur sind.
Ch. Zechel B 224◇

0791 **Die Löslichkeit von Propan in nichtpolaren Lösungsmitteln.** E. Sonnich Thomsen und J. Chr. Gjaldbæk. (Acta chem. scand. **17,** 134—38, 1963; engl.) — Vgl. vorst. Referat. — Vff. untersuchten die Löslichkeit von *Propan* (**I**) in unpolaren Lsgm. bei 25° u. geben nachst. Bunsenschen Absorptions-Koeff. an: *Perfluorheptan* (5,17), *Hexan* (21,6), *Octan* (18,1), *Bzl.* (14,7), *1.4-Dioxan* (7,48). Für den Löslichkeitsparameter δ_2 von **I** wird als empir. Wert 6,65 angegeben. Aus der Verdampfungswärme u. dem Mol.-Vol. von **I** wurde für δ_2 ein Wert von 5,95 berechnet.
Ch. Zechel B 224◇

0792 **Über die Reaktionsfähigkeit der Hydroxylgruppe in Alkoholen.** B. W. Tronow und G. P. Naletowa. (Hochschulnachr. [Iwanowo], Chem. u. chem. Technol. **4,** 162—64, 1961; Tomsk, Polytechn. Kirow-Inst., Lehrstuhl für organ. Chem.; russ.) — Refraktometr., elektrochem. u. durch Messung des Temp.-Anstiegs bei der Rk. mit Na wurden die bin. Syst. aus *Methanol-Benzylalkohol*

(I), *A.-Trimethylcarbinol* (**II**), *A.-Isoamylalkohol* (**III**), *Isobutanol* (**IV**)-*Nitrobenzol* (**V**), **I—IV**, **IV**-*Cyclohexanol* (**VI**), **III**-*Triäthylamin*, **III—V**, **I—III**, **VI**-*Thymol*, **I—VI** u. **I—II** untersucht. Die Komponenten der Syst. stehen in chem. Wechselwrkg., die zur Bldg. von Komplexen bzw. Solvaten (mit großem Überschuß an einer der Komponenten) führt. Helmut Schäfer B 224△

0793 **Inhibierung organischer Zersetzungen.** B. W. Wojciechowski und K. J. Laidler. (Trans. Faraday Soc. **59**, 369—74, 1962; Ottawa, Univ., Dep. of Chem.; engl.) — Vgl. C. **1962**, 1565. — Vff. untersuchen Voraussetzungen u. Umstände, unter denen die auf freien Radikal-Rkk. basierenden Inhibierungsmechanismen (vgl. l. c.) einiger organ. Zersetzungsrkk. wirksam werden. Inhibitoren, wie z. B. NO oder Propylen (**I**) unterdrücken durchaus nicht jegliche Ketten-Rk., sondern führen zu unterschiedlichen Kettenmechanismen, in denen der Inhibitor sowohl an der Einleitung als auch beim Abbruch der Rk. teilnimmt. Damit werden die Inhibierungen zu einem Spezialfall eines allg. Reaktionsmechanismus, in dem die zugesetzte Substanz hemmend, beschleunigend oder gar nicht wirksam ist. Vff. diskutieren experimentell bekannte Beispiele, in denen die einleitende Rk. in der Abspaltung von Atomen, z. B. H im Falle von NO, oder Radikalen, z. B. Allyl im Falle von **I**, besteht. Reaktionsabbruch wiederum wird z. B. durch Wechselwrkg. zwischen Inhibitor u. Radikalen bewerkstelligt. Unter besonderer Bezugnahme auf die pyrolyt. Zers. organ. Halogenide werden Oberflächeneffekte u. a. mit aktiven Stellen der Oberfläche als Inhibitoren diskutiert. G. Kirsten B 225◇

0794 **Chemische Eigenschaften von C_3, einem Dicarben.** P. S. Skell und L. D. Wescott. (J. Amer. chem. Soc. **85**, 1023, 1963; University Park, Pa., Pennsylvania State Univ., Dep. of Chem.; engl.) — Im Vakuum bei 10^{-3} bis 10^{-5} mm erzeugter C-Dampf reagiert an einer auf fl. N_2 gekühlten Oberfläche mit Olefinen zu Homologen des Bis-[äthano]-allens. So entsteht z. B. aus Isobutylen u. C_3 das *Bis-[1.1-dimethyläthano]-allen* als Hauptprod. mit ca. 40% Ausbeute (bezogen auf verdampftes C), wie gaschromatograph. u. NMR-spektroskop. sichergestellt werden konnte. Aus dem aus C_3 u. Propylen erhaltenen Gemisch von *Bis-[1-methyläthano]-allenen* wurden die erwarteten Diastereomeren im Verhältnis 1:2:1 gaschromatograph. (an Squalan) isoliert. Die Ergebnisse bestätigen gleichzeitig die Befunde, daß gasförmiges C hauptsächlich als C_3-Mol. vorkommt. Auf den Bezug zur Astrochemie wird hingewiesen. Ch. Zechel B 225◇

0795 **Die relative Reaktionsfähigkeit von Vinylmonomeren in bezug auf das Benzoatradikal.** Ch. Ss. Bagdassarjan und W. A. Borowkowa. (J. physik. Chem. [UdSSR] **35**, 2306—10, 1961; Phys.-chem. Karpow-Inst.; russ., Auszug: engl.) — Vff. bestimmten das Verhältnis der Rk.-Geschw.-Konst. folgender Rkk.: $PhCOO\cdot \xrightarrow{k_1} Ph\cdot + COO$; $PhCOO\cdot + M \xrightarrow{k_2} PhCOOM\cdot$ (Ph = Phenyl, M = Monomeres). Das Verhältnis beträgt für *Styrol* (**I**) bei 100° k_2/k_1 = 1,35, für *α-Methylstyrol* (**II**) 1,33, für *Methylmethacrylat* (**III**) 0,20 u. für *Stilben* (**IV**) 2,10. Die Differenz der Aktivierungsenergien E_1–E_2 der angeführten Rkk. ist im Falle von **I** gleich 7,3 kcal/Mol. Diese Angaben weisen auf eine hohe Radikal-Reaktivität von **II** u. **IV** hin. Die Zerfalls-Geschw. des *Benzoylperoxids* in CCl_4 ist kleiner als in Bzl. in Ggw. von **I** u. **IV**. Die Zerfalls-Geschw. des Peroxids in Bzl. in Ggw. von **I** ist bei 100° größer als in Ggw. von **III**. C. Kozák B 225□

0796 **Ein Kohlenstoffisotopen-Effekt bei Decarboxylierung des Anisoyloxyradikals.** T. H. Bates und J. C. Bevington. (Nature [London] **197**, 1294—95, 1963; Birmingham, Univ., Dep. of Chem.; engl.) — *Anisoyloxyradikale* (**I**; $CH_3OC_6H_4COO\cdot$) entstehen bei 48std. Zers. von Dianisoylperoxid (2,5 g/Liter) in Bzl. bei 60°, wobei ca. 73% von **I** zersetzt werden. Während 1 mg **I** dabei durchschnittlich 0,1026 mg CO_2 liefert, entstehen aus 1 mg $^{14}C_{(COOH)}$-**I** 0,0851 mg CO_2, was auf eine Änderung in der Rk.-Geschw. in der Umsetzung **I** $\rightarrow CH_3OC_6H_4\cdot + CO_2$ infolge Isotopensubstitution hinweist. G. Kirsten B 225◇

0797 **„Thermische" Umlagerung von Hydrazoverbindungen.** L. G. Krolik und W. O. Lukaschewitsch. (Ber. Akad. Wiss. UdSSR **139**, 110—13, 1961; Woroschilow-Forsch.-Inst. für organ. Zwischenprodd. u. Farbstoffe; russ.) — Es wird gezeigt, daß beim trockenen Erhitzen von *Hydrazobenzol*, *2.2'-Dimethyl-*, *4-Methyl-* (**I**), *4.4'-Dimethyl-*, *2.2'-Dimethoxy-*, *4-Chlor-* u. *4-Bromhydrazobenzol* auf 110—145° unter N_2 neben einer Disproportionierung zu den entsprechenden *Anilinen* u. *Azobenzolen* auch eine Umlagerung unter Bldg. von *o-* u. *p-Semidinen* eintritt, bei den letzten beiden Verbb. mit Ausbeuten < 1%. Aus **I** werden 2-Amino-5-methyl- u. 2-Amino-4-methyldiphenylamin erhalten. Bei kurzem Erhitzen von *1.1'-Hydrazonaphthalin* in abs. A., Bzl. oder ohne Lsgm. werden 1.1'-Azonaphthalin, α-Naphthylamin, 1.1'-Diaminodinaphthyl-(2.2'), 2.3;6.7-Dibenzocarbazol, 4.4'-Diaminodinaphthyl-(1.1'), 1-Amino-2.1'-dinaphthylamin u. 4-Amino-1.1'-dinaphthylamin erhalten, während *2.2'-Hydrazonaphthalin* nur 2.2'-Diaminodinaphthyl-(1.1'), Dibenzocarbazol, 1.2'-Hydrazonaphthalin u. neben diesen 2.2'-Azonaphthalin, β-Naphthylamin u. das p-Semidin liefert. — Meth. zur Trennung u. Reinigung der einzelnen Verbb. werden angegeben. I. Schade B 225△

0798 **Über die Einwirkung von Oleum auf Tetrachlorpyren.** E. P. Gendrikow. (J. angew. Chem. [UdSSR] **34**, 1623—25, 1961; russ.) — Die Umwandlung von 3.5.8.10-Tetrachlorpyren (**I**) mittels Oleum in ein Gemisch von *5.10-Dichlor-3.8-pyrenchinon* (**II**) u. *5.8-Dichlor-3.10-pyrenchinon* (**III**) wurde spektrophotometr. verfolgt. **I** bildet mit dem SO_3 des Oleums u. mit SO_3-Gas eine intensiv violett gefärbte Mol.-Verb. (in Dichloräthan λ_{max} 515 mμ, in H_2SO_4 509 mμ), während mit **II** u. **III** keine Rk. stattfindet. Nach 65—70 Min. langem Erhitzen von **I** mit Oleum auf 79—81° hat sich fast quantitativ **II** + **III** (in H_2SO_4 λ_{max} 463 mμ) gebildet, während **I** unter gleichen Bedingungen mit 96%ig. H_2SO_4 nicht reagiert. 3.5.8.10-Tetrabrompyren bildet in Oleum ebenfalls eine violette Mol.-Verb. (in Oleum λ_{max} 532 mμ), die aber bei Zimmertemp. unbeständig ist. E. Höft B 225

0799 **Untersuchung der Sulfonierungsreaktion. 54. Mitt. Sulfonierung von Toluol und Isolierung von m-Toluolsulfonsäure.** A. A. Sprysskow. (Hochschulnachr. [Iwanowo], Chem. u. chem. Technol. **4**, Nr. 6, 981—84, 1961; Iwanow, Chem.-Technol. Inst., Lehrstuhl für organ. Chem.; russ.) — 53. vgl. C. **1963**, 19562. — Die Sulfonierung von Toluol mit konz. H_2SO_4 u. Monohydrat wurde bei 163 u. 200° untersucht. Im Vgl. zu der Sulfonierung mit 94%ig. H_2SO_4 erfolgt die Isomerisierung von o-(**I**), m-(**II**) u. p-Toluolsulfonsäure (**III**) bei Sulfonierung mit Monohydrat langsamer. Bei 163° enthält das Gemisch der Toluolsulfonsäuren nach 4std. Rk. 8,9(%) **I**, 10,8 **II** u. 80,3 **III**, nach 50 Std. Sulfonierung dagegen 4,4 **I**, 48,6 **II** u. 47,0 **III**. **II** läßt sich durch Lösen in konz. HCl bei 0° von **III** abtrennen u. in 46%ig. Ausbeute in 94%ig. Reinheit darstellen. **III** [*Na-Salz, Semihydrat*, $C_7H_7NaO_3S \cdot 0,5\,H_2O$] wird in 34%ig. Ausbeute erhalten. Helmut Schäfer B 225△

0800 **Anlagerung von Diisobutylaluminiumhydrid und Triisobutylaluminium an Vinylacetylen.** W. A. Kormer und A. A. Petrow. (Ber. Akad. Wiss. UdSSR **146**, 1343—46, 1962; Leningrad, technol. Lensowjet-Inst.; russ.) — Die Anlagerung von Diisobutylaluminiumhydrid an Vinylacetylen [**I**; 15—16 Std., 20—25°] u. anschließende Alkoholyse führt zu einem Gemisch aus 70% *Isobutan*, 16% *Divinyl* [→ *1.2.3.4-Tetrabrombutan*, F. 116—117° (A.)] u. 13% *Äthylacetylen*. 1.4-Anlagerung erfolgt somit prakt. nicht. Die Anlagerung von Triisobutylaluminium an **I** u. Alkoholyse führt zu einem Gemisch von KW-Stoffen, aus dem durch Hydrierung *2-Methylheptan* [Kp. 116—117,5°; D_4^{20} 0,6979; n_D^{20} 1,3957] u. durch Hydratisierung mit 85%ig. H_2SO_4 *Methylisohexylketon* [$Kp._{100}$ 101—102°; D_4^{20} 0,8112; n_D^{20} 1,4140; *2.4-Dinitrophenylhydrazon*, F. 77° (A.)] erhalten werden. Der Isobutylrest lagert sich somit nur an die endständigen C-Atome von **I** an. Helmut Schäfer B 225△

0801 **Stereochemie der Anlagerung an die Dreifachbindung.** M. F. Schosstakowski, Je. N. Prileshajewa, L. W. Zymbal und L. G. Stoljarowa. (J. allg.

Chem. [UdSSR] **30(92)**, 3143—44, 1960; Akad. der Wiss. der UdSSR, Inst. für organ. Chem.; russ.) — Die nucleophile Anlagerung von Alkylmercaptanen an Diacetylen zu *1-Alkylmercaptobuten-(1)-inen-(3)*, erfolgt stereospezif. unter trans-Addition, wie durch UV- u. IR-Analyse der Additionsverbb. sowie Isomerisierung der aus den erhaltenen Mercaptanen dargestellten Sulfone zu den trans-trans-Verbb. unter Einfl. von Jod bewiesen wird. Unter radikal. Bedingungen oder bei höheren Tempp. entstehen Gemische von cis-cis- u. cis-trans-Verbindungen. Äthylmercaptan reagiert mit Äthylmercaptoäthin unter ion. wie radikal. Bedingungen zu *cis-1.2-Bis-[äthylmercapto]-äthylen*, das bei Peressigsäure-Oxydation *cis-1.2-Bis-[äthylsulfonyl]-äthylen* (F. 91—92°) liefert, das unter Einw. von Na_2CO_3 zu *trans-1.2-Bis-[äthylsulfonyl]-äthylen* (F. 150—153°) isomerisiert wird.

Helmut Schäfer B 225△

0802 **Komplexer Einfluß von Spuren von Sauerstoff und Wandeinflüsse bei der Pyrolyse von Propan.** René Martin, Michel Niclause und Marjan Dzierzynski. (C. R. hebd. Séances Acad. Sci. **254,** 1786—88, 1962; Nancy, Fac. des Sci., Labor. de Chim. gén.; franz.) — Vgl. Bull. Soc. chim. France **1961,** 1262. — Vff. berichten über erneute Unterss. der therm. Zers. von *Propan* (**I**) bei Temp. zwischen 540 u. 610° u. einem Druck zwischen 12 u. 150 mm Hg mit u. ohne Spuren von O_2. Der von Voevodsky (vgl. Trans. Faraday Soc. **55,** [1959], 65) beobachtete Wandeffekt konnte bei reinem **I** nicht gefunden werden. Es wurde gefunden, daß die Anfangsgeschw. der therm. Zers. von reinem **I** unabhängig von dem Verhältnis Oberfläche (s)/Vol. (v) [$0,7 < s/v < 16\,cm^{-1}$] des Rk.-Gefäßes u. dessen Beschaffenheit (Kieselsäure oder Pyrexglas oder mit HF behandeltem oder mit KCl bzw. PbO bedecktem Pyrex-Gefäß) ist. Bei Ggw. von Spuren O_2 wird im Pyrex-Gefäß u. bei niedrigem Verhältnis s/v die Rk. kurzfristig beschleunigt. Mit größer werdendem Verhältnis s/v nimmt die Anfangsgeschw. steil ab, O_2 wirkt schließlich inhibierend. Bedeckung der Wand mit KCl erhöht den hindernden Einfl. von O_2; diese Behinderung der Rk. ist nach einigen Min. prakt. vollkommen, wenn die Wände mit PbO bedeckt sind. Dies beweist, daß jeder mol. Zers.-Prozeß gegenüber einer Kettenrk. zu vernachlässigen ist.

C. Gottfried B 225△

0803 **Untersuchungen über die thermische Stabilität reiner Kohlenwasserstoffe in einem Hochdruck-Isoteniskop.** M. A. Fabuss, A. S. Borsanyi, B. M. Fabuss und J. O. Smith. (J. chem. Engng. Data **8,** 64—69, 1963; Monsanato Res. Corp.; engl.) — Mit einem halbautomat. Isoteniskop wurden aus der Geschw. der Zers. von ca. 90 KW-Stoffen, bei denen ln k proportional 1/T war, die Zers.-Temp. T_D bestimmt. T_D wurde definiert als die Temp., bei der 1 Mol-% der Substanz pro Std. zersetzt wird. T_D kann mit einer Genauigkeit von $\pm$ 12,5°F aus folgender Gleichung abgeschätzt werden: $T_D = C + 8{,}31\,P_c$ (P_c = krit. Druck; C = charakterist. Konst. für homologe Reihen: Cyclohexane 515; Bicyclohexyle 535; Bicyclohexane, getrennt durch unverzweigte 568, bzw. durch verzweigte Ketten 515; Hexahydroindane 520; Dekahydronaphthaline 545, Paraffine 550). Bei cycl. gesätt. KW-Stoffen nimmt T_D mit der Zahl der Ringe, der Ringsubstituenten u. der Zahl der C-Atome einer linearen Seitenkette ab. Eine Verb. mit verzweigter Kette hat im allg. einen Wert von T_D, der dem der Verb. mit unverzweigter Kette u. einem C-Atom weniger in der Kette entspricht. Für folgende Verbb. wurden die T_D-Werte bestimmt: Cyclohexane: *n-Propyl-, Isopropyl-, 1.3.5-Trimethyl-, 1-Äthyl-4-methyl-, n-, tert.-Butyl-, 1.1-Diäthyl-, Diäthyl-* (Isomerengemisch), *1.2.4.5-Tetramethyl-, x.x.x-Triäthyl-, x.x-Diisopropyl-, 1.3-Dimethyl-5-tert.-butyl-, 3-tert.-Butyl-5-äthyl-1-methyl-, 1.2.3.4.5.6-Hexaäthyl-, x.x-Bis-[cyclohexylmethyl]-, 1.3.5-Tricyclopentyl-;* Dicyclohexyle: *unsubstituiert, 2-Methyl-, 2-, 4-Äthyl-, x-* u. *y-Isopropyl-, tert.-Butyl-,2.2'.4.4'.6.6'-Hexamethyl-, 4-Heptyl-, 4-Nonyl-, x-Cyclopentyl-;* Methane: *Dicyclohexyl-, Cyclohexyl-2-methylcyclohexyl-, Cyclohexyl-[x-äthylcyclohexyl]-, Bis-[x-äthylcyclohexyl]-, Bis-[2.4.6-trimethylcyclohexyl]-, Tricyclopentyl-(?), Dicyclohexylcyclopentyl-;* Äthane: *1.2-Dicyclohexyl-, 1.1-Dicyclohexyl-, 1.1-Bis-[4-methylcyclohexyl]-, 1-Cyclohexyl-1-[x-isopropylcyclohexyl]-, 1.1-Bis-[x.x-dimethylcyclohexyl]-, 1.1-Bis-[x-äthylcyclohexyl]-;* Propane: *1.2-Dicyclohexyl-, 1.1-Dicyclohexyl-2-methyl-, 2.2-Bis-[x-methylcyclohexyl]-, 1-Cyclohexyl-3-cyclopentyl-, 1.1.3-Tricyclohexyl-; 2.3-Dicyclohexylbutan; 1.1-Dicyclohexylheptan;* Hexahydroindane: *unsubstituiert, x-Methyl-, x-Äthyl-, x-Isopropyl-, x.x-Diisopropyl-, x.x.x-Triisopropyl-, 1-Cyclohexyl-1.3.3-trimethyl-;* Dekahydronaphthaline: *unsubstituiert* (*cis-* u. *trans-Form*), *1-, 2-Methyl-, x.x-Dimethyl-, 2.3-Dimethyl-, x-Äthyl-, 1-, 2-Äthyl-, x-Isopropyl-, 1-Isopropyl-, 1-Propyl-, 1-Butyl-, x-tert.-Butyl-, 1-[1-Methylpropyl]-, 1-[2-Methylpropyl]-; Dodecan; 3-Methylundecan; 5-n-Propyl-, 2.2.8.8-Tetramethylnonan; 2.2-, 2.9-Dimethyldecan; 2.2-Dimethyl-4-äthyloctan; Hexadecan; Nonadecan; Cyclohexylcyclooctan; Tercyclopentyl;* Tercyclohexane: *o-, m-, p-, 4-Äthyl-o-, x-tert.-Butyl-y-, 4'-Heptyl-m-, 4'-Nonyl-m-.* W. Schramm B 225◇

0804 **Die Pyrolyse von N-Methylanilin und die NH-Bindungsstärke in Anilin.** G. L. Esteban, J. A. Kerr und A. F. Trotman-Dickenson. (J. chem. Soc. [London] **1963,** 3879—80; Aberystwyth, Wales, Edward Davies Chem. Labor.; engl.) — Die Pyrolyse von *N-Methylanilin* (**I**) wurde unter Anwendung der Anilin-Trägertechnik verfolgt. Die Rk. scheint homogen u. monomol. zu verlaufen u. gehorcht der Gleichung $\log k = (13{,}4 \pm 0{,}06) - [60000 \pm 200)/2{,}3\,RT]\,s^{-1}$. Die Geschw.-Konst. wurden aus der CH_4-Bldg. entsprechend dem folgenden Rk.-Verlauf ermittelt: **I** $\rightarrow C_6H_5NH\cdot + CH_3\cdot$; $CH_3\cdot + C_6H_5NH_2 \rightarrow CH_4 + C_6H_5NH\cdot$; $2\,C_6H_5NH\cdot \rightarrow (C_6H_5\cdot NH)_2$. Aus der Aktivierungsenergie u. bekannten thermodynam. Daten ergibt sich die Dissoziationsenergie D (C_6H_5NH — H) zu 80,1 kcal/Mol.

W. Schramm B 225◇

0805 **Der Effekt von Kresolen auf Malonsäure.** Louis Watts Clark. (J. physic. Chem. **67,** 526—28, 1963; Cullowhu, N. C., Western Carolina Coll., Dep. of Chem.; engl.) — Vgl. ibid. **67,** [1963], 163 u. früher. — Die Kinetik der Decarboxylierung von *Malonsäure* wurde zwischen 139 u. 160° in o- (**I**), m- (**II**) u. p-Kresol (**III**) untersucht. Aus Rk.-Geschw.-Konst. 1. Ordnung wurden folgende Aktivierungsgrößen errechnet: Rk. in **I** ΔH^* 24,2 (kcal/Mol), ΔS^* —16,5 (cal/Grad · Mol); in **II** 32,3, +3,2; in **III** 29,8; —2,4. Unter Berücksichtigung früher erhaltener Ergebnisse (vgl. l. c.) wird aus $\Delta H^*/\Delta S^*$-Diagrammen eine isokinet. Temp. von 134° für die Rk. in Monocarbonsäuren, Nitroverbb., Phenolen u. Alkoholen erhalten. Die Rkk. verlaufen in den verschiedenen Lsgm. nach dem gleichen Mechanismus.

W. Schramm B 225◇

0806 **Photolytische Erzeugung von aromatischen Radikalanionen. Elektronenspinresonanz-Untersuchungen.** P. B. Ayscough und F. P. Sargent. (Proc. chem. Soc. [London] **1963,** 94; Leeds, Univ., Dep. of Phys. Chem.; engl.) — Aromat. Radikalanionen können durch UV-Photolyse von aromat. Nitro-Verbb. u. Ketonen in konz. Na-Methylat-, -Äthylat- oder -Hydroxid-Lsgg. erhalten werden. Alle untersuchten Verbb. (20 Nitro-Verbb.; 6 Ketone) besitzen starke Absorptionsbanden im UV, die $n-\pi^*$- oder $\pi-\pi^*$-Übergängen entsprechen. Während der Photolyse steigt die Konz. an Radikalanionen innerhalb 10—30 Min. bei den meisten Verbb. auf ein Maximum, das nur bei *Benzophenon* schon in wenigen Sek. erreicht wird. Nach Beendigung der Belichtung fällt die Radikal-Konz. in einer Zeit ähnlicher Größenordnung wieder ab. Verringerung der Temp. erhöht die Netto-Geschw. der Radikal-Bldg. u. die Grenz-Konz. u. setzt die Zerfallsgeschw. herab; die Entfernung von O_2 aus der Lsg. wirkt ähnlich. Die ESR-Spektren sind mit denen ident., die bei der chem. oder elektrochem. Red. im gleichen Lsgm. erhalten u. in beiden Fällen prim. Radikalanionen zugeschrieben werden. Vff. nehmen daher das nachst. Rk.-Schema an: $C_6H_5NO_2^* + OR^-$ (R = Alkyl) $\rightarrow C_6H_5NO_2^- + \cdot OR$ bzw. $(C_6H_5)_2CO^* + OR^- \rightarrow (C_6H_5)_2CO^- + \cdot OR$. Ähnliche Effekte werden auch bei Verw. höherer Alkohole beobachtet.

Ch. Zechel B 226◇

0807 **Das Trifluoracetyl-Radikal.** B. G. Tucker und E. Whittle. (Proc. chem. Soc. [London] **1963,** 93; Cardiff, Univ. Coll., Chem. Dep.; engl.) — Bei der Photolyse von Gasgemischen von *Hexafluoraceton* (I) u. Br_2 bei Temp. von 294—524°K wird CO, CF_3Br (II) u. CF_3COBr erhalten. Dabei ist das Verhältnis II/CO größer als 2 u. es entsteht sehr wenig CO bei niedrigeren Temp. (294°K). Vff. schließen daraus auf nachst. Rkk.: 1. I + $h\nu$ $\rightarrow CF_3CO + CF_3$; 2. $CF_3CO \rightarrow CF_3 + CO$. Wird I in Ggw. von NO_2 photolysiert, so wird nur Trifluornitrosomethan u. CO im Verhältnis 2:1 (Charles u. Whittle, unveröffentlicht) erhalten. Ch. Zechel B 226◇

0808 **Strahlenchemie von Cyclohexan. 4. Mitt. Primärprodukt-Ausbeuten bei der Bestrahlung von Cyclohexan.** P. J. Dyne und J. A. Stone. (Canad. J. Chem. **39**, 2381—88, 1961; Chalk River, Ontario, Atomic Energy of Canada Ltd., Res. Chem. Branch; engl.) — 3. vgl. ibid. **39**, [1961], 2163; 2. vgl. C. **1962**, **13354**. — Die Radiolyse von *Cyclohexan* (I) mit ^{60}Co-γ-Strahlung wurde bei niedriger Gesamtstrahlungsdosis untersucht u. die Anfangs-G-Werte bestimmt. Für 99% des entwickelten H_2 konnte die Herkunft aus „H-Mangel-Prodd." (Verbb. mit weniger H-Geh. als I) nachgewiesen werden. Cyclohexen (II), Bicyclohexyl u. 6-Cyclohexylhexen-(1) (III) wurden als prim. Rk.-Prodd. erkannt. Verss. mit I/II Mischungen u. Bestrahlung von I mit höherer Dosis zeigten, daß II auch als sek. Rk.-Prod. gebildet wird. Allg. führt eine hohe Bestrahlungs-Dosis zur Abnahme der Anfangs-G-Werte aller prim. Produkte. Ch. Zechel B 226◇

0809 **Reaktionen von Tetrachlorkohlenstoff mit Benzolhomologen.** Ju. A. Oldekop und A. M. Kalinina. (J. allg. Chem. [UdSSR] **30(92)**, 3358—61, 1960; Bjeloruss. Univ.; russ.) — Bei der Rk. von CCl_4 mit *Äthylbenzol* (I) bzw. *Cumol* (II) bei 220—225° unter UV-Bestrahlung werden in der Seitenkette polychloriertes I (Kp.$_{10}$ 132 bis 135° bzw. II (Kp.$_{13}$ 127—128°), Chlf. (Kp. 61,5°; n_D^{18} 1,4466), α-Chloräthylbenzol [Kp.$_{21}$ 80—85° $\rightarrow$ α-Phenyläthanol-3.5-dinitrobenzoat, F. 94,5—95°] u. *HCl* erhalten. — Bei der Photo-Rk. von CCl_4 mit *Toluol* (III) bzw. II ohne Erhitzen entstehen Chlf., HCl, Hexachloräthan (F. 183°), Dibenzyl [IV; F. 52° (A.); *Dinitroderiv.*, F. 176°], *Benzylchlorid* [V; Kp.$_{14}$ 61—70° $\rightarrow$ S-Benzylisothiuroniumpikrat, F. 186,5°], Dicumyl (F. 117°) u. polychloriertes II. — Die Photo-Rk. von CCl_4 mit III unter Erhitzen liefert *HCl*, IV u. V. Helmut Schäfer B 226△

0810 **Untersuchung der Umwandlungen von o-Nitroanilin unter der Einwirkung von γ-Strahlen.** Je. N. Sedelaschwili. (Mitt. Akad. Wiss. GrusinSSR **27**, 541—45, 1961; Tbilissi, Physik. Inst. der Akad. der Wiss. der GrusinSSR; russ.) — Wss. Lsgg. von *o-Nitroanilin* (I, 0,2500—0,8990 g/Liter) werden bei 15—17° einer γ-Bestrahlung von (2—5) · 10^6 r aus ^{60}Co ausgesetzt. Die Rk.-Prodd. werden durch Wasserdampfdest., Extraktion mit Bzl. u. Ae. u. Chromatographie an Al_2O_3 getrennt. Bei der Extraktion des Destillats mit Bzl. geht restliches I in die Bzl.-Schicht über. Ein kleiner Teil des Bestrahlungsprod. verbleibt in der wss. Schicht. Die chromatograph. Trennung liefert ein bräunliches, ein gelbes u. ein rosafarbenes Produkt. Diese Prodd. werden nicht identifiziert, sind aber wahrscheinlich hydroxylierte I-Derivate. IR-Spektren werden mitgeteilt. R. K. Müller B 226◇

0811 **Die Bestrahlung von β-Jonon.** P. de Mayo, J. B. Stothers und R. W. Yip. (Canad. J. Chem. **39**, 2135—37, 1961; London, Ont., Univ. of Western Ontario, Dep. of Chem.; engl.) — Vff. stellten *β-Jonon* her u. bestrahlten es mit UV-Licht (?). Durch NMR-Unters. der Bestrahlungs-Prodd. konnte gezeigt werden, daß als Haupt-Prod. das Pyran 2-Oxa-1.3.7.7-tetramethylbicyclo-[4.4.0]-decadien-(3.5) entsteht (vgl. Büchi u. Yang, C. **1958**, 732), da das vermutete Neben-Prod. 1-Acetyl-8.8-dimethyl-4-methylenspiro-[2.5]-octan nicht gefunden wurde. Ch. Zechel B 226◇

0812 **Dehydrierung von 2.2.4-Trimethylpentan am Alumochromkaliumkatalysator.** Je. A. Timofejewa, N. I. Schuikin und T. P. Dobrynina. (Nachr. Akad. Wiss. UdSSR, Abt. chem. Wiss. **1961**, 863—67; Akad. der Wiss. der UdSSR, Zelinsky-Inst. für organ. Chem.; russ.) — Die Dehydrierung von *Isooctan* am Alumochromkalium-Katalysator wurde untersucht. Bei 450° u. einer Vol.-Geschw. von 0,3 Std.$^{-1}$ werden in 18,7%ig. Ausbeute, bezogen auf das Katalysat, *2.4.4-Trimethylpenten-(1)* u. -*(2)* erhalten. Bei 500° u. 0,5 Std.$^{-1}$ entstehen in 18,6%ig. Ausbeute vorst. Verbb. sowie 9% Aromaten, die aus *Xylolen*, *Toluol* u. Spuren *Bzl.* bestehen. Bei 500—550° u. 1,1 Std.$^{-1}$ entstehen 26,6% Alkene, 9,9% Aromaten u. daneben *1.1.3-Trimethylcyclopentan.* Helmut Schäfer B 227△

0813 **Katalytische Reaktion von Propylen an glühendem Niob.** P. H. Dawson und A. J. B. Robertson. (J. chem. Physics **38**, 280—81, 1963; London, King's Coll., Dep. of Chem.; engl.) — Vff. untersuchen die Rk. von *Propylen* (I) an elektr. erhitzten Nb-Drähten bei 1000 bis 1680° u. ca. 10^{-5} Torr. Die katalyt. Aktivität der Drähte ist von deren Vorbehandlung abhängig u. ist z. B. nach 20 Min. Erhitzen im Vakuum bei 1950° besonders hoch, da H_2O-Spuren die Oberfläche unter Bldg. von CO u. H_2 entcarbonisieren. Die Reaktionswahrscheinlichkeit P beträgt bei 1000—1200° an frisch behandelten Drähten P = 0,1, sinkt aber z. B. für I bei 1030° u. 2 · 10^{-5} Torr innerhalb 17 Min. von P = 2,5 · 10^{-2} auf 2,8 · 10^{-3} ab. Die Temp.-Abhängigkeit folgt der Beziehung $P = B \exp(-E/RT)$, wobei E = 46 kcal/Mol ist u. $B = 10^{6,1}-10^{4,3}$, d. h. mit zunehmender Reaktionsdauer abnimmt. Hauptprod. der Rk. ist Propan, aus dem bei 1680° Propylradikale entstehen können. Die Rk. ist somit im Prinzip eine Selbsthydrierung von I. G. Kirsten B 227◇

0814 **Über die katalytische Hydrokondensation von Kohlenoxid mit Olefinen und ihre Hydropolymerisation unter Einwirkung von Kohlenoxid und Wasserstoff. 33. Mitt. Über die Bildung höherer Kohlenwasserstoffe mit einer gegenüber dem Ausgangsolefin ungeraden Zahl von Kohlenstoffatomen.** N. I. Jerschow, Ja. T. Eiduss und W. R. Jerochina. (Nachr. Akad. Wiss. UdSSR, Abt. chem. Wiss. **1961**, 1871—74; Akad. der Wiss. der UdSSR, Zelinsky-Inst. für org. Chem.; russ.) — 32. vgl. ibid. **1961**, 1696; 30. vgl. C. **1963**, 11984. — Die Prüfung der bisherigen Ergebnisse der Hydrokondens. von Olefinen mit CO u. H_2 zeigt, daß die Ausbeute an KW-Stoffen mit ungerader Zahl der C-Atome mit dem Molgew. des eingesetzten Olefins zunimmt. Die Theorie der Bldg. höherer KW-Stoffe wird erörtert. Die Bldg. beruht vermutlich auf der Spaltung von C–C-Bindungen unter Bldg. von Oberflächenradikalen, die mit dem Ausgangsolefin reagieren. Die Spaltung der C–C-Bindungen wird durch die flache Lage der adsorbierten Olefinmoll. an der Katalysatoroberfläche erleichtert. R. K. Müller B 227◇

0815 **Über die katalytische Hydrokondensation von Kohlenoxid mit Olefinen und ihre Hydropolymerisation unter Einwirkung von Kohlenoxid und Wasserstoff. 34. Mitt. Über die gegenseitigen Übergänge der Bildungsreaktionen von Kohlenwasserstoffen aus Äthylen-Wasserstoff-Kohlenoxidgemischen.** Ja. T. Eiduss, N. I. Jerschow und W. R. Jerochina. (Nachr. Akad. Wiss. UdSSR, Abt. chem. Wiss. **1961**, 1874—79; russ.) — 33. vgl. vorst. Referat. — Co auf ThO_2 + Ton fördert die Bldg. von fl. KW-Stoffen aus C_2H_4–CO–H_2-Gemischen bei 190° u. gewöhnlichem Druck. Verss. mit verschiedenen Mischungsverhältnissen ergeben, daß bei Gemischen mit 1,0—7,5% CO 2—3mal mehr fl. KW-Stoffe entstehen als bei 25—30% CO. Ein Wechsel von Hydrokondens. von CO mit C_2H_4 u. Hydropolymerisation von C_2H_4 unter dem Einfl. niedriger CO-Konzz. ist denkbar. Nur ein Teil des umgesetzten CO geht in Form von CH_2-Resten in das Endprod. über, der Rest bildet CH_2OH-Gruppen, die zu O-haltigen Prodd. führen. Die Gesamt-Rk. ist offenbar ein Radikalkettenprozeß. R. K. Müller B 227◇

0816 **Homogene Katalyse bei der Hydratisierung der Acetylene.** William L. Budde und Raymond E. Desay. (Tetrahedron Letters [London] **1963**, Nr. 10, 651—59; Cincinnati, Ohio, Univ. of Cincinnati, Dep. of Chem.; engl.) — Vff. untersuchten den Einfl. der relativen Menge Säure, Hg-Salz, Substrat u. W. auf die durch Hg-Salz/Säure katalysierte Hydratisierung von Acetylen-Derivv. am Beispiel von *Phenylacetylen* ($\rightarrow$ Acetophenon) mit $Hg(ClO_4)_2/HClO_4$-Katalysator in Dioxan (Dx.)-

Lösung. Der Charakter der Rk. erwies sich als von dem Verhältnis [W.]/[$HClO_4$] abhängig. Beträgt dieses Verhältnis 3—4, so wird die Rk.-Lsg. vermutlich durch einen 2:1-Koordinationskomplex zwischen **I** u. Hg^{2+} sehr schnell gelb gefärbt. Dieser Komplex wird dann in weiterer Rk. durch W. angegriffen u. stellt die Form dar, in der **I** allein schnell hydratisiert wird. Entsprechend vertieft sich die gelbe Farbe, wenn man von einem Verhältnis [I]/[Hg^{2+}] $<$ 2 zu einem Verhältnis 2:1 übergeht. Bei [I]/[Hg^{2+}] $>$ 2 wird die Rk. heterogen. Bei Werten für [W.]/[$HClO_4$] von 4—10 ist die Gelbfärbung von geringen Mengen eines schwarzen Nd. begleitet, der mitunter beim Schütteln wieder in Lsg. geht. Bei noch höherem Wasseranteil hingegen entsteht beim Mischen sofort ein weißer Nd. u. nur eine geringe Gelbfärbung. Die Verss. zeigten, daß hohe Rk.-Temp. u. lange Rk.-Zeiten unter geeigneten Rk.-Bedingungen u. Konzz. vermieden werden können. Bes. günstig scheint die Kombination von $Hg(ClO_4)_2$ mit Dx. als Lsgm. zu sein. Zu hohe Wasserkonz. stört. O. Jansen B 227◇

0817 **Hydrodesalkylierung von Homologen des Cyclohexans am Nickel-Tonerde-Katalysator unter Wasserstoffdruck.** N. I. Schuikin und Ssin-chua Tjan. (Nachr. Akad. Wiss. UdSSR, Abt. chem. Wiss. **1961,** 854—57; Akad. der Wiss. der UdSSR, Zelinsky-Inst. für organ. Chem.; russ.) — Bei der Hydrogenolyse von *Äthyl-*, *n-Propyl-* u. *Isopropylcyclohexan* am 10%ig. Ni/Al_2O_3-Kontakt bei 360° u. 20 at H_2-Druck entsteht als Hauptprod. *Methylcyclohexan.* Ausbeute u. physikal. Eigg. der fraktionierten Katalysate sind tabellar. angegeben. Helmut Schäfer B 227△

0818 **Synthese von p-Isopropyl-sek.-butylbenzol und seine Autoxydation.** Ss. W. Sawgorodni und G. P. Filinow. (Hochschulnachr. [Iwanowo], Chem. u. chem. Technol. **4,** 792—97, 1961; Woronesh, Univ., Lehrstuhl für organ. Chem.; russ.) — Durch Alkylierung von Isopropylbenzol (**I**) mit einem Butylengemisch (**II**) in Ggw. von $BF_3 \cdot H_3PO_4$ wurde *p-Isopropyl-sek.-butylbenzol* (**III**) dargestellt. Die Oxydation von **III** mit O_2 in Ggw. von Mn-Resinat, NaOH, Co-Resinat, Co-Acetat, BaO_2, Na_2CO_3 oder $Ca(OH)_2$ lieferte **III**-Hydroperoxid u. p-Diacetylbenzol im Gemisch mit p-sek.-Butyl- (**IV**) u. p-Isopropylacetophenon (**V**). Bei der Zers. von **III**-Hydroperoxid wurden **IV, V,** p-sek.-Butyl-, p-Isopropylphenol, Hydrochinon, Aceton u. Methyläthylketon erhalten, woraus hervorgeht, daß das Hydroperoxid ein Gemisch von p-sek.-Butyl-α.α-dimethylbenzyl-, p-Isopropyl-α-methyl-α-äthylbenzylhydroperoxid u. des α.α'-Dihydroperoxids darstellt.

Versuche: *p-Isopropyl-sek.-butylbenzol* (**III**), Kp. 225,5°, durch Einleiten von 112 g **II** [54% Buten-(1), 36% Buten-(2), 8% Isobutylen] mit einer Geschw. von 18 Liter/Std. bei 80° in 720 g **I** u. 100 g $BF_3 \cdot H_3PO_4$ u. Stehen bei 20°; D_4^{20} 0,8578; n_D^{20} 1,4890; 74,4% (Ausbeute). Oxydation mit HNO_3 → *Terephthalsäure* (*Dimethylester,* F. 139—140°). *Hydroperoxid,* durch 10std. Einleiten von Luft mit einer Geschw. von 30 Liter/Std. bei 114° in 88 g **III** in Ggw. von 5 mg Mn-Resinat u. 0,25 g $Ca(OH)_2$; 71% (Konz. des Hydroperoxids im Oxydationsprod.). — *p-Diacetylbenzol,* F. 114° (A.), durch 50std. Einleiten von Luft bei 120° in 88 g **III** in Ggw. von 2 mg Mn-Resinat, 0,2 g $Ca(OH)_2$, 0,25 g Na-Stearat u. 0,1 g Co-Acetat; Nadeln; 59,8%. Daneben **IV** u. **V**. Helmut Schäfer B 227△

0819 **Katalytische Alkylierung von Tetralin.** 1. Mitt. **Alkylierung von Tetralin mit Amylenen.** N. I. Schuikin und N. A. Posdnjak. (Nachr. Akad. Wiss. UdSSR, Abt. chem. Wiss. **1960,** 1094—97; Akad. der Wiss. der UdSSR, Zelinsky-Inst. für organ. Chem.; russ.) — Es wurde die Alkylierung von *Tetralin* (**I**) mit Amylengemischen (**II**) bei 200—300°/1—40 at am techn. Alumosilicat-Kontakt bei einem **I**:**II**-Verhältnis = 1:1—2 untersucht. Bei 200—250°/40 at N_2-Druck wird 6-Amyltetralin ($C_{15}H_{22}$, $Kp._2$ 110°; D_4^{20} 0,9493; n_D^{20} 1,5330) in 12,9- bzw. 25,9%ig. Ausbeute, bezogen auf **II** bzw. **I** erhalten. Daneben entstehen 5—8%, bezogen auf **II**, höhere Alkylierungsprodd. (Gemische aus Amyltetralin u. -naphthalinen). Helmut Schäfer B 227△

0820 **Über die aufeinanderfolgende Abspaltung der Alkoholgruppen von 3.7-Dimethyloctandiol-(1.7) am Tricalciumphosphatkatalysator.** L. Ch. Freidlin und W. S. Scharf. (Nachr. Akad. Wiss. UdSSR, Abt. chem. Wiss. **1960,** 2055—56; Nov.; Akad. der Wiss. der UdSSR, Zelinsky-Inst. für organ. Chem.; russ.) — Vgl. C. **1962,** 9670. — Es wird festgestellt, daß die katalyt. Dehydratisierung von *3.7-Dimethyloctandiol-(1.7)* ($Kp._4$ 133°; n_D^{20} 1,4609; D_4^{20} 0,9274) beim Durchleiten durch ein mit Ca-Phosphaten gefülltes Kontaktrohr (25—30 ml/15—20 Min.) in 2 Stufen verläuft: bei tieferen Temp. (∼ 200°) wird die tert. Hydroxylgruppe unter Bldg. von *Citronellol* ($Kp._{22}$ 128—129°; n_D^{20} 1,4609; D_4^{20} 0,8547) u. bei Erhöhung der Temp. (∼ 290°) auch die prim. unter Bldg. von *3.7-Dimethyloctadien-(1.7)* (Kp. 162—164; n_D^{20} 1,4522; D_4^{20} 0,7984) abgespalten. I. Schade B 227△

0821 **Untersuchungen an einem modifizierten Hydrierungskatalysator.** 1. Mitt. **Selektive Hydrierungsaktivität eines modifizierten Raney-Nickel-Katalysators für Carbonylgruppen und C=C-Doppelbindungen.** Hideaki Fukawa, Yoshiharu Izumi, Shinichiro Komatsu und Shiro Akabori. (Bull. chem. Soc. Japan **35,** 1703—06, 1962; Osaka, Osaka Univ., Inst. for Protein Res., Div. of Org. Chem.; engl.) — Die Hydrierungsaktivität des Raney-Ni-Katalysators wird für Carbonyl-Verbb. stark vermindert, wenn der Katalysator mit einer Aminosäure behandelt wird. Dagegen bleibt seine Hydrierungsaktivität für C=C-Doppelbindungen erhalten. Die unterschiedlich selektive Wrkg. verschiedener opt. akt. Aminosäuren, besonders *L-Glutaminsäure* u. deren *Mono-Na-Salz;* daneben auch *L-Leucin, Glycin, Glycylglycin, DL-Threonin, L-Hydroxyprolin, L-Phenylalanin* (**I**), *L-Arginin, Gelatine, EDTA · 2Na, Bernsteinsäure, Na-Acetat* u. chelatbildender Verbb. wie *Dimethylglyoxim* u. *Äthylendiaminhydrochlorid* wurde untersucht. Als bes. wirksam erwiesen sich zweibasige Aminosäuren u. **I**. Vff. beschreiben den Einfl. der Konz. der Aminosäure-Lsg. u. der Tauchzeit auf die Aktivität des modifizierten Katalysators. Die Hydrierungsaktivität wurde bei 10° u. 60° für verschiedene Ketone (*Aceton, Äthylmethylketon, Acetophenon, Cyclohexanon*) u. Verbb. mit C=C-Doppelbindung (*Allylalkohol, Zimtsäure, Maleinsäure, Äthylacrylat, Diäthylmaleat*) bestimmt. *Mesityloxid* wurde selektiv in guter Ausbeute zu Isobutylmethylketon hydriert, dagegen werden bei *Zimtaldehyd* weder die C=C- noch die C=O-Bindung hydriert. Bei *Nitrobenzol* zeigte der modifizierte Katalysator die dreifache Hydrierungsaktivität im Vgl. zum unbehandelten Raney-Ni. H. Brämer B 227◇

0822 **Umkehrung der Crotonisierungsreaktion am Lebedew-Katalysator.** W. Ss. Iwanow und N. M. Maximowa. (Nachr. Leningrader Univ. **16,** Nr. 22, Ser. Physik Chem. Nr. 4, 151—53, 1961; russ., Auszug: engl.) — Vgl. auch C. **1963,** 5049. — Die Umwandlung von Acetaldehyd in Crotonaldehyd am Lebedew-Katalysator ist reversibel. So können aus Propionaldehyd *2-Methylpenten-(2)-al-(1)* [Kp. 136—137°, D_4^{20} 0,8576], aus n-Butyraldehyd mittels NaOH *2-Äthylhexen-(2)-al-(1)* [Kp. 168—169°, D_4^{20} 0,8506, n_D^{20} 1,4519] u. *Butyraldol* [$Kp._3$ 70—75°, D_4^{20} 0,9522, n_D^{20} 1,4500] dargestellt u. wieder in die Ausgangsaldehyde gespalten werden. R. K. Müller B 227◇

0823 **Katalytische und thermische Umwandlung cyclischer Äther.** N. I. Shuikin, Ö. Kovács, I. F. Belskii und M. Bartók. (Acta chim. Acad. Sci. hung. **38,** 115—21, 1963; Moscow, Acad. of Sci. USSR, Inst. of Org. Chem. N. D. Zelinskii; Szeged, Univ., Inst. of Org. Chem.; engl.) — Die Richtung der katalyt. Hydrogenolyse von α-substituierten cycl. Äthern (Oxirane, Oxetane, Tetrahydrofurane) hängt von der Zahl der Ringglieder, von dem betreffenden Substituenten u. von dem Druck bei der Spaltungs-Rk. ab. Die Thermolyse α-substituierter Oxetane (α-OX.) ist jedoch vom Substituenten nicht u. nur von der jeweils angewandten Füllung des Rk.-Raumes abhängig. Der katalyt. Isomerisierung der α-OX. folgt eine Querspaltung des Ringes. Einzelheiten der hydrierenden Spaltung von 3-, 4- u. 5gliedrigen cycl. Ae. bei 100—120° u. höheren Temp. an Cu/Al-,

Ni/Al- u. Ni/Zn-Legierungen vgl. z. B. Schuikin u. Mitarbeiter (C. **1964,** 4-0767); Angaben zur Thermolyse u. katalyt. Isomerisierung der α-OX. vgl. z. B. Schuikin u. Mitarbeiter (Nachr. Akad. Wiss. UdSSR, Abt. chem. Wiss. **1962,** 1653.) Ch. Zechel B 227◇

0824 **Zur Frage der Anwendung von Ruthenium-Katalysatoren für die Hydrierung von Furanverbindungen.** A. A. Ponomarew und A. Ss. Tschegolja. (Ber. Akad. Wiss. UdSSR **145,** 812—14, 1962; Saratow, Tschernyschewski-Univ.; russ.) — Ru-Katalysatoren eignen sich für die selektive Hydrierung von Furanverbindungen. *Furfurol* wird bei 20°/100 at an 5%ig. Ru/Kohle zu *Furfurylalkohol* (**I**; 83% Ausbeute), bei 120° zu **I** u. *Tetrahydrofurfurylalkohol* (**II**; 62%), an akt. RuO_2 bei 100° zu **II** (89%) hydriert. *β-[α-Furyl]-acrolein* wird an Ru/Kohle zu *β-[α-Furyl]-allylalkohol* (27%), an RuO_2 bei 100° zu *β-[Tetrahydro-α-furyl]-propanol* u. *1.6-Dioxaspiro-[4.4]-nonan* (75,5 bzw. 16,7%), *Furfurylidenaceton* (**III**) an Ru/Silicagel bei 50° zu *1-[α-Furyl]-butanon-(3)* hydriert. **I** u. *β-[α-Furyl]-propanol* werden an RuO_2 zu **II** bzw. *β-[Tetrahydro-α-furyl]-propanol* (92%) hydriert. **III** u. *1-[α-Furyl]-butanon-(3)* werden an Ru/Kohle bei 20° in *1-[Tetrahydro-α-furyl]-butanol-(3)* (**IV**; 90%) übergeführt. Die Hydrierung von **III** u. *1-[α-Furyl]-hexadien-(1.3)-on-(5)* (**V**) an RuO_2 bei 110° liefert **IV** bzw. *1-[α-Furyl]-hexanol-(5)* (94%). Bei der Hydrierung von **III** an RuO_2 bei 20° entsteht neben **IV** auch *7-Methyl-1.6-dioxaspiro-[4.4]-nonan* (11%). Die Hydrierung von *1-[α-Furyl]-3-aminobutan* u. *-5-aminohexan* an RuO_2 bei 100° liefert *1-[Tetrahydro-α-furyl]-3-aminobutan* bzw. *-5-aminohexan* (75%). Diese werden auch durch Hydrierung von **III** bzw. **V** bei 170° unter Druck in Ggw. von NH_3 in 61 bzw. 34%ig. Ausbeute erhalten.
Helmut Schäfer B 227△

0825 **Untersuchung der Hydrierung von Vinyl- und Allylverbindungen des Kohlenstoffs, Siliciums, Germaniums und Zinns an Raney-Nickel.** L. Ch. Freidlin, I. F. Shukowa und W. F. Mironow. (Nachr. Akad. Wiss. UdSSR, Abt. chem. Wiss. **1960,** 2258—60; Akad. der Wiss. der UdSSR, Zelinsky-Inst. für organ. Chem.; russ.) — Es wird die Rk.-Fähigkeit der Doppelbindung in *Vinyltrimethylmethan* (Kp.$_{760}$ 41,2°; n_D^{20} 1,3770; $D._4^{20}$ 0,6529), *-silan* (Kp.$_{744}$ 54,6°; n_D^{20} 1,3910; $D._4^{20}$ 0,6903), *-german* (Kp.$_{735}$ 70,6°; n_D^{20} 1,4153; $D._4^{20}$ 0,9970) u. *-stannan* (Kp.$_{750}$ 174°; n_D^{20} 1,4780; $D._4^{20}$ 1,2133) bzw. *Allyltrimethylmethan* (Kp.$_{745}$ 72°; n_D^{20} 1,3914; $D._4^{20}$ 0,6827), *-silan* (Kp.$_{752}$ 85,4°; n_D^{20} 1,4075; $D._4^{20}$ 0,7195), *-german* (Kp.$_{764}$ 101°, n_D^{20} 1,4333; $D._4^{20}$ 0,9952) u. *-stannan* (Kp.$_5$ 63°; n_D^{20} 1,4900; $D._4^{20}$ 1,2231) an Hand der Hydrierung an Raney-Ni untersucht. Für die Hydrierungsgeschw. werden durch Best. des H_2-Verbrauchs in Abhängigkeit von der Zeit in vorst. Reihenfolge folgende Halbwertszeiten (in Sek.) ermittelt: 65; 25; 32; nicht vollständig hydrierbar; 58; 41; 41; wird nicht hydriert.
I. Schade B 227△

C. Präparative organische Chemie, Naturstoffe

0826 **Zur Darstellung langkettiger n-Alkylhalogenide.** H. Fürst und W. Göbel. (Z. Chem. **2,** 338, 1962; dt.) — Die Schwierigkeiten der Darst. von *Dodecyl-* u. *Hexadecylbromid* (**I**; F. 18°) aus Alkanolen u. HBr werden umgangen, in dem man die Säureschicht abtrennt u. mit H_2O wäscht, abtrennt u. den Rückstand in Ae. aufnimmt, die gleiche Menge Methanol zugibt, bis sich das Bromid als Fl. abscheidet u. im Tiefkühlschrank auskristallisiert. Beim *Hexadecylbromid* (**I**), bilden die Kristalle beim Erwärmen 2 Schichten aus Bromid u. Methanol, die getrennt werden. **I** bildet bei tiefen Temp. mit dem Lsgm.-Gemisch eine Additionsverbindung, in reinem Lsgm. bilden sich reine Produkte.
W. Mucke 510△

0827 **Verbesserte Synthese von 3.3.3-Trifluorpropin.** William G. Finnegan und William P. Norris. (J. org. Chemistry **28,** 1139—40, 1963; China Lake, Calif., U.S. Naval Ordnance Test Station; engl.) — *3.3.3-Trifluorpropin* (**I**) bildet sich bei der Rk. von 1.1.2-Trichlor-3.3.3-trifluorpropen (**II**) mit Zn-Staub in Dimethylformamid (DMF), N.N-Dimethylacetamid (DMA) oder N-Methylpyrrolidon-(2) (**III**); Hydrolyse des zunächst gebildeten *Zn-Salzes* liefert **I** in guter Ausbeute u. Reinheit. In Essigsäure oder abs. A. ist die Ausbeute gering, in abs. Dioxan tritt keine Rk. ein. In Formamid oder 95%ig. A. treten neben mäßigen Mengen **I** mehrere partiell red. Verbb. auf u. a. *cis-* u. *trans-1.2-Dichlor-3.3.3-trifluorpropen* (**IV**). Die Identifizierung erfolgte IR-, KMR- u. massenspektroskopisch. Der Rk.-Mechanismus wird diskutiert.

Versuche: *3.3.3-Trifluorpropin* (**I**), Kp.$_{705}$ —48 bis —47°, a) durch Zugabe von **II** zu Zn-Staub u. wenig geschmolzenem $ZnCl_2$ in reinem DMA oder DMF bei 95 bis 105° in 1 Std., Abkühlen auf 50—60°, Zugabe von W. in $^1/_2$ Std., 1std. Erhitzen auf 50—60° u. Dest. des in der Trockeneisvorlage gesammelten Prod.; 75,3% (Ausbeute); b) analog a), aber in **III**; 76,5%; c) durch Rk. analog a), aber in Formamid (Zugabe von **II** in $1^1/_2$ Std.), 4std. Kochen, Dest. bei leichtem Vakuum u. Dest. der gesammelten Kondensate; 21,3%; daneben 9,2% *2-Chlor-3.3.3-trifluorpropen* (Kp.$_{702}$ 13—15°), 22,6% *trans-1.2-Dichlor-3.3.3-trifluorpropen* (**IV**, Kp.$_{702}$ 51—52°, n_D^{25} 1,3638), 9,9% eines Gemisches aus **IV** u. *1.1-Dichlor-3.3.3-trifluorpropen*, 6,1% *cis-1.2-Dichlor-3.3.3-trifluorpropen* ($C_3HCl_2F_3$, Kp.$_{702}$ 58°, n_D^{25} 1,3795) u. 5,1% **II**.
G. Fischer 530◇

0828 **Über die Chlorierung des Monochlordimethyläthers mit Sulfurylchlorid.** Heimo Laato. (Suomen Kemistilehti B **36,** 90, 1962; Turku, Univ., Chem. Inst.; dt.) — Das durch Chlorierung von Monochlordimethyläther (**I**) mit SO_2Cl_2 erhaltene Gemisch aus *symm.-* (**II**) u. *asymm.-Dichlordimethyläther* (**III**) (vgl. C. **1956,** 7196) wird durch fraktionierte Dest. aufgetrennt. **I** u. SO_2Cl_2 werden in Ggw. von Dibenzoylperoxid 50 Std. auf 30—60° im Dunklen erwärmt u. in einer Todd-Kolonne fraktioniert: **II**, Kp. 104,5—105,5°, n_D^{20} 1,4427; 31,4% (Ausbeute). — **III**, Kp. 83—85°, n_D^{20} 1,4302; 7,2%. W. Holland 560◇

0829 **Untersuchung auf dem Gebiet der substituierten Vinyläther.** 2. Mitt. **Synthese von α-substituierten Vinylbutyläthern.** M. F. Schosstakowski und Mageram Mamedow. (J. allg. Chem. [UdSSR] **29(91),** 3922—26, 1959; Inst. für organ. Chem. der Akad. der Wiss. der UdSSR; russ.) — 1. vgl. C. **1963,** 18805. — Es wurden *α-Alkyl (Aryl)-β-bromalkyl-n-butyläther* synthetisiert u. aus ihnen durch HBr-Abspaltung *α-Alkyl(Aryl)vinyl-n-butyläther* erhalten. Die IR-Spektren der Verbb. sind angegeben.

Versuche: n-Butyläther: *α-Äthyl-β-bromäthyl-*, $C_8H_{17}BrO$, Kp.$_{12}$ 80—81°, n_D^{20} 1,4456, $D._4^{20}$ 1,1556; aus 160 g α.β-Dibromdiäthyläther in Ae. mit Äthyl-MgBr (70 g Äthylbromid) u. Zers. mit Eis; 88,6% (Ausbeute). — Analog: *α-Propyl-β-bromäthyl-* (**I**), C_9H_{19}·BrO, Kp.$_{11}$ 91—92°, n_D^{20} 1,4476; $D._4^{20}$ 1,280; 77,2%. — *α-Butyl-β-bromäthyl-*, $C_{10}H_{21}BrO$, Kp.$_{15}$ 114—115°, n_D^{20} 1,4498; $D._4^{20}$ 1,1041; 72,2%. — *α-Isobutyl-β-bromäthyl-*, $C_{10}H_{21}BrO$, Kp.$_{18}$ 66,5—67,5°, n_D^{20} 1,4492; $D._4^{20}$ 1,1014; 66,8%. — *α-Isoamyl-β-bromäthyl-*, $C_{11}H_{23}BrO$, n_D^{20} 1,4500; $D._4^{20}$ 1,0860; 74,9%. — *α-Phenyl-β-bromäthyl-*, $C_{12}H_{17}BrO$, Kp.$_{12}$ 144—145°, n_D^{20} 1,5185; $D._4^{20}$ 1,2219; 58,5%. — *α-Äthylvinyl-*, $C_8H_{16}O$, Kp.$_{30}$ 53—54°, n_D^{20} 1,4160; $D._4^{20}$ 0,7977; 51,9%. — *α-Propylvinyl-*, $C_9H_{18}O$, Kp.$_{15}$ 54—55,5, n_D^{20} 1,4218; $D._4^{20}$ 0,8011; aus 100 g **I** durch 2std. Erhitzen mit KOH auf 190—200°; 65,1%. — *α-Butylvinyl-*, $C_{10}H_{20}O$, Kp.$_{20}$ 85—86, n_D^{20} 1,4238; $D._4^{20}$ 0,8019; 71,3%. — *α-Isobutylvinyl-*, $C_{10}H_{20}O$, Kp.$_{25}$ 71,5—73°, n_D^{20} 1,4215; $D._4^{20}$ 0,7968; 60,6%. — *α-Isoamylvinyl-*, $C_{11}H_{22}O$, Kp.$_{18}$ 86,5—87°, n_D^{20} 1,4256; $D._4^{20}$ 0,8023; 70,4%. — *α-Phenylvinyl-*, $C_{12}H_{16}O$, Kp.$_{22}$ 130,5—131,5°, n_D^{20} 1,5186; $D._4^{20}$ 0,9456; 63,1%.
C. Kozák 560◇

0830 **Untersuchung auf dem Gebiet der substituierten Vinyläther.** 3. Mitt. **Synthese von Alkoxybromolefinen und**

Alkoxydienen. M. F. Schosstakowski und Mageram Mamedow. (J. allg. Chem. [UdSSR] **29(91),** 3926—30, 1959; russ.) — 2. vgl. vorst. Referat. — Es wurden *Alkoxybromolefine* synthetisiert u. aus ihnen durch HBr-Abspaltung *Alkoxydiene* erhalten.

Versuche: *1-Brom-2-äthoxybuten-(3)* (**I**), C_6H_{11}·BrO, Kp.$_{12}$ 51,2—52,5°, n_D^{20} 1,4570; $D._4^{20}$ 1,2641; durch Zugabe von 90 g α.β-Dibromdiäthyläther (mit Ae. 1:1 verd.) zu Vinyl-MgBr (36 g Vinylbromid, 12 g Mg in 200 ml Tetrahydrofuran) bei 20—25°, 10—12std. Stehen u. Zers. mit 10%ig. Essigsäure; 57,4% (Ausbeute). — Analog: *1-Brom-2-butoxybuten-(3)*, $C_8H_{15}BrO$, Kp.$_{20}$ 90 bis 92°, n_D^{20} 1,4566; $D._4^{20}$ 1,1774; 66,9%. — *1-Brom-2-äthoxypenten-(4)*, $C_7H_{13}BrO$, Kp.$_{20}$ 71—72°, n_D^{20} 1,4590; $D._4^{20}$ 1,2262; 58,4%. — *1-Brom-2-butoxypenten-(4)*, $C_9H_{17}BrO$, Kp.$_{23}$ 104—105°, n_D^{20} 1,4595; $D._4^{20}$ 1,1593; 68,2%. — *2-Äthoxybutadien-(1.3)*, $C_6H_{10}O$, Kp. 93—95°, n_D^{20} 1,4382, $D._4^{20}$ 0,8138; aus **I** durch Erhitzen mit KOH in Methanol; 65,8%. — *2-Butoxybutadien-(1.3)*, $C_8H_{14}O$, Kp.$_{40}$ 63—65°, n_D^{20} 1,4415; $D._4^{20}$ 0,8092; 71,3%. — *2-Äthoxypentadien-(1.4)*, $C_7H_{12}O$, Kp. 107—108°, n_D^{20} 1,4202; $D._4^{20}$ 0,8177; 70,7%. — *2-Butoxypentadien-(1.4)*, $C_9H_{16}O$, Kp.$_{18}$ 71,5—72,5°, n_D^{20} 1,4615; $D._4^{20}$ 0,8333; 77,9%. C. Kozák 560◇

0831 **2-Trifluormethylglycerin und einige verwandte Verbindungen.** J. Burdon, V. C. R. McLoughlin und J. C. Tatlow. (J. chem. Soc. [London] **1960,** 3184—88; Edgbaston, Birmingham, Univ., Chem. Dep.; engl.) — Aus 3-Brom-1.1.1-trifluorpropanon-(2) (**I**) wird über dessen *Cyanhydrin* (**II**) u. *2-Trifluormethylglycerinsäureäthylester* (**III**) *2-Trifluormethylglycerin* (**IV**) dargestellt. **IV** wird außerdem durch Rk. von **I** mit CH_2N_2 unter Bldg. von *3-Brom-2-trifluormethylpropylenoxid* (**X**) u. dessen schrittweise Verseifung erhalten. **IV** u. 2-Trifluormethylglycerinsäure (**IX**) zeigen gegen *Staphylococcus aureus, Streptococcus pyrogenes, Klebsiella aerogenes* sowie *Escherichia coli* keine Aktivität.

Versuche: *β-Brom-α-hydroxy-α-trifluormethylpropionitril* (**II**), $C_4H_3BrF_3NO$, Kp.$_{20}$ 82—83°, durch $1^1/_2$std. Zutropfen von 43,5 g KCN in W. zu 128 g **I** in W. bei —15°, 4std. Rühren bei —15°, Zutropfen von 20%ig. H_2SO_4 u. Extrahieren mit Ae.; 72 g (Ausbeute); daneben 37 g W. u. **I** sowie 6,3 g *2-Trifluormethylglyceronitril* (**V**), $C_4H_4F_3NO_2$, F. 158° (Bzl.), Kp.$_{20}$ 111—119°. *Acetat*, $C_6H_5BrF_3NO_2$, Kp.$_{14}$ 83—84°, durch Rk. von **II** mit Acetanhydrid u. wenig 98%ig. H_2SO_4. — *β-Brom-α-hydroxy-α-trifluormethylpropionamid* (**VI**), $C_4H_5BrF_3NO_2$, F. 63—63,5° (Bzl.), durch 1std. Erhitzen von 3,6 g **II** mit 98%ig. H_2SO_4 auf 110°, Gießen in Eiswasser u. Extrahieren mit Ae.; 3,25 g. *Freie Säure* (**VII**), $C_4H_4BrF_3$·O_3, F. 85° (geschlossene Kapillare), durch $^1/_2$std. Zugabe von 27,8 g **II** zu 98%ig. H_2SO_4, $^3/_4$std. Erhitzen auf 110°, Gießen in Eiswasser, 6std. Kochen u. Extraktion mit Ae.; hygroskop.; 16 g; sublimiert bei 50—70°/0,05 Torr. *Äthylester*, $C_6H_8BrF_3O_3$, Kp. 195—200°, durch 18std. Kochen von 5,3 g **VII** in abs. A. mit 98%ig. H_2SO_4; 3,7 g. — *2-Trifluormethylglycerinsäure* (**IX**), $C_4H_5F_3O_4$, F. 95—97° (Bzl.), durch 3std. Erhitzen von 15,9 g **VII** mit Ag_2O in W., Filtrieren, Ansäuern mit 10%ig. H_2SO_4 u. Extrahieren mit Ae.; 8,6 g. *Ag-Salz* (**VIII**), $C_4H_4AgF_3O_4$, analog **IX** aus 0,6 g **VII** u. Eindampfen des Filtrats; 0,46 g. *Aniliniumsalz*, $C_{10}H_{12}F_3NO_4$, F. 131,5—132,5° (Aceton/Chlf.), a) aus **IX** u. Anilin in Ae.; b) aus 2,3 g **V** analog **VII** u. Rk. mit Anilin in Ae.; 0,68 g. *Amid*, C_4H_6·F_3NO_3, F. 140—141° (Chlf./A.), durch 5 Min. langes Schütteln von 2,25 g **VI** mit 10%ig. KOH, Ansäuern mit H_2SO_4 u. Extrahieren mit Ae.; 1,55 g. *Äthylester* (**III**), $C_6H_9F_3O_4$, Kp.$_{15}$ 89—92°, a) durch Zugabe von 6,5 g **VIII** zu Äthyljodid u. 1std. Kochen; 2,3 g; b) aus **IX** u. A. in Ggw. von konz. H_2SO_4; 10%. — *β-Amino-α-hydroxy-α-trifluormethylpropionsäure*, $C_4H_6F_3NO_3$, F. 310—311° (Zers.; verd. A.), durch 16std. Rk. von **VII** mit NH_4OH (D. 0,88) bei 20°, Einengen u. Zugabe von Äthanol. — *3-Brom-2-trifluormethylpropylenoxid* (**X**), $C_4H_4BrF_3O$, Kp. 115—118° (unter leichter Zers.), durch $^1/_2$std. Zugabe von CH_2N_2 in Ae. zu 15,4 g **I**, 16std. Stehen bei 15°, 1std. Kochen u. Dest.; 6,4 g. — *3.3-Dibrom-2-trifluormethylpropylenoxid*, $C_4H_3Br_2F_3O$, Kp. 155—163°, analog **X** aus 31,5 g 3.3-Dibrom-1.1.1-trifluorpropanon-(2); 24 g. — *3-Brom-2-trifluormethylpropandiol-(1.2)* (**XI**), C_4H_6·BrF_3O_2, Kp.$_{14}$ 92—95°, durch 12std. Erhitzen von 4,9 g **V** mit 2 n H_2SO_4 auf 100° u. 16std. Extraktion mit Ae.; n_D^{19} 1,4378; 4 g. — *3.3-Dibrom-2-trifluormethylpropandiol-(1.2)*, $C_4H_5Br_2F_3O_2$, Kp.$_{14}$ 117—120°, aus 17,75 g vorvorst. Verb. analog **XI** in 6 Std.; 14,5 g. — *2-Trifluormethylglycerin* (**IV**), $C_4H_7F_3O_3$, F. 50—51° (geschlossene Kapillare), a) durch Zugabe von 1,9 g **III** in Ae. zu 1,1 g $LiAlH_4$ in Ae., 3std. Kochen, Zugabe von W. u. 20%ig. H_2SO_4, Extraktion mit Ae., Eindampfen, Kristallisieren aus Bzl. u. Sublimieren bei 50°/0,05 Torr; 1,3 g; b) analog a) aus 6,2 g **IX**; 0,1 g; c) durch 12std. Erhitzen von 1,7 g **XI** mit Ag_2O in W. auf 100°, Filtrieren, Ansäuern u. Extrahieren mit Ae.; 1,1 g. *Dibenzoat*, $C_{18}H_{15}F_3O_5$, F. 64 bis 69°, Kp.$_{0,1}$ 125°, durch Rk. von **IV** mit Benzoylchlorid/Alkali. *Bis-phenylcarbamoyl-Derivv.*, $C_{18}H_{17}F_3N_2O_5$, F. 124—124,5° (Bzl.), durch $^1/_2$std. Kochen von **IV** mit Phenylisocyanat in PAe. in Ggw. von wenig Pyridin. L. Lamza 580△

0832 **Kondensation von Pentaerythrit mit Carbonylverbindungen in Gegenwart des Kationenaustauschers KU-2.** T. N. Schachtachtinski und L. W. Andrejew. (Ber. Akad. Wiss. AserbaidshanSSR **18,** 17—22, 1962; russ.) — Durch Rk. von Pentaerythrit (**I**) mit Aldehyden u. Ketonen in Ggw. des Sulfokationenaustauschers KU-2 werden *Pentaerythritdiacetale* u. *-diketale* dargestellt. Die Rk. von **I** mit Chloral liefert das *Halbacetal*, das beim Erhitzen sofort polymerisiert. Durch Rk. von **I** mit Acrolein werden *Pentaerythritacroleinpolymere* erhalten.

Versuche: Pentaerythrit: *O.O;O′.O′-Dimethylen-*, F. 49,2—49,7° (W.), durch 2—3std. Kochen von 136,2 g **I** mit 62 g 97,5%ig. Paraformaldehyd in 400 ml Bzl. in Ggw. von 34 g KU-2 unter Abdest. von W.-Bzl.; 100% (Ausbeute). — Analog: *O.O;O′.O′-Dibutyliden-*, F. 59,2—60,2°; 100%. — *O.O;O′.O′-Dicyclohexyliden-*, F. 113,8—114,2° (Methanol); 71—76%. — *O.O;O′.O′-Dicyclopentyliden-*, F. 150—152° (Methanol); 80—84%. — *O.O;O′.O′-Dibenzal-*, F. 157,8—158,2°; 100%. — *O.O;O′.O′-Difurfural-*, F. 161,1—162,5°; 100%. — *O.O;O′.O′-Dicinnamal-*, F. 196,2—198,8°; 100%. Helmut Schäfer 580△

0833 **Synthese von Präparaten mit möglicher antileukämischer Wirkung.** B. M. Turkewitsch. (Pharmaz. J. [Kiew] **17,** Nr. 3, 14—17, 1962; Lwow, Forschungsinst. für Blutübertragung; ukrain.) — Die Synth. von *ω-Methansulfonyloxycapronsäure* u. *ω.ω′.ω″.ω‴-Tetrakismethansulfonyloxyneopentan* wird beschrieben.

Versuche: *ω-Hydroxycapronsäure* (**I**), Kp.$_{12-13}$ 175—180°, durch Red. von 25 g Diäthyladipinat mit 46 g Na in 560 ml A.; 7 g (Ausbeute). [daneben 8 g Gemisch aus **I** u. *Hexandiol-(1.6)* vom Kp.$_{12-13}$ 150—157°]. — *ω-Methansulfonyloxycapronsäure*, $C_7H_{14}O_5S$, F. 175 bis 176° (Methanol), durch Veresterung von 8 g **I** in 12 ml Pyridin mit 15,5 g Methansulfochlorid (**II**) bei 0°; 4,3 g. — *ω.ω′.ω″.ω‴-Tetrakis-methansulfonyloxyneopentan*, C_9·$H_{20}O_{12}S_4$, F. 207—208°, durch Veresterung von Pentaerythrit mit **II**; 64,4%. Helmut Schäfer 600△

0834 **Synthese und antibakterielle Eigenschaften einiger Arylester der Methan- und Äthanthiosulfonsäure.** B. G. Boldyrew. (Ber. Akad. Wiss. UdSSR **131,** 1331—33, 1960; Lwow, Polytechn. Inst.; russ.) — Durch Rk. p-substituierter Benzolsulfenylchloride (**A**) mit Na-Äthan- (**I**) oder Na-Methansulfinat (**II**) werden einige *Phenylester* der *Äthan-* (**III**) bzw. *Methanthiosulfonsäure* (**IV**) dargestellt. Bei der Unters. ihrer antibakteriellen Wrkg. gegenüber *Staphylococcus aureus, B. coli, Mycobacterium* B_5, *Penicillium, Aspergillus, Fusarium, Rhizopus, Mucor, Sacchar. ellipsoid, Candida albicans* wird festgestellt, daß die **III**-Ester durchweg aktiver sind als **IV**-Ester.

Versuche: Methanthiosulfonsäurearylester: durch Mischen von **A** mit **II** (1:1,3 Mol) in abs. Bzl. oder CCl_4 (Wärme-Entw.), 2—3std. Erhitzen auf dem Wasserbad, Filtrieren, Abdest. des Lsgm. im Vakuum u. Umkristallisieren aus A.; lösl. in Bzl., A., Ae., Aceton u. a. organ. Lsgm.; unlösl. in W.: *Phenyl-*, $C_7H_8O_2S_2$, F. 85—86°; 56,7% (Ausbeute). — *p-Chlorphenyl-*, $C_7H_7ClO_2S_2$, F. 102—103°; 46,1%. — *p-Methoxyphenyl-*, $C_8H_{10}O_3S_2$, F. 78—79°; 50%. — *p-Nitro-*

phenyl-, $C_7H_7NO_4S_2$, F. 148–149°; 48,3%. — Äthan-thiosulfonsäurearylester: analog aus I: *Phenyl-*, $C_8H_{10}O_2S_2$, F. 52°; 40,9%. — *p-Chlorphenyl-*, $C_8H_9ClO_2S_2$, F. 55–56°; 52,5%. — *p-Methoxyphenyl-*, $C_9H_{12}O_3S_2$, F. 38–39°; 52,5%. — *p-Nitrophenyl-*, $C_8H_9NO_4S_2$, F. 85°; 46,8%. I. Schade 600△

0835 **Darstellung von Keten durch Pyrolyse von Aceton.** Toshizo Isoshima. (Annu. Rep. Shionogi Res. Lab. [Osaka] **1955,** 565–67; Osaka, Shionogi Res. Labor.; jap., Auszug: engl.) — Die Zers. von Aceton bei 600 bis 800° zu *Keten* wird untersucht. Dabei wird ein Cu-Rohr von 60 cm Länge u. 17 mm ⌀ benutzt. Da die Ausbeuten an Keten von der Zugabegeschw. des Acetons abhängen, erwies sich eine Zugabe von 3 cm^3/Min. bei einer Temp. von 700° als optimal, da hier die Ausbeute an Keten 72,2% beträgt. W. Hampel 710△

0836 **Untersuchungen auf dem Gebiet der Allenverbindungen.** 5. Mitt. **Hydratisierung disubstituierter Allenkohlenwasserstoffe.** A. W. Fedorowa und A. A. Petrow. (J. allg. Chem. [UdSSR] **32(94),** 1755–58, 1962; Leningrad, Technolog. Lensowjet-Inst.; russ.) — 4. vgl. C. **1963,** 6549. — Durch Hydratisierung von Heptadien-(2.3), 6-Methylheptadien-(2.3), Nonadien-(2.3) u. 7-Methyloctadien-(3.4) (je 7 g in 45 ml 80%ig. H_2SO_4 in Ggw. von 0,1 g Hydrochinon 20 Min. lang Schütteln) wurden erhalten: *Äthyl-n-propylketon*, $C_6H_{12}O$, Kp.$_{20}$ 49–49,5°; $D._4^{20}$ 0,8176–0,8195; n_D^{20} 1,4098. — *Äthylisobutylketon*, $C_7H_{14}O$, Kp.$_{20}$ 61–62°; $D._4^{20}$ 0,8150–0,8169; n_D^{20} 1,4151. — *Äthyl-n-hexylketon*, $C_9H_{18}O$, Kp.$_{20}$ 84–84,5°; $D._4^{20}$ 0,8202–0,8215; n_D^{20} 1,4215. — *n-Propylisoamylketon*, $C_9H_{18}O$, Kp.$_{20}$ 76–77°; $D._4^{20}$ 0,8158–0,8174; n_D^{20} 1,4190. Die Struktur der Verbb. wurde durch IR-Analyse u. Vgl. mit den durch CrO_3-Oxydation von Äthyl-n-butylcarbinol (Kp. 155–156°; n_D^{20} 1,4200), Äthylisoamylcarbinol (Kp. 164–165°; n_D^{20} 1,4211), Äthyl-n-hexylcarbinol (Kp.$_{13}$ 93–94°; n_D^{20} 1,4298) bzw. n-Propylisoamylcarbinol (Kp. 184–185°; n_D^{20} 1,4430) erhaltenen Ketonen bewiesen. Helmut Schäfer 710△

0837 **Untersuchung der Reaktion aliphatischer Alkohole mit Chlormethylestern von Carbonsäuren.** B. F. Pischnamassade und Sch. D. Gassanowa. (Ber. Akad. Wiss. AserbaidshanSSR **18,** 35–40, 1962; russ.) — Bei der Rk. von Carbonsäurechlormethylestern mit aliphat. Alkoholen entstehen nach: $RCOOCH_2Cl + 3\,R'OH \rightarrow RCOOR' + CH_2(OR')_2 + HCl + H_2O$ als Hauptprodd. *Carbonsäurealkylester* u. *Dialkylformale*. Die Rk.-Wärme nimmt mit steigendem Molgew. der Ausgangsverbb. ab.

Versuche: Man gibt zu 1 Mol Carbonsäurechlormethylester tropfenweise 3 Mol des aliphat. Alkohols, erhitzt 10 Std. auf 55–60°, wäscht mit 5%ig. NaCl-Lsg. u. dest.: *Äthylformiat*, Kp. 54°; $D._4^{20}$ 0,9280; n_D^{20} 1,3710. — *Äthylacetat*, Kp. 77°; $D._4^{20}$ 0,9008; n_D^{20} 1,3730. — *Propionsäure, Äthylester*, Kp. 93–95°; D_4^{20} 0,8816; n_D^{20} 1,3850. *n-Butylester*, Kp. 145–147°; D_4^{20} 0,8614; n_D^{20} 1,4018. — *Buttersäure, Äthylester*, Kp. 120–121°; $D._4^{20}$ 0,8786; n_D^{20} 1,3940. *n-Butylester*, Kp.$_{35}$ 89–90°; $D._4^{20}$ 0,8556; n_D^{20} 1,4065. — *Valeriansäure, Äthylester*, Kp. 144 bis 145°; $D._4^{20}$ 0,8758; n_D^{20} 1,3993. *Allylester*, Kp.$_3$ 45 bis 47°; $D._4^{20}$ 0,8984; n_D^{20} 1,4229. — *Capronsäure, Äthylester*, Kp. 164–165°; $D._4^{20}$ 0,8725; n_D^{20} 1,4098. *Methylester*, Kp.$_{67}$ 79,5–80°; $D._4^{20}$ 0,8843; n_D^{20} 1,4078. *n-Propylester*, Kp. 185–186°, $D._4^{20}$ 0,8663; n_D^{20} 1,4140. *n-Butylester*, Kp. 203–205°; $D._4^{20}$ 0,8598; n_D^{20} 1,4178. *n-Amylester*, Kp. 220–222°; $D._4^{20}$ 0,8560; n_D^{20} 1,4219. *n-Hexylester*, Kp.$_{3,5}$ 104–105°; $D._4^{20}$ 0,8559; n_D^{20} 1,4225. *n-Heptylester*, Kp.$_5$ 122–124°; $D._4^{20}$ 0,8592; n_D^{20} 1,4298. *n-Octylester*, Kp.$_3$ 125–126°; $D._4^{20}$ 0,8590; n_D^{20} 1,4329. — *Äthylönanthat*, Kp. 187–190°; $D._4^{20}$ 0,8724; n_D^{20} 1,4127. — Formaldehydacetale: *Dimethyl-*, Kp. 40–42°; $D._4^{20}$ 0,8774; n_D^{20} 1,3540. — *Diäthyl-*, Kp. 88–89°; $D._4^{20}$ 0,8387; n_D^{20} 1,3755. — *Di-n-propyl-*, Kp. 140–141°; $D._4^{20}$ 0,8485; n_D^{20} 1,4028. — *Di-n-butyl-*, Kp. 180–181°; $D._4^{20}$ 0,8431; n_D^{20} 1,4119. — *Di-n-amyl-*, Kp. 217–220°; $D._4^{20}$ 0,8460; n_D^{20} 1,4205. — *Di-n-hexyl-*, Kp.$_{35}$ 62–63°; $D._4^{20}$ 0,8797; n_D^{20} 1,4205. — *Di-n-heptyl-*, Kp.$_5$ 134–136°; $D._4^{20}$ 0,8154; n_D^{20} 1,4315. — *Di-n-octyl-*, Kp.$_3$ 138–140°; $D._4^{20}$ 0,8480; n_D^{20} 1,4360. — *Diallyl-*, Kp.$_3$ 40–41°; $D._4^{20}$ 0,8943; n_D^{20} 1,4234. Helmut Schäfer 810△

0838 **Neue Methoden der Einführung der Carbo-tert.-butoxy-Schutzgruppe. Darstellung von Cyanameisensäure-tert.-butylester.** Louis A. Carpino. (J. Amer. chem. Soc. **82,** 2725–27, 1960; Amherst, Mass., Univ. of Massachusetts, Dep. of Chem.; engl.) — Durch Aminolyse von Oxalsäureäthyl-tert.-butylester (**IV**) unter Bldg. von *Oxalamidsäure-tert.-butylester* u. dessen Dehydratisierung mit Trifluoracetanhydrid (**VIII**) in Ggw. von Pyridin (**VI**) wird *Cyanameisensäure-tert.-butylester* (**I**), ein neues tert.-Butoxycarbonylierungsmittel dargestellt. Außerdem wird am Beispiel der Dibenzhydroxamsäure (**II**; O.N-Dibenzoylhydroxylamin) eine Meth. zur Überführung von Dihydroxamsäuren in die entsprechenden *Carbonsäureanhydride* angegeben.

Versuche: *Thiokohlensäure-S-methyl-O-tert.-butylester* (**VII**), $C_6H_{12}O_2S$, Kp.$_{20}$ 60–62°, durch 24–30std. Kochen von 46 g Na mit 1500 ml tert.-Butanol (**III**), 2std. Einleiten von COS ohne Erhitzen, ca. 1/4std. Zutropfen von 355 g Methyljodid, mehrstd. Rühren, Zugabe von W., Extraktion mit Ae. u. Dest.; gelbe Fl.; 65% (Ausbeute). — *α-Bromisobuttersäure-tert.-butylester*, $C_8H_{15}BrO_2$, Kp.$_1$ 35–37°, durch 1,5std. Zugabe von 100 g α-Bromisobutyrylchlorid zu **III** in **VI** bei 0°, 4std. Rühren bei 0°, dann 15 Std. bei Raumtemp.; 69%. — *α-Nitroisobuttersäure-tert.-butylester*, $C_8H_{15}NO_4$, Kp.$_{0,4}$ 39°, durch 15std. Rühren vorst. Esters mit $NaNO_2$ in Dimethylsulfoxid, Zugabe von W. u. Extraktion mit CH_2Cl_2; 69%. — *Carbazidsäure-tert.-butylester* (**V**), F. 40–41° (PAe.), a) durch 24std. Erhitzen von **VII** mit 64%ig. N_2H_4-Lsg. auf 105–110° (Badtemp.), Zugabe von CH_2Cl_2 u. $MgSO_4$, Dekantieren u. Eindampfen; 84%; b) durch 15std. Erhitzen vorst. Verb. mit 98%ig. N_2H_4 auf 98–100° u. Ausziehen mit CH_2Cl_2; 32%; c) durch Zugabe von Trichloressigsäure-tert.-butylester zu Hydrazinhydrat in Dimethylformamid (DMF), 10std. Rühren bei Raumtemp., Zugabe von NaOH, 15std. Rühren u. Extraktion mit Ae.; 34%. *Benzalderiv.*, F. 190–192° (Zers.). — *Kohlensäureäthyl-tert.-butylester*, $C_7H_{14}O_3$, Kp. 140–143°, a) durch Zugabe von Bzl. zu K-tert.-Butylat in **III**, Einleiten von CO_2, Zugabe von DMF u. Äthylbromid u. 48std. Kochen; 39%; b) durch Rk. von Natert.-Butylat mit Chlorameisensäureäthylester in **III**; 56%. — *N-[β-Brompropionyl]-carbaminsäure-tert.-butylester*, F. 100–103°, durch 15std. Kochen von N-Bromsuccinimid u. Allylchlorid in Chlf. in Ggw. von Dibenzoylperoxid, Dest., Zutropfen zu **III** unter Rühren u. Kühlen u. Verdünnen mit W.; 61,5%. — *Carbaminsäure-tert.-butylester*, F. 108–110°, a) durch Zugabe vorst. Verb. zu NaOH bei 75–80°, Filtrieren der heißen Lsg. u. mehrstd. Kühlen; 73%; b) durch 12std. Rk. von **I** mit NH_4OH bei Raumtemp.; 85,5%. — *Oxalsäureäthyl-tert.-butylester* (**IV**), $C_8H_{14}O_4$, Kp.$_1$ 48°, durch Zutropfen von Oxalsäureäthylesterchlorid zu **III** u. **VI** in CH_2Cl_2 bei 0° u. 4std. Rühren bei 0°; 79,4%. — *Oxalsäureäthyl-tert.-amylester*, $C_9H_{16}O_4$, Kp.$_{0,3}$ 46°, analog **IV**; 70%. — *Oxalamidsäure-tert.-butylester*, $C_6H_{11}NO_3$, F. 89,5–90,5° (Bzl./PAe.), durch portionsweise Zugabe von konz. NH_4OH zu **IV** in A. u. 12std. Stehen bei Raumtemp.; 62,5%. — *Cyanameisensäure-tert.-butylester* (**I**), $C_6H_9NO_2$, Kp.$_{55}$ 64–65°, durch Zutropfen von **VIII** zu vorst. Verb. in **VI** bei 0°, 10 Min. langes Rühren bei Raumtemp., Zugabe von Ae. u. W. u. Extraktion mit Ae.; 78%. — *Hydrazin-1.2-dicarbonsäuredi-tert.-butylester*, F. 122,5 bis 124,5°; a) durch 48std. Rk. von **I** mit **V** in DMF; orangefarben; 77,5%; b) analog mit Azidoameisensäure-tert.-butylester; < 40%. — *2-Phenylcarbazidsäure-tert.-butylester*, F. 91–93°, durch 1wöchige Rk. von **I** mit Phenylhydrazin in CH_2Cl_2; 62%. — *Carbanilsäure-tert.-butylester*, F. 135,5–138°, durch 4tägige Rk. von **I** mit Anilin. — *Benzoesäureanhydrid*, F. 41–43° (Bzl./PAe.), durch Einleiten nitroser Gase in eine Suspension von **II** in CH_2Cl_2 bis zur Bldg. einer klaren Lsg. u. Einfampfen; 88,5% (roh). L. Lamza 810△

0839 **4-Chlor-3-methylcrotonsäurederivate u. Phosphonate.** Kazuyoshi Fujiwara, Hidetaka Takahashi und Masaki Ohta. (Bull. chem. Soc. Japan **35, 1743** bis 1744, 1962; Tokyo, Meguro-ku, Tokyo Inst. of Technol., Labor. of Organ. Chem.; engl.) — Folgende *4-Chlor-3-methylcrotonsäure-Derivv.* werden durch Zugabe von

Phosphonaten in abs. Ae. oder Tetrahydrofuran unter Rühren unter N_2 zu $NaNH_2$ oder NaH im gleichen Lsgm. bei Raumtemp., Zutropfen von Chloraceton bei < 25°, 1std. Rühren bei Raumtemp., Zufügen von viel W. u. Ausäthern dargestellt: *4-Chlor-3-methylcrotonsäureäthylester* (**I**), $C_7H_{11}ClO_2$, Kp.$_{15}$ 83—84°; 58% (Ausbeute). — *4-Chlor-3-methylcrotonsäurenitril* (**II**), C_5H_6ClN, Kp.$_{22}$ 89—90°; 72%. — Durch Kondens. von **I** bzw. **II** mit Triäthylphosphit bei 180—200° entstehen *3-Äthoxycarbonylmethallylphosphonsäurediäthylester* ($C_{11}H_{21}O_5P$, Kp.$_8$ 157—158°; 81%) bzw. *3-Cyanmethallylphosphonsäurediäthylester*, $C_9H_{16}NO_3P$, Kp.$_4$ 135—136°; 89%.
D. Jahnke 810△

0840 **Die Pyrolyse von Ricinolsäuremethylester und Ricinelaidinsäuremethylester. Untersuchungen über die Darstellung von Undecylensäuremethylester.** J. Kóbor, L. Mészáros und L. Hackl. (Acta Univ. Szegediensis, Acta physica chem. [N. S.] **7**, 42—50, 1961; Szeged, Univ., Inst. of organ. Chem.; engl.) — *Ricinolsäure-* (**I**) u. *Ricinelaidinsäuremethylester* (**II**) werden dargestellt u. der Einfl. von Temp. (220—550°), Kontaktvol., Durchsatzgeschw. (70—400 ml/h) u. Katalysator unter kontinuierlichen Bedingungen auf deren Pyrolyse zu *Undecen-(10)-säuremethylester* u. *n-Heptylaldehyd* (**III**) untersucht. Von den verwendeten Kontakten erweist sich Bimsstein, imprägniert mit 10%ig. Boraxlsg. als am besten geeignet. Die Kontaktoberfläche besitzt den größten Einfl. auf den Prozeß. Spuren von Metall oder Mineralsäuren fördern die Teerbildung. Die optimale Temp. liegt bei **I** je nach dem Kontaktvol. u. der Durchflußmenge zwischen 390—530°, es werden bei einem Umsatz von 40—50% Ausbeuten von 75—80% erreicht. Eine weitere Temp.-Steigerung bedingt fortschreitende Zers. u. Polymerisation. Bei **II** liegt die optimale Pyrolysen-Temp. höher als bei **I**, wobei die Pyrolyse wahrscheinlich über eine trans-cis-Umlagerung erfolgt, die erst oberhalb 450° einsetzt. Es wird ein Umsatz von 40—50% erreicht.

Versuche: *Ricinolsäuremethylester* (**I**), $C_{19}H_{36}O_3$, Kp.$_2$ 185—190°, Kp.$_{10}$ 238—240°, durch Kochen von Ricinusöl u. Methanol in Ggw. von 10%ig. NaOH unter gelegentlichem Schütteln, Neutralisieren mit verd. H_2SO_4, Verdampfen des überschüssigen Methanol, Kühlen u. Dest. der oberen Phase; SZ. 4,8—4,9; EZ. 177,76; JZ. 87,2; daneben zwei *Hydroxysäuren vom F. 114—115°* u. *F. 145—147°* u. aus der unteren Phase *Glycerin*. — *Ricinelaidinsäure*, F. 49—51°, nach Kass u. Radlove [1942]. *Methylester* (**II**), $C_{19}H_{36}O_3$, F. 32—33°, Kp.$_4$ 202 bis 203°, Kp.$_{10}$ 250—253°, durch portionsweises Lösen der Säure in der berechneten Menge Methanol u. Sättigen der Lsg. mit HCl-Gas unter Eiskühlung; SZ. 3,15; EZ. 168,9; JZ. 80,5; 70—75% (Ausbeute). — *Undecen-(10)-säuremethylester*, $C_{12}H_{22}O_2$, Kp.$_{760}$ 248°, a) durch katalyt. Pyrolyse von **I** u. Fraktionieren der Fraktion vom Kp. 230—260° (10—52%); SZ. 8—15; EZ. 245—264; JZ. 80—96; 60—70%; daneben eine 40—60% *n-Heptaldehyd* (**III**) enthaltende Fraktion vom Kp. 70—220°; b) analog aus **II**; daneben **III**.
G. Engler 810△

0841 **Darstellung von Alkyl- und N.N'-Dialkylamiden der Oxalsäure.** P. M. Kotschergin und K. Ss. Buschujewa. (J. angew. Chem. [UdSSR] **35**, 2745—49, 1962; Chem.-pharmazeut. Allunions-Ordshonikidse-Forschungsinst.; russ.) — Die Darst. von N-substituierten *Oxamiden* wird beschrieben.

Versuche: Oxalsäureäthylester: *Amid* (**I**), F. 114—115° (A.), durch Zugabe von 6,8 g 25%ig. NH_4OH zu 14,6 g Diäthyloxalat (**II**) in 50 ml A. bei —5°, 70std. Stehen bei 0° u. Erhitzen zum Sieden; 68,2% (Ausbeute). *Äthylamid* (**III**), Kp.$_{23}$ 148—149°, durch 18std. Stehen von 33 g Äthylamin mit 107 g **II** in 40 ml A. bei 20°; 47,8%. — Oxamide: *N-Äthyl-*, F. 201—202° (A.), durch $^1/_2$std. Stehen von 50 g **III** mit 50 ml 20%ig. NH_4OH in 50 ml W.; 97,2%. — *N-n-Propyl-*, $C_5H_{10}N_2O_2$, F. 196,5 bis 197° (A.), durch 5 Min. langes Kochen von 1 g **I** mit 5 ml 40%ig. alkohol. n-Propylamin in 15 ml A.; Prismen; 74,2%. — Analog: *N-Methyl-*, F. 230—231°; 87,5%. — *N-n-Butyl-*, F. 197,5—198,5°; 92,5%. — *N.N'-Dimethyl-*, F. 213—214°, durch Einleiten von Methylamin bei 20 bis 25° in 1540 g **II** in 700 ml Methanol; Prismen; 95—99,6%. — Analog: *N.N'-Diäthyl-*, F. 177—178°; 94,1%. — *N.N'-Di-n-butyl-*, F. 151—152°, durch Zugabe von 198,1 g n-Butylamin zu 188,7 g **II** unter Kühlung, 1std. Stehen bei 20° u. Erhitzen auf 80—82°; 82,7%. — Analog: *N.N'-Diallyl-*, F. 153,5—154,5°; 29,9%. — *N.N'-Di-n-propyl-*, F. 162—163°; 82,0%. — *N.N'-Dibenzyl-*, F. 216 bis 217°; 86,0%. — *N.N'-Diphenyl-*, F. 216—217° (Eisessig), durch 4std. Kochen von **II** mit Anilin; 15,3%. — *N.N'-Bis-[β-hydroxyäthyl]-*, F. 166—167° (A.), durch 3std. Kochen von 90 g **II** mit 77 g Äthanolamin; Prismen; 51,0%. — *N.N'-Bis-[β-chloräthyl]-*, F. 198,5—199° (A.), durch Zugabe von 140 ml Triäthylamin u. 73 g **II** zu 116 g β-Aminoäthylchloridhydrochlorid in 150 ml Methanol u. $1^3/_4$std. Kochen; Plättchen; 60,0%. — *N.N'-Bis-[carbäthoxymethyl]-*, F. 139—140° (W., A.), durch 2std. Kochen von 17 g **II** mit 32,4 g Glycinäthylesterhydrochlorid u. 46 ml Tripropylamin; Prismen; 62,8%.
Helmut Schäfer 820△

0842 **Über die Addition von Thioglykolsäure an S-Allylthioglykolsäure.** Erik Larsson und Berndt-Otto Osberg. (Acta chem. scand. **14**, 768, 1960; Lund, Univ., Chem. Inst., Abt. für organ. Chem.; dt.) — *S-Allylthioglykolsäure* (**I**), die aus Allylchlorid (**II**) u. Dinatriumthioglykolat in W. dargestellt wird, addiert in Ggw. von Peroxiden Thioglykolsäure (**III**) unter Bldg. von *Trimethylen-bis-[thioglykolsäure]*.

Versuche: *S-Allylthioglykolsäure* (**I**), Kp.$_{15}$ 136 bis 138°, aus 76,5 g **II** u. **III** in 2n NaOH; n_D^{25} 1,5054, $D._4^{25}$ 1,137; 70—80 g (Ausbeute). — *Trimethylen-bis-[thioglykolsäure]*, F. 69,5—70° (Essigester-PAe.), aus 6,6 g **I** u. **III** in Ggw. von Ascaridol durch 1tägiges Stehen bei Zimmertemp.; 8,8 g.
K.-D. Albrecht 850◇

0843 **Untersuchungen über die Reaktionen von Diketen. 1. Mitt. Reaktionen von Diketen mit Alkylalkoholen.** Toshizo Isoshima. (Annu. Rep. Shionogi Res. Lab. [Osaka] **1955**, 568—72; Osaka, Shionogi Res. Labor.; jap., Auszug: engl.) — Die Einw. von Diketen auf Alkylalkohole wird untersucht, wobei die verschiedenen *Acetessigester* gebildet werden. Na, Na-Methylat, Na-Äthylat, Na-Isoamylat, NaOH u. KOH erwiesen sich für die Rk. als gute Katalysatoren, wobei die Ausbeuten 60—70% betragen.

Versuche: *Acetessigsäure, Methylester*, Kp.$_8$ 49 bis 52°; $D.^{20}$ 1,0764, n_D^{20} 1,4169. *Äthylester*, Kp.$_8$ 60—63°; $D.^{20}$ 1,0325, n_D^{20} 1,4189. *Propylester*, Kp.$_6$ 66—69°; $D.^{20}$ 1,0040, n_D^{20} 1,4230. *Isopropylester*, Kp.$_6$ 60—63°; $D.^{20}$ 0,9939, n_D^{20} 1,4177. *Butylester*, Kp.$_6$ 83—85°; $D.^{20}$ 0,9870, n_D^{20} 1,4270. *Isobutylester*, Kp.$_6$ 75°; $D.^{20}$ 0,9797, n_D^{20} 1,4245. *tert.-Butylester*, Kp.$_5$ 57—60°; $D.^{20}$ 0,9756, n_D^{20} 1,4201. *Isoamylester*, Kp.$_6$ 89—91°; $D.^{20}$ 0,9683, n_D^{20} 1,4293. *Hexylester*, Kp.$_5$ 97—99°; $D.^{20}$ 0,9508, n_D^{20} 1,4335. *Octylester*, Kp.$_2$ 110—115°; $D.^{20}$ 0,9434, n_D^{20} 1,4394. *Decylester*, Kp.$_{4,5}$ 145—148°; $D.^{20}$ 0,9282, n_D^{20} 1,4433.
W. Hampel 870△

0844 **Untersuchungen über die Reaktionen von Diketen. 2. Mitt. Reaktionen von Diketen mit Aminen.** Toshizo Isoshima. (Annu. Rep. Shionogi Res. Lab. [Osaka] **1955**, 571—76; jap., Auszug: engl.) — 1. vgl. vorst. Referat. — Verschiedene *Acetessigsäureamide* entstehen durch Einw. von Diketen (**I**) auf Amine.

Versuche: Acetessigsäureamide: *N-Phenyl-* F. 82—84°, durch Zugabe von **I** zu 9,3 g Anilin in Toluol bei 50—60°; Platten; 9,2 g (Ausbeute). — *N-[o-Tolyl]-*, F. 103—105°; aus Toluol Nadeln; 47—52%. — *N-[p-Tolyl]-*, F. 92—94° (Toluol); 38—39%. — *N-[2-Methoxyphenyl]-*, F. 82—84° (Bzl.); 82—87%. — *N-[p-Methoxyphenyl]-*, F. 114—116°; aus Bzl. Platten; 77%. — *N-[α-Naphthyl]-*, F. 117—118°; aus Bzl. Nadeln; 44—52%. — *N-[β-Naphthyl]-* (**II**), F. 91—93° (Bzl.); 66—70%. — *3-[β-Naphthylimino]-butansäure-β-naphthylamid*, F. 199 bis 201°, durch Umsetzen von **I** mit überschüssigen β-Naphthylamin; Nadeln; daneben 27—31% **II**. — *1-Phenyl-3-methylpyrazolon-(5)*, F. 126—127°, durch Umsetzen von **I** mit Phenylhydrazin im Verhältnis 1 : 1 bei 40—80°; Prismen; 48—50%. — *Acetessigsäurephenylhydrazidphenylhydrazon*, F. 146—148°, durch Umsetzen von **I** mit Phenylhydrazin im Verhältnis 1 : 2 in der Kälte; 56—70%. — *N.N'-Diacetacetyläthylendiamin*, F. 165—167°, durch

Zugabe von **I** zu 4 g Äthylendiamin in W. in der Kälte; Platten; 8,5—9,2 g. W. Hampel 870△

0845 **Hydantoinsäureester und -amide.** Seymour L. Shapiro, Ira M. Rose, Eric Roskin und Louis Freedman. (J. org. Chemistry **26,** 2343—47, 1961; Yonkers, N. Y., U. S. Vitamin & Pharmaceut. Corp., Organ. Res. Div.; engl.) — Durch Rk. von Hydantoinsäure(**I**)-Äthylester (**II**) mit prim. Aminen in CH_3OH werden die entsprechenden *Amide* (**A**) von **I** dargestellt. Mit sek. Aminen, wie N-Methylbenzylamin (**III**), mit α-substituierten prim. Aminen, wie d-α-Methylphenäthylamin (**IV**), α-Phenäthylamin (**V**), Isopropylamin u. Benzhydrylamin, sowie mit aromat. Aminen, wie Anilin u. Na-p-Aminobenzoat, reagiert **II** nicht zu **A**; die Rk. von **V** mit **II** führt, auch in CH_3OH in Ggw. von CH_3ONa oder in W., wie die Rk. von **III** mit **II** nur zu *Hydantoin* (**VI**). Benzylamin (**VII**) reagiert mit **II** in CH_3CN statt in $CH_3 \cdot OH$ nicht. — Durch Rk. von Carbäthoxymethylisocyanat (**VIII**) mit prim. oder sek. Aminen erhältliche substituierte **II**-Derivv. werden mit NH_4OH oder **VII** in die entsprechenden substituierten **A**-Derivv. übergeführt. Neben *5-[2-Hydroxyäthyl]-* bzw. *5-Allylhydantoinsäureamid* u. *-benzylamid* bilden sich auch das *3-[2-Hydroxyäthyl]-* bzw. das *3-Allyl-Deriv.* (**XIV**) von **VI**; analog führt die Rk. von 5.5'-Trimethylen-bis-hydantoinsäureäthylester (**XIII**) mit NH_4OH bzw. **VII** zu den entsprechenden **A** sowie daneben zu *3-[3-(3-Carbamoyl-* bzw. *3-[3-(3-Benzylcarbamoylmethylureido)-propyl]-hydantoin.* Einige der dargestellten Verbb. sind antispasmogene, entzündungshemmende, blutdruckerniedrigende bzw. -erhöhende Mittel oder bewirken ZNS-Dämpfung, Ganglienblock, adrenerg. Block oder Bronchodilatation.

Versuche: Hydantoinsäureäthylester: *5-p-Carbäthoxyphenyl-* (**IX**), $C_{14}H_{18}N_2O_5$, F. 139—140° (Essigester), durch portionsweise Zugabe von p-Aminobenzoesäureäthylester zu **VIII** in Ae.; 81% (Ausbeute). — *5-[2-Hydroxyäthyl]-* (**X**), $C_7H_{14}N_2O_4$, F. 74—77°; 83%. — *5-Allyl-* (**XI**), $C_8H_{14}N_2O_3$, F. 82—83°; 90%. — *5-Isoamyl-*, $C_{10}H_{20}N_2O_3$, F. 77—78° (Essigester/Hexan); 78%. — *5-n-Heptyl-*, $C_{12}H_{24}N_2O_3$, F. 64—65°; 96%. — *5-[2.5-Endomethylencyclohexylmethyl]-*, $C_{13}H_{22}N_2O_3$, F. 109 bis 114° (Essigester/Hexan); 89%. — *5-[1-Methyl-2-phenyläthyl]-*, $C_{14}H_{20}N_2O_3$, F. 73—76° (Essigester/Hexan), aus **IV**; 50%. — *5-Phenyl-*, $C_{11}H_{14}N_2O_3$, F. 111—113° (Essigester/Hexan); 74%. — *5-Methyl-5-[2-dimethylaminoäthyl]-*, $C_{10}H_{21}N_3O_3$, Kp.$_{0,1}$ 122—126°, n_D^{20} 1,4715; 76%. — *5-[2-Diäthylaminoäthyl]-5-methyl-*, $C_{12}H_{25}N_3O_3$, Kp.$_{0,1}$ 123°, n_D^{20} 1,4694; 86%. — *5-Methyl-5-[3-dimethylaminopropyl]-*, $C_{11}H_{23}N_3O_3$, Kp.$_{0,12}$ 128—130°, n_D^{20} 1,4704; 82%. — *1-[1-Carbäthoxymethylcarbamoyl]-4-methylpiperazin* (**XII**), $C_{10}H_{19}N_3O_3$, F. 65—66° (Essigester/Hexan), durch Zugabe von 1 Val N-Methylpiperazin zu 9,7 g **VIII** in Essigester bei 0°, 3tägiges Stehen; Filtrieren, Eindampfen, Anreiben mit Ae., Eindampfen, Filtrieren [→ *Verb.* $C_9H_{16}N_2O_5$, F. 140—144° (Essigester/Hexan); 0,37 g], Eindampfen, Extraktion mit Hexan u. Stehen; 45%. — *5.5'-Trimethylen-bis-[hydantoinsäureäthylester]* (**XIII**), $C_{13}H_{24}N_4O_6$, F. 157—159° (Essigester/A.); 78%. — *5.5'-Tetramethylen-bis-[hydantoinsäureäthylester]*, $C_{14}H_{26}N_4O_6$, 169—172° (A.); 85%. — *5.5'-Hexamethylen-bis-[hydantoinsäureäthylester]*, $C_{16}H_{30}N_4O_6$, F. 170—174° (A.); 91%. — *1.4-Bis-[carbäthoxymethylcarbamoyl]-piperazin*, $C_{14}H_{14}N_4O_6$, F. 207—208° (Essigester/A.); 79% (entsteht auch neben **XII**; 0,65 g). — Hydantoinsäureamide: *5-p-Carbäthoxyphenyl-*, $C_{12}H_{15}N_3O_4$, F. 204 bis 205°, durch Sättigen einer Lsg. von **IX** in CH_3OH < 35° mit NH_3 u. 3tägiges Stehen bei 20°; 90%. — *5-[2-Hydroxyäthyl]-*, $C_5H_{11}N_3O_3$, F. 159—161° (A).; analog vorst. Verb. aus **X**; 19%. — Analog: *5-Allyl-*, $C_6H_{11}N_3O_2$, F. 197—198°; 47%; daneben 19% *3-Allylhydantoin* (**XIV**), $C_6H_8N_2O_2$, F. 78° (Essigester/Hexan). — *5-Isoamyl-*, $C_8H_{17}N_3O_2$, F. 158—161° (W.); 23%. — *5-n-Heptyl-*, $C_{10}H_{21}N_3O_2$, F. 194—195°; 77%. — *5-[2.5-Endomethylencyclohexylmethyl]-*, $C_{11}H_{19}N_3O_2$, F. 118—121° (Essigester/A.); 47%. — *5-[1-Methyl-2-phenyläthyl]-*, $C_{12}H_{17}N_3O_2$, F. 171—173°; 47%. — *5-Benzhydryl-*, $C_{16}H_{17}N_3O_2$, F. 225—229° (A.); 50%. — *5-Phenyl-*, $C_9H_{11}N_3O_2$, F. 195—197°; 76%. — *5-Methyl-5-[2-dimethylaminoäthyl]-*, $C_8H_{18}N_4O_2$, F. 97—100°; 94%. — *5-[2-Diäthylaminoäthyl]-5-methyl-*, $C_{10}H_{22}N_4O_2$, F. 84 bis 85°; 83%. — *5-Methyl-5-[3-dimethylaminopropyl]-*, $C_9H_{20} \cdot N_4O_2$, F. 95—97°; 97%. — *1-[3-Carbamoylmethylcarbamoyl]-pyrrolidin*, $C_7H_{13}N_3O_2$, F. 202—204°, aus 1-[3-Carbäthoxymethylcarbamoyl]-pyrrolidin, F. 112—113°; 95%. — *1-[3-Carbamoylmethylcarbamoyl]-4-methylpiperazin*, $C_8H_{16}N_4O_2$, F. 180—185°; 84%. — *5.5'-Trimethylen-bis-[hydantoinsäureamid]*, $C_9H_{18}N_6O_4$, F. 224—225° (W.); 24%; daneben *3-[3-(3-Carbamoylmethylureido)-propyl]-hydantoin*, $C_9H_{15}N_5O_4$, F. 180—184°; 24%. — *1.4-Bis-[carbamoylmethylcarbamoyl]-piperazin, Dihydrat*, $C_{10}H_{22} \cdot N_6O_6$, F. 228° (Zers.; W.); 97%. — Hydantoinsäurebenzylamide: *5-Allyl-*, $C_{13}H_{17}N_3O_2$, F. 186—188°, durch 3tägiges Stehen von **XI** u. **VII** in CH_3OH, Impfen u. 4std. Stehen bei 10°; 38%; daneben 60% **XIV**. — *5-Isoamyl-*, $C_{15}H_{23}N_3O_2$, F. 174—177° (Essigester); 50%. — *5-n-Heptyl-*, $C_{17}H_{27}N_3O_2$, F. 160—162°; 34%. — *5-[2.5-Endomethylencyclohexylmethyl]-*, $C_{18}H_{25}N_3O_2$, F. 178 bis 179° (Essigester/A.); 47%. — *5-Benzhydryl-*, $C_{23}H_{23} \cdot N_3O_2$, F. 225—230° (A.); 42%. — *5-Phenyl-*, $C_{16}H_{17}N_3O_2$, F. 210—211°; 71%. — *5-p-Carbäthoxyphenyl-*, $C_{19}H_{21} \cdot N_3O_4$, F. 211—212° (A./W.); 31%. — *5-Methyl-5-[2-dimethylaminoäthyl]-*, $C_{15}H_{24}N_4O_2$, F. 93° (Essigester/Ae.); 32%. — *5-[3-Dimethylaminopropyl]-*, $C_{15}H_{24}N_4O_2$, F. 136 bis 137° (Essigester); 34%. — *5-[2-Hydroxyäthyl]-*, $C_{12}H_{17}N_3O_3$, F. 140—141° (A./Essigester), durch 3tägiges Stehen von 3,2 g **X** in CH_3OH mit **VII**, Zusatz von Ae. u. Stehen; 0,25 g; daneben *3-[2-Hydroxyäthyl]-hydantoin*, $C_5H_8N_2O_3$, F. 103,5—104° (A./Hexan). — *1-[3-Benzylcarbamoylmethylcarbamoyl]-pyrolidin*, $C_{14}H_{19} \cdot N_3O_2$, F. 145—150° (Essigester); 35%. — *1-[3-Benzylcarbamoylmethylcarbamoyl]-4-methylpiperazin*, $C_{15}H_{22}N_4O_2$, F. 180—183°; 51%. — *1.4-Bis-[3-benzylcarbamoylmethylcarbamoyl]-piperazin*, $C_{24}H_{30}N_6O_4$, F. 197—203° (A.); 58%. — *5.5'-Trimethylen-bis-[hydantoinsäurebenzylamid]*, $C_{23}H_{30} \cdot N_6O_4$, F. 195—207° (Dimethylformamid), durch 4tägige Rk. von **XIII** u. **VII** in CH_3OH; 12%; daneben *3-[3-(3-Benzylcarbamoylmethylureido)-propyl]-hydantoin*, $C_{16}H_{21}N_5O_4$, aus W.; 20%. — Amide (**A**) der Hydantoinsäure (**I**): *p-Chlorbenzylamid*, $C_{10}H_{12}ClN_3O_2$, F. 197—198° (W.), durch 14tägiges Stehen von **II** u. p-Chlorbenzylamin in CH_3OH; 58%. — Analog in 10—15 Tagen bei 20°: *Amid*, F. 198—200°; 79%. — *Methylamid*, F. 181—183° (A.); 76%. — *2-Hydroxyäthylamid*, $C_5H_{11}N_3O_3$, F. 133 bis 134° (Essigester/CH_3OH); 63%. — *Allylamid*, $C_6H_{11} \cdot N_3O_2$, F. 177—178° (Essigester/CH_3OH), in 3 bzw. 5 Tagen; 67 bzw. 77%. — *Isopentylamid*, $C_8H_{17}N_3O_2$, F. 201—202° (Butanol/Essigester), in 9 Tagen; 82%. — *n-Pentylamid*, F. 183—185° (Butanol/Essigester); 57%. — *n-Heptylamid*, $C_{10}H_{21}N_3O_2$, F. 182—185° (Butanol/Essigester); 63%. — *2.5-Endomethylencyclohexylmethylamid*, $C_{11}H_{19}N_3O_2$, F. 209—211° (Butanol/Essigester); 61%. — *Furfurylamid*, $C_8H_{11}N_3O_3$, F. 175—177° (Butanol/Essigester); 22%. — *Benzylamid*, $C_{10}H_{13}N_3O_2$, F. 198—200° (Butanol/Essigester); 36%. — *β-Phenäthylamid*, $C_{11}H_{15}N_3O_2$, F. 175—177° (Butanol/Essigester); 49%. — *2-Diäthylaminoäthylamid*, $C_9H_{20}N_4O_2$, F. 145 bis 147° (Essigester/A.); 58%. — *3-Dimethylaminopropylamid*, $C_8H_{18}N_4O_2$, F. 163—167° (Essigester/A.); 47%. *Methojodid*, $C_9H_{21}JN_4O_2$, F. 205—206° (Essigester/A.); 57%. — N.N'-Dihydantinoylalkylendiamine (FF. aus A./W.): *-äthylendiamin*, $C_8H_{16}N_6O_4$, F. 233—234°; 62%. — *-trimethylendiamin*, $C_9H_{18}N_6O_4$, F. 226—228°; 68%. — *-tetramethylendiamin*, $C_{10}H_{20}N_6O_4$, F. 242—244°; 45%. — *-pentamethylendiamin*, $C_{11}H_{22} \cdot N_6O_4$, F. 246°; 49%. — *-hexamethylendiamin*, $C_{12}H_{24} \cdot N_6O_4$, F. 221—222°; 50%. — *-heptamethylendiamin*, $C_{13}H_{26}N_6O_4$, F. 230°; 35%. — *-m-phenylendimethylendiamin*, $C_{14}H_{20}N_6O_4$, F. 220—222°; 45%. — *-bis-[3-aminopropyl]-methylamin*, $C_{13}H_{27}N_7O_4$, F. 182—183°; 49%. — *3-[3-Dimethylaminopropyl]-hydantoin*, $C_8H_{15} \cdot N_3O_2$, F. 86—87° (Essigester/Hexan), durch Zugeben von 3-Dimethylaminopropylamin zu **VIII** in Ae. bei 20°, Eindampfen u. Dest. bei 146—150°/0,2 Torr; 9%. H. Pagel 880◇

0846 **Pyrolyse von N-tert.-Butyl-N-alkylcarbamoylchloriden. Eine neue Synthese von Isocyanaten.** J. N. Tilley und A. A. R. Sayigh. (J. org. Chemistry **28,** 2076—79, 1963; North Haven, Conn., Div. of the Upjohn Comp., Carwin Comp.; engl.) — tert.-Butylalkylamine werden aus tert.-Butylamin u. Alkylchloriden dargestellt u. mit Phosgen in die *N-tert.-Butyl-N-alkylcarbamoylchloride* übergeführt. Aus N.N'-Bis-[tert.-butyl]-äthylendiamin (**I**) erhält man hierbei unter Abspaltung von Phosgen *1.3-Bis-[tert.-butyl]-imidazolidinon-(2)*. Die Carbamoylchloride zerfallen vornehmlich in polaren Lsgm. (z. B. Nitrobenzol) leicht (bei ca. 100°) in die entsprechenden *Alkylisocyanate, Isobutylen* u. *HCl*. $FeCl_3$ (z. B. in Äthylendichlorid) katalysiert diese Reaktion. — Rk.-Mechanismen werden diskutiert.

Versuche: *tert.-Butylbenzylamin* (**II**), $Kp._{14}$ 99°, $Kp._{17}$ 100°, $Kp._{20}$ 107°, durch 3std. Erhitzen von 75,9 g Benzylchlorid u. 87,6 g tert.-Butylamin in Dimethylformamid (DMF); $n_D^{22,7}$ 1,4951; 76,1 g (Ausbeute). — *tert.-Butylallylamin* (**III**), Kp. 112°, durch Zugabe von Allylhalogenid zum Amin in DMF bei 65—75°; $n_D^{22,5}$ 1,4160. — *tert.-Butyl-n-butylamin* (**IV**), $Kp._{140}$ 83°, analog **III** durch 2 tägiges Erhitzen; $n_D^{22,7}$ 1,4086. — *N.N'-Bis-[tert.-butyl]-äthylendiamin* (**I**), *Hydrat*, F. 42°, $Kp._{32}$ 99°, analog **III**. — *N.N'-Bis-[tert.-butyl]-p-xylylendiamin*, F. 68—70°, analog **III**. — *1.4-Bis-[tert.-butylamino]-buten-(2)* (**V**), *Hydrat*, F. 40—50°, $Kp._6$ 95—100°, n_D^{22} 1,4494. — *N-tert.-Butyl-N-benzylcarbamoylchlorid* (**VI**), F. 85—89°, durch Zugabe von **II** zu einer eisgekühlten Lsg. von Phosgen in Toluol unter Durchleiten von Phosgen u. 16std. Erhitzen auf 100° (Meth. **A**); bräunlichgelbe, süßlich u. stechend riechende Kristalle; 96%. — *N.N'-p-Xylylen-bis-[tert.-butylcarbamoylchlorid]* (**VIII**), nach **A** durch 3tägiges Erhitzen auf 130° in Chlorbenzol. — *[1.4-Bis-(tert.-butylamino)-buten-(2)]-N.N'-dicarbonylchlorid* (**VII**), $C_{14}H_{24}Cl_2N_2O_2$, F. 132 bis 133°, durch Zugabe von **V** u. Triäthylamin in Bzl. zu einer Lsg. von Phosgen in Bzl. bei 3—8°, 1std. Rühren bei 20—30° u. Erwärmen auf 65° (Meth. **B**); feine Kristalle; 91%. — *N-n-Butyl-N-tert.-butylcarbamoylchlorid*, F. 23—25°, a) nach **B**; 86%; b) nach **A** durch 24std. Erhitzen auf 80° u. 5½std. Erhitzen des filtrierten Hydrochlorids in Toluol auf 110°. — *Allylisocyanat*, Kp. 80—85°, durch Zugabe von **III** zu einer eiskalten Lsg. von Tributylamin u. Phosgen in o-Dichlorbenzol, 1¼std. Stehen, Zugabe von Tributylamin bei 115—125°, 1std. Erwärmen auf 175° u. Dest. bei 200° (Meth. **C**); 75%. — *n-Butylisocyanat*, Kp. 114—117°, aus **IV** nach **C** bei 120—145° u. Zugabe von Tributylamin bei 90°; 87%. — *Benzylisocyanat*, $Kp._{31-36}$ 104—110°, durch Erhitzen von **VI** auf 120—160°; n_D^{22} 1,5242; 86%; daneben 77% *tert.-Butylchlorid*. — *p-Xylylendiisocyanat*, F. 37—39°, $Kp._{4-6}$ 138—147°, analog vorst. Verb. aus **VIII**; 62%. — *trans(?)-1.4-Diisocyanatobuten-(2)*, F. —2 bis 0°, $Kp._{13-19}$ 106—111°, durch 25std. Kochen von **VII**, $FeCl_3 \cdot 6H_2O$ u. Äthylendichlorid unter Durchleiten von N_2; klares Öl; n_D^{23} 1,4728; 65%. *Bis-[methylurethan]*, F. 143—144°; aus Methanol glänzende Schuppen. — *1.3-Bis-[tert.-butyl]-imidazolidinon-(2)*, $C_{11}H_{22}N_2O$, F. 73—74°, $Kp._{16,5}$ 127°, $Kp._{760}$ 245°, durch Zugabe von 17,2 g **I** zum Phosgen-Triäthylamin-Komplex in kaltem Bzl. u. schwaches Erwärmen; Nadeln aus Hexan; 22,2 g; daneben 67% *Triäthylaminhydrochlorid* u. aus dem Dest.-Vorlauf *Diäthylcarbamoylchlorid*, $Kp._{16}$ 80°, $Kp._{760}$ 180—185°.

H.-J. Haase 890◇

0847 **Untersuchungen über 2-Aryloxymethyl-2-dialkylaminomethylpropandiole-(1.3).** P. Piganiol, J. Cheymol, J. Seyden-Penne und P. Chabrier. (Bull. Soc. chim. France **1961,** 255—60; Paris, Fac. de Med., Inst. de Pharm.; engl.) — Die Darst. einer Reihe von *2-Aryloxymethyl-2-dialkylaminomethylpropandiolen-(1.3)* (**P**) gelingt durch Umsetzung von Na-Phenolaten mit 3-Hydroxymethyl-3-brommethyloxetan (**I**) zu den entsprechenden *3-Aryloxymethyl*-Verbb., deren Oxetanring mit HBr (Meth. **A** u. **B**) unter Bldg. der *2-Aryloxymethyl-2-brommethylpropandiole-(1.3)* (**C**) gespalten wird. Durch Einw. von Aceton in Ggw. von Polyphosphorsäure (PS) (Meth. **D**) entstehen daraus *2.2-Dimethyl-5-aryloxymethyl-5-brommethyl-1.3-dioxane*. Letztere lassen sich mit sek. Aminen zu den *5-Dialkylaminomethyl*-Derivv. umsetzen, die ohne Isolierung nach Hydrolyse des Dioxanringes mit äther. oder alkohol. HCl direkt in die *Hydrochloride* der **P** übergeführt werden. Die **P** lassen sich auch darstellen durch direkte Einw. sek. Amine auf 2-Aryloxymethyl-2-brommethylpropandiole-(1.3) oder durch Rk. von sek. Aminen mit 3-Aryloxymethyl-3-hydroxymethyloxetan bei 190° in wss. Lösung.

Versuche: 3-Hydroxymethyloxetane, durch 12std. Kochen eines Phenols mit **I** in abs. A. in Ggw. von Na-Äthylat: *3-[o-Methylphenoxy]-methyl-*, $C_{12}H_{16}O_3$, $Kp._{0,05}$ 128—130°; n_D^{25} 1,5308; 80% (Ausbeute). — *3-Phenoxymethyl-*, $C_{11}H_{14}O_3$, $Kp._{0,07}$ 131—132°; n_D^{25} 1,5355. — *3-[p-Chlorphenoxy]-methyl-*, $C_{11}H_{13}ClO_3$, $Kp._{0,05}$ 153—155°, F. 31°. — *3-[o-Chlorphenoxy]-methyl-*, $C_{11}H_{13} \cdot ClO_3$, $Kp._{0,03}$ 139—141°; n_D^{25} 1,5462. — *3-[o-Methoxyphenoxy]-methyl-*, $C_{12}H_{16}O_4$, F. 58° (Hexan/Bzl.); 85%. — *3-Tetralyl-(2)-oxymethyl-*, $C_{15}H_{20}O_3$, F. 49—50°, (Hexan/Bzl.). — *3-Naphthyl-(2)-oxymethyl-*, $C_{15}H_{16}O_3$, F. 135° (A.); 76%. — 2-Brommethylpropandiole-(1.3) (**C**), a) durch 6std. Schütteln des entsprechenden Oxetans mit 15%ig. HBr (Meth. **A**); b) durch 2std. Einw. von 20%ig. HBr auf das in Dioxan gelöste Oxetan (Meth. **B**). — *2-Phenoxymethyl-*, $C_{11}H_{15}BrO_3$, F. 77° (Chlf.), nach **A**. — *2-[o-Methylphenoxy]-methyl-*, $C_{12}H_{17}BrO_3$, F. 76,5° (Methanol oder A.), nach **A**. — *2-[o-Chlorphenoxy]-methyl-*, $C_{11}H_{14}BrClO_3$, F. 54° (Hexan/Bzl.), nach **B**. — *2-[p-Chlorphenoxy]-methyl-*, $C_{11}H_{14}BrClO_3$, F. 129° (Chlf.), nach **A**; 98%. — *2-Naphthyl-(2)-oxymethyl-*, $C_{15}H_{17}BrO_3$, F. 108° (Bzl.), nach **B**; 98%. — *2-Tetralyl-(2)-oxymethyl-*, $C_{15}H_{21}BrO_3$, F. 93° (Methanol oder A.), nach **B**. — *2-Naphthyl-(1)-oxymethyl-*, $C_{15}H_{17}BrO_3$, F. 100° (Bzl.), durch 10std. Kochen von **I** mit α-Naphthol in abs. A. in Ggw. von Na-Äthylat unter N_2 u. anschließendes 5std. Schütteln mit 25%ig. HBr; 50%. — 2.2-Dimethyl-5-brommethyl-1.3-dioxane, durch Kondens. des entsprechenden **C** mit Aceton in Ggw. von PS (Meth. **D**): — *5-Phenoxymethyl-* (**II**), $C_{14}H_{19}BrO_3$, F. 45—46° (wss. Methanol) a) nach **D**; b) durch Kochen von Na-Phenolat mit 2.2-Dimethyl-5.5-bis-brommethyl-1.3-dioxan in n-Butanol; 36%. — *5-[o-Methylphenoxy]-methyl-*, $C_{15}H_{21}BrO_3$, F. 66° (Methanol oder A.), nach **D**. — *5-[o-Methoxyphenoxy]-methyl-*, $C_{15}H_{21}BrO_4$, F. 50—51° (Methanol oder A.), nach **D**. — *5-[o-Chlorphenoxy]-methyl-*, (**III**), $C_{14}H_{18}BrClO_3$, F. 98° (Methanol oder A.). — *5-[p-Chlorphenoxy]-methyl-*, $C_{14}H_{18}BrClO_3$, F. 73° (Methanol oder A.). — *5-Naphthyl-(1)-oxymethyl-*, $C_{18}H_{21}BrO_3$, F. 69—70° (Methanol oder A.). — *5-Naphthyl-(2)-oxymethyl-*, $C_{18}H_{21}BrO_3$, F. 110—111° (Methanol oder A.). — *5-Tetralyl-(2)-oxymethyl-*, $C_{18}H_{25}BrO_3$, F. 75° (Methanol oder A.). — 2-Dimethylaminomethylpropandiole-(1.3): *2-Phenoxymethyl-, Hydrochlorid*, $C_{13}H_{22}ClNO_3$, F. 114°, (A./Essigsäureäthylester 30:40), durch 20std. Erhitzen von **II** mit Dimethylamin in Bzl. im Bombenrohr auf 135° u. Extrahieren mit konz. HCl. *Methobromid*, $C_{14}H_{24}BrNO_3$, F. 125°, durch Einw. von Methylbromid in abs. Aceton auf die freie Base. — *2-[o-Methylphenoxy]-methyl-, Hydrochlorid*, $C_{14}H_{24}ClNO_3$, F. 132°, (A./Essigsäureäthylester); 60%. *Methobromid*, $C_{15}H_{26}BrNO_3$, F. 151°. — *2-[o-Methoxyphenoxy]-methyl-, Hydrochlorid*, $C_{14}H_{24}ClNO_4$, F. 127°. *Methobromid*, $C_{15} \cdot H_{26}BrNO_4$, F. 101°. — *2-[o-Chlorphenoxy]-methyl-, Hydrochlorid*, $C_{13}H_{21}Cl_2NO_3$, F. 109°. *Methobromid*, $C_{14}H_{23}BrCl \cdot NO_3$, F. 136—137°. — *2-[p-Chlorphenoxy]-methyl-, Hydrochlorid*, $C_{13}H_{21}Cl_2NO_3$, F. 130°. *Methobromid*, $C_{14}H_{23}Br \cdot ClNO_3$, F. 117°. — *2-Naphthyl-(1)-oxymethyl-, Hydrochlorid*, $C_{17}H_{24}ClNO_3$, F. 155°. *Methobromid*, $C_{18}H_{26}BrNO_3$, F. 204°. — *2-Naphthyl-(2)-oxymethyl-, Hydrochlorid*, $C_{17}H_{24}ClNO_3$, F. 148—149°. *Methobromid*, $C_{18}H_{26}BrNO_3$, F. 149°. — *2-Tetralyl-(2)-oxymethyl-, Hydrochlorid*, $C_{17}H_{28}ClNO_3$, F. 137°. *Methobromid*, $C_{18}H_{30}BrNO_3$, F. 168°. — 2-Piperidinomethylpropandiole-(1.3): *2-[o-Chlorphenoxy]-methyl-, Hydrochlorid*, $C_{16}H_{25}Cl_2NO_3$, F. 138—139°, (A./Essigsäureäthylester; 10:90), durch 50std. Kochen von **III** mit Piperidin in Toluol; 65%. — *2-[p-Chlorphenoxy]-methyl-, Hydrochlorid*, $C_{16}H_{25}Cl_2NO_3$, F. 113°. *Methobromid*, $C_{17}H_{27}BrClNO_3$, F. 133°. *Freie Base*, $C_{16}H_{24}ClNO_3$, F. 94°. — *2-Phenoxymethyl-, Hydrochlorid*, $C_{16}H_{26}ClNO_3$, F. 151°. *Methobromid*, $C_{17}H_{28}BrNO_3$, F. 125°. — *2-[o-Methylphenoxy]-methyl-, Hydrochlorid*, $C_{17}H_{28}ClNO_3$, F. 144°. — *2-[o-Methoxyphenoxy]-methyl-, Hydrochlorid*, $C_{17}H_{28}ClNO_4$, F. 127°. — *2-Naphthyl-(1)-oxymethyl-, Hydrochlorid*, $C_{20}H_{28}ClNO_3$, F. 188°. — *2-Naphthyl-(2)-oxymethyl-, Hydrochlorid*, $C_{20}H_{28}ClNO_3$, F. 185°. — *2-Tetralyl-(2)-oxymethyl-, Hydrochlorid*, $C_{20}H_{32}ClNO_3$, F. 182°. — 2-Morpholinomethylpropandiole-(1.3): *2-[o-Methylphenoxy]-methyl-, Hydrochlorid*, $C_{16}H_{26}ClNO_4$, F. 156°. *Methobromid*, $C_{17}H_{28} \cdot BrNO_4$, F. 156°. — *2-Phenoxymethyl-, Hydrochlorid*, $C_{15}H_{24}ClNO_4$, F. 136°. — *2-[o-Methylphenoxy]-methyl-2-pyrrolidinomethylpropandiol-(1.3)-hydrochlorid*, $C_{16}H_{26} \cdot ClNO_3$, F. 162°. — *2-[o-Methylphenoxy]-methyl-2-1.2.5.6-tetrahydropyridinomethylpropandiol-(1.3)-hydrochlorid*, $C_{17}H_{26}ClNO_3$, F. 164°. — *2.2-Dimethyl-5.5-bis-brommethyl-1.3-dioxan*, $C_8H_{14}Br_2O_2$, F. 54° (Hexan), durch Rk. von Pentaerythritdibromhydrin mit Aceton in Ggw. von PS; 13%. G. Ziebarth 920△

0848 **Derivate von Glycinamid und von β-Alaninamid mit myanesinartiger Wirkung.** L. Renzi und G. B. Marini-Bettòlo. (Rend. Ist. super. Sanità **18**, 709—13, 1955; Gazz. chim. ital. **84**, 934—38, 1954; Roma, Ist. super. sanità; ital.) — 32 neue *Nα-Aryl-N.N-dialkylglycinamidderivv.* u. *Nβ-Aryl-N.N-dialkyl-β-alaninamidderivv.* mit myanesin. Eigg. werden dargestellt.

Versuche: Glycindiäthylamide, durch 8 bis 10std. Erwärmen von 1 Mol N.N-Diäthylchloracetamid mit 2 Mol Arylamin auf 85—95°, Lösen in verd. Säure, Zugabe von wss. K_2CO_3-Lsg. u. Extrahieren mit Chlf. oder Ae.; Öle oder Wachse: *Unsubstituiert*, Kp.$_{0,1}$ 142—144°. — *Nα-Methyl-*, Kp.$_{0,15}$ 139°. — *Nα-Äthyl-*, Kp.$_{0,1}$ 133°. — *Nα-[o-Tolyl]-*, Kp.$_{0,15}$ 143°. — *Nα-[m-Tolyl]-*, Kp.$_{0,15}$ 147°. — *Nα-[m-Tolyl]-Nα-methyl-*, Kp.$_{0,1}$ 157°. — *Nα-[3.4-Dimethylphenyl]-*, Kp.$_{0,1}$ 151°. — *Nα-[2.5-Dimethylphenyl]-*, Kp.$_{0,1}$ 150°. — *Nα-[o-Methoxyphenyl]-*, Kp.$_{0,4}$ 169°. — *Nα-[p-Methoxyphenyl]-*, Kp.$_{0,15}$ 159°. — *Nα-[o-Äthoxyphenyl]-*, Kp.$_2$ 201°. — *Nα-[p-Äthoxyphenyl]-*, Kp.$_{0,15}$ 167°. — *Nα-[2.5-Dimethoxyphenyl]-*, Kp.$_{0,1}$ 178°. — *Nα-[o-Chlorphenyl]-*, Kp.$_{0,12}$ 155°. — *Nα-[m-Chlorphenyl]-*, Kp.$_{0,1}$ 143°. — *Nα-[2.6-Dichlorphenyl]-*, Kp.$_{0,1}$ 166°. — β-Alaninamide, durch Umsetzen von Arylaminen mit N-Alkyl-β-chlorpropionamiden analog vorst. Verbindungen: *N.N-Diäthyl-*, Kp.$_{0,09}$ 182°. — *N.N.Nβ-Triäthyl-*, Kp.$_{0,08}$ 134°. — *Nβ-[m-Tolyl]-N-methyl-*, Kp.$_{0,1}$ 158°. — *Nβ-[m-Tolyl]-N.N-dimethyl-*, Kp.$_{0,1}$ 156°. — *Nβ-[m-Tolyl]-N.N-diäthyl-*, Kp.$_{0,1}$ 149°. — *Nβ-[m-Tolyl]-Nβ-methyl-N.N-diäthyl-*, Kp.$_{0,1}$ 162°. — *Nβ-[3.4-Dimethylphenyl]-N-methyl-*, Kp.$_{0,1}$ 152°. — *Nβ-[3.4-Dimethylphenyl]-N.N-dimethyl-*, Kp.$_{0,1}$ 155°. — *Nβ-[3.4-Dimethylphenyl]-N.N-diäthyl-*, Kp.$_{0,1}$ 152°. — *Nβ-[2.5-Dimethylphenyl]-N.N-diäthyl-*, Kp.$_{0,1}$ 156°. — *Nβ-[o-Methoxyphenyl]-N.N-diäthyl-*, Kp.$_{0,1}$ 163°. — *Nβ-[3.4.5-Trimethoxyphenyl]-N.N-diäthyl-*, Kp.$_{0,1}$ 185°. — *Nβ-[o-Äthoxyphenyl]-N.N-dimethyl-*, Kp.$_{0,12}$ 157°. W. Hampel 950△

0849 **Organoborverbindungen. Synthese einiger Fluoralkylderivate des Bors.** W. F. Gridina, A. L. Klebanski und W. A. Bartaschew. (J. chem. Allunions-Mendelejew-Ges. [UdSSR] **7**, 230—31, 1962; Allunions-Lebedew-Forsch.-Inst. für synth. Kautschuk; russ.) — Im Gegensatz zu Perfluoralkylbor-Verbb. sind *3.3.3-Trifluoralkylboronsäuren* u. -derivv. beständig.

Versuche: *3.3.3-Trifluorpropylboronsäuredibutylester* (**I**), $C_{11}H_{22}BF_3O_2$, Kp. 202°, aus 3.3.3-Trifluorpropyl-MgCl u. Tributylborat u. Zers. mit 10%ig. H_2SO_4; D.$_{20}^{20}$ 0,9788; n_D^{20} 1,3826. — *3.3.3-Trifluorpropylboronsäure* (**II**), $C_3H_6BF_3O_2$, F. 105°, a) analog **I** durch Erhitzen des mit H_2SO_4 angesäuerten Rk.-Gemisches mit W. u. Bzl.; b) durch längeres Erhitzen von **I** mit 5 n HCl; beständig an der Luft u. beim 48std. Erhitzen auf 250°/5 mm. Gibt beim Erhitzen mit dehydratisierenden Verbb. im Vakuum oder durch azeotropes Entfernen von W. mit Bzl. das *Anhydrid*, $C_9H_{12}B_3F_9O_3$, Kp.$_3$ 82°; D.$_{20}^{20}$ 1,3652; n_D^{20} 1,3500. *Diäthylester*, $C_7H_{14}BF_3O_2$, Kp. 136°, aus **II** u. abs. A. mit Bzl.; D.$_{20}^{20}$ 1,0351; n_D^{20} 1,3540. Renate Richter 980◇

0850 **Untersuchung auf dem Gebiet der Synthese und Umwandlungen ungesättigter siliciumorganischer Verbindungen. Reaktion γ-siliciumhaltiger Acetylenchloride mit Natriumacetessig- und Natriummalonester.** M. F. Schosstakowski, W. P. Kusnetzowa und N. W. Komarow. (J. allg. Chem. [UdSSR] **31(93)**, 2504—07, 1961; Irkutsk, Inst. für org. Chemie der Akad. der Wiss. der UdSSR, Sibir. Abt.; russ.) — Durch Rk. von [3-Chlorpropin-(1)-yl]-trimethylsilan (**III**), [3-Chlorpropin-(1)-yl]-triäthylsilan (**IV**) u. [3-Chlorpropin-(1)-yl]-dimethylphenylsilan (**V**) mit Na-Acetessigester (**I**) werden *6-Trimethylsilyl-3-carbäthoxyhexin-(5)-on-(2)*, *6-Triäthylsilyl-3-carbäthoxyhexin-(5)-on-(2)* (**VI**) bzw. *6-Dimethylphenylsilyl-3-carbäthoxyhexin-(5)-on-(2)* erhalten, während die Rk. von **IV** mit Na-Malonester (**II**) *5-Triäthylsilylpentin-(4)-säure* liefert, die mit Vinyl-n-butyläther (**VII**) zu *5-Triäthylsilylpentin-(4)-säure-α-butoxyäthylester* umgesetzt wird. Die Spaltung von **VI** mit konz. HCl liefert *6-Triäthylsilyl-3-carboxyhexin-(5)-on-(2)*, während sich bei längerem Erhitzen auch noch *Hexaäthyldisiloxan* bildet.

Versuche: *6-Trimethylsilyl-3-carbäthoxyhexin-(5)-on-(2)*, $C_{12}H_{20}O_3Si$, Kp. 110—111°, durch Zugabe von **III** zu **I**, 8std. Rühren bei 50—60°, Zugabe von W. u. Extraktion mit Ae.; n_D^{20} 1,4511; D.$_4^{20}$ 0,9583; 40% (Ausbeute). — *6-Triäthylsilyl-3-carbäthoxyhexin-(5)-on-(2)* (**VI**), $C_{15}H_{26}O_3Si$, Kp.$_{10}$ 155—157°, durch Rk. von **IV** mit **I**; n_D^{20} 1,4585; D.$_4^{20}$ 0,9448; 45%. — *6-Dimethylphenylsilyl-3-carbäthoxyhexin-(5)-on-(2)*, $C_{17}H_{22}O_3Si$, Kp.$_6$ 149—151°, aus **V** u. **I**; n_D^{20} 1,5095; D.$_4^{20}$ 1,0140; 51%. — *5-Triäthylsilylpentin-(4)-säure*, $C_{11}H_{20}O_2Si$, Kp.$_{10}$ 78—80°, aus **II** u. **IV**; n_D^{20} 1,4520; D.$_4^{20}$ 0,9478; 19%. *α-Butoxyäthylester*, $C_{17}H_{32}O_3Si$, Kp.$_8$ 94—95°, durch 12std. Rühren der Säure mit **VII** bei 70°; n_D^{20} 1,4572; D.$_4^{20}$ 0,9311; 80%. — *6-Triäthylsilyl-3-carboxyhexin-(5)-on-(2)*, $C_{13}H_{22}O_3Si$, a) Kp.$_3$ 70—72°, durch 10—15 Min. langes Erhitzen von **VI** mit HCl in A. auf 90°. n_D^{20} 1,4410; D.$_4^{20}$ 0,9408; 53%. [*2.4-Dinitrophenylhydrazon*, F. 244—245°]; b) Kp.$_{10}$ 80 bis 81°, durch 3std. Erhitzen von 3.3 g **VI** mit 10 ml HCl in A. auf 90° u. Extraktion mit Ae.; 0,2 g. Daneben *Hexaäthyldisiloxan*, Kp.$_{10}$ 94—95°; n_D^{20} 1,4350; D.$_4^{20}$ 0,8604; 0,9 g. H. Dalmer 980△

0851 **Reaktionen von Thiophosphorsäuredi-O-alkylester-S-chloriden (RO)$_2$P(O)SCl mit Tetraalkylestern des gemischten Anhydrides der Phosphorsäure und phosphorigen Säure (R'O)$_2$P–O–P(O)(OR'')$_2$. Synthese von isomeren Tetraalkylthiopyrophosphaten.** J. Michalski und B. Pliszka. (Bull. Acad. polon. Sci., Sér. Sci. chim. **10**, 267—69, 1962; Lodz, Techn. Univ., Dep. of Organ. Chem.; Polish Acad. of Sci., Inst. of Org. Synth.; engl.) — Die Umsetzung von Thiophosphorsäuredi-O-alkylester-S-chloriden [**A**, $(RO)_2P(O)SCl$] mit gemischten Anhydriden [**B**, $(R'O)_2P–O–P(O)(OR'')_2$] der Dialkylphosphorsäure u. der dialkylphosphorigen Säure kann als S_E-Rk. betrachtet werden. Für den intermediär gebildeten Phosphoniumkomplex gibt es theoret. drei Möglichkeiten der Stabilisierung, von denen durch die Diskussion der nachst. Rkk. zwei Möglichkeiten ausgeschlossen werden konnten. Es entsteht aus **A** u. **B** das entsprechende *Di-O-alkylthiophosphorsäuredi-O-alkylphosphorsäureanhydrid* der Formel $(R'O)_2(S)P–O–P(O)(OR'')_2$, dessen Struktur durch Spaltung mit K-Methylat bewiesen wird, neben *Di-O-alkylphosphorylchlorid* der Formel $(RO)_2P(O)Cl$. Auf Grund dieses Rk.-Verlaufes konnten zwei isomere *Tetraalkylthiopyrophosphate* synthetisiert werden.

Versuche: *Di-O-äthylthiophosphorsäuredi-O-äthylphosphorsäureanhydrid*, $C_8H_{20}O_6P_2S$, Kp.$_{0,01}$ 92°, aus Di-O-äthylthiophosphorsäure-S-chlorid (**I**) u. Di-O-äthylphosphorigsäuredi-O-äthylphosphorsäureanhydrid; n_D^{25} 1,4410; 93% (Ausbeute). — *Di-O-äthylthiophosphorsäuredi-O-n-propylphosphosäureanhydrid*, $C_{10}H_{24}O_6P_2S$, Kp.$_{0,05}$ 98—100°, aus **I** u. Di-O-äthylphosphorigsäure-di-O-n-propylphosphorsäureanhydrid; n_D^{24} 1,4462; 98%. — *Di-O-äthylthiophosphorsäure*, $C_4H_{11}O_3PS$, Kp.$_{0,05}$ 75°, aus vorst. Verb. mit K-Methylat; n_D^{25} 1,4680; 67%. *Aniliniumsalz*, F. 97—98°. — *Methyldi-n-propylphosphat*, $C_7H_{17}O_4P$, Kp.$_{20}$ 130°, neben vorst. Verb.; n_D^{20} 1,4131; 78%. — *Di-O-n-propylthiophosphorsäurediäthylphosphorsäureanhydrid*, $C_{10}H_{24}O_6P_2S$, Kp.$_{0,05}$ 96—98°, aus **I** u. Di-O-n-propylphosphorigsäuredi-O-äthylphosphorsäureanhydrid; n_D^{20} 1,4481; 93%. — *Di-O-n-propylthiophosphorsäure*, $C_6H_{15}O_3PS$, Kp.$_{0,6}$ 105°, aus vorst. Verb. mit K-Methylat; n_D^{23} 1,4575; 76%. *Aniliniumsalz*, F. 67—69°. — *Methyldiäthylphosphat*, $C_5H_{13}O_4P$, Kp.$_{22}$ 107°, neben vorst. Verb.; n_D^{21} 1,4049; 70%. R. Becker 980△

0852 **Darstellung asymmetrischer Tetraalkyl-diphosphindisulfide.** Ludwig Maier. (Angew. Chem. **71**, 575, 1959; Zürich, Monsanto Research SA.; dt.) — Durch Rk. von

Methyldibromphosphinsulfid mit Grignard-Verbb. wurden neben *Methyldialkylphosphinsulfiden* u. *Methylalkylthionophosphonsäuren asymm.* Tetraalkyldiphosphindisulfide (A) erhalten, von denen *Racemat* (F. = F_A.) u. *meso-Form* (F. = F_B.) isoliert werden konnten: *Dimethyldiäthyl-* (I), F_A. 103—104°, F_B. 159 bis 160°. — *Dimethyldipropyl-*, F_A. 92—94°, F_B. 155 bis 156°. — *Dimethyldibutyl-* (II), F_A. 47—50°, F_B. 126—128°. — *Dimethyldiphenyl-* (III), F_A. 145—146°, F_B. 206—208°. — *Dimethyldibenzyl-*, F_A. 183—184°. Die A lassen sich zu *Tetraalkyldiphosphinen* reduzieren. Durch Zn-Staub-Red. von I entsteht *asymm. Dimethyldiäthyldiposphin* (Kp. 54,5°) neben *Dimethyläthylphosphin, Trimethylphosphin, Diäthylmethylphosphin* u. *Triäthylphosphin*. Bei der Spaltung mit Br_2 entsteht aus I *Methyläthylbromphosphinsulfid*, $Kp._{10}$ 92—94°. Oxydation von II mit H_2O_2 oder organ. Peroxid-Verbb. liefert *Methylbutylphosphinsäure*, F. 36—37°, $Kp._{0,0001}$ 142°. Aus III entsteht bei Red. mit $LiAlH_4$ *Methylphenylphosphin*, $Kp._{10}$ 55—56°. Mit $SOCl_2$ liefert I *Methyläthylchlorphosphinoxid*, $Kp._{15}$ 110—111°. H. J. Jahns 980△

0853 **Ester ungesättigter Phosphonigsäuren.** M. I. Kabatschnik, Je. N. Zwetkow und Shun-jui Tschshan. (Ber. Akad. Wiss. UdSSR **131**, 1334—37, 1960; Inst. für elementorgan. Verbb. der Akad. der Wiss. der UdSSR; russ.) — Es wird die Synth. von *Äthinyl-* u. *Vinylphosphonigsäuredialkylestern* (A) durch Grignard-Rk. aus Phosphorigsäuredialkylesterchloriden beschrieben, wobei die gebildeten stabilen Komplexe der A mit Mg-Halogeniden durch Einw. von Pyridin, W. oder $NaHCO_3$-Lsg. zersetzt werden. Die A werden an der Luft leicht oxydiert u. durch sehr verd. Säuren in die *Monoalkylester*, durch Anlagerung von S in *Vinylthiophosphonsäuredialkylester* u. durch Rk. mit Methyljodid (I) in PAe. in *Vinylmethylphosphinsäurealkylester* übergeführt. Bei der Rk. von A mit I werden vorwiegend polymere Prodd. erhalten. Die A bilden mit Cyclopentadien (II) Addukte.

Versuche: *Vinylphosphonigsäure, Dibutylester* (III), $C_{10}H_{21}O_2P$, $Kp._2$ 49—51,5°, durch tropfenweise Zugabe von Vinyl-MgBr [0,65 g-Atom Mg, 0,67 Mol Vinylbromid in 500 ml Tetrahydrofuran (THF)] zu 0,6 Mol Phosphorigsäuredibutylesterchlorid in 200 ml THF bei —60°, Abdestillieren des Lsgm. im Vakuum, Zugabe von 300 ml PAe. u. 1,3 Mol Pyridin zum Rückstand, Filtrieren u. Vakuum-Dest. unter Zusatz von Hydrochinon; n_D^{20} 1,4471; $D._4^{20}$ 0,9039; 71% (Ausbeute). *Butylester* (IV), $C_6H_{13}O_2P$, $Kp._2$ 50—51°, aus 0,03 Mol III u. 0,033 Mol W. (mit 0,4% H_2SO_4) in 10 ml Dioxan bei Zimmertemp. u. Vakuum-Dest. in Ggw. von Hydrochinon; n_D^{20} 1,4478;, $D._4^{20}$ 1,0040; 92%. — *Äthinylphosphonigsäure, Dibutylester*, $C_{10}H_{19}O_2P$, $Kp._2$ 58,8—60°, analog III aus Äthinyl-MgBr; n_D^{20} 1,4520; $D._4^{20}$ 0,9289; 74%. *Butylester*, $C_6H_{11}O_2P$, $Kp._{1,5}$ 65—66°, analog IV; n_D^{20} 1,4492; $D._4^{20}$ 1,0322; 78%. — *Phenylbutoxychlorphosphin*, $C_{10}H_{14}ClOP$, $Kp._2$ 77—78°, durch tropfenweise Zugabe von 0,3 Mol Butanol u. 0,3 Mol Diäthylanilin in 50 ml PAe. zu 0,3 Mol Phenyldichlorphosphin in 300 ml PAe bei —30° u. 1std. Rühren; n_D^{20} 1,5352; $D._4^{20}$ 1,1049; 62%. — *Vinylphenylphosphinigsäurebutylester*, $C_{12}H_{17}OP$, $Kp._2$ 76—77°, analog III aus Vinyl-MgBr u. vorst. Verb.; n_D^{20} 1,5310; $D._4^{20}$ 0,9762; 66,4%. — *p-Vinylphenylphosphonigsäurediäthylester*, $C_{12}H_{17}O_2P$, $Kp._2$ 96,5—97°, analog III aus p-Vinylphenyl-MgCl u. Phosphorigsäurediäthylesterchlorid u. Dest. in Ggw. von $NaNO_2$; n_D^{20} 1,5398; $D._4^{20}$ 1,0251; 33%. — *Vinylthiophosphonsäuredibutylester*, $C_{10}H_{21}O_2PS$, $Kp._{2,5}$ 96,2—96,8°, durch Zugabe von 0,017 g-Atom S zu 0,017 Mol III in 15 ml abs. Ae. bei 0°; n_D^{20} 1,4730; $D._4^{20}$ 0,9954; 88,2%. — *Methylvinylphosphinsäurebutylester*, $C_7H_{15}O_2P$, $Kp._2$ 64—64,2°, durch 4std. Erhitzen von 0,03 Mol III mit 0,09 Mol I in 100 ml PAe. im Autoklaven auf 100—110°; n_D^{20} 1,4452; $D._4^{20}$ 0,9862; 84%. — *Bicyclo-[2.2.1]-hepten-(5)-yl-(2)-phosphonigsäuredibutylester*, $C_{15}H_{27}O_2P$, $Kp._{1,5}$ 99,7 bis 101°, durch 13std. Erhitzen von 0,03 Mol III mit 0,015 Mol dimerem II in Ggw. von Hydrochinon im Rohr auf 190—200°; n_D^{20} 1,4792; $D._4^{20}$ 0,9696; 55,5°. — *Bicyclo-[2.2.1]-hepten-(5)-yl-(2)-thiophosphonsäuredibutylester*, $C_{15}H_{27}O_2PS$, $Kp._2$ 139—139,2°, aus 0,0094 g-Atom S u. 0,0094 Mol vorst. Verb. bei Zimmertemp.; n_D^{20} 1,4969; $D._4^{20}$ 1,0425; 63,5%. I. Schade 980△

0854 **Alkylierung von Benzol mit α-Trichlormethylcarbinolen.** L. F. Golowjaschkina und I. P. Zukerwanik. (Usbek. chem. J. **1962**, Nr. 1, 56—68; Taschkent, Lenin-Univ.; russ.) — Die Rk. von 1.1.1-Trichlor-2-methylpropanol-(2) [I; $Kp._{730}$ 167°, F. 94—95°] mit Bzl. in Ggw. von $AlCl_3$ [1:2:0,5 Mol, 10std. Kochen] liefert *α-Chlorisobuttersäure* [$Kp._4$ 63—65°, F. 30—31°; 35,3% (Ausbeute); *Anilid*, F. 98,5—99°; Hydrolyse → *α-Hydroxyisobuttersäure*, F. 78—79°] u. wenig *1.1-Dichlor-2-methyl-3-phenylpropen-(1)* [II; $Kp._2$ $Kp._2$ 78—81°, $Kp._4$ 95—96°; $D._4^{20}$ 1,1777; n_D^{20} 1,5475] bzw. bei einem Mol-Verhältnis von 1:6:2, u. 18std. Kochen *2-Methylindanon-(1)* [$Kp._7$ 103—104°, $Kp._{730}$ 234—235°; $D._4^{20}$ 1,0642; n_D^{20} 1,5534; 76,7%; *Oxim*, F. 105—106°; *Semicarbazon*, F. 194—195°; HNO_3-Oxydation → *Phthalsäure*, F. 195°].— Bei der Rk. von 1.1.3-Trichlor-2-methylpropen-(1) [$Kp._{730}$ 154—156°, aus I durch Einw. von P_2O_5 bei 150—160°; 35%] mit Bzl. in Ggw. von $AlCl_3$ [1:10:0,1 Mol, 2 Std., 90°] werden 73% II erhalten. — Bei der Rk. von 1.1.1-Trichlorpropanol-(2) [Kp. 155—156°, F. 49—50°] mit Bzl. u. $AlCl_3$ [1:6:2 Mol, $1^1/_4$ Std., 50—60°] entstehen *1.1-Diphenylaceton* [III; $Kp._2$ 134—140°, F. 61—62°; 76,3%; *Semicarbazon*, F. 167—168°; *Oxim*, F. 164—165°], wenig *1.1.2-Triphenylpropen-(1)* [$Kp._3$ 150—160°, F. 92—93°] u. *Diphenylmethan* [IV; $Kp._{10}$ 120—121°; *Dinitroderiv.*, F. 182—183°]. — Durch CrO_3-Oxydation von III wird *Benzophenon* [F. 46—47°], durch Erhitzen mit A.-KOH auf 140° IV (87,5%) erhalten. Die Rk. von α-Chlorpropionylchlorid mit Bzl. in Ggw. von $AlCl_3$ [1:6:2 Mol, $1^1/_4$ Std., 50—60°] führt zu *α-Chlorpropiophenon* [$Kp._{17}$ 120—122°; 87,1%]. — 1.1.1-Trichloräthanol-(2) [$Kp._{730}$ 147—149°] reagiert mit Bzl. in Ggw. von $AlCl_3$ [1:20:2 Mol, $4^1/_2$ Std., 50—60°] unter Bldg. von *symm.-Tetraphenyläthan* [V; F. 208—209°; 21,9%], *Desoxybenzoin* [$Kp._5$ 160—170°, $Kp._{12}$ 175—176°, F. 59—60°; 12,2%; *Semicarbazon*, F. 147—148°; *Oxim*, F. 93—94°; CrO_3-Oxydation → *Benzil*, F. 94—95°] u. IV (5,3%). — Die Rk. von Chloracetylchlorid mit Bzl. in Ggw. von $AlCl_3$ [1:6:3 Mol, $4^1/_2$ Std., 90°] liefert *ω-Chloracetophenon* [$Kp._3$ 91—92°; 59,8%]. — Bei der Rk. von 1.1.1-Trichlor-2-phenyläthanol-(2) [$Kp._4$ 109 bis 110°] mit Bzl. in Ggw. von $AlCl_3$ [1:10:1 Mol, $7^1/_2$ Std., 0—5°] werden *1.1.1-Trichlor-2.2-diphenyläthan* [$Kp._3$ 158—159°, F. 62—63°; 43%] u. V (2%) bzw. bei einem Verhältnis von 1:10:1 Mol u. $2^1/_2$std. Erhitzen auf 55—60° *1.1-Diphenyl-2.2-dichloräthylen* [$Kp._2$ 134—135°, F. 78—79°, 26,5%; liefert beim Erhitzen mit A.-KOH auf 150° *Diphenylessigsäure*, F. 144—145°], *1.1.2-Triphenyl-2-chloräthylen* [$Kp._2$ 182—185°, F. 116—117°; 16,8%] u. V (2,6%) erhalten. — Durch Rk. von 1.1.1-Trichlor-2-phenylpropanol-(2) [$Kp._{1,5}$ 110—111°] mit Bzl. in Ggw. von $AlCl_3$ [1:10:1 Mol, 5 Std., 21°] werden *1.1.1.2-Tetrachlor-2-phenylpropan* [$C_9H_8Cl_4$, $Kp._2$ 111—112°; $D._4^{20}$ 1,4181; n_D^{20} 1,5702; 43%] u. *1.1.1-Tetrachlor-2.2-diphenylpropan* [$C_{15}H_{13}Cl_2$, F. 133—134°] erhalten. Helmut Schäfer 990△

0855 **Untersuchungen über die Farbreaktion zwischen aromatischen Nitroderivaten und Substanzen mit aktivem Wasserstoff.** Francesco Toffoli. (Rend. Ist. super. Sanità **18**, 555, 1955; ital.) W. Hampel 1000△

0856 **Anwendung der Brewster-Ciotti-Methode auf zweibasige Säuren. Synthese von Amiden und Imiden der zweibasigen Säuren.** Masayuki Onda und Yoshiaki Kunugi. (J. pharmac. Soc. Japan [Yakugakuzasshi] **78**, 690—92, 1958; Tokyo, Tanabe Seiyaku Co., Ltd., Tokyo Res. Labor.; jap., Auszug: engl.) — Die Anwendung der Brewster-Ciotti-Meth. auf Phthalsäure, Homophthalsäure u. Bernsteinsäure liefert die Monoamide u. Imide dieser Säuren. Die Imide werden aus den Monamiden durch Wasserabspaltung gebildet. Bei der Verw. von Adipin- u. Glutarsäure entstehen die Mono- u. Diamide.

Versuche: Phthalsäuremonoamide: *N-Phenyl-*, F. 164—169°, a) bei 20°; 76,0% (Ausbeute); b) bei 100°; 0%. — *N-Benzyl-*, F. 150—152°; a) 94,5%; b) 0%. — N-[*α-Naphthyl*]-, F. 185—186°; a) 62,8%;

b) 0%. — *N-[β-Naphthyl]-*, F. 198—200°, a) 85,6%; b) 0%. — *N-[p-Nitrophenyl]-*, F. 189—191°; a) 87,2%; b) 5,8%. — Phthalimide, neben den entsprechenden Amiden: *N-Phenyl-*, F. 204—206°; a) 7,4%; b) 91,5%. — *N-Benzyl-*, F. 111—115°, a) 0%; b) 77,2%. — *N-[α-Naphthyl]-*, F. 178—181°, a) 33,5%; b) 97,5%. — *N-[β-Naphthyl]-*, F. 215—216°, a) 6%, b) 94,5%. — *N-[p-Nitrophenyl]-*, F. 263—266°, a) 0%; b) 90%. — Bernsteinsäuremonoamide: *N-Phenyl-*, F. 144—146°; a) 55%; b) 70,5%. — *N-Benzyl-*, F. 136—137°, a) 80%; b) 51,5%. — *N-[α-Naphthyl]-*, F. 165—169°, a) 92,3%; b) 29,2%. — *N-[β-Naphthyl]-*, F. 198—200°, a) 94,6%; b) 68%; c) auf dem Ölbad; 10%. — *N-[p-Nitrophenyl]-*, F. 195—197°, a) 97,5%; b) 69,5%; c) 25%. — Succinimide: *N-Phenyl-*, F. 155—157°, a) 0%; b) 6,7%; 71%. — *N-Benzyl-*, F. 103°, a) 0%; b) 9,4%; c) 0%. — *N-[α-Naphthyl]-*, F. 145—148°, a) 5,3%; b) 55,3%; c) 81,6%. — *N-[β-Naphthyl]-*, F. 175—178°, a) 0%; b) 21%, c) 81,5%. — *N-[p-Nitrophenyl]-*, F. 198—200°, a) 0%; b) 13,4%; c) 40,2%. — Homophthalsäureimide: *N-Phenyl-*, F. 185—187°, a) 7,6%; b) 10,5%; c) 88,6%. — *N-Benzyl-*, F. 123—124°, a) 6,1%; b) 7,7%; c) 53,5%. — Homophthalsäuremonoamide: *N-Phenyl-*, $C_{15}H_{13}NO_3$, F. 171—172°, a) 53%; b) 49%; c) 0%. — *N-Benzyl-*, $C_{16}H_{15}NO_3$, F. 144—146°, a) 52,8%; b) 52,8%; c) 12,3%. — Adipinsäuremonoamide: *N-Phenyl-*, 150—152°; a) 36,3%; b) 25%; c) 13,5%. — *N-Benzyl-*, $C_{13}H_{17}NO_3$, F. 120—121°; a) 31%; b) 24,6%; c) 24,8%. — Adipinsäurediamide: *N.N'-Diphenyl-*, F. 231—235°, a) 34,6%; b) 62,8%; c) 52,8%. — *N.N'-Dibenzyl-*, F. 184—187°, a) 40,6%; b) 57,8%; c) 45,2%. — Glutarsäuremonoamide: *N-Phenyl-*, F. 126—127°, a) 52,5%; b) 60%; c) 50%. — *N-Benzyl-*, $C_{12}H_{15}NO_3$, F. 103—104°, a) 21,4%; b) 31,8%; c) 0%. — Glutarsäurediamide: *N.N'-Diphenyl-*, F. 218°, a) 2%; b) 5,5%; c) 41,5%. — *N.N'-Dibenzyl-*, F. 165—168°, a) 12,6%; b) 10%; c) 14,5%. W. Hampel 1220△

0857 **α.β-Bis-[arylmethylen]-bernsteinsäuren.** 1. Mitt. **Die Isolierung und Identifizierung von α.β-Bis-[arylmethylen]-bernsteinsäuren und ihr Bildungsmechanismus.** Lanson S. El-Assal und Samiha M. A. El-Wahhab. (J. Chem. U.A.R. **4**, 189—98, 1961; Cairo, Egypt, U.A.R., Univ. Coll. for Girls at Heliopolis; engl.) — Vgl. C. **1960,** 14001. — Es wird die Stobbe-Kondens. von aromat. Aldehyden mit Bernsteinsäuredimethylester (**I**) in Ggw. von K-tert.-Butylat (**II**) beschrieben. Die Rk. führt hauptsächlich zu den entsprechenden *β-Halbestern* u. in geringerer Ausbeute zu den *α.β-Bis-[arylmethylen]-bernsteinsäuren*. Der Rk.-Mechanismus wird diskutiert.

Versuche: *cis-γ-[o-Methoxyphenyl]-itaconsäure-β-monomethylester*, $C_{13}H_{14}O_5$, F. 138—140° (Bzl.), durch 20—30 Min. langes Zutropfen von 13,6 g o-Methoxybenzaldehyd u. **I** in tert.-Butanol zu **II** in sd. tert.-Butanol, $^1/_2$—$^1/_4$std. Kochen, Ansäuern mit konz. HCl, Einengen im Vakuum, Zufügen von Eiswasser, Ausäthern, Extraktion der äther. Lsg. mit konz. $NaHCO_3$-Lsg., Ansäuern der alkal. Lsg., Ausäthern, Eindampfen u. Extrahieren mit sd. Bzl. (Meth. **A**); 14 g (Ausbeute); daneben durch Extraktion des in Bzl. unlösl. Teiles mit Eisessig (Meth. **B**) *α.β-Bis-[o-methoxybenzyliden]-bernsteinsäure* [$C_{20}H_{18}O_6$, F. 259—260° (sintert bei 200°; Eisessig); 0,8 g. *Dimethylester*, $C_{22}H_{22}O_6$, F. 125—126°; aus Bzl. Blättchen]. — *cis-γ-[p-Methoxyphenyl]-itaconsäure-β-monomethylester*, $C_{13}H_{14}O_5$, F. 119—120° (Bzl.), nach **A** aus 13,6 g p-Methoxybenzaldehyd u. **I**; 15 g; daneben nach **B** *α.β-Bis-[p-methoxybenzyliden]-bernsteinsäure* [$C_{20}H_{18}O_6$, F. 260—261° (Eisessig); 0,5 g. *Dimethylester*, $C_{22}H_{22}O_6$, F. 162—163°; aus Bzl. Blättchen]. — *α.β-Bis-[o-Chlorbenzyliden]-bernsteinsäure*, $C_{18}H_{12}Cl_2O_4$, F. 233—234° (Essigsäure), nach **A** aus 14,1 g o-Chlorbenzaldehyd u. **I**, Digerieren des in sd. Bzl. unlösl. Teiles mit heißer, verd. HCl, Filtrieren u. Waschen des Rückstandes mit heißem W. (Meth. **C**); 2,5 g; daneben durch Einengen der benzol. Lsg. *o-Chlorbenzoesäure* [F. 138—139° (Bzl.); 0,5 g.] u. Eindampfen *cis-γ-[o-Chlorphenyl]-itaconsäure-β-monomethylester* (18 g, roh). *Dimethylester*, $C_{20}H_{16}Cl_2O_4$, F. 144—145°; aus Methanol oder Bzl./PAe. glänzende Nadelbüschel. — *α.β-Bis-[p-Chlorbenzyliden]-bernsteinsäure*, $C_{18}H_{12}Cl_2O_4$, F. 225 bis 226° (Essigsäure), nach **A** aus 14,1 g p-Chlorbenzaldehyd u. **I** u. weiter nach **C**; 1,5 g; daneben durch Einengen der benzol. Lsg. *p-Chlorbenzoesäure* [F. 234—235° (Bzl.)] u. Eindampfen *cis-γ-[p-Chlorphenyl]-itaconsäure-β-monomethylester* (17 g, roh). *Dimethylester*, $C_{20}H_{16}Cl_2O_4$, F. 141—142° (Methanol oder Bzl.). — *α.β-Bis-[p-tolyliden]-bernsteinsäure*, $C_{20}H_{18}O_4$, F. 219—220° (70%ig. Essigsäure), nach **A** aus 12 g p-Tolualdehyd u. **I** u. weiter nach **C**; 0,25 g; daneben aus der benzol. Lsg. *cis-γ-[p-Tolyl]-itaconsäure-β-monomethylester*. D. Jahnke 1220△

0858 **Bromierung von substituierten Acetessigsäureamiden.** C. M. Mehta, J. M. Trivedi und G. H. Patel. (J. sci. ind. Res. [New Delhi], Sect. B **20**, 460, 1961; New Delhi, All-India Inst. of Med. Sci., Dep. of Pharmacol.; engl.) — Durch Lösen von Acetessigsäure-N-arylamid (Aryl=Phenyl-, Tolyl-, Xylyl- u. Naphthyl-) in Essigsäure, Zugabe von 20%ig. Br_2-Lsg. in Essigsäure in Ggw. von J_2, Stehen über Nacht, Verdünnen mit W. u. Umkristallisieren mit Bzl. werden *Monobromacetessigsäurearylamide* in 70—75%ig. Ausbeute erhalten. W. Hampel 1310△

0859 **In 4.5-Stellung ungleich substituierte o-Nitraniline.** Istvan Molnar. (Helv. chim. Acta **46**, 1779—83, 1963; Zofingen, Siegfried A. G., Forsch.-Abt.; dt.) — Aminolyse von 2.4.5-Trichlornitrobenzol (**I**) in A. bei 115° gibt *1-Amino-4.5-dichlor-2-nitrobenzol* (**III**) u. *2.4-Diamino-5-chlornitrobenzol* (**IV**). Durch Kochen von **I** u. 1 Val 2-Hydroxyäthylamin (**II**) in Butanol u. Ggw. von K_2CO_3 wird ein Gemisch erhalten, aus dem reines *1-Nitro-4.5-dichlor-2-[2-hydroxyäthylamino]-benzol* nicht isoliert werden konnte. Werden unter diesen Bedingungen 2 Vol **II** mit **I** umgesetzt, so wird reines *4-Chlor-1.5-bis-[2-hydroxyäthylamino]-2-nitrobenzol* erhalten. Mit Aminen wird **III** zu *5-Alkyl-* bzw. *-Dialkylamino-4-chlor-2-nitroanilinen* umgesetzt; die Bedingungen der Rk. hängen von der Nucleophilie des Amins ab. Red. der so erhaltenen Prodd. mit $Na_2S_2O_4$ gibt die entsprechenden *o-Phenylendiamine*, die z. T. direkt in die entsprechenden *Benzimidazole* bzw. *Chinoxaline* übergeführt wurden. *2-Amino-4-[dimethylamino]-5-chlornitrobenzol* (**V**) konnte durch Sandmeyer-Rk. analog Walsh (J. Amer. chem. Soc. **63**, [1941], 3278) in *1.4-Dichlor-2-nitro-5-[dimethylamino]-benzol* übergeführt werden, dessen 1-Cl-Atom leicht ausgetauscht wird. Rk. von **III** u. $NaOCH_3$ gibt *1-Amino-4-chlor-5-methoxy-2-nitrobenzol*.

Versuche: 2-Aminonitrobenzole: *4-Amino-5-chlor-* (**IV**), $C_6H_6ClN_3O_2$, F. 192,5—193,5° (ca. 80%ig. A.), durch Erhitzen von **I** in konz. NH_4OH u. 96%ig. A. auf 115 ± 3°, Filtrieren (→ **III**), Verdünnen mit W., Abfiltrieren u. Reinigen über das Hydrochlorid; ca. 20% (Ausbeute; roh). — *5-Chlor-4-methylamino-*, $C_7H_8ClN_3O_2$, F. 178—179° (A.), durch 6std. Erhitzen von **III**, 30%ig. alkohol. CH_3NH_2-Lsg., W. u. 96%ig. A. im Autoklaven auf 130—140° u. Stehen über Nacht bei Raumtemp.; gelbe Nadeln; 82,5%. *Acetyl-Deriv.*, $C_9H_{10}ClN_3O_3$, F. 192,5—193,5° (A.). — Analog: *4-[Dimethylamino]-5-chlor-* (**V**), $C_8H_{10}ClN_3O_2$, F. 137—138° (A.), bei 145 bis 150°. — *4-[Diäthylamino]-5-chlor-* (**VII**), $C_{10}H_{14}ClN_3O_2$, F. 122° (A.), bei 160—170°. — *4-[N-Benzylmethylamino]-5-chlor-*, $C_{14}H_{14}ClN_3O_2$, F. 156—157° [Aceton/A. (1:2)], bei 130—140°. — *4-Methoxy-5-chlor-*, $C_7H_7ClN_2O_3$, F. 175° [Aceton/A. (1:3)], durch 8std. Erhitzen von 30 g **III** u. CH_3ONa in Methanol im Autoklaven auf 100°, dann 3 Std. auf 120°; 36 g (roh). — *4-Chlor-1.5-bis-[2-hydroxyäthylamino]-2-nitrobenzol*, $C_{10}H_{14}ClN_3O_4$, F. 175—176°, durch 8std. Kochen von **I** u. **II** in n-Butanol u. Ggw. von K_2CO_3 unter Rühren, 1std. Einleiten von Dampf, Kühlen u. Behandeln des Nd. mit Kohle in heißem A.; aus $CH_3 \cdot OH$ rote Nadeln. — *4-Chlor-1.2-diamino-5-dimethylaminobenzol* (**VI**), $C_8H_{12}ClN_3$, F. 86—87°, durch Zusetzen von 6 g **V** zu einer wss. Lsg. von 36 g $Na_2S_2O_4$, die mit NaOH auf pH 7 eingestellt wurde, Rühren u. langsames Erwärmen auf 75° unter Zugabe von A., Stehen bei 0° über Nacht, Filtrieren, Zusetzen von Eisessig u. 5 n HCl, Einengen unter Vakuum, Zusetzen von NaCl, Einstellen auf pH 8,5 u. Ae.-Extraktion; aus Essigester/PAe. Nadeln; 5 g (roh). — Benzimidazole: *5-Formylamino-6-chlor-*, *Hemihydrat*, $C_8H_6ClN_3O \cdot {}^1/_2H_2O$, F. 201—202°

(W.), durch Einw. von H_2 auf **IV** in 75%ig. HCOOH in Ggw. von 5%ig. Pd/Kohle, Filtrieren, Kochen, Einengen unter Vakuum u. Einstellen auf pH 5. — *5(6)-Amino-6(5)-chlorbenzimidazol, Dihydrochlorid*, $C_7H_6ClN_3 \cdot 2HCl$, F. > 300° (Zers.), durch 1std. Kochen vorst. Verb. in 3 n HCl, Eindampfen unter Vakuum, Lösen in 5 n HCl u. Zusetzen von abs. A.; Nadeln. — *5(6)-Chlor-6(5)-dimethylamino-, Dihydrochlorid*, $C_8H_{10}ClN_3 \cdot 2HCl$, F. 265° (Zers.), durch Erhitzen von **VI** in konz. HCOOH, Eindampfen, Lösen in 3 n HCl, 20 Min. langes Kochen, Eindampfen, Lösen in abs. A. u. Ae.-Fällung (Prod. enthält nach Trocknen noch W.). — *5(6)-Chlor-6(5)-diäthylamino-*, $C_{11}H_{14}ClN_3$, F. 127°, durch Red. von **VII** mit $Na_2S_2O_4$ → [*5(4)-Chlor-1.2-diamino-4(5)-diäthylaminobenzol* (**VIII**); Öl], Erhitzen mit 90%ig. HCOOH, Eindampfen unter Vakuum, 20 Min. langes Kochen mit 2 n HCl, Einstellen auf pH 8,5—9 mit NH_4OH u. Extrahieren mit Chlf.; aus Chlf./Ae./PAe. Nadeln. — Chinoxaline: *6(7)-Chlor-7(6)-dimethylamino-*, $C_{10}H_{10}ClN_3$, F. 51—52° (W. mit 5% A.), durch Erhitzen von 5 g **VI** u. 7 g Glyoxal/$NaHSO_3$-Addukt (**IX**) in verd. A., Wasserdampf-Dest. u. Extrahieren des Destillats mit Ae.; 4 g (roh). — *6(7)-Chlor-7(6)-diäthylamino-*, $C_{12}H_{14}ClN_3$, Kp.$_{0,05}$ 110—120°, durch Erhitzen von **VIII** u. **IX** in A., Eindampfen u. Ae.-Extraktion; orangefarbenes Öl.

G. Reinöhl 1310◇

0860 **Über aliphatische Nitroverbindungen.** 13. Mitt. **Neuer Weg zur Darstellung des 2-Amino-1-phenylpropandiols-(1.3).** A. Dornow und Arno Müller. (Angew. Chem. **67**, 303, 1955; Hannover, TH, Inst. für Organ. Chem.; dt.) — 12. vgl. Liebigs Ann. Chem. **594**, [1955], 191; 16. vgl. C. **1959**, 11206. — *2-Amino-1-phenylpropandiol-(1.3)* (**I**) entsteht bei der Kondens. von ω-Nitroacetophenon bzw. von ω-Brom-ω-nitroacetophenon mit CH_2O in Ggw. von schwach bas. Katalysatoren u. Red. des erhaltenen *2-Nitro-3-phenyl-3-oxopropylalkohols* bzw. *2-Nitro-2-brom-3-phenyl-3-oxopropylalkohols* (**II**) mit $LiAlH_4$ auf direktem Wege oder besser über den Umweg über das *α-Isonitroso-β-acetoxypropiophenon* bzw. *α-Isonitroso-β-hydroxypropiophenon* (**III**). Zur Darst. von **III** wird **II** mit der berechneten Menge $SOCl_2$ umgesetzt, wobei *β-Chlor-α-isonitrosopropiophenon* entsteht, das durch Umsetzung mit Acetat den *Essigester* ergibt, der zu **III** verseift wurde. Bei der Isolierung von **I** werden die in A. schwerlösl. *Oxalate* abgetrennt. W. Hampel 1320△

0861 **Kondensation von Epichlorhydrin mit aromatischen Aminen.** J. R. Merchant, A. S. U. Choughuley und Kum D. D. Vaghani. (Current Sci. **29**, 142—44, 1960; Bombay, Inst. of Sci.; engl.) — Rk. aromat. Amine mit Epichlorhydrin (**I**) in alkohol. Lsg. in Ggw. von HCl führt zu *1-Arylamino-2-hydroxy-3-chlorpropanen* (**A**), die beim Kochen in Ae. über KOH in *1-Arylamino-2.3-oxidopropane* (**B**) übergehen. Rk. der **A** u. **B** mit alkohol. NH_3 liefert *3-Arylamino-2-hydroxypropylamine* u. *Bis-[3-arylamino-2-hydropropyl]-amine*. α-Naphthylamin reagiert mit **I** erst bei erhöhter Temp. u. liefert *3-Hydroxy-1.2.3.4-tetrahydro-7.8-benzochinolin*. In analoger Rk. führt β-Naphthylamin zu *3-Hydroxy-1.2.3.4-tetrahydro-5.6-benzochinolin*.

Versuche: 1-Arylamino-2-hydroxy-3-chlorpropane (**A**), Pikrate, durch 4tägiges Stehen von **I** mit aromat. Aminen in A. in Ggw. von HCl u. Rk. des Öls mit Pikrinsäure in Bzl.: *-Phenyl-*, F. 174°. — *-p-Chlorphenyl-*, F. 134—135°. — *-p-Tolyl-*, F. 145—146°. — 1-Arylamino-2.3-oxidopropane (**B**), Pikrate: *-Phenyl-*, F. 190—192°. — *-p-Chlorphenyl-*, F. 181—182°. — 3-Arylamino-2-hydroxypropylamine, aus den **B** durch 48std. Rk. mit alkohol. NH_3, Abziehen des Lsgm., Abfiltrieren der sek. Base u. Isolierung als Oxalate: *-Phenyl-*, *Oxalat*, F. 159°; daneben *Bis-[3-phenylamino-2-hydroxypropyl]-amin*, F. 136—137°. — *-p-Chlorphenyl-*, F. 90°. *Oxalat*, F. 214°; daneben *Bis-[3-(p-Chlorphenylamino)-2-hydroxypropyl]-amin*, F. 168—169°. — *-p-Tolyl-*, *Oxalat*, F. 193°; daneben *Bis-[3-(p-tolylamino)-2-hydroxypropyl]-amin*, F. 178—179°. — *-β-Naphthyl-*, F. 120°. *Oxalat*, F. 208—210°; daneben *Bis-[3-(β-naphthylamino)-2-hydroxypropyl]-amin*, F. 165°.

K.-D. Albrecht 1320◇

0862 **Synthetische Untersuchungen auf dem Gebiet der Curare-Alkaloide.** 7. Mitt. **Synthese von 2-Methoxy-4-[β-acylaminoäthyl]-2′-alkoxy-5′-carbalkoxymethyldiphenyläthern.** O. N. Tolkatschew, A. B. Prochorow, W. G. Woronin, L. N. Kriwko, A. I. Ljutik und N. A. Preobrashenski. (J. allg. Chem. [UdSSR] **31(93)**, 1540—45, 1961; Moskau, Lomonossow-Inst. für chem. Feintechnol.; russ.) — 6. vgl. C. **1960**, 15722. — Durch Kondens. von N-[β-(3-Methoxy-4-hydroxyphenyl)-äthyl]-p-benzyloxyphenylessigsäureamid (**I**) mit 3-Brom-4-hydroxyphenylessigsäure(**II**)-äthyl- oder -methylester wurden der *Äthyl-* bzw. *Methylester* von *N-{β-[3-Methoxy-4-(2′-hydroxy-5′-carboxymethylphenoxy)-phenyl]-äthyl}-p-benzyloxyphenylessigsäureamid* (**III**) dargestellt. **III**-Methylester wurde durch Hydrolyse in **III**, dieses durch Rk. mit CH_2N_2 in **III**-*Methylestermethyläther* u. **III**-*Methyläther* übergeführt. Durch Rk. von **I** mit 3-Brom-4-methoxymethoxyphenylessigsäuremethylester (**IV**) wurde **III**-*Methoxymethyläther* erhalten, durch Rk. von N.N-Dibenzoyl-β-[3methoxy-4-hydroxyphenyl]-äthylamin (**V**) mit 3-Brom-4-methoxyphenylessigsäure(**VI**)-methylester *3-{2-Methoxy-4-[β-(N.N-dibenzoylamino)-äthyl]-phenoxy}-4-methoxyphenylessigsäure*.

Versuche: *N-[β-(3-Methoxy-4-hydroxyphenyl)-äthyl]-p-benzyloxyphenylessigsäureamid* (**I**), $C_{24}H_{25}NO_4$, F. 124—125° (Bzl. oder CCl_4), durch Zusammenschmelzen von β-[3-Methoxy-4-hydroxyphenyl]-äthylamin (**VII**) mit p-Benzyloxyphenylessigsäure; ca. 100% (Ausbeute). — *N.N-Dibenzoyl-β-[3-methoxy-4-hydroxyphenyl]-äthylamin* (**V**), $C_{23}H_{21}NO_4$, F. 105—106° (W.-A., CCl_4), durch 1std. Erhitzen von 2,66 g **VII** mit 1,95 g Benzoesäure auf 180 bis 195°; 37,2%. — *3-Brom-4-methoxyphenylessigsäure* (**VI**), F. 113—114,5° (A.), durch Zugabe von 346 g Dioxandibromid (**VIII**) zu 230 g p-Methoxyphenylessigsäure, 10 Min. langes Rühren u. 1/4std. Erhitzen auf 70—75°; 86,9%. *Äthylester*, Kp.$_3$ 142—144°; 92,6%. *Methylester*, Kp.$_3$ 144—145°, F. 45—47° (Ae.-PAe.). — *3-Brom-4-hydroxyphenylessigsäure* (**II**), F. 105—107° (Chlf. oder CCl_4), durch Bromierung von p-Hydroxyphenylessigsäure mit **VIII** in Essigsäure; 74,3%. *Äthylester*, Kp.$_{0,15}$ 106,5—107°, F. 44—45°; 84,5%. *Methylester*, Kp.$_{2,5}$ 137 bis 139°, F. 75—77° (Ligroin–CCl_4). — *3-Brom-4-methoxymethoxyphenylessigsäuremethylester* (**IV**), $C_{11}H_{13}BrO_4$, Kp.$_3$ 128—130°, durch Eindampfen von 16,7 g **II**-Methylester mit Na-Methylat (1,65 g Na, 60 ml Methanol), Suspendieren des Rückstandes in 100 ml Ae., Zugabe von 6,4 g Chlordimethyläther bei — 10° u. 19std. Rühren bei — 10° bis + 20°; 77,8%. — *N-{β-(3-Methoxy-4-(2′-hydroxy-5′-carboxymethylphenoxy)-phenyl]-äthyl}-p-benzyloxyphenylessigsäureamid* (**III**), $C_{32}H_{31}NO_7$, F. 136—138°, durch 3std. Kochen von 7,02 g **III**-Äthylester mit 2 g Na_2CO_3 in 10 ml W. u. 30 ml A.; 94,8%. *Äthylester*, $C_{34}H_{35}NO_7$, F. 99—102°, durch Eindampfen von 7 g **I** mit K-Methylat-Lsg. (0,73 g K, 20 ml Methanol), Zugabe von 8 g **II**-Äthylester u. 7 g Cu u. 1 1/2std. Erhitzen auf 180—190°; 62,1%. *Methylester*, $C_{33}H_{33}NO_7$, F. 102—105°, aus **I** u. **II**-Methylester. *Methyläthermethylester*, $C_{34}H_{35}NO_7$, F. 90 bis 96°, durch Methylierung von **III** mit CH_2N_2 in Methanol-Ae.; 72,5%. *Methyläther*, $C_{33}H_{33}NO_7$, F. 104—106°, durch Verseifung von **III**-Methyläthermethylester in Na_2CO_3–W.–A.; 89,2%. *Methoxymethyläther*, $C_{34}H_{35}NO_8$, F. 103—115° (Chlf.), durch Kondens. von **I** mit **IV**; 47,2%. *3-{2-Methoxy-4-[β-(N.N-dibenzoylamino)-äthyl]-phenoxy}-4-methoxyphenylessigsäure*, $C_{32}H_{29}NO_7$, F. 80—87°, durch Kondens. von **V** mit **VI**-Methylester.

Helmut Schäfer 1320△

0863 **Synthese von α-Aryloxy-β-alaninen.** W. P. Mamajew und M. A. Michalewa. (Nachr. sibir. Abt. Akad. Wiss. UdSSR **1962**, 145—48; Akad. der Wiss. der UdSSR, sibir. Abt.; Nowosibirsk, Inst. für organ. Chem.; russ.) — Durch Kondens. von Chlormalonsäurediäthylester (**I**) mit Phenol wurde *Phenoxymalonsäurediäthylester* (**II**) dargestellt u. durch Rk. mit Benzoylaminodiäthylaminomethan (**III**) in *Phenoxy-[benzoylaminomethyl]-malonsäurediäthylester* (**IV**) übergeführt. Aus diesen wurde durch Hydrolyse u. Decarboxylierung *α-Phenoxy-β-alanin* erhalten. Analog wurden *α-[p-Chlorphenoxy]-* u. *α-[2.4.5-Trichlorphenoxy]-β-alanin* dargestellt.

Versuche: *Chlormalonsäurediäthylester* (**I**), Kp.$_7$ 104—105°, nach Conrad [1880]; $n_D^{19,5}$ 1,4325; 99,5%

(Ausbeute). — *Phenoxymalonsäurediäthylester* (**II**), Kp.$_5$ 155—157°, F. 53—54° (Methanol), durch 1½—2std. Erhitzen von 23,5 g Phenol mit 59 g **I** in Na-Äthylat-Lsg. (5,7 g Na, 150 ml abs. A.) u. 24std. Stehen; 72%. — Benzoylaminomethylmalonsäurediäthylester: *Phenoxy-* (**IV**), $C_{21}H_{23}NO_6$, F. 93—94°, aus **II** u. **III** nach Hellmann u. Haas (C. **1957**, 5250); 76%. — Analog: *p-Chlorphenoxy-*, $C_{21}H_{22}ClNO_6$, F. 105—106°; 71%. — *2.4.5-Trichlorphenoxy-*, $C_{21}H_{20}Cl_3NO_6$, F. 87—87,5°; 39%. — β-Alanine: *α-Phenoxy-*, $C_9H_{11}NO_3$, F. 253—243° (50%ig. A.), durch 4std. Kochen von 1,9 g **IV** in 60 ml 20%ig. HCl; 64%. — Analog: *α-[p-Chlorphenoxy]-*, $C_9H_{10}ClNO_3$, F. 257—259°; 44%. — *α-[2.4.5-Trichlorphenoxy]-*, $C_9H_8Cl_3NO_3$, F. 241—242°; 11%.
Helmut Schäfer 1350△

0864 **Untersuchungen in der Cyclitreihe. 29. Mitt. Die Synthese von (±)-Laminit und (—)-Laminit.** Th. Posternak und J.-G. Falbriard. (Helv. chim. Acta **44**, 2080 bis 2085, 1/12. 1961, **45**, 737, 15/3. 1962; Genève, Univ., Labor. de chimie biol. et organ. special; franz.) — 28. vgl. C. **1961**, 12814. — Ausgehend von racem. Penta-O-acetyl-4(6)-methylen-4(6)-desoxymesoinosit[(±)-**I**] wurde durch Tosylieren des *Osmiates* u. Hydrieren der *Tosylverb.* das racem. *(±)-Laminit* gewonnen. Das in der Natur vorkommende (—)-Laminit konnte aus (—)-**I** hergestellt werden.

Versuche: *4(6)-C-Hydroxymethyl-1.2.3.5.6(4)-penta-O-acetylmesoinositosmiat, Dipyridinsolvat*, $C_{17}H_{22}\cdot O_{14}Os\cdot 2C_5H_5N$ (Rhomboeder aus Bzl.), durch Lösen von (±)-**I** in wasserfreiem Bzl./Pyridin u. Zugabe von OsO_4 in Bzl.; 100% (Ausbeute). — *4(6)-C-Tosylhydroxymethyl-1.2.3.5.6(4)-penta-O-acetylmesoinosit* (**III**), $C_{24}H_{30}O_{14}S$, F. 175° (Chlf. + PAe.), durch Behandeln vorst. Verb. (50 mg) in W. mit H_2S-Strom (2 Std.), Filtrieren u. Extrahieren mit Chlf., Eindampfen des Extraktes, Aufnehmen in Pyridin, 48std. Stehen mit Tosylchlorid, Ansäuern mit HCl (0°); 20 mg. — *4-(6)-C-Methylmesoinosit, Dihydrat* (**II**) [*(±)-Laminit, Dihydrat*], $C_7H_{14}O_6\cdot 2H_2O$, F. 248,5° (W.), a) durch Behandeln vorst. Verb. (109 mg) mit $LiAlH_4$ in Tetrahydrofuran (Luft- u. Wasserausschluß, Rühren), 3std. Erhitzen auf 90° (nach 1 Std.), Zugabe von Äthylacetat u. W. (Kühlen); 29 mg. b) durch Lösen von 32 mg 4(6)-Methylen-4(6)-desoxymesoinosit in 0,04 mol. Hypobromsäure, nach 4 Std. Zugabe von Amberlit-JR4B u. Raney-Ni u. 48std. Hydrieren im Autoklaven bei 100—125 atm., papierchromatograph. Reinigung; 31 mg aus 4 Ansätzen. *6-C-Methylmesoinosit, (—)-Laminit*, $C_7H_{14}O_6\cdot 2H_2O$, F. 270° (W./A. 5 : 1) aus (—)-**I** analog **II** nach a); $[\alpha]_9$ —3°. *Hexaacetat*, F. 153°, $[\alpha]_D^{24}$ —19,6 1° (c = 1; Chlf.). — *6-C-Hydroxymethyl-1.2.3.4.5-penta-O-acetylmesoinositosmiat, Dipyridinsolvat*, $C_{17}H_{22}O_{14}Os\cdot 2C_5H_5N$, durch Lösen von Penta-O-acetyl-6-methylen-6-desoxymesoinosit (aus 2-C-Jodmethylpenta-O-acetyl-epi-inosit) in n. wasserfreiem Ae./Pyridin, Zugabe von 36,9 mg OsO_4 u. 3std. Stehen; 99%. — *6-C-Tosylhydroxymethyl-1.2.3.4.5-penta-O-acetylmesoinosit*, $C_{24}H_{30}O_{14}S$, aus vorst. Verb. analog **III**.
H. Rossow 1860□

0865 **Untersuchungen in der Cyclitreihe. 30. Mitt. Über die Schmelzpunkte und die Reduktion von Pentaacylderivaten der Inosose.** Th. Posternak. (Helv. chim. Acta **44**, 2085—88, 1/12. 1961; franz.) — 29. vgl. vorst. Referat. — Vf. empfiehlt, Schmelzpunkt-Best. an Acylderivv. der Inosose auf dem Maquenne-Block auszuführen, da bei Verw. von Kapillarröhrchen aus Glas Komplikationen eintreten. Der Mechanismus der Red. von Penta-O-acetylscyllomesoinosose zu Penta-O-acetylscyllit wird diskutiert.
H. Rossow 1860□

0866 **Untersuchungen in der Cyclitreihe. 31. Mitt. Über die Aromatisierung der Inososen.** Th. Posternak und J. Deshusses. (Helv. chim. Acta **44**, 2088—94, 1/12. 1961; franz.) — 30. vgl. vorst. Referat. — Beim Erhitzen von Penta-O-acetylscyllomesoinosose (**I**) oder Penta-O-acetylepimesoinosose (**II**) in CH_3OH in Ggw. von CH_3ONa entstand als Zwischenprod. der Aromatisierung *2.4./3.5-Tetraacetoxycyclohexen-(5)-on* (**IV**) wie durch die Bldg. von *Cyclohexanpentol-(1.2.3.5./4 oder 6)* u. *-(1.3.5./2.4)* beim Hydrieren bewiesen wurde. Die Behandlung von **IV** mit Essigsäureanhydrid u. Na-Acetat führte zu *1.2.3.5-Tetraacetoxybenzol.* Aus Penta-O-benzoylepimesoinosose (**III**) entstand bei der Alkalibehandlung *2.4./3.5-Tetrabenzoyloxycyclohexen-(5)-on* (**V**), das mit Essigsäure/Na-Acetat zu *1-Hydroxy-2.3.5-tribenzoyloxybenzol* (**VI**) aromatisiert wurde. Die Struktur von **VI** wurde durch Vgl. mit *1-Hydroxy-3.5-dibenzoyloxy-2-benzoylaminobenzol* (aus Tri-O-benzoylmononitrophloroglucin) bewiesen. Bei stärkerer Alkalieinw. auf **I**, **II**, **III** oder **IV** entstanden *3-Methoxy-2.4./6-triacetoxycyclohexen-(5)-on* oder *3-Methoxy-2.4./6-tribenzoyloxycyclohexen-(5)-on*, die nicht aromatisiert werden konnten.

Versuche: *2.4./3.5-Tetraacetoxycyclohexen-(5)-on* (**IV**), $C_{14}H_{16}O_9$, F. 116—117° (Maquenne-Block), a) durch 20 Min. Erhitzen von 500 mg **I** suspendiert in absol. CH_3OH mit 4 cm³ 0,1n CH_3ONa (Wasserausschluß); 210 mg (Ausbeute); b) analog aus **II**. — *2.4./3.5-Tetrabenzoyloxycyclohexen-(5)-on* (**V**), $C_{34}H_{24}O_9$, F. 163° (Maquenne-Block), aus 750 mg **III** analog **IV**; 186 mg. — *Cyclohexanpentol-(1.2.3.5./4* oder *6)*, F. 206—209° (W. + A.), durch Hydrieren von **IV** in Ggw. von 40 Gew-% Pt-Oxid (4 Mol H_2/Mol), Eindampfen des Filtrats u. Verseifen durch Kochen mit $7\cdot 10^{-3}$ n CH_3ONa in abs. CH_3OH. *Pentaacetat*, F. 141—143°. *Penta-O-acetylcyclohexanpentol-(1.3.5./2.4)*, $C_{16}H_{22}O_{10}$, F. 187—189° (A.), aus den Mutterlaugen vorst. Verb. durch Eindampfen u. Acetylieren. — *1.2.3.5-Tetraacetoxybenzol*, F. 106—107° (A.), durch Erhitzen (5 Min.) von 40 mg **IV** mit der gleichen Menge Na-Acetat u. Essigsäureanhydrid, nach dem Abkühlen Ausfällen in W.; 27 mg. *1-Hydroxy-2.3.5-tribenzoyloxybenzol*(**VI**), F. 181—182° (Pyrex, A.), durch Erhitzen von 80 mg **V** mit Eisessig u. Na-Acetat wie vorst. Verb.; 52 mg. — *3-Methoxy-2.4./6-triacetoxycyclohexen-(5)-on*, $C_{13}H_{16}O_6$, F. 129—129,5° (A.), a) durch 30 Min. langes Erhitzen von 500 mg **I** suspendiert in CH_3OH mit 5,5 cm³ 0,1 n CH_3ONa, Einengen, Reinigen durch 2 bis 3 Min. langes Erhitzen mit Essigsäureanhydrid in Ggw. von $ZnCl_2$; 93 mg; b) analog aus **II**. — *3-Methoxy-2.4./6-tribenzoyloxycyclohexen-(5)-on*, $C_{28}H_{22}O_8$, F. 213—213,5° (A.), aus 150 mg **III** wie vorst. Verb.; 28 mg. *Tri-O-benzoylnitrophloroglucin*, $C_{27}H_{17}NO_8$, F. 147° (A.), aus Mononitrophloroglucin mit Benzoylchlorid in Pyridin. *1-Hydroxy-3.5-dibenzoyloxy-2-benzoylaminobenzol*, $C_{27}H_{19}\cdot NO_6$, F. 197—198° (A.), aus 54 mg vorst. Verb. in Eisessig mit Zn u. 2n HCl (2 Std. Kochen); 15 mg. Diese Verb. ebenso wie **VI** läßt sich mit Diazobenzolsulfonsäure kuppeln, dabei entsteht aus **VI** ein rot-orangefarbenes *Prod.* $C_{33}H_{22}O_{10}N_2S$.
H. Rossow 1860□

0867 **Untersuchungen in der Cyclitreihe. 32. Mitt. Über die Konfiguration von Cyclopentendiol-(3.5) und Cyclopentandiol-(1.3).** Henry Z. Sable und Th. Posternak. (Helv. chim. Acta **45**, 370—75, 1/2. 1962; franz.) — 31. vgl. vorst. Referat. — Die cis- oder trans-Figuration von in der Literatur beschriebenem *Cyclopentendiol-(3.5)* u. *Cyclopentandiol-(1.3)* ergibt sich aus der Acetal-Bldg. des gesätt. Diol. mit p-Nitrobenzaldehyd (cis-Form). Die Vers.-Ergebnisse des Vf. stehen im Gegensatz zu den von Saegerbarth C. **1963**, 17286 gegebenen Konfigurationen. Für die α.α'-Dioxyglutarsäure vom F. 162° wird die DL-Konfiguration abgeleitet.

Versuche: *cis-Cyclopentendiol-(3.5)* (**I**), F. 59 bis 61°, durch Behandlung von 5,5 g Dibromcyclopenten mit Tetraäthylammoniumacetat (vgl. Owen u. Smith [1952]), Lösen des *3.5-Diacetoxycyclopenten* (Kp.$_{0,6}$ 82 bis 86°, n_D^{18} 1,4623) in 99%ig. A. u. Kochen mit methanol. $Ba(OH)_2$; 0,835 g (Ausbeute). *Dibenzoat*, $C_{19}H_{16}O_4$, F. 58 bis 60° (PAe.). *Bis-[3.5-dinitrobenzoat]*, $C_{19}H_{12}N_4O_{12}$, F. 208—209° (CH_2Cl_2/PAe.). — *cis-Cyclopentandiol-(1.3)*, (*cis*-**II**) durch Hydrieren vorst. Verb. in Ggw. von Pt-Oxid. *Bis-phenylurethan*, F. 160—161° (Bzl./PAe). *Di-p-nitrobenzoat*, F. 152—153° (Äthylacetat). *Acetal des p-Nitrobenzaldehyd*, $C_{12}H_{13}NO_4$, F. 136—138° (PAe.), durch Kondens. von cis-**II** mit p-Nitrobenzaldehyd in sd. Xylen in Ggw. von p-Toluolsulfonsäure; 75%. — *trans-Cyclopentendiol-(3.5)*, (trans-**I**) $C_5H_8O_2$, Kp.$_{0,5}$ 100—105 (Badtemp.), n_D^{25} 1,5024 ,durch Behandeln von Cyclopentadien mit dem Jod-Ag-Benzoesäurekomplex (vgl. Gaoni, Bull. Soc. chim. France [1959], 705), Verseifung durch $Ba(OH)_2$ in CH_3OH (75 Min. Kochen), 89%; *Bis-[3.5-dinitrobenzoat]*, $C_{19}H_{12}N_4O_{12}$, F. 218—219°. —

trans-Cyclopentandiol-(1.3) (trans-**II**) F. 30°, Kp.$_{0,1}$ 99 bis 100° (Badtemp.), durch Hydrieren von trans-**I** analog der isomeren Verbindung. *Di-p-nitrobenzoat*, F. 185 bis 186 (Essigester). *Bis-phenylurethan*, F. 170—171° (Bzl./PAe.). Aus trans-**II** konnte mit p-Nitrobenzaldehyd kein Acetal gewonnen werden. H. Rossow 1860 □

0868 **Synthese von γ-Jonon-Analoga.** 1. Mitt. **Einige asymmetrische bifunktionelle Dienophile und ihre Diels-Alder-Addukte mit 2.3-Dimethylbutadien-(1.3).** 2. Mitt. **Synthese von 2-Methylen-4.5-dimethylcyclohexylmethanol und verwandten Verbindungen.** Atsuaki Arai und Iwao Ichikizaki. (Bull. chem. Soc. Japan **34,** 1571 bis 1583, 1961; Tokyo, Kobayasi Inst. of Phys. Res. Kokubunji, Labor. of Organ. Chem.; engl.) — Durch partielle Alkylierung von Butin-(2)-diol-(1.4) (**VII**) zu den entsprechenden *4-Alkoxybutin-(2)-olen-(1)* (**A**) bzw. durch Rk. von **VII** mit 1.4-Bis-[tetrahydropyranyl-(2)-oxy]-butin-(2) (**X**) zu *4-Tetrahydropyranyl-(2)-oxybutin-(2)-ol-(1)* (**IX**) sowie durch Hydrierung der **A** in Ggw. von Pd/$CaCO_3$ zu den entsprechenden *4-Alkoxybuten-(2)-olen-(1)* (**B**) u. Oxydation von **A**, **IX** u. **B** mit MnO_2 werden die Dienophile *γ-Methoxy-*(**I**), *γ-Benzyloxy-*(**II**) u. *γ-Tetrahydropyranyl-(2)-oxytetrolaldehyd* (**III**) sowie *γ-Methoxy-*(**IV**) u. *γ-Benzyloxy-crotonaldehyd* (**V**) erhalten. In beiden Fällen entstehen neben **A** die entsprechenden *1.4-Dialkoxybutine-(2)*. Die Oxydation von 4.4-Diäthoxybutin-(2)-ol-(1) gelang nicht. Durch Rk. von **I**—**V** mit 2.3-Dimethylbutadien-(1.3) (**XII**) erhält man die Diels-Alder-Addukte: *2-Methoxymethyl-*, *2-Benzyloxymethyl-*(**XIII**) u. *2-[Tetrahydropyranyl-(2)-oxymethyl]-4.5-dimethylcyclohexadien-(1.4)-ylmethanal* (**XIV**) sowie *6-Methoxymethyl-*(**XV**) u. *6-Benzyloxymethyl-3.4-dimethylcyclohexen-(3)-ylmethanal* (**XVI**). Bei der Darst. von **XIV** sowie beim Erhitzen von **XIV** mit p-Toluolsulfonsäure in Tetrahydrofuran entsteht *5.6-Dimethyl-1.3-dihydroisobenzofuran*, dessen Struktur mit Hilfe des KMR-Spektrums bewiesen wird. **XV** kondensiert mit Aceton in Ggw. von $Ba(OH_2)$ zum *4-[3.4-Dimethyl-6-methoxymethylcyclohexen-(3)-yl]-buten-(3)-on-(2)* (**XXV**), das nach Erhitzen mit HBr *4-[2.4.5-Trimethylcyclohexadien-(2.4)-yl]-buten-(3)-on-(2)* gibt. **XV**-Äthylenacetat liefert durch Hydrieren, Hydrolyse u. Kondens. mit Aceton *4-[4.5-Dimethyl-2-methoxymethylcyclohexyl]-buten-(3)-on-(2)*. Die Hydrierung von 3.4.6-Trimethylcyclohexen-(3)-ylmethanal (**XVII**) in Dimethylamin führt neben *2.4.5-Trimethylcyclohexylmethanol* (**XXVI**) zum *N.N-Dimethyl-2.4.5-trimethylcyclohexylmethylamin* (**XVIII**), dessen *N-Oxid* zu *1-Methylen-2.4.5-trimethylcyclohexan* pyrolysiert wird. Bei der sauren Hydrolyse von **XIII**-Phenylsemicarbazon entsteht neben *Benzylalkohol* (**XXVII**) *2.4.5-Trimethylbenzaldehyd* (**XIX**), der auch aus **XIII** durch Kochen in Xylol mit p-Toluolsulfonsäure u. durch Dehydrierung von **XVII** mit S erhalten wird. Durch Kondens. mit Aceton geht **XIX** in *4-[2.4.5-Trimethylphenyl]-buten-(3)-on-(2)* über. Mit Äthylenglykol in Ggw. von Säure gibt **XIII** *2-Benzyloxymethyl-4.5-dimethylcyclohexadien-(4.6* oder *1.4)-ylmethanaläthylenacetal* (**XX**) u. daneben **XIX** u. **XXVII**, während **XVI** unter gleichen Bedingungen *6-Benzyloxymethyl-3.4-dimethylcyclohexen-(3)-ylmethanaläthylenacetal* (**XXI**) gibt. **XX** u. **XXI** werden an Pd/Kohle zum *2-Hydroxymethyl-4.5-dimethylcyclohexylmethanaläthylenacetal* (**XXII**) hydriert; bei Verw. von Pd/Kohle (weniger aktiv) entsteht *2-Benzyloxymethyl-4.5-dimethylcyclohexylmethanaläthylenacetal*. **XXII** wird nach saurer Hydrolyse an Raney-Ni in Dimethylamin neben *1.2-Bis-hydroxymethyl-4.5-dimethylcyclohexan* zu *N.N-Dimethyl-4.5-dimethyl-2-hydroxymethylcyclohexylmethylamin* (**XXIII**) hydriert, dessen *N-Oxid* zu *2-Methylen-4.5-dimethylcyclohexylmethanol* pyrolysiert wird. **XXIII** entsteht ebenfalls bei der reduktiven Alkylierung von **XIV** in Dimethylamin neben *2-Dimethylaminomethyl-4.5-dimethylcyclohexen-(1)-ylmethanol* u. *2.4.5-Trimethylbenzylalkohol*. Die IR- u. UV-Maxima sind angegeben. KMR-Spektren s. Original.

Versuche: Butin-(2)-ole-(1): *4-Methoxy-*(**VI**), Kp.$_{20,5}$ 105,5—106°, nach Ichikizaki u. Mitarbeitern (Bull. chem. Soc. Japan **28,** [1955], 80); n_D^{20} 1,4595; 43% (Ausbeute); daneben *1.4-Dimethoxybutin-(2)* (Kp.$_{20}$ 63—65°; 9%). *4.4-Diäthoxy-*(**XXVIII**), Kp.$_3$ 118—119°, analog **VI**; n_D^{26} 1,4335; 57,7%. — *4-Benzyloxy-*(**VIII**), $C_{11}H_{12}O_2$, Kp.$_{2,5}$ 143—146°, durch 10 Min. langes Zutropfen von **VII** zu $NaNH_2$ in fl. NH_3 unter starkem Rühren bei — 45 bis — 50°, nach 2std. Rühren, Versetzen mit Xylol, langsames Abdampfen des NH_3 u. Zutropfen von Benzylchlorid bei 110°—115° unter Rühren; n_D^{25} 1,5379°; 69,2%; daneben *1.4-Dibenzyloxybutin-(2)*, $C_{18}H_{18}O_2$, Kp.$_{1,5}$ 169—170°, $n_D^{19,5}$ 1,5590). — *4-Tetrahydropyranyl-(2)-oxy-*(**IX**), $C_9H_{14}O_3$, Kp.$_{0,8}$ 122—124°, durch Zutropfen von **X** in Tetrahydrofuran (THF) zu **VII** in THF in Ggw. von konz. HCl unter schwachen Sieden u. 3std. Kochen; n_D^{10} 1,4913; 68%; gibt mit Brady-Reagens (BR) nachst. *2.4-Dinitrophenylhydrazon* (**XI**). — *5-Hydroxypentanal*, Kp.$_5$ 61—61,5°, nach Schniepp u. Geller (J. Amer. chem. Soc. **68,** [1946], 1646); n_D^{17} 1,4510; 65%. *2.4-Dinitrophenylhydrazon* (**XI**), $C_{11}H_{14}N_4O_5$, F. 115—116°, aus 50%ig. Methanol orangegelbe Blättchen. — Buten-(2)-ole-(1): *4-Methoxy-*, Kp.$_{20}$ 88—89°, durch Hydrieren von **VI** an Pd/$CaCO_3$; n_D^{12} 1,4490; 89%. — *4-Benzyloxy-*, $C_{11}H_{14}O_2$, Kp.$_2$ 125—127,5°, durch Hydrieren von **VIII** an Pd/$BaCO_3$ bei 22°; n_D^{25} 1,5267; 82%. — *1.4-Bis-tetrahydropyranyl-(2)-oxybutin-(2)* (**X**), $C_{14}H_{22}O_4$, Kp.$_1$ 144—146°, durch Einw. von Dihydropyran auf **VII** in THF in Ggw. von HCl bei 60° u. 3std. Kochen; n_D^{16} 1,4913; 67%. — Tetrolaldehyde: *γ-Methoxy-* (**I**), $C_5H_6O_2$, Kp.$_{25}$ 68—69°, durch 5—15 Min. langes Zutropfen von **VI** in Bzl. zu MnO_2 in Bzl. unter Rühren bei Raumtemp. u. 3—5std. Rühren; n_D^{20} 1,4504; 41%. *2.4-Dinitrophenylhydrazon*, $C_{11}H_{10}N_4O_5$, F. 111 bis 112,2°, orangegelbe Nadeln. — *γ-Benzyloxy-* (**II**), $C_{11}H_{10}O_2$, Kp.$_1$ 116—117°, Kp.$_{0,7}$ 111—112°; n_D^{21} 1,5383; 55%. *Phenylsemicarbazon*, $C_{18}H_{17}N_3O_2$, F. 138,5—139°, blaßgelbe Nadeln. *2.4-Dinitrophenylhydrazon*, $C_{17}H_{14}N_4O_5$, F. 121—122°, gelbe Nadeln. — *γ-Tetrahydropyranyl-(2)-oxy-* (**III**), $C_9H_{12}O_3$, Kp.$_{0,8}$ 83—84°, n_D^{16} 1,4902; 68%. — *γ-Hydroxy-*, *2.4-Dinitrophenylhydrazon*, $C_{10}H_8N_4O_5$, F. 120 bis 120,5°, a) aus **XXVIII**; aus 50%ig. Methanol Nadeln; b) durch Rk. von **III** mit BR; daneben **XI**. — Crotonaldehyde: *γ-Methoxy-* (**IV**), $C_5H_8O_2$, Kp.$_{27}$ 73—74°; 45%. *2.4-Dinitrophenylhydrazon*, $C_{11}H_{12}N_4O_5$, F. 140—141°, rotorangefarbene Nadeln. — *γ-Benzyloxy-* (**V**), $C_{11}H_{12}O_2$, Kp.$_1$ 111—113, $n_D^{18,5}$ 1,5310; 52%. *Semicarbazon*, $C_{12}H_{15}N_3O_2$, F. 148—149°, Nadeln. *2.4-Dinitrophenylhydrazon*, $C_{17}H_{16}N_4O_5$, F. 166,5°, orangefarbene seidige Nadeln. — 4.5-Dimethylcyclohexadien-(1.4)-ylmethanale: *2-Methoxymethyl-*, $C_{11}H_{16}O_2$, Kp.$_3$ 113 bis 117°, durch 13std. Erhitzen von **I** mit **XII** in einem geeigneten Lsgm. in Ggw. einer Spur Hydrochinon unter N_2 auf 140—150° (Meth. **C**); n_D^{18} 1,5161; 84%. *2.4-Dinitrophenylhydrazon*, $C_{17}H_{20}N_4O_5$, F. 203—204°, rotorangefarbene Nadeln. *Semicarbazon*, $C_{12}H_{19}N_3O_2$, F. 218,5 bis 219,5° (Zers.), Nadeln. — *2-Benzyloxymethyl-* (**XIII**), $C_{17}H_{20}O_2$, Kp.$_{0,03}$ 141—145°, aus **II** nach **C** (14 Std.; 145 bis 153°); n_D^{20} 1,5554; 81,6%. *2.4-Dinitrophenylhydrazon*, $C_{23}H_{24}N_4O_5$, F. 203°, rotorangefarbene Nadeln. *Semicarbazon*, $C_{18}H_{23}N_3O_2$, F. 175—177°, Prismen. *Phenylsemicarbazon*, $C_{24}H_{27}N_3O_2$, F. 179—180°, Nadeln. — *2-Tetrahydropyranyl-(2)-oxymethyl-* (**XIV**), $C_{15}H_{22}O_3$, Kp.$_{0,75}$ 146—147°, aus **III** nach **C** 21 Std.; 120—130°); n_D^{20} 1,5221; 72%. *2.4-Dinitrophenylhydrazon*, $C_{21}H_{26}N_4O_6$, F. 209—210°, dunkelrote Nadeln. *Semicarbazon*, $C_{16}H_{25}N_3O_3$, F. 187 bis 188°, Nadeln. — 3.4-Dimethylcyclohexen-(3)-ylmethanale: *6-Methoxymethyl-* (**XV**), $C_{11}H_{18}O_2$, Kp.$_{2,5}$ 82—84°, aus **IV** nach **C** (13 Std.; 125—135°); 73%. *Äthylenacetal* (**XXIX**), $C_{13}H_{22}O_3$, Kp.$_2$ 105—106°, durch 4std. Kochen von **XV** mit Äthylenglykol u. wenig p-Toluolsulfonsäure in Bzl. am Wasserabscheider, Abdampfen der Lsgm. u. Extraktion mit Ae.; n_D^{25} 1,4868; 79,3%. *2.4-Dinitrophenylhydrazon*, $C_{17}H_{22}N_4O_5$, F. 159 bis 160°, gelbe Nadeln. *Thiosemicarbazon*, $C_{12}H_{21}N_3OS$, F. 152—153°, Nadeln. — *6-Benzyloxymethyl-* (**XVI**), $C_{17}H_{22}O_2$, Kp.$_{0,01}$ 130—135°, aus **V** nach **C** (13 Std.; 125 bis 130°); 71,5%. *2.4-Dinitrophenylhydrazon*, $C_{23}H_{26}N_4O_5$, F. 134,5—135°, gelbe Nadeln. *Phenylsemicarbazon*, $C_{24}H_{29}N_3O_2$, F. 143°, Platten. — *6-Methyl-* (**XVII**), $C_{10}H_{16}O$, Kp.$_{18}$ 98°, aus Crotonaldehyd nach **C** (9 Std.; 140 bis 150°); n_D^{20} 1,4731; 72,4%. *2.4-Dinitrophenylhydrazon*, $C_{16}H_{20}N_4O_4$, F. 193—194°, leuchtend gelbe Nadeln. — *5.6-Dimethyl-1.3-dihydroisobenzofuran*, $C_{10}H_{12}O$, Kp.$_{1,5}$ 90 bis 110°, F. 60°, a) aus **III** nach **C** (10 Std./140°); 55,5%; daneben 24,1% **XIV**; b) durch 3std. Kochen von **XIV** in

THF mit p-Toluolsulfonsäure; ist im Licht u. an der Luft instabil; 34%. — *2-Hydroxymethyl-4.5-dimethylbenzaldehyd-2.4-dinitrophenylhydrazon*, $C_{16}H_{16}N_4O_5$, F. 208—209°, aus vorst. Verb. mit BR; aus A./Äthylacetat rote Nadeln. — *4.5-Dimethyl-2-methoxymethylcyclohexylmethanal* (**XXIV**), $C_{11}H_{20}O_2$, Kp.$_1$ 93—95°, durch 24std. Kochen des Äthylenacetals mit 2 n H_2SO_4 in THF, Alkalisieren mit wss. 10%ig. Na_2CO_3, Einengen im Vakuum u. Extraktion mit Ae.; n_D^{17} 1,4710; 69%. *Äthylenacetal*, $C_{13}H_{24}O_3$, Kp.$_{2,5}$ 103—105°, durch 2std. Hydrieren von **XXIX** an Pd/C bei 100°/120 at; n_D^{29} 1,4659; 77%. *2.4-Dinitrophenylhydrazon*, $C_{17}H_{24}N_4O_5$, F. 129—130°; aus A. gelbe Blättchen. — *4-[3.4-Dimethyl-6-methoxymethylcyclohexen-(3)-yl]-buten-(3)-on-(2)* (**XXV**), $C_{14}H_{22}O_2$, Kp.$_3$ 122—123°, durch 7,5std. Kochen von **XV** in wss. $Ba(OH)_2$ mit Aceton, Neutralisieren mit 1 n HCl u. Einengen; $n_D^{22,5}$ 1,5000; 68,5%. *2.4-Dinitrophenylhydrazon*, $C_{20}H_{26}N_4O_5$, F. 155—156°; aus A. rote Prismen. — *4-[4.5-Dimethyl-2-methoxymethylcyclohexyl]-buten-(3)-on-(2)*, $C_{14}H_{24}O_2$, Kp.$_2$ 120—122°, aus **XXIV** analog **XXV** (1,0 Std.); n_D^{32} 1,4781; 58%. *2.4-Dinitrophenylhydrazon*, $C_{20}H_{28}N_4O_5$, F. 127 bis 129°, aus A. rotorangefarbene Blättchen. — *4-[2.4.5-Trimethylcyclohexadien-(2.4)-yl]-buten-(3)-on-(2)*, Kp.$_{0,8}$ 90 bis 100°, durch 4std. Erhitzen von 0,3 g **XXV** in HBr im Bombenrohr auf 130°; $n_D^{24,5}$ 1,5241; 0,11 g. *2.4-Dinitrophenylhydrazon*, $C_{19}H_{22}N_4O_4$, F. 174—175°, aus A. orangefarbene Nadeln. — *2.4.5-Trimethylcyclohexylmethanol* (**XXVI**), $C_{10}H_{20}O$, Kp.$_{16}$ 110°, durch Hydrieren von **XVII** in A. an Raney-Ni bei 192°/192 at; n_D^{17} 1,4700; 93%. — *N.N-Dimethyl-2.4.5-trimethylcyclohexylmethylamin* (**XVIII**), $C_{12}H_{25}N$, Kp.$_{15}$ 98—99°, durch 4std. Hydrieren von **XVII** in wasserfreiem Dimethylamin u. A. an Raney-Ni bei 180—220°/121 at u. Reinigung über das Hydrochlorid; $n_D^{17,5}$ 1,4607; 80%; daneben aus vorst. Ae.-Lsg. 10,8% **XXVI**. *Methojodid*, $C_{13}H_{28}JN$, F. 262° (Zers.); aus A. Schuppen. *Pikrat*, gelbes Öl. *N-Oxid*, durch Zutropfen von 30%ig. H_2O_2 zu 6,11 g **XVIII** in Methanol bei 0°, 11,5std. Rühren, Zers. des überschüssigem H_2O_2 mit Pt-Folie u. Einengen im Vakuum; 0,46 g. *Pikrat*, $C_{18}H_{28}N_4O_8$, F. 165—166,5°, aus A. gelbe Blättchen; 82%. — *1-Methylen-2.4.5-trimethylcyclohexan*, $C_{10}H_{18}$, Kp.$_{16,2}$ 59—59,5°, durch Zers. vorst. N-Oxids bei 110° bis 180°, Abtreiben der Zers.-Prod. mit N_2 in Kühlfallen u. Aufnehmen in Ae.; n_D^{20} 1,4601; 61%; daneben aus wss. Phase *N.N-Dimethylhydroxylamin*, F. 105—106,5° aus A. Nadeln; 61,5%. — *2-Benzyloxymethyl-4.5-dimethylcyclohexadien-(4.6* oder *1.4)-ylmethanaläthylenacetal* (**XX**), Kp.$_{0,001}$ 144—148°, durch 4std. Kochen von **XIII** mit wenig p-Toluolsulfonsäure in Äthylenglykol u. Bzl. bei 120° am Wasserabscheider, Einengen im Vakuum u. Extraktion mit Ae. (Meth. **D**) n_D^{26} 1,5429; schwach gelbes viskoses Öl; 33,5%; daneben **XIX**. — *6-Benzyloxymethyl-3.4-dimethylcyclohexen-(3)-ylmethanaläthylenacetal* (**XXI**), $C_{19}H_{26}O_3$, Kp.$_{0,017}$ 150—155°, aus **XVI** nach **D** (130—135°); 74,2%. — *4.5-Dimethyl-2-hydroxymethylcyclohexylmethanal*, $C_{10}H_{18}O_2$, F. 84°, Kp.$_{2,0}$ 99—105°, durch 2½std. Kochen von **XXII** in THF mit 2 n H_2SO_4; aus Methanol/PAe. Platten; 77,3%. *Äthylenacetal* (**XXII**), $C_{12}H_{22}O_3$, Kp.$_{1,3}$ 112—120°, a) durch 8std. Hydrieren von 16,5 g **XX** in A. an Pd/Kohle bei 120°/120 at; 1,4786; 33%; daneben *2-Benzyloxymethyl-4.5-dimethylcyclohexylmethanaläthylenacetal* Kp.$_{0,001}$ 120—125°; 6,7 g); b) analog aus **XXI**; 77,5%. *2.4-Dinitrophenylhydrazon*, $C_{16}H_{22} \cdot N_4O_5$, F. 195—196°, aus Methanol/PAe. orangegelbe Blättchen. *3.5-Dinitrobenzoat des Äthylenacetals*, $C_{19}H_{24} \cdot N_2O_8$, F. 110—111°, aus Bzl./PAe. Blättchen. — *N.N-Dimethyl-4.5-dimethyl-2-hydroxymethylcyclohexylmethylamin* (**XXIII**), $C_{12}H_{25}NO$, Kp.$_2$ 100—105°, a) durch 1,6std. Hydrieren vorst. Verb. in Dimethylamin u. A. an Raney-Ni bei 180—190°/118 at; $n_D^{29,5}$ 1,4666; 57%; daneben *1.2-Bis-hydroxymethyl-4.5-dimethylcyclohexan* ($C_{10}H_{20}O_2$, F. 113—115°, Kp.$_{0,2}$ 115—121°; aus PAe. Blättchen; 12%); b) analog aus **XIV** (200—220°/197 at); 43,5% (roh); daneben wenig *N.N-Dimethyl-4.5-dimethyl-2-hydroxymethylcyclohexen-(1)-ylmethylamin-Methojodid*, $C_{13}H_{26}JNO$, F. 271—272° (Methanol/Äthylacetat)] u. 31,6% *2.4.5-Trimethylbenzylalkohol* ($C_{10} \cdot H_{14}O$, F. 84,5°, aus PAe. Nadeln). *Methojodid*, $C_{13}H_{28} \cdot JNO$, F. 221°, aus A./Essigester Prismen. *N-Oxid*, durch 50std. Rühren von **XXIII** mit 30%ig. H_2O_2 in Methanol bei 30°; 84,6%. *Pikrat*, nicht kristallin. — *4.5-Dimethyl-2-methylencyclohexylmethanol*, $C_{10}H_{18}O$, Kp.$_{17,5}$ 94—97°, durch Pyrolyse vorst. N-Oxids; n_D^{27} 1,4729; 42%. — *2.4.5-Trimethylbenzaldehyd* (**XIX**), F. 43°, Kp.$_{18}$ 128—130°, Kp.$_{0,6-0,8}$ 80—90°, a) durch Erhitzen von 2,3 g **XVII** mit S auf 220—230°; n_D^{20} 1,5591; 0,45 g; b) durch 4std. Kochen von **XIII** mit p-Toluolsulfonsäure in Xylol; 35%; c) durch Wasserdampfdest. eines Gemisches aus 4,5 g **XIII**-Semicarbazon mit o-Phthalsäure, Äthylenglykol u. wss. H_2SO_4; aus Methanol/PAe. Blättchen; 60%; daneben 0,3 g *Benzylalkohol* (**XXVII**). *2.4-Dinitrophenylhydrazon*, $C_{16}H_{16}N_4O_4$, F. 226—227°, aus Äthylacetat leuchtend rote Nadeln. *Semicarbazon*, $C_{11}H_{15}N_3O$, F. 239 bis 240°, aus Chlf./Äthylacetat feine Nadeln. — *4-[2.4.5-Trimethylphenyl]-buten-(3)-on-(2)*, F. 49,5—50°, Kp.$_{3,0}$ 120 bis 140° (Bad), durch 18,5std. Kochen von **XIX** in Aceton mit wss. $Ba(OH)_2$, Ansäuern mit 1 n HCl, Einengen im Vakuum u. Extraktion mit Ae.; Aus PAe. Prismen; 40%. *2.4-Dinitrophenylhydrazon*, $C_{19}H_{20}N_4O_4$, F. 247—249°, aus Methanol/Chlf. dunkelrote Nadeln. *Semicarbazon*, $C_{14}H_{19} \cdot N_3O$, F. 223—224°, aus A./Äthylacetat Blättchen. — 3. vgl. C. **1964**, 12-0832. P.-G. Dietrich 1940△

0869 **Eine neue Methode zur Darstellung von Methylcyclopropylketon aus Acetopropylalkohol.** Tsch. Sch. Kadyrow. (Usbek. chem. J. **6**, Nr. 3, 83, 1962; Akad. der Wiss. der UsbekSSR, Inst. für Chem. der Pflanzenstoffe; russ.) — *Acetylcyclopropan* [Kp. 110°; D.$_4^{20}$ 0,8945; n_D^{20} 1,4219.) *2.4-Dinitrophenylhydrazon*, F. 137°. *Semicarbazon*, F. 119—120° wird durch Überleiten von Pentanon-(4)-ol-(1) über Al_2O_3 bei 250—280° in 40%ig. Ausbeute erhalten. Als Nebenprod. entsteht *2.3-Dihydrosilvan* [Kp. 78—79°; D.$_4^{20}$ 0,9039; n_D^{20} 1,4292; 10%]. Helmut Schäfer 1960△

0870 **Synthese von Cyclopentylarylketonen.** A. N. Nijasow und Je. Ss. Chabajewa. (Nachr. Akad. Wiss. TurkmenSSR, Ser. physik.-techn. chem. geol. Wiss. **1962**, Nr. 1, 103—06; Akad. der Wiss. der TurkmenSSR, Inst. für Chem.; russ.) — Durch Kondens. von Cyclopentancarbonsäure (**I**) mit Bzl., Toluol, Äthylbenzol, o-, m- u. p-Xylol in Ggw. von PCl_3 u. $AlCl_3$ wurden *Phenyl-*, *p-(?)-Tolyl-*, *p-(?)Äthylphenyl-* u. die entsprechenden *Dimethylphenylcyclopentylketone* dargestellt. Die Verbb. wurden nach Kishner zu *Cyclopentylarylmethanen* reduziert.

Versuche: Cyclopentylketone: *Phenyl-*, Kp.$_{3-4}$ 118—119°, durch 2std. Erhitzen von 11,4 g **I** mit 150 ml Bzl. u. 20 g PCl_3 auf dem Wasserbad, portionsweise Zugabe von 20 g $AlCl_3$ unter Kühlung u. 7—8std. Erhitzen auf dem Wasserbad; D.$_4^{20}$ 1,0428; n_D^{20} 1,5445; 57,0% (Ausbeute). *2.4-Dinitrophenylhydrazon*, F. 142°. — Analog: *p(?)-Tolyl-*, Kp.$_3$ 120—122°, F. 22—22,5° (A.); 69,8%. *2.4-Dinitrophenylhydrazon*, F. 115°. — *p(?)-Äthylphenyl-*, Kp.$_{2-3}$ 130°; D.$_4^{20}$ 1,0102; n_D^{20} 1,5410; 50,0%. *2.4-Dinitrophenylhydrazon*, F. 92,5°. — *3.4(?)-Dimethylphenyl-*, Kp.$_1$ 152—153°; D.$_4^{20}$ 1,0236; n_D^{20} 1,5480; 49,5%. *2.4-Dinitrophenylhydrazon*, F. 135°. — *2.4(?)-Dimethylphenyl-*, Kp.$_4$ 140—143°; D.$_4^{20}$ 1,0224; n_D^{20} 1,5470; 44,5%. *2.4-Dinitrophenylhydrazon*, F. 133°. — *2.5-Dimethylphenyl-*, Kp.$_{10}$ 162—165°, F. 55—56° (A.); 49,5%. *2.4-Dinitrophenylhydrazon*, F. 149—150°. — Cyclopentylmethane, durch Red. vorst. Verbb. nach Kishner: *Phenyl-*, Kp.$_{22}$ 115—117°; D.$_4^{20}$ 0,9360; n_D^{20} 1,5200; 45,0%. — *p(?)-Tolyl-*, Kp.$_1$ 105°; D.$_4^{20}$ 0,9261; n_D^{20} 1,5188; 53,3%. — *p(?)-Äthylphenyl-*, Kp.$_1$ 114°; D.$_4^{20}$ 0,9208; n_D^{20} 1,5160; 30,8%. — *2.4(?)-Dimethylphenyl-*, Kp.$_{18}$ 172—175°; D.$_4^{20}$ 0,9330; n_D^{20} 1,5240; 25,0%. — *3.4(?)-Dimethylphenyl-*, Kp.$_{19}$ 176—180°; D.$_4^{20}$ 0,9058; n_D^{20} 1,5210; 21,0%. Helmut Schäfer 1960△

0871 **Die partielle Reduktion der Thujasäure.** D. J. Pasto. (J. org. Chemistry **27**, 2786—91, 1962; Notre Dame, Ind., Univ. of Notre Dame, Dep. of Chem.; engl.) — Unter genauer Befolgung der Vorschrift von Lin, Lo u. Lin (vgl. J. chin. chem. Soc. **3**, Nr. 3, [1956], 36) läßt man Na-Amalgam in einer Borsäure-Pufferlsg. auf Thujasäure (**I**) einwirken, wobei jedoch die instabile, durch 1.4-Addition von H_2 an **I** entstandene *4.4-Dimethyl-Δ$^{2.6}$-cycloheptadien-1-carbonsäure* (**II**) isoliert wird, während nach den chines. Autoren *Isoshonansäure* entsteht, die als *4.4-Dimethyl-Δ$^{2.7}$-* (**III**) oder *-Δ$^{5.7}$-cycloheptadien-1-carbonsäure* (**VI**) angesehen wird. Zum Strukturbeweis von **II** wurde dessen KMR-Spektrum herangezogen, welches auch zeigt, daß das rohe Reduktionsprod. mindestens 95% **II** enthält. Durch 1std. Erhitzen von **II** mit 20%ig. NaOH tritt sehr rasche Isomerisierung unter Bldg. eines kristallinen Gemisches zweier Säuren ein. Durch fraktionierte Kristallisation aus PAe. bei tiefer Temp. läßt sich daraus *4.4-Dimethyl-$\Delta^{1.6}$-cycloheptadien-1-carbonsäure* (**IV**) in reiner Form isolieren. Das durch Eindampfen der PAe.-Mutterlaugen erhaltene Säure-Gemisch (**A**) konnte nicht getrennt werden. Neben **IV** (ca. 60%, ermittelt durch das KMR-Spektrum) enthält **A** sehr wahrscheinlich **III**. Durch Bestrahlung von reinem **IV** in äther. Lsg. wird ein Photoisomeres erhalten, das jedoch wegen seiner zu geringen Stabilität nicht charakterisiert werden konnte. Dagegen wird beim Bestrahlen des **IV**-Methylesters *3.3-Dimethylbicyclo-[3.2.0]-hepten-(6)-carbonsäure-(6)-methylester* (**V**) erhalten. Nachdem sich gezeigt hatte, daß die photochem. Isomerisierung des **IV**-Methylesters ohne Verschiebung der Doppelbindung verläuft u. zu einem einheitlichen Prod. führt, wurde diese Meth. zur weiteren Charakterisierung von **A** angewandt. Durch Einw. von CH_2N_2 in Ae. auf **A** erhält man ein Gemisch aus dem **III**- u. **IV**-*Methylester*. Das hieraus durch Bestrahlen in abs. äther. Lsg. erhaltene Photoisomeren-Gemisch (**B**, Kp.$_1$ 60°) konnte durch Gaschromatographie bei 180° an Silicon GE SF-96 nicht getrennt werden. Ebensowenig ließ sich eine gaschromatograph. Trennung des durch Red. von **B** mit $LiAlH_4$ erhaltenen prim. Alkohol-Gemisches herbeiführen. Das KMR-Spektrum zeigt, daß **B** neben **V** wahrscheinlich *2.2-Dimethylbicyclo-[3.2.0]-hepten-(6)-carbonsäure-(6)-methylester* (**VII**) enthält. Durch 22std. Erhitzen von **II** mit 20%ig. NaOH wird ein Gemisch aus 13% **III**, 58% **VI** u. 29% **IV** erhalten. Da auch in diesem Falle keine Trennung erzielt werden konnte, wurde das durch Einw. von CH_2N_2 erhaltene *Methylester-Gemisch* bestrahlt. Das so erhaltene Photoisomeren-Gemisch ließ sich gaschromatograph. in ein Gemisch aus **V** u. **VII**, sowie in *4.4-Dimethylbicyclo-[3.2.0]-hepten-(6)-carbonsäure-(1)-methylester* auftrennen, der aus dem **VI**-Methylester durch photochem. Isomerisierung entstanden sein muß. Vf. untersuchte auch die Frage, ob **II** sich beim Destillieren umlagert, was zur Bldg. der von Lin, Lo u. Lin (l. c.) erwähnten Isoshonansäure führen könnte. **II** kann bei 110—115°/0,5 mm dest. werden, ohne daß Umlagerung eintritt. Dagegen tritt bei 1std. Erhitzen von **II** ohne Lsgm. unter N_2 auf 180° weitgehende Zers. auf; durch Versetzen mit PAe. u. Chromatographie an Fluorisil wird ein Säure-Gemisch (17% Ausbeute) aus 37% eines **III/IV**-Gemisches u. 63% **VI** erhalten, wie durch Veresterung mit CH_2N_2, Bestrahlung u. gaschromatograph. Analyse nachgewiesen wurde. Durch den Verlauf dieser Umsetzungen u. die Lage der Absorptionsmaxima wird die von Erdtman (vgl. Progress in Organic Chemistry, Vol. 1, [1952], 51) angegebene Formel für *Shonansäure* (*4.4-Dimethyl-$\Delta^{2.5}$-cycloheptadien-1-carbonsäure*) gestützt sowie sehr wahrscheinlich gemacht, daß *Isoshonansäure* mit **VI** ident. ist.

Versuche: 4.4-Dimethylcycloheptadien-1-carbonsäuren: $\Delta^{2.6}$- (**II**), F. 58—59,5°, durch langsames Zugeben von Na-Amalgam (0,095 Mol akt. H) unter Rühren zu einer auf 0° gekühlten Suspension von **I** (0,04 Mol) u. Borsäure in W., Rühren bis zur Beendigung der H_2-Entw. Ansäuern mit HCl, Ausschütteln mit Ae., anschließendes Abdestillieren des Ae. im Vakuum u. Umkristallisieren des im Tiefkühler kristallin gewordenen Rohprod. aus PAe. bei —70°; sehr zersetzliche Nadeln, die bei —20° jedoch einige Tage ohne merkliche Zers. aufbewahrt werden können; 93% (roh). — $\Delta^{1.6}$- (**IV**), $C_{10}H_{14}O_2$, F. 79—80°, durch 1std. Erhitzen von **II** mit 20%ig. NaOH u. fraktionierte Kristallisation aus PAe. bei tiefer Temp.; Nadeln. *Methylester*, $C_{11}H_{16}O_2$, Kp.$_{0,1}$ 45—50° (Mol.-Dest.), durch Einw. von frisch dest. CH_2N_2 auf **IV** in Ae.; bewegliche Fl.; n_D^{25} 1,4974. — *3.3-Dimethylbicyclo-[3.2.0]-hepten-(6)-carbonsäure-(6)-methylester* (**V**), $C_{11}H_{16}O_2$, Kp.$_1$ 50° (Mol.-Dest.), durch Bestrahlen des **IV**-Methylesters in abs. Ae. mit einer 200 Watt-Tauchlampe (unter Verw. eines 250 mμ Filters) bis zum Verschwinden der Absorption bei 267 mμ; n_D^{25} 1,4717; bei mehrtägigem Stehen bei Raumtemp. erfolgt langsame Polymerisation. — *4.4-Dimethylbicyclo-[3.2.0]-hepten-(6)-carbonsäure-(1)-methylester*, $C_{11}H_{16}O_2$, Kp.$_1$ 50° (Mol.-Dest.), durch 22std. Erhitzen von **II** mit 20%ig. NaOH, Ansäuern, Ausschütteln mit Ae., Eindampfen im Vakuum, Behandeln des Säure-Gemisches mit CH_2N_2 in Ae., Bestrahlen der äther. Lsg. des erhaltenen *Methylester*-Gemisches wie vorst., Abdestillieren des Ae. im Vakuum, Trennung des Rückstandes durch Gaschromatographie bei 180° an Silicon GE SF-96 u. Mol.-Dest. der dabei erhaltenen Fraktion; bewegliche Flüssigkeit.

D. Holzner 2010

0872 **Untersuchungen über die Dieckmann-Cyclisierung. 1. Mitt. Cyclisierung von 2-Methylpentan-1.2.5-tricarbonsäuretriäthylester.** Jadugopal Dutta und Rabindra Nath Biswas. (J. Indian chem. Soc. **38**, 335—42, 1961; Calcutta, Jadavpur Univ., Chem. Dep.; engl.) — Dieckmann-Cyclisierung von 2-Methylpentan-1.2.5-tricarbonsäuretriäthylester (**I**) unter verschiedenen Bedingungen ergibt *1-Methyl-2-oxocyclopentyl-(1)-essigsäure*. Zu Vergleichszwecken wird *1-Methyl-3-oxocyclohexan-1-carbonsäure* synthetisiert. UV-Spektren vgl. Original.

Versuche: *3-Formyl-2-oxocyclopentyl-(1)-essigsäuremethylester*, durch Zugabe von Ameisensäureäthylester u. 3,1 g 2-Oxocyclopentylessigsäuremethylester in thiophenfreiem Bzl. zu Na-Methylat in Bzl. unter N_2, 2std. Stehen in der Kälte, 48std. Stehen bei Raumtemp. u. Zugabe von W.; 2,76 g (Ausbeute). — *2-Oxo-3-[N-methylanilinomethylen]-cyclopentylessigsäuremethylester*, durch Zugabe von N-Methylanilin zu 2,76 g vorst. Verb. in Bzl., 24std. Stehen u. Einengen auf dem Wasserbad; 4,09 g. — *2-Oxo-1-methyl-3-[N-methylanilinomethylen-cyclopentyl-(1)-essigsäuremethylester*, durch Zugabe von 4,09 g vorst. Verb. zu K-tert.-Butylat in abs. Bzl. unter N_2, 1,5std. Stehen, Zugabe von CH_3J, 4std. Stehen, Einengen auf dem Wasserbad u. Zugabe von kalter wss. HCl; 2,5 g. — *1-Methyl-2-oxocyclopentyl-(1)-essigsäure*, $C_8H_{12}O_3$, F. 68—69°, Kp.$_{0,4}$ 105—110° (Ae./PAe.), a) durch 3,5std. Kochen von **I** mit Na-Äthylat in A., Ansäuern mit verd. kalter HCl, Extrahieren mit Ae., Einengen u. 30std. Kochen mit 20%ig. HCl/Essigsäure; 73%; b) durch 4std. Kochen von **I** mit Na-Methylat in abs. Methanol analog a); 30%; c) durch 6std. Kochen von **I** mit K-tert.-Butylat analog a); 61%; d) durch 1,5std. Kochen von **I** mit Na in sd. Xylol; 50%; e) durch 1,5std. Kochen von 2,5 g vorst. Verb. mt 10%ig.HCl unter N_2, Extrahieren mit Ae., Einengen, 2std. Kochen mit 10%ig. KOH unter N_2, Ansäuern mit kalter verd. HCl u. Extrahieren mit Ae.; 450 mg. *Semicarbazon*, F. 202—203°. *2.4-Dinitrophenylhydrazon*, F. 148—149° (Methanol/Essigsäureäthylester). *Methylester-2.4-dinitrophenylhydrazon*, F. 132—132,5° (Methanol/Äthylacetat), durch Umsetzen des 2.4-Dinitrophenylhydrazons mit CH_2N_2. — *1-Methyl-3-oxocyclohexan-1-carbonsäure*, $C_8H_{12}O_3$, F. 78—79° (Ae./PAe.), Kp.$_{0,2}$ 110—115°, a) durch 60std. Kochen von 1-Methyl-3-oxocyclohexan-1-carbonsäuremethylester mit 20%ig. HCl, Kühlen, Sättigen mit $(NH_4)_2SO_4$ u.Extrahieren mit Ae.; b) durch 7,5std. Kochen von 2,4 g 4-Methyl-2-oxocyclohexan-1.4-dicarbonsäurediäthylester mit Na-Äthylat in abs. A., Ansäuern mit kalter verd. H_2SO_4, Extrahieren mit Ae., Einengen, 20std. Kochen mit 20%ig. HCl/Essigsäure, Dampfdest. u. Dest. des Rückstandes; 0,8 g. *Semicarbazon*, F. 190° (W.; Zers.). *2.4-Dinitrophenylhydrazon*, F. 155—156° (Äthylacetat/Methanol). *Methylester-2.4-dinitrophenylhydrazon*, F. 129,5°.

W. Hampel 2070△

0873 **Analgeticasynthese.** 5. Mitt. **Aminocyclopentan-Derivate.** Torizo Takahashi, Mikio Hori und Akira Kato. (J. pharmac. Soc. Japan [Yakugakuzasshi] **75**, 714—15, 1955; Univ. of Kyoto, Med. Fac., Pharmac. Inst.; jap., Auszug: engl.) — 4. vgl. J. pharmac. Soc. Japan [Yakugakuzasshi] **74**, [1954], 1141; 6. vgl. C. **1961**, 17949. — Die Grignard-Verbb. aus Alkyl-, Cycloalkyl-, Aryl- u. Aralkylhalogeniden regieren mit 2-Dimethylaminomethylcyclopentanon (**I**) zu *1-Alkyl-, -Cycloalkyl-, -Aryl-* u. *-Aralkyl-2-dimethylaminomethylcyclopentanolen*, die mit Benzoyl- (**VIII**), p-Nitrobenzoyl- (**IX**) u. Cinnamoylchlorid (**X**) zu den entsprechenden *Estern* umgesetzt werden. *1*-Äthyl-1-[p-nitrobenzoyloxy]-2-dimethylaminomethylcyclopentan (**VII**) wird zur *Amino-Verb.* red. u. mit Chlorameisensäureäthylester (**XI**) zum *1-Äthyl-1-[p-carbäthoxyaminobenzoyloxy]-Deriv.* umgesetzt.

Versuche: 2-Dimethylaminomethylcyclopentanole-(1): *1-Methyl-*, $C_9H_{19}NO$, Kp.$_6$ 65°, aus 8,5 g Mg, 40,1 g Methyljodid u. 19,1 g **I**; 1,3 g (Ausbeute). — *1-Äthyl-*(**II**), $C_{10}H_{21}NO$, Kp.$_5$ 77°, aus 5,0 g Mg, 15,0 g Äthylbromid u. 7,2 g **I**; 1,9 g. *Benzoathydrochlorid*, $C_{17}H_{25}NO_2 \cdot HCl$, F. 142°, aus 1,9 g **II** u. 1,7 g **VIII**; 2,6 g. *p-Nitrobenzoathydrochlorid*(**VII**), $C_{17}H_{24}N_2O_4 \cdot HCl$, F. 183°, aus 1,6 g **II** u. 1,75 g **IX**; 3,3 g. *p-Aminobenzoat*, $C_{17}H_{26}N_2O_2$, F. 86°, aus 1,4 g **VII** durch Hydrieren in Ggw. von Pd-Kohle; 0,8 g. *p-Carbäthoxyaminobenzoat*, $C_{20}H_{30}N_2O_4$, F. 125,5°, aus 0,4 g vorst. Verb. mit 0,6 g **XI** 0,4 g. — *1-n-Propyl-* (**III**), $C_{11}H_{23}NO$, Kp.$_6$ 88°, aus 12,0 g Mg, 52,1 g n-Propylbromid u. 18,5 g **I**; 5,0 g. *Benzoathydrochlorid*, $C_{18}H_{27}NO_2 \cdot HCl$, F. 155°, aus 0,3 g **III** u. 0,3 g **VIII**; 0,4 g. *p-Nitrobenzoathydrochlorid*, $C_{18}H_{26}N_2O_4 \cdot HCl$, F. 189,5°, aus 2,0 g **III** u. 2,21 g **IX**; 3,7 g. *Cinnamathydrochlorid*, $C_{20}H_{29}NO_2 \cdot HCl$, F. 156°, aus 1,0 g **III** u. 1,0 g **X**; 1,4 g. — *1-Isopropyl-*, $C_{11}H_{23}NO$, Kp.$_{6,5}$ 67°, aus 3,4 g Mg, 13,4 g Isopropylbromid u. 7,1 g **I**; 1,3 g. — *1-Allyl-*, $C_{11}H_{21}NO$, Kp.$_8$ 81,5°, aus 3,4 g Mg, 18,2 g Allylbromid u. 10,0 g **I**; 1,0 g. — *1-Butyl-*, $C_{12}H_{25}NO$, Kp.$_6$ 107,5°, aus 8,5 g Mg, 39,0 g Butylbromid u. 18,5 g **I**; 3,2 g. — *1-Phenyl-* (**IV**), $C_{14}H_{21}NO$, Kp.$_{0,4}$ 131°, aus 4,8 g Mg, 31,2 g Brombenzol u. 8,5 g **I**; 3,3 g. *Benzoathydrochlorid*, $C_{21}H_{25}NO_2 \cdot HCl$, F. 183°, aus 1,0 g **IV** u. 0,71 g **VIII**; 1,3 g. — *1-Benzyl-* (**V**), $C_{15}H_{23}NO$, Kp.$_{0,7}$ 137°, aus 3,4 g Mg, 17,9 g Benzylchlorid u. 9,5 g **I**; 6,3 g. *Benzoathydrochlorid*, $C_{22}H_{27}NO_2 \cdot HCl$, F. 145,5°, aus 0,5 g **V** u. 0,33 g **VIII**; 0,6 g. — *1-Cyclohexyl-* (**VI**), $C_{14}H_{27}NO$, Kp.$_{0,1}$ 121°, aus 8,5 g Mg, 33,6 g Cyclohexylchlorid u. 14,7 g **I**; 4,3 g. *Benzoathydrochlorid*, $C_{21}H_{31}NO_2 \cdot HCl$, F. 183°, aus 0,7 g **VI** u. 0,48 g **VIII**; 0,8 g. W. Mucke 2120△

0874 **Synthese des Bis-[2.3-epoxypropyl]-äthers von 2.2-Bis-[p-hydroxyphenyl]-hexafluorpropan und Synthese eines Copolymeren mit dem Äther.** N. P. Gambarjan, G. Ss. Nessmejanowa und I. L. Knunjanz. (J. chem. Allunions-Mendelejew-Ges. [UdSSR] **7**, 231, 1962; Akad. der Wiss. der UdSSR, Inst. für elementorgan. Verbb.; russ.) — Die Synth. von *2.2-Bis-[p-(2.3-epoxypropoxy)-phenyl]-hexafluorpropan* u. seine Copolymerisation mit *2.2-Bis-[p-hydroxyphenyl]-hexafluorpropan* (**I**) wird beschrieben.

Versuche: *2.2-Bis-[p-(2.3-epoxypropoxy)-phenyl]-hexafluorpropan*, $C_{21}H_{18}F_6O_4$, Kp.$_{0,001}$ 198°, F. 96 bis 98° (Ae.), man erhitzt 56,3 g **I**-Di-Na-Salz u. 85 g Epichlorhydrin 2 Std. auf dem Wasserbad bis zum Verschwinden der alkal. Rk.; 58% Ausbeute. — Man erhitzt 11,6 g vorst. Verb. unter N_2 auf 100°, versetzt mit 0,013 g Piperidin, erhitzt auf 150°, gibt 7 g **I** zu u. hält noch $^1/_2$ Std. auf dieser Temp.; Mol.-Gew. 3500; Erweichungs-Temp. 132°. Renate Richter 2260◇

0875 **Synthese von β-[2'-Carboxydiphenyl-(2)]-acrylsäure und ihren Derivaten.** L. P. Kulew und Sh. W. Tschugunowa. (Nachr. sibir. Abt. Akad. Wiss. UdSSR **1962**, Nr. 11, 141—43; Tomsk, polytechn. Inst.; russ.) — Durch Kondens. von 2'-Formyldiphenyl-2-carbonsäure (**I**) mit Malonsäure (**II**) wurde *β-[2'-Carboxydiphenylyl-(2)]-acrylsäure* dargestellt. Deren Decarboxylierung lieferte *2'-Vinyldiphenyl-2-carbonsäure* u. *o-Phenylstyrol* (**III**). Durch Polymerisation von **III** in Ggw. von Dibenzoylperoxid bei 100° wurden *Polymere* mit der Erweichungstemp. 95—105° erhalten.

Versuche: *β-[2'-Carboxydiphenylyl-(2)]-acrylsäure*, F. 226—228°, durch 4std. Erhitzen von 22,6 g **I** mit 15,6 g **II** in 83,6 ml Pyridin in Ggw. von 2 ml Piperidin auf 95—115°; 97% (Ausbeute). — *o-Phenylstyrol* (**III**), $C_{14}H_{12}$, Kp.$_{10}$ 135—140°, durch Erhitzen von 15 g vorst. Verb. in 45 ml Chinolin in Ggw. von 1 g Hydrochinon u. 1,5 g Cu auf 230—340°; n_D^{19} 1,6082; 65%. Daneben *2'-Vinyldiphenyl-2-carbonsäure*, $C_{15}H_{12}O_2$, F. 100—101°; 25%. Helmut Schäfer 2420△

0876 **Untersuchungen über synthetische Sympathicolytica der Ergotaminreihe.** 12. Mitt. **Derivate von 2-Amino-1.2.3.4-tetrahydronaphthalin mit Amin- und Amidfunktionen.** J. F. Cavalla und G. B. Marini-Bettòlo. (Rend. Ist. super. Sanità **18**, 673—79, 1955; Roma, Ist. super. sanità; ital.) — 11. vgl. C. **1955**, 10795. — Die Synth. einiger *Derivv. von 2-Amino-1.2.3.4-tetrahydronaphthalin* mit zwei aus Glycin u. β-Alaninmoll. gebildeten Petidketten wird beschrieben. Die sympathicolyt. Eigg. der gewonnenen Verbb. werden getestet.

Versuche: 1.2.3.4-Tetrahydronaphthaline: *2-[Diäthylaminocarbonylmethylaminocarbonylmethylamino]-* (**I**), F. 163—164°, durch Erwärmen des Hydrates im Vakuum auf 56°. *Monohydrat*, F. 87—89° (Methanol/Ae.), durch 2std. Erwärmen von 3 g 2-Amino-1.2.3.4-tetrahydronaphthalin (**II**) mit 2,07 g N-[Chloracetyl]-glycin-N'.N'-diäthylamid auf 100°, 12std. Stehen, Lösen in W., Zugabe von 5%ig. wss. K_2CO_3-Lsg., Extrahieren mit Äthylacetat, Abdest. von **II** im Vakuum, Zugabe von 3 g Diäthylphthalat zum Rückstand, Dest. bei 0,1 Torr, Lösen des Rückstandes in Ae. u. Zugabe von abs. äther. HCl; 2 g (Ausbeute). — *2-[β-(Diäthylaminocarbonyl)-äthylaminocarbonylmethylamino]-*, F. 179—181°, analog **I** durch Umsetzen mit N-[Chloracetyl]-β-alanin-N'.N'-diäthylamid. — *2-[N.N-Bis-(diäthylaminocarbonylmethyl)-aminocarbonylmethylamino]-*, F. 110—112° [Methanol/PAe./Ae. (1:10:5)], durch Umsetzen von 3 g **II** mit 3,2 g N.N-Bis-[diäthylaminocarbonylmethyl]-chloressigsäureamid analog **I**; 3,1 g. *Hydrobromiddihydrat*, $C_{24}H_{39} \cdot BrN_4O_3 \cdot 2H_2O$, F. 156—158° (Zers.; Methanol/Ae.). — *2-[β-(Diäthylaminocarbonylmethylamino)-äthylcarbonylamino]-*, F. 162—164° (A./Ae.), durch 2std. Erwärmen von 2,6 g Glycin-N.N-diäthylamid mit 2 [β-Chloräthylcarbonylamino]-1.2.3.4-tetrahydronaphthalin auf 100°, Lösen in W., Extrahieren mit Äthylacetat, Waschen mit 50%ig. K_2CO_3-Lsg., Eindampfen, Zugabe von Diäthylphthalat, Dest. im Vakuum, Lösen des Rückstandes in Ae. zu Zugabe von äther. HCl; 2,3 g. — *2-[Diäthylaminocarbonylmethylaminomethylcarbonylamino]-*, analog vorst. Verb. aus 2-[Chlormethylcarbonylamino]-1.2.3.4-tetrahydronaphthalin. *Oxalat*, F. 160—162°. — *2-[β-Phthalimidopropionamido]-*, F. 200—202° (A./Chlf.), durch $^1/_2$std. Zugabe einer äther. Lsg. von 11,9 g N-[β-Chlorpropionyl]-phthalimid zu einer Suspension von 7,35 g **II** u. MgO in W. bei 0—5°, $^1/_2$std. Stehen, Zugabe von 1 n HCl, 10 Min. langes Stehen, u. Absaugen; 15 g. — *2-[β-Aminoäthylcarbonylamino]-*, F. 173—175° (A./Ae.), durch 3std. Kochen von 13 g vorst. Verb. mit 1 n äthanol. Hydrazinlsg., Dest. im Vakuum, Lösen des Rückstandes in W., Zugabe von 1 n HCl, 1std. Erwärmen auf 40°, Filtrieren u. Eindampfen im Vakuum; 4 g. — *2-Phthalimidoacetamido-*, F. 227—228°, durch Umsetzen von **II** mit Phthalimidoacetylchlorid. W. Hampel 2700△

0877 **Synthese einiger Anthracenderivate mit Hilfe lithiumorganischer Verbindungen.** A. I. Nogaideli und N. N. Schirtladse. (Mitt. Akad. Wiss. GrusinSSR **29**, 151—58, 1962; Tbilissi, Akad. der Wiss. der GrusinSSR; Melikischwili-Inst. für Chem.; russ.) — Die Kondens. von 9.10-Dihydro-9.10-dilithiumanthracen (**I**) mit n-Butylchlorid (**II**) u. 1-Chlormethylnaphthalin (**III**) lieferte *9.10-Di-n-butyl-*(**IV**) bzw. *9.10-Bis-[naphthyl-(1)-methyl]-9.10-dihydroanthracen* (**V**) neben *1.2-Bis-[naphthyl-(1)]-äthan*. **IV** u. **V** werden zu *9.10-Di-n-butyl-* bzw. *9.10-Bis-[naphthyl-(1)-methyl]-anthracen* dehydriert.

Versuche: 9.10-Dihydroanthracene: *9.10-Di-n-butyl-*(**IV**), $C_{22}H_{28}$, durch 100std. Schütteln von 30 g Anthracen (**VI**) mit Li in Ae., tropfenweise Zugabe von **II** in Ae. u. Chromatographie an Al_2O_3; D_4^{20} 0,9793; n_D^{20} 1,5721; gelbgrün; 20 g (Ausbeute). — *9.10-Bis-[naphthyl-(1)-methyl]-*(**V**), $C_{36}H_{28}$, durch Rk. von **III** mit **I** (30 g **VI**, 6 g Li); D_4^{20} 1,0803; n_D^{20} 1,6572; grün; ca. 13 g. Daneben *1.2-Bis-[naphthyl-(1)]-äthan* [F. 157—161° (Bzl.); gelb; 10 g] u. *Anthracen* [**VI**; F. 214°; 7 g]. — Anthracene: *9.10-Di-n-butyl-*, F. 100—101° (Methanol), durch 2std. Erhitzen von 12 g **IV** mit 1,3 g S auf 219—220°; grün. — *9.10-Bis-[naphthyl-(1)-methyl]-*, $C_{36}H_{26}$, F. 176—181° (PAe.–Al_2O_3), durch Dehydrierung von **V** mit S bei 210—220°. Helmut Schäfer 2800△

0878 **Synthese von 5-Substitutionsprodukten des 1-Phenylanthrachinons.** W. A. Putschkow. (J. chem. Allunions-Mendelejew-Ges. [UdSSR] **6**, 477, 1961; Woroschilow-Forschungsinst. für org. Zwischenprodd. u. Farbstoffe; russ.) — Durch Diazotierung u. anschließende Arylierung von 5-Chlor- (**I**) oder 5-Benzoylamino-1-aminoanthrachinon (**II**) wird *5-Chlor-* (**III**) bzw. *5-Benzoyl-*

amino-1-phenylanthrachinon (**IV**) erhalten. **III** liefert mit NH_4OH *5-Amino-1-phenylanthrachinon* (**V**).

Versuche: Anthrachinone: *5-Chlor-1-phenyl-* (**III**), $C_{20}H_{11}ClO_2$, F. 180,5—181°, durch Lösen von **I** in Eisessig bei 100°, Abkühlen auf 50°, Zugabe der doppelten Menge von $NaNO_2$, 1std. Rühren bei 45—50°, Abkühlen auf 30°, Gießen in eine Lsg. von Bzl.-W.-Soda u. Chromatographie der Bzl.-Schicht an Al_2O_3; aus Eisessig hellgelbe Prismen; 53,5% (Ausbeute). — *5-Benzoylamino-1-phenyl-* (**IV**), $C_{27}H_{17}NO_3$, F. 256,8—257,5°, a) analog vorst. Verb. aus **II**; aus Toluol gelbe Prismen; 55%; b) durch Erhitzen von **V** mit Benzoylchlorid in Benzoesäure auf 160°. — *5-Amino-1-phenyl-* (**V**), $C_{20}H_{13} \cdot NO_2$, F. 178,5—179,5°, a) durch 16std. Erhitzen von **III** mit 25%ig. NH_4OH auf 210—215°; aus Toluol orangerote Nadeln; b) durch Erhitzen von **IV** auf 160° in HCl-gesätt. Alkohol. H. Dalmer 2800△

0879 **Bicyclische Basen. 3. Mitt. Isomere 2-Amino-3-phenylnorbornane.** George I. Poos, John Kleis, Raymond R. Wittekind und Janet D. Rosenau. (J. org. Chemistry **26,** 4898—4904, 1961; Fort Washington, Pa., McNeil Labors., Inc.; engl.) — 2. vgl. C. **1963,** 21529. — Vf. reduzierten trans-2-Nitro-3-phenylnorbornen-(5) (**I**) mit Fe–HCl zu *2-Amino-3-phenylnorbornen-(5)* (**II**) (vgl. Parham, Hunter u. Hanson, C. **1952,** 5249). Das durch katalyt. Hydrierung aus **I** oder **II** entstehende *endo-2-Amino-exo-3-phenylnorbornan* (**III**) wurde auf eindeutigem Wege durch Überführung von exo-3-Phenylnorbornen-(5)-endo-2-carbonsäurechlorid (**IV**) in sein *Amid* u. dessen Hydrierung zum *exo-3-Phenylnorbornan-endo-2-carbonsäureamid* (**Va**) sowie anschließende Hofmann-Rk. dargestellt. Die Konstit. von **IV** wurde durch seine Überführung in *endo-6-Hydroxy-exo-5-jod-exo-3-phenylnorbornan-endo-2-carbonsäurelacton* sichergestellt. Das nach Allen, Bell u. Gates (J. org. Chemistry **8,** [1943], 373) synthetisierte **I** stellt ein Gemisch der *endo-2-Nitro-exo-3-phenyl-* bzw. *exo-2-Nitro-endo-3-phenyl-Form* im Verhältnis 3:1 dar, die zu den entsprechenden gesätt. Addukten hydriert u. weiterhin zu den mit **II** analogen stereoisomeren Norbornanen red. werden konnten. **III** wurde auch durch Addition von Cyclopentadien an Phenylpropioloylchlorid u. anschließende Einw. von NH_4OH, katalyt. Hydrierung des neben der *freien Säure* (**VI**) erhaltenen *3-Phenylnorbornadien-(2.5)-carbonsäure-(2)-amids* u. nachfolgende basenkatalysierte Isomerisierung sowie Hofmann-Rk. synthetisiert. Die Konstit. des dabei erhaltenen *endo-3-Phenylnorbornan-endo-2-carbonsäureamids* (**V**) ergab sich durch den Vgl. mit **Va**. **VI** lieferte bei der katalyt. Hydrierung *endo-cis-3-Phenylnorbornancarbonsäure-(2)* (**VII**), die über das *Azid* in die *cis-endo-Form* von *2-Amino-3-phenylnorbornan* (**VIII**) übergeführt wurde. Neben **VII** entstand eine geringe Menge der *exo-cis-Verb.*, aus der analog *exo-cis-***VIII** entstand. Verss. zur Darst. vorst. Verb. in größeren Mengen durch Isomerisierung des **I**-Gemisches oder der entsprechenden gesätt. Verbb. mit alkohol. KOH–alkohol. H_2SO_4 führten nicht zum Erfolg.

Versuche (FF. korr.): *trans-2-Nitro-3-phenylnorbornen-(5)* (**I**), $Kp._{0,03}$ 121—122°, aus Cyclopentadien u. β-Nitrostyrol; n_D^{24} 1,5660; 91% (Ausbeute). — *2-Amino-3-phenylnorbornen-(5)* (**II**), *Hydrochlorid*, $C_{13}H_{16} \cdot ClN$, F. 248—252° (Zers.; Methanol-Ae.), aus **I** durch 6std. Erhitzen in wss. HCl mit Fe-Spänen, Methylenchlorid-, dann n-Butanol-Extraktion; 51%. *Benzolsulfonylderiv.*, F. 170—172° (Methanol u. A.); 98%. — *endo-6-Hydroxy-exo-5-jod-exo-3-phenylnorbornan-endo-2-carbonsäurelacton*, $C_{14}H_{13}JO_2$, F. 118,5—120° (Bzl.-Ae.), durch 1std. Kochen von Cyclopentadien mit Cinnamoylchlorid in Ggw. von Pikrinsäure, Verseifung mit 10%ig. NaOH bei 50° u. anschließende Einw. von KJ_3 in wss. 0,5 n $NaHCO_3$ auf die erhaltene *3-Phenylnorbornen-(5)-carbonsäure-(2)* [F. 89—105° (Heptan); 74%]; 80%; liefert durch 4std. Kochen mit Zn-Staub in 90%ig. Essigsäure *exo-3-Phenylnorbornen-(5)-endo-2-carbonsäure*, F. 108—110° (Heptan); 75%. *Amid*, $C_{14}H_{15}NO$, F. 147—148° (Chlf.-PAe.), a) aus **IV** durch Zugabe zu konz. NH_4OH unter Eiskühlung; 88%; b) aus der freien Säure in abs. Bzl. durch 2std. Einw. von Oxalylchlorid, dann Zugabe des erhaltenen Prod. bei NH_4OH unter Eiskühlung u. 2std. Rühren; 87%. — Norbornane: *exo-3-Phenyl-endo-2-aminocarbonyl-*, $C_{14}H_{17}NO$, F. 138—140° (Chlf.-PAe.), aus 5 g vorst. Amids durch Hydrierung an PtO_2 in Methanol; 4 g. — *endo-2-Amino-exo-3-phenyl-* (**III**), *Hydrochlorid*, $C_{13}H_{18}ClN$, F. 204—206° (Chlf.-PAe.), durch Zugabe von Br_2 u. anschließend vorst. Verb. zu wss. NaOH u. 1std. Rühren bei 0°, dann 10 Min. Erhitzen auf 60°, Ae.-Extraktion u. Extraktion der äther. Lsg. mit 6 n HCl. *Benzolsulfonylderiv.*, $C_{19}H_{21}NO_2S$, F. 142—143° (abs. A.); 96,4%. — *Gemisch* (**B**) von *endo-2-Nitro-exo-3-phenyl-* u. *exo-2-Nitro-endo-3-phenyl-*, $C_{13}H_{15}NO_2$, $Kp._{0,1}$ 106—112°, aus dem **I**-Gemisch in abs. Methanol durch Hydrierung an PtO_2 bei 40 p.s.i.; n_D^{29} 1,5491—1,5502; 85%. — *endo-3-Phenyl-endo-2-aminocarbonyl-* (**V**), $C_{14} \cdot H_{17}NO$, F. 132—135° (Chlf.–PAe.), aus dem Amid von **VI** durch Hydrierung an PtO_2 in Methanol; 82%. — *endo-3-Phenyl-exo-2-aminocarbonyl-*, $C_{14}H_{17}NO$, F. 153 bis 154° (Bzl.–Ae.), aus 10 g **V** in Methanol u. 10%ig. NaOH durch Einengen der Lsg.; 9 g. — *exo-2-Amino-endo-3-phenyl-*, *Hydrochlorid*, $C_{13}H_{17}N \cdot HCl$, F. 213—217° (Chlf.–PAe.), aus vorst. Verb. durch Zugabe zu Br_2 in wss. NaOH u. 1std. Rühren bei 0°, dann 15 Min. bei 60°. *Benzolsulfonylderiv.*, $C_{19}H_{21}NO_2S$, F. 141—143° (A.), a) aus dem Hydrochlorid; 81%; b) aus **B** durch Hydrierung an Pd-Kohle in A. bei 59 p.s.i. in 20 Min. u. anschließende Einw. von Benzolsulfochlorid auf das erhaltene rohe Hydrierungsprod. in 10%ig. NaOH in 1 Std.; 6,9%; daneben **III**-*Benzolsulfonylderiv.*; 36%. — *endo-3-Phenyl-endo-2-carboxy-* (**VII**), $C_{14}H_{16}O_2$, F. 157—158° (im Rohr; Äthylacetat), aus **VI** durch Hydrierung an Pd-Kohle bei 2 atm in abs. A. in 20 Min. bei Raumtemp.; 50,6%. Daneben ein Gemisch (**C**) von **VII** mit der *exo-cis-Verb.* (F. 143—158°). — *2-Amino-3-phenyl-*(**VIII**), *endo-cis-Form*, aus **VII** in wss. Aceton durch Zugabe von Triäthylamin, dann von Chlorameisensäureäthylester bei 0°, nach 1std. Rühren Zusatz von wss. NaN_3 u. weiteres 1std. Rühren bei 0°, nach Aufarbeitung 1std. Erwärmen des erhaltenen Öles in abs. Toluol auf dem Wasserbad u. nachfolgendes 4std. Kochen des isolierten Prod. mit 20%ig. HCl dann Behandlung des entstandenen Hydrochlorids mit 10%ig. NaOH u. Aufarbeitung; 49,6%. *Benzolsulfonylderiv.*, $C_{19}H_{21}NO_2S$, F. 125—126° (A.). *Hydrochlorid*, $C_{13}H_{18}ClN$, F. 240—250° (Zers.; A.). *exo-cis-Form*, *Benzolsulfonylderiv.*, F. 130—132° (A.), aus 1,41 g des neben **VII** erhaltenen Gemisches **C** analog der endo-cis-Form u. wiederholte Kristallisation; 0,083 g. — *3-Phenylnorcampher-2.4-dinitrophenylhydrazon*, $C_{19}H_{18}N_4O_4$, F. 164,5—167,5 (A.), aus **VIII** durch Nef-Rk.; 81%. — *Phenylpropioloylchlorid*, $Kp._{0,1-1,0}$ 53—65°, aus Na-Phenylpropiolat in abs. Bzl. durch Einw. von Oxalylchlorid unter Eiskühlung u. 2std. Rühren bei Raumtemp.; 85%. — *3-Phenylnorbornadien-(2.5)-carbonsäure-(2)* (**VI**), $C_{14}H_{12}O_2$, F. 135 bis 136° (Ae.–PAe.), a) aus 14 g vorst. Verb. u. Cyclopentadien in Ggw. von Pikrinsäure, nach 1 Std. weiterer Zusatz von Cyclopentadien u. 1std. Kochen, Dest. bei 100°/0,1 nm u. Zugabe des Rückstandes in Bzl. zu konz. NH_4OH, dann Stehen über Nacht bei Raumtemp., Abdest. des Bzl., Methylenchlorid-Extraktion u. Ansäuren der wss. Phase; 1,6 g; b) aus Phenylpropiolsäuremethylester in Bzl. analog a) u. nachfolgende Hydrolyse des erhaltenen *Methylesters* ($Kp._{0,5}$ 111—114°; 68,5%) mit 20%ig. NaOH; 63,9%. *Amid*, $C_{14}H_{13}NO$, F. 101 bis 103° (Ae.), neben der freien Säure nach a); 78%. D. Kirstein 2950◇

0880 **Synthese von endo-2-Carboxy-endo-6-aminonorbornanlactam.** Richard W. Iles und W. Scott Worrall. (J. org. Chemistry **26,** 5233—35, 1961; Hartford, Conn., Trinity College, Dep. of Chem.; engl.) — Vgl. C. **1961,** 12078. — Das Lacton von endo-2-Carboxy-exo-5-brom-endo-6-hydroxynorbornan (**III**) liefert mit wss. NaOH bei Raumtemp. *endo-2-Carboxy-6-ketonorbornan* (**I**), dessen Konstit. durch Analyse, IR-Spektrum u. Aufnahme eines Mol H_2 sichergestellt wurde. Die endo-Lage der –COOH-Gruppe wurde durch die Bldg. von *endo-2-Carboxy-endo-6-hydroxynorbornan* bei der Hydrierung an Pt bestätigt. **I** erwies sich beim Kochen in verd. Säuren oder verd. wss. Basen als stabil. **I** wurde durch Hydrierung an Pt in NH_4OH in *endo-2-Carboxy-endo-6-aminonorbornanlactam* übergeführt. *endo-2-Carboxy-exo-3-carboxy-6-ketonorbornan* wurde nach einer verbesserten Meth. von

Alder u. Stein [1936] aus endo-2-Carboxy-exo-3-carboxy-exo-5-brom-endo-6-hydroxynorbornan (II) dargestellt.

Versuche: *endo-2-Carboxy-6-ketonorbornan* (I), $C_8H_{10}O_3$, F. 101,5—103,5° (Äthylacetat), aus III durch 1std. Rühren mit wss. NaOH bei 25°, Zugabe von konz. HCl < 25° u. Aufarbeitung; 49%. (Ausbeute). — *endo-2-Carboxy-endo-6-hydroxynorbornanlacton*, F. 152—154,5° (Pentan), aus I durch 24std. Hydrierung an PtO_2 in wss. HCl bei Raumtemp./1 atm.; 37%. — *endo-2-Carboxy-exo-3-carboxy-6-ketonorbornan*, F. 182,5—184°, aus II durch 2std. Kochen mit wss. NaOH, Zugabe von konz. HCl bei 25° u. Äthylacetat-Extraktion; 83%. — *endo-2-Carboxy-endo-6-aminonorbornanlactam*, $C_8H_{11}NO$, F. 153 bis 154° (Ae./PAe.), aus I durch 24std. Hydrierung an Pt in NH_4OH bei 48°/40 lbs./sq. in., Aufarbeitung u. 2std. Erhitzen des Prod. auf 80°; 34%.

D. Kirstein 2950◇

0881 **Triptycen aus Dehydrobenzol und Anthracen.** G. Wittig und E. Benz. (Tetrahedron [London] **10**, 37—40, 1960; Heidelberg, Univ., Chem. Inst.; engl.) — Der Zerfall des Li-Hexaphenylantimonats (I) zu Pentaphenylantimon u. Phenyl-Li (II) im reversiblen Gleichgew. gestattet es, II in geringer Konz. nach dem Verdünnungsprinzip einzusetzen. Unter diesen Bedingungen ließ sich im „Eintopfverfahren" aus I, Fluorbenzol (III) u. Anthracen (IV) *Triptycen* in 23%ig. Ausbeute gewinnen. Ähnlich wurde aus I oder $Li[(C_6H_5)_3Cd]$ u. Fluoren (V) über Fluorenyl-Li durch Rk. mit CO_2 *Diphenylenessigsäure* dargestellt.

Versuche: *Diphenylenessigsäure*, F. 210° (Zers.; Ameisensäure), durch 15std. Schütteln von I u. V in abs. Ae. unter N_2 u. Zugabe von Trockeneis; 12,5% (Ausbeute). — *Triptycen*, F. 252—254° (Cyclohexan), aus 3 g I, III u. IV in Tetrahydrofuran unter N_2 durch 60std. Schütteln, 2std. Erhitzen auf 80—100° unter Schütteln, Zugabe von Methanol, Eindampfen, Ausziehen mit verd. HCl, Trocknen, 20 Min. langes Kochen mit Maleinsäureanhydrid (VI) in Xylol, Abfiltrieren des *IV–VI-Adduktes* (F. 254—256°), Kochen der Xylol-Lsg. mit 2 n NaOH, Eindampfen der organ. Phase, Aufnehmen in CCl_4 u. Chromatographie an Al_2O_3; 23%; daneben 1,1 g *Triphenylstibinoxid* (F. 205—209°) u. 50 mg *Triphenylstibin* (F. 48—49°).

K.-D. Albrecht 2950◇

0882 **Untersuchungen über die Synthese von Sulfisoxazol. 12. Mitt. Synthese der N¹-Acetylsulfanilamidderivate.** Kitiji Enoki. (J. pharmac. Soc. Japan [Yakugaku-Zasshi] **80**, 1735—38, 1960; Nippon Soda Co. Ltd., Takaoka Plant, Res. Labor.; jap., Auszug: engl.) — 3. vgl. C. **1963**, 6556; 11. vgl. J. pharm. Soc. Japan [Yakugaku-Zasshi] **80**, [1960], 999. — Die Acetylierung der Na-Salze von N¹-[5-Methylisoxazolyl-(3)]-sulfanilamid (I) u. N¹-[2-Phenylpyrazolyl-(3)]-sulfanilamid (II) mit Acetanhydrid gibt N¹-acetylierte Derivv., jedoch in Ggw. von Pyridin auch N⁴-acetylierte Verbb., Erhitzen von I oder II in Pyridin führt zur Umlagerung der Acetylgruppe aus der N¹- in die N⁴-Stellung. Die UV-Absorptionsmaxima der verschiedenen Derivv. sind angegeben.

Versuche: *N¹-[5-Methylisoxazolyl-(3)]-N¹-acetylsulfanilamid* (III), $C_{12}H_{13}N_3O_4S$, F. 184—185° (Methanol; Zers. bei 210—211°) durch Rk. des Na-Salzes von I in Aceton mit Acetanhydrid bei 60—64° für 2 Std.; 37,6% (Ausbeute). — *N¹-[5-Methylisoxazolyl-(3)]-N⁴-acetylsulfanilamid*, $C_{12}H_{13}N_3O_4S$, F. 224—225°, a) neben obiger Rk.; 57,8%; b) durch Rk. des Na-Salzes von I mit Acetanhydrid in Ggw. von Pyridin; 98,6%; c) durch Erhitzen von III in sd. Pyridin; 97,5%. — *N¹.N⁴-Diacetyl-N¹-[-5-methylisoxazolyl-(3)]-sulfanilamid*, $C_{14}H_{15}N_3O_5S$, F. 210—211°, durch Rk. von I u. Acetanhydrid, 81%. — *N¹-[2-Phenylpyrazoyl-(3)]-N¹-acetylsulfanilamid* (IV), $C_{17}H_{16}N_4O_3S$, F. 187—189°, a) durch Rk. des Na-Salzes von II in Aceton mit Acetanhydrid für 2 Std. bei 40°; 90,6%; b) in Ggw. von Pyridin; 74,1%. — *N¹-[2-Phenylpyrazolyl-(3)]-N⁴-acetylsulfanilamid*, $C_{17}H_{16}N_4O_3S$, F. 177—179°; a) analog IV nach a); 3,8%; b) analog IV nach b); 15,1%; c) durch Erhitzen von IV in sd. Pyridin; 70%. — *N¹.N⁴-Diacetyl-N¹-[2-phenylpyrazolyl-(3)]-sulfanilamid*, $C_{19}H_{18}N_4O_4S$, F. 216—218°, durch 1std. Rk. des Na-Salzes von II mit Acetanhydrid; 99%. — *N¹-[6-Methoxypyridazinyl-(3)]-N⁴-acetylsulfanilamid*, $C_{13}H_{14}N_4O_4S$, F. 225—227°, durch Rk. des entsprechenden Na-Salzes mit Acetanhydrid. — *N¹.N⁴-Diacetyl-N¹-[6-methoxypyridazinyl-(3)]-sulfanilamid*, $C_{15}H_{16}N_4O_5S$, F. 210—211°, aus vorst. Verb. mit Acetanhydrid. — *N¹-[2.4-Dimethoxypyrimidinyl-(6)]-N⁴-acetylsulfanilamid*, $C_{14}H_{16}N_4O_5S$, F. 216—218°, durch Rk. des entsprechenden Na-Salzes mit Acetanhydrid. — *N¹.N⁴-Diacetyl-N¹-[2.4-dimethoxypyrimidinyl-(6)]-sulfanilamid*, $C_{16}H_{18}N_4O_6S$, F. 210—212°, aus vorst. Verb. mit Acetanhydrid.

W. Mucke 3000△

0883 **Neue heterocyclische Acetamide. Untersuchungen über Hypotensiva und Analgetica.** Étienne Szarvasi und Liliane Neuvy (unter techn. Mitarbeit von Claude Lebourneur und Bernard Auyer). (Bull. Soc. chim. France **1961**, 944—46; Lyon, Soc. Lipha; franz.) — Durch Rk. von α-Furfuryl- (I) u. α-Thenylamin mit Chloracetylchlorid wurden die entsprechenden *α-Chloracetamide* erhalten, die mit prim. u. sek. Aminen zu *disubstituierten*, vom pharmakolog. Gesichtspunkt aus interessanten *Acetamiden* umgesetzt wurden. — Vgl. C. **1963**, 110.

Versuche: Essigsäure-α-furfurylamide: *Diäthylamino-*, $C_{11}H_{18}N_2O_2$, Kp.$_2$ 125°, durch Zutropfen von Diäthylamin zu 2-[Chloracetamidomethyl]-furan (II), Kühlen während der exothermen Rk., 2std. Erwärmen auf 60°, Behandeln mit 20%ig. NaOH u. Ae.-Extraktion; D_4^{24} 1,008, n_D^{22} 1,4915; 80% (Ausbeute). *Methojodid*, $C_{12}H_{21}JN_2O_2$, F. 100,5—101,5° (A.–Ae.); 86%. — *Piperidino-*, $C_{12}H_{18}N_2O_2$, F. 58—60° (Äthylacetat), analog vorst. Verb.; 95%. *Methojodid*, $C_{13}H_{21}JN_2O_2$, F. 162—164° (A.); 62,5%. — *Anilino-*, $C_{13}H_{14}N_2O_2$, F. 86,5—87° (A.); 60%. — *α-Furfurylamino-*, $C_{12}H_{14}N_2O_3$, durch Zutropfen von I zu II in Bzl. unter Rühren, 2std. Erwärmen auf 20° nach Beendigung der exothermen Rk., Abfiltrieren von I-Hydrochlorid u. Eindampfen der Bzl.-Lsg.; dickes Öl. *Saures Oxalat*, $C_{14}H_{16}N_2O_7$, F. 196—197° (wss. Aceton oder wss. Dioxan); 56,4%. — Essigsäure-α-thenylamide: *Piperidino-*, $C_{12}H_{18}N_2OS$, F. 66° (A., wss. Aceton oder wss. Dioxan), durch Zugabe von Piperidin zu 2-[Chloracetamidomethyl]-thiophen in Bzl., 1std. Kochen nach Beendigung der exothermen Rk., Stehen über Nacht, Abfiltrieren von Piperidinhydrochlorid u. Einengen der Bzl.-Lsg.; 84,5%. *Methojodid*, $C_{13}H_{21}JN_2OS$, F. 126° (A., wss. Aceton oder wss. Dioxan). — *Diäthylamino-*, $C_{11}H_{18}N_2OS$, Kp.$_2$ 138°, D_4^{22} 1,059, n_D^{22} 1,5282; 65%. *Phosphat*, $C_{11}H_{21}N_2O_5PS$, F. 115—116° (A., wss. Aceton oder wss. Dioxan); 87%. *Methojodid*, $C_{12}H_{21}JN_2OS$, F. 92° (A.; hygroskop.). — *Anilino-*, $C_{13}H_{14}N_2OS$, F. 85—86° (wss. A.); 62%. — *α-Furfurylamino-, saures Oxalat*, $C_{14}H_{16}N_2O_6S$, F. 209° (wss. Aceton oder wss. Dioxan); 53,5%. — *Formaldehyd-bis-[δ-aminobutylacetal]* (unter techn. Mitarbeit von J. Boillot), Kp.$_1$ 110°, durch Behandlung von Formaldehyd-bis-[δ-chlorbutylacetal] mit NH_3; D_4^{22} 0,9476, n_D^{21} 1,467; 26%.

I. Spaeth 3051◇

0884 **Das Vorkommen von 2-Benzyl-2-hydroxycumaranonen-(3) in Quebracho-Tanninextrakt.** H. G. C. King, T. White und R. B. Hughes. (J. chem. Soc. [London] **1961**, 3234—39; Harpenden, Herts., Forestal Central Labor.; engl.) — Die Isolierung u. Identifizierung von *2-Benzyl-2.6.3'-trihydroxy-4'-methoxycumaranon-(3)* (I) aus käuflichem Quebracho-Tanninextrakt (Q) wird beschrieben. Die Struktur der Verb. wird durch Dehydrierung zum entsprechenden *Benzylidencumaranon-(3)* (*Auron*) u. durch Synth. aus ω-Hydroxyresacetophenon u. Isovanillin ermittelt. *2-Benzyl-2.6.3'.4'-tetrahydroxycumaranon-(3)* wird in geringer Ausbeute aus Q isoliert.

Versuche: *ω-Hydroxyresacetophenon*, $C_8H_8O_4$, F. 191°, aus W. Nadeln. — *2-Benzyl-2.6.3'-trihydroxy-4'-methoxycumaranon-(3)* (I), $C_{16}H_{14}O_6$, F. 194°, a) durch 10 Min. langes Kochen vorst. Verb. u. Isovanillin in wss. äthanol. KOH, Stehen über Nacht, Ansäurern mit konz. HCl, 3tägiges Stehen bei 0°, Eindampfen, Extrahieren mit Eisessig, Verdünnen mit W., Chromatographie in 5%ig. Essigsäure an „Solka Floc"-Cellulose; 4,9% (Ausbeute); b) durch 24std. Extraktion von Q mit abs. Aceton, Eindampfen, Extrahieren mit Ae., Dekantieren, Lösen in Aceton u. Chromatographieren; aus W. Nadeln; 0,02%; *Triacetylderiv.* (II), $C_{22}H_{20}O_8$, F. 147°. — *2-Ben-*

zyl-2.6.3'-trihydroxycumaranon-(3)-trimethyläther, $C_{18}H_{18} \cdot O_5$. — *3.2'.4'-Trihydroxy-α.4-dimethoxychalkon*, $C_{17}H_{16}O_6 \cdot H_2O$, F. 153° (wss. Methanol), durch 10 Min. langes Kochen von 1,8 g ω-Methoxyresacetophenon, Isovanillin u. wss. äthanol. KOH; 0,52 g. — *2-Benzyl-6.3'-dihydroxy-2.4'-dimethoxycumaranon-(3), Hydrat*, $C_{17}H_{16}O_6 \cdot H_2O$, F. 153° (W.), durch 27std. Kochen von 0,81 g vorst. Verb. mit 2 n H_2SO_4 in A.; 22 mg. — *2-Benzyl-2.6.3'.4'-tetrahydroxycumaranon-(3)* (**III**), F. 105°, a) durch 10 Min. langes Kochen von 0,1 g vorst. Verb. mit methanol. KOH, Zugabe von konz. HCl u. Verdünnen mit W.; 61 g; b) neben **I** durch Papierchromatographie. — *6.3'-Dihydroxy-4'-methoxyauron*, $C_{16}H_{12}O_5$, F. 254°, a) durch ½std. Kochen von 4 g 6-Hydroxycumaranon-(3) u. Isovanillin in A./konz. HCl; aus Methanol gelbe Nadeln; 4,3 g; b) durch 8 Min. langes Stehen von **I** in kalter konz. H_2SO_4, Verdünnen mit Eis u. Extrahieren mit Äthylacetat; c) durch 5 Min. langes Kochen von 0,5 g eines Gemisches aus **II**/**IV** mit 1 n äthanol. KOH u. Papierchromatographie; 0,65 mg; daneben **I**. — *6.3'-Dihydroxy-4'-methoxyauronsulfonsäure*, F. 258° (Zers.), a) durch Lösen von 1 g vorst. Verb. in warmer konz. H_2SO_4 u. Verdünnen mit W.; aus W. orangefarbene Nadeln; 0,8 g; b) analog aus **I**. — *6.3'-Diacetoxy-4'-methoxyauron* (**IV**), F. 165°, durch Zugabe von **I** zu Acetanhydrid/konz. H_2SO_4; aus A. Nadeln; daneben **II**. — *6.3'.4'-Triacetoxyauron*, F. 167°, a) aus Sulfuretin; b) aus 0,27 g **III** mit Acetanhydrid/konz. H_2SO_4; aus A. gelbe Nadeln; 16 mg. W. Hampel 3061□

0885 **Über Thienyl-(2)-hydrazin.** G. W. Schischkin und W. P. Mamajew. (Nachr. sibir. Abt. Akad. Wiss. UdSSR **1962**, Nr. 2, 112—13; Nowosibirsk, sibir. Abt. der Akad. der Wiss. der UdSSR, Inst. für organ. Chem.; russ.) — Bei der von Jakowlew [1957] durch Diazotierung von *2-Aminothiophen* u. Red. mit $SnCl_2$ erhaltenen Verbb. handelt es sich nicht um [Thienyl-(2)-hydrazinhydrochlorid]$_2SnCl_4$, sondern um das Salz der Ausgangsverb., wie papierchromatograph. u. IR-analyt. bewiesen wird. Helmut Schäfer 3071△

0886 **Ein Selen-Heterocyclus aus der Reaktion von Diphenylacetylen und Selentetrachlorid.** Reed F. Riley, J. Flato und P. McIntyre. (J. org. Chemistry **28**, 1138—39, 1963; Brooklyn, N. Y., Polytechnic Inst., Dep. of Chem.; engl.) — Bei der Rk. von Diphenylacetylen (**I**) u. $SeCl_4$ bildet sich in guter Ausbeute *2-Phenyl-3-chlorbenzoselenophen*, dessen Struktur sich aus dem UV-, IR- u. KMR-Spektrum ergibt. Der Bildungsmechanismus wird diskutiert. SCl_4 reagiert nicht analog.

Versuche: *2-Phenyl-3-chlorbenzoselenophen*, $C_{14} \cdot H_9ClSe$, durch Mischen von $SeCl_4$ u. **I** in Ae. bei —78°, Erwärmen auf Raumtemp., Einengen u. mehrtägiges Stehen bei —78°; Nadeln aus Ae.; 83%. — *Dibenzyl*, durch mehrstd. Kochen vorst. Verb. mit Raney-Ni im H_2-Strom; 61%. G. Fischer 3071◇

0887 **3-Diazopyrrole.** J. M. Tedder und B. Webster. (J. chem. Soc. [London] **1960**, 3270—74; Sheffield, Univ.; engl.) — Durch Diazotierung von 3-Aminopyrrolen oder Rk. von Pyrrolen mit HNO_3 in Aceton oder durch Umsetzung von 3-Nitrosopyrrolen mit NO werden die entsprechenden *3-Diazopyrrole* (DP) dargestellt. Die beiden letzten Rkk. sind nur bei 2.5-substituierten Pyrrolen möglich. Die DP lösen sich in Mineralsäuren unter Bldg. der entsprechenden *Diazoniumsalze*, die im sauren Medium auch mit Resorcin nicht kuppeln; im alkal. oder neutralen Medium werden die DP zurückerhalten. Dagegen reagieren die DP mit geschmolzenem β-Naphthol (**I**) oder beim Kochen mit neutralen **I**-Lsgg. unter Bldg. der entsprechenden *Azofarbstoffe*, wobei intermediär vermutlich die entsprechenden *Pyrrol-5-diazonium-β-naphtholate* entstehen. — Vgl. C. **1963**, 2826.

Versuche: Pyrrole: *2.3.5-Triphenyl-* (**II**), F. 142°, durch Kochen von Phenacyldesoxybenzoin mit CH_3COONH_4 in Essigsäure. — *3-Nitroso-2.4.5-triphenyl-*, $C_{22}H_{16}N_2O$, F. 195—196°, durch Zugabe von 2 g Amylnitrit (**VII**) zu 5 g **II** in alkohol. Na-Äthylat-Lsg., 2tägiges Stehen, Gießen in W. u. Neutralisieren des Filtrats mit CO_2; aus A. braune Nadeln; 2,2 g (Ausbeute). — *3-Nitro-2.4.5-triphenyl-*, $C_{22}H_{16}N_2O_2$, F. 188—190°, durch Zugabe von 2 g **II** in Ae. zu 7 g **VII** in Ae., 24std. Stehen, Abdampfen des Ae. u. Filtrieren; aus verd. A. gelbe Nadeln; 1,4 g. — *3-Amino-2.4.5-triphenyl-*, F. 182—183°, a) durch Lösen von 1 g vorst. Verb. in A./Eisessig (1:1), Zugabe von 2,3 g Zn-Staub, Filtrieren u. Alkalisieren; aus Bzl./PAe. Nadeln; 1,4 g; b) analog aus vorvorst. Verbindung. — *3-Diazo-2.4.5-triphenyl-* (**III**), $C_{22}H_{15}N_3$, F. 157—158° (Zers.), a) durch Lösen von **II** u. $NaNO_2$ in wss. Aceton, Zutropfen von 2 n HCl, 18std. Stehen, Zugabe von W., Alkalisieren, Lösen des Nd. in Ae., Extraktion mit 6 n HCl, Alkalisieren u. Extraktion mit Ae.; aus Bzl./PAe. rotbraune Nadeln; b) durch Zugabe von wss. $NaNO_2$-Lsg. zu vorst. Amin in Eisessig u. Neutralisieren mit $NaHCO_3$. — *2.5-Diphenyl-* (**IV**), F. 142°, durch Überführung von Fumaryldichlorid in *trans-1.2-Dibenzoyläthylen*, Red. zu *1.2-Dibenzoyläthan* u. dessen Rk. mit CH_3COONH_4 in Essigsäure. — *3-Diazo-4-nitro-2.5-diphenyl-* (**V**), $C_{16}H_{10}N_4O_2$, F. 144,5 bis 145° (Zers.), a) durch Zugabe von 5 ml 2 n HCl zu 2,2 g **IV** u. 10 g $NaNO_2$ in 150 ml Aceton u. 50 ml W., 24std. Rk. bei 0°, Zugabe von weiteren 5 ml HCl, 72std. Stehen, Neutralisieren u. Extraktion mit Ae.; aus Ae./PAe. gelbe Nadeln; 0,7 g; b) analog a) mit 25 ml 2 n HCl, 18std. Stehen bei 0°, Extraktion mit Chlf., Extraktion der Chlf.-Lsg. mit 8 n HCl, Neutralisieren u. Extraktion mit Ae.; 0,4 g. — *3-Diazo-2.5-diphenyl-*, $C_{16}H_{11}N_3$, F. 122—123°, durch Einleiten von NO in eine Lsg. von 3-Nitroso-2.5-diphenylpyrrol in Chlf.; b) neben **V** nach b). — *2-Methyl-5-phenyl-*, F. 96—98° (verd. A.), durch Kondens. von 40 g Phenacylbromid mit 20 g Acetylaceton, Hydrolysieren des *Triketons* u. Kochen des erhaltenen *1-Phenylpentandions-(1.4)* mit CH_3COONH_4 in Essigsäure; 18 g. — *2-Methyl-4-nitroso-5-phenyl-*, $C_{11}H_{10}N_2O$, F. 160° (Zers.), durch Zugabe von **VII** zu vorst. Verb. in alkohol. Na-Äthylat-Lsg., 18std. Stehen, Verdünnen mit W., Extrahieren mit Ae. u. Neutralisieren mit CO_2; aus Methanol olivgrüne Nadeln. — *3-Diazo-5-methyl-2-phenyl-*, $C_{11}H_9N_3$, F. 81—82° (Zers.), durch Einleiten von NO in eine Lsg. vorst. Verb. in Essigester, Lösen des Nd in W. u. Zugabe von $NaHCO_3$-Lsg.; aus Bzl./PAe. rotbraune Nadeln. — *2.5-Dimethyl-3-nitroso-*, $C_6H_8N_2O$, F. 127° (Zers.), durch Zugabe von **VII** zu 2.5-Dimethylpyrrol u. Na-Äthylat in A., 48std. Stehen, Zugabe von Ae., Lösen des Nd. in W., Zugabe von wenig Chlf. u. Einleiten von CO_2; aus Chlf. grüne Nadeln. — *3.5-Dimethyl-2-carbäthoxy-*, F. 122—123° (verd. A.), durch partielle Hydrolyse von 3.5-Dimethylpyrrol-2.4-dicarbonsäurediäthylester u. anschließende Decarboxylierung. — *4-Diazo-3.5-dimethyl-2-carbäthoxy-* (**VI**), $C_9H_{11}N_3O_2$, F. 79,5—80°, durch Lösen von 1,8 g vorst. Esters u. 10 g $NaNO_2$ in 75 ml Aceton u. 50 ml W., Zugabe von 25 ml 2 n HCl, 48std. Stehen bei 0°, Lösen des Nd. in W., Zugabe von Sulfamidsäure u. Neutralisieren mit $NaHCO_3$; aus Ae. gelbe Nadeln; 0,55 g. — *2.3.5-Triphenylpyrrol-(3-azo-1?)-β-naphthol*, $C_{32}H_{23}N_3O$, F. 173—174°, durch Zugabe von 0,25 g **III** zu **I** bei 130°, 1std. weiteres Erhitzen, Lösen in Chlf., Schütteln mit Alkali u. Eindampfen; aus Bzl./PAe. rote Nadeln. — *4-Nitro-2.5-diphenylpyrrol-(3-azo-1?)-β-naphthol*, $C_{26}H_{18}N_4O_3$, F. 205°, analog vorst. Verb. aus 1 g **I** u. 0,2 g **V**, Chromatographie an Al_2O_3, Entwickeln mit Bzl. u. Eluieren mit Ae.; aus verd. Methanol purpurfarbene Plättchen; 0,06 g. — *5-Carbäthoxy-2.4-dimethylpyrrol-(3-azo-1?)-β-naphthol*, $C_{19}H_{19}N_3O_3$, F. 235°, durch Kochen von 0,23 g **VI** mit **I** in Chlf., Eindampfen, Suspendieren in wss. Alkali u. Extraktion mit Chlf.; aus Bzl. orangefarbene Nadeln; 0,19 g. L. Lamza 3081△

0888 **1-Vinylindol.** Kazuhiko Kawasaki. (Annu. Rep. Shionogi Res. Lab. [Osaka] **1955**, 581—83; Shionogi Res. Labor.; jap., Auszug: engl.) — *Indol*, das durch Synth. aus Acetylen u. Anilin zugänglich ist, wird nach verschiedenen Meth. vinyliert. Umlagerungen des erhaltenen *1-Vinylindols* (**I**) werden untersucht. Die Verss. zur Darst. von 3-Vinylindol aus **I** waren erfolglos.

Versuche: *1-Vinylindol* (**I**), F. 30—31°, $Kp._6$ 101—102°, a) durch 5std. Erhitzen von 5,8 g Indol in Ggw. von KOH u. Chinolin mit Acetylen auf 180°/20—30 at; 4,7 g (Ausbeute); b) durch Umsetzen von 5,8 g reinem Indol in Toluol in Ggw. von KOH bei 190°

analog a); 4 g; c) durch $^1/_2$std. Erhitzen von 5,8 g Indol mit 0,23 g KOH in Toluol auf 185° analog a); 4,5 g. *Polymeres*, F. > 250°, durch Schütteln von **I** mit 4%ig. HCl u. Stehen über Nacht. — *1-Äthylindol*, Kp.$_7$ 107 bis 108°, durch Red. von **I** an Pd-Kohle. *Pikrat*, F. 101—102°; aus A. rote Nadeln. W. Hampel 3081△

0889 **Kondensationsreaktion von Troponoiden und α-Cyan-β-aminoglutaconsäureäthylester.** 1. Mitt. Shingo Matsumura. (Bull. chem. Soc. Japan **34,** 1361—66, 1961; Sendai, Tohoku Univ., Chem. Res. Inst. of Non-Aqueous Solutions; engl.) — 2-Chlortropon (**I**) u. α-Cyan-β-aminoglutaconsäureäthylester (**II**) bilden in Ggw. von Na-Äthylat *2-[Cyancarbäthoxymethylen]-3-carbäthoxy-1.2-dihydro-1-azaazulen* (**III**), *1-Amino-1-[1-oxaazulenon-(2)-yl-(3)]-2-cyan-2-carbäthoxyäthylen* (**IV**) u. eine *Verb. $C_{17}H_{18}N_2O_5$* (**V**) *vom F. 197°*, in Ggw. von tert. Aminen nur **III** u. **IV**. **III** zeigt amphoteres Verh.; es ist ident. mit dem von Seto u. Mitarbeitern (unveröffentlicht) aus 2-Chlor-3-carbäthoxy-1-azaazulen (**VI**) u. Cyanessigsäureäthylester (**VII**) dargestellten Produkt. Durch Kondens. von **VI** mit Malodinitril (**VIII**) bzw. von 2-Chlor-3-cyan-1-azaazulen (**IX**) mit **VII** werden *2-[Dicyanmethylen]-3-carbäthoxy-1.2-dihydro-1-azaazulen* (**X**) u. *2-[Cyancarbäthoxymethylen]-3-cyan-1.2-dihydro-1-azaazulen* (**XI**) dargestellt. 2-Methoxytropon reagiert nicht mit **II**. UV- u. IR-Spektren von **III**, **IV**, **V**, **X** u. **XI** sind abgebildet.

Versuche: *2-[Cyancarbäthoxymethylen]-3-carbäthoxy-1.2-dihydro-1-azaazulen* (**III**), $C_{17}H_{16}N_2O_4$, F. 163 bis 165°, a) durch Zugabe von 1,5 g **I** in abs. A. zur alkohol. Lsg. von Na-Äthylat u. 2,45 g **II** bei 0° unter Rühren, 3std. Stehen bei Raumtemp., Extraktion des Nd. mit Bzl. sowie Eindampfen der Lsg. u. Extraktion des Rückstandes mit Bzl.; rote Nadeln aus A. oder Essigester; 1,15 g (Ausbeute); b) durch Zugabe von Tributylamin zur Lsg. von 1 g **I** u. 1,7 g **II** in abs. A., 5std. Stehen bei Raumtemp., Extraktion des Nd. mit Chlf. sowie Eindampfen der Lsg. u. Extraktion des Rückstandes mit Chlf.; 690 mg; bleibt unverändert bei Einw. von heißer wss. KOH, heißem Acetanhydrid oder Diazomethan u. bildet beim Erhitzen von 50 mg mit 2 n HCl in A., Eindampfen, Neutralisieren mit $NaHCO_3$, Extrahieren mit Bzl. u. Chromatographie an Al_2O_3 eine *Verb. vom F. 153—155°* (**XII**; rote Blättchen, ca. 5 mg. *Pikrat*, $C_{23}H_{19}N_5O_{11}$, F. 156—158°) u. andere Produkte. *Na-Verb.* (**XIII**), $C_{17}H_{15}NaN_2O_4$, F. > 260°; bildet teils beim Auflösen in W., teils nach Einstellen der wss. Lsg. auf pH 7 **III** zurück. *Pikrat*, $C_{23}H_{19}N_5O_{11}$, F. 156—158° (Zers.), durch Erhitzen von **III** u. Pikrinsäure auf 90°; orangegelbe Kristalle. *Hydrochlorid*, durch Einleiten von trockenem HCl in die Lsg. von **III** in Bzl.; gelbe Nadeln; geht beim Lösen in W. u. Neutralisieren mit $NaHCO_3$ in **XII** über. *Deuterierte Verb.*, F. 163—164° (abs. Bzl./Cyclohexan), durch Lösen von 100 mg **XIII** in D_2O in Ggw. von wenig Acetanhydrid u. 1std. Stehen bei Raumtemp.; 60 mg. — *1-Amino-1-[1-oxaazulenon-(2)-yl-(3)]-2-cyan-2-carbäthoxyäthylen* (**IV**), $C_{15}H_{12}N_2O_4$, F. > 260°, a) neben **III** nach a) durch Zugabe von W. zu der in Bzl. unlösl. Substanz als Nd.; orangegelbe Schuppen aus Chlf.; 200 mg; b) neben **III** nach b) als in Chlf. schwer lösl. Substanz; 420 mg. — *Verb. $C_{17}H_{18}N_2O_5$* (**V**), F. 195—197°, neben **III** u. **IV** nach a) durch Neutralisation des in W. lösl. Teils der in Bzl. unlösl. Substanz mit verd. HNO_3; Schuppen aus A.; 150 mg. — *2-[Dicyanmethylen]-3-carbäthoxy-1.2-dihydro-1-azaazulen* (**X**), $C_{15}H_{11}N_3O_2$, F. > 260°, durch Zugabe von 250 mg **VIII** zu Na-Äthylat in A., Eindampfen, Suspendieren in abs. Dioxan, 1std. Erhitzen auf 90° mit 250 mg **VI**, Eindampfen, Lösen in W. u. Ansäuern mit Essigsäure; rote Kristalle aus Aceton; 120 mg. — *2-[Cyancarbäthoxymethylen]-3-cyan-1.2-dihydro-1-azaazulen* (**XI**), $C_{15}H_{11}N_3O_2$, F. 230° (Zers.), durch Erwärmen von 400 mg **VII** mit Na in Dioxan, 1std. Erwärmen auf 90° mit 200 mg **IX**, Eindampfen, Lösen in W. u. Ansäuern mit Essigsäure; dunkelrote Nadeln aus Aceton; 280 mg. — *1-Oxaazulenon-(2)*, F. 69—71° (Cyclohexan), durch 1std. Erhitzen von **IV** mit konz. H_2SO_4 auf 100°, Zugabe von W., Extraktion mit Bzl., Eindampfen, Digerieren mit heißem Cyclohexan u. Sublimation im Vakuum. G. Fischer 3081◇

0890 **Untersuchung von Pyrazolen.** 26. Mitt. **Kondensierte Systeme aus 1-Phenyl-3-methyl-4.5-diaminopyrazol.** I. I. Grandberg und G. W. Kljutschko. (J. allg. Chem. [UdSSR] **32(94),** 1898—1905, 1962; Moskau, Univ.; russ.) — 25. vgl. J. allg. Chem. [UdSSR] **32(94),** [1962], 1562; 23. vgl. C. **1963,** 14669. — Es wurden *1-n-Nonyl-3-methyl-5-amino-*, *1-Phenyl-3-methyl-4-isonitroso-5-imino-* u. *1-Phenyl-3-methyl-4.5-diaminopyrazol* (**I**) dargestellt. Durch Rk. von **I** mit Dicarbonylverbb. wurden *kondensierte Syst.* mit *Pyrazolringen* erhalten. Das bei der Rk. von 1-Phenyl-3-aminopyrazol (**II**) mit HONO erhaltene Rk.-Prod. ist wahrscheinlich *1.1'-Diphenyl-3.3'-azopyrazol.* Benzolazodiacetonitril (**III**) reagiert mit Phenylhydrazin (**IV**) unter Bldg. von *1-Phenyl-3-methyl-4-benzolazo-5-aminopyrazol.*

Versuche: *1-n-Nonyl-3-methyl-5-aminopyrazol*, $C_{13}H_{25}N_3$, Kp.$_6$ 176—178°, durch Zugabe von 9 g Diacetonitril (**V**) bei 60° zu 15,8 g n-Nonylhydrazin in 15 ml konz. HCl u. 55 ml W., 10 Min. langes Erhitzen auf 80°, Zugabe von 15 ml konz. HCl u. 1std. Kochen; D_4^{20} 0,9453; n_D^{20} 1,4931; 74% (Ausbeute). — *1-Phenyl-3-methyl-4-isonitroso-5-iminopyrazol*, F. 200—202° (Chlf.), durch Zugabe von 6,9 g $NaNO_2$ in 100 ml W. in 1 Std. bei 0° zu 16,8 g 1-Phenyl-3-methyl-5-aminopyrazol in 300 ml 5 n HCl, Verdünnen mit 1,5 Litern W., Filtrieren u. Zugabe von 400 g Na-Acetat; rot; 50%. — *1-Phenyl-3-methyl-4.5-diaminopyrazol* (**I**), F. 119—121° (PAe.), durch Red. von 25 g vorst. Verb. in 500 ml 3 n HCl mit 25 g Zn; hellgelb; 66%. — *1'-Phenyl-3'-methylpyrazolo-[4'.5':2.3]-pyrazin*, $C_{12}H_{10}N_4$, F. 68—69° (A.), durch Zugabe von 2,66 g Glyoxalbisulfit in 15 ml W. bei 80° zu 1,88 g **I** in 20 ml W., $^1/_4$std. Rühren u. Versetzen mit 5 g Na_2CO_3; gelb; 66%. — *1'.2.3-Triphenyl-3'-methylpyrazolo-[4'.5':5.6]-pyrazin*, F. 183° (A.), durch 8std. Kochen von 0,94 g **I** mit 1,05 g Benzil in 7,5 ml A.; 55%. — *1'-Phenyl-3'-methylpyrazolo-[4'.5':2.3]-phenanthro-[9''.10'':5.6]-pyrazin*, F. 265° (Essigsäure), durch 1std. Kochen von 0,5 g Phenanthrenchinon mit 0,25 g **I** in 10 ml A.; gelb; 51%. — *1'-Phenyl-2.3.3'-trimethylpyrazolo-[4'.5':5.6]-pyrazin*, $C_{14}H_{14}N_4$, F. 123,5—124° (Octan), durch Rühren von 0,94 g **I** mit 0,5 g Diacetyl in 10 ml W.; gelb; 66%. — *1'-Phenyl-3'-methylpyrazolo-[4'.5':4.5]-1.2.3-triazol*, F. 208° (Bzl.), durch Zugabe von 0,75 g $NaNO_2$ in 1,2 ml W. bei 5° zu 1,88 g **I** in 1,15 ml Eisessig u. 3 ml W.; gelb; 80,5%. — *1'.1''.2''-Triphenyl-3'-methyl-3''-carbäthoxy-5.6-benzopyrazolo-[4'.5':2.3]-pyrrolo-[4''.5'':8.7]-chinoxalin* (im Original *9-Carbäthoxy-14-methyl-7.8.16-triphenyl-7.12.15.16.18-pentaazapentacyclo-(20-5;19-11;17-13;10-6]-eikosaren]*, $C_{37}H_{27}N_5O_2$, F. 258 bis 259° (A.–Chlf.), durch 1std. Erhitzen von 0,14 g 1.2-Diphenyl-3-carbäthoxy-4.5-dioxo-6.7-benzindol mit 0,07 g **I** in A.; gelb; 80%. — *1'-Phenyl-3'.2''.2''.5''.5''-pentamethyl-2''.5''-dihydrofuro-[3''.4'':5.6]-pyrazolo-[4'.5':2.3]-pyrazin* [im Original *3.7.7.9.9-Pentamethyl-1-phenyl-8-oxa-1.2.5.11-tetraazatricyclo-[12-4;10-6]-dodekatetraen-(2.4-(12).5.10)*], $C_{18}H_{20}N_4O$, F. 124° (A.), durch Zusammenschmelzen von 0,4 g **I** mit 0,4 g 2.2.5.5-Tetra-methyltetrahydrofurandion-(3.4); 68%. — *1'-Phenyl-3'-methylpyrazolo-[4'.5':3.4]-2.5-dihydro-1.2.5-thiodiazol-S-oxid*, $C_{10}H_{10}N_4OS$, F. 112—113° (PAe.–Bzl.), durch 6std. Kochen von 1,88 g **I** mit 0,75 ml $SOCl_2$ in 30 ml Bzl; 46%. — *2-Mercapto-1'-phenyl-3'-methylpyrazolo-[4'.5':4.5]-imidazol*, $C_{11}H_{10}N_4S$, F. 269° (Dioxan–A.), durch 20 Min. langes Erhitzen von 1,9 g **I** mit 1.52 g CS_2 in 15 ml abs. A.; 60%. — *1.1'-Diphenyl-3.3'-azopyrazol*(?), $C_{18}H_{14}N_6$, F. 167—168° (A.), durch Rk. von **II** mit HONO in verd. Essigsäure oder 1 n HCl oder durch Rk. von **I** mit Amylnitrit in Isopropanol; 89, 73 bzw. 68%. Liefert bei der Red. mit Zn in konz. HCl **II** (F. 86—87°; 40%) zurück. — *Benzolazodiacetonitril* (**III**), $C_{10}H_{10}N_4$, F. 166 bis 167° (A.), durch Zugabe von 8,2 g **V** zu Benzoldiazoniumchlorid (9,3 g Anilin); 50%. — *1-Phenyl-3-methyl-4-benzolazo-5-aminopyrazol*, $C_{16}H_{15}N_5$, F. 138° (PAe., Al_2O_3–Bzl.), durch 10std. Kochen von 5 g **III** mit 3 ml **IV** in Alkohol. Helmut Schäfer 3122△

0891 **Untersuchungen über die Synthese von Δ^2-Oxazolinderivaten und ihre Spaltungsreaktionen.** Kei Okabe. (Annu. Rep. Shionogi Res. Lab. [Osaka] **1955,** 579—81; Shionogi Res. Labor.; jap., Auszug: engl.) — Synth.

u. Spaltung verschiedener Δ^2-Oxazolinderivv. werden beschrieben. Die gewonnenen Derivv. zersetzen sich beim Stehen an der Luft in alkal. Lsg. (pH 8—9) innerhalb von 5—6 Stunden.

Versuche: *2-Methyl-4-carbäthoxy-5-phenyl-Δ^2-oxazolin* (I), Kp.$_{0,008}$ 108—109°, durch Zugabe einer benzol. Lsg. von 3,4 g Acetimidsäureäthylesterhydrochlorid (II) zu *β*-Phenylserinäthylesterhydrochlorid (III) in verd. NaOH u. 20std. Rühren; 4 g (Ausbeute). *Pikrat,* F. 142°. — *Verb. von F. 175—176°*, durch Umsetzen von II mit III; hellgelbe Nadeln. — *2-Dichlormethyl-4-carbäthoxy-5-phenyl-Δ^2-oxazolin* (IV), Kp.$_{0,001}$ 130—132°, durch Umsetzen von Dichloracetimidsäureäthylesterhydrochlorid mit III analog I. *Pikrat,* F. 143°, — *N-Acetyl-β-phenylserinäthylester,* F. 174—176°, durch Spalten von I. — *N-Dichloracetyl-β-phenylserinäthylester,* F. 151°, aus IV. W. Hampel 3132△

0892 **Über die Reaktion von Cyanamid mit Propylenoxid in wäßrigem Medium.** A. Je. Kretow und I. Ss. Matwejew. (Hochschulnachr. [Iwanowo], Chem. u. chem. Technol. **4,** 423—25, 1961; Dnepropetrowsk, Chem.-Technol. Dshershinski-Inst.; russ.) — Durch Rk. von Propylenoxid (I) mit Cyanamid (II) werden *2-[β-Hydroxypropylamino]-5-methyl-Δ^2-oxazolin* (III) bzw. *2-[Bis-(β-hydroxypropyl)-amino]-5-methyl-Δ^2-oxazolin* (IV) erhalten. III u. IV reagieren in der Aminform mit Phenylisocyanat u. Dimethylsulfat.

Versuche: *2-[Bis-(β-hydroxypropyl)-amino]-5-methyl-Δ^2-oxazolin* (IV), $C_{10}H_{20}N_2O_3$, durch 18—20std. Stehen von I mit II in Ggw. von $Ca(OH)_2$ in W., Entfernen des W. im Vakuum, Lösen in Chlf., Filtrieren u. Chromatographie an Silicagel; n_D^{21} 1,4776; $D._{21}^{21}$ 1,1142; 54% (Ausbeute). *Daneben 2-[β-Hydroxypropylamino]-5-methyl-Δ^2-oxazolin* (III), $C_7H_{14}N_2O_2$, durch Lösen des Rückstandes in Aceton u. Chromatographie an Silicagel; n_D^{21} 1,4994; $D._{21}^{21}$ 1,1380; 42%; u. *Dicyandiamid.* — *2-{N-[β-(N-Phenylcarbamyloxy)-propyl]-N-[N-phenylcarbamyl]-amino}-5-methyl-Δ^2-oxazolin,* $C_{21}H_{24}N_4O_4$, F. 229 bis 230°, durch 2std. Rühren von III mit Phenylisocyanat bei 50—60°; aus A. gelbe Nadeln. — *Phenylcarbaminsäure-N-[β-(N-phenylcarbamyloxy)-propyl]-amid,* $C_{17}H_{19}\cdot N_3O_3$, F. 225,5—226,5°, durch 3std. Erhitzen vorst. Verb. mit 2,5%ig. methanol. KOH auf 100° u. Filtrieren; aus A. gelbe Kristalle. Daneben *β-Hydroxypropylamin* u. *CO_2.* — *2-[Bis-(β-methoxypropyl)-amino]-5-methyl-Δ^2-oxazolin,* $C_{12}H_{24}N_2O_3$, durch 3std. Rühren von IV mit $(CH_3)_2\cdot SO_4$ bei 60—65°, Extraktion mit Chlf., Lösen in Aceton, chromatograph. Reinigung des *Methylsulfats* ($C_{12}H_{24}N_2O_3\cdot CH_3SO_3H$) an Silicagel u. Neutralisieren mit Lauge. — *Bis-[β-methoxypropyl]-amin,* $C_8H_{19}NO_2$, durch Verseifen vorst. Verb. mit 2,5%ig. methanol. KOH. Daneben *β-Hydroxypropylamin* u. *CO_2.* H. Dalmer 3132△

0893 **Inhibitoren von Monoaminooxydase.** 1. Mitt. **Substituierte Hydrazide von Isoxazol- und Pyrazolcarbonsäuren.** Cosimo Bracci Torsi und Mario Vuat. (Gazz. chim. ital. **91,** 1461—74, 1961; Pisa, Labor. Ric. Guidotti e C.; ital.) — Um ihre inhibierende Wrkg. auf Monoaminooxydase zu prüfen, werden *1-Benzyl-2-[3-methylisoxazolyl-(5)-carbonyl]-hydrazin* u. einige andere substituierte Hydrazide von 3-Methylisoxazol-5-carbonsäure u. 3-Methylpyrazol-5-carbonsäure dargestellt.

Versuche: 2-[3-Methylisoxazolyl-(5)-carbonyl]-hydrazine: *1-Isopropyliden-,* $C_8H_{11}N_3O_2$, F. 81 bis 82° (A.), durch Versetzen des entsprechenden Hydrazids mit der entsprechenden Carbonylverb. in sd. A. u. 20 Min. langes Erhitzen unter Rückfluß (Meth. **A**). — *1-Benzyliden-,* $C_{12}H_{11}N_3O_2$, F. 193—195° (A. oder Bzl.), nach **A**. — *1-[β-Phenyläthyliden]-,* $C_{13}H_{13}N_3O_2$, F. 157 bis 159° (A.), nach **A**. — *1-[α-Methylbenzyliden]-,* $C_{13}H_{13}\cdot N_3O_2$, F. 167—168° (A.), nach **A**. — *1-[1-Phenylpropyliden-(2)]-,* $C_{14}H_{15}N_3O_2$, F. 128—129° (A.), nach **A**. — *1-[1-Phenylbutyliden-(3)]-,* $C_{15}H_{17}N_3O_2$, F. 118° (A.), nach **A**. — *1-Isopropyl-,* $C_8H_{13}N_3O_2$, F. 129—131°, durch Zugabe von $NaBH_4$ in W. in kleinen Portionen zu dem entsprechenden Hydrazon in 85%ig. Methanol, $^1/_2$std. Rühren, Eindampfen im Vakuum u. Isolieren über das Hydrochlorid (Meth. **C**); aus Ligroin Schuppen. *Hydrochlorid,* $C_8H_{14}ClN_3O_2$, F. 193—194°; aus Isopropanol Schuppen. — *1-Benzyl-,* $C_{12}H_{13}N_3O_2$, F. 105—106°, nach **C**; aus Bzl. glänzende Schuppen. *Hydrochlorid,* $C_{12}H_{14}ClN_3O_2$, F. 201—202°; aus Isopropanol Schuppen. — *1-[β-Phenäthyl]-,* $C_{13}H_{15}N_3O_2$, F. 96°, nach **C**; aus A. Schuppen. *Hydrochlorid,* $C_{13}H_{16}ClN_3O_2$, F. 203—204°; aus Isopropanol glänzende Schuppen. — *1-[α-Methylbenzyl]-,* $C_{13}H_{15}N_3O_2$, F. 97°, nach **C**; aus Ligroin Schuppen. *Hydrochlorid,* $C_{13}H_{16}ClN_3O_2$, F. 196°; aus Isopropanol Schuppen. — *1-[Phenylpropyl-(2)]-,* $C_{14}H_{17}N_3O_2$, F. 100—101° (Ligroin), nach **C**. *Hydrochlorid,* $C_{14}H_{18}\cdot ClN_3O_2$, F. 196—198° (Isopropanol). — *1-[1-Phenylbutyl-(3)]-,* $C_{15}H_{19}N_3O_2$, F. 106—107° (Ligroin), nach **C**. *Hydrochlorid,* $C_{15}H_{20}ClN_3O_2$, F. 181—183° (Isopropanol). — 2-[3-Methylpyrazolyl-(5)-carbonyl]-hydrazine: *1-Isopropyliden-,* $C_8H_{12}N_4O$, F. 241° (A.), nach **A**. — *1-Benzyliden-,* $C_{12}H_{12}N_4O$, F. 243—244° (A.), nach **A**. — *1-[β-Phenyläthyliden]-,* $C_{13}H_{14}N_4O$, F. 181—182° (A.), nach **A**. — *1-[α-Methylbenzyliden]-,* $C_{13}H_{14}N_4O$, F. 215 bis 216° (A.), nach **A**. — *1-[1-Phenylpropyliden-(2)]-,* $C_{14}H_{16}N_4O$, F. 203—205° (A.), nach **A**. — *1-[1-Phenylbutyliden-(3)]-,* $C_{15}H_{18}N_4O$, F. 193° (A.) nach **A**. — *1-Isopropyl-,* $C_8H_{14}N_4O$, F. 174—175°, a) nach **C** (ohne Isolierung über das Hydrochlorid); b) durch Zugabe von 3-Methylpyrazol-5-carbonsäureäthylester zu dem entsprechenden Hydrazin auf dem sd. Wasserbad u. $^1/_2$std. Erhitzen u. Umkristallisieren aus Bzl. (Meth. **B**). *Hydrochlorid,* $C_8H_{15}ClN_4O$, F. 214—216° (Isopropanol), durch Vereinigen der Base in abs. Aceton mit einer HCl-gesätt. Acetonlösung. — *1-Benzyl-,* $C_{12}H_{14}N_4O$, F. 171° (A.), nach **B**. *Hydrochlorid,* $C_{12}H_{15}ClN_4O$, F. 203—205°, analog dem vorst. Hydrochlorid u. Umkristallisieren aus A./Aceton. — *1-[β-Phenäthyl]-,* $C_{13}H_{16}N_4O$, F. 126° (Bzl.). *Hydrochlorid,* $C_{13}H_{17}ClN_4O$, F. 89—90° (Isopropanol/Aceton). — *1-[α-Methylbenzyl]-,* $C_{13}H_{16}N_4O$, F. 165—167° (Isopropanol). *Hydrochlorid,* $C_{13}H_{17}ClN_4O$, F. 193—195° (Aceton). — *1-[1-Phenylpropyl-(2)]-,* $C_{14}H_{18}N_4O$, F. 156 bis 157° (A.). *Hydrochlorid,* $C_{14}H_{19}ClN_4O$, F. 100—102° (Aceton u. Bzl.). — *1-[Phenylbutyl-(3)]-,* $C_{15}H_{20}N_4O$, F. 169—170° (A.). *Hydrochlorid,* $C_{15}H_{21}ClN_4O$, F. 216 bis 218° (Isopropanol). P. Golinske 3132△

0894 **Untersuchungen über Sulfaisoxazolderivate. Die Acylierung von Sulfaisoxazol.** Hideo Kanō, Yasuo Makizumi und Kazuko Ogata. (Annu. Rep. Shionogi Res. Lab. [Osaka] **1955,** 556—60; Osaka, Shionogi Res. Labor.; jap., Auszug: engl.) — Die Acylierung von Sulfaisoxazol (I) mit Dicarbonsäureanhydriden u. Acetanhydrid wird beschrieben, wobei die entstehenden Prodd. vom Lsgm. u. der Temp. abhängig sind.

Versuche: *N-[o-Carboxybenzoyl]-p-aminobenzolsulfonsäure-[3.4-dimethylisoxazolyl-(5)-amid],* a) F. 201 bis 202° (Zers.), durch 1std. Erwärmen von 2,6 g I mit Phthalsäureanhydrid in A., Dioxan oder Xylol auf 100° u. Einengen im Vakuum; aus verd. A. Nadeln; 3,5 g (Ausbeute); b) F. 181—182° (verd. A.), durch $1^1/_2$—2std. Erhitzen von I mit Phthalsäureanhydrid auf 140—150°. — *N-[β-Carboxypropionyl]-p-aminobenzolsulfonsäure-[3.4-dimethylisoxazolyl-(5)-amid],* F. 199—200° (Zers.; verd. A.), durch Umsetzen von I mit Bernsteinsäureanhydrid. — *N-[β-Carboxyacryloyl]-p-aminobenzolsulfonsäure-[3.4-dimethylisoxazolyl-(5)-amid],* F. 203—204° (Zers.; A.), aus I u. Maleinsäureanhydrid. — Sulfaisoxazole: *$N^{1'}$-Acetyl-,* F. 191—193° (Methanol), durch Umsetzen von I mit Acetanhydrid in Pyridin unter 60°. — *$N^{4'}$-Acetyl-,* F. 210—211° (Zers.; Methanol), a) durch Erwärmen von I mit Acetanhydrid ohne Lsgm. auf 90°; b) aus vorst. Verbindung. — *$N^{1'}.N^{4'}$-Diacetyl-,* F. 213—214° (Methanol), a) aus I u. Acetanhydrid in Pyridin bei 90°; b) aus I u. Acetanhydrid ohne Lsgm. bei 150—160°.
W. Hampel 3132△

0895 **Hydrazoderivate von Benzthiazol und ihre Umlagerungsprodukte.** 1. Mitt. **2-Methyl-6-phenylhydrazobenzthiazol.** I. P. Fedorowa und G. F. Mironowa. (J. allg. Chem. [UdSSR] **32(94),** 1893—98, 1962; Kiew, Univ., Lehrstuhl für organ. Chem.; russ.) — 2-Methyl-6-phenylhydrazinobenzthiazol (I) wird bei Einw. von HCl zu *2-Methyl-6-amino-7-anilinobenzthiazol* (II) umgelagert. Die Kondens. von II mit Ameisen-, Essigsäure u. HONO liefert *2-Methyl-3'-phenyl-* (III), *2.2'-Dimethyl-3'-phenyl-*

imidazolo-[5'.4':6.7]- bzw. *2-Methyl-3'-phenyltriazolo-[5'.4':6.7]-benzthiazol* (**IV**). Durch Rk. von **III**- u. **IV**-Bismethomethylsulfat mit p-Dimethylaminobenzaldehyd (**V**) bzw. Orthoameisenester (**VI**) werden die entsprechenden *Cyaninfarbstoffe* dargestellt.

Versuche: *2-Methyl-6-phenylhydrazinobenzthiazol* (**I**), $C_{14}H_{13}N_3S$, F. 132° (Bzl.), durch Zugabe von 3 g Zn u. 2 ml 20%ig. NaOH zu 3 g 2-Methyl-6-benzolazobenzthiazol in 50 ml Aceton u. Erhitzen auf dem Wasserbad; Blättchen; 95% (Ausbeute). — *2-Methyl-6-amino-7-anilinobenzthiazol* (**II**), $C_{14}H_{13}N_3S$, F. 218—219° (A.), durch Zugabe von 3 g **I** in der Kälte zu 10 ml konz. HCl u. Verdünnen mit 100 ml W.; Prismen; 30%. Daneben *2-Methyl-6-benzolazobenzthiazol*, F. 100° (A.); 0,3 g. — 3'-Phenylimidazolo[5'.4':6.7]-benzthiazole: *2-Methyl-* (**III**), $C_{15}H_{11}N_3S$, F. 142° (W.-A.), durch 1std. Kochen von 1,5 g **II** mit 4 ml Ameisensäure; Nadeln; 92%. *Bis-methomethylsulfat*, F. 110° (Zers.), durch 1std. Erhitzen von 1 g **III** mit 1 g Dimethylsulfat (**VII**) in 25 ml abs. Bzl.; 97%. *Bismethojodid*, $C_{17}H_{17}J_2N_3S$, F. 258° (Zers.; W.); Prismen; 85%. — *2.2'-Dimethyl-*, $C_{16}H_{13}N_3S$, F. 229° (A.), durch 1std. Kochen von 1,5 g **II** mit 8 ml Acetanhydrid; 75%. — *2-[p-Dimethylaminostyryl]-, 3.1'-Bismethomethylsulfat*, $C_{28}H_{32}N_4O_8S_3$, F. 256° (Zers.; Methanol), durch Erhitzen von 0,8 g **III**-Bismethomethylsulfat mit 0,23 g **V** in Acetanhydrid; dunkelviolett; λ_{max} 572 mμ; 17%. — 3'-Phenyltriazolo-[5'.4':6.7]-benzthiazole: *2-Methyl-* (**IV**), $C_{14}H_{10}N_4S$, F. 159—160° (A.), durch Zugabe von 0,35 g $NaNO_2$ in 5 ml W. zu 1,3 g **II** in 10 ml 15%ig. HCl; glänzende Blättchen; 81%. *Bismethomethylsulfat*, aus **IV** u. **VII**; 98%. *Bismethojodid*, $C_{16}H_{16}J_2N_4S$, F. 262° (Zers.; W.); hellgelbe Nadeln. — *2-[p-Dimethylaminostyryl]-, Bismethomethylsulfat*, $C_{27}H_{31}N_5O_8S_3$, F. 286° (Zers.; A.), durch Erhitzen von 0,8 g **IV**-Bismethomethylsulfat mit 0,23 g **V** in Acetanhydrid; dunkle Prismen; λ_{max} 585 mμ; 19%. — *Bis-{1'.3-dimethyl-3'-phenylimidazolo-[5'.4':6.7]-benzthiazol-(2)}-trimethincyanin-tris-methylsulfat*, $C_{38}H_{40}N_6O_{12}S_5$, F. 280° (Zers.; A.), durch Erhitzen von 2,27 g **III**-Bismethomethylsulfat mit 2,27 g **VI** in Pyridin auf 110—120° (25 Min.); dunkelgrüne Nadeln; λ_{max} 576 mμ; 15%. — *Bis-{1'.3-dimethyl-3'-phenyltriazolo-[5'.4':6.7]-benzthiazol-(2)}-trimethincyanin-tris-methylsulfat*, $C_{36}H_{38}N_8O_{12}S_5$, F. 289—291° (Zers.; A.), durch Erhitzen von **IV**-Bismethomethylsulfat mit **VI** in Pyridin (25 Min.); grüne Nadeln; λ_{max} 590 mμ; 16%.

Helmut Schäfer 3142△

0896 **Über bicyclische Heterocyclen mit gemeinsamem Stickstoffatom.** 1. Mitt. **Zur Kenntnis der Imidazo-[2.1:b]-thiazole.** Theodor Pyl, Rolf Giebelmann und Hans Beyer. (Liebigs Ann. Chem. **643**, 145—53, 1961; Greifswald, Univ., Inst. für organ. Chem.; dt.) — Bei der Rk. von 2-Aminothiazolen mit ω-Bromacetophenon (**I**), p.ω-Dibromacetophenon (**II**), α-Brompropiophenon (**III**), Desylchlorid (**IV**) u. 3-Brombutanon-(2) (**V**) bilden sich je nach Art des Halogenketons entweder die Salze der in 3-Stellung substituierten *Thiazolon-(2)-imide* oder unter Ringschluß Derivv. des *Imidazo-[2.1:b]-thiazols*. Erstere lassen sich leicht in Ggw. von Na-Acetat cyclisieren. Die *Imidazo-[2.1:b]-thiazole* lassen sich leicht nitrosieren u. bromieren.

Versuche: Thiazolon-(2)-imidhydrobromide: *3-Phenacyl-5-methyl-* (**VI**), $C_{12}H_{12}N_2OS \cdot HBr$, F. 191°, durch 1std. Kochen von 2-Amino-5-methylthiazol (**VII**) mit **I** in Chlf.; aus n-Butanol Stäbchen; 83% (Ausbeute). — *3-Phenacyl-4.5-diphenyl-* (**VIII**), $C_{23}H_{18}N_2OS \cdot HBr$, F. 307—308° (Zers.), aus 2-Amino-4.5-diphenylthiazol (**IX**) u. **I** durch 12std. Kochen in A.; Stäbchen; 63%. — *3-[2-Oxobutyl-(3)]-5-methyl-* (**X**), $C_8H_{12}N_2OS \cdot HBr$, F. 196—197°, aus **VII** u. **V** in A. durch 12std. Erhitzen; aus n-Butanol/Ae. Nadeln; 31%. — *3-[p-Bromphenacyl]-* (**XI**), $C_{11}H_9BrN_2OS \cdot HBr$, F. 197°, aus 2-Aminothiazol (**XII**) u. **II** durch 5std. Erwärmen in A.; aus A. Nadeln; 66%. — *3-Phenacyl-4.5-diphenylthiazolon-(2)-methylimid*, $C_{24}H_{20}N_2OS$, F. 171—172°, aus dem Hydrobromid; aus wss. Methanol grünlich-gelbe Stäbchen. *Hydrobromid*, $C_{24}H_{20}N_2OS \cdot HBr$, F. 238° (Zers.), aus 2-Methylamino-4.5-diphenylthiazol u. **I** in A. durch 6std. Kochen; aus A. Prismen; 60%. — *3-Phenacyl-5-methylthiazolon-(2)-nitrosimid*, $C_{12}H_{11}N_3O_2S$, F. 160—161° (Zers.), aus **VI** u. $NaNO_2$; aus Methanol gelbe Stäbchen; 85%. — Imidazo-[2.1:b]-thiazole: *2-Methyl-6-phenyl-*, $C_{12}H_{10}N_2S$, F. 129°, aus **VI** mit gesätt. Na-Acetat-Lsg.; aus verd. A. Rhomboeder; 100%. *5-Nitroso-Deriv.*, $C_{12}H_9N_3OS$, F. 149 bis 150°, aus Eisessig/W. grüne Stäbchen; 75%. *5-Brom-deriv.*, $C_{12}H_9BrN_2S$, F. 136—137°, aus nachst. Deriv. durch Lösen in Methanol u. Fällen mit W., aus Methanol Stäbchen; 93%; *Hydrobromidperbromid*, $C_{12}H_9BrN_2S \cdot HBr \cdot Br_2$, F. 130—131°; 85%. — *2.3.6-Triphenyl-*, $C_{23}H_{16}N_2S$, F. 167—168°, aus **VIII** durch kurzes Erhitzen mit methanol. NaOH u. Versetzen mit W.; aus Methanol/W. Stäbchen; 85%. — *5.6-Diphenyl-*, $C_{17}H_{12}N_2S$, F. 136° (Methanol), durch Schmelzen von **XII** u. **IV**; 58%. — *2-Methyl-5.6-diphenyl-*, $C_{18}H_{14}N_2S$, F. 189°, durch Erhitzen von **VII** u. **IV** auf 160°; aus A. Rhomboeder; 69%. — *2.3-Dimethyl-5.6-diphenyl-*, $C_{19}H_{16}N_2S$, F. 160—161°, aus 2-Amino-4.5-dimethylthiazol u. **IV** durch 6std. Kochen in A.; aus Methanol gelbe Stäbchen; 33%. — *2.3.5.6-Tetraphenyl-*, $C_{29}H_{20}N_2S$, F. 234—235°, aus **IX** u. **IV** durch Erhitzen bis zur Schmelze; aus Methanol hellgelbe Prismen; 59%. — *5-Methyl-6-phenyl-*, $C_{12}H_{10}N_2S$, F. 126°, aus den Hydrobromid mit gesätt. Na-Acetat-Lsg.; aus 60%ig. A. Nadeln; 100%. *Hydrobromid*, $C_{12}H_{10}N_2S \cdot HBr$, F. 269° (Zers.), durch 12std. Kochen von **XII** u. **III** in A.; aus A. rechteckige Säulen; 68%. — *2.5-Dimethyl-6-phenyl-*, $C_{13}H_{12}N_2S$, F. 114—115°, aus dem Hydrobromid; aus wss. Methanol Nadeln. *Hydrobromid*, $C_{13}H_{12}N_2S \cdot HBr$, F. 308° (Zers.; W.), durch 3std. Kochen von **VII** u. **III** in A.; 69%. — *2.5.6-Trimethyl-*, $C_8H_{10}N_2S$, F. 143°, aus **X** in W. durch Zugabe von gesätt. Na-Acetat-Lsg.; aus W. Stäbchen; 80%. — *6-[p-Bromphenyl]-*, $C_{11}H_7BrN_2S$, F. 174°, aus **XI** analog vorst. Verb.; aus verd. Methanol Nadeln; 100%. — *2-Nitroso-6-phenyl-*, $C_{11}H_7N_3OS$, F. 173°, a) aus 3-Phenacylthiazolon-(2)-imidhydrobromid in W. durch Zugabe von wss. $NaNO_2$-Lsg.; 73%; b) aus 6-Phenylimidazo-[2.1:b]-thiazol in Eisessig durch Zugabe von wss. $NaNO_2$-Lsg.; 64%; aus Aceton/W. olivgrüne Stäbchen. — *5-Brom-6-phenyl-*, $C_{11}H_7BrN_2S$, F. 110°, aus nachst. Deriv. durch Lösen in Methanol u. Fällen mit W.; aus wss. Methanol Blättchen; 57%. *Hydrobromidperbromid*, $C_{11}H_7BrN_2S \cdot HBr \cdot {}^1/_2Br_2$, F.170 bis 171°, aus 6-Phenylimidazo-[2.1:b]-thiazol in Chlf. durch Zutropfen von Br_2; aus Eisessig orangegelbe Prismen; 91%. — *5-Brom-3-methyl-6-phenyl-*, $C_{12}H_9BrN_2S$, F. 131—132°, aus nachst. Deriv. analog vorst. Verb.; aus Methanol Stäbchen; 95%. *Hydrobromidperbromid*, $C_{12}H_9BrN_2S \cdot HBr \cdot {}^1/_2Br_2$, F. 144°, aus 3-Methyl-6-phenylimidazo-[2.1:b]-thiazol in Eisessig mit Br_2; aus Eisessig orangefarbene Stäbchen; 93%.

K.-D. Albrecht 3142◇

0897 **Über bicyclische Heterocyclen mit gemeinsamem Stickstoffatom.** 2. Mitt. **Nitrierung der 6-Phenylimidazo-[2.1:b]-thiazole.** Theodor Pyl, Lothar Bülling, Karl-Heinz Wünsch und Hans Beyer. (Liebigs Ann. Chem. **643**, 153—60, 1961; dt.) — 1. vgl. vorst. Referat. — Einw. von HNO_3/H_2SO_4 auf 6-Phenylimidazo-[2.1:b]-thiazole (**A**) führt zu Gemischen von *Mono-* u. *Dinitro-*Derivaten. Definierte *Mononitro-Derivv.* erhält man dagegen durch Eintragen der *Nitrate* der **A**, die durch Fällen der in organ. Lsgm. gelösten **A** mit konz. HNO_3 erhältlich sind, in konz. H_2SO_4. Bevorzugt wird die p-Stellung des Phenylkerns substituiert. Ist die p-Stellung bereits substituiert, so erfolgt die Substitution in 5-Stellung am Heterocyclus u. in 2-Stellung bei besetzter p- u. 5-Positiom, allerdings nur unter energ. Rk.-Bedingungen. So führt z. B. Einw. von Nitriersäure auf 5-Methyl-6-[p-bromphenyl]-imidazo-[2.1:b]-thiazol in 23%ig. Ausbeute zu *2-Nitro-5-methyl-6-[p-bromphenyl]-imidazo-[2.1:b]-thiazol.*

Versuche: Imidazo-[2.1:b]-thiazole: *6-Phenyl-* (**IV**), *Nitrat*, $C_{11}H_8N_2S \cdot HNO_3$, F. 170° (Zers.), aus 6-Phenylimidazo-[2.1:b]-thiazol in Methanol durch Zugabe von konz. HNO_3 in der Hitze; 81% (Ausbeute). — *6-[p-Nitrophenyl]-*, $C_{11}H_7N_3O_2S$, F. 282°, aus vorst. Salz durch Eintragen in konz. H_2SO_4, Gießen auf Eis nach kurzem Stehen u. Waschen mit sd. W.; aus Eisessig gelbe Nadeln; 61%. — *2-Methyl-6-[p-nitrophenyl]-* (**I**), $C_{12}H_9N_3O_2S$, F. 256°, aus 2-Methyl-6-phenylimidazo-[2.1:b]-thiazol (**V**) in Methanol durch Zugabe von konz. HNO_3, Abfiltrieren des Nd., Trocknen u. Eintragen in konz. H_2SO_4; aus Eisessig gelbe Nadeln; 76%. — *3-Methyl-6-*

[*p-nitrophenyl*]-, F. 246°, analog **I** aus 3-Methyl-6-phenyl-imidazo-[2.1:b]-thiazol (**VI**); aus Eisessig gelbe Nadeln; 86%. — *5-Methyl-6-[p-nitrophenyl]-*, $C_{12}H_9N_3O_2S$, F. 180 bis 182° (Zers.), durch Eintragen von 5-Methyl-6-phenyl-imidazo-[2.1:b]-thiazol in Nitriersäure u. Gießen in W.; aus wss. Pyridin gelbe Nadeln; 92%. — *2-Methyl-6-[p-bromphenyl]-*, $C_{12}H_9BrN_2S$, F. 242°, durch 6std. Kochen von 2-Amino-5-methylthiazol u. p.ω-Dibromacetophenon (**II**) in A., Abkühlen, Abfiltrieren des Nd., Suspendieren in sd. W. u. Zugabe von Na-Acetat-Lsg.; aus Aceton lange Nadeln; 50%. — *2-Methyl-5-nitro-6-[p-bromphenyl]-*, $C_{12}H_8BrN_3O_2S$, F. 240°, aus vorst. Verb. in Dioxan durch Versetzen mit konz. HNO_3, Abfiltrieren des Nd. u. Eintragen in konz. H_2SO_4; aus Eisessig gelbe Nadeln; 82%. — *3-Methyl-6-[p-bromphenyl]-*, *Nitrat*, $C_{12}H_9BrN_2S \cdot HNO_3$, F. 172° (Zers.), durch 5std. Kochen von 2-Amino-4-methylthiazol u. **II** in A./Methanol, Suspendieren des Nd. in W., Zusatz von Na-Acetat, Kochen, Lösen der ausfallenden Verb. in A. u. Zugabe von konz. HNO_3; aus A. Säulen; 28%. — *3-Methyl-5-nitro-6-[p-bromphenyl]-*, $C_{12}H_8BrN_3O_2S$, F. 187°, aus vorst. Verb. mit konz. H_2SO_4; aus Eisessig gelbbraune Nadeln; 76%. — *2.3-Dimethyl-6-[p-bromphenyl]-*, $C_{13}H_{11}BrN_2S$, F. 190°, aus 2-Amino-4.5-dimethylthiazol u. ω-Chlor-p-bromacetophenon analog; aus Methanol Nadeln; 44%. — *2.3-Dimethyl-5-nitro-6-[p-bromphenyl]-* (**VII**), $C_{13}H_{10}BrN_3 \cdot O_2S$, F. 164°, aus vorst. Verb. in Aceton mit konz. HNO_3 durch Erwärmen, Abfiltrieren des Nd. u. Lösen in konz. H_2SO_4; aus Eisessig gelbrosafarbene Stäbchen; 94%. — *6-[p-Chlorphenyl]-*, $C_{11}H_7ClN_2S$, F. 162°, aus 2-Aminothiazol (**III**) u. p-Chlor-ω-bromacetophenon in A. über *3-[p-Chlorphenacyl]-thiazolon-(2)-imidhydrobromid* [$C_{11}H_9 \cdot ClN_2OS \cdot HBr$, F. 256,5° (Zers.), aus A. Nadeln; 72%] u. dessen Rk. mit Na-Acetat-Lsg. in der Hitze; aus verd. A. Stäbchen; 96%. — *5-Nitro-6-[p-chlorphenyl]-*, $C_{11}H_6 \cdot ClN_3O_2S$, F. 222°, aus vorst. Verb. mit Dioxan in konz. HNO_3, Abfiltrieren des Nd., Trocknen u. Eintragen in konz. H_2SO_4; aus Eisessig gelbe Nadeln; 90%. — *6-p-Tolyl-*, $C_{12}H_{10}N_2S$, F. 158°, aus **III** u. p-Methyl-ω-bromacetophenon über *3-[p-Methylphenacyl]-thiazolon-(2)-imidhydrobromid* [$C_{12}H_{12}N_2OS \cdot HBr$, F. 247° (Zers.), aus A. Blättchen; 69%] analog vorvorst. Verb.; aus Methanol Nadeln; 93%. — *5-Nitro-6-p-tolyl-*, $C_{12}H_9N_3 \cdot O_2S$, F. 189—190° (Zers.), aus vorst. Verb. in Aceton mit konz. HNO_3 u. Eintragen des Nd. in konz. H_2SO_4; aus Eisessig gelbe Nadeln; 77%. — *6-[p-Methoxyphenyl]-*, $C_{12}H_{10}N_2OS$, F. 156—157°, aus **III** u. p-Methoxy-ω-bromacetophenon über *3-[p-Methoxyphenacyl]-thiazolon-(2)-imidhydrobromid* [$C_{12}H_{12}N_2O_2S \cdot HBr$, F. 207—208° (Zers.), aus A. Blättchen; 67%] analog vorst. Verb.; aus A. Blättchen; 94%. — *5-Methyl-6-[p-bromphenyl]-*, $C_{12}H_9BrN_2S$, F. 165°, aus **III** u. p.α-Dibrompropiophenon durch 6std. Kochen in A., Lösen des Nd. in W. u. Zugabe von Na-Acetat; aus Methanol Nadeln; 35%. — *5-Nitro-6-[p-bromphenyl]-*, $C_{11}H_6BrN_3O_2S$, F. 209°, aus 6-[p-Bromphenyl]-imidazo-[2.1:b]-thiazol in Dioxan analog **I**; aus Eisessig gelbe Nadeln; 96%. — *2-Nitro-5-methyl-6-[p-bromphenyl]-*, $C_{12}H_8BrN_3O_2S$, F. 153°, aus vorvorst. Verb. mit Nitriersäure; aus Methanol Nadeln; 23%. — *5-Nitro-6-[p-nitrophenyl]-*, $C_{11}H_6N_4O_4S$, F. 256° (Zers.), aus **IV** mit Nitriersäure; aus Eisessig gelbe Nadeln; 96%. — *2-Methyl-5-nitro-6-[p-nitrophenyl]-*, $C_{12}H_8N_4O_4S$, F. 206°, aus **V** mit Nitriersäure; aus Eisessig gelbe Nadeln; 92%. — *3-Methyl-5-nitro-6-[p-nitrophenyl]-*, $C_{12}H_8 \cdot N_4O_4S$, F. 270°, aus **VI** analog; 71%. — *2.3-Dimethyl-5-nitro-6-[p-nitrophenyl]-*, $C_{13}H_{10}N_4O_4S$, F. 246°, aus 2.3-Dimethyl-6-phenylimidazo-[2.1:b]-thiazol analog; gelbe Nadeln; 62%. — *2.3-Dimethyl-5-nitro-6-[p-brom-o(m)-nitrophenyl]-*, $C_{13}H_9BrN_4O_4S$, F. 232°, aus **VII** analog; aus Aceton gelbe Nadeln; 83%.

K.-D. Albrecht 3142◇

0898 **In 1- und in 2-Stellung dialkylaminoalkylierte Benztriazole.** I. Molnar. (Helv. chim. Acta **46,** 1473—79, 1963; Zofingen, Siegfried AG. Forsch.-Abt.; dt.) — Durch Rk. von Benztriazol (**I**) mit NaH u. Dialkylaminoalkylchloriden in abs. Dimethylformamid (DMF) werden *1-[Dialkylaminoalkyl]-Derivv.* (**A**) von **I** u. daneben entsprechende, in 2-Stellung substituierte *2H-Isomere* (**B**) erhalten. Rkk. von *2-[Dialkylaminoalkylamino]-anilinen* u. HNO_2 geben ebenfalls **A**. Die Struktur von **A** bzw. **B** wird auf Grund der IR-Spektren angegeben. Aus der Extinktion bei 1330 cm^{-1} eines Gemisches von **A** u. **B** in Chlf. kann das Isomerenverhältnis ermittelt werden.

Versuche: 2-Nitrobenzole: *1-[2-Pyrrolidinoäthylamino]-* (**II**), $C_{12}H_{17}N_3O_2$, Kp.$_{0,04}$ 162°, durch Kochen von o-Chlornitrobenzol u. 2-Pyrrolidinoäthylamin in Xylol über Nacht, Kühlen, Zusetzen von 2 n HCl, Alkalisieren mit 10 n NaOH u. Ae.-Extraktion, 44,7% (Ausbeute). — Analog: *1-[3-Diäthylaminopropylamino]-*, *Hydrochlorid*, $C_{13}H_{22}ClN_3O_2$, F. 175—178°. — *1-[3-Pyrrolidinopropylamino]-*, $C_{13}H_{19}N_3O_2$, Kp.$_{0,015}$ 175—182°. — *1-[1-Methyl-4-diäthylaminobutylamino]-*, $C_{15}H_{25}N_3O_2$, Kp.$_{0,05}$ 165°. — *1-[2-Hydroxy-3-diäthylaminopropylamino]-*, $C_{13}H_{21}N_3O_2$, Kp.$_{0,005}$ 178—182°. — Aniline: *2-[2-Pyrrolidinoäthylamino]-*(**III**), $C_{12}H_{19}N_3$, Kp.$_{0,01}$ 130°, durch Red. von **II** mit $SnCl_2$ in konz. HCl; n_D^{20} 1,5843; ca. 100%. — Analog: *2-[3-Pyrrolidinopropylamino]-*, $C_{13}H_{21} \cdot N_3$, F. 48—50°, Kp.$_{0,01}$ 112—120°. — *2-[1-Methyl-4-diäthylaminobutylamino]-*, $C_{15}H_{27}N_3$, Kp.$_{0,01}$ 145—148°. — *2-[2-Hydroxy-3-diäthylaminopropylamino]-*, $C_{13}H_{23}N_3O$ Kp.$_{0,01}$ 178—183° (roh). — *2-[3-Diäthylaminopropyl amino]-*, $C_{13}H_{23}N_3$, Kp.$_{0,015}$ 131—132°. — Benztriazole: *2-[2-Hydroxyäthyl]-2H-* (**VII**), F. 71—72°, durch Rk. von Äthylenchlorhydrin mit dem Na-Salz von **I** nach Kroll-Pfeifer u. Mitarbeitern [1938], Fraktionieren bei 106—120°/0,05 Torr u. Chromatographie an Al_2O_3. — *1-[2-Hydroxyäthyl]-* (**VI**), F. 90 bis 90,5° (Toluol), neben **VII**. — *2-[2-Hydroxypropyl]-2H-*, $C_9H_{11}N_3O$, F. 49—50° (Ae./PAe.), durch Zusetzen von 2-Hydroxy-1-chlorpropan zum Na-Salz von **I** (aus 48 g **I**) in W. u. Fraktionieren bei 116—120 bzw. 110—125° u. 0,02 Torr; 9,8 g. — *1-[2-Hydroxypropyl]-*, F. 57—58° (Ae.), neben vorst. Verb. durch Chromatographie des Dest.-Rückstandes an Al_2O_3; 28 g. — *1-[3-Dimethylaminopropyl]-* (**V**), *Hydrochlorid*, $C_{11}H_{17}ClN_4$, F. 151°, durch Zugabe von 12 g NaH (50%ig. in Öl) zu 30 g **I** in abs. DMF, Zusetzen von 30 g 3-Dimethylamino-1-chlorpropan, 1std. Erhitzen auf 110°, Eindampfen unter Vakuum, Fraktionieren bei 91—93°/ 0,01 Torr, Lösen in A., Zugabe von 1 Val alkohol. HCl u. Fällen mit abs. Ae.; 14,8 g. — *2-[3-Dimethylaminopropyl]-2H-* (**IV**), *Hydrochlorid*, F. 158—159°, neben **V** durch Dest. des Rückstandes bei 100—114°;/0,01 Torr, Lösen in A., Zugabe von 1 Val alkohol. HCl u. Fällen mit abs. Ae.; 12,5 g. — *2-[2-Diäthylaminoäthyl]-2H-*, $C_{12}H_{18}N_4$, Kp.$_{0,01}$ 132—135°, analog **V** aus 2-Diäthylaminoäthylchlorid, n_D^{20} 1,5391. — *1-[2-Diäthylaminoäthyl]-*, Kp.$_{0,02}$ 129 bis 132°, neben vorst. Verb., n_D^{20} 1,5411. — *2-[2-Pyrrolidinoäthyl]-2H-*, $C_{12}H_{16}N_4$, Kp.$_{0,02}$ 138—142°, aus **I** u. N-[2-Chloräthyl]-pyrrolidin. — *1-[2-Pyrrolidinoäthyl]-*, Kp.$_{0,02}$ 155—162°, a) neben vorst. Verb.; b) durch Zugeben von Eis, dann von $NaNO_2$-Lsg. zu **III** in konz. HCl u. W. u. Stehen bei Raumtemp. über Nacht, Alkalisieren mit NaOH, Ausäthern u. Dest. bei 139—142°/0,01 Torr. *Hydrochlorid*, $C_{12}H_{17}ClN_4$, F. 161—162° (A./Ae.). — Analog vorst. Verb. nach b): *1-[3-Diäthylaminopropyl]-*, Kp.$_{0,005}$ 117—120°. *Phosphat*, $C_{13}H_{23}N_4O_4P$, F. 129 bis 130°. — *1-[3-Pyrrolidinopropyl]-*, F. 42—44°, Kp.$_{0,01}$ 149—152°. *Hydrochlorid*, $C_{13}H_{19}ClN_4$, F. 103—105°. — *1-[1-Methyl-4-diäthylaminobutyl]-*, $C_{15}H_{24}N_4$, Kp.$_{0,03}$ 138 bis 140°. — *1-[2-Hydroxy-3-diäthylaminopropyl]-*, $C_{13}H_{20} \cdot N_4O$, F. 74—75°, Kp.$_{0,01}$ 215—230°. — Die IR-Spektren von **IV**, **V**, **VI** u. **VII** sind abgebildet.

G. Reinöhl 3153◇

0899 **Über 1.2.4-Thiodiazole.** 15. Mitt. **Azomethine und Benzyliden-bis-amine.** Joachim Goerdeler und Heinrich Ruppert. (Chem. Ber. **96,** 1630—42, 1963; Bonn, Univ., Organ.-Chem. Inst.; dt.) — 14. vgl. C. **1963,** 16939. — Amino-1.2.4-thiodiazole reagieren mit aromat. Aldehyden unter Bldg. von *Azomethinen* (**I**). Die hohe Additionsfähigkeit der **I** wurde kinet. u. präparativ untersucht. Die unter anderen Bedingungen entstehenden *Benzyliden-bis-amine* (**II**) gehen durch therm. Dissoziation oder Einw. von Phenylisocyanat (**III**) in die **I** über. Die Dissoziationsgeschw. einiger **II** wurde gemessen. Geschw.-Konst. für **I** u. **II** siehe Original. —

Versuche: 1.2.4-Thiodiazole: *5-Benzylidenamino-*, $C_9H_7N_3S$, F. 69—70°, durch Lösen von Amin u. Aldehyd im Mol-Verhältnis 1:1,3 in der 50fachen Menge abs. Toluol, Abdest. der Hälfte des Lsgm. in 4 Std.,

30std. Kochen unter Entfernen des Rk.-W. aus dem Rückfluß mit BaO u. Aufarbeitung unter Ausschluß von Luftfeuchtigkeit (Meth. **A**); aus abs. Ae. Nadeln; 91% (Ausbeute). — *5-[o-Hydroxybenzylidenamino]-3-phenyl-*, $C_{15}H_{11}N_3OS$, F. 149°, durch Lösen von Amin u. Aldehyd im Mol-Verhältnis 1:1,3 in der 30—40fachen Menge abs. Pyridin, 5std. Kochen, Abdest. des Pyridins u. Ersetzen durch Toluol, Einengen in 3—4 Std., zuletzt im Vakuum u. weiter nach **A** (Meth. **B**); aus Acetonitril gelbe Nadeln; 94%. — *5-Benzylidenamino-3-methyl-*, $C_{10}H_9N_3S$, F. 52°, nach **A**; aus Ae. gelbstichige Prismen; 73%. — *5-Benzylidenamino-3-methylmercapto-*, $C_{10}H_9N_3S_2$, F. 81°, nach **A**; aus Ae. gelbe Prismen; 95%. — *5-Benzylidenamino-3-phenyl-*, $C_{15}H_{11}N_3S$, F. 81°, nach **A**; aus Ae. hellgelbe Nadeln; 96%. — *5-[m-Nitrobenzylidenamino]-3-phenyl-*, $C_{15}H_{10}N_4O_2S$, F. 156°, nach **A**; aus Acetonitril gelbe Nadeln; 92%. — *5-[p-Nitrobenzylidenamino]-3-phenyl-*, $C_{15}H_{10}N_4O_2S$, F. 151°, nach **A**; aus Acetonitril gelbe Nadeln; 96%. — *5-[m-Dimethylaminobenzylidenamino]-3-phenyl-*, $C_{17}H_{16}N_4S$, F. 63°, nach **B**; aus Acetonitril tiefgelbe Prismen; 64%. — *5-[p-Dimethylaminobenzylidenamino]-3-phenyl-*, $C_{17}H_{16}N_4S$, F. 58°, nach **A**; aus Acetonitril tiefgelbe Prismen; 67%. — *3-Benzylidenamino-5-phenyl-*, $C_{15}H_{11}N_3S$, F. 81,5°, nach **A**; aus Ae. Nadeln; 87%. — *2-Benzylidenaminobenzthiazol* (**IV**), $C_{14}H_{10}N_2S$, F. 91°, nach **A**; aus Ae. dottergelbe Nadeln; 92%. — *2-Benzylidenaminopyrimidin*, $C_{11}H_9N_3$, F. 76°, durch 20std. Kochen von N.N'-Benzyliden-bis-[2-aminopyrimidin] in abs. Dioxan mit **III**, Eindampfen im Vakuum bei 70—80°, Extraktion mit abs. Ae., Eindampfen, Extraktion mit Ligroin, Abkühlen auf —10°, Lösen des Nd. in Ae. u. Chromatographie an Al_2O_3 (Meth. **C**); aus Ae. Nadeln; 63%. — *5-[o-Nitrobenzylidenamino]-3-phenyl-1.2.4-thiodiazol*, $C_{15}H_{10}N_4O_2S$, F. 123°, nach **C**; aus Ae. gelbe Nadeln; 63%. — *N.N'-Benzyliden-bis-[5-amino-1.2.4-thiodiazol]*, $C_{11}H_{10}N_6S_2$, F. 174—176°, durch 1std. Kochen von Amin u. Aldehyd im Mol-Verhältnis 1,5:1 in der 50fachen Menge Toluol, mehrmaliges Abdest., Ersetzen u. ½std. Kochen mit Toluol u. 12std. Stehen (Meth. **D**); 83%. — *N.N'-Benzyliden-bis-[5-amino-3-methyl-1.2.4-thiodiazol]*, $C_{13}H_{14}N_6S_2$, F. 132 bis 134°, nach **D**; 72%. — *N.N'-Benzyliden-bis-[5-amino-3-methylmercapto-1.2.4-thiodiazol]*, $C_{13}H_{14}N_6S_4$, F. 154 bis 155°, nach **D**; 84%. — *N.N'-Benzyliden-bis-[5-amino-3-phenyl-1.2.4-thiodiazol]*, $C_{23}H_{18}N_6S_2$, F. 150—151°, nach **D**; 94%. — *N.N'-Benzyliden-bis-[2-aminobenzthiazol]*, $C_{21}H_{16}N_4S_2$, F. 111—113°, durch mehrstd. Stehen von 2-Aminobenzthiazol u. **IV** in Ae. bei Raumtemp.; 93%. — *N.N'-[p-Nitrobenzyliden]-bis-[5-amino-3-phenyl-1.2.4-thiodiazol]*, $C_{23}H_{17}N_7O_2S_2$, F. 164—165°, durch 10 Min. langes Erhitzen von Amin u. Aldehyd im Mol-Verhältnis 1:1 in Ggw. von $ZnCl_2$ auf 160°, Einengen im Vakuum, Lösen in Chlf., mehrtägiges Stehen, Rühren mit Ae., Filtrieren u. Krist. aus Acetonitril (Meth. **E**); 61%. — *N.N'-[o-Nitrobenzyliden]-bis-[5-amino-3-phenyl-1.2.4-thiodiazol]*, $C_{23}H_{17}N_7O_2S_2$, F. 149—150°, durch mehrmaliges Eindampfen von Amin u. Azomethin in Bzl. bei 40°; 90%. — *N.N'-[m-Nitrobenzyliden]-bis-[5-amino-3-phenyl-1.2.4-thiodiazol]*, $C_{23}H_{17}N_7O_2S_2$, F. 166—167°, durch 8std. Kochen von Amin u. Aldehyd im Mol-Verhältnis 1,5:1 in der 20fachen Menge abs. Pyridin, Einengen bei 100° im Vakuum, Aufnehmen in Chlf. u. weiter nach **E** (Meth. **F**); 44%. — *N.N'-[o-Methoxybenzyliden]-bis-[5-amino-3-phenyl-1.2.4-thiodiazol*, $C_{24}H_{20}N_6OS_2$, F. 155—156°, nach **F**; 58%. — *N.N'-[m-Methoxybenzyliden]-bis-[5-amino-3-phenyl-1.2.4-thiodiazol]*, $C_{24}H_{20}N_6OS_2$, F. 152—153°, nach **E**; 65%. — *N.N'-[o-Chlorbenzyliden]-bis-[5-amino-3-phenyl-1.2.4-thiodiazol]*, $C_{23}H_{17}ClN_6S_2$, F. 155—156°, nach **F**; 51%. — *N.N'-[p-Chlorbenzyliden]-bis-[5-amino-3-phenyl-1.2.4-thiodiazol]*, $C_{23}H_{17}ClN_6S_2$, F. 163—164°, nach **E**; 64%. — *N.N'-[p-Methoxybenzyliden]-bis-[5-amino-3-phenyl-1.2.4-thiodiazol]*, $C_{24}H_{20}N_6OS_2$, F. 153—154°, durch 10 Min. langes Erhitzen von Amin u. Aldehyd im Mol-Verhältnis 1:1,3 auf 150—180°, Eindampfen im Vakuum, Aufnehmen in der 50fachen Menge Ae. u. Kristallisation des Nd. aus Acetonitril; 61%. — *5-[Hydroxymethylamino]-3-phenyl-1.2.4-thiodiazol*, $C_9H_9N_3OS$, F. 117°, durch 4std. Kochen von 5-Amino-3-phenyl-1.2.4-thiodiazol (**V**) in Dioxan mit 40%ig. Formaldehyd-Lsg., Einengen im Vakuum, Verreiben mit Ae., Filtrieren u. Lösen in Chlf.; spaltet bei 90° *Formaldehyd* ab; 51%. — *5-[β.β.β-Trichlor-α-hydroxyäthylamino]-3-phenyl-1.2.4-thiodiazol*, $C_{10}H_8Cl_3N_3OS$, F. 122—123° (Ae.), durch exotherme Rk. von **V** mit Chloral in Bzl., Filtrieren u. Waschen mit Bzl. u. anschließend mit Ae.; 71%. — *5-[α-Äthoxybenzylamino]-3-phenyl-1.2.4-thiodiazol*, $C_{17}H_{17}N_3OS$, F. 95—96°, durch 2 Tage langes Stehen von frisch krist. **I** in 100—200facher Menge abs. A. im verschlossenen Gefäß, Eindampfen im Vakuum bei 20°, Verreiben mit Ligroin u. Waschen mit PAe. (Meth. **G**); 100%. — *2-[α-Äthoxybenzylamino]-pyrimidin*, $C_{13}H_{15}N_3O$, F. 81—82°, nach **G**; 100%. — *2-[α-Äthoxybenzylamino]-benzthiazol*, $C_{16}H_{16}N_2OS$, F. 62 bis 65°, nach **G**; 100%. — *5-[α-Piperidinobenzylamino]-3-phenyl-1.2.4-thiodiazol*, $C_{20}H_{22}N_4S$, F. 111—116°, durch Rk. von frisch krist. **I** in abs. Ae. mit der stöchiometr. Menge Piperidin, Einengen im Vakuum u. Verreiben mit Ligroin (Meth. **H**); spaltet in der Wärme *Piperidin* ab; 100%. — *2-[α-Piperidinobenzylamino]-benzthiazol*, $C_{19}H_{21}N_3S$, F. 109—111°, nach **H**; 100%. — *2-[α (N-Methylanilino)-benzylamino]-pyridin*, $C_{19}H_{19}N_3$, F. 84—86° (Ligroin), durch 10 Min. langes Erwärmen von 2-Benzylidenaminopyridin (**VI**) mit N-Methylanilin im Mol-Verhältnis 1:1 auf 40° u. 5 Tage langes Stehen im verschlossenen Gefäß; 93%. — *2-[α-(p-Tolylmercapto)-benzylamino]-pyridin*, $C_{19}H_{18}N_2S$, F. 75—77°, analog vorst. Verb. aus **VI** u. p-Thiokresol; 91%.

D. Jahnke 3173△

0900 **Synthese von alkylsubstituierten 3-Phenyl-4-hydroxycumarinen.** B. van Zanten und W. Th. Nauta. (Recueil Trav. chim. Pays-Bas **80**, 95, 1961; Amsterdam, Vrije Univ., Chem. Labor.; engl.) — Nachtrag zu C. **1962**, 5642. — 4-Hydroxycumarine: *3-Phenyl-*, F. 234°; 28 bzw. 15% (Ausbeute). — *3-[2-Methylphenyl]-*, F. 146°; 15 bzw. 0%. — *3-[3-Methylphenyl]-*, F. 205°; 40%. — *3-[4-Methylphenyl]-*, F. 226°, 24 bzw. 12%. — *3-[2.3-Dimethylphenyl]-*, F. 203°; 43%. — *3-[2.4-Dimethylphenyl]-*, F. 207°; 28%. — *3-[2.5-Dimethylphenyl]-*, F. 206°; 45%. — *3-[2.6-Dimethylphenyl]-*, F. 190°; 43%. — *3-[3.4-Dimethylphenyl]-*, F. 244°; 47 bzw. 14%. — *3-[3.5-Dimethylphenyl]-*, F. 216°; 35%. — *3-[2.4.6-Trimethylphenyl]-*, F. 196°; 29% bzw. 0%. — *3-[2-Äthylphenyl]-*, F. 135°; 72%. — *3-[4-Äthylphenyl]-*, F. 175°; 59%. — *3-[2.6-Diäthylphenyl]-*, F. 176°; 73%. — *3-[2-Isopropylphenyl]-*, F. 107°; 57%. — *3-[4-Isopropylphenyl]-*, F. 146°; 47%. — *3-[2.6-Diisopropylphenyl]-*, F. 212°; 76%. — *3-[4-tert.-Butylphenyl]-*, F. 212°; 12%. — *3-[3-Nitrophenyl]-*, F. 267°; 13%. — *3-[4-Nitrophenyl]-*, F. 311°; 15%. — *3-[α-Naphthyl]-*, F. 225°; 46%. — *3-[β-Naphthyl]-*, F. 281°; 22%. — *Unsubstituiert* F. 214°; 25%.

W. Hampel 3211□

0901 **Untersuchungen über Benzopyrone. Cumarinderivate aus o-Vanillin.** Enrico Cingolani. (Rend. Ist. super. Sanità **18**, 525—34, 1955; Gazz. chim. ital. **84**, 843—52, 1954; Roma, Ist. super. sanità; ital.) — Die Darst. von *8-Methoxycumarin-3-carbonsäure* (**IV**) nach mehreren Meth. wird beschrieben. Während die cis-α-Cyan-2-hydroxyzimtsäuren nicht isolierbar sind, gelingt die Synth. der Äthylester durch Kondens. von o-Hydroxybenzaldehyd mit Cyanessigsäureäthylester. Die Lactonisierung der Ester ergibt *3-Cyancumarin*.

Versuche: *trans-2-Hydroxy-3-methoxy-α-cyanzimtsäure* (**I**), a) durch Kondens. von 2-Hydroxy-3-methoxybenzaldehyd (**II**) mit Na-Cyanacetat in verd. A.; b) durch Kondens. von **II** analog a) in Ggw. von Anilin in alkal. Lösung. — *3-Cyan-8-methoxycumarin* (**III**), a) aus **II** u. Malonsäuredinitril; daneben *2-Hydroxy-3-methoxybenzalmalonsäuredinitril*; b) durch Kondens. von **II** mit Cyanessigsäureäthylester in Piperidin mit oder ohne Alkohol. — *8-Methoxycumarin-3-carbonsäure* (**IV**), a) durch 1tägiges Stehen von **II** mit Malonsäure in A. in Ggw. von Anilin, Zugabe von verd. HCl u. 1std. Erwärmen auf 100°; 98% (Ausbeute); b) analog a) in Pyridin bei 30°; c) durch Erwärmen von **I** mit Wasser; d) durch Hydrolyse von **III** mit 5%ig. NaOH. *Säurechlorid*, F. 181° (Bzl.). *Amid*, F. 254°. — *2.3-Dimethoxy-α-cyanzimtsäure*, durch Methylieren von **I** mit Dimethylsulfat in alkal. Lösung. — *8-Hydroxycumarin*, F. 156° (verd. A.), a) durch ¼std. Kochen vorst. Verb. mit HCl in Pyridin,

Verdünnen mit W., Ansäuern mit HCl, Extrahieren mit Ae. u. Eindampfen; b) durch $^1/_2$std. Kochen von **IV** mit HCl in Pyridin. — *8-Methoxycumarin*, durch Lösen von **IV** in 25%ig. $NaHSO_3$-Lsg. in der Wärme, Zugabe von konz. H_2SO_4, 1std. Erwärmen, Zugabe zu Eis u. Stehen über Nacht. W. Hampel 3211△

0902 **Untersuchungen über die Synthese von Cumarinderivaten. 11. Mitt. Über die Darstellung von 8-Aminocumarin-3-carbonsäurederivaten und 5-Acetamidosalicylaldehyd.** Yoshikata Kuwayama und Hisashi Ichibagase. (J. pharmac. Soc. Japan [Yakugakuzasshi] **78,** 659—61, 1958; Nagasaki, Univ. of Nagasaki, Pharmac. Fac.; jap., Auszug: engl.) — 10. vgl. C. **1964,** 2-0885. — Die katalyt. Red. von **3**-Nitrosalicylaldehyd oder 1-Diacetoxymethyl-2-acetoxy-3-nitrobenzol an Pd-Kohle in Essigsäure/Acetanhydrid ergibt *3-Acetamidosalicylaldehyd*, aus dem *8-Aminocumarin-3-carbonsäure* gewonnen wird. Durch Hydrolyse von 2-Hydroxy-5-acetamidobenzylidenanilin entsteht *5-Acetamidosalicylaldehyd.*

Versuche: *3-Acetamidosalicylaldehyd*, $C_9H_9NO_3$, F. 152° (Aceton), a) durch katalyt. Hydrierung von 1,5 g 1-Diacetoxymethyl-2-acetoxy-3-nitrobenzol an Pd-Kohle in Acetanhydrid/Essigsäure; 0,5 g (Ausbeute); b) analog a) aus 3-Nitrosalicylaldehyd. — *8-Acetamidocumarin-3-carbonsäureäthylester*, $C_{14}H_{13}NO_5$, F. 169—170°, durch Kondens. von 0,45 g vorst. Verb. mit Malonsäurediäthylester in Piperidin; 0,5 g. — *8-Aminocumarin-3-carbonsäure*, $C_{10}H_7NO_4$, F. 223° (Zers., Methanol), durch Hydrolyse von 0,3 g vorst. Verb. mit verd. HCl; 0,2 g. *Äthylester*, $C_{12}H_{11}NO_4$, F. 115—116°, a) durch 5—6std. Kochen von 0,5 g Säure mit A. in Ggw. von konz. H_2SO_4; 0,3 g; b) durch katalyt. Hydrierung von 0,5 g 8-Nitrocumarin-3-carbonsäureäthylester an Pd-Kohle in A.; 0,3 g. — *5-Acetamidosalicylaldehyd*, $C_9H_9NO_3$, F. 149° (Essigsäure), durch Hydrolyse von 0,5 g 2-Hydroxy-5-acetamidobenzylidenanilin mit Acetanhydrid/W.; 0,2 g. *Thiosemicarbazon*, $C_{10}H_{12}N_4O_2S$, F. 312—314° (Zers.), durch Umsetzen von 0,1 g Aldehyd mit Thiosemicarbazid in Methanol; 0,3 g. W. Hampel 3211△

0903 **1-Alkoxy-4-phenyl-4-propionoxypiperidine und ihre 3-Methylhomologen als neue Analgetica.** Randolph T. Major und Friedrich Dürsch. (J. org. Chemistry **26,** 1867—74, 1961; Charlottesville, Va., Univ., Cobb Chem. Labor.; engl.) — Durch Rk. von Acrylsäuremethylester (**I**) bzw. Methacrylsäuremethylester (**II**) mit CH_3ONH_2 oder $C_2H_5ONH_2$ werden die entsprechenden *N-Alkoxy-β-carbomethoxyäthylamine* u. durch deren Rk. mit einem 2. Mol **I** *N-Alkoxy-bis-[β-carbomethoxyäthyl]*- bzw. *-N-β-carbomethoxyäthyl-β-carbomethoxypropylamine* erhalten, die durch Dieckmann-Kondens. zu *1-Alkoxy-3-carbomethoxypiperidonen-(4)* (**A**) bzw. deren *3-Methyl-Derivv.* cyclisiert werden. Hydrolyse dieser Verbb. u. Decarboxylierung führt zu *1-Alkoxypiperidonen-(4)* (**B**) bzw. deren *3-Methyl-Derivv.*, die auch durch Methylieren von **A**, Hydrolyse des Prod. u. Decarboxylieren dargestellt werden können u. die mit C_4H_9Li oder, wie auch die **B**, mit C_6H_5Li zu den entsprechenden *1-Alkoxy-3-methyl-4-butyl-(phenyl)-* (**C**) bzw. *1-Alkoxy-4-phenyl-4-hydroxypiperidinen* (**D**) umgesetzt werden. Die in Ligroin schwerer lösl. Diastereomeren von **C**, die jeweils die leichter lösl. Hydrochloride bilden, werden als α-Formen bezeichnet, da sie ohne Änderung der Konfiguration in *α-1.3-Dimethyl-4-phenyl-4-hydroxypiperidin* („Alphaprodinalkohol"; vgl. Ziering u. Lee, J. org. Chemistry, **12,** [1947], 911) übergeführt werden können. *1-Alkoxy-4-phenyl-(butyl)-* bzw. *1-Alkoxy-3-methyl-4-phenyl-4-propionoxypiperidine* werden durch Überführen der **C** bzw. **D** in Alkoholate u. deren Rk. mit Propionylchlorid (**III**) dargestellt; Verw. von Propionsäureanhydrid (**IV**) statt **III** gab schwierig zu trennende Gemische. Die direkte Umsetzung von **C** oder **D** mit **III** durch Erhitzen in Pyridin gelang nicht. Bei der Rk. von *1-Methoxy-* (**V**) bzw. *1-Äthoxy-4-phenyl-4-hydroxypiperidin* (**VI**) mit überschüssigem **IV** in Ggw. oder Abwesenheit eines Katalysators wird neben *1-Methoxy-* bzw. *1-Äthoxy-4-phenyl-4-propionoxypiperidin* *1-Propionyl-4-phenyl-4-hydroxypiperidin* gebildet; die analoge Rk. von *α-1-Methoxy-* (**VII**) u. *α-1-Äthoxy-3-methyl-4-phenyl-4-hydroxypiperidin* (**VIII**) liefert nur *α-1-Propionyl-3-methyl-4-phenyl-4-hydroxypiperidin*, dessen Struktur durch Überführen in *α-1.3-Dimethyl-4-phenyl-4-hydroxypiperidin* bewiesen wird.

Versuche: *N-Äthoxy-β-carbomethoxyäthylamin*, $C_6H_{13}NO_3$, Kp.$_{18}$ 87°, durch 8std. Kochen von $C_2H_5 \cdot ONH_2$, **I** u. CH_3OH; 70% (Ausbeute). — *N-Äthoxy-bis-[β-carbomethoxyäthyl]-amin* (**IX**), $C_{10}H_{19}NO_5$, Kp.$_{12}$ 138°, a) neben vorst. Verb.; 15%; b) analog vorst. Verb. in 20 Std. in Ggw. von Na_2CO_3; 88%. — *N-Methoxy-β-carbomethoxyäthylamin*, $C_5H_{11}NO_3$, Kp.$_{14}$ 70°, analog vorvorst. Verb.; 30%. — *N-Methoxy-bis-[β-carbomethoxyäthyl]-amin*, $C_9H_{17}NO_5$, Kp.$_{14}$ 139°, a) neben vorst. Verb.; 56%; b) analog vorvorst. Verb. nach b); 90%. — *N-Methoxy-β-carbomethoxypropylamin*, $C_6H_{13}NO_3$, Kp.$_8$ 68°, durch 7tägiges Kochen von CH_3ONH_2, **II**, CH_3OH u. Na_2CO_3; 43%. — *N-Äthoxy-β-carbomethoxypropylamin*, $C_7H_{15}NO_3$, Kp.$_{12}$ 78°, analog vorst. Verb.; 15%. — *N-Methoxy-N-β-carbomethoxyäthyl-β-carbomethoxypropylamin*, $C_{10}H_{19}NO_5$, Kp.$_{12}$ 134°, durch 2tägiges Kochen von vorvorst. Verb., **I**, CH_3OH u. Na_2CO_3; 92%. — *N-Äthoxy-N-β-carbomethoxyäthyl-β-carbomethoxypropylamin*, $C_{11}H_{21}NO_5$, Kp.$_{14}$ 137°, analog vorst. Verb.; 96%. — Piperidone-(4): *1-Äthoxy-3-carbomethoxy-* (**X**), $C_9H_{15} \cdot NO_4$, Kp.$_{14}$ 129°, durch Zugeben von **IX** zu einer 50%ig. NaH-Mineralölsuspension in sd. Bzl., Kühlen nach dem Ende der Rk., Gießen in Eiswasser, Waschen der wss. Phase mit Ae., Neutralisieren mit HCl, Extraktion mit Ae. u. Dest.; 71%. — *1-Methoxy-3-carbomethoxy-*, $C_8H_{13} \cdot NO_4$, Kp.$_{12}$ 118°, analog **X**; 75%. — *1-Äthoxy-* (**XI**), $C_7H_{13}NO_2$, Kp.$_{18}$ 86°, wie Darst. von **X** ohne dessen Isolierung durch Zugabe überschüssiger HCl zur wss.-alkal. Lsg. 10std. Kochen, Kühlen, Alkalisieren mit Na_2CO_3 u. NaOH u. Extraktion mit Ae.; 74%. *1-Methoxy-* (**XII**), $C_6H_{11}NO_2$, Kp.$_{12}$ 73°, analog **XI**; 60%. — *1-Äthoxy-3-methyl-3-carbomethoxy-*, $C_{10}H_{17}NO_4$, Kp.$_{12}$ 124°, durch langsame Zugabe von **X** zu C_2H_5OK in warmem abs. A., Kühlen auf Raum-Temp., Zutropfen von CH_3J in A., 2std. Kochen, Kühlen auf Raum-Temp., Filtrieren, Eindampfen, Schütteln mit gesätt. Soda-Lsg. u. Extraktion mit Ae.; 81%. — *1-Methoxy-3-methyl-3-carbomethoxy-*, $C_9H_{15}NO_4$, Kp.$_{14}$ 122°, analog vorst. Verb.; 75%. — *1-Äthoxy-3-methyl-* (**XIII**), $C_8H_{15}NO_2$, Kp.$_{14}$ 82°, a) analog **XI**; 74%; b) durch 12std. Erhitzen vorvorst. Verb. in 10%ig. HCl auf 85°, Kühlen auf Raum-Temp., Alkalisieren mit Na_2CO_3 u. Extraktion mit Ae.; 88%. — *1-Methoxy-3-methyl-* (**XIV**), $C_7H_{13}NO_2$, Kp.$_{12}$ 76°, analog vorst. Verb. aus vorvorst. Verb.; 88%. — 4-Hydroxypiperidine: *1-Methoxy-4-phenyl-* (**V**), $C_{12}H_{17}NO_2$, F. 77° (PAe.), durch Lösen des Hydrochlorids in W. u. langsame Zugabe überschüssiger KOH; 97%. *Hydrochlorid*, F. 140° (abs. A.), durch langsame Zugabe von **XII** in Ae. zu C_6H_5Li in sd .abs. Ae.; $^1/_2$std. Kochen, Kühlen auf Raum-Temp., Zusatz von W., Extraktion der Ae.-Schicht mit 2nHCl, Alkalisieren mit Na_2CO_3, Extraktion mit Ae., Trocknen über Nacht, Einengen u. Zugabe eines Überschusses HCl in abs. A.; 85%. — *1-Äthoxy-4-phenyl-* (**VI**), $C_{13}H_{19}NO_2$, F. 65°, analog **V**; 93%. *Hydrochlorid*, F. 164° — *1-Methoxy-3-methyl-4-phenyl-*, *β-Form*, $C_{13}H_{19}NO_2$, Kp.$_1$ 135°, durch Lösen des Hydrochlorids in W., Zugeben von überschüssiger KOH u. Extraktion mit Ae.; viscoses Öl; 97%; *Hydrochlorid*, F. 178° (A.), durch Rk. von **XIV** u. C_6H_5Li analog **V**-Hydrochlorid, Lösen des Prod. in abs. Ae.; Zugabe überschüssiger abs.-alkohol. HCl, Stehen über Nacht, Dekantieren, Zugabe von sd. Aceton u. Abfiltrieren von der heißen Lsg.; 34,9%. *α-Form* (**VII**), F. 61° (PAe.) bzw. 93° (Ae.; polymorph), durch Eindampfen der Mutterlaugen des *β*-Hydrochlorids im Vakuum, Lösen in W., Alkalisieren mit verd. KOH, Extraktion mit Ae., Eindampfen u. Anreiben mit PAe.; 53,3%; *Hydrochlorid*, F. 135°. — *1-Äthoxy-3-methyl-4-phenyl-*, *α-Form* (**VIII**), $C_{14}H_{21}NO_2$, F. 81°, analog **VII** aus **XIII** u. C_6H_5Li; 50%; *Hydrochlorid*, F. 157°. *β-Form*, Kp.$_{.3}$ 140°, neben **VIII**; 28%; *Hydrochlorid*, F. 179°. — *1-Äthoxy-4-n-butyl-* (**XV**), $C_{11}H_{23}NO_2$, Kp.$_{12}$ 128°, durch Zutropfen von n-C_4H_9Br zu Li in sd. Ae. unter N_2, $^1/_2$std. Kochen, Zugeben von **XI** in Ae., 1std. Rk., vorsichtige Zugabe von überschüssiger verd. HCl, Alkalisieren der wss. Schicht mit verd. NaOH, Extraktion mit Ae. u. Dest.; 63%. *Hydrochlorid*, F. 107° (Aceton/Ae.). — *1-Propionyl-4-phenyl-*, $C_{14}H_{19}NO_2$, F. 171° (Aceton), a) durch 46std. Erhitzen von **V** in **IV** auf 95°, Eindampfen im Vakuum bei 45°, Schütteln mit gesätt. Soda-Lsg., Extraktion mit Ae. u. Waschen mit 2n HCl; 23%; daneben *1-Methoxy-4-phenyl-4-propionoxypiperidinhydrochlorid*, $C_{15}H_{22}ClNO_3$, F. 139° (A.), durch Alkalisieren des Wasch-HCl mit Na_2CO_3, Extraktion mit Ae., Trocknen, Einengen u. Zugeben von alkohol. HCl; 30%; b) analog a) aus **VI**; 17%; daneben *1-Äthoxy-4-phenyl-4-propionoxypiperidinhydrochlorid*, $C_{16}H_{24}ClNO_3$, F. 132°; 27%. — *α-1-Propionyl-3-methyl-4-phenyl-*, $C_{15}H_{21}NO_2$, F. 161° (abs. A.), a) durch 40std. Erhitzen von **VIII** in **IV** auf 95°, Eindampfen im Vakuum bei 95°, Gießen in überschüssige verd. KOH u. Abfiltrieren; 27%; b) analog a) aus **VII** statt **VIII**; 34%. — *α-3-Methyl-4-phenyl-*, $C_{12}H_{17}NO$, F. 132° (PAe.), durch 20std. Kochen vorst. Verb. in 2n NaOH, Extraktion mit Ae., Extraktion mit 2n HCl, Alkalisieren mit NaOH u. Extraktion mit Ae.; 79%. *Hydrochlorid*, $C_{12}H_{18}ClNO$, F. 180° (A./Ae.). — *α-1.3-Dimethyl-4-phenyl-*, $C_{13}H_{19}NO$, F. 100° (Ligroin), durch 8std. Kochen vorst. Verb. in 90%ig. HCOOH/30%ig. CH_2O-Lsg./W., Ansäuern mit HCl, Eindampfen bei 35° im Vakuum, Lösen in W., Alkalisieren mit KOH u. Extraktion mit Ae.; 91%. — 4-Propionoxypiperidine: *1-Äthoxy-4-n-butyl-*, $C_{14}H_{27}NO_3$, $Kp._{12}$ 144°, durch 20std. Erhitzen von **XV** u. **IV** auf 100°, Kühlen auf Raum-Temp., Gießen in überschüssige Soda-Lsg., Extraktion mit Ae. u. Dest.; 68%. *Hydrochlorid*, krist. nicht. — *1-Äthoxy-3-methyl-4-phenyl-*, *α-Form-Hydrochlorid*, $C_{17}H_{26}ClNO_3$, F. 155° (Aceton/Ae.), durch Zugabe von **VIII** in Ae. zu CH_3Li in Ae., langsame Zugabe von **IV** nach Ende der Rk., 2std. Kochen, vorsichtigen Zusatz von verd. KOH, Extraktion der Ae.-Schicht mit 2n HCl, Alkalisieren mit Na_2CO_3, Extraktion mit Ae., Eindampfen, Lösen in abs. Ae., Zugeben von überschüssiger alkohol. HCl u. Erwärmen mit etwas Aceton; 21%. *β-Form-Hydrochlorid*, F. 130°. — *1-Methoxy-3-methyl-4-phenyl-*, *α-Form-Hydrochlorid*, $C_{16}H_{24}ClNO_3$, F. 132° (Aceton/Ae.), durch Zutropfen von **VII** in Ae. zu CH_3MgJ in Ae., 10 Min. langes Kochen, Zutropfen von **III**-Lsg., 10 Min. langes Kochen, Zusatz von W., Extraktion der Ae.-Phase mit 2n HCl, Alkalisieren mit Na_2CO_3, Extraktion mit Ae., Eindampfen, Lösen in Ae. u. Zugabe von HCl; 67%. *β-Form-Hydrochlorid*, F. 112°. H. Pagel 3231◇

0904 **Heterocyclische Verbindungen. Synthese von Estern des γ-Isomeren von 1-[β-Thiomorpholinoäthyl]-2.5-dimethyl-4-äthinylpiperidol-(4).** A. Sch. Scharifkanow und T. G. Ssarbajew. (Nachr. Akad. Wiss. KasachSSR, chem. Ser. **1962,** 117—19; russ.) — Zwecks pharmakol. Prüfung wurden das γ-Isomere von *1-[β-Thiomorpholinoäthyl]-2.5-dimethyl-4-äthinylpiperidol-(4)* (**I**), sein *Benzoat* u. *β-Phenylmercaptopropionat* dargestellt.

Versuche: *1-[β-Chloräthyl]-thiomorpholin, Hydrochlorid*, $C_6H_{13}Cl_2NS$, F. 204—205° (abs. A.), durch 2std. Erhitzen von 7,35 g 1-[β-Hydroxyäthyl]-thiomorpholin mit 7 g $SOCl_2$ in 22 ml Chlf. auf 60—70° u. 12std. Stehen; 79% (Ausbeute). — *γ-1-[β-Thiomorpholinoäthyl]-2.5-dimethyl-4-äthinylpiperidol-(4)* (**I**), $C_{15}H_{26}N_2OS$, F. 84—85° (PAe.), durch 15std. Erhitzen von 3,1 g γ-2.5-Dimethyl-4-äthinylpiperidol-(4) mit 4,5 g vorst. Hydrochlorids u. 11 g K_2CO_3 in 50 ml abs. Aceton auf 70—75°; 72,5%. *Dihydrochlorid*, $C_{15}H_{28}Cl_2N_2OS$, F. 292—293° (Methanol). *Benzoatdihydrochlorid*, $C_{22}H_{32}Cl_2N_2O_2S$, F. 226—227° (abs. A.), durch 12std. Erhitzen von 1,4 g **I** mit 8,4 g Benzoylchlorid in 15 ml Pyridin auf 130—135°; 31,5%. *β-Phenylmercaptopropionatdihydrochlorid*, $C_{24}H_{36}Cl_2N_2O_2S_2$, F. 165 bis 166,5° (abs. A.), durch 15std. Erhitzen von **I** mit β-Phenylmercaptopropionylchlorid in Pyridin auf 130 bis 135°; 26%. Helmut Schäfer 3231△

0905 **Heterocyclische Verbindungen. Synthese von Estern von 1-[γ-Phenylallyl]-2.5-dimethyl-4-äthylpiperidol-(4).** A. Sch. Scharifkanow, T. G. Ssarbajew und B. Sseitmanow. (Nachr. Akad. Wiss. KasachSSR, chem. Ser. **1962,** 120—24; russ.) — Es wurden das γ- u. β-*Isomere* von *1-[γ-Phenylallyl]-2.5-dimethyl-4-äthylpiperidol-(4)* (**I**), ihre *Benzoate* u. das *Phenoxyaceetat*, *p-Methoxyphenoxyacetat* u. *β-Phenylmercaptopropionat* des γ-Isomeren dargestellt.

Versuche: *1-[γ-Phenylallyl]-2.5-dimethyl-4-äthylpiperidol-(4)* (**I**), *γ-Form*, $C_{18}H_{27}NO$, F. 82—83° (Bzn.), durch 5std. Erhitzen von 7,9 g γ-2.5-Dimethyl-4-äthylpiperidol-(4) (γ-**II**) mit 11 g Cinnamylbromid u. 14 g K_2CO_3 in 70 ml abs. Aceton auf 75—80°; 84% (Ausbeute). *Hydrochlorid*, $C_{18}H_{28}ClNO$, F. 218—219° (A.-Ae.). *Benzoathydrochlorid*, $C_{25}H_{32}ClNO_2$, F. 172—173° (Bzl.), durch 15std. Erhitzen von 2,73 g γ-**I** mit 5,6 g Benzoylchlorid in 15 ml Dichloräthan auf 120—125°; 60,4%. *Phenoxyacetathydrochlorid*, $C_{26}H_{34}ClNO_3$, F. 161—162° (Bzl.); 54,5%. *p-Methoxyphenoxyacetathydrochlorid*, $C_{27}H_{36}ClNO_4$, F. 156—157° (Bzl.); 42,1%. *β-Phenylmercaptopropionathydrochlorid*, $C_{27}H_{36}ClNO_2S$, F. 150—151° (abs. Aceton); 32,4%. — *β-I*, $C_{18}H_{27}NO$, F. 89—90° (Bzn.), aus *β-II*; 74,4%. *Hydrochlorid*, $C_{18}H_{28}ClNO$, F. 166—167° (A.-Ae.). *Benzoathydrochlorid*, $C_{25}H_{32}ClNO_2$, F. 182—183° (Bzl.-Ae.), aus *β-I*; 20%. Helmut Schäfer 3231△

0906 **Eine neue Methode zur Synthese von N-Alkylpiperidonen-(4).** E. A. Misstrjukow, N. I. Aronowa und W. F. Kutscherow. (Nachr. Akad. Wiss. UdSSR, Abt. chem. Wiss. **1961,** 932—33, Mai; Zelinsky-Inst. für org. Chemie der Akad. der Wiss. der UdSSR; russ.) — Durch Rk. von 1.3-Dimethylpiperidon-(4)-methojodid (**I**) mit prim. Aminen werden *N-Alkylpiperidon-(4)-derivv.* erhalten, während die Rk. von 1.2.3-Trimethylpiperidon-(4)-methojodid (**II**) mit Cyclohexylamin (**III**) bzw. tert. Butylamin (**IV**) zur Öffnung des Piperidonringes führt. **II** liefert mit Benzylamin (**V**) ebenfalls ein N-Alkylpiperidon-(4).

Versuche: *1.3-Dimethylpiperidon-(4)*, $Kp._{12}$ 62 bis 64°, durch Zugabe von Methyl-[2-carbomethoxyäthyl]-[2-carbomethoxypropyl]-amin zu einer Lsg. von Na in fl. NH_3, ½std. Rühren, Stehen über Nacht, Zugabe von Ae., 1std. Erhitzen, Zugabe von HCl u. W., Entfernung des Ae., 1std. Erhitzen, Einengen u. Zugabe von NaOH u. W.; n_D^{20} 1,4572; 90% (Ausbeute). — *3-Methyl-1-cyclohexylpiperidon-(4)*, $C_{12}H_{21}NO$, $Kp._1$ 106—108°, durch Stehen von 13,6 g **I** mit 6 ml **III** u. 6 ml W. bei Zimmertemp. über Nacht, Aussalzen mit K_2CO_3 u. Extraktion mit Ae.; n_D^{20} 1,4907; 7 g. *Hydrochlorid*, F. 189—190°. *Pikrat*, F. 172—174°. — *3-Methyl-1-tert.-butylpiperidon-(4)*, $Kp._{23}$ 104—105°, analog vorst. Verb. aus 6 g **I**, 6 ml **IV** u. 3 ml W.; n_D^{20} 1,4558; 2,3 g. *Hydrochlorid*, F. 180 bis 182°. *Pikrat*, $C_{16}H_{22}N_4O_8$, F. 182—184°. — *3-Methyl-1-benzylpiperidon-(4)*, $C_{13}H_{17}NO$, $Kp._1$ 112—117°, durch Rk. von 13,4 g **I** mit 5,5 ml **V** u. W.; n_D^{23} 1,5313; 4,13 g. *Pikrat*, F. 160—162°. — *2.3-Dimethyl-1-benzylpiperidon-(4)*, $Kp._1$ 124—125°, durch Rk. von 28,3 g **II** mit 10,7 g **V** in 10 ml W.; $n_D^{21,5}$ 1,5355; 11,2 g. *Hydrochlorid*, $C_{14}H_{20}ClNO$, F. 166—167°. — *3-Methyl-6-dimethylaminohexen-(2)-on-(4)*, $Kp._{25}$ 93—95°, a) durch Rk. von 14,2 g **II** mit 5,3 ml **IV** in 5 ml W.; n_D^{22} 1,4680; 4,7 g [*Hydrochlorid*, $C_9H_{18}ClNO$, F. 165—166°]; b) aus **V** u. wss. NaOH. — *3-Methyl-6-cyclohexylaminohexen-(2)-on-(4)*, $Kp._2$ 119 bis 122°, durch Rk. von 14,2 g **II** mit 6,5 ml **III** in W.; n_D^{22} 1,4900; 3,8 g. *Pikrat*, $C_{19}H_{26}N_4O_8$, F. 172—173,5°. H. Dalmer 3231△

0907 **Untersuchungen über Fusarsäure und analoge Verbindungen. 5. Mitt. Synthese von 3-Alkylpicolinsäuren und 5-Methylpicolinsäure.** Tatsumi Nakashima. (J. pharmac. Soc. Japan [Yakugakuzasshi] **78,** 661—66, 1958; Osaka, Osaka Branch, Nat. Hygienic Labor.; jap., Auszug: engl.) — 4. vgl. C. **1961,** 17206. — Die Aminierung von 3-Methylpyridin mit $NaNH_2$ in Dekalin oder Xylol liefert *2-Amino-3-methylpyridin*, aus dem durch Bromierung, Cyanisierung u. Verseifung *3-Methylpicolinsäure* gewonnen wird. Die Kondens. von 1-Acyl-2-iminopropanen mit 3-Äthoxyacroleindiäthylacetat (**I**) ergibt *2-Methyl-3-acylpyridine*, aus denen durch Red. nach Wolff-Kishner u. anschließender Boekelheide-Umlagerung *2-Acetoxymethyl-3-alkylpyridine* (**A**) gewonnen werden. Die **A** ergeben nach Hydrolyse mit HCl u. anschließender milder Oxydation mit MnO_2 nach Ball über *2-Hydroxymethyl-3-alkylpyridine* *2-Formyl-3-alkylpyridine*, aus denen durch Oxydation mit Ag_2O die *2-Carbonsäuren* erhalten werden. Die Darst. von *5-Methylpicolinsäure* aus 2-Methyl-5-äthylpyridin wird beschrieben.

Versuche: *2-Amino-3-methylpyridin*, $Kp._5$ 86 bis 88°, durch Aminierung von 3-Methylpyridin mit $NaNH_2$ in Xylol oder Dekalin. *Pikrat*, $C_{12}H_{11}N_5O_7$, F. 226°. —

2-Brom-3-methylpyridin, C_6H_6BrN, Kp.$_6$ 67—69°, aus vorst. Verb. nach Sandmeyer. — *3-Methylpicolinsäure, Monohydrat*, $C_7H_7NO_2 \cdot H_2O$, F. 113°, a) durch Umsetzen vorst. Verb. mit KCN u. Hydrolyse; b) durch Oxydation von 3-Methylpyridin-2-aldehyd. — 2-Iminopropane: *1-Butyryl-*, $C_7H_{13}NO$, F. 30°, Kp.$_{30}$ 130—131°. — *1-Valeryl-*, $C_8H_{15}NO$, Kp.$_{30}$ 145—148°. — 2-Methylpyridine, durch Kondens. von I mit den entsprechenden 1-Acyl-2-iminopropanen: *3-Acetyl-*, Kp.$_{15}$ 102—103°; 56,3% (Ausbeute). *Pikrat*, F. 171—173°. — *3-Propionyl-*, Kp.$_9$ 108—110°; 52,9%. *Pikrat*, $C_{15}H_{14}N_4O_8$, F. 145—147°. — *3-Butyryl-*, Kp.$_8$ 110—113°; 73,4%. *Pikrat*, $C_{16}H_{16}N_4O_8$, F. 90—92°. — *3-Valeryl-*, Kp.$_{10}$ 123—126°; 64,5%. *Pikrat*, $C_{17}H_{18}N_4O_8$, F. 93—94°. — 2-Methylpyridine, durch Wolff-Kishner-Red. vorst. Verbb.: *3-Äthyl-*, Kp.$_{13}$ 63—64°; 76,5%. *Pikrat*, F. 139—140°, — *3-Propyl-*, Kp.$_{14}$ 80—81°; 76,2%. *Pikrat*, F. 129—130°. — *3-Butyl-*, Kp.$_{14}$ 96—99°; 66,7%. *Pikrat*, F. 130—131°. — *3-Pentyl-*, Kp.$_8$ 95—105°; 63,6%. *Pikrat*, $C_{17}H_{20}N_4O_7$, F. 97—98°. — 2-Acetoxymethylpyridine, durch Umsetzen vorst. Verbb. mit H_2O_2 u. Rk. der erhaltenen *N-Oxide* mit Acetanhydrid: *3-Äthyl-*, Kp.$_{13}$ 131—132°; 66,9%. *Pikrat*, $C_{16}H_{16}N_4O_9$, F. 156—157°. — *3-Propyl-*, Kp.$_9$ 135—136°; 60,8%. *Pikrat*, $C_{17}H_{18}N_4O_9$, F. 146—147°. — *3-Butyl-*, Kp.$_{11}$ 150—152°; 78,2%. *Pikrat*, $C_{18}H_{20}N_4O_9$, F. 105—106°. — *3-Pentyl-*, Kp.$_9$ 158—159°; 74,1%. — 2-Hydroxymethylpyridine, durch Hydrolyse vorst. Verbb. mittels HCl: *3-Äthyl-*, Kp.$_8$ 112—114°; 53,1%. *Pikrat*, $C_{14}H_{14}N_4O_8$, F. 131—132°. — *3-Propyl-*, Kp.$_8$ 130—132°; 62,9%. *Pikrat*, $C_{15}H_{16}N_4O_8$, F. 174—175°. — *3-Butyl-*, Kp.$_8$ 135—137°; 61,6%. *Pikrat*, $C_{16}H_{18}N_4O_8$, F. 153—154°. — *3-Pentyl-*, Kp.$_8$ 140—144°; 55,2%. *Pikrat*, $C_{17}H_{20}N_4O_8$, F. 126—127°. — 2-Formylpyridine, durch Oxydation vorst. Verb. mit aktiviertem MnO_2 nach Ball in Ae. bei 35°: *3-Äthyl-*, Kp.$_8$ 68—70°; 62,2%. *Semicarbazon*, $C_9H_{12}N_4O$, F. 177° (Zers.). — *3-Propyl-*, Kp.$_9$ 63—65°; 59,9%. *Semicarbazon*, $C_{10}H_{14} \cdot N_4O$, F. 182—183°. — *3-Butyl-*, Kp.$_8$ 95—102°; 60,7%. *Semicarbazon*, $C_{11}H_{16}N_4O$, F. 200—201°. — *3-Pentyl-*, Kp.$_9$ 100—104°; 54,6%. *Semicarbazon*, $C_{12}H_{18}N_4O$, F. 196—197°. — Pyridin-2-carbonsäuren, durch Oxydation vorst. Verbb. mit Ag_2O: *3-Äthyl-*, $C_8H_9NO_2$, F. 72 bis 73°; 19,5%. — *3-Propyl-*, $C_9H_{11}NO_2$, F. 67—68°; 18,2%. — *3-Butyl-*, $C_{10}H_{13}NO_2$, F. 55—57°; 17,5%. — *3-Pentyl-*, $C_{11}H_{15}NO_2$, F. 71—72°; 13,8%. — *5-Hydroxymethyl-2-methylpyridin*, C_7H_9NO, F. 46°, Kp.$_8$ 130—132°, durch Oxydation von 2-Methyl-5-äthylpyridin zu *6-Methylnicotinsäure* u. Red. mit $LiAlH_4$ in Äther. — *2.5-Lutidin*, Kp. 157—159°, durch Kochen vorst. Verb. mit $SOCl_2$ u. Red. mit H_2 in Ggw. von Pd. *Pikrat*, F. 166 bis 168°. — *2-Acetoxymethyl-5-methylpyridin*, Kp.$_{15}$ 124 bis 125°, durch Oxydation von 6 g vorst. Verb. mit 30%ig. H_2O_2 zum *1-Oxid* u. Umsetzen mit Acetanhydrid; 5 g. *Pikrat*, $C_{15}H_{14}N_4O_9$, F. 130—131°. — *5-Methylpyridyl-(2)-methanol*, Kp.$_8$ 94—97°, durch Hydrolyse von 5 g vorst. Verb. mit verd. HCl; 2,7 g. *Pikrat*, $C_{13}H_{12}N_4O_8$, F. 168°. — *5-Methylpyridin-2-aldehyd*, C_7H_7NO, F. 35 bis 36°, durch Oxydation von 2,7 g vorst. Verb. mit aktiviertem MnO_2 in Methanol nach Ball; 1 g. — *5-Methylpicolinsäure*, $C_7H_7NO_2$, F. 164—166°, durch Oxydation von 1 g vorst. Verb. mit Ag_2O; 0,2 g.

W. Hampel 3231△

0908 **Untersuchungen über Fusarsäure und analoge Verbindungen. 6. Mitt. Synthese von 6-Alkylpicolinsäuren.** Tatsumi Nakashima. (J. pharmac. Soc. Japan [Yakugakuzasshi] **78**, 666—70, 1958; jap., Auszug: engl.) — 5. vgl. vorst. Referat. — Die Einw. von H_2O_2 auf 2.6-Lutidin ergibt das *N-Oxid*, welches durch Boekelheide-Umlagerung *2-Acetoxymethyl-6-methylpyridin* bildet. Durch Desacetylierung mit verd. HCl, Oxydation mit MnO_2 u. Ag_2O entsteht die *6-Methylpyridin-2-carbonsäure*. Die Substitution der Methylgruppen im 2.6-Lutidin erfolgt bei der Einw. von Phenyl-Li u. Alkylhalogeniden, wobei durch Oxydation u. Umlagerung *2-[1-Acetoxyalkyl]-6-alkylpyridine* (**A**) gewonnen werden. Die Pyrolyse der **A** liefert *2-Alkylvinyl-5-alkylpyridine*, deren Oxydation mit kalter $KMnO_4$-Lsg. zur Bldg. der *6-Alkylpyridin-2-carbonsäuren* führt.

Versuche: *2.6-Lutidin-N-oxid*, Kp.$_{10-11}$ 103 bis 110°, durch Oxydation von 2.6-Lutidin mit 30%ig. H_2O_2; 77,9% (Ausbeute). — *2-Acetoxymethyl-6-methylpyridin*, Kp.$_{15}$ 110—114°, durch Umsetzen vorst. Verb. mit Acetanhydrid nach Boekelheide; 70,2%. *Pikrat*, F. 110 bis 112°. — *6-Methyl-2-hydroxymethylpyridin*, Kp.$_{6-7}$ 100 bis 105°, durch Hydrolyse vorst. Verb. mit HCl; 50%. — *6-Methylpyridin-2-aldehyd* (**I**), F. 30,5°, Kp.$_9$ 70—72°, durch Oxydation vorst. Verb. mit aktiviertem MnO_2 in Ae. nach Ball; 53,8%. *Semicarbazon*, $C_8H_{10}N_4O$, F. 216°. — *6-Methylpyridin-2-carbonsäure*, $C_7H_7NO_2$, F. 127—128°, durch Oxydation von I mit Ag_2O; 57,9%. — *2-Methylpyridin-6-aldehydglykolacetal*, $C_9H_{11}NO_2$, Kp.$_9$ 124—126°, durch Umsetzen von I mit Glykol in Ggw. von p-Toluolsulfonsäure; 27,1%. — Pyridin-N-oxide, durch Oxydation der entsprechenden Dialkylpyridine mit 30%ig. H_2O_2: *2.6-Diäthyl-*, Kp.$_{10}$ 120—127°; 57,8%. — *2.6-Dipropyl-*, Kp.$_{10}$ 135—139°; 57,3%. — *2.6-Dibutyl-*, Kp.$_{10}$ 162—164°; 57,3%. — *2.6-Dipentyl-*, Kp.$_8$ 180—183°; 59,5%. — Pyridine, durch Einw. von Phenyl-Li u. Alkylhalogeniden auf 2.6-Lutidin in Ae.: *2.6-Diäthyl-*, $C_9H_{13}N$, Kp.$_{20}$ 66—70°; 72,6%. — *2.6-Dipropyl-*, $C_{11}H_{17}N$, Kp.$_{20}$ 82—87°; 55,6%. — *2.6-Dibutyl-*, $C_{13}H_{21}N$, Kp.$_{12}$ 115—120°; 42,1%. — *2.6-Dipentyl-*, $C_{15}H_{25}N$, Kp.$_9$ 137—142°; 16,8%. — *2-[1-Acetoxyäthyl]-6-äthyl-* (**III**), $C_{11}H_{15}NO_2$, Kp.$_{15}$ 123—125°, durch Boekelheide-Umlagerung des entsprechenden Dialkylpyridin-N-oxids in Ggw. von Acetanhydrid; 75,7%. — *2-[1-Acetoxypropyl]-6-propyl-*, $C_{13}H_{19}NO_2$, Kp.$_{10}$ 122—124°; 92,9%. — *2-[1-Acetoxybutyl]-6-butyl-*, $C_{15}H_{23}NO_2$, Kp.$_{10}$ 146—149°; 90%. — *2-[1-Acetoxypentyl]-6-pentyl-*, $C_{17}H_{27}NO_2$, Kp.$_9$ 170 bis 172°; 88,4%. — *2-Vinyl-6-äthyl-*, $C_9H_{11}N$, Kp.$_9$ 76—77°, durch Pyrolyse des entsprechenden **A** bei 600° oder in sehr schlechter Ausbeute durch Erhitzen mit H_2SO_4; 42,9%. — *2-[Propen-(1)-yl]-6-propyl-*, $C_{11}H_{15}N$, Kp.$_{15}$ 110—115°; 47,9%. — *2-[Buten-(1)-yl]-6-butyl-*, $C_{13}H_{19}N$, Kp.$_{10}$ 120—125°; 40%. — *2-[Penten-(1)-yl]-6-pentyl-*, $C_{15}H_{23}N$, Kp.$_8$ 140—145°; 55%. — Pyridin-2-carbonsäuren, durch Oxydation vorst. Verbb. mit kalter $KMnO_4$-Lsg. bei pH 2—3: *6-Äthyl-*, $C_8H_9NO_2$, F. 63 bis 64°, a) durch Oxydation des entsprechenden Vinylpyridins; 13,3%; b) durch Oxydation von **II** (s. unten). — *6-Propyl-*, $C_9H_{11}NO_2$, F. 84—85°; 16,3%. — *6-Butyl-*, $C_{10}H_{13}NO_2$, F. 34—35°; 13,5%. — *6-Pentyl-*, $C_{11}H_{15}NO_2$, F. 58—59°; 12,5%. — *2-[1-Hydroxyäthyl]-6-äthylpyridin*, $C_9H_{13}NO$, Kp.$_5$ 96—102°, durch Hydrolyse von 16,5 g **III** mit HCl, Neutralisieren mit K_2CO_3 u. Extrahieren mit Chlf.; 10,3 g. — *2-Acetyl-6-äthylpyridin* (**II**), durch Oxydation von 10 g vorst. Verb. mit MnO_2 in Ae.; 7,7 g. *Semicarbazon*, $C_{10}H_{14}N_4O$, F. 193°.

W. Hampel 3231△

0909 **Untersuchungen über Pyridinderivate.** 4. Mitt. **Untersuchungen über Isonicotinsäurehydrazid und verwandte Verbindungen.** 3. Mitt. Tetsutaro Ikeda, Masao Ishi-Kawa, Shoh'ichi Hirai und Mitsuru Yoshioka. (Annu. Rep. Shionogi Res. Lab. [Osaka] **1955**, 551—54; Osaka, Shionogi Res. Labor.; jap., Auszug: engl.) — Die Rkk. von Isonicotinoylhydrazin (**I**) mit verschiedenen substituierten Aldehyden werden beschrieben.

Versuche: 1-Isonicotinoylhydrazine: *2-[4-Nitrosalicyliden]-*, F. 271—273°, durch 0,5—1std. Kochen von 2 g 4-Nitrosalicylaldehyd mit **I** in A.; 3 g (Ausbeute). — *2-[3-Nitro-4-hydroxybenzyliden]-*, F. 278° (Zers.), aus A. Säulen. — *2-[3-Amino-4-hydroxybenzyliden]-*, F. 264° (Zers.), Flocken. — *2-[4-Aminosalicyliden]-*, F. 240 bis 242°, aus A. Säulen. — *2-[3-Chlorsalicyliden]-*, F. 267°, aus A. Nadeln. — *2-[2-Carboxybenzyliden]-*, F. 189—191°. *Na-Salz*, F. > 250°. — *2-Isonicotinoylphthalazon-(1)*, durch Erhitzen vorst. Verb. über F.; daneben *Isonicotinsäure*.

W. Hampel 3231△

0910 **Untersuchungen über Isonicotinsäurehydrazid und verwandte Verbindungen.** 4. Mitt. **Die antituberkulöse Wirkung in vitro von Benzaldehydderivaten des Isonicotinsäurehydrazids.** Haruo Nishimura und Kiyoshi Nakajima. (Annu. Rep. Shionogi Res. Lab. [Osaka] **1955**, 554—56; jap., Auszug: engl.) — 3. vgl. vorst. Ref.; 1. vgl. C. **1954**, 10975. — Die Einführung von $-NO_2$, $-NH_2$ u. $-Cl$ in 1-Isonicotinoyl-2-[2-carboxybenzyliden]-hydrazin senkt die antituberkulöse Wirkung. 1-Isonicotinoyl-2-[2-carboxybenzyliden]-hydrazin übertrifft die antituberkulöse Wrkg. von INH, während das Na-Salz von 1-Isonicotinoyl-2-sulfomethylhydrazin die gleiche Wrkg. wie INH hat. W. Hampel 3231△

0911 **Chemische Eigenschaften von 2.2'-Bipyridyl.** 1. Mitt. Joju Haginiwa. (J. pharmac. Soc. Japan [Yakugakuzasshi] **75**, 731—33, 1955; Chiba, Chiba Univ., Pharmac. Inst.; jap., Auszug: engl.) — Bipyridyl-(2.2') (I) zeigt eine starke Resistenz gegenüber elektrophilen Reagentien ähnlich dem Pyridin, u. es ist schwer Substitutions-Rkk. durchzuführen; es ist aber verhältnismäßig reaktiv gegen nucleophile Reagentien, die Ausbeuten bei der Aminierung mit $NaNH_2$ sind jedoch schlecht. I bildet ein N.N'-Dioxid (II), dessen O←N-Bindung durch PCl_3, $SOCl_2$ u. HJ gespalten wird. Es ist schwer, den Übergang vom N-Oxid zum Pyridontyp durch Behandlung mit Essigsäureanhydrid zu erzielen, jedoch läßt sich II leicht in *[4.4'-Dinitrobipyridyl-(2.2')]-N.N'-dioxid* überführen.

Versuche: *Bipyridyl-(2.2')* (I), F. 70—71°, aus dem Cu-Salz der Pyridin-2-carbonsäure; 8,5—12,5%. — *[4.4'-Dinitrobipyridyl-(2.2')]-N.N'-dioxid*, $C_{10}H_6N_4O_6$, F. 274° (Zers.), aus II u. HNO_3 (D. 1,52). *[Bipyridyl-(2.2')]-N.N'-dioxid* (II), $C_{10}H_8N_2O_2$, F. 310° (Zers.; W.), durch 8std. Erhitzen von I in Eisessig mit 30%ig. H_2O_2 auf dem Wasserbad u. Alkalisieren mit KOH. W. Mucke 3231△

0912 **Chemische Eigenschaften von 2.2'-Bipyridyl.** 2. Mitt. Joju Haginiwa. (J. pharmac. Soc. Japan [Yakugakuzasshi] **75**, 733—36, 1955; jap., Auszug: engl.) — 1. vgl. vorst. Referat. — Die Nitrogruppen in [4.4'-Dinitrobipyridyl-(2.2')]-N.N'-dioxid (I) sind sehr reaktiv u. unterliegen verschiedenen Rkk.; man erhält durch Erhitzen von I in konz. HCl bei 100° in 4 Std. das *4.4'-Dichlor-Deriv.* u. durch Erhitzen von I mit 30%ig. H_2SO_4 bei 100° in 4 Std. das *4.4'-Dihydroxy-Deriv.* (II). Hieraus läßt sich durch 2tägiges Stehen von II mit Benzylalkohol in Ggw. von Na das *Di-O-benzyl-Deriv.* darstellen. Durch Erwärmen von I mit PCl_3 für 3 Std. wird unter Desoxydation *4.4'-Dichlorbipyridyl-(2.2')* gebildet. Die Oxydation dieser Verb. mit $KMnO_4$ in neutralem Medium gibt *4-Chlorpicolinsäure*. I kann als nitrierendes Reagens verwendet werden. Katalyt. Hydrierung von I an Pd/Kohle führt zu *[4.4'-Diaminobipyridyl-(2.2')]-N.N'-dioxid*. Die katalyt. Red. von I in konz. HCl liefert *4'.4'''-Dichlor-4.4''-hydrazo-[2.2'-bipyridyl-N.N'-dioxid]-Hemihydrat*, $C_{20}H_{14}Cl_2N_6O_4 \cdot {}^1/_2 H_2O$, das an der Luft die *Azo-Verb.* bildet.

Versuche: *[4.4'-Dichlorbipyridyl-(2.2')]-N.N'-dioxid*, $C_{10}H_6Cl_2N_2O_2$, F. 261° (Zers.), aus I u. konz. HCl oder Acetylchlorid. — *[4.4'-Dihydroxybipyridyl-(2.2')]-N.N'-dioxid* (II), $C_{10}H_8N_2O_4$, F. 308° (Zers.), aus I u. 30%ig. H_2SO_4. — *[4.4'-Dibenzyloxybipyridyl-(2.2')]-N.N'-dioxid*, $C_{24}H_{20}N_2O_4$, F. 228° (Zers.). — *4.4'-Dichlorbipyridyl-(2.2')*, $C_{10}H_6Cl_2N_2$, F. 143°, aus I mit PCl_3 oder $SOCl_2$. — *4-Chlorpicolinsäure*, F. 183°, durch Oxydation vorst. Verb. mit $KMnO_4$ in neutralem Medium. W. Mucke 3231△

0913 **Darstellung von Carbostyrilen aus N-Acetoacetylaminen.** Toshizo Isoshima. (Annu. Rep. Shionogi Res. Lab. [Osaka] **1955**, 576—78; Osaka, Shionogi Res. Labor.; jap., Auszug: engl.) — Die Dehydratisierung von N-Acetoacetylaminen mit konz. H_2SO_4 zu *Carbostyrilen* wird beschrieben. Die Darst. von 4-Methyl-8-methoxycarbostyril aus N-[o-Methoxyphenyl]-acetessigsäureamid gelang nicht. Statt dessen entstand bei diesen Verss. *4-Methyl-6-methoxycarbostyril*.

Versuche: 4-Methylcarbostyrile: *Unsubstituiert*, F. 222°, durch 10 Min. langes Erwärmen von 1 g N-Phenylacetessigsäureamid mit konz. H_2SO_4 auf 95° u. Verdünnen mit W.; 0,6 g (Ausbeute). — *8-Methyl-*, F. 217—218°; 66—87%. — *6-Methyl-*, F. 248—250°; 82 bis 87%. — *7.8-Benzo-*, F. 290—292°; 81—92%. — *5.6-Benzo-*, F. 284—286°; 76%. — *6-Methoxy-*, F. 265—268°; 10—20%. W. Hampel 3231△

0914 **Eine neue Synthese von Hydroxychinolinen.** A. K. Mallams und S. S. Israelstam. (Chem. and Ind. **1963**, 952; Johannesburg, Univ. of Witwatersrand; engl.) — Substituierte Arylamine cyclisieren mit Acetessigsäureäthylester u. seinen α-Alkyl-Derivv. durch 1std. Erhitzen auf 170° mit Polyphosphorsäure (I) zu *4-Hydroxychinaldinen* (II) in 50—100%ig. Ausbeute neben Spuren von *2-Hydroxylepidinen* (III). Die Zwischen-Prodd., Acetoacetanilide u. β-Arylaminocrotonsäureäthylester, cyclisieren mit I zu III bzw. II. J. Gloede 3231△

0915 **Untersuchungen über die Synthese cyclischer Stickstoffverbindungen aus Aminosäuren.** 6. Mitt. **Synthese von 4-substituierten Chinolizidinderivaten aus dl-4-[Piperidyl-(2)]-buttersäure.** Isamu Murakoshi. (J. pharmac. Soc. Japan [Yakugakuzasshi] **78**, 594—97, 1958; Chiba, Univ. of Chiba, Pharmac. Fac.; jap., Auszug: engl.) — 5. vgl. C. **1963**, 21533. — Beim Erhitzen der Acetyl- (II), Benzoyl- (III) u. Phenylacetylderivv. (IV) von dl-4-[Piperidyl-(2)]-buttersäureäthylester (I) mit Natronkalk werden *4-Methyl-*, *4-Phenyl-* u. *4-Benzyl-Δ^3-dehydrochinolizidine* (A) erhalten. Die erhaltenen A sind unbeständig, bilden jedoch bis 120° beständige Salze. Die katalyt. Hydrierung der A liefert die entsprechenden Chinolizidine.

Versuche: *3-Äthoxycarbonylchinolizidinon-(4)*, Kp.$_2$ 162—165°, durch Michael-Addition von Malonsäurediäthylester an 2-Vinylpyridin u. Hydrieren an Raney-Ni bei 160° u. 120—140 at. — *dl-4-[Piperidyl-(2)]-buttersäure, Hydrochlorid*, F. 199° durch 4—5std. Kochen vorst. Verb. mit 20%ig. HCl; 40—50% (Ausbeute). *Äthylester* (I), Kp.$_4$ 113—115°, durch Veresterung des Hydrochlorides mit äthanol. HCl; 85—90%. *Äthylesteracetylderiv.* (II), Kp.$_2$ 155—156°; 70—75%. *Äthylesterbenzoylderiv.* (III), Kp.$_4$ 210—215°; 85%. *Äthylesterphenylacetylderiv.* (IV), Kp.$_4$ 226—230°. — *Chinolizidinon-(4)*, Kp.$_3$ 103—105°, durch 2—3std. Stehen von I. — *4-Methyl-Δ^3-dehydrochinolizidin*, Kp.$_{27}$ 110—115°, a) durch trockene Dest. von II in Ggw. von Natronkalk bei 140—220°, Extrahieren mit Ae., Ausschütteln mit verd. HCl, Zugabe von Alkali u. Sättigen mit K_2CO_3; 95—97%; b) durch Umsetzen vorst. Verb. mit CH_3MgJ in Ae., 1std. Kochen, Stehen über Nacht, Einengen, 1std. Erwärmen auf 100°, Zugabe von gesätt. NH_4Cl-Lsg. u. von NaF. *Pikrat*, $C_{16}H_{20}N_4O_7$, F. 140—141°, a) aus der Verb. u. Pikrinsäure; b) analog der Base nach a) aus nachst. Verbindung. *Perchlorat*, $C_{10}H_{18}ClNO_4$, F. 172—173°. — *4-Cyan-4-methylchinolizidin*, Kp.$_{12}$ 120—123°, durch Zugabe der wss. Lsg. vorst. Perchlorates zu KCN in W. u. Extrahieren mit Ae.; 85—90%. — *4-Methylchinolizidin*, Kp.$_{10}$ 80—85°, durch Hydrieren vorvorst. Verb. an Pd/Kohle, Ansäuern mit HCl, Einengen im Vakuum, Zugabe von K_2CO_3 u. Extrahieren mit Äther. *Pikrat*, $C_{16}H_{22}N_4O_7$, F. 195—196°. — *4-Phenyl-Δ^3-dehydrochinolizidin*, Kp.$_{16}$ 158—163°, aus III. *Pikrat*, $C_{21}H_{22}N_4O_7$, F. 128—129°. *Perchlorat*, $C_{15}H_{20}ClNO_4$, F. 179—180°. — *4-Phenylchinolizidin*, Kp.$_{6,5}$ 135—137°, durch Hydrieren vorst. Verbindung. *Pikrat*, $C_{21}H_{24}N_4O_7$, F. 218°. — *4-Benzyl-Δ^3-dehydrochinolizidin*, Kp.$_2$ 125—126°, aus IV; 94—96%. *Perchlorat*, $C_{16}H_{22}ClNO_4$, F. 138—139°. — *4-Benzylchinolizidin*, Kp.$_3$ 142—143°, durch Hydrieren vorst. Verbindung. *Pikrat*, $C_{22}H_{26}N_4O_7$, F. 165°. W. Hampel 3231△

0916 **Untersuchungen über die Synthese cyclischer Stickstoffverbindungen aus Aminosäuren.** 7. Mitt. **Synthese von 3-substituierten Indolizidin- und Pyrrolizidinderivaten aus dl-3-[Piperidyl-(2)]-propionsäure und dl-3-[Pyrrolidyl-(2)]-propionsäure.** Isamu Murakoshi. (J. pharmac. Soc. Japan [Yakugakuzasshi] **78**, 598—601, 1958; jap., Auszug: engl.) — 6. vgl. vorst. Referat. — Die trockene Dest. der Acylderivv. von dl-3-[Piperidyl-(2)]- u. dl-3-[Pyrrolidinyl-(2)]-propionsäure mit Natronkalk liefert entsprechende *3-substituierte Δ^2-Dehydroindolizidine* bzw. *-pyrrolizidine*, deren Hydrierung die gesätt. *Indolizidine* u. *Pyrrolizidine* ergibt. Während die Dehydrobasen äußerst unbeständig sind, sind die Salze stabil. Bei der Umsetzung von 3-Methyl-Δ^2-dehydroindolizidin- bzw. -pyrrolizidinperchlorat mit KCN werden die entsprechenden *3-Cyan-3-methylverbb.* gebildet.

Versuche: *1-[Pyridyl-(2)]-3.3.3-trichlorpropanol-(2)*, F. 86—87°, durch 40—50std. Erwärmen von 200 ml 2-Methylpyridin mit 100 g Trichloracetaldehyd auf 110 bis 120°, Einengen im Vakuum, Zugabe von verd. HCl, Filtrieren mit A-Kohle, Zugabe von Alkali u. Extrahieren mit Ae.; aus PAe. Prismen; 70—80 g (Ausbeute). —

3-[Pyridyl-(2)]-acrylsäureäthylester, Kp.$_{11}$ 145—147°, durch 20—30 Min. langes Erwärmen vorst. Verb. mit alkohol. KOH auf 40—45°, Absaugen u. 4—5std. Einleiten von HCl in die alkohol. Lsg.; 65—70%. — *dl-3-[Piperidyl-(2)]-propionsäure, Hydrochlorid*, F. 188° (Aceton), durch Hydrierung vorst. Verb. an Raney-Ni in A. bei 160° u. 120 at, Zugabe von HCl, Abdampfen des A. u. 6—7std. Kochen mit konz. HCl. *Äthylester* (**I**), Kp.$_{2}$ 110 bis 111°, durch Sättigen der alkohol. Lsg. des Hydrochlorides mit HCl; *Acetylderiv.* (**II**), Kp.$_{2}$ 143—146°, durch Zugabe von Acetylchlorid zu 9,5 g **I** in Ae. in Ggw. von K_2CO_3; 7 g. *Benzoylderiv., Äthylester* (**III**), Kp.$_{2}$ 193 bis 196°, analog **II** aus 9 g **I** u. Benzoylchlorid; 7 g. — *Indolizidinon-(3)*, Kp.$_{18}$ 134—135°, durch 1—2tägiges Stehen von **I**. — *2-Dimethylaminomethylpyrrol*, Kp.$_{16}$ 95—96°, durch Stehen von 28 g Pyrrol mit Dimethylaminhydrochlorid in 40%ig. Formalinlsg. über Nacht, Zugabe zu 30%ig. KOH u. Extrahieren mit Ae.; 31 g. — *[Pyrrolyl-(2)-methyl]-malonsäurediäthylester*, Kp.$_{2}$ 138—145°, durch $^1/_2$std. Stehen vorst. Verb. mit Dimethylsulfat in A. unter N_2, Zugabe von Malonsäurediäthylester u. Na-Äthylat, 7tägiges Stehen bei 40°, Eindampfen im Vakuum u. Extrahieren mit Ae.; 33—40%. — *dl-3-[Pyrrolidyl-(2)]-propionsäure, Hydrochlorid*, F. 130° (Aceton), durch katalyt. Red. vorst. Verb. an Raney-Ni in A. bei 160° u. 150 at, Zugabe von HCl, Abdampfen des A. u. 5—6std. Kochen mit 20%ig. HCl. *Äthylester* (**IV**), Kp.$_{2}$ 87—92°, durch 3—4std. Kochen des Hydrochlorides mit alkohol. HCl; 70—80%. *Acetylderiv., Äthylester* (**V**), Kp.$_{2}$ 143 bis 148°, analog **II** aus 7 g **IV**; 5,7 g. *Benzoylderiv., Äthylester* (**VI**), Kp.$_{2}$ 187—192°, analog **III** aus 7 g **IV**; 9 g. — *Pyrrolizidinon-(3)*, Kp.$_{10}$ 97—100°, durch 1—2tägiges Stehen von **IV**. — Δ^2-Dehydroindolizidine: *3-Methyl-*, Kp.$_{32}$ 98—104°, durch trockene Dest. von 6 g **II** in Ggw. von Natronkalk bei 160—230°, Lösen in verd. HCl, Zugabe von K_2CO_3 u. Extrahieren mit Ae.; 3,5 g. *Pikrat*, $C_{15}H_{20}\cdot N_4O_7$, F. 154° (Zers.), a) mit Pikrinsäure; b) durch Umkristallisation des **VII**-Pikrates aus A. unter HCN-Abspaltung. *Perchlorat* (**VIII**), $C_9H_{16}ClNO_4$, F. 149—150°. — *3-Phenyl-*, Kp.$_{12}$ 145—150°, analog vorst. Verb. aus 7 g **III**; 4,7 g. *Perchlorat*, $C_{14}H_{18}ClNO_4$, F. 178°. — *3-Cyan-3-methylindolizidin* (**VII**), Kp.$_{25}$ 119—121°, durch Umsetzen von **VIII** mit KCN in W. u. Extrahieren mit Ae.; 95%. *Pikrat*, F. 75—76° (Zers.). — Δ^2-Dehydropyrrolizidine: *3-Methyl-*, Kp.$_{75}$ 98—103°, durch trockene Dest. von 5,5 g **V** bei 130—180°. *Pikrat*, $C_{14}H_{16}N_4O_7$, F. 152—153° (Zers.), a) mit Pikrinsäure; b) durch Umkristallisieren von **X**-Pikrat aus A. unter Abspaltung von HCN. *Perchlorat* (**IX**), $C_8H_{14}ClNO_4$, F. 137—138°. — *3-Phenyl-*, Kp.$_{29}$ 163 bis 167°, aus 9 g **VI**; 5,9 g. *Pikrat*, $C_{19}H_{18}N_4O_7$, F. 113 bis 114°. *Perchlorat*, $C_{13}H_{16}ClNO_4$, F. 186—187°. — *3-Cyan-3-methylpyrrolizidin* (**X**), Kp.$_{50}$ 120—122°, durch Umsetzen von 0,9 g **IX** mit KCN in W.; 0,57 g. *Pikrat*, F. 128—129° (Zers.). — Indolizidine, durch katalyt. Hydrierung der entsprechenden Dehydroindolizidine an Pd/Kohle in A.; *3-Methyl-*, Kp.$_{27}$ 69—73°. *Pikrat*, $C_{15}H_{20}N_4O_7$, F. 191 bis 192°. — *3-Phenyl-*, Kp.$_{7}$ 122—125°. *Pikrat*, $C_{20}H_{22}N_4O_7$, F. 225—226°. — Pyrrolizidine: *3-Methyl-*, Kp.$_{82}$ 78 bis 82°. *Pikrat*, $C_{14}H_{18}N_4O_7$, F. 249—250°. — *3-Phenyl-*, Kp.$_{26}$ 154—157°. *Pikrat*, $C_{19}H_{20}N_4O_7$, F. 153—154°. *Pikrolonat*, F. 180—181°. W. Hampel 3231△

0917 **Isoazalene. 1. Mitt. 4-Aryl-3-carboxypyridine als Ausgangssubstanzen für N-Methyl-1.2-benzisoazalene.** Wilhelm Treibs und Jörg Beger. (Liebigs Ann. Chem. **652**, 192—203, 1962; Leipzig, Univ., Inst. für Organ. Chem.; dt.) — Durch Rk. von Acetessigsäureäthylester (**I**) mit aromat. bzw. heterocycl. Aldehyden werden *4-Aryl-2.6-dimethyl-1.4-dihydropyridindicarbonsäure-(3.5)-diäthylester* dargestellt u. zu den entsprechenden *Pyridindicarbonsäurediäthylestern* dehydriert. Deren Hydrolyse liefert neben den *freien Säuren* die *Monoester*, die durch Decarboxylierung u. Verseifung *4-Aryl-2.6-dimethylpyridincarbonsäuren-(3)* ergeben, welche als Ausgangs-Prodd. zur Synth. von N-Methyl-1.2-benzisoazalenen (2-Methylindeno-[2.1:c]-pyridine) dienen sollen. Daneben werden *4-Aryl-2.6-dimethylpyridine* erhalten u. zu den *Methojodiden* umgesetzt. Außerdem wird die Darst. einiger *2-Methyl-4.6-diarylnicotinsäurenitrile* beschrieben.

Versuche: 2.6-Dimethyl-1.4-dihydropyridindicarbonsäure-(3.5)-diäthylester: *4-[2.3-Dimethoxyphenyl]-* (**II**), $C_{21}H_{27}NO_6$, F. 133°, durch 8std. Rk. von 1 Mol 2.3-Dimethoxybenzaldehyd mit 2 Mol **I** u. 1,1 Mol NH_3 in sd. Methanol, Kühlen, Behandeln der entstandenen Kristalle mit Methanol u. Kristallisieren aus Methanol, A. oder Bzl.; 64% (Ausbeute). — Analog: *4-[p-Biphenylyl]-*, $C_{25}H_{27}NO_4$, F. 153°; 70%. — *4-[γ-Pyridyl]-*, $C_{18}H_{22}N_2O_4$, F. 185°; 50%. — *4-[α-Furyl]-*, $C_{17}H_{21}NO_5$, F. 167°; 80%. — *4-[α-Thienyl]-*, $C_{17}H_{21}NO_4S$, F. 168°; 73%. — *4-[α-Pyrryl]-* (**III**), $C_{17}H_{22}N_2O_4$, F. 214°; 75%. — *4-[Indolyl-(3)]-*, $C_{21}H_{24}N_2O_4$, F. 185°; 50%. — *4-[Benzothienyl-(2)]-*, $C_{21}H_{23}NO_4S$, F. 172°; 38%. — *4-[α-Naphthyl]-*; 90%. — *4-[β-Naphthyl]-*, $C_{23}H_{25}NO_4$, F. 148°; 85%. — *4-[Phenanthryl-(9)]-*, $C_{27}H_{27}NO_4$, F. 194°; 70%. — *4-[Pyrenyl-(4)]-*, $C_{29}H_{27}NO_4$, F. 228°; 75%. — *4-[Fluorenyl-(2)]-*, $C_{26}H_{27}NO_4$, F. 199°; 61%. — *α-[Anthryl-(9)-methylen]-acetessigester*, $C_{21}H_{18}O_3$, F. 125° (A.), durch 6std. Rk. von **I** mit β-Aminocrotonsäureäthylester bei 100°; gelb; 25%. — *α-Biphenylenäthylenyl-β-aminocrotonsäureäthylester*, $C_{20}H_{19}NO_2$, F. 162°, durch 6std. Rk. von **I** mit 9-Formyl-fluoren u. NH_3 in sd. A.; gelbe Flocken; 55%. — 2.6-Dimethylpyridindicarbonsäure-(3.5)-diäthylester: *4-[2.3-Dimethoxyphenyl]-* (**IV**), $C_{21}H_{25}NO_6$, F. 75° (wss. A., Pentan oder PAe.), durch Eintropfen von **II** in 3n HNO_3 bei 60° u. Gießen in 2—3n NaOH (Meth. A) oder durch Zugabe von CrO_3 zu **II** in sd. Eisessig, $^1/_2$std. Kochen, Alkalisieren mit NH_4OH u. Aufnehmen in Ae. oder Bzl. (Meth. B); 90%. — *4-[p-Methoxyphenyl]-*, $C_{20}H_{23}NO_5$, F. 50—51°, nach A; 95%. — *4-[p-Biphenylyl]-*, $C_{25}H_{25}NO_4$, F. 126°, nach A; 95%. — *4-[γ-Pyridyl]-* (**V**), $C_{18}H_{20}N_2O_4$, F. 108°, nach A; 95%. — *4-[α-Furyl]-*, F. 51°, nach A; 55%. — *4-[α-Thienyl]-*, $C_{17}H_{19}NO_4S$, F. 78°, nach A; 78%. — *4-[α-Pyrryl]-*, $C_{17}H_{20}N_2O_4$, F. 74°, durch 2std. Erhitzen von **III** mit S auf 190—200°, Kristallisieren aus PAe. u. Chromatographie an Al_2O_3 (Meth. C); 55%. — *4-[Benzothienyl-(2)]-*, $C_{21}H_{21}NO_4S$, F. 85°, nach A oder B; 87%. — *4-[β-Naphthyl]-*, F. 71°, nach B; 68%. *N-Oxid*, $C_{23}H_{23}NO_5$, F. 134° (A.), durch 12std. Erhitzen der Base mit 30%ig. H_2O_2 in Eisessig, Eindampfen u. Zugabe von W. u. verd. NaOH; 92%. — *4-Phenyl-*, nach A oder B. *N-Oxid*, $C_{19}H_{21}NO_5$, F. 114° (A.), wie vorst.; 95%. — *4-[Phenanthryl-(9)]-*, $C_{27}H_{25}NO_4$, F. 96°, nach B; 92%. — *4-[Pyrenyl-(4)]-*, $C_{29}H_{25}NO_4$, F. 138°, nach B oder C; 60%. — *4-[Fluorenyl-(2)]-*, $C_{26}H_{25}NO_4$, F. 139°, nach A; 85%. — *4-Benzyl-*, Kp.$_{15}$ 220—240°, nach C (Dest. statt Chromatographie); 84%. — 2.6-Dimethylpyridindicarbonsäuren-(3.5): *4-[2.3-Dimethoxyphenyl]-*, $C_{17}H_{17}NO_6$, F. 253°, durch 5—8std. Hydrolyse von 1 Mol **IV** mit 2,5 Mol KOH in sd. A., Ansäuern mit verd. HCl u. Behandeln mit A., Bzl. oder Äther. — Analog: *4-Benzyl-*; 65%. — *4-[p-Methoxyphenyl]-*, F. 284°; 95%. — *4-[p-Biphenylyl]-*, $C_{21}H_{17}NO_4$, F. 279°; 79%. — *4-[α-Furyl]-*, $C_{13}H_{11}NO_5$, F. 265°; 54%. — *4-[α-Thienyl]-*, $C_{13}H_{11}NO_4S$, F. 273°; 85%. — *4-[α-Pyrryl]-*, F. 290°; 70%. — *4-[Benzothienyl-(2)]-*, $C_{17}H_{13}NO_4S$, F. 272°; 90%. — *4-[α-Naphthyl]-*, $C_{19}H_{15}NO_4$, F. 320°; 85%. — *4-[β-Naphthyl]-*, F. 310°; 80%. — *4-[Phenanthryl-(9)]-*, $C_{23}H_{17}NO_4$, F. 308°; 91%. — *4-[Pyrenyl-(4)]-*, $C_{25}H_{17}NO_4$, F. 339°; 70%. — *4-[γ-Pyridyl]-*, $C_{14}H_{12}N_2O_4$, F. 350° (A.), durch 4—5std. Verseifen von **V** mit äthanol. KOH, Eindampfen, Aufnehmen in verd. NaOH, Filtrieren, Ansäuern u. Reinigen über das amorphe *Ag-Salz*; 81%. — 2.6-Dimethylpyridindicarbonsäure-(3.5)-monoäthylester: *4-[2.3-Dimethoxyphenyl]-* (**VI**), $C_{19}H_{21}NO_6$, F. 193° (A.), durch 60—80std. Verseifung von 1 Mol **IV** mit 1 Mol KOH in sd. A., Einengen, Zugabe von W., Filtrieren u. Ansäuern des Filtrats mit HCl; 83%. — Analog: *4-Benzyl-*, $C_{18}H_{19}\cdot NO_4$, F. 146°; 70%. — *4-[p-Methoxyphenyl]-*, F. 183°; 88%. — *4-[p-Biphenylyl]-*, $C_{23}H_{21}NO_4$, F. 245°; 80%. — *4-[α-Furyl]-*, $C_{15}H_{15}NO_5$, F. 153°; 85%. — *4-[α-Thienyl]-*, $C_{15}H_{15}NO_4S$, F. 153°. — *4-[Benzothienyl-(2)]-*, $C_{19}H_{17}\cdot NO_4S$, F. 198°; 83%. — *4-[β-Naphthyl]-*, $C_{21}H_{19}NO_4$, F. 224°; 90%. — *4-[Phenanthryl-(9)]-*, $C_{25}H_{21}NO_4$, F. 252°; 75%. — *4-[Pyrenyl-(4)]-*, $C_{27}H_{21}NO_4$, F. 290°; 60%. — 2.6-Dimethylpyridincarbonsäuren-(3): *4-[2.3-Dimethoxyphenyl]-* (**VII**), $C_{16}H_{17}NO_4$, F. 228—230° (A.), durch $^1/_2$std. Erhitzen von **VI** auf 280—300°, Dest., 5—8std. Hydrolyse des erhaltenen rohen **VII**-*Äthylesters* in sd. äthanol. KOH, Versetzen mit W., Einengen, Filtrieren von mit entstandenem **VIII** (vgl. unten) u. Ansäuern des Filtrats. — Analog (in einigen Fällen Dest. unter vermindertem Druck u. Chromatographie an Al_2O_3): *4-[p-Methoxyphenyl]-*; 80%. — *4-[p-Biphenylyl]-*, $C_{20}H_{17}NO_2$, F. 240°; 67%. — *4-[α-Furyl]-*, $C_{12}H_{11}NO_3$, F. 195°; 85%. — *4-[α-Thienyl]-*, $C_{12}H_{11}NO_2S$, F. 199°; 70%. — *4-[Benzothienyl-(2)]-*, $C_{16}H_{13}NO_2S$, F. 260°; 36%. — *4-[α-Naphthyl]-*; 63%. — *4-[β-Naphthyl]-*, $C_{18}H_{15}NO_2$, F. 287°; 34%. — *4-[Phenanthryl-(9)]-*, $C_{22}H_{17}NO_2$, F. 306°; 90%. — *4-[Pyrenyl-(4)]-*, $C_{24}H_{17}NO_2$, F. 303°, ohne Dest. durch Chromatographie über den isolierten *Äthylester* [F. 132° (PAe.), schwachgelb]; 90%. — 2.6-Dimethylpyridine: *4-[2.3-Dimethoxyphenyl]-* (**VIII**), F. 80°, neben **VII**. *Methojodid*, $C_{16}H_{20}JNO_2$, F. 232° (A.), aus **VIII** in Bzl. mit CH_3J. — Analog: *4-[p-Methoxyphenyl]-*, F. 74°. *Methojodid*, $C_{15}H_{18}JNO$, F. 227—230°. — *4-[p-Biphenylyl]-*, F. 132°. *Methojodid*, $C_{20}H_{20}JN$, F. 220°. — *4-[α-Furyl]-*, F. 41°. *Methojodid*, $C_{12}H_{14}JNO$, F. 277°. — *4-[α-Thienyl]-*, F. 60°. *Methojodid*, $C_{12}H_{14}JNS$, F. 280°. — *4-[Benzothienyl-(2)]-*, F. 101°. *Methojodid*, $C_{16}H_{16}JNS$, F. 270°. — *4-[β-Naphthyl]-*, F. 114°. *Methojodid*, $C_{18}H_{18}JN$, F. 250°. — *4-Phenanthryl-(9)]-*, F. 151°. *Methojodid*, $C_{22}H_{20}JN$, F. 253°. — *4-[Pyrenyl-(4)]-*, F. 159°. *Methojodid*, $C_{24}H_{20}JN$. — *2-Methyl-4.6-diphenyl-3-cyanpyridin* (**IX**), F. 116° (Methanol oder A.), durch 4std. Rk. von Benzalacetophenon mit β-Aminocrotonsäurenitril (**X**) in Ggw. von C_2H_5ONa in sd. A.; 77%. — *2-Methyl-4-[α-naphthyl]-6-phenyl-3-cyanpyridin*, $C_{23}H_{16}N_2$, F. 157°, analog **IX** aus **X** u. [α-Naphthylmethylen]-acetophenon; 90—95%. *2-Methyl-4-phenyl-6-[α-naphthyl]-3-cyanpyridin*, $C_{23}H_{16}N_2$, F. 160°, aus Styryl-[α-naphthyl]-keton u. **X**; 90%. — *2-Methyl-4.6-diphenylnicotinsäure*, durch 4std. Erhitzen von **IX** mit konz. HCl im Rohr auf 230—250°, Lösen des Rk.-Prod. in 2n NaOH u. Ansäuern; 90%.

W. Hoffmann 3231◇

0918 **Isoazalene.** 2. Mitt. **2-Azafluorene aus 4-Aryl-3-carboxypyridinen.** Jörg Beger und Wilhelm Treibs. (Liebigs Ann. Chem. **652**, 204—11, 1962; dt.) — 1. vgl. vorst. Referat. — Durch Cyclisierung von 4-Aryl-3-carboxypyridinen mit konz. H_2SO_4 oder Polyphosphorsäure werden einige *2-Azafluorenone* bzw. verwandte Verbb. dargestellt u. mit NH_3/A./Zn oder mit rotem P/HJ zu den entsprechenden *2-Azafluorenen* red., wobei in einigen Fällen *2-Azafluorenole* als Neben-Prodd. entstehen. Durch Grignard-Rk. der 2-Azafluorenone werden *9-Hydroxy-9-aryl-2-azafluorene* erhalten, deren Red. mit rotem P/HJ *9-Aryl-2-azafluorene* liefert. IR-Absorptionswerte einiger Verbb. sind angegeben.

Versuche: 2-Azafluorenone: *1-Methyl-3-phenyl-* (**I**), F. 156° (Bzl.), durch 3std. Erhitzen von 2-Methyl-4.6-diphenylnicotinsäure mit konz. H_2SO_4 auf 150°, Gießen in W. u. Alkalisieren; 57% (Ausbeute). — *1.3-Dimethyl-* (**II**), F. 156° (A.), a) durch 10std. Erhitzen von 4-Phenyl-2.6-dimethylpyridindicarbonsäure-(3.5) mit konz. H_2SO_4 auf 130°, Gießen auf Eis, Aufnehmen des Nd. [*Sulfat der 1.3-Dimethyl-2-azafluorenoncarbonsäure-(4)*] in 2n NaOH bei 30—40°, Ansäuern mit Essigsäure u. Decarboxylieren; 62%; b) durch 5std. Erhitzen von 4-Phenyl-2.6-dimethylpyridincarbonsäure-(3) mit 20 Teilen Polyphosphorsäure auf 120°, Gießen in W., Alkalisieren u. Chromatographie aus Bzl. an Al_2O_3; 80%. — Analog [nach b)]: *7-Methoxy-1.3-dimethyl-* (**III**), F. 131°, aus 4-[p-Methoxyphenyl]-2.6-dimethylpyridincarbonsäure-(3) (**IV**) bei 150°; aus A. gelbe Nadeln; 56%. — *4-Carbäthoxy-7-methoxy-1.3-dimethyl-*, $C_{18}H_{17}NO_4$, F. 129°, aus dem 5-Carbäthoxy-Deriv. von **IV** bei 150°; aus A. gelbe Nadeln; 45%. — *1.3-Dimethyl-7-phenyl-*, $C_{20}H_{15}NO$, F. 178°, aus 4-[p-Biphenylyl]-2.6-dimethylnicotinsäure bei 150°; gelbliche Blättchen; 84%. — *1.3-Dimethyl-5.6-benzo-* (**V**), F. 165°, aus 4-[α-Naphthyl]-2.6-dimethylpyridincarbonsäure-(3) (6 Std., 100°); 66%. — *1.3-Dimethyl-7.8-benzo-* (**VI**), $C_{18}H_{13}NO$, F. 193° (Bzl.), aus 4-[β-Naphthyl]-2.6-dimethylpyridincarbonsäure-(3) (**VII**) (6 Std., 150°); gelb; 83%. — *4-Carbäthoxy-1.3-dimethyl-7.8-benzo-* (**VIa**), $C_{21}H_{17}NO_3$, F. 128°, aus dem 5-Carbäthoxy-Deriv. von **VII** (6 Std., 150°); aus A. gelbe Nadeln; 90%. *Pikrat*, F. 230°. *Freie Säure*, F. 325—327°, aus dem 5-Carboxy-Deriv. von **VII** (6 Std., 150°); roh 60%; daraus über das *Ag-Salz* mit CH_3J *Methylester*, $C_{20}H_{15}NO_3$, F. 194° (Methanol). — *1.3-Dimethyl-5.6;7.8-dibenzo-*, $C_{22}H_{15}NO$, F. 253° (A.), aus 4-[Phenanthryl-(9)]-2.6-dimethylpyridincarbonsäure-(3) (**VIII**) (15 Teile Polyphosphorsäure, 5 Std., 125°); 95%. — *4-Carbäthoxy-1.3-dimethyl-5.6;7.8-dibenzo-*, $C_{25}H_{19}NO_3$, F. 149° (A.), aus dem 5-Carbäthoxy-Deriv. von **VIII** (6 Std., 120°); rötlichgelb; 42%. — Analog 1-Oxo-5.7-dimethyl-6-azaindene: *Pyreno-[4′.5′:2.3]-*, $C_{24}H_{15}NO$, F. 253—254° (o-Xylol), aus 4-[Pyrenyl-(4)]-2.6-dimethylpyridincarbonsäure-(3) (**IX**) (5 Std., 130°); gelb; 78%. — *4-Carbäthoxypyreno-[4′.5′:2.3]-*, $C_{27}H_{19}NO_3$, F. 225—226° (Bzl.), aus dem 5-Carbäthoxy-Deriv. von **IX** (5 Std., 150°); rötlich; 40 bis 45%. — *Thieno-[3′.2′:2.3]-* (**X**), $C_{12}H_9NOS$, F. 193 bis 194°, aus 4-[α-Thienyl]-2.6-dimethylnicotinsäure (**XI**) (5 Std., 150°); aus A. gelbe Nadeln; 90—95%. — *4-Carbäthoxythieno-[3′.2′:2.3]-* (**Xa**), $C_{15}H_{13}NO_3S$, F. 178°, aus dem 5-Carbäthoxy-Deriv. von **XI** (5 Std., 150°); aus A. gelbe Nadeln; 75%. *Freie Säure*, $C_{13}H_9NO_3S$, F. 272°, aus dem 5-Carboxy-Deriv. von **XI** (5 Std., 150°); gelb; 56%. — *Benzothieno-[3′.2′:2.3]-*, $C_{16}H_{11}NOS$, F. 187° (A.), aus 4-[Benzothienyl-(2)]-2.6-dimethylpyridincarbonsäure-(3) (5 Std., 150°); gelb; 18%. — 2-Azafluorene: *1.3-Dimethyl-*, F. 98°, durch 4—5std. Kochen von **II** mit Zn-Staub in A./konz. NH_4OH, Zugabe von W. u. Ausziehen mit A. oder Bzl. (Meth. **A**); durch 4std. Kochen von **II** mit rotem P in HJ, Behandeln mit sd. konz. Soda-Lsg. u. Ausziehen mit Bzl., PAe. oder A. (Meth. **B**); gute Ausbeuten. — *9-Hydroxy-1.3-dimethyl-*, in geringer Menge neben vorst. Verb. nach **A**. — *9-Hydroxy-7-methoxy-1.3-dimethyl-*, $C_{15}H_{15}NO_2$, F. 193° (A.), aus **III** nach **A**; 45%. Daneben wenig *7-Methoxy-1.3-dimethyl-*, F. 119—120°. — *1.3-Dimethyl-7.8-benzo-*, $C_{18}H_{15}N$, F. 184° (Bzl. oder Bzl./PAe.), aus **VI** nach **B**; 60%. — *4-Carbäthoxy-1.3-dimethyl-7.8-benzo-*, $C_{21}H_{19}NO_2$, F. 188° (A.), aus **VIa** nach **A**. — *1-Methyl-3-phenyl-*, $C_{19}H_{15}N$, F. 96—97° (A.), aus **I** nach **B**; 90%. — *5.7-Dimethylthieno-[3′.2′:2.3]-6-azainden*, $C_{12}H_{11}NS$, F. 140° (PAe. oder A.), aus **X** nach **A**; 60%. — *4-Carbäthoxy-5.7-dimethylthieno-[3′.2′:2.3]-6-azainden* $C_{15}H_{15}NO_2S$, F. 139—141° (PAe.), aus **Xa** nach **A**. — *1.3-Dimethyl-7.8-benzo-2-azafluorenolcarbonsäure-(4)-äthylester*, $C_{21}H_{19}NO_3$, F. 160°, durch 12std. Hydrieren von **VIa** über Raney-Ni bei 5 at u. 20° oder 90 at u. 80—90°; schwachgelbe Nadeln; 68%. — 9-Hydroxy-2-azafluorene: *1.3-Dimethyl-9-phenyl-* (**XII**), F. 183° (A. oder Bzl.), durch Rk. von **II** mit C_6H_5MgBr in Ae. u. Zers. mit 2n H_2SO_4; 75%. — *1-Methyl-3.9-diphenyl-* (**XIII**), analog **XII** aus **I**; unrein; 70%. — *1.3-Dimethyl-9-phenyl-5.6-benzo-*, $C_{24}H_{19}NO$, F. 233° (Bzl.), aus **V**; gelblich; 70%. — *1.3-Dimethyl-9-[α-naphthyl]-* (**XIV**), $C_{24}H_{19}NO$, F. 214° (Bzl.), aus **II** u. α-Naphthyl-MgBr; 26%. — *1-Hydroxy-5.7-dimethyl-1-phenylthieno-[3′.2′:2.3]-6-azainden* (**XV**), $C_{18}H_{15}NOS$, F. 185° (F. des Bzl.-Addukts 145—150°, F. des Alkoholats 113°), aus **X**; 50%. — 2-Azafluorene: *1.3-Dimethyl-9-phenyl-*, $C_{20}H_{17}N$, F. 135° (PAe. oder wss. A.), aus **XII** nach B. *Pikrat*, $C_{26}H_{20}N_4O_7$, F. 200°. — Analog: *1.3-Dimethyl-9-[α-naphthyl]-*, $C_{24}H_{19}N$, F. 230° (Bzl.), aus **XIV**. — *1-Methyl-3.9-diphenyl-*, $C_{25}H_{19}N$, Zers. >250° (Methanol), aus **XIII**. — *5.7-Dimethyl-1-phenylthieno-[3′.2′:2.3]-6-azainden* (Roh-Prod.), aus **XV**.

W. Hoffmann 3231◇

0919 **Isoazalene.** 3. Mitt. **Tricyclische Isoazalene aus 2-Azafluorenen.** Wilhelm Treibs und Jörg Beger. (Liebigs Ann. Chem. **652**, 212—17, 1962; dt.) — 2. vgl. vorst. Referat. — Aus 2-Azafluorenen entstehen durch Quaternierung u. nachfolgende Behandlung mit Laugen die tricycl. Isoazalene *1.2.3-Trimethyl-*, *1.2-Dimethyl-3-phenyl-*, *1.2.3-Trimethyl-9-phenyl-* (**I**), *1.2.3-Trimethyl-9-[α-naphthyl]-2H-indeno-[2.1:c]-pyridin* sowie *5.6.7-Trimethyl-4-phenylthieno-[2.3:b]-[2]-pyrindin* (**II**). *2-Methyl-9-phenyl-2H-indeno-[2.1:c]-pyridin* (**III**) wird durch S-Dehydrierung aus N-Methyl-9-phenyl-2.3-dihydro-2-azafluorenhydrobromid (**IV**) erhalten. Die Absorptionsmaxima der tieffarbigen, wenig haltbaren Lsgg. der Verbb. sind substituentenabhängig. Aryle haben im N-haltigen Sechsring hypsochromen, im Fünfring bathochromen Einfluß. Die Thienogruppe wirkt im Vgl. zur Benzogruppe stark hypsochrom. Nur **I** u. **II** sind in reinem krist. Zustand überraschend beständig.

Versuche: *1.3-Dimethyl-2-azafluoren*(**V**)-*Methojodid*, $C_{15}H_{16}JN$, F. 274—275°, aus **V** mit CH_3J; hellbraun; 70% (Ausbeute). — 2-Azafluorenmethomethylsulfate: *1.3-Dimethyl-*, $C_{16}H_{19}NO_4S$, F. 231 bis 232° (Zers., W.), aus **V** mit $(CH_3)_2SO_4$; 91%. — Analog: *1-Methyl-3-phenyl-*, $C_{21}H_{21}NO_4S$, F. 260°. — *1.3-Dimethyl-9-phenyl-* (**VI**), $C_{22}H_{23}NO_4S$, F. 236°; 95%. — *1.3-Dimethyl-9-[α-naphthyl]-*, $C_{26}H_{25}NO_4S$, F. 188 bis 190°. — *1-Methyl-3.9-diphenyl-*, $C_{27}H_{25}NO_4S$, F. 287 bis 289°. — *5.7-Dimethyl-1-phenylthieno-[3'.2':2.3]-6-azaindenmethosulfat* (**VII**), $C_{20}H_{21}NO_4S_2$. — *5.6.7-Trimethyl-1-phenyl-2.3-benzisoazalen* (**I**), $C_{21}H_{19}N$, F. 212—216°, durch Zutropfen von methanol. KOH zu **VI** in sd. Methanol; 50%; in Bzl. oder Cyclohexan unter N_2 mehrere Std. haltbar, ohne Lsgm, an der Luft 4 Wochen beständig. *Perchlorat*, $C_{21}H_{20}ClNO_4$, F. 242°, mit verd. $HClO_4$ aus **I** in Bzl. oder direkt aus wss. **VI**. — *5.6.7-Trimethyl-1-phenylthieno-[3'.2':2.3]-isoazalen* (**II**), $C_{19}H_{17}NS$, F. 188—191°, analog **I** aus **VII**; rotviolett. — *6-Methyl-1-phenyl-2.3-benzisoazalen* (**III**), als unbeständiges Roh-Prod. bei 1/4std. Erhitzen von **IV** mit S auf 200° u. Ausziehen mit sd. Wasser. W. Hoffmann 3231◇

0920 **Analoga von Phenothiazinen.** 2. Mitt. **Phenoxazin- und Phenoselenazinanaloge von Phenothiazinarzneimitteln.** Michael P. Olmsted, Paul N. Craig, John J. Lafferty, Alex M. Pavloff und Charles L. Zirkle. (J. org. Chemistry **26**, 1901—07, 1961; Philadelphia, Pa., Smith Kline & French Labor., Res. and Dev. Div.; engl.) — 1. vgl. C. **1962**, 18117. — Die Darst. von *Phenoxazin* (**I**) u. *2-substituierten* **I**-*Derivv.* (**A**) sowie die Darst. von *10-Aminoalkyl-Derivv. von* **I**, *von* **A** u. *von Phenoselenazin* (**II**) werden beschrieben.

Versuche: *2-Methoxy-2'-nitrodiphenyläther*, durch 3std. Kochen von KOH, W., 2-Chlornitrobenzol u. Guajacol (**III**), Zugabe von verd. NaOH, Extraktion mit Bzl. u. Eindampfen bis 150°/0,2 Torr; 71% (Ausbeute). — *2-Amino-2'-methoxydiphenyläther*, durch Red. vorst. Verb. mit N_2H_4 nach Balcom u. Furst (C. **1954**, 744), Lösen des Prod. in verd. HCl, Alkalisieren mit NaOH u. Extraktion mit C_6H_6. — *2-Amino-2'-hydroxydiphenyläther*, F. 106—110°, durch Erhitzen vorst. Verb. mit 48%ig. HBr in Ggw. von 50%ig. H_3PO_2 bis zum Ende der CH_3Br-Entw., Verdünnen mit W., Filtrieren mit Kohle u. Neutralisieren mit NH_4OH; graue Kristalle; 66%. — *2.2'-Diaminodiphenyläther*, F. 59—60°, durch Red. von 2.2'-Dinitrodiphenyläther (F. 113°, nach Cullinane u. Mitarbeitern [1934]; 7%) mit H_2/Raney-Ni bei 50 lb./sq. in. u. 60°. *Dihydrochlorid*, F. 240—250°. — *Phenoxazin* (**I**), F. 154,5—156°, a) durch 72std. Erhitzen vorvorst. Verb. mit konz. HCl auf 195° im Rohr, Verdünnen mit W., Extraktion mit Bzl., Eindampfen u. Dest. bei 142—150°/0,1 Torr; aus Hexan Plättchen; 35%; b) durch 6std. Erhitzen vorst. Verb. mit ca. 1,1 Val ihres Dihydrochlorids auf 250° im Rohr, Lösen in heißem A., Filtrieren, Einengen, Verdünnen mit 1%ig. HCl, Extraktion mit Bzl., Einengen, Verdünnen mit A. u. Zugabe von 15%ig. HCl; 32%; c) durch Rühren von 2-Bromphenol (**IV**), 2-Chlornitrobenzol u. W. bei Raum-Temp. unter portionsweiser Zugabe von festem KOH u. Temp.-Anstieg auf 90°, 3std. Rühren bei ca. 105°, Zugabe von verd. NaOH, Extraktion mit Bzl., Eindampfen, Dest. (→ *2-Brom-2'-nitrodiphenyläther*; 40%), 3std. Kochen mit Fe-Spänen in W. unter Zugabe von $CH_3 \cdot COOH$, 1std. Kochen, Zugabe von Bzl., Filtrieren, Eindampfen, Dest. (→ *2-Amino-2'-bromdiphenyläther*, $Kp._{0,2-0,4}$ 140—155°, gelbes Öl; ca. 90%), Zugeben von 88%ig. HCOOH, Erhitzen bis 155° unter Abdampfen von W., Eindampfen im Vakuum (→ *2-Brom-2'-formamidodiphenyläther*), Zugabe von K_2CO_3, $CuCO_3$ u. Xylol, 18std. Kochen unter Abscheiden von W., Zusatz von NaOH, 2std. Kochen, Verdünnen mit W. u. Bzl., Eindampfen der Bzl.-Phase u. Dest.; 68%. — *2-Chlorphenoxazin* (**V**), $C_{12}H_8ClNO$, F. 144,5—145,5°, $Kp._{0,2}$ 155—160°, a) analog **I** nach a) aus 2.5-Dichlornitrobenzol (**VI**) u. **III** über *4-Chlor-2'-methoxy-2-nitrodiphenyläther* ($Kp._{0,5}$ 163—168°; 94%) u. *2-Amino-4-chlor-2'-hydroxydiphenyläther* ($C_{12}H_{10}ClNO_2$, F. 138—139°, aus A. Nadeln; 66%); aus Hexan Plättchen; 58%; b) analog **I** nach c) aus **IV** u. **VI** über *2-Brom-4'-chlor-2'-nitrodiphenyläther* ($C_{12}H_7BrClNO_3$, F. 73,5—74°, $Kp._{0,2}$ 165°, hellgelbe Nadeln aus A.; 50%) u. *2'-Amino-2-brom-4'-chlordiphenyläther* ($Kp._{0,2-1}$ 150—170°, hellgelbes Öl; ca. 90%); 62%. — *2-Trifluormethylphenoxazin* (**VII**), $C_{13}H_8F_3NO$, F. 150—152°, analog **I** nach c) aus **IV** u. 4-Chlor-3-nitrobenzotrifluorid über *2-Brom-2'-nitro-4'-trifluormethyldiphenyläther* ($C_{13}H_7BrF_3NO_3$, $Kp._{0,5-1}$ 140—160°, gelbes Öl; 94%) u. *2'-Amino-2-brom-4'-trifluormethyldiphenyläther* ($C_{13}H_9BrF_3NO$, $Kp._{0,3}$ 140—150°, hellgelbe Fl.; 90%); aus Hexan Plättchen; 73%. — *2-Dimethylsulfamoylphenoxazin* (**VIII**), $C_{14}H_{14} \cdot N_2O_3S$, F. 184—185° (Bzl./Hexan), durch langsame Zugabe von festem KOH zu 35 g 4-Chlor-3-nitro-N.N-dimethylbenzolsulfonamid u. **IV** in Ggw. von W. bei 50° unter Temp.-Anstieg auf 135°, 2std. Rühren, Kühlen, Verdünnen mit Bzl. u. W., Rühren, Eindampfen der Bzl.-Phase (→ *2-Brom-2'-nitro-4'-dimethylsulfamoyldiphenyläther*, F. 120—121°; 34 g), Kochen mit Fe-Spänen in W. unter Zutropfen von Eisessig, Kühlen, Filtrieren, Einengen, Kühlen (→ *2'-Amino-2-brom-4'-dimethylsulfamoyldiphenyläther*), Erhitzen mit 88%ig. HCOOH unter Abdampfen von HCOOH, Lösen in Xylol, Eindampfen, 18std. Rühren mit K_2CO_3 u. $CuCO_3$ in sd. Xylol, Kühlen, Zugabe von W. u. Bzl. u. Eindampfen der organ. Schicht; 19%. — 10-Aminoalkylphenoxazine, durch 1/4—2std. Kochen von $NaNH_2$ mit **I** bzw. dem entsprechenden **A** in Bzl. oder Toluol, Zugabe von ca. 1,33 Val des entsprechenden Aminoalkylchlorids, 4—18std. Kochen, Zusatz von W., Extraktion der organ. Schicht mit verd. HCl, Alkalisieren mit NaOH u. Extraktion mit Bzl.: *10-[2-Dimethylaminoäthyl]-*, $Kp._{0,2}$ 152—154°; 97%. *Hydrochlorid*, $C_{16}H_{19}ClN_2O$, F. 239 bis 240°. — *10-[3-Dimethylaminopropyl]-*, $Kp._{0,2}$ 155°; 79%. *Hydrochlorid*, $C_{17}H_{21}ClN_2O$, F. 97—98°. — *10-[2-Dimethylaminopropyl]-*, $Kp._{0,2}$ 151—158°; 90%. *Hydrochlorid*, $C_{17}H_{21}ClN_2O$, F. 181—183°. — *10-[2-Methyl-3-dimethylaminopropyl]-*, $Kp._2$ 165—170°; 96%. *Hydrochlorid-1/4-Hydrat*, $C_{18}H_{23}ClN_2O \cdot 1/4H_2O$, F. 140—148°. — *2-Chlor-10-[3-dimethylaminopropyl]-*, $Kp._{0,3}$ 178—180°; 85%. *Hydrochlorid*, $C_{17}H_{20}Cl_2N_2O$, F. 222,5—223,5°. — *2-Chlor-10-[2-methyl-3-dimethylaminopropyl]-*, $Kp._1$ 190 bis 195°; 86%. *Hydrochlorid*, $C_{18}H_{22}Cl_2N_2O$, F. 190 bis 194°. — *2-Chlor-10-[3-(4-methylpiperazino)-propyl]-*, $Kp._{33,5}$ 215—225°; 68%. *Dimaleat*, $C_{28}H_{32}ClN_3O_9$, F. 194—195°. — *2-Trifluormethyl-10-[3-dimethylaminopropyl]-*, $Kp._{0,2-1}$ 165—180°; 68%. *Hydrochlorid*, $C_{18}H_{20} \cdot ClF_3N_2O$, F. 230—236°. — *2-Trifluormethyl-10-[2-methyl-3-dimethylaminopropyl]-*, $Kp._{0,5}$ 148—150°; 97%. *Hydrochlorid*, $C_{19}H_{22}ClF_3N_2O$, F. 209—214°. — *2-Trifluormethyl-10-[3-(4-methylpiperazino)-propyl]-*, $Kp._{0,5}$ 205°; 80%. *Dihydrochlorid*, $C_{21}H_{26}Cl_2F_3N_3O$, F. 255° (Zers.). — *2-Trifluormethyl-10-[3-piperazinopropyl]-*, $C_{20}H_{22}F_3N_3O$, $Kp._{0,0025}$ 193—196°; 47%. — *2-Dimethylsulfamoyl-10-[3-(4-methylpiperazino)-propyl]-*; 49%. *Dimaleat*, $C_{30}H_{38}N_4 \cdot O_{11}S$, F. 202—203°. — *2-Trifluormethyl-10-[3-(4-β-hydroxyäthylpiperazino)-propyl]-*, aus vorvorst. Verb. nach Craig u. Mitarbeitern (C. **1960**, 15053); 90%. *Dihydrochlorid*, $C_{22}H_{28}Cl_2F_3N_3O_2$, F. 237° (Zers.). — *2-Dimethylsulfamoyl-10-[3-(4-β-hydroxyäthylpiperazino)-propyl]-*, analog vorst. Verb.; 23%. *Dimaleat*, $C_{31}H_{40}N_4 \cdot O_{12}S$, F. 164—165°. — Phenoselenazine, analog der allg. Meth. zur Darst. vorst. Verbb.: *10-[3-Dimethylaminopropyl]-*, $Kp._{0,2}$ 185—190°; 88%. *Maleat*, $C_{21}H_{24} \cdot N_2O_4Se$, F. 134—135°. — *2-Chlor-10-[3-dimethylaminopropyl]-*, $Kp._{0,3-0,4}$ 204—207°; 82%. *Maleat*, $C_{21}H_{23}Cl \cdot N_2O_4Se$, F. 129—130°. — *2-Chlor-10-[3-(4-methylpiperazino)-propyl]-*, $Kp._{0,08}$ 210—215°; 75%. *Dihydrochlorid*, $C_{20}H_{26}Cl_3N_3Se$, F. 229—230,5°. — *2-Trifluormethyl-10-[3-dimethylaminopropyl]-*, $Kp._{0,1}$ 165—170°; 47%. *Hydrochlorid*, $C_{18}H_{20}ClF_3N_2Se$, F. 182,5—183,5°. — *2-Trifluormethyl-10-[3-(4-methylpiperazino)-propyl]-*, $Kp._{0,05-0,1}$ 198 bis 210°; 25%. *Dimaleat*, $C_{29}H_{32}F_3N_3O_8Se$, F. 182—183°. — UV-Maxima von **I**, **II**, **V**, **VII**, **VIII**, 2-Chlor- (**IX**) u. 2-Trifluormethylphenoselenazin (**X**) u. der Thio-Analogen von **I**, **V**, **VII** u. **VIII** sowie IR-Daten von **I**, **II**, **V**, **VII**, **VIII**, **IX** u. **X** sind in Tabellen zusammengestellt. H. Pagel 3250◇

0921 **Synthese des 6- und 7-Hydroxy-2-butylaminomethyl-1.4-benzodioxans, der wahrscheinlichen Meta-**

boliten des 2-Butylaminomethyl-1.4-benzodioxans. Albert Funke, Arnfinn Paulsen und Roger Gombert. (Bull. Soc. chim. France **1960,** 1644—46; Paris, Inst. Pasteur; Oslo, Inst. de Pharmac.; franz.) — 2-n-Butylaminomethyl-1.4-benzodioxan wird vom Organismus als 6- (**I**) oder *7-Hydroxy-2-butylaminomethyl-1.4-benzodioxan* (**II**) ausgeschieden. Zu Vgl.-Zwecken werden **I** u. **II** dargestellt. Die Synth. von **II** verläuft ausgehend von 2-Hydroxy-4-methoxybenzaldehyd (**III**) über *2-Benzyloxy-4-methoxybenzaldehyd, 2-Benzyloxy-4-methoxyphenol, 1-[3-Chlor-2-hydroxypropyloxy]-2-benzyloxy-4-methoxybenzol, 1-[3-Chlor-2-hydroxypropyloxy]-2-hydroxy-4-methoxybenzol, 2-Hydroxymethyl-7-methoxy-1.4-benzodioxan, 2-Jodmethyl-7-methoxy-1.4-benzodioxan* u. *2-n-Butylaminomethyl-7-methoxy-1.4-benzodioxan.* In analoger Weise wird **I** aus 2-Hydroxy-5-methoxybenzaldehyd (**IV**) dargestellt.

Versuche: *2-Benzyloxy-4-methoxybenzaldehyd,* F. 88°, $Kp._{0,05}$ 190°, aus **III** u. Benzylchlorid; 94% (Ausbeute). — 4-Methoxybenzole: *1-Hydroxy-2-benzyloxy-,* F. 90,5°, $Kp._{0,07}$ 160°, a) aus vorst. Verb. in Eisessig durch Zutropfen von P essigsäure, 15std. Rk. bei 35—40°, Abziehen des Lsgm., Aufnehmen in A., Zugabe von wss. KOH, $^1/_2$std. Kochen, Abziehen des A., Ansäuern u. Ausäthern; 45%; b) aus 14 g 4-Methoxybrenzcatechin u. Benzylchlorid; 4,5 g; daneben *4-Methoxybrenzcatechindibenzyläther* [F. 85°; 2 g]. — *1-[3-Chlor-2-hydroxypropyloxy]-2-hydroxy-,* aus dem Benzyläther durch 2std. Kochen in Eisessig/HCl. *Benzyläther,* $Kp._{0,05}$ 195 bis 205°, aus 30 g vorst. Verb. u. Epichlorhydrin in Ggw. von Piperidin durch 5—6std. Kochen; 38 g. — 7-Methoxy-1.4-benzodioxane: *2-Hydroxymethyl-,* $Kp._{0,03}$ 150°, aus vorst. Verb. mit 2 n NaOH; 11 g. *Tosylat,* F. 85° (CH_3OH); 80%. — *2-Jodmethyl-,* aus vorst. Deriv. durch 15std. Kochen in Aceton mit NaJ; 75%. — *2-n-Butylaminomethyl-,* $Kp._{0,05}$ 130—140°, aus vorst. Verb. u. n-Butylamin durch 15std. Erhitzen auf 150° im Rohr; 60%. — *2-n-Butylaminomethyl-7-hydroxy-1.4-benzodioxan* (**II**), $Kp._{0,03}$ 160—170°, aus vorst. Verb. durch 2—3std. Kochen mit 48%ig. HBr u. Freisetzen der Base mit NH_4OH. *Hydrochlorid,* F. 185°. — Analog vorst. Verbb.: *2-Benzyloxy-5-methoxybenzaldehyd,* F. 48°; 92%. — 5-Methoxybenzole: *1-Hydroxy-2-benzyloxy-,* F. 42°; 45%. — *1-[3-Chlor-2-hydroxypropyloxy]-2-hydroxy-,* $Kp._{0,1}$ 160—170°. *Benzyläther,* $Kp._{0,004}$ 160—170°. — 6-Methoxy-1.4-benzodioxane: *2-Hydroxymethyl-,* $Kp._{0,1}$ 160—170°. *Tosylat,* F. 91—92°. — *2-n-Butylaminomethyl-,* $Kp._{0,04}$ 150—160°. *Hydrochlorid,* F. 210°. — *2-n-Butylaminomethyl-6-hydroxy-1.4-benzodioxan* (**I**), $Kp._{0,04}$ 170—180°. *Hydrochlorid,* F. 145°.

K.-D. Albrecht 3252◇

0922 **Die Synthese und Eigenschaften von Jodpyrazinen.** Albert Hirschberg und Paul E. Spoerri. (J. org. Chemistry **26,** 1907—12, 1961; Brooklyn, N. Y., Polytechn. Inst., Dep. of Chem.; engl.) — Durch Rk. von Chlorpyrazinen (**A**) mit NaJ in Methyläthylketon werden die entsprechenden *Jodpyrazine* (**B**) dargestellt. Verss., **B** durch Rk. von Hydroxypyrazinen (**C**) mit PJ_3 darzustellen, waren ohne Erfolg. *2-Jodpyrazin* (**I**) wird auch durch Rk. von 2-Aminopyrazin (**II**) mit $NaNH_2$ zum *N-Na-Deriv.*, dessen Nitrosierung zum *Na-Isodiazotat* u. Rk. des Prod. mit HJ erhalten. Die Ausbeute ist aber sehr gering. Die Struktur von **I** folgt aus der Überführung in **II** mittels NH_4OH. Das aus 3-Amino-2.5-dimethylpyrazin (**III**) erhältliche Na-Isodiazotat (**IV**) gibt mit HJ nur *2-Amino-3.6-dimethyl-5-jodpyrazin* (**V**), das wahrscheinlich durch Red. von **IV** durch HJ zu **III** unter Bldg. von J_2 u. anschließende Jodierung von **III** durch das aus J_2 in der alkal. Lsg. entstehende Hypojodit gebildet wird. Hierfür spricht die direkte Darst. von **V** aus **III** u. NaJO. Die Struktur von **V** folgt aus der Ammonolyse zu *2.5-Diamino-3.6-dimethylpyrazin* u. der Hydrolyse des Tetrazotierungs-Prod. dieser Verb. zu *2.5-Dihydroxy-3.6-dimethylpyrazin.* Die Rk. des aus 2-Amino-3-methylpyrazin (**VI**) darstellbaren *Na-3-Methylpyrazin-2-isodiazotats* (**VII**) mit HJ führt zu einem *2-Amino-3-methyljodpyrazin,* das auch aus **VI** u. NaJO erhalten wird. *Na-3-Äthylpyrazin-2-isodiazotat,* das aus 2-Amino-3-äthylpyrazin (**VIII**) dargestellt wird, gibt mit HJ ein Gemisch von **VIII** u. geringen Mengen eines jodhaltigen Prod., das auch durch Einw. von NaJO auf **VIII** erhalten wird. Die Konstit. der aus den entsprechenden Aminopyrazinen (**D**) dargestellten *Na-Isodiazotate* werden durch das Ausbleiben einer Kupplung mit β-Naphthol u. durch die Hydrolyse mit 40%ig. H_2SO_4 zu den entsprechenden **C** bewiesen. **D** werden durch Ammonolyse der entsprechenden **A** erhalten. Bei dem Vers., **B** durch Rk. von **A** mit 57%ig. HJ nach Baker u. Mitarbeitern (C. **1952, 1491**) darzustellen, wurden nur polymere Prodd. isoliert.

Versuche: 2-Aminopyrazine (**D**), a) durch 30std. Erhitzen des entsprechenden **A** mit 28%ig. NH_4OH im Autoklaven auf 200°, Kühlen auf 0°, Sättigen mit festem NaOH u. Extraktion mit Ae., bzw. b) durch Ammonolyse des entsprechenden **B**: *unsubstituiert* (**II**), F. 117—118° (Essigester); 70 bzw. 73% (Ausbeute). — *3-Methyl-* (**VI**), F. 166—167° (Bzl./PAe. oder A.); 64 bzw. 72%. — *3.6-Dimethyl-* (**III**), F. 111—113° (Bzl./PAe. oder A.); 68 bzw. 72%. — *3-Äthyl-* (**VIII**), F. 56—57° (Bzl./PAe. oder A.); 68 bzw. 76%. — *3.5-Dimethyl-*, F. 94—95° (Bzl./PAe. oder A.); 17 bzw. 23%. — *5.6-Dimethyl-*, F. 146—148° (Bzl./PAe. oder A.); 43 bzw. 51%. — *5.6-Diphenyl-*, F. 224—225° (Bzl./PAe. oder A.); 61 bzw. 69%. — *3-Methyl-5.6-diphenyl-*, F. 150—151° (Bzl./PAe. oder A.); 79%. — Na-Pyrazin-2-isodiazotate, durch Zugeben des entsprechenden **D** in abs. Ae. zu $NaNH_2$ in abs. Ae., 15std. Kochen, Zusetzen von frisch dest. Isoamylnitrit in abs. Ae., 8std. Kochen, Abfiltrieren u. Waschen mit Ae. im Soxhlet-App.: *unsubstituiert*; 51%. — *3-Methyl-* (**VII**); 49%. — *3.6-Dimethyl-* (**IV**); 67%. — *3-Äthyl-*; 30%. — 2-Hydroxypyrazine (**C**), durch Zutropfen der entsprechenden vorst. Verb. in W. zu 40%ig. H_2SO_4 bei 0—5°, Zusatz von 12,5 n NaOH bis pH 6, Filtrieren, Eindampfen im Vakuum bei 50°, Extraktion mit Aceton im Soxhlet-App. u. Eindampfen im Vakuum bei 50°: *unsubstituiert,* F. 185—187° (A.); 42%. — *3-Methyl-*, F. 148—150° (Essigester); 49%. — *3.6-Dimethyl-*, F. 210—211° (Essigsäurebutylester); 66%. — *3-Äthyl-*, F. 102—103° (Bzl./Pentan); 69%. — *2-Amino-3-methyl-5-jodpyrazin* (?), $C_5H_6JN_3$, F. 96—97° (Isooctan), a) durch 2std. Erhitzen von **VI** mit 1 Val J_2 in W. in Ggw. von 1,5 Val NaOH auf dem Dampfbad, Extraktion mit Ae. bei Raumtemp., Eindampfen u. Waschen mit W.; 34%; b) durch Zutropfen von **VII** in W. zu 57%ig. HJ bei 0°, $^1/_2$std. Rühren bei 0—5°, $^1/_2$std. Erhitzen auf dem Dampfbad, Kühlen, Zugeben von 12,5 n NaOH bis pH 10 u. Extraktion mit Ae.; 11%. — *2-Amino-3.6-dimethyl-5-jodpyrazin* (**V**), $C_6H_8JN_3$, F. 129 bis 130° (Isooctan), a) durch Zugabe von **III** zu 1 Val J_2 in W. in Ggw. von 3 Val NaOH, 1std. Kochen, Kühlen, Extraktion mit Ae., Einengen auf dem Wasserbad u. Kühlen; 40%; b) durch langsames Zugeben von **IV** in W. zu 57%ig. HJ bei 0°, $^1/_2$std. Rühren bei 0—5°, $^1/_2$std. Erhitzen auf dem Dampfbad, Kühlen, Zusatz von 12,5 n NaOH bis pH 10 u. Extraktion mit Ae.; 21%. — *2.5-Diamino-3.6-dimethylpyrazin,* $C_6H_{10}N_4$, F. 210—211°, durch 15std. Erhitzen von **V** in 28%ig. NH_4OH im Autoklaven auf 200°, Kühlen, Alkalisieren mit festem NaOH u. Extraktion mit Ae.; aus Bzl. Prismen; 78%. — *2.5-Dihydroxy-3.6-dimethylpyrazin,* schm. nicht $< 320°$, durch Zugabe von $NaNO_2$ zu konz. H_2SO_4 bei 0—5°, Erwärmen auf Raumtemp., Erhitzen im Ölbad bis zur Klärung, Kühlen auf 0°, Zutropfen vorst. Verb. in konz. H_2SO_4 unter Kühlen u. Rühren, Zutropfen zu Eis, Zusetzen von festem NaOH nach dem Ende der N_2-Entw. bis pH 6 unter Kühlen, Filtrieren, Eindampfen im Vakuum bei 50°, Trocknen u. Extraktion mit CH_3OH im Soxhlet-App.; gelbe Körnchen; 61%. — 2-Jodpyrazine (**B**), durch Zugabe einer gesätt. Lsg. von NaJ in Methyläthylketon u. wenig W. zum entsprechenden **A**, Zusatz von wenig 57%ig. HCl u. W., 48std. Kochen, Filtrieren, Eindampfen bei Raumtemp., Zusatz von $NaHSO_3$ u. W., Alkalisieren mit festem NaOH, Extraktion mit Ae., Trocknen, Filtrieren mit Kohle, vorsichtiges Einengen u. Fraktionieren: *unsubstituiert* (**I**), $Kp._{34}$ 109 bis 110°, n_D^{24} 1,6403; 40%. — *3-Methyl-*, F. 40—41°, $Kp._{65}$ 137—138°; 35%. — *3.5-Dimethyl-*, $Kp._{70}$ 154 bis 155°, n_D^{27} 1,6042; 45%. — *3.6-Dimethyl-*, F. 61—62°, $Kp._{47}$ 140—141°; 56%. — *5.6-Dimethyl-*, F. 55—57°,

$Kp._{20}$ 120—121°; 47%. — *3-Äthyl-*, $Kp._{72}$ 152—153°, n_D^{27} 1,6003; 46%. — *5.6-Diphenyl-*, F. 141—142° (CH_3OH; Isolierung ohne Dest.); 33%.

H. Pagel 3272◇

0923 **Synthese von 1-Aryl-4-[2-benzhydryloxy-3-methoxypropyl]-piperazinen durch Addition von Alkylhalogeniden an substituierte Epoxide.** Hilda Howell, George B. Butler und Harry H. Sisler. (J. org. Chemistry **27**, 1709—12, Mai 1962; Gainesville, Fla., Univ., Dep. of Chem.; engl.) — Benzhydrylhalogenide reagieren mit 1.2-Epoxy-3-methoxypropan (**I**) zu *1-Halogen-2-benzhydryloxy-3-methoxypropanen*, die sich an der Luft zersetzen u. deren Umsetzung mit 1-Arylpiperazinen zu *1-Aryl-4-[2-benzhydryloxy-3-methoxypropyl]-piperazinen* führt. *1-Phenyl-4-[2-benzhydryloxy-3-methoxypropyl]-piperazin* (**II**) reagiert mit HBr in NaOH zu *1-Phenyl-4-[2.3-dihydroxypropyl]-piperazin.*

Versuche: *1-Chlor-2-benzhydryloxy-3-methoxypropan* (**III**), $C_{17}H_{19}ClO_2$, $Kp._{0,2}$ 138—144°, $Kp._{0,1}$ 125 bis 126°, durch Erwärmen von **I** mit dest. Benzhydrylchlorid unter N_2 mit Blasenzähler auf 90°, Zugabe von W. u. 4tägiges Rühren bei 115—125° unter N_2; 78% (Ausbeute); daneben *Dibenzhydryläther.* — *1-Brom-2-benzhydryloxy-3-methoxypropan* (**IV**), $C_{17}H_{19}BrO_2$, $Kp._{0,1-0,2}$ 147—150°, a) durch tropfenweise Zugabe von **I** zu Benzhydrylbromid (**V**) in Heptan bei 75—80° unter Rühren u. $1^1/_2$std. Kochen; 48%; b) analog **III** aus **I** u. **V** u. $3^1/_2$std. Rühren bei 115—125° unter N_2; 60%. — *1-Phenyl-4-[2-benzhydryloxy-3-methoxypropyl]-piperazin* (**II**), $C_{27}H_{32}N_2O_2$, F. 63,5—65° (Methanol/Ae.), durch $^1/_2$std. Erhitzen von N-Phenylpiperazin (**VI**) mit Na_2CO_3 auf 100—135° unter Rühren, Abkühlen auf Raumtemp., tropfenweise Zugabe von **III**, mehrstd. Erhitzen auf 115 bis 125° unter Rühren, Abfiltrieren, Lösen in wss. Alkali, Extraktion mit Ae., Vereinigen der getrockneten Ae.-Lsg. mit dem Filtrat, Einengen auf dem Wasserbad, Zugabe von **VI**, 12std. Erhitzen auf dem Wasserbad unter zeitweiligem Umschütteln u. Aufarbeitung; 34%. *Monohydrochlorid,* F. 141°. — *1-[p-Chlorphenyl]-4-[2-benzhydryloxy-3-methoxypropyl]-piperazin,* $C_{27}H_{31}ClN_2O_2$, F. 89—89,5° (Methanol/Ae.), analog **II** aus N-[p-Chlorphenyl]-piperazin u. **IV**; 70%. — *1-Phenyl-4-[2-hydroxy-3-chlorpropyl]-piperazin,* $C_{13}H_{19}ClN_2O$, F. 63,5—64,5° (Ae.), durch Zugabe von Epichlorhydrin zu **VI** in Ae. bei Raumtemp. u. 24std. Rühren; 77%. — *1-Phenyl-4-[2.3-dihydroxypropyl]-piperazin,* F. 106,5—107,5° (Bzl./Hepten), a) durch mehrstd. Kochen vorst. Verb. mit 25%ig. wss. NaOH u. Aufarbeitung; b) durch Lösen von 1-Phenyl-4-[2-hydroxy-3-methoxypropyl]-piperazin in 40%ig. wss. HBr, Erhitzen zum Sieden, Zugabe von festem NaOH bis zur bas. Rk. u. Aufarbeitung; 53%; c) analog b) aus **II**; 27%. J. Pfirschke 3272◇

0924 **Pyrimidine. 1. Mitt. Einige halogenierte Monomethylpyrimidine.** Herman Gershon, Karl Dittmer und Richard Braun. (J. org. Chemistry **26,** 1874—77, 1961; Rigdefield, N. J., Pfister Chem. Works, Inc.; Univ. of Colorado, Dep. of Chem.; engl.) — Die Darst. der 3 *Methyltrichlorpyrimidine* sowie von 4- u. von 5-*Brommethyltrichlorpyrimidin* werden beschrieben. Da 2-Methyl-4.5.6-trichlorpyrimidin sich mit N-Bromsuccinimid (**I**) nicht in das Brommethylanaloge überführen ließ, wurde *2-Chlormethyl-4.5.6-trichlorpyrimidin* synthetisiert. Die UV-Daten der dargestellten Verbb. sind aufgeführt.

Versuche: Pyrimidine: *5-Chlor-2-methyl-4.6-dihydroxy-*, $C_5H_5ClN_2O_2$, schm. nicht < 305° (W.), durch $^1/_2$std. Schütteln von C_2H_5ONa, Acetamidinhydrochlorid u. Chlormalonsäurediäthylester (**II**) in abs. A., 24std. Stehen bei Raumtemp., Klären durch Zugabe von W., Ansäuern mit konz. HCl u. 3tägiges Kühlen; 35% (Ausbeute). — *2-Methyl-4.5.6-trichlor-*, $C_5H_3Cl_3N_2$, F. 68° (Sublimation), durch 12std. Kochen vorst. Verb. mit $POCl_3$, Einengen, Gießen auf Eis u. Aufnehmen in Diisopropyläther; 92%; gibt *Verb. vom F. 118—119°* (abs. A.), durch 77std. Kochen (von 10 g) mit **I** u. Dibenzoylperoxid (**III**) in abs. CCl_4 u. Sublimation; 1,4 g. — *4.6-Dihydroxy-2-hydroxymethyl-*, $C_5H_6N_2O_3$, schm. nicht < 305° (W.), durch $^1/_2$std. Schütteln vom O-Benzoylglykolsäureamidinhydrochlorid, C_2H_5ONa u. Malonsäurediäthylester in abs. A., 24std. Stehen bei Raumtemp., Klären mit W., Ansäuern mit konz. HCl u. Kühlen über Nacht; 50%. — *5-Chlor-4.6-dihydroxy-2-hydroxymethyl-*, $C_5H_5ClN_2O_3$, schm. nicht < 360° (95%ig. A.), analog vorst. Verb. mit **II**; 37%. — *4.6-Dihydroxy-5-äthoxy-2-hydroxymethyl-*, $C_7H_{10}N_2O_4$, F. 209—210° (Zers.), durch 12std. Kochen vorst. Verb. mit C_2H_5ONa in abs. A., Lösen in heißem W., Ansäuern mit konz. HCl u. Kühlen; 80%. — *2-Chlormethyl-4.5.6-trichlor-*, $C_5H_2 \cdot Cl_4N_2$, F. 28,5—29° (wss. A.), $Kp._6$ 120—125°, durch Kochen vorvorst. Verb. in $POCl_3$ über Nacht, 3std. Erhitzen mit PCl_5 im Autoklaven auf 130°, Einengen, Gießen auf Eis u. Extraktion mit Diisopropyläther; 91%. — *5-Brommethyl-2.4.6-trichlor-*, $C_5H_2BrCl_3N_2$, F. 133—134° (abs. A.), durch Lösen von *5-Methyl-2.4.6-trichlorpyrimidin* (nach Gerngross [1905]) in abs. CCl_4, Zugeben von **I** u. von **III**, 30std. Kochen, Waschen mit W. u. Eindampfen; 95%. — *5-Chlor-2.4-dihydroxy-6-methyl-5-Chlor-6-methyluracil)*, $C_5H_5ClN_2O_2$, schm. nicht < 300° (W.), durch portionsweise Zugabe von SO_2Cl_2 zu 6-Methyluracil in Acetanhydrid/Eisessig (5:95) in Ggw. von $FeCl_3$ u. 2std. Kochen; 97,5%. — *6-Methyl-2.4.5-trichlor-*, Ep. 20—21°, $Kp._{12}$ 115—120°, durch 11std. Kochen vorst. Verb. mit $POCl_3$, 4std. Kochen mit PCl_5, Einengen, Gießen auf Eis u. Extraktion mit Diisopropyläther; 80%. — *6-Brommethyl-2.4.5-trichlor-*, $C_5H_2BrCl_3N_2$, F. 56—57° (Isopropanol), $Kp._{14}$ 154—160°, durch 40 bis 50std. Kochen vorst. Verb. mit **I** u. **III** in abs. CCl_4, Filtrieren, Eindampfen u. Fraktionieren; 38%.

H. Pagel 3272◇

0925 **4-Amino-2-perfluoralkyl-5-halogenmethylpyrimidine.** John A. Barone und Howard Tieckelmann. (J. org. Chemistry **26,** 598—600, 1961; Fairfield, Conn., Fairfield Univ., Dep. of Chem. and Buffalo, N. Y., Univ. of Buffalo, Dep. of Chem.; engl.) — Zur Vereinfachung der Darst. von *Perfluoralkylanalogen* (**A**) von *Thiamin* wird die Synth. von *4-Amino-2-perfluoralkyl-5-halogenmethylpyrimidinen* untersucht. Die IR-Absorptionsbande der **A** zwischen 1275—1100 cm^{-1} wird der C—F-Bindung zugeschrieben.

Versuche: 4-Aminopyrimidine: *2-Pentafluoräthyl-5-cyan-* (**I**), F. 177—179° (Methanol), aus 2-Pentafluorpropionamidin nach Barone u. Mitarbeitern (C. **1959,** 17154); 69% (Ausbeute). — *2-Heptafluorpropyl-5-cyan-* (**II**), F. 148—149° (Methanol), aus Heptafluorbutyramidin nach Barone u. Mitarbeitern (l. c.) durch 3std. Kochen; 62%. — *5-Aminomethyl-2-trifluormethyl-* (**III**), aus der 5-Cyan-Verb. nach Barone u. Mitarbeitern (l. c.). — *5-Aminomethyl-2-pentafluoräthyl-*, F. 134—135°, aus **I** u. Reinigung über das Hydrochlorid; 80%. — *5-Aminomethyl-2-heptafluorpropyl-*, F. 90,5—92,5°, aus **II** u. Reinigung über das Hydrochlorid; 71%. — *5-Chlormethyl-2-trifluormethyl-* (**IV**), F. 191—192° (Aceton/Bzl.), a) durch Erhitzen von **III** in HCl/W. mit NaCl auf 60°, Zutropfen von $NaNO_2$ in W. unter Rühren, Kühlen auf 0°, Lösen des getrockneten Nd. in Aceton/Bzl. u. Einengen; 54%; b) analog ohne NaCl; daneben *2-Trifluormethyl-4-amino-5-hydroxymethylpyrimidin* u. *2-Trifluormethyl-4-hydroxy-5-hydroxymethylpyrimidin* [$C_6H_5F_3N_2O_2$, F. 166—167,5° (A./Bzl.)]. — *5-Chlormethyl-2-pentafluoräthyl-* (**V**), F. 134 bis 136° (Bzl.); 47%. — *5-Chlormethyl-2-heptafluorpropyl-* (**VI**), F. 110—112° (Bzl.); 54%. — *5-Brommethyl-2-trifluormethyl-* (**VII**), F. 186—188°, durch Erhitzen von **III** in HBr mit überschüssigem NaBr auf 60°, Zutropfen von $NaNO_2$ in W. unter Rühren, Kühlen auf 0°, Lösen des getrockneten Nd. in Aceton/Bzl. u. Einengen; 60%. — *5-Brommethyl-2-pentafluoräthyl-* (**VIII**), F. 145—146,5°; 72%. — *5-Brommethyl-2-heptafluorpropyl-* (**IX**), F. 131 bis 133,5°; 78%. — *3-[4-Amino-2-trifluormethylpyrimidinyl-(5)-methyl]-5-[2-hydroxyäthyl]-4-methylthiazoliumchloridhydrochlorid, Monohydrat,* $C_{12}H_{15}Cl_2F_3N_4OS \cdot H_2O$, F. 192,5—194,5°, a) aus **IV** u. 5-[2-Hydroxyäthyl]-4-methylthiazol in Paraffinöl nach Stein u. Mitarbeitern [1941] bei 135—140°; 75%; b) analog aus **VII** bei 145—150°; 88%. — *3-[4-Amino-2-pentafluoräthylpyrimidinyl-(5)-methyl]-5-[2-hydroxyäthyl]-4-methylthiazoliumchloridhydrochlorid, Monohydrat,* $C_{13}H_{15}Cl_2F_5N_4OS \cdot H_2O$, F. 193 bis 195°, a) aus **V**; 60%; b) aus **VIII**; 77%. — *3-[4-Amino-2-*

heptafluorpropylpyrimidinyl-(5)-methyl]-5-[2-hydroxyäthyl]-4-methylthiazoliumchloridhydrochlorid, Monohydrat, $C_{14}H_{15}Cl_2F_7N_4OS \cdot H_2O$, F. 179,5–182°, a) aus **VI**; 43%; b) aus **IX**; 61%. Klaus Lange 3272△

0926 **Chinoxalin-Untersuchungen.** 11. Mitt. **Eindeutige Synthesen von cis- und trans-DL-Dekahydrochinoxalinen. Aufspaltung von trans-DL-Dekahydrochinoxalinen.** Earl Brill und Harry P. Schultz. (J. org. Chemistry **28,** 1135–38, 1963; Coral Gables, Fla., Univ. of Miami, Dep. of Chem.; engl.) — 10. vgl. Blackburn u. Mitarbeiter, C. **1962,** 3097. — Durch Kondens. von cis- (**Ia**) u. trans-1.2-Diaminocyclohexan (**Ib**) mit Chloressigsäure (**II**) zu *cis-* (**IIIa**) bzw. *trans-Dekahydrochinoxalon-(2)* (**IIIb**) u. Red. mit $LiAlH_4$ bilden sich auf eindeutige Weise *cis-* (**IVa**) bzw. *trans-DL-Dekahydrochinoxalin* (**IVb**). Kondens. von **Ia** u. **Ib** mit Diäthyloxalat (**V**) zu *cis-* (**VIa**) bzw. *trans-Dekahydrochinoxalindion-(2.3)* (**VIb**) u. Red. mit $LiAlH_4$ zu **IVa** bzw. **IVb** liefert nur für **IVa** gute Ausbeuten. **IVb** ist im Gegensatz zu **IVa** stabil; durch Verwendung von Dibenzoyl-D- (**VIIa**) u. -L-weinsäure (**VIIb**) wird es in die opt. Antipoden aufgespalten. IR-Maxima u. pK_a-Werte sind z. T. angegeben.

Versuche: *cis-1.2-Diaminocyclohexan* (**Ia**), *Dihydrochlorid* (**VIII**), F. 307–310°, durch Rk. von cis-Cyclohexan-1.2-dicarbonsäure u. NaN_3 nach Yashunskii (J. allg. Chem. [UdSSR] 28, [1958], 1364), jedoch Isolierung durch 4tägige Extraktion der wss.-alkal. Lsg. mit Bzl., Extraktion der Bzl.-Lsg. mit 10%ig. HCl u. Eindampfen; 28,8% (Ausbeute). — *cis-Dekahydrochinoxalon-(2)* (**IIIa**), $C_8H_{14}N_2O$, F. 135–136° (Bzl.), durch Zutropfen von kalter 1n NaOH zu **VIII** in W. unter Rühren bei 0°, Zutropfen der kalten wss. Lsg. von **II** u. von 28%ig. NH_4OH, 24std. Rühren bei 0°, 2std. Erhitzen auf 90°, Filtrieren, Eindampfen, 4tägige Extraktion mit Bzl. u. Chromatographie an neutralem Al_2O_3 (Eluieren mit Bzl./Chlf. 1 : 1); 13%. *N-Nitrosoverb.* (**IX**), $C_8H_{13}N_3O_2$, F. 165–167° (50%ig. wss. A.), durch Zutropfen von wss. $NaNO_2$ zu **IIIa** in W./konz. HCl (3 : 1) bei 0°; 60%. — *cis-Dekahydrochinoxalindion-(2.3)* (**VIa**), $C_8H_{12}N_2O_2$, F. 248 bis 249° (Isopropanol), durch 6std. Erhitzen von frisch dest. **Ia** in **V** auf 90° u. Absaugen; 62,4%. — *cis-Dekahydrochinoxalin* (**IVa**), $C_8H_{16}N_2$, F. 56–57°, $Kp._1$ 85–87°, a) durch langsame Zugabe von **IIIa** unter Rühren zu $LiAlH_4$ in Ae., 48std. Rühren unter leichtem Rückfluß, Zutropfen von W., Filtrieren, Einleiten von HCl in die getrocknete äther. Lsg., Lösen des *Dihydrochlorids* (F. 298–301°; 59,7%) in 20%ig. NaOH u. Ausäthern; 70%; b) durch 56std. Kochen von **VIa** u. $LiAlH_4$ in Ae. unter Rühren u. weiter wie bei a); 31,4% Dihydrochlorid. *Pikrat*, F. 274–275° (Zers.; A./Aceton). *N.N'-Dinitrosoverb.*, F. 86–88° (50%ig. wss. A.). — *trans-1.2-Diaminocyclohexan* (**Ib**), *Dihydrochlorid*, F. 322–325°, durch Red. von Cyclohexandion-(1.2)-dioxim mit Na in A. nach Yashunskii u. Schtschukina (J. allg. Chem. [UdSSR] **28,** [1958], 234); 39%. — *trans-Dekahydrochinoxalon-(2)* (**IIIb**), $C_8H_{14}N_2O$, F. 199–199,5° (Bzl.), durch Kondens. von **Ib** u. **II** analog **IIIa**, jedoch Extraktion des Eindampfrückstandes mit A.; 42%. *N-Nitrosoverb.*, $C_8H_{13}N_3O_2$, F. 194–195° (95%ig. A.), analog **IX**; 73,8%. — *trans-Dekahydrochinoxalindion-(2.3)* (**VIb**), $C_8H_{12}N_2O_2$, F. 301 bis 303° (W.), durch Kondens. von 30 g **V** u. 5 g **Ib** analog **VIa**; 13,4%; daneben (als in heißem W. unlösl. Anteil) 1 g einer nicht identifizierten *Verb. vom F. 151–154°* u. (als in W. leicht lösl. Stoff) 1,2 g trans-1.2-Bis-[äthoxalylamino]-cyclohexan ($C_{14}H_{22}N_2O_6$, F. 175–176°). — *trans-DL-Dekahydrochinoxalin* (**IVb**), $C_8H_{16}N_2$, F. 150–152° (PAe.), a) analog **IVa** nach a) durch Red. von **IIIb** mit $LiAlH_4$; quant.; b) analog **IVa** nach b) durch Red. von 0,6 g **VIb** mit $LiAlH_4$; 10 mg *Dipikrat* [F. 297–300° (Zers.)]. *N.N'-Dinitrosoverb.*, F. 108–110° (50%ig. wss. A.). — *trans-L-Dekahydrochinoxalin, Dibenzoyl-D-tartrat, Dihydrat* (**X**), $C_8H_{16}N_2 \cdot C_{18}H_{14}O_8 \cdot 2H_2O$, F. 208–209° (Zers.), durch 24std. Stehen von **IVb** in W. mit **VIIa**-Hydrat in 95%ig. A. bei 32° u. 1std. Trocknen des Nd. bei 100°/1 Torr; Prismen aus 48%ig. wss. A.; 26%. *Monohydrat*, $C_8H_{16}N_2 \cdot C_{18}H_{14}O_8 \cdot H_2O$, durch 3std. Trocknen bei 100°/1 Torr. — *trans-L-Dekahydrochinoxalin* (**L-IVb**), $C_8H_{16}N_2$, F. 175–175,5°, durch Versetzen von **X** mit 20%ig. NaOH u. Extrahieren mit Chlf.; $[\alpha]_D^{26}$ –10,1° (c = 10; Chlf.); Plättchen aus PAe.; 20%. **D-IVb**, F. 175 bis 175,5°, a) durch Eindampfen des Filtrats der Fällung von **X** (→ 9,3 g federförmige Kristalle, F. 163–170°), Zers. mit Lauge, Salzbldg. mit **VIIb** u. Zers. wie bei **L-IVb**; $[\alpha]_D^{26}$ +10,4° (c = 10; Chlf.); 12%; b) durch Behandeln von **IVb** mit **VIIb** u. Zers. des Nd. mit Lauge; daneben (durch Behandeln des Mutterlaugenrückstandes mit **VIIa**) **L-IVb**. G. Fischer 3272◇

0927 **Polypurine.** 3. Mitt. **Weitere Untersuchungen und Synthesen mit α.ω-Dipurinyl-(9)-alkanen und verwandten Verbindungen.** J. H. Lister. (J. chem. Soc. [London] **1963,** 2228–34; London, Royal Cancer Hospital, Inst. of Cancer Res., Chester Beatty Res. Inst.; engl.) — 2. vgl. J. chem. Soc. [London] **1960,** 3682. — Die Darst. von *Analogen* des *1.2-Bis-[6-dimethylaminopurinyl-(9)]-äthans* (**I**) wird beschrieben. Die Variierung des **I**-Mol. erfolgte durch Änderung der Kette, des Purinrestes oder beider. Es gelang nicht, die schwache Antitumor-Wrkg. von **I** zu übertreffen. *8-Methylpurine* entstehen nahezu quant. durch Cyclisierung der entsprechenden Diaminopyrimidine mit N.N-Dimethylacetamid (**II**)/$POCl_3$. Dichlor-5-nitropyrimidine werden von $SnCl_2$ in alkohol. HCl glatt zu den *Aminoverbb.* reduziert.

Versuche (FF. Korr.): α.ω-Bis-[pyrimidyl-(6)-amino]-alkane, durch Kondensation des entsprechenden 4-Chlor-5-nitropyrimidins mit dem α.ω-Diaminoalkan (Meth. **A**), durch katalyt. Red. des entsprechenden Bis-[5-nitropyrimidyl-(6)-amino]-alkans (Meth. **B**), durch Kondens. des entsprechenden 5-Amino-4-chlorpyrimidins mit dem α.ω-Diaminoalkan (Meth. **C**), durch Einw. von Dimethylamin auf das Bis-[2-chlor-5-nitropyrimidyl-(6)-amino]-alkan (Meth. **D**) oder durch katalyt. Dechlorierung des entsprechenden Bis-[2(bzw. 4)-chlor-5-aminopyrimidyl-(6)-amino]-alkans (Meth. **E**): *5.5'-Diamino-, -äthan, Hemihydrat*, $C_{10}H_{14}N_8 \cdot {}^1/_2H_2O$, F. 255 bis 257° [wss. Dimethylformamid (DMF)], nach **E**; 60% (Ausbeute). — *4.4'-Dichlor-5.5'-diamino-, -äthan*, $C_{10}H_{12}Cl_2N_8$, F. 275–280° (wss. DMF), nach **C**; 49%. — *4.4'-Dichlor-5.5'-bis-[formylamino]-, -äthan*, $C_{12}H_{12}Cl_2N_8O_2$, F. 250° (Zers.; wss. DMF), durch 20 Min. langes Erhitzen vorst. Verb. mit 100%ig. Ameisensäure auf dem Wasserbad; 31%. — *4.4'-Dichlor-5.5'-bis-[acetylamino]-, -äthan*, $C_{14}H_{16}Cl_2N_8O_2$, F. 260° (Zers.; wss. DMF); 45%. — *4.4'-Dichlor-5.5'-diamino-, -propan, Hydrat*, $C_{11}H_{14}Cl_2N_8 \cdot H_2O$, F. 104–106° [Zers.; wss. Äthylenglykolmonoäthyläther (Cellosolve)], nach **C**; 86%. — *4.4'-Dichlor-5.5'-diamino-, -butan*, $C_{12}H_{16}Cl_2N_8$, F. 213–214° (wss. Cellosolve), nach **C**; 83%. — *4.4'-Dichlor-5.5'-diamino-, -α-methyläthan, Hemidioxansolvat*, $C_{11}H_{14}Cl_2N_8 \cdot {}^1/_2C_4H_8O_2$, F. 247–249° (Dioxan), nach **C**; 35%. — *4.4'-Dimethyl-5.5'-diamino-, -äthan*, $C_{12}H_{18}N_8$, F. 300° (Zers.; wss. DMF), nach **E**; 63%. — *2.2'-Dichlor-4.4'-dimethyl-5.5'-dinitro-, -äthan*, $C_{12}H_{12}Cl_2N_8O_4$, F. 234–236° (Essigester), nach **A**; 48%. — *2.2'-Dichlor-4.4'-dimethyl-5.5'-diamino-, -äthan*, $C_{12}H_{16}Cl_2N_8$, F. 250° (Zers.; wss. DMF), a) nach **B**; 26%; b) nach **C**; 59%. — *4.4'-Diisopropyl-5.5'-diamino-, -äthan*, $C_{16}H_{26}N_8$, F. 285° (Zers.; wss. DMF), nach **E**; 79%. — *2.2'-Dichlor-4.4'-diisopropyl-5.5'-dinitro-, -äthan*, $C_{16}H_{20}Cl_2N_8O_4$, F. 238–240° (n-Butanol), nach **A**; 67%. — *2.2'-Dichlor-4.4'-diisopropyl-5.5'-diamino-, -äthan*, $C_{16}H_{24}Cl_2N_8$, F. 265° (wss. Dioxan), nach **B**; 96%. — *2.2'-Bis-[dimethylamino]-4.4'-diisopropyl-5.5'-dinitro-, -äthan*, $C_{20}H_{32}N_{10}O_4$, F. 195–197° (n-Butanol), nach **D**; 96%. — *2.2'-Dichlor-4.4'-bis-[trifluormethyl]-5.5'-diamino-, -äthan*, $C_{12}H_{10}Cl_2F_6N_8$, F. > 300° (wss. Dioxan), nach **C**; 54%. — *4.4'-Bis-[dimethylamino]-5.5'-bis-[formylamino]-, -äthan*, $C_{16}H_{24}N_{10}O_2$, F. 210–212° (Methanol); 47%. — *4.4'-Bis-[dimethylamino]-5.5'-dinitro-, -propan*, $C_{15}H_{22}N_{10}O_4$, F. 150–151° (Methanol), nach **A**; 62%. — *4.4'-Bis-[dimethylamino]-5.5'-diamino-, -propan*, $C_{15}H_{26}N_{10}$, F. 139–141° (W.), nach **B**; 94%. — *4.4'-Bis-[dimethylamino]-5.5'-dinitro-, -butan*, $C_{16}H_{24}N_{10}O_4$, F. 236 bis 237° (wss. Dioxan), nach **A**; 65%. — *4.4'-Bis-[dimethylamino]-5.5'-diamino-, -butan*, $C_{16}H_{28}N_{10}$, F. 235–236° (wss. DMF), nach **B**; 58%. — *4.4'-Bis-[dimethylamino]-5.5'-dinitro-, -α-methyläthan*, $C_{15}H_{22}N_{10}O_4$, F. 116–118° (n-Propanol), nach **A**; 57%. — *4.4'-Bis-[dimethylamino]-5.5'-diamino-, -α-methyläthan*, $C_{15}H_{26}N_{10}$, F. 201–202° (wss. Methanol), nach **B**; 13%. — *4.4'-Bis-[methylamino]-*

5.5'-bis-[formylamino]-, -äthan, durch 1½std. Erhitzen der entsprechenden 5.5'-Diaminoverb. mit 100%ig. Ameisensäure u. Eindampfen. — *1.3-Bis-[4-dimethylamino-5-nitropyrimidyl-(6)-amino]-benzol*, $C_{18}H_{20}N_{10}O_4$, F. 202 bis 203° (wss.Dioxan), nach **A**; 55%. — Bis-[β-pyrimidyl-(6)-aminoäthyl]-amine: *4.4'-Bis-[dimethylamino]-5.5'-dinitro-, Hemi-n-propanolat*, $C_{16}H_{25}N_{11}O_4 \cdot 1/2\,C_3H_8O$, F. 128—130° (n-Propanol), nach **A**; 27%. — *4.4'-Diamino-5.5'-dinitro-*, $C_{12}H_{17}N_{11}O_4$, F. 221—222° (Dioxan), nach **A**; 82%. — *4.4'.5.5'-Tetraamino-, Tripikrat*, $C_{12}H_{21}N_{11} \cdot 3\,C_6H_3N_3O_7$, F. 135° (Zers.; A.), nach **B**. — α.ω-Bis-[purinyl-(9)]-alkane, durch Cyclisierung mit Formamid/HCl (Meth. **F**), mit o-Ameisensäuretriäthylester/Acetanhydrid (Meth. **G**), mit DMF/$POCl_3$ (Meth. **H**) oder aus **III** (Meth. **J**): *-äthan*, $C_{12}H_{10}N_8$, F. 308 bis 310° (wss. DMF), nach **G**; 52%. — *6.6'-Dichlor-, -äthan* (**III**), $C_{12}H_8Cl_2N_8$, F. 284—286° (n-Propanol), nach **H**; 82%. — *6.6'-Dichlor-, -propan* (**IV**), $C_{13}H_{10}Cl_2N_8$, F. 240—242° (wss. DMF), nach **H**; 55%. — *6.6'-Dichlor-, -butan*, $C_{14}H_{12}Cl_2N_8$, F. 251—253° (wss. DMF), nach **H**; 58%. — *6.6'-Dimethyl-, -äthan, Hemihydrat*, $C_{14}H_{14}N_8 \cdot 1/2\,H_2O$, F. 207—208° (wss. DMF), nach **G**; 34%. — *2.2'-Dichlor-6.6'-dimethyl-, -äthan*, $C_{14}H_{12}Cl_2N_8$, F. 284 bis 287° (n-Butanol), nach **G**; 18%. — *6.6'-Diisopropyl-, -äthan*, $C_{18}H_{22}N_8$, F. 184—186° (Aceton), nach **G**; 30%. — *2.2'-Dichlor-6.6'-diisopropyl-, -äthan*, $C_{18}H_{20}Cl_2N_8$, F. 211 bis 213° (A.), nach **G**; 25%. — *2.2'-Bis-[dimethylamino]-6.6'-diisopropyl-, -äthan*, $C_{22}H_{32}N_{10}$, F. 236—237° (wss. A.), nach **F**; 52%. — *2.2'-Dichlor-6.6'-bis-[trifluormethyl]-, -äthan*, $C_{14}H_6Cl_2F_6N_8$, F. 260° (Zers.; wss. DMF), nach **H**; 88%. — *6.6'-Bis-[dimethylamino]-, -propan*, $C_{17}H_{22}N_{10}$, F. 221—222° (Methanol), nach **F**; 73%. — *6.6'-Bis-[dimethylamino]-, -butan*, $C_{18}H_{24}N_{10}$, F. 224—226° (Methanol), nach **F**; 70%. — *6.6'-Bis-[dimethylamino]-, -α-methyläthan*, $C_{17}H_{22}N_{10}$, F. 160—161° (Essigester), nach **F**; 26%. — *6.6'-Bis-[diäthylamino]-, -äthan*, $C_{20}H_{28}N_{10}$, F. 165—166° (wss. A.), nach **J**; 77%. — *6.6'-Bis-[methylamino]-, -äthan, Hemihydrat*, $C_{14}H_{16}N_{10} \cdot 1/2\,H_2O$, F. 285° (Zers.; n-Propanol), nach **J**; 85%. — *6.6'-Bis-[N-nitrosomethylamino]-, -äthan, Hemi-n-propanolat*, $C_{14}H_{14}N_{12}O_2 \cdot 1/2\,C_3H_8O$, F. 210° (Zers.; n-Propanol), durch Zutropfen von wss. $NaNO_2$ zur Lsg. vorst. Verb. in 2 n HCl, Erhitzen zum Sieden u. Einstellen auf pH 8 mit NH_4OH unter Kühlung; 66%. — *6.6'-Bis-[furfurylamino]-, -äthan*, $C_{22}H_{20}N_{10}O_2$, F. 253—255° (Cellosolve), nach **J**; 92%. — *6.6'-Dimercapto-, -äthan, Hemihydrat*, $C_{12}H_{10}N_8S_2 \cdot 1/2\,H_2O$, F. > 350° (Zers.; NaOH/Essigsäure); nach **J**; 98%. — *6.6'-Bis-methylmercapto-, -äthan*, $C_{14}H_{14}N_8S_2$, F. 219—221° (A.); 79%. — *6.6'-Dihydroxy-, -propan*, $C_{13}H_{12}N_8O_2$, F. > 350° (Zers.; NaOH/Essigsäure), durch saure Hydrolyse von **IV**. — *6.6'-Bis-[dimethylamino]-8.8'-dimethyl-, -äthan*, $C_{18}H_{24}N_{10}$, F. 240—241° (A.), a) durch 4std. Kochen von 1.2-Bis-[5-amino-4-dimethylaminopyrimidyl-(6)-amino]-äthan (**V**) in Acetanhydrid, Eindampfen, Lösen in W. u. Zugabe von 10 n NaOH; 25%; b) durch Zugabe von $POCl_3$ zu **V** in **II** unter Kühlen, 2std. Stehen, Eindampfen, Zugabe von Eiswasser u. Alkalisieren mit NH_4OH; 92%. — *1.3-Bis-[6-dimethylaminopurinyl-(9)]-benzol*, $C_{20}H_{20}N_{10}$. F. 264—265° (Dioxan), nach **F**; 31%. — *N-Formyl-bis-{β-[6-aminopurinyl-(9)]-äthyl}-amin, Hemihydrat*, $C_{15}H_{17}N_{11}O \cdot 1/2\,H_2O$, F. 300° (Zers.; W.), nach **F**. — *Bis-{β-[6-aminopurinyl-(9)]-äthyl}-amin, Hemihydrat*, $C_{14}H_{17}N_{11} \cdot 1/2\,H_2O$, F. 260—261° (W.). — *9-{2'-[4-Dimethylamino-5-nitropyrimidyl-(6)-amino]-äthyl}-adenin*, $C_{13}H_{16}N_{10}O_2$, F. 245—248° (A.), durch 2std. Kochen der Suspension von 9-[2-Aminoäthyl]-adenin (**VI**) u. 4-Chlor-6-dimethylamino-5-nitropyrimidin (**VII**) in W. in Ggw. von Triäthylamin (**VIII**), Eindampfen, Extrahieren mit heißem A. u. Einengen; citronengelb; 70%. — *9-{2'-[5-Amino-4-dimethylaminopyrimidyl-(6)-amino]-äthyl}-adenin*, $C_{13}H_{18}N_{10}$, F. 266—268°, durch Hydrieren vorst. Verb. in n-HCl an 5%ig. Pd-Tierkohle u. Alkalisieren mit NH_4OH; Prismen aus W.; 40%. — *1-[6-Aminopurinyl-(9)]-2-[6-dimethylaminopurinyl-(9)]-äthan, Hemihydrat*, $C_{14}H_{16}N_{10} \cdot 1/2\,H_2O$, F. 250°, durch Cyclisierung vorst. Verb. mit Formamid/konz. HCl (10:1) bei 170°, Fällen mit W., Lösen in verd. Säure u. Fällen mit 10 n NaOH; 62%. — *1-[4-Amino-5-nitropyrimidyl-(6)-amino]-2-[4-dimethylamino-5-nitropyrimidyl-(6)-amino]-äthan*, $C_{12}H_{16}N_{10}O_4$, F. 237—239° (wss. Dioxan), durch 1½std. Kochen der Suspension von 4-Amino-6-[2-aminoäthylamino]-5-nitropyrimidin u. **VII** in W. in Ggw. von **VIII**; 71%. — *1-[5-Amino-4-dimethylaminopyrimidyl-(6)-amino]-2-[4.5-diaminopyrimidyl-(6)-amino]-äthan*, $C_{12}H_{20}N_{10}$, F. 232—234°, durch Hydrieren von 3,2 g vorst. Verb. in 2 n HCl an 5%ig. Pd-Tierkohle, Eindampfen u. Zers. des *Hydrochlorids* (3,3 g) mit wss. NaOH; aus W. Nadeln. — *N.N'-Bis-{2-[6-aminopurinyl-(9)]-äthyl}-oxamid, Hemihydrat*, $C_{16}H_{18}N_{12}O_2 \cdot 1/2\,H_2O$, F. 300°, durch Zutropfen von Oxalylchlorid zu **VI** in abs. Dioxan in Ggw. von wenig Pyridin, ½std. Kochen, Zugabe von **VIII**, Eindampfen u. Umfällen aus Essigsäure/NH_4OH; 48%. — *1.6-Bis-{N^6-[β-Adenyl-(9)-äthyl]-adenyl-(9)}-hexan, Hydrat*, $C_{30}H_{34}N_{20} \cdot H_2O$, F. 295° (Zers.), durch 2std. Kochen von **VI** u. 1.6-Bis-[6-chlorpurinyl-(9)]-hexan (**IX**) in W. in Ggw. von **VIII** u. Umfällen aus Essigsäure/2 n NH_4OH; 86%. — *Polymerisat aus* **IX** *u. Äthylendiamin*, $[C_9H_{11}N_5 \cdot 1/2\,H_2O]$, F. > 300°, durch 2½std. Erhitzen der Suspension von 0,45 g **IX** in W. in Ggw. von **VIII** u. Äthylendiamin u. Umfällen aus Essigsäure/2 n NH_4OH; 0,38 g. — *5-Acetylamino-4-chlor-6-methylaminopyrimidin*, $C_7H_9ClN_4O$, F. 232—234° (n-Butanol), durch 2std. Stehen von 5-Amino-4-chlor-6-methylaminopyrimidin in Acetanhydrid bei Raumtemp.; 78%. — *6-Isopropyl-5-nitrouracil*, $C_7H_9N_3O_4$, F. > 230° (Zers.), durch Nitrieren von 6-Isopropyluracil mit H_2SO_4/HNO_3 (D. 1,5) [1:1] bei 7—10° u. Gießen auf Eis; gelbe Prismen aus W.; 75%. — *2.4-Dichlor-6-isopropyl-5-nitropyrimidin*, $C_7H_7Cl_2N_3O_2$, F. 37°, $Kp._{12}$ 134—136°, durch Chlorieren vorst. Verb. nach der Meth. von Baddiley u. Topham (J. chem. Soc. [London] **1944**, 678); 77%. — *5-Amino-4.6-dichlorpyrimidin*, durch Red. der Nitroverb. in A. mit $SnCl_2$ in HCl; > 80%. — *5-Amino-2.4-dichlor-6-methylpyrimidin*, analog; > 80%.

G. Fischer 3272◇

0928 **Synthese von Isochinolinderivaten und ihren Analogen.** 34. Mitt. **Pyrimidinoisochinolin-Derivate.** 2. Mitt. Tetsuji Kametani und Toyoyuki Katagi. (J. pharmac. Soc. Japan [Yakugakuzasshi] **75**, 709—13, 1955; Univ. of Osaka, Med. Fac., Pharmac. Inst.; jap., Auszug: engl.) — 33. vgl. gl. J. **75**, [1955], 709. — Die Isochinolincyclisierung von N-[p-Nitrobenzoyl]-β-alanin-[3.4-dimethoxyphenäthyl]-amid (**III**) mit $POCl_3$ ergibt *2'-[p-Nitrophenyl]-5'.6'-dihydropyrimidino-[3'.4':2.1]-6.7-dimethoxy-3.4-dihydroisochinoliniumchloridtrihydrat* (**I**) bzw. *2'-[p-Nitrophenyl]-6H-pyrimidino-[3'.4':2.1]-6.7-dimethoxy-3.4-dihydroisochinolinhydrochloriddihydrat*. In Ggw. von Pt wird **I** zu *2'-[p-Aminophenyl]-1'.2'.3'.4'.5'.6'-hexahydropyrimidino-[1'.6':2.7]-6.7-dimethoxy-1.2.3.4-tetrahydroisochinolin* (**II**) hydriert. Die IR-Spektren von **I** u. **II** sind angegeben.

Versuche: *N-[p-Nitrobenzoyl]-β-alanin*, $C_{10}H_{10}N_2O_5$, F. 163°, durch Rk. von p-Nitrobenzoylchlorid mit β-Alanin. — *N-[p-Nitrobenzoyl]-β-alanin, Äthylester*, $C_{12}H_{14}N_2O_5$, F. 89°, aus p-Nitrobenzoylchlorid u. β-Alaninäthylester; 83,2% (Ausbeute). *Hydrazid*, $C_{10}H_{12}N_4O_4$, F. 178°, 82,3%. *3.4-Dimethoxyphenäthylamid* (**III**), *Hemihydrat*, $C_{20}H_{23}N_3O_6 \cdot 1/2\,H_2O$, F. 201°, 82,8%. — *2'-[p-Nitrophenyl]-5'.6'-dihydropyrimidino-[3'.4':2.1]-6.7-dimethoxy-3.4-dihydroisochinoliniumchlorid, Trihydrat* (**I**), $C_{20}H_{19}N_3O_4 \cdot HCl \cdot 3\,H_2O$, F. 242° (Zers.), aus **III** mit $POCl_3$. — *2'-[p-Nitrophenyl]-6H-pyrimidino-[3'.4':2.1]-6.7-dimethoxy-3.4-dihydroisochinolinhydrochlorid, Dihydrat*, $C_{20}H_{19}N_3O_4 \cdot HCl \cdot 2\,H_2O$, F. 193° (Zers.), aus **III** mit $POCl_3$ bei 160°. — *2'-[p-Aminophenyl]-1'.2'.3'.4'.5'.6'-hexahydropyrimidino-[3'.4':2.7]-6.7-dimethoxy-1.2.3.4-tetrahydroisochinolindihydrat* (**II**), $C_{20}H_{25}N_3O_2 \cdot 2\,H_2O$, F. 124—126°, aus Substanz **I** durch Hydrieren in Ggw. von Pt.

W. Mucke 3272△

0929 **Reaktion von 2-Äthyl-3-phenyl- und 2-Äthyl-3-[p-tolyl]-chinazolon-(4) mit Phenylmagnesiumbromid.** S. H. Zaheer und I. K. Kacker. (Current Sci. **24**, 12 bis 13, 1955; Hyderabad-Deccan, Centr. Labor. for Sci. and Ind. Res.; engl.) — Die Umsetzung von Phenyl-MgBr mit verschiedenen Chinazolonen wird beschrieben, u. der Rk.-Mechanismus wird diskutiert. Bei der Einw. von Phenyl-MgBr auf 2-Äthyl-3-phenyl- u. 2-Äthyl-3-[p-tolyl]-chinazolon-(4) entsteht eine *Verb. vom F. 154 bis 155°* [*Pikrat*, F. 186—187°. *Pikrolonat*, F. 177—178° (Zers.)] als Hauptprodukt. Daneben werden *Anilin* oder

p-Toluidin isoliert. Die unbekannte Verb. ließ sich nicht acetylieren u. gab eine negative Liebermann-Reaktion. Die Hydrolyse mit 15%ig. HCl liefert *2-Aminophenyl-diphenylcarbinol* (F. 121—122°), *Benzophenon* u. *Anilin*. Daraus ergibt sich, daß die Verb. *2-Äthyl-3-oxa-4.4-diphenyl-4H-chinolin* ($C_{22}H_{19}NO$) darstellt.
W. Hampel 3282△

0930 **Synthese von 2.4.6-Trialkyl- und 2.4.6-Triaryl-1.3.5-triazinen aus Iminoestern.** A. Ja. Jakubowitsch, Je. L. Saitzewa, G. I. Bras und W. P. Basow. (J. chem. Allunions-Mendelejew-Ges. [UdSSR] **7**, 229—30, 1962; Physikal.-Chem. Karpow-Inst.; russ.) — Entgegen der Beobachtungen von Cramer, Pawelzik u. Kupper (C. **1957**, 12468) ist Essigsäureiminobenzylester (**I**) unzersetzt im Vakuum destillierbar, u. selbst beim mehrstd. Erhitzen im Vakuum entsteht nur 1% *2.4.6-Trimethyl-1.3.5-triazin* neben hauptsächlich *Acetonitril* u. *Benzylalkohol*. In Ggw. des entsprechenden Hydrochlorids entstehen dagegen aus Iminoestern leicht die *Triazine*, zum Teil schon bei niederer Temperatur. Der Rk.-Mechanismus wird diskutiert.

Versuche: 1.3.5-Triazine: *2.4.6-Trimethyl-*, Kp. 154—156°, F. 55—56°, man erhitzt 0,15 Mol **I** in Ggw. von 3 Mol-% **I**-Hydrochlorid 4 Std. lang auf 90 bis 100°/40 mm; 92% (Ausbeute). *Pikrat*, F. 154° (Zers.; A.). — *2.4.6-Triäthyl-*, $C_9H_{15}N_3$, $Kp._{24}$ 95—95,5°, man hält 0,08 Mol Propionsäureiminoäthylester u. 3 Mol-% des Hydrochlorids 24 Std. bei 25°, erhitzt $1^1/_2$ Std. auf 50° u. 1 Std. auf 80°; $D._4^{20}$ 0,9478; n_D^{20} 1,4670; 53%. — Analog: *2.4.6-Tri-n-propyl-*, $C_{12}H_{21}N_3$, $Kp._1$ 71,5—72°; $D._4^{20}$ 0,9190; n_D^{20} 1,4688; 68,5%. — *2.4.6-Tri-n-butyl-*, $C_{15}H_{27} \cdot N_3$, $Kp._5$ 132—133°; $D._4^{20}$ 0,9088; n_D^{20} 1,4670; 56,5%. — *2.4.6-Tribenzyl-*, $C_{24}H_{21}N_3$, $Kp._{0,8}$ 214—217°; F. 41,5 bis 42°; 62%. — *2.4.6-Triphenyl-*, $C_{21}H_{15}N_3$, F. 232,5—233° (Bzl.), aus Benzoesäureiminoäthylester in Ggw. von 3 Mol-% des Hydrochlorids in 20 Tagen bei 27—30°; 40%.
Renate Richter 3313◇

0931 **Synthese von gemischten 2.4.6-Trialkyl-1.3.5-triazinen und polymeren Triazinverbindungen aus Iminoestern.** Je. L. Saitzewa, G. I. Bras, A. Ja. Jakubowitsch, W. P. Basow, L. G. Petrowa und R. M. Gitina. (J. chem. Allunions-Mendelejew-Ges. [UdSSR] **7**, 232—33, 1962; Physikal.-chem. Karpow-Inst.; russ.) — Beim Cyclisieren der Gemische von Essigsäureiminoäthylester (**I**) u. Buttersäureiminoäthylester (**II**) in Ggw. von 6 Mol-% der Hydrochloride von **I** u. **II** entstehen gemischte *2.4.6-Trialkyl-1.3.5-triazine*: Zus. des Rk.-Gemisches bei einem Verhältnis **I**:**II** = 1:1:10,5% *2.4.6-Trimethyl-* (**III**), 40,5% *2.4-Dimethyl-6-propyl-* (**IV**); 49% *2.4-Dipropyl-6-methyl-* (**V**) u. 1% *2.4.6-Tripropyl-1.3.5-triazin* (**VI**); 67,5% (Gesamtausbeute). Bei 1:2:1,5% **III** 34,5% **IV**; 45,5% **V** u. 18,5% **VI**; 66%. Bei 2:1:49% **III**; 24,5% **IV** u. 26,5% **V**; 70%. Aus Adipinsäurediiminodiäthylester entsteht ein Polymeres, das nach dem IR-Spektrum Triazinringe enthält.

Versuche: *1.3.5-Triazine*: *2.4-Dimethyl-6-propyl-* (**IV**), $C_8H_{13}N_3$, $Kp._{44}$ 98,5—99°; $D._4^{20}$ 0,9632; n_D^{20} 1,4685. — *2.4-Dipropyl-6-methyl-* (**V**), $C_{10}H_{17}N_3$, $Kp._{41}$ 121—122°; $D._4^{20}$ 0,9418; n_D^{20} 1,4688. — *2.4.6-Tris-[δ-carbäthoxybutyl]-*, $C_{24}H_{39}N_3O_6$, $Kp._1$ 227—230°, aus Adipinsäuremonoiminodiäthylester ($Kp._{1,3}$ 92—93°; $D._4^{20}$ 0,9954; n_D^{20} 1,4410); $D._4^{20}$ 1,0690; n_D^{20} 1,4470; 61% (Ausbeute).
Renate Richter 3313◇

0932 **Bis-[äthylsulfonyl]-[2-O-methyl-α-D-arabopyranosyl]-methan und sein Verhalten gegen Basen.** L. Hough und A. C. Richardson. (J. chem. Soc. [London] **1961**, 5561—63, Dez.; Bristol, Univ.; engl.) — *Bis-[äthylsulfonyl]-[2-O-methyl-α-D-arabopyranosyl]-methan* (**II**) wird durch Oxydation von *3-O-Methyl-D-glucosediäthylmercaptal* (**I**) synthetisiert. **I** zerfällt in verd. wss. $NH_4 \cdot OH$ in *Bis-[äthylsulfonyl]-methan* u. *2-O-Methyl-D-arabinose*. *Bis-[äthylsulfonyl]-[2.3-O-isopropyliden-α-D-lyxopyranosyl]-methan* ist gegen Alkalien beständig.

Versuche: *3-O-Methyl-D-glucosediäthylmercaptal* (**I**), $C_{11}H_{24}O_5S_2$, F. 72—76° (Ae.), durch $2^1/_2$std. Rk. von 3-O-Methyl-D-glucose mit Äthylmercaptan in konz. HCl, Verdünnen mit A. u. Neutralisieren mit $PbCO_3$; $[\alpha]_D$ — 16,7 (c = 1,23; Methanol); 68% (Ausbeute). — *Bis-[äthylsulfonyl]-[2-O-methyl-α-D-arabopyranposyl]-methan* (**II**), $C_{11}H_{22}O_8S_2$, durch $^1/_2$std. Rk. von **I** in 50%ig. wss. Dioxan mit wss. Peroxypropionsäure bei — 10° u. $^1/_2$std. Rk. bei 20°; Sirup; $[\alpha]_D$ — 8,6° (c = 6,75; Methanol). — *2-O-Methyl-D-arabinose*, durch 5 Tage langes Stehen von **II** in 0,5 n NH_4OH; $[\alpha]_D$ — 105° (c = 0,82; W.); 74%. — *3.4-O-Isopropyliden-2-O-methyl-D-arabinose*, $C_9H_{16}O_5$, F. 115—117° (Sublimation), durch 18std. Schütteln von 0,041 g vorst. Verb. in Aceton/konz. H_2SO_4 mit wasserfreiem $CuSO_4$ u. Neutralisieren mit NH_4OH; 0,016 g. — *1.1-Bis-[äthylsulfonyl]-1-[3.4-O-isopropyliden-2-O-methyl-α-D-arabopyranosyl]-äthan*, F. 175—185°, durch 24std. Schütteln von 0,64 g **II** mit wasserfreiem $CuSO_4$ in Aceton/konz. H_2SO_4, Neutralisieren mit NH_4OH (d 0,88) u. Extraktion mit Ae. → Sirup (0,48 g), 24std. Erhitzen mit wasserfreiem $CaSO_4$ in CH_3J u. Zugabe von Ag_2O innerhalb der ersten 3 Std.; Platten aus Methanol; $[\alpha]_D$ — 8,8° (c = 0,57; Methanol); 0,17 g.
E. Schraven 3400□

0933 **Glucoside von Hydroxypyridin-N-oxiden. 2. Mitt. über „Glykoside von Heterocyclen".** G. Wagner und H. Pischel. (Arch. Pharmaz. **295/67**, 897—910, 1962; Leipzig, Karl-Marx-Univ., Pharmazeut. Inst.; dt.) — 1. vgl. C. **1963**, 16563. — *3-* (**IIa**) bzw. *4-Hydroxypyridin-N-oxidtetraacetyl-β-D-glucosid* (**I**) werden durch Oxydation von 3- (**II**) bzw. 4-Hydroxypyridintetraacetyl-β-D-glucosid (**III**) mit Benzopersäure (**IV**) synthetisiert. Durch Rk. des Ag-Salzes (**V**) von 2-Hydroxypyridin-N-oxid mit α-Acetobromglucose (**VI**) erhält man *N-Hydroxy-pyridon-(2)-tetraacetyl-β-D-glucosid* (**VII**) u. aus 4-Hydroxypyridin-N-oxid ein Gemisch aus *N-Hydroxypyridon-(4)-tetraacetyl-β-D-glucosid* (**XII**) u. **I**. Durch Rk. von 2-Äthoxypyridin-N-oxid (**IX**) mit **VI** entsteht **VII**, aus 4-Äthoxypyridin (**X**) *[Pyridon-(4)]-N-tetraacetyl-β-D-glucosid* (**XI**) u. aus 4-Äthoxypyridin-N-oxid ein Gemisch aus **XI** u. **XII**.

Versuche: *2-Hydroxypyridin-N-oxid* [*N-Hydroxy-pyridon-(2)*], F. 148—149° (Essigester), durch $1^1/_2$std. Rk. von 2-Brompyridin-N-oxidhydrochlorid mit 10%ig. NaOH bei 100°, Ansäuern mit 30%ig. H_2SO_4, Eindampfen u. Extrahieren mit Chlf.; 80% (Ausbeute). *Ag-Salz* (**V**), durch Versetzen der Verb. in NaOH mit $AgNO_3$ in W.; 84%. — *3-Hydroxypyridin-N-oxid*, durch Oxydation von 3-Hydroxypyridin mit **IV** in Chloroform. *Ag-Salz*, durch Fällen mit $AgNO_3$; 85%. — *4-Hydroxy-pyridin-N-oxid* [*N-Hydroxypyridon-(4)*], aus Pyridinoxid über *4-Nitropyridin-N-oxid* nach Ochiai (J. org. Chemistry **18**, [1953], 534). *Ag-Salz* (**VIII**), durch Fällen mit $AgNO_3$; 80%. — *2-Äthoxypyridin-N-oxid* (**IX**), F. 69—71°, aus 2-Brompyridin-N-oxid mit Na-Äthylat. — *N-Äthoxypyridon-(2)*, $C_7H_9NO_2$, $Kp._{1,1}$ 96—98°, durch $1^1/_2$std. Kochen von **V** mit C_2H_5J in abs. Bzl.; 60%. — *3-Hydroxypyridin-N-oxidtetraacetyl-β-D-glucosid* (**IIa**), $C_{19} \cdot H_{23}NO_{11}$, F. 78—80° (Essigester/PAe.), durch 12std. Rk. von **II** mit **IV** in Chlf. im Molverhältnis 1:3; $[\alpha]_D^{24}$ — 40,7° (c = 5,1; Chlf.); 95%. — *3-Hydroxypyridin-N-oxid-β-D-glucosid*, $C_{11}H_{15}NO_7$, F. 212,5—213,5° (W.)/Aceton), durch 1 Min. langes Kochen von **IIa** mit 0,2 m Na-Nethylat in abs. Methanol; $[\alpha]_D^{22}$ — 93,8° (c = 2,6; W.); 82%. — *4-Hydroxypyridin-N-oxidtetraacetyl-β-D-glucosid* (**I**), $C_{19}H_{23}NO_{11}$, durch Oxydation von **III** mit **IV** in Chlf.; $[\alpha]_D^{22}$ — 26,7° (c = 2,5; W.); 95%. — *4-Hydroxy-pyridin-N-oxid-β-D-glucosid*, $C_{11}H_{15}NO_7$, F. 195—197° (W./Aceton), durch 1 Min. langes Kochen von **I** mit Na-Methylat in Methanol, Neutralisieren mit Wofatit KPS, Eintropfen in abs. Ae. u. Zentrifugieren; $[\alpha]_D^{21}$ — 99,4° (c = 1,0; W.); 42%. — *N-Hydroxypyridon-(2)-tetraacetyl-β-D-glucosid* (**VII**), $C_{19}H_{23}NO_{11}$, F. 143—144° (10%ig. Methanol), a) durch 8 Min. langes Kochen von **V** u. **VI** in abs. Toluol u. Fällen mit PAe.; 50%; b) durch 16std. Schütteln von 2-Hydroxypyridin-N-oxid u. KOH in W. mit **VI** in Aceton, 24std. Stehen, Abdampfen des Acetons, Versetzen mit W. u. Extrahieren mit Bzl.; 20%; c) durch 4tägige Rk. von **IX** mit **VI** bei 65°; 40%; Nadeln; $[\alpha]_D^{19}$ — 134,0° (c = 3,3; Chlf.). — *N-Hydroxypyridon-(2)-β-D-glucosid*, $C_{11}H_{15}NO_7$, F. 195,5°—196,5° (n-Propanol), durch Verseifen von **VII** mit Na-Methylat in Methanol; Nadeln; $[\alpha]_D^{20}$ — 100,3° (c = 2,5; W.); 65%. — *N-Hydroxypyridon-(4)-tetraacetyl-β-D-glucosid*

(**XII**), $C_{19}H_{23}NO_{11}$, F. 134—136° (Essigester/PAe.), durch 8 Min. langes Kochen von **VIII** u. **VI** in abs. Toluol u. Fällen mit PAe.; Nadeln; $[\alpha]_D^{19}$ — 26,2° (c = 2,0; Chlf.); 30%. — *N-Hydroxypyridon-(4)-β-D-glucosid*, $C_{11}H_{15}NO_7$, F. 125—127° (W./Aceton), durch Verseifen von **XII** mit Na-Methylat in Methanol; $[\alpha]_D^{20}$ — 33,1° (c = 1,0; W.); 30%. — *Pyridon-(4)-N-tetraacetyl-β-D-glucosid* (**XI**), $C_{19}H_{23}NO_{10}$, durch 4tägige Rk. von **X** mit **VI** bei 65°; $[\alpha]_D^{20}$ + 31,0° (c = 5,0; Chlf.); 55%. — *Pyridon-(4)-N-β-D-glucosid*, $C_{11}H_{15}NO_6$, durch Verseifen von **XI**; $[\alpha]_D^{19}$ + 57,7° (c = 2,5; W.); 50%.

E. Schraven 3400◇

0934 **Einwirkung von Mangandioxid auf Kohlenhydrate. 1. Mitt. Einige Disaccharide.** J. L. Bose, A. B. Foster, N. Salim, M. Stacey und J. M. Webber. (Tetrahedron [London] **14**, 201—07, 1961; Birmingham, Univ., Chem. Dep.; engl.) — Vgl. auch C. **1961**, 8299. — Die 1std Oxydation von Maltose (**I**), Laminaribiose (**II**) u. Melibiose (**III**) mit MnO_2 in W. bei 95—100° wird untersucht u. die entstehenden Prodd. chromatograph. getrennt u. identifiziert. Aus **I** wird dabei *Hexon-*, *Penton-* u. *Tetronsäure*, *Glucosylpenton-* u. *-tetronsäure*, *Arabinose* (**V**), *Glucose* (**VI**) u. eine *Verb. A*. (**IV**) ($[\alpha]_D$ 47,1° (c = 4,04; W.); 18% [Ausbeute]) erhalten. Die Säurehydrolyse von **IV** ergibt ein Gemisch von **V** u. **VI**, die Red. von **I** mit $NaBH_4$ liefert eine *Verb.* $[\alpha]_D$ + 113° (c = 1,48; W.), deren Hydrolyse **VI** u. *Arabit* (**VIII**) ergibt. Die Oxydation von **II** führt zu einem Gemisch von *Fructose*, **VI**, *Mannose*, *Säureprodd.* u. einer *Verb. B* (**VII**) ($[\alpha]_D$ — 46,4° (c = 5,6; W.); 31%). — Die 2std. Hydrolyse von **VII** mit 1 n HCl bei 95—100° ergibt **VI** u. **V**, die Red. mit $NaBH_4$ liefert **VI** u. **VIII**. Durch 2std. Kochen von 72 mg **VII** mit Acetanhydrid in Ggw. von Na-Acetat wird *1.3.5-Tri-O-acetyl-2-O-[2.3.4.6-tetra-O-acetyl-β-D-glucopyranosyl]-D-arabinose* (F. 196,5—198°; aus A./PAe. Nadeln; 14 mg) erhalten. Die Oxydation von **III** ergibt neben C_3–C_6-*Säureverbb.* u. *Galaktosylaldonsäuren Lyxose* u. *Galaktose* (**X**), sowie eine *Verb. C* (**IX**), deren Hydrolyse mit 1 n HCl **X** u. **V**. liefert. Die Red. von **IX** mit $NaBH_4$ ergibt *5-[oder 4-O-)-substituierten Arabit*. Die Oxydation von **IV**, **VII** u. **IX** mit $NaJO_4$ ergibt *HCOOH* u. CH_2O.

W. Hampel 3400□

0935 **Synthese von Tosylestern von Lactose und Lactulose.** S. B. Schaposchnikowa, N. N. Lissowskaja, I. W. Alexejewa und I. R. Rominski. (Ukrain. chem. J. **28**, 858—60, 1962; Akad. der Wiss. der UkrainSSR, Inst. für organ. Chem.; russ.) — Es wurden *p-Tosylderivv.* der *Lactulose* (**I**) u. *Lactose* dargestellt.

Versuche: *p-Tosylheptaacetyllactulose*, $C_{33}H_{42}O_{20}S$, F. 58—59° (Aceton-W.), durch portionsweise Zugabe von 3,33 g p-Toluolsulfochlorid (**II**) zu 3 g **I** in 60 ml Pyridin bei 0°, 24std. Stehen, Zugabe des 18fachen Überschusses Acetanhydrid bei 0° u. 24std. Stehen; amorph; $[\alpha]_D^{20}$ — 1,2° (c = 5; Chlf.); 37,6% (Ausbeute). — *Di-p-tosylhexaacetyllactulose*, $C_{38}H_{46}O_{21}S_2$, F. 67—68°, analog vorst. Verb. aus 3 g **I** u. 5 g **II** in 60 ml Pyridin; 88%. — *Penta-p-tosyllactulose*, $C_{47}H_{52}O_{21}S_5$, F. 85—87° (Aceton-W.), durch Tosylierung von 3 g **I** mit 13,3 g **II**; amorph; $[_D]\alpha^{20}$ + 20,5° (c = 5; Chlf.); 92%. — *Penta-p-tosyltriacetyllactulose*, $C_{53}H_{58}O_{24}S_5$, durch 24std. Stehen von 10 g vorst. Verb. mit 50 ml Acetanhydrid in 60 ml Pyridin; 91%. — *Tri-p-tosyllactose*, $C_{33}H_{40}O_{17}S_3$, F. 131—132° (Chlf.-Ae.), durch 12std. Stehen von 8 g α-Lactosehydrat mit 35,7 g **II** in 300 ml Pyridin; $[\alpha]_D^{20}$ + 30° (c = 2; Chlf.); 11,7 g. — *Tri-p-tosylpentaacetyllactose*, $C_{43}H_{50}O_{22}S_3$, F. 118° (A.), durch ½std. Erhitzen von 6 g vorst. Verb. mit 12 ml Acetanhydrid in 18 ml Pyridin auf 100°; $[\alpha]_D^{20}$ + 48° (c = 1; Chlf.); 6,12 g.

Helmut Schäfer 3400△

0936 **Über die Struktur der Jaconec- und Jacolinecsäure.** N. I. Koretzkaja, A. W. Danilowa und L. M. Utkin. (J. allg. Chem. [UdSSR] **32(94)**, 1339—45, 1962; Chem.-Pharmazeut. Allunions-Ordshonikidse-Forschungsinst.; russ.) — Die als saurer Bestandteil in den Alkaloiden Jacobin u. Otosenin vorkommende Epoxyjaconecsäure (3-Methyl-2-hydroxy-5.6-oxidoheptan-2.5-dicarbonsäure) geht bei der alkal. Hydrolyse der Alkaloide in *Jaconecsäure* (**I**; *2.3-Dimethyl-5-[α-hydroxyäthyl]-tetrahydrofuran-2.5-dicarbonsäure*) u. *Isojaconecsäure* (**II**; *2.3.6-Trimethyl-5-hydroxytetrahydropyran-2.5-dicarbonsäure*), bei der Hydrolyse mit HCl in *3-Methyl-2.5-dihydroxy-6-chlorheptan-2.5-dicarbonsäure-δ.δ'-dilacton* (**III**) über. **I** u. **II** werden in **I**-*Diamid* u. **II**-*Methylesteramid* übergeführt. **III** liefert beim Behandeln mit Ag_2O *Epoxyjaconecsäurelacton* (**IV**; *3-Methyl-2-hydroxy-5.6-oxidoheptan-2.5-dicarbonsäure-δ-lacton*), das bei Einw. von HCl wieder in **III** übergeht. Bei der Spaltung des Oxidringes von **IV** mit H_2SO_4 entsteht unter Waldenscher Umkehrung am $C_{(6)}$-Atom *Jacolinecsäuredilacton* (**V**; *3-Methyl-2.5.6-trihydroxyheptan-2.5-dicarbonsäuredilacton*). **V** wird als Acetat isoliert. Bei der Hydrierung von Otosenin u. Aufarbeitung in Ggw. von HCl werden **I**, **II**, **III**, **IV** u. *3-Methyl-2.5-dihydroxy-6-chlorheptan-2.5-dicarbonsäure* (**VI**) erhalten.

Versuche: *Epoxyjaconecsäurelacton* (**IV**), $C_{10}H_{14}O_5$, F. 189—190° (A., W.), a) durch 30std. Rühren von 1,28 g **III** mit Ag_2O (aus 3 g $AgNO_3$) in 35 ml W. bei 60 bis 70°; $[\alpha]_D^{20}$ — 5,3° (A.); 0,85 g (Ausbeute); b) durch Hydrierung von 3 g Otosenin in 50 ml A. an Pt (0,22 g PtO_2; 8 Std.); 1,5 g. — *Jacolinecsäuredilacton* (**V**), *Acetat*, F. 157—158° (Äthylacetat), durch 3std. Kochen von 0,42 g **IV** in 5 ml 30%ig. H_2SO_4 u. ½std. Kochen des Öls mit 3 ml Acetylchlorid; 0,1 g. — *3-Methyl-2.5-dihydroxy-6-chlorheptan-2.5-dicarbonsäure-δ.δ'-dilacton* (**III**), F. 112—113° (A.), a) durch 2std. Kochen von 0,5 g **IV** u. 7 ml 15%ig. HCl; 0,49 g; b) durch Hydrierung von 4,15 g Otosenin in 75 ml A. an Pt (0,5 g PtO_2, 8 Std.), Behandeln mit 10%ig. HCl u. Aufarbeiten durch Kristallisation u. Extraktion; $[\alpha]_D^{20}$ —24,9° (Chlf.); 0,07 g; daneben *3-Methyl-2.5-dihydroxy-6-chlorheptan-2.5-dicarbonsäure* (**VI**), $C_{10}H_{17}ClO_6$, F. 180,5—181° (Bzl.); $[\alpha]_D^{20}$ + 112,0° (A.). — *Jaconecsäure* (**I**), F. 179—190°; $[\alpha]_D^{20}$ + 31,4° (A.). *Diamid*, $C_{10}H_{18}N_2O_4$, F. 171,5—172,5° (abs. A.), durch Methylierung von **I** mit CH_2N_2 u. Behandeln mit Methanol-NH_3 (20 Std., 20°); $[\alpha]_D^{20}$ +58,4° (A.); 0,27 g. — *Isojaconecsäure* (**II**); Öl; $[\alpha]_D^{20}$ + 43,3° (A.). *Methylesteramid*, $C_{11}H_{19}NO_5$, F. 200—201° (abs. A.), durch Methylierung von 0,6 g **II** mit CH_2N_2 u. Behandeln mit Methanol-NH_3 (15 Std., 20°); $[\alpha]_D^{18}$ + 4° (A.); 0,1 g.

Helmut Schäfer 3500△

0937 **Untersuchungen über Magnoliaceen-Alkaloide. 20. Mitt. Die Struktur von Magnolamin. 5. Mitt. Synthese von Tetramethylmagnolamin.** Masao Tomita und Kazuo Ito. (J. pharmac. Soc. Japan [Yakugakuzasshi] **78**, 103—08, 1958; Kyoto, Univ., Med. Fac., Pharmac. Inst.; jap., Auszug: engl.) — 19. vgl. C. **1960**, 8192. — Die Synth. von (—, —)-*Tetramethylmagnolamin* aus 1-6'-Bromlaudanosin u. l-Armepavin durch Ullmann-Rk. wird beschrieben. Vgl. mit dem natürlichen (+, +)-Tetramethylmagnolamin werden beschrieben u. eine Struktur diskutiert. IR-Spektren vgl. Original.

Versuche: *dl-Laudanosin*, F. 114—115°, durch Red. von Papaverinmethojodid mit Zn in verd. H_2SO_4; Säulen. — *l-Laudanosin*, F. 88—89°, durch Zers. des l-Chinats mit verd. NaOH u. Extrahieren mit Ae.; $[\alpha]_D^{18}$ — 97,48° (c = 1,0053; A.). *l-Chinat*, F. 128—129,5° (Chlf./Bzl.), durch Stehen von 0,3 g vorst. Verb. mit 0,162 g l-Chininsäure in W. über Nacht; $[\alpha]_D^{18}$ — 92,14° (c = 0,7206; A.); 0,095 g. — *d-Laudanosin*, F. 112—114°, durch Einengen der Mutterlaugen vorst. Chinats, Zers. mit verd. KOH u. Extrahieren mit Ae.; $[\alpha]_D^{12}$ + 41,89° (c = 1,003; A.). — *l-6'-Bromlaudanosin*, $C_{21}H_{26}BrNO_4$, F. 140—141°, durch Zugabe von Br_2/Essigsäure zu einer wss. Lsg. von 0,8 g vorvorst. Verb. bei 100°, Verdünnen mit W., Ansäuern mit Essigsäure, Waschen mit Ae., Zugabe von 5%ig. NaOH u. Extrahieren mit Ae.; $[\alpha]_D^{18}$ — 62,38° (c = 0,513; Chlf.); 0,91 g. — (—, —)-*Tetramethylmagnolaminhemihydrat*, $C_{40}H_{48}N_2O_7 \cdot \frac{1}{2} H_2O$, F. 148—149°, durch Erwärmen von 0,2933 g l-Armepavin mit K-Methylat in Methanol, Eindampfen, Zugabe von vorst. Verb., Cu u. Cu-Acetat, 1std. Erhitzen auf 180°, 1std. Erhitzen auf 180—185°, ½std. Erhitzen auf 190—200°, Extrahieren mit Ae., Waschen mit 3%ig. NaOH, Extrahieren mit 3%ig. HCl, Zugabe von 10%ig. NaOH, Extrahieren mit Ae. u. Chromatographie an Al_2O_3; $[\alpha]_D^{31}$ — 83,76° (c = 0,3868; Chlf.); Nadeln; 13 mg. — *L-Armepavinoxalat*, F. 204—205°, aus den NaOH-Waschlaugen neben vorst. Verb.; 0,045 g.

W. Hampel 3500△

0938 **Untersuchungen über Magnoliaceen-Alkaloide. 21. Mitt. Synthese eines Diastereoisomeren von Tetramethylmagnolamin.** Masao Tomita und Kazuo Ito. (J. pharmac. Soc. Japan [Yakugakuzasshi] **78,** 605—07, 1958; jap., Auszug: engl.) — 20. vgl. vorst. Referat. — (—, +)-*Tetramethylmagnolamin,* das Diastereoisomere des natürlichen (+, +)- u. des synthet. (—, —)-Tetramethylmagnolamins, wird durch Ullmann-Rk. aus d-Armepavin u. 1-6'-Bromlaudanosin hergestellt.

Versuche: *d-Armepavin,* $C_{19}H_{23}NO_3$, F. 142 bis 143° (Ae./Aceton), durch Spaltung von 3,95 g Berbamin mit Na in fl. NH_3 u. Abtrennen der phenol. Bestandteile durch Methylieren mit CH_2N_2; $[\alpha]_D^{15}$ + 102,79° (c = 1,0021; Chlf.; l = 0,5 dm); 0,65 g (Ausbeute). *Oxalat,* F. 205—206°; aus Methanol/A. Nadeln. — *l-Laudanosin,* F. 87—88°, durch Umsetzen von 0,2383 g vorst. Verb. mit K in Methanol, Eindampfen, 2std. Erhitzen mit 1-6'-Bromlaudanosin in Ggw. von Cu u. Cu-Acetat auf 180—185°, $^1/_2$std. Erhitzen auf 190—195°, Extrahieren mit Ae., Waschen mit 2%ig. NaOH, Extrahieren mit 3%ig. HCl, Zugabe von 3%ig. NaOH, Extrahieren mit Ae. u. Chromatographie in benzol. Lsg. an Al_2O_3; aus Methanol Nadeln; daneben (—, +)-*Tetramethylmagnolaminhemihydrat,* $C_{40}H_{48}N_2O_7 \cdot {}^1/_2H_2O$, F. 143—144,5°, durch Eluieren mit Bzl. in Ggw. von wenig Methanol; $[\alpha]_D^{13}$ — 20,35° (c = 0,4021; Chlf.; l = 0,5 dm); Nadeln; 9 mg. W. Hampel 3500△

0939 **Die Struktur von Lumiluteoskyrin, einem Photoreaktionsprodukt des Luteoskyrins.** I. Kitagawa und S. Shibata. (Chem. and Ind. **1960,** 1054—55; Tokyo, Univ., Fac. of Pharmac. Sci.; engl.) — Für das bei Bestrahlung von Luteoskyrin (I) gebildete *Lumiluteoskyrin* wird die Struktur des *7.7'-Dimethyl-2.5.8.2'.5'.8'-hexahydroxy-4.4'-dioxo-1.2.3.4.1'.2'.3'.4'-oktahydrodianthrachinonylidens-(1.1')* (**III**) bewiesen. Während **I** u. Rubroskyrin (**II**) von alkal. Na-Dithionit zu *Islandicin* (**IV**) gespalten werden, wird **III** dabei nicht angegriffen, geht jedoch bei Behandlung mit Zn/HCl u. dann mit Alkali in **IV** über. Wie **I** u. **II** wird **III** therm. zu **IV** u. *Catenarin* gespalten. Das von Nishikawa u. Mitarbeitern (Pharmac. Bull. [Tokyo] **5,** [1957], 383) isolierte Purpurmycelin ist mit **III** identisch. UV-, sichtbare u. IR-Spektren werden diskutiert.

Versuche: *Lumiluteoskyrin* (**III**), $C_{30}H_{20}O_{12}$, F. > 360°, durch Bestrahlen von **I** [F. 281° (Zers.); $[\alpha]_D$ — 880° (Aceton)] in Aceton (langsamer in N_2- oder CO_2-Atmosphäre); dunkelviolettrot; färbt alkohol. Mg-Acetat himmelblau. *Diacetat,* $C_{34}H_{24}O_{14}$, F. > 360°, a) aus **III** u. Acetylchlorid (daneben *Tetraacetat,* $C_{38}H_{28}O_{16}$, F. > 360°); b) durch Bestrahlen von acetyliertem **I** in Aceton. *Hexaacetat,* $C_{42}H_{32}O_{18}$, F. 285° (Zers., nach Sintern), aus **III**, Acetanhydrid u. wenig konz. H_2SO_4. G. Fischer 3550◇

0940 **Norbornen-1- und -2-carbonsäuren.** J. W. Wilt und C. A. Schneider. (Chem. and Ind. **1963,** 951—52; Chicago, Ill., Loyola Univ., Dep. of Chem.; engl.) — Beim Kochen von 2-exo-Bromnorbornan-1-carbonsäure mit 1 Mol K-tert.-Butylat (**I**) in tert.-Butanol u. anschließendem Ansäuern entsteht *Norbornen-2-carbonsäure* (Kp.$_{3,2}$ 125—127°. *Benzylisothiuroniumsalz* F. 170—172°) in 85—90%ig. Ausbeute. Für den Wechsel der Carboxylgruppe wird ein E-1 Mechanismus angenommen. Während 2-exo-Bromnorbornan-1-carbonsäuremethylester mit **I** nach einem E-2 Mechanismus reagiert u. nach Verseifung u. Ansäuern in 90—95%ig. Ausbeute *Norbornen-1-carbonsäure* (**II**; F. 95—96°. *Benzylisothiuroniumsalz* F. 172,5—174°) liefert. Die Strukturen der Säuren wurden durch Hydrieren zu den bekannten gesätt. Säuren gesichert. **II** reagiert mit 5.5-Dimethoxy-1.2.3.4-tetrachlorcyclopentadien zu *1.4-Methylen-5.8-dimethoxymethylen-5.6.7.8-tetrachlor-Δ^6-oktalin-4-carbonsäure* (F. 225—227°; 80%), das in o-Chlorbenzol mit konz. H_2SO_4 bei 25° u. anschließendem kurzem Kochen zu *3'.4'.5'.6'-Tetrachlorbenzo-[1'.2':2.3]-norbornan-1-carbonsäure* (F. 240—241°) aromatisiert. KMR-Spektren s. Original. J. Gloede 3600△

0941 **Terpene. 5. Mitt. Die Umwandlung von 2-Acetoxypulegon in Menthofuran.** L. H. Zalkow, J. W. Ellis und M. Roger Brennan. (J. org. Chemistry **28,** 1705—1707, 1963; Stillwater, Okla., Oklahoma State Univ., Dep. of Chem.; engl.) — 3. vgl. C. **1963,** 22728. — Die Pyrolyse von 2-Acetoxypulegon (**I**) liefert opt. reines *Menthofuran.* Die KMR-spektroskop. Unters. des durch Behandeln von Pulegon (**II**) mit Hg(II)-Acetat erhältlichen Prod. ergab, daß es sich um ein *Gemisch aus cis- u. trans-***I** handelt (vgl. Treibs u. Bast, Liebigs Ann. Chem. **561,** [1949], 165; Reitsema, C. **1958,** 7471). Im Gegensatz zu Treibs und Mitarbeitern (C. **1955,** 1056) finden Vff. bei der Rk. von Isopulegon (**III**) mit Hg(II)-Acetat ebenfalls ein Gemisch aus *cis-* u. *trans-***I**. Das zurückgewonnene Ausgangsmaterial bestand aus 80% **II** u. 20% **III**. IR-, UV- u. KMR-Maxima s. Original.

Versuche: *Menthofuran,* durch Pyrolyse von **I** bei 450° unter N_2; $[\alpha]_D^{25}$ +87,46° (c = 1,87; A.); 43% (Ausbeute) [Autoxydation liefert eine *Verb. vom F. 186—187°*]. *Maleinsäureanhydridaddukt,* F. 132—133°. — *Isopulegol,* Kp.$_{0,1}$ 40—41°, durch 4std. Kochen von Isopulegolacetat mit Na-Äthylat in A., Einstellen auf pH 6 mit verd. H_2SO_4 u. Extraktion mit Ae.; 73%. — *Gemisch aus 89% (—)-Isopulegon u. 11% (+)-Isoisopulegon,* Kp.$_{0,7}$ 52—54°, durch Behandeln vorst. Verb. mit Jones' Reagens in trockenem Aceton unter Eiskühlung, Verdünnen mit W., Extraktion mit Ae. u. Dest.; $[\alpha]_D^{25}$ + 4,33° (c = 2,50; A.); 60%. Klaus Lange 3600△

0942 **Über die raumisomeren Diole und Ketole von Δ^3-Caren und p-Menthen-(1).** Harry Schmidt, Peter Richter und Manfred Mühlstädt. (Chem. Ber. **96,** 2636—43, 1963; Leipzig, Univ., Inst. für organ. Chem.; VEB Chem. Fabrik Miltitz, Labor.; dt.) — Die Stereoisomeren (—)-α- (**I**) u. (+)-*β-Caranon-(3)-ol-(4)* (**II**) erhält man durch Oxydation von (+)-Δ^3-Caren (**III**) mit KMnO_4 bzw. von Carandiol-(3.4) vom F. 89° mit tert.-Butylchromat (**VI**). Neben **I** bilden sich *Carandiol-(3.4)* vom F. 69—70° u. *3.6.6-Trimethylcycloheptadien-(2.4)-on-(1).* Eine eindeutige Zuordnung von **I** u. **II** zur cis- bzw. trans-Konfiguration in bezug auf Methyl- u. Isopropylidengruppe ist nicht möglich. (+)-*trans-p-Menthanon-(2)-ol-(1)* entsteht bei der Oxydation von (+)-p-Menthen-(1) (**IV**) oder (+)-Neo-p-menthandiol-(1.2) vom F. 89° (**V**) mit $KMnO_4$ oder von **V** oder (+)-p-Menthandiol-(1.2) vom F. 77° (**VIII**) mit **VI**. Aus der IR-spektroskop. untersuchten Chelatbildungstendenz der Carandiole-(3.4) u. der p-Menthandiole-(1.2) läßt sich auf die Konstellation u. den selektiven Oxydationsverlauf schließen.

Versuche: (FF. korr.): (—)-*α-Caranon-(3)-ol-(4)* (**I**), $C_{10}H_{16}O_2$, Kp.$_{11}$ 117—122°, Kp.$_{0,5}$ 68—72°, durch portionsweise Zugabe von $KMnO_4$ zu 200 g reinem **III** in 75%ig. Aceton unter Rühren bei — 7° in 2 Std., Filtrieren u. Dest.; D_4^{20} 1,0346; n_D^{20} 1,5010; $[\alpha]_D^{20}$ — 148,2°; 5 g (Ausbeute) von > 90%ig. Reinheit; daneben (+)-*3.6.6-Trimethylcycloheptadien-(2.4)-on-(1)* (Kp.$_{11}$ 97°, D_4^{20} 0,9675, n_D^{20} 1,5101, gelbes Öl. *Semicarbazon,* $C_{11}H_{17}N_3O$, F. 160°) u. (+)-*Carandiol-(3.4) vom F. 69—70°* [$C_{10}H_{18}O_2$, $[\alpha]_D^{20}$ + 12,8° (Aceton), Nadeln aus PAe.; wird von Pb-Tetraacetat (**VII**) in 10 Min. zu 95% oxydiert, entsprechend der *cis*-Konfiguration]. — (+)-*Carandiol-(3.4) vom F. 89°,* $C_{10}H_{18}O_2$, Kp.$_{11}$ 140°, durch 5std. Rühren von Phthalsäureanhydrid u. 30%ig. H_2O_2 in Ae., vorsichtige Zugabe von 80 g reinem **III** zur äther. Phase unter Kühlen, 12std. Stehen, Eindampfen, Schütteln mit 4%ig. H_2SO_4 unter Kühlen, Absaugen, Digerieren mit kaltem PAe., Neutralisieren mit KOH, Wasserdampf- u. Vakuumdest.; $[\alpha]_D^{20}$ + 3,2° (Chlf.); 55 g; wird von **VII** in 1 Std. nur zu 18% oxydiert, entsprechend der *trans*-Konfiguration. — (+)-*β-Caranon-(3)-ol-(4)* (**II**), $C_{10}H_{16}O_2$, Kp.$_{0,5}$ 53—56°, durch Zugabe von 50 g vorst. Verb. zu der unter Kühlen hergestellten Lsg. von CrO_3 u. abs. tert.-Butanol in abs. Bzl., 3tägiges Stehen unter Schütteln, Gießen in 1 n NaOH von 0°, Ausäthern nach 1 Std., Filtrieren u. Dest.; D_4^{20} 1,0203; n_D^{20} 1,4790; $[\alpha]_D^{20}$ + 48,5°; ca. 10 g. — (+)-*p-Menthanon-(2)-ol-(1),* $C_{10}H_{18}O_2$, Kp.$_{11}$ 108—114°, a) durch portionsweise Zugabe von $KMnO_4$ zur Lsg. von 120 g reinem **IV** u. $MgSO_4$ in 80%ig. wss. Aceton unter Rühren bei 0° in 6 Std., 2std. Rühren, Filtrieren u. Dest.; D_4^{20} 0,9802; n_D^{20} 1,4660; $[\alpha]_D^{20}$ + 43,5° (Reinheit > 90%); 100 g (roh); daneben *p-Menthandiol-(1.2) vom F. 77°* [**VIII**,

$C_{10}H_{20}O_2$, Kp.$_{11}$ 113°, durch Umkrist. der höchstsd. Fraktion aus PAe. u. Dest.; $[\alpha]_D^{20}$ +14° (Aceton); 100 g (roh)]; b) durch Oxydation von **VIII** mit **VI** analog **II**; c) durch Oxydation von 25 g **V** (über **IV**-*Epoxid* dargestellt) in wss. Aceton mit $KMnO_4$ in 8 Tagen, Filtrieren u. Wasserdampf-Dest.; 10 g; d) durch Oxydation von 50 g **V** mit **VI** analog **II**; 14 g. *Semicarbazon*, $C_{11}H_{21}N_3 \cdot O_2$, F. 206—208°. G. Fischer 3600◇

0943 **Kondensation von Glycid mit Borneol.** W. M. Wwedenski und D. M. Winokurow. (Hochschulnachr. [Iwanowo], Chem. u. chem. Technol. **3**, 959—60, 1960; Lwow, Holztechn. Inst.; russ.) — *Borneol-d-glycerinäther* wird durch Kondens. von Glycid (**I**) mit Borneol (**II**) bzw. durch Rk. von Glycerinjodhydrin mit dem Alkoholat von **II** erhalten.

Versuche: *Borneol-d-glycerinäther*, $C_{13}H_{24}O_3$, n_D^{20} 1,4688; $D._4^{20}$ 1,0160; a) durch Zutropfen von **I** in Aceton zu einer Lsg. von **II** u. BF_3-Ätherat in Xylol unter Kühlung, 10std. Erhitzen auf 100° u. 26std. auf 120—130°, Zerstören des BF_3 mit KOH, Entfernen der Lsgm. im Vakuum u. Dest. bei 0,1 Torr; 29% Ausbeute; b) aus äquimol. Mengen Glycerinjodhydrin u. dem Alkoholat von **II** durch 1std. Erhitzen in Aceton–Xylol. Hans Nestler 3600□

0944 **Darstellung optisch aktiver tertiärer Alkohole aus d-α-Bromcampher mittels Grignard-Reaktionen.** K. A. Thaker und I. G. Vasi. (J. sci. ind. Res. [New Delhi], Sect. **B 20**, 441—42, 1961; Ahmedabad, Gujarat Univ., Univ. School of Sci., Chem. Dep.; engl.) — Bei der Umsetzung von Campher-α-MgBr mit Aceton, Acetophenon, Benzophenon u. CO_2 entstehen die entsprechenden opt.-akt. *tert. Alkohole* bzw. *d-Campher-α-carbonsäure.*

Versuche: (+)-*Campher-α-MgBr*, durch Umsetzen von (+)-α-Bromcampher mit Mg in abs. Äther. — d-α-Campherylcarbinole, durch $^1/_2$std. Zugabe von Ketonen zu vorst. Lsg., 1std. Kochen, mehrstd. Stehen u. Zers. mit Eis/NH_4Cl: *Dimethyl-*, $C_{13}H_{22}O_2$, F. 90°, aus Aceton; $[\alpha]_D^{29}$ +99,22° (c = 1,562; A.); aus PAe. Prismen; 70% (Ausbeute.) — *Diphenyl-*, $C_{23}H_{26}O_2$, F. 112°, aus Benzophenon; $[\alpha]_D^{31}$ +77,23° (c = 1,567; A.); aus Ligroin Rhomben; 61%. — *Dehydratisiertes Methylphenyl-*, $C_{18}H_{22}O$, Kp. 263—268°, aus Acetophenon, Dampfdest. u. Dest. unter Dehydratisierung; $[\alpha]_D^{25}$ +35,28° (c = 1,701; Aceton); 36%. — *d-Campher-α-carbonsäure*, $C_{11}H_{16}O_3$, F. 126° (Bzl.), durch Einleiten von CO_2 in die äther. Lsg. von (+)-Campher-α-MgBr; $[\alpha]_D^{28}$ +62,53° (c = 1,743; A.); 74%. W. Hampel 3600△

0945 **Aminoderivate der Cedranreihe.** G. A. Tolstikow und M. I. Gorjajew. (Nachr. Akad. Wiss. KasachSSR, chem. Ser. **1962**, 103—08; russ.) — Die Hydrierung von Isocedranon (**I**) mit $LiAlH_4$ oder $NaBH_4$ liefert *Isocedrenol*, die Hydrierung an Ni *Isocedranol* (**II**). Die Hydrierung von **I**-Oxim an Ni liefert *Isocedrylamin* (**III**), die Hydrierung von **I** in NH_3 an Ni wenig **II** u. **III**. **III** wird in *N.N-Bis-[β-hydroxyäthyl]-* u. *N.N-Bis-[β-chloräthyl]-isocedrylamin* übergeführt. Aus Cedrenal (**IV**) werden durch Hydrierung in NH_3 bzw. Dimethylamin (**V**) *prim.-Cedranylamin* (**VI**) bzw. *N.N-Dimethyl-prim.-cedranylamin* dargestellt. **VI** wird in *N.N-Bis-[β-hydroxyäthyl]-* u. *N.N-Bis-[β-chloräthyl]-prim.-cedranylamin* übergeführt.

Versuche: *Isocedrenol*, F. 128,5—129°, a) durch 24std. Kochen von 7,8 g **I** mit 1,5 g $LiAlH_4$ in 100 ml abs. Ae.; 63% (Ausbeute); b) durch 48std. Stehen von 5,5 g **I** mit 1,4 g $NaBH_4$ in 120 ml A.; 21%. — *Isocedranol* (**II**), F. 145—146°, durch Hydrierung von 6,0 g **I** in 100ml abs. A. an Raney-Ni bei 100 at/80—100°; 10%. — *Isocedrylamin* (**III**), $C_{15}H_{27}N$, Kp.$_{0,8}$ 110—111°, durch Hydrierung von 12,0 g **I**-Oxim in 100 ml A. an Raney-Ni bei 120 at/70°; $D._4^{20}$ 0,9751; n_D^{20} 1,5098; 82,6%. *Hydrochlorid*, $C_{15}H_{28}ClN$, Zers. > 380°, a) durch Hydrierung von 15 g **I** in 100 ml A. u. 15 ml fl. NH_3 an Raney-Ni 120°/110 at; 4,5% [daneben 10% **III**] ;b) durch Hydrierung von 4,7 g **I**-Oxim in 50 ml A. bei 40° an Raney-Ni 50%. — *N.N-Bis-[β-hydroxyäthyl]-isocedrylamin*, Kp.$_{0,8}$ 170—180°, durch 24std. Stehen von 8,8 g **III** mit 3,8 g Äthylenoxid in 50 ml 90%ig. A. bei 0°; 8,5 g. *Hydrochlorid*, $C_{19}H_{26}ClN$, F. 264—265° (Aceton). — *N.N-Bis-[β-chloräthyl]-isocedrylamin, Hydrochlorid*, $C_{19}H_{34}Cl_3N$, F. 208—210° (Aceton), durch 12std. Stehen von 1,0 g vorst. Verb. mit 1,5 g $SOCl_2$ in 10 ml Chlf.; 1,05 g. — *prim.-Cedranylamin* (**VI**), Kp.$_1$ 149—152°, durch Hydrierung von 10,0 g **IV** in 100 ml A. u. 6 ml fl. NH_3 bei 100 at/80°; 8,0 g. *Hydrochlorid*, $C_{15}H_{28}ClN$, F. 319—320° (Aceton-Ae.). — *N.N-Bis-[β-hydroxyäthyl]-prim.-cedranylamin*, Kp.$_{0,8}$ 185—192°, aus **VI** u. Äthylenoxid; fast 100%. *Hydrochlorid*, $C_{19}H_{36}ClNO_2$, F. 197—199,5° (Aceton); Nadeln. — *N.N-Bis-[β-chloräthyl]-prim.-cedranylamin, Hydrochlorid*, $C_{19}H_{34}Cl_3N$, F. 247—248° (Aceton); 85%. — *N.N-Dimethyl-prim.-cedranylamin*, Kp.$_1$ 150 bis 152°; $D._4^{20}$ 0,9555; n_D^{20} 1,5033; $[\alpha]_D^{20}$ —9,7° (c = 7,6; A.). *Hydrochlorid*, $C_{17}H_{32}ClN$, F. 155,5—256° (Aceton), durch Hydrierung von 22,2 g **IV** in 150 ml 4%ig. alkohol. **V** bei 120 at/80°; 35%. *Methojodid*, F. 259—260° (Aceton), *Äthojodid*, F. 246—248° (Aceton). Helmut Schäfer 3600△

0946 **Reine $\Delta^{8,14}$- und Δ^{14}-3β.11α-Diacetoxy-5β-ätiensäuremethylester und Abwandlungsprodukte derselben, sowie Notiz zur Charakterisierung einfach ungesättigter Steroide durch kurzwellige UV-Spektren. Gallensäuren und verwandte Stoffe.** 50. Mitt. A. Lardon und T. Reichstein. (Helv. chim. Acta **41**, 904—22, 1958; Basel, Univ., Organ.-chem. Anstalt; dt.) — 49. vgl. C. **1959**, 10258. — Aus dem Dehydratisierungs-Prod. (DP) von 3β.11α-Diacetoxy-14-hydroxy-5β.14β-ätiansäuremethylester (**XVII**) (Ätiansäuremethylester) = ÄM isolierten Vff. durch Chromatographie reinen *3β.11α-Diacetoxy-Δ^{14}-5β-ätiensäuremethylester* (**Ia**) u. aus den schwer eluierbaren Anteilen reinen *3β.11α-Diacetoxy-$\Delta^{8,14}$-5β-ätiensäuremethylester* (**Ib**) a) durch Hydrieren, Epoxidierung mit Benzopersäure (**II**), chromatograph. Abtrennung des *3β.11α-Diacetoxy-8.14-epoxy-5β.8ξ.14ξ-ÄM* (**III**) vom *3β.11α-Diacetoxy-5β-ÄM* (**IV**) u. Hydrierung von **III**, b) durch Epoxidierung mit **II**, Hydrierung u. chromatograph. Abtrennung von *3β.11α-Diacetoxy-14.15-epoxy-5β-ÄM* (**XII**). Hydrierung von **Ib** lieferte wie DP neben dem Haupt-Prod. **IV** *3β.11α-Diacetoxy-5β-14β.ÄM* (**V**), womit die Struktur von **V** als 14β-Deriv. bewiesen wurde. Als Hauptursache für die nicht einheitlich verlaufende Hydrierung von **Ib** wird eine ster. Hinderung durch die 11α-Acetoxygruppe angesehen. Die 14β-Konfiguration von **V** ergibt sich auch aus nachst. Rk.-Folgen, die ohne Angriff des Asymmetriezentrums am $C_{(14)}$ den bekannten *3β-Acetoxy-5β.14β.17α-ÄM* (**IX**) liefern: **V** → *3β-[ω-Carbomethoxypropionyloxy]-11-keto-5β.14β-ÄM* (**VI**) → *3β-[ω-Carbomethoxypropionyloxy]-11β-hydroxy-5β.14β-ÄM* (**VII**) → *3β-[ω-Carbomethoxypropionyloxy]-$\Delta^{9,11}$-5β.14β-ätiensäuremethylester* (**XVI**) → *3β-[ω-Carbomethoxypropionyloxy]-5β.14β-ÄM* (**X**) → *3β-Hydroxy-5β.14β-ÄM* (**VIII**) → **IX** bzw. **V** → **VI** → *3β-Acetoxy-11β-hydroxy-5β.14β-ÄM* → *3β-Acetoxy-$\Delta^{9,11}$-5β.14β-ätiensäuremethylester* → *3β-Acetoxy-5β.14β-ÄM* (**XI**) → **VIII** → **IX**. Bei der Darst. von **X** u. **XI** scheinen als Neben-Prodd. die noch nicht rein isolierten entsprechenden *9β-Isomeren* anzufallen, deren Ringe cis–syn–cis–syn–cis verknüpft sind. UV- u. IR-Spektren vgl. Original. Vff. sehen bei Einhaltung einer beschriebenen Arbeitstechnik die im kurzwelligen UV erhaltenen Extinktionsmaxima als durchaus geeignet für die Charakterisierung der $\Delta^{8,14}$-Steroiddoppelbindung an.

Versuche (FF. korr.; $[\alpha]_D$ in Chlf.): *3β.11α.14-Trihydroxy-5β.14β-ätiansäuremethylester* (**XIII**), F. 120 bis 130°, durch 2std. Kochen von 130 mg 3β.11α-Diacetoxy-14-hydroxy-5β.14β-ätiansäure (F. 250—260°) mit KOH in CH_3OH, Versetzen mit W., Abdampfen des CH_3OH im Vakuum, Ansäuern mit HCl (kongorot), Extraktion mit Essigester, Versetzen mit äther. CH_2N_2 u. Eindampfen im Vakuum; 105 mg (Ausbeute). — *3.11-Diketo-14-hydroxy-5β.14β-ätiansäuremethylester* (**XIV**), $C_{21}H_{30}O_5$, F. 124—126°, durch 5std. Rk. von 105 mg **XIII** in Eisessig mit 2%ig. CrO_3/Eisessig bei 20°, Chromatographie des Roh-Prod. (81 mg + 38 mg aus einem 2. Ansatz) an Al_2O_3, Eluieren mit PAe./Bzl., Bzl. u. Bzl./Ae. (9:1) u. mehrwöchiges Stehen der eluierten Anteile unter Ae./PAe. bei 0°; Nadeln; $[\alpha]_D^{18}$ +80 ± 2° (c = 1,2); 52 mg. — *3β.1α-Diacetoxy-Δ^{14}-5β-ätiensäuremethylester* (**Ia**), $C_{25}H_{36}O_6$, F. 102—104°, durch 16std. Rk. von 21 g **XVII** (in 3 Portionen) mit $POCl_3$, abs. Pyridin u. wenig W. bei

60°, Zugabe von Eis, Chromatographie der Neutral-Prod. an Al_2O_3 u. Eluieren mit PAe./≦ 30% Bzl.; grobe Körner; $[\alpha]_D^{16}$ +4,0 ± 1,5° (c = 1,5); 11,5 g; daneben aus der Mutterlauge 800 mg eines Gemisches vom F. 95—120° (**A**), sowie durch Eluieren mit PAe./> 30% Bzl., 1,3 g eines Gemisches vom F. 105—125° (**B**), durch Eluieren mit Bzl. 0,28 g **II** u. aus dessen Mutterlauge 285 mg **II**-Konzentrat (**C**). — *3β.11α-Diacetoxy-8.14-epoxy-5β.8ξ.14ξ-ätiansäuremethylester* (**III**), $C_{25}H_{36}O_7$, F. 169—172°, durch 1std. Hydrieren von 285 mg **C** in Eisessig in Ggw. von PtO_2 bei 20°, Filtieren, Eindampfen, Lösen in Chlf., 2std. Rk. mit **II** in Chlf. bei 20° im Dunkeln, Eindampfen, Chromatographie an Al_2O_3 u. Eluieren mit Bzl. u. Bzl./≦ 10% Ae.; aus Ae./PAe. Körner; $[\alpha]_D^{22}$ + 51,1 ± 1,5° (c = 1,72); 165 mg; daneben durch vorheriges Eluieren mit PAe./Bzl. 25 mg **IV** [?, F. 178 bis 180°]. — *3β.11α-Diacetoxy-$\Delta^{8,14}$-5β-ätiensäuremethylester* (**Ib**), F. 170—173°, durch 20std. Hydrieren von 80 mg **III** in Eisessig in Ggw. von PtO_2; aus Ae./PAe. Körner; $[\alpha]_D^{22}$ + 42,7 ± 2° (c = 1,225); 58 mg. — *3β.11α-Diacetoxy-14.15-epoxy-5β-ätiansäuremethylester* (**XII**), $C_{25}H_{36}O_7$, F. 122—124°, durch Epoxydierung von 325 mg **Ia** analog **III**; 230 mg; b) durch Epoxydierung von 800 mg **A** analog **III**, Kristallisieren aus Qe./PAe., Hydrieren (2 Tage) des **III**/**XII**-Gemisches [610 mg; F. 140—150°; daneben 270 mg Mutterlaugenrückstand; **D**] analog **Ib**, Filtrieren, Eindampfen, Chromatographie an Al_2O_3 u. Eluieren mit Bzl./Ae.; 305 mg; daneben durch vorheriges Eluieren mit PAe./Bzl. 135 mg **Ib**; c) analog b) aus 270 mg **D**; aus Ae./PAe. Nadeln; $[\alpha]_D^{22}$ + 20,8 ± 2° (c = 1,103); 28 mg; daneben 15 mg **II**. — *3β.11α-Diacetoxy-5β-ätiansäuremethylester* (**IV**), F. 180—182° (Ae./PAe.), a) durch 1std. Hydrieren von 11,15 g **Ia** analog **Ib** unter Wasserzusatz, Filtrieren, Eindampfen, Kristallisieren aus Ae./PAe. sowie Chromatographie des Mutterlaugenrückstandes an Al_2O_3 u. Eluieren mit PAe./Bzl. (1:1) u. Bzl.; 6,93 g; daneben durch vorheriges Eluieren mit PAe./≦ 50% Bzl.; 2,7 g *3β.11α-Diacetoxy-5β.14β-ätiansäuremethylester* [**V**, F. 139—140° (Ae./PAe.); $[\alpha]_D^{17}$ + 43,3 ± 1,5° (c = 1,478)]; b) analog **III** aus 1,3 g **B**; $[\alpha]_D^{25}$ 26,0 + 0,8° (c = 2,6); 400 mg; daneben 160 mg **V** u. 143 mg **III**. — *3β.11α-Dihydroxy-5β.14β-ätiansäuremethylester*, $C_{21}H_{34}O_4$, F. 90—100°, aus **V** analog **XIII** durch 1std. Kochen u. Extraktion mit Chlf.; aus Aceton/Ae. lange feine Nadeln; $[\alpha]_D^{22}$ + 39,2 ± 2° (c = 1,33). — *3.11-Diketo-5β.14β-ätiansäuremethylester*, aus 163 mg **V** analog **XIV**; 159 mg (roh). — *3β-[ω-Carbomethoxypropionyloxy]-11-keto-5β.14β-ätiansäuremethylester* (**VI**), $C_{26}H_{38} \cdot O_7$, F. 110—114°, durch 2std. Erhitzen von 1,32 g vorvorst. Verb. mit Bernsteinsäureanhydrid u. abs. Pyridin auf 100°, Eindampfen im Vakuum, Aufnehmen in Ae., Extrahieren mit wss. Na_2CO_3, Ansäuern der alkal. Lsg., Extraktion mit Ae., Eindampfen, Kristallisieren aus Ae., Methylieren des *3β-[ω-Carboxypropionyloxy]-11ξ-hydroxy-5β.14β-ätiansäuremethylester* [F. 210—220°; 0,79 g] mit CH_2N_2 u. Oxydation des *3β-[ω-Carbomethoxypropionyloxy]-11ξ-hydroxy-5β.14β-ätiansäuremethylester* (0,79 g), analog **XIV**; $[\alpha]_D^{22}$ + 9,7 ± 2° (c = 1,23); aus Ae./PAe. Körner; 590 mg. — *3β-Acetoxy-11-keto-5β.14β-ätiansäuremethylester* (**XV**), analog **XIII** aus 45 mg **VI** (1/2std. Kochen), 16std. Rk. mit abs. Pyridin/Acetanhydrid (2:1) bei 20°, 1std. Erwärmen auf 50° u. Filtrieren über Al_2O_3; 36 mg. — *3β-[ω-Carbomethoxypropionyloxy]-11β-hydroxy-5β.14β-ätiansäuremethylester* (**VII**), $C_{26}H_{40}O_7$, F. 124—126°, durch 8std. Kochen von 375 g **VI** mit $NaBH_4$ in CH_3OH, Ansäuern mit verd. Essigsäure, Abdampfen des CH_3OH im Vakuum, Extraktion mit Ae., Chromatographie an Al_2O_3 u. Aluieren mit Bzl. u. Bzl./Ae. (19:1); aus Ae./PAe. Körner; $[\alpha]_D^{22}$ + 55,1 ± 1,5° (c = 1,65); 101 mg; daneben durch Eluieren mit Bzl./Ae. 170 mg roher *3β.11β-Dihydroxy-5β.14β-ätiansäuremethylester*. — *3β-[ω-Carbomethoxypropionyloxy]-$\Delta^{9,11}$-5β.14β-ätiensäuremethylester* (**XVI**), $C_{26}H_{38}O_6$, F. 99—101°, durch 16std. Rk. von 300 mg **VII** in abs. Pyridin mit $SOCl_2$ bei 20°, Zers. mit Eis u. Extraktion mit Ae.; aus Ae./PAe. Körner; $[\alpha]_D^{24}$ + 35,8 ± 2° (c = 1,28); 185 mg. — *3β-[ω-Carbomethoxypropionyloxy]-5β.14β-ätiansäuremethylester* (**X**), $C_{26}H_{40}O_6$, F. 109—111°, durch 22std. Hydrieren von 58 mg **XVI** analog **Ib**; aus PAe. grobe Körner; $[\alpha]_D^{24}$ + 40,1 ± 2° (c = 1,02); 44 mg; daneben aus der Mutterlauge 13 mg roher *3β-[ω-Carbomethoxypropionyloxy]-5β.9β.14β-ätiansäuremethylester* [?; $[\alpha]_D^{25}$ + 64,1 ± 2° (c = 1,14)]. — *3β-Acetoxy-11β-hydroxy-5β.14β-ätiansäuremethylester*, $C_{23}H_{36}O_5$, F. 166—169°, a) durch Rk. (2 Tage) von 590 mg **VI** mit $NaBH_4$ in CH_3PH bei 20°, Versetzen mit wss. KOH, 16std. Stehen bei 20°, Aufarbeiten u. Methylieren mit CH_2N_2; Extraktion mit Chlf., Acetylieren analog **XV**, Chromatographie an Al_2O_3 u. Eluieren mit Bzl./Ae.; 345 mg; b) durch 7std. Kochen von 36 mg **XV** mit $NaBH_4$, in CH_3OH, Aufarbeiten analog **VII**, Methylieren mit CH_2N_2 u. 24std. Rk. mit abs. Pyridin/Acetanhydrid bei 35°; aus Ae./PAe. dicke Nadeln; $[\alpha]_D^{24}$ + 63,6 ± 2° (c = 1,29), 11 mg. — *3β-Acetoxy-5β.14β-$\Delta^{9,11}$-ätiensäuremethylester*, $C_{23}H_{34}O_4$, F. 110—111°, durch 20std. Rk. von 267 mg vorst. Verb. analog **XVI** sowie Chromatographie des Mutterlaugenrückstandes an Al_2O_3 u. Eluieren mit B2l./PAe.; aus n-Pentan dicke Körner; $[\alpha]_D^{24}$ + 40,5 ± 2° (c = 1,1); 196 mg. — *3β-Acetoxy-5β.14β-ätiansäuremthylester* (**XI**) $C_{23}H_{36}O_4$, F. 101—103°, a) durch 20std. Hydrieren von 152 mg vorst. Verb. analog **Ib**, Chromatographie an Al_2O_3 u. Eluieren mit Bzl./Ae. (4:1); 91 mg; daneben durch Eluieren mit PAe./Bzl. u. Bzl. 26 mg *3β-Acetoxy-5β.9β.14β-ätiansäuremethylester* [?; $[\alpha]_D^{26}$ + 63,9 ± 1,5° (c = 1,45)]; b) durch 20std. Rk. von 27 mg **VIII** mit abs. Pyridin/Acetanhydrid (4:3) bei 20°; aus n-Pentan bei 0° Körner; $[\alpha]_D^{25}$ + 45,6 ± 2° (c = 1,12); 15 mg. — *3β-Hydroxy-5β.14β-ätiansäuremthylester* (**VIII**), a) durch 16std. Rk. von 137 mg **XI** mit methanol. KOH bei 20° u. Aufarbeiten sowie Methylieren analog **XIII**; 122 mg (roh); b) analog a) aus 80 mg **X**; 63 mg (roh). — *3β-Acetoxy-5β.14β.17α-ätiansäuremthylester* (**IX**), F. 152—154°, durch 10 Min. langes Kochen von 103 mg trocknem **VIII** mit methanol. Na-Methylat, Versetzen mit W., Kochen (10 Min.), Aufarbeiten u. Methylieren analog **XIII** (Extraktion mit Chlf.) Acetylieren mit Acetanhydrid/Pyridin bei 20°, Chromatographie an Al_2O_3 u. Eluieren mit Bzl. u. Bzl./Ae. (9:1); Nadeln; $[\alpha]_D^{25}$ + 30,5 ± 3° (c = 0,82); 19 mg; daneben durch vorheriges Eluieren mit PAe./Bzl. 50 mg **XI**. — *3-Keto-5β.14β-ätiansäuremethylester*, $C_{21}H_{32}O_3$, F. 135—138°, durch 15std. Oxydation von 53 mg **VIII** analog **XIV**; aus Ae./n-Pentan Körner; $[\alpha]_D^{26}$ + 61,6 ± 3° (c = 0,827); 34 mg.

H. J. Jahns 3700△

0947 **Totalsynthese in der Steroidreihe. 2. Mitt. dl-3-Äthylendioxy-11β-hydroxy-17-hydroxymethyl-$\Delta^{5.16}$-D-homo-androstadien-18-säurelacton-(18 → 11), eine Zwischenstufe zu Aldosteron.** S. A. Szpilfogel, W. J. van der Burg, C. M. Siegmann und D. A. van Dorp. (Recueil Trav. chim. Pays-Bas **77**, 157—70, 1958; Oss, N. V. Organon, Res. Labor.; engl.) — 1. vgl. C. **1960**, 3551. — Ausgehend von 1-Keto-2α-[3-dimethoxypropyl]-4β-hydroxy-4bβ-methyl-7.7-äthylendioxy-4aα.10aβ-Δ^{8a}-dodekahydrophenanthren-2β-carbonsäurelacton-(2β[1] → 4) (**V**) wurde durch Einführung einer 1β-Formylmethyl-Gruppe, Hydrolyse der in der 2α-Seitenkette endständigen Acetalgruppe unter Erhaltung der $C_{(7)}$-Ketalgruppierung, Ringschluß des Dialdehyds zum D-Homoandrostan-Deriv. u. Red. der am $C_{(17)}$ befindlichen Formylgruppe *dl-3.3-Äthylendioxy-11β-hydroxy-17-hydroxymethyl-$\Delta^{5.16}$-D-homo-androstadien-18-säurelacton-* (*18 → 11*) synthetisiert. Von den ebenfalls als mögliche Ausgangs-Prodd. eingesetzten 1-Keto-2α-[3.3-dimethoxypropyl]-2β-formyl-4β-hydroxy-4bβ-methyl-7.7-äthylendioxy-Δ^{8a}-4aα.10aβ-dodekahydrophenanthrenlactol-(4 → 2[1])-2[1]-acetat (**I**) bzw. -benzoat (**II**) sowie 1-Keto-2α-[3-oxopropyl]-2β-formyl-4β-hydroxy-4bβ-methyl-7.7äthylendioxy-4aα.10aβ-Δ^{8a}-dodekahydrophenanthrendilactol-(4 → 2β[1] ← 2α[3])-2α[3]-acetat (**III**) u. 1-Keto-2α-[3-oxopropyl]-2β-formyl-4β-hydroxy-4bβ-methyl-7.7-dimethoxy-4aα.10aβ-Δ^{8}-dodekahydrophenanthrendilactol-(4 → 2β[1] ← 2α[3])-2α[3]-methyläther (**IV**) erwiesen sich **I**—**III** wegen bei einer bei der Einführung einer 1β-Äthoxyäthinylgruppe mit Li-Äthoxyacetylid gleichzeitig erfolgenden Rk. mit den Estergruppen u. **IV** wegen der Unbeständigkeit der $C_{(7)}$-Ketalgruppierung bereits gegen schwache Säuren als ungeeignet. UV- u. IR-Maxima vgl. Original.

Versuche (FF. korr.): *dl-1ξ.4β-Dihydroxy-1ξ-äthoxyäthinyl-2β-formyl-2α-[3.3-dimethoxypropyl]-4bβ-methyl-7.7-äthylendioxy-Δ^{8a}-4aα.10aβ-dodekahydrophenan-*

threnlactol-(4 → 2¹), $C_{27}H_{40}O_8$, F. 157° (Aceton/Ae.), a) durch Versetzen von Li-Phenyl [aus 167 mg Li u. 1,26 ml Brombenzol (**XI**)] in Ae. bei 0° mit überschüssigem Äthoxyacetylen (**XII**) in Bzl., langsame Zugabe von 928 mg **I** in Bzl. unter Rühren, 2std. Rühren bei Raumtemp., Zugabe von Eis, Extraktion der wss. Schicht mit Ae., Eindampfen der vereinigten organ. Lsgg. u. Chromatographie an Al_2O_3; 285 mg (Ausbeute); b) analog aus **II**. — *dl-1ξ.4β-Dihydroxy-1ξ-äthoxyäthinyl-2β-formyl-2α-[3-oxopropyl]-4bβ-methyl-7.7-äthylendioxy-Δ^{8a}-4aα.10aβ-dodekahydrophenanthrenlactol-(4 → 2β¹ ← 2α³)-2α³-acetat*, $C_{27}H_{36}O_8$, F. 166—168° (Ae.), analog vorst. Verb. aus 3 g **III** u. Eluieren mit PAe./Ae. (2:1); 300 mg. — *dl-1ξ.4β-Dihydroxy-1ξ-äthoxyäthinyl-2β-formyl-2α-[3-oxopropyl]-4bβ-methyl-7.7-äthylendioxy-Δ^{8a}-4aα.10aβ-dodekahydrophenanthrendilactol-(2β¹ → 4; 2α³ → 1)* (**VI**), $C_{25}H_{34}O_7$, F. 179—181° (Ae.), neben vorst. Verb. durch Eluieren mit PAe./Ae. (1:2). *Diacetat*, $C_{29}H_{38}O_9$, F. 182—184°. *Isomeres*, $C_{25}H_{34}O_7$, F. 154—156° (Ae./PAe.), durch Verseifen von 140 mg vorst. Verb. mit methanol. KOH bei 5°, Zugabe von W. u. Extraktion mit Chlf.; 100 mg. *Diacetat*, $C_{29}H_{38}O_9$, F. 158—160°. — *dl-1β.4β-Dihydroxy-1α-äthoxyäthinyl-2β-formyl-2α-[3-oxopropyl]-4bβ-methyl-7.7-dimethoxy-Δ^{8}-4aα.10aβ-dodekahydrophenanthrendilactol-(4 → 2β¹ ← 2α³)-2α³-methyläther* (**VIIa**), $C_{26}H_{38}O_7$, F. 179—180° (CH_3OH), durch Zugabe von 5,8 g **XII** in Bzl. unter Rühren zu Li-Phenyl (aus 0,96 g Li u. 7,22 g **XI**) in abs. Ae., Zugabe von 27 g **IV** in abs. Bzl. nach 10 Min., 2std. Rühren bei Raumtemp., übliche Aufarbeitung, Chromatographie an Al_2O_3 u. Eluieren mit PAe./Ae. (9:1) u. (8:2); 1,95 g; daneben durch Eluieren mit Ae. 0,93 g *1-Epimeres* [**VIIb**, $C_{26}H_{38}O_7$, F. 194—195° (CH_3OH)]. — *dl-1β.4β-Dihydroxy-1α-äthoxyvinyl-2β-formyl-2α-[3-oxopropyl]-4bβ-methyl-7.7-dimethoxy-Δ^{8}-4aα.10αβ-dodekahydrophenanthrendilactol-(4 → 2β¹ ← 2α³)-2α³-methyläther* (**VIIIa**), $C_{26}H_{40}O_7$, F. 185—188° (Aceton/Ae.), durch Zugabe von Pyridin u. Pd/$CaCO_3$ zu 3,4 g **VIIa** in A. u. Schütteln unter H_2 bis zur Aufnahme eines Mols H_2. *1-Epimeres* (**VIIIb**), $C_{26}H_{40}O_7$, F. 190° (Aceton/Ae.), analog aus **VIIb**. — *dl-1-Formylmethylen-2β-formyl-2α-[3-oxopropyl]-4β-hydroxy-4bβ-methyl-7.7-dimethoxy-Δ^{8}-4aα.10aβ-dodekahydrophenanthrendilactol-(4 → 2β¹ ← 2α³)-2α³-methyläther*, $C_{24}H_{34}O_6$, F. 140—142° (Bzl./PAe.), a) durch 5 Min. lange Zugabe von 0,3 ml $SOCl_2$ in Pyridin zu 200 mg **VIII b** in Pyridin bei 0° unter Rühren, 10 Min. langes Stehen bei 0°, Gießen in $NaHCO_3$-haltiges Eiswasser u. Extraktion mit Chlf. (Meth. **A**); 145 mg; b) analog aus **VIIIa**; 30%. — *dl-1β.4β-Dihydroxy-1α-äthoxyäthinyl-2α-[3.3-dimethoxypropyl]-4bβ-methyl-7.7-äthylendioxy-Δ^{8a}-4aα.10aβ-dodekahydrophenanthren-2β-carbonsäurelacton-(2β¹ → 4)* (**IXa**), $C_{27}H_{38}O_8$, F. 143—144° (Ae.), durch Zugabe von 18,3 g **XII** in abs. Bzl. zu Li-Phenyl (aus 3,33 g Li u. 37,3 g **XI**) in Ae. in der Kälte, Zugabe von 10 g **V** in Bzl., 1½std. Stehen, übliche Aufarbeitung, Chromatographie an Al_2O_3 u. Eluieren mit PAe.; 5,3 g; daneben durch Eluieren mit PAe./Ae. (1:1) 3,4 g *1-Epimeres* [**IXb**), $C_{27}H_{38}O_8$, F. 156—157°). — *dl-1β.4β-Dihydroxy-1α-äthoxyvinyl-2α-[3.3-dimethoxypropyl]-4bβ-methyl-7.7-äthylendioxy-Δ^{8a}-4aα.10aβ-dodekahydrophenanthren-2β-carbonsäurelacton-(2β¹ → 4)* (**Xa**), $C_{27}H_{40}O_8$, F. 138—140° (Essigester/PAe.), durch Hydrierung von **IXa** in A./Pyridin in Ggw. von Pd/$CaCO_3$. *1-Epimeres* (**Xb**), $C_{27}H_{40}O_8$, F. 184—186°, durch Zugabe von 2,3 ml Pyridin u. 12 g **IXb** zu vorhydriertem Pd/$CaCO_3$ in A., 2std. Hydrieren, Versetzen mit CH_2Cl_2, Filtrieren u. Eindampfen; 11,6 g. — *dl-1ξ-[2-Oxoäthyl]-2α-[3.3-dimethoxypropyl]-4β-hydroxy-4bβ-methyl-7.7-äthylendioxy-Δ$^{8a.10a}$-dekahydrophenanthren-2β-carbonsäurelacton-(2β¹ → 4)*, $C_{25}H_{34}O_7$, F. 160° (Aceton/PAe.), aus 1 g **Xa** nach **A**; 320 mg. — *dl-1β.4β-Dihydroxy-1α-[2-oxoäthyl]-2α-[3-oxopropyl]-4bβ-methyl-7.7-äthylendioxy-Δ^{8b}-4aα.10aβ-dodekahydrophenanthren-2β-carbonsäurelacton-(2β¹ → 4)-lactol-(2α³ → 1)*, $C_{23}H_{30}O_7$, a) F. 219 bis 221° (Ae.), durch Versetzen von 300 mg **Xa** in Dioxan mit W. u. 2,4 ml 0,2 n H_2SO_4, 3tägiges Stehen, Neutralisieren mit $NaHCO_3$, Eindampfen im Vakuum, Versetzen mit W. u. Chlf., Extraktion der wss. Schicht mit Chlf. u. Eindampfen der vereinigten Chlf.-Lsgg.; 100 mg; b) F. 236—239°, durch 1½std. Schütteln von 2 g **Xa** in Bzl. mit 8%ig. wss. Trichloressigsäure-Lsg., Zusatz von CH_2Cl_2, Eindampfen der organ. Schicht u. Versetzen mit Bzl.; 240mg. — *dl-1.1-Formylmethylen-2α-[3.3-dimethoxypropyl]-4β-hydroxy-4bβ-methyl-7.7-äthylendioxy-Δ^{8a}-4aα.10aβ-dodekahydrophenanthren-2β-carbonsäurelacton-(2β¹ → 4)*, $C_{25}H_{34}O_7$, F. 206—207° (Aceton), aus 5,5 g **Xb** nach **A** u. Behandeln des Abdampfrückstandes mit Ae.; 3,9 g. — *dl-1β-[2-Oxoäthyl]-2α-[3.3-dimethoxypropyl)-4β-hydroxy-4bβ-methyl-7.7-äthylendioxy-Δ^{8a}-4aβ.10aβ-dodekahydrophenanthren-2β-carbonsäurelacton-(2β¹ → 4)*, $C_{25}H_{36}O_7$, F. 188—189° (Aceton), durch Hydrieren von 5 g vorst Verb. in Essigester in Ggw. von Pd/$BaSO_4$, Filtrieren, Abdampfen des Lsgm. im Vakuum u. Chromatographie an Al_2O_3; 2,45 g; daneben aus den Mutterlaugen 1,1 g *1-Epimerengemisch* (F. 160—180°). — *dl-1-Keto-2α-[3-oxopropyl]-4β-hydroxy-4bβ-methyl-7.7-äthylendioxy-Δ^{8a}-4aα.10aβ-dodekahydrophenanthren-2β-carbonsäurelacton-(2β¹ → 4)*, $C_{21}H_{26}O_6$, F. 128—129° (Ae.), durch Lösen von 200 mg **V** in 0,9 ml Eisessig unter schnellem Erhitzen, Versetzen mit Eiswasser, 2 Min. langes Erhitzen auf ca. 95°, Zugabe von Eiswasser, Extraktion mit Bzl., Abdampfen des Lsgm. Behandeln mit gesätt. $NaHSO_3$-Lsg., Abtrennen der Bisulfit-Verb. u. Freisetzen des Aldehydes mit Na_2CO_3. — *dl-3.3-Äthylendioxy-11β-hydroxy-17-acetoxymethyl-Δ$^{5.16}$-D-homoandrostadien-18-säurelacton-(18 → 11)*, $C_{25}H_{32}O_6$, F. 211—213° (Aceton/Ae.), durch Rk. (2 Min.) von 4 g vorvorst. Verb. mit Eisessigwasser bei 95° analog vorst. Verb., Extraktion mit Bzl., Versetzen der Bzl.-Lsg. des *dl-1β-Formylmethyl-2α-[3-oxopropyl]-4β-hydroxy-4bβ-methyl-7.7-äthylendioxy-Δ^{8a}-4aα.10aβ-dodekahydrophenanthren-2β-carbonsäurelactons-(2β¹ → 4)* mit Eisessig, Erhitzen zum Sieden im N_2-Strom innerhalb ¼ Std., Abdampfen von ca. 8% des Vol. innerhalb 10 Min., Zugabe von Piperidin, Abdampfen von weiteren ca. 20% des Vol. innerhalb 20 Min., Einengen im Vakuum < 50° auf ca. 6% des Ausgangs-Vol., Verdünnen mit dem doppelten Vol. abs. A., Kühlen auf 0°, Versetzen mit $NaBH_4$, 35 Min. langes Rühren unter Kühlen auf 0—5°, Einstellen mit 6 n Essigsäure auf pH 6—6,5 unter Kühlen u. Rühren, Zugabe von Eiswasser, Extraktion mit CH_2Cl_2, Abdampfen des Lsgm., Versetzen des *dl-3.3-Äthylendioxy-11β-hydroxy-17-hydroxymethyl-Δ$^{5.16}$-D-homoandrostadien-18-säurelactons-(18 → 11)* (2,4 g) mit Acetanhydrid/Pyridin (1:2), 16std. Stehen bei Raumtemp., Kühlen mit Eis, Zugabe von CH_3OH, Versetzen mit W., Extraktion mit Bzl., Abdampfen des Lsgm. u. Behandeln des Rückstandes mit Ae.; 400 mg. H. J. Jahns 3700△

0948 **Totalsynthese in der Steroidreihe.** 3. Mitt. **Die Synthese von Aldosteron.** W. J. van der Burg, D. A. van Dorp, O. Schindler, C. M. Siegmann und S. A. Szpilfogel. (Recueil Trav. chim. Pays-Bas **77**, 171—76, 1958; engl.) — 2. vgl. vorst. Referat. — dl-3.3-Äthylendioxy-11β-hydroxy-17-acetoxymethyl-Δ$^{5.16}$-D-homoandrostadien-18-säurelacton-(18 → 11) (**II**) läßt sich mit OsO_4 zu dem entsprechenden *16α.17α-Diol* oxydieren, dessen 17-Acetat mit HJO_4 zu *dl-1β-[2-Oxotähyl]-2α-[ω-acetoxyacetonyl]-4β-hydroxy-4bβ-methyl-7.7-äthylendioxy-Δ^{8a}-4aα.10aα-dodekahydrophenanthren-2β-carbonsäurelacton-(2β¹ → 4)* (**I**) gespalten wird. **I** ist ein Zwischen-Prod. der Aldosteron-Synth. von Lardon u. Mitarbeitern (vgl. Helv. chim. Acta **40**, [1957], 1034, nicht in Kart. u. Reg.). Ringschluß in Ggw. von Triäthylaminacetat u. folgende Hydrierung liefert *dl-3.3-Äthylendioxy-11β-hydroxy-21-acetoxy-Δ^{5}-pregnen-20-on-18-säurelacton-(18 → 11)*, ein in seiner Konst. bekanntes Zwischen-Prod. der Aldosteron-Synth. von Schmidlin u. Mitarbeitern (vgl. C. **1959**, 10921). IR- u. UV-Spektren vgl. Original.

Versuche (FF. korr.): *dl-3.3-Äthylendioxy-11β.16.17-trihydroxy-17-hydroxymethyl-Δ^{5}-D-homoandrosten-18-säurelacton-(18 → 11)* (**III**), $C_{23}H_{32}O_7$, F. 265—267° (A.), durch Versetzen der Lsg. von 385 mg **II** in Bzl. mit 440 mg OsO_4 in Bzl., 1std. Rühren bei Raumtemp., Verdünnen mit abs. Ae., 16std. Stehen, Abfiltrieren des *Osmiumsäureesters* (525 mg), Suspendieren in A., Versetzen mit wss. Na_2SO_3, ½std. Schütteln, Verdünnen mit W., Extraktion mit CH_2Cl_2, Abdampfen des Lsgm. u. Versetzen des Öls mit A.; 190 mg (Ausbeute). *17¹-Acetat*, $C_{25}H_{34}O_8$, F. 229—232° (Aceton/Ae.), a) durch 24std. Rk. von 98 mg **III** in Pyridin mit 30 mg Acetanhydrid bei Raumtemp.; 27 mg; b) durch Chromatographie von 96 mg rohem **III** an Silicagel u. Eluieren mit Chlf./Aceton (95:5); 52 mg; daneben durch Eluieren mit Chlf./Aceton (1:1) 28 mg **III**. — *dl-1β-[2-Oxoäthyl]-2α-[ω-acetoxyacetonyl]-4β-hydroxy-4bβ-methyl-7.7-äthylendioxy-Δ^8a-4aα.10aβ-dodekahydrophenanthren-2β-carbonsäurelacton-(2β^1 → 4)* (**I**), $C_{25}H_{32}O_8$, F. 188—191°, durch 1std. Rk. von 25 mg vorst. Acetats in Dioxan mit $NaJO_4$ in $W./H_2SO_4$ im Dunkeln, Eindampfen im Vakuum auf $^1/_2$ Vol., Verdünnen mit W. u. Extraktion mit CH_2Cl_2/Chlf. (1:1); aus CH_2Cl_2/Ae. Platten; 23 mg. — *dl-3.3-Äthylendioxy-11β-hydroxy-21-acetoxy-Δ^5.16-pregnadien-20-on-18-säurelacton-(18 → 11)*, FF. 160—164/196—199°, a) durch Versetzen von 31 mg **I** in Xylol mit Benzoesäure u. Triäthylamin, Evakuieren u. Verschließen des Rk.-Gefäßes, 11std. Einstellen in sd. Xylol, 11std. Stehen bei 0°, Verdünnen mit Chlf./Ae. u. Eindampfen des Extraktes im Vakuum; 15 mg; b) durch Rk. von 125 mg **I** mit Triäthylamin u. Eisessig in Xylol analog a), Chromatographie des Neutral-Prod. an Silicagel, Eluieren mit Bzl./Ae. (41:9) u. Umkristallisieren der Prodd. vom F. 160—164° u. FF. 160—164°/188—190°; 15 mg. — *dl-3.3-Äthylendioxy-11β-hydroxy-21-acetoxy-Δ^5-pregnen-20-on-18-säurelacton-(18 → 11)*, $C_{25}H_{32}O_7$, F. 227—230°, durch Hydrierung von 9 mg vorst. Verb. in A. in Ggw. von $Pd/CaCO_3$, Filtrieren, Eindampfen im Vakuum, Chromatographie an Silicagel u. Eluieren mit Bzl./Ae.; aus Aceton/PAe. Nadeln; 1,04 mg.

H. J. Jahns 3700△

0949 **Steroide.** 9. Mitt. **Über die Stereospezifität der Hydrierung ungesättigter Δ⁴-3-Ketosteroid-Verbindungen.** N. N. Ssuworow und S. A. Jarosslawzewa. (J. allg. Chem. [UdSSR] **31(93)**, 1372—77, 1961; Allunions chem.-pharmazeut. Ordshonikidse-Forschunginst.; russ.) — 8. vgl. Med. Ind. UdSSR **16**, Nr. 10, [1962], 26. — Die Hydrierung von 5 g 11α-Hydroxyprogesteron (**I**) in 22 ml Pyridin an 0,5 g 10%ig. $Pd/CaCO_3$ bei 20°/1 at liefert 0,07 g *Allopregnan-11α-ol-3.20-dion* [**II**; F. 197—199° (Äthylacetat); $[\alpha]_D^{20}$ + 82,84° (c = 1; Chlf.)] u. 4,93 g *Pregnan-11α-ol-3.20-dion* (**III**), die Hydrierung von 5 g **I** in 250 ml A. dagegen 2,17 g **II** [F. 197,5—199°; $[\alpha]_D^{20}$ + 89° (c = 1; Chlf.)]. Bei der Oxydation von 4,93 g **III** durch 10 Min. langes Erhitzen mit 10,5 ml Kiliani-Lsg. in 49 ml Aceton werden 0,03 g *Allopregnan-3.11.20-trion* [**IV**; F. 213—216° (Äthylacetat); $[\alpha]_D^{20}$ + 137,5° (c = 1; Chlf.)] u. 3,13 g *Pregnan-3.11.20-trion* [**V**; F. 153,5 bis 154,5°; $[\alpha]_D^{20}$ + 119,8° (c = 1; Aceton)] erhalten. Die Hydrierung von 3 g 11α-Acetoxyprogesteron in Pyridin an $Pd/CaCO_3$ liefert 2,54 g **III**-*Acetat* [F. 152—153° (Aceton-Hexan); $[\alpha]_D^{20}$ + 63° (Chlf.)]. Bei der Hydrierung von 5 g 11-Ketoprogesteron in Pyridin an $Pd/CaCO_3$ werden 3,79 g **IV** [F. 216,5—218,5° (Äthylacetat); $[\alpha]_D^{20}$ + 137° (Chlf.)] u. 0,87 g **V** [F. 152,5—154°; $[\alpha]_D^{20}$ + 119,3° (Aceton)] erhalten, bei der Hydrierung von 5 g Progesteron 0,56 g *Allopregnan-3.20-dion* [F. 200,5—201,5° (A.); $[\alpha]_D^{20}$ + 110,5° (Chlf.)] u. 4 g *Pregnan-3.20-dion* [F. 120,5—121,5° (Aceton); $[\alpha]_D^{20}$ + 113° (Chlf.)]. Die Hydrierung von 3 g **I**-Tosylat in Pyridin an $Pd/CaCO_3$ liefert 2,22 g **II**-*Tosylat* [$C_{28}H_{38}O_5S$, F. 139,5—141,5° (Isopropanol, Aceton-Bzn.); $[\alpha]_D^{20}$ + 74,36° (Chlf.)] u. 0,12 g **III**-*Tosylat* [$C_{28}H_{38}O_5S$, F. 153,5—154,5° (Isopropanol); $[\alpha]_D^{20}$ + 77,1° (Chlf.)]. Durch Tosylierung von 2,4 g **II** in Pyridin mit p-Toluolsulfochlorid werden 2,73 g **II**-*Tosylat* [F. 139,5—141° (Aceton-Hexan, Äthylacetat); $[\alpha]_D^{20}$ + 74° (Chlf.)] erhalten.

Helmut Schäfer 3700△

0950 **Steroide.** 16. Mitt. **Die Bromierung einiger am A-Ring methylierter 3-Ketosteroide.** C. W. Shoppee, G. A. R. Johnston und Ruth E. Lack. (J. chem. Soc. [London] **1962**, 3604—10; Sydney, Univ., Dep. of Organ. Chem.; engl.) — 15. vgl. C. **1963**, 13951. — Die unter kinet. Kontrolle durchgeführte Monobromierung von *2β-* (**I**), *4α-* (**II**) u. *4β-Methyl-5α-cholestan-3-on* (**III**) ergibt äquatoriale Bromderivate. Dabei entsteht aus *2β-Methyl-5α-cholestan-3-on* (**I**) *2α-Brom-2β-methyl-5α-cholestan-3-on* (**V**), das auch aus dem 2α-Epimeren gewonnen wird. Aus dem *4α-* (**II**) bzw. *4β-Methyl-5α-cholestan-3-on* (**III**) entsteht *2α-Brom-4α-methyl-5α-cholestan-3-on* (**IV**). Unterss. über die Di- u. Tribromierung der Methylketone werden durchgeführt. Maxima der IR- u. UV-Spektren sind angegeben.

Versuche (FF. korr.; $[\alpha]_D$ in Chlf., bei Raumtemp.): *2-Methyl-Δ¹-5α-cholesten-3-on*, aus 2-Hydroxymethylen-5α-cholestan-3-on nach Djerassi u. Mitarbeiter (J. Amer. chem. Soc. **82**, [1960], 5494) u. Umsetzen des *Monobrom-Deriv.* mit Collidin. — *2β-Methyl-5α-cholestan-3-on* (**I**), F. 95—97°, durch Hydrieren vorst. Verb. an Pd-Kohle in A.; $[\alpha]_D$ + 80° (c = 1). — *2α-Brom-2β-methyl-5α-cholestan-3-on* (**V**), F. 137—139° (Ae./Methanol), durch Zugabe von Br_2 in Essigsäure/Na-Acetat zu 200 mg **I** in Essigsäure in Ggw. von wenig HBr, Verdünnen mit W., Extrahieren mit Ae., Einengen, Chromatographie an Silicagel in Pentan u. Eluieren mit Ae./Pentan (1:99); $[\alpha]_D$ —25° (c = 1); 182 mg (Ausbeute); daneben **I**. — *4.4-Dimethyl-Δ⁵-cholesten-3-on*, F. 172—174° (Chlf./Methanol), durch Zugabe einer heißen K-tert.-Butylatlsg. zu einer sd. Lsg. von 1 g Δ⁴-Cholesten-3-on in abs. Bzl., 2,5std. Zugabe von CH_3J in Bzl./tert.-Butanol, 1std. Kochen, Kühlen, Zugabe von W., Eindampfen, Extrahieren mit Ae., Eindampfen, Lösen in Bzl., Chromatographie u. Eluieren mit Bzl.; 485 mg. — *4-Methyl-Δ⁴-cholesten-3-on*, F. 101—103° (Methanol), neben vorst. Verb. durch Eluieren mit Äthylacetat/Bzl. (1:99); 415 mg. — *4α-Methyl-5α-cholestan-3-on* (**II**), F. 121—123°, durch Red. vorst. Verb. mit Li in fl. NH_3 nach Mazur u. Sondheimer (vgl. **1961**, 3328); $[\alpha]_D$ + 26° (c = 1,5). — *4β-Methyl-5α-cholestan-3-on* (**III**), F. 126—127°, a) durch Hydrieren vorvorst. Verb. an Pd-Kohle in A. analog **II**; $[\alpha]_D$ + 38° (c = 1); b) durch Hydrieren von 40 mg **VII** an Pd-Kohle in A.; 21 mg. — *2α-Brom-4α-methyl-5α-cholestan-3-on* (**IV**), F. 110—111° (Ae./Methanol), a) durch Bromieren von 400 mg **II** in Essigsäure in Ggw. von Na-Acetat u. wenig HBr; 465 mg; b) durch Bromieren von 200 mg **III** analog a), Chromatographie an Silicagel in Pentan u. Eluieren mit Pentan/Ae. (99:1). — *2.2-Dibrom-4α-methyl-5α-cholestan-3-on*, F. 134—135° (Ae./Methanol), a) durch Bromierung von **II** analog **IV**, Chromatographie u. Eluieren mit Pentan; 418 mg; daneben 85 mg **IV**, durch Eluieren mit Ae./Pentan (1:99); b) analog a) aus **III**; c) durch Bromierung von 480 mg **IV**; 485 mg. — *2-Brom-4α-methyl-Δ¹-5α-cholesten-3-on*, $C_{28}H_{45}BrO$, F. 117—118°, durch $^1/_2$std. Erhitzen von 100 mg vorst. Verb. mit symm.-Collidin auf 180° unter N_2, Chromatographie u. Eluieren mit Ae./Pentan (1:99); 35 mg. — *4α-Methyl-5α-cholestan-2.3-dion*, $C_{28}H_{46}O_2$, F. 121—124° (verd. Methanol), c) durch 1std. Kochen von 100 mg vorvorst. Verb. mit 20%ig. äthanol. KOH, Verd. mit W., Ansäuern mit HCl, Chromatographie an Al_2O_3 in Ae. u. Eluieren mit Methanol; 61 mg; b) durch Zugabe von 100 mg **II** in warmen A. zu einer sd. Lsg. von SeO_2 in verd. A., $^1/_4$std. Kochen, Kühlen u. Extrahieren mit Ae.; 78 mg. — *2β-Brom-4-methyl-Δ⁴-cholesten-3-on* (**VI**), $C_{28}H_{45}BrO$, F. 128—129° (Methanol), durch Bromieren von 400 mg 4-Methyl-Δ⁴-cholesten-3-on; 375 mg. — *2.2-Dibrom-4-methyl-Δ⁴-cholesten-3-on* (**VIII**), $C_{28}H_{44}Br_2O$, F. 133—135° (Methanol), a) durch Bromieren von 400 mg 4-Methyl-Δ⁴-cholesten-3-on, Extrahieren mit Ae., Chromatographie in Pentan u. Eluieren mit Pentan; 410 mg; daneben 89 mg **VI**, durch Eluieren mit Ae./Pentan (1:99); b) durch 4std. Stehen von 200 mg **III** mit Br_2 in Essigsäure in Ggw. von Na-Acetat u. HBr analog a); 215 mg. — *4-Methyl-Δ^1.4-cholestadien-3-on*, (**VII**), $C_{28}H_{44}O$, F. 85—86° (verd. Methanol), a) durch 18std. Erwärmen von 100 mg **IV** mit LiBr u. Li_2CO_3 in Dimethylformamid auf 95°, Verdünnen mit 2 n H_2SO_4, Extrahieren mit Ae., Chromatographie an Al_2O_3 in Pentan u. Eluieren mit Ae./Pentan (1:9); 61 mg; b) durch Umsetzen von 100 mg **VIII** analog a), 2std. Erwärmen des gewonnenen viscosen Öls (60 mg) mit Zn in Essigsäure, Eindampfen im Vakuum, Chromatographie an Al_2O_3 in Pentan u Eluieren; 12 mg.

W. Hampel 3700△

0951 **Steroide.** 17. Mitt. **Die Struktur von Diginin und Diginigenin.** C. W. Shoppee, Ruth E. Lack und A. V. Robertson. (J. chem. Soc. [London] **1962**, 3610—24; engl.) — 16. vgl. vorst. Referat. — Die Digitenolide Diginin u. Digitalonin sind das D(+)-Diginosid u. das

D(+)-Digitalosid des Digitenols Diginigenin (I), welches als *3β-Hydroxy-12α.20α-epoxy-Δ⁵-14β-pregnen-11.15-dion* identifiziert wurde. Digifolein u. Lanafolein sind das D(+)-Diginosid u. das D(−)-Oleandrosid von 2β-Hydroxydiginigenin (Digifologenin). Die Maxima der UV- u. IR-Spektren sind angegeben.

Versuche: *Diginigenin* (I), a) F. 104—108° (Ae./Pentan), durch 0,5std. Erwärmen von 250 mg Diginin mit 0,5 n H_2SO_4 auf 100°, Einengen im Vakuum, Verdünnen mit W., Extrahieren mit Chlf., Einengen im Vakuum, Stehenlassen mit Methanol bei 0°, Chromatographie an Al_2O_3 u. Eluieren mit Ae. u. Chlf.; 180 mg; b) $C_{21}H_{28}O_4$, F. 151—153° (abs. Ae.), durch 0,5std. Erwärmen von 300 mg Diginin auf 100° unter N_2, Einengen im Vakuum, Extrahieren mit Chlf. u. Trocknen durch azeotrope Dest. mit Bzl.; aus Ae. Prismen; 220 mg, durch Chromatographie des Rückstandes an Al_2O_3 u. Eluieren mit Chlf./Ae. (1:20) nochmals 120 mg; daneben *Digifologenin* (F. 160—172°) durch Eluieren mit Chloroform. *Monoacetyl-Deriv.*, a) F. 165—170° (Aceton/Pentan), durch 1std. Stehen von 25 mg I nach a) mit Acetanhydrid in Ggw. von Pyridin bei 20°; 16 mg; b) F. 175—178° (Aceton/Pentan), analog a) aus 25 mg I nach b); 19 mg. — *Diginigenon*, durch 18std. Kochen von 20 mg I mit Al-Isopropylat in Aceton/Bzl., Verdünnen mit 2 n H_2SO_4 u. Extrahieren mit Bzl.; Öl; 10 mg. — *15-Desoxy-15-hydroxydiginigenin*, $C_{21}H_{30}O_4$, F. 95°, durch 1std. Stehen von 45 mg I nach b) mit $NaBH_4$ in Methanol bei 20°, Ansäuern mit 2 n H_2SO_4 u. Extrahieren mit Chlf.; $[\alpha]_D$ − 60° (c = 0,9, Aceton); 45 mg. *Hemihydrat*, $C_{21}H_{30}O_4 \cdot {}^1/_2H_2O$, F. 175—179°; aus wss. Ae. Nadeln. — *15-Desoxy-5α.6-dihydro-15-hydroxydiginigenin* (*Tetrahydrodiginigenin*), F. 229—231°, durch 4std. Schütteln von I nach a) mit H_2 in Essigsäure in Ggw. von reduziertem PtO_2; $[\alpha]_D$ + 39° (c = 0,9); aus Methanol Nadeln. — *Digifolein*, $C_{28}H_{40}O_8$, F. 198—202°, durch Chromatographie der Extrakte aus den Blättern von *D. lanata* u. Eluieren mit Chlf.; $[\alpha]_D$ − 220° (c = 1; Chlf.). W. Hampel 3700△

0952 **Steroide.** 18. Mitt. **Die Darstellung einiger 11-Äthinylsteroide.** C. W. Shoppee und Ruth E. Lack. (J. chem. Soc. [London] **1962**, 3624—29; engl.) — 17. vgl. vorst. Referat. — Die Darst. einiger *11α-Äthinyl-11β-hydroxysteroide* durch Einw. von Äthinyl-MgBr auf die entsprechenden 11-Ketosteroide wird beschrieben. Die Dehydrierung der 11β-Hydroxy-Derivv. mit $SOCl_2$ in Pyridin wird durchgeführt. Die Maxima der IR- u. UV-Spektren werden angegeben.

Versuche: *3β-Acetoxy-20.20-äthylendioxy-5α-pregnan-11-on*, $C_{25}H_{38}O_5$, F. 165—166° (Methanol), durch 0,25std. Dest. von 5 g 3β-Acetoxy-5α-pregnan-11.20-dion mit Äthylenglykol in Ggw. von p-Toluolsulfonsäure bei 90° im Vakuum, Zugabe von $NaHCO_3$ zum Rückstand, Filtrieren u. Chromatographie an Al_2O_3; 4,4 g. — *3β-Hydroxy-20.20-äthylendioxy-5α-pregnan-11-on*, $C_{23}H_{36}O_4$, F. 210° (Ae.), durch 1std. Umsetzen von 4,18 g vorst. Verb. mit Äthinyl-MgBr in Tetrahydrofuran bei 65°; 3,45 g. — *3β-Acetoxy-20.20-äthylendioxy-11α-äthinyl-5α-pregnan-11β-ol*, $C_{27}H_{40}O_5$, F. 190—191°, durch 18std. Umsetzung von 2 g vorvorst. Verb. mit Äthinyl-MgBr in Tetrahydrofuran bei 65°, Zers. mit NH_4Cl-Lsg., Ansäuern mit verd. H_2SO_4, Extrahieren mit Ae., Versetzen mit Acetanhydrid, 10 Min. langes Erwärmen auf 130°, Chromatographie an Al_2O_3 in Hexan u. Eluieren mit Ae./Bzl. (1:20); 1,4 g. — *3β-Acetoxy-11α-äthinyl-11β-hydroxy-5α-pregnan-20-on*, $C_{25}H_{36}O_4$, F. 235—237°, durch 15 Min. langes Erwärmen von 100 mg vorst. Verb. mit Aceton in Ggw. von p-Toluolsulfonsäure auf 55°; 88 mg. — *Δ^{9,11}-3β-Acetoxy-11-äthinylpregnen-20-on*, $C_{25}H_{34}O_3$, F. 182—183° (Aceton), durch Rk. von 40 mg vorst. Verb. mit $SOCl_2$ in Pyridin bei 0°, Verdünnen mit W. u. Extrahieren mit Ae.; 32 mg. — *20.20-Äthylendioxy-3α-hydroxy-5β-pregnan-11-on* (I), $C_{23}H_{36}O_4$, F. 143—145° (Ae.), durch ${}^1/_4$std. Dest. von 0,5 g 3α-Hydroxy-5β-pregnan-11.20-dion in Äthylenglykol in Ggw. von p-Toluolsulfonsäure bei 90° im Vakuum; 580 mg. — *3α-Acetoxy-20.20-äthylendioxy-11α-äthinyl-5β-pregnan-11β-ol*, $C_{27}H_{40}O_5$, F. 185° (Pentan/Ae.), durch 18std. Rk. von 1 g I mit Äthinyl-MgBr in Tetrahydrofuran bei 65°, Reinigen durch Chromatographie, ${}^1/_4$std. Erwärmen mit Acetanhydrid auf 130°, Chromatographie an Al_2O_3 u. Eluieren mit Bzl.; 385 mg. — *3α-Acetoxy-11α-äthinyl-11β-hydroxy-5β-pregnan-20-on*, $C_{25}H_{36}O_4$, F. 215° (Ae./Pentan), durch 10 Min. langes Kochen von 100 mg vorst. Verb. mit p-Toluolsulfonsäure in Aceton, Verdünnen mit W., Extrahieren mit Ae., Chromatographie an Silicagel in Pentan u. Eluieren mit Ae./Pentan (1:20); 68 mg. — *5β-Pregnan-3.11.20-trion*, F. 158—160°, durch 18std. Stehen von 4 g 3α-Hydroxy-5β-pregnan-11.20-dion in Essigsäure mit CrO_3 bei 20°, Einengen im Vakuum, Verdünnen mit W. u. Extrahieren mit Ae.; 3,2 g. — *Δ⁴-Pregnen-3.11.20-trion*, F. 172—175°, durch 10 Min. langes Stehen von 4 g vorst. Verb. mit Br_2 in Essigsäure in Ggw. von HBr u. Na-Acetat bei 20°, Isolieren des gebildeten *4β-Brom-5β-pregnan-3.11.20-trions* (F. 158 bis 159°), ${}^1/_2$std. Erhitzen mit symm.-Collidin auf 180° unter N_2, Chromatographie in Pentan u. Eluieren mit Ae./Pentan (1:20); 1,75 g. — *3.3;20.20-Bis-[äthylendioxy]-Δ⁵-pregnen-11-on*, $C_{25}H_{36}O_5$, F. 176—178° (Hexan), a) durch 10std. Kochen von 1,75 g vorst. Verb. mit Äthylenglykol in Ggw. von p-Toluolsulfonsäure, Chromatographie an Al_2O_3 in Hexan u. Eluieren mit Bzl./Hexan (1:1); 1,35 g; b) durch ${}^1/_2$std. Dest. von 1 g vorst. Verb. mit Äthylenglykol in Ggw. von p-Toluolsulfonsäure bei 90° im Vakuum; 0,95 g. — *20.20-Äthylendioxy-5β-pregnan-3.11-dion*, $C_{23}H_{34}O_4$, F. 147° (Ae.), durch Oxydation von 3,2 g I mit CrO_3 in Essigsäure; 2,7 g. — *3.3;20.20-Bis-[äthylendioxy]-11α-äthinyl-Δ⁵-pregnen-11β-ol*, $C_{27}H_{38}O_5$, F. 90—92°, durch 18std. Rk. von 1 g vorvorst. Verb. mit Äthinyl-MgBr in Tetrahydrofuran bei 65°; 0,5 g. — *11α-Äthinyl-11β-hydroxy-Δ⁴-pregnen-3.20-dion*, $C_{23}H_{30}O_3$, F. 235° (Ae.), durch Rechromatographie des Hydrates an Silicagel. *Hydrat*, $C_{23}H_{30}O_3 \cdot H_2O$, F. 98—100° (Ae./Pentan), durch ${}^1/_4$std. Kochen von 0,3 g vorst. Verb. mit p-Toluolsulfonsäure in Aceton, Verdünnen mit W., Extrahieren mit Chlf., Chromatographie an Silicagel in Pentan u. Eluieren mit Ae./Pentan (1:20); 250 mg. — *3.3;17.20;20.21-Tris-[äthylendioxy]-Δ⁵-pregnen-11-on*(?), $C_{27}H_{38}O_7$, F. 167—169° (Ae.), durch 1std. Dest. von 3 g Cortison mit Äthylenglykol in Ggw. von p-Toluolsulfonsäure bei 90° im Vakuum, Zugabe von $NaHCO_3$-Lsg., Chromatographie an Al_2O_3 u. Eluieren mit Bzl.; 220 mg; daneben das *3.3;20.20-Bis-[äthylendioxy]-Deriv.* von *Cortison*, $C_{25}H_{36}O_7$, F. 240—241°, durch Eluieren mit Ae./Bzl. (1:10); 150 mg. W. Hampel 3700△

0953 **Eine bequeme Synthese von axialen Aminen.** Ajay K. Bose, John F. Kistner und Leon Farber. (J. org. Chemistry **27**, 2925—27, 1962; Hoboken, N. J., Stevens Inst. of Technol., Dep. of Chem. and Chem. Engng.; engl.) — Durch Überführen äquatorialer Alkohole in ihre *Tosylate*, deren Umsetzung mit NaN_3 in N.N-Dimethylformamid oder -acetamid (dem etwas W. zugesetzt wird, um die Löslichkeit für NaN_3 zu erhöhen) zu *axialen Aziden* u. deren leicht vorzunehmende Red. mit $LiAlH_4$ (in Abwesenheit anderer reduzierbarer funktioneller Gruppen) werden *axiale Amine* erhalten. Bei der Umsetzung der Tosylate mit NaN_3 erfolgt als Nebenrk. Alken-Bldg. durch Detosylierung. Zur Durchführung der Red. zum Amin ist es nicht erforderlich, das Azid rein darzustellen. Das als Hydrierungs-Prod. anfallende axiale Amin wird über sein Hydrochlorid gereinigt. Nach dieser Meth. wurden *3α-Aminocholestan* (62% Gesamtausbeute) aus Cholestanyl-3β-tosylat (I) sowie (+)-*Neomenthylamin* dargestellt.

Versuche: *Cholestanyl-3α-azid*, $C_{27}H_{47}N_3$, F. 62,5 bis 63,5° u. F. 52,0—52,5° (die manchmal erhaltene niedriger schm. Form geht bei mehrtägigem Stehen in die höher schm. über), durch Versetzen einer Lsg. von I in N.N-Dimethylacetamid mit NaN_3 u. einigen ml W. (25:1), 4std. Erhitzen auf 90—100° unter Rühren, Eingießen in W., Ausschütteln mit Ae. u. Einengen auf dem Wasserbad; aus Essigester/A./W. Nadeln; $[\alpha]_D^{26}$ + 18,6° (c = 1,01; Chlf.). — *3α-Aminocholestan*, F. 87—88°, durch langsames Zugeben der Ae.-Lsg. vorst. Verb. zu einer Aufschlämmung von $LiAlH_4$ in abs. Ae. u. 3std. Erwärmen; wachsartige Substanz; $[\alpha]_D^{26}$ + 28,6° (c = 1,05; Chlf.); 62% (Ausbeute, bezogen auf I). *N-Acetyl-Deriv.*, F. 216—218°, $[\alpha]_D^{26}$ + 35,8° (c = 1,16; Chlf.). — (+)-*Neomenthylamin, Hydrochlorid*, F. 192,5—195° (Hexan), durch Zugeben von NaN_3 zu einer Lsg. von (—)-p-Toluolsulfonsäureneomenthylester in Dimethylformamid/W. (60:9), 9std. Erhitzen auf 90° unter Rühren, Gießen in gesätt. NaCl-Lsg./W. (9:1), Extrahieren mit Ae. [fraktionierte Dest. des nach dem Übergehen des Ae. vorliegenden Rückstandes ergibt einen niedrig sd. Anteil (hauptsächlich *Δ³-Menthen*) u. *Neomenthylazid* von 90%ig. Reinheit, $Kp._{20}$ 108—109°; n_D^{21} 1,4663; $[\alpha]_D^{22}$ +96,3° (c = 5,62; Chlf.)], Zugeben der getrockneten Ae.-Lsg. innerhalb 1/2 Std. zu einer Suspension von $LiAlH_4$ in abs. Ae., 1std. Rühren bei Raumtemp. u. 1std. Erwärmen, Zugeben von feuchtem Ae. u. danach W., Filtrieren u. Einleiten von HCl; $[\alpha]_D^{26}$ + 18,2° (c = 2,17; Chlf.); 34%. *N-Acetyl-Deriv.*, F. 172—173,5°, $[\alpha]_D^{17}$ + 52,9° (c = 1,20; Chlf.). *N-Benzoyl-Deriv.*, F. 124,5—125°, $[\alpha]_D^{25}$ + 23,6° (c = 2,79; Chlf.). D. Holzner 3700

0954 **Modifizierte Steroidhormone.** 30. Mitt. **Einige 16α.-17α-Methylenpregnen-20-one und ihre Derivate.** D. Burn, J. W. Ducker, B. Ellis, A. K. Hiscock, A. P. Leftwick, C. M. Peach, V. Petrow und D. M. Williamson. (J. chem. Soc. [London] **1963,** 4242—48; London, British Drug Houses Ltd., Chem. Res. Labor.; engl.) — 29. vgl. **1962,** 4995. — Als Substanzen mit möglicher Progesteronaktivität werden einige *16α.17α-Methylenpregnen-20-one* dargestellt. UV-Maxima vgl. Original.

Versuche ($[\alpha]_D$ in Chlf.): *16α.17α-Methylen-Δ¹·⁴-pregnadien-3.20-dion,* $C_{22}H_{28}O_2$, F. 153°, durch 25std. Kochen von 1,5 g 16α.17α-Methylen-Δ⁴-pregnen-3.20-dion(**I**) mit 2.3-Dichlor-5.6-dicyanbenzochinon-(1.4) (**II**) in abs. Bzl.; $[\alpha]_D^{24,5}$ + 145° (c = 0,8); aus wss. Methanol Nadeln; 0,5 g (Ausbeute). — *16α.17α-Methylen-Δ⁴·⁶-pregnadien-3.20-dion,* $C_{22}H_{28}O_2$, F. 159—160°, durch 60-std. Stehen von 3 g 3β-Hydroxy-16α.17α-methylen-Δ⁵-pregnen-20-on (**III**) in abs. Bzl. mit Al-tert.-Butylat u. p-Benzochinon (**IV**) bei Raumtemp., Eindampfen, Chromatographie des gummiartigen Rückstands in Bzl. an Al_2O_3 u. Eluieren mit wss. Methanol; $[\alpha]_D^{25}$ +177° (c = 1); Nadeln; 1 g. — *4-Chlor-16α.17α-methylen-Δ⁴-pregnen-3.20-dion,* $C_{22}H_{29}ClO_2$, F. 196—197°, durch 18std. Einw. einer 0,84 m Lsg. von Cl_2 in Propionsäure auf 3 g **I** in Ae. bei —30° im Dunkeln, Zugabe von Ae., Neutralwaschen, Eindampfen bei < 30°, 4std. Stehen des erhaltenen *4ξ.5ξ-Dichlorids* in Bzl.-Pyridin bei Raumtemp. u. Isolieren mit Ae.; $[\alpha]_D^{24}$ +220° (c = 1); aus Methanol Nadeln; 2,2 g. — *3β.5α.6β-Trihydroxy-16α.17α-methylen-pregnan-20-on, Monohydrat,* $C_{22}H_{34}O_4 \cdot H_2O$, F. 230 bis 232°, durch 18std. Oxydation von 5 g **III** in Chlf. mit äther. Monoperphthalsäure bei Raumtemp. u. 5 Min. langes Kochen des erhaltenen *5.6-Epoxids* (3,5 g) mit Perjodsäure in wss. Aceton; $[\alpha]_D^{25}$ + 46° (c = 0,6); aus Methanol Prismen; 2,8 g. — *5α-Hydroxy-16α.17α-methylenpregnan-3.6.20-trion,* $C_{22}H_{30}O_4$, F. 285—287°, durch Oxydation von 1 g vorst. Verb. in Aceton mit Jones-Reagenz u. Gießen in W.; $[\alpha]_D^{22}$ +59° (c = 0,7); aus Methanol/CH_2Cl_2 Nadeln; 0,7 g. — *16α.17α-Methylen-Δ⁴-pregnen-3.6.20-trion,* $C_{22}H_{28}O_3$, F. 235—237°, durch 20 Min. langes Kochen von 0,8 g vorst. Verb. mit 1%ig. methanol. KOH; $[\alpha]_D^{25}$ + 58° (c = 0,9); aus Aceton Platten; 0,3 g. — *16α.17α-Methylen-Δ⁴-pregnen-3ξ.20β-diol,* F. 177—178° (Aceton–W.), durch 2std. Red. von 15 g **I** in sd. abs. Tetrahydrofuran mit $LiAlH_4$ in abs. Ae., Zugabe von Aceton u. einer gesätt. wss. Lsg. von Rochelle-Salz, Dekantieren u. Eindampfen; $[\alpha]_D^{25}$ +54°; 11 g. — *20β-Hydroxy-16α.17α-methylen-Δ⁴-pregnen-3-on* (**V**), $C_{22}H_{32}O_2$, F. 176—177°, durch 18std. Stehen von 10,5 g vorst. Verb. mit **II** in abs. Dioxan bei Raumtemp.; $[\alpha]_D^{25}$ +105° (c = 1); aus Aceton Nadeln; 8 g. *Acetat,* $C_{24}H_{34}O_3$, F. 123—125°; aus Aceton–Hexan Nadeln; $[\alpha]_D^{23}$ + 139° (c = 0,8). — *2α-Methyl-16α.17α-methylen-Δ⁴-pregnen-3.20-dion,* $C_{23}H_{32}O_2$, F. 221—223°, durch 40std. Rühren von 2,5 g **V** mit Äthylformiat u. NaH in Bzl. unter N_2, Lösen des trocknen Na-Salzes in Aceton, 23std. Kochen mit Methyljodid u. K_2CO_3, Filtrieren, Eindampfen im Vakuum, Lösen in Methanol, 3std. Kochen mit Na-Methylat unter N_2, Isolierung mit Ae., Oxydation mit Jones-Reagenz in Aceton u. Gießen in W.; $[\alpha]_D^{24}$ + 211° (c = 1); aus Aceton Nadeln; 1,2 g. — *20β-Hydroxy-16α.17α-methylen-5β-pregnan-3-on,* $C_{22}H_{34}O_2$, F. 130—132°, durch Hydrierung von 3 g **V** an Pd-Kohle in Pyridin; $[\alpha]_D^{25}$ + 29° (c = 0,4); aus Aceton–Hexan Nadeln; 1,7 g. — *16α.17α-Methylen-5β-pregnan-3.20-dion,* $C_{22}H_{32}O_2$, F. 132°, durch 18std. Oxydation von 1,7 g vorst. Verb. mit CrO_3 in Pyridin bei Raumtemp.; $[\alpha]_D^{22}$ + 127° (c = 1,1); aus wss. Methanol Prismen; 0,8 g. — *Δ¹'-Pyrazolino-[3'.4':17α.16α]-6α-methyl-Δ⁴-pregnen-3.20-dion,* $C_{23}H_{32}N_2O_2$, F. 153—154°, durch 24std. Stehen von 3 g 6α-Methyl-Δ⁴·¹⁶-pregnadien-3.20-dion bei Raumtemp. mit Diazomethan (**VI**) in Ae.; $[\alpha]_D^{22}$ + 112° (c = 0,5); aus Methanol Nadeln; 3 g. — *6α-Methyl-16α.17α-methylen-Δ⁴-pregnen-3.20-dion* (**VIII**), $C_{23}H_{32}O_2$, F. 126—128°, durch 1/2std. Behandeln von 5 g vorst. Verb. in Aceton mit BF_3-Ätherat bei Raumtemp., Isolierung mit Ae. u. Chromatographie in Bzl. an Al_2O_3; $[\alpha]_D^{24}$ + 178° (c = 1); aus Hexan Nadeln; 2,2 g. — *6α-Methyl-16α.17α-methylen-Δ¹·⁴-pregnadien-3.20-dion,* $C_{23}H_{30}O_2$, F. 163—165°, durch 20std. Oxydation von 1,5 g **VIII** mit **II** in Bzl., Eindampfen, Chromatographie an Al_2O_3 u. Elution mit Bzl.–Ae. (2:1); $[\alpha]_D^{25}$ + 115,5° (c = 1); aus wss. Methanol Stäbchen; 400 mg. — *6-Methyl-16α.17α-methylen-Δ⁴·⁶-pregnadien-3.20-dion* (**IX**), $C_{23}H_{30}O_2$, F. 138—140°, durch 7std. Kochen von 10 g **VIII** mit Chloranil u. p-Nitrophenol in Butanol-(2), Eindampfen u. Chromatographie in Bzl. aus Al_2O_3; $[\alpha]_D^{22}$ +177° (c = 1,1); aus Methanol–W. Nadeln; 1,5 g. — *6-Methyl-Δ⁴·⁶·¹⁶-pregnatrien-3.20-dion,* $C_{22}H_{28}O_2$, F. 169—171°, durch 40std. Stehen von 16 g 3β-Hydroxy-6-methyl-Δ⁵·¹⁶-pregnadien-20-on mit Al-tert.-Butylat u. **IV** in abs. Bzl. bei Raumtemp.; $[\alpha]_D^{25}$ +140° (c = 1); aus Aceton–Hexan Nadeln; 4,25 g. — *Δ¹'-Pyrazolino-[3'.4':17α.16α]-6-methyl-Δ⁴·⁶-pregnadien-3.20-dion,* $C_{23}H_{30}N_2O_2$, F. 165—166°, durch 18std. Stehen von 4,5 g vorst. Verb. mit **VI** in Ae. bei Raumtemp.; $[\alpha]_D^{23}$ + 81° (c = 1); aus Aceton–W. Prismen; 2,05 g. Behandlung mit BF_3-Ätherat in Aceton gibt **IX**. — *6-Methyl-16α.17α-methylen-Δ¹·⁴·⁶-pregnatrien-3.20-dion,* $C_{23}H_{28}O_2$, F. 143—144°, durch 24std. Kochen von **IX** mit **IV** in abs. Bzl.; $[\alpha]_D^{21}$ +122° (c = 1); aus wss. Methanol Nadeln. — *Δ¹'-Pyrazolino-[3'.4':17α.16α]-21-acetoxy-Δ⁴-pregnen-3.11.20-trion,* $C_{24}H_{30}N_2O_5$, F. 188° (Zers.), durch 12std. Stehen von 8 g 21-Acetoxy-Δ⁴·¹⁶-pregnadien-3.11.20-trion in THF mit **VI** in Ae.; $[\alpha]_D^{25}$ + 183°; aus wss. Acaton Nadeln; 6,1 g. — *21-Acetoxy-16α.17α-methylen-Δ⁴-pregnen-3.11.20-trion,* $C_{24}H_{30}O_5$, F. 192—193,5°, durch 1std. Behandeln von 2,3 g vorst. Verb. in Aceton mit BF_3-Ätherat bei Raumtemp., Zugabe von W. u. Extraktion mit Methylenchlorid; $[\alpha]_D^{20}$ + 268° (c = 1,1); aus Methanol Nadeln; 300 mg. — *Δ¹'-Pyrazolino-[3'.4':17α.16α]-3-methoxy-Δ¹·³·⁵·¹⁰-19-norpregnatrien-20-on,* $C_{22}H_{28}N_2O_2$, F. 180—182° (Zers.), durch 18std. Stehen von 1 g 3-Methoxy-Δ¹·³·⁵·¹⁰·¹⁶-19-norpregnatetraen-20-on in THF mit **VI** in Ae.; $[\alpha]_D^{24}$ + 160° (c = 0,9); aus Methylenchlorid–Methanol Prismen; 700 mg. — *3-Methoxy-16α.17α-methylen-Δ¹·³·⁵·¹⁰-19-norpregnatrien-20-on* (**VII**), $C_{22}H_{28}O_2$, F. 137—139°, durch 1/2std. Stehen von 2 g vorst. Verb. in Aceton mit BF_3-Ätherat; $[\alpha]_D^{24}$ + 167° (c = 1); aus Methanol Nadeln; 1,1 g. — *17α-Methyl-Δ⁴-19-norpregnen-3.20-dion* (**X**), $C_{21}H_{30}O_2$, F. 124—126°, durch 1/4std. Rühren von 9 g **VII** in Ae. mit einer Lsg. von Li in fl. NH_3, Zugabe von Methanol, Abdampfen des NH_3, Isolierung mit Ae., 1std. Kochen des erhaltenen Gummis in Methanol mit 2 n HCl, Eindampfen im Vakuum, Oxydation mit Jones-Reagenz in Aceton, Isolierung mit Ae., Chromatographie an Al_2O_3 u. Eluierung mit Bzl./PAe. (1:4); $[\alpha]_D^{22}$ + 117° (c = 1); aus Methanol Prismen; 3,3 g. — *3β-Acetoxy-17α-methyl-Δ⁵-pregnen-20-on,* $C_{24}H_{36}O_3$, F. 182—184°, durch 2 1/2std. Rühren von 10 g **III** mit Dihydropyran in Bzl. bei Raumtemp., Eindampfen u. Umkristallisieren aus pyridinhaltigem Methanol, 10 Min. langes Rühren des erhaltenen rohen *3β-Tetrahydropyranyläthers* (F. 110—114°; Nadeln; 10 g) in THF mit einer Lsg. von Li in fl. NH_3, Zugabe von Methanol, Abdampfen des NH_3, Isolierung mit Ae., Eindampfen, Oxydation mit CrO_3 in Pyridin, Isolierung mit Ae., 2std. Stehen mit Essigsäure bei 25°, Isolierung u. 18std. Stehen mit Acetanhydrid in Pyridin; $[\alpha]_D^{23}$ —30°; aus Aceton Platten; 0,9 g. — *16α.17α-Methylen-19-norprogesteron,* $C_{21}H_{28}O_2$, F. 169—169,5°, durch 2std. Kochen von 5 g **VII** in abs. THF mit AlH_3 in abs. Ae., Zugabe von Aceton, Isolierung mit Ae., Behandlung mit Li in fl. NH_3 u.

weiter wie unter X; $[\alpha]_D^{25}$ + 165° (c = 1); aus Methanol–W. Nadeln; 0,75 g. — *5'-Methyl-Δ1'-pyrazolino-[3'.4':17α.-16α]-3β-acetoxy-Δ5-pregnen-20-on*, $C_{25}H_{36}N_2O_3$, F. 172° (Zers.), durch 18std. Rk. von 3β-Acetoxy-$\Delta^{5.16}$-pregnadien-20-on mit Diazoäthan in Ae.; $[\alpha]_D^{21}$ — 84° (c = 0,2); aus Methanol Platten. — *16α.17α-Äthyliden-3β-hydroxy-Δ5-pregnen-20-on*, $C_{23}H_{34}O_2$, F. 229—230°, durch 3/4std. Behandeln von 10 g vorst. Verb. in Aceton mit BF_3-Ätherat, Isolierung des Komplexes (F. 156—158°; aus Methylenchlorid–Methanol Nadeln; 6 g) u. 1std. Kochen mit verd. methanol. NaOH; $[\alpha]_D^{25}$ + 33,5° (c = 0,9); aus wss. Methanol Nadeln; 5 g. — *16α.17α-Äthyliden-Δ4-pregnen-3.20-dion*, $C_{23}H_{32}O_2$, F. 170—171°, durch 1std. Kochen von 3 g vorst. Verb. in Toluol mit Al-tert.-Butylat u. Cyclohexanon, Zugabe einer wss. Lsg. von Rochelle-Salz, Entfernung der Lsgm. durch Wasser-Dampfdest. u. Filtration; $[\alpha]_D^{26}$ + 190° (c = 0,8); aus Aceton–Hexan Prismen; 1,7 g. H.-D. Jacobi 3750△

0955 **Struktur von N-substituierten Dithiourethanen.** Shigeru Yoshida. (J. pharmac. Soc. Japan [Yakugakuzasshi] **75**, 767—69, 1955; Tokyo, Sankyo Co., Ltd., Takamine Res. Labor.; engl.) — Im Zusammenhang mit der Synth. von Thiamin wird auf Arbeiten anderer Autoren aufmerksam gemacht u. darauf hingewiesen, daß Vf. der erste war, der das Zwischenprod. 3-[2-Methyl-4-aminopyrimidyl-(5)-methyl]-4-methyl-4-hydroxy-5-[2-methyl-3-chlortetrahydrofuryl-(2)-oxyäthyl]-thiazolidinthion-(2)-hydrochlorid als Thiazolidinthion-(2) (inneres N-substituiertes Dithiourethan) bezeichnet. — 12 Literaturangaben. W. Mucke 3800△

0956 **Synthese und biologische Eigenschaften von 1-[4-Methylselenobiphenylyl-(4')]-2-dichloracetylaminopropandiol-(1.3).** Janusz Supniewski, Franciszek Rogoż und Jolanta Krupińska. (Dissertat. pharmac. [Warszawa] **14**, 21—27, 1962; Krakowie PAN, Zakł. Farmakol.; pol.) — Aus p-Methylselenobiphenyl wurde *1-[4-Methylselenobiphenylyl-(4')]-2-dichloracetylaminopropandiol-(1.3)* (I) synthetisiert. I ist ein starkes Antibioticum. Es hemmt aber die Entw. grampositiver u. gramnegativer sowie säureresistenter Bakterien in vitro schwächer als Chloromycetin (II). Pathogene Pilze werden im Wachstum nicht gehemmt. Die Toxizität von I ist mit 300 mg/kg viel höher als die von II (1300).

Versuche: *p-Methylselenobiphenyl*, $C_{13}H_{12}Se$, F. 92°, durch Rk. von p-Biphenylyl-MgBr in Ae. unter H_2 mit rotem Se u. CH_3J, Zugabe von 0,5%ig. HCl unter gutem Kühlen u. Abdest. des Lsgm.; Kristalle aus A.; 65% (Ausbeute). — *4-[Methylseleno]-4'-bromacetylbiphenyl*, $C_{15}H_{13}BrOSe$, F. 121°, durch Umsetzung vorst. Verb. mit Bromacetylchlorid in abs. Chlf. in Ggw. von $AlCl_3$; Kristalle aus A.; 75%. *Urotropin-Additions-Verb.*, F. 155° (Zers.), durch Rk. mit Urotropin in Chlf.; Kristalle aus A.; 83,6%. — *4-Methylseleno-4'-aminoacetylbiphenyl, Hydrochlorid*, $C_{15}H_{16}ClNOSe$, F. 246° (Zers.), durch Hydrolyse vorst. Additions-Verb. mit konz. HCl in alkohol. Lsg. bei Zimmertemp.; Kristalle aus 0,5%ig. HCl; 59,4%. — *4-Methylseleno-4'-acetylaminoacetylbiphenyl*, $C_{17}H_{17}NO_2Se$, F. 194°, durch Acetylieren vorst. Verb. mit Acetanhydrid in Eisessig in Ggw. von Na-Acetat bei 20°; Kristalle aus A.; 92%. — *4-Methylseleno-4'-[α-acetylamino-β-hydroxypropionyl]-biphenyl*, $C_{18}H_{19}NO_3Se$, F. 168°, aus vorst. Verb. mit 38%ig. CH_2O in Methanol in Ggw. von $NaHCO_3$ bei 38°; Kristalle aus Äthylacetat; 70%. — *1-[4-Methylselenobiphenylyl-(4')]-2-acetylaminopropandiol-(1.3)*, $C_{18}H_{21}NO_3Se$, F. 153°, durch Kochen vorst. Verb. mit Al-Isopropylat in Isopropanol unter N_2; Kristalle aus Isopropanol; 79,6%. — *1-[4-Methylselenobiphenylyl-(4')]-2-aminopropandiol-(1.3)*, $C_{16}H_{19}NO_2Se$, F. 132°, durch Hydrolyse vorst. Verb. mit 5%ig. HCl bei 95° u. Freisetzen der Base mit NH_4OH; 90%. — *1-[4-Methylselenobiphenylyl-(4')]-2-dichloracetylaminopropandiol-(1.3)* (I), $C_{18}H_{19}Cl_2NO_3Se$, F. 138°, durch Kondens. vorst. Verb. mit Chloralhydrat in Ggw. von $CaCO_3$ u. NaCN in Methanol; Kristalle aus 40%ig. A.; 67,5%. F. Urban 3900◇

D. Makromolekulare Chemie

0957 **Kohäsionsenergiedichten von Hochpolymeren. 1. Mitt. Bestimmung der Kohäsionsenergiedichte aus Quellungsmessungen.** D. Mangaraj. (Makromolekulare Chem. **65**, 29—38, 1963; Kharagpur, Indian Inst. of Technol.; engl.) — Vf. berichtet über Quellungsmessungen an natürlichem *Kautschuk, Polydimethylsiloxan, Hydropolybutadien* u. *Polyurethan* in den folgenden Lösungsmitteln: Isopentan, n-Pentan, n-Hexan, Cyclohexan, Isopropylbenzol, n-Butylacetat, Propyl- u. Äthylacetat, Ameisensäureäthylester, Essigsäuremethylester, Aceton, Ameisensäuremethylester, Nitrobenzol, Nitroäthan, Nitromethan, Propionitril, Acetonitril, Bzl., Toluol, p-Xylol, Ae., Tetrahydrofuran, Dioxan, Acetophenon, 1.2-Dichloräthan, Dichlormethan, Chlf., CCl_4 u. CS_2. Alle Messungen wurden bei 20 ± 2° durchgeführt. Die Löslichkeitsparameter der Polymeren wurden nach der von Gee [1943] vorgeschlagenen Meth. berechnet. Gee zeigte ferner, daß unter Vernachlässigung der Entropie der elast. Verformung maximale Quellung in einem Lsgm. auftritt, das die gleiche Kohäsionsenergiedichte (KED) hat wie das Polymere. Mit Hilfe der Gleichung von Flory u. Rehner [1943] für Gleichgewichtsquellung versuchte Vf. den Wechselwirkungsparameter χ für eine Anzahl von Fll. abzuschätzen u. hieraus die KED-Werte zu berechnen. Alle Verss. jedoch hatten nur einen begrenzten Erfolg, da die verwendeten Lsgm. sowohl in ihrem chem. Charakter als auch in ihrer Polarität stark variierten. Die Wahl des Lsgm. ist daher sehr wichtig, wenn man Löslichkeitsparameter der Polymeren durch vergleichende Quellungsmessungen bestimmen will. C. Gottfried 4000△

0958 **Kohäsionsenergiedichten von Hochpolymeren. 2. Mitt. Kohäsionsenergiedichten von Polyacrylaten und Polymethacrylaten aus Quellungsmessungen.** D. Mangaraj, S. Patra und S. Rashid. (Makromolekulare Chem. **65**, 39—46, 1963; engl.) — 1. vgl. vorst. Referat. — Vff. berichten über Quellungsmessungen an *Polymethyl-, Polyäthyl-, Polybutyl-, Polyäthoxyäthylmethacrylat, Polymethyl-, Polyäthyl-* u. *Polybutylacrylat* in den folgenden Lsgm.: Buttersäure-n-butylester, Buttersäureisobutyl- u. -äthylester, Propionsäureäthylester, Essigsäurepropyl-, -äthyl- u. -n-butylester, 1.1-Gemisch aus Essigsäureäthylester/Ameisensäuremethylester, 1:1-Gemisch aus Essigsäureäthylester/Essigsäuremethylester, Ameisensäuremethyl- u. -äthylester, Essigsäuremethylester, Benzoesäuremethyl- u. -äthylester, Phthalsäuredimethyl- u. -diäthylester, Oxalsäurediäthylester, Malonsäuredimethylester u. Äthylenglykolmonoacetat. Aus den erhaltenen Quellungsmessungen wurden die Kohäsionsenergiedichten (KED) bestimmt. Es wurde gefunden, daß die KED für die Polyacrylate höher sind als für die Polymethacrylate u. daß ferner in einer Art homologer Reihe die KED-Werte mit zunehmender Länge der Ester-Kette abnehmen. C. Gottfried 4000△

0959 **Transversales Fließen in Extrusionsrheometern.** A. P. Metzger, D. Tijunelis und D. Adomaitis. (J. Polymer Sci., Part B **1**, 461—62, 1963; Chicago, Ill., Continental Can Co., Res. and Dev. Div.; engl.) — An Hand von Extrusionsverss. am geschmolzenen farblosen Polymeren, das eine kleine Menge gefärbtes Polymeres der gleichen Art in der Mitte enthält, wird gezeigt, daß letzteres sich während des Extrusionsvorganges z. T. senkrecht zur Fließrichtung über das gesamte Polymere verteilt. O. Fuchs 4000◇

0960 **Polydispersitätsindex unter spezieller Anwendung auf Polymere mit enger Molekulargewichtsverteilung.** George G. Lowry. (J. Polymer Sci., Part B **1**, 489—90, 1963; East Lansing, Mich., Michigan State Univ., Kedzie Chem. Labor.; engl.) — Vf. schlägt vor, die Breite der Molgew.-Verteilung statt durch M_w/M_n durch die Größe $\Delta = (M_w/M_n - 1)^{1/2}$ zu charakterisieren. Der Vorteil wird an Hand einiger Polymerer mit enger Molgew.-Verteilung (Literaturdaten) gezeigt. O. Fuchs 4000◇

0961 **Berechnung der Polymerisationsgrade von fraktionierten Polymeren.** A. D. Jenkins und Joan Pumfrey. (Makromolekulare Chem. **65,** 47—53, 1963; Reading, Berkshire, Gillette Ind. Ltd., Res. Labor.; engl.) — Die Normalverteilung bei einem beliebigem Polymerisationsgrad n wird in 2 Teile getrennt. Mit den abgeleiteten Gleichungen ist es möglich, die Zahlen- u. Gewichtsmittelwerte der Polymerisationsgrade beider Teile in Abhängigkeit von n zu berechnen.
C. Gottfried 4000△

0962 **Neuere Entwicklungen der Untersuchungen des Mechanismus der Radikalpolymerisation.** Takayuki Otsu. (Chem. and chem. Ind. [Kagaku to Kôgyô] **15,** 220—27, 1962; Ôsaka, Siritu-Daigaku, Kôgakubu.; jap.) — Übersicht über den Mechanismus der Initiierung u. des Wachstums bei der radikal. Polymerisation. — 45 Literaturangaben. E. Maekawa 4000◇

0963 **Dilatometrische Untersuchungen von Phasenübergangsphänomenen verschiedener Polyäthylene mit unterschiedlichem Grad der Kettenverzweigung.** Kōji Tanaka. (Bull. chem. Soc. Japan **33,** 1060—66, 1960; Kagurazaka, Shinjuku-ku, Tokyo, Tokyo College of Sci., Fac. of Sci., Dep. of Chem.; engl.) — Durch dilatometr. Messungen an 10 *Polyäthylen* (**I**)-Präpp. (*Marlex, Ziegler- u. Hochdruckpolyäthylenen*) mit unterschiedlichen Schmelzindices (0,2—16,0), Molgew. (12 bis 50 · 10^3), N_c (Grad der Kurzkettenverzweigung: 0,95—3,2 CH_3-Gruppen pro 100 CH_2-Gruppen) u. N_w (Grad der Langkettenverzweigung: 10—34 Verzweigungen pro Mol.) wird der Einfl. der Kettenverzweigung auf die Eigg. von **I** untersucht. Unterhalb des F. steigt das spezif. Vol. (V_{sp}) bei jeder Temp. (T) mit N_c an. Oberhalb des F. sind die V_{sp} aller **I**-Präpp. durch $V_{sp} = 9 \cdot 10^{-4}\,T + 1{,}1480$ gegeben. Mit fallendem N_c steigen der Vorschmelzpunkt, der F., die Kristallisationstemp. u. die Glasumwandlungstemperatur. Für Hochdruck-**I** gilt annähernd: $\Delta T = 7{,}7 \cdot N_c + 7{,}3$ (ΔT = Temp.-Differenz zwischen F. u. der Temp. bei der die Hälfte der Differenz zwischen V_{sp} am Vorschmelzpunkt u. am F. vorliegt). Ein Einfl. des N_w auf die Eigg. von **I** konnte nicht festgestellt werden, was auf den geringen Anteil an langen Seitenketten in den untersuchten Präpp. zurückgeführt wird.
U. Stürzer 4010◇

0964 **Synthese von Makromolekülen unter Bedingungen, die bei Entstehung der Erde geherrscht haben können.** A. T. Wilson. (Nature [London] **188,** 1007—09, 1960; Wellington, New Zealand, Univ.; engl.) — Der bei 600° aus 10 g Hefe erhaltene Rückstand wird in 100 ml W. gelöst; diese Lsg. wird mit konz. NH_3 1%ig. an NH_3 gemacht; nach Durchleiten von H_2S (10 Min.) wird die Lsg. nach Evakuieren unter 1 atm CH_4 über 2 Elektroden einer stillen elektr. Entladung (20 kV) unterworfen. Nach 4 Std. hatte sich an der Oberfläche der Fl. ein in W. u. organ. Fll. unlösl. Film gebildet; D. > 1, Zers. bei ca. 400°. Das Prod. wird als stark vernetztes *Polyäthylen* mit eingebauten CO-Gruppen (IR-Analyse) bezeichnet. Die trübe Fl. enthielt weiteres unlösl. makromol. Material, während aus dem Gaschromatogramm des Rückstandgases C_1–C_5-Moll. nachweisbar waren. Vf. nimmt an, daß unter den reduzierenden Bedingungen der damaligen Erdatmosphäre auch Makromoll. mit polaren Gruppen entstehen konnten, welche „enzymatische" Aktivität besaßen; eine mögliche Weiterentw. von diesem „KW-Leben" zum heutigen „Protein-Leben" wird aufgezeigt. G. Piekarski 4010◇

0965 **Fraktionierung von ataktischem Polypropylen nach der Fällungsmethode.** Ferdinando Danusso und Giovanni Moraglio. (Rend. Ist. Lombardo Sci. Lettere A, Sci. mat., fisiche, chim. geol. **92,** 591—600, 1958; Milano, Politecnico, Ist. di Chim. Ind.; ital.) — 3 atakt. *Polypropylene* (Eigg.: gummiartig, in Ae. lösl., unlösl. in Aceton, $D._4^{30}$ 0,853) werden mit Katalysatoren aus $TiCl_4/Al(C_2H_5)_3$ bzw. $VOCl_3$/Trialkyl-Al hergestellt u. bei 30° einer Fällungsfraktionierung unterworfen; Lsgm. Chlf., Fällungsmittel Methanol. Bis zu einem Molgew. von 350000 (Polymerisationsgrad ca. 8000) kann gut fraktioniert werden; darüber macht sich starke Polydispersität innerhalb der Fraktionen bemerkbar u. die Linearität zwischen log M (osmot. Molgew.) u. log [η] (Grenzviscosität) ist nicht mehr gegeben. Diese Abweichungen werden nicht auf bes. Beziehungen der Makromoll. untereinander oder auf bes. Strukturen zurückgeführt.
G. Piekarski 4010◇

0966 **Die Verwendung von markierten Atomen bei der Bestimmung der Diffusionskoeffizienten in Polymeren.** B. A. Gromov, V. B. Miller, M. B. Neiman und Yu. A. Shlyapnikov. (Int. J. appl. Radiat. Isotopes **13,** 281—85, 1962; Moscow, Acad. of Sci. of the USSR; engl.) — Nach der von Zhoukhovitzky (vgl. C. **1961,** 7861) beschriebenen Meth. wurden unter Verw. von ^{14}C-markiertem 2.6-Di-tert.-butyl-4-methylphenol (**I**) bzw. von ^{35}S-markiertem Phenthiazin (**II**) folgende Diffusionskoeff. D bestimmt: $D = 5 \cdot 10^6 \exp(-23000/RT)$ $cm^2\,s^{-1}$ für **I** in *Polypropylen* (**III**) zwischen 60 u. 110°, $1 \cdot 10^{12} \exp(-33400/RT)$ für **II** in **III** zwischen 80 u. 105° u. $25 \exp(-16300/RT)$ für **I** in *Polyformaldehyd* zwischen 80 u. 110°. O. Fuchs 4010◇

0967 **Einige Gesetzmäßigkeiten der Polymerisation von Butadien unter dem Einfluß von katalytischen „Cobalt"-Systemen.** W. N. Sgonnik, B. A. Dolgoplossk, W. A. Kropatschew und N. I. Nikolajew. (Ber. Akad. Wiss. UdSSR **145,** 1285—87, 21/8. 1962; Akad. der Wiss. der UdSSR, Inst. für hochmol. Verbb.; russ.) — Die Polymerisation von *Butadien* (**I**) in Bzl. in Ggw. von $CoCl_2 \cdot 2$ Pyridin (**A**) u. (iso-$C_4H_9)_2AlCl$ wurde bei 2—50° untersucht. Der Umwandlungsgrad von **I** nimmt mit der Rk.-Dauer zu. Die Polymerisations-Geschw. erhöht sich mit der Temp., der **I**-Konz. (bis 20 Mol%) u. der Konz. von **A** (bis $7 \cdot 10^{-5}$ Mol/Liter). Das Molgew. von *polymerem* **I** erhöht sich von 200000 auf 610000 bei Erhöhung der **I**-Konz. von 6 auf 23,4 Mol-%. Bei Verminderung der Konz. von **A** erhöht sich das Molgewicht. Die Breite der Verteilung des Molgew. nimmt mit zunehmender Polymerisation stark zu unter gleichzeitiger Erhöhung des mittleren Molgewichts. Helmut Schäfer 4010△

0968 **Kompressibilität und Phasendiagramme von Polytetrafluoräthylen bei hohem Druck.** L. D. Liwschitz, Ju. Ss. Genschaft, W. K. Markow und Ju. N. Rjabinin. (Hochmolekulare Verbind. [UdSSR] **3,** 624—29, April 1961; Inst. für Physik hoher Drücke; russ., Auszug: engl.) — Für *Fluoroplast-4* (*Polytetrafluoräthylen*) wurde das Phasendiagramm bis zu Drücken von 10000 kg/cm² bestimmt. Beim Übergang von Phase I zu II u. I zu III tritt keine Hysteresis auf; der Übergang von II zu III weist Hysteresis auf, die sich aber bei Temp.-Erhöhung verringert. Die Kompressibilität von III ist geringer als die von I u. II. Aus den Daten der Kompressibilität bei 20 u. 90° geht hervor, daß die Phase hohen Druckes eine geringere Kompressibilität besitzt als die Phase geringen Druckes. J. v. Schroeder 4010◇

0969 **Bemerkung zum thermischen Abbau von Teflon.** L. Reich, H. T. Lee und D. W. Levi. (J. Polymer Sci., Part B **1,** 535—38, 1963; Dover, N. J., Picatinny Arsenal, Polymer Res. Section; engl.) — *Teflon 7* wurde bei 1 Torr auf Temp. zwischen 473 u. 533° erhitzt; gemessen wurde die zeitliche Abnahme des Gewichtes. Die daraus berechnete Aktivierungsenergie beträgt 69—74 kcal · Mol^{-1}. Es liegt eine Rk. 1. Ordnung vor. Für die Geschw.-Konst. k_1 1. Ordnung ergibt sich $k_1 = 4{,}7 \cdot 10^{18} \exp(-80{,}5/RT)\,s^{-1}$. O. Fuchs 4010◇

0970 **Über die Zersetzung von Polystyrol durch ionisierende Strahlung.** Je. Je. Baroni. (Hochmolekulare Verbind. [UdSSR] **3,** 960—65, 1961; russ., Auszug: engl.) — Vf. untersucht die Einw. von α- u. β-Strahlung auf reines *Polystyrol* u. auf Polystyrol mit Zusätzen (Plastmassenscintillatoren). Es wurde gefunden, daß in Abwesenheit von O_2 eine Kondens.-Rk. unter Bldg. von raumvernetzten Prodd. erfolgt. In Anwesenheit von O_2 oder W. erfolgt Oxydation an der Oberfläche unter Bldg. von Aldehyd- oder Carboxyl-Gruppen enthaltenden Polymeren. W. Bitjukow 4010△

0971 **Über Copolymere von Cumaron, Inden und ungesättigten Carbonsäuren bzw. deren Anhydriden und ihre**

Gewinnung durch Copolymerisation und gleichzeitige Ausfällung in Solventnaphtha. F. A. Henglein und L. R. Ilgemann. (Makromolekulare Chem. **62**, 120—22, 1963; Karlsruhe, TH, Inst. für Chem. Techn.; dt.) — Aus dem bei der Hochtemp.-Verkokung von Steinkohle erhaltenen, gereinigten Solventnaphtha (**I**; Lösungsbenzol-II, Kp. 150—200°) mit insgesamt 0,19 Mol *Inden* (**II**) u. *Cumaron* (**III**)/100 g wird durch 8std. Erhitzen mit *Maleinsäureanhydrid* (**IV**) in Ggw. von Dibenzoylperoxid im N_2-Strom auf 100°, Waschen mit Toluol u. Trocknen bei 70° in 76%ig. Ausbeute nach Umfällen aus Aceton das weiße *Tripolymerisat II/III/IV* erhalten, dessen 1%ig. aceton. Lsg. eine relative Viscosität K von 46,0 hat. Wird **I** ohne Reinigung verarbeitet, sinkt der K-Wert auf 43,2. Durch Lösen des Tripolymeren **II/III/IV**, gemeinsam mit *Isooctanol* u. *Polyglykol*, in Aceton, Gießen auf Eisenbleche, $^1/_2$std. Trocknen bei 25° u. 1std. Trocknen bei 140° erhält man 0,01—0,05 mm starke, klare, glänzende u. guthaftende Filme mit der Ritzhärte H nach Smith. Statt **IV** können auch *Acrylsäure*, *Citracon-* u. *Itaconsäureanhydrid* verwendet werden. H.-J. Sobe 4010◇

0972 **Spannungsrelaxationen thermoreversibler Gele. Abhängigkeit des Relaxationsspektrums vom Molekulargewicht. Das System Polyvinylalkohol–Kongorot–Wasser.** Kiyoshi Arakawa. (Bull. chem. Soc. Japan **33**, 1568—71, 1960; Oiwake, Hamamatsu, Shizuoka Univ., Fac. of Engng., Dep. of Chem. Ind.; engl.) — Die Spannungsrelaxation des Syst. *Polyvinylalkohol* (**I**; 17,5%)–*Kongorot* (1,75%)–*W.* wurde 10 Std. bei Temp. zwischen 0,8° u. 66,5° für drei **I**-Präpp. mit unterschiedlichem Molgew. ($3{,}5 \cdot 10^4$, $4{,}9 \cdot 10^4$ u. $9{,}8 \cdot 10^4$) u. Intrinsicviscosität $[\eta]_{30°}$ von 0,54, 0,66 u. 1,03 [100 cm^3/g] gemessen. Nach dem Zeit-Temp.-Überlagerungsprinzip wurde aus den gemessenen Relaxationskurven für jede Probe eine zusammengesetzte Relaxationskurve erhalten (Relaxationsdauer $\tau = 10^{-4}—10^9$ h) u. das Relaxationsspektrum berechnet. Die drei Spektren überlagern sich bei $\tau < 1$ h weitgehend. Mit steigendem Molgew. erhöhen sich die Maxima u. vergrößern sich die Langzeitbereiche der Spektren. U. Stürzer 4010◇

0973 **Bemerkung über die 1250- und 1205 cm^{-1}-Absorptionsbande im Infrarotspektrum einiger makromolekularer Verbindungen.** Leszek Czuchajowski. (Roczniki Chem. [Ann. Soc. chim. Polonorum] **35**, 393—96, 1961; Kraków, Acad. of Mining and Metallurgy, Dep. of General and Coal Chem.; pol., Auszug: engl.) — Das IR-Spektrum von *Phenol-Formaldehyd-Harzen* zeigt bei der Pyrolyse nur im Bereich 1180—1280 cm^{-1} qual. Änderungen. Neben der Bande bei 1205 cm^{-1} entsteht eine neue bei 1250 cm^{-1}, deren Intensität mit steigender Temp. zunimmt. Die 1250 cm^{-1}-Bande wird den bei der Pyrolyse entstehenden aromat. Ätherbrücken u. die bei 1205 cm^{-1} den verschwindenden phenol. OH-Gruppen zugeordnet. P. Kahlow 4010△

0974 **Über den Einfluß der Stereostruktur bei alicyclischen Epoxyharzen aus Diels-Alder-Addukten. 10. Mitt. Über die Chemie der Epoxyharze.** B. Dobinson, A. J. Duke, K. W. Humphreys, E. Johnston, R. J. Martin. L. S. A. Smith und B. P. Stark. (Makromolekulare Chem. **59**, 82—105, 1963; Duxford, Cambs., England, CIBA Res. Labor.; engl.) — Der Einfl. der ster. Anordnung der Epoxidgruppe auf den Härtungsverlauf u. auf andere Eigg. von *Epoxyharzen*, die *3-Oxatricyclo-*[*3.2.1.0*$^{2.4}$]*-octyl-*(*6*)- oder *4-Oxatetracyclo-*[*6.2.1.0*$^{2.7}$*.0*$^{3.5}$]*-undecyl-*(*9 oder 10*)-Reste enthalten, wurde untersucht. Zu diesem Zweck wurden aus Dehydronorbornylalkohol (**I**) bzw. Tricyclo-[5.2.1.0$^{2.6}$]-decen-(3)-ol-(8 oder 9) (**II**) die *Äther*, *Formale*, *Formiate*, *Carbonate* u. *Succinate* dargestellt u. diese durch Epoxydierung mit Peressigsäure oder durch Chloracetylierung mit tert.-Butylhypochlorit in Eisessig, Verseifung u. Dehydrochlorierung der entstandenen *Chlorhydrinacetat-Derivv.* in die entsprechenden *Bis-*{*3-oxatricyclo-*[*3.2.1.0*$^{2.4}$]*-octyl-*(*6*)}-(**O**) bzw. *Bis-*{*4-oxatetracyclo-*[*6.2.1.0*$^{2.7}$*.0*$^{3.5}$]*-undecyl-*(*9* oder *10*)}*-Derivv.* (**U**) übergeführt. Die Epoxydierung der **II**-Derivv. verläuft nun besonders stereoselektiv. Mit Peressigsäure entstehen die *endo-Epoxide*, während man durch Bldg. der Chlorhydrinacetate u. deren Verseifung u. Dehydrochlorierung die *exo-Epoxide* erhält. Daß es sich um echte Stereoisomere handelt, zeigt die Red. der beiden isomeren 4-Oxatetracyclo-[6.2.1.0$^{2.7}$.0$^{3.5}$]-undecanole-(9 oder 10) zum gleichen **II**, aus dem beide dargestellt worden waren. Das Chlorhydrin-Verf. läßt sich wegen der dabei auftretenden Umlagerungs-Rkk. nicht für die Epoxydierung von Bicyclo-[2.2.1]-hepten-(5)-yl-(2)-Derivv. anwenden. Die Stereoisomeren unterscheiden sich charakterist. im F., in der IR-Absorption u. der Gel-Zeit. Die Reaktivitäten der exo-Isomeren, bei denen die Epoxygruppe an der durch die CH_2-Brücke ster. gehinderten Seite des Mol. liegt, sind 10—200 mal größer als die der endo-Verbindungen. Erstere ergeben bei der Härtung in kürzerer Zeit unter weniger energ. Bedingungen Prodd., die in den mechan. Eigg. den anderen überlegen sind. Die Gasbldg. bei der Härtung der **O** mit Anhydriden ist durch eine intramol. Rk. der Epoxygruppe mit der Estergruppe zwischen den cycl. Resten erklärbar, wobei — je nach Art der Gruppe H_2CO oder CO_2 abgespalten wird. Bei Epoxyharzen, die auf der Basis des Cyclohexanringes aufgebaut sind, wurden keine analogen stereochem. Erscheinungen beobachtet. Die stereoisomeren endo- u. exo-Formen der **U** wurden durch Erhitzen mit äquivalenten Mengen Phthalsäureanhydrid (**VI**) in Ggw. von 2% N-Benzyldimethylamin (**VII**) in mehreren Stufen auf 120, 140 bzw. 200° in die *Epoxyharze* übergeführt (Meth. **F**) u. ihre Scherfestigkeit, Kerbschlagfestigkeit, Verspannungs- oder Formänderungstemp. sowie die Dauer bis zur Gel-Bldg. (GZ) bestimmt. Die GZ bedeutet die Zeit in Min., in der durch Erhitzen der **U** mit 1 Mol **VI** in Ggw. von 2% **VII** auf 120° Gel-Bldg. eintritt.

Versuche: **A.** Veresterung durch Erhitzen von 1 Mol Alkohol, 0,5 Mol Dicarbonsäure oder deren Anhydrid u. 6 g p-Toluolsulfonsäure in Toluol, Xylol oder Methylisobutylketon, bis kein W. mehr abdestilliert; **B.** Epoxydierung mit Peressigsäure durch Erwärmen des Olefins in Chlf. oder Xylol mit 0,4—1,0 Mol wasserfreiem Na-Acetat/Mol Doppelbindung auf 30—40°, Zugabe von 10% überschüssiger Peressigsäure, Waschen der Lsg. mit W., $NaHCO_3$-Lsg., $FeSO_4$-Lsg. u. W., Trocknen u. Abdampfen des Lsgm. (Meth. B_1) oder Waschen der Lsg. mit W. u. Dest. mit Xylol bei 40° im Vakuum unter Abtreiben von Xylol, Essigsäure u. W. (Meth. B_2); **C.** Epoxydierung durch Chloracetylierung durch Zutropfen von 1 Mol tert.-Butylhypochlorit zu 1 Mol Olefin in 5 bis 10 Mol Eisessig, 1std. Rühren bei 20° u. Abdest. der Essigsäure im Vakuum; D_1. Verseifung durch 2std. Erhitzen des gebildeten *Chlorhydrinacetats* mit einem dreifachen Überschuß an 4%ig. KOH in Isopropanol, Abdest. des Lsgm. im Vakuum, Verteilen zwischen W. u. Bzl. oder Ae., Extraktion der wss. Phase mit organ. Lsgm. u. Dest.; D_2. durch Erhitzen des Chlorhydrinacetats auf 60° unter Rühren, Zugabe von 25% überschüssiger 50%ig. NaOH bei 60—70° u. 2std. Rühren bei 50—60°; D_3. durch Erhitzen des Chlorhydrinacetats in Dioxan mit 25% überschüssiger 50%ig. NaOH bis 90°, Abdampfen von Dioxan bei 15 mm, Extraktion mit Ligroin u. Eindampfen; **E.** Umesterung durch Erhitzen eines mol. Gemisches aus dem Epialkohol u. dem Ester mit Na-Methanolat auf 100°/15 mm unter N_2: *Dehydronorbornylacetat*, durch Rk. von Dicyclopentadien mit Vinylacetat; 79,6% (Ausbeute). — *Dehydronorbornylalkohol* (**I**), durch basenkatalysierte Solvolyse vorst. Verb. in Methanol. — *Bis-*{*bicyclo-*[*2.2.1*]*-hepten-*(*5*)*-yl-*(*2*)}*-formal*, $C_{15}H_{20}O_2$, $Kp._{12}$ 156—158°, aus 165 g **I**, 22,5 g Paraformaldehyd, 5 g p-Toluolsulfonsäure in 150 ml Bzl., 18 Std. am Rückfluß, dann 15 Min. am Rückfluß mit 10 g Na_2CO_3; n_D^{20} 1,5057; 59,2 g. *Oligoformale*, analog mit dreifachem Überschuß an Paraformaldehyd. — *Bis-*{*3-oxatricyclo-*[*3.2.1.0*$^{2.4}$]*-octyl-*(*6*)}*-formal* (**III**), $C_{15}H_{20}O_4$, $Kp._{0,25}$ 173 bis 178,5°, F. 40—46°, nach B_1 (Chlf., 10°, 20 Std.) aus vorst. Verbindung. — *Bis-*{*3-oxatricyclo-*[*3.2.1.0*$^{2.4}$]*-octyl-*(*6*)}*-carbonat* (**IV**), $C_{15}H_{18}O_5$, F. 190°, aus 24,6 g *Bis-*{*bicyclo-*[*2.2.1*]*-hepten-*(*5*)*-yl-*(*2*)}*-carbonat* (F. 97°, aus 220 g **I**, 105 g Phosgen in 158 g Pyridin u. 1 Liter Bzl., zuerst unter 20°, dann 15 Std. bei Raum-Temp., Zugabe von 1 Liter W. u. Dest. der organ. Schicht) durch Epoxydation nach B_1; 26 g. — *Bis-*{*bicyclo-*[*2.2.1*]*-hepten-*(*5*)*-yl-*

(2)}-succinat (V), $C_{18}H_{22}O_4$, Kp.$_1$ 181—182°, aus I u. Bernsteinsäureanhydrid nach A; 52%. — *Bis-{3-oxatricyclo-[3.2.1.0$^{2.4}$]-octyl-(6)}-succinat*, $C_{18}H_{22}O_6$, F. 58 bis 61°, aus 151 g vorst. Verb. nach B_1; 165 g. — III, IV u. V wurden bei 100° mit Phthalsäureanhydrid u. 1% VII gemischt u. auf 120° oder 140° erhitzt; unter Gas-Entw. (außer bei V) entstehen schwarze, schaumige, gehärtete Produkte. — *6-Chlornortricyclyl-(3)-acetat*(?), $C_9H_{11}ClO_2$, Kp.$_{12}$ 115—116°, aus I u. tert.-Butylhypochlorit in Eisessig, 10 Min. bei 15—20° u. 30 Min. bei 0°, Abdest. des Lsgm., Aufnehmen des Rückstandes in Toluol u. mehrmalige Dest.; 11,8%. — *2.5-* oder *3.5-Diacetoxy-7-chlornorbornan*, $C_{11}H_{15}ClO_4$, Kp.$_{12,5}$ 162—165°, aus dem Rückstand vorst. Dest.; 22,8%. — *4-Oxatetracyclo-[6.2.1.0$^{2.7}$.0$^{3.5}$]-undecanol-(9* oder *10)*, *endo-Epoxid* (VIII), $C_{10}H_{14}O_2$, Kp.$_{0,2}$ 110—111°, D.$_{25}^{25}$ 1,171, n_D^{25} 1,5223, aus II nach B_2. *exo-Epoxid*, Kp.$_{0,5}$ 120—122°, F. 61—62,5° (PAe./Ae.), n_D^{25} 1,5223, a) aus II nach C u. D_2; b) durch Zugabe eines Gemisches aus II-Formiat (356 g), Octansäure (259 g) u. 2,53 n NaOCl zu einem Gemisch aus W., Octansäure u. NaOCl in 2 Std. bei 12—16°, $^1/_4$std. Rühren, Zugabe von 4 n H_2SO_4, Extraktion mit Äthylacetat, Eindampfen u. weiter nach D_2; 252 g. — *Tricyclo-[5.2.1.0$^{2.6}$]-decen-(3)-ol-(8* oder *9)*, a) Kp.$_{0,4}$ 79—81°, n_D^{20} 1,5255, durch Red. vorst. exo-Epoxids (13,6 g) mit NaJ in Na-Acetat- u. Essigsäure/W.-Lsg. im Eisbad, Zugabe von Zn, Rühren über Nacht, Verteilen zwischen W. u. Bzl., Eindampfen der organ. Phase u. Dest.; 12,3 g; b) Kp.$_{0,35}$ 77—83°, n_D^{20} 1,5203—1,5238, analog a) aus 13,6 g vorst. endo-Epoxids; 4,15 g. — Bis-{4-oxatetracyclo-[6.2.1.0$^{2.7}$.0$^{3.5}$]-undecyl-(9 oder 10)}-äther: *Unsubstituiert, endo-Form*, Ew. (unscharfer F.) 27°, halbkristallin, nach B_1. *Epoxyharz*, nach F, 30 Std. bei 120° u. 48 Std. bei 140°; GZ 1645. *exo-Form*, Ew. 36°, halbkristallin, nach C u. D_3. *Epoxyharz*, nach F, 1 Std. bei 120° u. 10 Std. bei 140°; GZ 8. — *Methylenglykol- (Formal), endo-Form*, Ew. 30°, kristallin, nach B_1. *Epoxyharz*, nach F; GZ 1145. *exo-Form*, Ew. < 30°, halbkristallin, nach C u. D_3. *Epoxyharz*, nach F; GZ 40. — *Äthylenglykol-, endo-Form*, $C_{22}H_{30}O_4$, F. 145—148,5° (PAe. u. Methanol), nach B_1. *Epoxyharz*, nach F mit 1,75% Na-Hexanolat statt VII, 24 St./140° u. 24 Std./200°; GZ 810. *exo-Form*, $C_{22}H_{30}O_4$, F. 100,5 bis 102,5° (PAe. u. Ae.), nach C u. D_3. *Epoxyharz*, analog nach F; GZ 45. — *Diäthylenglykol-, exo-Form*, gelbe undestillierbare Flüssigkeit. — 4-Oxatetracyclo-[6.2.1.0.$^{2.7}$.0$^{3.5}$]-undecyl-(9 oder 10)-äther: *Methyl-, endo-Form*, $C_{11}H_{16}O_2$, Kp.$_{0,5}$ 86—87°, D.$_{25}^{25}$ 1,096, n_D^{25} 1,4971, nach B_1. *exo-Form*, $C_{11}H_{16}O_2$, Kp.$_{0,1}$ 76—83°, D.$_{25}^{25}$ 1,087, n_D^{25} 1,5000, nach C u. D_3. — *2-Hydroxyäthyl-, exo-Form*, $C_{12}H_{18}O_3$, Kp.$_{0,5}$ 140—155°, n_D^{20} 1,5181, nach C u. D_3. — *Bis-{tricyclo-[5.2.1.0$^{2.6}$]-decen-(3)-yl-(8* oder *9)}-carbonat*, Kp.$_{2,5}$ 215°, durch Erhitzen von II mit Diäthylcarbonat unter N_2, bis kein A. mehr übergeht, u. Dest.; 81%. — Bis-{4-oxatetracyclo-[6.2.1.0$^{2.7}$.0$^{3.5}$]-undecyl-(9 oder 10)}-ester: *Carbonat, endo-Form*, Ew. 105°, kristallin, durch Veresterung von VIII mit Dicyclohexylcarbonat nach E; GZ 1320. — *Succinat, endo-Form*, $C_{24}H_{30}O_6$, F. 170—179° (Ae. u. Bzl.), nach A u. B_1. *Epoxyharz (EH)*, GZ > 450. *exo-Form*, $C_{24}H_{30}O_6$, F. 145° (Ae. u. Bzl.), nach E. *EH*, GZ 25. — *Adipinat, endo-Form*, $C_{26}H_{34}O_6$, F. 103—110° (Methanol), nach A u. B_2. *EH*, nach F in Ggw. von 4% 18%ig. Na-Äthylenglykolat in Äthylenglykol u. 24% VIII, 5 Std./130°, 2 Std./180° u. 24 Std./200°; GZ 2160. *exo-Form*, $C_{26}H_{34}O_6$, F. 86 bis 90° (PAe./Ae.), nach E. *EH*, in Ggw. von 2% VII nach F, 1 Std./120° u. 12 Std./140°; GZ. 10. — *Isophthalat, endo-Form*, kristallin, F. 253°, nach A u. B_1. *exo-Form*, Ew. 63°, sprödes Glas, nach E. *EH*, nach F, 1 Std./120° u. 10 Std./140°; GZ 15. — *Sebacinat, endo-Form*, Ew. < 30°, halbkristallin, nach A u. B_1. — *Azelainat, exo-Form*, viscoses Öl. — *β.β'-Äthylen-bis-[oxycarbonyl]-dipropionat, exo-Form*, halbkristallin. — *Trimellitsäure, endo-Form*, braunes viscoses Öl. *exo-Form*, sprödes Glas. — *Pyromellitsäure*, exo-Form, sprödes Glas. — *Maleat, endo-Form*, zähes Glas. *exo-Form*, braunes Glas. — *Fumarat, exo-Form*, hellgelbes Glas. — Bis-[β-{4-oxatetracyclo-[6.2.1.0$^{2.7}$.0$^{3.5}$]-undecyl-(9 oder 10)-oxy}-äthyl]-ester: *Carbonat, exo-Form*, braune, nicht destillierbare Flüssigkeit. *EH*, GZ 25. *Succinat, exo-Form*, braune, nicht destillierbare Flüssigkeit. — *Adipinat, exo-Form*, hellgelbe, nicht destillierbare Flüssigkeit. *EH*, nach F, 1 Std./120° u. 20 Std./140°; GZ 15. — *Isophthalat, exo-Form*, hellgelb, äußerst viscos. *EH*, nach F, 1 Std./120° u. 16 Std./140°; GZ 15. — *Fumarat, exo-Form*, hellgelb, sehr viscos. — *β.β'-Äthylen-bis-[oxycarbonyl]-dipropionat, exo-Form*. — 4-Oxatetracyclo-[6.2.1.0$^{2.7}$.0$^{3.5}$]-undecyl-(9 oder 18)-ester: *β-Äthoxycarbonylpropionat, endo-Form* u. *exo-Form*. — *Acrylat, exo-Form*, Kp.$_{0,4}$ 108—110°. — *Methacrylat, exo-Form*, Kp.$_{0,25}$ 109°. — *Oleat, endo-Form*, Öl, nach A u. B_2. — *5.6-Epoxynorbornan-2-carbonsäure-, endo-Form*, fl., u. *exo-Form*. — *9.10-Epoxystearat, endo-Form*, $C_{28}H_{46}O_4$, n_D^{25} 1,4852, hellgelbe, undestillierbare Flüssigkeit. *EH*, nach F in Ggw. von 4% 18%ig. Na-Äthylenglykolat in Äthylenglykol u. 23% VIII, 5 Std./130°, 2 Std./180° u. 24 Std./200°. *exo-Form*, $C_{28}H_{46}O_4$, n_D^{25} 1,4480, durch Chloroformoxylierung von Tricyclo-[5.2.1.0$^{2.6}$]-decen-(3)-ol-(8 oder 9)-oleat (Kp.$_{0,5}$ 214—218°, nach A) nach C, jedoch mit Ameisensäure, $^1/_2$std. Rühren mit 0,9n K-tert.-Butylat in tert.-Butanol, Eindampfen, Aufnehmen in Chlf. u. Eindampfen. — *4-Oxatetracyclo-[6.2.1.0$^{2.7}$.0$^{3.5}$]-undecyl-(9* oder *10)-glycidyläther, endo-Form*, flüssig. *exo-Form*, Kp.$_{0,3}$ 130—135°. — *Bis-[3.4-epoxycyclohexylmethyl]-formal*, $C_{15}H_{24}O_4$, Kp.$_{0,1}$ 130—158°, a) durch Zutropfen von tert.-Butylhypochlorit (0,2 Mol) zu 23,6 g Bis-[1.2.3.6-tetrahydrobenzyl]-formal (IX) (0,1 Mol) in 100 ml Aceton, 50 ml W. u. 25 ml Essigsäure bei 0°, 20 Min. langes Rühren, Abdestillieren der Lsgm., Zugabe von Bzl. u. Toluol u. Dest., Aufnehmen des *Bis-chlorhydrins* mit etwas *Chlorhydrinacetat* in Ae., Zugabe von KOH, 1std. Rühren u. Dest.; $n_D^{25,5}$ 1,4898—1,4903; 8,0 g; b) analog aus IX nach B_1; n_D^{25} 1,4895, D.$_{25}^{25}$ 1,104.
K. Pfleghar 4010◇

0975 **Eine neue Methode für die Herstellung von hochpolymerem Acetaldehyd.** Junji Furukawa, Takeo Saegusa, Teiji Tsuruta, Hiroyasu Fujii, Akihiro Kawasaki und Toshio Tatano. (Makromolekulare Chem. **33**, 32—40, 1959; Kyoto, Kyoto Univ., Fac. of Engng., Dep. of Ind. Chem.; engl.) — Die App., die eine Polymerisation von *Acetaldehyd* (I) oberhalb seines F. ermöglicht, besteht aus 2 senkrechten Kolben (A u. B), die durch ein waagerechtes Capillarrohr miteinander verbunden sind. Der in B befindliche Al_2O_3(II)-Katalysator wird nach Evakuierung der App. auf 3—5 mm Hg auf — 70° gekühlt, während sich der vorher gekühlte I auf Raumtemp. erwärmt, so daß er mit ca. 1 Mol/6 h nach B destilliert. Dest. unter N_2-Atmosphärendruck ist ebenfalls möglich. Nach beendeter Dest. wird B noch bestimmte Zeit kühl gehalten u. das Polymere dann mit Aceton u. 1% β-Naphthylamin (Stabilisator) extrahiert, mit W. gefällt u. im Vakuum bei Raumtemp. getrocknet. Das Prod. ist eine weiße, nicht klebrige, hochelast. Masse (Polymerisationsgrad bis 50000), deren Struktur nach IR-Unterss. die eines *Methylpolyoxymethylens* ist. Reines aus Al-Isopropylat durch Hydrolyse, Glühen u. Zerkleinern hergestelltes II ist aktiver als handelsübliche, geglühte II-Körner. Die Glüh-Temp. kann 400—1000° (optimal 800°) betragen, die Ausbeute bis zu 91%. II wirkt auch bei — 184° noch katalytisch. Bei direkter Vereinigung von fl. I u. II ist die Ausbeute gering, ebenso bei Vorbehandlung von II mit bas. Substanzen (KOH, Triäthylamin). Bei Verw. von pulverisiertem CrO_3 oder MoO_3 erhält man ebenfalls Hochpolymere, aber in viel geringeren Ausbeuten als die mit II. B_2O_3, P_2O_5, MgO, ThO_2 oder 87% SiO_2/13% Al_2O_3 liefern Spuren von klebrigen Niedrigpolymeren, während Silicagel, CuO, TiO_2, V_2O_5, ZnO, MnO_2, Fe_2O_3, BaO, PtO_2, PdO, Ni_2O_3 u. CaO unwirksam sind. Da sich die IR–CO-Bande von fl. I bei Adsorption an II von 5,8 auf 6,4 verschiebt, wird in Analogie zu bekannten Arbeiten Polarisation der CO-Bindung durch II u. nachfolgende kation. Polymerisations-Rk. angenommen. R. Junge 4010◇

0976 **Die Darstellung von vernetzenden Beizmitteln.** Lloyd D. Taylor. (J. Polymer Sci. **62**, S 12—S 15, 1962; Cambridge, Mass., Polaroid Corp., Res. Div.; engl.) — Es werden dargestellt: *p-Xylylen-bis-[3-dimethylammoniopivalinaldehydbromid]* (I), $C_{22}H_{38}Br_2N_2O_2 \cdot H_2O$, F. 67°, durch Erhitzen eines Gemisches aus p-Xylylendibromid (II) u. einem Überschuß aus 3-Dimethylaminopivalinaldehyd in trockenem Bzl., Lösen des grünen Nd. in A. u. Fällen mit Äther. — *p-Xylylen-bis-[4-formylpyridiniumbromid]* (**III**), $C_{20}H_{18}Br_2N_2O_2 \cdot 2H_2O$, F. 90° (gelb), durch Erhitzen von **II** u. Pyridin-4-aldehyd in Aceton (**IV**). — *p-Xylylen-bis-[2.2-diäthoxyäthyldimethylammoniumbromid]* (**V**), $C_{24}H_{46}Br_2N_2O_4$, F. 197°, aus **II** u. Dimethylaminoacetaldehyddiäthylacetal in **IV**. — *Bis-[2.2-diäthoxyäthyl]-dimethylammonium-p-tosylat* (**VI**), $C_{21}H_{39}NO_7S$, F. 85°, aus N.N-Bis-[2.2-diäthoxyäthyl]-methylamin u. Methyl-p-tosylat in Äther. — *Bis-[2.2-dihydroxyäthyl]-dimethylammonium-p-tosylat* (**VII**), $C_{13}H_{23} \cdot NO_7S$, F. 160°, durch Erhitzen von **VI** mit W. in Ggw. von p-Toluolsulfonsäure u. Ausfällen mit **IV**. **I**, **III**, **V**, **VI** u. **VII** dienen als Härtungs- u. Beizmittel für Polyvinylalkohol (**VIII**). Aus der Lsg. von 1 g **I** + 3 g **VIII** + 1 Tropfen konz. H_2SO_4 in 50 cm³ W. wurde ein Film auf Glas hergestellt; der Film wurde nach dem Trocknen 30 s auf 110° erhitzt. Nach Eintauchen des Films in die wss. Lsg. des Farbstoffes Neolan Pink BA wird der Film unlösl. u. der Farbstoff ist mit sd. W. nicht mehr extrahierbar. O. Fuchs 4010◇

0977 **Dichte von Polyacrylonitril.** R. B. Hurley und L. S. Tzentis. (J. Polymer Sci., Part B **1**, 423—26, 1963; Williamsburg, Va., Dow Chem. Co., Res. Dep.; engl.) — Fäden aus *Polyacrylonitril* besitzen nach dem Auswaschen u. Trocknen im unverstreckten Zustand D. 1,2323 (bei 25°); die Dichte wurde in einer Dichtegradientensäule aus n-Heptan u. Tetrachlorkohlenstoff bestimmt. Nach dem 2fachen Verstrecken der Fäden in W. bei 25° fällt D. auf 1,2257, nach dem 8fachen Verstrecken in sd. W. auf 1,2032, nach dem Erhitzen (15 Sek.) in sd. W. auf 1,1890 u. nach dem Trocknen an Luft bei 120° auf 1,1785 (alle Nachbehandlungen wurden mit den Ausgangsfäden vorgenommen). Wird der Faden mit D. 1,2032 in Luft auf 120° erhitzt, so fällt D. auf 1,1769. Ähnlich verhält sich das Acrylonitrilcopolymere *Orlon 42*. Aus diesen u. weiteren Daten folgt, daß bei der Nachbehandlung der Ausgangsfäden Leerstellen entstehen, die auch für die Fll. bei der Dichte-Best. nicht mehr zugänglich sind. O. Fuchs 4010◇

0978 **Infrarotspektrum und Kristallinität von Blockcopolymeren mit Polyacrylonitril.** Wasaburo Kawai und Shigeru Tsutsumi. (Chem. high Polymers [Tokyo] **18**, 107—09, 1961; Osaka, Osaka Univ., Dep. of Eng.; jap., Auszug: engl.) — „Lebendes" *Polyacrylonitril* (**I**) u. Block-Copolymere aus **I** u. *Vinylacetat*, **I** u. *Methylmethacrylat*, **I** u. *Styrol*, die mit Triäthyl-Al und BF_3-Ätherat-Katalysatoren polymerisiert wurden, wurden infrarotspektroskop. u. durch Röntgenbeugung untersucht. Die Kristallinität der Copolymeren ist kleiner als die von **I** allein. P. Kahlow 4010△

0979 **Die Copolymeren von ungesättigten Lactonen mit Acrylonitril.** Yoshio Iwakura, Takashi Tamikado, Yoshihiro Fujimoto, Shigeru Ikegami und Mitsuhiro Maruyama. (Chem. High Polymers [Tokyo] **15**, 469—74, 1958; Ookayama, Meguroku, Tokyo, Tokyo Inst. of Technol., Res., Labor. for Resources Utilization; jap., Auszug: engl.) — Die Copolymerisation von *Acrylonitril* (**I**) mit jeweils *α-Angelicalacton* (**II**), *β-Angelicalacton* (**III**) u. *β-Methylen-β-propiolacton* (Diketen; **IV**) in Substanz wurde mit α.α'-Azodiisobutyronitril als Initiator durchgeführt. Die Zus. der Copolymeren wurden durch Stickstoffanalysen nach der Kjeldahl-Meth. (Makromaßstab) bestimmt. Die Monomer-Reaktivitätsverhältnisse wurden ermittelt: **I**—**II**: $r_1 = 14{,}5 \pm 0{,}5$, $r_2 = 0$; **I**—**III**: $r_1 = 113 \pm 4$, $r_2 = 0$; **I**—**IV**: $r_1 = 7{,}52 \pm 0{,}08$, $r_2 = 0$. I. Solf 4010◇

0980 **Über reversibel vernetzte und verzweigte makromolekulare Verbindungen.** 2. Mitt. **Darstellung und Polymerisation aldehyd- bzw. aminogruppenhaltiger Vinylverbindungen und ihrer Derivate.** H. Ringsdorf und G. Greber. (Makromolekulare Chem. **31**, 27—49, 1959; Freiburg i. Br., Univ., Inst. für makromol. Chem.; dt.) — 1. vgl. C. **1961**, 11736. — Durch Umsetzen von *Acrylsäurechlorid* (**II**), *Methacrylsäurechlorid* (**I**) u. *Allylbromid* mit dem *K-Salz* des *4-Hydroxybenzaldehyds* bzw. des *4-Aminophenols*, dessen Aminogruppe zunächst als Schiffsche Base geschützt war, wurden aldehyd- bzw. aminogruppenhaltige *Vinyl-* bzw. *Allylverbb.* dargestellt u. durch ihre Derivv. charakterisiert. Die Polymerisation dieser Monomeren u. ihrer Derivv. wird untersucht. Bei der radikal. initiierten Polymerisation u. Copolymerisation der aldehydgruppenhaltigen Monomeren wird die Aldehydgruppe in die Rk. einbezogen. Die dabei erhaltenen Polymerisate sind unlösl., nur in wenigen Lsgm. quellbar u. lassen sich auch durch Umsetzung mit Carbonylreagentien nicht in lösl. Derivv. überführen. Lösl. polymere Aldehyde konnten durch Polymerisation der Monovinyl-Schiffschen Basen u. anschließende saure Hydrolyse dieser Polymerisate gewonnen werden. Die azomethingruppenhaltigen Monovinylverbb. polymerisieren — radikal. initiiert — zu gut lösl. Hochpolymeren. Dabei ist die –CH=N-Doppelbindung unter den angewandten Verss.-Bedingungen nicht zu einer Polymerisation befähigt. Die Copolymerisationsparameter von drei Monovinyl-Schiffschen Basen mit Styrol werden bestimmt. (Tabellen vgl. Original).

Versuche: *4-Aminostyrol*, a) durch Wasserabspaltung aus dem über mehrere Stufen aus β-Phenyläthylalkohol gewonnenen *β-[4-Aminophenyl]-äthylalkohol* mit KOH; 25—30% (Ausbeute); b) durch Red. von p-Aminoacetophenon mit $LiAlH_4$ in Tetrahydrofuran bei Raumtemp., 1std. Kochen, Zugabe von Essigester bei 0°, Eindampfen des Filtrats u. Zugabe des erhaltenen *Methyl-[4-aminophenyl]-carbinols* (86%) in gesätt. wss. Lsg. zu konz. KOH bei 120°; 35%. — *Acrylsäurechlorid* (**II**), durch Umsetzen von Acrylsäure mit Benzoylchlorid — *Methacrylsäurechlorid* (**I**), aus Methacrylsäure analog vorst. Verbindung. — *Benzyliden-p-hydroxyanilin* (**IV**), *K-Salz*, durch Erwärmen von **IV** mit KOH in Methanol, Einengen im Vakuum u. Fällen mit Ae.; 90%. — *p-Hydroxybenzylidenanilin* (**III**), *K-Salz*, analog vorst. Verb. aus p-Hydroxybenzaldehyd. — *4-Methacryloyloxybenzaldehyd* (**V**), $C_{11}H_{10}O_3$, F. 27—28°, Kp.$_{10-12}$ 84—86°, durch Zugabe von **I** in Ae. zu einer Suspension von K-p-Formylphenolat (**VIII**) in Ae., ½std. Rühren, Filtrieren, Eindampfen u. Reinigen durch Chromatographie an Al_2O_3 in benzol. Lsg.; 90%. *Anil*, $C_{17}H_{15}NO_2$, F. 83—84°, a) durch ½std. Kochen von **V** mit Anilin in Ae.; aus Methanol Blättchen; 93%; b) durch Kochen von **III** mit KOH in Methanol, Zugabe von **I** in Ae. bei 0°, ½std. Stehen, Filtrieren u. Einengen; 75%. *p-Chloranil*, $C_{17}H_{14}ClNO_2$, F. 90—91°, aus p-Chloranilin analog vorst. Deriv. nach a); aus Bzl./Methanol gelbe Blättchen; 90%. *Semicarbazon*, $C_{12}H_{13}N_3O_3$, F. 210—211° (A.); 91%. *2.4-Dinitrophenylhydrazon*, $C_{17}H_{14}N_4O_6$, F. 225—226°, aus A. dunkelrote Kristalle; 95%. — *4-Acryloyloxybenzaldehyd*, $C_{10}H_8O_3$, F. 29—30°, Kp.$_1$ 126—127°, durch Umsetzen von **VIII** mit **II**; 83%. *Anil*, $C_{16}H_{13}NO_2$, F. 84 bis 84,5°; hellgelbe Kristalle; 95%. *Semicarbazon*, $C_{11}H_{11} \cdot N_3O_3$, F. 190—191° (Bzl.); 50%. *2.4-Dinitrophenylhydrazon*, $C_{16}H_{12}N_4O_2$, F. 224—225°; aus A. dunkelrote Kristalle; 63%. — *4-Allyloxybenzaldehyd* (**VII**), $C_{10}H_{10}O_2$, F. 18—19°, Kp.$_{1}$ 102—103°, durch 2std. Kochen von **VIII** mit Allylbromid in Methanol; 96%. *Anil*, $C_{16}H_{15}NO$, F. 64—65° (Methanol), a) durch Zugabe von **VII** zu Anilin in Methanol bei 40°; 91%; b) durch Umsetzen des **III**-K-Salzes mit Allylbromid; 67%. — *Benzyliden-4-methacryloyloxyanilin* (**IX**), $C_{17}H_{15}NO_2$, F. 109—110° (Methanol), durch Umsetzen des K-Salzes von **IV** mit **I**; 50—55%. — *4-Methacryloyloxyanilin*, $C_{10}H_{11}NO_2$, F. 69—70°, durch Hydrolyse von **IX** mit 0,1 n HCl, Zugabe von 0,1 n NaOH u. Extrahieren mit Bzl.; 51%. — *Benzyliden-4-allyloxyanilin*, $C_{16}H_{15}NO$, F. 72—73° (A.), durch Umsetzen von **IV** mit KOH in Methanol u. Zugabe von Allylbromid in der Siedehitze; 64%. — *4-Allyloxyanilin*, $C_9H_{11}NO$, Kp.$_3$ 103—105°, durch Hydrolyse vorst. Verb. mit 0,1 n HCl; 51%. — *Poly-4-methacryloyloxybenzylidenanilin* (**VI**), $(C_{17}H_{15}NO_2)_x$, a) durch 3std. Polymerisation von **V**-Anil in Toluol in Ggw. von Azodiisobutyronitril bei 80° u. Einrühren in Methanol; 62%; b) durch Polymerisation in Substanz von **V**-Anil in Ggw. von Azodiisobutyronitril bei 85°; 3,7—22% (zeitabhängig). — *Poly-4-methacryloyloxybenzyliden-p-chloranil*, $(C_{17}H_{14}ClNO_2)_x$, durch Polymerisation in Substanz von **V**-Chloranil bei 100° unter N_2 analog **VI** nach b); 100%. — *Polybenzyliden-4-methacryloyloxyanilin*, $(C_{17}H_{15}NO_2)_x$, analog vorst. Verb. aus **IX**; aus Bzl. durch Fällen mit Methanol hellgelbe, faserige Produkte. — *Poly-4-methacryloyloxybenzaldehyd-semicarbazon*, $(C_{12}H_{13}N_3O_3)_x$, durch Polymerisation von **V**-Semicarbazon in Dimethylformamid in Ggw. von 0,1% Azodiisobutyronitril bei 80° bzw. durch Polymerisation in Substanz. — *Poly-4-methacryloyloxybenzaldehyd-2.4-dinitrophenylhydrazon*, $(C_{17}H_{14}N_4O_6)_x$, analog vorst. Verb. aus **V**-2.4-Dinitrophenylhydrazon. — *Poly-4-methacryloyl-oxybenzaldehyd*, a) durch 1,5std. Erwärmen von **V** mit 0,1% Azodiisobutyronitril auf 60°; 40%; b) analog a) in Ggw. von Hydrochinon, 4-Chloranil, Anthrachinon oder 2.5-Dichlor-3.6-difluorbenzochinon verzögerte Polymerisation; c) analog a) in Ggw. von Benzidin, Dimethyl-anilin oder Dinitrobenzol keine verzögerte Polymerisation. *Polyphenylhydrazon*, $(C_{17}H_{16}N_2O_2)_x$, durch 6std. Erwärmen mit Phenylhydrazin auf 60°; 74,5%ig. Substitution. *Anil*, $(C_{17}H_{15}NO_2)_x$, durch Umsetzen mit Anilin bei 60°; 84,3%ig. Substitution. *Oxim*, $(C_{11}H_{11}NO_3)_x$; 79,5%ig. Substitution. — *Poly-4-methacryloyloxybenz-aldehyd*, $(C_{11}H_{10}O_3)_n$, durch mehrmaliges 24std. Stehen von **VI** mit Essigsäure oder Ameisensäure in Bzl. u. Fällen mit Methanol. W. Hampel 4010△

0981 **Über reversibel vernetzte und verzweigte makromolekulare Verbindungen. 3. Mitt. Darstellung und Copolymerisation Divinyl-Schiffscher Basen mit Styrol.** H. Ringsdorf und G. Greber. (Makromolekulare Chem. **31**, 50—74, 1959; dt.) — 1. vgl. vorst. Referat. — Durch Umsetzung von aldehyd- bzw. aminogruppenhaltigen Vinylverbb. miteinander bzw. mit Diaminen oder Dialdehyden werden eine Reihe von Divinyl-Schiffscher Basen (**D**) dargestellt. Diese **D** werden mit *Styrol* u. *Methacrylsäuremethylester* copolymerisiert. Abhängig vom Umsatz entstehen hierbei verzweigte oder vernetzte *Copolymerisate*, in denen die Verzweigungs- bzw. Vernetzungsbrücken von –CH=N-Gruppen gebildet werden. Die Verzweigungen werden durch Best. der Huggins-Konst. u. durch Abnahme des Verhältnisses M_{visc}/M_{osm} nachgewiesen. Die über –CH=N-Brücken verzweigten u. vernetzten Makromoll. sind äußerst säureempfindlich. Sie werden durch verd. Säuren quant. in ihre prim. Moll. gespalten. Die Spaltung ist reversibel, u. eine erneute Verknüpfung der prim. Moll. mit Dialdehyden bzw. Diaminen ist möglich. *Copolymerisate* von *N.N'-Bis-[4-methacryloyloxybenzyliden]-1.2-diaminoäthan* u. *Terephthaldialdehyd-bis-[p-vinylanil]* mit *Styrol* werden dargestellt u. beschrieben. Dabei werden gleichzeitig Unterss. über die Viscositätsänderungen vor u. nach Zusatz von Ameisensäure durchgeführt. Best. der Viscositäten u. des Molgew. mittels Osmose werden mitgeteilt.

Versuche: *4.4'-[Dimethacryloyloxy]-benzyliden-anilin*, $C_{21}H_{19}NO_4$, F. 124—125°, durch Zugabe von Methacrylsäurechlorid in Ae. zum Di-K-Salz von 4.4'-Dihydroxybenzylidenanilin in A. bei 10°, ½std. Stehen, Filtrieren u. Kühlen auf —10°; aus Methanol gelbgrüne Blättchen; 69% (Ausbeute). — *N.N'-Bis-[4-methacryloyloxybenzyliden]-p-phenylendiamin*, $C_{28}H_{24}N_2O_4$, F. 188 bis 189° (Bzl.), durch Zugabe von 4-Methacryloyloxy-benzaldehyd (**I**) in A. zu p-Phenylendiamin in A. u. 1std. Stehen; 85%. — *N.N'-Bis-[4-methacryloyloxybenzyliden]-benzidin*, $C_{34}H_{28}N_2O_4$, F. 228—229° (Dimethyl-formamid/Methanol (2:1), durch Zugabe von Benzidin in A. zu **I** in Methanol; 79%. — *N.N'-Bis-[4-methacryloyl-oxybenzyliden]-1.2-diaminoäthan*, $C_{24}H_{24}N_2O_4$, F. 104 bis 105° (Methanol), durch Zugabe von 1.2-Äthylendiamin-hydrat zu **I** in Methanol u. Kühlen auf —15°; 90%. — *N.N'-Bis-[4-methacryloyloxybenzyliden]-1.6-diaminohexan*, $C_{28}H_{32}N_2O_4$, F. 86—87°, aus Hexamethylendiamin u. **I**; 57%. — *N.N'-Bis-[4-acryloyloxybenzyliden]-p-phenylen-diamin*, $C_{26}H_{20}N_2O_4$, F. 285—286°, durch Umsetzen von 4-Acryloyloxybenzaldehyd (**II**) mit p-Phenylendiamin in A.; 86%. — *N.N'-Bis-[4-acryloyloxybenzyliden]-benzidin*, $C_{32}H_{24}N_2O_4$, F. 189—190°, aus **II** u. Benzidin; aus A. gelbe Kristallblättchen; 61%. — *N.N'-Bis-[4-allyloxy-benzyliden]-p-phenylendiamin*, $C_{26}H_{24}N_2O_2$, F. 181—182°, aus 4-Allyloxybenzaldehyd (**III**) u. p-Phenylendiamin; aus Bzl. gelbe Blättchen; 83%. — *N.N'-Bis-[4-allyloxy-benzyliden]-benzidin*, $C_{32}H_{28}N_2O_2$, F. 238—239°, aus **III** u. Benzidin in Methanol; aus Dioxan gelbe Blättchen; 90%. — *N.N'-Bis-[4-allyloxybenzyliden]-1.6-diamino-hexan*, $C_{26}H_{32}N_2O_2$, F. 71—72°, aus **III** u. Hexamethylen-diamin; aus Methanol hellgelbe Kristalle; 81%. — *Terephthaldialdehyd-bis-[4-vinylanil]*, $C_{24}H_{20}N_2$, F. 208 bis 210°, durch Umsetzen von p-Aminostyrol (**IV**) mit Terephthaldialdehyd in A. bei 40°; aus Xylol gelbe Blättchen; 95%. — *Methylenglykol-bis-[4-formylphenyläther]-bis-[4-vinylanil]*, $C_{31}H_{26}N_2O_2$, F. 179—180°, durch 24std. Stehen von **IV** mit Methylenglykol-bis-[4-formylphenyl-äther] in A.; aus Bzl. schwachgelbe Blättchen; 86%. — *Diäthylenglykol-bis-[4-formylphenyläther]-bis-[4-vinylanil]*, $C_{34}H_{32}N_2O_3$, F. 161—162°, analog vorst. Verb.; aus Xylol/PAe. schwachgelbe Kristalle; 75%. — *Triäthylenglykol-bis-[4-formylphenyläther]-bis-[4-vinylanil]*, $C_{36}H_{36}N_2O_4$, F. 153—154° (Tetrahydrofuran), durch ½std. Erwärmen von **IV** mit Triäthylenglykol-bis-[4-formylphenyläther] in A. auf 60°; 80%. W. Hampel 4010△

0982 **Über die Konformationsumwandlungen der Polymethacrylsäure.** A. W. Pamfilow und O. M. Dolgaja. (Hochmolekulare Verbind. [UdSSR] **4**, 617, April 1962; russ.) — Urasowski u. Sljussarow (C. **1963**, 12054) erhielten für wss. Lsgg. von *Polymethacrylsäure* Knickpunkte beim Auftragen der spezif. Viscosität gegen 1/T im Temp.-Bereich von 40°. Dieselbe Erscheinung wurde bei der Abhängigkeit des log der spezif. Leitfähigkeit von 1/T gefunden u. als Ursache dafür eine Konformationsumwandlung der Makromoll. angenommen. Vff. nehmen jedoch an, daß das Auftreten der Knickpunkte durch Änderungen einer Reihe von Eigg. des W. bei einer charakterist. Temp. verursacht wird, da in methanol. Lsg. keine derartigen Effekte gefunden wurden.
R. Sattelmeyer 4010◇

0983 **Über die Konformationsumwandlungen der Polymethacrylsäure.** 2. Mitt. I. T. Sljussarow. (Hochmolekulare Verbind. [UdSSR] **4**, 618—20, April 1962; Saporosh, Tschubar-Inst. für Maschinenbau; russ.) — 1. vgl. C. **1963**, 12054; vgl. vorst. Referat. — Wird für wss. Lsgg. von *Polymethacrylsäure* (**I**) die Abhängigkeit des log der spezif. Viscosität η_{sp} bzw. des log der spezif. Leitfähigkeit Λ von 1/T untersucht, so zeigen die Kurven Knickpunkte im Bereich von 35°. Für diesen Effekt hatte Vf. früher (l. c.) eine Konformationsumwandlung der Makromoll. verantwortlich gemacht, was von Pamfilow u. Dolgaja (vgl. l. c.) bezweifelt worden war. Vf. untersuchte deshalb an **I** u. den Monomeren Methacrylsäure (**II**), Buttersäure (**III**) u. Isobuttersäure (**IV**) die Abhängigkeit des log η_{sp} von 1/T u. fand für **II**, **III** u. **IV** keine Knickpunkte, jedoch für **I**, wobei der Knick mit steigendem Molgew. stärker wurde. Dasselbe Ergebnis brachte eine Unters. der Abhängigkeit des log Λ von 1/T. Bei der Abhängigkeit des log η_{sp} von 1/T für **I** vom Molgew. 600000 wird der Knick in 0,01 m NaCl-Lsg. schwächer u. verschwindet bei 0,1 Mol NaCl-Zusatz. Dieselbe Kurve steigt beim reinen W. nach dem Knick stärker, während die Steigung für **I**-Lsgg. geringer wird. Außerdem ist der pH-Wert des reinen W. linear von 1/T abhängig, der einer **I**-Lsg. hat jedoch einen Knickpunkt. Vf. nimmt an, daß der physikal. Zustand des W. eine Rolle bei der Konformationsumwandlung von **I** spielt, da dieser Effekt in Methanol nicht beobachtet wurde.
R. Sattelmeyer 4010◇

0984 **Infrarotspektren von Polymethylmethacrylat.** Wasaburo Kawai und Shigeru Tsutsumi. (Chem. high Polymers [Tokyo] **18**, 103—06, 1961; Osaka, Osaka Univ., Dep. of Engng.; jap., Auszug: engl.) — Die IR-Spektren der in Aceton lösl. bzw. unlösl. Teile von *Polymethylmethacrylat* (**I**)-Proben werden untersucht (Spektren). Röntgenbeugungsaufnahmen zeigen, daß die unlösl. Teile kristallin sind. Das Intensitätsverhältnis der IR-Banden 1058/1382 cm^{-1} von kristallinem **I** ist größer als von acetonlöslichem. P. Kahlow 4010△

0985 **Photoelastischer Effekt in Polymethylmethacrylat.-Stereoisomeren.** 2. Mitt. **Das isotaktische Polymere.** W. N. Zwetkow und M. G. Witowskaja. (Hochmolekulare Verbind. [UdSSR] **3**, 1077—83, 1961; Akad. der Wiss. der UdSSR, Inst. für Hochmol. Verbb.; russ., Auszug: engl.) — 1. vgl. Hochmolekulare Verbind. [UdSSR] **2**, [1960], 1176; C. **1963**, 7370. — Die opt. Anisotropie von isotakt. *Polymethylmethacrylat* (**I**) kommt durch das Zusammenwirken zweier Effekte zustande, die durch zwei verschiedene Mechanismen der Kettenorientierung bedingt sind: durch Orientierung der Kettenmoll. des amorphen Teiles des Polymeren bei Dehnung u. durch Orientierung der Kettenmoll., die in den Kristalliten gebunden sind (Kristallit-Effekt). Bei ständiger Spannung kann ein negativer Kristallit-Effekt völlig den positiven photoelast. Effekt kompensieren u. sogar das Vorzeichen der beobachteten Refraktion verändern, was als empfindliche Meth. zur Feststellung von Kristalliten dienen kann. Der Wert des photoelast. Koeff. ε für isotakt. **I** beträgt mehr als das Doppelte des ε-Wertes für syndyotakt. u. atakt. **I**. Die aus den ε-Werten berechnete Segment-Anisotropie der isotakt. Polymerenfilme ist 5—7mal geringer als die aus der Doppelbrechung berechnete Segment-Anisotropie. Die quant. Unterschiede werden mit dem Einfl. der Nahordnung u. der zwischenmol. Wechselwrkg. im Polymeren in Zusammenhang gebracht. W. Bitjukow 4010△

0986 **Untersuchung über die Verschlingung von Polymeren in Lösung durch Viscositätsmessungen.** 2. Mitt. **Polymethylmethacrylat in verschiedenen Lösungsmitteln.** Samuel H. Maron und Thomas T. Chiu. (J. Polymer Sci., Part A **1**, 2651—66, 1963; Cleveland, Ohio, Case Inst. of Technol., Dep. of Chem.; engl.) — 1. vgl. C. **1960**, 10603. — Von den Lsgg. von *Polymethylmethacrylat* (**I**) in Toluol (**II**), Chlorbenzol (**III**) bzw. Chlf. wurde bei 30° im Konz.-Bereich c = 0 — 16% die Viscosität η gemessen. Die Ergebnisse wurden auf Grund der von Ree u. Eyring (vgl. C. **1957**, 1692) aufgestellten Theorie ausgewertet (Berechnung des effektiven hydrodynam. Vol. εV, wobei V = Vol.-Bruch von **I** u. ε = Faktor für das effektive Vol.; vgl. auch l. c.). Die c-Abhängigkeit von ε läßt sich durch $1/\varepsilon = 1/\varepsilon_0 + (\varepsilon_0 - \varepsilon_\infty)V/\varepsilon_0$ darstellen; dabei bedeuten ε_0 den ε-Wert für V = O u. ε_∞ den ε-Wert, bei dem das Prod. εV = 1 ist (l. c. wurde versehentlich angegeben, daß hier $V = \infty$ sei). Es gelten folgende Beziehungen: $\varepsilon_0 = 5{,}75 \cdot 10^{-3} \cdot M^{0{,}70}$ für **I** in **II** (M von **I** zwischen $0{,}75 \cdot 10^5$ u. $6{,}17 \cdot 10^5$ variiert); $\varepsilon = 7{,}09 \cdot 10^{-3} \cdot M^{0{,}71}$ in **III** u. $8{,}54 \cdot 10^{-3} \cdot M^{0{,}72}$ in $CHCl_3$. ε_∞ ist unabhängig vom Lsgm. u. ändert sich mit M gemäß $\varepsilon_\infty = 2{,}60 + 0{,}34 \cdot 10^{-5} \cdot M$. Daraus folgt weiter, daß ε mit wachsendem V abfällt; der Abfall hängt bis V = 0,04 vom Lsgm. u. von M ab, bei höherem V nur noch von M. Vff. schließen daraus, daß eine Verschlingung der **I**-Makromoll. in Lsg. unwahrscheinlich ist; vielmehr wird die **I**-Kette mit wachsendem V stärker in sich selbst verknäuelt u. stellt bei $V = 1/\varepsilon_\infty$ eine kompakte Masse dar.
O. Fuchs 4010◇

0987 **Die Energetik der Depolymerisation von Polymethylmethacrylat.** N. Grassie und J. R. MacCallum. (J. Polymer Sci., Part B **1**, 551—52, 1963; Glasgow, Scotland, Univ., Chem. Dep.; engl.) — Unter Zugrundelegung von aus der Literatur bekannten Daten für die Polymerisationswärme u. die Aktivierungsenergie des Wachstums von *Methylmethacrylat* ergeben sich die Aktivierungsenergien (je in kcal · Mol^{-1}) für die Depolymerisation von *Polymethylmethacrylat* zu 26,4, für den Abbruch der Depolymerisation zu 20—37 u. für den Start zu 38. O. Fuchs 4010◇

0988 **Untersuchung von Folien aus Polyäthylenterephthalat (Lawsan) mit aufgepfropften Polystyrol.** W. W. Korschak, D. Ja. Zwankin und Ss. P. Krukowski. (Ber. Akad. Wiss. UdSSR **146**, 1347—48, 1962; russ.) — Beim Aufpfropfen von *Polystyrol* (**I**) auf *Polyäthylenterephthalat*(**II**)-Filme wird die Hauptmasse der Kristallite von **II** nicht verändert, u. **I** dringt nicht tief in den **II**-Film ein. Das Röntgenogramm von **II** bleibt unverändert. Das aufgepfropfte **I** hebt sich relativ scharf von der **II**-Basis ab. Die Übergangsschicht ist sehr dünn.
Helmut Schäfer 4010△

0989 **Durch Farbstoffe sensibilisierte Photopolymerisation von Acrylamid.** Hiroo Ōba und Isamu Fujita. (Chem. High Polymers [Tokyo] **15**, 445—51, 1958; Osaka, Finishing Res. Inst.; Tomobuchicho, Miyakojimaku, Osaka, Kanegafuchi Spinning Co. Ltd.; jap., Auszug: engl.) — Die Photopolymerisation von *Acrylamid* wurde unter Verw. verschiedener Farbstoffe u. Red.-Mittel untersucht. Die Acridin- u. Xanthenfarbstoffe sind als Sensibilisatoren sehr wirksam. Für die Beendigung der Induktionsperiode wurde Thioharnstoff verwendet. Ferner werden einige Aspekte der Beziehungen zwischen den Farbstoffstrukturen u. ihrer Lichtempfindlichkeit vorgeschlagen. I. Solf 4010◇

0990 **Untersuchung der Molekularstruktur synthetischer Fasern. 16. Mitt. Sorption von Wasserdampf und Wärmeeffekte beim Anfeuchten von Önanthfasern mit Wasser.** N. W. Michailow und E. S. Fainberg. (Hochmolekulare Verbind. [UdSSR] **1**, 410—14, 1959; Forschungs-Inst. für Kunstfasern; russ.) — 15. vgl. Hochmolekulare Verbind. [UdSSR] **1**, [1959], 201. — Es werden die isotherme Sorption von Wasserdampf an mit CCl_4 vorbehandelten u. luftgetrockneten *Polyönanthamidfasern* (**I**) in verstreckter u. nicht verstreckter Form u. die beim Anfeuchten der Fasern mit W. auftretenden integralen Wärmeeffekte in Abhängigkeit vom Feuchtigkeitsgehalt untersucht sowie zum Vgl. die entsprechenden Erscheinungen an *Capronfasern* (**II**) angeführt. Die Unterss. zeigen, daß **I** u. **II** wegen der größeren Hygroskopizität von **II** in verstreckter Form verschiedene kristalline Strukturen besitzen, u. daß **I** eine größere Fähigkeit zur Kristallisation bei der Kaltverstreckung zeigt als **II**.
I. Schade 4010△

0991 **Eine Untersuchung der Strukturen von Polyamiden.** Yukio Kinoshita. (Makromolekulare Chem. **33**, 1—20, 1959; Otsu, Shiga-ken, Japan, Toyo Rayon Co., Ltd., Central Res. Labor.; engl.) — Aus folgenden *Polyamiden* wurden durch Schmelzspinnen, Kaltstrecken u. Tempern (unter Zug 10° unter dem F.) hochkristalline u. orientierte Fäden hergestellt, an denen FF., Dichten, IR-Spektren u. Röntgenbeugung gemessen wurden: *Polyamide* aus Diaminen (**I**) u. zweibasigen Säuren (**II**) mit je gerader Zahl z an CH_2-Gruppen: *6.6*, *6.8*, *6.10*, *8.8*, *10.10* (**A**); aus **I** mit geradem, **II** mit ungeradem z: *4.9*, *6.9*, *8.9*, *10.9* (**B**); aus **I** mit ungeradem z, **II** mit geradem z: *7.6*, *7.8*, *7.10* (**C**); aus **I** u. **II** mit je ungeradem z: *7.7*, *7.9*, *9.9* (**D**); aus ω-Aminosäuren (**III**) mit geradem z (≙ ungerader C-Zahl): *7*, *9*, *11* (**E**); aus **III** mit ungeradem z: *4*, *6*, *8*, *10* (**F**). Allg. liegen die FF. u. die Dichten der Verbb. mit geradem z höher als die der Isomeren mit ungeradem z. Die IR-Absorptionsbanden für die NH-Valenzschwingung (3,03 μ), die Amid-I- (6,10) u. die Amid-II-Schwingung (6,45) liegen in allen Verbb. fast an der gleichen Stelle. Ein Vgl. dieser Spektren von wie üblich konditionierten Fasern mit denen von getrockneten läßt schließen, daß die breite Stufe 2,8—2,9 μ der konditionierten Fasern von gebundenem W. der amorphen Bereiche u. nicht von freien NH-Gruppen herrührt, d. h. daß alle NH ... CO-Bindungen auch bei Verbb. mit ungeradem z geschlossen sind. Die Röntgen-Faserdiagramme, die sich innerhalb einer Gruppe stark ähneln, zeigen, daß die Strukturen für Polyamide mit geradem z, wie bekannt, aus voll gestreckten, ebenen Ketten bestehen, die in α- oder β-Form kristallin sind. Polyamide mit ungeradem z bilden außer *Nylon 4* u. *6* Ketten, die um einen bestimmten, konst. Betrag zusammengeschoben sind u. pseudohexagonal oder angenähert so in einer sogenannten „γ-Form" kristallisieren, die der von Pauling u. Corey (Proc. nat. Acad. Sci. USA **39**, [1953], 253) für *Polypeptide* vorgeschlagenen Struktur der plissierten Schichten (pleated sheets) entspricht. Die Identitätsperiode beträgt darin 1 (Gruppe **D**) oder 2 (**B**, **C**, **F**) Monomereneinheiten. *Nylon 4* u. *6* lassen sich in die γ-Form, *8* u. *10* durch Phenolbehandlung in die α-Form umwandeln. R. Junge 4010◇

0992 **Die Kristallstruktur von Poly-N.N′-heptamethylenpimelindiamid (Nylon 7.7).** Yukio Kinoshita. (Makromolekulare Chem. **33**, 21—31, 1959; Otsu, Shiga-ken, Japan, Toyo Rayon Co., Ltd., Central Res. Labor.; engl.) — Vgl. vorst. Referat. — Die Struktur von *Poly-N.N′-heptamethylenpimelindiamid* (*Nylon 7.7*) ergibt sich aus Röntgenbeugungsaufnahmen senkrecht zur Achse der hochkristallinen, wie l. c. hergetellten Fäden, mit u. ohne Oscillation in dieser Richtung u. aus Aufnahmen an **0,4** mm starken Faserquerschnitten. Die Lage der Reflexe wird durch eine hexagonale Elementarzelle mit a = c = 4,82, b = 18,95 Å, $\beta = 60°$ (Röntgendichte 1,108 g/cm³) erfüllt, wobei jedoch die mol. Anordnung keine vollständige H-Brückenbindung zuläßt. Intensitätsberechnungen bestätigen die monokline Raumgruppe Pm, die 1 Monomeres je Elementarzelle enthält u. 2 verschiedene Spiegelebenen, die senkrecht zur Faserachse durch jedes zentral zwischen den Amidbindungen gelegene C-Atom ($C_{(1)}$ u. $C_{(8)}$) verlaufen. Die Punktlagen sind: x/a = −0,212; y/b = +0,000, c/z = +0,081; $C_{(2)}$: −0,132, +0,067, +0,208; $C_{(3)}$: −0,212, +0,134, +0,081; $C_{(4)}$: −0,125, +0,196, +0,222; $C_{(5)}$: +0,124, +0,303, −0,056; $C_{(6)}$: +0,113, +0,370, −0,226; $C_{(7)}$: +0,193, +0,434, −0,091; $C_{(8)}$: +0,117, +0,500, −0,219; N: −0,124, +0,261, +0,056; O: +0,357, +0,291, −0,022. Die –C–C-Ketten verlaufen parallel zur [010]-Achse, die Amidebene ist dazu um 30° geneigt. In einer Schicht haben die benachbarten Ketten 4,82 Å Abstand u. sind durch lineare, 2,77 Å lange H-Bindungen zusammengehalten, die mit der Schichtebene (001) einen Winkel von ca. 7°, mit der Faser-Achse [010] einen von 78° bilden. Sämtliche durch sie verbundenen Amidgruppen sind coplanar in jeder Schicht. Benachbarte Schichten haben einen Abstand von 4,2 Å. Die Azimut-Winkel für innere Rotation um die C–C'- u. C–N-Einfachbindungen von C–C'–NH–C sind beide 50°, bezogen auf die trans-Stellung der nächsten Bindung. Das ist fast der gleiche Wert wie bei der Struktur von *Bombyx mori* u. *Tussah-Fibroin*, für die die Struktur der „plissierten Schichten" bewiesen ist. R. Junge 4010◇

0993 **Eine Anmerkung zur Polymerisation von optisch aktivem Isobutyläthylenimin.** Matsuji Takebayashi. (Sci. Rep., Coll. gen. Educat., Osaka Univ. **11**, 7—8, 1962; Osaka, Osaka Univ., Coll. of General Education, Inst. of Chem.; engl.) — Aus L-Leucinol wird durch Dehydratisierung über das *L-Leucinylhydrogensulfat Isobutyläthylenimin* (**I**; Kp. 130—131°; $[\alpha]_D^{20}$ −15,4°) dargestellt. **I** bildet unter Verw. von BF_3-Gas oder BF_3-Ätherat als Katalysator in 10tägiger Rk. in 98%ig. Ausbeute ein *Polymeres* [Erweichung 60—70°; $[\alpha]_D^{20}$ +68° (Bzl.)]. Klaus Lange 4010△

0994 **Polymere aus Ferrocen und seinen Derivaten.** W. N. Kotrelew, Ss. P. Kalinina und G. I. Kusnetzowa. (Plast. Massen [UdSSR] **1961**, Nr. 3, 24—26; russ.) — Durch Rk. von diazotiertem Benzidin (**I**) mit Ferrocen (**II**) (1:3, 1:1 u. 2:1 Mol) werden drei *Polymeren-Gemische* (**A**, **B**, **C**) erhalten, deren Trennung in die einzelnen Bestandteile nicht gelingt u. die sich in Löslichkeit u. FF. unterscheiden. Furfurol (**III**) reagiert mit 1.1'-Diacetylferrocen (**IV**) unter Bldg. von *1.1'-Bis-[α-furfurylidenacetyl]-ferrocen* bei 2:1 Mol oder eines *Polymeren* (**D**) (1:1). Die thermomech. Eigg. von **C**, gepreßtem **D** u. Preßmischungen von **C** mit 60% Kaolin werden untersucht.

Versuche: *Polymeres* **A**, durch Zugabe von 5,89 g **II** in Eisessig zu diazotiertem **I** (17,5 g **I** u. 13,7 g $NaNO_2$), 7std. Rühren bei Zimmertemp. u. Stehen über Nacht; glänzend zimtrotes Pulver, schmilzt nicht bis 300°, verfärbt sich bei 230°, unlösl. in A., Ae., Phenol, Pyridin, Eisessig, CCl_4, Tetrahydrofuran u. Aceton. — *Polymeres* **B**, analog aus **I** u. **II** (1:1); in Bzl. lösl.; FF. der einzelnen Fraktionen zwischen 105 u. 210°. — *Polymeres* **C**, F. 116—117°, aus **I** u. **II** (1:2); lösl. in Bzl., Pyridin, Dioxan. — *Polymeres* **D**, Erweichungs-Temp. 175°, durch tropfenweise Zugabe von 3,5 g 30%ig. NaOH zu 2,72 g **IV** u. 0,96 g **III** in 7 ml A. (Wärme-Entw.) u. 1std. Erhitzen auf 100—130°; hellrotes Harz; 1,83 g (Ausbeute). — *1.1'-Bis-[α-furfurylidenacetyl]-ferrocen*, $C_{24}H_{18}FeO_4$, F. 147—150°, analog aus **IV** u. **III** (1:2) in CH_2Cl_2 (6½std. Erhitzen auf dem Wasserbad); 0,85 g. I. Schade 4010△

0995 **Mechanismus der Reaktion von Diäthyldiäthoxysilan mit Essigsäure.** N. Ss. Lesnow, L. A. Ssabun und K. A. Andrianow. (Chem. prakt. Anwend. siliciumorgan. Verbind., Konferenzber. (Leningrad) **1958**, Nr. 2, 124—26; russ.) — Bei der Rk. von Diäthyldiäthoxysilan (**I**) mit Essigsäure (**II**) entstehen *Polydiäthylsiloxan* u. Äthylacetat. Je nach den Rk.-Bedingungen werden dabei bevorzugt cycl. *Polysiloxane* (**A**) oder Gemische aus cycl. u. linearen **A** erhalten. Wird das während der Rk. entstehende Äthylacetat aus dem Rk.-Gemisch entfernt, so sinkt die Rk.-Geschw. stark ab, u. die Bldg. *linearer* **A** wird bevorzugt. Als 1. Rk.-Schritt nehmen Vff. deshalb die Bldg. von Diäthyldiacetoxysilan (**III**) durch doppelte Umsetzung von **I** mit **II** an. Werden **I** u. **II** in abs. Toluol in Abwesenheit von Katalysatoren unter Abdestillieren der Rk.-Prodd. erhitzt, so lassen sich **III** u. A., nicht aber **A** u. Äthylacetat als Rk.-Prodd. nachweisen. In der 2. Stufe reagiert dann **III** mit A. nach $(C_2H_5)_2Si(OCOCH_3)_2$ + $2\,C_2H_5OH \rightarrow 2\,CH_3COOC_2H_5 + (C_2H_5)_2Si(OH)_2$. Silandiol liefert dann unter Wasser-Abspaltung **A**. Dieser Schritt wurde am Beispiel der Rk. von **III** mit Methyl-, Äthyl- u. Butylalkohol bewiesen, wobei neben **A** die entsprechenden Essigsäureester erhalten wurden. In Ggw. von Spuren H_2SO_4 verläuft die Rk. bereits bei Zimmertemperatur. Die Bldg. von linearen **A** mit endständigen Äthoxygruppen wird mit der Rk. von Diäthylsilandiol mit dem in der 1. Rk.-Stufe entstehenden A. erklärt. G. Froelich 4010◇

0996 **Elastomere, welche bei hohen Temperaturen angewendet werden können.** E. R. Bartholomew. (Rassegna Chim. **11**, Nr. 2, 11—17, 1958; ital.) — Beschreibung der Eigg. von verschiedenen *Kautschuk*-Typen, wobei bes. auf die Widerstandsfähigkeit gegen Lsgm. bzw. hydraul. Fll. bei hohen Temp. eingegangen wird. Neben *Naturkautschuk*, *Butylen–Styrol-Copolymeren* u. *Butylkautschuk*, mit Metallfäden verstärktem *Silicongummi* u. mit MgO oder Al_2O_3 gefülltem *Nitrilkautschuk*, *Neopren* u. *Thiokol* werden bes. folgende Kautschuke erwähnt: Polymere *Fluoracrylate* aus Acrylsäureestern mit im wesentlichen perfluorierten Alkoholkomponenten, *Copolymere* aus *Trifluorchloräthylen* u. *Vinylidenfluorid* (**I**) (*Kel F*), fluorierte *Polyester* aus im wesentlichen *Adipinsäure* u. *1.5-Dihydroxy-2.2'.3.3'.4.4'-hexafluorpentan*, *Fluoralkylsilicone* (*Silastic LS-53*, beständig gegen O_3, Lsgm. u. Schmiermittel bis 260°) u. *Copolymere* aus *Perfluorpropen* u. **I** (*Viton A* u. *Kel F 214*, beständig gegen hydraul. Fll. von −52° bis 316°). G. Piekarski 4030◇

0997 **Zukünftige Richtung der Celluloseforschung.** Frank R. Charles. (J. Polymer. Sci., Part C **1963**, Nr. 2, 273—76; Howkesbury, Ontario, Canada, Ind. Cell. Res. Ltd.; engl.) — Allg. Überblick. Hervorgehoben werden: chem. Veränderungen der *Cellulose* z. B. durch die Darst. neuer Derivv., durch Vernetzung u. Pfropfpolymerisation; Kombination mit synthet. Polymeren; Strukturunterss.; Verbesserung der Qualität; Verwendungsmöglichkeiten der *Hemicellulose*. O. Fuchs 4050◇

0998 **Wachstum und Morphologie der Einkristalle von Cellulosetriacetat.** R. St. John Manley. (J. Polymer Sci., Part A **1**, 1875—92, 1963; Montreal, Canada, McGill Univ., Pulp and Paper Res. Inst. of Canada, Phys. Chem. Div. and Dep. of Chem.; engl.) — Zur Darst. der Einkristalle von *Cellulosetriacetat* (**I**) wurde **I** in Nitromethan (**II**) heiß gelöst (Konz. 0,002—0,05%); nach Zusatz von n-Butanol (**III**) wurde die Lsg. bei einer konst. Temp. (20—50°) gelagert, wobei sich Einkristalle bildeten. Das erforderliche Verhältnis **III**/**II** ist um so niedriger, je größer das Molgew. M von **I** (Verw. von Fraktionen mit M = 10000—135000). Elektronenmkr. Aufnahmen u. röntgenograph. Unterss. ergaben: Die **I**-Kristalle besitzen fast quadrat. Struktur. Die Dickenzunahme erfolgt durch Spiralwachstum über Schraubenversetzungen. Die Makromoll. stehen senkrecht zu den ca. 180 Å dicken Lamellen; sie scheinen in den Lamellen eine gefaltete Konfiguration zu besitzen (folgt aus dem Vgl. der gemessenen Lamellendicken u. den für verschiedene M berechneten Mol.-Längen). Die Ebene der gefalteten Moll. müßte in den {210}-Ebenen u. die Diagonalen in den (010)- u. (100)-Richtungen liegen. Viscositätsmessungen (Verw. von **II** als Lsgm., Messungen zwischen 25 u. 90°) geben keine Anzeichen für den Übergang von der geknäuelten in die gefaltete Kettenstruktur in Lösung. Die morpholog. Eigg. der Kristalle werden diskutiert. O. Fuchs 4050◇

0999 **Mit Hilfe der Capillarviscosimetrie untersuchtes Nicht-Newtonsches Fließen von Cellulosenitrat mit großem Molekulargewicht in verdünnten Äthylacetatlösungen.**

Ulv Lohmander und Åke Svensson. (Makromolekulare Chem. **65,** 202—23, 1963; Uppsala, Univ. Inst. of Phys. Chem.; engl.) — Vff. untersuchten die Viscosität von 5 Fraktionen von *Cellulosenitraten* (ca. 13,7% N) im Molgew.-Bereich von 0,36—5,5 · 10^{-6} in Äthylacetat-Lsgg. verschiedener Konzz. in Abhängigkeit von Geschwindigkeitsgradienten im Bereich von 0,5—150000 s^{-1}. Mit zunehmendem Gradienten nimmt die Steigung der Kurven η_{sp}/c gegen die Konz. ab, u. zwar ist diese Abnahme um so größer, je höher das Molgew. ist, so daß sich die Nullstelle dieser Steigung mit abnehmendem Molgew. gegen höhere Gradienten zu verschiebt. Durch Extrapolation wurde festgestellt, daß für $[\eta]_\infty$ näherungsweise die Beziehung $[\eta]_\infty = 0{,}13\,[\eta]_0$ genügt. An Hand verschiedener Theorien, die von der Anisotropie der hydrodynam. Wechselwrkg., der Steifheit der Knäuel-Moll. sowie der ungleichförmigen Streckung derselben ausgehen, werden die experimentellen Ergebnisse ausführlich besprochen. C. Gottfried 4050△

1000 **Diffusion von Wasser in einem Natriumcarboxymethylcellulosegel.** W. T. Higdon und J. D. Robinson. (J. chem. Physics **37,** 1161—62, 1962; Houston, Tex., Shell Dev. Co.; engl.) — Zunächst wurden 8%ig. Gele von *Na-Carboxymethylcellulose* (I) in normalem W. (Gel A) u. in ^{18}O-enthaltendem W. (Gel B) hergestellt. Zur Messung des Selbstdiffusionskoeff. D von W. wurde in die untere Halbzelle Gel B u. in die obere Halbzelle Gel A gefüllt. Beide Zellen wurden übereinandergesetzt, einen Tag bei 29° gehalten, dann getrennt u. analysiert. Daraus ergibt sich D zu 2,06 · 10^{-5} cm^2 s^{-1}. Nach der Spinechometh. ergab sich D zu 1,9—2,0 · 10^{-5}.
O. Fuchs 4050◇

1001 **Polysaccharide aus der inneren Rinde der Weißbirke (Betula Papyrifera).** A. J. Mian und T. E. Timell. (Chem. and Ind. **1959,** 1552; Montreal, Quebec, McGill Univ.; Pulp and Paper Res. Inst. of Canada; engl.) — Aus den mit organ. Lsgm. vorextrahierten Birkenrindenspänen wurde mit heißem W. in 1,5%ig. Ausbeute ein aus *Galakturonsäure* (**I**), *Galaktose* (**II**) u. *Arabinose* (**III**) bestehendes *Pektin* {$[\alpha]_D$ + 101° (W.)}, durch anschließende Extraktion mit heißer verd. NH_4-Oxalat-Lsg. 4,2% einer aus **I** u. **III** im Verhältnis 9:1 bestehenden *Pektinsäure* {$[\alpha]_D$ + 158° (W.)} isoliert. Anschließend wurde mit Alkali in 10,5%ig. Ausbeute ein Polysaccharid-Gemisch (**P**) u. nach Behandlung mit saurer Chlorit-Lsg., die 25% der Originalsubstanz entfernt, mit wss. KOH 28,1% eines *Prod.* von $[\alpha]_D$ —*68°* (Alkali), das durch Hydrolyse nur *Xylose* (**IV**) u. *Uronsäure* neben Spuren *Hexose* gibt, extrahiert. **P** enthält ca. 10 **IV**-Reste pro Methylglucuronsäure, verbraucht 1 Mol Perjodat pro Anhydropentoseeinheit u. liefert durch Hydrolyse des vollmethylierten Deriv. hauptsächlich *2.3-Di-O-methyl-*D-*xylose*, was für das Vorliegen eines *β*-1 → 4-verknüpften *Methylglucuronoxylans* spricht. Die Durchschnittspolymerisationszahl ist 310. Weitere Extraktion mit alkal. Borat-Lsg. liefert 3,8% eines aus **I, II,** *Glucose* (**V**), **III, IV** u. *Rhamnose* zusammengesetzten *Polysaccharid-Gemisches.* Der Rest (37,4%) gibt bei der Hydrolyse nur **V** u. besteht somit aus *Cellulose II* mit einer durchschnittlichen Polymerisationszahl von 315.
K. Lange 4050△

1002 **α-Helix-Struktur.** Masamichi Tsuboi. (Chem. and chem. Ind. [Kagaku to Kogyo] **16,** 670—76, 1963; Tôkyô-Daigaku, Yakugakubu; jap.) — Übersicht, bes. über die α-Helix-Struktur der *Polypeptide* in Zusammenhang mit L- u. D-Aminosäuren in den Ketten.
E. Maekawa 4070◇

1003 **Eiweißsynthese außerhalb der lebenden Zellen.** Tadanori Kameyama. (Kagaku [Science] **33,** 194—99, 1963; Kanasawa, Univ., Pharmaz. Fak.; jap.) — Übersicht. — 16 Literaturangaben. E. Maekawa 4070◇

1004 **Über die Reaktion von Hydroxylamin mit Peptiden, Glucopeptiden und Proteinen.** Manfred Liefländer und Oskar Wacker. (Hoppe-Seyler's Z. Physiol. Chem. **327,** 195—204, 1962; Göttingen, Max-Planck-Ges., Med. Forsch.-Anstalt, Arbeitsgemeinsch. Silikoseforsch.; dt.) — NH_2OH reagiert in alkal. Lsg. mit Carbonsäureestern, -amiden, -imiden, -anhydriden u. -halogeniden unter Bldg. von *Hydroxamsäuren* (**A**), deren innerkomplexes Salz mit Fe^{3+} in saurer Lsg. zur quant. photometr. Best. dient. Zur Klärung der Frage, ob diese Rk. zur quant. Best. von Esterbindungen in Proteinen herangezogen werden kann bzw. spezif. für solche Bindungen ist, setzen Vff. eine Reihe von *α*- bzw. *γ-Di-* u. *Tripeptiden* der *Glutaminsäure*, einige synthet. dargestellte *Glucopeptide* sowie *Gelatine*, veresterte Gelatine, *Ovalbumin* u. *Kohlensäuredehydratase* mit steigenden Mengen NH_2OH unter variierten Bedingungen um. Die gemessenen Extinktionen der **I**-Komplexe sind in Abhängigkeit von der Konz. des $NH_2OH \cdot HCl$-Reagens (0,35 m, 1,4 m u. 2,8 m) für die einzelnen Stoffe tabelliert. Vff. finden, daß die NH_2OH-Rk. unter milden Bedingungen für Ester nicht spezif. ist u. Glutamylverbb. bereits mit 0,35 m NH_2OH reagieren. Bei Verw. von konz. NH_2OH werden auch Peptidbindungen gespalten, sodaß einzelne Bindungstypen nicht mehr eindeutig unterschieden werden können. Unter milden Bedingungen, wie sie für die Unterss. an Proteinen erforderlich sind, läßt sich das Ausbleiben der **I**-Bldg. nicht unbedingt auf das Fehlen einer Esterbindung zurückführen; andererseits können Amidbindungen einen zu hohen Esterwert vortäuschen. Winfried Krüger 4070◇

1005 **Elektronenmikroskopische Untersuchung der Desoxyribonucleinsäure. 1. Mitt. Molekulare Morphologie der Desoxyribonucleinsäure nach verschiedenen Darstellungsmethoden.** A. M. Tongur, A. L. Saidess, I. G. Stojanowa und A. G. Passynski. (Hochmolekulare Verbind. [UdSSR] **4,** 140—42, 1962; Moskau, Bach-Inst. für Biochem. der Akad. der Wiss. der UdSSR; russ., Auszug: engl.) — Durch elektronenmikroskop. Unterss. wird gezeigt, daß die nach Mirsky u. Pollister [1947] isolierte *Desoxyribonucleinsäure* (DNA) meist langfaserige Strukturen besitzt. Demgegenüber verursacht nach Ansicht der Vff. die Anwendung der Phenolmeth. zur Isolierung von DNA strukturelle Änderungen, obgleich gegenüber der anders gewonnenen DNA ein höheres Molgew. gefunden wurde. Ch. Zimmer 4090◇

1006 **Elektronenmikroskopische Untersuchung der Desoxyribonucleinsäure.** 2. Mitt. **Änderung der molekularen Morphologie der Desoxyribonucleinsäure unter der Einwirkung ionisierender Strahlen.** A. M. Tongur, A. L. Saidess, I. G. Stojanowa und A. G. Passynski. (Hochmolekulare Verbind. [UdSSR] **4,** 143—44, 1962; russ., Auszug: engl.) — 1. vgl. vorst. Referat. — Mit Hilfe der Elektronenmikroskopie wurde die molekulare Änderung von *Desoxyribonucleinsäure* (DNA)-Präpp. durch Röntgenstrahlung (2 · 10^6 Röntgen) untersucht. Es wurden außer der Spaltung der DNA-Fasern zu kürzeren Kettenstücken auch geknäuelte globuläre Partikel (100—150 Å Durchmesser) beobachtet. Nach Ansicht der Vff. ist deren Auftreten auf eine Denaturierung infolge Wasserstoffbrückenspaltung der DNA-Moll. durch die Röntgenstrahlung zurückzuführen.
Ch. Zimmer 4090◇

E. Biologische Chemie, Physiologie, Medizin

E_1. Allgemeine Biologie und Biochemie

1007 **Prinzip und Methode der „Hitzeausbruch"-Mikrocalorimetrie und die Bestimmung von freier Energie, Enthalpie und Entropieänderungen.** Charlotte Kitzinger und T. H. Benzinger. (Methods biochem. Analysis **8,** 309—60, 1960; Bethesda, Md., Naval Med. Res. Inst.; engl.) — Übersichtsbericht über „Hitzeausbruch" (heat burst)-Mikrocalorimetrie, die dafür geeigneten App. sowie Anwendung auf folgende biochem. Rkk.: Hydrolyse von *Asparagin*; Hydrolyse von *Adenosintriphosphat*; *Antigen-Antikörper*-Rk.; reversible Umwandlung von *Fumarsäure/Äpfelsäure*; irreversible Hydrolyse von *Glutamin*; Nachweis von Verunreinigung der *Glutaminase*

durch *Carboxylase*, wobei zahlreiche Angaben über ΔH, ΔF u. ΔS gemacht werden. — 25 Literaturangaben.
A. Hesse 4100◇

1008 **Zur Kolloidchemie des Protoplasmas und zum Problem der Permeabilität.** H. L. Booij. (Kolloid-Z. **169,** 149—56, 1960; Leiden, Univ., Labor. für med. Chem.; dt.) — Vf. weist auf die Gegensätze u. Schwierigkeiten der beiden wichtigsten Theorien der Zellpermeabilität hin. Nach der Membrantheorie besteht die Außenseite der Membran des Protoplasmas aus einer Doppelschicht von orientierten Lipoid-Moll., die über spezif. Aufnahmemechanismen verfügen. Gegen diese Theorie spricht, daß die Zellen sich nicht wie ideale Osmometer verhalten. Nach der Sorptionstheorie stellt das Protoplasma ein Koazervat-Syst. ohne Membran dar; Ionen u. Moll. werden direkt aufgenommen u. spezif. an die Protoplasma-Koll. gebunden. Verschiedene Grundlagen dieser Theorie, bes. die Bindung von W. an Komplexkoazervate sowie die spezif. Affinität der Koll. (z. B. für K) sind nicht eindeutig bestimmbar. Vf. schlägt eine Synth. beider Theorien vor, indem er das Protoplasma als ein Lipoprotein-Koazervat, umgeben von einer Lipoprotein-Membran, ansieht. G. Peters 4100◇

1009 **Cytogenetische Gesamtwirkung von Cysteamin bei Oryza sativa.** F. Horvat. (Agricultura [Louvain] [2] **10,** 169—79, 1962; Louvain, Belgien, Univ., Inst. Carnoy, Labor. Cytogénétique; franz.) — *Cysteamin* (**I**) in Konz. $\leqq$ 0,001% verursacht bei Reis keine nennenswerten Veränderungen der *Mitose* u. hat eine geringe Schutzwrkg. gegen ionisierende Strahlen. **I**-Konzz. von 0,01%—0,05% beeinflussen die Teilung der *Chromosomen* in aufeinanderfolgenden Stadien (*Meta-*, *Ana-* u. *Telophase*), die Keimung von Reis wird gehemmt u. tox. Erscheinungen treten auf. Ekkehard Schmid 4130◇

1010 **Chelatbildung als Sensibilisierungsfaktor bei der chemischen Auslösung von Chromosomenaberrationen.** Rigomar Rieger, Hristo Nicoloff und Arnd Michaelis. (Biol. Zbl. **82,** 393—412, 1963; Gatersleben, Inst. für Kulturpflanzenforschung der Deutschen Akad. der Wiss. zu Berlin; dt.) — Behandlung des Wurzelspitzenmeristems von *Vicia faba* mit *Äthylendiamintetraessigsäure* (**I**; 10^{-5}—10^{-3} m) verursacht eine Zunahme der spontanen Chromosomenaberrationen. Vorbehandlung mit 10^{-3} m **I** erhöht die durch *Triäthylenmelamin* (**II**; 10^{-4} m) erzeugte Anzahl von Metaphasen mit Aberrationen auf ca. das Doppelte. Diese **I**-Wrkg. wird durch Mg^{2+}, Ca^{2+}, Mn^{2+} u. Fe^{3+} nicht aber durch einwertige Ionen kompensiert. Bei Ca^{2+} ist die Kompensationswrkg. von der Konz. abhängig, nicht jedoch bei Mg^{2+} u. Fe^{3+}. Vorbehandlung der Meristeme mit Na^+, K^+ u. Fe^{3+} vermindert die durch **II** verursachte Zahl der Aberrationen, Mg^{2+} u. Mn^{2+} sind in dieser Hinsicht unwirksam. W. Hiller 4130◇

1011 **Wirkung von exogenem Thymidin auf den Mitosecyclus.** H. J. Barr. (J. cellular comparat. Physiol. **61,** 119—27, 1963; New York, N. Y., Columbia Univ., Dep. of Zool.; engl.) — In den Zellen der Wurzelspitzen von Gerste besaß 10^{-2} m *Thymidin* (**I**) keine Wirkg. auf die Wachstumsgeschw. oder den Mitoseindex. Bei HeLa-Zellen wurde der Mitoseindex durch $2 \cdot 10^{-3}$ m **I** erhöht (Verlängerung der Metaphase). K. Zingraf 4150◇

1012 **Anwendung von Methylal zur cytochemischen Untersuchung von Lipiden.** C. Bonissol. (Ann. Inst. Pasteur **105,** 103—09, 1963; Inst. Pasteur, Service des Virus; franz.) — Zur Entfernung von mit Sudan-Schwarz färbbaren *Neutralfetten* u. *Phospholipiden* aus Zellkulturen eignet sich Methylal. Ferner zeigt dieses Lösungsmittel als Fixativ *Polysaccharide* an. M. Wiedemann 4150◇

1013 **Anormale Strukturen im Cytoplasma von in Gegenwart von 5-Bromdesoxyuridin kultivierten HeLa-Zellen.** William R. Hendee, William Zebrun, und Frederick J. Bonte. (J. Cell Biol. **17,** 675—80, 1963; Dallas, Tex., Univ. of Texas, Southwestern Med. School, Dep. of Radiol. and Anat.; engl.) — Abgesehen von der Verw. zum Einbau in Desoxyribonucleinsäure (an Stelle von Thymidin) u. der Beeinflussung der Radiosensibilität konnte bei HeLa-Zellkulturen nach 72std. oder längerer Inkubation mit *5-Bromdesoxyuridin* im Cytoplasma eine Akkumulierung von runden, ovalen, dichten, homogenen Granula konstatiert werden. Die Herkunft dieser Körperchen ist zwar unbekannt, doch wird angenommen, daß sie als Folge eines veränderten *Phospholipid-* oder *Lipid*-Stoffwechsels entstehen.
U. Tausendfreund 4150◇

1014 **Cytochemische Untersuchungen über Vorkommen und Verteilung der Ribonucleinsäure in Plastiden von Zea mays.** Ann B. Jacobson, Hewson Swift und Lawrence Bogorad. (J. Cell Biol. **17,** 557—70, 1963; Chicago, Ill., Univ. of Chicago, Withman Labor. and Dep. of Botany; engl.) — Als Beitrag zur umstrittenen Frage des Vork. von *Ribonucleinsäure* (RNS) in Plastiden grüner Pflanzen wird über den Nachw. von reichlich RNS in Proplastiden etiolierter Maisblätter u. von RNS in den Plastiden grüner Maisblätter (licht- u. elektronenmkr.) berichtet. RNS kommt in den Plastiden in Partikelform, den Ribosomen ähnelnd, vor. Als Hilfsmittel zum Nachw. diente ^3H-Cytidin mit radiograph. Bestimmung.
U. Tausendfreund 4150◇

1015 **Ultraviolettspektrophotometrische Untersuchungen über die aus dem Grippevirus extrahierte, durch Kupferionen inaktivierte Ribonucleinsäure.** St. S. Nicolau, N. Drăgănescu, V. Boeru und N. I. Ionescu. (Studii Cercetări Inframicrobiol. [București] **12,** 285—88, 1961; Acad. R.P.R., Inst. de inframicrobiol.; rum.) — Rumänische Fassung der in C. **1962,** 10525 referierten Arbeit.
R. K. Müller 4150◇

1016 **Bestimmung der mit Kohlenoxid (CO), Kaliumcyanid (KCN) oder Natriumazid (NaN_3) behandelten Nucleinsäuren von Saccharomyces italicus, Castelli.** A. Jeney, A. Szendrey und E. Vig. (Biochem. pharmacol. **7,** 23—30, 1961; Debrecen, Univ., Hyg.-Inst.; franz.) — Die *Nucleinsäuren* (**I**) in *Saccharomyces italicus* Castelli nach Einw. von CO, KCN oder NaN_3 werden qual. u. quant. untersucht, teilweise unter Verw. von ^{32}P. Die Gesamtmenge der **I** nimmt unter Einw. von *CO* zu, bleibt bei Ggw. von *KCN* konst. u. nimmt mit *NaN_3* ab. Die Menge der Desoxyribonucleinsäure nimmt mit CO auf das 18—19fache, mit KCN auf das 10fache zu, NaN_3 hat wenig Einfluß. Die Menge der Phosphoproteide nimmt mit NaN_3 um ca. 65% ab, bleibt aber mit CO u. KCN konstant. Die Menge der Ribonucleinsäure nimmt bei Ggw. von CO um 33% zu, bei Ggw. von KCN bleibt sie unverändert, bei Ggw. von NaN_3 nimmt sie um 60% ab. Der intermediäre P nimmt mit CO um 35, mit KCN um 34, mit NaN_3 um 73% ab. Die P-Aufnahme beträgt bei den Kontrollen 7, mit CO 10,41, mit NaN_3 5,40 mg/g.
R. K. Müller 4150◇

1017 **Die Wirkung von Glucuronsäure auf die Nucleinsäure von Rattenleber.** S. Yuen. (Seikagaku [Biochemie, Tokyo] **34,** 149—53, 1962; Kobe, Kobe Med. College, Dep. of Biochem.; jap.) M. Arnold 4150◇

1018 **Kationeneffekte bei der Denaturierung von Desoxyribonucleinsäure.** William F. Dove und Norman Davidson. (J. molecular Biol. **5,** 467—78, 1962; Pasadena, Calif., Calif. Inst. of Technol., Gates and Crellin Labor. of Chem., Div. of Chem. and Chem. Engineering; engl.) — Bei der Wärmedenaturierung von *Desoxyribonucleinsäure* (DNS) beobachtet man, daß die Denaturierungstemp. T_m mit Ionenstärken bis zu 1,0 m ansteigt. Bei Salzkonzz. oberhalb 1,0 m fällt T_m wieder ab, was auf die nunmehr hohe Anionenkonz. zurückzuführen ist. Der Übergang von der nativen zur denaturierten Form der DNS verläuft in Abhängigkeit von der Temp.-Erhöhung bei Ionenstärken um 10^{-3} m wesentlich langsamer als z. B. bei 0,1 m. So weist DNS aus *B. megatherium* bei pH 7 in wss. $NaClO_4$-Lsg. bei $3 \cdot 10^{-4}$ m Salzkonz. einen doppelt so breiten Übergang auf als bei 0,1 m. Ähnliches gilt auch für DNS aus anderen Mikroorganismen. T_m erweist sich als lineare Funktion des dekad. Logarithmus der Ionenstärke. Die Veränderung der Übergangsbreite als Funktion der Ionenstärke hängt weder von den verschiedenen T_m-Werten für die Adenin/Thymin- bzw. Guanin/Cytosin-Paare u. damit von der DNS-Zus. noch von einem Schutzeffekt der bei niederen Ionenstärken bei der Denaturierung frei werdenden

Kationen ab. Vielmehr erfolgt eine Veränderung der intrinsic Übergangsbreite, d. h. der Übergang erfolgt bei niederen Ionenstärken nicht mehr einheitlich. Mg^{2+} oder Co^{2+} stabilisieren DNS gegenüber therm. Denaturierung schon bei 100fach geringeren Ionenstärken gegenüber dem einwertigen Kation Na^+. Diese Stabilisierungseffekte lassen sich einerseits auf die feste Bindung der 2-wertigen Kationen an die DNS zurückführen, andererseits sind ster. Effekte wirksam. Bei Ionenstärke $3 \cdot 10^{-4}$ m werden Mg^{2+} u. Co^{2+} nahezu stöchiometr. durch die DNS gebunden. Dabei nimmt T_m um 35—45° zu. Die Übergangsbreite ist in Ggw. $^1/_2$ Äquivalentes von Mg^{2+} oder Co^{2+} pro DNS-Phosphat größer als bei 0 oder 1 Äquivalent. Dies beruht darauf, daß die Ionenbindung der Metalle mit nativer DNS stärker ist als mit denaturierter DNS. In Ggw. von 0,2 Mol *Ag* pro Mol Base erhält man einen stabilen DNS-Ag-Komplex, wobei T_m bis zu 40° ansteigt. Die Denaturierung von DNS erfolgt sowohl im bas. als auch im sauren Bereich in der gleichen Größenordnung. L. Träger 4150◇

1019 **Die Wärmedenaturierung von Natriumdesoxyribonucleat.** 1. Mitt. **Die Grenzen.** A. R. Peacocke und I. O. Walker. (J. molecular Biol. **5**, 550—59, 1962; Oxford, Engl., Univ., Dep. of Biochem.; engl.) — Werden Lsgg. von *Desoxyribonucleinsäure* (DNS) erwärmt, so wird die DNS denaturiert, wobei sich Ultraviolettspektrum, opt. Drehung, Viscosität u. Mol.-Vol. verändern. Die vollständige Denaturierung ist bei der totalen Trennung der über H-Brücken gebundenen Einzelstränge erreicht. Sie hängt von der Ionenstärke, der DNS-Art u. -Konz. u. von der Temp. ab. Zwischen der Veränderung der opt. Dichte u. der der spezif. opt. Drehung während der Denaturierung besteht eine lineare Funktion. Die maximale Erhöhung der opt. Dichte bei der Wärmedenaturierung von Kalbsthymus-DNS in 0,05 m NaCl ist im Konz.-Bereich zwischen 0,05—2,0 mg DNS/ml unabhängig von der Konzentration. Bei Konzz. niedriger als 0,05 mg DNS/ml ist dagegen die Denaturierung Konz.-abhängig, was auf die hydrolyt. Spaltung der DNS zurückgeführt wird. Die Wärmedenaturierung ist hinsichtlich der Veränderungen der opt. Dichte u. dem Titrationsverh. der DNS irreversibel. L. Träger 4150◇

1020 **Die Wärmedenaturierung von Natriumdesoxyribonucleat.** 2. Mitt. **Kinetik.** A. R. Peacocke und I. O. Walker. (J. molecular Biol. **5**, 560—62, 1962; engl.) — 1. vgl. vorst. Referat. — Die Denaturierungsgeschw. von *Desoxyribonucleinsäure* (DNS) wird als Funktion von Zeit u. Temp. bestimmt. Die Wärmedenaturierung ist eine Rk. 1. Ordnung. Sie läßt sich durch die Annahme erklären, daß für jedes bestimmte Basenpaar auf der DNS-Helix eine jeweils krit. Denaturierungstemp. existiert, bei der die H-Brücke zwischen den beiden Basen gelöst wird. Für die Denaturierung wird eine Aktivierungsenergie von 55 kcal/Mol bestimmt. Sie enthält nicht nur Energieanteile für die Lösung der H-Brücken, sondern auch für die partielle „Aufzwirnung" der DNS-Doppelhelix. L. Träger 4150◇

1021 **Die Wärmedenaturierung von Natriumdesoxyribonucleat.** 3. Mitt. **Lichtbrechungsuntersuchungen.** A. R. Peacocke und I. O. Walker. (J. molecular Biol. **5**, 564—69, 1962; engl.) — 2. vgl. vorst. Referat. — Die bei der Wärmedenaturierung von *Desoxyribobucleinsäure* (DNS) aus Heringssperma oder Kalbsthymus erfolgenden Veränderungen des Mol.-Gew. der DNS u. ihrer opt. Drehung werden mit Hilfe von Lichtbrechungsunterss. verfolgt. Es zeigt sich, daß erst nach Zerstörung von mindestens 75% der H-Brücken zwischen den einzelnen DNS-Strängen in der Helix die opt. Drehung merklich abnimmt. Ebenfalls erfolgt auch dann erst eine Abnahme des durchschnittl. Mol.-Gew. der denaturierten DNS. An Hand von DNS-Modellpolymeren, deren Mol.-Gew. durch Abbau mit Ultraschall aus nativer DNS künstlich verkleinert worden war, wird gezeigt, daß zuerst die Moll. mit kleinem Mol.-Gew. denaturiert werden. Daher nimmt zu Beginn der Wärmedenaturierung die opt. Drehung zu. Die Trennung der H-Brücken wird daher als „Alles oder Nichts"-Rk. angesehen, d. h., die Denaturierung erfolgt sprungweise in Abhängigkeit vom Mol.-Gew. der Polymeren u. erfaßt mit hoher Rk.-Geschw. das gesamte Polymeren-Molekül. L. Träger 4150◇

1022 **Sekundärstruktur in Polyribothymidylsäure.** D. Shugar und W. Szer. (J. molecular Biol. **5**, 580—82, 1962; Warsaw, Acad. of Sci., Inst. of Biochem. and Biophysics; engl.) — Bei Raumtemp. liegen alle synthet. Polyribonucleotide (z. B. *Polyuridylsäure*) in Form von ungeordneten Knäulen vor. Bei 6° weisen diese Polymeren jedoch schon einen deutlichen hypochromen Effekt auf u. bilden daher in gewissem Maße eine Sekundärstruktur. Überraschenderweise hat *Polyribothymidylsäure* (**I**; *Poly-5-methyluridylsäure*) schon bei Raumtemp. eine Hypochromizität von 33%. Die Denaturierungstemp. der einsträngigen **I** liegt mit 36° erstaunlich hoch. Es bleibt unbeantwortet, welche bes. Kräfte in **I** zur Stabilisierung der Sekundärstruktur führen. Möglicherweise sind daran auch andere Effekte als H-Brückenbindungen beteiligt. L. Träger 4150◇

1023 **Untersuchung der molekularen Struktur der Ribonucleinsäure nach der Methode der Strömungsdoppelbrechung.** E. W. Frissman, W. I. Worobjew, N. K. Janowskaja und L. W. Schtschagina. (Biochemie [UdSSR] **28**, 137—44, 1963; Leningrad, Shdanow-Univ., Physikal. Inst.; Cytolog. Inst. der Akad. der Wiss. der UdSSR; russ., Auszug: engl.) — Die Unterss. über die Strömungsdoppelbrechung in den Lsgg. von *Ribonucleinsäure* (**I**) aus Tabakmosaikvirus, *E. coli* u. Geschwulst der Rattenleber ergaben, daß bei geringer Ionenstärke (10^{-3} m Tris-Puffer) die Doppelbrechung im wesentlichen vom Formeffekt abhängig ist. Für die geometr. Asymmetrie des **I**-Mol. ergibt sich hierbei $A/B \simeq 80$. Dieser Wert stimmt mit dem bekannten, aus der Elektronenmikroskopie erhaltenen Wert überein. Der bei verschiedenen Ionenstärken ermittelte Wert für die Anisotropie spricht für die von Spirin u. Mitarbeitern (vgl. C. **1960**, 6888) angenommene tert. Struktur des **I**-Moleküls. Durch Zentrifugierung der **I** aus der Rattengeschwulst wird das **I**-Mol. weitgehend abgebaut, wobei die Absorption im UV-Gebiet nicht verändert wird. O. Lebtag 4150△

1024 **Paarweise Basenkombination in Desoxyribonucleinsäure.** Jerry Donohue und Kenneth N. Trueblood. (J. molecular Biol. **2**, 363—71, Dez. 1960; Zürich, Eidg. Techn. Hochschule, Labor. für Org. Chem.; Los Angeles, Univ. of California, Dep. of Chem.; engl.) — Es wird die Möglichkeit 5 neuer geometr. denkbarer, durch H-Brükken verbundener Basenpaare in Nucleosiden diskutiert. Die Dimensionen eines derselben, *Adenin*(**I**)-*Guanin* (**II**), stehen mit dem Watson-Crick-Helixmodell von *Desoxyribonucleinsäure* (**III**) im Einklang. Die von Spemer (Acta Cryst. **12**, [1959], 66) erhobenen Argumente gegen das mögliche Vork. einer Paarung von **I**-*Thymin* u. **II**-*Cytosin*, die sich von der Formulierung von Watson-Crick unterscheidet, werden nicht als beweisend angesehen. Die Konformationsbeziehung zwischen Base u. Zucker wird besonders untersucht u. ein Torsionswinkel ϕ_{CN} definiert, der den ∢ zwischen der Spur der Basenebene u. der Projektion der C–O-Bindung des Furanoserings (Blickrichtung längs der glykosid. C–N-Bindung) darstellt. Es werden Werte desselben in bekannten Strukturen u. diskutierten Modellen angegeben. K. Maier 4150□

1025 **Quantitative Bestimmung der transformierenden Aktivität hybrider DNS.** Kenshi Suzuki, Hiroko Yamagami und Nicole Rebeyrotte. (J. molecular Biol. **5**, 577—79, 1962; Kurosuna, Japan, Chiba City, Nat. Inst. of Radiol. Sci., Div. of Chem., Biochem. Labor.; Paris, Inst. du Radium, Labor. Pasteur; engl.) — Wird nach Wärmedenaturierung einer *Desoxyribonucleinsäure*(DNS)-Lsg. das Gemisch der Einzelstränge wieder langsam abgekühlt, so können sich ein Teil der Stränge wieder spezif. rekombinieren. Mischt man Einzelstränge einer transformierenden DNS bei, so erhält man nach Rekombination 4 verschiedene doppelsträngige DNS-Arten zurück, von denen zwei hybrid sind. So wurde DNS aus dem Streptomycin-empfindlichen Stamm *Diplococcus pneumoniae R 36 A* u. vom resistenten Stamm *R/Sm* isoliert, wärmedenaturiert u. gemeinsam in verschiedenen Konz.-Verhältnissen renaturiert. Die transformierende Aktivität beträgt nach Renaturierung durchschnittlich 15% der ursprünglichen Aktivität. Man erhält eine Verteilung der Transformationsaktivität als Funktion der Zus. aus den beiden verschiedenen DNS-Strängen. Die aus der ursprünglich zweisträngigen transformierenden DNS entstandenen zwei Einzelstränge sind nach Renaturierung zu hybrider oder normaler DNS biolog. gleich wirksam. L. Träger 4150◇

1026 **Untersuchungen über den Einfluß der Infektion mit Tabakmosaikvirus auf den Nucleinsäuregehalt von Nicotiana tabacum.** H. Altmann, M. Wald und L. Sverak. (Mh. Chem. **91**, 436—44, 1960; Wien, Univ., Anorgan. u. physik.-chem. Inst.; Linz, Österreich. Stickstoffwerke AG., Biolog. Forschungsabteil.; dt.) — Die Konzz. an pufferunlösl. (a) u. pufferlösl. (b) Pflanzen-*Nucleinsäuren* werden bei verschiedenen Zeiten nach der Infektion junger Pflanzen von *Nicotiana tabacum* mit Tabakmosaik-Virus bestimmt. In der b-Fraktion [*Desoxyribonucleinsäure* (**I**) u. *Ribonucleinsäure* (**II**)] werden keine Konz.-Änderungen gefunden, dagegen eine beträchtliche Verminderung an **II** in der a-Fraktion bei annähernder Konstanz der Konz. an **I**. Vf. schließt daraus, daß die a **II** teilweise für die Synth. der Virusnucleinsäure herangezogen wird.
Klaus Schmidt 4150◇

1027 **Mechanismus der Desoxyribonucleinsäure-Synthese in vitro.** N. K. Sarkar, S. Okada und Anima Devi. (Exp. Cell Res. **29**, 36—41, 1963; Quevec, Canada, Laval Univ., Fac. of Med., Biochem. Dep.; New York, Rochester, Univ., Med. and Dental School, Div. of Exp. Radiol.; engl.) — Doppelstrang-*Desoxyribonucleinsäure* (DNS) aus Kalbsthymus wurde mit dem beim hochtourigen Zentrifugieren erhaltenen Überstand aus regenerierender Rattenleber mit u. ohne EDTA (Äthylendiamintetraacetat) inkubiert. Diese DNS war nicht wirksam als Primer (Matrize) mit Kalbsthymus-Polymerase, wo Einstrang-DNS (X 174 Bakteriophage oder denaturierte) benötigt wird. Es wird daher angenommen, daß die durch H-Brücken verbundenen Polynucleotidketten der DNS nicht völlig getrennt werden, ehe die Synth. beginnt. M. Wiedemann 4150◇

1028 **Strahlungseinfluß auf den Desoxyribonucleinsäure-Stoffwechsel verschiedener Rattengewebe.** 4. Mitt. **Erste Einflüsse.** Oddvar F. Nygaard und Richard L.-Potter. (Radiation Res. **16**, 243—52, 1962; Ann Arbor Michigan, Univ. of Michigan, Med. School, Biol. Effects of Irradiation Labor. and Dep. of Biol. Chem.; engl.) — 3. vgl. C. **1963**, 13211. — Bestrahlung von Ratten mit 125—4600 rep (Röntgenäquivalent physikal.) aus einer ^{60}Co-γ-Strahlenquelle verringert den Einbau von *$^{14}C_{(2)}$-Thymidin* (**I**) in die Desoxyribonucleinsäure (*DNS*) von Milz u. Dünndarm. Die Ergebnisse lassen es offen, ob ein direkter Einfl. auf die *DNS*-Synth. vorliegt, da die Wrkg. auf die *Phosphorylierung* von **I** zu *Thyminnucleotiden* nicht ausreicht, um den verringerten Einbau von **I** in die *DNS* der Milz zu erklären.
Ekkehard Schmid 4150◇

1029 **Der intracelluläre Transport von Nucleinsäuren. 2. Mitt. Der Einfluß von Hormonen auf den Ribonucleinsäurestoffwechsel in den Zellen der Rattenleber.** Takao Iwamoto, Akiko Moriyama, Tsunao Tetsuka und Yoshiaki Miura. (J. Biochemistry [Tokyo] **53**, **408** bis **415**, 1963; Chiba, School of Med., Chiba Univ., Dep. of Physiol. Chem.; engl.) — 1. vgl. Kusakari, J. Biochemistry [Tokyo] **53**, [1963], 250. — Vff. untersuchen in vivo den Einbau von $^{32}P_{anorg.}$ in verschiedene intracellulare Ribonucleinsäuren (RNS) (Kern, Mitochondrien, Mikrosome, Cytoplasma) der Leber ♀ u. ♂ Ratten in Ggw. von *Wachstumshormon* (**I**), *Östradiol* (**II**), *Testosteron* (**III**), *β-Androstanolon* (**IV**) u. *Parotin* (**V**). — Die Leber ♀ Ratten nimmt mehr $P_{anorg.}$ in der Kern-RNS auf als die ♂ Ratten. In kastrierten Ratten wird der P-Einbau in die Kern-RNS durch **II** gefördert u. durch **III** inhibiert. Die Entfernung der Hypophyse in ♀ Ratten beeinflußt den Stoffwechsel der Kern-RNS nur geringfügig; Gaben von **I** fördern in diesen Tieren den Einbau von $P_{anorg.}$ allerdings nicht im gleichen Umfang wie Gaben von **II**. In Ggw. von **IV** wird der Einbau von $P_{anorg.}$ in die Kern-RNS ♂ Ratten beträchtlich erhöht. Dieses Hormon verhält sich mehr wie Östrogen als Androgen. — **V**, das eine dem Wachstumshormon analoge Aktivität entwickeln soll, übte keinen Einfl. auf den Stoffwechsel der Kern-RNS in ♀ Ratten aus. H. Köditz 4150◇

1030 **Synthese und Stoffwechsel von Phagen-Messenger-Ribonucleinsäure in mit Bakteriophagen T 4 in Gegenwart von Chloromycetin infizierten E. coli.** Koji Okamoto, Y. Sugino und Masayasu Nomura. (J. molecular Biol. **5**, 527—34, 1962; Osaka, Univ., Inst. for Protein Res.; engl.) — Werden *E. coli* mit T 4-Phagen infiziert, so hört sofort die Synth. der *ribosomalen* (rRNS) sowie der *lösl. Ribonucleinsäure* (sRNS) des Wirtes auf, während eine kleine Menge Phagen-spezif. *Messenger-Ribonucleinsäure* (m-RNS) gebildet wird. Werden 6 Min. vor der Infektion mit T 4-Phagen zur E. coli-Kultur 80 μg *Chloromycetin* (**I**)/ml gegeben u. 4 Min. oder 14 Min. nach der Infektion ^{32}P-Orthophosphat zugefügt, so lassen sich radioakt. rRNS, sRNS u. m-RNS isolieren. Wird statt bei 37° bei 25° kultiviert, so sinkt der Anteil von ^{32}P-markierter rRNS u. sRNS ab. In den nichtinfizierten Kontrollen wird E. coli-spezif. m-RNS nachgewiesen, während aus der I-behandelten Kultur nur Phagen-m-RNS isoliert werden kann. In Ggw. von **I** wird ein Teil der Phagen-m-RNS abgebaut u. zur Synth. von rRNS u. sRNS wieder verwendet, ohne daß eine nachweisbare Proteinsynth. verläuft. L. Träger 4150◇

1031 **Hemmung der Wirtsnucleinsäure- und Proteinsynthese durch T 4-Bakteriophagen: Beziehung zur physikalischen und funktionellen Integrität der Wirtschromosomen.** Masayasu Nomura, Kenichi Matsubara, Koji Okamoto und Robert Fujimura. (J. molecular Biol. **5**, 535—49, 1962; Osaka, Univ., Inst. for Protein Res.; engl.) — Wird *E. coli* mit T 2- oder T 4-Phagen infiziert, so wird die Synth. der wirtsspezif. *Ribonucleinsäure* (RNS), *Desoxyribonucleinsäure* (DNS) u. des Proteins sofort unterbunden. Dabei nimmt man an, daß diese Hemmungen primär auf die Zerstörung der physikal. Integrität der chromosomalen DNS des Wirtes zurückzuführen ist. Jedoch zeigt sich, daß 10 Min. nach Infektion erst ein sehr geringer Teil der Wirts-DNS abgebaut ist. 5 Min. nach Infektion ist überhaupt keine Veränderung nachweisbar. Dieser offensichtlich sehr langsam verlaufende Vorgang bietet demnach keine Erklärung für die plötzliche u. totale Hemmung der chromosomalen Funktionen. Wird *E. coli B T⁻* mit ^{14}C-Thymin spezif. in der DNS markiert, u. anschließend nach Isolierung der DNS eine Zentrifugation im Dichtegradienten durchgeführt, so hat die DNS aus nichtinfizierten Zellen den Sedimentationskoeff. 31 S. DNS aus 5 Min. lang infizierten Zellen weist den gleichen Wert auf. Erst 10 Min. lange Infektion bewirkt eine Erniedrigung des Sedimentationskoeff. auf 20 S. Nach 20 Min. langer Infektion ist wieder eine schwerere DNS-Fraktion mit 31 S u. höher nachweisbar, die Phagen-DNS ist. Während der ersten 10 Min. nach Infektion erfolgt nur ein sehr kleiner Übergang von Komponenten der Wirts-DNS zur Phagen-DNS. Nach Infektion mit T 2- oder T 4-Phagen beobachtet man allgemein einen Anstieg der *Desoxyribonuclease*-Aktivität, die jedoch in Ggw. von *Chloromycetin* (**I**) oder *Thienylalanin* gehemmt wird. Tatsächlich wird die in Ggw. von **I** mit T 4-Phagen behandelte DNS nicht abgebaut. Trotzdem wird jedoch auch in diesen I-behandelten Zellen die Synth. von Wirts-DNS u. Wirts-Messenger-RNS gehemmt. Dies beweist, daß auch die physikal. Unversehrtheit bzw. der Abbau der Wirts-DNS nicht in unmittelbarem Zusammenhang mit der Funktion dieser DNS steht. Die gleichen Beobachtungen werden auch mit *Streptomycin* (**II**) statt **I** gemacht. Wird die in Ggw. von **II** durch die Phageninfektion gehemmte Wirts-DNS isoliert u. in Phagen-resistente Zellen übertragen, so zeigt sich, daß die Hemmung der DNS-Funktionen reversibel ist. Am Beispiel der Übertragung des Synthese-Markers für *β*-Galaktosidase wird bewiesen, daß die DNS in der infizierten Zelle physikal. u. funktionell intakt geblieben ist. Ebenso wird die Hemmung der Nucleinsäuren- u. Proteinsynth. in der Phagen-infizierten Zelle durch Antiphagenserum aufgehoben. L. Träger 4150◇

1032 **Untersuchungen zur Biosynthese der Proteine. 4. Mitt. Zusammensetzung, Funktion und Spezifität der löslichen Ribonucleinsäure aus Escherichia coli.** W. Zillig. D. Schachtschabel und W. Krone. (Hoppe-Seylers Z. physiol. Chem. **318,** 100—14, 22/2. 1960; München, Max-Planck-Inst. für Biochem.; dt.) — 3. vgl. C. **1960,** 14050. — Vff. isolierten die *lösl. Ribonucleinsäure* (I) aus Homogenaten von *Escherichia coli* durch Fällung des nach Ultrazentrifugieren (30000 U./Min.) erhaltenen Überstands bei pH 4. Die *pH 4-Fraktion* (II) enthält ca. 5% **I**, die durch Elektrophorese in Polyvinylchloridpulver oder nach der Phenol-Meth. vom Proteinanteil getrennt u. bei pH 2 gefällt wird. Das aus Sedimentations- u. Diffusionsdaten bestimmte Molgew. beträgt 35000 u. das (aus dem Nucleotidgeh. errechnete) chem. Molgew. 18500. Die Molverhältnisse Adenylsäure : Uridylsäure u. Guanylsäure : Cytidylsäure sind ca. 1. Als einzige Endgruppen wurden Adenosin u. Guanosin-3'.5'-diphosphat gefunden. Die enzymat. Aminoacylierung von I erfolgt unter stöchiometr. Beteiligung der Enzyme von **II**. Die Charakteristik der Übertragung des Aminoacylrestes von **I** in das Ribosomenprotein u. die Spezifität der **I** wurden näher untersucht. Bereits nach Zerstörung eines Nucleotids des **I**-Mol. (durch HNO_2) erfolgt mit Leucin keine Aminoacylierungsrk. mehr.
E. Schwerdtfeger 4150□

1033 **Untersuchungen zur Biosynthese der Proteine. 5. Mitt. Die Funktion von Nucleinsäuren beim Einbau von Aminosäuren in Proteine in einem zellfreien System aus Escherichia coli.** W. Doerfler, W. Zillig, E. Fuchs und M. Albers. (Hoppe-Seyler's Z. physiol. Chem. **330,** 96—123, 1962; dt.) — 4. vgl. vorst. Referat. — In einem zellfreien Syst. aus *E. coli*, das als essentielle Bestandteile *Aminosäuren* (I), Adenosintriphosphat, **I**-aktivierende Enzyme, lösl. Ribonucleinsäure (lRNS), Ribosomen u. hochmol. messenger-Nucleinsäure enthält, erfolgt ein **I**-Einbau in Proteine. In einem Syst. ohne messenger-RNS (m-RNS) bzw. messenger-Desoxyribonucleinsäure (m-DNS) ist der Zusatz dieser Nucleinsäuren erforderlich. Wirksam sind hierbei m-RNS aus *E. coli*, Virus-RNS u. 2-strängige DNS (2-DNS) aus den Bakteriophagen T_2 u. T_4 [jedoch nicht 1-strängige DNS (1-DNS) aus dem Bakteriophagen ΦX-174 oder erhitzte T_2-DNS]. Die Wrkg. von DNS ist nur während der DNS-abhängigen Synth. von m-RNS zu beobachten. Bei dem **I**-Einbau wirken Ribosomen u. m-RNS katalytisch. Bei der m-RNS-Synth. durch hochgereinigte DNS-abhängige Präpp. von RNS-Polymerase aus *E. coli* wirken 1-DNS u. 2-DNS als Präger (primer), wobei, je nach Verwendung von 1-DNS bzw. 2-DNS stöchiometr. Mengen von Spermin stimulierend u. Actinomycin C_3 bzw. Proflavin hemmend wirken u. die gebildeten Prodd. durch Pankreasribonuclease angreifbar sind oder nicht. Während für den **I**-Einbau intakte DNS erforderlich ist, kann auch partiell hydrolysierte DNS als Präger bei der m-RNS-Synth. fungieren.
P. Schwerdtfeger 4150◇

1034 **Desoxyribonucleinsäure als Vermittler der Sensibilisierung Penicillin-resistenter Staphylokokken.** R. B. Nathanason. (Science [Washington] **135,** 916, 1962; West Hartford, Conn.; engl.) — Die Isolierung des sensibilisierend wirkenden Prinzips (Pr.) aus dem *Penicillin*(I)-sensitiven Stamm von *Staphylococcus aureus* wurde aus den Zellen nach Einfrieren in A.–CO_2–Eis, Auftauen u. mehrmaliger Deproteinisierung durch Extraktion der Zellsuspension in Na–Citrat mit Chlf. u. Amylalkohol sowie Ausfällung des fibrösen Pr. mit A. erreicht. Kulturen des **I**-resistenten Stammes von S. aureus zeigten mit einem Antiserum u. Pr. auf Agarnährböden in Ggw. von **I** eine vollständige Hemmung. Dieses Serum stammte aus mit **I**-resistenten S. aureus-Kulturen injizierten Meerschweinchen. Die **I**-resistenten Stämme ohne Pr. wiesen dagegen ein normales Wachstum auf.
J. Boelter 4150□

1035 **Wechselwirkung zwischen Desoxyribonucleinsäure und polycyclischen aromatischen Kohlenwasserstoffen.** A. M. Liquori, B. Delerma, F. Ascoli, C. Botré und M. Trasciatti. (J. molecular Biol. **5,** 521—26, 1962; Napoli, Univ., Centro Nazionale di Chim. delle Macromol. del C. N. R., Ist. Chim.; Ist. di Biol. Generale; Roma, Univ., Ist. di Chim. Farmaceutica, Labor. Ricerche sulla Struttura e l'Attitivita di Composti Chim.; engl.) — Krist. *3.4-Benzpyren* (I) oder *1.2.5.6-Dibenzanthracen* (II) wird mit einer salzfreien wss. *Desoxyribonucleinsäure* (DNS)-Lsg. gerührt u. der Anteil der mit Hilfe der DNS gelösten polycycl. aromat. KW durch Extraktion mit Cyclohexan bestimmt. **I** u. **II** sind in W. extrem unlöslich. Die Anzahl gelöster Moll. **I** oder **II** pro Mol DNS-P ist prakt. über große DNS-Konz.-Bereiche unverändert. Lediglich bei sehr niedrigem DNS-Konzz. nimmt infolge partieller Denaturierung der DNS das Verhältnis gelöster KW-Stoffe pro Mol DNS-P steil zu. Übereinstimmend mit dieser Beobachtung weist hitzedenaturierte DNS ebenfalls eine erhöhte Löslichkeit für **I** oder **II** gegenüber nativer DNS auf. Die Fluorescenzspektren von in Cyclohexan, wss. DNS-Lsg., wss. Coffein-Lsg. oder in Mischkristallen mit Coffein gelöstem **I** werden verglichen. Sie weisen gegenüber dem Fluorescenzspektrum in Cyclohexan im Bereich zwischen 3889 Å u. 5016 Å eine deutliche Rotverschiebung auf. Es wird angenommen, daß **I** bzw. **II** durch Einschiebung in unregelmäßig verteilten gestreckten Bereichen der DNS-Mol. wasserlöslich wird.
L. Träger 4160◇

1036 **Carcinogen-Teste auf Alkylbenzole und Alkylbenzolsulfonate.** U. Saffiotti, P. Shubik und D. L. Opdyke. (Toxicol. appl. Pharmacol. **4,** 763—69, 1962; Chicago, Ill., Chicago Med. School, Div. of Oncology, Inst. of Med. Res.; engl.) — An Mäusen u. Kaninchen wurden *Alkylbenzol aus einer Pilotanlage* (I, durch Alkylierung von Benzol mit Tetrapropylen), *kommerzielles Alkylbenzol* (II), *Alkylbenzolsulfonat* (III) u. ein *Petrolätherextrakt* von **III** im Hauttest u. im subkutanen Test auf carcinogene Wrkg. untersucht. Lediglich **I** zeigte carcinogene Wrkg., die aber vermindert werden konnte durch chromatograph. Entfernung fluoreszierenden Materials.
K. Grade 4160◇

1037 **Über die Beziehungen zwischen der carcinogenen Wirksamkeit von 4-Nitrochinolin-N-oxiden und der Reaktivität ihrer Nitrogruppen mit SH-Verbindungen.** Hideya Endo. (Japan. J. Cancer Res. **49,** 151—56, Juni 1958; Tokio, Jap. Foundation for Cancer Res., Cancer Inst.; engl.) — Unter physiolog. Bedingungen reagieren die Carcinogene *4-Nitrochinolin-N-oxid* (I), *6-Chlor*-**I**, *2-Methyl*-**I** u. *2-Äthyl*-**I** stärker unter nucleophiler Substitution mit *Cystein* u. *Glutathion* unter Abspaltung von salpetriger Säure als die nicht carcinogenen Verbb. *4-* u. *6-Nitrochinolin* u. *4-Nitropyridin-N-oxid*. Dagegen findet in vitro zwischen **I** u. Aminosäuren, Nucleotiden u. Nucleinsäuren keine Rk. statt.
H. Preußmann 4160◇

1038 **Vermehrung der Metastasen des Nierenadenocarcinoms beim amerikanischen Ochsenfrosch Rana catesbeiana durch Cortison.** A. Stolk. (Proc., Kon. nederl. Akad. Wetensch., Ser. C **66,** 86—105, 1963; Amsterdam, Free Univ., Dep. of Histol.; engl.) — *Cortison*-behandelte Ochsenfrösche entwickelten nach intraarterieller Injektion einer Suspension von Nierenadenocarcinomzellen mehr Metastasen als nicht behandelte Tiere (Begünstigung der Festsetzung des Tumorembolus).
K. Zingraf 4160◇

1039 **Chemische Tumorprobleme.** Hans von Euler. (Gann, Japan. J. Cancer Res. **49,** 69—78, Juni 1958; Stockholm; engl.) — Vortrag über einige Probleme der Carcinogenese u. der Chemotherapie von Tumoren.
R. Preußmann 4160◇

1040 **Aggregatbildung von Proteinpartikeln in Tumorzellen.** A. Bolognari. (Nature [London] **190,** 358—59, 1961; Messina, Univ. di Messina, Ist. di Zoologia e di Anatomia comparata; engl.) — Im Cytoplasma mancher Tumorzellen tritt eine Art Dispersion der Ribosomen auf, bezeichnet als „zerstreutes" oder „unorganisiertes Ergastoplasma". Es wurde jetzt elektronenmkr. nachgewiesen, daß in Tumorzellen gelegentlich auch Strukturen auftreten, die auf Aggregatbildungen von Proteinpartikeln zurückzuführen sind.
H. J. Hoenders 4160◇

1041 **Polarographische Messung der O_2-Spannung in Ehrlich-Ascites-Tumoren der Maus.** M. Frimmer und Z. J. Zubrzycki. (Biochim. biophysica Acta [Amster-

dam] **66,** 440—41, 1963; Gießen, Justus-Liebig-Univ., Pharmakol. Inst. u. physiol.-chem. Inst.; dt.) — Bei insgesamt 53 Messungen ergab sich die O_2-Spannung zu 0,24 Torr, der höchste Wert war 1,1 Torr, der tiefste 0,0. Die Ascites-Tumorzelle lebt demnach an der Grenze zwischen aerobem u. anaerobem Stoffwechsel.
M. Wiedemann 4160◇

1042 **Beziehungen zwischen verschiedenen Stoffwechselwegen in Ehrlich-Ascites-Carcinomzellen. 1. Mitt. Glykolyse und Atmung (Crabtree-Effekt).** Kenneth H. Ibsen, Elmon L. Coe und Ralph W. McKee. (Biochim. biophysica Acta [Amsterdam] **30,** 384—400, Nov. 1958; Los Angeles, Univ. of Calif. Med. Center, Dep. of Physiol. Chem.; engl.) — Vgl. C. **1961,** 3013 u. C. **1962,** 1256. — Ausführliche Unters. über die Hemmung des O_2-Verbrauchs bei Ehrlich-Ascites-Tumorzellen unter dem Einfl. von *Monojodessigsäure* u. *2.4-Dinitrophenol.* Die Beziehungen zwischen Beginn, Dauer u. Ende des Crabtree-Effektes einerseits u. der Geschw. des *Glucose-* u. *2-Desoxyglucose*-Metabolismus sowie Veränderungen bei *Lactat, Triosen, Ketosen, Pentosen, Adenosintriphosphat, Adenosindiphosphat, Adenosinmonophosphat, Di-* u. *Triphosphopyridinnucleotid* u. *Mono-* u. *Dinucleotiden* andererseits werden untersucht. Die erhaltenen Ergebnisse werden in Beziehung gesetzt zum Zellbau, zur Permeabilität der Mitochondrien-Membran u. zur Wrkg. der *Adenylkinase.* Eine Erklärung des Crabtree-Effektes wird versucht. R. Preußmann 4160◇

1043 **Wirkung von durch Azofarbstoff verursachter Carcinogenese auf die Hexosaminsynthese in der Rattenleber.** Donald E. Kizer und Thomas A. McCoy. (Proc. Soc. exp. Biol. Med. **102,** 136—37, 1959; Ardmore, Okla, Samuel Roberts Noble Fn., Biomed. Div.; engl.) — An Ratten wurde während 90 Tagen des ca. 150 Tage dauernden Experiments eine 0,06% *3'-Methyl-4-dimethylaminoazobenzol* enthaltende Diät verabreicht, u. die Geschw. der *Glucosamin*-Synth. aus *Glutamin* (0,03 m) u. *Glucose-6-phosphat* (0,02 m) in phosphatgepuffertem Rk.-Gemisch (pH 6,6) durch Leberhomogenisat (4—5 mg/ml) der Vers.-Tiere bestimmt. Prim. Hepatome ergeben drei- bis fünffach größere Hexosamin-Synth.-Geschw. als die sie umgebende bzw. präcarcinöse oder auch normale Leber.
Wolgang Herrmann/Bln. 4160◇

1044 **Frühe Nutzung von Adenin und Formiat durch Mäuse-Ascites-Tumorzellen in vivo.** A. Forssberg, J. S. Finlayson und G. Dreyfus. (Biochim. biophysica Acta [Amsterdam] **30,** 258—64, Nov. 1958; Stockholm, Inst. of Radiophysics; engl.) — Intraperitoneale Injektion von 0,08 Mol *$^{14}C_{(8)}$-Adenin* in Mäuse mit Landschütz-Ehrlich-Tumorascites bewirkt innerhalb 5 Min. schnellen Einbau in die Nucleotidfraktion der Tumorzellen. Der Einbau in Nucleinsäuren erfolgt ebenfalls sehr schnell. *Barbiturat*-Behandlung u. Bestrahlung mit 350 r hatten keine Wrkg. auf die Einbaugeschw., *^{14}C-Formiat* wird etwas langsamer aufgenommen u. verteilt sich auf viele Fraktionen. R. Preußmann 4160◇

1045 **Lipoidperoxid-Bildung und Phospholipoide in normalen und tumorösen Geweben.** Takayuki Ohnishi. (Gann, Japan. J. Cancer Res. **49,** 233—47, 1958; Tokio, Univ., Fac. of Sci., Zool. Inst.; engl.) — Die Bldg. von *Lipoidperoxiden* bei aerober Inkubation von Homogenaten normaler Gewebe wird durch einen Zink-haltigen Komplex eines Phospholipoids u. eines dialysierbaren Cofaktors bewirkt. Tumorgewebe zeigen prakt. keine Aktivität, was nicht durch das Auftreten von Antioxydantien im Tumor bewirkt wird. Zn wird vom Tumor bes. fest gebunden u. ist daher nicht verfügbar. Tumorgewebe unterscheiden sich möglicherweise entscheidend von normalen Geweben in der Art der vorhandenen Phospholipoide. Dies stellt unter Umständen eine wichtige Charakterisierung des Tumorgewebes dar.
R. Preußmann 4160◇

1046 **Die Leucin-Aminopeptidase-Aktivität im Harn von Patienten mit malignen Tumoren.** G. Golisch. (Klin. Wschr. **38,** 968—70, 1960; Gießen, Univ., Chirurg. Klin.; dt.) — Die *Leucinaminopeptidase* des Harnes wurde bei 42% von Patienten mit malignen Tumoren erhöht gefunden. Eine Beziehung zum Alter des Patienten, zur Ausdehnung des Tumors oder zu vorhandenen Metastasen bestand nicht. A. Hesse 4160◇

1047 **Wirkung von Chlorpromazin und Imipramin auf Kulturen einiger maligner und normaler Gewebe.** H. Schellenberg. (Med. exp. [Basel] **5,** 459—66, 1961; Bonn, Univ., Pharmakolog. Inst.; dt.) — Beide Präpp. wurden am Mastzellentumor P-815 mit Hilfe des Gewebekulturverf. vergleichend untersucht. Die Wachstumshemmung u. Zellzerstörung waren beim Mastocytom P-815 nur wenig intensiver als bei Fibroblasten, Amnion- u. HeLa-Zellen. *Chlorpromazin* wirkt stärker hemmend als *Imipramin.* O. Jansen 4160◇

1048 **Wirkung von Chlorpromazin und Imipramin auf Atmung und anaerobe Glykolyse von Mastocytom P-815 und Ehrlich-Ascitestumor.** H. Schellenberg. (Med. exp. [Basel] **5,** 467—72, 1961; Bonn, Univ., Pharmakolog. Inst.; dt.) — In Atmungs- u. Glykolyseverss. wurden beide Präpp. am Mastocytom P-815 u. Ehrlich-Ascitestumor geprüft. Beide Präpp. hemmten die Atmung der untersuchten Tumore, wobei *Chlorpromazin* stärker wirksam als *Imipramin* war. Die anaerobe Säurebldg. der Tumorzellen im Glykolysevers. konnte durch keines der Präpp. merklich beeinflußt werden.
O. Jansen 4160◇

1049 **Die Hemmwirkung einer normal vorkommenden Pyrimidinvorstufe auf die Methylcholanthren-Carcinogenese.** Stanfield Rogers. (Proc. Soc. exp. Biol. Med. **96,** 464—65, Nov. 1957; Durham, N. C., Duke Univ. School of Med., Dep. of Pathol.; engl.) — Die Erzeugung von Lungenadenomen u. -Adenocarcinomen an Mäusen nach einmaliger intraperitonealer Gabe von 4 mg *Methylcholanthren* wird durch tägliche Tränkung mit einer 0,1%ig. Lsg. von *Orotsäure* signifikant vermindert im Vgl. zu Kontrollen. Die Hemmwrkg. beruht nicht auf einer Wachstumshemmung des Tumors, sondern auf einer Veränderung im Nucleinsäure-Stoffwechsel im Anfangsstadium der Carcinogenese.
R. Preußmann 4160◇

1050 **Über den Einfluß von Siebenring-Kohlenstoffverbindungen auf das Energie-erzeugende-System der normalen Leber und des Ascites-Hepatoms.** Yoshiaki Miura, Naoko Okamoto und Akio Shimamune. (Seikagaku [Biochemie, Tokyo] **32,** 744—48, 1960; Tokyo, Univ., Fac. of Med., Div. of Health Care and Nursing; jap.) R. Gutzschebauch 4160◇

1051 **Wirkung des Vaccine- und Herpesvirus und der Cytostatica Degranol und TEM auf einige experimentelle Lungentumoren.** O. Costăchel und B. Ilie. (Studii Cercetări Inframicrobiol. [Bucureşti] **12,** 317—23, 1961; Bucureşti, Inst. oncologic; rum.) — Wenn Mäusen zuerst i.v. Ehrlich-Ascitesfl., nach 24 Std. intraperitoneal Vaccine- oder Herpesvirus injiziert wird, tritt eine starke Hemmung der Bldg. von Lungentumoren ein, Vaccinevirus wirkt stärker. Unter den gleichen Bedingungen zugeführte Cytostatica (Degranol, TEM) hemmen die Bldg. der Lungentumoren nicht. Auch nach 7, 11 oder 14 Tagen intraperitoneal oder nach 20 Tagen intranasal zugeführtes Vaccinevirus zeigt deutliche Hemmwirkung.
R. K. Müller 4160◇

1052 **Über das Wesen krebsfeindlicher Wirkstoffe.** Horst Süttinger. (Ärztl. Forsch. **16,** I/271—82, 1962; Düsseldorf; dt.) — Übersicht. — 63 Literaturangaben.
K. Zingraf 4160◇

E_2. Enzymologie, Gärung

1053 **Beschränkungen bei der Bestimmung der Lage aktiver Zentren.** Marshall W. Nirenberg und William B. Jakoby. (Nature [London] 188, 747—48, 1960; Bethesda, Md., Nat. Inst. of Health; engl.) — Da Enzyme, wie z. B. die Inaktivierung von *Bernsteinsemialdehyddehydrogenase* durch *Trypsin* in u. ohne Ggw. von Substrat (Triphosphopyridinnucleotid) gezeigt hat, in verschiedener geometr. Form vorliegen können, ist es nicht möglich gleichzeitig Rk.-Geschw. u. ursprüngliche Geometrie des Enzymmol. (ohne Substrat) zu bestimmen. Da es üblich ist, die Lage akt. Enzymzentren durch

Messung relativer Rk.-Geschw. von Substraten u. strukturell verwandten Inhibitoren zu ermitteln, sind diese Werte infolge der in Ggw. von Substrat eintretenden Veränderungen nicht für die Best. der mol. Konfiguration des Anfangszustands des Enzyms (ohne Substrat) nicht verwertbar. K. Maier 4210◇

1054 **Untersuchungen über das Elektronübertragungssystem.** 51. Mitt. **Isolierung und Charakterisierung der D-(−)-β-Hydroxybuttersäureapodehydrogenase aus Rinderherzmitochondrien.** I. Sekuzu, P. Jurtshuk jun. und D. E. Green. (J. biol. Chemistry **238,** 975−82, 1963; Madison, Wis., Univ. of Wisconsin, Inst. for Enzyme Res.; engl.) — 50. vgl. C. **1963,** 15086. — Aus Rinderherzmitochondrien (45000 g-Homogenatsediment) wurde durch Fraktionieren mit K-Cholat + $(NH_4)_2SO_4$ u. isoelektr. Fällung eine lösl. D-(−)-*β-Hydroxybuttersäureapodehydrogenase* (**I**) isoliert, die spezif. ungesätt. *Lecithin* (**II**) benötigt. Maximale **I**-Aktivität erfordert ferner hohe Konzz. (ca. 10^{-2} m) eines Thiols, wie *Cystein, 2-Mercaptoäthanol, Glutathion, 2.3-Dimercaptopropanol* (BAL) (Hemmung durch große Konzz.). Die reinsten **I**-Präpp. katalysierten die Red. von 18,5 μ-Mol *Diphosphopyridinnucleotid*/Min./mg Protein (37°). Die Hemmung durch Cd^{2+} u. durch Arsenit in Ggw. von BAL deuten auf die Beteiligung vicinaler Dithiole bei der enzymat. Oxydation von *D-(−)-β-Hydroxybutyrat* (**III**) hin. Akt. *D-(−)-β-Hydroxybuttersäuredehydrogenase* der Mitochondrien ist wahrscheinlich ein **II**-Proteinkomplex. **I** verwertete nur **III** als Substrat; K_m-Werte; $1 \cdot 10^{-2}$ m Cystein, $0{,}9 \cdot 10^{-4}$ m (**III**), $1{,}1 \cdot 10^{-4}$ m DPN^+, $1 \cdot 10^{-5}$ m **II**. $5 \cdot 10^{-5}$ m *4.4.4-Trifluor-1-[thienyl-(2)]-butandion-(1.3)* (**IV**) hemmte zu 50%; wahrscheinlich durch Einw. auf Nichthäm-Fe zwischen Succinatflavoprotein u. Coenzym Q. **I** ist möglicherweise ein Metallenzym, obwohl Äthylendiamintetraessigsäure wie Pyrophosphat nicht hemmten. 10^{-3} m Fe^{2+}, Fe^{3+} u. Mg^{2+} beeinflußten die Aktivität nicht u. hoben die **IV**-Hemmung nicht auf. K. Maier 4210◇

1055 **Untersuchungen über das Elektronübertragungssystem.** 52. Mitt. **Bindung von Cytochrom c durch rekonstituierte reduzierte Nicotinamidadenindinucleotidoxydase.** S. H. Richardson und L. R. Fowler. (Arch. Biochem. Biophysics **100,** 547−53, 1963; Madison, Wis., Univ. of Wisconsin, Inst. for Enzyme Research; engl.) — 51. vgl. vorst. Referat. — Durch Unterss. der elektrostat. Wechsel-Wrkg. zwischen dem bas. Protein u. den negativen Ladungen der Partikel bei der Bindung von *Cytochrom c* (Cy-C) durch Mitochondrien u. submitochondriale Partikel wurde gefunden, daß durch einen rekonstituierten *red. Nicotinamidadenindinucleotid* (NADH)-*Oxydase*-Komplex (**I**), der aus einem Gemisch aus *NADH-Cy-C-Reduktase, Cytochromoxydase* u. *Cy-C* im Protein-Gew.-Verhältnis 14:4:1 bei 0° hergestellt wurde, verschiedene Mengen von Cy-C gebunden werden u. durch weitere Cy-C-Mengen über ein bestimmtes Maß hinaus die Aktivität von **I** nicht mehr erhöht wird. Die Wechsel-Wrkg. zwischen dem polybas. Cy-C-Protein u. partikelgebundenem Phospholipoid wurde nachgewiesen u. die Notwendigkeit einer gebundenen Form des Cy-C für die **I**-Aktivität gezeigt. G. Vogel 4210◇

1056 **Die Oxydation von Cytochrom c durch Cytochrom-c-Peroxydase.** John Beetlestone. (Arch. Biochem. Biophysics **89,** 35−40, 1960; Philadelphia, Pa., Univ. of Pennsylvania, Johnson Res. Found.; engl.) — Die Rk. zwischen *Cytochrom c* (**I**) u. *Cytochrom-c-Peroxydase* (**II**) der Hefe verläuft als Rk. erster Ordnung in bezug auf **I**. Die Rk. wird durch oxydiertes wie durch red. **I** gehemmt. Aus der Abhängigkeit der Rk.-Geschw. von der Ionenstärke wird geschlossen, daß die Rk. an entgegengesetzt geladenen akt. Zentren der beiden Proteine vor sich geht. Die Rk.-Geschw. erhöht sich mit abnehmendem pH. — Die Rk. wird durch *Salmin* gehemmt, was darauf hinweist, daß die hemmende Wrkg. von **I** auf seiner positiven Ladung im Gebiet von pH 5−7 beruht. — Berechnungen aus der Rk.-Geschw. ergeben, daß an jedem der Proteine eine akt. Fläche von 5 Å^2 angenommen werden kann. A. Hesse 4210◇

1057 **Untersuchungen über den Einfluß des Cytochroms c auf die Gewebeatmung von mit Kohlenoxid vergifteten Tieren.** B. Gwóźdź, F. M. Spioch und J. S. Dutkiewicz. (Z. Vitamin-, Hormon- u. Fermentforsch. [Wien] **11,** 282−89, 1960/61; Zabrze-Rotkitnica (Polen), Schles. Med. Akad., Physiol. Inst.; dt., Auszüge: engl., franz.) — Bei Meerschweinchen, die mit *CO* bis zu dem nach 1,5 bis 5 Std. eintretenden Atmungsstillstand vergiftet waren, wurde der Einfl. von *Cytochrom c* (**I**) auf den O_2-Verbrauch von Gehirnschnitten untersucht. Bei 3,0 bzw. 6,0 mg **I**/kg Körpergew. wird der O_2-Verbrauch um 22% bzw. 50% erhöht; mit 50 mg/kg wurde keine Steigerung gegenüber Verss. ohne **I** beobachtet. — Bei 2 **I**-Handelspräpp. verschiedener Herkunft wurden unterschiedliche Wrkg. beobachtet. — Die so gemessene Zunahme des O_2-Verbrauches kann als Maß für Aktivität bzw. Menge von **I** dienen. A. Hesse 4210◇

1058 **Flavin-Dissoziation und Cytochrom-b$_2$-Inaktivierung durch Sauerstoff.** J. McD. Armstrong, J. H. Coates und R. K. Morton. (Nature [London] **186,** 1033 bis 1034, 25/6. 1960; Adelaide, Waite Agric. Res. Inst., Dep. of Agric. Chem.; engl.) — *Cytochrom b$_2$* (**I**), die *L(+)-Lactatdehydrogenase* der Backhefe, wird in Ggw. von Luft unter Auftreten von Fluorescenz rasch irreversibel inaktiviert, wobei 2 neue Komponenten (ca. 11 u. 15 S), zusätzlich zur ursprünglich vorhandenen (8,36 S), erscheinen. Offensichtlich tritt bei O_2-Einw. eine teilweise Abspaltung von *Riboflavinphosphat* (**II**), begleitet von einer Proteinaggregation, ein. **II**-Dissoziation u. Verhinderung der Aggregation durch p-Chlormercuriphenylsulfonat sprechen für die **II**-Bindung an **I**-Protein durch SH-Gruppen. Die Aggregation durch Lufteinw. kann der Bldg. intermol. SS-Bindungen zugeschrieben werden, wobei SH-Gruppen maskierendes **II** frei wird. K. Maier 4210◇

1059 **Die biologische Bedeutung der Pseudomonas-Cytochromoxydase in Pseudomonas aerigunosa.** Tateo Yamanaka, Shigeko Kijimoto und Kazuo Okunuki. (J. Biochemistry [Tokyo] **53,** 416−21, 1963; Osaka, Univ. of Osaka, Fac. of Sci., Dep. of Biology; engl.) — Vff. untersuchen die quant. Veränderungen im Geh. an *Cytochromoxydase* (**I**) in Zellen, die unter verschiedenen Kultivierungsbedingungen (in Ggw. von KNO_3, anaerobe u. aerobe Verhältnisse) erhalten wurden. Es wird gezeigt, daß **I** mit der *Nitrit-Reduktase* ident. ist, die bei der Denitrifikation in *P. aeruginosa* wirkt. In Abwesenheit von KNO_3 konnte unter aeroben Bedingungen keine **I** aus den Zellen extrahiert werden. H. Köditz 4210◇

1060 **Nitritreduktaseaktivität der Pseudomonas-Cytochromoxydase.** Tateo Yamanaka, Akihiro Ota und Kazuo Okunuki. (Biochim. biophysica Acta [Amsterdam] **44,** 397−98, 1960; Nakanoshima (Osaka, Japan), Univ. of Osaka, Fac. of Sci., Dep. of Biol.; engl.) — Wird *Cytochrom-c-oxydase* (**I**) aus *Pseudomonas aeruginosa* zu red. *P-Cytochrom c-551* (**II**) gesetzt, so nimmt unter anaeroben Bedingungen die Absorption bei 551 mμ nur langsam ab; bei Zusatz von *Nitrit* (**III**) erfolgt dann sehr rasche Oxydation von **II** (pH 7,0; 28°); bei Fehlen von **I** erfolgt keine Oxydation von red. **II** durch **III**. — **III** kann nicht durch Nitrat oder Hydroxylamin ersetzt werden; dies zeigt, daß red. **II** an **III** in Ggw. von **I** ein Elektron abgibt. Diese Rk. wird durch 10^{-3} m *Cyanid* zu 80% gehemmt. 5 Min. langes Erwärmen auf 70° vermindert die **I**-Wrkg. auf ca. 10% des ursprünglichen Wertes. *Hydrochinon* kann ebenfalls als Elektronendonator für die Red. von **III** dienen. — **III** wird auch in Ggw. von **II** mit *Milchsäuredehydrogenase* der Hefe reduziert. Bei Ersatz von **II** durch *Phenazinmethosulfat* (**IV**) wird die **III**-Red. stark beschleunigt; diese Rk. wird jedoch durch CN^- nicht gehemmt. — **IV** kann durch Pyocyanin ersetzt werden, woraus vielleicht die physiolog. Funktion dieses Pigmentes von *Pseudomonas* eine Erklärung finden kann. — **I** kann bei dieser Rk. nicht ersetzt werden durch: **II**; *Cytochrom c* (**V**) der Säugetiere; mit Trichloressigsäure behandeltes **V**; *Cytochrom a* (**VI**); ein Gemisch von **V** u. **VI**, das Cytochromoxydaseaktivität zeigt; *Katalase*. — Nach diesen Befunden wirkt **I** als *Nitritreduktase*. A. Hesse 4210◇

1061 **Nitratreduktase des Nitratatmungstypes aus Escherichia coli.** 1. Mitt. **Löslichmachen und Reinigung aus dem**

Teilchensystem mit molekularer Kennzeichnung als Metallprotein. S. Taniguchi und E. Itagaki. (Biochim. biophysica Acta [Amsterdam] **44,** 263—79, 1960; Chikusa, Nagoya, Nagoya Univ., Fac. of Sci., Dep. of Chem.; engl.) — Aus Zellen von *Escherichia coli*, die anaerob in Ggw. von *Nitrat* (**II**) kultiviert waren, konnte ein an Teilchen gebundenes *Nitratreduktase*(**I**)-Syst. erhalten werden, das *Cytochrom* b_1 (**IV**) als Zwischenträger für die Übertragung aus *Formiat* (**III**) oder *red. Diphosphopyridinnucleotid* (*red. Nicotinamidadenindinucleotid*) auf **II** enthält. Das **I**-Syst. weist eine bemerkenswert hohe **I**-Wrkg. von Typus der **II**-Atmung auf. — Das **I**-Teilchen-Präp. [das nach bisherigen Unterss. frei von Pyridinnucleotidoxydasen u. anderen Dehydrogenasen (außer der gegen **III** wirksamen) ist] ist durch sein hochakt. **III**–**I**-Syst. gekennzeichnet. — **I** konnte nach Wärmebehandlung aus den Teilchen bei pH 8,3 (Phosphat) in Lsg. gebracht u. weiter gereinigt werden; ferner konnte **I** mittels Dodecylsulfat bei pH 7,1 sowie durch Steapsin oder Chymotrypsin, nicht aber durch Pepsin, Trypsin, Lipase oder krist. Proteasen in Lsg. gebracht werden. — **I** hat Mol.-Gew. $1 \cdot 10^6$ u. enthält gebundenes *Mo* sowie gebundenes *Fe* (40 Atome/Mol **I**), nicht aber gebundenes Flavin. — Ein Differenzspektrum („oxydiert minus red.") mit breitem Gipfel bei 445—450 mμ verschwindet rasch nach Zusatz von **II**, wobei *Nitrit* gebildet wird. Die Wechselzahl beträgt mit red. Methylviologen, dem wirksamsten Elektronendonator, $7{,}0 \cdot 10^3$ Mol/sec; von den untersuchten physiolog. Elektronendonatoren werden die red. Formen von Pyridinnucleotiden nicht u. die Flavin-Derivv. wenig wirksam, während **IV** ziemlich günstig zu sein scheint. — Gereinigte homogene **I** scheint das letzte Glied im **II**-Atmungs-Syst. in vivo zu sein. — Vff. vergleichen die **I**-Syst. von *E. coli* (**II**-Atmungstypus) u. von *Neurospora* (**II**-*Assimilationstypus*). A. Hesse 4210◇

1062 **Spektrographische Bestimmung von Molybdän in der Nitratreduktase aus Escherichia coli.** Chuzo Iida und Kazuo Yamasaki. (Biochim. biophysica Acta [Amsterdam] **44,** 352—53, 1960; Nagoya, Nagoya Univ., Fac. of Sci.; Inorgan. Chem. Labor.; engl.) — *Nitratreduktase* (**I**) aus *Escherichia coli* enthält *Mo* u. *Fe*. Vff. bestimmen *Mo* spektrograph., wobei die Probe zunächst mit NaCl u. Graphitpulver, das 50 mg V/kg u. 50 mg Pd/kg enthielt, im Verhältnis 1:1:1 gemischt wird. In Quarzspektrographen dient das zugesetzte V als innerer Standard; der Mo-Geh. wird aus einem Diagramm für Intensitätsverhältnis/Mo-Geh. (in mg/kg) entnommen. In drei **I**-Proben wurden 87,96 ± 20 bzw. 108 mg/kg Mo gefunden, was etwa einem Geh. von 1 Atom Mo/Mol. **I** entspricht. A. Hesse 4210◇

1063 **Die von Pyridoxalphosphat abhängige oxydative Decarboxylierung von Methionin durch Peroxydase.** 1. Mitt. **Kennzeichen und Eigenheiten der Reaktion.** Mendel Mazelis. (J. biol. Chemistry **237,** 104—08, Jan. 1962; Albany, Calif., Western Regional Res. Labor.; engl.) — Unter bestimmten Bedingungen kann Meerrettichperoxydase (MPO) als aerobe Oxydase wirken. Vf. untersuchte die MPO-Wrkg. auf ^{14}C-Aminosäuren in Phosphatpuffer pH 7 bei 30°. Die Decarboxylierung von Methionin erforderte neben MPO die Ggw. von Mn^{2+}, Pyridoxalphosphat u. aerobe Bedingungen. H_2O_2 hemmt schon in kleinen Konzz. u. ersetzt ebensowenig Mn^{2+}, wie Mg^{2+}, Co^{3+}, Zn^{2+}, Cu^{2+}, Al^{3+}, Fe^{3+}, Ni^{2+}, Ca^{2+} u. Sn^{2+}. Diphenole, wie Brenzcatechin, Hydrochinon, Chlorogen- u. Kaffeesäuren hemmen schon bei $5 \cdot 10^{-6}$ m, während Phenol oder Resorcin in gleicher Konz. stark stimulieren. Katalase hemmt schon bei kleinen Konz., reagiert aber unterschiedlich nach längerer Lagerung in der Kälte. K. Heumann 4210◇

1064 **Die von Pyridoxalphosphat abhängige oxydative Decarboxylierung von Methionin durch Peroxydase.** 2. Mitt. **Die Identifizierung von 3-Methylmercaptopropionamid als Reaktionsprodukt.** Mendel Mazelis und Lloyd L. Ingraham (unter techn. Mitarb. von William J. Weston). (J. biol. Chemistry **237,** 109—12, Jan. 1962; Albany, Calif., Western Res. Labor.; Davis, Calif., Univ. of California, Dep. of Biochem.; engl.) — 1. vgl. vorst. Referat. — Das nach 90 Min. aus einem Ansatz von Meerrettich-*Peroxydase* (**I**), $^{14}C_{(2)}$-*Methionin* (**II**) als Substrat *Pyridoxal* (**III**) u. Mn^{2+} als Cofaktoren in Phosphatpuffer (pH 7,0) erhaltene Reaktionsgemisch wird in eine saure äther. Extraktfraktion u. eine alkal. butanol. geteilt, papierchromatographiert u. auf radioakt. Flecken durchmustert. Durch Vgl. mit ebenso behandelten Ansätzen ohne **I** wird festgestellt, daß α-Keto-γ-methylmercaptobuttersäure u. 3-Methylmercaptopropionsäure aus nichtenzymat. Rk. stammen. Durch Einsatz von $^{14}C.^3H$-L-Methionin als Enzymsubstrat wird das Auftreten von *3-Methylmercaptopropionamid*, das aus theoret. Erwägungen erwartet wurde, als Zwischenprod. chromatograph. u. radioautograph. sichergestellt. — Der als möglich vorgeschlagene Reaktionsmechanismus berücksichtigt ferner die Hemmbarkeit durch CN^- u. die Unbeeinflußbarkeit durch Azid u. wird als oxydative Decarboxylierung ohne dazwischengeschaltete Transaminierung aufgefaßt. K. Heumann 4210◇

1065 **Kinetik der Wirkung der Katalase aus Aspergillus.** Don Scott. (Enzymologia [Den Haag] **22,** 223 bis 228, 1960; Chicago, Fermco Labors. Inc.; engl., Auszug: dt.) — Für ein käufliches *Katalase*-Präp. aus *Aspergillus* („*Catalase Fermco*") wird eine empir. Gleichung für die Wrkg. gegen H_2O_2 aufgestellt u. erörtert. A. Hesse 4210◇

1066 **Eigenschaften der Katalase aus Aspergillus.** Don Scott und Frank Hammer. (Enzymologia [Den Haag] **22,** 229—37, 1960; engl.) — *Katalase* (**I**) aus *Aspergillus niger* (vgl. vorst. Referat) unterscheidet sich in Wrkg. gegen H_2O_2, Stabilität der Aktivität bei extremen pH-Werten (pH 2—7) u. Abhängigkeit von der Temp. von **I** der Rinderleber. Vff. schließen auf ein niedriges Molgew. von ca. 10000—15000 der Aspergillus-**I**. A. Hesse 4210◇

1067 **Die unterschiedliche Katalase-Aktivität der in Glycerin-haltigen u. oberflächenspannungsaktivem Medium nach Petragnani gezüchteten Mycobakterien.** G. Amedoro und D. Mirone. (Boll. Ist. sieroterap. milanese **38,** 179 bis 184, 1959; Catania, Univ., Ist. di Ig. e Batteriol.; ital.) — 18 Stämme von Mycobakterien, die in Glycerinhaltigem, oberflächenspannungsakt. Medium nach Petragnani gezüchtet wurden, zeigten *Katalase*-Aktivität. *Mycobacterium tuberculosis* (MT) von Vögeln hatte die größte Aktivität, es folgten MT von Rindern, B. C. G., *M. timoteo*, *M. phlei*, *M. smegmatis* u. MT von Menschen. Die Aktivität wird durch das Alter der Kultur nicht beeinflußt. K. Zingraf 4210◇

1068 **Die Veränderung intracellulärer Enzyme.** 4. Mitt. **Kinetik der durch chemische Agentien ausgelösten Veränderungen der Katalase.** J. Gordin Kaplan und Woon-Ki Paik. (Canad. J. Biochem. Physiol. **34,** 25—38, Jan. 1956; Halifax, Nova Scotia, Dalhousie Univ., Dep. of Physiol.; engl.) — 3. vgl. J. gen. Physiol. **38,** 515. — Die Zunahme der *Katalase*-Aktivität von Hefezellen bei Behandlung mit *Butanol* (**I**) bzw. *Chlf.* (**II**) wurde im Temp.-Bereich von 5 bis 30° untersucht. Die Aktivierungsenergie der Wirksamkeitsänderung betrug unabhängig von der angewandten Menge für beide Stoffe ca. 19—24 kcal/Mol. Vff. schließen daraus, daß der geschwindigkeitsbestimmende Schritt in der Wirksamkeit von **I** u. **II** trotz ihrer wahrscheinlich insgesamt unterschiedlichen Wirkungsweise derselbe ist. Über die Wirkungsweise selbst besteht keine experimentell begründete Klarheit. Beide Agentien führen morpholog. eine Abnahme der Zelldurchmesser um ca. 10% herbei; die Veränderungen im Cytochromspektrum von Zellen, die mit **I** oder **II** behandelt wurden, waren uncharakteristisch. Es wird die Hypothese aufgestellt, daß die „Veränderung" durch eine Desorption der Katalase von einer Phasengrenzfläche im Zellinneren bedingt ist. G. Reinisch 4210◇

1069 **Wirkung der Temperatur auf die Aktivität der Bernsteinsäuredehydrogenase aus der Leber von Ratten und Fröschen.** Hugh E. Vroman und J. R. C. Brown. (J. cellular comparat. Physiol. **61,** 129—31, 1963; College Park, Md., Univ. of Maryland, Dep. of Zool.; engl.) — Die Aktivierungsenergie der *Bernsteinsäuredehydrogenase* (**I**) aus der Leber von Ratten ist 3mal so hoch wie die Aktivierungsenergie von **I** aus der Leber von Fröschen (12500 bzw. 4390 cal/Mol). K. Zingraf 4210◇

1070 **Aufhebung der durch ein Präparat aus Tetrahymena pyriformis bewirkten Hemmung von Bernsteinsäureoxydase durch α-Tocopherol und andere Substanzen.** E. E. Edwin und J. Green. (Arch. Biochem. Biophysics **87,** 337—38, 1960; Tadworth, Surrey [England], Vitamins Ltd., Walton Oaks Experim. Stat.; engl.) — Aus in Tiefkultur gezüchteter *Tetrahymena pyriformis* wurde ein alkohol. Extrakt (endgültige Konz.: 20 ml A.-Lsg. aus 20 g Zellen) erhalten, von dem 0,03 ml die *Bernsteinsäureoxydase* (**I**) in 0,2 ml eines 10%ig. Homogenates von Rattenleber vollständig hemmten. Die Hemmung konnte (vgl. Carton, Swingle, Amer. J. veterin. Res. **20,** [1959], 235) durch *α-Tocopherol* (**II**) teilweise aufgehoben werden. Vff. zeigen, daß Serum-*Albumin* (**III**) (Rind), die Hemmung dagegen völlig aufhebt u. sogar zu geringer Stimulierung führt. Ähnlich wie **II** wirken: *γ-Tocopherol, α-Tocopherylacetat, α-Tocopherylchinon, Ubichinon, Methylenblau, Phytol.* Auch die durch *Tween 80* induzierte Hemmung der **I** wird durch **III** völlig aufgehoben, während **II** in diesem Syst. verhältnismäßig geringe Wrkg. zeigt. A. Hesse 4210◇

1071 **Der Einfluß des Hemmstoffes aus Erbsenpflanzen (Korrelationshemmstoff) auf die Aktivität von Sulfhydrylenzymen: Amylase und Alkoholdehydrogenase.** Eike Libbert und Rolf Richter. (Flora [Jena] **153,** 217—32, 1963; Rostock, Univ., Bot. Inst.; dt.) — Vff. untersuchen die Wrkg. eines *Hemmstoffextraktes* (**I**) aus Erbsensprossen auf die Aktivität der *Amylase* u. *Alkoholdehydrogenase.* **I** hemmt beide Enzyme, die Hemmung wird durch *Cystein* aufgehoben. **I** zeigt somit gleiches Verhalten wie Monojodessigsäure. Vff. folgern, daß in **I** ein Sulfhydrylgruppeninhibitor enthalten ist. Im Gegensatz zu Amylase erfolgt die Hemmung der Alkoholdehydrogenase nur bei Vorinkubation mit **I**. W. Hiller 4210◇

1072 **Hemmung und Enthemmung von Samenkeimung und Knospenwachstum mit synthetischen und nativen Enzyminhibitoren und deren Antagonisten. Ein Beitrag zur Frage nach der Primärwirkung des Korrelationshemmstoffes.** Eike Libbert und Hella Zatschler. (Flora [Jena] **153,** 233—41, 1963; Rostock, Univ., Bot. Inst.; dt.) — Vff. untersuchen die Wrkg. eines *Hemmstoffextraktes* (**I**) aus Erbsensprossen (vgl. vorst. Ref.) auf die Keimung der Samen von *Lepidium.* **I** hemmt die Keimung, die Hemmung wird aufgehoben durch *Cystein* u. *Dimercaptopropanol.* **I** hemmt auch das Austreiben von Knospen an Erbsenstengelstücken, die einen Knoten enthalten. Auch diese Hemmung wird durch Cystein aufgehoben. **I** zeigt die gleiche Hemmung wie Arsenit u. Jodacetat. Cumarin wirkt in bezug auf Hemmung ähnlich, die Aufhebung der Hemmung durch Cystein ist jedoch gering. W. Hiller 4210◇

1073 **Der Einfluß einer anaeroben Umgebung auf die Aktivität von Alkoholdehydrogenase und anderen Enzymen von Maissämlingen.** R. H. Hageman und Donna Flesher. (Arch. Biochem. Biophysics **87,** 203—09, 1960; Urbana, Ill., Univ. of Illinois, Dep. of Agronomy; engl.) — Sämlinge von Hybridmais wurden 1—3 Tage aerob bzw. anaerob bei hoher Feuchtigkeit bei 29° kultiviert, nachdem sie kurz mit Calciumhypochlorit-Lsg. behandelt u. gewaschen waren. Der Geh. an extrahierbarer *Alkoholdehydrogenase* (**I**) nahm in der embryonalen Achse u. im Scutellum unter aneroben (N_2)-Bedingungen in 24 Std. auf das 2—5fache (gegenüber aeroben 3tägigem Wachstum) zu. *Triosephosphatdehydrogenase* u. *Glucose-6-phosphatdehydrogenase* wurden nicht wesentlich beeinflußt, während *Cytochromoxydase* eine Verminderung erfuhr. Aerob behandelte Sämlinge zeigten in der embryonalen Achse einen Zuwachs an spezif. Aktivität der *Aldolase.* Unter aeroben Bedingungen wird weniger (fast kein) A. gebildet als unter anaeroben Bedingungen. — Bei Verss. mit Brenztraubensäure, *Acetaldehyd* (**II**) u. A. erwies sich **II** als der natürliche Induktor von **I** in jungen Maissämlingen. A. Hesse 4210◇

1074 **Aldehydoxydase der Leber: eine Form von Xanthinoxydase.** Robert P. Igo und Bruce Mackler. (Biochim. biophysica Acta [Amsterdam] **44,** 310—14, 1960; Seattle, Wash., Univ. of Washington, School of Med., Dep. of Pediatrics; engl.) — *Aldehydoxydase* (**I**) aus Schweineleber wirkt nicht nur gegen Aldehyde, sondern oxydiert auch (allerdings mit verminderter Geschw.) *Hypoxanthin, Xanthin* (**II**) u. *red. Diphosphopyridinnucleotid* (*red. Nicotinamidadenindinucleotid*). Offenbar werden aber Acetaldehyd u. **II** an verschiedenen aktiven Zentren der **I** gebunden. — Die **I**-Wrkg. wird durch Quinacrin gehemmt, u. zwar durch Red. des für die Oxydation von **II** u. **III** erforderlichen Flavins. — Die in **I**-Präpp. vorhandene Hämkomponente scheint an der **I**-Wrkg. nicht beteiligt zu sein. A. Hesse 4210◇

1075 **Hemmung der Xanthindehydrogenase durch Semicarbazid.** E. Mitidieri, O. R. Affonso und L. P. Ribeiro. (Biochem. Pharmacol. **11,** 669—70, Juli 1962; Rio de Janairo, Inst. Oswaldo Cruz, Biochem. Labor.; engl.) — Ratten erhalten intraperitoneal 50 mg/kg. Körpergew. *Semicarbazid.* Nach 45—60 Min. treten Krämpfe auf. 15—16 Min. nach der Injektion wird die Aktivität der *Xanthindehydrogenase* im Serum gemessen. Bei den mit Semicarbazid behandelten Tieren beträgt die Aktivität nur $^1/_4$ im Vgl. zu den Kontrollen. W. Hiller 4210◇

1076 **Transformylierungen und Transhydroxymethylierungen. Die bei der aeroben N^{10}-Formylierung der Pteroylglutaminsäure entstehenden blaufluorescierenden Substanzen.** H. M. Rauen und G. Brendler. (Z. Naturforsch. **13b,** 730—34, 1958; Münster/Westf., Univ., Physiol.-Chem. Inst.; dt.) — Verss. zeigten, daß bei der aeroben N^{10}-Formylierung des Pteroylglutamats durch ein oxydatives Enzym-Syst. eines Schweineleber-Homogenats *N^{10}-Formylpteroylglutamat* (**I**) u. *2-Amino-4-hydroxypteridinaldehyd-(6)* (**II**) im mol. Verhältnis von ca. 1:1 als Hauptprodd. u. *2-Amino-4-hydroxypteridincarbonsäure-(6)* (**III**) als Nebenprod. entstehen, wenn ein C-1-Donator (Serin, Histidin u. a.), Pteroylglutamat, Mn^{2+} u. O_2 im Vers.-Ansatz vorhanden sind. **II** läßt sich erst nach Enteiweißen mit Trichloressigsäure, aber nicht mit Aceton nachweisen, da **II** offenbar als säurelabile Vorstufe gebildet wird. **III** wird vermutlich aus dem freien **II** durch *Xanthinoxydase* (**IV**) gebildet. **IV** baut **II** zu **III** (5%) u. zu nicht fluorescierenden Prodd. (95%) ab. Lebermitochondrien enthalten eine Pteroylglutamat-Oxydase, die Pteroylglutamat zwischen C^9 u. N^{10} spaltet, so daß nur freies **II** entsteht. L. Macher 4210◇

1077 **Untersuchungen über die Wechselwirkung zwischen ^3H-Aminopterin und Dihydrofolsäurereduktase.** Robert Silber, F. M. Huennekens und Beverly W. Gabrio. (Arch. Biochem. Biophysics **100,** 525—30, 1963; Seattle, Wash., Univ. of Washington, Dep. of Biochem. u. King County Central Blood Bank; engl.) — Die Hemmung von *Dihydrofolsäurereduktase* (**I**) aus Leukocyten durch *Aminopterin* (**II**), *A-methopterin* u. *Dichlor-A-methopterin* wurde bei Hemmstoff-Konzz. von 10^{-6} bis 10^{-9} m gemessen. Zur Herst. des Enzymhemmstoffkomplexes (EHK) aus Leukocyten (**I**) oder aus Hühnerleber-**I** wurde ^3H-**II** verwendet. Dialyse von Leukocyten-EHK führte zu einem Verlust an Radioaktivität, der mit dem Wiedererscheinen der Enzymaktivität korrespondierte, während der Hühnerleber-EHK bei der Dialyse nicht dissoziiert wurde. Der Leukocyten-EHK wurde durch Chromatographie an Diäthylaminoäthylcellulose glatt dissoziiert, wobei eine stufenweise Elution mit KCl angewandt wurde u. das reaktivierte Enzym u. das freie **II** in den 0,05 bzw. 0,15 m-Fraktionen erschienen. Hühnerleber- u. Leukocyten-EHK wurden durch Fraktionieren mit $(NH_4)_2SO_4$ glatt dissoziiert. Bei pH 8,5 wurde für Hühnerleberreduktase eine Umwandlungszahl von 50—100 aus der an das Enzym in den verschiedenen $(NH_4)_2SO_4$-Fraktionen gebundenen Hemmstoffmenge bestimmt, in der Annahme, daß **II** an das Enzym im Verhältnis 1:1 gebunden ist u. andere pterinbindende Proteine nicht anwesend sind. G. Vogel 4210◇

1078 **Die Biosynthese von 3-Ribosylharnsäure (Harnsäureribosid).** Dolph Hatfield und H. S. Forrest. (Biochim. biophysica Acta [Amsterdam] **62,** 185—87, 1962; Austin, Texas, U. S. A., Univ. Genetics Foundation; engl.) — *3-Ribosylharnsäure* (**I**) ist ein einzigartiges *Purinribonucleosid,* da es am $C_{(3)}$ substituiert ist u. nicht am $C_{(9)}$, wie alle anderen Verbb. dieser Klasse. Die

Biosynth. wurde mit gewaschenen, hämolysierten Ochsenerythrocyten u. entweder markierter *Harnsäure* (II) oder *Ribose-1-phosphat*, oder *5-Phosphoribosyl-1-pyrophosphat* untersucht. Nach Acetonfällung u. Chromatographie ergab sich, daß die I-Biosynth. durch eine *Phosphoribosyltranspherase* verursacht wird, u. daß das Zwischenprodukt *3-Ribosylharnsäure-5'-phosphat* rasch zu I abgebaut wird. I stellt den Hauptanteil der II in Ochsen- u. Büffelblut, fehlt aber beim Schaf, Schwein, Pferd, Kaninchen, Huhn, Rhesusaffen, Rotwild, Schildkröte, Wachtel, Hund, Opossum (Beutelratte), Gürteltier u. Pavian. Auch beim Menschen kommt II nicht vor.

Ekkehard Schmid 4210◇

1079 **Enzymatische Aspekte des Wachstums und der Wachstumssteuerung.** Sam Brody. (Acta obstetr. gynecol. scand. **38,** 424—32, 1959; Stockholm, Karolinska Sjukhuset, Dep. of Woman's Diseases; engl.) — Unterss. an verschiedenen Geweben (Placenta u. Leber) der erwachsenen Ratte in verschiedenen Zuständen des Wachstums zeigten, daß die Zelle auf einen Wachstumsanreiz mit einer Erhöhung der Aktivität der *Desoxyribonuclease* (I) im Zellinneren reagiert. Dabei können 2 Phasen des Wachstums unterschieden werden. In der Anfangsperiode tritt eine Anhäufung von I in der Zelle (Synth. oder Aktivierung) ein, dann folgt eine Phase der kontinuierlichen Verminderung der enzymat. Aktivität von einem Spitzen- bis zu einem konst. Wert, der für das Gewebe charakterist. ist. Bei der Umbldg. der Rattenleber kann in bestimmten Wachstumsperioden die Synth. von *Desoxyribonucleinsäure* (DNS) u. die festgestellte Vergrößerung der Anzahl der Zellen als Anzeichen einer spezif. Vereinigung zwischen der enzymat. Aktivität u. dem mitot. Prozeß angesehen werden. Die Resultate lassen einige bisher unbekannte Beziehungen zwischen der I-Aktivität u. der Zellvermehrung erkennen. Während der zweiten Phase besteht eine ständige Proportionalität zwischen der Abnahme der I-Aktivität. u. der Steigerung der totalen Menge an DNS. Diese ist direkt proportional der Vermehrung der Zellenanzahl. P. Nachtwey 4210◇

1080 **Cytochemischer Nachweis von Adenosintriphosphatase in Stylonychia pustulata.** Norvell W. Hunter. (J. cellular comparat. Physiol. **61,** 209—13, 1963; Baltimore, Md., Morgan State Coll., Dep. of Biol.; engl.) — Die *Adenosintriphosphatase* des *Ciliaten Stylonychia pustulata* (Ehrenberg) wird durch *Ca*$^{2+}$, *Mg*$^{2+}$, *Fe*$^{2+}$ u. *Glutathion* stimuliert, durch *Zn*$^{2+}$, *Co*$^{2+}$ u. *Cysteinhydrochlorid* gehemmt. Optimale Wrkg.-Bedingungen: pH 7,6, 30°. Das Enzym ist in den Mitochondrien lokalisiert.

K. Zingraf 4210◇

1081 **Quantitative Bestimmung von Adenosintriphosphat mittels Acetokinase.** Hachiro Nakagawa, Nobuko Nishino und Yoshiro Takeda. (Seikagaku [Biochemie, Tokyo] **32,** 827—30, 1960; Osaka, Osaka Univ., School of Med., Dep. of Physiol. Chem.; jap.)

Else Lehmann 4210◇

1082 **Die Wirkung des dreiwertigen Thalliums auf die oxydative Phosphorylierung.** Gunnar Hollunger. (Acta pharmacol. toxicol. [København] **16,** 347—56, 1960; Lund, Univ., Dep. of Pharmacol.; engl.) — Von den untersuchten zweiwertigen Ca-, Ba-, Be-, Mn-, Fe-, Co-, Ni-, Cu-, Zn-, Cd-, Hg-, Sn-, u. Pb-Ionen, den dreiwertigen Al-, La-, Fe- u. Tl-Ionen, vierwertigen Zr- u. den einwertigen Ag-, In- u. Tl-Ionen stimulieren nur Cu^{2+} u. Tl^{3+} die latente *Adenosintriphosphatase* (I)-Aktivität in Rattenlebermitochondrien. Die sehr viel geringere Wrkg. steigt in Ggw. von $MgCl_2$ stark an. Einwertige Tl-Ionen zeigen keinerlei Wirkung. Hg^{2+} hemmt I vollständig. — In einem Inkubationsgemisch mit Mitochondrien, PO_4^{3+}, Glucose, Saccharose, Glutaminsäure u. KCl wird die entkoppelnde Wrkg. von Tl^{3+} auf die oxydative Phosphorylierung festgestellt. In einem Phosphatacceptor-freien Syst. steigert Tl^{3+} die O_2-Aufnahme. Keines der untersuchten Ionen weist diese 3 Eigg. auf. Der entkoppelnden Wrkg. von Tl^{3+} durch Zugabe von Äthylendiamintetraessigsäure oder Dimercaprol entgegenzutreten erwies sich als erfolglos. Die Tl^{3+}-Wrkg. auf die Mitochondrien gehen mit der Schwellung dieser Zellkomponenten einher.

O. Jansen 4210◇

1083 **Die auf 2.4-Dinitrophenol ansprechende Adenosintriphosphatase der Rattenlebermitochondrien.** Ralph Penniall. (Biochim. biophysica Acta [Amsterdam] **44,** 395—96, 1960; Chapel Hill, N. C., Univ. of North Carolina, Dep. of Biochem.; engl.) — An Extrakten aus Acetonpulver von Lebermitochondrien konnte das Vork. der 3 von Myers u. Slater (Biochem. J. **67,** [1957], 58) vermuteten, auf 2.4-Dinitrophenol ansprechenden *Adenosintriphosphatasen* wahrscheinlich gemacht werden.

A. Hesse 4210◇

1084 **Wirkung der Ultraschallzerstörung von Erythrocytenstromata auf die Hemmung der Stroma-Adenosintriphosphatase durch Glucose, Phlorizin und Phloretin.** A. C. Ewers, C. M. Haskell und R. A. Fineberg. (J. cellular comparat. Physiol. **61,** 195—99, 1963; San Francisco, Calif., Univ. of California Med. Center. Dep. of Biochem.; engl.) — Die hemmende Wrkg. von Glucose, Phlorizin u. Phloretin auf die *Adenosintriphosphatase* im Erythrocytenstroma von Kaninchen wurde durch Zerreißung der Stromata mittels Ultraschall verringert.

K. Zingraf 4210◇

1085 **Spaltung von Desoxyribonucleosidtriphosphaten durch Zellkern-Adenosintriphosphatasen.** G. Siebert und E. Adloff. (Biochem. Z. **333,** 202—04, 1960; Mainz, Joh. Gutenberg-Univ., Physiol.-chem. Inst.; dt., Auszug: engl.) — Vff. zeigen, daß die *Desoxyribonucleosidtriphosphate* (I) offenbar ganz ausgezeichnete Substrate der *Adenosintriphosphatasen A* u. *B* (II) (Fischer, Siebert, Adloff, C. **1960,** 14733) der Zellkerne (Schweinenieren) sind: Bei *Desoxyadenosin-5'-triphosphat* erfolgt Hydrolyse bei wesentlich geringeren Substrat-Konzz. als bei *Adenosintriphosphat.* Da die I die unmittelbaren Vorstufen der Biosynth. der *Desoxyribonucleinsäuren* sind, wird die Frage erörtert, ob die II hierbei einen Einfl. haben. A. Hesse 4210◇

1086 **Nucleotidpyrophosphatase in Tabak.** R. A. Clayton und Louise M. Hanselman. (Arch. Biochem. Biophysics **87,** 161—66, 1960; Richmond, Va., Amer. Tobacco Co., Dep. of Res. and Development; engl.) — Bei Unterss. zur Biogenese von *Nicotin* ergab sich, daß Extrakte aus Tabakwurzeln äußerst wirksame *Nucleotidpyrophosphatasen* (I) enthalten; die zellfreien Wurzelextrakte wirken vorzugsweise gegen *Nicotinamidadenindinucleotid* (*NAD*) u. *Nicotinamidadenindinucleotidphosphat* (*NADP*), spalten aber auch *red. NAD* (*NADH*), *red. NADP* (*NADPH*), *Adenosintriphosphat* (*ATP*), *ADP*, *AMP*, *Flavinadenindinucleotid* u. *Flavinadeninmononucleotid.* — Die Spaltung von NAD bzw. von ATP wird durch zwei verschiedene I bewirkt. Bei Fraktionieren von Wurzelhomogenaten werden eine nucleare Fraktion (750 · *g*), eine mitochondriale Fraktion (20000 · *g*) u. eine lösl. Fraktion erhalten. Zu diesen Fraktionen wird folgende Verteilung von NAD-I bzw. ATP-I gefunden: 27, 50 u. 16% der Wrkg. des Homogenates bzw. 25, 19 u. 57%. Im Gegensatz zu Kartoffel-I (Kornberg, Pricer, J. biol. Chemistry **182,** [1950], 763) findet sich Tabak-I in Teilchen-Präpp. u. auch in lösl. Anteilen. — NAD-I u. ATP-I wirken optimal bei pH 7,5—8,0. Gefrierenlassen der Teilchen-Präpp. führt zu 30% Verlust an beiden I. Teilchen-Präpp. u. lösl. Präpp. erfahren in 24 Std. bei 2° keinen merklichen I-Verlust. Während 24std. Dialyse gegen dest. W. keinen I-Verlust bei lösl. Präpp. bewirkt, führt anschließendes Lyophilisieren zu starker Wrkg.-Abnahme. Fällen mit $(NH_4)_2SO_4$ bei 60% Sättigung liefert ein nur noch teilweise lösl. Protein, wobei < 50% der Wrkg. wieder erhalten werden. — Seltene Erden ($PrCl_3$, $GdCl_3$, $LaCl_3$, $NdCl_3$, YCl_3) hemmen ATP-I u. NAD-I zu 37, 65, 61, 55, 67% bzw. 20, 14, 53, 17, 38%.

A. Hesse 4210◇

1087 **Die Hemmung der alkalischen Phosphatase in der Galle.** J. Biró, E. Grász und M. Rényi-Vámos. (Z. Vitamin-, Hormon- u. Fermentforsch. [Wien] **11,** 290—98, 1960/61; Budapest, Med. Univ., Urolog. Klin.; dt., Auszüge: engl., franz.) — Vff. bestimmten den Geh. von *alkal. Phosphatase* (I) der Blasen- u. Lebergalle bei hungernden u. bei auf verschiedene Weise ernährten Hunden sowie der I im Blutserum von Mensch u. Hund. Bei Verdünnung mit physiolog. NaCl-Lsg. werden I der Blasengalle u. in geringerem Umfang auch I der Lebergalle aktiviert. Gallensauresalze (Na-Taurocholat) hemmen die **I** der Galle. In der Galle dürfte noch eine andere Verb. vorhanden sein, welche die **I**-Aktivität herabsetzt. A. Hesse 4210◇

1088 **Saure Phosphatasen von Escherichia coli.** Dexter Rogers und F. J. Reithel. (Arch. Biochem. Biophysics **89**, 97—104, 1960; Eugene, Oreg., Univ. of Oregon, Dep. of Chem.; engl.) — In Extrakten aus *Escherichia coli* konnten 2 Typen von *sauren Phosphatasen* (**I**) nachgewiesen werden. Die erste ist offenbar eine *Nucleosid-2'-oder 3'-phosphatase*; diese (als „PhosI" bezeichnet) wurde 1500fach gereinigt (pH-Optimum: 4,7—4,9 gegen p-Nitrophenylphosphat). Ferner fand sich eine *Hexosephosphatase* (**II**), die chromatograph. in 3 Fraktionen („PhosIIa", „PhosIIb", „PhosIIc") aufgespalten wurde, welche sich durch ihre relative Aktivität gegen Hexosephosphate (o-Carboxyphenylphosphat oder besser Fructose-1.6-diphosphat; Glucose-1-phosphat) sowie durch verschiedene pH-Optima unterscheiden, wobei PhosIIc noch in 3 Unterfraktionen aufgeteilt wurde. — PhosIIa u. PhosIIc stellen vermutlich die gleiche **I**-Aktivität dar. — Vff. vermuten, daß die **II**-Aktivitäten Enzymkomplexe der multiplen Formen von Enzymen darstellen. A. Hesse 4210◇

1089 **Der Einfluß der Ultraviolett-Bestrahlung auf Enzymsysteme in der Epidermis.** W. Coffey, P. Finkelstein und K. Laden. (J. Soc. Cosmet. Chemists **14**, 55—61, 1963; Chicago, Ill., Toni Co., Div. of Gilette; engl.) — Die Einw. von UV-Licht auf Ratten führt zu einer noch 1 Std. nach der Bestrahlung wahrnehmbaren Verminderung des *Glucose* (**I**)-Stoffwechsels in Homogenaten der Epidermis, was auf eine Inaktivierung der **I**-Phosphorylierung zurückgeführt wird. In der Epidermis läßt sich 1 Std. nach der Bestrahlung eine vollständige Hemmung von 2 Transaminase-Enzym-Syst. feststellen. W. Wesly 4210◇

1090 **Einfluß von verlängerter Kälteeinwirkung auf die glykolytischen Enzyme von Leber und Muskel.** John P. Hannon und David A. Vaughan. (Amer. J. Physiol. **198**, 375—80, 1960; Seattle, Wash., Arctic Aeromed. Labor., Physiol. Dep.; engl.) — Ratten, welche 3—4 Wochen bei 5° ± 1° gehalten wurden, zeigten gegenüber bei 25° ± 1° gehaltenen Ratten eine Erhöhung der *Glucose-6-phosphatase* der Leber, Zunahme der *Glucokinase* von Leber u. Muskel, Abnahme von *Glucose-6-phosphat* u. von *6-Phosphogluconsäuredehydrogenase* von Leber u. Muskel sowie eine Zunahme der Geschw. der Bldg. von *Brenztraubensäure* aus *3-Phosphoglycerinsäure* in der Leber. Kein Einfl. der Kälte wurde beobachtet bei: *Phosphoglucomutase*, Gesamt*phosphorylase* (**I**) in Leber u. Muskel, *Phosphorylase a* u. *b* im Muskel. — Die Verss. zeigen, daß die der Kälte ausgesetzten Ratten erhöhte Ausnutzung der freien Glucose, erhöhte *Glykogenolyse* u. erhöhte Neubldg. von Glucose, sowie eine erhöhte Aktivität des *Hexosemonophosphat*-Stoffwechselnebenweges haben. Es bestehen nur geringe Anzeichen für eine durch Epinephrin induzierte Aktivierung der **I** bei den der Kälte ausgesetzten Tieren. A. Hesse 4210◇

1091 **Vergleichende Untersuchungen über Glykogenphosphorylase. 2. Mitt. Immunologische Untersuchungen an Kaninchen- und Menschenskelettmuskel-Phosphorylase.** Adel A. Yunis und Edwin G. Krebs. (J. biol. Chemistry **237**, 34—39, Jan. 1962, Seattle, Wash., Univ. of Washington, School of Med., Dep.; of Biochem.; engl.) — 1. vgl. C. **1962**, 165. — Die Aminosäuresequenz der phosphorylierten Stelle menschlicher Phosphorylase (**I**) a ist ident. mit der des Kaninchenenzyms. Die immunolog. Rkk. beider Enzyme, welche Vff. mit Hahnantiserum in Agar-Testen, quant. Präcipitin-Testen oder Hemmungsstudien an **I** untersuchten, wiesen keinen klaren Unterschied auf. Kaninchen bilden gegen Human-**I** hoch spezif. Antikörper, die kaum mit Kaninchen-**I** reagieren. Der immunolog. Unterschied beider Enzyme ist weiter dadurch gek., daß in der Ziege Antikörper zu Kaninchen-**I** B gebildet werden. Die **I**-Aktivität kann durch Antikörper ganz aufgehoben werden, wobei **I**a u. **I**b vom Kaninchen gleich stark gehemmt werden. Adenosinmonophosphat schützt nicht vor Antikörpern. Die Entfernung von *Pyridoxal-5-phosphat* (**II**) aus **I** setzt die Empfindlichkeit von **I** gegen Antikörper herab, **II**-Ggw. im Inkubationsmedium änderte nicht den Hemmeffekt der Antikörper. K. Heumann 4210◇

1092 **Vergleichende Untersuchungen über Glykogenphosphorylase.** 3. Mitt. **Die phosporylierte Stelle in der Muskel Phosphorylase a vom Menschen.** R. C. Hughes, Adel A. Yunis, Edwin G. Krebs und Edmond H. Fischer. (J. biol. Chemistry **237**, 40—43, Jan. 1962; engl.) — 2. vgl. vorst. Referat. — Vff. phosphorylierten menschliche *Phosphorylase b* mit der spezif. Phosphorylase-b-kinase aus Kaninchenmuskeln in Ggw. von Mg^{2+} u. mit ^{32}P-Adenosintriphosphat. — Trypsin löste innerhalb 20 Min. über 90% der gebundenen Radioaktivität aus der ^{32}*P-Phosphorylase a* ab. Im Trichloressigsäure-Nd. ist keine Radioaktivität nachzuweisen. Die radioakt. Peptide wurden durch Hochspannungselektrophorese u. Papierchromatographie gereinigt. Vff. ermittelten die Struktur der größeren Peptide zu Lysin–Glutamin–Isoleucin–Phosphorylserin–Valin–Arginin. Sie untersuchten auch zwei kleinere Peptide, die Derivv. der Hexapeptide sind. Die Ergebnisse werden auch im Hinblick auf die bekannte Struktur der Kaninchenmuskelphosphorylase diskutiert. K. Heumann 4210◇

1093 **Die enzymatische Synthese von Glutaryl-Coenzym-A.** Govind K. K. Menon, Daniel L. Friedman und Joseph R. Stern. (Biochim. biophysica Acta [Amsterdam] **44**, 375—77, 1960; Cleveland, Ohio, Western Reserve Univ., School of Med., Dep. of Pharmacol.; engl.) — Die Aktivierung von *Succinat* (**I**) zu *Succinyl-Coenzym-A* u. die von *Malonat* (**II**) zu *Malonyl-Coenzym-A* sind bekannt. Vff. untersuchten die enzymat. Aktivierung von Dicarbonsäuren, insbesondere von *Glutarat* (**III**) mit verschiedenen Geweben wie Hundeherz, Skelettmuskel, Ratten- u. Schweineleber. Tier. Gewebe synthetisieren aus **III** *Glutaryl-Coenzym-A* (**IV**): **III** + *Adenosintriphosphat* (ATP) + *Coenzym-A* (**V**) ⇌ **IV** + *Adenosindiphosphat* (ADP) + *anorgan. P*, (Rk. 1). Das zu untersuchende Syst. enthielt in μ Molen: 100 Trispuffer, pH 7,5, 100 **III**, **II** oder **I**, 10 krist. ATP, 0,2 **V** 20 Glutathion, 8 $MgCl_2$, 1000 neutralisiertes $NH_2OH \cdot HCl$ u. Enzym. 2 ml Vol.; Inkubation 30 Min. bei 37°. Bestimmt wurden die gebildeten mμ Mole Hydroxamsäure/mg Protein/30 Minuten. Mit allen untersuchten Geweben war der Grad der **III**-Aktivierung deutlich größer als der von **I** u. **II**. Die erhaltenen Präpp. wurden mit $(NH_4)_2SO_4$ zwischen 0,35—0,65 Sätt. ausgesalzen u. dialysiert. Das Präp. aus Rattenleber war in dem überstehenden Homogenat in 0,25 m Rohrzuckerlsg. bei 54000 · *g* enthalten. **IV** aus Schweineleber ließ sich durch A.-Fraktionierung zwischen 40—70% bei — 10° weitgehend von den **I**- u. **II**-Enzymen abtrennen. Gereinigtes **IV** wird nach mehreren Tagen selbst bei Lagerung bei — 18° inaktiviert. Für **IV** sind die Nucleotide ATP, *Guanosintriphosphat* (GTP) u. *Inosintriphosphat* (ITP) etwa gleich wirksam, wogegen der Wrkg.-Grad der Nucleotide bei dem **I**-Enzym in der Reihenfolge GTP, ITP u. ATP abnimmt. (100:67:27). Weitere Wahrscheinlichkeit für Rk. 1 erhielten Vff. durch Messung der Acylierung von Substratmengen von **V** in Ggw. von ATP u. **III**. Nach wenigen Min. war eine bestimmte Konz. an **IV** erreicht. Das Verschwinden von **V** in Ggw. von ATP u. Enzym kann nicht durch eine Oxydation erklärt werden. Vff. untersuchten die Substratspezifität des **III** aktivierenden Enzyms: *Glutaconat* 40 (% bezogen auf **III**), *α-Methyl-*, *α,α-Dimethyl-*, *β-Methyl-* u. *β.β-Dimethylglutaratderivv.* waren mit Schweineleberenzym inert, gering akt. (30%) mit Hundemuskelenzym. *Adipat*, *Muconat*, *β-Hydroxyglutarat* u. *β-Hydroxy-β-methylglutarat* waren inert. Die Verss. zeigten, daß die Aktivierung von **I**, **II** u. **III** durch 3 verschiedene Enzyme katalysiert wird. Das **III** aktivierende Enzym spielt wahrscheinlich eine Rolle für die Anfangsoxydation von **III** in Geweben. G. Bratfisch 4210◇

1094 **Pathologie des Glucose-6-phosphatstoffwechsels. Eine Untersuchung über Enzympathologie.** George Weber. (Rev. canad. Biol. **18**, 245—82, 1959; Montreal, Quebec, Notre-Dame-Hosp., Montreal Cancer Inst., Res. Labor.; Univ. of Montreal; engl.) — Übersicht über die Bedeutung von *Glucose-6-phosphat* im Kohlenhydrat-

stoffwechsel u. enzymat. Veränderungen in der Leber bei patholog. Zuständen. — 70 Literaturangaben.
U. Tausendfreund 4210◇

1095 **Hemmung der Mutarotase-Aktivität der Niere durch Glucose, Harnstoff und Guanidinhydrochlorid.** Aurin M. Chase, Selma L. Lapedes und Hildegard C. von Meier. (J. cellular comparat. Physiol. **61,** 181—93, 1963; Princeton, N. J., Princeton Univ., Physiol. Labor.; Woods Hole, Mass., Marine Biol. Labor.; engl.) — Die Aktivität von *Mutarotase* aus Schweineniere wurde durch 0,3 m *Guanidinhydrochlorid* zu 50% gehemmt, *Harnstoff* war ca. 10mal weniger wirksam. Auch *α-D-* u. *β-D-Glucose* besitzen eine Hemmwirkung. K. Zingraf 4210◇

1096 **Untersuchungen an Sulfatasen der Leber von Charonia lampas. 3. Mitt. Abbau von Cellulosepolysulfat.** Noriko Takahashi. (J. Biochemistry [Tokyo] **48,** 691—96, 1960; Nagoya, Univ., Fac. of Sci., Dep. of Chem.; engl.) — 2. vgl. C. **1962,** 4959. — Die *Lebersulfatase* (**I**) von *Charonia lampas* spaltet *Cellulosepolysulfat* (**II**) zu S-armem *Cellulosesulfat* (**III**). **III** gibt bei der Umsetzung mit *Polysaccharase Glucose-6-monosulfat* u. Glucose. Wird die Rk. der **I** mit **II** in Cellophanbeuteln durchgeführt u. dabei gegen Acetatpuffer dialysiert, entstehen *Glucose-2-* u. *Glucose-3-monosulfat* sowie kleine Mengen von Glucosetrisulfat als Intermediärprodukte.
E. Lück 4210□

1097 **Ein Chitinasesystem von Carcinus maenas.** Mary R. Lunt und P. W. Kent. (Biochim. biophysica Acta [Amsterdam] **44,** 371—73, 1960; Oxford, Univ., Dep. of Biochem.; engl.) — Vff. untersuchten ein *Chitinase* (**I**)-Syst. in der Krabbe *Carcinus maenas*. Hierzu wurden aus dem hypodermalen Gewebe von 10 Krabben etwa 1 g acetongetrocknetes Enzympulver erhalten. Die **I**-Aktivität in diesem Pulver war bei — 14°-Lagerung für 1 Jahr stabil. Hieraus hergestellte wss. Extrakte waren nach Dialyse bei — 14° u. 0° für 6 Monate stabil. Die **I**-Aktivität wurde bestimmt durch Inkubation von 0,1 (ml) 0,1 m Phosphatpuffer, pH 6,9, 0,2 koll. *Chitin*(**II**)-Suspension, 0,1 Enzymlsg. u. 0,5 Toluol. In Abständen wurden Proben entnommen, auf 3 ml mit W. aufgefüllt u. die scheinbare Absorption bei 420 mμ gemessen. Nach Erhitzen auf 100° für 1 Min. wurden unveränderte Proteine u. **II** abzentrifugiert u. der Geh. an *N-Acetylglucosamin* (**III**) bestimmt. Die Hydrolyseprodd. wurden papierchromatograph. untersucht (Syst.: mit W. gesätt. Phenol). **III** gibt eine positive Rk. mit dem Elson u. Morgan Sprühreagens. Die Ergebnisse zeigten, daß die Freisetzung von **III** aus **II** nach einer Zeit aufhört, während die Abnahme der Turbidität weiter fortschreitet. Vff. sind der Ansicht, daß **II** durch verschiedene Enzyme hydrolysiert wird: Ein Enzym bewirkt die Depolymerisation (Verminderung der Trübung), während ein anderes Enzym **III** in Freiheit setzt; dieses Enzym wird aber langsam bei 37° inaktiviert. Eine Entacetylierung von **III** konnte nicht beobachtet werden.
G. Bratfisch 4210◇

1098 **Die bactericide Wirkung von Hyaluronidase gegen Escherichia coli und die cooperative Wirkung mit verschiedenen Antibioticis.** K. Suzuki. (Tokyo Jikeikai med. J. **70,** 750—55, 1955; jap.) Gottfr. Schreiber 4210△

1099 **Glutamat-Oxalacetat-Transaminase von Escherichia coli nach einer Infektion mit T2 Bakteriophagen.** R. Amelunxen, B. Regueiro und S. Grisolia. (Med. exp. [Basel] **5,** 480—85, 1961; Kansas City, Kans., Univ. of Kans., McIlvain Labor. Medical Center; engl.) — Bei Unterss. mit *E. coli B* wird gezeigt, daß sich das Enzym nach T-2-Infektion deutlich vermehrt, wenn der Ausgangswert der Fermentaktivität gering ist; im Gegensatz dazu findet bei hohen Werten kein Anstieg statt. Es wird ein Zusammenhang zwischen dem Ferment u. der Viruskontagiosität angenommen. O. Jansen 4210◇

1100 **Kinetische Untersuchungen der Glutaminsäure-Alanin-Transaminase aus Rattenleber.** Sarah Hopper und Harold L. Segal. (J. biol. Chemistry **237,** 3189—95, 1962; St. Louis, Mo., Univ. School of Med., Dep. of Pharmacol.; engl.) — Vff. bestimmten die Michaelis-Konst. einer hochgereinigten *Glutaminsäure-Alanin-Transaminase* (**I**) für die 4 Substrate der Hin- u. Rück-rk. *L-Alanin, α-Ketoglutarat, L-Glutamat* u. *Pyruvat* [K_m 34 mm; 1,1; 15; 0,9 bei pH 7,8]. *Aminooxyacetat* stellt einen starken Inhibitor *Maleat* u. *Acrylat* einen viel schwächeren für **I** dar. Für alle 4 Substrate wird ein einziges akt. Zentrum im Enzym angenommen.
P. Teichgräber 4210◇

1101 **Nichtenzymatische Transaminierung zwischen Ornithin und Glyoxylsäure.** Julio Cabello, Carlos Basilio, Victoria Prajoux und Maria Plaza. (Arch. Biochem. Biophysics **100,** 512—15, **1963;** Santiago, Chile, Univ. de Chile, Escuela de Med., Inst. de Quim. Fisiol. y Patolog.; engl.) — Zwischen *Ornithin* u. *Glyoxylsäure* wurde eine spontane Transaminierung entdeckt. Die Rk. wurde durch Ggw. von Al^{3+} merklich verstärkt, wobei anscheinend eine α-Transaminierung unter Bldg. von *Glycin* u. *α-Keto-δ-aminovaleriansäure* (**I**) stattfand. **I** ist mit seiner cycl. Form, der *Δ^1-Pyrrolin-2-carbonsäure* im Gleichgewicht. Die Bldg. von **I** wurde durch folgende Umsetzungen gesichert: a) durch Decarboxylierung mit H_2O_2 → γ-Aminobuttersäure; b) Bldg. des 2.4-Dinitrophenylhydrazons von **I**, F. 221° (Zers.); c) Bldg. von Prolin durch Red. mit red. Nicotinamidadenindinucleotid ohne Enzym u. d) durch biolog. Versuche.
G. Vogel 4210◇

1102 **Enzymatische Untersuchungen über den Pyridoxinstoffwechsel. 5. Mitt. Enzymatische Reduktion von Isopyridoxal.** Motoji Fujioka, Yoshimasa Morino und Yukiya Sakamoto. (J. Biochemistry [Tokyo] **49,** 333—38, April 1961; Osaka, Univ., Med. School, Biochem. Dep.; engl.) — 4. vgl. C. **1963,** 2118. — Backhefe katalysiert in Ggw. von *red. Nicotinamidadenindinucleotidphosphat* (NADPH) die Red. von *Isopyridoxal* (**I**) zu *Pyridoxin* (**II**), **I**-*Reduktase* (**III**) wurde teilweise gereinigt (Autolysat, $(NH_4)_2SO_4$-Fraktionierung, Al_2O_3-C_γ-Gel-Eluat, Säurebehandlung, pH 4,8; $(NH_4)_2SO_4$-Fraktionierung, Hitzedenaturierung). Das pH-Optimum der Rk. ist 6,5. *Red. Nicotinamidadenindinucleotid* (NADH) war bei der **I**-Red. weniger wirksam als NADPH. **III** ist von **II**-Dehydrogenase verschieden. Das Vork. von **III** in mehreren Mikroorganismen u. Rattengeweben wurde untersucht. K. Maier. 4210□

1103 **Enzymatische Untersuchungen über den Pyridoxinstoffwechsel. 6. Mitt. Der Pyridoxinstoffwechsel bei Schwangerschaft.** Isao Nakahara, Yoshimasa Morino, Teiichi Morisue und Yukiya Sakamoto. (J. Biochemistry [Tokyo] **49,** 339—42, 1961; engl.) — 5. vgl. vorst. Referat. — Die Best. des *Pyridoxalphosphat* (**I**)-Geh. der Leber nichtträchtiger, reifer Ratten, trächtiger Tiere u. ihrer Embryonen u. Jungen sowie der **I**-*Oxydase*-Aktivität ergab hohe Konzz. bei trächtigen u. niedrige bei Embryonen. Nach der Geburt erreichten die Konzz. in der Leber von Muttertieren u. Jungen allmählich normale Werte. Injektion gonadotropen Hormons bewirkte ähnliche **I**- u. **I**-Oxydasespiegel wie bei Schwangerschaft. K. Maier 4210□

1104 **Enzymatische Untersuchungen über den Pyridoxinstoffwechsel. 7. Mitt. Der Einfluß von Fett- und Fettsäurezufuhr auf den Pyridoxinstoffwechsel.** Isao Nakahara, Yoshiko Watanabe, Yoshimasa Morino und Yukiya Sakamoto. (J. Biochemistry [Tokyo] **49,** 343—47, 1961; engl.) — 6. vgl. vorst. Referat. — Bei Ratten, die 4 Wochen eine fettreiche Diät erhielten, ergaben wöchentliche Best. eine Abnahme von *Pyridoxalphosphat* (**I**)-Geh. u. **I**-*Oxydase* (**II**)-Aktivität. Gleichzeitige Zufuhr von *Flavinmononucleotid* verhinderte diese. Ähnlich rief orale Zufuhr von *Butyrat, Caproat, Stearinsäure* u. *Palmitinsäure* eine **I** u. **II**-Abnahme hervor. Gleichzeitige Injektion von *Riboflavin* verhinderte die Abnahme. K. Maier 4210□

1105 **Rolle von Isonicotinsäurehydrazid bei der Inaktivierung von Pyridoxalphosphat.** Almas Begum und B. K. Bachhawat. (Ann. Biochem. exp. Med. [Calcutta] **20,** 143—44, 1960; Vellore (South India), Christian Med. Coll. Hosp., Dep. of Neurology and Neurosurgery, Neurochem. Labor.; engl.) — Eine Proteinfraktion aus Kuhgehirn, die durch Extraktion mit 0,1 m Acetatpuffer, pH 5,4, u. Fällen mit $(NH_4)_2SO_4$ (70%) u. Dialyse erhalten wurde, weist eine gegen *Pyridoxalphosphat* (**II**) wirksame *Phosphatase*-(I)-Wrkg. auf, die durch *Isonicotinsäurehydrazid* (III) (u. auch durch Hydroxylamin) verstärkt wird; I wird durch *Cystein* (IV) gehemmt, dessen Wrkg. jedoch in Ggw. von III nicht eintritt. Präinkubation des I-haltigen Proteins mit II in Ggw. von IV verhindert die die I aktivierende Wrkg. von III. Anscheinend wird die Formylgruppe von II an das I-Protein gebunden, wodurch dieses für die Wrkg. von III unzugänglich wird. — Die Wrkg. von IV u. die Beschleuniging der I-Wrkg. durch III lassen es möglich erscheinen, daß zur Bindung von II an Proteine eine freie Formylgruppe u. eine freie SH-Gruppe erforderlich sind; vielleicht erfolgt die Bindung in Form eines Thiohalbacetals. — Die gleiche Art der Bindung könnte bei Bindung von II an *Glutaminsäure/Oxalessigsäure-Transaminase* (V) vorliegen, da V durch II teilweise gegen die hemmende Wrkg. von SH-Reagentien geschützt wird. — Die Inaktivierung von II in Ggw. von III beruht offenbar darauf, daß III die Bindung von II an Proteine verhindert u. dadurch II der Wrkg. der sauren I zugänglich wird. A. Hesse 4210◇

1106 **Transamidinaseaktivitäten in vitro von Geweben aus verschiedenen Säugetieren und aus proteinfrei, kreatinergänzt und normal gefütterten Ratten.** John F. Van Pilsum, Beatta Olsen, Dorris Taylor, Thomas Rozycki und James C. Pierce. (Arch. Biochem. Biophysics **100,** 520—24, 1963; Minneapolis, Minn., Univ. of Minnesota Med. School, Dep. of Physiolog. Chem.; engl.) — In Milz, Skeletal- u. Herzmuskeln, Lunge, Hirn u. Hoden von verschiedenen Säugetieren (Hund, Katze, Kaninchen, Meerschweinchen) wurden in vitro meßbare Mengen von *Transamidinase*-Aktivitäten gefunden, die auf Gew.-Einheit des Gewebes bezogen, nur eine Fraktion der in Niere u. Pankreas gefundenen Aktivitäten ausmachten. Bei Ratten war jedoch z. B. die Summe der berechneten Gesamtaktivitäten aus Milz, Muskeln, Lunge, Hirn u. Hoden der Summe der berechneten Gesamtaktivitäten aus Niere u. Pankreas ähnlich. Bei kreatinergänzt u. bei proteinfrei gefütterten Ratten sind nur in Nieren u. Pankreas die Aktivitäten geringer. Es wird die Möglichkeit diskutiert, daß in Geweben anderer Art als Niere u. Pankreas eine beträchtliche Synth. von *Guanidinoessigsäure* stattfindet. G. Vogel 4210◇

1107 **Durch Adenosintriphosphat stimulierte Adenylsäuredesaminaseaktivität an der Bildungsstelle des Kammerwassers.** Morton B. Waitzman. (Amer. J. Physiol. **198,** 665—68, 1960; Cleveland, Ohio, Western Reserve Univ. School of Med., Dep. of Pharmacol., Labor. for Res. in Ophthalmology; engl.) — In Präpp. aus Processusciliares (P. c.)-Gewebe (Schwein) findet sich eine spezif. *5'-Adenosinmonophosphatdesasminase* (I). Die I-Aktivität wird durch *Adenosintriphosphat* (ATP) verstärkt, ist aber bei Fehlen von ATP nicht vollständig blockiert. Die beobachtete Desaminierung erfolgt lediglich an *5'-Adenosinmonophosphat* (II); es kann aber ein der *Myokinase* ähnliches Präp. hergestellt werden, das II [aus Adenosindiphosphat (ADP)] liefert. Im letzten Fall betrifft die gesamte Desaminierung das aus ATP u. das aus ADP stammende II. — Bei der allg. Annahme, daß das P. c.-Gewebe als Bld.-Stelle des Kammerwassers anzusehen ist, führen die Ergebnisse zu dem Schluß, daß die sehr akt. I eine bisher nicht erklärte Rolle bei der Dynamik der Sekretion des Kammerwassers spielt; Möglichkeiten der Erklärung werden erörtert. — Das Vork. von I im Plexus chorioideus ergibt einen weiteren Hinweis für die Annahme des Vf. hinsichtlich einer Analogie zwischen Bldg. von Kammerwasser u. Cerebrospinalflüssigkeit. A. Hesse 4210◇

1108 **Induktion und Hemmung der Glutaminsäuredecarboxylase in Escherichia coli.** Yeheskel S. Halpern. (Biochim. biophysica Acta [Amsterdam] **61,** 953 bis 962, 1962; Jerusalem, Israel, Hebrew Univ., Hadassah School Med., Dept. Bact.; engl.) — Die Bldg. von *Glutaminsäuredecarboxylase* (I) in *E. coli H* (E. c.) wurde durch Änderung der C-Quelle oder der Temp. nicht meßbar beeinflußt. Die Mutante von E. c. *H/Gl$_1$*, benötigte bei 37° in Ggw. von *Glucose* oder anderen Zuckern *Glutamat* als Induktionshilfe zur Bldg. von I, sowie Hemmung von I durch *Succinat* u. *Pyruvat*. Die Hemmung konnte durch *Glutamat* nicht überwunden werden. Bei 30° hatte *H/Gl$_1$* gleiches Verh. wie der Mutterstamm. Es wird angenommen, daß die Glutamatinduktion u. Succinatunterdrückung von I 2 verschiedenen Reglermechanismen eines temperaturempfindlichen Kontrollsystems entspricht. Ekkehard Schmid 4210◇

1109 **Zellfreie Synthese von Ornithintranscarbamylase.** Palmer Rogers und G. David Novelli. (Biochim. biophysica Acta [Amsterdam] **44,** 298—309, 1960; Oak Ridge, Tenn.; Oak Ridge Nat. Labor.; Biol. Dev.; engl.) — In mit Lysozym erhaltenen Protoplasten aus *Escherichia coli W* erfolgt Synth. von *Ornithintranscarbamylase* (I). Die in wss. Lysaten beobachtete I-Synth. kann auf Ggw. von verunreinigenden Protoplasten zurückgeführt werden. Im Gegensatz dazu tragen die unzerstörten Protoplasten nicht zu der von Adenosintriphosphat (ATP) abhängigen I-Synth. in Präpp. bei, die in einer Hughes-Presse zerrissen waren; die aktivsten Präpp. der I-Synth. werden, wenn die Presse mit fl. N_2 gekühlt wurde, erhalten. — Für die Synth. der I ist Ggw. von ATP u. Glucose unbedingt erforderlich; die erforderliche hohe ATP-Konz. kann durch ein energieerzeugendes Syst. ersetzt werden. Mg^{2+} wird für I-Synth. benötigt, wogegen Mn^{2+} ohne Wrkg. ist. Bei den meisten Verss. wurde eine Erhöhung der I-Synth. durch Zusatz von L-Aminosäuren beobachtet. Die I-Synth. konnte in zerrissenen Protoplasten nicht durch Arginin unterdrückt werden. — Aus Verss. mit rohen zerrissenen Protoplasten ergab sich anscheinend ein zusätzlicher Bedarf an *Uridintriphosphat, Cytidintriphosphat* u. *Guanosintriphosphat* bei der Synth. von I; in dem fraktionierten I-bildenden Syst. ist dieser Bedarf erhöht. — *Polyvinylsulfat*, dessen hemmende Wrkg. gegen *Ribonuclease* (II) bekannt ist, ist für maximale Synth. von I erforderlich; da außerdem die I-Synth. durch II gehemmt wird, ist eine Mitwirkung von Ribonucleinsäure bei der I-Synth. wahrscheinlich. — Bei vorläufiger Fraktionierung von zerrissenen Präpp. zeigte sich, daß für das I-synthetisierende Syst. sowohl die Teilchen als auch die lösl. Fraktion erforderlich sind. A. Hesse 4210◇

1110 **Bildung von Aminosäuren durch Wirkung von Oximase und Transoximase.** K. Yamafuji, S. Hatano, A. Ida, H. Omura und S. Mizoguchi. (Enzymologia [Den Haag] **22,** 238—44, 1960; Fukuoka, Kyushu Univ., Agric. Chem. Inst.; engl., Auszug: dt.) — Vgl. Yamafugi, Osajima, Omura, Yoshida, Enzymologia [Den Haag] **21,** [1959], 27. — In der Leber von jungen Hähnen findet sich ein Enzym. das die Bldg. von *Alanin* bzw. *Glutaminsäure* (II) aus *Brenztraubensäureoxim* bzw. α-*Ketoglutarsäureoxim* katalysiert. Diese *Oximase* (I), für deren Herst. harte frische Leber verwendet werden muß, kann durch Fraktionieren mittels Aceton bei — 10° bis — 15° gereinigt werden; am wirksamsten ist die mit 33—55% Aceton erhaltene Fraktion, die bei 0° gegen gekühltes fließendes W. dialysiert wird. Diese Lsg. enthält ferner *Transoximase* (III), die durch Zusatz von Phosphatpuffer, pH 7,0, u. Zentrifugieren erhalten wird. Durch die kombinierte Wrkg. von I u. III kann II aus *Acetoxim* u. *Ketoglutarsäure* erhalten werden. — Vff. nehmen an, daß die Red. u. Übertragung der Oximinogruppe unter Zusammenwirken mit dem anorgan. N-Cyclus einen normalen biolog. Weg der Aminosäure-Synth. bilden. A. Hesse 4210◇

1111 **Rückkopplungshemmung der Acetylglutaminsäuresynthetase durch Arginin in Escherichia coli.** S. Vyas und W. K. Maas. (Arch. Biochem. Biophysics **100,** 542—46, 1963; New York, N. Y., New York Univ. School of Med., Dep. of Microbiol.; engl.) — Eine Meth. für die Messung der *N-Acetylglutaminsäure*(I)-Bldg. (dem 1. Schritt in der Biosynth. von *Arginin* (II) aus Glutaminsäure) in *Escherichia coli*-K 12-Suspensionen wurde entwickelt. Vff. fanden, daß die E. coli-Mutante W 3679 während des Wachstums auf beschränkten Mengen Ornithin oder II I in das Kulturmedium ausschied. In Ggw. eines großen Überschusses an II wurde kein I abgegeben. Dieser Effekt läßt sich durch die Unterdrückung der *Acetylglutaminsäuresynthetase*-Bldg. oder Endproduktenhemmung oder durch beides erklären. Verss. zeigten, daß

0,5 mm **II** die **IV** zu über 95% u. 0,1 mm **II** zu 50% hemmten, *Lysin* wirkt nicht hemmend, *Canavanin* hemmte wenig. G. Vogel 4210◇

1112 **Tripeptidaseaktivität des Plasmas und der Stickstoffstoffwechsel.** G. Richet und R. Ardaullou. (Nutritio et Dieta [Basel] **2**, 91—114, 1960; Paris, Hôpital Necker, Clin. des Maladies métaboliques; Consultation de méd.; franz., Auszüge: dt., engl.) — Der Geh. der nach Grassmann, Heyde (Z. Physiol. Chem. **183**, [1929], 32) durch Einw. auf Diglycylglycin bestimmten *Tripeptidase* (**I**) des menschlichen Plasmas beträgt beim Gesunden 4,45 ± 2,2 Einheiten/ml, was als biolog. Konst. angesehen werden kann. Bei den verschiedensten Krankheiten kann **I** bis > 20 Einheiten ansteigen. Diese Steigerung beruht nicht auf Eingeweideinsuffizienz; jedoch besteht eine Beziehung zum N-Katabolismus, die stark signifikant ist. — In Tier-Verss. wurde **I** bei Hunger u. bei Abszeß erhöht, nach Röntgenbestrahlung erniedrigt, nach Verabreichen von *Thyroxin* unverändert gefunden. — Nach dem Verh. der **I** kann auf Vork. von 2 Formen von Eiweißhyperkatabolismus geschlossen werden. Offenbar ist **I** ein Glied in der Kette des Eiweißabbaues, die bei Hyperkatabolismus der wichtigsten akuten schweren Krankheitszustände wirksam ist. A. Hesse 4210◇

1113 **Die Toxizität von injizierten Peptiden auf die Peptidaseaktivität in Peritonealflüssigkeit.** John M. Johnston und Donald S. Wiggans. (Arch. Biochem. Biophysics **87**, 167—70, 1960; Dallas, Tex., Univ. of Texas, Southwestern Med. School, Dep. of Biochem.; engl.) — In zellfreier Peritonealfl. ist normalerweise *Peptidase* (**I**) vorhanden, deren Wrkg. an 13 Dipeptiden, 1 Tripeptid (Gly–Gly–Gly) u. 1 Tetrapeptid (Gly–Gly–Gly–Gly) untersucht wurde. Die Peptide zeigen erhebliche Spezifität; *L-Leucyl-L-alanin* wird besonders rasch (in 120 Min. vollständig) gespalten. wogegen *Glycylglycin* (**II**) sehr langsam u. die Tripeptide u. das Tetrapeptid in 120 Min. kaum gespalten werden. Die Peritonealfl. von Ratte u. Mensch zeigen keine ausgeprägten Unterschiede der **I**-Spezifität. — Intraperitoneale Injektion von Aminosäuren kann zum Tod führen; für *Glykokoll* beträgt die $DL_{99,9}$ 73 mMol/kg. Diese Wrkg. nimmt bei Injektion in Peptidform ab oder verschwindet ganz. Bei Injektion von 36,5 mMol **II**/kg ist die Überlebenszeit schon signifikant verlängert; bei Injektion von 24,33 mMol *Glycylglycylglycin*/kg überleben 80% der Tiere; bei Injektion von 18,25 mMol *Glycylglycylglycylglycin*/kg wurde kein Todesfall beobachtet. Analoge Ergebnisse zeigen Injektionen von *Histidin*-HCL (**III**), auf pH 6,5 neutralisiertem **III** u. *DL-Histidyl-DL-histidin* u. von *Glycyl-L-leucin* bzw. *L-Leucin*. — Es besteht eine Korrelation zwischen **I**-Aktivität in der Bauchhöhle u. der Toxizität der injizierten Peptide. A. Hesse 4210◇

1114 **Reinigung und einige Eigenschaften einer Protease aus Erbsensamen, Pisum sativum L, Subspecies Arvense A. und G.** R. Soedigdo und M. Gruber. (Biochim. biophysica Acta [Amsterdam] **44**, 315—23, 1960; Groningen, Univ., Labor. of Biochem.; engl.) — Aus nichtgekeimten Samen der Erbse (*Pisum sativum*, Subspecies A. u. G., Rasse „Aureol“) wird eine gegen Casein wirksame, *Arvensin* (**I**) genannte *Protease* als Acetonpulver erhalten u. durch wiederholte isoelektr. Fällung u. Fällungen mit Aceton 350fach gereinigt. Die erhaltene **I**-Menge entspricht ca. 0,05% oder weniger des Samenproteins. — **I** wirkt optimal bei pH 8,0, u. zwar auch gegen natives wie denaturiertes *Hämoglobin* u. gegen denaturiertes (nicht aber gegen natives) Serumalbumin. Der Trypsininhibitor der Sojabohnen wird von **I** nicht angegriffen. — **I** wird durch Cu^{2+}, Hg^{2+}, Fe^{2+}, Mn^{2+} gehemmt, nicht aber durch Fe^{3+} u. Jodacetamid; die durch Cu^{2+} bewirkte Hemmung wird durch Äthylendiamintetraessigsäure aufgehoben. — Bei 38° u. pH 7,5 konnte mit **I** eine Koagulierung von Milch nicht erzielt werden. — **I** ähnelt etwas dem *Trypsin* (**II**), hat aber in den besten Präpp. nur 25% der Wrkg. von **II**. A. Hesse 4210◇

1115 **Hemmwirkung der Mehle von Reis, Hafer, Mais, Gerste, Weizen, Roggen und Buchweizen auf gewisse proteolytische Pankreasenzyme.** J. Laporte und J. Trémolières. (C. R. Séances Soc. Biol. Filiales **156**, 1261—63, 20/11. 1962; (Paris, Inst. Nat. d. Hyg., Hôp. Bichat, Labor. de Nutrit. hum.; franz.) — Vff. untersuchten in vitro die Wrkg. verschiedener Mehle auf die durch Pankreasenzyme (*Trypsin*, *Chymotrypsin*, *Pankreatin*) bewirkte Proteolyse der Milch. Sie ließen Mehle als solche, als Mehlextrakte oder nach Behandlung mit Pepsin (2 Std., 37°) auf Milchpulver bei 37°, pH 7 ($NaHCO_3$) 45 Min. einwirken, u. die nicht abgebauten Proteine wurden mit A. gefällt. Im Filtrat erfolgte die Best. der Proteolyseprodd. durch spektroskop. Messung der Absorption bei 280 nm. Die untersuchten Getreidemehle enthielten mehr oder weniger stark antitrypt. u. antichymotrypt. wirksame Substanzen. Der antitryp. Faktor von Weizen u. Reis war thermolabil, der des Hafers von Pepsin zerstört. Der Hemmstoff des Weizens wurde isoliert. Er zeigte die Eigg. eines Proteins. 1 g Weizenmehl hemmt die Wrkg. von 1 mg Trypsin zu 90%. B. Görlich 4210◇

1116 **Die Denaturierung und Inaktivierung von Proteinenzymen. 14. Mitt. Kinetische Untersuchung der sauren und alkalischen Denaturierung der bakteriellen Proteinase N′ und ihres Komplexes mit Diisopropylfluorphosphat.** Ichita Fuke. (J. Biochemistry [Tokyo] **53**, 398—407, 1963; Osaka, Univ. of Osaka, Fac. of Sci., Dep. of Biology; engl.) — 13. vgl. J. Biochemistry [Tokyo] **53**, [1963], 304. — Zur Klärung der Unterschiede zwischen der therm. Denaturierung von *bakterieller Proteinase N′* (**I**) u. der *durch Diisopropylfluorphosphat inhibierten Proteinase N′* (**II**) in Phosphat-Lsg. wird a) die Abhängigkeit der Rk.-Ordnung vom pH-Wert, der Temp. u. der Konz. der verwendeten Phosphat-Lsgg. sowie von der anderer Salz-Lsgg. (NaCl, NaCNS, CH_3COONa, Na_2SO_4; H_3BO_3), b) die Abhängigkeit der Rk.-Geschw. vom pH-Wert in Phosphat- u. NaCl-Lsgg., u. c) der Einfl. der Ionenstärke auf die saure u. alkal. Denaturierung untersucht. — Die Denaturierung von **II** in 0,01 m Phosphat-Lsg. ist bei pH < 4,5 u. pH > 10,5 u. Temp. > 50° u. die saure Denaturierung von **II** in Acetat-Lsg. eine Rk. 0. Ordnung. Soweit die saure u. alkal. Denaturierung von **I** u. **II** als Rk. 1. Ordnung abläuft, kann auf eine typ. Säure–Base-Katalyse geschlossen werden. Der Einfl. der Ionenstärke auf die saure u. alkal. Denaturierung in Chlorid- u. Phosphat-Lsgg. deutet darauf hin, daß unter diesen Bedingungen die Denaturierung als Rk. zwischen Ionen mit gleichartiger Ladung betrachtet werden kann. Die Unterschiede in der Rk.-Geschw. der sauren u. alkal. Denaturierung von **I** (bei pH 4,7 u. 11,8) u. von **II** (bei pH 5,1 u. 9,2) in 0,01 m $(NH_4)_2HPO_4$ werden auf Unterschiede ihrer Aktivierungsentropien zurückgeführt. H. Köditz 4210◇

1117 **Eine Untersuchung der Inhibitorwirkung von Ag^+-, Au^{3+}- und Cu^{2+}-Ionen auf die Harnstoffzersetzung durch Sojabohnenurease.** Krishna Bahadur und Vishnu Chandra. (Proc. nat. Acad. Sci., India, Sect. A **32**, 72—82, 1962; Allahabad, Univ. of Allahabad, Agra, Balwant Rajput College, Departments of Chemistry; engl.) — Die Unters. der Inhibitorwrkg. von Ag^+-, Au^{3+}-, u. Cu^{2+}-Ionen auf die Harnstoffzers. durch Sojabohnen-*Urease* bei pH 6,8, 7,8 u. 8,8 ergab, daß Ag^+-Ionen die stärksten, Au^{3+}-Ionen die schwächsten Inhibitoren darstellen. In allen Fällen nimmt die inhibierende Wrkg. mit der Konz. der Ionen zu u. ist bei pH 6,8 am stärksten. U. Kröplien 4210◇

1118 **Die Urease-Aktivität der Mycobakterien.** G. Amedoro und D. Mirone. (Boll. Ist. sieroterap. milanese **38**, 174—78, 1959; Catania, Univ., Ist. di Ig. e Batteriol.; ital.) — Menschliche- u. Rinderstämme, nicht jedoch Vogelstämme von *Mycobacterium tuberculosis*, B.C.G.-Stämme sowie bes. *M. smegmatis*, *M. phlei* u. *M. timoteo*, die in glycerinhaltigem oberflächenspannungsakt. Medium nach Petragnani gezüchtet wurden, hydrolysierten Harnstoff. 30 Tage alte Kulturen zeigten höhere *Urease*-Aktivität als 90 Tage alte. K. Zingraf 4210◇

1119 **Die Kristallisation und Röntgenstrahlenuntersuchung einer Form menschlicher Kohlensäureanhydratase.** B. Strandberg, B. Tilander, K. Fridborg, S. Lindskog und P. O. Nyman. (J. molecular Biol. **5**, 583—84, 1952; Uppsala, Univ., Inst. of Chem., Inst. of

Biochem.; engl.) — Menschliche *Kohlensäureanhydratase* wird auf Sulfoäthyldextrangel mit 0,1 m Na_2HPO_4 konzentriert u. durch Röntgenstrahlenbeugung untersucht. Die Einheitszelle (mit Raumgruppe $P2_1$) enthält zwei asymmetr. Untereinheiten. Aus den Reflexen im Bereich zwischen 4 — 7 Å wird abgeleitet, daß das Enzym eine Sekundärstruktur (möglicherweise eine α-Helix) hat.
L. Träger 4210◇

1120 **Untersuchungen über die Kohlensäureanhydratase der Magenschleimhaut.** 1. Mitt. **Untersuchungen über die Aktivität der Kohlensäureanhydratase des gesunden Hundemagens.** K. Katabami. (Tokyo Jikeikai med. J. **76,** 646—63, 1961; jap.) J. Lehmberg 4210◇

1121 **Untersuchungen über die Kohlensäureanhydratase der Magenschleimhaut.** 2. Mitt. **Untersuchungen über die Aktivität der Kohlensäureanhydratase des operativ entfernten Magens.** K. Katabami. (Tokyo Jikeikai med. J. **76,** 664—75, 1961; jap.) — 1. Mitt. vgl. vorst. Referat.
J. Lehmberg 4210◇

1122 **Weitere Untersuchungen über die enzymatischen Eigenschaften von Staphylokokken auf eihaltigen Nährböden.** O. Andreoni. (Boll. Ist. sieroterap. milanese **42,** 7—11, 1963; Milano, Univ., Ist. di Ig.; Novara, Osped. Magg., Labor. Ric. Clin.; ital.) — Von Menschen isolierte Staphylokokken bewirkten in eidotterhaltigen Nährböden Veränderungen (Klärungs- u. Opalescenzbereiche). Mit $CuSO_4$ konnte in einem Medium *Lipase*-Aktivität nachgewiesen werden, im zweiten Medium, das nur den Überstand einer Eidotteremulsion enthielt, verhielten sich die Erreger wie *Lecithinase*-erzeugende Bakterien.
K. Zingraf 4210◇

1123 **Cholinesterase in der Ganglien-Übertragung.** S. K. Dhar. (Indian J. med. Res. **49,** 845—51, 1961; Bombay, Grant Med. Coll., Physiology Dep.; engl.) — Nach Dezentralisierung oder nach Axotomie erfolgte eine Red. der Aktivitäten der *Cholinesterase* (**I**) in den oberen Ganglienzellen (o. Gz.) des Rattenhirns. Die in den o. Gz. vorhandene Pseudo-**I** wird nach solchen Operationen viel weniger geschwächt als **I** selber. Nach Axotomie treten größere Verluste an **I** auf als nach einer Dezentralisation. Bei Pseudo-**I** ist es umgekehrt. Die mögliche Rolle der **I** beim Fehlschlagen der Ganglien-Übertragung wird diskutiert. L. Macher 4210◇

1124 **Die Hemmung durch reduziertes Nicotinamid-adenindinucleotid bei der Umwandlung von Pregnenolon zu Progesteron bei einem Rattennebennierenpräparat.** Seymour B. Koritz. (Arch. Biochem. Biophysics **100,** 349—52, 1963; Pittsburgh, Pa., Univ. of Pittsburgh, School of Med., Biochem. Dep.; engl.) — Bei Verss. mit gewebefreier Fl. von Rattennebennierenhomogenisaten d. h. unter Ausschluß der Wrkg. von *Nicotinamid-adenindinucleotid* (NAD) wird für die Umwandlung von *Pregnenolon* (**I**) bzw. *Progesteron* (**II**) zu Corticoiden die Stufe **I** → **II** als die langsame Stufe gefunden. Bei Verw. von **II** als Substrat (pH-Optimum 7,3) hatten NAD u. red. NAD ($NADH_2$) die bei sehr hohen Konzz. hemmten, normal keinen Einfl. auf die Corticoid-Synth., während bei Verw. von **I** als Substrat (pH-Optimum 7,2) diese Synth., außer bei hohen Konzz., in der Stufe **I** → **II** durch NAD stimuliert u. durch $NADH_2$ stark gehemmt wurde. Die $NADH_2$-Hemmung kann durch NAD oder Ascorbinsäure rückgängig gemacht werden.
G. Vogel 4210

1125 **Untersuchungen über die Thiaminasewirkung: Hammett's pσ-Verfahren.** Joseph A. Mazrimas, Pill-Soon Song, Lloyd L. Ingraham und Roy D. Draper. (Arch. Biochem. Biophysics **100,** 409—13, 1963; Davis, Calif., Univ. of California, Dep. of Biochem. and Biophysics; engl.) — Bei Verss. über die Wrkg. von aus Karpfen gewonnener *Thiaminase* (**I**) auf die Rk. zwischen *Thiamin* u. einer Base [*p-Nitranilin, p-Aminobenzonitril, p-Aminoacetophenon, p-Aminobenzoesäure, Anilin, m-* u. *p-Toluidin* oder *p-Aminophenol*] zeigte sich, daß die Rk. eine Funktion der Stärke der Base ist, überraschend katalysiert wird, wenn der Sigma(σ)-Wert nach Hammett abnimmt, bis σ = 0 u. dann bei zunehmenden negativen σ-Werten sich verzögert. Hierzu werden zwei mögliche Erklärungen vermutet: 1. Die **I**-Rk. ist nicht ein- sondern zweistufig mit verschiedener Intensität bei abnehmenden σ-Werten; 2. Die Rk. kann eine saure Gruppe am Protein mit ungefähr dem gleichen pK-Wert wie Anilin erfordern. G. Vogel 4210◇

1126 **Serumenzyme bei Krankheiten.** 7. Mitt. **Bedeutung anomaler Serumenzymspiegel bei Herzinsuffizienz.** Michael West, Donald Gelb, Clifford G. Pilz und Hyman J. Zimmerman. (Amer. J. med. Sci. **241,** 350—58, März 1961; Chicago, Ill., Chicago Med. School; Mount Sinai Hosp., Dep. of Med.; Vet. Admin. West Side Hosp., Med. Serv.; engl.) — 6. vgl. J. Lab. clin. Med. **57,** [1961], 946. — Bei 224 hospitalisierten Herzinsuffizienzen (keine Fälle mit Hypotension, Schock, kürzlich durchgemachtem Herzinfarkt, Lungeninfarkt, Cerebralgefäßschäden, Alkoholismus, Lebererkrankung) konnten folgende Ergebnisse gewonnen werden: Anomaler *Glutaminsäure-Oxalessigsäure-Transaminase*-Spiegel im Serum bei 12%, anomaler *Glutaminsäure-Brenztraubensäure-Transaminase*(**I**)-Spiegel bei 11%, der *Milchsäuredehydrogenase-* 39%, der *Aldolase-* 48%, der *Phosphohexoseisomerase-* 63%, der *Isocitronensäuredehydrogenase-* 14%, der *Äpfelsäuredehydrogenase-* 30%, der *Glutathionreduktase-* 8% u. der Spiegel der *alkal. Phosphatase* bei 65% der Fälle von der Norm abweichend. Außer dem **I**-Spiegel, der in Fällen mit Rechtsinsuffizienz stärker erhöht als bei solchen mit Linksinsuffizienz war (was auf eine Beziehung zur Leberstauung deutet), zeigten alle anderen Enzyme eine Erhöhung ihres Serumspiegels, unabhängig von Rechts- oder Linksinsuffizienz, so daß hierbei eine Beziehung zu anderen Stoffwechselgrößen als der Leberstauung anzunehmen ist. Prüfung der *Bromsulfalein*-Retention brachte bei 97% der Fälle anomale Werte. *Hyperbilirubinämie* lag bei 43% vor. *Thymoltrübung* war bei 15%, der *Cephalinflockungs*-Test bei 9% verändert. Der Serum-*Albumin*-Spiegel wies bei 54% eine Verminderung auf, während bei 8% eine *Hyperglobulinämie* feststellbar war. Der venöse Blutdruck stand in positiver Korrelation zur Bromsulfalein-Retention, diese wiederum in positiver Korrelation zu den erhöhten Transaminase-Spiegeln.
U. Tausendfreund 4210□

1127 **Untersuchungen über die Biosynthese von Cholesterin.** 12. Mitt. **Synthese von Allylpyrophosphaten aus Mevalonat und ihre Umwandlung in Squalen mit Leberenzymen.** DeW. S. Goodman und G. Popják. (J. Lipid Res. **1,** 286—300, Juli 1960; London, Med. Res. Council, Exp. Radiopathology Res. Unit, Hammersmith Hosp.; engl.) — 10. vgl. C. **1961,** 12515. — Es werden die bei der Synth. von *Squalen* (**I**) aus *Mevalonsäure* mittels des Enzymsyst. der Hefe entstehenden, bisher identifizierten Zwischenprodd. angegeben. Analoge Verss. werden bei Einsatz von $^{14}C_{(2)}$-*Mevalonat* u. von $^{14}C_{(2)}$-(—)*5-Phosphomevalonat* mit Rattenleberenzymen durchgeführt. Die Aufarbeitung der Inkubationsansätze mit Charakterisierung der darin enthaltenen Verbb. erstreckt sich auf die enzymat. gebildeten *Allylpyrophosphate* (Identifizierung des Allylalkohols, der säurelabilen Derivv. davon, Stabilität der Allylpyrophosphate), auf die Synth. von **I** aus *Farnesylpyrophosphat* in ihrer Abhängigkeit vom pH, von inhibitor. wirkenden Verbb., vom Enzymsyst. nach dessen Dialysierung. Die Biosynth. von **I** mit den Rattenleberenzymen verläuft grundsätzlich analog wie mit dem Enzymsyst. aus Hefe. Dies gilt insbes. auch für die leberenzymat. gelenkte Biosynth. von Allylpyrophosphaten (Pyrophosphate von Dimethylallylalkohol, von Geraniol u. von Farnesol) aus DL-Mevalonat in Ggw. von ATP u. Mg^{2+}. Die intermediär gebildeten Allylpyrophosphate spalten sich bei Werten unter pH 5 in anorgan. *Pyrophosphorsäure* u. *Allylalkohol. Farnesylpyrophosphat* ist der hauptsächlichste Vertreter der Pyrophosphate u. bei Hefe- wie Leberenzymen der Vorläufer für **I**. Das für Umformung verantwortliche Enzym bzw. Enzymsyst. ist mit den mikrosomalen Partikeln verknüpft u. setzt zu seiner Wrkg. die Ggw. von TPNH oder DPNH u. ein divalentes Kation (Mg^{2+}, Mn^{2+}, Co^{2+}) als Cofaktoren voraus; mit TPNH werden etwas bessere Ausbeuten erhalten als mit DPNH. Das bei pH 7,4 optimal synthetisierende Enzymsyst. wird stark gehemmt durch *p-Chlormercuribenzoat* u.

N-Äthylmaleinimid, wenig beeinflußt durch *Jodacetamid*. Verw. des lösl. Anteils des Leberenzymsyst. (nach Dialyse) verringert die Ausbeute an **I** u. verschiebt den Umsatz nach der Seite der Bldg. von Carbonsäuren; Betrachtungen darüber, daß solche Säuren die Synth. von **I** behindern, was für die endogene **I**-Synth. von Bedeutung werden könnte. K. Täufel 4210□

1128 **Ein Partikelenzymsystem für die Synthese von Squalen aus $^{14}C_{(2)}$-Mevalonsäure.** L. Gosselin, E. Podber-Wagner und A. Waltregny. (Nature [London] **193,** 252—53, 20/1. 1962; Liège, Univ., Abt. für Allgem. Pathologie; engl.) — Durch Differenzierung der Sedimentationsbedingungen konnten Vff. zeigen, daß die letzte Stufe der Biosynth. des *Squalens* von der Ggw. einer bestimmten Mikrosomenpopulation der Leberhomogenate abhängt. Diese Partikel haben keine Glucose-6-phosphatase-Aktivität u. sind nur durch mehrstd. Zentrifugierung bei 105000 · *g* sedimentierbar. K. Heumann 4210◇

1129 **Unterschiedlicher Stoffwechsel in verschiedenen Hirnregionen.** 2. Mitt. **Hexokinase-Aktivität.** S. P. Damle, G. P. Talwar und B. K. Anand. (Indian J. med. Res. **49,** 852—56, 1961; New Delhi, All-India Inst. of Med. Sci., Dep. of Biology and Physiol.; engl.) — 1. vgl. C. **1962,** 17833. — Die Aktivität der *Hexokinase* (**I**) wurde in verschiedenen Regionen des Affenhirns ermittelt. Die geringste Aktivität wies das Kleinhirn auf. Im Hypothalamus ist sie etwa gleich stark wie im Corpus callosum, aber schwächer als in den Rindenpartien. Die **I**-Rk. dürfte bei der Verwertung der Glucose nicht der alleinige Faktor sein. L. Macher 4210◇

1130 **Unterschiedlicher Stoffwechsel in den verschiedenen Hirnregionen.** 3. Mitt. **Cytochromoxydase-Aktivität.** Ambika J. Tolani und G. P. Talwar. (Indian J. med. Res. **49,** 857—59, 1961; engl.) — 2. vgl. vorst. Referat. — Die Affinität der *Cytochromoxydase* (**I**) in den einzelnen Regionen des Affenhirns wurde ermittelt; die höchste Aktivität wurde im Lobus temporale (temporal tip), Hippocampus u. in der lateralen Frontrinde nachgewiesen. Collosum wies die niedrigste Aktivität auf. Hinsichtlich der O_2-Aufnahme in diesen Regionen dürften außer der **I** auch noch zusätzliche Faktoren beteiligt sein. L. Macher 4210◇

1131 **Unterschiedlicher Stoffwechsel in den verschiedenen Hirnregionen.** 4. Mitt. **Verteilung der phosphorylierten Verbindungen.** B. Sadasivudu und G. P. Talwar. (Indian J. med. Res. **49,** 860—68, 1961; engl.) — 3. vgl. vorst. Referat. — Säurelösl. Phosphate, Phospholipide, Pentosenucleinsäuren (PNA) u. Desoxyribonucleinsäuren (DNA) konnten u. a. in der lateralen Frontrinde, in der orbitalen u. occipitalen Rinde, im Hippocampus, Amygdala, Gyrus, Callosum, Cerebellum, Mittelhirn u. Thalamus nachgewiesen werden. Die Verteilung des säurelabilen P variierte von Region zu Region: Hippocampus u. Amygdala wiesen den höchsten Geh. auf. Im Thalamus fand man den höchsten Geh. an Phospholipid. Das Kleinhirn hat wegen der hohen zellularen Dichte hohe Geh. an DNA u. PNA. In den mesocorticalen Regionen hatte die occipitale Rinde den höchsten Geh. an DNA u. PNA. Auch Gyrus ist reich an DNA u. PNA. Hippocampus u. Callosum weisen wenig DNA auf. Das Mittelhirn hat den niedrigsten Geh. an DNA u. PNA von sämtlichen Regionen. L. Macher 4210◇

1132 **Aktivität der Phosphatase, Cholinesterase und Cytochromoxydase der intracellulären Gebilde des Rattenhirns in verschiedenen funktionellen Zuständen.** E. Macovschi, C. Selariu, S. Mihaescu und S. Vasu. (Comun. Acad. Republ. Populare romîne [Bucureşti] **8,** 275—78, 1958; Bucureşti, Acad. R.P.R., Inst. de biochim.; rum.) — Ident. mit der bereits C. **1962,** 8656 referierten Arbeit. R. K. Müller 4210◇

1133 **Die Wirkung aromatischer Quecksilberverbindungen auf die Respiration des Gehirngewebes kleiner Karpfen (Cyprinus carpio L).** Yoshio Hamamoto und Tatsuro Ito. (Seikagaku [Biochemie, Tokyo] **32,** 736—40, 1960; Shiga, Sankyo Comp. Ltd., Yasukawa Plant; Shiga Univ., Fac. of Liberal Arts and Educat.; jap.) — Vgl. C. **1061,** 7298. R. Gutzschebauch 4210◇

1134 **Die Wirkung aliphatischer Quecksilberverbindungen und Acetylen-Quecksilberverbindungen auf die Respiration des Gehirngewebes kleiner Karpfen (Cyprinus caprio L).** Tatsuro Ito und Yoshio Hamamoto. (Seikagaku [Biochemie, Tokyo] **32,** 740—44, 1960; Shiga, Shiga Univ., Fac. of Liberal Arts and Educat.; Sankyo Comp. Ltd., Yasukawa Plant; jap.) — Vgl. C. **1961,** 7298 u. vorst. Referat. R. Gutzschebauch 4210◇

1135 **Phosphoglucomutase- und Hexokinase-Aktivität verschiedener Organe (Leber, Hirn, Niere, Herzmuskel) im Verlauf einer experimentellen Infektion mit Hepatitisvirus MHV-3.** F. De Ritis, G. Giusti und M. Piazza. (Boll. Ist. sieroterap. milanese **42,** 12—15, 1963; Napoli, Univ., Clin. delle Mal. Infett.; ital.) — Bei Mäusen nahm die *Phosphoglucosemutase*-Aktivität in der Leber u. in der Niere im Verlauf einer Infektion mit Hepatitisvirus MHV-3 zu u. die *Hexokinase*-Aktivität im Herzmuskel nahm ab. Weitere Veränderungen der Enzymaktivitäten wurden nicht beobachtet. K. Zingraf 4210◇

1136 **Trennung der Enzyme von „Eutrema Wasabi Maxim" durch Papierelektrophorese.** 2. u. 3. Mitt. **Über Peroxydase, Amylase, Tyrosinase, Esterase und Protein.** Mitsue Nishida. (Seikagaku [Biochemie, Tokyo] **32,** 801—05, 1960; Ube, Yamaguchi Women's Jun. Coll.; Yamaguchi Med. School, Dep. of Med. Chem.; jap.) Else Lehmann 4210◇

1137 **Reduktion von Nitrat, Nitrit und Hydroxylamin zu Ammoniak durch Enzyme aus höheren Pflanzen.** R. H. Hageman, C. F. Cresswell und E. J. Hewitt. (Nature [London] **193,** 247—50, 20/1. 1962; Bristol, Univ., Dept. of Plant Physiol., Long Ashton Res. Station; engl.) — Vff. untersuchten Blätter von *Cucurbita pepo* u. *Zea mays* auf *NO_2^--*, *NO_3^--* u. *NH_2OH-Reduktasen.* Eine Enzymfraktion, erhalten durch $(NH_4)_2SO_4$-Fällung, wurde bei pH 7,5 u. 21—27° für 20—30 Min. mit NO_2^- als Substrat sowie *N.N'-Dibenzyl-4.4'-dipyridyldichlorid* (**I**) als Elektronendonator inkubiert. Die Red. von $NO_2^- \rightarrow NH_3$ verlief 85—100%ig; die entsprechenden Werte für NH_2OH als Substrat lagen niedriger. Entscheidend für den Vers. war die Wirksamkeit des Elektronendonators; 30—65%ig red. **I** war günstig. Kleine **I**-Mengen, die an sich unwirksam für die NO_2^--Reduktase sind, machen red. Triphosphopyridinnucleotid (TPNH) zum Elektronendonator, was durch quant. Red. des NO_2^- zu NH_3 zum Ausdruck kommt. NO_2^- wird ohne **I** gar nicht zu NH_3 red.; NO_3^- wird nur in Ggw. von TPNH u. **I** zu NH_3 red., **I** allein red. nur bis zum NO_2^-. CN^- u. p-Chlormercuribenzoat hemmt die Reduktase. Vff. vermuten, daß die NO_2^--Reduktase auf TPNH u. einen unbekannten Cofaktor, der in vitro durch **I** ersetzt werden kann, angewiesen ist. Die in vitro gefundene Aktivität der NO_2^-- Reduktase begründet völlig den Umfang der in Pflanzen gefundenen NO_3^--Assimilation. K. Heumann 4210◇

1138 **Umwandlung von Indolyl-(3)-acetaldoxim in Indolyl-(3)-acetonitril durch Pflanzen.** S. Mahadevan. (Arch. Biochem. Biophysics **100,** 557—58, 1963; Bangalore, India, Indian Inst. of Sci., Dep. of Biochem.; engl.) — *Indolyl-(3)-acetaldoxim* (**I**) wurde durch Moniliaarten, wie *Aspergillus niger*, *Penicillium chrysogenum* (51—20 F), *Fusarium oxysporum* var. *cubense*, *Gibberella fujikuroi* oder Bananenblättern in *Indolyl-(3)-acetonitril* (**II**) übergeführt. — 25 g Pilzmasse von A. niger oder 50 g grüne Bananenblätter wurden z. B. mit 50 mg **I** in ca. 200 (ml) 0,1 m Phosphatpuffer (pH 7) mit 2% Saccharose 3—4 Std. bei 30° bebrütet, mit CCl_4 extrahiert, die getrockneten Extrakte in $CHCl_3$ aufgenommen, an Al_2O_3 adsorbiert, mit $CHCl_3$ **II** eluiert, während **I** in der Säule blieb, die opt. Dichte des Eluats spektrophotometr. bestimmt (bei 280 mμ), die reineren **II**-Fraktionen nochmals chromatographiert u. deren IR-Spektrum mit dem Spektrum von reinem **II** verglichen. Das Prod. gab auch mit dem Salkowski-Reagens ($HClO_4$ + $FeCl_3$) die gleiche Blauviolettfärbung wie reines **II** bzw. mit einem teilweise gereinigten *Nitrilase*-Enzym aus A. niger →

Indolyl-(3)-essigsäure, die auf diese Weise weder mit **I** noch mit Indolylacetaldehyd erhältlich war. Gekochte Pilz-Präpp. bildeten aus **I** kein **II** oder vorst. Säure, so daß die Rkk. als enzymat. nachgewiesen sind.
G. Vogel 4210◇

1139 **Ein die Hemmung des cyclischen Elektronenstromes durch p-Chlorphenyl-1.1-dimthylharnstoff bei hohen Konzentrationen aufhebendes Spinatenzym.** Tadashi Asahi und A. T. Jagendorf. (Arch. Biochem. Biophysics **100**, 531—41, 1963; Baltimore, Md., Johns Hopkins Univ., McCollum-Pratt Inst. and Biol. Dep.; engl.) — Bei der photosynthet. Phosphorylierung wurde gefunden, daß der cycl. Elektronenstrom durch *p-Chlorphenyl-1.1-dimethylharnstoff* (**I**)-Konzz., die höher sind, als es zur Hemmung der O_2-Entw. nötig ist, gehemmt wurde. Die Hemmung trat gewöhnlich nur bei Verw. von niedrigen Konzz. von zerstörten u. gealterten Chloroplasten auf u. wurde durch Rückführung ziemlich großer Mengen von Überstands-Lsg. aus den Chloroplasten aufgehoben. Der für die Aufhebung der Hemmung verantwortliche Faktor (**I**-resistenter Faktor) wurde aus den ganzen Chloroplasten von Spinatblättern gewonnen u. weitgehend gereinigt u. scheint mit einer *Diaphorase*-Aktivität vergesellschaftet zu sein, die fähig ist, *red. Nicotinamidadenindinucleotid* u. *red. Nicotinamidadenindinucleotidphosphat* zu oxydieren. Für den Elektronenstrom wurde ein vermutliches Kreislaufschema aufgestellt, nach dem a) die höhere **I**-Konz. (10^{-4} m) an einer neuen Stelle, der reduzierenden Seite des *Pyocyanins*, hemmt u. b) das, ggf. aus zerstörten u. gealterten Chloroplasten gewonnene u. zurückgeführte, Enzym als **I**-resistenter Umweg für den Elektronenstrom funktioniert. G. Vogel 4210◇

1140 **Über Synthese und Fermentspaltung von N-Acyl-o- und -p-aminophenyl-β-D-glucopyranosiden.** 20. Mitt. **Über Phenylglykoside.** G. Wagner. (Pharmazie **15**, 609—14, 1960; Leipzig, Karl-Marx-Univ., Pharmazeut. Inst.; dt.) — 19. vgl. Arch. Pharmaz., Ber. dtsch. pharmaz. Ges. **293/65** [1960], 586. — *N-Acyl-o-* u. *-p-aminophenyl-β-D-glucopyranoside* (**I** u. **II**) wurden durch Acylieren der Aminophenyltetraacetylglucoside u. anschließende Verseifung mit $NaOCH_3$ hergestellt. Mit wachsender Kettenlänge des N-Acylrestes nimmt bei **I** die Geschw. der enzymat. Spaltung mit Handelsemulsin erheblich ab, während die geprüften **II** annähernd gleich rasch gespalten werden.

Versuche: *o- u. p-Nitrophenyltetraacetyl-β-D-glucopyranosid*, aus o- u. p-Nitrophenol u. α-Acetobromglucose in sd. Aceton (mehrere Std.) in Ggw. von K_2CO_3; 45—50% u. 25—30%. — *o-* u. *p-Aminophenol*, aus vorst. Verbb. durch Hydrierung mit Raney-Ni in CH_3OH. — N-Acyl-o- oder -p-aminophenyltetracetyl-β-D-glucopyranoside: Aus vorst. Verbb. a) mit Acetanhydrid-Pyridin (über Nacht), 80—90%, b) mit Säurechlorid in Aceton in Ggw. von $NaHCO_3$, 70—85%. *Acetyl-o-*, $C_{22}H_{27}NO_{11}$, F. 185—187°, $[\alpha]_D^{26}$ —34° (c 5,0, Chlf.). — *Propionyl-o-*, $C_{23}H_{29}NO_{11}$, F. 140—141°, $[\alpha]_D^{24}$ —34,9°. — *n-Butyryl-o-*, $C_{24}H_{31}NO_{11}$, F. 140—143°, $[\alpha]_D^{24}$ —34,8°. — *Isobutyryl-o-*, $C_{24}H_{31}NO_{11}$, F. 108—111°, $[\alpha]_D^{24}$ —34,6°. — *n-Valeryl-o-*, $C_{25}H_{33}NO_{11}$, F. 120—122°, $[\alpha]_D^{23}$ —36,0°. — *Isovaleryl-o-*, $C_{25}H_{33}NO_{11}$, F. 120—138° (Sintern), $[\alpha]_D^{23}$ —36,4°. — *Acetyl-p-*, $C_{22}H_{27}NO_{11}$. — *Propionyl-p-*, $C_{23}H_{29}NO_{11}$, F. 170—172°, $[\alpha]_D^{23}$ —20,4°. — *n-Butyryl-p-*, $C_{24}H_{31}NO_{11}$, F. 165—167°, $[\alpha]_D^{23}$ —19,5°. — *Isobutyryl-p-*, $C_{24}H_{31}NO_{11}$, F. 187—190°, $[\alpha]_D^{24}$ —19,4°. — *n-Valeryl-p-*, $C_{25}H_{33}NO_{11}$, F. 138—139°, $[\alpha]_D^{23}$ —18,7°. — *Isovaleryl-p-*, $C_{25}H_{33}NO_{11}$, F. 160—163°, $[\alpha]_D^{22}$ —18,6°. — N-Acyl-o- u. -p-aminophenyl-β-D-glucopyranoside, aus Tetraacetylverb. mit methanol. $NaOCH_3$-Lsg. (kurz aufkochen), evtl. mit Wofatit KPS 200 neutralisieren. *Acetyl-o-*, $C_{14}H_{19}NO_7$, F. 139—141° (CH_3·OH), $[\alpha]_D^{23}$ —62,4° (c 2,0, W.), 50—70%. — *Propionyl-o-*, $C_{15}H_{21}NO_7 + 2H_2O$, F. 80—85° (abs. CH_3OH, W.), $[\alpha]_D^{20}$ —55,9° (c 2,0, W.), 40—60%. — *n-Butyryl-o-*, $C_{16}H_{23}NO_7 + {}^1/_2H_2O$, F. 85—100°, Nadeln ($CH_3OH$, W.), $[\alpha]_D^{24}$ —58,9° (c 2,0, W.), 40—60%. — *Isobutyryl-o-*, $C_{16}H_{23}NO_7$, F. 161—163°, Nadeln (CH_3OH + Ae.), $[\alpha]_D^{30}$ —57,0° (c 2,0, W.), 60—80%. — *n-Valeryl-o-*, $C_{17}H_{25}NO_7$, F. 70—90°, Nadeln (CH_3OH), $[\alpha]_D^{18}$ —57,9° (c 2,0, W.), 50—70%. — *Isovaleryl-o-*, $C_{17}H_{25}NO_7$, F. 75 bis 90° (Aceton), $[\alpha]_D^{18}$ —59,1° (c 3,0, W.). — *Acetyl-p-*, $C_{14}H_{19}NO_7$, F. 212—214° (CH_3OH), $[\alpha]_D^{19}$ —64,4° (c 2,0, W.), 30—50%. — *Propionyl-p-*, $C_{15}H_{21}NO_7$, F. 227—231°, Plättchen (W.), $[\alpha]_D^{28}$ —36,4° (c 2,0, Pyridin), 50—60%. — *n-Butyryl-p-*, $C_{16}H_{23}NO_7$, F. 211—213°, Nadeln (W.), $[\alpha]_D^{24}$ —62,9° (c 1,0, W.), 50—70%. — *Isobutyryl-p-*, $C_{16}H_{23}NO_7$, F. 214—216°, Nadeln (W.), $[\alpha]_D^{30}$ —62,9° (c 1,0, W.), 60—80%. — *n-Valeryl-p-*, $C_{17}H_{25}NO_7$, F. 206—207,5° (W.), $[\alpha]_D^{30}$ —32,5° (c 2,0, Pyridin), 60—85%. — *Isovaleryl-p-*, $C_{17}H_{25}NO_7$, F. 199—202°, $[\alpha]_D^{28}$ —57,2° (c 2,0, W.), 75—90%.
K. Maier 4210◇

1141 **Enzyme aus Schlangengiften.** Tomoji Suzuki. (Seikagaku [Biochemie, Tokyo] **32**, 767—87, 1960; Kyoto Univ., Kyoto, Fac. of Pharm., Pharmac. Biochem.; jap.) Else Lehmann 4210◇

E$_3$. Mikrobiologie, Bakteriologie, Immunologie

1142 **Verwendung von Natriumglutamat in der Lyophilisation von Bakterien.** R. Chatelain. (Ann. Inst. Pasteur **105**, 111—17, 1963; Inst. Pasteur; franz.) — Wurden lyophilisierte Bakterien 5 Min. bis 5 Std. auf 100° erhitzt, so wurde die höchste Überlebensrate erzielt, wenn dem Medium aus Bouillon u. Schaf-Serum 2% Na-Glutamat zugefügt worden war.
M. Wiedemann 4310◇

1143 **Vergleichende chromatographische Analyse der Aminosäuren vegetativer Zellen proteolytischer Clostridien und ihrer Sporen.** D. Rymkiewicz. (Bull. Acad. polon. Sci., Ser. Sci. biol. **7**, 69—72, 1959; Warschau, Staatl. Hygieneinst., Abt. f. Serum- u. Vaccinekontrolle; engl.) — Die Aminosäurenzus. wurde nach saurer u. alkal. Hydrolyse nebst Reinigung an Kationenaustauscher papierchromatograph.-2-dimensional im Syst. n-Butanol–Methanol–Wasser (4 : 5 : 1) u. n-Butanol–Eisessig–Wasser (4 : 1 : 5) analysiert. Zur Trennung von *Methionin* (**I**) u. *Valin* diente n-Butanol–Wasser (1 : 1) absteigend) u. Isatin als Sprühreagenz. Der N-Geh. der vegetativen Zellen (veg. Z.) betrug 7,5%, der der Sporen 9,0% des Trockengewichtes. In den Sporen u. veg. Z. der untersuchten Stämme (3 *C. sporogenes*, 2 *C. bifermentans*, 3 *C. sordellii*, 2 *C. histolyticum*, 2 *C. botulinum* Typ A, 2 *C. botulinum* Typ B, 6 *C. tetani*) wurden immer gefunden *α-Alanin*, *Asparaginsäure*, *β-Phenylalanin*, *Glykokoll*, *Lysin*, *Prolin*, *Serin* u. *Valin*, dazu in den veg. Z. *Tryptophan*, in den Sporen *Asparaginsäure*, *Isoleucin*, **I** u. *Tyrosin* (**II**). In den veg. Z. war nie **I**, **II**, in den Sporen nie *Cystin* (**III**) u. *Glutamin* (**IV**), in beiden nie *β*-Alanin u. Cystein. In den veg. Z. u. Sporen waren, außer den jeweils bereits genannten Aminosäuren, *Asparagin*, **III**, *Hydroxyprolin*, *Ornithin*, *Leucin*, *Isoleucin*, *Glutaminsäure*, **IV**, *Arginin*, *Threonin* u. *Histidin* nur in bestimmten Stämmen, meist artspezif., zu finden. W. Schönborn 4315

1144 **Ein Sulfolipid aus virulenten Tuberkelbacillen.** Gardner Middlebrook, Charles M. Coleman und Werner B. Schaefer. (Proc. nat. Acad. Sci. USA **45**, 1801—04, 1959; Denver, Colo., Nat. Jewish Hosp.; Univ. of Colorado, School of Med.; engl.) — Das die Neutralrot-Fixierung durch vollpathogene Tuberkelbakterienstämme bewirkende Material besteht vorwiegend aus einem *Sulfolipid* (**I**). Es ist bernsteinfarben, oberhalb 25° ölig, stark säurebeständig u. enthält 1,1% S u. weniger als 0,02% P. Auf Grund von IR- u. Kernresonanzspektren werden methylverzweigte Fettsäureketten sowie eine Sulfonsäure angenommen (IR-Banden bei 1020—1060 u. 1140 bis 1200 cm^{-1}). Der Geh. an alkohol. OH-Gruppen ist gering, daher auch ausgeprägt lipophiles Verhalten. Das **I** enthält keine Doppelbindungen, keine oder wenig freie Carboxylgruppen, jedoch eine Carbonsäureesterbindung (1740 cm^{-1}). H.-G. Trüper 4315◇

1145 **Peroxidproduktion durch Rhizobium meliloti.** F. D. Cook und C. Quadling. (Canad. J. Microbiol. **8**, 933—35, 1962; Ottawa, Canada, Dep. of Agricult., Res. Branch, Microbiol. Res. Inst.; engl.) — *Rhizobium meliloti* (RM 7) erzeugt *Peroxid* (**I**) in einer Menge, die das Wachstum als Organismus selbst hemmt. Die biolog. Bedeutung der **I**-Hemmung ist unbekannt. Nicht alle

Stämme von R. meliloti sind in gleichem Maße empfindlich gegenüber **I**. 2 Stämme von 17 untersuchten Stämmen waren empfindlich gegenüber **I**, das von RM 7 produziert wurde, bildeten aber selbst bei Plattentesten kein **I**. Ein anderer Stamm wurde gefunden, der Selbsthemmung hervorrief. Die Resistenz gegenüber **I** oder die Bldg. von **I** bringt den Organismen in der Natur einen selektiven Vorteil. D. Pöhland 4520◇

1146 **Der bakterielle Abbau der Nitrobenzoesäuren. 2. Mitt. Reduktion der Nitrogruppe.** N. J. Cartwright und R. B. Cain. (Biochem. J. **73**, 305—14, 1959; Birmingham, Univ., Dep. of Bacteriol.; engl.) — 1. vgl. C. **1959**, 10288. — Wachsende Kulturen, gewaschene Zellsuspensionen u. zellfreie Extrakte von *Nocardia erythropolis*, *N. opaca*, *N.* M 1 u. *Pseudomonas fluorescens* (Stamm NC 3) red. *o-*, *m-* u. *p-Nitrobenzoesäure* (**I**) zu den *Aminobenzoesäuren*. Die NO_2-Red. verläuft bei *N. erythropolis* über die entsprechenden *Nitroso-* u. *Hydroxylaminobenzoesäuren*. Mit den üblichen Proteinfraktionierungsmethoden gelang keine Trennung der für die einzelnen Schritte des Red.-Vorganges erforderlichen Enzyme. Die *Nitroreduktase* (**II**) ist unspezif. u. benötigt red. Diphosphopyridinnucleotid als H-Donator. *N. erythropolis*-Extrakte red. z. B. *m-Dinitrobenzol*, *2.4-Dinitrobenzoesäure*, *Nitrobenzol*, *2.4-* u. *2.5-Dinitrophenol*, *Nitrofurazon*, *Chloramphenicol*, *2-Fluor-4-nitrobenzoesäure*, *3-Hydroxy-4-nitrobenzoesäure*. Die **II**-Aktivität wird von *Flavinadenindinucleotid* aktiviert u. von NH_2OH u. Nitrit gehemmt. Dialyse von **II**-Präpp. gegen *Äthylendiamintetraessigsäure*, *1.10-Phenanthrolin*, *8-Hydroxychinolin* u. *K-Cyanid* bewirkt weitgehend Hemmung u. zeigt die Notwendigkeit eines 2wert. Metalles, wobei Mn^{2+}, Mg^{2+} besonders reaktivieren. K. Maier 4320◇

1147 **Die Struktur von Galaktosyllactose, einem durch Penicillium chrysogenum Thom aus Lactose erzeugten Trisaccharid.** A. Ballio und Serena Russi. (Rend. Ist. super. Sanità **23**, 1375—83, 1960; Roma, Ist. Super. di Sanità. Centro Internaz. di Chim. Microbiol.; ital.) — Inhaltlich ident. mit der C. **1963**, 5474 referierten Arbeit. K. Zingraf 4320◇

1148 **Ein exocelluläres Bakterienpolysaccharid von Xanthomonas campestris NRRL-B-1459.** H. J. Sloneker und Allene Jeanes. (Canad. J. Chem. **40**, 2066—71, 1962; Peoria, Ill., U. S. Dep. of Agric., Agric. Res. Service, Northern Utilization Res. and Development Div., Northern Reg. Res. Lab.; engl.) — Aus dem zellfreien Medium von *Xanthomonas campestris NRRL-B-1459* wird durch mehrfache A.-Fällung in Ggw. von KCl ein *Polysaccharid* (**I**) isoliert u. charakterisiert. **I** besteht aus D-Glucose (**II**), D-Mannose (**III**), D-Glucuronsäure (**IV**), Essigsäure u. Brenztraubensäure im Verhältnis 2,8 : 3,0 : 2, 0 : 1,7 : 0,51—0,63. Durch partielle Säurehydrolyse (4 nH_2SO_4) werden 4 Fraktionen erhalten. Fraktion 1 besteht aus **IV**, Fraktion 2 aus 2-O-[β-D-Glucopyranosyluronsäure]-D-mannose, Fraktion 3 aus einer Aldotriuronsäure, bestehend aus **IV** in β-1.2-Bindung mit **III** u. **II** als Endgruppe u. Fraktion 4 aus Aldotetrauronsäure, bestehend aus **IV**, **III** u. **II**. Die Auswertung der Verss. beschäftigt sich insbesondere mit dem seltenen Vork. von Brenztraubensäure in **I**. A. Täufel 4320◇

1149 **Kohlenstoff–Stickstoffwechsel von Bodenpilzen. 4. Mitt. Der Einfluß der Kohlenstoffquellen.** S. Natarajan. (Proc. Indian Acad. Sci., Sect. B, **47**, 338—44, 1958; Tambaram, Madras, Madras Christian Coll., Dep. of Chem.; engl.) — 2. vgl. C. **1960**, 10637; 3. vgl. J. Madras Univ. **26(3)** B, [1956], 629. — An den Bodenpilzen *Fusarium vasinfectum* u. *F. udum* wurde der Einfl. verschiedener C-Quellen auf die N-Aufnahme während des Wachstums an Hand der Zunahme des Mycelgew. u. des N-Geh. im Mycel untersucht. Die Pilze wuchsen gleich gut mit Nitrat oder Ammonium als N-Quelle. Unabhängig von der verwandten N-Quelle wurden folgende C-Quellen mit fallender Ausbeute genutzt: *Fructose*, *Saccharose*, *Maltose*, *Glucose*, *Mannose*, *Lactose*, *Mannit*, *Galaktose*, *Sorbit*. H.-G. Trüper 4320◇

1150 **Stoffwechseluntersuchungen an lebensmitteltechnologisch wichtigen Mikroorganismen. 4. Mitt. Kohlendioxid im Stoffwechsel von Penicillium camemberti var. candidum.** J. Schormüller, W. Heptner und H.-D. Belitz. (Z. Lebensmittel-Unters. u. Forsch. **115**, 539 bis 544, 7/11. 1961; Berlin, Techn. Univ., Inst. für Lebensmittelchem. u. Lebensmitteltechnol.; dt.) — 3. vgl. C. **1963**, 4018. — *Penicillium camemberti var. Candidum* wird in Ggw. von $NaH^{14}CO_3$ gezüchtet u. der ^{14}C-Einbau in verschiedenen Substanzen untersucht. Beim Mycel ist CO_2 vor allem an der Nucleinsäure- u. Proteinsäure-Synth. beteiligt. Von den Aminosäuren nehmen vor allem *Arginin*, *Threonin*, *Asparaginsäure*, *Glutaminsäure* u. *Isoleucin* Aktivität auf. Mehr als die Hälfte der Aktivität wird von den nichtflüchtigen Carbonsäuren aufgenommen. P. Gregorzewski 4320□

1151 **Untersuchungen über den Stoffwechsel der Aminosäuren bei Salmonella typhimurium, besonders über den Stoffwechsel des Schwefels und der schwefelhaltigen Aminosäuren.** G. Bo, A. Defranceschi und G. C. Nava. (Boll. Ist. sieroterap. milanese **38**, 49—62, 1959; Pavia, Univ., Ist. di Ig. e Microbiol.; Ist. Carlo Erba per Ric. Terap., Labor. die Microbiol.; ital.) — Von *Salmonella typhimurium* wurden ca. 60 Mutanten (bes. an S-haltige Aminosäuren angepaßte) isoliert. Dabei ergab sich eine große Anpassungsfähigkeit von S. typhimurium sowohl bezüglich der Verwertung von Stoffwechselprodd. als auch für die Wahl des Stoffwechselweges. So kann z. B. SO_4^{2-} sofort in organ. Moll. eingebaut u. dann red., oder zuerst red. u. dann eingebaut werden. K. Zingraf 4320◇

1152 **Untersuchungen über die Hemmung der Glutaminsäureverwertung von Lactobacillus plantarum.** W. A. Zygmunt, R. L. Evans und Homer E. Stavely. (Canad. J. Microbiol. **8**, 869—73, Dez. 1962; Evansville, Ind., Mead Johnson u. Company, Mead Johnson Res. Center; engl.) — 18 Verbb. einschließlich 5 neuer γ-substituierter Glutaminsäureanaloger wurden hinsichtlich ihrer Hemm-Wrkg. auf die Verwertung von *L-Glutaminsäure* (**I**) durch *Lactobacllius plantarum* untersucht. Alle Testverbb. waren weniger akt. in der Hemmung des Wachstums von *L. plantarum* als *DL-Methioninsulfoxid*, das als Glutaminsäureantagonist bekannt ist. *γ-Methylen-DL-glutaminsäure* (**III**) u. *N-Benzyl-α-methyl-DL-proglutaminsäure* (**II**) waren die aktivsten Wachstumshemmer. Die Hemmung des Wachstums durch **III** wurde durch **I** aufgehoben, während die Hemmung durch **II** einer Aufhebung durch **I** größeren Widerstand entgegensetzte. D. Pöhland 4320◇

1153 **N-[o-Carboxyphenyl]-fructosylamin (Fructosylanthranilsäure), ein mögliches Zwischenprodukt der Tryptophan-Biosynthese in Salmonella typhimurium.** F. Lingens, H. Hellmann und M. Hildinger. (Z. Naturforsch. **13b**, 727—29, 1958; Tübingen, Univ., Biochem. Abt. des chem. Inst.; dt.) — In einem modifiz., nur Na-Citrat als C-Quelle enthaltenden Minimalmedium gezüchtete auxotrophe Mutanten try-14 u. -16 der *Salmonella typhimurium*, deren genet. Block innerhalb der Tryptophan-Biosynthese zwischen *Anthranilsäure* (**I**) u. Indol liegt, ließ sich ein im UV-Licht *blau fluorescierendes Akkumulat* (**II**) isolieren, das ein der **I** ähnliches UV-Absorptionsspektrum zeigt u. auch kennzeichnende Fructose-Rkk. gibt. Da auch die Prüfung auf die stabilen Amadori-Verbb. negativ verlief, wird das isolierte **II** als *N-[o-Carboxyphenyl]-fructosylamin* erkannt. L. Macher 4320◇

1154 **Der Einfluß der Kulturbedingungen auf die Bildung von keimungsfördernden Stoffen (Gibberellinen) durch Gibberella fujikuroi und die Isolierung eines bisher unbekannten Gibberellins.** Siegfried Schmidt. (Flora [Jena] **151**, 455—86, 30/12. 1961; Greifswald, Moritz-Arndt-Univ., Bot. Inst.; dt.) — Die Synth. von *Gibberellsäure* (**I**) ist bei *Gibberella fujikuroi* am größten bei hohem O_2-Lösungskoeff. u. nach Überschreitung des Wachstumsmaximums. Es wurde eine zweite *benzollösliche Verb. BE* (**II**) gefunden, die vor **I** erscheint, über mindestens 1 Zwischenstufe in **I** umgewandelt werden kann u. mit keinem bekannten *Gibberellin* ident. ist: $C_{19}H_{21}O_6$, F. 208—210°, $[\alpha]_D^{20}$ —10,5°. **II** besitzt 1 COOH-, 2 OH- u. 1 CH_3-Gruppe, einen γ-Lactonring u. eine C=C-Doppelbindung. In Samenkeimungs- u.

Wachstumstesten wurde festgestellt, daß die physiol. Wrkg. von **II** die von **I** ganz wesentlich übersteigt.
U. Mothes 4320◇

1155 **Mikrobielle Hydroxylierung von 3α.6α-Dihydroxy-5β-pregnan-20-on mit Calonectria decora in 11α-Stellung.** A. Schubert, K. Heller und R. Siebert. (Tetrahedron [London] **18,** 993—99, 1962; Jena, V. E. B. Jenapharm., Wiss. Labor.; dt.) — Vff. bebrüten *3α.6α-Dihydroxy-5β-pregnan-20-on* (**I**) mit dem Schimmelpilz *C. decora* (**II**) u. verfolgen die Rk. im Stoffwechsel. Das Endprodukt (**III**) wird durch 8fache Extraktion mit Methylenchlorid gewonnen u. durch Adsorption an Silicagel u. Elution mit Chlf.-Aceton rein dargestellt. Die Struktur wird elementaranalyt. mit IR- u. UV-Spektren aufgeklärt. **I** wird durch **II** hydroxyliert u. zwar in der 11α-Stellung. **III** ist *3α.6α.11α-Trihydroxy-5β-pregnan-20-on.*

Versuche: *3α.6α.11α-Trihydroxy-5β-pregnan-20-on* (**I**), $C_{21}H_{34}O_4$, F. 223—225°, durch mikrobielle Hydroxylierung von 4 g 3.6-Dihydroxypregnanon; (Ausbeute) 1,85 g Blättchen aus Aceton; $[\alpha]_D^{20}$ + 61 ± 2°; IR-Spektrum angegeben. — *Triacetylderiv.*, aus **I**, F. 170 bis 171°, $[\alpha]_D^{20}$ 31° (Methanol). — *5β-Pregnan-3.6.11.20-tetraon*, $C_{21}H_{28}O_4$, F. 175—189°, aus **I** in 80%ig. Essigsäure durch Zutropfen von Chromsäurelsg. bei 0° u. 1tägiges Stehenlassen bei Raumtemp., $[\alpha]_D^{20}$ — 13 ± 2°. — *3α.6α.11α-Tritosyloxy-5-β-pregnan-20-on*, $C_{12}H_{52}O_{10}S_3$, F. 159—161° (Zers.). *3β-Hydroxy-$\Delta^{5.9,11}$-pregnadien-20-on*, $C_{24}H_{30}O_2$, F. 182—183° (Aceton), aus vorst. Verb. in Dimethylformamid, Ameisensäure u. K-Formiat durch 2½std. Erhitzen auf 110°; $[\alpha]_D^{20}$ + 23,5° (Chlf.). — *$\Delta^{5.9,11}$-Pregnadien-3.20-dion*, F. 147—151°, aus vorst. Verb mit Chromsäure-Lsg., $[\alpha]_D^{20}$ + 61,8 ± 2° (Methanol). — *3α.6α-Ditosyloxy-11α-hydroxy-5β-pregnan-20-on*, $C_{35}H_{46}\cdot O_8S_2$, F. 145—146°, **I** in Pyridin mit Tosylchlorid 20 Std. bei — 10° stehen lassen. — *3β.11α-Dihydroxy-Δ^5-pregnen-20-on*, $C_{21}H_{32}O_3$, F. 180—181,5°, aus vorst. Verb. nach Bharucha (Experienta, **14,** [1958], 5), $[\alpha]_D^{20}$ + 12,6° (c = 1,0), $[\alpha]_D^{25}$ + 14,3 (c = 1,66, Chlf.). — *Δ^5-Pregnen-3.11.20-trion*, $C_{21}H_{32}O_4$, a) aus dem 20-Ketal von **I** nach Antonucii u. Mitarbeiter (J. Org. Chem. **17,** [1952], 1369), F. 239—242°; b) aus 430 mg **I** in 19 ml A. durch 3std. Rk. mit 680 mg 96%ig. NBS u. 0,13 ml Br im Dunkeln bei 23°, dann Zugabe von 9 g NaCl + 650 mg Na_2SO_3 in 60 ml W.; 263 mg, F. 240—242,5°, $[\alpha]_D^{20}$ + 59° (Methanol). — *6α-Tosyloxy-11α-hydroxy-5β-pregnan-3.20-dion* aus 175 mg vorst. Verb. u. 139 mg Tosylchlorid getrennt in 1 ml Pyridin bei — 10° lösen, vereinigen u. 20 Std. bei 16° stehenlassen. — *11α-Hydroxy-Δ^4-pregnen-3.20-dion*, F. 165—167°, durch Abspalten der Tosylgruppe aus vorst. Verb. mit Dimethylformamid, Extraktion mit Chlf., den öligen Abdampfrückstand mit Ae. als Schaum an Al_2O_3 chromatographieren.
Ekkehard Schmid 4320◇

1156 **Die Hemmung von Tetrahymena durch Triparanol und deren Aufhebung durch Lipide.** G. G. Holz, jun., J. Erwin, Nancy Rosenbaum und S. Aaronson. (Arch. Biochem. Biophysics **98,** 312—22, 1962; New York, N. Y., U. S. A., Haskins Labor. & Syracuse, N. Y., Univ., Dept. Zool.; engl.) — Das Wachstum von *T. pyriformis* wird durch *Triparanol* (**I**) u. dessen Citrat gehemmt. *Sterine* u. langkettige *Fettsäuren* sind Antagonisten der **I**-Hemmung. Von den untersuchten Sterolen: *Lanosterin, Dihydrolanosterin, 4α-Methyl-Δ^8-cholestenol, Lophenol, Citrostadienol, Zymosterin* (**II**), *Δ^7-Cholestenol* (**III**), *7-Dehydrocholesterin* (**IV**), *Desmosterin, Cholesterin* (**V**), *β-Sitosterin* (**VI**), *Clionasterin* (**VII**), *Stigmasterin* (**VIII**), *Poriferasterin* (**IX**), *24-Methylencholesterin, Fucosterin* u. *Ergosterin* (**X**) heben nur **III** bis **X** die **I**-Wrkg. auf. **I** scheint die Red. der Δ^{24}- u. $\Delta^{24.28}$-Doppelbindungen der Sterine u. die Bldg. langkettiger Fettsäuren zu behindern. *Öl-, Palmitin-* u. *Stearinsäure* enthemmen ebenfalls, doch handelt es sich hier um eine Aufhebung der **I**-Toxizität.
Ekkehard Schmid 4330◇

1157 **Der Schutz von Escherichia coli gegen Hemmung durch 1-Methyl-3-nitro-1-nitrosoguanidin.** Joseph Greenberg und Janet Morris. (Antibiotics and Chemotherapy **11,** 52—57, 1961; Menlo Park, Calif., Stanford Res. Inst., Dep. of Biol. Sciences; engl.) — Die in vitro-Hemmung von *E. coli* durch *1-Methyl-3-nitro-1-nitrosoguanidin*, ein Antitumoragens, wird unspezif. von einer Reihe von *Aminosäuren* (**I**) u. *SH-Reagentien* aufgehoben. *Glycin* (**II**) ist wirksamer als andere **I**, wird aber durch Acetylierung der NH_2-Gruppe größtenteils inaktiviert. *Methylamin* hat fast die Wirksamkeit von **II**, Essigsäure ist inaktiv. *Glycylalanin* zeigt mindestens die Wrkg. wie **II**.
K. Maier 4330◇

1158 **Der Einfluß von Äthylen-bis-dithiocarbaminsaurem Mangan (Maneb) auf einige chemische Verbindungen aus Colletotrichum capsici.** Allen L. Morehart und D. F. Crossan. (Toxicol. appl. Pharmacol. **4,** 720—29, 1962; Newark, Del., Univ. of Delaware, Dep. of Plant Patholog.; engl.) — Bei 3std. Einw. von 65 ppm *Äthylen-bis-dithiocarbaminsaurem Mn* (*Maneb*) auf das Nährmedium von *Colletotrichum capsici* erfolgt eine Abnahme folgender freier Aminosäuren: *α-Alanin, β-Alanin, Asparaginsäure* (**I**) u. *Glycin. γ-Aminobuttersäure, Glutaminsäure, Serin* u. *Threonin* steigen nach einer Std. an u. fallen dann in ihrer Konz. wieder ab. Die gebundenen Aminosäuren der Zellproteine nehmen ebenfalls ab, lediglich **I** steigt stark an. Da auch die *Bernsteinsäure*(**II**)-Konz. sehr ansteigt u. ein großer Verlust an N u. Orthophosphat in das äußere Medium erfolgt, scheint eine Blockierung des **II**-*Dehydrogenase*-Enzym-Syst. u. eine Veränderung der Zellmembranpermeabilität vorzuliegen. *Adenin, Guanin, Cytosin* u. *Uracil* steigen während des Vers. in den Pilzen an, desgleichen das Verhältnis von Desoxyribonucleinsäure zu Ribonucleinsäure.
K. Grade 4330◇

1159 **Untersuchungen der Chemotherapie der Tuberkulose. 9. Mitt. Beziehungen zwischen physiko-chemischer Wirkung der Alkylverbindungen und bakteriostatischer Wirkung gegen Mycobacterium tuberculosis.** Hiroshi Watanabe. (J. pharmac. Soc. Japan [Yakugakuzassi] **76,** 696—701, Juni 1956; Konan, Univ., Chem. Inst.; jap., Auszug: engl.) — 8. vgl. J. pharmac. Soc. Japan **75,** [1955], 1033. — Die antibakterielle Wrkg. von Verbb. mit Alkylketten nimmt mit der Zahl der Alkylgruppen zu, erreicht ein Maximum u. nimmt bei größerer Kettenlänge wieder ab. Untersucht wurden u. a.: *o-Aminophenylalkyläther · HCl, Brenzcatechinmonoalkyläther; m-Aminophenolalkyläther · HCl; Resorcinmonoalkyläther; p-Aminophenolalkyläther · HCl; Hydrochinonmonoalkyläther; o-Guanylphenolalkyläther · HCl; Dimethylalkyl-o-methoxyphenylammoniumbromid; Dimethylalkyl-o-dodecyloxyphenylammoniumbromid; o-Alkoxybenzaldehydthiosemicarbazon; p-Alkoxybenzaldehydthiosemicarbazon.*
D. Dargel 4330△

1160 **Versuche zur Entdeckung neuer Tuberkulostatica. 6. Mitt. Einige neuere Derivate des Isonicotinsäurehydrazids.** Tibor Zsolnaï. (Zbl. Bakteriol., Parasitenkunde, Infektionskrankh. Hyg., I. Abt., Orig. **175,** 269—81, 1959; Debrecen, Med. Univ., Hyg. Inst.; dt.) — Vf. stellt einige neuere Derivv. des *Isonicotinsäurehydrazids* (**I**) her u. untersucht deren tuberkulostat. Wrkg. in vitro u. behandelt die Zusammenhänge zwischen der chem. Struktur u. ihrer tuberkulostat. Wirkung. Er folgert, daß jene Derivv. von **I** wirksam sind, in denen die Isonicotinoylhydrazino-Gruppe im intakten Zustand vorhanden ist. Selbst wenn der Kondensationsgrad noch niedrig ist, ist das Molekülvol. groß genug, um die aus *Lipoproteiden* bestehende Zellwand der Tuberkelbakterien durchdringen zu können.

Versuche: *1-Isonicotinoylamino-2.5-dimethylpyrrol* (**II**), $C_{12}H_{13}N_3O$, F. 155° (80%ig. A.), durch 1std. Erhitzen von **I** u. Acetonylaceton in Ggw. von wenig Eisessig, 48,3% (Ausbeute). *N-Isonicotinoylaminosuccinimid*, $C_{10}H_9N_3O_3$, F. 260° (96%ig. A.), durch 1std. Erhitzen von **I** u. Bernsteinsäureanhydrid auf 250°, 48,3%. *1-Isonicotinoyl-3.5-dimethylpyrazol*, $C_{11}H_{11}N_3O$, F. > 250° (96%ig. A.), wie **II** aus **I** u. Acetylaceton, 64,1%. *1-Isonicotinoyl-5-methylpyrazolin-(4)*, $C_{10}H_{11}N_3O$, F. 206°, wie vorst. Verb. unter Verw. von Crotonaldehyd, 72,9%. *1-Isonicotinoyl-3.5-diamino-1.2.4-triazol*, $C_8H_8N_6O$, F. > 250° (A.), durch 2std. Kochen von **I** u. Dicyandiamin mit verd. HCl, nach Zusatz von NaOH beim Kühlen Kristalle, 22,5%. *3-[Pyridyl-(4)]-5-amino-1.2.4-triazol*, $C_7H_7N_5$, F. > 250° (A.), durch ½std. Erhitzen von **I** u. Guanidinsulfat auf 180—200°, 23,5%. *3.5-Bis-[pyridyl-*

(4)]-4-amino-1.2.4-triazol, $C_{12}H_{10}N_6$, F. > 250° (A., blaßgelb) durch 1std. Erhitzen von I auf 330°, 17,2%. *2-[Pyridyl-(4)]-5-methyl-1.3.4-oxadiazol*, $C_8H_7N_3O$, F. > 250° (A.), durch 5std. Kochen von I u. Essigsäureanhydrid, 60%. *Polykondensate* aus I mit aromat. Aminen u. Formaldehyd: Zu einer wss. Lsg. von I wird eine salzsaure Lsg. der entsprechenden Amine gegeben, das Gemisch auf 85—90° erwärmt u. 40%ig. Formaldehyd zugesetzt. Auf Zusatz von konz. NH_3-Lsg. werden folgende Prodd. erhalten: aus Anilin, F. 167° (Zers.), 65,6%; aus p-Phenylendiamin, F. 171% (Zers.), 69,6%; aus Benzidin, F. 169° (Zers.), 92%; aus Trypaflavin, F. 170° (Zers.), 83,8%. *Polykondensate* aus I, zweiwertigen Phenolen u. Formaldehyd: wie vorst. Verbb., auf Zusatz von NH_3 amorphe Präzipitate. Aus Resorcin, F. 210° (Zers.), 92,1%; aus Orcin, F. 210° (Zers.), 90,2%.
O. Jansen 4330◇

1161 **Chemie der Antibiotica und ihrer Analoga.** 1. Mitt. **Quantitative chemische Bestimmung von Allercur-Penicillin-G.** K.-W. Glombitza. (Arzneimittel-Forsch. **13**, 513, 1963; Bonn, Univ., Pharmakognost. Inst.; dt.) — Vf. untersucht die quant. Best. von *Allercur-Penicillin-G* (I; *1-p-Chlorbenzylpyrrolidyl-(2)-methylbenzimidazol-Penicillin-G*). Der bei der Best. störende Allercuranteil wird mit Reineckesalz gefällt. Im Filtrat erfolgt dann die Best. nach der im 3. Nachtrag zum DAB 6 enthaltenden Vorschrift. Nach einer anderen Meth. wird in Dimethylformamid gelöstes I auf eine mit NaCl präparierte Kationenaustauschersäure gegeben u. dann mit W. nachgespült. Im Eluat die Best. nach der Vorschrift im 3. Nachtrag zum DAB 6 S. 172. Zum Anlösen der in W. unlösl. Penicilline ist Dimethylformamid besser geeignet als Methanol. W. Hiller 4340◇

1162 **Bestimmung der Antibiotica nach der Methode der Diffusion in Agar mit Hilfe von Löchern.** G. W. Kotschetkowa und R. Ss. Ucholina. (Med. Ind. UdSSR **6**, Nr. 1, 49—50, Jan. 1962; Inst. für Erforschung neuer Antibiotica der Akad. der Med. Wiss. der UdSSR; russ.) — Vgl. C. **1961**, 4050. — Die bei der Best. der antibakteriellen Aktivität der Antibiotica nach der Diffusionsmeth. in Agar mit Anwendung von metall. Zylindern (Z) entstehenden Schwierigkeiten (unregelmäßige, durch rasche Abnutzung der Z hervorgerufene Form der Unterdrückungszone der Testkultur) können durch Ersatz der Z durch Aushöhlungen in der Agarschicht (⌀ 9—10 mm) beseitigt werden. Das Schema einer App. zur Entfernung der ausgeschnittenen Blöcke aus der Agarschicht wird angegeben. S. Baryschnikow 4340

1163 **Das Verhalten von Bakterien der Salmonella-c-Gruppe gegenüber Penicillin, Streptomycin und Chloromycetin.** S. Anzai. (Tokyo Jikeikai med. J. **70**, 599—608, 1955; jap.) Gottfried Schreiber 4340△

1164 **Die Biosynthese des Actinomycin Chromophoren. Einfluß von α-, 4-, 5- und 6-Methyl-DL-tryptophan auf die Actinomycinsynthese.** Andrew Sivak und Edward Katz. (Biochim. biophysica Acta [Amsterdam] **62**, 80 bis 90, 1962; Rutgers, New Brunswick, N. J., U. S. A., State Univ., Inst. of Microbiol.; engl.) — Die Synth. von *Actinomycin* durch wachsende Zellen oder gewaschene Suspensionen von *S. antibioticus* wurde durch α- (I), *4-* (II), *5-* u. *6-Methyl-DL-tryptophan* (III) gehemmt. Die Stärke der Hemmung war α- >4- >5- >6-III. Hemmung durch I oder II konnte durch *L-Tryptophan* u. *L-Kynurenin* aufgehoben werden. *3-Hydroxy-DL-kynurenin* u. *3-Hydroxyanthranilsäure* hoben nur die Hemmung durch I auf. Diese Antimetabolite blockieren die Antibioticumbldg. durch Störung der Synth. oder des Stoffwechsels von *Tryptophan*, einer wichtigen Vorstufe der Biosynth. des *Actinomycin Chromophors*.
Ekkehard Schmid 4340◇

1165 **Abbauversuche zu Myxoviromycin.** Jun-ich Shōji, Hideo Ōtsuka und Ken Katagiri. (J. Antibiotics [Tokyo], Ser. A **14**, 251—52, 1961; Amagasaki, Japan, Shionogi Res. Labor.; engl.) — *Myxoviromycinsulfat* wurde mit 6 n HCl (100°, 3 Std.) hydrolysiert. Die 6 im Hydrolysat enthaltenen Verbb. waren papierchromatograph. u. durch Chromatographie an Cellulose (Butanol–Essigsäure–W., 4:2:1) als *β-Alanin* (I) u. dessen *Hydrochlorid*, *2-Amidinoäthylamindihydrochlorid* (II), $C_3H_9N_3 \cdot 2$ HCl, F. 164—169° (Zers.), *2-Amidinoäthylaminsulfat*, *L-3-Amino-1-carboxycyclopentan*, $C_6H_{11}NO_2$, F. 237—240° (Zers.), $[\alpha]_D^{21}$ —6,7° ± 1,3° (c 1,5, W.), u. dessen *Hydrochlorid*, identifizierbar. Hydrolyse von II mit 1,5 n NH_4OH (100°, 3 Std.) gab I. K. Maier 4340◇

1166 **Die Chemie von Zygomycin A. N-Acetylzygomycin A_1 und A_2 und einigen ihrer Abbauprodukte.** Satoshi Horii. (J. Antibiotics [Tokyo], Ser. A **14**, 249—50, 1961; Osaka, Takeda Chem. Ind., Ltd., Res. Labors.; engl.) — Der N-acetylierte *Zygomycin A*-Komplex gab bei Cellulose (Butanol–Pyridin–W., 60:40:30)- u. Kohle-Chromatographie *N-Acetylzygomycin A_1* (I), $C_{33}H_{35} \cdot N_5O_{10} \cdot H_2O$, $[\alpha]_D^{21}$ +60° ± 3° (c 1, W.), u. *N-Acetylzygomycin A_2* (II), $C_{33}H_{55}N_5O_{19} \cdot H_2O$, $[\alpha]_D^{21}$ +100° ± 3° (c 1, W.). Hydrolyse von I mit 6 n HCl, 100°, 1,5 Std., u. Chromatographie an Dowex 50 W × 8 lieferte: *D-Glucosaminhydrochlorid* (III), $C_6H_{13}NO_5 \cdot HCl$, Zers. 190 bis 210°, $[\alpha]_D^{19}$ +89° → +72 (c 1, W.); *2-Desoxystreptamindihydrochlorid* (IV), $C_6H_{14}N_2O_3 \cdot 2$ HCl, F. 235° (Zers.), $[\alpha]_D^{19}$ 0° (c 1, W.); *Diaminohexosedihydrochlorid* (V). I- u. II-Hydrolyse mit 0,5 n H_2SO_4 (100°, 15 Std.) gab Ribose. In der V-halt. Fraktion war nach N-Acetylierung des Eindampfrückstandes *N.N'-Diacetylneosamin B* nachweisbar. II-Hydrolyse mit 6 n HCl lieferte III, IV u. V, in dem nach N-Acetylierung *N.N'-Diacetylneosamin C* nachgewiesen werden konnte. I ist hiernach *D-Glucosamindesoxystreptamin-D-riboseneosamin B*, II *D-Glucosamindesoxystreptamin-D-riboseneosamin C*.
K. Maier 4340◇

1167 **Isolierung antibiotischer Substanzen aus 2 Pilzen.** 1. Mitt. **Chaetomium sp. vermutlich C. funicolum Cooke T. R. L. Sammlung Nr. 1552 und 2. T. R. L. Sammlung Nr. 80.** Maria G. Breyer. (J. South African chem. Inst. **15**, 31—35, 1962; Johannesburg, Transvaal and Orange Free State Chamber of Mines, Biol. and Chem. Res. Labor. engl.) — Aus *C. sp. Nr. 1552*-Kulturen auf Czapek-Dox-Medium läßt sich nach 4—6 Wochen durch Aussalzen des mycelfreien Filtrates ein *Antibioticum* (I) gewinnen, das über Kieselgur mit H_3COH, Lösen in NaOH u. wieder Fällen mit HCl gereinigt werden kann ($C_{24}H_{34}NO_6$, F. 60 bis 80°, Nadeln, nach Verreiben mit PAe. F. 149°). I ist eine Dicarbonsäure, die *Micrococcus Bacillus cereus*, *B. subtilis* u. *Sarcina lutea* in Dosen bis 20 μ g I/ml u. einige Pilze in Dosen bis 50 μ g I/mg hemmt. I ist nicht ident. mit *Chaetomin*. Aus dem Basidiomyceten *Nr. 80* läßt sich nach 3—5wöchiger Kulturdauer auf einem Thiamin-Pepton-Medium ein *Antibioticum* (II) gewinnen, das aus Mycel u. Nährlsg. mit Dioxan extrahierbar u. in verd. HCl unlösl. ist. Durch Gegenstromverteilung läßt es sich in 3 Komponenten trennen. Es hat ein dem I sehr ähnliches antibakterielles Spektrum, wirkt aber auf alle 20 getesteten Pilzstämme mehr oder weniger stark hemmend. K.-W. Glombitza 4340◇

1168 **Über die chemische Zusammensetzung der Salmonellenantigene.** 6. Mitt. **Versuche zur Fraktionierung des somatischen Antigens von Salmonella newington in seine zwei Antigenfaktoren.** G. Bo und G. C. Nava. (Boll. Ist. sieroterap. milanese **38**, 21—28, 1959; Pavia, Univ., Ist. di Ig. e Microbiol.; ital.) — 4. vgl. C. **1961**, 7992. — Die Polysaccharidfraktion des somat. Antigens von *Salmonella newington* besteht aus *Glucosamin*, *Galaktose*, *Glucose*, *Mannose* u. *Rhamnose*. Das Antigen besteht auf Grund von serolog. Unterss. mindestens aus 2 chem. Substanzen, von denen die eine die Antigenfunktion 3, die andere die Antigenfunktion 3—15 besitzt.
K. Zingraf 4370◇

1169 **Formen von Botulinumtoxin. Typ A mit niedrigem Molekulargewicht.** 2. Mitt. **Wirkung von Pepsin auf intaktes und dissoziiertes Toxin.** Jack Wagman. (Arch. Biochem. Biophysics **100**, 414—21, 1963; Fort Detrick, Frederick, Md., US Army Biolog. Labors.; engl.) — Der gereinigte Typ A von *Botulinumtoxin*, Molgew. ca. 900000, wird bei pH 9,2 unter geringem Verlust an spezif. Toxizität u. unter Bldg. einer Hauptkomponente mit einer Sedimentations-Konst. von S = 7 irreversibel dissoziiert, wobei bei Wiedereinstellung des pH auf 3,8 keine Reaggregation des (S 7)-*Toxins* (I) beobachtet wurde. Das intakte I ist gegen Proteolyse durch

Pepsin (**II**) hochresistent, während das dissoziierte (S 7)-**I** durch **II** einem weitgehenden Abbau unter Erhaltung eines beträchtlichen Teils der Toxizität unterlag. In einigen Verss. wurde ein Diffusionsvermögen für bedeutende Mengen dieser tox. Fragmente durch Cellulosedialysiermembrane, in anderen Verss. aber nicht entdeckt. G. Vogel 4370◇

1170 **Gewinnung von ^{35}S-markiertem Sporidesmin.** P. J. Brook und R. E. F. Matthews. (New Zealand J. Sci. **3**, 591—97, 1960; Auckland, Dep. of Sci. and Ind. Res., Plant Diseases Div.; engl.) — *Sporidesmin* (**I**), das schwefelhaltige tox. Prinzip von *Pithomyces chartarum* wurde durch Züchtung des Pilzes auf einem $^{32}SO_4^{2-}$-haltigen Medium in ^{32}S-markierter Form erhalten. **I** ist in wss. Lsg. gegen starkes Licht empfindlich u. liefert hierbei mindestens 2 Zersetzungsprodukte. Mit markiertem Material wurde die I-Bldg. in 3 Stämmen von *P. chartarum* u. ihre Beziehung zu Wachstum u. Konidien-Bldg. untersucht. H.-G. Floß 4370◇

1171 **Photosensibilitätskrankheiten in Neuseeland. 23. Mitt. Isolierung von Sporidesmin, einer die charakteristischen Schäden des Facialekzyms hervorrufenden Substanz, aus Sporidesmium bakeri, Syd.** R. L. M. Synge und E. P. White. (New Zealand J. agric. Res. **3**, 907—21, 1960; Hamilton [New Zealand], Ruakara Animal Res. Stat., Dep. of Agric.; engl.) — 12. vgl. C. **1960,** 12415. — Die früher (l. c.) beschriebene Anreicherung des leberschädigenden, bei Schafen Facialekzym hervorrufenden *Giftes* (**I**) aus Weidegras wird weiter fortgesetzt. Ferner wird die Anreicherung von *Sporidesmin* (**II**) aus feuchten Kulturen u. aus Sporen von *Sporidesmium bakeri* Syd. (*Pithomyces chartarum*) mittels Verteilungschromatographie beschrieben u. nachgewiesen, daß **I** u. **II** dieselbe Wrkg. ausüben. — **II** ist harzartig, liefert aber mit CCl_4 ein krist. Addukt, dessen Eigg. Synge, White (Chem. and Ind. **1959,** 1546) beschrieben haben. — Aus *Sporidesmium* wurde ferner eine krist., anscheinend nicht-tox. Substanz, F. 244°, isoliert. A. Hesse 4320◇

1172 **Bestimmung des Molgewichts des Gelbrüben-Mosaikvirus (Turnip yellow mosaic virus).** P. Horn, L. Hirth und P. Canals. (Ann. Inst. Pasteur **105,** 99 bis 102, 1963; Nancy, Fac. des Sci., Labor. de Biophysique; Strasbourg, Centre de Rech. Nucleaires, Appl. Biol.; franz.) — Durch Lichtstreuung wurde das Molgew. des „turnip yellow mosaic"-Virus zu $5{,}8 \cdot 10^6 \pm 2{,}5\%$ bestimmt, woraus sich 180 Proteinuntereinheiten ergeben, was mit den Röntgendaten übereinstimmt. M. Wiedemann 4374◇

1173 **Die Wirkung von Röntgenstrahlen auf die Nucleinsäure aus Tabakmosaikvirus.** J. A. Wohlhieter, A. Buzzell und M. A. Lauffer. (Biochim. biophysica Acta [Amsterdam] **43,** 163—72, 1960; Pittsburgh, Pa., Univ., Dep. Biophys.; engl.) — Das Auseinanderbrechen der *Ribonucleinsäure* (**I**), aus Tabakmosaikvirus, durch Röntgenbestrahlung wurde mit Hilfe der Sedimentation gemessen. Die Überlebungsdosis (D_0) beträgt 37% **I.** Durch O_2-freie gefrorene Lsgg. wird die Wrkg. der Röntgenbestrahlung reduziert, wobei D_0 $21 \cdot 10^5$ R betrug, während D_0 für getrocknete **I** $4{,}2 \cdot 10^5$ R u. **I** im Virus $4{,}0 \cdot 10^5$ R gefunden wird. Dies wird auf Grund der intermol. Wasserstoffbrückenbldg. erklärt, welche durch Erhitzen auf 65—70° gespalten wird u. zu einem Anstieg des D_0 auf $4{,}4 \cdot 10^5$ R Anlaß gibt. C. Zimmer 4317□

1174 **Chemische Veränderungen der Infektionsfähigkeit von Viren: Reaktionen des Tabakmosaikvirus und seiner Nucleinsäure.** M. Staehelin. (Experientia [Basel] **16,** 473—83, 1960; Berkeley, Calif., Univ. of California, Virus Labor.; engl.) — Die biolog. Eigg. von Tabakmosaikvirus (TM) können durch chem. Umsetzungen seiner *Nucleinsäure* wie folgt beeinflußt werden: *HCHO* reagiert mit den NH_2-Gruppen der Basen, *Glyoxal* u. seine Derivv. mit Guanin, was in beiden Fällen zur Inaktivierung (IA) von TM führt. HNO_2-Behandlung (Überführung von Cytosin in Uracil) führt außer IA zu verschiedenen Mutanten. Der Einbau strukturanaloger Basen, z. B. *5-Fluoruracil,* führt zu einem TM, das infektös, jedoch in seiner Wachstumsgeschw. erheblich eingeschränkt ist. Klaus Schmidt 4374◇

1175 **Reproduktion des Grippevirus mittels der Virus-Ribonucleinsäure. 6. Mitt. Spektralanalyse der Ribonucleinsäure.** R. Portocală, V. Boeru, S. Haragea und I. Samuel. (Studii Cercetări Inframicrobiol. [București] **12,** 303—07, 1961; Acad. R. P. R., Inst. de inframicrobiol., Inst. de fiz.; rum.) — Vgl. auch C. **1962,** 5720. — Mit Ae. + Phenol aus Grippevirus extrahierte *Ribonucleinsäure* (**I**) zeigt im UV-Spektrum das für Nucleinsäuren charakterist. Maximum bei 258 nm. Durch Fällung mit A. u. Wiederauflsg. in NaCl-Lsg. gereinigte **I** ergibt ein Spektrum mit 258 nm als einzigem Maximum. Die bei der Fällung überstehende alkohol. Lsg. hat ein Maximum bei 290 nm, das auf ein Gemisch von Aminosäuren mit anderen wasserlösl. Verbb. zurückgeführt wird. Aus den Verss. kann eine Bestätigung der Annahme einer intracellulären Synth. des Grippevirus unter ausschließlichem Einfl. von **I** abgeleitet werden. R. K. Müller 4374◇

1176 **Reproduktion des Grippevirus mittels der Virus-Ribonucleinsäure. 7. Mitt. Morphologischer Aspekt der Ribonucleinsäure.** R. Portocală, N. I. Ionescu, S. Dumitrescu, V. Boeru und I. Samuel. (Studii Cercetări Inframicrobiol. [București] **12,** 309—15, 1961; rum.) — 6. vgl. vorst. Referat. — Aus Grippevirus extrahierte *Ribonucleinsäure* (**I**) wird elektronenmkr. untersucht. In den meisten Fällen werden in der Länge zusammengeklebte fadenförmige Gebilde beobachtet, deren dünnste einen ⌀ von 30 Å zeigen. Auch korpuskulare Viruselemente mit durch Phenol veränderter Morphologie werden gefunden. R. K. Müller 4374◇

1177 **Die Kinetik der Induktion der Plaquesbildung in Einschichtenzellkulturen durch Ribonucleinsäure aus Poliovirus.** G. Koch. (Experientia [Basel] **16,** 490 bis 491, 15/11. 1960; New York, Colombia Univ., Coll. of Physicians and Surgeons Dep. of Pediatrics and Babies Hosp.; Hamburg-Eppendorf, Labor. der Stiftung zur Erforschung der spinalen Kinderlähmung u. der Multiplen Sklerose; engl.) — Die Zahl der durch *Ribonucleinsäure* aus Poliovirus induzierten Plaques zeigt in den ersten 10 Min. nach Kulturbeimpfung einen raschen Anstieg u. nimmt danach nur noch allmählich zu. — Diskussion. Klaus Schmidt 4374◇

1178 **Über das Vorhandensein von D-Mannit in Clitocybe acromelalga.** Goichi Kurono, Takeshi Sakai, Kenko Tochiori und Nobuo Seo. (An. Rep. Fac. Pharmacy, Kanazawa Univ. **8,** 40—41, 20/11. 1958; Kanazawa Univ., Pharmaz. Abt.; jap., Auszug: engl.) — *D-Mannit,* $C_6H_{14}O_6$, F. 164° (A.) u. sein *Tribenzal*-Deriv., F. 224°, wurden aus 2,4 kg (Trockengew. 620 g) *Clitocybe acromelalga* Ichimura mit PAe., Ae. u. Aceton extrahiert. F. Mossner 4380

E$_4$. Pflanzenchemie, Pflanzenphysiologie, Pflanzenpathologie

1179 **Der Einfluß sichtbarer Strahlung auf die Flavonoid-Synthese und Morphogenese der Buchweizen-Keimlinge (Fagopyrum esculentum Moench). 1. Mitt. Synthese von Anthocyan.** Hans Mohr und Erika van Nes. (Z. Bot. **51,** 1—16, 1963; Freiburg i. Br., Univ., Bot. Inst.; dt.) — Vff. zeigen, daß die lichtabhängige *Anthocyan*-Synth. bei Buchweizensämlingen durch das *Phytochrom*-Syst. u. die Hochenergie-Rk. (vgl. Planta **49,** [1957], 389) reguliert wird. Beide Syst. arbeiten unabhängig voneinander, zeigen jedoch synergist. Wirkung. Die Wrkg.-Spektren beider Syst. werden angegeben. W. Hiller 4404◇

1180 **Die Untersuchung anorganischer Bestandteile in Pflanzen mittels der kathodoluminographischen Methode. Analytische Chemie der Spurenelemente und anorganischen Komponenten in biologischem Material. 2. Mitt.** Shin'ichirô Hakomori und Kunio Seto. (Sci. Rep. Tohoku Univ., Ser. I **41,** 90—98, Okt. 1957; engl.) — 1. vgl. Sci. Rep. Tohoku Univ., Ser. I **41,** [1957], 83. — Es werden die Luminogramme von *Prunus mume-, P. yedoensis-, Kerria japonica-, Malus halliana-, Rhododendron obtusum-* u. *Rosa rugosa*-Kronenblättern (Petalen) u. deren sich hieraus ergebende chem. Zus. angegeben. Der CaO- u. Mn-Geh. nimmt in allen Teilen des Kirschblütenblatts (*P. yedoensis*) bei voller Blüte zu. Der Alkaligeh. der Blütenblätter der Knospe ist hoch, wobei CaO u. Mn-Spuren sich nur im basalen Teil finden. — 1. vgl. C. **1964,** 10-1844. K. Maier 4410◇

1181 **Über das Vorhandensein von Trehalose in Pholiota spectabilis Fr.** Goichi Kurono, Takeshi Sakai, Kenko Tochiori, Tomoko Enami und Toyo Ogawa. (An. Rep. Fac. Pharmacy, Kanazawa Univ. **8,** 42—43, 20/11. 1958; Kanazawa Univ., Pharmaz. Abt.; jap., Auszug: engl.) — *α.α-Trehalose*, $C_{12}H_{26}O_{13}$, F. 97° (A.), $[\alpha]_D^{20}$ + 172,4° wurde durch A.-Extraktion von 500 g getrocknetem *Pholiota spectabilis* Fr. gewonnen. *Glucosazon*, F. 207° (Zers.). *Octacetylderiv.*, F. bei 98°. F. Mossner 4420

1182 **Untersuchungen über das aus den Schalen von Citrus Unshiu Marcovitch isolierte Pektin.** 1. Mitt. **Isolierung von kaltwasserlöslichem und heißwasserlöslichem Pektin.** Yasushi Mihashi. (Annu. Rep. Tokyo Coll. Pharmacy **11,** 49—54, 1961; jap., Auszug: engl.) — Aus den Fruchtschalen wird sowohl in *kaltem W. lösl. Pektin* (**I**) als auch in *heißem W. lösl. Pektin* (**II**) isoliert. **I** enthält lediglich schwach gebundenes *Galaktan*, **II** außerdem *Araban*. P. Gregorzewski 4420◇

1183 **Untersuchungen über das aus den Schalen von Citrus Unshiu Marcovitch isolierte Pektin.** 2. Mitt. **Bildung von Oligogalakturonsäure bei der sauren Hydrolyse von Pektin II.** Yasushi Mihashi. (Annu. Rep. Tokyo Coll. Pharmacy **11,** 55—58, 1961; jap., Auszug: engl.) — 1. vgl. vorst. Referat. — Das in heißem W. lösl. Pektin liefert bei der sauren Hydrolyse eine *Oligogalakturonsäure*, die aus 8 D-Galakturonsäure-Resten besteht. P. Gregorzewski 4420◇

1184 **Untersuchungen über das aus den Schalen von Citrus Unshiu Marcovitch isolierte Pektin.** 3. Mitt. **Konstitution der Oligogalakturonsäure.** Yasushi Mihashi. (Annu. Rep. Tokyo Coll. Pharmacy **11,** 58—63, 1961; jap., Auszug: engl.) — 2. vgl. vorst. Referat. — Die Oligogalakturonsäure wird mit Na-Perjodat oxydiert. Das *Oxydationsprod.* (**I**) liefert ein *Phenylhydrazon*, $C_{93}H_{94}N_{16}O_{38}$, F. 164—166° (Zers.) u. ein *Isonicotinoylhydrazon*, $C_{93}H_{86}N_{24}O_{46}$, F. 332—335°. Bei der Red. von **I** mit $NaBH_4$ u. anschließender Hydrolyse mit Salzsäure werden *Glykolaldehyd*, *L-Glycerinsäure* u. *D-Threosesäure* gebildet. P. Gregorzewski 4420◇

1185 **Strangartige Anordnung von Sporopollenin in der Exine der Mikrosporen von Poa annua.** John R. Rowley. (Science [Washington] **137,** 526—28, 1962; Amherst, Univ. of Mass., Dep. of Botany; engl.) — In der jungen Mikrosporenwand des Grases *Poa annua L.* ist das *Sponopollenin* in Büscheln aus untereinander verbundenen Strängen angeordnet. Jedes Büschel enthält wenigstens zwei Stränge von etwa 50 Å Durchmesser; durch die Verwachsungen entsteht daraus ein Maschenwerk mit Poren von etwa 50 Å Durchmesser. Nach dem frühen Mikrosporenstadium wird die Exine homogen u. ähnelt dann den Exinen der Pollen anderer Angiospermen. U. Kröplien 4420◇

1186 **Aminosäurenzusammensetzung und biologischer Wert der Kartoffeleiweiß-Fraktionen.** K. Lindner, S. Jaschik und I. Korpáczy. (Qualitas Plantarum Mater. vegetabilis [Den Haag] **7,** 289—94, 1960; Budapest, Staatl. Inst. für Ernährungs- u. Verpflegungswiss.; dt.) — Die vollständige Aminosäuren-Zus. (AS) der *Globulin*- u. *Albumin*-Fraktionen der ungar. Kartoffelsorte ‚Ella' wird nach papierchromatograph. u. polarograph. Best. angegeben u. die biolog. Wertigkeit nach den bekannten Meth. berechnet. Die ausgeglichene AS der Hauptfraktionen ergibt eine Gleichwertigkeit des Kartoffeleiweißes mit tier. Eiweiß. Bei der Züchtung sind Sorten mit hohem *Tuberin*-Geh. anzustreben. Klaus Schmidt 4420◇

1187 **Zur Kenntnis der Inhaltstoffe der Douglasie.** H.-G. Dässler und Wang Ding-Shjuä. (Flora [Jena] **153,** 326—32, 1963; Tharandt, Inst. für Pflanzenchemie der techn. Univ. Dresden; dt.) — Die nichtverkorkte Rinde von Douglasien enthält 13,6% *Gerbstoff* u. 12,1% in W. lösl. Nichtgerbstoffe. Wird zerkleinerter Bast mit sd. Chlf. entharzt u. nach Entfernung des Lsgm. mit Essigester extrahiert, so wird Gerbstoff in einer Ausbeute von 4,2% erhalten, F. 178—185° (Sintern). Bei enzymat. Hydrolyse mit einem Enzympräp. aus *Aspergillus oryzae* wird 27,6% *Glucose* abgegeben. Reinigung des Glykosidgemisches durch Chromatographie ergibt eine *Verb. T*, $C_{21}H_{24}O_{13}$, F. 196—198°, vermutlich Taxifolin-3-glucosid. Aus dem Aglykongemisch wurde durch Chromatographie eine Verb. $C_{15}H_{12}O_7$, F. 206—207°, vermutlich Taxifolin, erhalten. Das Holz der Douglasie enthält ein fettes Öl. Im Neutralteil wird nach dem Verseifen *Adipinsäure* nachgewiesen. Im Unverseifbaren sind *Cetylalkohol* u. *Lignocerinalkohol* enthalten. Das Steringemisch besteht hauptsächlich aus *Sitosterin* u. *Stigmasterin*. W. Hiller 4420◇

1188 **Fettsäuren des Samenfetts von Pongamia glabra.** S. P. Pathak und L. M. Dey. (J. chem. Soc. [London] **1957,** 1917; Banaras, India, Hindu Univ., Dep. of Industr. Chem.; engl.) — Das durch Extraktion der Kerne von *Pongamia glabra* mit heißem Aceton in 39,5 %ig. Ausbeute erhaltene Öl besitzt nachst. Zus.: 6,3(%) *Palmitinsäure*, 8,9 *Stearinsäure*, 2,2 *Arachinsäure*, 5,3 *Behensäure*, 2 *Lignocerinsäure*, 0,6 *Hexadecensäure*(?), 46,2 *Ölsäure*, 18,1 *Linolsäure*, 9,5 *Eikosensäure*, 0,2 *Dokosensäure*, 0,2 *Tetrakosensäure* sowie 0,5 unverseifbare Anteile. Linolensäure konnte nicht nachgewiesen werden. L. Lamza 4420△

1189 **Die einfacheren phenolischen Substanzen der Pflanzen.** A. H. Williams. (J. Sci. Food Agric. **8,** 385—89, Juli 1957; Long Ashton, Bristol, Agric. Res. Council Unit of Plant Nutrition, Res. Station.) — Vf. gibt einen Überblick über die Chemie der *Pflanzenphenole* (**I**), bes. der Hydroxyzimtsäuren u. der Flavanoide, sowie über ihr Vork. u. ihre Verbreitung. Ausführlich werden **I** des Apfels u. der Birne behandelt, die je nach Sorte große Unterschiede im **I**-Geh. zeigen. In Tafeläpfeln ist die *Chlorogensäure* der wichtigste Bestandteil, während in Wirtschaftsäpfeln der *Katechin*- u. *Leukoanthocyan*-Geh. stärker ansteigt. Apfelblätter enthalten u. a. *Phloridzin* u. Birnenblätter dagegen *Arbutin*. — 10 Literaturangaben. K. Herrmann 4420

1190 **Saponine und Sapogenine.** 16. Mitt. **Echinocystsäure aus den Samen von Albizzia amara Benth.** I. P. Varshney und K. M. Shamsuddin. (J. sci. ind. Res. [New Delhi], Sect. B **21,** 347, 1962; Aligarh, Muslim Univ., Chem. Dep.; engl.) — Aus den Samen von *Albizzia amara Benth.* wurde durch A.-Extraktion ein *Saponin* gewonnen, dessen saures Hydrolysat sich in ein *neutrales* u. ein *saures Sapogenin* trennen ließ. Das saure Sapogenin wurde als *Echinocystsäure* (*3β.16α-Dihydroxy-Δ^{12}-oleanen-28-säure*) identifiziert durch Darst. der Acetylverb. (F. 255—260°), deren Methylester (F. 201—202°) u. durch Vgl. der IR-Spektren. U. Kröplien 4420◇

1191 **Über das Vorkommen von Ergolinderivaten in Ipomoea-Arten.** D. Gröger. (Flora [Jena] **153,** 373—82, 1963; Halle, Inst. für Biochem. der Pflanzen der Deutschen Akad. der Wiss.; dt.) — Vf. weist in Samen von *Ipomoea rubro-caerulea* folgende Alkaloide nach: *Chanoclavin*, *Ergometrin*, *Lysergsäureamid*, *Isolysergsäureamid*, *Lysergsäurecarbinolamid*, *Isolysergsäurecarbinolamid* u. bei einigen Herkünften auch *Elymoclavin*. Bei *Ipomoea coccinea* wird Elmoclavin nachgewiesen. Der Alkaloidgeh. schwankt zwischen 0,05 u. 0,012%. Alkaloidfrei sind die Arten *A. bicolor*, *A. coccinea* einer Herkunft, *I. digitata*, *I. hederacea*, *I. hederifolia*, *I. purpurea*, *I. sibirica* u. *I. tricolor*. Vf. gibt verschiedene Meth. zur chromatograph. Trennung einfacher Lysergsäurederivv. an. W. Hiller 4420◇

1192 **Chromatographische Untersuchungen über den Alkaloidgehalt von Nicotianaspecies und interspezifischer Kombinationen.** Harold H. Smith und Dorothy V. Abashian. (Amer. J. Bot. **50,** 435—47, 1963; Upton, N. J.; Brookhaven Nat. Labor.; engl.) — Vff. bestimmen den Geh. an *Nicotin* (**I**), *Nornicotin* (**II**), *Anabasin* (**III**) u. von weiteren nicht identifizierten Alkaloiden durch Papierchromatographie. Untersucht werden 52 Species, 35 interspezif. Kreuzungskombinationen, 24 Amphiploide, 5 Sesquiploide u. 14 Kombinationen aus 3 Species. Die meisten Species enthalten **I**, **II** u. **III**. Weiterhin sind noch 6 weitere nicht identifizierte Alkaloide für die Gattung *Nicotiana* charakteristisch. Die **III**-Bldg. erweist sich in den meisten Kreuzungen als dominant gegenüber **I** u. **II**, u. **II** ist in den meisten Kreuzungen dominant gegenüber **I**. Für die Vererbung des Alkaloidgeh. können keine einfachen Beziehungen gefunden werden. W. Hiller 4420◇

1193 **Isolierung der Farbstoffe der Kaktusfrüchte durch Säulenelektrophorese bei hoher Spannung.** H. Erkut. (Istanbul Univ. Fen Fak. Mecmuasi [Rev. Fac. Sci. Univ. Istanbul], Ser. C **27,** 67—73, 1962; Istanbul, Univ., Inst. f. physikal. Chemie; franz.) — Der Farbstoff der Kaktusfrüchte wurde aus den Früchten mit der Methode isoliert, die zur Isolierung des Phytolaccanins der *Phytolacca decandra* diente. Er wurde durch Säulenelektrophorese mit einem Strom von 60 mA u. einer Spannung von 1100 V gereinigt. Der beste Puffer ist eine Lsg. von Pyridin u. Ameisensäure pH 4,6. Die elektrophoret. Reinigung zeigte, daß neben *Betanin*, das 90% der gefärbten Substanz des Kaktus bildet, sich drei weitere Farbstoffe vorfinden, die wahrscheinlich *Probetanin, Isoprobetanin* u. *Isobetanin* sind. Karl Richter 4420◇

1194 **Einfluß von Pufferlösungen auf die elektrophoret. Trennung der Farbstoffe aus den Früchten des Kaktus.** H. Erkut. (Istanbul Univ. Fen Fak. Mecmuasi [Rev. Fac. Sci. Univ. Istanbul], Ser. C **27,** 137—44, 1962; franz.) — Vgl. vorst. Referat. — Papierelektrophoresen mit Pufferlsgg. aus Ca- u. Mn-Acetat sowie Borsäure erwiesen sich als ungeeignet für die Reinigung des *Betanins*, denn die Betaninsalze des Ca u. Mn sind nicht stabil. Ebenso ist die Borsäure ungeeignet. Dagegen erhielt man mit Lsgg. des Ba- u. Zn-Acetats bei einer Spannung von 1200 V nach 24 Std. eine Trennung in drei Zonen A, B, C. A ist ein Gemisch von *Probetanin* u. *Isobetanin*, B Betanin, C *Isobetanin*. Mit Mg-Acetat wurde nach einer Elektrophorese von 22 Std. eine Trennung in fünf gut abgegrenzte Zonen erreicht. Die papierelektrophoret. Auswertung ergab: Probetanin, Isoprobetanin, kleine Mengen eines rotvioletten Farbstoffs, Mg-Salz des Betanins u. Isobetanin. Karl Richter 4420◇

1195 **Phytochemisch-systematische Untersuchung über die Flavonoide der Gattung Malus.** Otto Henke. (Flora [Jena] **153,** 358—72, 1963; Naumburg/Saale, Inst. für Obstzüchtung der Deutschen Akademie der Landwirtschaftswiss. zu Berlin; dt.) — Vf. untersucht methanol. Blattextrakte von 66 *Malus*-Arten auf ihre flavonoiden Inhaltsstoffe durch zweidimensionale Papierchromatographie. Es können 20 verschiedene Flecke nachgewiesen werden. Die Mehrzahl der Arten weist die gleichen Flecken auf. Einige Flecken sind auf bestimmte Sektionen u. Serien beschränkt. Die systemat. Einteilung der Gattung Malus stimmt im allg. mit der Flavonoidverteilung überein. W. Hiller 4420◇

1196 **Inhaltsstoffe der Wurzel von Bryonia dioica.** 3. Mitt. Giuseppe Biglino. (Atti Accad. Sci. Torino, Cl. Sci. fisiche, mat. natur. **94,** 411—23, 1959—60; Torino, Univ., Ist. di Chim. farmac. e tossicol.; ital.) — Vgl. C. **1961,** 1948. — Für die früher (l. c.) aus Wurzeln von *Bryonia dioica* isolierte *Säure* $C_{30}H_{48}O_3$ (**I**) wird auf Grund von Rkk. u. Unterss. der UV- u. IR-Spektren die Konstit. als *23(oder 24)-Nor-α-amyrin-23(oder 24)-carbonsäure* wahrscheinlich gemacht. Das *Aglykon vom F. 157°* ist mit dem Aglykon des Bryomarids nicht ident.; es enthält eine prim. oder sek. OH-Gruppe, die beiden anderen O-Atome liegen wahrscheinlich in einer ster. behinderten Estergruppe vor.

Versuche: *23(oder 24)-Nor-α-amyrin-23(oder 24)-carbonsäure(?)* (**I**), $C_{30}H_{48}O_3$, F. 303—305° (Bzl.), a) durch Eindampfen des alkohol. Extraktes aus frischer Droge im Vakuum, Waschen des Rückstands mit Ae. u. Auskochen des Ae.-Rückstands mit Bzl.; b) durch 1std. Kochen von **Ib** u. wss.-methanol. KOH. *Acetyl-Deriv.* (**Ia**), $C_{32}H_{50}O_4$, F. 267—268° (CH_3OH), durch 10—12std. Stehen von **I** u. Acetanhydrid/Pyridin bei Raumtemp. u. Gießen auf Eis. *Methylester* (**Ib**), $C_{31}H_{50}O_3$, F. 140 bis 142° (verd. Essigsäure), aus **I** u. äther. CH_2N_2; $[\alpha]_D^{20}$ $+19°$ (c = 0,326; Chlf.); wird durch H_2 an PtO_2 nicht hydriert. *Acetyl-Deriv. des Methylesters* (**Ic**), $C_{33}H_{52}O_4$, F. 162° (CH_3OH), a) aus **Ia** u. CH_2N_2 in Ae.; b) aus **Ib** u. Acetanhydrid/Pyridin; $[\alpha]_D^{20}$ $+24°$ (c = 0,22; Chlf.); reagiert nicht mit Benzopersäure in Chlf. oder mit SeO_2 in sd. Eisessig; Rk. mit N-Bromsuccinimid in sd. CCl_4 liefert ein öliges *$\Delta^{9,11.12,13}$-Dien. Oxocarbonsäuremethylester*, $C_{31}H_{48}O_3$, F. 132° (W./CH_3OH), durch Zugeben von CrO_3 in Pyridin zu **Ib** in Pyridin u. 24std. Stehen bei Raumtemperatur. — *Carbonsäure*, $C_{30}H_{48}O_2$, F. 220° (CH_3OH), aus vorst. Verb. nach Wolff-Kishner-Huang-Minlon. *Methylester*, $C_{31}H_{50}O_2$, F. 164°, aus der Säure u. CH_2N_2. — *Aglykon*, $C_{31}H_{50}O_3$, F. 157° (W./CH_3OH), durch 12std. Kochen des rohen aus *B. dioica* isolierten Glykosidgemisch mit 10%ig. methanol. HCl, Verdünnen mit W. u. Chromatographie des Nd. an Al_2O_3; $[\alpha]_D^{20}$ $+180,5°$ (c = 0,637; Chlf.). *Acetyl-Deriv.*, $C_{33}H_{52}O_4$, F. 130° (W./CH_3OH); $[\alpha]_D^{20}$ $+179°$ (c = 0,64; Chlf.). *p-Nitrobenzoyl-Deriv.*, $C_{38}H_{53}NO_6$, F. 172° (W./Aceton); $[\alpha]_D^{20}$ $+146,5°$ (c = 0,587; Chlf.). — *Keton* $C_{31}H_{48}O_3$, F. 122° (W./CH_3OH), aus vorst. Aglykon u. CrO_3 in Pyridin. F. Heller 4420◇

1197 **Proteinkörper und Proteinsynthese in dem sich entwickelnden Weizenendosperm.** Janet S. D. Graham, A. C. Jennings, R. K. Morton, B. A. Palk und J. K. Raison. (Nature [London] **196,** 967—69, 1962; Adelaide, Univ., Wait Agric. Res. Inst.; engl.) — An Körnern von *Triticum vulgare* Var. Gabo u. Var. Insignia sowie an *T. durum* Var. Dural, 5—42 Tage nach der Blüte, werden Biosyntheseort u. Lokalisation der Speicherproteine mit cytolog. Meth., chem. Trennverff. u. Meth. der Proteinsyntheseforschung vergleichend untersucht. Das elektronenmkr. Bild zeigt neben Stärkekörnern relativ große osmophile Körper, die im Laufe der Entw. an Größe u. Zahl zunehmen. Sie besitzen offenbar keine eigene Membran, sondern nur eine äußere Grenzschicht, nach deren Zerstörung der Inhalt austritt. In jüngeren Entwicklungsstadien sind sie einzeln, später zu mehreren von einer sie zusammenhaltenden Lipoproteinmembran umhüllt. Nach Isolation wird in den Körpern, die im Isotopenversuch eine schnelle Proteinakkumulation zeigen, 85% Eiweiß nachgewiesen. Nach Ansicht der Vff. werden die Speicherproteine an den Ribosomen des endoplasmat. Reticulum gebildet, an die von der Membran umhüllten Proteinkörper abgegeben, etwa in Form einer inneren Sekretion, u. so von den intracellulären Strukturen abgetrennt. B. Tschiersch 4450◇

1198 **Ein wahrscheinlicher Mechanismus freier Radikale der symbiotischen Stickstoffbindung.** Norman Bauer. (Nature [London] **188,** 471—73, 5/11. 1960; Logan, Utah State Univ., Chem. Dep.; engl.) — Es wird eine Hypothese der N_2-Fixierung durch Wurzelknöllchen diskutiert, wobei die Bldg. des bislang nicht beobachteten freien Radikals N_2H eine zentrale Rolle spielt (*Lb* = „Legoglobine"): 1. $N_2 + Lb\ \text{Fe}^{2+}\underset{\text{H}}{\text{OH}}\ldots \rightleftharpoons Lb\ \text{Fe}^{+2}\underset{\text{H}}{\text{OH}}\cdot N_2$ oder in aeroben Bezirken des Knöllchens $N_2 + Lb\ \text{Fe}^{+2}O_2\ldots \rightleftharpoons Lb\ \text{Fe}^{+2}O_2\cdot N_2$ oder an „Hydroperoxylstellen" $N_2 + Lb\ \text{Fe}^{+2}O_2H\ldots \rightleftharpoons Lb\ \text{Fe}^{+2}O_2H\cdot N_2$ (oder auch mit Fe^{+3}), 2. $Lb\ \text{Fe}^{+2}\underset{\text{H}}{\text{OH}}\ldots + H_{aq}^{+} \rightarrow Lb\ \text{Fe}^{+3}\underset{\text{H}}{\text{OH}}\ldots + H$ oder in aeroben Bezirken $Lb\ \text{Fe}^{+2}O_2\ldots + H_{aq}^{+} \rightleftharpoons Lb\ \text{Fe}^{+3}O_2H\ldots \rightleftharpoons Lb\ \text{Fe}^{+3}\underset{\text{H}}{\text{OH}}\ldots + O_2H$; 3. $Lb\ N_2 + H \rightarrow Lb\cdot N_3H$; wobei $Lb\cdot N_2$ die nach 1. gebildeten Komplexe darstellt. Das freie Radikal N_2H ermöglicht dann eine große Zahl von Reaktionen. Mittels der angegebenen Rk.-Mechanismen läßt sich eine Reihe von Befunden bei der symbiot. N_2-Fixierung deuten, wie die Hemmung der H_2-Entw. durch N_2-Stickstoff, die Notwendigkeit von N_2-N für eine merkliche Austauschrk. zwischen Deuterium u. endogenem Wasserstoff, die Hemmung der Wasserstoffentw. durch H_2, die spezif. kompetitive Hemmung der N_2-Fixierung durch H_2, die CO-Hemmung der N_2-Bindung, die starke Hemmung des Austauschs endogenen Wasserstoffs gegen Deuterium durch CO u. die Notwendigkeit von O_2 für die symbiot. N_2-Fixierung, wobei bei hohen Drücken O_2 etwas hemmt. K. Maier 4450◇

1199 **Photosynthese durch isolierte Chloroplasten.** 9. Mitt. **Photosynthetische Phosphorylierung und CO_2-Assimilation in verschiedenen Species.** F. R. Whatley, M. B. Allen, A. V. Trebst und Daniel I. Arnon. (Plant Physiol. **35**, 188—93, März 1960; Berkeley, Univ. of California, Labor of Plant Physiol.; engl.) — 8. vgl. C. **1963**, 4043. — Untersucht wurde Chlorophyll aus Blättern von Spinat, Zuckerrüben, *Phytolacca americana*, Tabak, Sonnenblume u. Neuseeländer Spinat. Alle Chlorophyllarten waren fähig, die cycl. Photophosphorylierung durchzuführen (n ADP + n H_3PO_4 → n ATP). u. zwar sowohl die durch Riboflavinphosphat (**I**) als auch die durch *Vitamin K* (**II**) katalysierte. Die Phosphorylierung zeigt folgende Werte (in Reihenfolge der oben angeführten Pflanzen) für die durch **I** katalysierte Rk. 7,6; 8,4; 6,6; 4,3; 4,2; 8,3; für die durch **II** katalysierte Rk. 7,9; 7,8; 7,7; 5,1; 3,9; 7,6 n Mol verestertes P pro 30 Min. pro 0,1 mg Chlorophyll. Die entsprechenden Werte für die nichtcycl. Photophosphorylierung (2 TPN + 2 H_2O + 2 ADP + 3 H_3PO_4 → 2 $TPNH_2$ + O_2 + 2 ATP) sind 6,5; 6,4; 3,7; 4,4; 3,0. — Die Chloroplasten von allen Species zeigten die Fähigkeit der photosynthet. Phosphorylierung, die mit der Red. von Ferricyanid gekoppelt ist. Die CO_2-Fixierung der Chloroplasten zeigte die gleiche Tendenz wie die Phosphorylierung. Auch die Hill-Rk. u. die mit der Phosphorylierung gekoppelte Hill-Rk. zeigte in ihrer Intensität ebenfalls die gleiche Tendenz bei den einzelnen Chlorophyllarten wie die Photophosphorylierung. W. Hiller 4460□

1200 **Die Verwertung von ^{14}C-carboxylmarkiertem Na-Acetat bei Swertia japonica Mak.** Michiyasu Sugii und Yohei Hashimoto. (Bull. Inst. chem. Res., Kyoto Univ. **36**, 127—33, 1958; Nakai Labor.; engl.) — Vff. applizieren in Nährlsg. gezogenen Pflanzen von *Swertia japonica* $^{14}C_{(1)}$-*Acetat* über die Wurzeln u. bestimmen die ^{14}C-Verteilung in Blättern, Stamm u. Wurzeln sowie im Atmungs-CO_2. Aus dem Pflanzenmaterial isolierte *Oleanolsäure* (**I**), F. 304°, *Kohlenhydrate* (Glucose, Fructose u. Saccharose) u. *Swertiamarin*, F. 112—113°, werden auf ihre spezif. Radioaktivität untersucht. Der Schmidt-Abbau von **I** zeigt, daß die Carboxylgruppe (C_{28}) nicht aus dem C_1 des Acetats stammt, aber eventuell aus der Methylgruppe des Acetats, was einen über Acetat u. Squalen verlaufenden Biosyntheseweg andeutet.
Dieter Groß/Halle 4460◇

1201 **Biogenese von Kohlenhydraten in Holz.** J. K. N. Jones. (Pure appl. Chem. **5**, 21—35, 1962; Kingston, Ontario, Canada, Queen's Univ.; engl.) — Überblick über die gegenwärtigen Kenntnisse über Vork. u. Biogenese von *Pentosen, Hexosen, Oligosacchariden* u. *organ. Säuren* im Holz verschiedener Species. — 31 Literaturhinweise.
A. Täufel 4460◇

1202 **Der Einfluß des Lichtes auf die Bildung der Aminosäuren in den Blättern von Bryophyllum daigremontianum Berger.** Marie-Louise Champigny. (Rev. gén. Bot. **67**, 65—216, Febr., März, April 1960; franz.) — Die Unters. der Verwertung von $^{14}CO_2$ durch gleichaltrige, einem Klon zugehörige, auf synthet. Nährmedium gezüchtete Blätter von *B. daigremontianum* zeigte, daß starke Belichtung (20000 lux) stärkere Beschleunigung der Kohlenhydratsynth. als die Eiweißsynth. bewirkt, während schwache Belichtung (5000 lux) den Einbau photosynthetisierter C-Ketten in Aminosäuren begünstigt. Im Dunkeln überwiegt CO_2-Fixierung durch β-Carboxylierung von Phosphoenolbrenztraubensäure. Daneben kommt vermutlich noch ein der Ribulosediphosphat-Carboxylierung analoger Mechanismus vor. Im ersten Falle erfolgt $C_{(4)}$-Markierung von *Asparaginsäure* (**I**), im zweiten $C_{(1)}$-Markierung von **I** u. *α-Alanin* (**II**). Die Oxydation der org. Säuren führt zur Bldg. von *Glutaminsäure* (**III**), von der sich *Arginin* (**VI**) ableitet. Im Licht ist die photosynthet. CO_2-Bindung von einer noch schnelleren **II**-, *Serin* (**IV**- u. *Glykokoll*(**V**)-Synth. begleitet. Infolge der beschleunigten Oxydation der org. Säuren kommt es zu einer **III**-, *γ-Aminobuttersäure*- u. **VI**-Anreicherung. Ggw. von Nitraten in den Blättern vermindert deren Fähigkeit zur CO_2-Fixierung im Lichte, begünstigt aber die Aminosäuresynth. im Verhältnis zur Kohlenhydratbildung. Durch langen Aufenthalt im Dunkeln an Kohlenhydraten verarmte Blätter zeigen eine größere Photosyntheseaktivität als hieran reiche. Diese äußerst sich bes. hinsichtlich der zuerst gebildeten Aminosäuren **II**, **IV** u. **V**. Die Unters. der Verwertung von $^{14}C_{(1)}$- u. $^{14}C_{(3,4)}$-**III** in den Stecklingen aus Blättern ergab teilweise Spaltung vor oder während der Absorption durch die Wurzeln. Im Blatt ist die Verwertung der **III**-C-Kette im Licht beschleunigt. Abgesehen von der **III**-Amidierung zu *Glutamin* sind Decarboxylierung u. Oxydation sowie Umwandlung in andere Aminosäuren u. Proteine langsame Reaktionen. K. Maier 4460◇

1203 **Der Ornithinstoffwechsel in grünen Erbsen, Bohnen und Weizenkeimlingen.** K. Kleczkowski und I. Reifer. (Bull. Acad. polon. Sci., Ser. Sci. biol. **7**, 53—56, 1959; Poln. Akad. d. Wiss., Inst. Biochem. Biophys., Abt. f. Pflanzenbiochem.; engl.) — Keimlinge, Kotyledonen u. Wurzeln von Erbsen sowie Keimlinge von Bohnen u. Weizen im Alter bis zu 3 Wochen wurden in Lsg. von *Ornithin* 3 Std. belassen. In den danach mazerierten Pflanzenorganen wurde ein Anstieg des Geh. an *Citrullin*, *Arginin* u. *Harnstoff*-N, jedoch nicht an NH_3-N, festgestellt. Carbamylphosphat erhöhte den Umsatz nicht. Die Verss. zeigen, daß die untersuchten Pflanzenorgane alle Enzyme des Ornithin-Cyclus enthalten.
W. Schönborn 4460

1204 **Der Einfluß der organischen Isothiocyanate auf den Stoffwechsel der Pflanzen.** 3. Mitt. **Einfluß des Allylisothiocyanates (AITK) auf den Stickstoff-, Phosphor- und Zuckerstoffwechsel bei Raps (Brassica napus).** Sylva Leblová und Vladimír Jiráček. (Sborník českoslov. Akad. zemědělských Věd, rostlinná Výroba **6**(**33**), 1625 bis 1638, 1960; Praha, Karl. univ., přírodověd. fak., biochem. ústav; tschech.) — 2. vgl. C. **1961**, 6195. — Bei Einw. von *Allylisothiocyanat* in 5 · 10^{-4}—10^{-2} m Konz. auf Rapskeimlinge nimmt der Geh. an Nichteiweiß-, Amino-, NH_3 -u. Amido-N ab, der Geh. an Eiweiß-N mit der Konz. zu. Der Stoffwechsel des anorgan. u. des labilen P u. der reduzierenden Zucker nimmt zu, derjenige der nichtreduzierenden Zucker ab. R. K. Müller 4460◇

1205 **Biogenetische Studien.** 6. Mitt. **Über die Biogenese von Longifolen in Pinus longifolia Roxb.** Wilhelm Sandermann und Klaus Bruns. (Chem. Ber. **95**, 1863—65, 1962; Reinbek, Bez. Hamburg, Bundesforschungsanst. f. Forst- u. Holzwirtschaft, Inst. f. Holzchemie u. chem. Technol. des Holzes; dt.) — 5. vgl. C. **1961**, 5851. — Durch Applikation von Na-$^{14}C_{(1)}$-Acetat wurde aus Pinus longifolia Roxb. ^{14}C-*Longifolen* (**I**) gewonnen u. dieses gaschromatograph. gereinigt. Nach Ozonisierung u. hydrierender Spaltung wurde mit Dimedon der gebildete Formaldehyd gefällt. Dieser besaß eine spezif. Aktivität von nur 1,6% derjenigen, die bei regelmäßiger Verknüpfung der C_5-Bausteine zu erwarten wäre. Demnach müssen bei der Biogenese von **I** entsprechend den Hypothesen von Ourisson (Bull. Soc. chim. France, **1955**, **895**) u. Hendrickson (Tetrahedron **7**, [1959], 82) Umlagerungen im C-Gerüst erfolgen, obwohl die regelmäßige Anordnung der C_5-Bausteine einen ohne Umlagerung verlaufenden Syntheseweg erwarten ließe.

Versuche: ^{14}C-*Longifolen* (**I**), durch Einfrieren des markierten Pflanzenmaterials mit festem CO_2, Zerkleinern, Ausheizen im Ölpumpenvakuum, Zugabe von nicht markiertem **I** u. Ausäthern, Kugelrohrdest. bei 20 Torr u. 150—170°, gaschromatograph. Reinigung mittels einer präparativen (2,6 m) Kieselgur/Apiezonfett-Säule, Temp. 230°, Trägergas Helium, Druck 1,4 atü. Spezif. Aktivität des gewonnenen **I**: 165090 Imp./Min·mMol. **I** wurde in Essigester bei —30° ozonisiert u. die Lsg. anschließend bei —20° hydriert (Pd-Aktivkohle). Dann Extraktion mit W., Zugabe von K-Acetatlsg. u. Dimedonlösung. Nach Stehenlassen über Nacht Absaugen der Dimedonverb. des Formaldehyds (F. 189—190°), 56% (Ausbeute, bezogen auf gefundene Ozonidmenge). Spezif. Aktivität 441 ± 9 Imp/min·mMol. Berechnete spezif. Aktivität von **I** ohne Umlagerung: 27515 Imp/Min. · mMol.
U. Kröplien 4460◇

1206 **Biogenese und Konstitution von Lignin.** K. Freudenberg. (Pure appl. Chem. **5**, 9—20, 1962; Heidelberg, Univ.; engl.) — Überblick über die gegenwärtigen Kenntnisse zur Biogenese u. Konstit. des *Lignins*. — 8 Literaturhinweise. A. Täufel 4460◇

1207 **Wachstum und Phosphathaushalt von Rhodopseudomonas spheroides unter dem Einfluß der Natrium-, Kalium- und Magnesiumversorgung.** Wolfgang Grosse. (Flora [Jena] **153**, 157—93, 1963; Göttingen, Univ., Pflanzenphysiolog. Inst.; dt.) — Bei Mg^{2+}- u. K^+-Mangel tritt bei *Rhodopseudomonas spheroides* bei aerober Dunkel- u. anaerober Lichtkultur eine progressive Wachstumshemmung ein; der Geh. an Kohlenhydraten nimmt jedoch zu. Bei aerober Dunkelkultur, nicht aber bei anaerober Lichtkultur verursacht Na^+-Mangel eine progressive Wachstumshemmung. Die Bldg. von in Trichloressigsäure unlösl. stabilem Phosphat (Nucleinsäuren, Phosphoproteine, Phospholipide) u. von in Trichloressigsäure unlösl. labilem Phosphat (hochkondensierte anorgan. Polyphosphate, geringe Mengen Ribonucleinsäure) wird bei Na^+- u. Mg^{2+}-Mangel bei wachsenden Zellen vermindert. Die letzte Fraktion wird bei Na^+- u. Mg^{2+}-Mangel auch bei wachstumsgehemmten Zellen in ihrer Synth. gehemmt. K^+-Mangel wirkt gleichsinnig, jedoch schwächer. W. Hiller 4470◇

1208 **Biologische Eigenschaften einiger Analoger der β-Indolylessigsäure. 2. Mitt. Die β-Indolylbuttersäure.** Paul-Emile Pilet und Monique Meylan. (Bull. Soc. vaudoise Sci. natur. **68**, 103—08, 1962; Lausanne, Univ. de Lausanne, Labor. de physiol. végétale; franz.) — 1. vgl. Gl. J. **68**, [1962], 93. — Während die Wrkg. von *β-Indolylbuttersäure* (**I**) auf Stengelgewebe von Linsenpflanzen wesentlich schwächer als die von *β-Indolylessigsäure* (**II**) ist, vermindert **I** das Wachstums von Wurzelgewebe bei Konzz. von 10^{-5} m u. 10^{-3} m stärker als **II**; bei einer Konz. von 10^{-7} m hat **I** einen wachstumsfördernden Effekt. Vff. schließen daraus, daß **I** einen selbständigen Wachstumsfaktor darstellt u. nicht erst nach Abbau zu **II** wirksam wird. U. Kröplien 4485◇

1209 **Einfluß der Wasserstoffionen-Konzentration und Autoklavenbehandlung auf Gibberellin.** James H. M. Henderson. (Nature [London] **185**, 628—29, 1960; Alabama, George Washington Carver Found., Tuskegee Inst.; engl.) — Vf. untersuchte die Hitzestabilität von *Gibberellin* (**I**) in Abhängigkeit vom pH. Er erhitzte gepufferte **I**-Lsgg. mit pH 1, 3,5, 6 u. 10 15 Min. im Autoklaven, stellte einen Teil der Lsgg. sofort nach dem Erhitzen wieder auf pH 6 ein u. prüfte ihre Wirksamkeit auf 8 Tage gekeimte Zwergmaismutanten gegenüber unerhitzten Kontrollansätzen. Autoklavenbehandlung verminderte die Aktivität bei pH 6 u. 3,5 weniger als bei pH 10. pH 1 setzte die Wachstumswrkg. von **I** am stärksten herab. Sofortiges Einstellen der Lsgg. auf pH 6 führte zum gleichen Ergebnis. In allen Fällen zeigten die nicht erhitzten Ansätze höhere Aktivitäten. Aus den Unterss. ergab sich, daß der Erhitzungsprozeß zwar die Aktivität von **I** bei günstigem pH um $^1/_5$ bis $^1/_3$ vermindert, das pH aber auf die Aktivierung des Pflanzenwachstums selbst keinen Einfl. ausübt. Autoklavensterilisierung von **I**-haltigen Nährmedien ist bei Wachstumstesten durchaus anwendbar, da die Konz. des Wachstumsfaktors meist logarithm. in die Unters.-Auswertung eingeht. S. Hothorn 4485◇

1210 **Die Dünnschichtchromatographie von Gibberellinen.** G. Sembdner, R. Gross und K. Schreiber. (Experientia [Basel] **18**, 584—85, 1962; Dt. Akad. d. Wiss. zu Berlin, Inst. f. Kulturfl.-Forsch. Gatersleben, Kreis Aschersleben; dt.) — Zur Trennung der *Gibberelline* A_1, A_3—A_5 u. A_7—A_9 erwies sich die Dünnschichtchromatographie an Kieselgel als geeignet. Als Entwicklungsgemische dienten: Chlf./Essigester/Eisessig (60 : 40 : 5) (a), (70 : 30 : 5) (b), (80 : 20 : 5) (c), (90 : 10 zu 5) (d), (80 : 20 : 1) (e), n-Butanol/3n-NH_3 (5 : 1) (f). Mit den Gemischen a—d oder f war eine Vortrennung, mit Gemisch e eine Feintrennung möglich. — Der Nachw. erfolgt durch Besprühen mit 85%ig. H_2SO_4 u. Erwärmen (10 Min. auf ca. 100°) mit einer Nachweisgrenze von z. B. 0,1 μg Gibberellin A_3 oder mit einem 1 : 1-Gemisch von gesätt. wss. Cer(IV)-sulfat u. konz. H_2SO_4 (für die Gibberelline A_3, A_4, A_7, A_9). U. Kröplien 4485◇

1211 **Untersuchungen über Pflanzenwachstumsregulatoren. 19. Mitt. Phenylessigsäure und verwandte Substanzen.** Börje Åberg. (Lantbrukshögskolans Ann. **29**, 3—43, 1963; Uppsala, Agricult. Univ., Dep. of Plant Physiol.; engl.) — 18. vgl. C. **1963**, **7416**. — Vf. untersucht folgende 19 Wachstumsregulatoren auf ihre Wrkg. auf Flachwurzeln, Weizenwurzeln u. Haferkoleoptilcylinder: *Phenylessigsäure*, *α-Phenylpropionsäure* (**I**), *α-Phenylisobuttersäure* (**II**), *α-Allylphenylessigsäure* (**III**), *α-Isopropylphenylessigsäure* (**IV**), *Diphenylessigsäure* (**V**), *α-Methylenphenylessigsäure* (**VI**), *Phenylpropargylsäure* (**VII**), *β-Phenylpropionsäure* (**VIII**), *γ-Phenylbuttersäure* (**IX**), *α-[Phenylmethyl]-propionsäure* (**X**), *β-Phenylmilchsäure* (**XI**), *Mandelsäure* (**XII**), *α-Methoxyphenylessigsäure* (**XIII**), *Zimtsäure*, *Indolyl-(3)-essigsäure*, *α-Naphthylessigsäure*, *2.4-Dichlorphenoxyessigsäure*, *α-[Naphthyl-(1)-methylmercapto]-propionsäure*. Die Verbb. werden in ihren verschiedenen stereoisomeren Formen untersucht. D(+)-**I** u. D(+)-**III** zeigen leichte Auxinaktivität, L(+)-**I** u. L(+)-**III** zeigen seine Antiauxinwirkung. Die D- u. L-Formen von **IV** haben ebenfalls Autiauxinwirkung. L(+)-**XII** ist ein Wuchsstoff, D(−)-**XII** ist ein Hemmstoff; bei der racem. Form ist die Auxinwrkg. völlig überdeckt. Bei **XIII** besitzt die L-Form höhere Auxinaktivität als die D-Form. **V**, **X**, **VII** u. D.L-**XI** sind Antiwuchsstoffe. **VI**, **VIII** u. **X** sind schwache Wuchsstoffe, sie wirken jedoch nicht beim Haferkoleoptilentest. **IX** stimuliert das Wachstum der Haferkoleoptile bei höheren Konzentrationen. W. Hiller 4485◇

1212 **Pflanzenwuchshormone in Ätherextrakten der Grünen Getreideblattlaus Toxoptera graminum und der Grünen Erbsenblattlaus Macrosiphum pisi von ausgewählten toleranten und empfindlichen Wirtspflanzen.** Fowden G. Maxwell und Reginald H. Painter. (J. econ. Entomol. **55**, 57—62, 1962; Manhattan, Kans., Kansas State Univ.; engl.) — Sämlinge toleranter (Dickinson, Dicktoo) u. empfindlicher (Pawnee, Reno) Sorten von Weizen u. Gerste wurden 1 inch hoch mit *Toxoptera graminum* u. empfindliche Sämlinge von *Vicia faba* L. 4—5 inches hoch mit *Macrosiphum pisi* besetzt. Nach 3—4 Tagen wurden die Tiere abgesammelt, in CO_2-Eis gefroren u. bei 0° aufbewahrt. Zusammen mit Kontrolltieren, die 48 Std. bei 60°F ohne Futter gehalten worden waren, wurden die Proben aufgearbeitet. u. nach der von Nitsch [1955] u. Nitsch u. Nitsch [1956] modifizierten Avena-Coleoptilen-Biotest-Meth. geprüft. Vff. fanden in Läusen von Reno-Gerste *Indolyl-(3)-essigsäure* (**I**) u. *Indolyl-(3)-buttersäure*, in denen von Pawnee-Weizen *Indolbrenztraubensäure* u. in denen von *Vicia* **I**. Läuse toleranter Sorten enthielten keine Auxine, Hungertiere zeigten stark reduzierten Auxingehalt. Vff. schließen daraus, daß die Auxine phytogen sind, nicht von den Läusen synthetisiert werden können u. durch ihre erhöhte Konz. in den Speicheldrüsen der Läuse phytotox. wirken. H. G. W. Gleiß 4485◇

1213 **Auxingehalt von Extrakten gewisser toleranter und empfindlicher Wirtspflanzen von Toxoptera graminum, Macrosiphum pisi und Therioaphis maculata und seine Beziehung zur Resistenz der Wirtspflanze.** Fowden G. Maxwell und Reginald H. Painter. (J. econ. Entomol. **55**, 46—56, 1962; Manhattan, Kans., Kansas State Univ.; engl.) — Vgl. vorst. Referat. — Blattproben von 5—6 inches hohen, stark verlausten bzw. unbefallenen Sämlingen toleranter, empfindlicher u. resistenter Varietäten von Gerste, Weizen, Luzerne u. Pferdebohne, die 3—4 Tage von der Grünen Getreideblattlaus, der Grünen Erbsenblattlaus u. der Gefleckten Kleezierlaus besogen worden waren, wurden aufgearbeitet. Die Auxin(Ax)-haltige Acetonitril-Fraktion wurde verdampft, in Ae. gelöst u. auf Whatman Nr. 1-Papier eindimensional chromatographiert. Die Trennung der sauren u. neutralen Ax erfolgte durch Zusatz eines Gemisches aus Isopropylalkohol, 28%ig. NH_4OH u. W. (8 : 1 : 1). Durch diese u. die Avena-Coleoptilen-Biotest-Meth. wurden folgende Ax gefunden: *Indolyl-(3)-essigsäure* (**I**), *Indolyl-(3)-brenztraubensäure* (**II**), *Indolyl-(3)-buttersäure* (**III**), *Äthylindolyl-(3)-acetat* u. 2 unbekannte Ax in empfindlicher Reno-Gerste; **II**, **III** u. 2 unbekannte Ax in toleranter Dicktoo-Gerste; **I** in empfindlichem Pawnee-Weizen;

ein unbekanntes Ax in tolerantem Dickinson-Weizen; **I, II, III** u. *Indolacetonitril* in empfindlicher Luzerne (Clon 50-1266); **I** u. **III** in resistenter Luzerne (Clon C 84); **I, II** u. **III** in *Vicia faba*. Die unbefallenen empfindlichen Sorten (außer Pawnee-Weizen) enthielten 1 bis mehrere neutrale u. saure Ax in höherer Konzentration. Blattlausbefall reduzierte den Geh. der Wirtspflanze an sauren freien Ax (außer bei Dickinson-Weizen). Befallener Pawnee-Weizen enthielt mehr neutrales Ax als unbefallener. Demnach besteht eine Beziehung zwischen Toleranz u. Ax-Geh.: toleranten Pflanzen fehlen neutrale Ax. H. G. W. Gleiß 4585◇

1214 **Zur Kenntnis der Huminsäuren. 15. Mitt. Über den Einfluß von Thymohydrochinon als Modellsubstanz von Humusstoffen auf den Kohlenhydratstoffwechsel von Getreide.** W. Flaig, K. Scharrer und G. Scholl. (Z. Pflanzenernähr., Düng., Bodenkunde **76(121)**, 193 bis 199, 1957; Völkenrode, Inst. für Biochemie, u. Gießen, Inst. für Agrikulturchemie; dt.) — 14. vgl. C. **1964**, 4-0995. — *Thymohydrochinon* (**I**) als Modellsubstanz von Huminsäurevorstufen hat Einfl. auf den *Kohlenhydratstoffwechsel* von Getreidekeimpflanzen in Sand- u. Wasserkulturen. Durch verhältnismäßig hohe Gaben von **I** werden die reduzierenden Zucker u. die Carbonylverbb., die wichtige Zwischenprodd. im Zuckerabbau darstellen, in den Sprossen angereichert. A. Jacob 4499

1215 **Zur Kenntnis der Huminsäuren. 16. Mitt. Über den Einfluß von Thymohydrochinon als Modellsubstanz von Humusstoffen auf die Aktivität verschiedener Enzyme des Roggens.** W. Flaig, K. Scharrer und G. Scholl. (Z. Pflanzenernähr., Düng., Bodenkunde **76(121)**, 201—09, 1957; Völkenrode, Inst. für Biochemie; Gießen, Inst. für Agrikulturchemie; dt.) — 15. vgl. vorst. Referat. — *Thymohydrochinon* (**I**) beeinflußt die Aktivität der Enzyme *Aldolase* (**II**), *Amylase* (**III**), *Saccharase* (**IV**) u. *Phosphatase* (**V**) in Roggenkeimpflanzen. $1,5 \cdot 10^{-3}$ m Lsgg. von **I** hemmen die Aktivität der **II** u. **V** sowohl im Sproß als auch in der Wurzel. Im Sproß ist die Wirksamkeit der **III** u. **IV** zunächst während der dabei auftretenden Welke erhöht u. bei längerer Einw. von **I** gehemmt. In der Wurzel sind die Aktivitäten der **III** u. **IV** anfangs vermindert. Nach 48std. Versuchsdauer ist die **IV**-Aktivität in den mit **I** behandelten Pflanzen deutlich erhöht, während die der **III** gleich der Kontrolle ist. Im Modellvers. werden die Aktivitäten der 4 Enzyme mit steigender Konz. von **I** gehemmt. A. Jacob 4499

1216 **Zur Kenntnis der Huminsäuren. 17. Mitt. Über den Einfluß von Thymohydrochinon als Modellsubstanz von Humusstoffen auf die Phosphataufnahme von Roggenkeimpflanzen.** W. Flaig, K. Scharrer und G. Scholl. (Z. Pflanzenernähr., Düng., Bodenkunde **76(121)**, 210—12, 1957; Völkenrode, Inst. für Biochemie; Gießen, Inst. für Agrikulturchemie; dt.) — 16. vgl. vorst. Referat. — Durch Einw. von *Thymohydrochinon* in einer Konz. von $1,5 \cdot 10^{-3}$ m wird die Phosphataufnahme von Roggenkeimpflanzen in der Wasserkultur gehemmt.
A. Jacob 4499

1217 **Die Oxydation von Phloroglucin als Modell für Humifizierungsprozesse.** H. N. Stein und H. J. C. Tendeloo. (Plant and Soil [The Hague] **11**, 131—37, 1959; Wageningen, Agric. Univ., Labor. of Physical and Colloid Chem.; engl.) — Vff. stellten fest, daß bei der Oxydation von *Phloroglucin* (**I**) in neutraler wss. Lsg. durch $K_3Fe(CN)_6$ in Ggw. von *Aminosäuren* (**II**) N-haltige Prodd. entstehen. Wird die Oxydation hingegen in Abwesenheit von **II** durchgeführt, so enthalten die Rk.-Prodd. anscheinend weniger dissoziierbare OH-Gruppen pro Bzl.-Kern als **I**. Die mögliche Bedeutung dieser Beobachtungen für Unterss. zur Aufklärung der Humifizierungsvorgänge wird eingehend diskutiert. M. Winiker 4499◇

1218 **Untersuchungen über den Milchsäure-Clearance-Test.** M. Sasuga, T. Shibuya, E. Asai und K. Sugiura. (Tokyo Jikeikai med. J. **76**, 618—22, 1961; jap.) J. Lehmberg 4500◇

1219 **Untersuchungen über Ejakulatcitronensäure beim Menschen.** J. Kühnau jun. und H. Nowakowski. (Endokrinologie **40**, 1—13, 1960; Hamburg-Eppendorf, II. Med. Univ.-Klin. u. Poliklin.; dt.) — Nach den von Vff. durchgeführten Unterss. scheint der Best. der menschlichen *Ejakulat-Citronensäure* als Index der Androgenaktivität keine der Fructose-Best. vergleichbare Bedeutung zuzukommen. Diese Ergebnisse stehen in gewissem Gegensatz zu tierexperimentellen Beobachtungen an Kaninchen u. Bullenkälbern, wo nach Kastration ein Fructose- u. Citronensäureabfall feststellbar war u. es nach Testosteronapplikation zum Wiederanstieg beider Substanzen im Ejakulat kam. Nach Ansicht der Vff. scheint dafür die unterschiedliche Bildungsstätte der Ejakulatcitronensäure beim Menschen gegenüber den erwähnten Tieren von Wichtigkeit zu sein.
R. Illhardt 4520◇

E₅. Tierchemie, Tierphysiologie, Tierpathologie

1220 **Biochemische Untersuchungen über Hexosamine. 4. Mitt. Fraktionierte Bestimmung und Wiedergewinnung von D-Glucosamin und D-Galaktosamin.** Hideo Kushida, Tatsuya Ofuji und Hanzaburo Shida. (Seikagaku [Biochemie, Tokyo] **32**, 818—22, 1960; Kyoto, Kaken Yaku Kako Co., Ltd. Res. Lab.; jap.) — 3. vgl. J. agric. chem. Soc. Japan [Nippon Nogei-kagaku Kaishi] **35**, [1961], 262. Else Lehmann 4520◇

1221 **Eine vergleichende Untersuchung über Tropomyosine unterschiedlicher Herkunft. 1. Mitt. Zusammensetzung der Aminosäuren und N-endständige Struktur.** Jen Mei-Hsuan und Tsao Tien-Chin. (Acta physiol. sinica **21**, 91—99, Sci. Sinica **6**, 317—26, 1957; Shanghai, Acad. Sinica, Inst. of Physiol. and Biochem.; chin., Auszug: engl.) — Aminosäure-Zus. (Z) u. N-endständige Struktur von *Tropomyosinen* (**I**) werden nach der Dinitrophenol-Meth. von Levy u. von Sanger papierchromatograph. untersucht. **I** aus Kaninchen-Skelettmuskel, Schweineherz, Entenmagenmuskel u. Krabbenmuskel unterscheiden sich in Molekülgröße, Löslichkeit u. Kristallform, gleichen sich jedoch in der Z. Sie enthalten keine N-endständigen Gruppen u. 61—63% polare Seitenketten; der Geh. an Prolin u. Tryptophan ist allg. gering. **I** aus Sepiamantel ist ähnlich, doch werden N-endständige Reste u. Tryptophangeh. noch untersucht. Diese chem. Eigg. sowie reversible Polymerisierbarkeit, Kristallisierbarkeit u. hohe axiale Asymmetrie charakterisieren die **I** als bes. Proteinklasse. Arginingeh. u. Polymerisationsgrad der **I** bedingen einander; die mögliche Bedeutung von **I** für die Haltefunktion der Muskeln wird diskutiert. H.-J. Weigmann 4520△

1222 **Thermische Übergänge in Kollagen.** P. Mason und B. J. Rigby. (Biochim. biophysica Acta [Amsterdam] **66**, 448—50, 1963; Ryde, Sydney, Wool Res. Labor., Division of Textile Physics; engl.) — In nativem *Kollagen* tritt ein Glas-Übergang auf, der für Kollagen von Säugetieren zwischen 40—50° liegt. Gemessen wurde die therm. Expansion zwischen 20 u. 65°. Die Temp. wird durch wiederholtes Schmelzen irreversibel erniedrigt. Sie kann auch aus Kraft–Temp.-Experimenten bestimmt werden.
M. Wiedemann 4520◇

1223 **Der Einfluß verschiedener Substanzen auf den Transport von ¹³¹J und p-Aminohippurat durch die Blut-Liquor-Schranke.** H. Davson und M. Pollay. (J. Physiology **167**, 239—46, 1963; London, Univ. Coll., Dep. Physiol.; engl.) — *Acetazolamid* (**I**) u. *2.4-Dinitrophenol* (**II**) hemmen die Liquorsekretion. Der akt. Transport von ${}^{131}J$ (**III**) u. *p-Aminohippurat* (**IV**) durch die Blut-Liquor-Schranke wird durch **II** gehemmt, die Hemmung des **IV**-Transportes jedoch durch Zusatz von Acetat aufgehoben. Der Transport von **III** wird ferner durch *Ouabain* u. *p-Chlormercuribenzoat* gehemmt.
Joachim Schmidt/Magdeburg 4550◇

1224 **Die Biologie der Entzündungen. Chemische Vermittler und celluläre Schädigung.** Valy Menkin. (Science [Washington] **123**, 527—34, 1956; Philadelphia, Pa., Temple Univ. School of Med., Agnes Barr Chase Foundation for Cancer Res.; engl.) — Es wird eine Übersicht über die Grundlagen der Beteiligung chem. Verbb. oder Stoffgruppen an der Beeinträchtigung der Zellfunktionen mit nachfolgendem Auftreten entzündlicher Prozesse in Wirbeltierorganismen gegeben. Nach Erörterung der

Capillarfunktionen u. der bisher angenommenen Rolle des Histamins wird auf das Leukotaxin eingegangen, das offensichtlich ein Polypeptid ist. Weitere Ausführungen betreffen die Leukocytose, das den Euglobulinfraktionen des Wundsekrets entstammende Nekrosin sowie die eine Heilung fördernden wachstumsanregenden Faktoren. K. Heyns 4551◇

1225 **Untersuchungen über den Energiestoffwechsel und über die Proteinsynthese von Lymphknotenzellen von normalen und immunisierten Tieren.** T. Terranova, P. De Gregorio und L. Gabriel. (Boll. Ist. sieroterap. milanese **42,** 41—44, 1963; Torino, Univ., Ist. di Patol. generale; ital.) — Die Zellen der Lymphknoten des Meerschweinchens besitzen einen oxydativen Stoffwechsel. Der O_2-Verbrauch ist bei immunisierten Tieren etwas verringert (wegen der Hyperplasie infolge der Immunisierung). Die Einbaugeschw. von $^{14}C_{(2)}$-*Glycin* in Zelleiweiß war bei den immunisierten Tieren nicht verändert, war aber unter anaeroben Bedingungen in den Zellen normaler u. immunisierter Tiere deutlich verringert. K. Zingraf 4551◇

1226 **Reinigung von Antikörpern. 1. Mitt. Dextranasereinigung von durch Dextran aus Typ II-Antipneumokokken-Kaninchenserum präcipitiertem Antikörper.** Oscar Swineford jun., Rudolf Hoene, Susan Quelch und Darleen Samsell. (J. Allergy **30,** 433—38, 1959; Charlottesville, Va., Univ. of Virginia, School of Med., Dep. of Int. Med., Allergy-Arthritis Div., Allergy Res. Labor.; engl.) — Anschließend an die Ausfällung sensibilisierender u. präcipitierender Antikörper aus Typ II-Antipneumokokken-Kaninchenserum mit *Dextran* (I) kann I mit Hilfe von *Dextranase* (II) denaturiert werden II eluiert sämtliches leicht nachweisbares I aus dem Komplex u. hinterläßt *gereinigten Antikörper.* U. Tausendfreund 4551◇

1227 **Herstellung von Antikörper-Ferritin-Konjugaten zur Immun-Elektronenmikroskopie.** J. Sri Ram, Saroj S. Tawde, G. B. Pierce jun. und A. R. Midgley jun. (J. Cell Biol. **17,** 673—75, 1963; Ann Arbor, Mich., Univ. of Michigan, Dep. of Pathol.; engl.) — Zur Durchführung der zur Kovalenzbindung führenden Rk. zwischen Antikörpern u. *Ferritin* (I) unter Einw. von *p.p'-Difluor-m.m'-dinitrodiphenylsulfon* (II) wird folgendes Vorgehen empfohlen: Zufügung von 1 ml eiskaltem Aceton mit 5 mg II zu einem Gemisch aus 160 mg *Kaninchenglobulin* (III) u. 460 mg I (gelöst in ausreichend 2%ig. wss. Na_2CO_3 zur Herst. 4%ig. Protein-Lsg.), Umrühren bei 2—4° für 24 Std., Dialyse gegen n NaCl, Zentrifugierung. III verliert bei dieser Konjugation ca. 25% seiner präcipitierenden Aktivität. Da das gereinigte Konjugat eine äquimol. Verb. zu sein scheint, dürften ca. 20% des gesamten präcipitierbaren Antikörpers in chem. Kombination mit I stehen. Die nativen Strukturen der Proteine bleiben intakt. U. Tausendfreund 4551◇

1228 **Zahncaries und die Zusammensetzung von Knochen und Zähnen von weißen Ratten: Einfluß der Mineralversorgung durch die Nahrung.** F. J. McClure und H. G. McCann. (Arch. oral Biol. **2,** 151—61, 1960; Bethesda, Md., Nat. Inst. Dental Res., Nat. Inst. of Health, Public Health Service, U. S. Dep. of Health Education and Welfare; engl.) — In Verss., bei denen Ratten mit einer cariogenen Diät gefüttert werden, wird folgendes festgestellt: Die Zulage von Na_2HPO_4 verringert die Häufigkeit u. Schwere der Caries. Die Ergänzung mit $CaCO_3$ führt nur bei bestehender schwerer Caries zum Stillstand der Erkrankung. Fast ohne Einfl. ist die Aufbesserung der Dät mit $MgCO_3$ oder $Mg_3(PO_4)_2$. — In weiteren Verss. wird der Geh. an Asche Ca, Mg, P u. CO_2 in Schmelz, Dentin u. Zement von Incisoren, Molaren u. Mandibularen nach verschiedenen Mineralzulagen ermittelt. Die Veränderungen sind besonders auffällig, wenn die Versuchszeit mit der Ossifikation zusammenfällt. F. Zeidler 4552◇

1229 **Der Einfluß von Bilirubin auf die Zahnentwicklung bei der Ratte.** J. Miller. (Arch. oral Biol. **2,** 143—50, 1960; Manchester, England, Dep. of Children's and Preventive Dentistry, Turner Dental School; engl.) — Injektion einer *Bilirubin*(I)-Lsg. 2 Tage nach Unterbindung des Gallenblasenausgangs erhöht den I-Spiegel im Serum bemerkenswert u. anhaltend. Eine histolog. Unters. über den Einfl. dieser Hyperbilirubinämie auf die ständig wachsenden Schneidezähne der Ratte zeigt, daß ein I-Spiegel von 30 mg in 100 ml mit einer grünen Verfärbung des Dentins u. einer Hypoplasie des Schmelzes verbunden ist. F. Zeidler 4552◇

1230 **Ionenkompetition und die Bildung von Phosphat-Harnsteinen.** Robert H. Udall und Fu Ho Chen Chow. (Ann. New York Acad. Sci. **104,** 612—20, 1963; Fort Collins, Colo., Colorado State Univ., Coll. of Veterin. Med.; engl.) — *NaCl* stört die Bldg. von Nierensteinen beim Schaf, unabhängig von Harn-pH u. Harn-Vol., so daß keine Abhängigkeit von einer salzinduzierten Diurese besteht. Die verhütende Wrkg. geht von Cl^- aus, Na^+ selbst ist ohne Wirkung. Vermutlich handelt es sich um die Folge einer Ionenkompetition für die Kationbindungsorte des Matrixmaterials; dabei würde die Bldg. von Steinzentren u. nicht das Steinwachstum gestört werden. U. Tausendfreund 4552◇

1231 **Siliciumstoffwechsel und Silicium-Proteinmatrix-Beziehung bei Urolithiasis des Rindes.** Richard F. Keeler. (Ann. New York Acad. Sci. **104,** 592—611, 1963; Ames, Iowa, Agric. Res. Serv., Animal Dis. and Parasite Res. Div., Nat. Animal Dis. Labor.; engl.) — Es wird eine Theorie über die Entstehung von *Kieselsäure*-Harnsteinen bei verschiedenen Konzz. von *Si* unter Übergang in eine Si-Sol-Form, Si-Gel-Form oder ein Si-*Protein*-Copolymer u. anschließender Bldg. amorpher, anorgan. oder organ. geschichteter Steine beim Rind aufgestellt. U. Tausendfreund 4552◇

1232 **Die Biochemie der Ketose.** Rubin Bressler. (Ann. New York Acad. Sci. **105,** 735—52, 1963; Durham, N. C., Duke Univ., Med. Center, Dep. of Med.; engl.) — Die Ketose beim Diabetes mellitus scheint die Folge einer Überproduktion von *Acetacetat* (I) durch die Leber sowie einer Minderverwertung von I u. D(−)β-*Hydroxybutyrat* durch die Muskulatur zu sein. Die Ketose beim Fastenden rührt von einer Überproduktion von I durch die Leber her. *Acetacetyl-Coenzym A-Reduktase* spielt offenbar eine Rolle beim Energietransport während der Ketose. U. Tausendfreund 4552◇

1233 **Hormonale Aspekte der Ketose.** Frank L. Engel und Thomas T. Amatruda jun. (Ann. New York Acad. Sci. **104,** 753—71, 1963; Durham, N. C., Duke Univ., Med. Center, Dep. of Med. and Physiol., Div. of Endocrinol.; engl.) — Übersicht über einige Faktoren, welche das Gleichgew. zwischen *Ketonkörper*-Bldg. u. -Verwertung durch den Gesamtorganismus beeinflussen u. demnach bestimmen, ob es zu Ketose kommt oder nicht. Auf einen einfachen Nenner gebracht kommt es zu Ketose, wenn relativ oder abs. zu wenige *Kohlenhydrate* im Stoffwechselgemisch zur Verfügung stehen im Verhältnis zur abgebauten *Fett*-Menge. Der stoffwechselmäßige Schlüssel für die Ketose ist das verwertbare Kohlenhydrat u. Insulin der endokrine Schlüssel für die Verwertbarkeit von Kohlenhydrat. — 100 Literaturangaben. U. Tausendfreund 4552◇

1234 **Nüchternketose beim trächtigen Meerschweinchen.** F. Sauer. (Ann. New York Acad. Sci. **104,** 787—98, 1963; Ottawa, Ontario, Canada Dep. of Agric., Res. Branch, Animal Res. Inst.; engl.) — Beim nüchternketot., trächtigen Meerschweinchen kommt es zu folgenden Veränderungen: rascher Anstieg der Hyperketonämie, gefolgt vom akuten Krankheitssymptomen u. hoher Mortalität; im Intervall von ca. 72 Std. sind vermutlich die Synth.-Geschw. für *Acetacetat* (I) u. *Cholesterin* (II) gesteigert; *Depotfett* wird mobilisiert; die vergrößerten Nebennieren, die sofortige Verminderung der I-Konz. im Blut nach Adrenalektomie u. die gesteigerte I-Konz. im Blut nach Injektion von *adrenocorticotropem Hormon* weisen auf Beteiligung des endokrinen Syst. hin; diese Form der Ketose ist vermutlich durch den Mangel an irgendeinem, bisher unbekannten Metaboliten u. schwere Beanspruchung des endokrinen Syst. bedingt. U. Tausendfreund 4552◇

1235 **Phosphomonoesterasen im ekkrinen Schweiß und ihre Lokalisierung nach langdauerndem Schwitzen.** L. J. A. Loewenthal und Suzanne C. Hins. (Dermatolo-

gica [Basel] **126,** 311—18, 1963; Johannesburg, South Africa Inst. for Med. Res. Chamber of Mines Hosp.; engl.) — Das Vorhandensein von *saurer* u. *alkal. Phosphatase* im Hitzeschweiß wird bestätigt. Bei langdauerndem Schwitzen werden die *Phosphomonoesterasen* in den Wänden der ekkrinen Ampulle u. der gewundenen, geraden u. epidermalen Anteile des ekkrinen Ausführungsganges abgelagert. Die intensive Rk. im Ausführungsgang könnte als Zeichen für eine Schweißresorption gelten.
U. Tausendfreund 4555◇

1236 **Diagnose der Agenesis Ovariorum.** F. S. P. van Buchem und H. Doorenbos. (Acta physiol. pharmacol. neerl. **8,** 286—87, Juni 1959; Groningen, Acad. Clin., Dep. of Int. Med.; engl.) — 80% dieser Patienten sind genet. ♂. Zwergwuchs, Cubitus valgus, Coarctatio Aortae, Verkürzung der Metakarpal- u. Metatarsal-Knochen kommen vor, sind aber nicht beweisend. Die Ausscheidung von 17-Ketosteroiden ist gewöhnlich nicht so niedrig wie bei hypophysärem Zwergwuchs.
K. Thielmann 4558◇

1237 **Histochemischer Nachweis von Cholesterin während der Differenzierung von Kükengonaden.** Roberto Narbaitz und Maria Teresa Sabatini. (Z. Zellforsch. mikroskop. Anatom. **59,** 1—5, 1963; Buenos Aires, Argentina, Fac. de Ciencias Méd., Inst. de Anat. General y Embryologia; engl.) — *Lipoide* (Nachw. mit Sudanschwarz) u. *Cholesterin* (Nachw. durch Digitoninpräcipitation) wurden in 7 Tage alten Gonaden nicht gefunden, sie waren in 8 Tage alten Ovarien vorhanden. 8 Tage altes interstitielles Gewebe von Testes reagierte mit Sudanschwarz positiv, Cholesterin konnte auch nach dem 10. Tag nicht nachgewiesen werden.
G. Seltmann 4559◇

1238 **Klinische Beurteilung des progestationalen Effekts von Allylöstrenol.** N. E. Borglin. (Acta endocrinol. [Copenhagen], Suppl. **35,** Nr. 58, 1—15, 1960; Malmö, Sweden, Dep. of Obstetrics and Gynecology, General Hosp.; engl.) — *Allylöstrenol, 17α-Allyl-3-desoxy-19-nortestosteron* wird an insgesamt 79 Patienten oral in 5 mg-Tabletten in einer täglichen Dosis von 5—30 mg verabfolgt. Seine Wrkg. bei prim. u. sek. Amenorrhöe, Anovulation, unregelmäßigen Blutungen des Mesometriums, Spannung vor der Menstruation u. drohendem oder habituellem Abortus ist in allen diesen Fällen gut. Es wird im Harn nicht als Pregnandiol ausgeschieden. In den verabfolgten Mengen hat die Verb. keine hemmende Wrkg. auf die Nebenniere; die Histaminase-Aktivität des Plasmas zeigt keine Erhöhung, auch androgene Effekte oder andere Nebenerscheinungen sind nicht zu beobachten.
F. Zeidler 4559◇

1239 **Wirkung von Alkali auf Östrogene des Harns.** S. Kushinsky und Jane Wu. (J. Endocrinology **21,** 247—52, Dez. 1960; Los Angeles, Calif., Univ. of Southern California, School of Med., Dep. of Surg. and Biochem. and Nutrit.; engl.) — Bei Prüfung der Wrkg. von 1 n NaOH (Kochen unter Rückfluß) auf ^{14}C-Östrogene des Harns konnte eine Reihe von Umwandlungen während des NaOH-Einfl. beobachtet werden. Nach Alkalibehandlung genügt eine Senkung des pH auf 5 nicht, um die durch Alkali verminderte Wiedergewinnungsquote zu verbessern. *Östron, 2-Methoxyöstron* u. *Östriol* (**I**) scheinen relativ stabil gegenüber der Alkalieinw. zu sein, labil sind einige Ketole, *16-Oxoöstron* u. *Östradiol* (**II**). In der neutralen u. phenol. Fraktion kam es zur Verminderung des **II**-Maximums. Veränderungen kommen vorwiegend bei Verbb. vor, die bei Papierchromatographie polarer als **II** u. weniger polar als **I** sind.
U. Tausendfreund 4559◇

1240 **Rest-Östrogene in Fleisch von Hühnchen nach Behandlung mit diesen Hormonen während der Mast.** B. Louwerens. (Acta physiol. pharmacol. neerl. **8,** 284—85, Juni 1959; Utrecht, Pharmacol.-Endocrin. Labor. of the Nat. Inst. of Public Health; engl.) — Haut, Fett, Muskel u. Leber von Hühnchen, denen während der Mast *Hexöstrol* oder *Diäthylstilböstrol* implantiert oder verfüttert worden waren, wurden zerkleinert, lyophilisiert an infantile ♀ Mäuse verfüttert u. an deren Uterusgew. eine Östrogenwrkg. geprüft. In Haut, Fett u. Muskel wurde keine Östrogenaktivität gefunden. In der Leber wurden je nach Dosierung u. Dauer der Östrogenverfütterung an die Hühnchen geringe Östrogenmengen nachgewiesen. Für Erwachsene liegt die Östrogenmenge, die durch Genuß von Hühnchenleber nach Östrogenmast aufgenommen werden kann, weit unter der endogenen Östrogenmenge, bei Kindern kann sie diese jedoch erheblich übersteigen.
K. Thielmann 4559◇

1241 **Östrogenantagonismus: die Wirkungen verschiedener Steroide auf das durch Östriol bei der Maus hervorgerufene Uteruswachstum.** R. A. Edgren und D. W. Calhoun. (Experientia [Basel] **16,** 188—89, 1960; Chicago, Ill., G. D. Searle & Co., Div. of Biol. Res.; engl.) — Vgl. C. **1963,** 9770. — In Erweiterung von Verss. über die Wrkg. verschiedener Nebennierenrindensteroide auf das durch *Östron* (**I**) bei jugendlichen Mäusen bewirkte Uteruswachstum wird über die Wrkg. von *Cortisonacetat* (**II**; bis 1000 μg), *Cortisolacetat* (**III**; bis 1000 μg), *Desoxycorticosteronacetat* (**IV**; bis 1000 μg), *Testosteronpropionat* (**V**; bis 1000 μg) u. *Progesteron* (**VI**) auf das durch 100 μg *Östriol* (**VII**) bei Mäusen ausgelöste Uteruswachstum berichtet. Dabei bewies nur **V** eine Blockierung der **VII**-Wrkg., während **II, III, IV** u. **VI** unwirksam waren. Die antagonist. Wrkg. von **V** war gegenüber **VII** 3mal so stark wie gegenüber 0,3 μg **I**. Der Vgl. mit der Blockierung der **I**-Wrkg. (die durch **IV, V, VI** u. *Aldosteron* möglich war) führt zu der Annahme zweier Receptoren im Uterus, wobei Receptor A **I** annimmt u. auch für **IV, V** u. **VI** zugänglich ist, während Receptor B nur **VII** u. **V** annehmen würde.
U. Tausendfreund 4559◇

1242 **Probleme der endokrinen Pharmakologie: Wirkung von Reserpin, Testosteron und Östron auf die endokrinen Organe nach einseitiger Gonadektomie.** P. Bianchini. (Farmaco [Pavia], Ediz. Sci. **18,** 94—99, 1963; Modena, Univ., Ist. di Farmacol.; ital.) — Nach einseitiger Gonadektomie verhinderten 250 μg *Östron* (**I**), *Testosteron* (**II**) oder *Reserpin* (**III**) bei ♀ Ratten die kompensator. Hypertrophie des Ovars, **III** hemmte auch die Hypertrophie des Uterus, während **II** sie bewirkte. Bei ♂ Tieren rief **I** eine Hypertrophie des Hodens hervor. Die Samenbläschen zeigten Hypertrophie nach **I** u. **III**. **I** u. **III** wirkten auch thymolytisch.
K. Zingraf 4559◇

1243 **Fluocinoloneacetonid, eine neues Steroid mit Antipsoriasiswirkung.** Alf Björnberg und Lars Hellgren. (Acta dermato-venereol. [Stockholm] **43,** 158—62, 1963; Gothenburg, Sahlgrenska Sjukhuset, Dep. of Dermatol.; engl.) — Bei 61 Patienten mit symmetr. Psoriasiserscheinungen, bei denen die eine Seite mit *Fluocinoloneacetonid* (*6α.9α-Difluoro-16-hydroxyprednisolon-16.17-acetonid,* **I**)-Salbe behandelt wurde, während die andere Seite unbehandelt blieb oder mit der Salbengrundlage als Placebo eingerieben wurde, wirkte **I** signifikant besser. Bei 34 Patienten verschwanden die Psoriasissymptome ganz oder fast vollständig u. bei 21 wurde Besserung beobachtet.
K. Zingraf 4559◇

1244 **Die Spermatogenese bei testosteronbehandelten Fröschen (Rana temporaria).** P. G. W. J. van Oordt und S. L. Basu. (Acta physiol. pharmacol. neerl. **8,** 281—282, 1959; Utrecht, Univ., Dep. of Endocrin., Zool. Labor.; engl.) — Fröschen wurde in verschiedenen Phasen ihrer spermatogenet. Aktivität 25 mg *Testosteron* in den dorsalen Lymphsack appliziert u. die Wrkg. auf den weiteren Verlauf der Spermatogenese beobachtet. Wenn vom Beginn der spermatogenet. Aktivität 8 bis 12 Wochen lang mit Testosteron behandelt wurde, fanden sich nur prim. Spermatogonien, die Vermehrung der sek. Spermatogonien fehlte vollständig. Wurden die Tiere 6 Wochen mit Testosteron behandelt, nachdem die Tubuli der Testes bereits Spermatogonien u. prim. Spermatocyten enthielten, fanden sich viele Spermienbündel in den Tubuli seminiferi. Die Zahl der Spermienbündel war jedoch kleiner als normal am Ende des spermatogenet. Cyclus. Unter Testosteron scheinen die bereits vorhandenen sek. Spermatogonien zu degenerieren. Wird Testosteron gegeben, nachdem alle sek. Spermatogonien bereits in Spermatocyten u. Spermatiden umgewandelt sind, verläuft die weitere Spermatogenese ungestört, d. h. Testosteron beeinflußt nicht die Entw. der prim. Spermatocyten. Da Hypophysektomie ebenfalls hauptsächlich auf die mitot.

Aktivität der sek. Spermatogonien wirkt, wird angenommen, daß die Testosteronwrkg. auf die Spermatogenese über das gonadotrope Hormon der Hypophyse zustande kommt. K. Thielmann 4559◇

1245 **Klinische Prüfung eines neuen synthetischen Testosteronderivats mit anabolischer Wirkung.** P. Pontiggia, A. Di Stefano und T. Rossi. (Minerva med. [Torino] **51,** 957—70, 1960; Sondalo, Villaggio Sanatoriale, I.N. P.S., 8° Padiglione; ital.) — Eine optimale anabol. Wrkg. wurde mit *1-Dehydro-17α-methyltestosteron* (*Dianabol*) bei einer oralen Dosierung von 10—25 mg täglich für Männer u. von 5—15 mg täglich für Frauen erzielt. Das Präp. war auch bei längerer Verabreichung gut verträglich. K. Zingraf 4559◇

1246 **Untersuchung des Eiweißstoffwechsels und des Elektrolythaushaltes des Menschen während der Behandlung mit 1-Dehydro-17α-methyltestosteron.** G. Martina, C. Morra und L. Rasetti. (Minerva med. [Torino] **51,** 971—77, 1960; Torino, Univ., Ist. di Clin. Dermatol.; ital.) — Unter der Behandlung mit *1-Dehydro-17α-methyltestosteron*, das eine sehr ausgeprägte anabol. Wrkg. zeigte, traten keine wesentlichen Veränderungen im Wasser- u. Elektrolythaushalt auf. Tagesdosen von 10 mg waren noch wirksam u. Dosen bis zu 50 mg täglich konnten auch längere Zeit ohne Nebenwrkg. verabreicht werden. K. Zingraf 4559◇

1247 **Über die anabolische Wirkung von Methandrostenolon (1-Dehydro-17α-methyltestosteron).** G. Raymondi und G. Clausi-Schettini. (Minerva med. [Torino] **51,** 977—80, 1960; Roma, Univ. Ist. di Semeiot. Med.; ital.) — *1-Dehydro-17α-methylandrostenolon* wurde bei 10 Patienten mehr als 2 Wochen in Tagesdosen von 50 bis 200 mg oral angewandt. Die anabol. Wrkg. war deutlich u. anhaltend u. die Androgenwrkg. war so gering, daß weder Virilisierungssymptome noch wesentliche Veränderungen der Steroidausscheidung im Harn auftraten. K. Zingraf 4559◇

1248 **Klinische Prüfung von 1-Dehydro-17α-methyltestosteron.** A. Brancaccio, B. D'Alessandro, R. de Luca und G. Jacono. (Minerva med. [Torino] **51,** 980 bis 982, 1960; Napoli, Univ., Ist. di Semeiot. Med.; Centro per lo Studio delle Mal. Endocr.; ital.) — Bei der klin. Prüfung von *1-Dehydro-17α-methyltestosteron* wurde neben einer Zunahme des Körpergew. u. einem Fehlen von Androgenwrkg. eine Abnahme der Ausscheidung von K^+, anorgan. P, 17-Ketosteroiden, 17-Hydroxycorticoiden, Pregnandiol u. Gonadotropinen festgestellt. K. Zingraf 4559◇

1249 **Therapeutische und humorale Wirkung eines neuen Anabolicums bei oraler Verabreichung.** G. Guidi und G. Scaridgli. (Minerva med. [Torino] **51,** 982—87, 1960; Firenze, Univ., Clin. Med. Generale; Ist. Regina Elena, Rep. Geriatr.; ital.) — Bei oraler Verabreichung von 50—150 mg *1-Dehydro-17α-methyltestosteron* täglich trat innerhalb von 50—60 Tagen eine Gew.-Zunahme von ca. 3 kg auf. Nebenwrkg. auf den Blutdruck u. auf den Wasser- u. Mineralhaushalt wurden nicht beobachtet. Die Wrkg. war bei jungen Leuten besser als bei Greisen. K. Zingraf 4559◇

1250 **Erste klinische Untersuchungen über die Wirksamkeit eines neuen Proteinanabolicums in der Kinderheilkunde.** E. Bertolotti. (Minerva med. [Torino] **51,** 987 bis 990, 1960; Genova, Univ., Ist. di Clin. Pediatr. „G. Gaslini"; ital.) — Bei Kindern wurde mit *1-Dehydro-17α-methyltestosteron* (*Dianabol*) in einer Dosierung von 2 mg/kg jeden 2. Tag eine zufriedenstellende Gew.-Zunahme ohne Nebenwrkg. erreicht. Bei Verabreichung von 3—5 mg/kg täglich traten bei einigen Kindern stärkere Androgenwrkg. auf. Sie wurden jedoch auch nach Dosen von 1 mg/kg jeden 2. Tag in geringerer Ausprägung beobachtet. K. Zingraf 4559◇

1251 **Orale Anwendung eines neuen anabolischen Steroides (Methandrostenolon) bei Kindern.** M. Ramenghi. (Minerva med. [Torino] **51,** 990—96, 1960; Modena, Univ., Ist. di Clin. Pediatr.; ital.) — Bei 87 Kindern besaß *Methandrostenolon* eine zufriedenstellende anabol. u. appetitanregende Wirkung. Die minimal wirksame Dosis lag weit unter dem Schwellenwert der Androgenwirkung. K. Zingraf 4559◇

1252 **Die androgene und antiandrogene Wirkung von einem Perhydrophenanthrenderivat.** Ralph I. Dorfman und Dean Stevens. (Acta endocrinol. [Copenhagen], Suppl. Nr. **51,** 867, 1960; Shrewsbury, Mass., Worcester Found. for Exp. Biol.; engl.) H. Herper 4559□

1253 **Wirkung einiger Substanzen auf die Hypophysen-Gonaden-Achse in Beziehung zu ihrer Molekülstruktur.** P. Bianchini. (Farmaco [Pavia], Ediz. Sci. **18,** 100—08, 1963; Modena, Univ., Ist. di Farmacol.; ital.) — Die Erzeugung oder Freisetzung von *Gonadotropinen* durch die Hypophyse wird vor allem von Substanzen unterdrückt, die am Samenbläschen-Wachstumstest Androgenwrkg. zeigen (wie Testosteron u. seine Derivate); daneben gibt es Stoffe ohne Androgenwrkg. mit dem gleichen Effekt, z. B. *Reserpin* (**I**) oder Extrakte der Zirbeldrüse. Der Östrusindex wird bes. durch **I** u. *Rescinnamin* u. in geringerem Maße durch *N-Acetyl-5-hydroxytryptamin*, *Reserpinin*, *Yohimbin*, *Melatonin*, *Harmalin* u. *Adrenoglomerulotropin* erhöht, durch *Tryptamin*, *5-Hydroxytryptamin*, *6-Methoxyharmalan* u. *6-Methoxyharman* dagegen prakt. nicht beeinflußt. K. Zingraf 4559◇

1254 **Neuere Erkenntnisse über die Oxytocinase des Schwangerenserums.** W. Müller-Hartburg. (Wiener klin. Wschr. **72,** 208—11, 1960; Wien, II. Univ.-Frauenklinik; dt.) — Die bisher biolog. gemessene *Oxytocinase* des Serums der Schwangeren wird nunmehr chem. nach Tuppy u. Nesvadba (Mh. Chemie **88,** [1957], 977) durch Colorimetrie der Abbauprodd. des Substrates *L-Cystin-di-β-naphthylamids* quant. bestimmt u. liefert eine exakte Schwangerschaftsrk. mit der Möglichkeit der Angabe des ungefähren Fruchtalters. O. Jansen 4560◇

1255 **Die Beeinflussung des Brunstcyclus bei Rindern mit Oxytocin.** D. T. Armstrong und William Hansel. (J. Dairy Sci. **42,** 533—42, 1959; Ithaka, N. Y., Cornell Univ. Dep. of Animal Husbandry; engl.) — Die tägliche Gabe von *Oxytocin* (**I**) in der ersten Woche des Östrus führt bei Färsen zu einer Verkürzung der *Corpus-luteum-Phase*, so daß die nächste Brunst statt nach 21 bereits nach 12 Tagen eintritt. Der Follikelsprung tritt zur erwarteten Zeit auf. Die folgende Corpus-luteum-Phase ist nicht mehr verkürzt. Die Corpora lutea bilden sich unter **I**-Behandlung nicht voll aus; *Prolactin* beeinflußt den Effekt nicht. *Progesteron* dagegen, täglich gegeben, hebt den **I**-Effekt auf. *Atropin* u. *Reserpin* schwächen den **I**-Effekt. Nach einer Hysterektomie tritt die beschriebene Wrkg. von **I** nicht mehr auf. P. Lange 4560◇

1256 **Untersuchung der Hemmwirkung von Leberbrei in vitro auf das Hypophysenhinterlappenhormon Oxytocin.** L. Scalabrino und R. Caracristi. (Arch. Stud. Fisiopatol. Clin. Ricambio **24,** 525—30, 1960; Firenze, Univ., Clin. Med. Generale; Catt. di Idrol. Med.; ital.) — *Oxytocin* wird durch Leberhomogenate von intakten Kaninchen stärker inaktiviert als durch Homogenate von Tieren mit Lebercirrhose infolge von CCl_4 u. durch Blutserum von Normalpersonen stärker als durch Serum von Cirrhotikern. Die Wrkg. des menschlichen Serums war geringer als die der Kaninchenleber. K. Zingraf 4560◇

1257 **Subcelluläre Fraktionierung von Rinderhypophysenhinterlappen durch Zentrifugieren.** Frank S. La-Bella, Rhoderic J. Reiffenstein und Guy Beaulieu. (Arch. Biochem. Biophysics **100,** 399—408, 1963; Winnipeg, Canada, Univ. of Manitoba, Fac. of Med., Dep. of Pharmacol. and Therapeutics; engl.) — Frische Rinderhypophysenhinterlappen wurden in (0,25 m) Saccharose-Lsg. homogenisiert u. die Masse durch Zentrifugieren in 5 Fraktionen (Fr.) zerlegt: 1. Kerne, 2. Mitochondrien, 3. leichte Mitochondrien, 4. Mikrosomen u. 5. Flüssigkeit. *Vasopressin* (**I**) u. *Oxytocin* (**II**) wurden in allen Fraktionen mit festen Partikeln gefunden, aber die Gesamthormonaktivität war in Fr. 3 am höchsten. Die Verteilung des **I** war im Vgl. zu **II**, wie erwartet, in den Fr. verschieden. Fr. 5 enthielt bis 50% des Gesamthormons, aber deutlich mehr **II** als **I**. Dichtegradientzentrifugation der vereinigten Fraktionen

3 u. 4 ergab die Abtrennung von festen Fr. mit **I**:**II**-Verhältnissen im Bereich von 0,2 bis 9,8 u. läßt eine weitere Trennung partikelgebundenen **I** von partikelgebundenem **II** vermuten. Eine der isolierten Unterfraktionen schien primär aus neurosekretor. Material zu bestehen, das reich an Hormonaktivität u. Protein, aber fast frei von Fettstoffen war. Isolierte körnige Fraktionen enthielten bis zu 10 (Einheiten) **I** + 13 **II**/mg Protein.

G. Vogel 4560◇

1258 **Die Bestimmung von Vasopressin in Blut und Urin von Normalpersonen und nach Wasserentzug.** J. Lee. (J. Physiology **167,** 256—62, 1963; London, Med. School, Charing Cross Hosp., Dep. of Physiol.; engl.) — Die *Vasopressin*(**I**)-Ausscheidung im Urin beträgt bei normalen Versuchspersonen < 10 mE./Tag. Wasserentzug für 24 Std. führt zu einem Anstieg der **I**-Ausscheidung auf 2—3 mE./Std. Weiterer Flüssigkeitsentzug führt zur Steigerung der **I**-Ausscheidung auf 10—12 mE./Stunde.

Joachim Schmidt/Magdeburg 4560◇

1259 **Untersuchung des Aktionsmechanismus der antidiuretischen Wirkung von Chlorothiazid und Derivaten bei Diabetes insipidus.** M. Plaza de los Reyes, R. Gómez, I. Bradford, C. Antezana und G. Generini. (Acta endocrinol. [Copenhagen], Suppl. Nr. **51,** 141, 1960; Santiago, Chile, Univ. of Chile, Dep. de Nefrol. y de Endocrinol., Cátedra „B" de Med., Hosp. J. J. Aguirre; span.) H. Herper 4560□

1260 **Die Wirkungen eines menschlichen Wuchshormonpräparates auf den Menschen.** A. Basu, R. Passmore und J. A. Strong. (J. Physiology **148,** 39P—40P 1959; Edinburgh, Univ., Dep. of Physiol. and Med., and West. Gen. Hosp.; engl.) — Injektion eines menschlichen *Wuchshormon*präparates ergab (bei einer 38jährigen Frau) zunächst eine Abnahme, dann Zunahme der N-, Na- u. K-Mengen im Harn, ein zeitweiliges Steigen der Menge der nichtveresterten Fettsäuren im Blut, einen Anstieg des Ketonkörper-Geh. im Harn u. einen durch W. bedingten zeitweiligen scharfen Anstieg des Körpergewichts.

Wolfgang Herrmann 4560◇

1261 **Wirkung von Melanocyten stimulierendem Hormon auf die Melanocyten der Kröte.** Ryuichi Takeuchi und Takuro Nishioka. (Endokrinologie **44,** 296—306, 1963; Muroran, Hokkaido, Japan, Provinzielles Krankenhaus Aomori, Abt. f. Geburtshilfe u. Frauenheilkunde; dt.) — *Melanocyten stimulierendes Hormon* (MSH) führt bei s. c. Injektion in die Lymphspalte von Kröten [*Bufo vulgaris formosus*] zur Schwarzfärbung der Haut. MSH wird im Körper der Kröte zerstört. Eine Standardtabelle wurde aufgestellt. 1 Kröteneinheit ≙ 0,001 γ MSM. *Adrenocorticotropin* [ACTH] zeigt beim hypophysenlosen Tier einen deutlich schwächeren Effekt als MSH. MSH besitzt im Gegensatz zu ACTH keinen corticotropen Effekt auf die atroph. Nebenniere hypophysenloser Kröten.

J. Hähn 4560◇

1262 **Wirkung von hohen Prednisolondosen auf die Freisetzung von Adrenocorticotropem Hormon und Antidiuretischem Hormon nach schädigenden Reizen.** D. de Wied. (Acta physicol. pharmacol. neerl. **8,** 289—290, Juni 1959; Pittsburgh, Univ., Dep. of Clin. Sci.; engl.) — Hohe *Prednisolon*-Dosen unterdrücken vollständig die Freisetzung von *Adrenocorticotropem Hormon* (ACTH) aus der Hypophyse nach Schmerz, *Histamin* oder *Nicotin*. Die Freisetzung von *Antidiuretischem Hormon* unter den gleichen Bedingungen wird durch Prednisolon nicht verhindert. Es wird vermutet, daß Prednisolon durch direkte Beeinflussung der Drüsenzellen der Adenohypophyse auf die ACTH-Freisetzung wirkt.

K. Thielmann 4560◇

1263 **Corticoidproduktion in vitro als ein Indicator der Nebennierenrindenaktivität.** J. van der Vies. (Acta physiol. pharmacol. neerl. **8,** 291—292, Juni 1959; N. V. Organon, Oss., Pharmacol. Res. Labor.; engl.) — Nebennieren von Ratten wurden im Krebs-Ringer-HCO_3^--Puffer 1 Std. in 95% O_2, 5% CO_2 bei 37° inkubiert u. danach Corticoide extrahiert. Die Corticoidproduktion während dieser Inkubation war abhängig vom Funktionszustand des Organes kurz vor dem Tode: geringe Corticoidproduktion in vitro nach Hypophysektomie oder Läsion der medianen Eminenz, dgl. nach Behandlung der Tiere mit Hydrocortison oder Nembutal-Morphin; Stimulierung der Corticoidproduktion nach Injektion von Histamin oder Adrenocorticotropem Hormon.

K. Thielmann 4561◇

1264 **Die Geschwindigkeit der Aldosteronsekretion bei hypertensiven Patienten mit nachweisbarer Nierenarterienstenose.** Mohinder P. Sambhi, B. A. Levitan, John C. Beck und E. H. Venning. (Metabolism, clin. and exp. **12,** 498—506, 1963; Montreal, Quebec, McGill Univ., Dep. of Invest. Med.; Royal Victoria Hosp., McGill Univ. Clin.; engl.) — Im Gegensatz zu Befunden mit stark erhöhter *Aldosteron*(**I**)-Sekretion bei maligner Hypertension konnten in 5 Fällen mit Hypertension u. gleichzeitig vorliegender Nierenarterienstenose kaum erhöhte Werte einer **I**-Sekretion gefunden werden (114 bis 256 μg **I**/24 Std. gegenüber einer Norm von 59—208 μg **I**/24 Std. bei 9 Kontrollfällen).

U. Tausendfreund 4561◇

1265 **Gewebezusammensetzung von adrenalektomierten Ratten: Die Wirkung eines kurzen Fastens mit und ohne Injektionen von Hydrocortison und Desoxycorticosteron.** Daniel C. Darrow, Donald B. Watson, Hugh Hanna und Carolyn Kaiser. (Metabolism, clin. and exp. **12,** 452—63, 1963; Kansas, Mo., Univ., Med. School, Dep. of Pediatr.; engl.) — Die gesamte Körper-Fl., Chloride u. Elektrolyte veränderten sich in fettfreien Geweben relativ wenig bei adrenalektomierten Ratten. Bei Futterentzug u. Angebot von dest. W. wurde ihnen für 24 bzw. 48 Std. *Hydrocortison* verabreicht, worauf ein Konz.-Anstieg des Serum-*Na* u. des *Na* + *K*-Geh. im Muskelzellsaft nachweisbar war. Die gleichzeitige Abnahme der Körper-Fl. erklärt diese Feststellung. *Desoxycorticosteronacetat* veränderte den Na-, Cl^-- bzw. W.-Geh. der Haut weder bei adrenalektomierten Ratten, noch bei solchen mit intakten Nebennieren. Man kann bei adrenalektomierten Ratten somit auf keine ungewöhnliche Verteilung des W. u. der Elektrolyten schließen.

L. Macher 4561◇

1266 **Einfluß der Corticosteroide auf die Glykämie bei der Ratte.** D. Cordier, C. Bange und G. Pérès. (C. R. Séances Soc. Biol. Filiales **152,** 1508—11, 1958; Lyon, Fac. des Sciences, Labor. de Physiol. Générale; franz.) — Während mehrmalige s. c. Injektionen von 2,5, 5,0 bzw. 15,0 mg *Desoxycorticosteron* die Glykämie bei Ratten (0,832 g/Liter) kaum verändern, kommt es durch Injektionen von 2,5, 5,0 bzw. 20,0 mg *Cortison* (1,037, 1,172 bzw. 1,50 g/Liter) u. von 2,5, 5,0 bzw. 20,0 mg *Hydrocortison* (1,003, 1,038 bzw. 2,030 g/Liter) zu einer deutlichen Erhöhung. G. Kimmerle 4561△

1267 **Physiologie der Glucose-6-phosphatverwertung: Rolle der Nebennierensteroide.** James Ashmore. (Rev. canad. Biol. **18,** 229—44, 1959; Indianapolis, Ind., Indiana Univ., Med. Center, Dep. of Biochem.; engl.) — Die Hormone der Nebennierenrinde (hier *Hydrocortison*) scheinen die Bldg. von *Glucose-6-phosphat* (**I**) über Gluconeogenese anzuregen, wenn die biochem. Umformungsmechanismen im einzelnen auch noch nicht näher bekannt sind. Die Steroide können vermutlich auch den **I**-Abbau regulieren. Anfangs wird die *Glykogen*-Ablagerung gefördert, dann kommt es zu gesteigerter Hydrolyse von **I** u. gesteigerter Blut-*Glucose*(**II**)-Bildung. Auf diese Weise sorgen die Steroide offenbar für die Ökonomie des Organismus, in dem sie andere Stoffwechselbrennstoffe in die Leber einschleusen, wo diese in **II** umgewandelt u. über den Kreislauf der Ernährung extrahepat. Gewebe zur Verfügung gestellt werden.

U. Tausendfreund 4561◇

1268 **Beitrag zur extrarenalen Wirkung des Desoxycorticosteronacetates.** Paul Schweitzer, Eduard Neubauer und Anna Stančák. (Endokrinologie **44,** 368 bis 75, 1963; Košice, Tschechoslowakei, P. J. Šafárik Univ., Med. Klinik; dt.) — Es werden 20 mg *Desoxycorticosteronacetat* in die Arteria brachialis appliziert u. der Einfl. auf den Stoffwechsel des Unterarmgewebes untersucht. Nach 60 Min. sinkt der O_2- u. *Glucose*-Verbrauch u. *K* wird aus dem Gewebe abgegeben. J. Hähn 4561◇

1269 **Die Wirkung von Hydrocortison auf die Veränderungen des Lipidstoffwechsels in Meerschweinchen-Lun-**

gengewebe in vivo infolge von Anaphylaxie. P. Goadby und W. G. Smith. (J. pharmacy Pharmacol. **14,** 739 bis 745, 1962; Sunderland, Sunderland Techn. Coll., Res. Labor. in Biochem. Pharmacol.; engl.) — Vorbehandlung von sensibilisierten Meerschweinchen mit *Natriumhydrocortisonsuccinat* hob die Veränderungen im *Lipidstoffwechsel* des Lungengewebes, die bei diesen Tieren durch ein Antigen-Aerosol ausgelöst werden, auf. Es scheint sich bei diesen Veränderungen um eine Stressrk. zu handeln. K. Zingraf 4561◇

1270 **Wirkung von Cortison auf die intracelluläre Verteilung von Phosphatasen und Ribonucleasen in Rattenleber.** Claude Allard, Gaston de Lamirande, George Weber und Antonio Cantero. (Canad. J. Biochem. Physiol. **34,** 170—79, März 1956; Montreal, Quebec, Notre Dame Hosp., Montreal Cancer Inst.; engl.) — In Rattenleberhomogenaten u. deren Fraktionen wurde die Wrkg. regelmäßiger *Cortisonacetat*(**I**)-Gaben (an 5 aufeinanderfolgenden Tagen je 25 mg/100 g Lebendgew. intramuskulär) cytolog. u. enzymolog. untersucht. Bezogen auf Frischgew. der Leberpräpp. scheinen die Aktivitäten der *sauren Phosphatase* (**II**), der *alkal. Phosphatase* (**III**) u. der *sauren Ribonuclease* (**IV**) durch **I** gehemmt zu werden; bezieht man die Enzymaktivität auf die Zellenzahl so ist ein Anstieg der Mg-sensitiven **III** zu erkennen. In der Mikrosomenfraktion sind **II, IV** u. *alkal. Ribonuclease* (**V**) gegenüber den Blindwerten verringert. Die **IV**- u. **V**-Aktivitäten der Mitochondrienfraktion sind nach **I**-Gaben deutlich höher als normal. Stark angestiegen sind nach **I**-Injektion **II**- u. **V**-Aktivität pro Mitochondrion. G. Reinisch 4561◇

1271 **Die Wirkung von Prednisolon-Na-succinat auf die Phagocytose der Leukocyten und ihre Beziehung zur Leberfunktion.** G. Ludány, J. Rigó, J. Sós und Gy. Vajda. (Arch. int. Pharmacodynam. Thérap. **125,** 362 bis 370, 1960; Budapest, Univ., Patho-Physiol. Inst.; dt.) — Untersucht wurde die Wrkg. von *Prednisolon-Na-succinat* (**I**) auf die Phagocytose (PH) der Leukocyten (Leuko). Wurden 3 mg **I**/kg i.v. an Kaninchen verabfolgt, so ist die PH der Leuko stark herabgesetzt (im Mittel — 30%). In der 72. Std. schlägt der Effekt um, u. es kommt zu einer geringen Steigerung der PH der Leuko, die dann bis zur 96. Std. abklingt. Nach 0,3 mg **I**/kg kommt es nur zu einer Steigerung der PH der Leuko, das Maximum ist bereits nach 1 Std. erreicht u. beträgt + 30%. Diese Wrkg. entspricht der von Cortison u. adrenocorticotropem Hormon (ACTH). In vitro steigern 0,01—0,1 γ/ml Endkonz. von **I** mäßig aber signifikant die Phagocytose. **I** enthaltende Ringer-Lsg., die die Leber durchlaufen hat, steigerte die PH erheblich mehr u. erreichte die Intensität des in vivo-Effektes. Bei Tieren mit Methioninmangeldiät ist diese Steigerung wesentlich geringer, so daß angenommen werden kann, daß diese phagocytoseanregende Wrkg. der **I** enthaltenden Ringer-Lsg. nach dem Durchströmen der Leber wahrscheinlich auf eine Methylierung des **I** in der Leber zurückzuführen ist. K. Böhm 4561◇

1272 **Betamethason in der Dermatologie.** Bent Aastrup. (Acta dermato-venereol. [Stockholm] **43,** 280—86, 1963; Copenhagen, Righospitalet, Dep. of Pharmacol.; engl.) — *Betamethason* (*16β-Methyl-9α-fluorprednisolon*) hat sowohl bei akuten als auch bei chron. Hautkrankheiten einen ausgezeichneten entzündungshemmenden Effekt, ist aber mit den gleichen Nebenwrkg. wie die anderen Corticosteroide behaftet. Es werden die behandelten Krankheiten u. die Nebenwrkg. eingehend beschrieben. P. Lange 4561◇

1273 **Bestimmung von Steroiden in Extrakten der Nebennierenrinde mit der Papierchromatographie.** G. Cavina, E. Cingolani und L. Tentori. (Rend. Ist. super. Sanità **23,** 993—1007, 1960; Roma, Ist. Super. die Sanità, Labor. di Biol.; ital.) — Beschreibung einer papierchromatograph. Meth. mit Tetrazoliumblau als Entwickler zur Best. von *Hydrocortison, Tetrahydrocortison, Cortison, Tetrahydrohydrocortison, Corticosteron, Aldosteron, 11-Dehydrocorticosteron* u. *17-Hydroxy-11-desoxycorticosteron* in Extrakten aus Nebennierenrinde. K. Zingraf 4561◇

1274 **Die Bestimmung der Nebennierenrindensteroide im Blut. Ergebnisse bei Gesunden und bei Nebennierenüberfunktion.** Hannelore Braunsberg und V. H. T. James. (J. Endocrinology **21,** 327—40, 1960; London, St. Mary's Hosp., Med. School, Dep. of Chem. Pathol.; engl.) — Während die Best. von *Cortisol* (**I**) im Plasma häufig durchgeführt wird u. weitgehend Übereinstimmung über die Plasma-Werte herrscht, existiert für die Best. von *Corticosteron* (**II**) im Plasma keine allg. gültige Best.-Meth.; die bisher mitgeteilten Ergebnisse weichen je nach Meth. voneinander ab. Die empfohlene u. von Vff. angewendete **II**-Best. beruht auf der Extraktion nach Bondy u. Mitarbeitern (C. **1957,** 9701), vorläufiger Reinigung an Silicagel-Säulen nach Bush u. Sandberg (**1953**), Trennung an Säulen u. fluorimetr. Bestimmung. Damit konnten im Plasma Gesunder bis zu ∼ 0,4 μg **II**/100 ml (sowie bis zu 13,3 μg **I**/100 ml) nachgewiesen werden. Nach Stimulierung mit *adrenocorticotropem Hormon* (ACTH) stieg der **II**-Geh. des Plasmas bis auf 0,8 μg/100 ml (19,4 μg/100 ml). Bei Hirsutismus wurden 0,7 μg **II** u. 10,0 μg **I**/100 ml (nach ACTH 1,4 μg **II** u. 21,5 μg **I**/100 ml) nachgewiesen, bei Hypophysenadenom < 0,3 μg **II** u. 14,0 μg **I** (nach ACTH 0,6 μg **II** u. 20,8 μg **I**/100 ml), bei Nebennierenadenom 5,0 μg **II** u. 17,7 μg **I**/100 ml, bei Carcinom nur 42—73 μg **I**/100 ml, bei Nebennierenhyperplasie ∼ 0,4 μg **II** u. bis 31 μg **I**/100 ml. U. Tausendfreund 4561◇

1275 **Bestimmung und Identifizierung freier und konjugierter Corticosteroide im menschlichen Plasma.** Marion B. R. Gore und D. N. Baron. (J. Endocrinology **21,** 303—14, Dez. 1960; London, Royal Free Hosp. and School of Med., Dep. of Chem. Pathol.; engl.) — Bei Gesunden u. Patienten vor Hypophysektomien [im Ruhezustand u. nach Verabreichung von *adrenocorticotropem Hormon* (ACTH)] bildet *Cortisol* (**I**) die Hauptkomponente der freien Plasma-Corticosteroide; in 50% der Fälle ist auch *Cortison* (**II**) im Plasma nachweisbar; nach ACTH auch gelegentlich Spuren von *Corticosteron* (**III**). In der Glucuronid-Fraktion des Plasmas finden sich im Ruhestadium *Tetrahydro*-**I**, *Tetrahydro*-**II** u. *Allo*-**I** (**IV**), nach ACTH findet sich anderes Material, welches als *Tetrahydro*-**III** (**V**), *Tetrahydro-11-desoxycortisol* (**VI**) u. *Allotetrahydrocorticosteron* (**VII**) identifiziert wurde. Durch perorale Verabreichung von **II** wird bei hypophysektomierten Patienten der Geh. des Plasmas an **V**, **VI** u. **VII** nicht gesteigert. U. Tausendfreund 4561◇

1276 **Inhibierung der Synthese von Norepinephrin und Epinephrin in vitro.** M. Goldstein und J. F. Contrera. (Biochem. pharmacol. **7,** 77—78, 1961; New York Univ., Coll. of Med., Dep. of Psych. Neurol., Neurochem. Labor.; engl.) — Vgl. C. **1964,** 14-1122. — Bei der Umwandlung von Dopamin in Norepinephrin u. von Epinin in Epinephrin ist p-Hydroxyamphetamin ein stärkerer Inhibitor als Amphetamin. R. K. Müller 4561◇

1277 **Die Ausscheidung von Adrenalin und Noradrenalin bei Asthma bronchiale und bei Lungenemphysem.** H. G. Knauff, G. Fruhmann und G. Verbeek. (Klin. Wschr. **40,** 411—15, 15/4. 1962; München, Univ., II. Med. Klin; dt.) — Klin. Bericht über die Best. der Ausscheidung von *Adrenalin* (**I**) u. *Noradrenalin* (**II**) im Harn von 23 Patienten mit respirator. Insuffizienz infolge Asthma bronchiale oder chron. asthmoider Bronchitis. Als Vergleichsgruppe dienten 12 Patienten mit Lungenemphysem ohne asthmat. Komponente. Die Emphysempatienten zeigten gegenüber den Normalpersonen nur mäßig erhöhte **I**- u. **II**-Werte meist in Abhängigkeit vom Grad der Einschränkung der Ventilationstätigkeit. Dagegen war die Ausscheidung von **I** u. **II** bei den Asthmapatienten deutlich erhöht, auch wenn während der Harnsammelperiode kein Anfall beobachtet wurde. Bei akuten Asthmaanfällen konnte die **I**- u. **II**-Ausscheidung das Zehnfache des Normalwertes betragen. **II** war stets stärker betroffen als **I**; so daß sich das normale Verhältnis **II**:**I** von 3:1 bis auf 10:1 verschob. Vff. diskutierten die Frage, ob die Mehrausscheidung bei Asthma als zweckmäßige hormonale Gegenregulation aufzufassen ist oder ob es sich nur um einen unspezif. Effekt handelt. S. Bratfisch 4561◇

1278 **Wirkungen von Adrenalin auf den Kohlenhydratstoffwechsel des isolierten Rattenzwerchfells unter verschiedenen experimentellen Bedingungen.** P. R. Bouman und W. Dermer. (Acta physiol. pharmacol. neerl. 8, 282—83, 1959; Groningen, Univ., Dep. of Pharmacol.; engl.) — Hemidiaphragmen adrenalektomierter Ratten speichern weniger *Glykogen* (**I**) als Hemidiaphragmen normaler Tiere, wenn sie in Krebs-Ringer-Phosphat-Lsg. mit 200 mg% *Glucose* inkubiert werden. Die Glykogenbldg. ist noch geringer nach Nembutal-Narkose. Sie ist außerdem abhängig von der Anfangskonz. an **I**. Bei verschiedenen **I**-Anfangskonzz. ist unter verschiedenen Versuchsbedingungen nach gleichen Versuchszeiten der erreichte Gesamt-**I**-Geh. stets gleich. Zusatz von *Adrenalin* zum Inkubationsmedium ergibt niedrige **I**-Werte. Bei niedriger **I**-Anfangskonz. ist die Neubldg. von **I** unterdrückt, bei hoher **I**-Anfangskonz. wird **I** abgebaut. K. Thielmann 4561◇

1279 **Über den Mechanismus der Reaktion des chronisch sympathektomierten Unterarms auf intravenös verabreichtes Adrenalin.** W. E. Glover und R. G. Shanks. (J. Physiology **167**, 263—67, 1963; Belfast, Univ., Dep. Physiol.; engl.) — Die Änderung der Rk. auf die i.v. Injektion von *Adrenalin* nach Sympathektomie ist auf die erhöhte Empfindlichkeit der Gefäßkonstriktoren u. nicht der Gefäßdilatoren gegenüber Adrenalin zurückzuführen. Joachim Schmidt/Magdeburg 4561◇

1280 **Konzentration von Brenzcatechinaminen im Schildkrötenherzen und Vagus-bedingte Asystolie.** A. H. Friedman und B. Bhagat. (J. Pharmacy Pharmacol. **14**, 764, 1962; Madison, Wis., Univ. of Wisconsin, Dep. of Pharmacol. and Toxicol.; engl.) — Die bei Reizung des peripheren Vagus von Schildkröten mit supramaximalen Spannungen auftretende Asystolie ist aus dem niedrigen *Adrenalin*- u. *Noradrenalin*-Geh. des Schildkrötenherzens zu erklären. K. Zingraf 4561◇

1281 **Vergleich der Wirkung von Adrenalin und Noradrenalin auf den Potentialunterschied und den Kurzschlußstrom in der isolierten Haut der Kröte.** Jeanne Marcelin-Plaisance und Juan Concha-Barahona. (J. de Physiol. **55**, 425—32, 1963; Concepción, Chili, Univ., Dep. de Fisiol.; franz.) — In der isolierten Haut der Kröte *Bufo spinulosus* verringerten *Adrenalin* u. *Noradrenalin* den Potentialunterschied zwischen beiden Seiten der Haut u. die Stromstärke des Kurzschlußstromes, der diesen Potentialunterschied aufhebt. Bei wiederholter Anwendung waren die beiden Substanzen unwirksam. K. Zingraf 4561◇

1282 **Eine Fluorescenzmethode zum histochemischen Nachweis von Noradrenalin im Nebennierenmark.** B. Falck und A. Torp. (Med. exp. [Basel] **5**, 429—32, 1961; Lund, Univ. of Lund, Dep. of Histol.; Göteborg, Univ. of Göteborg, Dep. of Pharmacol.; engl.) — Bei Behandlung der Gefriertrockenschnitte mit *Formaldehyd*-Dampf (50—75°) kondensiert nur *Noradrenalin* mit diesem zu einer stark fluorescierenden Verb. (400—440 mμ), nicht aber *Adrenalin*. O. Jansen 4561◇

1283 **17-Hydroxycorticosteroid-Ausscheidung im Urin des Meerschweinchens nach Thyroxin- bzw. Thyreotropin-Gaben.** F. J. Seif. (Endokrinologie **44**, 357—68, 1963; Bonn, Univ., Anatom. Inst.; dt.) — Sowohl i.m. Injektion von 0,4 mg *Thyroxin* (**I**), als auch von 6 Mäuse-E. *Thyreotropin* (**III**) an ♂ Meerschweinchen veränderte die *17-Hydroxycorticosteroid* (**II**)-Ausscheidung nicht. Zusätzliche Injektion von 8 I. E. *Adrenocorticotropin* (**IV**) nach **I**-Behandlung ergab keinen Anstieg der **II**-Ausscheidung. Es tritt eine Vol.-Zunahme der Zellkerne in der Zona fasciculata nach **I**- u. **II**-Gaben ein, was eine Stimulierung der Nebennierenrinde durch **IV** ersichtlich macht. Ausbleiben des Anstiegs der zu erwartenden **II**-Ausscheidung wird auf einen gesteigerten Abbau von **II** durch *Δ^4-3-Ketosteroidreduktase* zurückgeführt. J. Hähn 4562◇

1284 **Die Rolle der Östrogenhormone bei der Entwicklung des immunologischen Kaninchenkropfes.** A. Lupulescu, L. Simionescu, El. Merculiev, Al. Pop und C. Bona. (Endokrinologie **44**, 335—46, 1963; Bukarest, Dr. I. Cantacuzino Inst. u. Inst. für Endokrinol.; dt.) — Massive Isoimmunisierung mit Schilddrüsenantigen ruft bei Kaninchen einen parenchymatösen mikrofollikulären Kropf mit red. Kolloid hervor. Die Kropfbldg. scheint auf Hypersekretion von *Thyreotropin* infolge Blockierung der Synth. der Schilddrüsenhormone durch Selbstantikörper zurückzuführen zu sein. *Östradiolbenzoat* hemmt die Kropfbldg. u. führt zu einer Entw.-Änderung in Richtung des Kolloidkropfes. J. Hähn 4562◇

1285 **Ein Vergleich der frühen Wirkungen von Trijodthyronin und thyrotropem Hormon beim Menschen.** Basil S. Hetzel, John S. Charnock und Brian F. Good. (J. clin. Endocrinol. Metabolism **20**, 556—68, 1960; Adelaide, Univ. of Adelaide, Dep. of Med.; engl.) — Es werden die Wrkg. von 0,44 Einheiten (pro kg) *Thyrotropem Hormon* (**I**, i.m.) u. *l-Trijodthyronin* (**II**, 0,5 oder 1,0 mg i.v.) verglichen. **I** erhöht den Grundumsatz viel stärker als **II**, gleichzeitig werden Pulsgeschw. u. -druck durch **I**, nicht aber durch **II** erhöht. **II** erhöht den anorgan. Phosphatspiegel im Plasma u. Urin. P. Gregorzewski 4562◇

1286 **Regulierung der Menge cellulären Thyroxins durch enzymatische Dejodierung und seine Bindung durch Zellproteine.** Serge Lissitzky, Marie Roques und Marie-Thérese Benevent. (Biochim. biophysica Acta [Amsterdam] **41**, 252—63, 1/7. 1960; Marseille, Fac. de Méd. et de Pharm., Labor. de Chimie Biolog.; franz.) — Bei der Adsorption des *Thyroxins* (**I**) auf Glas wird die Phenol-Gruppe ionisiert. Dieser Effekt wird gehemmt durch Proteine, da diese das Hormon binden. Zwischen der Bindekraft dieser Proteine u. der Adsorption durch Glas besteht eine Parallele. Diese Feststellungen müssen bei der Best. der Dejodierung berücksichtigt werden. Ratten-Muskel u. -Leber-Dejodinase wurden spezifiziert. Die gefundenen Werte der Michaelis-Konst. zeigen, daß beide Enzyme ident. sind. Die Dejodierung des **I** wird gehemmt durch *Thyroglobulin, Thyrostimulin* u. *TBPc* (**I**-bindendes celluläres Protein). Die Dejodierung des **I** durch das Gewebe stellt einen Mechanismus dar, der die Menge des in den Zellen vorhandenen Hormons kontrolliert u. reguliert durch eine komplexecelluläre Aufteilung des **I** u. Proteins. M. Szabó 4562□

1287 **Thyroxin-Bindung durch Serumproteine.** W. E. Balfour und H. E. Tunnicliffe. (J. Physiology **153**, 179—98, 1960; Cambridge, Univ. Physiol. Labor.; engl.) — Vgl. C. **1963**, 18907. — In Kaninchen- u. Menschen-Seren konnte durch Elektrophorese an Cellulosesäulen mit Borat-Phosphat-Puffer eine *Präalbumin-Protein-Fraktion* (**I**) aufgefunden werden, die *Thyroxin* (**II**) bindet. Im Serum von Menschen konnte die Aufteilung von **II** auf *Präalbumin* (**III**), *Albumin* (**IV**) u. **I** über eine große Strecke der Serum-**II**-Konz. gezeigt werden. Die **II**-Bindungsfähigkeit von im menschlichen Serum vorhandenen **III** übertrifft weit die Bindungsfähigkeit von **I**, das im gleichen Serum vorhanden ist. Wenn die **II**-Konz. im Kaninchenserum gesteigert wird, wird ein größerer Anteil von **II** durch **I** gebunden als durch **III**. Im menschlichen Serum ist dies gerade umgekehrt. Durch Barbiturat-Puffer wird die **II**-Bindung durch Menschen- u. Enten-Serum-**III** verhindert, während die **II**-Bindung durch **I** im Menschenserum u. durch Menschen- u. Enten-Serum-**IV** durch die Ggw. des Puffers nicht verhindert wird. Im Entenserum ist kein **I** enthalten. **II** wird im Entenserum bei einer **II**-Konz. von 0,4 γ/ml überwiegend durch **III** u. zu einem geringen Grad durch **IV** gebunden. K. Böhm 4562◇

1288 **Die Bedeutung des Verhältnisses der Radioaktivität von Erythrocyten und Blutplasma (H/P) bei Rana temporaria und Rana esculenta.** D. Hay. (Ann. d'Endocrinol. **22**, 126—29, 1961; Strasbourg, Faculté des Sci, Labor. de Zool. et Embryol. exp.; franz.) — Bei *R. temporaria* u. *R. esculenta* war das H/P-Verhältnis nach Injektion von markiertem *NaJ* zu verschiedenen Jahreszeiten u. nach verschiedener Behandlung (Hypophysektomie, Hypophysenimplantat, Injektion von schilddrüsenstimulierendem Hormon) annähernd gleich (0,40—0,45). Injektionen von markiertem *Thyroxin* zeigten, daß ein Teil desselben an die Erythrocyten gebunden wird, so daß H/P nicht zur Best. der Schilddrüsenaktivität dieser Tiere verwendbar ist. K. Maier 4562◇

1289 **Die Wirkung von Insulin auf den Stoffwechsel von Zellkulturen.** J. Paul und Enid S. Pearson. (J. Endocrinology **21,** 287—94, 1960; Glasgow, Univ., Biochem. Dep., Tissue Culture Labor.; engl.) — In Säugerzellgewebekulturen (subkutane Fibroblasten der Maus, Stamm L; Hühnerembryozellen; menschliches Cervixcarcinom, HeLa-Zellen) stimuliert 1 I. E. *Insulin*/ml die Glykolyse u. beschleunigt die Verwertung von Brenztraubensäure aus dem Medium. Es kommt noch zu einer Reihe von anderen Veränderungen (gesteigerter Phosphat-Umsatz in säurelösl. u. Lipidfraktionen; gesteigerter ^{32}P-Einbau in säurelösl. Verbb.; gesteigerte Membranaktivität, oft begleitet von gesteigerter Pinocytose), die meist als Folge der gesteigerten Glykolyse aufzufassen sind; die Pinocytose kann jedoch auch ein prim. Phänomen sein. U. Tausendfreund 4564◇

1290 **Untersuchungen über Glukagon. 3. Mitt. Der Einfluß auf den Ketonstoffwechsel.** M. Abe, S. Igawa, N. Watanabe, E. Asai, K. Sugiura und R. Kojima. (Tokyo Jikeikai med. J. **76,** 741—45, 1961; jap.) J. Lehmberg 4564◇

1291 **Wirkung von Tolbutamid auf hepatektomierte Katzen.** Joop Madsen. (Acta pharmacol. toxicol. [København] **16,** 325—30, 1960; Copenhagen, Univ., Inst. of Med. Physiol.; engl.) — Zur Klärung der Frage, ob *Tolbutamid* (**I**) seine blutzuckersenkende Wrkg. durch Veränderung gluconeogenet. Vorgänge in der Leber erlangt, wird die Leber bei Katzen durch geeignete Kanulation vom Kreislauf abgetrennt u. laufende Blutzuckerbest. durchgeführt. Nach Glucosebelastung tritt bei Katzen, die i.v. **I** erhalten, ein erheblicher Blutzuckerabfall ein. Bei abdominal eviscerierten (mit Ausnahme der Nieren) Katzen tritt dieser Effekt nicht ein. — Die Ergebnisse stimmen am besten mit der Annahme überein, daß die blutzuckersenkende Wrkg. von Sulfonamiden auf einer Aktivierung des Insulins, sie es vor oder nach der Sekretion, durch die β-Zellen beruht. O. Jansen 4564◇

1292 **Intravenöser Tolbutamidtest bei cystischer Pankreasfibrose: eine Testuntersuchung.** Robert C. Rosan, Michael L. Nieland und Harry Shwachman. (Metabolism, clin. and exp. **12,** 553—59, 1963; Boston, Mass., Children's Hosp., Med. Center, Dep. of Med., Div. of Labor.; Harvard Med. School, Dep. of Pediat.; Boston Univ., Med. Center, Dep. of Pathol.; engl.) — Bei einer probeweisen Belastung von 20 Patienten mit cyst. Pankreasfibrose mit 15 mg *Tolbutamid*/kg i.v. [gemäß der Meth. von Unger u. Madison (Diabetes **7,** [1958], 455) zum Nachw. von subklin. Diabetes] konnte bei den 13 Fällen ohne Diabetes mellitus nach 30 Min. eine Verminderung des *Blutzuckers* um 18% oder mehr der Nüchternwerte beobachtet werden. Bei Patienten mit Diabetes kam es jedoch nur zu geringem oder zu keinerlei Rückgang der Blutzuckerwerte, wobei 1 bis dahin unerkannt gebliebener Diabetesfall aufgedeckt werden konnte. U. Tausendfreund 4564◇

1293 **Experimentelle Untersuchung über den Wirkungsmechanismus von Sulfonylharnstoff-Verbindungen.** D. Andreev. (Endokrinologie **44,** 326—35, 1963; Sofia, Klinik für Endokrin. u. Stoffwechselkrankh., Inst. für ärztliche Fortbldg. u. Karlsburg „Gerhardt Katsch" Inst. für Diabetes-Forsch. u. Behandlung; dt.) — Behandlung von ♂ Kaninchen mit 0,5 mg/*Nadisan* (**I,** BZ 55) pro kg Körpergew. zeigte, daß die Sulfonylharnstoffverb. keine Wrkg. auf die Enzymsyst. der Leber hat u. kein Adrenalin u. Glukagonantagonist ist. Stimulierung der Insulingenese durch **I** in Verbindung mit Kohlenhydrat-Toleranzbelastungsproben kann zur Senkung der Kohlenhydrattoleranz führen. Behandlung der Tiere mit **I** u. Glucocorticoiden führt zu schwererem Diabetes, gegenüber dem durch Glucocorticoide allein hervorgerufenem. Die Ergebnisse unterstützen die Annahme, daß **I** durch Stimulation der Insulinsekretion der β-Zellen einen hypoglykäm. Effekt ausübt. J. Hähn 4564◇

1294 **Die Wirkungsweise peroral hypoglykämisch wirkender Substanzen.** D. W. Clarke. (Rev. canad. Biol. **18,** 289—303, 1959; Toronto, Ontario, Univ., Dep. of Physiol.; engl.) — Übersicht u. krit. Betrachtungen über die Wrkg.-Weise von *Sulfonylharnstoffen* mit ihren direkten u. indirekten Wrkg., sowie über *Biguanide.* — 64 Literaturangaben. U. Tausendfreund 4564◇

1295 **Hypoglykämische Mittel.** 2. Mitt. D. F. Hayman, V. Petrow, O. Stephenson und A. J. Thomas. (J. Pharmacy Pharmacol. **14,** 451—55, 1962; London, British Drug Houses; engl.) — Vgl. C. **1961,** 11418 u. C. **1963,** 11219. — Eine Reihe im Benzolkern substituierter *1-Benzolsulfonyl-3-butyl-* oder *-cyclohexylharnstoffe* wird synthetisiert. Ihre hypoglykäm. Wrkg. ist uninteressant.

Versuche: Benzolsulfonamide: *4-Äthylsulfamoyl-*(**I**), $C_8H_{12}N_2O_4S_2$, F. 166—168° (W.), durch Zugabe von 4-Sulfamoylbenzolsulfonylchlorid (**II**) zu 5%ig. wss. Äthylamin bei 0°. — *4-[2.3-Dihydroxypropylsulfamoyl]-*(**III**), $C_9H_{14}N_2O_6S_2$, F. 141—143° (W.), analog aus **II** u. 3-Aminopropandiol-(1.2) < 5°. — *4-Phenylsulfamoyl-*, $C_{12}H_{12}N_2O_4S_2$, F. 230—231° (wss. A.), — *4-[Piperidinosulfonyl]-*, (**IV**), $C_{11}H_{16}N_2O_4S_2$, F. 220—221° (wss. A.), durch Zugabe von 15,35 g **II** in Chlf. zu Piperidin in W.; 15,3 g (Ausbeute). — *4-[1.2.3.4-Tetrahydropyridinosulfonyl]-*, $C_{11}H_{14}N_2O_4S_2$, F. 181—182° (wss. A.); 90%. — *4-[Morpholinosulfonyl]-*, $C_{10}H_{14}N_2O_5S_2$, F. 191—192° (wss. A.). — *4-Chlor-3-äthylsulfamoyl-*, $C_8H_{11}ClN_2O_4S_2$, F. 144 bis 145° (W.), analog **I** < 10°. — *4-Chlor-3-dimethylsulfamoyl-*, $C_8H_{11}ClN_2O_4S_2$, F. 146—147° (wss. A.). — 2-Methyl-N-dimethylbenzolsulfonamide: *4-Nitro-*, $C_9H_{12}N_2O_4S$, F. 103—104° (A.), analog **IV**. — *4-Amino-*, *Hydrochlorid*, $C_9H_{15}ClN_2O_2S$, F. 172—174° (A./Ae.), durch Red. von 28,6 g vorst. Verb. mit Fe-Pulver in CH_3COOH/W./Octanol u. Sättigen mit HCl; 28 g. — *4-Chlorsulfonyl-*, $C_9H_{12}ClNO_4S_2$, F. 109—111° ($CH_2Cl–CH_2Cl$/PAe.), durch Diazotieren vorst. Verb. u. Zugabe zu einer gesätt. Lsg. von SO_2 in CH_3COOH in Ggw. von $CuCl_2$ bei 20—25°. — *4-Sulfamoyl-*, $C_9H_{14}N_2O_4S_2$, F. 149—151° (A.), durch Zugabe von 29,8 g vorst. Verb. zu wss. NH_3 (0,88) < 10°; 22,6 g. — *4-Chlorsulfonyl-2-methylbenzoesäure*, $C_8H_7ClO_4S$, F. 154—155° (CH_2ClCH_2Cl/PAe.), durch 2½std. Erhitzen von 68 g o-Toluylsäure mit 200 ml HSO_3Cl auf 125° u. Gießen auf Eis; 101,5 g. — *5-Sulfamoyl-2-methylbenzoesäureäthylester*, $C_{10}H_{13}NO_4S$, F. 146—147° (wss. A.), durch Veresterung der Säure. — *1-Chlor-2.4-bis-[äthylcarbamoylsulfamoyl]-benzol*, $C_{12}H_{17}ClN_4O_6S_2$, F. 203°, [Zers.] durch Zugabe von Äthylisocyanat zu 13,5 g 4-Chlorbenzol-1.3-disulfonamid u. NaOH in Aceton/W. < 10°, Ansäuern u. Auskochen mit Essigester; 16 g. — N-Butyl-N'-phenylsulfonylharnstoffe: *4-[2.3-Dihydroxypropylsulfamoyl]-*, $C_{14}H_{23}N_3O_7S_2$, F. 161—162° (W.), durch Zugabe von Butylisocyanat zu 12,4 g **III** u. NaOH in Aceton/W. bei 0°, 6std. Erwärmen auf 60°. — *3-Dimethylsulfamoyl-*, $C_{13}H_{21}N_3O_5S_2$, F. 138—140°. — *4-Methylsulfamoyl-*, $C_{12}H_{19}N_3O_5S_2$, F. 189—191°. — *4-Äthylsulfamoyl-*, $C_{13}H_{21}N_3O_5S_2$, F. 177—179°. — *4-Dimethylsulfamoyl-*, $C_{13}H_{21}N_3O_5S_2$, F. 168—170°. — *4-Phenylsulfamoyl-*, $C_{17}H_{21}N_3O_5S_2$, F. 186—188°. — *4-[1.2.3.6-Tetrahydropyridylsulfonyl]-*, $C_{16}H_{23}N_3O_5S_2$, F. 146 bis 147°. — *4-Piperidylsulfonyl-*, $C_{16}H_{25}N_3O_5S_2$, F. 165 bis 167°. — *4-Morpholinosulfonyl-*, $C_{15}H_{23}N_3O_6S_2$, F. 177 bis 179°. — *4-Carbäthoxy-*, $C_{14}H_{20}N_2O_5S$, F. 141—142°. — *4-Butylureidosulfonyl-*, $C_{16}H_{26}N_4O_6S_2$, F. 218—220° (Zers.) — *3-Methylsulfamoyl-4-methyl-*, $C_{13}H_{21}N_3O_5S_2$, F. 150 bis 152°. — *3-Dimethylsulfamoyl-4-methyl-*, $C_{14}H_{23}N_3O_5S_2$, F. 156—158°. — *5-Methylsulfonyl-2-methyl-*, $C_{13}H_{20}N_2O_5S_3$, F. 158—159°. — *4-Dimethylsulfamoyl-2-methyl-*, $C_{14}H_{23}N_3O_5S_2$, F. 154—155°. — *4-Dimethylsulfamoyl-3-methyl-*, $C_{14}H_{23}N_3O_5S_2$, F. 151—152°. — *4-Methyl-3-carbäthoxy-*, $C_{15}H_{22}N_2O_5S$, F. 111—112°. — *4-Chlor-3-methylsulfamoyl-*, $C_{12}H_{18}ClN_3O_5S_2$, F. 164—166°. — *4-Chlor-3-äthylsulfamoyl-*, $C_{13}H_{20}ClN_3O_5S_2$, F. 153—155°. — *4-Chlor-3-dimethylsulfamoyl-*, $C_{13}H_{20}ClN_3O_5S_2$, F. 160 bis 162°. — *4-Chlor-3-butylureidosulfonyl-*, $C_{16}H_{25}ClN_4O_6S_2$, F. 176—178°. — *2-Chlor-5-carbäthoxy-*, $C_{14}H_{19}ClN_2O_5S$, F. 170—171°. — *2-Chlor-5-methylsulfamoyl-4-methyl-*, $C_{13}H_{20}ClN_3O_5S_2$, F. 168—170°. — *4-Chlor-5-butylureidosulfonyl-2-methyl-*, $C_{17}H_{27}ClN_4O_6S_2$, F. 214° (Zers.). — N-Cyclohexyl-N'-phenylharnstoffe: *3-Dimethylsulfamoyl-*, $C_{15}H_{23}N_3O_5S_2$, F. 166—168°. — *4-Amino-*, $C_{13}H_{19}N_3O_3S$, F. 179—180°. — *4-Acetylamino-*, $C_{15}H_{21}N_3O_4S$, F. 206—207°. — *4-Methylsulfamoyl-*, $C_{14}H_{21}N_3O_5S_2$,

F. 199—200°. — *4-Dimethylsulfamoyl-*, $C_{15}H_{23}N_3O_5S_2$, F. 196—197°. — *4-Cyclohexylureidosulfonyl-*, $C_{20}H_{30}N_4$·O_6S_2, F. 212—214° (Zers.). — *5-Methylsulfonyl-2-methyl-*, $C_{15}H_{22}N_2O_5S_2$, F. 191—192°. — *4-Chlor-3-methylsulfamoyl-*, $C_{14}H_{20}ClN_3O_5S_2$, F. 180—183°. — *6-Chlor-3-methylsulfamoyl-*, $C_{14}H_{20}ClN_3O_5S_2$, F. 168—170°. — *6-Chlor-3-methylsulfamoyl-4-methyl-*, $C_{15}H_{22}ClN_3O_5S_2$, F. 174 bis 176°. W. Holland 4564◇

1296 **Hypoglykämische Mittel.** **3.** Mitt. D. F. Hayman, V. Petrow und O. Stephenson. (J. Pharmacy Pharmacol. **14,** 522—33, 1962; London, British Drug Houses; engl.) — 2. vgl. vorst. Referat. — In der Reihe der Sulfonylharnstoffe u. verwandter Verbb. werden einige Aroylalkylharnstoffe, Sulfonamidoalkylharnstoffe, -aminosäuren, -propandiole, -piperidine, -piperazine u. -3.4-dihydrobenzo-1.2.4-thiadiazin-1.1-dioxide dargestellt. Eine hypoglykäm. Wrkg. wurde an keiner Verb. festgestellt.

Versuche: Harnstoffe: *N-Cyclohexyl-N'-p-fluorbenzolsulfonyl-*, $C_{13}H_{17}FN_2O_3S$, F. 144—145° (wss. A.), durch Zugabe von NaOH u. Cyclohexylisocyanat zu 15,5 g *p-Fluorbenzolsulfonamid* (**I**) in Aceton bei 0°, 1std. Erwärmen auf 50—60° u. Gießen auf Eis; 24,7 g (Ausbeute). — *N-Phenyl-N'-p-fluorbenzolsulfonyl-*, $C_{13}H_{11}$·FN_2O_3S, F. 154—156° (wss. A.). — *N-Butyl-N'-p-methylsulfamoylphenyl-*, $C_{12}H_{19}N_3O_3S$, F. 165—167° (wss. A.), durch Zugabe von *Butylisocyanat* (**II**) zu p-Aminobenzolsulfonmethylamid in *Dioxan* (**III**) u. 4std. Erwärmen auf dem Wasserbad. — *N-Butyl-N'-[2-chlor-5-sulfamoylphenyl]-*, $C_{11}H_{16}ClN_3O_3S$, F. 188—190° (wss. A.), aus 3-Amino-4-chlorbenzolsulfonamid u. **II** in **III**. — *N-Butyl-N'-[2-methyl-5-sulfamoylphenyl]-*, $C_{12}H_{19}N_3O_3S$, F. 163—165° (wss. A.). — *N-Butyl-N'-p-toluolsulfonylacetyl-*, $C_{14}H_{20}N_2O_4S$, F. 179—181° (A.), durch 8std. Kochen von Na-p-Toluolsulfinat u. 1-Butyl-3-chloracetylharnstoff in A. — *N-Butyl-N'-p-fluorbenzolsulfonylacetyl-*, $C_{13}H_{17}FN_2O_4S$, F. 192—194° (A.). — *N-Butyl-N'-p-chlorbenzolsulfonylacetyl-*, $C_{13}H_{17}ClN_2O_4S$, F. 212—214° (A.). — *N-Butyl-N'-[3-nitro-4-methylbenzoyl]-*, $C_{13}H_{17}N_3O_4$, F. 119 bis 120° (A.), durch Zutropfen von 61,4 g 4-Methyl-3-nitrobenzoylchlorid (**IV**) in Bzl. zu 38,3 g *Butylharnstoff* (**V**) in Pyridin u. Bzl., 1std. Erwärmen auf 60° u. Kühlen auf 5°; 32,2 g. — *N-Butyl-N'-[3-amino-4-methylbenzoyl]-*, $C_{13}H_{19}N_3O_2$, F. 134—136° (A.), durch Hydrierung von 20,6 g vorst. Verb. in A. über Pd/Kohle; 13,6 g. — *N-Cyclohexyl-N'-[4-methyl-3-nitrobenzoyl]-*, $C_{15}H_{19}N_3O_4$, F. 210—212° (Bzl.), aus **IV** u. Cyclohexylharnstoff; 52%. — *N-Cyclohexyl-N'-[3-amino-4-methylbenzoyl]-* (**VI**), C_{15}·$H_{21}N_3O_2$, F. 203—205° (A.), durch Red. vorst. Verb. mit Fe/$FeSO_4$ in 60%ig. A.; 47%. — *N-Butyl-N'-[4-chlor-3-nitrobenzoyl]-*, $C_{12}H_{14}ClN_3O_4$, F. 143—145° (A.), aus 4-Chlor-3-nitrobenzoylchlorid u. **V** in Bzl./Pyridin; 75%. — *N-Butyl-N'-[3-amino-4-chlorbenzoyl]-*, $C_{12}H_{16}ClN_3O_2$, F. 157—158° (A.), analog **VI**; 80%. — *N-Cyclohexyl-N'-[4-chlor-3-nitrobenzoyl]-*, $C_{14}H_{16}ClN_3O_4$, F. 205—206° (A.); 73%. — *N-Cyclohexyl-N'-[3-amino-4-chlorbenzoyl]-*, C_{14}·$H_{18}ClN_3O_2$, F. 204—206° (wss. A.), analog **VI**; 71%. — N-Benzolsulfonyl-DL-α-alanine: *p-Fluor-*, $C_9H_{10}F$·NO_4S, F. 116—117° (Bzl.), durch Zutropfen von Fluorbenzolsulfonylchlorid in *1.2-Dichloräthan* (**VII**) zu 8,9 g DL-α-Alanin in 2 n NaOH; 10 g. — *p-Chlor-*, $C_9H_{10}ClNO_4$·S, F. 155° (W.). — *α-p-Chlorbenzolsulfonamido-α-methylpropionsäure*, $C_{10}H_{12}ClNO_4S$, F. 168—170° (W.), aus *p-Chlorbenzolsulfonylchlorid* (**VIII**) in **VII** mit α-Amino-α-methylpropionsäure in 2 n NaOH bei 30—35°; 20%. — Propandiole-(1.3): *2-Methyl-2-p-toluolsulfonamido-* (**IX**), $C_{11}H_{17}NO_4S$, F. 124—126° (W. oder Essigester/PAe.), durch Zugabe von *p-Toluolsulfonylchlorid* (**X**) zu 21 g 2-Amino-2-methylpropandiol-(1.3) in *Isopropanol* (**XI**) in Ggw. von Na_2CO_3, ½std. Kochen u. Filtrieren; 34,5 g. In tert.-Butanol 38 g. — *2-p-Chlorbenzolsulfonamido-2-methyl-*, $C_{10}H_{14}ClNO_4S$, F. 134—135° (Essigester). — *2-Hydroxymethyl-2-p-toluolsulfonamido-*, $C_{11}H_{17}NO_4S$, F. 107—108° (Essigester), durch Zugabe von 57 g **X** in Toluol zu 36,3 g 2-Amino-2-hydroxymethylpropandiol-(1.3) u. K_2CO_3 in **XI** u. 2std. Kochen; 14 g. *Triacetat*, $C_{17}H_{23}NO_8S$, F. 100—102° (Essigester/PAe.), durch 4std. Kochen von 15 g des Triols in *Essigsäureanhydrid* (**XII**) u. Abdestillieren im Vakuum. 16,4 g. — *5-Methyl-5-p-toluolsulfonamido-1.3-dioxolon-(2)*, $C_{12}H_{15}NO_5S$, F. 149 bis 150° (Essigester/PAe.), durch 10std. Kochen von 25,9 g **IX** in Kohlensäurediäthylester in Ggw. von Na_2CO_3; 17,9 g. — 1.2.3.6-Tetrahydropyridine: *1-p-Toluolsulfonyl-* (**XIII**), $C_{12}H_{15}NO_2S$, F. 102—104° (PAe.), durch Zugabe von **X** in Chlf. zu 1.2.3.6-Tetrahydropyridin in W. u. Ansäuern nach 4 Std.; 90%. — *1-p-Chlorbenzolsulfonyl-* (**XIV**), $C_{11}H_{12}ClNO_2S$, F. 67—68° (PAe.). — Piperidine: *3.4-Dibrom-1-p-toluolsulfonyl-*, $C_{12}H_{15}Br_2NO_2S$, F. 116 bis 117° (wss. A.), durch Rk. von **XIII** mit Br_2 in CH_3COOH. — *trans-1-p-Toluolsulfonyl-3.4-dihydroxy-*, $C_{12}H_{17}NO_4S$, F. 126—127° (Essigester/PAe.), durch Zugabe von 47,4 g **XIII** in CH_3COOH bei 80° zu Peressigsäure (CH_3COOH u. 30%ig. H_2O_2) u. 4std. Erwärmen, Eindampfen auf ⅓ Vol. u. Zugabe von gesätt. Salz-Lsg., Extraktion mit Chlf., Kochen des Extraktes mit 80%ig. A. u. Na_2CO_3, Verdünnen mit W. u. Extraktion mit Chlf.; 28,5 g. *Diacetyl-*, $C_{16}H_{21}NO_6S$, F. 106—107° (Essigester/PAe.) durch 3std. Kochen von 8,8 g Diol mit **XII**; 11 g. — *cis-1-p-Toluolsulfonyl-3.4-dihydroxy-*, $C_{12}H_{17}NO_4S$, F. 138 bis 139° (Essigester), durch Zugabe von $NaClO_3$ in W. zu 59,3 g **XIII** in warmem A., dann von 0,25 g OsO_4 in W. bei 60°, langsame Zugabe von W. u. weiteres 4std. Erwärmen; 53,2 g. *Diacetyl-*, $C_{16}H_{21}NO_6S$, F. 131—133° (A.). — *trans-1-p-Chlorbenzolsulfonyl-3.4-dihydroxy-*, C_{11}·$H_{14}ClNO_4S$, F. 157—158° (Essigester), durch Hydroxylierung von **XIV** mit Peressigsäure. Daneben *4-Acetyl-Verb.*, $C_{13}H_{16}ClNO_5S$, F. 166—168° (A.). *Diacetyl-*, $C_{15}H_{18}$·$ClNO_6S$, F. 152—154° (Essigester/PAe.). — *cis-p-Chlorbenzolsulfonyl-3.4-dihydroxy-*, $C_{11}H_{14}ClNO_4S$, F. 167 bis 168° (Essigester), mit $NaClO_3$ u. OsO_4; 90%. *Diacetyl-*, $C_{15}H_{18}ClNO_6S$, F. 131—133° (Essigester/PAe.). — Piperazine: *1-Formyl-4-p-toluolsulfonyl-*, $C_{12}H_{16}N_2O_3S$, F. 144 bis 145° (Bzl.), durch 1std. Kochen von 25 g 1-Formylpiperazin u. 20,75 g **X** in Bzl.; 22,9 g. — *1-Butylcarbamoyl-*, *Hydrochlorid*, $C_9H_{20}ClN_3O$, F. 242—244° (A.), durch Zugabe von konz. HCl zu 86 g *Piperazin* (**XV**) in A., dann von **II** bei 60°, Stehen über Nacht, Abfiltrieren des **XV**-Di-HCl u. Einengen; 136 g. — *1-Butylcarbamoyl-4-p-chlorbenzolsulfonyl-*, $C_{15}H_{22}ClN_3O_3S$, F. 175—176° (wss. Methanol), durch Zugabe von 21,2 g **VIII** zu 22,15 g vorst. Verb. in Pyridin u. Verdünnen mit W.; 27 g. — *1-Butylcarbamoyl-4-toluolsulfonyl-*, $C_{16}H_{25}N_3O_3S$, F. 133 bis 135° (wss. Methanol); 80%. — *1-p-Methylbenzoyl-*, *Hydrochlorid*, $C_{12}H_{17}ClN_2O$, F. 283—285 °(Zers.), Methanol/Aceton), durch Zugabe von *p-Toluylchlorid* (**XVI**) zu **XV**-HCl (aus **XV**-Hydrat u. HCl) in A. bei 20°, Rühren über 1 Std. bei Raum-Temp. u. ½ bei 70°, Abdampfen u. Zusatz von W. — *1-Butylcarbamoyl-4-p-methylbenzoyl-*, $C_{17}H_{25}N_3O_2$, F. 137—138° (wss. A.), a) aus 12 g vorst. Verb. in Aceton/W. u. **II** in Ggw. von Na_2CO_3; 14 g. b) aus 22,15 g Butylcarbamoylpiperazin in Pyridin u. **XVI**; 20 g. — *1-Butylcarbamoyl-4-furoyl-*, $C_{14}H_{21}N_3O_3$, F. 135—137° (Essigester/PAe.); 63%. — *1-Butylcarbamoyl-4-diphenylcarbamoyl-*, $C_{22}H_{28}N_4O_2$, F. 168—169° (Essigester). — *1-[2-Hydroxycyclohexyl]-*, *Dihydrochlorid*, $C_{10}H_{22}Cl_2N_2O$, F. 264—266° (Methanol), durch Zugabe von KOH in Methanol zu 67,3 g 2-Chlorcyclohexanol u. 194 g **XV**-Hydrat in A. u. 4std. Kochen, Eindampfen zur Hälfte, abfiltrieren des *1.4-Bis-[2-hydroxycyclohexyl]-piperazins* (F. 203—205°; 15 g), Zugabe von CS_2 zum Filtrat, Absaugen des entstandenen *Dithiocarbamats*, Suspendieren in A. u. 1std. Kochen mit konz. HCl; 56,7 g. — *1-[2-Hydroxycyclohexyl]-4-p-toluolsulfonyl-*, $C_{17}H_{26}N_2$·O_3S, F. 169—171° (wss. A.), durch Zugabe von 15,9 g **X** zu 21,5 g vorst. Verb. in Pyridin u. 15 Min. Kochen; 23 g. — *3-Nitrotoluol-4-sulfochlorid*, $C_7H_6ClNO_4S$, F. 99 bis 101° (PAe./**VII**), durch Diazotieren von 4-Amino-3-nitrotoluol u. Zugabe zu gesätt. SO_2-Lsg. in CH_3COOH in Ggw. von $CuCl_2$, Gießen in Eis/Wasser. — 2-Nitrobenzolsulfonamide: *4-Methyl-* (**XVII**), $C_7H_8N_2O_4S$, F. 170 bis 172° (40%ig. A.), aus vorst. Verb. u. wss. NH_3 bei 15—20°. — *4-Methoxy-*, (**XVIII**), $C_7H_8N_2O_5S$, F. 143 bis 145° (wss. A.), durch Diazotieren von 4-Amino-3-nitroanisol u. Rk. mit SO_2 in CH_3COOH [*Sulfonylchlorid*, $C_7H_6ClNO_5S$, F. 80—82° (PAe./**VII**), u. Rk. mit NH_3 in W./Chlf. — *4-Fluor-*(**XIX**), $C_6H_5FN_2O_4S$, F. 155—156° (W.), analog aus 4-Fluor-2-nitroanilin. — *4-Brom-* (**XX**), $C_6H_5BrN_2O_4S$, F. 176—178° (wss. A.), analog aus 4-Brom-2-nitroanilin über das *Sulfonylchlorid* (C_6H_3BrCl·

NO_4S, F. 100—102°). — 2-Aminobenzolsulfonamide: *4-Methyl-*(**XXI**), $C_7H_{10}N_2O_2S$, F. 126—127° (W.), durch Red. von 32,4 g **XVII** mit Fe-Pulver in W./CH_3·COOH; 22 g. — *4-Methoxy-*, $C_7H_{10}N_2O_3S$, F. 141—142° (W.), analog aus **XVIII**. — *4-Fluor-*, $C_6H_7FN_2O_2S$, F. 126 bis 128° (W.), durch Hydrierung von 4,47 g **XIX** in A. über Pd/Kohle; 3,4 g. — *4-Chlor-*, $C_6H_7ClN_2O_2S$, F. 139 bis 141° (verd. A.), durch Red. von 2-Nitro-4-chlorbenzolsulfonamid mit Fe-Pulver in 70%ig. A. in Ggw. von CH_3COOH; 80%. — *4-Brom-*, $C_6H_7BrN_2O_2S$, F. 146 bis 148° (W.), analog aus **XX**. — 3-Oxo-3.4-dihydrobenzo-1.2.4-thiadiazin-1.1-dioxide: *6-Methyl-*, $C_8H_8N_2O_3S$, F. 291—293° (A.), durch Erhitzen von 18,6 g **XXI** mit 6,6 g Harnstoff über 30 Min. auf 200°; 18,5 g. — *6-Carboxy-*, $C_8H_6N_2O_5S$, F. 304—305° (Zers.; W.), durch Oxydation von 9,9 g vorst. Verb. in n/2 NaOH bei 60—70° mit $KMnO_4$; 9,75 g. — *6-Methoxy-*, $C_8H_8N_2O_4S$, F. 290—291° (Zers.; A.), analog vorvorst. Verb. bei 210°; 80%. — *6-Fluor*, $C_7H_5FN_2O_3S$, F. 272—274° (W.) analog bei 200°. — *6-Chlor-*, $C_7H_5ClN_2O_3S$, F. 304° (Zers.; A.). — *6-Brom-*, $C_7H_5BrN_2O_3S$, F. 313—315° (Zers.; wss. A.). — *6-Trifluormethyl-*, $C_8H_5F_3N_2O_3S$, F. 233—235° (wss. A.). W. Holland 4564◇

1297 **Adrenoglomerulotropin.** Gordon Farrell und William M. McIsaac. (Arch. Biochem. Biophysics **94,** 543—44, 1961; Cleveland, Ohio, Western Reserve Univ., Physiol. Dep. and Cleveland Clinic Foundation, Res. Div.; engl.) — Aus Rinderepiphyse wurde *Adrenoglomerulotropin*(**I**) durch Säulen- u. Papierchromatographie isoliert u. auf Grund des colorimetr., chromatograph. u. fluorometr. u. biolog. Vgl. als ein *Carbolin*, sehr wahrscheinlich *1-Methyl-6-methoxy-1.2.3.4-tetrahydro-2-carbolin*, identifiziert. Bereits Sub-μg-Mengen rufen maximale Aldosteronsekretion hervor. K. Maier 4565◇

1298 **Histamingehalt der Haut bei Urticaria pigmentosa. Spektrofluorometrische Bestimmung.** H. Zachariae. (Acta dermato-venereol. [Stockholm] **43,** 125—28, 1963; Copenhagen, Univ., Rigshosp., Dep. of Skin and Ven. Dis.; Dep. of Clin. Chem.; engl.) — In 3 Fällen von Urticaria pigmentosa enthielt die Haut 1033—2083 μg *Histamin*/g im Vgl. zu 5,3—18,4 μg/g bei Normalpersonen. Eine Meth. zur spektrofluorometr. Best. wird beschrieben. K. Zingraf 4569◇

1299 **Stoffwechsel und Funktionen von Histamin.** Paul P. van Arsdel jun. und Gildon N. Beall. (A. M. A. Arch. intern. Med. **106,** 714—33, 1960; Seattle, Univ. of Washington School of Med., Dep. of Med.; engl.) — Übersicht; Bldg., Speicherung u. Stoffwechsel; Mechanismus der Histaminfreisetzung; Abbau von *Histamin*; Physiologie; Beobachtungen in bezug auf Krankheiten des Menschen. — 203 Literaturangaben. W. Hiller 4569◇

1300 **Reaktionen des Hamsters gegenüber Histamin und Acetylcholin.** A. Matsumoto. (Tokyo Jikeikai med. J. **70,** 831—34, 1955; jap.) Gottfried Schreiber 4569△

1301 **Colorimetrische Bestimmung der urinären 5-Hydroxyindole.** 2. Mitt. **Bestimmung von 5-Hydroxyindolyl-(3)-essigsäure.** Francisco Javier Solduga Camarero. (Medicamenta [Madrid] **25(13),** Nr. 204. 65—68, 1961; Barcelona, Fac. de Farmacia, Catedra de Bioquimica; span.) — Mit Hinweis auf die Bedeutung bei der Krebsdiagnostik beschreibt Vf. kurz die Technik der Best. von *5-Hydroxytryptamin* (**I**) im Urin nach der Meth. von Hanson u. Serin, sowie die nach MacFarlane. Die Meth. nach Udenfried, Titus u. Weisbach (J. biol. Chem. **215,** [1955], 337) wird in der Weise modifiziert, daß die störenden Ketosäuren als Dinitrophenylhydrazone entfernt werden. Es wird darauf hingewiesen, daß der Peroxidgeh. des zur Extraktion verwendeten Ae. zu Irrtümern Anlaß gibt. Trotz der vergleichsweise hohen Spezifität der Meth. stören Stoffwechselprodd. von Chlorpromazin, Reserpin u. ähnlichen Pharmacis. Die jeweilige Diät beeinflußt den **I**-Geh. des Urins. — Mit der Meth. werden etwa 72% des vorhandenen **I** erfaßt. F. Zeidler 4569◇

1302 **Das Juvenilhormon.** 1. Mitt. **Endokrine Aktivität der Corpora allata der erwachsenen Cecropia.** Carroll M. Williams. (Biol. Bull. **116,** 323—38, 1959; Cambridge, Mass., Harvard Univ., Biol. Labor.; engl.) — *Juvenilhormon* (**I**) wird in hoher Konz. durch die Copora allata (C. a.) der erwachsenen Cecropia abgesondert, trotzdem hat **I** keine sichtbare Funktion im erwachsenen Schmetterling. Entfernung der C. a. im Puppenzustand stört die Bldg. der normalen Raupen, deren Geschlechtszellen zur normalen Entw. führen würden. Die C. a. sind inakt. während des ganzen Puppenzustandes u. während der ersten 2/3 der Erwachsenenentwicklung. Wenn aktive C. a. einer Puppe gerade vor dem Beginn des Erwachsenenzustandes eingepflanzt werden, so wirkt **I** der Bldg. dieses Zustandes entgegen; es wird eine Mischung von Puppe u. Erwachsenenzustand gebildet. Bei Ggw. hoher Konz. von **I** bildet sich die Puppe in eine zweite Puppe um, die nur Spuren des Erwachsenenzustandes zeigt. Die biolog. Wrkg. von **I** wird allein in Ggw. von akt. Prothoraxdrüsen oder deren Sekret, dem *Ecdyson*-(**II**)-hormon, ausgeübt. Isolierte Puppenhinterleiber reagieren auf **I**, wenn nicht **II** zugleich vorhanden ist. Sind beide Hormone vorhanden, so beendet der Puppenhinterleib seine Entw. u. geht in einen zweiten Puppenleib über. C. a. sondert also einen Faktor ab, der das Hirnhormon nachahmen kann u. die Prothoraxdrüsen aktiviert. Dieser Befund wird in Beziehung gebracht zu der endokrinen Steuerung des Larvenzustandes. P. Nachtwey 4569◇

1303 **Porphyrietypen: einige Gedanken über beteiligte biochemische Mechanismen.** C. Rimington. (Ann. New York Acad. Sci. **104,** 666—75, 1963; London, Univ. Coll. Hosp., Med. School, Dep. of Chem. Pathol.; engl.) — Die exakten biochem. Störungen, die für Porphyrien verantwortlich sind, bedürfen noch der Klärung, so daß Klassifizierungen vorerst noch auf der Basis klin. Beobachtungen aufgestellt werden müssen. Es werden deshalb übersichtsmäßig die verschiedenen Muster der chem. u. biochem. Störungen des *Porphyrin*-Stoffwechsels aufgezeigt. — 22 Literaturangaben. U. Tausendfreund 4572◇

1304 **Die Heterogenität eines normalen Erwachsenenhämoglobins.** Tadeusz W. Szczepkowski und Leszek Konieczny. (Clin. chim. Acta [Amsterdam] **5,** 383—91, 1960; Cracow, Med. Acad., Dep. of Physiol. Chem.; engl.) — Gereinigte Hämolysate menschlicher Erythrocyten wurden als *Oxyhämoglobin* (*HbO_2*) bzw. *Methämoglobin* (*MetHb*) einer Propanoldenaturierung im alkal. Glykokollpuffer-Milieu unterworfen. Dabei verläuft die Denaturierungskinetik nicht einheitlich (wie das für die Alkalidenaturierung gleichfalls bekannt ist). Die Krümmung der Denaturierungskurve wird auf das Vorliegen unterschiedlicher *Hb*-Fraktionen im Hämolysat bezogen. Durch Chromatographie des Hämolysats an einer Cellulosesäule bzw. auch durch fraktionierte $(NH_4)_2SO_4$-Fällung lassen sich verschiedene Fraktionen erhalten, die bei der Propanoldenaturierung einheitliches Verh. zeigen. In der Regel können dabei 3 Fraktionen erhalten werden, die eine unterschiedliche Denaturierungs-Geschw. besitzen, *MetHb*-Präpp. denaturieren schneller als *HbO_2*-Proben. W. Scheler 4572◇

1305 **Chemische und kristallographische Untersuchung zweier Fraktionen von adultem Pferdehämoglobin.** M. F. Perutz, L. K. Steinrauf, Anne Stockell und A. D. Bangham. (J. molecular Biol. **1,** 402—04, 1959; Cambridge, Med. Res. Council Unit for Mol. Biol., Cavendish Labor.; Babraham, Cambridge, Agricult. Res. Council, Inst. of Animal Physiol.; engl.) — Adultes *Pferdehämoglobin* (**I**) besteht aus 2 elektrophoret. trennbaren Fraktionen. Die beiden Komponenten der Methämoglobin-Form wurden an einer Carboxymethylcellulose-Säule getrennt u. rekonzentriert. Danach erfolgte die Kristallisation mittels 2 m $(NH_4)_2SO_4$. Röntgenstrukturanalyt. waren die Kristalle beider **I**-Fraktionen weder in den Abmessungen der Einheitszelle noch in den Intensitäten der Reflexe zu unterscheiden. Auch die sichtbaren u. UV-Spektren waren gleich. Trypt. Hydrolysate beider **I**-Fraktionen wurden dem „Fingerprinting"-Verf. unterworfen. Sie unterschieden sich dabei nur in 1 Peptid, die Trypsin-resistenten „Cores" wurden chymotrypt. gespalten, sie sind in beiden **I**-Fraktionen identisch. Die Röntgenstrukturanalyse, die mit einem nicht getrennten

I ausgeführt wurde, ist somit verbindlich; sie dürfte nur an einer sehr eng umschriebenen Stelle des Mol. unsicher sein. W. Scheler 4572◇

1306 **Elektrophoretische Untersuchung multipler Hämoglobine bei einigen Süßwasserfischen.** Georg O. Schumann. (Rep. Inst. Freshwater Res., Drottningholm **1959,** Nr. 40, 176—97.) — Elektrophoret. wurden je 3 *Hämoglobine* (**I**) nachgewiesen bei *Salmo trutta lacustris, S.* (Salvelinus) *fontinalis, S.* (Salvelinus) *alpinus, Coregonus nasus, C. oxyrhynchus, C. albula, Thymallus thymallus* u. *Salmo irideus.* 2 **I** besaßen: *Abramis brama, A. blicca, Phoxinus phoxinus, Cyprinus carassius, Cyprinus carpio, Lota lota, Lucioperca sandra, Acerina cernua, Esox lucius* L., *Cottus poecilopus, Salmo salar, S. trutta trutta, S. trutta fario* u. *Oxyrhynchus keta.* K. Zingraf 4572◇

1307 **Reinigung und Eigenschaften der Hämoglobine aus Ascaris lumbricoides.** Kiyoshi Kuroda. (Seikagaku [Biochemie, Tokyo] **32,** 729—35, 1960; Tokyo, Nippon Med. School, Biochem. Labor.; jap.) R. Gutzschebauch 4572◇

1308 **Aspekte der Hämoglobin-Funktion in den Larven der Mücke Chironomus plumosus L.** Roy E. Weber. (Proc., Kon. nederl. Akad. Wetensch., Ser. C **66,** 284—95, 1963; Leyden, Univ., Sub-Dep. of Animal Physiol., Inst. of Experim. Zool.; engl.) — Das Blut machte bei *Chironomus* 45% des Feuchtgew. des Tieres aus; sein O_2-Bindevermögen betrug 8,3 Vol.-%. Das *Hämoglobin* ist in verd. Lsg. äußerst instabil. Die O_2-Gleichgew.-Kurve von frischem Blut verläuft hyperbol. u. zeigt eine sehr hohe O_2-Affinität. Die Entladespannungen werden durch pH u. Temp. beeinflußt. K. Zingraf 4572◇

1309 **Spezifischer Transport von Sauerstoff durch Hämoglobinlösungen.** E. Hemmingsen und P. F. Scholander. (Science [Washington] **132,** 1379—81, 1960; La Jolla, Calif., Univ. of California, Scripps Inst. of Oceanography; engl.) — Es wurde früher gezeigt, daß der O_2-Transport durch eine *Hämoglobin*(**I**)-Lsg. viel schneller erfolgt als durch Wasser. Die Beziehung ergab sich dabei: Gesamt-O_2-Fluß = N_2-Diffusion × 0,56 + Const. Dabei ist 0,56 das O_2/N_2-Verhältnis in der **I**-freien Lösung. Der O_2-Fluß sollte somit einmal einer einfachen Fickschen Diffusion + einem spezif. Transport durch das **I** zugeordnet werden. In der neuen Vers.-Anordnung wurde versucht, den O_2-Transport durch eine **I**-Membran in Abhängigkeit von ΔpO_2 zu verfolgen. Dabei zeigt sich, daß beim O_2-Transport eine einfache Diffusion vorliegt, wenn der O_2-Gegendruck > 10 mm Hg ist; erst bei einem O_2-Gegendruck < 10 mm Hg steigt der O_2-Fluß stark an, erreicht sein Maximum bei einem Gegendruck von 0 mm Hg. Das bedeutet somit, daß der spezif. Transport des O_2 durch **I** schon verschwindet, wenn ein leichter O_2-Gegendruck vorliegt. Dieser Blokkadeeffekt durch O_2 ist spezifisch. Der spezif. O_2-Transport durch **I** erwies sich von pH u. Temp. unabhängig. Er scheint an die kinet. Bewegung der **I**-Moll. gebunden zu sein, da durch Gelatinezusatz zu den **I**-Membranen eine Verlangsamung des O_2-Transportes bei gleichbleibender N_2-Diffusion eintritt. Die Bedeutung des O_2-Gegendruckeffektes für die physiolog. Verhältnisse im Organismus wird diskutiert. W. Scheler 4572◇

1310 **Wesen und Bedeutung des Bohr-Effektes in Säugetierhämoglobinen.** Austen Riggs. (J. gen. Physiol. **43,** 737—52, 1960; Austin, Univ. of Texas, Zool. Dep.; engl.) — Es wurden die O_2-Gleichgew. von *Hämoglobin(en)* (**I**) verschiedener Species (Maus, Meerschweinchen, Kaninchen, Hund, Mensch, Schwein, Pferd, Rind, Elefant) in Abhängigkeit vom pH bestimmt. Der Bohr-Effekt bzw. die Zahl der bei der Oxygenation des **I** freigesetzten Protonen ist dabei um so größer, je geringer die Körpergröße des Tieres ist. Bei Titration der verschiedenen **I**-Arten mittels Hg-Ionen werden zur Zahl der bei Oxygenierung freiwerdenden H^+-Ionen etwa äquivalente Mengen Hg-Ionen gebunden. N-Äthylmaleinimid-Vorbehandlung von menschlichem **I** verhindert die Bindung von Hg-Ionen. Es wird geschlossen, daß **I**-Arten mit geringem Bohr-Effekt (große Tiere) eine geringe Zahl sofort titrierbarer SH-Gruppen aufweisen u. umgekehrt. Weiterhin wird der Einfl. von CO_2 auf das O_2-Gleichgew. verschiedener **I**-Arten bestimmt. Es ergibt sich eine ähnliche Korrelation zur Körpergröße, wobei die CO_2-Menge, die vom **I** gebunden werden kann, um so größer ist, je kleiner das Tier ist (Meerschweinchen u. Kaninchen machen eine Ausnahme). Bei der Diskussion der Ergebnisse wird auf die relative Stoffwechselaktivität (O_2-Verbrauch u. Wärmeprod.) der Species eingegangen, die um so höher liegt, je kleiner das Tier ist. Der unterschiedliche Bohr-Effekt wird als mol. Adaption des **I** über eine unterschiedliche Zahl von Cysteinylresten an die Stoffwechselbedingungen gedeutet. W. Scheler 4572◇

1311 **Mechanismus des Transfers proteingebundenen Eisens für die Hämbiosynthese.** Ann C. Lochhead und A. Goldberg. (Clin. Sci. **24,** 229—37, **1963;** Glasgow, Univ. Dep. of Med., Gardiner Inst., Western Infirm.; engl.) — Reduzierend wirkende Substanzen üben beim *Fe*-Stoffwechsel eine wichtige Funktion aus. So wird der Transfer von proteingebundenem Fe für die *Häm*-Biosynth. (in vitro aus Protoprophyrin u. an Siderophilin oder Leberhomogenat gebundenem ^{59}Fe unter Verw. von Rattenleberhomogenat oder Mitochondrien als Enzymquelle) durch *Ascorbinsäure, red. Glutathion, Cystein* u. *red. Nicotinamidadenindinucleotid* beträchtlich gesteigert. *Adenosintriphosphat* steigert nur den Transport von Siderophilin-gebundenem Fe für den Einbau in Protoporphyrin, ist jedoch ohne Wrkg. auf das an Rattenleberprotein gebundene Fe. Die Funktion der red. wirkenden Substanzen besteht vermutlich in der Überführung der gebundenen, oxydierten Fe-Form in die red. Transportform von Fe. U. Tausendfreund 4572◇

1312 **Hämoglobinsynthese in Entenerythrocyten.** 2. Mitt. Yoshiki Sugita, Shigeki Minakami und Yoshimasa Yoneyama. (Seikagaku [Biochemie, Tokyo] **32,** 806—08, 1960; Tokyo, Univ. of Tokyo, Fac. of Med., Dep. of Physiol. Chem. and Nut.; jap.) Else Lehmann 4572◇

1313 **Fermentmechanismen bei der Porphyrinsynthese: mögliche enzymatische Blockierungen bei Porphyrien.** Lawrence Bogorad. (Ann. New York Acad. Sci. **104,** 676—88, 1963; Chicago, Ill., Univ. of Chicago, Dep. of Botany; engl.) — Übersicht über den Ablauf der *Porphobilinogen-, Uroporphyrinogen-* u. *Häm*-Biosynth., sowie Betrachtungen über die möglichen Fermentblockierungen bei den Porphyrien. — 28 Literaturangaben. U. Tausendfreund 4572◇

1314 **Darstellung und Eigenschaften von Hämoglobin α^A, einem aus α^A-Polypeptidketten bestehenden Hämoglobin.** E. R. Huehns, N. Dance, E. M. Shooter und G. H. Beaven. (J. molecular Biol. **5,** 511—20, 1962; London, Univ. Coll., Dep. of Biochem.; Hampstead, London, Med. Res. Council Labor.; engl.) — Wird normales *Hämoglobin* vom erwachsenen Menschen (*Hb-A*), das aus zwei α^A- u. aus zwei β^A-Ketten besteht, in Methämoglobin überführt u. auf Carboxymethylcellulose chromatographiert, so werden 1—4% des gesamten eluierten Pigmentes nach Elektrophorese u. trypt. Abbau als ein Hämoglobin identifiziert, das nur α^A-Ketten enthält. Die durch Kombination dieses *Hb-*α^A mit weiteren Hb-Species erhaltenen neuen Hb-Arten werden beschrieben. *Hb-*α^A kommt nicht in vivo vor. L. Träger 4572◇

1315 **Über Umsetzungen des Anhydromethämoglobins.** W. Scheler, G. Schoffa und F. Jung. (Acta biol. med. german. [Berlin] **1,** 32—39, 1958; Berlin, Dtsch. Akad. d. Wiss., Inst. für Med. u. Biol., Arbeitsber. Pharmakol. Humboldt-Univ., Inst. für Pharmakol. u. Toxikol.) — *Methämoglobin* (**I**) vom Pferd wurde lyophilisiert u. danach in Glycerin gelöst. Dieses Prod. besitzt eine Parahämatinstruktur. Bei Zusatz von W. geht es wieder in die **I**-Form über. Die Halbumwandlungs-Konz. an W. lag bei 2 Mol/Liter. Damit verbunden ist auch ein Wiederanstieg des magnet. Moments (13800 · 10^{-6} cgs-Einheiten). Das lyophilisierte, in Glycerin gelöste **I** reagiert mit verschiedenen Alkoholen, diese Verbb. sind durch eine **I**-ähnliche Lichtabsorption gekennzeichnet, die Alkohol-Bindung ist reversibel. Die Bindungs-Konst. für CH_3OH bzw. C_2H_5OH liegen bei 9,1 · 10^{-3} bzw. 1,8 · 10^{-2} Mol./

Liter. Die magnet. Susceptibilität beträgt für das CH_3OH-Deriv. 14010 · 10^{-6} cgs.-Einheiten. Propanole werden hingegen in analoger Weise wie Methanol bzw. A. nicht gebunden. *Anhydro*-**I** in Glycerin reagiert mit verschiedenen Liganden (CN^-, N_3^-, F^-, Formiat⁻, Azetat⁻, OCN^-, SCN^-, NO_2^-, Imidazol). Die Lichtabsorption der gebildeten Komplexe entspricht der im wss. Medium. Die Dissoziations-Konst. der gebildeten Komplexe wurden bestimmt u. denen der wss. Lsgg. gegenübergestellt.
W. Scheler 4572◇

1316 **Dissoziation des Hämatins aus Hämoproteinen bei neutralem pH.** Alessandro Rossi-Fanelli und Eraldo Antonini. (J. biol. Chemistry **235**, PC4—5, 1960; Rome, Univ., Inst. of Biol. Chem.) — Spektral u. papierelektrophoret. wird gezeigt, daß *Protohämin* aus dem nativen *Metmyoglobin* von *Aplysia* auf *Pferdeapomyoglobin* übergehen kann. Dieser Hämatin-Austausch wird auch bei anderen Eiweißen beobachtet. *Deutero*- bzw. *Mesohämin* werden aus ihren rekombinierten Hämoglobinen durch Zugabe von *Protohämin* ebenfalls verdrängt.
W. Scheler 4572◇

1317 **Kernmagnetische Relaxationen von Wasserprotonen unter dem Einfluß von Methämoglobin und Metmyoglobin.** Hideo Kon und Norman Davidson. (J. molecular Biol. **1**, 190—91, 1959; Pasadena, Calif., Inst. of Technol., Div. of Chem. and Chem. Engineering; engl.) — Paramagnet. Stoffe beschleunigen die kernmagnet. Relaxation von Wasserprotonen. In Erweiterung der von Davidson u. Gold (Biochim. biophys. Acta **26**, [1957], 370) mitgeteilten Befunde über die Relaxationseffektivität von *Methämoglobin* (**I**) wird gezeigt, daß Pottwal-*Metmyoglobin* (**II**) wesentlich aktiver ist als Menschen-**I**. So liegt für **II** $^1/T_1 \cdot c$ bei 1400 ± 100, für **I** bei 250 ± 50 u. für das Fe^{3+} bei 1,15 · 10^4 $sec^{-1} \cdot M^{-1} \cdot l$. Der früher für **I** angegebene Wert von 110 wird damit korrigiert. Die Ergebnisse werden so gedeutet, daß im **I** die Hämingruppe durch das Protein stärker vom Solvens abgeschirmt ist als im **II**. W. Scheler 4572◇

1318 **Untersuchungen über den Einfluß von Hämin- und Hämoproteinderivaten auf die kernmagnetische Protonenrelaxation wäßriger Lösungen.** W. Scheler. (Biochim. biophysica Acta [Amsterdam] **66**, 424—33, 1963; Greifswald, Ernst-Moritz-Arndt-Univ., Pharmakologisches Institut; dt.) — Für die Beeinflussung der kernmagnet. Relaxation von Wasserprotonen, gemessen mittels eines Spin-Echo-Spektrometers für 16 MHz Protonenresonanzfrequenz, fand sich folgende Reihenfolge: Neutrales Ferricytochrom c < Pferdemethämoglobin < Pferdemetmyoglobin < Chironomusmethämoglobin < saures Ferricytochrom c < Hämatin. Wird freies Hämatin an ein Makromolekül gebunden, sinkt die Relaxations-Effektivität. Diese wird auf einen magnet. u. einen ster. Anteil reduziert, der letztere gibt ein Maß für die Zugänglichkeit der prosthet. Gruppe.
M. Wiedemann 4572◇

1319 **Empfehlungen für die Nomenklatur der Hämoglobine.** P. S. Gerald und V. M. Ingram. (Science [Washington] **134**, 2037, 1961; Boston, Mass., Children's Hospital Med. Center and Harvard Med. School; Cambridge, Massachusetts Inst. of Technol., Dep. of Biol.; engl.) — Inhaltlich ident. mit der C. **1962**, 13456 referierten Arbeit. K. Maier 4572◇

1320 **Der Einfluß einiger Erythrocytenfaktoren auf die Sauerstoffbindungskapazität des Hämoglobins.** J. Hořejši und A. Komárková. (Clin. chim. Acta [Amsterdam] **5**, 392—95, 1960; Prague, Res. Inst. of Haematol. and Blood Transfusion; Med. Fac. Central Biochem. Labor. Hosp.; engl.) — Vgl. C. **1960, 892**. — Zusatz von *Carboanhydrase* (**I**) zu Blut bzw. einer *Hämoglobin*(Hb)-Lsg. verschiebt die HbO_2-Dissoziationskurve nach rechts. So beträgt für die Verss. mit Gesamtblut die Hillsche Konst. 199 · 10^{-4}, in Ggw. von **I** 170 · 10^{-4}, bei Anwesenheit von **I** + *Diamox* (**II**) 183 · 10^{-4} u. in Ggw. von **I** u. *red. Glutathion* 138 · 10^{-4}. Der **I**-Hemmstoff **II** vermag somit die **I**-Wrkg. z. T. zu hemmen, ebenso *Cyanid*. Die Rechtsverschiebung der HbO_2-Dissoziationskurve durch **I** wird bei Zugabe von *Ascorbinsäure* (**III**) noch stärker, *Essigsäure* ist hingegen ohne Einfluß. Auch bei Abwesenheit von **I** bewirkt **III** eine Abnahme der Hillschen Konstante. Der Effekt kann bisher nicht gedeutet werden.
W. Scheler 4572◇

1321 **Erythrokinetik und Eisenstoffwechsel bei Porphyria erythropoetica des Rindes.** J. J. Kaneko. (Ann. New York Acad. Sci. **104**, 689—700, 1963; Davis, Calif., Univ. of California, Dep. of Clin. Pathol.; engl.) — Unters. der Erythrocyten-Überlebenszeit (mit $^{14}C_{(2)}$-Glycin) u. der Eliminierungskurve für ^{59}Fe aus dem Plasma bei Kühen mit Porphyria erythropoetica zeigt, daß hierbei eine mehr als doppelte Steigerung des Erythrocyten-Ersatzes noch vor dem objektiven, morpholog. Auftreten einer Anämie im peripheren Blut zu verzeichnen ist.
U. Tausendfreund 4573◇

1322 **Stoffwechselmuster bei drei Typen phagocytierender Zellen.** Rachel Oren, Ann E. Farnham, Kazuhisa Saito, Eva Milofsky und Manfred L. Karnovsky. (J. Cell Biol. **17**, 487—501, 1963; Boston, Mass., Harvard Med. School, Biophys. Labor and Dep. of Biol. Chem.; engl.) — Es wurde die stoffwechselmäßige Grundlage des Phagocytosevorganges bei einkernigen Leukocyten, Alveolar-Makrophagen im Vgl. mit polymorphkernigen Leukocyten (jeweils vom Meerschweinchen) untersucht. Danach stammt die Energie für die Phagocytose der Alveolar-Makrophagen zu einem beträchtlichen Teil aus oxydativer Phosphorylierung, während die Monocyten (aus Peritonealexsudaten) u. die vielkernigen Leukocyten ihre Energie ausschließlich aus Glykolyse beziehen. Im Unterschied zu Makrophagen wird bei den beiden Leukocyten-Typen durch die Phagocytose der Einbau von anorgan. ^{32}P in die Phosphatide gefördert.
U. Tausendfreund 4573◇

1323 **Eine einfache Modifizierung der elektrophoretischen Darstellung von Serumalbumin auf Agar.** Jiří Pradáč. (Chem. Listy **56**, 1355—56, 1962; Praha, Karlova Univ., Fak. všeobecného lékařství, Biofysikální ústav; tschech.) — Es wurde ein modifiziertes Verf. zur elektrophoret. Darstellung von Proteinen auf Agar ausgearbeitet, das einen minimalen Aufwand erfordert. Die Agar-Schicht befindet sich auf einem Diapositivglas von 8,5 × 8,5 cm, die schnellste Proteinfraktion wird in einer Rinne im Agar gesammelt, die mit 1%ig. Lsg. von NaCl gefüllt ist. Das Vol. der aufgetragenen Eiweiß-Lsg. ist auf 0,6—3 ml begrenzt.
V. Holeyšovský/Prag 4574△

1324 **Eine erneute Untersuchung des Verhaltens des menschlichen Mercaptalbumins bei der Säuretitration. Veränderungen der amphoteren Eigenschaften verbunden mit der N–F-Transformation.** Joseph F. Foster und Patricia Clark. (J. biol. Chemistry **237**, 3163—70, 1962; Lafayette, Ind., Pardue Univ., Dep. of Chem.; engl.) — Es wird erneut die Titrationskurve des menschlichen *Mercaptalbumins* (**I**) unter gleichen experimentellen Bedingungen u. mit dem gleichen **I**-Präp. bestimmt, die bei den Unterss. über das elektrophoret. Verh. von **I** in saurer Lsg. von Clark, Rachinsky u. Forster (J. biol. Chemistry **237**, [1962], 2509) angewendet wurden. Durch vergleichende Best. der Wasserstoffionenbindung, elektrophoret. Beweglichkeit u. N–F-Transition (N–F: native-isomerisierte Form) als Funktion des pH-Wertes ergab sich einwandfrei, daß die Titrationsanomalie von **I** auf der N–F-Rk. u. nicht auf Expansion beruht. Weiterhin ergab sich, daß die Isomerisation zu einer Demaskierung oder Normalisierung einer großen Zahl der Carboxylgruppen (möglicherweise 50) führt, die im wesentlichen in der N-Form maskiert vorliegen.
P. Teichgräber 4574◇

1325 **Einfluß eines aus Fibrinogen entstandenen Antithrombins (Antithrombin VI) auf das Blutgerinnungssystem.** S. Niewiarowski, E. Kowalski und J. Stachurska. (Acta biochim. polon. **6**, 43—53, 1959; Warszawa, Pracownia Biochemii Klinicznej, Inst. Hematol.; engl.) — Aus gereinigten Fibrinogen-Plasmin-Inkubationsgemischen wurde durch isoelektr. Präzipitation u. durch fraktionierte Fällung des Überstandes mit Ammoniumsulfat eine gereinigte Präparation eines Gerinnungshemmstoffes gewonnen, der als *Antithrombin VI* (**I**) bezeichnet wird. Die Ausbeute an **I** ist bei Verw. von Fibrinogen größer als bei Verw. von Fibrin. Die Gerinnungszeit von Gesamtblut u. recalcifiziertem Plasma wird nur gering, die Thrombingerinnungszeit des Plasmas hingegen stark verzögert. Die Thromboplastin-Bldg. wird durch **I** nicht beeinflußt, eine Antithromboplastinaktivität wurde nur in inhomogenen Präparationen beobachtet. Die Umwandlung von Prothrombin in Thrombin in Ggw. von Ca^{2+} u. Gewebethromboplastin wird durch **I** nicht beeinflußt, hingegen hemmt es kompetitiv die Thrombin-Wrkg. auf Fibrinogen. Die Antithrombinaktivität des **I** wird in Inkubationsgemischen mit Thrombin mit Fortschreiten der Zeit schwächer. Die **I**-Wrkg. auf Thrombin wird durch Protaminsulfat partiell antagonisiert. Dem **I** als Fibrinogenproteolyse-Prod. wird eine physiolog. Bedeutung im "steady-state"-System: Gerinnungs-Fibrinolyse zugesprochen, ebenso könnte es im patholog. Geschehen eine Rolle spielen. W. Scheler 4574◇

1326 **Untersuchungen über eine neue Bestimmungsmethode der Aktivität von Fibrin-Stabilisierungsfaktor und ihre klinische Anwendung.** S. Yanagita. (Tokyo Jikeikai med. J. **76**, 688—706, 1961; jap.) J. Lehmberg 4574◇

1327 **Einfluß von Chlorpropamid und Glucose auf die fibrinolytische Aktivität.** M. Verstraete, A. Amery, H. Maes und J. Vermylen. (J. Lab. clin. Med. **61**, 926—34, 1963; Leuven, Belgium, Univ. of Louvain; engl.) — Nach i.v. Injektion von *Chlorpropamid* (**I**) nimmt die *Glucose* (**II**)-Konz. im Blut ab. In 10 Fällen mit deutlicher Abnahme der **II**-Konz. im Blut (unter 60 mg%) wurde in den ersten 3 Std. nach Injektion von **I** eine deutliche Zunahme der fibrinolyt. Wrkg. von *Euglobinen* (**III**) auf nicht erhitztes Fibrin beobachtet. Dabei bestand weder eine Zunahme der *Plasmin*-Aktivität noch eine Abnahme des Fibrinogen-Gehaltes. Infusion von **II**, unmittelbar nach Injektion von **I**, kann die Hypoglykämie verhüten u. bewirkt eine Abnahme der fibrinolyt. Wrkg. von **III**. K. Zingraf 4574◇

1328 **Beweis für einen antithrombotischen Effekt von Dicumarin.** Daniel Deykin, Stanford Wessler und Stanley M. Reimer. (Amer. J. Physiol. **199**, 1161—64, 1960; Boston, Mass. Beth Israel Hosp.; Harvard Med. School, Dep. of Med.; engl.) — Untersucht wurde der Einfl. von *3.3'-Methylen-bis-[4-hydroxycumarin]* (**I**) auf die Unterdrückung der im Serum vorhandenen Thrombose-beschleunigenden Aktivität beim Hund, die als Maß für die antithrombot. Wrkg. von **I** in vivo mit den Daten eines antikoagulierenden Effektes in vitro verglichen wurde. Hunde erhielten 3—48 Tage lang **I** oral, bis die Prothrombinaktivität auf weniger als 15% abgesunken war. Serum dieser Hunde wurde Kaninchen i.v. injiziert u. sofort damit ein Stück einer vorher freigelegten Jugularisvene für 10 Min. abgeklemmt. 1,26 ml Normalserum/kg Kaninchen bewirken bei 96% der Tiere einen Thrombus. Der antithrombot. Effekt von **I** war schon nach einer Zeitspanne von 1 Woche der mehr nachweisbare, wenn große **I**-Initialdosen (37,5 mg/kg) täglich gegeben wurden. Es bestand aber keine klare Korrelation zwischen der Senkung der Thrombose-beschleunigenden Aktivität u. der andere Antikoagulantienfaktoren betreffenden Senkung durch **I**. K. Böhm 4574◇

1329 **Quantitative Untersuchungen über die Wirkung von Dicumarol bei experimenteller Thrombose.** E. A. Murphy, J. F. Mustard, H. C. Rowsell und H. G. Downie. (J. Lab. clin. Med. **61**, 935—43, 1963; Guelph, Ontario Vet. Coll., Dep. of Physiol. Sci.; Toronto, Univ. of Toronto, Dep. of Med.; Dep. of Veterans Affairs, Sunnybrook Hosp.; engl.) — Bei der Unters. der Thrombusbldg. in einem standardisierten extracorporalen Kreislauf bei Schweinen ergab sich, daß das Gew. des Thrombus verringert war, wenn oral verabreichtes *Dicumarol* eine deutliche Verlängerung der Prothrombenzeit bewirkte; wenn jedoch die Verlängerung nur gering war, war die Thrombusmenge größer als bei nicht behandelten Tieren. Auch mit kräftigster Behandlung konnte die Thrombusbldg. nicht vollständig verhütet werden. Die Fibrinbldg. wurde zwar verringert, aber die Bldg. von Thrombocytenklumpen wurde wenig beeinflußt. K. Zingraf 4574◇

1330 **Wirkung von Warfarin, Äthylbiscumacetat und Phenindion auf die Faktoren des Prothrombinkomplexes.** Ingrid Norén und Armand J. Quick. (J. Lab. clin. Med. **61**, 302—07, 1963; Milwaukee, Wis., Marquette Univ. School of Med., Dep. of Biochem.; engl.) — Durch *Warfarin-Natrium* (*Coumadin*), *Äthylbiscumacetat* (*Tromexan*) u. *Phenindion* wurde die Einstufen-Prothrombinzeit nach Quick u. nach Keller, Löliger u. Duckert deutlich verlängert. Eine Abnahme zeigten Faktor X, Faktor VII u. Prothrombingehalt. K. Zingraf 4574◇

1331 **Die Bildung von Staphylokoagulase in einem Spezialmedium.** Isabel L. Szeto und Paul Halick. (J. Bacteriol. **75**, 316—19, 1958; Detroit, Mich., Coll. of Med., Wayne State Univ., Dep. of Physiol. and Pharmacol.; engl.) — Eine Reihe von Nährmedien wurde im Hinblick auf ihren Einfl. auf die Bldg. der gegen menschliches Blutplasma wirksamen *Koagulase* (**I**) von *Staphylococcus aureus* untersucht. Chem. definierte Medien hatten einen hemmenden Einfl. auf die Enzym-Bldg., wogegen ein dialysiertes Herz-Brühe-Medium zu einem hohen Enzym-Titer führte. Dabei war im Zusammenhang mit positiver oder negativer Enzym-Bldg. ein entsprechender Ausfall der Biuret.-Rk zu beobachten. Die Ergebnisse papierchromatograph. Unterss. lassen darauf schließen, daß Peptide, die im Dialysat-, dagegen nicht im chem. definierten Medium, vorhanden sind, von Bedeutung für die **I**-Bldg. sind. Fortschreitende Hydrolyse des dialysierten Mediums durch 6 n H_2SO_4 ergab stark abnehmende Enzym-Produktion. K. Ring 4574□

1332 **Lävan als Blutersatz: Beziehungen zwischen der Polymergröße und dem Verhalten im Organismus.** Israel Schechter und Shlomo Hestrin. (J. Lab. clin. Med. **61**, 962—78; 1963; Jerusalem, Hebrew Univ., Dep. of Biol. Chem.; engl.) — 0,5 u. 4 Std. nach Injektion von *Lävan* (**I**; Molgew. durch Endgruppenanalyse M_n 24000, Molgew. durch Lichtzerstreuung M_w 13000 bestimmt) nach Aderlaß wurde bei Kaninchen kein Defizit des Blutvol. beobachtet. **I** mit einem Molgew. (M_n 30000, M_w 100000), das zur Anwendung als Plasmaersatz eventuell in Frage kommt, bewirkte keine wesentliche Veränderung der Erythrocytenaggregation, Blutkörperchensenkungsgeschw., Prothrombinzeit u. der elektrophoret. Beweglichkeit der Serumeiweißkörper u. beeinträchtigte die Blutgruppenbest. nicht. K. Zingraf 4576◇

1333 **Die Bestimmung von Histidin im Harn mit einer spezifischen enzymatischen Methode und ihre Anwendung auf die Untersuchung der Histidinausscheidung bei der normalen und der schwangeren Frau.** Pierre Soupart. (Clin. chim. Acta [Amsterdam] **3**, 349—56, 1958; Bruxelles, Univ. libre, Fac. de Méd., Labor. de Biochim.; franz.) — Zur Best. von *L-Histidin* im Harn kann eine spezif. Decarboxylierung durch ein aus *Clostridium welchii* Typ A gewonnenes Enzympräp. dienen; dabei wird das freigesetzte CO_2 nach der manometr. Meth. von Warburg bestimmt. Ergebnis (24 Std.-Harn) nach 2 Std. Decarboxylierung: bei normalen Frauen 67 mg, Schwangere (6. Woche nach Ausbleiben der Menstruation) 343 mg. K. Zingraf 4577◇

1334 **Eine Methode zur Bestimmung der Löslichkeit des inerten Gases (N_2) im Harn.** Francis J. Klocke und Hermann Rahn. (J. clin. Invest. **40**, 279—85, Febr. 1961; Buffalo, N. Y., Univ. of Buffalo, School of Med., Dep. of Physiol.; engl.) — Zur Best. des Geh. einer Fl. an inertem Gas innerhalb einer Genauigkeit von 0,004 Vol.% bzw. 0,4% eignet sich die Messung der nicht durch CO_2 u. O_2 repräsentierten Gasmenge einer 25 ml Fl.-Probe mit Hilfe eines van Slyke-Manometers (genaue Beschreibung der Meth. vgl. Klocke u. Rahn, Wright Air Development Command Technical Report 60—1 [1960], 66.) Die Meth. wurde geprüft durch Unters. von mit Luft äquilibriertem dest. W. bei 37°, die Löslichkeit inerten Gases in menschlichem Harn wurde bei 37° bestimmt. Es werden empir. ermittelte Beziehungen zwischen Löslichkeit u. osmot. Druck, spezif. Gew. u. der Cl-Konz. in Gleichungen mitgeteilt. Die Anwendung der Meth. zur Best. der Gasspannung im Blut mit einer Genauigkeit von ± 2 mm Hg wird von Vff. an anderer Stelle (C. **1962**, 4975) beschrieben. U. Tausendfreund 4577□

1335 **Der Umsatz von ^{24}Na im Liquor cerebrospinalis und sein Verhalten an der Blut-Hirn-Schranke.** H. Davson und M. Pollay. (J. Physiology **167,** 247—55, 1963; London, Univ., Coll., Dep. Physiol.; engl.) — Die experimentell ermittelte Penetrationskurve von ^{24}Na durch die Blut-Hirn-Schranke wird mit 2 theoret. Penetrationskurven a) unter Berücksichtigung einer Blut-Hirn-Schranke u. b) unter Ausschluß einer solchen Schranke verglichen. Die Ergebnisse sprechen für das Vorhandensein einer Blut-Hirn-Schranke für ^{24}Na.
Joachim Schmidt/Magdeburg 4578◇

1336 **Untersuchungen über die Kontrolle der durch Hemmstoffe der Proteinsynthese bewirkten Differenzierung des Seeigel-Eies.** R. Lallier. (C. R. Séances Soc. Biol. Filiales **156,** 1249—52, 20/11. 1962; Villefranche-sur-Mer, A. M. Stat. Zool.; franz.) — Vgl. C. **1962,** 9806. — Vf. untersuchte die Wrkg. von *Streptomycin* (**I**) u. *Puromycin* (**II**) auf die Entw. der Eier des Seeigels *Paracentrotus lividus* (P. l.) im Vgl. zu *Chloramphenicol* (**III**), das eine Vegetalisation des P. l. begünstigt bzw. die Proteinsynth. hemmt. Es zeigten sich bei **I** u. **II** deutliche Unterschiede hinsichtlich der Empfindlichkeit der Eier gegen diese Agentien bzw. bei ihrer Einw. auf die P. l.-Morphogenese des P. l. Während **I** bei einer Konz. von etwa 40 mg/ml die Entw. der Eier im Laufe der Segmentation zum Stillstand bringt u. dieselben wie **III** zur Vegetalisation induziert, vermag **II** die Entw. des Seeigel-Eies bereits bei einer Konz. von etwa 10 μg/ml deutlich zu hemmen. **II** zeigte weder animalisierende noch vegetalisierende Effekte auf die P. l.-Eier. Es verstärkte die animalisierende Wrkg. von Zn ($ZnCl_2$, $1 \cdot 10^{-4}$m) u. von Evans-Blau ($1 \cdot 10^{-5}$ m) u. verminderte die vegetalisierende Wrkg. von *Li* (LiCl, $1 \cdot 10^{-2}$ m). Die Verss. zeigten, daß die mit der Differenzierung der Struktur des Ectoderms u. des Entomesoderms verbundene Proteinsynth. gegen die Inhibitoren **I, II** u. **III** verschiedene Sensibilitäten aufweisen, die für die Unters. der Prozesse der embryonalen Differenzierung herangezogen werden können. B. Görlich 4583◇

1337 **Chromatographische Analysen von Aminosäuren in der Entwicklung des Schlammolches Dictyostelium discoideum Raper.** Jerome O. Krivanek und Robin C. Krivanek. (Biol. Bull. **116,** 265—71, 1959; New Orleans, La., Tulane Univ., Newcomb Coll., Dep. of Zool.; engl.) — Die Aminosäuren in hydrolisierten u. nichthydrolysierten Geweben von *Dictyostelium discoideum* Raper wurden durch zweidimensionale, aufsteigende Papierchromatographie in 4 Entwicklungsstadien bestimmt. Das nichthydrolysierte Gewebe enthielt die Aminosäuren: *Leucin, Methionin, Tyrosin, Alanin, Threonin, Glycin, Serin, Glutaminsäure, Asparaginsäure, Cystin* u. 7 nicht identifizierte Tüpfel, vermutlich einfache Peptide. Diese Tüpfel waren nicht in allen getesteten Stadien vorhanden. Das hydrolysierte Gewebe enthielt zusätzlich zu den genannten: *Phenylalanin, Prolin, Histidin, Asparagin* u. einen unbekannten Tüpfel. Eine Unterscheidung der einzelnen Entwicklungsstadien mit Hilfe der Aminosäuren-Zus. ist nicht möglich. P. Nachtwey 4583◇

1338 **Die relative Ausnutzung der Getreideproteine für das Kükenwachstum.** J. Davidson, J. Mathieson und R. B. Williams. (Brit. J. Nutrit. **16,** 551—57, 1962; Bucksburn, Aberdeen, Rowett Res. Inst.; engl.) — Die Ausnutzung der Getreideproteine für die Entwicklung der Küken steigt von Weizen, Mais, Gerste bis Hafer an. Entsprechend verhält sich die Proteinretention. Abweichungen von dieser Reihenfolge sind jedoch möglich, da Aminosäure-Zus. u. Rohproteingeh. von klimat. u. genet. Faktoren sowie von der Düngung beeinflußt werden. Die Verss. ergaben ferner eine relativ konst. Proteinanlagerung, die unabhängig von der Gew.-Entw. der Küken ist. H. Ackermann 4585◇

1339 **Untersuchung über die Verwertung von Sojabohnenmehl in der Nahrung. 2. Mitt. Trypsinhemmwirkung und Nährwert von Sojabohnenprotein.** K. Michi, Y. Hasegawa und K. Ouye. (J. agric. chem. Soc. Japan [Nippon Nôgei-Kagaku Kaichi] **37,** 21—24, 1963; jap.)
K. Zingraf 4585◇

1340 **Einfluß verschiedener Nahrungsfette auf Serumcholesterin, Leberlipide und Gewebepathologie beim Kaninchen.** J. P. Funch, G. Kristensen und H. Dam. (Brit. J. Nutrit. **16,** 497—506, 1962; Copenhagen, Danish Fat Res. Inst.; engl.) — Vff. untersuchten einige Faktoren, die möglicherweise für die hypercholesterinäm. (a) u. atherogene (b) Wrkg. der Butter beim Kaninchen verantwortlich zu machen sind. Sie verfütterten an 6 Mon. alte Kaninchen eine halbsynthet. Kost mit 20% Butter (B), Kakaobutter (KB), KB mit *Cholesterin* (**I**), fraktionierte KB, hydriertes Arachisöl bzw. B mit 20% Maisöl. Für die a- u. b-Wrkg. der B sind demnach niedrige *Polyenfettsäuren* u. der **I**-Geh. von Bedeutung. Durch kurzkettige Fettsäuren wird die a-Wrkg. nicht erhöht. Histolog. konnten bei hohem **I**-Geh. der Leber centrolobuläre Degenerationen u. Bindegewebsproliferationen beobachtet werden. H. Ackermann 4585◇

1341 **Der Einfluß verschiedener Lipide auf das menschliche Serumcholesterin.** 6. Mitt. **Der Einfluß verschiedener Margarinesorten.** 1. Mitt. S. Suzuki, S. Kajiwara, T. Kuga, T. Tezuka und K. Terada. (Jap. J. Nutrit. **20,** 166—68, 1962; Nat. Inst. of Nutrit.; jap., Auszug: engl.) — 5. vgl. C. **1963,** 8230. — Täglich werden 60 g Margarine aus verschiedenen Rohstoffen (Sonnenblumenöl, hydriertes Baumwollsaatöl, hydriertes Kokosöl, Maisöl, hydriertes Fischöl) bzw. Schmalz an Mädchen verabreicht u. der *Serumcholesterin* (**I**)-Geh. untersucht. Außer Schmalz, das den **I**-Geh. um 18% erhöht, wird der **I**-Geh. durch die Margarinesorten kaum beeinflußt. Es besteht lediglich eine schwache Korrelation zwischen der JZ der Fette u. dem **I**-Geh. P. Gregorzewski 4585◇

1342 **Der Einfluß verschiedener Lipide auf das menschliche Serumcholesterin.** 6. Mitt. **Der Einfluß verschiedener Margarinesorten.** 2. Mitt. S. Suzuki, T. Tezuka, S. Kajiwara, T. Kuga und K. Terada. (Jap. J. Nutrit. **20,** 172—74, 1962; jap., Auszug: engl.) — 1. vgl. vorst. Referat. — Es wird der Einfl. weiterer Margarinesorten auf den *Serumcholesterin* (**I**)-Geh. untersucht. Die Erniedrigung des **I**-Geh. steht in Beziehung zum Geh. an *Linolen-* u. *Ölsäure* sowie zur JZ. u. ist umgekehrt proportional dem Geh. gesätt. Säuren u. dem Prod. aus dem Geh. an Linolensäure u. gesätt. Säuren. Daraus folgt, daß die **I**-herabsetzende Wrkg. nicht nur durch den Geh. an essentiellen Fettsäuren, sondern auch durch die C-Atomzahl der Fettsäuren der Glyceride u. des unverseifbaren Restes beeinflußt wird.
P. Gregorzewski 4585◇

1343 **Schädigung des Folsäurestoffwechsels durch Primidone.** H. Baker, O. Frank, S. H. Hutner, S. Aaronson, H. Ziffer und H. Sobotka. (Experientia [Basel] **18,** 224—26, 1962; Jersey City, Seton Hall Coll. of Med., Div. of Hepatic Metabol. and Nutrition; New York, Haskins Labor.; New York, Mount Sinai Hosp., Dep. of Chem.; engl.) — Hemmstoffversuche mit *Primidone* [*5-Phenyl-5-äthyl-hexahydropyrimidindion-(4.6)*, **I**] u. Verss. zur Aufhebung der Hemmung mit verschiedenen Konzz. von *Folsäure* (**II**), *2-Amino-4-hydroxy-6-*[*1′.2′.3′-trihydroxypropyl*]*-pteridin* (**III**), *Thymin* (**IV**), *Thymidin* (**V**), *Thymidylsäure* (**VI**) u. einem Gemisch verschiedener natürlich vorkommender *Purine* u. *Pyrimidine* u. deren *Nucleoside* werden mit folgenden Mikroorganismen durchgeführt: *Crithidia fasciculata* (**II**- u. **III**-bedürftig), *Lactobacillus casei* (**II**-bedürftig), *Ochromonas malhamensis, Euglena gracilis, Lactobacillus leichmannii* (*Vitamin B_{12}*-bedürftig), *Escherichia coli I* (**IV**- u. **V**-bedürftig). Aus den Ergebnissen wird geschlossen, daß **I** an 3 Stellen in den **II**-Stoffwechsel eingreift: 1. bei der Red. von **II** zu Dihydro-**II**; 2. in den Stoffwechsel der unkonjugierten Pterine; 3. in die Phosphorylierung von **V** zu **VI**.
E.-R. Lochmann 4587◇

1344 △**Normale Formiminoglutaminsäureausscheidung bei Megaloblastenanämie während der Schwangerschaft. Untersuchungen über Histidinstoffwechsel bei Gravidität.** I. Chanarin, D. Rothman und E. J. Watson-Williams. (Lancet **1963** (**I**), 1068—72; London, St. Mary's Hosp., Med. School; Ibadan, Univ. Coll.; engl.) — Bei 12 von 41 Schwangeren mit Megaloblastenanämie fand sich eine normale Ausscheidung von *Formiminoglutaminsäure* (**I**) im Harn beim Test auf *Folsäure* (**II**)-

Mangel. Beobachtungen über die Verwertung von *Histidin* (**III**) als Vorläufersubstanz von **I** zeigten, daß **III** bei Gravidität langsamer aus dem Darm resorbiert wird u. zu 20% mit dem Harn verloren geht, so daß das Fehlen einer erhöhten **I**-Ausscheidung bei Megaloblastenanämie während der Gravidität diesen Veränderungen im **III**-Stoffwechsel zugeschrieben werden kann, ebenso wie der vermehrten Verwertung von **III** zur Proteinsynthese. Die Best. der **I**-Ausscheidung ist bei Gravidität deshalb kein geeignetes Mittel zum Nachw. einer Störung der **II**-Funktion. U. Tausendfreund 4587◇

1345 **Untersuchungen über den Intrinsic-Factor-Antikörper in Serum von Patienten mit perniciöser Anämie.** Johannes Abels, Wilma Bouma, Anton Jansz, Martinus G. Woldring, Albert Bakker und Hendrik O. Nieweg. (J. Lab. clin. Med. **61**, 893—906, 1963; Groningen, Univ., of Groningen, Dep. of Med., Div. of Hematol.; Dep. of Bacteriol. and Serol.; Radioisotope Labor.; engl.) — 11 Seren von Patienten mit perniciöser Anämie mit deutlicher Anti-*Intrinsic-Factor*-Wrkg. (A-I-W) im Schilling-Test verringerten das *Vitamin* B_{12}-Bindevermögen (VB) von normalem menschlichem Magensaft deutlich, 13 weitere Seren, die in vivo inakt. waren, dagegen nicht. 33 von 100 Seren von Personen mit perniciöser Anämie zeigten in vitro A-I-W, die übrigen 67 u. 55 Kontrollseren dagegen nicht. Verringerung von VB des Magensaftes durch Serum von Personen mit perniciöser Anämie konnte auch durch Gelfiltration nachgewiesen werden. Die Substanz mit A-I-W besitzt γ-Globulinnatur. K. Zingraf 4587◇

1346 **Intrinsic-Factor-Untersuchungen. 7. Mitt. Die Anwendung von Ionenaustauschchromatographie, Gelfiltration und Ultrafiltration zur Reinigung des Intrinsic Factor von menschlichem Magensaft.** J. J. Chosy und R. F. Schilling. (J. Lab. clin. Med. **61**, 907—16, 1963; Madison, Wis., Univ. of Wisconsin Med. School, Dep. of Med.; engl.) — 6. vgl. Proc. Soc. exp. Biol. Med. **96**, [1957], 587. — Zur Reinigung (150—200fach) von *Intrinsic Factor* aus menschlichem Magensaft wird der Pepsininaktivierte neutralisierte Saft partiell mit ^{60}Co-Cyanocobalamin gesätt., dialysiert, durch Ultrafiltration konz., auf Amberlite CG 50 chromatographiert, erneut durch Ultrafiltration konz., durch Sephadex G-75-Gel filtriert, erneut durch Ultrafiltration konz. u. auf Diäthylaminoäthylcellulose chromatographiert. K. Zingraf 4587◇

1347 **Gleichzeitige Anwendung von Magensaft-gebundenem und freiem radioaktivem Cyanocobalamin: Schnellverfahren zur Unterscheidung zwischen Mangel an Intrinsic Factor und anderen Ursachen einer gestörten Vitamin-B_{12}-Resorption.** Jay H. Katz, Joseph DiMase und Robert M. Donaldson jun. (J. Lab. clin. Med. **61**, 266—71, 1963; Boston, Mass., Boston Vet. Admin. Hosp., Med. and Radioisotope Serv.; Boston Univ. School of Med., Dep. of Med.; engl.) — Durch Modifikation des Schilling-Tests durch gleichzeitige Anwendung von freiem *^{57}Co-Cyanocobalamin* (**I**) u. Magensaft-gebundenem ^{60}Co-**I** ist ein Schnellverf. zur Best. eines Mangels an Intrinsic Factor entstanden: Normalpersonen scheiden gleiche Mengen ^{57}Co u. ^{60}Co im Harn aus, Patienten mit perniciöser Anämie dagegen mehr ^{60}Co. K. Zingraf 4587◇

1348 **Der Einfluß von Cobamiden auf die endogene und exogene Respiration eines Meeresbakteriums.** William A. Ayers. (Canad. J. Microbiol. **8**, 861—67, Dez. 1962; Ossining, N. Y., Brooklyn Bot. Garden, Kitschawan Res. Labor.; engl.) — Die Oxydation von Propionat, Isobutyrat, Valerat, Isoleucin u. Valin u. die endogene Respiration eines an *Vitamin* B_{12}-Mangel (**I**) leidenden Meeresbacteriums wurden stimuliert durch Zugabe von **I** zu gewaschenen Zellsuspensionen. Die **I** analoge Verb. *2-Methyladenylcyanocobamid* stimulierte ebenfalls die endogene Respiration, während *Cobinamid* inakt. war. Während der Autorespiration wurde NH_3 kontinuierlich von den Zellen ausgeschieden, dadurch wird die Anwesenheit eines nitrogenen, endogenen Substrates angezeigt. Wenn **I** den Zellen zugegeben wurde, nahm die Menge des ausgeschiedenen NH_3 ab, während die Geschw. der Sauerstoffaufnahme anstieg. Die mögliche Beteiligung von Cobamid-Coenzym wird in Verbindung mit diesen Ergebnissen diskutiert. D. Pöhland 4587◇

1349 **Einfluß von Tetrachlorkohlenstoff, Äthionin und Chloreton auf den Ascorbinsäuregehalt der Rattenleber.** Mary L. C. Bernheim. (Biochem. pharmacol. **7**, 59—64, 1961; Durham, N. C., Duke Univ., Med. Center, Dep. of Biochem.; engl.) — Bei Ratten mit akuter CCl_4-Vergiftung ist der *Ascorbinsäure*(**I**)-Geh. der Leber niedrig. Durch *Chloreton* (**II**) wird der **I**-Geh. bei nichtvergifteten Ratten erhöht, bei CCl_4-vergifteten nicht. Injekion von *Äthionin* (**III**) normalisiert den **I**-Geh. der Leber. Wenn Ratten zuerst **III**, dann **II** erhalten, geht der **I**-Geh. der Leber zurück. R. K. Müller 4587◇

1350 **Experimentelle Untersuchungen über die Wirkungen von Vitamin A und Vitamin C auf Knochen- und Gelenktuberkulose. (Besonders über bakteriologische Entdeckungen an den betroffenen Gelenken und hauptsächlichen inneren Organen).** Y. Oguma. (Tokyo Jikeikai med. J. **76**, 543—59, 1961; jap.) J. Lehmberg 4587◇

1351 **Histochemische Untersuchungen von Vitamin A.** Kyuzaemon Tanaka. (J. Kyoto prefect. med. Univ. **58**, 333—77, 1955; Kyoto, Pref. Med. Univ., Dep. of Pathology; jap., Auszug: engl. S. 29) — Vorkommen u. Verteilung von *Vitamin A* in gesunden u. kranken Tieren (Ratten, Meerschweinchen) wird beschrieben. — 153 Literaturstellen. Gottfried Schreiber 4587△

1352 **Veränderungen im Citrat-Gehalt des Darmes und des Harns nach Calcium- und Magnesium-armer Ernährung und Anwendung von Vitamin D_2.** Samir Hanna, Nancy Alcock, Bernice Lazarus und Bridget Mullan. (J. Lab. clin. Med. **61**, 220—29, 1963; London, Postgrad. Med. School, Chem. Pathol. Dep.; engl.) — Wenn Ratten 13 Tage lang ein Ca- u. Mg-Mangelfutter erhielten, nahm die Konz. von *Citrat*(**I**), *Ca* u. *Mg* im Harn ab, während die *Phosphat*-Konz. zunahm. Die Konz. von **I** im Darm war erhöht. Nach Injektion von *Vitamin* D_2 stieg die **I**-Konz. im Harn an. K. Zingraf 4587◇

1353 **Die Hodendegeneration der Ratte infolge der E-Hypovitaminose.** T. Tiba. (Proc. Kon. nederl. Akad. Wetensch., Ser. C **66**, 18—29, 1963; Utrecht, Univ., Vet.-histol. Inst.; Sapporo, Hokkaido-Univ., Tierärztl. Fak., Abt. f. Obstetr.; dt.) — Bei beginnender Sterilität von ♂ Ratten infolge von *Vitamin-E*(**I**)-Mangel enthielten 60—80% der Hodentubuli außer A-Spermatogonien keine anderen Keimzellen mehr. A-Spermatogonien sind gegen **I**-Mangel am stärksten widerstandsfähig. Die mehrkernigen Riesenzellen, die während der Degeneration des Hodengewebes entstehen, können von Spermatiden, Spermatocyten u. Spermatogonien stammen. K. Zingraf 4587◇

1354 **Elektrolyte der menschlichen Magenschleimhaut von Antrum und Fundus. Wirkungen der Histaminstimulierung auf die Zusammensetzung der Antrum- und Fundusschleimhaut und deren Sekretionen.** Lay Martin. (Bull. Johns Hopkins Hosp. **112**, 248—56, 1963; Baltimore, Md., Johns Hopkins Univ., School of Med. and Hosp., Dep. of Med.; engl.) — In Erweiterung von Verss., die eine direkte Abhängigkeit der K-Konz. des menschlichen Magensaftes von dessen HCl-Konz. u. eine umgekehrte Abhängigkeit der K-Konz. vom Na- u. N-Geh. des Magensaftes ergaben (1950) wurden Unterss. an der Magenschleimhaut durchgeführt. Als Mittelwert in Antrum u. Fundus ergaben sich: *W.* 793, *N* 24,3 g/kg Feuchtgew., *Na* 79,9, *Cl* 62,3, *K* 61,4, *P* 31,6, *Ca* 7,4 u. *Mg* 7,4 mVal/kg Feuchtgewicht. Nach *Histamin*-Stimulierung (parenteral) geht der Na-Geh. im Antrum zurück u. der P-Geh. im Fundus über Kontrollwerte hinaus; der K-Geh. geht in beiden Schleimhauttypen zurück; der Cl-Geh. bleibt unverändert. — Magensaft narkotisierter Vers.-Personen zeigt die gleiche Zus. nach Stimulierung wie bei Nichtnarkotisierten. U. Tausendfreund 4594◇

1355 **Darmtransport der Aminosäuren untersucht in vitro mit ^{131}J-L-Monojodtyrosin.** Daniel Nathans, Donald F. Tapley und Joan E. Ross. (Biochim. biophysica Acta [Amsterdam] **41**, 271—82, 1960; New York, N. Y., (U. S. A.), Columbia Univ. Dep. of Med., Coll. of

Physicians and Surgeons; engl.) — Der Transport von ^{131}*J-L-Monojodtyrosin*(I) hängt von der akt. Akkumulation ab, das aktivste Segment ist das terminale Ileum. Glucose stimuliert den Transport, während Aminosäuren u. K$^+$ den I-Transport hemmen. Die stärkste Hemmung entfalten *L-α-Aminosäuren* mit einer freien Amino-Gruppe u. einer langen, nicht polaren Seitenkette.
M. Szabó 4594□

1356 **Die Resorption von Fett durch den Darm des Goldhamsters in vitro.** Elliott W. Strauss. (J. Cell. Biol. **17,** 597—607, 1963; Boston, Mass., Harvard Med. School, Dep. of Anat. and Pathol.; engl.) — In evertierten Darmschlingen des Hamsters läßt sich bei Inkubation mit emulgiertem Fett (37°, 1 Std.) eine in vivo-ähnliche Resorption von *Fett* mkr. verfolgen. Dabei konnte die Anschauung bestätigt werden, nach der die Resorption von Fett vorwiegend in Form von *Triglycerid*-Tröpfchen vor sich geht, welche zwischen die Mikrovilli eindringen, dann durch Pinocytose in die Zellen aufgenommen u. schließlich durch das terminale Netz (mit dem endoplasmat. Reticulum in Verb. stehend) transportiert werden können. Dieser Transportweg ist jedoch nicht als einziger anzusehen. U. Tausendfreund 4594◇

1357 **Gallensäuren.** 13. Mitt. **Weitere Beiträge zur Konstitution der Muricholsäuren.** S. L. Hsia, William H. Elliott, John T. Matchiner, E. A. Doisy jun., Sidney A. Thayer und Edward A. Doisy. (J. biol. Chemistry **235,** 1963—67, Juli 1960; St. Louis, Mo., St. Louis Univ., School of Med., Dep. of Biochem.; engl.) — 12. vgl. C. **1961,** 2349. — Für die früher beschriebenen *Gallensäuren II, I* u. *IV* werden die Trivialnamen α-, β- u. *ω-Muricholsäure* (**I, II, III**) vorgeschlagen. Hydrogenolyse des 7-Äthylenthioketals von **I** gibt u. a. *Lithocholsäure* (**V**), *6-Ketolithocholsäure, 6-Ketoallolithocholsäure* u. *3α-Hydroxy-6β.7β-epoxycholansäure*, jedoch keine 6β-Hyodesoxycholsäure. Acetolyse von *3α.7α-Diacetoxy-6β-bromcholansäuremethylester* liefert *Hyocholsäure* (**IV**), nicht **I**. Die Perjodsäure-Oxydation der 4 isomeren Trihydroxysäuren **I—IV** verlief mit folgenden Geschwindigkeiten: **III** > **II** > **IV** > **I**. Innerhalb 2 Std. wurden < 3% **I** oxydiert. Die berechneten u. beobachteten Werte von M_D wurden verglichen.

Versuche: *3α-Hydroxy-6α.7α-epoxycholansäure*, $C_{24}H_{38}O_4$, F. 228°, aus 1,5 g 3α-Acetoxy-6α.7α-epoxycholansäuremethylester mit methanol. KOH; Nadeln (wss. CH_3OH); 1,2 g. — *3α-Acetoxy-6α.7α-epoxycholansäure*, $C_{26}H_{40}O_5$, F. 211—213°, aus vorst. Säure mit Acetanhydrid-Pyridin. — *α-Muricholsäure-3α.6β-diacetat* (*3α. 6β.7α-Trihydroxycholansäure-3α.6β-diacetat*), aus 700 mg vorst. Epoxyd mit sd. Eisessig (3,5 Std.) u. Verteilungschromatographie; 694 mg. — *3α.6β-Diacetoxy-7-ketocholansäuremethylester*, aus 534 mg vorst. Diacetats mit CrO_3 in Essigsäure; Öl; 488 mg. — *7-Äthylendithioketal von α-Muricholsäure-3α.6β-diacetat*, aus 386 mg u. Äthylenthiol u. BF_3; Öl; 319 mg. Durch Entschwefelung mit W-2-Raney-Ni a) von 319 mg in wss. A. (16 Std. Raumtemp., 6 Std. Rückfl.) 57 mg *Lithocholsäure* (**V**) u. wenig 23 mg *6-Ketoallolithocholsäure*, b) von 500 mg in sd. A.-W.-Essigsäure (25:8:8) (21 Std.) 56 mg **V** u. 28 mg *3α-Hydroxy-6β.7β-epoxycholansäure*, F. 174 bis 176°. — *6β-Hyodesoxycholsäure*, F. 208—210°, aus 100 mg vorst. Epoxids in Aceton mit 48%ig. wss. HBr (1 Std., Eisbad) u. Enthalogenieren des Rk.-Prod. (F. 145—148°, 110 mg) in Aceton mit Raney-Ni; 34 mg. — *3α.7α-Diacetoxy-6β-bromcholansäuremethylester* (**VI**), $C_{29}H_{45}\cdot BrO_6$, F. 123—125° aus *3α-Acetoxy-6β-brom-7α-hydroxycholansäuremethylester* mit Acetanhydrid-Pyridin (Raumtemp.). — *Hyocholsäure*, F. 186—187°, a) aus 100 mg **VI** u. Ag-Acetat in sd. Essigsäure-W. (10:1) (8 Std.), Silicagelchromatographie (Skellysolve B.-Ae.) u. Hydrolyse mit methanol. KOH; 62%; b) aus 150 mg **VI** durch Eintragen in Ag-Acetat-Eisessig-Acetanhydrid (100—110°, 9,5 Std.), Verseifung u. Verteilungschromatographie; 52 mg. — *Chenodesoxycholsäuremethylester-diacetat*, F. 125—127°, aus 109 mg **VI** in sd. A.-W.-Essigsäure (25:10:1) mit Raney-Ni (20 Std.); 92 mg. *Freie Säure*, F. 140—142°, durch Verseifen mit sd. 15%ig. methanol. KOH (5 Std.); 77%. K. Maier 4594◇

1358 **Stoffwechsel der mexikanischen freischwänzigen Fledermaus.** Clyde F. Herreid, II. (J. cellular comparat. Physiol. **61,** 201—07, 1963; Baltimore, Md., Johns Hopkins Univ., School of Hyg. and Publ. Health, Dep. of Comp. Behavior; engl.) — Der minimale O_2-Verbrauch der wandernden Fledermaus *Tadarida brasiliensis mexicana* ist direkt von der Umgebungstemp. abhängig. Die Spanne zwischen minimalem u. maximalem O_2-Verbrauch ist bei Fledermäusen größer als bei anderen Säugetieren von vergleichbarer Größe. Ein Stoffwechselcyclus konnte nicht beobachtet werden. K. Zingraf 4596◇

1359 **Die Wirkung der osmotischen Belastung auf den Ionenaustausch einer Küstenkrabbe.** Warren J. Gross. (Biol. Bull. **116,** 248—57 1959; Riverside, Calif., Univ. of California, Div. of Life Sci.; engl.) — Die Wrkg. des osmot. Stress auf die Ionenkonz. im Blute der Krabbe *Pachygrapsus crassiper* Randall (P. c.) wurde durch Best. der Na^+-, K^+-, Ca^{2+}- u. Mg^{2+}-Ionen im Verhältnis zur Änderung der gleichen Ionen des Seewassers (S. W.) bestimmt. Dazu wurden die Krabben zunächst aus normalem S. W. in 50%ig., dann in (durch Eindampfen hergestelltes) 150%ig. gebracht u. schließlich bis zu einem Wasserverlust von ungefähr 7% des Körpergew. getrocknet. Vf. drückt die flammenphotometr. oder titrimetr. erhaltenen Werte durch die Gleichung $V = M/p \cdot 100$ aus, in der V als „ersichtliches Verteilungsvol." bezeichnet wird, M das Verhältnis des Gew. des Medium zum Gew. der P. c. u. p das Verhältnis der Blutionenkonz. zur Änderung der Ionenkonz. des S. W. bedeutet.
P. Nachtwey 4596◇

1360 **Biochemische Untersuchungen über Glucuronsäure.** 1. Mitt. **Fraktionierte Bestimmung von freier Glucuronsäure und konjugierten Glucuronsäuren.** Takeo Tamura. (Seikagaku [Biochemie, Tokyo] **32,** 790—94, 1960; Tokyo, Tokyo-To Lab. for Med. Sci.; jap.)
Else Lehmann 4596◇

1361 **Biochemische Untersuchungen über Glucuronsäure.** 2. Mitt. **Glucuronsäure in normalem und abnormem Harn.** Takeo Tamura. (Seikagaku [Biochemie, Tokyo] **32,** 795—800, 1960; Tokyo, Tokyo-To Labo. for Med. Sci.; jap.) — 1. vgl. vorst. Referat.
Else Lehmann 4596◇

1362 **Kinetische Grundlagen von Lebensvorgängen: Wege und Mechanismen der Leberproteinsynthese.** David L. Drabkin. (Ann. New York Acad. Sci. **104,** 469 bis 503, 1963; Philadelphia, Pa., Univ. of Pennsylvania, Grad. School of Med., Dep. of Biochem.; engl.) — Betrachtungen über die Synth. des Leber-*Protein* unter Auswertung von Vers.-Ergebnissen über die Umsatzgeschw. der Plasmaproteine u. die „sekretor." Funktion der Leber, über die Synth. von Plasma-Albumin, über den Fettstoffwechsel u. die Lipoprotein-Synth., über die Aminosäuren-Mobilisierung, über Stoffwechselleitung bei schwerer Nephrose, über Leberregenerierung nach partieller Hepatektomie u. über die Regulierung der Proteinbiosynth. im subzellären Bereich. — 41 Literaturangaben.
U. Tausendfreund 4596◇

1363 **Autoradiographische Untersuchung über die Synthese von Ribonucleinsäure in Cysticercoiden von Hymenolepis diminuta.** David M. Prescott und Marietta Voge. (J. Parasitology **45,** 587—90, 1959; Los Angeles, Calif., Univ., School of Med., Dep. of Anatomy and Infectious Diseases.; engl.) — Um das Wachstum u. die Differenzierung von Cestoden zu erkennen, wurde die Lokalisierung der Synth. von *Ribonucleinsäure* (**I**) in den Cysticercoiden (Cy.) von *Hymenolepis diminuta* autoradiograph. untersucht. Die Intensität dieser Synth. wurde durch ^{14}C-Adenin u. dessen autoradiograph. Aufnahme verfolgt. Der größte Anteil der **I**-Synth. findet in der Vbdg. zwischen Körper u. Schwanz u. in der peripheren Gewebeschicht des Cy. statt. Eine verhältnismäßig geringfügige Synth. spielt sich in dem Kopf des Bandwurms ab u. in dem Gebiet, das unmittelbar an die Cy.-Einschnürung angrenzt. Mögliche Gründe für diese Unterschiede werden diskutiert.
P. Nachtwey 4596◇

1364 **Die Wirkung von 2-Äthylamino-1.3.4-thiadiazol auf den Einbau von Glycin in Purine und Harnsäure des**

Harns beim Menschen. J. E. Seegmiller, Arthur I. Grayzel, Lois Liddle und James B. Wyngaarden. (Metabolism, clin. and exp. **12,** 507—15, 1963; Bethesda, Md., Nat. Inst. of Arthritis and Metabol. Dis.; engl.) — Als Beitrag zum Verständnis des Wrkg.-Mechanismus von *2-Äthylamino-1.3.4-thiadiazol* (**I**) bei der Erhöhung der *Purin*-Biosynth. u. Erhöhung der *Harnsäure*(**II**)-Ausscheidung wird die Wrkg. von **I** auf den Einbau von $^{14}C_{(1)}$-*Glycin* in die im Harn auftauchenden Purine bei Personen ohne Gicht untersucht. Die durch **I** bewirkte übermäßige **II**-Bldg. führt zu einem Glycin-Einbau in **II**, der sich nicht von demjenigen bei Gicht mit exzessiver **II**-Bldg. unterscheidet (so daß die Aufhellung des Wrkg.-Mechanismus von **I** einmal die **II**-Überprod. bei Gicht klären helfen könnte). Die gesteigerte Purin-Synth. nach **I** kann jedoch durch 4mal höhere *Nicotinamid*(**III**)-Dosen verhütet werden. (**I**-Wrkg. über Substitution von **III** in biochem. Prozessen denkbar).
U. Tausendfreund 4596◇

1365 **Die Wirkung von Veränderungen im Ernährungsstatus auf die lipolytische Aktivität von Rattenfettgewebe.** D. S. Robinson. (J. Lipid Res. **1,** 332—38, Juli 1960; Oxford, Univ., Sir William Dunn School of Pathol.; engl.) — Zur Sicherung vorliegender Befunde, wonach epidermales Fettgewebe von mit Kohlenhydrat gefütterten Ratten bei Inkubation mit Triglyceriden in Albuminlsg. zur Bldg. freier Fettsäuren führt, was auf die Wrkg. der im Fettgewebe enthaltenen Klärfaktorlipase zurückgeführt wird, werden erweiternde Verss. mit ♂ Wistar-Albino-Ratten durchgeführt. Aus den tabellar. u. graph. mitgeteilten Befunden wird abgeleitet, daß in Bestätigung früherer Angaben der Literatur epidermales Rattengewebe von mit einem Überschuß an Kohlenhydrat gefütterten Tieren in Ggw. von Albumin u. Chylus zur Bldg. von *freier Fettsäure* führt; dies geht auf eine Hydrolyse der Triglyceride des Chylus zurück unter der Wrkg. der im intakten Fettgewebe enthaltenen Klärfaktor-Lipase. Fettgewebe, von fastenden Ratten entnommen, liefert demgegenüber unter gleichen Bedingungen wesentlich weniger freie Fettsäure; sie stammt dabei weniger von den Chylus-Triglyceriden als vielmehr vom Fettgewebe ab. K. Täufel 4596□

1366 **Der Einfluß von Epinephrin sowie des Fastens auf Fettgewebe hinsichtlich Gehalt und Freigabe von Fettsäuren bei obös-hyperglykämischen und bei mageren Mäusen.** Norman B. Marshall und Frank L. Engel. (J. Lipid Res. **1,** 339—42, Juli 1960; Kalamazoo, Mich., Upjohn Comp., Dep. of Nutrit. und Durham, N. C., Duke Univ., Med. Center, Dep. of Med. and Physiology, Div. of Endocrinol.; engl.) — Unter Hinweis auf die gegenüber normalen Tieren bei obös-hyperglykäm. Mäusen im neueren Schrifttum angegebenen Abnormitäten in der Lipogenese werden systemat. Verss. zur weiteren Aufklärung der Problematik durchgeführt, indem das Ausmaß der Freigabe von Fettsäuren aus dem Fettgewebe verfolgt u. mit dem Verh. des Fettgewebes normaler Tiere verglichen wird. Fettgewebe von obös-hyperglykäm. Mäusen gibt Fettsäuren vermehrt frei, wenn es mit *Epinephrin* inkubiert wird u. ein 16std. Fasten vor dem Vers. eingeschaltet wird. Bei mageren Tieren ist die Bldg. von Fettsäuren aus dem Gewebe signifikant geringer als bei den obösen. Es wird die Vermutung ausgesprochen, daß die gesteigerte Mobilisierung von Fettsäuren mit dem Typ der Fettsucht im ätiolog. Zusammenhang steht. K. Täufel 4596□

1367 **Wirkung von Phosphatidinfusionen auf die atherosklerotische Aorta in situ wie auf ein Augen-Aortaimplantat.** Sanford O. Byers und Meyer Friedman. (J. Lipid Res. **1,** 343—48, Juli 1960; San Francisco, Calif., Mount Zion Hosp. and Med. Center, Harold Brunn Inst.; engl.) — Es werden Verss. mit dem Ziel durchgeführt, durch fortgesetzte Injektion von Phosphatid bei atherosklerot. Kaninchen den Geh. an *Cholesterin* (**I**) in den atherosklerot. Plaques zu vermindern. Die Tiere, die erst mit Zulage von **I** u. Öl, dann aber mit normaler Diät gefüttert wurden, zeigen nach wiederholten Injektionen von Phosphatiden wesentlich geringere atherosklerot. Befunde als die Kontrolltiere. Beim Augenimplantat der atherosklerot. Aorta beim normalen Tier erfolgt nach Injektion weder eine Herabsetzung der **I**-Konz. im Implantat noch in der Aorta dieses Tieres. Bei der Implantierung der normalen Aorta in das Auge des normalen Kaninchens u. nachheriger Fütterung mit **I** u. Öl entfaltet das injizierte Phosphatid keinerlei antisklerot. Wirkung. Dagegen wird eine Zunahme der Sudanophilie u. des **I**-Geh. im Implantat nach Injektion festgestellt. Es wird gefolgert, daß die Lipiddynamik des Aorta-Augenimplantats sich von der in der Aorta in situ unterscheidet. Nach den Ergebnissen am Kaninchen kann die wiederholte Phosphatidinjektion eine Atherosklerose bessern, wenn eine **I**-freie Diät eingehalten wird; es tritt aber Verschlechterung ein, wenn weiterhin eine **I**-haltige Diät verabfolgt wird. K. Täufel 4596□

1368 **Untersuchungen über den Hirnstoffwechsel.** Ernst Boris Chain. (Rend. Ist. super. Sanità **23,** 1357—74, 1960; Roma, Ist. Super di Sanità, Labor. di Chim. Biol. ann. al Centro Internaz. di Chim. Microbiol.; ital.) — Übersicht über einschlägige Unterss. des Vf. u. seiner Mitarbeiter. — 15 Literaturangaben.
K. Zingraf 4596◇

1369 **Biochemische Schädigungen bei der Pathogenese von Geeldikkop (Tribulosis ovis) und enzootischem Ikterus bei Schafen in Südafrika.** J. M. M. Brown. (Ann. New York Acad. Sci. **104,** 504—38, 1963; Onderstepoort, Dep. of Physiol. and Biochem. South Afrika; engl.) — Die grundlegende Stoffwechselstörung bei Geeldikkop (schwere Photosensibilisierung, extrem schwerer Ikterus des cholostat. Typus, Nephrose etc. beim Schaf) ist vermutlich in gemeinsam auftretender Insuffizienz der Leber- u. Nieren-Transportmechanismen für Bilirubin, Bromsulfalein, Phylloerythrin u. Kupfer zu suchen. Bei Geeldikkop u. enzoot. Ikterus (explosive hämolyt. Krise, Retentionsikterus, Hämoglobinurie u. akute Nephritis) besteht jeweils eine Funktionsstörung der Methämoglobinreductase der Erythrocyten, die zu gesteigerter Fragilität der Erythrocyten führt u. die explosive bzw. langsame intravasculäre Hämolyse (bei Geeldikkop) auslöst. Durch schweren Stress können beide Störungen in Gang gebracht werden. Die im Gewebe nachweisbaren hohen *Se*-Werte spielen vermutlich eine prädisponierende Rolle.
U. Tausendfreund 4596◇

1370 **Biogenese des Arcains beim Blutegel Hirudo medicinalis L.** Yvonne Robin, Christine Audit und Nguyen-van Thoai. (C. R. Séances Soc. Biol. Filiales **156,** 1232—35, 20/11. 1962; Paris, Collège de France, Labor. de Biochimie générale et comparée et Finistère, Collège de France à Concarneau, Labor. de Biol. marine; franz.) — Injiziert man in das Coelum des Blutegels *Hirudo medicinalis L* (HM) $^{14}C_{(7)}$-*Arginin* (**I**) u. extrahiert nach 24 Std. die Gewebe mit 2%ig. Essigsäure, so läßt sich nach Reinigung der Extrakte über Amberlit IRC durch fraktionierte Elution bei absteigendem pH bei pH = 3 radioakt. *Arcain* (1.4-Diguanidobutan, **II**) abtrennen. **II** bildet sich in vivo vermutlich aus **I** durch ähnliche Transferierung der Guanidinogruppe wie das *Hirudonin*, das sich ebenfalls in den Geweben von HM vorfindet. B. Görlich 4596◇

1371 **Untersuchungen über die säureunlösliche Fraktion des Froschmuskels.** Maria W. Seraydarian und Ella B. Williams. (Biochim. biophysica Acta [Amsterdam] **41,** 352—55, 1/7. 1960; Los Angeles, Calif., Univ. of California, Zool. Dep.; engl.) — Vff. untersuchten an Froschmuskeln die Wrkg. der Phosphoryl-Gruppe der säureunlöslichen Komponente bei der Muskelkontraktion. Sie stellten fest, daß die säureunlösliche Komponente des Muskels nicht bei der Kontraktion wirkt.
M. Szabó 4597□

1372 **Verhalten von Phosphokreatin, Glykogen und Milchsäure in Muskeln nach Verabreichung von Natriumphosphat.** L. Markiewicz und W. A. Rogozkin. (Bull. Acad. polon. Sci., Sér. Sci. biol. **7,** 341—44, 1959; Leningrad, Leningrad Scientific Res. Inst. of Physical Culture, Dep. of Biochem.; engl.) — Bei Ratten betragen die Geh. im Muskel durchschnittlich 211 mg% *Phosphokreatin* (**I**), 513 mg% *Glykogen* (**II**) u. 53,3 mg% *Milchsäure* (**III**). Nach i.p. Injektion von NaH_2PO_4 (**IV**, 30 mg P/kg) fällt der **I**-Geh. nach 30 Min. um 35%, nach 1 Std. ist der

I-Geh. normal u. ist nach 2 Std. um 58% höher, nach 6 Std. 36% höher u. nach 24 Std. wieder normal. Der II-Geh. ist im Muskel nur 2 Std. nach der IV-Injektion erhöht, sonst unverändert. Der III-Geh. in den Muskeln erhöht sich nach IV-Injektion in der 1. Std. um 58—61% u. wird dann schnell wieder normal. Diese IV-Wrkg. ist am Muskel eine direkte. G. Kimmerle 4597△

1373 **Dephosphorylierender Zerfall von Phosphagen (Phosphokreatin) durch Zirkonylionen.** Tomomi Sakurada. (Seikagaku [Biochemie, Tokyo] **32**, 724—29, 1960; Tokyo, Keio Univ., School of Med., Dep. of Biochem.; jap.) R. Gutzschebauch 4597◇

1374 **Begrenzende Faktoren beim Leberstoffwechsel.** G. R. Williams. (Rev. canad. Biol. **18**, 217—28, 1959; Toronto, Ontario, Univ., Banting and Best. Dep. of Med. Res.; engl.) — Betrachtungen über das Konzept der geschwindigkeitsbegrenzenden Stufen im Stoffwechselgeschehen zeigen, daß es sich hierbei um Vorgänge handelt, die nicht ohne Vorbehalt untersucht werden dürfen, da die Geschwindigkeitsbegrenzung auch eine Sache der jeweiligen Substrat- u. Enzymkonzz. ist. U. Tausendfreund 4597◇

1375 **Nucleinsäuren und Eiweißstickstoff in der regenerierten Leber der cirrhotischen Ratte.** N. Rabinovici und E. Wiener. (Metabolism, clin. and exp. **12**, 545—51, 1963; Jerusalem, Hadassah Univ. Hosp., Surg. Dep. B; Hebrew Univ., Hadassah Med. School, Surg. Res. Labor.; engl.) — Als Beitrag zur Beurteilung der Regenerationsfähigkeit der cirrhot. Leber (CCl_4-Inhalation) nach partieller Hepatektomie wird die Wrkg. der Regeneration auf die Konz. von *Ribonucleinsäure* (RNS), *Desoxyribonucleinsäure* (DNS) u. *Protein-N* in der cirrhot. Restleber (30%) der Ratte untersucht. Danach ist die Regeneration von einem starken Anstieg der RNS-Konz. u. einer Verminderung der DNS-Konz. sowie des Protein-N gefolgt. Die höchste RNS-Konz. entspricht dabei der Periode des akt. Leberwachstums, wie auch die niedrigste DNS-Konz. in diesen Zeitabschnitt fällt. Die Veränderungen des Protein-N-Geh. stehen in umgekehrter Beziehung zum Regenerationsvorgang, wobei die niedrigsten Werte der Periode des aktivsten Wachstums entsprechen. U. Tausendfreund 4597◇

1376 **Klinische Biochemie der Glykogenspeicherkrankheit der Leber.** Eleanor R. Harpur. (Rev. canad. Biol. **18**, 283—88, 1959; Montreal, Quebec, Montreal Children's Hosp., Dep. of Biochem. and Metabol.; McGill Univ., Dep. of Paed.; engl.) — Bei von Gierkescher *Glykogen*-Speicherkrankheit konnte in der Leber ein Mangel an *Glucose-6-phosphatase* nachgewiesen werden, ebenso wurde in 1 typ. Fall eine Steigerung der Aktivitäten von *Phosphoglucomutase*, *Phosphohexoseisomerase*, *Fructose-1.6-diphosphatase* u. *Milchsäuredehydrogenase* sowie ein Fehlen von *Glucose-6-phosphatdehydrogenase* festgestellt. Die Behandlung erfordert proteinreiche Kost u. Glucose-Gabe. Es kann mit zunehmendem Alter zur Besserung der Symptome kommen. U. Tausendfreund 4597◇

1377 **Verwendung markierter Substanzen bei den klassischen Nierenclearancebestimmungen.** Mahlon K. Burbank, W. Newlon Tauxe, Frank T. Maher und James C. Hunt. (J. de Physiol. **55**, 433—44, 1963; Rochester, Minn., Mayo Clin. et Mayo Found; franz.) — ^{131}*J-Hypaque* (**I**) u. ^{131}*J-Hippuran* (**II**; *Na-o-Jodhippurat*) wurden in den klass. Nierenclearance-Verff. anstelle von *Inulin* (**III**) u. *p-Aminohippursäure* (**IV**) zur Best. der Glomerulusfiltrationsgeschw. bzw. des effektiven Plasmastromes in der Niere benutzt. Die Clearancewerte mit **I** lagen nur 2,2 ml/Min./1 · 73 m^2 unter denen der gleichzeitig durchgeführten **III**-Clearance, während die Clearancewerte mit **II** um 27,9 ml/Min./1 · 73 m^2 niedriger waren als die mit **IV** (dieser Unterschied ist auf die Ggw. von freiem $^{131}J^-$ in der Durchströmungsfl. zurückzuführen). K. Zingraf 4597◇

1378 **Biochemie der Entzündungen.** Bernard Idson. (J. Soc. Cosmet. Chemists **14**, 63—79, 1963; New York, N. Y., Dome Chemicals, Inc.; engl.) — Übersicht über die biochem. Vorgänge bei Entzündungen des Bindegewebes, die chem. Vermittler, den Mechanismus erhöhter Capillar-Permeabilität u. die Entzündungsheilmittel. — 105 Literaturangaben. W. Wesly 4597◇

1379 **Glucose, Brenztraubensäure und Milchsäure bei Psoriasis und bei endogenem Ekzem.** E. Neumann und B. Blažková-Jandová. (Acta dermato-venereol. [Stockholm] **43**, 286—93, 1963; Prag, Karls-Univ., Med. Fakult., Dermatol. Klin.; engl.) — Aus dem in der menschlichen Haut bestimmten Geh. an *Glucose*, *Brenztraubensäure* u. *Milchsäure* bei Gesunden, Personen mit endogenem Ekzem oder Psoriasis wird geschlußfolgert, daß beim Ekzem in der Haut die *Anoxybiose* u. bei der Psoriasis die *Oxybiose* im Stoffwechsel überwiegt. P. Lange 4597◇

E$_6$. Pharmakologie, Therapie, Toxikologie, Hygiene

1380 **Chemische Struktur und pharmakodynamische Wirkung.** E. J. Ariens. (Farmaco [Pavia], Ediz. sci. **17**, 35—59, 1962; Nijmegen, Univ., Inst. pharmacolog.; franz.) — Die Gesamtwrkg. eines Pharmakon wird als Summe von Elementarvorgängen betrachtet, bei denen die Beziehungen zwischen Struktur u. Wirkungsweise klarer zu erkennen sind. Diese Betrachtungsweise wird an Beispielen klar durchgeführt. W. Holland 4600◇

1381 **Verdünnung der Dosis und akute orale Toxizität.** Hugh C. Ferguson. (Toxicol. appl. Pharmacol. **4**, 759—62, 1962; Rochester, N. Y., Strasenburgh Labors.; engl.) — Bei Verss. an Ratten u. Mäusen war die Todesrate mit 12 verschiedenen bekannten Pharmacis abhängig von der Verdünnung, in der die Verbb. injiziert wurden. Das injizierte Fl.-Vol. betrug bei gleichbleibender Dosis 5%, 2,5% u. 1,25% des Körpergewichtes. Je größer die Verdünnung der tox. Dosis war, um so größer war die Todesrate. Diese fällt mit steigender Konz. auf $^1/_5$ bis $^1/_2$ ab. Die gleiche Beziehung ergab sich bei der DL_{50} von 4 verschiedenen Verbb., die bis zu 50% ansteigt. K. Grade 4600◇

1382 **Veränderung der Lokalisation der ungepaarten Elektronen in bestrahlten Eiweißstoffen bei der Wirkung infraroter Strahlung.** M. K. Pulatowa, E. A. Burstein und L. P. Kajuschin. (Ber. Akad. Wiss. UdSSR **149**, 1432—34, 1963; Inst. für biol. Physik der Akad. der Wiss. der UdSSR; russ.) — Trockene Proben von *Pepsin*, *Serumalbumin*, *Eialbumin*, *Muskelgewebe* des Kaninchens u. durch Kochen denaturiertem Pepsin wurden im Vakuum von ca. 10^{-3} mm bei Zimmertemp. γ-bestrahlt (5000000—10000000 r) u. auf ihre paramagnet. Elektronenresonanzspektren bei Zimmertemp. u. 77°K untersucht, danach dem sichtbaren oder IR-Licht ausgesetzt u. ebenso untersucht. Aus der Veränderung der Lage der ungepaarten Elektronen bei Einw. der IR-Strahlen ist zu schließen, daß unter der Einw. der ionisierenden Strahlen im Eiweiß-Mol. stabile freie Reste entstehen, die durch das IR-Licht aktiviert werden. Reagieren die durch das Licht mobilisierten Radikale mit biolog. wichtigen Verbb. oder unter Bldg. tox. Stoffe, so wird die schädigende Wrkg. der Strahlen verstärkt, wie dies bei der Häufung der Chromosomenaberration nach IR-Bestrahlung der vorher γ-bestrahlten Zellen der Fall ist. O. Lebtag 4601△

1383 **Untersuchung des Wertes des Serumproperdins unter der Einwirkung von Radiophosphor (^{32}P) und Radiojod (^{131}J).** N. Cajal, O. Burducea und M. Andreescu. (Studii Cercetări Inframicrobiol. [București] **12**, 297—301, 1961; Acad. R. P. R., Inst. de inframicrobiol.; rum.) — Vgl. ibid. **12**, [1961], 29—37. — Die innere Bestrahlung mit β- u. γ-Strahlen aus ^{32}P u. ^{131}J führt bei weißen Ratten nach 24 Std. zu einem deutlichen Rückgang des *Serumproperdins* (**I**). Der Rückgang erreicht nach 4 Tagen ein Maximum, es folgt ein zuerst rascherer, dann langsamerer Wiederanstieg des **I**. Die Rolle von **I** bei der unspezif. Virusresistenz wird erörtert. R. K. Müller 4601◇

1384 **Untersuchungen zum Stoffwechsel des trägerfreien Radioruthenium.** 3. Mitt. **Das Verhalten von Nitrosylruthenium im Gastrointestinaltrakt.** R. S. Bruce, T. E. F. Carr und Mary E. Collins. (Health Physics **8**, 397—406, 1962; Harwell, Berks., Med. Res. Council,

Radiobiol. Res. Unit; engl.) — 1. vgl. C. **1964,** 15-1377. — Durch Magensonde erhielten ♂ Albino-Ratten Gaben von *Nitrosyl-*^{106}*Ru*-Komplex. Den Tieren wurden verschiedene Gewebeproben entnommen, zu Schnitten präpariert u. autoradiograph. untersucht. Es zeigte sich, daß etwa 20% der Anfangsdosis während der ersten Std. in der Wand des kleinen Intestinums resorbiert werden, im übrigen Organismus finden sich 2—4%. Nach 2 Std. ist die Resorption durch die Darmwand vollständig. In der Wand von Duodenum u. oberem Jejunum findet weitgehend Retention statt.
W. Reusse 4601◇

1385 **Einbau von ^{32}P in die Desoxyribonucleinsäure einiger strahlenempfindlicher Organe bei Ratten nach Behandlung mit Jodessigsäure und mit Röntgenstrahlen.** M. Quintiliani, M. Boccacci und L. Tentori. (Rend. Ist. super. Sanità **23,** 1081—94, 1960; Roma, Ist. Super. di Sanità, Labor. di Chim. Biol.; Labor. di Biol.; ital.) — Röntgenstrahlen und Jodessigsäure hemmen den Einbau von ^{32}P in die *Desoxyribonucleinsäure* von Thymus, Milz, Darm u. regenerierendem Lebergewebe der Ratte. Bei kombinierter Anwendung trat eine Summation der Wrkgg. ein. K. Zingraf 4601◇

1386 **Strahlenschutzstoffe. 1. Mitt. Acylierte Derivate von β-Mercaptoäthylamin.** William O. Foye, Ronald N. Duvall und James Mickles. (J. pharmac. Sci. **51,** 168—71, 1962; Boston, Massachusetts Coll. of Pharm., Dep. of Chem.; engl.) — Durch Acylierung von *β-Mercaptoäthylaminhydrochlorid* (**I**) in Dimethylformamid oder in einem Überschuß des Säurechlorids werden einige S-Ester von **I** dargestellt. Injektionen nicht tox. Gaben von *S-Acetyl-2-mercaptoäthylaminhydrochlorid* 15 Min. vor Bestrahlung mit 800 r haben eine 60%ig. Schutzwrkg. (30 Überlebenstage) bei Mäusen; bei 575 r beträgt die Überlebensrate 80%. Nachwirkungsvoller ist *Dithiokohlensäure-β-aminoäthylester* (**II**). Die Toxizität der dargestellten Substanzen liegt unter der von **I**.

Versuche: *2-Mercaptoäthylaminhydrochlorid* (**I**), F. 70°, durch Eintropfen einer alkohol. Lsg. von Äthylenimin in A. unter gleichzeitiger Einleitung von trockenem H_2S u. Behandeln mit HCl-Gas, 72% (Ausbeute). — *S-Myristoyl-2-mercaptoäthylaminhydrochlorid,* $C_{16}H_{34}Cl \cdot NOS$, F. 126—128° (A.), durch 2std. Kochen von **I** u. Myristoylchlorid, 75%. Ebenso folgende 2-Mercaptoäthylaminhydrochloride: *S-Acetyl-,* $C_4H_{10}ClNOS$, F. 130—132° (Bzl.-Ae.), 84%. *S-Butyryl-,* $C_6H_{14}ClNOS$, F. 86—88° (Bzl.-Ae.), 55%. *S-Pentanoyl-,* $C_7H_{16}ClNOS$, F. 98—100° (Bzl.-Ae.), 74%. *S-Hexanoyl-,* $C_8H_{18}ClNOS$, F. 108—110° (Bzl.-Ae.), 75%. *S-Heptanoyl-,* $C_9H_{20}Cl \cdot NOS$, F. 106—108° (Bzl.-Ae.), 86%. *S-Octanoyl-,* $C_{10}H_{22} \cdot ClNOS$, F. 111—113° (A.), 85%. *S-Chloracetyl-,* $C_4H_9Cl_2 \cdot NOS$, F. 126—128° (Bzl.-Ae.), 85%. *S-Benzoyl-,* $C_9H_{22}Cl \cdot NOS$, F. 170—172° (A.), 82%. — *2-Benzylmercaptoäthylaminhydrochlorid,* $C_9H_{14}ClNS$, F. 112—114° (A.-Ae.), durch 20std. Erhitzen von **I** u. Benzyloxycarbonylchlorid auf dem Wasserbad u. Zugabe von Bzl., oder durch 4std. Erhitzen auf 150°. — *2-Mercaptoäthyldithiocarbaminsäure* (**II**), $C_3H_7NS_3$, F. 76—78°, durch Behandeln einer eisgekühlten Lsg. von CS_2 u. NH_3-W. mit einer wss. **I**-Lsg., 1std. Rühren, 65%. — *S-Acetyl-2-mercaptoäthylaminhydrochlorid,* $C_4H_{10}ClNOS$, F. 127 bis 130° (A.), durch Einw. von Acetylchlorid auf vorst. Verb. bei Raumtemp. u. 1std. Stehen bei 0—5°. Als Nebenprodd.: *2-Mercaptothiazolin,* F. 101—103° u. *2-Mercaptoäthylamindisulfiddihydrochlorid,* F. 210°. — *N-Octanoyl-2-mercaptoäthylamin,* $C_{10}H_{21}NOS$, F. 46—48° (25%ig. A.), a) aus **II** u. Octanoylchlorid in eisgekühltem Äther. Daneben entsteht *Bis-[2-aminoäthyldisulfiddihydrochlorid],* F. 209—210°. b) durch Behandeln einer wss. Lsg. von S-Octanoyl-2-mercaptoäthylaminhydrochlorid mit NH_3-W., Ae.-Extraktion, 82%. — *N-Myristoyl-2-mercaptoäthylamin,* $C_{17}H_{33}NOS$, wie vorst. Verbindung. — *N-Benzoyl-2-mercaptoäthylamin,* $C_9H_{11}NOS$, F. 65—67° (Ae.), a) durch Behandeln einer gekühlten wss. Lsg. von S-Benzoyl-2-mercaptoäthylaminhydrochlorid (**III**) mit konz. wss. NH_3 u. CS_2, Ansäuern u. Ae.-Extraktion, Ae.-Verjagen unter N_2; b) durch Behandeln von **III** mit wss. NH_3 u. Ae.-Extraktion.
P. Gregorzewski 4601◇

1387 **Ablagerung von Barium in Aortengewebe.** R. Brinkman und H. B. Lamberts. (Proc., Kon. nederl. Akad. Wetensch., Ser. C **66,** 231—35, 1963; engl.) — Bei Menschen wird *Ba* vorzüglich im Gewebe der Aorta gespeichert. Bei Ratten wurden die höchsten Ba-Konzz. 24 Std. nach einer Injektion von ^{140}*BaCl*$_2$ in den Knochen nachgewiesen, aber auch die Konzz. in den Augen u. in der Aorta waren hoch. Die relative Konz. in der Aorta war nach oraler Verabreichung von $^{140}BaCl_2$ höher. Nach 9 Wochen überstieg die Konz. in der Aorta die in anderen Geweben. K. Zingraf 4606◇

1388 **Hämolytische Wirkung von Kupfer und vergleichende Untersuchung der Geschwindigkeit der durch verschiedene Metalle ausgelösten Hämolyse.** Angelo Granata und Domenico Germano. (Med. del Lavoro **54,** 81—87, 1963; Messina, Univ., Ist. di Med. del Lavoro; ital.) — Die hämolyt. Wrkg. von *Cu* (gemessen an der Hämolysegeschw.) war stärker als die von *Zn, Co, Al, Pb, Sn* u. *Fe* (nach abnehmender Stärke geordnet).
K. Zingraf 4606◇

1389 **Über die Pathogenese der Bleianämie.** Giuseppe Rombola und Paolo Magnanelli. (Med. del Lavoro **54,** 106—17, 1963; Roma, Ist. Naz. per l'Assicuraz. contro gli Infortuni sul Lavoro; Centro Traumatol. Ortop.; ital.) — Bei längerer oraler Verabreichung von *Pb* bei Kaninchen bzw. bei Einw. von Pb auf Knochenmark der Tiere in vitro ergab sich, daß die Synth. von *Hämoglobin* (**I**), die in vitro gehemmt wurde, in vivo deutlich beschleunigt wurde (Verkürzung der Zellelemente, die **I** synthetisieren). In vitro u. in vivo wurde eine Anreicherung von *Fe* in der Stromafraktion beobachtet. K. Zingraf 4606◇

1390 **Gehalt von δ-Aminolävulinsäure im Serum und Beziehungen zur Ausscheidung im Harn bei Personen mit Bleivergiftung.** Paolo Chiesura und Francesco Brugnone. (Med. del Lavoro **54,** 88—94, 1963; Padova, Univ., Ist. di Med. del Lavoro; Centro Studi per le Mal. Prof. sotto il Patron. dell'INAIL.; ital.) — Der Geh. von *δ-Aminolävulinsäure* (**I**) im Serum, der bei Normalpersonen im Durchschnitt 7,95 μg% betrug, war bei Pb-Vergiftung u. Pb-Exponierten erhöht; gleichzeitig war bei diesen Personen eine erhöhte Ausscheidung von **I** im Harn zu beobachten. K. Zingraf 4606◇

1391 **Vorläufige toxikologische Untersuchungen an Stickstofftrifluorid.** T. R. Torkelson, F. Oyen, S. E. Sadek und V. K. Rowe. (Toxicol. appl. Pharmacol. **4,** 770—81, 1962; Midland, Michigan, Dow Chem. Comp., Biochem. Res. Labor.; engl.) — *NF*$_3$ (**I**) ist mittel bis stark toxisch. Nach intraperitonealer Injektion von 8—16 ml gasförmigem **I**/kg bei Ratten u. Kaninchen kommt es zu einer Methämoglobinämie u. zur Vergrößerung von Milz, Herz, Niere, Leber sowie deren patholog. Veränderung. Zähne erscheinen normal, der Fluorid-Geh. der Zähne, Knochen u. des Blutes ist erhöht. Inhalation von 1000 ppm **I** führt zu Methämoglobinämie, 2500 ppm führen nach 4std. Einw. zum Tode. Tägl. 7std. Einw. von 100 ppm **I** über 4$^1/_2$ Monate bewirkt bei beiden Geschlechtern patholog. Veränderungen von Leber u. Niere, bei ♂ Tieren steigt das Gew. von Leber, Niere u. Milz. Keine Anzeichen einer Fluorosis der Zähne u. Knochen.
K. Grade 4606◇

1392 **Über die Unfähigkeit des Kükens, Arsenik aus Geweben von Schweinen, die mit Arsanilsäure gefüttert wurden, zu speichern.** L. R. Overby und D. V. Frost. (Toxicol. appl. Pharmacol. **4,** 745—51, 1962; North Chicago, Ill., Abbott Labors.; engl.) — Nach Verfütterung von *As*-haltigem Schweineleber-Acetontrockenpulver bzw. von *Arsenik* an Küken (ca. 100 μg As/Tag) zeigte sich vom 2. Tage an die Einstellung eines Gleichgew. zwischen As-Aufnahme u. Exkretion. Durch Aktivierungsanalyse für As in Geweben wird gezeigt, daß es in der Leber der mit Arsanilsäure gefütterten Schweine in für Küken metabol. inerter Form vorhanden ist. In Blut, Leber, Niere u. Muskulatur der Tiere finden sich nach 11 Tagen nur wenige ppb (parts per billion) As. Tiere, die As_2O_3 erhielten, zeigen in den genannten Organen einen höheren As-Geh. K. Grade 4606◇

1393 **Die percutane Resorption von ^{51}Cr-Natriumchromat beim Meerschweinchen.** Jan E. Wahlberg und Erik Skog. (Acta dermato-venerol. [Stockholm] **43,** 102 bis 108, 1963; Stockholm, Nat. Inst. of Publ. Health; Karolinska Sjukhuset, Dep. of Dermatol.; engl.) — Die relative percutane Resorption von $Na_2{}^{51}CrO_4$ beim Meerschweinchen stieg bis zu einer Konz. von 0,261 m (maximale Resorption 4%) mit der *Chromat*(I)-Konz. an u. sank bei höherer I-Konz. wieder ab. Die abs. Resorption stieg ebenfalls bis zu einem Plateauwert von ca. 690 bis 725 mμMol/Std./cm² Einw.-Fläche an; eine Steigerung der I-Konz. über 0,398 m hinaus erhöhte die Resorption nicht mehr. Die höchste ^{51}Cr-Konz. fand sich nach percutaner Resorption in den Lymphknoten, niedrigere Konzz. wurden in Niere, Harn, Blut, Leber u. Milz nachgewiesen. K. Zingraf 4606◇

1394 **Die Wirkung von aliphatischen und aromatischen Quecksilberverbindungen auf die Gewebeaktivität von kleinen Karpfen (Cyprinus carpio L.).** Yoshio Hamamoto und Tatsuro Ito. (Seikagaku [Biochemie, Tokyo] **32,** 814—17, 1960; Otsu, Shiga Univ., Fac. of Liberal Arts and Educ.; jap.) Else Lehmann 4607◇

1395 **Stoffwechsel von Bis-[β-chloräthyl]-sulfid (Schwefelsenfgas).** Clarke Davison, Robert S. Rozman und Paul K. Smith. (Biochem. pharmacol. **7,** 65—74, 1961; Washington, D. C., George Washington Univ., School of Med., Dep. of Pharmacol.; engl.) — An Ratten, Mäusen u. beim Menschen wird der Stoffwechsel von *^{35}S-Bis-[β-chloräthyl]-sulfid* (I) untersucht. Bei den Nagern wird der Hauptteil der Radioaktivität innerhalb 24 Std. im Urin ausgeschieden, beim Menschen bleibt ^{35}S lange zurückgehalten. Bei der Ratte wird ^{35}S nur in Spuren ausgeatmet, in den Faeces wenig ^{35}S gefunden. Große Mengen *Thiodiglykol* u. *Bis-[β-chloräthyl]-sulfon* werden, überwiegend konjugiert, im Urin gefunden. Ein großer Teil von I reagiert direkt mit Gluthathion zu einem Komplex, der dann ausgeschieden wird. Vff. nehmen an, daß der Hauptteil der im Urin ausgeschiedenen Radioaktivität auf Verbb. beruht, die durch Alkylierung von I entstehen, während enzymat. gebildete Stoffwechselprodd. keine Rolle spielen. R. K. Müller 4607◇

1396 **Hämatologische Effekte nach intravenöser Injektion von Propylalkohol beim Kaninchen.** R. T. Brittain und P. F. D'Arcy. (Toxikol. appl. Pharmacol. **4,** 738 bis 744, 1962; Ware, Hertfordshire, England, Allen and Hanburys Ltd., Res. Div.; engl.) — I.v. Injektion von 4 ml/kg *Propylalkohol* (12,5%ig, 25%ig u. 50%ig in Salzlösung) beim Kaninchen beeinflußt nicht die Zahl der Erythrozyten, Leukozyten u. Monozyten. Die Zahl der Lymphozyten u. die Blutgerinnungszeit sind erniedrigt, während die Zahl der Plättchen u. der zirkulierenden Polymorphkernigen ansteigt. K. Grade 4607◇

1397 **Einflüsse von β-Aminopropionitril auf mesodermale Gewebe von Xenopus laevis-Embryonen und -Larven.** Chih-Ye Chang. (Sci. Rec. [Peking] [N. S.] **3,** Nr. 3, 128—31, 1959; Acad. Sinica, Marine Biol. Inst.; engl.) — Bei Larven verursacht *β-Aminopropionitril*-Behandlung Deformationen der Rückenmuskulatur, intersegmentaler Septen u. Gelenke, bei Embryonen außerdem anomales Wachstum der Epidermis u. des Rückenmarks. *Xenopus laevis* wird zur biolog. Best. von Lathyrogen in der Klinik vorgeschlagen. P. Gregorzewski 4607◇

1398 **Untersuchungen über die Wirkungen von akuten Nitrobenzol- und Anilinvergiftungen auf das Redoxsystem im Hirn.** N. Sato. (Tokyo Jikeikai med. J. **76,** 722—27, 1961; jap.) J. Lehmberg 4607◇

1399 **Die pharmakologische Aktivität von N-substituierten β-Aminoäthylpiperidinen.** E. Grana, L. Lilla und P. Pratesi. (Farmaco [Pavia], Ediz. Sci. **15,** 562—75, Sept. 1960; Pavia, Univ., Ist. die Chim. farmaceut. e tossicol; ital.) — Die akute Toxizität, die spasmolyt., Antihistamin- u. Bradycardie erzeugende Wrkg. von ditert. Diaminen wird untersucht u. die Beziehungen zwischen Konstit. u. pharmakolog. Wrkg. besprochen. Untersucht wurden die Hydrochloride u. Dihydrochloride der tert. 2-Piperidinoäthylamine: *4-Methoxydiphenyl-*, 110 (DL_{50} in mg/kg bei der Ratte), > 500 (spasmolyt. Wrkg., γ/100 ml Tyrode gegen Acetylcholin), > 500 (spasmolyt. Wrkg. gegen Histamin); *4.4'-Dimethoxydiphenyl-*, 110, > 500, > 500; *Benzyl-4-methoxybenzyl-*, 120, > 500, 200; *Bis-[4-methoxybenzyl]-*, 100, 200, 250; *Bis-[3.4-Dimethoxybenzyl]-*, 60, 300, 500; *Bis-[3.4-methylendioxybenzyl]-*, 100, 300, 300; *Phenyl-4-methoxybenzyl-*, 140, 400, 200; *Benzyl-4-methoxyphenyl-*, 120, > 500, 200; *Diphenyl-*, 170, 300, 500; *Dibenzyl-*, 95, > 500, 300; *Phenylbenzyl-*, 180, 160, 60; *Cyclohexylphenyl-*, 120, 200, 500; *Cyclohexyl-4-methoxphenyl-*, 100, 500, 500; *Dicyclohexyl-*, 95, 500, 400; *Hexahydrobenzylbenzyl-*, 110, 60, 500; *Hexahydrobenzyl-4-methoxybenzyl-*, 150, 40, 500; *Hexahydrobenzyl-3.4-dimethoxybenzyl-*, 80, 100, 500; *Hexahydrobenzyl-3.4-methylendioxybenzyl-*, 85, 150, 500; *Dodekahydrodibenzyl-*, 130, 500, 500; *Cyclohexylbenzyl-*, 120, 80, 200; *Phenylhexahydrobenzyl-*, 130, 300, 400; *Cyclohexyl-4-methoxybenzyl-*, 110, 100, 300; *Hexahydrobenzyl-4-methoxyphenyl-*, 160, 300, 400; *Cyclohexylhexahydrobenzyl-*, 90, 250, 300; N-[2-Piperidinoäthyl]-1.2.3.4.-tetrahydrochinoline: *Unsubstituiert* — *Hydrochlorid*, 160, > 500, > 500; *6-Methoxy-Dihydrochlorid*, 160, > 500, > 500; *7-Methoxy-Hydrochlorid*, 180, > 500, > 500; *6.7-Dimethoxy-Dihydrochlorid*, 160, > 500, > 500. N-[2-Piperidinoäthyl]-1.2.3.4-tetrahydroisochinolindihydrochloride: *Unsubstituiert*, 200, > 500, > 500; *6-Methoxy-*, 230, 400, > 500; *7-Methoxy-*, 240, 350, > 500; *6.7-Dimethoxy-*, 200, > 500, > 500. F. Heller 4607◇

1400 **Pharmakologische Untersuchung über ein neues, Histamin freisetzendes Derivat, das Sebacinsäurediamid des 4-Phenyl-4-aminomethyl-N-methylpiperidins (1665 I. S.).** G. Bignami. (Farmaco [Pavia], Ediz. sci. **17,** 24—34, 1962; Roma, Ist. Superiore di Santà, Labor. di Chim. terapeut.; ital.) — *N.N'-Bis-[1-methyl-4-phenylpiperidyl-(4)-methyl]-sebacinsäurediamid* (*1665 I. S.*, I) zeigt am Hund Blutdrucksenkung bei Dosen von 0,01 bis 0,05 mg/kg, Atomnot u. einen Anstieg des Histaminspiegels im Blut. Bei wiederholter Gabe nimmt die Wrkg. ab. Das Antihistaminicum *Pyrilamin* zeigt teilweisen Antagonismus. Mäuse, Meerschweinchen u. Ratten sprechen auf I weniger gut an. W. Holland 4607◇

1401 **Triazinylthiophosphatester mit selektiv aphiciden Eigenschaften.** A. Calderbank, E. C. Edgar und J. A. Silk. (Chem. and Ind. **1961,** 630—31, Bracknell, Berks.; Plant Protection Ltd., Jealott's Hill Res. Station; engl.) — Aus 2-Chlormethyl-4.6-diamino-1.3.5-triazin u. dem Na- oder NH_4-O.O-Dimethyl-dithiophosphat wird *Menazon* (I; *O.O-Dimethyl-S-[4.6-diamino-1.3.5-triazinyl-(2)-methyl]-dithiophosphat*), F. 160° (Zers.), dargestellt. Nur für Blattläuse besitzt I sowie seine Salze eine hohe Toxizität, für Milben ist sie unterschiedlich u. bei allen übrigen Insekten ist sie sehr gering. DL_{50} beträgt bei weiblichen Ratten oral 1950 mg/kg u. intraperitonal 615 mg/kg; in vitro ist eine schwache Cholinesterase-Hemmung festzustellen. Mit Erfolg wurde I angewandt bei *Aphis fabae, Aphis gossypii, Myzus persicae, Brevicoryne brassicae, Macrosiphum pisi* u. *Therioaphis maculata*. I kann verwendet werden als Mittel zum Besprühen, zur Vorbehandlung der Samen u. des Bodens. J. Gloede 4607△

1402 **Die Flavonoide.** 3. Mitt. K. Böhm. (Arzneimittel-Forsch. **9,** 778—85, Dez. 1959; Göppingen; dt.) — 1. vgl. C. **1963,** 17017; 2. vgl. C. **1963,** 596. — Übersicht. Besprochen werden Befunde über die Beteiligung von Flavanoiden am oxydativen Zellstoffwechsel u. über Flavonoid-Wrkgg. auf die verschiedensten Enzymsysteme. Ausführlicher werden noch die Beziehungen zwischen Flavonoiden u. Blutgerinnung von Flavonoid-Effekten bei allerg. Zuständen u. beim anaphylakt. Schock sowie die Flavonoidwrkgg. auf das experimentelle Tumorwachstum behandelt. Besprochen werden ferner noch die Befunde über Wrkgg. von Flavonoiden auf die Fertilität. K. Böhm 4608◇

1403 **Die Flavonoide.** 4. Mitt. K. Böhm. (Arzneimittel-Forsch. **10,** 54—58, 1960; dt.) — 3. vgl. vorst. Referat. — Übersicht. Die antioxygene Wrkg. von Flavonoiden u. ihre Bedeutung für das Vitamin C u. für die Adrenalinoxydation werden auf Grund der vorliegenden experimentellen Befunde besprochen, wobei der Wirkungsmechanismus dieses Spareffektes für das Vitamin C noch keineswegs aufgeklärt ist u. auch die Schutzwrkg. von Flavonoiden bei der Autoxydation des Adrenalins noch weiterer Bearbeitung bedarf. Flavonoide können als Antioxydantien gebraucht werden. Mit den Wrkgg. von Flavonoiden auf das Säure–Basen-Gleichgew. im Organismus hängen ferner Effekte dieser Stoffe auf die Chronaxie zusammen. Manche Flavonoide, vor allem Rutin, können tox. Wrkgg. von Arzneimitteln abschwächen oder verhüten, was von prakt. Bedeutung sein kann. K. Böhm 4608◇

1404 **Die Flavonoide.** 5. Mitt. K. Böhm. (Arzneimittel-Forsch. **10,** 139–42, Febr. 1960.)— **4.** vgl. vorst. Referat. — Übersicht. Flavonoide besitzen antibakterielle u. Antivirus-Wirkungen. Auch als Insektizide u. Anthelmintica wurden Flavonoide versucht, doch sind ihre Wrkgg. hierbei gering u. sie werden daher keine Bedeutung erlangen. Über Schutzwrkgg. von Flavonoiden gegenüber Strahlenschäden liegen zahlreiche Berichte vor, deren Ergebnisse sich recht deutlich unterscheiden. Wahrscheinlich dürften diese Unterschiede auf die Dosierung, die Dauer der Flavonoidzufuhr, die Art der Bestrahlung u. auf die verschiedenen verwendeten Tierarten zurückzuführen sein. Der bekannte kapillardichtende Effekt der Flavonoide dürfte allein kaum als Erklärung für die Strahlenschutzwrkg. der Flavonoide ausreichend sein. K. Böhm 4608◇

1405 **Die Flavonoide.** 6. Mitt. K. Böhm. (Arzneimittel-Forsch. **10,** 188–92, 1960; dt.) — 5. vgl. vorst. Referat. — Übersicht. Nach Literaturangaben wird über die spasmolyt., diuret., abführenden u. choleret. Wrkgg. von Flavonoiden berichtet. Weiter werden die Beziehungen zwischen den Flavonoiden u. den innersekretor. Drüsen besprochen. Gewisse Flavonoide können im Tierversuch das Wachstum beeinflussen. Andere wirken auf die Tätigkeit der Schilddrüse u. Nebennieren ein u. regulieren den Kohlenhydratstoffwechsel durch Senkung des Blutzuckerspiegels. Östrogene Wrkgg. kommen besonders den Isoflavonen zu. Die Verss. an jungen Ratten mit red. pigment-Syndrom zeigen, daß zwischen den Flavonoiden u. verschiedenen Vitaminen interessante Beziehungen zu bestehen scheinen. K. Böhm 4708◇

1406 **Die Flavonoide.** 7. Mitt. K. Böhm. (Arzneimittel-Forsch. **10,** 468–74, 1960; dt.) — **6.** vgl. vorst. Referat — Übersicht. — Im Hinblick auf die Effekte der *Flavonoide* (I) auf die Kapillargefäße werden die Begriffe Permeabilität u. Fragilität der Kapillaren, die Organisation u. Struktur des terminalen Strombettes, die die Regulation der Permeabilität u. die Resistenz begünstigenden u. schädigenden Faktoren sowie die experimentellen Untersuchungsmeth. besprochen. Experimentell ist der Wirkungsmechanismus von **I** auf die Kapillarfragilität noch nicht geklärt. Es bestehen noch manche Widersprüche in den Befunden, wodurch aber die guten therapeut. Wrkgg. einiger **I** auf die Gefäßresistenz nicht geschmälert werden. Berichtet wird weiterhin noch über den Einfl. von **I** auf experimentelle Purpura, experimentelle Erfrierungen u. experimentelles Oedem. In einer großen Übersichtstabelle werden schließlich noch die Trivialnamen von über 400 **I** u. deren chem. Konstitutionsformeln aufgeführt. K. Böhm 4608□

1407 **Die Flavonoide.** 8. Mitt. K. Böhm. (Arzneimittel-Forsch. **10,** 547–54, 1960; dt.) — 7. vgl. vorst. Referat. — Übersicht. Besprochen werden Flavonoid-Effekte am Herz u. Kreislauf. Die Arbeit des leicht insuffizienten Herzmuskels wird durch Flavonoide gebessert, hemmende Impulse für Reizbldg. u. Reizleitung werden über das Vaguszentrum ausgelöst u. schließlich wirken die Flavonoide noch auf die Gefäße. Die Coronargefäße können durch Flavonoide erweitert werden, wobei Einw. auf den Blutdruck u. die Herzfrequenz fehlen. Im Blutchemismus scheinen die Flavonoide auf die Lipoproteide u. das Cholesterin einwirken zu können, was bei arteriosklerot. Gefäßerkrankungen von Bedeutung ist. — Literatur der Gesamtübersicht: 592 Literaturangaben. K. Böhm 4608◇

1408 **Pharmakologie und Stoffwechsel von Mescalin.** Roland Fischer. (Rev. canad. Biol. **17,** 389–409, 1958; Saskatoo, Saskatchewan, Univ. Hosp., Dep. of Pathol., Div. of Biochem.; engl.) — Krit. Übersicht über die pharmakol. u. psychopharmakol. Unterss. mit *Mescalin* (I) u. dem **I**-haltigen *Peyote* einschließlich Stoffwechselunterss. in vitro u. in vivo unter Berücksichtigung eigener neuerer Befunde des Verfassers. — 125 Literaturangaben. U. Tausendfreund 4608◇

1409 **Die antibakterielle Wirkung ätherischer Öle aus Meerrettich-Wurzeln (Cochlearia armoracia L.).** M. Kienholz und B. Kemkes. (Arzneimittel-Forsch. **10,** 917–18, 1960; Gießen, Justus-Liebig-Univ., Hygiene-Inst.; dt.) — Die antibakterielle Wrkg. von *äther. Meerrettichöl* (I) u. seiner Einzelkomponenten (*Diallylsulfid, Allyl-, Phenyläthyl-, Phenylpropyl-* (II) u. *n-Butylsenföl*) wurde an *Escherichia coli, Lactis aerogenes, Proteus-, Pyocyaneus*-Bakterien, gelben Staphylokokken, Streptokokken, Enterokokken, Heubazillus u. *Candida albicans* geprüft. **I** war am stärksten wirksam gegen gramnegative u. -positive Bakterien. Die Wrkg. auf gramnegative Bakterien kommt im wesentlichen dem **II** zu. Orale Gaben der äther. Öle werden im Duodenum rasch resorbiert u. zu etwa 60% unverändert durch die Niere ausgeschieden. Die in vitro gefundene keimhemmende Konz. konnte durch Einnahme eines Ferment-Glykosid-Gemisches aus Meerrettichwurzel (*Rasapen*; **III**) auch im Urin erreicht werden. Nebenerscheinungen, wie sie nach Einnahme größerer Mengen von **I** auftreten können, wurden dabei nicht beobachtet. Es gelang auch nicht, Bakterien gegen die äther. Öle des Meerrettichs resistent zu machen. Die Anwendung von **III** zur Behandlung unspezif. bakterieller Harnwegsinfektionen kann daher empfohlen werden. K. Böhm 4608◇

1410 **Eine vorläufige pharmakologische Untersuchung der Wurzeln von Bixa orellana.** Norris W. Dunham und Kenton R. Allard. (J. Amer. pharmac. Assoc., sci. Edit. **49,** 218–19, 1960; Big Rapids, Mich., Ferris Inst., Div. of Pharm.; engl.) — Die Wurzeln von *Bixa orellana* wurden mit PAe. u. Ae. entfettet u. mit 95%ig. A. 12 Std. lang extrahiert. Nach dem Abdampfen des A. blieben 4% eines braunen Pulvers (F. 60–70°) zurück. Die Wurzel wurde dann weitere 12 Std. lang mit dest. W. extrahiert. Ausbeute: 7% eines braunen Pulvers (F. 180 bis 190°). Der Wasserextrakt hatte eine ausgesprochene depressive Wrkg. auf die Spontanaktivität bei Mäusen, ohne die Aktivität auf dem Rollstab zu beeinflussen. Die intraperitoneale DE_{50} für die depressive Wrkg. auf die spontane motor. Aktivität betrug 21 mg/kg, die intraperitoneale DL_{50} betrug 700 mg/kg. Bei Ratten verringert der Wasserextrakt die Magensekretion, ohne die Acidität zu beeinflussen. In vitro am isolierten Meerschweinchenileum wirkt er spasmolyt. u. an anästhesierten Ratten senkt er den Blutdruck bei intraperitonealer Injektion. 20 mg/kg, intraperitoneal injiziert, potenzieren nicht den durch Pentobarbital bewirkten Schlaf bei Mäusen. Es fehlen auch antikonvulsive Eigenschaften. K. Böhm 4608◇

1411 **Einige neuropharmakologische Wirkungen von Hersaponin, einem aktiven Prinzip von Herpestis monniera Linn.** C. L. Malhotra, P. K. Das und N. S. Dhalla. (Arch. int. Pharmacodynam. Thérap. **129,** 290 bis 302, 1960; New Delhi, Lady Hardings Med. Coll., Dep. of Pharmacol. and Therap.; engl.) — Die neuropharmakolog. Wrkg. von *Hersaponin* (I), einem Glykosaponin aus *Herpestis monniera* Linn., wurden an Mäusen u. Ratten untersucht. **I** wurde in 10%ig. Propylenglykol-Lsg. suspendiert u. intraperitoneal injiziert. Bei Mäusen haben 10 mg I/kg keine Wrkg.; Dosen über 70 mg/kg wirken in Abhängigkeit von der Dosisgröße sedativ bis hypnotisch. Der Effekt setzt 5–10 Min. nach der Verabreichung ein u. hält 1–2 Std. lang an. Gegen den Elektroschock bei der Ratte u. gegen die durch Metrazol bewirkten Krämpfe bei der Maus besitzt **I** keine Schutzwirkung. Es hat auch keinen Einfl. auf die Metrazol-Toxizität. Wie *Reserpin* (II) verringert es aber die Amphetamin-Toxizität bei der Maus. Die Körpertemp. der Maus wird durch **I** herabgesetzt, das Maximum ist 15 Min. nach der Verabreichung erreicht. Der Einfl. von **I, II** u. *Chlorpromazin* (III) auf die Pentobarbital-Na(IV)-Schlafzeit ergibt, daß bei Temperaturanstieg die Schlafzeit um

61, 70 u. 40% durch die Vorbehandlung herabgesetzt wird. Vorbehandlung mit LSD-25 (1 γ/kg) hemmt die hypnosepotenzierende Wrkg. von **I** etwa im gleichen Maß wie die von **II**. **I** potenziert bei Mäusen die Hypnose nach Hexobarbital, **IV** u. Alkohol. Wird **I** alle 24 Std. verabfolgt, so hat es die gleiche Wrkg. auf die Barbiturat-Hypnose wie **III**, während **II** — nach 48 Std. wiederholt — keine Wrkg. hatte. Die DL_{50} von **I** für Ratten beträgt 25,1 mg/kg, für Mäuse 74,3 mg/kg. Die zentralen Wrkg. von **I** ähneln denen von **II** u. **III**. K. Böhm 4608◇

1412 **Die pharmakologische Wirkung von Scorpiongift auf die glatte innere Muskulatur.** Robert A. Patterson. (Toxicol. appl. Pharmacol. **4**, 710—19, 1962; Tempe, Arizona, Univ., Poisonous Animals Res. Labor.; engl.) — Das Gift des Scorpions *Centruroides sculpturatus* Ewing bewirkt am isolierten Darm verschiedener Tierarten anfangs eine Verminderung der Spontanaktivität mit nachfolgendem Anstieg der Grundlinie u. langsamen rhytm. Kontraktionen. Ganglienblocker (Hexamethoniumchlorid) beeinflussen die Aktivität des Giftes nicht. K. Grade 4609◇

1413 **Die pharmakologische Wirkung von Tetrodotoxin.** Bunzaburo Nuki und Mitsuo Nagano. (Folia pharmacol. japon. **55**, 1305—09, 1959; Fukuoka, Kyushu Univ., Fac. of Med., Dep. of Pharmacol.; jap., Auszug: engl. S. 51.) — *Tetrodotoxin* (I) in Dosen von 2 γ/kg bewirkt bei Kaninchen i.v. gegeben ein Fallen des Blutdrucks u. eine 30 Min. dauernde Hemmung der Respiration; 3 γ/kg bewirkten vollständige Hemmung der Atmung. 6 γ **I** s.c. verursachten eine 2 Std. dauernde Anregung der Atmung, es besteht in dieser Zeit Strecklage; 7 γ verursachten 4 Std. dauernde Ataxie, 8 γ eine 8 Std. dauernde, 10 γ brachten die Atmung innerhalb von 2 Std. zum Stillstand. 180 γ per os bewirkten motor. Stimulation, 200γ schwere motor. Störungen u. in 4 Std. kam die Atmung zum Stillstand. In mit *Methan* u. *Morphin* anästhesierten Hunden bewirkte **I** i.v. gegeben bei 3 γ/kg Atmungshemmung u. Blutdruckfall, bei 4 γ Stillstand der Atmung. Bei s. c. Injektion wurden die gleichen Symptome erst von höheren Dosen bewirkt. Bei nicht anästhesierten Hunden verursachten 5 γ schweres wiederholtes Erbrechen u. Atmungshemmung, 6 γ verursachten Stillstand der Atmung innerhalb 1 Stunde. **I** bewirkte i.v. gegeben bei urethanisierten Katzen keinen Stillstand der Atmung; s. c. gegeben bewirkten 6 γ Stillstand der Atmung nach 3 Std. u. 7—8 γ Stillstand nach 1—2$^1/_2$ Stunden. W. Hiller 4609◇

1414 **Sulfidderivate des Cysteins.** 2. Mitt. **Einige Sulfonamidderivate des Cysteins und Methionins.** Matthew Verderame. (J. pharmac. Sci. **51**, 576—79, 1962; Albany, N. Y., Union Univ., Albany Coll. of Pharm., Chem. Dep.; engl.) — 1. vgl. C. **1962**, 18438. — Es werden einige L-3-[Substituierte]-methylmercaptoalanine u. Sulfonamidderiv. des Cysteins u. Methonins dargestellt u. biolog. getestet. Außer *L-3-[3'-Hydroxy-4'-carboxyphenylcarbamylmethylmercapto]-alanin*, das leicht wirksam gegen *Klebsiella-pneumoniae*-Infektion bei Mäusen ist, zeigt keine der dargestellten Verbb. physiolog. Wirksamkeit.

Versuche: Nach den Meth. von Verderame (C. **1962**, 18438), Foye u. Verderame (C. **1958**, 12942) u. Armstrong u. Lewis [1951]: L-Cysteine: *S-[p-Acetylaminophenylcarbamylmethyl]*-, $C_{13}H_{17}N_3O_4S$, F. 208° (W.; Zers.), 38,8% (Ausbeute). *S-[4'-Carboxy-3'-hydroxyphenylcarbamylmethyl]*-, $C_{12}H_{14}N_2O_6S$, F. 203° (Zers.), 18,0%. *S-[p-Aminophenylcarbonylmethyl]*-, $C_{11}H_{14}N_2O_3S$, F. 130° (A.-Methanol-Ae., Zers.), 60,2%. *S-[Propen-(2)-ylcarbamylmethyl]*-, $C_8H_{14}N_2O_3S$, F. 183° (W.-A.; Zers.), 34,4%. *S-[Phenthiazinyl-(10)-carbonylmethyl]*-, $C_{17}H_{16}N_2 \cdot O_3S_2$, F. 165° (W.-Eisessig; Zers.), 61,9%. *S-[p-Thiazolyl-(2)-aminosulfonylphenylcarbamylmethyl]*-, $C_{11}H_{16}N_4O_5S_3$; F. 164° (W.; Zers.), 10,3%. *S-[Naphthyl-(1)]*-, $C_{14}H_{15} \cdot NO_2S$, F. 197° (Eisessig + W., Zers.), 56,5%. — *N.N'-Bis-[p-acetamidobenzolsulfonyl]-cystin*, $C_{22}H_{26}N_4O_{10}S_4$, F. 216° (A.; Zers.), durch $^3/_4$std. Rühren eines Gemisches aus *N-Acetylsulfanilylchlorid* (I), L-Cystin, NaOH in W. u. Ae. bei Raumtemperatur. — *N-[p-Acetamidobenzolsulfonyl]-cystein*, $C_{11}H_{14}N_2O_5S_2$, F. 214—217° (A.), durch 1,5std. Erwärmen vorst. Verb. auf 55° mit Zn-Staub, HCl u. Methanol, 24,7%. — *N-[p-Aminobenzolsulfonyl]-cystein*, $C_9H_{12}N_2O_4S$, F. 170—173° (W.), durch $^1/_2$std. Kochen vorst. Verb. mit 6n HCl, 63%. — *L-N-[p-Acetamidobenzolsulfonyl]-S-äthylcystein*, $C_{13}H_{18}N_2O_5S_2$, F. 190 bis 193° (A.-W.), aus S-Äthyl-L-cystein u. **I**, 55,9%. — *L-N-[p-Aminobenzolsulfonyl]-S-äthylcystein*, $C_{11}H_{16}N_2 \cdot O_4S_2$, F. 182—184° (A.-W.), aus vorst. Verb. durch $^1/_2$std. Einw. von 6n HCl, 70,6%. — *N-[p-(4-Aminobenzolsulfonylamino)-benzolsulfonyl]-S-äthylcystein*, $C_{17}H_{21}N_3O_6S_3$, F. 127° (A.-W.; Zers.), durch Einw. von **I** auf vorst. Verb., 12%. — *DL-N-[p-Acetylaminobenzolsulfonyl]-methionin*, $C_{13}H_{18}N_2O_5S_2$, F. 163—164° (W.), aus DL-Methionin u. **I**, 37,6%. — *DL-N-[p-Aminobenzolsulfonyl]-methionin*, $C_{11}H_{16}N_2O_4S_2$, F. 144—146° (Äthylacetat), durch Behandeln vorst. Verb. mit 6n HCl, 39,8%. P. Gregorzewski 4610◇

1415 **Zur Behandlung des chronischen Harninfektes mit langwirkenden Sulfonamiden.** H. J. Kähler, G. Mössner, K. Th. Frank und E. Wegner. (Münchener med. Wschr. **102**, 1617—21, 1960; Freiburg i. Br., Univ., Med. Klin.; dt.) — 26 Patienten, die an einem chron. Harninfekt litten, wurden entweder mit *Sulfamethoxypyridazin* (**I**), *Sulfaphenazol* (**II**) oder *Sulfadimethoxin* (**III**) behandelt. An Keimen wurden vor Beginn der Behandlung isoliert: *Bacterium coli* u. Coligruppe, Enterokokken, *B. proteus*, *Staphylococcus aureus*, *Hämophilus influenzae*. Die Dosierung betrug bei **I** u. **III** am 1. Tag 1,0 in den folgenden Tagen täglich 0,5 g. **II** wurde 3 Tage lang mit 2,0 g u. in den folgenden Tagen mit 1,0 g verordnet. Die Behandlungsdauer betrug in jedem Falle 10 Tage. Unter Zugrundlegung objektiver Kontrollkriterien war der Behandlungserfolg nicht ausreichend. Es wird angenommen, daß die bakteriostat. wirksamen Harn- u. Gewebespiegel der Sulfonamide unzureichend sind. Zur Behandlung leichter u. mittelschwerer Harninfekte werden daher weiterin *Nitrofurantoin* u. *Sulfanilylcarbamid* empfohlen. K. Böhm 4610◇

1416 **Röntgenographische Beobachtung über die Wirkung von Marsilid, Pyrazinamid und der gemeinsamen Anwendung von SM, Isonicotinsäurehydrazid und p-Aminosalicylsäure bei experimentell hervorgerufener Kniegelenktuberkulose an Meerschweinchen.** S. Onuma. (Tokyo Jikeikai med. J. **76**, 602—17, 1961; jap.) J. Lehmberg 4610◇

1417 **Untersuchungen über die therapeutische Wirkung von Brenztraubensäureisonicotinoylhydrazon (H-1006) bei Tuberkulose beim Menschen.** A. Saim, I. V. Bălănescu, I. Gaspar und Al. Fronda. (Comun. Acad. Republ. Populare romîne **9**, 635—38, 1959; rum.) — Das von Oeriu u. Mitarbeitern (C. **1958**, 10718) entwickelte tuberkulostat. Präp. *Brenztraubensäureisonicotinoylhydrazon* (**I**, *H-1006*) wird in klin. Unterss. an Kindern mit *Isonicotinoylhydrazid* (**II**) verglichen. Bei tuberkulöser Meningitis (auch recidiven Fällen), Peritonitis, Pericarditis, Arthritis u. parenchymatösen Prozessen ist **I** wirksamer als **II** bei 7mal geringerer Toxizität. Die angewandten **I**-Dosen entsprechen 10—35 mg **II**/kg Körpergewicht. R. K. Müller 4610◇

1418 **Experimentelle Grundlagen zur Behandlung von Streptokokkeninfektionen mit Nitrofurazon.** Ulrich Berger. (Zbl. Bakteriol. Parasitenkunde, Infektionskrankh. Hyg., I. Abt., Orig. **174**, 175—83, Febr. 1959; Hamburg, Univ.-Klin. u. Poliklin. f. Zahn-, Mund- u. Kiefer-Krkh., Bakteriol. Labor.; dt.) — Die Stämme der Gruppen B u. D der hämolysierenden Streptokokken sind gegen *Nitrofurazon* resistent. Die Empfindlichkeit der übrigen Stämme nimmt in der Reihenfolge A, O, C, F, G, L, H, E ab. K. Zingraf 4610◇

1419 **Pigmentierung der Haut und der Mundschleimhaut nach Dauerbehandlung mit Chlorochin.** H. Zachariae. (Acta dermato-venereol. [Stockholm] **43**, 149—53, 1963; Copenhagen, Univ., Rigshosp., Dep. of Skin and Ven. Dis.; engl.) — Nach Dauerbehandlung eines Patienten mit Lupus erythematosus discoides mit *Chlorochin* traten dunkelbraune Pigmentierungen an Hals, Arm, Gesicht, Mundschleimhaut u. Gaumen auf. K. Zingraf 4610◇

1420 **Einfluß der Anwendung von Aureomycin auf Enzymaktivitäten der Leber. 1. Mitt. Über die Aktivität von Cholinoxydase, Succindehydrogenase und Transaminase.** Momoichi Kusunoki, Reiji Hayashi, Syozo Ishikawa, Sachiko Tanaka, Keizo Tada, Kanichiro Nishida und Keishi Fujioka. (Vitamins [Kyoto] **20,** 427–32, 1960; Kyoto, Kyoto Prefectural Univ. School of Med., Dep. of Pediatrics; jap., Auszug: engl.) — Ratten erhielten *Aureomycin* (**I**) in täglichen Mengen von 200 mg/kg Körpergewicht. Die Aktivität der *Cholinoxydase* (**II**) war im Leberhomogenat bei 1 Woche u. bei 4 Wochen **I**-Anwendung erniedrigt, nach 2 u. 3 Wochen **I**-Anwendung jedoch normal. *Bernsteinsäureoxydase* (**III**) war ebenfalls nach 1- u. 4wöchentlicher Anwendung geringfügig herabgesetzt. Diese Änderungen von **II** u. **III**, die als Flavinenzyme betrachtet werden, gehen nicht parallel mit den Änderungen des Geh. der Leber an *Flavinadenindinucleotid* (FAD). Der Geh. an *Pyridoxal* u. die Aktivität der *Transaminase* in der Leber blieben im wesentlichen unverändert.

A. Hesse 4611◇

1421 **Einfluß der Anwendung von Aureomycin auf Enzymaktivitäten der Leber. 2. Mitt. Über Aktivität des Cocarboxylasedephosphorylierenden Enzyms und der alkalischen Phosphatase.** Tomoichi Kusunoki, Reiji Hayashi, Kenji Hirano, Hiroshi Hattori, Kyoichi Hitomi, Toshio Sano, Osamu Nose und Yasuo Kataoka. (Vitamins [Kyoto] **20,** 433–35, 1960; jap., Auszug: engl.) — 1. vgl. vorst. Referat. — Bei Ratten, welche *Aureomycin* in Mengen von täglich 20 mg/kg Körpergew. erhielten, nahm die Aktivität des *Cocarboxylase dephosphorylierenden Enzyms* im Leberhomogenat während der 1. Woche zu u. nahm dann während der 3. u. 4. Woche ab. Die Aktivität der *alkal. Phosphatase* in Leber- u. Nierenhomogenaten blieb dabei unverändert.

A. Hesse 4611◇

1422 **Wirkung einiger Antibiotica und von Vitamin B_{12} auf das Wachstum und die Metamorphose der Kaulquappen von Bufo vulgaris.** A. Galamini und Lucia Maggiore. (Rend. Ist. super. Sanità **23,** 1008–15, 1960; Roma Ist. Super di Sanità, Labor. di Biol.; ital.) — Das Wachstum u. die Metamorphose der Kaulquappen von *Bufo vulgaris* wurde durch 500 mg *Penicillin* (**I**) oder *Dihydrostreptomycin* (**II**) sowie durch 4 µg *Vitamin B_{12}*/ Liter W. beschleunigt, durch 1000 mg **I** oder **II** sowie durch 500 mg *Chloramphenicol, Oxytetracyclin, Chlortetracyclin, Tetracyclin* oder *Erythromycin* gehemmt. 500 mg *Aureomycin* waren hoch tox., 200 mg/Liter bewirkten Wachstumshemmung, aber Beschleunigung der Metamorphose. K. Zingraf 4611◇

1423 **Vergleich zwischen der Wirkung der intravenösen und intraperitonealen Anwendung eines Pyrogens auf die Rectaltemperatur des Kaninchens.** L. H. Eklund und U. Olofsson. (Svensk farmac. Tidskr. **67,** 471–79, 1963; Stockholm, Kungl. Farm. Inst., Dep. of Pharmacodyn. and Toxicol.; engl.) — Bei i.p. Injektion der internationalen Pyrogen-Standard-Präpp. trat das Maximum der Rectaltemp. bei Kaninchen eine Std. später als bei i. v. Injektionen. K. Zingraf 4615◇

1424 **Über die Hemmung verschiedener Rattenpfoten-Ödeme durch Serotonin-Antagonisten.** Günther Vogel und M. L. Marek. (Arzneimittel-Forsch. **11,** 1051–54, Nov. 1961; Köln, Biolog. Inst. Madaus; dt.) — An der Rattenpfote konnte mit i.v. *Lysergsäurediäthylamid*(LSD)-Injektion nur beim *Serotonin*(**I**)-Ödem eine klare Dosis-Wirkungs-Beziehung gefunden werden. Auch auf intraperitoneale LSD-Injektion spricht das **I**-Ödem sicher an. Bei gleichzeitiger intraplantarer Zufuhr werden Ödeme nach **I**, *Tryptamin* (**II**), *Verb. 48/80* (**III**), *Ovalalbumin* (**IV**), *Dextran* (**V**), *Hyaluronidase* (**VI**), *Histamin* u. *Bäckerhefe* gehemmt. Die Hemmung beim *Kaolin*(**VII**)-Ödem ist statist. nicht gesichert, Ödeme nach *Formol*, *Trypsin* u. *Polyvinylpyrrolidon* werden nicht beeinflußt. Ödeme nach **I, II, III, IV, V, VI** u. **VII** zeigen zum größten Teil nach i.v. Injektion von *Ergotamin-d-tartrat* (**VIII**) streng dosisabhängige sichere Hemmung. Die DE_{50} von *LSD* am **I**-Ödem liegt bei $2{,}1 \cdot 10^{-8}$ m/kg, die von **VIII** am gleichen Ödemmodell bei $7{,}26 \cdot 10^{-8}$ m/kg. **I** spielt bei der Genese der untersuchten Ödeme nur eine untergeordnete, evtl. sehr flüchtige Rolle. Die Hemmwrkgg. von **VIII** können also kaum auf seiner Eig. als **I**-Hemmer beruhen. Die Hemmwrkg. von *LSD* u. **VIII** beruht nicht auf einer Beeinflussung der Kapillarpermeabilität.

K. Böhm 4617◇

1425 **Sympathomimetische periphere Wirkungen des Nicotins und Acetylcholins.** J. H. Burn, E. H. Leach, M. J. Rand und J. W. Thompson. (J. Physiology **148,** 332–52, 1959; London, Royal Coll. of Surgeons, Dep. of Pharmacol. and Oxford, Univ., Dep. of Pharmacol. and of Physiol.; engl.) — An Katzen sowie Ratten wird der Einfl. von chron. Denervation bzw. von *Reserpin*(**I**)-Behandlung auf die Wrkg. von *Nicotin* (**II**), *Adrenalin* (**III**), *Noradrenalin* (**IV**), *Acetylcholin* (**V**) u. *Tyramin* sowie die elektr. Stimulation untersucht. **II** u. **V** verursachen, in den Katzenschwanz injiziert, eine **III**-analoge Rk.; **II** bewirkt Kontraktion der isolierten Nickhaut der Katze bzw. Konstriktion der Gefäße des Rattenohrs. **II** greift durch Freisetzung von **IV** aus (wahrscheinlich die in den färbbaren Zellen liegenden) peripheren Depots an u. wirkt auf einen Teil des normalen sympath. Nervensystems. **I** verringert die Wrkg. erheblich.

Wolfgang Herrmann/Berlin. 4620◇

1426 **Effekt von Reserpin auf Ventrikelunregelmäßigkeiten.** Jay Roberts und Richard P. Stadter. (Science [Washington] **132,** 1836–37, 1960; New York, N. Y., Cornell Univ. Med. Coll. Dep. of Pharmacol.; engl.) — Für das Ausbrechen des Ventrikelrhythmus aus der Vaguskontrolle soll Brenzcatechinamin von Bedeutung sein. An Katzen mit bei C_1 durchtrenntem Rückenmark oder an Katzen in Dial-Urethananästhesie (0,6–0,7 ml/kg) wurde der rechte Vagus gereizt u. gefunden, daß Injektionen von 0,5–10 mg/kg *Reserpin* (**I**) 24–50 Std. vor den Verss. i.v. injiziert, die Tendenz des Ventrikels herabsetzen, sich der Vaguskontrolle zu entziehen. Dabei steigern weder die Rückenmarksdurchtrennung noch Adrenalektomie den **I**-Effekt. Norepinephrin stellt das charakterist. Vork. von Ventrikel-Ausbrechen während vagaler Stimulation wieder her. Die Umkehr des **I**-Effektes durch Norepinephrin deutet darauf hin, daß die Wrkg. des **I**, den Ventrikelrhythmus zu reduzieren, auf eine Erschöpfung der Brenzcatechinamine zurückzuführen ist. K. Böhm 4620◇

1427 **Morphologische und pharmakologische Wirkungen von Reserpin, allein oder nach Iproniazid, auf die Brenzcatechinamine der Nebennieren der Ratte.** Francesco Clementi und Gian Paolo Zocche. (J. Cell Biol. **17,** 587–96, 1963; Milano, Univ. of Milan, Inst. of Pharmacol.; engl.) — Verss. mit mkr. Verfolgung der Vorgänge in der Nebenniere der Ratte nach *Reserpin*(**I**)-Behandlung mit u. ohne *Iproniazid*(**II**)-Vorbehandlung führten zu folgenden Beobachtungen: Innerhalb von 3 Tagen werden die osmiophilen Granula durch 2,5 mg **I**/kg/Tag von ihrem *Brenzcatechinamin*(**III**)-Geh. entleert; das im Laufe der nächsten 6 Tage vor sich gehende Wiederauftreten von **III**-Granula ist mit Beteiligung anderer Zellbestandteile (unter Anschwellen des endoplasmat. Reticulums u. Auftauchen zahlreicher Bläschen) verbunden; nach **II**-Vorbehandlung bleibt **I** ohne Wrkg. auf die ursprünglichen **III**-Granula, so daß Blockierung der Monaminoxydase-Aktivität offenbar die **III**-Freisetzung von den **III**-Bindungsorten hemmt.

U. Tausendfreund 4620◇

1428 **Antiarrhythmica. 12. Mitt. Antiarrhythmische Wirkung einiger Phenothiazinderivate bei experimentellen Herzarrhythmien.** P. L. Sharma und R. B. Arora. (Indian J. med. Res. **49,** 1099–112, 1961; New-Delhi, All-India Inst. of Med. Sci., Dep. of Pharmacol.; engl.) — 11. vgl. C. **1963,** 6320. — Bei Hunden zeigten *Diethazin, Äthopropazin, Promethazin, Chlorpromazin, Trifluorpromazin, Promazin, Prochlorperazin, Perphenazin* u. *Thiopropazat* eine Chinidin-ähnliche Wrkg. gegen verschiedene experimentelle Herzarrhythmien; die Wirkstärken variierten jedoch je nach Art der Erzeugung der Arrhythmie. Es bestand keine Korrelation zwischen der antiarrhythm. Wrkg. u. der Verlängerung der Refraktärperiode sowie/oder der Überleitungszeit.

K. Zingraf 4620◇

1429 **Wirkungen des Chlorpromazins auf das Nervenstrangpotential des CA 1-Feldes des Hippocampus.** J. Setekleiv, P. Andersen, H. Bruland und B. R. Kaada. (Acta pharmacol. toxicol. [København] **16,** 357—63, 1960; Oslo, Univ., Anatom. Inst.; Neurophysiol. Labor.; engl.) — Potentialsenkungen im CA 1-Commissuralfeld nach i.v. *Chlorpromazin*(**I**)-Gabe (Kaninchenvers.) ähneln denen bei alleiniger Anoxie u. stellen keinen spezif. **I**-Effekt dar. Die Senkung wird durch die parallel verlaufende Senkung des Blutdrucks hervorgerufen. — Es ist daher nicht anzunehmen, daß die **I**-Wrkg. an einer einfachen monosynapt. Übertragung angreift.
O. Jansen 4620◇

1430 **Mitteilung über den Einfluß von Chlorpromazin und Diethazin auf die Brenzcatechinaminspeicher in der Nebenniere und Aortenwand von Ratten.** Ruth A. Davis, C. L. Kaul und Mary F. Lockett. (J. Pharmacy Pharmacol. **14,** 735—38, 1962; London, Chelsea Coll. of Sci., and Technol.; engl.) — Bei Behandlung mit *Chlorpromazin* (**I**) oder *Diethazin* (**II**) bilden sich in der Nebenniere u. in der Aortenwand von Ratten *Brenzcatechinamin* (**III**)-Speicher aus. **II** wirkt nicht antagonist. gegen die **III**-freisetzende Wrkg. von *Reserpin* (**IV**) u. erhöht die Empfindlichkeit des Gewebes für die Druckwrkgg. von Tyramin. **I** wirkt antagonist. gegen die Freisetzung von **III** aus der Nebenniere durch **IV** u. verzögert die Wiederherstellung dieser Speicher nach der Freisetzung.
K. Zingraf 4620◇

1431 **Akute Intoxikation mit dem Phenothiazinderivat Chlorpromazin.** Johannes Wütschke. (Arch. Toxikol. **18,** 275—81, 1960; Dessau, Medizin. Klinik des Bezirkskrankenhauses; dt.) — Vf. gibt eine Übersicht über die bisher bekanntgewordenen akuten Vergiftungen mit *Chlorpromazin* u. dessen toxische Wirkung.
O. Jansen 4620◇

1432 **Amenorrhoe und erhöhter Serumcholesteringehalt durch ein trifluormethyliertes Phenothiazin.** M. L. Clark und P. C. Johnson. (J. clin. Endocrinol. Metabolism **20,** 641—46, 1960; Norman, Okla., Central State Hosp.; Oklahoma City, Okla., Univ. of Oklahoma School of Med.; Veterans Administration Hosp.; engl.) — Tägliche Gabe von 1 g/Tag *2-Trifluormethyl-10-[3-dimethylamino-2-methylpropyl]-phenothiazinhydrochlorid* erzeugte bei 6 von 7 Patientinnen Amenorrhoe ohne Erhöhung der Gonadotropin-Ausscheidung mit dem Urin. Die Behandlung verursacht außerdem eine Erhöhung des Serumcholesterinspiegels. P. Gregorzewski 4620◇

1433 **Zur Kenntnis der „Gruppentoxizität" gewisser Hemmstoffe der Monoaminoxydase. Vergleich ihrer Wirkungen mit der des Amphetamins.** B. N. Halpern, C. Drudi-Baracco und D. Bessirard. (C. R. Séances Soc. Biol. Filiales **156,** 1238—45, 20/11. 1962; Centre de Rech. allerg. et immunol. de l'Inst. Nat. d'Hygiène et de l'Ass. Claude Bernard, Labor. de Méd. Exp. du Collège de France; franz.) — Vff. zeigen, daß gewisse Hemmstoffe (**I**) der *Monoaminoxydase*, bes. *Pheniprazin* (1-Phenyl-2-hydrazinopropan) u. *Tranylcypromin* (Trans-2-phenylcyclopropylamin) nach intraperitonealer Injektion die sogenannte „*Gruppentoxizität*" bei Mäusen („*Swiss*", ♂) hervorrufen bzw. eine deutliche Steigerung der Mortalität bewirken, wenn die Tiere nicht einzeln, sondern in Gruppen der Wrkg. der **I** ausgesetzt werden. Die Wrkg. der untersuchten **I** war weniger intensiv als die des *Amphetamins* (**II**). *Reserpin* (**III**) u. *Chlorpromazin* (**IV**) unterdrückten sowohl die durch **II** als auch die durch **I** hervorgerufene Gruppentoxizität. Vorhergehende Verabreichung von **I** hebt jedoch die schützende Wrkg. des **III** gegen die durch **I** hervorgerufene Gruppentoxizität auf, während die Wrkg. von **IV** nicht beeinflußt wird. In gleicher Weise wirkt auch **II**. Vff. nehmen an, daß **II** auf den Stoffwechsel des cerebralen Brenzcatechinamins in ähnlicher Weise wirkt wie **I**. B. Görlich 4620

1434 **Die Bedeutung der Monoaminoxydasehemmung für die pharmakologischen und klinischen Wirkungen von Hydrazinderivaten.** A. Pletscher. (Ann. New York Acad. Sci. **80,** 1039—45, 1959; Basel, Hoffmann-La Roche & Co., Ltd.; engl.) — Einige klin. u. experimentelle Ergebnisse werden zwecks Klärung der Rolle der Monoaminoxydase(**I**)-Hemmung als grundlegende Wrkg. von Hydraziden (bes. auf Gehirn u. Herz) zusammengefaßt. — Für die Potenzierung von Monoaminen u. deren Vorstufen, den Antagonismus gegenüber Reserpin u. die antiepilept. Wrkg. spielt die **I**-Hemmung eine maßgebliche Rolle, für andere Effekte (B$_6$-Ausscheidung, akute Blutdruck-Wrkg.) jedoch nicht. Bei einer Reihe von Hydrazinderivv. besteht Übereinstimmung zwischen dem Einfl. auf den Monoamin-Stoffwechsel beim Tier u. der klin. Wrkg. (Depression, Angina pectoris, Blutdruckregulation). — Bestimmt wurden: Die Änderung der Körpertemp. von Ratten durch i.v. Gaben von *5-Hydroxytryptophan*, *Dihydroxyphenylalanin*, *5-Hydroxytryptamin*, *Adrenalin* bzw. *Tyramin* nach Vorbehandlung mit *Marsilid* (**II**; *Iproniazid*; *Isonicotinsäure-N*^{2}*-isopropylhydrazid*) bzw. *Rimifon* (**VIII**; *Isoniazid*; *Isonicotinsäurehydrazid*) sowie in Verbindung mit *Reserpin* bzw. *Chlorpromazin*; die Änderungen des Blutdrucks von Tieren u. Menschen durch **II**, *DL-Serin* (**III**), *p-Chlorbenzoesäure* (**IV**), *N-Acetyl-DL-methionin* (**V**), *L-Glutaminsäure* (**VI**), *L-Alanin* (**VII**) u. **VIII**; die Beziehungen zwischen der **I**-Hemmung u. der klin. Wrkg. von **II, III, IV, V, VI, VIII,** *Picolinsäure-N*^{2}*-benzylhydrazid* u. *Methylisoxazolcarbonsäure*, u. die Wrkg. von **II, IV, V, VI, VII** u. **VIII** auf den Brenzcatechinamin-Geh. des Herzens sowie auf Angina.
Wolfgang Herrmann/Bln. 4620◇

1435 **Die Wirkung der Monoaminoxydasehemmung auf die experimentelle Psychose infolge von Dimethyltryptamin.** A. Sai-Halász. (Psychopharmacologia [Berlin] **4,** 385—88, 1963; Budapest-Lipótmezö, Centr. Inst. for Nerv. and Ment. Dis.; engl.) — Bei Vers.-Personen trat die experimentelle Psychose, die sich nach Verabreichung von *Dimethyltryptamin* einzustellen pflegt, nicht auf, wenn zuvor die Monoaminoxydase mit *Iproniazid* gehemmt wurde. Es wurden lediglich einige Halluzinationen u. das Gefühl einer Persönlichkeitsveränderung, das der Psychose gewöhnlich vorausgeht, festgestellt.
K. Zingraf 4620◇

1436 **Einfluß von Isopropylhydraziden auf Angina pectoris.** Walter Schweizer. (Ann. New York Acad. Sci. **80,** 1016—19, 1959; Schweiz, Basel, Univ. Hosp., Med. Dep.; engl.) — Vgl. C. **1959,** 3897 u. nachst. Referat. — Verss. an 100 Personen mit *Iproniazid* (**I**; *Marsilid*) (150 mg/Tag Anfangsdosis) ergaben bei 48% völliges Verschwinden, bei 49% Verminderung der Schmerzen bei Angina pectoris, bei 3% keine Veränderung. 200 mg/Tag brachten keine Verbesserung, 100 mg/Tag deutlichen Abfall der Wirkung. Die Infarktsymptome werden durch **I** nicht verändert, zwischen Schmerz u. EKG besteht kein Zusammenhang. Obgleich **I** nur symptomat. wirkt, ist es für Patienten ohne cerebrale Arteriosklerose oder signifikante Herzerweiterung ein sehr brauchbares Mittel, solange die Neben-Wrkgg. (89% der Patienten, bes. Schlaflosigkeit, Impotenz, Konstipation, Schwindel u. Ermüdung) vertragen werden. Untersucht wurden ferner *DL-N*^{1}*-[Acetylmethionyl]-N*^{2}*-isopropylhydrazin* u. *N*^{1}*-[p-Chlorbenzoyl]-N*^{2}*-isopropylhydrazin* mit fast ident. **I**-Wrkg., sowie das stärker wirkende *L-N*^{1}*-α-Alanyl-N*^{2}*-isopropylhydrazin* (50 bis 75 mg/Tag) mit zwar z. T. schwächeren Neben-Wrkgg., dessen hypotensive Wrkg. jedoch stört. Wolfgang Herrmann/Berlin 4620◇

1437 **Einfluß von Iproniazid auf das durch Coronarerkrankungen verursachte anginale Syndrom.** Arthur M. Master und Ephraim Donoso. (Ann. New York Acad. Sci. **80,** 1020—38, 1959; New York, N. Y., Mount Sinai Hosp.; engl.) — Vgl. vorst. Referat. — Durch Unterss. an 74 Personen mit Angina pectoris, die 3mal täglich 50 mg *Iproniazid* (**I**; *Marsilid*) u. 25 mg *Pyridoxin* erhielten, wurden im wesentlichen die gleichen Ergebnisse — auch bzgl. des fehlenden Zusammenhangs zwischen Schmerz u. EKG — erzielt, wie im vorst. Ref. beschrieben. **I** wird als wirksamstes z. Z. verfügbares Mittel bezeichnet. Arbeiten verschiedener Autoren u. mögliche Wrkg.-Mechanismen werden diskutiert, sicher bekannt ist die Monoaminoxydase-hemmende Wrkg. von **I**.
Wolfgang Herrmann/Berlin 4620◇

1438 **Desmethylimipramine, ein neuer Typ eines antidepressiven Mittels.** B. B. Brodie, M. H. Bickel und F. Sulser. (Med. exp. [Basel] **5,** 454—58, 1961; Bethesda, Md., Lab. of Chem. Pharmacol., Nat. Heart Inst., Nat.

Inst. of Health; engl.) — Die antidepressive Wrkg. von *Imipramine*, eines tertiären Amins mit chlorpromazinähnlicher Wrkg. wird durch dessen Stoffwechselprod. *Desmethylimipramine* (I; das sek. *Monomethylamin*) vermittelt. An normalen Ratten zeigt I keine zentral erregende Wrkg, es ist kein *Monoamidasen*-Inhibitor u. verursacht keine Konz.-Änderung endogener *Monamine* des Gehirns. Mit I vorbehandelte Ratten entwickeln nach Verabreichung von *Benzochinolizinen* oder *Reserpin* eine eigenartige zentrale Erregung. O. Jansen 4620◇

1439 **Enzymatische Dephosphorylierung und Oxydation von Psilocybin und Psilocin durch Gewebehomogenate von Säugetieren.** A. Horita und L. J. Weber. (Biochem. pharmacol. **7**, 47—54, 1961; Seattle, Wash., Univ. of Washington, School Med., Dep. of Pharmacol.; engl.) — Bei der Inkubation von *Psilocybin* (I) mit Homogenaten aus Rattennieren wird unter der Einw. der alkal. Phosphatase rasch *Psilocin* (II) freigesetzt, das dann weitere Zers. zu einem blauen Prod. erleidet; diese Stufe scheint durch ein Oxydationsenzym katalysiert zu werden, das gegen CN^- empfindlich ist, nicht aber gegen β-Phenylisopropylhydrazin (MAO-Inhibitor), u. maximale Aktivität bei pH = 9,0 zeigt; es ähnelt einem Enzym vom Phenolasetyp. Die Dephosphorylierungsaktivität von I ist am größten bei Ratten- u. Mäuseniere u. bei der Dünndarmschleimhaut von Meerschweinchen u. Kaninchen, die Oxydaseaktivität bei Herzen aller Tiere u. Ratten- u. Mäusenieren. Vielleicht wird I beim intakten Tier rasch dephosphoryliert u. ist pharmakolog. ebenso akt. wie II, wobei die Oxydation von II zu o-Chinonstruktur die Wrkg.-Dauer bestimmt. R. K. Müller 4620◇

1440 **Die Dephosphorylierung von Psilocybin in der intakten Maus.** A. Horita und L. J. Weber. (Toxicol. appl. Pharmacol. **4**, 730—37, 1962; Seattle, Wash., Univ. of Washington, School of Med., Dep. of Pharmacol.; engl.) — Vgl. vorst. Referat. — Nach intraperitonealer Injektion von 100 mg/kg *Psilocybin* (I, *4-Phosphoryl-N.N-dimethyltryptamin*) bei Mäusen erfolgt innerhalb 20 Min. dessen Dephosphorylierung u. ein starker Anstieg von *Psilocin* (II, *4-Hydroxy-N.N-dimethyltryptamin*) in Leber, Niere u. Gehirn. Behandelt man die Tiere mit β-Glycerophosphat vor, einem Substrat der alkal. Phosphatase, so ist der II-Anstieg bedeutend geringer. Der II-Anstieg im Gehirn ist begleitet von einigen Verh.-Effekten (Piloerektion, Exophthalmos). Wahrscheinlich erfolgt die Beeinflussung des Zentralnervensystems durch I erst nach dessen Überführung in II. K. Grade 4620◇

1441 **α-Äthyltryptamin (Etryptamin): eine elektroencephalographische, neurochemische und Verhaltensprüfung.** W. G. Steiner, G. R. Pscheidt, E. Costa und H. E. Himwich. (Psychopharmacologia [Berlin] **4**, 354—66, 1963; Galesburg, Ill., Galesburg State Res. Hosp., Thudichum Psychiatr. Res. Labor.; engl.) — Nach i.v. oder intracarotidealer Verabreichung von *α-Äthyltryptamin* (I) bei Ratten konnte im EEG immer eine Erregung des Zentralnervensyst. nachgewiesen werden. Die Wachrkk. im EEG wurden durch *Chlorpromazin* u. *Atropin* verändert bzw. aufgehoben. Bei intracarotidealer Anwendung wurde der *Serotonin*-Geh. im Hirn verdoppelt, dagegen wurde der *Noradrenalin*-Geh. nach i.v. Verabreichung nicht verändert. Nach Dosen von 20—30 mg I/kg wurden auch Verh.-Änderungen beobachtet. K. Zingraf 4620◇

1442 **Untersuchungen über die Toxikologie von α-Methyl- und α-Äthyltryptaminacetaten (Monase).** 2. Mitt. **Chronische Untersuchungen.** J. G. Keller, C. Viguera und W. Kundzins. (Toxicol. appl. Pharmacol. **4**, 697—709, 1962; Falls Church, Va., Hazleton Labors, Inc.; engl.) — 1. vgl. ibid. **4**, [1962], 547. — Bei oraler Applikation von *α-Methyl-* u. *α-Äthyltryptamin* wurden durch die Ratte 3—10 mg/kg Tag ein Jahr lang, durch den Hund 1/2 Jahr lang, gut vertragen. Als Neben-Wrkg. treten bei einigen Ratten verstärkte Salivation, leichtes Erythem, Hypersensivität u. Muskelanspannung auf, bei Hunden verstärkter Tränenfluß, Pupillenerweiterung u. leichte Mydriasis. Bei 30 mg/kg Tag treten Gew.-Abnahme, verminderte Nahrungsaufnahme u. verkürzte Lebenserwartung bei Ratten auf, bei Hunden Hyperaktivität u. leichte Ataxie, jedoch zeigen diese keine Gew.-Abnahme. Bei beiden Tierarten wurden keine hämatolog., patholog. u. biochem. Veränderungen gefunden, aber allmähliche Adaption. K. Grade 4620◇

1443 **Vergleichende statistische Untersuchung über die pharmakodynamische Wirkung zweier synthetischer Anticholinergica (Propanthelin und Oxyphenonium) und von Atropin.** Léopold Martin, Anne Lenger, Charles-S. Lieber und Jean Reuse. (Ann. Bull. Soc. roy. Sci. méd. natur. Bruxelles **10**, 341—80, 1957; Bruxelles, Univ. libre, Inst. de Statistique, Section d'étude de la Fac. de Méd. et Labor. de Pharmacodynam. et de Thérapeut.; franz.) — In dieser Arbeit wurde an Versuchstieren festgestellt, welche sekretionshemmende Wrkg. *Propanthelin* (I) u. *Oxyphenonium* (II) bei intramuskulären Gaben von je 0,0125—0,2000 mg/kg im Vgl. zu *Atropin* (III) auf die Drüsen des Magens auszuüben vermögen. Daneben wurde die anticholinerg. u. vagolyt. Aktivität der 3 genannten Parasympatholytica untersucht u. statist. ausgewertet. Bei Hunden, die nach i.v. Injektion von 20 γ Acetylcholin/kg eine Senkung des Blutdrucks von ca. 25 mm (Carotis) aufwiesen, wurde dieser durch I wieder zur Norm zurückgebracht. Wesentlich geringere Aktivität zeigten die Verbb. II u. III. Die bei Hunden mit Magenfisteln nach i.v. Verabreichung von Insulin (1/2 I.E./kg) eintretende Hypersekretion mit gleichzeitigem Rückgang der Acidität wurde in ihrer Hemmung durch zuvor verabreichtes I—III (0,0125—0,2000 mg/kg) bes. genau untersucht. Hier war III den Verbb. I u. II weit überlegen, die vergleichbare Aktivitäten von 0,33 u. 0,31 aufwiesen. Schließlich wurde noch die nach Verabreichung der Verbb. I—III auftretende vagolyt. Wrkg. u. dadurch bedingte Tachycardie beobachtet. Hier war I wiederum am wirksamsten, III sehr wenig aktiv. Die Unterss., bei denen auf sorgfältige statist. Auswertung bes. Wert gelegt wurde, zeigen, daß III im Vgl. zu den synthet. anticholinerg. Verbb. (I u. II) die beste sekretionshemmende Wrkg. bei den geringsten Nebenwrkgg. besitzt. K. Zopff 4620◇

1444 **Die Wirkung von Dichlorisoproterenol am Herz-Lungen-Präparat vom Hund und am isolierten Meerschweinchen-Vorhof.** W. W. Fleming und D. F. Hawkins. J. Pharmacol. exp. Therapeut. **129**, 1—10, 1960; Boston, Mass., Harvard Med. School. Dep. of Pharmacol.; engl.) — 0,01—3 mg *Dichlorisoproterenol* (I) hat am Herz-Lungen-Präp. vom Hund Eigg. eines sympathomimet. Amins. Es wirkt positiv chronotrop, inotrop u. dromotrop u. steigert den Coronardurchfluß. Höhere Dosen (bis 60 mg) wirken depressiv, negativ chronotrop u. inotrop. Auch am isolierten Meerschweinchenvorhof wurden mit kleinen Dosen I positiv chronotrope u. inotrope Effekte beobachtet. Bei beiden Präpp. wirkt eine Einzeldosis I langdauernd u. nicht vorübergehend wie *Epinephrin* (II) oder *Norepinephrin* (III). Die Wrkg. von I ähnelt in dieser Hinsicht mehr der von *Ephedrin*. Der postulierte Mechanismus einer Wechselwrkg. von I mit II u. III am Herzen wird richtiger als kompetitiver Dualismus anstatt als adrenerg. Blockade bezeichnet. In Ggw. von großen Dosen I bewirken II u. III in beiden Präpp, eine Abnahme der Herzfrequenz. Dieser Effekt ist mit Atropin. nicht aber mit Hexamethonium zu blockieren, durch Physostigmin wird er nicht potenziert. K. Böhm 4620◇

1445 **Antidot-Wirkung von Guanidinoverbindungen bei Ammoniakvergiftungen.** 3. Mitt. **Untersuchungen über zentrale Depressiva.** Tomitaro Kita, Hirō Kamiya und Motoko Kimura. (Seikagaku [Biochemie, Tokyo] **32**, 809—14, 1960; Fuseshi, Osaka, Kinki Univ., Fac. of Pharm., Dep. of Pharmacol.; jap.) Else Lehmann 4620◇

1446 **Eine Methode zur quantitativen Bestimmung der die spontane Motilität von Ratten stimulierenden Wirkung von Analepticis.** Lars Garberg und Finn Sandberg. (Acta pharmacol. toxicol. [København] **16**, 367—73, 1960; Stockholm, Kungl. Farmac. Inst., Dep. of Pharmacognosy; engl.) — Es wurden Tierkäfige verwendet, die mit einer Zählvorrichtung verbunden sind, welche die einzelnen Bewegungen der Versuchstiere (Ratten) addiert. — Die Wirkungsstärke der untersuchten Verbb.

wird in DE_{3n} angegeben. Dies entspricht der Dosis (in mg freier Base/kg bei s.c. Gabe), durch welche die lokomotor. Aktivität gegenüber unbehandelten Versuchstieren verdreifacht wird: *Dextroamphetamine* 0,497, *Amphetamine* 0,678, *Pipradrol* 2,743, *Methylphenidate* 3,194 u. *Phenmetrazine* 4,825. O. Jansen 4622◇

1447 **Wirkungen von Imipramine auf das periphere autonome System.** M. Osborne und E. B. Sigg. (Arch. int. Pharmacodynam. Thérap. **129**, 273—89, 1960; Ardsley, N. Y., Dep. of Pharmacol., Geigy Res. Labor., Div. of Geigy Chem. Corp.; engl.) — An Katzen u. Hunden wurden die cardiovasculären u. peripheren Wrkgg. von *Imipramine* (*Tofranil*; I) untersucht. I besitzt eine Doppelwrkg. auf das periphere autonome System. In kleinen Dosen steigert es die vasopressor. Wrkg. von Epi- u. Norepinephrin, von 1.1-Dimethyl-4-phenylpiperaziniumjodid (DMPP) u. nach Carotisverschluß. Kleine Dosen I (320 γ/kg) vergrößern aber auch die hypotensive Wrkg. von Acetylcholin u. die Effekte nach peripherer vagaler Stimulation. Die durch DMPP bewirkte Kontraktion der Harnblase u. Nickhaut wird verstärkt, die spontane Kontraktion des Darmes gesteigert. Auch die Cilien-Bewegung im Pharynx-Oesophagus-Bereich des Frosches wird verstärkt. Größere Dosen I wirken genau gegenteilig, sie setzen alle Rkk., die durch kleine Dosen gesteigert werden, herab u. führen schließlich zur vollständigen Blockade. Die blutdrucksteigernden Wrkg. von Brenzcatechinaminen werden durch 3 mg I/kg deutlich verringert bzw. sogar blockiert. Der Blutdruckanstieg nach Epinin (200 γ/kg), Dopamin (50 γ/kg) u. Neosynephrin (100 γ/kg) wird nur gering beeinträchtigt oder bleibt unbeeinflußt. I, aber auch Cocain u. Methylphenidat hemmen die hydrolyt. Spaltung von Acetylcholin. K. Böhm 4622◇

1448 **Klinische und experimentelle Untersuchungen über die Wirkung der ε-Aminocapronsäure bei allergischen Zuständen.** A. Arnet, H.-W. Neubauer und R. Schuppli. (Dermatologica [Basel] **127**, 94—98, 1963; Basel, Dermatol. Univ.-Klin.; dt.) — Von den allerg. Hautkrankheiten spricht das chron. konstitutionelle Ekzem am besten auf *ε-Aminocapronsäure* (I) an, u. *Cortison* kann durch I weitgehend ersetzt werden. K. Zingraf 4625◇

1449 **Vergleich der antiallergischen Aktivität verschiedener Derivate des Pyrazols.** J. Lecomte und G. Derouaux. (C. R. Séances Soc. Biol. Filiales **154**, 1666—68, 1960; Liège, Univ., Inst. Léon Fredericq (Physiologie) Bruxelles, Labor. de Rech. de la Firme Du Bled; franz.) — An Kaninchen, die mit Eiklar sensibilisiert worden waren, wurden *Antipyrin* (I), *Pyramidon* (II), *Novalgin* (III), *Piperazinsalz von 4-Butyl-1-phenyl-3.5-dioxopyrazolidin*, *Butazolidin* (*Phenylbutazon*; IV), *Piperazinsalz von 4-Butyl-1.2-diphenyl-3.5-dioxopyrazolidin*, Mischung von gleichen Teilen II u. IV (*Irgapyrin*; V) auf ihre antiallerg. Effekte geprüft. I, II, III u. das *Piperazinsalz* von *Monophenylpyrazolidin* bewirkten in einer Dosis von 10 mg/kg einen Blutdruckabfall von 1—2 cm Hg. Bis die Dosis von 100 mg/kg erreicht war, hatte der arterielle Druck seinen Initialwert bewahrt. IV, das Piperazinsalz des Diphenylpyrazolidins u. V verursachten bei 10 mg/kg einen Blutdruckabfall von 2—4 cm Hg. Alle Substanzen besitzen eine antianaphylakt. Aktivität. Die Monophenyl-Verbb. sind weniger wirksam als die Diphenyl-Verbb. IV u. sein Piperazinsalz gehören zu den wirksamsten Verbindungen. Die Assoziation der Pyrazol-Derivv. mit dem Piperazin ändert nicht ihre antiallerg. Eigenschaften. K. Böhm 4625◇

1450 **Chemische Konstitution und lokalanästhetische Wirkung.** René Giudicelli, Pierre Chabrier und Henry Najer. (C. R. hebd. Séances Acad. Sci. **241**, 529—30, 1/8. 1955; franz.) — Verbb. des Typs $B(CH_2)_n \cdot OC_6H_4NHCOR \cdot HCl$ (I), bei denen B eine *Diäthylamino-*, *Morpholino-* oder *Piperidino*-Gruppe u. n = 2 oder 3 ist, werden dargestellt aus *p-* oder *o-Aminophenol*, Acylieren u. Umsetzen der gebildeten *N-[Hydroxyphenyl]-acylamide* mit verschiedenen N-substituierten *Chloräthyl-* oder *-Propylaminen* (II) mittels *Na-Äthylat* oder auch durch Kondensation von *p-* oder *o-Nitrophenolen* mit II mittels *Na-Äthylat*, Red. der Nitrogruppe zum Amin u. Acylierung mit RCOCl, F., DL_{50} (Maus, i.v.) u. lokalanästhet. Aktivität nach Régnier betragen für folgende p-[β-(Diäthylamino)-äthoxy]-phenylamine: *N-Methylcarbonyl-*, 149°; 0,105; < 0,02; *N-Äthylcarbonyl-*, 185—186°; 0,105; 0,02; *N-Propylcarbonyl-*, 153°; 0,11; 0,1; *N-Butylcarbonyl-*, 157°; 0,07; 0,2; *N-Pentylcarbonyl-*, 171°; 0,105; 0,2; *N-Heptylcarbonyl-*, 141°; 0,03; 4; *N-Octylcarbonyl-*, 121°; 0,03; 5; *N-Nonylcarbonyl-*, 116°; 0,03; 2,5; *N-Phenylcarbonyl-*, 193°; 0,035; 0,02; *N-Benzylcarbonyl-*, 167°; 0,105; 0,05; *N-Phenyläthylcarbonyl-*, 178°; 0,06; 0,2. — p-[β-(Morpholino)-äthoxy]-phenylamine: *N-Methylcarbonyl-*, 216°; 0,61; < 0,02; *N-Äthylcarbonyl-*, 176°; 0,42; < 0,02; *N-Propylcarbonyl-*, 197°; 0,35; < 0,02; *N-Butylcarbonyl-*, 186°; 0,24; 0,03; *N-Pentylcarbonyl-*, 170°; 0,095; 0,1; *N-Heptylcarbonyl-*, 185°; 0,075; 2; *N-Octylcarbonyl-*, 178°; 0,07; 2; *N-Nonylcarbonyl-*, 178°; 0,095; 2; *N-Undecylcarbonyl-*, 168°; 0,125; —; *N-Tridecylcarbonyl-*, 174°; 0,125; —; *N-Phenylcarbonyl-*, 200°; 0,19; 0,10; *N-Benzylcarbonyl-*, 209°; 0,30; < 0,10; *N-Phenyläthylcarbonyl-*, 186°; 0,17; 0,05. — p-[β-(Morpholino)-propoxy]-phenylamine: *N-Heptylcarbonyl-*, 196°; 0,085; 0,5; *N-Octylcarbonyl-*, 189°; 0,065; 1; *N-Nonylcarbonyl-*, 195°; —; —; — p-[β-(Piperidino)-äthoxy]-phenylamine: *N-Propylcarbonyl-*, 207°; 0,083; < 0,01; *N-Butylcarbonyl-*, 194°; 0,055; 0,2; *N-Heptylcarbonyl-*, 201°; 0,037; 2; *N-Octylcarbonyl-*, 195°; —; 4,5; *N-Nonylcarbonyl-*, 195°; —; 4.5. Allg. treten ausgeprägte lokalanästhet. Eigg. auf, wenn in der Funktion NHCOR die Zahl der C-Atome 7, 8 oder 9 beträgt. Walter Schäfer 4627

1451 **Bedingt-reflektorische Untersuchungen über den Einfluß von Äthylcrotylbarbitursäure auf das kollektive und individuelle Verhalten von Ratten.** G. Hecht, unter experimenteller Mitarbeit von R. Wabnitz. (Acta biol. med. german. [Berlin] **4**, 507—25, 1960; Berlin-Buch, Deutsche Akad. Wiss., Inst. f. Kortiko-Viszerale Pathol. u. Therapie; dt.) — Berichtet wird über Unterss. mit Hilfe der bedingt-reflektor. motor. Nahrungsmeth. an Albinoratten unter der Wrkg. von 35 mg/kg s.c. injizierter *Äthylcrotylbarbitursäure* (*Kalypnon*; I). Die Tiere sind nach I schläfrig, u. der Tonus der Skelettmuskulatur ist herabgesetzt. Während des bedingt-reflektor. Vers. dagegen zeigten die Ratten gesteigerte Erregbarkeit u. erhöhte motor. Aktivität. Diese unterschiedlichen Rkk., die umweltabhängig u. medikamentös bedingt sind, werden sowohl auf die Stimulation des Cortex als auch auf Phasenzustände im Zentralnervensyst. zurückgeführt. Ob dabei die relativ hohe I-Dosis oder seine spezif. Eigg. eine Rolle spielen, ist noch ungeklärt. K. Böhm 4627◇

1452 **Experimentelle Untersuchungen über Cyclopropananästhesie.** 1. Report. 2. Mitt. **Einfluß von Cyclopropan auf den Kaninchenuterus.** M. Hosobori. (Tokyo Jikeikai med. J. **76**, 746—62, 1961; jap.) J. Lehmberg 4627◇

1453 **Untersuchungen über den Sitz der antagonistischen Wirkung von Nalorphin gegenüber Morphin.** Kukuo Ogiu, Hiroshi Takagi und Shigeru Yamamoto. (Folia pharmacol. japon. **54**, 1—6, 1958; Kyoto, Univ., Dep. of Pharmacol., Fac. of Med.; jap., Auszug: engl. S. 1). — *Nalorphin* (I) wirkt den unterdrückenden Effekten von *Morphin* (II) auf die durch Splanchnicus-Reizung an der Hirnrinde u. im Rückenmark hervorgerufenen Potentiale entgegen. Auch die depressive Wrkg. von II oder *Ohton* [*3-Dimethylamino-1.1-di-[thienyl-(2')]-buten-(1)-hydrochlorid*] auf das lokale corticale Potential wurde durch I antagonisiert, ebenso wie I der unterdrückenden Wrkg. von II auf die gesteigerte Rk. u. das recruiting entgegenwirkt. I selbst hat in Dosen von 10 mg/kg keine Wrkg. auf diese Potentiale. Große I-Dosen (20 mg/kg) unterdrücken die durch Splanchnicus-Reizung hervorgerufenen Potentiale des Rückenmarks. K. Böhm 4627◇

1454 **Über den Antagonismus einiger toxischer Effekte des Dextropropoxyphens durch Nalorphin.** J. E. Chapman und E. J. Walaszek. (Toxicol. appl. Pharmacol. **4**, 752—58, 1962; Kansas City, Kans., Univ. of Kansas Med. Center, Dep. of Pharmacol.; engl.) — Nach sub-

cutaner Gabe von 0,5 mg/kg *Nalorphin* (I) konnte bei der Ratte die DL_{50} von intraperitoneal appliziertem *Dextropropoxyphen* (*D-4-Dimethylamino-3-methyl-4-propionyloxy-1.2-diphenylbutan*) von 68 mg/kg auf 105 mg/kg gesteigert werden. I hebt die Krampfwrkg. von II auf.
K. Grade 4627◇

1455 **Über einige neue α-Isobuttersäurederivate.** 2. Mitt. A. Buttini, P. Galimberti, V. Gerosa und M. Melandri. (Boll. chim. farmac. **101,** 619—23, 1962; Milano, Soc. Ital. Prodotti Schering; ital.) — 1. vgl. C. **1963,** 19313. — Einige Amide der *α-[2-Methoxy-4-allylphenoxy]-isobuttersäure* (I) u. der *α-[2-Methoxy-4-propenylphenoxy]-isobuttersäure* (II) werden im Hinblick auf ihre anaesthet. Wrkg. dargestellt. II läßt sich nur durch Dest., nicht durch Behandlung mit Kohle oder Umfällen reinigen. Bei der Darst. von II tritt teilweise Zers. zu *2-Methoxy-4-propenylphenol* (III) ein. Daher wird die rohe II mit $SOCl_2$ u. dann mit entsprechenden Aminen umgesetzt.

Versuche: *α-[2-Methoxy-4-propenylphenoxy]-isobuttersäure* (II), $C_{14}H_{18}O_4$, Kp.$_{0,8}$ 120—130°, durch Zugabe von 5 Mol NaOH u. Chlf. zu III in Aceton unter Kühlung, Absaugen, Eindampfen, Aufnehmen in W., Extraktion mit Ae., Ansäuern der wss. Phase u. Trennen der Säure von III mit Bicarbonat; 35—40% (Ausbeute). — *2-[Diäthylamino]-äthylamid* (IV), Kp.$_{0,8}$ 190—195°, durch 1std. Kochen von II mit $SOCl_2$ in Bzl., Abdestillieren, Lösen in Chlf., Zutropfen von Diäthylaminoäthylamin in Chlf. unter Eiskühlung, 1std. Kochen, Einleiten von NH_3-Gas, Filtrieren, Eindampfen u. Destillation *2-[Dimethylamino]-äthylamid*, Kp.$_{1,5}$ 192—198°, analog. *3-[Dimethylamino]-propylamid*, Kp.$_{1,5}$ 200—205°. *3-[Diäthylamino]-propylamid*, Kp.$_{1,5}$ 210—215°. — *α-[2-Methoxy-4-allylphenoxy]-isobuttersäure* (I), *Amid*, Kp.$_{0,5}$ 150 bis 155°, analog nachst. Verb. *Diäthylamid*, Kp.$_{0,9}$ 159 bis 161°, durch Zugabe von Diäthylamin zu I-Chlorid in Ae., 1std. Kochen, Filtrieren, Waschen mit W. u. Carbonat u. Destillation *Dibutylamid*, Kp.$_{0,3}$ 159—160°. *Phenylamid*, Kp.$_{0,3}$ 182—193°. *Piperidid*, Kp.$_{0,4}$ 164—165°. *Morpholid*, Kp.$_{0,3}$ 162—163°. *Pyrrolidid*, Kp.$_{0,4}$ 165—170°. *2-[Dimethylamino]-äthylamid*, Kp.$_{0,5}$ 170—171°, analog IV. *3-[Dimethylamino]-propylamid*, Kp.$_{0,4}$ 169—170°. *2-[Diäthylamino]-äthylamid*, Kp.$_{0,3}$ 171—173°. *3-[Diäthylamino]-propylamid*, Kp.$_{0,4}$ 180—181°. W. Holland 4627◇

1456 **Untersuchungen über Analgetica.** 4. Mitt. **Über die analgetische Wirkung von Salicylamidoantipyrin.** Koji Miura, Tomiji Ōhashi und Hisashi Matsumura. (An. Rep. Fac. Pharmacy, Kanazawa Univ. **8,** 23—26, 20/11. 1958; Kanazawa Univ., Pharmakol. Inst.; jap., Auszug: engl.) — 3. vgl. An. Rep. Fac. Pharmacy, Kanazawa Univ. **7,** [1957], 33. — Einige Pyrazolon-(5)-derivv. wurden synthetisiert u. auf ihre Toxizität an Mäusen geprüft. Hierbei zeigte sich, daß *1-Phenyl-2.3-dimethyl-4-[o-hydroxybenzamido]-pyrazolon-(5)* nur 1/7 so giftig ist wie *Isopropylantipyrin*, diesem aber in seiner analget. Wrkg. gleichkommt.

Versuche: Pyrazolone-(5): *1-Phenyl-2.3-dimethyl-4-benzalamino-*, F. 173°. — *1-Phenyl-2.3-dimethyl-4-amino-*, F. 109°. — *1-Phenyl-2.3-dimethyl-4-acetamido-*, F. 197°. — *1-Phenyl-2.3-dimethyl-4-[o-hydroxybenzamido]-*, F. 219°. — *1-Phenyl-2.3-dimethyl-4-[dibenzylamido]-*, F. 188°. — *1-[4'-Bromphenyl]-2.3-dimethyl-4-acetamido-*, $C_{13}H_{14}BrN_3O_2$, F. 148° (W.) aus 4 g 1-[4'-Bromphenol)-2.3-dimethyl-4-aminopyrazolon-(5) u. 20 cm² Essigsäureanhydrid durch Erhitzen, Einengen u. Behandlung des Rückstands mit A. u. Toluol; 3,5 g (Ausbeute).
F. Mossner 4627

1457 **Über neue substituierte Salicylsäureamide und ihre analgetische Wirkung.** E. Profft und E. Högel. (Pharmazie **17,** 731—34, 1962; Wernigerode/Harz; dt.) — Vff. untersuchten eine Reihe neuer *Salicylamide* (I). Die Messung der Schmerz-Rk. erfolgte an weißen Mäusen in der Weise, daß diese auf eine auf 0° abgekühlte Kupferplatte kamen u. darauf die Platte auf dem Wasserbad auf 60° erhitzt wurde. Es wird festgestellt, daß von den Alkoxy-Derivv. des *Salicylsäureanilids* das *Salicylsäure-p-methoxyanilid* (II) die stärkste Wrkg. hat. Die Wrkg. der Äthoxy-Verb. fällt stark ab u. steigt dann wieder bis zur Butoxy-Verb., ohne daß jedoch auch die höheren Homologen die Wrkg. des II erreichen. II zeigt sich den als Vgl.-Substanzen verwendeten *Amidopyrin, Salicylamid* u. *Isopropylamid* klar überlegen. Auch die heterocycl. substituierten I zeigen gute analget. Eigg., darunter besonders das *Salicoyl-2-methyl-5-äthylpiperidid.*

Versuche: *Salicylsäurepiperidid* (III), F. 143,5 bis 144,5°, *Salicylsäurechlorid* (IV) wurde in über Na getrocknetem Äther mit Piperidin gerührt. Aus dem Nd. wurde das Aminhydrochlorid mit H_2O herausgelöst. Längliche, an den Enden schief abgeschnittene Säulen, aus *Methanol* (V) oder A., Ausbeute 96%. — *Salicylsäurecyclohexamethylenimid* (VI), $C_{13}H_{17}NO_2$, F. 117,5—118,5°, wie III aus IV u. Hexamethylenimin. Grobes, unregelmäßig geformtes Kristallpulver aus V oder A., Ausbeute 96%. — *Salicylsäurepyridyl-(2)-methylamid*, $C_{13}H_{12}N_2O_2$, F. 115 bis 115,5°; analog III mit Pyridyl-(2)-methylamin; flache Rhomben aus V oder A., Ausbeute 85%. — *Salicylsäure-o-methoxyanilid*, $C_{14}H_{13}NO_3$, F. 112—113°, analog VI mit 0,1 mol o-Anisidin; flache Rhomben aus V oder A., Ausbeute 77%. — *Salicylsäure-p-methoxyanilid*, $C_{14}H_{13}NO_3$, F. 160—160,5°, analog VI, aber mit 0,4 Mol p-Anisidin, feine Nadeln aus V oder A., Ausbeute 89%. — *Salicylsäure-p-äthoxyanilid*, $C_{15}H_{15}NO_3$, F. 141—142°, analog VI aus 0,2 Mol IV u. 0,16 Mol 4-Amino-phenyläthyläther, glänzende Kristalle aus V oder A., Ausbeute 95%. — *Salicylsäure-p-propoxyanilid*, $C_{16}H_{17}NO_3$, F. 135—136°, analog VI aus 0,2 Mol IV u. 0,18 Mol 4-Aminophenyl-n-propyläther, grauweißes Kristallpulver aus V oder A., Ausbeute 88%. — *Salicylsäure-o-n-butoxyanilid*, $C_{17}H_{19}\cdot NO_3$, F. 112,5—113°, analog VI mit 2-Aminophenylbutyläther, Rhomboeder mit abgeschliffenen Kanten, Ausbeute 96%. — *Salicylsäure-p-o-butoxyanilid*, $C_{17}H_{19}NO_3$, F. 133 bis 133,5°, analog VI aus 0,2 Mol IV u. 0,16 Mol 4-Aminophenyl-n-butyläther, Kristallpulver, Ausbeute 94%. — *Salicylsäure-4-n-butoxybenzylamid*, $C_{18}H_{21}NO_2$, F. 86 bis 87°, analog VI mit 0,21 Mol 4-n-Butoxybenzylamin; grobes, unregelmäßig geformtes Kristallpulver, Ausbeute 86%. — *Salicylsäurepyridyl-(2)-äthylbenzylamid*, $C_{21}H_{20}N_2O_2$, F. 106—107°, analog III mit Pyridyl-(2)-äthylbenzylamin, feines Kristallpulver, Ausbeute 43%.
L. Harnisch 4627◇

1458 **Synthese und pharmakologische Untersuchung neuer Alkoxybenzamide.** 2. Mitt. E. Kasztreiner, J. Borsy und L. Vargha. (Biochem. Pharmacol. **11,** 651—67, Juli 1962; Budapest, Pharm. Res. Inst.; engl.) — 1. vgl. C. **1963,** 11342. — Zahlreiche *Alkoxybenzamide*, hauptsächlich Morpholide, werden wie in der 1. Mitt. mit wechselnden Substituenten im Bzl.-Kern synthetisiert. Die erforderlichen Säurechloride werden mit $SOCl_2$ hergestellt. Die Toxizität sowie die neurosedative u. analget. Wrkg. der Verbb. werden geprüft. Die besten Ergebnisse zeigen Verbb. mit wenigstens 2 Methoxygruppen in Nachbarschaft am Bzl.-Ring.

Versuche: *2.3.4-Trimethoxybenzoesäure*, $C_{10}H_{12}\cdot O_5$, F. 100—102°, durch Methylierung von 2.3.4-Trihydroxybenzoesäuremethylester (68 g) mit Dimethylsulfat in Butanon in Ggw. von K_2CO_3 u. Verseifung; Nadeln aus A. u. W.; 55 g (Ausbeute). *Piperazid*, $C_{15}H_{21}\cdot NO_4$, F. 55—57° (Aceton + PAe.). — *3.4.5-Triallyloxybenzoesäure*, $C_{16}H_{18}O_5$, F. 78—79°, aus Gallensäuremethylester (63 g) u. Allylbromid wie vorst., Nadeln aus A. + W.; 32 g. *Chlorid*, $C_{16}H_{17}ClO_4$, F. 31—33° (PAe.). — *3.4.5-Trimethoxyphenylessigsäure*, F. 119—120° (W.), aus den Mutterlaugen des Thiomorpholids (s. unten). — *4.5.6-Trihydroxybenzol-1.3-dicarbonsäuredimethylester*, $C_{10}H_{10}O_7$, F. 213—214°, aus 48 g Säure u. Methanol in Ggw. von H_2SO_4; 40 g. — *4.5.6-Trimethoxybenzol-1.3-dicarbonsäure*, $C_{11}H_{12}O_7$, F. 192—193°, aus 31 g vorst. Verb. mit Dimethylsulfat in Acetophenon in Ggw. von K_2CO_3 u. Verseifung; 26 g. *Morpholid*, $C_{19}H_{26}N_2O_7$, F. 135—136° (Bzl. + PAe.). — N-Acylmorpholine: *4-Methoxybenzoyl-*, $C_{12}H_{15}NO_3$, Kp.$_{0,5}$ 162—168°, F. 42—44°. — *2.4-Dimethoxybenzoyl-*, $C_{13}H_{17}NO_4$, F. 98 bis 99° (Aceton + PAe.), Kp.$_{0,6}$ 192—193°. — *3.4-Dimethoxybenzoyl-*, $C_{13}H_{17}NO_4$, Kp.$_{0,4}$ 180—186°. — *3.4-Methylendioxybenzoyl-*, $C_{12}H_{13}NO_4$, F. 81—83° (Methanol + W.). — *2.3.4-Trimethoxybenzoyl-*, $C_{14}H_{19}NO_5$, F. 84 bis 86° (W.). — *2.4.5-Trimethoxybenzoyl-*, $C_{14}H_{19}NO_5$, F. 91—92° (Bzl. + Ae.), Kp.$_{0,07}$ 160—162°. — *2.4.6-Tri-*

methoxybenzoyl-, $C_{14}H_{19}NO_5$, F. 128—131° (A. + W.). — *3.4.5-Triäthoxybenzoyl-*, $C_{17}H_{25}NO_5$, F. 76—77° (PAe.). — *3.4.5-Triallyloxybenzoyl-* (**I**), $C_{20}H_{25}NO_5$, F. 52—53° (Bzl. + PAe.). — *3.4.5-Tributoxybenzoyl-*, $C_{23}H_{37}NO_5$, F. 54—56° (PAe.). — *3.5-Dimethoxy-4-benzyloxybenzoyl-* (**II**), $C_{20}H_{23}NO_5$, F. 138—139° (Bzl. + PAe.). — *4-Methoxy-3.5-dibenzyloxybenzoyl-*, $C_{26}H_{27}NO_5$, F. 131—133° (Methanol + Bzl.). — *3.4.5-Tribenzyloxybenzoyl-* (**VII**), $C_{32}H_{31}NO_5$, F. 88—90° (Bzl. + PAe.). — *4-Acetoxy-3.5-dimethoxybenzoyl-* (**III**), $C_{15}H_{19}NO_6$, F. 136—138° (Methanol). — *3.4.5-Trimethoxyphenacetyl-*, $C_{15}H_{21}NO_5$, F. 48—50° (Aceton + PAe.). — *2-Nitro-3.4.5-trimethoxybenzoyl-* (**IV**), $C_{14}H_{18}N_2O_7$, F. 117—118° (Methanol). — *4-Hydroxy-3.5-dimethoxybenzoyl-* (**V**), F. 163—165° (A.), $C_{13}H_{17}NO_5$, a) durch hydrierende Abspaltung von Bzl. aus 5 g **II**; 3,67 g. b) durch Verseifung von 3,1 g **III**; 2,18 g. c) durch Hydrierung von 1 g **VI** unter Abspaltung der Allylgruppe; 0,25 g. — *3.4.5-Trihydroxybenzoyl-*, $C_{11}H_{13}NO_5$, F. 240° (W.), analog vorst. Verb. nach a) aus **VII**. — *4-Propoxy-3.5-dimethoxybenzoyl-*, $C_{16}H_{23}NO_5$, F. 72—74° (Aceton + PAe.), aus 7 g **V** mit Propylbromid in Methanol in Ggw. von KOH; 5,1 g. — *4-Allyloxy-3.5-dimethoxybenzoyl-* (**VI**), $C_{16}H_{21}NO_5$, F. 79—81° (Aceton + PAe.), analog vorst. Verb. aus 13,35 g **V** mit Allylbromid; 9,7 g. — *4-Propargyloxy-3.5-dimethoxybenzoyl-*, $C_{16}H_{19} \cdot NO_5$, F. 154—155° (Chlf. + Methanol), aus 2,67 g **V** u. Propargylbromid mit Na-Methylat; 2,35 g. — *4-Äthoxycarbonyloxy-3.5-dimethoxybenzoyl-*, $C_{16}H_{21}NO_7$, F. 147 bis 149° (A.), aus 13,8 g **V** mit Chlorameisensäureäthylester mit NaOH; 12,6 g. — *4-Dimethylaminoäthoxy-3.5-dimethoxybenzoyl-*, $C_{17}H_{26}N_2O_5$, aus 2,67 g **V** u. Dimethylaminoäthylchloridhydrochlorid mit Na in Isopropanol; 1,9 g. *Hydrochlorid*, $C_{17}H_{27}ClN_2O_5$, F. 193—195° (A.). — *3.4.5-Tripropoxybenzoyl-*, $C_{20}H_{31}NO_5$, F. 63—65° (PAe.), aus 14 g **I** durch Hydrierung in Methanol; 10,6 g. — *2-Amino-3.4.5-trimethoxybenzoyl-*, $C_{14}H_{20}N_2O_5$, F. 69—71° (Bzl. + PAe.), durch Hydrierung von 30 g **IV** in Eisessig in Ggw. von p-Toluolsulfonsäure über Pd/Kohle, Isolierung über das *Tosylat*, $C_{21}H_{28}N_2O_8S$, F. 203—206° (A.); 38 g. — *2-Dimethylamino-3.4.5-trimethoxybenzoyl-*, $C_{16}H_{24}N_2O_5$, F. 96—99° (Aceton + PAe.), durch Hydrierende Methylierung von 12,18 g **IV** in Ggw. von CH_2O; 5,2 g. — *3.4.5-Trimethoxyphenylthioessigsäuremorpholid*, $C_{15}H_{21}NO_4S$, F. 110—111° (Bzl.), aus 3.4.5-Trimethoxyacetophenon nach Willgerodt-Kindler. — *N-[3.4-Methylendioxybenzoyl]-2-methylmorpholin*, $C_{13}H_{15} \cdot NO_4$, Kp.$_{0,4}$ 176—183°. — *N-[3.4.5-Triallyloxybenzoyl]-piperazinhydrochlorid*, $C_{20}H_{27}ClN_2O_4$, F. 219—221° (Methanol). — *N.N'-Bis-[3.4.5-triallyloxybenzoyl]-piperazin*, $C_{36}H_{42}N_2O_8$, F. 97—100° (Bzl. + PAe.). — *N-[4-Methoxy-3.5-dibenzoyloxybenzoyl]-piperazinhydrochlorid*, $C_{26}H_{29} \cdot ClN_2O_4$, F. 233—235° (W. + A.). — *N.N'-Bis-[4-methoxy-3.5-dibenzyloxybenzoyl]-piperazin*, $C_{48}H_{46}N_2O_8$, F. 214—216° (Xylol). W. Holland 4627□

1459 **Thalidomid und Anti-Folsäurewirkung.** W. Lammers und A. Manten. (Pharmac. Weekbl. **98**, 458—60, 1963; Utrecht, Ryks Inst. voor de Volksgezondh.; niederl.) — An *Streptococcus faecalis ATCC 8043* ausgeführte Unterss. über die Anti-Folsäure-Wrkg. von *Thalidomid* u. einer Reihe seiner Stoffwechsel-Prodd. zeigten ein negatives Ergebnis. W. Wesly 4627◇

1460 **Die Verteilung und der Stoffwechsel von ^{14}C-Meprobamat im Rattengehirn.** J. L. Emmerson, T. S. Miya und G. K. W. Yim. (J. Pharmacol. exp. Therapeut. **129**, 89—93, 1960; Lafayette, Ind., Purdue Univ., Dep. of Pharmacol.; engl.) — ♂ Albinoratten wurde intraperitoneal 100 mg/kg *^{14}C-Meprobamat* (**I**) entsprechend einer Aktivität von ungefähr 1 μc injiziert u. in verschiedenen Zeitabständen nach der Injektion die **I**-Verteilung im Gehirn (Großhirn, Kleinhirn, Mittelhirn, Rautenhirn) untersucht. Das Maximum an Aktivität in allen untersuchten Hirngebieten fand sich eine Std. nach der Injektion. Die Verteilung im Gehirn war gleichförmig, die Unterschiede zwischen den 4 Hirngebieten nicht signifikant. Um den Stoffwechsel von **I** zu untersuchen, wurden 250 mg **I**/kg, entsprechend etwa 30 μc/Tier, nephrektomierten Ratten injiziert. Im Blut konnten ein *Glucuronid*, *Hydroxymeprobamat* u. *Meprobamat*, nachgewiesen werden. Im Gehirn fand sich nur **I**. Demnach finden sich also im Hirn der Ratte keine Stoffwechselprodd. von **I**. K. Böhm 4627◇

1461 **Das S.C.T.Z. (Hemineurin, Chlorethiazol).** P. Huguenard. (Anesthésie, Analgésie Réanimat. **16**, 925—41, 1959; franz.) — Übersicht über Geschichte, phys.-chem. Eigg. Pharmakologie u. klin. Anwendung von *Chlorethiazol* (*Hemineurin, 4-Methyl-5-hydroxyäthylthiazol*). Vf. hat das Präp. selbst bei 212 Narkosen verwandt u. schätzt es zur Ergänzung einer zentralen oder peripheren Schmerzausschaltung oder bei der Anwendung von Neuroplegicis. — 41 Literaturangaben. K. Zingraf 4627◇

1462 **2-Methoxy-4-allylphenoxyessigsäure-N.N-diäthylamid (G 29505). Pharmakologie.** E. Kern. (Anesthésie, Analgésie, Réanimat. **16**, 942—51, 1959; franz.) — Übersicht. — 14 Literaturangaben. K. Zingraf 4627◇

1463 **Chemische Struktur und Wirksamkeit der nicht Barbitursäure-haltigen Narkosemittel. Der Platz von G 29505 unter diesen Verbindungen.** Jean Thuillier. (Anesthésie, Analgésie Réanimat. **16**, 966—78, 1959; Paris; franz.) — Vgl. vorst. Referat. — *2-Methoxy-4-allylphenoxyessigsäure-N.N-diäthylamid* (*G 29505*) verschwindet nach Injektion rasch aus dem Kreislauf, aber Abbauprodd. werden noch nach 96 Std. im Harn gefunden. Inzwischen wird das Präp. im Fettgewebe u. in Lipoid-reichen Organen gespeichert. K. Zingraf 4627◇

1464 **Beitrag zum Studium von drei nicht Barbitursäure-haltigen intravenösen Narkosemitteln.** J. Mercier, M. Gavend, M. R. Gavend, S. Dessaigne und P. Huguenard. (Anesthésie, Analgésie Réanimat. **16**, 979—99, 1959; Marseille; Paris; franz.) — Vgl. die 3 vorst. Referate. — *Chlorethiazol* hemmt Atmung u. Kreislauf deutlich; es besitzt eine spasmolyt. Wrkg. an der glatten Muskulatur der Bronchien u. des Darmes u. lähmt die Hirnrinde vor der reticulären Substanz. *G 29505* beeinflußt Atmung u. Kreislauf nur wenig; seine spasmolyt. Wrkg. ist an der glatten Muskulatur des Darms, aber nicht an den Bronchien nachweisbar. Es lähmt Hirnrinde u. reticuläre Substanz. *Hydroxydion* (*Na-Succinat des 21-Hydroxypregnadion*) hemmt die Atmung in hohem Maße u. ruft Hypotension u. Verringerung des Herzminutenvol. hervor. Die glatte Muskulatur der Bronchien u. des Verdauungstraktes wird gelähmt u. erschlafft. Das Präp. lähmt die reticuläre Substanz vor der Hirnrinde. K. Zingraf 4627◇

1465 **Erste klinische Prüfung eines neuen synthetischen Analgeticum; 2.2-Diphenyl-3-methyl-4-morpholinobutyrylpyrrolidin, rechtsdrehende Base (R 875).** R. Soupault, J. Caroli, M. Renon, Th. Schops und A. Charbonnier. (Thérapie **12**, 898—910, 1957; Paris, Hôp. Saint-Antoine, Serv. de Chir. et de Méd.; franz.) — In der Klinik erwies sich *2.2-Diphenyl-3-methyl-4-morpholinobutyrylpyrrolidin* (*R 875*; **I**) als das stärkste gegenwärtig bekannte Analgeticum. Es war stärker wirksam u. weniger tox. als Morphin. Nebenwirkungen an Blutbild, Diurese u. Atmung traten nicht auf. **I** zeigt keine hypnot. Wrkg. u. beeinflußt Psyche nicht. Suchterscheinungen wurden nicht beobachtet. K. Zingraf 4627◇

1466 **Die Pharmakologie von Inactin.** Sayoko Yoshida. (Fukuoka Acta med. [Fukuoka-Igaku-Zassi] **50**, 2393—2403, 1959; Fukuoka, Japan, Kyushu Univ., Fac. of Med., Dep. of Pharmacol.; jap., Auszug: engl.) — *Inactin* (**I**), Kaninchen i.v. in Dosen von 10—40 mg/kg verabreicht, bewirkte eine Narkose von wenigen Min. bis zu einer Stunde. Dosen von 20 mg/kg senkten den Blutdruck für kurze Zeit um 35—40 mm Hg u. brachten die Atmung vorübergehend zum Stillstand; gleichzeitig wurde die Herztätigkeit gehemmt. Konzz. von 1:4000 besaßen eine Hemmwrkg. am isolierten Kaninchendarm, dagegen wirkten 10—20 mg/kg in vivo erregend auf den Darm; diese Wrkg. wurde durch Vagotomie oder Vorbehandlung mit Methobromin, Atropin oder Imidalin nicht beeinflußt. Die narkot. Wrkg. u. Toxizität von **I** (DL_{50} Maus s.c. 0,0355 mg/g) glich der von Methylhexabital u. war halb so hoch wie die von Pentothal-Natrium. K. Zingraf 4627◇

1467 **Über die Dauer der Anticholinesterasewirkung einiger phosphororganischer Verbindungen.** L. W. Donskaja und R. A. Chaunina. (Bull. exp. Biol. Med. **52(26)**, Nr. 11, 69—72, Nov. 1961; Leningrad, Sanitär-Hygien. Med. Inst., Lehrstuhl für Physiolog.; russ., Auszug: engl.) — Bei Mäusen stellte sich die nach Plattner u. Hestrin bestimmte *Cholinesterase*(**I**)-Aktivität nach Injektion von *Armin* (**II**) u. *Phosarbin* (**III**; 0,4 mg/kg subkutan) in den Muskeln u. im Blut nach 1—2 Tagen, im Hirn u. Rückenmark nach 7—12 Tagen wieder her, nach Injektion von *Diisopropylfluorphosphat* (30 mg/kg) im Blut nach 1 Woche, im Rückenmark nach 1—2 Monaten. Die Wrkg. beruht nicht nur auf der Synth. der **I**, sondern auch auf der spontanen Reaktivierung der phosphorylierten **I** durch **II** u. **III**. I. v. Kloch-Kornitz 4628□

1468 **Vergleich der Resorption von peroral zugeführtem Atropinsulfat und Atropintannat.** H. Diamant, B. Enfors und B. Holmstedt. (Arzneimittel-Forsch. **11**, 1058—60, Nov. 1961; Stockholm, Schweden, Karolinska Sjukhuset, Ohren-, Nasen- u. Halsklin. u. Pharmakol. Inst. Karolinska Inst.; dt.) — 4 Versuchspersonen erhielten oral *Atropintannat* (**I**) u. zum Vgl. *Atropinsulfat* (**II**). Gemessen wurde der Einfl. auf die durch *Acetyl-β-methylcholin* stimulierte Speichelsekretion der Ohrspeicheldrüse. Die maximale Wrkg. von **I** tritt später auf als die von **II**, die Wirkungsdauer beider ist aber prakt. gleich. K. Böhm 4628◇

1469 **Pharmakologische Untersuchung der Bis-piperidinium- und Bis-pyrrolidiniumanaloga des Ditylins.** A. Kimeniss. (Nachr. Akad. Wiss. LettSSR **1960**, Nr. 3, 169—76; russ., Auszug: engl.) — In Verss. an Katzen (Nerv-Muskel-Präp. in situ), Kaninchen („Kopfnickertest") u. am Phrenicus-Diaphragma-Präp. der Ratte wird gezeigt, daß nach der curarisierenden Aktivität das *Cyclotylin* (**I**, Bernsteinsäure-bis-[β-(methylpiperidinio)-äthlyester]-dibromid dem *Ditylin* (**II**, Bernsteinsäure-bis-[cholinester]-dijodid) nachsteht. Das Bernsteinsäure-bis-[β-(methylpyrrolidinio)-äthylester]-dibromid (**III**) hat die gleiche Aktivität wie **II**. Die Wrkg. von **I** ist von längerer Dauer als die von **II**. Im Vers. am isolierten Bauchmuskel des Frosches ist die N-cholinolyt. Wrkg. von **I** 100mal geringer als die von **II**; **III** unterscheidet sich hierin prakt. nicht von **II**. Im Mäuse-Vers. beträgt die Dl_{50} bei intraperitonealer Zufuhr für **I** 24,0, für **II** 4,8, für **III** 1,82 mg/kg. Die Geschw. der Zerstörung im humanen Blutplasma nimmt in der Reihenfolge **II**–**III**–**I** ab. O. Lebtag 4628△

1470 **Ganglioplegische Wirkungen auf das obere Halsganglion beim Hund.** R. Marlier. (Arch. int. Pharmacodynam. Thérap. **129**, 371—80, 1960; Gand, Univ. Inst. de Pharmacologie J. F. Heymans; franz.) — Am oberen Halsganglion vom Hund wurden die Effekte von *Tetraäthylammonium* (TEA), *Hexamethonium* (C_6) u. *4.5.6.7-Tetrachlor-N-[2-dimethylaminoäthyl]-isoindolindimethochlorid* (*Ecolid*; *SU 3088*; **I**) auf die Rkk. der Nickhaut untersucht. I.v. Injektion einer Einzeldosis von 15 mg/kg TEA oder 0,5 mg **I**/kg setzt merkbar die Rkk. der Nickhaut auf elektr. Reizung der präganglionären Fasern des Ganglion herab. Eine Einzelgabe von 30 mg/kg TEA hebt die Rk. der Nickhaut vollkommen auf, während **I**-Dosen bis zu 20 mg/kg keine vollständige Ganglionblockade bewirken. Schwache Dosen von TEA (1—5 mg), von C_6 (1—5 mg) u. von **I** (mehr als 1 mg) können bei direkter Injektion ins Ganglion die Leitung herabsetzen oder vollkommen unterbrechen. Injektion einer Einzeldosis von 0,3—0,5 mg **I**/kg in die Carotis verringert bzw. unterbricht die Ganglionleitung. Selbst nach vorheriger Zufuhr großer Dosen von TEA, C_6 oder **I** bewirkt i.v. oder Injektion von *Adrenalin* in die Carotis immer eine sofortige u. starke Kontraktion der Nickhaut. Starke Dosen *Eserin* (3—4mal 0,5—1 mg) können nicht vollkommen die Synapsen des Ganglion deblockieren, wenn sie durch vorherige Gaben von TEA oder **I** gelähmt worden waren. K. Böhm 4628◇

1471 **Diphenylhydantoin-Exanthem unter dem Bilde einer infektiösen Mononucleose.** H. Eissner. (Arch. Toxikol. **18**, 282—95, 1960; Tübingen, Univ.-Hautklinik; dt.) — Vf. berichtet über einen Epileptiker mit Arzneimittel-Überempfindlichkeitsrk. nach Gebrauch von *Diphenylhydantoin*, welche unter dem Bilde einer infektiösen Mononucleose verlief. O. Jansen 4628◇

1472 **Untersuchung der krampferzeugenden Eigenschaften von 5.7-Diphenyl-1.3-diazadamantanol-(6) (I. S. 1757).** V. G. Longo, B. Silvestrini und D. Bovet. (Rend. Ist. super. Sanità **23**, 1095—1109, 1960; Roma, Ist. Super. di Sanità, Labor. di Chim. Terap.; ital.) — Inhaltlich ident. mit der C. **1961**, 18403 referierten Arbeit. K. Zingraf 4628◇

1473 **Zur Kenntnis einiger N-substituierter γ-Aminopropanole.** E. Hannig und H. Bekemeier. (Pharmazie **14**, 201—04, 1959; Halle-Wittenberg, Martin-Luther-Univ., Pharmakol. Inst.; dt.) — Von *γ-Di-n-propyl* (**I**)-, *γ-Di-n-butyl* (**II**)-, *γ-Diisobutyl* (**III**)-, *γ-Diisohexylaminopropanol* (**IV**), *γ-Pyrrolidino-* (**V**), *γ-Piperidino-* (**VI**), *γ-Morpholinopropanol* (**VII**) u. *3-Diisohexylaminopropandiol* (**VIII**) wurden die akute Toxizität, die Wrkg. auf den Blutdruck u. die spasmolyt. Aktivität untersucht. Bezogen auf die chem. Konstit. nehmen mit zunehmender Vergrößerung des bas. Molekülteils die Toxizität sowie spasmolyt. u. blutdrucksenkende Wrkg. zu. Die therapeut. Breite erfährt hinsichtlich der Blutdrucksenkung keine wesentliche Verbesserung, hinsichtlich der spasmolyt. Eigg. ist sie bei diesen Verbb. aber signifikant vergrößert.

Versuche: Durch Einw. von 3-Chlorpropanol auf sek. Amine bilden sich die Hydrochloride di-N-substituierter Aminopropanole. Entsprechend wurde im starkwandigen Bombenrohr das jeweilige sek. Amin mit Trimethylenchlorhydrin im mol. Verhältnis 1:1 je nach Reaktionsbedingungen bei 110—140° etwa 15 Std. lang erhitzt. Glycerin-α-monochlorhydrin führt bei gleichen Versuchsverhältnissen zu den salzsauren Salzen analoger 3-Aminopropandiole-(1.2). Die Reaktionsprodd. stellen geleeartige, mehr oder weniger leicht zerfließliche bräunliche Kristallbreie dar. Ihre Reinigung ist infolge ihrer sehr guten Wasser- u. Alkohollöslichkeit sehr schwer. Am besten reinigt man solche Rohprodd. über die freien Alkoholbasen. Für die Aminopropanole wurden folgende Daten bestimmt: *γ-Diäthylaminopropanol*: $Kp._1$ 62—64°; n_D^{20} 1,4440; *Hydrochlorid* (a), F. 72°; *Reineckat* (b): F. 159°; *Tetraphenylborsalz* (c): F. 155—156° (Zers.); *Triphenylcyanborsalz* (d): F. 104°; *γ-Di-n-propylaminopropanol*; $Kp._1$ 84—86°; n_D^{20} 1,4440; a: F. 64°; b: F. 132—133°; c: F. 147°; d: F. 111°; *γ-Di-n-butylaminopropanol*: $Kp._3$ 104—106°; n_D^{20} 1,4483; b: F. 123°; c: 116,5°; d: F. 81°; *γ-Diisobutylaminopropanol*: $Kp._7$ 106°; n_D^{20} 1,4428; b: F. 144°; c: F. 132° (Zers.); d: F. 153°; *γ-Diisohexylaminopropanol*: $Kp._1$ 125—126°; n_D^{20} 1,4538; b: F. 122°; *γ-Pyrrolidinopropanol*: $Kp._1$ 70—71°; n_D^{20} 1,4741; a: F. 92°; b: F. 184—185°; c: F. 138° (Zers.); d: 91°; *γ-Piperidinopropanol*: $Kp._1$ 75—76,5°; n_D^{20} 1,4741; a: F. 153°; b: F. 167—168°; c: F. 138°; d: F. 114°; *γ-Morpholinopropanol*: $Kp._1$ 95°; n_D^{20} 1,4773; a: F. 142°; b: F. 194—195°; c: F. 139 (Zers.); d: F. 131—132°; *3-Diisohexylaminopropandiol-(1.2)*: $Kp._1$ 142—143°; n_D^{20} 1,4615; b: F. 78°. K. Böhm 4628◇

1474 **Über einige biologische Eigenschaften eines Fluoranaloges des Triparanols.** F. Delbarre, F.-G. Richet, N. P. Buu-Hoi, P. Jacquignon und F. Périn. (Med. exp. [Basel] **5**, 437—41, 1961; Paris, Centre de Rech. sur les Maladies ostéoarticulaires [I.N.H], Hôpital Cochin.; Gif-sur-Yvette [Seine-et-Oise], Inst. de Chemie des Substances Naturelles du Centre National de la Rech. Scientifique; franz.) — Das *p-Fluorbenzyl-p-tolyl-[p-(diäthylaminoäthoxy)-phenyl]-carbinol* bewirkt bei Hypercholesterinämie eine deutliche Herabsetzung des *Blutchoresterin*-Gehaltes. Es bewirkt jedoch gleichzeitig einen vorübergehenden Haarausfall. O. Jansen 4630◇

1475 **Der Einfluß von Phentolamine und Tolazoline auf einige Stoffwechselprozesse von Herzhomogenaten.** Harry C. Froede und Harold C. Heim. (J. pharmac. Sci. **51**, 579—81, 1962; Boulder, Univ. of Colorado, School of Pharm.; engl.) — Mit der Manometertechnik wird der Einfl. von *Phentolamine* (**I**) u. *Tolazoline* (**II**) auf den Stoffwechsel von Rattenherzhomogenaten untersucht. In Ggw. von *Succinat* erhöht **I** die O_2-Aufnahme, dagegen

nicht bei *Pyruvat*-Zusatz. Bei Verw. von **II** tritt diese unterschiedliche Wrkg. nicht auf. Die Oxydation von α-Ketoglutarat oder die Aktivität gereinigter Malatdehydrogenase wird weder durch **I** noch durch **II** beeinflußt. Durch *Oxalacetat*-Zugabe zum Homogenat wird die O_2-Aufnahme gehemmt, diese Hemmung wird durch vorherigen **I**-Zusatz nicht beseitigt.
P. Gregorzewski 4630◇

1476 **Klinische und kreislaufanalytische Untersuchungen über eine neue blutdrucksenkende Substanz (CIBA-Su 5864).** Erik Hohnloser. (Münchener med. Wschr. **102**, 1621—26, 1960; Pforzheim, Städt. Krankenhaus, Med. Klin.; dt.) — An 23 Patienten mit meist fixiertem Hochdruck wurde *CIBA Su 5864* (*2-[Oktahydro-1-azocinyl]-äthylguanidinsulfat* (*Ismelin*; *Guanethidin*; I) geprüft. **I** senkt recht zuverlässig den Blutdruck. Die Dosierung lag zwischen 3 · 10 mg—3 · 25 mg. In einigen wenigen Fällen traten Nebenwrkg. (Schwindelerscheinungen, Durchfall) auf. Nach kreislaufanalyt. Unterss. im akuten Vers. nach i.v. Injektion von **I** wird angenommen, daß der Wirkungsmechanismus von **I** in einer Hemmung der Impulsübertragung zwischen Nervenendigungen u. Gefäßmuskulatur im Sinne einer Sympathicushemmung liegen könnte. K. Böhm 4630◇

1477 **Die Verteilung und Ausscheidung eines neuen blutdrucksenkenden Mittels, des N-Benzyl-N'.N''-dimethylguanidins, bei der Katze.** A. L. A. Boura, W. G. Duncombe, R. D. Robson und A. McCoubrey. (J. Pharmacy Pharmacol. **14**, 722—26, 1962; Beckenham, Kent, Wellcome Res. Labor.; engl.) — *^{14}C-N-Benzyl-N'.N''-dimethylguanidin* (*BW 467 C 60*) besitzt bei Katzen wie Bretylium eine selektive Affinität für adrenerg. Neurone. Bei Verabreichung von 3 mg/kg wurden etwa die Hälfte der Dosis unverändert innerhalb von 24 Std. im Harn ausgeschieden, Abbauprodd. wurden nicht gefunden. Die Ausscheidung hielt mehr als 7 Tage lang an.
K. Zingraf 4630◇

1478 **Biochemische Eigenschaften von Bretylium.** A. McCoubrey. (J. Pharmacy Pharmacol. **14**, 727—34, 1962; Beckenham, Kent, Wellcome Res. Labor.; engl.) — An Hirnrindenschnitten von Meerschweinchen in vitro übt 10^{-3} m *Bretylium* (I) eine schwache Monoaminoxydase-Hemmwrkg. aus, beeinflußt aber die Aktivität anderer Enzyme nicht. Länger dauernde Behandlung von Nebennieren u. Sympathicusganglien der Katze mit 10 mg **I**/kg beeinflußt ihren Geh. an *Brenzcatechinaminen* nicht, höhere Dosen bewirkten eine Abnahme dieses Gehaltes. Der *Noradrenalin*(II)-Geh. der Kaninchenmilz nimmt bei längerer Inkubation mit **I** zu u. **II** wird refraktär gegen die freisetzende Wrkg. von Reserpin.
K. Zingraf 4630◇

1479 **Wirkung von 2-Methyl-5-hydroxy-8-diäthylaminoäthoxyfurochromonhydrochlorid.** F. Jourdan und G. Faucon. (Thérapie **12**, 927—32, 1957; Royat, Inst. de Rech. Cardiol.; franz.) — Am Herzen des Hundes in situ war nach *Khellin*, niemals jedoch nach *2-Methyl-5-hydroxy-8-diäthylaminoäthoxyfurochromonhydrochlorid* (*Nokhel*) eine Zunahme der Coronardurchblutung zu beobachten. K. Zingraf 4630◇

1480 **Die Wirkung des g-Strophanthins auf den Transport des Kaliums und Natriums bei Menschen- und Rattenerythrocyten.** K. Pfleger, W. Rummel, E. Seifen und J. Balduaf. (Med. exp. [Basel] **5**, 473—79, 1961; Homburg/Saar, Univ. des Saarlandes, Pharmacolog. Inst.; engl.) — Der für den Bergauftransport von *K* u. *Na* verantwortliche Mechanismus ist bei Menschenerythrocyten gegen *g-Strophanthin* 15mal empfindlicher als jener der Rattenerythrocyten; *Digitonin* wirkt ähnlich. — Unter Berücksichtigung dieser Ergebnisse wird die unterschiedliche Reaktivität von Herzglykosiden gegenüber verschiedenen Tierspecies diskutiert. O. Jansen 4630◇

1481 **Die Wirkung von Diphenyläthylessigsäure auf die Biosynthese von Cholesterin und Fettsäure.** S. Garattini, P. Paoletti und R. Paoletti. (Arch. int. Pharmacodynam. Thérap. **117**, 114—22, 1958, Milan, Univ., Inst. of Pharmacol.; engl.) — *Diphenylessigsäure* (I), die die Acetylierung durch Coenzym A hemmt, verringerte die Biosynth. von *Cholesterin* (II) oder *Fettsäure* (III) aus *$^{14}C_{(1)}$-Acetat* (IV) deutlich, ganz gleich ob die Synth. vorher gesteigert (durch Anwendung von Triton oder Regeneration der Leber nach partieller Hepatektomie) oder verringert (nach Röntgenbestrahlung) war. Die Oxydation von **IV** wurde durch **I** weit weniger beeinflußt. **I** hemmte auch den Einbau von *$^{14}C_{(2)}$-Acetat*, *$^{14}C_{(1)}$-Butyrat* u. *$^{14}C_{(2)}$-Mevalonat* in **II** oder **III** sehr stark.
K. Zingraf 4630◇

1482 **16.16-Difluoröstron-Derivate. Eine neue Reihe Cholesterinspiegel-senkender Substanzen.** C. H. Robinson, N. F. Bruce, E. P. Oliveto, S. Tolksdorf, M. Steinberg und P. L. Perlman. (J. Amer. chem. Soc. **82**, 5256—57, 5/10. 1960; Bloomfield, N. J., Nat. Prod. Res. Dep. and Schering Corp., Biochem. Dep.; engl.) — Es wird eine Reihe von *16.16-Difluoröstron*-Derivv. hergestellt, deren uterotrope Aktivität im Vgl. zum *17β-Östradiol* (VII) gering ist u. die den Serum-Cholesterinspiegel senken. Das Verhältnis der hypocholesterinäm. zur uterotropen Aktivität ist bei normalernährten Nagetieren bei *16.16-Difluoröstron-3-methyläther* (I) im Vgl. zu **VII** um das 800fache gesteigert. Die α-Fluorierung des Cyclopentanon-Syst. gelingt, wenn 16-Formylöstron-3-methyläther mit *Perchlorylfluorid* in tert.-Butanol behandelt wird (vgl. C. **1959**, 15969). Man erhält so direkt **I**. Red. von **I** mit Zn u. Essigsäure führt zum *Östron-3-methyläther*, mit $NaBH_4$ zu *16.16-Difluoröstradiol-3-methyläther* (III). Abspaltung der Methyläthergruppe mit HJ/Essigsäure gibt *16.16-Difluoröstron* (II). *16.16-Difluor-17α-äthinylöstradiol-3-methlyäther* (IV) konnte aus **I** nach der Meth. von Campbell (C. **1959**, 16017) hergestellt werden u. läßt sich zu *16.16-Difluor-17α-vinyl-östradiol-3-methyläther* (V) reduzieren. Mit CH_3MgJ bildet **I** *16.16-Difluor-17α-methylöstradiol-3-methyläther* (VI). Die hypocholesteräm. Aktivität wurde an ausgewachsenen ♂ Ratten getestet. Die östrogene Aktivität wurde im Uterusgewichtstest an infantilen Mäusen bestimmt. Für diese Verbb. wurden folgende Werte (in bezug auf **VII** als Standard = 1) ermittelt: **I** 0,42 (hypocholesteräm. Aktivität); 0,0005 (Östrogenaktivität); **II** 0,2; 0,0001—0,006; **III** 0,88; 0,0011; **IV** 4,3; 0,02—0,03; **V** 0,65; 0,0005—0,0045; **VI** ~1,0; 0,0004—0,023.

Versuche: *16.16-Difluoröstron-3-methyläther* (I), F. 126—128°, aus 16-Formylöstron-3-methyläther mit Perchlorylfluorid in tert.-Butanol bei Raumtemp.; $[\alpha]_D$ +167°. — *16.16-Difluoröstron* (II), F. 173—175°, aus vorst. Verb. durch Ätherspaltung mit HJ/Essigsäure; $[\alpha]_D$ +161°. — *16.16-Difluoröstradiol-3-methyläther* (III), F. 123—127°, aus **I** durch Red. mit $NaBH_4$ in Propanol-(2); $[\alpha]_D$ +71°. — *16.16-Difluor-17α-äthinylöstradiol-3-methyläther* (IV), F. 141—143° aus **I** mit Na-Acetylid u. Dimethylsulfoxid; $[\alpha]_D$ +20°. — *16.16-Difluor-17α-vinylöstradiol-3-methyläther* (V), F. 132—137°, aus vorst. Verb. durch Red. mit Pd-beladenem $SrCO_3$ in Pyridin; $[\alpha]_D$ +37°. — *16.16-Difluor-17α-methylöstradiol-3-methyläther* (VI), F. 143—145°, aus **I** mit CH_3·MgJ in Tetrahydrofuran/Ae.; $[\alpha]_D$ +38°.
L. Laschet 4630◇

1483 **Die Wirkung von Hydrochlorothiazid auf die Niere der Elektrolyt-Mangelratte.** G. C. Kennedy und R. A. Parker. (Quart. J. exp. Physiol. cognate med. Sci. **48**, 186—91, 1963; Cambridge, Univ., Med. Res. Council, Dep. of Exp. Med.; London, St. Mary's Hosp., Dep. of Pathol.; engl.) — Während die *K*-Verarmung nach 6wöchiger Behandlung mit *Hydrochlorothiazid* (I) bei Ratten unter normaler Kost nur von lokalisierten Veränderungen in der Niere begleitet ist, kommt es bei Verfütterung einer Elektrolyt-Mangelkost schon bei viel geringeren therapeut. **I**-Dosen (8 mg statt 32 mg/kg/Tag) innerhalb von 10 Tagen zu schweren Nierenschäden; diese sind vermutlich weniger durch verstärkte K-Verarmung als durch Potenzierung der Wrkg. infolge des Mangels an anderen Elektrolyten bedingt. Die **I**-Schädigungen ähneln denen nach anderweitig hervorgerufenem K-Mangel. — **I** vermindert die durch *Desoxycorticosteronacetat* ausgelöste Epithelhyperplasie der Nierentubuli (partielle Blockierung von dessen Tubuluswirkung).
U. Tausendfreund 4634◇

1484 **Die Bromurese unter Hydrochlorothiazid an Ratten.** J. Taborsky und I. Ivančević. (Med. exp.

[Basel] **5,** 442—46, 1961; Zagreb, Med. Fac., Pharmakolog. Inst.; dt.) — Es wurden die bromuret. Wrkg. des *Hydrochlorthiazids* mit jener eines *Hg*-Diureticums (*Mersalyl-Theophyllin*) verglichen u. festgestellt, daß die erste wirksamer, konstanter u. weniger tox. ist.
O. Jansen 4634◇

1485 **Klinische Beobachtungen über eine neue Substanz mit diuretischer und natriuretischer Wirkung: 2.4.7-Triamino-6-phenylpteridin (Triamteren).** Michelangelo Cairella und Pier Leopoldo Borrelli. (Clin. terapeut. [Roma] **24,** 330—43, 1963; Roma, Univ., Ist. di Therap. Med. Sistem. ed. Idrol. Med.; ital.) — *2.4.7-Triamino-6-phenylpteridin* (SKF 8542, F.I. 6143, Triamteren), ein Diureticum u. Natriureticum mit Antialdosteronwrkg. u. direktem Einfl. auf den Ionentransport in den Nierentubuli, wurde bei Patienten mit Morgagni-Laënnecscher Cirrhose mit Ödemen u. Ascites u. in einem Fall von Hypertension mit Erfolg angewandt.
K. Zingraf 4634◇

1486 **Stoffwechseluntersuchungen über die Wirkung von Spironolacton.** Hershel Jick, Robert S. Morrison, Edward W. Moore und Thomas C. Chalmers. (Metabolism, clin. and exp. **12,** 381—87, 1963; Boston, Mass., Tufts Univ. School of Med. and Harward Med. School, Dep. of Med.; Renal and Elektrolyte Div., Dep. of Clin. Pharmacol. of Med. Service, Lemnel Shattuck Hosp., Dep. of Public Health; engl.) — Die Verabreichung von *Spironolacton* (**I**) an Patienten mit Lebercirrhose während zwei Wochen blieb ohne Wrkg. auf den NH_3- u. Harnstoffgeh. des Urins u. auf seinen pH. **I** verursachte zwar einen relativ dünnen Harn, doch nicht auf die Dauer. **I** bewirkte aber eine erhöhte *K*-Ausscheidung, die mit einem kleinen Ansteigen des Serum-K außerhalb der Niere verbunden war; ferner eine primäre, proximale, tubuläre Hemmung der *Na*-Rückresorption. L. Macher 4634◇

1487 **Naphthylessigsäuren. 1. Mitt. Synthesen und choleretische Wirkung von α-substituierten Naphthyl-(1)-essigsäuren.** S. Casadio, G. Pala, T. Bruzzese und E. Marazzi Uberti. (Farmaco [Pavia], Ediz. Sci. **17,** 797—809, 1962; Milano, Labor. Ric. dell'Ist. de Angeli, Sez. chim.; ital.) — Während α-monosubstituierte *Naphthyl-(1)-essigsäuren* direkt durch saure Verseifung der Nitrile erhalten werden, ergeben die disubstituierten Nitrile hauptsächlich die Amide. Aus diesen werden die Säuren mit Alkylnitriten oder N_2O_3 erhalten. Einige Verbb. zeigen gute choleret. Wirkung. Die saure Verseifung des *α-Allyl-α-naphthyl-(1)-acetonitrils* (**I**) führt zu *α-[Naphthyl-(1)]-γ-valerolacton,* die *Allylnaphthylessigsäure* wird durch alkal. Verseifung erhalten.

Versuche: α-Naphthyl-(1)-essigsäuren: *α-Methyl-* (**II**), $C_{13}H_{12}O_2$, F. 148—149° (50%ig. A.), durch 4std. Kochen von α-Methyl-α-naphthyl-(1)-acetonitril in CH_3COOH/H_2SO_4/W. u. Gießen in W.; 90% (Ausbeute). — *α-Äthyl-*, $C_{14}H_{14}O_2$, F. 86—87° (PAe.); 87%. — *α-n-Propyl-*, $C_{15}H_{16}O_2$, F. 64,5—65° (PAe.); 89%. — *α-n-Butyl-*, $C_{16}H_{18}O_2$, F. 64—65° (PAe.); 81%. — *α-Isobutyl-*, $C_{16}H_{18}O_2$, $Kp._{0,2}$ 165—167°; 84%. — *α-Isoamyl-*, $C_{17}H_{20}O_2$, $Kp._{0,25}$ 165—167°; 81%. — *α-Benzyl-*, $C_{19}H_{16}O_2$, F. 94—95° (Hexan); 84%. — *α-sek.-Butyl-*, $C_{16}H_{18}O_2$, $Kp._{0,2}$ 163—165°, wie **II** in 12 Std.; 79%. — *α-n-Hexyl-*, $C_{18}H_{22}O_2$, F. 61—62° (PAe.); 81%. — *α-n-Heptyl-*, $C_{19}H_{24}O_2$, $Kp._{0,2}$ 179—181°; 84%. — *α-n-Octyl-*, $C_{20}H_{26}O_2$, F. 54—55° (PAe.); 83%. — *α-Buten-(2)-yl-*, $C_{16}H_{16}O_2$, F. 130—131° (PAe.); 83%. — *α-Cyclohexyl-*, $C_{18}H_{20}O_2$, F. 126—128° (10%ig. CH_3COOH); 72%. — *α-n-Dodecyl-*, $C_{24}H_{34}O_2$, F. 69—70° (PAe.), in 24 Std.; 80%. — *α-Isopropyl-*, $C_{15}H_{16}O_2$, F. 113—114° (PAe.), in 96 Std.; 65%. *Amid,* $C_{15}H_{17}NO$, F. 168—169° (50%ig. A.), analog **II** in 12 Std.; 20%. — *α-Allyl-*, $C_{15}H_{14}O_2$, F. 86—87° (PAe.), durch 24std. Verseifen von **I** mit KOH in Äthylenglykol/W.; 61%. — *α.α-Dimethyl-*, $C_{14}H_{14}O_2$, F. 121 bis 122° (PAe.), durch Einleiten von HCl in eine Lsg. des Amids in CH_3COOH, Zutropfen von Butylnitrit, 2 Std. Rühren bei Raum-Temp., 5 Std., bei 80°, Abdampfen u. Gießen in 10%ig. wss. NaOH; 95%. *Amid* $C_{14}H_{15}NO$, F. 81—82° (PAe.), analog **II** aus dem Nitril; 88%. — *α-Äthyl-α-methyl-*, $C_{15}H_{16}O_2$, F. 107—108° (PAe.), analog vorst. Säure; 94%. Amid, F. 97—98° (Ae./PAe.); 77%. — *α.α-Diäthyl-*, $C_{16}H_{18}O_2$, F. 200—201° (A./PAe.), durch Einleiten von N_2O_3 in eine Lsg. des Amids in Bzl. bei 20°, Stehen über Nacht u. Eindampfen; 93%. *Amid,* $C_{16}H_{19}NO$, F. 122—125° (PAe.); 85%. — *α.α-Dipropyl-*, $C_{18}H_{22}O_2$, F. 154—155° (PAe.); 90%. *Amid,* $C_{18}H_{23}NO$, F. 167—168° (PAe.); 85%. — *α.α-Dibutyl-*, $C_{20}H_{26}O_2$, F. 141—142° (PAe.); 91%. *Amid,* $C_{20}H_{27}NO$, F. 105 bis 106° (PAe.); 83%. — *α-Diisobutyl-*, Amid $C_{20}H_{27}NO$, F. 155—156 °(60%ig. A.); 80%. *α.α-Diisoamyl-, Amid,* $C_{22}H_{31}NO$, F. 100—101° (PAe.), analog in 48 Std.; 80%. — *α-[Naphthyl-(1)]-γ-valerolacton,* $C_{15}H_{14}O_2$, F. 101 bis 102° (60%ig. A.), analog **II** aus **I**; 88%.
W. Holland 4640◇

1488 **Naphthylessigsäuren. 2. Mitt. Synthesen und choleretische Wirkung von α-substituierten Naphthyl-(2)-essigsäuren.** S. Casadio, G. Pala, T. Bruzzese und E. Marazzi Uberti. (Farmaco [Pavia], Ediz. Sci. **17,** 810 bis 817, 1962; ital.) — 1. vgl. vorst. Referat. — Einige α-mono- u. -disubstituierte *Naphthyl-(2)-essigsäure* werden durch Verseifen der Nitrile erhalten. Nur bei der Dibutyl-Verb. ist ein Umweg über das Amid u. dessen Rk. mit Isoamylnitrit (**I**) vorteilhafter. Die Verbb. erreichen nicht die choleret. Wrkg. der Naphthyl-(1)-essigsäuren.

Versuche: α-Naphthyl-(2)-essigsäuren: *α-Methyl-* (**II**), $C_{13}H_{12}O_2$, F. 120—121° (PAe.), durch 5std. Kochen des Nitrils in CH_3COOH/H_2SO_4/W. u. Gießen in W.; 96% (Ausbeute). — *α-Äthyl-*, $C_{14}H_{14}O_2$, F. 91—92° (PAe.); 97%. — *α-Propyl-*, $C_{15}H_{16}O_2$, F. 72—73° (PAe.) 91%. — *α-Butyl-*, $C_{16}H_{18}O_2$, F. 68,5—69,5° (PAe.); 98%. — *α-Isoamyl-*, $C_{17}H_{20}O_2$, F. 102—103° (PAe.); 88%. — *α-n-Heptyl-*, $C_{19}H_{24}O_2$, F. 58—59° (50%ig. Methanol), in 12 Std.; 92%. — *α-Allyl-*, $C_{15}H_{14}O_2$, F. 65—66° (PAe.), durch alkal. Verseifung des Nitrils in Äthylenglykol/W. in 24 Std.; 80%. — *α.α-Dimethyl-*, $C_{14}H_{14}O_2$, F. 152 bis 153° (PAe.), in 24 Std.; 98%. — *α.α-Diäthyl-*, $C_{16}H_{18}O_2$, F. 126—127°, in 72 Std.; 95%. — *α.α-Dipropyl-*, $C_{18}H_{22}O_2$, F. 138,5—139,5 (PAe.); 90%. — *α.α-Dibutyl-*, $C_{20}H_{26}O_2$, F. 103—104° (PAe.), a) in 96 Std.; 89%. b) durch Sättigen einer Lsg. des Amids in CH_3COOH mit HCl u. Zutropfen von **I**, 2 Std. Stehen bei Raum-Temp., 4 Std. bei 100°, Abdestillieren u. Gießen in 10%ig. wss. NaOH; 89%. *Amid,* $C_{20}H_{27}NO$, F. 123—123,5° (PAe.), analog **II** in 18 Std.; 83%. — *α-[Naphthyl-(2)]-γ-valerolacton,* $C_{15}H_{14}O_2$, F. 92—93° (A.), analog **II** aus α-Allyl-2-naphthylacetonitril; 86%. W. Holland 4640◇

1489 **Pharmakologische Untersuchung über Dihydroxyaluminiumallantoinat und Chlorhydroxyaluminiumallantoinat.** 2. Mitt. **Untersuchung der gastrischen Aktivität.** Raymond Cahen und Jean-François Clement. (Ann. pharmac. franç. **20,** 693—703, 1962; Maison-Alfort (Seine), Centre de Rech. Lafon; franz.) — 1. vgl. Ann. pharmac. franç., **20,** [1962] 623. — In vitro-Unterss. über die gastr. Wrkg. von *Dihydroxyaluminiumallantoinat* (**I**) u. *Chlorhydroxyaluminiumallantoinat* zeigen, daß die neutralisierende Wrkg. von **I** der von $Al(OH)_3$ nahe kommt u. größer als die von **II**, *Bi-Carbonat* (**II**), *Bi-Subnitrat* (**IV**) u. *AlPO₄* ist. Die Puffer-Wrkg. von **I** u. **II** gestattet es, den pH-Wert von „künstlichem Magensaft" in den physiolog. Grenzen zu halten; ein Vgl. der Wirksamkeit von **I** u. **II** mit der von $Al(OH)_3$ u. $AlPO_4$ gibt schwankende Werte je nach dem angewandten Verfahren. An Hunden ausgeführte Unterss. zeigen, daß **I** u. **II** die Gesamtacidität des „Histamin-Magensaftes" vermindern, die physiolog. akt. HCl neutralisieren u. damit das pH auf 5,5—6,1 heben. $Al(OH)_3$ u. **IV** wirken ähnlich, aber nicht so lange. **III** wirkt langsamer, aber länger. Das pH bleibt in allen Fällen in den physiolog. Grenzen. W. Wesly 4654◇

1490 **Pharmakologische Untersuchung über Dihydroxyaluminiumallantoinat und Chlorhydroxyaluminiumallantoinat.** 3. Mitt. **Anti-Ulcuswirkung.** Raymond Cahen und André Pessonnier. (Ann. pharmac. franç. **20,** 704—13, 1962; franz.) — 2. vgl. vorst. Referat. — An Ratten u. Meerschweinchen ausgeführte Unterss. zeigen, daß *Dihydroxyaluminiumallantoinat*(**I**) u. *Chlorhydroxyaluminiumallantoinat* (**II**) ebenso wie $Al(OH)_3$ u. Bi-Subnitrat die Bldg. von Magengeschwüren hemmen. **II** ist wirksamer als **I** u. $Al(OH)_3$. Die ulcushemmenden Verbb. außer **II** verlangsamen den Magen-Darm-Durchgang bei Ratten nicht. W. Wesly 4645◇

1491 **Therapeutische Wirkung von Ulcerpax-70d und Süßholz auf das experimentelle Magenulcus der Albinoratte.** A. Stolk. (Proc., Kon. nederl. Akad. Wetensch., Ser. C **65**, 313—21, 1962; Amsterdam, Free Univ., Dep. of Histol.; engl.) — Während bei experimentellen Magengeschwüren (bei Wistar-Ratten) nur eine kleine Spontanheilungsquote von 15,6% nachgewiesen werden konnte u. bei Behandlung der Tiere mit *Succus liquiritiae* (1,25%ig. Konz. im Trinkw.) sogar nur eine Heilungsquote von 14,6% zu verzeichnen war, konnte mit *Ulcerpax-70d* [gewonnen durch fraktionierte Fällung eines Süßholzextraktes; zu einer dieser Fraktionen MgO u. Mg-Trisilikate; resultierende Suspension wird getrocknet; 1,25%ig. Konz. im Trinkw.] eine Heilung in 97,8% [bei mehr als 70tägiger Behandlung sogar in 100%] der Fälle erzielt werden.
U. Tausendfreund 4645◇

1492 **Vorläufige anthelmintische Untersuchungen mit Nematospiroides dubius an der Maus.** John E. Lynch und Barbara Nelson. (J. Parasitology **45**, 659—62, 1959; Maywood, N. J., Pfizer Therapeut. Inst., Parasitology Labor.; engl.) — *Substanz 1871* (*Thienyl-(2)-methylimidazolinyl-(2)-sulfidhydrochlorid*; **I**) wurde an mit *Nematospiroides dubius* infizierten Mäusen getestet. Weniger als 12,5 mg **I**/kg Maus (oral) genügten, um die Infektion zu beseitigen. Vgl. mit gebräuchlichen Anthelminticis zeigten, daß diese die Wirksamkeit von **I** nicht erreichten.
P. Nachtwey 4649◇

1493 **Die Einflüsse der empfohlenen Anthelmintica auf Nematospiroides dubius und Oxyuriden in der Maus in bezug auf Testmethoden von neuen Arzneimitteln.** Harley G. Sheffield, Jack E. Meisenhelder und Paul E. Thompson. (J. Parasitology **45**, 653—58, 1959; Detroit, Mich., Parke, Davis & Comp.; engl.) — Gegen die Applikation von *Nematospiroides dubius* u. die natürlich vorkommenden Infektionen der Maus mit *Syphacia obvelata*, *Aspiculuris tetraptera* wurden 11 Anthelmintica getestet: Piperazin, Phenothiazin, Tetrachloräthylen, CCl_4, Hexylresorcin, Gentianaviolett, Pyrviniumchlorid, Dithiazaninjodid u. Bepheniumembonate. Diese waren mehr oder weniger gegen die Würmer wirksam. Santonin u. Chenopodiumöl zeigten keine merkliche Wirkung. Die Kombination der Testsubstanzen gegen alle Würmer ist der Behandlung mit den Einzelsubstanzen vorzuziehen.
P. Nachtwey 4649◇

1494 **Der Einfluß von Lösungsmitteln und oberflächenaktiven Substanzen auf die Schrankenfunktion der Haut gegen Sarin.** 1. Mitt. **Entwicklung der Methode.** Torsten Fredriksson. (Acta dermato-venereol. [Stockholm] **43**, 91—101, 1963; Stockholm, Karolinska Sjukhuset, Dep. of Dermatol.; Sundbyberg, Res. Inst. of Nat. Def., Dep. 1; engl.) — Der Einfl. von Lsgm. u. oberflächenakt. Stoffen auf die Schrankenfunktion der Haut wird an der Änderung der percutanen Resorptionsgeschw. von *Sarin* (Isopropylmethylphosphorylfluorid) an Meerschweinchen bestimmt. Als Maß für die Resorption dient die Zeit bis zum Atemstillstand. A. steigerte die Resorptionsgeschwindigkeit.
K. Zingraf 4661◇

1495 **Untersuchungen über die fungistatischen Eigenschaften einiger anorganischer, aliphatischer und aromatischer Verbindungen, unter besonderer Berücksichtigung der Rhodanderivate.** Wolfgang Weuffen. (Wiss. Z. Ernst Moritz Arndt-Univ. Greifswald, math.-naturwiss. R. **8**, 233—34, 1958/59; Greifswald, Univ., Inst. f. Med. Mikrobiol. u. Epidemiol.; dt.) — Es wurden untersucht *Alkalirhodanide*, *Kupfer-* u. *Silbersalze*, *Alkohole*, *Harnstoffe*, *Betaine*, *Otrhomin* u. *Hexamethylentetramin*, *Anilinderivv.*, *Dinitrobenzole*, *Phenole* u. Arzneimittelspezialitäten. Als Testorganismen dienten 5 Dermatophyten: *Achorion Schönleine Remak*, *Trichosporon cutaneum Ota* (de Beurmann, Cougerot et Vaucher), *Mikrosporon Audouini Gruby*, *Epidermophyton interdigitale* (Kaufmann-Wolf) *Ota*, *Trychophyton plicatile Sabouraud*. Die Rhodansubstitution organ. Verbb. verstärkt im allg. deren pilzhemmende Eigg., setzt jedoch die Löslichkeit herab. Eine weitere Überprüfung wird empfohlen für n-*Propanol* (extern), *Otrhomin* u. *Hexamethylentetramin* (peroral oder parenteral) u. für *p-Rhodanacetanilid* nach pharmakolog. Überprüfung ebenfalls zum internen Gebrauch.
H. Aman 4661◇

1496 **Untersuchungen über Antibilharziamittel.** 20. Mitt. **Intensive Behandlung mit Sb-11, Sb-5 und ihren Salzen.** Chiao-Chen Chu, Zheng-Qin Tao und Kuang-Sheng Ting. (Acta pharmac. sinica **7**, 270—76, 1959; Shanghai, Acad. Sinica, Inst. of Materia Medica; Orig.: chin., Auszug: engl. S. 275—76.) — In einem 14tägigen Behandlungsvers. von *Schistosonnasis japonica*-infizierten Mäusen u. Ratten zeigen *Sb 11* (*p-Carboxymethylmercaptobenzolsibonsäure*, *Na-Salz*) u. *Sb-5* (*4.7-Dicarboxy-2-hydroxy1.3-dithia-2-stibacycloheptan*, *Mono-K-Salz*) höhere therapeut. Aktivität u. geringere Toxizität als Brechweinstein. Sb-126, ein Mononatriumsalz von Sb-5, hat die gleiche Wrkg. wie dieses, ist aber stabiler.
P. Gregorzewski 4665◇

1497 **Behandlung von Hyperhidrosis mit lokalangewandtem Propanthelinbromid.** Erik A. Knudsen und C. H. Konstmann Meier. (Acta dermato-venereol. [Stockholm] **43**, 154—57, 1963; Copenhagen, Rigshosp., Univ. of Copenhagen Med. School. Dep. of Skin aus Ven. Dis.; Nykøbing F, Skin Clin.; engl.) — Bei 23 von 29 Fällen mit Hyperhidrosis der Hände u. Füße wurde eine Lotion von *Propanthelinbromid* (*Ercoil*, Ercopharm A/S, Copenhagen) mit Erfolg angewandt.
K. Zingraf 4670◇

F. Pharmazeutische Chemie, Desinfektion

1498 **Die Zeit der vollständigen Verformung von Suppositorien und die Fähigkeit der Abgabe des Heilmittels als Kriterien für die Beurteilung moderner Basismassen.** 2. Mitt. **Untersuchung der Abgabe von Substanzen aus Fettgrundmassen.** Leszek Krówczyński. (Acta polon. pharmac. **19**, 127—42, 1962; Warszawa, Inst. Farmac., Zakł. Farmac. stosow.; pol.) — 1. vgl. ibid. **19**, [1962] 1. — Die Geschw. der Abgabe wasserlösl. therapeut. Substanzen u. die Menge der freigesetzten Substanz aus Suppositorien werden durch Dialyse durch Cellophan bei 37° ermittelt. Es besteht ein Zusammenhang zwischen dem **F.** der Grundmasse u. dem Geh. der Masse an oberflächenakt. Substanzen einerseits u. der Leichtigkeit der Abgabe der therapeut. Substanz in die wss. Lsg. andererseits. Die Abgabe wird mit steigender Konz. der Substanz u. in Ggw. anderer fester oder fl. Komponenten erschwert. Die Meth. der Herst. der Suppositorien ist ohne Einfl. auf die Abgabe der akt. Substanz. — 32 Literaturangaben.
F. Urban 4766◇

1499 **Chemische Untersuchungen an einer Longiacee von Vietnam: Fagraea racemosa Jack.** J. Lanet und Lê Hao-Dong. (Trav. Soc. Pharmac. Montpellier **20**, 10 bis 14, 1960; Montpellier, Dac. Pharm., Labor. Chim. organ.; franz.) — *Fagraea racemosa* wird hauptsächlich in Süd-Malaisia als Heilmittel verwendet. Ihr Asche-Geh. wird mit 2,5—3,0% angegeben, Schleim- u. Gerbstoffe sowie Saponine werden nachgewiesen. Der nach Stass–Otto ermittelte Alkaloid-Geh. beträgt 0,05—0,06%. Ein dabei erhaltenes Öl gibt mit Draggendorfs Reagens eine Fällung, nicht mit dem nach Valsen–Meyer. Mit Wasserdampf-Dest. lassen sich 0,1% eines flüchtigen, angenehm riechenden Öls übertreiben. Die im wss. Auszug mit Alkali auftretenden Farb-Rkk. deuten auf Derivv. des Flavons hin. Aus den Blättern lassen sich mit PAe. ca. 1,5—2,0% eines Öls mit positiver Rk. nach Liebermann–Salkowski auf Sterine gewinnen. Aus dem mit PAe. gewonnenen festen Rückstand sind durch chromatograph. Adsorption an Tonerde weiße Kristalle F. 66°, erhältlich, vermutlich *Triacontan*, $C_{30}H_{62}$. Aus dem Essigester-Extrakt wurde ein gelbes Pulver erhalten, dessen Reinigung u. Unters. noch nicht beendet sind, wie auch die Unters. der aus dem Filtrat gewonnenen Kristalle, F. 200—202° (unkorrig.).
F. Zeidler 4782◇

1500 **Die Veränderlichkeit des Alkaloidkomplexes in Datura sanguinea R. et P. während der Vegetation.** Henryk Gertig und Danuta Czyżak. (Acta polon. pharmac. **19**, 167—73, 1962; Poznań, Akad. Med., Ogród. Farmakogn.; pol.) — Blätter, Blüten u. Triebe von *Datura sanguinea* wurden mit Chlf. extrahiert. Im Extrakt wurden die Alkaloide papierchromatograph. getrennt. Dabei wurde n-Butanol–Essigsäure (20:1), gesätt. mit W. zur Trennung auf Whatman-Papier Nr. 3 verwendet. Außerdem wurden die Alkaloide quant. colorimetr. bestimmt. Hauptalkaloid ist *Scopolamin* (**I**; R_F ca. 0,30), Das Maximum des **I**-Geh. in den Pflanzen fällt in den Juli u. Dezember. Zugleich treten auch geringe Mengen *Atropin* u. *Hyoscyamin* (**II**) u. ein weiteres, nicht identifiziertes Alkaloid (R_F 0,51) auf. In den Blüten wurden 2 Alkaloide mit R_F 0,18 u. 0,79 gefunden. Den höchsten Alkaloid-Geh. haben die Blüten (0,6% der Trockenmasse), am wenigsten die Blätter (0,21—0,45%). Datura sanguinea zeigt die Fähigkeit zur Epoxydation von **II**. — 27 Literaturangaben. F. Urban 4782◇

1501 **Untersuchung der Alkaloide von Cynoglossum off. L.** Zofia Sykulska. (Acta polon. pharmac. **19**, 183—84, 1962; Łódź, Akad. Med., Zakł. Farmac; pol.) — Im Nd. der Reinecke-Salze, der aus den Extrakten von *Cynoglossum off. L.* erhalten wurde, konnte neben N-Oxoheliosupin u. Cholin ein neues Alkaloid isoliert werden. Auf Grund der chem. Analyse ist es als *Erythro-α-isopropyl-α.β-dihydroxybuttersäure-N-oxo-heliotridinester* [**I**; $C_{15}H_{25}NO_6$, F. 179—180° (Zers.), Nadeln aus Isopropanol] identifiziert worden. Hydrolyse liefert *N-Oxo-heliotridin*, $C_8H_{13}NO_3$, u. das partiell racemisierte Isomere der *Erythro-α-isopropyl-α.β-dihydroxybuttersäure* [**II**; Viridiflorsäure, $C_7H_{14}O_4$, F. 120—123° (Nadeln aus PAe.)]. Hydrierung von **I** liefert **II** u. *Hydroxyheliotridan*, $C_8H_{15} \cdot NO$ (*Methojodid*, F. 289—290°. *Pikrat*, F. 195—196°). F. Urban 4782◇

1502 **Untersuchung der Haltbarkeit des pharmazeutischen und gehärteten Rapsöles mit Hilfe der Methoden des beschleunigten Alterns.** Zygmunt Gołucki. (Acta polon. pharmac. **19**, 403—07, 1962; Warszawa, Inst. Farmac., Zakł. Farmac. stosow.; pol.) — Vgl. C. **1962**, 18927. — Gehärtetes Rapsöl (**I**) ist 6mal beständiger gegen Autoxydation unter dem Einfl. von Licht u. hoher Temp. als pharmazeut. Rapsöl (**II**). Stabilisatoren, wie Propyl- u. Octylgallat, Butylhydroxytoluol u. Butylhydroxyanisol zeigen beim beschleunigten Prüfverf. die beste Wirkung. Während bei **I** die Autoxydation unterbunden wird, hemmen die erwähnten Stabilisatoren die Autoxydation von **II** nur schwach. — 25 Literaturangaben. F. Urban 4792◇

1503 **Der Einfluß klimatischer Faktoren, der Niederschläge, der Temperatur und der Sonneneinstrahlung auf den Gehalt von Gerbstoffen in den Blättern der Walnuß (Juglans regia L.).** Zenon Olszewski und Magdalena Sydor. (Acta polon. pharmac. **19**, 395—402, 1962; Wrocław, Akad. Med., Kat. Farmac. stosow.; pol.) — Sonniges Wetter u. hohe Temp. begünstigen die Ansammlung von Gerbstoffen in Walnußblättern. Reichlicher Niederschlag ist nur bei hoher Lufttemp. vorteilhaft. Das Maximum des Gerbstoff-Geh. (ca. 11%) fällt in das Ende des Blattwachstums. — 29 Literaturangaben. F. Urban 4782◇

1504 **Gewinnung von Eiweißhydrolysaten für die parenterale Applikation durch Säurehydrolyse.** Stanisław Rolski und Zdisław Zakrzewski. (Acta polon. pharmac. **19**, 421—25, 1962; Warszawa, Akad. Med., Kat. Chem. farmac.; pol.) — *Casein* wird durch 2—6 n H_2SO_4 bei 120—122° in 1—3 Std. mit einem Hydrolysegrad von 62—85% bei Schonung des Tryptophans (Abnahme von 1,5 auf 1,0—1,3%) hydrolysiert, wenn NaH_2PO_2 zugegeben wird. $SnCl_2$ oder SO_2 sind weniger vorteilhaft. Die erhaltenen Hydrolysate sind pharmakolog. einwandfrei. — 39 Literaturangaben. F. Urban 4790◇

1505 **Der Einfluß physikalischer Faktoren auf den Gehalt an ätherischen Ölen in Dekokten einiger pflanzlicher Rohstoffe.** Władysław Wiśniewski, Stefan Jabłoński, Krystyna Jezierska und Helena Poniatowska. (Acta polon. pharmac. **19**, 377—82, 1962; Warszawa, Akad. Med., Zakł. Farmac. stosow.; pol.) — Dekokte von Ölpflanzen, die nach dem poln. Arzneibuch FP III – Supl. II hergestellt werden, enthalten mehr äther. Öle als bei Anwendung der Vorschrift von FP III. In Ggw. von Emulgatoren (Gummi arabicum, Na-Laurylsulfonat) ist der Verlust an äther. Ölen während der Extraktion von Kamille, Salvie, Thymian u. Wacholder geringer. Eine Verlängerung der Extraktionszeit in Ggw. von Emulgatoren erniedrigt oder erhöht, je nach Pflanzenart, den Ölgeh. im Dekokt. F. Urban 4790◇

1506 **Isolierung von L-Histidin aus dem Hydrolysat von getrocknetem Rinderblut mit Hilfe von 3.4-Dichlorbenzolsulfonsäure.** Stanisław Rolski und Alina Zduńska. (Acta polon. pharmac. **19**, 427—30, 1962; Warszawa, Akad. Med., Kat. Chem. farmac.; pol.) — 3.4-Dichlorbenzolsulfonsäure fällt aus dem verd. u. über Aktivkohle filtrierten Hydrolysat von Rinderblut, das noch 3 n HCl enthält, L-Histidin-bis-[3.4-dichlorbenzolsulfonat] schnell u. mit guter Ausbeute. Die Lsg. muß allerdings angeimpft werden. Die Überprüfung in *L-Histidin* erfolgt mit $Ba(OH)_2$ bei pH 7—7,2. F. Urban 4790◇

1507 **Rheologie der pharmazeutischen Suspension. 3. Mitt. Wirkungen einiger Zusätze auf die Viscosität des Bariumsulfat-Wasser-Systems.** Hiroshi Fujiwara, Takatsuka Yashiki und Tokunosuke Kanzawa. (Chem. Pharmac. Bull. [Tokyo] **11**, 198—201, 1963; Osaka, Takeda Chem. Ind., Ltd., Res. Labor.; engl.) — 2. ··gl. C. **1963**, 17212. — Durch Zufügung von Na-Carboxymethylcellulose (Na-CMC) zu wss. Suspensionen von $BaSO_4$ wurde eine deutliche Abnahme des Sedimentationsvol. (SV) u. der scheinbaren Viscosität beobachtet, während Methylcellulose u. Polyvinylpyrrolidon die scheinbare Viscosität der Suspension steigerten, aber das SV der Suspension kaum veränderten. Bei 0,2% Na-CMC-Zusatz wurde die geringste Viscosität beobachtet. Vff. vermuten eine Adsorption der Na-CMC an die $BaSO_4$-Partikel. U. Drehmann 4790◇

1508 **Rheologie der pharmazeutischen Suspension. 4. Mitt. Adsorption von Natrium-Carboxymethylcellulose an Bariumsulfatpartikel in wäßriger Lösung.** Hiroshi Fujiwara, Takatsuka Yashiki und Tokunosuke Kanzawa. (Chem. pharmac. Bull. [Tokyo] **11**, 201—06, 1963; engl.) — 3. vgl. vorst. Referat. — Zum Nachw. der Na-Carboxymethylcellulose (CMC)-Adsorption an $BaSO_4$-Partikel wurden colorimetr. Best. durchgeführt, die zeigten, daß bei gesätt. Adsorption 1,90 mg; 1,75 mg u. 1,80 mg Na-CMC (niedere, mittlere u. hohe Qualität)/g $BaSO_4$ adsorbiert wurden. Bei NaCl-Zusätzen zur Na-CMC-Lsg. betrug die Adsorption 2,55 mg/g $BaSO_4$. Dies entspricht einer Kontraktion des Na-CMC-Mol. durch die Herabsetzung der Dissoziation in Ggw. von NaCl. U. Drehmann 4790◇

1509 **Kriterien der Beurteilung von Festigkeitseigenschaften von polnischem Catgut.** Alina Szymańska, Danuta Kirkor und Witold Zalewski. (Acta polon. pharmac. **19**, 409—15, 1962; Warszawa, Inst. Leków; pol.) — Es wird ein Schema zur statist. Unters. der Festigkeit von *Catgut* beschrieben, Die Angabe der mittleren Festigkeit für eine Produktionsserie ist nicht ausreichend. F. Urban 4794◇

1510 **Neue Arzneimittel.** Anonym. (Schweiz. Apotheker-Ztg. **99**, 322—29, 1961; dt.) — *Oralopen* (Bayer, BRD): Tabletten mit 125 mg Phenethicillin. Antibioticum. — *Torecan* (Sandoz, Schweiz): Ampullen, Dragees u. Suppositorien mit 3-Äthylmercapto-10-{3′-[1″-methylpiperazinyl-(4″)]-propyl}-phenothiazin. Antiemeticum. — *Trancopal* (Winthrop, USA): Tabletten zu 200 mg 2-[4-Chlorphenyl]-3-methyl-1.3-thiazanon-(4)-1.1-dioxid (Chlormezanon). Myorelaxans. — *Periactin* (Merck Sharp & Dohme, USA): Tabletten mit 4 mg 4-[Dibenzo-[a; e]-cycloheptatrienyliden-(5)]-1-methylpiperidin (Cyproheptadin). Antiallergicum. — *Segontin* (Hoechst, BRD): Dragees u. Suppositorien mit N-[1′-Phenylpropyl-(2′)]-3.3-diphenylpropylaminlactat; *Segontin S*: Dragees u. Suppositorien mit Segontin u. Phenobarbital. Angioticum. — *Vondar* (Lilly, USA): Kapseln mit 32 (mg) Dextropropoxyphen, 325 Acetylsalicylsäure, 150 Phenaglykodol. Analgeticum. K. Gerecke 4800◇

1511 **Neue Arzneimittel.** Anonym. (Schweiz. Apotheker-Ztg. **99,** 786—91, 1961; dt.) — *Katovit* (Geigy, Schweiz): Dragees mit 10 (mg) 1-Phenyl-2-pyrrolidinopentanhydrochlorid, 5 Thiamin, 3 Riboflavin, 1,6 Pyridoxin, 1,5 μg Cyanocobalamin, 3 Ca-Pantothenat, 15 Nicotinamid, 50 Ascorbinsäure. Angioticum. — *Celestone* (Schering, USA)-: Tabeletten mit 0,5 mg 9α-Fluor 16β-methylprednisolon (Betamethason). Antiphlogisticum, Antiallergicum. — *Glucagon* (Lilly, USA): Ampullen mit 1 u. 10 mg Glucagon. Gegen Insulinhypoglykämie. — *Sandoxal* (Sandoz, Schweiz): Tabletten mit 10 (mg) 3-Methylmercapto-10-[2'-(1''-methylpiperidino)-äthyl]-phenothiazinhydrochlorid, 30 Phenobarbital, 50 Allylbutylbarbitursäure, 90 Diäthylbarbitursäure. Hypnoticum. — *Hepaderichol* (Parke, Davis, USA): Kapseln mit 150 (mg) DL-Methionin, 200 Cholinbitartrat, 15 Inosit, 50 Betain, 150 Fel Tauri. Hepaticum. — *Haldrone* (Lilly, USA): 6α-Fluor-16α-methylprednisolon-21-acetat. Antiphlogisticum, Antiallergicum. — *Priatan* (Knoll, BRD): Tabletten mit 15 (mg) L-Dimethylphenyliminothiazolidinhydrorhodanid, 15 l-Ephedrinhydrorhodanid, 50 Theophyllin, 400 Phenazon. Antiasthmaticum. K. Gerecke 4800◇

1512 **Neue Arzneimittel.** J. Schenk. (Pharmac. Acta Helvetiae **36,** 412—22, 1961; Beilage zu: Schweiz. Apotheker-Ztg.; dt.) — *Akineton* (Knoll, BRD): Tabletten mit 2 mg α-{Bicyclo-[2.2.1]-hepten-(5)-yl-(2)}-α-phenyl-1-piperidinopropanolhydrochlorid. Anticholinergicum, Parasympathicolyticum. — *Tigan* (Hoffmann-La Roche, BRD): Kapseln mit 100 (mg), Ampullen mit 200 u. Suppositorien mit 200 N-[4'-[2''-Dimethylaminoäthoxy-benzyl]-3.4.5-trimethoxybenzamidhydrochlorid (Trimethobenzamidhydrochlorid). Antiemeticum. — *Niamid* (Pfizer, USA): Tabletten mit 25 u. 100 mg N^1-[2-(Benzylcarbamyl)-äthyl]-N^2-isonicotinoylhydrazin (Nialamid). Antidepressivum. — *Mytelase* (Winthrop, USA): Tabletten mit 10 u. 25 mg N.N'-Bis-[2-(2'-chlorbenzyldiäthylammonio)-äthyl]-oxamiddichlorid (Ambenoniumchlorid). Parasympathomimeticum. — *Sinaxar* (Armour, USA) Tabletten mit 200 mg 2-Hydroxy-2-phenyläthylcarbamat (Styramat). Spasmolyticum. — *Sycotrol* (Reed & Carnrick, USA)- Tabletten mit 3 mg Benzilsäure-2-piperidinoäthylesterhydrochlorid (Pipethanathydrochlorid). Parasympathicolyticum. — *Actidil* (Burroughs Wellcome, England): Sirup mit 0,25 (mg)/ml u. Tabletten mit 2,5 trans-2-[3-Pyrrolidino-1-(p-tolyl)-propen-(1)-yl]-pyridinhydrochlorid (Triprolidinhydrochlorid). Antihistaminicum. — *Altafur* (Eaton, USA): Tabletten mit 50 u. 250 mg 5-[Morpholinomethyl]-3-[5-nitro-2-furfurylidenamino]-oxazolidinon-(2). Chemotherapeuticum. — *Phenoxene* (Pitman-Moore, USA): β-Dimethylaminoäthyl-[p-chlor-α-methylbenzhydryl]-äther (Chlorphenoxaminhydrochlorid). Gegen Parkinson. — *Zactane* (Wyeth, USA): Tabletten mit 75 mg 1-Methyl-4-carbäthoxy-4-phenylhexamethylenimincitrat (Ethoheptazincitrat). Analgeticum. — *Tenuate* (Merrel, USA): Tabletten mit 25 mg 2-Diäthylaminopropiophenonhydrochlorid (Diäthylpropionhydrochlorid). Appetitzügler. K. Gerecke 4800◇

1513 **Neue Arzneimittel.** Anonym. (Modern Drugs **1961,** 579—98; engl.) — *Algic-S.A.* (Spencer, USA): Tabletten mit 6 (mg) Chlorpheniraminmaleat, 100 Phenyltoloxamindihydrogencitrat, 60 d.l-Ephedrinhydrochlorid. Antiallergicum. — *Anafac* (Pharmafac, USA): Kapseln mit 300 (mg) Methampyron, 100 Paracetamol, 10 Adipheninhydrochlorid, 20 Phenyltoloxamincitrat. Antipyreticum. — *Arcolase* (Arco, USA): Tabletten mit 30 (mg) Amylase, 6 Protease, 2 Cellulase, 25 Lipase. Deflatulens. — *Chel Iron-112* (Kinney, USA): Sirup mit 417 (mg) Fe-Cholinat entsprechend 50 Fe, 10 Thiaminhydrochlorid, 25 μg Cyanocobalamin je 5 ml. Antianämicum. — *Converzyme* (Ascher, USA): Tabletten mit 5 (mg) Cellulase, 10 Protease, 30 Amylase, 800 Einheiten Lipase. Digestivum. — *Coryz A. T.* (Marion, USA): Suspension mit 30 (mg) Noscapin, 50 Guajacolglycerinäther. Antitussicum. — *Decadron Topical Aerosol* (Merck Sharp & Dohme, USA): Lsg. von Dexamethason. Antiallergicum. — *Endoglobin forte* (Endo, USA): Tabletten mit 500 (mg) Fe-Fumarat, 10 Thiaminmononitrat, 150 Ascorbinsäure, 6 Riboflavin, 3 Pyridoxinhydrochlorid, 30 Nicotinamid, 10 Panthenol. Antianämicum. — *Epy* (Barnes-Hind, USA): Lsg. von 1% Epinephrin, 0,3 Na-Bisulfit, 0,01 Oxinsulfat. Ophthalmicum. — *Femsert* (Pharmafac, USA): Salbe mit 100 (mg) Dijodhydroxychinolin, 250 Sulfadiazin, 250 Sulfathiazol, 0,1 Stilböstrol, 7 Na-Laurylsulfat, 10 β-Lactose je 5 g. Gegen Trichomoniasis. — *Finac* (C & M, USA): Lotio mit 2(%) Schwefel, 0,1 Methylbenzethoniumchlorid. Dermaticum. — *Iromic* (Metro Med, USA): Kapseln mit 120 (mg) Fe-Fumarat, 1 Riboflavin, 1/Thiaminhydrochlorid, 1 Pyridoxinhydrochlorid, 5 μg Cyanocobalamin, 30 Ascorbinsäure, 65 Polygalacturonsäure, 65 Leberextrakt, 0,1 Folsäure, 0,1 Co-Chlorid, 30 Citronensäure. Antianämicum. — *Librium Injectable* (Roche, USA): Ampullen mit 100 mg Chlordiazepoxidhydrochlorid, 1,5(%) Benzylalkohol, 20 Propylenglykol, 4 Polysorbit 80. Gegen Psychosen. — *Mylanta* (Stuart, USA): Suspension mit 200 (mg) Mg-Hydroxid, 200 Al-Hydroxid, 20 Methylpolysiloxan. Antacidum. — *Neo-Polycin Ophthalmic Solution* (Pitman-Moore, USA): Lsg. von 2,85 (mg) Neomycinsulfat, 5000 Einheiten Polymyxin B-sulfat, 0,2 Gramicidin je ml; *Neo-Polycin HC Otic* Lsg. von 2,85 Neomycinsulfat, 4000 Einheiten Polymyxin-β-sulfat, 10 Dycloninhydrochlorid, 10 Hydrocortisonacetat, Otalgicum. — *Para Testrogen* (Para, USA): Tabletten mit 0,2 (mg) Äthinylöstradiol, 5 Methyltestosteron. Gegen klimakter. Beschwerden. — *Pyrroxate* (Upjohn, USA): Tabletten mit 2 (mg) Chlorpheniraminmaleat, 25 Methoxyphenamin, 162 Phenacetin, 228 Acetylsalicylsäure, 37 Coffein. Antihistaminicum. — *Reactrol* (Tailby-Nason, USA): Tabletten mit 20 mg 1-[p-Chlorbenzyl]-2-pyrrolidinomethylbenzimidazolhydrochlorid (Clemizolhydrochlorid). Antihistaminicum. — *Synirin* (Poythress, USA): Tabletten mit Acetylsalicylsäure, Pentobarbital. Analgeticum. — *Tapp* (Pharmafac, USA): Kapseln mit 25 (mg) Thiaminhydrochlorid, 20 Adipheninhydrochlorid, 25 Pyridoxinhydrochlorid, 25 Phenyltoloxamincitrat. Antemeticim. — *Tempotriad* (Smith, Miller & Patch, USA): Lsg. u. Tabletten mit d-Amphetaminsulfat, Pentetrazol, Coffein. Geriatricum. — *Toldex* (Pitman-Moore, USA): Tabletten mit 0,5 (mg) Dexamethason, 88 Phenyltoloxamincitrat. Antihistaminicum. K. Gerecke 4800◇

1514 **Neue Arzneimittel.** Anonym. (Modern Drugs **1961,** 660—89; engl.) — *Advicin* (Schering, USA): Salbe u. Puder mit 2 (%) Diphemanilmethylsulfat, 5 Undecylensäure, 3 Salicylsäure. Antimycoticum. — *C-B Time* (Arco, USA): a) Kapseln mit 150 (mg) Ascorbinsäure, 10 Thiaminmononitrat, 10 Riboflavin, 5 Pyridoxinhydrochlorid, 10 μg Cyanocobalamin, 50 Nicotinamid, 10 Ca-Pantothenat. b) Lsg. von 300 Ascorbinsäure, 15 Thiaminhydrochlorid, 10 Riboflavin, 5 Pyridoxinhydrochlorid, 5 μg Cobalamin, 100 Nicotinamid, 10 d-Panthenol je 5 ml. Gegen Hypovitaminosen. — *Clusivol* (Ayerst, USA): Tabletten mit 5000 (Einheiten) Axerophthol, 1000 Calciferol, 40 (mg) Ascorbinsäure, 2 Thiamin, 2 Riboflavin, 1 Pyridoxin, 10 Nicotinamid, 5 Ca-Pantothenat, 3 Fe-Fumarat, 0,5 Mn, 0,5 Zn, 3 Mg, 40 Ca, 30 P, 3 μg Cyanocobalamin. Gegen Hypovitaminosen. — *Cordran* (Lilly, USA): Salbe mit 0,5 mg Flurandrenolon je g; *Cordran-N*: Salbe mit 0,5 Flurandrenolon, 5 Neomycinsulfat je g. Dermaticum. — *Dactilase* (Lakeside, USA): Tabletten mit 50 (mg) Piperidolathydrochlorid, 2 Cellulase, 15 Amylase, 10 Protease, 100 Pankreatin, 15 Gallensäure. Antispasmodicum. — *Derma Medicone HC 1%* (Medicone, USA): Salbe mit 10 (mg) Hydrocortisonacetat, 20 Benzocain, 10,5 Hydroxychinolinsulfat, 1,1 Ephedrinhydrochlorid, 4,8 Menthol, 10 Ichthammol, 137 Zn-Oxid je g. Dermaticum. — *Drytex* (C & M, USA): Lsg. von 2 (%) Salicylsäure, 0,1 Methylbenzethoniumchlorid. Dermaticum. — *Enduronyl* (Abbott, USA): Tabletten mit 5 (mg) Methyclothiazid, 0,25 Deserpidin; *Enduronyl Forte*: Tabletten mit 5 Methyclothiazid, 0,5 Deserpidin. Antihypertonicum. — *Femestrone-AD* (Moore Kirk, USA): Lsg. von 5 (mg) Östradiol-3-trimethylacetat, 5 Procainhydrochlorid, Propylenglykol, Na-Äthylmercurithiosalicylat je ml. Gegen Pruritus. — *Kolantyl Wafers* (Merrel, USA): Dicyclominhydrochlorid, Mg-Oxid, Al-Hydroxid, Mg-Trisilicat,

Na-Laurylsulfat, Methylcellulose. Antacidum. — *LE 60/40* (Ross, USA): Pulver mit 2500 (Einheiten) Axerophthol, 400 Calciferol, 0,64 (mg) Thiamin, 1 Riboflavin, 50 Ascorbinsäure, Ca-Phosphat, Lactalbumin, Casein. Kindernährmittel. *Listica* (Armour, USA): Tabletten mit 200 mg Hydroxyphenamat. Gegen Psychosen. — *Ora-Cel* (First Texas, USA): Kapseln mit 25000 (Einheiten) Axerophtholpalmitat, 1000 Calciferol, 10 Thiaminhydrochlorid, 20 Riboflavin, 1 Pyridoxinhydrochlorid, 50 Nicotinamid, 100 l-Lysin, 150 Ca-Ascorbat, 10 Ca-Pantothenat, 5 μg Cyanocobalamin. Gegen Hypovitaminosen. — *Pediacof* (Winthrop, USA): Lsg. von 5 (mg) Codeinphosphat, 2,5 Phenylephrinhydrochlorid, 0,75 Chlorpheniraminmaleat, 75 K-Jodid je 5 ml. Gegen Erkältungskrankheiten. — *Personatinic* (Person & Covey, USA): Tabletten mit 200 Fe-Fumarat, 50 Na-Dioctylsulfosuccinat. Antianämicum; *Personatinic Forte*: Kapseln mit 303 Fe-Fumarat, 10 μg Cyanocobalamin, intrinsic factor, 30 Hesperidin, 10 Thiaminmononitrat, 5 Riboflavin, 100 Ascorbinsäure, 2 Pyridoxinhydrochlorid, 25 Nicotinamid, 150 Leberextrakt, 100 l-Lysinmonohydrochlorid; *Personatinic Stress*: Tabletten mit 400 Fe-Fumarat, Cyanocobalamin mit intrinsic factor, 150 Ascorbinsäure, 50 Hesperidin, 2 Folsäure, 100 Leberextrakt. — *Protogon* (Moore Kirk, USA): Ampullen 250 Einheiten Chorion Gonadotropin, 25 (mg) Pyridoxinhydrochlorid, Proteinhydrolysat, Procainhydrochlorid, Methylparaben, Propylparaben. Gegen Hypogonadismus. — *Renese* (Pfizer, USA): Tabletten mit 1 oder 4 mg Polythiazid. Antihypertonicum. — *Ro-Derm* (Lemmon, USA): Lsg. von 0,35 (%) Neomycinsulfat, 1 Diperodonhydrochlorid, 0,5 Allantoin. Antibioticum. — *Signatal* (Sig, USA): Tabletten mit 4000 (Einheiten) Axerophthol, 400 Calciferol, 5 (mg) Thiamin, 5 Riboflavin, 4 Pyridoxin, 2 μg Cyanocobalamin, 10 Nicotinamid, 50 Ascorbinsäure, 1 Menadion, 140 Fe-Fumarat, 0,01 J, 0,85 K, 0,05 Mn, 500 Ca-Carbonat, 0,15 Mg, 10 Cholinbitartrat, 25 Inosit. Gegen Hypovitaminosen. — *Silain* (Plough, USA): Tabletten mit 50 (mg) Methylpolysiloxan; *Silain-Gel*: Tabletten mit 25 Methylpolysiloxan, 85 Mg-Hydroxid, 282 Mg-Carbonat u. Al-Hydroxid. Deflatulens. — *Sinutab with Codeine* (Warner-Chilcott, USA): Tabletten mit 15 (mg) Codeinphosphat, 150 Paracetamol, 150 Phenacetin, 25 Phenylpropanolaminhydrochlorid, 22 Phenyltoloxamincitrat. Analgeticum. — *Toin Unicelles* (Hiss, USA): Diphenylhydantoin. Antiepilepticum. — *Torecan* (Sandoz, USA): Tabletten mit 10 (mg) Thiethylperazinmaleat, Antiemeticum. — *Vagicide* (Minnesota Pharm., USA): Tabletten mit 1 (mg) 9-Aminoacridinundecylenat, 1 n-Myristyl-3-hydroxybutylaminhydrochlorid, 1,8 Methylbenzethoniumchlorid, 12,5 Bernsteinsäure. Gegen Vaginitis. — *Vio-Dexose* (Rowell, USA): Tabletten mit 2,5 (mg) d-Amphetaminphosphat, 8 Mephobarbital, 1000 Einheiten Axerophthol, 100 Calciferol, 0,5 (mg) Thiamin, 0,15 Pyridoxin, 0,5 Riboflavin, 15 Ascorbinsäure, 3 Nicotinamid, 0,3 Ca-d-Pantothenat, Dextrose. Appetitzügler. K. Gerecke 4800◇

1515 **Entwicklungslinien moderner Arzneimittel.** H. Auterhoff. (Arch. Pharmaz. **296/68**, Nr. 2, Mitt. dtsch. pharmaz. Ges. **33**, 17—22, 1963; Braunschweig, Techn. Hochsch., Inst. Pharm. Chem.; dt.) — Übersicht. S. Hess 4806◇

1516 **Salicylhydroxamsäure als Therapeuticum bei Trichophytiasis cutis.** Helena Żółkiewicz-Rodziewicz. (Acta polon. pharmac. **19**, 175—79, 1962; Lublin, Akad. Med., Klin. Dermatol.; pol.) — *Salicylhydroxamsäure* (I) ist bei Anwendung per os (0,03 g/kg) ein wirksames Mittel gegen Dermatophyten. Die Kur wird durch lokale Anwendung von I-Salben unterstützt. F. Urban 4806◇

1517 **Die Trennung des Adrenalin-Racemats in optisch aktive Antipoden mit Hilfe der Papierchromatographie.** Andrzej Waksmundzki und Maria Kaczor. (Acta polon. pharmac. **19**, 143—47, 1962; Lublin, Akad. Med., Zakł. Chem. nieorg.; pol.) — Rac. Adrenalin wurde mit D-Campher-10-sulfosäure in das DL- u. DD-Salz übergeführt. Die wss. Lsg. der Salze wurde auf Whatman-Papier Nr. 4 aufgetragen, das Entwickeln erfolgte im Dunkeln bei 10° mit dem Gemisch n-Butanol-W.-Dioxan. Die größten Unterschiede der R_F/-Werte werden bei einem Verhältnis der Komponenten des Lsgm.-Gemisches von 60:20:20 erhalten. F. Urban 4808◇

1518 **Neue Entwicklungen auf dem Gebiet der Penicilline.** W. Lhoest. (Farmaco [Pavia], Ediz. prat. **18**, 401—20, 1963; Genval, S. A. R. I. T., Dep. Dév.; franz.) — Übersicht. — 19 Literaturangaben. U. Drehmann 4810◇

1519 **Zum Wirkungseffekt grenzflächenaktiver Substanzen auf die submikroskopische Struktur von Mikroorganismen.** K. Zapf. (Abh. dtsch. Akad. Wiss. Berlin, Kl. Chem., Geol. Biol. **1963**, Nr. 2, 71—80, Berlin, Dt. Akad. Wiss., Inst. f. Medizin u. Biol., Bereich Pharmakol.; dt.) — Die Adsorption von Na-Salzen der Fettalkoholsulfate mit C_{10}- bis C_{18}-Ketten, von Alkylpyridiniumchlorid u. -bromid, von Dimethylaminoessigsäuredodecylamidchlorbenzylat u. Alkylmethylbenzylammoniumchlorid an Bakterien von 15 verschiedenen grammnegativen u. grampositiven Stämmen wird elektronenopt. untersucht. Für den eintretenden Zelltod werden die zytopatholog. erfaßbaren Zellveränderungen nach der Einw. der genannten grenzflächenakt. Substanzen als prim. Ursache angesehen. R. Kießling 4832◇

1520 **Die bakteriostatische Wirkung von Hexachlorophen und ihre Abhängigkeit vom pH-Wert.** G. Walter und W. Gump. (Soap chem. Specialties **39**, 55—56, 1963; Sindar Corp. Delawanna N. Y.; engl.) — Die bakteriostat. Wrkg. von *Hexachlorophen* bei verschiedenen pH-Werten (5, 6, 7, 8) — z. T. auch nach Zugabe von nichtionogenen Tensiden — wurde bei 5 Bakterienarten (*Escherichia coli, Salmonella typhosa, Salmonella cholerae-suis, Pseudomonas aeruginosa, Staphylococcus aureus*) geprüft. Im sauren Bereich (pH 5—6) wurde die stärkste Wrkg. erzielt. Nichtionogene Tenside können — je nach Konz. die bakteriostat. Wrkg. mindern oder völlig aufheben. H. Meiner 4832◇

1521 **Die Wirkung keimtötender Stoffe auf Viren.** Morton Klein und Adamadia Deforest. (Soap chem. Specialties **39**, 70—72, 95—97, 1963; Philadelphia, Temple Univ., School of Med.; engl.) — Das Verh. von 7 repräsentativen Virusarten (VA), 3 hydrophilen (Polio Type 1, Cox-sackie B-1, Echo 6) u. 4 lipophilen (Adeno Type 2, Herpes simplex, Vaccinia, Influenza Asian) gegenüber den 10 keimtötenden Stoffen NaOCl Weladyne (J.-Komplex mit nichtionogenem Tensid); $HgCl_2$; Formalin; Glutaraldehyd; A., Isopropanol; Phenol; O-phenylphenol, Zephiran (kation. Tensid) wurde untersucht. Es ergab sich, daß Isopropanol, kation. Tenside u. gewisse Phenolderivv. gegen Bakterien u. lipophile VA wirksam waren, jedoch nicht gegenüber hydrophilen VA. Die Widerstandsfähigkeit der hydrophilen VA gegenüber keimtötenden Stoffen wird auf deren lipophilen Charakter zurückgeführt. H. Meiner 4832◇

1522 **Anwendung der Spektralphotometrie auf die Analyse von Arzneimitteln.** 4. Mitt. **Analyse ternärer Gemische.** M. Pernarowski, A. M. Knevel und J. E. Christian. (J. pharmac. Sci. **51**, 688—93, 1962; West Lafayette, Ind. Purdue Univ., School of Pharm.; engl.) — 3. vgl. C. **1963**, 9411. — Um die Gültigkeit von 4 von ihnen abgeleiteten Gleichungen zu beweisen, untersuchten Vff. 3 tern. Gemische spektralphotometr. (1 Gemisch im UV- u. 2 im IR-Bereich) u. entwickelten eine graph. Darst. der Ergebnisse u. die Anwendung der erhaltenen Kurven auf bes. analyt. Gegebenheiten. Die Gleichungen basieren auf dem Verhältnis von Absorptionswerten u. der relativen Konz. einer Komponente des tern. Gemisches. U. Drehmann 4880◇

1523 **Colorimetrische Bestimmung von Salicylsäure.** Joseph D. DeMarco und Arnold D. Marcus. (J. Amer. pharmac. Assoc., sci. Edit. **51** 1010—11, 1962; West Point, Pa., Merck Sharp and Dohme Res. Labor., Pharm. Res. Dep.; engl.) — Vff. empfehlen zur Ausführung der bekannten Rk. von *Salicylsäure* (I) mit Fe^{3+} die Verw. von $FeCl_3 \cdot 6H_2O$ statt von $NH_4Fe(SO_4)_2 \cdot 12H_2O$. Mit 5 ml 1%ig. $FeCl_3$-Lsg. als Reagens u. 10%ig. A. als Lsgm. ist bei **532** nm das Lambert-Beersche Gesetz bis 10 mg-% I erfüllt. Winfried Krüger 4880◇

1524 **Identifizierung für Tolbutamid und Chlorpropamid.** Berton E. Ballard und Eino Nelson. (J. Amer. pharmac. Assoc., sci. Edit. **51,** 1009, 1962; San Francisco, Univ. of Calif., Med. School of Pharm.; engl.) — 100 mg der Probe werden nach intensivem Mischen mit 100 mg Zn-Staub u. 100 mg NH_4Cl im Reagensglas genau 10 Min. auf 150 ± 1° erhitzt. Ein auf die Glasöffnung gelegtes Reagenspapier, das vorher mit einer 2%ig. äther. Lsg. von 2.4-Dinitrochlorbenzol (I) getränkt, getrocknet u. in NH_3-Dämpfe gehalten wurde, färbt sich bei Anwesenheit von Tolbutamid oder Chlorpropamid gelb. Hierbei reagieren flüchtige Amine mit I. Sulfisoxazol ergibt eine unspezif. Braunfärbung. Von 12 anderen geprüften Arzneimitteln (Barbiturate, Sulfonamide, Harnstoff-Derivv. u. a.) reagiert nur noch Hexamethylentetramin unter Gelbfärbung. Winfried Krüger 4880◇

1525 **Eine neue komplexometrische Methode zur Bestimmung einiger Sulfonamide.** H. Abdine und W. S. Abdel Sayed. (J. pharmacy Pharmacol. **14,** 761—63, 1962; Alexandria, Univ., Fac. of Pharm., Pharm. Chem. Dep.; engl.) — *Sulfonamide* (**I,** außer Sulfanilamid u. Sulfaguanidin) bilden mit Cu^{2+} unlösl. Ndd., in deren Überständen nach Filtration überschüssiges Cu^{2+} in boraxgepufferter, alkohol. Lsg. mit EDTA u. 1-[2-Pyridylazo]-naphthol-(2) als Indicator komplexometr. titriert u. zur Berechnung des **I**-Geh. herangezogen werden kann. Winfried Krüger 4880◇

1526 **Bestimmung von Nitrofurantoin neben Phenazopyridinhydrochlorid in Tabletten.** Hanna Bukowska und Marianna Bielowska. (Acta polon. pharmac. **19,** 417—20, 1962; Warszawa, Inst. Farmac., Zakł. analit.; pol.) — Bei Zugabe von $AgNO_3$ im Überschuß zu einer ammoniakal. Lsg. von Nitrofurantoin (**I**; N-[5-Nitrofurfuryliden-(2)]-1-aminohydantoin) wird das **I**-Ag-Salz quant. gefällt. Der Nd. wird bei 0° filtriert, bei 90° getrocknet u. dann gewogen. Die Best., die einen Fehler von 2% hat, gelingt auch in Ggw. von Phenazopyridinhydrochlorid (**II**; 2.6-Diamino-3-phenylazopyridinhydrochlorid) in den Tabletten, da **II** durch NH_4OH zersetzt wird u. die schwer lösl. Base ausfällt. Freiwerdendes NH_4Cl kann dann gravimetr. bestimmt werden. F. Urban 4880◇

1527 **Eine einfache Bestimmung von Hydroxyzin, Diprophyllin, Chlorpromazin und Äthionamid in Suppositorien nach der gravimetrischen Methode.** Jan Pasich und Krystyna Stasiewska. (Acta polon. pharmac. **19,** 181 bis 82, 1962; Poznań, Zakłady Farmac. „Polfa"; pol.) — Suppositorien auf der Basis Lazupol EM (Zus. nicht angegeben) werden mit Ae. oder Leicht-Bzn. mehrmals extrahiert. Der Rückstand wird getrocknet u. gewogen. Der Fehler der Best. beträgt bei Suppositorien mit Hydroxyzin-Dihydrochlorid 0 bis —1,1 (%), mit Diprophyllin 0,1 bis 0,7, mit Chlorpromazin —0,7 bis +0,5 u. mit Äthionamid —0,9 bis +0,1. F. Urban 4880◇

1528 **Über die Bestimmung von Largactil.** P. Spacu, E. Antonescu und C. Gheorghiu. (Rev. Chim. [Bucarest] **4,** 243—52, 1959; engl.) — *Largactil* (L) kann im Mikro- u. Makromaßstab mit Reinecke-Säure als $H[Cr(NH_3)_2(SCN)_4] \cdot C_{17}H_{19}ClN_2S$ gravimetr. bestimmt werden. Die essigsaure L-Lsg. wird mit 1% Reinecke-Salz versetzt. Der Nd. ist bis 120° stabil, in W. kaum lösl., in Ae. unlösl., in A. u. Aceton gut löslich. Mit $K_3[Cr(SCN)_6]$ bildet sich in salzsaurer Lsg. violettes $H_3[Cr(SCN)_6]L_3$, stabil bis 130°, sehr schwer lösl. in W., schwer lösl. in A. u. Ae., gut lösl. in Aceton. Außer für die gravimetr. Best. im Makromaßstab ist der Komplex für die spektrophotometr. Best. von L in Aceton bei 574 nm geeignet. Für die potentiometr. Titration wird der gewaschene Komplex in Aceton gelöst u. mit 0,05 oder 0,01 n $AgNO_3$ titriert. I. Balke 4880◇

1529 **Colorimetrische Methode der Bestimmung von Morphin.** Tadeusz Dutkiewicz und Izabella Lisikowa. (Acta polon. pharmac. **19,** 149—55, 1962; Łódź, Akad. Med., Zakł. Chem. toksykol.; pol.) — Die qual. Meth. von Yu-Yun-Hsiang [1958] zur Best. von *Morphin* (**I**) wird zu einer quant. Meth. modifiziert. **I** wird in konz. H_2SO_4 mit Nitrobenzol bei 170° oxydiert. Die Lsg. wird gekühlt, mit n-Butanol(**II**) ausgeschüttelt u. der blaugefärbte **II**-Extrakt bei 590 mμ colorimetriert. Der Fehler der Best. beträgt im Bereich 50—500 μg/8 ml ± 4,5%. Papaverin stört die Best. bei Konzz. > 300 μg/8 ml. Ebenso stören Narcotin u. Codein, das analog bestimmt werden kann. Außer Nitrobenzol oxydieren **I** auch andere Nitroverbb. u. Fe^{3+}. F. Urban 4880◇

1530 **Oszillopolarographische Charakterisierung von Veratrum-Alkaloiden.** L. Molnár und K. Molnárová. (Chem. Zvesti **12,** 287—303, 1958; Bratislava, Slowak. Akad. Wiss., Chem. Inst.; slowak.) — Inhaltlich ident. mit der C. **1961,** 10285 referierten Arbeit. C. Kozák 4880◇

1531 **Die Trennung und Bestimmung der Vitamine des B-Komplexes mittels synthetischer Ionenaustauscherharze.** 1. Mitt. **Das Verhalten der Vitamine B 1 und B 2 an synthetischen Ionenaustauscherharzen.** L. Klotz und W. Poethke. (Pharmaz. Zentralhalle Deutschland **102,** 557—67, 1963; Jena, Univ., Pharmaz. Inst.; dt.) — Das Verh. von *Thiaminhydrochlorid* (**I**) u. *Natriumriboflavinphosphat* (**II**) an den Ionenaustauscherharzen Wofatit KPS 200, CP 300 u. L 150, Amberlite XE 100, IRC 50 u. IRA 401 wurde untersucht. Wofatit KPS 200 u. Amberlite XE 100 nahmen **I** vollständig auf, boten jedoch Schwierigkeiten bei dessen quant. Elution mit HCl; **II** konnte aus ihnen, mit Ausnahme des Amberlite XE 100 (pH 4,0), nicht quant. mit W. ausgewaschen werden. Wofatit CP 300 u. Amberlite IRC 50 in der H^+-Form bzw. gepuffert (pH 4,0—5,5) nahmen **I** quant. auf, **II** konnte aus ersterem vollständig mit W. ausgewaschen werden. Wofatit L 150 u. Amberlite IRA 401 in der OH^--Form banden **II** sehr fest. Nur aus verkürzten Säulen des ersteren war es mit einer Lsg. von 5,8% NaCl in 1 n HCl quant. eluierbar. L. Klotz 4880◇

1532 **Colorimetrische Bestimmung der Folsäure in pharmazeutischen Präparaten.** M. S. Madiwale, S. S. Rao und N. K. Dutta. (Indian J. Pharmacy **24,** 286—89, 1962; Bombay, Parel, Haffkine Inst.; engl.) — Die colorimetr. Best. der *Folsäure* (**I**) mit dem Bratton-Marshall-Reagens wird durch eine Reihe von Bestandteilen, wie sie z. B. in Multivitaminpräpp. vorkommen, z. T. erheblich gestört. Diese Störungen beruhen sowohl auf einer Veränderung der **I** als auch auf Rkk. mit dem Reagens. Vff. ermittelten für Ascorbinsäure, Fe^{2+}- u. Fe^{3+}- Verbb., Riboflavin u. Eiweißhydrolysat die Toleranzgrenzmengen, die beim Vorliegen von 1 mg **I** ein 95—105%ig. Wiederfinden von **I** gestatten. Winfried Krüger 4880◇

1533 **Untersuchung von „kristallinem" Somatotropin mit Hilfe der Papierelektrophorese.** Krystyna Myszkowska. (Acta polon. pharmac. **19,** 185—86, 1962; Warszawa, Inst. Leków, Zakł. Biochem.; pol.) — Das Elektropherogramm des poln. Präp. S. T. H. (Wachstumhormon der Hypophyse) zeigt 3 Eiweißfraktionen, das des franz. Präp. Somatotrope Hypophysaire Lyophilisée nur 2. F. Urban 4880◇

1534 **Untersuchung von ACTH-Präparaten mit Hilfe der Papierelektrophorese.** Krystyna Myszkowska. (Acta polon. pharmac. **19,** 163—66, 1962; Warszawa, Inst. Leków, Zakł. Biochem.; pol.) — Poln. ACTH-Präpp. sowie internationale Standard-Präpp. wurden papierelektrophoret. (Acetatpuffer pH 4, Potential 6 V/cm, 3 Std.) untersucht. In allen Präpp. wurden mindestens 2 im elektr. Feld bewegliche Fraktionen gefunden, die sich bei pH 4 zur Kathode bewegen. Die jeweiligen Fraktionen A enthalten 2 Komponenten: eine stehende (α) u. eine wandernde (β). Die Fraktionen B sind beweglicher als A. Die akt. Fraktion der Präpp. hat den isoelektr. Punkt bei pH 5. F. Urban 4880◇

1535 **Maßanalytische Bestimmungen des Antibioticums Chloramphenicol. Bromatometrische und titanometrische Bestimmung.** W. Awe und H. Stohlmann. (Arzneimittel-Forsch. **7,** 495—97, 1957; Braunschweig, Techn. Hochsch., Inst. für angew. Pharmaz.; dt.) — Vgl. C. **1958,** 12771. — Die bromatometr. Best. von *Chloramphenicol* (**I**) beruht auf der quant. Red. der Nitrogruppe von **I** durch naszierenden Wasserstoff in der Hitze u. darauffolgende Bromierung in saurer Lösung. 20 ml einer ca. 0,04 g **I** enthaltenden wss. Lsg. werden in einem Erlenmeyer-Kolben nach Zugabe von 5 ml 25%ig. HCl u.

einigen Stückchen granulierten Zn ca. 45 Min. im sd. Wasserbad unter Umschwenken erhitzt, nach 20 Min. Rk.-Dauer nochmals mit 5 ml HCl versetzt u. in einen Kolben mit eingeschliffenem Glasstopfen filtriert. Bis zur einsetzenden Ausfällung von $Zn(OH)_2$ wird dann NaOH hinzugefügt u. das $Zn(OH)_2$ durch eine eben ausreichende Menge HCl wieder in Lsg. gebracht. Nach Zugabe von 1 ml HCl, 10 ml 0,1 n $KBrO_3$-Lsg. u. 1 g KBr wird der verschlossene Kolben 2 Min. unter häufigem Umschwenken stehengelassen, 0,5 g KJ hinzugefügt u. die Lsg. nach 3 Min. mit 0,1 n $Na_2S_2O_3$-Lsg. titriert; 1 ml 0,1 n $KBrO_3$-Lsg. entspricht 0,008078 g **I**. — Die titanometr. Best. von **I** beruht auf der Red. der NO_2-Gruppe in **I** durch $TiCl_3$ u. Titration des Überschusses an $TiCl_3$ mit Ferriammonsulfatlösung. 20 ml einer ca. 0,030 g **I** enthaltenden Lsg. werden mit 10 ml 0,1 n $TiCl_3$-Lsg. u. 20 ml 25%ig. HCl gemischt u. in mehreren Anteilen mit ca. 2 g $NaHCO_3$ versetzt. Der mit einem Bunsen-Ventil versehene Rk.-Kolben wird dann 5 Min. lang bei schwachem Sieden erhitzt; nach Abkühlen der Lsg. im verschlossenen Kolben wird die überschüssige $TiCl_3$-Lsg. mit 0,1 n $Fe(NH_4)(SO_4)_2$-Lsg. titriert unter Verw. von KSCN als Indicator. 1 ml 0,1 n $TiCl_3$-Lsg. entspricht 0,005386 g **I**. — Nach beiden Verff. werden gleich gute Werte erhalten wie bei der argentometr. Best. des im Dichloracetylanteil des **I**-Mol. vorliegenden Chlors.
H. Kockert 4880

1536 American Home Products Corp., New York, N. Y., V. St. A., **Oral zu verabfolgende Tabletten mit verzögerter Abgabe des Arzneimittels** werden dadurch erhalten, daß das Arzneimittel mit einem schwerlösl. sauren Carboxyvinylpolymerisat vermischt u. das Gemisch, bes. nachdem es granuliert u. die Granalien mit einem Tablettiermittel versetzt wurden, zu Tabletten verpreßt wird. Die Tabletten können auch aus einem gepreßten Kern des Arzneimittels bestehen, der mit dem schwerlösl. sauren Carboxyvinylpolymerisat überzogen wird. (**E. P. 905000** vom 23/5. 1961, ausg. 5/9. 1962. A. Prior. 6/6. 1960.)
K. Wolk 4767

1537 Dansk Sojakagefabrik Aktieselskab, Kopenhagen, Dänemark, **Herstellung eines haltbaren Fettes als Trägersubstanz für pharmazeutische Präparate.** Cocos- oder Palmkernöl wird zunächst bei 225—250° hydrolyt. gespalten u. die dabei entstehenden Fettsäuren einer frakt. Dest. bei 125—140° u. 20 mm Hg unterworfen. Diese Fraktion wird mit Glycerin vermischt u. bei 190—200° im Vakuum verestert, bis der Fettsäuregeh. auf einen ganz geringen, konst. Wert < 2% gesunken ist. (**Dän. P. 89995** vom 18/5. 1957, ausg. 6/2. 1961.)
K. H. Kähler 4787

1538 Rolf Heggelund und Kåre Skotnes, Andenes, Norwegen, **Alkalischer Aufschluß von Algenpflanzen (Laminaria hyperborea).** Die Algen werden zunächst einer Vorbehandlung mit NaOH bei pH 8,5 unterworfen, bis sich die äußere Haut oder Rinde löst, die durch Abschaben oder Abspülen entfernt wird. Hieran schließt sich der eigentliche Alkaliaufschluß in bekannter Weise an. (**Norw. P. 97457** vom 16/8. 1957, ausg. 6/2. 1961.)
K. H. Kähler 4791

1539 Salimuzzaman Siddiqui, Karachi, Pakistan, **Gewinnung der Alkaloidgemische Serpajmalin, Ajmalexin und Resajmalin** aus Rauwolfia-Pflanzen. Zu Ind. P. 60994; C. **1962**, 8344 u. D. A. S. 1117593; C. **1962**, 9076 ist nachzutragen: Rauwolfia-Pflanzenteile werden mit Methanol oder A. ausgezogen u. der Extrakt eingedampft; der entstandene halbfeste Rückstand wird zwischen W. u. Essigsäurealkylestern mit 2—5 C-Atomen im Alkylrest verteilt u. die wss. Schicht wenigstens 1mal mit einem einwertigen Alkanol mit 4—6 C-Atomen extrahiert. Der Alkoholauszug wird mit W. extrahiert u. der wss. Auszug im Vakuum bei höchstens 60° engeengt. Man kann auch die vorst. Acetatschicht im Vakuum bei höchstens 60° einengen u. den Rückstand in einen in PAe. lösl. u. unlösl. Teil trennen. Zur Extraktion werden bes. frische, ungetrocknete u. zerkleinerte Wurzeln oder Wurzelrinden verwendet, die auch bei 60° im Luftstrom oder in Ggw. von N_2 oder CO_2 vorher getrocknet werden können. — Serpajmalin wirkt stärker *blutdrucksenkend* als Reserpin, ohne jedoch dessen nachteilige beruhigende u. zentrallähmende Wrkg. zu zeigen. Die beiden anderen Alkaloidgemische dienen als blutdrucksenkende Mittel oder als Ausgangsstoffe zur Gewinnung von Reserpin, Rescinnamin u. a. schwächeren Basen. — Mehrere Extraktionsfließbilder. (**Schwz. P. 362698** vom 9/1. 1958, ausg. 15/8. 1962. D. Prior. 15/7. 1957. **E. P. 816655** vom 3/7. 1957, ausg. 15/7. 1959. **Belg. P. 566712** vom 11/4. 1958, ausg. 12/8. 1960. A. Prior. 2/7. 1957. **A. PP. 3047562** u. **3047563** vom 3/9. 1958, ausg. 31/7. 1962.)
G. Krauß 4791

1540 Sun Oil Co., Marcus Hook, übert. von: Evan E. Davis jun., Drexel Hill, Pa., V. St. A., **Brandsalbe** zur Behandlung von Brandwunden auf der Haut, bestehend im wesentlichen aus einem Gemisch von *Alkalimetallsalzen* von Petroleum-*Naphthensäuren* (Molgew. 225 bis 500) u. *Vaseline* im Verhältnis 1:3 bis 3:1. (**A. P. 3036953** vom 11/12. 1957, ausg. 29/5. 1962.)
K. Koebke 4793

1541 Farbwerke Hoechst Akt.-Ges. vormals Meister Lucius & Brüning, Frankfurt/M., **Herstellung von Benzolsulfonylharnstoffen** der allg. Formel **I** (R_1 u. R_2 = H, Alkyl- oder Alkoxyreste mit 1—6 C-Atomen oder Halogenatome, R_1 auch = Cycloalkylrest

I
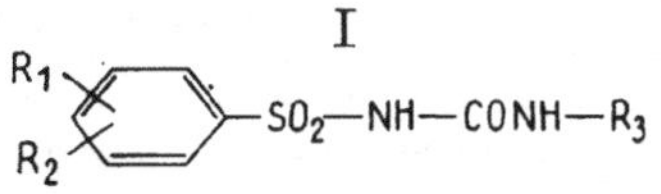

II
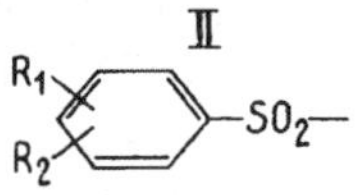

mit 5—8 C-Atomen, R_3 = Cycloheptyl- oder Cyclooctylrest) u. von deren Salzen, dad. gek., daß man a) in Verbb., die die Gruppierung der allg. Formel **II** enthalten einen Harnstoffrest der allg. Formel –NH–CO–NH–R_3, ggf. stufenweise einführt, b) Verbb. **II**–NH_2 bes. als Alkalisalze mit Cycloheptyl- oder Cyclooctylisocyanat oder mit wie solche Isocyanatragierenden Verbb. umsetzt, c) Verbb. **II**–N=C=O oder wie derartige Isocyanate reagierende Verbb. mit Cycloheptylamin (**III**) oder Cyclooctylamin (**IV**) oder mit entsprechend acylierten Aminen umsetzt u. den in den Rk.-Prodd. ggf. enthaltenen Acylrest abspaltet, d) Verbb. **II**–NH–$COOR_4$ (R_4 = Alkylrest von niedrigem bis mittlerem Molgew. oder Phenylrest) oder entsprechende Ester mit **III** oder **IV** zur Rk. bringt, e) Verbb. **II**–NH_2 mit Verbb. R_3–NH–$COOR_4$ oder mit entsprechenden Monothiocarbaminsäureestern umsetzt, f) Verbb. **II**–NH–CO–Hal mit **III** oder **IV** umsetzt, g) Verbb. **II**–NH_2 bes. als Alkalisalze mit Verbb. R_3–NH–CO–Hal umsetzt, h) Verbb. mit dem Rest **II**–NH–CO–N < mit **III** oder **IV** umsetzt, i) Verbb. **II**–NH_2 mit Verbb. mit dem Rest R_3–NH–CO–N < zur Rk. bringt, k) Verbb. **II**–Hal mit Isoharnstoffäthern der Formel R_3–NH–C(NH)–OR_4 kondensiert u. die Prodd. hydrolysiert, l) Verbb. **II**–NH–C(S)–NH–R_3 mit den S durch O ersetzenden Mittel behandelt, m) Benzolsulfonylguanidine **II**–NH–C(NH)–NH–R_3 hydrolysiert, n) enthalten Verbb. der Formel **I** an Stelle der SO_2-Gruppe eine Sulphenyl- oder Sulphinyl-Gruppe, so werden sie mit Oxydationsmitteln behandelt. Rk.-Temp.: 125—140°. Man erhält so folgende *N-(Alkyl- oder Dialkylbenzolsulfonyl)-N'-cycloheptyl-harnstoffe*: *N-(4-Methyl-*, farblose Nadeln, F. 156—158° (A.); *N-(4-Methoxy-*, F. 161—163°; *N-(4-Chlor-*, F. 172—173°; *N-(4-Brom-*, F. 169—170°; *N-(3.4-Dimethyl-*, F. 167—169° (A.); *N-(3-Methyl-*, F. 137—139° (CH_3OH); u. die entsprechenden *-cyclooctyl-harnstoffe*: *N-(4-Methyl-*, F. 145 bis 146° (A.); *N-(4-Methoxy-*, F. 160—163°; *N-(4-Chlor-*, F. 127—129°; *N-(4-Brom-*, F. 142—143°; *N-(3-Methoxy-*, F. 117—119° (A.); *N-(3.4-Dimethyl-*, F. 132—134°; *N-(3-Methyl-*, F. 130—132°. Die Salze werden durch Einw. von alkal. Mitteln (Alkali- oder Erdalkalihydroxide, Alkalicarbonate oder organ. Basen) auf die Sulfonylharnstoffe erhalten. Antidiabetica. (**Oe. P. 216521** vom 4/1. 1960, ausg. 10/8. 1961. A. Prior. 5/1. 1959.)
W. Gräger 4807

1542 Farbwerke Hoechst Akt.-Ges. vormals Meister Lucius & Brüning, Frankfurt/M. (Erfinder: Walter Aumüller, Kelkheim/Taunus, Gerhard Korger und Rudi Weyer, Frankfurt/M.), **Herstellung von Azidobenzolsulfonylharnstoffen** der allg. Formel N_3–C_6H_4–

SO_2–NH–CO–NH–R′ (R′ = gesätt. oder ungesätt., ggf. durch O u./oder S unterbrochener, aliphat. oder alicycl. KW-Stoffrest mit 2—8 bzw. bei ringförmigen Verbb. mit 3—8 C-Atomen oder Benzyl- oder β-Phenyläthylrest) u. deren Salzen, dad. gek., daß man a) Benzolsulfonylisocyanate der Formel N_3–C_6H_4–SO_2–NCO oder bei der Rk. wie diese wirkende Verbb. mit Aminen der allg. Formel R′–NH_2 bzw. mit entsprechend formylierten Aminen umsetzt u. die Prodd. in letzterem Falle verseift oder b) Benzolsulfonsäureamide der Formel N_3–C_6H_4–SO_2–NH_2 entweder, bes. in Salzform, mit Isocyanaten der allg. Formel R′–NCO oder diese bildenden Verbb. oder mit Carbaminsäureestern der allg. Formel R′–NH–COOR″ (R″ = niedrigmol. Alkyl- oder Phenylrest) bzw. den entsprechenden Monothiocarbaminsäureestern oder mit Carbaminsäurehalogeniden der allg. Formel R′–NH–CO-Halogen oder mit Harnstoffen der allg. Formel R′–NH–CO–NH_2 umsetzt, die an der dem Rest R′ abgewandten Seite des Mol. ebenfalls durch den Rest R′ oder durch zwei Phenylreste oder durch einen, bes. niedrigmol., aliphat. oder aromat. Säurerest oder NO_2 substituiert sein können oder c) Benzolsulfonylcarbaminsäureester der allg. Formel N_3–C_6H_4–SO_2–NH–COOR″ bzw. die entsprechenden Benzolsulfonylmonothiocarbaminsäureester oder Benzolsulfonylcarbaminsäurehalogenide der allg. Formel N_3–C_6H_4–SO_2NH–CO–Halogen oder an der der Sulfonylgruppe abgewandten Seite des Harnstoff-Mol. acylierte Verbb. der allg. Formel N_3–$C_6H_4SO_2$–NH–CO–NH–Acyl (Acyl = bes. niedrigmol. aliphat. oder aromat. Säurerest) bzw. entsprechende Bis-[benzolsulfonylharnstoffe] oder entsprechend substituierte Benzolsulfonylharnstoffe, die an der der Sulfonylgruppe abgewandten Seite des Harnstoff-Mol. unsubstituiert oder durch andere Alkyl- oder Arylreste ein- oder zweifach substituiert sind, mit Aminen der allg. Formel R′–NH_2, im letzteren Falle bes. mit deren Salzen umsetzt oder d) entsprechend substituierte Benzolsulfonsäurehalogenide mit Isoharnstoffäthern, Guanidinen oder Salzen aus mono-R′-substituierten Parabansäuren u. tert. Aminen umsetzt u. die Rk.-Prodd. hydrolysiert oder e) in entsprechend substituierten Benzolsulfonylthioharnstoffen, wie üblich, das S-Atom der C=S-Gruppe durch ein O-Atom ersetzt oder f) entsprechend substituierte Aminobenzolsulfonylharnstoffe diazotiert u. die Diazonium-Verbb. mit Sulfonsäureamiden behandelt u. die erhaltenen Sulfonylharnstoffe ggf. mit Basen in Salze überführt. — Aus 30 (g) 4-Azidobenzolsulfonsäureamid in 70 ml Aceton, 140 ml wss. Lsg. von 6 NaOH u. 15 Isobutylcyanat bei 10° → *N-(4-Azidobenzolsulfonyl-)-N′-isobutylharnstoff*, F. 127—129° (A.). — *Analog*: *N-(3-Azidobenzolsulfonyl)-N-isobutylharnstoff*. — Ferner folgende N-(4-Azidobenzolsulfonyl)-harnstoffe: *N′-n-Butyl-*, F. 99—101° (A.), aus N-(4-Azidobenzolsulfonyl)-harnstoff (F. 167—169° unter Blasen-Bldg.), KNCO u. n-Butylamin bzw. aus diazotiertem N-(4-Aminobenzolsulfonyl-N′-n-butylharnstoff- u. p-Toluolsulfonsäureamid. — *N′-n-Propyl-*, F. 138—140° (A.). — *N′-β-Phenyläthyl-*, F. 116—118° (A.). — *N′-Cycloheptyl-*, F. 146—148° (unter Blasen-Bldg.; A.), aus N-(4-Azidobenzolsulfonyl)-carbaminsäuremethylester, F. 127—129° (Isopropanol) u. Cycloheptylamin bei 130°, bzw. aus N-(4-Azidobenzolsulfonyl)-N′-cycloheptylthioharnstoff (F. 101—102°), $NaNO_2$ u. 5 n Essigsäure. — *N′-Cyclohexyl-*, F. 163—164° (CH_3OH), aus N-(4-Azidobenzolsulfonyl)-N-cyclohexylthioharnstoff-, F. 174—175°; *N′-Cyclohexylmethyl-*, F. 162—163° (CH_3OH), aus N-(4-Azidobenzolsulfonyl)-N′-cyclohexylmethylthioharnstoff (F. 150—151°). — *N′-α-Tetrahydrofurfuryl-*, F. 135—137° (Zers.; verd. CH_3OH). — *N′-Cyclooctyl-*, F. 132—134° (Zers.; CH_3OH). — *N′-Cyclopentyl-*, F. 142,5—144° (Zers.; verd. CH_3OH). — *N′-(4-Methylcyclohexyl)-*, F. 150—152° (Zers.; verd. CH_3OH). — *N′-Benzyl-*, F. 181—182° (Zers.; Aceton/CH_3OH). — *N′-(3-Methoxypropyl)-*, F. 118—120° (Zers.; verd. CH_3OH). — Ferner folgende N-(3-Azidobenzolsulfonyl)-harnstoffe: *N′-Isobutyl-*, F. 158—159° (Zers.; Essigester). — *N′-Cyclohexyl*, F. 158—160° (Zers.; CH_3OH). — *N′-Cyclopentyl-*, F. 160—162° (Zers.). — *N′-Cycloheptyl-*, F. 163 bis 164° (Zers.; verd. CH_3OH) aus N-(3-Azidobenzolsulfonyl)-N′-cycloheptylthioharnstoff- (F. 129—131°). — Oral anzuwendende *blutzuckersenkende Mittel* mit geringer Toxizität u. ohne Resistenzerzeugung. — Mengenbeispiele. (**D. A. S. 1153357** Kl. 12o vom 21/7. 1961, ausg. 29/8. 1963.) G. Vogel 4807

1543 Ciba Akt.-Ges., Basel, Schweiz (Erfinder: Robert Paul Mull, Florham Park, N. J., V. St. A.), **Herstellung von Alkyleniminoalkylguanidinen** (**I**), in denen der Alkyleniminorest 4—10 C-Atome als Ringglieder u. der Alkylrest 2—7 C-Atome aufweist, deren Acylverbb., Salzen u. quatern. NH_4-Verbb. gemäß Hauptpatent, dad. gek., daß man a) entweder einen reaktionsfähigen Guanidoalkanolester mit einem Alkylenimin oder einem Alkyleniminoalkanolester mit Guanidin umsetzt, oder b) ein Alkyleniminoalkylcyanid, ein funktionelles Deriv. einer Alkyleniminoalkylcarbaminsäure bzw. -thiocarbaminsäure oder ein Salz davon mit NH_3 umsetzt oder ggf. mit wss. Mineralsäure hydrolysiert oder c) ein **I**, in dem ein C-Atom der Alkylgruppe mit dem benachbarten Guanido-N-Atom u./oder ein Ring-C-Atom mit dem benachbarten Imino-N-Atom eine Carbamyl- oder Thiocarbamylgruppierung bildet, oder ein Salz davon durch Behandlung mit einem Dileichtmetallhydrid, oder AlH_3 oder H_2 in Ggw. eines Katalysators oder elektrolyt. hydriert. — 16,7 (g) 2-Heptamethyleniminoäthylcyanamid, 13,2 $(NH_4)_2SO_4$ in 100 cm³ 15%ig. wss. NH_4OH werden im Autoklaven 3 Std. unter Rühren auf 100—150° erhitzt. Man erhält nach dem Abkühlen 13,9 *2-Hepta-A* **II** (A = *Methyleniminoäthylguanidinsulfat*), F. 276—281° (Alle FF. mit Zers.) Analog: *2-Okta-A*, F. 272—275°. — N-(2-Heptamethyleniminoäthyl)-thioharnstoff bzw. -S-methylthioharnstoff wird mit NH_3 in Ggw. von frisch gefälltem HgO bzw. $HgCl_2$ behandelt u. aus dem Rk.-Gemisch durch Ansäuern mit H_2SO_4 **II** ausgefällt. **II** ist auch erhältlich durch 3std. Erhitzen von N-(2-Heptamethyleniminoäthyl)-N-cyanharnstoff mit 6 n H_2SO_4 auf 50—80°. 22,6 rohes Heptamethyleniminoacetylguanid werden in Tetrahydrofuran (**III**) suspendiert u. zu einer sd. Mischung von 6 $LiAlH_2$ in **II** gegeben. Nach Beendigung der Rk. wird das überschüssige $LiAlH_2$ mit verd. NaOH u. W. zerstört u. aus dem Filtrat **II** mit H_2SO_4 ausgefällt. Analog *2-Piperidinoäthylguanidinsulfat*, F. 203 bis 207°, u. *2-Deka-A*, F. 260—273°. Eine Mischung von 19,8 2-Hexamethyleniminochlorid-hydrochlorid F. 212 bis 216°, u. 21,6 Guanidinsulfat in W. wird mit NaOH schwach alkal. gestellt, auf dem Wasserbad erhitzt, wobei die entstehende Säure mit weiterer NaOH neutralisiert wird, abgekühlt u. mit H_2SO_4 angesäuert. Nach dem Einengen im Vakuum scheidet sich *2-Hexa-A*, F. 233 bis 236° ab. Ferner aus 3-(2-Oxohexylenimino)-propylguaniden durch Hydrieren mit $LiAlH_2$ *3-Hexamethyleniminopropylguanidinsulfat* u. analog *3-Heptamethyleniminopropylguanidinsulfat*, F. 248—252°. — *Blutdrucksenkende Wirkung*. (**D. A. S. 1146062** Kl. 12p vom 1/6. 1960, ausg. 28/3. 1963. A. Prior. 10/6. 1959. **Zusatz zu D. A. S. 1100637; C. 1963,** 10966.) C. Lüttgen 4807

1544 Friedrich Cramer (Erfinder: Friedrich Cramer, Darmstadt, und Dieter Voges, Mannheim), **Mononatriumsalz der Phospho-enolbrenztraubensäure,** CH_2=C(COOH)–O–P(=O)(ONa)OH; $C_3H_4O_6PNa \cdot 1H_2O$, (Ausbeute) 58%. Halogenbrenztraubensäure, bes. das Br-Deriv. wird mit Tribenzylphosphit nach Perkow bei < 40°, z. B. zwischen 0 u. 15°, bes. in Ggw. eines Lsgm. (Äther) umgesetzt; aus dem entstandenen *Phospho-enolbrenztraubensäuredibenzylester*, $C_{17}H_{17}O_6P$, F. 75—78°, (zersetzt sich langsam bei Raumtemp.), 60%, wird eine Benzylgruppe mit NaJ in einem organ. Lsgm., bes. in Methyläthylketon abgespalten u. aus dem entstandenen *Mono-Na-Salz* des *Phosphoenolbrenztraubensäuremonobenzylesters*, $C_{10}H_{10}O_6PNa$, 64%, die 2. Benzylgruppe durch Hydrierung mit H_2 in Ggw. eines Lsgm., bes. Methanol u. W. im Verhältnis 1:1 u. Pd auf Kohle abgespalten; man kann auch beide Benzylreste aus dem Dibenzylester durch Hydrierung mit H_2 entfernen, wobei die entstandene freie Säure über das *Ba-* u. *Ag-Salz* gereinigt werden muß. — *Zwischenprod. zur Herst. von Heilmitteln*. (**D. A. S. 1151794** Kl. 12o vom 7/4. 1959, ausg. 25/7. 1963.) G. Krauß 4807

1545 Roussel-Uclaf (Erfinder: André Allais und Pierre Girault), Paris, Frankreich, **Herstellung von**

5-Methoxy-β-äthyltryptamin, *-acetat,* F. 135—137°, dad. gek., daß man 5-Methoxy-3-formylindol mit Nitromethan u. NH_4-acetat umsetzt, das erhaltene *1-Nitro-2-[5'-methoxy-indolyl-(3')]-äthen,* (F. 165°) mit einer C_2H_5Mg-Verb. umsetzt, das entstehende *1-Nitro-2-[5'-methoxy-indolyl-(3')]-butan* mit Li-Al-Hydrid behandelt u. das erhaltene *5-Methoxy-β-äthyl-tryptamin* ein braunes, klares Harz, ggf. mit Säuren behandelt. — *Antimetabolit für Tryptophan u. Zwischenprod. zur Herst. von Verbb. der Reserpinreihe.* — (**D. A. S. 1150983** Kl. 12p vom 15/6. 1960, ausg. 4/7. 1963. F. Prior. 26/6. 1959.)

W. Heyer 4807

1546 Chas. Pfizer & Co., Inc., Brooklyn, übert. von: Barry M. Bloom, Jackson Heights, N. Y., V. St. A., **N-(Benzofuranyl- und Thianaphthenyl)-N'-(β-substituierte äthyl)-harnstoffe** und **Benzofuranylamino- bzw. Thianaphthenylaminooxazoline** der allg. Formeln **I** u. **II**

I

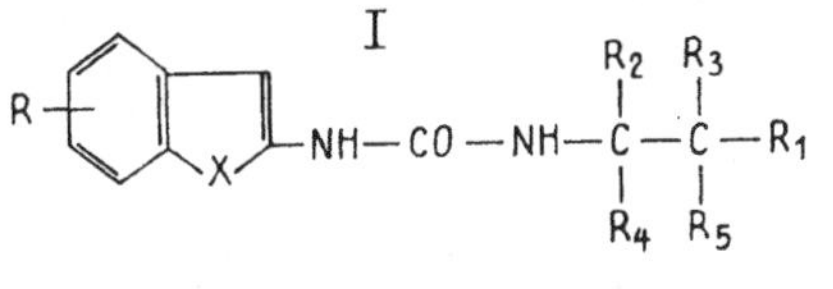

II

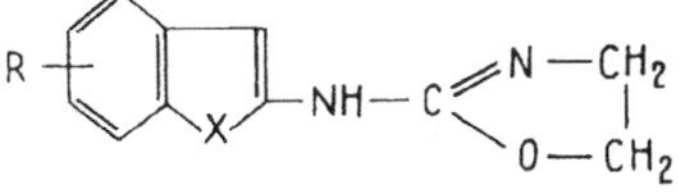

(X = O oder S; R = 1—3 Substituenten wie H, Cl, Br, J, Alkyl, Alkoxy, Thioalkyl mit 1—4 C-Atomen; R_1 = Cl, Br, J, CH_3SO_2–O–, p-Toluolsulfonyloxy; R_2, R_3, R_4 u. R_5 = H oder Alkyl mit 1—4 C-Atomen, wobei die Gesamtzahl der C-Atome in den Substituenten 0—8 beträgt) erhält man 1. durch Rk. von Benzofuranylamin oder Thianaphthenylamin mit einem β-substituierten Alkylisocyanat oder 2. durch Rk. von Benzofuranyl- oder Thianaphthenylisocyanat mit einem β-substituierten Alkylamin, u. ggf. Herst. der Säureadditionssalze. — Zu β-Chloräthylamin in Bzl. gibt man die äquimol. Menge 2-Benzofuranylisocyanat tropfenweise unter Kühlen, läßt die Mischung 1 Std. stehen u. erhält *N-(2-Benzofuranyl)-N'-β-chloräthylharnstoff* (**III**). Zu 1000 ml siedenden W. werden 15 g **III** zugegeben, nach dem Abkühlen der Lsg. 30 ml 14%ig. NH_4OH-Lsg. zugegeben, der Nd. abgetrennt u. mit Chlf. extrahiert. Nach dem Aufarbeiten wird *2-(2-Benzofuranylamino)-oxazolin* erhalten. — *Tranquillizer.* (**A. P. 2992232** vom 10/7. 1958, ausg. 11/7. 1961.)

A. Jahn 4807

1547 Seymour L. Shapiro, Hastings on Hudson, Louis Freedman, Bronxville, und Harold Soloway, Yonkers, N. Y., V. St. A., **Herstellung von 2-Phenylimidazolino-[1.2:a]-piperidinen** der allg. Formel **I**, worin

I

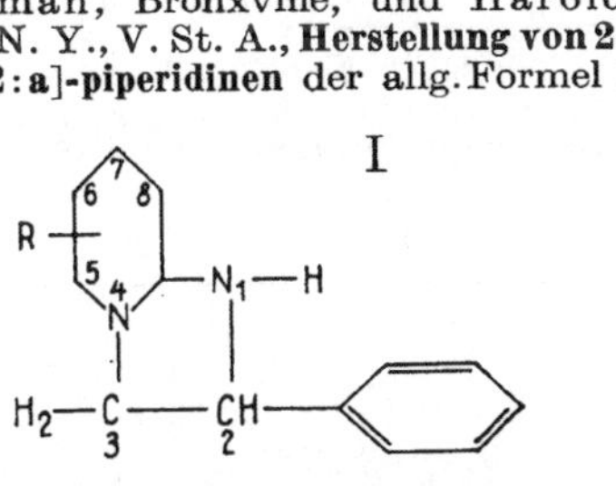

R = H oder die CH_3-Gruppe darstellt, dad. gek., daß man am Rückfluß 2-Aminopyridin mit Styroloxid umsetzt, das viskose Reaktionsprod. in kochendem A. aufnimmt, das isolierte *2-(2-Imino-1.2-dihydro-1-pyridin)-1-phenyläthanol* (F. 166—169°) in Form des *-Hydrochlorids* (F. 197 bis 200°) mit H bei ca. 4 at in Ggw. von Rh-Kohle als Katalysator in A. red., das entstehende *2-(2-Amino-1-piperidin)-1-phenyläthanol-hydrochlorid,* (F. 184—185°) mit $SOCl_2$ umsetzt → *2-(2-Amino-1-piperidin)-1-phenyläthylchlorid-hydrochlorid* (F. 182—184°), *-Monopikrat,* (F. 127—130°) u. daraus durch Cyclisieren in Bzl., am Rückfluß in Ggw. eines säurebindenden Mittels wie Na_2CO_3 oder NaOH → *2-Phenylimidazolino-[1.2-a]-piperidin,* Kp.$_{0,3}$ 118—120°, herstellt; *-Pikrat,* F. 176—178°; Analog aus 2-Amino-3-methylpyridin u. Styroloxid → *2-(2-Imino-3-methyl-1.2-dihydropyridin)-1-phenyläthanol,* F. 158—161°, *-Monohydrochlorid,* F. 185—186°, *-Monopikrat,* F. 136—137°, Red. in Ggw. von Rh-Kohle → *2-(2-Amino-3-methyl-1-piperidin)-1-phenyläthanol-hydrochlorid,* F. 187—188°, Behandeln mit Thionylchlorid → *2-(2-Amino-3-methyl-1-piperidin)-1-phenyläthylchlorid-hydrochlorid,* F. 215—216°, *-Monopikrat,* F. 98—99°, u. Cyclisieren unter Abspaltung von HCl → *2-Phenylimidazolino-[1.2-a]-methylpiperidin.* — Arzneimittel. — (**A. P. 2937179** vom 9/4. 1958, ausg. 17/5. 1960.)

W. Heyer 4807

1548 Parke, Davis & Co., Detroit, übert. von: Robert F. Parcell, St. Clair Shores, Mich., V. St. A., **Piperazine** der Formel I (R = Alkylrest mit nicht > 4 C-Atomen, n = 2 oder 3 u. Ar = Phenyl-, (niedrig)-Alkyl-

I

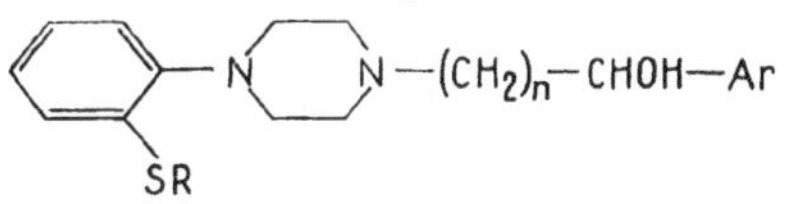

II

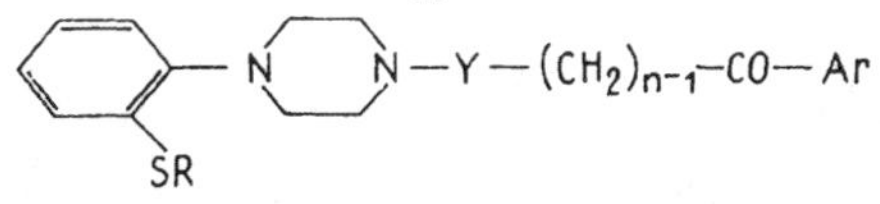

phenyl- oder Chlorphenylrest) erhält man durch Red. von Piperazinen der Formel **II** (Y = CH_2- oder CO-Gruppe). Piperazine der Formel **II** erhält man durch Kondens. von a) RS-Phenylpiperazinen mit ω-Halogenalkylarylketonen oder b) mit Aroylalkansäuren, deren Estern, Halogeniden, Anhydriden oder gemischten Anhydriden. — *Mittel zur Beruhigung (Dämpfung) des Zentralnervensystems.* Beispiele: *α-{2-[4-(o-Äthylthiophenyl)-1-piperazinyl]-äthyl}-3.4-dimethoxybenzylalkohol, Monohydrochlorid,* F. 129 bis 131°, *α-{2-[4-(o-Propylthiophenyl)-, Mono-Hydrochlorid,* F. 132—135°; *α-{2-[4-(o-Isopropylthiophenyl)-, Mono-Hydrochlorid,* F. 153—154°, *α-{3-[4-(o-Methylthiophenyl)-,* F. 106—108°; *α-{3-[4-(o-Propylthiophenyl)-,* F. 108 bis 110°, *α-{3-[4-(o-Propylthiophenyl)-1-piperazinyl]-propyl}-benzylalkohol, Mono-Hydrochlorid,* F. 171—172°; *α-{3-[4-(o-Äthylthiophenyl)-1-piperazinyl]-propyl}-4-methoxy-benzylalkohol,* F. 97—99°; *α-{3-[4-(o-Propylthiophenyl)-,* F. 84—85°. (Die Formel im Original stellt die *4-Methyl*-benzylalkoholverb. dar.) *α-{3-[4-(o-Isopropylthiophenyl)-, Monohydrochlorid,* F. 137—138°; *α-{3-[4-(o-Propylthiophenyl)-1-piperazinyl]-propyl}-4-äthoxybenzylalkohol,* F. 82 bis 83°; *α-{-3-[4-(o-Propylthiophenyl)-1-piperazinyl]-propyl}-2-methoxybenzylalkohol, Mono-Hydrochlorid,* F. 161 bis 162°; *α-{3-[4-(o-Propylthiophenyl)-1-piperazinyl]-propyl}-4-methylbenzylalkohol, Mono-Hydrochlorid,* F. 156 bis 157°. (Die Formel im Original stellt die 4-Methoxybenzylalkoholverb. dar); *α-{3-[4-(o-Propylthiophenyl)-1-piperazinyl]-propyl}-4-chlorbenzylalkohol, Mono-Hydrochlorid,* F. 166—167°. (**E. P. 875104** vom 1/2. 1960, ausg. 16/8. 1961. A. Prior. 2/2. 1959. **A. P. 3007928** vom 2/2. 1959, ausg. 7/11. 1961.)

F. Obermeier 4807

1549 Parke, Davis & Co., Detroit, Mich., V. St. A., **1-Phenylalkyl-4-phenylpiperazine** der Formel **I** (n = 2 bis 4, R = Alkylrest mit 2 oder 3 C-Atomen, R_1 u. R_2 = H

I

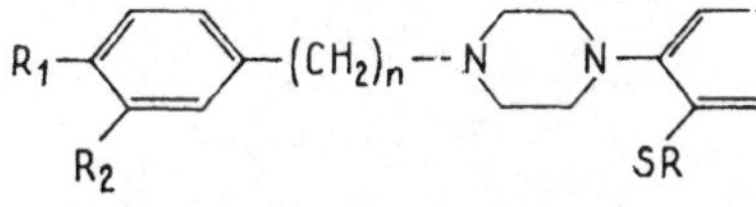

oder eine niedere Alkylgruppe mit ≦ 3 C-Atomen), R_1 u. R_2 jedoch nicht beide = H), erhält man a) durch Rk. eines 1-(SR-Phenylpiperazins mit einem R_1R_2-substituierten Phenylalkylhalogenid, -sulfat oder -sulfonat oder b) durch Red. eines R_1, R_2-substituierten 1-Phenacyl-4-RS-Phenylpiperazins. — *Blutdrucksenkende Mittel.* Folgende Phenylpiperazine sind beschrieben: *1-p-Methoxyphenyl-4-o-propylthio-*, *Hydrochlorid*, F. 203—204°; *1-m-Methoxyphenäthyl-4-o-propylthio-*, *Hydrochlorid*, F. 164—166°; *1-(3.4-Dimethoxyphenäthyl-4-o-propylthio-*, *Hydrochlorid*, F. 176—177°; *1-(3.4-Dimethoxyphenäthyl-4-o-äthylthio-*, *Hydrochlorid*, F. 193—194°; *1-(3.4-Dimethoxyphenäthyl)-4-o-isopropylthio-*, *Hydrochlorid*, F. 196—197°; *1-(3.4-Dimethoxyphenäthyl)-4-o-allylthio-*, *Hydrochlorid*, F. 159—161°, *1-(3.4-Dimethoxyphenäthyl)-4-o-propylthio-*, *Hydrochlorid*, F. 176—177°; *1-(3.4-Dimethoxyphenylbutyl)-4-o-propylthio-Hydrochlorid*, F. 124,5—126°. (**E. P. 852974** vom 17/4. 1959, ausg. 2/11. 1960. A. Prior. 17/4. 1958.) F. Obermeier 4807

1550 Soc. Industrielle pour la Fabrication des Antibiotiques, Paris, Frankreich (Erfinder: Jacques Boissier und Roger Ratouis), **N-Benzyl-N'-phenylpiperazine** der Formel **I** (R_1 bis R_5 = H, OH- oder niedrige

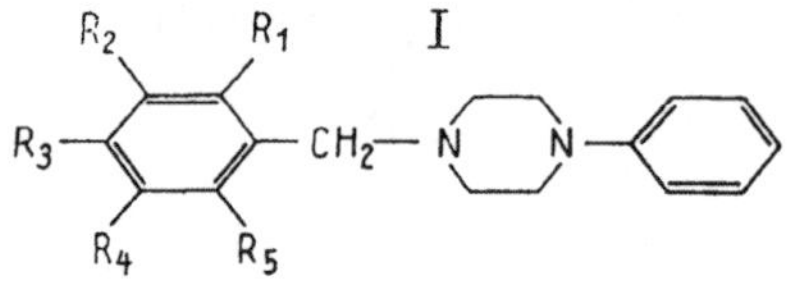

Alkoxygruppen, wobei jedes Paar benachbarter R-Substituenten einen Alkylendioxyring bilden können u. wenigstens ein R-Substituent nicht H darstellt) sowie deren Salze erhält man durch Rk. von N-Phenylpiperazin (**I**) mit R-substituierten Benzylhalogeniden, Benzaldehyden oder Benzoylhalogeniden, wobei bei Verw. von Benzaldehyden gleichzeitig u. bei Verw. von Benzoylhalogeniden nachträglich katalyt. red. wird. Man kann aber auch R-substituierte Benzole in Ggw. von CH_2O mit **I** kondensieren u. anschließend reduzieren. — *Sympatholytica.* Folgende N'-Phenylpiperazine wurden hergestellt: *N-(3.4-Dimethoxybenzyl)-*, F. 73—74°; *N-(3-Methoxybenzyl)-*, Kp.$_{92}$ 173°; *N-(4-Methoxybenzyl)-*, Fl.; *N-(2.5-Dimethoxybenzyl)-*, F. 119°; *N-(3.4.5-Trimethoxybenzyl)-*, Kp.$_{0,1}$ 182°; *N-(3-Methoxy-4-hydroxybenzyl)-*, F. 139°; *N-[3.4-Methylendioxybenzyl)-*, F. 94°; *N-(4-Methoxybenzyl)-*, Fl.; *N-(2-Hydroxy-5-methoxybenzyl)-*, F. 121—122°. (**E. P. 868353** vom 1/12. 1959, ausg. 17/5. 1961.) F. Obermeier 4807

1551 Soc. des Usines Chimiques Rhône-Poulenc, Paris, Frankreich (Erfinder: Robert Michel Jacob und Nicole Marie Joseph), **1-[2-Chlor-4-aminobenzoyl]-4-benzylpiperazin (I)** erhält man durch Rk. einer Verb. der Formel **II** mit einer Verb. der Formel **III**

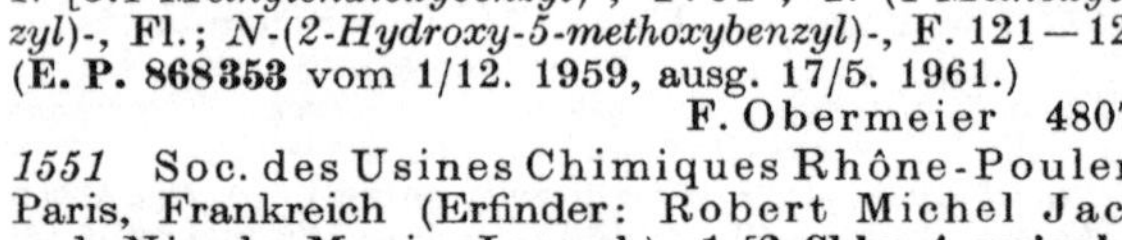

(X = Aminogruppe oder in diese Gruppe überführbarer Rest, ein NO_2– oder Acyl–HN–, P u. Q = Gruppen, die zu einer Gruppierung der Formel **IV** kondensierbar sind. — **I**, F. 150°. **I** *besitzt antiemet., anticonvulsiv. u. analget. Eigenschaften.* (**E. P. 874096** vom 25/2. 1959, ausg. 2/8. 1961.) F. Obermeier 4807

1552 G. D. Searle & Co., Chicago, übert. von: Clinton A. Dornfeld, Glenview, Ill., V. St. A., **2-Aryloxyaralkyl-1.4.5.6-tetrahydropyrimidine** der allg. Formel **I** [R = nie-

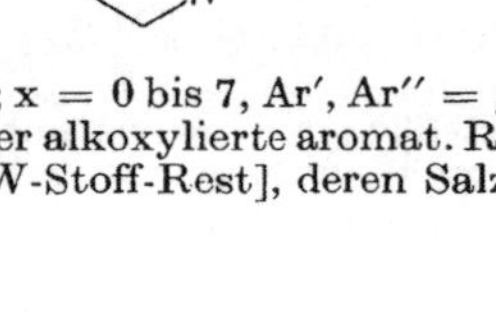

dermol. Alkylrest; x = 0 bis 7, Ar', Ar'' = ggf. alkylierte, halogenierte u./oder alkoxylierte aromat. Reste; Alk = gesättigter acycl. KW-Stoff-Rest], deren Salze u. N-Substitutionsprodd. werden erhalten durch Rk. eines ggf. durch R substituierten 1.3-Propylendiamins mit einer Verb. der allg. Formel Ar'O–Alk(Ar'')–COOH bei 85—200° in Ggw. eines inerten organ. Lsgm. u. bes. unter Beseitigung des entstandenen W. aus dem Rk.-Gemisch u. ggf. Alkylierung oder Acylierung des Prod. am N-Atom oder Überführung in ein Salz. — 23 (Teile) α-Phenoxyphenylessigsäure, 9 1.3-Propylendiamin u. 540 Xylol werden unter Rückfluß erhitzt, wobei das entstandene W. abgetrennt wird. Nach 20 Std. wird mit verd. HCl extrahiert, der Extrakt filtriert u. mit NaOH alkal. gemacht → *2-α-Phenoxybenzyl-1.4.5.6-tetrahydropyrimidin* (**II**), F. 104—106°; **II**-*HCl*, F. 223—224°. Analog werden folgende Verbb. hergestellt (1.4.5.6-tetrahydropyrimidin = **III**): *2-α-[o-Tolyloxy]-benzyl-***III**-*HCl*, F. 217—218°; — *5.5-Dimethyl-***II**, F. 144—145°, *Hydrochlorid-*, F. ca. 195°; — *2-α-[o-Tolyloxy]-benzyl-5.5-dimethyl-***III**, F. 116—119° (aus α-o-Tolyloxyphenylessigsäureäthylester, Kp.$_{0,06}$ 116—128°, über α-o-Tolyloxyphenylessigsäure, F. ca. 107°); — *2-α-Benzyloxybenzyl-***III**, F. 69—71° (aus α-Benzyloxyphenylessigsäureäthylester, Kp.$_{0,2}$ 145—155°), *Hydrochlorid*, F. ca. 200—200,5°; — *2-α-[p-Fluorphenoxy]-benzyl-5.5-dimethyl-***III**-*HCl*, (aus α-[p-Fluorphenoxy]-phenylessigsäureäthylester, Kp.$_{0,05}$ 116—118°, über α-[p-Fluorphenoxy]-phenylessigsäure, F. 123—124°); — *2-α-[p-Chlorphenoxy]-benzyl-5.5-dimethyl-***III**, F. 138—139° (aus α-[o-Chlorphenoxy]-phenylessigsäureäthylester, Kp.$_{0,06}$ 130 bis 132°); — *2-α-[p-Methoxyphenoxy]-benzyl-5.5-dimethyl-***III**-*HCl*, F. 125—130° (aus α-[p-Methoxyphenoxy]-phenylessigsäureäthylester, Kp.$_{0,25}$ 153—166°, über α-[p-Methoxyphenoxy]-phenylessigsäure, F. 111—113°); — *2-[α-Phenoxy-p-chlorbenzyl]-5.5-dimethyl-***III**, F. ca. 162,5 bis 163,5° (aus p-Chlorphenylessigsäureäthylester, Kp.$_{1,2-1,3}$ 102—103°, über dessen α-Bromderiv., Kp.$_{19}$ 157—169°, den α-Phenoxy-p-chlorphenylessigsäuremethylester, Kp.$_{0,3}$ 152—159° u. die α-Phenoxy-p-chlorphenylessigsäure, F. 136—138°); — *2-[α-Phenoxy-p-methoxybenzyl]-5.5-dimethyl-***III** (aus p-Methoxyphenylessigsäuremethylester, Kp.$_{1,2-1,3}$ 116—117°, über dessen α-Bromderiv., Kp.$_{0,3-0,5}$ 119—136°, des α-Phenoxyderiv., Kp.$_{0,4-0,8}$ 180—218°, F. 95—101°, u. die α-Phenoxy-p-methoxyphenylessigsäure, F. 142—144°); — *2-[α-Phenoxy-β-(p-methoxyphenyl)-äthyl]-5.5-dimethyl-***III**-*HCl* (aus α-Phenoxy-p-methoxyzimtsäure, F. 203—205, über die β-p-Methoxyphenyl-α-phenoxypropionsäure, F. 96—98°); — *2-[α-(p-Bromphenoxy)-β-phenyläthyl]-5.5-diäthyl-***III** (aus α-[p-Bromphenoxy]-zimtsäure, F. 195—197°); — *4.6-Diäthyl-***II**-*HCl*, F. 207—209°; — *1.5.5-Trimethyl-***II**-*HBr*, F. 239—241°; — *4.4.6-Trimethyl-***II**-*HCl*, F. 261 bis 262°; *1.4.4.6-Tetramethyl-***II**-*HBr*. — *Heilmittel.* (**A. P. 2893993** vom 17/6. 1958, ausg. 7/7. 1959.) F. Hirsch 4807

1553 American Cyanamid Co., New York, übert. von: Elliott Cohen, Mount Vernon, und James R. Vaughan jun., New City, N. Y., V. St. A., **1.2.3.4-Tetrahydro-7-halogen-6-sulfamyl-4-chinazolinone und deren 7-Trifluorverbindungen** der allg. Formel **I** (R = H_2, H u. niedrigmol. Alkylrest oder O; R_1 u. R_2 = H oder

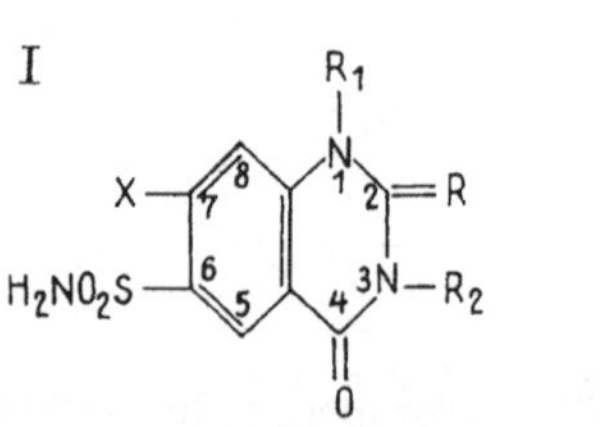

niedrigmol. Alkylrest; X = Halogen oder Trifluormethylrest) erhält man, ausgenommen, wenn R = O, durch Hydrieren des entsprechenden 7-Halogen-6-sulfamyl-4-chinazolinons, bes. mit $NaBH_4$ in Ggw. von $AlCl_3$, in einem Lsgm., wie Diäthylenglykoldimethyläther, bei 85°. — *7-Chlor-***tet** (tet = 1.2.3.4-Tetrahydro-6-sulfamyl-4-chinazolinon), gelbe Kristalle aus 50%ig. wss. Aceton; *7-Chlor-2-methyl-tet*; *7-Chlor-3-methyl-tet*; *7-Chlor-2-äthyl-tet*; *7-Fluor-tet*; *7-Chlor-2-isopropyl-tet*, faserige Kristalle; *7-Chlor-2.3-dimethyl-tet*, Platten; *7-Chlor-2-oxo-tet*, hergestellt aus 4-Chlor-5-sulfamylanthranilsäure u. Harnstoff bei 180°. Die Prodd. kommen auch in der Enol-Form vor. *Diuretica*. — Mengenbeispiele. (**A. P. 2976289** vom 30/6. 1959, ausg. 21/3. 1961.) G. Vogel 4807

1554 Dr. Adolf Seebach vorm. C. H. Otto (Erfinder: Adolf Seebach), Zürich, Schweiz, **Herstellung von 7-[β-Hydroxy-n-propyl]-theophyllin,** F. 132—133°, durch Erhitzen von wasserfreiem Theophyllin mit Propylenoxid im Autoklav auf 135°, bes. in Abwesenheit von Lsgm. u. Wasser. — *Arzneimittel*. (**Schwz. P. 364789** vom 30/12. 1958, ausg. 30/11. 1962.) C. Lüttgen 4807

1555 Nippon Shinyaku Co. Ltd., übert. von: Torizo Takahashi, Kikuo Ogiu, Hajime Fujimura, Isao Satoda, Tomijiro Fukui und Yasuo Yamamoto, Kyoto, Japan, **N-alkylamidosubstituierte 1,3-Benzoxazine** der allg. Formel **I** (R_1 = Alkylenrest; R u. R' =

I

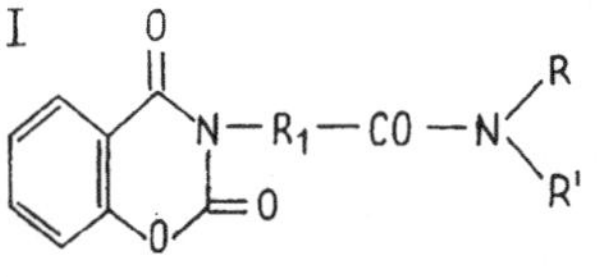

H oder KW-Stoffrest; R u. R' zusammen mit dem N-Atomheterocycl. Rest) erhält man durch Rk. von 2,4-Dioxo-dihydro-1.3-benzoxazin (**II**) oder eines Metallsalzes (Na-Salz) mit einer Verb. der allg. Formel X–R_1–CON(R)(R') (X = Halogen). — 86 (g) **II**-Na-Salz, 65 Chloressigsäuredimethylamid u. 5 NaJ wird in 40 ml A. 7 Std. zum Rückfluß erhitzt u. nach dem Aufarbeiten in 85,9%-ig. Ausbeute *2.4-Dioxodihydro-1.3-benzoxazinyl-(3)-acetodimethylamid* erhalten. — Analog erhält man: *2.4-Dioxodihydro-1.3-benzoxazinyl-(3)-acetodiäthylamid*, F. 146 bis 147° (A.). — *α-(2.4-Dioxodihydro)-1.3-benzoxazinyl-(3)-propionsäuredimethylamid*, F. 123—124° (Bzl.-n-Hexan). — *2.4-Dioxodihydro-1.3-benzoxazinyl-(3)-acetomonomethylamid*, F. 248° (A.). — *2.4-Dioxodihydro-1.3-benzoxazinyl-(3)-acetopiperidid*, F. 141—142° (A.). — *2.4-Dioxodihydro-1.3-benzoxazinyl-(3)-acetomorpholid*, F. 239—241° ($CHCl_3$-Hexan). — *Analgetica*. (**A. P. 3047573** vom 7/6. 1960, ausg. 31/7. 1962. Jap. Prior. 1/7. 1959.) A. Jahn 4807

1556 Cilag-Chemie Akt.-Ges. (Erfinder: Ernst Habicht und Georg Feth), Schaffhausen, Schweiz, **Phenthiazinderivate** (**I**). Zu Port. P. 38044; C. **1963**, 3396 sind folgende **I** nachzutragen: {pyrrolidyl-(3')-methyl]-phenthiazin = **II**} *10-[1'-Methyl-3'-äthyl-***II**, F. 128—129° (aus P.Ae.); *Hydrochlorid*, F. 230—233°. — *10-[1'-Methyl-3'-n-propyl-***II**, F. 97—98° (aus PAe.); *Hydrochlorid*, F. 235—237°. — *10-[1'-Methyl-3'-(β-methoxyäthyl)-***II**, F. 75—77° (aus PAe.); *Hydrochlorid*, F. 205—207° (aus A./Ae.); *Citrat*, F. 133—135° (aus A./Ae); *Maleinat*, F. 119—120° (aus Aceton/Ae.); *Dihydrogenfumarat*, F. 113—115° (aus Aceton/Ae.). — *3-Chlor-10-[1'.3'-dimethyl-***II**, Kp.$_{0,04}$ 176—181°, F. 92—93° (aus PAe.); *Hydrochlorid*, F. 201—203°. — *3-Chlor-10-[1'-Methyl-3'-äthyl-* **II**, Kp.$_{0,1}$ 183—190°; *Hydrochlorid*, F. 208—210°. — *3-Chlor-10-[1'-methyl-3'-n-propyl-***II**, Kp.$_{0,06}$ 177—183°, F. 28—85° (aus PAe.); *Hydrochlorid*, F. 230 bis 233° (aus A./Ae.). — *10-[1'-Äthyl-3'-methyl-***II**, Kp.$_{0,03}$ 165—175°, F. 71—83° (aus PAe.); *Hydrochlorid*, F. 163 bis 166°. — *10-[1'.3'-Diäthyl-***II**, F. 95—97° (aus PAe.); *Hydrochlorid*, F. 178—180°. — *10-[1'-Äthyl-3'-n-propyl-***II**, Kp.$_{0,05}$ 177—183°, F. 72—73° (aus PAe.); *Hydrochlorid*, F. 161—163° (aus A./Ae.). — *10-[1'-Äthyl-3'-(β-methoxyäthyl)-***II**, Kp.$_{0,03}$ 187—195°; *Hydrochlorid*, F. 173 bis 174°. — *3-Chlor-10-[1'-Äthyl-3'-methyl-***II**, Kp.$_{0,03}$ 175 bis 180°; *Hydrochlorid*, F. 192—195°. — *3-Chlor-10-[1'.3'-Diäthyl-***II**, Kp.$_{0,07}$ 177—183°, F. 77—79° (aus PAe.); *Hydrochlorid*, F. 205—207°. — *3-Chlor-10-[1'-Äthyl-3'-n-propyl-***II**, Kp.$_{0,1}$ 175—180°, F. 79—81° (aus PAe.); *Hydrochlorid*, F. 191—193° (aus Aceton (A./Ae.). — *3-Chlor-10-[1'-Äthyl-3'-[β-methoxyäthyl)-***II**, Kp.$_{0,1}$ 204 bis 206; *Hydrochlorid*, F. 206—207° (aus A./Ae.). — *3-Chlor-10-[1'-Methyl-3'-(β-methoxyäthyl)-***II**, Kp.$_{0,05}$ 198 bis 204°, F. 89—91° (aus PAe.), *Hydrochlorid*, F. 223 bis 225. — *10-[1'-Methyl-3'-(β-methylmercaptoäthyl)-***II**, Kp.$_{0,08}$ 203—207°; *Hydrochlorid*, F. 174—175° (aus A./Ae.). — *3-Chlor-10-[1'-Methyl-3'-(β-methylmercaptoäthyl)-***II**, Kp.$_{0,05}$ 205—208°; *Hydrochlorid*, F. 163—164°. — Ferner werden folgende als Ausgangs- bzw. Zwischenprodd. dienenden in 3-Stellung substituierten *1-Methyl-3-hydroxymethylpyrrolidine* (**III**), *1-Äthyl-3-hydroxymethylpyrrolidine* (**IV**), *1-Methyl-3-chlormethylpyrrolidine* (**V**) u. *1-Äthyl-3-chlormethylpyrrolidine* (**VI**) hergestellt: *Äthyl-***III**, Kp.$_{11}$ 93 bis 96°. — *Propyl-***III**, Kp.$_{12}$ 107—110°. — *β-Methoxyäthyl-***III**, Kp.$_{11}$ 121—124°. — *β-Methylmercaptoäthyl-***III**, Kp.$_{0,07}$ 94—96°. — *Methyl-***IV**, Kp.$_{12}$ 89—93°. — *Äthyl-***IV**, Kp.$_{12}$ 103—160°. — *Propyl-***IV**, Kp.$_{13}$ 117—119°. — *β-Methoxyäthyl-***IV**, Kp.$_{12}$ 130—135°. — *Äthyl-***V**, Kp.$_{13}$ 73°; *Hydrochlorid*, F. 162—164°. — *n-Propyl-***V**, Kp.$_{13}$ 88 bis 89°; *Hydrochlorid*, F. 146—147°. — *β-Methoxyäthyl-***V**, *Hydrochlorid*, F. 120—122°. — *β-Methylmercaptoäthyl-***V**, *Hydrochlorid*, zerfließlich. — *Methyl-***VI**, Kp.$_{12}$ 67—70°. — *Äthyl-***VI**, Kp.$_{12}$ 82—83°; *Hydrochlorid*, F. 136—137°. — *n-Propyl-***VI**, Kp.$_{13}$ 98—99°; *Hydrochlorid*, F. 120—121°. — *β-Methoxyäthyl-***VI**, *Hydrochlorid*, zerfließlich. — (**D. A. S. 1147946** Kl. 12p vom 3/2. 1961, ausg. 2/5. 1963. Schwz. Prior. 5/2. u. 29/8. 1960.) F. Hirsch 4807

1557 F. Hoffmann-La Roche & Co. Akt.-Ges., Basel, Schweiz, **Herstellung von Mono- und Dihydrazinotriazinen** der allg. Formel **I** (R_1 = Hydrazino-, Hydroxy-,

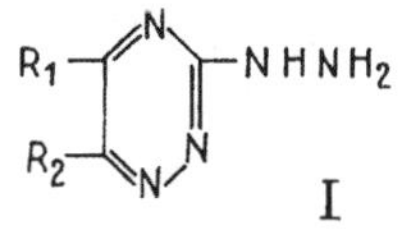

I

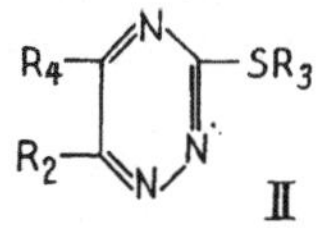

II

Carboxy-, Alkyl- oder Aralkylgruppe, R_2 = H, Hydroxy-, Carboxy-, Aryl- oder Aralkylgruppe oder wenn R_1 = Hydrazinogruppe auch = Alkylgruppe) u. von deren Salzen, dad. gek., daß man ein Mono- oder Dimercaptotriazin der allg. Formel **II** (R_3 = H oder CH_3, R_4 = SR_3-, Hydroxy-, Carboxy-, Aryl- oder Aralkylgruppe, R_2 = H, Hydroxy-, Carboxy-, Aryl- oder Aralkylgruppe oder auch = Alkylgruppe, wenn R_4 = SR_3) mit Hydrazin oder Hydrazinhydrat im Überschuß (bis zu 40:1 Mol) bes. in sd. alkohol. Lsg. unter Rückfluß umsetzt u. das Rk.-Prod. ggf. in ein Salz überführt. Man erhält so folgende 1.2.4-Triazin-Verbb.: *3-Hydrazino-5-hydroxy-*, F. 248—250° (Zers.); *3-Hydrazino-5-hydroxy-, -carbonsäure-(6)*, F. > 300° (W.); *3.5-Dihydrazino-6-äthyl-*, F. 165° (Methanol); *3.5-Dihydrazino-6-phenyl-*, F. 175—180° (Zers.); *3.5-Dihydrazino-6-benzyl-*, erweicht bei 102 bis 103°, dann Zers.; *3.5-Dihydrazino-*, F. 220—221° (Zers.); *3.5-Dihydrazino-6-methyl-*, F. 218—220° (Zers.); *3.5-Dihydrazino-6-n-propyl-*, F. 117 —118° (Zers.); *3.5-Dihydrazino-6-n-heptyl-*, Zers. bei 70—80°; mit anorgan. oder organ. Säuren erhält man Säureadditionssalze (Hydrohalogenide, Sulfate, Phosphate, Arylsulfonate, Tartrate, Citrate) z. B. *3.5-Dihydrazino-6-isopropyl-triazin-(1.2.4)-monochlorhydrat*, gelbliches Prod. mit unscharfem F., Zers. bei ca. 230°. Blutdrucksenkende Wirkung. (**Oe. P. 216519** vom 12/5. 1960, ausg. 10/8. 1961. F. Prior. 28/5. 1959.) W. Gräger 4807

1558 Burroughs Wellcome & Co. (U.S.A.), Inc., Tuckahoe, übert. von: George H. Hitchings, Yonkers, und Barbara Roth, Scarsdale, N. Y., V. St. A., **Neues symmetrisches 2.4-Diamino-1-[p-chlorphenyl]-6.6-[3'-methylpentamethylen]-1.6-dihydro-1.3.5-triazin** der Formel **I** u. dessen Salze erhält man durch Kondens. von p-

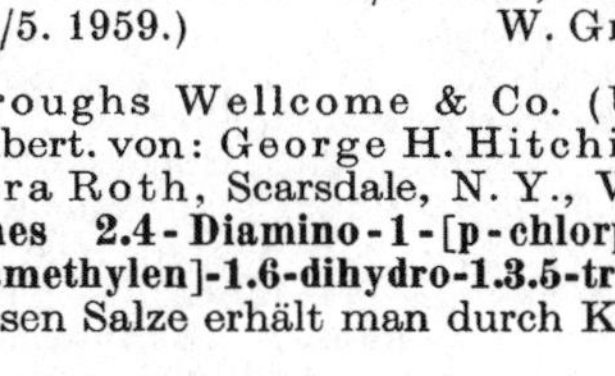

I

Chloranilin (**II**), 4-Methylcyclohexanon (**III**) u. Dicyandiamid (**IV**) in Ggw. einer Säure u. ggf. Umsetzung des etwas unstabilen freien Triazins zu einem Salz (Sulfat, Hydrobromid, Citrat, Acetat, Phosphat, bes. Hydrochlorid). — Man erhitzt z. B. ein Gemisch aus 127,5 g **II** 94 g **IV**, 224 (ml) **III** 83,5 konz. HCl u. 100 abs. A. 18 Std. unter Rückfluß u. filtriert den krist. Nd. → **I** — *Hydrochlorid*, F. 229° (aus 40%ig. A.). — Spezif., nichttox. *Mittel gegen Eingeweideparasiten, bes. Fadenwürmer*. Tabelle für Aktivität, therapeut. Verhältnis (DL_{50}:DL_{90}) u. letale Dosen beim Maus-Vers. im Vgl. zu ähnlichen Präpp., die in der 6.6-Stellung des Triazinkernes u./oder in der p-Stellung des Benzolkernes anders substituiert sind. (**A. P. 2977361** vom 19/8. 1959, ausg. 28/3. 1961.) G. Vogel 4807

1559 A/S Apothekernes Laboratorium for Specialpraeparater, Skøyen, Norwegen (Erfinder: Aage Petersen), **Herstellung von pulverförmigen Konzentraten fettlöslicher Vitamine.** Eine Emulsion von Vitamin A u. D wird in einer wss. Gelatinelsg. dispergiert u. mit pulverisiertem Zucker vermischt. (**Norw. P. 97771** vom 12/4. 1956, ausg. 27/3. 1961.) K. H. Kähler 4809

1560 Roussel-Uclaf, Paris (Erfinder: Georges Muller, Nogent-sur-Marne, und Jean Mathieu, Montfermeil), Frankreich, **20-Bishydroxymethyl-3α-hydroxy-11-oxo-5β-pregnan,** F. 209°; $[\alpha]_D^{20}$ 48°, erhält man durch Rk. von 20-Formyl-3α-acetoxy-11-oxo-5β-pregnan, F. 190°, mit Formaldehyd in methanol. KOH bei Raumtemperatur. — *Heilmittel.* (**D. A. S. 1145611** Kl. 12o vom 8/7. 1960, ausg. 21/3. 1963. F. Prior. 8/7. 1959.) U. Sievers 4809

1561 Chas. Pfizer & Co., Inc., Brooklyn, N. Y., V. St. A., **16α-Methylsteroidverbindungen.** Aus 6-Fluor-16β-methyl-Δ^4-pregnen-11β.17α.21-triol-3.20-dion-21-acetat mit CH_3SO_2Cl → 6-Fluor-16β-methyl-$\Delta^{4.9,11}$-pregnadien-17α.21-diol-3.20-dion-21-acetat, mit N-Bromacetamid u. $HClO_4$ → 6-Fluor-9α-brom-16β-methyl-Δ^4-pregnen-11β.17α.21-triol-3.20-dion, mit Essigsäureanhydrid → das entsprechende 21-Acetat, mit K_2CO_3 in abs. A. gekocht → 6-Fluor-9β.11β-oxido-16β-methyl-Δ^4-pregnen-17α.21-diol-3.20-dion-21-acetat, mit HF → *6.9α-Difluor-16β-methyl-Δ^4-pregnen-11β.17α.21-triol-3.20-dion-21-acetat* (**I**), mit CrO_3 u. Eisessig → *6.9α-Difluor-16β-methyl-Δ^4-pregnen-17α.21-diol-3.11.20-trion-21-acetat.* Aus **I** mit SeO_2 10 Std. auf 175° erhitzt → *6.9-Difluor-16α-methyl-$\Delta^{1.4}$-pregnadien-11β.17α.21-triol-3.20-dion-21-acetat.* (**Ind. P. 68879** vom 27/8. 1959.) C. Lüttgen 4809

1562 G. D. Searle & Co., Chicago, übert. von: Raymond E. Counsell, Skokie, Ill., V. St. A., **N-Substituierte 20-Aminoverbindungen der Pregnanreihe.** Man hydriert z. B. 3β-Acetoxy-5α-pregnan-20-on (**Ia**) in Essigsäure in Ggw. von β-Dimethylaminoäthylamin (**Ib**) u. von PtO_2 u. A. → *20α-(β-Dimethylaminoäthyl)-amino-5α-pregnan-3β-ol* (**I**) (nach Hydrolyse der 3-Acetoxygruppe), F. 134—136°; $[\alpha]_D$ 22°, neben dem 20β-Isomeren (**II**), F. 74—76°; $[\alpha]_D$ 9°. — **I**-*Dimaleat*, F. 162—164°; $[\alpha]_D$ 13,5°. — **II**-*Dimaleat*, F. 172—173°; $[\alpha]_D$ 8°. — Analog: *20α-(γ-Diäthylaminopropyl)-amino-5α-pregnan-3β-ol*, F. 120—122°; $[\alpha]_D$ 3°. — *20α-(β-Diäthylaminoäthyl)-amino-5α-pregnan-3β-ol* (**II**), F. 140—142°; $[\alpha]_D$ 13°. — *20α-(β-Pyrrolidinoäthyl)-amino-5α-pregnan-3β-ol-monohydrat*, F. 145—147°; $[\alpha]_D$ 18°; *20β-Isomeres*, F. 69—74°; $[\alpha]_D$ 10°. — *20α-(β-Hydroxyläthyl)-amino-5α-pregnan-3β-ol*, F. 180—181°; $[\alpha]_D$ 27,2°; *20β-Isomeres*, F. 171—172,5°; $[\alpha]_D$ 65°. — *20-(β-Hydroxyäthyl)-amino-5α-pregnan-3β-ol-Hydrochlorid*, F. 283—288° (Zers.) (als Hemimethanolat); *3-Acetat*, F. 242—244° (Zers.). — **I**-*Hydrochlorid*, $[\alpha]_D$ 11,5°. — Alternativ kann man **Ia** mit **Ib** in Bzl. u. in Ggw. von p-Toluolsulfonsäure unter Entfernung des Rk.-Wassers umsetzen. → *N-(β-Dimethylaminoäthyl)-3β-acetoxy-5α-pregnan-20-imin*, F. 102—104°; $[\alpha]_D$ 37°, welches sich mit H_2/PtO_2 hydrieren läßt → **I**. — Zur Herst. der entsprechenden Δ^5-Verbb. setzt man z. B. *20α-Amino-Δ^5-pregnen-3β-ol-3-acetat* in Bzl. mit Triäthylamin u. Chloracetylchlorid um → *20α-Chloracetamino-Δ^5-pregnen-3β-ol-3-acetat*, F. 196—199°; $[\alpha]_D$ —44°, welches sich mit Dimethylamin in Toluol-Butanol überführen läßt → *20α-Dimethylaminoacetamido-Δ^5-pregnen-3β-ol-3-acetat*, F. 159,5—161,5°; $[\alpha]_D$ 52,5°; daraus durch Red. mit $LiAlH_4$ in Dioxan → *20α-(β-Dimethylaminoäthyl)-amino-Δ^5-pregnen-3β-ol* (**III**), F. 83—87°; $[\alpha_D]$ 41°, welches sich mit H_2/PtO_2 katalyt. hydrieren läßt → **I**-*Dihydrochlorid*. — **II**-*Dihydrochlorid*, F. 250—260° (Zers.). — **III**-*Dimaleat*, F. 173—174°. — *20α-Diäthylaminoacetamido-Δ^5-pregnen-3β-ol-3-acetat*, F. 147—149°. — *20α-(β-Diäthylaminoäthyl)-amino-Δ^5-pregnen-3β-ol*, F. 130—132°. — *20α-Pyrrolidinoacetamido-Δ^5-pregnen-3β-ol-acetat*, F. 157—160°. — *20α-(β-Pyrrolidinoäthyl)-amino-Δ^5-pregnen-3β-ol*, F. 111—113,5°; *Dimaleat*, F. 164—167°. — *20α-Piperidinoacetamido-Δ^5-pregnen-3β-ol-3-acetat*, F. 171,5—172,5°. — *20[α-(β-Piperidinoäthyl)-amino-Δ^5-pregnen-3β-ol*, F. 142—143,5°. — *20α-Morpholinoacetamido-Δ^5-pregnen-3β-ol-3-acetat*, F. 173 bis 176°. — *20α-(β-Morpholinoäthyl)-amino-Δ^5-pregnen-3β-ol*, F. 145,5—147°; *Dimaleat*, F. 135—138°. — *20α-(N-Methylpiperazino)-acetamido]-Δ^5-pregnen-2β-ol-3-acetat* Öl. — *20-[β-(N-Methylpiperazinomethyl)-amino]-Δ^5-pregnen-3β-ol*, F. 147—148°. — *Heilmittel.* (**A. P. 3013008** vom 9/1. 1961, ausg. 12/12. 1961.) U. Sievers 4809

1563 Merck & Co., Inc., Rahway, N. J., V. St. A., **Herstellung von 11-oxygenierten, halogenierten 16β-Methylsteroiden.** Aus 16β-Methyl-17—20.20—21-bismethylendioxy-3-äthylendioxy-Δ^5-pregnen-11-on u. Perbenzoesäure → 16β-Methyl-17—20.20—21-bismethylendioxy-3-äthylendioxy-5α.6α-epoxyallopregnan-11-on, mit HF → 6β-Fluor-16β-Methyl-17—20.20—21-bismethylendioxy-3-äthylendioxypregnan-5α-ol-11-on, mit p-Toluolsulfonsäure → 6β-Fluor-16β-methyl-17—20.20—21-bismethylendioxy-Δ^4-pregnen-3.11-dion, mit gesätt. HCl-Lsg. in Chlf. → 6α-Fluor-Verb., mit HCOOH → *6α-Fluor-16β-methylcortison.* Analog nach Ind. P. 68670: *6α-Fluor-16α-methylcortison.* (**Ind. PP. 68495** vom 23/7. 1959. Can. Prior. 12/9. 1958 u. **68670** vom 6/8. 1959. Can. Prior. 7/8. 1958.) C. Lüttgen 4809

1564 Distillers Co. Ltd., Edinburgh, Schottland (Erfinder: William Norman Jones), **Gewinnung von Phenoxymethylpenicillin** (**I**) aus Fermentationsbrühen (**II**) durch Extraktion mit einem wasserunmischbaren organ. Lsgm., bes. Butylacetat, bei pH < ca. 3,5, dann Extraktion der organ. Phase, nach Behandeln mit Aktivkohle, bei pH 6—8,5 mit W. u. Fällen von **I** aus dem wss. Extrakt in Ggw. geringer Mengen (5—15%) eines wasserunmischbaren organ. Lsgm., bes. Aceton, durch Ansäuern. — Die Gesamtausbeute an 99%ig. **I** beträgt 70% bei Aufarbeitung einer filtrierten **II** mit einem Geh. von 2,5 μg/ml **I**. (**E. P. 835725** vom 18/11. 1957, ausg. 25/5. 1960). F. Hirsch 4811

1565 Imperial Chemical Industries Ltd., London, England (Erfinder: George Fisher Beattie), **Penicillin V-Aluminiumsalz** (**I**) wird erhalten durch Rk. von in W. lösl. Salzen von Penicillin V u. Al-Salzen in wss. Lsg. unter Bldg. von Hydraten. Die Prodd. enthalten ca. 2,3—2,5% Al u. ca. 3,8—5,1% W., etwa entsprechend den Formeln $[C_{16}H_{17}N_2O_5S)_3Al \cdot 2H_2O$ oder $3H_2O$. *Antibiotica.* (**E. P. 828642** vom 10/5. 1957, ausg. 24/2. 1960.) F. Hirsch 4811

1566 Imperial Chemical Industries Ltd., London, England (Erfinder: Alan Taylor), **Penicillinsalze von Amidinen** der allg. Formel $R_1{-}NR_3{-}CR_2{=}NH$ [R_1 = ggf. durch Alkyl-, Alkoxy-, Alkylmercapto-, Dialkylamino-, Tetramethylengruppen oder Halogenatome substituierter Phenylrest; $R_2 + R_3$ = H oder Alkylrest] werden erhalten durch Rk. der beiden Komponenten oder deren Salze. — Es wurden erhalten die *Penicillin-V-Salze* von: *N-[2.4-Dimethylphenyl]-propionamidin*, F. 78—80°, $[\alpha]_D^{20}$ + 110° (c = 1% Chlf.). — *N-[2.4-Dimethylphenyl]-acetamidin*, F. 86°, $[\alpha]_D^{20}$ + 124° (c = 2% Chlf.). — *N-[2.4-Dimethylphenyl]-isobutyramidin*, F. 70—72°, $[\alpha]_D^{20}$ + 108° (c = 1% Chlf.). — *N-[3.4-Dimethylphenyl]-acetamidin*, F. 82° (Zers.), $[\alpha]_D^{22}$ + 178 (c = 4% Chlf.). — *N-[3.4-Dimethylphenyl]-propionamidin*, F. 78° (Zers.), $[\alpha]_D^{22}$ + 145° (c = 5% Chlf.). — *Antibiotica.* (**E. P. 861527** vom 16/5. 1958, ausg. 22/2. 1961.) F. Hirsch 4811

1567 Beecham Research Laboratories Ltd., Brentford, England, **Dialkylmethylpenicilline** u. deren Salze werden erhalten durch Rk. von 6-Aminopenicillansäure mit einem Dialkylacetylchlorid oder deren funktionellen Derivate. — Die Herstellung folgender Penicilline (**I**) wird beschrieben: *α-Methylpropyl-I-K*, Zers. 170—175°. — *α-Äthylpentyl-I-K*, F. 85—88°. — *α-Äthylpropyl-I-K*. — Ohne nähere Kennzeichnung aufgeführt werden noch folgende **I**: *α-Methyl-n-undecyl-*,

Isopropyl-, α-Methyl-n-butyl-, α-Methylisobutyl-, α-Methyl-n-pentyl-, α-Äthyl-n-hexyl-, α-n-Butyl-n-pentyl-, α-n-Propyl-n-heptyl-, α-n-Hexyl-n-heptyl-, α-Methyl-n-nonyl-. — *Antibiotica.* (**E. P. 876516** vom 23/5. 1960, ausg. 6/9. 1961. A. Prior. 8/6. 1959.) F. Hirsch 4811

1568 Beecham Research Laboratories Ltd., Brentford, England, **Chinolylpenicilline (I),** die ggf. am Benzolring u./oder Pyridinring durch eine Alkyl-, OH-, Phenyl-, Thienylgruppe oder ein Chlor- oder Bromatom substituiert sind, werden erhalten durch Rk. von 6-Aminopenicillinsäure oder deren Salzen mit acylierend wirkenden Derivaten (Säurechlorid) der ggf. entsprechend substituierten Chinolincarbonsäure. — Es wird die Herstellung folgender *Chinolyl-(2)-penicilline* (**II**), *Chinolyl-(3)-penicilline* (**III**) u. *Chinolyl-(4)-penicilline* (**IV**) beschrieben: **II**-*K*, F. 190—203° (Zers.). — *4-Hydroxy-7-chlor*-**III**-*K*, F. 145,5—146,5° (Zers.). — **IV**-*K*, — *2-Methyl*-**IV**-*K*. — *2-Nonyl*-**IV**-*K*. — *2-Hydroxy*-**IV**-*K*. — *4-Hydroxy*-**II**-*K*. — Ferner die K-Salze folgender **I**: **III**. — *2-Methyl*-**III**. — *2-Hydroxy*-**III**. — *4-Hydroxy*-**III**. — *2-Phenyl*-**IV**. — *2-Thienyl-(2')*-**IV**. — *3-Methyl*-**IV**. — *3-Phenyl*-**IV**. — *6-Hydroxy*-**IV**. — *4-Methyl*-**II**. — *4-Hydroxy*-**II**. — *2.4-Dihydroxy*-**III**. — *Antibiotica.* (**E. P. 876662** vom 25/5. 1960, ausg. 6/9. 1961. A. Prior. 15/6. 1959.) F. Hirsch 4811

1569 Roussel-Uclaf, Paris (Erfinder: Gérard Nominé, Noisy-le-Sec, Seine, und Lucien Penasse, Paris), Frankreich, **Auftrennung von Neomycin B aus C** durch Adsorption, dad. gek., daß man das an einen Kationenaustauscher (I) in der Alkaliform adsorbierte Gemisch der beiden Isomeren mit einer wss. ammoniakal. Lsg. bei steigenden Konz.-Werten fraktioniert eluiert. Neomycin C wird hierbei mit verd., ca. 0,25 n NH_3 u. dann B mit konz., ca. n NH_3 eluiert. **I** ist z. B. vernetztes Methacrylsäureharz mit COOH-Gruppen, das mit NH_3 in die alkal. Form gebracht wurde. Man erhält Neomycin-B von sehr hohem Reinheitsgrad. (**D. A. S. 1150780** Kl. 30h vom 22/2. 1961, ausg. 27/6. 1963. **A. P. 3062807** vom 1/3. 1961, ausg. 6/11. 1962. Beide F. Prior. 8/3. 1960.) H. Schindler 4811

1570 Bristol Laboratories, Inc. (Erfinder: William J. Gottstein und Lee Carmon Cheney), **Herstellung von therapeutisch verwendbaren Mono- und Poly-(N'-tetracyclylmethyl)-kanamycinen** durch Rk. eines Gew.-Teils Kanamycin mit wenigstens einem mol. äquivalenten Gew.-Teil Formaldehyd, seinen Polymeren oder Ausgangsprodd. bei Raumtemperatur. Beispiele: *N'-Tetracyclylmethylkanamycin*; *Di-*, *Tri-* u. *Tetra-(N'-tetracyclylmethyl)-kanamycin.* (**Aust. P. 238265** vom 1/10. 1959, ausg. 3/5. 1962. A. Prior. 10/10. 1958.) K. Demmler 4811

1571 VEB Serum-Werk Bernburg, Bernburg/Saale (Erfinder: Ulrich Behrens, Manfred Ringpfeil und Anton Gabert, Leipzig), **Herstellung von Natriumsalzen blutgerinnungshemmender Dextranschwefelsäureester,** dad. gek., daß man Dextrane im Molgew.-Bereich von 10000—250000 in bekannter Weise sowohl mit HSO_3-abspaltenden Verbb. als auch mit Carboxyalkylhalogeniden derart verestert bzw. veräthert, daß ein Teil, bes. > 30%, der SO_3H-Gruppen durch Carboxyalkylgruppen ersetzt wird. Als Prodd. sind Carboxymethyldextransulfat-Natrium mit S-Geh. von nur 10,8 bzw. 10,4 bzw. 10,76% u. Carboxypropyldextransulfat-Natrium mit einem S-Geh. von 11,3% (verringerte Toxizität) genannt. Mengenbeispiele. Tabelle für Recalcifizierungszeiten am Humanplasma. (**D. A. S. 1152396** Kl. 12o vom 26/1. 1960, ausg. 8/8. 1963.) G. Vogel 4813

1572 Farbenfabriken Bayer Akt.-Ges., Leverkusen (Erfinder: Werner Pilz, Otto Armbruster, Köln, und Heinz Georg Garbe, Bensberg), **Herstellung einer Lebendvaccine gegen Maul- und Klauenseuche** durch Passieren von virulentem MKS-Virus in Zellkulturen, bis zur Attenuierung, dad. gek., daß die Viruszüchtung bei 37° unter Verw. eines Virusentwicklungsmediums erfolgt, welches aus physiolog. Salz-Lsg. mit geringen Zusätzen einer C-Quelle u. einer von hochmol. Eiweißstoffen prakt. freien N-Quelle besteht. Man verwendet bes. embryonales Nierenepithel von Rindern. (**D. A. S. 1153487** Kl. 30h vom 13/2. 1962, ausg. 29/8. 1963.) K. Koebke 4813

1573 Abbott Laboratories (Erfinder: Kenneth Elvin Kueter), **Therapeuticum für die Behandlung von Diarrhöe,** bestehend aus einem Dispersionsgemisch von Erythromycin u. einem antispasmod. Mittel, wie einem quatern. NH_4-Salz des N-(β-Phenyl-β-cyclohexyl-β-hydroxyäthyl-)-N'-methylpiperazin. (**Aust. P. 238149** vom 2/6. 1959, ausg. 19/4. 1962. A. Prior. 2/6. 1958.) K. Demmler 4815

1574 Farbwerke Hoechst Akt.-Ges. vormals Meister Lucius & Brüning (Erfinder: Walter Kempe und Roman Muschaweck), Frankfurt/M., **Herstellung von haltbaren versprühbaren, im wesentlichen nichtwäßrigen alkoholischen, fluorierte aliphatische Chlorkohlenwasserstoffe enthaltenden Lösungen von 4-Butylaminobenzoesäure-β-dimethylaminoäthylester,** *4-n-Propylaminobenzoesäure-γ-dimethylamino-β-hydroxypropylester* oder *2-Hydroxy-4-butylaminobenzoesäure-β-dimethylaminoäthylester*, dad. gek., daß man als Lösungsvermittler p-Aminobenzoesäure, Gentisinsäure, Salicylsäure oder Gallussäure verwendet. — *Oberflächenanästhetica.* (**D.A.S. 1152222** Kl. 30h vom 18/3. 1961, ausg. 1/8. 1963.) W. Heyer 4815

1575 **Wellcome Foundation Ltd.**, London, England, *Arzneimittel mit verlängerter Wirkungsdauer.* (**Ind. P. 67430** vom 21/4. 1959, ausg. 30/1. 1962. E. Prior. 2/5. 1958. — C. **1964**, 4-1564 [E. P. 906422].)

1576 **American Cyanamid Co.**, New York, N. Y., V. St. A. (Erfinder: **Ernest Chu Yen, James Charles Vitueci** und **William Valentine**), *Herstellung chirurgischer Fäden.* (**Aust. P. 235821** vom 10/2. 1959, ausg. 9/11. 1961. A. Prior. 17/2. 1958. — C. **1963**, 4445 [Oe. P. 219201].)

1577 **Espe, Fabrik Pharmazeutischer Präparate G. m. b. H.**, Seefeld/Obb. (Erfinder: **Werner Schmitt, Robert Purrmann** und **Peter Jochum**), *Masse zum Füllen von Hohlräumen in Zähnen und zum Befestigen von Zahnersatzteilen.* (**Aust. P. 235845** vom 22/5. 1959, ausg. 9/11. 1961. D. Prior. 6/6. 1958. — C. **1962**, 16059 [Oe. P. 211484].)

1578 **Asta-Werke Akt.-Ges., Chemische Fabrik**, Brackwede (Erfinder: **Herbert Arnold**, Bielefeld, und **Norbert Brock**, Wadersloh/Kr. Beckum), *Herstellung von choleretisch wirksamen Verbindungen.* (**Schwz. P. 369127** vom 21/2. 1958, ausg. 29/6. 1963. D. Prior. 23/2. u. 12/6. 1957. — C. **1959**, 10338 [D. A. S. 1039058] u. C. **1960**, 12431 [D. A. S. 1047777].)

1579 **Rhône-Poulenc Soc. An.**, früher **Soc. des Usines Chimiques Rhône-Poulenc**, Paris, Frankreich, *Ester mit pharmazeutischer Wirksamkeit.* (**E. P. 920038** vom 31/1. 1961, ausg. 6/3. 1963. F. Prior. 2/2. 1960. — C. **1963**, 5120 [Ung. P. 149985].)

1580 **Sandoz Akt.-Ges.**, Basel, Schweiz (Erfinder: **Theodor Petrzilka, Albert Frey, Albert Hofmann, Hans Ott, Hansruedi Schenk** und **Franz Troxler**), *Pivalinsäureester.* (**Aust. P. 235819** vom 28/1. 1959, ausg. 9/11. 1961. Schwz. Prior. 30/1. u. 3/12. 1958. — C. **1962**, 8350 [F. P. 1216034].)

1581 **Asta-Werke Akt.-Ges., Chemische Fabrik** (Erfinder: **Herbert Arnold, Norbert Brock** und **Friedrich Bourseaux**), *N.N-Bis-β-chloräthylphosphorsäureesteramide.* (**Aust. P. 235996** vom 8/6. 1959, ausg. 16/11. 1961. — C. **1960**, 3960 [D. A. S. 1061780].)

1582 **Christian Jean Marie Warolin**, Paris, und **Pierre Robert Billot**, Bois-Colombes, Frankreich, *Herstellung von Acetylsalicylsäureanhydrid.* (**E. P. 872130** vom 29/4. 1960, ausg. 5/7. 1961. F. Prior. 22/6. 1959. — C. **1963**, 17414 [D. A. S. 1142875].)

1583 **Mundipharma Akt.-Ges.**, Aarau, Schweiz, *Herstellung von Cholinsalicylat.* (**E. P. 869553** vom 2/12. 1958, ausg. 31/5. 1961. A. Prior. 3/3. 1958. — C. **1964**, 4-1580 [Schwz. P. 358433].)

1584 **Laboratoires Sapos Soc. An.** (Erfinder: **Philipe Gold-Aubert**), Genf, Schweiz, *α-Äthylphenylacetalharnstoff.* (**E. P. 864536** vom 6/11. 1957, ausg. 6/4. 1961. — C. **1955**, 160 [Schwz. P. 298332].)

1585 **Farbenfabriken Bayer Akt.-Ges.**, Leverkusen, [*1.4-Butansultamo*]-*p-benzolsulfonamid.* (**E. P. 871449** vom 17/3. 1960, ausg. 28/6. 1961. D. Prior. 28/3. 1959. — C. **1962**, 3186 [D. A. S. 1111191].)

1586 **Schenley Industries, Inc.**, New York, N. Y., V. St. A., übert. von: **Burckhardt Helferich**, Bonn, und **Robert Behnisch**, Wuppertal, *Sultame.* (**A. P. 2916489** vom 22/8. 1956, ausg. 8/12. 1959. D. Prior. 9/9. 1955. — C. **1962**, 7324 [F. P. 1220015].)

1587 **E. Merck Akt.-Ges.**, Darmstadt, *3.5-Diketo-1.2.4-triazolidinderivate.* (**E. P. 893269** vom 11/12. 1959, ausg. 4/4. 1962. D. Prior. 17/12. 1958. — C. **1963**, 13285 [D. A. S. 1103342].)

1588 **Chimie et Atomistique**, Paris, übert. von: **David Liberman**, Paris, Frankreich, *3-Hydrazinopyridazin-6-carboxamide.* (**A. P. 3042673** vom 9/7. 1959, ausg. 3/7. 1962. **E. P. 856409** vom 24/7. 1959, ausg. 14/12. 1960. Beide F. Prior. 26/7. 1958. — C. **1962**, 16062 [D. A. S. 1119280].)

1589 **Ciba Ltd.**, Basel, Schweiz, *Neue Pyrazolopyrimidine und deren Herstellung.* (**E. P. 884848** vom 1/6. 1959, ausg. 20/12. 1961. Schwz. Prior. 30/5., 29/8. 1958 u. 3/4. 1959. — C. **1961**, 16202 [D. A. S. 1106330].)

1590 **Ciba Ltd.**, Basel, Schweiz, *Neue Pyrazolopyrimidine und deren Herstellung.* (**E. P. 884850** vom 1/6. 1959, ausg. 20/12. 1961. Schwz. Prior. 13/6. 1958, 22/1. u. 3/4. 1959. — C. **1962**, 949 [D. A. S. 1106329].)

1591 **Ciba Corp.**, Del., V. St. A., übert. von: **Jean Druey**, Riehen, **Paul Schmidt**, Therwil, **Kurt Eichenberger** und **Max Wilhelm**, Basel, Schweiz, *Pyrimidopyrimidine und deren Herstellung.* (**A. P. 3055900** vom 3/12. 1958, ausg. 25/9. 1962. Schwz. Prior. 6/12. 1957. — C. **1962**, 15696 [F. P. 1217749].)

1592 **Rhône-Poulenc Soc. An.**, Paris, Frankreich, *Phenothiazinderivate.* (**Niederl. P. 103882** vom 12/5. 1958, ausg. 15/2. 1963. F. Prior. 31/5., 20/9. 1957 u. 16/1. 1958. — C. **1962**, 1327 [Belg. P. 568136].)

1593 **Soc. des Usines Chimiques Rhône-Poulenc**, Paris, Frankreich (Erfinder: **Robert Michel Jacob** und **Raymond Jacques Horclois**), *Phentiazin-*

verbindungen. (**Aust. P. 235811** vom 23/12. 1958, ausg. 9/11. 1961. F. Prior. 9/1. u. 3/2. 1958. – C. **1961**, 8039 [D. A. S. 1090215].)

1594 **Deutsche Gold- und Silber-Scheideanstalt vormals Roessler**, Frankfurt/M., *Herstellung von Piperazino-alkyl-4-azaphenthiazinen.* (**E. P. 893284** vom 27/11. 1958, ausg. 4/4. 1962. D. Prior. 3/12. 1957. – C. **1960**, 3316 [D. A. S. 1063603].)

1595 **Imperial Chemical Industries Ltd.**, London, übert. von: **Francis Leslie Rose** und **James Allan Hendry**, Manchester, England, *Diazomethyltriazine.* (**A. P. 3049542** vom 31/10. 1955, ausg. 14/8. 1962. E. Prior. 10/11. 1954. – C. **1957**, 12551 [E. P. 769722].)

1596 **Ciba Ltd.**, Basel, Schweiz, *Herstellung von Benzothiadiazinen.* (**E. P. 880652** vom 31/7. 1959, ausg. 25/10. 1961. A. Prior. 31/7., 29/9. 1958 u. 12/5. 1959. – C. **1961**, 16575 [D. A. S. 1093370].)

1597 **Lepetit S. p. A.**, übert. von: **Uberto Teotino** und **Giorgio Cignarella**, Mailand, Italien, *1.3-Dihydro-2.3.5-benzothiadiazepin-2.2-dioxide.* (**A. P. 3067208** vom 17/11. 1959, ausg. 4/12. 1962. E. Prior. 3/12. 1958. – C. **1962**, 5395 [D. A. S. 1111199].)

1598 **Miroslav Semonský** und **Victor Zickáu**, Prag, Tschechoslowakei, *Herstellung substituierter Amide der d-Lysergsäure und d-Isolysergsäure.* (**Schwz. P. 362083** vom 22/7. 1957, ausg. 14/7. 1962. Tschech. Prior. 9/8. 1956. – C. **1962**, 3554 [Niederl. P. 96699].)

1599 **Sandoz Ltd.**, Basel, Schweiz, *Podophyllinsäurederivate.* (**E. P. 887817** vom 5/6. 1958, ausg. 24/1. 1962. Schwz. Prior. 20/6. 1957. – C. **1964**, 4-1604 [Schwz. P. 362419].)

1600 **Soc. des Usines Chimiques Rhône-Poulenc**, Paris, übert. von: **Robert Michel Jacob**, Ablon-sur-Seine, und **Nicole Marie Preau**, Paris, Frankreich, *Adamantan-Derivate.* (**A. P. 3081337** vom 30/1. 1961, ausg. 12/3. 1963. F. Prior. 2/2. 1960. – C. **1963**, 5120 [Ung. P. 149985].)

1601 **Bracco Industria Chimica S. p. A.**, Mailand, Italien, *Herstellung von Pantothensäure-*(**I**)*-methylestern.* (**E. P. 844439** vom 26/3. 1959, ausg. 10/8. 1960. Schwz. Prior. 9/4. 1958. – C. **1963**, 5568 [A. P. 2979525].)

1602 **Nopco Chemical Co.**, Newark, N. J., V. St. A., *Herstellung von Vitamin A.* (**Ind. P. 67789** vom 25/5. 1959, ausg. 23/8. 1961. – C. **1962**, 8720 [F. P. 1225299].)

1603 **Ciba Ltd.**, Basel, Schweiz (Erfinder: **Albert Wettstein, Karl Heusler, Hellmut Ueberwasser** und **Peter Wieland**), *Steroide.* (**Aust. P. 235953** vom 1/12. 1958, ausg. 16/11. 1961. Schwz. Prior. 5/12. 1957, 8/5., 13/6. u. 29/10. 1958. – C. **1963**, 5943 [D. A. S. 1093794].)

1604 **Soc. Farmaceutici Italia**, Mailand, Italien (Erfinder: **Bruno Camerino** und **Bianca Patelli**), *Steroidverbindungen.* (**Aust. P. 235952** vom 24/11. 1958, ausg. 16/11. 1961. – C. **1959**, 12634 [D. A. S. 1041042].)

1605 **Syntex Soc. An.**, Mexio, Mexico, *Herstellung von Steroiden.* (**E. P. 904123** vom 12/2. 1959, ausg. 22/8. 1962. Mexican. Prior. 14/2., 26/2., 25/6. u. 27/6. 1958. – C. **1964**, 5-1582 [A. P. 3019239].)

1606 **Glaxo Group Ltd.**, London, England (Erfinder: **Harold Bernard Henbest**), *Herstellung von Steroiden.* (**E. P. 920270** vom 13/10. 1959, ausg. 6/3. 1963. – C. **1964**, 5-1572 [F. P. 1273506].)

1607 **Merck & Co., Inc.**, Rahway (Erfinder: **David Taub**, Metuchen, **Norman Lord Wendler**, Summit, und **Harry Lovell Slates**, Florham Park), N. J., V. St. A., *Herstellung von 16α-Alkyl-3α.17α-dihydroxypregnan-11.20-dionen und 16β-Alkyl-3α17α-.dihydroxypregnan-11.20-dionen.* (**D. A. S. 1146879** Kl. 12o vom 13/3. 1959, ausg. 11/4. 1963. A. Prior. 19/3. 1958. – C. **1964**, 5-1569 [F. P. 1260000].)

1608 **Merck & Co., Inc.**, Rahway (Erfinder: **David Taub**, Metuchen, **Norman Lord Wendler**, Summit, und **Harry Lovell Slates**, Florham Park), N. J., V. St. A., *Herstellung eines Gemisches aus einem 16-Alkyl-3α-dihydroxy-α^{15}-pregnan-11.20-dion und einem 6-Alkyliden-3α.17α-dihydroxy-pregnan-11.20-dion.* (**D. A. S. 1147581** Kl. 12o vom 13/3. 1959, ausg. 25/4. 1963. A. Prior. 19/3. 1958. – C. **1964**, 5-1569 [F. P. 1260000].)

1609 **Ciba Pharmaceutical Products, Inc.**, Summit, N. J., V. St. A., übert. von: **Oskar Jeger**, Zürich, und **Duilio Arigoni**, Zollikerberg, Schweiz, *Δ^{4}-3.20-Dioxo-11β.18-oxidopregnen.* (**A. P. 3033859** vom 9/2. 1960, ausg. 8/5. 1962. Schwz. Prior. 12/2. 1959. – C. **1963**, 14051 [D. A. S. 1140573].)

1610 **Merck & Co., Inc.**, Rahway, übert. von: **Dale H. Hoff**, Cranford, und **Joyce M. Korntved**, Metuchen, N. J., V. St. A., *Herstellung von 6α-Halogen-9α-halogen-$\Delta^{1,4}$-pregnadien-3-onen.* (**A. P. 3047596** vom 17/11. 1959, ausg. 31/7. 1962. – C. **1964**, 5-1571 [F. P. 1273625].)

1611 **Ciba Akt.-Ges.**, Basel (Erfinder: **Alfred Hunger**, Basel, Schweiz, und **John Benjamin Ziegler**, Summit, N. J., V. St. A.), *Entfernung von selenhaltigen Verunreinigungen aus 1-Dehydro-17α-methyltestosteron.* (**D. A. S. 1152102** Kl. 12o vom 29/11. 1960, ausg. 1/8. 1963. A. Prior. 3/12. 1959. – C. **1964**, 5-1583 [E. P. 894029].)

1612 **Organon Laboratories Ltd.**, London, England, *Reinigung von ACTH.* (**E. P. 903415** vom 16/11. 1959, ausg. 15/8. 1962. Niederl. Prior. 9/12. 1958. Zusatz zu E. P. 804639; C. 1960, 3321. – C. **1964**, 4-1618 [Niederl. P. 101390].)

1613 **N. V. Organon** (Erfinder: **Evert de Jager**), Oss, Niederlande, *Herstellung von ACTH-Präparaten hoher Reinheit.* (**D. A. S. 1141410** Kl. 30h vom 9/12. 1959, ausg. 20/12. 1962. Niederl. Prior. 9/12. 1958. – C. **1964**, 4-1618 [Niederl. P. 101390].)

1614 **Chas. Pfizer & Co., Inc.**, New York, N. Y., V. St. A. (Erfinder: **Philip Newton Gordon, Charles Robert Stepehns jun., Melvin Mackenzie Noseworthy** und **Fred Wilson Teare**), *Herstellung von haltbaren Lösungen von Metallkomplexsalzen von Tetracyclinen.* (**Aust. P. 235849** vom 11/6. 1959, ausg. 9/11. 1961. – C. **1963**, 13660 [A. P. 3017323].)

1615 **Chemie Grünenthal G. m. b. H.**, Stolberg, *Kanamycinsalze.* (**E. P. 864831** vom 10/9. 1959, ausg. 6/4. 1961. D. Prior. 16/9. 1958. – C. **1963**, 3330 [Oe. P. 210995].)

1616 **Österreichisches Institut für Haemoderivate G. m. b. H.** (Erfinder: **Wilhelm Auerswald** und **Johann Eibl**), Wien, Österreich, *Filtrieren von Virusflüssigkeiten.* (**D. A. S. 1150178** Kl. 30h vom 24/6. 1960, ausg. 12/6. 1963. Oe. Prior. 2/7. 1959. – C. **1963**, 10583 [Oe. P. 215078].)

1617 **Ciba Ltd.**, Basel, Schweiz (Erfinder: **George de Stevens** und **Lincoln Harvey Werner**), *Blutdrucksenkende Mittel.* (**Aust. P. 235832** vom 2/4. 1959, ausg. 9/11. 1961. A. Prior. 9/4. 1958 u. 9/2. 1959. – C. **1963**, 8265 [E. P. 879881].)

1618 **Ciba Ltd.**, Basel, Schweiz (Erfinder: **George de Stevens** und **Lincoln Harvey Werner**), *Blutdrucksenkende Mittel.* (**Aust. P. 235833** vom 2/4. 1959, ausg. 9/11. 1961. A. Prior. 9/2. 1959. – C. **1963**, 8265 [E. P. 879882].)

1619 **Merck & Co., Inc.**, Rahway, N. J., V. St. A. (Erfinder: **Irwin Clark**), *Arzneimittel.* (**Aust. P. 235822** vom 13/2. 1959, ausg. 9/11. 1961. A. Prior. 3/3. 1958. – C. **1963**, 7097 [A. P. 2967801].)

1620 **C. H. Boehringer Sohn**, Igelheim/Rh., *6-Acetyl-7.8-dihydro-3-äthylmorphin.* (**Niederl. P. 102860** vom 29/8. 1959, ausg. 15/10. 1962. D. Prior. 10/9. 1958. – C. **1963**, 14050 [D. A. S. 1138064].)

1621 **Monsanto Canada Ltd.**, La Salle, Quebec, Canada (Erfinder: **David Lyon Garmaise, George Eric Just** und **Arthur Ferguson McKay**), *Bacteriostatische Benzyldithiocarbamate.* (**Aust. P. 235825** vom 2/3. 1959, ausg. 9/11. 1961. E. Prior. 3/3. 1958. – C. **1963**, 12912 [A. P. 2972627].)

1622 **Norwich Pharmacal Co.**, Norwich, N. Y., V. St. A. (Erfinder: **Gabriel Gever**), *Herstellung von 5-Nitro-2-furfurylnitrat und 5-Nitro-2-furfuryljodid.* (**Aust. P. 235998** vom 12/6. 1959, ausg. 16/11. 1961. A. Prior. 30/6. 1958. – C. **1963**, 12144 [A. P. 2980704].)

G. Analyse, Laboratorium

1623 **Zerkleinerung von Materialien für Laboratoriumszwecke.** Roman Calikowski und Aleksander Grzybowski. (Szkło i Ceram. **13**, 289–94, 1962; pol.) — Übersicht über Zerkleinerungsapparaturen. F. Urban 5012◇

1624 **Laboratoriums-Zylindermühle für kleine Proben.** M. D. Schlesinger, S. Nazaruk und Leslie Reggel. (J. chem. Educat. **40**, 546, 1963; Pittsburgh, Pa., Bur. of Mines, Pittsburgh Coal Res. Center; engl.) A. Blaschette 5012◇

1625 **Zunahme der aus Glas stammenden Natriumkontaminierung als Funktion der Zeit nach der Reinigung.** Frances B. Nesbett und Adelbert Ames, III. (Analyt. Biochem. [New York] **5**, 452–57, 1963; Boston, Mass., Harvard Med. School, Dep. of Biol. Chem. and Neurosurgical Serv., Massachusetts General Hospital; engl.) — Mit Säuren u. entionisiertem W. gereinigte Pipetten werden auf 102°, 24° u. –26° gehalten u. die durch W. u. KCl-Lsg. extrahierbare Na-Menge flammenphotometr. bestimmt. Vff. erklären die mit der Zeit zunehmende Na-Menge durch die Veränderung der Bindung des Na in der Glasoberfläche oder durch Diffusion des Na innerhalb des Glases. H. J. Altmann 5014◇

1626 **Ein automatisches Registriergerät für Druck- oder Volumenänderungen.** Toshinobu Imanaka und Kozo Hirota. (J. chem. Soc. Japan, pure Chem. Sect. [Nippon Kagaku Zasshi] **84**, 196, 1963; Osaka-Daigaku, Rigakubu; jap., Auszug: engl. S. A 14). E. Maekawa 5016◇

1627 **Herstellung feiner Drahtthermoelemente.** J. W. Denison jun. (Rev. sci. Instruments **33**, 870–71, 1962; St. Petersburg, Fla., General Electr. Co., Ind. Electronics Dep., Tube Technol. Labor.; engl.) — Anleitung zur Herst. von Pt–Pt, Rh-Thermoelementen aus feinsten Drähten unter Ausnutzung der unterschiedlichen Schmelztemperaturen. A. Helms/Merseburg 5016◇

1628 **Herstellung von Miniaturthermoelementen für akustische Detektoren im Ultrahochfrequenzbereich.** Stephen A. Hawley, John E. Breyer und Floyd Dunn. (Rev. sci. Instruments **33**, 1118–19, 1962; Urbana, Ill., Univ., Biophys. Res. Labor.; engl.) — Vff. beschreiben die Herst. von thermoelektr. Sonden speziell zur Analyse von in viscosen dielektr. Fll. entwickelten ultrahochfrequenten akust. Feldern. Als Thermoelementmaterial wurden Konstantan- u. Cu-Drähte verwendet. C. Gottfried 5016△

1629 **GaAs-p-n Übergangsdioden zur Thermometrie über große Bereiche.** B. G. Cohen, W. B. Snow und A. R. Tretola. (Rev. sci. Instruments **34**, 1091–93, 1963; Murray H. U, N. J., Bell Telephone Labor; engl.) — Zwischen 2,0 u. 300°K zeigen GaAs-p-n-Übergänge einen nahezu linearen Spannungsabfall. Für $I = 0{,}1\ \mu A$ in der Vorwärtsrichtung ist z. B. $\Delta V/\Delta T \sim -3{,}5$ mV/°C bei Zimmertemp.; bei sehr tiefen Temp. nimmt die Empfindlichkeit ab (fl. *He*: $\sim -1{,}5$ mV/°C). Mit solchen GaAs-Dioden konnte über den ganzen untersuchten Temp.-Bereich eine reproduzierbare Temp.-Messung mit ±0,01° ausgeführt werden. K. Jaeger 5016◇

1630 **Thermoelektrische Sonden zur Messung hoher Temperaturen in Gasströmen: ihre Anwendung auf die**

Untersuchung von durch Hindernisse stabilisierten Flammen. G. Matton und C. Fouré. (VIth Sympos. [int.] Combust., New Haven, Conn., **1956,** 757—63, 1957; engl.) — Der Bau, die Anwendung u. Eichung gekühlter thermoelektr. Sonden werden beschrieben. Sie können zur Unters. der Flammen-Temp. von z. B. Luft–Kerosin-Mischungen herangezogen werden. H. Roschkowski 5016◇

1631 **Ein sich selbst eichendes photographisches Hochgeschwindigkeits-Pyrometer.** J. Tyroler. (VIth Sympos. [int.] Combust., New Haven, Conn., **1956,** 763—65, 1957; engl.) — Beschreibung einer App. zur Unters. der Lichttemperatur-Verteilung explosiver Erscheinungen als Funktion der Zeit. H. Roschkowski 5016◇

1632 **Pyrometrie von Gasen hoher Geschwindigkeit.** I. Warshawsky. (VIth Sympos. [int] Combust., New Haven, Conn., **1956,** 739—50, 1957; engl.) — Übersicht zur Temp.-Messung heißer Gase (Theorie, App.) an Hand von 40 Literaturangaben. H. Roschkowski 5016◇

1633 **Photopyrometrische Bestimmung der Temperatur eines brennenden, sich bewegenden Teilchens.** V. A. Popov. (VIth Sympos. [int.] Combust., New Haven, Conn., **1956,** 751—56, 1957; engl.; — C. **1956,** 11127.) H. Roschkowski 5016◇

1634 **Die theoretischen Grundlagen der Arbeitsweise der Sedimentationswaage.** Genowefa Sotoła-Łoskiewicz. (Cement–Wapno–Gips **18(28),** 129—32, 1963; Krakow, Akademii Górniezo-Hutnichej; pol.) — Vf. untersucht die Bedingungen für die Durchführung der Sedimentationsanalyse mit Hilfe der Odens-Waage. Die theoret. Grundlagen der Meth. werden diskutiert u. die Darst. der Sedimentationskurve aus den Analyseergebnissen beschrieben. I. Köditz 5022

1635 **Elektrohydrodynamischer Ausfällapparat.** Otmar M. Stuetzer. (Rev. sci. Instruments **33,** 1171—77, 1962; Minneapolis, Minn., Gen. Mills, Inc., Electronic Group; engl.) — Zur Reinigung von verunreinigten Fll. speziell von isolierenden Fll., wird die Fl. aufgeladen u. in einen elektrodenlosen Sammlerraum gepumpt, wo die Teilchen niedergeschlagen werden. Verss. mit Octan, Dodekan, Bzl. u. Transformatorenöl werden kurz besprochen. C. Gottfried 5024△

1636 **Ein Teilchengrößenordner zur Darstellung von abgestuften Siebfraktionen.** A. M. Godridge, S. Badzioch und P. G. W. Hawksley. (J. sci. Instruments **39,** 611—13, 1962; Leatherhead, British Coal Utilisat. Res. Assoc.; engl.) — Vff. beschreiben einen auf dem Zentrifugenprinzip beruhenden App. zur Fraktionierung von Teilchen mit Teilchengrößen von 4 μm bis zu etwa 30 μm bei einer Leistung bis zu 2 lb. pro Stunde. C. Gottfried 5024△

1637 **Neuzeitliches Ionenpumpen.** N. W. Robinson. (Res. appl. in Ind. **15,** 413—20, 1962; Salfords, Near Redhill, Surrey, Mullard Res. Labor.; engl.) — Übersicht über Theorie, techn. Anwendung u. Ausführung von Ionenpumpen. H. Roschkowski 5026◇

1638 **Pumpen von Argon, Stickstoff und Wasserstoff in einem Bayard-Alpert-Rohr.** B. Cobic, G. Carter und J. H. Leck. (Brit. J. appl. Physics **12,** 384—89, 1961; Liverpool, Univ., Dep. of Electrical Engng.; engl.) — Die Pumpgeschw. von Ar, N_2 u. H_2 werden in einem Bayard-Alpert-Rohr als Funktion des Elektrodenpotentials, der Rohrtemp. u. der Gasbelegung auf den Wänden untersucht. Über den Pumpmechanismus wird diskutiert. G. Gattow 5026□

1639 **Ein Hochvakuum-Laboratorium zum Aufdampfen von metallischen und dielektrischen Substanzen.** C. R. Meissner. (Vakuum-Techn. **4,** 93—100, 1959; Murray Hill, N. J., Bell Telephone Labor., Inc.; dt.) R. Junge 5026◇

1640 **Hochvakuum–Messing–Aluminium-Dichtung für tiefe Temperaturen.** P. P. Craig, W. A. Steyert und R. D. Taylor. (Rev. sci. Instruments **33,** 869—70, 1962; Los Alamos, N. Mex., Univ. of California, Los Alamos Sci. Labor.; engl.) — Beschreibung der Dichtung von Al-Fenstern, die für Gammastrahlung geringer Energie durchlässig sind u. auch bei tiefen Temp. einen Druck von 10^{-5} Torr halten. A. Helms/Merseburg 5026◇

1641 **Billiger Ofen für die Radiochemie.** Richard C. Doyle und Will D. Phillips. (Nucleonics [New York] **20,** Nr. 5, 98, 1962; Berkeley, Calif., Lawrence Radiat. Labor.; engl.) — Kurze Beschreibung eines zylindr. elektr. Widerstandsofens mit zentralem keram. Träger für die zu erwärmenden Porzellantiegel. Der Ofen kann in Gloveboxen verwendet werden. Die Metallteile sind durch Oberflächenschichten aus Epoxy- oder Phenolharzen beständig gegen Korrosion. W. Reusse 5028◇

1642 **Einfüllvorrichtung für Öfen, die nach der Verneuilschen Einkristall-Wachstumstechnik arbeiten.** Michael Kestigian. (Rev. sci. Instruments **33,** 1293—94, 1962; Princeton, N. J., RCA Labor.; engl.) — Beschreibung der automat. wirkenden Einfüllvorrichtung. C. Gottfried 5028△

1643 **Apparat für „hyperbolische Glühkurven“.** A. Halperin, M. Leibovitz und M. Schlesinger. (Rev. sci. Instruments **33,** 1168—70, 1962; Jerusalem, Hebrew Univ., Phys. Dep.; engl.) — Vff. beschreiben einen einfachen App., mit dem man eine Erhitzungsgeschw. erreichen kann, die proportional dem Quadrat der abs. Temp. ist. Der App. besteht aus einer Wheatstoneschen Brücke, die einen Pt-Heizdraht in einem Zweig u. in dem entgegengesetzten Zweig einen variablen Widerstand hat, der sich linear mit der Zeit ändert. C. Gottfried 5028△

1644 **Einfache Apparatur zum anhaltenden Schütteln.** Jarosslaw Babjuk. (Laboratoriumswesen [UdSSR] **9,** Nr. 7, 54—55, 1963; Prag, Inst. für Ärztefortbldg., Lehrstuhl für Klin. Biochem.; russ.) — Beschreibung der Konstruktion u. Arbeitsweise einer regulierbaren Labor.-Schüttelvorrichtung. S. Baryschnikow 5036△

1645 **Eine robuste Glasrührer-Stoffbuchse.** R. P. Sheldon und J. Gilleney. (J. sci. Instruments **39,** 240, 1962; Bradford, Bradford Inst. of Technol., Dep. of Chem. Technol.; engl.) — Es wird eine vielseitig verwendbare gas- u. vakuumdichte Stoffbuchse für einen Glasrührer beschrieben, die im wesentlichen aus einer Schliffkugel mit Rührerdurchführung u. einem Kugelhohlschliff besteht. Dieser Hohlschliff ist seinerseits über eine Gummischlauchverbindung mit dem Rührer verbunden. Die Schmierung erfolgt mit Vakuum-Siliconfett. Eine Anordnung mit automat. Schmierung für Langzeit-Verss. wird vorgeschlagen. D. Noack 5036◇

1646 **Eine Frequenzmodulationstechnik für die Messung der inneren Reibung.** R. G. Harlow, T. Hinton und J. G. Rider. (J. sci. Instruments **39,** 598—99, 1962; London, Battersea Coll. of Technol., Dep. of Phys.; engl.) — Vff. beschreiben eine Frequenzmodulationsmeth. zur Feststellung kleiner Schwingungsamplituden, die bei Messungen der inneren Reibung auftreten können. C. Gottfried 5040△

1647 **Viscositätsmessungen oberhalb 2000°.** Anonym. (Instruments Control Syst. **32,** 1204, 1959; engl.) — Da sich ein Viscosimeter mit schwingendem Becher gut für Messungen an Ölen niedriger Viscosität (<,1 cP) eignet, wurde für Messungen an fl. anorgan. Oxiden oberhalb 2000° folgendes Gerät konstruiert: In einem stehenden zylindr. Gehäuse, das mit Schutzgas gefüllt werden kann, hängt der Becher, der die Substanz enthält u. an seiner Achse starr mit einem Rundstab verbunden ist, an einem Torsionsdraht. Die Auslenkung des Bechers erfolgt durch Drehen eines Tisches mit 3 Zapfen, die lose unten in den Becher greifen u. elektromagnet. gesenkt werden können. Die Beobachtung der Schwingungen erfolgt über einen Spiegel, der am Rundstab sitzt, u. eine Optik an einer Skala. B_2O_3 wirkt bis 2100° auf Mo als Tiegelmaterial am wenigsten, auf W u. Ta etwas korrodierend. Die Heizung der Substanz erfolgt durch Induktion. R. Junge 5040◇

1648 **Messung der Dichte von Flüssigkeiten nach der Methode differentieller Aräometrie.** N. A. Figurowski. (Betriebs-Lab. [UdSSR] **28,** 1340—41, 1962; Moskau, M. W. Lomonossow-Univ.; russ.) — Für genaue Dichtebest. von Lsgg. wird die Messung mit 2 Aräometern unterschiedlicher Empfindlichkeit empfohlen, bei denen die Eintauchtiefe mit Sand oder Hg geregelt wird u. die Länge des aus der Lsg. herausragenden Teiles gleich ist.

Dadurch können die capillaren Eigg. der Fl., die Ungenauigkeit der Graduierung u. der subjektive Fehler weitgehend beseitigt u. eine Genauigkeit von (2—3) · 10^{-4} erreicht werden. J. Tůmová 5042◇

1649 **Hochdruck-Nylonkolben mit O-Ring-Kautschukdichtungen.** Sture Malmrud und Gösta Andersson. (Rev. sci. Instruments **33**, 1277, 1962; Uppsala, Univ., Inst. of Phys. Chem.; engl.) — Für Arbeiten mit Fll. bei hohem Druck entwickelten Vff. einen Nylonkolben, der mit O-Ringkautschukdichtungen ausgerüstet war. Mit 3 Ringen auf dem Kolben wurden in der Druckkammer mit Glycerin mehr als 8000 at wiederholt erreicht, mit 4 Ringen einmal 11000 at. Die Reibungsverluste zwischen den Nylonkolben u. der Zylinderwand betrugen zwischen 7000 u. 8500 at 9—10% der angewandten Kolbenkraft. Verss. mit Teflon als Kolbenmaterial verliefen wenig erfolgversprechend. C. Gottfried 5048△

1650 **Röhrengalvanometer für elektrochemische Messungen.** A. Ss. Tschegolja und L. A. Parfenow. (Betriebs-Lab. [UdSSR] **29**, 1013, 1963; Saratow, Univ.; russ.) — Es wird das Schema eines einfachen Differentialverstärkers mit einer Empfindlichkeit 10^{-8} A beschrieben. R. Gerbatsch 5048◇

1651 **Analytische Anwendungen der β-Strahlen-Rückstreuung. 2. Mitt. Verbesserung der Empfindlichkeit durch das sepktroskopische Verfahren mit Magnetfeld.** Shigemása Enomoto und Chizo Mori. (Rep. Government ind. Res. Inst., Nagoya **11**, 176—81, 1962; jap., Auszug: engl.) — 1. vgl. C. **1963**, **22434**. — Die Empfindlichkeit der analyt. Anwendung der β-Strahlen-Rückstreuung wird durch das spektroskop. Verf. gesteigert. Die β-Strahlen (^{204}Tl, ^{90}Sr, ^{90}Y oder ^{106}Ru–^{106}Rh als Quellen) werden durch bin. Legg. oder Schichten rückgestreut u. nach Passieren eines magnet. Feldes von dem Zählfenster analysiert. Auf diese Weise werden Cu–Sn u. Sn–Pb-Legg. untersucht sowie die Dicken der Schichten von Sn auf Fe, Au auf Cu u. Al auf Fe unter Verw. der bes. geeigneten ^{90}Sr–^{90}Y-Quelle bestimmt. W. Wesly 5052◇

1652 **Analytische Anwendungen der β-Strahlen-Rückstreuung. 3. Mitt. Verbesserung der Empfindlichkeit durch Impulshöhenanalyse.** Shigemasa Enomoto, Tomihiko Furuta und Chizuo Mori. (Rep. Government ind. Res. Inst, Nagoya **12**, 263—73, 1963; jap.; Auszug: engl.) — 2. vgl. vorst. Referat. — Die Empfindlichkeit der β-Strahlen-Rückstreuung wird durch Verw. eines Impulshöhen-Analysengerätes gesteigert. Der Einfl. des Winkels u. der Ordnungszahl auf die Intensität der rückgestreuten β-Strahlen u. das Energiespektrum werden unter Verw. von ^{32}P oder ^{90}Sr–^{90}Y untersucht. Das Verf. wird zur Best. der Komponenten von Cu–Sn, Sn–Pb-Legg., eines Pulvergemisches von TiC–WC u. der Konz. von $AgNO_3$, $CdCl_2$, KJ u. $BaCl_2$ im wss. Lsgg. angewendet. W. Wesly 5052◇

1653 **Chromatographie. Eine allgemeine Betrachtung der verschiedenen chromatographischen Methoden.** Anonym. (Medicamenta [Madrid] **25**(**13**), Nr. 208, 263—66, 1961; span.) F. Zeidler 5062◇

1654 **Zentrifugalchromatographie.** 5. Mitt. **Eine Apparatur für die präparative Papierchromatographie im Fliehkraftfeld.** Miroslav Pavliček, Jan Rosmus und Zdeněk Deyl. (J. Chromatogr. [Amsterdam] **10**, 497 bis 501, 1963; Prague, T. U., Autom. Dep.; Prague-Smichow, Centr. Res. Inst. of Food. Ind.; engl.) — 4. vgl. J. Chromatogr. [Amsterdam] **9**, [1962], 92. — Vff. beschreiben die Verw. des l. c. beschriebenen App. zur Zentrifugalchromatographie im präparativen Maßstab. Zum Auffangen der Eluate werden 3 verschiedene Fraktionssammler entwickelt. Die App. erlaubt Trennungen in $^1/_3$ bis $^1/_{10}$ der für konventionelle Trennungen benötigten Zeit. M. Finke 5062◇

1655 **Ein Fleckentrockner für die Chromatographie.** G. Feuer und J. G. Platt. (J. sci. Instruments **39**, 486—87, 1962; London, Univ., Dep. of Biochem., Inst. of Psychiatry, Maudsley Hospital; engl.) — Vff. beschreiben ein Gerät, das Warm- oder Kaltluft auf bis zu 35 cm breiten Papierstreifen aufbläst u. dadurch ein schnelles Auftragen größerer Lsgm.-Mengen aus mehreren Pipetten ermöglicht. Die Pipetten können an dem Gerät befestigt werden. H. J. Altmann 5062◇

1656 **Eine vereinfachte Technik zur Ultraviolettphotographie von Papierchromatogrammen.** D. M. Abelson und L. Rosenfeld. (J. Chromatogr. [Amsterdam] **9**, 522—23, 1962; Philadelphia, Pa., Univ. of Pennsylvania; Graduate Hosp., Dep. of Med.; engl.) — Vff. beschreiben die Verw. der franz. App. „*Polymicro*" zur Entw. von Kontaktphotographien von Papierchromatogrammen absorbierender oder fluorescierender Substanzen. Belichtet wird mit UV-Licht von 254 bzw. 360 mμ, die belichteten Filme ergeben je nach Wahl des Papieres (weich oder hart) in weniger als 1 Min. ausgezeichnete Abzüge. M. Finke 5062◇

1657 **Gesichtspunkte für die Direktphotometrie von Substanzen auf lichtdurchlässigen Blättern.** J. W. H. Lugg. (J. Chromatogr. [Amsterdam] **10**, 272—80, 1963; Perth, Univ. of Western Australia, Dep. of Biochem.; engl.) — Die bei Auswertung von Chromatogrammen mit Hilfe von Durchlässigkeits- bzw. Reflektionsmessungen auftretenden Fehler, die durch Unregelmäßigkeiten der Papiertextur bedingt sind, werden diskutiert. Ein für Transmissionsmessungen geeignetes Photometer wird beschrieben. F.-M. Friedrich-Anderseck 5062◇

1658 **Das Registrieren der Polarogramme und Papierchromatogramme mit Hilfe eines elektronischen Potentiometers mit automatischer Registrierung.** M. Pașcalău und A. Duca. (Rev. Chim. [Bucuresti] **12**, 89—90, 1961; Cluj, Inst. de fiz. atomică și Inst. de chim.; rum.) R. Grundmann 5062◇

1659 **Dünnschichtchromatographie.** Lindsay J. Morris. (Lab. Pract. **12**, 528—32, 1963; London, Brunel Coll., Dep. of chem.; engl.) — Allg. Überblick über Technik u. Anwendungsmöglichkeiten der Dünnschichtchromatographie. H. J. Altmann 5062◇

1660 **Dünnschichtchromatographie — eine vielseitige Methode.** Donald C. Malins und John C. Wekell. (J. chem. Educat. **40**, 531—34, 1963; Seattle, Wash., Bur. of Commercial Fisheries, Technol. Labor.; engl.) — Kurze Übersicht. — 31 Literaturangaben. A. Blaschette 5062◇

1661 **Über die Verwendung von Aminoplasten für die Dünnschichtchromatographie.** H. W. Ardelt und P. Lange. (Z. Chem. **3**, 266—67, 1963; Wittenberg, Stickstoffwerk Piesteritz, Hauptlabor.; dt.) — Am Beispiel der dünnschichtchromatograph. Trennung von *Dicyandiamid*, *Guanylthioharnstoff*, *Dicyandiamidiniumsulfat* u. *Thioharnstoff* wird über die Verw. von Harnstoff-Formaldehyd-Harzen als Trägermaterialien berichtet. Als Laufmittel wird n-C_4H_9OH/Eisessig/ges. wss. KCl-Lsg. (4 : 1 : 5) verwendet. Die getrocknete Platte wird mit einer alkal. $Na_2[Fe(CN)_5NO]$ u. $K_3[Fe(CN)_6]$ enthaltenden Lsg. besprüht. Die getrennten Verbb. sind als braune bis violette Flecken erkennbar. D. Noack 5062◇

1662 **Verwendung geschmolzener Salze als Lösungsmittel in der Dünnschichtchromatographie.** Leonard F. Druding. (Analytic. Chem. **35**, 1744—45, 1963; Newark, N. J., Univ., Rutgers, Dep. of Chem.; engl.) — Die mit Silicagel beschichtete Glasplatte wird nach dem Auftragen der Substanzen in einen 2—5 cm hoch mit KNO_3/$LiNO_3$-Eutektikum (43 Mol % $LiNO_3$) gefüllten Glaszylinder gestellt u. in eine $LiNO_3$-KNO_3-Schmelze (270 ± 2°) gebracht. Die R_f-Werte folgender Ionen werden angegeben: Ag (0,98), Tl(I) (0,94), Pb (0,30), Hg(I) (0,00), Hg(II) (0,00). Die Sichtbarmachung erfolgt durch Besprühen mit wss. $(NH_4)_2S$-Lösung. H. J. Altmann 5062◇

1663 **Tetracyanochinodimethid als Farbreagens für die anorganische Dünnschichtchromatographie.** Leonard F. Druding. (Analytic. Chem. **35**, 1582—83, 1963; Newark, N. J., State Univ., Rutgers, Dep. of Chem.; engl.) — Auf Silicagelschichten werden die Ionen mit A./Eisessig (95 : 5) oder tert.-Butanol/2n HCl (95 : 5) als Laufmittel voneinander getrennt u. mit 1%ig. Violursäure-Lsg. in 50%ig. A. oder mit 0,5%ig. Li- oder NH_4-Tetracyanochinodimethid in 50%ig. A. besprüht. Die

R_f-Werte, die Farbe der Flecken u. die Empfindlichkeit für folgende Elemente werden angegeben: Li, Na, K, Rb, Cs, Be, Mg, Ca, Sr, Ba, Cu(II), Ag, Zn, Cd, Hg(I), Hg(II), Te(I) u. Pb(II). H. J. Altmann 5062◇

1664 **Zur Messung der Dispersion der Lichtbrechung.** Joh. Flügge. (Arch. techn. Messen ind. Messtechn. **1955,** Nr. 245, 129—32; Göttingen, R. Winkel GmbH; dt.) — Beschreibung spektrometr., refraktometr. u. interferometr. Meth. zur Dispersionsmessung. W. Betcke 5063◇

1665 **Photoelektrisches Himmelslicht-Polarimeter.** Z. Sekera, C. R. Nagaraja Rao und D. Dibble. (Rev. sci. Instruments **34,** 764—68, 1963; Los Angeles, Calif., Univ. of California, Dep. of Meteorol.; engl.) — Beschreibung eines im Bereich zwischen 3000 u. 6500 Å verwendbaren Gerätes zur Messung der Polarisation des Himmelslichts. B. Krebs 5063◇

1666 **Ein Fabry-Perot-Interferometer mit Würfeleckenprisma.** R. Rabinowitz, S. F. Jacobs, T. Shultz und G. Gould. (J. opt. Soc. America **52,** 452—53, 1962; Syosset, N. Y., TRG, Inc.; engl.) — Bei Ersatz eines ebenen Prismas durch ein Würfeleckenprisma wurden polarisierte Haidinger-Ringe beobachtet. Die Orientierung der Polarisationsebenen der Ringe sowie ihre relativen Phasenverschiebungen wurden gemessen. Verwendet wurde das Licht einer wassergekühlten ^{198}Hg-Lampe. D. Noack 5063◇

1667 **Bau und Verwendung eines Fabry-Perot-Interferometers.** Wallace A. Hilton. (Amer. J. Physics **30,** 724—26, 1962; Libertz, Mo., W. Jewell Coll.; engl.) — Anleitung zum Bau eines mit geringem Kostenaufwand herstellbaren Fabry-Perot-Interferometers für Übungslaboratorien. W. Betcke 5063◇

1668 **Der Flüssigkeitsrefraktograph EF.** J. Höger. (Jemná Mechan. Optika **5,** 210—15, 1960; Bratislava, Meopta; tschech.) — Der Refraktograph, dessen opt. Syst., Anordnung, Küvetten usw. beschrieben werden, ist vor allem für die elektrophoret. Analyse u. für Diffusionsmessungen geeignet. Auch die opt. Homogenität fester Materialien kann damit untersucht werden. R. K. Müller 5063◇

1669 **Flüssigkeitsstrahlungsfilter für den Bereich 2000 bis 8000 Å.** Maria Kołodziejczak. (Zeszyty naukowe Wyższej Szkoły pedagog. Gdańsku, Mat., Fizyka, Chem. **1,** 175—82, 1961; Gdańsk, Wyższa Skzoła pedagog., Kat. Chem. fiz.; pol.) — Übersicht über Filterlsgg. für die Emissionslinien der Hg-Lampe. — 22 Literaturangaben. R. K. Müller 5063◇

1670 **Das Beersche Gesetz und seine Anwendung in der Analyse. Ein Überblick.** G. F. Lothian. (Analyst **88,** 678—85, 1963; Exeter, Univ. of Exeter, Dep. of Phys., Washington Singer Labor.; engl.) — Ableitung des Beerschen Gesetzes, Zusammenstellung von Symbolen u. Definitionen, Bedingungen für die Gültigkeit des Gesetzes sowie seine Verw. zur Best. absorbierender Substanzen werden in Form einer Übersicht behandelt. — 23 Literaturangaben. Gerhard Schulze 5063◇

1671 **Photoelektrisches Gitterspektrometer.** L. Krause und R. A. Neville. (Rev. sci. Instruments **34,** 698—99, 1963; Windsor, Canada, Assumption Univ., Essex Coll., Dep. of Phys.; engl.) — Der Umbau eines Perkin-Elmer-Spektrometers (Modell 112) in ein hochauflösendes Gitterspektrometer wird beschrieben. Mit dem Gerät können bei Dunkelstromunterdrückung Intensitäten von 300 Photonen/Sek. gemessen werden. B. Krebs 5063◇

1672 **Echelle-Spektroskopie und der gegenwärtige Stand der Beugungsgitter.** G. R. Harrison. (Pure appl. Chem. **7,** 67—72, 1963; Cambridge, Mass., MIT, Spectroscopy Labor.; engl.) — Fortschrittsbericht. — 12 Literaturangaben. Gerhard Schulze 5063◇

1673 **Hintereinandergeschaltete gewöhnliche und Echelle-Gitter zur Steigerung der Auflösung, der Lichtstärke und der Kompaktheit von Spektrometern und Spektrographen.** G. W. Stroke und H. H. Stroke. (J. opt. Soc. America **53,** 333—38, 1963; Cambridge, Mass., MIT, Dep. of Electr. Engng., Dep. of Phys. and Res. Labor. of Electronics; engl.) — Durch Serienanordnung spektroskop. Elemente (Prismen, Gitter) werden die Eigg. opt. Syst. wesentlich verbessert. Mit zwei hintereinandergeschalteten Gittern z. B. wird bei annähernder Autokollimation die Auflösung im Vgl. zu einem einzelnen Gitter unter dem gleichen Winkel verdoppelt. Bei einer gegebenen linearen Dispersion wird die Lichtstärke bis um den Faktor 4 größer, da durch die doppelte Winkeldispersion bei gleichem Spalt die Brennweite um den Faktor 2 verringert werden kann. Durch die kürzere Brennweite kann der Monochromator kleiner gehalten werden. Dieselben Eigg. besitzen Vielweg-Anordnungen, so daß die Vorteile auch bei Verw. von Echelle- u. Echellette-Gittern ausgenutzt werden können. Am Beispiel der Hyperfeinstruktur u. Isotopenverschiebung der grünen Hg-Linie bei 5461 Å werden die abgeleiteten Ergebnisse experimentell bestätigt. H. Pförtner 5063◇

1674 **Über eine neue Methode zur Bestimmung der Brennebene eines Spektrographen.** B. Nowak. (Acta physic. polon. **20,** 809—19, 1961; Toruń, Nicholas Copernicus Univ., Phys. Dep.; engl.) — Es wird eine Meth. zur exakten Best. der Brennebene eines Spektrographen vorgeschlagen, bei der ein hinter der Kollimatorlinse angeordnetes Spezialdiaphragma mit sechs Schlitzen verwendet wird. Dieses Diaphragma spaltet das Abbild jeder defokussierten Spektrallinie in zwei Gruppen dicht beieinander liegender Interferenzringe auf, aus deren charakterist. Verteilung auf den Grad der Defokussierung geschlossen werden kann. Eine Meth. zur Best. der optimalen Parameter des Diaphragmas eines gegebenen Spektrographen wird angegeben. Die Meth. wird an einem Spektrographen vom Typ ISP-67 demonstriert. D. Noack 5063◇

1675 **B 5 C: Eine neue Apparatur mit direkter Ablesung hoher Qualität und einem mäßigen Preis.** B. Polli. (Metallurgia ital. **54,** 399—400, 1962; Milano, Optica S.p.A.; ital.) — Beschreibung des neu entwickelten Spektrographen. C. Gottfried 5063△

1676 **Elektronisches Abtastmikroskop für einen spektrographischen Plattenkomparator.** M. L. Kuder. (J. Res. nat. Bur. Standards, C **65,** 1—7, 1961; engl.) — Beschreibung eines Abtast-Mikrodensitometers, das die Schwärzungsdaten in Abhängigkeit von der Wellenlänge auf einen Kathodenoscilloskop-Schirm bei einer Auflösung von $< 0{,}001$ mm auf der Platte zeigt. W. Betcke 5063◇

1677 **Ein beschleunigtes Verfahren der Durchführung spektrographischer Analysen.** W. Klimecki. (Prace Inst. hutniczych **14,** 164—68, 1962; Inst. Metalurgii Żelaza; pol.) — Wenn auf den Mikrophotometertisch ein Gefäß mit flachem Boden aufgesetzt wird, kann darin die photograph. Platte in W. oder Fixierlsg. eingelegt u. die Messung ohne Trocknung durchgeführt werden. Dabei ändert sich durch scheinbare Verminderung des Kontrastes infolge zusätzlichen gestreuten Lichtes der Verlauf der analyt. Kurven. Die Reproduzierbarkeit beträgt bei der Best. von Mn $\pm$ 0,014% (statt 0,010), V 0,015 (0,010), Ni (in schwachlegierten Stählen) 0,024 (0,018). Bei Gußeisen nimmt dagegen die Varianz bei der Best. von Mn von $\pm$ 2,8 auf $\pm$ 2,4%, bei der Best. von $\pm$ 2,6 auf $\pm$ 1,4% ab. Ob der Koeff. zu- oder abnimmt, hängt auch von der Genauigkeit der Justierung des Mikrophotometers u. vom angewendeten Belichtungssyst. ab. R. K. Müller 5063◇

1678 **Hochdruck-Spektrophotometerzelle.** E. Peters und J. J. Byerley. (Rev. sci. Instruments **34,** 819—20, 1963; Vancouver, Univ. of Brit. Columbia, Dep. of Metallurgy; engl.) — Es wird eine Photometerküvette beschrieben (geeignet für Beckman-Gerät DK-2), die bei Temp. bis 200° bis zu Drücken von mindestens 40000 psi verwendet werden kann. Die Saphirfenster lassen eine Verw. im Bereich zwischen 2000 u. 33000 Å zu. B. Krebs 5063◇

1679 **Ein durchflußstoppendes Mischgerät zur spektrophotometrischen Untersuchung schneller Reaktionen.** J. A. Stewart und L. Ouellet. (Canad. J. Chem. **37,** 744—50, 1959; Ottawa, Univ., Dep. Chem.; engl.) —

Durch ein Rohr, das auf konst. Temp. gehalten wird, gelangen die Komponenten in eine Mischzelle u. von dort in einen Kolben, der die direkte Beobachtung zuläßt. Ein Synchronisationsmechanismus bewirkt, daß der Zufluß von Rk.-Lsg. unterbrochen wird, wenn die spektrophotometr. Messung beginnt. M. Walther 5063◇

1680 **Spektrophotometrische Messungen und colorimetrische Bestimmungen im sichtbaren Spektrum. Anwendungen auf Kathoskopschirme und Quecksilberdampflampen mit korrigierter Farbe.** René Falgon. (Bull. Soc. franç. Électriciens [8] **2,** 369–78, 1961; Lyon, Univ., Inst. de Phys. Gén.; franz.) — Vf. beschreibt zuerst eine App., mit der man im sichtbaren Spektrum Punkt für Punkt die Spektralkurve irgendeiner Lichtquelle aufzeichnen kann. Diese App., die zuerst zur Best. der trichromat. Koordinaten eines Kathoskopschirms entwickelt worden war, wurde dann ferner zur spektrophotometr. u. colorimetr. Unters. von Hg-Lampen mit korrigierter Farbe angewandt. Unter Hg-Lampen mit korrigierter Farbe versteht man eine Hg-Quarzlampe, die sich in der Achse eines Glasballons befindet u. dessen Innenwand mit einer dünnen Schicht einer fluorescierenden Substanz bedeckt ist. Vgl. hierzu Claude (Bull. Soc. franç. Électriciens [7] **5,** [1955], 435). C. Gottfried 5063

1681 **Potentiometrische Analyse von Gemischen aus Salzen und Säuren in nichtwäßrigen Lösungsmitteln.** A. P. Kreschkow, A. N. Jarowenko und I. Ja. Selmanowa. (Betriebs-Lab. (UdSSR] **29,** 295–98, 1963; Moskau, Chem. Techn. Mendelejew-Inst.; russ.) — Aus dem Gemisch Salz–freie Säure (Na-Anthranilat–Anthranilsäure, K-Benzoat–Benzoesäure, Na-Acetat–Essigsäure, K-Salicylat–Salicylsäure, K-Hydrogenphthalat–Phthalsäure, Na-Maleinat–Maleinsäure, Na-Malonat–Malonsäure, Na-Citrat–Citronensäure) werden durch Zugabe von H_2SO_4 die organ. Säuren freigesetzt u. in Bzl.–Methanol-Lsg. stufenweise potentiometr. mit Tetraäthylammoniumhydroxid in Bzl. oder Methyläthylketon titriert. R. Gerbatsch 5066◇

1682 **Potentiometrische Titration von Hexachlorotelluriten einiger aromatischer Amine in nichtwäßrigen Medien.** Tadeusz Jasiński, Zbigniew Kokot und Henryk Smagowski. (Chem. analit. [Warszawa] **8,** 521–23, 1963; Gdańsk, Pedagog. School, Dep. of Inorg. Chem.; pol.) — Vff. beschreiben die Titration von Hexachlorotelluriten aromat. Amine (Anilin, o-, m- u. p-Toluidin, 2.5.1- u. 3.4.1-Xylidin, Pyridin u. Chinolin) in Acetonitril (**I**) oder Dimethylformamid (**II**) mit einer Lsg. von CH_3ONa in CH_3OH/Bzl. oder einer Lsg. von N.N'-Diphenylguanidin in **I** oder **II**. Die Endpunktsindizierung erfolgt mit einer Glaselektrode (Bezugselektrode: Ag/AgCl). W. stört durch Hydrolyse der Hexachlorotellurite. P. Kurzmann 5066◇

1683 **Potentiometrische Titration von Reinecke-Salzen in nichtwäßrigen Medien.** Tadeusz Jasiński und Henryk Smagowski. (Chem. analit. [Warszawa] **8,** 525–27, 1963; pol.) — Vgl. vorst. Referat. — Vff. beschreiben eine Meth. zur Best. der Reinecke-Salze von Aminen (Isoamylamin, Benzylamin, Codein, Acridin, p-Anisidin, p-Phenetidin, Pyridin, Anilin, β-Naphthylamin, p-Chlor-, p-Brom- u. p-Nitroanilin sowie Coffein) in Pyridin, Dimethylformamid oder Acetonitril mit einer Lsg. von CH_3ONa in CH_3OH/C_6H_6. Zur Endpunktsanzeige dient ein Sb–Ag/AgCl-Elektrodensystem. Der Fehler beträgt ± 1 Rel.-%. P. Kurzmann 5066◇

1684 **Hochohmiges Potentiometer und pH-Meter auf Grundlage des pH-Meters LP-58.** W. G. Mairanowski. (Betriebs-Lab. [UdSSR] **29,** 1010–11, 1963; Allunions-Forsch.-Inst. für Vitamine; russ.) — Durch Kombination eines kommerziellen Präzisionspotentiometers mit dem Verstärker des pH-Meters LP-58 läßt sich ein Potentiometer mit sehr hohem Eingangswiderstand bzw. ein empfindliches u. genaues pH-Meter herstellen. Eine Konstruktionsanleitung wird gegeben. R. Gerbatsch 5066◇

1685 **Mikroglaselektrode mit dünner Membran.** Milton T. Bush. (Microchem. J. [New York] **4,** 216–17, 1960; Nashville, Tenn., Vanderbilt Univ., School of Med., Dep. of Pharmacol.; engl.) — Es wird die Konstruktion einer Glas/Kalomel-Zelle beschrieben, mit der sich pH-Werte von kleinen Tropfen bestimmen lassen. D. Noack 5066◇

1686 **Aufbau und Anwendung von Glaselektroden-Meßketten.** H. K. Fricke. (Glas-Instrumenten-Techn. **5,** 133–38, 186–92, 252–56, 1961; Mainz, Jenaer Glaswerke Schott & Gen.; dt.) — Vf. beschreibt die elektrochem. Grundlagen, den Aufbau u. die pH-Funktion von Glaselektroden-Meßketten mit Hilfe der Nernstschen Gleichung. Die Unterschiede von Mac-Innes-Glas u. einem Li-Glas werden bzgl. der Säure- u. Laugebeständigkeit herausgestellt. Der Zusammenhang zwischen der pH-Funktion u. der hydrolyt. Beständigkeit u. die Abhängigkeit des elektr. Widerstandes des Glases vom Alkaligeh. werden behandelt. Vf. erläutert die allg. Forderungen für die Konstruktion von Glaselektroden-Meßketten u. beschreibt verschiedene Konstruktionstypen von Glas- u. Bezugselektroden u. Diaphragmen sowie Einstabmeßketten, eine Durchlaufkette zur Messung kontinuierlich strömender Fll., eine Mikrotitrierzelle zur Titration sehr kleiner Fl.-Mengen (0,5 bis 2 ml) u. eine Blutelektrode. Im Hinblick auf die Anwendung von Glaselektroden-Meßketten wird an Beispielen auf die Probleme beim Eichen eingegangen (Abhängigkeit von Temp., pH-Wert, Puffer-Lsgg.). Wegen starker Hystereseeffekte ist die Kalomelelektrode als Bezugselektrode bei höheren Temp. nicht verwendbar, für Temp. bis zu 100° ist die Thalamid-Elektrode (Tl–Amalgam/TlCl-Elektrode) am besten geeignet. Glaselektroden werden lediglich von HF u. H_3PO_4 angegriffen, dagegen können Elektrodengifte (Red.- u. Oxydationsmittel, Komplexbildner, Verbb., die schwer lösl. Ndd. bilden) durch Diffusion in die Bezugselektrode gelangen. Es werden Maßnahmen zur Verhinderung der Vergiftungen beschrieben (Elektrolytschlüssel, Schliffdiaphragma für schmutzige Öle). G. Jahn 5066◇

1687 **Komplexbildung und Fluorescenz.** 1. Mitt. **Komplexe von 8-Hydroxychinolin-5-sulfonsäure.** John A. Bishop. (Analytica chim. Acta [Amsterdam] **29,** 172 bis 177, 1963; Newark, N. J., Newark Coll. of Engng.; engl.) — Die Fluorescenz von Kationenkomplexen (Zn, Cd., Mg, Al, Ba, Sr, Ca, Be, Cu, Ni, Co) mit 8-Hydroxychonilin-5-sulfonsäure wurde untersucht. Komplexe, die mit Übergangselementen gebildet werden, fluorescieren nicht. Die Additivität der Fluorescenz bei bestimmten pH-Werten wurde für eine neue analyt. Meth. benutzt, die dann allg. anwendbar ist, wenn Mischungen von Kationen mit ähnlichen Rkk. vorliegen. Die Meth. eignet sich bes. zur Best. geringer Konzentrationen. G. Günzler 5068◇

1688 **Komplexbildung und Fluorescenz.** 2. Mitt. **Die Verwendung von 8-Hydroxychinolin-5-sulfonsäure als Indicator.** John A. Bishop. (Analytica chim. Acta [Amsterdam] **29,** 178–81, 1963; engl.) — 1. vgl. vorst. Ref.; 3. vgl. C. **1964,** 15-1660. — Die Abnahme der Fluorescenz gewisser Metallkomplexe (Mg, Cd, Zn, Be) der 8-Hydroxychinolin-5-sulfonsäure kann sowohl bei komplexometr. als auch bei Säure–Basen-Titration zur Endpunktsanzeige benutzt werden. G. Günzler 5068◇

1689 **Indophenolkomplexone: Eine neue Gruppe von Metallochromindicatoren.** J. Körbl und V. Svoboda. (Chem. and Ind. **1958,** 1233–34; Brno, Lachema, Res. Dep., Prague, Pharmaceut. and Biochem. Res. Inst.; engl.) — Vgl. C. **1962,** 15340. — Durch Versetzen von o-[Bis-(carboxymethyl)-aminomethyl]-phenolen mit 2.6-Dihalogen-p-chinonchloriminen in alkal. Lsg. oder durch Oxydation eines Gemisches dieser Phenole u. 2.6-Dihalogen-4-aminophenolen mit NaClO-Lsg. entsteht eine Reihe von *N-[2'.5'-Disubstituierten-3'-bis-(carboxymethyl)-aminomethyl-4'-hydroxyphenyl]-2.6-disubstituierten-p-chinoniminen* (**I**). Die Na-Salze von I sind gefärbte Verbb., die sich leicht in W. u. A. lösen. Dargestellt werden folgende N-[Bis-(carboxymethyl)-aminomethyl-4-hydroxyphenyl]-p-chinonimine: *2.6-Dichlor-* (**III**); *-2.6-Dibrom-* (**III**); *-2.6-Dichlor-5'-methyl-*; *-2.6-Dibrom-5'-methyl-*; *-2.6-Dichlor-2'.5'-dimethyl-*; *-2.6-Dichlor-2'-methyl-5'-isopropyl-*; *-2.6-*

Dibrom-2'-methyl-5'-isopropyl-; *-2.6-Dichlor-5'-methoxy-*; *-2.6-Dibrom-5'-methoxy-*; *2.6-Dichlor-2'-methyl-* (**IV**); *-2.6-Dibrom-2'-methyl-*. Die Verbb. sind als Indicatoren bei der Titration von Zr^{4+}, Bi^{3+}, Th^{4+}, Sc^{3+}, Fe^{3+} u. Al^{3+} geeignet; **II**, **III** u. **IV** lassen sich auch bei der Best. von Ni^{2+}, Cu^{2+} u. Zn^{2+} verwenden. W. Hampel 5068

1690 **Benzidindicarbonsäure als Redoxindicator.** W. D. Wassilenko. (Hochschulnachr. [Iwanowo], Chem. u. chem. Technol. **4,** 511—13, 1961; Dnepropetrowsker staatliche Univ., Inst. für analyt. Chem.; russ.) — Der Redoxindikator Benzidindicarbonsäure (**I**) wurde auf seine Verw. für die cerimetr. Best. von Fe(II), As(III) u. Sb(III) in schwefelsaurer Lsg. (Acidität an H_2SO_4 0,15—0,35) untersucht. Die potentiometr. **I**-Titration mit $Ce(SO_4)_2$ ergab zwei charakterist. Potentialsprünge. Für die Best. wurden 0,3—0,5 ml einer 0,1%ig. **I**-Lsg. in gesätt. Soda-Lsg. verwendet. Der Umschlag erfolgt von farblos nach dunkelblau. Bei der Titration des As u. Sb werden noch jeweils 1 ml 0,02 n KJO_4-Lsg. zugesetzt. Der relative Fehler beträgt im Durchschnitt 0,9%. Herbert Hoffmann 5068◇

1691 **Standardisierung volumetrischer Lösungen.** William I. Stephen. (Lab. Pract. **12,** 564—67, 1963; Birmingham, Univ., engl.) — Allg. Ausführungen. H. J. Altmann 5070◇

1692 **Dinitrosohexylresorcin als Kationen-Reagens bei der Extraktion mit Lösungsmittel.** Adolfo Sa und Jose E. Fiorito. (Rev. Asoc. bioquím. argent. **26,** 110—13, 1961; Buenos Aires, Univ., Fac. de Farm. y Bioquím., Cát. de Quím. Anal. Cual.; span.) — Dinitrosohexylresorcin eignet sich als Reagens für Co^{2+}, Cu^{2+}, Pd^{2+}, Fe^{2+}, Hg^{2+} u. Ni^{2+} nach Extraktion mit Benzylalkohol oder Phenylpropylalkohol. Es können bis zu 0,05 μg Co^{2+}, Fe^{2+} u. Pd^{2+} u. bis zu 0,03 μg Cu^{2+} nachgewiesen werden. K. Zingraf 5072◇

1693 **Messung der Feuchtigkeit in Gasen mit registrierenden Kondensationshygrometern.** A. Briot. (Mesures Contrôle ind. **28,** 501—07, 1963; Montrouge, Co. de Compteurs; franz.) — Beschreibung von Arbeitsweise u. Theorie eines Kondensationshygrometers, das die Meßwerte automat. registriert. Eichkurven u. Anwendungsbeispiele werden mitgeteilt. B. Krebs 5074◇

1694 **Einfaches Eiscalorimeter.** R. E. Valleé. (Rev. sci. Instruments **33,** 856—58, 1962; Cincinnati, Ohio, Univ., Chem. Dep.; engl.) — Beschreibung der Konstruktion u. Wirkungsweise eines einfachen Eiscalorimeters aus Glas. Vergleich zwischen den gewonnenen Meßwerten u. bekannten Werten zeigt die Zuverlässigkeit des Meßgerätes. A. Helms/Merseburg 5084◇

1695 **Flüssigkeits–Gas–Film-Calorimeter zur Deformation von Metallen.** R. O. Williams. (Rev. sci. Instruments **34,** 639—43, 1963; Oak Ridge, Tenn., Oak Ridge Nat. Labor., Met. and Ceram. Div.; engl.) — Es wird eine App. beschrieben, in der Änderungen des Energieinhalts von Metallen bei Deformationen gemessen werden können. Es wird die während der Deformation aus einem das Metall benetzenden Fl.-Film im Gleichgew.-Zustand entwickelte Gasmenge quant. bestimmt. Als Fll. werden N_2, CCl_2F_2, u. CCl_3F benutzt. Die Meth. wird auf Cu angewendet. B. Krebs 5084◇

1696 **Eine Plastikkapsel-Technik für die Verbrennungscalorimetrie flüchtiger oder chemisch reaktiver Verbindungen: Die Verbrennungswärme von Polyäthylen.** H. Mackle und R. G. Mayrick. (Pure appl. Chem. **2,** 25—28, 1961; Belfast, The Queen's Univ., Dep. of Chem.; engl.) — Vff. beschreiben eine einfache App. zur Herst. von Polyäthylenkapseln für die Verbrennungscalorimetrie luftempfindlicher oder hochreaktiver Substanzen. Die Kapseln können mit Polyäthylenplättchen heiß versiegelt werden u. fl. Substanzen ggf. unter Inertgas injiziert werden. Bei der Verbrennung bersten die Kapseln nicht u. fungieren als Hilfsbrennstoffe. Zur Erzielung reproduzierbarer Ergebnisse wurde die Verbrennungswärme des verwendeten „Alkathene" zu 11,106 kcal/g bestimmt. Rolf B. Schirner 5084△

a) Elemente und anorganische Verbindungen

1697 **Bestimmung des Gehaltes an Krypton und Xenon.** Je. W. Wagin und Ss. Ss. Petuchow. (Sauerstoff [UdSSR] **12,** Nr. 2, 33—36, 1959; russ.) — Die Konstruktion des Gerätes zur volumetr. Kr-Best. in einem prim. Kr-Konzentrat u. techn. Kr, das 40—100% Kr u. Xe enthält, u. Durchführung der Analyse werden beschrieben. Die Analyse dauert 30 Min., die Genauigkeit beträgt ±0,005%. E. Steinberg G 235

1698 **Ein Gerät zur Bestimmung von Wasserstoff im Chlorgas.** U. H. Narayanan, K. Sundararajan und K. Sickender Amanullah. (Indian J. Technol. **1,** 150—53, 1963; Karaikudi, Central Electrochem. Res. Inst.; engl.) — Es wird eine mit Thermistoren bestückte therm. Leitfähigkeitszelle beschrieben, mit der der H_2-Geh. bis zu 3% im Cl_2-Gas auf ±0,02% bestimmt werden kann. Das Gerät dient zur Überwachung der Zus. von Cl_2-Gas, das in Chlor-Alkali-Zellen erzeugt wird. K. Ross G 238◇

1699 **Eine einfache und schnelle Methode zur Deuterium-Bestimmung.** 2. Mitt. Edward M. Arnett und Peter McC. Duggleby. (Analytic. Chem. **35,** 1420—24, 1963; Pittsburgh, Pa., Univ. of Pittsburgh, Dep. of Chem.; engl.) — 1. vgl. C. **1961,** 596. — Die l. c. beschriebene App. zur D-Best. wurde verbessert, wodurch eine erhöhte Empfindlichkeit, größere Genauigkeit u. eine schnellere Best. erreicht wurde. Das zu untersuchende H_2O–D_2O-Gemisch, welches in der CaH_2-Patrone zu H_2 u. DH zersetzt wird, gelangt mit H_2 als Trägergas über eine Aktivkohle-Säule zur Adsorption von Verunreinigungen in eine Wärmeleitfähigkeitszelle, in der das Signal von D_2 als Funktion der Zeit integriert wird. Für Proben von 0—100% D_2O ist das Integral streng linear der Konz.; die mittlere Standard-Abweichung beträgt zwischen 1—10 Mol% D_2O ±0,1%. Die Hauptschwierigkeit liegt in der Herst. von feuchtigkeitsfreien CaH_2-Patronen. Verunreinigungen wie $Na_2 \cdot SO_4$, NaCl, Tetrahydrofuran u. Piperidin stören nicht. D kann nach dieser Meth. auch in Urin bestimmt werden. K. Stammbach G 240◇

1700 **Eine schnelle Infrarot-Methode zur quantitativen Bestimmung von D_2O–H_2O-Mischungen.** Helga S. Fochler. (Appl. Spectroscopy **17,** 105—06, 1963; Cleveland, Ohio, Standard Oil Co. of Ohio, Res. Dep.; engl.) — Meth. zur Best. von D_2O–H_2O-Mischung in der Größenordnung von 0,01 ml in Aceton-Lsg. auf Grund des Absorptions-Verh. von OD/OH der Valenzschwingungsbanden bei 2,83 u. 3,90 μ. Die Genauigkeit der Meth. liegt bei ±2%. A. Kumm G 240◇

1701 **Nichtstreuende Infrarotanalyse von Mischungen aus Wasser und schwerem Wasser.** C. A. Bosselaar. (Progr. nuclear Energy, Ser. IX **1,** 225—29, 1959; Utrecht, Univ., Phys. Labor.; engl. — C. **1963,** 19350.) A. Kumm G 240◇

1702 **Fluor-Bestimmungen. Kontrollmethode für verschiedene Verbindungen.** Henry E. Blake jun. (U. S. Dep. Interior, Bur. Mines, Rep. Invest. **1963,** Nr. 6314, 1—271; Albany, Oreg., Bur. of Mines, Albany Metallurgy Res. Center; engl.) — F in den Fluoriden von Al, Zr u. der Seltenerdmetalle kann durch Wasserdampf-Dest. abgespalten werden, wenn die Dest. in einer H_2SO_4/H_3PO_4-Lsg. einer Na_2CO_3-Schmelze des zu untersuchenden Materials bei 155° vorgenommen wird. Die Abspaltung von F ist vollständiger u. geht schneller vor sich, als wenn $HClO_4$ oder H_2SO_4 allein oder ein Gemisch aus $HClO_4$ u. H_3PO_4 angewendet werden. Bis zu 140 mg F können in 300 ml Destillat aufgefangen werden, in dem F^- durch Titration mit $Th(NO_3)_4$ bestimmt wird. F. Rosendahl G 246△

1703 **Analyse korrodierender Fluorverbindungen durch Gaschromatographie. Bestimmung von freiem Fluor.** O. Rochefort. (Analytica chim. Acta [Amsterdam] **29,** 350—57, 1963; Pierre-Bénite, Soc. d'Electro-Chim., d'Electro-Métallurg. et des Aciéries Electriques d'Ugine, Centre de Rech. de Lyon; franz.) — Die gaschromatograph. Analyse von Gemischen aus F_2, HF, UF_6, N_2, O_2, CF_4 beruht auf der Bindung von UF_6 u. HF in einer 15—20 cm langen Vorsäule an NaF, Umsetzen von F_2 in einer 10 cm langen NaCl-Säule zu NaF unter Freiwerden von Cl_2, das an einer Trennsäule mit „Voltalef 300 LD", imprägniert mit „Voltalef Nr. 3"-Oel bei 60—70° (He als Trägergas, Katharometer mit Ni-Draht) bestimmt wird. Dabei können noch 100—200 p,p,m, F_2 in der Probe nachgewiesen werden. Die permanenten Gase werden gaschromatograph. an einer Molekularsieb-13 Å-Säule getrennt. W. Luchsinger G 246◇

1704 **Über Fluorchemie.** 13. Mitt. **Die Analyse fluorierter Schwefelverbindungen.** Lothar Heinrich und Hilmar Diedrich. (Z. analyt. Chem. **197,** 360—64, **1963**; Radebeul-Dresden, Inst. für Silicon- u. Fluorcarbon-Chem.; dt.) — 7. vgl. C. **1962,** 16247; vgl. auch C. **1963,** 16509. — Fluor- u. schwefelhaltige feste, fl. u. gasförmige Verbb. werden im Ar- oder O_2-Strom verdampft u. in der Knallgasflamme verbrannt. Die Verbrennungsgase werden in 2 mit alkal. H_2O_2 beschickten Wickboldschen Absorptionsvorlagen adsorbiert. F^- wird als PbBrF gefällt, in NaOH gelöst u. dann Br^- nach Volhard titriert, SO_4^{2-} als $BaSO_4$ bestimmt. Beleganalysen (*Thenoyltrifluoraceton*, CF_3SF_5, $(CF_3)_2SF_4$ u. SF_6) zeigen durchschnittliche Fehler für F u. S von ca. 1% H. Bürger G 253◇

1705 **Colorimetrische Bestimmung von Peroxodisulfat mit Alcianblau.** E. Villegas, Y. Pomeranz und J. A. Shellenberger. (Analytica chim. Acta [Amsterdam] **29,** 145—48, 1963; Manhattan, Kans., Kansas State Univ., Dep. of Flour and Feed Milling Ind.; engl.) — Alcianblau (C. I. 74240) wird durch $S_2O_8^{2-}$, z. B. $K_2S_2O_8$ oder $(NH_4)_2S_2O_8$, bei pH 2,5 oxydativ entfärbt. Die Extinktion bei 615 nm verläuft linear mit der $S_2O_8^{2-}$-Konz. (10—80 μg). Bromat u. Jodat stören die Best. nicht. A. Blaschette G 253◇

1706 **Bestimmung von Peroxodisulfat mit Arsenat(III) unter Verwendung von Cu(II) als Katalysator.** Gur Prasad und Yugul Kishore Gupta. (Z. analyt. Chem. **198,** 173—76, 1963; Allahabad, India, M. N. Reg. Engng. Coll., Chem. Labor.; engl.) — Eine indirekte volumetr. $S_2O_8^{2-}$-Best. (untersucht mit $K_2S_2O_8$) beruht auf der durch Cu^{2+} katalysierten Rk. mit Arsenat(III) nach $H_3AsO_3 + K_2S_2O_8 + H_2O \rightarrow H_3AsO_4 + 2 KHSO_4$. Optimale Bedingungen sind 0,004 n $CuSO_4$ u. 50°. Es wird überschüssiges Arsenat(III) zugegeben u. mit $KMnO_4$ zurücktitriert. HCl, H_2SO_4, HNO_3 (< 0,1 n), SO_4^{2-}, NO_3^- u. Cl^- scheinen nicht zu stören. A. Blaschette G 253◇

1707 **Die Bestimmung kleiner Mengen Gips in Calciumsulfat-Hemihydrat durch Differentialthermoanalyse.** R. A. Kuntze. (Mater. Res. Standards **2,** 640—42, 1962; Toronto, Canada, Ontario Res. Found.; engl.) — $CaSO_4 \cdot 2H_2O$ (I) wird in Mengen < 1% durch DTA in $2 CaSO_4 \cdot H_2O$ (II) in einer mit Wasserdampf gesätt. Atmosphäre bei 760 Torr bestimmt. Der Spitzenwert des endothermen **II** tritt dabei bei viel höherer Temp. als in trockener Atmosphäre auf, wodurch eine Unterscheidung vom Spitzenwert des endothermen **I** möglich ist. Das Verf. wird durch die meisten Verunreinigungen, die die Naßbest. von Ca^{2+} oder SO_4^{2-} stören, nicht beeinflußt. W. Wesly G 283□

1708 **Infrarotphotospektrometrische Analyse von Calciumsulfathydraten unter Verwendung von Mineralöleinbettungsmitteln mit innerem Standard.** Robert J. Morris jun. (Analytic. Chem. **35,** 1489—92, 1963; Des Plaines, Ill., U. S. Gypsum Co., Res. Dep.; engl.) — Vf. beschreibt eine Meth. zur Best. von 2 kristallograph. verschiedenen Hydraten des Calciumsulfats mit Hilfe von IR-Absorptionsbanden. Für die Analyse des Dihydrats wird die an Wasserstoff gebundene Wasserabsorptionsbande bei 3390 cm^{-1} benutzt u. für die des Hemihydrats die Bande der gestörten Sulfatabsorption bei 1005 cm^{-1}. Der Fehler beträgt für das Dihydrat ±1,3% u. für das Hemihydrat ±2,8%. Eine komplette Analyse dauert ca. 30 min. Der Gesamtwasser-Geh. kann auf ±1,0% unter Verw. der Absorptionsbanden bei 1620 u. 1685 cm^{-1} bestimmt werden. Es werden die IR-Spektren von $CaSO_4 \cdot 2H_2O$ (monoklin), $CaSO_4 \cdot {}^1/_2H_2O$ (hexagonal), $CaSO_4 \cdot 2D_2O$, $CaSO_4 \cdot {}^1/_2D_2O$, $CaSO_4$ (orthorhomb.) u. $CaSO_4$ (hexagonal) wiedergegeben. A. Kumm G 283◇

1709 **Chemische Analyse von Erdalkalimetallen.** 1. Mitt. **Bestimmung von Calcium als Molybdat.** Tomoyuki Akiyama, Kenjiro Fujii und Mitsuo Fujiwara. (J. pharmac. Soc. Japan [Yakugakuzasshi] **75,** 563—66, 1955; Kyoto, Coll. of Pharm.; jap., Auszug: engl.) — Aus Ca-/Mg-Salzlsgg. kann *Ca* nach Zugabe von wenig NH_3 u. NH_4^+-Salzen durch Erwärmen (100°) mit $(NH_4)_6 \cdot Mo_7O_{24}$ bei pH 6 als $CaMoO_4$ gefällt u. bestimmt werden. Der Nd. wird abgesaugt, mit sd. W. gewaschen u. getrocknet. Das im Filtrat befindliche Mg wird nach einer Meth. der Vff. bestimmt (vgl. J. pharmac. Soc. Japan [Yakugakuzasshi] **73,** [1953], 785). Analog Ca kann Ba bei pH 5,8, Sr jedoch nicht bestimmt werden. Mg bleibt unter den genannten Bedingungen bei pH 5,8—9,2 in Lösung. L. Lamza G 283△

1710 **Eine neue Methode zur Trennung des Strontiums von Rubidium für die Rb–Sr-Isotopenverdünnungsanalyse.** W. G. Deuser. (Geochim. cosmochim. Acta [London] **26,** 515, 1962; University Park, Pa., Pennsylvania State Univ., Dep. of Geophys. and Geochem.; engl.) — Beschreibung des Verfahrens. 3,5 μg *Sr* konnten in einer Probe mit einem Sr/Rb-Verhältnis von 0,0087 bestimmt werden. J. Heinze G 284□

1711 **Thiocyanate von Isonicotinsäurehydrazid-Metall-Komplexen.** 2. Mitt. **Analytische Anwendung bei der gravimetrischen Bestimmung von Cadmium.** I. Grecu und Elena Curea. (Studii Cercetări Chim. [Cluj] **11,** 273—75, 1960; Cluj, Fac. de Farm., Cat. de chim. anorg.; rum.) — 1. vgl. C. **1964,** 16-1723; 5. vgl. C. **1963,** 21663. — Beschreibung einer gravimetr. Schnellmeth. zur Best. von Cd infolge Bldg. von $[CdHA](SCN)_2$ (HA = Isonicotinsäurehydrazid), schwerlösl. in W., durch Rk. von Cd^{2+} mit einer Lsg. von HA u. einem Überschuß an NH_4SCN. J. Lehmberg G 289◇

1712 **Gravimetrische Zinnbestimmung durch Zersetzung mit Jod.** 1. Mitt. M. Suciu Stan. (An. Univ. „C. I. Parhon", Ser. Stiint. naturii, Chim. **9,** 57—59, 1960; Fac. de Chim., Labor. de chim. anorg.; rum.) — Die Rk. von Sn mit J_2 wird durch Alkalijodide beschleunigt. Die Hydrolyse von SnJ_4 erfolgt zweckmäßig mit gesätt. KJ-Lsg. in Aceton. Die Einwaage (ca. 0,2 g) von Sn in sehr feinen Spänen wird in einem 150 ml-Kolben mit 2 g NaJ oder KJ, 2 ml dest. W., 1,2 g J_2 u. 8 ml Aceton versetzt, 45 Min. lang unter Rückfluß erhitzt u. nach Beginn des Angriffs unter Rückfluß abgekühlt. Nach Zugabe von 2 ml gesätt. wss. KJ-Lsg. u. ca. 80 ml Aceton wird gemischt. Nach Stehen des Gemischs (mit Uhrglas bedeckt) in der Kälte hat sich quant. $Sn(OH)_4$ abgeschieden, das in SnO_2 übergeführt u. in dieser Form gewogen wird. R. K. Müller G 327◇

1713 **Bestimmung von Zinn in Sn–Pb-Legierungen durch Zersetzung mit Jod.** 2. Mitt. M. Suciu Stan. (An. Univ. „C. I. Parhon", Ser. Ştiinţ. naturii, Chim. **9,** 61—64, 1960; rum.) — 1. vgl. vorst. Referat. — Die Best. von Sn neben Pb ist dadurch möglich, daß Pb mit MeJ (Me = Alkali, NH_4) ein Jodoplumbat $Me[PbJ_3] \cdot xH_2O$ bildet, das auch unter den Bedingungen der Hydrolyse von SnJ_4 in Lsg. bleibt. Die Einwaage (ca. 0,2 g) wird mit 3 g NaJ · $2H_2O$ versetzt, die Hydrolyse von SnJ_4 mit 2 ml gesätt. NaJ-Lsg. durchgeführt u. sonst wie bei der l. c. mitgeteilten Sn-Best. verfahren. Ggw. von Fe u. Cu stört nicht, wohl aber Sb. R. K. Müller G 327◇

1714 **Polarographische Charakteristik der Bleikomplexe der Nitridotriessigsäure.** 2. Mitt. M. Pryszczewska. (Zeszyty naukowe Politechn. Szczecińskiej, Chem. **1960,** Nr. 14, 81—82, 1960; poln.) — 1. vgl. Collect. czechoslov. chem. Commun. **24,** [1959], 3796. — Die Unterss. wurden zum Unterschied von den bisherigen Arbeiten ohne Zusatz von Pufferlösungen durchgeführt. P. Kadach G 328◇

1715 **Über die spektralanalytische Bestimmung von Sauerstoff in hochschmelzenden Metallen und Legierungen.** W. Ss. Grigorowa, I. Ss. Lindstrem, N. Ss. Swentitzki und K. A. Ssuchenko. (Nachr. Akad. Wiss. UdSSR, physik. Ser. **26,** 924—26, 1962; russ.) — Zusammenfassung von Unterss. über die O_2-Best. in *Nb* u. *Mo* mit Anregung durch Niederspannungs-Impuls-

entladungen in techn. He, He–N_2-Gemischen (von normalem oder etwas erniedrigtem Druck) u. im Vakuum. Mit einzelnen Impulsen eines Kondensators von 1600 bis 24000 μF u. Al- bzw. Cu-Gegenelektrode können nach den Linien O I 7771,93 Å, O II 4414,89 Å u. a. mit Aufnahme im Dreiprismenspektrographen ISP-51 bis zu 0,001% O_2 in Mo u. 0,004% O_2 in Nb bestimmt werden.
R. Gerbatsch G 336◇

1716 **Flüssig-Flüssig-Extraktion von Uran(VI) mit Tri-n-octylamin und direkte colorimetrische Bestimmung mit Morin.** E. Cerrai und C. Testa. (Energia nucleare 8, 737—43, 1961; Segrate, Labor. CISE; engl.) — Nach Extraktion mit 0,25 m Tri-n-octylamin in Bzl. aus 8 m HCl- bzw. 10 m NH_4NO_3-Lsg. wird U(VI) in der organ. Phase nach Zugabe von Morin, Pyridin u. abs. A. als UO_2-Morin-Komplex (UO_2:Morin = 1:2) colorimetr. bei 425 nm bestimmt. Die Reproduzierbarkeit beträgt ±4%. Einfl. von Fremdionen werden diskutiert.
G. Günzler G 339◇

1717 **Spektrophotometrische Uran(VI)-Bestimmung.** Raluca Ripan, Gabriela Kiss und Z. Székely. (Studii Cercetări Chim. [Cluj] **11**, 259—66, 1960; Cluj, Acad. R.P.R., Inst. de chim.; rum.) — Die Meth. basiert auf der bei der Rk. von U(VI) mit Salicylaldoxim im alkal. Medium auftretenden Orangefärbung. Der optimale pH liegt bei 8,50—9,50; als Puffer wird eine 0,05 m Borax-Lsg. (pH 9,18) angewandt. Das Absorptionsmaximum liegt bei λ = 400 mμ. Das Beersche Gesetz ist bei dieser Wellenlänge für Konzz. von 10—60 γU/ml gültig. Das Molverhältnis des Komplexes beträgt 1:1. Bei der Best. wird ein 20facher Überschuß des Reagenz benötigt.
J. Lehmberg G 339◇

1718 **Spektrographische Bestimmung von Bor, Aluminium, Eisen, Chrom und Mangan in Uranverbindungen.** R. De Leone, L. Lorenzini und C. Stoppa. (Metallurgia ital. **54**, 333—40, 1962; Milano, CNEN; ital.) — Vff. beschreiben zunächst die Darst. von spektrograph. reinem U_3O_8. Zum quant. Nachw. der obigen Verunreinigungen benutzt man die Meth. der sog. „Trägerdestillation". Es wurden nun Standardkurven erhalten, indem das U_3O_8 mit abnehmenden Mengen B, Al_2O_3, Fe_2O_3, u. Cr_2O_3 + MnO_2 vermischt wurde u. hierauf die Trägersubstanzen Ga_2O_3 oder *NaF* zugesetzt wurden. Von jedem verunreinigendem Element wurden für alle verwendeten Gemische die Intensitäten spektrophotometr. gemessen u. an Hand dieser Daten graph. die Intensitäten der Linien bzw. der Linie des verunreinigenden Elementes gegen den Geh. der Verunreinigung in ppm/U_3O_8 aufgetragen. An Hand dieser Bezugskurven lassen sich die Geh. an Verunreinigungen ablesen. Bei B ist auf diesem Wege noch eine Konz. von 0,25 ppm nachweisbar. Die erhaltenen Kurven für die einzelnen Elemente sind wiedergegeben.
C. Gottfried G 339△

1719 **Zersetzung von Silicaten durch ein Al–NaOH-Gemisch (direkte Eisenbestimmung in Silicaten) und Theorie der Zersetzung.** Miroslav Štefl und Jiří Tulach. (Sborník Vysoké školy zemědělské Praze **1961**, 123—27; tschech., Auszug: engl.) — Vgl. C. **1958**, 14402. — Zum Aufschluß von Silicaten werden 0,5 g Silicat mit 0,5 g Al-Pulver u. der (auf Al berechnete) 8—10fachen Menge frisch gemahlenen, trockenen NaOH 2—3 Min. lang mit leuchtender Flamme erhitzt. Nach Lsg. in dest. W. wird 37%ig. HCl im Überschuß zugesetzt u. ohne Abtrennung von SiO_2 nach Zusatz von $SnCl_2$ mit 0,05 n $K_2Cr_2O_7$-Lsg. unter Verw. von Diphenylamin als Indicator der Fe-Geh. durch Titration ermittelt. In Verss. mit Augit, Olivin u. Basalt werden Ergebnisse erhalten, die mit den nach der üblichen Meth. mit Na_2CO_3 erhaltenen gut übereinstimmen. Als Zwischenprod. werden Na_2AlO_3 u. $NaAlO_2$ angenommen.
R. K. Müller G 354◇

1720 **Spektrophotometrische Bestimmung von Eisen-, Nickel- und Chromspuren in Diphenyl für Reaktoren.** D. Monnier, W. Haerdi und E. Martin. (Helv. chim. Acta **46**, 1042—46, 1963; Genève, Univ. Labor. de Chim. Analyt. et de Chim. Min.; franz.) — Nach Absublimieren der Hauptmenge des Diphenyls wird ca. 1 g der organ. Substanz mit 1 ml konz. H_2SO_4 u. 5 ml konz., frisch dest. HNO_3 verascht. Es lassen sich in frischen Diphenyl 6,0 ppm Fe (mit α.α'-Dipyridyl bei 522 nm) u. 0,2 ppm Cr (mit Diphenylcarbazid bei 540 nm) u. in bestrahltem Diphenyl (17 Tage lang mit $6 \cdot 10^{11}$ n · cm^{-2} · s^{-1}) 7,1 ppm Fe, 1,6 ppm Cr sowie 0,8 ppm Ni (mit Dimethylglyoxim bei 465 nm) bestimmen.
U. Wenzel G 356◇

1721 **Anwendung von Natriumhexametaphosphat zur quantitativen Trennung zweiwertiger Elemente (Cu^{2+}, Zn^{2+}, Co^{2+}, Ni^{2+}) in Gegenwart dreiwertiger Elemente (Fe^{3+}, Al^{3+}, Cr^{3+}).** R. Ripan und C. Stanisaw. (Studia Univ. Babeş-Bolyai, Cluj, Ser. I **6**, Nr. 2, 63—71, 1961; rum.) — Na-Hexametaphosphat liefert lösl. Komplexe vom Typ $[Me^{II}(PO_3)_6]^{4-}$ u. $[Me^{III}(PO_3)_6Na_3]$. Bei Behandlung dieser Komplexe mit Pyridin (Py) u. NH_4SCN werden die Me^{II} in Form von $Me(Py)_2(SCN)_2$ (Me = Cu, Zn) bzw. von $Me(Py)_4(SCN)_2$ (Me = Co, Ni) gefällt u. können in diesen Ndd. bestimmt werden. Im Filtrat werden Fe u. Al mit 8-Hydroxychinolin, Cr nach Oxydation zu CrO_4^{2-} jodometr. bestimmt.
R. K. Müller G 358◇

1722 **Monoallyl-bis-[thiocarbamoyl]-hydrazin, C_3H_5–NH–CS–NH–NH–CS–NH_2 (Monalzin), als analytisches Reagens.** 1. Mitt. **Die Darstellung von Salzen des Reagenzes und die Bestimmung von Kupfer und Nickel.** N. K. Dutt und B. K. Bhattacharyya. (Sci. and Cult. [Calcutta] **29**, 155—56, 1963; Calcutta, Jadavpur, Indian Assoc. for Cult. of Sci., Inorg. Chem. Labors.; engl.) — N-[Allylthiocarbamoyl]-N'-[thiocarbamoyl]-hydrazin (Monalzin), das in W. leichter lösl. als sein Diallyl-Homologes ist, bildet mit Metallen (Me) wie *Cu*, *Ni*, *Zn*, *Hg* u. *Pd* Verbb. der Zus. $MeC_5H_8N_4S$ u. mit *Ag* $AgC_5H_9 \cdot N_4S_2$. Cu u. Ni werden quant. bei pH 4 bzw. 8,3 als schwarze bzw. hellbraune Verbb. gefällt, u. nach Waschen mit heißem W. bei 105° getrocknet.
G. Heller G 358◇

1723 **Thiocyanate von Isonicotinsäurehydrazid-Metall-Komplexen.** 1. Mitt. **Analytische Anwendungen bei der Kupferbestimmung.** I. Grecu und Elena Curea. (Studii Cercetări Chim. [Cluj] **11**, 267—71, 1960; Cluj, Fac. de farmc., Cat. de chim. anorg.; rum.) — Beschreibung einer gravimetr. u. volumetr. Schnellmeth. zur Best. von Cu infolge Bldg. von *[CuHA]SCN* (HA = Isonicotinsäurehydrazid) schwerlösl. in W., unlösl. in A. u. Ae.; durch Rk. von Cu^{2+} mit einem Überschuß einer Lsg., die in 100 ml 2 g Isonicotinsäurehydrazid u. 4 g NH_4SCN enthält, wird ein grüner Niederschlag erhalten. Bei der volumetr. Meth. wird der Überschuß einer 0,1 n NH_4SCN-Lsg. mit einer 0,1 n $AgNO_3$-Lsg. in Gegw. von Fe-Alaun als Indicator zurücktitriert.
J. Lehmberg G 358◇

1724 **Spektrographische Bestimmung von 0,1—1% Kupfer in Aluminiumlegierungen.** T. Török u. A. Pethö. (Talanta [London] **10**, 527—30, 1963; Budapest, L. Eötvös Univ., Inst. for Inorg. and Analyt. Chem.; Labor. of Nat. Oil and Gas Trust; engl.) — C. **1964**, 8-1702.
H. Kuchenbecker G 358◇

1725 **Photometrische Bestimmung von Quecksilber(II) und Silber als Diäthyldithiocarbamate in Gegenwart großer Gehalte an Kupfer und Kupfer-Legierungsbestandteilen.** J. F. W. Tertoolen, C. Buijze und G. J. van Kolmeschate. (Chemist-Analyst **52**, 100—01, 1963; Delft, T. N. O., Analyt. Inst.; engl.) — Hg(II) u. Ag verdrängen bei pH 4,5—5,0 Cu(II) aus dem Diäthyldithiocarbamat-Komplex. Bei bekannter Cu-Konz. kann indirekt aus der Differenz zwischen Anfangs- u. Endwert der Extinktion auf den Hg-Geh. geschlossen werden. Ag kann leicht durch Br^- maskiert werden. Die Best. wird durch alle Ionen gestört, die mit Hg Anionenkomplexe bilden.
G. Günzler G 359◇

1726 **Nachweis von Spuren Gold und Silber durch Tüpfelreaktionen.** A. Fabrikanos und K. H. Lieser. (Z. analyt. Chem. **198**, 410—12, 1963; Darmstadt, TH, Eduard-Zintl-Inst., Lehrst. für Kernchem.; dt.) — Au u. Ag können durch Tüpfelrkk. mit EDTA unter der UV-Lampe nachgewiesen werden. Die Grenzempfindlichkeit beträgt in beiden Fällen 0,1 μg (Grenz-Konz. 1:100000).
R. Walcker G 360◇

1727 **Farbreaktionen des Au(III) mit Anthranilsäure.** Gr. Popa, D. Negoiu und G. Baiulescu. (An. Univ.

„C. I. Parhon", Ser. Ştiinţ. naturii, Chim. **9**, 99—102, 1960; Fac. de Chim., Labor. de chim. anorg. şi analit.; rum.) — Anthranilsäure (**I**), 3.5-Dibrom- u. 4-Nitroanthranilsäure bilden in saurem Medium mit Au^{3+} gefärbte Komplexe. Zur photometr. Best. von Au^{3+} werden 10 ml Lsg. mit 68,43—821,25 μg Au mit 2 ml einer Lsg. von 1% **I** in A. mit 1% Pyridin versetzt u. auf 10 ml mit A. aufgefüllt. Gegen eine Blindprobe wird bei pH 3—4,5 die Extinktion bei 533 nm (Pulfrich-Photometer, Filter S_{53}) bestimmt. R. K. Müller G 360◇

1728 **Spektrophotometrische Osmiumbestimmung mit dem Natriumsalz der p-Aminosalicylsäure.** D. Negoiu und M. I. Grubeanu. (An. Univ. „C. I. Parhon", Ser. Ştiinţ. naturii, Chim. **9**, 117—21, 1960; Fac. de Chim., Labor. de chim. anorg.; rum.) — Durch Auflösen von OsO_4 in 0,2 m NaOH erhaltene Lsgg. mit 0,25—4,15 μg Os/ml bilden mit Na-p-Aminosalicylat (**I**) eine violettbraun gefärbten Komplex, der sich photometr. bestimmen läßt. Das Absorptionsmaximum liegt bei 4960 Å (Filter M_{50}). Konstanz wird innerhalb 15 Min. erreicht. Der optimale pH-Bereich liegt bei 7—8. Die Grenzverdünnung beträgt $8,1 \cdot 10^{-7}$. R. K. Müller G 366◇

1729 **Polieren von Mineralproben.** A. F. Hallimond. (Mining Mag. **108**, 197—202, 1963; engl.) — Beschreibung eines Gerätes u. des Zubehörs zum Polieren von Mineralproben. W. Wesly 5290◇

1730 **Spektrographische Lokalmikroanalyse von mineralogischen Schliffen.** Ivan Rubeška und Alena Špačková. (Časopis Mineralog. Geol. **7**, 158—64, 1962; Praha, Ústřed. ústav. geolog.; tschech., Auszug: dt.) — Für die spektrograph. Lokalanalyse von leitenden Proben wird als Elektrode ein Pt-Draht (⌀ 0,3 mm) in einer Glasröhre, für nichtleitende Proben zwei in 45° geneigte Spitzenelektroden benutzt. Bedingungen: analysierte Fläche 0,5 mm; Spektrograph-ISP 22; Schlitzweite 0,010 mm; 500 pF, L = 0, 8000 V, 90 s. Für die quant. Analyse von Fe-, Ni-, Co-Arsenid wird die analysierte Stelle in wenig HNO_3 (1:1) gelöst u. die Lsg. auf eine mit NaCl-imprägnierte C-Elektrode übertragen. Bedingungen: Spektrograph Hilger E 492; Schlitzweite 0,030 mm; Wechselstrombogen 7 A; 60 s; Seideltransformation; mittlerer quadrat. Fehler $S_{Co/Ni}$ 14%; $S_{Ni/Fe}$ 18,5%; $S_{Fe/Co}$ 17,8% bei Verw. der Linien Fe I 3075,7 Å, Co I 3086,8 Å u. Ni I 3080,8 Å. J. Tumová 5290◇

b) Organische Verbindungen

1731 **Untersuchungen über organische Mikroanalyse** 18. Mitt. **Basische Wirkung der Clauson-Kaasschen Mikrohydrierapparatur.** Keiichiro Hozumi. (J. pharmac. Soc. Japan [Yakugakuzasshi] **78**, 131—35, 1959; Kyoto, Univ. of Kyoto, Med. Fac., Pharmaceut. Inst.; jap., Auszug: engl.) — 14. vgl. C. **1964**, 11-1783. — Zur Kompensation des Dampfdruckes des Lsgm. u. der Temp. des Bades wird eine modifizierte Clauson-Kaassche Mikrohydrierapp. konstruiert u. beschrieben. W. Hampel 5350△

1732 **Untersuchungen über organische Mikroanalyse.** 19. Mitt. **Modifizierte Mikrohydrierapparatur und ihre Schnellberechnungsmethode.** Keiichiro Hozumi. (J. pharmac. Soc. Japan [Yakugakuzasshi) **78**, 135—39, 1959; jap., Auszug: engl.) — 18. vgl. vorst. Referat. — Bei 1std. Schütteln von H_2 mit A. wurde festgestellt, daß die Gasphase nicht an A. gesättigt ist. Der sich daraus bei den Berechnungen nach Clauson-Klaas ergebende Fehler wird bestimmt. W. Hampel 5350△

1733 **Das β-γ-Photometer als einfaches Hilfsmittel zur Elementaranalyse von Lösungen und organischen Substanzen.** K. H. Waechter. (Chimia [Aarau, Schweiz] **17**, 113—19, 1963; Erlangen-Bruck, Frieseke u. Hoepfner; dt.) — Es werden der Aufbau eines β-γ-Photometers, die Arbeitsmeth. u. einige Anwendungsmöglichkeiten beschrieben. So ist bei der Best. des C/H-Verhältnisses organ. Verbb. noch eine Differenz im H-Geh. bis zu 2‰ nachweisbar. Differenzen in den Gew.-Mengen von S u. Cl können bis zu 0,1‰ u. von J bis zu 0,05‰ erkannt werden. G. Günzler 5352◇

1734 **Beiträge zur organischen Elementaranalyse.** 1. Mitt. **Kohlenstoff- und Wasserstoffbestimmung in phosphor- und arsenhaltigen Substanzen.** Miroslav Jureček, Blanka Wanková, Iva Táborská und Marie Palatová. (Sborník vědeckých Prací, Vysocká Škola chem.-technol. Pardubice, **1961**, Nr. 2, 99—114, Kat. Anal. Chem.; tschech.) — Bei der Best. von C u. H in P enthaltenden Stoffen im O_2-Strom wird die Probe im Pt-Schiffchen mit gepulvertem Co_3O_4 oder granuliertem MgO bedeckt. Unzersetzt destillierende oder flüchtige Zers.-Prodd. bildende Substanzen werden analysiert, indem man in das Verbrennungsrohr zusätzlich ein mit Co_3O_4 oder MgO gefülltes Schiffchen schiebt. Auf diese Weise wird P zurückgehalten. As enthaltende Proben werden ohne Zusatz verbrannt; die Zers.-Gase u. Dämpfe leitet man über ein Schiffchen mit MgO, das fast alles As zurückhält. W. Wesly 5352◇

1735 **Rationalisierung der mikroanalytischen Bestimmung des Sauerstoffes in organischen Substanzen und die Erweiterung der Methode auf die Analyse von fluor- und phosphororganischen Substanzen.** F. Ehrenberger, S. Gorbach und W. Mann. (Z. analyt. Chem. **198**, 242—53, 1963; Frankfurt/Main-Höchst, Farbwerke Hoechst AG., vorm. Meister Lucius u. Brüning; dt.) — Die bei der mikroanalyt. O-Best. am Kohlekontakt leicht auftretende Gangbildung vermeiden Vff. durch eine vertikale Anordnung des Kohlekontaktes in einem T-förmigen Quarzrohr. Die Kontakt-Temp. wird durch Stabilisierung der Netzspannung konst. gehalten u. das Verbrennungsrohr durch einen neuartigen Ofen beheizt. Durch Verw. einer „CAHN"-Elektrowaage konnte die Einwägezeit wesentlich verkürzt werden. Einführen u. Vorspülen der Substanz über eine Schleuse u. potentiometr. Titration des entstandenen CO_2 führen zu kontinuierlichem u. blindwertfreiem Arbeiten. Als Trägergas verwenden Vff. 98% N_2 + 2% H_2, das über einem feinkörnigen BTS-Kontakt gereinigt wird. Die beschriebenen Verbesserungen ermöglichen die Analyse von fluor- u. phosphororgan. Verbb., die in einem Ni-Rohr über Pt-Gasruß bei 900° verbrannt werden. Phosphororgan. Verbb. mischt man zusätzlich noch mit Ni-Pulver oder mit Ni-Pulver + AgCl. Die vollständige Verbrennung von aromat. oder aliphat. Polycarbonsäuren erreicht man nur unter Hilfenahme von Ni-Drahtnetz als zusätzlichem Pyrolysekontakt. A.-M. Fretzdorff 5352◇

1736 **Verwendung von Aluminiumchlorid zur Gruppenanalyse organischer Verbindungen.** 3. Mitt. **Mehrkernige Aromaten, kondensierte Ringsysteme und Heterocyclen.** Gerhard Talsky. (Z. analyt. Chem. **195**, 171—77, 1963; München-Aubing, Sulzemooser Str. 3a; dt.) — 2. vgl. C. **1964**, 2-1687. — Es wurden die Farb-Rkk. von mehrkernigen Aromaten, kondensiert-aromat. Syst. sowie einigen Heterocyclen mit $AlCl_3$ in Ggw. von $CHCl_3$ untersucht. Die grünblau Färbung von z. B. Diphenyl wird durch Substitution von Halogen oder Alkyl zu Blau vertieft; $-NH_2$, $-SO_3H$ u. NO_2 gibt Farbaufhellung zu rotbraun. Bei phenylsubstituierten Aromaten üben auch die die beiden C_6H_5-Gruppen verbindenden Atomgruppen deutlichen Einfl. aus. In der Reihe –NH–, –S–, –O–, $-CH_2-$, $-C_2H_4-$, $-S_2-$, –CO–, $-SO_2$ wurden zunehmende Aufhellung beobachtet. — Bei kondensiert-aromat. Syst. ist der Substituenteneinfl. viel geringer. Zunehmende Aufhellung von grünblau nach gelb geben: Phenoläther, Phenolester, Naphthole, Chinone, $-NO_2$, –NO. Carbonsäuren, Sulfonsäuren, Amine, KW-Stoffe u. Nitrile geben blaugrüne bis grünblaue Färbung. Alkyl-Derivv. u. Halogen-Derivv. geben Farbvertiefung nach Blau. — Heterocyclen geben gelbe, selten rote bis grüne Anfärbungen. G. Talsky 5364◇

1737 **Die analytische Trennung von Kohlenwasserstoffen durch die FIA-Methode.** 2. Mitt. **Experimentelle Nachprüfung der abgeleiteten grundlegenden Beziehungen.** Eiichi Funakubo, Hiroshi Taniguchi und Akira Uejima. (Brennstoff-Chem. **43**, 302—08, 1962; Osaka, Univ., Techn. Fak., Chem. Inst.; dt.) — 1. vgl. C. **1963**, 14803. — Die Ergebnisse von experimentellen Unterss. werden mitgeteilt, durch die die l. c. abgeleiteten Beziehungen bestätigt werden. S. Gipp G 500◇

1738 **Gaschromatographische Analyse von C_1 bis C_4-Kohlenwasserstoffen im ppm-Bereich in der Luft und in verdampftem flüssigem Sauerstoff.** C. J. Kuley. (Analytic. Chem. **35**, 1472–75, 1963; Sarnia, Ontario, Canada, Dow Chemical of Canada, Ltd., Analyt. Labor.; engl.) — Eine geeignete Säule mit einem β-Strahl-Ionisationsdetektor (β-D.) für die Best. von C_2–C_4-KW-Stoffen u. mit einem Flammen-Ionisationsdetektor (FD.) zur Best. von C_1–C_4-KW-Stoffen in Luft u. O_2 wurde entwickelt. Nachweisbare Grenzen für den β-D. liegen bei 0,2 bis 0,08 ppm unter Verw. einer Gasprobe von 1 oder 10 ml. Konzz. von 0,004–0,07 ppm können mit einem FD. bei einer 10 ml Gasprobe nachgewiesen werden. Der FD. hat gegenüber dem β-D. für die Analyse von KW-Stoffen den Vorteil, daß er inerten Gasen gegenüber unempfindlich ist, so daß große Luft- oder O_2-Proben verwendet werden können. Der FD. spricht auch auf CH_4 an. Die Herst. einer modifizierten Säule aus aktiviertem Al_2O_3 wird beschrieben. W. Hegenberg G 510◇

1739 **Verbesserte spektrophotometrische Methode für die Bestimmung geringer Chloroformmengen.** Marianna Mantel, Magda Molco und Marianna Stiller. (Analytic. Chem. **35**, 1737–40, 1963; Rehovoth, Israel Atomic Energy Comm.; engl.) — Die rötliche Farbe, die sich beim Zusatz von Pyridin zu einer $CHCl_3$-Lsg. in Ggw. von NaOH zeigt, wurde bei der qual. u. quant. Best. von $CHCl_3$ verwendet. Durch Messung der Absorption bei 366 nm anstelle von 525 nm u. Arbeiten bei optimalen Bedingungen wurde die Empfindlichkeit des Verf. wesentlich verbessert. Die entwickelte Meth. hat eine relative Standardabweichung von $\pm 5\%$ u. ermöglicht den Nachw. von 0,02 ppm $CHCl_3$. W. Hegenberg G 510◇

1740 **Spektrophotometrische Bestimmung von Acetylenverbindungen als Quecksilber-Acetatkomplexe.** Sidney Siggia und C. R. Stahl. (Analytic. Chem. **35**, 1740–43, 1963; Easton, Pa., General Anilin & Film Corp., Central Res. Labor.; engl.) — Beschreibung einer Meth. zur Best. von einfach u. zweifach substituierten Acetylen-Verbb. über die Dreifachbindungen im Molekül. Die Meth. beruht auf der Bldg. der Hg-Acetat-Additions-Verbb. der Acetylen-Verbb. u. Messung der UV-Absorption dieser Verbindungen. Sie ist selektiv für Acetylen-Verbb. u. in geringen Konz.-Bereichen anwendbar. W. Hegenberg G 530◇

1741 **Charakterisierung von Hydroxylverbindungen. Identifizierung ihrer 3.5-Dinitrobenzoate durch Infrarotspektroskopie.** Robert C. Douthit, Kenneth J. Garska und Victor A. Yarborough. (Appl. Spectroscopy **17**, 85–89, 1963; South Charleston, W. Va., Union Carbide Chem. Co., Res. and Developm. Dep.; engl.) — Vff. untersuchen die IR-Spektren der 3.5-Dinitrobenzoesäureester von *Methanol, Cyclopentylmethanol, A.*, *1-*, *2-*, *2-Methyl-* u. *2-Äthoxypropanol, 1.1-Dimethyläthanol, 1-*, *2-*, *2-Methyl-*, *2-Äthyl-* u. *2.2-Dimethylbutanol, 1-*, *2-Methyl-*, *2-Äthyl-4-methyl-* u. *4-Methyl-2-pentanol, 1-Hexanol, 2-* u. *3-Heptanol, 1-Octanol, Octadecanol, 1.1-Dimethyloctadecanol* u. *Docosanol.* Die Fp. der Verb. werden bestimmt. Die IR-Spektroskopie wird auf der Röntgenspektroskopie verglichen. A. Kumm G 560◇

1742 **Zentrifugal-Papierchromatographie.** 10. Mitt. **Chromatographische Trennung von Carbonsäuren, Phenolen und Alkoholen im Fliehkraftfeld.** Z. Cejková, Z. Deyl und J. Rosmus. (Z. analyt. Chem. **195**, 1–9, 1963; Prag-Smichov, CSSR, Zentr.-Forsch.-Inst. für Lebensmittel-Ind.; dt.) — 9. vgl. J. Chromatogr. [Amsterdam] **11**, [1963], 110. — Vff. beschreiben die Rundfilterpapierchromatographie von Alkoholen (**I**; C_1–C_8), Carbonsäuren (**II**, C_1–C_6) u. Phenolen (**III**) auf Whatman Nr. 3-Papier im Fliehkraftfeld. **I** werden in Form ihrer 3.5-Dinitrobenzoylester im Syst. Dimethylformamid (**IV**)-Cyclohexan (**V**) getrennt u. nach Red. mit $SnCl_2$ mit Ehrlich-Reagens sichtbar gemacht. **II** wurden in Form ihrer 2.4-Dinitrobenzoylester in 3 verschiedenen Syst. aus Formamid, **IV** oder Petroleum (**VI**) als stationären Phasen u **V**-Bzl., **V**–**VI** oder wss. A. als Laufmittel getrennt u. mit Na-Äthylat in Aceton gesprüht. Aus **III** wurden durch Kuppeln mit diazotierter Sulfanilsäure Azofarbstoffe hergestellt, die in den Syst. n-Butanol–A.–NH_3 oder n-Amylalkohol–A.–NH_3 auf mit Soda imprägniertem Papier getrennt wurden. M. Finke G 1060◇

1743 **Titration von schwachen Säuren mit Tetramethylguanidin als Lösungsmittel.** Theodore R. Williams und Margaret Lautenschleger. (Talanta [London] **10**, 804–08, 1963; Wooster, Ohio, Coll. of Wooster, Dep. of Chem.; engl.) — Vff. konnten Benzoesäure, Phenol, p-Bromphenol, 2.4-Dibromphenol u. Salicylsäure mit Hexadecyltrimethylammoniumhydroxid in Tetramethylguanidin gut bestimmen. Zur Endpunktsanzeige eignen sich die Glaselektrode (Ag/AgBr-Bezugselektrode) sowie Alizaringelb u. Azoviolett als visuelle Indicatoren. Bei der Titration von Säuregemischen, wie $HClO_4$ u. Essigsäure, HCl u. Benzoesäure oder 2.4-Dibromphenol u. Essigsäure, wurde stets nur das gesamte Säureäquivalent gefunden. Bei der Titration von Salicylsäure zeigt sich auch nur eine Stufe. Das Lsgm. übt also einen starken ausgleichenden Einfl. aus. P. Kurzmann G 1210◇

1744 **Anwendung von Chelatbildungsreaktionen bei der Papierchromatographie isomerer Dihydroxybenzoesäuren.** Jaakko Halmekoski. (Suomen Kemistilehti B **43**, 1–3, 1961; Helsinki, Univ., Dep. of Chem.; engl.) — Die Entw. auf Papier, das mit chelatbildenden Anionen (MoO_4^{2-}, WO_4^{2-}, $B_4O_7^{2-}$ bzw. VO_3^-) imprägniert ist, bietet die Möglichkeit zur Trennung von 2.3-, 2.4-, 2.5-, 2.6-, 3.4- u. 3.5-Dihydroxybenzoesäure. Die Imprägnierung setzt im Vgl. zu unbehandeltem Papier die Wanderungsgeschw. herab. Lediglich das 2.6-Isomere wandert unter diesen Bedingungen schneller. Untersucht werden die Laufmittel-Syst. n-Butanol/Essigsäure/W. (4 : 1 : 5), wassergesätt. n-Butanol, n-Amylalkohol/Propionsäure/W. (4 : 1 : 5) u. Isoamylalkohol/Essigsäure/W. (12 : 1 : 15). F. M. Friedrich-Anderseck G 1250◇

1745 **Über die Molekular- bzw. Äquivalentgewichtsbestimmung von Phosphinen und Phosphoniumsalzen durch Spektrophotometrie der Pikrate.** Hellmuth Schindlbauer. (Chem. Ber. **96**, 2109–2111, 1963; Wien, T. H., Inst. für Chem. Technol., organ. Stoffe; dt.) — Die Best. beruht auf der Messung des Extinktionskoeff. des Phosphoniumpikrats (**I**) bei 360 nm analog der Meth. von Cunningham u. Mitarbeiter (C. **1953**, 106) zur Best. von Aminen als Aminpikrat. Da sich Phosphine leicht in Phosphoniumsalze überführen lassen, ist damit eine Möglichkeit ihrer indirekten Molgew.-Best. gegeben. Untersucht werden *Tetraphenyl-*, *Triphenyl-n-butyl-*, *-methyl-*, *Diphenyl-dimethyl-*, *Phenyl-trimethyl-*, *-tris-hydroxymethyl-*, *Tetra-[chlormethyl]-*, *Tetramethylen-1.4-bis-[tribenzyl]-*, *Diphenyl-bis-hydroxymethyl-*, *Tribenzyl-methyl-*, *Phenyl-butyl-bis-hydroxymethyl-*, *Triphenyl-iso-butyl-* u. *Tetramethyl-***I**. A.-M. Fretzdorff G 1380◇

1746 **Imprägnierung chromatographischer Dünnschichten mit Polyestern: Trennung und Identifizierung substituierter 2-Hydroxybenzophenone und anderer UV-Absorber.** E. Knappe, D. Peteri und I. Rohdewald. (Z. analyt. Chem. **197**, 364–69, 1963; Hiltrup/Westf., Glasurit-Werke M. Winkelmann A. G.; dt.) — Auf dünnen Schichten, die mit Adipinsäuretriäthylenglykolpolyester imprägniert werden, lassen sich mit m-Xylol/Ameisensäure (98 : 2) als Laufmittel die folgenden UV-Absorber trennen: 2.2'.4.4'-Tetrahydroxybenzophenon, 2.4-Dihydroxybenzophenon, Salicylsäurephenylester, Salicylsäure-p-tert.-butylphenylester, 2.4-Dibenzoylresorcin 2.2'-Dihydroxy-, 2.2'-Dihydroxy-4-methoxy-, 2.2'-Dihydroxy-4.4'-dimethoxy-, 2-Hydroxy-4-methoxy-, 2-Hydroxy-4-methoxy-4'-methyl- u. 2-Hydroxy-5-chlorbenzophenon. Die Sichtbarmachung erfolgt durch Kuppeln mit Echtrotsalz Al oder Betrachtung unter UV-Bestrahlung. Das Trägermaterial hat nur geringen Einfl. auf die Trennung. H. J. Altmann G 2360◇

1747 **Zur Frage der Titration von Pyridin.** I. M. Stepanenko. (Hochschulnachr. [Iwanowo], Chem. u. chem. Technol. **4**, 513–14, 1961; Moskau, Techn. Hochschule „Baumann", Inst. für allg. Chem.; russ.) — Mit den in der Literatur angegebenen Indicatoren für die acidimetr. Pyridin(**I**)-Best. konnten keine befriedigenden Resultate erhalten werden. Dagegen gibt Bromphenolblau (0,1%ig. Lsg.) auch bei verschiedenen **I**-Konz. (0,14; 0,6; 0,7 u.

1,0 n) gute Ergebnisse. Die theoret. u. gefundenen Werte bei der Titration mit 0,1 n H_2SO_4 stimmen bei Tages- u. künstlichem Licht sehr gut überein. — 10 Literaturangaben. Herbert Hoffmann G 3231◇

1748 **Die Spektren im fernen Infrarot von monosubstituierten Pyridinen.** Raymond Isaac, Freeman F. Bentley, Helene Sternglanz, W. C. Coburn jun., C. V. Stephenson und W. S. Wilcox. (Appl. Spectroscopy **17,** 90—97, 1963; Wright-Patterson Air Force Base, Ohio, Aeronaut. Syst. Div., Materials Central Birmingham, Ala., Southern Res. Inst.; engl.) — Vff. untersuchen die IR-Spektren von *2-, 3-* u. *4-Picolin, 2-, 3-* u. *4-Äthyl-, 2-n-Propyl-, 2-* u. *4-Amyl-, 2-, 3-* u. *4-iso-Propyl-, 2-* u. *4-tert.-Butyl-, 2-Bromo-, 2-, 3-* u. *4-Chloro-, 2-, 3-* u. *4-Hydroxy-, 2-, 3-* u. *4-Cyano-, 2-, 3-* u. *4-Acetyl-, 2-, 3-* u. *4-Aminopyridin, Pyridin-2-, -3-* u. *-4-aldehyd, Pyridyl-2-, -3-* u. *-4-carbinol, Picolin-, Nicotin-* (**I**) u. *Isonicotinsäure* (**II**), **I**-*äthyl-*, **II**-*methyl-* u. **II**-*äthylester*, im CsBr-Bereich. 2- u. 3-substituierte Pyridine werden im fernen IR durch 2 relativ intensive Banden bei 400 u. 600 cm^{-1} charakterisiert. Für 4-substituierte Pyridine werden keine streng charakterist. Absorptionsbanden gefunden. Die Konturen der Spektren der Dampfphase von 2-Fluoro- u. 2-Chloropyridin im fernen IR zeigen, daß die Banden bei 600 u. 400 cm^{-1} durch „in-plane"- u. „out-of-plane"-Schwingungen anwachsen. Die Pyridinspektren werden mit einigen Spektren von entsprechend substituierten Benzolen verglichen. A. Kumm G 3231◇

1749 **Modifiziertes Quecksilber(II)-sulfat-Reagens für Barbiturate.** H.-P. Klöcking und E. Joschko. (Z. Chem. **2,** 350, 1962; Rostock, Univ., Pharmakolog. Inst.; dt.) — Die Nachw.-Grenze für gesätt. Barbitursäurederivv. läßt sich z. T. bis auf 10 μg senken, wenn man nach der Behandlung mit $HgSO_4$-Lsg. die Chromatogramme durch 10%ig. $(NH_4)_2S$-Lsg. zieht. Untersucht wurden folgende Verbb.: 5.5-Diäthyl-; 5-Phenyl-5-äthyl-; 5-[$\Delta^{1.2}$-Cyclohexenyl)-5-äthyl-; 5-Äthyl-5-crotyl-; 5-[$\Delta^{1.2}$-Cyclohexenyl)-5-methyl-N-methyl-; 1-Methyl-5-phenyl-5-äthyl-; 5-Isopropyl-5-(β-bromallyl)-; 5.5-Diallyl-; 5-Allyl-5-isopropylbarbitursäure. F. M. Friedrich-Anderseck G 3272◇

1750 **Neue Nachweise von Barbitursäurederivaten auf Papierchromatogrammen.** H.-P. Klöcking. (Z. Chem. **2,** 310, 1962; Rostock, Univ., Pharmacol. Inst.; dt.) — Äthyl-, Cyclo- u. Hexabarbital, Diallylbarbitursäure, Kalypnon, Luminal, Mephytal u. Noctal wurden als 1%ig. alkohol. Lsg. in Dimethylformamid/Benzin-Dioxan chromatographiert u. folgendermaßen nachgewiesen: 1. Einbringen des Chromatogramms in mit Joddampf gesätt. Exsikkator, gelbe oder braune Flecke, Empfindlichkeit 30—40 μg. 2. Das trockene Chromatogramm wird in eine Lsg. von $NaBiJ_4$ getaucht, bei 80° 5 Min. lang getrocknet u. dann durch 0,1 n H_2SO_4 gezogen. Helle bis gelbe Flecken auf dunkelbraunem Grund, Empfindlichkeit 30 μg. 3. $AgNO_3$-Reagens nach Cadenas u. Deferrari (C. **1961,** 11455), leicht modifiziert. Chromatogramme durchziehen, anschließend 2 Min. lang im Trokkenschrank bei 80° erhitzen. Weiße Flecke auf graubraunem Grund, Empfindlichkeit 5 μg. C. Fischer G 3272◇

1751 **Bromometrische Bestimmung des Thionins und seiner Derivate.** E. Ružička. (Mh. Chem. **93,** 1262—67, 1962; Olmütz, ČSSR; Palacký Univ., Naturwiss. Fak., Inst. für Organ. Chem.; dt.) — Vgl. C. **1962,** 6151. — Der Verlauf der Bromierung von *Thionin* (**I**, *3.7-Diaminophenthiazoniumchlorid*), *Methylenblau* (**II**, *3.7-Tetramethyldiaminophenthiazoniumchlorid*), *Methylengrün* (**III**, *4-Nitro-3.7-tetramethyldiaminophenthiazoniumbromid*) u. *Azur A* (**IV**, *3.7-N.N-Dimethylaminophenthiazoniumchlorid*; Hydroxid, $C_{14}H_{15}N_3OS$, aus Azur II durch säulenchromatograph. Trennung über Dimethylthioninhydrat) durch Br_2-W. in A. wurde potentiometr. verfolgt. Nur bei **I** verläuft die Rk. in verd. A. quant. unter Bldg. von *2.4.6.8-Tetrabrom-3.7-diaminophenthiazoniumhydroxid* (**V**) ab. Beim Bromieren von **II** in 96%ig. A. bei 20° laufen 2 Rkk. nebeneinander ab; bei 35—40° ist zu erkennen, daß neben der Bromierung auch eine Oxydation des **II** erfolgt. Die quant. Best. von **I**—**IV** gelingt nur in 50%ig. A. in saurem Medium bei 20°, wobei 2.4-Dibromderivv. entstehen. Die bromometr. Best. kann jedoch nicht in Ggw. von aromat. Aminoverbb., Phenolen bzw. Phenoxazonen durchgeführt werden. Die R_F-Werte von **I**—**IV**, der *Tetrabromderivv.* von **I** u. **II** u. des *Dibromderiv.* von **III** sind in Butanol–Pyridin–W. (5 : 3 : 3) u. in Butanol-Eisessig–W. (4 : 1 : 5) angegeben.

Versuche: **V**, $C_{12}H_7Br_4N_3OS$, rotbraun, durch Lösen von **I**-Hydrochlorid in sd. 96%ig. A., Zugabe von Br_2–W. zur kalten Lsg., 3std. Stehen, Extraktion mit sd. 10%ig. A. u. Zusatz von 10%ig. NH_4OH (pH 8—8,5). — *2.4.6.8-Tetrabrom-3.7-tetramethyldiaminophenthiazoniumbromid*, $C_{16}H_{14}Br_5N_3S$, violette Nadeln (an der Luft dunkelbraun), durch Lösen von **II**-Hydrochlorid bei 65° in 96%ig. A., Zugabe von Br_2–W. bei 20° u. 4std. Stehen. — *6.8-Dibrom-4-nitro-3.7-tetramethyldiaminophenthiazoniumhydroxid*, $C_{16}H_{16}Br_2N_4O_3S$, aus Äthylacetat, durch 2std. Einw. von Br_2–W. auf **III**-Hydrobromid in 96%ig. A., Zugabe von 5%ig. NH_3-Lsg. (pH 7,5—8) u. Extraktion mit Äthylacetat. B. Gnauck G 3292◇

1752 **Bestimmung von vier eng verwandten Triaryl-s-triazinen durch Infrarotspektroskopie.** R. Donald Spencer und Beverly H. Beggs. (Analytic. Chem. **35,** 1633 bis 1636, 1963; Pittsburgh, Pa., Mellon Inst.; engl.) — Vff. trennen Gemische von *Triphenyl-s-triazin, p-Monochlor-triphenyl-s-triazin, p'.p-Dichlor-triphenyl-s-triazin* u. *p''.p'.p-Trichlortriphenyl-s-triazin* durch Säulenchromatographie an Silicagel u. bestimmen einzeln jede Komponente quant. in den Mischungen von allen 4 Triazinen mit IR-Spektroskopie unter Verw. der gut aufgelösten u. ausreichend intensiven „out-of-plane" symmetr. CH-Deformationsschwingungen von 750—825 cm^{-1}. A. Kumm G 3313◇

1753 **Neue fluorimetrische Mikromethode für die gleichzeitige Bestimmung von Digitoxin und Digoxin.** Ivan M. Jakovljevic. (Analytic. Chem. **35,** 1513—16, 1963; Indianapolis, Ind., Eli Lilly and Co., Anal. Dev. Labor.; engl.) — Digitalisblätter oder Digitoxintabletten werden mit 80%ig. A. extrahiert. Wie auch bei Tinktur u. Ampullen wird nach dem Verdünnen mit W. mit $CHCl_3$ ausgeschüttelt. Nach dem Verdampfen des $CHCl_3$ wird der trockene Rückstand mit 2 ml Reagens (2 ml Essigsäureanhydrid u. 2 ml Acetylchlorid vor Gebrauch mit 6 ml Trifluoressigsäure gemischt) 30 Min. lang auf 45° erwärmt u. nach dem Erkalten mit CH_2Cl_2 auf 50 ml ergänzt. Bei Verw. der Filter 47 B u. 2A-12 wird die gesamte Fluorescenz von Digitoxin (**I**) (Maximum bei 500 nm) u. Digoxin (**II**) (Maxima bei 345 u. 470 nm) gegen die Reagens-Lsg. gemessen, mit der Filterkombination 7—60 + 2A—2ND nur die von **II**, deren Stärke 30% der Fluorescenz von **I** beträgt. Aus der Differenz ergibt sich der Wert für **I**. Digitoxigenin u. Lanatosid A geben dieselbe Fluorescenz wie **I**, aber entsprechend dem Unterschied der Molgew. zweimal so stark bzw. 20% schwächer. Lanatosid C gibt dieselbe Fluorescenz wie **II**, Lanatosid B u. Gitoxin reagieren nicht. Bei 2 μg/ml betrug die numer. Richtigkeit 99,2% bei einer Standardabweichung von 0,19. 30 Min. langes Erwärmen u. Ablesen 25 Min. nach Zugabe des CH_2Cl_2 ist am günstigsten. Wasserfreie Bedingungen sind wichtig. Das Anhydrid an Stelle von Trifluoressigsäure gibt nur schwache Fluorescenz. J. Balke G 3450◇

1754 **Untersuchungen über die Bestimmung von Alkaloiden aus Rauwolfia serpentina Benth. 7. Mitt. Fluorimetrische Bestimmung von Reserpin auf Filterpapier.** 2. Teil. Kazutaka Yamaguchi, Toshikazu Tabata und Hatsue Shōji. (J. pharmac. Soc. Japan [Yakugakuzasshi] **79,** 476—78, 1959; Tokyo, Nat. Hygienic Labor.; jap., Auszug: engl.) — Reserpin (**I**), das durch Elektrophorese auf Filterpapier abgetrennt wurde, wird fluorimetr. bestimmt. Die Fluorescenzintensität des **I** ist in saurer Lsg. stärker als in neutraler oder alkal. Lösung. Verschiedene **I**-Mengen werden auf Filterpapier Whatman Nr. 1 gebracht u. einer 2std. Papierelektrophorese mit 5n Essigsäure als Elektrolyt bei 700 V unterworfen. Nach der Wanderung wird das Papier mit dem **I**-Fleck auf 105° im H_2O_2/Essigsäuredampf erhitzt. Es besteht eine lineare Beziehung zwischen **I**-Menge u. Fluorescenzintensität. Die **I**-Menge in verschiedenen Alkaloidfraktionen des Rauwolfia-Extraktes wird untersucht. Dabei

muß die I-Fraktion von stärkeren Basen durch Extraktion mit Pufferlsg. vor der Elektrophorese abgetrennt werden, um Irrtümer zu vermeiden. Die I-Geh. der verschiedenen Fraktionen werden untereinander verglichen.
Gottfried Schreiber G 3500△

1755 **Spektrophotometrische Bestimmung von 11-Oxotigogenin.** Li-Xin Xu und Tong-Hui Zhou. (Acta chim. sinica *28*, 391—93, 1962; Chinese Acad. of Med. Sci., Inst. of Material Medica; chin., Auszug: engl.) — Die Probe (100—400 μg in Chlf.) wird auf Whatman-Papier No. 1 aufgetragen, während einiger Std. mit der unteren Phase des Gemischs aus PAe.–Toluol–A.–W. (40 : 10 : 1 : 9) gesätt. u. aufsteigend chromatographiert. Nach 2 Std. wird mit einer 2%ig. Lsg. von p-Hydroxybenzaldehyd in A. besprüht. Der gelbe Fleck von 11-Oxotigogenin wird mit Chlf. eluiert, die Lsg. eingedampft u. in konz. H_2SO_4 gelöst. Nach 1std. Erwärmen auf 80° wird die opt. Dichte der Lsg. bei 400 nm bestimmt.
B. Gnauck G 3650◇

1756 **Über die wiederholte Verwendung von Chloroform bei der Bestimmung von 17.21-Dihydroxy-20-ketocorticosteroiden.** R. A. Dshuganjan und W. P. Eres. (Laboratoriumswesen [UdSSR] **9,** Nr. 7, 31, 1963; Zentr. Forsch.-Inst. für Körperkultur; russ.) — Bei der Best. von 17.21-Dihydroxy-20-ketocorticosteroiden (I) nach der von Krechowa modifizierten Meth. von Porter-Silber kann das zur I-Extraktion verbrauchte Chlf. durch einfache Dest. wiedergewonnen u. zu neuen I-Best. verwendet werden, ohne daß dadurch die Genauigkeit der I-Best. beeinträchtigt wird.
S. Baryschnikow G 3700△

1757 **Natriumchlorit als Oxydationsmittel in der quantitativen analytischen Chemie.** 1. Mitt. **Bestimmung von Vitamin C.** P. Spacu und H. Dumitrescu. (An. Univ., „C. I. Parhon", Ser. Ştiinţ. naturii, Chim. **9,** 73—77, 1960; Fac. de Chim., Labor. de chim. anorg.; rum.) — Ascorbinsäure (I) wird in saurem Medium durch $NaClO_2$ quant. zu Dehydroascorbinsäure oxydiert. Eine 1—20 mg **I** enthaltende Lsg. wird mit 2 ml 2n HCl oder H_2SO_4, 1 ml frisch bereiteter 1%ig. KJ-Lsg. u. 1 ml 1%ig. Stärkelsg. versetzt u. mit 0,1n oder 0,05n $NaClO_2$-Lsg. bis zur Blaufärbung titriert. R. K. Müller G 3800◇

1758 **Chemische Methoden für die Bestimmung von Antibiotica.** 8. Mitt. **Colorimetrische Bestimmung von Viomycin.** Kiichiro Kakemi, Takaichi Arita und Sada Ohashi. (J. pharmac. Soc. Japan [Yakugakuzasshi] **79,** 531—33, 1959; Kyoto, Univ., Med. Fac., Pharmaceut. Inst.; jap., Auszug: engl.) — 7. vgl. ibid. **79,** [1959], 29. — Vff. beschreiben eine verhältnismäßig einfache colorimetr. Best.-Meth. für *Viomycin* (I). 4 ml einer wss. I-Sulfatlsg. werden bei 0—5° mit 1 ml 20%ig. KOH-Lsg. u. 0,3 ml einer 0,1%ig. Oxinlsg. geschüttelt u. danach mit 0,5 ml NaOCl-Lsg. versetzt. Nach 1 Min. langem Schütteln werden 2 ml Pyridin zur Stabilisierung der Färbung zugegeben. Diese Lsg. hat ein Absorptionsmaximum bei 507 nm, ihre Extinktion ist proportional der Konzentration. Die nach dieser Meth. gefundenen Werte stimmen gut mit denen nach der biolog. Meth. überein. Gottfried Schreiber G 3900△

1759 **Methode zur quantitativen Bestimmung und zur Trennung von Kanamycin von anderen Antibioticis.** F. Cotta-Ramusino, R. Intonti und A. Stacchini. (Rend. Ist. super Sanità **23,** 1048—57, 1960; Roma, Ist. Super di Sanità, Labor. die Chim.; ital. — C. **1964,** 3-1757.) — Beschreibung einer quant. spektrophotometr. Best. von Kanamycin (I), die auf der Rk. mit Ninhydrin beruht. Die Trennung von I von anderen Antibioticis wurde mit der Ionenaustauschchromatographie durchgeführt. K. Zingraf G 3900◇

c) Bestandteile von Pflanzen und Tieren

1760 **Das Befestigen von Celloidin-Schnitten auf dem Schlitten durch Aluminiumfolie zur Anfärbung.** Jacob Lundy. (Stain Technol. **38,** 251—52, 1963; New York, N. Y., Mount Sinai Hosp., Dep. of Pathol.; engl.) — In einer früheren Arbeit berichtete Vf. (gl. J. **33,** [1958], 188) über eine Meth. zur Bindung von Celloidin-Schnitten auf dem Mikrotomschlitten durch Streifen von Al-Folie. Hier wird eingehend eine verbesserte Meth. mit dem gleichen Ziel beschrieben. K. Pfordte 5661◇

1761 **Über die quantitative Bestimmung von Sulfhydrylgruppen in biologischen Verbindungen.** J. A. Huovinen und A. L. Icén. (Suomen Kemistilehti A **32,** 249—58, 1959; Helsinki, Yiliopiston lääketiet.-kem. laitos; finn.) — Übersicht. — 91 Literaturangaben.
S. Beckmann 5666◇

1762 **Bestimmung des Äscin-Gehaltes in verschiedenen Stadien des Treibens von Kastaniensamen mit chemischen und biochemischen Methoden.** Władysław Kahl, Andrzej Roszkowski und Aleksandra Żurowska. (Chem. analit. [Warszawa] **8,** 575—78, 1963; Kraków, Acad. of Med., Dep. of Org. Chem.; pol.) — Vff. fanden bei der Äscin-Best. nach zwei Meth. (Best. über Äscinol u. Hämolyse), die innerhalb von 7 Rel.-% übereinstimmende Ergebnisse lieferten, daß eine Zunahme des Äscin-Geh., begleitet von einer Abnahme des Stärke-Geh. angenommen werden kann. Es kann weiterhin angenommen werden, daß in der untersuchten Periode keine Umwandlung von Saponin in Äscinol erfolgt.
P. Kurzmann 5666◇

d) Medizinische und toxikologische Analyse

1763 **Ein Vergleich zwischen dem Takata-Ara-Test und dem Chloranilsäure-Test.** Leif Paulsen. (Scand. J. clin. Lab. Invest., Suppl. **15,** 213—16, 1962; Sahlgren's Hospital, Gothenburg und Central County Hospital, Silkeborg; engl.) — An Hand von 3333 u. weiteren 1750 Blutproben vergleicht Vf. die beiden Testverfahren. In 90% aller Fälle ergibt sich Übereinstimmung. Für die Diskrepanz bei den restlichen Fällen kann keine Erklärung gegeben werden. H. Rüssel 5727◇

1764 **Schnellbestimmungsmethode der Alkalireserve mit einer kleinen Blutplasma-Menge.** P. Je. Perfiletowa. (Laboratoriumswesen [UdSSR] **9,** Nr. 9, 26—27, 1963; Militärmediz. Kirow-Akad., Lehrst. für Kinderkrankheiten; russ.) — Je 0,2 ml 0,2%ig. Methylrot-Lsg. u. je 0,1 ml H_2SO_4-Lsgg. von stufenweise zunehmender Konz. (0,0303—0,680 n H_2SO_4-Lsgg.) werden in Reagensgläser eingefüllt, Nach Zugabe von je 0,1 ml Blutplasma (BP) u. 20 Sek. Stehenlassen wird in der Probe mit noch wahrnehmbarer Rotfärbung (pH 5,5) die Alkalireserve des BP als neutralisiert angesehen u. in m Val $NaHCO_3$ pro ml ausgedrückt. Die Fehlergrenze der Best. beträgt $\leqq$ 2 m Val $NaHCO_3$/ml Plasma.
S. Baryschnikow 5727△

1765 **Reagensglas für die Bestimmung von 17-Hydroxycorticosteroiden im Blutplasma nach der Methode von Judajew-Pankow.** W. N. Alexandrow. (Laboratoriumswesen [UdSSR] **6,** Nr. 4, 57—58, 1960; russ.) — Beschreibung eines kon. verengten Reagensglases.
E. Steinberg 5727□

1766 **Zur Methodik der Bestimmung von Phospholipiden und von Cholesterin im Blut.** D. W. Starosselski. (Laboratoriumswesen [UdSSR] **7,** Nr. 6, 12—13, 1961; Med. Inst. der Krim, Lehrst. für Infektionskrankh.; russ.) — In einen 25 ml-Kolben werden 8 ml Blührsche Mischung (3 Teile A. u. 1 Teil Ae., I) mit 0,5 ml Plasma geschüttelt u. fest verschlossen über Nacht stehen gelassen. Dann wird die Mischung auf dem Wasserbade bis zum Sieden erhitzt, in einem Meßzylinder mit I auf 12,5 ml aufgefüllt u. filtriert. Die Best. der Phospholipide nach Blühr erfolgt mit 5 ml des Filtrates in einem Kjeldahlkolben. Weitere 2,5 ml des Filtrates werden zur Cholesterinbest. nach Engelhardt u. Smirnowa in einem Reagensglas bis zur Trockne eingedampft u. mit 2,5 ml $CHCl_3$ versetzt. E. Steinberg 5727□

1767 **Eine Methode zur Bestimmung von Cholesterin im Blutserum.** Leiv Klungsöyr, Else Haukenes und Karl Closs. (Clin. chim. Acta [Amsterdam] **3,** 514—18, 1958; Bergen, Haukeland Sykehus, Biochem. Labor.; engl.) — Zur Cholesterin(I)-Best. im Serum wird die Extraktion von I aus dem Serum mit Hilfe von A.-Äthylacetat (II) empfohlen. Durch Zusatz von weiterem **II** u. dem $FeCl_3$–H_2SO_4-Reagens von Zlatkis u. Mitarb. [1953] zu einem Teil des Extraktes kommt es zur Farb-

Entw., deren opt. Dichte bei 490 nm bestimmt wird. Es ist zu berücksichtigen, daß die Resultate mit dieser Meth. ca. 14% über den mit der Schoenheimer-Sperry-Meth. [1934] erzielbaren liegen.
U. Tausendfreund 5728◇

1768 **Einfache Bestimmungsmethode von Serumcholinesterase mit Indicatorpapier.** Ju. I. Detzik. (Laboratoriumswesen [UdSSR] **9**, Nr. 10, 34, 1963; Lwow, Med. Inst., Lehrstuhl für Propädeutik von inneren Krankheiten; russ.) — Mit Cholinacetat (**I**) durchtränktes pH-Indicatorpapier (**A**) ermöglicht eine schnelle Bewertung der Cholinesterase (**II**)-Aktivität im Blutserum (**B**). Nach der Befeuchtung des **A** mit **B** wird durch die freiwerdende Essigsäure (fermentative Zers. von **I** durch **II** des **B**) der Farbton des **A** bis zu einer bestimmten Nuance gebracht. Durch **B** gesunder bzw. an Lebererkrankungen leidenden Personen wird die vorst. Farbveränderung des **A** in 8—17 bzw. 22—80 Min. erreicht.
S. Baryschnikow 5728△

1769 **Über die Bestimmungsmethode von Transaminase.** O. Je. Ssokolowa. (Laboratoriumswesen [UdSSR] **9**, Nr. 10, 40—41, 1963; Ust-Kamenogorsk, Gebiets-Krankenhaus; russ.) — Die Best. der Aktivität von Transaminasen (**I**) nach der von Korowkin, Below u. Kantorowitsch modifizierten **I**-Aktivität-Best.-Meth. von Reitman u. Frenkel [1960] ermöglicht die Ermittlung der **I**-Aktivität im Blutserum mit prakt. genügender Genauigkeit. Ein Arbeitsgang zur schnelleren Durchführung der Best. wird beschrieben.
S. Baryschnikow 5728△

1770 **Bestimmung von Aminosäuren im Serum.** Robert D. Rapp. (Clin. Chem. [New York] **9**, 27—30, 1963; Reading, Pa., Reading Hosp., Dep. of Biochem.; engl.) — Als wenig zeitraubende Meth. zur Best. von Aminosäuren im Serum wird die Rk. von 1-Fluor-2.4-dinitrobenzol mit Aminosäuren empfohlen. 1 ml eines Wolframsäure-Serumfiltrats wird mit 0,1 m Boratpuffer auf pH 10 eingestellt u. mit dem gepufferten Reagens (0,1 ml) vermischt; anschließend Erhitzung auf 56° für 15 Min. u. Ablesung der Farbentw. bei 420 nm gegen dest. W. als Leerwert. Die Meth. ist auch geeignet zur Herst. von Aminosäurenderivv. für die Papierchromatographie.
U. Tausendfreund 5728◇

1771 **Die Bestimmung von Serumproteinen durch Ultraviolettdensitometrie des elektrophoretischen Diagramms auf Agar.** Kazuo Shimao. (J. Biochemistry [Tokyo] **49**, 451—55, 1961; Tokyo, Med. and Dental Univ., Fac. of Pre-med. and Pre-dental Courses; engl.) — Zur Best. der Serumproteine werden diese durch Elektrophorese auf Agar getrennt, durch A.-Essigsäure-Gemisch fixiert u. auf einem Cellophanbogen getrocknet. Durch direkte Extinktionsmessung bei 280 nm wird der Geh. jeder Proteinfraktion bestimmt. K. F. Müller 5728◇

1772 **Bestimmung des Gesamtproteins im Blut bei der Ozenatose mit der Mikromethode von Kjehldahl.** B. Salis und A. Mulé. (Boll. Soc. ital. Biol. sperim. **38**, 599—600, 1962; Sassari, Univ., Ist. di Clin. Otorinolaringoiatre di Chim. Gener.; ital.) — Es wird der Gesamt-N des Serums u. der Protein-N bei 14 an Ozena Erkrankten bestimmt. in 4 Fällen lagen die Veränderungen gegenüber der Norm im Rahmen der physiol. zulässigen, während in allen anderen Fällen deutlich erhöhte Werte gefunden wurden.
F. Kren 5728◇

1773 **Bestimmung der Proteinurie: Vergleich zweier Methoden.** J. Poortmans und E. van Kerchove. (Clin. chim. Acta [Amsterdam] 8, 485—88, 1963; Bruxelles (Belgique), Inst. Nat. de l'Educ. et des Sports; franz.) — Geläufige Meth. sind ungenau u. sprechen oft bei geringen Proteinmengen nicht an. Vff. überprüfen 2 Meth.: 1. Fällung durch Sulfosalicylsäure (**I**) u. 2. Färbung durch Amidoschwarz 10 B (**II**). Geringe Proteinmengen im menschlichen Urin können bei Ruhe mit **I** nicht exakt genug bestimmt werden. **II** ergibt nach Elution genügend genaue Werte, wenn man 150—200 μl Urin auf das Papier aufträgt. Best. bei 675 nm.
R. Heindl 5732◇

1774 **Bestimmung von Mucoproteiden im Harn.** A. Z. Anassaschwili. (Laboratoriumswesen [UdSSR] **9**, Nr. 7, 26—30, 1963; Tbilissi, 2. Tuberkulosedispensarium; russ.) — Die colorimetr. Best. von Mucoproteiden (**I**) im Harn beruht auf der **I**-Fällung mit A. u. der Farbrk. der Hexosen (Galaktose u. Mannose) des Polysaccharid-Anteils des **I**-Nd. mit Resorcin-Reagens. Die Best. der opt. Dichte erfolgt am Photoelektrocolorimeter FEK-M bei 540 nm. Die Fehlergrenze der Best. beträgt ± 1,4%. — 23 Literaturangaben.
S. Baryschnikow 5732△

1775 **Bestimmung von 5β-Pregnan-3α.17α.20α-triol in Gemischen mit 5β-Pregnan-3α.17α.20α-triol-11-on und Isolierung des reinen Pregnantriols aus Harn.** Melita Tajić. (Acta pharmac. jugosl. **12**, 67—72, 1962; Zagreb, Med. fak., Interna klinika; kroat.) — Aus dem Harn einer Patientin mit congenitaler adrenaler Hyperplasie wurde statt 5β-Pregnan-3α.17α.20α-triol (**I**) die ca. 20fache Menge eines Gemisches von ca. 60% **I** mit 5β-Pregnan-3α.17α.20α-triol-11-on isoliert. Die annähernde Zus. des Gemisches wurde spektrophotometr. bestimmt. Die Isolierung von **I** gelang durch Acetylierung des Gemisches, Chromatographie der Acetate an einer Al_2O_3-Säule u. Elution des **I**-Diacetats mit 3%ig. A. u. Benzol.
S. Beckmann 5732◇

1776 **Bestimmung von Schwermetallen in Urin durch Polarographie.** 1. Mitt. **Blei.** J. L. Monkman. (Analyt. Biochem. [New York] **6**, 255—62, 1963; Ottawa, Environmental Health Center; engl.) — 25—75 ml Urin werden in einem Zentrifugenglas mit NH_3 auf pH 10 gestellt u. nach 15 Min. der Nd. zentrifugiert. Nach Dekantieren wird ein 2. Mal mit 5 ml dest. W. umgerührt u. wieder zentrifugiert. Der Nd. wird mit konz. HNO_3 aufgelöst, in einem Kolben zur Trockene verdampft u. bei 450—500° geglüht. Der Rückstand wird in einer HCl-Elektrolytlsg. aufgenommen (40 ml konz. HCl u. 5 ml 1%ig. Gelatine werden mit dest. W. auf 500 ml verd.). Das Polarogramm wird nach Entfernen des O_2 mit N_2 bei 25° aufgenommen. Aus Eichproben mit 3,0 μg Pb pro 25 ml Urin wurden Ausbeuten von 3,0 ± 0,069 μg Pb ermittelt. Die Erhitzung des HNO_3-Trockenrückstandes ergab bessere Polarogramme als der Naßaufschluß allein. Beim Trockenveraschen entstehen keine Pb-Verluste. Durch Unters. einer Verdünnungsreihe von Urin u. W. wurde bewiesen, daß ein Zusatz von PO_4^{3-} oder $(COO^-)_2$ nicht notwendig ist, um Fe als störendes Ion auszuschalten. Die Blindwerte u. der Arbeitsaufwand (1 Std.) sind geringer als bei früheren Arbeiten.
K. Stammbach 5732◇

1777 **Die Bestimmung von Blei im Harn durch eine Ionenaustauschermethode.** William H. Hill, Fay H. Hengstenberg und Claude E. Sharpe. (Amer. ind. Hyg. Assoc. J. **22**, 430—42, 1961; Pittsburgh, Pa., Dep. of Public Health Practice, Univ., Graduate School of Public Health, Environmental Health Sect.; engl.) — Als Ionenaustauscher wurde Amberlite IRC-50 verwendet. Eie Elution des Pb erfolgt mit 2 n HCl, die Pb-Best. nach der Dithizon-Meth. oder polarographisch.
O. Jansen 5732◇

1778 **Eine radiochemische Bestimmung der Alpha-Strahlung von angereichertem Uran im Harn.** John S. Alercio, George A. Welford, und Robert S. Morse. (Amer. ind. Hyg. Assoc. J. **22**, 443—47, 1961; New York, N. Y., U. S. Atomic Energy Comm., Health and Safety Labor., Analyt. Div.; engl.) — Es wurde ^{235}U (93%), ^{234}U (1%) u. ^{238}U (6%) durch alkal. Phosphatfällung erfaßt u. vom Harn durch Ionenaustausch isoliert. Die resultierende Lsg. wurde fluorimetr. für U u. dann elektroplatt. für die α-Zählung gemessen. O. Jansen 5732◇

1779 **Ultramikroelektrophorese von Aminosäuren auf Cellophanpapier.** Sheng-Ken Chang und Tsung-Shien Young. (Acta physiol. sinica **24**, 274—80, 1961; Shanghai, Acad. Sinica, Inst. of Physiol.; chin.) — Die Meth., um Aminosäuren in sehr kleinen Nervengewebsproben bei physiolog. Unterss. analysieren zu können, gestattet die Best. von γ-Aminobutter-, Glutamin- u. Asparaginsäure in Größenordnung von ng. Die Empfindlichkeit ist etwa 200mal so hoch wie die der gewöhnlichen Papierelektrophorese oder -chromatographie, die Genauigkeit, beurteilt nach der Übereinstimmung bei Wiederholungsverss. oder beim Wiederfinden bekannter

Aminosäuremengen, nähert sich derjenigen der üblichen Methoden. Das Verf. ist auch zur Trennung von β-Alanin, Cysteinsäure, Cystein u. bas. Aminosäuren in alkal. Lsgg. geeignet. J. Trupke 5750◇

1780 **Eine Methode zur Bestimmung von Hydroxyprolin in Geweben.** Takuya Onitsuka. (Seikagaku [Biochemie, Tokyo] **32,** 857—63, 1960; Tokio, Univ., Fac. of Med., Dep. of Orthopedics; jap.) H. Guischard 5750◇

1781 **Vergleichende Bewertung der Bestimmung von Nucleinsäuren nach verschiedenen Methoden.** W. W. Rudakow und I. A. Pelischenko. (Laboratoriumswesen [UdSSR] **9,** Nr. 10, 23—26, 1963; Kirow-Militär.-med. Akad., Lehrstuhl für biolog. Chem.; russ.) — Ermittlungen von Ribonuclein(I)- u. Desoxyribonucleinsäure (II) in Milz-, Leber- u. Nierengewebe weißer Ratten nach der spektrophotometr. (I + II)-Best.-Meth. von Spirin (C. **1959,** 5917) u. der colorimetr. I-Best. nach Burton (Biochem. J. **62,** [1958], 315) u. II-Best. nach Dishe u. Schwarz [1937]. Die mittlere Abweichung zwischen den spektrophotometr. u. colorimetr. bestimmten (I + II)-Werten beträgt $< 7\%$.
S. Baryschnikow 5750△

1782 **Verfahren zur Alkoholbestimmung im Atem.** B. B. Coldwell. (Chem. in Canada **14,** Nr. 9, 46—50, 1962; engl.) — Übersicht über Verff. u. Geräte zur Best. von A. im Atem (Alveolarluft). — 24 Literaturangaben.
W. Wesly 5762

H. Angewandte Chemie

H_1. Allgemeine chemische Technologie

1783 **Über die Beziehung zwischen Benetzbarkeit und Schwimmfähigkeit von Mineralteilchen.** Junjiro Momosaki. (J. Mining metallurg. Inst. Japan **77,** 258—64, 1961; jap., Auszug: engl.) — Ableitung von Gleichungen.
W. Wesly 5826◇

1784 **Ein neuer Weg in der Theorie der Flotation.** Iwao Iwasaki. (J. Mining metallurg. Inst. Japan **77,** 639—45, 1961; jap., Auszug: engl.) — Die Rolle der elektr. Grenzflächenbedingungen bei der Adsorption von Sammlern an Mineraloberflächen wird unter bes. Berücksichtigung der Flotation oxydierter Fe-Erze erörtert. Aus elektrokinet. Messungen folgt, daß H^+ u. OH^- als potentialbestimmende Ionen fungieren. Die Adsorption von Sammlern hängt vom pH-Wert der Lsg. ab. Anion-Sammler werden an positiv geladenen, kation. Sammler an negativ geladenen Oberflächen adsorbiert. Die Selektivität der Flotationstrennung wird an einem künstlichen Quarz–Goethit-Gemisch gezeigt u. steht in guter Übereinstimmung mit den Flotationsfähigkeiten der beiden Mineralien. W. Wesly 5828◇

1785 **Über den Mechanismus des Flotationshaftens.** M. A. Eigeles. (Nichteisenmetalle [UdSSR] **36,** Nr. **3,** 5 bis 10, 1963; russ.) — Die Kinetik des Flotationshaftens wird an Hand von 14 Literaturangaben erörtert.
Nadja Winkler 5828△

1786 **Fortschritte auf dem Gebiet der Reagentien für die Mineralienflotation.** Taro Yamasaki. (J. Mining metallurg. Inst. Japan **77,** 646—52, 1961; jap., Auszug: engl.) — Fortschrittsbericht. — 78 Literaturangaben.
W. Wesly 5828◇

1787 **Untersuchungen über das Rühren am Boden des Agitair-Flotationsgerätes.** 1. Mitt. Itaru Moriya und Hiroaki Matsumura. (J. Mining metallurg. Inst. Japan **78,** 460—66, 1962; jap., Auszug: engl.) — Die optimalen mechan. Bedingungen zum Betrieb eines Rühr-Flotationsgerätes werden ermittelt. W. Wesly 5828◇

1788 **Das Eindicken von Sulfidtrüben unter Anwendung des Ausflockungsmittels AMF.** F. E. Molotschnikowa und Je. I. Ssilina. (Koks u. Chem. [UdSSR] **1961,** Nr. 1, 75—76, Jan.; Swerdlowsk, Ural-Abt. d. Unionsinst. für mechan. Bearb. mineral. Rohstoffe; russ.) — Durch Labor.-Verss. wird die Brauchbarkeit von *AMF*, einer neuen hochmol. Verb. vom Typ Polyacrylamid, bei der Aufarbeitung sulfid. Erze, nachgewiesen.
F. Otto 5828◇

1789 **Neue Entwicklungen auf dem Gebiet des Siebens und Klassierens.** Tsunemasa Imaizumi. (J. Mining metallurg. Inst. Japan **77,** 633—38, 1961; jap., Auszug: engl.) — Fortschrittsbericht. — 24 Literaturangaben.
W. Wesly 5828◇

1790 **Besonderheiten der Trocken- und Naß-Scheidung von feinen, stark magnetischen Erzen.** W. G. Derkatsch und T. N. Galewskaja. (Berg-J. **1961,** Nr. 1, 70—75, Jan.; Leningrad, Unions-Foschungsinst. f. mechan. Verarb. mineral. Rohstoffe; russ.) — Der Einfl. des Magnet-Syst. u. der Betriebsweise auf die Leistung von *Trommelscheidern* wird untersucht. Bei 25—50% Feingut bis 74 μ ist Naßscheidung wirksamer. Bei 50—60% Feingut arbeiten Trocken- u. Naßscheidung ungefähr gleich. F. Otto 5828◇

1791 **Magnetscheider mit starkem Magnetfeld.** O. Weisbeck. (Aufbereitungs-Techn. **3,** 400—18, 1962; Köln; dt.) — Überblick über Magnetscheider zur Ausscheidung schwachmagnetisierbarer Stoffe, die zur Aufbereitung von trockenem oder nassem Gut mit einer Korngröße unter 5 mm verwendet werden. Es werden Kreuzband-, Ringband-, Ringschurren-, Ring-, Herd-, Walzen- u. Starkfeld-Trommelscheider mit ihren Vor- u. Nachteilen u. ihren wichtigsten Anwendungsmöglichkeiten besprochen.
I. Köditz 5828

1792 **Fortschritte auf dem Gebiet der Schwerflüssigkeitsscheider.** Masayoshi Wada. (J. Mining metallurg. Inst. Japan **77,** 715—23, 1961; jap., Auszug: engl.) — Fortschrittsbericht. — 38 Literaturangaben.
W. Wesly 5828◇

1793 **Trennung binärer Gemische nach einem Zweitemperaturschema.** B. M. Andrejew. (Chem. Ind. [UdSSR] **1962,** 581—92; russ.) — Übersicht über die Grundlagen der Anreicherung einer Komponente eines bin. Gemisches in 2 Kolonnen mit verschiedener Temp., die Varianten des Verf. u. seine Entw. zum Kaskadenschema. R. K. Müller 5828◇

1794 **Bewegung amorpher Teilchen in einem viscosen Medium.** A. M. Gassparjan und N. Ss. Ikarjan. (Ber. Akad. Wiss. ArmenSSR, **35,** 41—48, 1962; Inst. f. org. Chem. der Akad. der Wiss. der ArmenSSR; russ.) — Übersicht u. krit. Auswertung von Literaturarbeiten sowie Ableitung verschiedener Formeln. Die mittlere Abweichung der gemessenen u. berechneten Werte der Geschw. beträgt 2,64%. u die maximale $\pm$ 6%. Es werden Werte für die Koeff. α u. β in Abhängigkeit von der Reynoldsschen Kennzahl Re < 3 bis Re > 1000 angegeben. Herbert Hoffmann 5828◇

1795 **Filtriersysteme.** J. Van den Broeck. (Ind. Vernice **16, 343—48,** 1962; ital.) — Nach allg. Übersicht über das Filtrierproblem wird der Einfl. der üblichen anorgan. u. organ. Filterhilfsmittel erörtert mit bes. Hinblick auf das neu eingeführte mineral. Hilfsmittel „Perlit", dessen Herkunft, Zus., Granulometrie, techn. Vorteile u. Anwendung im sog. *„Bomb-Filter"*. A. Sander 5830◇

1796 **Vergleichende Bewertung der Filtration von Wasser–Alkohol-Gemischen mit verschiedenen Filtern.** P. Ja. Batschurin. (Spiritus-Ind. [UdSSR] **57,** Nr. 5, 6—11, 1961; russ.) — Die angegebenen Vers.-Resultate zeigen, daß Quarzsand eine geeignete *Filtermasse* für Wasser–Alkohol-Gemische ist. Der Filter besteht aus 3 Schichten verschiedener Korngröße (3,0—2,0 mm; 2,0—4,5 mm; 1,5 bis 1,0 mm). Bei einer Leistung von 20—25 Liter/h dauert der Verw.-Zyklus 5—6 Monate. Dabei beträgt die Zerstörung der Filtermasse 25—50%. Die Verw. von Zweistrom-Filtern erhöht die Leistung u. senkt die Alkoholverluste. Im Zweistrom-Filter sinkt die Filtrationsgeschw. langsamer, u. der Druckverlust steigt langsamer an als im Einstrom-Filter. Anthrazitfilter haben eine große Filtrierfähigkeit. Die Ausbeute ist 2—3mal so hoch, aber die Geschw. verringert sich um das 3—5fache.

Keramikfilter sind weniger geeignet, da sich die Poren sehr schnell zusetzen. I. Weber 5830◇

1797 **Die Wirksamkeit kleiner Gasabsorber.** Seymour Calvert und Walter Workman. (Amer. ind. Hyg. Assoc. J. **22,** 318—24, 1961; Cleveland, Ohio, Case Inst. of Technol., Dep. of Chem. and Chem. Engng.; engl.) — Vff. untersuchen die Faktoren, die die Wirksamkeit der Absorption von Gasen beeinflussen: Durchmesser, Verweilzeit u. Geschw. der Blasen, Temp., Druck, Viscosität der Flüssigkeit. Sie entwickeln eine Gleichung, die es ermöglicht, die Wirksamkeit für alle prakt. Anwendungen zu berechnen. Sehr genaue Best. der Absorption können allerdings nur experimentell erhalten werden. I. Köditz 5848

1798 **Adsorptionstrocknung von Gasen.** J. W. Carter. (Brit. chem. Engng. **5,** 472—76, 552—55, 1960; Birmingham, Univ. Dep. of Chem. Engng.; engl.) — Übersicht. W. Wesly 5854◇

1799 **Physik des Flüssiggases.** S. Franke. (Technik **17,** 773—75, 1962; Neukloster/M.; dt.) — Übersicht über die Eigg. u. Verw. von *Propan* u. *Butan*. W. Wesly 5856◇

1800 **Beziehung zwischen Leistung und Größe von Kühltürmen.** F. H. H. Valentin. (Brit. chem. Engng. **5,** 633—35, 1960; Durban, South Africa, Univ. of Natal; engl.) — Vf. entwickelt eine neue Meth. (corrected Log Mean Enthalpy Method) für die Berechnung von Kühltürmen u. allg. Wärmeübergängen. Ein Vgl. mit anderen Meth. zeigt, daß nur diese Meth. u. die Simpsonsche Integrationsregel zuverlässige Ergebnisse liefern. Allerdings wird im Gegensatz zur entwickelten Meth. für die Simpson-Meth. eine elektron. Rechenmaschine für die Berechnung von Kühltürmen benötigt. I. Köditz 5858

1801 **Über die Rolle der Füllkörper in einem Scheibel-Extraktionsgerät.** J. R. Honekamp und L. E. Burkhart. (Ind. Engng. Chem., Process Design Development **1,** 176—84, 1962; Ames, Iowa, Univ., Inst. for Atomic Res., Dep. of Chem. Engng.; engl.) — Vff. bestimmen die Tropfengröße für sehr kleine Mischungsgebiete in einer Scheibel-Extraktionskolonne auf mikrophotograph. Wege. Der jeweils ermittelte Extraktionsbetrag an Standard-Yorkmesh-Füllkörpern erlaubt unter Verw. einer einfachen Technik die Best. von Konz.-Punkten für die beiden Einflußströme der Kolonne. Die Tropfengröße u. der effektive Betriebsinhalt (*hold up*) für eine Scheibel-Kolonne mit konst. Rührgeschw. werden mit einer Füllkörperkolonne verglichen. So läßt sich zeigen, daß die Rührgeschw. einen deutlichen Einfl. auf die Größe der Übertragungsfläche, den Massentransport sowie den Konz.-Gradienten in den einzelnen Böden der Kolonne ausübt. Für das Syst. Methylisobutylketon–CH_3COOH–H_2O wird der Einfl. dieser Effekte in einem vierstufigen Scheibel-Extraktor u. ihre Größe bestimmt. W.-D. Heußner 5862◇

1802 **Ein technischer Elektrodialysator für die Reinigung von Fermentlösungen.** K. P. Stepanischtschew und M. Ss. Schulman. (Spiritus-Ind. [UdSSR] **27,** Nr. 5, 11—13, 1961; russ.) — Die Dialyse erfolgt über eine Filmmembran (0,2—0,8 mm). Sie ist horizontal gelagert u. hat eine Gesamtfläche von 26 m^2. Die Lsg. steht 2—2,5 mm hoch auf der Membran. Der Dialysator besteht aus mehreren Stufen, die durch Überläufe verbunden sind. Jede Stufe wird von der Fermentlsg. im Zickzack durchlaufen. Die gesamte Weglänge beträgt 400 m. Um eine Polarisation der Elektroden zu vermeiden, werden die Lsgm.-Ströme im Anoden- u. Kathodenraum streng getrennt. Die Anlage zeigt bei einer Stromstärke von 100 A u. einer Spannung von 500 V eine Leistung von 3000 Liter/Tag. Sie hat 42 Dialysatorblöcke, eine Höhe von 2900 mm, eine Länge von 1200 mm u. eine Breite von 800 mm. I. Weber 5862◇

1803 **Untersuchung über Siedehitzeübertragung von flachen Oberflächen bei hohen Wärmeströmungen. 2. Mitt. Blasensieden an senkrechten und nach oben gerichteten waagerechten Oberflächen.** Jumei Kiwaki. (Trans. Japan Soc. mechan. Engr. **28,** 912—20, 1962; jap.) — Vgl. C. **1963,** 9072. — Unter Verw. des in der 1. Mitt. beschriebenen App. wird das Sieden von W. an einer senkrechten u. zwei nach oben gerichteten flachen Oberflächen experimentell untersucht. Der Umfang der Wärmeströmung erstreckt sich über das gesamte Gebiet des Blasensiedens bis zur Ausbrenngrenze. Die Form der Kurve, die die Beziehung zwischen der Wärmeströmung u. dem Temp.-Unterschied zeigt, ähnelt der Kurve für dünne Drähte. Wenn die Wärmeströmung größer ist als 4×10^5 kcal/m^2h, fließen Dampfblasen an der Heizoberfläche zusammen, bevor sie sich von ihr lösen. In der Nähe der Ausbrenngrenze steigen ruckweise große Dampfmengen von der Heizoberfläche auf. Unter Verw. der Stantonschen Zahl für die Wärmeübergangszahl, der Reynoldsschen Zahl für die Geschw. der von der Oberfläche aufsteigenden Dämpfe u. der Größe der Heizoberfläche werden experimentelle Gleichungen entwickelt. I. Koschitzki 5864

1804 **Der Einfluß der Grenzflächenspannung beim Kontaktieren zweier nicht mischbarer Flüssigphasen im Inneren einer Füllkörperkolonne.** J. Gosse und I. Viglieccа. (Rev, Inst. franç. Pétrole Ann. Combustibles liquides **17,** 1328—35, 1962; Nancy, École Nat. Sup. des Ind. Chim.; franz.) — Der Einfl. der Grenzflächenspannung zweier Fll. auf die Verdrängungsgeschw. der Fl. u. auf den Druckabfall in der gefüllten Kolonne wird untersucht. Das Wandern der Tropfen wird in einer Kolonne beobachtet, die mit einer gleichmäßigen Phase des gleichen Brechnungsindexes gefüllt u. mit Raschig-Ringen aus Pyrexglas gepackt ist. G. Seidel 5864◇

1805 **Verstärkung von Destillier- und Rektifizier-Kolonnen.** Josef Němec. (Chem. Průmysl **12(37),** 431—33, 1962; Záluží, Chemické závody ČSSR; tschech.) — Der Vf. veröffentlicht in dieser Arbeit weitere prakt. Erfahrungen (ibid. **10,** [1960], S. 8) beim Aufbau von Gitterböden-Kolonnen u. bei ihrer Anwendung zur Phenolverarbeitung. 3 Bödentypen werden ausführlich schrieben: Böden mit unterbrochenen Schlitzen, die zur Vakuum-Rektifizierung von Phenolen Verw. finden, doppelte Winkeleisenrostböden zum Abtrennen von Butylacetat aus entphenolierten Wässern u. Böden aus schiefen Winkeleisen für kontinuierliche Entwässerung von Phenolen. Kolonnen mit neuartigen Konstruktionselementen, d. h. mit Böden mit unterbrochenen, aus dünnem Blech gestanzten Schlitzen u. neu eingeführten Winkeleisenböden haben sich in der Praxis dank günstiger Parameter für Herst.-Kosten, Produktivität u. Wirkungsgrad gut bewährt. J. Schneider 5864◇

1806 **Automatisierung von Eindampfprozessen.** Horst Barschdorf. (Chem. Techn. **15,** 341—42, 1963; Bitterfeld, VEB EKB; dt.) — Im Verdampfer wird der Laugestand durch einen Schwimmregler konst. gehalten. Die Konz. der einzudampfenden NH_4NO_3-Lsg. wird nach dem Prinzip der Siedepunktserhöhung mit Widerstandsthermometern bestimmt. Die Widerstandsänderung in der Brückenschaltung gibt die Impulse für den Steuertransmitter. H. Hoffmann 5864◇

1807 **Das Trocknen formloser Güter und seine Grundlagen.** Karl Kröll. (Aufbereitungs-Techn. **3,** 1—10, 1962; Bad Hersfeld; dt.) — Vf. gibt einen Überblick über die Grundlagen der verschiedenen Trocknungsprozesse u. der dabei auftretenden Wärme- u. Feuchtigkeitsbewegungen in den zu trocknenden Gütern („mechan. Wärmetransport“ u. „mechan. Feuchtigkeitstransport“) u. geht auf die Möglichkeiten der Trocknung hygroskop. Stoffe sowie auf den Trocknungsverlauf u. die Trocknungszeit in den verschiedenen Konvektionstrocknern (Langzeittrockner, Trockner für mittlere Trocknungszeiten u. Kurzzeittrockner) ein. I. Köditz 5874

1808 **Wärmetrocknung in Wirbelschichtbetten.** D. W. Beeken. (Brit. chem. Engng. **5,** 484—87, 1960; Croydon, Surrey, Dorr-Oliver Co., Ltd., Fluo Solids Div.; engl.) — Beschreibung eines Wirbelschicht-Wärmetrockners u. seiner Anwendung auf $CaCO_3$, Dolomit, Hochofenschlacke, Feinkohle, Rohphosphat u. Ton. W. Wesly 5874◇

1809 **Über den Einfluß des Ultraschalls auf den Prozeß der Elektrofällung von Metallen.** L. G. Plechanow. (Nachr. Akad. Wiss. KasachSSR, Ser. Metallurgie, Erzaufbereit. feuerfeste Mater. **1960,** Nr. 1, 59—63; russ.,

Auszug: kasach.) — Untersucht wurde die Einw. des Ultraschalls (US) auf die Elektrofällung (EFg) von *Zn* aus $ZnSO_4$- u. von *Sn* aus $SnCl_2$-Lösungen. Es wird gezeigt, daß durch Ultrabeschallung (UB) die Stromausbeute an Zn erhöht wird; die Grenzstromwerte werden dabei in den Bereich höherer kathod. Stromdichten (SD) verschoben. Bei der EFg von Sn im US-Felde erweitert sich der Bereich der SD u. der Sn^{2+}-Konzz. im Elektrolyt, bei welchen die Gewinnung kompakter kathod. Sn-Ndd. möglich ist. S. Baryschnikow 5878△

1810 **Pumpen zur Förderung heißer, radioaktiv verseuchter organischer Flüssigkeiten.** H. Backs. (Kerntechn., Isotopentechn. u. -chem. **5**, 398—401, 1962; Brüssel, Euratom, Direction Ind.; dt.) — Überblick u. Vgl. der zur Förderung heißer, radioakt. verseuchter organ. Fll. dienender Pumpentypen. I. Köditz 5880

1811 **Untersuchungen zu einem neuen Verfahren der Flüssigkeitsdichtemessung mit Hilfe von Kernstrahlung.** Hans Hart. (Chem. Techn. **15**, 354—57, 1963; Potsdam, Forsch.-Stelle für techn. Gasentladungen der DAW; dt.) — Beschreibung eines Gerätes zur Dichtebest. von Fll., das aus Rückstreuung von β-Strahlen beruht. Als radioakt. Präpp. wurden ^{204}Tl u. ^{90}Sr verwendet. Die theoret. Grundlagen, Vers. zur Ermittlung des Einstrahlungswinkels, des Präp.-Abstandes u. Einsatzmöglichkeiten des Schwimmergerätes werden erläutert. H. Hoffmann 5888◇

1812 **Automatische Kontrolle bei der Trennung eines Flüssigkeitsgemischs.** Greydon A. Kay. (Instruments Control Syst. **35**, 101—02, 1962; Pa. Refining Co.; engl.) — Beschreibung einer Vorrichtung, mit der die Ableitung der zwei in einem Tank getrennten Komponenten (Differenz der spezif. Gewichte 0,1) eines Fl.-Gemischs gesteuert wird. Das Prinzip ist die kontinuierliche Kontrolle der Partialdrücke der Komponenten über eine „D/P-Zelle“ u. die entsprechende Regulierung der Ventile der Ableitungen. J. Martins 5888◇

1813 **Kontinuierliche Dosierung eines fluidisierbaren Produktes.** J. Wijthoff. (Ingenieur ['s-Gravenhage] **72**, Ch. 116—17, 1960; Amsterdam, Koninklijke Zwavelzuurfabrieken v/h Ketjen N. V; niederl.) — Beschreibung eines einfachen pneumat. Syst. aus Standrohr mit porösem Boden für den Materialabzug in fluidisiertem Zustand aus einem Vorratsbehälter mit Druckregelung (Entlüftungsklappe) über einen Dosierbereich von 1—4 tato. Der Druckverlust beträgt ca. 0,7 atm bei einer Standrohrlänge von 3 m, das Material-Luftverhältnis 1:50—100 bei einem Luftverbrauch von 0,4—0,6 Nm^3/h. Eine konstruktive Variante des Standrohres für Mengen < 1 tato mit Ejektor ist angegeben. Zuflußregelung Vorratsbehälter-Standrohr erfolgt durch Absperrschieber. Brückenbildungen oder Verstopfungen können mit einem $^1/_2''$ Luftdüsen-Rohr in der Behälteraustrittsöffnung durchgeblasen werden. (Luftverbrauch ca. 5—6 Nm^3/h). J. Malpricht 5888□

1814 **Registrierendes Differential-Durchfluß-Refraktometer für Laboratorium und Industrie.** Gerhard Geppert. (Chem. Techn. **15**, 351—53, 1963; Leipzig, Inst. für Verf.-Technik der organ. Chemie der DAW Berlin; dt.) — Aufbau u. Arbeitsweise des Gerätes werden beschrieben. Bei einfachster Ausführung u. größtmöglichster Betriebssicherheit kann bei homogenen Fll. mit der Normalausführung ein Δn von 0,05 bei beliebigen n auf 0,2% genau beschrieben werden. Die Meßzellen können schnell ausgewechselt werden, so daß das Gerät vielfältig einsatzfähig ist. H. Hoffmann 5888◇

1815 **Anwendung von Chromatographen für die Steuerung chemisch-technologischer Prozesse.** W. W. Aronowitsch, A. Ja. Galitzki und K. W. Sawertkin. (Chem. Ind. [Moskau] **1962**, 576—80; russ.) — Als Beispiel für die Anwendung der chromatograph. Meth. in der *Automatisierung* werden Verff. zur Qualitätskontrolle u. zur Steuerung von Produktionsprozessen bei der Gewinnung von synthet. Kautschuk u. synthet. A. u. a. beschrieben. R. K. Müller 5888◇

1816 **Einsatz photoelektrischer Analysengeräte.** Martin Schweiger. (Chem. Techn. **15**, 358, 1963; Bitterfeld, VEB EKB, physikal. Labor.; dt.) — Überblick über die Eignung u. den Einsatz photoelektr. Geräte als Impulsgeber für Regler. H. Hoffmann 5888◇

1817 **Der Einsatz des Infrarotanalysators „Infralyt“ in der chemischen Industrie.** Werner Ehrlicher. (Chem. Techn. **15**, 359—60, 1963; Leipzig, Zentralstelle „Messen — Steuern — Regeln in der chem. Ind.“; dt.) — Nach einer Übersicht über Anwendungsmöglichkeiten des „Infralyt“ als Geber für Regler, werden noch der Aufbau u. die Eigg. des Gerätes beschrieben. H. Hoffmann 5888◇

1818 **International festgelegte Begriffe für Kernforschung und Kerntechnik.** E. Busse. (Atomwirtschaft **8**, 177—79, 1963; Bonn; dt.) — 77 Fachausdrücke (dt., engl., fr.), die zur Diskussion gestellt werden. A. Koss-Rosenqvist 5894◇

1819 **Technologie von Forschungsreaktoren.** Thomas E. Cole und Alvin M. Weinberg. (Annu. Rev. nuclear Sci. **12**, 221—42, 1962; Oak Ridge, Tenn., National Labor; engl.) — Überblick über die bis Dez. 1961 veröffentlichte Literatur über Tendenzen in der Technologie der Forschungsreaktoren u. Reaktorbrennstoffe, über die Energiedichte u. den Neutronenfluß, die Berechnungs-Meth. sowie über moderne Reaktortypen u. Sicherheitsmaßnahmen. — 52 Lit.-Zitate. I. Köditz 5894

1820 **Die Temperaturverteilung in UO_2-Brennelementen.** J. A. L. Robertson, A. M. Ross, M. J. F. Notley und J. R. MacEwan. (J. nuclear Mater. [Amsterdam] **7**, 225—62, 1962; Chalk River, Ontario, Canada, Atomic Energy of Canada Ltd.; engl.) — Vff. analysieren alle erhältlichen Daten u. zeigen, daß die Temp.-Verteilung in UO_2-Brennelementen jetzt ziemlich genau vorausgesagt werden kann. Die Abweichungen älterer Ergebnisse führen sie u. a. auf die Mißdeutung der Kornstruktur u. falsche Einschätzung der das Kornwachstum beeinflussenden Veränderlichen zurück. — Labor.-Unterss. des Wärmeübergangs zwischen Brennstoff u. Hüllenmaterial zeigen, daß die Wärmeverteilung von der Wärmeleitfähigkeit des Füllgases, Rissen in den Brennelementen sowie von der Bestrahlung bei über 600° nicht wesentlich beeinflußt wird, wenn der Brennstoff unter Druckkontakt mit der Hülle steht. — 100 Literaturzitate. I. Köditz 5894

1821 **Bestrahlung von für den Reaktor Dragon bestimmten Brennelementkapseln.** F. Stierli. (Neue Techn. [Zürich] **1962**, Nr. 12, 636—44; Würenlingen, Inst. Féd. Rech. en Mat. de Réacteurs; franz.) — Die Brennelemente wurden im Schweizerischen Reaktor DIORIT 3 Wochen lang bestrahlt. Die mit Thermoelementen aus W—W + 20% Re gemessenen Temp. stiegen im Brennelement-Inneren bis auf 1200° an. Die maximale Temp. betrug 1400°. Die Charakteristika der Brennstoffkapseln werden angegeben. Es folgt eine Beschreibung des Reaktors, sowie der Bestrahlungsversuche. Die Brennelemente waren zu 93% mit U^{235} angereichert, mit Th^{232} gemischt, in Graphit eingebettet u. in Metallkapseln eingeschlossen. A. Koss-Rosenqvist 5894◇

1822 **Die Radiolyse organischer Moderatoren.** Akifumi Danno, Gen-ichi Tsuchihashi und Hiroaki Kôyama. (J. Japan Tar Ind. Association [Coal Tar] **12**, 677 bis 81, 1960; Ibaragi-Tôkai, Nippon Gensiryoku Kenkyûzyo; jap.) — Vor- u. Nachteile, die organ. Substanzen z. B. Polyphenyle, als Moderatoren bei der Atomspaltung besitzen u. ihre Stabilität werden behandelt. M. Suzuki 5894□

1823 **Die Reinigung von inerten Gasen durch heißes Uran.** 2. Mitt. P. C. Davidge, N. Hodge und G. N. Stockdale. (Brit. chem. Engng. **5**, 566—69, 1960; engl.) — 1. vgl. C. **1964**, 3-0586. — Die theoret. u. experimentellen Ergebnisse werden bei der Berechnung der Dimensionen von Gasreinigungs-Syst. u. der Arbeitsbedingungen unter einfachen Verhältnissen verwendet. Der Mechanismus der Rk. zwischen U u. CO wird diskutiert u. die Natur der anfallenden Rk.-Prodd. untersucht. W. Betcke 5894◇

1824 **Volumenbestimmung von Gasreaktoren für heterogene Katalyse.** B. A. Hills. (Brit. chem. Engng. **6**, 856 bis 862, 1961, Otahuhu, Aukland, Neu-Seeland Polymers N. Z. (Pty) Ltd.; engl.) — Vf. leitet einen umfassenden Ausdruck für eine verallgemeinerte Rk. in der Gasphase ab, nach welchen durch graph. Integration das Katalysatorvol. bestimmt werden kann. Die Behandlung ist exakt für konst. Druck u. adiabat. Syst., wobei die Endgleichung die Kombination der Partialdifferentiale darstellt, ergänzt durch die Änderung der entsprechenden Parameter im Hinblick auf den Grad der Umwandlung. Letztere schließt Rk.-Temp., Mol.-Anhäufung u. die wesentlichen thermodynam. Funktionen ein.

H. J. Gründel 5904◇

1825 **Messung von spezifischen Oberflächen.** C. Clément. (Rev. Inst. franç. Pétrole Ann. Combustibles liquides **17,** 1336—71, 1962; Inst. Franç. du Petrole; franz.) — Literaturüberblick. G. Seidel 5904◇

1826 **Untersuchungen über den Abtrieb aus Fließbetten bei einem und zwei kugelförmigen Bestandteilen.** J. Nicot und P. Le Goff. (Génie chim. **88,** 133—44, 1962; Nancy, École Nat. Sup. des Ind. Chim., Labor. de Génie chim.; franz.) — Verss. zur mathemat. Erfassung der Abtriebmenge von Festkörpern einer Wirbelschicht (Fließbett), dargestellt durch Glaskugeln von 63—65 μm ⌀ u. als ein Gemisch von solchen mit Kugeln von 160 μm ⌀ gleichen spez. Gew., führten zu der Feststellung, daß die kinet. Beziehung zwischen Abtriebmenge, Feinkorn u. Konz. in der Wirbelschicht nicht 1. Ordnung ist u. sich nur in ihren Anfangswerten wiedergeben läßt. In ihren Erörterungen der Theorie schlossen Vff. sich der Behandlung dieses Fragenkomplexes durch Leva (1951) u. die nachfolgenden Autoren bis zu Thomas, Grey u. Watkins (1961) an. — 21 Literaturangaben.

R. Kaiser 5904◇

1827 **Wärmeabgabe aus einer Wirbelschicht von Katalysatoren an eine Wärmeaustauschoberfläche.** W. B. Ssarkitz, D. G. Traber und I. P. Muchlenow. (J. angew. Chem. [UdSSR] **32,** 2218—25, 1959; Leningrad, Technolog. Lensowjet-Inst.; russ.) — Die Verss. werden in einer App. mit Spiralkühlern durchgeführt, deren Höhe 80 mm u. Wärmeaustauschoberfläche 0,00577 m^2 beträgt. Der ⌀ ist variabel (49,73 u. 100 mm). Aus den Vers.-Ergebnissen über den Einfl. der Luftgeschw., der Teilchengrößen des Katalysators, der Ausgangshöhe der Schicht, des ⌀ der App. auf den Wärmeaustauschkoeff. wird die optimale Luftgeschw. im laminaren u. turbulenten Gebiet berechnet.

J. Lehmberg 5904△

1828 **Speisung pneumatischer Transportanlagen.** H. A. Leniger. (Ingenieur ['s-Gravenhage] **72,** Ch 111—Ch 116, 1960; Wageningen, Labor. voor Technol. der Landbouwhogeschool; niederl.) — Die Beaufschlagung einer Druckleitung mit einem gleichmäßigen Materialstrom erfordert die simultane Lösung des Dosier- u. Aufgabeproblems. Während die Einspeisung freifließenden Materials leicht erfolgt, entstehen bei anderen ernste Beschickungsprobleme, so daß sich allg. Regeln nicht geben lassen. Vor- u. Nachteile verschiedener Aufgabensyst. werden diskutiert: 1. Für Saug- und Drucksyst.: Drehkammerschleuse; 2. für reine Saugsyst.: kreisförmige Ausströmungsöffnungen verschiedener Durchmesser, einfache Aufgabetrichter mit Dosierung durch Drehschleuse mit regelbarer Tourenzahl, Saugrohre (Düsen), Kombination von Saugrohr u. Förderschnecke als Dosiervorrichtung, sowie Injektion in die Saugseite eines Ventilators; 3. für reine Drucksyst.: durch Rückschlagklappe gesicherte, unter Überdruck stehende Materialsäulen, „Feststoffpumpen", d. h. gegen Überdruck fördernde Schnecken, Doppelrohr-Membranventilsyst. u. die Injektion in ein Venturirohr. Die Anwendbarkeit eines Injektors u. ihre Grenzen werden mathemat. abgeleitet. Dem Problem der Brückenbildung in Siloauslässen wird durch folgende Maßnahmen vorgebeugt: 1. exzentr. Materialabzug; 2. Fluidisieren des Materials im Konus durch Luftinjektion mittels perforierter Rohre oder Schlangen; 3. Anwendung eines kontinuierlichen, pulsierenden Luftstromes zur Fluidisierung im Vertikalrohr, 4. asymmetr. Bunkerbau; 5. schwachgeneigter Segeltuchtrichter, unter den Luft geblasen wird, so daß das Material wie auf einer Art Luftkissen gleitet; 6. „Air slide". J. Malpricht 5906□

1829 **Pneumatischer Transport von grobem Material in einer horizontalen Leitung.** C. W. J. van Koppen. (Ingenieur ['s-Gravenhage] **72,** Ch 128— Ch 136, 1960; Staatsminen; niederl.) — Der Transport von grobem Material im geraden oder schwach geneigten Rohr (⌀ 150) für einen Anfangsdruck von 4 atü. wird berechnet u. auf andere Drücke erweitert. Die elektron. Integration der beiden simultanen Differentialgleichungen für Druckverlust u. Differentialgeschwindigkeit liefert zwei Diagramme, die die optimale Kombination von Leitungslänge, Luftverbrauch u. Gesteinsmenge erkennen lassen. Danach ist die Annahme, daß mit einer größeren Luftmenge stets auch mehr Gestein wirtschaftlich gefördert werden kann, nicht zutreffend. Große Luft- u. Materialgeschw. bedeutet unwirtschaftlich hohen Energieverbrauch durch erhöhte Wandreibung. Die Erzielung eines Optimums ist deshalb auch eine Frage der Charakteristik des Drucklufterzeugers. Ihre Steilheit muß ausreichend sein, um beginnende Verstopfungen wegzudrücken u. Druckschwankungen infolge ungleichmäßiger Materialaufgabe auszugleichen. Druckluftleitungsnetze oder Ventilatoren mit flacher Charakteristik, die im Gipfelpunkt arbeiten, besitzen keine ausreichende Stabilität des Optimums (Pendeln). Ein Näherungsverf. wird angegeben. J. Malpricht 5906

1830 **Pneumatischer Transport von Crackkatalysatoren in vertikalen Leitungen.** S. Stemerding. (Ingenieur ['s-Gravenhage] **72,** Ch 121—26, 1960; Amsterdam, Koninklijke/Shell-Laboratorium; Shell Internationale Research Maatschappij N. V.; niederl.) — 2. vgl. vorst. Ref. — Bei Verf. der Erdölchemie treten Transportprobleme für feine Pulver in senkrechten Leitungen auf. Die bestehenden Theorien liefern keine geschlossene Beziehung für die Abhängigkeit des Druckverlustes von Partikelgew., Wandreibung u. Beschleunigung. Deshalb wird auf analyt. Basis eine empir. Beziehung zwischen Froude-Zahl u. dem scheinbaren Schlupffaktor aufgestellt, die alle Kenngrößen enthält. Der scheinbare Schlupffaktor besteht aus den drei Komponenten wahrer Schlupffaktor, Reibungs- u. Beschleunigungsterm. Der Reibungsfaktor scheint allein von der Rohrlänge abzuhängen. Die Beschleunigung ist durch die Teilchenendgeschw. gegeben, die für Rohre länger als 4 m nahezu gleich der Gasgeschw. ist. Der wahre Schlupffaktor scheint für Werte $>$ 5 m/s von der Strömungsgeschw. unabhängig u. nur von der Rohrlänge abhängig zu sein. In Anbetracht der Tatsache, daß die gefundene Beziehung im allg. für eine Luftgeschw. $<$ 5 m/s nicht mehr für alle Massenstromdichtewerte befolgt wird (max. Materialstromdichte bei 9 m/s) muß der Wert von 5 m/s als Optimum in bezug auf den Kraftbedarf betrachtet werden. Die Massenstromdichte G_m besitzt für Gasgeschw. $<$ 5 m/s den größten Einfl. auf den Entmengungsfaktor $\bar{\gamma}$. Je größer G_m, um so kleiner $\bar{\gamma}$. Es scheint, als ob in den untersten 3—5 m Rohrlänge eine Art verdünnte Wirbelschicht vorliegt. (Eintrittsgeschw. des Materials auf 0 einstellbar). Es wurden Rohre mit 5,1 cm (2″) ⌀ u. bis mehr als 10 m Länge verwendet. Mittlerer Teilchendurchmesser 65 μm (mikrosphäroidaler Crackkatalysator), scheinbare Wichte 1,6 g/cm^3. Versuche mit Luft bis 3,5 atm u. Dampf bis 500° als Transportgas zur Best. des Einfl. von Gasdichte (0,33—5 kg/m^3) u. Viscosität ($14-37 \cdot 10^{-6}$ N. s/m^2) ergaben, daß weder Druckverlust noch Schlupffaktor merklich beeinflußt werden.

J. Malpricht 5906

1831 **Pneumatischer Transport pulverförmiger Crack-Katalysatoren im fluidisierten Zustand.** J. Wijthoff. (Ingenieur ['s-Gravenhage] **72,** Ch 126—28, 1960; Amsterdam, Königliche Schwefelsäurefabriken, vormals KETJEN A. G.; niederl.) — Für pulverförnige Spaltkatalysatoren mit idealen Fluidisierungs-Eigg. wird ein pneumat. Transportsyst. zum Entladen von Kesselwagen beschrieben, dessen Besonderheiten ein poröser Zwischenboden im Transportbehälter zur Fluidisierung des Katalysators mit einem Material/Luftverhältnis 60:1 bis 150:1 u. eine äußere Überbrückungsleitung für zusätzliche Lufteinspeisung in die Transportleitung zu Beginn der Förderung sind. Diese dient der Anhebung der Materialgeschw. über ihren Schwellenwert von 3—5 m/s, zur Vermeidung von Verstopfungen. Der pneumat. Transport im fluidisierten Zustand oder in „dichter Phase" ist gegenüber dem üblichen pneumat. Transport in „verdünnter Phase" mit einem Material/Luftverhältnis 1:1 bis 20:1 wirtschaftlicher 1. wegen des geringen Luftverbrauchs u. 2. wegen des Fortfalles der Installationskosten für Dosiereinrichtung u. bes. Stoffabscheider, da das angewandte Verf. dosierend wirkt u. tangentiale Einführung der Transportleitung in den zylindr. Vorratsbehälter genügt. Die Verw. von „air-slides" für den Transport großer Materialmengen über derartige Entfernungen ist wegen relativ hoher Installationskosten u. größerem Luftverbrauch demgegenüber nicht so wirtschaftlich, trotz ihrer großen Einfachheit. J. Malpricht 5906

1832 Atomic Energy of Canada Ltd., Ottawa (Erfinder: Angus Charles Whittier, Peterborough), Ontario, Canada, **Kernreaktor.** Zur Messung des therm. Neutronenflusses ist in einen Strahlungskanal eine aus einer H-haltigen Substanz gebildete Streu-Vorr. für therm. Neutronen angeordnet. Die Detektoren liegen so, daß sie prakt. nur von der Streu-Vorr. gestreute therm. Neutronen nachweisen. (**D. A. S. 1139587** Kl. 21g vom 14/4. 1961, ausg. 15/11. 1962. **F. P. 1284356** vom 20/3. 1961, ausg. 4/7. 1962. Beide A. Prior. 15/4. 1960.) H. Kessel 5895

1833 Commissariat à l'Énergie Atomique, Paris (Erfinder: Sébastian Foglia, Verriere de Buisson), Frankreich, **Kernreaktor** mit Sicherheits-Vorr. zum Entleeren. Am Unterende jedes senkrechten Brennelementkanals sitzt ein mit dem Reaktorblock verbundenes, den Kanal freilassendes Halteglied, an dem ein das Brennelement über Zwischenstücke unterstützender Riegel durch Verriegelungsorgane lösbar festgehalten ist. Der Riegel hat mindestens eine Zone von geringer mechan. Festigkeit, an der durch eine ferngesteuerte Trenn-Vorr. durchschnitten u. damit vom Halteglied getrennt werden kann. (**D. A. S. 1140653** Kl. 21g von 4/2. 1960, ausg. 6/12. 1962. **E. P. 893978** vom 9/2. 1960, ausg. 18/4. 1962. Beide F. Prior. 10/2. 1959. **F. P. 1224960** vom 10/2. 1959, ausg. 28/6. 1960.) H. Kessel 5895

1834 Commissariat à l'Énergie Atomique, Paris (Erfinder: René Donguy, Vanves, und Jean Mégy, Bourg-la-Reine), Frankreich, **Kernreaktor.** Zur Überwachung auf Brennelement-Hüllenbrüche sind die Probeentnahmerohre über eine quadrat. Matrix in n Zeilen u. n Spalten verteilt, wobei jedes in 2 Anzapfrohre, die mit einer Zeilen- bzw. Spaltensammelleitung in Verbindung stehen, für die Weiterleitung der Proben mündet u. die Zeilen- bzw. Spaltensammelleitungen der Matrix über einen Zeilen- bzw. einen Spaltenumschalter mit jeweils einem Zeilen- bzw. einen Spaltendetektor in Verbindung stehen. In den Anzapfrohren bzw. den Sammelleitungen liegen Vorr. zum Abgleich des Strömungswiderstandes. (**D. A. S. 1141035** Kl. 21g vom 29/9. 1960, ausg. 13/12. 1962. F. Prior. 3/10. 1959. **F. P. 1246247** vom 3/10. 1959, ausg. 8/2. 1961.) H. Kessel 5895

1835 Licentia Patent-Verwaltungs-G. m. b. H., Frankfurt/M. (Erfinder: Heinz Kornbichler, Walldorf), **Überhitzer-Kernreaktor** mit gesondertem Notkühlkreis, Notkondensator u. einem Schnellöffnungsventil dazwischen. In Reihe damit liegt ein Regelventil, das sich kontinuierlich nach der jeweiligen Dampfentnahme einstellt. (**D. A. S. 1143936** Kl. 21g vom 25/3. 1960, ausg. 21/2. 1963.) H. Kessel 5895

1836 Brown, Boveri & Cie. Akt.-Ges., Mannheim, und Beteiligungs- und Patenverwaltungsgesellschaft m. b. H., Essen (Erfinder: Walter Stürmer und Eberhard Elßner, Mannheim), **Kernreaktor-Überwachung.** Zur Messung des Drucks des radioakt. verseuchten Kühlmittels dient ein Druckwandler mit 2 durch eine Stange verbundenen Membranen, von denen die 1. auf ihrer Vorderseite von dem zu messenden Druck beaufschlagt wird, u. einer von der Stange betätigten Zulaufblende zwischen der Rückseite der 1. u. der Vorderseite der 2. Membran. Die Rückseite der 1. Membran steht unter dem Eingangsdruck eines in einem Hilfskreis strömenden Schutzgases. Die Vorderseite der 2. Membran steht mit der Zulaufseite einer außerhalb des Druckwandlers in dem Hilfskreis liegenden konst. Ablaufblende u. die Rückseite der 2. Membran mit der Auslaufseite der Ablaufblende in Verbindung. (**D. A. S. 1142710** Kl. 42k vom 28/4. 1959, ausg. 24/1. 1963. **F. P. 1242697** vom 14/12. 1959, ausg. 9/1. 1961. D. Prior. 28/4. 1959.) H. Kessel 5895

1837 Nuclear Power Plant Co. Ltd. (Erfinder: Stephen Baldwin Dunwich Fletcher und Deric Birkenshaw), Newcastle-upon-Tyne, England, **Kernreaktorsicherheitsvorrichtung.** Eine Fühleinrichtung, die mit einem Sicherheits-, Regel- oder Brennstoffstab fest verbunden ist u. auf Druck- oder Temp.-Änderungen in dem den Stab umgebenden Mittel anspricht, betätigt ein Syst. von Druckstäben, das einen Klinkenmechanismus löst, der den Stab am Tragkörper festhält. (**D. A. S. 1142432** Kl. 21g vom 5/9. 1959, ausg. 17/1. 1963. **F. P. 1234552** vom 3/9. 1959, ausg. 18/10. 1960. Beide E. Prior. 8/9. 1958 u. 14/8. 1959. **E. P. 872092** vom 8/9. 1958, ausg. 5/7. 1961.) H. Kessel 5895

1838 Deutsche Babcock & Wilcox-Dampfkessel-Werke Akt.-Ges., Oberhausen (Erfinder: Winfried Eming und Heinz Franke, Essen), **Kernreaktorkühlung.** Ein Hilfskühlkreis für die Reaktornachwärme enthält getrennte Hochdruck- u. Niederdruckgebläse zur Umwälzung des Kühlmittels bei verschiedenen Drücken. (**D. A. S. 1148664** Kl. 21g vom 7/11. 1961, ausg. 16/5. 1963.) H. Kessel 5895

1839 Gesellschaft für Kernenergieverwertung in Schiffbau und Schiffahrt m. b. H. (Erfinder: Gerhard Woisin), Hamburg, **Sicherheitsbehälter für Schiffsreakotoren** mit Flutvorrichtung. Die Zu- u. Abluftkanäle einer strömungsmäßig ganz vom Sicherheitsbehälter-Innenraum getrennten Hilfskühlung dienen als Flutkanäle zwischen Außenwasser u. Behälterinnenraum u. weisen zu diesem Zweck innerhalb des Sicherheitsbehälters in ihren Wandungen Flutöffnungen auf, die sich unter festgelegten Druckbedingungen selbsttätig öffnen u. schließen. (**D. A. S. 1148665** Kl. 21g vom 2/11. 1961, ausg. 16/5. 1963.) H. Kessel 5895

1840 **Farbwerke Hoechst Akt.-Ges. vormals Meister Lucius & Brüning,** Deutschland, *Überziehen von Betonrohren.* (**F. P. 1252849** vom 28/12. 1959, ausg. 10/5. 1961. D. Prior. 27/12. 1958. — C. **1963,** 3355 [D. A. S. 1118080].)

1841 **W. R. Grace & Co.,** Cambridge (Erfinder: **Arthur J. Leydon, George A. Lothrop, Robert F. Stierli** und **Donald M. Wacome**), Mass., V. St. A., *Verwendung von Polymerisatdispersionen.* (**Jap. A. S. 14141/1961** vom 23/2. 1960, ausg. 23/8. 1961. A. Prior. 24/2. 1959. — C. **1963,** 247 [F. P. 1261899].)

1842 **Deutsche Gold- und Silber-Scheideanstalt vormals Roessler,** Frankfurt/M., *Herstellung von verdickenden und verfestigenden Mitteln für Flüssigkeiten, Pasten und so weiter.* (**E. P. 908640** vom 1/9. 1959, ausg. 24/10. 1962. D. Prior. 4/9. 1958. — C. **1961,** 10318 [D. A. S. 1066552].)

1843 **Farbenfabriken Bayer Akt.-Ges.,** Deutschland (Erfinder: **Horst Weber**), *Herstellung von synthetischem Na-Zeolith.* (**F. P. 1240756** vom 1/10. 1959, ausg. 20/12. 1960. D. Prior. 3/10. 1958. — C. **1963,** 15562 [E. P. 897223].)

1844 **Union Carbide Corp.,** V. St. A. (Erfinder: **Charles Robert Castor** und **Robert Mitchell Milton**), *Herstellung metallbeladener zeolithischer Molekularsiebe.* (**F. P. 1233890** vom 20/8. 1959, ausg. 12/10. 1960. A. Prior. 24/9. 1958. — C. **1963,** 14818 [A. P. 3013987].)

1845 **Union Carbide Corp.,** V. St. A. (Erfinder: **Donald Wesley Breck** und **Robert Mitchell Milton**), *Herstellung metallbeladener zeolithischer Molekularsiebe.* (**F. P. 1243036** vom 31/8. 1959, ausg. 11/1. 1961. A. Prior. 24/9. 1958. — C. **1963,** 14817 [A. P. 3013982].)

1846 **United States Atomic Energy Commission,** übert. von: **Samuel Untermyer,** Atherton, Calif., V. St. A., *Siedewasser-Kernreaktor.* (**A. P. 3029197** vom 11/9. 1956, ausg. 10/4. 1962. — C. **1958,** 2241 [D. A. S. 1003363].)

1847 **United States Atomic Energy Commission,** übert. von: **Loranus P. Hatch, Francis I. Miles, Thomas V. Sheehan, Richard W. Wiswall** und **Raymond I. Heus,** Suffolk County, N. Y., V. St. A., *Kontinuierliche Abtrennung von Thorium-Bestrahlungsprodukten.* (**A. P. 2893936** vom 27/5. 1955, ausg. 7/7. 1959. — C. **1962,** 11685 [Can. P. 553573].)

1848 **United States Atomic Energy Commission,** übert. von: **James S. Kane** und **John H. Carpenter,** Livermore, und **Oscar H. Krikorian,** Danville, Calif., V. St. A., *Überziehen von Graphit mit Niobcarbid.* (**A. P. 3017286** vom 8/9. 1958, ausg. 16/1. 1962. — C. **1962,** 18591 [D. A. S. 1117029].)

1849 **United States Atomic Energy Commission** (Erfinder: **Benjamin Lustman, Ezekiel F. Losco** und **Isadore Cohen**), *Kontrollstäbe für Neutronenreaktoren.* (**Aust. P. 236163** vom 19/3. 1959, ausg. 23/11. 1961. A. Prior. 31/3. 1958. — C. **1963,** 14444 [D. A. S. 1125088].)

1850 **Pechiney Comp. de Produits Chimiques et Électrométallurgiques,** Paris, Frankreich, *Gewinnung aktiver Tonerde.* (**E. P. 915186** vom 28/1. 1958, ausg. 9/1. 1963. F. Prior. 29/1. 1958. — C. **1962,** 7278 [F. P. 1190853].)

H_2. Betriebsschutz, Feuerschutz

1851 **Beurteilung der Sicherheit neuer Verfahren.** R. H. Albisser und L. H. Silver. (Ind. Engng. Chem. **52,** 61A—63A, 1960; Merck and Co., Inc., Merck Chem. Div.; engl.) — Zur Beurteilung der mit neuen, chem. Verff.

verknüpften Gefahrenmöglichkeiten werden die therm. Stabilität der Rk.-Teilnehmer, Zwischen- u. Rk.-Prodd. mit Heizplatte, F.-App., Thermoelemente für bestimmte Temp.-Bereiche bestimmt. W. Wesly 5930◇

1852 **Das Penitel EK als Mittel zur Vorbeugung gegen Sulfatnebel.** Bogomil Gabev. (Freiberger Forsch.-H., Reihe B Heft **67**, 145—52, 1962; Sofia; dt.) — Die Vorteile des Schaummittels *Penitel EK* als Mittel gegen sog. Sulfatnebel bei der elektrolyt. *Zn*-Raffinierung (Gemisch von H_2SO_4- u. $ZnSO_4$-Aerosolen) u. bei der elektrochem. Bearbeitung von *Pb*-Akkumulatorenplatten (H_2SO_4-Aerosole) werden erörtert. — Diskussion. F. Vier 5940◇

1853 **Über die Reinhaltung der Luft.** Erich Werner. (Z. Zuckerind. **13**(88), 260—62, 1963; Düren, Zuckerfabrik; dt.) — Überblick über die von der VDI-Kommission zur Reinhaltung der Luft aufgestellten Richtlinien zur Begrenzung der Auswürfe (Begrenzung der Emission). I. Köditz 5942△

1854 **Übereinstimmung mit dem Gesetz zur Reinhaltung der Luft: Die Luftverunreinigung durch Gaserzeuger.** J. J. Whiteheart. (J. Inst. Fuel **36**, 435—37, 1963; Pilkington Brothers, Ltd., Group Fuel Technol.; engl.) — Hinweise auf die verschiedenen Möglichkeiten zur Verunreinigung der Luft beim Betrieb von Gaserzeugern u. ihre Vermeidung. F. Rosendahl 5942△

1855 **Dampfkesselfeuerungen, Staubemissionen.** Anton Bachmair. (Staub **21**, 68—70, 1961; Essen, Vereinigung der Großkesselbesitzer; dt.) — Überblick über die VDI-Richtlinien für den zulässigen Staubauswurf aus Kesselanlagen u. die gegebenen techn. Möglichkeiten, den Staubauswurf zu verringern. I. Köditz 5942△

1856 **Die Verschmutzung der Atmosphäre in der Umgebung eines Kraftwerks.** P. L. Spedding. (J. Inst. Fuel **36**, 408—14, 1963; Canberra, Austral. Nat. Univ., Res. School of Phys. Sci.; engl.) — Die Verunreinigung der Luft durch Substanzen, die sich allmählich ablagern, Schwebeteilchen u. gasförmige Substanzen in der Nähe eines 25-MW-Kraftwerkes, in dem ein Wanderrost betrieben wird, wurde untersucht. Ablagerungen aus den Rauchgasen konnten noch in einer Entfernung von 1 Meile festgestellt werden, die schwersten Teilchen hatten sich schon nach $^1/_4$ Meile abgelagert. Die Weiterführung der abgelagerten Massen durch Winde war gering. Um solche Verschmutzungen zu vermeiden, muß auf eine sehr sorgfältige Betriebsführung geachtet werden. Es werden auch verschiedene Vorsichtsmaßnahmen in Verbindung mit dem Wanderrostbetrieb besprochen, die sich auf die Kohlenkörnung, Rostgröße u. Turbulenz erstrecken. Eine gute Maßnahme wurde mit einer Sekundärverbrennung über dem Rost eingeleitet, bei der in dem aufsteigenden Gasstrom sek. Luft eingeblasen wird, um die mitgerissenen Kohleteilchen zu verbrennen. F. Rosendahl 5942△

1857 **Die Beseitigung des Rauches von Fleisch- und Fischräuchereien.** Hans H. Kurmeier. (Wasser, Luft Betr. **6**, 348—50, 1963; Hamburg; dt.) I. Köditz 5942

1858 **Verminderung der atmosphärischen Verunreinigung durch Drahtentrostungs- und Galvanisierungsanlagen. 1. Mitt. Eine breite Übersicht über die Raucherzeugung ihre Ursache und Wirkung; Werkstofferfordernisse für Anlagen zur Rauchbeseitigung.** J. McMillan. (Wire Ind. **28**, 1103—06, 1132, 1961; Warrington, Rylands Bros., Ltd.; engl.) — Übersicht. W. Wesly 5942◇

1859 **Verminderung der atmosphärischen Verunreinigung durch Drahtentrostungs- und Galvanisierungsanlagen. 2. Mitt. Einige auf die Fabrikplanung angewandte Grundsätze; Erörterung eines hypothetischen Falls.** J. McMillan. (Wire Ind. **28**, 1205—08, Dez. 1961; engl.) — 1. vgl. vorst. Referat. — Da die in einer mit HCl, HNO_3 u. H_2SO_4 betriebenen Drahtentrostungsanlage entstehenden Dämpfe Säure enthalten, werden sie gewaschen u. das Waschwasser mit Kalk (bzw. NaOH, NH_4OH oder KOH) neutralisiert, dessen erforderliche Mengen berechnet werden. W. Wesly 5942□

1860 **Versuch zu einer systematischen Beschreibung von Prüfröhrchen-Reaktionen.** Karl Großkopf. (Chemiker-Ztg./Chem. Apparatur **87**, 270—75, 1963; Lübeck, Drägerwerk; dt.) — Zur Unters. von Verunreinigungen der Luft sind in den letzten Jahren Prüfröhrchen entwickelt worden, die je nach Art u. Menge der Verunreinigung bei der Berührung mit der verunreinigten Luft verschiedene Färbungen annehmen. Es wird versucht, die Vielzahl der heute zur Beurteilung des Grades der Verunreinigung von Gasen benutzten Prüfröhrchenverff. in ein natürliches Syst. zu ordnen. H. Lütgert 5942◇

1861 **Kunststoffe und Brandschutz.** W. Jach. (Plastica [Delft] **15**, 176—82, 1962; Kiel; dt.) — Überblick über die Eigg. von Kunststoffen bei Wärmebehandlung, Verss. zur Feststellung der brandtechn. Eigg., Verh. der Kunststoffe gegen Flammen-Einw. sowie den Einfl. der Prüfstücke auf das Brennverhalten. I. Köditz 5944△

H_4. Wasser, Abwasser

1862 **Halbtechnische Versuche über die Belüftung der Abwässer nach dem Inka-System.** Jerzy Gańczarczyk und Jan Suschka. (Gaz, Woda Techn. sanit. **35**, 206 bis 209, Juni 1961; Gliwice, Hydroprojekt; pol.) — S. Paprotny 6040◇

1863 **Einfluß der Verunreinigungsart des Wassers auf den Chlordioxidbedarf.** Celina Sikorowska. (Gaz, Woda Techn. sanit. **35**, 464—65, Dez. 1961; Warszawa, Państwowy Zakład Higieny, Zakład Higieny Komunalnej; pol.) — Durch Anwendung von ClO_2 statt Cl_2 kann das W. zugleich desinfiziert u. desodorisiert werden. Aus durchgeführten Unterss. geht hervor, daß Kohlenhydrate keinen Einfl. auf den ClO_2-Bedarf des W. haben. Eiweißstoffe u. Aminosäuren zeigen einen höheren Cl_2- als ClO_2-Bedarf. Detergentien u. Fette reagieren nicht mit ClO_2 u. mit Cl_2 nur gering. ClO_2 reagiert mit pflanzlichen Verbb. stärker als Cl_2 u. verursacht dadurch eine bessere natürliche Farbe des Wassers. S. Paprotny 6042◇

1864 **Nachreinigung der phenolhaltigen Abwässer durch Sorption.** N. A. Bernowskaja, N. D. Sserebrjannikow und L. B. Tschernjak. (Hyg. u. Sanitätswes. [UdSSR] **27**, Nr. 2, 95—96, 1962; russ.) — Die Verss. werden mit Koks (aus der therm. Behandlung von Hochmoortorf in Kammeröfen) als Sorbent zur Entfernung von *Phenol* (**I**) aus den Abwässern von Schieferaufarbeitungsbetrieben unter stat. u. dynam. Bedingungen durchgeführt. Die besten Ergebnisse werden mit einem 2-Stufenverf. im Gegenstromprinzip bei einem Verhältnis Sorbent/W. = 1:20 mit 7 mg **I**/Liter gegenüber 550 mg **I**/Liter zu Beginn des Vers. erzielt. Die Ergebnisse unter dynam. Bedingungen (⌀ der Kolonne 40 mm, Höhe 850 mm, Kontaktdauer 1 Std.) sind analog. Die Sorptionseigg. von durch $^1/_2$ std. Erhitzen auf 300—350° regeneriertem Koks werden nicht nur wiederhergestellt sondern verbessert. J. Lehmberg 6042△

1865 **Reinigung von Haushalts-Abwässern aus kleinen Siedlungen durch Anwendung von Oxydations-Teichen.** Teresa Suchecka. (Gaz, Woda Techn. sanit. **35**, 466 bis 467, 1961; pol.) — Teiche von etwa 0,4 ha, die eine reiche Flora (*Nannochloris, Chironomidae, Tubifex sp.* sowie andere Mikroorganismen) enthalten, haben eine Aerationsfläche über 200 ha. Die Tiefe der Oxydationsteiche soll 0,3—1 m betragen. Solche Teiche befinden sich bereits in Australien. In diesen Klärteichen wird der BSB zu 80% gesenkt. Sie können auch für die Fischzucht verwendet werden. Abwässer von 10000 Einwohnern können täglich 190 kg Proteine liefern in Form der Algen *Chlorella*, die als Futter für Schweine verwendet werden können. S. Paprotny 6044◇

1866 **Einfluß verschiedener Faktoren auf den biochemischen Sauerstoffbedarf in Abwässern.** Wiera Dożańska. (Gaz, Woda Techn. sanit. **35**, 209—12, Juni 1961; Warszawam Panstwowy Zakład Higieny, Zakład Higieny Komunalnej; pol.) — Der BSB hängt vom pH-Wert, dem Detergentien- u. dem Geh. an tox. Verbb. der Abwässer ab. Bei der Oxydation der organ. Verbb. durch Mikroorganismen verläuft der Prozeß am günstigsten, wenn BSB:N:P = 100:5:1 oder 60:3:1 beträgt. Nitrifikationsprozesse wirken sich ungünstig auf den BSB aus. S. Paprotny 6044◇

1867 **Molkereiabwässer und Wasserläufe.** Voigt. (Dt. Milchwirtsch. **9**, 300—301, 1962; Berlin, Inst. f. Wasserwirtschaft; dt.) — In biochem. Hinsicht nimmt Molkereiabwasser eine Sonderstellung ein. Infolge des Milchzuckergeh. geht es leicht in saure Gärung über, wobei der Milchzucker in der ersten Stufe zu Milchsäure u. in der zweiten zu Buttersäure u. CO_2 abgebaut wird u. der pH-Wert bis auf 2 absinken kann. Das Faulen wird durch Ausflocken von Milcheiweiß zunächst unterbunden, durch Verdünnen mit Vorflutwasser geht aber der Übergang zum Faulen rasch vor sich: es kommt zu H_2S-Entw., O_2-Schwund, Pilzbldg. u. Schlammablagerungen. Die Pilzbldg. kann zu sek. Schlammablagerungen führen. — In Tabellen werden Zahlen über die verschiedenen chem. Stoffe in den einzelnen Abteilungen der Molkerei gegeben, die Zus. von Molkerei- u. Molkenabwasser gegenübergestellt u. die Richtwerte angegeben, die man für 1980 anstrebt: O_2 über 5 mg/Liter, BSB_5 unter 6 mg/Liter, vorwiegend β-mesosaprob. Schließlich wird die Mindestwasserführung eines Vorfluters errechnet, der die Abwässer einer Molkerei ohne vorherige Reinigung aufnehmen soll. Bei einer mittleren Molkerei mit 30000 Liter verarbeiteter Milch/d kann mit einem durchschnittlichen BSB_5-Anfall von 60000 g/d gerechnet werden. Ein sauberer Vorfluter kann pro m^3 5 g BSB_5 verkraften. Daher müssen 12000 m^3 Verdünnungswasser zur Verfügung stehen, was bei kontinuierlichem Abstoß einer Wasserführung von 140 Liter/s entspricht. Bei Einleitung über 8 Std., entsprechend dem stoßweisen Anfall, müßten sogar 420 Liter/s als Mindestwasserführung vorliegen. K. Richter 6044◇

1868 **Ökonomische Verwertung von Abwasserrückständen und ihre technische Gewinnung.** O. R. Herfurth. (Seifen-Öle-Fette-Wachse **89**, 395—98, 1963; dt.) — Übersicht über die Verff. zur Schlammaufbereitung. W. Wesly 6048◇

1869 **Die Aufbereitung radioaktiver Meßproben.** D. E. Schmidt. (Glas- u. Instrumenten-Techn., Fachz. Lab. **7**, 91—98, 215—18, 357—64, 1963; München; dt.) — Teil 1: Aufbereitung von Wasser. Teil 2: Aufbereitung von Fischen, Plankton u. Algen. Teil 3: Aufbereitung von Nahrungsmitteln, Kulturpflanzen, Blut u. Fäkalien. — Übersicht über die Meth., die für die diskontinuierliche Messung von $\alpha'.\beta$- u. γ-Bruttoaktivitäten radioakt. Verunreinigungen in Trink-, Grund-, Oberflächenwasser, Abwasser, Meerwasser u. Fallout angewendet werden u. Beschreibung u. krit. Vgl. der Herst.-Möglichkeiten für Meßproben von radioakt. verseuchten Fischen, Schlamm, Sand, Gesteinen, Plankton, Algen, anderer Wasser-Pflanzen, Nahrungsmitteln, Milch, Fleisch, Kulturpflanzen, Fäkalien u. Staub. Abschließend wird über chem. Identifizierungsmöglichkeiten für ^{90}Sr, ^{137}Cs u. ^{131}J u. über physikal. Best. von Radionukliden durch Impulshöhenanalysen berichtet. — 53 Literaturangaben. U. Drehmann 6060◇

1870 **Die biologische Filtration von Verkokungsabwässern. Teil 1. 1954—1957; Teil 2, 1958—1960.** S. H. Jenkins, J. A. Slim, G. W. Cook, A. B. Neale, K. Pickett, J. D. Wheeler und V. J. Shaw. (J. Proc. Inst. Sewage Purificat, **1963**, 469—94; Birmingham; engl.) — Es wurden 3 typ. Gaswässer — Bilston-Frisch-W. (I), Bilston-Brauch-W. (II) u. Brotherton-Brauch-W. (III) — getrennt nach Konzz. von 0,2; 0,4; 0,6; 0,8 u. 1,0% in industriellen Abwasser als Kontrolle untersucht. — Bei Zugabe einwertiger Phenole zum Abwasser ergab sich in den Filtern eine Red. für **I, II, III** von 98 bis 100, 100 u. 100%. Thiocyanat wurde red. von 8 bis 22, 48 bis 68 u. 68 bis 98%. Teersäuren (Kreosote) wurden von 69 bis 81, 90 bis 96 u. 90 bis 100% reduziert. — Ein Vgl. der Durchschnittswerte der Permanganatzahl u. des biochem. O_2-Verbrauches im Abwasser zeigt, daß bei den untersuchten Konzz. eine Zugabe der Fll. keinen negativen Einfl. auf die Filter besitzt. Aus den durchschnittlichen Werten des Experimentes ergibt sich, daß die Entfernung von Verunreinigungen klein ist, sie wird wirkungsvoller bei höheren Konzz., wie es bei **III** der Fall ist. Wie die durchschnittlichen NH_3-N- u. NO_2–NO_3–N-Werte zeigen, hat die Zugabe des W. einen geringen negativen Einfl. auf die Nitrierung. Ein Vgl. zwischen der niedrigsten u. höchsten Konz. ergab, daß die Permanganatzahl in 0,2%ig. **I** bei einer Verbrauchsrate von 13,8% auftaucht, während sie bei 1%ig. Konz. bei 15,1% entsteht. Die entsprechenden Zahlen für **II** liegen bei 11,2 u. 14,3%, für **III** bei 10,8 u. 7,9%. Die gemessenen Werte des biochem. O_2-Bedarfs waren bei den höchsten u. niedrigsten Konzz. dieselben; für die 3 Wässer 5,8; 3,6 u. 3,7%. 51,9% waren es in 0,2%ig. **I** bei Zunahme des NH_3–N u. 18,3% in 1,0%ig. Konzentration. 22,1% an NH_3–N entstanden in beiden Konzz. des **II** u. 22,1% bei der niedrigsten Konz. von **III**, verglichen mit 34,2% bei der höchsten Konzentration. Humusstoffe an den Filtern haben das Ziel, die Aufnahmefähigkeit der Filter bei der angewandten Konzz. zu erhöhen. Toxizitätsverss. von Hawkes an Fischen zeigen, daß Abwasser von **II** mit einer Konz. von 0,2 u. 0,4% u. **III** mit Konzz. von 0,2; 0,4; 0,6 u. 0,8% gleichwertig mit dem Kontrollabwasser ist, während Abwasser von 0,2 u. 0,4% (u. höheren Konzz.) von (**I**) u. 0,6 u. 0,8% von (**II**) stark tox. wirken. R. Worbis 6068◇

1871 **Permutit Co. Ltd.** (Erfinder: **Theodore Roger Ernest Kressmann** und **John Robert Millar**), *Ionenaustauschverfahren.* (**Aust. P. 239532** vom 7/7. 1959, ausg. 9/8. 1962. E. Prior. 9/7. 1958. — C. **1963**, 11001 [E. P. 860695].)

1872 **Sterling Drug, Inc.** (Erfinder: **Eugene Wilhelm Schoeffel**), *Abwasserreinigung.* (**Aust. P. 234549** vom 8/5. 1959, ausg. 3/8. 1961. A. Prior. 16/5. 1958. — C. **1963**, 645 [Oe. P. 216430].)

H_5. Anorganische Industrie

1873 Western Elektric Co., Inc., V. St. A. (Erfinder: Girard Theodore Kohman und Kenneth Bailey Mc Afee jun.), **Abtrennen von Helium aus Gasgemischen,** z. B. aus He-reichem Naturgas. Man läßt das Gasgemisch unter Druckgefälle durch Capillaren aus borhaltigem Silicatglas mit einem lichten ⌀ von 0,25 bis 2,5 mm u. einer Wandstärke von etwa $^1/_5$ des ⌀ bei 100—800°, bes. 500—800°, strömen, wobei das *He* rein durch die Capillarenwandungen diffundiert. — Vorrichtungen. (**F. P. 1227030** vom 11/6. 1959, ausg. 18/8. 1960. A. Prior. 30/6. 1958). W. Wittholz H 231

1874 Esso Research and Engineering Co., Elizabeth, N. J., V. St. A., **Gewinnung von Wasserstoff durch das Schwermetall-Wasserdampf-Verfahren.** Wasserdampf wird an einem durch Behandeln mit den bei der Regenerierung von Crackkatalysatoren anfallenden Gasen unter Wirbelschichtbedingungen anfallenden red. Schwermetalloxid, bes. Fe-Oxid (**I**), in der Wirbelschicht gespalten u. das dabei wieder aufoxidierte **I** zur Red. an den Verfahrensausgang zurückgeführt. Verfahrensschema. (**E. P. 803766** vom 17/9. 1956, ausg. 29/10. 1958. A. Prior. 16/11. 1955.) K. Wolk H 238

1875 FMC Corp., übert. von: Gosta C. Akerlof, Princeton, N. J., V. St. A., **Herstellung von hochreinem Sauerstoff durch Rk.** eines festen Alkaliperoxids, bes. Na_2O_2 u. KO_2, mit einem festen, krist., H_2O_2 enthaltenden, anorgan. Salz, z. B. $Na_2CO_3 \cdot 3H_2O_2$ u. $Na_4P_2O_7 \cdot 2H_2O_2$, bei Raumtemp. bis ca. 50° in Abwesenheit von W. u. fl. H_2O_2. (**A. P. 3061413** vom 16/11. 1959, ausg. 30/10. 1962.) K. Demmler H 239

1876 Carlo Colombo, Turbigo, Mailand, Italien, **Erzeugung von Wasserdampf.** Man wärmt das W. vor, zerstäubt es durch eine Anzahl von Düsen unter Druck u. verdampft das zerstäubte Wasser.-Vorr. Zeichnung. (**It. P. 559598** vom 27/9. 1956.) K. Koebke H 240

1877 Laporte Chemicals Ltd., England, **Herstellung von Wasserstoffperoxid** nach dem Anthrachinonverfahren. Die sich im organ. Lsgm. bei Kreisverf. anreichernden, nicht flüchtigen C-Verbb. werden nach Extraktion des H_2O_2, jedoch vor der Reoxydation der Anthrahydrochinone aus der organ. Fl., durch Behandlung mit W. entzogen. (**F. P. 1234731** vom 5/1. 1959, ausg. 19/10. 1960. E. Prior. 10/1. 1958.) W. Wittholz H 241

1878 F. F. Gladkii, **Gewinnung von N_2** aus Abfallgasen der H_2-Erzeugung, die als Verunreinigungen S-Verbb. u. 0,2% O_2 enthalten. — Die Gasmischung wird durch 2 Skrubber geleitet. Im ersten wird das Gas mit

W. gewaschen, im zweiten werden durch 10%ig. NaOH die S-Verbb. entfernt. Der abgekühlte N_2 wird in einen Gasbehälter geleitet. (**UdSSR. P. 132202** vom 16/12. 1960.) F. Eßer H 243

1879 Elektrokemisk A/S, Oslo, Norwegen (Erfinder: Olav Erga und Sven Gregert Terjesen), **Wiedergewinnung von Fluor aus den Abgasen bei der Schmelzelektrolyse des Aluminiums.** Die Abgase werden mit einer solchen Geschwindigkeit durch einen Frischwasserstrom geleitet, daß der F-Geh. im Ablaufwasser > 5 g F pro Liter beträgt. Die Absorption erfolgt in Lochplattenkolonnen. Hierbei findet eine Recirkulation des Waschwassers nicht statt. (**Norw. PP. 97586** vom 30/12. 1958 u. **97587** vom 15/9. 1959, beide ausg. 6/3. 1961.) K. H. Kähler H 246

1880 Stauffer Chemical Co., New York, N. Y., V. St. A. (Erfinder: William V. Bauer), **Herstellung des Chlorides aus einem Oxid.** C-haltiges Material u. das Ausgangs-Oxid wird in den fluidisierten Zustand gebracht, wobei durch elektr. Strom die Feststoffe im Wirbelbett nach Art einer elektr. Widerstandsheizung aufgeheizt werden. Durch die Wirbelschicht wird Cl_2 geleitet. Nach dem Verf. kann BCl_3 aus Boroxid, $AlCl_3$ aus Al_2O_3, $SiCl_4$ aus SiO_2, $ZrCl_4$ u. $SiCl_4$ aus Zirkon, VCl_4 aus V_2O_5 u. $TiCl_4$ aus TiO_2 hergestellt u. das in Columbit enthaltene Nb u. Ta chloriert werden. — Vorrichtung. (**E. P. 865939** vom 9/2. 1959, ausg. 26/4. 1961.) E. Miessgang H 247

1881 E. I. du Pont de Nemours & Co., übert. von: Rowland Frank Hein, Wilmington, Del., V. St. A., **Gewinnung von an granulierten Anionenaustauschharzen in Form von Polybromhalogeniden adsorbiertem Brom** durch Behandlung des Austauscherbettes mit stöchiometr. Mengen eines gasförmigen reduzierenden Mittels, bes. SO_2, in Ggw. von W. im Gegenstrom nach der Gleichung: $SO_2 + Br_2 + 2\,H_2O \rightarrow 2\,HBr + H_2SO_4$. (**A. P. 3037845** vom 14/1. 1960, ausg. 5/6. 1962.) K. Demmler H 248

1882 F. W. Denissow, R. G. Lepilina, Je. W. Prytkowa, Ju. P. Ballo und W. F. Butz, **Reinigen von Jod** auf einen Reinheitsgrad von 99,9996% durch Sublimation eines analysenreinen Prod. bei 5—6 Torr u. 95—98° durch eine Filterschicht, z. B. ein Petrjanow-Filter, u. Kondens. der Dämpfe ≧ 15°. — Tabelle der Toleranzgrenze für Verunreinigungen. (**UdSSR. P. 133465** vom 20/2. 1960.) L. Großner H 249

1883 N. M. Messropjan, **Gewinnung von S aus Flotationskonzentraten** durch Ausschmelzen des S im Autoklaven in einem Verf.-Schritt mit auf 230—300° überhitztem Dampf. — Tabelle. (**UdSSR. P. 133468** vom 15/2. 1960.) L. Großner H 253

1884 Ss. N. Kondratjew, **Stabilisierung von flüssigem SO_3** mit 1—1,5% K_2CrO_4 oder $K_2Cr_2O_7$ u. mehrstd. Erhitzen auf 80°. (**UdSSR. P. 129644** vom 29/10. 1959.) L. Großner H 253

1885 Ss. I. Wolfkowitsch und N. N. Kondratjew, **Abtrennung von Se aus Nitrose** durch Zusatz von einigen ‰ feindispersem S bei 120—150° u. Aufarbeitung des Nd von Se u. Se-Sulfiden nach bekannten Methoden. — Tabellen. (**UdSSR. P. 133466** vom 20/1. 1960.) L. Großner H 254

1886 Ju. N. Jewlasch, **Hydrometallurgische Extraktion von Se und Te** aus Prodd., die Se u. Te im elementaren Zustand erhalten, z. B. Cu-Schlamm, durch Erhitzen mit wss. NaOH (300 g/Liter) in Ggw. von frischgefälltem CuO unter Luftausschluß auf 120—200°. (**UdSSR. P. 133467** vom 25/1. 1960.) L. Großner H 255

1887 G. W. Ssamssonow, M. Ss. Kowaltschenko und W. M. Slepzow, **Herstellung von Bornitrid** durch stufenweises Dehydratisieren eines Gemisches von 85 (%) H_3BO_3 u. 15 Lampenruß bei 160° (2 Std.), 260° (2 Std.), 500° (1 Std.) u. 800° (2 Std.), Mahlen u. Sieben des Prod. u. je 2std. Erhitzen auf 1500° u. 1700° im N_2-Strom im Graphitofen. (**UdSSR. P. 129647** vom 19/10. 1959.) L. Großner H 258

1888 Vetrocoke S. p. A., Turin, Italien, **Abscheidung und Rückgewinnung von Kohlendioxid** aus Gasgemischen durch Absorption mittels einer Lsg. eines Alkali- oder Ammoniumsalzes (Carbonat, Phosphat, Borat oder Salz einer Aminosäure) oder eines Alkali- oder Ammoniumcarbonats mit einer Aminosäure als Aktivierungsmittel. In einer Absorptionsstufe wird das Gasgemisch mit der Absorptionslsg. behandelt u. in der Regenerationsstufe die beladene Lsg. unter Austreiben von CO_2 durch Behandlung mit Inertgas oder Luft in der Wärme oder durch Erhitzen der Lsg. auf Siedetemp. regeneriert. Die Regeneration wird bei einer den Kp. der Lsg. bei anormalem Druck übersteigenden Temp. u. bei Überdruck vorgenommen. (**E. P. 857960** vom 21/10. 1958, ausg. 4/1. 1961. It. Prior. 26/10. 1957.) E. Miessgang H 260

1889 Pechiney (Comp. de Produits Chimiques et Électrométallurgiques), Paris, Frankreich (Erfinder: Pierre Chassaing, Saint Auban, und Félix Collomb, Ribecourt), **Herstellung von Trichlorsilan** durch Umsetzen von Si mit HCl in Ggw. von Cu bei 170—350° im Fließbett. Dem Rk.-Gefäß wird HCl, ggf. mit Inertgas verd., u. Si im Gemisch mit 3—6% Cu, zweckmäßig als Leg., in einer Korngröße von 30 bis 500 μ aufgegeben, wobei das durch die Rk. verbrauchte Si u. Cu in gleichem Maße durchgeführt wird u. die entstehenden Gase durch Kondens. u. Dest. auf *Trichlorsilan* verarbeitet werden. (**Oe. P. 220594** vom 22/6. 1960, ausg. 10/4. 1962. F. Prior. 24/6. 1959. **F. P. 1239350** vom 24/6. 1959, ausg. 16/12. 1960.) W. Wittholz H 261

1890 Collier Carbon and Chemical Corp., übert. von: Donald C. Young, Fullerton, Calif., V. St. A., **Herstellung von Phosphorsäureprodukten,** die einen niedrigen F. u. niedrige Viscosität haben u. nicht korrosiv gegenüber Flußstahl sind, indem man Phosphorsäure mit einer P_2O_5-Konz. von etwa 62 Gew.% u. Schwefelsäure mischt, so daß das Mol.-Verhältnis $H : P_2O_5$ zwischen etwa 5,4 u. etwa 7,9 liegt. — Diagramm. (**A. P. 3044854** vom 11/1. 1960, ausg. 17/7. 1962.) R. Zimmermann H 264

1891 Paul S. Roller, V. St. A., **Herstellung von Metallhydroxiden** durch Elektrolyse mit Gleichstrom niederer Spannung, wobei die Anode aus dem Metall des zu gewinnenden Hydroxids besteht, die Kathode aus inertem Material oder dem gleichen wie die Anode. Der sich auf der Anode niederschlagende Hydroxidfilm wird durch eine Abschabe-Vorr. entfernt, damit keine Inkrustenbldg. eintritt. Diese kann noch zusätzlich durch Umpolung der Elektroden weitgehend vermieden werden. — 3 Zeichnungen. (**F. P. 1229356** vom 6/7. 1959, ausg. 6/9. 1960.) W. Wittholz H 270

1892 F. A. Baryschnikow, **Gewinnung von LiCl** durch Rösten von Spodumen mit Kalk, Auslaugen, Behandeln der Lsg. mit $CaCl_2$ bei 0—10°, wobei Ca-Aluminat ausfällt, u. Eindampfen der Lösung. (**UdSSR. P. 129335** vom 14/10. 1958.) L. Großner H 273

1893 Karl Ziegler (Erfinder: Karl Ziegler und Herbert Lehmkuhl), Mülheim/Ruhr, **Mischungen aus Metalläthylverbindungen und Aluminiumtriäthyl (I)**, werden getrennt, indem man in dem Gemisch das **I** mit MeCN (Me = Na, K) in den Komplex MeCN · 2 Al · $(C_2H_5)_3$ überführt, das sich als gesonderte Phase abscheidende, nicht komplexgebundene Metalläthyl abtrennt u. ggf. anschließend aus dem Komplex das freie **I** abspaltet. Das Verf. ist bes. zur Trennung der bei der elektrolyt. Herst. von Bleitetraäthyl anfallenden Mischung geeignet. — Beispiele für die Abtrennung von $Pb(C_2H_5)_4$, $Zn(C_2H_5)_2$ u. $Bi(C_2H_5)_3$ von **I** sind angegeben. (**D. A. S. 1153369** Kl. 12o vom 4/7. 1959, ausg. 29/8. 1963.) A. Debo H 294

1894 Badische Anilin- & Soda-Fabrik, Akt.-Ges., Ludwigshafen/Rh. (Erfinder: Rudolf Polster, Frankenthal), **Dialuminiumalkylenverbindungen** mit mindestens 7 C-Atomen in der Hauptkette werden hergestellt durch Rk. von Dialuminiumalkylen-Verbb. mit mindestens 5 C-Atomen in der Hauptkette mit C_2H_4 bei 80 bis 200°, bes. 100—170°. — 50 (g) Tris-(3.3-dimethylpentylen)-dialuminium erhitzt man mit 50 C_2H_4 im geschlossenen Syst. 6 Std. auf 100° → 82 *zähes Öl.* Hieraus nach Hydrolyse, Hydrierung u. Dest. → 48 einer Fraktion mit Kp. 78—185°, die 24,8% 3.3-Dimethylpentan, Kp. 84,5 bis 85°, n_D^{20} 1,3915; 37,9% 3.3-Dimethylheptan, Kp.

136–137°, n_D^{20} 1,4080; 3,8% 5.5-Dimethylnonan, Kp. 175–177°, n_D^{20} 1,4215 u. 6,4% 3.3-Dimethylnonan, Kp. 179–182°, n_D^{20} 1,4205 neben 3,2% n-Hexan, Kp. 69, n_D^{20} 1,3754; 6,4% n-Octan, Kp. 125–126°, n_D^{20} 1,3973; 8,2% 1.4.4-Trimethylcyclohexan, Kp. 134–135°, n_D^{20} 1,4250 u. 4,2% n-Decan, Kp. 173–174°, n_D^{20} 1,4121 enthält. Die KW-Stoffe wurden gaschromatograph. getrennt, die angegebenen physikal. Werte sind die der Testsubstanzen. — *Zwischenprodd., Komponenten* für *Mischkatalysatoren*. (**D. A. S. 1154106** Kl. 12o vom 15/12. 1961, ausg. 12/9. 1963.) A. Debo H 294

1895 Badische Anilin- & Soda-Fabrik Akt.-Ges., Ludwigshafen/Rh. (Erfinder: Dietmar Wittenberg, Mannheim, und Hans Lautenschlager, Ludwigshafen/Rh.), **Arylaluminiumverbindungen** werden hergestellt durch Rk. von Arylhalogeniden mit aktiviertem Al. Das Al kann chem. oder mechan. aktiviert sein. — Man vermahlt 5,4 (g) Al-Grieß u. 11,8 NaCl 5 Std. in einer Kugelmühle u. erhitzt anschließend mit 400 Chlorbenzol 24 Std. unter Rühren auf 130°. Man filtriert vom kristallinen Nd. ab → Gemisch aus $Na[AlCl_3(C_6H_5)]$ u. $Na[AlCl_2(C_6H_5)_2]$. — Analog erhält man: *Phenylaluminiumdichlorid*, $C_6H_5AlCl_2$, $Kp._{0,02}$ 160–190°. — *Triphenylaluminium*, F. 225–228° (aus Xylol). — *Phenylaluminiumdibromid*, $Kp._{0,01}$ 165–190°. — *Diphenylaluminiumchlorid*, $C_{12}H_{10}AlCl$. — *Phenylaluminiumsesquijodid*, $C_{18}H_{15}Al_2J_3$. — *Phenylaluminiumsesquibromid*, 92% (Ausbeute). — Gemisch aus *1-Naphthyl-aluminiumdichlorid* u. *Di-1-Naphthyl-aluminiumchlorid*, 76%. — *Zwischenprodd.* für Arylierungs-Rkk., *Katalysatoren* für Kondens. u. Polymerisationen. (**D. A. S. 1154473** Kl. 12o vom 15/9. 1960, ausg. 19/9. 1963. **E. P. 918720** vom 12/9. 1961, ausg. 20/2. 1963. D. Prior. 15/9. 1960.) A. Debo H 294

1896 Shell Internationale Research Mij. N. V., Den Haag, Niederlande (Erfinder: Edward Robert Anthony Forshar, Cheshire, England), **Aluminiumalkylsesquihalogenide**, bes. -chloride werden hergestellt, indem man ein Alkylhalogenid einer Rk.-Mischung aus Al-Flittern mit einer spezif. Oberfläche von über 600 cm^2/g, wovon mindestens 50% eine Teilchengröße von über 0,15 mm besitzen, in einer fl. Phase, die Al-Alkylhalogenid enthält oder daraus besteht, zusetzt. Hierbei hält man die Temp. über 100°, bes. bei 120–150°. Die Al-Flitter müssen während der Rk. von der fl. Phase bedeckt sein. — 19,5 (kg) $(C_2H_5)_2AlCl$, 10,6 Al-Flitter mit einer spezif. Oberfläche von 1325 cm^2/g, wovon 88% eine Teilchengröße von 0,15 mm haben, erwärmt man unter Rühren auf 130–140° bei 0,35 atü. Innerhalb von 3 Std. gibt man 38,55 C_2H_5Cl zu, wobei man Temp. u. Druck konstant hält. → *Äthylaluminiumsesquichlorid*. (**D. A. S. 1153751** Kl. 12o vom 9/3. 1961, ausg. 5/9. 1963. E. Prior. vom 11/3. 1960. **E. P. 902370** vom 11/3. 1960, ausg. 1/8. 1962.) A. Debo H 294

1897 Karl Ziegler, Mülheim/Ruhr (Erfinder: Wolf Rainer Kroll, Witten-Annen), **Alkaliazid-Aluminiumtrialkylkomplexe** werden hergestellt durch Rk. von Alkaliaziden mit Aluminiumalkylen ggf. in Ggw. von Lösungsmitteln. — 21 (g) NaN_3 u. 59 $Al(C_2H_5)_3$ werden zunächst bei Raumtemp. u. dann einige Std. bei 80° umgesetzt → $NaN_3 \cdot 1{,}76\ Al(C_2H_5)_3$; 15,5 NaN_3 u. 83,5 $Al(C_2H_5)_3$ → $NaN_3 \cdot 2{,}1\ Al(C_2H_5)_3$; 27 KN_3 u. 39 $Al \cdot (C_2H_5)_3$ → $KN_3 \cdot Al(C_2H_5)_3$, viscose Fl.; vorst. Verb. u. 39 $Al(C_2H_5)_3$ → $KN_3 \cdot 2\ Al(C_2H_5)_3$, 4 NaN_3 u. 35 $Al \cdot (C_4H_9\text{-iso})_3$ → Lsg. von $NaN_3 \cdot 2\ Al(C_4H_9\text{-}iso)_3$ in $Al \cdot (C_4H_9\text{-iso})_3$; 65 NaN_3 u. 145 $Al(CH_3)_3$ in 200 ml Octan → $NaN_3 \cdot 2\ Al(CH_3)_3$. weißes Pulver. — Verw. zu Trennungen, *Elektrolyte*, *Brennstoffe*, *Brennstoffzusätze*. (**D. A. S. 1153370** Kl. 12o vom 15/3. 1960, ausg. 29/8. 1963.) A. Debo H 294

1898 Badische Anilin- & Soda-Fabrik Akt.-Ges., Ludwigshafen/Rh. (Erfinder: Ernst Otto Fischer, München, und Christof Pahn, Ludwigshafen/Rh.), **Cyclooctatrien-carbonylkomplexe von Übergangsmetallen** werden hergestellt durch Rk. von Übergangsmetallcarbonylen mit Cyclooctatrien zwischen 100 u. 250°, ggf. in Ggw. von Lösungsmitteln. — Man erhitzt unter N_2 5 (g) $Mo(CO)_6$ mit 9 ml Cyclooctatrien (n_D^{25} 1,5090) in 40 ml PAe. (Kp. 125–140°) 6 Std. auf 145° unter Rühren. Man dampft zur Trockne ein, extrahiert mit n-Hexan unter Luftausschluß, friert mit CH_3OH/CO_2 aus, filtriert u. sublimiert im Vakuum bis 110° → 3,42 *1.3.5-Cyclooctatrien-molybdäntricarbonyl*, $C_8H_{10}Mo(CO)_3$, tieforange Kristalle, u. bei 150° → 1,05 *Di-1.3.6-cyclooctatrienmolybdändicarbonyl*, $(C_8H_{10})_2Mo(CO)_2$, zitronengelbe Kristalle. — Ähnlich erhält man aus 2 $W(CO)_6$ u. 4 Cyclooctatrien 0,207 *Di-1.3.6-cyclooctatrien-wolframdicarbonyl*, $(C_8H_{10})_2W(CO)_2$, zitronengelbe Kristalle. — *1.3.5-Cyclooctatrien-chromtricarbonyl*, rote Kristalle, 13% (Ausbeute). — *1.3.6-Cyclooctatrien-eisentricarbonyl*, goldgelbes Öl, F. 8°, 27%. — *1.3.6-Cyclooctatrien-kobaltdicarbonyl*, gelbe Kristalle aus n-Hexan, Zers.-Punkt 145°, 87%. — *Cyclooctatrienmangancarbonyl*, Zus. noch unklar. — 1.3.6-Cyclooctatrien wirkt nur als zweibindiger Olefinligand. — *Katalysatoren, Antiklopfmittel*. (**D. A. S. 1154472** Kl. 12o vom 28/8. 1959, ausg. 19/9. 1963.) A. Debo H 355

1899 **Universal Oil Products Co.** (Erfinder: **Frank Stolfa, William Karl Theodore Gleim** und **Peter Urban**), *Herstellung von Schwefel*. (**Aust. P. 239560** vom 16/11. 1959, ausg. 9/8. 1962. A. Prior. 17/11. 1958. — C. **1963,** 5614 [Oe. P. 216532].)

1900 **United States Borax & Chemical Corp.** (Erfinder: **Robert John Brotherton** und **Lowell Loren Petterson**), *Aminodiborverbindungen*. (**Aust. P. 239588** vom 24/2. 1960, ausg. 9/8. 1962. A. Prior. 29/5. 1959. — C. **1963,** 17832 [E. P. 875051].)

1901 **Soc. d'Électro-Chimie, d'Électro-Métallurgie et des Aciéries Électriques d'Ugine,** Paris, Frankreich, *Überführung von Dolomit in Magnesiumhydroxid*. (**E. P. 917395** vom 12/5. 1959, ausg. 6/2. 1963. F. Prior. 30/6. 1958. — C. **1963,** 2200 [F. P. 1207075].)

1902 **VEB Elektrochemisches Kombinat Bitterfeld** (Erfinder: **Gunter Wehner** und **Ingo Merbeth**), Bitterfeld, *Gewinnung von wasserfreiem, geschmolzenem Magnesiumchlorid*. (**E. P. 920852** vom 29/8. 1960, ausg. 13/3. 1963. — C. **1961,** 14056 [D. A. S. 1102122].)

1903 **Wacker-Chemie G. m. b. H.,** München, *Herstellung von reaktionsträgem Calciumoxid*. (**E. P. 919108** vom 3/6. 1959, ausg. 20/2. 1963. D. Prior. 3/6. 1958. — C. **1962,** 5806 [D. A. S. 1112003].)

1904 **Nalco Chemical Co.** (Erfinder: **David Gordon Braithwaite**), *Alkylbleiverbindungen*. (**Aust. P. 239597** vom 12/4. 1960, ausg. 9/8. 1962. A. Prior. 6/5. 1959. — C. **1963,** 8692 [A. P. 3007858].)

1905 **Ciba Akt.-Ges.,** Basel (Erfinder: **Walther Scheller,** Neuewelt, und **Jean Renard,** Muttenz), Schweiz, *Herstellung von thermisch stabilen Niob- oder Tantalhalogenid-Doppelsalzen*. (**Schwz. P. 368788** vom 21/12. 1956, ausg. 15/6. 1963. — C. **1960,** 10717 [Oe. P. 202114].)

1906 **General Electric Co.** (Erfinder: **Harold Paul Bovenkerk**), *Synthese von Diamanten*. (**Aust. P. 238721** vom 23/12. 1959, ausg. 14/6. 1962. A. Prior. 29/12. 1958. — C. **1964,** 6/7-2069 [D. A. S. 1142346].)

H_6. Silicatchemie, Baustoffe

1907 **Polierrot.** 1. Mitt. **Polierwirksamkeit.** Jiří Götz. (Sklář a Keramik **11,** 242–46, 1961; Jablonec nad Nisou, Výzk. úst. užitk. skla a bižuterie; tschech.) — Polierrotproben verschiedener Herst. u. verschiedenen Ursprungs werden vergleichend auf ihre Polierwrkg. bei 3 verschiedenen Glassorten untersucht. Die Beurteilung erfolgt auf Grund der Dickenabnahme (μ) oder der Gew.-Abnahme ($g \cdot 10^4$) bei 30–120 Min. Polierdauer. Die Ergebnisse sind bei der gleichen Polierrotprobe u. dem gleichen Glas gut reproduzierbar u. ermöglichen eine Bewertung. R. K. Müller 6188◇

1908 **Polierrot.** 2. Mitt. **Die Oberfläche des polierten Glases.** Jiří Götz. (Sklář a Keramik **11,** 275–77, 1961; tschech.) — 1. vgl. vorst. Referat. — Der Geh. an in HCl unlösl. Anteil u. Sand u. die Korngröße des unlösl. Anteils werden an 7 Proben von Polierrot bestimmt. Durch mechan. Verunreinigungen u. beim Brennen entstandene feste Agglomerate können Oberflächenschäden beim Polieren auftreten. Eine wichtige Rolle spielt jedoch auch die Korrosion infolge Acidität der Poliermittelsuspension. R. K. Müller 6188◇

1909 **Polierrot.** 3. Mitt. **Eigenschaften des Polierrotes und ihr Einfluß auf das Poliervermögen.** Jiří Götz. (Sklar a Keramik **11,** 313–18, Nov. 1961; tschech.) — 2. vgl. vorst. Referat. — In Tabellen werden spezif. Gew., chem. u. Sedimentationsanalyse, Röntgenmessungen u. spezif. Oberfläche von 6 Proben von Polierrot mitgeteilt. In Vgl.-Verss. wird festgestellt, daß das Poliervermögen bei 600° Brenntemp. u. bei Zusatz von 1–5% $FeSO_4 \cdot 7H_2O$ ein Maximum erreicht. Weitere Möglichkeiten der Erhöhung des Poliervermögens werden erörtert. R. K. Müller 6188◇

1910 **Die für die Glastheorie charakteristischen Ionen u. die Glasfärbung mit Lanthaniden.** Olavi Erämetsä und Antti Kolehmainen. (Acta polytechn. scand. Nr. 290, Chem. includ. Metallurgy Ser. [N. S.] Nr. **12,** 1—21, 1960; engl.) — Das Verh. verschiedener Elemente der Lanthaniden mit Ausnahme von Tm (Thulium) unter bes. Berücksichtigung der Farbgebung im Glas wurde untersucht. Mit ansteigendem Geh. der genannten Elemente nimmt die Farbintensität vorerst nur langsam zu, steigt jedoch von einem bestimmten Punkt schneller an u. folgt weiterhin dem Lambert—Beerschen-Gesetz. N. Peters 6200◇

1911 **Eine auffallende, durch Eisenoxid in einem bestimmten Phosphatglas verursachte Wirkung.** Akira Naruse und Yoshihiro Abe. (Bull. Nagoya Inst. Technol. **14,** 353—59, 1962; jap., Auszug: engl.) — Phosphatglas mit einigen % FeO vermag Wärme zu absorbieren. Glas, das IR-Strahlen absorbiert u. Strahlen des sichtbaren Gebietes durchläßt, muß viel FeO u. ein hohes Fe^{2+}:Fe^{3+}-Verhältnis aufweisen. Dazu eignen sich Gläser mit hoher Acidität. Zur Unters. dient ein alkalifreies Al-Borophosphat mit Zusätzen von 2—4 (%) FeO ($60P_2O_5 \cdot 13Al_2O_3 \cdot 12B_2O_3 \cdot 10SiO_2 \cdot 5FeO$ bzw. $61P_2O_5 \cdot 14Al_2O_3 \cdot 12B_2O_3 \cdot 10SiO_2 \cdot 3FeO$), geschmolzen unter reduzierenden Bedingungen. Das blaßblaue Glas erhält eine gelbe, orange oder braune Farbe, wenn es über die Temp. seines Umwandlungspunktes erhitzt wird. Dieser Vorgang wird auf das Verh. von Fe zurückgeführt. Die unter verschiedenen Bedingungen erhaltenen Gläser werden im Bereich 0,25—2,80 μ spektrophotometr. gemessen; die Schwankungen des FeO-Geh. werden bestimmt. W. Wesly 6200◇

1912 **Bewertung von Bentonit-Lagerstätten.** Thomas W. Smoot. (Trans. Soc. Mining Engr. AIME **223,** 325 bis 329, 1962; Pittsburgh, Pa., Harbison-Walker Refractories Co., Gorber Res. Center; engl.) — Übersicht über Zus., Eigg. u. Anwendung von Bentoniten. — 16 Literaturangaben. W. Wesly 6208◇

1913 **Erläuterungen zum Thema „Niedrigtemperatur"- und „Direktauftrag"-Emaillieren.** Jay Simons. (Int. Enamelist **10,** Nr. 4, 24—25, 1960; Mansfield, Ohio, Westinghouse Electr. Corp.; engl.) — Das „Niedrig-Temp."-Emaillieren (bei 1440°F) von Herdteilen, bes. aus kaltgewalztem Stahl, wird bei Westinghouse seit Ende 1959 in großem Umfange durchgeführt. Beim Einsatz für Waschmaschinen ist von Vorteil die größere Maßstabilität der Teile u. die Tatsache, daß die Trommeloberfläche bei starkem Verschleiß weit geringere Rauhigkeit zeigt als bei Verw. der bisher üblichen Emails. H. Ziegler 6212◇

1914 **Das Emaillieren gußeiserner Badewannen beeinflussende Faktoren.** A. W. Murdoch. (Int. Enamelist **10,** Nr. 3, 10—21, 1960; Wombourn, Wolverhampton, England, Ferro Enamels Ltd.; engl.) — Übersicht über die heute am fertigen Erzeugnis auftretenden Fehler u. ihre Ursachen. H. Ziegler 6212◇

1915 **Die Verwendung oberflächenaktiver Stoffe bei der Herstellung von Elektro- und Apparateporzellan.** G. W. Kukolew und A. N. Kusnitschenko. (Glas u. Keram. [UdSSR] **19,** Nr. 10, 16—21, 1962; Charkow, Slawjansk; russ.) — Das Preßmaterial bei der Herst. von Elektro- u. Apparateporzellan enthält außer Mineralsand noch Bindemittel (organ. Stoffe, Mineralöle u. W.), die jegliches Anhaften in der Form verhindern u. gute Preßbarkeit u. Plastizität garantieren. Von den untersuchten oberflächenakt. Stoffen erwiesen sich *Erdöl* (gegen Anhaften) u. *Birkenharz* bzw. *Galipot* (weißes Fichtenharz) als Weichmacher als am besten. Am wirksamsten jedoch konnte die als Abfall bei der Seifen- u. Fett-Herst. anfallende *Seifenlauge* als Bindemittel verwendet werden (Geh. an Fettsäuren nicht $< 20\%$ u. NaCl-Geh. nicht $< 3\%$). R. Thätner 6214◇

1916 **Keramische Stoffe. Wärmeleitfähigkeit.** G. Arthur. (Nuclear Engng. **6,** 138—42, 1961; Parsons Nucl. Res. Centre, Ceram. Sect.; engl.) — Übersicht über Verw. keram. Stoffe in der Kernenergietechnik u. über Verff. zur Verbesserung der physikal. Eigg. dieser Stoffe. Gerhard Schmidt 6220◇

1917 **Die Wirkung von Zusätzen auf das Sinterverhalten von Thoriumoxid.** Osamu Yonemochi, Hiroshi Hayashi und Minoru Maeda. (Rep. Government ind. Res. Inst., Nagoya **9,** 239—47, 1960; jap., Auszug: engl.) — Zusätze von Al_2O_3, SiO_2 u. $MgCO_3$ zu reinem ThO_2 zeigten beim Sintern von daraus durch Trockenpressen mit 1000 kg/cm² hergestellten Probekörpern bei 1450°, 1550° u. 1650° geringe Wirkung. $CaCO_3$; CaF_2 u. $CaO \cdot 2B_2O_3$ wirken nur bei 1650° Sintertemp. variierend, Phosphate, wie $AlPO_4$, $CaHPO_4$, $Th_3(PO_4)_4 \cdot 4H_2O$ auch bei 1450° u. 1550°. Mit $MgNH_4PO_4 \cdot 6H_2O$ wurde nach 1 Std. bei 1450° eine Porosität von 0,01% u. durchschnittliche Kristallgröße von 30 μm gegenüber 1—2 μm bei reinem ThO_2 erlangt. G. Frikell 6220◇

1918 **Qualität und Anwendung von Zement aus belgischen Hochöfen.** L. Blondiau. (Silicates ind. **25,** 545 bis 550, 1960, **26,** 93—98, 141—45, 201—07, 1961; franz.) — Übersicht. R. Grundmann 6222◇

1919 **Eine Technologie zur Gewinnung von Schaumton-Dämmstoff bei der Ziegelproduktion.** Anonym. (Ziegelindustrie **14,** 483—86, 1961; dt.) — Zur Herst. von leichten Wandplatten für den Häuserbau wird ein Tonschlicker aus Ton, Schamotte, Sägemehl u. W. mit einem Schaumbildner aus Knochenleim, NaOH, Kolophonium u. Alaun vermischt u. die aufgeschäumte Masse in eiserne Formen gepreßt, in denen die Formlinge getrocknet werden. Nach dem Entformen werden die Formlinge gebrannt. F. Reinhart 6228◇

1920 **Der Spektrograph in der keramischen Industrie.** D. C. Spindler. (Int. Enamelist **10,** Nr. 4, 12—14, 1960; Cleveland, Ohio, Ferro Corp.; engl.) — Kurze Übersicht über den zweckmäßigen Einsatz des Spektrographen in der keramischen, Email- u. Feuerfestindustrie. Der Nutzen, bes. bei der Behebung von Verschmutzungsproblemen, wird an Beispielen gezeigt. Grenzen u. grundsätzliche Schwierigkeiten (Beschaffung einer ausreichenden Anzahl von Vgl.-Proben) werden genannt. H. Ziegler 6240◇

1921 **Untersuchungen über Cordierit-Porzellan.** 1. Mitt. **Über die verschiedenen Eigenschaften von Cordierit-Porzellan, hergestellt mit Meerwasser-Magnesia.** Yonezo Imoto und Sinzi Nisio. (Bull. Nagoya Inst. Technol. **14,** 339—46, 1962; jap., Auszug: engl.) — Talk ist der bei Herst. von Cordierit(**I**)-Porzellan meist verwendete Rohstoff. Beim Erhitzen auf ca. 1200° zersetzt sich Talk zu SiO_2 (Cristobalit) mit nachteiligem Einfl. auf die Warmfestigkeit u. $MgO \cdot SiO_2$. Bei Verw. von Sierralit als Rohstoff läßt sich Porzellan mit geringer Wärmeausdehnung (WA) bei 1200° herstellen. Bei 1200° krist. **I**; die lineare WA des **I**-Porzellans bei 800° beträgt 0,165%. Die Schrumpfung beim Brennen beträgt 15—18%; wenn Meerwasser-Mg als Rohstoff dient, ist das die Ursache von Rissen. Daher muß calciniert werden. Bei Verw. calcinierter Prodd. als Scherben hat **I**-Porzellan eine geringere WA. W. Wesly 6246◇

1922 **Messung der Dielektrizitätskonstanten und der dielektrischen Verluste im Frequenzbereich von 30 kHz bis 3 MHz zur Feststellung von kennzeichnenden Werten für die tonhaltigen Rohstoffe.** C. Fical. (Bull. Soc. franç. Céram. **1959,** Nr. 42, 7—16; Univ. de Bologne, Fac. des Ingénieurs, Inst. de Chim. et Technol. des Produits Céram.; franz.) — Die Ergebnisse der Messung der DK u. der dielektr. Verluste im Frequenzbereich von 30 kHz bis 3 MHz zeigen, daß die erhaltenen Werte charakterist. für das Tonmaterial sind. Die deutlichsten Unterschiede bestehen zwischen Kaolinit u. den Mineralien, die in ihrer Struktur W. zwischen den Schichten eingelagert haben. Die beobachteten Differenzen sind jedoch nützlich zur Identifizierùng. R. Grundmann 6248◇

1923 **Verfahren zur Untersuchung der Wasserabsorption von keramischen Produkten.** Ryuichi Yamamoto und Yukio Nishimura. (Rep. Government ind. Res. Inst., Nagoya **11,** 653—58, 1962; jap., Auszug: engl.) — Die Wasser-Absorption von keram. Prodd. ist bei 1 Std. langem Kochen so groß wie bei 5 Tage langem Eintauchen. Unterss. über die Einw. der Bedingungen des Eintauchens auf die Wasser-Absorption zeigen, daß Trockendauer, Wasser-Temp. u. Eintauchart signifikante Einfl. ausüben. Die Trockendauer soll > 24 Std. betragen. Bei 1 Std. langem Eintauchen der Probe bis zur halben Höhe u.

allmählich erfolgendem, völligem Eintauchen ergibt sich ein beträchtlicher Einfl. auf die Wasser-Absorption. W. Wesly 6248◇

1924 **Statistische Betrachtungen über das Zementprüfungs-Programm.** W. J. Youden. (Proc. Amer. Soc. Testing Mater. **59,** 1120—29, 1959; Washington, D. C., Nat. Bur. of Standards; engl.) G. Frikell 6252◇

1925 **Statistische Erfassung der Werte von Zementuntersuchungen durch verschiedene Laboratorien.** J. R. Crandall und R. L. Blaine. (Proc. Amer. Soc. Testing Mater. **59,** 1129—53, 1959; Washington, D. C., Nat. Bur. of Standards; engl.) — Es werden Ausführungen über die Bewertung der Ergebnisse der einzelnen Labor. unter Berücksichtigung ihrer Arbeitsqualität gemacht. G. Frikell 6252◇

1926 **Die direkte Bestimmung des CaO-Gehaltes in Zementen.** I. Dragoi und O. Gogu. (Bul. stiinţ. tehn. Inst. politehn. Timişoara [N. S. 2] **5(19),** 381—82, Jan.—Dez. 1960; rum.) — Die Gegenüberstellung der Ergebnisse einer direkten Best.-Meth. von CaO in Si-, Fe- u. Al-haltigen Zementen mit denen der üblichen Meth. ergibt keine Unterschiede. Während jedoch das alte Verf. 2—3 Std. beansprucht, erfordert das neue Verf. nur 45 Minuten. J. Lehmberg 6252◇

1927 **Beitrag zur Untersuchung der quantitativen Bestimmung von CaO und MgO in kalkhaltigen Körpern. Bericht über Arbeiten des Ausschusses Nr. 8: „Analyse der kalkhaltigen Körper" der Société Française de Céramique.** Anonym. (Bull. Soc. franç. Céram. **1959,** Nr. 42, 29 bis 42; franz.) — Vergleichende Best. von Ca u. Mg mehrerer Labor. mit verschiedenen Verff. zeigten zufriedenstellende Ergebnisse. Die Verff. sind jedoch unzuverlässig, wenn das Verhältnis Ca:Mg sehr groß ist. Der Einfl. von Sr auf die Genauigkeit der Best. von Ca u. Mg wurde untersucht. R. Grundmann 6254◇

1928 Owens-Corning Fiberglass Corp. (Erfinder: Ralph Lester Tiede), **Glaskomposition** mit Brechungsindex 1,49—1,51, bestehend aus 55—80 (%) SiO_2, 3—12 Al_2O_3, 0—8 CaO, 0—5 MgO, 11—14 B_2O_3, 2—12 Na_2CO_3, bis zu 4 F u. $\leqq$ 0,4 Fe_2O_3. — Beispiel: 59,96 SiO_2, 8 Al_2O_3, 4,17 CaO, 2,84 MgO, 13,99 B_2O_3, Na_2CO_3, 2 F u. 0,04 Fe_2O_3. (**Aust. P. 238084** vom 25/5. 1960, ausg. 12/4. 1962. A. Prior. 19/6. 1959.) K. Demmler 6171

1929 Owens-Illinois Glass Co., Ohio, V. St. A., übert. von: Gerhard Bayer, Zürich, Schweiz, **Metalloxide für die Glasfärbung.** Antimonspinelle der Zus. $A_{2,33} \cdot Sb_{0,67}O_4$, in der $A_{2,33}$ für $Zn_{2,33-y}Mg_y$, $Zn_{2,33-y}Ni_y$, $Co_{2,33-y}Mg_y$ oder $Co_{2,35-y}Ni_y$ steht u. y Werte von 0 bis 1 annehmen kann, eignen sich für die *Blaufärbung von Kalk-Soda-Flintgläsern.* Sie können ferner als Bomsen für die Ferritfertigung Verw. finden. Auch lassen sich Pigmente für Anstrichmittel aus ihnen herstellen. (**A. P. 3053684** vom 8/9. 1960, ausg. 11/9. 1962.) Widmann 6177

1930 Franco Carrettoni, Mailand, Italien, **Grünfärben von optischen Gläsern.** Man dampft im Hochvakuum nacheinander in 1. Phase TiN, ein Gemisch von MoC, Ti u. TiO_2 oder ein Gemisch von Ni, Ti u. TiO_2, in 2. Phase MgF_2 u. in 3. Phase SiO_2 oder ein Gemisch von Si u. SiO_2 auf. Die 1. u. 2. Phase können auch wiederholt werden. Die 1. Phase wird fortgesetzt bis eine Absorption von 10—50% erreicht ist, die 2. Phase bis zum Auftreten einer blauen Reflexion u. die 3. Phase bis zur roten Reflexion. (**It. P. 557538** vom 4/8. 1956.) K. Koebke 6201

1931 Corning Glass Works (Erfinder: Joseph S. Olcott und Stanley Donald Hookey), **Herstellung von Glaskörpern mit einer dünnen halbkristallinen Schicht mit mikroskopischen bzw. submikroskopischen Kristallen von β-Eucryptit** ($Li_2O \cdot Al_2O_3 \cdot 2SiO_2$) durch Erhitzen eines Glaskörpers, bestehend aus 52—65 (Gew.-Teilen) SiO_2, nicht weniger als $4Li_2O$ u. nicht mehr als $40Al_2O_3$, wobei das Gew.-Verhältnis $Li_2O \cdot Al_2O_3$ nicht mehr als 0,3:1 betragen soll, auf eine Temp., bei der die Viscosität des Glases zwischen 10^7 u. 10^{10} P liegt, während 1—40 Std., bzw. bis die Kristalle von β-Eucryptit gebildet sind. Die Tempp. liegen bei ca. 750—850°. Das Glas kann auch einen Kristallisationskatalysator enthalten, z. B. 0,1 bis 3,5 (Teile) TiO_2, 0,1—5 B_2O_3, 0,4—2 Na_2O oder 0,5—10 PbO. Es werden Gläser mit hoher mechan. u. therm. Festigkeit erhalten. (**Aust. PP. 234274 u. 237275** vom 21/6. 1960, ausg. 15/2. 1962. Beide A. Prior. 1/7. 1959.) K. Demmler 6201

1932 Deutsche Gold- und Silber-Scheideanstalt vormals Roessler, Frankfurt/M. (Erfinder: Willi Wanie, Offenbach/M.), **Zinkoxidhaltige keramische Farbkörper** hoher Feuerbeständigkeit u. guter Mischbarkeit mit anderen Farbkörpern bes. für Glasuren werden hergestellt durch Glühen einer Mischung bei 800 bis 1100°, die nach dem Glühen aus 5—75 (Gew.-%) ZnO, 5—75 P_2O_5 u. 5—65 Oxid von Elementen der Ordnungszahl 24—29 besteht. Zum Beispiel ergibt ein Gemisch von 1 (Mol) ZnO, 2 $NH_4H_2PO_4$ u. 5 $MnCO_3$ nach $^1/_2$—$2^1/_2$std. Glühen bei ca. 1060° kaffeebraune Farbe. (**D. A. S. 1153310** Kl. 80b vom 13/5. 1961, ausg. 22/8. 1963.) G. Frikell 6213

1933 E. I. du Pont de Nemours & Co., Wilmington, Del., übert. von: Lewis C. Hoffman, Scotch Plains, N. J., V. St. A., **Thermoflüssige Masse zum Aufbringen von Email** auf Keramik oder Metall, die beim Einbrennen des Emails nicht verläuft u. eine blanke Oberfläche bekommt. Die Masse besteht aus einem bei erhöhter Temp. schmelzenden Kunstwachs, einem Wachs u. einem anion. oberflächenakt. Rk.-Prod. von $POCl_3$ mit einem gesätt. aliphat. Alkohol mit 8—18 C-Atomen. — Zum Beispiel werden 550 (Teile) einer Emailmasse aus 10% TiO_2 u. 90% Pb-B-Silicatglas mit 30 Polyäthylenglykol (Molgew. 6000—7500) u. 65 n-Stearylalkohol bei erhöhter Temp. vermischt u. nach dem Abkühlen auf ca. 70° 5 des genannten oberflächenakt. Prod. zugesetzt u. nochmals intensiv gemischt. (**A. P. 2965509** vom 2/4. 1958, ausg. 20/12. 1960.) G. Frikell 6213

1934 Electro Refractories and Abrasives Corp., Buffalo, übert. von: Alfred C. Saunders, Hamburg, N. Y., V. St. A., **Feuerfestes Material.** Brennunterlagen u. dgl. aus drei Schichten erhält man in einer Preßform, die zunächst mit einer Schicht aus einer Mischung von Zirkon, Al_2O_3, Al-Silicat mit SiC u. Silicatglas aus Alkalioxiden u. Erdalkalien zusammen mit B_2O_3 teilweise ausgefüllt wird. Diese Schicht wird mit SiC bedeckt u. schließlich eine dritte Schicht von der zuerst genannten Zus. aufgeschüttet. Die Schichten enthalten Sulfitablauge als Plastifizierungsmittel. Sie werden in der Form zusammengepreßt, entformt, getrocknet u. 30 Std. gebrannt (Kegel 15). (**A. P. 2943008** vom 17/7. 1956, ausg. 28/6. 1960.) H. Widmann 6219

1935 I. S. Kainarski, L. A. Zeitlin, E. W. Degtjarewa und T. E. Tarassowa, **Herstellung einer feuerfesten Masse** aus Alumosilicaten u. Orthophosphorsäure oder Orthophosphaten, die bei der Reparatur von Industrieöfen verwendet werden kann. Man verwendet zerkleinerte Alumosilicatschamotte, den Bruch von Alumosilicatziegelsteinen oder ihr Gemisch mit verschiedenem Geh. an Al_2O_3 mit einer Korngröße < 1 mm u. Zuschläge von 5—20% an feuerfestem Ton, Kaolin oder ihrem Gemisch. Orthophosphorsäure fügt man in einer Menge von 5—20% vom Gew. der trockenen Füllmasse hinzu. Sie wird vorher mit einer entsprechenden Menge W. versetzt, damit eine Konsistenz der Masse erreicht wird, die für das Auftragen auf das Mauerwerk günstig ist. Das erhaltene Prod. gewährleistet bei Erwärmung bis zu 200° einen Verschiebungswiderstand von ∼ 15—20 kg/cm². (**UdSSR. P. 150400** vom 30/10. 1961.) G. Geraschtschenko 6219

1936 Himansu Kumar Mitra, Jamshedpur, Indien, **Feuerfeste, neutrale bis basische Formsteine** aus minderwertigen Chromerzen (I), dad. gek., daß man 1 (Teil) I mit 0,375—1 amorphem MgO mischt u. das Gemisch bei 1595—1680° calciniert. (**Ind. P. 69163** vom 23/9. 1959.) C. Lüttgen 6219

1937 Reynolds Metals Co., Richmond, Va., V. St. A., **Feuerfeste Auskleidung von Zellen zur elektrolytischen Gewinnung von Aluminium.** Eine Mischung von Al_2O_3 u. Kryolith wird geschmolzen, abgekühlt u. granuliert. Aus dem Granulat werden Steine geformt oder Stampfmassen hergestellt, mit denen die Red.-Zelle zur Gewinnung von Al ausgekleidet wird. Die Auskleidung erfolgt vorteilhaft bis in Höhe des Fl.-Spiegels in der Zelle. (**E. P. 902204** vom 6/10. 1960, ausg. 1/8. 1962. A. Prior. 20/10. 1959.) H. Widmann 6219

1938 Carborundum Co., Niagara Falls, N. Y., V.St.A., **Keramisches Faserprodukt.** Fasern aus Al-Silicat werden im Gewichtsverhältnis 10:1 mit einem feuerfesten Material wie SiO_2 oder ZrO_2 in üblicher Weise zu gießbaren, preßbaren oder sprühbaren Mischungen aufbereitet, ggf. unter dem Einfl. von Vibration vergossen, gepreßt oder versprüht u. getrocknet. Die Mischungen enthalten koll. anorgan. Oxide u. härten bei Wärmebehandlung aus. Die fertigen Körper können als *Ofenbausteine, Raketendüsen* u. dgl. verwendet werden. Sie eignen sich auch zur Herst. von feuerfesten Überzügen. (**E. P. 894056** vom 28/1. 1959, ausg. 18/4. 1962. A. Prior. 3/2. 1958.) H. Widmann 6219

1939 Steatit-Magnesia Akt.-Ges. (Erfinder: Viktor Laburda und Hermann Höppli), Lauf/Pegnitz, **Herstellung keramischer Reibkörper für Bremsen oder Kupplungen** aus einem plastifizierten trockenen Gemisch von 20—50, bez. 10—50 (Gew.-Teilen) anorgan. Fasern, 20—50, bzw. 0—60 Glasfritte aus Boraten, Silicaten u./oder Phosphaten, 10—40 bzw. 0—70 Metall- u./oder Metalloxidpulver, wie Fe, Cu, Bronze, Messing, Zn, Sn, Al, Ti, Sb, Mo, Cd u./oder Pb u. Oxide von Ti, Sb, Zn, Sn u./oder Pb u. 0—15 bzw. 0—30 Graphit u./ oder BN, S, Sulfiden von Mo, Sb, Pb, Sn, Zn u./oder Cd. Gemäß dem Verf. nach D. A. S. 1153670 für das die an zweiter Stelle genannten Werte gelten, müssen jeweils zwei der zuletzt genannten drei Versatzbereiche einen größeren Wert als 0 haben. Das Pulvergemisch wird heiß oder kalt bei 1000 atü geformt, getrocknet u. bei 550—650° gebrannt. (**D. A. S. 1150918** Kl. 80b vom 10/2. 1960, ausg. 27/6. 1963 u. **1153670** [Zusatz-Anmeldung] Kl. 80b vom 11/11. 1960, ausg. 29/8. 1963.) G. Frikell 6221

1940 General Dynamics Corp., New York, N. Y., übert. von: Walter V. Goeddel, San Diego, Calif., V. St. A., **Keramik aus Tonerde und Lithiumborat.** Feinverteilte Tonerde wird mit 1—20 Gew.-% Li-Borat, berechnet als $LiBO_2$ gemischt u. bei 800—850° zu Formkörpern verpreßt. Die farbigen Körper sind gasdicht u. können mit sehr kleinen Toleranzen hinsichtlich der Abmessungen hergestellt werden. Der Schmelzpunkt der Keramik liegt bei 930°. (**A. P. 3046685** vom 8/6. 1959, ausg. 2/10. 1962.) H. Widmann 6221

1941 Plessey Co., Ltd., London, England (Erfinder: John Bertram Huffadine und Eric John Hollands), **Flammensprühen von keramischem Material.** Ein feuerfestes Material, z. B. Al_2O_3, wird durch Flammensprühen auf eine brennbare Form aufgesprüht. Die Form wird vorzugsweise während des Sprühens — auf eine hohe Temp. gebracht (bis 1500°), wobei das γ-Al_2O_3 in die α-Form übergeht. Anschließend wird die Form verbrannt, um den aufgesprühten Belag als Formkörper zu erhalten. (**E. P. 903709** vom 18/2. 1958, ausg. 15/8. 1962.) H. Widmann 6221

1942 General Electric Co., Ltd., London, England (Erfinder: Victor Desmond Farris und John Walter Ryde), **Herstellung einer Kieselsäurehaut auf Formkörpern aus Silicium.** In einem evakuierten Gefäß wird Kieselsäure durch auf Silikastäbe gerichtetes Elektronenbombardement verdampft. Die Dämpfe gelangen auf einen Formkörper aus Si, der seinerseits auf Temp. zwischen 200 u. 1250° gehalten wird. Die Erhitzung des Si-Körpers kann durch Stromdurchfluß erfolgen. Auf diese Weise gelingt es, innerhalb von 3 Min. eine Schicht von 2 μ Stärke aufzutragen. (**E. P. 909503** vom 27/1. 1960, ausg. 21/10. 1962.) H. Widmann 6221

1943 Nissan Chemical Industries Co., Ltd., Tokyo, Japan, **Herstellung von Überzügen aus Siliciumcarbid auf Kohlenstoff.** Kohlenstoffkörper werden in ein Kieselsäuresol, das etwa 20% SiO_2 enthält, eingetaucht, getrocknet, wieder eingetaucht u. erneut getrocknet usw. bis ein dichter Überzug auf dem Kohlekörper entstanden ist. Danach wird der Körper etwa 6 Std. auf 1700° erhitzt, eine Stunde bei 2000° gebrannt u. noch 15 Min. bei 2200° nachbehandelt. Dabei wird die Kieselsäureschicht in SiC umgewandelt. Die fertigen Körper zeichnen sich durch hohen Oxydationswiderstand aus. (**E. P. 913577** vom 17/8. 1960, ausg. 19/12. 1962. Jap. Prior. 18/8. 1959.) H. Widmann 6221

1944 General Electric Co., Schenectady, N. Y., V. St. A., **Metallisierung von Keramik.** Eine Mischung von feinverteiltem Mo- oder W-Pulver, Mn-Pulver u. gemahlenem, bleifreiem Borsilicatglas mit geringem Alkaligehalt wird mit Anteilen von höchstens 40% Mn, 50—90% Mo/W u. 1—50% Glas zusammen mit einem Bindemittel (Isobutylmethacrylat in Butylacetat gelöst) als fl. Suspension auf die Keramik in üblicher Weise aufgetragen u. 1250° in einer nicht oxydierenden Atmosphäre eingebrannt. Um die Benetzbarkeit der Beläge zu erhöhen, wird noch ein zusätzlicher Belag aus Cu oder Ni eingebrannt. (**E. P. 884004** vom 17/11. 1959, ausg. 6/12. 1961. A. Prior. 19/11. 1958.) H. Widmann 6221

1945 General Electric Co., New York, N. Y., übert. von: Henry I. Nolte, Schenectady, N. Y., V. St. A., **Metallisieren von Keramik.** Eine Mischung von 10—50% Cr, Rest Mo wird in Aceton sehr fein gemahlen, getrocknet, mit einem Lack versetzt; auf die Keramikoberfläche aufgetragen u. bei ca. 1600° eingebrannt. Das Verf. eignet sich bes. zum Metallisieren von Keramik aus Al_2O_3 oder anderen hochfeuerfesten Stoffen. (**A. P. 3039892** vom 14/5. 1956, ausg. 19/6. 1962.) H. Widmann 6221

1946 Sarah A. Bartholomew, übert. von: George A. Bartholomew und Tracy Bartholomew, Pittsburgh, Pa., V. St. A., **Pelletisierung von geschmolzener Schlacke.** Geschmolzene Hochofenschlacke wird als freifallender Strom auf eine im wesentlichen ebene Fläche geleitet, die so schnell rotiert, daß die Schlacke in einzelne fl. Pellets zerteilt wird u. von der ebenen Fläche als Kugeln mit zu einer Kruste erstarrten Oberfläche tangential durch die Luft geschleudert werden, wobei ihre Geschwindigkeit u. kinet. Energie ausreicht, um sie in einer die rotierende Fläche umgebenden Ablenkwand tangential abzuführen, auszutragen u. zu sammeln. Die Schlackenkugeln kühlen auf dem zurückgelegten Weg langsam ab u. sind bes. zur Herst. von Bauteilen aus Zement geeignet. — Abbildung. (**A. P. 3054139** vom 22/8. 1956, ausg. 18/9. 1962.) M. Neckermann 6223

1947 Thys Way (Erfinder: Herman Albert Vos), **Herstellung eines mit Wasser erhärtenden Bindemittels,** bes. **für Bauzwecke,** durch Mischen in trockenem Zustand von 80—90 (Gew.-%) $CaSO_4$- oder $Ca_3(PO_4)_2$-α-Semihydrat mit ca. 10 Tonerdezement, der bei einer Zus. von 35,1—44,4(%) Al_2O_3, 34,2—44,1 CaO, 3,4 bis 9,9 SiO_2, 0,7—14.2 Fe_2O_3, 0—10,5 FeO, 1,6—2,4 TiO_2 nicht mehr als 300 mg/Liter freies SO_3 enthält. (**Aust. P. 236379** vom 20/1. 1959, ausg. 7/12. 1961. D. Prior. 20/1. 1958.) K. Demmler 6223

1948 General Aniline & Film Corp., New York, N. Y., übert. von: Joseph P. Copes, Easton, Pa., und Raymond L. Mayhew, Phillipsburg, N. J., V. St. A., **Verhindern des vorzeitigen Abbindens von Portlandzementgemischen,** das ein einwandfreies Einbringen in die Formen verhindert, kann erzielt werden durch einen Zusatz von 0,001—0,5% vom Gew. des Zementes an Na-Salz eines N-Methyltaurins der allg. Formel $RC(=O)-N(CH_3)-CH_2-CH_2SO_3Na$, in der RC=O den sauren Rückstand von Tallölsäuren, Ölsäuren mit 38—58(%) Harzsäuren, wie Abietinsäure, 54—36 Fettsäure, wie Ölsäure u. geringen Beimengungen von Sterinen, Alkoholen u. a. bedeutet. (**A. P. 3000746** vom 26/6. 1957, ausg. 19/9. 1961.) G. Frikell 6223

1949 United States Rubber Co., New York, N. Y., übert. von: Frederick J. Foster, Cheshire, Conn., V. St. A., **Zementgemisch** aus 100 (Gew.-Teilen) Portland-

zement, 100 Zuschlagstoffen u. 5—25 eines Gemisches von Butylkautschuklatex (**I**) u. eines Mischpolymerisates aus Styrol u. Butadien (**II**) im Verhältnis 3:1 bis 1:3 in Form eines Latex, das sowohl an Beton als auch an Glas fest haftet. Darin ist I ein Mischpolymerisat aus 95—99,5 (Teilen) Isobutylen u. 5—0,5 Isopren u. **II** ein solches aus 75—30 Butadien-(1.3) u. 25—70 Styrol. (**A. P. 3042643** vom 30/8. 1960, ausg. 3/7. 1962.)
G. Frikell 6223

1950 Soc. des Ciments Français, Frankreich (Erfinder: Pierre Coiffu), **Herstellung von weißem Zement.** Den zur Herst. von weißem Zement benutzten Rohstoffen wird vor dem Brennen ein nicht flüchtiges Red.-Mittel, wie Petrolkoks, Holzkohle u. dgl., zugesetzt, durch welches der Geh. des Brenngutes an färbenden Oxiden nicht erhöht wird. (**F. P. 1279468** vom 10/11. 1960, ausg. 25/4. 1962.) Hans Hoffmann 6223

1951 Francesco Lavinio, Piazza al Serchio, Lucca, Italien, **Hydraulischer Zement,** bestehend aus gleichen Teilen von Portlandzement, amorphem SiO_2 u. bei 950° gebranntem Gips. (**It. P. 553442** vom 17/1. 1956.)
K. Koebke 6223

1952 Vito Colaianni, Brindisi, Italien, **Herstellung von Zementplatten** für Mauerverkleidungen. Man mischt 25 (Liter) Marmorkörnchen oder gemahlenen Kies, 16 Zement (Typ 500), 4 Marmorpulver, ggf. 4 Farbpigment u. 12,5 W., füllt eine Stahlform mit einer Schicht von 5—10 mm (nach ⌀ Korngröße des Marmors) u. schichtet darüber (als Grundplatte) einen Mörtel aus grobem Bruchsand u. Zement 500. Die Form wird verschlossen u. mit 100—150 at gepreßt zu einer Stärke von 18 mm, die Platte entnommen, mit W. gewaschen u. 15 Tage zum Trocknen gelegt. (**It. P. 556423** vom 11/7. 1956.)
K. Koebke 6223

1953 „Strata"-Handels-Akt.-Ges., Zürich, Schweiz (Erfinder: Klaus Schulze, München), **Färben von gehärtetem, unschmelzbarem Bitumen als Bindemittel enthaltenden porösen Formkörpern wie Boden- und Wandplatten, Belägen usw.,** dad. gek., daß die zu färbenden, ein Porenvol. von bes. ca. 10—25% aufweisenden Formkörper mit der Lsg. u./oder der Suspension eines organ. Farbstoffes getränkt u. zur Entfernung der flüchtigen Bestandteile getrocknet werden. (**D. A. S. 1144171** Kl. 80b vom 4/3. 1959, ausg. 21/2. 1963.)
M. Böttcher 6229

1954 Impact Mixing Corp., New York., N. Y., V. St. A. (Erfinder: Albert Sommer, Montagnola, Tessin, Schweiz), **Herstellung von gehärteten widerstandsfähigen, besonders hitze-, öl- und benzinfesten Formkörpern aus Naturasphalt** (**I**) *Fußbodenplatten*, dad. gek., daß der **I** in feine Partikelchen gemahlen, ggf. mit Bitumen angereichert u. nach Formgebung eine bestimmte Zeit der Einw. von Luft bei erhöhter Temp. ausgesetzt u. dadurch gehärtet wird, wobei die Verhältnisse so gewählt werden, daß in dem vorgeformten Körper (**II**) vor der Härtung ein Hohlraumgeh. von etwa 10—25% des Vol. des **II** vorhanden ist. (**D. A. S. 1145081** Kl. 89b vom 23/12. 1958, ausg. 7/3. 1963.)
M. Böttcher 6229

1955 Metallgesellschaft Akt.-Ges., Frankfurt/M., **Schleifkörper,** die zur Verbesserung der Wärmeleitfähigkeit zerkleinerten Pyrit enthalten, weisen verbesserte Härte u. verlängerte Standfestigkeit auf, wenn monokristalliner Pyrit, mit weniger als 1% fremden Einschlüssen verwendet wird. (**D. A. S. 1153309** Kl. 80b vom 6/12. 1961, ausg. 22/8. 1963.) G. Frikell 6239

1956 **Harbison-Walker Refractories Co., Pittsburgh, Pa., V. St. A.** (Erfinder: **Albert Lajos Renkey**), *Feuerfester Isolierstoff*. (**Aust. P. 235860** vom 14/7. 1959, ausg. 9/11. 1961. A. Prior. 18/7. 1958. — C. **1962**, 11698 [A. P. 2963377].)

H₇. Agrikulturchemie, Schädlingsbekämpfung

1957 **Einige Gesichtspunkte der Entwicklung der chemischen Düngung.** N. Charliers. (Chim. e Ind. [Milano] **38,** 778—803, 1956; ital.) — Vortrag.
M. Winiker 6270◇

1958 **Entwicklung von Harnstoff-Formaldehyd-Verbindungen als Stickstoffdüngemittel.** C. W. Winsor und M. I. E. Long. (J. Sci. Food Agric. **9,** 185—94, 1958; Rustington, Sussex, Glasshouse Crops Res. Inst.; engl.) — Vortrag. Übersicht über Herst., Eigg. u. Anwendung von Harnstoff-Formaldehyd-Verbb. als langsam wirkende N-Düngemittel. — 39 Literaturangaben.
W. Wesly 6284◇

1959 **Beziehungen zwischen den physikalischen Bodeneigenschaften und dem Wachstum von Apfelbäumen in der Sarthe.** R. Gras. (Ann. Inst. nat. Rech. agronom., Sér. A. **12,** 207—48, 1961; Versailles, Centre nat. de Rech. agron., Labor. d'Études des Techniques culturales; franz.) M. Winiker 6302◇

1960 **Die hygroskopischen Eigenschaften der Böden und die sekundären Feuchtigkeitszuschüsse. Die Bedeutung des natürlichen Mulchs.** J. Damagnez. (Ann. Inst. nat. Rech. agronom., Sér. A **9,** 661—78, 1958; Montpellier, Stat. de Bioclimatologie agricole; franz.) M. Winiker 6302◇

1961 **Radioisotopen in australischen Untersuchungen, die sich auf die Pflanzenernährung und den Wasserdruck (im Boden) beziehen.** J. V. Possingham. (Int. J. appl. Radiat. Isotopes **13,** 325—33, 1962; Canberra, Div. of Plant Ind.; engl.) — Vortrag. — 11 Literaturangaben.
R. Grundmann 6304◇

1962 **Das dynamische Verhalten des Kaliums im Boden.** G. Barbier. (Kalium Sympos. [Bern] **1962,** 231—58, 329—30; Versailles, Stat. Centrale d'Argon.; franz.) — Vortrag. — 76 Literaturangaben. Diskussion.
M. Winiker 6304◇

1963 **Einige Messungen der Freisetzung und Fixierung von Stickstoff in Böden mit natürlicher Struktur.** H. Vine. (Plant and Soil [The Hague] **17,** 109—30, 1962; Trinidad, Univ. Coll., West Indies Fac. of Agricult. Imperial Coll. of Tropical Agricult.; engl.) — An schwach saurem Ackerboden unter Glasglocken wurde Temp., Druck u. Zus. der eingeschlossenen Luft bestimmt u. die N_2-Absorption durch den Boden oder die N_2- u. N_2O-Abgabe berechnet. Von frischen Bodenproben mit 10—14% Lufteinschluß wurde kein oder wenig N_2 abgegeben. bei 6% Lufteinschluß wurden in 11—22 Tagen 20—35 lb N_2/acre freigesetzt. Diese N_2-Abgabe stammt nicht aus der Nitratred., sondern aus der Oxydation von Ammoniak, das durch Zers. von organ. Substanz gebildet wurde. Boden, der unter vermindertem O_2-Angebot gelagert worden war, setzte nach Behandlung mit $(NH_4)_2SO_4$ rasch N_2 in Freiheit; mit oder ohne $NaNO_3$-Zusatz wurden dagegen 25—50 lb N_2/acre in 14—29 Tagen fixiert. Bei Behandlung mit $(NH_4)_2SO_4$ trat Verminderung des mineral. N auf, die in der Größenordnung der Menge an freigesetztem gasförmigem N_2 lag. H. Goebel 6304◇

1964 **Beobachtungen über den Ursprung von Säure in eingedeichten Mangroveböden.** 1. Mitt. **Bildung von elementarem Schwefel.** M. G. R. Hart. (Plant and Soil [The Hague] **17,** 87—98, 1962; Rokupr, Sierra Leone, West African Rice Res. Stat.; engl.) — In Labor- u. Freilandverss. wurde die Bldg. von *elementarem S* durch Oxydation von *Polysulfiden* (**I**, vermutlich Pyrit) in Mangrovenböden nachgewiesen. Die **I**-Oxydation verläuft in Abwesenheit von reaktionsfähigeren *S*-Verbb., u. es wird angenommen, daß sie für die Einleitung der *S*-Oxydation in Böden mit hohem *S*-Geh. nicht unbedingt nötig ist. Im Feldvers. scheinen Boden-**I** um pH 7 instabil zu sein, während im Laborvers. die **I**-Zers. durch nichtbiolog. Oxydation beschleunigt wird unter Erniedrigung des Boden-pH. Maximale Population von Thiobacillus thiooxydans wird erreicht, ehe maximale oxydative Aktivität auftritt; durch Zusatz von elementarem S läßt sich dieses Aktivitätsmaximum vorverlegen. H. Goebel 6304◇

1965 **Der Borgehalt in einigen Böden der Baumwollzone in Aserbaidshan.** A. N. Gjulachmedow. (Nachr. Akad. Wiss. AserbaidshanSSR, Ser. biol. med. **1961,** Nr. 8, 71—76; russ., Auszug: Aserbaidshan.) — Nach ihrem Geh. an Gesamt-*B* werden die untersuchten Böden der Baumwollanbauzone von Aserbaidshan in 6 Gruppen eingeteilt. Auf etwa $^3/_4$ der Anbaufläche entfallen Böden mit einem B-Geh. über dem Normalwert. Den niedrigsten B-Geh. zeigen kastanienfarbige (kf.) bzw. solonetzartige bzw. humushaltige Sulfatböden, den höchsten Geh. ($22,4 \cdot 10^{-3}$—$32,4 \cdot 10^{-3}$%) Solontschakböden. Der Geh.

an beweglichem (wasserlösl.) B ist in den meisten Böden niedrig, er beträgt im Durchschnitt nur 0,001—0,25 mg/kg Boden. Auf solchen Böden werden B-Düngergaben empfohlen. Zwischen dem B- u. dem Humusgeh. des Bodens besteht eine Korrelation.
M. Gordienko 6304◇

1966 **Verlust an Zirkonium bei zwölf aus Granit entstandenen Böden.** A. Wild. (Austral. J. agric. Res. **12,** 300—05, 1961; Canberra, C. S. I. R. O., Div. of Soils; engl.) — Da *Zirkon* (**I**) häufig als Indicatormineral bei Unterss. über die Bodenentw. herangezogen wird, untersuchte Vf. den Zr-Geh. von 12 aus Granit entstandenen Bodenprofilen u. des jeweiligen Ausgangsgesteins. An Hand der Analysendaten berechnete er sodann den Zr-Verlust, der während der Verwitterung erfolgt war, wobei er die Annahme machte, daß im Verlauf der Verwitterung keine Vol.-Veränderung (im Vgl. zum Vol. des Granits) eingetreten ist. Es zeigte sich, daß in den tieferen Horizonten bis zu 57% des Zr-Geh. des Ausgangsgesteins durch die Verwitterung verloren gegangen waren. Bei 10 der 12 untersuchten Profile lag der Zr-Verlust in mindestens einem Horizont über 30%. In den oberen Horizonten waren die Zr-Verluste im allg. niedriger. In 3 Profilen waren hier sogar beachtliche Mehrgeh. an Zr festzustellen. Die Zr-Verluste werden darauf zurückgeführt, daß während der Verwitterung ganze **I**-Körner ausgewaschen werden. Wilfried Werner 6304◇

1967 **Die Eigenschaften genetisch unterschiedlicher Bodentypen der Newdale Boden-Assoziation von Manitoba.** J. A. Robertson. (Canad. J. Soil Sci. **41,** 124—33, 1961; Univ. of Manitoba, Dep. of Soil Sci.; engl.) — 7 Bodentypen der Newdale Boden-Assoziation, die sich hinsichtlich örtlicher Unterschiede im Relief, Wasserführung u. Vegetation genet. unterscheiden, werden in ihrem Profilaufbau eingehend beschrieben. Proben aus den einzelnen Horizonten dieser Profile wurden mechan. u. chem. untersucht. Aus den Ergebnissen werden folgende Schlüsse gezogen: Mit zunehmender Tiefe am Abhang nimmt die Tiefe des $CaCO_3$-Anreicherungshorizonts u. der Geh. der Böden an austauschbarem H^+ zu, was auf die größeren Wassermengen in den tieferen Lagen zurückgeführt wird. Die Ablösung der Grasvegetation durch Wald bewirkte eine Degradation des Bodens, was vor allem an dem Absinken des Humusgeh. der Krume, der Tonauswaschung u. dem Anstieg des austauschbaren H^+ erkennbar ist.
Wilfried Werner 6304◇

1968 **Bodenkarte von Kangasala-Pälkäne.** Jouko Vuorinen. (Maatalouden Tutkimuskeskus, Maantutkimuslaitos, agrogeol. Karttoja [Agric. Res. Centre-Dep. Soil Sci., Soil Maps] Nr. **18,** 1—89, 1961; finn.) — Ausführliche Beschreibung der physikal. u. chem. Eigg. der Böden von Kangaasla-Pälkäne sowie der Möglichkeiten ihrer landwirtschaftlichen Nutzung. W. Miniker 6304◇

1969 **Die Böden des mediterranen Raumes.** W. Kubiena. (Kalium Sympos. [Bern] **1962,** 167—90, 229—30; Hamburg, Univ.; Hamburg-Reinbek, Bundesforschungsanst. für Forst- u. Holzwirtschaft; dt.) — Vortrag. — 44 Literaturangaben. Diskussion. M. Winiker 6304◇

1970 **Die Eigenschaften einiger Alluvialböden Nord-Griechenlands.** J. M. Kalovoulos und S. A. Paxinos. (Kalium Sympos. [Bern] **1962,** 63—74; Thessaloniki, Univ., Soils Labor.; engl.) — Vortrag. — 14 Literaturangaben. M. Winiker 6304◇

1971 **Die Böden Griechenlands und ihre Düngerbedürfnisse.** D. S. Catacouzinos. (Kalium Sympos. [Bern] **1962,** 51—61, 89; Athen, Min. de l'Agriculture; franz.) — Vortrag. — Diskussion. 12 Literaturangaben.
M. Winiker 6304◇

1972 **Wirksamkeit von Phosphatdüngemitteln unterschiedlicher Wasserlöslichkeit.** J. Hagin und J. Berkovits. (Canad. J. Soil Sci. **41,** 68—80, 1961; Rehovot, Israel, Hebrew Univ., Fac. of Agric.; Bath Dagan, Israel, Agric. Res. Stat.; engl.) — In 2 Feld- u. 3 Gefäßverss. wurden die P-Wrkg. von *Superphosphat* (**I**), *Hegev-Rohphosphat* (**II**) sowie *2 NPK-* u. *1 NP-Mischdünger* unterschiedlichen Geh. an wasser- u. citratlösl. P_2O_5 in carbonathaltigen Böden (3,7—20,5% $CaCO_3$) verglichen. **I** zeitigte generell die beste Wrkg., während **II** nicht oder nur wenig wirksam war. Die P-Wrkg. der Mischdünger stieg mit deren Geh. an wasserlösl. P_2O_5 an. Die Wrkg. des citratlösl. P_2O_5 lag zwischen 60 u. 70% der Wrkg. des wasserlösl. P_2O_5. Sie war um so höher, je geringer der Geh. des Düngers an citratlösl. P_2O_5 war.
Wilfried Werner 6304◇

1973 **Die Problematik der Phosphatdüngung mit besonderer Berücksichtigung der gegenwärtigen Verhältnisse in Thüringen.** Günter Schilling. (Wiss. Z. Friedrich-Schiller-Univ. Jena/Thür., math.-naturwiss. Reihe **12,** 107—11, 1963; dt.) M. Winiker 6304◇

1974 **Die Wirkung der Dosierung verschiedener Mineraldünger auf den Kohlertrag in den wichtigsten Gemüseanbaugebieten der AserbaidshanischenSSR.** Sch. D. Assadow. (Nachr. Akad. Wiss. AserbaidshanSSR, Ser. biol. med. Wiss. **1961,** Nr. 5, 103—08; aserbaidshan., Auszug: russ.) — Bei Verss. wurden folgende Düngemittel-Dosierungen angewandt: *N* [30, 60, 90, 120 (kg/ha); als Ammoniumsulfat u. Ammonsalpeter], *P* (30, 60 u. 90; als Superphosphat) u. *K* (15, 30, 45, 60 u. 90; als schwefelsaures Kali). Die N-Düngung erfolgte zu zwei verschiedenen Terminen: 50% beim Verpflanzen u. 50% bei der Kopfbildung. Vers.-Ergebnisse zeigten, daß sich bei Verw. von 120 (kg/ha) N u. 90 P, 60 K die Kohlernte von 51—84 dz/ha (abhängig von den Eigg. der Böden) erhöhte. Bei Verw. von 90 (kg/ha) P (u. 90 N, 60 K) stieg der Ertrag um 22—62 dz/ha (im Vgl. zu 90 N, 60 K). In graubraunen u. Wald–Wiesen-Böden wurden 45 (kg/ha) K [bzw. 60 bei Moorböden] bei gleichzeitiger Düngung mit 90 N, 90 P angewendet. Dabei traten folgende Ertragssteigerungen auf: Bei graubraunen Böden von 38 bis 53 (dz/ha), bei Wald-Wiesen-Böden von 44—56 u. bei Moorböden 40—45. H. Findeisen 6304◇

1975 **Die mineralische Düngung von Nelken.** J. H. L. Messing. (J. Sci. Food Agric. **9,** 228—34, 1958; Rustington, Sussex, Glashouse Crops Res. Inst.; engl.) — Vortrag. — 25 Literaturangaben. W. Wesly 6304◇

1976 **Die Maisdüngung unter den Gegebenheiten des Mittelmeerraums.** E. Sánchez-Monge. (Kalium Sympos. [Bern] **1962,** 463—69; Madrid, Centro de Mejora del Maiz; engl.) — Vortrag. M. Winiker 6304◇

1977 **Untersuchungen mit Ammoniumchlorid als ein Stickstoffdünger für Futterpflanzen und Mais.** George W. McClure, jun. und Albert S. Hunter. (Agronomy J. **54,** 443—47, 1962; Pennsylvania State Univ., Dep. of Agronomy; engl.) — In Feldverss. mit Gräsern oder Gräser–Leguminosen-Mischungen wurde der Einfl. von Kopfdüngungen mit NH_4Cl u. zum Vgl. mit $(NH_4)_2SO_4$ (**II**) auf Ertrag, Cl- u. N-Geh. des Futters sowie pH-Wert u. Cl-Geh. des Bodens festgestellt. Bei einem weiteren Feldvers. mit Mais untersuchte man zusätzlich noch die Auswrkg. von NH_4NO_3 (**III**) auf den Maisertrag, den pH-Wert u. den Cl-Geh. des Bodens. Entsprechende Verss. wurden im Gewächshaus mit Lieschgras durchgeführt u. dessen Wachstum beobachtet. **I**-Mengen zwischen 75 u. 150 lb. N/acre erhöhten den Ertrag u. N-Geh. der Futtergräser. **I** u. **II** lieferten bei einer N-Menge von 75 lb. N/acre etwa die gleichen Erträge. Diese sanken jedoch bei Gaben von 225—300 lb. N/acre in Form von **I** relativ stärker als mit **II**. Einige Pflanzen starben ab. **I** erhöhte den N-Geh. der Futterpflanzen stärker (durchschnittlich um 0,1%) als **II**. Der Maisertrag ließ sich mit N-Mengen von 50, 100 oder 200 lb./acre durch keine der verwendeten N-Verbb. verändern. Hohe **I**-Konzz. waren für Lieschgras stärker tox. als **II** oder **III**. Der pH-Wert des Bodens wurde durch **I** weniger verringert als durch entsprechende **II**-Mengen. Innerhalb eines Jahres war bei gut gewässerten Böden nahezu das gesamte Cl ausgewaschen.
W. Kreipe 6304◇

1978 **Auswirkung der Häufigkeit der Anwendung auf das Ansprechen von Guinea-Gras auf Stickstoffdüngung.** José Vicente-Chandler, Servando Silva und Jacinto Figarella. (J. Agric. Univ. Puerto Rico **46,** 342 bis 349, 1962; Rio Piedras, Puerto Rico, Univ., Agric. Exp. Stat.; engl.) — Zu Futterzwecken angebautes Guinea-Gras erhielt im Jahr *N*-Mengen von 0, 200, 400, 800 bzw. 1600 lb./acre. Unabhängig vom Zeitpunkt der N-Düngungen stieg der Ertrag gleichmäßig bis zu 800 lb/acre, während der Proteingeh. der Pflanzen sogar bis zu 1600 lb. N/acre zunahm. Bei Schnitten in Abständen von 60 Tagen wurden die höchsten Erträge u. die höchste N-Aufnahme der Futterpflanzen beobachtet, wenn die entsprechende anteilige N-Menge (an der Jahresgabe) sofort nach jedem Schnitt erfolgte. Der Proteingeh. war am höchsten, wenn die N-Düngung jeweils 25 Tage nach dem Schnitt vorgenommen wurde. Guinea-Grasweiden erhalten die jährlichen N-Mengen am besten in 4 über das Jahr verteilten Gaben. W. Kreipe 6304◇

1979 **Die Düngung der Futterpflanzen.** V. Morani. (Kalium Sympos. [Bern] **1962,** 343—55, 412—13; Rom, Staz. speriment. di chimia agraria; franz.) — Vortrag, in dem die Düngung von Futterpflanzen unter den Gegebenheiten des Mittelmeerraums behandelt wird. — 38 Literaturangaben. Diskussion. M. Winiker 6304◇

1980 **Die Verwendung von Kalidüngern in der Landwirtschaft der Volksrepublik Rumänien.** G. H. Ionescu-Sisesti. (Kalium Sympos. [Bern] **1962,** 387—93; Bukarest; franz.) — Vortrag. — 13 Literaturangaben. M. Winiker 6304◇

1981 **Die Reisdüngung in Italien und den (anderen) Mittelmeerländern.** L. Borasio. (Kalium Sympos. [Bern] **1962,** 471—96; Vercelli, Staz. speriment. di risicoltura; franz.) — Vortrag. M. Winiker 6304◇

1982 **Die Düngung der Citrus-Kulturen.** E. González-Sicilia. (Kalium Sympos. [Bern] **1962,** 331—41, 411 bis 412; Burjasot, Valence, Stat. d'Essais sur Orangers; franz.) — Vortrag, in dem geeignete Düngungsmaßnahmen für Citrus-Kulturen im Mittelmeerraum behandelt werden. — Diskussion. M. Winiker 6304◇

1983 **Salzböden unter „Dryland"-Anbau im Südosten von Saskatchewan (Kanada) und Möglichkeiten zu ihrer Verbesserung.** 1. Mitt. **Verteilung und Zusammensetzung wasserlöslicher Salze im Boden in Relation zum physiographischen Bild und Pflanzenwachstum.** H. Lüken. (Plant and Soil [The Hague] **17,** 1—25, 1962; Indian Head, Saskatchewan, Canada Dep. of Agricult.; engl.) — Besprechung des Einfl. von Klima, Boden, Topographie u. Art der landwirtschaftlichen Nutzung auf die Entstehung von Salzböden in Südost-Saskatchewan an Hand von Beobachtungen, Messungen u. Analysenmaterial. Unter ständiger Grasdecke ist die Oberflächenversalzung geringer als bei Ackerland. Es wird gefolgert, daß die Zunahme von Ackerland auf Kosten von Grünland u. die im 2- oder 3jährigen Turnus sich wiederholende Brache in ursächlichem Zusammenhang mit der Zunahme der Versalzung stehen. H. Goebel 6304◇

1984 **Salzböden unter „Dryland"-Anbau im Südosten von Saskatchewan (Kanada) und Möglichkeiten zu ihrer Verbesserung.** 2. Mitt. **Auswertung der Wirkung verschiedener Behandlungsarten auf den Salzgehalt des Bodens und dem Ernteertrag.** H. Lüken. (Plant and Soil [The Hague] **17,** 26—48, 1962; engl.) — 1. vgl. vorst. Referat. — Die Wrkg. von Maßnahmen zur chem. u. physikal. Verbesserung von Salzböden sowie von Verdunstungsschutz in Form von Mulch wurden auf versalzenen Böden im „dryland farming"-Gebiet an Hand von chem. Analysen u. Pflanzenerträgen geprüft. Bodenbehandlungen wie Mulch, Stallmist, hohe N- u. P-Gaben allein u. kombiniert u. ***Krilium*** **(I)** steigern die Erträge, haben aber mit Ausnahme von **I** keinen Einfl. auf die Salzkonz. der obersten Bodenschicht. Brache beschleunigt die Oberflächenversalzung, wodurch die Richtigkeit dieser Kulturmaßnahmen auf versalzungsgefährdeten Böden in Frage gestellt werden muß. H. Goebel 6304◇

1985 **Salzböden unter „Dryland"-Anbau im Südosten von Saskatchewan (Kanada) und Möglichkeiten zu ihrer Verbesserung.** 3. Mitt. **Einfluß der Anwendung organischer Stoffe auf den Salzgehalt des Bodens und den Ernteertrag.** H. Lüken. (Plant and Soil [The Hague] **17,** 49 bis 67, 1962; engl.) — 2. vgl. vorst. Referat. — Einmischen von salzfreier organ. Subst. in Salzböden bewirkt Verdünnung der ursprünglichen Salzkonz.; dieser Verdünnungseffekt verringert sich in mit Stallmist gedüngten Parzellen, da die Menge der organ. Substanz durch Abbau abnahm. Im Gewächshausvers. trat durch Torfbeimengung Erhöhung der Wasserhaltefähigkeit ein, wodurch in den auf Feldkapazität bewässerten Gefäßen eine wachstumfördernde Verringerung der Salzkonz. hervorgerufen wurde. In mit Stallmist gedüngten Parzellen verringerte sich der *Na*-Geh. des Sättigungsextrakts der obersten Bodenlage. Die Ertragssteigerungen durch Stallmist lassen auf verbesserte Nährstoffversorgung der Pflanzen schließen. Von den verschiedenen chem. Daten, die zur Kennzeichnung der Bodenversalzung im Gewächshaus Verwendung fanden, ergaben die Leitfähigkeitswerte des Sättigungsextrakts die beste Korrelation mit den Ertragswerten von Gerste. H. Goebel 6304◇

1986 **Die Toxizität des in Böden akkumulierten Kupfers.** J. Delas. (Agrochimica [Pisa] **7,** 258—88, **1963;** Pont-de-la-Maye, Stat. d'Agron.; franz.) — Zusammenfassender Überblick. — 75 Literaturangaben. M. Winiker 6304◇

1987 **Einfluß verschiedener Mikroelemente auf die fermentativen Prozesse bei einigen Baumarten.** Ss. G. Gusseinow. (Ber. Akad. Wiss. AserbaidshanSSR **16,** 797—800, **1960,** Botan. Inst. der Akad. der Wiss. der AserbaidshanSSR; aserbaidshan., Auszug: russ.) — Vegetations- u. Feldunterss. an Morus alba u. Gleditschia zeigen, daß durch Anwendung von 5 (mg/kg) *$CuSO_4$*, 4,6 *$ZnSO_4$* bzw. 4,4 *$CoSO_4$* die Katalase-Aktivität dieser Holzarten sowie deren Red.-Vermögen gegenüber J_2 erhöht werden. Die tox. Wrkg. erhöhter Cu- u. Zn-Mengen auf die vorst. Baumarten wird gezeigt. Unterss. an der Gleditschia zeigen, daß durch die Anwendung von *B*, *Cu* u. *Zn* zu Beginn der Vegetationsperiode die Aktivität der Peroxydase erhöht u. die der Polyphenoloxydase erniedrigt wird. Als optimal in Felverss. erwies sich die Anwendung von 400 (mg/^{2}) $CuSO_4$, 800 $ZnSO_4$ u. 200 *Borax*. S. Baryschnikow 6304

1988 **Leistungen der modernen Güllewirtschaft und Möglichkeiten ihrer Ausnutzung unter verschiedenen Standortsverhältnissen in Thüringen.** Klaus Schwarz. (Wiss. Z. Friedrich-Schiller-Univ. Jena/Thür., math.-naturwiss. Reihe **12,** 91—99, 1963; dt.) M. Winiker 6304◇

1989 **Wirkung von Röntgenbestrahlung auf Wachstum, Fruchtansatz und Ertrag von gequollenen Baumwollsamen.** A. E. Younis, M. A. Hammouda und A. T. Hegazi. (Plant and Soil [The Hague] **17,** 131—33, 1962; Cairo, Univ., Fac. of Science, Botany Dep., u. Dokki; Guiza, Nat. Res. Centre, Plant Physiol. Unit.; engl.) — Ägypt. Baumwollsamen var. Menoufi wurde 24 Std. eingeweicht, dann mit 250, 500 u. 1000 r bestrahlt, ausgesät u. Wachstum, Blüten- u. Fruchtansatz beobachtet. Bei allen Strahlendosen trat eine stimulierende Wrkg. ein; mit 500 r waren Kapselansatz u. Ertrag am höchsten. H. Goebel 6312◇

1990 **Stand und Perspektiven der chemischen Unkrautbekämpfung in Kartoffelbeständen.** Rudolf Burghausen. (Wiss. Z. Friedrich-Schiller-Univ. Jena/Thür., math.-naturwiss. Reihe **12,** 87—90, 1963; dt.) — Vortrag. — 12 Literaturangaben. M. Winiker 6312◇

1991 **Herbicide — chemisch und praktisch gesehen.** Erich Vorsatz. (Wiss. Z. Friedrich-Schiller-Univ. Jena/Thür., math.-naturwiss. Reihe **12,** 83—85, 1963; dt.) — Vortrag. M. Winiker 6312◇

1992 **Gemische von Herbiciden.** A. W. Wojewodin. (Pflanzenschutz [UdSSR] **8,** Nr. 7, 15—17, **1963;** russ.) — Allg. Ausführungen. H. Findeisen 6312◇

1993 **Insektenbekämpfung durch Bestrahlungs-Sterilisation in Australien.** D. F. Waterhouse. (Int. J. appl. Radiat. Isotopes **13,** 435—39, 1962; Canberra, C. S. I. R. O.; engl.) — Vortrag. R. Grundmann 6312◇

1994 **Die Verwendung von ionisierender Bestrahlung zur Insektenbekämpfung in Latein-Amerika.** H. Boroughs. (Int. J. appl. Radiat. Isotopes **13,** 441—43, 1962; Turrialba, Costa Rica, Interamerican Inst. of Agric. Sci., Trop. Center of Res. and Graduate Training; engl.) — Vortrag. R. Grundmann 6312◇

1995 **Biologische und landwirtschaftliche Verwendung von Radioisotopen und Bestrahlung.** M. R. Zelle. (Int. J. appl. Radiat. Isotopes **13,** 319–23, 1962; Washington, USA, Center for Radiological Sci.; engl.) — Vortrag. R. Grundmann 6312◇

1996 **Die Bekämpfung der Blutlaus, Eriosoma lanigerum, 1961 und 1962.** Hans v. Rosen. (Statens Växtskyddsanst., Växtskyddsnotiser **26,** 68–74, 1962; schwed.) — Erfahrungen aus 2 Jahren Bekämpfungsarbeit zeigen als wirksame Mittel gegen die Blutlaus *Ewos Perfekthion* (0,15%), *Isolan*-Emulsion (0,3%) u. *Cyclodan Hoechst emulgierbar* (0,2%), während bei Verw. von *Gusathion WP* u. *Blandan E* teilweise stärkerer Befall beobachtet wurde. Die Bekämpfung soll mit Sprühpistolen mit starkem Strahldruck erfolgen. R. K. Müller 6312◇

1997 **Über Blattläuse auf unseren Nadelbäumen.** Bror Tunblad. (Statens Växtskyddsanst., Växtskyddsotiser **26,** 50–56, 1962; schwed.) — Die auf Nadelbäumen auftretenden gallenbildenden Blattläuse werden am wirksamsten durch Winterspritzung mit 7–8%ig. *Obstbaumcarbolineum* bekämpft. Auch frühes Spritzen mit *Malathion* + Netzmittel im Frühjahr wird empfohlen. Bei anderen (wachsumkleideten) Blattlausarten sind oft *Lindan*- u. *Thiodan*-Mittel vorzuziehen. R. K. Müller 6312◇

1998 **Versuch zur Bekämpfung der Larven der Kohlrübenblattwespe.** Åke Borg. (Statens Växtskyddsanst., Växtskyddsnotiser **26,** 45–48, 1962; schwed.) — Vgl. C. **1956,** 14166. — Von den bei der Bekämpfung der Larven von Athalia colibri geprüften Mitteln ist *Parathion* in 35%ig. Emulsion (0,5 Liter/ha) am wirksamsten. Etwas weniger wirksam, aber noch gut verwendbar sind *Diazinon* (20%ig. Emulsion, 1 Liter/ha), *Malathion* (50%ig. Emulsion, 1 Liter/ha) u. *Methylnaphthylcarbamat* (50%ig. Streupulver, 1 kg/ha). R. K. Müller 6312◇

1999 **Über die Bekämpfung der Larven von Hydropsyche ulmeri mit Lindan.** Yukio Shogaki. (Botyu-Kagaku [Sci. Insect Control] **23,** 133–37, 1958; jap., Auszug: engl.) M. Winiker 6312◇

2000 **Jute-Schädlinge und Möglichkeiten ihrer angemessenen Bekämpfung.** M. Sharif. (Pakistan J. biol. agric. Sci. **4,** 7–18, 1961; Tejgaon, Dacca (East Pakistan), Jute Res. Inst.; engl.) — Vortrag. — 38 Literaturangaben. M. Winiker 6312◇

2001 **Ackerschnecken auf Herbstölpflanzen.** Åke Borg. (Statens Växtskyddsanst., Växtskyddsnotiser **26,** 75 bis 77, 1962; schwed.) — Bei der Bekämpfung von Schnecken in Rübsen- u. Rapsfeldern werden gute Erfahrungen mit $Ca(OH)_2$ (2 · 200 kg/ha) u. mit *Metaldehyd*-Lsg. (6 Liter/ha) berichtet. R. K. Müller 6312◇

2002 **Versuche zur Bekämpfung von Wühlmäusen 1961 bis 1962.** A. Stenmark. (Statens Växtskyddsanst., Växtskyddsnotiser **26,** 35–41, 1962; schwed.) — Bei der Bekämpfung von Wühlmäusen wurden mit *Warfarin* (auch *Cumaklor*) u. *Tl* enthaltenden Präpp. gute Ergebnisse erzielt, bei starkem Befall genügten diese Mittel aber nicht. R. K. Müller 6312◇

2003 **Deutsche Forstschutz-Literatur 1961–1962.** 1. Mitt. **Schutz gegen Wild und Vögel. Ein Sammelbericht.** Walter Thalenhorst. (Z. Pflanzenkrankh. (Pflanzenpathol.) Pflanzenschutz **70,** 542–45, 1963; dt.) — 28 Literaturangaben. M. Winiker 6312◇

2004 **Optimale Wirtschaftlichkeit der Düngeranwendung.** N. C. Roussopoulos. (Kalium Sympos. [Bern] **1962,** 75–88; Athen, École supérieure agronomique; franz.) — Vortrag. — Diskussion. M. Winiker 6320◇

2005 **Ein neuer Beitrag zum Problem der adäquaten Düngung von Kulturen.** Bernardo G. Capó. (J. Agric. Univ. Puerto Rico **46,** 243–53, 1962; Rio Piedras, Puerto Rico, Univ., Agric. Exp. Stat.; engl.) — Da die bisher gebräuchlichen Meth. zur Best. der einzusetzenden optimalen Düngermengen sich als zu ungenau u. zeitraubend erwiesen, entwickelte Vf. folgende Gleichung: $Y = A + B \tan^{-1} X$, in der Y den relativen Ertrag der Pflanze u. X den prozentualen Nährstoffgeh. des Pflanzengewebes, bezogen auf das Trockengew., bedeuten. A u. B sind Konstanten. Diese mathemat. Beziehung zwischen dem Nährstoffgeh. des Pflanzengewebes in einem bestimmten Wachstumsstadium u. dem relativen Ertrag dieser Pflanze verbunden mit der Relation zwischen dem verwertbaren Nährstoffgeh. des Bodens u. dem Pflanzenertrag ermöglicht die präzise Ermittlung der benötigten Nährstoffgaben. — 21 Literaturangaben. W. Kreipe 6320◇

2006 **Bemerkung über eine verbesserte Bodensonde zur Probenahme bei Dauerfrostboden.** J. H. Day, F. S. Nowosad und D. J. Cooper. (Canad. J. Soil Sci. **41,** 138–39, 1961; Ottawa, Canada Dep. of Agric. Soil Res. Inst., Engng. Res. Serv.; engl.) — Vff. modifizierten die von Potzger [1955] beschriebene Bodensonde so, daß dieselbe auch zur Probenahme bei Dauerfrostboden geeignet ist. — Abbildung. Wilfried Werner 6324◇

2007 **Arbeitsergebnisse mit einem Apparat zur Messung der Scherfestigkeit und Zerreißfestigkeit des Bodens.** H. Rid. (Z. Pflanzenernähr., Düng., Bodenkunde **102,** 204–11, 1963; München, Bayer. Landesanst. für Bodenkultur, Pflanzenbau u. Pflanzenschutz; dt.) — Die Scherfestigkeit u. die Zerreißfestigkeit von Böden konnten mit einem in der Porzellanindustrie benutzten Plastizitätsmeßgerät in exakter Weise bestimmt werden. M. Winiker 6324◇

2008 **Bestimmung der Strukturstabilität des Bodens (S-Index). Neue Normen für die Benutzung des Siebgeräts.** A. Feodoroff. (Ann. Inst. nat. Rech. agronom., Sér. A **11,** 651–59, 1960; Versailles, Centre nat. de Rech. agron., Labor. de Technique culturales; franz.) — Bei der von Hénin, Monnier u. Combeau (C. **1961,** 7368) entwickelten Meth. erfolgt die Charakterisierung der Strukturstabilität des Bodens mit Hilfe zweier Indices (*S*- u. *K-Index*). Die Best. des S-Index erfolgt hierbei mittels eines Naßsiebverf., für das vom Vf. eine neue Vorschrift gegeben wird. M. Winiker 6324◇

2009 **Untersuchungen über die Mineralisation von Schwefel aus der organischen Substanz von Böden.** N. J. Barrow. (Austral. J. agric. Res. **12,** 306–19, 1961; Armidale, N. S. W., Pastoral Res. Labor., C. S. I. R. O., Div. of Plant Ind.; engl.) — Vf. führte method. Unterss. über die Best. des „verfügbaren" S in Böden durch, wobei sich zeigte, daß eine Extraktion der Böden mit einer 0,15%ig. $CaCl_2$-Lsg. bessere Resultate lieferte als die von Freney vorgeschlagene Extraktion mit Wasser. Durch Trocknen stieg der Geh. der Böden an „verfügbarem" S an, was auf eine Abspaltung von organ. gebundenem S zurückgeführt wird. In Gefäßverss. spiegelte sich dieser Anstieg an Sulfat (**I**) auch in einer höheren **I**-Aufnahme der Pflanzen wider. Von inkubierten Bodenproben von ungedüngten Naturweiden wurde im Verlauf der Mineralisation der organ. Substanz kein **I** freigesetzt. Wurden dagegen Proben des gleichen Bodens, jedoch von einer mit Superphosphat gedüngten Nachbarparzelle, inkubiert, so konnte im Verlauf der Mineralisation eine merkliche Freisetzung von **I** festgestellt werden. Wilfried Werner 6324◇

2010 **Einheimische Lösungsmittel für flüssige Pflanzenschutzmittel. Untersuchung der Löslichkeit.** Wanda Bujakowa und Lucyna Wałcerz. (Przemysł chem. **41,** 587–89, 1962; Warszawa, Inst. Przemysłu Organ.; pol.) — Durch Dichtemessungen läßt sich die Löslichkeit von *Lindan* u. *DDT* in verschiedenen Lsgm. schnell u. einfach bestimmen. Die Löslichkeit von techn. DDT u. p.p'-DDT werden verglichen u. die Anwendung dieser Meth. für die Klassifizierung von Lsgm. diskutiert. Als Maßstab für die Eignung eines Stoffes als Lsgm. für fl. Pflanzenschutzmittel wird die Löslichkeit von techn. DDT in diesem Stoff empfohlen. I. Köditz 6328△

2011 E. I. du Pont de Nemours and Co., Wilmington, Del., übert. von: Thurman E. Gier, Wilmington, Del., V. St. A., **Monomere und polymere Methinphosphide** der Formel HCP bzw. $(HCP)n$ ($n \geq 3$). Zur Herst. des Monomeren schickt man PH_3 oder P-Dampf u. H_2 bei 500–3000° u. $\leq$ 300 Torr durch einen Lichtbogen mit C-Elektroden (25–100 Amp.), der durch ein Magnetfeld in Rotation versetzt wurde, u. kühlt das Rk.-Gemisch auf $\leq -150°$, bes. $-196°$. Durch Auftauen des Monomeren auf $\geq -130°$ erhält man das Polymere. Beide Verb.-Klassen sind *pyrophor*. — *Düngemittel* (Polymeres). (**A. P. 3051756** vom 22/4. 1960, ausg. 28/8. 1962.) A. Jahn 6283

2012 Potasse et Engrais Chimiques, Paris, Frankreich, **Herstellung von Mischdünger** durch Aufschluß von Rohphosphaten mit HNO_3, Neutralisation mit NH_3 u. Fällen des gebildeten $Ca(NO_3)_2$ mit H_3PO_4 u. H_2SO_4, dad. gek., daß man einen Teil der Säuren u. der NH_3 getrennt von der Hauptmenge zur Rk. bringt, wobei durch die exotherme Rk. ein trockenes Prod. entsteht, u. dieses der Hauptmenge zufügt, wodurch am Ende des Verf. ein Prod. mit einem geringeren Wassergeh. anfällt. (**Ind. P. 68905** vom 29/8. 1959.) C. Lüttgen 6291

2013 Commercial Solvents Corp., New York, N. Y., V. St. A. (Erfinder: Charles de Loss Goodale und Robert Elliott Szold), **Herstellung von festen, stickstoffhaltigen Düngemitteln.** In Drehrohren, kontinuierlichen Ammonisier-Vorr., Mischtrommeln u. dgl. werden saure Düngematerialien, bes. Superphosphate, Triplesuperphosphat, $(NH_4)_2SO_4$, NH_4NO_3, Kalisalze u. deren Gemische, ggf. unter Zusatz von H_3PO_4, H_2SO_4 oder HNO_3, mit einer im wesentlichen anhydr., neutralen N_2-Verb., z. B. NH_4NO_3 oder $CO(NH_2)_2$, die in anhydr. NH_3 gelöst ist, unter Umrühren u. Umwälzen behandelt. Die verwendete N_2-Lsg. enthält z. B. 15 bis 60(%) NH_3, 85—40 NH_4NO_3 u. $< 0{,}8$ W., wobei solche Mengen der Lsg. angewendet werden, daß die Säure u. die sauren Phosphate in dem sauren Düngemittelgemisch neutralisiert werden. Durch die freiwerdende Rk.-Wärme werden ohne bes. Trocknung trockene, harte NP-, PK-, NK- oder NPK-Granulate oder Agglomerate gewonnen, wobei kein Rückgut entsteht, NH_3-Verluste u. ein Rückgang der P_2O_5-Löslichkeit vermieden werden. (**E. P. 910737** vom 5/12. 1960, ausg. 21/11. 1962.) H. Karst 6291

2014 Scottish Agricultural Industries Ltd., Edinburgh, übert. von: John William Baynham, Leith, Schottland, **Mehrnährstoffdüngemittel.** NH_4NO_3 u. wasserunlösl. $(KPO_3)_n$, Kurrol'sches Salz, mit ca. 52(%) P_2O_5- u. 38 K_2O-Geh. werden im Verhältnis von 1:9—4:1 innig vermischt, worauf das Gemisch angefeuchtet, granuliert, auf $> 32°$ erhitzt u. bei ca. 120° getrocknet wird. Das NH_4NO_3 wird von seinem Geh. an Kristallen der IV-Form befreit, während der Geh. an Kristallen der III-Form stabilisiert wird. Man erhält NPK-Düngemittel mit Geh. von 18/25/18 oder 16,5/16,5/25, welche nicht zusammenbacken, freifließend bleiben u. das Verpackungsmaterial nicht beschädigen. (**A. P. 3026193** vom 15/1. 1960, ausg. 20/3. 1962. E. Prior. 22/1. 1959.) H. Karst 6291

2015 Fisons Fertilizers Ltd., Felixstowe, Suffolk, England (Erfinder: John Kenneth Bradley, Geoffrey George Brown und William Francis Sheldrick), **Herstellung von Mehrnährstoffdüngemitteln.** KCl wird mit HNO_3 u. H_2SO_4 im 20—200%ig. Säureüberschuß beim Kp. der Mischung zur Rk. gebracht, das gebildete Nitrosylchlorid u. Cl entfernt, das fl. Prod. mit H_3PO_4 u./oder Rohphosphaten versetzt u. unter heftigem Rühren mit NH_3 neutralisiert wird. Die Konz. der verwendeten HNO_3 soll 40—95(%), der H_2SO_4 ca. 70—98, der H_3PO_4 ca. 50—70 u. der Wassergeh. der Mischsäuren 20—40 betragen. Die Menge der zugesetzten H_3PO_4 oder der Rohphosphate soll derart sein, daß der Gesamt-P-Geh., als H_3PO_4 berechnet, ca. 15—200 des in das Verf. eingeführten KCl ausmacht. Das bei Verw. von Rohphosphaten in dem fl. Prod. ausgefällte $CaSO_4$ wird vor der Neutralisation abfiltriert. Die bei der Neutralisation freiwerdende Wärme wird zur Wasser-Verdampfung aus dem Prod. ausgenutzt. Die aus dem Rk.-Prod. entfernten Nitrosylchlorid u. Cl enthaltenden Gase werden durch Behandlung mit konz. H_2SO_4 zu Nitrosyl-H_2SO_4 u. HCl umgesetzt, worauf nach Entfernung des gasförmigen Cl u. HCl das fl. Gemisch aus H_2SO_4 u. Nitrosyl-H_2SO_4 mit W. oder wss. HNO_3 zu H_2SO_4, HNO_3 u. gasförmigen Stickoxiden hydrolysiert wird. Das fl. H_2SO_4-HNO_3-Gemisch wird ganz oder z. T. zur Rk. mit dem KCl zurückgeführt, während die Stickoxide zu HNO_3 oxydiert werden, die im Verf. wieder verwendet wird, bes. zur Zers. der Nitrosyl-H_2SO_4. Man erhält hochkonz., Cl-freie NPK-Düngemittel. — Fließ-Schema. (**E. P. 916422** vom 1/4. 1958, ausg. 23/1. 1963.) H. Karst 6291

2016 Allied Chemical Corp., New York, N. Y., übert. von: Joseph A. Smith, Richmond, Va., V. St. A., **Körnung von Mischdüngemitteln aus Ammoniumnitrat und Ammoniumphosphaten durch Verspritzen.** In Rührvorr. werden im chargenweisen oder kontinuierlichen Verf. Naßverfahrens-H_3PO_4 mit ca. 25—42,5% P_2O_5 u. NH_4NO_3 in fester Form oder als Lsg. innig vermischt, worauf das Gemisch mit fl., wss. oder gasförmigem NH_3 oder NH_4NO_3-NH_3-W.-Lsgg. bis zum pH von 3,5—7, bes. 4—6, neutralisiert wird. Das Gew.-Verhältnis von NH_4NO_3:NH_4-Phosphaten in der Masse soll ca. 0,5—1,2 u. dasjenige von $(NH_4)_2HPO_4$:$NH_4H_2PO_4$ nicht über 2:1 betragen. Das erhaltene neutralisierte Gemisch mit Wassergeh. von ca. 30—50, bes. 40%, wird in Turba-Film-Verdampfern oder dgl. bei 160—185° in sehr kurzer Zeit bis auf Wassergeh. von 0,5—3% konz., dann in Spritztürme gepumpt, dort zu kleinen Kügelchen verspritzt, die durch Kühlluft zum Erstarren gebracht u. in Drehtrommeln mit feinstzerkleinertem Ton u. dgl. gepudert werden. Das NH_4-Phosphate u. NH_4NO_3 enthaltende Gemisch kann auch durch Zusatz von HNO_3 zu den Naßverfahrens-H_3PO_4 u. Verw. entsprechend größerer NH_3-Mengen zur Neutralisation der Mischsäure hergestellt werden. Zur Herst. von NPK-Düngemitteln kann der neutralisierten Masse vor der Verdampfung noch KCl in einem 2. Rührbehälter im Verhältnis zum enthaltenen NH_4NO_3 von 1:1 zugesetzt werden. Man erhält Düngemittel mit ca. 16—26(%) N_2, 20—35 P_2O_5 u. 0—16 K_2O, deren P_2O_5-Geh. zu > 95 wasserlösl. ist. Bei der Verdampfung der Masse entstehen nur geringe N_2-Verluste u. die in der billigen Naßverfahrens-H_3PO_4 enthaltenen Verunreinigungen zu Fe-, Al-, Ca-, F- u. SO_3-Verbb. stören den Ablauf der Rkk. nicht. Die sonst bei der Herst. granulierter Düngemittel erforderliche Verw. großer Mengen an Rückgut ist überflüssig. (**A. P. 3037855** vom 23/5. 1958, ausg. 5/6. 1962.) H. Karst 6291

2017 Imperial Chemical Industries Ltd., London, England (Erfinder: Bernard William Bradford, Martin S. Bloom, John Richard William Heslop und Leslie Waddington Lord), **Herstellung von granulierten Düngemitteln.** Granulate oder Pellets aus Düngesalzen, bes. $CO(NH_2)_2$, NH_4NO_3, $(NH_4)_2SO_4$, KCl u. Gemische aus diesen, werden mit einer Korngröße von 1,5—4 mm für ca. 1—2 Sek. in vertikalen Calcinierrohren mittels heißer Gasströme durch eine 800—1100° heiße Zone geführt, wobei die Oberfläche der Granulate zum Erweichen oder Schmelzen gebracht, geglättet u. mit feinverteilten Stoffen, bes. $CaCO_3$, das 2,5% Stearinsäure enthält, Chinaton, $CaSO_4$ u. dgl., in Mengen von ca. 1—3% gepudert wird, worauf die erhaltenen Granulate gekühlt werden. Man erhält staubfreie, nicht zusammenbackende, lagerbeständige u. freifließende Düngemittelgranulate. (**E. P. 915450** vom 13/4. 1959, ausg. 9/1. 1963.) H. Karst 6291

2018 Walter Jost, Iserlohn, **Herstellen von Mikronährstoffdüngemitteln** aus bei ausschließlich metallhaltige Fabrikationsrückstände verarbeitenden Hüttenbetrieben anfallenden Schlacken als Vormaterialien, die in ihrem Cu-Geh. auf ca. 3% u mehr angereichert werden, nach D. A. S. 1142884, dad. gek., daß zur Cu-Anreicherung der aus Fabrikationsrückstandsschlacken bestehenden Vormaterialien Cu-Legierungsrückstände, bes. Messingmehle, verwendet werden. Die Dünge-Wrkg. der nur ca. 0,04% Pb-Geh. aufweisenden Rückstandsschlacken wird wesentlich gesteigert u. eine Pb-Anreicherung im Kulturboden vermieden. (**D. A. S. 1149731** Kl. 16 vom 2/8. 1960, ausg. 6/6. 1963. **Zusatz zu D. A. S. 1142884; C. 1963, 18991.**) H. Karst 6291

2019 Dow Chemical Co., Midland, Mich., V. St. A., **Pflanzenwachstumsmedium,** bes. für Topfpflanzen u. Gewächshäuser, bestehend aus oder enthaltend wenigstens ein synthet. oder natürliches, stabiles, gegen Zers. beständiges, organ. u. nicht pflanzentox. Polymer in Schwamm- oder Schaumform, welches wenigstens z. T. offene Poren oder Hohlräume u. einen Geh. an Pflanzennährstoffen, z. B. N_2, P_2O_5, K_2O, CaO, MgO, S, B, Mn, Fe, Zn, Cu u. Mo, in langsam aufnehmbarer Form enthält. Die Pflanzennährstoffe sollen an Gruppen chem. gebunden sein, die dem organ. Polymer angegliedert oder Teil desselben sind, bes. als Kationen u. Anionen an Austauscherharze, die in dem schwamm- oder schaumförmigen Polymer feinverteilt physikal. dispergiert sind. Die Austauscherharze weisen bes. eine solche Teilchengröße auf, daß sie ein 100-Maschen/2,54 cm-B.S.S.-Sieb nicht passieren. Der Polymerschaum soll nicht mehr als 80 Vol.% an geschlossenen Zellen enthalten. Den Polymeren können noch Farbstoffe, organ. oder anorgan. Füllstoffe, bes. Verbb. mit hoher Wasserkapazität, z. B. Perlit, vulkan. Silicatgläser, Bläh-Al-Silicate oder dgl. u. Insekticide, Mikrobicide u. Pflanzenhormone zugesetzt werden. Die Pflanzenwachstumsmedien werden noch mit wasserundurchlässigen Filmen aus dem gleichen Material überzogen. Als Kation- u. Anion-Austauscherharze kommen sulfonierte Kohle, Phenol-CH_2O-Polystyrol-, Polyolefin-, Olefin-Maleinsäureanhydrid-Mischpolymere-, Polyoxyalkylen- u. Polyalkylenimin-Verbb. in Betracht. Die Schaum- oder Schwamm-Bldg. der Polymeren-Gemische erfolgt in üblicher Weise durch Einblasen von inerten Gasen, CO_2 oder dgl. bei höheren Temp. unter Druck von ca. 7—56 at. Die Pflanzenwachstumsmedien enthalten keine schädlichen Bakterien, Pilze oder Nematoden, sie sind für mehrere Vegetationsperioden verwendbar, benötigen nur die Zufuhr von W., geben die Pflanzennährstoffe langsam an die Kulturpflanzen ab, vermeiden Überdüngungen u. erleiden keine Nährstoffverluste durch Auswaschung. Die Zus. der Medien wird an Hand von Tabellen näher erläutert. (**E. P. 899936** vom 5/2. 1960, ausg. 27/6. 1962. A. Prior. 18/2. 1959.) H. Karst 6293

2020 Kerr-McGee Oil Industries, Inc., übert. von: Mayer B. Goren, und Bobby G. Marquardt, Oklahoma City, Okla., V. St. A., **Bodenverbesserung.** In die Ackerkrume von Freiland- oder Gewächshaus-Kulturböden werden streufähige, ölfreie, feste u. zerkleinerte Petroleumrückstände, die im wesentlichen aus Asphalt u. Petroleumharzen bestehen u. Erweichungspunkte von 121—150° aufweisen, in Mengen von ca. $^1/_4$—3 t/4050 m^2 eingearbeitet. Die Rückstände können auch mit mineral. Düngemitteln, z. B. $NaNO_3$, $(NH_4)_2SO_4$, K_2SO_4, sauren Ca-Phosphaten u. ihren Mischungen, vermengt werden. Infolge des Geh. der Petroleumrückstände an S, N, organ. gebundenen Mikronährstoffen u. dgl. wird das Wachstum der Pflanzen beschleunigt u. ihre Qualität verbessert. Gleichzeitig werden eine Krümelstruktur des Bodens erreicht, Erosionsgefahren beseitigt sowie Insekten u. Boden-Nematoden vernichtet. (**A. P. 2995433** vom 24/5. 1956, ausg. 8/8. 1961.) H. Karst 6293

2021 Diamond Alkali Co. (Erfinder: Cletus E. Peeler jun.), **Bodenverfestigungsmittel,** bestehend aus einem wss. Alkalisilicat u. einem Amid, das Cyanamid oder ein Amid der allg. Formel R–$CONH_2$ sein kann (R = H, niedermol. 1—6 C-Atome enthaltender Alkylrest, –$CONH_2$ oder niedermol. Alkyl–$CONH_2$-Rest mit 1—6 C-Atomen im Alkyl). — Beispiel: 10—15 (Vol.-%) Formamid, 60—65 wss. Alkalisilicat mit einem MeO : SiO_2-Verhältnis von 1:3 bis 1:4, Rest Wasser. (**Aust. P. 238480** vom 23/7. 1959, ausg. 24/5. 1962.) K. Demmler 6303

2022 Dow Chemical Co., Midland, Mich., V. St. A., **Herbicides Mittel,** gek. durch den Geh. an 1—12 (Teilen) 3-(p-Chlorphenyl)-1.1-dimethylharnstoff u. 12 einer α.α-Dichlorpropionsäure-Verb., z. B. Na-α.α-dichlorpropionat oder Glycerin-tri-(α.α-dichlorpropionat). (**Ind. P. 70276** vom 4/1. 1960.) C. Lüttgen 6313

2023 Hooker Chemical Corp., Niagara Falls, N. Y., V. St. A., **Herstellung von 2.3.6-Trichlorphenylessigsäure** u. deren Derivaten. Aus 2.3.6-Trichlortoluol u. Cl_2 unter akt. Licht → 2.3.6-Trichlorbenzylchlorid, mit NaCN → 2.3.6-Trichlorbenzylcyanid, mit wss. H_2SO_4 verseift → *2.3.6-Trichlorphenylessigsäure* (**I**), mit $SOCl_2$ → **I**-*Chlorid* (**II**), Kp.$_5$ 126—127°, mit NH_3 → **I**-Amid, F. 192—193°. — Analog: **I**-N-Methylamid, F. 218—219°, -N.N-Dimethylamid, F. 115—116°, -Anilid, F. 221—222°. Aus **II** u. CH_3OH → **I**-*Methylester*, F. 52—54°. — Analog: **I**-*Isopropyl*-, Kp.$_{1,2-1,4}$ 130—140°, -*2-Äthylhexyl*-, Kp.$_{0,05}$ 136—140°, -*Lauryl*-, Kp.$_{0,1}$ 187—202°, -*p-Chlorphenyl*-, F. 72—73°, -*3.4.6-Trichlorphenyl*-, F. 114—116°, u. -*Äthylenglykolester*. — *Herbicide Mittel*. (**Ind. P. 67583** vom 4/5. 1959, ausg. 5/1. 1962.) C. Lüttgen 6313

2024 Mario Annunziato Marano, **Herbicide Mittel,** bestehend aus dem Na-Salz oder einem Ester der Dichlorphenoxyessigsäure, einem fl. KW-Stoff wie Petroleum, Bzl., Toluol, Naphthalin oder Terpentin, W. u. einem Emulgiermittel. (**Aust. P. 236988** vom 20/3. 1958, ausg. 8/2. 1962.) C. Lüttgen 6313

2025 Weed-Master (Western) Ltd., Calgary, Alberta, Canada, **Herbicide Mittel und Anwendung derselben.** Halogenierte Phenoxy- oder Alkylphenoxyessigsäuren, ihre Salze oder Gemische, z. B. 2.4-D u. 2-Methyl-4-chlorphenoxyessigsäure, werden mit Wachsträgerstoffen, bes. pflanzlichen, tier. u. mineral. Wachsarten, u. Ölen, wie Lanolin- u. Mineralöle, innig vermischt, worauf das Gemisch auf < der Zers.-Temp. der Herbicide erhitzt, geschmolzen u. zu Barren, Stäben, Stangen, Blöcken, Rollen oder Riegeln von ca. 0,45—1,35 kg Gew. u. 30—150 cm Länge geformt wird. Den Wachsmassen werden va. 10—12,5 Gew.-% an Herbiciden zugesetzt. Der F. der Wachsmasse soll bei ca. 54° liegen. Die Stäbe, Barren u. sonstigen Formkörper werden über mit Unkräutern bestandene Rasenflächen bewegt, wobei die Unkräuter in innigen Kontakt mit der Wachsmasse gebracht u. mit einer herbicidhaltigen Wachsschicht überzogen. werden Die Verdampfung u. Auswaschung der Herbicide durch Regen werden verhindert bzw. verzögert. (**E. P. 912336** vom 1/4. 1959, ausg. 5/12. 1962.) H. Karst 6313

2026 Amchem Products, Inc. (Erfinder: Donald Eugene Small), **Herbicides Mittel,** enthaltend als akt. Bestandteil einen oder mehrere Ester der 4-Chlorphenoxyessigsäure. — Beispiel: 20 (g) p-Chlorphenoxyessigsäure, 32 *Isooctylester* der *p-Chlorphenoxyessigsäure*, 46 Emulgator des Äthylenoxidkondensationstyps, 5 Ca-dodecylbenzolsulfonat. (**Aust. P. 237317** vom 14/5. 1959, ausg. 22/2. 1962.) K. Demmler 6313

2027 Dow Chemical Co., übert. von: Henry E. Hennis, Midland, Mich., V. St. A., **3-Allyloxy-2-methyl-4-H-pyran-4-on** erhält man bei der Rk. von 3-Hydroxy-2-methyl-4-pyron mit einem Alkalicarbonat oder -bicarbonat u. Allylchlorid oder -bromid in einem inerten Lsgm. unter Eewärmen, vorteilhaft bis zur Rückflußtemperatur. Wird C_3H_5Cl als Rk.-Teilnehmer verwendet, ist es vorteilhaft, katalyt. Mengen eines Alkalijodides, bes. KJ oder NaJ, zuzusetzen. Kp.$_3$ 103—106°, n^{25} = 1,5202. — *Herbicid*, *Bactericid*, *Fungicid*. (**A. P. 3004041** vom 28/9. 1959, 10/10. 1961.) G. König 6313

2028 Stauffer Chemical Co., übert. von: Llewellyn W. Fancher, Lafayette, und Don R. Baker, Berkeley, Calif., V. St. A., **Arylsulfonylacetamide als Herbicide.** Die Unkrautvertilgungsmittel enthalten als Wirkstoffe Verbb. der allg. Formel $R_1SO_2CH_2CONHR_2$, in welcher R_1 Phenyl, halogen- oder alkylsubstituiertes Phenyl u. R_2 einen niederen, verzweigt- oder gradkettigen Alkylrest bedeuten. Beispiele der Wirkstoffe sind: *N-Isobutyl-*, *N-Äthyl-*, *N-Methyl-p-chlorphenylsulfonylacetamid* u. *N-Isobutyl-p-methylphenylsulfonylacetamid*. Verwendete Mengen an Wirkstoffen ca. 2,27 kg/4050 m^2. Sie sind bes. zur Verhinderung der Keimung von Unkrautsamen im Vorauflauf-Verf. geeignet u. besitzen in Konzz. von 1000 ppm *fungicide Wrkg.*, bes. gegen *Bohnenrost*. (**A. P. 3039863** vom 19/11. 1959, ausg. 19/6. 1962.) H. Karst 6313

2029 Monsanto Chemical Co., St. Louis, Mo., übert. von: Philip C. Hamm, Webster Groves, Mo., und Kenneth L. Godfrey, St. Albans, W. Va., V. St. A., **Bekämpfung von Pflanzenwuchs und Unkrautvernichtung mit Xanthaten.** Die zu vernichtenden Pflanzen u. Unkräuter, bes. breitblättrige Pflanzen, werden in Vor-

oder Nachauflauf-Verf. mit Lsgg., Emulsionen oder wss. Dispersionen besprüht, welche als Wirkstoff eine Verb. der allg. Formel R–S–C(=S)–O–R′ enthalten, in der R eine halogensubstituierte Aralkylgruppe u. R′ eine acycl. Gruppe, bes. eine niedere Alkyl- oder Alkenylgruppe, z. B. Allyl, bedeuten. Bes. geeignet sind die 2.6-Dichlorbenzylester, Trichlorbenzylester der niederen Alkyl-, Propyl- oder Allylxanthogensäure, Trichlorbenzyläthylxanthate u. ihre Tetrachlor-Verbb. in Konzz. von 0,1—10% u. Mengen von 0,45—27,0 kg/4050 m^2. (**A. P. 2990265** vom 23/12. 1957, ausg. 27/12. 1961.) H. Karst 6313

2030 Ciba Ltd., Basel, Schweiz, **Herbicide Mittel.** Im Gemisch mit festen, inerten u. fl., nicht lösenden Verdünnungsmitteln u./oder Emulgierungs-, Dispergierungs- oder Haftmitteln enthalten die Herbicide als Wirkstoffe aromat. N-Aryl-N′-butylharnstoffe der allg. Formel Ar · N(R) · CO · NH · C_4H_9, in der Ar eine substituierte oder unsubstituierte Phenylgruppe u. RH oder eine niedere Alkyl-, Oxyalkyl- oder Cyanalkylgruppe bedeuten. Beispiele der Wirkstoffe: *N-4-Chlorphenyl-N′-tert.-butylharnstoff, N-4-Chlorphenyl-* u. *N-3.4-Dichlorphenyl-N′-n-butylharnstoff* oder *N-3-Bromphenyl-* u. *N-3-Trifluormethyl-phenyl-N′-n-butylharnstoff.* Verwendete Mengen ca. 4—10 kg/ha des Wirkstoffs. Die Verbb. sind bes. zur selektiven Vernichtung von Dikotyledonen-Unkräutern in Monokotyledonen-Kulturen im Vor- u. Nachauflauf-Verf. geeignet. (**E. P. 916569** vom 27/2. 1961, ausg. 23/1. 1963. Schwz. Prior. 26/2. 1960.) H. Karst 6313

2031 Pittsburgh Plate Glass Co., Pittsburgh, Pa. (Erfinder: Joseph A. Tursich, Akron, Ohio), V. St. A., **Verwendung von Propinylcarbamaten als Herbicide und Fungicide.** Als Herbicide, bes. zur Vernichtung von Monokotyledonen-Unkräutern werden Propinylcarbamate der Formel Ar–N(X)–CO–O–CH_2–C≡CH verwendet, in welcher Ar einen substituierten oder nicht substituierten Phenylrest u. XH oder einen Substituenten, mit Ausnahme von N-Phenyl-propinylcarbamat, bedeuten. Die Wirkstoffe werden in 0,2—3,0%ig. Zubereitungen u. in Mengen von 0,45—3,36 kg/ha verwendet. Bes. geeignet sind *N-(3-Methylphenyl)-propinylcarbamat, N-(3-Chlorphenyl)-propinylcarbamat, N-(2-Methyl-5-chlorphenyl)-propinylcarbamat, N-(2-Methyl-5-methoxyphenyl)-propinylcarbamat, N-(2.4.5-Trichlorphenyl)-propinylcarbamat, N-(2.5-Dinitrophenyl)-propinylcarbamat, N-(3-Allylphenyl)-propinylcarbamat, N-(2-Chlor-4-methyl-5-äthoxyphenyl)-propinylcarbamat* u. dgl. Die Wirkstoffe weisen eine geringe Flüchtigkeit auf, sind sehr selektiv u. schützen Früchte, bes. Citrusfrüchte, gegen die Einw. von Fungi. (**Schwz. P. 360245** vom 16/3. 1956, ausg. 30/3. 1962. A. Prior. 17/3. 1955.) H. Karst 6313

2032 N. V. Aagrunol Chemische Fabrieken (Erfinder: Jurrien Jogehurn Schuur und Mattheus Henricus Cornelius Maria Bakkeren), **Herstellung von fungiciden quaternären Ammoniumsalzen der Dithiocarbaminsäuren** durch Rk. eines lösl. quatern. NH_4-Salzes mit einem Metallsalz einer Dithiocarbaminsäure. Beispiele: Die Salze aus Cetylpyridiniumchlorid mit Na-Dimethyldithiocarbamat, aus Cetylpyridiniumchlorid mit Di-Na-Äthylen-bis-dithiocarbamat, aus Tetradecyltrimethyl-NH_4Cl mit Na-Methyldithiocarbamat, aus Stearyldimethylbenzyl-NH_4Cl mit Na-Methyldithiocarbamat. (**Aust. P. 235211** vom 3/12. 1958, ausg. 28/9. 1961. Niederl. Prior. 16/12. 1954.) K. Demmler 6313

2033 Nederlandse Centrale Organisatie voor Toegepast-Natuurwetenschppelijk Onderzoek, Den Haag, übert. von: Olga Marie van Andel, Wageningen, Niederlande, **Fungicides Gemisch,** bestehend aus bekannten Fungiciden, wie Na-Dimethyldithiocarbamat, Tetramethylthiuramdisulfid, 2.3-Dichlornaphthochinon, N-(Trichlormethylthio)-tetrahydrophthalimid oder S-(Carboxymethyl)-N.N-dimethyl-dithiocarbamat u. einer Aminosäure der allg. Formel R–$CHNH_2$–COOH worin R, H, –CH_3, –CH_2OH, –CHOH–CH_3 und –CHOH–C_6H_5 bedeuten kann. (**A. P. 3002882** vom 23/7. 1959, ausg. 3/10. 1961, Niederl. Prior. 28/7. 1958.) R. Bauereis 6313

2034 Monsanto Chemicals (Australia) Ltd. (Erfinder: George Holan und Ronald William Hinde), **Herstellung von Dithiocarbamaten** durch Rk. eines Polyamins mit CS_2 u. NH_3 in wss. Lsg. bei Temp. > 30°, bes. bei 35°, bis die Rk.-Lsg. klar geworden ist. — Zum Beispiel wird 1 (Mol.) Äthylen- oder Propylendiamin mit je 2 CS_2 u. NH_3 umgesetzt. Metallsalze der Dithiocarbaminsäure werden gewonnen durch Mischen einer Metall- z. B. Zn-Salz-Lsg. mit einer wss. NH_4-Dithiocarbamatlösung. — *Fungicide.* (**Aust. P. 237152** vom 2/1. 1958, ausg. 15/2. 1962.) K. Demmler 6313

2035 R. T. Vanderbilt Co., Inc., New York, N. Y., übert. von: Irving Gibbs, Norwalk, Conn., V. St. A., **Fungicid,** bestehend aus *Nitrosoferridimethyldithiocarbamat* (**I**) u. 5—30% Tetramethylthiuramdisulfid. **I** ist erhältlich durch Zusammenrühren einer Lsg. von 15,9 g $NaNO_2$, 146,5 g 30%ig. wss. Lsg. von Na-Dimethyldithiocarbamat u. 1500 g W mit einer Lsg. von 41,7 g Ferrosulfat, 7,7 g 94%ig. H_2SO_4 in 500 g W.; nach 20 Min. werden 25 ml 10%ig. NaOH-Lsg. zugegeben, der grüne Nd. abfiltriert u. bei 140° getrocknet. Ausbeute 49 g. (**A. P. 3005748** vom 20/4. 1959, ausg. 24/10. 1961.) R. Bauereis 6313

2036 Phillips Petroleum Co., übert. von: Paul F. Warner, Phillips, und Richard D. Franz, Borger, Tex., V. St. A., **Polymere Mercaptane** erhält man durch Rk. eines fl. Dienhomo- oder -mischpolymerisats mit H_2S in einem inerten fl. Medium bei Temp. bis zu 450°F. u. erhöhtem Druck in Ggw. eines feingemahlenen Katalysators aus 3% CoO, 7,5% MoO_3 u. 89,5% Al_2O_3. — Braune Öle, *Insekticide.* (**A. P. 3051695** vom 12/10. 1959, ausg. 28/8. 1962.) L. Stadelmann 6313

2037 United States of America, Secretary of Agriculture, übert. von: Martin Jacobson, Silver Spring, Md., V. St. A., **Herstellung von 12-Acetoxy-1-hydroxyoctadecen-(9).** Man setzt Ricinoleylalkohol, zweckmäßig in Bzl. gelöst, mit CH_3COCl in Ggw. von Pyridin als Säureacceptor unter Rückfluß zu *1.12-Diacetoxyoctadecen-(9)*, $Kp._{1,3}$ 180°, n_D^{25} 1,4519, um u. verseift dieses partiell unter Rückfluß mit einer alkohol. wss. Lsg. eines Alkalihydroxids (KOH) zum *12-Acetoxy-1-hydroxyoctadecen-(9)*, $Kp._{0,5}$ 182°, n_D^{20} 1,4607, mit 90% Ausbeute. *Insekticid* bes. gegen den *Schwammspinner* Porthetria dispar (L.). (**A. P. 3050551** vom 11/8. 1960, ausg. 21/8. 1962.) W. Gräger 6313

2038 N. V. de Bataafsche Petroleum Mij., Den Haag, Niederlande, **Herstellung von 1.2.3.4.7.7-Hexachlorbicyclo-(2.2.1)-heptadien-(2.5)** (**I**). Man löst Acetylen bei einem Druck von 10,5—25 at u. einer Temp. zwischen —40 u. +50° in Hexachlorcyclopentadien, erhöht den Druck über der Lsg. bei einer Temp. < 50° bis zu einem die Dampfspannung der Lsg. bei der Rk.-Temp. überschreitenden Wert u. erhitzt dann die Lsg. auf mindestens 150°. Zwecks Anreicherung mit **I** kann die gleiche Lsg. nach Abkühlung u. erneuter Sättigung mit Acetylen der Rk. wiederholt unterworfen werden. — Verw. als *Insekticid.* (**Niederl. P. 102223** vom 29/9. 1958, ausg. 15/8. 1962.) F. Böhm 6313

2039 Imperial Chemical Industries Ltd., London, England (Erfinder: Alan John Shipman), **Herstellung von organischen Sulfiten** durch Rk. geeigneter Alkylenoxide mit SO_2 bei 100—250° u. über 500 atm. Druck, ggf. in Ggw. eines Katalysators wie organ. Peroxide oder Azoester. *Insekticide.* (**E. P. 898630** vom 9/11. 1959, ausg. 14/6. 1962.) R. Bauereis 6313

2040 E. I. du Pont de Nemours & Co., übert. von: Stephen Proskow, Wilmington, Del., V. St. A., **Halogenthioformylcyanide,** deren Derivv. u. Polymere werden hergestellt durch Rk. von S oder P_2S_5 bei Temp. über 350° mit einem Halogenacetonitril der allg. Formel XYZCCN(X = Cl, F; Y = Cl, Br; Z = H, Cl, Br); durch Abkühlen auf —75° ggf. in Ggw. von Katalysatoren werden die Polymeren erhalten, durch Rk. mit aromat. u. olefin. ungesätt. Verbb. die entsprechenden Derivate. — Zu 400 g S tropft man in einer bes. Vorr. innerhalb 1 Std.

bei 400—650° 25 g FClHCCN in 40 (ml) CS_2 u. dest. → *Fluorthioformylcyanid* (I), C_2FNS, Kp.$_{123}$ — 1°, rotorange Fl., 33% (Ausbeute), IR-Banden bei 4,5 u. 8—9 μ; NMR: + 6280 c/sec. I erhält man auch aus $Cl_2C(F)CN$. — Analog erhält man *Chlorthioformylcyanid* (II), C_2ClNS, purpurfarben, 25%; II auch aus Cl_3CCN oder $Cl_2C(H)CN$ u. S oder P_2S_5. — Kühlt man I bzw. II auf — 80° u. gibt 1 Tropfen Dimethylformamid, Ae., F_3CCOOH oder $(CH_3O)_3P$ zu → *Poly*-I bzw. *Poly*-II. — Zu I gibt man unter CO_2/Aceton-Kühlung Anthracen in CS_2. Man läßt auf Raumtemp. kommen, dampft zur Trockne ein → *12-Cyan-12-fluor-11-thia-9.10-äthylenanthracen*, $C_{16}H_{10}FNS$, F. 139—142° (aus Bzl.), das beim Erhitzen wieder in I u. Anthracen zerfällt. — 5 II dest. man zu 5 Cyclohexadien-(1.3) unter Kühlung mit CO_2/Aceton, bringt auf Raumtemp., zieht die flüchtigen Verbb. ab → *3-Chlor-3-cyan-2-thia-bicyclo-[2.2.2]-octen-5*, C_8H_8ClNS, F. 71—74° (aus Ae./Pentan). — *Insekticide*. (**A. P. 3026304** vom 18/12. 1959, ausg. 20/3. 1962.) A. Debo 6313

2041 E. I. du Pont de Nemours & Co., Wilmington, Del., V. St. A., **N-Methyl-N-methoxyaminosulfonsäure (I)** der Zus. CH_3–O–N(CH_3)–SO_3H u. deren Salze erhält man durch Rk. eines Alkalinitrits mit einem Alkalibisulfit u. SO_2 bei <5°, Methylieren des gebildeten Hydroxyimidodisulfats, Hydrolysieren des entsprechenden Methoxyimidodisulfonats in Ggw. einer starken Säure u. Methylieren des N-Methoxyaminosulfonats in Ggw. einer starken Base in einem einzigen Gefäß ohne Abtrennung von Zwischen-Produkten. — Man setzt z. B. einem Gemisch aus 630 (Teilen) $NaNO_2$ u. 1000 Eis eine mit SO_2 gesätt. Lsg. von 495 Na_2CO_3 in 1500 W. zu, leitet bei 0—2° SO_2-Gas bis zu kongosaurer Rk. ein, setzt rasch eine Lsg. von 380 NaOH in 600 W. u. dann 1100 Dimethylsulfat zu, erhitzt nach der spontanen Rk. auf 50 bis 60°, rührt 30 Min., setzt H_2SO_4 bis pH 1—1,5 zu, erhitzt 1,5 Std. bei Rückfluß-Temp., setzt konz. NaOH bis 8—10 pH zu, hält die Temp. bei 90—100°, setzt 1100 Dimethylsulfat u. wss. NaOH bis pH 8—10 zu, rührt 1 Std. u. konz. die Lsg. → I, Na-Salz (II), krist. aus CH_3OH oder CH_3OH–W.; daraus freies I bzw. Ca-, K-, NH_4- u. niedrigmol. Alkylammoniumsalze. *Pesticide*. — I selbst hydrolysiert u. mit einem entspr. Arylisocyanat zum entspr. 3-Aryl-1-methoxy-1-methylharnstoff umgesetzt: *Unkrautbekämpfungsmittel*. (**E. P. 890194** vom 14/7. 1960, ausg. 28/2. 1962. A. Prior. 15/7. 1959.) G. Vogel 6313

2042 E. I. du Pont de Nemours and Co., übert. von: John F. Harris jun., Wilmington, Del., V. St. A., **Herstellung von N-(Fluoralkylthio)-imiden,** dad. gek., daß man ein Alkalimetallsalz eines Amids, wie Phthalimid, Bernsteinsäureimid oder Endomethylentetrahydrophthalimid, mit einem Sulfenylchlorid in einem inert. Lsgm. zur Rk. bringt. — Aus 10 (Teile) K-Phthalimid u. 6,4 2-Chlor-1.1.2-trifluoräthansulfenylchlorid (I) in 100 Bzl. → *N-(2-Chlor-1.1.2-trifluoräthylthio)-phthalimid*, F. 106—107°. I wird hergest. aus 150 Chlortrifluoräthylen u. 104 H_2S, Bestrahlen der Rk.-Lsg. mit X-Strahlen u. Chlorieren des gebildeten 2-Chlor-1.1.2-trifluoräthanthiol (Kp. 65—67°) am Rückfluß in Methylenchlorid (Kp. 95 bis 98°). Analog: K-Phthalimid u. 1.1.2.2-Tetrafluoräthansulfenylchlorid (Kp. 57—59°) → *N-(1.1.2.2-Tetrafluoräthylthio)-phthalimid*, F. 106—106,5°. Na-4-Cyclohexen-1.2-dicarboximid u. I → *N-(2-Chlor-1.1.2-trifluoräthylthio)-4-cyclohexen-1.2-dicarboximid*, F. 53—54°; *N-(2-Chlor-1.1.2-trifluoräthylthio)-bernsteinsäureimid*, F. 92 bis 93°. — *Insekticide Mittel*. — (**A. P. 3036088** vom 8/10. 1959, ausg. 22/5. 1962.) W. Heyer 6313

2043 Stamicarbon N. V., Heerlen, Niederlande, **3-Nitroazacyclohepten-2-on-1-carbochlorid,** F. 85° (Zers.), wird erhalten durch Behandlung von 2-Chlorazacyclo-2-hepten-1-carbochlorid mit einem Gemisch aus H_2SO_4 u. HNO_3 bei 10—15° u. Verdünnen des Rk.-Gemisches mit W. bei <20°. *Insekticid*. (**Niederl. P. 101375** vom 29/9. 1958, ausg. 15/5. 1962.) F. Böhm 6313

2044 Farbenfabriken Bayer Akt.-Ges., Leverkusen, **Herstellung von Phosphinsäurederivaten** der Formel R_1–$P(R_2)(X)$–Y–R_3 (X u. Y = O oder S; R_1 = ggf. substituierter Alkylrest; R_2 ggf. substituierter Alkyl- oder Arylrest; R_3 = ggf. substituierte Alkyl- oder Aralkyl-Rest) durch Umsetzung von Verbb. R_1–P(R_2)(X)–Y–H, bes. Dithiophosphinsäuren, mit Vinyl-Verbb., bes. Vinyläthern oder -thioäthern. — *Dimethylthionothiolphosphinsäure*, F. 59°. *1-Äthylmercaptoäthylester*, Kp.$_{0,01}$ 72°, aus Äthylvinylthioäther u. vorst. Verb. durch 1std. Rühren bei 100°; 86% (Ausbeute). — Analog: *1-Äthoxyäthylester*, Kp.$_{0,01}$ 68°, aus Äthylvinyläther; Öl; 81%. — *Diäthylthionothiolphosphinsäure, 1-Äthoxyäthylester*, Kp.$_{0,01}$ 76°; Öl; 73%. *1-Äthylmercaptoäthylester*, Kp.$_{0,01}$ 84°; Öl; 74%. — *Schädlingsbekämpfungsmittel*. (**Oe. P. 217477** vom 18/3. 1959, ausg. 10/10. 1961. D. Prior. 21/6. 1958.) G. Colsmann 6313

2045 Montecatini Soc. Gen. per l'Industria Mineraria e Chimica, übert. von: Giuseppe Losco, Giorgio Rossi und Giamantonio Michieli, Mailand, Italien, **Insekticides Mittel,** enthaltend als Wirkstoff einen Thiophosphorsäureester der allg. Formel (R'O)·(R''O)P(X)–S–CH_2–CON(Z)(Y–CN), worin R' u. R'' niedermol. Alkylgruppen mit ≤6 C-Atomen, wobei R' u. R'' gleich oder verschieden sein können, X = O oder S, Z = H oder eine niedermol. Alkylgruppe u. Y einen kurzen, geraden oder verzweigten KW-Stoffrest bedeuten. Die Verbb. werden erhalten durch Rk. einer Dialkyldithio- oder -thiophosphorsäure der allg. Formel (R'O)·(R''O)P(X)–S–Me, worin Me ein Alkalimetall oder NH_4 ist, mit einem Alkylamid einer monohalogenierten Essigsäure der allg. Formel Hal–CH_2–CON(Z)(Y–CN). (**A. P. 3033744** vom 29/12. 1960, ausg. 8/5. 1962. It. Prior. 30/12. 1959.) W. Heyer 6313

2046 Armand Jean Courtier, Meudon, und Pierre Phillipe Schribaux, Paris, Frankreich, **Räuchermittel zur Bekämpfung von Insekten,** enthaltend neben dem insekticiden Wirkstoff (Lindan) Kolophonium in Mengen von wenigstens 50% des Wirkstoffgewichts, Dicyandiamid u. NH_4NO_3 im Verhältnis 2 : 3. Die Stoffe können zusammengeschmolzen oder aus einer Lsg. krist. werden. Man kann Papier mit dem Gemisch imprägnieren. Vgl. auch D. A. S. 1109445; C. **1962**, 3241. (**E. P. 909304** vom 18/3. 1959, ausg. 31/10. 1962. F. Prior. 19/3. 1958 u. 27/1. 1959.) K. Koebke 6313

2047 Phillips Petroleum Co., übert. von: Lyle D. Goodhue, Rector P. Louthan und Roy E. Stansbury, Bartlesville, Okla., V. St. A., **Insektenabwehrmittel,** enthaltend als Wirkstoff wenigstens eine Verb. der Formeln R_1–S(O)–R_2(O–R_2)$_n$–H, R_1–S(O)–R_2(OR_2)$_n$–Cl u. R_1–S(O)–R_2O–C(O)–R_1 oder (III), worin R_1 ein Alkylrest mit 1 bis 12 C-Atomen, R_2 ein Alkylenrest mit 1 bis 5 C-Atomen n 1 oder 2 ist u. die Reste R_1 u. die Reste R_2 in einer Verb. unter sich verschieden sein können u. die Summe der C-Atome in allen R-Resten 20 nicht übersteigt, bes. die Verbb., in denen der dem S benachbarte R_1-Rest eine n-Octylgruppe ist. (**A. P. 3060081** vom 30/7. 1959, ausg. 23/10. 1962.) K. Koebke 6313

2048 Phillips Petroleum Co. (Erfinder: Rector Philip Louthan, Kenneth Eugene Cantrel und Lyle David Goodhue), Bartlesville, Okla., V. St. A., **Insektenabwehrmittel,** enthaltend als Wirkstoff wenigstens eine Verb. der Formel R_1SOR_2, worin R_1 ein ungesätt. alicycl. oder acycl. Rest mit wenigstens einer Äthen- oder Äthinbindung u. 3 bis 10 C-Atomen, worin R_2 = R_1 oder ein gesätt. oder ungesätt. aliphat. oder alicycl. Rest mit 3 bis 20 C-Atomen bedeutet, wobei auch ein H des Restes durch die Gruppe R_1SO– ersetzt sein kann u. die Gesamtzahl der C-Atome 6 bis 30 beträgt, z. B. *Allyl-n-octyl-sulfoxid*. (**E. P. 919785** vom 21/3. 1960, ausg. 27/2. 1963.) K. Koebke 6313

2049 E. Merck Akt.-Ges., Darmstadt, übert. von: Ernst Jacobi und Sigmund Lust, Darmstadt, und Albert van Schoor, Traisa, **Insektenabwehrmittel,** bestehend aus Caprylsäureamiden der allg. Formel CH_3–$(CH_2)_6$–CO–NR_1R_2, wobei R_1 H oder ein niederes Alkyl u. R_2 ein niederes Alkyl bedeuten u. die Gesamtzahl der C-Atome von R_1 u. R_2 2—6 beträgt. Die Amide können durch übliche Methoden hergestellt werden, wie Rk. der entsprechenden Amine mit Caprylsäurechlorid oder -estern. Beispiele: *Caprylsäureamide* (R_1, R_2, Kp.$_{12mm}$): *H*, *Äthyl*, 156—158°; *Isopropyl*, *Isopropyl*, 138—140°;

H, n-Butyl, 176—178°; *Äthyl, Methyl,* 134—136°; *Äthyl, Butyl,* 140°. Vgl. D. A. S. 1055283; C. **1959,** 12037. (**A. P. 3005747** vom 13/2. 1958, ausg. 24/10. 1961. D. Prior. 7/9. 1957.) R. Bauereis 6313

2050 Hercules Powder Co., Wilmington, übert. von: Romeo B. Wagner, Wilmington, Del., V. St. A., **Kontinuierliche Herstellung von Toluylsäure-N.N-diäthylamiden** erfolgt durch Überleiten einer Mischung aus Diäthylamin u. Toluylsäure im Mol.-Verhältnis 2—6, bes. 4—5:1 über Silicagel oder Al_2O_3 als Katalysator bei 250—350, bes. 270—290° u. einer Verweilzeit bis zu 2, bes. 0,4—0,8 Minuten. Man kann auch eine Lsg. aus Diäthylammoniumtoluylat in Diäthylamin über den Katalysator leiten. Die Ausbeuten betragen in Abhängigkeit der vorst. Mol.-Verhältnisse 90—100%; vgl. Tabellen. Die Rk. wird mit m- oder einer Mischung aus m- u. p-Toluylsäure im Verhältnis 80:20 durchgeführt. — *Insektenabwehrmittel.* (**A. P. 2932665** vom 30/12. 1957, ausg. 12/4. 1960.) G. Krauß 6313

2051 **Montecatini Soc. Gen. per l'Industria Mineraria e Chimica,** Mailand, Italien, und **Ateliers de Constructions Mécaniques de Vevey Soc. An.,** Vevey, Schweiz, *Herstellung von Kunstdünger gleichmäßiger Korngröße.* (**Niederl. P. 104137** vom 13/2. 1958, ausg. 15/3. 1963. It. Prior. 14/2. 1957. — C. **1961,** 13331 [Belg. P. 564765].)

2052 **Imperial Chemical Industries Ltd.,** London (Erfinder: **Antony Borrow, Edward Garstang Jefferys** und **Ian Stewart Nixon,** Welwyn, Hertfordshire), England, *Biotechnische Herstellung von Gibberellinsäure.* (**D. A. S. 1155413** Kl. 6b vom 5/2. 1958, ausg. 10/10. 1963. E. Prior. 5/2. 1957. — C. **1960,** 11792 [A. P. 2906670].)

2053 **Diamond Alkali Co.,** Cleveland, Ohio, V. St. A. (Erfinder: **Robert F. Lindemann**), *Herbicide Mittel.* (**Aust. P. 235836** vom 3/4. 1959, ausg. 9/11. 1961. A. Prior. 4/4. 1958. — C. **1963,** 11405 [E. P. 869215].)

2054 **Norddeutsche Affinerie,** Hamburg, und **C. F. Spiess & Sohn,** Kleinkarlbach/Pfalz, *Herbicide Mittel.* (**Ind. P. 75097** vom 28/1. 1961. — C. **1962,** 8761 [D. A. S. 1112855].)

2055 **Union Carbide Corp.,** New York, N. Y., V. St. A. (Erfinder: **Joseph Augustine Lambrech** und **William Howard Hensley**), *Fungicide Mittel.* (**Aust. P. 235865** vom 30/7. 1959, ausg. 9/11. 1961. A. Prior. 28/8. 1958. — C. **1963,** 8712 [D. A. S. 1129015].)

2056 **E. Merck Akt.-Ges.,** Darmstadt (Erfinder: **Albert van Schoor, Ernst Jacobi, Siegmund Lust** und **Horst Flemming**), *Fungicide Mittel.* (**Aust. P. 235947** vom 20/10. 1958, ausg. 16/11. 1961. D. Prior. 26/10. 1957. — C. **1961,** 4499 [Oe. P. 206220].)

2057 **Montecatini Soc. per l'Industria Mineraria e Chimica,** Mailand, Italien, *Herstellung von insekticid wirkenden organischen Phosphorverbindungen.* (**It. P. 535303** vom 21/3. 1952. — C. **1958,** 1126 [F. P. 1098798].)

2058 **Farbenfabriken Bayer Akt.-Ges.,** Leverkusen, *Thiophosphorsäureester.* (**E. P. 839897** vom 28/10. 1957, ausg. 29/6. 1960. D. Prior. 3/11. 1956. — C. **1961,** 15537 [F. P. 1190020].)

2059 **Farbenfabriken Bayer Akt.-Ges.,** Leverkusen (Erfinder: **Gerhard Schrader** und **Reimer Cölln,** Wuppertal), *Herstellung von Thionophosphonsäureestern.* (**E. P. 916564** vom 5/10. 1960, ausg. 23/1. 1963. D. Prior. 9/10. 1959. — C. **1964,** 5-2070 [D. A. S. 1139493].)

2060 **Farbenfabriken Bayer Akt.-Ges.,** Leverkusen, *Trichloräthylthiol-und-thionothiolphosphorsäureester.* (**E. P. 834331** vom 26/7. 1957, ausg. 4/5. 1960. D. Prior. 28/7. 1956 u. 27/2. 1957. — C. **1959,** 5940 [D. A. S. 1022582] u. C. **1961,** 15537 [F. P. 1187793].)

H_8. Metallurgie, Korrosion

2061 **Die europäische Metallindustrie und ihrer Literatur.** K. Boodson. (Metallurgia [Manchester] **68,** 169 bis 174, 221—26, 1963; Imp. Metal Industries (Kynoch) Ltd.; engl.) — Überblick über die Informationsmöglichkeiten für die Unterss. auf dem Gebiet der Metalle u. der Metallurgie. Zunächst werden behandelt: Groß-Britannien, (West)-Deutschland, Frankreich u. Italien. — 139 Literaturangaben. M. Gehlen-Keller 6350◇

2062 **Grundlegendes Computer-Programm zur Bestimmung von Gehalt und Menge eines Erzes unter Verwendung statischer und polygonaler Methoden.** Richard Hewlett. (U. S. Dep. Interior, Bur. Mines, Rep. Invest., **6292,** 1—20, 1963; Denver, Colo., Bur. Mines Denver Mining Res. Center; engl.) F. Rosendahl 6354△

2063 **Über den früheren Eisenerzbergbau im nördlichen Oberharz.** Theodor Broel. (Z. Erzbergbau Metallhüttenwes. **16,** 173—83, 1963; Groß-Döhren üb. Goslar; dt.) — Es werden Geologie, Betriebsperioden u. Abbaumengen aus den Revieren Gegenthal südwestlich Langelsheim, Iberg bei Bad Grund, Oberharzer Diabaszug, Kahleberg u. aus verstreut liegenden Grubenfeldern vorgelegt, zusammen mit einem Stollen- u. Schächteverzeichnis. — 34 Literaturangaben. J. Heinze 6360◇

2064 **Die Entwicklung des Abbaues in den mächtigen Lagerstättenteilen im Erzbergwerk Rammelsberg.** E. Krause. (Z. Erzbergbau Metallhüttenwes. **16,** 183—89, 1963; Goslar; dt.) — Erste Erfahrungen mit dem Kammer- u. Pfeilerbau werden mitgeteilt u. diskutiert. Auf Fragen des Vollversatzes wird näher eingegangen. Probleme der heutigen Abbauführung werden erörtert. J. Heinze 6360◇

2065 **Die Geschichte der Erie Mining Company.** 1. Mitt. **Der Abbau von Taconit.** Walter L. Thomte. (Mining Engng. **15,** Nr. 5, 39—42, 1963; Erie Min. Co.; engl.) Taconit der Biwabik-Fe-Formation enthält 32,5% *Fe*, davon 65—70% *Magnetit.* Wegen der Feinheit der Erzkörner muß das Erz zu ca. 91% feiner als —325 mesh gemahlen werden, ehe es in Magnetscheidern aufbereitet wird. Anschließend wird es granuliert. Die Leistung beträgt 7,5 Millionen jato Granalien, für die 37 Millionen Longtons Gesamtmaterial abgebaut werden müssen. J. Heinze 6360◇

2066 **Die Geschichte der Erie Mining Company.** 2. Mitt. **Das Mahlen.** Henry P. Whaley. (Mining Engng. **15,** Nr. 5, 43—47, 1963; engl.) — 1. vgl. vorst. Referat. — Die Verarbeitung umfaßt 2 Grob- u. 2 Feinbrechstufen, die das Erz auf 100% $<$ —1 in. mit 75% $<$ —0,5 in. zerkleinern. In der anschließenden Konzentrationsstufe wird der Taconit in Stab- u. Kugelmühlen weiter zerkleinert, in Elektromagnet- u. Permanentmagnetscheidern angereichert u. anschließend eingedickt. Die Ausgangskonzentrate enthalten 64,70 (%) bzw. 63,30 *Fe* u. 8,50 bzw. 7,80 SiO_2 bei einem Ausbringen von 99,6 bzw. 99,2% magnet. Fe. J. Heinze 6360◇

2067 **Die Geschichte der Erie Mining Company.** 3. Mitt. **Das Pelletisieren.** Frederick P. Morawski. (Mining Engng. **15,** Nr. 5, 48—52, 1963; engl.) — 2. vgl. vorst. Referat. — Der Stammbaum der Pelletisieranlage wird vorgelegt. Er umfaßt die Eindicker, Scheibenfilter, Granuliertrommeln, Schachtöfen u. den Pellets-Transport bzw. die Lagerung. Die erzielte Steigerung der Wirtschaftlichkeit seit 1957 (Wärmebedarf, Qualitäts- u. Kornverteilungsverbesserung u. a.) wird beschrieben. J. Heinze 6360◇

2068 **Rosario — ein Vorkämpfer des autogenen Mahlens.** Fred C. Bond. (Mining Engng. **15,** Nr. 5, 55—58, 1963; Milwaukee, Wis., Allis-Chalmers Mfg. Co.; engl.) — Von 1918 bis ca. 1940 wurden auf den San Juancito-Ag-Lagerstätten, Honduras, $>$ 2 Millionen t *Ag*-Erz autogen bis zu ca. 90 μm gemahlen. Ein Stammbaum der Mahlanlage wird gegeben. J. Heinze 6360◇

2069 **Der Einfluß der Rollengeschwindigkeit, Elektrodenspannung und -stellung bei der Hochspannungstrennung.** Chana Nilkuha und S. B. Hudson. (Australas. Inst. Mining Metallurgy, Proc. **1962,** Nr. 204, 109—33; Bangkok, Dep. of Mines, Miner. Exper. Centre; Melbourne, C. S. I. R. O., Ore Dressing Sect.; engl.) — Es werden optimale Bedingungen zur Trennung der *Zirkone* von *Ilmenit* aus austral. Küstensanden mit Hochspannungs-Scheidern abgeleitet. — Diskussion. J. Heinze 6360◇

2070 **Die Trennung von Nichtleitern aus Küstensand mit Setztischen bei der Zirkongewinnung.** S. B. Hudson. (Australas. Inst. Mining. Metallurgy, Proc. **1962,** Nr. 204, 81—108; Melbourne, C. S. I. R. O., Ore Dressing Sect.; engl.) — Feinquarzanteile in Zirkon-Konzentraten lassen sich trocken auf Setztischen ohne große Zirkonverluste abtrennen, während Grobquarzanteile durch Sieben entfernt werden können. Unters.-Ergebnisse aus Testproben aus Neu Südwales u. Westaustralien werden mitgeteilt. — Diskussion. J. Heinze 6360◇

2071 **Die Adsorption von Äthylxanthat auf Bleiglanz.** O. Mellgren und M. G. Subba. (Bull. Instn. Mining Metallurgy Nr. 676, Trans. **72,** 425—42, 1963; London, Royal School of Mines, Dep. of Miner. Technol.; Madras, A. C. Coll. of Technol.; engl.) — Die Xanthatadsorption steigt mit dem Grad der Oxydation des PbS, während die Adsorptionsdichte mit zunehmender Konz. an OH- u. SH-Ionen fällt. CN-Ionen steigern die Adsorption nur unbeträchtlich, neutrale Elektrolyten haben keinen Einfluß. Die Xanthataufnahme wird durch Diffusion bei niedriger u. durch Oberflächen-Rk. bei hoher Oberflächenbelegung kontrolliert. J. Heinze 6362◇

2072 **Kontinuierliche Überwachung und Regelung des Feuchtegehaltes von Sintererzen nach dem Neutronenstreuverfahren.** W. Kühn. (Kerntechn., Isotopentechn. u. -chem. **5**, 207—11, 1963; Inst. Karlsruhe der Isotopen-Studienges. e. V.; dt.) — Die elast. Streuung schneller Neutronen an Kernen von H-Atomen wird zur Feuchte-Best. verwendet. Bei den Verss. wurde Meßgut mechan. abgezweigt u. in einen Stahlzylinder geschüttet, in dessen Achse sich die Meßsonde befand. Von Einfl. auf das Meßergebnis sind die Geometrie der Meßzellenanordnung, die Schüttdichte des Meßgutes u. die chem. Zus. der Feinerze u. des Koksgruszusatzes. Dabei spielt neben der Feuchte auch das Hydratwasser eine Rolle. Die W.-Geh. bewegten sich bei den Verss. zwischen 5 u. 16%; die Meßgenauigkeit liegt bei $\pm$ 0,5% des W.-Gehaltes. Die Unterss. fördern die Automatisierung u. Rationalisierung von Sinteranlagen. F. Hochstetter 6378◇

2073 **Probleme der Anreicherung von Bildungen aus oxydiertem Eisen.** M. E. Volin, R. R. Beebe und W. A. Hockings. (Mines Mag. **51**, Nr. 10, 16—20, Nr. 12, 24 bis 28, 1961; engl.) — Überblick über die verschiedenen Anreicherungs- u. Röstverff. zur Verbesserung der Bldg. von oxydiertem Fe bei Minnesota-Erzen, bes. *Taconiten* u. *Halbtaconiten*. — 19 Literaturangaben. H. Hochstein 6378◇

2074 **Verfahren zur selektiven Oxydation von Nickel-Eisen-Luppen in der Wirbelschicht.** Wolfgang Knaul. (Freiberger Forsch.-H., Reihe B Heft **67**, 57—79, 1962; Freiberg; dt.) — Zur Ni-Gewinnung aus hydrosilicat. Erzen mit 1 (%) Ni werden die nach einem Renn-Verf. anfallenden Ni–Fe-Luppen mit 6—10 Ni klassiert u. die Kornfraktion unter 3 mm nach dieser selektiven Oxydation in einer ammoniakal. $(NH_4)_2SO_3$-Lsg. gelaugt u. auf *Reinnickel* verarbeitet. Bei der selektiven Oxydation wird Fe in das unlösl. Fe_2O_3 überführt, nicht aber das Ni oxydiert. Verss. in kleintechn. Maßstab ergaben, daß sich diese Oxydation besser in der Wirbelschicht als im Drehrohrofen durchführen läßt. Kennziffern für eine Betriebsanlage werden gegeben. — Diskussion. F. Vier 6380◇

2075 **Gewinnung von Blei und Zink aus Schlämmen.** J. G. Donaldson. (U. S. Dep. Interior, Bur. Mines, Rep. Invest. **1963**, Nr. 6263, 1—15, 1963; Rolla Met. Res. Center, Bureau of Mines, Rolla, Mo.; engl.) — Es wird über Verss. an einem kombinierten Verf. (Elektrolyse + chem. Fällung) berichtet. Bei den halbkontinuierlichen Verss. wurde der Elektrolyt zunächst chem. angereichert u. die Elektrolyse dann ohne Diaphragma durchgeführt, wodurch sich die Ausbeuten an Pb u. Zn verbesserten. Die eingesetzten Schlämme enthielten, auf Trockengew. bezogen, 0,1—5,8 (%) Pb u. 0,3—17,2 Zn. Davon können bis zu 98% des Pb- u. 90% des Zn-Inhalts gewonnen werden. Das Verf. ist jedoch vergleichsweise teuer u. kommt nur in Frage, wenn auf diese Schlämme (über 500000 t) zurückgegriffen werden muß. — 12 Literaturangaben. F. Hochstetter 6380◇

2076 **Die Möglichkeiten der Gewinnung seltener Elemente aus Bauxiten bei der Tonerdeherstellung nach dem Bayer-Verfahren.** Elemér Papp. (Freiberger Forsch.-H., Reihe B Heft 67, 117—30, 1962; Budapest; dt.) — Unterss. der ungar. Bauxite ergaben, daß das elektrolyt. Ausbringen des metall. *Ga* aus den Dicklaugen des Bayer-Verf. unbedingt wirtschaftlich ist. Dagegen ist die Absonderung von ZrO_2 aus dem Rotschlamm oder aus dem angereicherten Rotschlamm gegenüber der Aufarbeitung anderer Zr-Erze nicht vorteilhaft. Auch die Oxide von *Be* u. der *Ce-Gruppe* lassen sich nicht rentabel anreichern u. ausbringen. Anreicherung u. chem. Abtrennung von ThO_2 erscheint möglich. Die Gewinnung von *Mo* dürfte von geringem Interesse sein, höchstens als Neben-Prod. bei der Ga-Gewinnung. — Diskussion. F. Vier 6380◇

2077 **Maschinen und Einrichtungen für die Herstellung von Formen durch höheren spezifischen Druck.** Jiří Kral. (Slévárenství **10**, 419—21, 1962; Plzeň, Závody V. I. Lenina- výzkum slévárenských strojů Brno; tschech.) J. Tůmová 6382◇

2078 **Einfluß der Mechanisierung auf die erfolgreiche Verwendung der Technologie des Pressens von Formen durch höhere spezifische Drucke.** Jiří Širokich. (Slévárenství **10**, 412—18, 1962; Brno, Slévárenský výzkum Štat. výzk. ústavu materiálu a technologie; tschech.) — Vf. erläutert das Verf. u. die Vorteile der Herst. von Formen unter Anwendung von erhöhtem Druck (bis 40 kg/cm² evtl. Explosionsformung) u. beschreibt die dazu entwickelten Maschinen. Grundbedingung bleibt die Wahl einer geeigneten Formmischung u. die Anwendung eines der Form u. der Größe der Form entsprechenden Druckes. J. Tůmová 6382◇

2079 **Abgießen von Werkzeugen aus Schnellstählen in Sandformen, die durch Pressen unter höheren Drucken hergestellt werden.** Vilém Navrátil. (Slévárenství **10**, 421—25, 1962; Hulín, n. p. Nářadí; tschech.) — Für die Formherst. werden ausschließlich Quarzsande mit Phenol-Resolharz als Bindemittel verwendet. Der Formungsdruck beträgt 15—25 kg/cm², die metall. Formen müssen poliert oder verchromt sein. Die Formen werden bei 200—220° 3—6 Std. getrocknet. Die Werkstoffersparnisse bei diesen Verf. können bis 50%, die Kosten bis 28% erreichen. J. Tůmová 6382◇

2080 **Verkürzung der Trockenzeit von Formen durch die Verwendung der Mischungen mit Bentonit und Dextroner.** Josef Dlezek. (Slévárenství **10**, 401—07, 1962; Brno, Slévárenský výzk. Stát. výzk. ústavu materiálu a technologie; tschech.) — Eigg. der Formen aus Bentonit mit 2—3% *Dextroner* (Mutterlauge der Glukoseherst. mit 40—50% Glukose) für mittlere u. schwere Graugußstücke. Die Zus. richtet sich nach der Herst.: Handformen verlangen 2,5—3 (%) Dextroner u. 4—5 Feuchtigkeit, Maschinenformen 1,8—2,5 Dextrose u. 2,7—3,5 Feuchtigkeit. Trocknung in Trockenkammern 2—4 Std. oder besser mit direkter Gasheizung 1—2 St.; die Temp. darf 200° nicht übersteigen. J. Tůmová 6382◇

2081 **Erhöhung der Intensität der Formtrocknung durch Überdruck.** Robert Kamenský und Ervín Mickerts. (Slévárenství **10**, 407—09, 1962; Ostrava-Vítkovice, Vítkovické železárny K. Gottwalda; tschech.) — Die Trocknung von Formen bei direkter Durchleitung vorgewärmter Luft (maximal 400°; 40 mm Hg) verkürzt die Trocknungszeit im Vgl. mit dem Kammerverf. um ein vielfaches, wobei die Kosten für Preßluft ca. 20mal für Gas ca. 100mal geringer sind. J. Tůmová 6382◇

2082 **Verformbare Dauermagnete.** H. Fahlenbrach. (Techn. Mitt. Krupp, Werksber. **20**, 141—47, 1962; Friedr. Krupp WIDIA-Fabrik; dt.) — Nach einem Überblick über die Magnetwerkstoffe u. die Grundlagen des Permanentmagnetismus wird über Verss. mit den *Vicalloy*-Legg. KOERZIT T u. H berichtet, die Koerzitivkraft zu erhöhen. Änderungen der Wärmebehandlung nach der Kaltverformung führten zu Höchstwerten der Koerzitivkraft. Die Anlaßzeiten für maximale Werte verringern sich mit zunehmender Anlaß-Temp., die maximalen Koerzitivfeldstärken nehmen bei kleineren Anlaßzeiten u. hohen Anlaß-Temp. deutlich zu. Es konnten H_c-Werte von 500 Oe gegenüber bisher 300 Oe erreicht werden. Die Ergebnisse sind mit Formanisotropie zu erklären. — 20 Literaturangaben. V. Vier 6388◇

2083 **Grauguß zum Oberflächenhärten.** Josef Bradík. (Slévárenství **10**, 446—49, 1962; Brno, Stát. výzk. ústav materiálu a technologie, slévárenský výzk.; tschech.) — Zum Oberflächenhärten eignet sich untereutekt. Guß mit einem C-Äquivalent bis 3,8%, ausnahmsweise bis 4%. Der Graphit muß sehr fein sein u. das Impfen wird empfohlen. Die hohe Temp. des Beginns des Erstarrens dieses Gußes u. das große Erstarrungsintervall verlangt genaue Einhaltung der technolog. Bedingungen, bes. von waagrecht gegossenen Stücken. Die gehärtete Oberfläche sollte nur durch Schleifen bearbeitet werden. J. Tůmová 6402◇

2084 **Übersicht über die Verfahren zur Herstellung von Gußeisen mit Kugelgraphit.** A. Frommhagen. (Gießereipraxis **1963**, 336—39; dt.) M. Gehlen-Keller 6404◇

2085 **Einfluß des Kohlenstoffgehaltes und der Erschmelzungsart auf die Kerbzugfestigkeit von H-11 modifiziertem und von 300 M-Blechstahl bei Raumtemperatur.**

J. L. Shannon jun., G. B. Espey, A. J. Repko und W. F. Brown jun. (Proc. Amer. Soc. Testing Mater. **60,** 761—95, 1960; Cleveland, Ohio, Lewis Res. Center of Nat. Aeronautics and Space Adm.; engl.) — Zugverss. werden an ungekerbten u. gekerbten Blechproben aus gehärtetem u. dann auf unterschiedliche Härte angelassenem Stahl mit ca. 1. 0,25—0,45(%) C, 0,85—0,95 Si, 4,85—5,25 Cr, 1,2—1,3 Mo u. 0,45—0,55 V sowie 2. 0,35—0,45 C, 1,6—1,75 Si, 0,8—0,95 Cr, 0,3—0,45 Mo, 1,85—2,0 Ni u. 0,1—0,15 V durchgeführt, wobei die Stähle an Luft oder durch Umschmelzen im Vakuumlichtbogenofen hergestellt waren. Es zeigte sich, daß die Zugfestigkeit beider Stähle mit dem C-Geh. zunahm. Dieser Verfestigungseffekt nahm bei den höchsten Anlaßtemp. von 1200—1300°F ab. Der Einfl. des C-Geh. auf die Kerbempfindlichkeit ist für beide Stähle deutlich verschieden; der Stahl *300 M* behielt ein völlig kerbduktiles Verh. für alle C-Geh. bei Festigkeitswerten unter 200000 psi. bei u. bei höheren Festigkeitswerten nahm die Kerbempfindlichkeit mit steigendem C-Geh. zu. *H-11* zeigte bei Werten unter 160000 psi bei allen C-Geh. ein kerbduktiles Verhalten. Bei Festigkeits-Werten von 175000—250000 psi nahm die Kerbempfindlichkeit mit steigendem C-Geh. ab. Die höchsten erreichbaren Festigkeitswerte in dieser Stahlleg. haben bei irgendeinem C-Geh. annähernd gleiche u. hohe Kerbempfindlichkeit. Die Vakuum-Umschmelzbehandlung hat bei beiden Stählen keinen erkennbaren Einfluß auf die Zugfestigkeit. Ihr Einfl. auf die Kerbempfindlichkeit war nur sehr gering u. fiel bei den unteren Festigkeitswerten ganz aus. H. Hochstein 6410◇

2086 **Carbidausscheidung und Entwicklung sowie Verarmung der Grundmasse in hitzebeständigen Stählen und Legierungen, die in aufkohlender Atmosphäre warmbehandelt wurden.** G. Pomey. (Trans. metallurg. Soc. AIME **218,** 1129, 1960, herausgeg. 1961; engl.) — Diskussion zu der C. **1963,** 14479 referierten Arbeit. M. Gehlen-Keller 6410◇

2087 **Einflüsse von Legierungszusätzen auf die Warmrißbildung von austenitischen nichtrostenden Chrom-Nickel-Stählen.** Frederick C. Hull. (Proc. Amer. Soc. Testing Mater. **60,** 667—90, 1960; Pittsburgh, Pa. Westinghouse Res. Labor.; engl.) — *N, Mn, Mo, W* u. *Cr* erniedrigen die Neigung der austenit. nichtrostenden Cr–Ni-Stähle zur Warmrißbildung. Auf der Grundlage eines gleichen %-Geh. verursachen *Co, V, Al, Ni, Ta, Cu, Si, Nb, Ti, C, Hf, Zr* u. *B* steigende Mengen an Warmrissen u. zwar in der angegebenen Reihenfolge. Die Unters. erfolgte mit dem CPT-(Cast Pin Tear)-Test. Diese Werte können zur Entw. von Legg. mit verbesserter Warmrißfestigkeit verwendet werden. — 32 Literaturangaben. Diskussion. H. Hochstein 6410◇

2088 **Angaben über Nickel–Eisen-Legierungen mit hoher Permeabilität.** Warren S. Eberly. (Materials Design Engng. **58,** 76—80, 1963; Carpenter Steel Co.; engl.)— Übersicht über Eigg., Wärmebehandlung u. Anwendung von Ni(79%)–Mo–Fe- u. Ni(49%)–Fe-Legg. mit hoher Permeabilität. W. Wesly 6410◇

2089 **Rückgewinnungsindustrie für Nichteisenmetalle in Californien, mit Angaben über Nevada und Hawaii.** George C. Branner. (U. S. Dep. Interior, Bur. Mines Inform. Circ. **1962,** Nr. 8143, 1—115; San Francisco, Calif., Div. of Mineral Resources; engl.) — Es handelt sich um die Abfälle von *Cu, Pb, Al, Zn, Sb, Ni* u. *Sn,* wobei die 4 ersten 95% des Gesamtwerts ausmachen. Die bei den einzelnen Metallen üblichen Arten des Sammelns, der Vorbereitung u. der Handelsgebräuche werden geschildert. Verglichen mit dem *Fe*-Schrott beträgt dieser Schrott gewichtsmäßig nur 6%, wertmäßig aber 43% des Fe-Schrotts. Zahlreiche Abb., graph. Darst. u Tabellen. F. Hochstetter 6420◇

2090 **Untersuchungen zum reduzierenden Rösten von Zinkkonzentraten.** Fedor Michailowitsch Loskutow. (Freiberger Forsch.-H., Reihe B Heft **67,** 81—95, 1962; Leningrad; dt.) — Zur Verbesserung des Zn-Ausbringens bei der Laugung von Zn-Abbränden muß vorher Ferrit durch reduzierende Röstung aufgeschlossen werden. Thermodynam. Berechnungen ergaben, daß es bei einem richtigen Verhältnis von CO zu CO_2 möglich sein muß, in reduzierender Atmosphäre *Zn-Ferrit* in *ZnO* u. *Magnetit* zu zerlegen. Als optimale Bedingungen wurde eine Temp. von 700° u. 6—8% CO im Red.-Gas ermittelt. Bei einem Wasserstoff-Geh. von 6% im Gas entstehen lösl. Verbb. bei der Zerlegung von Zn-Ferrit. $ZnSO_4$ geht bei optimalen Bedingungen nicht in *ZnS* über, sondern röstet beinahe vollkommen ab. Bei der reduzierenden Röstung verflüchtigt sich *Cd, As* u. *Pb* teilweise. *Cu* geht bei der Laugung der red. Abbrände fast vollständig in Lösung. — Diskussion. F. Vier 6426◇

2091 **Mechanismus der Kobaltgewinnung aus dessen Ferriten bei sulfatisierendem Rösten.** L. A. Petrow. (Freiberger Forsch.-H., Reihe B Heft **67,** 97—100, 1962; UdSSR; dt.) — Beim sulfatisierendem Rösten von Ferriten zur Co-Gewinnung kommt es unter der Einw. von O zum Übergang $CoO \cdot Fe_2O_3 \rightarrow \gamma\text{-}Fe_2O_3$ unter Co-Ionenaustritt aus dem Ferritgitter. Die Co-Ionen gehen in freies CoO über, das sulfatisiert wird. Als zweckmäßig hat es sich erwiesen, zur Zerlegung des Co-Ferrits zuerst in reinem O_2 zu rösten u. dann mit SO_2 zu behandeln. F. Vier 6434◇

2092 **Aufarbeitung von Schrott der Hochtemperatur-Legierung S-816.** L. W. Higley jun. (U. S. Dep. Interior, Bur. Mines, Rep. Invest. **1963,** Nr. 6230, 1—12; Rolla Met. Res. Center, Bureau of Mines, Rolla, Mo.; engl.) — S-816 hat 40,00—44,00(%) *Co,* je 19,00—21,00 *Cr* u. *Ni,* zeigt 4 *Mo, W, Nb,* Rest *Fe* mit etwas *Mn, Si, C.* Das Umschmelzen geschieht im Hochfrequenz-Induktionsofen in einem MgO-Tiegel unter He bei verschiedenen Drücken. Dieser darf nicht zu niedrig sein, da sonst zu viel Mn verdampft. Verluste an Mo müssen ersetzt werden. Unter diesen Voraussetzungen kann eine der aus Rohstoffen erschmolzenen Leg. gleichwertige aus dem Schrott gewonnen werden. F. Hochstetter 6434◇

2093 **Die Beziehung von Struktur zu mechanischen Eigenschaften in Udimet 500.** M. Kaufman und A. E. Palty. (Trans. metallurg. Soc. AIME **218,** 1123—24, 1960, herausgeg. 1961; engl.) — Diskussion zu der C. **1963,** 12195 referierten Arbeit. M. Gehlen-Keller 6434◇

2094 **Entwicklungen auf dem Gebiet des Magnesiums. (Literaturübersicht 1961/62.)** Bruno Beyer, Ruth Ahlbrecht und Ingrid Sonntag. (Neue Hütte **8,** 685—91, 1963; Freiberg; dt.) — Erzeugung u. Verbrauch, Eigg. u. Verarbeitung von Mg-Legg., Korrosion u. Oberflächenbehandlungsverff. für Mg-Legierungen. — 86 Literaturangaben. M. Gehlen-Keller 6444◇

2095 **Über die Rolle des Natriums beim Kathodenprozeß in der Aluminium-Schmelzflußelektrolyse.** Rudolf Proft. (Freiberger Forsch.-H., Reihe B Heft **67,** 131—44, 1962; Bitterfeld; dt.) — Verss. ergaben, daß Na erst über 1120° edler als Al wird. Entgegen der Annahme von Grünert (Z. Elektrochem. angew. physikal. Chem. **48,** [1942], 393) ist daher bei der techn. Schmelzflußelektrolyse zur Al-Herst. Al edler als Na. Messungen des Kathodenpotentials weisen darauf hin, daß prim. nicht Na, sondern Al abgeschieden wird, wobei das einwertige Al eine wesentliche Rolle spielt. In Abhängigkeit vom Na-Ionen-Geh. der Tonerde-Kryolith-Schmelze, der Temp. u. Stromdichte scheidet sich auch Na mit ab, worauf ein Teil des Stromausbeuteverlustes am techn. Bad zurückzuführen ist. Bei 950° wird in sauren Schmelzen mit AlF_3-Überschuß dieser Verlust auf 1%, in alkal. Schmelzen mit NaF-Überschuß auf 3% geschätzt. — 17 Literaturangaben. Diskussion. F. Vier 6446◇

2096 **Legieren von Aluminium und seinen Legierungen mit Mangan.** S. Holeček, A. Franěk und J. Koritta. (Slévárenství **10,** 471—73, 1962; Praha, Vys. škola chem.-technologická; tschech.) — Überprüfung der Herst. von *Mn*-reichen Al-Vorlegg. mit bis zu 20% Mn durch Legieren des Al mit Elektrolyt-Mn, Red. von Mn-Salzen durch geschmolzenes Al u. die aluminotherm. Red. von MnO_2 mittels Al. Die aluminotherm. Red. ist techn. u. ökonom. am vorteilhaftesten. Das geeignetste Gemisch für die Red. enthält 64 (kg) MnO_2, 8 *CaO,* 4 CaF_2, 24 *Al*-Grieß (0,5—1 mm); Ausbeute 75—78%. Vorteilhaft ist ein vorangehendes Ausglühen des MnO_2 auf

Mn_2O_3, welches bis zu 30% Al-Grieß ersparen kann. *SiO_2* verlangsamt die Rk. u. erniedrigt die Ausbeute; der optimale Geh. der Schlacke an CaO liegt bei 13%.
J. Tůmová 6446◇

2097 **Messung der aus dem Korngrenzengleiten in Aluminium und Aluminium–Magnesium von 410—490°F auftretenden Verformung.** Hans Brunner und N. J. Grant. (Trans. metallurg. Soc. AIME **218,** 1124—25, 1960, herausgeg. 1961; engl.) — Diskussion zu der C. **1963,** 12196 referierten Arbeit.
M. Gehlen-Keller 6446◇

2098 **Extraktionsmetallurgie des Urans.** Roberto Borges Trajano. (Engenharia, Mineração Metalurg. **38,** 67—73, 1963; Rio de Janeiro, Univ. Catól.; port.) — Überblick. — 10 Literaturangaben.
M. Gehlen-Keller 6448◇

2099 **Darstellung von ultrareinem Germanium in großem Maßstab.** J. M. Wilson. (Res. appl. in Ind. **12,** 47—53, Febr. 1959; Enfield, Middlesex, Standard Telecomm. Labor.; engl.) — Übersicht. — 12 Literaturangaben.
R. Junge 6448◇

2100 **Pulvermetallurgie bei den Anwendungen in der Raumfahrt.** J. C. Barrett. (J. Metals **15,** 349—51, 1963; U. S. Dep. of Defence, Defense Res. and Engn.; engl.) — Insbes. wird der Einsatz von *Be, W, Mo* u. *Ta* bei den kosmonaut. Fahrzeugen erörtert. Das Vers.-Programm der US Army, Navy u. Air Force auf diesem Gebiet (Dispersionshärtung, Einsatz von Vorlegg., Pulverwalzen u. Verdichten größerer Einheiten) wird beschrieben.
H. Fahlenbrach 6474◇

2101 **Über den Einfluß von Titan und Zirkonium auf Eigenschaften und Struktur der metallkeramischen Fe–Ni–Al–Co–Cu-Legierungen.** A. B. Altman und P. A. Gladyschew. (Abh. dtsch. Akad. Wiss. Berlin, Kl. Math., Physik Techn. **1962,** 275—80; Moskau Zentrales Konstruktionsbüro für Elektroantrieb; dt.) — An pulvermetallurg. hergestellten *Magnico*-Legg. (ähnlich dem deutschen *Alnico 500*) wird der Einfl. von Ti- u. Zr-Zusätzen bis zu 2,5(2,0)% untersucht. Ti erhöht die Koerzitivkraft (H_c) u. verringert die Remanenz (Br). Zr erhöht nur bis 1% die Koerzitivkraft. Höhere Zr-Geh. verringern sowohl H_c wie B_r · Zr wird in der β-Phase, Ti in der β_2-Phase gelöst.
H. Fahlenbrach 6474◇

2102 **Die Reinheit der Kobalt-Phase in Sinterhartmetall-Legierungen.** Atsushi Nishiyama und Ryuichi Ishida. (Trans. Japan Inst. Metals **3,** 185—90, 1962; Itami, Hyogo Pref., Sumitomo Electric Industries, Ltd.; engl.) — Co-Legg. u. handelsübliche Hartmetall-Legg. werden mit der Röntgenstrahl-Beugung u. mit der Curiepunkt(Θ)-Messung untersucht. Dabei werden Standards für den Geh. gelöster Atome in der Co-Phase von Hartmetall-Legg. gewonnen. Die Co-Phase besitzt bei den Hartmetall-Legg. eine kub.-flächenzentrierte Kristallstruktur. Bei 20° können in der Co-Phase recht große Mengen verschiedener Atome gelöst werden. Θ der Co-Phase der Hartmetall-Legg. ist stets niedriger als der von Co, das mit C gesättigt ist. Θ kann als Maß für die Reinheit der Co-Phase bei hohen Temp. angesehen werden. Bei niedrigen C-Geh. im Hartmetall ist der Betrag der metall. Löslichkeit groß.
H. Fahlenbrach 6476◇

2103 **Druckprüfung von Magnesium-Blech unter Anwendung einer schnellen Erhitzung.** Raymond W. Fenn jun. (Proc. Amer. Soc. Testing Mater. **60,** 940—56, 1960; Midland, Mich., Dow Chemical Co.; engl.) — Bauweise u. Leistung einer Prüfvorr. zur Best. von Druckspannung-Dehnung-Kurven u. der Kurzzeit-Druck-Kriech-Eigg. bei erhöhter Temp. von Mg-Blechen bei schneller Erhitzung der Proben werden erörtert u. die diesbezüglichen ermittelten Werte von Blechen der *HK 31 A–H 24–Mg*-Leg. mitgeteilt. — 25 Literaturangaben. Diskussion.
H. Hochstein 6480◇

2104 **Die Zeitstandfestigkeit eines unlegierten und eines niedriglegierten Stahls bei 1200—1800°F.** P. N. Randall. (Proc. Amer. Soc. Testing Mater. **60,** 885—94, 1960; Whiting, Ind., Standard Oil Co.; engl.) — Die Zeitstandfestigkeitswerte eines Stahles mit 0,17(%) C, 0,65 Mn, 0,26 Si, 0,08 Cr, 0,05 Mo, 0,009 P, 0,022 S u. eines niedriglegierten Stahles mit 0,13 C, 0,55 Mn, 0,54 Si, 1,21 Cr, 0,55 Mo, 0,016 P u. 0,026 S wurden bei 1200—1800°F unter einer Spannung von 2500 psi ermittelt. Die Prüfungen wurden bei konst. Spannung sowohl in Luft als auch im Vakuum durchgeführt. Für beide Stähle nahm die Bruchzeit stetig mit den zunehmenden Prüftemp. ab, bis ein Minimum bei 1400—1450°F erreicht war; darauf stieg sie scharf bis 1600°F an u. nahm dann wieder ab. Der Einfl. auf die Kriechgeschw. war ähnlich wie der auf die Bruch-Haltbarkeit. Beide Stähle waren bei Temp. über 1600° viel weniger duktil als bei Temp. unter 1600°F. Die Überlegenheit des niedriglegierten Stahles für den Betrieb bei Temp. bis zu 1200°F verschwand bei den höheren Prüftemperaturen. Im Gegensatz zur vorherrschenden Ansicht wurde kein Nachweis dafür erbracht, daß eine Phasenänderung an sich diese Stähle schwächte. Offenbar ist die oberhalb von 1600°F vorhandene austenit. Phase fester als die ferrit. Phase, welche unterhalb von 1450°F vorherrscht. Prüfungen, bei denen die Temp. der unter Spannung stehenden Proben über den krit. Temp.-Bereich gewechselt wurde, bestätigten die Ansicht.
H. Hochstein 6480◇

2105 **Temperaturabhängigkeit der Elastizitätsmoduln von mehreren nichtrostenden Stählen.** F. Garofalo. (Proc. Amer. Soc. Testing Mater. **60,** 738—49, 1960; Monroeville, Pa., U. S. Steel Corp.; engl.) — Die Elastizitätsmodul-Werte werden von zwei austenit. nichtrostenden Stählen, einem Cr–Mn–N-Stahl, einem anderen Cr–Mn–Mo–V–N-Stahl sowie von einem ferrit. nichtrostenden Stahl (modifizierter Typ *422*) bei Temp. zwischen 80 u. 1000°F bestimmt. Diese Werte u. die Temp.-Abhängigkeit der austenit. Stähle unterscheiden sich in einigen Beziehungen von den bei den Stählen AISI *300* ermittelten Werten. Ein meßbarer Unterschied im Verh. wurde auch für *422* beim Vgl. mit dem ferrit. Stahl *410* gefunden.
H. Hochstein 6480◇

2106 **Der Einfluß der Korngrenzenwanderung auf die Bildung von interkristallinen Fehlstellen während des Kriechens.** C. W. Chen und E. S. Machlin. (Trans. metallurg. Soc. AIME **218,** 1125—28, 1960, herausgeg. 1961; engl.) — Diskussion zu der C. **1963,** 14109 referierten Arbeit.
M. Gehlen-Keller 6480◇

2107 **Die Ermüdung von Druckkessel-Materialien bei niedrigen Wechselspannungen.** G. Sachs, W. W. Gerberich, V. Weiss und J. V. Latorre. (Proc. Amer. Soc. Testing Mater. **60,** 512—29, 1960; Syracuse, N. Y., Univ., Pasadena, Calif., Inst. of Technol.; engl.) — Zug-Druck- sowie Biegewechselbeanspruchungen wurden an zwei Druckkesselmaterialien nämlich, am Stahl *A-302*, Al-Leg. *5454-O* u. *2024-T*[4], ausgeführt. Die Zug-Druck-Wechselbeanspruchung kann auf Grund der Unters.-Ergebnisse durch die Gleichung $N = [(\varepsilon_F - \varepsilon_0)/\varepsilon_{TR}]^2$ ausgedrückt werden, worin N die Anzahl der Lastwechsel, ε_F die natürliche Bruchdehnung, ε_0 die mittlere Dehnung, ε_{TR} der gesamte Dehnungsbereich bedeuten. Bei den Biegewechselbeanspruchungen wird ein ähnlicher Verlauf festgestellt.
H. Hochstein 6480◇

2108 **Verzögerter Bruch hochfester Stähle in flüssigen Umgebungen.** E. A. Steigerwald. (Proc. Amer. Soc. Testing Mater. **60,** 750—60, 1960; Cleveland, Ohio, Thompson Ramo Wooldridge Inc.; engl.) — Kurzzeit-Standverss. unter Zugbeanspruchung werden an zentr. gekerbten Flachproben aus Stählen mit ca.: 1. 0,45(%) C, 1,8 Si, 0,9 Mn, 0,9 Cr, 0,45 Mo, 1,9 Ni u. 0,15 V sowie 2. 0,4 C, 1,0 Si, 5,15 Cr, 1,3 Mo u. 0,5 V teils unter Einw. verschiedener fl. Medien, z. B. *destilliertem* W., *Amylalkohol, Aceton, Schmieröl* u. *CCl_4*, ausgeführt. Die Unters.-Ergebnisse zeigen, daß der verzögerte Bruch in Ggw. einer fl. Umgebung mit genügender Geschw. auftreten kann, um eine Abnahme der Kerbzugfestigkeit zu bewirken, welche bei relativ niedrigen Dehnungsgeschw.-Zugprüfungen erhalten wird.
H. Hochstein 6480◇

2109 **Eine Untersuchung des mechanischen Verhaltens von Inconel 718 als Bauwerkstoff für ein Überschall-Gleitflug-Beförderungsmittel.** N. A. Tiner und J. E. Fischler. (Proc. Amer. Soc. Testing Mater. **60,** 825—42, 1960; Santa Monica, Calif., Douglas Aircraft Co.; engl.) —

Das mechan. Verh. der durch Ausscheidung gehärteten Ni–Cr-Leg. *Inconel 718* unter Temp.-Spannung-Zeit-Bedingungen wird ermittelt. H. Hochstein 6480◇

2110 **Die statische und die Dauerfestigkeit von dreiachsigen Spannungen unterworfenen Metallen.** William M. Lehrer und Harry Schwartzbart. (Proc. Amer. Soc. Testing Mater. **60,** 610—26, 1960; Chicago, Ill., Inst. of Technol.; engl.) — Angaben über die Zug- u. Dauerfestigkeit von *Ag-Hartlot*-Verbindungen an Stählen *4340.* H. Hochstein 6480◇

2111 **Anwendung von induktiver Erhitzung auf eine Kurzzeit-Zugprüfung bei erhöhter Temperatur.** Albert P. Levitt und Anthony G. Martin. (Proc. Amer. Soc. Testing Mater. **60,** 974—85, 1960; Watertown, Mass., Arsenal Labor.; engl.) — Die Technik u. die App. zur Anwendung einer induktiven Hochfrequenz-Erhitzung bei der Kurzzeit-Zerreißprüfung bei erhöhter Temp. bis zu 1000°F werden beschrieben, wobei die Metallproben rasch auf die vorbestimmte Temp. gebracht u. dann auf Zug beansprucht werden. Zugprüfwerte werden bei 600, 800 u. 1000°F an 120 reinen u. geschweißten *Ti*-Leg.-Proben erhalten. H. Hochstein 6480◇

2112 **Über das Verhalten von reinem Tantal im Zugversuch.** Wolfgang Dürrschnabel. (Z. Metallkunde **53,** 775—78, 1962; Stuttgart, MPI für Metallforsch.; dt.) — Der Einfl. von Temp., Korngröße u. Prüfgeschw. auf Streckgrenze, Zugfestigkeit u. -Verfestigungsexponent von Ta, das im Elektronenstrahl geschmolzen wurde, wurde ermittelt u. mit Literaturwerten verglichen. Es zeigt sich, daß sich die Verfestigung von Ta mit der Verformungsgeschw. ändert. In allen Fällen besteht ein linearer Zusammenhang zwischen dem Verfestigungsexponenten u. dem log ε (ε = Dehnung). — 23 Literaturangaben. H. Hochstein 6480◇

2113 **Quantitative metallographische Auswertung von graphitischen Mikrostrukturen.** L. L. Wyman und G. A. Moore. (Mod. Castings **43,** Nr. 1, 7—16, 1963; Washington, D. C., Nat. Bur. Standards; engl.) — Vff. weisen auf Unstimmigkeiten, die bei der Auswertung von graphit. Mikrostrukturen nach genormten Verff. auftreten, hin u. machen Vorschläge zur Behebung. F. Vier 6482◇

2114 **Neue Beobachtungen über den Mechanismus des Ermüdungsbruches.** Melvin A. Wilkov. (Proc. Amer. Soc. Testing Mater. **60,** 540—59, 1960; University Park, Pa., Univ.; engl.) — Während der Spannungsanlegungsperiode bilden sich Hohlräume auf der Kristalloberfläche u. pflanzen sich fort, bis sie benachbarte Hohlräume treffen u. einen Mikroriß bilden. Es handelt sich dabei um Diffusion von Leerstellen aus einer inneren Quelle, die eine passende Bewegung eines durch Schneiden einer Schrauben- u. einer Stufenversetzung gebildeten Versetzungssprunges sein kann. Die Hohlräume erweitern sich, indem sie für die Leerstellenströme wie Sinkstellen wirken. Es besteht die Möglichkeit, daß die Korngrenzen wie eine Sinkstelle auf die Leerstellen wirken. — Diskussion. H. Hochstein 6482◇

2115 **Sprödigkeit durch Bestrahlung von ferritischen Materialien.** J. Spreadborough. (Metallurgia ital. **54,** 272—76, 1962; Genf, Battelle Mem. Inst.; ital.) — Überblick bzgl. der Anwendung von Stählen in Kernreaktoren (Neutronenbestrahlung). Herbert Weber 6484◇

2116 **Vergleichende Betrachtung von internationalen Richtlinien zum Beurteilen von Durchstrahlungsfilmbildern beim zerstörungsfreien Prüfen von Schweißnähten an Ölfernleitungen.** W. Zitzelsberger. (Schweißen u. Schneiden **15,** 487—92, 1963; Kaiserslautern; dt.) M. Gehlen-Keller 6484◇

2117 **Verformungs- und Rekristallisationstexturen von Nickel und von Legierungen auf Nickelbasis.** C. A. Clark und P. B. Mee. (Z. Metallkunde **53,** 756—64, 1962; Birmingham, International Nickel Co. [Mond] Ltd.; dt.) — Die Walztextur von Ni-Blech hoher Reinheit kann angenähert als eine Streuung um die vier äquivalenten idealen Orientierungen des Typs (123) [$1\bar{2}1$] beschrieben werden. Die Rekristallisationstextur ist im wesentlichen die Würfeltextur (100) [001]. *Reinnickel* u. Ni mit kleinen Beimengungen von *Cr* u. *Co* bilden bei kleinen, um 40% liegenden Verformungsgraden eine schwache Textur um die (123) [$1\bar{2}1$]-Orientierung aus. Der kleine Anteil an Würfeltextur, der beim Glühen entsteht, verkleinert die Elastizitätsmoduln der Legg. nur unwesentlich. Bei einen vorgegebenen Verformungsgrad entsteht in dispersionsgehärtetem Ni eine Walztextur um die (123) [$1\bar{2}1$]-Orientierung, die ausgeprägter ist als in Ni hoher Reinheit. Die Rekristallisationstextur von dispersionsgehärtetem Ni ist eine Würfeltextur mit ausgeprägten Zwillingskomponenten. Die meisten Körner treten als Zwillinge auf, sogar noch nach einem einstd. Glühen bei 1200°. Die Walztextur von Blechen aus *Nimonic 75, 80 A* u. *90,* die um 40% verformt wurden, kann näherungsweise als Streuung um die idealen Orientierungen (110) [$\bar{1}12$] u. (112) [$11\bar{1}$] beschrieben werden. *Nimonic 80 A* u. *90* rekristallisieren zu einer regellosen Kornorientierung. Bei *Nimonic 75* ist die Rekristallisationstextur der Walztextur ähnlich, jedoch scheint sie schärfer zu sein u. eine stärkere (112) [$11\bar{1}$]-Komponente zu haben. Die beim Pressen bei hohen Temp. entstehende Textur des Ni ist regellos, aber dispersionsgehärtetes Ni hat vorwiegend eine Würfeltextur. *Nimonic*-Legg. neigen beim Pressen unter hoher Temp. zur Würfeltextur. Der Anteil der regellos orientierten Körner nimmt jedoch mit dem Gesamtgeh. an *Ti* u. *Al* zu. Die Ziehtextur von Ni-Draht besteht hauptsächlich aus der ⟨111⟩-Fasertextur. Die Rekristallisationstextur von um 83% gezogenem Ni-Draht ist bei Glühtempp. unter 600° regellos. Die Ziehtextur eines dispersionsgehärteten Ni-Drahtes ist wohl eine Überlagerung der ⟨111⟩- u. ⟨100⟩-Fasertexturen. Beim Glühen nimmt der Anteil der ⟨100⟩-Fasertextur allmählich zu. — 14 Literaturangaben. H. Hochstein 6490◇

2118 **Bemerkungen zur Stabilität von Einkristallorientierungen kubisch flächenzentrierter Metalle beim Walzen.** Frank Haeßner. (Z. Metallkunde **53,** 768—70, 1962; Stuttgart, MPI für Metallforschung; dt.) — Die unterschiedliche Stabilität von Einkristallen der Orientierungen ($\bar{1}\bar{1}2$) [111] u. ($1\bar{1}0$) [112] gegenüber dem Walzen bei *Cu* u. *Al* einerseits u. *Ag* u. *α-Messing* andererseits wird auf die Größe des Materialparameters Stapelfehlerenergie zurückgeführt. — 34 Literaturangaben. H. Hochstein 6490◇

2119 **Zusammenwirken von Verformungsbedingungen, Seigerungen und Einschlüssen in ihrem Einfluß auf die an Längs- und Querproben ermittelten Eigenschaften von Grobblechen.** Hanns Arnt Vogels, Winfried Dahl, Helmut Hengstenberg und Fritz Brüning. (Arch. Eisenhüttenwes. **33,** 649—59, 1962; Duisburg, Forsch.-Inst. der Mannesmann A. G.; dt.) — An Grobblechen aus mit Si u. Al beruhigten *Stählen* mit ca. 0,2% *C* u. 1% *Mn* wird die Ausbldg. der Seigerungen u. Sulfideinschlüsse in Abhängigkeit von der Streckung u. Breitung beim Walzen untersucht. Es zeigt sich, daß bei gleichbleibender Gesamtverformung von 80% die Längswerte der Kerbschlagzähigkeit mit steigendem Verhältnis Streckgrad/Breitgrad bei logarithm. Auftragung ungefähr geradlinig erhöht, die Querwerte entsprechend erniedrigt werden. Hierbei sind die Seigerungen u. Einschlüsse überwiegend *Mn-Sulfide,* die entsprechend dem Verformungsverhältnis mehr oder weniger stark gestreckt worden sind. Zur Trennung des Einfl. von Seigerungen u. Einschlüssen wurden vorwiegend in Längsrichtung auf 13 mm Dicke ausgewalzte Bleche 8 h bei 1350° diffusionsgeglüht. Hierbei ergab sich, daß Form u. Ausbldg. der Einschlüsse einen wesentlich stärkeren Einfl. auf die Unterschiede zwischen den Längs- u. Querwerten der Kerbschlagzähigkeit ausüben als die Seigerungen. Mit steigendem *S*-Geh. nahmen Quer- u. Längswerte ab; das Verhältnis von Längs- zu Querwert nimmt dagegen zu. Eine die Oberfläche der Bleche verschlechternde Zugabe von *Ce* verringerte den S-Geh.; der noch im Stahl verbleibende S wird in hochschmelzende, bei Verformungstemp. wenig plast. Sulfide überführt. Die Kerbschlagzähigkeit am ausgewalzten Blech war in Längs- u. Querrichtung nur noch wenig unterschiedlich. Eine ähnliche Wrkg. ließ sich durch Zusätze an *Ti* erzielen. — 17 Literaturangaben. Diskussion. H. Hochstein 6490◇

2120 **Möglichkeit der Erhöhung der Lebensdauer von Gußstücken aus austenitischem Manganstahl durch die Detonations-Druckwelle.** František Kotrbatý. (Slévárenství **10,** 476—78, 1962; tschech.) — Vf. erläutert. die Oberflächenverfestigung von austenit. *Mn-Stahl*gußstücken durch Explosion. Bei der Explosion werden Drücke an der Oberfläche bis zu 280000 Atmosphären erreicht u. die Härte steigt von 175—249 auf 300—400 HB. Zum Unterschied von der mechan. Verfestigung reicht bei der Explosion die verfestigte Schicht bis in die Tiefe von 20—40 mm. Bei prakt. Verss. (Backen für Steinbrechmaschinen) wurde eine Verlängerung der Lebenszeit um 40—60% bei einem Kostenanstieg von nur 1—3% des Preises des Gußstückes erzielt.
J. Tůmová 6490◇

2121 **Ein neues Werkzeug zum Stanzen, Lochen und Scheren kleiner Serien.** A. F. van Heuven und J. Muntendam. (Sheet Metal Ind. **40,** 725—32, 751, 1963; engl.) — Beschreibung eines „Federschneidgerätes" zum Stanzen, Lochen u. Scheren von Werkstücken.
W. Wesly 6490◇

2122 **Phasenänderungen bei der Ausscheidungshärtung von Nickel–Chrom–Eisen-Legierungen während einer verlängerten Erhitzung.** C. C. Clark und J. S. Iwanski. (Trans. metallurg. Soc. AIME **218,** 368—69, 1960, herausgeg. 1961; engl.) — Diskussion zu der C. **1963,** 4126 referierten Arbeit. M. Gehlen-Keller 6492◇

2123 **Über die Zugfestigkeitseigenschaften von Stumpfschweißungen in $\alpha+\beta$-Ti-Legierungen bei hoher Temperatur und der $\beta\to\alpha$-Umwandlungsprozeß in diesen Legierungen.** Minoru Akada und Shigeo Shin. (Technol. Rep. Osaka Univ. **11,** 155—72, März 1961; engl.) — In $\alpha+\beta$-Ti-Legg. werden Eigg. festgestellt, die als 450°-Anlaßversprödung bezeichnet werden. Eine Wasser-Abschreckung dieser Leg. von einer Temp. oberhalb der $(\beta)/(\alpha+\beta)$-Umwandlungstemp. (400—500°) führt zur Anlaßversprödung. Zur Unters. dieser Erscheinung wurden Zerreißprüfungen an Stumpfschweißverbindungen dieser Leg. nach verschiedenen Wärmebehandlungen durchgeführt u. die bei verschiedenen Temp. angelassenen Legg. werden röntgenograph. untersucht. Es zeigt sich, daß alle $\alpha+\beta$-Ti-Legg. von verschiedenen Zuss. mehr oder weniger bei der Anlaßtemp. von 450° bei Erwärmungszeiten von 10—60 Min. gehärtet werden. Die Härtung tritt infolge einer Dehnung des Kristallgitters von β (oder ausgeschiedener α-Phase) auf. Die $\beta\to\alpha$-Umwandlung wird durch eine Versetzung gefördert. Das Auftreten der ω-Kristallstruktur wird erörtert. ω kann nur in der frühen Periode von α-Ausscheidungen aus der β-Phase beobachtet werden. ω kann nach einen 10—30 Min. dauernden Anlassen bei 450° oder nach einer Anlaßdauer von 20—100 Sek. bei 500° in einer Ti-Leg. mit 8% *Mn* oder mit 7% *Cr* festgestellt werden. Um das Gefüge der stumpfgeschweißten Ti-Legg. in das $\alpha+\beta$-Gleichgew. zu bringen, werden die Ti-Legg. zweckmäßig 5—30 Min. bei 600—700° geglüht.
H. Hochstein 6506◇

2124 **Automatische Vertikalschweißung und ihre industrielle Anwendung.** R. J. Franz und W. H. Wooding. (Welding J. **42,** 489—94, 1963; East Chicago, Ind., Graver Tank and Mfg. Co., Philadelphia, Pa., Arcos Corp.; engl.) — Übersicht über Ausführung der automat. Vertikalschweißung mit Einschluß der Elektrogas-Schweißung u. Eigg. der erzeugten Schweißen.
W. Wesly 6506◇

2125 **Ultraschallschweißen von Kombinationen verschiedener Metalle.** W. C. Potthoff, John G. Thomas und Florence R. Meyer. (Welding J. **39,** 131—38, 1960; West Chester, Pa., Aeroprojects Inc.; engl.) — Verf. u. Anwendung. M. Gehlen-Keller 6506◇

2126 **Ultraschallschweißen von Aluminium mit Kupfer.** Manfred Beckert und Johannes Wodara. (Schweißtechnik [Berlin] **13,** 377—80, 1963; Magdeburg, TH „Otto von Guericke", Inst. für Schweißtechn.; dt.) — Die optimalen Bedingungen zum Ultraschallschweißen von 0,4 mm dicken Al- u. Cu-Blechen u. die Eigg. der erzeugten Schweißen werden ermittelt.
W. Wesly 6506◇

2127 **Punktschweißen von NE-Metallen und legierten Stählen. 1. Mitt. Aluminium und Aluminium-Legierungen.** Werner Fritzsche und Georg Deubel. (Schweißtechnik [Berlin] **13,** 157—62, 1963; Halle, ZIS.; dt.) — An Al u. zahlreichen Al-Legg. ausgeführte Unterss. zeigen, daß die untersuchten Werkstoffe sich zu Widerstands-Punktschweißungen eignen. Die Festigkeitswerte der Schweißen u. die Schweißparameter werden angegeben. W. Wesly 6506◇

2128 **Rationelle Neutralisation durch günstige Leitung der Spritz- und Spülabwässer einer Drahtbeize.** Rudolf Brühl. (Draht-Welt **49,** 41—44, 1963; Plettenberg (Westf.); dt.) — Übersicht über die Verff. zur Regenerierung von Al_2JO_4-Beizen u. zum Reinigen gebeizter Drähte u. Beschreibung einer $Ca(OH)_2$-Neutralisationsanlage von Spritz- u. Spülabwässern einer Drahtbeize.
W. Wesly 6512◇

2129 **Erfahrung mit einem Ionenaustauscherverfahren zur Aufbereitung der Abwässer von Metalloberflächenbehandlungsanlagen.** A. A. L. Pearson und G. G. Parker. (Trans. Inst. Metal Finishing **38,** 159—65, 1961; Morris Motors Ltd.; engl.) — Es wird über die Schwierigkeiten berichtet, die bei der Inbetriebnahme einer Ionenaustauscheranlage zur Aufbereitung von bei der Metalloberflächenbehandlung verunreinigtem W. entstanden.
F. Vier 6512◇

2130 **Galvanoplastikindustrie.** José María Borges. (Rev. brasil. Quím. **51,** 558, 560, 562, 564, 566, 568, 570, 572, 574, 576, 578, 579, 1961; port.) — Übersicht über die App., Verff. u. Anwendungen. Bäder für die verschiedenen Metalle. R. K. Müller 6514◇

2131 **Glanzbestimmung an galvanischen Niederschlägen.** Enrique Julve Salvadó. (Quím. e Ind. [Bilbao] **8,** 200—06, 1961; Ammann, S. A.; span.) — Vgl. der verschiedenen Meth. der Glanzbest. unter Berücksichtigung ihrer Anwendbarkeit während der Elektrolyse, Best. der Rauheit u. des Profils einer glänzenden Oberfläche. — 20 Literaturangaben. R. K. Müller 6514◇

2132 **Untersuchungen über die Einebnung mit Hilfe elektrochemischer Messungen.** E. Raub und M. Stalzer. (Metalloberfläche **17,** 134—35, 1963; Schwäbisch-Gmünd, Forsch.-Inst. für Edelmetalle u. Metallchemie; dt.) — Es wird gezeigt, daß durch Messungen der Stromdichte an bewegter u. unbewegter Kathode bei gleichbleibender Zellenspannung die Einebnung sowie die Mikrostreufähigkeit von galvan. Bädern bestimmt werden kann. Auf dieselbe Weise kann auch der Geh. an Einebnern im *Ni*-Elektrolyten bestimmt werden. F. Vier 6514◇

2133 **Die klassischen Methoden der analytischen Kontrollen der Abwässer.** Claudio Grether. (Galvanotechn. u. Oberflächenschutz **4,** 281—86, 1963; Zürich, EAWAG; dt./franz.) — Behandlung galvan. Abwässer. — 17 Literaturangaben. M. Gehlen-Keller 6514◇

2134 **Gedanken eines Metallurgen über galvanische Überzüge.** J. W. Cuthbertson. (Trans. Inst. Metal Finishing **38,** 1—8, 1961; engl.) — Vortrag über die Struktur galvan. Ndd., ihre Haftfestigkeit, das Abscheiden von Legg. u. die Struktur dieser Leg.-Niederschläge. — 18 Literaturangaben. F. Vier 6516◇

2135 **Die Plattierung von gedruckten Schaltungen.** Karl Schneider. (Galvanotechnik **54,** 373—90, 1963; dt.) — Überblick. — 68 Literaturangaben. F. Vier 6516◇

2136 **Hartanodisieren von Aluminiumlegierungen.** J. Ch. Bakaljuk. (Galvanotechnik **54,** 371—73, 1963; dt.) — Die durch Hartanodisieren auf Al gebildeten Strukturen sind 30 μm u. mehr dick. Das in der UdSSR durchgeführte Verf., die Bad-Zus. u. eine Anlage für einen größeren Betrieb werden beschrieben. F. Vier 6530◇

2137 **Zusätzliche Untersuchungen der Einflüsse anodischer Überzüge auf die Dauerfestigkeit von Aluminiumlegierungen.** G. W. Stickley. (Proc. Amer. Soc. Testing Mater. **60,** 577—88, 1960; New Kensington, Pa., Alcoa Res. Labor.; engl.) — Der Einfl. von 0,002 in. dicken anod. Überzügen auf die Dauerfestigkeit einer *7075-T6Al*-Leg. wird untersucht. Hierbei zeigt sich, daß dünne anod. Überzüge keinen bedeutenden Einfl. haben, während dicke nicht gedichtete Überzüge die Dauerfestigkeit beträchtlich herabsetzen. Eine Oberflächenvorbehandlung zeigte keinen Einfluß. In Ggw. von starken Spannungserzeugern, wie Kerben, verursachen dicke Überzüge keine weitere Abnahme der Dauerfestigkeit. Die Dauerfestigkeit von anod. behandelten Blechen der Al-Legg. *2024-T3, 7075-T6* u. *7178-T6* mit dicken Überzügen war geringer als die eines *Alclad*artigen Bleches ohne anod. Überzug. — Diskussion. E. Hochstein 6530◇

2138 **Chemische Beständigkeit von Aluminium gegenüber verschiedenen Stoffen.** Anonym. (Aluminium **39,** 703—12, 1963; Düsseldorf, Aluminium-Zentrale e. V.; dt.) — Alphabet. Liste von Elementen, anorgan. u. organ. Verbb. u. ihr Verh. gegenüber Al als erster orientierender Hinweis für die Verw. von Al. M. Gehlen-Keller 6538◇

2139 **Elektrochemischer Korrosionsschutz.** Walter-Gilbert von Baeckmann. (Chemiker-Ztg./Chem. Apparatur **87,** 395—404, 1963; Essen, Ruhrgas A. G.; dt.) — Überblick über Theorie u. Praxis. Techn. Ausführungsformen. H. Lütgert 6538◇

2140 **Thermische Zersetzung von Zinkdialkylphosphorodithionat und Grenzflächenschmierung.** I-Ming Feng. (Wear [Amsterdam] **3,** 309—11, 1960; Detroit, Mich., Ethyl Corp.; engl.) — Verss. ergaben, daß Zn-dialkylphosphorodithionat beim Erhitzen unter N_2 bei 168 bis 169° beginnt, Gas abzuspalten. Bei 176—177° findet lebhafte Gasentw. statt, die dunkle Farbe der Fl. geht in hellgelbe über. Die Fl. verdickt sich u. wird wachsartig fest. Nach 10 Min. hört die Gasentw. auf. Das Gas enthielt H_2S u. *Olefine* im Verhältnis 1:2. Ferner wurden *Mercaptane* im Gas festgestellt, sowie *P* durch chem. Analyse. Der Rückstand (221,1 g) von 250 g Ausgangsmasse enthielt 10,5(%) *Zn.* 10,4 P u. 17,2 *S.* Das Atom-Verhältnis Zn:P:S beträgt danach 1:2,08:3,35. Bei schnellem Erhitzen auf 195° unter N_2 ist die Umsetzung in 30 Sek. vollzogen. Offenbar wirkt diese Polymerisation in situ in Schmiermitteln als schützender Film auf dem Metalloberflächen gegen Korrosion u. verhindert eine Oxydation. F. Vier 6538◇

2141 **Korrosion der Metalle durch vagabundierenden elektrischen Strom und Gegenmaßnahmen.** Shin-ichi Kondo. (Chem. and chem. Ind. [Kagaku to Kôgyô] **15,** 610—16, Juni 1962; Nagoya, Kôgyô-Daigaku; jap.) — Übersicht. — 22 Literaturangaben. E. Maekawa 6538◇

2142 **Die Lebensdauer von Bleischmelzkesseln.** H. Engler. (Batterien [Utrecht] **16,** 435—39, 1963; Waldacker b. Offenbach; dt. u. engl.) — Die Ursache für eine übermäßig starke Korrosion von eisernen Bleischmelzkesseln in Akkumulatorenfabriken sind: ein hoher PbO-Geh. im Bleibad, unnötig hohe Temp. (von 500 bis 600° steigt die Korrosion um das Doppelte, bis 720° um das 10fache, metall. Verunreinigungen von Pb, z. B. *Cu* (0,01% bereits spürbar), lokale Überhitzungen der Kesselwand, u. ungeeignetes Kesselmaterial. Leicht Si-beruhigter SM-Stahl ist den unberuhigten Stahlsorten bzgl. der Korrosionsgeschw. weit überlegen. C. Drotschmann 6538◇

2143 **Untersuchung über die Korrosion von Kokswagen durch verbrauchte, ammoniakalische Lösungen.** T. K. Ross, R. L. Cooper und J. E. Meeks. (Coke and Gas **22,** 143—46, 164, 1960; Manchester, Coll. of Sci. and Technol.; engl.) — Das zum Koksablöschen verwendete W. wird oft durch verbrauchte ammoniakal. Lsgg. mit 200 (ppm) freiem NH_3, 1500 gebundenem NH_3, 3000 Cl^- als HCl, 200 SCN^-, 1250 C_6H_5OH, 200 $C_6H_4(OH)_2$, 200 Thiosulfat als S., 10 Sulfid als S, 5 CN^- ergänzt, was zu Korrosion der Kokswagen u. Stahlkonstruktionen führt. Unterss. zeigen, daß Cl^- am korrosivsten auf Schmiedeeisen wirkt. Na^+ u. Ca^{2+} wirken in Konzz. von 5000 ppm schädlicher als NH_4^+, bes. bei Cl^--Geh. von 300—3000 ppm. Freies NH_3 inhibiert die Cl^--Wrkg. bei Ggw. geringer Mengen, *Phenol* u. *Thiosulfat* inhibiert die NaCl-Wrkg., *SCN^-* verstärkt sie. W. Wesly 6538◇

2144 Wilmer Frederick West, Südrhodesien, **Laugen von kupferhaltigen Erzen,** die das Cu als *Malachit, Azurit, Cuprit, Taconit, Chrysokoll* u. *Dioptas* enthalten, mittels einer wss. Lsg.: aus *Ca-Polysulfid.* Das Cu wird aus der Lsg. als *CuS* gefällt u. von der Lsg. abgetrennt. (**F. P. 1299759** vom 4/7. 1961, ausg. 12/12. 1962. Prior. Federation Rhodesien u. Nyassaland 23/11. 1960, 30/1. u. 24/2. 1961.) M. Neckermann 6361

2145 International Minerals & Chemical Corp., übert. von: Gene L. Samsel, Northbrook, Ill., V. St. A., **Aufbereitung von Kalimineralien.** Schlammhaltige Kalimineralien werden zunächst zerkleinert u. abgesiebt auf eine Größe von — 14 bis + 200 mesh. Das zerkleinerte Mineral wird dann bei etwa 300°F getrocknet. Das Material passiert bei etwa 200°F in einer Schichtdicke von $^1/_4$ bis $^1/_2$ in. ein geneigtes Vibrationssieb u. gelangt freifallend in einen elektrostat. Abscheider, in dem die Trennung von den Gangarten erfolgt. Diese Trennung wird in Ggw. von feinverteilten festen Fremdstoffen wie aktivierte *Tonerde* (— 320 mesh), *MgO*, *$Al(OH)_3$*, *$CaCO_3$*, *$MgCO_3$* durchgeführt, deren Korngröße kleiner als die der Kalkmineralien sind. (**A. P. 2997171** vom 2/6. 1958, ausg. 22/8. 1961.) W. Hauswald 6361

2146 Stora Kopparbergs Bergslags Aktiebolag, Falun, Schweden, **Schützen des Futters von rotierenden metallurgischen Schmelzöfen** bei Verw. von O_2-reichen Gasen. In den Gasraum über der Schmelze wird feinverteilter *Kalkstein* eingeblasen, der auf dem Futter haften bleibt u. eine Schutzschicht gegen zu starke Wärme- oder gegen chem. Einw. bildet.— Vorrichtung. (**Norw. P. 98146** vom 30/1. 1958, ausg. 12/6. 1961. Schwed. Prior. 1/2. 1957.) K. H. Kähler 6371

2147 British Aluminium Co. Ltd. (Erfinder: Robert A. Lewis), **Kathoden in elektrolytischen Öfen für die Herstellung von Aluminium,** bestehend, zumindest in dem Teil, der mit dem geschmolzenen Al in Berührung steht, aus *Carbiden* u./oder *Boriden* des *Ti, Zr, Ta* u./oder *Nb.* (**Aust. P. 238224** vom 23/6. 1959, ausg. 3/5. 1962.) K. Demmler 6371

2148 Kisforedlingen, Trondheim, Norwegen, **Reinigen und Sintern von Kiesabbrand oder anderen oxidischen Erzen,** die *Cu, Fe* u. dgl. enthalten. Der Kiesabbrand wird zunächst mit einer $CaCl_2$-Lsg. pelletisiert u. getrocknet. Die Kügelchen werden dann von oben durch einen Schachtofen geleitet, durch den von unten vorgewärmte Luft strömt. Die Luft wird auf dem Wege nach oben in einer bes. Kammer elektr. erhitzt u. dann wieder in den oberen Teil des Schachtes geleitet, um die Kügelchen auf Sinterungstemp. zu erhitzen. (**Norw. P. 97617** vom 24/9. 1958, ausg. 6/3. 1961.) K. H. Kähler 6379

2149 Kisforedlingen, Trondheim, Norwegen (Erfinder: Arne Langrind und Paul Nissen), **Rösten von Kupferkies.** Das feinvermahlene Erz wird mit 0,5—3% *NaCl* pelletisiert u. dann geröstet. (**Norw. P. 97616** vom 21/6. 1958, ausg. 6/3. 1961.) K. H. Kähler 6379

2150 E. I. du Pont de Nemours and Co., Wilmington, Del., V. St. A. (Erfinder: Charles Henry Winter), **Herstellung von hochschmelzenden Metallen,** wie *Ti, Zr, Hf, V, Nb* u. *Ta* durch Red. ihrer Halogenide mittels Red.-Metall. Die Rk.-Komponenten werden in dampfförmigem Zustand in einem Behälter umgesetzt, der Prallbleche enthält. In der Rk.-Zone herrscht ein Druck von 0,010—300 mm Hg u. eine Temp., welche unter dem F. des herzustellenden Metalles liegt. Bei diesen Rk.-Bedingungen schlägt sich das red. Metall auf den Prallblechen nieder, während der noch nicht reagierte Mischungsanteil u. die als Nebenprod. anfallenden Salze durch die Prallbleche zu einer Kondens.-Zone strömen, in der ein Druck von weniger als 1 at sowie eine Temp. aufrechterhalten wird, die sowohl unter der Kondens.-Temp. der noch nicht ausreagierten dampfförmigen Mischung sowie der Salze der Nebenprodd. liegt. (**E. P. 919333** vom 21/7. 1961, ausg. 20/2. 1963.) M. Neckermann 6381

2151 Ss. G. Woinow, A. N. Kornejenkow, G. N. Ssergejew, P. P. Menuschenkow, A. I. Ossipow, A. K. Petrow, A. I. Markelow, Ja. M. Bokschitzki, A. G. Schalimow, O. M. Tschechomow, L. F. Kossoj und Je. Ss. Kalinnikow, **Raffinierschlacke** für Metall-Legg. durch Schmelzen von *Kalk* mit Schlacken der alumotherm. Herst. von Ferrotitan u. Ferrochrom oder tonerdehaltigen Abfallprodd. der Schleifmittelherstellung. (**UdSSR. P. 133901** vom 24/3. 1960.) L. Großner 6381

2152 Metallurgical Processes Ltd. und National Smelting Co. Ltd., Nassau, Bahamas (Erfinder: Stephen William Kenneth Morgan, Bristol, England, und Wolfgang Massion, Frankfurt/M.), **Verfahren zur Behandlung von CuO, PbO und ZnO enthaltenden Schlacken,** die bei der Einschmelzung im Schmelzofen entstehen, durch Zugabe von Schmelzfluß fördernden u. den Fließpunkt senkenden Substanzen, wie SiO_2, Al_2O_3, Fe_2O_3 oder deren Mischungen. Die Zugabe erfolgt durch eine an der Decke des Ofens angebrachte Öffnung. Der Fließpunkt der Zusatzstoffe wird derart eingestellt, daß diese den Ofen in fester Form passieren u. sich mit der gesinterten Masse in der Schlackenkammer vermischen. Die Zusatzstoffe können auch nach dem Abzapfen der Schlacke in einem gesonderten Kessel zugegeben werden. (**Ung. P. 150845** vom 7/9. 1962, ausg. 20/6. 1963.) F. Landsberger 6381

3153 Valentin Aage Moller & Co., Kopenhagen, Dänemark (Erfinder: Manfred Lottermoser), **Rieselfähige Formmasse für Gießereizwecke,** bestehend aus Quarzsand u. einer Mischung aus festen Oxydationsprodd. trocknender Öle u. elementarem S, wobei die Öle mit Bitumen vermischt sein können. (**Norw. P. 98590** vom 20/8. 1957, ausg. 4/9. 1961. D. Prior. 30/8. 1956.) K. H. Kähler 6383

2154 S. A. C. I., S. p. A. und Ernesto Bianchi, Mailand, Italien, **Bindemittel für Sand zur Herstellung von Formen für den Metallguß.** *Anacardsäure* wird durch Erhitzen decarboxyliert. Das hauptsächlich aus *3-Pentadecylphenol* bestehende Prod. wird mit CH_2O kondensiert u. das erhaltene Harz mit einem pflanzlichen oder tier. Öl mit hoher Jodzahl u. ggf. einem Anhydrid einer zweibas. ungesätt. organ. Säure umgesetzt. Man kann das Bindemittel auch mit *Hexamethylentetramin* mischen. (**It. P. 561383** u. **561433** vom 30/10. 1956.) K. Koebke 6383

2155 Francesco Souverso und Alfredo Converso, Turin, Italien, **Herstellung von Modellen für den Metallguß.** Ein Modell aus *Holz* oder *Gips* wird mit einem säurefesten Überzug aus *Kunstharz* überzogen. Darüber kommt ein Belag aus Kunstharz, dem *Graphit* oder *Metallpulver* beigemischt ist u. der galvan. mit *Cu* überzogen wird. (**It. P. 561174** vom 20/10. 1956.) K. Koebke 6383

2156 Haalmer Corp., Washington, V. St. A., **Partielle Extraktion des Eisens aus Chromiterzen.** Das Fe in dem Chromitmolekül wird bei zur Oxydation zu Fe_2O_3 ausreichenden Temp. u. ausreichender O_2-Zufuhr geröstet, dann das Fe_2O_3 mit gasförmigen Red.-Mitteln zum Teil zu Fe_2O_4 u. teils zu einer niedrigeren Oxydationsstufe sowie z. T. zu metall. *Fe* red. u. das lösl. Fe, z. B. mit einer wss. Lsg. von H_2SO_3 oder H_2SO_4, ausgelaugt. (**Oe. P. 222890** vom 17/6. 1960, ausg. 10/8. 1962. A. Prior. 18/6. 1959.) M. Neckermann 6391

2157 George Hahn und Syed Ishtiaq Ali, Karachi, Pakistan, **Gewinnung von Eisen** aus Erzen mit niederem Fe-Geh., die $\geqq 5\%$ Fe-haltige Tone enthalten u. frei von Magnetit sind, dad. gek., daß man die Erze zunächst bei 900—1000° in einer O_2-haltigen Atmosphäre röstet, um die Tone zu zersetzen, u. dann mit reduzierenden Gasen, z. B. H_2 u./oder CO, behandelt. (**Ind. P. 69523** vom 29/10. 1959.) C. Lüttgen 6391

2158 Julins Dezso Madaras, Longview, Tex., V. St. A., **Metallraffination.** C-haltiges mit Gangart verunreinigtes Schwamm-*Fe* wird im Drehrohrofen mit nichtoxydierender Flamme so hoch erhitzt, daß das Fe schmilzt, der F. der Schlackenbestandteile jedoch nicht erreicht wird. Das Prod. wird anschließend unmittelbar in einen Schmelzofen überführt. Das Fe wird durch die genannte Behandlung im Drehrohrofen widerstandsfähig gegen Wiederoxydation. (**E. P. 917433** vom 24/5. 1960, ausg. 6/2. 1963.) M. Neckermann 6395

2159 Meehanite Metal Corp., New Rochelle, N. Y., V. St. A., **Herstellung von Gußeisen mit Kugelgraphit** durch Zusatz von Mg oder einer Mg-Leg. zu einer Gußeisenschmelze, dad. gek., daß gleichzeitig *Silicocalcium* u. CaF_2 zugesetzt werden, um den Mg-Geh. im fertigen Gußeisen unter 0,04% zu halten. (**Ind. P. 70082** vom 16/12. 1959.) C. Lüttgen 6404

2160 National Alloys Ltd., London, und Sparcatron Ltd., Stafford, England (Erfinder: Gordon Victor Smith und Kenneth Percy Scott), **Vergießbare Zinklegierung mit hoher Beständigkeit gegen Erosion durch elektrische Entladungen** besteht aus 5—15(%) *Cu*, 0,6—10 *Al*, 0,01—0,1 *Mg*, Rest Zn u. unwesentliche Verunreinigungen, bes. Feinzink. Bevorzugt wird ein Geh. von 10 Cu u. 2 Al. Die Leg. wird zur Herst. von *Schneid-Elektroden* für die Schneidtechnik mittels Funkenerosion verwendet. (**E. P. 898543** vom 16/5. 1960, ausg. 14/6. 1962.) C. F. Gross 6427

2161 W. I. Jewdokimow, G. W. Jelissejew und W. W. Michailow, **Gewinnung von metallischem Sn aus dem Chlorid** durch Red. mit Sn–Pb- oder Sn–Zn-Legierungen. Die Red.-Kammer taucht in einen mit dem Eutektikum der Leg. gefüllten Kessel, aus dem die Leg. dem von oben in die Kammer eingespeisten Chlorid entgegengespritzt wird. — Zeichnung. (**UdSSR. P. 134024** vom 29/3. 1960.) L. Großner 6429

2162 Aktiebolaget Nordiska Armaturfabrikerna, Linköping, Schweden, **Kupferlegierung für Preßguß** enthält 62—70(%) Cu, 0,3—3 Al, 1—3,5 *Pb*, 0,5—1,5 *Si*, 0,02—0,1 *As*, Rest *Zn*, wobei das Verhältnis von Cu zu Zn mindestens 2:1 betragen soll. (**Norw. P. 98324** vom 7/9. 1954, ausg. 24/7. 1961. Schwed. Prior. 9/9. 1953.) K. H. Kähler 6433

2163 Dow Chemical Co., Midland, Mich., übert. von: Lloyd G. Dean, Lake Jackson, Franciszek Olstowski, Freeport, und Ken Posey jun., Lake Jackson, Tenn.), V. St. A., **Herstellung von Magnesium durch Schmelzflußelektrolyse** in einem Elektrolyten aus *KCl* u. $MgCl_2$, der bei 815—900° eine geringere Dichte als fl. Mg hat, dad. gek., daß dem Elektrolyten während der Elektrolyse wasserhaltiges $MgCl_2$ zugesetzt wird, wobei 0,5—4 Mol W. je Mol $MgCl_2$ enthalten sein sollen, um den $MgCl_2$-Geh. des Elektrolyten zwischen 5 u. 30% zu halten. Die Dichte des schmelzfl. Bades muß mindestens 0,034 g/cm³ geringer sein, als die von fl. Mg bei der Badtemperatur. Zu dem Elektrolyten kann noch bis 1% MgF_2 gegeben werden. (**A. P. 2880151** vom 11/2. 1957, ausg. 31/3. 1959.) K. Bayer 6445

2164 General Electric Co. Ltd., London, England (Erfinder: David John Beckwith, Robert Paterson Howe Fleming und David John Johnes), **Dichte Sinterlegierung hoher Zugfestigkeit auf Wolfram–Molybdän-Basis** besteht aus 2—25(%) *Fe* u. *Ni* u./oder *Co*, 3—50, bes. 5—20 Mo, Rest 25—95 W, mit der Maßgabe, daß die Summe der Geh. an Mo u. W 75—98 ausmacht u. das Verhältnis der Summe der Geh. an Ni u. Co zu dem Fe-Geh. 3:2 bis 10:1 beträgt. Die bevorzugte Zus. mit bes. vorteilhaften mechan. Eigg. ist: 7 Ni, 3 Fe, 5—20 Mo, Rest 70—85 W. Zur Herst. der Leg. wird das Ausgangspulvergemisch, dessen Korngröße vorzugsweise 10 μ nicht übersteigt, mit einem Druck von 5—30 t/in² gepreßt u. der Preßling in H_2 oder im Vakuum vorzugsweise bei 1400—1475° für weniger als 5 Min. bis 1 Std. gesintert u. ggf. rasch von Sinter-Temp. auf Zimmertemp. durch Entfernen aus der Ofenzone, in welcher die Sinterung stattfand, abgekühlt. Die derart hergestellte Sinter-Leg. enthält W-, Mo- u. W–Mo-Körner gleichmäßig verteilt in einer Grundmasse aus einer W–Mo–Fe–Ni/Co-Leg. eingebettet u. weist eine Zugfestigkeit über 60 t/in², in einigen Fällen bis 85 t/in², auf. (**E. P. 901823** vom 9/5. 1960, ausg. 25/7. 1962.) C. F. Gross 6475

2165 Westinghouse Brake and Signal Co. Ltd., London, England (Erfinder: Edward George Heath und Colin Robert Yates), **Herstellung einer Gold–Silicium–Antimon-Legierung gleichmäßiger Zusammensetzung.** Ein Gußbarren aus der Leg. wird unter nichtoxydierenden Bedingungen, z. B. inertem Gas, Vakuum oder in einem Silikonölbad von z. B. 380°, wieder aufgeschmolzen, bei einer Temp. knapp über der Solidus-Temp. in eine flache Form gegossen, schnell abgekühlt

(100°/Sek.), geglüht (300°/30 Min.) unter nichtoxydierenden Bedingungen, vorzugsweise in mehreren Stufen mit eingeschalteten Zwischenglühungen bei 300—320° warmgewalzt bis auf Foliendicke (0,002 inch). Zur Herst. der Leg. werden z. B. 129 g Au, 3,995 g Si u. 0,1318 g Sb unter Ar von 200 mm Hg-Druck bei ca. 1100° geschmolzen u. bei ca. 1000° in eine wassergekühlte Form gegossen. Der so erhaltene Barren wird dann wie vorstehend beschrieben, wieder aufgeschmolzen u. schließlich zur Folie ausgewalzt. (**E. P. 920978** vom 24/10. 1960, ausg. 13/3. 1963.) C. F. Gross 6491

2166 Fabbrica Apparecchiature per Comunicazioni Elettriche Standard S. p. A., Mailand, Italien, **Erzeugung von Hohlräumen in Gegenständen aus Metall-Legierungen oder aus Agglomeraten von Metalloxiden mit Metallen,** dad. gek., daß man die Gegenstände im Vakuum von 10^{-4} bis 10^{-5} mm Hg erhitzt. Eine Leg. aus 67(%) *Cu* u. 33 *Zn* wird z. B. auf 400° erhitzt, wobei das Zn verdampft. Die Gegenstände behalten ihre Dimensionen u. erhalten eine erhöhte Oberfläche. Sie sind *für elektrotechn.* u. *mechan. Zwecke* verwendbar. (**It. P. 561635** vom 31/10. 1956.) K. Koebke 6493

2167 W. W. Fomin und I. I. Kasarnowskaja, **Diffusionsmetallisierung von Stahl.** Teile aus austenit. oder perlit. Stahl werden in einer wss. Lsg. mit 20(%) Formalin, 2 HCl, 10 NH_4OH u. 1 KF mattiert u. danach 2—3 Min. in einer Leg. von 65 Ferrochrom, 30 Al u. 5 Cu unter einer Flußmittelschicht aus 20 $BaCl_2$, 20 NaCl, 10 $CaCl_2$, 15 CaF_2, 15 AlF_3 u. 20 Kryolith auf 1200—1300° erhitzt. (**UdSSR. P. 134094** vom 26/1. 1960.) L. Großner 6493

2168 A. P. Polischtschuk und G. N. Dubinin, **Diffusionschromierung** von Holzschneidegeräten, bes. Kettensägen, durch 0,5—1std. Erhitzen im Kontakt mit einer Masse aus 50(%) Ferrochrom, 43 Al_2O_3 u. 7 NH_4Cl auf 900—950° unter Bldg. einer 10—15 μ starken Diffusionsschicht von Cr-Carbiden. (**UdSSR. P. 133728** vom 8/1. 1960.) L. Großner 6493

2169 S. p. A. Italiana Mallet, Mailand, Italien, **Schneidbrennen von Gußeisen** mit O_2, dad. gek., daß man dem O_2 gasförmiges *Alkylphosphat* u./oder *Alkylsilicat* u./oder *Alkylborat* zusetzt. (**It. P. 561534** vom 22/10. 1956.) K. Koebke 6503

2170 Boris Christos Soresina, Cremona, Italien, **Pasten für die Lichtbogenschweißung von Gußeisen,** enthalten neben einem Bindemittel Na_2CO_3, $Na_2B_4O_7$, Na_2SiO_4 u. $ZnCl_2$. (**It. P. 561695** vom 8/11. 1956.) K. Koebke 6507

2171 N. W. Jurjew, D. N. Gilje und D. A. Gambarowa, **Elektrolyt zum Ätzen von Al** u. dessen Legg. aus gesätt. NaCl-Lsg. mit Zusätzen von Säuren oder Alkali, mit deren Menge die Aufrauhung reguliert wird, ggf. unter zweimaligem Wechsel der Stromrichtung. (**UdSSR. P. 134093** vom 15/6. 1959.) L. Großner 6513

2172 Ss. I. Gesin, **Polierbad für Al** u. dessen Legg. aus 100—130 (g/Liter) Na_3PO_4, 15—25 *NaOH* oder *KOH*, 15—25 $Na_2SO_4 \cdot 10H_2O$ u. 30—60 *Wasserglas*; Arbeitstemp. 70—80°. (**UdSSR. P. 133727** vom 13/2. 1960.) L. Großner 6513

2173 E. Ch. Fl. Knuth-Winterfeldt, Gentofte, Dänemark, **Elektrolytisches Polieren von Metallgegenständen.** Die Einw. des chem. Bades auf die Gegenstände wird durch gleichzeitige Bldg. eines Beschleunigungsfeldes unterstützt, z. B. durch Zentrifugalkräfte. Man bringt die Gegenstände in Zentrifugalbecher zusammen mit der Badflüssigkeit. Hierdurch wird eine blankere Oberfläche erzeugt. (**Dän. P. 88024** vom 7/8. 1957, ausg. 11/1. 1960.) K. H. Kähler 6515

2174 N. A. Ssolowjew, **Galvanische Abscheidung von Fe** aus Bädern mit 200 (g/Liter) $FeCl_3$, 270 *KCl* u. 5—20 *HCOOH* bei 55—60° u. 10 A/dm², wobei Überzüge mit einer Mikrofestigkeit von 800 kg/mm² erhalten werden. (**UdSSR. P. 133724** vom 23/2. 1960.) L. Großner 6517

2175 W. L. Chudjakow und B. Je. Iwanow, **Chromieren von Silumin.** Nach 3—5 Min. langem Entfetten in einer Lsg. von 30—50 (g/Liter) Na_2CO_3, 30—50 Na-Phosphat u. 20—30 Wasserglas bei 70—80° wird 1—2 Min. in einem Bad aus 250 CrO_3 u. 2,5 H_2SO_4 mit 40-4 A/dm² bei 50—70 V anod. oxydiert, danach wird umgepolt u. im gleichen Elektrolyten chromiert. (**UdSSR. P. 134091** vom 28/4. 1960.) L. Großner 6519

2176 R. F. Lokschin und F. Ss. Nelykin, **Herstellung von Teflonüberzügen auf Cu.** Das Metall wird 3—4 Min. in 10%ig. *NaOH* bei 80—90° elektrochem. mit einer Anodenstromdichte von 4 A/dm² oxydiert; nach Waschen u. Trocknen wird eine Teflonsuspension aufgetragen u. eingebrannt. (**UdSSR. P. 134018** vom 4/3. 1960.) L. Großner 6529

2177 Manufactures de Produits Chimiques du Nord (Établissements Kuhlmann), Frankreich (Erfinder: M. Tabakoff), **Verhinderung der Oxydation von Aluminiumpulver** durch Bildung einer nicht fetten, wasserlösl. Schutzschicht mit Hilfe von Glycolen oder Polglycolen, z. B. *Polyäthylglycol* mit einem Molgew. zwischen 4000 u. 6000. (**F. P. 1231730** vom 10/4. 1959, ausg. 3/10. 1960.) H. Baur 6529

2178 Warren M. Shwayder, Detroit, Mich., V. St. A., **Bedecken von Werkstücken mit Wolframcarbidpartikeln.** Woframcarbid wird zunächst sehr fein gemahlen u. dann als Suspension entweder auf das Werkstück aufgesprüht oder aufgetragen. Die Partikelschicht wird dann mit einem dünnen Film aus Ni überzogen, ggf. können auch die Carbidpartikel vor dem Auftragen auf das Werkstück mit einem *Ni*-Film überzogen werden. Die Beschichtung wird dann rasch erhitzt, bis das Ni schmilzt u. fest mit der Oberfläche des Werkstückes abbindet. Anstelle von WC kann auch *WC–Co*-Hartmetall verwendet werden. Der Ni-Überzug wird ggf. mit 5—14% *P* versetzt. (**A. P. 3049435** vom 19/8. 1957, ausg. 14/8. 1962.) H. Widmann 6529

2179 S. p. A. Binaghi & Anatrella, Mailand, Italien, **Korrosionsschutz für Elektroboiler aus Eisen.** Die mit einem Sandstrahl aufgerauhte Oberfläche wird erhitzt u. in ein auf 300° erwärmtes Bad von *Bitumen* oder *Teer*, ggf. mit Zusätzen von *Talkum, Asbest* oder *Quarz* eingetaucht, langsam aus dem Bad genommen u langsam abgekühlt. (**It. P. 560844** vom 10/10. 1956.) K. Koebke 6529

2180 Parker Bonderite Pty. Ltd. (Erfinder: Walter R. Cavanagh und James I. Maurer), **Kaltreinigungs- und Phosphatierungsverfahren.** Man sprüht kräftig gegen die zu behandelnden Metallflächen eine wss. alkal. Lsg. eines *Alkaliorthophosphats* oder *-borats*, deren Verhältnis von freier zu totaler Alkalinität zwischen 0,05 u. 0,5 liegt u. die ein *Octylphenoxyäthanol* mit 5—8 Oxyäthylenresten enthält, u. bringt danach die Metallflächen mit einer wss. sauren *Zn–Phosphat*-Lsg. so lange in Kontakt, bis sich eine Phosphatschicht darauf gebildet hat, wobei beide Lsgg. eine Temp. von ca. 100°F aufweisen. Beispiel für die Reinigungslsg.: 10—11(%) $NaNO_2$, 20—22 $Na_3PO_4 \cdot 12H_2O$, 30—32 $Na_2B_4O_7 \cdot 10H_2O$, 2,5—4,5 Octylphenoxyäthanol mit 7—8 Oxyäthylenresten, 31—33,5 $NaHCO_3$, 1,4—1,6 Kienöl; die Phosphatierungslsg. enthält z. B. 0,18(%) NO_3, 0,23 Zn, 0,59 PO_4, 0,03 Ni, 0,018 Na u. 0,007 NO_2. (**Aust. P. 237280** vom 25/11. 1958, ausg. 15/2. 1962. A. Prior. 29/11. 1957.) K. Demmler 6533

2181 Stiftelsen för Ångpannekemisk Forskning, Stockholm, Schweden (Erfinder: G. Näslund), **Verhindern von Korrosion bei Verbrennung von schwefelhaltigen Schwerölen.** In die Rauchgase wird ein Gemisch aus NH_3 u. *Dolomit, Magnesit* oder *Kalkstein* eingeblasen. Letztere reagieren mit dem aus SO_3 u. NH_3 gebildeten NH_4HSO_4 u. bilden ein lockeres, auf Metallflächen u. dgl. nicht haftendes Pulver. (**Schwed. P. 170280** vom 30/11. 1957, ausg. 15/3. 1960.) K. H. Kähler 6539

2182 Monsanto Chemical Co., St. Louis, Mo., übert. von: William W. Paris, St. Albans, und Donald D. Staker, Nitro, Va., V. St. A., **Korrosionsschutzmittel,** auch für die Verw. in Mineralölen, erhält man durch Rk. von 1 Mol eines Diamins, z. B. Hexamethylendiamin, Tetramethylendiamin, 1.3-Diaminopropan oder 1.3-Diaminobutan, mit 2 Mol eines durch eine Acylgruppe substituierten Bernsteinsäureanhydrids, z. B. *Dodecenylbern-*

steinsäureanhydrid, unter Rückfluß bei 92—120°. Das Kondens.-Prod. bildet keine unlösl. Salze mit Erdalkalien. (**A. P. 3004987** vom 15/8. 1957, ausg. 17/10. 1961.) W. Heyer 6539

2183 **Nicolas Herzmark,** Clarens/Vaud, Schweiz, *Herstellung eines Organo-Silicium-Sols.* (**Schwz. P. 369751** vom 22/4. 1958, ausg. 31/7. 1963. — C. **1961,** 12259 [D. A. S. 1103314].)

2184 **Sherritt Gordon Mines Ltd.,** Toronto, Ontario, Canada (Erfinder: **Frank Arthur Forward** und **Herbert Veltman**), *Herstellung von Zink.* (**Aust. P. 235992** vom 28/5. 1959, ausg. 16/11. 1961. Can. Prior. 22/1. 1959. — C. **1962,** 3619 [F. P. 1233781].)

2185 **Ampco Metal, Inc.** (Erfinder: **John F. Klement**), Milwaukee, Wis., V. St. A., *Aluminiumbronzelegierung mit erhöhter Beständigkeit gegenüber Korngrenzenkorrosion.* (**D. A. S. 1152266** Kl. 40b vom 15/10. 1957, ausg. 1/8. 1963. — C. **1960,** 15209 [Oe. P. 204289].)

2186 **Magnesium Elektron Ltd.,** Manchester, England (Erfinder: **Ronald James Malcolm Payne** und **Norman Bailey**), *Magnesiumlegierungen.* (**Aust. P. 235981** vom 23/4. 1959, ausg. 16/11. 1961. E. Prior. 16/5. 1958. — C. **1962,** 2159 [F. P. 1224532].)

2187 **General Electric Co.,** Schenectady, N. Y., V. St. A., *Niob-Wolfram-Titan-Legierungen.* (**E. P. 889099** vom 5/5. 1960, ausg. 7/2. 1962. A. Prior. 11/6. 1959. — C. **1963,** 12973 [F. P. 1256970].)

2188 **National Lead Co.,** New York, N. Y., übert. von: **George W. Doyle,** Middletown, N. J., V. St. A., *Herstellung von Zirkonium.* (**A. P. 2942969** vom 19/7. 1956, ausg. 28/6. 1960. **Belg. P. 559233** vom 13/7. 1957, ausg. 8/4. 1960. A. Prior. 19/7. 1956. — C. **1961,** 4156 [F. P. 1181435].)

2189 **Centro Informazioni Studi Esperienze S. r. l.** (Erfinder: **Alberto Cacciari, Ruggero de Leone, Carlo Fizzotti** und **Mario Gabaglio**), Mailand, Italien, *Herstellung von Uran.* (**Oe. P. 217718** vom 27/8. 1957, ausg. 25/10. 1961. **Schwz. P. 363156** vom 29/8. 1957, ausg. 31/8. 1962. **F. P. 1242817** vom 16/9. 1957, ausg. 9/1. 1961. **Belg. P. 559761** vom 1/8. 1957, ausg. 22/4. 1960. Alle It. Prior. 19/6. 1957. **A. P. 2991175** vom 3/9. 1957, ausg. 4/7. 1961. — C. **1962,** 2896 [E. P. 837042].)

2190 **Potasse et Engrais Chimiques,** Paris, Frankreich, *Herstellung von Uran.* (**E. P. 822431** vom 27/11. 1957, ausg. 28/10. 1959. F. Prior. 29/11. 1956. — C. **1962,** 3641 [F. P. 1167867].)

2191 **Siemens-Schuckertwerke Akt.-Ges.,** Berlin, übert von: **Hans Merkel,** Erlangen, *Gewinnung von spektralreinem Gallium.* (**A. P. 2927853** vom 26/6. 1958, ausg. 8/3. 1960. D. Prior. 1/8. 1957. — C. **1960,** 11108 [D. A. S. 1063386].)

2192 **Deutsche Gold- und Silber-Scheideanstalt vormals Roessler,** Frankfurt/M., *Reinigung von Erdalkalimetallen, insbesondere Calcium, durch Destillation unter vermindertem Druck.* (**Belg. P. 556157** vom 26/3. 1957, ausg. 26/2. 1960. D. Prior. 25/4. 1956. — C. **1959,** 7956 [D. A. S. 1029570].)

2193 **Siemens & Halske G. m. b. H.,** Österreich, *Aufarbeitung eisenhaltiger Amalgame.* (**F. P. 1226813** vom 22/5. 1959, ausg. 16/8. 1960. Oe. Prior. 11/6. 1958. — C. **1962,** 1786 [D. A. S. 1106085].)

2194 **Canadian Copper Refiners Ltd.,** Toronto, Ontario (Erfinder: **Silvio Barabas,** Montreal, Quebec), Canada, *Abtrennung von Palladium von den Metallen der Platingruppe.* (**D. A. S. 1153737** Kl. 12n vom 28/11. 1958, ausg. 5/9. 1963. A. Prior. 4/2. 1958. — C. **1960,** 9374 [A. P. 2875040].)

2195 **Farbenfabriken Bayer Akt.-Ges.,** Leverkusen (Erfinder: **Max Zimmermann,** Leverkusen, **Walter Lohmar,** Mülheim/Ruhr, und **Heinrich Morschel,** Leverkusen), *Metallbearbeitungsmittel.* (**D. A. S. 1075256** Kl. 23c vom 23/3. 1956, ausg. 11/2. 1960. — C. **1964,** 5-2209 [F. P. 1169853].)

2196 **Deutsche Edelstahlwerke Akt.-Ges.** (Erfinder: **Hans Geipel**), Krefeld, *Verbesserung der Warmwalzbarkeit von legierten Stählen.* (**D. A. S. 1152000** Kl. 48d vom 18/10. 1958, ausg. 25/7. 1963. — C. **1962,** 2898 [Oe. P. 212108].)

2197 **Amchem Products, Inc.,** Ambler, Pa., V. St. A., *Herstellung chemischer Überzüge auf Aluminium.* (**Ind. P. 73647** vom 10/10. 1960. — C. **1963,** 13357 [A. P. 2988465].)

2198 **Boller Development Corp.,** Marion, Ind., V. St. A. (Erfinder: **Ernest Russel Boller**), *Herstellung von Aluminiumüberzügen auf Eisenmetallen.* (**E. P. 896866** vom 27/5. 1960, ausg. 23/5. 1962. **F. P. 1263450** vom 2/6. 1960, ausg. 6/10. 1961. — C. **1964,** 5-2222 [A. P. 2957782].)

2199 **Lockheed Aircraft Corp.,** Burbank, Calif., V. St. A. (Erfinder: **William F. Hamilton** und **Eli Simon**), *Galvanisches Abscheiden von Cadmium.* (**Aust. P. 235815** vom 14/1. 1959, ausg. 9/11. 1961. — C. **1962,** 5086 [A. P. 2892761].)

2200 **Harshaw Chemical Co.,** Cleveland, Ohio, V. St. A. (Erfinder: **Arthur Harry Du Rose**), *Galvanisches Nickelglanzbad.* (**Aust. P. 235808** vom 12/11. 1958, ausg. 9/11. 1961. A. Prior. 10/12. 1957 u. 25/8. 1958. — C. **1962,** 645 [F. P. 1215981].)

2201 **Acheson Industries, Inc.,** Port Huron, Mich., V. St. A., *Polytetrafluoräthylen enthaltende Überzugsmittel.* (**E. P. 923735** vom 27/8. 1959, ausg. 18/4. 1963. A. Prior. 8/9. 1958. — C. **1962,** 19000 [F. P. 1235803].)

H_9. Organische Industrie

2202 **Isobare Dampf–Flüssigkeits-Gleichgewichte.** S. R. M. Ellis und M. J. Spurr. (Brit. chem. Engng. **6,** 92—95, 1961; Birmingham, Univ., Dep. of Chem. Engng.; engl.) — Die Isobaren der Dampf–Fl.-Gleichgew. der Syst. A./Äthylbenzol u. A./Decan werden aufgestellt u. der Abfall der Werte der logarithm. Aktivitätskoeff. der isobaren Gleichgew. in verd. Konz.-Bereich für Syst. mit weitem Siedebereich, der sich in einem plötzlichen Anstieg der Siedepunktskurve zeigt, wird diskutiert. Dieser Abfall der Werte der Koeff. bei geringen Konzz. an der leichter flüchtigen Komponente kann durch die korrigierte Redlich-Kister-Gleichung beträchtlich eingeschränkt oder sogar eliminiert werden. Die Best. des Korrekturfaktors ist aber prakt. durch die Genauigkeit der Siedepunktskurve u. die Best. der Mischungswärme begrenzt. H. Fries 6550◇

2203 **Verfahren zur Herstellung von Tetrachlorkohlenstoff aus Phosgen.** O. Glemser (unter Mitarb. von J. Schröder, K. Kleine-Weischede, Boris Meyer, G. Peuschel, R. Flügel und D. Velde). (Angew. Chem. **75,** 823—25, 1963; Göttingen, Univ., Anorg.-Chem. Inst.; dt.) — CCl_4 läßt sich aus $COCl_2$ bei 300—450° darstellen, wenn die Rk. durch Übergangsmetalle der 5.—8. Gruppe des Periodensyst. auf Aktivkohle katalysiert wird. Statt $COCl_2$ können auch CO u. Cl_2 als Ausgangsstoffe verwendet werden. R. Grundmann H 510◇

2204 **Darstellung von reinem Isopren.** F. Erben, J. Koudelka und B. Kovařík. (Chem. Průmysl **12(37),** 66—69, 1962; Gottwaldow, Výzkumný ústav synt. kaučuku; tschech.) — Durch Kondens. von Isobutylen mit Paraformaldehyd ist *4.4-Dimethyldioxan* zugänglich, das an verschiedenen Katalysatoren zu *Isopren* (**I**) zersetzt wird. Die optimalen Rk.-Bedingungen für die Synth. von reinem **I** mit einem möglichst geringen Geh. an Pentenen werden beschrieben. I. Köditz H 520△

2205 **Kleintechnische Versuche zur Hydrierung von ungesättigten Fettsäuren und Fettsäureestern zu ungesättigten Fettalkoholen.** E. König, K. Stickdorn und H. Braun. (Abh. dtsch. Akad. Wiss. Berlin, Kl. Chem., Geol., Biol. **1963,** Nr. 2, 263—72; Rodleben, VEB. Dt. Hydrierwerk; dt.) — Kleinverss. zur Hydrierung freier ungesätt. Fettsäuren zu ungesätt. Fettalkoholen (**A**) im Vers.-Autoklaven in Ggw. von Katalysator K 785 werden durchgeführt. Die Vers.-Ergebnisse werden mitgeteilt. Die Entw. eines techn. brauchbaren Katalysators für die Herst. v. **A** wird beschrieben. I. Beßer H 560◇

2206 **Gleichungen zur Bestimmung der Verdampfungs- und Rektifikationskoeffizienten von Isoamylalkohol.** B. D. Metjuschew und R. Ss. Petrowa. (Hochschulnachr. [Krasnodar], Nahrungsmittel-Technol. **1963,** Nr. 4, 127—33; Kiew, Technolog. Inst. für Lebensmittelind., Lehrstuhl für Gärungsindustrie; Lehrstuhl für höhere Mathematik; russ.) — Die Beziehung zwischen den Geh. an *Isoamylalkohol* (**I**) in fl. u. gasförmiger Phase beim Phasengleichgew. wird erörtert. Verdampfungs- (a) u. Rektifikationskoeff. (b) von **I** wurden festgestellt. Empir. Formeln zur Berechnung von a u. b im tern. Syst. A.–W.–I von bekannter Zus. werden angegeben. S. Baryschnikow H 560△

2207 **Sulfurierung ungesättigter Fettalkohole unter Schutz der Doppelbindung.** J. Hell und J. Vyskočil. (Abh. dtsch. Akad. Wiss. Berlin, Kl. Chem., Geol., Biol. **1963,** Nr. 2, 13—25, Boletice nad Labem, ČSSR, Spolek pro chem. a hutni cýrobu, národni podnik; dt.) — Aus den Vers.-Ergebnissen folgt, daß sich H_2SO_4 u. Chlorsulfonsäure an die Doppelbindung von Oleylalkohol (**I**) addieren. Einen schwächeren Angriff auf die Doppelbindung weisen die übrigen Sulfurierungsmittel auf, von denen Anhydro-N-pyridiniumsulfonsäure die besten Ergebnisse zeigt. Eine techn. Herst. dieser Säure ist sehr schwierig. Aus den Verss., die mit H_2NSO_3H (**II**) ausgeführt werden, ergeben sich die wichtigsten Bedingungen für einen geeigneten Sulfurierungsverlauf. Die Sulfurierung von **I** mit **II** für Fabrikzwecke auszuarbeiten, wird diskutiert. Die Vers.-Durchführung wird ausführlich beschrieben. I. Beßer H 590◇

2208 **Die Paraffinoxydation mit Ozon als Initiator.** G. Wagner (Abh. dtsch. Akad. Wiss. Berlin, Kl. Chem., Geol., Biol. **1963,** Nr. 2, 273—83; Berlin, DAW, Inst. für Fettchemie; dt.) — Es wird bewiesen, daß bei Initiierung der Paraffinoxydation mit O_3-Anteilen von 0,5—2,5 Vol.-Prozent in der Luft bei einer Einw.-Dauer von 15—60 Min., der Oxydationsprozeß mit gleicher Geschw. u. gleicher Ausbeute an Fettsäuren wie in der Technik üblich, geführt werden kann. $KMnO_4$ oder Mn-Schlamm als Katalysator kann vollwertig durch O_3-Initiierung ersetzt werden. Die Paraffinoxydation kann mit O_3 als Initiator bequem kontinuierlich gestaltet werden. Das erhaltene Oxydat ist von höherer Qualität als bei Verw. von Mn-Katalysatoren. Nach Kettenlänge der Säure ist das gleiche Spektrum wie bei der Oxydation in Ggw. von Mn-Katalysatoren zu beobachten. Die Paraffinoxydation mit O_3 kann unter entsprechenden Bedingungen in kürzerer Zeit, als jetzt in der Technik üblich, durchgeführt werden. I. Beßer H 810◇

2209 **Gewinnung von Dichloracetylchlorid durch Oxydation von Trichloräthylen.** B. G. Jassnitzki und Je. B. Dolberg. (Med. Ind. UdSSR **14,** Nr. 2, 39—41, 1960; Charkow, Chem.-pharmazeut. Forsch.-Inst.; russ.) — Durch Unters. der Oxydation von Trichloräthylen (I) mit O_2 zu *Dichloracetylchlorid* (II) wird festgestellt, daß optimale Ausbeuten an II bei 4,5std. Durchleiten von O_2 durch sd. I unter UV-Bestrahlung erhalten werden. Das Rk.-Prod. enthält 94—95% II u. kann direkt zur Synth. von Synthomycin verwendet werden. I. Schade H 810

2210 **Tieftemperatur-Aminolyse von Methylstearat, katalysiert durch Natriummethylat.** Edmund F. Jordan jun. und William S. Port. (J. Amer. Oil Chemists' Soc. **38,** 600—05, 1961; Philadelphia, 18, Pa., Eastern Regional Res. Labor.; engl.) — Für die bei 30° unter Ausschluß von Feuchtigkeit in Ggw. von CH_3ONa als Katalysator schnell verlaufende Rk. von *Methylstearat* (I) u. *prim.* oder *sek. Aminen* II zu den entsprechenden *Stearinsäureamiden* werden die optimalen Rk.-Bedingungen für eine Ausbeute von 90% bestimmt: 1 Mol I, 10 Mol II, 0,12 bzw. 0,2 Mol Katalysator. Unter diesen Bedingungen werden für folgende II die Rk.-Zeiten bestimmt: Amine: n-Butyl- 30 Min.; Isobutyl- 1 Std.; sek.-Butyl- 16 Std. (tert.-Butyl- gibt nach 142 Std. nur eine Ausbeute von 2,7%); Allyl- 1,8 Std.; Benzyl- 3,2 Std.; NH_3 7 Tage; Dimethyl- $<$ 15 Min.; Piperidin 2 Std.; Morpholin 2 Std.; Methyl-n-amyl- 24 Stunden. Für eine Gruppe von sek. Aminen mit 2 voluminösen Substituenten werden erst bei 100° 90%ig. Ausbeuten erreicht (Diäthanolamin 1 Std.; Diallylamin 24 Std.) bzw. auch nicht erreicht (Diäthyl-, Di-n-butyl-, Diisobutylamin, Di-sek.-butylamin). Ohne Katalysator sind die Ausbeuten sehr gering.
Versuche: Aminolyse mit prim. Aminen: Zugabe von methanol. CH_3ONa zu I (0,01 Mol) in II, Lösen des Nd. zur Entfernung von Na-Stearat, Kristallisation aus Bzl. bei 12°. *N-n-Butylstearamid,* $C_{22}H_{45}NO$, F. 80,1—80,6°; *N-sek.-Butylstearamid,* $C_{22}H_{45}NO$, F. 81,3—81,8°. Aminolyse mit sek. Aminen: Zugabe von methanol. CH_3ONa zu I (0,03 Mol) in II, Entfernen von Seife u. Katalysator durch Verdünnen mit Bzl., Eindampfen bei 100°. Stearamide: *N-Dimethyl-,* $C_{20}H_{41}NO$, F. 48,3—48,5°; *N-Methyl-N-n-amyl-,* $C_{24}H_{49}NO$, F. 77,0—77,5°; *Stearinsäurepiperidid,* $C_{23}H_{45}NO$, F. 44—44,3°. N. Trzebowski H 810◇

2211 **Die Gewinnung von Glutaminsäure und Betain in einer Versuchsanlage.** G. B. Aimuchamedowa, M. I. Daischew, K. P. Ssacharow, Je. P. Rukawischnikowa, K. Toktomuschew, A. B. Gelfenstein, W. P. Wdowitschenko, G. S. Jaroschewitsch, N. G. Rybnikowa und B. A. Pedan. (Zucker-Ind. [UdSSR] **36,** Nr. 3, 16—20, 1962; russ.) — Beschreibung der Technologie eines Verf. (Schema der Anlage) zur Herst. von *Glutaminsäure* u. *Betain* aus Melasse u. Trester. Nach Reinigung von mechan. Beimengungen wird die Schlempe mit Kieselgur gemischt, gefiltert u. auf die zweistufige Ionenaustauschanlage gegeben. Die Melasse kann unfiltriert verwendet werden. Als Kationenaustauscher dient *KU-2* in H^+-Form, als Anionenaustauscher *EDE-10P* in OH^--Form. Die Ausbeute beträgt 30% Glutaminsäure u. 52,7% Betain. J. Lemberg H 950△

2212 **Neue Verfahren zur Herstellung von Naphthalin und Benzol aus Erdöl.** Alberto Girelli. (Chim. e Ind. [Milano] **43,** 760—68, 1961; Pisa, Univ., Ist. di Chim. org. ind.; ital.) — Die Entalkylierung der alkylaromat. KW-Stoffe zu Bzl. u. Naphthalin durch therm. Hydroentalkylierung, katalyt. Hydroentalkylierung u. Disproportionierung wird besprochen. R. Grundmann H 990◇

2213 **Die Alkylierung von Benzol mit Olefinen.** Vladimir Zverina. (Abh. dtsch. Akad. Wiss. Berlin, Kl. Chem., Geol., Biol. **1963,** Nr. 2, 1—12, Pardubice-Rubitvi, ČSSR, Forsch.-Inst. für org. Synth.; dt.) — Vergleichende Unterss. über die 3 wichtigsten Alkylierungskatalysatoren, wasserfreier H_2F_2, $AlCl_3$ u. seine Komplexe u. H_2SO_4, hinsichtlich der Ausbeuten werden durchgeführt u. die Möglichkeit einer kontinuierlichen Prozeßführung untersucht. Aus den Verss. folgt, daß H_2SO_4 als Katalysator ungeeignet ist. Nachteilig für die Verw. von $AlCl_3$ u. seinen Komplexen ist die verhältnismäßig große Beanspruchung der App., ihre Größe u. die Forderung nach korrosionsfestem Material. Wasserfreier H_2F_2 zeigt sich am geeignetsten, sowohl hinsichtlich der Technologie als auch vom Standpunkt der Ökonomie aus. I. Beßer H 1010◇

2214 **Nebenprodukte der Nitrierung von Aromaten.** 1. Mitt. **Isolierung und Identifizierung der sauren Nebenprodukte der Nitrierung von Toluol zu Nitrotoluol.** Vojtěch Dadák, Jaromír Seitl und Karel Šmejkal. (Chem. Průmysl **12(37),** 69—73, 1962; Semtin, Východočeské chem. závady Synthesia, n. p.; tschech.) — Aus dem alkal. Extrakt des bei der Nitrierung von Toluol erhaltenen Rohprod. lassen sich chromatograph. 10 Nebenprodd. isolieren: Mono-, Di- u. Trinitrokresole, Nitrohydroxybenzoesäure, Nitro- u. Dinitrophenol. I. Köditz H 1010△

2215 Esso Research and Engineering Co., übert. von: Robert P. Cahn, Elizabeth, N. J., and Earle R. Gurtler, Baytown, Tex., V. St. A., **Abtrennen von organischen Verbindungen** aus wenigstens zwei Verbb. enthaltenden Mischungen verschiedener Zus., z. B. Abtrennen von *Olefinen* u. *Aromaten* aus Paraffinen, *Diolefinen* aus Olefinen u. *Acetylenen* aus Diolefinen. Die Mischungen werden getrennt mit wss. NH_4-Cu-Acetat im Gegenstrom behandelt, die erhaltenen Extrakte dann vereinigt u. daraus die Verunreinigungen abgestreift, z. B. durch Behandeln im Gegenstrom mit Butadien. Aus dem Extrakt wird dann die reine Verb. abgetrennt. Der die Verunreinigungen u. etwas reine Verb. enthaltende Strom wird in den Kreislauf zurückgeführt. — Das Verf. dient bes. zur *Gewinnung* von *Butadien* aus zwei verschiedenen dieses enthaltenden Strömen, von denen der eine Isobutylen u. der andere dieses nicht enthält. — Vorr., Zeichnung. — Vgl. F. P. 1232581; C. **1962,** 17922. (**A. P. 2972646** vom 29/7. 1958, ausg. 21/2. 1961. **E. P. 850911** vom 4/5. 1959, ausg. 12/10. 1960. A. Prior. 29/7. 1958.) G. Krauß 6557

2216 Sonneborn Chemical and Refining Corp., New York, N. Y., V. St. A., **Sulfonierung von Kohlenwasserstoffen** erfolgt mit einem SO_3-haltigen Gas (Luft) in üblicher Weise in einer Vorr. mit einem scheiben-, sprossen- oder zylinderartigen Rührer, der gelocht ist oder Schlitze enthält, wobei nur ein Teil der Rührvor. in das Öl eintaucht, so daß sich über den Öffnungen ein Film bildet. Sulfoniert wird z. B. ein Petroleumdestillat bzw. ein Paraffinöl mit der Viscosität 430 bzw. 365 SUS/100°F; $D._{60F}^{60F}$ 0,893 bzw. 0,8845 u. n_D^{20} 1,4860 bzw. 1,4810. — Vorr., Zeichnungen. (**E. P. 898796** vom 10/11. 1958, ausg. 14/6. 1962. A. Prior. 9/1. 1958.) G. Krauß 6567

2217 Sinclair Refining Co., New York, N. Y., übert. von: Willis C. Keith, Lansing, Emmett H. Burk jun., Hazel Crest, Ill., und Carl D. Keith, Summit, N. J., V. St. A., **Oxide, Alkohole, Aldehyde, Ester, Ketone und Säuren** erhält man durch Oxydation von aliphat. oder cycloaliphat. Olefinen mit 2—18, bes. 3—10 C-Atomen in fl. Zustand bei 50—300, bes. 70—200° u. 1—3000, bes. 1—1000 lbs./sq. in. mit O_2 in Ggw. eines Silicats oder Aluminats oder deren Mischungen als Katalysatorträger, auf den die Oxide von Cr, Mn, Fe, Co u. Ni aufgebracht sind u. der vor der Verw. bei 250—700, bes. wenigstens 350° calciniert worden ist. Die Menge der Metalloxide beträgt das 0,1—2-, bes. 0,5—1,5fache der des Trägers. — Zu einer Lsg. von 995 ml $Co(NO_3)_2$ (= 200 g Co) u. 5500 g $Al(NO_3)_3 \cdot 9H_2O$ in 18 Liter W. gibt man 3360 g Na_2CO_3 in 32 Liter W. bei 85—90°. Der abfiltrierte Nd. wird mit W. gewaschen, an der Luft getrocknet, dann in heißem, entionisiertem W. aufgeschlämmt u. 4mal mit heißem W. gewaschen, bei 105° getrocknet u. bei 350° calciniert; Co-Geh. 18,4(%). In Ggw. von 25 g dieses Katalysators, der noch 2 Std. bei 510° calciniert wurde, erhält man aus 86 g Cyclohexen in 214 g Eisessig als Lsgm. bei 80° mit O_2 eine Mischung aus

Cyclohexen-3-on, 3-Acetoxycyclohexen, 1.2-Cyclohexandioldiacetat u. hochsd. alkalilösl. Produkte. — α-Methylstyrol → Mischung aus *Acetophenon, ungesätt. Estern*, Kp.$_{10}$ 121 bis 132°, u. Prodd. mit Kp.$_{0,7}$ 141—143°. — Allylacetat → *Glycerinester*. — 2-Buten → Mischung aus 10 *Butylenoxid*, 55 *Butylenglykol*, 10 *Crotylalkohol* u. *Crotonaldehyd*, 20 *Propionaldehyd* u. 20 CO + CO_2. Ferner können oxydiert werden: Äthylen, Propylen, Butadien, Penten, Pentadien, Methylcyclohexen, Styrol, Propenol, Butenol, ungesätt. Ester, Säuren, Alkohole, Ketone u. Aldehyde. Als Lsgm. dienen bes. polare, organ. Fll., bes. Essigsäure u. niedermol. Carbonsäuren oder Bzl. u. inerte Kohlenwasserstoffe. — Vgl. F. P. 1222325; C. **1962, 6579**. (**A. P. 2974161** vom 25/4. 1958, ausg. 7/3. 1961.)
G. Krauß 6583

2218 Esso Research and Engineering Co., übert. von Richard Franklin Stringer, Charles Newton Kimberlin jun. und Frances Sturgis McQuaid, Baton Rouge, La., V. St. A., **Olefine und aromatische Kohlenwasserstoffe** erhält man durch Dehydrieren von KW-Stoffen mit 6 u. mehr, bes. 6—8 C-Atomen oder Monoolefinen bei 800—1000, bes. 850—950°F, in Ggw. von SO_2 u. Ca–Ni-Phosphat als Katalysator, der z. B. aus (56%) PO_4, 31 Ca, 5 Ni, 1 Cr u. 7 H_2O enthält. Der Zusatz von 1—2 Cr-Oxid erleichtert die Wiederbelebung des Katalysators durch Behandeln mit O_2. Die Raumgeschw. beträgt 0,05—0,5, bes. 0,1 Vol. je Vol. Katalysator je Stunde. — Aus n-Hexan → bis zu 18 *Hexene* u. bis zu 63 *Bzl.*; vgl. Tabellen. Ferner sind dehydrierbar: Cyclohexan, Methylcyclohexan u. n-Heptan. Der Katalysator kann als Verdünnungsmittel Diatomeenerde, $Ca_3(PO_4)_2$ u. geschmolzenes Al_2O_3 enthalten. — (**A. P. 2971035** vom 7/1. 1958, ausg. 7/2. 1961.)
G. Krauß 6583

2219 E. I. du Pont de Nemours & Co., Wilmington, Del., V. St. A., **Fluorhaltige Verbindungen** der Formel $HCF_2CF_2CH_2X$, worin X Cl oder Br ist, erhält man durch Rk. von Verbb. der Formel $HCF_2CF_2CH_2OSO_2Z$ [Z = Cl oder ein $-OCH_2(CF_2)_2H$-Rest] mit LiCl oder LiBr. Die letzteren Verbb. kann man durch Rk. von 0,5—1,25 (Mol) SO_2Cl_2 mit 1 einer Verb. der Formel $HCF_2CF_2CH_2OM$ (M = Li, Na oder K) in einem inerten Lsgm. erhalten. — 0,6 Mol LiCl werden in 75 ml Diäthylenglykol auf 125° erhitzt u. 0,25 Mol 2.2.3.3-Tetrafluorpropylchlorsulfonat langsam zugegeben, wobei unter Dest. die Temp. auf 170° steigt. Das Destillat wird mit Eiswasser gewaschen, über $MgSO_4$ getrocknet u. dest., wobei man in 61%ig. Ausbeute *3-Chlor-1.1.2.2-tetrafluorpropan* erhält, das durch fraktionierte Dest. u. durch Durchlaufen durch Säulen von Al_2O_3, das in einem Ofen bei 200° während 4 Tagen aktiviert wurde, weiter gereinigt wird. F. —110°, Kp.$_{760}$ 55°, $D._4^{20}$ 1,43, n_D^{25} 1,3218; analog erhält man: *3-Brom-1.1.2.2-tetrafluorpropan*, F. —70°, Kp.$_{760}$ 74°, $D._4^{20}$ 1,81, n_D^{25} 1,3558; 1,25 Mol SO_2Cl_2 gelöst in 1 Mol 2.2.3.3-Tetrafluor-1-propanol (**I**) + Rk.-Prod. von 1 g Atom Na mit 2,5 Mol **I** → *2.2.3.3-Tetrafluorpropylchlorsulfonat*, Kp. 142—145°, n_D^{20} 1,3710; Rk.-Prod. von 1 g Atom Na mit 2,5 Mol **I** + 0,5 Mol SO_2Cl_2 in 1 Mol **I** → *Bis-(2.2.3.3-tetrafluorpropyl)-sulfat*, Kp.$_6$ 90—91°, n_D^{20} 1,3498. — Lsgm., Wärmeaustauschmittel, Dielektrika, Hydrauliköle u. Feuerlöschmittel. (**E. P. 907439** vom 19/4. 1960, ausg. 3/10. 1962. A. Prior. 27/4. 1959 u. 26/1. 1960.)
J. Mühleisen H 510

2220 Allied Chemical Corp., New York, N. Y., V. St. A., **1.1.1.2.3.3.3-Heptafluorpropan** (**I**) erhält man durch Rk. eines Gemisches von Hexafluorpropen (**II**) u. HF bei 250—450° in Ggw. von akt. C als Katalysator. — Während 125 Min. wird ein Dampfgemisch von 3,85 (Mol) HF u. 2,05 **II** durch ein Ni-Rohr, das mit Columbia 6 G gefüllt ist, bei 392—402° bei einer Kontaktzeit von 9 Sek. geleitet. Aus dem Kondensat erhält man durch Dest. 2 Mol **I**, Kp. —16 bis —17,5°. *Treibmittel* u. *Dielektrikum*. (**E. P. 902590** vom 9/3. 1961, ausg. 1/8. 1962. A. Prior. 22/3. 1960.)
J. Mühleisen H 510

2221 Allied Chemical Corp., New York, N. Y., V. St. A., **Höher fluorierte Alkane** erhält man durch Erhitzen von 1.1.1.2.3.3.3-Heptafluorpropan (**I**) auf 475 bis 700° in Ggw. von akt. C als Katalysator. — Während $2^1/_2$ Std. leitet man 2,65 Mol **I**-Dampf durch ein mit Columbia 60-Granulat gefülltes Ni-Rohr, das auf 545° erhitzt ist, mit einer Kontaktzeit von 23 Sekunden. Durch Dest. des Kondensats werden erhalten: 0,41 (Mol) *Oktafluorpropan*, Kp. —38°, 0,04 *Hexafluorpropen*, Kp. —31, u. 0,53 *2-Trifluormethyl-2-hydrohexafluoropropan*, Kp. 10 bis 13°, neben **I** u. nicht identifiziertem Material. (**E. P. 905617** vom 27/2. 1964, ausg. 12/9. 1962. A. Prior. 22/3. 1960.)
J. Mühleisen H 510

2222 Shell Internationale Research Mij. N. V., Den Haag, Niederlande, **Chlorierung oder Bromierung von Kohlenwasserstoffen,** bes. von Alkenen. Man leitet die KW-Stoffe in Gasform, ggf. in Ggw. von HCl u. HBr, bei erhöhter Temp. über ein Gemisch aus $CuCl_2$ oder $CuBr_2$ u. einem Alkalichlorid oder -bromid, das zusätzlich ein Chlorid oder Bromid eines Metalls der seltenen Erden enthält. Bes. geeignet sind die Halogenide aus Didymoxid (**II**), das La, Pr u. Nd u. Sm enthält. — Bei 500° getrocknetes Silicagel wird mit einer Lsg. der Chloride von Cu, K u. **II** imprägniert u. bei 250° getrocknet. Wird über 10 g des Gemisches stündlich eine Mischung von 720 ml Luft, 600 ml HCl u. 300 ml Äthylen bei 275° geleitet, so findet eine 93%ig. Umwandlung des O u. des HCl statt; das Prod. enthält 98,5% 1.2-Dichloräthan. (**E. P. 907435** vom 29/5. 1961, ausg. 3/10. 1962. Niederl. Prior. 30/5. 1960.)
J. Mühleisen H 510

2223 E. I. du Pont de Nemours & Co., Wilmington, Del., V. St. A., **Herstellung von Monochlor-1.1-difluoräthanen.** Man erhitzt eine Lsg. von 0,2—0,9 Mol Cl_2, 1 Mol 1.1-Difluoräthan (**II**) u. 0,05—1,0 Gew.% Azo-bis-isobutyronitril, berechnet auf **II**, auf 70—100° bei einem Druck von 375—550 lbs./sq. in. zur Einleitung der Rk. u. erhöht dann die Temp. bis zu 450°, bes. auf 150—200°. Man erhält so hauptsächlich 1.1.1-Chlordifluoräthan neben 1.1-Difluor-2-chloräthan in einer Ausbeute von ca. 95—99%. Die Prodd. können zu Vinylidenfluorid umgesetzt werden. — Vorrichtung. (**E. P. 904831** vom 14/2. 1961, ausg. 29/8. 1962. A. Prior. 17/2. 1960.)
J. Mühleisen H 510

2224 Esso Research and Engineering Co., übert. von: Charles Newton Kimberlin jun. und William Judson Mattox, Baton Rouge, La, V. St. A., **Abtrennen von n-Olefinen** (**I**) aus ihren Mischungen mit n-Paraffinen, Isoolefinen u. -paraffinen, Naphthenen u. Aromaten. Die dampfförmige Mischung wird zuerst mit einem natürlichen oder synthet. Zeolith als Mol.-Sieb mit einem Poren-∅ von 5 Å behandelt, wodurch **I** u. n-Paraffine absorbiert werden, die man dann mit Wasserdampf, heißen inerten Gasen oder im Vakuum wieder austreibt. Die dadurch gewonnene definierte Mischung wird dann mit einem Zeolith der allg. Formel $Me_{2/n}O \cdot Al_2O_3 \cdot 2{,}7\ (\pm)SiO_2$ (Me = Co, Ba, K, Ag; n = Wertigkeit) bei 175—400°F behandelt; durch Austreiben der absorbierten **I**, z. B. mit Isobutan von 300—500°F, werden reine **I** gewonnen. Die **I** werden z. B. aus einer durch Cracken erhaltenen KW-Stoff-Fraktion mit Kp. 85 bis 425°F abgetrennt. Durch die Verw. der Me-Zeolithe wird die Polymerisation der **I** im Gegensatz zu den entsprechenden Zn-, Mn-, Ca-, Na- u. Mg-Zeolithen verhindert. — Fließbild, Zeichnung. (**A. P. 2971993** vom 4/6. 1958, ausg. 14/2. 1961.)
G. Krauß H 520

2225 Wasag-Chemie Akt.-Ges., Essen, **Herstellung von Difluordichlormethan** (**I**). Ein mindestens 3 Cl-Atome enthaltendes Methan, wie CCl_4 u. CCl_3F, wird mit einem Alkalimetall- oder Bariumsilicofluorid in Ggw. von 1—5 Gew.-% Ferrihalogenid-Katalysator, berechnet auf das Silicofluorid, zweckmäßig auf 200—300°, erhitzt. Man erhält so ein Gemisch von **I** u. Monofluortrichlormethan (**II**) im Molverhältnis von ca. 5 (Mol) **I** zu 1 **II**, das direkt als Treibmittel (propellant) verwendbar ist. (**E. P. 909078** vom 14/6. 1961, ausg. 24/10. 1962. D. Prior. 15/6. 1960.)
J. Mühleisen H 520

2226 Solvay & Cie., Brüssel, Belgien, **Stabilisierung von Chlorkohlenwasserstoffen,** bes. *Trichlor-* u. *Perchloräthylen*, gegen Zers. beim Lagern u. Handhaben erfolgt durch Zusatz von 0,05—0,5 (g) Phenol, o-Kresol oder Thymol u. 0,5—10 eines Epoxids, bes. Epichlorhydrin u. Butylenoxid, je Liter Chlor-KW-Stoff; ferner können noch 0,05—0,5 Anilin oder Pyrrol zugesetzt werden. Man kann auch mit einer Mischung aus vorst. Phenolen u. gesätt. oder ungesätt., aliphat. Alkoholen, wie n- u. tert.-Butanol, Amylalkohol, Allylalkohol, Methylbutinol oder Methylcellosolve (Äthylenglykolmonomethyläther), ggf. unter Zusatz anderer stabilisierend wirkender Mittel, wie Pyrrol u. Anilin, stabilisieren. — Vgl. Oe. PP. 209883 u. 209884; C. **1962,** 13940, F. P. 1205056; C. **1962,** 5843 u. A. P. 2935537; C. **1962,** 18632. (**Belg. PP. 562288** vom 9/11. 1957, ausg. 3/6. 1960, **563368** vom 19/12. 1957, ausg. 17/6. 1960, u. **563604** [Zusatz-Pat.] vom 28/12. 1957, ausg. 17/6. 1960.) G. Krauß H 520

2227 Engelhard Industries, Inc., Newark, N. J., V. St. A., **Reinigung von Propylen** erfolgt durch selektive Hydrierung des darin enthaltenen Methylacetylens u. Propadiens mit der stöchiometr. bis 5fachen Menge H_2 (bezogen auf die Verunreinigungen) in Ggw. von Pd, Pt oder Rh oder Mischungen aus 2 dieser Metalle als Katalysator, der auch auf Al_2O_3, Silicagel, Kieselgur, Kohle, Diatomeenerde aufgebracht sein kann, bei 120—250°, normalem Druck bis 500 lbs./sq. in. u. einer Raumgeschw. von 400—10000 Vol. Gas je Vol. Katalysator je Std.; der Katalysator soll 0,0001—1(%) Metall enthalten. — Techn. Propylen wird in einem Gemisch, das 0,05 Methylacetylen u. 0,15 H_2 in N_2 enthält, über 100 ml eines Katalysators aus 0,0013 Pd auf Al_2O_3 bei 190° geleitet; das Endgas enthält noch 1 ppm Methylacetylen. Die Lebensdauer des Katalysators wird erhöht, wenn das Gas vor der Hydrierung durch Kohle (Cocosnußkohle, 4—8 Siebmaschen) geleitet wird. (**E. P. 906994** vom 9/10. 1959, ausg. 26/9. 1962. A. Prior. 10/10. 1958.) G. Krauß H 520

2228 Sinclair Refining Co., New York, N. Y., übert. von Robert A. Sanford und Robert L. Foster, Homewood, Ill., V. St. A., **Gewinnung von Isobutylen** aus seinen Mischungen mit 50—75%ig. H_2SO_4 oder 75—90%ig. H_3PO_4 erfolgt durch deren Behandeln mit wenigstens 20, bes. 75—200 Vol. eines gesätt. oder ungesätt., aliphat. oder cycloaliphat. KW-Stoffes mit wenigstens 6, bes. 6—10 u. mehr C-Atomen (Cyclohexan, n-Heptan, n-Decan) bei 50—125, bes. 70—100°, ggf. unter Einleiten eines inerten Gases (N_2). Das Erhitzen dauert 30—300, bes. 65—100 Sek.; Ausbeute z. B. 80,5%. (**A. P. 2992284** vom 7/4. 1960, ausg. 11/7. 1961.) G. Kraus H 520

2229 Sicedison S. p. A., Mailand, Italien, **Reinigung von Acetylen,** das durch Cracken von gasförmigen KW-Stoffen erhalten u. aus dem ggf. durch selektive Lsg. u. Dest. CO, CO_2, H_2 u. CH_4 entfernt wurden, erfolgt durch Waschen mit wenigstens 95, 96 oder 100%ig. H_2SO_4, bes. im Gegenstrom. — Nach dem anderen Verf. wird der H_2SO_4 noch wenigstens 0,001%, z. B. 0,3%, $Al_2(SO_4)_3$ zugesetzt. Durch diese Behandlungen werden Allen, Propin, Butadien, Vinylacetylen, Divinylacetylen u. Diacetylen fast ganz entfernt, vgl. Tabellen u. D. A. S. 1093788; C. **1961,** 7394. — Diagramm. (**E. PP. 857932** vom 10/2. 1959, ausg. 4/1. 1961 u. **907781** vom 10/2. 1959, ausg. 10/10. 1962. Beide It. Prior. 29/5. 1958.) G. Krauß H 530

2230 Standard Oil Co., Chicago, Ill., übert. von: Joseph R. Kenton, Texas City, Tex., V. St. A., **Selektive Extraktion** von in Öl lösl., mit W. nicht mischbaren Alkoholen erfolgt mittels Hexantriol, bes. mittels 1.2.6-Hexantriol, F. — 20°, $D._4^{20}$ = 1,1063. Verw. z. B. zur Extraktion von Prodd. des modifizierten Fischer-Tropsch-Verfahrens. (**A. P. 2979520** vom 23/12. 1957, ausg. 11/4. 1961.) G. König H 550

2231 Ekco Products Co., Chicago, Ill., V. St. A., übert. von Richard W. Russell, Fuengirola, Spanien, **Calciummethylat** erhält man aus Ca oder CaC_2 u. dampfförmigem CH_3OH bzw. mit fl. CH_3OH, welches unmittelbar nach der Kondens. auf Ca oder CaC_2 zur Einw. gelangt. Als Nebenprod. wird im Falle der Verwendung von $CaC_2C_2H_2$ erhalten. (**A. P. 3009964** vom 31/10. 1958, ausg. 21/11. 1961.) G. König H 560

2232 Weston Chemical Corp., Newark, N. J., übert. von: Lester Friedman, Whitestone, N. Y., V. St. A., **Neue Hydroxypropoxypropylphosphite** der allg. Formel $(R_1O) \cdot (R_2O) \cdot (R_3O) \equiv P$, wobei R_1 für $HOCH(CH_3)CH_2 \cdot (OCH_2 \cdot CHCH_3)_x$ steht, R_2 u. R_3 entweder gleich R_1 oder Alkyl- oder Arylgruppen u. x eine ganze Zahl von mindestens 1 sind, erhält man bei der Umesterung von Trialkyl- oder Triarylphosphiten mit Polypropylenglykolen, ggf. in Ggw. eines Katalysators in Mengen von 0,1—1%, wie Na-, K-Phenolate, -Alkoholate, Dipropylenglykolate, ferner Diphenyl-, Di-o-kresyl-, Dimethyl-, Diäthyl-, Didecyl- u. Dioctadecylphosphite. — 10 (Mol) Triphenylphosphit u. 33 Dipropylenglykol werden in Ggw. von 15 g Diphenylphosphit als Katalysator auf 120° unter 10 mm Hg erhitzt, wobei Phenol entweicht. Man erhitzt auf 160° u. fast sämtliches Phenol dest. über. Der Rückstand wird über Diatomeenerde filtriert. Viskose farblose Fl. von *Tridipropylenglykolphosphit,* n_D^{25} 1,4610, $D._4^{25}$ 1,097. — In analoger Weise erhält man *Tripolypropylenglykol 425-phosphit,* n_D^{25} 1,4535, $D._4^{25}$ 1,028. — *Tripolypropylenglykol 1025-phosphit,* n_D^{25} 1,4515, $D._4^{25}$ 1,022. — *Tripolypropylenglykol-2025-phosphit,* n_D^{25} 1,4501, $D._{15}^{25}$ 1,006. Ferner werden nachstehende „Phosphite" ohne Angaben von Konstanten als herstellbar angegeben: Tripolypropylenglykol 3000-; Bis-dipropylenglykol-phenyl-; Bis-dipropylenglykol-decyl-; Bis-dipropylenglykol-p-kresyl-; Bis-dipropylenglykol-octadecyl-; Bis-polypropylenglykol 425-phenyl-; Bis-polypropylenglykol 425-decyl-; Bis-polypropylenglykol 1025-octadecyl-; Dipropylenglykol-bis-phenyl-; Dipropylenglykol-bis-decyl-; Dipropylenglykol-bis-o-kresyl-; Polypropylenglykol 425-bis-phenyl-; Polypropylenglykol 1025-bis-decyl-; Dipropylenglykol-phenyldecyl-. Plastifikatoren u. Stabilisatoren für Polyäther oder Polyurethane; Schmiermittel, Wärme- u. Druckübertragungsmittel, Plastifikatoren für Polyester, Zwischenprodd. für die Herst. von Polyestern, z. B. mit Malein-, Phthalsäureanhydrid, Dimethylterephthal-, Fumar-, Bernstein-, Oxal- u. Itaconsäure. Die Verbb. sind unlösl. in Wasser. (**A. P. 3009939** vom 15/5. 1961, ausg. 21/11. 1961.) G. König H 590

2233 Chemische Werke Hüls Akt.-Ges. (Erfinder: Herbert Meister), Marl, **Herstellung von 1-Halogen-3-hydroxyalkanonen-(2)** der allg. Formel $XCH_2–CO–COH(R_1R_2)$ wobei X ein Halogenatom, R_1 u. R_2 = H oder Alkylreste bedeuten, die auch zu einem cycloaliphat. Rest verbunden sein können, dad. gek., daß man 1-Halogenalken-(1)-diol-(2.3)-methylenäther-(2.3) der allg. Formel I in saurem, wss. Medium erhitzt. Die

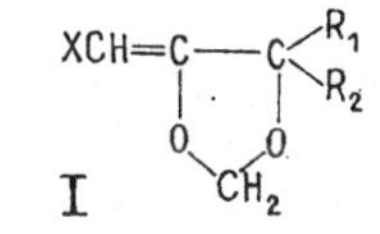

I

Rk. wird vorteilhaft in Ggw. eines organ. Lsgm., wie niedrigmol. Alkohole, ferner Dioxan, Tetrahydrofuran, ausgeführt. Die Hydrolyse der Methylenäther wird bei erhöhter Temp. zweckmäßig bei dem Kp. des Lsgm. vorgenommen. — 50 g 1-Chlor-3-methylbuten-(1)-diol-(2.3)-methylenäther-(2.3), 125 ccm CH_3OH, 30 ccm W. u. 5 ccm konz. Salzsäure kocht man unter Rückfluß. Man erhält 35 g *1-Chlor-3-methylbutanol-(3)-on-(2),* $Kp._{15}$ 99—100°, n_D^{20} 1,459, F. des Semicarbazons 141—142°. — Die *Brom-Verb.* besitzt: $Kp._{13}$ 99—103°, n_D^{20} 1,484, $D._4^{20}$ 1,494, F. des Semicarbazons 122—123°. — Es werden ferner hergestellt: *1-Chlor-3-methylpentanol-(3)-on-(2),* $Kp._{13}$ 101—103°, n_D^{20} 1,460, $D._4^{20}$ 1,143, F. des Semicarbazons 124—126°; die Bromverb. besitzt: $Kp._{15}$ 110—113°, n_D^{20} 1,479, $D._4^{20}$ 1,373, F. des Semicarbazons 117—118°. — *1-Chlor-2-[cyclohexanol-(1')-yl]-äthanon-(2),* $Kp._{0,5}$ 77—81°, F. 67—69° (Cyclohexan). Die *Bromverb.* besitzt: $Kp._2$ 108—109°, F. 30—31°, n_D^{20} 1,5162, $D._4^{20}$ 1,430 (unterkühlt). — Zwischenprodukte. (**D. A. S. 1142350** Kl. 12o vom 22/6. 1960, ausg. 17/1. 1963.) G. König H 740

2234 International Minerals & Chemical Corp., Chicago, Ill., V. St. A., **Herstellung von DL-Glutaminsäure,** dad. gek., daß man eine Lsg. von dimerem Acrolein in Eisessig bei 10—12° mit einem Gemisch von Sauerstoff u. 4% Ozon behandelt, das Rk.-Gemisch unter Rückfluß unter weiterem Einleiten von 0,05% Ozon-haltigem Sauerstoff auf 90—100° erhitzt, aus der Lsg. den freien O mit KJ entfernt, die Lsg. zur Trockne eindampft, den Rückstand mit 28%ig. NH_4OH versetzt u. im Bombenrohr ca. 3 Std. auf 250° erhitzt, das Rk.-Prod. zur Trockne bringt u. unter Rückfluß mit 20%ig. HCl hydrolysiert. (**E. P. 882018** vom 18/3. 1958, ausg. 8/11. 1961. A. Prior. 29/4. 1957.) W. Heyer H 950

2235 Courtaulds Ltd., London, England, **Reinigen von N-Carboxy-α-aminosäureanhydriden,** die durch Rk. von $COCl_2$ mit α-Aminosäuren hergestellt werden. Um die bei der Weiterverarbeitung der Anhydride störenden Anteile von Säurechloriden (I) zu entfernen, werden die Anhydride mit einem Lsgm. für die I behandelt, das eine kleine Menge einer Verb. der allg. Formel $RCONR_1R_2$ enthält, in der R H oder CH_3, R_1 u. R_2 einen KW-Stoffrest u. R_1 außerdem H bedeuten. — 110 (g) rohes γ-Methyl-L-glutamat-N-carboxyanhydrid (II) mit einem Geh. von 0,5% Cl_2, gewonnen durch Rk. von 97 γ-Methyl-L-glutamat mit 61 $COCl_2$, werden in einem Gemisch von 116 Chlf. u. 2,3 N.N-Dimethylformamid gelöst. Es krist. 84 II aus, das nur noch einen Geh. von 0,01% Cl_2 aufweist. (**Ind. P. 67304** vom 8/4. 1959, ausg. 13/11. 1961. E. Prior. 8/7. 1958.) C. Lüttgen H 950

2236 Unilever Ltd., Port Sunlight, Chester, England (Erfinder: Harold Garton Emblem und Richard Charles Le Fleming), **Alkylhalogensilane** werden hergestellt durch Rk. von Si oder Ferrosilicium mit Alkylhalogeniden in Ggw. von Co, das durch Red. von $CoCl_2$ oder $CoBr_2$ mit H_2 hergestellt wurde. — Feinverteiltes Ferrosilicium mit 88% Si mischt man mit gepulvertem $CoCl_2$ (20% Co berechnet auf Si) u. red. bei 400° mit H_2. Diese Kontaktmasse setzt man mit CH_3Cl um, wobei man $(CH_3)_3SiCl$ als Hauptprod. erhält, auch die Rk. mit C_2H_5Cl ist beschrieben. (**E. P. 907161** vom 24/6. 1960, ausg. 3/10. 1962.) A. Debo H 980

2237 Robert Neville Haszeldine, Disley, Cheshire, England, **Fluoralkylsilane und Fluoralkylsiloxane** der allg. Formeln $(R^1CF_2CHR^2CH_2)_2SiCl_2$ u. $[(R^1CF_2CHR^2 \cdot CH_2)_2 \cdot SiO]_n$ [R^1 = H, F, Perfluoralkyl; R^2 = H (außer wenn $R^1 = C_2F_5$), CH_3, CF_3, C_2H_5, C_3F_7; n = 10—100000] werden hergestellt durch Rk. von $R^1CF_2C(R^2){:}CH_2$ mit H_2SiCl_2, bes. unter UV-Bestrahlung, u. Hydrolyse der Fluoralkyldichlorsilane, ggf. nach vorheriger Veresterung. Die linearen Polysiloxane können durch Erhitzen in Ggw. von Benzoylperoxid vernetzt werden. — 35 (Millimol) Cl_2SiH_2 u. 102 3.3.3-Trifluorpropen bestrahlt man in einem SiO_2-Rohr 107 Std. mit UV-Licht u. dest. → *Bis-(3.3.3-trifluorpropyl)-dichlorsilan* (I), $C_6H_8Cl_2F_6Si$, Kp. 162—163°, 77% (Ausbeute) u. *3.3.3-Trifluorpropyldichlorsilan* (II), $C_3H_5Cl_2F_3Si$, Kp. 90—91°, 9%. Ähnlich erhält man aus 40 3.3.3-Trifluorpropen u. 100 Cl_2SiH_2 → II, 83%. — 20 ml einer gesätt. Lsg. von W. in Ae. gibt man langsam zu 2,7 g I u. 5 ml Ae., gießt die Lsg. unter Rühren zu 10 ml W., extrahiert mit Ae. → lineares $[(CF_3CH_2CH_2)_2SiO]_n$, (III), Öl, 91%. — 2,9 g I rührt man mit 10%ig. Überschuß von abs. CH_3OH bei Raumtemp. → Bis-(3.3.3-trifluorpropyl)-dimethoxysilan, $C_8H_{14}F_6 \cdot O_2Si$, Kp.$_{60}$ 96°, Kp.$_{760}$ 175—176°, hieraus durch Hydrolyse → Siliconöl ähnlich III. — 3,5 g III u. 0,175 g Benzoylperoxid erhitzt man 4 Std. auf 150—180° → *vernetztes gummiartiges Silicon.* — Ähnlich erhält man aus 3.3.4.4.4-Pentafluorbuten-1 mit Cl_2SiH_2 über $(C_2F_5CH_2CH_2)_2SiCl_2$, 63% (neben 4% $C_2F_5CH_2CH_2SiHCl_2$) → $[(C_2F_5CH_2CH_2)_2 \cdot SiO]_n$. — Die Verfahrensprodd. sind bes. stabil gegen chem. Einwirkungen. (**E. P. 895592** vom 22/7. 1957, ausg. 2/5. 1962.) A. Debo H 980

2238 California Research Corp., San Francisco, übert. von: Steve H. Kovacich, El Cerrito, und Robert L. Peeler, Albany, Calif., V. St. A., **Herstellung von Dialkyldialkoxy-di-tert.-alkoxydisiloxanen** der allg. Formel $(R_1O)(R_2O)RSi{-}O{-}SiR(OR_2)(OR_1)$ [R = geradkettige Alkylreste mit 1—6 C-Atomen, R_1 = prim. oder sek. Alkylreste mit 3—10 C-Atomen, R_2 = tert. Alkylreste mit 4—6 C-Atomen]. Man setzt 1 (Mol) eines Alkyltrichlorsilans mit 1 eines Alkohols um u. läßt das erhaltene Alkylalkoxydichlorsilan mit 1 Mol eines tert. Alkohols in Ggw. eines säurebindenden Mittels, wie α-Picolin (I) oder Pyridin, reagieren; hierauf werden 2 (Mol) des erhaltenen Alkylalkoxy-tert.-alkoxymonochlorsilans mit 1 W. in Ggw. des säurebindenden Mittels zu dem Siloxan umgesetzt. — 454 g $C_2H_5SiCl_3$ in 250 cm³ Toluol (II) werden bei —20° tropfenweise mit 284 g 2-Äthylbutanol versetzt. Man läßt dann das Gemisch sich bei Zimmer-Temp. erwärmen, bläst mit N_2 HCl aus u. zieht das Toluol ab; 372 g des erhaltenen Äthyl-2-äthylbutoxydichlorsilans (Kp.$_{14,7}$ 95—102°), 175 cm³ I u. 200 cm³ II werden bei 0° während 2 Std. mit einem Gemisch von 143 g tert.-Pentylalkohol, 175 cm³ I u. 200 cm³ II versetzt, worauf man nach Erwärmung auf Zimmer-Temp. 4 Std. bei 126° unter Rückfluß kocht; das Gemisch wird tropfenweise mit 14,6 cm³ W. versetzt u. 3 Std. auf 100—106° erhitzt, wieder abgekühlt u. mit 600 cm³ W. versetzt. Die organ. Phase wird mit W. gewaschen, getrocknet u. das Prod. dest., wobei man *1.3-Diäthyl-1.3-di-(tert.-pentoxy)-1.3-di-(2′-äthylbutoxy)-disiloxan*, Kp.$_1$ 150—162°, erhält. — Analog gewinnt man folgende *Disiloxane*: *1.3-Dimethyl-1.3-di-(tert.-butoxy)-1.3-di-(1′-octoxy)-*, Kp.$_1$ 172—174°; *1.3-Dimethyl-1.3-di-(tert.-butoxy)-1.3-di-(5′-äthyl-2′-nonoxy)-*, Kp.$_1$ 194—199°; *1.3-Dimethyl-1.3-di-(tert.-pentoxy)-1.3-di-(2-äthylhexoxy)-*, Kp.$_1$ 169—176°; *1.3-Diäthyl-1.3-di-(tert.-butoxy)-1.3-di-(2′-äthylhexoxy)-*, Kp.$_1$ 171—178°; *1.1.3.3-Tetramethyl-1.3-di-(1′-decoxy)-*, Kp.$_1$ 176—179°, u. *1.3-Diäthyl-1.1.3.3-tetra-(2-äthylbutoxy)-*, Kp.$_1$ 179—181°. — Die hydrolysebeständigen Siloxane dienen als *Hydraulik-Fll.* u. *Schmiermittel.* (**A. P. 2995591** vom 30/6. 1958, ausg. 8/8. 1961.) J. Mühleisen H 980

2239 Westinghouse Electric Corp., East Pittsburgh, Pa., (Erfinder: Arnold B. Finestone, West Newton, Mass.), V. St. A., **Herstellung von stickstoffhaltigen organischen Siliciumverbindungen,** dad. gek., daß man 1 (Mol) einer Verb. der allg. Formel $R_n{-}Si{-}(OR')_m$,

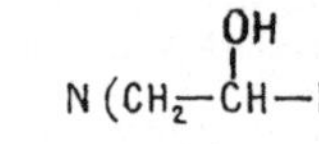

I

in der R u. R′ Alkyl- oder Arylreste, n 0—3 u. m 1—4 bedeuten, wobei n + m = 4 ist, mit 1—2 eines Alkohols der allg. Formel I (R″ = H oder CH_3) erhitzt. Ein Gemisch aus 74,5 g Triäthanolamin (III), 120 g Phenyltriäthoxysilan u. 500 ml Bzl. wird so lange unter Rückfluß erhitzt, bis der gesamte entstandene A. durch azeotrope Dest. entfernt ist, worauf das Rk.-Gemisch aus heißem Bzl. umkrist. wird. *Phenyltriäthanolaminsilan* der Formel II, F. 203,6—204,2°. Analog aus III u. Methyltriäthoxysilan

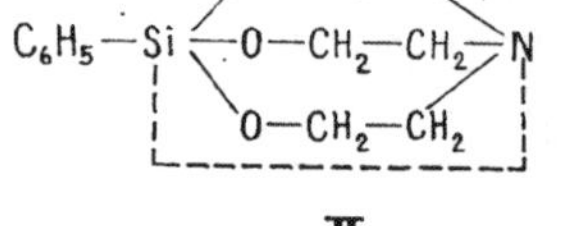

II

Methyl-, F. 139,5—142°, aus Äthylorthosilikat u. III *Äthoxytriäthanolaminsilan*, F. 35—37°. — Zwischenprodd. u. Härtungsmittel für Epoxyharze. (**D. A. S. 1131681** Kl. 12p vom 23/6. 1959, ausg. 20/6. 1962. A. Prior. 29/7. 1958.) C. Lüttgen H 980

2240 Midland Silicones Ltd., London, England (Erfinder: John L. Speier), **Polyaminoalkylsiloxane** werden hergestellt durch Hydrolyse von Silanen der allg. Formel $R_x''(Z_nR')Si(OR)_{3-x}$ (x = 0 oder 2; R = Alkyl mit < 4 C-Atomen; R′ = aliphat. KW-Stoffrest mit 1 oder > 2 C-Atomen; Z = einwertiger Rest, an R′ durch C–N-Bindung gebunden, mit wenigstens 2 Aminogruppen; $R'Z_n$ hat C:N < 6:1; R″ = KW-Stoffrest, wenn aliphat., dann gesätt.) oder durch Cohydrolyse von deren Mischungen mit Verbb. der allg. Formel $R'''_ySi(OR)_{4-y}$ (y = 0—3; R‴ = KW-Stoffrest, halogeniertes Aryl). — $(CH_3O)_3Si(CH_2)_3NHCH_2CH_2NH_2$ (I) u. W. → Polysiloxan mit $H_2NCH_2CH_2N(CH_2)_3SiO_{1,5}$ (II)-Einheiten. — 19 g $(C_2H_5O)_3SiCH{:}CH_2$ u. 22 g I u. 0,2 Mol W. → *Copolymeres* mit II u. $CH_2{:}CHSiO_{1,5}$. — Ähnlich erhält man folgende Disiloxane: $CH_2{:}CH(CH_3)_2SiOSi(CH_3)_2(CH_2)_3\cdot NHCH_2CH_2NH_2$, Kp.$_9$ 100°, D.$_4^{25}$ 0,887. — $[H_2NCH_2\cdot CH_2NH(CH_2)_3(CH_3)_2Si]_2O$, Kp.$_1$ 165°, D.$_4^{25}$ 0,93. — $[H_2NCH_2CH_2NHCH_2CH(CH_3)CH_2(CH_3)_2Si]_2O$. — Copolymere aus Einheiten $H_2NCH_2CH_2NH(CH_2)_3SiO_{1,5}$ mit $Cl_2C_6H_3(CH_3)SiO$ oder $Br_2C_6H_3(CH_3)SiO$ sowie *Copolymeres mit 40 (Mol-%)* $C_6H_5SiO_{1,5}$, $35\,C_6H_5(CH_3)SiO$ *u.* $25H_2NC_2H_4NH(CH_2)_3SiO_{1,5}$. — Aus $HSiCl_3$ mit Halogenalkenen in Ggw. von H_2PtCl_6 u. anschließende Behandlung mit CH_3OH u. Äthylendiamin erhält man Homopolymere mit den Struktureinheiten: $H_2NC_2H_4NHCH_2\cdot CH:CHSiO_{1,5}$; $H_2NC_2H_4NHCH_2CH:CHCH_2CH_2Si\cdot O_{1,5}$; $H_2NC_2H_4NHCH(CH_2NHC_2H_4NH_2)CH_2SiO_{1,5}$. — Die Trimethoxysilane erhält man aus $HSiCl_3$ u. Allylchlorid, Veresterung mit CH_3OH u. Rk. mit Polyaminen: Äthylendiamin → **I**, Kp.$_{15}$ 140,5°; $(H_2NCH_2CH_2)_2NH$ → $(CH_3O)_3Si(CH_2)_3NHC_2H_4NHC_2H_4NH_2$; $H_2N(CH_2)_6NH_2$ → $(CH_3O)_3Si(CH_2)_3NH(CH_2)_6NH_2$; $(H_2NCH_2CH_2)_2CH\cdot (CH_2)_3NH_2$ → $(CH_3O)_3Si(CH_2)_3NHCH_2CH_2CH(CH_2CH_2\cdot NH_2)(CH_2)_3NH_2$ u. $(CH_3O)_3Si(CH_2)_3NH(CH_2)_3CH(CH_2\cdot CH_2NH_2)_2$; $CH_3NH(CH_2)_6NHCH_3$ → $(CH_3O)_3Si(CH_2)_3\cdot N(CH_3)(CH_2)_6\cdot N(H)CH_3$; $H_2NCH_2CH(CH_3)NH_2$ → $(CH_3\cdot O)_3Si(CH_2)_3\cdot NHCH_2CH(CH_3)NH_2$ u. $(CH_3O)_3Si(CH_2)_3\cdot NHCH(CH_3)\cdot CH_2NH_2$; $HN(CH_2CH_2)_2NH$ → $(CH_3O)_3Si\cdot (CH_2)_3N(CH_2\cdot CH_2)_2NH$; Methylhydrazin → $(CH_3O)_3Si\cdot (CH_2)_3N(CH_3)\cdot NH_2$; $C_6H_3(NH_2)_3$ → $(CH_3O)_3Si(CH_2)_3N\cdot HC_6H_3(NH_2)_2$; Benzylhydrazin → $(CH_3O)_3Si(CH_2)_3N\cdot (CH_2C_6H_5)NH_2$. — Analog aus $(CH_3O)_3SiCH_2Cl$ u. p-$(CH_3)_2NC_6H_4NH_2$ → $(CH_3O)_3SiCH_2NHC_6H_4N(CH_3)_2$; aus $(CH_3)_2HSiCl$ u. den entsprechenden Diaminen → $(CH_3)_2\cdot (CH_3O)Si(CH_2)_3NH\cdot C_2H_4NH_2$; $(CH_3)_2(CH_3O)SiCH_2CH\cdot (CH_3)CH_2NHC_2H_4NH_2$; aus $C_6H_5(CH_3)HSiCl$ → $C_6H_5\cdot (CH_3)(CH_3O)Si(CH_2)_3NH\cdot C_2H_4NH_2$; $C_6H_5(CH_3)(CH_3O)\cdot H_2SiCCH(CH_3)CH_2NHC_2H_4\cdot NH_2$. (**E. P. 889001** vom 17/7. 1959, ausg. 7/2. 1962.) A. Debo H 980

2241 Union Carbide Corp., übert. von: Frank Fekete, Verona, Pa., V. St. A., **Herstellung von Phosphor enthaltenden Silanen und Siloxanen** bei denen der P an Si über eine gesätt., aliphat. Gruppe mit mindestens 2 C-Atomen oder eine Cycloalkylgruppe gebunden ist. Man setzt in Ggw. eines Di-tert.-alkylperoxids ein Organosilan oder ein Organopolysiloxan, das mindestens 1 H-Atom am Si aufweist, u. wobei in dem Silan die freien Valenzen durch Alkoxy- oder gesätt. KW-Stoffreste, in dem Siloxan auch durch OH-Gruppen, abgesättigt sind, mit einer 3-wertigen P-Verb. um, die am P mindestens einen olefin. aliphat. oder cycloaliphat. Rest aufweist; die P-Verb. kann ein Phosphin, Phosphinit, Phosphonit Phosphinoxid, Phosphinat oder Phosphonat sein. — In einem Autoklav wird ein Gemisch von 0,157 (Mol) Phenyl-äthyl-allylphosphin, 0,157 Triäthoxysilan u. 3,8 g Di-tert.-butylperoxid während 1³/₄ Std. auf 195° erhitzt u. 40 Min. bei 190° gehalten. Durch Fraktionierung erhält man *Phenyl-äthyl-phosphinopropyltriäthoxysilan* Kp.$_{0,2-0,3}$ 90—120°. Die Silane sind Zwischenprodd. zur Herst. von Siloxanen durch Hydrolyse; die Siloxane dienen als Schmier- u. Überzugsmittel. (**A. P. 2995594** vom 23/12. 1958, ausg. 8/8. 1961.) J. Mühleisen H 980

2242 Monsanto Chemical Co., St. Louis, Mo., übert. von: Gail H. Birum, Dayton, Ohio, V. St. A., **Organische Phosphorverbindungen** der allg. Formel $R_nP[-O-C(Z)(Y)-P(:O)A_2]_{3-n}$ (**I**) erhält man durch Rk. einer dreiwertigen P-Verb., die keiner Selbstkondens. unterliegt u. 1—3 Halogenatome am P enthält, mit einer Carbonylverb. u. einem dreiwertigen P-Ester, bei welchem wenigstens von einer organ. Gruppe ein aliphat. C-Atom über O an das P-Atom gebunden ist. (R = KW-Stoff-, KW-Stoffoxy-, KW-Stoffthio-, KW-Stoffoxy-KW-Stoffoxy-rest mit 1—12 C-Atomen, die ggf. substituiert sind durch Halogen, Dialkylamino-, Alkylarylaminoreste, in denen die Alkylreste 1—6 C-Atome u. die Arylreste 6—7 C-Atome enthalten, R ist ferner D—N-, wobei man den Ring zu einem 3—6gliedrigen N-heterocycl. Rest ergänzt. 2 Reste R zusammen können die Reste -O-KW-Stoff-O-, -O-Halogen-KW-Stoff-O- mit 2—4 C-Atomen in der Kette u. insgesamt 2—12 C-Atomen bedeuten, welche frei sind von aliphat. Ungesättigtheit; Y steht für H, KW-Stoffrest mit 1—17 C-Atomen, falls n = 2, u. mit 1—10 C-Atomen, falls n < 2, den Thienyl-, Furylrest, wobei die Reste substituiert sein können durch Halogen, NO_2, CHO, Methylendioxy, CN, Dialkylamino, Carbalkoxy, Alkylmercapto, -SS-Alkyl, Alkoxy, Alkyl-CONH-(Alkyl = C_1—C_5), falls n = 0—2, u. falls n = 2 durch OH u. COOH; Z = H, CH_3, CH_3 aber nur, falls Y = Alkyl mit 1—2 C-Atomen; falls n = 2 können Z u. Y zusammen einen Cyclohexanring bilden; A = KW-Stoff-, KW-Stoffoxy-, KW-Stoffoxy- KW-Stoffoxyrest mit 1—12 C-Atomen, der ggf. durch Halogen substituiert ist; T = Alkyl, Alkenyl, Aralkyl, KW-Stoffoxyalkylrest mit 1—12 C-Atomen, die ggf. durch Halogen substituiert sind. Die Verbb. entstehen nach dem Schema: R_nPX_{3-n} + 3-n Z-C(:O)-Y + 3-n A_2P-OT → **I** + 3-n TX. — Tri-n-hexylphosphit + Benzaldehyd (**II**) + PCl_3 → *Tris-[α-(di-n-hexyloxyphosphinyl)-benzyl]-phosphit.* Zu einer Mischung aus 265,2 g Tris-(2-chloräthyl)-phosphit (**III**) u. 58 g Propionaldehyd (**IV**) gibt man < 25° 45,8 g PCl_3, die Rk.-Mischung wird dann auf 90° erhitzt u. im Vakuum zuletzt bei 150° u. 1 mm erhitzt u. als Rückstand werden 289,5 g *Tris-{1-[bis-(2-chloräthoxy)-phosphinyl]-propyl}-phosphit*, n_D^{25} 1,4901 erhalten. PCl_3 + **III** + Acetaldehyd (**V**) → *Tris-{1-[bis-(2-chloräthoxy)-phosphinyl]-äthyl}-phosphit.* Aceton + Triäthylphosphit (**VI**) + PCl_3 → *Tris-[2-(diäthoxyphosphinyl)-2-propyl]-phosphit.* **III** + **IV** + Phenyldichlorphosphin (**VII**) → *Phenylphosphonigsäure-bis-{1-[bis-(2-chloräthoxy)-phosphinyl]-propyl}-ester*, n_D^{25} 1,55170. **VII** + Tri-n-hexylphosphit + **II** → *Phenylphosphonigsäure-bis-[α-(dihexyloxyphosphinyl)-benzyl]-ester*, n_D^{25} 1,5068. **VI** + **IV** + n-Butyldichlorphosphin → *n-Butylphosphonigsäure-bis-[1-(diäthoxyphosphinyl)-propyl]-ester.* **V** + **III** + **VII** → *Bis-{1-[bis-(2-chloräthoxy)-phosphinyl]-äthyl}-phenylphosphonit*, n_D^{25} 1,5067. Trimethylphosphit + S-p-Chlorphenyldichlorthiophosphit + **V** → *Bis-[1-(dimethoxyphosphinyl)-äthyl]-S-p-chlorphenylthiophosphit*, n_D^{25} 1,5451. **VI** + **V** + Äthoxydichlorphosphin (**VIII**) → *Bis-[1-diäthoxyphosphinyl)-äthyl]-äthylphosphit.* **II** + **VI** + **VIII** → *Bis-[α-(diäthoxyphosphinyl)-benzyl]-äthylphosphit*, n_D^{25} 1,5101. **VI** + **IV** + Diphenoxychlorphosphin (**IX**) → *Diphenylphosphit des 1-Hydroxypropylphosphonsäurediäthylesters*, n_D^{25} 1,5222, der Formel $(C_6H_5O)_2P-O-CH(C_2H_5)-P(:O)\cdot (OC_2H_5)_2$. — **V** + **III** + **IX** → *1-[Bis-(2-chloräthoxy)-phosphinyl]-äthyldiphenylphosphit*, n_D^{25} 1,5351. **IX** + **II** + Tris-(2-äthylhexyl)-phosphit → *Diphenylphosphit des Bis-(2-äthylhexyl)-(α-hydroxybenzyl)-phosphonats*, n_D^{25} 1,5150. Analog erhält man: $(p\text{-}Cl\text{-}C_6H_4\text{-}S)_2P-O-CH(C_2H_5)-P(:O)(OC_2H_5)_2$, $(C_6H_5)_2P-O-CH(C_2H_5)-P(:O)(OC_2H_5)_2$, $(ClCH_2CH_2O)_2P-O-CH(C_6H_5)P(:O)-(OCH_2CH_2Cl)_2$, $(CH_3CHClCH_2O)_2P-OCH(C_2H_5)P(:O)-(OCH_2CHClCH_3)_2$, $(ClCH_2CHBrCH_2O)_2P-OCH(CH_3)P(:O)-(OCH_2CHBr\cdot CH_2Cl)_2$, $(CH_3CHBrCH_2O)_2P-OCH(C_2H_5)-P(:O)(OCH_2\cdot CHBrCH_3)_2$, $(ClCH_2CHClCH_2O)_2P-OCH(CH_2-C_6H_5)P\cdot (:O)(OCH_2CHClCH_2Cl)_2$, n_D^{25} 1,5304. $(ClCH_2CH_2O)_2P-OCH(CH_3)P(:O)(OCH_2CH_2Cl)_2$, n_D^{25} 1,4904. $(ClCH_2\cdot CH_2O)_2P-OCH(C_3H_7)P(:O)(OCH_2CH_2Cl)_2$. n_D^{25} 1,4880. *Bis-(2-chloräthyl)-phosphite* der folgenden *Phosphonsäure-bis-(2-chloräthyl)-ester*: *1-Hydroxyäthyl-*, n_D^{25} 1,4906. *1-Hydroxypropyl-*, n_D^{25} 1,4910. *1-Hydroxybutyl-*, n_D^{25} 1,4880. *2-Äthyl-1-hydroxyhexyl-*, n_D^{25} 1,4858. *1-Hydroxyundecyl-*, n_D^{25} 1,4808. *4-Cyan-2.2-dimethyl-1-hydroxybutyl-*, n_D^{25} 1,4950. *1-Hydroxy-4-formylbutyl-*, *4-Carbäthoxy-1-hydroxybutyl-*, n_D^{25} 1,4856, *α-Hydroxybenzyl-*, n_D^{25} 1,5290. *α-Hydroxy-4-methylbenzyl-*, n_D^{25} 1,5169. *3-Nitro-α-hydroxybenzyl-*, n_D^{25} 1,5300. *2.4-Dichlor-α-hydroxybenzyl-*, n_D^{25} 1,5295. *α.4-Dihydroxy-3-methoxybenzyl-*, n_D^{25} 1,5289. *4-Dimethylamino-α-hydroxybenzyl-*, n_D^{25} 1,5452. *4-Acetamido-α-hydroxybenzyl-*. *α-Hydroxypiperonyl-*, n_D^{25} 1,5330. *α-Hydroxyfurfuryl-*, n_D^{25} 1,5069. *(6-Methyl-3-cyclohexenyl)-hydroxymethyl-*, n_D^{25} 1,5034. *1-Hydroxycyclohexyl-*, *Hydroxymethyl-*, *1-Hydroxy-1-methyläthyl-*, *2.3-Dichlor-1-hydroxypropyl-*, *1-Hydroxy-2.2.2-trichloräthyl-*, *1-Hydroxy-3-phenyl-2-propenyl-*, n_D^{25} 1,5278. — *Bis-(2-chlorpropyl)-phosphite der Phosphonsäure-bis-(2-chlorpropyl)-ester*: *1-Hydroxy-2.2-dichloräthyl-*, *1-Hydroxyäthyl-*, n_D^{25} 1,4782. *1-Hydroxy-1-methyläthyl-*, *α-Hydroxybenzyl-*, n_D^{25} 1,5048. — *Bis-(2-chlor-3-butenyl)-phosphit des 1-Hydroxypropylphosphonsäure-bis-(2-chlor-3-butenyl)-esters.* *Bis-(2-chlor-3-isopropoxypropyl)-phosphit des 1-Hydroxy-1-methylpropylphosphonsäure-*

bis-(2-chloräthyl)-esters. Bis-(2-chlor-2-phenyläthyl)-phosphit des 1-Hydroxypropylphosphonsäure-bis-(2-chloräthyl)-esters. Bis-(2-chlor-3-phenoxypropyl)-phosphit des 1-Hydroxypropylphosphonsäure-bis-(2-chlor-3-phenoxypropyl)-esters. In *2*-Stellung substituierte *1.3.2-Dioxaphospholane: 1-Diäthoxyphosphinyl-1-äthyloxy-*, Kp.$_{0,05-0,1}$ 109—115°. *1-Dibutoxyphosphinyl-1-äthyloxy-*, Kp.$_{0,35}$ 140°, Kp.$_{0,5}$ 154°, n_D^{25} 1,4528. *1-[Bis-(2-chloräthoxy)-phosphinyl]-1-äthyloxy-*, n_D^{25} 1,4909. *1-Diäthoxyphosphinyl-1-butyloxy-*, Kp.$_{0,35}$ 132—136°, Kp.$_{0,5}$ 180°. *1-Diäthoxyphosphinyl-2-äthylhexyloxy-*, Kp.$_{0,15}$ 151—155°. *α-Dimethoxyphosphinyl-α-benzyloxy-, α-Dimethoxyphosphinyl-2.5-dichlorbenzyloxy-*, n_D^{25} 1,5422. *2-Diäthoxyphosphinyl-3-carbäthoxy-2-propyloxy-*, Kp.$_{0,1}$ 148—150°, n_D^{25} 1,4622. *Diäthoxyphosphinyl-α-furyl-methyloxy-*, n_D^{25} 1,4908. *Diäthoxyphosphinyl-α-thienyl-methyloxy-*, n_D^{25} 1,5278. *2-Dimethoxyphosphinyl-2-propyloxy-*, Kp.$_{1,5}$ 117—127, n_D^{25} 1,4627. *2-Diäthoxyphosphinyl-2-hex-5-enyloxy-*, Kp.$_{0,2}$ 156—161°, n_D^{25} 1,4679. *1-Diäthoxyphosphinyl-1-cyclopropyl-1-äthyloxy-*, Kp.$_{0,1}$ 136°, n_D^{25} 1,4684. *1-Diäthoxyphosphinyl-1-cyclopentyloxy-*, Kp.$_{0,15}$ 142—145°, n_D^{25} 1,4741. *1-Diäthoxyphosphinyl-1-cyclohexyloxy-*, Kp.$_{0,3}$ 156 bis 158°, n_D^{26} 1,4779. *1-Dimethoxyphosphinyl-1-prop-2-enyloxy-*, Kp.$_{1,5}$ 134—145°, n_D^{25} 1,4725. *1-Dimethoxyphosphinyl-1-isobut-2-enyloxy-*, Kp.$_{0,1}$ 132—140°. *α-Diäthoxyphosphinyl-4-hydroxy-α-benzyloxy-, α-Diäthoxyphosphinyl-2-hydroxy-α-benzyloxy-, α-Dimethoxyphosphinyl-4-acetamido-α-benzyloxy-, α-[(Phenyl)-äthoxyphosphinyl]-4-methoxy-α-benzyloxy-.* — 2-substituierte 4.5-Benzo-1.3.2-dioxaphospholane: *1-Dimethoxyphosphinyl-1-äthyloxy-*, Kp.$_{0,04}$ 151—153°, n_D^{25} 1,5140. *α-Diäthoxyphosphinyl-benzyloxy-, 1-Dimethoxyphosphinyl-[1.4.5.6.7.7-hexachlorbicyclo-[2.2.1]-hept-5-enyl-(2)]-methyloxy-, 1-Dimethoxyphosphinyl-1-cyclohexyloxy-, 1-Di-n-hexyloxyphosphinyl-1-cyclohexyloxy-*, n_D^{25} 1,4970. *1-Di-(2-chloräthoxy)-phosphinyl-1-cyclohexyloxy-*, n_D^{25} 1,5302. *1-[(Butyl)-äthoxyphosphinyl]-1-propyloxy-, α-[(Phenyl)-äthoxyphosphinyl]-α-(3-methoxy-4-hydroxybenzyl)-oxy-.* — 2-substituierte 4-Chlormethyl-1.3.2-dioxaphospholane: *1-Dimethoxyphosphinyl-1-propyloxy-*, n_D^{26} 1,4770. *1-[Di-(2-chloräthoxy)-phosphinyl]-1-(2-äthylhexyl)-oxy-*, n_D^{25} 1,4871. *α-Diäthoxyphosphinyl-benzyloxy-*, n_D^{25} 1,5149. *Dimethoxyphosphinyl-α-naphthylmethyloxy-.* — $O{-}(CH_2)_3{-}O{-}P{-}O{-}CH(C_2H_5)P(:O)(OC_2H_5)_2$ Kp.$_{0,3}$ 150° n_D^{25} 1,4563. $O{-}(CH_2)_2{-}O{-}P{-}O{-}CH[P(:O){-}(OC_2H_5)_2][C(CH_3)_2SSC\cdot(CH_3)_2CHO]$. *Phosphorigsäure-bis-[1-(diäthoxyphosphinyl)-propyl]-ester-N-methyl-N-phenylamid. Phosphorigsäure-bis-[α-(di-n-hexyloxyphosphinyl)-benzyl]-ester-piperidid. Phosphorigsäure-bis-{1-[bis-(2-chloräthoxy)-phosphinyl]-propyl}-ester-piperidid.* $(CH_3CHClCH_2O)_2P{-}O{-}CH[(CH_2)_5\cdot CH_3]{-}P(:O)(OCH_2CHClCH_3)_2$, n_D^{25} 1,4743. *Phenylphosphonigsäure-bis-[α-(dihexyloxyphosphinyl)-benzyl]-ester*, n_D^{25} 1,5068. *Butylphosphonigsäure-bis-[1-(diäthoxyphosphinyl)-propyl]-ester. Phosphorigsäure-tris-[1-(äthoxyphenylphosphinyl)-äthyl]-ester*, n_D^{25} 1,5409. *Phosphorigsäure-phenyl-bis-[1-(äthoxyphenylphosphinyl)-propyl]-ester. Phenylphosphonigsäure-bis-[1-(äthoxyphenylphosphinyl)-äthyl]-ester*, n_D^{25} 1,5583. *Phosphorigsäure-[1-(äthoxyphenylphosphinyl)-2-äthylhexyl]-ester-tetraäthyldiamid.* — Insekticide, Fungicide, Nematocide, Baktericide, Zusätze zu Schmiermitteln oder Treibstoffen, Weichmacher, Flammschutzmitteln. (**A. P. 3014944** vom 9/5. 1960, ausg. 26/12. 1961.) A. Jahn H 980

2243 Shell Internationale Research Mij., Den Haag, Niederlande, **Mercaptomethylphosphonsäurederivate** der allg. Formel $R{-}S{-}CH_2{-}P(:X)(XR_1)_2$ erhält man durch Rk. von Halogenmethylphosphonverbb. der allg. Formel $Y{-}CH_2{-}P(:X)(XR_1)_2$ mit einem Mercaptan oder Mercaptid (R = KW-Stoffrest mit ≧ 6 C-Atomen, bes. mit 10—18 C-Atomen; R_1 = H, KW-Stoffrest oder metall. oder nichtmetall. Kation; X = O oder S; Y = Halogen). — *Schmieröl u. die Octanzahl vermindernde Treibstoffzusätze* mit extremen Hochdruckeigenschaften. (**E. P. 904968** vom 11/4. 1960, ausg. 5/9. 1962. A. Prior. 13/4. 1959.) A. Jahn H 980

2244 Monsanto Chemical Co., St. Louis, Mo, übert. von: Daniel W. Grisley jun. und Gail H. Birum, Dayton, Ohio, und Samuel Allen Heininger, Warson Woods, Mo., V. St. A., **Dihydrocarbyloxyphosphinylthioameisensäuren,** deren Salze u. Ester der allg. Formel $(R'O)_2P(:O)CO{-}S{-}G$ (R' = KW-Stoffrest mit 1—12 C-Atomen, G = Na, K, Li, Alkylrest mit 1—8 C-Atomen) erhält man durch Rk. von Alkalimetallsalzen von Phosphorigsäurediestern der allg. Formel $(R'O)_2P(:O)M$ (M = Alkalimetall) mit COS, bes. bei —100 bis +150°, bes. —80 bis +25° ggf. unter Druck u. ggf. anschließende Rk. der entstandenen thioameisensauren Salze mit einer Verb. der allg. Formel $R''Y$ (R'' = Alkylrest mit 1—8 C-Atomen; Y = Sulfat-, Sulfonatrest, Halogen). — *Fungicide, Herbicide, Insekticide, ferner Weichmacher, Korrosionsschutzmittel, Schmiermittelzusätze.* (**A. P. 3005008** vom 10/8. 1959, ausg. 17/10. 1961.) A. Jahn H 980

2245 Monsanto Chemical Co, St. Louis, Mo., übert. von: Gail H. Birum, Dayton, Ohio, V. St. A., **Phosphitphosphonate** der allg. Formel $[X{-}CH(R){-}CH(R){-}O{-}]_2\cdot P{-}O{-}C(Z)(Y){-}P(:O)[{-}O{-}CH(R){-}CH(R){-}X]_2$ (**I**) erhält man durch Rk. von etwa 5 Mol eines Oxirans mit etwa 2 Mol PCl_3 oder PBr_3, wobei ein äquimolares Gemisch aus einem durch Halogen substituierten Triorganophosphit u. einem durch Halogen substituierten Phosphorigsäurediestermonohalogenid entsteht, das weiter mit einem Aldehyd oder Keton umgesetzt wird nach der Gleichung: $5\ R{-}CH{-}CH(R){-}O + 2PX_3 \rightarrow [X{-}CH\cdot(R){-}CH(R){-}O]_2P{-}X + [X{-}CH(R){-}CH(R){-}O]_3P \xrightarrow{Y-C(O)-Z}$ **I** + $X{-}CH(R){-}CH(R){-}X$ (R = Alkyl, Halogenalkyl, Alkenylreste mit 1—6 C-Atomen, Phenyl, Alkoxyalkyl, Phenoxyalkylrest mit 2—7 C-Atomen im Alkylanteil, wobei die Summe der beiden R < 9 ist; X = Cl oder Br; Y = H, Alkyl mit 1—17 C-Atomen, alicycl. KW-Stoffreste, frei von α.β-Ungesättigtheit mit 5—6 C-Atomen im Ring u. einer Gesamtzahl von 5—10 C-Atomen; benzoide KW-Stoffreste, frei von olefin. oder acetylen. Ungesättigtheit mit 6—18 C-Atomen, Furyl- oder Thienylreste, wobei die Reste jeweils substituiert sein können durch CN, NO_2, Halogen, Methylendioxy, CHO, OH, Alkyl, COOAlkyl, OAlkyl, SAlkyl, $(Alkyl)_2N$, Alkyl–CONH-; Z = H oder CH_3, CH_3 allerdings nur, wenn Y = Alkyl mit 1—2 C-Atomen; Z u. Y können auch zu einem Cycloalkyl- oder Cycloalkenylring mit 6—11 C-Atomen zusammengeschlossen sein, der frei ist von α.β-Ungesättigtheit). — In 275 g PCl_3 werden unter Kühlung < 24° 223 g Äthylenoxid eingeleitet u. die Rk.-Mischung dann auf 44°, zuletzt im Vakuum erwärmt. Zu 166 g dieses Gemisches aus Phosphorigsäure-bis-(2-chloräthyl)-ester-monochlorid u. Tris-(2-chloräthyl)-phosphit werden 35 g Benzaldehyd gegeben u. das Rk.-Gemisch auf 90°, zuletzt bei 0,6 mm auf 150° erhitzt u. in 100%ig. Ausbeute die Verb. der Formel $(ClCH_2CH_2O)_2P{-}O{-}CH\cdot(C_6H_5){-}P(:O)(OCH_2CH_2Cl)_2$ erhalten, n_D^{25} 1,5249. Analog erhält man: $(CH_3CHClCH_2O)_2P{-}O{-}CH(C_2H_5){-}P(:O)\cdot(OCH_2CHClCH_3)_2$, n_D^{25} 1,4784, die *Br-Verb.*, n_D^{25} 1,5161. *Bis-(2-chlorpropyl)-phosphit* (**II**) *des 1-Hydroxycyclohexylphosphonsäure-bis-(2-chlorpropyl)-esters*, n_D^{25} 1,4712. *Bis-(2.3-dichlorpropyl)-phosphit* (**III**) *des 1-Hydroxy-2-phenyläthylphosphonsäure-bis-(2.3-dichlorpropyl)-esters*, n_D^{25} 1,5304. **III** *des 1-Hydroxypropylphosphonsäure-bis-(2.3-dichlorpropyl)-esters*, n_D^{25} 1,5044. *Bis-(2-chloräthyl)-phosphit* (**IV**) *des 1-Hydroxyäthylphosphonsäure-bis-(2-chloräthyl)-esters*, n_D^{25} 1,4904. **IV** *des 1-Hydroxypropylphosphonsäure-bis-(2-chloräthyl)-esters*, n_D^{25} 1,4910. **IV** *des 1-Hydroxybutylphosphonsäure-bis-(2-chloräthyl)-esters*, n_D^{25} 1,4880. **IV** *des 2-Äthyl-1-hydroxyhexylphosphonsäure-bis-(2-chloräthyl)-esters*, n_D^{25} 1,4858. **IV** *des 1-Hydroxyundecylphosphonsäure-bis-(2-chloräthyl)-esters*, n_D^{25} 1,4808. **IV** *des 4-Cyan-2.2-dimethyl-1-hydroxybutylphosphonsäure-bis-(2-chloräthyl)-esters*, n_D^{25} 1,4950. **IV** *des 1-Hydroxy-4-formylbutylphosphonsäure-bis-(2-chloräthyl)-esters*, **IV** *des 4-Carbäthoxy-1-hydroxybutylphosphonsäure-bis-(2-chloräthyl)-esters*, n_D^{25} 1,4856. **IV** *des α-Hydroxybenzylphosphonsäure-bis-(2-chloräthyl)-esters*, n_D^{25} 1,5290. **IV** *des α-Hydroxy-4-methylbenzylphosphonsäure-bis-(2-chloräthyl)-esters*, n_D^{25} 1,5169. **IV** *des 3-Nitro-α-hydroxybenzylphosphonsäure-bis-(2-chloräthyl)-esters*, n_D^{25} 1,5300. **IV** *des 2.4-Dichlor-α-hydroxybenzylphosphonsäure-bis-(2-chloräthyl)-esters*, n_D^{25} 1,5295. **IV** *des α.4-Dihydroxy-3-methoxybenzylphosphonsäure-bis-(2-chloräthyl)-esters*, n_D^{25} 1,5289. **IV** *des 4-Dimethylamino-α-hydroxybenzylphosphonsäure-*

bis-(2-chloräthyl)-esters, n_D^{25} 1,5452. **IV** *des 4-Acetamido-α-hydroxybenzylphosphonsäure-bis-(2-chloräthyl)-esters*, n_D^{25} 1,5409. **IV** *des α-Hydroxypiperonylphosphonsäure-bis-(2-chloräthyl)-esters*, n_D^{25} 1,5330. **IV** *des α-Hydroxyfurfurylphosphonsäure-bis-(2-chloräthyl)-esters*, n_D^{25} 1,5069. **IV** *des (6-Methyl-3-cyclohexenyl)-hydroxymethylphosphonsäure-bis-(2-chloräthyl)-esters*, n_D^{25} 1,5034. **IV** *des 1-Hydroxycyclohexylphosphonsäure-bis-(2-chloräthyl)-esters. Bis-(2-chlor-3-butenyl)-phosphit des 1-Hydroxypropylphosphonsäure-bis-(2-chlor-3-butenyl)-esters.* **IV** *des Hydroxymethylphosphonsäure-bis-(2-chloräthyl)-esters. Bis-(2-chlor-3-isopropoxypropyl)-phosphit des 1-Hydroxypropylphosphonsäure-bis-(2-chlor-3-isopropoxypropyl)-esters.* **IV** *des 1-Hydroxy-1-methylpropylphosphonsäure-bis-(2-chloräthyl)-esters.* **IV** *des 2.3-Dichlor-1-hydroxypropylphosphonsäure-bis-(2-chloräthyl)-esters. Bis-(2-chlor-2-phenyläthyl)-phosphit des 1-Hydroxypropylphosphonsäure-bis-(2-chloräthyl)-esters.* **IV** *des 1-Hydroxy-2.2.2-trichloräthylphosphonsäure-bis-(2-chloräthyl)-esters. Bis-(2-chlor-3-phenoxypropyl)-phosphit des 1-Hydroxypropylphosphonsäure-bis-(2-chlor-3-phenoxypropyl)-esters.* **II** *des 1-Hydroxy-2.2-dichloräthylphosphonsäure-bis-(2-chlorpropyl)-esters.* **II** *des 1-Hydroxyäthylphosphonsäure-bis-(2-chlorpropyl)-esters*, n_D^{25} 1,4782. — Zusätze zu Schmiermitteln und Treibstoffen, Flammschutzmittel. (**A. P. 3014951** vom 15/12. 1958, ausg. 26/12. 1961.) A. Jahn H 980

2246 Sun Oil Co., Philadelphia, Pa., V. St. A. (Erfinder: Jack Ardis Guthrie), **Herstellung von Benzol** durch katalyt. Isomerierung u. Dehydrierung von Methylcyclopentan. Die KW-Stoff-Fraktion, welche Methylcyclopentan enthält, wird unter H_2-Zusatz in Ggw. von 3—12 ppm NH_3 oder Amin mit einem Katalysator aus Pt auf einem halogenhaltigen Tonerdeträger unter Reformierungsbedingungen in Kontakt gebracht. (**E. P. 899034** vom 1/7. 1960, ausg. 20/6. 1962.) E. Kahles H 1010

2247 FMC Corp., New York (Erfinder: Carl Frederick Prutton, New York, N. Y., Clark Ober Miller, Willoughby Hills, Ohio, und Loren Aldro Bryan, Rahway, N. J.) V. St. A., **Bariumalkylphenolate** der allg. Formel **I** (n = ganze Zahl von 1—3; R = Alkyl mit 4—20 C-Atomen), verwendbar als *Schmierölzusätze* oder *Insekticide*, erhält man (a) durch Rk. von 1 (Mol) Ba-

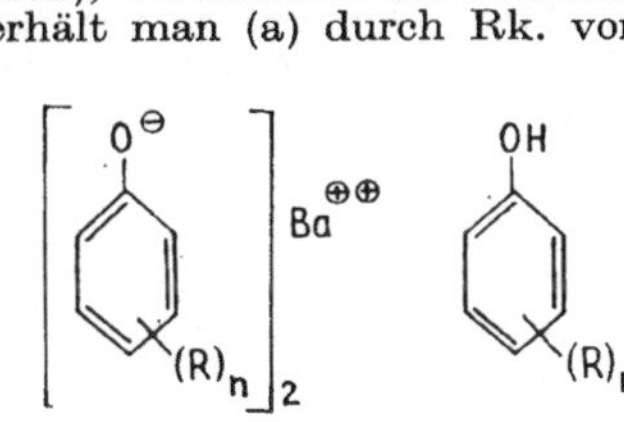

I III

Phenolat (**II**) mit ca. 2—8 eines Alkylphenols der Formel **III** bei ca. 140—230°, bes. 180—230° oder (b) durch Rk. von 1 BaS mit ca. 0,2—2 Phenol u. ca. 2 eines Alkylphenols der Formel **III** in Ggw. von ca. 0,8—3,5 W., bei ca. 75—160°, bes. 100—160°. — So erhält man durch 1std. Erhitzen eines Gemisches aus 1 **II**-Tetrahydrat u. 2 Octylphenol auf 220°, Abtreiben des Rk.-Wassers u. des als Nebenprod. entstandenen Phenols bei $Kp._2$ 140° u. Aufarbeiten des Rk.-Gemisches durch Lösen in Toluol, Filtrieren u. Abdampfen des Toluols *Ba-Octylphenolat* in einer Ausbeute von 64%. — Analog werden *Ba-tert.-Butylphenolat, Ba-Nonylphenolat, Ba-Dinonylphenolat* u. *Ba-sek.-Amylphenolat* hergestellt. (**D. A. S. 1140943** Kl. 12q vom 2/11. 1960, ausg. 13/12. 1962. A. Prior. 2/11. 1959.) A. Mohr H 1060

2248 Bergwerksverband G.m.b.H., Dortmund, **Herstellung von Benzolcarbonsäuren** durch Chlormethylieren von alkylierten Benzolen u. Behandeln der Rk.-Prod. mit HNO_3. — 100 (Teile) Toluol, 50 Paraformaldehyd u. 700 35%ig. HCl werden unter intensivem Rühren 1 Std. auf 70° erhitzt, worauf die organ. Phase abgetrennt u. noch zweimal derselben Behandlung unterworfen wird. Man erhält 148 eines Gemisches aus ca. 70% p- u. 30% o-Chlormethyltoluol, von dem 100 mit 900 48%ig. HNO_3 1 Std. auf 95° u. 1 Std. im Autoklav auf 160° erhitzt werden. Die Ausbeute beträgt 90 *Terephthalsäure.* — Analog aus Xylol ein Gemisch aus Mono- u. Bis-chlormethylxylol (I), F. 95—96°, das durch Tiefkühlung getrennt wird. Aus **I** → *Pyromellitsäure.* (**Ind. P. 66614** vom 3/2. 1959, ausg. 14/11. 1961.) C. Lüttgen H 1200

2249 Badische Anilin- & Soda-Fabrik Akt.-Ges., Ludwigshafen/Rh. (Erfinder: Edgar Hahl, Ludwigshafen/Rh., Friedrich Becke, Heidelberg, und Walter Speer, Schwetzingen), **Herstellung von Benzolcarbonsäuren** durch Oxydation von Benzolderivv., die oxydierbare Seitenketten tragen, mit O_2 in fl. Phase in Ggw. eines Oxydationskatalysators u. eines die Oxydation beschleunigenden organ. Lsgm., dad. gek., daß man als Lsgm. γ-Butyrolacton verwendet. Erhöhte Ausbeuten, keine Korrosion. Hergestellt wurden *Terephthalsäure, Isophthalsäure, Benzoesäure.* (**E. P. 897801** vom 28/9. 1960, ausg. 30/5. 1962. D. Prior. 29/8. 1959.) L. Stadelmann H 1220

2250 Foster Wheeler Ltd., London, England, **Gewinnung von Polycarbonsäureanhydriden aus ihren Dämpfen.** Man kondensiert das Anhydrid durch direkten Kontakt des Dampfes mit einem Kühlmittel, das mit dem geschmolzenen Anhydrid partiell mischbar ist u. sog. konjugierte Lsgg. bildet, nämlich einem Paraffinwachs der Formel C_nH_{2n+2}, worin n 20—25 ist, oder einem Tetraalkylsilicat, kühlt die Mischung aus Anhydrid u. Kühlmittel ab, filtriert die Anhydridkristalle ab u. schmilzt den Filterkuchen, der noch Kühlmittel enthält, wobei sich 2 fl. Phasen bilden, deren eine an Anhydrid gesätt. ist. Durch Dest. dieser fl. Phase erhält man reines Anhydrid. Beispiel: Gewinnung von *Phthalsäureanhydrid.* (**E. P. 907332** vom 4/7. 1960, ausg. 3/10. 1962. A. Prior. 2/7. 1959.) L. Stadelmann H 1220

2251 Josef Ratusky und Frantisek Sorm, Prag, Tschechoslowakei, **Herstellung von Dikaliumphthalat und Phthalsäureanhydrid.** Man erhitzt trockenes Monokaliumphthalat unter Rühren mindestens auf Schmelztemp., dest. Phthalsäureanhydrid u. gebildetes W. ab u. krist. Dikaliumphthalat aus. (**E. P. 901645** vom 25/2. 1959, ausg. 25/7. 1962.) L. Stadelmann H 1220

2252 Olin Mathieson Chemical Corp., New York, N. Y., V. St. A., **Isolierung vom Bis-β-hydroxyäthylester der Isophthalsäure** aus Mischungen mit dem entsprechenden Ester der Terephthalsäure durch selektives Herauslösen des Isophthalsäureesters mittels Methylenchlorid, bes. bei 5—10°. (**E. P. 902387** vom 25/10. 1960, ausg. 1/8. 1962. A. Prior. 19/11. 1959.) L. Stadelmann H 1220

2253 Bergwerksverband G.m.b.H., Essen (Erfinder: Otto Grosskinsky, Anton Benning und Heinrich Fruhbuss), **Herstellung von Terephthalsäure.** Man oxydiert p-Chlormethyltoluol mit HNO_3 unter Normaldruck bei höchstens 100° u. oxydiert die Toluylsäure dann weiter mit HNO_3 bei erhöhter Temp. u. erhöhtem Druck. Das Rk.-Prod. ist frei von Chlorterephthalsäure. (**E. P. 907126** vom 12/1. 1959, ausg. 3/10. 1962. **Zusatz zu E. P. 796286; C. 1959, 8415.**) L. Stadelmann H 1220

2254 Josef Ratusky und Jan Novosad, Prag, Tschechoslowakei, **Neutrale Alkalisalze von isomeren Phthalsäuren** erhält man durch Erhitzen von Iso- oder Terephthalsäure, oder einer Mischung aus o-, Iso- u. Terephthalsäure mit neutralen Alkaliphthalaten oder Alkalibiphthalaten auf 250—370°, wobei Phthalsäureanhydrid u. W. kontinuierlich abdestillieren. (**E. P. 898048** vom 24/8. 1959, ausg. 6/6. 1962. Tschech. Prior. 3/9. 1958.) L. Stadelmann H 1220

2255 Distillers Co. Ltd., Edinburgh, Schottland, **Herstellung von Trimellitsäure.** Man oxydiert Pseudocumol in der ersten Stufe mit O_2 in fl. Phase in Ggw. von Mn- oder Co-Salzen bei 190—220° u. in der zweiten Stufe mit HNO_3 bei 170—195°. (**E. P. 907926** vom 13/4. 1961, ausg. 10/10. 1962. A. Prior. 18/4. 1960.) L. Stadelmann H 1230

2256 General Aniline & Film Corp., New York, N. Y., V. St. A. (Erfinder: David E. Graham, Eugene Victor Hort und Harlan Benjamin Freyermuth),

Katalytische Reduktion aromatischer Dinitro-Verbindungen dad. gek., daß die Red. kontinuierlich in Ggw. von Ni- oder Pt-Katalysatoren stattfindet u. W. u. das aromat. Diamin laufend entfernt werden. – Vorrichtung. (**E. P. 895197** vom 25/11. 1960, ausg. 2/5. 1962.)
R. Bauereis H 1310

2257 Imperial Chemical Industries Ltd., London, England (Erfinder: Richard James Fielden), **Aromatische Diamine** der allg. Formel NH_2–C_6H_4–NRR_1 worin R = sek. Alkyl oder Cycloalkylgruppe, R_1 = Alkylgruppe, können durch Red. der entsprechenden N.N-disubstituierten Aniline, die in p-Stellung eine Nitroso-, Nitro- oder Azogruppe haben, hergestellt werden. Antiozonantien zur Stabilisierung von synthet. Kautschuk, Polymeren u. Mineralölen. (**E. P. 891234** vom 11/3. 1959, ausg. 14/3. 1962.) R. Bauereis H 1310

2258 Dow Chemical Co., Midland, Mich., V. St. A. (Erfinder: Edward Joseph Tabor), **Herstellung von O-aromatischen O.O-Dialkylphosphorthioaten** der allg. Formel R–O–P(S) $(OX)_2$ (R = ggf. durch Cl, Br, C_1–C_5-Alkyl, C_1–C_5-Alkoxy, Phenyl, Benzyl oder Cyclohexyl substituiertes Phenyl; X = C_1–C_5-Alkyl). – Man gibt z. B. 328 (g) O.O-Dimethylphosphorchloridthioat (2,05 Mol) zu einem Gemisch aus 106 (2,65 Mol) NaOH, 424 (23,5 Mol) W. u. 494 (2,53 Mol) 2.4.5-Trichlorphenol innerhalb 25 Min. bei 38—51°, hält dann 25 Min. auf 60°, kühlt dann auf 45° u. setzt 600 ml 5%ig. NaOH zu, kühlt auf Raumtemp. u. erhält hierbei 585 (91%) *O-(2.4.5-Trichlorphenyl)-O.O-dimethylphosphorthioat* F. 40°. – Weitere Beispiele folgender Phosphorthioate: *O-(2.4.5-Trichlorphenyl)-O.O-diäthyl-* (Fl., n_D^{25} 1,5449); – *O-(2.4-Dichlorphenyl)-O.O-dimethyl-*, (Fl., n_D^{25} 1,5496); – *O-(2-Chlor-4-tert.-butylphenyl)-O.O-dimethyl-*, (n_D^{25} 1,5278); – *O-(β-Naphthyl)-O.O-dimethyl-*, (n_D^{25} 1,5936). – *Parasiticide* u. *Imprägniermittel* für *Papier*, *Farben* u. *Holz*. (**E. P. 898755** vom 23/10. 1959, ausg. 14/6. 1962.)
O. Müller-Meiningen H 1380

2259 Ernst Schneider, Waldbröl/Rhld., **Herstellung von Trimethyleniminverbindungen,** der allg. Formel **I** (R^1 u. R^2 = Alkyl-, Cycloalkyl- oder Arylreste oder zusammen mit dem N-Atom ein 5- bis 7gliedriger Ring,

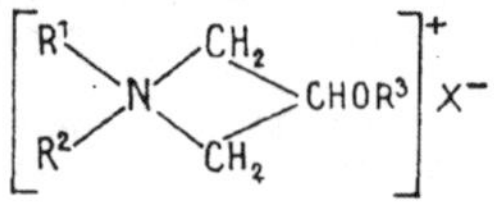

I

der ggf. noch ein anderes Heteroatom enthalten kann, R^3 = H, Alkyl- oder Acylrest, X = Halogen), dad. gek., daß man substituierte Isopropanole der allg. Formel R^1R^2N–CH_2–$CH(OR^3)$–CH_2X in einem > 60° sd. Lsgm. auf 60—80° erhitzt. Aus 1-Pyrrolidino-2-hydroxy-3-chlorpropan in W. → *N.N-β-Hydroxytrimethylenpyrrolidiniumchlorid*, F. 124—125, F. des Hg-Doppelsalzes 211°. – Analog: *N.N-β-Hydroxytrimethylenmorpholiniumbromid*, F. 144—149°, *-piperidiniumchlorid*, F. 141—142°. (**D. A. S. 1111638** Kl. 12 p vom 22/6. 1956, ausg. 27/7. 1961.)
C. Lüttgen H 3040

2260 Farbwerke Hoechst Akt.-Ges., vormals Meister Lucius & Brüning, Frankfurt/M. (Erfinder: Roderich Graf, Hofheim/Taunus und Eberhard Mundlos, Frankfurt/M.), **Herstellung von Additionsverbindungen aus Ketenen und Isocyanaten,** dad. gek., daß man Sulfoisocyanate der allg. Formel R–SO_2–N=C=O (R = Halogen oder ggf. substituierter KW-Stoffrest) mit Ketenen der allg. Formel O=C=CR′R″ (R′ u. R″ = H oder KW-Stoffreste) in Ggw. inerter organ. Lsgm. umsetzt u. die entstandenen monomeren Verbb. ggf. abtrennt. Die Monomeren entsprechen der allg. Formel **I**

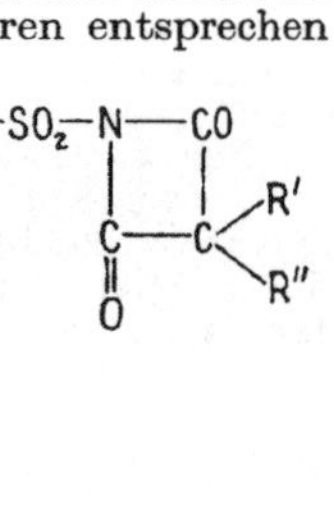

I

In eine Lsg. von 98,5 (g) p-Toluolsulfoisocyanat in 300 ml CH_2Cl_2 wird so lange Keten eingeleitet, bis nichts mehr aufgenommen wird, der entstandene Kristallbrei abgesaugt u. getrocknet. Man erhält 50 rohes *p-Toluolsulfomalonimid*, aus dem durch Umkristallisieren 15 der reinen Verb., F. 125° (Zers.), gewonnen werden. Durch Eindampfen des Filtrats erhält man 66 polymeres Additionsprodukt. Analog: *p-Chlorbenzolsulfomalonimid*, F. 101° (Zers.). – Die Monomeren sind Zwischenprodd., die Polymeren *Mittel zur Veredlung von Baum-* u. *Zellwolle*. (**D. A. S. 1098515** Kl. 12p vom 8/11. 1958, ausg. 2/2. 1961.) C. Lüttgen H 3040

2261 Farbwerke Hoechst Akt.-Ges., vormals Meister Lucius & Brüning, Frankfurt/M. (Erfinder: Roderich Graf, Hofheim/Taunus). **Herstellung von β-Lactamen** der allg. Formel **I** (R = KW-Stoffrest, R′, R″ u. R‴ = H oder KW-Stoffrest) durch Hydrolyse der

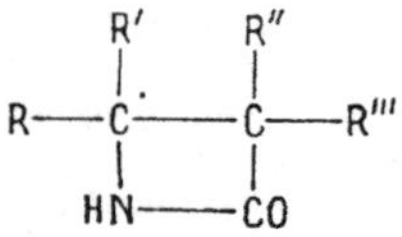

I

entsprechenden β-Lactam-N-sulfochloride in wss. oder W. enthaltender Lsg. innerhalb eines pH-Bereiches von 1—12 bei 0—50° in Ggw. säurebindender Stoffe nach Hauptpatent, dad. gek., daß man in Abwesenheit red. wirkender Mittel, ggf. in Ggw. von lösungsvermittelnd wirkenden Mitteln, hydrolysiert. *2-Amino-2-methylpropan-1-carbonsäurelactam*, $Kp._{0,2}$ 65°, aus 2-Amino-2-methylpropan-1-carbonsäurelactamsulfochlorid, ferner *2-Amino-2-methylpentan-1-carbonsäurelactam* u. *2-Amino-2-phenyläthan-1-carbonsäurelactam*, F. 108—109°. (**D. A. S. 1116228** Kl. 12p vom 12/8. 1959, ausg. 2/11. 1961. **Zusatz zu D. A. S. 1086234; C. 1961, 6684.**) C. Lüttgen H 3040

2262 Ilford Ltd. (Erfinder: Douglas James Fry, Bernard Alan Lea und John David Kendall), Ilford, Essex, England, **Herstellung von Hydroxypyrrolinen** der allg. Formel **I und Pyrrolenin-Verbindungen** der allg. Formel **II** wobei in Formel **I** R_1, R_2, R_3 u. R_6 = H oder

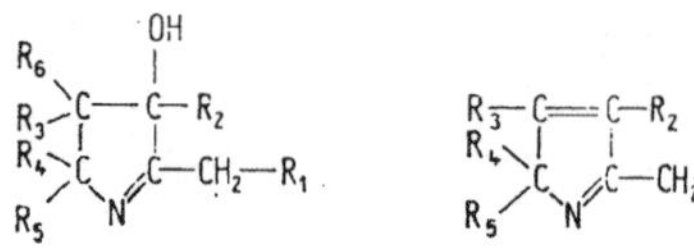

I′ II

eine Alkylgruppe, R_4 u. R_5 ebenfalls eine Alkylgruppe, in Formel **II** R_1 = H oder eine Alkylgruppe, R_2 eine Alkylgruppe oder, wenn R_3 eine Arylgruppe ist, auch H, R_3 = H oder eine Arylgruppe u. R_4 u. R_5 = Alkylgruppen bedeuten, dad. gek., daß man ein Pyrrolin-N-oxid der allg. Formel **III** mit $(CH_3CO)_2O$ (**IV**) erhitzt, das

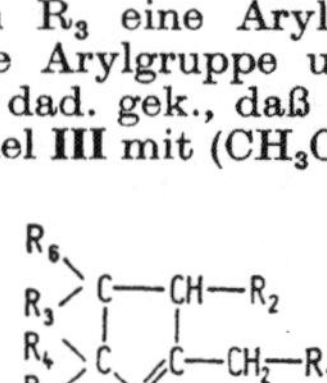

III

überschüssige **IV** abdest. u. den Rückstand mit einer nicht-oxydierenden Mineralsäure wie konz. HCl oder H_2SO_4 kocht. Die Verbb. der Formel **II** werden durch Erhitzen mit konz. H_2SO_4 aus Hydroxypyrrolinen erhalten, in denen in der allg. Formel **I** R_6 = H ist. – Aus 2.3.5.5-Tetramethyl-$Δ^1$-pyrrolin-1-oxid, hergestellt durch Rk. von 3.5-Dimethyl-5-nitro-2-hexanon mit Zn u. verd. H_2SO_4 → *3-Hydroxy-2.3.5.5-tetramethyl-$Δ^1$-pyrrolin* (**V**), $Kp._{2cm}$ 110°, F. 62°; *3-Hydroxy-2.5.5-trimethyl-$Δ^1$-pyrrolin*, $Kp._{2cm}$ 90°; *3-Hydroxy-2.4.4.5.5-pentamethylpyrrolin*, $Kp._{0,1}$ 100°; Aus **V** → *2.3.5.5-Tetramethylpyrrolenin*,

Kp.$_{85}$ 70—75°, aus 2.5.5-Trimethyl-4-phenylpyrrolin-1-oxid → *2.5.5-Trimethyl-4-phenylpyrrolenin*, Kp.$_{0,1}$ 110°. — Zwischenprodukte. — (**E. PP. 906803** u. **906802** vom 4/6. 1958, ausg. 26/9. 1962.) W. Heyer H 3081

2263 Chemische Werke Hüls Akt.-Ges. (Erfinder: Herbert Meister), Marl, **Herstellung von 4-Halogenmethylen-1.3-dioxolanen** der allg. Formel **I** in der X ein Halogenatom, R_1 u. R_2 H oder Alkylreste bedeuten, die auch zu einem cycloaliphat. Ring verbunden sein können, dad. gek., daß man 1-Halogenacetylenalkohole der allg. Formel X–C≡C–C(OH)(R_1R_2) in Ggw. eines organ. Lsgm.

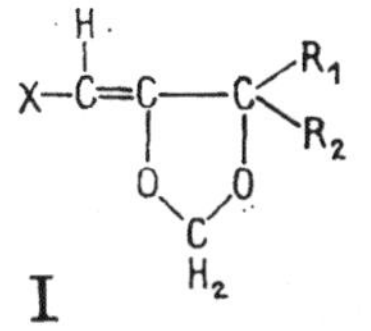

I

u. von 10—70 Mol-% eines Alkali- oder Erdalkalihydroxids, -oxids oder -carbonats, bezogen auf die 1-Halogenacetylenalkohole, bei Temp. von 50—130° mit CH_2O umsetzt. — Paraformaldehyd, 1-Chlor-3-methylbutin-(1)-ol-(3) werden mit KOH, gelöst in CH_3OH, 10 Std. unter Rückfluß gekocht. Anschließend neutralisiert man das Rk.-Gemisch mit CH_3COOH auf einen pH von ca. 8, dest. CH_3OH ab u. nimmt den Rückstand mit Ae. auf. Der Ae. wird abdest. u. es verbleibt *4-Chlormethylen-5.5-dimethyl-1.3-dioxolan*, Kp.$_{12}$ 66—67°, n_D^{20} 1,4675, $D._4^{20}$ 1,1628. — Analog erhält man folgende *1.3-Dioxolane*: *4-Brommethylen-5.5-dimethyl-*, Kp.$_{10}$ 77—79°, n_D^{20} 1,494, $D._4^{20}$ 1,466; *4-Chlormethylen-5-methyl-5-äthyl-*, Kp.$_{12}$ 78—80°, n_D^{20} 1,4697, $D._4^{20}$ 1,4010; *4-Brommethylen-5.5-pentamethylen-*, Kp.$_{10}$ 134—136°, F. 44—45°; *4-Chlormethylen-5.5-pentamethylen-*, Kp.$_1$ 71—72,5°, F. 42—43° (CH_3OH); *4-Chlormethylen-*, Kp.$_{20}$ 70—73°, n_D^{20} 1,4811, $D._4^{20}$ 1,305. — *Zwischenprodd.* für die Herst. von Pharmazeutika u. Kunststoffen. (**D. A. S. 1138791** Kl. 12q vom 9/5. 1960, ausg. 31/10. 1962.) G. König H 3102

2264 Parke, Davis & Co., Detroit, Mich., V. St. A., **Herstellung von 1-(1-Phenylcyclohexyl)-piperidin (I)**, Kp.$_1$ 135—137°, F. 46—46,5°. Ein Gemisch aus 170 (g) Piperidin, 220 Cyclohexanon u. 750 ml Bzl. wird azetrop. dest., bis die Bldg. von W. beendet ist, u. das Rk.-Prod. unter Vakuum dest. N-(1-Cyclohexenyl)-piperidin (**II**), Kp.$_8$ 105°. 190 p-Toluolsulfonsäuremonohydrat werden in 250 m Toluol (**III**) suspendiert u. unter Rückfluß des **III** gekocht, bis alles W. abdest. ist, worauf die Lsg. auf 0—5° abgekühlt u. mit 165 **II** in 500 ml Ae. versetzt wird. Bei 5° wird eine Lsg. von C_6H_5MgBr, hergestellt aus 157 Brombenzol u. 24 Mg in 750 ml Ae., u. nach $^1/_2$std. Rühren eine gesätt. NH_4Cl-Lsg. u. konz. NH_4OH im Überschuß zugegeben, worauf die äther. Lsg. abgetrennt u. aufgearbeitet wird. Nach Ind. P. 68250 erfolgt die Herst. folgendermaßen: Zn einer Lsg. von Pentamethylenbis-MgBr, hergestellt aus 56 Mg u. 230 Dibrompentan in 2 l Ae. durch 3std. Kochen, werden 151 N-Benzoylpiperidin gegeben, worauf der Ae. abdest. wird, bis die Temp. im Rk.-Gefäß 83° erreicht. Das Rk.-Gemisch wird bei dieser Temp. 16 Std. gerührt u. nach dem Abkühlen wie beim vorher beschriebenen Verf. mit NH_4OH u. NH_4Cl-Lsg. behandelt. (**Ind. P. 68249** vom 2/7. 1959, ausg. 28/4. 1961 u. **68250** vom 2/7. 1959, ausg. 4/5. 1961.) C. Lüttgen H 3231

2265 Merck & Co., Inc., Rahway, N. J., V. St. A., **Herstellung von 2-Alkyl-4-amino-5-chlormethylpyrimidinen** durch Erhitzen von 2-Alkyl-4-amino-5-(alkoxy- oder aralkoxy)-methylpyrimidin-hydrochlorid mit 2.6-Dialkyl- oder 2.4.6-Trialkylpyridinhydrochlorid auf 80 bis 200°. — Eine Lsg. von 5 g 2-Äthyl-4-amino-5-isopropoxymethylpyrimidin in 5 (ml) 2.4.6-Trimethylpyridin u. 50 Xylol (**I**) wird bei 18—20° mit HCl gesätt. u. nach Aufhören der exothermen Rk. zum Sieden erhitzt unter weiterem Durchleiten von HCl. Wenn 20 **I** abdest. sind, wird auf 50° gekühlt, das **I** dekantiert u. der ölige Rückstand in 50 Acetonitril gelöst. Nach mehreren Std. fallen 4,4 g *2-Äthyl-4-amino-5-chlormethylpyrimidin-hydrochlorid*, F. 176—178°, aus. — Analog: *2-Methyl-* u. *2-Propyl-4-amino-5-chlormethylpyrimidin-hydrochlorid*. — *Zwischenprodukte*. (**E. P. 902392** vom 10/11. 1960, ausg. 1/8. 1962. A. Prior. 20/11. 1959.) C. Lüttgen H 3272

2266 Imperial Chemical Industries Ltd., London, England (Erfinder: Richard Clarkson), **Herstellung von substituierten 6-Chlorpyrimidinderivaten.** Ein Gemisch aus 19,4 (Teilen) einer 88,4%ig. wss. Paste von p-Acetylaminobenzolsulfonamid mit 84 4%ig. NaOH wird 5 Min. auf 40° erhitzt, im Vakuum eingedampft, der Rückstand bei 20° mit 144 wasserfreiem Dimethylformamid u. 6 4.6-Dichlorpyrimidin 5 Min. verrührt, 1 Std. auf 100° erhitzt u. im Vakuum zur Trockne gebracht. Der Rückstand wird in 100 W. gelöst, die Lsg. auf 0° abgekühlt, filtriert u. mit konz. HCl bis zu pH 1—2 angesäuert. Der Nd. wird abgetrennt, mit eiskaltem W. ausgewaschen u. getrocknet. *4-(p-Acetylaminobenzolsulfonamido)-6-chlorpyrimidin*, F. 230—231°. — Analog werden folgende *6-Chlorpyrimidine* hergestellt: *4-(p-Nitrobenzolsulfonamido)-*, F. 259—261°; *4-(p-Carbäthoxyaminobenzolsulfonamido)-*, F. 217—219°; *4-(p-Phenylazobenzolsulfonamido)-*, F. 267—268°; *4-(p-Acetylaminobenzolsulfonamido)-5-methyl-*, F. 224—225°, u. *4-(p-Acetylaminobenzolsulfonamido)-5-chlor-*, F. 227—229°. — *Zwischenprodukte*. (**E. P. 886692** vom 4/3. 1959, ausg. 10/1. 1962.) C. Lüttgen H 3272

2267 Robagen G. m. b. H., Eßlingen/Neckar (Erfinder: Günther Strauss, Marl), **4-Chloruracile (I)** der allg. Formel **Ia** [R_1 u. R_2 = Alkyl, Phenyl-; R_3 = H, Alkyl, Aralkyl, Aryl] werden erhalten durch Rk. von Verbb. der allg. Formel $R_1NH \cdot CO \cdot NH \cdot R_2$ u. $HC(R_3)(CO_2H)_2$ in Ggw. von überschüssigem $POCl_3$ u. von geringen Mengen W. bei erhöhter Temperatur. — 4,4 (g) Dimethylharnstoff u. 5,8 Malonsäure werden nach Zusatz von 5 W. mit 50 ml

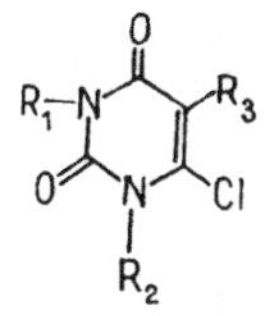

Ia

$POCl_3$ versetzt u. $1^1/_2$ Std. unter Rückfluß gekocht. Nach Abdest. von $POCl_3$ im Vakuum wird mit Eis zersetzt u. 5mal mit je 10 ml $CHCl_3$ extrahiert. Nach Dest. des $CHCl_3$ wird mit 20 ml heißem CH_3OH verrührt u. filtriert. Das Lsgm. wird abgedampft → 5,3 *1.3-Dimethyl-*I, F. 110 bis 111° (aus W.). — Analog werden hergestellt: *1.3.5-Trimethyl-*I, $C_7H_9ClN_2O_2$, F. 135—136° (aus W.). — *1.3-Diphenyl-5-n-butyl-*I, $C_{20}H_{19}ClN_2O_2$, F. 135—136° (aus A./W.). — *1.3-Dimethyl-5-phenyl-*I, $C_{12}H_{11}ClN_2O_2$, F. 134—136° (aus A./W.). — *Zwischenprodukte*. (**D. A. S. 1141287** Kl. 12p vom 16/11. 1960, ausg. 20/12. 1962.) F. Hirsch H 3272

2268 Union Carbide Corp., New York, übert. von: George W. Fowler, South Charleston, W. Va., V. St. A., **Gemische aus cis- und trans-2.5-Dimethylpiperazin** erhält man durch Erhitzen von Gemischen aus Isopropanolamin u. H_2 in Ggw. von Raney-Ni oder Raney-Co bei 140 bis 200° u. 200—1500 lbs./sq. inch. Beim Kühlen des Rk.-Gemisches krist. trans-2.5-Dimethylpiperazin aus. Das cis-Deriv. kann erneut in den Prozeß zurückgeführt werden. — Zwischenprodukte. (**A. P. 2980682** vom 9/1. 1958, ausg. 18/4. 1961.) F. Obermeier H 3272

2269 Farbenfabriken Bayer Akt.-Ges., Leverkusen (Erfinder: Rolf Pütter, Düsseldorf, Gerhard Wolfrum, Opladen, und Karl-Heinz Menzel, Leverkusen), **2-Methylpyrazolo-[5.1-b]-chinazolonderivate** der allg. Formel **I** (Ar = ggf. substituierter, mit dem heterocycl. Ring o-kondensierter ein- oder mehrkerniger aromat. Rest) werden hergestellt durch Rk. von Acetonyloxazinonen der allg. Formel **II** mit Hydrazin oder dessen Salzen in Ggw. von W. u./oder organ. Lsgm. in neutralem oder schwach saurem Medium. Meist können die durch

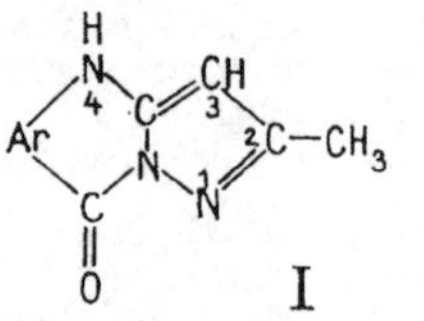

I

Rk. einer aromat. o-Aminocarbonsäure mit Diketen u. Einw. eines wasserentziehenden Mittels erhaltenen Acetonyloxazinone ohne vorherige Isolierung mit dem Hydrazin oder -salz umgesetzt werden. — Zu einer 70° warmen Lsg. von 68,5 (Teilen) Anthranilsäure in 200 CH_3COOH gibt man 45 Diketen, hält 1 Std. auf 70° u. versetzt mit 65 $(CH_3CO)_2O$. Nach 5std. Stehen bei 75° u. Abkühlen auf 25° setzt man 35 Hydrazinhydrat in 120 CH_3COOH zu, erwärmt, saugt ab → 73 *2-Methyl-*

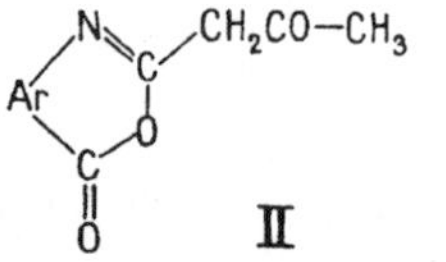

II

pyrazolo-[5.1-b]-chinazolon (**III**), F. 360° (Zers.). Analog: *7-Nitro*-**III**, F. > 350° (Zers.); *6-Sulfo*-**III**, F. 380°; *6-Sulfonamido*-**III**, F. > 380°; *6-Chlor*-**III**, F. 355—361° (Zers.); *6.7-Benzo-* (**III**, F. 340° Zers.); *5-Carboxy*-**III**; F. > 380°; *6-Carboxy*-**III**, F. > 380°. (**D. A. S. 1139123** Kl. 12p vom 10/11. 1960, ausg. 8/11. 1962. **Zusatz zu D. A. S. 1120455; C. 1962, 11744.**)
M. Schaber H 3272

2270 Ravensberg G. m. b. H., Chemische Fabrik (Erfinder: Harm Siemer), Konstanz. **Mehrfach substituierte Säuremorpholide** der allg. Formel **I** (R = Alkyl; R_1 = H oder niederes Alkyl) erhält man durch Rk. von 1-Phenylpropanol-(1)-on-(2) (**II**) mit einem Aminoalkohol oder dessen Salzen der allg. Formel $H_2N-CH_2-CH(R_1)-OH$ in einem niedermol., aliphat. Lsgm., welches dehy-

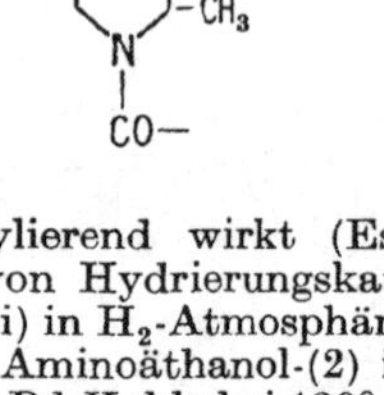

dratisierend u. acylierend wirkt (Essigsäureanhydrid, Eisessig) in Ggw. von Hydrierungskatalysatoren (Pd/C, Pt-Oxid, Raney-Ni) in H_2-Atmosphäre bei bes. 120°. — 50 g **II** u. 20,3 g 1-Aminoäthanol-(2) in 150 ml Eisessig werden in Ggw. von Pd-Kohle bei 120° in H_2-Atmosphäre erhitzt; man erhitzt nach beendeter H_2-Aufnahme u. Belüften noch 7 Std. u. erhält nach dem Aufarbeiten in 87%ig. Ausbeute *Essigsäure-(2-phenyl-3-methyl)-morpholid* (**III**), fast farbloses viskoses Öl, $Kp._{0,7}$ 138°. Geht man von linksdrehendem **II** aus, so erhält man + **III**, $Kp._1$ 146°, $[\alpha]_D^{20}$ + 16 (Methanol). — *Zwischenprodukte*. (**D. A. S. 1112518** Kl. 12p vom 16/9. 1958, ausg. 10/8. 1961.)
A. Jahn H 3282

2271 Toyo Rayon Kabushiki Kaisha, Tokio, Japan, **Herstellung von Lactamen** durch Beckmannsche Umlagerung von feuchten Cycloalkanonoximen (**I**) in Ggw. von Oleum (**II**), dad. gek., daß ein **I** in einem inerten Lsgm., das mit dem **II** nicht u. mit W. höchstens teilweise mischbar ist, bes. Paraffin- oder Cycloparaffin-KW-stoffe oder halogenierte KW-stoffe, zur Umlagerung gebracht wird. Bes. Herst. von ε-Caprolactam aus Cyclohexanonoxim. — Zeichnung. (**E. P. 900801** vom 18/9. 1959. ausg. 11/7. 1962. Jap. Prior. 2/10. 1958.)
C. Lüttgen H 3370

2272 Snia Viscosa Soc. Nazionale Viscosa S.p.A., Mailand, Italien, **Herstellung von Caprolactam** durch Rk. von Hexahydrobenzoesäure (**I**) oder deren funktionellen Derivv. mit einer Nitrosylverb., die NO^+-Ionen liefert, in Ggw. von H_2SO_4 mit einer Konz. von ≧ 85%. — Zu 22,4 (g) **I** werden langsam (10 Min.) 18,23 Nitrosylsulfat in 15,37 100%ig. H_2SO_4 zugetropft, wobei die Temp. 25° nicht übersteigen soll, worauf unter Kühlung 20,3 Oleum mit 60% SO_3 im Verlauf von 25 Min. zugetropft werden. Das Gemisch wird 1 Std. bei 25° gerührt, vorsichtig 10 Std. auf 30° u. 10 Std. auf 30—32° u. weiter auf 50° erwärmt. Hier beginnt eine heftige Rk., wobei sich die Masse bis zu 145° erwärmt. Sie wird auf Eis gegossen u. das Caprolactam durch Extraktion mit Ae. in einer Ausbeute von 83,33% gewonnen. (**E. P. 904302** vom 18/9. 1959, ausg. 29/8. 1962. It. Prior. 28/1. 1959.)
C. Lüttgen H 3370

2273 Snia Viscosa Soc. Nazionale Industria Applicazioni Viscosa S. p. A., Mailand, Italien, **Herstellung von Caprolactam** durch Rk. eines Cyclohexylarylketons bes. Cyclohexylphenylketon (**I**) u. Cyclohexylnaphthylketon, mit einer NO^+-Ionen bildenden Nitrosylverb. in Ggw. von H_2SO_4 u. ggf. SO_3 bei — 15 bis + 45°. — 15 g **I** werden langsam (1 Std.) zu 42,6 Oleum mit 23% SO_3 bei 30—35° gegeben, worauf 3,7 $NaNO_2$ zugesetzt werden. Nach vollständiger Lsg. wird das Gemisch in Eis gegossen u. dreimal mit Ae. extrahiert. Aus der äther. Lsg. lassen sich 5,1 Benzoesäure u. 6,5 nicht in Rk. getretenes **I** gewinnen, aus der wss. Lsg. erhält man 4,7 Caprolactam. (**E. P. 904413** vom 18/9. 1959, ausg. 29/8. 1962. It. Prior. 18/9. 1948.) C. Lüttgen H 3370

2274 Esso Research and Engineering Co., übert. von: Samuel B. Lippincott, Springfield, und Herbert K. Wiese, Cranford, N. J., V. St. A., **Herstellung von C_{10}–C_{18}-Lactamen** durch Rk. von C_{10}–C_{18}-monocycl. Ketonen mit einem Alkaliazid in Ggw. einer starken Mineralsäure bei 0—50° u. einem Druck von 0,7—10 at, Trennen der organ. Phase von der wss. Phase, die ggf. nach Abtrennen der ausgeschiedenen Alkalisalze für die nächste Charge benutzt werden kann. — 18,2 g Cyclododecanon (**I**) u. 80 (ml) konz. HCl wurden mit 450 Chlf. (**II**) zur Lsg. des **I** verrührt u. im Verlauf von 6 Std. mit 7,8 NaN_3 versetzt, wobei die Temp. auf 25 ± 2° gehalten wurde. Das Gemisch wurde über Nacht gerührt u. mit 250 W. vermischt, worauf die wss. Phase abgetrennt u. die verbleibende **II**-Lsg. aufgearbeitet wurde. *Dodecanolactam*, F. 151—153°. Anstelle von **II** läßt sich auch konz. HCl, Bzl., 80%ig. H_2SO_4 u. 85%ig. H_3PO_4 verwenden. — Schema. (**A. P. 2988546** vom 2/3. 1959, ausg. 13/6. 1961.)
C. Lüttgen H 3390

2275 **Soc. d'Études de Techniques Industrielles Nouvelles**, Paris, Frankreich (Erfinder: **Samuel Benichou**, Casablanca, Marokko, **Norbert Roger Bérard**, Paris, **Georges David Benzimra**, Neully-sur-Seine, Frankreich), *Oxydation von Kohlenwasserstoffen*. (**E. P. 912373** vom 22/5. 1959, ausg. 5/12. 1962. F. Prior. 23/5. 1958. — C. **1962**, 5842 [F. P. 1209169].)

2276 **Farbwerke Hoechst Akt.-Ges. vormals Meister Lucius & Brüning**, übert. von: **Nikolaus Pechtold** und **Rudolf Wirtz**, Frankfurt/M., *Ungesättigte Kohlenwasserstoffe durch zweistufiges Cracken von Kohlenwasserstoffen*. (**A. P. 2985698** vom 26/9. 1958, ausg. 23/5. 1961. D. Prior. 27/9. 1957. — C. **1963**, 9486 [Oe. P. 210867].)

2277 **Farbwerke Hoechst Akt.-Ges. vormals Meister Lucius & Brüning**, Frankfurt/M., *Abtrennen von Äthylen aus seinen Mischungen mit gasförmigen Kohlenwasserstoffen*. (**E. P. 889297** vom 25/2. 1958, ausg. 14/2. 1962. D. Prior. 26/2. 1957. — C. **1962**, 15020 [D. A. S. 1108204].)

2278 **Farbwerke Hoechst Akt.-Ges. vormals Meister Lucius & Brüning**, Frankfurt/M., *Abtrennen von Kohlenmonoxid und wenigstens einem Olefin aus diese enthaltenden Gasmischungen*. (**E. P. 884368** vom 17/2. 1958, ausg. 13/12. 1961. D. Prior 16/2. 1957. — C. **1961**, 7447 [D. A. S. 1091559].)

2279 **Farbwerke Hoechst Akt.-Ges. vormals Meister Lucius & Brüning**, Frankfurt/M., übert. von: **Kurt Fischer**, Altötting, und **Günter Rummert**, Burghausen/Salzach, *Äthylen durch Cracken von Kohlenwasserstoffen*. (**A. P. 2972647** vom 24/5. 1954, ausg. 21/2. 1961. D. Prior 8/6. 1953. — C. **1960**, 990 [Schwz. P. 326536. E. PP. 780257 u. 782364].)

2280 **Farbwerke Hoechst Akt.-Ges. vormals Meister Lucius & Brüning**, Frankfurt/M., *Cracken von Kohlenwasserstoffen zu Acetylen und Äthylen*. (**E. P. 865397** vom 6/8. 1957, ausg. 19/4. 1961. D. Prior. 4/8. 1956. Zusatz zu E. P. 834419; C. 1961, 16287. — C. **1960**, 11113 [Oe. P. 200567].)

2281 **Farbwerke Hoechst Akt.-Ges. vormals Meister Lucius & Brüning**, Frankfurt/M., *Abtrennen von Acetylen aus dieses enthaltenden Mischungen*. (**E. P. 876494** vom 25/9. 1957, ausg. 6/9. 1961. D. Prior. 25/9. 1956. — C. **1959**, 12379 [D. A. S. 1026302].)

2282 **Farbwerke Hoechst Akt.-Ges. vormals Meister Lucius & Brüning**, Frankfurt/M., *α-Halogenalkylhydroperoxide* und *α.α-Dihalogendialkylperoxide*. (**E. P. 893747** vom 29/1. 1959, ausg. 11/4. 1962. D. Prior. 29/1. 1958. Zusatz zu E. P. 870118; C. 1962, 16512. — C. **1961**, 7028 [D. A. S. 1079635].)

2283 **E. I. du Pont de Nemours & Co.**, übert. von: **William A. Sheppard**, Wilmington, Del., V. St. A., *Herstellung von Polyfluoralkanthiolen*. (**Can. P. 634444** vom 30/12. 1959, ausg. 9/1. 1962. A. Prior. 4/3. 1959. — C. **1964**, 4-2378 [A. P. 2961470].)

2284 **Engelhard Industries, Inc.**, Newark (Erfinder: **Martin I. Kilroy**, West Orange, und **Paul N. Rylander**, Newark), N. J., V. St. A., *Aldehyde bzw. Ketone durch katalytische Dehydrierung primärer bzw. sekundärer Alkohole*. (**D. A. S. 1155429** Kl. 12o vom 22/4. 1958, ausg. 10/10. 1963. A. Prior. 2/5. 1957. — C. **1962**, 4722 . P. 1204604].)

2285 **Lonza Elektrizitätswerke und Chemische Fabriken Akt.-Ges.**, Gampel (Erfinder: **Wolfgang Moser**, Visp/Wallis, und **Raymond Perren**, Allschwil/Basel-Land), Schweiz, *Gewinnung von essigsäurefreiem Keten*. (**Schwz. P. 355448** vom 5/8. 1957, ausg. 31/8. 1961. – C. **1960,** 12847 [D. A. S. 1068248].)

2286 **Lonza Electric and Chemical Works Ltd.**, Basel, Schweiz, *Reinigung von gasförmigem Keten*. (**E. P. 826491** vom 23/7. 1958, ausg. 6/1. 1960. Schwz. Prior. 5/8. 1957. – C. **1960,** 12847 [D. A. S. 1068248].)

2287 **Usines de Melle**, Melle, Deux Sèvres, Frankreich, *Trennung einer Mischung aus Wasser, Essigsäure, niedermolekularen Alkanolen und Estern von diesen beiden*. (**E. P. 829058** vom 25/2. 1958, ausg. 24/2. 1960. F. Prior. 26/2. 1957. – C. **1960,** 17469 [F. P. 1167253].)

2288 **Knapsack-Griesheim Akt.-Ges.**, Deutschland, *Herstellung von Adipinsäuredinitril*. (**F. P. 1260918** vom 15/6. 1960, ausg. 6/9. 1961. D. Prior. 11/7. 1959. – C. **1961,** 15198 [D. A. S. 1104936].)

2289 **Röhm & Haas G. m. b. H.**, Darmstadt, *Herstellung von Dicyan*. (**E. P. 920179** vom 14/9. 1960, ausg. 6/3. 1963. D. Prior. 18/9. 1959 u. 19/8. 1960. – C. **1961,** 11892 [D. A. S. 1102120] u. C. **1962,** 15026 [D. A. S. 1116641].)

2290 **Farbenfabriken Bayer Akt.-Ges.**, übert. von: **Johannes Pfirschke**, Leverkusen, und **Mobay Chemical Co.**, Pittsburgh, Pa., V. St. A., *Alkylendiisocyanate aus Carbaminaten aliphatischer Diamine und Phosgen*. (**A. P. 2953590** vom 9/4. 1954, ausg. 20/9. 1960. D. Prior. 11/4. 1953. C. **1957,** 3393 [D. B. P. 947471].)

2291 **Stamicarbon N. V.**, Heerlen, Niederlande (Erfinder: **Mathias Josephus Gerardus Muytjens** und **Henri Joseph Hubert Simon**), *Abscheidung von Lactam aus einem sauren Reaktionsgemisch*. (**Aust. P. 235879** vom 8/10. 1959, ausg. 9/11. 1961. Niederl. Prior. 9/10. 1958. – C. **1962,** 13571 [Niederl. P. 97103].)

2292 **American Cyanamid Co.**, New York, N. Y. (Erfinder: **Georg Washington Anderson,** Darien, und **Anne Cadwell McGregor,** Glenbrook, Conn.), V. St. A., *Herstellung von Peptiden*. (**D. A. S. 1154122** Kl. 12q vom 18/3. 1958, ausg. 12/9. 1963. A. Prior. 19/3. 1957. – C. **1962,** 6210 [F. P. 1203585].)

2293 **United States Borax & Chemical Corp.**, Los Angeles, Calif., V. St. A., *Dialkyläthinylboronate*. (**D. A. S. 1154109** Kl. 12o vom 26/2. 1960, ausg. 12/9. 1963. A. Prior. 23/4. 1959. – C. **1964,** 1-2606 [A. P. 3036111].)

2294 **Dow Chemical Co.,** Midland, Mich. (Erfinder: **Warren Joseph Rabourn jun.,** Lake Jackson, Tex.), V. St. A., *Stabilisierung von Phosphoryl-tri-(dimethylamid)*. (**D. A. S. 1151799** Kl. 12o vom 13/2. 1961, ausg. 25/7. 1963. **E. P. 924575** vom 10/2. 1961, ausg. 24/4. 1963. Beide A. Prior. 19/2. 1960. – C. **1964,** 8-2275 [A. P. 3002586].)

2295 **Farbwerke Hoechst Akt.-Ges. vormals Meister Lucius & Brüning**, Frankfurt/M., *Benzol-1.3-disulfonsäure aus Benzol und Schwefeltrioxid*. (**E. P. 863511** vom 13/6. 1958, ausg. 22/3. 1961. D. Prior. 13/6. 1957. – C. **1960,** 9384 [D. A. S. 1063151].)

2296 **Perfogit S. p. A.,** Mailand, Italien, *Herstellung von Nitrilen*. (**It. P. 531935** vom 18/3. 1955. – C. **1959,** 4306 (F. P. 1149474].)

2297 **Perfogit S. p. A.,** Mailand, Italien, *Herstellung von Chlortolylsäure*. (**It. P. 532390** vom 2/5. 1955. – **C. 1959,** 4306 [F. P. 1153638].)

2298 **Chemische Werke Witten G. m. b. H.,** Witten/Ruhr, *Reinigung aromatischer Carbonsäuren*. (**E. P. 910732** vom 14/6. 1961, ausg. 21/11. 1962. D. Prior. 18/6. 1960. – C. **1963,** 5239 [D. A. S. 1127884].)

2299 **Farbenfabriken Bayer Akt.-Ges.,** Leverkusen (Erfinder: **Joachim Nentwig** und **Wilhelm Krey,** Krefeld), *Herstellung von α-Cyan-β-alkyl-β-phenylacrylsäureestern*. (**Oe. P. 216501** vom 20/6. 1960, ausg. 10/8. 1961. D. Prior. 4/7. 1959. – C. **1963,** 18264 [D. A. S. 1129153].)

2300 **Bergwerksverband G. m. b. H.,** Essen, *Herstellung von Mellitsäure*. (**E. P. 911691** vom 12/1. 1961, ausg. 28/11. 1962. D. Prior. 13/1. u. 9/3. 1960. – C. **1962,** 6213 [D. A. S. 1114801].)

2301 **Farbenfabriken Bayer Akt.-Ges.,** Leverkusen, *Neue Ester von N-substituierten Carbaminsäuren*. (**E. P. 906183** vom 4/12. 1959, ausg. 19/9. 1962. D. Prior. 6/12. 1958 u. 20/11. 1959. – C. **1963,** 4144 [D. A. S. 1132117] u. C. **1963,** 14860 [D. A. S. 1135888].)

2302 **S. C. Johnson & Son, Inc.,** City of Racine, Wis., V. St. A., *4.4-Bis-(hydroxyphenyl)-pentansäureamide*. (**E. P. 828703** vom 24/4. 1956, ausg. 24/2. 1960. A. Prior. 9/5. 1955 und 13/2. 1956. – C. **1959,** 3978 [F. P. 1153185]. – C. **1964,** 8-2292 [Schwz. P. 346868].)

2303 **Monsanto Chemical Co.** (Erfinder: **James H. Saunders** und **William B. Bennet**), St. Louis, Mo., V. St. A., *Herstellung von Monocarbaminylhalogeniden und den entsprechenden Isocyansäureestern*. (**D. A. S. 1155116** Kl. 12o vom 21/10. 1953, ausg. 3/10. 1963. A. Prior. 8/1. 1953. – C. **1956,** 8488 [A. P. 2732392].)

2304 **Farbenfabriken Bayer Akt.-Ges.** (Erfinder: **Hans Roos** und **Kurt Briesewitz**), Leverkusen, *1-Nitronaphthalin-3.6- und -3.7-disulfonsäure*. (**Schwz. P. 353000** vom 11/3. 1957, ausg. 15/5. 1961. D. Prior. 19/3. 1956. – C. **1958,** 11079 [D. A. S. 1016258].)

2305 **Farbenfabriken Bayer Akt.-Ges.** (Erfinder: **Hans Roos, Kurt Briesewitz** und **Josef Hegemann**), Leverkusen, *Abtrennen von 1-Nitronaphthalin-6-sulfonsäure aus ihrer Mischung mit 1-Nitronaphthalin-7-sulfonsäure*. (**Schwz. P. 355449** vom 20/3. 1057, ausg. 31/8. 1961. D. Prior. 31/3. 1956. – C. **1958,** 10784 [D. A. S. 1016259].)

2306 **Svenska Oljeslageri Aktiebolaget,** Möhndal, Schweden (Erfinder: **Bengt Tori Jennart Sjöstrand,** Göteborg), *Chlorierung von Naphthochinon*. (**D. A. S. 1444750** Kl. 12o vom 7/7. 1959, ausg. 7/3. 1963. – C. **1963,** 18638 [A. P. 2975196].)

2307 **Hooker Chemical Corp.,** Niagara Falls, N. Y., V. St. A., *Herstellung reiner 1.4.5.6.7.7-Hexachlorbicyclo-(2.2.1)-5-hepten-2.3-dicarbonsäure*. (**Niederl. P. 103047** vom 25/4. 1957, ausg. 15/11. 1962. A. Prior. 26/4. 1956. – C. **1962,** 12102 [D. A. S. 1045394].)

2308 **Hooker Chemical Corp.,** Niagara Falls, N. Y., V. St. A., *Herstellung von 1.4.5.6.7.7-Hexachlorbicyclo-(2.2.1)-5-hepten-2.3-dicarbonsäureanhydrid*. (**Niederl. P. 103057** vom 28/6. 1957, ausg. 15/11. 1962. A. Prior. 3/7. 1956. – C. **1962,** 4004 [Aust. P. 220214].)

2309 **Food Machinery and Chemical Corp.,** New York, N. Y., V. St. A., *Dihydrosafrolderivate*. (**E. P. 839494** vom 2/9. 1957, ausg. 29/6. 1960. A. Prior. 10/9. 1956 u. 21/3. 1957. – C. **1964,** 4-2418 [A. PP. 2878265 u. 2878266].)

2310 **Merck & Co., Inc.** (Erfinder: **Lawrence Peck**), V. St. A., *Herstellung von 4-Aminoisoxazolidonen-(3)*. (**F. P. 1261859** vom 23/12. 1955, ausg. 15/9. 1961. A. Prior. 23/12. 1954. – C. **1958,** 6677 [A. P. 2772280].)

2311 **Francesco Angeli,** Rom, Italien, *Herstellung von 1.2.4-Oxadiazolen*. (**Ind. P. 73413** vom 17/9. 1960, ausg. 24/12. 1962. – C. **1963,** 3395 [Port. P. 38113].)

2312 **Farbenfabriken Bayer Akt.-Ges.,** Leverkusen (Erfinder: **Friedrich Bossert** und **Hans Henecka,** Wuppertal), *Verfahren zur Herstellung von Thiochromonen*. (**Schwz. P. 350304** vom 9/5. 1957, ausg. 14/1. 1961. D. Prior. 4/7. 1956. Zusatz zu Schw. P. 346557, C. 1961, 6687. – C. **1962,** 15410 [E. P. 804689].)

2313 **W. R. Grace & Co.,** New York, N. Y., V. St. A., *Neue Pyridaziniumverbindungen*. (**E. P. 880594** vom 18/3. 1960 ausg. 25/10. 1961. A. Prior. 20/3. 1959. – C. **1961,** 18878 [A. P. 2946790].)

2314 **Farbenfabriken Bayer Akt.-Ges.,** Leverkusen, *Thiophosphorigsäureester des 2.3-Dimercaptochinoxalins*. (**E. P. 894163** vom 7/7. 1960, ausg. 18/4. 1962. D. Prior. 9/7. 1959. – C. **1962,** 15742 [D. A. S. 1115738].)

2315 **FMC Corp.,** früher **Food Machinery and Chemical Corp.,** New York, N. Y., V. St. A. (Erfinder: **Richard Howard Westfall**), *Cyanursäureherstellung* (**E. P. 890814** vom 3/6. 1959, ausg. 7/3. 1962. A. Prior. 10/6. 1958. – C. **1962,** 15410 (F. P. 1229102].)

2316 **Food Machinery and Chemical Corp.,** New York, N. Y., V. St. A., *Herstellung von Cyanursäure*. (**E. P. 877725** vom 7/10. 1957, ausg. 20/9. 1961. A. Prior. 8/10. 1956. – C. **1962,** 2547 [F. P. 1183672 u. Belg. P. 561426].)

2317 **Rolf Neubner,** Berlin, *Melaminherstellung*. (**E. P. 877609** vom 18/7. 1957, ausg. 13/9. 1961. D. Prior. 15/12. 1956. – C. **1961,** 15931 [A. P. 2913461, F. P. 1171447 u. Belg. P. 554275].)

2318 **Pittsburgh Coke & Chemical Co.,** Pittsburgh, Pa., V. St. A., *Melaminherstellung*. (**E. P. 884038** vom 1/9. 1959, ausg. 6/12. 1961. A. Prior. 11/9. 1958. – C. **1963,** 2240 [F. P. 1234585].)

2319 **Stamicarbon N. V.,** Heerlen, Niederlande, *Melaminherstellung*. (**E. P. 910197** vom 4/4. 1960, ausg. 14/11. 1962. Niederl. Prior. 2/4. 1959. – C. **1961,** 15931 [D. A. S. 1102165].)

2320 **Stamicarbon N. V.,** Niederlande, *Herstellung von Melamin*. (**F. P. 1261271** vom 2/4. 1960, ausg. 8/9. 1961. Niederl. Prior. 2/4. 1959. – **C. 1961,** 15931 [D. A. S. 1102165].)

2321 **Chemische Fabrik Promonta G. m. b. H.,** Hamburg (Erfinder: **Rolf Kallischnigg,** Hamburg), *Herstellung basischer, tricyclischer Diazepinderivate*. (**Schwz. P. 360692** vom 26/8. 1957, ausg. 30/4. 1962. D. Prior. 29/8. 1956. – C. **1959,** 14883 [D. A. S. 1036858].)

2322 **Rohm & Haas Co.,** Philadelphia, übert. von: **Charles H. McKeever,** Meadrowbrook, Pa., und **Robert N. Washburne,** Houston, Tex., V. St. A., *Diamino-p-menthan*. (**A. P. 2955138** vom 28/5. 1958, ausg. 4/10. 1960. – C. **1962,** 13954 [D. A. S. 1088952].)

H_{10}. Färberei, Organische Farbstoffe

2323 **Über die Reaktion von Reaktiv-Farbstoffen mit Cellulose. Die Reaktion der Cellulose mit den Schwefelsäureestern der β-Hydroxyäthylarylsulfone.** A. D. Wirnik und A. F. Fedorowa. (Hochschulnachr. [Iwanowo] Technol. Textil-Ind. **1962,** Nr. 2, 105–108; Moskau, Textil-Inst.; russ.) – Um die relative Reaktionsfähigkeit der OH-Gruppen im Cellulosemol. festzustellen, wird die Wrkg. der Schwefelsäureester des *4-[β-Hydroxyäthylsulfonyl]-2-aminoanisols* u. des *4-[β-Hydroxyäthylsulfonyl]-anilins* auf Cellulose untersucht. Unter Zugabe eines Überschusses von $NaHCO_3$ bei 100° wird durch die Rk. eine aromat. Aminogruppe in das Cellulosemol. eingeführt. Die Reaktionsbedingungen sind die gleichen wie sie beim Färben von Cellulose mit Remazolfarbstoffen bestehen. Von der Gesamtzahl der substituierten OH-Gruppen entfallen 71,5–81,2% auf die prim. OH-Gruppen. Mit Erhöhung des Alkylierungsgrades steigt die relative Anzahl der substituierten sek. OH-Gruppen.
J. Lehmberg 7002△

2324 **Die Wirkung des Färbens und ähnlicher Verfahren auf verschiedene physikalische Eigenschaften von Wolle.** J. Elliott, N. Oldfield, C. B. Stevens und C. S. Whewell. (J. Soc. Dyers Colourists **77,** 727–33, 1961; Leeds, Univ., Dep. of Colour Chem. and Dyeing and Dep. of Text. Ind.; engl.) – Vgl. C. **1963,** 17509.
R. Bamberger 7002◇

2325 **Die Verwendung von Natriumalginat als Verdickungsmittel.** K. A. Hilton. (Textil-Rdsch. [St. Gallen] **18,** 300–06, 1963; London, Alginate Ind., Ltd.; engl.) – Für den Rouleauxdruck werden Druckpasten auf Ca-Alginat-Basis, *Manutex RS*, *Manutex LN*, *Manutex F*, empfohlen. Für den Siebdruck sind Prodd. mit schwach anomalen (d. h. nicht Newtonschen) Viscositätsverh., wie *Manutex F*, geeignet. Eine geringe Zugabe von Na-Alginat (**I**) zu Öl-in-W.-Emulsionsverdickungsmitteln verbessert die Eigg. of wesentlich. Verw.-Möglichkeiten von **I** für das „All-in"- u. Zweiphasenverf. für Küpenfarbstoffe, bei Dispersionsfarbstoffen für Polyester u. Cellulosetriacetat werden aufgeführt. I. Beßer 7006◇

2326 **Bindersysteme für den Pigmentdruck auf Textilien.** H. Schönefeld. (Dtsch. Textiltechn. **13,** 481–85, 1963; Forst, Lausitz, Ing.-Schule für Text.-Ind.; dt.) – Die Entw. des Pigmentdruckes u. die Anforderungen, die an einen Pigmentdruckbinder gestellt werden, werden behandelt. An Hand von Verss. wird auf Bindersyst. hingewiesen, die es gestatten mit betriebseigenen Mitteln Binder mit einer hohen Gebrauchstüchtigkeit herzustellen. Aminoacrylate, Polyacrylsäureester u. Polymethacrylatmischpolymerisate werden behandelt u. die einzelnen Rezepturen für den Einsatz sowie die erlangten Echtheiten der Drucke werden dargestellt. Bindersyst. werden beschrieben, deren Fixierung, Vernetzung u. Auskondens. mit den in der Industrie üblichen Mitteln möglich ist. I. Beßer 7006◇

2327 **Neue Farbstoffe und Textilhilfsmittel.** Anonym. (Melliand Textilber. **43,** 739, 1962; Farbenfabriken Bayer AG, Leverkusen-Bayerwerk; dt.) — *Isolanrubin FB* u. *Isolanbraun GL* sind 2 neue 2 : 1-Metallkomplexfarbstoffe, die zur Herst. von ausgezeichneten lichtechten Rot- bzw. Modetönen auf Kammzug, loser Wolle, Stranggarn, Kreuzspulen u. Stückware verwendet werden. — *Levafixbrillantrot E-2B* ist ein wasserlösl. Reaktivfarbstoff, der sich zum Färben von Baumwolle u. Regeneratfasern in der Garn- u. Stückfärberei gleich günstig einsetzen läßt. — *Siriogen WK* ist ein bes. Nachbehandlungsmittel für Färbungen mit Siriogen-Farbstoffen auf Stückware aus Cellulosefasern; die Nachbehandlung mit Siriogen-WK erbringt neben der Verbesserung der Naßechtheiten gleichzeitig eine Knitterarmausrüstung. I. Beßer 7018

2328 **Über das Färben mit Procionfarbstoffen.** K. Klein. (Z. ges. Textilind. **59,** 897—901, 1957; dt.) — Die bes. Merkmale u. das Färben mit Procionfarbstoffen werden beschrieben. I. Beßer 7020◇

2329 **Über das färberische Verhalten von Reaktivfarbstoffen bei der Applikation nach Foulardfärbeverfahren.** M. Capponi. (Melliand Textilber. **44,** 720—25, 1963; Basel/Schweiz, Sandoz AG.; dt.) — Aus den Verss. folgt, daß im Foulardverf. die Aufzieheigg. aus sehr kurzer Flotte einen wesentlichen Einfl. auf die Tendenz zur Bldg. von Endenungleichheiten, auf die Farbstoffmigration beim Zwischentrocknen u. auf die Durchfärbung u. das Warenbild ausüben. Neben der Substantivität, gemessen als Ausziehvermögen im Gleichgew., erweist sich dabei die Ziehgeschw. eines Farbstoffes von entscheidender Bedeutung. Die Vers.-Durchführung wird ausführlich beschrieben. I. Beßer 7020◇

2330 **Cibaphasol AS in der Woll-Kontinuefärberei.** R. Casty. (Ciba-Rdsch. **1963,** Nr. 4, 31—34; Zentrale für Applikationstechn.; dt.) — Ausführungen über die Wrkg.-Weise von *Cibaphasol AS* in der Woll-Kontinuefärberei werden gemacht. Die Prüfungsergebnisse von nach dem Cibaphasol AS-Verf. gefärbten Kammzügen werden mitgeteilt. Über Maschinen, die in einem kontinuierlichen Gang Wolle gleichmäßig imprägnieren, dämpfen u. auswaschen, wird berichtet. I. Beßer 7020◇

2331 **Über das Färben von Wolle bzw. Wolle/Polyester bei Temperaturen über 100°.** H. G. Fröhlich. (Melliand Textilber. **44,** 725—26, 1963; dt.) — Aus den Verss. folgt, daß die Schädigung von Wolle beim Färben unter Zusatz von *Wollfasyn* bei pH 3—5 u. 115 $\pm$ 1° nicht größer ist, als bei einer üblichen Carrier-Färbung, sofern eine Färbedauer von 1 Std. nicht merklich überschritten wird. Längere Färbezeit sind zu vermeiden. Als ideale Färbeweise wird das Thermosolieren von Polyester/Wollgeweben angesehen. Die Vers.-Ergebnisse über Alkali- u. Säurelöslichkeit u. Cystingeh. sowie die Beeinflussung von Bruchfestigkeit u. Bruchdehnung der im blanken Färbebad behandelten Wollgarne werden tabellar. angegeben. Ergebnisse über Scheuerprüfungen an Wolle/Trevira-(45/55) Geweben werden tabellar. aufgeführt. I. Beßer 7020◇

2332 **Die Anwendung von Küpensolen für das Färben von Wolle.** W. F. Androssow. (Hochschulnachr. [Iwanowo] Technol. Textil-Ind. **1962,** Nr. 2, 85—90; Leningrad, Kirow-Textil-Inst.; russ.) — Für die Verss. werden gereinigtes Indigosol Rotbraun Sh mit 82,40% Indigosol u. 12,40% Feuchtigkeit u. techn. Küpensol Hellgrün S mit 36,40% Küpensol verwendet. Die Gleichmäßigkeit der Färbung wird als Funktion von Temp., Zeit, Farbkonz., Art u. Menge der Säure, des Elektrolyten, der Antioxydantien u. Zusätze untersucht u. optimale Färbebedingungen werden festgestellt. Die für das Färben von Wollgeweben (mit bis zu 7,5% Kaproneinlage) mit verschiedenen inländ. Küpenfarbstoffen u. mit Indigosolen angegebenen Rezepturen gewährleisten Wetter-, Wasch-, Walk- u. Reibungsfestigkeit, die hinter denen anderer Farbstoffklassen nicht zurückstehen. J. Lehmberg 7020△

2333 **Das Färben der Polyacrylnitrilfaser Courtelle.** Ch. Schork. (Ciba-Rdsch. **1963,** Nr. 4, 29—31; Zentrale für Applikationstechn.; dt.) — Eigg., Handelsformen u. Einsatz, Herst. sowie Verarbeitungsmöglichkeiten von Courtelle werden besprochen. Das Färben mit *Cibacet-* u. *Deorlin*-Farbstoffen sowie die Anwendung von *Retarder A* CIBA wird beschrieben. Prodd. zum Weichmachen von Courtelle werden empfohlen. I. Beßer 7020◇

2334 **Das Färben von Dralon–Diolen-Mischgeweben.** Peter Holsten. (Textil-Praxis **18,** 586—87, 1963; dt.) — Das Einbadverf. für Ton in Ton-Färbungen u. Zweifarbeneffekte für Dralon-Diolen Mischgewebe wird beschrieben. I. Beßer 7020◇

2335 **Erfahrungen über das Verhalten kunstharzausgerüsteter Textilien beim Chemischreinigen und Umfärben.** Rudolf Albrecht. (Textil-Praxis **18,** 668—70, 1963; Ystad, Schweden; dt.) — Erfahrungen über das Verh. kunstharzausgerüsteter Textilien beim Chemischreinigen u. Umfärben werden an Hand von Beispielen mitgeteilt. I. Beßer 7020◇

2336 **Neue Tendenzen im Textildruck.** F. R. Alsberg. (Dtsch. Textiltechn. **13,** 428—33, 1963; Manchester; dt.) — Untergliedert nach einzelnen Faserarten werden verschiedene moderne Druckverff. beschrieben. Auf die Auswrkg. beim Einsatz neuer Maschinen, Farbstoffe u. Anwendungsmeth. wird hingewiesen. I. Beßer 7022◇

2337 **Die Cibanon-Farbstoffe mikrodispers Granulat im Zweiphasendruck (Flash-Ageing-Verfahren).** E. Urfer. (Ciba-Rdsch. **1963,** Nr. 4, 34; Zentrale für Applikationstechn.; dt.) — Die Herst. einer Verdickung wird angegeben, womit Druckfarben erhalten werden, die sich sowohl im Rouleaux- als auch im Filmdruck einwandfrei applizieren lassen. Der Ansatz der Druckfarben, bes. der Cibanon-Farbstoffe mikrodispers Granulat u. der Klotzlsg. wird beschrieben. I. Beßer 7022◇

2338 **Die Lanacron-Farbstoffe im Vigoureuxdruck.** A. Dunkel. (Ciba-Rdsch. **1963,** Nr. 4, 36—37; Zentrale für Applikationstechn.; dt.) — Die Metallkomplexfarbstoffe *Lanacrondunkelbraun GR* u. *Lanacronrotbraun R* sind sehr gut zur Herst. von Dunkelbraunnuancen mit ausgezeichneten Echtheiten für den Vigoureuxdruck auf Wollkammzug geeignet. Die Echtheiten von Vigoureuxdrucken werden tabellar. angegeben. I. Beßer 7022◇

2339 **Phthalogen-Komplexfarbstoffe im Zweiphasen-Druckverfahren.** Johannes Eibl. (Melliand Textilber. **44,** 731—35, 1963; dt.) — Vgl. C. **1963,** 11039. — Die Herst. der Druckpaste, Verdickungsmittel, drucktechn. Eigg., Farbstoffausbeute, Haltbarkeit, Auswaschbarkeit, Trocknung u. Fixierung der Phthalogen K-Farbstoffe (**A**) werden beschrieben. Das Verh. von **A** gegen verschiedene Dämpfertypen wird untersucht. I. Beßer 7022◇

2340 **Das Dämpf-Naßfixier-Verfahren, ein neues Fixier-Verfahren für den Druck mit Cibacron-Farbstoffen auf Regenerat-Cellulosefasern.** W. Badertscher. (Ciba-Rdsch. **1963,** Nr. 4, 42—43; Zentrale für Applikationstechn.; dt.) — Mit dem neuen Dämpf-Naßfixierverf. besteht die Möglichkeit, die Farbausbeute auch auf Regenerat-Cellulose-Materialien um 20—50% im Vgl. zum konventionellen Dämpfverf., zu verbessern. Das Verf.-Prinzip, die Vor- u. Nachteile des Verf. u. die Anwendungsvorschrift werden beschrieben. Für das Verf. geeignete Farbstoffe werden aufgeführt. I. Beßer 7022◇

2341 **Das Bedrucken von Mischgeweben aus Orlon und Naturseide.** F. Hodel. (Ciba-Rdsch. **1963,** Nr. 4, 35 bis 36; Zentrale für Applikationstechn.; dt.) — Das einwandfreie Bedrucken von Gewebe aus Naturseide/Orlon in brillanten Tönen mit guter Ausgiebigkeit u. vorzüglichen Echtheiten mit Ciba- u. Cibanon-Farbstoffen nach einer Spezialrezeptur wird beschrieben. I. Beßer 7022◇

2342 **Das Bedrucken von Polyamid-Webtrikot.** F. Hodel. (Ciba-Rdsch. **1963,** Nr. 4, 37—38; Zentrale für Applikationstechn.; dt.) — Druckrezeptur, Arbeitsweise

u. Echtheiten beim Bedrucken von Polyamid-Webtrikot werden beschrieben. I. Beßer 7022◇

2343 **Verbesserung der Lichtechtheit von Färbungen auf Kunstfasern mit Hilfe ultraviolett absorbierender Mittel.** 1. Mitt. A. F. Strobel. (Amer. Dyestuff Reporter **50,** 583—88, 1961; engl.) — Vgl. C. **1963,** **22496.** R. Grundmann 7028◇

2344 **Verbesserung der Lichtechtheit von Färbungen auf Kunstfasern mit Hilfe ultraviolettabsorbierender Mittel.** 2. Mitt. A. F. Strobel. (Amer. Dyestuff Reporter **51,** Nr. 7, 35—40, 1962; engl.) — Vgl. C. **1963,** **22497.** L. Jentgen 7028□

2345 **Eine Apparatur zur Darstellung von Rose-bengale-[131]J.** K. Höppner und G. Nagli. (Isotopentechnik **2,** 79, 1962; Berlin Buch, DAW zu Berlin, Inst. für Med. u. Biol., Bereich Angew. Isotopenforsch.; dt.) — Eine geschlossene App. zur routinemäßigen Darst. jodierter Farbstoffe, bes. von *Rose-bengale,* für die Verarbeitung von Aktivitäten von ≧ 100 mc wird beschrieben. I. Beßer 7056◇

2346 Sandoz Akt.-Ges. (Erfinder: Robert Christian Keller), Basel, Schweiz, **Herstellung von quaternären Ammoniumverbindungen** der allg. Formel **I** (Ac =

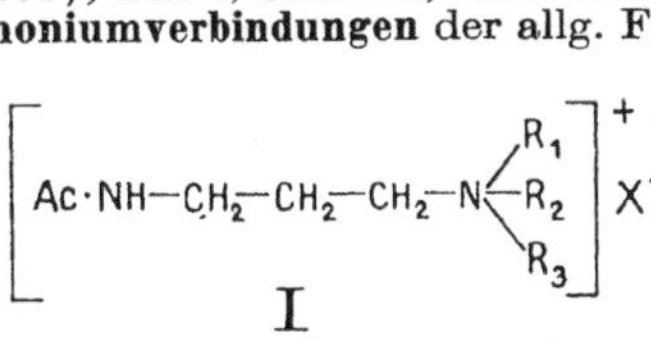

I

Acylgruppe mit 12—22 C-Atomen, R_1 u. R_2 = aliphat. Rest mit 4—6 C-Atomen oder zusammen einen ggf. durch Heteroatome unterbrochenen Alkylenrest mit mindestens 4 C-Atomen, R_3 = niedere Alkylgruppe oder niedere Aralkylgruppe der Benzolreihe, X^- = 1wertiges Anion), dad. gek., daß man Diamine der allg. Formel NH_2-CH_2-CH_2-CH_2-NR_1R_2 zuerst acyliert u. dann mit einer Verb. R_3X umsetzt. *Zusatzmittel zu bas. Farbstoffen bes. für Polyacrylnitrilfasern.* (**Schwz. P. 364512** vom 11/2. 1958, ausg. 15/11. 1962.) R. Bauereis 7007

2347 United Merchants and Manufacturers, Inc., New York, N. Y., V. St. A. (Erfinder: Jan Dabrowski), **Erhöhung der Anfärbbarkeit von Fäden oder Filmen** aus Polyolefinen, Orlon, Acrilan, Saran, Polyestern, Polyamiden, Celluloseacetat oder Glas. Vor dem Färben oder Bedrucken wird das Gut mit einer wss. Lsg. mit einem Geh. von desacetyliertem Chitin (**I**) u. einer komplexen Werner-Cr-Verb. behandelt, getrocknet u. therm. vergütet. Geeignet sind saure, Chrom-, Direkt-, Küpen-, Schwefel-Farbstoffe, bas. Farbstoffe, Naphthole. — Zur Vorbehandlung dient eine wss. Lsg. mit einem Geh. von 1,8(%) desacetyliertem **I,** 1,6 konz. Essigsäure u. 2,6 p-Aminobenzoatochromichlorid. — Ferner geeignet sind z. B. β-Resorcylato-, Glycinato-, Tannato-, Thioglykolato-chromichlorid. (**E. P. 905122** vom 21/11. 1960, ausg. 5/9. 1962.) H. Möllering 7017

2348 Reeves Brothers, Inc., New York, N. Y., V. St. A., **Färben von geformten Gebilden aus Poly-α-Olefinen.** Man bringt hierauf Farbstoffe auf, die bei Tempp. bis 60° in fl. Paraffin unlösl., bei Tempp. kurz unterhalb des Erweichungspunktes des Polyolefins jedoch in fl. Paraffin lösl. sind. Dann wird in trockenem Zustand erhitzt. — Zum Beispiel klotzt man Textilien aus isotakt. Polypropylen mit einer wss. Dispersion von *Tetrabromindigo,* trocknet bei 93° u. erhitzt dann auf 127°. (**E. P. 906899** vom 5/12. 1960, ausg. 26/9. 1962. A. Prior. 11/12. 1959.) F. Böhm 7021

2349 Farbenfabriken Bayer Akt.-Ges., Leverkusen (Erfinder: Walter Hees, Köln, Christian Wiegand und Ernst Schegk, Wuppertal), **Färben von aus Acrylnitrilpolymerisaten, Vinylidencyanidpolymerisaten beziehungsweise aus Mischpolymerisaten derselben mit anderen Vinylverbindungen hergestellten Gebilden mit kationischen Farbstoffen.** Man färbt in Ggw. von Benzimidazolium-Verbb. der allg. Formel **I** (R_1,

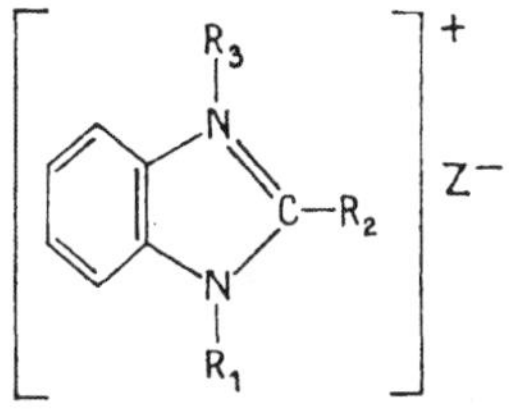

I

R_2 = aliphat. KW-Stoffreste; R_3 = aromat., aliphat. oder heterocycl. Rest; Z = Anion). Diese Verbb. bremsen bei Sd.-Temp. die Aufziehgeschwindigkeit der Farbstoffe stärker als übliche quatern. Ammonium-Verbb. vom Typ des Dimethylbenzyllaurylammoniumchlorids u. bewirken ein gleichmäßigeres Aufziehen. (**D. A. S. 1146031** Kl. 8m vom 9/12. 1960, ausg. 28/3. 1963.) F. Böhm 7021

2350 Farbenfabriken Bayer Akt.-Ges. (Erfinder: Winfried Kruckenberg), Leverkusen, **Färben von Gebilden aus aromatischen Polyestern.** Man verwendet SO_3H- u. COOH-gruppenfreie Azofarbstoffe der allg.

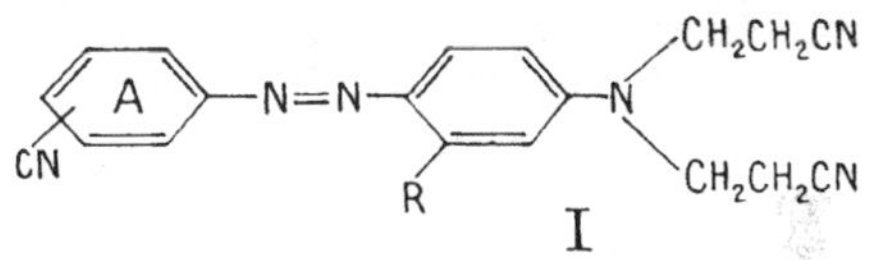

I

Formel **I** in der beim Färben von Polyestermaterial üblichen Weise (R = H oder CH_3; der Rest A kann Alkyl-, Alkoxy-, Hydroxyalkoxy-, Hydroxyalkyl-, Alkoxyalkyl-, Halogen- u./oder weitere CN-Substituenten aufweisen). — Vgl. Belg. PP. 566597; C. **1961,** **13728** u. 566598; C. **1962,** **18648.** (**D. A. S. 1144677** Kl. 8m vom 11/4. 1957, ausg. 7/3. 1963.) F. Böhm 7021

2351 Farbwerke Hoechst Akt.-Ges. vormals Meister Lucius & Brüning, Deutschland, **Färben und Bedrucken von Stoffen** aus natürlicher oder regenerierter Cellulose oder Proteinfasern oder Gemischen davon unter Verw. von wasserlösl. organ. Farbstoffen, welche eine oder mehrere Thioschwefelsäure- oder andere wasserlösl. machende Gruppen enthalten. Während oder nach dem Färben oder Drucken wird das Fasermaterial mit Verbb. behandelt, welche Thiocarbonyl- oder Sulfhydrylgruppen enthalten, oder mit sehr fein gemahlenem oder koll. S, u. zwar ggf. in Ggw. von Substanzen, welche in wss. Medium alkal. Rk. zeigen oder Hydroxylionen bilden. Anschließend werden die Färbungen bzw. Drucke bei höheren Tempp. fixiert. Verbb., welche Thiocarbonyl- oder Sulfhydrylgruppen enthalten, sind z. B. Thioacetamid, Alkalialkylxanthogenate, wie K-Amyl-, -Butyl- u. -Hexylxanthogenat, ferner Thioharnstoff oder seine N-Mono- oder N.N'-Dialkylderivv., sowie Mercaptobenzothiazole u. ihre Metallsalze, bes. Zn-Salze, auch Dithiocarbamate, wie N-Cycloalkylalkylammoniumcycloalkylalkyldithiocarbamate u. Thiuramverbb., z. B. Dialkyldiphenylthiuramdisulfid. — 40 (g) eines durch Kondens. von Cu-Phthalocyanintrisulfochlorid mit 3 Mol 2-Aminoäthylthioschwefelsäure erhaltenen Farbstoffes werden mit 50 Harnstoff in 300 warmem W. gemischt. Nach dem Abkühlen werden 40 Thioacetamid zugegeben u. 400 einer neutralen Alginatlsg. als Verdickungsmittel eingerührt. Ggf. wird die erhaltene Druckfarbe durch Zugabe von W. oder weiterer Alginatlsg. auf 1000 g gestreckt. Man erhält damit auf einem Gewebe aus Baumwolle, chlorierter Wolle oder Naturseide einen blauen Druck mit guten Festigkeitseigenschaften. (**F. P. 78244** vom 8/8. 1960, ausg. 16/11. 1962. D. Prior. 8/8. 1959 u. 16/3. 1960. **Zusatz zu F. P. 1269613; C. 1963, 17141.**) M. F. Müller 7023

2352 Badische Anilin- & Soda-Fabrik Akt.-Ges. (Erfinder: Johannes Dehnert und Reinhold Krallmann), Ludwigshafen/Rh., **Färben und Bedrucken von Gebilden aus Polyamiden oder Polyurethanen.**

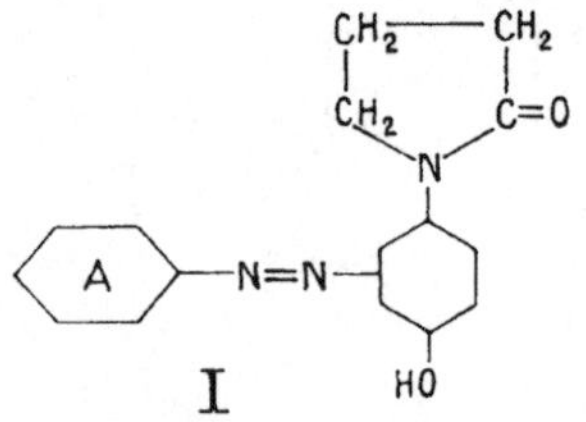

I

Man verwendet Farbstoffe der allg. Formel **I**, in der an den Phenylrest A noch Substituenten gebunden sein können. Das Färben erfolgt zweckmäßig aus neutralem bis schwach saurem Bad bei 90—100°. (**D. A. S. 1143479** Kl. 8m vom 28/9. 1960, ausg. 14/2. 1963.)
F. Böhm 7023

2353 Farbwerke Hoechst Akt.-Ges. vormals Meister Lucius & Brüning (Erfinder: Arthur Siebert, Helmut Lindner, Walter Lüders, Frankfurt/M., und Wilhem Happe, Schwalbach), **Färben oder Bedrucken von geformten Gebilden aus linearen aromatischen Polyestern, insbesondere aus Polyäthylenterephthalaten** in *orangen* Farbtönen. Man behandelt die Fasern, Gewebe, Folien oder dgl. mit wss. Dispersionen von Farbstoffen der allg. Formel **I** (R = Alkyl-, Cycloalkyl- oder Alkenylgruppe, die durch Halogenatome,

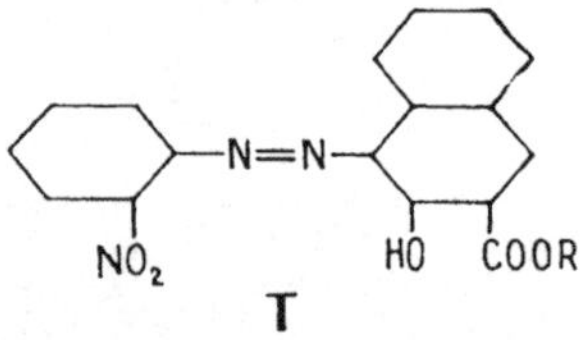

T

OH-, Alkoxy-, Oxyalkoxy-, Acyloxy- oder Carboxyalkylgruppen substituiert sein kann), z. B. mit dem durch Kuppeln von diazotiertem o-Nitranilin mit 2-Hydroxy-3-naphthoesäureäthylester erhaltenem Farbstoff. (**D. A. S. 1141615** Kl. 8m vom 18/5. 1961, ausg. 27/12. 1962.)
F. Böhm 7023

2354 Farbwerke Hoechst Akt.-Ges. vormals Meister Lucius & Brüning, Frankfurt/M. (Erfinder: Edwin Baier, Hofheim, Wilhelm Happe, Schwalbach, und Hermann Hoffmann, Königstein), **Färben und Bedrucken von geformten Gebilden aus linearen Polyestern,** bes. aus Polyäthylenterephthalaten. Man bringt das Gut bei niederer Temp. in eine Lsg. ein bzw. bedruckt es mit einer Paste, die wasserlösl. organ. Farbstoffe, die eine oder mehrere Thioschwefelsäureestergruppen, die direkt oder über ein Brückenglied an einen aromat. Rest des Farbstoff-Mol. gebunden sind, jedoch keine weiteren wasserlösl. machenden Gruppen besitzen, ein säurestabiles Dispergiermittel u. eine starke Säure oder eine Verb. die beim Erhitzen in wss. Medium eine starke Säure in Freiheit setzt, enthält. Dann erwärmt man das Bad, falls es zusätzlich Carrier enthält, auf 95—110° oder ohne Carrier auf 120—145° oder man dämpft die gefärbte bzw. bedruckte Ware oder unterwirft sie einer kurzfristigen trockenen Hitzebehandlung

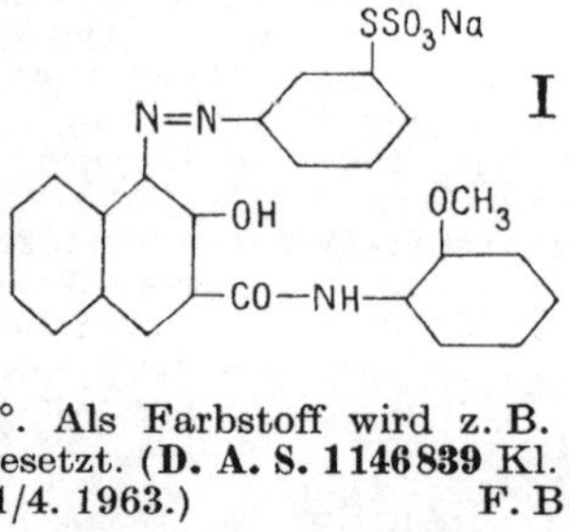

I

bei 180—220°. Als Farbstoff wird z. B. derjenige der Formel **I** eingesetzt. (**D. A. S. 1146839** Kl. 8m vom 30/7. 1960, ausg. 11/4. 1963.)
F. Böhm 7023

2355 E. I. du Pont de Nemours & Co., übert. von: Clifford L. Dickinson jun. und Blaine C. McKusick, Wilmington, Del., V. St. A., **Amino-cyano-pyrazole**

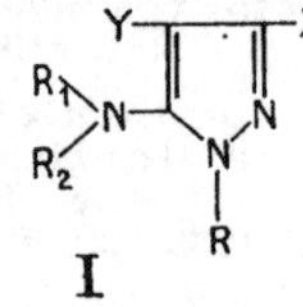

I

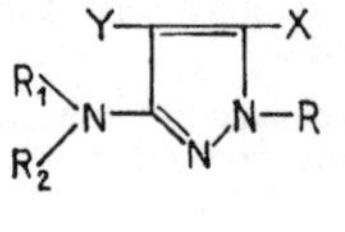

II

der Formeln **I** oder **II** (R = Acylgruppe, R_1 u. R_2 = H, ggf. substituierter KW-Stoffrest, X u. Y = einwertige Gruppen mit nicht mehr als 7 C-Atomen, wobei die eine eine Cyangruppe ist u. die andere = Halogen, NO_2^-, gesättigter Sulfonyl-KW-Stoff, niedere Alkylschwefelgruppe, niederes Alkanoyl-, Carbamyl-, Carboxy-, niedere Alkoxycarbonyl- u. -piperidyl-) werden erhalten durch Rk. eines Hydrazids der Formel $RNHNH_2$ (R = über eine Acylgruppe mit dem N verbundene einwertige Gruppe) mit einem tetrasubstituierten Äthylen mit 1 oder 2 Cyanogruppen, wobei die restlichen Valenzen durch Sulfonyl-, Sulfonamido-, Acyl-, S-KW-Stoff-, di-KW-Stoff-amino-, Halogen- oder NO_2- abgesätt. sein können, u. wobei in der X u. Y-Stellung gemäß folgender Formel

$$\frac{CN}{Y}\!>\!C=C\!<\!\frac{X}{Z}$$

bis zu einer Carbamyl- u. Carbalkoxygruppe vertreten sein können (Z = CN^- oder wie X u. Y). — Aus 1.2-Dicyano-1.2-bis-(p-toluensulfonyl)-äthylen (**III**) u. p-Toluensulfonylhydrazid (**IV**) in Dimethylformamid → [*5-Amino-3-cyano* = **A**]-*1.4-bis-(p-toluensulfonyl)-pyrazol*, F. 207,5—209°. — Aus 1.1-Dicyano-2.2-dichloräthylen u. **IV** in Tetrahydrofuran → *5-Amino-3-chlor-4-cyano-1-p-toluensulfonylpyrazol*, F. 190—192°. — Aus Semicarbazidhydrochlorid, Na-Acetat u. **III** in Dimethylformamid → **A**-*4-p-toluensulfonylpyrazol* (**V**), F. 230 bis 231°. — Aus **V** u. Isocyansäure → **A**-*4-p-toluensulfonyl-1-[carbamylpyrazol* = **B**], F. 185—195°. — Aus **V**, N.N-Dimethyl-carbamylchlorid u. Triäthylamin → **A**-*4-p-toluen-sulfonyl-1-N.N-dimethyl*-**B**, F. 163—164°. — Aus Semicarbazid, Dichlorfumaronitril, Na-methylsulfinat u. CH_3COOH → **A**-*4-methylsulfonyl-1*-**B**, F. 203 bis 204°. — Aus 1.1-Dicyano-2.2-bis-(methylthio)-äthylen u. Semicarbazid → *5-Amino-3-methylthio-4-cyano-1*-**B**, F. 215,5—216°. — Aus Isocyansäure u. 5-Amino-3-methansulfonyl-4-cyanopyrazol → *5-Amino-3-methansulfonyl-4-cyano-1*-**B**, F. 186—189°. — Geeignet zur Herst. von *Farbstoffen*. (**A. P. 2998426** vom 2/11. 1959, ausg. 29/8. 1961.)
H. Roos 7049

2356 Farbenfabriken Bayer Akt.-Ges., Leverkusen (Erfinder: Gerhard Wolfrum, Opladen, Rolf Pütter, Düsseldorf, und Karl-Heinz Menzel, Leverkusen), **Pyrazolo-[1.5-b]-chinazolonderivate** der allg. Formel **I** bzw. **II** erhält man durch Rk. von Verbb. der allg. Formel **III** mit einer Verb. der allg. Formel R_3X bei

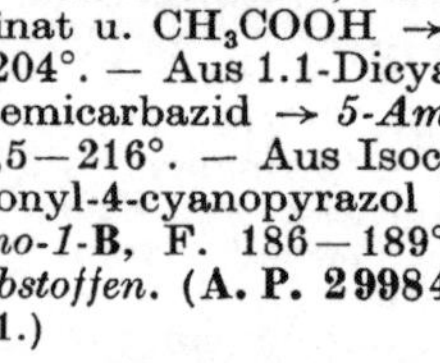

I

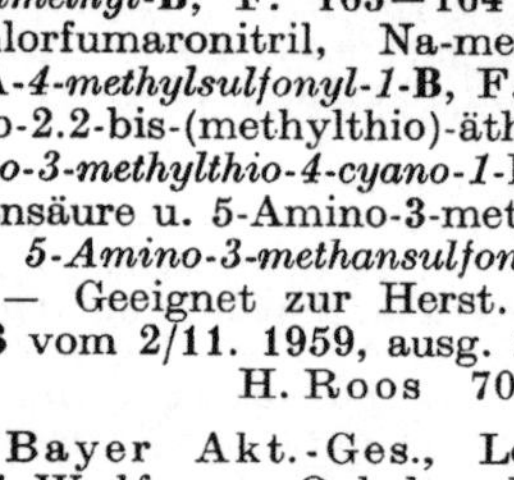

II

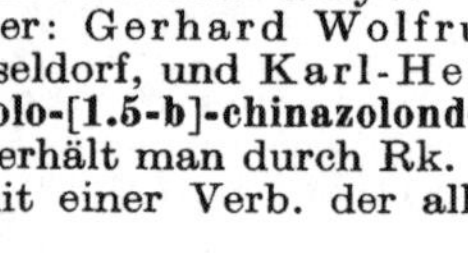

III

erhöhter Temp. in Ggw. eines organ., OH-gruppenfreien Lsgm. u. weitere Rk. des erhaltenen quart. Ammoniumsalzes mit Alkali u. ggf. Quarternisierung von **I** mittels einer Verb. der allg. Formel $R_4X \rightarrow$ **II** (Ar = o-Kondens., ein- oder mehrkerniges, ggf. substituiertes aromat. Ringsystem; R_1 = H, CO_2H, veresterte CO_2H-Gruppe, ggf. substituierter Alkyl- oder Arylrest; R_2 = H, Alkyl, Cycloalkyl, Aralkyl, Aryl oder zusammen mit R_1 = Alkylenrest; R_3 u. R_4 = ggf. substituierte Alkyl, Aralkyl, Cycloalkylreste, X^- = Anion). Es wurden erhalten: Verbb. der Formel **I**: *Ar = o-Phenylen*, $R_1 = CH_3$, $R_2 = H$, $R_3 = C_2H_5$, F. 93–95°. *Ar = 4-chlorphenylen-(1.2)*, $R_1 = R_3 = CH_3$, $R_2 = H$. Verbb. der Formel **II**: (*Ar = o-Phenylen*): $R_1 = R_3 = CH_3$, $R_2 = H$, $R_4 = C_2H_5$; $X = p\text{-}CH_3\text{-}C_6H_4SO_3\ominus$, F. 200–200,5° (A.). $R_1 + R_2$ = *Tetramethylen-(1.4)*, $R_3 = R_4 = CH_3$, $X = CH_3\text{–}SO_4\ominus$, farbloser Stoff, F. 157–158°. — *Farbstoffzwischenprodukte*. (**D. A. S. 1125433** Kl. 12p vom 22/1. 1960, ausg. 15/3. 1962.) A. Jahn 7049

2357 Ciba Ltd., Basel, Schweiz, **Stabilisieren von Farbstofflösungen und -pasten,** die als Farbstoff eine Verb. mit einem Dihalogentriazinrest enthalten, durch Zusatz von NH_3 oder sek. Monoaminen, die bes. eine aromat. gebundene Sulfon- oder Carbonsäuregruppe aufweisen, z. B. Na-o-Aminobenzoat, Na-p-Aminobenzolsulfonat, Na-1-naphthylamin-6-(7)-sulfonat, Isopropylamin u. Cyclohexylamin (**Ind. P. 68158** vom 24/6. 1959, ausg. 13/7. 1962.) C. Lüttgen 7049

2358 **Aziende Colori Nazionali Affini Acna S. p. A.**, Mailand, Italien, *Verbesserung der Farbaffinität von Poly-α-olefinen*. (**Ind. P. 72795** vom 29/7. 1960. — C. **1963,** 7513 [Ung. P. 149866].)

2359 **Imperial Chemical Industries Ltd.**, England, *Farbstoffe mit Halogennitrosulfon- oder carbonamid-Resten*. (**F. P. 1271328** vom 16/9. 1960, ausg. 17/1. 1962. E. Prior. 16/9. 1959 u. 26/8. 1960. — C. **1963,** 13370 [E. P. 882001].)

2360 **Aziende Colori Nazionali Affini Acna S. p. A.**, Mailand, Italien, *Färben von Textilien*. (**Ind. P. 71701** vom 6/5. 1960. — C. **1963,** 11449 [Oe. P. 218469).)

2361 **Aziende Colori Nazionali Affini Acna S. p. A.**, Mailand, Italien, *Färben von synthetischem Material*. (**Ind. P. 71652** vom 3/5. 1960. — C. **1963,** 16364 [F. P. 1256749].)

2362 **Ciba Ltd.**, Basel, Schweiz (Erfinder: **Arthur Buehler** und **Richard Casty**), *Färben von stickstoffhaltigen Fasern*. (**Aust. P. 235982** vom 23/4. 1959, ausg. 16/11. 1961. Schwz. Prior. 30/4. 1958. — C. **1962,** 9909 [Oe. P. 208329].)

2363 **Aziende Colori Nazionali Affini Acna S. p. A.**, Mailand, Italien, *Färben von Formkörpern aus Polymerisaten von ungesättigten Kohlenwasserstoffen*. (**Ind. P. 71409** vom 11/4. 1960. — C. **1963,** 3011 [D. A. S. 1119222].)

2364 **Joh. A. Benckiser G. m. b. H., Chemische Fabrik,** Ludwigshafen/Rh. (Erfinder: **Herbert Schulzen,** Wiesbaden), *Textildruckpaste mit Alginatverdickung und einem Gehalt an polymeren Phosphaten*. (**D. A. S. 1152989** Kl. 8n vom 6/11. 1954, ausg. 22/8. 1963. — C. **1958,** 10786 [Oe. P. 191376].)

2365 **Badische Anilin- & Soda-Fabrik Akt.-Ges.** (Erfinder: **Hans Baumann, Dieter Leuchs** und **Reinhold Krallmann**), Ludwigshafen/Rh., *Disazo-Indol-Farbstoffe*. (**E. P. 909766** vom 2/1. 1961, ausg. 7/11. 1962. D. Prior. 2/1. 1960. — C. **1963,** 5256 [D. A. S. 1106287].)

2366 **Ciba Akt.-Ges.,** Basel (Erfinder: **Henri Riat,** Arlesheim, und **Karl Seitz,** Neuallschwil), Schweiz, *Wasserlösliche organische Farbstoffe*. (**Schwz. PP. 365159** u. **365160** vom 6/3. 1957, ausg. 15/12. 1962. — C. **1962,** 12844 [F. P. 1200241].)

2367 **Badische Anilin- & Soda-Fabrik Akt.-Ges.,** Ludwigshafen/Rh. (Erfinder: **Willy Braun,** Heidelberg, **Rudolf Waechter** und **Hermann Weissauer,** Ludwigshafen), *Carbonsäuregruppenhaltige Farbstoffe*. (**E. P. 904876** vom 13/7. 1960, ausg. 5/9. 1962. D. Prior. 14/7. 1959. — C. **1963,** 14495 [D. A. S. 1132269].)

2368 **Cassella Farbwerke Mainkur Akt.-Ges.,** Frankfurt/M., *Monoazofarbstoffe*. (**E. P. 909498** vom 25/2. 1959, ausg. 31/10. 1962. D. Prior. 16/2. 1958. Zusatz zu E. P. 887870; C. 1962, 17219. — C. **1962,** 11379 [D. A. S. 1114960].)

2369 **Ciba Soc. An.,** Basel, Schweiz, *Azofarbstoffe*. (**Belg. P. 572571** vom 31/10. 1958, ausg. 13/7. 1962. Schwz. Prior. 1/11. 1957. — C. **1962,** 11379 [D. A. S. 1110347].)

2370 **Ciba Ltd.,** Basel (Erfinder: **Alfred Fasciati,** Bottmingen, und **Raymond Gunst,** Binningen), Schweiz, *Monoazofarbstoffe*. (**E. P. 899886** vom 15/6. 1959, ausg. 27/6. 1962. **A. P. 3040023** vom 11/6. 1959, ausg. 19/6. 1962. Beide Schwz. Prior. 13/6. 1958. — C. **1963,** 5257 [D. A. S. 1110784].)

2371 **Ciba Ltd.,** Basel, Schweiz, *Monoazofarbstoffe*. (**E. P. 907815** vom 13/10. 1959, ausg. 10/10. 1962. Schwz. Prior. 13/10. 1958 u. 21/8. 1959. — C. **1963,** 22915 [F. P. 1234954].)

2372 **Comp. Française des Matières Colorantes,** Paris (Erfinder: **Robert Frederic Michel Sureau,** Enghien les Bains, und **Robert Louis Victor Pernot,** Paris), Frankreich, *Monoazofarbstoffe*. (**E. P. 901692** vom 16/12. 1958, ausg. 25/7. 1962. F. Prior. 24/12. 1957. — C. **1961,** 6689 [F. P. 1188984].)

2373 **J. R. Geigy Akt.-Ges.,** Basel (Erfinder: **Guido Schetty,** Basel, und **Jean-Pierre Jung,** Riehen), Schweiz, *Monoazofarbstoffe*. (**Schwz. P. 364570** vom 6/1. 1958, ausg. 15/11. 1962. **A. P. 3045005** vom 23/11. 1959, ausg. 17/7. 1962. Schwz. Prior. 6/1. 1958. — C. **1963,** 12607 [D. A. S. 1102934].)

2374 **J. R. Geigy Akt.-Ges.,** Basel (Erfinder: **Jean-Pierre Jung,** Riehen, und **Guido Schetty,** Basel), Schweiz, *Monoazofarbstoffe*. **Schwz. P. 365157** vom 28/2. 1958, ausg. 15/12. 1962. **E. P. 902877** vom 27/2. 1959, ausg. 9/8. 1962. Schwz. Prior. 28/2. 1958. — C. **1963,** 5258 [D. A. S. 1101660].)

2375 **J. R. Geigy Soc. An.,** Basel, Schweiz, *Monoazofarbstoffe*. (**Belg. P. 572266** vom 22/10. 1958, ausg. 1/6. 1962. Schwz. Prior. 23/10. 1957. — C. **1961,** 18883 [D. A. S. 1100846].)

2376 **Sandoz Ltd.,** Basel, Schweiz, *Monoazofarbstoffe*. (**E. P. 898529** vom 15/8. 1958, ausg. 14/6. 1962. Schwz. Prior. 21/8. 1957. — C. **1962,** 13587 [D. A. S. 1109809].)

2377 **Farbwerke Hoechst Akt.-Ges. vormals Meister Lucius & Brüning,** Frankfurt/M., *Rote Monoazofarbstoffe*. (**E. P. 901877** vom 11/7. 1960, ausg. 25/7. 1962. D. Prior. 11/7. 1959. — C. **1963,** 14497 [D. A. S. 1126547].)

2378 **Badische Anilin- & Soda-Fabrik Akt.-Ges.,** Ludwigshafen/Rh. (Erfinder: **Günther Lange**), *Wasserlösliche Azofarbstoffe*. (**F. P. 76514** vom 28/9. 1959, ausg. 28/2. 1962. D. Prior. 30/9. 1958. Zusatz zu F. P. 1228834; C. 1963, 2634. — C. **1963,** 15239 [Oe. P. 220741].)

2379 **Badische Anilin- & Soda-Fabrik Akt.-Ges.,** Ludwigshafen/Rh., *Metallhaltige Monoazofarbstoffe*. (**E. P. 900354** vom 14/12. 1959, ausg. 4/7. 1962. D. Prior. 31/12. 1958. — C. **1963,** 5259 [D. A. S. 1106895].)

2380 **Ciba Ltd.,** Basel (Erfinder: **Arthur Buehler,** Rheinfelden, **Alfred Fasciati,** Bottmingen, und **Christian Zickendraht,** Binningen), Schweiz, *Metallhaltige Monoazofarbstoffe*. (**E. P. 902776** vom 30/4. 1959, ausg. 9/8. 1962. **A. P. 3041327** vom 27/4. 1959, ausg. 26/6. 1962. Beide Schwz. Prior. 30/4. 1958. — C. **1963,** 14497 [D. A. S. 1133846].)

2381 **Farbwerke Hoechst Akt.-Ges. vormals Meister Lucius & Brüning,** Frankfurt/M. (Erfinder: **Richard Gross,** Frankfurt/M., **Hasso Hertel, Werner Kirst,** und **Reinhard Mohr,** Offenbach/M.), *Metallhaltige wasserunlösliche Azofarbstoffe*. (**Schwz. P. 364571** vom 18/5. 1960, ausg. 15/11. 1962. **Oe. P. 224236** vom 18/5. 1960, ausg. 12/11. 1962. Beide D. Prior. 20/5. 1959. — C. **1963,** 14497 [D. A. S. 1126545].)

2382 **Ciba Akt.-Ges.,** Basel (Erfinder: **Christian Zickendraht,** Binningen, und **Arthur Bühler,** Rheinfelden), Schweiz, *Chromhaltige Azofarbstoffe*. (**Schwz. P. 364857** vom 30/12. 1957, ausg. 30/11. 1962. — C. **1962,** 13956 [D. A. S. 1110349].)

2383 **Durand & Huguenin Akt.-Ges.,** Basel, Schweiz, *Metallisierbare Azofarbstoffe*. (**E. P. 901748** vom 6/11. 1958, ausg. 25/7. 1962. Schwz. Prior. 6/11. 1957. — C. **1962,** 2552 [D. A. S. 1102931].)

2384 **Comp. Française des Matières Colorantes,** Paris (Erfinder: **Marcel Jirou,** Sotteville-les-Rouen, und **Claude Marie Emile Henri Brouard,** Saint-Etienne-du-Rouvray), Frankreich, *Metallisierbare Azofarbstoffe*. (**E. P. 901043** vom 3/2. 1959, ausg. 11/7. 1962. F. Prior. 3/2. 1958. — C. **1961,** 6690 [F. P. 1191027].)

2385 **Comp. Française des Matières Colorantes,** Paris (Erfinder: **Robert Frederic Michel Sureau,** Enghien les Bains, und **Georges Raymond Henry Mingasson,** Paris), Frankreich, *Metallisierbare Monoazofarbstoffe*. (**E. P. 910111** vom 23/4. 1959, ausg. 7/11. 1962. F. Prior. 24/4. 1958. — C. **1961,** 8481 [F. P. 1200358].)

2386 **Farbwerke Hoechst Akt.-Ges. vormals Meister Lucius & Brüning,** Frankfurt/M., *Azofarbstoffe*. (**Belg. P. 572164** vom 18/10. 1958, ausg. 18/5. 1962. D. Prior. 19/10. 1957. Zusatz zu Belg. P. 558768: C. 1963, 6794. — C. **1963,** 13372 [D. A. S. 1104643].)

2387 **Imperial Chemical Industries Ltd.,** London, England, *Metallkomplexverbindungen von Monoazofarbstoffen*. (**E. P. 906806** vom 23/6. 1958, ausg. 26/9. 1962. — C. **1962,** 15776 [D. A. S. 1112799].)

2388 **J. R. Geigy Akt.-Ges.,** Basel, Schweiz, *Chromhaltige Monoazofarbstoffe*. (**E. P. 903662** vom 13/4. 1960, ausg. 15/8. 1962. Schwz. Prior. 15/4. 1959. — C. **1963,** 14498 [D. A. S. 1129641].)

2389 **Ciba Ltd.,** Basel, Schweiz, *Disazofarbstoffe*. (**E. P. 903408** vom 6/8. 1959, ausg. 15/8. 1962. Schwz. Prior. 11/8. 1958 u. 17/7. 1959. — C. **1963,** 22915 [D. A. S. 1138176].)

2390 **Farbwerke Hoechst Akt.-Ges. vormals Meister Lucius & Brüning,** Frankfurt/M., *Wasserunlösliche Disazofarbstoffe*. (**E. P. 905040** vom 3/12. 1958, ausg. 5/9. 1962. D. Prior. 3/12. 1957. — C. **1962,** 10288 [D. A. S. 1084403].)

2391 **Farbenfabriken Bayer Akt.-Ges.,** Leverkusen, *Dis- und Trisazofarbstoffe und deren Nickelkomplexverbindungen*. (**E. P. 907382** vom 8/12. 1958, ausg. 3/10. 1962. D. Prior. 23/12. 1957. — C. **1962,** 1240 [D. A. S. 1098644].)

2392 **Farbenfabriken Bayer Akt.-Ges.,** Leverkusen, *Triazolierte Azofarbstoffe*. (**E. P. 904800** vom 14/1. 1960, ausg. 29/8. 1962. D. Prior. 14/1. 1959. — C. **1962,** 13956 [D. A. S. 1115865].)

2393 **Farbenfabriken Bayer Akt.-Ges.,** Leverkusen, *Dis- und Trisazofarbstoffe und deren Kupferkomplexverbindungen*. (**E. P. 907383** vom 8/12. 1958, ausg. 3/10. 1962. D. Prior. 31/1. 1958. — C. **1963,** 12607 [D. A. S. 1126541].)

2394 **Ciba Soc. An.,** Basel, Schweiz, *Organische Farbstoffe*. (**F. P. 1216960** vom 19/9. 1958, ausg. 29/4. 1960. Beide Schwz. Prior. 25/9. 1957. — C. **1963,** 1447 [Oe. P. 207977].)

2395 **Badische Anilin- & Soda-Fabrik Akt.-Ges.** (Erfinder: **Hans Baumann,** Ludwigshafen/Rh., **Hans Ruprecht Hensel,** Heidelberg, und **Arnold Tartter,** Lambsheim/Pfalz), *Farbstoffe der Tetrazaporphinreihe*. (**D. A. S. 1154213** Kl. 22c vom 18/5. 1960, ausg. 12/9. 1963. — C. **1964,** 6/7-2509 [F. P. 1266101].)

H_{11a}. Farben, Anstriche, Lacke, Naturharze

2396 **Kriterien der Linearität.** B. Persoz. (Peintures, Pigments, Vernis **38,** 699–704, 1962; franz.) — Vf. diskutiert viscoelast. Probleme an Hand von verschiedenen Deformation-Zeit-Vorgängen u. Kurven der bleibenden Verformung in Abhängigkeit von der Einschnürung. H. G. Moslé 7090◇

2397 **Pigmentdispersionen mittels Ultraschall-Kolloidmühle.** Anonym. (Ind. Vernice **17,** 186–87, 1963; ital.) — Bauart u. Wrkg.-Weise der mit Ultraschall arbeitenden Kolloidmühle CREAR, mit der sich Kornfeinheiten von 1–2 μm erzielen lassen, werden beschrieben. B. Scheifele 7092◇

2398 **Pigmente, Farbe und Lack.** S. H. Bell. (J. Soc. Dyers Colourists **77,** 678–89, 1961; Teddington, Middlesex, Res. Assoc. of the Brit. Paint, Colour, and Varnish Assoc., Paint Res. Station; engl.) — Die Farbe von Lacken wird hauptsächlich durch unlösl. Pigmente bestimmt. Es werden Kenntnisse über die Natur von Lacken u. Lackfilmen, die wichtigsten Pigmente u. deren Eigg. (Teilchengröße, Verteilung, opt. Eigg., wie Lichtechtheit, Ölaufnahmevermögen, Lagerbeständigkeit) vermittelt. Ferner wird das Färben u. die Pigmentverteilung in Lackfilmen (Pigmentkonz., opt. Einfl., Fließfähigkeit, Bronzieren) u. die Farbkontrolle von Pigmenten sowie die Farbmessung besprochen u. auf mögliche instrumentelle Hilfen hingewiesen. R. Bamberger 7092◇

2399 **Calciumplumbat in Grundanstrichen.** J. Jarušek und M. Svoboda. (Korose Ochrana Materiálu **3,** 74—75, 1959; Pardubice, Praha, Vysoká škola chemická, SVUOM. tschech.) — Vff. führen Vgl.-Verss. über die Korrosionsbeständigkeit von mit 2 CaO · PbO_2 bzw. mit Mennige pigmentierten Anstrichen im Labor u. an Konstruktionen in einem chem. Betrieb durch. Es zeigt sich, daß sich beide in ihren korrosionsschützenden Eigg. wenig unterscheiden. Die 2 CaO · PbO_2-pigmentierten Anstriche neigen etwas mehr zur Blasenbildung.
E. L. Schmeling 7092◇

2400 **Die Gewinnung von rotem Eisenoxid durch thermische Spaltung von zerstäubten Lösungen von Eisenvitriol.** I. G. Bljacher und N. M. Ssorokina. (Lacke Farben Anwend. [UdSSR] **1962,** Nr. 3, 42—44; russ.) — Die zerstäubte 20—40%ig. Lsg. von $FeSO_4 \cdot 7\,H_2O$ wird von heißen Gasen bei ca. 1150° in *Fe_2O_3* zersetzt, das dem nach bisherigen Verf. gewonnenen Pigment gleichwertig ist. J. v. Schroeder 7092◇

2401 **Zur Koagulation der schwarzen Schlämme bei der Herstellung von Pigment-Titandioxid.** A. M. Bobrowa, L. A. Ssokolowa und R. N. Karpenko. (Lacke Farben Anwend. [UdSSR] **1962,** Nr. 3, 45—47; russ.) — Zur Ausfällung des Schlammes aus den $Ti(SO_4)_2$-Lsgg. haben Vff. folgende oberflächenakt. Substanzen als am geeignetsten festgestellt: 30—40 (g/m³) *Cellulosesulfat,* 400—500 *SKO* (sulfurierte Rückstände aus der Herst. von Phthalsäureanhydrid) u. 400—500 *Sulfanol NP-1.*
J. v. Schroeder 7092◇

2402 **Phthalocyaningrün.** H. G. Cook. (Chim. Peintures **26,** 175—76, 1963; Imp. Chem. Ind.; franz.) — Vf. bespricht die Eigg. verschiedener Pigmente auf Phthalocyaninbasis u. gibt Verschnitt- bzw. Abtönrezepturen an.
H.-G. Moslé 7092◇

2403 **Granulierte organische Pigmente für die Lackfarbenindustrie.** W. W. Michailow, A. T. Nasarkin, Ja. L. Rasskin, M. Ss. Swerdlin und W. K. Jefremowa. (Lacke Farben Anwend. [UdSSR] **1962,** Nr. 3, 32—35; russ.) — Aus wss. Suspensionen von *Azopigmenten* fallen diese nach Zugabe von Bindemitteln (0,75% Dibutylphthalat + Ricinusöl, 0,60 Dibutylphthalat, 0,75 Trikresylphosphat) als Flocken aus. Durch Rühren mit einem Spezialrührer bei 600—700 U/min u. 25 bis 35° erhält man die Pigmente in Kugelform von 1 bis 6 mm ⌀, die in Mischung mit einer Lackgrundlage eine brauchbare Emailfarbe ergeben.
J. v. Schroeder 7092◇

2404 **Organische Pigmente für plastische Massen. Einführung in das Gebiet der organischen Pigmente. Azopigmente.** 1. Mitt. H. Sanielevici, F. Brodman, B. Iacob, L. Teodorescu, V. Paul, R. Pascalide und C. Stuleanu. (Rev. Chim. [Bucureşti] **13,** 577—83, 1962; rum., Auszug: dt.) — Vers.-Angaben über einige im Labor. synthetisierte Azopigmente bzw. Derivv. der Acetylacetarylide, Pyrazolone u. des β-Naphthols werden dargelegt. R. Grundmann 7092◇

2405 **Plastikbinder-Farben.** G. Müller. (Seifen-Öle-Fette-Wachse **89,** 411—13, 1963; dt.) — Übersicht über Herst., Eigg. u. Verw. von Plastikbinder-Farben, d. h. pigmentierten Kunstharzdispersionen, bes. aus Polyvinylacetat. W. Wesly 7092◇

2406 **Herstellung einer neuen Art von Standöl.** S. N. Koley und A. N. Saha. (Fette, Seifen, Anstrichmittel **64,** 1126—29, 1962; Calcutta, Univ., Coll. of Sci. and Technol., Dep. of Appl. Chem.; dt.) — Beim Durchleiten von Leinöl durch ein eutekt. Gemisch von 53 (Gew.-%) KNO_3, 7 $NaNO_3$ u. 40 $NaNO_2$ in CO_2-Atmosphäre entsteht ein Ölgemisch, das sich durch Zentrifugieren u. Extrahieren mit Aceton in zwei hochviscose Fraktionen zerlegen läßt. Die in Aceton nicht lösl. Fraktion enthält epoxydierte Monoölsäure-Diglyceride, während sich in der acetonlösl. Fraktion Rk.-Prodd. der Triglyceride anderer Säuren u. die nicht umgesetzten Monoölsäure-Diglyceride befinden. Die beobachtete Rk. wird auf Hitze-Polymerisation bzw. auf oxydative Polymerisation zurückgeführt. I. Köditz 7096△

2407 **Untersuchung der Möglichkeit des Austausches von Fetten durch andere Stoffe bei der Synthese von modifizierten Alkydharzen.** 1. Mitt. **Die Synthese von durch Rückstände synthetischer Fettsäuren und Tallöle modifizierten Glyptalharzen.** Je. W. Orobtschenko, N. Ju. Prjanischnikowa und W. Ss. Michailow. (Lacke Farben Anwend. [UdSSR] **1962,** Nr. 3, 48—49; Forsch.-Inst. für Plastmassen der UkrainSSR, Kiew, Lackfarbenfabrik; russ.) — Die Synth. erfolgte im App. unter Erwärmen der Rückstände synthet. Fettsäuren, Tallöl u. Glycerin (0,5 Std. auf 200—220°). Dann wurde Phthalsäureanhydrid zugegeben u. bei 220—240° bis zum Erreichen der minimalen SZ. oder Gelatinierung erhitzt. Für Lackharze werden nur die Rezepturen mit 20—18% vorst. Rückstände angewandt. Diese lösen sich in aromat. Lsgm. u. werden zur Herst. von *Lacken* verwandt.
J. v. Schroeder 7096◇

2408 **Filmbildung durch Polyaddition von Styrol und Ölharz. Merkmale und Anwendungsmöglichkeiten.** A. Cocco und G. Torriano. (Ind. Vernice **17,** 129—33, 1963; Triest, Ist. die Chim. Appl. dell'Univ., Labor. rich.; ital.) — Mit ungesätt. KW-Stoff-Harz (Polyolefin; F. 100—110°) lassen sich Öl-Harzlacke (2:1) für Eisenoxid- u. Chromat-Rostschutzfarben herstellen. Zur Steigerung von Filmhärte u. Trockengeschw. erfolgt Styrolisierung mit Vinyltoluol in Lsg. mit einem Peroxidkatalysator. Um eine merkliche Verminderung von Filmelastizität, Haftfestigkeit u. Lsgm.-Resistenz zu vermeiden, muß ein Ölharz–Vinyltoluol-Verhältnis von 1:0,2—0,3 eingehalten werden. Diese Polyadditionsprodd. zeigen beim Überspritzen nur minimale Tendenz zum Hochziehen. B. Scheifele 7096◇

2409 **Die Anwendung von Trompetenbaumöl bei der Herstellung von Alkydharzen und -Firnissen.** M. D. Bodnja, G. M. Baranowskaja, A. D. Obnossowa und L. W. Kabanowa. (Lacke Farben Anwend. [UdSSR] **1962,** Nr. 5, 78; Taschkent, Lack- u. Farbenfabrik; russ.) — Tung- u. Leinöl können bei Herst. von Alkydharzen u. Firnissen durch *Öl* aus den Samen des Trompetenbaums (*Catalpa Scop.*) mit Erfolg ersetzt werden. Vergleichsdaten von den drei Ölen werden angeführt.
T. Lukanoff 7096◇

2410 **Die Synthese von Alkydharzen auf Grundlage der 9.9-Fluorendipopropionsäure.** N. Ss. Kosopoljanski, A. Je. Kretow, A. Je. Ochramowitsch und L. D. Schapowalow. (Lacke Farben Anwend. [UdSSR] **1962,** Nr. 3, 36—39; russ.) — Die Polykondens. von *9.9-Fluorendipropionsäure, Pentaerythrit* u. *Fettsäuren* aus Pflanzenölen wurde in äquifunktionellen Verhältnissen bei 200, 220 u. 240° im N_2- oder CO_2-Strom ausgeführt. Das Prod., ein Gel, löst sich in vielen Lsgm. u. kann zur Herst. von *Lackfarben* dienen. J. v. Schroeder 7096◇

2411 **Das Verhalten von Harzen in Nitrocelluloselacken.** 7. Mitt. **Alkydharze.** 2. Mitt. A. Kraus. (Farbe u. Lack **68,** 847—48, Dez. 1962; Aschau, Lacktechn. Labor. der Nitrochemie GmbH.; dt.) — 1. vgl. C. **1963,** 15991. — Die Eigg. der aus Alkydharz-Nitrolacken erhaltenen Lack-Filme werden stark durch Art u. Anteil des verwendeten Öls beeinflußt. Bei prakt. Verss. fand Vf. in Ggw. von Ricinusölen ein bes. gutes Verh. des Lackes bzgl. Licht-, Witterungs- u. Temp.-Wechselbeständigkeit sowie Glanz u. Härte, während Kokosalkyde sich überraschend ungünstig verhielten. A. Sander 7096◇

2412 **Aluminierte Alkydharze.** K. Udipi und S. V. Puntambekar. (Current Sci. [Bangalore] **31,** 331—23, 1962; Bombay, Univ. of Bombay, Dep. of Chem. Technol.; engl.) — Zusammenfassende Beschreibung der Verss., Al-Alkoxide (**I**) (Al-n-Butoxid u. Al-Isopropoxid) mit Alkydharzen (**II**) umzusetzen. Die Umsetzung von **I** mit **II** bei höherer Temp. führt zu gelierenden, dabei wenig haltbaren Prodd., wie die Zunahme der Viscosität zeigt. Aluminierte Alkydharze lassen sich durch die Umsetzung von enolisiertem Al-n-Butoxid mit Leinöl-Glycerin-Alkyd unterschiedlicher Öllänge in einem geeignetem Lsgm. bei 150° gewinnen. Diese Alkydharze trocknen sehr schnell u. benötigen wenig Co-Trockner, z. B. trocknet ein aluminiertes Leinöl–Glycerin-Alkydharz mit 0,02% Co ebenso schnell wie ein Leinöl–Pentaerythrit-Alkydharz mit 0,05% Co. Sie weisen bessere Ritzhärte u. größere Wasserbeständigkeit als die üblichen ölmodifizierten Alkydharze auf. I. Köditz 7096△

2413 **Wasserlösliche Kunstharze für Industrielacke.** D. A. Heijungs. (Pitture e Vernici **39,** 125—27, 1963; Katwijk aan Zee, Kunstharsfabriek Synthese N. V.; ital.) — Vgl. C. **1964,** 1-2516. — Die Verw. von wasserlösl. Kunstharzen (Sethydral, Sethydrine) in Industrie-Lackfarben, ihre Vor- u. Nachteile bes. bei Spritzlackierung werden besprochen. B. Scheifele 7096◇

2414 **Synthetische Harze, Rückgrate der modernen Oberflächenbehandlung. Überblick über die neueste Entwicklung der für Überzüge verwendeten Kunstharze.** 12. Mitt. **Furane.** Harold P. Preuss. (Metal Finishing **60,** Nr. 3, 63—65, 1962; engl.) — 11. vgl. C. **1964,** 14-2460. F. Vier 7096◇

2415 **Synthetische Harze, Rückgrat der modernen Oberflächenbehandlung. Überblick über die neueste Entwicklung der als Überzug verwendeten synthetischen Harze.** 13. Mitt. **Zelluloseharze** (Teil A). Harald P. Preuss. (Metal Finishing **60,** Nr. 4, 66—70, 1962; engl.) — 12. vgl. vorst. Referat. F. Vier 7096◇

2416 **Synthetische Harze.** 13. Mitt. **Celluloseharze** (Teil B). Harold P. Preuss. (Metal Finishing **60,** Nr. 5, 63—67, 1962; engl.) — Vgl. vorst. Referat. — Besprochen werden die Celluloseacetate. F. Vier 7096◇

2417 **Synthetische Harze.** 13. Mitt. **Celluloseharze** (Teil C). Harold P. Preuss. (Metal Finishing **60,** Nr. 7, 44—48, 1962; engl.) — Vgl. vorst. Referat. — Besprochen werden die Äthylcellulosen u. die Nitratcellulose. F. Vier 7096◇

2418 **Synthetische Harze.** 14. Mitt. **Polyäthylen.** Harold P. Preuss. (Metal Finishing **60,** 53—59, 1962; engl.) — 13. vgl. vorst. Referat. — Überblick. 10 Literaturangaben. F. Vier 7096◇

2419 **Synthetische Harze.** 15. Mitt. **Phenolharze** (Teil A). Harold P. Preuss. (Metal Finishing **60,** Nr. 10, 69—72, 1962; engl.) — 14. vgl. vorst. Referat. — Behandelt werden die Phenol-Formaldehyd-Harze. F. Vier 7096◇

2420 **Synthetische Harze.** 15. Mitt. **Phenolharze** (Teil B). (Metal Finishing **60,** N. 11, 64—68, 1962; engl.) — Vgl. vost. Referat. — Überblick über die Eigg. der Phenolharze u. ihre Verw., bes. als Metallüberzüge. F. Vier 7096◇

2421 **Synthetische Harze.** 15. Mitt. **Phenolharze** (Teil C). Harold P. Preuss. (Metal Finishing **60,** Nr. 12, 47—51, 1962; engl.) — Vgl. vorst. Referat. F. Vier 7096◇

2422 **Synthetische Harze.** 15. Mitt. **Phenolharze** (Teil D). Harold P. Preuss. (Metal Finishing **61,** Nr. 2, 52—55, 59, 1963; engl.) — Vgl. vorst. Referat. F. Vier 7096◇

2423 **Synthetische Harze.** 16. Mitt. **Urethane** (Teil A). Harold P. Preuss. (Metal Finishing **61,** Nr. 3, 71—75, 1963; engl.) — 15. vgl. vorst. Referat. F. Vier 7096◇

2424 **Synthetische Harze.** 16. Mitt. **Urethane** (Teil B). Harold P. Preuss. (Metal Finishing **61,** Nr. 4, 59—63, 68, 71, 1963; engl.) — Vgl. vorst. Referat. — Berichtet wird über die Giftigkeit der Urethanüberzüge u. die Herst. von Polyurethanen für Überzugszwecke. F. Vier 7096◇

2425 **Synthetische Harze.** 17. Mitt. **Polyester.** Harold P. Preuss. (Metal Finishing **61,** Nr. 5, 53—57, 1963; engl.) — 16. vgl. vorst. Referat. — Überblick. F. Vier 7096◇

2426 **Verwendung von ungesättigten Abkömmlingen des Pentaerythrits für Anstrichmittel.** R. W. Cairns und W. S. Popp. (Peintures, Pigments, Vernis **39,** 313—22, 1963; Wilmington, Delaware, Hercules Powder; franz.) — Vff. besprechen die Eigg. von Polyesteranstrichen auf Basis der Polyallyläther des Pentaerythrits u. die Möglichkeiten, mit u. ohne Styrol auszuhärten. Die Herst. in wasserlösl. Lacke über Diallylidenpentaerythrit u. Bis-(methoxy-3-propyliden)-pentaerythrit wird diskutiert. H.-G. Moslé 7096◇

2427 **Neue Sikkative „Decanates".** Scado Archer Daniels. (Peintures, Pigments, Vernis **39,** 345—46, 1963; franz.) — Fettsäuren mit verzweigter Kette u. 10 C-Atomen werden als Sikkative mit Co, Mn, Pb, Zn, Ca, Cu u. Sn verwendet. H.-G. Moslé 7096◇

2428 **Physikalisch-chemische Eigenschaften von Aerosol-Treibmitteln.** John J. Sciarra. (Paint Varnish Product. **51,** Nr. 12, 153—55; Nr. 13, 93—95, 1961; **52,** Nr. 1, 89—91, 1962; New York, St. John's Univ.; Coll. of Pharmacy; engl.) — Zusammenstellung der physikal.-chem. Eigg. von Treibmitteln (KW-Stoffe, F-KW-Stoffe, komprimierte Gase) für die Herst. von Aerosol-Farben. L. Kempf 7096

2429 **Ölfirnisse und Farben auf Grundlage von Erdölschiefer- und Erdölschieferformaldehydharzen.** A. Je. Sarubitzki. (Lacke Farben Anwend. [UdSSR] **1962,** Nr. 3, 80—81,; russ.) — Aus den nach angegebenen Rezepten hergestellten Erdölschiefer- u. Erdölschieferformaldehydharzen werden durch Lösen in White spirit *Firnisse* hergestellt, die bis 5 Jahre im Anstrich vorhielten. J. v. Schroeder 7106◇

2430 **Elektrische Vibrationsspritzpistolen.** Frank P. Buyssens. (Chim. Peintures **26,** 163—65, 1963; franz.) — Vf. diskutiert Vor- u. Nachteile der nach dem Vibrationsprinzip arbeitenden luftlosen Lackspritzpistolen. H.-G. Moslé 7106◇

2431 **Tauchlackieren. Einige Gesichtspunkte zum Bau und Betrieb von Tauchlackieranlagen.** B. Barsy. (Ind.-Lackier-Betr. **30,** 266—70, 1962; Oberboihingen, Württ.; dt.) — Beschreibung moderner Lackieranlagen unter bes. Berücksichtigung von Verbesserungen in bezug auf Verhinderung der Lackabsetzung, des Konstanthaltens der Lack-Konsistenz, Auszieh-Geschw. u. Verhinderung der Hautbildung an der Lackoberfläche. I. Köditz 7106

2432 **Melaminharze in der Lackindustrie.** Anonym. (Ind. Vernice **17,** 169—73, 1963; ital.) — Zur Herst. von Einbrennlacken werden Harnstoffharz-Alkydharz-Kombinationen u. für bes. resistente Einbrennlacke Melamin-Alkydharz-Kombinationen herangezogen. Behandelt werden Eigg., Löslichkeit u. Aushärtung der mit speziellen Melaminharzen (Setamine) hergestellten Einbrennlacke. B. Scheifele 7106

2433 **Kunstharzlackierung, luft- und ofentrocknend, und die Voraussetzungen für ein gutes Gelingen.** E. Zomerland. (Ind.-Lackier-Betr. **29,** 114—18, 162—64, 1961; Köln-Raderthal, Spies, Hecker u. Co.; dt.) — Überblick über Aufbau der Lackierung auf Karosserieblech, Leichtmetall, Holz, Hartfaserplatten u. Kunststoff. J. Lehmberg 7106□

2434 **Zur Frage der Gewinnung organodisperser Lackfarbenzusammensetzungen auf Grundlage von hochmolekularem Polyoxymethylen.** W. A. Myschlennikowa, Li-Zsei-Sja und I. Ss. Ochrimenko. (Lacke Farben Anwend. [UdSSR] **1962,** Nr. 3, 12—14; russ.) — Das in der Vibromühle zerkleinerte *Polyoxymethylen* wird mit dem Dispergator (Terpentin der höheren Fraktionen oder Dibutylphthalat) im optimalen Verhältnis versetzt u. im Lsg.-Mittel (Whitespirit oder Terpentin der niederen Fraktionen) gelöst. Hieraus hergestellte Filme haben gute physiko-mechan. u. deckende Eigenschaften. J. v. Schroeder 7106◇

2435 **Das Versprühen von Nitrocellulose und Perchlorvinyl-Lackfarbenmaterialien im elektrischen Felde.** W. I. Dorrendorf, B. B. Djakowa und Je. N. Wladytschina. (Lacke Farben Anwend. [UdSSR] **1962,** Nr. 3, 56—60; russ.) — Durch Zerstäubung im elektr. Felde können Gegenstände mit Nitrocellulose- u. Perchlorvinyllackfarben gefärbt werden. Zu bevorzugen sind Lackfarben mit schwerflüchtigen u. hochsd. Lösungsmitteln. J. v. Schroeder 7106◇

2436 **Zur Intensivierung der Herstellung und Erhöhung der Eigenschaften des elektrisch isolierenden Eskapon-**

lackes. A. D. Grigorjew und L. A. Petrow. (Lacke Farben Anwend. [UdSSR] **1962**, Nr. 3, 39—41; russ.) — Durch Hochfrequenzerwärmung von synthet. Kautschuk können die Eigg. des daraus hergestellten *Eskaponlackes* verbessert werden. J. v. Schroeder 7106◇

2437 **Lackieren von dänischem Nußbaumholz.** Frederick Simmons. (Ind. Finishing **39**, Nr. 11, 46—48, **1963**; engl.) — Das Lackieren von dän. Nußbaumholz ohne Verw. von Öl oder Wachs, aber unter Verw. eines Nitro-Acrylsäurelackes mit sehr geringem Feststoff-Geh. wird beschrieben. W. Wesly 7106◇

2438 **Überlegungen zur Filmbildung von Lacken und Farben.** H. W. Talen. (Peintures, Pigments, Vernis **39**, 428—38, 492—98, 1963; Rijswijk, Verfinst. T.N.O.; franz.) — Vf. diskutiert die physikal., physikochem. u. chem. Vorgänge bei der Filmbldg. durch Verdunstung der Lsgm., bei Filmbldg. mit u. ohne gleichzeitige Oxydation, bei Oxydation bzw. Rk. der Komponenten. Der Einfl. der Oberflächenspannung auf die Vorgänge wird besprochen. H. G. Moslé 7106◇

2439 **Verwendung von Aerosol-Farben in den Vereinigten Staaten.** W. Schweisheimer. (Peintures, Pigments, Vernis **39**, 332—33, 1963; franz.) — Als Aerosol verspritzbare Farben u. Lacke müssen bes. eingestellt werden u. erfordern eine neue Lackiertechnik. H.-G. Moslé 7106◇

2440 **Die Verwertung koagulierter Polyvinylacetatfarben und Emulsionen.** A. Ss. Leikin. (Lacke Farben Anwend. [UdSSR] **1962**, Nr. 3, 81—83; russ.) — *Polyvinylacetatfarben* u. Emulsionen, die nur durch kurze Einw. von leichtem Frost gelitten haben, können durch ein- oder zweimaliges Durchlassen durch eine Farbenreibmühle wieder brauchbar werden. Stärker koagulierte Lacke oder Farben können durch Waschen in heißem W., Trocknen u. Lösen im Lsgm. *N 646* regeneriert werden. J. v. Schroeder 7106◇

2441 **Die Untersuchung von chromsaurem Guanidin als Inhibitor der Korrosion in Ölfarben.** I. L. Rosenfeld, F. I. Rubinstein, Ss. W. Jakubowitsch und W. P. Perssianzewa. (Lacke Farben Anwend. [UdSSR] **1962**, Nr. 3, 15—21; russ.) — Durch Behandlung von Eisenmennige mit *chromsaurem Guanidin* (**I**; 2—6%) erhalten die damit hergestellten Ölfarben erhöhte Antikorrosionseigenschaften. **I** hat hohe passivierende Eigg. u. seine Wrkg. in Ölfarben beruht auf Verhinderung oder Verlangsamung der anod. Metallionisation. J. v. Schroeder 7106◇

2442 **Wichtige Entwicklungen in der Technologie der Anstrichstoffe.** Peter W. Sherwood. (Chim. Peintures **26**, 173—74, 1963; franz.) — Vf. berichtet kurz über mit *Trichloräthylen* mischbare Farben, luftlose Spritzpistolen, Alkydharze zum Ausbessern von Automobillackierungen, Anwendung von *Hexamethylenmethylmelamin* für Alkyd- u. Epoxydharze u. über eine neue verzweigte Fettsäure für nichttrocknende Anstriche. H.-G. Moslé 7106◇

2443 **Infrarot-Anstrichtrocknung.** J. Cihelka. (Korose Ochrana Mater. **1960**, 119—20; Praha, Státní výzkumný ústav ochrany materiálu; tschech.) — Allg. Grundsätze. J. Schneider 7106◇

2444 **Elektrische Eigenschaften der Anstrichmittel für elektrostatische Anspritztechnik.** G. A. Uglietti. (Ind. Vernice **17**, 40—42, 1963; ital.) — Berichtet wird über die Bedeutung der Oberflächenspannung, des DK u. des Ohmschen Widerstandes für die Eigg. von mit elektrostat. Spritz-App. erhaltenen Anstrichen. A. Sander 7106◇

2445 **Fortschritte in der Chemie der Anstriche.** 13. Mitt. **Herstellung einiger Rohstoffe.** Phillip M. Fisk. (Paint Manufact. **31**, 10—12, Jan. 1961; engl.) — 12. vgl. C. **1963**, 22917. — Behandelt wird die Herst. weiterer für die Anstrichindustrie wichtiger Rohstoffe, bes. Acetylenderivate. M. Winiker 7106□

2446 **Fortschritte in der Chemie der Anstriche.** 14. Mitt. **Theoretische Erwägungen.** Phillip M. Fisk. (Paint Manufact. **31**, 88—90, März 1961; engl.) — 13. vgl. vorst. Referat. — Behandelt wird die chem. Elektronentheorie organ. Verbb., die für die Chemie der Anstriche von Belang sind. M. Winiker 7106□

2447 **Verhalten synthetischer Anstrichstoffe gegen Bestrahlung.** Charles Duvivier. (Int. atom. **7**, 93—95, 97, 1963; Paris-Neuilly; Soc. des Revêtements Nucléaires et Marins; franz.) — Allg. Ausführungen zu Anwendungen von Strahlenschutzanstrichen, zu den verschiedenen Strahlenarten u. -quellen, zum Einsatz synthet. Lackharze u. ihrer Hilfsstoffe u. zum unterschiedlichen Verh. der einzelnen Polymertypen beim Bestrahlen, zur Strahlendosis u. zur Prüfung von Anstrichmaterialien unter Strahleneinwirkung. M. Hagedorn 7106◇

2448 **Herstellung von Anstrichmitteln auf PVC-Basis.** A. Trdlica. (Korosea Ochrana Mater. **1960**, 99; tschech.) J. Schneider 7106◇

2449 **Außenanstriche auf Acrylbasis für Aluminium.** M. Harington. (Chim. Peintures **26**, 153—62, 1963; Philadelphia, Rohm u. Hass; franz.) — Vf. beschreibt das günstige Verh. von Anstrichen auf Al bei Außenbewitterung u. auch von Anstrichen auf phosphatiertem Stahlblech. Lackbasis ist *Methylmethacrylat,* das z. T. modifiziert ist. Die Aushärtebedingungen, Pigmentierung u. verwendbaren Lsgm. werden besprochen. H. G. Moslé 7106◇

2450 **Physikalische und chemische Holzeigenschaften im Hinblick auf die Technologie der Holzanstriche.** Harold B. Gatslick. (Off. Digest Federat. Soc. Paint Technol. **35**, 781—92, 1963; San Franzisco, Calif., California Redwood Assoc.; engl.) — Besprechung mkr. u. mol. Eigg., die die Lebensdauer eines Holzanstriches mitbestimmen. Auf Grund der chem. u. physikal. Eigg. des Holzes regt Vf. gezielte Verbesserungen für Anstriche mit längerer Lebensdauer an. R. Zeisberger 7106◇

2451 **Anstrich der aus Glasfasern verfertigten Avanti-Körper.** J. T. Kanne. (Ind. Finishing **39**, Nr. 11, 24—26, 30, 32, 1963; engl.) — Glasfaserverstärkte Kunststoffe („Avanti"-Körper der Molded Fiber Glass Body Co., Ashtabula, Ohio) für Kraftwagenkarosserien werden an Fugen u. Befestigungsstellen verkittet, die Werkstücke im Ofen getrocknet, mit Sand abgestrahlt, mit Preßluft gesäubert, mit Naphtha abgewaschen u. einem Tuch abgerieben, worauf eine Fe_2O_3-Acrylsäure-Grundierung u. der Farbanstrich aufgebracht wird. W. Wesly 7106◇

2452 **Anstriche für die Temperaturkontrolle bei der Raumfahrt.** Robert Y. Scapple und G. Richard Blair. (Off. Digest Federat. Soc. Paint Technol. **35**, 814—21, 1963; Culver City/Calif., Aerospace Group; engl.) R. Zeisberger 7106◇

2453 **Anwendungsmöglichkeiten elektrostatischer Kräfte bei der Plastifizierung.** Alberto Biffis. (Pitture e Vernici **39**, 307—12, 1963; Milano, Trasmetal; ital.) — Die Kunststoffbeschichtung (Plastifizierung) von Metallen u. Geweben kann durch elektrostat. Aufsprühen von Kunststoffpulvern erfolgen, u. zwar von Polyäthylen, Polyamid, PVC, Celluloseacetobutyrat, Teflon, Penton, Epoxyharz. Vorbereitung des Untergrundes u. Filmeigg. (Schichtdicke, Porosität) sowie elektrostat. Auftragsgeräte (Sames-Geräte) werden behandelt. B. Scheifele 7106◇

2454 **Lösungsmittelfreie, polymerisierbare Beschichtungsmaterialien.** K. Weigel. (Seifen-Öle-Fette-Wachse **86**, 679—90, 719—23, 763—64, 792—94, 817—20, 862—70, 1960; **87**, 437—40, 509—13, 772—77, 882—91, 1961; dt.) — Zahlreiche Verss. werden durchgeführt, um das Verh. verschiedener polymerisierter Substanzen in ebensolchen Syst. zu beobachten. Angewendete Prüfmeth.: Schaukel- u. Pendelhärte bei verschiedenen Temp. u. in bestimmten Zeitabständen, Erichsentiefung, Best. der Trockenzeiten u. Lsgm.-Beständigkeiten. — 22 Literaturangaben. R. Grundmann 7106◇

2455 **Staatliche Forschung in Nordamerika.** R. H. Chandler. (Paint Technol. **27**, Nr. 7, 44 u. 47, 1963; engl.) — Erwähnt werden Unterss. über: Epoxidharz-Titanat-Mischungen für wärmebeständige Überzüge auf Stahl; wärmebeständige Anstriche auf Al auf Basis von organ. P-Verbb. mit P—O—P-Gliedern; wärmebeständige Decklacke für Flugzeuge mit Epoxidharzgrundierung u. Acrylatdecklack; Haften von Epoxiddecklack auf Wash-

Primer; Schutzanstriche für Seewasserbauten aus Fe nach 30monatiger Erprobung; seeklimafeste Anstriche auf Al; fluorescierende Anstriche.
M. Hagedorn 7106◇

2456 **Wasserundurchlässige Überzüge auf Grundlage von synthetischen Harzen.** P. M. Fadejew, I. G. Shigun und L. B. Schumakowa. (Lacke Farben Anwend. [UdSSR] **1962,** Nr. 3, 50—51; Uraler Filiale der Akad. für Bauwesen und Architektur der UdSSR; russ.) — Zusätze von Bitumen zum Harz *PS* u. zu den Epoxidharzen *EDF-1* u. *-3* erhöhen die Elastizität u. die Wasserundurchlässigkeit von Überzügen, verringern aber die Kälte- u. Hitzebeständigkeit. Kompositionen mit Zusätzen von Weichmachern haben optimale Eigenschaften.
J. v. Schroeder 7106◇

2457 **Polyurethanüberzüge.** Anonym. (Rubber Plastics Age **43,** 1245, 1962; engl.) — Überblick über die im Handel (Großbritannien) erhältlichen Überzüge auf der Grundlage von Polyurethan. I. Köditz 7106

2458 **Messung des Deckvermögens an Weißpigmenten.** H. Hademar. (Fette, Seifen, Anstrichmittel **64,** 1129 bis 1134, 1962; Krefeld-Uerdingen; dt.) — Ausgehend von der Zweikonstanten-Theorie der Lichtstreuung von Kubelka u. Munk (Z. techn. Physik, **12,** [1931], 593) u. einer von Mitton (Off. Digest **29,** [1952], 188) vorgeschlagenen Meth. der Dickenmessung, entwickelt Vf. ein Verf. zur Messung des Deckvermögens, das auf der Zweikonstanten-Theorie beruht, aber die zeitraubende Dickenmessung umgeht. Die Vor- u. Nachteile dieser sog. Farbstoffzusatz-Meth. werden diskutiert.
I. Köditz 7152△

2549 **Eine Schnellmethode zur Bestimmung des Gehaltes an Zinkoxid und Bleioxid in Zinkweiß.** W. A. Malewanny. (Lacke Farben Anwend. [UdSSR] **1962,** Nr. 3, 73—75; Tscheljabinsk, Filiale d. GIPI-4; russ.) — Vf. schlägt eine Verbesserung der bekannten Meth. von Flaschka vor. Aus dem mit HNO_3 oder H_2SO_4 gelösten Zinkweiß wird *Pb* als Chromat oder Sulfat gefällt u. im Filtrat *Zn* durch Titrieren mit der Trilon B-Meth. in stark ammoniakal. Lsg. mit Chromogenschwarz Spezial ET-00 als Indikator bestimmt. J. v. Schroeder 7152◇

2460 **Das anodische Verhalten von Testflächen mit Zinkstaubanstrichen.** 3. Mitt. Alfred Laberenz. (Farbe und Lack **68,** 859—66, Dez. 1962; Bremen, Labor. der Bergolin Lack- & Farbenfabriken; dt.) — 2. C. **1963,** 15622. — Vf. beschreibt die Auswertung der Vers.-Ergebnisse unter Hinweis auf die Art der elektrochem. Schutzwrkg. von Zn-Staubschichten. Die bilden die Grundlage zur Entw. neuer Zusätze, die in gut leitenden Elektrolyten nahezu die inhibierende Wrkg. einer massiven Zn-Platte erreichen. — 20 Literaturhinweise. A. Sander 7152

2461 **Eine Schnellmethode zur colorimetrischen Bestimmung von Magnesium und Calcium in Titandioxid der Anatas-Modifikation.** P. M. Bogatyrew, E. A. Nawjashskaja und W. Ss. Sporychina. (Lacke Farben Anwend. [UdSSR] **1962,** Nr. 3, 68—69; russ.) — *Mg* wird in *Ti*-Salzen colorimetr. mit *Magneson IREA* ($C_{16}H_{10}O_5N_2SClNa \cdot H_2O$) (0,1% in Aceton) u. *Ca* mit *Murezid* ($C_8H_8O_6N_6 \cdot H_2O$) (0,05% in W. gelöst) bestimmt. J. v. Schroeder 7252◇

2462 **Parameter, welche die kritische Pigment-Volumen-Konzentration KPVK von in Wasser dispergierten Harzen beeinflussen.** P. Berardi. (Paint Technol. **27,** Nr. 7, 24 bis 32, 34—35, 1963; engl.) — Die theoret. Bedeutung der KPVK wird erörtert. Sie wird an zwei mit Dibutylphthalat plastifizierten homopolymeren Polyvinylacetatemulsionen u. 13 Pigmenten, auch unter Beachtung ihrer Dispergierung im Ansatz, durch Ermitteln des Optimums für Zugfestigkeit u. Dehnung des Prüffilms bestimmt. Aus den Ergebnissen geht hervor, daß eine Beziehung zwischen der Pigment-Ölabsorption u. dem Binder-Vol. bei KPVK besteht u. daß die mechan. Eigg. der Lackfilme außer von der Pigment-Vol.-Konz. auch von der sog. Bindekraftzahl abhängen. Diese ist, unabhängig vom Pigment, für jeden Binder eine charakterist. Konst. u. über die Gesamtoberfläche u. Packungsdichte des Pigments mit dem Ölbindevermögen des Pigments verbunden. Sie kann als Charakteristik für das Pigmentbindevermögen der Emulsion gelten; ihre Konstanz ermöglicht einen Vgl. der an verschiedenen Pigmenten ermittelten KPVK. M. Hagedorn 7154◇

2463 **Viskositätskontrolle von Epoxyharzen.** Anonym. (Ind. Vernice **17,** 175—76, 1963; ital.) — Die Einstellung von Epoxyharzen auf niedrige Viskosität erfolgt durch Kombination mit *Unox epoxide 206* u. *269* (Union Carbide Corp.) nach US P. 2948688. B. Scheifele 7154◇

2464 **Die Aktivität von 1.19-Phenanthrolin gegenüber Sikkativ-Katalysatoren in organischen Überzügen.** Gordon K. Wheeler, William H. Canty und Raymond R. Myers. (Ind. Engng. Chem. Product Res. Development 1. 52—56, März 1962; East Norwalk, Conn., T. R. Vanderbilt Co.; Bethlehem, Pa., Lehigh Univ.; engl.) — In Ggw. von Mn-Sikkativen erniedrigt sich die Aktivierungsenergie für die Trocknung von Alkydharzen, diese wird weiter bei der Komplex-Bldg. mit *1.10-Phenanthrolin* (**I**) herabgesetzt. Das Verhältnis von **I** zu Metall ist hierbei nicht entscheidend. **I** allein hat keinen Einfluß. Die Wrkg. von **I** beruht auf einer Orientierung sowie Polarisation des O_2 durch das Metall, wodurch der Angriff des O_2 auf das der Doppelbindung benachbarte α-C-Atom erleichtert wird. K. Gröbe 7154◇

2465 **Einige Anwendungen von Instrumenten bei der Anstrichforschung.** L. Valentine. (Peintures, Pigments, Vernis **39,** 211—21, 295—303, 1963; Teddington, Grande-Bretagne, Paint Res. Station; franz.) — Vf. beschreibt die Anwendung moderner Unters.-Verff. in der Anstrichuntersuchung. Eine mit „bronzage" beschriebene Änderung der Reflexion der Anstrichfilme (beginnendes Auskreiden) wird elektronenmkr. untersucht. Die Größe der Pigmentpartikel wird unter dem Mikroskop mit dem Zähler nach Coulter (Nature [London] **182,** [1958], 234) bestimmt, Pigment-Verteilungskurven werden aufgenommen. Pigmentidentifizierung kann durch spektrophotometr. Reflexionsmessungen erfolgen, die Rk. von Washprimern mit dem Grundmetall kann radiochem. verfolgt werden. H.-G. Moslé 7158◇

2466 **Apparate zur Bestimmung von Anstrichfarben bei der Fabrikation.** Peter Sherwood. (Peintures, Pigments, Vernis **39,** 507—08, 1963; franz.) — Vf. beschreibt allg. bes. spektrophotometr. Verff. zur Schnellbest. von Farbtönen, bes. für die Farb- bzw. Lackherstellung.
H.-G. Moslé 7158◇

2467 **Definition von Farben.** Silvano Bernardini. (Pitture e Vernici **39,** 41—51, 1963; Mailand, Dott. Aldo Garzanti S. a. s.; ital.) — Behandelt werden eingehend Licht u. Farbe, spektrophotometr. Messungen, trichromat. Colorimetrie. B. Scheifele 7158◇

2468 **Untersuchung über den Glanz.** Fr. Braun. (Chim. Peintures **26,** 167—69, 1963; Peintures, Pigments, Vernis **39,** 488—91, 1963; Univ. de Louvain, Labor. de Colorimétrie; franz.) — Der Glanz von Flächen setzt sich aus der direkten u. der diffusen Reflexion des Lichtes zusammen. Bei der Best. des Glanzes durch Reflexionsmessung ist der Einfallwinkel des Lichtes zu berücksichtigen. H.-G. Moslé 7158◇

2469 **Reflexionscharakteristik der Oberfläche von Keilanstrichfilmen.** Bohumil Svoboda. (Chem. průmysl **13(38),** 156—60, 1963; Pardubice, Výzkumný ústav syntetických pryskyřic a laků; tschech.) — Eine Meth. zur Reflexionscharakteristik-Best. der Oberfläche von Keilanstrichfilmen durch Messung des objektiven Glanzes einzelner Abschnitte in Abhängigkeit von der Dicke des Filmes wird beschrieben. Die Dicken einzelner Anstrichfilme werden tabellar. angegeben.
J. Schneider 7158◇

2470 **Über den Mechanismus der Permeabilität von Ionen durch Anstrichfilme.** Yasushi Sato. (J. electrochem. Soc. Japan **29,** E 142—E 146, 1961; Hinutachi, Tokyo, Nat. Railways, Techn. Res. Inst.; engl.) — Das Temp.-Verh. der Gleichstromleitfähigkeit von nicht pigmentierten Anstrichfilmen aus Polyvinylacetat u. Epoxidharz in 3%ig. NaCl-Lsg. ändert sich deutlich bei der Glasumwandlungs-Temp. der Filme. Es wird gefolgert, daß Ionen durch die Filme selbst u. nicht durch Poren der Filme diffundieren. Wenn der Unterschied der Permeabilitätskonst. der Ionen bei zahlreichen Anstrichfilmen viel größer ist als der Unterschied der DK u. des dielektr. Verlustes, dann muß die Ionenpermeabilität, die das Maß für die Antikorrosions-Eigg. der Anstriche ist, durch tg δ-Messungen angestrichener Stahlbleche in Elektrolyt-Lsg. bestimmt werden können, wie schon von Okamoto u. Mitarbeitern (C. **1959**, 1346) vorgeschlagen wurde. Die Bedeutung der tg δ-Meth. wurde durch Vgl. der tg δ-Werte u. der Gleichstromleitfähigkeit von 30 verschieden gestrichenen Stahlblechen in Elektrolyt-Lsg. aufgezeigt. Die Meth. sind gleichwertig, wenn die tg δ-Werte 0,1 übersteigen. R. Schäff 7158◇

2471 **Chemisch widerstandsfähiger Anstrich auf der Basis eines Furfurylalkoholharzes.** K. Doleček. (Korose Ochrana Mater. **1960**, 99—101; Stavební, isolace, n. p.; tschech.) — Die Eigg. der Anstrichmasse *ChS Furol 75* werden tabellar. angegeben. Gute Resultate wurden bei Verw. anorgan. Säuren u. Hydroxide, schlechte bei organ. Stoffen erzielt. J. Schneider 7158◇

2472 **Chemische Resistenz von zweischichtigen Epoxidanstrichstoffen.** T. Jelínek und J. Dubová. (Korose Ochrana Mater. **1960**, 96—99; Bratislava, Dom techniky; tschech.) — Es werden 5 Arten von zweischichtigen Epoxidanstrichstoffen in HCl, H_2SO_4, HCOOH, CH_3COOH, COOH · COOH, Weinsäure, CH_3OH, $C_4H_9 \cdot OH$, C_6H_5OH, HCHO, NaOH, Cl^{1-}, SO_4^{2-}, H_2O_2, Alkohol-Destillaten, Bier, Wein, Heidelbeerensaft, W., Wasch-Lsgg., höheren KW-Stoffen, Pflanzenölen u. im Gärungsmedium geprüft. Die Resultate werden tabellar. angegeben. J. Schneider 7158◇

2473 **Oberflächenentflammbarkeit von verschiedenen Dekorations- und feuerverzögernden Holzanstrichmitteln, geprüft im FPL-8-Fuß Tunnelofen.** H. W. Eickner und C. C. Peters. (Off. Digest Federat. Soc. Paint Technol. **35**, 800—13, 1963; Madison, Wis., Forest Products Labor., U. S. Dep. of Agriculture; engl.) — Vff. untersuchen nach einer vom US Forest Products Laboratory entwickelten Meth. eine Vielzahl von Anstrichmitteln, die auf Sperrholz aus Douglas-Tanne aufgebracht wurden. Lack- u. Schellack-Anstriche erhöhen die Entflammbarkeit, während die anderen Dekorationsanstriche keinen oder nur geringen Effekt zeigen. Bei den als entflammungsverzögernd empfohlenen Farben verringert sich der Entflammbarkeits-Index um 16—74%. Die Rauchindexwerte liegen im 8-Fuß-Tunnelofen höher als im ASTM-E 84-Ofen. R. Zeisberger 7158◇

2474 **Die Witterungsbeständigkeit von Lackfarben mit Acrylharz- und Polyurethan-Bindemitteln.** R. J. Mc-Causland. (Pitture e Vernici **39**, 249—51, 1963; A.R.I.C., Techn. Serv. Dept., British Titan Products Co. Ltd.; ital.) — Expositionsverss. mit Acryl- u. Polyurethan-Lackfarben in Carlton (England) u. Florida (USA), die sämtlich mit Titandioxid R–CR pigmentiert wurden, werden durchgeführt. Entsprechende Einbrennlacke sowie Alkyd-Aminoharzlacke u. Alkyd-Nitrocelluloselacke werden zum Vgl. herangezogen. B. Scheifele 7158◇

2475 **Der Nachweis von Tallöl-Fettsäuren in Lack-Zubereitungen.** H. P. Kaufmann und R. Güldenpfennig. (Fette, Seifen, Anstrichmittel **64**, 334—36, 1962; Münster, Westf., Dt. Inst. f. Fettforsch.; dt.) — Im Unverseifbaren von Roh-Tallölen (**I**) verschiedener Herkunft, diversen **I**-Destillatfettsäuren unterschiedlicher Qualität u. **I**-Alkydharzen wird papierchromatograph. eine Verb. nachgewiesen, die im Syst. *Undecan–Essigsäure–Acetonitril–W.* (90:30:7) den Rf-Wert 0,83 aufweist u. durch ihre blaue Fluorescenz im UV-Auflicht leicht zu erkennen ist. Durch säulenchromatograph. Trennung an Al_2O_3 u. anschließende Kristallisation wird sie als trans-3.5-Dimethoxystilben erkannt. Sie ist als Pinosylvindimethyläther (**II**) in der Holzchemie bekannt u. als typ. Holzinhaltsstoff nachgewiesen worden. Da der Fp. von **II** in den Siedebereich von Öl- u. Linolsäure fällt, wird sie in den **I**-Fettsäuren angereichert u. kann als Nachweis für **I** u. **I**-Fettsäuren durch die PC-Analyse des Unverseifbaren dienen. Dieser Nachweis von **I** u. **I**-Fettsäuren ist bei Abwesenheit von aus Holz stammenden Harzen, bes. von Wurzelharzen, spezifisch. I. Köditz 7158△

2476 **Wirkung von Wärme auf die Säuren der Gesamtharze der Oleoresine der Strandkiefer.** G. Brus, P. Legendre und G. Niolle. (Peintures, Pigments, Vernis **38**, 692—98, 1962; Bordeaux, Fac. des Sci., Labor. de l'Inst. du Pin.; franz.) — An Harzsäuren werden gefunden: *Lävopimarsäure* (**I**) [39(%)], *Neoabietinsäure* (**II**) (24), *Palustrinsäure* (**III**) (3), *Abietinsäure* (**IV**) (10), *Dextropimarsäure* + *Isodextropimarsäure* (16) u. 8% *Dehydroabietinsäure*, + *Dihydroabietinsäure* + *Tetrahydroabietinsäure*. Mit steigender Temp. ändert sich die spezif. Drehung von negativ nach positiv. Ab Temp. von 240° wird Decarboxylierung beobachtet. Eine Isomerisierung tritt bei 250° in Abhängigkeit von der Zeit auf: **I** nimmt schnell bis auf 0% ab, **II** u. **III** nehmen bis zu einem Maximum zu, um dann langsam abzunehmen. **IV** nimmt zu. Das Maximum der spezif. Drehung wird bei 180° nach 20 Min., bei 170° nach 50 Min., bei 160° nach 1 Std. 40 Min. u. bei 145° nach 4 Std. erreicht. H.-G. Moslé 7160◇

2477 Byk-Gulden Lomberg, Chemische Fabrik G. m. b. H., Konstanz/Bodensee, **Verflüssigungsmittel,** das in Form einer Lsg. die Sedimentation von Pigmenten oder Füllstoffen in *Lackfarben* verhindert oder vermindert, besteht aus der Lsg. eines Salzes, das aus einem bas. Polyamid u. einer Säure wie H_3PO_4 bzw. einem Phosphorsäureesterderiv. gebildet ist, in organ. Lösungsmitteln. (**E. P. 887241** vom 10/3. 1959, ausg. 17/1. 1962. D. Prior. 3/4. 1958.) M. Böttcher 7107

2478 Union Carbide Corp., New York, N. Y., übert. von: Wilbur M. Sullivan, Bloomfield, und Leonard A. Carlson, Murray Hill, N. J., V. St. A., **Effektlack auf Dispersionsbasis** besteht aus 100 (Teilen) eines wss. 57—60%ig. Polyvinylacetatlatex, 20—100 oberflächeneffektausbildendem Mittel (**I**) u. ggf. 15—50 einer wss. Dispersion von Metallpigmenten des Non-leafing-Types, sowie üblichen Weichmachern, oberflächenakt. Mitteln, Mattierungsmitteln u. färbenden Stoffen. **I** sind schnellflüchtige, stark hydrophobe, in W. unlösl. organ. Fll., wie aliphat. KW-Stoffe oder Äthylsilicone, die durch ihr rasches Austreten aus der Oberfläche des aufgetragenen Anstrichmittels die Energie zur Oberflächenmusterung des erstarrenden Filmes liefern. — Beispiel: Non-leafing Al-Pulver 4,58 (Gew.-%), Polyvinylacetatlatex 58%ig. 36,22, W. 48,87, Trikresylphosphat 1,05, aliphat. Paraffin-KW-Stoff 16,65, Hydroxyäthylcellulose 7,5%ig. 2,38, Tergitol TNM 0,11, Ammoniumphosphat 0,14. (**A. P. 3047523** vom 1/10. 1959, ausg. 31/7. 1962.) H. Kastner 7107

2479 United States of America, Secretary of Agriculture, übert. von: Arthur W. Schwab und Howard M. Teeter, Peoria, Ill., V. St. A., **Wässrige Leinöldispersionsfarbe** mit rasantem Trocknungsvermögen. Eine wss. Emulsion von sehr stark eingekochtem Leinölstandöl der Gardner-Holdt-Viskositätsstufe Z_9, die Sikkative, Netzmittel u. ggf. Pigmente enthält, wird durch 4 Gew.-% des Wasseranteils an Hydroxyäthylcellulose als Verdickungsmittel in normaler Verarbeitungsviskosität gehalten. Nach dem Auftragen der Dispersion erfolgt schon in 10—30 Min. bei Normaltemp. die Oberflächenvernetzung, wodurch der Film wasserunempfindlich wird u. nach kurzer Zeit überstrichen werden kann. Es können Außenanstricharbeiten auch bei Regenwetter durchgeführt werden. (**A. P. 3047413** vom 15/8. 1960, ausg. 31/7. 1962.) H. Kastner 7107

2480 E. I. du Pont de Nemours & Co., Wilmington, Del., übert. von: Maurice J. McDowell, Haddonsfield, N. J., V. St. A., **Wässrige Anstrichmitteldispersion** enthält ein Farbpigmentgemisch, ein zusammengesetztes polymeres Bindemittel aus einem hauptsächlich gesätt. KW-Stoff-Elastomeren (**I**) u. einem organ. Esterpolymerisat (**II**), W. u. Stabilisatoren. **I** ist ein Polymerisat eines monoolefin. KW-Stoffs mit 4 C-Atomen, bes. Butylkautschuk, **II** ist ein Copolymerisat aus Vinylidenmonomeren, monomeren Estern von $\alpha.\beta$-ungesätt. Vinylidencarbonsäuren u. monomeren äthylen. $\alpha.\beta$-ungesätt. Monocarbonsäuren. — Verw. für beständige, wetterfeste, wasserdampfundurchlässige Fassadenanstriche. (**A. P. 3037881** vom 21/7. 1958, ausg. 5/6. 1962.) H. Kastner 7107

2481 A. Sanderson & Co. Ltd., Hull, Yorkshire, England (Erfinder: George Albert de Mejer), **Anstrichmittel,** enthaltend 20—30 (Gew.-%) feinstverteiltes Pb-Pulver u. mindestens 15 H_3PO_4 in der Lsg. des thermoplast. Filmbildners, bes. Poly-2-äthoxyäthylmethacrylat. Man kann Weichmacher u. ggf. geringe Mengen W. zufügen. (**E. P. 893259** vom 16/9. 1959, ausg. 4/4. 1962.) P. Krug 7107

2482 Canadian Industries Ltd. (Erfinder: Arthur Lee Johnson, Max Morf und John Keith Whiteley), **Anstrichmittel** auf Basis von Alkydharzen, gek. durch einen Geh. an Mischpolymerisaten von Vinylmonomeren, die ein bas. N-Atom oder eine Amidogruppe aufweisen, bes. Acrylamid u. N.N-Dimethylaminoäthylacrylat u. Styrol oder Alkylstyrol oder Acrylsäureestern. (**Aust. P. 236675** vom 19/11. 1958, ausg. 11/1. 1962.) C. Lüttgen 7107

2483 Sherwin-Williams Co., übert. von: Oliver J. Grummitt, Cleveland, Ohio, V. St. A., **Geruchschwache Anstrichmittel.** Der von einigen Std. bis zu einigen Tagen auftretende Geruch beim Trocknen von Öl- u. Alkydharzfarben durch Entweichen von Abbauprod. wird stark unterdrückt durch Zugabe von 0,001—5 Gew.-% eines Ammoniumsulfonates $RR'C(OH) \cdot SO_3 \cdot NH_nX_{4-n}$ zur streichfertigen Farbe. R ist ein aliphat., cycloaliphat. oder aromat. Rest, R' ist H oder CH_3, X ist ein KW-Stoffrest der Alkyl-, Cycloalkyl-, Arylalkyl- oder Arylreihe u. n eine Zahl von 1—4. (**A. P. 3043704** vom 24/1. 1956, ausg. 10/7. 1962.) H. Kastner 7107

2484 Goodlass Wall & Co. Ltd., Liverpool, England, **Rostschützende Grundiermittel** zur Behandlung von Fe-Oberflächen, gek durch einen Geh. an Nichteisen-Phosphaten, bes. $Ca_3(PO_4)_2$ (I), Zn- oder Pb-Phosphat, u. ggf. üblichen, die Korrosion von Fe verhindernden Pigmenten, z. B. Ca-Plumbat. Zum Beispiel wird einem Anstrichmittel auf Basis von gekochtem Leinöl oder Alkydharz 48% I zugesetzt. — Zahlreiche Vergleichsversuche über Schutzwrkg. bei Bewitterung u. Salzwassereinwirkung. (**Ind. P. 68201** vom 29/6. 1959, ausg. 19/12. 1961. E. Prior. 1/7. 1958.) C. Lüttgen 7107

2485 John M. Bluth, Burbank, und Jacob L. Sellers, North Hollywood, Calif., V. St. A., **Aufzusprühende Mischung zur Beseitigung von Unebenheiten an Metallen und Nichtmetalloberflächen,** bestehend aus einer Verteilung feinster Glaskügelchen (⌀ 0,003 bis 0,032 inch) in einem fl. Träger aus einer Lsg. eines nichtschäumenden Dispergiermittels in Wasser. Modifizierungen sind möglich durch Zusatz von Inhibitoren, Bentonit, Lsgm. u. Viskositätserhöhern. (**A. P. 3020140** vom 19/1. 1959, ausg. 6/2. 1962.) P. Krug 7107

2486 Pittsburgh Plate Glass Co., übert. von: Henry A. Vogel, Gibsonia, Pa., Arthur F. Rylander und Robert F. Roach, Milwaukee, Wis., V. St. A., **Überzugsmittel, besonders für Metalle,** enthaltend als Filmbildner eine Mischung aus 50—95 (Gew.-%) eines ölmodifizierten Alkydharzes u. 50—5 eines harzartigen Kondensationsprod. (I) aus einem Aldehyd u. einem Gemisch aus ca. gleichen Mengen o- u. p-Butenylphenol. Die I sind zweckmäßig noch mit niederen Alkanolen veräthert. Die aus dem Mittel hergestellten Überzüge werden eingebrannt. (**A. P. 3016357** vom 13/1. 1959, ausg. 9/1. 1962.) P. Krug 7107

2487 Pyrene Co. Ltd., Brentford, Middlesex, England, **Überzugsmittel für Metalloberflächen.** Gemäß E. P. 845259 bestehen derartige Überzugsmittel aus wss. Lsgg. oder Dispersionen von 0,25—6 Gew.-% sechswertiger Cr-Verbb. u. Polyacrylsäure im Verhältnis 8:1 bis 1:1, die nach dem Auftragen u. Trocknen durch Einbrennen unlösl. werden. Die Polyacrylsäure kann nun ersetzt werden durch Polyacrylamid, Polyvinylalkyläther mit 1—4 C-Atomen oder Copolymerisaten von Methylvinyläther mit Maleinsäure. Chromsäure kann teilweise gegen Phosphorsäure ausgetauscht werden. Die für blanke oder bereits phosphatierte Metallflächen geeigneten Schutzschichten bewähren sich gut gegen den Salzsprühtest. (**E. P. 893019** vom 13/5. 1960, ausg. 4/4. 1962. A. Prior. 13/5. 1959. **Zusatz zu E. P. 845259; C. 1961, 16276.**) H. Kastner 7107

2488 Allied Chemical Corp., New York, übert. von: Robert J. Fiel, Tonawanda, N. Y., V. St. A., **Polyurethan-Schutzüberzugsmittel** bestehen aus 20—80 (Teilen) des Reaktionsprod. zwischen organ. Diisocyanaten (I) u. Ricinusöl sowie Triolen (II) als Filmbildner, gelöst in 80—20 eines organ. Lsgm. (III), das frei von akt. H-Atomen ist. Vor der Verarbeitung werden zur Vernetzungskatalysierung (organ.) Basen, bes. stickstoffhaltige wie tert. Amine zugesetzt. Für I werden eingesetzt 2.4- u. 2.6-Toluylendiisocyanat, 4.4'-Diphenylmethandiisocyanat, Hexamethylendiisocyanat u. dgl., für II Glycerin, Trimethyloläthan oder -propan u. dgl., wobei das Hydroxylverhältnis von Triol zu Ricinusöl 0,05—2,5 u. das Verhältnis von Isocyanatgruppen zum Gesamt-Hydroxylanteil 1,5—3,5 beträgt. III ist ein Gemisch von Lsgm. mit Siedebereich von 30—170°, bes. Äthylacetat/Toluol. Die auf Holz, Glas, Metall, keram. Massen aufgetragenen Mischungen trocknen rasch zu harten, haftfesten, wetter-, chemikalien- u. Lsgm.-beständigen, abriebfesten Überzügen. (**A. P. 3047520** vom 28/10. 1958, ausg. 31/7. 1962.) H. Kastner 7107

2489 Imperial Chemical Industries Ltd., London, England (Erfinder: Herbert Jackson Shearing), **Überzugsmischungen** auf Polyurethanbasis werden bzgl. Trocknungs- u. Härtungsgeschw. verbessert durch Zugabe eines katalyt. wirkenden ternären Amins (I), das mindestens eine mit Isocyanaten reagierende Gruppe enthält. Den vor der Verarbeitung den organ. Isocyanaten zugemischten u. pro Mol. mindestens 2 Hydroxylgruppen tragenden Verbb., wie Polyestern, Polyesteramiden oder Polyäthern, werden 0,05—10 Gew.-% I zugesetzt. Lsgm. u. ggf. Pigmente u. weitere Filmbildner können wie bei üblichen Polyurethanlacken eingesetzt werden. I ist bevorzugt Triäthanolamin oder N.N-Bis-(hydroxypropyl)-2-methylpiperazin. — Beispiel: Polyesterharz 100 (Teile), Nitrocellulose (10% in Cyclohexanon) 30, Äthylcellulose (1% in Cyclohexanon) 10, Cyclohexanon/Methylisobutylketon (1:4) 200, trimerisiertes 2.4-/2.6-Toluylendiisocyanat (50% in Äthylacetat) 150 u. Triäthanolamin 2,5. Dieser Lack trocknet in 30—35 Min., ohne Triäthanolamin in 60 Min.; die Topfzeit beträgt 6 Stunden. — *Spritz-, Tauch- u. Streichlacke für Holz, Metall, Beton, Papier, Kunststoffe, Gummi, Glas usw.* (**E. P. 880068** vom 15/8. 1958, ausg. 18/10. 1961.) H. Kastner 7107

2490 Shell Oil Co., übert. von: James R. Scheibli, Oakland, Calif., V. St. A., **Epoxidverbindungen enthaltende, härtbare Gemische.** Sie enthalten monomere oder polymere Epoxid-Verbb. (I), die mehr als 1 Epoxid-Gruppe im Mol aufweisen, u. mindestens 20 Gew.-% 2—3 Alkylgruppen enthaltende Phenole (II), deren Alkylreste mindestens 7 C-Atome aufweisen. I sind bes. Glycidyl-Polyäther mehrwertiger Phenole. Beispiele für II: Di- u. Tri-nonylphenol, Di- u. Tri-octylphenol-, Di- u. Tri-eicosanylphenol. Als Härtungsmittel dienen die für die Epoxidhärtung üblichen Stoffe. — 50 (Gew.-Teile) eines durch Rk. von 2.2-Bis-(4-hydroxyphenyl)-propan mit überschüssigem Epichlorhydrin erhaltenen Epoxydäthers u. 50 Dinonylphenol werden mit 6,5 Diäthylentriamin vermischt, wobei man eine niedrig viskose Fl. erhält, die nach Aufsprühen auf ein Sn-Blech bei Raumtemp. erhärtet u. einen biegsamen Überzug ergibt, der gegen Petroleum-Lsgm. u. kochendes W. widerstandsfähig ist. — *Überzugsmittel* für *Zement-, Asphalt-* u. *Metalloberflächen.* (**A. P. 3051084** vom 16/10. 1959, ausg. 28/8. 1962.) J. Mühleisen 7107

2491 Pittsburgh Plate Glass Co., Pittsburgh, Pa., V. St. A., **Synthetisches Harz für Überzugszwecke** besteht aus einem Gemisch aus einem Mischpolymerisat von Methylmethacrylat u. Laurylmethacrylat u. einem Alkydharz. Dieses besteht aus einem Poylester eines Polyols, einer Di- u. einer aromat. Monocarbonsäure. (**E. P. 901934** vom 24/6. 1960, ausg. 25/7. 1962. A. Prior. 13/8. 1959.) F. Markhoff 7107

2492 General Tire & Rubber Co., Akron, übert. von: Theodore A. Te Grotenhuis, Olmsted Falls,

Ohio, V. St. A., **Überzugsmasse, besonders auf Basis einer Öl-in-Wasser-Emulsion von Alkydharzen,** enthaltend solche präparierten Pigmente, die von reinem W. nicht benetzt werden. Die Pigmente sind dabei an ihrer Oberfläche mit Hydrolyse- oder Veresterungsprodd. von Organo-Si-Halogeniden überzogen. (**A. P. 3023181** vom 2/6. 1958, ausg. 27/2. 1962.) P. Krug 7107

2493 Standard Oil Co., Chicago, Ill., übert. von: Benjamin A. Bolton, Gary, Ind., V. St. A., **Styrolmodifizierte Alkydharze** erhält man durch Rk. eines Isophthalsäurealkydharzes mit 30—45% Styrol bei 275 bis 350°F in Ggw. eines Peroxidkatalysators in inerter Atmosphäre. — *Überzugsmittel.* (**A. P. 3054763** vom 31/3. 1959, ausg. 18/9. 1962.) L. Stadelmann 7107

2494 Dow Chemical Co., Midland, Mich., V. St. A. (Erfinder: Norman Richard Peterson und Ira James Cummings), **Feuerhemmende, aufblähende Überzugsmischungen** auf Basis von wss. Dispersionen filmbildender Polymerisate, wie PVC, Polystyrol oder Polyacrylat, enthalten neben schaumentwickelnden Stoffen, wie verschied. Ammoniumphosphaten, -sulfaten oder -wolframaten, kombiniert mit Stärke, Casein, Protein oder Harnstoffderivv., noch Anteile von Weichmachern, die erst bei erhöhter Temp. auf den Filmbildner einwirken. Genannt sind chlorierte Paraffine, Tris-(p-tert.-butylphenyl)-phosphat, Diphenylphthalat, Triphenylphosphat, p-Toluolsulfonamid oder deren Gemische in Mengen von 5—50% auf Polymerisat. Die einzubrennenden Überzüge machen *Bauteile, Faserplatten* usw. feuerfest. (**E. P. 900120** vom 6/10. 1959, ausg. 4/7. 1962.) H. Kastner 7107

2495 E. I. du Pont de Nemours & Co., Wilmington, Del., übert. von: James Chen-Shang Fang, Springfield, Pa., V. St. A., **Überzugsmischung mit latentem Härter.** Durch Einbrennen härtbarer Überzüge entstehen durch Auftrag eines organ in Lsgm. gelösten Gemisches aus einem Epoxyharz (**I**), einem freie Carboxylgruppen tragenden Terpolymeren (**II**) aus äthylen. ungesätt. Verbb. u. einem quatern. Ammoniumsalz $[R_4N]_n^+ A^{-n}$ (**III**) als erst bei erhöhter Temp. wirksamem Härtungskatalysator zur Auslösung der Vernetzung. **I** hat eine Epoxyzahl > 1 pro Mol. u. ein Epoxyäquivalentgew. bis 1500, **II** ist ein Terpolymeres aus a) Styrol, b) Alkylestern von α.β-ungesätt. Monocarbonsäuren u. c) α.β-ungesätt. ein- bis zweibas. Carbonsäuren, die dem Polymerisat die bedingungsgemäße SZ. von 10—150 verleihen. **III** enthält vier an N gebundene gleich- oder verschiedenartige Alkylreste u. das Anion einer anorgan. Sauerstoffsäure (ClO_4^-, MoO_4^{-2} usw.), einer fluorhaltigen Säure oder einer Heteropolysäure. **I** u. **II** werden im Molverhältnis Epoxysauerstoff/–COOH = 0,25—10 gemischt unter Zusatz von 0,5—5% **III** u. ggf. einem Wachskörper u. Pigmenten zu *lagerstabilen Fahrzeug-Einbrennlacken* für Tauch-, Streich- oder Spritzauftrag. (**A. P. 3048552** vom 3/12. 1959, ausg. 7/8. 1962.) H. Kastner 7107

2496 Dow Chemical Co., Midland, Mich., V. St. A. (Erfinder: Frank Linwood Saunders und James Henry Oswald), **Wäßrige stabile Wachsdispersionen** entstehen aus Emulsionen von 100 (Teilen) Paraffinwachs u. 10—60, bes. 25, zu Filmbildnern polymerisierbaren Vinyl- bzw. Vinylidenmonomeren, bes. der aromat. Reihe, wie Styrol u. Divinylbenzol, oder Methylmethacrylat durch Einw. von Röntgenstrahlen von wenigstens 40000 r/h. Dabei finden auch teilweise Pfropfpolymerisationen der Monomeren auf dem Wachs statt. Als Emulgiermittel dienen Morpholin, Triäthanolamin, Na-Alkyl-Sulfate oder -Sulfonate oder ungesätt. Fettsäuren. Für harte u. wasserfeste *Überzüge* bes. *für Fußböden.* (**E. P. 893400** vom 21/9. 1960, ausg. 11/4. 1962.) H. Kastner 7107

2497 Socony Mobil Oil Co., Inc., übert. von: John J. Gersic, Elmhurst, und Lawrence B. Nelson, Garden City, N. Y., V. St. A., **Überzugsmittel aus Wachs und Polypropylen** enthalten 55—94 (Gew.-%) Paraffinwachs, 5—25 mikrokristallines Wachs oder Ceresin u. 1—10 Polypropylen (**I**), ggf. in Verbindung mit Mineralölen. Durch **I**, das je nach Polymerisationsverf. isotakt., atakt., fl. oder fest gewonnen werden kann, erhalten die *Überzüge für Papier, Karton u. dgl.* ausgezeichnete Geschmeidigkeit ohne Beeinträchtigung der anderen Eigenschaften. (**A. P. 3042640** vom 20/1. 1960, ausg. 3/7. 1962.) H. Kastner 7107

2498 Atlantic Refining Co., Philadelphia, übert. von: William S. Beggs, Havertown, Pa., V. St. A., **Wachshaltige Überzugsmasse für Flächengebilde,** z. B. Pappe, bestehend aus einer Mischung von 63—86 (Gew.-%) eines mikrokristallinen Wachses (F. 170—185° F.), 5—20 eines mikrokristallinen Wachses (F. 145—160°F.) sowie 10—17 eines durch Lsgm.-Extraktion gewonnenen KW-Stoffes einer Viskosität von 1850—2500 SSU bei 100°F u. 80—100 SSU bei 210°F. (**A. P. 3014002** vom 3/9. 1959, ausg. 19/12. 1961.) P. Krug 7107

2499 Guido Stella, Valdagno Vicenza, Italien, **Herstellung von Silikonüberzügen** hoher chem. Beständigkeit auf glasierten oder unglasierten keram. Oberflächen, Glas, Baumwolle, Papier, Holzmehl, Quarz oder Quarzpulver, Talkum, Gips, Kaolin, feuerfesten Materialien, dad. gek., daß man die mit Infrarotstrahlen aktivierten Stoffe in Ggw. von Polymerisationskatalysatoren (O_2, O_3, H_2O_2) u. unter UV-Bestrahlung mit dampfförmigen Verbb. der Formel R_nSiX_{4-n} oder $R_nSiH_mX_{4-(n+m)}$ behandelt, wobei R ein Alkyl- oder Arylrest, bes. CH_3, C_2H_5, C_6H_5, n = 0, 1, 2, 3 oder 4, m = 0, 1, 2 oder 3 u. X F, Cl, Br oder J ist. Die relative Feuchtigkeit der Luft soll 10—50% betragen. (**It. P. 557611** vom 23/1. 1956.) K. Koebke 7107

2500 Esso Research and Engineering Co., Del., übert. von: Donald F. Koenecke, Westfield, N. J., und Walter L. Van Nostrand jun., Staten Island, N. Y., V. St. A., **Gelierungsmittel enthaltende Überzugsmischungen.** Einem Polymerisat-Öl aus Diolefinen u. ggf. weiteren äthylen. ungesätt. Monomeren wird durch Einblasen von Luft oder durch Einpolymerisieren von ungesätt. Dicarbonsäureanhydriden Sauerstoff eingebaut. Mit organ. Lsgm. u. 1—10% Bentone 34 entstehen thixotrope Einbrennlacke für glatte u. störungsfreie Überzüge, bes. auf Metallen. — Beispiel: 80 Butadien-(1.3) u. 20 Styrol werden in 200 Varsol u. 40 Dioxan mit 1,5 Na u. 0,2 Isopropanol bei 50° bis zu einem Molgew. von 8000 polymerisiert. Dann wird 2¼Std. bei 115° bis zu einer Aufnahme von 10% mit Sauerstoff geblasen u. mit 2 Teilen Bentone 34 vermahlen. (**A. P. 3030233** vom 31/12. 1958, ausg. 17/4. 1962.) H. Kastner 7107

2501 American Viscose Corp., Philadelphia, übert. von: Walter T. Koch, Drexel Hill, Pa., V. St. A., **Überzugsmischung für Cellophan.** Ein Copolymerisat aus 81—87 (Gew.-%) Vinylidenchlorid u. 13—19 Alkylacrylat mit 6—18 C-Atomen in der Alkylkette wird durch den Geh. an letzterem in organ. Lsgm. löslich. Es wird bes. aus Toluol-Lsgg. aufgetragen u. verleiht den Filmen nach dem Trocknen herabgesetzte Wasserdampfdurchlässigkeit, die durch 1—5 Wachs noch weiter vermindert wird. (**A. P. 3034929** vom 23/10. 1957, ausg. 15/5. 1962.) H. Kastner 7107

2502 Pittsburgh Plate Glass Co., Pittsburgh (Erfinder: Arnold Ernest Saunders, Saxonburg, und William Eugene Wagner, Verona), Pa., V. St. A., **Überziehen von Glasplatten mit einem dünnen Film aus Co-Oxiden,** dad. gek., daß man die Platten auf eine Temp. erhitzt, die über dem Zers.-Punkt einer organ. Co-Verb. (**I**) u. unterhalb des F der **I** liegt, u. eine Lsg. der **I**, die neben **I** ggf. auch Fe- u. Sn-Verbb. enthalten kann, in einem organ. Lsgm. aufbringt. Als **I** werden carbonsaure Salze, bes. Co-Octanoat, verwendet. (**Aust. P. 236898** vom 14/12. 1959, ausg. 25/1. 1962. **Schwz. P. 367943** vom 23/12. 1959, ausg. 30/4. 1963. Beide A. Prior. 24/12. 1958 u. 12/11. 1959.) C. Lüttgen. 7107

2503 **Solvay & Cie.**, Brüssel (Erfinder: **Fernand Meuret**, Heusden, und **Victor Brouwers**, Malines), Belgien, *Herstellung von gefälltem Calciumcarbonat.* (**Schwz. P. 368146** vom 14/3. 1958, ausg. 15/5. 1963. Belg. Prior. 26/3. 1957. — **C. 1960,** 1341 [D. A. S. 1063587].)

2504 **Ciba Akt.-Ges.**, Basel (Erfinder: **Christoph Frey**, Basel, **Karl Ronco** und **Max Schmid**, Riehen), Schweiz, *Pigmentfarbstoffe.* (**Schwz. P. 366613** vom 27/1. 1958, ausg. 28/2. 1963. — **C. 1964,** 1-2523 [F. P. 1229748].)

2505 **Farbwerke Hoechst Akt.-Ges. vormals Meister Lucius & Brüning** (Erfinder: **Arthur Siebert** und **Kurt Renner**), Frankfurt/M., *Pigmentfarbstoffe.* (**Schwz. P. 369229** vom 21/8. 1958, ausg. 29/6. 1963. D. Prior. 23/8. 1957. — C. **1962,** 1042 [F. P. 1213538].)

2506 **Farbwerke Hoechst Akt.-Ges. vormals Meister Lucius & Brüning,** Frankfurt/M., *Chlorierung linearer Polyäthylene.* (**E. P. 922678** vom 26/9. 1960, ausg. 3/4. 1963. D. Prior. 26/9. 1959. — C. **1962,** 6980 [D. A. S. 1110794].)

2507 **General Tire & Rubber Co.,** Akron, Ohio, V. St. A., *Acrylatlatex für Überzüge.* (**E. P. 909896** vom 2/3. 1959, ausg. 7/11. 1962. A. Prior. 3/3. 1958. — C. **1962,** 19022 [F. P. 1220393].)

2508 **Rohm & Haas Co.,** Philadelphia, Pa., V. St. A., *Wäßrige Dispersionen von Mischlpoymerisaten.* (**E. P. 918734** vom 14/4. 1959, ausg. 20/2. 1963. A. Prior. 18/4. 1958. — C. **1963,** 4539 [A. P. 2994676].)

H_{11b}. Plaste (Kunstharze, Plastische Massen)

2509 **Jüngste Entwicklungen der petrochemischen Industrie.** Italo Pasquon. (Chim. e Ind. [Milano] **43,** 750 bis 759, 1961; Milano, Politecn., Ist. di Chim. ind.; ital.) — Übersicht über neue Prodd. u. Syntheseverff. im petrochem. Sektor. Bes. wird hingewiesen auf die Herst. von isotakt. Polypropylen, 1.4-cis-Polybutadien, Äthylen-Propylen-Copolymerisate, 1.4-cis-Polyisopren, Polyacetale, Polycarbonate u. die Epoxidharze.
R. Grundmann 7170◇

2510 **Einige theoretische und praktische Gesichtspunkte der Normalkraftwirkung in polymeren Flüssigkeiten und Schmelzen.** Anthony J. Scalora und Charles E. Plymale. (Wire and Wire Products **36,** 1000, 1005—09, 1068—69, 1961; Toledo, Ohio, Owen-Illinois Glass Co., Gen. Res. Dep.; engl.) — Die Weissenbergschen Gleichungen [1934] für die Normalkraft-Wrkg. (NKW) sind auf verd. Lsgg. u. Polymerenschmelzen anwendbar. Letztere zeigen eine starke NKW, die zur Strangpressung von Kunststoffen verwendet werden kann. Dabei beträgt die Verweilzeit < 9 Sek.; diese Zeit genügt zum Mischen u. Dispergieren, z. B. von Ruß u. Polyäthylen. Während der Strangpressung ist Vernetzung möglich. Die Strangpresse kann zum Entgasen oder Trocknen von Werkstoffen durch Überwachung des Kompressionsverhältnisses verwendet werden. W. Wesly 7170◇

2511 **Der Einfluß der grundlegenden Eigenschaften von Polymeren auf das Spritzgußverhalten.** R. B. Staub. (SPE Journal **17,** 345—49, 1961; Union Carbide Plastics Co.; engl.) — Überblick über die Beeinflussung des Spritzgießens durch die Erwärmungs-Geschw., die Fließ-Eigg. u. den Scherungsgrad der verwendeten Polymeren durch die Orientierung der Moll. sowie die Einheitlichkeit der Gußmassetemperatur. I. Köditz 7170

2512 **Plaste und Kautschuke in chemischen Anlagen.** T. A. Watson. (Manufact. Chemist **30,** 250—51, 1959; engl.) — Überblick über die Verw. von Hochpolymeren in der chem. Industrie sowie die Vor- u. Nachteile der einzelnen Stoffe. I. Köditz 7170

2513 **Plaste als akustisches Material.** David Watt. (Plastics **26,** 73—77, 1961; Shell Chem. Co., Ltd.; engl.) — Nach einem Überblick über die mit der Akustik verbundenen Probleme, wie Ausbreitung, Reflexion, Absorption u. Brechung von Schallwellen wird die Anwendung, die verschiedene Plaste bei der Schallbekämpfung finden können, diskutiert. I. Köditz 7170

2514 **Korrosionsbeständigkeit der Kunststoffe unter atmosphärischen Bedingungen.** Břetislav Doležel. (Korose Ochrana Mater. **3,** 59—62, 1959; SVÚOM; tschech.) — Zusammenstellung der Korrosionsbeständigkeit nachstehender Kunststoffe gegen atmosphär. Korrosion, deren wirksamste Faktoren Wärme, Feuchtigkeit, O_2, O_3 u. Sonnenlicht sind: Polyäthylen, Polystyrol, Polyvinylchlorid, Mischpolymerisat, Vinylchlorid–Vinylacetat, Polyvinylidenchlorid, Polymethylmethacrylat, Polyamide, Polyäthylenterephthalat, Polyester-Styrol-Harze, Cellulose u. Derivv., Chlorsulfon-Polyäthylen, Phenolformaldehyd - Harze, Harnstoff - Formaldehyd-Harze, Epoxid-Harze. Korrosionshemmende Mittel werden angegeben. E. L. Schmeling 7170◇

2515 **Fälle von Mottenbissen in Cellulosefolien und „mottensicheren" Kunststoff-Folien-Beuteln.** H. Reumuth und Th. Loske. (Melliand Textilber. **41,** 871—73, 1960; Mannheim, Fraunhofer-Inst. für angew. Mikroskopie, Photographie u. Kinematographie; dt.) — Ausführungen zum „Beißen" u. „Fressen" von Textilschädlingen (Insekten) werden gemacht. Der Mottenfraß an Kunststoff-Folien-Beuteln wird besprochen. Das von Motten, Dermestiden oder Termiten befallene Material ist nicht immer zur Verdauung dieser Tiere geeignet; das schließt nicht aus, daß sie sich beißend u. zerstörend über das Material hermachen können.
I. Beßer 7170◇

2516 **Fälle von Mottenbissen in Mottenschutz-Kunststoff-Folien-Beuteln.** 2. Mitt. Thea Loske. (Melliand Textilber. **43,** 1214—15, 1962; dt.) — 1. vgl. vorst. Referat. — An Hand von Verss. wird nachgewiesen, daß Mottenlarven auch Nichtkeratin-Material, wie Kunststoffasern u. Folien, Stroh, Kork, Papier, usw. gleichmäßig anbeißen. Eine Kunststoff-Folie bietet keinen abs. sicheren Schutz vor Mottenangriff. I. Beßer 7170◇

2517 **Polyolefine.** B. M. Grieveson und B. Wright. (Rep. Progr. appl. Chem. **46,** 270—86, 1961; Shell Chem. Co., Ltd.; engl.) — Fortschrittsbericht 1957—1961. — 167 Literaturangaben. W. Wesly 7172◇

2518 **Rheologische Eigenschaften der Schmelzen von Hochdruck- und Niederdruckpolyäthylen und Polypropylen.** Otakar Bartoš. (Chem. Průmysl **12(57),** 97—102, 1962; Gottwaldow, Výzkumný ústav gumarenske a plastikářské technol.; tschech.) — Vgl. C. **1963,** 6414. — Aus den Fließkurven von Hochdruck- u. Niederdruckpolyäthylen sowie von Polypropylen geht hervor, daß die von Bagley (C. **1958,** 6108) eingeführte k-Korrektion nur für bestimmte Größenverhältnisse zutrifft u. von der untersuchten Plaste abhängt. Bei einem großen Verhältnis von L zu r (Länge zum Radius der Capillare des Extrusiosionsplastometers) ist k nicht konstant. Auf Grund der erhaltenen experimentellen Werte wird vorgeschlagen, in dem Vorschlag ISO/TC 61/WG G 4 (Dokument Nr. 26/1960) für die Best. des Schmelzindex von Polyäthylen u. Polypropylen die rheolog. Eigg. der thermoplast. Schmelzen mit aufzunehmen.
I. Köditz 7172△

2519 **Fehlerquellen bei der Vorhersage der Leistungscharakteristica von Polyäthylen hoher Dichte.** V. L. Folt und R. J. Ettinger. (SPE Journal **17,** 350—57, 1961; B. F. Goodrich Comp., Res. Center; Goodrich-Gulf Chem., Inc.; engl.) — Abweichungen in der Herst.-Meth. von Polyäthylenen hoher Dichte führen häufig zu Endprodd. mit stark unterschiedlichen Eigg., die sich mit den üblichen Prüfmeth. nicht immer eindeutig nachweisen lassen. Um Polyäthylen so zu beschreiben, daß falsche Anwendungen ausgeschlossen sind, muß sein Fließverh. bei verschiedenen Scherungsgraden u. Temp., sein Zugverh. bei unterschiedlichen Spannungen u. seine Oxydationsbeständigkeit ermittelt werden. Einzelmessungen können zu schweren Fehlbeurteilungen führen.
I. Köditz 7172

2520 **Fettsäuremorpholide als Weichmacher für Vinylchloridharze.** 2. Mitt. **Die Morpholide selektiv hydrierter und epoxydierter Fettsäuren aus Baumwollsaatöl.** Frank C. Magne, Robert R. Mod und Evald L. Skau. (J. Amer. Oil Chemists' Soc. **38,** 291—93, 1961; New Orleans, La., Southern Regional Res. Labor.; engl.) — 1. vgl. C. **1960,** 9392. — Die, wie früher (l. c.) berichtet, dargestellten *Morpholide* (M) von hydrierten u. epoxydiertem Baumwollsaatöl sind als Weichmacher für Polyvinylchlorid (35% M; 63,5% Polyvinylchlorid/Polyvinylacetat, 0,5% Stearinsäure, 1% bas. Pb-Carbonat) gleichwertig (Zerreißfestigkeit, Längsstreckung) oder besser (100%-Modul; Flüchtigkeit, Tieftemp.-Eigg.) als die benutzte Kontrollsubstanz (Diäthylhexylphthalat) geeignet, da durch Hydrierung oder Epoxidbldg. M mischbar werden. Ähnliche Eigg. besitzen M als Weichmacher für Cellulosetriacetat u. Buna N.
N. Trzebowski 7172◇

2521 **Fettsäuremorpholide als Weichmacher für Vinylchloridharze.** 3. Mitt. **Die ternären Mischungszusammensetzungsdiagramme für das Öl-, Linol- und Stearinsäure- und Öl-, Linol- und Palmitinsäure-System.** Frank C. Magne, Robert R. Mod und Evald L. Skau. (J. Amer. Oil Chemists' Soc. **38,** 294—96, 1961; engl.) — 2. vgl. vorst. Referat. — Die tern. Mischungszus.-Diagramme für die Syst. *Oleolyl-*. *Linoleolyl-* u. *Stearyl-*

morpholid/Palmitinoylmorpholid werden mit dem Ziel aufgestellt, die Grenzen der Mischbarkeit mit Polyvinylchlorid u. damit die Verwendbarkeit als Weichmacher zu bestimmen. Die Morpholide der gesätt. Fettsäuren zeigen mit steigender Kettenlänge geringere Mischbarkeit, die durch Zusatz des Morpholids einer ungesätt. Fettsäure verbessert werden kann.
N. Trzebowski 7172◇

2522 **Einfluß der Struktur von epoxydierten Estern auf die physikalischen Eigenschaften ihrer durch Phthalsäureanhydrid gehärteten Harze.** L. L. Gelb, W. C. Ault, W. E. Palm, L. P. Witnauer und W. S. Port. (J. chem. Engng. Data **5**, 226—30, 1960; Philadelphia, Pa., U. S. Dep. of Agric. Eastern Reg., Res. Labor.; Nat. Renderers Assoc.; engl.) — Die Unterss. werden an folgenden Polyepoxiden durchgeführt: *Polyepoxid von Glykoldioleat, Glycerintrioleat, Pentaerythrittetraoleat, Dipentaerythrithexaoleat, Methyllinoleat, Glykoldilinoleat, Glycerintrilinoleat, Pentaerythrittetralinoelat* u. *Dipentaerythrithexalinoleat.* Die Härtung erfolgt durch 6—24std. Erhitzen äquivalenter Mengen *Polyepoxid* u. *Phthalsäureanhydrid* in Ggw. von 2,5% *Benzyldimethylamin* auf 135—150°. Andere eingesetzte Amine sind *Trimethyl-, Triäthyl-, Triamylamin* u. $(CH_3)_2NCH_2CH_2CN$. Der Erweichungspunkt (Ewp.) der Harze steigt in der Oleat-Reihe für jede Epoxygruppe um 17,5°, in der Linoleatreihe um 6,2° an. Je enger benachbart die Epoxygruppen liegen, um so höher liegt der Erweichungspunkt. Mit zunehmender Zahl der Acylgruppen im Polyepoxid steigt der Erweichungspunkt an, allerdings in der Oleatreihe steiler als in der Linoleatreihe, was auf Verunreinigungen zurückgeführt wird. Aus der Reihe fällt das Harz aus Methyllinoleat (Ester eines einwertigen Alkohols). Mit steigender Zahl der Epoxygruppen steigen Elastizitätsmodul u. Zugfestigkeit an; letztere fällt allerdings bei den höchsten Gliedern der Linoleatreihe, nicht aber der Oleatreihe, wieder ab.

Versuche: *Ölsäure*; n_D^{30} 1,4563. *Methylester*, $Kp._{1,8}$ 170—172°; n_D^{30} 1,4481. — *Linolsäure*, $Kp._{0,45}$ 171—175°; n_D^{30} 1,4658. *Methylester*, $Kp._{3,5}$ 178—180°; n_D^{30} 1,4588.
K. Gröbe 7176◇

2523 **Silicone.** R. L. Bass. (Rep. Progr. appl. Chem. **46**, 286—93, 1961; Midland, Silicones Ltd.; engl.) — Fortschrittsbericht. 1957—1961. — 58 Literaturangaben.
W. Wesly 7188◇

2524 **Kunststoffprüfung und Grundlagenforschung.** G. Salomon. (Schweiz. Arch. angew. Wiss. Techn. **25**, 40 bis 47, 1959; Delft, Central Labor. T. N. O.; dt.) — Übersicht über Struktur u. mechan. Spektra, Struktur u. elektromagnet. Spektra, das morpholog. Strukturbild, die Bruchfestigkeit, die Spannungskorrosion, die Lebensdauer u. Prüfung neuer Kunststoffe.
R. Grundmann 7210◇

2525 **Vergleichende Erprobung von Verfahren zur Prüfung der Pilz-Widerstandsfähigkeit von Werkstoffen.** Gerda Theden. (Materialprüfung **2**, 88—97, 1960; Berlin-Dahlem, Bundesanst. für Mat.-Prüfung (BAM); dt.) — Unterss. über die Brauchbarkeit von Verff. zur Prüfung der Pilz-Widerstandsfähigkeit von Werkstoffen, bes. Kunststoffen, führen zur Auswahl von 5 (näher beschriebenen) Prüf-Verff. von abgestufter „Schärfe".
W. Wesly 7210◇

2526 **Der Einfluß der Gußbedingungen auf die Schrumpfung von modifiziertem Polystyrol.** R. George Hochschild. (SPE Journal **17**, 358—63, 1961; Koppers Comp., Inc., Plastics Div.; engl.) — Die Möglichkeit, die Schrumpfung von 2 Styrol-Butadien-Pfropfmischpolymeren sowie den Einfl. der Spritzgußbedingungen (Zylindertemp., Formtemp., des Einspritzdruckes, der Zuführungsschicht u. der Zeit der Stempelvorwärtsbewegung) auf die Schrumpfung u. auf das spezif. Gewicht der Gußteile zu kontrollieren, wird untersucht. Änderungen der Gießbedingungen verändern zwar die Dimensionen der Gußteile, doch ist der Schrumpfgrad mit der Zeit konst. u. unabhängig von den Bedingungen. Die Zylindertemp., die Formtemp. u. der Einspritzdruck beeinflussen die Formbeständigkeit der Gußteile stärker als Änderungen der Zuführungsschicht sowie die Verlängerung der Injektions- u. Abkühlungsdauer. Das Gew. der Gußteile steigt mit steigender Zylindertemp., doch bleibt die Dichte unverändert.
I. Köditz 7210

2527 United Rubber and Chemical Co., Houston, übert. von: Pritchard P. Ells, Baytown, Tex., V. St. A., **Polymerisationskessel-Reinigung.** Die an den Kesselwandungen haftenden harten Polymerisatreste von der Emulsionspolymerisation von Butadien oder dessen Gemischen mit Monoolefinen werden mittels einer wss. Seifenlsg. entfernt. (**A. P. 3005734** vom 10/8. 1959, ausg. 24/10. 1961.)
W. Overbeck 7171

2528 National Lead Co., New York, N. Y., V. St. A., **Herstellung eines Katalysators für die Polymerisation von Olefinen.** Al u. $TiCl_4$ in zur Bldg. der 3wertigen Ti-Verb. stöchiometr. Mengen werden in einem inerten Lsgm., bes. Petroleumfraktionen, auf 80—220° erhitzt u. die beim Abkühlen entstehenden Kristalle abgetrennt. (**Ind. P. 69455** vom 24/10. 1959, ausg. 12/6. 1961.)
C. Lüttgen 7173

2529 National Lead Co., New York, N. Y., V. St. A., **Katalysatorsystem für α-Olefinpolymerisation** wird erhalten durch Erhitzen von Al u. $TiCl_4$ in einem organ. Lsgm. für $TiCl_4$ auf 80—220°, bes. 160—220°, im stöchiometr. Verhältnis. Hierbei können auch 2—3 (Mol) eines Grignard-Reagenz auf 1 Ti zugesetzt werden. Mengenbeispiele für Äthylen- u. Propylenpolymerisation, deren physikal. Eigg. in Tabellen aufgeführt sind. Die gelbe gefärbte wss. Lsg. des Katalysatorsyst. hat ein bestimmtes Röntgendiagramm, dessen Zahlenwerte angegeben sind. (**E. PP. 895417** u. **895418** vom 16/5. 1958, ausg. 2/5. 1962. A. Prior. 28/5. 1957.)
H. Schindler 7173

2530 Phillips Petroleum Co., Del., übert. von: William N. Axe und Albert N. De Vault, Bartlesville, Okla., V. St. A., **Fraktionieren von 1-Olefinpolymeren,** die aus einem öligen, niedrigmol. Teil mit Kp. $< 900°F$, einem etwas höhermol. mit Kp. $> 900°F$ u. einem noch höhermol. festen mit F. 240—300°F bestehen. Nach dem Beispiel wird ein in Ggw. eines Chromoxid–SiO_2–Al_2O_3-Katalysators in Isooctan bei 190°F u. 450 psi erhaltenes Polypropylen in einer Kolonne am Boden auf 220°F u. am Kopf auf 240°F in Ggw. von Isobuten erhitzt. Am Fuß der Kolonne wird die feste Fraktion abgezogen, deren F. bei 251°F u. deren Mol.-Gew. bei ca. 10000 liegt. Das Destillat enthält ca. 85% des Polymeren u. wird durch eine 2. Kolonne mit Kopftemp. 270°F u. Bodentemp. 270° geschickt, an deren Boden eine Fraktion mit Mol.-Gew. ca. 3800 abgezogen wird. Der über Kopf gehende Teil wird in einer 3. Kolonne separiert u. liefert den öligen Bestandteil mit Kp. 415 bis 896°F u. Mol.-Gew. ca. 450°. Letzterer dient als *Schmierölzusatz.* Die anderen Fraktionen geben *Klebstoffe* bzw. *Formstücke.* — Beschreibung u. Zeichnung der Apparatur. (**A. P. 2979493** vom 10/3. 1958, ausg. 11/4. 1961.)
H. Schindler 7173

2531 Polymer Corp. Ltd., übert. von: Robert F. Killey, Sarnia, Ontario, und Thomas E. Morimoto, Calgary, Alberta, Canada, **Herstellung von Mischpolymeren** aus Isobutylen u. einem C_{4-14}-Multiolefin, bes. Isopren, in einem inerten Lsgm., das das Rk.-Prod. nicht löst, bes. Methylchlorid, in Ggw. eines Friedel-Crafts-Katalysators, bes. $AlCl_3$, erfolgt bei $+40°$ bis $-164°$, z. B. $-98°$. In einem Zahlenbeispiel wird das Verf. an Hand einer Zeichnung näher beschrieben. Es wird kontinuierlich in mehreren Rk.-Türmen u. Dest.-Kolonnen unter Wiedergewinnung nicht verbrauchter Monomerer u. des Lsgm. gearbeitet. (**A. P. 2999083** vom 28/11. 1958, ausg. 5/9. 1961.)
H. Schindler 7173

2532 Hercules Powder Co., Wilmington, Del., übert. von: Bert H. Mahlman, West Chester, Pa., und Harold M. Spurein, Wilmington, Del., V. St. A., **Reinigen von Polyolefinen,** die mit Hilfe von Katalysatorkombinationen aus Ti-Halogenen u./oder Acetylacetonaten sowie den üblichen Organo-Al-Verbb. hergestellt wurden, durch Aufschlämmen in aliphat. C_{1-18}-Alkoholen, worauf die Dispersion mit einer wss. Lsg. eines Alkalihydroxids u. eines Alkalisalzes der Glucon-, Wein- oder Citronensäure behandelt wird. Bei den Beispielen für *Polyäthylen* u. *Polypropylen* werden n-

Butanol u. Na-Gluconat eingesetzt. Tabelle. Die Alkoholbehandlung wird bei 50—80° durchgeführt. Die Endprodd. haben einen Aschegeh. von < 0,1%. (**A. P. 3009907** vom 8/7. 1958, ausg. 21/11. 1961.)
H. Schindler 7173

2533 Phillips Petroleum Co., Del., übert. von: Paul F. Warner, Borger, Tex., V. St. A., **Entfernen von unlöslichem Gel aus einer Lösung linearer Polymerer,** bes. *Polybutadien,* im Anschluß an die Herst. durch Agglomerieren mittels elektrostat. Feldes, anschließende Filtration u. Wiedergewinnung des Lösungsmittels. Die elektrostat. Behandlung kann in 2 Stufen erfolgen, wobei jeweils 800—33000 V/Zoll Elektrodenabstand zur Anwendung kommen. Aus den tabellar. belegten Beispielen geht hervor, daß durch die Behandlung die Lsg. infolge Ausscheidens der sog. Fischaugen leicht filtrierbar u. prakt. frei von Katalysatorresten wird. In gleicher Weise kann auch *Polyäthylen* gereinigt werden. Ausführliche Beschreibung, Zeichnungen u. Kurven der verschied. Apparaturen. (**A. P. 2995503** vom 11/10. 1957, ausg. 8/8. 1961.) H. Schindler 7173

2534 Union Carbide Corp., übert. von: Donald B. Benedict, Chappaqua, N. Y., und David Q. White, South Charleston, W. Va., V. St. A., **Koagulier- und Sensibilisier-Verfahren.** Wss. Dispersionen von äthylen. ungesätt. Polymerisaten oder Copolymerisaten, z. B. Butadien-Styrol-Copolymerisaten oder Acrylsäurenitril-Vinylchlorid-Copolymerisaten (für die Faserherst.), werden mit zur Koagulation oder zur Wärmesensibilisierung ausreichenden Mengen von wasserlösl. Polyäthylenoxid vermischt, das eine red. Viskosität von $\geq$ 1,0 hat, gemessen in einer Lsg. von 0,2 g in 100 cm^3 Acetonitril bei 30°C. (**A. P. 3006872** vom 28/10. 1957, ausg. 31/10. 1961.) W. Overbeck 7173

2535 Spencer Chemical Co. (Erfinder: Robert W. Hill), Kansas City, Mo., V. St. A., **Herstellung von Polymeren hoher Kristallinität** aus 1-Olefinen mit mindestens 3 C-Atomen durch Polymerisation mit einer Katalysatorkombination aus 1. einer metallorgan. Verb. eines Metalls der 2. oder 3. Haupt- oder der 2. Nebengruppe des Period. Syst., 2. einem Metallhalogenid der 4., 5. oder 6. Nebengruppe u. 3. einem Polyamin, Polyäther mit mindestens einer acycl. Äthergruppe oder einem Aminoäther als Zusatzstoff, wobei man eine Menge von $\leq$ 0,75 (bes. 0,05—0,5) Mol Zusatzstoff pro Mol metallorgan. Verb. verwendet. Als metallorgan. Verb. benutzt man bes. Al-Trialkyl, als Metallhalogenid bes. $TiCl_3$ oder VCl_3. Als Zusatzstoffe kommen z. B. N.N.N'.N'-Tetramethylmethylendiamin, 1.2-Dimethoxyäthan oder N-Alkylmorpholin in Betracht. — 200 (ml) abs. Isooctan (I), 3 10%ig. Aufschlämmung von $TiCl_3$ in **I** ,10 25%ig. Lsg. von Triisopropyl-Al in **I** u. 10 ml 0,1 mol. Lsg. von 1.2-Dimethoxyäthan oder N.N.N'.N'-Tetramethylmethylendiamin in **I** werden im 340-ml-Druckgefäß mit Propylen bei 2,1 kg/cm^2 u. 75° mehrere Std. geschüttelt. (**Oe. P. 224901** vom 1/3. 1960, ausg. 27/12. 1962. A. Prior. 2/3. u. 23/3. 1959.) B. L. König 7173

2536 Universal Oil Products Co., Des Plaines, übert. von: Edward M. Geiser, Downers Grove, Ill., V. St. A., **Mischpolymerisate** erhält man aus Isobutylen u. einem Alkylendiamin (**I**) in einem N.N-Dialkylamid mit > 9-C-Atomen bei 0 bis —40° in Ggw. von H_2F_2 oder BF_3. Als **I** sind genannt: N.N.N'.N'-Tetra-bis-[(äthyl)-äthylendiamin] oder [(2-hydroxypropyl)-äthylendiamin], die in N.N-Dimethyl- oder -Diäthylformamid oder in N.N-Dimethylacetamid mischpolymerisiert werden. In den Beispielen dient ein BF_3-Ae.-Komplex als Katalysator. Klare, thermoplast. *Harze.* (**A. P. 3006906** vom 21/7. 1958, ausg. 31/10. 1961.)
H. Schindler 7173

2537 Pennsylvania Industrial Chemical Corp., Clairton, übert. von: Paul O. Powers, Pittsburgh, Pa., V. St. A., **Mischpolymerisate** aus 25—35 (Gew.-%) α-Methylstyrol u. 75—65 Vinyltoluol erhält man in einem für BF_3 geeigneten inerten Lsgm., z. B. Toluol, Xylol oder Petroleum-KW-Stoffe, bei ca. 35°. Das Endprod. ist von heller Farbe u. hat einen Erweichungspunkt von 100—130° (Ball u. Ring). Geeignet zur Herst. von *Kaugummi, Klebstoffen, xerograph. Papieren* u. hart trocknenden *Firnissen.* (**A. P. 3000868** vom 30/12. 1959, ausg. 19/9. 1961.) H. Schindler 7173

2538 Phillips Petroleum Co., Bartlesville, Okla., V. St. A., **Rückgewinnung von nichtumgesetzten konjugierten Dienen** aus Polymerisationsmischungen, die metallorgan. Verbb. oder Hydride von Metallen der I.—III. Gruppe enthalten. Man versetzt die Rk.-Mischung unmittelbar nach beendeter Polymerisation zur Inaktivierung des Katalysators mit einer Verb., die akt. H besitzt u. unter den Rückgewinnungsbedingungen nicht flüchtig ist, z. B. Carbonsäuren mit mehr als 6-C-Atomen, bes. Harzsäure, Aminen, Mercaptanen, Alkoholen, Chinonen oder Pyridinverbb., u. dampft das Monomere in üblicher Weise ab. Das Inaktivierungsmittel kann zur Modifizierung der physikal. Eigg. im Polymerisat verbleiben. (**E. P. 910552** vom 28/6. 1961, ausg. 14/11. 1962. A. Prior. 25/7. 1960.)
L. Stadelmann 7173

2539 American Cyanamid Co., New York, N. Y., V. St. A., **Lineare Polymerisate von nichtkonjugierten Diacetylenen oder Mischpolymerisate mit Monoacetylenen** erhält man durch Polymerisation der Monomeren in Ggw. eines Nickelcarbonylphosphin-Katalysators unter Rückflußerhitzen in einem organ. Lsgm., bes. Cyclohexan. — Polymerisiert wurden z. B. *1.5-Hexadiin* u. *1.6-Heptadiin* mit *Pentin-(1).* — *Trocknende Öle, filmbildende Thermoplasten* u. *hitzehärtbare Harze.* (**E. P. 901326** vom 1/4. 1960, ausg. 18/7. 1962. A. Prior. 1/4. 1959.) L. Stadelmann 7173

2540 Monsanto Chemical Co., St. Louis, Mo., übert. von: Harry M. Andersen und William R. Richard jun., Dayton, Ohio, V. St. A., **Modifizieren von Ziegler-Katalysatoren.** Zunächst werden eine Al-Verb. der allg. Formel R_2AlX, worin R = (Cyclo-)Alkyl oder Aryl u. X = H, Halogen, (Cyclo-)Alkyl oder Aryl ist, mit einem Ti- oder Zr-Chlorid, -Bromid oder -Jodid in einem inertem KW-Stoff zur Rk. gebracht u. dann ein Alkylmercaptan mit $\leq$ 20 C-Atomen, z. B. tert. Butyl- u. n-Butylmercaptan, zugefügt. — Bei Al-Triisobutyl u. $TiCl_4$ in einem Petroleum-KW-Stoff wird nach Erwärmen auf 70° tert. Butylmercaptan zugefügt u. bei normalem Druck *Äthylen* polymerisiert. Die physikal. Eigg. der Endprodd. sind gegenüber Polyolefinen, die mit bisher üblichen Ziegler-Katalysatoren u. -Verff. gewonnen wurden, bes. in bezug auf D u. Kristallinität verbessert. — Kurven. (**A. P. 2996459** vom 3/2. 1958, ausg. 15/8. 1961.)
H. Schindler 7173

2541 Phillips Petroleum Co., Del., übert. von: Robert L. Banks, Bartlesville, Okla., V. St. A., **Katalysatorgemisch für Äthylenpolymerisation,** bestehend aus auf SiO_2–Al_2O_3-Träger aufgezogenem $(VO)SO_4$, das durch Erhitzen auf 700—1500°F während $\geq$ 30 Min. in O_2-haltigen Gasen aktiviert wurde. Mengenbeispiele. *Feste Polyäthylene.* (**A. P. 2986557** vom 28/3. 1958, ausg. 30/5. 1961.) H. Schindler 7173

2542 Imperial Chemical Industries Ltd., London, England, **Polymerisation von Äthylen,** ggf. in Ggw. von monomeren Vinylverbb., gek. durch die Verw. von frisch hergestelltem Ti- (**I**) u. Al-Halogenid. Das **I** wird erhalten durch Rösten von $TiCl_3$ auf 700°, wobei nach 16 Std. ein Prod. der empir. Formel $TiCl_{1,82}$ erhalten wird. Es wird mit $AlBr_3$, das in PAe. gelöst ist, in der Kugelmühle vermahlen. (**Ind P. 66609** vom 3/2. 1959, ausg. 25/3. 1961.) C. Lüttgen 7173

2543 Phillips Petroleum Co., Del., übert. von: Norman F. McLeod, Bartlesville, Okla., V. St. A., **Kontinuierliche Gewinnung von Polyäthylen** mit D $\geq$ 0,94 aus seiner 250—400°F warmen Lsg. in Cyclohexan, die unter einem Druck von 150—500 psi steht, durch Versprühen in einer Zone 5—30 psi bei 160—200°F unter Einleiten eines inerten Gases, z. B. N_2, u. nach Abtrennen eines festen Teilprod. abermaliges Versprühen in einer 2. Zone bei 100—150°F u. Normaldruck. Beispiel. Tabelle. Beschreibung u. Zeichnung einer Anlage. (**A. P. 2982763** vom 10/6. 1957, ausg. 2/5. 1961.)
H. Schindler 7173

2544 Snia Viscosa Soc. Nazionale Industria Applicazioni Viscosa S.p.A., Mailand, Italien, **Telomerisieren von Olefinen, besonders Äthylen,** in einer von außen geheizten Rk.-Kammer, dad. gek., daß das Telogen (I) in Form eines fl., an den von außen geheizten Wänden der Rk.-Kammer herabfließenden Films eingeführt wird, wobei der Katalysator in dem I gelöst oder suspendiert ist, u. ggf. auch das I in einem Lsgm. für das Telomere gelöst ist. Nicht in Rk. getretenes I wird aus der Rk.-Kammer abgezogen u. im Kreislauf zurückgeführt. — Zeichnung. (**Ind. P. 68403** vom 15/7. 1959, ausg. 5/10. 1961.) C. Lüttgen 7173

2545 Union Carbide Corp., New York, N. Y., V. St. A., **Herstellung von festem Polyäthylen** durch Polymerisation von Äthylen in Ggw. einer inerten Fl. u. eines Katalysators (I), dad. gek., daß als I ein Gemisch verwendet wird, das aus Al-Trihalogenid, einer organ. Al-Dihalogenid-Verb. u. einer V-Verb., die zu einer zweiwertigen V-Verb. red. werden kann, z. B. $AlCl_3$, CH_3AlCl_2 u. VCl_4, besteht. (**Ind. P. 68050** vom 16/6. 1959, ausg. 26/7. 1961. Can. Prior. 23/3. 1959.) C. Lüttgen 7173

2546 Monsanto Chemical Co., St. Louis, Mo., übert. von: James V. Cavender jun., Texas City, Tex., V. St. A., **Wiedergewinnung des Lösungsmittels bei der Äthylenpolymerisation.** Die Polymerisation erfolgt in Ggw. von Al-Triisobutyl u. $TiCl_4$ in Petroleum-KW-Stoffen als Lsgm., das nach Entfernen des Katalysators u. des Polymeren durch z. B. Isobutanol zunächst mit 70—100%ig. H_2SO_4 gewaschen u. dann davon abgetrennt wird. Anschließend wird mit verd. NaOH-Lsg. gewaschen u. die beiden Schichten separiert. Schließlich wird im Vakuum das Lsgm. zu neuem Gebrauch fraktioniert destilliert. — Beispiele. (**A. P. 2979495** vom 14/5. 1956, ausg. 11/4. 1961.) H. Schindler 7173

2547 Karl Ziegler, Mülheim/Ruhr, **Katalytische Polymerisation von Äthylen.** Man lagert zuerst Äthylen an Al-Trialkyl der allg. Formel I in Abwesenheit eines Aktivierungsmittels an u. behandelt dann die entstandene Verb. der allg. Formel II (R, R′ u. R″ = Alkyl; x + y +

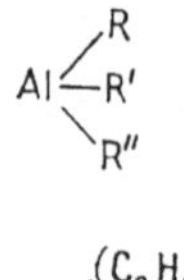

I

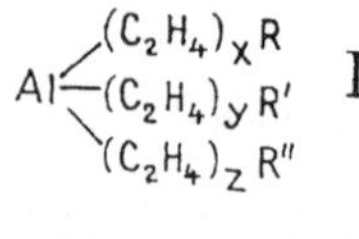

II

z = Durchschnittszahl der an I addierten Mol Äthylen) mit höhermol. Olefinen bis zu 10 C-Atomen, wie Propylen, Butene, Pentene, Hexene, in Ggw. eines Aktivierungsmittels, wie Ni, Co, Pt u. granuliertem Al. (**E. P. 777152** vom 31/12. 1954, ausg. 19/6. 1957. D. Prior. 7/1. 1954. **Zusatz zu E. P. 773536; C. 1963, 13010.**) G. Krauß 7173

2548 Imperial Chemical Industries Ltd., London, England (Erfinder: Hugh Leithead Roberts), **Herstellung von Tetrafluoräthylentelomeren.** Ein Gemisch von C_2F_4 u. SF_5Cl wird ohne UV-Bestrahlung, ggf. bei Überdruck, zweckmäßig auf 200—300° erhitzt, wobei man niedermol. Prodd. der Formel $SF_5(C_2F_4)_nCl$ erhält, in denen n < 12 ist. — Ein Gemisch von 1 (Mol) SF_5Cl u. 2,4 C_2F_4 wird mittels Durchleiten durch konz. H_2SO_4 getrocknet u. dann durch ein mit Ni-Kontaktringen versehenes Ni-Rohr, das auf 260° erhitzt ist, mit einer Geschwindigkeit von 6 Liter pro Min. geleitet. in einer gekühlten Falle erhält man aus 23 g des Rk.-Gemisches 15 g fl. Prodd. in der Falle neben 2,3 g eines festen Wachses in dem Ni-Rohr. Das Wachs zeigt die Infrarotbanden von Polytetrafluoräthylen u. von S/F-Bindungen u. hat ein vermutliches Molgew. von ca. 1200. Die fl. Prodd. mit vermutlichem Molgew. von 300 bis 500 weisen einen Kp. von 40—150° auf. — Wärmeübertragungs- u. Schmiermittel. (**E. P. 898309** vom 7/10. 1959, ausg. 6/6. 1962.) J. Mühleisen 7173

2549 E. I. du Pont de Nemours & Co., Wilmington, Del., V. St. A., **Tetrafluoräthylentelomere** in Form wachsartiger Dispersionen erhält man durch Polymerisation von C_2F_4 in Ggw. von 2,5—3 (Mol) Trichlortrifluoräthan u. 0,01—0,1 eines Telogens(I) mit organ. Peroxiden bei 75—200° in einem geschlossenen Syst. bei autogenem Druck oder in kontinuierlichem Verf. bei Drucken von 300—700 psig. Die Prodd. haben Molgew. von 1300 bis 20000. I kann sein: ein KW-Stoff mit tert. C-Atom, wie Isobutan u. Methylcyclopropan, Tetrahydrofuran, Ae., Dioxan, ein Amin, wie Trimethyl- u. Triäthylamin, Dimethylformamid, ein Alkohol, wie CH_3OH, C_2H_5OH, Isopropanol, sek. Butylalkohol u. Cyclohexanol, sowie eine 2wertige S-Verb., wie Äthylmercaptan u. Dimethyldisulfid. — 1,06 (Mol) 1.1.2-Trichlor-1.2.2-trifluoräthan (II) 0,015 Methylcyclohexan u. 0,8 Teile Di-tert. butylperoxid werden in einem Druckgefäß bei Trockeneis-Temp. mit 0,4 Mol C_2F_4 versetzt, worauf 8 Std. auf 130° erhitzt wird, wobei der Druck von 400 auf 200 psig. abfällt. Man erhält eine dicke Dispersion, die 22,5 Gew.-% Fluorwachs in II enthält, das einem F. 270—284° aufweist. — Polituren, Formtrenn- u. Schmiermittel. (**E. P. 887750** vom 1/12. 1959, ausg. 24/1. 1962. A. Prior. 1/12. 1958.) J. Mühleisen 7173

2550 Coalite and Chemical Products Ltd. (Erfinder: Herbert Frederick Bondy), Chesterfield, England, **Ungiftige plastische Massen,** z. B. aus Polyvinylchlorid, durch Zusatz von Trikresyl- u./oder Trixylenylphosphaten, die von einer oder mehreren o-Alkylphenylgruppen enthaltenden Phosphorsäureestern frei sind. So fraktioniert man industrielle m-Kresolfraktion im 50-Platten-Dest.-Turm zur Entfernung von o-Kresol u. den Rückstand mit Wasserdampf, wobei o-Äthylphenol flüchtiger ist als m- u. p-Kresol u. Xylenol. Das Prod. aus der Dampfdest. besteht aus 48(%) m-Kresol, 35 p-Kresol u. 17 einer 2.4- u. 2.5-Dimethylphenolmischung. 340 (Teile) dieser m-Kresol u. p-Kresol-Fraktion läßt man mit 153 $POCl_3$ reagiert u. erhält einen ungiftigen Phosphorsäureester. — Vgl. Aust. P. 231944; C. **1963,** 12600. (**Jap. A. S. 7385/1961** vom 30/6. 1958, ausg. 12/6. 1961. E. Prior. 17/7. 1957.) M. Pankow 7173

2551 Kanegafuchi Spinning Co. Ltd., Tokio, Japan, **Modifiziertes feinverteiltes Polyvinylacetat** erhält man durch Suspensions- oder Lsg.-Polymerisation von Vinylacetat unter Einpolymerisieren von 3—50 (20 bis 50) Mol.% einer oder mehrerer monoolefin. Carbonsäuren, z. B. Crotonsäure (u. Methacrylsäure), Maleinsäure oder Acrylsäure, u. Sprühtrocknung der Emulsion bzw. Suspension. Das erhaltene pulverförmige Prod. ist in wss. Alkalilsg. lösl. oder in W. emulgierbar oder dispergierbar. Mengenbeispiele. — *Anstrichmittel, Klebstoffe, Textil-, Leder-* u. *Papierhilfsmittel.* (**E. P. 889103** vom 22/9. 1960, ausg. 7/2. 1962. Jap. Prior. 23/9. u. 28/12. 1959 u. 30/6. 1960.) H. Schindler 7173

2552 Monsanto Chemical Co., St. Louis, Mo., V. St. A., **Herstellung von Pfropfpolymerisaten.** Man polymerisiert a) 5—60 (Teile) Alkylacrylat oder Methacrylat oder b) 10—200 einer Mischung eines solchen Acrylats mit einem monovinylaromat. KW-Stoff in wss. Dispersion in Ggw. von 100 eines kautschukartigen Polymerisats, das mindestens 50% eines aliphat. konjugierten Dien-KW-Stoffs enthält. Mischungen der erhaltenen Pfropfpolymerisate mit harten Polymeren, z. B. Polystyrol, haben verbesserte physikal. Eigg. u. werden zur Herst. von *Formartikeln* verwendet. (**E. P. 910702** vom 2/1. 1959, ausg. 14/11. 1962. A. Prior. 2/1. u. 19/12. 1958.) L. Stadelmann 7173

2553 Shell Oil Co., Del., V. St. A., übert. von: Alec Norman Roper, Eccles, Manchester, Ernest Seijo, Sale, und Wolfgang Gersen Barb, Subiton, England, **Hitze- und feuerbeständige Formkörper** aus einem Gemisch von 10—40 (Gew.-Teilen) kautschukartigem Copolymerisat aus einem konjugierten Diolefin u. Acrylsäurenitril u. 60—90 tern. Copolymerisat aus a) 50 bis 60 Styrol, α-Methylstyrol, Vinyltoluol oder 3.4-Dimethylstyrol, b) 15—25 eines α,β-äthylen. ungesätt. Nitrils der Formel R–C(R)=C(R)–CN (R = H oder Alkyl mit 1—4 C-Atomen) u. c) 25—35 Cl-substituierten monoäthylen.

ungesätt. nichtaromat. KW-Stoff mit ≦ 8 C-Atomen u. ≧ 15% Cl-Gehalt. — Verw. für elektrotechn. Ausrüstungen, Haushaltsartikel u. Spielwaren. (Vgl. auch E. P. 804956; C. **1962,** 11033). (**A. P. 2991270** vom 12/4. 1957, ausg. 4/7. 1961. E. Prior. 16/4. 1956.)
W. Overbeck 7173

2554 Imperial Chemical Industries Ltd., London, England (Erfinder: Edward George Gazzard und Dorothy Joyce Guest), **Mit Weichmachern versehene wäßrige Dispersionen** enthalten Homopolymerisate oder Mischpolymerisate von Acrylsäure- oder Methacrylsäureester u. einen Weichmacher aus einem Oxypropylenpolymerisat, das bei der Polymerisation des Acrylsäure- oder Methacrylsäureesters zugesetzt werden kann. Die mit diesen Dispersionen hergestellten Filme sind klar u. flexibel. (**E. P. 910799** vom 14/6. 1960, ausg. 21/11. 1962.)
F. Markhoff 7173

2555 Rohm & Haas Co., Philadelphia, Pa. (Erfinder: Thomas G. Fott jun., William Edward Goode und James Daniel Stroupe), **Herstellung von kristallinen niederen Alkyl- oder Cycloalkylestern der Polyacryl- oder Polymethacrylsäure.** (Nachtrag zu E. P. 884733; C. **1963,** 8771). Man krist. die durch Freiradikalpolymerisation erhaltenen Polymeren aus Heptanol-(4), Octanol-(2) oder -(3) oder Amylacetat um (Jap. A. S. 11643/1961), durch Polymerisation mit $(C_2H_5)_3Al$ erhaltene Polymere aus Aceton, Methyläthylketon, n-Butyronitril, Äthoxyäthanol, Äthylacetat, Methyl-n-propylketon, Toluol, Isopropylacetat, Äthylbenzol, Methylisobutylketon, Butoxyäthanol, n-Butyl-, Isobutylacetat, Methylcyclohexanon, Äthoxyäthoxyäthanol, Heptanon-(2), -(3) oder -(4), Amylacetat, Octanon-(2) oder -(3) (Jap. A. S. 11644/1961) u. die mit anion. Polymerisationsverff. erhaltenen Polymeren aus organ. Lsgm. mit kleinstem Mol-Vol., bezogen auf den Löslichkeitsparameter δ des Polymeren in Höhe von 8—10. In allen Fällen entfernt man das Lsgm. unterhalb des F. des Polymerisat-Lsgm.-Systems. (**Jap. A. SS. 11643/1961, 11644/1961** u. **11645/1961** vom 11/4. 1958, ausg. 26/7.1961. **F. P. 1205399** vom 10/4. 1958, ausg. 2/2. 1960. Alle A. Prior. 11/4. 1957.)
M. Pankow 7173

2556 Esso Research and Engineering Co., Del., übert. von: Anthony H. Gleason, Westfield, N. J., V. St. A., **Mischpolymerisate** erhält man aus *konjugierten Diolefinen* (I) mit 4—6 C-Atomen u. *α-Methyl-* oder *α-Äthylstyrol* in Ggw. eines Alkalimetallkatalysators u. Tetrahydrofuran oder Tetrahydropyran bei 25—30°. Anschließend kann das Endprod. noch mit O_2-haltigen Gasen verblasen oder mit Maleinsäure-, Chlormaleinsäure- oder Citraconsäureanhydrid auf 150—250° erhitzt werden. In den Mengenbeispielen ist Butadien-(1.3) als **1** genannt. Schutzüberzüge für Luft- oder Ofentrocknung. (**A. P. 2993057** vom 19/3. 1957, ausg. 18/7. 1961.)
H. Schindler 7173

2557 Catalin Ltd., Waltham Abbey (Erfinder: John Edward Seager Whitney, Epping, und William Sidney Phillips, Chigwell), Essex, England, **Herstellung von Kondensationsprodukten des Novolak-Typs** durch Kondens. eines ein- oder zweiwertigen Phenols, in dem wenigstens 2 der o- oder p-Stellungen zur Phenolgruppe unsubstituiert sind, oder einer Mischung dieser Phenole mit einem Aldehyd der Formel **I**, in der X, für

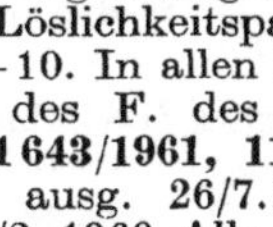

I

O oder S u. Y für H oder einen Alkyl- oder Alkylolrest mit bis zu 4 C-Atomen stehen, dad. gek., daß nicht mehr als 1 Mol Aldehyd je Mol Phenol unter prakt. wasserfreien Bedingungen in Ggw. eines Salzes eines elektropositiven Metalls im zweiwertigen Zustand mit einer Säure, die eine Dissoziationskonstante k von $1,7 \cdot 10^{-2}$ bis $1,0 \cdot 10^{-6}$, bes. $2 \cdot 10^{-3}$ bis $1 \cdot 10^{-6}$ bei 25° aufweist, erhitzt wird. — Als Metall verwendet man z. B. Co, Pb, Mg, Zn oder Cd u. vom Salz 1—5 Gew.-%, ber. auf Phenol. — Zum Beispiel besteht ein Ansatz aus 940 (Gew.-Teilen) Phenol, 672 Furfurol (**I**) u. 20 ZnO_2, welches **I** langsam in situ zu Brenzschleimsäure oxydiert u. damit das Zn-Salz bildet. Die so erhaltenen Novolake sind mit Aldehyden, Mehrfachamiden, starken organ. Basen, mit Säuren oder sauren Salzen u. auch mit anorgan. Peroxyden oder Persalzen härtbar. (**D. A. S. 1147383** Kl. 39c vom 12/2. 1960, ausg. 18/4. 1963. E. Prior. 14/2. 1959.)
K. Sarre 7177

2558 Dow Chemical Co., Midland, Mich. (Erfinder: Wilbur L. Bressler und Arthur Emilio Gurgiolo, Lake Jackson, Tex.), V. St. A., **Polymerisieren von Olefinoxiden.** (Nachtrag zu A. P. 2917470; C. **1961,** 9223). Man arbeitet mit Sulfaten 2wertiger Metalle der Atomzahl 12 bis 56 als Katalysator. (**Jap. A. S. 13091/1961** vom 1/7. 1959, ausg. 10/8. 1961.)
M. Pankow 7177

2559 United Kingdom Atomic Energy Authority, London, England, (Erfinder: Maurice Stacey, Sidney Alan Barker, Richard Bernard Ward, Peter Malcolm Grant und Jan Richard Lane Lloyd), Polymere Ester entstehen aus wss. Lsgg. von organ. Hydroxysäuren oder Aminocarbonsäuren (Milch-, Gluconsäure, Milchsäurealdehyd als Beispiel) durch Einw. von γ-Strahlen. (**E. P. 901037** vom 7/1. 1959, ausg. 11/7. 1962.)
F. Koch 7177

2560 Institut Français du Pétrole, des Carburants et Lubrifiants (Erfinder: Moise Lerer), Paris, Frankreich, **Oberflächenaktive, oxydationsbeständige und als Schmieröle geeignete Ricinusölfettsäurepolyäthylenglykolester** der allg. Formel $R–COO–(CH_2CH_2O)_n–CO–R$ ($R = CH_3(CH_2)_5CH(OH)CH_2CH{=}CH(CH_2)_7COO \cdot CH([CH_2]_5CH_3)CH_2CH{=}CH(CH_2)_7–$; $n = 2-140$) erhält man durch Umesterung von Ricinusöl mit einem Polyäthylenglykol der allg. Formel $HO(CH_2CH_2–O–)_nH$ im Mol.-Verhältnis von $^2/_3$:1 bei ca. 150—250, bes. 180 bis 230° unter vermindertem Druck in Ggw. eines alkal. wirkenden Katalysators (Na, K, Li, deren Oxide, Hydroxide, Alkoholate oder Salze organ. Säuren), bis mindestens 60% der in der angewendeten Menge Ricinusöl enthaltenen Glycerinmenge unmittelbar unter vermindertem Druck, bes. 1—20 mm Hg, oder in Ggw. eines Schleppmittels (Bzl., PAe.) als azeotropes Gemisch abdest. oder durch einen schwachen Strom eines inerten Gases, bes. N_2, in üblicher Weise entfernt worden sind. Das Rk.-Gemisch wird mit W. gewaschen u. dann z. B. nach dem Lösen in Methyl-, Butylalkohol, A., Aceton, Ae., Bzl. mit Entfärbungserden oder Kieselsäuregel oder mit Kationenaustauschern u. anschließend Anionenaustauschern oder deren Mischungen („Duolite C 20", „Duolite A 7") gereinigt. In den Beispielen erfolgt die Umesterung mit Polyäthylenglykol mit Molgew. 400; *Ester*, $D._4^{20}$ 0,9666; Ep. —24°; VZ. 162; Viscosität bei 37,8° 277 cSt. — Schmiervermögen vgl. Tabellen u. 4 Diagramme. Die Ester sind *Emulgiermittel* für *Mineralöle*, *Ricinus-*, *Rüb-*, *Palmöl*, *Ochsenklauen-*, *Pferdehufeöl*, *Fettsäuren*, *Öl-* u. *Ricinolsäure*, *Fettalkohole*, *Oleylalkohol* u. *KW-Stoffe*; die wss. Emulsionen dienen als Schmiermittel. — Vgl. E. P. 820571; C. **1961,** 5629. (**D. A. S. 1132123** Kl. 12o vom 7/6. 1956, ausg. 28/6. 1962. F. Prior. 7/6. 1955.)
G. Krauß 7177

2561 Imperial Chemical Industries Ltd., London, England (Erfinder: Eduard Jan Bakker und Walter Robert Throsell), **Herstellung von Polyestern,** z. B. Polyäthylenterephthalat. Die Komponenten werden in einem Kessel geschmolzen, der das Abziehen flüchtiger Rk.-Prodd., ggf. auch kontinuierlich, gestattet. In dem Kessel befinden sich zwei flache Scheiben, deren eine sich mit gleichmäßiger Geschwindigkeit dreht u. ihr Drehmoment durch die Rk.-Masse hindurch auf die andere überträgt. Das übertragene Drehmoment ergibt ein Maß für die Viscosität des Rk.-Prod. u. gestattet, so den Rk.-Ablauf zu verfolgen. — Vorrichtung. (**E. P. 896218** vom 9/2. 1960, ausg. 9/5. 1962.)
F. Koch 7177

2562 Sinclair Refining Co., New York, N. Y., V. St. A., **Polyesterherstellung.** Als Umesterungskatalysator dient ein Titansäure-Tetraester. (**E. P. 886750** vom 24/2. 1958, ausg. 10/1. 1962. A. Prior. 25/2. 1957.)
F. Koch 7177

2563 Standard Oil Co., Chicago, Ill., übert. von: James R. Stephens, Gary, und Richard E. Van Strien, Griffith, Ind., V. St. A., **Polyester** aus einem 1.2-Epoxid u. Trimelithsäureanhydrid im mol. Verh. mit einer SZ von 0—15 u. einer OH-Zahl von 150—250 werden bei 15—50° hergestellt, u. mit einer ungesätt. Fettsäure (10—30 C-Atome) bei 150°—275° bis zu einer SZ von 20—50 kondensiert. (**A. P. 3012079** vom 22/4. 1959, ausg. 12/12. 1961.) F. Koch 7177

2564 VEB Filmfabrik Agfa Wolfen, Wolfen, **Herstellung von Polycarbonaten** durch Rk. von Dihydroxydiphenyl-Verbb., wie Alkanen u. Sulfonen, z. B. 2.2-(4.4'-Dihydroxydiphenyl)-propan mit $CoCl_2$ in Ggw. von CH_2Cl_2, dad. gek., das als Katalysator eine Mono- oder Dicarbonsäure oder deren Salze, bes. Na-Acetat, verwendet wird. (**Ind. P. 68778** vom 18/8. 1959, ausg. 7/10. 1961.) C. Lüttgen 7177

2565 American Cyanamid Co., New York, N. Y., V. St. A., **Aminoplastformmassen** erhält man durch Imprägnieren von Füllstoffen (α-Cellulose, Celluloseregenerat, Baumwolle, Leinen, Glasfasern, Wolle, Nylon, Seide oder Polyacrylnitril) mit sirupösen Aminoplastharzen [allg. NH_2-gruppenhaltige Verbb. (in großer Aufzählung) u. Aldehyde, wie Form-, Acet-, Propion-, Butyr-, Benzaldehyd, Acrolein oder Furfurol oder Gemische], Trocknen, Verdichten u. Homogenisieren, Abmischen mit Zuschlägen, wie Holzmehl oder Walnußmehl, Erhöhen des Schüttgew. durch abwechselndes Vakuum u. Verdichten ohne Wärmezufuhr u. anschließendes Durchlaufenlassen durch unbeheizte Druckwalzen zwecks weiterer Verdichtung u. Granulieren (in Ggw. von sauren Katalysatoren). Beispiel. (**E. P. 903028** vom 16/5. 1960, ausg. 9/8. 1962. A. Prior. 25/5. 1959.) E. Dörfel 7181

2566 British Nylon Spinners Ltd., Pontypool, England (Erfinder: John Anthony Carter, James Anthony Briggs und James Anthony Saunders), **Pigmentierte Polyamide** erhält man, wenn man wss. Lsgg. von Polymethylendiammoniumsalzen von aliphat. α,ω-Dicarbonsäuren (die Salze weisen 8—24 C-Atome auf) durch ein Druckrohr unter einem Druck, der Dampfentw. verhindert, solange pumpt, bis ein Vorpolymeres entstanden ist, das zusammen mit dem noch verbleibenden Satz einen Polymerisationsgrad von 1,15—1,37 hat. Danach wird eine gekühlte Zone des Druckrohres geführt, durch ein Ventil die Vorpolymerisatlsg. entfernt, wobei durch plötzliche Druckentspannung Abkühlung u. Wasser-Verdampfung eintritt. Durch Erwärmen wird weiteres W. entfernt, bis zu einer Redwood-Viskosität von wenigstens 90 Sek./20°. Danach wird mit Pigment (Ruß, Fe_2O_3, $BaSO_4$, $PbCO_3$) vermischt u. gemahlen. (**E. P. 904786** vom 29/3. 1960, ausg. 29/8. 1962.) E. Dörfel 7181

2567 Yardney International Corp., übert. von: Meyer Mendelsohn, New York, N. Y., V. St. A., **Verkleben von Polyamiden** hohen Mol-Gew. durch Behandeln der Oberflächen mit fl. Hexamethylendiamoniumadipat-Polymeren oder solchen des Sebacates oder ε-Aminocapronsäure zum Anlösen der Polyamide u. anschließendes Behandeln mit Fl., die als Lsg. für die fl. Polyamidem dienen u. Vernetzen mit Di- oder Triisocyanaten. — Zeichnungen. (**A. P. 2993826** vom 8/3. 1956, ausg. 27/7. 1961.) E. Dörfel 7181

2568 Imperial Chemical Industries Ltd., London, England (Erfinder: James Harry Wild), **Polyurethanreaktionen** zwischen Polyhydroxylverbb. (Polyester(amide), Polyäther) u. Polyisocyanaten werden durch Metallkomplexe (Cu-, Ni-, Zn-, Co-, Mn-, Fe-, Zr-, Cr-, V-Komplexe von Diketonen, β-Ketoestern oder o-Hydroxyarylaldehyden, die noch mit Monoisocyanaten umgesetzt sein können, hergestellt in Lsgm., wie aliphat., aromat-KW-Stoffen, Äthern, Estern, Halogen-KW-Stoffen), katalysiert (in Mengen von 0,005—2% vom Polyisocyanat). (**E. P. 886186** vom 16/1. 1959, ausg. 3/1. 1962.) E. Dörfel 7181

2569 Dunlop Rubber Co. Ltd., London, England (Erfinder: Wilfrid Henry Hogg und Peter Ford), **Vernetzte Polyurethane** erhält man aus lagerfähigen, linearen Polyätherurethanen von Polyiso(thio)cyanaten u. Poly(thio)äthern (in Abwsesenheit von Feuchtigkeit zu lagern), die mit einem Netzmittel u. W. bei 0° emulgiert werden. Dazu können Füllstoffe, Fasern u. Pigmente gemischt werden. Die Dispersionen können auch durch $(NH_4)_2SO_4$ ausgeflockt, getrocknet u. gemahlen werden. Es können Abmischungen mit Styrol-Butadienkautschuk oder Naturkautschuk hergestellt werden, die mit S_2 härtbar sind. — Herst. von Textilimprägnierungen u. Fußbodenbeschichtungen. (**E. P. 893273** vom 28/8. 1957, ausg. 4/4. 1962.) E. Dörfel 7181

2570 Farbenfabriken Bayer Akt.-Ges., Leverkusen (Erfinder: Erwin Windemuth, Günther Braun und Peter Hoppe), **Herstellung von Polyurethanschaumstoffen** aus Polyhydroxyl- u./oder Polycarboxylverbb., Mol.-Gew. > 300, ggf. weiteren Treibmitteln (H_2O_2, Oxime, Nitrite, Carbonate, Azodiisobutyronitril, Azodicarbonsäuren, Äther, Dinitrosopentamethylentetramin oder W.) mit der zweifachen Menge, als für die akt. H-Atome erforderlich ist an Polyisocyanaten sowie Katalysatoren (tert. Amine, mit CH_3OH oder Methylcarbamat, permethylierte Polyamine, Alkoholate, Alkaliperoxide, Metallsalze usw.), die die Polymerisation von Isocyanaten zu Perhydrotriazinringen katalysieren, neben Füllstoffen (mineral. Stoffen, Metallpulvern, Cellulosepulver), Schaumstabilisatoren, Flammschutzmitteln oder Phenol-Dicyandiamid-CH_2O-Harzen. (**E. P. 908337** vom 25/5. 1960, ausg. 17/10. 1962.) E. Dörfel 7181

2571 Imperial Chemical Industries Ltd., London, England (Erfinder: Derrick Michael O'Mant, und Harry James Twitchett), **Gegebenenfalls verschäumte Polyurethane** erhält man durch Rk. von Polyhydroxylverbb. u. Polyisocyanaten in Ggw. von bas. zweiwertigen Mn-Komplexen von Rk.-Prodd. von β-Diketonen u. N-substituierten 4-Aminopyridinen, wie 4-Dimethylaminopyridin. (**E. P. 886636** vom 19/6. 1959, ausg. 10/1. 1962.) E. Dörfel 7181

2572 Imperial Chemical Industries Ltd., London, England (Erfinder: James Harry Wild, John Francis Wood und George Woods), **Polyurethanschaumstoffe** erhält man aus Polyäthern, Polyisocyanaten, Vernetzern, W. u./oder anderen Treibmitteln, auch $LiAlH_4$, in Ggw. von Polydialkylsiloxanen einer Viskosität von 2—9 cSt. in Mengen von 0,001—2%, bezogen auf Polyäther. Zusätze: Katalysatoren (tert. Amine, Metallhydroxide, Metallsalze schwacher Säuren, Schwermetallsalze, Komplexe), oberflächenakt. Verbb., Flammschutzmittel (P-Verbb., Sb_2O_3), Weichmacher, Antioxydantien, Farbstoffe u. Füllstoffe (Ruß, Glimmer, SiO_2). (**E. P. 907971** vom 20/5. 1960, ausg. 10/10. 1962.) E. Dörfel 7181

2573 Imperial Chemical Industries Ltd., London, England (Erfinder: James Harry Wild und John Francis Wood), **Gegebenenfalls verschäumte Polyurethane** erhält man durch Rk. von Polyhydroxylverbb., Polyisocyanaten u., ggf. W. u./oder anderen Treibmitteln, in Ggw. von carbonsauren Hg-Salzen (aliphat. Monocarbonsäuren, aromat. Carbonsäuren, Naphthenate oder Rk.-Prodd. von alkoxylierten Polyolen mit der Wertigkeit des Alkohols entsprechenden enol. Mengen Dicarbonsäuren). (**E. P. 909358** vom 31/5. 1960, ausg. 31/10. 1962.) E. Dörfel 7181

2574 Imperial Chemical Industries Ltd., London, England (Erfinder: Philip David Perry und James Harry Wild), **Gegebenenfalls verschäumte Polyurethane** erhält man aus Polyhydroxylverbb., Polyisocyanaten, ggf. W. u./oder anderen Treibmitteln, in Ggw. von Cu-Salzen von Carbonsäuren aliphat. Monocarbonsäuren, oder sulfatierte Ricinolsäure). (**E. P. 908649** vom 19/7. 1960, ausg. 24/10. 1962.) E. Dörfel 7181

2575 Imperial Chemical Industries Ltd., London, England (Erfinder: Herbert Gudgeon und Harry James Twitchett), **Gegebenenfalls verschäumte Polyurethane** erhält man aus Polyhydroxylverbb., Polyisocyanaten u. ggf. W. u./oder anderen Treibmitteln, in Ggw. von Th- oder Zr-Komplexen von β-Diketonen (Alkylacetylacetonat) u. ggf. zusätzlich tert. Aminen. (**E. P. 908949** vom 12/9. 1960, ausg. 24/10. 1962.) E. Dörfel 7181

2576 Imperial Chemical Industries Ltd., London, England (Erfinder: Eugen Hofmann), **Trimere Phosphinborane** der allg. Formel $[R(R')P–B(X)Y]_3$ (R u. R' = ggf. substituierte KW-Stoffreste, die zusammen auch einen Ring bilden können; X u. Y = H, Halogen, ggf. substituierter KW-Stoffrest) erhält man durch Rk. eines Halogenphosphins der allg. Formel R(R')PX mit einem Metallborhydrid der allg. Formel $MeBH_2(X)Y$ > Raumtemp., indem man die Rk. bei niederer Temp., bes. 0—100°, beginnt u. bei höherer Temp., bes. 150 bis 200°, beendet. — 8,2 g $(C_6H_5)_2PCl$ in 70 ml Ae. wird mit 56 ml einer 0,67 molarer $LiBH_4$-Lsg. umgesetzt, der Ae. abdest., der Rückstand bei 0,3 Torr auf 150—160° erhitzt u. nach dem Aufarbeiten in 30%ig. Ausbeute Diphenylphosphinboran der Formel $[(C_6H_5)_2PBH_2]_3$, F. 177° (Bzl.). Analog erhält man $[(C_2H_5)_2PBH_2]_3$, F. 67—68°. — *Zwischenprodd. für hitze- und hydrolysebeständige Polymere.* (**E. P. 908106** vom 27/8. 1959, ausg. 17/10. 1962.) A. Jahn 7181

2577 Imperial Chemical Industries Ltd., London, England (Erfinder: Jack Ames), **Organopolysiloxanmassen** enthalten 100 Teile Diorganopolysiloxan mit 1,98—2,01 organ. Gruppen pro Si-Atom, Mol.-Gew. > 3×10^5, 4—20 Teile eines linearen Polysiloxans mit 1,02—1,50 organ. Gruppen pro Si-Atom, Mol.-Gew. > 10^4, 0—70 Teile Verstärkerfüllstoffe (**I**), 0—100 Teile andere Füllstoffe (**II**), (die Gesamtmenge der Füllstoffe beträgt 30—130 Teile), 0,5—10 Teil Härter (**III**) u. 2—8 Teile strukturregulierende Zusätze. **I**: z. B. „Aerosil", „HiSil", „Santocel"; **II**: TiO_2, $CaCO_3$, $ZrSiO_3$, Fe_2O_3 oder Diatomeenerde; **III**: organ. Peroxide. (**E. P. 909052** vom 16/12. 1959, ausg. 24/10. 1962.) E. Dörfel 7189

2578 Gevaert Photo-Producten N. V., Mortsel, Belgien (Erfinder: Lodewyk Felix de Keyser), **Erzeugen einer mehrschichtigen Platte aus Polyalkylen und hydrophilen Schichten.** Eine Platte oder ein Film aus hochpolymerem Polyalkylen wird mit einer Lsg. behandelt, die H_2SO_4 u. eine Verb. enthält, die in Ggw. dieser Säure als Oxydationsmittel wirkt. Dann wird mit W. gespült, bis die Oberfläche völlig säurefrei ist. Die Oberfläche kann dann bedruckt werden oder mit einer hydrophilen Schicht, z. B. einer photograph. Emulsionsschicht, überzogen werden. — Zum Beispiel besteht die Behandlungslsg. aus 14,7 g $K_2Cr_2O_7$, 33 (cm³) konz. H_2SO_4, 50 W., 40 Essigsäure. Temp. 80°. Dauer 15 Min. Die Oberfläche wird nacheinander in W. u. A. gespült. (**E. P. 910308** vom 14/7. 1958, ausg. 14/11. 1962.) F. Markhoff 7205

2579 Dow Chemical Co., Midland, Mich., V. St. A., **Schichtstoffe** bestehen aus Metallunterlagen (Al, Pb, z. B. 6 μ stark), filmbildenden Polymeren von aliphat. Polyolefinen mit 2—8 C-Atomen in einer Stärke von 6—250 μ u. einer Zwischen-Klebstoff-Lage aus Polyalkyleniminen in einer Stärke von 5—95 g/100 m² der Metallfolie. — Abbildungen. (**E. P. 899829** vom 1/4. 1960, ausg. 27/6. 1962. A. Prior. 27/4. 1959.) E. Dörfel 7205

2580 **Nobel-Bozel** (Erfinder: **Pierre Talet**), Paris, Frankreich, *Aufpropfen polymerisierbarer monomerer Verbindungen auf Cellulosederivate.* (**D. A. S. 1155107** Kl. 12o vom 18/4. 1958, ausg. 3/10. 1963. F. Prior. 19/4. 1957. — C. **1962,** 15049 [E. P. 860244].)

2581 **Goodyear Tire & Rubber Co.,** Akron, Ohio, V. St. A. (Erfinder: **Edwin Studley Smith**), *Herstellung eines Polymerisats.* (**Aust. P. 235848** vom 10/6. 1959, ausg. 9/11. 1961. A. Prior. 24/11. 1958. — C. **1961,** 15216 [D. A. S. 1099738].)

2582 **Monsanto Chemical Co.,** St. Louis, Mo., V. St. A., *Herstellung von Terpolymerisaten.* (**E. P. 911763** vom 8/4. 1959, ausg. 28/11. 1962. A. Prior. 8/4. 1958. — C. **1963,** 7187 [Aust. P. 232413].)

2583 **Solvic Soc. An.,** Brüssel, Belgien (Erfinder: **Robert de Coene** und **Alexis Mathieu**), *Polymerisation olefinischer Verbindungen.* (**Aust. P. 235862** vom 22/7. 1959, ausg. 9/11. 1961. Belg. Prior. 2/8. 1958. — C. **1962,** 16862 [Oe. PP. 214641, 215151 u. 215152].)

2584 **Montecatini Soc. Gen. per l'Industria Mineraria e Chimica,** Mailand, Italien, *Olefinpolymerisation mit Katalysatoren.* (**It. P. 531219** vom 29/3. 1955. — C. **1959,** 2977 [F. P. 1144545].)

2585 **Asahi Kasei Kogyo Kabushiki Kaisha,** Osaka, Japan, *Kontinuierliche Polymerisation von gasförmigen Monoolefinen.* (**Ind. P. 71993** vom 30/5. 1960. — C. **1963,** 9133 [E. P. 879899].)

2586 **Petrochemicals Ltd.** (Erfinder: **Norman Entwistle, Bernard Wright, Jeremiah Daly** und **Franciscus Johannes Fredericus Van Der Plas**), *Abtrennen von Polyolefinen.* (**Aust. P. 234528** vom 30/10. 1958, ausg. 3/8. 1961. E. Prior. 1/11. 1957. — C. **1963,** 5271 [F. P. 1215709].)

2587 **Montecatini Soc. Gen. per l'Industria Mineraria e Chimica** und **Karl Ziegler** (Erfinder: **Cornelio Caldo**), *Reinigen von hochmolekularen festen α-Olefinpolymeren.* (**Aust. P. 235809** vom 24/11. 1958, ausg. 9/11. 1961. It. Prior. 27/11. 1957. — C. **1963,** 2643 [Oe. P. 218735].)

2588 **Rhône-Poulenc Soc. An.,** Paris (Erfinder: **André Fournet, Michel Ruaud,** Lyon, und **Yannik Bounet,** Tassin la Demi-Lune), Frankreich, *Herstellung von Polypropylen.* (**D. A. S. 1155247** Kl. 39c vom 2/2. 1959, ausg. 3/10. 1963. F. Prior. 8/2. 1958. — C. **1961,** 2459 [Oe. P. 208076].)

2589 **Distillers Co. Ltd.,** Edingburgh, Schottland (Erfinder: **Alain Louis Jeffrey Raum,** Middlesex, England), *Äthylenpolymerisation.* (**Jap. A. S. 8193/1961** vom 20/3. 1958, ausg. 21/6. 1961. E. Prior. 22/3. u. 3/5. 1957. — C. **1963,** 11829 [E. P. 877088].)

2590 **Karl Ziegler** (Erfinder: **Karl Ziegler, Heinz Breil, Heinz Martin** und **Erhard Holzkamp**), Mülheim/Ruhr, *Herstellung hochmolekularer Polyäthylene.* (**D. A. S. 1154634** Kl. 39c vom 27/12. 1954, ausg. 19/9. 1963. — C. **1959,** 3660 [Oe. P. 194608].)

2591 **Karl Ziegler** (Erfinder: **Karl Ziegler, Heinz Breil, Heinz Martin** und **Erhard Holzkamp**) Mülheim/Ruhr, *Herstellung von Polyäthelenen.* (**D. A. S. 1154635** Kl. 39c vom 27/12. 1954, ausg. 19/9. 1963. — C. **1960,** 5015 [Oe. P. 203206].)

2592 **Stamicarbon N. V.,** Heerlen, Niederlande (Erfinder: **Leonard Wiebo Felix Kampschmidt**), *Herstellung von Gemischen von Polyäthylen.* (**Aust. P. 235847** vom 5/6. 1959, ausg. 9/11. 1961. Niederl. Prior. 7/6. 1958. — C. **1962,** 4361 [Niederl. P. 97085].)

2593 **E. I. du Pont de Nemours & Co.,** Wilmington (Erfinder: **Arthur William Anderson, Warren Nesmith Baxter,** Wilmington, **John McMillan Bruce jun.,** Claymont, **William Frank Gresham, Nicholas George Merckling, Ralph Courtenay Schreyer** und **William Lawrence Truett,** Wilmington), Del., V. St. A., *Homo- und Mischpolymerisation von Äthylen.* (**D. A. S. 1154632** Kl. 39c vom 16/8. 1955, ausg. 19/9. 1963. A. Prior. 16/8., 30/8. 10/9., 21/9., 30/9. u. 22/11. 1954. — C. **1959,** 3661 [E. P. 778639].)

2594 **Farbenfabriken Bayer Akt.-Ges.** (Erfinder: **Ernst Roos, Friedrich Lober** und **Martin Burgdorf**), Leverkusen, *Stabilisieren von chlorhaltigen Polymeren.* (**Jap. A. S. 8192/1961** vom 19/8. 1959, ausg. 21/6. 1961. D. Prior. 19/8. 1958. — C. **1963,** 17520 [F. P. 1233878].)

2595 **Solvic Soc. An.,** Brüssel, Belgien (Erfinder: **Otto Nicolas Schnack** und **Robert de Coene**), *Polymerisation von Vinylchlorid.* (**Aust. P. 235831** vom 31/3. 1959, ausg. 9/11. 1961. Belg. Prior. 5/4 1958. — C. **1963,** 2648 [F. P. 1230042].)

2596 **FMC Corp.,** New York (Erfinder: **Frank Philip Greenspan,** Buffalo), N. Y., V. St. A., *Polymerisation monomerer Vinylester.* (**D. A. S. 1155599** Kl. 39c vom 20/7. 1956, ausg. 10/10. 1963. A. Prior. 20/7. 1955. — C. **1959,** 17511 [F. P. 1162597].)

2597 **Robert Murjahn, Deutsche Amphibolin-Werke von Robert Murjahn,** Ober-Ramstedt/Hessen, *Emulsionspolymerisation von Vinylacetat.* (**E. P. 909051** vom 22/4. 1959, ausg. 24/10. 1962. D. Prior. 24/4. 1958. — C. **1961,** 8134 [D. A. S. 1092656].)

2598 **Ciba Ltd.,** Basel, Schweiz, *Herstellung von Mischpolymerisaten.* (**E. P. 908222** vom 5/6. 1959, ausg. 17/10. 1962. Schwz. Prior. 6/6. 1958. — C. **1962,** 6606 [D. A. S. 1113820].)

2599 **E. I. du Pont de Nemours & Co.** (Erfinder: **Stanley Tocker**), Wilmington, Del., V. St. A., *Herstellung von lichtstabilisierten Mischpolymerisaten.* (**D. A. S. 1154633** Kl. 39c vom 28/2. 1961, ausg. 19/9. 1963. A. Prior. 29/2. 1960. — C. **1963,** 9134 [E. P. 894702].)

2600 **Montecatini Soc. Gen. per l'Industria Mineraria e Chimica,** Mailand, Italien (Erfinder: **Giulio Natta, Lido Porri und Leonardo Fiore**), *Polymerisieren von konjugierten Diolefinen.* (**Aust. P. 235816** vom 20/1. 1959, ausg. 9/11. 1961. It. Prior. 22/1. 1958. — C. **1961,** 8132 [Oe P. 207564].)

2601 **N. V. de Bataafsche Petroleum Mij.,** Den Haag, Niederlande (Erfinder: **Lee Marion Porter, Jaroslav George Balas** und **Richard Johnson Reynolds**), *Polymerisation von Butadien und dafür geeignete Katalysatoren.* (**Aust. P. 235807** vom 4/11. 1958, ausg. 9/11. 1961. A. Prior. 6/11. 1957. — C. **1963,** 4167 [D. A. S. 1127592].)

2602 **FMC Corp.,** New York, N. Y., V. St. A., *Herstellung fester Diallylphthalatvorpolymerisate.* (**Niederl. P. 102484** vom 26/4. 1958, ausg. 17/9. 1962. — C. **1963,** 3805 [F. P. 1195114].)

2603 **Mario Girolimetto,** Padua, Italien, *Für ionisierende Strahlen undurchlässiges Polymerisat.* (**E. P. 871521** vom 8/10. 1957, ausg. 28/6. 1961. It. Prior. 18/5. 1957. — C. **1962,** 12414 [D. A. S. 1093083].)

2604 **Union Carbide Corp.,** New York, N. Y. (Erfinder: **Fred Noble Hill,** South Charleston, **John Thomas Fitzpatrick** und **Frederick Eugene Bailey jun.,** Charleston, W. Va.), V. St. A., *Herstellung von Polyäthern.* (**D. A. S. 1154638** Kl. 39c vom 22/7. 1958, ausg. 19/9. 1963. A. Prior. 26/7. 1957. — C. **1962,** 16149 [Oe. P. 215671].)

2605 **Deutsche Gold- und Silber-Scheideanstalt vormals Roessler,** Frankfurt/M., *Polyoxymethylen-Herstellung.* (**E. P. 906959** vom 20/7. 1961, ausg. 26/9. 1962. D. Prior. 23/7. 1960. Zusatz zu E. P. 836288; C. 1962, 8816. — C. **1964,** 6/7-2611 [D. A. S. 1139273].)

2606 **Sumitomo Chemical Co. Ltd.,** Higashi-ku, Osaka, übert. von: **Daisuke Kamiyama, Takumi Takaki, Tatsuo Ando** und **Toru Nii,** Kaneko, Niihama-shi, Japan, *Formaldehydpolymere.* (**A. P. 3001235** vom 4/2. 1959, ausg. 26/9. 1961. Jap. Prior. 26/7. 1958. — C. **1962,** 16140 [E. P. 866079].)

2607 **Dow Chemical Co.,** Midland, Mich., übert. von: **Arthur A. Gurgiolo,** Lake Jackson, Tex., V. St. A., *Zinnsalze als Katalysatoren für die Polymerisation von Olefinoxyden.* (**A. P. 2933459** vom 22/7. 1958, ausg. 19/4. 1960. — C. **1963,** 5668 [F. P. 1232570].)

2608 **Allied Chemical Corp.,** New York, N. Y., V. St. A., *Härten von Epoxyharzen.* (**Ind. P. 70264** vom 2/1. 1960, ausg. 3/5. 1962. — C. **1963,** 18657 [E. P. 885800].)

2609 **Ciba Akt.-Ges.** (Erfinder: **Alfred Renner**), Basel, Schweiz, *Preßteile aus Epoxid-Preßmassen.* (**D. A. S. 1152255** Kl. 39b vom 17/12. 1959, ausg. 1/8. 1963. Schwz. Prior. 18/12. 1958. — C. **1963,** 1888 [E. P. 869495].)

2610 **Farbenfabriken Bayer Akt.-Ges.,** Leverkusen, *Härter für Epoxyharze.* (**E. P. 878132** vom 24/9. 1958, ausg. 27/9. 1961. D. Prior. 25/9. 1957. — C. **1963,** 5669 [D. A. S. 1076365].)

2611 **Ciba Ltd.,** Basel, Schweiz, *Epoxyacetale hydroaromatischer Verbindungen.* (**E. P. 870696** vom 21/7. 1959, ausg. 14/6. 1961. Schwz. Prior. 23/7. u. 20/10. 1958. — C. **1962,** 18662 [F. P. 1233231].)

2612 **Inventa Akt.-Ges. für Forschung und Patentverwertung,** Zürich, Schweiz, *Mischpolyester.* (**E. P. 908851** vom 2/3. 1959, ausg. 24/10. 1962. Schwz. Prior. 8/3. 1958. — C. **1961,** 7773 [Oe. P. 208596 u. F. P. 1226730].)

2613 **N. V. Onderzoekingsinstituut Research** (Erfinder: **Bart Paul Jibben**), Arnheim, Niederlande, *Stabilisieren von Polycarbonaten.* (**D. A. S. 1152544** Kl. 39b vom 6/4. 1960, ausg. 8/4. 1963. Niederl. Prior. 10/4. 1959. — C. **1963,** 7547 [Niederl. PP. 98322 bis 98327].)

2614 **Shell Oil Co.,** Del., V. St. A., übert. von: **Pieter Bruin** und **Arie Klootwijk,** Amsterdam, Niederlande, *Chromanderivate.* (**A. P. 2947760** vom 16/5. 1957, ausg. 21/8. 1960. Niederl. Prior. 17/5. 1956. — C. **1960,** 11487 [E. P. 814695].)

2615 **General Mills, Inc.**, Minneapolis, Minn., V. St. A.(Erfinder: **David Aelong** und **Harold Wittcoff**), *Wäßrige Epoxyharz-Polyamid-Emulsionen*. (**Aust. P. 236000** vom 16/6. 1959, ausg. 16/11. 1961. — C. **1962,** 3283 [D. A. S. 1106495].)

2616 **Badische Anilin- & Soda-Fabrik Akt.-Ges.**, Ludwigshafen/Rh. (Erfinder: **Erich Schwartz,** Mannheim, **Manfried Paul,** Ludwigshafen/Rh., **Friedrich Berke,** Heidelberg, und **Kurt Wick,** Ludwigshafen/Rh.), *Verbesserung von Polyamiden*. (**Jap. A. S. 14647/1961** vom 22/12. 1959, ausg. 29/8. 1961. — C. **1961,** 3170 [D. A. S. 1075314].)

2617 **General Tire and Rubber Co.**, V. St. A., (Erfinder: **George Thomas Gmitter**), *Polyätherurethan-Schaumstoffe*. (**Aust. P. 235812** vom 2/1. 1959, ausg. 9/11. 1961. A. Prior. 6/1. 1958. — C. **1961,** 16300 [F. P. 1224849].)

2618 **Lockhead Aircraft Corp.**, Burbank, Calif., V. St. A. (Erfinder: **Eli Simon** und **Frank Warren Thomas**), *Polyurethanschaumstoffe*. (**Aust. P. 235994** vom 1/6. 1959, ausg. 16/11. 1961. — C. **1963,** 7557 [E. P. 867798].)

2619 **Union Carbide Corp.**, New York, N. Y., V. St. A. (Erfinder: **Frank Fekete**), *Herstellung von Polysiloxanen*. (**E. P. 910512** vom 8/4. 1959, ausg. 14/11. 1962. A. Prior. 14/4. 1958. — C. **1963,** 11056 [D. A. S. 1132718].)

2620 **Monsanto Chemical Co.**, St. Louis, Mo., V. St. A., *Reinigung von Kondensationsprodukten von Kieselsäureestern*. (**E. P. 881768** vom 15/1. 1959, ausg. 8/11. 1961. A. Prior. 15/1. 1958. — C. **1963,** 5673 [A. P. 2972626].)

2621 **Midland Silicones Ltd.**, London, England, *Organopolysiloxanharze*. (**E. P. 875109** vom 1/6. 1959, ausg. 16/8. 1961. A. Prior. 2/6. 1958. — C. **1962,** 18298 [D. A. S. 1115013].)

2622 **Soc. des Usines Chimiques Rhône-Poulenc,** Paris, übert. von: **Lucien Toullec,** Lyon, Frankreich, *Härtbare, nach der Lagerung noch plastifizierbare Polysiloxane*. (**A. P. 3012982** vom 14/12. 1959, ausg. 12/12. 1961. F. Prior. 5/1. 1959. — C. **1963,** 12240 [F. P. 1221677].)

2623 **Midland Silicones Ltd.**, London, England, *Lineare Siloxanmischpolymere*. (**E. P. 899657** vom 5/3. 1959, ausg. 27/6. 1962. A. Prior 7/4. 1958. — C. **1962,** 7724 [A. P. 2961425].)

2624 **Farbenfabriken Bayer Akt.-Ges.**, Leverkusen, *Herstellung von Stannosiloxanen*. (**E. P. 903434** vom 5/7. 1960, ausg. 15/8. 1962. D. Prior. 6/7. 1959. — C. **1962,** 1050 [D. A. S. 1104705].)

2625 **N. V. de Bataafsche Petroleum Mij.**, Den Haag, Niederlande (Erfinder: **James Edward Carey**), *Hochmolekulare epoxygruppenhaltige acetonlösliche Produkte*. (**Aust. P. 235818** vom 27/1. 1959, ausg. 9/11. 1961. A. Prior 29/1. 1958. — C. **1962,** 8446 [E. P. 858080].)

2626 **André Albert Samuel,** St. Maur des Fosses, Frankreich, *Herstellung nichtentflammbarer Kunststoffe*. (**D. A. S. 1155602** Kl. 39c vom 6/6. 1955, ausg. 10/10. 1963. F. Prior. 8/6. 1954. — C. **1957,** 12907 [F. P. 1109057].)

H_{12}. Kautschuk

2627 **Neue synthetische Kautschukarten aus Erdöl.** Giovanni Crespi. (Chim. e Ind. [Milano] **43,** 769—74, 1961; Milano, Politecn., Ist. di Chim. indust.; ital.) — Eine Übersicht über die Arbeiten von Natta u. Mitarbeitern über die koordinierte anion. Polymerisation wird gegeben. Bes. hingewiesen wird auf die Herst. von 1.4-cis-Polyisopren u. 1.4-cis-Polybutadien sowie auf die neue Elastomerenklasse der Äthylen-Propylen-Copolymerisate. Einige Eigg. dieser neuen synthet. Kautschukarten werden erwähnt u. die Verw.-Möglichkeiten diskutiert. R. Grundmann 7224◇

2628 **Die Modifizierung von Kautschuk.** 1. Mitt. **Die Modifizierung von Kautschuk bei der Plastizierung auf Walzwerken.** J. Beniska und E. Štaudner. (Chem. Zvesti **15,** 292—305, 1961; Bratislava, Slovenská vysoká skola, Katedra org. technol.; slowak.) — Die Plastizierung (Mastifikation) von nicht extrahierten Kautschukarten (Weißcrepe-Buna S 3, Weißcrepe-Polysar u. Buna-S 3-Polysar) auf Walzwerken an der Luft bei 20—25° durch Messung der Plastizität, der charakterist. Viscosität, der selektiven Fällung u. der Löslichkeit u. Quellung wird untersucht. Aus den Ergebnissen folgt, daß die Kaltplastizierung zur Bldg. modifizierter Kautschukgemische führt, die sich in bezug auf Löslichkeit u. Quellung wesentlich von mechan. Kautschukgemischen unterscheiden. I. Köditz 7224△

2629 **Versuche zur Aktivierung heller Verstärkerfüllstoffe.** R. Ecker. (Rev. gén. Cautchouc **38,** 215—23, 1961; Leverkusen, Farbenfabriken Bayer AG.; franz.) — C. **1961,** 2813. R. Grundmann 7226◇

2630 **Einfluß von Aktivatoren auf den Vulkanisationsprozeß.** 1. Mitt. **Einwirkung von Zinkoxid auf die Geschwindigkeit der Schwefelbindung im Kautschuk.** J. Beniska und B. Dogadkin. (Chem. Zvesti **12,** 304—11, 1958; Rubber Chem. Technol. **32,** 774—79, 1959; Bratislava, Slowak. Techn. Hochsch., Lehrstuhl für org. Technol.; Moskau, Lomonossow-Inst. für leichte chem. Technol.; slowak.) — 2. vgl. C. **1961, 1394.** — Der Einfl. von *ZnO* (**I**) u. *Stearinsäure* (**II**) auf die Kinetik der S-Bldg. in Gemischen aus techn. *Na-Butadienkautschuk* (*SKB-35*, bzw. *SKB-30*) mit u. ohne Beschleunigern wird untersucht. Die Zus. des Grundgemisches: *SKB* 100(%), davon 3 *S* u. 2 *Phenyl-β-naphthylamin*. Zu diesem Gemisch werden je nach den Vers.-Bedingungen zugesetzt: **I, II** u. organ. Beschleuniger, wie *Mercaptobenzthiazol* (**III**) u. Diphenylguanidin. Es wird festgestellt, daß **I** die Einlagerung von S in *SKB-35* nicht beschleunigt; in Gemischen mit **III** verringert **I** die Geschw. der S-Bildung. In Ggw. von **I** bildet sich in Vulkanisaten ZnS u. zwar am meisten in Gemischen mit Phenyl-β-naphthylamin u. **II**. C. Kozák 7228◇

2631 **Katalysatoren für die Polymerisation von Isopren zu Trans-1.4-Polyisopren (synthetisches Balata).** J. S. Lasky, H. K. Garner und R. H. Ewart. (Ind. Engng. Chem., Product Res. Development **1,** 82—85, 1962; Wayne, N. J., United States Rubber Co., Res. Center; engl.) — Die Wirksamkeit des von Natta u. Mitarbeitern (C. **1960, 9720**) beschriebenen Trialkylaluminium-VCl_3-Katalysators läßt sich um das 10fache erhöhen, wenn durch die Verw. von Kaolin oder TiO_2 als Trägersubstanz für VCl_3 die Oberfläche des Katalysators vergrößert wird. Die Aktivität des Natta-Katalysators läßt sich noch weiter (um das 500fache) steigern, wenn durch die Verw. von Tetraalkyltitanat als dritte Katalysatorkomponente der heterogene Natta-Katalysator in ein lösl. Katalysator-Syst. übergeführt wird. Abschließend werden die physikal. Eigg. von mit diesen Katalysatorsyst. gewonnenen synthet. Balata mit denen von natürlichen Balata verglichen. I. Köditz 7240

2632 **Schnell-Bestimmungsmethode der Spannungsrelaxation.** R. M. Cardillo, W. W. Gleason, R. D. Andrews und F. J. McGarry. (Rubber Age [New York] **88,** 973—80, **1961**; Linden, N. J., Enjay Labor.; Cambridge, Mass., Massachusetts Inst. of Technol.; engl.) — Die dynam. Eigg. von Elastomeren werden über die Spannungsrelaxation auf einer bes. Vorr. beim schnellen Ausdehnen der Prüfmuster durch kombinierte Feder- u. Luftkraft bestimmt. Die Relaxation wird nach maximal bleibender Verformung durch Oscilloskop u. Schreibvorr. aufgezeichnet. Basierend auf der Theorie der Viscoelastizität wird eine mathemat. Analyse einer Beziehung zwischen Spannungsrealaxationswerten u. rein dynam. Werten gegeben. Natur- u. Butylgummi werden unter 50, 150 u. 300%ig. Dehnung bei — 40 bis + 60° untersucht. H. Strauch 7248◇

2633 **Prüfmethoden für gummibeschichtete Gewebe.** E. W. P. Smith. (Rubber Age [New York] **88,** 995—96, 1961; Elyria, Ohio, Bendix-Westinghouse Automotive Air Brake Co.; engl.) — Die von der Vulcan Rubber Products Division of Reeves Brothers, Inc. bes. entwickelten Prüfmeth. bei der Entw. eines gummiähnlichen Gewebes als Diaphragma für Luftdruckbremsen in der Automobilindustrie werden beschrieben. Ein Material hoher Festigkeit, Biegsamkeit u. Einsatzfähigkeit bei — 65 bis + 1200 °F wurde gefordert u. erfüllt durch ein mit Nitrilgummi beschichtetes Nylongewebe. Neuentwickelte mit synthet. Gummi beschichtete Gewebe sollten vor Anwendung in der Praxis nach diesen umfassenden Prüfmeth. getestet werden. H. Srauch 7248◇

2634 **Über die quantitative Bestimmung von Kautschukhilfsstoffen.** 5. Mitt. **Ein einfaches Verbrennungsrohr zur halbmikroanalytischen Bestimmung von Schwefel in Vulkanisaten.** Klaus Hummel und Hans-Herwig Bertram. (Kautschuk u. Gummi **13,** WT 132—34, 1960; Hannover, T. H., Kautschuk-Inst.; dt.) — 4. vgl. C. **1958,** 10516. — Ein einfaches Verbrennungsrohr (V_2O_5/Quarz-Gemisch 2 : 1 bis 1 : 1 als Kontaktmasse) u. dessen Einsatz in einer analyt. App. werden beschrieben. Mit dem Verf. wird organ. gebundenes S u. in leicht zersetzlichen anorgan. Verbb., enthaltendes, wie ZnS, erfaßt. In Erdalkalisulfaten enthaltenes S läßt sich quant. bestimmen, wenn nach Bauminger (C. **1955,** 6155) die Substanz im Verbrennungsschiffchen zusätzlich mit einem Gemisch aus V_2O_5 u. ZnO (4 : 1) überschichtet wird. Das beschriebene Verf. hat sich bei ca. 1000 Analysen bewährt. R. Schäff 7248□

2635 Continental Oil Co. (Erfinder: Peter Joseph Manno und William Henry Snavely jun.), Ponca City, Okla., V. St. A., **Isoprenpolymerisation.** Man polymerisiert Isopren in Substanz in Ggw. von HF u. H_2 bei 20—200° u. erhöhtem Druck. Das erhaltene Polyisopren hat einen F. von 95—145° u. einen F-Geh. von ca. 1,5%.

(**E. P. 903865** vom 26/4. 1961, ausg. 22/8. 1962. A. Prior. 18/5. 1960.) L. Stadelmann 7225

2636 Shell Internationale Research Mij. N. V., Den Haag, Niederlande, **Isolierung von festen Elastomeren** aus ihren Lsgg. in KW-Stoffen. Man versetzt die Lsg. des Polymeren, z. B. *cis-1.4-Polyisopren* oder *Äthylen-Propylen-Mischpolymerisat*, mit geringen Mengen eines anorgan. oder organ. Sulfids, z. B. H_2S, NaHS, ggf. zusammen mit Strecköen u./oder Stabilisierungsmitteln, bringt die Lsg. in heißes W., verdampft das Lsgm. u. gewinnt die porösen Polymerisatkrümel, die ohne nachteilige Veränderung getrocknet werden können. (**E. P. 909670** vom 26/4. 1961, ausg. 31/10. 1962. A. Prior. 28/4. 1960.) R. Stadelmann 7225

2637 Imperial Chemical Industries Ltd., London, England (Erfinder: Herbert Gudgeon, Gordon Trappe und Harry James), **Elastomere Polyurethane** erhält man durch Rk. von mindestens 2 OH-Gruppen aufweisenden Verbb. [Polyester(-amide), Polyäther] u. Polyisocyanaten im Mengenverhältnis von 70—150% auf die Polyhydroxylverb., kontinuierlich oder diskontinuierlich in Ggw. von Pigmenten, Füllstoffen, Weichmachern, Antioxydantien u. Stabilisatoren (tert.-Butylcatechin) oder ggf. Lsgm. u. in Ggw. von ggf. lösl. Sn-Verbb. der allg. Formel R'R''SnX'X'' (R' u. R'' gleiche oder verschiedene Alkylgruppen, X' u. X'' gleiche oder verschiedene Säurereste) in Mengen von 0,01—0,5% der Polyhydroxylverbindung. (**E. P. 887288** vom 27/4. 1959, ausg. 17/1. 1962.) E. Dörfel 7225

2638 Shell Oil Co., übert. von: Hans Coster, Torrance, Calif., V. St. A., **Kautschukkrümel** werden dadurch hergestellt, daß man eine synthet. Kautschukdispersion zu Krümeln koaguliert, diese abfiltriert, zerkleinert u. auf Schüttelsieben die Fraktion zwischen 0,4 u. 0,125'' (= ca. 10,2 u. 3,2 mm) abtrennt. Die feineren Anteile werden wieder der Koagulationsstufe u. die gröberen der Schnitzelmaschine zugeführt. (**A. P. 3014898** vom 27/5. 1959, ausg. 26/12. 1961.) W. Overbeck 7225

2639 Union Oil Co. of California, Los Angeles, übert. von: George P. Maly, Fullerton, Calif., V. St. A., **Löseverfahren.** Kautschuk oder kautschukelast. Polymerisate, z. B. synthet. Kautschuk, Polyisobutylen, Polyalkylenpolysulfid oder Polyvinylchlorid, werden zunächst mit einer ersten flüchtigen Fl. behandelt, in der sie nur quellen. Diese Quellung wird dann in einer Lösungs- u. Quellmittel-Mischung gelöst, bestehend aus 1. einer weiteren flüchtigen Fl., die nur quellend wirkt, u. 2. einer 3. Fl., die lösend wirkt u. mit (1) mischbar ist. Das Quellmittel wird dann abdestilliert. (**A. P. 2992200** vom 14/6. 1957, ausg. 11/7. 1961.) W. Overbeck 7227

2640 Shell Oil Co., übert. von: Richard J. Reynolds, Walnut Creek, und Sven H. Ruetman, Oakland, Calif., V. St. A., **Stabilisiermittel für Butadrienpolymerisate** mit ≧ 60% Geh. an cis-1.4-Form, bestehend aus einem 0,5—5%ig. Zusatz von p-tert.-Alkylbrenzcatechin mit 4—8 C-Atomen im Alkylrest, z. B. p-tert.-Butylbrenzcatechin. (**A. P. 3006888** vom 3/2. 1958, ausg. 31/10. 1961.) W. Overbeck 7227

2641 Goodyear Tire & Rubber Co., Akron., übert. von: Farris H. Wilson jun., Cuyahoga Falls, Ohio, V. St. A., **Alterungsschutzmittel** für Kautschuk u. Erdölerzeugnisse, bestehend aus N-α-Phenethyl-N'-phenyl-p-phenylendiamin. Genannt sind nach 35 Verbb. der Formel I, in der R = Aralkyl, R' = H, Alkyl, Alkoxy oder Halo-

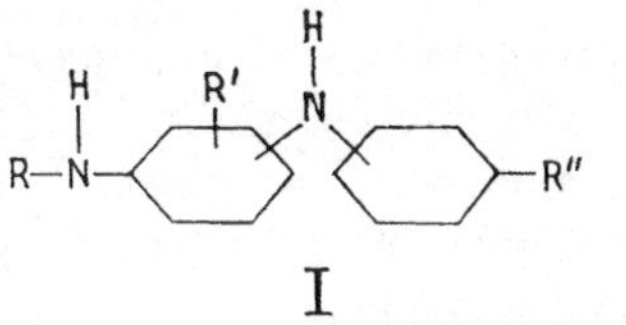

I

gen, u. R'' = H, Alkyl, Alkoxy oder Halogen. Das Alkyl kann prim., sek. oder tert. sein u. 1—9 C-Atome enthalten. Das Aralkyl kann auch ungesätt. sein, z. B. von Styrol abstammen, ggf. mit 1—9 C-Substituenten, u. das Alkoxy kann 1—9 C-Atome enthalten. (**A. P. 2984646** vom 1/4. 1958, ausg. 16/5. 1961.) W. Overbeck 7227

2642 Stewart Development Co., San Fernando, übert. von: Hugh T. Stewart, Los Gatos, Calif., V. St. A., **Alterungsschutzmittel für Kautschuk,** bestehend aus den Hydriden von Na, Ca, Ti oder Zr, die in Mineralöl dispergiert sein können. (**A. P. 2999831** vom 26/6. 1957, ausg. 12/9. 1961.) W. Overbeck 7227

2643 Wingfoot Corp., Akron, Ohio, V. St. A., **Gemische von Alkylphenolen** der allg. Formel I (R = tert.-Octyl, tert.-Nonyl, tert.-Butyl oder tert.-Amyl; R' = tert.-Octyl oder tert.-Nonyl; R'' = tert.-Butyl oder tert.-

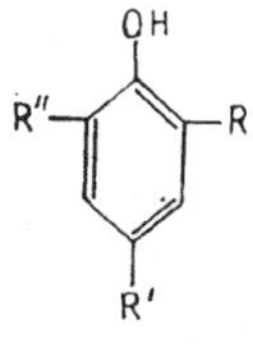

I

Amyl), verwendbar als *Oxydationsschutzmittel* für natürliche u. synthet. *Kautschuke*, erhält man durch Alkylieren von 1 Mol Phenol (**II**) mit wenigstens 1 Mol eines tert.-Octens oder tert.-Nonens in Ggw. von 0,5—10 Gew.-% säureaktivierter Tonerde (**III**) oder deren Gemisch mit H_2SO_4 bei 50—150° u. Weiteralkylierung des entstandenen Alkylphenols, das o- u. p-ständig zu OH 1 oder 2 tert.-Octyl- oder -Nonylreste enthält, mit wenigstens 1 Mol Isobutylen oder tert.-Amylen in Ggw. von 0,5—10 Gew.-% des o. a. Katalysators bei 50—90°, wobei insgesamt mindestens 3 Mol Olefin je Mol **II** verwendet werden. — So erhält man durch 3std. Behandeln eines Gemisches aus 940 (g) **II**, 60 **III**, die 3% W. enthält, u. 20 konz. H_2SO_4 mit 2240 Diisobutylen bei 80—90° u. $1^1/_2$std. Weiterumsetzung des Gemisches mit 560 Isobutylen, Zers. des Katalysators mit wss. Na_2CO_3-Lsg. u. Abreiben der flüchtigen u. nicht umgesetzten Materialien insgesamt 3019 Alkylierungsprodukt. (**E. P. 870192** vom 21/11. 1958, ausg. 14/6. 1961. A. Prior. 10/6. 1958. **Zusatz zu E. P. 758474; C. 1958, 7331.**) A. Mohr 7227

2644 Goodyear Tire & Rubber Co., Akron, übert. von: Richard H. Kline, Stow, Ohio, V. St. A., **Ozonschutzmittel** für Kautschuk u. Erdölprodd., bestehend aus einem p-β-Cyanalkylaminodiphenylamin der Formel I, in der R = H, Alkoxy mit 1—9 C-Atomen, Alkyl mit

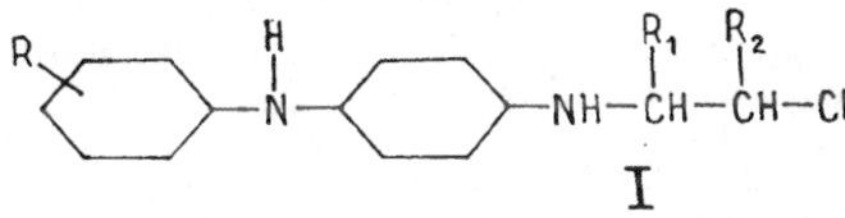

I

1—9 C-Atomen oder Aralkyl mit 7—10 C-Atomen, u. R_1 u. R_2 = H, Alkyl mit 1—4 C-Atomen oder Phenyl mit 6—9 C-Atomen, z. B. p-β-Cyanäthylaminodiphenylamin, α-Methyl-β-cyanäthylaminodiphenylamin, 4-β-Cyanäthylamino-4'-methyldiphenylamin u. a. (**A. P. 3008921** vom 28/3. 1958, ausg. 14/11. 1961.) W. Overbeck 7227

2645 Universal Oil Products Co., Des Plaines, übert. von: William K. T. Gleim, Island Lake, Ill., V. St. A., **Ozonschutzmittel für Kautschuk,** bestehend aus einem Phenol mit einer Alkoxygruppe mit 1—6 C-Atomen in 2-Stellung, einer Alkylgruppe mit 1—6 C-Atomen in 4-Stellung, u. je einem Cl-Atom in 5-Stellung u. 6-Stellung, z. B. 2-Methoxy-4-methyl-5.6-dichlorphenol. (**A. P. 2984694** vom 1/5. 1958, ausg. 16/5. 1961.) W. Overbeck 7227

2646 Research Association of British Rubber Manufacturers, William Ferguson Watson, Donald Alfred William Izod und Brian Geoffrey Hughes, Shawburg, Shropshire, England, **Vulkanisierverfahren.** Der zu vulkanisierende Kautschukrohling wird in einem Behälter erhitzt, der feinverteilte Stoffe von 0,002 bis 0,1 in. Teilchengröße enthält, z. B. Talkum oder

Zn-Stearat. Es kann auch kontinuierlich gearbeitet werden. — Vorr., Zeichnungen. (**E. P. 906139** vom 11/11. 1959, ausg. 19/9. 1962.) W. Overbeck 7229

2647 Dow Corning Corp., Midland, Mich., V. St. A., **Vulkanisation von Silikonkautschuk** erfolgt durch energiereiche ionisierende Strahlung (wenigstens 0,1 Megarad aus Co^{60}-Strahlenquelle) bei über 100° auf Organopolysiloxane der allg. Formel $\frac{RnSiO_{4-n}}{2}$ (R = einwertiger, ggf. halogenierter KW-Stoffrest, wobei wenigstens 75% der Reste R aliphat. sind (1—5 C-Atome), n = 1,95—2,01, ggf. füllstoffhaltig (Korkstaub, Asbest, Glasstaub oder anorgan. Füller) sowie Weichmacher u. Pigmente. (**E. P. 903201** vom 13/10. 1960, ausg. 15/8. 1962. A. Prior. 19/10. 1959.) E. Dörfel 7229

2648 A. Ss. Nowikow und S. N. Nudelman, **Vulkanisieren von Si-organischem Kautschuk** unter Verw. von Verbb. der allg. Formel $M(OR)_n$ oder deren Polykondensaten der allg. Formel **I** u. **II** (M = Metall oder metallhaltige Gruppe, z. B. Al, Ti, Sn, Fe, Dialkyl- oder Diaryl-Sn oder -Si; R = C_{2-20}-Alkyl oder Acyl; R_1 = niedere

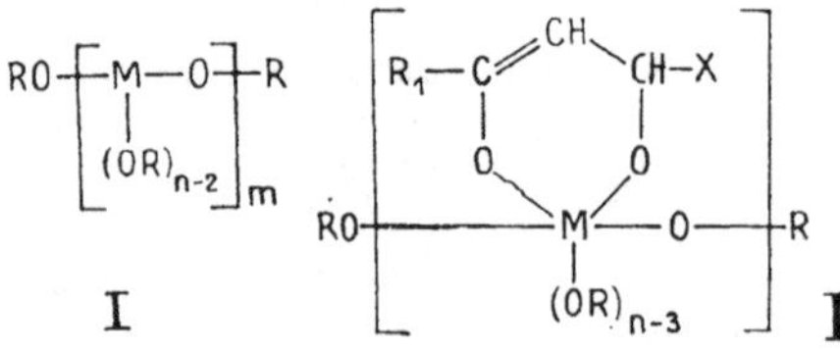

I II

Alkylgruppe; X = Alkyl oder Alkoxyrest; n = Wertigkeit des Metalls; m = ganze Zahl ≧ 1). — Zu 80 (ml) 10%ig. benzol. SKT-Lsg. wird die Lsg. von 0,4 g Kondens.-Prod. von Al-Butylat mit Acetessigester in 2 Bzl. u. danach die Lsg. von 1,2 Al-Butylat in 3 Bzl. gegeben. Nach Mischen wird auf eine horizontale Fläche ausgegossen u. das Lsgm. über Nacht verdampft. — Tabellen. (**UdSSR. P. 128461** vom 26/6. 1957.) L. Großner 7229

2649 John Ware, Westport, Conn., V. St. A., **Mischverfahren,** Pulverförmige Kautschuk-Zusatzstoffe, bes. Vulkanisiermittel, Alterungsschutzmittel u. Beschleuniger werden mit einem anderen zwischen 90 u. 150°F schmelzenden Zusatzstoff, bes. Paraffin, Polyäthylen u. Stearinsäure, oberhalb dieses F. gemischt, worauf die Mischung unter dieser F. abgekühlt, gemahlen u. in den Kautschuk eingemischt wird. (**A. P. 3000841** vom 1/7. 1958, ausg. 19/9. 1961.) W. Overbeck 7231

2650 Sun Oil Co., Philadelphia, übert. von: Archie B. Hoel, Drexel Hill, Pa., V. St. A., **Synthesekautschuk-Mischungen** werden dadurch hergestellt, daß man die wss. Dispersion eines kautschukartigen Butadien-Polymerisates mit einer Mooney-Viskosität > 110 in Ggw. eines Harzes oder dessen Deriv. koaguliert, einen zweiten Teil einer solchen Dispersion in Ggw. von Mineralöl koaguliert, die Koagulate in solchen Mengen mischt, daß nicht mehr als 100 (Teile) Harz auf 100 Öl kommen, u. daß sich eine Mooney-Viskosität 40—80 ergibt. — 3 Zeichnungen. (**A. P. 2993874** vom 17/6. 1955, ausg. 25/7. 1961.) W. Overbeck 7231

2651 United States Rubber Co., New York, N. Y., übert. von: Louis H. Howland, Watertown, und Woodrow W. White, Oxford, Conn., V. St. A., **Synthesekautschuk-SiO_2-Mischungen.** Eine Wasserglas-Lsg., die Leim, Gelatine oder Casein enthält, wird in die wss. Dispersion eines Copolymerisates eingemischt, das aus Butadien u. einer ungesätt. Verb. erhalten wurde, die als polare Gruppen eine Amino-, Carbonyl-, Carbonitril- oder Chloraryl-Gruppe enthält. Das Gemisch wird mit Säure zu filtrierbaren Krümeln bei einem pH < 7 koaguliert. (**A. P. 3004936** vom 29/8. 1958, ausg. 17/10. 1961.) W. Overbeck 7231

2652 United States Rubber Co., New York, N. Y., übert. von: Paul F. Gunberg, Ridgewood, und Paul Viohl, Ramsay, N. J., V. St. A., **Schichtkörper,** z. B. schlauchlose Autoreifen, werden in folgender Weise hergestellt: Auf eine Schicht von vulkanisierbarem hochungesätt. Natur- oder Synthesekautschuk wird eine Bindeschicht aufgebracht, die aus dem Gemisch eines vulkanisierbaren hochungesätt. Kautschuks mit dem Rk.-Prod. von Butylkautschuk mit Maleinsäureanhydrid sowie einem Metalloxid als Vulkanisiermittel hierfür besteht. Auf diese wird eine Butylkautschukschicht aufgebracht, worauf der Schichtkörper vulkanisiert wird. (**A. P. 2993821** von 8/10. 1957, ausg. 25/7. 1961.) W. Overbeck 7231

2653 **National Polychemicals, Inc.,** Wilmington, übert. von: **Henry A. Hill,** Watertown, Mass., V. St. A., *Herstellung von Azodicarbonsäureamid.* (**A. P. 2988545** vom 17/10. 1957, ausg. 13/6. 1961. — C. **1964,** 8-2614 [E. P. 874587].)

2654 **B. F. Goodrich Co.,** New York, N. Y., übert. von: **Charles Malcolm Hendry** und **Earl C. Gregg jun.,** Cuyahoga Falls, Ohio, V. St. A., *Sekundäre Aminoazoldisulfide.* (**A. P. 3001993** vom 28/8. 1958, ausg. 26/9. 1961. — C. **1963,** 721 [F. P. 1230290].)

2655 **B. F. Goodrich Co.,** New York, N. Y., V. St. A. (Erfinder: **Charles Malcolm Hendry** und **Earl Charles Gregg jun.**), *Aminoazoldisulfide.* (**E. P. 887856** vom 11/8. 1959, ausg. 24/1. 1962. A. Prior. 28/8. 1958. — C. **1963,** 721 [F. P. 1230290].)

2656 **Farbenfabriken Bayer Akt.-Ges.,** Leverkusen (Erfinder: **Gustav Sinn,** Bergisch Neukirchen, **Dietrich Rosahl** und **Heinz Esser,** Köln-Stammheim), *Wäßrige Emulsion von elastischen Chloroprenmischpolymeren.* (**Jap. A. S. 15043/1961** vom 19/12. 1959, ausg. 1/9. 1961. D. Prior. 19/12. 1958. — C. **1961,** 14854 [D. A. S. 1103569].)

2657 **Phillips Petroleum Co.,** Bartlesville, Okla., V. St. A., *Kunstkautschuk-Ruß-Mischungen.* (**E. P. 885967** vom 20/2. 1958, ausg. 3/1. 1962. A. Prior. 25/2. 1957. — C. **1963,** 334 [F. P. 1214131].)

2658 **Régie Nationale des Usines Renault,** übert. von: **Lucien Péras,** Billancourt, Frankreich, *Kobaltverbindung von Mercaptobenzthiazol.* (**A. P. 3004032** vom 15/7. 1959, ausg. 10/10. 1961. F. Prior. 7/7. 1958. — C. **1961,** 18899 [F. P. 1201638].)

H_{13}. Ätherische Öle, Parfümerie, Kosmetik

2659 **Der Mechanismus der Geruchsempfindung.** R. W. Moncrieff. (Soap, Perfum. Cosmet. **36,** 880—82, 1963; engl.) H. Franzen 7276◇

2660 **Duftende Blüten und Blätter.** 8. Mitt. **Die Asclepiadaceen.** Edward S. Maurer. (Amer. Perfumer Cosmet. **78,** Nr. 8, 37—40, 1963; London, W. J. Bush & Co. Ltd.; engl.) — 7. vgl. C. **1964,** 8-2651. — Übersicht über die zur Familie der *Asclepiadaceen* (Schwalbenwurzgewächse) gehörenden Pflanzen, die mit vorwiegend exot. Duft, teils milchigen Sekreten, teils balsam. Harzen für den Parfümeur von Interesse sind, außerdem als medizin. Duftkräuter Verw. finden. H. Franzen 7276◇

2661 **Geruch in der natürlichen Ordnung.** 60. Mitt. **Die Proteaceen.** 61. Mitt. **Die Burseraceen.** 62. Mitt. **Die Santalaceen.** E. S. Maurer. (Soap, Perfum. Cosmet. **36,** 926, 928, 930, 932, 934, 936, 1963; London, W. J. Bush & Co., Ltd.; engl.) — 58. u. 59. vgl. C. **1964,** 9-2552. — Übersicht über die zur Familie der *Proteaceen* [Proteussträucher] (**I**). *Burseraceen* [Gummibaumgewächse] (**II**), *Santalaceen* [Sandelholzgewächse] (**III**) gehörenden Pflanzen, wobei **I** nur in der Blüten-Morphologie Erwähnung finden, während **II** infolge ihrer Balsame u. Harze für den Parfümeur interessant sind u. von **III** das äther. Öl in der Medizin, bes. aber, wie auch das aromat. Holz, in der Parfümerie in größerem Umfang verwendet werden. H. Franzen 7276◇

2662 **Die Haltbarmachung von nichtionischen Emulsionen.** Gustav A. Nowak. (Soap, Perfum. Cosmet. **36,** 914, 916, 918, 922, 924, 1963; Holzminden, Dragoco G. m. b. H.; engl.) — Vf. befaßt sich mit Problemen, die bei Verw. von nichtion. Emulgatoren (E.) in Cremes u. fl. Emulsionen bzgl. der Konservierung auftreten, da die üblichen Konservierungsmittel durch diese E. mehr oder weniger inaktiviert werden, u. gibt Hinweise zur Beseitigung der Schwierigkeiten unter Angabe von Rezepturen. H. Franzen 7284◇

2663 **Die Anwendung der Gaschromatographie.** P. Teisseire. (Riv. ital. Essenze, Profumi, Piante officin., Aromi, Saponi, Cosmet. **45,** 342—55, 1963; ital.) — Übersicht über die Anwendung der Gaschromatographie bes. für äther. Öle. — 251 Literaturhinweise. H. P. Fiedler 7286◇

2664 **Gaschromatographische Analyse des ätherischen Orangenöles Valencia recuperata.** R. W. Wolford, G. E. Alberding und J. A. Attaway. (Riv. ital. Essenze, Profumi, Piante officin., Aromi, Saponi, Cosmet. **45,** 335 bis 341, 1963; ital.) — In dem äther. Öl von *Valencia*

recuperata können gaschromatograph. folgende flüchtige Bestandteile nachgewiesen werden: a) KW-Stoffe: d-Limonen, β-Myrcen, Terpinolen, α-Terpinen, γ-Terpinen, α-Pinen(?), p-Cymol(?) u. Δ^3-Caren; b) Alkohole: Methanol, Äthanol, n-Butanol, n-Amylalkohol, Hexanol-(1), Hexanol-(3), Nonanol-(1), Nonanol-(2), Octanol-(1), Linalool, Citronellol, Decanol-(1), α-Terpineol, Geraniol, Nerol u. Carveol(?); Carbonyl-Verbb.: Acetaldehyd, Aceton, α-Äthylbutyraldehyd(?), n-Hexanal, Hexanal-(2) (2 Isomeren), n-Octanal, Octanon-2(?), Octanal-(2) (2 Isomeren) ?, n-Nonanal, n-Decanal, Citronellal, n-Undecanal (?), Geranial, Neral u. *l*-Carvon; c) Ester: Äthylacetat(?), Äthyl-n-caprylat, Terpenylacetat u. n-Methylanthranilsäuremethylester.
H. P. Fiedler 7286◇

2665 **Untersuchung des ätherischen Öls der Früchte der gemeinen Petersilie — Petroselinum sativum Hoffm. polnischer Herkunft.** Zdzisław Rajkowski. (Acta polon. pharmac. **19,** 383—94, 1962; Warszawa, Akad. Med., Kat. Farmakogn.; pol.) — In den Früchten der *Petersilie* poln. Herkunft wurden 2,4—3,6% Öl gefunden. Die physikal. Konst. des Öls sind: $D._4^{20}$ 0,9792—1,0063, n_D^{20} 1,4982—1,5102, $[\alpha]_D^{20}$ — 11 bis — 19°. Das Öl enthält ca. 38% *Tetramethoxyallylbenzol* (F. 25°, $D._4^{20}$ 1,0925, n_D^{20} 1,5185; *Nitro-Deriv.* F. 65°), ca. 20% *l-α-Pinen* ($D._4^{20}$ 0,8557, n_D^{20} 1,4665, $[\alpha]_D^{20}$ — 36°; *Hydrochlorid,* F. 132°; *Nitrosochlorid,* F. 90°), 16% *l-β-Pinen* ($D._4^{20}$ 0,8575, n_D^{20} 1,4775, $[\alpha]_D^{20}$ — 17°; *Rk.-Prod. mit Maleinsäureanhydrid,* F. 94°), 18% *Apiol* (F. 30°, $D._4^{20}$ 1,1561, n_D^{20} 1,5327, $[\alpha]_D^{20}$ 0°; *Tribromid,* F. 88°), *Δ_3-Caren, α-Terpinen* (*Tetrabromid,* F. 127—128°) u. 1% *Myristicin* ($D._4^{20}$ 1,1411, n_D^{20} 1,5398, $[\alpha]_D^{20}$ 0,5°; *Tetrachlorid,* F. 129°). Nach der alkal. Hydrolyse des Öls wurden *Phenyläthylalkohol* ($D._4^{20}$ 1,0171, n_D^{20} 1,5341; *Phthalsäureester,* F. 188—189°) u. *Palmitinsäure* (F. 65°; 0,5% Ausbeute) isoliert. Aldehyde u. Ketone wurden im Öl nicht gefunden. — 33 Literaturangaben.
F. Urban 7286◇

2666 **Das ätherische Öl von Selinum vaginatum.** K. L. Handa, M. C. Nigam und M. L. Sharma. (Riechstoffe u. Aromen **13,** 181—82, 184, 186, 1963; Jammu-Tawi, Indien, Reg. Res. Labor.; dt.) — Aus den Wurzeln von *Selinum vaginatum* C. B. Clarke (*Umbelliferae*) konnten durch Dest. 1,54% eines äther. Öles von gelber Farbe mit muffigem Geruch gewonnen werden: $D._{20}^{20}$ 0,8412; n_D^{20} 1,4716; α_D + 42,0; VZ. 0,0; VZ. nach Acetylierung 30,7; Carbonyle als $C_{10}H_{16}O$ (durch Oxymation) 2,64%. Aus dem äther. Öl wurden durch Fraktionierung an Al_2O_3 nach Brockmann nach der Eluierung mit 1. PAe., 2. PAe. u. Bzn. (1 : 1), 3. Bzn. u. 4. Ae. u. anschließende Entfernung des Lsgm. aus den einzelnen Fraktionen folgende Verbb. gewonnen u. gaschromatograph. u. durch das IR-Spektrum identifiziert: α-Pinen 45,5(%); Limonen 25,3; Camphen 5,7; β-Phellandren 5,2; α-Thujen 1,2; Fenchylalkohol 3,2; α-Terpineol 3,8 u. ein nicht identifiziertes Keton 2,6.
J. Seidemann 7286◇

2667 Margarete Ingrid Sendler-Marbert (Erfinder: Hans Alfred Nieper und Georg Escherich), **Kosmetikum** für Haar-, Haut- und Nagelpflege, enthaltend 0,1—10% eines Mg-Salzes der Asparaginsäure, des Arginins, Cysteins, Cystins, der α-Aminobuttersäure, der p-Aminobenzoesäure, des Phenylalanins, der Pantothensäure, Nicotinsäure, Linolsäure u./oder Linolensäure, bes. in Form eines Chelates. (**Aust. P. 238437** vom 12/1. 1960, ausg. 17/5. 1962.) K. Demmler 7285

2668 Hans Schwarzkopf (Erfinder: Fritz-Walter Lange), Hamburg, **Färben von lebenden Haaren** mit einer neutralen oder schwach alkal., z. B. ammoniakal. Lsg., Creme oder Paste, die Farbstoffprodd., die durch Oxydation zu Farbstoffen entwickelt werden, u. ein Diaminopyridin (I) enthält, gemäß Hauptanmeldung, dad. gek., daß als I das *2.5-Diaminopyridin* u./oder dessen Substitutionsprod. verwendet werden. (**D. A. S. 1149496** Kl. 30h vom 30/3. 1962, ausg. 30/5. 1963 **Zusatz zu D. A. S. 1142045; C. 1963,** 20212.)
C. Lüttgen 7285

2669 County Laboratories Ltd., Brentford, England (Erfinder: Philip Alexander), **Färben von menschlichem Haar** durch Behandeln mit einer wss. Lsg. eines wasserlösl. Schwefelfarbstoffs, der bei einem pH-Wert von 7,5—9,5 durch ein Red.-Mittel zur substantiven Leukoform vor oder nach dem Auftrag auf das Haar red. wird. — Man stellt z. B. eine Farb-Lsg. her durch Mischen einer Lsg. von 0,5 (Teilen) $Na_2S_2O_6$ u. 0,7 calcinierter Soda in 20 W. u. einer Lsg. von 0,6 Sulphosol dunkelbraun SDCF u. 0,4 Sulphosol rotbraun SBCM in 80 Wasser. Die Lsg. wird unmittelbar nach dem Mischen auf das Haar aufgetragen u. trocknen gelassen. Weißes Haar erhält eine braune Färbung mit rötlicher Tönung. (**E. P. 906526** vom 15/6. 1960, ausg. 26/9. 1962.)
C. Lüttgen 7285

2670 Novag Akt.-Ges. (Erfinder: Kuno Schleich), Zürich, Schweiz, **Haarfärbemittel in fester Form,** dad. gek., daß es mindestens einen Oxydationsfarbstoff u. ein Oxydationsmittel enthält, die unter normalen Bedingungen bei Abwesenheit von W. prakt. nicht miteinander reagieren bzw. in einer entsprechenden Form vorliegen, sowie ein Mittel zum Verdicken u. zum Einstellen des pH-Wertes. — 0,5 (g) p-Aminophenol, 0,2 2.4-Diaminoanisol, 1—4 Polyacrylsäure u. 4—8 $NaBO_3$ werden mit soviel Na_3PO_4 vermischt, daß das Prod., in 100 W. gelöst, einem pH-Wert von 6—11 aufweist. (**Schwz. P. 364075** vom 31/12. 1957, ausg. 15/10. 1962.) C. Lüttgen 7285

2671 **Ciba Ltd.,** Basel, übert. von: **Armin Hiestand,** Binningen, Schweiz, *Herstellung von Aminocarbamiden.* (**A. P. 3055924** vom 29/12. 1958, ausg. 25/9. 1962. Schwz. Prior. 11/2. 1958. — **C. 1961,** 9626 [**D. A. S. 1092460**].)

2672 **Orec** (Erfinder: **Robert Brun**), Genf, Schweiz, *Herstellung eines basischen Aluminiumsalzes.* (**Schwz. P. 368787** vom 3/6. 1958, ausg. 15/6. 1963. — **C. 1961,** 15227 [**D. A. S. 1102713**].)

2673 **Colgate-Palmolive Co.,** New York, N. Y., V. St. A., *Haarpflegemittel.* (**Ind. P. 72266** vom 20/6. 1960. — **C. 1963,** 22519 [**D. A. S. 1138511**].)

2674 **Soc. Monsavon l'Oreal,** Paris, Frankreich, *Mittel zum Dauerwellen der Haare.* (**E. P. 890180** vom 22/7. 1960, ausg. 28/2. 1962. F. Prior. 23/7. 1959. — **C. 1963,** 9517 [**F. P. 1241160**].)

2675 **Soc. Monsavon-l'Oreal,** Paris, Frankreich (Erfinder: **Robert Lantz** und **Gregoire Kalopissis**), *Färben von lebenden menschlichen Haaren, Pelzen und anderen Keratinfasern.* (**Aust. P. 235976** vom 10/4. 1959, ausg. 16/11. 1961. F. Prior. 15/4. 1958. — **C. 1962,** 4015 [**E. P. 857070**].)

H_{14}. Zucker, Kohlenhydrate, Stärke

2676 **Die Wissenschaft in der Praxis der Zuckerindustrie.** F. Teschner. (Zuckererzeugung **7,** 30—35, 1963; Halle-Trotha, Inst. für Zucker- u. Stärkeind.; dt.) — Übersicht. — 34 Literaturangaben. H. Herper 7400◇

2677 **Energetische Untersuchungen in der Zuckerindustrie.** 2. Mitt. **Spezifische Exergie von Stoffen.** Tone Baloh. (Zucker **16,** 194—202, 1963; Grevenbroich, Maschinenfabrik Buckau R. Wolf; dt.) — 1. vgl. C. **1963,** 22519. — Übersicht über exerget. Unterss. u. die hierbei erforderliche Berechnung der Exergieströme u. der spez. Exergie von Stoffen (Brennstoff, Wasserdampf, W., Zucker (I), I-Wasser-Lsg.) zur Aufstellung von Exergiebilanzen u. zur Ermittlung der Verluste in der Zuckerindustrie. J. Seidemann 7400◇

2678 **Synthetische Darstellung des Zuckers.** G. Henseke. (Zuckererzeugung **7,** 64—66 u. 78, 1963; Freiberg, Bergakad., Inst. für Organ. Chem.; dt.) — Übersicht. Vf. zeigt, daß eine brauchbare chem. Synth .von Zuckern aus billigen Rohstoffen noch nicht gefunden wurde. — 11 Literaturangaben. M. Mirsch 7400◇

2679 **Einfluß der Vegetationsbedingungen auf den technologischen Wert der Zuckerrüben.** Janusz Trzebiński. (Gaz. Cukrownicza **64,** 283—87, 1962; Innych Rośl. Korzeniowych INAR, zakł. Buraka; pol.) — Übersicht. — 25 Literaturangaben. H. Herper 7406◇

2680 **Schmutzprozente bei Rüben und deren Ursachen.** O. Heinisch. (Zuckererzeugung **7,** 40—46, 1963; Berlin; dt.) — Es wird über die Höhe u. die Auswirkungen des Schmutzbesatzes der Zuckerrüben beim Transport u. bei der Ablieferung, über den Einfl. des Bodens u. der Feuchtigkeit sowie der Niederschläge, der Form der Rüben u. der Bewurzelung, bes. der Wurzelrille ausführlich berichtet. Den Abschluß bildet das Ergebnis einer Rundfrage in verschiedenen Ländern nach der Höhe der Schmutzprozente, nach dem Einfl. des Ernteverf. u. nach Maßnahmen zur Verringerung des Erdbesatzes.
J. Seidemann 7406◇

2681 **Über den Verarbeitungswert der Zuckerrübenköpfe.** Ivan Vavra und Ankica Vavra. (Z. Zuckerind. **11(86)**, 565—68, 1961; Novi Sad, Jugoslawien; dt.) — Labor.-Unterss. vergleichen den technolog. Wert bei der Verarbeitung des Zuckerrübenkopfes mit dem geköpfter Rüben. Aus den Unterss. folgt, daß bei Verarbeitung ungeköpfter Zuckerrüben mehr Melasse u. weniger Weißzucker anfällt, der Kalksalz-Geh. steigt u. der Saft sich stärker verfärbt. Reinhold Böhm 7406◇

2682 **Zur Frage der Verwertung der Rübenschwänze.** M. Athenstedt. (Z. Zuckerind. **12(87)**, 140—41, 1962; Lage/Lippe, Lippische Zuckerfabrik AG; dt.) — 2—5% der angelieferten Zuckerrübenmenge besteht heute aus abgebrochenen Wurzelenden, die am besten gesondert extrahiert werden. Eine dafür geeignete Extraktionsanlage wird beschrieben. Reinhold Böhm 7406◇

2683 **Ein Qualitätskriterium der scheibenförmigen Zuckerrübenschnitzel.** P. Ss. Ssitschewoi. (Zucker-Ind. [UdSSR] **31**, Nr. 2, 53—56, 1957; Moskau, Technol. Inst. der Lebensmittelind.; russ.) — Die einheitliche Dicke der *Rübenschnitzelscheiben* beeinflußt stark den Verlauf des Diffusionsprozesses u. senkt den Zuckerverlust. Vf. schlägt eine Kontrolle der Scheibendicke vor u. gibt Größenverhältnisse an. Als Kriterium wird die Kompressibilität der Rübenschnitzel u. ihre Saftdurchlässigkeit empfohlen. J. Lehmberg 7406△

2684 **Weitere Hinweise zur Extraktion des Zuckers aus Rübenschnitzeln durch Flüssigkeitsaustausch.** Werner Rathje. (Z. Zuckerind. **12(87)**, 131—33, 1962; Berlin, Techn. Univ., Inst. für Zuckerind.; dt.) — Vgl. C. **1963**, 9142. — Als Stütze der Hypothese, daß die Extraktion des Zuckers aus Rübenschnitzeln nicht durch Diffusion, sondern durch Flüssigkeitsaustausch erfolgt, führt Vf. 3 Verss. durch: 1. Bei Berührung mit hypoton. Lsg. tritt aus einer zerschnittenen Riesenzelle der Alge *Chara fragilis* die dem Zellvol. entsprechende Menge Zellsaft aus; beim Einlegen in hyperton. Saccharose-Lsg. ist das nicht der Fall. 2. Beim Erwärmen von Schnitzeln der roten Rübe in Wasser treten Zellsaft und Interzellularluft aus, beim Erwärmen in 15%ig. Zucker-Lsg. jedoch nicht. 3. Aus denaturierten Rübenschnitzeln werden die großen Saccharose-Moll. ebenso schnell extrahiert wie die kleinen Asche-Ionen, was bei einer Diffusion nicht der Fall ist. Reinhold Böhm 7412◇

2685 **Grundfragen der zeitgemäßen Saftreinigung in Ungarn.** K. Vukov. (Zuckererzeugung **6**, 284—86, 1962; Budapest, Forschungsinst. der ungar. Zuckerind.; dt.) — Auf Grund von Versuchsergebnissen u. Betriebserfahrungen empfiehlt sich folgendes Saftreinigungsschema für die Verhältnisse der ungar. Zuckerfabriken: heiße progressive Vorscheidung im Gegenstrom, verbunden mit Rücknahme von Schlammsaft, heiße Hauptscheidung, kontinuierliche 1. Saturation, Verw. von Trommelfiltern u. Nachfiltration, gegebenenfalls mit den Alternativen der mäßig warmen progressiven Vorscheidung u. fraktionierten Scheidung. W. Willenberg 7412◇

2686 **Kolonnenapparat nach Jaworowski für kontinuierliche progressive Vorscheidung.** Stanisław Gawrych und Wanda Drewnoswka. (Gaz. Cukrownicza **64**, 262—67, 1962; Inst. Przemysłu Cukrowniczego, Zakl. Technol. Cukru; pol.) H. Herper 7412◇

2687 **Über den Filtrationskoeffizienten Fk.** Jan Dobrzycki. (Gaz. Cukrownicza **64**, 267—69, 1962; Łódz, Technol. Srodków Spożyw. Politechn. Kat. Cukrown.; pol.) — Die Ungenauigkeit einer einzigen Best. des Filtrationskoeff. Fk wird dadurch vermindert, daß während der Vers.-Filtration die Filtrationszeiten T mehrerer einzelner ml der Lsg. bestimmt werden. An Hand der Meth. der kleinsten Quadrate werden einfache Formeln abgeleitet, die je nach der Anzahl „n" der gemessenen Zeiten den Wert Fk zu berechnen erlauben. H. Herper 7412◇

2688 **Die mechanische Brüdenverdichtung in Zuckerfabriken.** G. Vernois. (Zuckererzeugung **6**, 286—89, 1962; Vanves, Seine; dt.) — Nach Beschreibung des Prinzips der Verdampfstationen mit mechan. Brüdenverdichtung wird eine 5stufige Verdampfstation mit mechan. Brüdenverdichtung für den 1. Körper behandelt u. die automat. Regelung derselben beschrieben. Die mechan. Brüdenverdichtung läßt sich auch in der Kochstation einsetzen. Ihr Einfl. auf die Energiewirtschaft der Fabrik wird dargelegt. W. Willenberg 7414◇

2689 **Nachtrag zum Beitrag „Die mechanische Brüdenverdichtung in Zuckerfabriken".** G. Vernois. (Zuckererzeugung **7**, 39, 1963; dt.) — Vgl. vorst. Referat. W. Willenberg 7414◇

2690 **Experimente zur Anwendung der Zerstäubungstrocknung auf Saccharoselösungen.** H. Wirner und K. Menzel. (Z. Zuckerind. **12(87)**, 123—31, 1962; Berlin, Versuchsanst. für Zuckertechnol., Inst. für Zuckerind.; dt.) — Vff. verwenden eine Zerstäubungstrocknungsanlage mit Druckluftdüse zur Gewinnung von Weißzucker aus alkohol. u. wss. Saccharose-Lsgg. des Konz.-Bereiches 7—60°Bx. Der gewonnene Zucker ähnelt in seinen Eigg. dem Puderzucker, setzt sich jedoch nicht aus Kristallbruchstücken, sondern aus Konglomeraten von Mikrokristallen zusammen. Der mittlere Tropfendurchmesser, die durch die Zerstäubung erzeugte Oberfläche, die mittlere Temp.-Differenz u. die Trocknungszeit bei den einzelnen Verss. werden rechner. erfaßt. — 25 Literaturangaben. Reinhold Böhm 7416◇

2691 **Die Entfärbung von Melisklären mit Kunstharzentfärber Wofatit E.** W. Plato und M. Schopf. (Zuckererzeugung **7**, 36—99, 1963; Halle, VEB Zuckerraffinerie „Vorwärts"; dt.) — Unterss. zur Entfärbung von Melisklären zeigen, daß es durch Verw. von Wofatit E möglich ist, stark farbstoffhaltige Klären trotz eines hohen Bx-Grades (64°Bx) zu entfärben. Das leichte Absinken des pH-Wertes (von 7,7 auf 7,1) u. der damit verbundene Zuckerverlust durch auftretende Inversion sind sehr gering. Der ökonom. Nutzen dieses Entfärbungsverf. wird deutlich herausgestellt. J. Seidemann 7416◇

2692 **Das Wachsen der Kristalle beim Kochen und bei der Kristallisation von Füllmassen.** P. D. Golowkow. (Zucker-Ind. [UdSSR] **31**, Nr. 2, 14—18, 1957; russ.) — Am Beispiel des ersten u. zweiten Prod. von Feinzuckerfabriken u. der Raffinade von Füllmassen wird die Kristallisationsgeschw. beim Kochen berechnet. J. Lehmberg 7416△

2693 **Der Sättigungskoeffizient und die zusätzliche Entzuckerung von Raffinadesirup.** I. F. Selikman und T. A. Abdullajew. (Zucker-Ind. [UdSSR] **31**, Nr. 2, 11—13, 1957; Mittelasiat. Polytechn. Inst.; russ.) — Die in den opt. akt. Nichtzuckern von Raffinadesirup enthaltene *Saccharose* wird sowohl nach der Polarisationsmeth. als auch nach der Ferrocyan-Meth. bestimmt. Die Resultate stellen eine lineare Funktion der Nichtzuckerkonz. zum Sättigungskoeff. dar. J. Lehmberg 7416△

2694 **Das Ausfällen von Saccharose als Calciumtrisaccharat aus Siruplösungen.** P. W. Golowin, A. A. Gerassimenko und G. Ss. Tretjakowa. (Zucker-Ind. [UdSSR] **34**, Nr. 10, 29—30, 1960; Akad. Wiss. UdSSR; russ.) — Zur Steigerung der Zuckerausbeute muß eine Verringerung des Zuckergeh. in Rübenschnitzeln erreicht werden. Analyt. wurde festgestellt, daß 50% des Zuckers aus den Rübenschnitzeln mit chem. Meth. gewonnen werden können. Die Schnitzel werden gelaugt, die Lauge wird abgekühlt u. CaO (115% des Zuckergeh.) zugesetzt. Dadurch werden 85% der Saccharose im Sirup in Ca-Trisaccharat übergeführt. Diese Verss. bewiesen im Gegensatz zur Dedek-Meth. (1923), daß Saccharose in den Schnitzeln in freier Form vorliegt. Der Zusatz von CaO verursacht eine große Schaumbildung. S. Paprotny 7438◇

2695 **Einige Einflüsse der Bedingungen während der Neutralisation bei der Maissirupherstellung.** B. L. Scallet. (Stärke **15**, 256—59, 1963; St. Louis/Mo., Anheuser-Busch, Inc., Central Res. Dep.; engl.) — Es wurde gefunden, daß die Anwesenheit von $NaHSO_3$ während der Neutralisation von Glucosesirup aus Maisstärke die Farbentw. hemmt, aber gleichzeitig bewirkt, daß das Protein lösl. wird. Ein doppelter Säurekonversionsprozeß, bei dem die erste Konversion auf etwa 20 D. E. (Dextrose-Äquivalent) beschränkt bleibt u. dem sich Neutralisation, Filtration u eine zweite Konversion bis zum gewünschten

End-D. E.-Wert anschließt, vermag den Proteingeh. im fertigen Glucosesirup wesentlich zu verringern. Eine Kombination dieser beiden Verf., doppelte Säurekonversion u. Anwendung von $NaHSO_2$ während der Neutralisation, bietet die Möglichkeit, Glucosesirup besser u. preiswerter herzustellen. J. Seidemann 7442◇

2696 **Beiträge zur Chemie der Cellulose und der Stärke.** K. Freudenberg. (Stärke **15**, 199—208, 1963; Heidelberg; dt.) — Übersicht über die chem. Konstit. der einzelnen Polymoleküle der Cellulose u., darauf aufbauend, der Stärke unter bes. Berücksichtigung der Arbeiten des Verfassers. — 113 Literaturangaben. J. Seidemann 7448◇

2697 **Einige Probleme der physikalischen und Kolloidchemie der Stärke.** W. I. Nasarow. (Hochschulnachr. [Krasnodar], Nahrungsmittel-Technol. **1963**, N. 4, 30 bis 36; Moskau, Technolog. Inst. f. Lebensmittelind., Lehrst. physikal. u. Kolloidchem.; russ.) — Allg. Ausführungen über die Struktur von *Stärke*(**I**)-Körnern, den Prozeß der I-Verkleisterung sowie den Einfl. verschiedener chem. u. physikal. Faktoren auf die physikal. u. koll.-chem. Eigg. der Polysaccharide. — 34 Literaturangaben. S. Baryschnikow 7448△

2698 **Der Einfluß der Anbauverhältnisse auf die Eigenschaften der Kartoffelknolle und der Stärke.** H. Wegner und H. Koepf. (Stärke **15**, 119—25, 1963; Berlin, Bundesforschungsanst. für Getreideverarbeit. u. Stuttgart-Hohenheim, Landwirtsch. Hochsch.; dt.) — Vff. untersuchten innerhalb drei Jahren den Einfl. der Anbauverhältnisse (drei Bodentypen u. vier Düngungsarten) auf die beiden Kartoffelsorten „Ackersegen" u. „Lori" u. die entsprechenden Stärken (**I**). Aus diesen Unterss. ergab sich, daß für die Eigg. (Rohdunklung der zerkleinerten Knolle, **I**-Geh., **I**-Ertrag, Phosphorsäure-Geh. der Knolle u. der **I**, Brabender-Viscosität) der Kartoffel u. der **I** die beeinflussenden Faktoren der Standort, d. h. die Beschaffenheit des Bodens u. der Verlauf der Witterung waren. Die Wrkg. der Düngung war von geringem Einfluß. J. Seidemann 7448◇

2699 **Über die Berechnung der Materialbilanz von Hydrocyclonstationen bei der Kartoffelstärkeproduktion.** Tsch. K. Kurotschitzki. (Zucker-Ind. [UdSSR] **34**, Nr. 9, 64—68, 1960; Moskau, Zentr. Forsch.-Inst. der Stärke- u. Melasseind.; russ.) — Mit dem Ziel, die Berechnung der Materialbilanz von in der *Stärkeindustrie* eingesetzten Hydrocyclonstationen zu systematisieren u. zu vereinfachen, leitet Vf. einige elementare Beziehungen ab, die es gestatten, die entsprechenden Berechnungen bei der Kombination mehrerer Hydrocyclone vorzunehmen. Diesen Berechnungen liegen Daten über die Anzahl der Hydrocyclone sowie die Betriebskennzahlen eines einzelnen Hydrocyclons zugrunde. An Hand von Beispielen wird die Berechnung der Klärung der Stärkemilch, der Auswaschung der lösl. Stoffe sowie der Entfernung der Feinpülpe ausführlich erläutert. In einer Tabelle sind die entsprechenden Formeln zur Berechnung der oben angeführten Operationen bei Verw. von drei- bis sechsstufigen Hydrocyclonstationen angegeben. S. Augustat 7448□

2700 **Beeinflussung von Stärkesubstanzen durch Ultraschall.** M. Samec. (Stärke **15**, 243—45, 1963; Ljubljana (Jugoslawien), Chem. Inst. „Boris Kidrič"; dt.) — Unterss. über den Einfl. des US (14 kHz, 1—10 Std.) auf amylosereiche, normale u. Wachs–Mais-Stärke (**I**) zeigen, daß die drei strukturell verschiedenen Mais-**I** sich unterschiedlich verhalten. Während bei der amylosereichen Mais-**I** bei Säureeinw. die Verzuckerung durch Beschallung gefördert wird, tritt bei der Wachsmais-**I** eine Hemmung ein. Bei normaler Mais-**I** findet bei kurzzeitiger Beschallung (1 Std.) eine Förderung, bei 3std. eine geringere Förderung u. bei 6std. Beschallung eine Verzögerung der Verzuckerung statt. J. Seidemann 7448◇

2701 **Wirkung von α-Amylasen auf vorverkleisterte Stärken, gemessen im Amylographen.** Y. Pomeranz und J. A. Shellenberger. (J. Sci. Food Agric. **14**, 145—48, 1963; Manhattan, Kansas State Univ., Dep. of Flour and Feed Milling Ind.; engl.) — Es wurde der Einfl. von gereinigter Weizenmalz-α-, Bakterien-(*Bacillus subtilus*) u. Pilz-(*Aspergillus oryzae*)-Amylase auf unter konst. Bedingungen vorverkleisterte Mais-, Wachsmais- u. amylosereiche Maisstärke (**I**), Maranta-, Kartoffel-, Lintner- (= lösl. **I**), Sorghum-, Wachssorghum-, Manioka- u. Weizen-**I** untersucht. Das größte Verflüssigungsvermögen, gemessen im Amylographen, bei allen geprüften **I** besaß die Malz-α-Amylase, hingegen war es bei der Pilzamylase geringer. Bakterienamylase zeigte das gleiche Verh. wie Malz-α-Amylase. Die Wachs-**I** wurden schneller abgebaut als die normalen **I**-Arten. J. Seidemann 7448◇

2702 **Chromatographische Untersuchung der Alterung von Stärkegallerten.** N. P. Ssilina und W. I. Nasarow. (Hochschulnachr. [Krasnodar], Nahrungsmittel-Technol. **1963**, Nr. 4, 37—39; Moskau, Technolog. Inst. für Lebensmittelind., Lehrst. physikal. u. Kolloidchemie; russ.) — Säulenchromatograph. (Al_2O_3 als Adsorbens) wurden wss. Auszüge aus Roggen,- Weizen-, Kartoffel- u. Mais-*Stärkegallerten* (SG) untersucht. Es wird gezeigt, daß bei der Alterung der SG koll.-chem. u. chem. Veränderungen der SG (Koagulation der Amylose, Umwandlungen der Dextrine) stattfinden. Zwischen den Prozessen der SG-Alterung u. dem Trockenwerden des Brots wurden gewisse Analogien festgestellt. S. Baryschnikow 7448△

2703 **Elektronenmikroskopische Untersuchungen von Aggregaten der Amylose und des Amylopektins aus Kartoffelstärke.** M. Čeh und V. Marinković. (Stärke **15**, 125—28, 1963; Ljubljana [Jugoslawien], Nuklearni Inst. „Jožef Stefan"; dt.) — Aus elektronenmkr. Unterss. von durch Oberflächenverdampfung getrockneten u. gefriergetrockneten Lsgg. von Kartoffelstärke (**I**), -amylose (**II**) u. -amylopektin (**III**) werden an Hand der erhaltenen Formen der eingetrockneten wss. Aggregate Rückschüsse über die Kolloid-Eigg. von frisch bereiteten, gealterten u. verjüngten (mittels Formamid oder NaOH) **II** u. **III** gezogen. Infolge der fortschreitenden Dehydratation u. der daraus resultierenden Hydrophobisierung erfolgte während der Alterung eine zunehmende Vereinigung der Moll. zu größeren Aggregaten. Durch Verjüngung (NaOH) einer 27 Tage alten **II**-Lsg. konnte eine partielle Zerteilung der **II**-Aggregate erreicht werden. Formamid bewirkte eine gute Peptisierung. Hingegen konnte bei **III**-Lsgg., bes. von gealterten Lsgg., eine Tendenz zur Ausbildung von verästelten Formen festgestellt werden. J. Seidemann 7448◇

2704 **Elektronen-Spin-Resonanz gamma-bestrahlter Stärkesubstanzen.** R. Blinc und M. Samec. (Stärke **15**, 245—46, 1963; Ljubljana [Jugoslawien], Chem. Inst. „Boris Kidrič"; dt.) — Es wurden die Elektronen-Spin-Resonanz(ESR)-Spektren von verschiedenen Kartoffel- u. Weizen-Amylopektinen (**I**) u. -Amylosen (**II**) sowie von Maltose (**III**) u. Glucose (**IV**) nach Bestrahlung mit ca. $1-5 \cdot 10^6$ r in einem magnet. Feld von 3000 Gauss, Frequenz 9000 Mega-Hz, untersucht. Sowohl bei **I** u. **II** als auch bei **III** u. **IV** konnten deutliche Spektren festgestellt werden. Die Natur der durch Spaltung der Atombindung auftretenden Radikale ist bei **I** u. **II** beider Stärkearten gleich, während bei **III** u. **IV** zumindest ein Radikal verschieden ist. Die Intensität der ISR-Spektren ist bei Bestrahlung in Ggw. von Luft schwächer als im Vakuum. Die Spaltung zwischen zwei Pyranoseringen wird als sicher angesehen, die zwischen zwei C-Atomen ist wahrscheinlich. Spaltungen zwischen dem C u. H in der CH_2-Gruppe u. im Hydroxyl der CH_2OH-Gruppen sind noch nicht geklärt. J. Seidemann 7448◇

2705 **Bestimmung der Saccharose in Zuckerrüben mittels wäßriger Digestionsmethode.** Konstantin Vukov. (Z. Zuckerind. **12**(87), 67—71, 1962; Budapest, Forschungsinst. der Zuckerind.; dt.) — Vf. beschreibt eine Meth. zur Best. der *Saccharose* (**I**) in Zuckerrüben, die sich bes. für Serien-Unterss. eignet. Dem zerkleinerten Rübenbrei wird eine entsprechende Wassermenge zugesetzt, nach Konz.-Ausgleich wird filtriert u. die opt. Drehung bestimmt. Das Markvol. t (ml/100 g) wird dabei aus dem Mark-Geh. m (Gew.%) nach der Näherungsgleichung $t = 2\,m - 3{,}5$ berechnet oder einer Korrekturtabelle entnommen. Eine weitere Tabelle gibt die erforderliche Digestionszeit für verschiedene Denaturierungsmeth. an. Auch der Einfl. der durch Nichtsaccharose verursachten opt. Drehung wird untersucht. Dabei wird festgestellt, daß die aus Invertzucker nach der Fällung der Fructose zurückbleibende Glusose bei der warmen, wss. Digestionsmeth. zweckmäßig zu berücksichtigen ist. Wenn nicht durch Mikroorganismen beschädigte Rüben vorliegen, ist die Best. des I-Geh. nach der kalten, wss. Digestionsmeth. mit einem Schneide-Mischgerät u. anschließender Best. der opt. Drehung genau genug für die Zuckerbilanz in Zuckerfabriken. Reinhold Böhm 7472◇

2706 **Zuckerbestimmung nach der Entfärbung der Fehlingschen Lösung.** W. L. Wosnessenski, G. I. Gorbatschewa, T. P. Schtanko und L. A. Filippowa. (Pflanzenphysiologie [UdSSR] **9,** 255—56, 1962; russ., Auszug: engl.) — Die Zucker-Best. nach Bertrand wird dadurch vereinfacht, daß die Farbänderung der Lsg. nach dem Kochen mit Fehlingscher Lsg. im photoelektr. Colorimeter gemessen wird. Die Farbänderung ist proportional dem Zuckergehalt. Mengen von 1—6 mg lassen sich mit einer Genauigkeit von 1% bestimmen. Bei 0,5 mg Zucker beträgt die Genauigkeit 10%, bei 0,25 mg ca. 30%. O. Lebtag 7488△

2707 **Die colorimetrische Anthronmethode zur Bestimmung von Zucker und Stärke in Suspensionen geringer Konzentration.** A. P. Ruchljadewa und T. G. Filatowa. (Zucker-Ind. [UdSSR] **36,** Nr. 12, 37—40, 1962; Zentr. Forsch.-Inst. für Zuckerind.; russ.) — Die Meth. beruht auf der allg. Farbrk. von Kohlenhydraten (I) mit *Anthron* in Ggw. konz. H_2SO_4. Das Verf. ermöglicht es, die I-Best. in 20—30 Min. mit einer Fehlergrenze von $\pm$ 0,5—1,0% durchzuführen. Die Best. der opt. Dichte der Lsg. erfolgt bei $\lambda = 656$ mμ u. kann am Photoelektrocolorimeter „*FEKN-57*" (rotes Lichtfilter) durchgeführt werden. S. Baryschnikow 7488△

2708 American Sugar Refining Co. (Erfinder: Alfred Sochmann), **Herstellung von granuliertem braunem Zucker** in frei fließender, nicht zusammenbackender Form, dad. gek., daß man feuchten, mit Melasse behafteten braunen Zucker unter starker Bewegung bei > 60° trocknet, bis der Feuchtigkeits-Geh. < 1% liegt, u. unter weiterer Bewegung auf 32° abkühlt. (**Aust. P. 236970** vom 3/11. 1959, ausg. 1/2. 1962.) C. Lüttgen 7417

2709 Corn Products Co., Del., übert. von: Ralph W. Kerr, Riverside, Ill., V. St. A., **Enzymatische Erzeugung von kristallisierter Dextrose aus Stärke.** Zu D. A. S. 1087550; C. **1961,** 12299 ist nachzutragen: Man reinigt die mit dem synthet. Mg-Silicat von der Transglucosidase u. anderen Verunreinigungen weitgehend befreite Enzymlsg. (aus Aspergillus niger) weiterhin noch papierchromatograph., entwickelt das Chromatogramm mit einer wasserlösl. Fl., in der das Enzym unlösl. ist, bes. mit 50%ig. wss. Aceton oder A., u. eluiert aus dem Papier mit W. ein hauptsächlich aus Amyloglucosidase bestehendes Enzympräp., das bei der Stärkeverzuckerung (Mais) maximale D. E. (Dextrose-Äquivalent)-Werte von 93—96% (= wahrer Dextrosegeh. von 87—94%) liefert. — Mengenbeispiele. (**A. P. 3017330** vom 28/11. 1958, ausg. 16/1. 1962.) G. Vogel 7443

2710 R. W. Feniksowa, W. I. Rodsewitsch, W. L. Jarowenko, N. M. Kusnetzow, A. A. Schilowa und G. M. Dobrolinskaja, **Hydrolyse von stärkehaltigen Rohstoffen** ohne Abbau von Protein durch Fermente aus Aspergillus awamori. (**UdSSR. P. 134210** vom 9/5. 1960.) L. Großner 7443

2711 **Sandor Vajna,** Köln, *Regenerierung von bei der Entsalzung von Zuckerlösungen eingesetzten Anionenaustauschern.* (**Oe. P. 225130** vom 11/3. 1958, ausg. 27/12. 1962. — C. **1960,** 7630 [D. A. S. 1069540].)

2712 **American Sugar Refining Co.,** New York, N. Y., V. St. A., *Reinigen von Zuckersaft.* (**Ind. P. 72167** vom 13/6. 1960. — C. **1962,** 1441 [A. P. 2954305].)

H_{15}. Gärungsindustrie

2713 **Nichtzucker der Melasse und ihre Bedeutung für die Hefeindustrie.** L. D. Belowa. (Brot- u. Konditorei-Ind. [UdSSR] **7,** Nr. 9, 14—16, 1963; Zentr. Forsch.-Inst. für Brotind.; russ.) — 23—45% des Gesamt-N der Melasse (I; Aminosäure-, Amid- u. ammoniakal. N) können von *Hefe* verwertet werden; Betain-N wird dagegen von Hefe nicht assimiliert. Die Best. des assimilierbaren N erfolgt nach der biochem. Meth. (Best. von restlichem N in der I-Maische nach vollendeter, bei Luftzufuhr durchgeführter Züchtung der Hefe in der Maische). Die Best. des Amin-N beruht auf dem Vermögen von Aminosäuren, mit (suspendiertem) $Cu_3(PO_4)_2$ wasserlösl. Cu-Komplex-Verbb. (**II**) zu bilden. Die Cu-Best. in **II** erfolgt jodometrisch. S. Baryschnikow 7506△

2714 **Einfluß einiger Antiseptica auf die Lebensfähigkeit der Hefe Schizosaccharomyces acidodevoratus.** Stefan Bujak und W. Surma. (Przemysł spożywczy **16,** 15—18, 1962; Lublin; pol.) — *Antiformin* tötet bei 40° nach 5 Min. alle Spaltpilze (I) bei einer Konz. 1:15. Die I waren widerstandsfähiger gegen Antiseptica als die edle Weinhefe. P. Kadach 7506◇

2715 **Einfluß von Natriumchlorid auf die Aktivität von Weizenamylasen.** I. M. Roiter und N. I. Bersina. (Hochschulnachr. [Krasnodar], Nahrungsmittel-Technol. **1963,** Nr. 4, 42—46; Kiew, Technolog. Inst. für Lebensmittelind., Lehrst. Bäckereiwesen; russ.) — Untersucht wurde die Einw. der Zugabe von 0,5—5,0% NaCl zu *Weizenamylase*(**I**)-Lsgg. vom pH-Wert 3—8 auf die Aktivität der α- u. β-**I**. Es wird gezeigt, daß in $\leqq$ 4% NaCl enthaltenden Lsgg. die maximale Aktivität (mA) der α- u. β-**I** bei pH-Werten 5,5—6,0 erreicht wird. In > 4% NaCl enthaltenden **I**-Lsgg. (erniedrigte **I**-Aktivität) soll zur Erreichung der mA der Fermente der pH-Wert der Lsg. erhöht werden. S. Baryschnikow 7508△

2716 **Kontinuierliche Alkoholgärung von Melasse.** Kazimierz Jarosz. (Przemysł spożywczy **16,** 22—26, 1962; Warszawa; pol.) — In der Tschechoslowakei wird der für Genußzwecke bestimmte A. nur aus Melasse (I), in der Ukraine zu 91% aus I gewonnen. Es wird die kontinuierliche Anlage von Zyrardow beschrieben u. mit ähnlichen Anlagen in der Sowjetunion verglichen. P. Kadach 7536◇

2717 **Bekämpfung der Infektion bei der kontinuierlichen Alkoholgärung.** I. Januszewicz und Z. Radziszewski. (Przemysł spożywczy **16,** 62—68, 1962; pol.) — Die Zugabe von „*Laurosept*" (**I**; *Laurylpyridiniumbromid*) beschleunigt geringfügig die alkohol. Gärung, indem durch die stoßweise Zugabe von **I** eine Hemmung der Bakterien eintritt, somit eine bessere Nutzung von Zucker durch die Hefe erfolgt u. ein rythm. Verlauf der Gärung ermöglicht wird. P. Kadach 7536◇

2718 **Nichtrostende Chrom–Nickel-Stähle für die Weinkellerwirtschaft.** H. Eschnauer. (Nickel-Ber. **21,** 231 bis 235, 1963; Ingelheim/Rhein; dt.) — Nichtrostende Cr–Ni-Stähle werden in der Nahrungsmittelindustrie mit gutem Erfolg verwendet. Es tritt keine Geschmacks- oder Geruchsverfälschung ein. Verss. unter verschärften Prüfbedingungen haben gezeigt, daß nichtrostende Cr–Ni-Stähle in der Weinkellerwirtschaft auch bei langen Berührungszeiten Wein nicht beeinflussen. W. Lange 7554◇

2719 **Gegenwärtige Kenntnis vom Trauben- und Weinaroma.** A. D. Webb. (Food Technol. **16,** 56—59, 1962; Davis, Calif.. Univ., Dep. Viticult. and Enology; engl.) — Das Aroma u. die Blume von Trauben u. Weinen werden durch spurenweise vorkommende flüchtige Verbb. hervorgerufen. In 6 Tabellen werden die Verbb., die bisher säulen-, papier- oder gaschromatograph. isoliert u. identifiziert wurden, aufgeführt. F. Zeidler 7554◇

2720 **Einfluß von Ascorbinsäure auf die Qualität und Stabilität von Tischweinen.** W. M. Losa und I. B. Platonow. (Hochschulnachr. [Krasnodar], Nahrungsmittel-Technol. **1963,** Nr. 4, 65—68; Krasnodar, Inst. für Lebensmittelind., Lehrst. Technol. Weinbereit.; russ.) — Die Zugabe von 100 mg/Liter *Ascorbinsäure* (**I**) vor dem Abziehen in Flaschen zu 40—60 mg/Liter SO_2 enthaltendem *Tischwein* erhöht infolge der Absorption des gelösten Luft-O_2 durch **I** die organolept. Eigg. des gelagerten Produktes. Die durch Entw. von Mikroorganismen (bes. Hefen) verursachten, 1—2 Monate nach dem Abfüllen entstehenden Trübungen (in bei 22—25° aufbewahrten Flaschen) können durch das Verf. nicht beseitigt werden. S. Baryschnikow 7554△

2721 **Natur, Herkunft und Verhütung von Schwefelwasserstoffaroma in Weinen.** B. C. Rankine. (J. Sci. Food Agric. **14,** 79—91, 1963; Adelaide, Austral. Wine Res. Inst.; engl.) — H_2S-Aroma in jungen Weinen rührt von H_2S u. Spuren von C_2H_5SH her; die S-Verbb. entstehen aus Bisulfit u. elementarem S, nicht aus S-Aminosäuren. Die aus elementarem S entstehenden Mengen sind umgekehrt proportional zur Partikelgröße des S, der in den Weingärten als Staub oder Spray kurz vor der Lese angewendet wird. Die Hefen unterscheiden sich in ihrer Fähigkeit, H_2S während der Gärung zu bilden, so daß möglichst ein Hefestamm mit minimaler H_2S-Erzeugung ausgewählt werden soll. Niedriges pH u. hohe Gärungs-Temp. fördern die Bldg. von H_2S. Über der Hefe gelagerter Wein bildet H_2S aus elementarem S, nicht aus Bisulfit. Die Ggw. von verschiedenen Metallen ist, bes. bei hohen SO_2-Mengen, schädlich. Eine Entfernung der S-Verbb. wird am besten am Anfang der Aromaentstehung durch SO_2 u. Belüftung erreicht. Der Mechanismus der Aroma-Bldg. wird diskutiert. — 34 Literaturangaben. F. Zeidler 7554◇

2722 **Herstellung von Milchsäure aus Saccharose.** Vladimír Krumphanzl und Josef Dyr. (Kvasný Průmysl **7,** 81—83, 1961; Praha, Vys. škola chem.-technol.; tschech.) — Für die Gewinnung von *Milchsäure* durch Gärung wird folgende Gärfl. angegeben: auf 1 Liter Trinkwasser 100 (g) Saccharose, 20 Malzkeime oder autolysierte Hefe u. 2,5 K_2HPO_4. Bei pH 5,2 wurde die Fl. mit *Lactobacillus Delbrückii* inokuliert. Nach 6tägiger Gärung bei 45° u. Neutralisation mit $CaCO_3$ wurde die Milchsäure durch Zerlegung des Ca-Lactates u. Filtration isoliert u. mit Carboraffin entfärbt. Die Ausbeute betrug 95%, Restzucker 0,32%, u. die gewonnene Milchsäure entsprach völlig den Forderungen der Lebensmittelindustrie. J. Špinka 7578◇

2723 **Beitrag zur Bestimmung der Fluorescenz in Spriten.** O. Wanger. (Mitt. Gebiete Lebensmittelunters. Hyg. [Bern] **54,** 35—59, 1963; Schweiz, Eidg. Alkoholverwaltung, Labor.; dt.) — Um kleinste Mengen an Verunreinigungen in Spriten festzustellen, entwickelte Vf. eine empfindliche, spektrophotometr. Meth. zur Best. von Fluorescenzintensität (F.I.) u. Fluorescenzfarbe (F.F.). Für die Messungen diente das Zeiss-Spektralphotometer PMQ II mit dem zugehörigen Fluorescenzansatz. Für die F.I.-Messungen dienen als Standard-Lsgg. Sprit-Lsgg. (96 Vol.%ig) mit verschiedenen Mengen an Na-Salicylat. Die F.I. wird in mg/Liter Na-Salicylat ausgedrückt. Zur Messung der F.F. wird das Meßgut prim. bei 365 nm angeregt u. das sek. ausgestrahlte Fluorescenzlicht als Spektrum aufgenommen. Seine Farbe wird durch die Wellenlänge der stärksten Strahlung charakterisiert. Weiterhin wird eine behelfsmäßige Meth. zur Best. der F.I. mit einer gewöhnlichen Fluorescenzlampe beschrieben. Die Qualitätsanforderungen an Sprite hinsichtlich ihrer F.I. werden diskutiert. Um Aufschlüsse über die Art der fluorescierenden Verunreinigungen zu gewinnen, wurden Messungen der F.F. in Spriten durchgeführt, die u. a. Zusätze von Gummiarten, Bzn., Mineralölen, Phenolkunstharz, Polyäthylen u. Polyester erhielten. Bes. nach der Sprit-Lagerung in Fässern, die mit Kunstharzanstrichen versehen sind, oder in Plastikbehältern treten charakterist. blau- bis blaugrüne Fluorescenzfarben auf. H. J. Pieper 7596◇

2724 **Carbonylverbindungen der verschiedenen Spritsorten und Weindestillate.** Heikki Suomalainen und Pentti Ronkainen. (Teknillisen Kem. Aikakauslehti [Z. techn. Chem.] **20,** 413—17, 1963; Helsinki, Finnland, Staatl. Alkohol-Monopol, Forsch. Labor.; dt.) — Die Carbonyl-Verbb. aus finn. Sulfit(**I**)- u. Getreidesprit (**II**) u. aus französ. Weindestillaten (**III**) Compte 0—5 werden als 2.4-Dinitrophenylhydrazone gefällt u. papierchromatograph. getrennt. In den **I**-Spriten werden nachgewiesen: Acet-, Isovaler- u./oder opt. akt. Valer- u. Formaldehyd u./oder Furfural, Isobutyraldehyd, n-Hexanal, Propionsowie Crotonaldehyd. Letztere Verb. findet sich nicht in **II**. Aus den **III** werden die Hydrazone folgender Verbb. identifiziert: Acet-, Isobutyraldehyd, Furfural, Isovaler- u./oder opt. akt. Valeraldehyd, ferner dünnschichtchromatograph. Methylglyoxal u. Glyoxal. Beim Altern der Destillate vermindern sich Isobutyraldehyd, Furfural u. Isovaler- u./oder opt. akt. Valeraldehyd, die Acetaldehydmenge nimmt deutlich zu. F. Zeidler 7596◇

2725 **Hopfenöl. 2. Mitt. Hauptbestandteile der nichtverseifbaren Fraktion.** J. B. Roberts. (J. Inst. Brewing **69,** 343—46, 1963; Ashford, Kent, Wye Coll., Dep. Hop. Res.; engl.) — 1. vgl. C. **1962,** 16519. — Als Hauptbestandteile des nichtverseifbaren Anteils der oxydierten Hopfenölfraktion wurden Geraniol, 2-Methylbutanol, Linalool, Methylnonylketon, Methylundecylketon u. die Monoepoxide des Caryophyllens u. Humulens gefunden. Drei andere Carbonyl-Verbb. konnten nicht identifiziert werden. S. Zaake 7598◇

2726 **Isolierung und Charakterisierung einer polyphenolischen Substanz aus „Humulus lupulus“.** A. Vanclef. (Ind. chim. belge **28,** 757, 1963; Leuven, Univ., Labor. Biochim.; franz.) — *Hopfen „Replant Saaz“* wird lyophilisiert (bis Restwasser 10%) u. unter CO_2 bei 4° gehalten. Durch Extraktion mit Chlf., Ae. u. Äthylacetat wird eine polyphenol. Fraktion erhalten. Das gesuchte *Polyphenol* (**I**), R_F 0,93 für Partridge-Lsg. u. 0,75 für Essigsäure, wird chromatographiert (Kolonne mit Amberlite CG 50 T_I, eluiert mit W., u. mit Perlon, eluiert mit A.). Verschiedene Rkk. charakterisieren das Mol. des **I**. W. A. Schäfer 7598◇

2727 **Dextran in Weinen.** Lidia E. Bidinost. (An. Direcc. nac. Quím. **13,** 39—41, 1960; span.) — Die Anwesenheit von *Dextran* in Weinen wird an Proben, die vorher einer Säurehydrolyse unterworfen werden, papierchromatograph. nachgewiesen. F. Zeidler 7606◇

2728 **Austauschadsorption von Weinsäureanionen aus Weinsteinlösungen am Anionenaustauscher AB-16.** Ju. Ss. Charin. (Hochschulnachr. [Krasnodar], Nahrungsmittel-Technol. **1963,** Nr. 4, 69—71; Odessa, Technolog. Inst. für Lebensmittel- u. Kälteind., Lehrst. Technol. der Weinbereit.; russ.) — Vf. untersuchte die Austauschadsorption von $(CHOHCOO)_2^{2-}$ aus *Weinstein*-Lsgg. (pH $\geq$ 6,0) am Anionenaustauscherharz *AB-16*. Die nach der stöchiometr. Gleichung verlaufende Ionenaustausch-Rk. unterliegt dem Massenwirkungsgesetz. Der lg der Gleichgew.-Konst. beträgt 5,42. S. Baryschnikow 7606△

2729 Brewing Patents Ltd. (Erfinder: Sydney Edward Learner, Anthony John Bennett, Harry Ormond Bennett und Arthur Desmond Vavis), **Hopfen von Brauwürze** durch Perkolieren eines sich bewegenden Hopfenbettes mit heißer Würze im Gegenstrom u. Filtern der mit den extrahierten Bitterstoffen angereicherten Würze. — Vorrichtung. (**Aust. P. 237103** vom 3/6. 1960, ausg. 8/2. 1962. E. Prior. 12/6. 1959 u. 14/3. 1960.) K. Demmler 7541

2730 Ajinomoto Co., Inc., und Sanraku Distillers Co., Inc., Tokyo, Japan, **Herstellung von L-Glutaminsäure** durch bakterielle Fermentation, dad. gek., daß man Brevibacterium lactofermentus nov. sp. bei 28—37° unter aeroben Bedingungen in einer Nähr-Lsg. züchtet, die pro Liter $\geq$ 20 μg Vitamin B_1 neben Zuckern, wie Glucose u. Fructose, hydrolysierter Stärke u. N-liefernden Stoffen, wie Harnstoff u. NH_4-Salzen, enthält. (**Ind. P. 68268** vom 3/7. 1959.) C. Lüttgen 7579

2731 W. R. Grace & Co., New York, N. Y., übert. von: James Noel Baptist, Laurel, Md., V. St. A., **Erzeugung von Poly-β-hydroxybuttersäure durch Züchten von Bakterien** unter Bldg. des Prod. innerhalb der Zellwände u. Extraktion des Prod. mit einem Lsgm., dad. gek., daß man die Bakterien (aus den Familien Athiorhodaceae, Pseudomonadaceae, Spirillaceae, Rhizobiaceae, Bacillaceae u. Azotobacteraceae, bes. Bacillus megatherium oder Rhodospirillum rubrum) in Aceton dispergiert, aus den dadurch plasmolysierten Zellen Fette u. W. entfernt, den Zellrückstand in Pyridin dispergiert u. das

Prod. aus der vom Zellrückstand getrennten Pyridin-Lsg. gewinnt. — Man impft z. B. 12 Liter einer wss. Nähr-Lsg., die 240 (g) Glucose, 600 ml einer üblichen Mineralsalz-Lsg. u. 9 Hefeextrakt enthält, mit 500 (ml) einer 24std. Kultur von Bacillus megatherium (A.T.T.C. Nr. 8245), belüftet den Ansatz ca. 60 Std. mit ca. 200 bis 500 steriler Luft/Min., zentrifugiert, suspendiert die Zellen zweimal in je 200 Aceton, zuletzt unter 15std. Stehen, filtriert das Aceton, erhitzt 0,612 g des acetonfrei getrockneten Zellrückstands (11,4 g) ca. 10 Min. mit 50 Pyridin bei Rückfluß-Temp. u. fällt aus der filtrierten Pyridin-Lsg. mit 200 Ae. → 0,1145 g des Prod. (= 18,7% Ausbeute). Man kann eine oder mehrere Pyridinextraktionen mit der bekannten Chlf.-Extraktion, die nur 2,7% Ausbeute lieferte, kombinieren → Prod., F. ca. 176°. — Herst. von *plast. Massen.* — Mengenbeispiele, Festigkeits- u. Viscositäts-Tabellen. (**A. P. 3036959** vom 26/9. 1960, ausg. 29/5. 1962.) G. Vogel 7579

2732 United States of America, Secretary of Agriculture, übert. von: Allene R. Jeanes, Peoria, und James H. Sloneker, Minier, Ill., V. St. A., **Herstellung von filmbildenden Massen aus einer Polysaccharidverbindung,** dad. gek., daß man Xanthomonas campestris (NRRL Nr. 1459) in einer Nähr-Lsg. 72 bis 96 Std. belüftet, die zentrifugierte Fl. mit CH_3OH u. KCl so fällt, daß die Konz. dieser Verbb. im Gemisch 56% bzw. 2% beträgt, 0,67 (Teile) des gefällten nativen Polysaccharids in 100 luftfreiem W., das 1,35 KCl enthält, löst, während mindestens 2 Std. heftig 34 einer 0,20 n KOH-Lsg. einrührt, das Gemisch 2 Std. bei 25° unter N_2 stehen läßt, neutralisiert, das deacetylierte Polysaccharid mit CH_3OH so fällt, daß dessen Konz. im Gemisch 44% beträgt, u. aus dem deacetylierten Prod. eine hauptsächlich aus einer 1%ig. Lsg. des Prod. in wss. Glycerin bestehende Masse herstellt, die auf Zusatz v. Alkali eine Viscositätserhöhung zeigt. — Herst. von Filmen, Verdickung von Lebens-, pharmazeut. u. kosmet. Mitteln, Herst. von Bohrschlämmen, Emulgier-, Stabilisier- u. Leimungsmitteln u. Komplexbildnern für Bestandteile der Abwässer von Zellstoffabriken, Schlachthäusern, Molkereien, Mühlen usw. zwecks Herabsetzung des biolog. O_2-Bedarfs der Abwässer. — Mengenbeispiele für die Herst. des nativen u. deacetylierten Polysaccharids, Viscositäts- u. Festigkeits-Tabellen für die Massen bzw. Filme. (**A. P. 3054689** vom 30/12. 1959, ausg. 18/9. 1962.) G. Vogel 7579

2733 **Farbenfabriken Bayer Akt.-Ges.,** Leverkusen (Erfinder: **Wilfried Kaufmann** und **Klaus Bauer,** Wuppertal), *Herstellung von Lävansaccharase.* (**Schwz. P. 370732** vom 8/4. 1958, ausg. 13/9. 1963. D. Prior. 2/5. 1957. — C. **1961,** 15955 [E. P. 850552].)

2734 **Roland Frank Beers jun.,** Baltimore, Md., V. St. A., *Gärverfahren.* (**Schwz. P. 370731** vom 21/11. 1957, ausg. 13/9. 1963. A. Prior. 21/11. 1956. — C. **1960,** 1356 [D. A. S. 1056560].)

2735 **Tanabe Seiyaku Co. Ltd.,** Osaka (Erfinder: **Ichiro Chibata,** Toyonaka, und **Masahiko Kisumi,** Kobe), Japan, *Biochemische Herstellung von l-Asparaginsäure.* (**D. A. S. 1154062** Kl. 6b vom 18/11. 1959, ausg. 12/9. 1963. Jap. Prior. 20/11. 1958. — C. **1963,** 14509 [E. P. 880234].)

H_{16}. Nahrungs-, Genuß- und Futtermittel

2736 **Antivitamine in der Ernährung.** Miloš Adámek. (Průmysl Potravin **13,** 424, 1962; Praha, Obvodní úst. nár. zdraví; tschech.) — Übersicht. — 9 Literaturhinweise. E. Rotter 7630◇

2737 **Stecoritten, ein neues Desinfektionsmittel in der Lebensmittelindustrie.** Peter Pietz und Erwin Hettwer. (Milchwissenschaft **17,** 85—90, 1962; Hannover, Fa. Steding & Co., Forsch.- u. Entwicklungslabor.; dt.) — *Stecoritten,* kaltlösl. Desinfektionstabletten, die freies Cl_2 entwickeln, (ohne nähere Angabe der Zus.) zeigen eine gute bactericide Wirksamkeit gegenüber der *Coli-Aerogenes*-Gruppe, *Micrococcus pyogenes, Streptococcus faecalis, Mycobacterium phlei, Oospora lactis* u. *Bacillus subtilis.* Sie eignen sich zur Desinfektion von Gefäßen, der Hände u. des Euters u. haben keine nachteiligen Wrkg. auf die Lebensmittel. Winfried Krüger 7630◇

2738 **Eine kritische Studie zur Frage des Druck-Kochverfahrens.** L. Telegdy-Kovats, M. Kelemen-Szilas und E. Kraszner-Berndorfer. (Nahrung **6,** 717—31, 1962; Budapest, TU, Inst. f. Lebensmittelchem.; dt.) — Ausgedehnte Unterss. über die Zubereitung pflanzlicher u. tier. Lebensmittel nach der üblichen Kochtechnik u. nach der Druck-Kochtechnik ergaben bei letzterem Verf. neben einer Energieeinsparung u. der Möglichkeit einer Automatisierung des Garungsprozesses einen auffallend besseren Erhalt der Vitamine (C in der Kartoffel, A in der Schweineleber) u. organolept. verbesserte Eigg. der Speisen. Die verkürzte Garungszeit überwiegt also eindeutig die möglichen Nachteile des erhöhten Druckes u. der erhöhten Temperatur. Winfried Krüger 7632◇

2739 **Die Qualität tiefgekühlter Lebensmittel in Abhängigkeit von der Gefrierdauer und -temperatur.** Vladímír Ibl. (Průmysl Potravin **14,** 67—69, 1963; Prag, Lebensmittel u. Kühlanlagen-Forsch.-Inst.; tschech.) C. Kozak 7636◇

2740 **Trockenhefe als Hauptkomponente konservierter Produkte.** Jan Košt'ál. (Průmysl Potravin **14,** 197—98, 1963; Ústí n. L. Krásné Březno; tschech.) — Es wird ein neues Prod. der Konservierungsindustrie auf Trockenhefe-Basis beschrieben: Trockensubstanz wenigstens 24%, Salzgeh. 0,8—1,2%, Säuregeh. 0,5—0,8% (als CH_3COOH). Die chem. Zus. u. die Nährwerte werden in einer ausführlichen Tabelle zusammengefaßt. C. Kozak 7646◇

2741 **Das Verhalten der Stärke und der Chlorogensäure bei der technologischen Bearbeitung und Lagerung von Kartoffeln.** W. Diemair und H. Huck. (Nahrung **6,** 675—87, 1962; Frankfurt/M., Univ., Inst. f. Lebensmittelchem.; dt.) — Bei sachgemäßer Lagerung von Kartoffeln tritt nur ein geringer *Amylose*-Abbau ein. Der Geh. an *Chlorogensäure* (**I**), die als Polyphenol ein möglicher Inhibitor für die Stärke bildenden Phosphorylasen sowie ein Farbstoffbildner bei oxydativen Veränderungen von Kartoffelprodd. sein könnte, nimmt mit der Lagerdauer u. bei der technolog. Verarbeitung der Kartoffeln ebenfalls ab. Da der *Kaffeesäure*(**II**)-Geh. ebenfalls starken Veränderungen unterworfen ist, wird die Möglichkeit eines Überganges von **I** in **II** diskutiert. Winfried Krüger 7678◇

2742 **Die Verbesserung der Lagerstabilität von Kartoffel- und Tomaten-Trockenpulver.** B. S. Bhatia, S. Kuppuswamy, R. Gururaja Rao und D. S. Bhatia. (Current Sci. [Bangalore] **32,** 311—12, 1963; Mysore, Central Food Technol. Res. Inst.; engl.) — Eine Trocknung von Kartoffel- u. Tomatenpulver (a) auf einen Wassergeh. von ca. 4% verhindert zwar nichtenzymat. Bräunungs-Rkk., beschleunigt aber gewisse oxydative Veränderungen, bes. am Aroma der a. Solche Oxydationen treten namentlich unter trop. Lagerbedingungen ein. 0,01% *Tenox II* (Gemisch aus 67% *Butylhydroxyanisol,* 20% *Propylgallat* u. 13% Citronensäure) oder 0,25% $K_2S_2O_5$ verhinderten die Oxydationen nicht, wohl aber ein Zusatz von 5% hydriertem Erdnußöl. Der Ölzusatz stabilisierte auch das *β-Carotin* der a. E. Lück 7678◇

2743 **Merkmale für halbgekochten California-Reis mittlerer Körnung.** D. K. Mecham, E. B. Kester und J. W. Pence. (Food Technol. **15,** 475—79, Albany, Calif., Western Reg. Res. Labor.; engl.) — Reis wird als „halbgekocht" (parboiled) bezeichnet, wenn er, noch von Spelzen umgeben, einer Vorbehandlung durch Quellen (zur Wasser-Aufnahme) u. Kochen (zur Gelatinierung der Stärke) unterzogen u. hierauf getrocknet wird, worauf er vermahlungsfähig ist. Vff. fanden eine Wasser-Aufnahme von ca. 37% in 2 Std. bei 132 oder 150 °F. Bei Temp. über 150 °F gab es geborstene u. teilweise gelatinierte Körner. Mit richtig gequollenen Körnern erfordert das Kochen 5 Min. bei einem Druck von 20 lb./sq. inch oder 8 Min. bei 10 lb./sq. inch. Doch waren die Unterschiede zwischen Proben verschiedener Provenienz u. Lagerungsdauer verhältnismäßig groß. K. Schleich 7686◇

2744 **Veränderungen beim Lagern von halbgekochtem Reis.** David F. Houston, Irving R. Hunter und Ernest B. Kester. (J. agric. Food Chem. **4,** 964—68, 1956; Albany, Calif., USDA, Agric. Res. Serv., Western Utiliz. Res. Branch; engl.) — Die bei 1 Jahr langem Lagern von halbgar gekochtem Reis bei 25° auftretenden Farbänderungen können vernachlässigt werden. Bei 37,8 u. 60° treten nach 3—4 Monate langem Lagern Verluste

an reduzierenden Zuckern, Amin-N u. freien Aminosäuren auf; gleichzeitig bräunt sich der Reis. Zusatz von SO_2 während des Halbkochens von Perlreis verhindert das Bräunen, verzögert aber das Ranzigwerden nicht. Beim Lagern verschwindet das SO_2 allmählich. Bei 28 Tage langem Lagern bei 60° vermindert sich der Feuchtigkeits-Geh. von 11 auf 3,5%.
W. Wesly 7686◇

2745 **Lagerung und Seetransport von Obst in Massenbehältern mit modifizierter Atmosphäre.** C. A. Eaves. (J. horticult. Sci. **38**, 214—21, 1963; Kentville, Nova Scotia, Canada Dep. of Agric.; engl.) — Unterss. über Lagerung u. Seetransport von Äpfeln u. Birnen in gasdichten, mit Polyäthylen–Terephthalat-Filmen ausgekleideten Behältern, in denen $Ca(OH)_2$ aufgestellt ist, zeigen, daß die in den Behältern auftretenden CO_2- u. O_2-Konzz. nicht tox. sind. W. Wesly 7688◇

2746 **Lagerung von Yates-Äpfeln in Kisten mit Polythene-Auskleidung.** F. Melville. (J. Agric. Western Australia [4] **4**, 173—75, 1963; engl.) — Zur Verhütung des Feuchtigkeitsverlustes u. des Schrumpfens von *Yates*-Äpfeln wird empfohlen, diese ohne Aufbringen eines Schutzfilms in Behältern mit *Polythene*-Auskleidung zu lagern. W. Wesly 7688◇

2747 **Beziehung der Farbe von frischen Clingstone-Pfirsichen zu Farbe und Qualität nach der Konservierung.** S. J. Leonard, B. S. Luh, C. O. Chichester und Marion Simone. (Food Technol. **15**, 492—94, 1961; Davis, Calif., Univ. of California, Dep. of Food Sci. and Technol.; engl.) — Das Fruchtmark von 2 Sorten von Pfirsichen wurde in frischem Zustand u. 24 Std. nach der üblichen Konservierung auf Farberhaltung mit dem automat. Farbdifferenzapparat von Gardner bzw. durch Gutachter geprüft. Goldgelbe Farbe (im Gegensatz zur grünlichgelben Farbe der unreifen Frucht) kann als Kennzeichen der Reife gelten; sie wird durch Konservierung verstärkt. K. Schleich 7688◇

2748 **Die Einflüsse von Bestrahlung mit niedriger Dosis und Lagerung auf die Verwendbarkeit von Spargelkohl, Süßmais und Erdbeeren.** Dudley C. Martin und Doris A. Tichenor. (Food Technol. **16**, 96—100, 1962; Lexington, Ky., Univ. of Kentucky, Dep. of Horticult. and School of Home Economics; engl.) — Gamma-Bestrahlung mit Dosen zwischen 0,25 u. $1{,}0 \cdot 10^6$ rad machen Süßmais bei einer Lagerung von 35°F für 305 Tage haltbar, wenn die Lagerung unter N_2 erfolgt. Für Spargelkohl liegt die Haltbarkeitsgrenze bei 270 Tagen. Negativ auf die Haltbarkeit wirkt sich dagegen die Bestrahlung bei Erdbeeren aus, bes. wenn die Dosis die hier genannte obere Grenze erreicht. In jedem Falle war die Haltbarkeit unbestrahlter Prodd., blanchiert oder unblanchiert, bei Lagerung bei 0°F unter N_2 über 270 Tage gewährleistet. G. Heder 7690◇

2749 **Möglichkeiten der kontinuierlichen Gelee-Herstellung.** Vladimír Veselý. (Listy Cukrovarnické **79**, 93 bis 97, 1963; slovak.) — Zur Beschleunigung der Gelee-Bldg. wird empfohlen, nur Agar mit hoher Gelierfähigkeit zu verwenden u. die Gelee-Trockensubstanz sowie die Zugabe von Stärkesirup herabzusetzen. Agar aus Spanien hat sich bei 70% Trockensubstanz u. einem Saccharose–Sirup-Verhältnis von 7:1 am besten bewährt. Versuchs-Gelee war in 25 Minuten hart, u. nach 2,5 Monate langer Lagerung betragen die Gewichtsverluste maximal 5%.
J. Špinka 7702◇

2750 **Technologische und biochemische Gesichtspunkte der Trocknung und der Fermentierung von Paraguay-Tabak.** P. Viart. (Ann. Inst. exp. Tabac Bergerac **4**, 11—207, 1962; Toulouse, Fac. des Sci.; franz.) — Die längere Zeit an Paraguay-Tabakpflanzen belassenen Blätter zeigen bei der Ernte einen Anstieg des Gew. der Trockensubstanz. Der Einfl. des Reifegrades auf die Zus. der Kohlenhydratreserven schwankt mit den Kulturbedingungen. Bei Späternten vermindern sich die Geh. an Gesamt- u. unlösl. N, wogegen der *Nicotin*(**I**)-Geh. ansteigt. Beim Reifen steigt der Geh. an organ. Säuren. Der Verlust an Trockensubstanz beim Trocknen ist um so geringer, je reifer die Blätter sind. Die Blätter enthalten bei der Ernte viel Zucker, der nach einigen Tagen des Trocknens nicht mehr nachweisbar ist, was auf der Atmung noch lebender Gewebe beruht. Gleich nach Beginn der Trocknung tritt ein Übergang von N in gelöste Form auf; gleichzeitig werden durch Eiweißhydrolyse u. eine sek. Synth. Amine u. außerdem NH_3 gebildet. Beim Trocknen vermindert sich der N-Geh. etwas infolge Verflüchtigung von NH_3. Der **I**-Geh. fällt um ca. 25%. Beim Fermentieren ändert sich der Geh. an Kohlenhydraten wenig. Der Geh. an Pektinen fällt ständig; beim künstlichen Fermentieren werden die Pektine besser konserviert. Die N enthaltenden Verbb. erleiden Umwandlungen: die Geh. an Aminosäuren, Amiden, NH_3 u. **I** nehmen ab. In künstlich fermentiertem Tabak bleibt der Geh. an Säuren konst.; nach dem Lagern ist der NH_3-Geh. höher als vorher. Bei jeder Fermentierungsart steigt der Geh. an unlösl. N. In natürlich fermentiertem Tabak ist der N-Verlust ziemlich hoch; in künstlich fermentierten Proben ist der Verlust nicht genau festgestellt worden. Der Anstieg des pH-Wertes deutet darauf hin, daß die organ. Säuren bei der Fermentierung mindestens teilweise nicht mehr nachweisbar sind.
W. Wesly 7734◇

2751 **Kälteanwendung bei der Fleischkonservierung.** C. Antoniani und A. Monzini. (Acta chim. Acad. Sci. hung. **23**, 339—45, 1960; Milano, Centre Exp. du Froid; franz.) — Allg. Ausführungen über die beim Gefrieren von Fleisch u. Fleischerzeugnissen zu berücksichtigenden Gesichtspunkte. A. Täufel 7750◇

2752 **Über die Veränderungen im Fleisch nach dem Schlachten.** A. A. Ssokolow und Mochamed Ssamir El Daschluty. (Hochschulnachr. [Krasnodar], Nahrungsmittel-Technol. **1963**, Nr. 4, 86—89; Moskau, Technolog. Inst. für Fleisch- u. Milchindustrie, Lehrstuhl für Technologie des Fleisches u. der Fleischprodd.; russ.) — Untersucht wurde die Veränderung der *Actomyosin*(**I**)-Fraktion, der Geh. an *Adenosintriphosphorsäure* (**II**), die Anzahl der bestimmbaren *SH*-Gruppen, das Wasser-Aufnahmevermögen u. die Festigkeit von Hammelfleisch im Verlauf seiner Autolyse (0—8 Tage bei 0° aufbewahrtes Rückenmuskelgewebe). Es wird gezeigt, daß im Prozeß der sich entwickelnden Totenstarre ein direktes Verhältnis zwischen der Anzahl der bestimmbaren SH-Gruppen, der Konz. von **II** u. der Löslichkeit der **I**-Fraktion besteht. S. Baryschnikow 7750△

2753 **Emulsionen aus zerriebenem Fleisch. Die Eignung von Fleisch zur Emulgierung von Fett.** C. E. Swift, C. Lockett und A. J. Fryar. (Food Technol. **15**, 468 bis 473, Beltsville, Md., U. S. Dep. of Agric.; Agric. Res. Service, Meat Labor.; engl.) — Fleich (a) wurde sehr fein zerrieben; der mit NaCl-Lsg. verd. Brei wurde mit bei 30° geschmolzenem Fett (b) versetzt, das ganze nochmals intensiv gemischt, wobei weiteres b beigegeben wurde, bis eine feste Emulsion entstand. Die Emulgierung wurde gefördert durch optimale Zerreibung von a, feine Verteilung im Brei u. rasche Zugabe von b. Protein-Extrakte zeigten ebenfalls emulgierende Wrkg., namentlich wenn zur Extraktion NaCl-Lsg. verwendet wurde. Für die Verwertung der Verss. in der Wurstfabrikation sind weitere Arbeiten nötig. K. Schleich 7750◇

2754 **Vergleich von drei Schnellverfahren zur Entdeckung des Verderbens von Fleisch.** R. L. Saffle, K. N. May, H. A. Hamid und J. D. Irby. (Food Technol. **15**, 465 bis 467, 1961; Athens, Ga., Univ. of Georgia, Coll. of Agric. Exp. Stations; engl.) — Für die Voraussage des drohenden Verderbens von Fleisch wurden folgende Verff. geprüft: Zeit für die Reduktion von *Resazurin* zur Farblosigkeit (a), Trübung von Pikrinsäure (b) u. Ninhydrin-Rk. mit α-Aminogruppen (c) in Verbindung mit der Best. der Keimzahl u. der Beurteilung des Geruchs. 52 Proben von Rindfleisch, teilweise mit Zusatz von 0—50% Fett, dienten als Untersuchungssubstanz. a erwies sich eindeutig als bestes Verf., weil der für b herzustellende Extrakt wärmelabil war u. c durch die zwischen Filtration u. Ablesung bei 635 nm nötige Zeit beeinflußt wurde. K. Schleich 7750◇

2755 **Wirkung einer Erwärmung vor der Bestrahlung auf den Geschmack und die Stickstoff-Anteile von Rindfleisch während der Lagerung.** Orhan G. Artar, Jerome

C. R. Li und R. F. Cain. (Food Technol. **15**, 488—91, 1961; Corvallis, Oreg., Oregon Agric. Exp. Station, Dep. of Food and Dairy Technol.; engl.) — Rindfleischproben wurden vor der γ-Bestrahlung teilweise erwärmt u. dann während einer Lagerung von 15—180 Tagen bei 72°F auf Geh. an wasserlöslichem, trichloressigsäurelöslichem u. Amino-N geprüft. Dabei wurde beobachtet, daß Neben-Rkk., namentlich Geschmacksschädigungen, vermieden werden können, wenn das Fleisch vor der Bestrahlung auf 170°F erwärmt wird.
K. Schleich 7750◇

2756 **Der Gewichtsverlust von in Blöcken gefrorenem Fleisch bei Lagerung.** W. P. Boiko und A. K. Fomin. (Kälte-Techn. [UdSSR] **39**, Nr. 1, 37—40, 1962; russ.) — Der Gew.-Verlust von gefrorenem *Rind-*,. *Hammel-* u. *Schweinefleisch* nach 18monatiger Lagerung (verschieden eingepackte Blöcke von 18—20 kg, die bei —16 bis —19,5° u. einer relativen Luftfeuchtigkeit von 94,3 bis 98,5% aufbewahrt wurden) betrug 0,34—1,15%.
S. Baryschnikow 7750△

2757 **Vorteile und Grenzen des Einsatzes von markiertem Phosphat bei Untersuchungen am Hühnerei.** H. Iwainsky und Cl. Franzke. (Z. Lebensmittel-Unters. u. -Forsch. **120**, 93—100, 1963; Berlin, Humboldt-Univ., Inst. für Lebensmittelchem. u. -technol.; Berlin-Buch, Tuberkulose-Forschungsinst., Biochem. Abt.; dt.) — Der Einsatz von radioakt. Isotopen zur Unters. biochem. Vorgänge bei der Hühnerei-Bldg. wird diskutiert. Wenige Std. nach der Injektion von ^{32}P gelegte Eier weisen einen bes. hohen Geh. des Isotops in der Eischale auf, während der Einbau des ^{32}P in Dotter u. Weißei am höchsten liegt, wenn zwischen Injektion u. Legevorgang eine Zeit von 75—90 Std. liegt. Daraus ergibt sich, daß bei einmaliger Verabreichung von ^{32}P nur wenige Eier optimal markiert werden können. Eine Dosis von 170 μC wird ohne erkennbare Folgen vertragen.
E. Lück 7754◇

2758 **Wirkung der Kühlung auf den Nährwert, auf die Verdaulichkeit und auf die organoleptischen Eigenschaften von Milch und Milcherzeugnissen.** E. A. M. Meyknecht. (Acta chim. Acad. Sci. hung. **23**, 347—67, 1960; La Haye, Hollande, Produktschap voor Zuivel.; franz.) — Es werden Verss. zum Gefrieren von Milch in dünner Schicht bei niedriger Temp. beschrieben, bei denen unerwünschte Veränderungen (Entstabilisierung) vermindert oder nicht vollständig eliminiert werden. Die Entstabilisierung umfaßt das Auskristallisieren von Lactose, Erhöhung der Salzkonz. u. Bldg. von Eiskristallen, aber keine Denaturierung der Eiweißstoffe. Da die Lagerung von Rahm zur Butterherstellung kostspielig ist, wird vom Vf. eine Meth. ausgearbeitet, nach der mit dem Fritz-Verf. hergestellte u. bei —10° gelagerte Süßrahmbutter nachträglich in fermentierte qual. einwandfreie Butter übergeführt wird. Es werden weitere Verss. über den Einfl. der Kältebehandlung auf Käse (Denaturierung von Eiweiß, Erhaltung der Vitamine A, B_2 u. B_6, Verminderung der Vitamine B_1 u. C) ausgewertet.
A. Täufel 7756◇

2759 **Zur Theorie der Milchfetterstarrung.** A. Belaussow und W. Wergelessow. (Milch-Ind. [UdSSR] **24**, Nr. 2, 5—9, 1963; Moskauer technol. Inst. für die Fleisch- und Milchind.; russ.) — Es wird über die Gesetzmäßigkeiten beim Erstarren komplizierter Glyceridgemische, bes. des *Milchfettes*, berichtet.
G. Wolf 7756◇

2760 **Physikalisch-chemische Stabilität von gefrorener Voll- und Kondensmilch.** W. C. Winder. (J. Dairy Sci. **45**, 1024—27, 1962; Madison, Univ. of Wisconsin, Dep. of Dairy and Food Ind.; engl.) — Übersicht. — Behandelt werden die Einfl. der Vorwärmung, der Eindampftemp., der Homogenisierung, der Lactose-Kristallisation, der Milchsalze u. a. Faktoren. — 29 Literaturangaben.
Winfried Krüger 7756◇

2761 **Untersuchung der Ursachen von Braunverfärbungen von gezuckerter Kondensmilch.** S. Schtalberg und I. Radajewa. (Milch-Ind. [UdSSR] **24**, Nr. 2, 24—27, 1963; Allunionsforschungsinst. der Milchind.; russ.) — Durchgeführte Unterss. zeigen, daß die Braunverfärbung gezuckerter *Kondensmilch* eine Folge der Melanoidin-Bldg. ist. Die Intensität ist von der Lagertemp. abhängig. Hierbei zeigt Milch aus der Herbstperiode eine größere Stabilität.
G. Wolf 7756◇

2762 **Untersuchungen über geschlagene Butter.** S. H. Vyas und T. I. Hedrick. (Michigan State Univ., agric. Exp. Stat., quart. Bull. **45**, 432—38, 1963; Dep. of Food Sci.; engl.) — Beim Schlagen gesalzener, ungesalzener, weicher u. geschmolzener Butter bei ca. 70°F u. entsprechend höheren Temp. wird bei tiefer Temp. die erforderliche Zeit u. bei hoher Temp. der maximale Luftgeh. vermindert. Der Geschmack gesalzener u. ungesalzener Butter verschlechtert sich mit steigender Lagertemperatur. Geschlagene, gesalzene Butter (50—100% Temp.-Überschreitung beim Schlagen) zeigt nach vierwöchigem Lagern bei 40°F bzw. 32wöchigem Lagern bei —10°F eine Verschlechterung des Geschmacks. Der Geschmack wird durch Zusatz von 0,05% Antioxydantien 1 Jahr lang verbessert. Überschreiten der angegebenen Temp. beim Schlagen um 50—125% erhöht die Weichheit der Butter. Beim 20wöchigen Lagern geschlagener Butter wird die Härte geringfügig erhöht. Die Textur geschlagener Butter verschlechtert sich bei Temp.-Überschreitungen von 50—100%.
W. Wesly 7758◇

2763 **Studien zur Verbesserung der Qualität von Käse aus rekonstituierter Milch. 1. Mitt. Der Einfluß von Lab, Salz und Reifung.** I. I. Peters und J. D. Williams. (Food Technol. **15**, 486—88, 1961; Texas, College Station, Dairy Sci. Dep.; engl.) — Aus Süßrahmbutter, bei niedriger Temp. hergestellter Trockenmagermilch u. W. wurde eine Milch rekonstituiert, die mit Lab auf Käse verarbeitet wurde. Der beste Geschmack wurde erzielt mit 4 oz. Lab auf 1000 lb. Milch u. Reifung bei 10° während 6 Monaten.
K. Schleich 7760◇

2764 **Herstellung von Cheddar-Käse mit dem milchkoagulierenden Enzym (pflanzlichem Labenzym) aus Ficus Carica.** M. A. Krishnaswamy, D. S. Johar, V. Subrahmanyan und S. P. Thomas. (Food Technol. **15**, 482 bis bis 485, 1961; Mysore, India, Central Food Technol. Res. Inst., u. Bangalore, India, National Dairy Res. Inst.; engl.) — In gleicher Weise wurde Cheddar-Käse mit Lab (a) u. mit Ficus-Enzym (b) hergestellt. Dabei zeigten sich nur geringfügige Unterschiede. Jedoch war die Ausbeute bei b etwas geringer als bei a u. der Geschmack von b war etwas bitterer als der von a.
K. Schleich 7760◇

2765 **Mikroben-Analyse von gefrorenen, rohen und gekochten Garnelen. 1. Mitt. Allgemeine Ergebnisse.** G. J. Silverman, J. T. R. Nickerson, D. W. Duncan, N. S. Davis, J. S. Schachter und M. M. Joselow. (Food Technol. **15**, 455—58, 1961; Cambridge, Mass., Massachusetts Inst. of Technol., Dep. of Nutrition, Food Sci. and Technol.; engl.) — In 99 Proben von handelsüblich gefrorenen Garnelen (rohen, gekochten, panierten, geschälten oder ungeschälten) wurden gefunden: Keimzahlen von 50—9000000 in 1 g, in den vorgekochten weniger als 10000; *Coli* in den vorgekochten Proben weniger als 10 in 1 g. 75% der Proben enthielten koagulase-positive *Staphylokokken*, aber nur als kleinen Anteil der gesamten Mikrobenflora. Die Prüfung auf *Salmonella* war in 1 Probe stark, in 4 weiteren schwach positiv.
K. Schleich 7770◇

2766 **Mikroben-Analyse von gefrorenen, rohen und gekochten Garnelen. 2. Mitt. Gewisse Merkmale über die Isolierung von Staphylokokken.** G. J. Silverman, N. S. Davis, J. T. R. Nickerson, D. W. Duncan, I. Tezcan und M. Johnson. (Food Technol. **15**, 458—64, 1961; Cambridge, Mass., Massachusetts Inst. of Technol., Dep. of Nutrition, Food Sci. and Technol.; engl.) — 1. vgl. vorst. Referat. — Für den Nachw. von koagulase-positiven *Staphylokokken* wird ein verfeinertes Verf. beschrieben, bestehend aus einer selektiven Anreicherung durch Zugabe von 10% NaCl zur Fleisch-Aufkochung u. einer nachfolgenden Ausbreitung auf Eigelb- oder Mannit-Salz-Agar.
K. Schleich 7770◇

2767 **Spurenelemente bei Futterbohnen auf Torfböden.** Je. D. Alexejew und P. W. Poljakow. (Ackerbau [UdSSR] **24**, Nr. 12, 59—60, 1962; Moskau, Moor-Versuchsstation und Allunionsinst. für Dünger- u. Bodenkunde; russ.) — Der Einfl. von *B* u. *Mo* auf den Eiweiß-Geh. von *Futterbohnen* wurde untersucht. Der Boden der Versuchsparzelle von 75 m^2 hatte bei einer Torfmächtigkeit von 2,5—3 m 26,97% Aschengeh. u. in 100 g Erde 1 mg *P* u. 10 mg *K*. B u. Mo wurden als Kopfdünger gegeben (400—500 Liter W. mit 10—12 kg B-Salz u. 200 g Mo pro Hektar). Die Anwendung dieser Spurenelemente auf die sechs zum Vers. benutzten Bohnensorten ergab unterschiedliche Ergebnisse. Kopfdüngung mit Mo brachte bei fast allen Sorten reichere Ernte. Die chem. Analyse der Bohnen zeigte nach Behandlung mit B u. Mo bedeutend höheren Eiweißgehalt (von 0,26 bis 2,68%). H. Findeisen 7786◇

2768 **Der Einfluß verschiedener Erntezeiten auf den Ertrag an Futterhirse und auf die Gehalte an Trockensubstanz, an Eiweiß und an löslichen Feststoffen.** O. J. Webster. (Agronomy J. **55**, 174—77, 1963; Lincoln, USDA, ARS, Crops Res. Div.; engl.) — Die Steigerung des wöchentlichen Ertrags an Futterhirse von der 1. Woche nach der 1. Blüte an betrug 27, 41, 59, 72, 76, 97 u. 104%. Der Ertrag bei sterilen Hybriden betrug 10—15% weniger als bei Pflanzen, die Samen ansetzten; jedoch waren die Geh. der Hybriden an Eiweiß u. lösl. Feststoffen (Zucker) erheblich höher. W. Wesly 7786◇

2769 **Spektralphotometrischer Nachweis von Trikresylphosphat in Lebensmitteln** S. K. Krishnan, V. V. S. Murti und T. R. Seshadri. (Current Sci. [Bangalore] **32**, 297—99, 1963; Delhi, Delhi Univ., Dep. of Chem.; engl.) — Zum Nachw. von *Trikresylphosphat* (**I**) in Lebensmitteln, bes. Fetten u. Ölen, wird das UV-Spektrum einer Hexan-Lsg. der fraglichen Probe aufgenommen. Die Anwesenheit von **I** macht sich durch ein Absorptionsmaximum bei 265 nm bemerkbar. Bei der Unters. von Mehlauszügen ist zu beachten, daß diese bei 265 nm eine nicht zu vernachlässigende Blindabsorption aufweisen. Die Anwesenheit von **I** in Lebensmitteln kann auf das Vorhandensein gewisser Insekticide hindeuten. E. Lück 7788

2770 **Künstliche Farbstoffe für Lebensmittel.** 7. Mitt. **Untersuchungsgang für den Nachweis der wasserlöslichen Farbstoffe.** L. Villanúa, A. Carballido, R. García Olmedo und M. T. Valdehita. (An. Bromatol. [Madrid] **13**, 263—85, 1961; Madrid, Univ., Escuela de Bromatología; span.) — 6. vgl. C. **1962**, 12134. — Angabe einer Meth. zur Identifizierung von 40 synthet., wasserlösl. Farbstoffen. K. Kapeller 7788◇

2771 **Künstliche Farbstoffe für Lebensmittel.** 8. Mitt. **Kennzeichnungen, spektrophotometrische und chromatographische Eigenschaften einiger nicht wasserlöslicher, verbotener Farbstoffe.** L. Villanúa, A. Carballido, R. García Olmedo und M. T. Valdehita. (An. Bromatol. [Madrid] **14**, 51—74, 1962; Madrid, Univ., Escuela de Bromatología; span.) — 7. vgl. vorst. Referat. — Angabe einer Meth. zur Identifizierung von 11 synthet., bei der Lebensmittelherstellung verbotenen Farbstoffen. K. Kapeller 7788◇

2772 **Malathion in Milch und Fett von besprühten Rindern.** H. V. Claborn, R. D. Radeleff, H. F. Beckman und G. T. Woodard. (J. agric. Food Chem. **4**, 941—42, 1956; Kerville, Tex., USDA; engl.) — Unterss. über die Wrkg. der Besprühung von Rindern mit *Malathion* (**I**) zeigen, daß eine Woche nach 16maliger Anwendung von 0,5%ig. **I**-Emulsion im Fett kein **I** nachweisbar ist. Die Milch von Kühen zeigt 5 Std. nach dem Besprühen mit 0,5 u. 1,0%ig. **I**-Emulsion 0,08—0,36 ppm **I**. Nach 24 Std. enthält die Milch nur noch Spuren **I** u. nach 3—7 Tagen kein **I**. W. Wesly 7788◇

2773 **Eine Reaktion zwischen Casein, Fructose und Calciumhydroxid.** A. van Kreveld. (Nederl. Melk- en Zuiveltijdschr. **17**, 313—14, 1963; Leeuwarden, Coop. Condensfabr. „Friesland"; engl.) — Ein Gemisch von *Casein*, *Fructose* (**I**) u. $Ca(OH)_2$ in W. gibt einen kräftigen, weißen Nd., der zum Nachw. von **I** in Gemischen mit anderen Zuckern verwendet werden kann. W. Wesly 7792◇

2774 **Die Verwendung der Sedimentationsmethode zur Bestimmung der Agglutination von Backhefe.** Anastázia Ginterová, Ludmila Mitterhauszerová und Olga Janotková. (Průmysl Potravin **14**, 97—98, 1963; Bratislava, Zentral. Forsch.-Inst. für Lebensmittelind.; slowak.) C. Kozák 7800◇

2775 **Polysaccharide in Obst- und Traubensäften.** V. Zitko und J. Rosík. (Nahrung **6**, 340—47, 1962; Bratislava, Tschechoslowak. Akad. der Wiss., Chem. Inst. der Slowak. Akad. der Wiss.; dt.) — Vff. bestimmen den *Pektin*(**I**)-, *Araban*(**II**)- u. *Galaktan*(**III**)-Geh. in verschiedenen Säften durch Ausfällen mit wss. Aceton u. anschließende Decarboxylierung des **I** bzw. mit spektrophotometr. Methoden. Zur Fällung dieser Polysaccharide erwies sich ein Volumen-Verhältnis Aceton/Saft von 2 : 1 bzw. 3 : 1 am günstigsten. In trüben Säften herrschen von den Polysacchariden **I** vor, während in klaren Säften u. in Obstwein **II** u. **III** dominieren. G. Heder 7818◇

2776 **Einige Spurenbestandteile des schwarzen Tees.** M. Myers, E. A. H. Roberts und D. W. Rustidge. (Chem. and Ind. **1959**, 950—51; London, Indian Tea Association; engl.) — Bei einer papierchromatograph. Unters. eines aus schwarzem Tee bereiteten Äthylacetat-Extraktes wurden *Phloroglucin*, *Pyrogallol*, (—)-*Epiafzelechin*, *5.7-Dihydroxycumarin* u. vier weitere im UV-Licht fluorescierende Substanzen gefunden, von denen die eine wahrscheinlich ebenfalls ein Cumarin ist. H. Flentje 7830

2777 **Messung der Teilchengrößenverteilung und -Konzentration in Zigarettenrauch durch das Gerät „Conifuge".** C. H. Keith und J. C. Derrick. (J. Colloid. Sci. **15**, 340—56, 1960; Durham, N. C., Liggett and Myers Tobacco Co., Res. Dep.; engl.) — Mit einem Zentrifugen-aerosolkollektor nach Sayer u. Walton wurde die Verteilung u. Konz. der Teilchen in mit Luft verd. Zigarettenrauch im Bereich von 0,05—10 μ ⌀ gemessen. Es wurde gefunden, daß Zigarettenrauch ein relativ stabiles Aerosol mit einer Teilchengröße von 0,1 bis 1,0 μ ⌀ ist, wobei die Haupt-Konz. zwischen 0,20 bis 0,25 μ lag. Die Anfangs-Konz. wurde zu $3 \cdot 10^9$ Teilchen/cm^3 gefunden. Die Koagulierungs-Geschw. stand in guter Übereinstimmung mit den theoret. Vorhersagen. K. Huste 7836◇

2778 **Mikrobestimmung der Gesamtalkaloide von Tabak durch Abtreiben mit Wasserdampf und Polarographie.** J. Chouteau. (Ann. Inst. exp. Tabac Bergerac **4**, 209 bis 218, 1962; franz.) — Zur Abtrennung der Gesamtalkaloide in Tabak werden diese in einem näher beschriebenen Gerät mit Wasserdampf abgetrieben. Das durch Einleiten von N_2 von O_2 befreite Destillat wird bei 25° bei pH 10,55 polarograph. untersucht. Zur pH-Einstellung dient eine Puffer-Lsg., die in 1 Liter dest. W. 12,7 (g) $Na_3PO_4 \cdot 12H_2O$ u. 6,3 $Na_2B_4O_7 \cdot 10H_2O$ oder 4,5 $Na_2HPO_4 \cdot 12H_2O$ u. 2,7 Na_2CO_3 enthält. Zur Herst. von Vgl.-Lsgg. dient *Nicotin*. Die erhaltenen Werte stimmen gut mit den Ergebnissen des Silicowolframsäure-Verf. überein. W. Wesly 7836◇

2779 **Die colorimetrische Bestimmung von Phenolen in geräucherter Wurst mit Hilfe von 4-Aminoantipyrin.** W. I. Kurko und Je. A. Chmelnitzki. (Hochschulnachr. [Krasnodar], Nahrungsmittel-Technol. **1963**, Nr. 4, 155—58; Lwow, Handels-Ökonom. Inst. der „Zentralunion", Lehrstuhl für Lebensmittel-Warenkunde; russ.) — Die Meth. beruht auf der Farb-Rk. von *Phenolen* (**I**) mit *4-Aminoantipyrin* (**II**). 5 ml des Auszugs aus dem zu untersuchenden Prod. (50%ig. A. als Extraktionsmittel) werden mit 0,5 ml wss. 2%ig. **II**-, 20 ml 0,025%ig. Na_2CO_3- u. 0,25 ml 8%ig. $K_4[Fe(CN)_6]$-Lsg. versetzt, 10 Min. stehengelassen u. photoelektrocolorimetriert (λ = 541 mμ; grünes Lichtfilter). Die Fehlergrenze der Best. ist niedriger als bei der colorimetr. **I**-Best. mit Hilfe von 2.6-Dichlorchinonchlorimid u. beträgt 15—20%. S. Baryschnikow 7850△

2780 **Das Vorkommen von D-Aminosäuren in Milchprodukten.** J. Schormüller und J. Weder. (Nahrung **6**, 622—30, 1962; Berlin, TU, Inst. f. Lebensmittelchem. u. Lebensmitteltechnol.; dt.) — Mit Hilfe eines aus Schweinenieren gewonnenen *D-Aminosäureoxydase*-Präp. wurden nach der Warburg-Technik Sauermilchkäse, Camembertkäse, verschiedene Sauermilcharten (Kefir, Kumys u. Bioghurt) sowie zwei in der Käserei ver-

wendete Rotbakterienkulturen (*Corynebacterium linens* u. *bruneum*) auf ihren Geh. an *D-Aminosäuren* (I) untersucht. Als Testaminosäure diente *DL-Alanin*. In den Sauermilcharten wurden keine I gefunden. In den Käsen u. Bakterienkulturen betrug der I-Geh. 1—2%, bezogen auf den Gesamtaminosäure-Gehalt. Diese Werte sind jedoch ernährungsphysiolog. unbedenklich.
Winfried Krüger 7856◇

2781 **Über das Vorkommen von Neuraminsäure in Frauenmilch und Kuhmilch sowie in industriellen Milchprodukten.** Joachim Jordan und Hanns Löhr. (Milchwissenschaft **17,** 61—65, 1962; Göttingen, Univ.-Kinderklinik; dt.) — Nach einem Literaturüberblick u. nach Klarstellung der Nomenklatur [*Neuraminsäure* (I) als Grundkörper; *N-Acetyl-*I (*Gynaminsäure, Lactaminsäure*); *Sialinsäure* als Gruppenname für acylierte I] berichten Vff. über eigene Verss. zur Best. von I als Methoxy-I mit Bials Reagens. Die exakte I-Best. ist nur in den mit Trichloressigsäure gefällten Eiweiß-Ndd. möglich, da hierbei die in Milch vorhandenen u. störende Farb-Rkk. hervorrufenden, anderen Kohlenhydratbestandteile ausgeschaltet sind. Humancasein enthält 50% mehr I als Kuhmilchcasein. I scheint demnach für die Säuglingsernährung einen möglichen essentiellen Faktor darzustellen. In Milchpulverpräpp. u. Kondensmilch konnte keine I nachgewiesen werden. I übersteht kurzzeitiges Erhitzen, sowie die exogene oder Spontansäuerung der Milch, wird aber durch langdauernde oder zu hohe Erhitzung zerstört. Winfried Krüger 7856◇

2782 **Einige Bemerkungen zur Bestimmung der Trockensubstanz in Milch.** Josef Fořt. (Průmysl Potravin **14,** 91—94, 1963; Prag, Zentrale landwirtschaftl. Kontroll- u. Prüfanstalt; tschech.) — Vf. stellt fest, daß sich zur Best. der *Trockensubstanz* (TR) im Betriebslabor. am besten die indirekte Meth., d. h. die Berechnung der TR aus dem Spezif. Gew. der Milch u. dem Fettgehalt, eignet. Diese zwei Grundelemente der Berechnung der TR können nach verschiedenen Meth. berechnet werden. Vf. diskutiert die gegenwärtig bekannten Meth. u. stellt fest, daß sich für die tschechoslowak. Verhältnisse am besten die Fleischmannsche Formel bewährt hat. Bei ihrer Anwendung muß die Best. des Spezif. Gew. nach einer Erwärmung der Milch auf 45° u. nach sofortiger rascher Abkühlung auf 15° erfolgen, damit sich das Fett beim Messen in geschmolzenem Zustand befindet. Der Fettgehalt muß in die Formel unbedingt in Gew.-% eingesetzt werden. C. Kozák 7856◇

2783 **Bestimmung des Proteingehaltes in Milch nach einigen Schnellmethoden.** J. O. Andersen, Ingeborg Jacobsen und J. E. Winther. (Beretn. Forsøgslab. [Statens Husdyrbrugsudvalg] Nr. **330,** 1—26, 1962; dän.) — Von den untersuchten schnelleren Ersatzmeth. für die Best. der Proteine nach dem N-Geh. nach Kjeldahl gibt die Meth. nach Kofranyi [1950] zuverlässige Werte, ebenso die noch leichter ausführbare Meth. mit *Amidoschwarz 10B*. Für die Meth. mit *Orange G* konnte kein konst. Faktor zur Berechnung auf Grund der Extinktion gefunden werden. R. K. Müller 7856◇

2784 **Zur Bestimmung der Sulfhydrylgruppen in Milch und Milchprodukten.** F. Kiermeier und M. G. E. Hamed. (Nahrung **6,** 639—49, 1962; Weihenstephan, Süddeutsch. Vers.- u. Forsch.-Anst. f. Milchwirtsch.; dt.) — *SH-Gruppen* in Milch u. Milchprodd. lassen sich nach dem üblichen amperometr. Verf. mit $AgNO_3$ in NH_3–NH_4NO_3- oder Trispuffer nicht bestimmen (mangelnde Reproduzierbarkeit, Störungen durch Ggw. des Milchfettes usw.). Dagegen wird ein Verf. mit *Thiamindisulfid* (I) als Reagens vorgeschlagen. I wird dabei durch SH-Gruppen zu Thiamin red. u. dieses als Thiochrom fluorescenzphotometr. ausgemessen.
Winfried Krüger 7856◇

2785 **Die Bestimmung kleinster Mengen Strontium in Wasser und in Milch mit Röntgenfluorescenz.** Asko Visapää. (Teknillisen Kem. Aikakauslehti [Z. techn. Chem.] **20,** 146—51, 1963; Helsinki, State Inst. for Techn. Res., Chem.-Techn. Labor.; engl.) — Zur röntgenfluorimetr. Best. von 1—300 μg/ml Sr^{2+} in W. u. Milch dient ein näher beschriebenes Verf., das in ca. 2 Min. ausführbar ist. Zur Eichung wird $Sr(NO_3)_2 \cdot 4H_2O$-Lsg. angewandt. W. Wesly 7856◇

2786 **Über einige Beobachtungen bei der Phosphatase-Bestimmung in Milch.** G. Schwarz, J. Ludwig und A. Fricker. (Nahrung **6,** 688—92, 1962; Hohenheim, Landwirtsch. Hochsch., Inst. f. Milchwirtsch. u. Gärungswesen; dt.) — Da auch in hocherhitzter Milch schon nach einer Aufbewahrungszeit von 2 Std. bei 30° *Phosphatase* regeneriert wird u. durch Freisetzung von p-Nitrophenol aus Dinatrium-p-nitrophenylphosphat nachgewiesen werden kann, ist der Nachw. eines Zusatzes von Rohmilch zu erhitzter Milch auf dieser Basis unsicher.
Winfried Krüger 7856◇

2787 **Wechselwirkungen zwischen Carragheeninen und Milchproteinen.** Geert Andersen. (Milchwissenschaft **17,** 75—79, 1962; Halle/Westfalen, Storck-Betriebe, Wiss. Entwicklungslabor.; dt.) — Zur Verhinderung des Absetzens von Kakaomilch werden bisweilen *Carragheeninsäure* (I) bzw. ihre Salze verwendet, die in Konz. von 0,02 bis 0,03% der Milch eine stark erhöhte Viscosität verleihen. Vf. erklärt dieses Verh. mit einer Symplex-Bldg. zwischen I u. dem Casein u. versucht, diesen Symplex kolloidchem. zu deuten. Eine Reihe von Eigg. u. Einfl. (Thixotropie des Symplexes, Bldg. von Taktophasen, Verh. in Ggw. verschiedener Kationen) sind noch völlig unklar u. bedürfen einer weiteren Bearbeitung. Winfried Krüger 7856◇

2788 **Immunoelektrophoretische Untersuchung von Milch bei verschiedenen Arten von Mastitis.** 1. Mitt. **Literatur, Methoden und experimentelle Mastitis.** Jaques Nicolet. (Milchwissenschaft **17,** 307—14, Juni 1962; Bern, Univ., Inst. de Bactériol. Vétérinaire; franz.) — Nach einer Literaturübersicht berichtet Vf. über papier- u. immunoelektrophoret. Unterss. an Milch bei durch verschiedene Bakterienarten experimentell erzeugter Mastitis. Grundsätzlich sind bei jeder entzündlichen Veränderung des Euters die Immunglobuline im Pherogramm vermehrt, in schweren Fällen auch das Serumalbumin. Auch andere Blutproteine können schon nach relativ kurzer Zeit in der Milch auftreten. — 80 Literaturangaben. Winfried Krüger 7856◇

2789 **Immunoelektrophoretische Untersuchung an Milch bei verschiedenen Arten von Mastitis.** 2. Mitt. **Ergebnisse.** Jacques Nicolet. (Milchwissenschaft **17,** 362—68, 1962; Bern, Univ., Inst. de Bactériol. Vétérinaire; franz.) — 1. vgl. vorst. Referat. — An Hand von 144 krankhaft veränderten Milchproben wurde gefunden, daß sich eine Mastitis ausgeprägt im Elektropherogramm zu erkennen gibt. Je nach der Intensität der Albumin- u. Gammaglobulin-Linien kann man die Milchproben verschiedenen Mastitis-Arten zuordnen. Allerdings stimmten die Resultate der Immunoelektrophorese nicht vollständig mit denen anderer Untersuchungsverff., z. B. Sediment, Zellgeh., Katalase, pH u. a., überein. Mit zunehmendem Grad der Mastitis nähern sich die Elektropherogramme immer mehr denen von reinem Blutserum.
E. Lück 7856◇

2790 **Der Einfluß verschiedener Erwärmungsverfahren auf die Elektrophorese-Bilder von Molkenproteinen.** J. W. Brown, L. W. Aurand und W. M. Roberts. (Food Technol. **15,** 480—82, 1961; Raleigh, North Carolina State Coll., Dep. of Food Sci. and Processing; engl.) — Proben von Magermilch wurden pasteurisiert (a), autoklaviert (b) u. mit eingeblasenem Dampf behandelt (c). Das Verhalten der Proteine wurde durch Papier-Elektrophorese verfolgt. Die Behandlung nach a (30 Min. bei 142 °F) ergab fast gleiche Ergebnisse wie rohe Magermilch, also keine Schädigung der Proteine. Auch Behandlung nach c (Vorwärmen auf 162 °F während 40 Sek., 220 °F während 2 Sek., sofortige Kühlung) wirkte sich nicht nachteilig aus. Hingegen wurden die Proteine durch b-Behandlung (15 Min. bei 250 °F) vollständig denaturiert. K. Schleich 7856◇

2791 **Einige Untersuchungen über die Eigenschaften des freien Fließens und die Porosität von Milchpulvern.** A. Sjollema. (Nederl. Melk- en Zuiveltijdschr. **17,** 245 bis 59, 1963; Leeuwarden, Coop. Condensfabr. „Friesland", engl.) — Das freie Fließen (FF) von Milchpulver wird bestimmt, indem man die Probe in einem Zylinder rotieren läßt u. die Dreh-Geschw. ermittelt, bei der das Pulver einen Ring an der Zylinderwand bildet. Diese Geschw. fällt mit zunehmendem FF. Ein anderes Verf. zur Best. des FF hängt vom Böschungswinkel ab. Die Porosität des Milchpulvers wird durch Messung von Teilchendichte u. Schüttgew. bestimmt. Die Unters. mehrerer Milchpulverarten zeigt, daß Böschungswinkel u. Porosität mit steigendem Zusatz an $Ca_3(PO_4)_2$ (**I**) bis zu einem Minimum abnehmen. Höhere **I**-Zusätze bewirken keine nennenswerten Änderungen mehr. Das Minimum ist bei Voll-, Mager- u. Instantmilchpulver fast gleich; der **I**-Geh., bei dem es erreicht wird, hängt vom FF der Probe ab. Das Böschungswinkel-Verf. gibt bessere Werte als das Dreh-Geschw.-Verfahren. Zwischen der Porosität von **I**, SiO_2, Na–Al-Silicat, MgO, Al_2O_3, Talkum, Kieselgur u. Aktivkohle u. deren Wirksamkeit auf das FF des Milchpulvers besteht eine Wechselbeziehung.

W. Wesly 7856◇

2792 **Refraktometrische Methode zur Kontrolle der Zusammensetzung gefrorener Sahnecremes.** Eva Černá und Jiří Daněk. (Průmysl Potravin **14**, 89—91, 1963; Prag, Milchforsch.-Inst.; Staatsinsp. für Lebensmittel; tschech.) — Durch die vorgeschlagene Meth. kann man orientativ u. rasch die Zus. gefrorener Sahnecremes bestimmen. Verf.: 10 g der Proben werden in ca. 40 ml W. gelöst u. danach mit 5 ml $K_4[Fe(CN)_6]$-Lsg. (15 g in 100 ml W.) u. 5 ml $ZnSO_4 \cdot 7H_2O$-Lsg. (30 g in 100 ml W.) versetzt u. unter Rühren auf 100 ml mit W. aufgefüllt u. dann filtriert. Das von Fetten u. Eiweiß-Stoffen befreite Filtrat wird bei 20° im Zeiß-Refraktometer gemessen.

C. Kozák 7856◇

2793 **Neue Methode zur quantitativen Bestimmung der stickstoffhaltigen Nichteiweißstoffe im Käse.** A. Dudenkow. (Milch-Ind. [UdSSR] **24**, Nr. 2, 12—15, 1963; Forschungsinst. der Fleisch- und Milchind. der Ukraine; russ.) — Zu den N-haltigen Nichteiweißstoffen von *Käse* gehören Polypeptide, Aminosäuren, Ammoniak u. andere Proteolyseprodukte. Ihre Best. erfolgt durch Abtrennung mittels Trichloressigsäure, Oxydation mit $KMnO_4$ in alkal. Medium, Abdestillieren des Ammoniaks in eine Vorlage mit H_3BO_3 u. nachfolgende Titration mit HCl gegen Methylrot. Ferner wird die getrennte Best. der Polypeptide sowie der anderen N-haltigen Nichteiweißstoffe beschrieben. G. Wolf 7860◇

2794 **Nährwert und Anwendbarkeit von Grünfutterraps.** Anders Abrahamsson. (Nord. Jordbrugsforskn. **44**, 21—41, 1962; Uppsala, Inst. för utfodringslära; schwed.) — Die in der Literatur angegebene Beziehung zwischen dem Rohfasergeh. von Raps u. seiner Verdaulichkeit wird nicht bestätigt, offenbar wegen guter Verdaulichkeit der Rohfasern selbst, die durch Klima, Anbau- u. Erntebedingungen beeinflußt wird. Wenn x der Rohfasergeh. der organ. Substanz (%) ist, gilt für die Stoffwechselenergie $y = 3{,}72 - 0{,}029x$ (Mcal/kg organ. Substanz). Frische Silage enthält ca. 0,14 skandinav. Futtereinheiten u. 20 g verdauliches Rohprotein/kg. Der untersuchte Raps enthält ca. 20 (g/kg) Ca u. 2—3 P, ferner Fe, Cu, Zn, Mn, S u. etwas Vitamin B. Der Geh. an Vitamin A u. C ist hoch. R. K. Müller 7868◇

2795 Montecatini Soc. Gen. per l'Industria Mineraria e Chimica (Erfinder: Franco Barbieri Hermitte und Vincenzo Morici), Mailand, Italien, **Herstellung leicht schweißbarer Verpackungsfolien** aus α-Olefinpolymeren, bes. hochkrist. Polypropylen, die mit Vinylchlorid-Vinylacetat-Copolymeren überzogen werden. Die Polypropylenfolie wird in Ggw. von Stabilisatoren, Pigmenten, Farbstoffen, Füllstoffen u. dgl. in Längs- u. Querrichtung gestreckt. Die Adhäsionsfähigkeit der Folie wird vor dem Überziehen durch elektr. u. chem. Behandlung erhöht. (**Ung. P. 150902** vom 23/3. 1962, ausg. 20/7. 1963.)

F. Landsberger 7641

2796 Unilever Ltd., Port Sunlight, Chester, England (Erfinder: Antony Crossley und Alfred Thomas), **Süßware für Füllzwecke in Biskuits** u. dgl., bestehend aus einem größeren Anteil an Zucker, Glucose, Fructose oder Lactose u. einem Äthylester einer gesätt. Fettsäure mit 14—20, bes. 16 oder 18, C-Atomen, z. B. Äthylpalmitat (**I**) allein oder in Mischung mit Äthylstearat. — Beispiel: 38 (Gew.-Teile) **I**, 22 eines Füllstoffs, z. B. Magermilchpulver, 39,85 Zucker, 0,15 Lecithin. Das Prod. hat einen kühlenden Geschmack. (**E. P. 914338** vom 21/10. 1960, ausg. 2/1. 1963.) W. Kranz 7675

2797 Domenico Brancato, Messina, Italien, **Künstliche Reifung von Gartenfrüchten,** dad. gek., daß man das von den Früchten gebildete CO_2 durch Absorption kontinuierlich aus der Luft entfernt u. die CO_2-freie Luft in den Reiferaum zurückführt. — Vorr. Zeichnung. (**It. P. 561388** vom 29/10. 1956.) W. Koebke 7689

2798 Union Carbide Corp., New York, N. Y., V. St. A., **Herstellung von Fruchtsaftkonzentraten.** Den in üblicher Weise eingedampften Säften wird eine kleine Menge frischer, nicht konz. Saft zugesetzt, der durch Behandeln mit einem inerten Gas (**I**), bes. N_2, von O_2 befreit wurde, u. durch das Gemisch ebenfalls ein **I** geleitet, um sämtliche O_2-Spuren zu beseitigen. Der Zusatz bewirkt eine Verbesserung des Aromas u. Geschmacks. (**Ind. P. 69123** vom 19/9. 1959, ausg. 3/11. 1961.) C. Lüttgen 7707

2799 A. Smit & Zoon, Bergen, Norwegen, **Reinigen und Vermahlen von Alginaten.** Getrocknete Alginate mit > 80% Trockensubstanz werden in A. feinst vermahlen, wobei der Wassergeh. der Aufschlämmung < 25% betragen soll. Der A. wird alsdann abgepreßt u. die Masse getrocknet. (**Norw. P. 98506** vom 5/7. 1957, ausg. 21/8. 1961.) K. H. Kähler 7709

2800 **Dynamit-Akt.-Ges. vormals Alfred Nobel & Co.**, Troisdorf, *Herstellung von Verbundflächengebilden auf Basis von Polyolefinen.* (**Oe. P. 223824** vom 30/7. 1959, ausg. 10/10. 1962. D. Prior. 14/11. 1958. — C. **1963,** 17526 [F. P. 1235783].)

2801 **Olin Mathieson Chemical Corp.**, New York, N. Y. (Erfinder: **J. Oliver Lampen, Asger F. Langlykke,** Highland Park, und **Harold Yacowitz,** Bound Brook, N. J.), V. St. A., *Futtermittel.* (**D. A. S. 1148852** Kl. 53g vom 21/7. 1958, ausg. 16/5. 1963. A. Prior. 22/7. 1957. — C. **1962,** 13616 [A. P. 2903356].)

2802 **Norwich Pharmacal Co.**, Norwich, N. Y., V. St. A., *Beifuttermittel.* (**Ind. P. 67936** vom 5/6. 1959, ausg. 29/12. 1961 Can. Prior. 21/4. 1959. — C. **1961,** 6344 [Oe. P. 209163].)

2803 **American Cyanamid Co.**, New York, N. Y., V. St. A., *Triazole enthaltende Beifuttermittel für Wiederkäuer.* (**E. P. 895961** vom 1/9. 1960, ausg. 9/5. 1962. A. Prior. 1/9. 1959. — C. **1964,** 2-2676 [D. A. S. 1130677].)

2804 **Chas. Pfizer & Co., Inc.**, Brooklyn, N. Y., V. St. A., *Wachstum stimulierende Tierfuttermittel.* (**E. P. 893417** vom 8/1. 1960, ausg. 11/4. 1962. A. Prior. 8/1. 1959. — C. **1964,** 2-2678a [D. A. S. 1140059].)

H_{17}. Fette, Seifen, Wasch- u. Reinigungsmittel usw.

2805 **Die Löslichkeiten von fünf Triglyceriden in wäßrigem Äthanol.** Lionel K. Arnold, R. Basu Roy Choudhury und Alberto Guzman. (J. Amer. Oil Chemists' Soc. **40**, 33—34, 1963; Ames, Iowa, Iowa State Univ. of Sci. and Technol., Iowa Engng. Exp. Station; engl.) — Die Löslichkeiten von *Trilaurin, -myristin, -palmitin, -stearin* u. *-olein* wurden bei 90° u. 40° in 90, 95,4, 98 u. 100%ig. A. bestimmt. Sie nehmen mit steigender C-Kette mehr ab, als für ideale Lsgg. berechnet wurde. W. Melloh 7870◇

2806 **Die Wirkung von Bleicherden bei der Autoxydation olefinischer Fette. 1. Mitt. Zur Verminderung des Metallgehaltes olefinischer Fette durch kombinierten Einsatz aktiver Adsorptionsmittel und metallinaktivierender Verbindungen.** K. Täufel und F. Linow. (Ernährungsforschung **8**, 345—54, 1963; Potsdam-Rehbrücke, Inst. für Ernährung; dt.) — Ein Geh. an Fe u. Cu in Methylestern von Sonnenblumenölfettsäuren kann durch die *Bleicherde* (**I**) „Tonsil optimum" allein oder in Kombination mit *Citronensäure* (**II**) oder *Polyphosphat* (**III**) verringert werden. Am wirksamsten ist die Kombination **I** mit **II**, wobei Fe weitgehender entfernt wird als Cu. Unabhängig vom Fe-Geh. des Ausgangsmaterials stellt sich bei der Bleiche mit **I** + **II** stets ein konst. Wert von ca. 0,1 μg Fe/g Ester ein, wird **I** + **III** angewandt, so beträgt die Fe-Endkonz. 0,3 μg/g Ester.

M. Ulmann 7878◇

2807 **Geschmacksschwellenwerte für einige aliphatische Fettranzigkeits-Produkte.** Aage Steen Hvolby. (Acta polytechn. scand. Nr. 16, Chem. includ. Metallurgy Ser.

[N.S.] Nr. **21,** 54—61, 1962; Kopenhagen, Dansk Sojakagefabr. A/S.; engl.) — Übersicht über die identifizierten Fettranzigkeits-Prodd. u. die Best. ihrer Geschmacksschwellenwerte. W. Wesly 7878◇

2808 **Fettoxydation in Emulsionen.** 5. Mitt. **Einfluß von Luft und Kupfer auf die Oxydation von Schweinefett in Emulsionen.** Per Finholt, Kari Hamre und Rolf Bjerke Paulssen. (Medd. norsk farmac. Selsk. **24,** 61—70, 1962; Oslo, Univ., farmas inst.; norw.) — 3. vgl. C. **1962,** 15807. — *Schweinefett* (I) wird in gut belüfteten Emulsionen (mit Tween 65) rascher oxydiert als in entlüfteten Emulsionen. Bei Zusatz von Cu in öllösl. oder wasserlösl. Form (Oleat bzw. $CuSO_4$) wird der größere Teil des Cu nach der Oxydation in der wss. Phase gefunden, unabhängig von der Zusatzform. Die katalyt. Aktivität des Cu ist bei beiden Formen etwa gleich. Cu^{2+} scheint in der Grenzfläche von W. u. Fett zu wirken. R. K. Müller 7878◇

2809 **Untersuchungen über das Kernöl einiger Arten der Familie Rosaceae, Gattung Prunus.** A. Popow. (Mitt. Inst. allg. anorg. Chem. org. Chem., bulg. Akad. Wiss. **9,** 175—86, 1962; bulg., Auszug: dt.) — Untersucht werden *Kernöle* von P. avium L. (**I**), P. cerasus L. (**II**), P. domestica L., P. cerasifera Ehrl., P. amygdalus Stokes, P. persica Sieb. et Zucc. u. P. armeniaca L., die aus den Fruchtkernen durch Extraktion mit Ae. erhalten u. deren Kennziffern angegeben werden. Die UV-Spektren zeigen, daß Kernöle aus **I** u. **II** Triensäuren mit konjugierten Doppelbindungen enthalten. Die Spektren decken sich mit dem Spektrum des Tungöles. Die Säure wird durch IR-spektroskop. Unterss. als α-Eläostearinsäure identifiziert. Die anderen Öle enthalten keine Säuren mit konjugierten Doppelbindungen. Es werden Angaben über die Eignung der **I**- u. **II**-Öle für die Farben- u. Lackindustrie gemacht. J. Lehmberg 7894△

2810 **3 neue Ölsamen, reich an cis-11-Eikosensäure.** K. L. Mikolajczak, C. R. Smith jun. und I. A. Wolff. (J. Amer. Oil Chemists' Soc. **40,** 294—95, 1963; Peoria, Ill., Northern Reg. Res. Labor.; engl.) — Das aus den Samen von *Marshallia caespitosa Nutt.* (**I**) (Compositae), von *Alyssum maritinum Lam.* (**II**) u. von *Selenia grandis Martin* (**III**) (Cruciferae) durch Soxhlet-Extraktion mit PAe. gewonnene Öl wird mittels der üblichen Meth. analyt. charakterisiert (fraktionierte Dest. der Methylester, Gas-Fl.-Chromatographie, IR-Spektrophotometrie, Permanganatoxydation). Nach den tabellar. mitgeteilten Befunden enthalten **I** etwa 44%, **II** etwa 42%, **III** etwa 58% *cis-11-Eikosensäure.* K. Täufel 7894◇

2811 **Veränderungen des Gehaltes sowie der Jodzahlen von Fetten in nicht voll entwickelten Samen und das Phänomen der „marginalen" Fettsynthesen.** A. R. S. Kartha. (Indian J. Chem. **1,** 280—81, 1963; New Delhi, Indian Agricult. Res. Inst.; engl.) — Vf. untersucht die Samen von Leinsamen (**I**), Erdnuß (**II**), Sonnenblumen (**III**) u. Rizinus (**IV**). Bis herab zu 16—24% der normalen Entw. zeigen die Fette unentwickelter Samen keine Änderung der JZ; während der Fett-Geh. entsprechend der JZ. bei den noch nicht ausgereiften Samen von **III** u. **IV** gleich bleibt, ist er bei **I** u. **II** niedriger, da bei **I** u. **II** der Fett-Geh. während der Reifezeit ständig zunimmt. Hieraus folgert Vf. die weitere Fett-Bldg. nach der Ernte dieser Samen, die vermutlich enzymat. bedingt ist. W. Fester 7894◇

2812 **Über die Extraktion von Sojaöl mit Aceton.** N. K. Nadirow und R. W. Bobrinetzkaja. (Hochschulnachr. [Krasnodar], Nahrungsmittel-Technol. **1963,** Nr. 4, 58—60; Chabarowsk, Pädagog. Inst., Lehrstuhl für Chemie; russ.) — Bei der Extraktion (Exn) von *Öl* aus 0,01 mm dicken Sojabohnenplättchen wurde als Lsgm. 10% W. enthaltendes *Aceton* (**I**) angewandt. Im Vgl. zu der Exn der Ölsaat mit Bzn. bietet das Verf. infolge besserer Löslichkeit des Sojaöls in **I**, des erniedrigten Geh. von hydrophilen Verbb. in der Miscella sowie der besseren Qualität des gewonnenen Schrots Vorteile. S. Baryschnikow 7894△

2813 **Untersuchungen über erhitzte Fette und Öle.** Alan I. Fleischmann, Alvin Florin, John Fitzgerald, Anne B. Caldwell und Gertrude Eastwood. (J. Amer. dietet. Assoc. **42,** 394—98, 1963; Montclair, N. J., St. Vincent's Hospital, Atherosclerosis Res. Group.; engl.) — Unter Auswertung des Schrifttums über die durch Erhitzen hervorgerufene chem. Veränderung von ungesätt. Fetten werden analoge Verss. mit handelsüblichen, durch die Kennzahlen charakterisierten Ölen durchgeführt (Sesam-, Oliven-, Erdnuß-, Saflor-, Soja-, Baumwollsaat-, Maiskeim-, Cocosöl). Die erhitzten Öle werden in Form ihres Methylester gaschromatograph. untersucht. An Hand der tabellar. u. graph. mitgeteilten Befunde wird gezeigt, daß durch das Erhitzen der Geh. an Polyenfettsäuren verringert wird; es wird angegeben, daß die Wärme zum mindesten partiell die eine, wahrscheinlich aber nicht die einzige Ursache für die Veränderung ist; Betrachtungen über die diätet. Auswirkung solcher Veränderungen. — 22 Literaturangaben. K. Täufel 7894

2814 **Thermische Zersetzung von Peroxiden in Kabeljaulebeöl.** Lars Aure, Karl M. Anthonsen und Ernst Bjørsvik. (Acta polytechn. scand. Nr. 16, Chem. includ. Metallurgy Ser. [N.S.] Nr. **21,** 61—63, 1962; Bergen, Norweg. Fisheries Res. Inst.; engl.) — Die bei verschiedenen Temp. (150—350°) ausgeführte therm. Zers. der Peroxide in Kabeljauleberöl, das durch einen Luftstrom bei 3—6° auf verschiedene Peroxid-Werte oxydiert worden war, wird verfolgt u. eine mit steigender Temp. zunehmende Polymerisation der Aldehyde festgestellt. W. Wesly 7898◇

2815 **Das Phasenverhalten einiger Palmito-Oleo-Triglycerid-Systeme.** D. P. J. Moran. (J. appl. Chem. **13,** 91—100, 1963; Cheshire, Port Sunlight, Unilever Res. Labor.; engl.) — An Hand des Schmelzverh. bin. Gemische von Glyceriden lassen sich die Eigg. von Fetten u. Ölen voraussagen, die derartige Gemische enthalten. Das ist für die Margarine-Herst. wichtig. Für sechs bin. Gemische von Palmito-Oleo-triglyceriden werden die Ergebnisse angegeben. Bes. das Gemisch aus 2-Oleodipalmitin u. 1.3-Dioleopalmitin zeigt gewisse ster. Effekte, die zu außergewöhnlichem Verh. führen. Daraus ergeben sich Erklärungen für Eigg. von Gemischen, z. B. aus Palmöl u. Schweineschmalz. — 25 Literaturangaben. W. Melloh 7900◇

2816 **Kinetik der Amidierung von Fettsäuren durch Monoäthanolamin.** M. A. Kamyschan und G. M. Pawlow. (Hochschulnachr. [Krasnodar], Nahrungsmittel-Technol. **1963,** Nr. 4, 61—64; Krasnodar, Inst. für Lebensmittelind., Lehrstuhl für Technologie der Fette; russ.) — Es wurde festgestellt, daß bei der Amidierung von *Ölsäure* (**I**) mit Monoäthanolamin (bei 160° durchgeführte Rk.) die Rk.-Geschw. u. der Amidierungsgrad von **I** durch Zugabe von Na-Oleat zum Rk.-Gemisch nicht beeinflußt werden. Durch Umrühren (Misch-App. von 850 U/min. bzw. Durchleiten von N_2 mit einer Geschw. von 1—2 Liter/min) wird dagegen die Amidierungs-Geschw. von **I** bedeutend erhöht. S. Baryschnikow 7908△

2817 **Desinfizierende, baktericide und fungicide Seifen und deren Parfümierung.** Karl Bergwein. (Indian Oil Soap J. **28,** 180—84, 1963; engl.) — Allg. Überblick. K. Hinterauer 7910◇

2818 **Neuzeitliche synthetische oberflächenaktive Stoffe und ihre Anwendung.** Lászlóné Erdélyi und M. Mária Fehérvári. (Kolorisztikai Értesítö [Kolorist. Rdsch.] **2,** 24—33, 1960; Zentrales colorist. Forsch.-Labor.; ung.) — Übersicht über die bedeutendsten gegenwärtigen Wasch-, Emulgier-, Netz- u. Färbe-Hilfsmittel unter Angabe aller notwendigen Eigg., welche die oberflächenakt. Stoffe (OS) beim Waschen, Netzen, Emulgieren u. Färben von Textilien besitzen müssen. Die Klassifizierung der OS nach ihren Ionen-Eigg. u. nach den Herst.-Ländern (sowohl östlichen, wie auch westlichen) wird tabellar. dargestellt. C. Kozák 7912◇

2819 **Die Fischer-Tropsch-Mitteldrucksynthese an Eisenkontakten als Rohstoffquelle für waschaktive Stoffe.** H. Herbig. (Abh. dtsch. Akad. Wiss. Berlin, Kl. Chem., Geol. Biol **1963,** Nr. 2, 292—302; Schwarzheide, VEB Synthesewerk Schwarzheide; dt.) — Die wesentlichen Unterschiede der Mitteldrucksynth. gegenüber der

Normaldrucksynth. am Co-Kontakt werden kurz herausgestellt. Die Eigg. der Synth.-Prodd., die für die Verarbeitung maßgeblich sind, werden ausführlich beschrieben. Die Möglichkeiten des Einsatzes der Paraffin-KW-Stoffe als auch der Olefine in der Waschmittelindustrie werden aufgeführt. I. Beßer 7912◇

2820 **Chemische und physikalische Konstanten von kationischen und nichtionischen, Stickstoff enthaltenden oberflächenaktiven Stoffen.** D. E. Herring. (Soap, Perfum. Cosmet. **36,** 889—92, **1963**; Stowmarket, Suffolk, E. R. Howard Ltd.; engl.) H. Franzen 7912◇

2821 **Tenside vom Typ der Äthylen-Propylenoxid-Misch-Kondensate.** H. Manneck. (Seifen-Öle-Fette-Wachse **16,** 505—06, 1963; Koblenz; dt.) — Übersicht über Arten, Herst., Eigg. u. Verw. von Tensiden vom Typ der Äthylen-Propylenoxid-Mischkondensate. W. Wesly 7912◇

2822 **Bewertung von Netzmitteln nach der Blasenmethode.** G. Schwen und O. Blum. (Melliand Textilber. **44,** 747—48, 1963; Dornbirn, Österreich, Textilinst.; dt.) — 6 Netzmittel des Handels von verscheidenartiger Konstit. mit mittlerer u. geringer Oberflächenaktivität wurden auf ihre Netzkraft mittels der Blasenmeth. geprüft. Die Vers.-Durchführung u. die Vers.-Ergebnisse werden ausführlich beschrieben. I. Beßer 7912◇

2823 **Emulsions-Polymere und ihre Verwendung für Fußboden-Glanzmittel.** H. Merken und F. H. Steffers. (Seifen–Öle–Fette–Wachse **89,** 511—13, 537—40, 1963; Peabody, Mass., Polyvinyl Chem., Inc.; dt.) — Übersicht über Herst., Eigg. u. Anwendung von Fußboden-Glanzmitteln auf der Grundlage von Polystyrol- u. Polyacrylat-Emulsionen, sowie von Acrylat–Styrol-Mischpolymer-Emulsionen. W. Wesly 7926◇

2824 **Bestimmung der Jodzahl von Fetten und Ölen mittels N-Bromsuccinimid. 2. Mitt. Über eine Möglichkeit zur Bestimmung der Gesamtjodzahl von Eläostearinsäure und Holzöl.** A. Jovtscheff, N. Bontscheff und D. Jonkow. (Nahrung **7,** 375—81, 1963; Sofia, Bulgar. Akad. Wiss., Ist. organ. Chem.; dt.) — 1. vgl. C. **1960,** 9066. — Die Meth. der JZ-Best. mittels *N-Bromsuccinimid*-Reagens (in Eisessig gelöst), wobei das an die Doppelbindung nicht angelagerte überschüssige Reagens nicht zurücktitriert wird, wurde auf *Eläostearinsäure* u. *Holzöl* angewendet. Die besten Resultate bei der Best. der Gesamt-JZ wurden erhalten, wenn das Reagens 24 Std. lang bei Zimmertemp. einwirkte. Gegenüber herkömmlichen Verff. ergab sich eine Standard-Abweichung von $\pm$ 0,9%. E. Lück 7932◇

2825 **Weitere Untersuchungen über die analytischen Charakteristika der tunesischen Olivenöle.** O. T. Rotini, C. Galoppini und M. Caponi. (Chim. e Ind. [Milano] **44,** 139—42, 1962; Pisa, Univ., Ist. di Chim. agrar.; ital.) — Die Unters. verschiedener tunes. Olivenöle zeigt, daß diese gegenüber italien. Olivenölen höhere JZZ., Titerwerte, Bellier-Zahlen u. Thermosulfozahlen aufweisen. Die spektrophotometr. Unters. ergab ferner Unterschiede in den spezif. Extinktionen u. den ΔK-Werten, auch haben die tunes. Öle einen höheren Geh. an mehrfach ungesätt. Fettsäuren u. höhere Peroxidwerte. H. P. Fiedler 7932◇

2826 **Beitrag zur Untersuchung des Fettes von Pachylobus Edulis Don.** E. Ucciani und F. Busson. (Oléagineux **18,** 253—55, 1963; Marseille, Serv. de Santé des Troupes de Marine, Labor. de Rech. biochim.; franz.) — Aus den vorbereiteten Samen bzw. der Pulpe (Fruchtfleisch) des Baumes *Pachylobus* (Burseraceen) wird das Öl durch Soxhlet-Extraktion mit PAe. gewonnen u. in üblicher Weise untersucht auf die Kennzahlen sowie die Zus. der Fettsäuren. Öl der Pulpe (der Samen): n_D^{25} 1,4658 (1,4704); $D.^{20}$ 0,9174 (0,9189); SZ. 3,9 (5,7); VZ. 194 (187); JZ. 70,4 (82,2); OH-Zahl 7,0 (5,4); Unverseifbares 0,90% (2,43). Zus. der Fettsäuren in %: Laurin- 0,1 (0,1), Myristin- Spuren (0,0), Palmitin- 36,5 (32,1), Stearin- 5,5 (9,1), Öl- 33,9 (26,2), Linolsäure 24,0 (32,5). K. Täufel 7932◇

2827 **Eine Untersuchungsmethode für Rückstände von chlorhaltigen Schädlingsbekämpfungsmitteln in Fett ohne Reinigung.** Leo F. Krzeminski und Wendell A. Landmann. (J. agric. Food Chem. **11,** 81—83, 1963; Chicago, Ill., Amer. Meat Inst. Foundat., Div. Analyt. and Phys. Chem.; engl.) — Zur Best. von chlorierten KW-Stoffen in Fettgeweben wird die Probe nach Entfernung des wasserlösl., anorgan. Cl^- durch Papier filtriert, in Ae. gelöst u. mit Na (in wasserfreiem, fl. NH_3 gelöst) zur Red. des organ. gebundenen Cl zu Cl^- behandelt, das potentiometr. ermittelt wird. Die Red. ist in wenigen Min. beendet u. erfaßt $>$ 90% der in 10 g Fett enthaltenen Menge (10 ppm) DDT. W. Wesly 7932◇

2828 **Verfahren zur Bestimmung der Netzgeschwindigkeit grenzflächenaktiver Stoffe.** Günter Kretzschmar. (Kolloid-Z., Z. Polymere **189,** 66—67, 1963; Berlin, Inst. f. Fettchem. der DAW; dt.) — Vf. bestimmte die Netzkraft von Tensid-Lsgg. an Textilmaterialien auf Grund unterschiedlicher Benetzungswärmen. In einem speziell entwickelten Kalorimeter wird die Zeit bis zur Erreichung des Endwertes der Wärmetönung bestimmt. W. Fester 7942◇

2829 **Quantitative Bestimmung von oberflächenaktiven Polyoxyäthylenverbindungen durch komplexometrische Titration.** Antonio Alessandro. (Boll. chim. farmac. **101,** 948—54, 1962; Firenze, Scuola di San. Milit., Ist. di Chim.; ital.) — Beschreibung einer Meth. zur quant. Best. von oberflächenakt. Polyoxyäthylenverbb. durch Ausfällung mit modifiziertem Dragendorff-Reagens, dessen Überschuß komplexometr. mit Äthylendiamintetraessigsäure titriert wird. K. Zingraf 7942◇

2830 **Potentiometrische Messungen in Lösungen nichtionischer oberflächenaktiver Stoffe.** M. Donbrow und C. T. Rhodes. (J. Pharmacy Pharmacol. **15,** 233—38, 1963; London, School of Pharm., Chelsea Coll. of Sci. and Technol.; engl.) — Die potentiometr. Messungen in Lsgg. nichtion. oberflächenakt. Stoffe (OS) wie *Cetomacrogol* (**I**), *B. P. C.* (Evans Medical, Ltd.) ergaben, daß die pH-Werte von NaOH-Lsgg. u. Salzsäure unterschiedlicher Konz. durch die OS nicht beeinflußt werden. Hingegen wird bei Ggw. von **I** in Pufferlsgg. der pH-Wert je nach der Säure des Puffers verändert. Der Mechanismus der Rk. u. die Wrkg. von **I** bei analyt. Unterss. werden diskutiert. J. Seidemann 7942◇

2831 **Imperial Chemical Industries Ltd.**, London, übert. von: **William Todd** und **Arthur Topham**, Manchester, England, *Oberflächenaktive aromatische Polyaminosäuren und deren Salze.* (**A. P. 3075006** vom 6/4. 1959, ausg. 22/1. 1963. E. Prior. 18/4. 1958. — C. **1963,** [D. A. S. 1132141].)

2832 **Farbenfabriken Bayer Akt.-Ges.**, übert. von: **Mathieu Quaedvlieg** und **Georg Matthaeus**, Leverkusen, *Alkalisalze von Dicarbonsäuremono-carbaminsäurezuckerestern.* (**A. P. 3063983** vom 17/11. 1959, ausg. 13/11. 1962. D. Prior. 27/11. 1958. — C. **1960,** 15947 [D. A. S. 1080090].)

H_{18a}. Holz, Cellulose, Zellstoff, Papier, Papierdruck, Celluloid, Linoleum

2833 **Gaserzeugung bei der Zersetzung von Cyperus papyrus.** Simon A. Visser. (J. Water Pollut. Control Federat. **35,** 973—88, 1963; Kampala, Uganda, Makerere Univ. Coll., Dep. of Zoology; engl.) — Die Veränderungen in der Zus. der flüchtigen u. nichtflüchtigen Zers.-Prodd. von *Cyperus papyrus* sowie der Einfl. von Zusätzen (Tonsorten, Papyrusasche, Holzkohle, Asbest, Krilium) auf den Verlauf der Zers., die allein keine Veränderung der Zus. herbeiführen, werden untersucht. Papyrusasche u. Tonsorten mit geringer Austauscherfähigkeit fördern die Gaserzeugung. Die maximale Umwandlung von pflanzlichem Material bei der Vergärung bei Zimmertemp., erfolgt in Ggw. von Ton. Gaschromatograph. werden CH_4, CO_2, H_2, CO u. C_2H_4 nachgewiesen. Unterschiede in der Zus. der vergorenen Gemische beeinflussen die Zus. der gebildeten Gase nicht. Die gebildeten flüchtigen Säuren unterdrücken zunächst die Aktivität der Mikroorganismen. Mit fortschreitender Vergärung nehmen die mit Ae. extrahierbaren Stoffe sowie der Geh. an Hemicellulose u. Cellulose ab u. der Geh. an mit heißem W. u. A. extrahierbaren Stoffen (Proteine, Lignin, Huminsäuren, Fulvosäuren) zu. Der Mechanismus der Gärung in Ggw. von Papyrusasche unterscheidet sich wahrscheinlich von dem anderer Gemische, wie Unterschiede im Redoxpotential, der Gesamt-, Bicarbonat u. flüchtige Säurealkalinität andeuten. I. Köditz 7952△

2834 **Suche nach neuen Faserrohstoffen.** 4. Mitt. **Die Zusammensetzung von Kenaf.** H. J. Nieschlag, G. H. Nelson und I. A. Wolff. (Tappi **44**, 515—16, 1961; engl.) — 3. vgl. C. **1963**, 16026. — Die Charakteristica von Kenaf (*Hibiscus cannabinus*) werden besprochen. Die Eignung der einjährigen Pflanze als Zellstoffrohstoff wird untersucht. I. Beßer 7956◇

2835 **Suche nach neuen Faserrohstoffen.** 5. Mitt. **Untersuchungen über den Zellstoffaufschluß von Kenaf.** T. F. Clark, G. H. Nelson, H. J. Nieschlag und I. A. Wolff. (Tappi **45**, 780—86, 1962; engl.) — 4. vgl. vorst. Referat. — Trockenes, reifes Kenaf aus Illinois wird durch den Kraft-, Neutralsulfit- u. Natronaufschluß zu Zellstoff verarbeitet. Der Neutralsulfitaufschluß gibt die beste Zellstoffausbeute bei kleinstem Chemikalienverbrauch. Festigkeitsdaten von Kenafzellstoff, gebleicht u. ungebleicht, werden angegeben u. mit anderen Zellstoffen verglichen. I. Beßer 7956◇

2836 **Suche nach neuen Faserrohstoffen.** 6. Mitt. **Kenaf- und Holzzellstoffgemische.** T. F. Clark und I. A. Wolff. (Tappi **45**, 786—89, 1962; engl.) — 5. vgl. vorst. Referat. — Gemische von Kenaf u. handelsüblichem Zellstoff werden hergestellt u. die physikal. Eigg. dieser Zellstoffe angegeben. Synergist. Verh. tritt in mehreren Mischungsreihen für die Zerreißbeständigkeit auf. Bei linearem Mischungsverhältnis sind die Werte für Knitterfestigkeit u. Luftbeständigkeit wesentlich geringer. I. Beßer 7956◇

2837 **Suche nach neuen Faserrohstoffen.** 7. Mitt. **Eine ökonomische Betrachtung.** W. K. Trotter. (Tappi **45**, 915—19, 1962; engl.) — 6. vgl. vorst. Referat. — Ökonom. Betrachtung über Anpflanzung, Ernte, u. Transport von einjährigem Zellstoff-Rohstoff. I. Beßer 7956◇

2838 **Linoleumfabrikation.** Felix Fritz. (Chemiker-Ztg. **79**, 103—07, 1955; Eltville a. Rh.; dt.) — Histor. Überblick der Linoleumfabrikation (1863—1954). Rohstoffe, Herst., Veredlung, Wirtschaftlichkeit der Produktion u. Ersatzstoffe werden behandelt. H. Herper 7998◇

2839 **Die Bestimmung des Oberflächenvolumens und der Porenstruktur von Cellulose und Cellulosenitraten.** František Krejčí und Jiří Staněk. (Sborník vědeckých Prací, Vysocká Škola chem.-technol. Pardubice **1961**, Nr. 1, 119—35; Pardubice, Katedra technol. vúbušnin a Vyzkumný ústav synt. pryskyřk a Laků; tschech.) — Für die Best. des Oberflächen-Vol. von Cellulosenitrat wird die BET-Meth. unter Verw. von Ar als adsorbierendes Agens verwendet. — 83 Literaturangaben. R. Grundmann 8008◇

2840 **Untersuchungen über Cellulosediacetatmonophthalat.** 1. Mitt. **Untersuchung der Molekulargewichtsverteilung in Cellulosediacetatmonophthalat.** István Rusznák und O. Tiborné Boros. (Magyar Kémiai Folyóirat [Ung. Z. Chem.] **65**, 72—78, 1959; Budapesti Műszaki Egyetem Gyakorlati Kém. Tanszéke; ung.) — Aus Cellulosediacetatmonophthalat (**A**) werden durch Fällungsfraktionierung 5 Fraktionen erhalten. Die durchschnittlichen Molgew. der Fraktionen werden viscosimetr., durch Fällungstitration, osmometr. u. in der Ultrazentrifuge bestimmt. Die chem. Einheitlichkeit der Funktionen wurde durch Analyse der Substituenten (Acetyl- u. Phthalylgruppe) geprüft. Die Konst. k u. a der Kohnschen Viskositätsgleichung, sowie die Konst. der Relation γ (Fällbarkeit) — 1/P der Fällungstitration werden für die Syst. **A**/Aceton u. **A**/-Dioxan bestimmt. R. Grundmann 8008◇

2841 Soc. An. VERKOR, Belgien, **Feuerfestmachen von Platten aus pflanzlichen Stoffen.** Holz- oder Flachsteilchen werden mit der wss. Lsg. eines Bindemittels, z. B. eines Harnstoff-HCHO-Kunstharzes, überzogen, so daß die Oberfläche der Teilchen ca. 12(%) der Lsg. aufnimmt, dann mit einem Gemisch aus 75 H_3BO_3 u. 25 NH_4Br bestäubt u. schließlich zu Platten verpreßt; gasförmiges Br_2 kann vor oder nach dem Verpressen mitverwendet werden. Die so erhältlichen Platten sind feuerfest u. unentflammbar. (**F. P. 1286682** vom 22/12. 1960, ausg. 25/7. 1962. Belg. Prior. 19/10. 1960.) W. Raetz 7953

2842 Durel, Inc., übert. von: William T. Glab, Dubuque, Iowa, V. St. A., **Herstellung eines Lignocelluloseproduktes und von Produkten daraus.** Man vermischt zerkleinerte Lignocellulose mit 0,5—15% eines Metalloxids, bes. von Oxiden der Alkali- oder Erdalkalimetalle, in Ggw. von Wasserdampf bei 100—600 p.s.i. u. 300—500 °F während 4—60 Min., ggf. unter Zusatz von W., Furfurol, Anilin, Phenolen oder anderen plastifizierenden Prodd., auch von Paraformaldehyd u. S. — Zum Beispiel vermahlt man 500 g zerkleinertes Tannenholz von natürlicher Feuchtigkeit mit 100 g 5%ig. wss. NaOH-Lsg., füllt die Masse in einen Autoklaven, preßt Wasserdampf unter 300 p.s.i. bei 440°F während 20 Min. ein u. läßt dann den Druck schnell entweichen. Das so erhaltene Rk.-Prod. wird gemahlen u. bei 250—450 °F zu festen Formkörpern verpreßt. (**A. P. 3011900** vom 3/10. 1958, ausg. 5/12. 1961.) K. Sarre 7955

2843 Teikoku Jinzô Kenshi Kabushiki Kaisha, Ôsaka (Erfinder: Sôhei Saitô und Tetsu Sumida, Iwakuni), Japan, **Herstellung von Cellulosederivaten** durch ihre Ausfällung aus der Rk.-Lsg., Abpressen des Lsgm. im Koagulat, z. B. auf der Walzenpresse, u. Auswaschen. (**Jap. A. S. 13946/1961** vom 24/12. 1958, ausg. 21/8. 1961.) M. Pankow 7971

2844 Teikoku Jinzô Kenshi Kabushiki Kaisha, Ôsaka (Erfinder: Sôhei Saitô und Tetsu Sumida, Iwakuni), Japan, **Herstellung von Acetylcellulose.** Triacetylcellulose-Lsg., die durch Acetylierung von Cellulose mit Essigsäureanhydrid u. CH_2Cl_2 als Verdünnungsmittel u. saurem Katalysator erhalten u. unter Wasserzusatz gereift wurde, wird nach Entfernung eines Teiles CH_2Cl_2 mit W. u. wss. CH_3COOH-Lsg. bis zur Bldg. einer 5—30% CH_2Cl_2, 20—40% W., Rest CH_3COOH enthaltenden Lsg. verd., die mit einer > Kp. der Lsg. erhitzten Koagulationsfl. koaguliert wird. — 60 (Teile) Holzbrei, mit 30 Eisessig behandelt, werden mit 180 Essigsäureanhydrid, 250 CH_2Cl_2 u. 0,6 H_2SO_4 bei 50° acetyliert, nach Rk.-Ende werden 40 W. zugegeben, bei 50° wird 6 Std. gealtert, u. 8 Na_2CO_3 werden zugesetzt. Aus dieser Lsg. entfernt man bei 70° 220 CH_2Cl_2, setzt 24 W. zu u. koaguliert mit 25% wss. CH_3COOH von 70°; Acetonlösl. Flocken. — Man kann den Zusatz an W. auch so regulieren, daß man eine < 10% CH_2Cl_2 u. 23—50% W. enthaltende Lsg. mit einer Koagulations-Fl. < Kp. der Cellulose-Lsg. koaguliert, z. B. mit CH_3COOH von 40°. (**Jap. A. SS. 13845/1961** u. **13846/1961** vom 30/4. 1958, ausg. 19/8. 1961.) M. Pankow 7971

2845 Albright & Wilson Ltd., London, England, **Neue Cellulosemethylphosphinsäureätherverbindungen** der allg. Formel Z–O–CH_2–P(=O)(OR)OR [R = H, salzbildendes Kation, unsubstituierter oder substituierter Alkyl- oder Arylrest; Z = Rest eines, ggf. durch Aminieren, Veräthern (auch mit einem anderen Methylphosphinsäure-Mol.) u./oder Verestern modifizierten, Cellulose-Mol.] erhält man durch Rk. von ggf. wie vorst. modifizierter, Cellulose, deren Mol. noch eine OH-Gruppe enthalten muß, mit einer Halogenmethylphosphinsäure-Verb. der allg. Formel X–CH_2–P(=O)·(OR)OR(X = Halogen; R wie oben) oder mit einem Halogenmethylphosphinsäurechlorid, bes. Chlormethylphosphinsäuredichlorid, Cl–CH_2–P(=O)–Cl_2 (**I**) bei Temp. von 20° an, bes. 5—30 Min. bei 60—140°. Man löst z. B. 25 (Teile) NaOH in 60 W., löst unter Kühlen 15 **I** in so viel Lauge, als zur Bldg. des Na-Salzes der Säure nötig ist, setzt den Rest der NaOH-Lsg. zu, taucht ein *Baumwollgewebe* in die Lsg. bis zu einer 143%ig. Gew.-Zunahme, trocknet, wäscht u. trocknet (1,99% P-Geh., Ionenaustauschkapazität 1,179 Milliäquivalente/g, in der Flamme wenig nachglühend); durch Tauchen in 5%ig. wss. HCl, Waschen, Tauchen in 5%ig. wss. NH_4OH-Lsg., Waschen u. Trocknen → *NH_4-Salz* des Celluloseäthers, 1,95% P, 0,78% N, nicht nachglühend. Aus **I** erhält man mit der theoret. Wassermenge durch Zutropfen unter Kühlen u

Rühren u. Eindampfen der Masse → Chlormethylphosphinsäure, F. 88—95°, hygroskop., daraus mit NaOH → Na-Salz. — Mengenbeispiele für Textilien aus Cellulose u. modifizierter Cellulose. — Tabellen. (**E. P. 893283** vom 28/10. 1958, ausg. 4/4. 1962. A. Prior. 31/10. 1957.)
G. Vogel 7971

2846 Shell Internationale Research Mij. N. V., Niederlande (Erfinder: Gerald Robert Ferrante), **Stabile, nichtgiftige, wässerige Emulsion als Antioxydans in Papier.** Die Emulsion besteht aus einer wss. kontinuierlichen u. einer öligen dispersen Phase, die a) einen mit W. nichtmischbaren Ester, z. B. 12,5 (Teile) Diisobutyladipat, oder Äthylhexyldiphenylphosphat, b) bis zu 100% (des Esters), z. B. 10,0, 2.6-Di-tert.-butyl-4-methylphenol u. c) bis zu 100% (des Phenols) eines Polyoxyäthylensorbitanfettsäureesters, z. B. 2,5 „Tween 80" (= Polyoxyäthylensorbitanmonooleat) enthält. — Man imprägniert z. B. Karton mit der wss. Emulsion (Phenol-Geh. 6%), so daß er 1 g Phenol/kg enthält u. trocknet ihn wie üblich. — *Herstellung von Verpackungspapieren*, ggf. kombiniert mit Metall- oder Kunststoffolie, für Schokolade, Butter u. Seife. Haltbarkeits(Ranziditäts)-Tabelle. (**F. P. 1295399** vom 28/3. 1961, ausg. 31/10. 1962. A. Prior. 30/3. 1960.)
G. Vogel 7983

2847 Lipaco Soc. An., Schweiz (Erfinder: Georg Cecil Daul und Thomas Francis Drake), **Erhöhung der Naßfestigkeit von Papier** durch Imprägnieren mit einem Gemisch aus W., CH_2O u. einem Katalysator, Erhitzen u. Trocknen der Bahn, dad. gek., daß man als Katalysator mindestens 0,003 Mol eines Mg-Halogenids/100 g Papier u. ein pH von mindestens 5 für das Gemisch verwendet. — Man imprägniert z. B. gebleichtes Kraftpapier mit einer wss., 5% CH_2O u. 6% $MgCl_2 \cdot 6 H_2O$ enthaltenden Lsg. (pH 6,8), entwässert die Bahn, so daß sie höchstens 120—200% Fl., auf trockenes Papier berechnet, enthält, trocknet u. erhitzt das Papier 10 Min. auf 105°. Erhöhung der Naßfestigkeit auf das ca. 16fache. Festigkeitstabelle. (**F. P. 1292814** vom 23/6. 1961, ausg. 3/10. 1962. A. Prior. 24/6. 1960 u. 11/5. 1961.)
G. Vogel 7987

2848 Minnesota Mining and Mfg. Co., St. Paul, übert. von: Maynard H. Olson, St. Paul, und Donald E. Lovness, Grant Towship, Washington County, Minn., V. St. A., **Schichtstoffe für Bedachungen** enthalten einen mit Bitumen (I) getränkten u. mit I überzogenen faserigen Schichtkörper, der mit gegen Ölflecke widerstandsfähig gemachten, mineral. Granulate (II) bestreut ist; die II sind mit einer ölabweisenden Fluor-substituierten organ. Verb., z. B. N-Perfluoroctansulfonylglycin überzogen (**A. P. 3013893** vom 8/2. 1960, ausg. 19/12. 1961.)
M. Böttcher 7993

2849 **Hercules Powder Co.**, Wilmington, Del., V. St. A., *Carboxyalkylcelluloseäther*. (**E. P. 879524** vom 2/6. 1959, ausg. 11/10. 1961. A. Prior. 12/6. 1958. — C. **1962**, 15812 [F. P. 1231897].)

H_{18b}. Textilfasern

2850 **Über bekleidungsphysiologische Eigenschaften von Schaumtextilien.** W. König. (Z. ges. Textilind. **65**, 612 bis 17, 1963; Oestrich/Rheingau, Firma Rudolph Koepp & Co., Chem. Fabrik A. G., Forsch.-Labor.; dt.) — Laminate als auch deren Komponenten allein, also Schaum u. Textil, werden hinsichtlich Wärmerückhaltevermögen (**A**), Schweißtransport (**B**), Luftdurchlässigkeit (**C**), W.-Aufnahmevermögen u. Trockengeschw. (**D**) geprüft. Der Schaum erweist sich als bes. wichtig für **A** des Textil-Laminates, **B** weicht nicht wesentlich von dem des reinen Textils ab. **C** ist nicht entscheidend gemindert u. **D** liegt in derselben Größenordnung wie die des reinen Textils. Die Vers.-Durchführung wird ausführlich beschrieben.
I. Beßer 8022◇

2851 **Einsatzgebiete und Applikationsmöglichkeiten von Arigal C.** A. Paul. (Ciba-Rdsch. **1963**, Nr. 4, 40—41; Zentrale für Applikationstechn.; dt.) — Um Gewebe verrottungsecht zu machen, wird die Verw. von *Arigal C* empfohlen. Das Arigal-C-Verf. wird kurz skizziert.
I. Beßer 8028◇

2852 **Entschlichtungsmittel.** E. Frieser. (Z. ges. Textilind. **64**, 900—03, 1962; **65**, 62—66; dt.) — Vgl. C. **1963**, **4919**. — Entschlichtungsmittel (**A**) für Stärke u. stärkehaltige Schlichten werden besprochen. Enzymat. **A** zum Abbau der Stärke auf der Faser werden beschrieben. Der Einfl. der Temp. des Entschlichtungsbades, der Rk.-Zeit, der Aktivatoren, des Gewebes sowie der Schlichtezus. auf den Entschlichtungseffekt wird untersucht. Die Entschlichtung mit Hilfe chem. Katalysatoren u. durch oxydat. Abbau wird kurz besprochen. **A** für Leinölschlichten werden aufgeführt. Das Entschlichten von eiweißhaltigen Prodd. u. das Auswaschen von synthet. Schlichten wird kurz beschrieben.
I. Beßer 8030◇

2853 **Viscoselastizität und Spinnbarkeit von Hochpolymeren, besonders im Fall des Schmelzspinnens.** Kisou Kanamaru. (J. Soc. Textile Cellulose Ind., Japan [Sen-i Gakkaishi] **19**, 230—42, 1963; jap.)
R. Grundmann 8030◇

2854 **Neuere Technologie und Untersuchung der Chlor-, Superoxid- und Kombinationsbleichverfahren.** Franz Weber. (Prakt. Chem. [Wien] **7**, 342, 345—46, 1956; Wien; dt.) — Übersicht über neuere Bleichverfahren.
I. Beßer 8032

2855 **Schaumstoff-Kaschierverfahren.** J. Bobe. (Textil-Praxis **18**, 596, 1963; dt.) — Die wichtigsten Kaschierverff. u. Schaumarten werden kurz besprochen.
I. Beßer 8038◇

2856 **Versuche an hydrophobierten und oleophobierten Oberflächen.** W. Herzog. (Abh. dtsch. Akad. Wiss. Berlin, Kl. Chem., Geol. Biol. **1963**, Nr. 2, 123—30; Karl-Marx-Stadt, VEB Fettchemie; dt.) — Mit Hilfe bekannter Gesetze u. Vorstellungen der physikal. Chemie sowie an Hand von Verss. werden die Effekte der Hydrophobie u. Oleophobie erläutert.
I. Beßer 8040◇

2857 **Polynosische Fasern.** Hirokuni Maeda. (J. Soc. Textile Cellulose Ind., Japan [Sen-i Gakkaishi] **19**, 405 bis 409, 1963; jap.) Übersicht. R. Grundmann 8040◇

2858 **Aufbau und Herstellung von Vliesstoffen.** K.-A. Weber und W. von Langenthal. (Z. ges. Textilind. **65**, 602—07, 1963; Farbenfabriken Bayer AG, Anwendungstechn. Abt.; dt.) — Über die Herst.-Verff. von Vliesstoffen wird berichtet. Die Aufbereitung des Rohfasermaterials wird erörtert u. die einzelnen Verfestigungsmeth. werden beleuchtet. Auf Fehler, die während der Behandlung auftreten können, wird hingewiesen. Ausrüstungsverff. werden genannt u. Entw.-Tendenzen aufgezeigt.
I. Beßer 8040◇

2859 **Permanente Verrottungsfestausrüstung von Cellulosefasern durch die Naßfixierung von Kunstharzvorkondensaten.** Andreas Ruperti. (Amer. Dyestuff Reporter **50**, 762—65, 1961; Basel, CIBA Ltd., Res. Labor.; engl.) — Bei der Anwendung von 10% Kunstharzvorkondensat (z. B. *Arigal C*), dem 10% Antifungens (z. B. *Funfitex*) zugesetzt sind, auf Baumwollgewebe wird dieses permanent beständig gegen den Befall durch Mikroorganismen. Der Effekt ist besser als bei acetylierter oder cyanäthylierter Cellulose. Es findet keine Rk. mit der Faser statt; deren Eigg. sind daher unverändert.
G.-D. Gollnisch 8044◇

2860 **Abbau von Baumwolle in Sauerstoffatmosphäre durch Gammastrahlen.** Florine A. Blouin und Jett C. Arthur jun. (J. chem. Engng. Data **5**, 470—75, 1960; New Orleans, La., Southern Reg. Res. Labor.; engl.) — Die bes. Gruppen, die bei einer Strahlendosierung von 10^8r von Baumwolle in einer O_2-Atmosphäre entstehen, werden untersucht. Es findet ein oxidativer Abbau des Cellulose-Mol. statt, bei dem Kettenspaltung eintritt u. reduzierende u. saure Gruppen entstehen. Aus der Verteilung der sauren Gruppen auf die verschiedenen Fraktionen der bestrahlten Cellulose geht hervor, daß diese hauptsächlich am Kettenende entstehen; die reduzierenden Gruppen sind gleichmäßig längs der Cellulosekette verteilt. Die Gasverbrauchs- u. Gasentw.-Unterss. ergeben, daß erhebliche Mengen an O_2 verbraucht werden. Anscheinend ist die Hauptrk. eine Dehydrierung; außerdem entstehen reduzierende Gruppen, wie Keton- u. Aldehydgruppen.
L. Jentgen 8044◇

2861 **Der Appreturverlust bei der Ausrüstung wollener und halbwollener Gewebe.** Heinrich Vonberg. (Textil-Praxis **18,** 672—73, 1963; dt.) — Der Appreturverlust u. seine Abhängigkeit vom verwendeten Rohmaterial, der Ausrüstungsart u. vom Feuchtigkeits-Geh. der Ware wird untersucht. Die Vers.-Ergebnisse werden mitgeteilt. I. Beßer 8060◇

2862 **H_2O_2-Bleichen der durch Urin vergilbten weißen Wolle.** S. Serafimoff, R. Valtscheva und R. Daskalova. (Z. ges. Textilind. **65,** 545—49, 1963; dt.) — Der Einfl. der H_2O_2-Bleiche von Wolle (**A**) auf die verschiedenen technolog. u. chem. Eigg. von **A** wird untersucht. Es wird festgestellt, daß bei Einhalten bestimmter Temp., pH-Werte u. Zeiten keine bedeutenden Faserschädigungen auftreten u. ein Weißgrad von 71,8% erreicht wird. Eine Veränderung der färber. Eigg. tritt nicht auf. Das so gebleichte **A**-Material kann als weiße **A** allein oder als Mischungskomponente verwendet werden. I. Beßer 8060◇

2863 **Die wichtigsten synthetischen Faserstoffe.** H. U. Schmidlin. (SVF Fachorg. Textilveredl. **18,** 398—425, 1963; Basel, CIBA A. G.; dt.) — Die Handelsnamen der wichtigsten synthet. Faserstoffe, einschließlich der Triacetat-, Glas- u. Mineralfasern sind in Tabellen nach Faserklassen geordnet. In einer weiteren Übersicht sind Handelsnamen, Klassenzugehörigkeit, Hersteller u. bes. Merkmale der Fasern aufgeführt. I. Beßer 8070

2864 **Synthetische Fasern als neuartige Effekte in der Haarhutfertigung (Dralon).** E. Heintze und W. Schulz. (Melliand Textilber. **44,** 727—30, 1963; dt.) — Rohstoffe für die Haarhutfertigung, die Haarhut-Rohfabrikation, die Zwischenfabrikation (Ausrüstung) u. die Fertigfabrikation (Zurichte) werden beschrieben. I. Beßer 8070◇

2865 **Hydrophobie oder Hydrophilie von Avivagen.** W. Wegener und W. Röhrig. (Textil-Praxis **18,** 551 bis 554, 1963; dt.) — Der Einfl. einer hydrophoben Avivage (**A**) bzw. hydrophilen Avivage (**B**) auf die elektrostat. Aufladung von Zellwolle wird untersucht. Die Best. der Netzaktivität der Avivagen erfolgt durch Messung der Netzzeit u. der Grenzflächenspannung. Die Messung der elektrostat. Aufladung an Krempelvlies ergibt unter den Vers.-Bedingungen wenig Aufschluß über die antistat. Eigg. der ausgewählten **A** u. **B**. Die gemessenen Bandhaftungswerte weisen demgegenüber Unterschiede zwischen **A** u. **B** auf. Zur Beurteilung des Spinnprozesses werden Fadenbruchaufnahmen an der Ringspinnmaschine durchgeführt. Bei der Verspinnung von Zellwollfasern nach dem Kammgarn-Spinnverf. erweisen sich **B** gegenüber **A** als vorteilhafter. I. Beßer 8074◇

2866 **ξ-Potential von Polyvinylalkoholfasern.** 3. Mitt. **Oberflächenladungsdichte von Polyvinylalkoholfasern in verschiedenen, wäßrigen Elektrolytlösungen.** Osamu Yoshizaki. (Chem. High Polymers [Tokyo] **15,** 571 bis 576, 1958; jap., Auszug: engl.) — 2. vgl. C. **1960,** 7868. — Die elektrokinet. Eigg. von Polyvinylalkohol-Fasern in W. u. verschiedenen, wss. Elektrolyt-Lsgg. werden untersucht; für ihre Oberflächenladungsdichte wird eine Gleichung abgeleitet. Die Ladungsdichte steht in Beziehung zur Dissoziation der COOH-Gruppen in den Fasern u. der Adsorption von Anionen aus den Lösungen. Die Beziehung zwischen der Ladungsdichte u. dem Quellungsgrad der Fasern wird erörtert. W. Wesly 8080◇

2867 **Überblick über Ausrüstungsprozesse und deren Auswirkung auf die Repräsentationsgüte von Polyacrylnitrilfaserstoffen bei verschiedenen Provenienzen.** W. D. Köhler. (Dtsch. Textiltechn. **13,** 421—28, 1963; Rudolstadt-Schwarza, Inst. für Text.-Technol. der Chemiefasern; dt.) — Die Erfahrungen beim Walken, Auswaschen von Fabrikationsschmutz, Bleichen, Hydrophobieren u. antistat. Ausrüstung werden beschrieben. Die Pillingbldg. sowie Auswrkg. der Thermo- u. bes. Thermohydroplastizität auf die Plissierung, Plisseebeständigkeit, Waschknitteranfälligkeit sowie knitterentfernbarkeit u. Glanzbldg. durch Bügeln werden behandelt. Die Repräsentationsgüte nach Thermo- u. Thermohydrobehandlung sowie nach Standardausrüstung von PVY-Rein u. -Mischgeweben, wobei PVY-Faserstoffe verschiedener Provenienz Berücksichtigung finden, wird untersucht. I. Beßer 8080◇

2868 **Über das Ausrüsten von Polyamidmaterialien.** H. Heinrich. (Z. ges. Textilind. **65,** 456—60, 534—39, 630 bis 636, 1963; Ludwigshafen a. Rh., BASF AG, Anwendungstechn. Abt.; dt.) — Waschen u. Bleichen von Polyamidfasern, Fixieren u. Farbstoffe zum Färben von Polyamidware sowie Färben u. Ausrüsten verschiedener Polyamidmaterialien werden eingehend behandelt. I. Beßer 8080◇

2869 **Das Ausrüsten von Polyamid-Webtrikot.** R. Aenishänslin. (Ciba-Rdsch. **1963,** Nr. **4,** 38—40; Zentrale für Applikationstechn.; dt.) — Steifausrüstung, Wasserabweisend-Ausrüstung u. Kaschierung mit Schaumstoffen werden besprochen. Der Ansatz zum Ausrüsten von Polyamid-Webtrikot wird angegeben. I. Beßer 8080◇

2870 **Studium des Fixierprozesses von Polyamid-6-Garnen bei Kräuselung nach dem Falschdrahtverfahren.** Karl Schwertassek. (Textil-Praxis **18,** 591—95, 1963; Brno, ČSSR, Wirkereiforsch.-Inst.; dt.) — Materialbedingte Möglichkeiten der Entstehung ungleicher Fixiereffekte bei Erzeugnissen aus Falschdrahtkräuselgarnen werden geprüft. Die Vers.-Durchführung wird ausführlich beschrieben. Unterschieden im Fixiergrad, verursacht durch ungleiche Materialfeuchtigkeit u. bei hohem Feuchtigkeits-Geh. auch Faserschädigungen, dürfte durch kontinuierliche Vortrocknung wirksam zu begegnen sein. Der Monomerengeh. bei der Tvasil-Fixierung wirkt im Inneren der Faser fixiergraderhöhend, auf der Faseroberfläche durch Abdampfen temperaturerniedrigend u. damit fixiergradvermindernd. Der Ölgeh. wirkt sich durch das Verdampfen des Öles beim Fixieren ebenfalls in einer Herabsetzung des Fixiergrades aus. I. Beßer 8080◇

2871 **Elektrisierung und Polarisation von Nylonfäden durch Kontakt.** R. G. C. Arridge. (Brit. J. appl. Physics **11,** 202—05, 1960; Pontypool, Mon., Brit. Nylon Spinners Ltd., Res. Dep.; engl.) — Bei einer relativen Feuchtigkeit von $< 35\%$ bleibt die Einw. von elektr. Strom auf Nylonfasern u. die dadurch bedingte Zerstörung lokalisiert, während sie sich bei $> 35\%$ über die ganze Fadenlänge erstreckt. G.-D. Gollnisch 8080◇

2872 **Die Anwendung kationaktiver Textilhilfsmittel bei der Glasfaserveredlung.** G. Meier. (Abh. dtsch. Akad. Wiss. Berlin, Kl. Chem., Geol. Biol. **1963,** Nr. 2, 101—12; Dresden A 1, DAW Berlin, Inst. für Technol. der Fasern; dt.) — Die günstigste Wrkg. von kationakt. Verbb. sowohl beim Färben als auch zur Verbesserung der physikal. Fasereigg. wird besprochen. I. Beßer 8082◇

2873 **Beitrag zur Mackey-Prüfung von Neutralölen.** M. Kehren. (Z. ges. Textilind. **65,** 531—33, 1963; dt.) — Über Beziehungen zwischen der chem. Konstit. eines Neutralöles u. seinem Verh. während der Mackey-Prüfung wird berichtet. Die Mackey-Prüfung von Erdnußölen, die als fettende Komponente in den Schmälzen der Kammgarnindustrie verwendet werden, wird beschrieben. I. Beßer 8098◇

2874 **Bestimmung der Hydrophobierungsgrades von losem Fasermaterial mittels der Kontaktmethode.** G. von Hornuff und H. Polster. (Abh. dtsch. Akad. Wiss. Berlin, Kl. Chem., Geol. Biol. **1963,** Nr. 2, 113—22; Karl-Marx-Stadt, Forsch.-Inst. für Textiltechnol.; dt.) — Die Kontaktmeth. zur Best. des Hydrophobierungsgrades von losem Fasermaterial wird ausführlich beschrieben. I. Beßer 8100◇

2875 **Aufgaben eines Baumwolltestlaboratoriums.** 3. Mitt. W. F. Du Bois. (Melliand Textilber. **43,** 1250—52, 1962; Nijverdal, Holland; dt.) — 2. vgl. C. **1964,** 1-2929. — Die Abhängigkeit der Faserfeinheit von der Faserlänge eines Baumwollmusters wird untersucht. Faserdiagramme u. Häufigkeitsdiagramme werden aufgestellt u. diskutiert. Eine Prüfung der linearen Faserdichte wird durchgeführt. I. Beßer 8102◇

2876 **Die Bestimmung des Polymerisationsgrades kunstharzbehandelter oder reaktiv gefärbter Cellulosefasern.**

Andreas Agster. (Textil-Praxis **18,** 577—83, 1963; Reutlingen, Staatl. Technikum für Text.-Ind.; dt.) — Mit Kunstharz u. z. T. auch mit Silicon ausgerüstete Baumwolle löst sich in Cuoxam oder Cuen nicht mehr auf; der Polymerisationsgrad kann hier nur noch nach dem Nitratverf. bestimmt werden. Die Durchführung der Meth. wird ausführlich beschrieben. Bei Reaktivfärbung kann der Polymerisationsgrad nicht mehr nach dem Nitratverf. bestimmt werden, was auf die außerordentlich feste Bindung zwischen Farbstoff u. Faser zurückzuführen ist. Eine Nitriersäuremischung wird angegeben, die auch bei längerem Aufbewahren nicht zum Auskristallisieren neigt. I. Beßer 8102◇

2877 American Cyanamid Co., New York, N. Y., V. St. A., **Melaminmethylol äther** erhält man durch Rk. von 1 Mol Monomeren, im wesentlichen völlig mit Methylolgruppen besetzten Mechanismen, bes. Hexamethylolmelamin, bei pH < 4 mit 12—24 Mol Methanol u. $\geqq 0,1$ bis 2,5 Mol entweder eines Diäthylenglykolmonoalkyläther mit 1—4 C-Atomen in der Alkylgruppe, oder eines Äthylenglykolmonoalkyläthers mit 1—3 C-Atomen im Alkylrest. Das Ausgangsmaterial enthält bevorzugt < 20 Gew.% Wasser. — Dauerhafte *Textilveredlungsmittel.* (**E. P. 882655** vom 5/11. 1958, ausg. 15/11. 1961. A. Prior. 5/5. 1958.) A. Jahn 8029

2878 Ciba Ltd., Basel, Schweiz, **Herstellung von α.β-Di-[benzimidazolyl-(2)]-äthylenverbindungen.** 21,6 (Teile) 1.2-Diaminobenzol, 13,4 Äpfelsäure u. 200 Polyphosphorsäure (**II**) werden unter Luftabschluß bei 140° geschmolzen u. $2^1/_2$Std. auf 160° erhitzt, worauf das Gemisch in 750 W. gegeben u. mit 30%ig. NaOH auf den pH-Wert 8 eingestellt wird. Die Festbestandteile werden abgesaugt, mit 200 W. gewaschen u. bei 100—110° getrocknet. Es verbleiben 25 *α.β-Di-[benzimidazolyl-(2)]-äthylen* (**I**), F. $> 350°$. **I** ist auch erhältlich durch Erhitzen von α.β-Di-[benzimidazolyl-(2)]-monohydroxyäthan mit **II** in Abwesenheit von Luft. Weitere Beispiele für nur formelmäßig angeführte Verbindungen. — *Weißtöner.* (**Ind. P. 68570** vom 29/7. 1959, ausg. 3/10. 1961.) C. Lüttgen 8033

2879 Farbenfabriken Bayer Akt.-Ges., Leverkusen, **Bis-triazinylaminostilbenderivate.** Zu D. A. S. 1093318; C. **1961,** **13046,** ist die Herst. dieser Verbb. nachzutragen. Man kondensiert 2 (Mol) Cyanurchlorid mit 1 4.4'-Diaminostilben-2.2'-disulfonsäure → Bis-tetrachlortriazinylaminostilben-2.2'-disulfonsäure (**I**), ersetzt 2 Cl-Atome von **I** durch den Anilinrest u. setzt das erhaltene Rk.-Prod. mit einer Mischung aus 1 Anilin u. 1 NH_3, Morpholin oder einen aliphat. oder cycloaliphat. Amin um. (**E. P. 894744** vom 4/6. 1958, ausg. 26/4. 1962. D. Prior. 5/6. 1957.) A. Jahn 8033

2880 Minnesota Mining & Mfg. Co., St. Paul, Minn., V. St. A., **Fluor enthaltende Blockmischpolymerisate** erhält man durch Polymerisation einer Verb. der Formel $CF_3(CF_2)_7SO_2N(CH_2CH_3)CH_2CH_2OCOC(CH_3) = CH_2$ oder einer dieser homologen Verb. mit mono- oder diolefin. ungesätt. Verbb. in wss. Emulsion, wobei man bei sehr verschiedener Polymerisationsgeschw. beide Monomere gleichzeitig vorlegt, während man sonst zuerst ein Homopolymerisat des ersten Monomeren herstellt u. dann das zweite Monomere in die Rk.-Mischung gibt. — Beispiele: Mischpolymerisation des *fluorierten Monomeren* mit *Methylvinylketon, Butadien* u. *Chloropren.* — *Imprägniermittel* bes. für Textilien. (**E. P. 904262** vom 10/8. 1960, ausg. 29/8. 1962. A. Prior. 10/8. 1959.) L. Stadelmann 8037

2881 Reggiani S. p. A., Bergamo, Italien, **Flammschutzmittel besonders für Cellulosefasern,** enthaltend ein Alkylphosphinoxid oder -sulfid, eine aliphat. Verb. mit bis 6 C-Atomen u. 2 nucleophilen Gruppen u. eine mehrbas. Oxysäure des S, Wo, P oder B oder deren NH_4-Salz. — Mit einem Küpenfarbstoff gefärbtes Baumwollgewebe wird mit einer wss. Lsg. mit einem Geh. von 8(%) Ammonborat, 16 Harnstoff u. 25 Triäthyleniminphosphoniumoxid (I) imprägniert (Gew.-Zunahme 60—80%), bei 60—90° getrocknete u. 5 Min. auf 130—150° erwärmt. Mit einer wss. Syndet-Lsg. wird bei 60—70° nachgewaschen. — Geeignet ist auch die wss. Lsg. mit Geh. von 7,5(%) $(NH_4)_2HPO_4$, 16 Harnstoff u. 20 **I.** (**E. P. 903820** vom 26/8. 1959, ausg. 22/8. 1962. It. Prior. 18/4. 1959.) H. Möllering 8037

2882 Böhme Fettchemie G. m. b. H., Düsseldorf, **Hydrophobieren von Fasermaterial.** Man imprägniert das Gut mit der wss. Lsg. oder Dispersion des Rk.-Prod. aus Epichlorhydrin u. einem Polyamin, das im Mol. mindestens einen lipophilen Rest mit mindestens 12 C-Atomen u. mehr als 2 an N gebundene reaktive H-Atome besitzt. Nach der Imprägnierung wird bei erhöhter Temp. getrocknet. — 400 (Teile) Polyamin (erhalten aus 1 Mol. Methylester gehärteter Leinölfettsäuren u. 1 Mol Dipropylendiamin) werden unter Rückfluß geschmolzen u. tropfenweise mit Gemisch aus 100 A. u. 120 Epichlorhydrin bei 80° versetzt. Das Prod. wird mit W. aus 1200 Teile aufgefüllt. Mit einer wss. 2%ig. Lsg. des Prod. mit Zusatz von 0,2% Bicarbonat wird Baumwollgewebe imprägniert u. bei 100° getrocknet. (**E. P. 912192** vom 20/2. 1961, ausg. 5/12. 1962. D. Prior. 27/2. 1960.) H. Möllering 8037

2883 Chicopee Mfg. Co., Mass., übert. von: Fred H. Sexsmith, Highland Park, N. J., V. St. A., **Herstellung von waschbeständigen abriebfesten Faservliesstoffen.** Faservliese mit einem Geh. an potentiell klebfähigen oder schmelz- bzw. lösbaren Synthesefasern (I) werden mit einem Lsgm. für **I**, das den I entsprechendes Kunstharz gelöst enthält, imprägniert u. dann durch eine wss. Koagulationsflüssigkeit geführt, worauf getrocknet wird. — Vliese aus Zellwolle oder Polyesterfasern werden mit einer Lsg. aus 200 (Teile) W. in 1800 Chloral u. 200 Polyesterfaserpulver behandelt, abgequetscht u. nacheinander passiert durch kaltes W., wss. 5%ig. $NaHCO_3$-Lsg. u. wss. 5%ig. Essigsäurelösung. — Die Vliese können neben **I** auch 10—90% Baumwolle enthalten. (**A. P. 3010858** vom 27/3. 1959, ausg. 28/11. 1961.) H. Möllering 8037

2884 Zaidan Hôjin Nippon Hôshasen Kôbunshi Kenkyû Kyôkai, Tôkyô (Erfinder: Seizô Okamura, Kyôto, und Yoshio Kobayashi, Itami), **Pfropfpolymerisation auf Celluloseprodukten.** Man quillt das Celluloseprod., ersetzt das Quellungsmittel durch ein Lsgm. für hydrophobe Polyvinylverbb., gibt letztere zu u. bestrahlt mit ionisierenden Strahlen. — Man imprägniert Viscosefasern zuerst mit W., quetscht die Fl. ab, imprägniert in 100%ig. A. u. danach in A.-Styrol-Lsg. u. nach Abquetschen der Fl. in Styrol, entfernt Luftblasen, bestrahlt mit ^{60}Co mit insgesamt $1.4 \cdot 10^6$ r u. extrahiert aus dem Polymeren Polystyrol mit Benzol. — Man kann Cellulosefasern auch zunächst mit Lsgg. von Aminen oder Amiden behandeln u. dann in Berührung mit Lsgg. von in W. schwer oder unlösl. Vinylverbb. ionisierend bestrahlen. — Man tränkt Regeneratcellulosematerial mit 59%ig. methanol. Formamid-Lsg., entfernt nach Quellung überschüssige Fl. durch Abquetschen, tränkt mit 59%ig. methanol. Styrol-Lsg., bestrahlt in Luft mit ^{60}Co 23 Std. mit $1,4 \cdot 10^4$ r/Std. u. extrahiert mit Benzol. (**Jap. A. SS. 13945/1961** vom 6/11. 1958 u. **13947/1961** vom 24/2. 1959, beide ausg. 21/8. 1961.) M. Pankow 8075

2885 Yamato Bôseki Kabushiki Kaisha, Ôsaka (Erfinder: Masaji Murata, Minô, Akira Tomioka, Toyonaka, Akio Watanabe, Minô, und Yukio Uchida, Nishinomiya), Japan, **Herstellung von Polyvinylchloridfasern.** Man polymerisiert Vinylchlorid oder seine Mischung mit anderen ungesätt. Verbb. in Ggw. von Halogenacylhalogeniden, z. B. Trichloracetylchlorid (I), oder Halogenalkansäureanhydriden, z. B. Trichloressigsäureanhydrid, u. anorgan. Peroxiden bei $< 10°$, bes. 0 bis — 25° zu Polymeren mit dem Polymerisationsgrad > 2000, löst sie in Lsgm. mit Kp. $> 120°$ u. verspinnt die Lsg. naß oder trocken. — 100 (Teile) Vinylchlorid, 0,91 **I** u. 1,69 Ba-Peroxid werden bei — 70° unter N_2 gemischt u. 24 Std. bei — 10° gehalten: 36 Polyvinylchlorid vom Polymerisationsgrad 8100. 10 davon werden in 89 Dimethylformamid, das 1 $ZnCl_2$ enthält, gelöst. Die Lsg. wird in ein Fällbad aus Dimethylformamid-W. (80:20) gesponnen. Die getrockneten *Fäden* schrumpfen weniger als solche aus handelsüblichen Polyvinylchlorid. (**Jap. A. S. 14040/1961** vom 30/5. 1959, ausg. 22/8. 1961.) M. Pankow 8081

2886 Kurashiki Reyon Kabushiki Kaisha (Erfinder: Osamu Fukushima und Kigen Kawai), Kurashiki, Japan, **Herstellung von Formkörpern aus Polyvinylformal oder seinen Derivaten.** Vor oder nach der Formgebung behandelt man das Polyvinylformal bzw. seine Derivv. mit Oxydationsmitteln, die seine 1.2-Glykolbindung aufspalten. Die Formgebung erfolgt aus wss.-alkohol. Legg. durch Spritzen in Fällbäder oder Luft u. kaltes oder heißes Recken der geformten Filme, Schläuche oder Fäden. — Eine 20%ig. Lsg. von Polyvinylformal in einer Mischung aus 7 (Teilen) CH_3OH u. 3 W. wird bei 60° in Luft gespritzt, der Faden nach Aufrollen 3 Std. bei 60° getrocknet, in Luft von 210° um 700% gestreckt, dann in einer wss. Lsg. von 0,25% Überjodsäure, 15% H_2SO_4 u. 15% $(NH_4)_2SO_4$ 60 Min. bei 70° behandelt. Zähes, gegen heißes W. festes, besser färbbares Material. (**Jap. A. S. 14143/1961** vom 21/1. 1960, ausg. 23/8. 1961.) M. Pankow 8081

2887 Kurashiki Reyon Kabushiki Kaisha (Erfinder: Osamu Fukushima, Hirotoshi Kurashige- und Kigen Kawai), Kurashiki, Japan, **Herstellung von Polyvinylformalformkörpern.** Man spritzt Lsgg. von Polyvinylformal in wss. cycl. Äthern in ein Fällbad oder Luft u. behandelt die Formkörper ggf. nach Wärmenachbehandlung mit einem Oxydationsmittel, das die 1.2-Glykolbindung im Polyvinylalkoholteil aufspaltet. Das Polyvinylformal kann bas. N enthalten. Durch die Behandlung wird die Heißwasserfestigkeit u. Anfärbbarkeit der Formkörper (Filme, Fasern, Schläuche) verbessert. — Eine 30%ig. Lsg. von Polyvinylformal in einer W.-Tetrahydrofuran (1:1)-Mischung wird bei 60° in Luft gesponnen u. aufgewickelt, bei 60° 3 Std. getrocknet, bei 210° um 700% gestreckt u. 60 Min. bei 70° in einer wss. Lsg. von 0,25% HJO_4, 15% H_2SO_4, 15% $(NH_4)_2SO_4$ behandelt. (**Jap. A. S. 14144/1961** vom 21/1. 1960, ausg. 23/8. 1961.) M. Pankow 8081

2888 Asahi Kasei Kôgyô Kabushiki Kaisha, Ôsaka (Erfinder: Sadasuke Imamoto, Koretaka Yamada und Yoshiaki Konaka, Tôkyô), Japan, **Polymerisieren von Acrylnitril,** auch zusammen mit bis zu 15% anderen ungesätt. Monomeren, wobei man die Konz. der Schwermetallionen (Cu, Fe) im W. des Polymerisationssyst. bei 10^{-3} bis 10 ppm, die der Chelatreagentien (Äthylendiamintetraessigsäure, Nitrilotriacetat, Cyclohexan-1.2-diamintetraessigsäure, Diäthylentriaminpentaessigsäure) bei 10^{-2} bis 10^2 ppm hält. — Man mischt 1300 (Gew.-Teile) W. vom pH 3, 100 Acrylnitril, 5 $(NH_4)_2S_2O_8$ u. 0,3 Thioglykolsäure, stellt eine Fe-Ionenkonz. von 0,006 ppm, eine Cu-Ionenkonz. von 0,057 ppm u. 0,5 ppm Di-Na-Äthylendiamintetraacetat · 2 H_2O her u. hält 4 Std. im Luftstrom bei 60°: Fast farblose Polymere für *Filme* u. *Fäden.* (**Jap. A. S. 13546/1961** vom 1/10. 1959, ausg. 16/8. 1961.) M. Pankow 8081

2889 Courtaulds Ltd., London, England (Erfinder: Boleslaw Krzesinski und David Welldon Hyam), **Dehnbare, Polyacrylnitril enthaltende Spinnfasern.** Die spinnfeuchten Fasern (auch mit einem Geh. bis 20% Polystyrol, Methylmethacrylat, Vinylverb.) wird mit W. von 80—95° unter Schrumpfmöglichkeit behandelt u. dann unter Spannung von nicht mehr als 10 mg/den. getrocknet. Zweckmäßig wird im Gegenstrom gearbeitet u. die Verweilzeit des Fadens im W. beträgt bis 60 Sek., wobei das Behandlungsbad geringe Mengen von Lsgm. für die Faser, z. B. NaSCN, enthalten kann. (**E. P. 910323** vom 6/7. 1960, ausg. 14/11. 1962.) H. Möllering 8081

2890 Chemstrand Corp., V. St. A. (Erfinder: Hobson Dewey de Witt und Arthur Baker Beindorff), **Lösungsmittel für Polyester** bestehen aus Verbb. der Formel **I** oder **II** (R = O, S oder NH; R^1 = H oder CH_3, die an die Ring-C-Atome gebunden sind), wie Oxazol, Thiazol, Imidazol u. deren Methylderivv., Benzoxazol, -thiazol oder -imidazol. Man löst bei > 130°. — Verw. der Lsgg. für *Lacke, Überzüge,* zum *Verspinnen* u. *Imprägnieren* von Gewebe. — 1 (g) Polyäthylenterephthalat wird mit 9 Benzothiazol auf 150° erhitzt. Die Lsg. kann nach dem Trocken- oder Naßspinnverf. zu *Fasern* geformt werden. (**F. P. 1237959** vom 4/8. 1959, ausg. 28/11. 1960. A. Prior. 5/11. 1958.) M. Pankow 8081

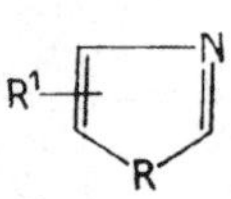

I

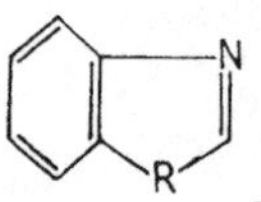

II

2891 Union Carbide Corp., New York, N. Y., V. St. A., **Harzartige Mischpolymerisate** erhält man aus Acrylsäurenitril, 15—70% Vinylchlorid, Vinylidenchlorid oder deren Gemisch u. 0,01—1% einer P-Verb. der allg. Formel $X{-}P{:}(X^1)(X^2)$ (X, X^1 u. X^2 = unsubstituierte oder substituierte KW-Stoff- oder KW-Stoffoxy-Reste, wobei mindestens einer der KW-Stoffoxyreste ein mit dem P-Atom durch ein O-Atom verbundenes C-Atom besitzt, X^1 u. X^2 einen zweiwertigen Rest einer C-Kette bilden können, die unsubstituiert oder mit einem KW-Stoff- u./oder KW-Stoffoxy-Rest substituiert sein kann u. am Ende ein O-Atom besitzt). Die KW-Stoffoxyreste enthalten bis zu 22 C-Atome. Es werden bes. Phosphite der allg. Formel $RO{-}P{:}(OR^1)(OR^2)$ (**I**) verwendet (R, R^1 u. R^2 = unsubstituierte KW-Stoff-Reste oder mit mindestens einem HO-Alkoxy-, Carbalkoxy- oder Acyloxy-Substituenten mit bis zu 22 C-Atomen), bes. Trialkylphosphite, oder Phosphonite der allg. Formel (**II**) $R{-}P{:}(OR^1)(OR^2)$ verwendet (R, R^1 u. R^2 wie in Formel **I,** wobei noch ein Aryloxyrest Substituent sein kann), bes. Dibutylphenylphosphonit oder Verbb. der allg. Formel **IV**: $R{-}P{:}(OR^2)(R^1)$ (R, R^1 u. R^2 wie in Formel **II**), oder Verbb. der allg. Formel **V**: $R{-}P{:}(R^1)(R^2)$ (R, R^1 u. R^2 wie in Formel **II**), bes. Tributyl- oder Triphenyl-phosphin oder Verbb. der allg. Formel **VI**: (X, X^1, X^2, X^3 u. X^4 =

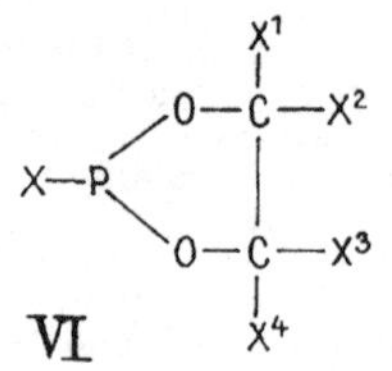

VI

substituierte oder nichtsubstituierte KW-Stoff- oder KW-Stoffoxy-Reste mit bis zu 22 C-Atomen u. Substituenten wie in Formel **II**), bes. 2-(2-Hydroxyäthoxy)-1.3.2-dioxaphospholan oder einer Verb. der allg. Formel **VII**: (X bis X^6 = X bis X^5 in Formel **VI**), bes. 2-Methoxy-

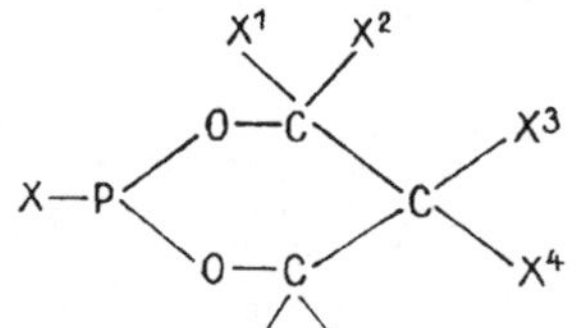

VII

4-propyl-5-äthyl-1.3.2-dioxaphosphorinan oder 2-Phenoxy-4.4.6-trimethyl-1.3.2-dioxaphosphorinan. Man füllt z. B. 150 g Aceton in eine 1-pint-Druckflasche, kühlt das Aceton von außen auf — 20°, löst 1 g einer der vorst. P-Verbb. im Aceton, setzt 50 g eines Vinylchlorid-Acrylsäurenitril (60:40)-Mischpolymerisats von solchem Molgew. zu, daß die spezif. Viscosität einer 0,2%ig. Harz-Lsg. in Cyclohexanon bei 20° 0,261 beträgt, stellt die Flasche 30 Min. in ein Wasserbad von 50°, um das Harz zu lösen, erhitzt 2 Std. auf 80° u. erhält eine klare Harz-Lsg. mit 25% Feststoffen, die zur Herst. von *farblosen Spinnlösungen* geeignet sind. — Beispiele, Tabellen für zahlreiche P-Verbb. u. Farbwerte. (**E. P. 855484** vom 18/2. 1959, ausg. 30/11. 1960. A. Prior. 19/2. 1958.) G. Vogel 8081

2892 **Unilever Ltd.,** Port Sunlight, England (Erfinder: **Samuel Claude Bright** und **Francis Robert Maxwell McDonnell**), *Bleichverfahren.* (**Aust. P. 235842** vom 29/4. 1959, ausg. 9/11. 1961. E. Prior. 9/5. 1958. — **C. 1962, 9568** [E. P. 855735].)

2893 **Ciba Akt.-Ges.,** Basel (Erfinder: **Adolf Siegrist, Basel, Max Dünnenberger,** Muttenz, und **Werner Grubenmann,** Neue Welt), Schweiz, *Aufhellen von organischem Material.* (**D. A. S. 1152988 Kl.** 8i vom 1/3. 1957, ausg. 22/8. 1963. Schwz. Prior. 16/3. 1956. — C. **1959,** 3339 [Oe. P. 195389].)

2894 **Rohm & Haas Co.,** Philadelphia, übert. von: **Nathaniel A. Matlin** und **Benjamin B. Kine,** Levittown, Pa., V. St. A., *Bindemittel für nichtgewebte Faserprodukte wie Vliese.* (**A. P. 2982682** vom 13/8. 1956, ausg. 2/5. 1961. — C. **1961,** 1059 [F. P. 1181169 bis 173].)

2895 **Bombrini Parodi Delfino S. p. A.,** Rom, Italien, *Fixieren von Gewebsfalten.* (**It. P. 532619** vom 27/6. 1954. — C. **1958,** 5841 [F. P. 1138871].)

2896 **Joseph Bancroft & Sons Co.,** Rockford (Erfinder: **Leo Walter Rainard,** Wilmington), Del., V. St. A., *Kräuseln von Textilfasern.* (**D. A. S. 1154898** Kl. 29b vom 21/2. 1957, ausg. 26/9. 1963. A. Prior. 7/3. 1956. — C. **1962,** 19060 [Oe. P. 214567].)

2897 **E. I. du Pont de Nemours & Co.,** Wilmington, Del. (Erfinder: **William Way Watkins,** Waynesboro, Va.), V. St. A., *Herstellung von hohlraumfreien Fäden aus Polyacrylnitril.* (**D. B. P. 976031** K. 29b vom 12/9. 1950, ausg. 30/5. 1963. Anmeldung bekanntgemacht 28/8. 1952. A. Prior. 28/7. 1943. — C. **1949,** 3203 [A. P. 2426719].)

2898 **E. I. du Pont de Nemours and Co.,** Wilmington, Del. (Erfinder: **Robert Fry Engle jun.,** Media, Pa., und **Herbert Ackland Pohl,** Wilmington, Del.,) V. St. A., *Faden- oder filmbildende Terephthalsäureester.* (**D. A. S. 1152259** Kl. 39c vom 22/9. 1954, ausg. 1/8. 1963. A. Prior. 30/9. 1953. — C. **1959,** 1984 [E. P. 769220].)

2899 **Farbwerke Hoechst Akt.-Ges. vormals Meister Lucius & Brüning,** Frankfurt/M., *Färben linearer Polyester.* (**E. P. 904375** vom 13/7. 1959, ausg. 29/8. 1962. D. Prior. 12/7. 1958. — C. **1963,** 7988 [F. P. 1235652].)

2900 **Owens-Corning Fiberglas Corp.,** Toledo, Ohio, V. St. A., *Glasfaserbehandlung.* (**E. P. 890404** vom 9/6. 1959, ausg. 28/2. 1962. A. Prior. 19/6. 1958. — C. **1964,** 5-2834 [F. P. 1226993].)

H_{19}. Brennstoffe, Erdöl, Mineralöle

2901 **Entwicklungstendenzen in der Brennstofftechnologie.** W. M. Thring. (J. Inst. Fuel **36**; 452—59, 1963; engl.) — Allg. Betrachtungen in bezug auf England. F. Rosendahl 8120△

2902 **Untersuchungen und technologische Arbeiten des Bureau of Mines über Kohle im Jahre 1961.** Anonym. (U. S. Dep. Interior, Bur. Mines, Inform. Circ. **1963,** Nr. 8167, 1—121, Bur. of Mines; engl.) — Übersicht über Chemie u. Technologie der Kohle in den USA. — 31 Literaturangaben. R. Grundmann 8120◇

2903 **Untersuchungen der Sorption von Uran in Torfen.** Zbigniew Rozmej, Stanisław Rybiński und Zbigniew Uruski. (Nukleonika [Warszawa] **5,** 661—70, 1960; Gdańsk, Politechn. Gdańska, Katedra Technol. Chem. Drewna i Torfu; pol.) — Unterss. über die Sorptionseigg. von Torfen in Abhängigkeit von der Torfart, der Acidität der UO_2^{2+} enthaltenden Lsgg. u. der Gewinnung des Torfes werden diskutiert. Die Entfernung von U-Spuren aus wss. Lsgg. durch Torf ist möglich. K. Pluta 8122◇

2904 **Die Abtrennung von Cellulose aus Braunkohlen-Xyliten (Ligniten).** Jerzy Jastrzębski. (Koks-Smoła-Gaz **6,** 165—70, 1961; Inst. Chem. Przeróbki Węgla; pol.) — Verss. zur Abtrennung reiner Cellulose aus Braunkohlen unter den angewandten Vers.-Bedingungen zeigten keine befriedigenden Ergebnisse. Dies wird auf die unterschiedlichen Eigg. der Begleitverbb. in Braunkohlen u. im rohen Nadelholz zurückgeführt. R. Grundmann 8124◇

2905 **Fortschrittsbericht: Verteilung und Ursprung von Spurenelementen in der Kohle.** F. V. Bethell. (J. Inst. Fuel **36,** 478—92, 1963; British Coal Utilization Res. Assoc.; engl.) — Übersicht. — 190 Literaturangaben. F. Rosendahl 8126△

2906 **Die Entaschung von Anthrazit durch Behandlung mit Chlorgas bei hohen Temperaturen.** E. A. Hollingshead. (Pennsylvania State Univ., Mineral Ind. Exp. Stat., Bull. **1961,** 16—24; Arvida Quebec, Canada, Aluminium Labor. Ltd.; engl.) — Durch 12std. Behandeln von Anthrazit (A) mit Cl_2 bei 1400° kann der Aschgeh. auf $< 1\%$ gesenkt werden. So behandelter A eignet sich als Material für Soderberg-Elektroden zur Al-Elektrolyse, da die Metalle, die edler als das Al sind, nur noch in geringer Konz. in der Kohle vorhanden sind. Die Analysendaten von 17 Elementen in 20 A-Proben vor u. nach der Chlorierung werden in Tabellenform mitgeteilt. K. Strenge 8126◇

2907 **Der Einfluß der Wärmebehandlung auf den Widerstand von Anthrazit.** J. P. McGeer. (Pennsylvania State Univ., Mineral Ind. Exp. Stat., Bull. **1961,** 106—17; Arvida, Canada, Aluminium Labor. Ltd.; engl.) — Der elektr. Widerstand von granuliertem Anthrazit wird unter einem Druck von 40 kg/cm² als Funktion der Erhitzungstemp. bei 1100—2100° gemessen. Der Widerstand fällt mit steigender Temp. u. wächst mit steigendem Asche- u. Gasgehalt. Mit steigender Erhitzungsdauer fällt der Widerstand ebenfalls ab. K. Strenge 8126◇

2908 **Aktivkohle aus Anthrazit.** Masayuki Kawahata und P. L. Walker jun. (Pennsylvania State Univ., Mineral Ind. Exp. Stat., Bull. **1961,** 63—78; University Park, Pa., Pennsylvania State Univ.; engl.) — Durch Rk. von Anthrazit (I) mit CO_2 bei 800—900° u. einen optimalen Abbrand von 53,4% entsteht ein Material mit einem Porenvol. von 0,47 cm³/g, einer Oberfläche von 1400 m²/g u. einer Adsorptionskapazität von 0,70 g CCl_4/g. Die Aktivierungsenergie für die Rk. beträgt ca. 50 kcal/Mol. K. Strenge 8126◇

2909 **Einige Messungen der Verbrennungsgeschwindigkeit von Anthrazitpulver in einem eindimensionalen Ofen mit kontrolliertem Mischer.** J. M. Beér und M. W. Thring. (Pennsylvania State Univ., Mineral Ind. Exp. Stat., Bull. **1961,** 25—38; Ijmuiden, Holland, Internat. Flame Res., Foundation; Sheffield, England, Univ. of Sheffield; engl.) — Durch eine neue Konstruktion des Brenners wird eine Flamme erzielt, deren wichtige Parameter, wie Geschw., Temp., Gas- u. Feststoffkonz., senkrecht zur Flammenachse konst. sind u. sich nur in Richtung der Flamme ändern. Mit Hilfe dieser „eindimensionalen Flamme" können die bestehenden Theorien über Flammen, die alle eindimensionale Verhältnisse voraussetzen, direkt experimentell überprüft werden. Es wird eine Theorie entwickelt, die das Verbrennen einer Staubwolke eindimensionaler Teilchen als Funktion der Zeit unter kontrollierten Mischungsbedingungen beschreibt. K. Strenge 8128◇

2910 **Über die Rußbildung in Flammen von kohlenwasserstoffhaltigen Gasen.** K. O. Bosse. (Gaswärme **11,** 108—11, 1962; Essen, Gaswärme-Inst.; dt.) — Übersicht über die Wrkg. verschiedener KW-Stoffe auf die Rußbildung. An Diffusionsflammen, die den wechselseitigen Einfl. von KW-Stoff- u. H_2-Zusätzen zu Brenngasen zu erklären versuchen, wird die von Daniels (C. **1961,** 5703) systemat. erfaßte Abhängigkeit von der Struktur der KW-Stoffe bei den zur Unterdrückung der C-Bldg. in Vermischungsflammen von KW-Stoffen von Street u. Thomas (C. **1957,** 828) experimentell bestimmten notwendigen Primärluftanteilen bestätigt. R. Grundmann 8128◇

2911 **Ablagerungen in kohlebefeuerten Ekonomiser-Kesseln.** B. Boulton und J. J. Taylor. (J. Inst. Fuel **36,** 463—77, 1963; Brit. United Shoe Mashinery Co., Ltd.; engl.) — Beim Verfeuern gewisser Kohlen aus Ost-Mittelengland traten im Feuerungsraum Ablagerungen auf, die bereits nach 4 Wochen den Kessel ausfallen ließen. Aus dem gleichen Grunde waren Undichtigkeiten an den Walzstellen der Rohre eingetreten. Bei den Ablagerungen handelt es sich um durch SiO_2, Fe u. P_2O_5 stark verunreinigte Na–K-Sulfate. Durch verschiedene Maßnahmen ist es möglich, den Kessel statt nur 4 Wochen lang 21 Wochen lang in Betrieb zu halten. Als wichtigste Maßnahme erweist sich die regelmäßige Entfernung der Ablagerungen. F. Rosendahl 8128△

2912 **Die Wirkung der Eigenschaften von schweren Heizölen auf die Verwendung in Dieselmaschinen.** 1. Mitt. **Über Kohlenstoffrückstände.** Hiroshi Utsumi. (J. Fuel Soc. Japan **40,** 199—209, 1961; Tokyo Univ. of Mercantile Marine; jap., Auszug: engl.) — Die Wrkg. von nach der Conradson-Meth. erhaltenen C-Rückständen bei der Verbrennung in der Diesel-Maschine wird untersucht. Verschieden raffinierte Schweröle aus verschiedenen Distrikten werden gemischt u. als Testöl verwendet. Die KW-Stoffzus. hat einen größeren Einfl. auf die Verbrennung des zugesetzten C-Rückstandes als der S-Gehalt. R. Grundmann 8128◇

2913 **Die Wirkung der Eigenschaften von schweren Heizölen auf die Verwendung in Dieselmaschinen.** 2. Mitt. **Über den Schwefelgehalt.** Hiroshi Utsumi. (J. Fuel

Soc. Japan **40,** 472—78, 1961; jap., Auszug: engl.) — 1. vgl. vorst. Referat. — Die Ursache der Verminderung der Verbrennungseigg. von Heizölen (**A**) in Dieselmaschinen ist nicht immer der Rückstand des Conradson-Testes; es wird festgestellt, daß S im **A** den Verbrennungsablauf stört u. das Zusammenbacken des C-haltigen Materials fördert. Dadurch wird von S-haltigem **A** die Bldg. von C-haltigen Ablagerungen gefördert, bes. an den Nocken der Brennstoffventile. Wurde S bisher als einziger Grund für Korrosionen betrachtet, so hat er nach diesen Erkenntnissen auch Einfl. auf die Verbrennung.
F. Rosendahl 8128△

2914 **Die Wirkung der Eigenschaften von schweren Heizölen auf die Verwendung in Dieselmaschinen. 3. Mitt. Über die Stabilität.** Hiroshi Utsumi. (J. Fuel Soc. Japan **40,** 644—55, 1961; jap., Auszug: engl.) — 2. vgl. vorst. Referat. — Durch die veränderten industriellen Anforderungen an Erdölprodd. steigt der Schlammgeh. der Heizöle, der hauptsächlich aus Asphaltenen besteht. Dadurch treten Probleme auf, wie das Festfressen des Kolbens, das Aussetzen der Pumpe u. des Injektorsyst. u. die geringe Wertigkeit des Brennstoffs. Eingehend werden der Injektorbetrieb u. die Verbrennung untersucht. Es werden verschiedene Arten der Stabilität u. Meth. zu deren Verbesserung miteinander verglichen; die Einw. der Stabilität auf die Verbrennung im Diesel wird erörtert. Die Stabilität ist der wichtigste Faktor.
F. Rosendahl 8128□

2915 **Verwendung eines gebogenen Siebes in Verbindung mit einem in der Fläche unterteilten Schüttelsieb zur Entwässerung und Abführung spezifisch schwerer Teile von Feinkohle.** Michael Sokaski, P. F. Sands und M. R. Geer. (U. S. Dep. Interior, Bur. Mines, Rep. Invest. **6311,** 1—13, 1963; Seattle, Wash., Bur. of Mines, Seattle Coal Res. Labor.; engl.) — Bei zusätzlicher Verw. eines gebogenen Siebes oder durch Unterteilung der Fläche des Schüttelsiebes kann die Leistung bei der Entwässerung von Kohle um das 10fache u. bei der Gewinnung einer Feinkohle ($\leqq$ 0,5 mm) um das 3fache gesteigert werden, ohne daß dabei der Feuchtigkeitsgeh. der Hauptmenge beeinträchtigt wird. Mit beiden Vorr. kann der Magnetitgeh. von Kohle gesenkt werden.
F. Rosendahl 8134△

2916 **Die Verwendung chemischer Reagentien in der Kohleaufbereitung.** J. Hřebačka. (Bergbautechnik **11,** 666, 1961; dt.) — C. **1963,** 22957. I. Köditz 8134

2917 **Laboratoriumsversuche zur Herstellung von metallurgischen Anthrazitbriketts.** W. S. Sanner, R. E. McKeever und J. W. Eckerd. (Pennsylvania State Univ., Mineral Ind. Exp. Stat., Bull. **1961,** 118—39; Schuylkill Haven, Pa., US Bureau of Mines; engl.) — Als Bindemittel werden Kohlenteer, Erdöl-Dest.-Rückstände, bitumenreiche Kohlen u. Sulfitablauge untersucht. Im Labor. hergestellte Briketts aus 8% Teer, 10% Bitumenkohle u. 82% Anthrazit, die mit einem Druck von 3000 lbs./sq. in. gepreßt u. bei 1750 °F calciniert werden, zeigen bessere mechan. Eigg. als erstklassiger Hüttenkoks.
K. Strenge 8136◇

2918 **Einige weitere Untersuchungen über den Zusatz von Anthrazitstaub bei der Koksproduktion.** R. W. Shoenberger und J. D. Clendenin. (Pennsylvania State Univ., Mineral Ind. Exp. Stat., Bull. **1961,** 97—105; Monroeville, Pa., US Steel Corp.; engl.) — Der Verbrauch von Anthrazitstaub (**A**) als Zusatz bei der Verkokung hat in den letzten 20 Jahren stark zugenommen. Um eine rationellere Ausnutzung von **A** zu gestatten, wird der Einfl. des physikal. u. chem. Charakters von **A** im Gemisch mit Gaskohle auf die Eigg. von Koks untersucht. Es wird festgestellt, daß ein Zusatz von 8% **A** zu gasreicher Kohle den gleichen Einfl. wie 15% gasarme Kohle hat. Der Einfl. der Teilchengröße von **A** auf die Kokseigg. wird diskutiert. K. Strenge 8142◇

2919 **Die Kinetik der Verkokung von Asphaltenen.** Ss. A. Kaganow, M. Ch. Lewinter und M. I. Medwedewa. (Chem. Technol. Brennstoffe Öle [UdSSR] **7,** Nr. 7, 38—43, 1962; russ.) — Die Verkokung von *Asphaltenen* wird als ein Syst. von mehrstufigen Parallel-Rkk. aufgefaßt. Auf dieser Grundlage werden Rk.-Geschw.-Gleichungen aufgestellt, die sich gut mit Vers.-Ergebnissen in Übereinstimmung bringen lassen. Die kinet. Gleichungen u. Auflösungen werden angegeben. Bei 423° wurden in einer Rk.-Zeit von 115—300 Min. Ausbeuten von 59,5% *Koks* u. 40,5% *Gas* u. *Destillat* erhalten.
H. V. Adolphi 8142◇

2920 **Zur Reaktivität von Koks. 2. Mitt. Abhängigkeit von Stückgröße und Lage im Koksofen.** Werner Peters und Gert-Wilhelm Lask. (Brennstoff-Chem. **42,** 323 bis 328, 1961; Essen-Kray, Bergbau-Forsch. GmbH, Essen-Kray, Forsch.-Inst. des Steinkohlenbergbauvereins Essen; dt.) — 1. vgl. C. **1962, 353.** — Bei der Vergasung von Hüttenkoks sind folgende Einfl. zu berücksichtigen: Rk. zwischen Asche u. C, verschiedene Garungstemp. je nach Lage im Koksofen, Nachverkokung bei der Rk.-Fähigkeitsmessung u. qual. Zerlegung der Kokssubstanz beim Aufmahlen der Proben. R. Grundmann 8144◇

2921 **Zur Reaktivität von Koks.** 3. Mitt. **Reaktionsfähigkeit und innere Struktur von Formkoks während des Abbrandes im Kupolofen.** Werner Peters und Josef Langhoff. (Brennstoff-Chem. **44,** 43—48, 1963; dt.) — 2. vgl. vorst. Referat. — Die im Kupolofen vorliegenden Temp.-Verhältnisse lassen vermuten, daß der Koksabbrand hauptsächlich an der äußeren Oberfläche des Stückes erfolgt, da in diesem Temp.-Bereich die Gasdiffusion weitgehend durch die adhärierende Grenzschicht bestimmt wird. Auf einen Gesamtabbrand von 80% bezogen, sind nur 16% auf den inneren Abbrand, aber 84% auf den äußeren Abbrand zurückzuführen. Die Rk.-Fähigkeit des Kokses nimmt mit zunehmender Kokstemp. ab. Ein Wiederanstieg der Rk.-Fähigkeit im weiteren Verlauf des Abbrandes erklärt sich aus der gleichzeitigen Zunahme der inneren Oberfläche als Rk.-Oberfläche.
S. Gipp 8144◇

2922 **Benzinspaltung in Horizontalkammeröfen.** Heinz Berge, Wilhelm Kirchner und Ulrich Kett. (Gas- u. Wasserfach, Ausg. Gas **104,** 1065—69, 1963; Stuttgart, Techn. Werke AG., Gaskokerei; dt.) — Beim Einsatz von fl. Bzn. in den erweiterten Gassammelraum dest. ca. 10—30% Bzn. unverändert ab. Günstiger liegen die Verhältnisse beim Einspritzen von fl. oder dampfförmigem Bzn. in die Ofenkammer, wodurch eine erhebliche H_2-Entw. einsetzt, so daß die Dichte des Spaltgases nicht wesentlich höher liegt als die von Koksofengas; jedoch ist das Verf. nur im Zusammenhang mit einem Kokerei-Betrieb möglich, wobei nicht $>$ 20% des verfügbaren Ofenraumes zum Spaltbetrieb verwendet werden soll. Der Hauptvorteil liegt in der Möglichkeit der schnellen Steigerung der Gaserzeugung, ohne daß der Koksanfall erhöht wird. Aus 1 kg. Bzn. entstehen 1,073 m^3 Reingas mit einem Heizwert von ca. 6000 kcal, was einem Vergasungswrkg.-Grad von 57,5% entspricht.
F. Rosendahl 8156△

2923 **Dichteverhältnis oder Normdichteverhältnis?** W. Sackmann. (Gaswärme **11,** 101—03, 1962; Essen, Gaswärme-Inst.; dt.) — Die Verschiedenartigkeit der Abhängigkeiten bei realen Gasen — Änderung der Dichte des Brenngases u. Änderung der Dichte der Luft mit den Zustandsgrößen Druck u. Temp. — wird untersucht. Es wird für den prakt. Gebrauch vorgeschlagen, für H_2, CO, CH_4, N_2 u. O_2 die Dichteverhältnisse ohne Einschränkung zu verwenden, bei stärker realen Gasen, wie z. B. CO_2 u. KW-Stoffe, wie bisher das Normdichteverhältnis d_{vo} an Stelle des Dichteverhältnisses d_v anzugeben.
R. Grundmann 8156◇

2924 **Die Entphenolung von Ammoniakwasser mit der Dampfmethode.** Jadwiga Pasynkiewicz. (Koks-Smoła-Gaz **6,** 177—82, 1961; Centralne Labor. Gazownictwa; pol.) — Der Einfl. der Arbeitsbedingungen der Ammoniak-Kolonne u. des Scrubbers auf die Ausbeute u. die geringe Wirksamkeit der Dampfmeth. werden beschrieben.
R. Grundmann 8168◇

2925 **Physikalisch-chemische Charakteristik von Bindemassen für die Entschwefelung von Synthesegasen.** Zdzisław Sokalski und Wanda Kramarz. (Roczniki Chem. [Ann. Soc. chim. Polonorum] **34,** 529—52, 1960; Gliwice, Politechn. Śląskiej u. Zakł. chem. Oświęcim; pol.) — Die von Iwanowski u. Mitarbeitern (C. **1958,** 2076) entwickelte Theorie der Pyrrhotine wird auf die Charakterisierung von Entschwefelungsmassen für Wassergas (**I**) angewandt. Eine Gleichung zur Berechnung von Schottky-Defekten wird angegeben. Auf Grund der Gleichung von Wagner werden die Aktivitäten verschiedener Massen verglichen, wobei die Geschw.-Konst. der Entschwefelung mit der S-Konz. in dem aus dem Reaktor austretenden **I** unter solchen Bedingungen in Beziehung gesetzt werden, daß alle anderen Parameter konst. sind. R. K. Müller 8172◇

2926 **Über die Veränderung der chemischen Zusammensetzung des Erdöls durch den Einfluß der Adsorption von Tongesteinen.** A. G. Mileschina und G. I. Ssafonowa. (Geol. Erdöls Gases [UdSSR] **7,** Nr. 8, 7—10, 1963; russ.) — Die Unterss. erfolgen mit zylindr. *Tonproben* aus Maikop u. mit Romaschkiner (Ro), Emba-(Em) u. aserbaidshaner (Ab) *Erdölen* bei 20–40° u. 15–250 atm. Ro durchdringt die Proben nicht. Am stärksten werden Paraffin-KW-Stoffe sorbiert. bei Erhöhung von Druck u. Temp. dagegen cycl. Verbb. u. Teer. Die Erdöle mit niedriger Viscosität passieren die Tonproben. Eine Gruppenanalyse des Em-Filtrats ergibt bes. bei Drucksteigerung zu Beginn einen hohen Geh. an Paraffin-Naphthen-KW-Stoffen während am Ende der Anteil der Aromaten u. des Teers stark ansteigt. Im Ab-Filtrat ist der Geh. an Aromaten höher. In beiden Fällen ist die Zahl der aromat. u. Naphthen-Ringe geringer als im Ausgangsprodukt. Das Eindringen des Erdöls in das Tongestein u. die Intensität der Fraktionierung sind von Druck u. Temp. direkt abhängig. J. Lehmberg 8188△

2927 **Über die primäre Migration der Kohlenwasserstoffe der Erdölreihe.** A. K. Karimow. (Geol. Erdöls Gases [UdSSR] **7,** Nr. 8, 11—14, 1963; russ.) — Aus der Tatsache, daß im Laufe der Metamorphose der Bitumengeh. im Verhältnis zu dem allg. Geh. an organ. Stoffen abnimmt, folgert Vf., daß die KW-Stoffe u. der biogene N aus dem Muttergestein abwandert. Unterss. an Jura- u. Kreideablagerungen verschiedener Herkunft zeigen, daß der Bitumengeh. in Ton 2,8%, dagegen in sandigen Gesteinen 11,0% beträgt u. somit die Möglichkeit der Migration aus dichtem Gestein in poröses besteht. J. Lehmberg 8188△

2928 **Ursprung und Behandeln von gasförmigen und verflüssigbaren Erdölfraktionen.** Guy Dubromel. (J. Ind. Gaz **87,** 444—54, 1963; Comp. Franç. de Raffinages, Raffinerie de Provence; franz.) — Nach einem Überblick über den wirtschaftlichen Wert gasförmiger u. leichtverflüssigbarer Anteile von Erdöl werden die verschiedenen Verff. zu ihrer Gewinnung u. Verw. als Rohstoff zur Herst. ungesätt. KW-Stoffe beschrieben. F. Rosendahl 8192△

2929 **Moderne Kontrolle und Instrumentierungstechnik von Raffinerieverfahren.** S. W. J. Wallis. (J. Inst. Petroleum **49,** 329—39, 1963; Brit. Petroleum Co., Ltd.; engl.) — Übersicht. F. Rosendahl 8194△

2930 **Über die Verbesserung der Eigenschaften von Schmierölen aus Tuleni-Erdöl durch katalytisches Cracken.** Wl. Pentschew, At. Andreew und D. Schopow. (Mitt. Inst. allg. anorg. Chem. org. Chem., bulg. Akad. Wiss. **9,** 221—30, 1962; bulg., Auszug: engl.) — Das Cracken einer an Naphthen-Paraffin- u. Naphthen- aromat. KW-Stoffen reichen Ölfraktion aus Tuleni-Erdöl erfolgt bei 350—420° in Ggw. eines Alumosilicat-Katalysators. Untersucht wird der Einfl. der Kontaktdauer u. der Katalysatormenge auf das Viscositäts-Temp.-Verh. des Produktes. Mit Erhöhung der Crack-Temp. vermindert sich der Geh. an Naphthen-Paraffinen, während sich der Geh. an Aromaten erhöht. Vff. stellen eine optimale Kontaktdauer für den Temp.-Bereich 353—395° fest, wobei die günstigsten Viscosität-Temp.-Eigg. erreicht werden. Eine Erhöhung der Katalysatorenmenge verbessert diese Eigg. ebenfalls. Für die Versuchsergebnisse wird eine Erklärung gegeben. J. Lehmberg 8196△

2931 **Gewinnung von Polymerbenzin.** Radovan Lipovšćak. (Nafta [Zagreb] **10,** 384—89, 1959; Zagreb, Inst. za naftu; kroat.) — Überblick über den Chemismus der Gewinnung von Bzn. durch Polymerisation niedriger Olefine u. die techn. angewandten therm. u. katalyt. Verfahren. R. K. Müller 8200◇

2932 **Vergleich der Antiklopfeigenschaften von Bleitetraäthyl, Bleitetramethyl und deren Zwischenprodukte.** C. L. Goodacre, D. Foord und M. Hedde. (Bull. Assoc. franç. Techniciens Pétrole **1962,** 255—76; Assoc. Octel Co. Ltd.; franz.) — Vgl. C. **1963,** 14531. — Verschiedene brit. Treib- u. Supertreibstoffe, die Vorteile der $Pb(C_2H_5)_4$, $Pb(CH_3)_4$ oder ein Zwischenprod. enthaltenden Antiklopfmittel werden auf der Grundlage der ROZ u. der MOZ sowie des Straßenverh. verglichen. R. Grundmann 8208◇

2933 **Viscosität von Schmieröl.** Josip Badovinac. (Nafta (Zagreb] **10,** 414—19, 1959; Zagreb, Inst. za naftu; kroat.) — Übersicht: Bedeutung von Viscosität u. Reibung bei Schmierölen (abs. u. relative Viscosität); Einfl. der Temp. auf die Viscosität. R. K. Müller 8220◇

2934 **Der Einfluß von Blei, Eisen, Zinn und Kupfer auf die Oxydation von Schmierölen.** 2. Mitt. **Über die durch Metalle katalysierte Oxydation von Ölen.** N. K. Charkavarty. (J. Inst. Petroleum **49,** 353—58, 1963; Kirkee, Poona, India, Inst. of Armament Studies; engl.) — 1. vgl. C. **1963,** 9546. — Die Metallkatalyse ist der wichtigste Faktor bei der Oxydation der Öle. Die katalyt. Wrkg. der verschiedenen Metalle wird unter Bedingungen untersucht, die bei Kugellagern vorkommen. Es wird die Bldg. von Peroxiden u. Säuren festgestellt, wobei die Wrkg. in der Reihenfolge Cu > Sn > Fe > Pb abnimmt. Die Katalyse mit Cu u. Fe verläuft homogen, die mit Pb u. Sn heterogen. Die schlechte Aktivität von Pb wird auf die Bldg. von Organo-Pb-Verbb. an der Oberfläche der Metalle zurückgeführt. Bei Weißölen, die hauptsächlich paraffin. Natur sind, ist die oxydative Wrkg. viel stärker als bei Mineralölen. Bei Cu u. Fe wird auch die Bldg. von Organo-Metall-Verbb. angenommen; da aber die entstandenen Cu-Verbb. sehr wärmeempfindlich sind, gehen sie leicht in die Ölphase über u. bewirken eine stärkere Zers. der Peroxide. Fe ist nicht so wirksam. Zur Entfernung des Oxidfilmes von Sn wird eine elektrolyt. Meth. entwickelt. F. Rosendahl 8220△

2935 **Über die korrosions- und verschleißvermindernde Wirkung von Zink-Dithiophosphaten in modernen Motorenölen.** R. Larson. (Schweiz. Arch. angew. Wiss. Techn. **25,** 54—61, 1959; dt.) — Übersicht über Schmierprobleme bei Verbrennungsmotoren sowie den Rk.-Mechanismus der Wrkg. von Zn-Dialkyldithiophosphat. R. Grundmann 8220◇

2936 **Dibutylphthalat mit Di-tert.-butyl-p-kresol-Zusatz als Treibmittel für Diffusionspumpen.** H. Bollinger und Kl. Petzold. (Exp. Techn. Physik **11,** 77—80, 1963; Berlin-Oberschöneweide, Dtsch. Akad. der Wiss. zu Berlin, Forsch.-Gemeinsch., Inst. für Gerätebau; dt.) — Dibutylphthalat (**I**) kann als Treibmittel für Diffusionspumpen in Anlagen ohne starken Anfall von Wasserdampf bis zu höheren Ansaugdrücken als bei Verw. von Mineralöl benutzt werden. Ein Zusatz von Di-tert.-butyl-p-kresol vermindert die Verseifungsgefahr von **I**. W. Wesly 8220◇

2937 **Eine Untersuchung über die Ölkomponente von Athabasca-Bitumen.** M. L. Boyd und D. S. Montgomery. (J. Inst. Petroleum **49,** 345—52, 1963; Ottawa, Canada, Dep. of Mines and Techn. Surveys, Mines Branch; engl.) — Die Ölkomponente von Bitumen des Athabascasandes beträgt 33%. Sie wird durch Chromatographie an Silicagel in verschiedene Fraktionen zerlegt; die dabei anfallenden aromat. Anteile werden durch weitere Behandlung mit Aktivkohle zerlegt. Von allen Fraktionen werden bestimmt: Elementaranalyse, Molgew., Dichte (bei 20°), Brechungsindex (n^{26}_D), Anilinpunkt, UV- u. IR-Spektrum. Die vorhandenen CH_3- u. CH_2-Gruppen werden mit Hilfe des IR-Spektrums bestimmt. Die Hauptfraktionen werden einer Strukturanalyse unterworfen, um die Verteilung von C auf aromat. u. naphthen. Ringe oder paraffin. Seitenketten zu erkennen. Zur näheren Unters. der Struktur der Substanzen u. der Verteilung auf 5 KW-Stoff-Gruppen wird eine neue Meth. entwickelt. In den Rückständen wird ca. 35% aromat. C festgestellt. Die Ölfraktionen enthalten jeweils 3 Ringe im Molekül. Wohldefinierte Verbb. wurden nicht nachgewiesen. F. Rosendahl 8224△

2938 **Zur Untersuchung der Eigenschaften von in bituminösen Stoffen dispergierten Asphaltenen.** K. F. Rodionowa, Je. P. Schischenina und Ju. M. Korolew. (Geol. Erdöls Gases [UdSSR] **7,** Nr. 8 15—20, 1963; russ.) — Die Verss. erfolgen mit *Asphaltenen* (**I**), die aus *Bitumen* verschiedener Herkunft mit Chlf. extrahiert wurden. Sie stellen komplizierte Gemische neutraler polycycl. Verbb. verschiedenen Kondens.-Grades mit 5—10% Beimengungen von Carbonsäuren u. Phenolen dar. **I** aus dem unteren Carbon, oberen Devon u. der Kreide ähneln in der Kondens.-Fähigkeit den **I** aus Erdölen, dagegen ist ihre Red.-Fähigkeit geringer u. ihr Molgew. beträgt nur 1200—3700. Nach Entfernung des Verseifbaren u. des in PAe. Löslichen vermindert sich der S-Geh. um das 2—3fache, wodurch das Vorhandensein von S in den Brückenbindungen der Asphaltene bestätigt wird. Nach Entfernung der verseifbaren Komponenten geht der amorphe Zustand der **I** in die krist. Phase über. J. Lehmberg 8224△

2939 **Untersuchungen über die Veränderungen der Eigenschaften und Zusammensetzung der Bitumina beim Oxydationsprozeß.** Wl. Pentschew, At. Andreew, N. Kotzew und M. Zolowa. (Mitt. Inst. allg. anorg. Chem. org. Chem., bulg. Akad. Wiss. **9,** 243—53, 1962; bulg., Auszug: engl.) — Untersucht wird der Einfl. von Temp. u. Luftverbrauch auf die physikal. Eigg. u. die Gruppenzus. des Bitumens BN-2, das aus Masut des Tuleni-Erdöls gewonnen wird. Bei der Oxydation wird ein „Induktionsstadium" u. ein 2. Stadium festgestellt, in dem der F. des Prod. sich in Abhängigkeit von der Zeit linear ändert. J. Lehmberg 8224△

2940 **Röntgenabsorptions-Bestimmung von Schwefel in Schweröl mit ^{55}Fe-Röntgenstrahlen.** Shigemasa Enomoto, Tomihiko Furuta und Chizuo Mori. (Rep. Government ind. Res. Inst., Nagoya **10,** 249—54, jap., Auszzg: engl.) — Eine Prüfung des Absorptionsverf. zur S-Best. in Schweröl (**A**) unter Verw. von ^{55}Fe-Röntgenstrahlen u. eines Geiger-Müller-Zählrohrs ergibt infolge Ggw. von ^{59}Fe eine geringere Empfindlichkeit als erwartet wurde. Die in **A** enthaltenen Elemente beeinflussen die S-Best. nur geringfügig. Bei Proben mit $< 4\%$ S beträgt die Abweichung $< 0,1\%$. W. Wesly 8226◇

2941 **Einfluß der Oberfläche des Gesteins auf die Eigenschaften von Bitumen in dünnen Schichten.** A. Ss. Kolbanowskaja. (Ber. Akad. Wiss. UdSSR **143,** 1159—62, 11/4. 1962; Staatliches wissenschaftl. Allunions-Forschungsinst. f. Straßenbau; russ.) — Ein Überblick über die Eigg. von Bitumenschichten (Straßenbelag) mit einer Dicke von 5—20 μ in Abhängigkeit vom verwendeten Steinmaterial wird gegeben. Die theoret. Grundlagen u. die durchgeführten Vers. werden ausführlich beschrieben. Herbert Hoffmann 8236◇

2942 **Colorimetrische Bestimmung kleiner Schwefelmengen in festen Brennstoffen und Aschen.** Miroslav Nývlt und Josef Jeník. ((Sborníc védeckých Prací, Vysoká Škola chem.-technol. Pardubice **1961,** Nr. 2, 95—98, Kat. Analyt. Chem.; tschech.) — Zur Best. von kleinen Mengen ($< 1\%$) S in festen Brennstoffen u. Aschen wird die Probe mit Mg-Pulver geglüht (Red. der S-Verbb. zu S^{2-}), das Rk.-Prod. mit Säuren zersetzt, entstehendes H_2S in gepufferte $(CH_3COO)_2Zn$-Lsg. eingeleitet, gebildetes ZnS mit Fe^{3+} u. N.N.-Dimethyl-p-phenylendiamin versetzt u. die Farbstärke des entstandenen Methylenblaus ermittelt. W. Wesly 8242◇

2943 **Röntgenographische Untersuchungen der Hochtemperaturumwandlungen in Süd-Arcot-Lignitasche.** Sultana Z. Ali und M. Misra. (J. sci. ind. Res. [New Delhi], Sect. B **19,** 233—40, 1960; Jealgova, Central Fuel Res. Inst.; engl.) — 2 Aschen (**I** u. **II**) mit folgender Zus. werden untersucht: **I** SiO_2 8,16(%), Al_2O_3 15,15; Fe_2O_3 14,01; CaO 29,51; MgO 8,19; SO_3 24,79; TiO_2 Spuren P_2O_5 0,04; Alkalien 0,15; Schmelzbereich in schwach reduzierender Atmosphäre 1140—1270°; **II**: SiO_2 14,59; Al_2O_3 15,96; Fe_2O_3 2,56; CaO 32,16; MgO 5,36; SO_3 29,37; TiO_2 Spur; P_2O_5 0,04; Alkalien Spur; Schmelzbereich wie oben $> 1300°$. Die Röntgenaufnahmen der nicht erhitzten Aschen zeigen die Ggw. von *Quarz, Calcit, Goethit* (?), *Gips, Feldspat* u. *Hämatit*. Nach Erhitzen auf 400° oder 800° ist *Anhydrit* das vorherrschende Mineral; daneben tritt in geringen Mengen Hämatit auf. Wird **I** auf 1000° erhitzt, treten auf den Diagrammen die Interferenzen von *Anhydrit, Magnetit* u. *Hämatit* auf; daneben werden 2 Interferenzen beobachtet, die dem *Ca-Silicathydrat I* zugeordnet werden. Nach Erhitzen auf 1200° sind Interferenzen von Anhydrit nicht mehr feststellbar, dagegen die Reflexe von *Gehlenit, Periklas*, Magnetit, *Olivin* u. wahrscheinlich *Ca-Silicathydrat II*. Wird **II** auf 1300° erhitzt u. schnell abgekühlt, enthalten die z. T. hydratisierten Proben Anhydrit, $6CaO \cdot 4Al_2O_3 \cdot (Mg, Fe)O \cdot SiO_2$, $3CaO \cdot Al_2O_3 \cdot 8\text{–}12H_2O$, $4CaO \cdot Al_2O_3 \cdot Fe_2O_3$; α- u. γ-$2CaO \cdot SiO_2$; $MgO \cdot Al_2O_3$ u. $Ca(OH)_2$. Wird diese abgeschreckte Asche 16 Std. lang in W. aufgehoben, sind folgende Mineralien feststellbar: Anhydrit, *Ettringit*, $3CaO \cdot Al_2O_3$; $3CaSO_4 \cdot 32H_2O$; γ-$2CaO \cdot SiO_2$; $MgO \cdot Al_2O_3$ u. schlecht krist. Ca-Silicathydrate sowie $Ca(OH)_2$. Die abgeschreckte Asche liefert, in geeigneten Mengen mit Portlandzement u. Hochofenschlacke gemischt, einen geeigneten Treibzement (expansive cement). C. Gottfried 8244△

2944 **Petrographische Zusammensetzung und physikalisch-chemische Eigenschaften einiger polnischer Marktkohlen nach selektiver Anreicherung.** Irena Ciszewska und Olgierd Miłaszewicz. (Koks-Smoła-Gaz **6,** 159—65, 1961; Inst. Chem. Przeróbki Wegla; pol.) — Proben verschiedener Kohlensorten aus verschiedenen Gruben wurden unter 1,5 mm zerkleinert u. auf Grund des spezif. Gew. in 3 Fraktionen unterteilt: „Exinit"-, „Vitrinit"-, u. „Inertinit"-Fraktion. Sie unterscheiden sich in ihrer petrograph. Zus. u. ihren physikal.-chem. Eigenschaften. R. Grundmann 8246◇

2945 **Die Natur und das Vorkommen von aschebildenden Mineralien in Anthrazit.** W. Spackman und R. G. Moses. (Pennsylvania State Univ., Mineral Ind. Exp. Stat., Bull. **1961,** 1—15; University Park, Pa., Pennsylvania State Univ., Coll. of Mineral Ind., Coal Res. Sect. u. Dep. of Geol.; engl.) — Von 156 Proben werden in Ascheanalysen folgende Mineralgruppen bestimmt: Schiefer-, Kaolin-, Sulfid-, Carbonat-, Chlorid-, Oxid- u. Restgruppe. Der Zusammenhang der Analysenergebnisse mit dem geolog. Alter u. dem Lagerort wird diskutiert. K. Strenge 8246◇

2946 **Strukturänderungen beim Erhitzen von Anthrazit.** N. W. Muller und F. L. Shea jun. (Pennsylvania State Univ., Mineral Ind. Exp. Stat., Bull. **1961,** 79—90; Morton Grove, Ill., Great Lakes Carbon Corp.; engl.) — Durch Mikrophotographie von Schliffen, die verschiedenen Temp. ausgesetzt wurden, kann die Änderung der Mikrostruktur u. der opt. Eigg. verfolgt werden. Diese Unters. gestattet einen Einblick in die Vorgänge, die sich bei der Verw. von Anthrazit als Elektrodenmaterial abspielen. — 42 Mikrophotographien. K. Strenge 8246◇

2947 **Untersuchungen von Steinkohlenteerbasen.** 10. Mitt. **Quantitative Analyse von Pyridinbasen aus Steinkohlenteer durch Ultraviolettabsorptionsspektroskopie.** Kyosuke Tsuda, Masao Maruyama und Nobuo Ikekawa. (J. pharmac. Soc. Japan [Yakugakuzasshi] **75, 1309—13,** 1955; jap., Auszug: engl.) — 9. vgl. C. **1962,** 15962. — Die Best. der aus β- u. γ-Picolin u. 2.6-Lutidin bestehenden β-Picolin-Fraktion u. der aus 2.4-, 2.5- u. 2.3-Lutidin bestehenden 2.4-Lutidin-Fraktion durch quant. UV- u. qual. IR-Spektroskopie gibt befriedigende Ergebnisse, die aus 2.4.6- u. 2.3.5-Kollidin sowie 3.5-Lutidin bestehende symm. Kollidin-Fraktion zeigte nicht so gute Werte. R. Grundmann 8248◇

2948 **Eine schnelle Halbmikro-Kjeldahl-Methode zur Bestimmung von Stickstoff in Erdöl und in seinen Produkten.** W. R. Battles, W. P. Ellertson, G. D. Hoggan, H. B. Walker und C. W. Wattenbarger. (J. Inst. Petroleum **49,** 340—44, 1963; Wilmington, Calif., Richfield Oil Corp.; engl.) — Unter Verw. von Se als Katalysator ist es möglich, in der Hälfte der bisher benötigten Zeit eine vollständige Auflösung. der zu untersuchenden Substanz zu erreichen. Die eintretenden Verluste an N sind gering, da es zu 95—96% erfaßt wird. Eingewogen werden 20—500 mg Substanz. Die Meth. ist nicht auf Erdöl u. seine Prodd. beschränkt, sondern auch Stoffe, wie Pyridin in Naphtha u. Anilin in Bzl. können mit Erfolg untersucht werden. Geeignete App. werden beschrieben. F. Rosendahl 8252△

2949 **Identifizierung der aromatischen Kohlenwasserstoffe C_7–C_9 in katalytischem Crackbenzin durch Gas-Flüssigkeitschromatographie.** D. Schopow, N. Kotzew und K. Georgiewa. (Mitt. Inst. allg. anorg. Chem. org. Chem., bulg. Akad. Wiss. **9**, 231–42, 1962; bulg., Auszug: engl.) — Die qual. u. quant. Best. der aromat. KW-Stoffe (C_7–C_9) im *Bzn.* der katalyt. gespaltenen 200–350°-Fraktion von Tuleni-Erdöl erfolgt durch Gas-Flüssigkeitschromatographie u. IR-Spektroskopie. Verwendet wird ein App. mit einer Kolonnenhöhe von 3,5 m u. ⌀ 0,6 cm, bei 120°. Als fl. Phase dient Fluorenpikrat u. als Trägergas N_2 (26,6 ccm/Min.). In den 18 untersuchten Fraktionen werden identifiziert u. quant. bestimmt: Toluol, Äthylbenzol, o-, m- u. p-Xylol, p-Propylbenzol, p-, m- u. o-Äthyltoluol, 1.3.5-Trimethylbenzol, 1.2.4-Trimethylbenzol. Isopropylbenzol u. 1.2.3-Trimethylbenzol wurden nicht festgestellt. J. Lehmberg 8254△

2950 **Die Analyse der Rauchgase bei Diesellokomotiven.** Ileana Dimoftache, Sevasta Bumbăcescu und N. Oprea. (Rev. Minelor **12**, 73–76, 1961; rum.) — Die Best. von CO_2, NO_2 u. SO_2 in den Rauchgasen (**A**) von unter Tage betriebenen Diesellokomotiven bildet die Voraussetzung zur Best. der Konz.-Grenzen für die Giftigkeit von **A**. Die Vorr. zur Sammlung von **A** im Auspuff der Lokomotiven wird beschrieben. R. Grundmann 8254◇

2951 Koppers Co., Inc., Pittsburgh, Pa., V. St. A., **Behandeln von Koksofengasen.** Man wäscht die Gase mit Waschölen, Kp. 280–480°, bes. 300–370°, Viscosität 50–90 S. S. U. bei 100°F, oder Teer-Destillaten, Kp. 200 bis 400°, die nach Entfernen des ausgewaschenen Naphthalins, zurückgeführt werden, u. anschließend mit W. zur Entfernung von NH_3 u. anderen Unreinigkeiten. — Verf.-Schema. (**Ind. P. 68437** vom 20/7. 1959, ausg. 31/8. 1961.) C. Lüttgen 8157

2952 Olof Erik August Aspergren (Erfinder: William J. Culbertson jun.) **Kontinuierliches Verfahren zur Gewinnung von Öl und Gasen aus Ölschiefern,** dad. gek., daß man die Pyrolyse der fein zerkleinerten Schiefer durch Beimischung von auf die Zers.-Temp. erhitzten Stahl- oder Porzellankugeln vornimmt, die nach Entfernen der auf ihnen sich niederschlagenden koksartigen Rückstände im Kreislauf geführt werden. — Zeichnung. (**Aust. P. 236553** vom 3/11. 1958, ausg. 21/12. 1961. A. Prior. 20/5. 1958.) C. Lüttgen 8181

2953 Olaf Erik August Aspergren, **Pyrolyse von festen, brennbare Rückstände hinterlassenden Stoffen,** z. B. **Ölschiefer,** dad. gek., daß die Rückstände getrennt von der Pyrolyse durch O_2 oder O_2-haltige Gase, bes. unter Zusatz von Wasserdampf vergast werden unter Bldg. von CO u. H_2 u. daß die in der Asche verbleibende sowie in den erhaltenen Gasen vorhandene Wärmemenge an einen Wärmeträger abgeführt werden, der auf die zur Pyrolyse erforderliche Temp. gebracht wird u. seine Wärme wieder an das Ausgangsmaterial abgibt. (**Aust. P. 234878** vom 24/10. 1958, ausg. 31/8. 1961.) C. Lüttgen 8181

2954 Österreichische Mineralölverwaltung Akt.-Ges. (Erfinder: Otto Sowa), Wien, Österreich, **Kontinuierliche Gewinnung von Erdölsäuren,** bes. *Naphthensäuren,* aus einer wss. Lsg. ihrer Seifen in ein- oder mehrstufigem Verf. durch Freisetzen mit einer stärkeren Säure, bes. einer Mineralsäure, wie H_2SO_4, wobei die Hauptmenge als Säure höherer Konz., bes. als konz. Säure, in Abhängigkeit von der Menge der Seifen-Lsg. u. die Restmenge als Säure geringerer Konz., bes. als verd. Säure, in Abhängigkeit vom pH, der letztlich 5–2, bes. 5–3,5, betragen soll, zugegeben werden. Durch Einspritzen der Mineralsäuren in die Lsg. durch Düsen im Gegenstrom oder durch Leiten der Mischung über Strömungshindernisse, wie Fritten, Siebe u. Lochscheiben, wird Intensivmischung erzielt. Ggf. wird bei 60–180°, bes. 70–140°, u. unter Drücken bis zu 20 at gearbeitet. — 2 schemat. Zeichnungen; Diagramme. (**Oe. P. 118540** vom 12/2. 1960, ausg. 11/12. 1961.) G. Colsmann. 8193

2955 Dan Ruskin, Miami Beach, Fla., Milton Reder und Carol Farhi, New York, N. Y., V. St. A., **Bestrahlung von Erdöl und Erdölprodukten zur Verbesserung der Eigenschaften.** Roherdöl u. dessen Raffinationsrückstände werden mit 50–400 Millionen Röntgen-Einheiten einer γ-Strahlung pro g Substanz bestrahlt. Als Katalysatoren dienen Metalle, deren Oxide u. Salze (Ni, Pt-Oxid, V_2O_5, PbO_2, MoO_3, $PdCl_2$). (**E. P. 881492** vom 22/3. 1956, ausg. 1/11. 1961.) P. Unger 8193

2956 Shell International Research Mij. N. V., Den Haag, Niederlande (Erfinder: Cornelis Thomas Douwes, Pieter Albert van Weeren und Hendrikus de Ruiter), **Katalytische Entschwefelung von Kohlenwasserstoffölen** durch Behandlung S-haltiger KW-Stoffe bei 250–450° in Ggw. von Wasserdampf mit einem Hydrierungs-Dehydrierungskatalysator, der eine oder mehrere Alkaliverbb. enthält, z. B. Li-, Na- u./oder K-Carbonat in einer Menge von 10–80 Gew.-% neben Sulfiden der Metalle der VI. Gruppe des Period. Syst. u. mindestens einem Sulfid von Fe, Ni u. Co. Träger : Al_2O_3. (**E. P. 907770** vom 9/3. 1960, ausg. 10/10. 1962.) P. Unger 8195

2957 A. E. Staley Mfg. Co., übert. von: Ernest E. Allen und George J. Wack, Decatur, Ill., V. St. A., **Aufarbeiten von Waschwässern,** die bei der *Raffination von fetten Ölen* anfallen, durch Auflösen von Lignin(**II**) in dem Waschwasser (**I**) bei einem pH-Wert von 11–12 u. bei 140–170°F, Ansäuern des **I** (pH-Wert 1–3) u. Abtrennen der abgeschiedenen Ölschicht, dad. gek., daß man dem **I** vor dem Ansäuern 0,05–0,1% Na-Aluminat zusetzt, wodurch die Koagulations-Wrkg. des **II** erhöht wird. (**A. P. 2993006** vom 3/3. 1958, ausg. 18/7. 1961.) C. Lüttgen 8195

2958 Ministerul Industriei Petrolului, si Chimiei, Bukarest, Rumänien, **Herstellung von leichten Kohlenwasserstoffen und Koks** aus hochsiedenden KW-Stoffen (**I**), dad. gek., daß man die **I** in einer Erhitzungszone nur so kurze Zeit beläßt, daß die Bldg. von Koks (**II**) verhindert wird, worauf sie in die Verkokungskammern geführt werden, wo durch eine lange Verweilzeit die **II**-Bldg. gefördert wird. Das entstehende, gasförmige Gemisch wird zum Teil kondensiert, das Kondensat mit frischen **I** in das Verf. zurückgeführt u. der nichtkondensierte Anteil in einer Fraktionierkolonne zerlegt. — Zeichnung. (**Ind. P. 67046** vom 16/3. 1959, ausg. 17/1. 1961.) C. Lüttgen 8197

2959 Esso Research and Engineering Co., übert. von: William Joseph Metrailer und William David McCain, jun., Baton Rouge, La., V. St. A., **Olefine, Diolefine und andere Leichtkohlenwasserstoffe** erhält man durch Cracken von schweren Rückstandsölen, Pechen u. Asphalt bei 1200–1600°F in Ggw. von heißen Feststoffteilchen (40–400 μ, Koks, Sand, Metall-, Quarz-, Glas-, Keramikteilchen). Das heiße Öl wird mit einem Gas (Dampf, CO_2) von unten nach oben in einem doppelwandigen Rohr so in den Rk.-Raum eingeleitet, daß es einen zylinderartigen Film an den Wänden bildet. Gleichzeitig wird von unten nach oben ein vorerhitzter verdünnter Strom feiner aufgewirbelter Feststoffteilchen mit hoher Geschw. durch den Rk.-Raum geleitet, wodurch das Öl fein zerstäubt wird. — Vgl. A. P. 2891000; C. **1960**, 12552. (**A. P. 2925619** vom 11/1. 1957, ausg. 13/9. 1960.) G. Krauß 8197

2960 Ja. T. Eiduss und T. F. Bulanowa, **Katalysator für die KW-Stoff-Synthese aus CO und H_2.** Den Katalysator erhält man durch Ausfällen von Co, Zr u. Mg auf Kieselgur durch Einw. einer wss. Lsg. von K_2CO_3 auf salpetersaure Salze von Co, Zr u. Mg. Die hergestellte Masse wird nach dem Trocknen bei 350–400° mit H_2 reduziert. — 37 (g) $Co(NO_3)_2 \cdot 6H_2O$ u. 5,4 $Zr(NO_3)_4 \cdot 5H_2O$ werden in 150 W. gelöst. Zur Lsg. werden 7,5 feinzerkleinertes Kieselgur gegeben. 25 K_2CO_3 werden in 120 W. gelöst; die Lsgg. werden gemischt u. danach bis zum Sieden erhitzt. Der Nd. wird bis zur negativen Rk. auf NO_3^- gewaschen u. abgesaugt. Die erhaltene Masse wird bei 100–120° getrocknet u. in Teile der Größe 4 · 4 mm geschnitten; danach wird im H_2-Strom bei 350—450° 8 Std. reduziert. Der erhaltene Katalysator ist im Vgl. mit dem Th-Katalysator weniger empfindlich u. läßt höhere Vol.-Geschw. zu. Er ist beständig, akt. in den Temp.-Grenzen von 190—235° u. ermöglicht die Arbeit bei Atmosphärendruck. (**UdSSR. P. 150102** vom 27/11. 1959.) N. Sch. 8201a

2961 British Petroleum Co. Ltd., London, Peter Thomas White und David Lycett Knights, Sunbury-on-Thames, England, **Isomerisieren von Paraffin-Kohlenwasserstoffen.** C_4- u. höhere Paraffine vom *Benzin*-Siedebereich werden in der Dampfphase in Ggw. von H_2 mit einem Katalysator aus $AlCl_3$ u. Hydriermetall auf einem Oxidträger bei 200—400 °F, 100—1000 psig, einer Raumströmungsgeschwindigkeit von 0,15—5 V/V/h u. einem Molverhältnis von H_2:KW-Stoff von 1,5 bis 2,5:1 in Kontakt gebracht. (**E. P. 907777** vom 1/2. 1960, ausg. 12/9. 1962.) E. Kahles 8201d

2962 Esso Research and Engineering Co., Elizabeth, N. J., V. St. A. (Erfinder: Walter Gerald Löwenstein-Lom, Leonard Matthew Kinnard Dennis Edward George Austen, Christian Ellis Coulman und Bryan George Samuel Taylor), **Hochoctaniges Motorleichtbenzin.** Dieses besteht aus einem Gemich von zwei oder mehreren Fraktionen mit verschied. Siedebereichen u. Research-Octanzahlen, nämlich aus 20—35 Vol.% Destillat vom Kp. > 70° u. 50—60 Vol.% vom Kp. > 100°, wobei die Research-Octanzahl des ungebleiten Gemisches mindestens 3 Einheiten höher ist als seiner 75%ig. Überkopffraktion. Das Gemisch enthält 0,5—4 cm^3 pro US-Gallone $Pb(CH_3)_4$ u. $Pb(C_2H_5)_4$. (**E. P. 906437** vom 8/1. 1960, ausg. 19/9. 1962.) E. Kahles 8205

2963 Standard Oil Co., Cleveland, Ohio, übert. von: Clark G. Spike, Royal Oak, Mich., V. St. A., **Bisalkylen-pyroborate** der allg. Formel **I** (R = eine Alkylengruppe

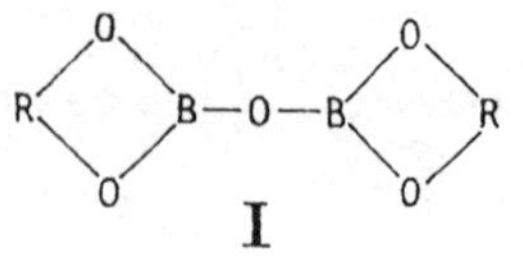

I

mit 2—20 C-Atomen) erhält man bei der Rk. von B_2O_3 mit einem Glykol bei etwa 75—150°, bes. in Ggw. eines Schleppmittels, um das sich bildende Rk.-Wasser als Azeotrop zu entfernen. Man kann auch ein Alkylorthoborat mit entsprechenden Mengen eines Diols bei Temp. zur Rk. bringen, die beim Kp. oder wenig darüber des bei der Rk. entstehenden Alkohols liegen. Verdünnungsmittel (aromat. KW-Stoffe, aliphat. Ketone) können vorhanden sein. Man erhält ferner **I** bei der Rk. der Metaborsäure mit einem Diol unter Entfernen des sich bildenden Rk.-Wassers. — B_2O_3 wird in N_2 mit 2-Methyl-2.4-pentandiol bei 145° zu *Bis-(2-methyl-2.4-pentandiol)-pyroborat*, $Kp._{1-2}$ 114—115°, umgesetzt. Setzt man der Rk.-Mischung weiteres 2.4-Dimethyl-3-pentanol zu u. erhitzt unter Rückfluß 1 Std., erhält man den *2.4-Dimethyl-3-pentyl-2-methyl-2.4-pentandiolester* der *Orthoborsäure*, $Kp._{10}$ 127—132°. Wird das 2.4-Pentandiolpyroborat mit Acetylaceton unter Rückfluß auf 156—171° erhitzt, erhält man bei der Dest. der Rk.-Mischung bei 99—103° u. 1 mm Hg *2-Methyl-2.4-pentenylacetylacetonylorthoborat*. Es werden ferner folgende „*-pyroborate*" hergestellt: Bis-propylen-, Bis-(1.6-hexylen)-; Bis-(1.5-pentylen)-; Bis-äthylen-; Bis(6-n-propylnonylen-1.4-); Bis(1.2-eicosylen)-; Bis-(1.2-propylen)-; Bis-(1.3-propylen); Bis-(1.2-butylen)-; Bis-(1.3-butylen)-; Bis-(1.4-butylen)-; Bis-(1.2-hexylen)-; Bis-(1.6-hexylen)-; Bis-(3-methyl-1.5-hexylen)-; Bis-(1.2-diäthylen)-; Bis-(2.5-Diphenyl-1.6-hexylen)-; Bis-(1.6-dimethyl-1.6-diphenyl-1.6-hexylen)- u. Bis-(1.2.2.3-tetramethyl-1.3-propylen). — Wird Bis-(2-methyl-2.4-pentandiol)-pyroborat, Kp. 94 bis 97°, feuchter Luft ausgesetzt erhält man *2-Methyl-2.4-pentandiolborsäure*, kristallin., F. 75°. — Zwischenprodd. zur Herst. von Borsäureverbb., z. B. der Glykolborsäure, die als *Treibstoffadditive* Verwendung finden. (**A. P. 2961459** vom 27/4. 1956, ausg. 22/11. 1960.) G. König 8205

2964 Monsanto Chemical Co., St. Louis, Mo., übert. von: Gail H. Birum und James L. Dever Dayton, Ohio, V. St. A., **Organische Verbindungen des Bors und Phosphors** der allg. Formel $R_nB[-O-C(Z)(Y)-P(:O)(A)_2]_{3-n}$ (**I**) erhält man durch Rk. einer B-Verb. mit mindestens 1 B–Cl- oder B–Br-Bindung mit einer Carbonylverb. u. einem Alkyl- oder Halogenalkylphosphorig-, -phosphonig- oder -phosphinigsäureester nach dem Schema: R_nBX_{3-n} + (3-n) Z–C(:O)–Y + (3-n) $(A)_2P$–OT → **I** + (3-n) TX (R = KW-Stoff-, Halogen-KW-Stoff-, KW-Stoffoxy-, Halogen-KW-Stoffoxy-, KW-Stoffthio-, Halogen-KW-Stoffthio-Rest, in denen die KW-Stoffgruppe 1—12 C-Atome enthält, Dialkylaminoreste, in denen jede Alkylgruppe 1—5 C-Atome enthält, D–N-, wobei D eine Alkylengruppe mit 2—5 C-Atomen bedeutet, beide Reste R zusammen können den Alkylendioxyrest mit 2—4 C-Atomen in der Kette u. 2—12 C-Atomen insges. bedeuten; n = 0, 1 oder 2; X = Cl oder Br; Y = H oder Alkyl mit 1—12 C-Atomen, falls n = O; falls n = 1 oder 2, ist Y = H, Alkyl mit 1—12 C-Atomen, Furyl, Thienyl, benzoider KW-Stoffrest mit 6—12 C-Atomen, frei von aliphat. Ungesättigtheit, diese Reste können substituiert sein durch Halogen, CN, Methylendioxy, Alkyl, Alkoxy, Alkoxycarbonyl, wobei der Alkylrest jeweils 1—5 C-Atome aufweist; Z = H, Alkyl mit 1—3 C-Atomen jedoch nur, falls n = 1 oder 2; Z u. Y zusammen können einen 5—6gliedrigen Cycloalkanring mit insgesamt 5—10 C-Atomen bilden; T = Alkyl, Halogenalkyl mit 1—12 C-Atomen; A = OT oder KW-Stoffrest mit 1—12 C-Atomen, frei von aliphat. Ungesättigtheit). — Zu einer Mischung aus 32,8 g Triäthylphosphit (**II**) u. 11,4 g Propionaldehyd (**III**) gibt man bei 15—20° 4.4.4-Trimethyl-2-chlor-1.3.2-dioxaborinan, erhitzt das Rk.-Gemisch zuletzt auf 50° u. erhält nach dem Konzentrieren bei 100° u. 0,1 mm in 97,7%ig. Ausbeute *2-[1-(Diäthoxyphosphinyl)-propoxy]-4.4.6-trimethyl-1.3.2-dioxaborinan*, n_D^{25} 1,4346. (1.3.2-Dioxaborinan = **IV**). **II** + **III** + 2-Chlor-5.5-dimethyl-**IV** (**V**) → *2-[1-(Diäthoxyphosphinyl)-propoxy]-5.5-dimethyl*-**IV** (**VI**) $Kp._{0,1-0,15}$ 128—130°, n_D^{25} 1,4415. 1-Hydroxypropylphosphonsäurediäthylester + **V** → **VI.** **II** + 2-Brom-5.5-dimethyl-**IV** (**VII**) + Acetaldehyd → *2-[1-(Diäthoxyphosphinyl)-äthoxy]-5.5-dimethyl*-**IV** (**VIII**), $Kp._{0,05}$ 111 bis 114°, n_D^{25} 1,4400. 1-Hydroxyäthylphosphonsäurediäthylester + **VII** → **VIII.** **II** + Furfural + 2-Chlor-5-methyl-5-äthyl-**IV** (**IX**) → *2-[α-(Diäthoxyphosphinyl)-furfuryloxy]-5-methyl-5-äthyl*-**IV**, n_D^{25} 1,4727. **IX** + **II** + Cyclohexanon → *2-[1-(Diäthoxyphosphinyl)-cyclohexyloxy]-5-methyl-5-äthyl*-**IV**, n_D^{25} 1,4651. Trimethylphosphit (**XI**) + **III** + 2-Chlor-4-methyl-**IV** (**X**) → *2-[1-(Dimethoxyphosphinyl)-propoxy]-4-methyl*-**IV**, n_D^{25} 1,4420. **IX** + **II** + 2-Chlorbenzaldehyd → *2-[α-(Diäthoxyphosphinyl)-2-chlorbenzyloxy]-5-methyl-5-äthyl*-**IV**, n_D^{25} 1,4952. **II** + **III** + 2-Chlor-5-äthyl-4-propyl-**IV** → *2-[1-(Diäthoxyphosphinyl)-propoxy]-5-äthyl-4-propyl*-**IV**, n_D^{25} 1,4413. 2-Chlor-**IV** (**XII**) + **XI** + 3-Formylpropionsäureäthylester → *2-[1-(Dimethoxyphosphinyl)-3-carbäthoxypropoxy]*-**IV**, n_D^{25} 1,4521. **XI** + Acetophenon + **X** → *2-[α-(Dimethoxyphosphinyl)-α-methoxybenzyloxy]-4-methyl*-**IV**, n_D^{25} 1,5048. **II** + **III** + **X** → *2-[1-(Diäthoxyphosphinyl)-propoxy]-4-methyl*-**IV**, n_D^{25} 1,4372. **II** + Aceton + **XII** → *2-[2-(Diäthoxyphosphinyl)-2-propoxy]*-**IV.** **IX** + Chloral + **XI** → *2-[1-(Dimethoxyphosphinyl)-2.2.2-trichloräthoxy]-5-methyl-5-äthyl*-**IV.** **II** + p-Toluylaldehyd + **IX** → *2-[α-(Diäthoxyphosphinyl)-4-methylbenzyloxy]-5-methyl-5-äthyl*-**IV**, n_D^{25} 1,4913. BCl_3 + Acetaldehyd + **II** → *Tris-[1-(diäthoxyphosphinyl)-äthyl]-borat.* **II** + **III** + BCl_3 → *Tris-[1-(diäthoxyphosphinyl)-propyl]-borat.* BCl_3 + Triisopropylphosphit (**XIII**) + **III** → *Tris-[1-(diäthoxyphosphinyl)-propyl]-borat.* BCl_3 + **XIII** + **III** → *Tris-[1-(diisopropoxyphosphinyl)-propyl]-borat*, n_D^{25} 1,4347. BCl_3 + Tris-(chloräthyl)-phosphit + Acetaldehyd → *Tris-{1-[bis-(2-chloräthoxy)-phosphinyl]-äthyl}-borat.* BCl_3 + Propylenoxid (**XIV**) + **II** + Trihexylphosphit → *2-Chlorpropyl-bis-[1-(di-n-hexyloxyphosphinyl)-propyl]-borat.* BCl_3 + **XIV** + **XIII** + Isobutyraldehyd → *Bis-(2-chlorpropyl)-[1-(diisopropoxyphosphinyl)-2-methylpropyl]-borat*, n_D^{25} 1,4383. BBr_3 + **XIV** + **II** + **III** → *Bis-(2-Brompropyl)-1-[diäthoxyphosphinylpropyl]-borat.* BCl_3 + **XIV** + Tris-(2-chloräthyl)-phosphit + **III** → *Bis-*

(2-chloräthoxy)-1-[bis-(2-chloräthoxy)-phosphinyl]-propylborat. **II** + **III** + n-Butoxy-chlor-phenylboran → *Phenylboronsäure-n-butyl-1-(diäthoxyphosphinyl)-propyl-diester*, n_D^{25} 1,4780. Diäthylketon + **II** + Chlordiphenylboran (**XV**) → *Diphenylborinsäure-3-diäthoxyphosphinyl-3-pentylester*, n_D^{25} 1,5458. Dichlorphenylboran + **III** + **II** → *Phenylboronsäure-bis-[1-(-diäthoxyphosphinyl)-propyl]-ester*, n_D^{25} 1,4870. **II** + **XV** + p-Anisaldehyd → *Diphenylborinsäure-α-diäthoxyphosphinyl-4-methoxybenzylester*, n_D^{25} 1,5581. Di-n-butoxychlorboran (**XVI**) + Tris-(2-äthylhexyl)-phosphit + Benzaldehyd → *Dibutyl-α-[bis(2-äthylhexyloxy)phosphinyl]-benzyl-borat*, n_D^{25} 1,4635. Dichlor-n-decyloxyboran + **II** + **III** → *Decyl-bis 1-[(diäthoxyphosphinyl)-propyl]-borat*, n_D^{25} 1,4373. **XVI** + **II** + **III** → *Dibutyl-1-[(diäthoxyphosphinyl)-propyl]-borat*, n_D^{25} 1,4219. Diallyloxychlorboran (**XVII**) + Chloral + **XI** → *Diallyl-1-(dimethoxyphosphinyl)-2-trichloräthylborat*, n_D^{25} 1,4782. Phosphonigsäurediäthylester + **XVII** + **III** → *Diallyl-1-(äthoxyphenylphosphinyl)-propylborat.* Diphenylphosphinigsäuremethylester + **XVII** + **III** → *Diallyl-1-(diphenylphosphinyl)-propylborat*, n_D^{25} 1,5680. **II** + **III** + Bis-(butylthio)-chlorboran (**XVIII**) → *S.S-Dibutyl-1-(diäthoxyphosphinyl)-propyldithioborat.* **XI** + **III** + Dibrom-(äthylthio)-boran → *S-Äthyl-bis-[1-(diäthoxyphosphinyl)-propyl]-thioborat.* **XVIII** + **II** + 4-Cyan-2.2-dimethylbutyraldehyd → *S.S-Dibutyl-1-(diäthoxyphosphinyl)-2.2-dimethyl-4-cyanbutyl-dithioborat.* **II** + **III** + Dichlordimethylaminoboran → *Bis-[1-(diäthoxyphosphinyl)-propoxy]-dimethylamino-boran*, n_D^{25} 1,4514. Bromdipiperidinoboran + **II** + Aceton → *Dipiperidino-2-[(diäthoxyphosphinyl)-propoxy]-boran*, n_D^{25} 1,4926. — *Mittel gegen Frühzündung verbleiter Treibstoffe.* (**A. P. 3014952** vom 20/3. 1959, ausg. 26/12. 1961.) A. Jahn 8205

2965 California Research Corp., San Francisco, Calif., V. St. A., **Kohlenwasserstofftreibstoff,** der im Siedebereich von Bzn. siedet, gek. durch eine reine (bleilose) Octanzahl von ≧90 u. einen Geh. von ≧20 (Vol.-%) aromat. KW-Stoffen, ≦30 Olefin-KW-Stoffen u. einen Zusatz von ≧0,264 cm^3 Pb-Tetramethyl je Liter des Grundtreibstoffes oder von Pb-Äthyltrimethyl. — 8 Diagramme. (**Oe. P. 217607** vom 24/2. 1960, ausg. 10/10. 1961.) T. Oppermann 8205

2966 Esso Research and Engineering Co., Elizabeth, N. J., V. St. A., **Antiklopfmittel enthaltende Motortreibstoffe.** Diese bestehen aus einem Bzn. u. geringen Mengen eines Pb-Olefinantiklopfmittels sowie einer geringen Menge von $R^1(X)_n(R^2)_m COOR$, $[R^1(X)_n(R^2)_m CO]_2O$ oder R^1CHO, (R^1 = H oder einwertiger KW-Stoffrest mit 1—29 C-Atomen, R^2 = zweiwertiger KW-Stoffrest mit 1—18 C-Atomen, R = H oder tert. aliphat. KW-Stoffrest mit 4—18 C-Atomen, X = O oder =C=O, n u. m = O oder 1, die Summe der Gesamt-C-Atome von R^1, R^2 u. X = 29), bes. tert.-Butylacetat. — Zeichnungen. (**E. P. 897683** vom 4/10. 1960, ausg. 30/5. 1962. A. Prior. 12/10. 1959.) E. Kables 8209

2967 Esso Research and Engineering Co., Elizabeth, N. J., V. St. A., **Destillatbrennöl** mit einem geringen Geh. an einer öllösl. Verb., die durch Rk. von Äthylenoxid mit einem organ. Deriv. der Phosphorsäure mit der Formel $O{=}P{<}^{OH}_{OR'}\,OR''$ (O=P(OH)(OR'')(OR')), worin R' u. R'' Alkylreste mit 2—20 C-Atomen bedeuten, hergestellt worden ist. (**E. P. 875548** vom 10/12. 1959, ausg. 23/8. 1961. F. Prior. 17/3. 1959. **Zusatz zu E. P. 842541; C. 1962, 2963.**) E. Kahles 8211

2968 British Petroleum Co. Ltd., London, und Neville John Hunter und Derek Illing, Sunbury-on-Thames, England, **Herstellung von gegen Radioaktivität widerstandsfähigem Schmieröl.** Terphenyl wird mit einem geradkettigen Olefin oder einem prim. oder sek. Methylhalogenid von 1—20 C-Atomen umgesetzt. (**E. P. 913411** vom 29/1. 1960, ausg. 19/12. 1962.) E. Kahles 8221

2969 Esso Research and Engineering Co., V. St. A., **Antioxydationsmittel für Schmieröle** der allg. Formel **A**, worin R' = Alkylrest mit 1—5 C-Atomen, R'' u. R'''' = gleiche oder verschiedene Alkylreste oder H u. R''' =

A 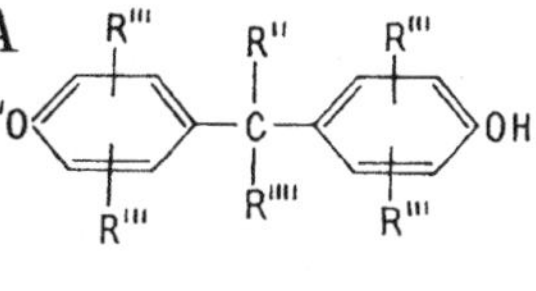

Alkylradikal mit ≦ 22 C-Atomen oder H sind, z. B. 2.2-[4-Methoxy-4'-hydroxy-3.5-di-(tert.-butyl)-diphenyl]-propan. (**F. P. 1153328** von 16/5. 1956, ausg. 5/3. 1958.) T. Oppermann 8221

2970 E. I. du Pont de Nemours & Co., Wilmington, Del., V. St. A., **Selbstschmierendes Lagermaterial,** bestehend aus einem Graphitgewebe, erhalten durch Pyrolyse von Cellulosegewebe, das mit einem festen Fluoräthylenpolymeren imprägniert ist. — Zum Beispiel wird ein graphitiertes Gewebe in eine wss. Dispersion aus 46 (Teile) Teflon (Polytetrafluoräthylen) u. 6 Octylphenolpolyglykoläther in 48 W. eingetaucht u. bei 171° getrocknet. Dann wird bei 377° ein Zusammensintern des Teflons bewirkt. Das Prod. kann durch Pressen verdichtet werden. (**E. P. 903379** vom 16/5. 1961, ausg. 31/10. 1962. A. Prior. 27/5. 1960.) H. Möllering 8221

2971 Monsanto Chemical Co., St. Louis, Mo., übert. von: David T. Oakes, El Dorado, Ark., V. St. A., **Bohrflüssigkeiten zum Aufbrechen der ölführenden Formationen.** Die Fll. bestehen aus Petrolöl (Dieselöl), in dem 0,5 bis etwa 25 Gew.% unlösl. Alkylarylsulfonat, das in Asphalt dispergiert ist, enthalten sind. Der Asphalt enthält 20—80 Gew.% Asphaltene. Das Gew.-Verhältnis von Asphalt zu unlösl. Material beträgt etwa 1 : 3 bis 4 : 1. Die Bohr-Fl. zeichnet sich durch einen geringen Fl.-Verlust aus. (**A. P. 2988505** vom 20/12. 1957, ausg. 13/6. 1961.) W. Hauswald 8221

2972 Phillips Petroleum Co., übert. von: Charles A. Stratton, Washington County, Okla., V. St. A., **Bohrflüssigkeit.** Sie enthält ein hydroxyliertes *Asphalt* in einer ausreichenden Menge, um die Filtration zu verringern. Man verwendet etwa 0,1 bis 10 Teile des Asphaltes je barrel Bohrflüssigkeit. Zur Herst. des hydroxylierten Asphalts wird sulfonierter Asphalt mit Alkali bei etwa 302 bis 752 °F zusammengeschmolzen, dann gekühlt u. zerkleinert. (**A. P. 3006846** vom 12/9. 1958, ausg. 31/10. 1961.) W. Hauswald 8221

2973 Sun Oil Co., Philadelphia, Pa., übert. von: Robert B. Alfred, Beaumont, Tex., V. St. A., **Wäßrige Bohrflüssigkeit.** Die Fl. ist eine Dispersion von hydrationsfähigem *Ton* mit 1 bis 15 lbs/bbl. einer Erdalkali-Verbindung, deren Wasserlöslichkeit mindestens so groß ist wie des Kalks, u. enthält ein Dispergierungsmittel für den Ton. Das Dispergiermittel muß in einer zur Verhinderung einer Verdickung der Mischung unter erhöhtem Druck ausreichenden Menge vorhanden sein. Das Mittel wird durch mindestens 1stündiges Erhitzen einer wss. Mischung von Pyrogallol auf mindestens 225°F in Ggw. einer mindestens äquivalenten Menge Alkalihydroxids gewonnen. (**A. P. 3005773** vom 11/4. 1958, ausg. 24/10. 1961.) W. Hauswald 8221

2974 Shell Oil Co., Del., übert. von: Thomas E. Reamer, El Cerrito, Calif., V. St. A., **Metallbearbeitungsmittel** auf Wasserbasis enthalten 0,5—15% von je einem wasserlösl. Alkalisalz einer Alkylenpoly-(mercaptoalkylencarbonsäure) (**I**), mit 1—4 COOH-Gruppen im Mol., wobei die Alkylengruppen Methylen-, Äthylen- u. Butylenreste sind, eines wasserlösl. Heteropolymeren (**II**) vom Mol-gew. 250—1500 aus Äthylen- u. Propylenoxid (Molverhältnis 75 : 25 bis 10 : 90) u. ein wasserlösl. Alkanolamin (**III**). — Beispiele für **I**: Methylen-bis-(mercaptoessigsäure) als Dinatriumsalz; für **II**: Heteropolymeres der Oxide einer Viscosität von 1400/100 °F; für **III**: Mono-Di-, Triäthanolamin, N.N-Dimethylisopropanolamin. (**A. P. 2981686** vom 30/10. 1958, ausg. 25/4. 1961.) E. Drews 8221

2975 Socony Mobil Oil Co., Inc., New York, N. Y., V. St. A., **Lösliches Öl,** gek. durch einen Geh. eines Mineralschmieröles, entweder 5—30 (Gew.-%) eines zur Förderung der Bldg. einer Öl-in-W.-Emulsion fähigen Emulgiermittels oder 5—20 eines korrodierenden Hochdruck-

mittels u. 5—30 eines öllösl. P-, S- u. metallhaltigen, oxydierten KW-Stoff-Reaktionsprod., das nach einem Verf. hergestellt ist, welches folgende Stufen umfaßt: 1. Bldg. einer Mischung aus a) einem KW-Stoff (Molgew. 200—1000) aus der Gruppe aliphat. oder aromat. KW-Stoffe mit wenigstens einem am Kern gebundenen aliphat. Rest mit ≥ 8 C-Atomen u. Mischungen davon u. b) 0,5—25 (Gew.-%), bezogen auf das Gew. des KW-Stoffes, eines Hydroxids eines Metalls aus den Gruppen I u. II des Period. Syst.; 2. Inberührungbringen dieser Mischung mit einem oxydierenden Gas bei 125—325° so lange, bis 0,05—3 Metall dem oxydierten KW-Stoff einverleibt sind; 3. Umsetzung des Rk.-Prod. mit 5—20 eines P-Sulfids bei 75—150°; 4. Mischen des Rk.-Prod. von 3. mit 2—25 eines Metallhydroxids u. W. bei einer Temp. unter dem Kp. des W. u. im wesentlichen vollständige Dehydratisierung der in 4. gebildeten Mischung. (**Oe. P. 215581** vom 1/2. 1960, ausg. 12/6. 1961.)
T. Oppermann 8221

2976 Fa. Köolajipari Tröszt, Budapest, **Schmierölkomposition** für Zweitaktverbrennungsmaschinen mit Funkenzündung, dad. gek., daß die Schmierölgemische 80—95(%) naphthen. Schmieröl u. 20—5 Monomethyl- oder Äthylderivv. des Anilins enthalten. (**Oe. P. 215050** vom 26/3. 1959, ausg. 10/5. 1961. Ung . Prior. 5/9. 1958.)
T. Oppermann 8221

2977 Socony Mobil Co., Inc., New York, N. Y., übert. von: Clarence Liddy, Franklinville, N. J., V. St. A., **Schmierfette** auf Ölbasis enthalten in zur Verdickung ausreichenden Mengen ein Ca-Salz-Seife-Gemisch, bestehend aus einem Ca-Salz niedrigmol., unsubstituierter geradkettiger gesätt. Monocarbonsäuren (**I**) mit 1—6 C-Atomen, Ca-Seifen einer mittelmol. gesätt. Monocarbonsäure (**II**) mit 7—12 C-Atomen, die keine längere Seitenkette als eine CH_3-Kette enthält, wobei das Mol-Verhältnis der Säuren **I** zu Säuren **II** 0,25 : 1 bis 10 : 1 ist. — Beispiel: Salz-Seifegemisch aus 37,1 (Gew.-Teilen) Essigsäure, 56,2 Caprylsäure u. 37,1 $Ca(OH)_2$, hergestellt in 869,6 Cetan. Man erhält ein trockenes Pulver durch Extraktion mit Schwerbenzin u. Trocknen. 10% dieses Pulvers mischt man zur Schmierfettherst. mit einem Mineralschmieröl. (**A. P. 2999066** vom 28/12. 1960, ausg. 5/9. 1961.)
E. Drews 8223

2978 California Research Corp., San Francisco, übert. von: Francis E. Chamberlin, Novato, Calif., V. St. A., **Gewindeschmiermittel,** bes. für Erdölsonden, bestehend aus einem Schmieröl mit Zusätzen von 0,5 bis 10 (Gew. %) Ca-Salz von C_{10-22}-Fettsäuren, 1—10 Ca-Acetat, 0,1—5 $Ca(OH)_2$ u. 10—50 Graphit. (**A. P. 3007866** vom 23/6. 1959, ausg. 7/11. 1961.) E. Drews 8223

2979 Gulf Research & Development Co., Pittsburgh, übert. von: Henry A. Ambrose, Penn Hills Township, Allegheny County, und Paul R. McCarthy, Allison Park, Pa., Pa., V. St. A., **Schmierfette** auf der Basis von mit Li-, Ba- oder Sr-Seifen gedickten Schmierölen enthalten Zusätze von 5—30 (Gew. %) eines der folgenden Stoffe: A. Gemische aus 50—90 neutralen u. bas. Ba-Salzen von Phenolen der allg. Formel **I**, in der R

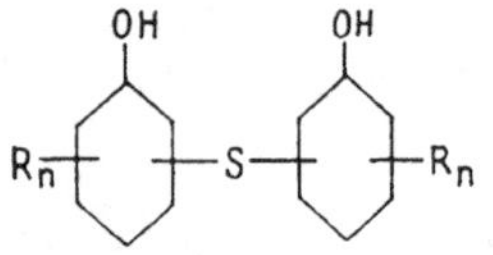

I

ein C_{4-20}-Alkylrest u. n = 1—4 ist, mit 10—50 Ba- u. Ca-Sulfonaten (**II**) von alkylierten aromat. KW-Stoffen mit 8—100 C-Atomen im Alkylrest; B. Gemische von 50—90 des Rk.-Prod. von P_2S_5 mit **I** u. 10—50 **II**; C. Rk.-Prod. vom P_2S_5 mit einem Terpen-KW-Stoff (**III**); D. 50—80 **III** u. 20—50 **II**. (**A. P. 2966461** vom 17/4. 1958, ausg. 27/12. 1960.) E. Drews 8223

2980 Institut Français du Pétrole, des Carburants et Lubrifiants (Erfinder: Jacques Artozoul), Seine, Frankreich, **Herstellung von Arylstearaten** $CH_3 \cdot (CH_2)_x \cdot CH[Ar(R_1)(R_2)] \cdot (CH_2)_y \cdot COOM$ (x + y = 15; M = Metall; Ar = aromat. Kern, R_1, R_2 = Alkyl- oder Cycloalkylreste mit 4-18 C-Atomen) Zum Beispiel gibt man in 5 Min. 940 (g) Äthylhexylphenylstearinsäuremethylester zu 24 LiOH in 944 Butylglykol bei 150°. Nach 2—10 Min. Rühren läßt man abkühlen u. trennt das entstandene *Li-Äthylhexylphenylstearat* ab. — Auf ähnliche Weise erhält man aus Methyldodecylphenylstearat, $Ca(OH)_2$ u. Diäthylenglykol als Lsgm. *Ca-Dodecylphenylstearat.* — Ähnlich werden gewonnen: *Sr-Bicyclodecylphenyl-, Ba-Octadecylphenyl-, Ba-Cyclohexylphenyl-, Al-Dodecylnaphthyl-, Co-Tetrahydronaphthylstearat.* — Ausgangsprodd. zur Herst. von konsistenten *Schmierfetten.* (**F. P. 1189811** vom 3/12. 1955, ausg. 7/10. 1959.)
T. Oppermann 8223

2981 Phillips Petroleum Co., übert. von: William N. Axe und William B. Whitney, Bartlesville, Okla., V. St. A., **Schmiermittel.** Zur Herst. von *Guanidinalkylarylsulfonaten* werden synthet. alkylaromat. KW-Stoffe mit mindestens 10 C-Atomen in der Alkylgruppe sulfoniert, wonach die Sulfonsäure mit Guanidin oder einem Guanidinsalz neutralisiert wird. Als alkylaromat. KW-Stoffe sind Alkylverbb. des Bzl., Naphthalins, Diphenyls, Anthracens u. ihrer niedrigen Alkylhomologen geeignet. Die Guanidinverbb. werden Mineralölen zugesetzt. (**Can. P. 557090** vom 21/5. 1949, ausg. 6/5. 1958. A. Prior. 16/8. 1948.) H.-J. Nitzschke 8223

2982 British Petroleum Co. Ltd. (Erfinder: Samuel Richard Pethrick und Maurice Barrington Sparke), **Synthetisches Schmiermittel.** Es besteht aus einem Gemisch aus einem aliphat. Diester einer gesätt. aliphat. Dicarbonsäure mit einem in dem Diester lösl. Polyester der allg. Formeln: $ROOCR_1COO[CH_2C(CH_3) \cdot (R_7)CH_2OOCR_1COO]_nR$ u. $HO[CH_2C(R_6)(R_7)CH_2OOCR_1 \cdot COO]_nCH_2C(R_6)(R_7)CH_2OH$, (R = Alkylrest mit 4 bis 18 C-Atomen, R_1 = Alkylenrest mit 4—14 C-Atomen oder C_6H_4-Rest, R_6 u. R_7 = Methylreste), wobei die Mengen des Di- u. des Polyesters so bemessen werden, daß die Viscosität des Gemischs bei 210°F 4—30 cSt beträgt. — Beispiele von Diestern: Di-(2-äthylhexyl)-, Di-(3.5.5-trimethylhexyl)-, 2-Äthylhexyl-(3.5.5-trimethylhexyl)-sebacat. (**Aust. P. P. 231622** u. **231623** vom 23/5. 1958, ausg. 26/1. 1961. E. Prior. 24/5. u. 30/8. 1957.)
K. Demmler 8223

2983 Esso Research and Engineering Co., Elizabeth, übert. von: Arnold J. Morway, Clark Township, Hans G. Vesterdal und Thomas E. Witts, Elizabeth, N. J., und Lewis C. Dawson, Baton Rouge, La., V. St. A., **Schmierfett.** Ein Schmieröl wird mit einer verdickenden komplexen Seife (z. B. einer Leinölseife) gemischt u. bis zur Lsg. erhitzt, schnell wird unter die Übergangstemp. der Seife abgekühlt u. mit so viel eines hochviscosen Öls gemischt, daß das Endprod. 6—18% der Seife enthält, u. durch das Durchleiten durch enge Capillaren bei hohem Druck gehärtet. — Diagramm. (**Can. P. 569552** vom 12/1. 1953, ausg. 27/1. 1959. A. Prior. 25/3., 2/5. u. 29/5. 1952.) H.-J. Nitzschke 8223

2984 Esso Standard (Soc. An. Française), Seine Frankreich (Erfinder: René Hatton), **Schmierfette,** welche eine geringe Menge eines Gemisches von Polyisobutylen (Molgew. 20000—50000) u. Latexlsg. enthalten. (**F. P. 1150063** vom 26/4. 1956, ausg. 7/1. 1958.)
T. Oppermann 8223

2985 Godfrey L. Cabot, Inc., V. St. A., **Schmierfett,** aus einem Schmieröl u. einem Gemisch aus 20—80 (Gew.-%) Tonerde (Korngröße 10—40 mμ) u. 80—20 SiO_2 (Korngröße 10—20 mμ) als Verdickungsmittel. (**F. P. 1199903** vom 16/7. 1958, ausg. 17/12. 1959.)
T. Oppermann 8223

2986 „Shell" Research Ltd., London, England, **Walzfett,** enthaltend eine Polyoxyalkylenverb. mit negativem Löslichkeitskoeff. in W., z. B. *Polyäthylen- u. -propylenglykolmono- u. -diäther* mit einem Mol.-Gew. von 400—2000, u. Alkali- u. Erdalkaliseifen, bes. *Na-Oleat.* (**Ind. P. 68943** vom 24/8. 1959, E. Prior. 25/8. 1958.)
S. Lüttgen 8223

2987 Ateliers Partiot, Cémentation, Seine-et-Oise, Frankreich, **Schmiermittel,** aus > 7,5 (Gew.-%)

eines festen Schmiermittels (z. B. Mo-Sulfid u./oder sublimiertem S u./oder B-Nitrid) u. < 25 eines synthet. Harzes (z. B. Bakelit). (**F. P. 1171198** vom 12/4. 1957, ausg. 22/1. 1959.) T. Oppermann 8223

2988 Olin Mathieson Chemical Corp., V. St. A., **Ester aliphatischer Carbonsäuren** der allg. Formel $CH_3(CH_2)_aCH[CH(CH_2COOZ)COOY] \cdot (CH_2)_bCOOX$ (a = 6—9; b = 15—a; X, Y u. Z = Alkylreste oder Alkyl-(O-A)$_n$-, wobei A = Alkylengruppe mit 2—3 C-Atomen u. n = 1,2 oder 3; Summe der C-Atome von X, Y u. Z = 6—81) sind *Schmiermittel*. (**F. P. 1183344** vom 25/9. 1957, ausg. 6/7. 1959.) T. Oppermann 8223

2989 Pensalt Chemicals Corp., Philadelphia, Pa., übert. von: Roland A. Whitbeck, Lorain, Ohio, V. St. A., **Schmiermittel** zum Mischen mit W. für das Überziehen von blanken Metallen unter Bldg. eines selbsthaftenden, trockenen, homogenen Schutzfilmes aus a) 10—33 Teilen eines organ. Bindemittels, z. B. wasserlösl. aliphat. mehrwertigen Alkoholen mit F ≧ 40° u. 4 OH-Gruppen, deren Fettsäureestern, wasserlösl. Seifen mit F. ≧ 20°, synthet. Wachs mit F. ca 90° oder Mischungen daraus mit F. ≦ 36°, b) 90—67 Teilen eines wasserlösl., anorgan., glasartige Massen bildenden Materials aus hauptsächlich einem Alkalimetallborat (z. B. Borax), c) 0,5—5 Teilen sulfonierter vegetabil. oder animal. Öle oder Sulfonierungsprodd. der davon abgeleiteten ungesätt. Fettsäuren oder Gemisch aus oberflächenakt., wasserlösl. Alkalimetallsalzen von Sulfogruppen enthaltenden organ. Verbb. u. vegetabil. oder animal. Ölen u. d) 25—2,5 Unzen pro 100 pounds der Lsg. von Trimethylnonylalkohol, Butanol, n-Amylalkohol, 2-Butyloctanol, Diisobutylcarbinol, 2-Äthylhexanol, 2-Äthylbutanol, Heptanol, Laurylalkoholen, Heptadecanol, Methylamylalkohol, Methylisobutylcarbinol, Tetradecanol, Cyclohexanol, Pentanol-(3), Trimethylundecanol, Diisobutylketon, Äthylbutylketon. Methylisobutylketon, Acetophenon, Äthylhexandiol, Äthoxydimethylpentandiol, Hexylenglykol, Octylenglykol, Polypropylenglykol, Dibutylcarbitol, Dibutoxytetraglykol, Phenylcarbitol, Dipropylenglykolbutyläther, Tripropylenglykolbutyläther, Äthylenglykol-, Propylenglykol- u. Dipropylenglykolphenyläther, Propylenglykolbutylphenyläther u. -cyclohexylphenyläther, Triproplyenglykolisopropyläther, Dichloräthyläther, Ae. oder Dihexyläther oder deren Gemische. (**Can. P. 569514** vom 25/7. 1955, ausg. 27/1. 1959.) H.-J. Nitzschke 8223

2990 Shell Development Co., New York, N. Y., übert. von: Jack W. Armstrong, Concord, u. John H. Edgar, Martinez, Calif., V. St. A., **Schmiermittel** für hohe Temp., dad. gek., daß man ein fl. polymeres Organosilicon (Dimethylsiliconpolymeres) mit 1—20 (Gew.-%) eines koll. dispergierten Tons eindickt, dessen Oberfläche zu 1—20 mit einem Phenol-HCHO-Harz oder Aminoplast imprägniert ist. (**Can. P. 571318** vom 17/1. 1956, ausg. 24/2. 1959. A. Prior. 25/2. 1955.) S. Böttcher 8223

2991 Shell Development Co., New York, N. Y., übert. von: Walter H. Peterson, Point Richmond, Calif., V. St. A., **Schmiermittel** für hohe Drücke, dad. gek., daß man ein Mineralöl, in dem ca. 1 Gew.-% bei 20° mit einer gesätt. wss. $HgCl_2$-Lsg. einen festen Komplex zu bilden vermag, mit einer koll. Dispersion von Ton, der mit einem hydrophoben oberflächenakt. Reagens imprägniert sein kann u. einem Alkalidihydrogenphosphat eindickt. (**Can. P. 571331** vom 12/3. 1956, ausg. 24/2. 1959. A. Prior. 21/3. 1955.) S. Böttcher 8223

2992 Socony Mobil Oil Co., Inc., New York, N. Y., übert. von: John W. Brooks, Wenonah, und Ferdinand P. Otto, Woodbury, N. J., V. St. A., **Schmiermittel** aus einem mineral. Schmieröl, einem Antioxydans aus einer öllösl., P u. S enthaltenden organ. Verb., die durch Rk. von Pinen mit P_2S_5 im mol. Verhältnis 4:1 bei 100 bis 160° erhalten wird, u. 0,001—1% eines bei 20—100° erhaltenen Prod. aus 3 Mol C_6H_5CHO oder HCHO u. 2 Mol NH_3. (**Can. P. 568795** vom 11/12. 1956, ausg. 13/1. 1959. A. Prior. 12/5. 1950.) H.-J. Nitzschke 8223

2993 California Research Corp., San Francisco, übert. von: Robert L. Peeler, Albany und Steve A. Kovacich, El Cerrito, Calif., V. St. A., **Alkyltrialkoxysilane** der allg. Formel $RSi(OR_1)_2(OR_2)$ [R = Alkylreste mit 2—12 C-Atomen, R_1 Alkylreste mit 3—13 C-Atomen, R_2 tert. Alkylreste mit 4—8 C-Atomen] erhält man durch Rk. der entsprechenden Alkyltrichlorsilane mit den entsprechenden Alkoholen in Ggw. vom HCl-Acceptoren, zweckmäßig unter Rückflußerhitzung. — 454 g $C_2H_5SiCl_3$ in Toluol werden mit 284 g 2-Äthylbutanol zuerst zu Alkyl-2-äthylbutoxydichlorsilan (I), $Kp._{14,7}$ 95—102°, umgesetzt, worauf man 372 g davon in Ggw. von α-Picolin u. Toluol mit 143 g tert.-Pentylalkohol zu *Äthyl-tert.-pentoxy-di-(2-äthylbutoxy)-silan*, $Kp._1$ 112—117° weiter umsetzt. Analog erhält man: *Äthyl-tert.-butoxy-di-(2-äthylhexoxy)-silan*, $Kp._1$ 139—171°, *Äthyl-tert.-pentoxy-di-(1-octoxy)-silan*, $Kp._1$ 159—160°, *Pentyl-tert.-butoxy-di-(2-äthylhexoxy)-silan*, $Kp._1$ 148—152, *Methyl-tert.-butoxy-di-(2-äthylhexoxy)-silan*, $Kp._1$ 121—128° u. *Phenyl-tert.-butoxy-di-(2-butoxy)-silan*, $Kp._1$ 108—114°. — *Hydraul.-Fll.* u. *Schmiermittel*, die gegen Hydrolyse stabil sind. (**A. P. 2995590** vom 30/6.*1958, ausg. 8/8. 1961.) J. Mühleisen 8223

2994 Evelyn Ellenson und Richard V. Galba, New York, N. Y., V. St. A., **Schmiermittel,** bestehend aus 52 (Gew.-%) Polyäthylenglykol (F. 50—55°), 30 Cetylalkohol, 12 Erdölwachs u. 6 Diäthylenglykolmonobutyläther. (**A. P. 2990371** vom 23/7. 1959, ausg. 27/6. 1961.) E. Drews 8223

2995 Socony Mobil Oil Co., Inc. (Erfinder: Herbert Myers und John William Schick), **Herstellung von Schmiermitteln** mit hohem Ca-Gehalt. Man suspendiert $Ca(OH)_2$ (I) in CH_3OH (II), so daß ≧ 200 ml I pro Äquivalent I vorliegen, kühlt auf 10—15°, leitet CO_2 ein, bis das Mol.-Verhältnis von CO_2:Ca 0,6—2 beträgt, gibt die Lsg. einer Alkylbenzolsulfonsäure (III) in Mineralöl (2 (Äquivalente) III auf 6 Ca) zu, dest. den II ab u. filtriert. (**Aust. P. 232930** vom 18/12. 1958, ausg. 30/3. 1961. A. Prior. 8/1. 1958.) C. Lüttgen 8223

2996 Texaco Development Corp., Wilmington, Del., übert. von: Edward F. Twieg und Roy F. Nelson, Port Arthur, Tex., V. St. A., **Getriebeschmiermittel** für extrem hohe Drücke aus 0,5—5 (Gew.-%) sulfuriertem fettem Öl u. 5—20 eine Pb-Seife enthaltendem sulfuriertem Mineralschmieröl, welches im Gegensatz zu dem sulfurierten fetten Öl Cu nicht angreift. Herst. des Schmiermittels durch getrenntes Sulfurieren von einem leichten paraffin. Schmieröl (SUS-Viscosität 160—175 bei 100°F) u. einem schweren paraffin. Schmieröl (SUS-Viscosität 360—385 bei 210°F) mit 1—5 S bei erhöhter Temp. (8—20 Std. bei 400—430°F bzw. 8—12 Std. bei 430—480°F), Mischen der Öle bis zur gewünschten Viscosität u. Zugabe von z. B. 5—15 Pb-Naphthenat bei erhöhter Temp. (≦ 250°F) u. 1—3 sulfuriertem fettem Öl mit 6—10 S. (**Can. P. 569540** vom 4/9. 1952, ausg. 27/1. 1959. A. Prior. 16/10. 1951.) H.-J. Nitzschke 8223

2997 Shell Development Co., New York, N. Y., übert. von: Harold A. Woods und Loren C. Bollinger, Martinez, Calif., V. St. A., **Stabile Schmiermittel,** dad. gek., daß man ein Mineralschmieröl oder ein hauptsächlich Bis-[2-äthylhexyl]-sebacat enthaltendes Schmieröl durch Zusatz von Li-Stearat eindickt u. je 0,1—3 Gew.-% Alkali-KW-Stoff-Sulfonat, Octylphenoxytetraäthoxyäthanol, Dilaurylselenid, Phenthiazin u. Thiodiphenylamin zusetzt. (**Can. P. 571335** vom 3/4. 1956, ausg. 24/2. 1959. A. Prior. 25/4. 1955.) S. Böttcher 8223

2998 Standard Oil Co., Cleveland, übert. von: Ernest C. Milberger, Maple Heights, Ohio, V. St. A., **Wasserfestes Schmiermittel** aus einem Mineralschmieröl, von Schmiermittelviscosität als Hauptbestandteil, einem anorgan., W. aufnehmenden Aerogel (SiO_2), welches dem Öl eine fettähnliche Beschaffenheit verleiht, und ≦ 1% eines fl. Siliconpolymeren der allg. Formel $R_3Si(OSiR_2)_x$–$OSiR_3$ mit R = Alkyl- oder Arylgruppen u. x ≦ 2000, z. B. eines Polymethylsiloxans. (**Can. P. 569152** vom 20/7. 1951, ausg. 20/1. 1959. A. Prior. 1/8. 1950.) H.-J. Nitzschke 8223

2999 Produits Industriels Végétaux Oléagineux, Loire, Frankreich, **Schmiermittelpaste** aus ent-

hülsten u. zermahlenen Ricinusbohnen. (**F. P. 1157650** vom 26/9. 1956, ausg. 2/6. 1958.)
T. Oppermann 8223

3000 Farbenfabriken Bayer Akt.-Ges., Deutschland (Erfinder: Friedrich Lober, Ernst Roos, Richard Wegler, Otto Bayer und Walther Lohmar), **Schmiermittelgemische,** aus einem Schmiermittel, bes. einem Schmieröl, u. einer geringen Menge eines Hydroxyäthers der allg. Formel Ar–O–R–OH, worin Ar = durch einen KW-Stoff-Rest mit $\geqq$ 2 C-Atomen substituierter aromat. Rest u. R = Alkylenrest mit niedrigem Molgew., z. B. *4-Isododecylphenol-β-hydroxyäthyläther, -β-hydroxypropyläther.* (**F. P. 1199998** vom 25/7. 1958, ausg. 17/12. 1959. D. Prior. 8/8. 1957.)
T. Oppermann 8223

3001 Imperial Chemical Industries Ltd., London, England (Erfinder: Harry Clough), **Schmiermittelgemisch** aus einem Schmieröl u. bis zu 10 Gew.-% Polypropylen oder Polybuten-(1). (**F. P. 1189662** vom 9/1. 1958, ausg. 6/10. 1959. E. Prior. 9/1. 1957. **E. P. 852574** vom 9/1. 1957, ausg. 26/10. 1960.)
T. Oppermann 8223

3002 Comptoir Lyon-Alemand (Soc. An.), Seine, Frankreich, **Ziehschmiermittel** aus einem homogenen Gemisch von Graphit u. Zucker, welches in einem Öl oder Fett tier. oder pflanzlicher Herkunft suspensiert werden kann. Zus. z. B.: 50(%) koll. Graphit, 40 Madagaskargraphitschuppen u. 10 Kristallzucker. (**F. P. 1170497** vom 1/4. 1957, ausg. 15/1. 1959.)
T. Oppermann 8223

3003 Imperial Chemical Industries Ltd., England, **Schmiermittel** zum Ziehen von Al u. seinen Legg. in der Wärme, bestehend aus Steinkohlenteerpech mit einem Zusatz von 40 Gew.-% Kohlepulver. (**F. P. 1189661** vom 9/1. 1958, ausg. 6/10. 1959. E. Prior. 9/1. 1957.)
T. Oppermann 8223

3004 Badische Anilin- & Sodafabrik Akt.-Ges., Deutschland, **Hochdruckschmiermittel** aus KW-Stoff- oder synthet. Ölen u. Nitrosaminen in Kombination mit S oder Thioäthern, Mercaptanen, Thioamiden, Thioimiden, Thioestern oder Thioketonen. (**F. P. 1173265** vom 21/3. 1957, ausg. 22/2. 1959. D. Prior. 22/3. 1956.)
T. Oppermann 8223

3005 Gulf Research & Development Co. (Erfinder: Elizabeth Loretta Fareri, Pittsburgh, und John Pellegrini jun., Blawnox), Pa., V. St. A., **Anlagerung von Chlorwasserstoff an olefinisch ungesättigte aliphatische Verbindungen,** die eine wenigstens 2 C-Atome von der Doppelbindung entfernte OH- oder COOH-Gruppe enthalten, wobei letztere ggf. auch ein funktionelles Deriv. bilden kann, mit Hilfe eines Friedel-Crafts-Katalysators, dad. gek., daß man die ungesätt. Verb. (Hydrosorbin-, Dodecen-, Myristolein-, Elaidin-, Petroselin-, Hexacosen-(17)-, Sorbin-, Linol-, Linolen-, Eläostearin-, Stearidon-, Tetracosahexaen- oder bes. Ölsäure oder deren Anhydride, Amide, Glyceride, Metall- oder NH_4-Salze, Methyl-, Äthyl-, Propyl-, Butyl-, Actyl- oder Laurylester) in einem wasserfreien Rk.-Gemisch, bes. in Ggw. eines mit W. nicht mischbaren Lsgm. (Pentan, Hexan, Heptan, $C_2H_2Cl_2$, $C_2H_2Cl_4$, CCl_4, Ae., Stoddardsches Lsgm.), in Ggw. von mindestens etwa 0,4 Äquivalenten $ZnCl_2$, $HgCl_2$, $BiCl_3$, $ZrCl_4$, $TiCl_4$, $SnCl_4$ oder $SbCl_5$ je Mol an theoret. erzielbarem Hydrochlorierungsprod. mit mindestens der stöchiometr. Menge an gelöstem freiem HCl bes. bei normalem Druck bei einer tiefen, jedoch oberhalb des Erstarrungspunktes des Rk.-Gemisches gelegenen Temp. (0—5°) umsetzt. Zweckmäßig geht man von einem Salz einer ungesätt. Fettsäure mit einem Metall aus, welches zur Bldg. eines der genannten Friedel-Crafts-Katalysatoren befähigt ist, u. verwendet dann die HCl in entsprechend ausreichender Menge. — Die Prodd. sind verwendbar als Hochdruck-Zusätze für mineral. *Schmiermittel.* (**D. A. S. 1135874** Kl. 120 vom 31/8. 1955, ausg. 6/9. 1962. A. Prior. 1/9. 1954.) W. Gräger 8223

3006 D. Ss. Welikowski, N. I. Tschernoshukow, B. M. Rybate, P. I. Kashdan und G. Je. Garsanow, **Monofunktioneller Zusatz zu Schmiermitteln,** der aus Petrolatum oder Ceresin (VZ. 60—100; SZ. 20—30 mg KOH) durch Oxydation gewonnen u. mit Bzn., Butanol, Acrylalkohol oder dem zu verwendenden Öl zum Zwecke seiner Aktivierung extrahiert wird. Der hergestellte Extrakt wird an Adsorbentien, wie Silicagel, gereinigt. (**UdSSR. P. 118361** vom 5/2. 1958.)
B. Pankow 8223

3007 C. C. Wakefield & Co. Ltd., England, **Oxydation und Korrosion verhütende Zusatzmittel für Schmiermittel,** aus einem Gemisch von Zn-Salzen von Dialkylthiolthionophosphorsäuren. — Vgl. Aust. P. 221659; C. **1962, 3689.** (**F. P. 1199529** vom 4/3. 1958, ausg. 15/12. 1959. E. Prior. 5/1., 26/7. 1957 u. 26/2. 1958.) T. Oppermann 8223

3008 Shell Internationale Research Mij., N. V. (Erfinder: Hendricus Adrianus Van Rossum), **Bitumenmasse** zur Herst. von Formkörpern. Man pulverisiert ein Gemisch aus Füllstoff (**II**) u. hochschmelzendem Bitumen (**I**), z. B. 35(%) **I**, Erweichungspunkt 110°, u. 65 **II**, mischt es in nicht erhitztem Zustand mit über den F. des **I**, z. B. 250°, erhitztem Sand oder Kies, bis dieser sich mit dem **I–II**-Gemisch überzogen hat, u. verformt. (**Aust. P. 233627** vom 20/7. 1959, ausg. 25/5. 1961. Niederl. Prior. 22/7. 1958.) C. Lüttgen 8225

3009 Husky Oil Co., Cody, übert. von: Frank B. Odasz jun., Cody, WgO., V. St. A., und John R. Hartwig, Bienfait, Saskatchewan, Canada, **Herstellung von geblasenem Asphalt (I),** z. B. Wyonning-Erdölbitumen unter Zusatz von Kautschuk (**II**), z. B. Natur- oder Neopren- oder Butadien-Styrol-Kunstkautschuk. Man bläst den Asphalt entweder in Abwesenheit eines Katalysators oder in Ggw. von S oder P_2O_5 bis zu einem Erweichungspunkt von 26 bis 75° u. setzt die **II** dem geschmolzenen **I** als wss. Latex zu. — Verw. z. B. für Schichtstoffe oder zur Papierimprägnierung. (**A. PP. 3010926, 3010927** u. **3010928** vom 18/6. 1959, ausg. 28/11. 1961.)
S. Böttcher 8225

Redaktionsschluß: 24. Januar 1964

Herausgeber: Prof. Dr. Heinrich Bertsch, Berlin, u. Prof. Dr. Dr. h. c. Wilhelm Klemm, Münster.
Chefredakteure und verantwortlich für den Inhalt: Dr. Eugen Klever, 1 Berlin 30, Geisbergstraße 39, Fernsprecher: 249541 und Prof. Dr.-Ing. Eberhard Leibnitz, Berlin N 4, Schiffbauerdamm 19, Fernsprecher: 425571.

Verlag: Akademie-Verlag GmbH, Berlin W 8, Leipziger Str. 3—4 (Fernsprecher: 220441, Telex-Nr. 011773, Postscheckkonto Berlin 35021), und Verlag Chemie, GmbH, Weinheim/Bergstr. (Fernsprecher: Weinheim 3635 [Sammelnummer]; Fernschreiber: 0465516 chemieverlwhn; Postscheckkonten: Frankfurt/M. 145314 u. Berlin[West] 7430). Bestellnummer: 1007/135. Das Chemische Zentralblatt erscheint wöchentlich. Preis des Jahrganges einschl. Autoren-, Patent-, Sach- u. Formelregister: DM 1800,—; einseitig bedruckte Ausgabe: DM 2200,—. Abgabe der Zeitschrift nur mit sämtlichen Registern. Abbestellungen nur bis spätestens 6 Wochen vor Ablauf des Kalenderjahres.

Satz u. Druck: VEB Druckhaus „Maxim Gorki“, Altenburg u. VEB Leipziger Druckhaus, Leipzig, III/18/203. VIII. 63.
Veröffentlicht unter der Lizenznummer 1273 des Presseamtes beim Vorsitzenden des Ministerrates.
Printed in Germany.

31305

FSC
www.fsc.org
MIX
Papier | Fördert gute Waldnutzung
FSC® C083411

Kolibri 360 GmbH
Ferdinand-Jühlke-Straße 7
99095 Erfurt, Deutschland
produktsicherheit@kolibri360.de